Lexikon Produktionstechnik Verfahrenstechnik

Herausgegeben von
Prof. Dr.-Ing. habil. Heinz M. Hiersig

Springer-Verlag Berlin Heidelberg GmbH

Die Deutsche Bibliothek — CIP-Einheitsaufnahme

Lexikon Produktionstechnik Verfahrenstechnik
/ hrsg. von Heinz M. Hiersig.
— Düsseldorf: VDI-Verl., 1995
  ISBN 978-3-642-63379-9   ISBN 978-3-642-57851-9 (eBook)
  DOI 10.1007/978-3-642-57851-9
NE: Hiersig, Heinz, M. [Hrsg.]

Redaktion: Dr.-Ing. *Gerhard Scheuch*
unter Mitarbeit von *Renate Raschke*
Graphische Darstellungen: *Peter Lübke,* Wachenheim
Satz und Druck: Bonner Universitäts-Buchdruckerei
Buchbinderische Verarbeitung: Großbuchbinderei Fikentscher GmbH, Darmstadt

Vorwort

Die Produktionstechnik und die Verfahrenstechnik haben sich in den letzten Jahren stürmisch entwickelt, und dabei konnte man sich auf ein breites, wissenschaftlich fundiertes Wissen stützen. Die Produktion materieller Erzeugnisse ist für unsere Wirtschaft und den Export von Gütern von hoher Bedeutung, oft in Konkurrenz mit Wertschöpfung durch Dienstleistungen. Auch in Zukunft wird man in der metallurgischen, mechanischen und chemischen Produktion neue Wege suchen müssen, um effektiver zu werden und durch breites Engagement Ressourcen freizusetzen.

Fundiertes Ingenieur-Grundlagenwissen und detaillierte Maschinenbaukenntnisse vermitteln zwei Fachlexika aus dem VDI-Verlag. Beide bieten, ergänzt durch dieses Buch, beste Voraussetzungen zum Verständnis und zu erfolgreicher Tätigkeit in der industriellen Fertigung von Materialien und Produkten aller Art. Die Produktionstechnik hat die Aufgabe, durch Entwicklung und Anwendung geeigneter Produktionsmittel und Verfahren die Erzeugung der Güter handwerklich oder industriell zu vollziehen. In der Verfahrenstechnik verändert man Stoffe durch äußerst vielfältige Behandlungsstufen zum fertigen Produkt. Man benötigt detaillierte Fachkenntnisse beispielsweise aus der mechanischen und thermischen Verfahrenstechnik, der Bio-, Lebensmittel-, Medizin- und der Umwelt-Verfahrenstechnik; weiterhin aus dem Apparate- und Anlagenbau, aus der Produktionstechnik mit ihren vielfältigen Werkzeugmaschinen und Fertigungsverfahren zum Fügen, Trennen, Urformen, Umformen einschließlich des damit verbundenen Materialflusses und der Steuerungssysteme. Besondere Bedeutung ist auch der Betriebsorganisation und der Qualitätssicherung zuzumessen.

Dieses Fachlexikon mit über 2000 Stichworten mit zahlreichen Bildern und Tabellen wurde von über 60 Autoren geschrieben, die ihr Fachgebiet kompetent beherrschen: Sie vermitteln ihr Wissen in einer Form, die dem Ingenieur und Naturwissenschaftler sowie dem Technikinteressierten Aufschluß gibt und gleichzeitig den Stand des Ingenieurwissens dokumentiert.

Der Herausgeber dankt den Autoren für ihre Leistung. Dank gebührt auch Herrn Dr.-Ing. *Gerhard Scheuch* und Frau *Renate Raschke* für die sorgfältige Bearbeitung, Frau Dipl.-Ing. *Zitta Glaser* für die gute Organisation sowie schließlich dem VDI-Verlag für die Übernahme des Wagnisses und für die hervorragende Ausstattung des Lexikons Produktionstechnik Verfahrenstechnik.

Düsseldorf, im Oktober 1994

Heinz M. Hiersig

Der Herausgeber

Prof. Dr.-Ing. habil. *Heinz M. Hiersig* studierte Maschinenbau an der Technischen Hochschule in Dresden. Er begann seine Industrietätigkeit 1939 bei der Rheinmetall-Borsig AG in Düsseldorf und wurde dort 1944 Werksleiter. 1943 promovierte er an der Technischen Hochschule Braunschweig zum Dr.-Ing. Im Jahr 1947 gründete er die Rhein-Getriebe GmbH. 1960 wurde er zum Vorstandsmitglied der Firma Lohmann und Stolterfoht berufen, und er erwarb sich dort besondere Verdienste mit der Entwicklung eines neuen, marktfähigen Produktprofils. Noch vor Erreichen der Altersgrenze erhielt er von der Ruhr-Universität Bochum einen Lehrauftrag, habilitierte sich 1980 und wurde 1981 zum Professor ernannt. Zu dieser Zeit übernahm er erneut die technische Geschäftsführung der Rhein-Getriebe GmbH in Meerbusch.

Professor *Hiersig* schrieb über 40 Fachbeiträge, zumeist zu Fragen der Antriebstechnik. Er widmete sich über Jahrzehnte der technisch-wissenschaftlichen Gemeinschaftsarbeit in mehreren Gremien, unter anderem als Vorsitzender der VDI-Gesellschaft Entwicklung, Konstruktion, Vertrieb (EKV) und des Normenausschusses Antriebstechnik (NAN) im DIN.

Die Autoren

Dr.-Ing. Hans-Georg Bittner
Heimsoth GmbH, Hildesheim

Prof. Dr. techn. Thomas J. Bohn
Fachbereich Energie- und Kraftwerkstechnik,
Universität-Gesamthochschule Essen

Prof. Dr.-Ing. Artur-Klaus Bolbrinker
Fachhochschule Bochum

Prof. Dr.-Ing. Gerd Brunner
Arbeitsbereich Thermische Verfahrenstechnik,
Technische Universität Hamburg-Harburg

Prof. Dr.-Ing. habil. Horst Chmiel
Fraunhofer-Institut für Grenzflächen und
Bioverfahrenstechnik, Stuttgart

Dr.-Ing. Hans Detlef Dahl
Hüls AG, Marl

Prof. Dr. rer. nat. Dr.-Ing. e. h. W. Dahl
Institut für Eisenhüttenkunde, Rheinisch-Westfälische Technische Hochschule Aachen

Dr.-Ing. Ralf Dohrn
Zentrale Forschung und Entwicklung,
Bayer AG, Leverkusen
Arbeitsbereich Thermische Verfahrenstechnik,
Technische Universität Hamburg-Harburg

Prof. Dr.-Ing. Heinz-Ulrich Doliwa
Beratender Ingenieur für Gießerei und Hüttenwesen, Amberg

Prof. Dr.-Ing. Lutz Dorn
Institutsbereich Fügetechnik/Schweißtechnik,
Technische Universität Berlin

Prof. Dr.-Ing. Dr. h. c. Dipl.-Wirt. Ing. Walter Eversheim
Lehrstuhl für Produktionssystematik,
Direktor des Laboratoriums für
Werkzeugmaschinen und Betriebslehre (WZL),
Rheinisch-Westfälische Technische Hochschule Aachen

Dr.-Ing. Franz Freyberger
Lehrstuhl für Steuerungs- und Regelungstechnik, Technische Universität München

*Prof. em. Dr. phil. Dr.-Ing. h. c.
Peter Grassmann*
Physik, Biologie, Verfahrenstechnik, Eidgenössische Technische Hochschule Zürich

Dipl.-Ing. Volker Greif
Institut für Mechanische Verfahrenstechnik,
Universität Stuttgart

Dipl.-Ing. Alexander von Heimendahl
Geschäftsführer Voss-Biermann,
Lawaczeck GmbH & Co. KG, Färberei ·
Druckerei · Appretur, Krefeld

Prof. Dr.-Ing. Wolfram Heller
Werkstofftechnik, Fachbereich Elektronik,
Fachhochschule München

Prof. em. Dr.-Ing. H. W. Hennicke
Institut für Nichtmetallische Werkstoffe,
Professur für Keramik und Email, Technische
Universität Clausthal

Dr.-Ing. Andreas Hesse
Haldenwanger GmbH & Co. KG,
Bereich Technische Keramik, Waldkraiburg

Prof. Dr.-Ing. Dr. h. c. Rudolf Jeschar
Institut für Energieverfahrenstechnik,
Technische Universität Clausthal

Prof. Dr.-Ing. I. Muhlis Kenter
Fachgebiet Werkzeugmaschinen und
Fertigungstechnik, Fachbereich
Maschinenbau, Hochschule Bremen

Dr.-Ing. Manfred Kerner
Kraft Jacobs Suchard R&D Inc., München

Prof. Dr.-Ing. Paul-August Koch
Krefeld

Dr.-Ing. Wolfgang Köhler
Bereich Energieerzeugung (KWU), Siemens AG,
Erlangen

Prof. Dr.-Ing. Dr. h. c. mult. Wilfried König
Lehrstuhl für Technologie der
Fertigungsverfahren, Laboratorium für
Werkzeugmaschinen und Betriebslehre (WZL),
Rheinisch-Westfälische Technische
Hochschule Aachen;
Leiter des Fraunhofer-Instituts für
Produktionstechnologie, Aachen

Prof. Dr.-Ing. Dr. techn. E. h. Karl Kußmaul
Staatliche Materialprüfanstalt (MPA),
Universität Stuttgart

Prof. em. Dr.-Ing. Dr. h. c. Kurt Lange
Institut für Umformtechnik, Universität
Stuttgart

Dr.-Ing. Ekkehard Liefke
Leitung Produktion TROLITAX,
Hüls Troisdorf AG, Troisdorf

Prof. em. Dr. Dr.-Ing. Marcel Loncin
Institut für Lebensmittelverfahrenstechnik,
Universität Karlsruhe

Prof. Dr. rer. nat. Walter Masing
Erbach im Odenwald

Dipl.-Ing. Hubert Müller
Institut für Mechanische Verfahrenstechnik,
Universität Stuttgart

Prof. Dr.-Ing. Edgar Muschelknautz
Lehrstuhl und Institut für Mechanische
Verfahrenstechnik, Universität Stuttgart

Prof. Dr. Bernd Neumann
Fachbereich Informatik, Universität Hamburg

Prof. Dr. rer. nat. Detlef Noack
Ordinariat für Holztechnologie, Universität
Hamburg

Dipl.-Ing. Horst P. Oeckenpöhler
DMT-Institut für Rohstoffe und Aufbereitung,
DMT-Gesellschaft für Forschung und Prüfung
mbH, Essen

Prof. Dr. Ulfert Onken
Fachbereich CT Technische Chemie B,
Universität Dortmund

Prof. Dr. Rudolf Patt
Ordinariat für Holztechnologie und
Holzchemie, Universität Hamburg

Dr.-Ing. Heinrich Rellermeyer
Thyssen Stahl AG, Duisburg

Dr.-Ing. Manfred Rudolph
Lehrstuhl für Energiewirtschaft und Kraftwerkstechnik, Technische Universität München

Dr. rer. nat. Wilhelm Scheffels
(i. R.), vorm. Messer Griesheim GmbH,
Steigerwald Strahltechnik, Puchheim

Dr.-Ing. Hans-Peter Schlag
Fresenius St. Wendel GmbH, St. Wendel,
Saarland

Prof. Dr. Axel Schönbucher
Lehrstuhl für Technische Chemie, Universität
Gesamthochschule Duisburg

Dr.-Ing. Frieder Schuh
Industrie- und Handelskammer, München

Prof. Dr.-Ing. Herbert Schulz
Leiter des Instituts für Produktionstechnik und
Spanende Werkzeugmaschinen, Technische
Hochschule Darmstadt

Dr. rer. nat. Eckart Schwab
Bundesforschungsanstalt für Forst- und
Holzwirtschaft, Hamburg

Dr.-Ing. habil. Eckehard Specht
Institut für Energieverfahrenstechnik,
Technische Universität Clausthal

Prof. Dr. h. c. mult. Dr.-Ing. Günter Spur
Lehrstuhl für Werkzeugmaschinen und
Fertigungstechnik (IWF),
Technische Universität Berlin;
Leiter des Fraunhofer-Instituts für
Produktionsanlagen und Konstruktionstechnik
(IPK), Berlin

Dr.-Ing. Christian Stark
Technischer Leiter und Prokurist, Hermes
Schleifmittel GmbH & Co., Hamburg

Prof. Dr.-Ing. H.-D. Steffens
Lehrstuhl für Werkstofftechnologie, Universität
Dortmund

Prof. Dr. rer. nat. Hartwig Steusloff
Fraunhofer-Institut für Informations- und
Datenverarbeitung (IITB), Karlsruhe

Dipl.-Ing. Norbert Stroh
Fraunhofer-Institut für Grenzflächen- und
Bioverfahrenstechnik, Stuttgart

Prof. Dr.-Ing. Klaus Strohmeier
Lehrstuhl für Apparatebau- und Anlagenbau,
Experimentelle Spannungsanalyse,
Technische Universität München

Dr.-Ing. Michael Trefz
Voith GmbH, Heidenheim

Prof. Dr.-Ing. Dr. h. c. mult.
Hans-Jürgen Warnecke
Lehrstuhl für Industrielle Fertigung und
Fabrikbetrieb (IFF), Universität Stuttgart;
Leiter des Fraunhofer-Instituts für
Produktionstechnik und Automatisierung
(IPA), Stuttgart;
Präsident der Fraunhofer-Gesellschaft (FhG),
München

Prof. Dr.-Ing. Paul-Michael Weinspach
Lehrstuhl für Technische Verfahrenstechnik,
Universität Dortmund

Prof. Dr. Rolf Wilhelm
Mitglied der Wissenschaftlichen Leitung
und Wissenschaftliches Mitglied des
Max-Planck-Instituts für Plasmaphysik,
Direktor am Institut (Bereich Technologie),
Garching

Dipl.-Ing. Richard Würtz
Institut Mechanische Verfahrenstechnik,
Universität Stuttgart

Dr.-Ing. Franz Zahradnik
Lehrstuhl für Kunststoffe, Institut für
Werkstoffwissenschaften,
Universität Erlangen-Nürnberg

Erläuterungen zur Benutzung

Die zahlreichen Gebiete der Produktionstechnik und der Verfahrenstechnik sind in rund
2 000 Stichwörter gegliedert. Unter einem aufgesuchten Stichwort ist seine erläuternde Erklärung zu finden, die dem Benutzer das entsprechende Wissen vermitteln soll. Die zahllosen
Verweise führen entweder zu einem synonymen oder zu einem übergeordneten Begriff, unter
dem das entsprechende Stichwort abgehandelt ist. Die Querverweise im Text (→) sollen durch
Aufsuchen anderer, verwandter oder ergänzender Stichwörter zu einer Vertiefung des Wissens
beitragen. Der Verweispfeil → fordert dazu auf, das dahinterstehende Wort nachzuschlagen,
um weitere Auskunft zu erhalten.
  Die Stichworte folgen einander alphabetisch. Die alphabetische Reihenfolge ist – auch bei
zusammengesetzten Stichwörtern oder bei Abkürzungen – strikt eingehalten worden.
Zusammengesetzte Begriffe sind vorwiegend unter dem Substantiv eingeordnet. Wie in
lexikalischen Werken üblich werden die Umlaute ä, ö, ü und die wie Umlaute gesprochenen
Doppelbuchstaben ae, oe, ue wie die einfachen Buchstaben (Grundlaute a, o, u) behandelt.
  Literaturhinweise sind knapp gehalten und auf die wichtigsten Werke beschränkt.
Deutschsprachige Werke wurden — soweit vorhanden — bevorzugt.

Düsseldorf, im Oktober 1994   *Die Redaktion*

A

Abbildungsgenauigkeit. Voraussetzung für die Präzision des herzustellenden Werkstücks ist beim funkenerosiven Senken die exakte Fertigung der Elektroden (→Elektrodenherstellung). Die A. steigt mit verringerter Spaltweite, die im wesentlichen von der Entladedauer, dem Entladestrom, der Leerlaufspannung, der Werkstoffpaarung und dem Arbeitsmedium abhängt.

Da die →Werkzeugelektrode verschleißt, tritt im Werkstück eine Formverzerrung auf. Sie ist bei Durchbrüchen durch eine geeignet lange, nachzuführende Profilelektrode, bei Raumformen durch nachträglichen Einsatz weiterer Elektroden abzuarbeiten. Die erreichbaren Genauigkeiten liegen im Bereich <0,001 mm.

Beim funkenerosiven →Schneiden wird die Genauigkeit in erster Linie von der Geometrie der Schnittspur bestimmt, deren geometrische Fehler auf etwa 5 μm begrenzt werden können. Abhängig vom Durchmesser der eingesetzten Drahtelektrode und von den Arbeitsbedingungen bilden sich unterschiedlich breite Schnittspuren aus. Zum Bestimmen der Maßkorrektur sowie zum Ermitteln der Konturgenauigkeit wird die mittlere Schnittspur herangezogen. Eine Bauchung kann insbes. beim Schneiden hoher Werkstücke infolge von Drahtschwingungen und unterschiedlichen Spülbedingungen über der Werkstückhöhe auftreten. *König*

Abbotkurve →Materialanteil

Abbrand →Elektrode (Lichtbogenschweißen)

Abgasanalyse. Quantitative Bestimmung von gasförmigen oder flüchtigen Substanzen in Prozeßabgasen.

Die A. aus Bioreaktoren erlaubt die Aufstellung von Stoffbilanzen, die Aufschluß über die Leistungsfähigkeit des eingesetzten Reaktorsystems geben und die Kontrolle des Prozeßablaufs ermöglichen. Aerobe Fermentationen lassen sich über die Sauerstoff- und Kohlendioxidkonzentrationen im Abgas beurteilen. Seltener werden über den Gasstrom ausgetragene flüchtige Substrate und Stoffwechselprodukte bestimmt. Bei anaeroben Verfahren, wie z. B. Gärungsprozessen, kann man die Kohlendioxidproduktion als Maß für die Stoffwechselaktivität bestimmen oder die Qualität des entstehenden Biogases kontrollieren.

Für die A. werden physikalische Meßverfahren angewandt, so z. B. Wärmeleitfähigkeit (CO_2), Infrarotabsorption (CO_2, CO und niedere Kohlenwasserstoffe), Paramagnetismus (O_2), elektrochemische Verfahren und seit kürzerer Zeit auch Massenspektrometrie. *Liefke*

Abgasreinigung. Verfahren der A. dienen zum Entfernen von unerwünschten festen, dampf- oder gasförmigen Substanzen aus dem Abgasstrom einer Anlage. Zur Verringerung der Luftverschmutzung kommt ihnen eine immer größere Bedeutung zu.

Zur Entfernung von Grobstaub (Partikel >10 μm) werden i. a. Massenkraftabscheider verwendet, bei denen die Trennung zwischen Gas und Feststoff durch Trägheitskräfte (z. B. Zentrifugalkraft) oder durch die Schwerkraft erfolgt. Zu den Massenkraftabscheidern gehören Zyklone, Mehrfachzyklone und Drucksprungabscheider. Feinstaub (Partikel <10 μm) kann durch filternde Abscheider, Elektroabscheider oder Naßabscheider entfernt werden. Als Filter lassen sich z. B. Gewebe-, Schüttschichten- oder Kerzenfilter verwenden. Bei Elektroabscheidern werden die Partikel in einem elektrischen Feld aufgeladen und dann von der Niederschlagselektrode angezogen. Je nachdem, ob die Entfernung des Staubs von der Niederschlagselektrode durch Rüttelbewegungen oder durch Abwaschen geschieht, werden die Entstauber als Trocken- oder Naßelektrofilter bezeichnet.

Naßabscheider sind die am weitesten verbreiteten Entstauber. Die Staubteilchen werden von einer Waschflüssigkeit gebunden. Die Staub-Flüssigkeits-Partikel können durch Massenkräfte leichter abgeschieden werden als trockene Teilchen. Man unterscheidet zwischen vier Typen von Naßabscheidern: Wäscher mit Einbauten, Wirbelwäscher, Venturiwäscher und Rotationswäscher.

Mittel- und schwerflüchtige Substanzen lassen sich durch Kondensation vom Abgasstrom trennen. Durch Abkühlung des Abgasstroms unterhalb des Taupunkts fällt so lange flüssiges Kondensat an, bis der Partialdruck des dampfförmigen Stoffs den der Kühltemperatur entsprechenden Dampfdruck erreicht hat. Je tiefer gekühlt wird, desto mehr Flüssigkeit kann abgeschieden werden. Die Kühlung kann an gekühlten Flächen (z. B. Plattenwärmeübertrager) oder durch direkte Berührung mit einem Kühlmittel erfolgen, wodurch allerdings umfangreiche Aufarbeitungsmaßnahmen erforderlich werden.

Bei →Adsorptionsverfahren erfolgt die Abscheidung mit Hilfe von festen Stoffen (→Adsorbens) mit großen Oberflächen (700–1 000 m²/g). Die abzutrennenden Stoffe lagern sich an der Oberfläche an und werden durch physikalische Adsorptions-, Kapillarkondensations- oder Chemiesorptionsvorgänge gebunden. Das Adsorptionsvermögen ist von der Temperatur, dem Druck, der relativen Molekülmasse, der Konzentration und dem Siedepunkt des zu adsorbierenden Stoffs abhängig. Als Adsorptionsmittel werden hauptsächlich Aktivkohle, aber auch Silicagel oder Molekularsiebe verwendet. Das beladene Adsorptionsmittel muß regeneriert werden, z. B. durch Ausdämpfen mit Wasserdampf und anschließendes Trocknen und Kühlen. Adsorptionsanlagen werden bevorzugt zum Abscheiden von organischen Verbindungen verwendet.

Bei Absorptionsverfahren werden die abzutrennenden Stoffe durch physikalische oder chemische Kräfte in einer Flüssigkeit (→Absorptionsmittel, Waschmittel) gebunden. Chemisch wirkende Absorptionsmittel wirken selektiver, haben aber den Nachteil, daß die Regeneration relativ aufwendig ist. Ein Sonderfall der chemischen →Absorption ist die irreversibel verlaufende oxidierende Wäsche, bei der zur Behandlung von Geruchsstoffen oxidierende Absorptionsmittel verwendet werden. Als Absorptionsapparate werden Füllkörper- und Bodenkolonnen sowie Strahl- und Sprühwäscher eingesetzt. Absorptionsverfahren werden vorzugsweise zur Abtrennung von anorganischen Stoffen verwendet.

Eine weitere Möglichkeit der A. ist die Oxidation der Schadstoffe durch thermische Behandlung (Verbrennung). Kohlenwasserstoffe, Wasserstoff und Sauerstoff werden zu Kohlendioxid und Wasser umgesetzt. Entstehen darüber hinaus Stickoxide, Chlorwasserstoffe, Fluorwasserstoffe und Schwefelverbindungen, sind Nachreinigungsverfahren (Absorption) vorzusehen. *Dohrn*

Literatur: Handb. Umweltschutzes. München 1978. – *Heck, G., G. Müller u. M. Ulrich:* Reinigung lösungsmittelhaltiger Abluft – alternative Möglichkeiten. Chem.-Ing.-Tech. 60 (1988) Nr. 4, S. 273/85. – Ullmanns Enzyklopädie der technischen Chemie. 4. Aufl. Weinheim 1972.

Abkühlgeschwindigkeit. Je nach Spezies muß bei der →Tiefkühlkonservierung von Zellen eine bestimmte A. eingehalten werden. Bei fast allen Verfahren zur Gefrierkonservierung wird flüssiger Stickstoff (LN₂; Siedetemperatur bei 1 bar: 77 K) für die Abkühlung als Energieträger benutzt. Die Gleichbehandlung aller Zellen den Temperaturverlauf betreffend wird um so schwieriger, je größer das Gebinde (Konserve) ist. Ein sehr einfaches Frierverfahren, das Tauchen des Konservenbehälters in LN₂ führt auf Grund der hohen Temperaturdifferenzen sofort zu stabilem Filmsieden (Leidenfrost-Phänomen), das für den Wärmeübergang im größten Teil des Abkühlbereichs maßgebend bleibt.

Ein derartiges Einfrierverfahren ist nur für sehr unkritische Frierverfahren, wie Erythrozyten mit hohem Glycerinanteil anwendbar. Für Zellen, die niedrige A. verlangen, z. B. Leukozyten, die aber extrem empfindlich auf nicht optimales Abkühlen reagieren, verwendet man Einfrieranlagen, in denen kaltes N₂-Gas geregelt auf die Konservenbehälter geblasen wird. Wenn hohe A. verlangt werden, benutzt man Einfrierverfahren, bei denen flüssiger Stickstoff auf die Gefrierbehälter gesprüht wird. Durch die kinetische Energie der Flüssigkeitströpfchen wird das Gaspolster auf dem Behältermaterial durchdrungen. Das Filmsieden wird nicht in dem oben beschriebenen Maße wirksam. Mit diesem Abkühlverfahren lassen sich bei geeigneter Behältergeometrie A. bis 800 K/min erreichen.

Die Verpackung des Gefrierguts besteht aus einem kältefesten Kunststoffbeutel (biaxial gerecktes Polyethylen, Polyurethan u. a.), in den das Material steril abgefüllt werden kann, und aus einem Metallbehälter, meist aus Aluminium, mit dem die äußere Form fixiert und der mechanische Schutz gewährleistet wird.

Die Temperaturgradienten des entstehenden Temperaturfelds in der Einfriereinheit können durch eine Verminderung der Schichtdicke des biologischen Materials verringert werden. Damit läßt sich die angestrebte Gleichbehandlung aller Zellen in der Konserve näherungsweise erreichen. Die Grenze nach unten liegt in der praktischen Handhabbarkeit. Übliche Schichtdicken z. B. für die Erythrozytenkonservierung liegen bei 4–10 mm. *Stroh*

Abkühlungskurve (metallische Werkstoffe). Die Aufnahme von A. bei der thermischen Analyse dient zur Aufstellung von Zustandsdiagrammen reiner Metalle oder Legierungen.

Verfolgt man die Temperatur bei der Abkühlung (z. B. aus der Schmelze) in Abhängigkeit von der Zeit, so ist der Kurvenverlauf stetig, solange keine Aggregatänderungen, allotrope Umwandlungen oder Ausscheidungsvorgänge erfolgen, durch die zusätzliche Energie frei wird.

Bei der Erstarrung von reinen Elementen oder eutektischen Legierungen sowie bei der Umwandlung eutektoider Legierungen treten Haltepunkte auf, d. h. die Temperatur des abkühlenden Stoffs bleibt bis zur vollständigen Phasenänderung konstant. Knickpunkte zeigen dagegen Beginn und Ende von Ausscheidungsvorgängen an. Knick- und Haltepunkte gemeinsam treten bei unter- und übereutektischen bzw. -eutektoidischen sowie bei peritektischen Legierungen auf. *Kußmaul*

Ablauf, betrieblicher. Der b. A. ist das zeitliche Aufeinanderfolgen von zusammenhängenden Handlungen. Die Handlungen stehen in bestimmten Relationen zueinander. Diese sind durch die →Ablauforganisation geregelt.

Die zeitlichen Folgen bestimmter A., ihre Zusammenhänge, Abhängigkeiten und Zuordnungen lassen sich in A.plänen darstellen. Bekannteste Form ist der Balkenplan. Bei komplizierter werdenden A. und Zusammenhängen kommen andere anschauliche Methoden zur Anwendung, so z. B. der Netzplan, der mehrere Funktionen, Zusammenhänge und Entscheidungsgrundlagen darzustellen hat.

Der b. A. wird eingeleitet durch die Angebotsbearbeitung, wobei dies in der Serienfertigung einen Katalog ergibt, bei der auftragsgebundenen →Fertigung individuelle Angebotsunterlagen. Auslöser des weiteren A. ist in der Serienfertigung ein Produktprogramm, nach dem auf Lager gefertigt wird. Bei auftragsgebundener Fertigung setzt ein Auftrag dessen Abwicklung, also den weiteren betrieblichen Ablauf in Gang. *Eversheim*

Literatur: *Eversheim, W.:* Organisation in der Produktionstechnik. Bd. 1. Düsseldorf 1981.

Ablauforganisation. Das ist die zeitliche und räumliche Ordnung von Handlungsvorgängen. Sie umfaßt die möglichst effektive Gestaltung der Arbeitsprozesse in Abhängigkeit von der zu erfüllenden Aufgabe sowie die Zuordnung der Arbeitsfaktoren Personal und Sachmittel.

Während die A. Arbeits- und Bewegungsabläufe innerhalb von Institutionen (Stellen, Abteilungen) betrifft, befaßt man sich bei der Bildung der →Aufbauorganisation mit dem zeitlich konstanten Aufbau der Institutionen an sich (→Organisation). Die Aufbauorganisation erfordert keine Organisation des Ablaufs, während die Ablaufgestaltung meist eine bereits bestehende Aufbauorganisation voraussetzt. Die zusätzliche Einführung der A. stellt demnach eine Steigerung des Organisationsgrades dar.

Der Organisationsgrad (Überorganisation-Unterorganisation) wird durch den Grad der Detaillierung für jede der vier Ordnungskomponenten:
□ Arbeitsinhalt,
□ Arbeitszeit,
□ Arbeitsraum,
□ Arbeitszuordnung
bestimmt. Zunächst wird die Organisation des Arbeitsinhalts festgelegt. Dabei ergibt sich aus der Gesamtaufgabe des Betriebs und ihrer Zerlegung in Teilaufgaben, an welchen Arbeitsobjekten welche Verrichtungen erforderlich sind. Ein weiterer Teilschritt ist die Festlegung der Zeitfolge sowie, mit zunehmender Präzisierung, der Zeitdauer und des Zeitpunkts der einzelnen Verrichtungen. Häufig

ergibt sich für die Zeitfolge der Verrichtungen eine Vielzahl von Alternativen. Die Bestimmung der zweckmäßigen und wirtschaftlichen Reihenfolge steht daher im Vordergrund. Die räumliche Zuordnung der einzelnen Verrichtungen durch die Festlegung der Arbeitswege bzw. -orte ist abhängig davon, ob ein lokal bewegter oder stationärer Arbeitsprozeß vorliegt. Dabei sind arbeitswissenschaftliche Aspekte, wie z. B. Erkenntnisse der Ergonomie, zu berücksichtigen. Anschließend kann die Zuordnung der Arbeiten zu Gruppen oder Einzelpersonen sowie die Festlegung des notwendigen Sachmittelbedarfs vorgenommen werden.

Beim Organisieren des Ablaufs ist darauf zu achten, daß der Detaillierungsgrad in allen vier Ordnungskomponenten gleichmäßig ausgebildet ist. Zudem sind neben organisatorischen vor allem auch technische Gesichtspunkte zu berücksichtigen. Aus diesem Grund lassen sich nur wenige allgemeingültige Richtlinien zur Bildung von A. nennen. *Eversheim*

Literatur: *Grochla, E.:* Handwörterb. Organisation. Stuttgart 1969.

Ablaufschacht. In einem A. strömt der Rücklauf von Bodenkolonnen (→Destillieren) auf den nächsttieferen Boden. Das untere Ende des A. muß unterhalb des Flüssigkeitsstands des Bodens liegen, damit das aufsteigende Gas nicht durch den A. zum nächsthöheren Boden strömt. In der Regel werden vertikale A. verwendet, die gegenüberliegend angeordnet sind, so daß sich die Strömungsrichtung der Flüssigkeit bei jedem Boden umkehrt. Eine schlechte Flüssigkeitsdurchmischung auf dem Boden kann zu einer Verschlechterung des Verstärkungsverhältnisses führen, weil das in der Nähe des A. aufsteigende Gas auf dem nächsttieferen Boden praktisch dieselbe Flüssigkeit antrifft, die es gerade verlassen hat. Als Gegenmaßnahme kann der A. so angelegt sein, daß die abfließende Flüssigkeit auf der gegenüberliegenden Kolonnenseite auf den Boden fließt, so daß die Strömungsrichtung auf allen Böden gleich ist (→Rektifikation). *Dohrn*

Ablaufsteuerung. Die A. oder sequentielle Steuerung ist dadurch gekennzeichnet, daß die einzelnen Steuerungsoperationen und -eingriffe schrittweise in bestimmter Reihenfolge durch ein Ablaufschaltwerk gesteuert ablaufen. Nach vollzogenem Schrittwechsel verharrt die Steuerung in der neuen Schrittstellung so lange, bis die Übergangsbedingung für den Wechsel in den nächsten, durch das Programm festgelegten Folgeschritt erfolgt. Während dieses Beharrungszustands gibt die Steuerung die dem Schritt zugeordneten Steuerungsbefehle aus oder führt in allgemeinerem Sinne Ausgabeoperationen aus. Schrittfolge, Übergangsbedingungen und Ausgabeoperationen repräsentieren das Steuerungsprogramm.

Struktur der Schrittfolge bzw. Sequenz und Abhängigkeit der Übergangsbedingungen werden zur Charakterisierung der A. herangezogen. Die Strukturelemente für den Aufbau von Schrittfolgen (Bild) enthalten in der Regel das Schritt(speicher)-element und das Übergangs- oder Transitionselement. Unterschieden werden:

□ die einfache lineare Folge, die auch Ablaufkette oder Ablaufzweig genannt wird und die einfach durchlaufen wird,

□ die geschlossene Kette, die zyklisch einfach oder mehrfach durchlaufen werden kann,

□ die Verzweigung oder Aufspaltung mit alternativem oder auch parallelem, d. h. nebenläufigem Durchlaufen der folgenden Zweige,

□ die Vereinigung mit oder ohne Synchronisation der Teilzweige,

□ der Sprung, der auch als Sonderfall von alternativer Verzweigung und Vereinigung interpretierbar ist.

Aus diesen Strukturelementen lassen sich praktisch beliebige Ablaufprogramme aufbauen, deren schrittweiser Ablauf innerhalb der Steuerung durch das Ablaufschaltwerk bewirkt wird. Dieses Schaltwerk kann in Hardware aus Verknüpfungselementen und bistabilen Speicherelementen ausgeführt oder als Programm softwaremäßig realisiert sein.

Bei der Charakterisierung der A. nach der Abhängigkeit der Übergangsbedingungen wird unterschieden zwischen der Abhängigkeit

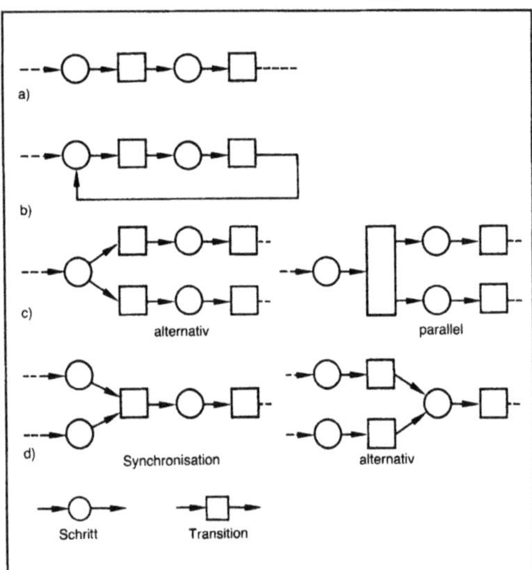

Ablaufsteuerung: Strukturelemente von Ablaufsteuerungen.
a) Lineare Folge
b) Zyklisch durchlaufene, lineare Folge
c) Verzweigung
d) Vereinigung.

□ von der Zeit bzw. von Zeitintervallen für das Verharren in einer Schrittlage; man bezeichnet diesen Typ als zeitgeführte A. (Beispiel: bestimmte Verkehrsampelsteuerungen mit festem Tagesprogramm),

□ von der Veränderung von Prozeß- und Bediensignalen; man nennt diesen Typ prozeßgeführte A. (Beispiel: NC-Maschinensteuerung).

In der Praxis liegen in den meisten Fällen jedoch Mischformen vor.

Zur Darstellung von A. zum Zweck der Programmierung wie auch der Dokumentation sind heute neben den Anweisungslisten der Funktionsplantechnik mit Schritt- und Befehlselementen auch aus der Graphentheorie entlehnte Techniken, wie Petri-Netz (Bild) oder Steuergraph, ein dem Petri-Netz ähnlicher Ereignisgraph, gebräuchlich.

A. spielen im gesamten Bereich der Automatisierung eine herausragende Rolle. Die Realisierungskomponente für diesen Steuerungstyp ist überwiegend die speicherprogrammierbare Steuerung (SPS). *Freyberger*

Ablaufsteuerung (Werkzeugmaschinen). Fertigungsvorgänge werden in Abhängigkeit von verschiedenen Ereignissen (Eingangssignalen) nach einem bestimmten Ablaufplan ohne feste Zeitvorgaben gesteuert. A. realisiert man meist mit programmierbaren Steuerungen. *Schulz*

Ablösen →Reinigen (Produktion)

Abrasiv-Wassertrahlschneiden. Verfahrensvariante des Wasserstrahlschneidens, bei der dem Wasserstrahl Feststoffpartikel zur Steigerung der Abtragleistung beigegeben werden. Diese Technik wird vornehmlich zum →Schneiden metallischer Werkstoffe und Werkstücken größerer Dicke eingesetzt. Daneben findet die Beimischung von Feststoffen ebenfalls beim Entgraten und Reinigen Anwendung.

Der Abtragvorgang beruht auf der kombinierten Stoß- und Mikrozerspanwirkung der aufprallenden Feststoffe sowie auf dem durch die Flüssigkeit auf das Werkstück übertragenen Impuls. Bei Schneidanlagen erfolgt die Zumischung der Feststoffpartikel i. a. hinter der Hochdruckdüse, im Freistrahl (Bild), da das Pumpen und Fördern einer Suspension zu starkem Verschleiß der Pumpenventile und der Düse führen würde.

In der Mischkammer wird die Saugwirkung des schnellen Wasserstrahls (Wasserstrahlpumpe) zum Ansaugen eines Luft-Feststoff-Gemisches ausgenutzt. Der Wasserstrahl überträgt innerhalb der Mischkammer seinen Impuls auf die Partikel und beschleunigt diese. Für Schneidanwendungen muß der Strahl am Ende der Mischkammer mittels einer Enddüse gebündelt und geführt werden. Diese

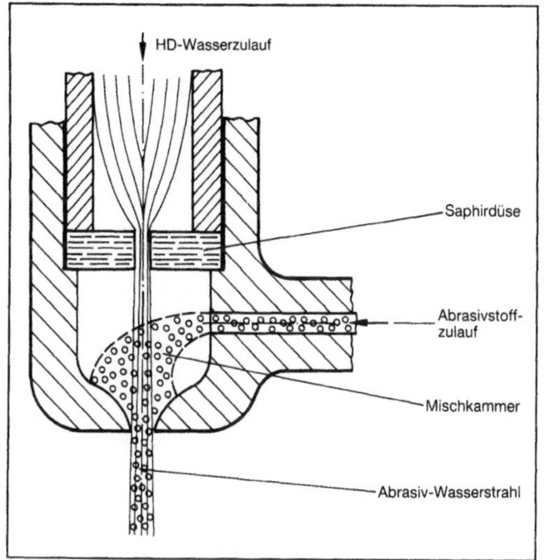

Abrasiv-Wasserstrahlschneiden: Funktionsprinzip des Mischkopfes.

Enddüse unterliegt einem hohen abrasiven Verschleiß und wird daher als leicht auswechselbares Bauteil aus Hartmetall oder Keramik gefertigt.

Die Problematik beim A.-W. liegt in der Erzeugung eines möglichst kohärenten (→Wasserstrahldüse) Strahles mit gleichmäßiger Konzentration der Feststoffpartikel. *König*

Abrichten. Unter A. wird die Einsatzvorbereitung von Schleifscheiben verstanden. Erstens wird beim A. über den gesamten Schleifscheibenumfang eine definierte Makrogeometrie (Profil) erzeugt, wodurch ein exakter Scheibenrundlauf und die geometrische Genauigkeit des Werkzeugprofils sichergestellt werden. Zweitens wird durch den Abrichtvorgang eine scharfe Schleifscheibenoberfläche erzeugt, indem die verschleißbedingte Abstumpfung der Schleifkörner in der peripheren Scheibenrandschicht sowie die Zusetzung des Porenraums im Schleifscheibengefüge mit abgeschliffenen Werkstückpartikeln beseitigt werden. In Bild 1 ist die mit dem Abrichtprozeß verbundene Zielsetzung dargestellt.

Der Abrichtvorgang, bei dem ein mechanischer Abtrag der Schleifscheibe stattfindet, wird durch das Zusammenwirken von →Abrichtwerkzeug und Schleifscheibe bestimmt. Dieses Wirkpaar hat bestimmte Relativbewegungen auszuführen, damit die gewünschten Schleifscheibeneigenschaften und damit die entsprechende Werkstückform und -oberflächengüte erreicht werden können. Die Erzeugung des Scheibenprofils kann dabei nach zwei grundsätzlichen Gestaltungsprinzipien erfolgen:
□ Beim Formen erfolgt die Profilerzeugung durch die Kinematik der Abrichtvorrichtung, d. h. durch eine entsprechende Führung des Werkzeugs in

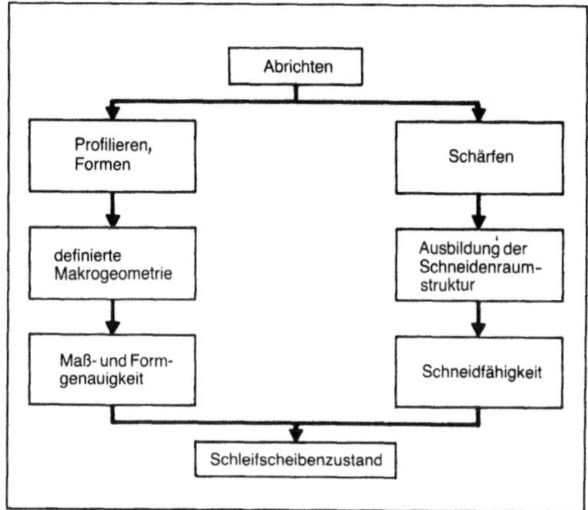

Abrichten 1: Erzeugung eines definierten Schleifscheibenoberflächenzustands durch den Abrichtvorgang. (Quelle: Minke)

axialer und radialer Richtung schneidet dieses das vorgegebene Profil in die Schleifscheibe. Dabei besteht kein direkter Zusammenhang zwischen der Geometrie des Abrichtwerkzeugs und dem zu erzeugenden Schleifscheibenprofil. Das Abrichtwerkzeug, dessen Schneidelement aus einem Diamant besteht, wird nach der außerhalb des Scheibeneingriffs durchgeführten radialen Abrichtzustellung a_d an der Schleifscheibe mit der Vorschubgeschwindigkeit v_d vorbeigeführt, wobei das Wirkpaar in Kontakt kommt (Bild 2).

Bei Vorhandensein einer entsprechenden Steuerung können radiale und axiale Vorschubbewegungen gleichzeitig während des Abrichtvorgangs ablaufen. Für das Formabrichten werden vorwiegend nicht-rotierende Abrichtwerkzeuge sowie rotierende Formrollen (Bild 3) eingesetzt.
□ Das Profilieren ist demgegenüber dadurch gekennzeichnet, daß das Werkzeug ohne axiale Bewegung mit der Scheibe radial in Eingriff gebracht wird, so daß sich die Werkzeuggeometrie auf die Schleifscheibe überträgt. Derartige profilgebundene Abrichtwerkzeuge müssen daher in ihrer Breite mindestens der Schleifscheibenbreite entsprechen. Das Werkzeug kann während des Abrichtprozesses zusätzlich noch eine rotierende Bewegung ausüben, wie dies beispielsweise bei Profilrollen (Bild 3) der Fall ist.

Der Abrichtprozeß wird intermittierend immer dann ausgeführt, wenn die die Werkstückqualität bestimmenden Kriterien, wie →Oberflächenrauheit, Formgenauigkeit und Freiheit von thermischen Schädigungen in der Werkstückrandzone, dies verlangen.

Ein Sonderverfahren ist das CD-Abrichten (CD Continuous Dressing), bei dem während des gesamten Schleifvorgangs (→Schleifen) mit einer Diamantabrichtrolle kontinuierlich abgerichtet wird.

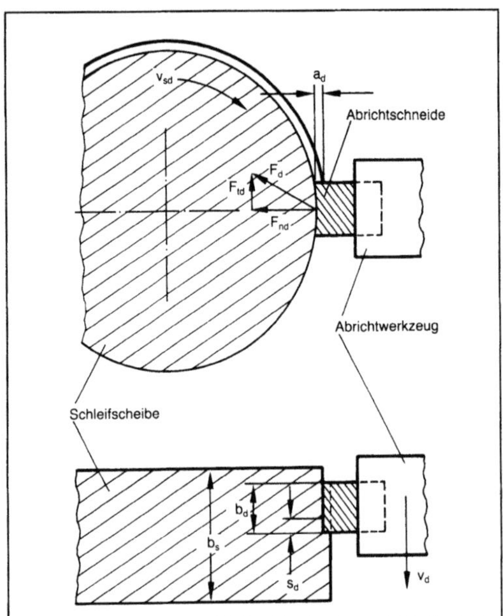

Abrichten 2: Prinzip des Abrichtens mit geometrisch definierten Abrichtwerkzeugschneiden. (Quelle: Minke)

a_d Abrichtzustellung; b_d Breite der Abrichtschneide; b_s Schleifscheibenbreite; F_d, F_{nd}, F_{td} Abrichtkraft-Komponenten; s_d Abrichtvorschub; v_d Abrichtvorschub-Geschwindigkeit; v_{sd} Abricht-Schnittgeschwindigkeit

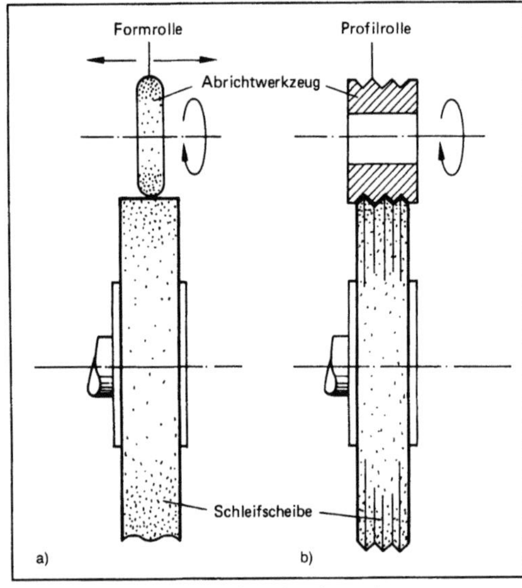

Abrichten 3: Rotierende Abrichtwerkzeuge.
a) Formrolle
b) Profilrolle.

Dadurch wird eine permanente Schärfe und Profiltreue der Schleifscheibe erreicht. Der Vorteil dieses Verfahrens liegt in den dabei realisierbaren hohen Abtragsleistungen und in der hohen Oberflächengüte selbst bei relativ schwer zu schleifenden Werkstückwerkstoffen.

Beim Abrichten konventioneller Schleifscheiben (mit Schleifkorn aus SiC und Al_2O_3) erfolgt die Erzeugung des Scheibenprofils und das Schärfen der abgestumpften Körner gleichzeitig. Bei der Profilerzeugung an CBN- und Diamantschleifscheiben (→CBN-Schleifscheibe) wird beim A. auf die Mikrostruktur des Schneidenraums so eingewirkt, daß Schleifkorn und Bindung nahezu in einer Ebene liegen (→Schleifwerkzeug-Zusammensetzung). Um einen ausreichenden Spanraum zu erzielen, ist deshalb für diese Schleifscheiben bei allen Bindungsarten die Durchführung eines anschließenden Schärfprozesses notwendig, durch den (z. B. mit Hilfe eines Schärfsteins, meist aus keramisch gebundenem feinkörnigen Edelkorund) die Bindung gegenüber den Kornspitzen zurückgesetzt wird. Das Schärfen kann alternativ auch durch das Strahlschärfen erfolgen, bei dem mit hohem Druck ein Korund- oder SiC-Partikelstrahl auf die Scheibenoberfläche zur Wirkung gebracht wird. *Kenter*

Literatur: *König, W.:* Fertigungsverfahren. Bd. 2: Schleifen, Honen, Läppen. Düsseldorf 1989. – *Messer, J.:* Abrichten konventioneller Schleifscheiben mit stehenden Werkzeugen. Diss. RWTH Aachen 1983. – *Minke, E.:* Grundlagen der Verschleißausbildung an nicht-rotierenden Abrichtschneiden zum Einsatz an konventionellen Schleifwerkzeugen. Diss. Universität Bremen 1987. – *Rohde, G.:* Beitrag zum Verhalten von keramisch gebundenen Schleifscheiben im Abricht- und Schleifprozeß. Diss. TU Braunschweig 1984. – *Saljé, E.:* Abrichtverfahren und -methoden, Prozeßverläufe beim Abrichten und Abrichtergebnisse. In: Jb. Schleifen, Honen, Läppen und Polieren. Ausg. 52. Essen 1984.

Abrichtwerkzeug. A. dienen zum Abtrag von Schleifkörnern und Bindung im peripheren Bereich von Schleifwerkzeugen (→Abrichten). Sie lassen sich in manuell oder maschinell einsetzbare Werkzeuge unterteilen.

Charakteristisches Merkmal beim Abrichtvorgang ist, daß alle Werkzeuge gegenüber der →Schleifscheibe in radialer und/oder axialer, seltener auch in tangentialer Richtung eine Relativbewegung gegenüber der Spindelachse ausführen, der auch eine Rotation überlagert sein kann. Dementsprechend lassen sich die maschinell eingesetzten Werkzeuge in nicht-rotierende (stehende) A. und rotierende A. unterscheiden.

Zu den in der Praxis am häufigsten eingesetzten nicht-rotierenden Diamant-A. zählen die folgenden Ausführungsformen, die durch die geometrische Form und die Anzahl der im Werkzeug enthaltenen Diamant-Schneidelemente gekennzeichnet sind:
□ Einkorndiamant, a) im Bild,
□ Profilabrichter,
□ Körner- und Nadelplatten (Abrichtplatten), b) im Bild,

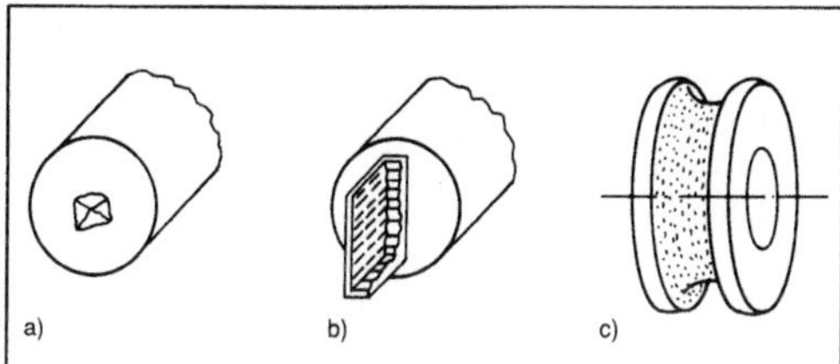

Abrichtwerkzeug: Diamant-Abrichtwerkzeuge unterschiedlicher Ausführungsformen.
a) Einkorndiamant
b) Nadelförmige Diamanten
c) Diamantkörner.

☐ Vielkornabrichter,
☐ Blockdiamant und Blockplatten mit quaderförmigen Schneidelementen aus Naturdiamant,
☐ Diamantabrichtleisten und -blöcke.

Die nicht-rotierenden A. kommen beim Abrichten von Al_2O_3- und SiC-Schleifscheiben mit unterschiedlichen Bindungsarten zum Einsatz. Einkorndiamanten, Abrichtplatten und Vielkornabrichter finden auch beim Abrichten von CBN- und Diamantschleifscheiben (→CBN-Schleifscheibe) Verwendung.

Zu den wichtigsten rotierenden A. zählen die folgenden Ausführungsformen:
☐ Diamantprofilrollen, mit denen im Profilierverfahren CBN- und Diamantschleifscheiben mit Bindungen aus Keramik und Kunstharz und konventionelle Schleifscheiben aus Al_2O_3, SiC aller Bindungstypen abgerichtet werden, c) im Bild;
☐ Formscheiben aus SiC oder Diamant, die zum Abrichten im Formverfahren von CBN- und Diamantscheiben mit Kunstharz-, Keramik- oder Metallbindung eingesetzt werden;
☐ Crushierrolle aus Hartmetall oder Chrom-Nickel-Stahl, mit der unter Druck das Schleifscheibengefüge abgetragen wird; Einsatz findet dieses Profilierverfahren sowohl bei konventionellen Schleifwerkzeugen als auch bei CBN- und Diamantschleifscheiben mit keramischer, metallischer und Kunstharz-Bindung;
☐ Baustahlrollen, die als Doppelrollen (Roll-2-Dress-Verfahren) ohne nachfolgendes Schärfen zum Abrichten ebenfalls von CBN und Diamantscheiben einsetzbar sind.

Mit allen diesen Werkzeugen ist mit Ausnahme des Crushierverfahrens ein nachträgliches Schärfen (Abrichten) der CBN- und Diamantschleifscheiben erforderlich.   *Kenter*

Literatur: *König, W.:* Fertigungsverfahren. Bd. 2: Schleifen, Honen, Läppen. Düsseldorf 1989. – *Messer, J.:* Abrichten konventioneller Schleifscheiben mit stehenden Werkzeugen. Diss. RWTH Aachen 1983. – *Meyer, H.-R.:* Über das Abrichten von Diamant- und CBN-Schleifwerkzeugen. In: Jb. Schleifen, Honen, Läppen und Polieren. Ausg. 50. Essen 1981. – *Minke, E.:* Grundlagen der Verschleißausbildung an nicht-rotieren-

den Abrichtschneiden zum Einsatz an konventionellen Schleifwerkzeugen. Diss. Universität Bremen. 1987. – *Saljé, E.:* Abrichtverfahren mit unbewegten und rotierenden Abrichtwerkzeugen. In: Jb. Schleifen, Honen, Läppen und Polieren. Ausg. 50. Essen 1981.

Abrichtwerkzeug, nicht-rotierendes →Abrichtwerkzeug

Abrichtwerkzeug, rotierendes →Abrichtwerkzeug

Abrieb, thermo-mechanischer Verschleiß →Verschleißmechanismus (Schleifen)

Abschroten →Messerschneiden

Absorbens →Absorptionsmittel, →Absorption

Absorption. Unter A. versteht man die Aufnahme und das Lösen von Gasen in Flüssigkeiten. Die A. ist eine verfahrenstechnische Grundoperation und wird zum Trennen von Stoffgemischen angewendet, insbes. um ein bestimmtes Gas aus einer gasförmigen Mischung abzutrennen (→Absorptionsapparat). Eine weitere Anwendungsmöglichkeit ist das Absorbieren von Gasen in Flüssigkeiten zur Herstellung von Lösungen wie Salzsäure (Chlorwasserstoff in Wasser gelöst).

A.-Prozesse sind für Verfahren zur Verminderung der Luftverschmutzung von großer Bedeutung. Dabei entfernt man ein schädliches Gas, wie z. B. Schwefeldioxid oder Schwefelwasserstoff, aus einem Abgas, bevor dieses in die Atmosphäre gelangen kann. Eine technische A.-Anlage besteht aus einer A.-Kolonne, in der das Waschmittel (A.-Mittel) meistens im →Gegenstrom zum Rohgas mit dessen zu entfernender Komponente beladen wird, und aus einer Regenerationskolonne (Regenerator), in der das Gas aus dem damit beladenen Waschmittel desorbiert, d. h. ausgetrieben, und das Waschmittel wiederverwendbar gemacht wird. Nur in Sonderfällen, in denen es die Wirtschaftlichkeit erlaubt, verwendet man das Waschmittel nur einmal zur A. Die wichtigsten Bestandteile einer A.-Anlage sind in Bild 1 dargestellt.

Je nach Art des Lösungsvorgangs in der Flüssigkeit, ob durch Van-der-Waals-Kräfte oder durch chemische Bindungskräfte, wird zwischen physikalisch lösenden Waschmitteln (Beispiel: Abtrennung von ungesättigten Kohlenwasserstoffen aus Spaltgasen mit N-Methylpyrrolidon) und chemisch wirkenden Waschmitteln (Beispiel: Entfernung saurer Bestandteile aus Gasen mit alkalischen A.-Mitteln) unterschieden. Bei der physikalischen A. ist das Phasengleichgewicht zwischen Flüssigkeit und Gas die Triebkraft für den Stofftransport in die flüssige Phase. Bei der chemischen A. wird das absorbierte

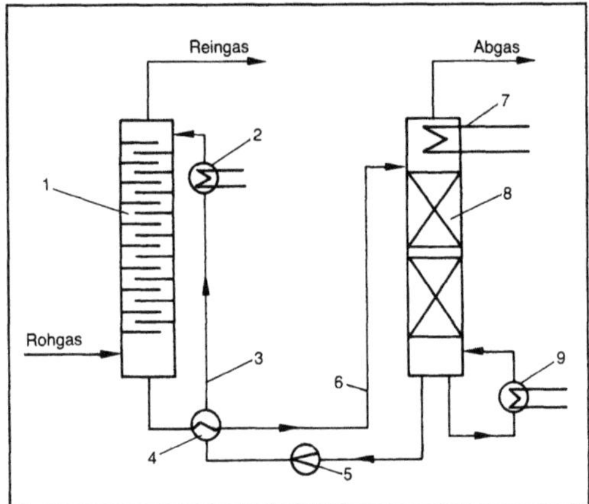

Absorption 1: Schematischer Aufbau einer Absorptionsanlage.

1 Absorber, 2 Kühler, 3 gereinigtes Absorptionsmittel, 4 Wärmeübertrager, 5 Pumpe, 6 beladenes Absorptionsmittel, 7 Kondensator, 8 Regenerator, 9 Aufkocher

Gas in der Waschflüssigkeit durch die chemische Reaktion gebunden.

Bild 2 zeigt charakteristische Verläufe von A.-Gleichgewichten. Im Grenzfall ist die Gleichgewichtskurve eine Gerade, die Löslichkeit des Gases in der Flüssigkeit demnach proportional zum Partialdruck des Gases (Gesetz von *Henry*). Bei der chemischen A. können schon bei geringen Partialdrücken hohe Flüssigkeitsbeladungen erreicht werden.

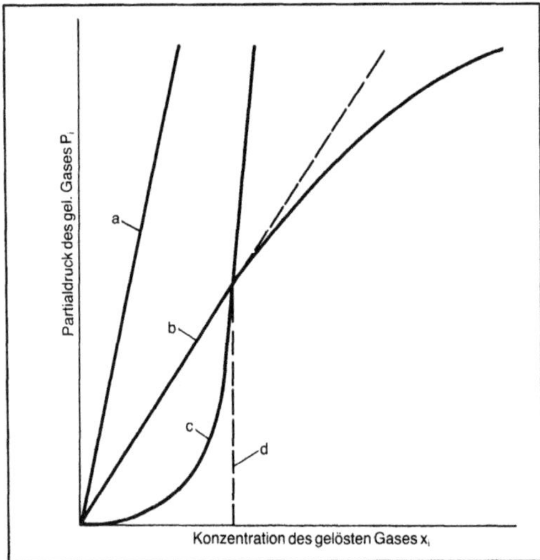

Absorption 2: Absorptionsgleichgewichte.

a Lösung gehorcht dem Henryschen Gesetz, b Lösung gehorcht dem Henryschen Gesetz nur in einem Teilbereich; außerhalb dieses Bereiches gibt es einen nichtlinearen Zusammenhang zwischen der Konzentration der Komponente i in der gasförmigen und der flüssigen Phase, c chemische Absorption mit einer maximalen Beladung, d durch die chemische Bindung

den. Durch die Sättigung der chemischen Bindung nimmt die Beladbarkeit bei Erreichen eines Grenzwerts nur noch wenig mit dem Partialdruck zu. Charakteristisch für die chemisch wirkenden Waschmittel ist ferner der hohe Wärmebedarf beim Regenerieren (→ Vorbeladung, → Restbeladung).

Die Gleichgewichtseinstellung beim A.-Vorgang hängt von der Geschwindigkeit des Stofftransports ab. Beim A.-Vorgang gelangt die gasförmige Komponente aus dem Gasstrom durch molekulare Diffusion oder turbulente Vermischung an die Phasengrenzfläche. Von dort wird sie von der Flüssigkeit aufgenommen und wandert durch ähnliche Transportprozesse in das Innere des Flüssigkeitsstromes. Die Stofftransportwiderstände hängen stark von den geometrischen Verhältnissen im A.-Apparat ab.

Unter den Gemischen, die in der A.-Technik als eintretende Rohgase häufig vorkommen, sind besonders folgende Gruppen zu erwähnen:
☐ Naturgase,
☐ Spaltgase, Raffinerieabgase,
☐ inerte Gase, die Dämpfe organischer Lösungsmittel enthalten,
☐ technische Gase aus verschiedenen Prozessen, die anorganische Komponenten, wie Chlor, Chlorwasserstoff, Stickoxide, Kohlenmonoxid, Schwefeldioxid usw., enthalten, wie z. B. Abgase aus Chlorierungen, Gase aus der Ammoniakverbrennung, Röstofengase und andere.

Bei der Reinigung von Erdgas wird das Gas von unten in die A.-Kolonne eingebracht, in der es im Gegenstrom mit einem abgereicherten A.-Öl in Kontakt kommt. Salzsäure stellt man gewöhnlich in einem Sprühturm her, in dem gasförmiger Chlorwasserstoff im Wasser absorbiert wird. Bei der Herstellung von Cyanwasserstoff absorbiert verdünnte Schwefelsäure das Ammoniak, das in der Reaktion nicht verbraucht wurde. Bei der Produktion von Salpetersäure werden Ammoniak katalytisch oxidiert und die gasförmigen Produkte in Wasser absorbiert.

In der Regel ist die physikalische A. um so wirtschaftlicher, je höher der Druck der eintretenden Gase ist (hohe Partialdrücke). Der Absorber und die Bau- und Betriebskosten werden um so größer, je kleiner der Restgehalt der zu entfernenden Komponente im gewaschenen Gas sein soll. Der wesentliche Vorteil der chemischen A. liegt in der größeren Selektivität, jedoch ist die Regenerierung schwieriger. Von der technischen Lösung der Regeneration hängt die Wirtschaftlichkeit des A.-Verfahrens ab, da hier die Gesamtkosten für den Wärmeverbrauch und z. T. die Kosten für den Kraftbedarf entstehen.   *Dohrn*

Literatur: *Mersmann, A.*: Thermische Verfahrenstechnik. Berlin, Heidelberg, New York 1980. – *Perry, R. E.*, u. *D. W. Green*: Perry's Chemical Engineers' Handb. 6. Aufl. New York 1984. – *Pratt, H. R. C.*: Countercurrent Separation Processes. Amsterdam 1967.

Absorptionsapparat. Zur Schaffung einer möglichst großen Phasengrenzfläche bei der →Absorption kann das Gas in die Waschflüssigkeit dispergiert, das Waschmittel in das Gas gesprüht oder das Gas entlang eines Flüssigkeitsfilms geführt werden (→Absorptionsmittel, →Strahlwäscher, →Vielstoffabsorption).

Folgende Apparate werden zur Absorption eingesetzt:

□ →*Bodenkolonne*: Die verwendeten Bodenkolonnen entsprechen den bei der Destillation eingesetzten Bodenkolonnen, a) im Bild. Sie sind aber für höhere Flüssigkeitsbelastungen und größere Gasgeschwindigkeiten ausgelegt. Zum Einsatz kommen u. a. Glockenböden, Ventilböden, Siebböden, Rostböden und Kittelböden.

□ →*Packungskolonne*: Füllkörperkolonnen oder Kolonnen mit geordneten Packungen werden häufiger als Bodenkolonnen zur Absorption verwendet, unter anderem, weil bei ihnen ein kontinuierlicher →Gegenstrom möglich ist, b) im Bild. Als →Füllkörper setzt man u. a. Raschig-Ringe, Pall-Ringe, Berl-Sättel, Kugeln und zahlreiche andere ein. Beim Turbulenz-Kontakt-Absorber werden hohle Kunststoffkugeln zwischen zwei Rosten aufgewirbelt, wodurch die Phasengrenzfläche ständig erneuert und einer Verstopfung vorgebeugt wird.

□ *Sprühapparat*: Waschflüssigkeit wird versprüht, und es bildet sich eine Suspension von Tröpfchen und Gas. Sprühabsorber sind besonders dann geeignet, wenn die Gase in der Flüssigkeit gut löslich sind und der Haupttransportwiderstand in der Gasphase liegt, c) im Bild. Düsenwäscher mit mehreren hintereinander geschalteten Düsenstufen eignen sich für Kurzzeitwäschen. Wenn theoretisch eine einzige →Trennstufe ausreicht, verwendet man auch Zyklonwäscher, bei denen die eingesprühten Flüssigkeitstropfen mit dem Gas mitgerissen und an der Wand abgeschieden werden. In einem Venturi-Wäscher wird die Flüssigkeit meist in den hochturbulenten Gasstrom eingedüst. Der Druckverlust ist relativ hoch und liegt bei 20–50 mbar. Wäscher mit rotierenden Einbauten zum Versprühen der Flüssigkeit finden nur selten Anwendung. Sprühapparate sind relativ billig, arbeiten schnell, benötigen aber recht erhebliche Mengen an Förderenergie.

□ *Filmwäscher*: Die Flüssigkeit wird am Umfang eines senkrecht stehenden Rohrmantels verteilt und rieselt im Gasstrom herab, d) im Bild. Filmwäscher setzt man besonders dann ein, wenn gleichzeitig große Wärmemengen abzuführen sind, z. B. bei der Absorption von HCl in Wasser. Die berieselten Rohre werden dann auf der anderen Wandseite gekühlt.

□ *Blasensäulen und Rührbehälter*: Blasensäulen werden für Absorptionen mit anschließender Reaktion verwendet. Einzeln betrieben und bei großen Gasdurchsätzen ist kein Gegenstrom von Gas und

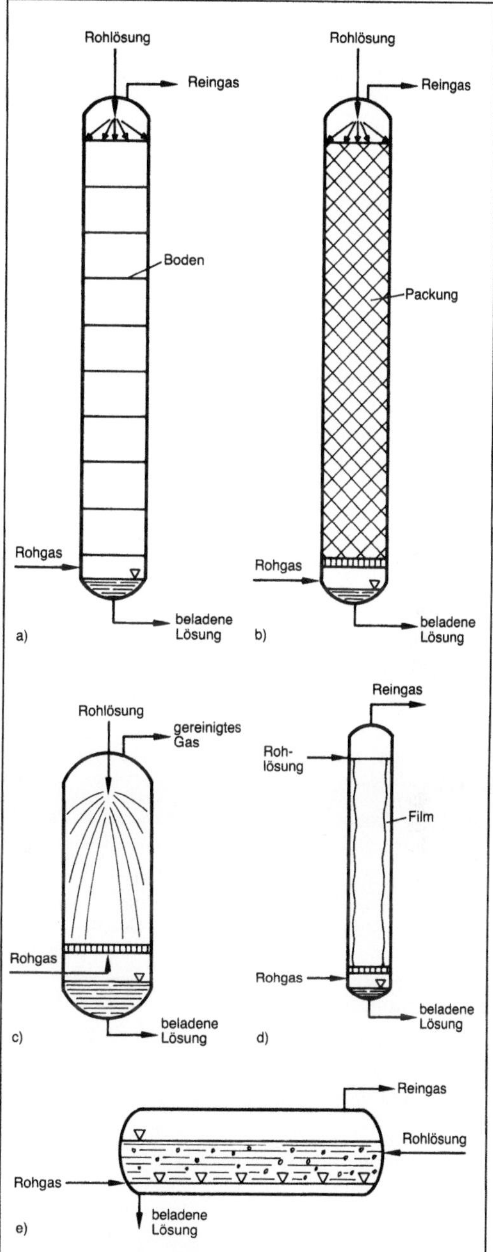

Absorptionsapparat: Schematischer Aufbau einiger Absorptionsapparate.
a) Bodenkolonne
b) Packungskolonne
c) Sprühkolonne
d) Filmkolonne
e) Blasensäule.

Flüssigkeit möglich. Die Verweilzeiten sind lang, und der Gasdurchsatz ist gering. Der Stoffübergang erfolgt etwa zur Hälfte bereits bei der Blasenbildung, so daß keine hohen Flüssigkeitssäulen notwendig sind, e) im Bild. Die Absorptionswirkung wird durch den Einbau mechanischer Rührer erhöht, womit sich die Flüssigkeitsdurchmischung verbessert und der Weg der Gasblasen verlängert. Rührbehälter werden dort eingesetzt, wo der Hauptwiderstand in der flüssigen Phase liegt, z. B. bei der Oberflächenbelüftung von Abwässern in offenen Becken.   *Dohrn*

Literatur: *Sattler, K.:* Thermische Trennverfahren. Weinheim 1988. – Ullmanns Enzyklopädie der technischen Chemie. 4. Aufl. Weinheim 1972.

Absorptionsmittel. A. (auch Waschflüssigkeit, Waschmittel, Absorbens genannt) nehmen bei der →Absorption Bestandteile des Gases oder der Dämpfe auf. Die Löslichkeit kann durch physikalische Kräfte (physikalische A.) oder durch chemische Bindungskräfte hervorgerufen werden.

Das A. sollte für die aufzunehmenden Stoffe eine hohe Löslichkeit haben, sich selbst aber schlecht im Gas lösen (niedriger Dampfdruck wegen A.-Verlusten erforderlich). Außerdem sollte die Selektivität möglichst hoch, die Viskosität niedrig und die Regenerierbarkeit einfach sein. Weiterhin sollten A. möglichst nicht giftig, nicht umweltbelastend und preiswert sein.

Beispiele für A. sind in der Tabelle aufgeführt.   *Dohrn*

Literatur: *Coulson, J. M., u. J. F. Richardson:* Chemical Engineering. Oxford, New York, Toronto, Sydney, Paris, Frankfurt a. M. 1979. – *Perry, R. E., u. D. W. Green:* Perry's Chemical Engineers' Handb. 6. Aufl. New York 1984. – *Sattler, K.:* Thermische Trennverfahren. Weinheim 1988. – Ullmanns Enzyklopädie der technischen Chemie. 4. Aufl. Weinheim 1972.

Abstandseffekt →Wasserstrahlschneiden

Abstich. A. nennt man das Ablassen flüssigen Materials aus Schmelzöfen, wie Hochöfen, Kupolöfen oder Elektroöfen. Während es sich früher dabei um einen reinen Entleerungsmechanismus handelte, wird in der modernen →Metallurgie der A. in ein Gießgefäß zur weiteren Behandlung der Schmelze benutzt. So bewirkt beispielsweise die Einführung des Drucksyphons bei Heißwind-Kupolöfen eine weitgehende Trennung von Schlacke und Metall, oder man nutzt beim A. aus einem Induktionsofen über ein Aufgabegerät die Injektorwirkung des ausfließenden Metalls zur intensiven Aufnahme von Impf- oder Legierungszusätzen.   *Doliwa*

Abtragen, chemisches. Fertigungsverfahren, bei dem der Werkstoff dadurch abgetragen wird, daß sich die Oberfläche des Werkstückes in einer chemischen Reaktion mit einem Wirkmedium zu einer Verbindung umsetzt, die flüchtig ist oder sich leicht entfernen läßt.

Nach DIN 8590 gehört das ch. A. zur Gruppe der Fertigungsverfahren Abtragen und wird seinerseits wieder in Ätzabtragen (→Ätzen), thermisch-chemi-

Absorptionsmittel. Tabelle: Beispiele von Absorptionsmitteln.

Prozeß	Absorbend	Absorptionsmittel
Gewinnung von Salzsäure	HCl	Wasser
Reinigung von Abluft	HF, SiF_4	Wasser
Reinigung von Stadtgas, Feinreinigung von Synthesegas	H_2S, CO_2, organische S-Verbindungen, Kohlenwasserstoffe	Methanol bei tiefer Temperatur (Rectisol)
Gewinnung von Flüssiggas aus Naturgas	C_2-, C_3-Kohlenwasserstoffe	Waschöl
Olefingas	Butadien	N-Methylpyrrolidon
Reaktionsgas aus der Schwefeldioxid-Oxidation	SO_3	wäßrige Schwefelsäure
Gewinnung von Ammoniumsulfat	NH_3	Schwefelsäure
Reinigung von Natur- und Raffineriegas	H_2S, CO_2	wäßrige Ethanolamin-Lösungen
Reinigung von Synthesegas	H_2S, CO_2, organische Schwefelverbindungen	Diisopropanol in organischen Lösungsmitteln (Sulfinol)
Trocknung von Naturgasen	H_2O	Glykole
Rauchgasreinigung	SO_2, NO_x, Geruchsstoffe	Calciumhydrochlorid + Wasser

sches Entgraten (Entgraten, thermisches) und chemisch-thermisches Abtragen unterteilt.

Im Gegensatz zum elektrochemischen Abtragen, bei dem die Werkstoffauflösung auf einem erzwungenen Stromfluß durch eine äußere Spannungsquelle erfolgt, kommt hier die Stoffumsetzung durch die direkte chemische Reaktion eines flüssigen oder gasförmigen Wirkmediums zustande. Im Falle des Ätzabtragens besteht das Wirkmedium, hier →Ätzmittel genannt, aus oxidierend wirkenden Säuren, Laugen, Salzen oder Gemischen derselben, die auf Grund ihrer chemischen Eigenschaften in der Lage sind, Metallatome zu ionisieren und damit den Metallauflösungsprozeß hervorzurufen. Entsprechend liegt die Prozeßtemperatur unter der Siedetemperatur des Wirkmediums, und eine thermische Werkstückbeeinflussung tritt nicht auf.

Die Härte oder Sprödigkeit eines Werkstoffs spielt keine Rolle, da beim chemischen Bearbeiten keine Schneiden oder mechanischen Kräfte beteiligt sind. Wärmespannungsrisse oder Verzug treten daher nicht auf, und nur die Einordnung der Werkstoffe in die Spannungsreihe der Metalle, die über thermodynamische Werkstoffeigenschaften Auskunft gibt, ist von Bedeutung.

Dieses Fertigungsverfahren hat sich in vielen Bereichen der metallverarbeitenden Industrie voll durchsetzen können. Mit dem Tiefätzen ist es möglich, an den vielen in der Luft- und Raumfahrt vorkommenden großflächigen Bauelementen aus Aluminium-, Magnesium- und Titanlegierungen auch nach der Umformung festigkeitsmäßig weniger beanspruchte Gebiete der Werkstücke auf das zulässige Minimum im Querschnitt abzutragen. Die mechanischen Eigenschaften geätzter Bauteile, wie z. B. der Tragflächen oder der Beplankung von Flugzeugen, bleiben dadurch an den beanspruchten Punkten erhalten, während ihr Gewicht auf das notwendige Maß reduziert werden kann.

Aus Blechtafeln oder Bändern können in der Automobilindustrie durch gesteuertes ch. A. ebene Teile herausgetrennt werden, die sonst teure Schnittwerkzeuge erfordern würden. Damit konkurriert die Ätzmaschine in der Einzelfertigung mit der Presse und der Stanzmaschine. Sehr dünne Werkstücke, z. B. Dehnmeßstreifen oder Glimmlichtziffern für elektronische Anzeigegeräte, werden auch in der Mengenfertigung ausgeätzt, weil sie mit den herkömmlichen Verfahren nur schwierig oder überhaupt nicht hergestellt werden können.

Eines der geläufigsten Beispiele für das ch. A. innerhalb der Elektro- und Elektronikindustrie ist die geätzte Schaltung. Auf eine nichtleitende Grundplatte wird eine Kupferfolie aufgeklebt. Mit einer ätzbeständigen Schicht (→Maske) werden die Felder abgedeckt, die als Leiter oder Anschlußstellen von der Kupferfolie erhalten bleiben sollen. Die ungeschützten Stellen werden bis auf die Isolierplatte abgeätzt. In dem gleichen Industriezweig werden Oxidschichten auf Halbleitermaterialien wie Silicium und Germanium zur Herstellung integrierter Schaltkreise und Halbleiterbauelemente kontrolliert aufgelöst.

Ätzbar sind die verschiedensten Metalle (Kupfer, Stahl, Aluminium und deren Legierungen, Molybdän, Zink, Titan, Gold, Silber und Magnesium), Halbleiterwerkstoffe, verschiedene Kunststoffe und Glas. Hierbei werden Ornamente, Beschriftungen usw. durch Ätzen mit Fluorwasserstoff unter Bildung von gasförmigem Siliciumtetrafluorid in das Glas eingebracht. Zur Vorbereitung der Ätzbearbeitung werden die Glaspartien, die nicht mit dem Ätzmedium in Berührung kommen sollen, mit einer Wachs-, Paraffin- oder Harzschicht abgedeckt, die nachher durch geeignete Lösungsmittel wieder entfernt werden kann.

Ausschlaggebend für die Qualität und Wirtschaftlichkeit beim Ätzen von Werkstücken ist das Ätzmittel. Wichtige Parameter sind seine Konzentration und die Betriebstemperatur. Auf diese Arbeitsbedingungen ist die Auslegung der Ätzwannen abzustimmen. Bei Ätzwannen für Titan und nichtrostenden Stahl ist die Auskleidung der Behälter, Rohrleitungen und Pumpen besonders sorgfältig auszuwählen, damit sie den Ätzmitteln auf der Basis von Flußsäure standzuhalten vermögen.

Moderne Ätzmaschinen werden heute fast ausschließlich aus Kunststoffen hergestellt, die es in größerer Auswahl für nahezu alle aggressiven Medien gibt, die für die moderne Ätztechnik in Betracht kommen. Für die Einzelfertigung werden vielfach Standätzmaschinen oder kleine Durchlaufanlagen verwendet. Für Groß- und Serienfertigung, z. B. in der Rundfunk- und Fernsehindustrie, werden ausschließlich Horizontal-Durchlauf-Ätzautomaten eingesetzt.

Der Vorteil dieser Methode liegt darin, daß die Ätzmaschinen in kontinuierliche Fertigungsstraßen eingebaut werden können. Eine komplette Ätzanlage besteht aus dem eigentlichen Behälter, aus einer Temperaturregelung, Umwälzeinrichtung, Absaugung, Regenerationseinrichtung, Schaltschränken und einem Transportsystem für die Werkstücke.

Neben der technischen Anwendung kommt das chemische Ätzen in allen metallographischen Laboren zum Einsatz. Hier werden bei Gefügeuntersuchungen zur Erkennung der Korngrenzen und ihrer Beschaffenheit oder auch zur Bestimmung von Legierungsbestandteilen metallographische Schliffe angeätzt.

In Druckereien dient dieses Verfahren der Herstellung von Klischees, Druckwalzen bzw. zur Tieflegung von Druckstöcken (→Tauchätzen, →Sprühätzen). *König*

Literatur: DIN 8590: Fertigungsverfahren Abtragen. Hrsg. Dt. Inst. f. Normung. Ausg. Juni 1978. – *Bosdorf, L.:* Technologie des Ätzens. VDI-Ber. 183, S. 61/66. Düsseldorf 1972. – *Friedmann, H., E. W. Hoy* u. *R. M. White:* Die Anwendung chemischer Bearbeitungsverfahren. Mod. Mach. Shop 42 (1969), S. 88/94. – *Hesselt, F.:* Tiefätzen in der Luftfahrt- und Raumfahrttechnik. VDI-Ber. 183, S. 73/82. Düsseldorf 1972. – *Höllmüller, H.:* Anlagen zum Ätzen. VDI-Ber. 182, S. 107/14. Düsseldorf 1972.

Abtragen, elektrochemisches. Dieses abbildende Fertigungsverfahren beruht auf einer elektrochemischen Reaktion eines metallischen Werkstoffs mit einem in Ionen dissoziierten elektrisch leitenden Wirkmedium unter Einwirkung eines elektrischen Stroms zu einer Verbindung, die im Wirkmedium löslich ist oder ausfällt.

Der Stromfluß kann hierbei durch eine äußere, aber auch durch eine innere Spannungsquelle ($\rightarrow$ Lokalelement) hervorgerufen werden. Der Werkstoffabtrag wird durch das Faradaysche Gesetz beschrieben, nach dem der Materialumsatz an den Elektroden einer elektrolytischen Zelle proportional zur hindurchgegangenen Ladungsmenge und zum Äquivalentgewicht der umgesetzten (aufgelösten) Materialien ist. In der Regel wird das kathodisch gepolte Bearbeitungswerkzeug ($\rightarrow$ Werkzeugelektrode) mit konstanter Vorschubgeschwindigkeit in das anodisch gepolte Werkstück (Werkstückelektrode) eingesenkt. Zwischen Werkstück und Werkzeug bildet sich prozeßbedingt ein $\rightarrow$ Arbeitsspalt aus, durch den die $\rightarrow$ Elektrolytlösung mit hoher Geschwindigkeit strömt und dabei die im Arbeitsspalt entstehenden Abtragprodukte sowie die durch den Stromfluß entstehende Joulesche Wärme abführt. Da sich der Werkstoff entsprechend der Geometrie des kathodischen Formwerkzeuges auflöst, ist das Verfahren abbildend.

Elektrochemische Bearbeitungsanlagen bestehen grundsätzlich aus der Elektrolytversorgung, der Bearbeitungsmaschine und dem Stromgenerator. Aus dem Verfahrensprinzip ergibt sich eine Reihe von Anforderungen, die von einer elektrochemischen Senkanlage erfüllt werden müssen und die den Aufbau einer Anlage bestimmen (Bild). Die eigentliche Bearbeitungsmaschine verfügt über Aufspanntische für die Werkzeug- und Werkstückelektroden. Während des Bearbeitungsprozesses wird dabei mittels einer Vorschubeinheit eine Relativbewegung zwischen Werkzeug und Werkstück hergestellt. Diese muß eine gleichförmige Bewegung der Elektrode (die Werkzeugelektrode) gewährleisten, da die Vorschubschwankungen zum mechanischen Kontakt der Elektroden und damit zum Kurzschluß führen können. Die Vorschubgeschwindigkeit bewegt sich hierbei zwischen 0,1 und 3 mm/min.

Die zur Elektrolyse notwendige Gleichspannung liefert ein Generator, der aus einem Transformator zur Herabsetzung der Netzspannung auf eine maxi-

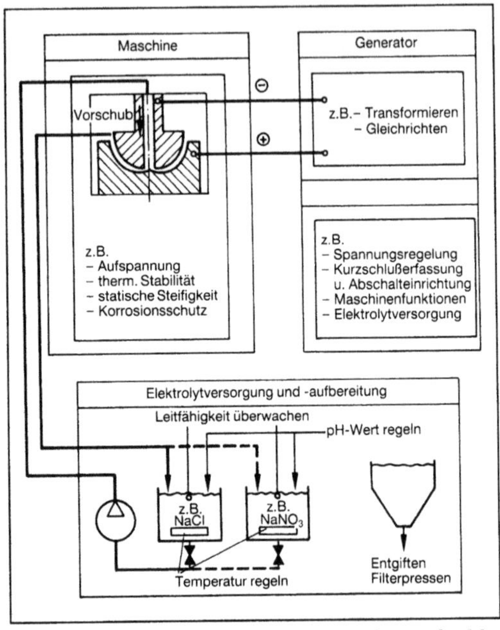

Abtragen, elektrochemisches: Elektrochemische Metallbearbeitungsanlage.

male Arbeitsspannung von 20–30 V und aus einem Gleichrichter besteht. Die Elektrolytversorgung und Elektrolytaufbereitung besteht im wesentlichen aus einer Pumpe, einem oder mehreren Elektrolytbehältern und aus einem Wärmeüberträger zur Temperaturregelung des Elektrolyten.

Die in Form von Metallhydroxiden vorliegenden Abtragprodukte müssen ständig aus dem Elektrolytkreislauf entfernt werden, da sie mit zunehmender Anreicherung das Wirkmedium eindicken würden. Hierzu finden vorzugsweise Separatoren und Zentrifugen Anwendung, die in einem Zusatzkreislauf des Elektrolytleitungssystems angeschlossen sein können.

Außer einer genauen Einhaltung des pH-Wertes ist ebenso die Konstanz der Leitfähigkeit des Elektrolyten unabdingbare Voraussetzung, wenn eine hohe Maßgenauigkeit der zu bearbeitenden Werkstücke gewährleistet werden soll.

Ein schwerwiegendes Problem, das den Erfolg und die Fertigungskosten einer elektrochemischen Bearbeitung entscheidend beeinflussen kann, ist die bei diesem Fertigungsverfahren meist aufwendige Vorrichtung, die eine Reihe von Funktionen erfüllen muß. Hierzu gehören insbes. die Kontaktierung der Werkzeugelektroden und vor allem der Werkstückelektroden. Unsaubere Kontaktflächen bewirken hohe Übergangswiderstände und damit hohe Spannungsabfälle an der Kontaktstelle. Außerdem übernimmt die für eine elektrochemische Senkbearbeitung notwendige Vorrichtung die Aufgabe, die Elektrolytlösung durch den Bearbeitungsspalt zu führen bzw. das Wirkmedium dem zu bearbeitenden Werkstück zuzuleiten. Das Arbeitsmedium kann dem Arbeitsspalt auch über Bohrungen und Schlitze in der Werkzeugelektrode zufließen. In der Praxis unterscheidet man je nach Strömungsrichtung die innere und äußere Zuströmung.

Auf Grund der nachstehend genannten verfahrensspezifischen Vorteile wird elektrochemisches Senken seit Jahren in fast allen Produktionsbereichen angewandt:
□ Bearbeitung schwer zerspanbarer Werkstoffe,
□ Erzeugung komplizierter geometrischer Formen,
□ verfahrensbedingte Verschleißfreiheit der Werkzeugelektroden,
□ keine thermisch- und verformungsbedingte Gefügebeeinflussung des Werkstückwerkstoffs,
□ gratfreie Bearbeitung,
□ gute Oberflächenbeschaffenheit des Werkstücks bei hohen Abtragleistungen,
□ größere Konstruktionsfreiheit hinsichtlich der Formgebung und der Werkstoffauswahl.

Um eine wirtschaftliche Fertigung und eine kontrollierte Formgenauigkeit zu gewährleisten, sind detaillierte Kenntnisse der elektrochemischen Prozeßzusammenhänge zur Handhabung dieses Fertigungsverfahrens unerläßlich. Ohne Kenntnis des elektrochemischen Abtragverhaltens ist eine Voraussage des Arbeitsergebnisses – gekennzeichnet durch Formgenauigkeit und →Oberflächengüte – genau so wenig möglich wie eine Abschätzung der Hauptzeit und des erforderlichen Energiebedarfs.

Dem elektrochemischen Senken artverwandte elektrochemische Abtragverfahren sind das STEM und das elektrochemische Entgraten. Das letztgenannte Verfahren ermöglicht die Entfernung komplizierter Gratformen durch eine entsprechende Formelektrode auch an schwer zugänglichen Stellen eines Bauteils und ist zudem gut zu automatisieren. Das e. A. kann mit einer Reihe konventioneller spanender Bearbeitungsverfahren, wie dem →Schleifen, →Honen oder →Läppen, kombiniert werden.   *König*

Literatur: DIN 3401: Elektrochemische Bearbeitung. Hrsg. Dt. Inst. f. Normung. – *König, W.:* Fertigungsverfahren. Bd. 3. Düsseldorf 1979. – *Rüb, F.:* Verfahren und Maschinen für die elektrochemische Metallbearbeitung. Metalloberfläche 24 (1970), S. 342/45. – *Wilson, J. F.:* Practice and Theory of Electrochemical Machining. New York 1971.

Abtragprozeß →Funkenerosion

Abtragrate →Dielektrikum, →Mehrkanalbearbeitung, →Abtragverhalten

Abtragverhalten. Die wesentlichste Einflußgröße auf die erreichbare Abtragrate und den relativen Verschleiß ist die Entladeenergie W_e eines Impul-

ses. Sie kann über die Einstellung der Impulsparameter Impulsdauer t_i und Entladestrom i_e am Generator gezielt variiert werden (→Funkenerosion). Mit zunehmender Impulsdauer steigt die Abtragrate auf ein Maximum an (Bild).

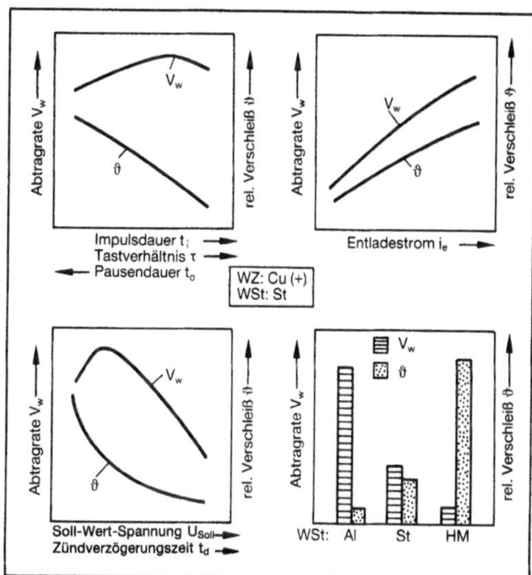

Abtragverhalten: Einfluß verschiedener Parameter auf die Abtragkennwerte beim funkenerosiven Senken (schematisch).

Eine weitere Steigerung der Impulsdauer bewirkt durch einen Abfall der Energiedichte auf Grund der größeren Ausdehnung des Entladekanals eine Abnahme der Abtragrate. Höhere Stromstufen führen zu höheren Abtragraten, wobei hinsichtlich einer Abtragmaximierung den verschiedenen Stromstufen jeweils eine optimale Impulsdauer zugeordnet werden kann. Der relative Verschleiß nimmt mit zunehmender Impulsdauer ab. Das Erodieren mit geringerer Entladeenergie ist immer mit einer Reduzierung der Abtragrate bzw. mit einem Verschleißanstieg verbunden.

Ein geringes Tastverhältnis bedeutet eine pro Zeiteinheit geringere umgesetzte Energie: Die Abtragrate sinkt. Andererseits verkürzt ein zu hohes Tastverhältnis die Pausendauer t_o so sehr, daß eine ausreichende Deionisation des Arbeitsspaltes nicht mehr gewährleistet ist. Es kommt zu Fehlentladungen und damit zu einem Abfall der Abtragrate.

Mit zunehmender Soll-Wert-Spannung steigt die Zündverzögerungszeit, so daß die pro Entladung umgesetzte Energiemenge abnimmt. Entsprechend reduzieren sich Abtragrate und Verschleiß. Bei sehr geringer Soll-Wert-Spannung dagegen ist die Spaltweite so gering, daß zunehmend abtragmindernde Fehlentladungen zünden und der Verschleiß ansteigt.

Bei gleicher Entladeenergie werden bei der erosiven Bearbeitung verschiedener Werkstoffe unterschiedliche Abtragkennwerte erzielt. Es zeigt sich, daß die Abtragrate wesentlich von den wärmephysikalischen Kennwerten der Werkstoffe abhängt. Je geringer z. B. die Schmelztemperatur, um so mehr Werkstoffvolumen wird aufgeschmolzen, und die Entladekrater werden entsprechend vergrößert. *König*

Literatur: *Barwa, E.:* Elektrodenwerkstoffe für die funkenerosive Metallbearbeitung. tz für Metallbearbeitung 79 (1985) Nr. 5, S. 13/16. – *Enning, H.-J.:* Ein Beitrag zur Reduzierung des Elektrodenverschleißes bei der funkenerosiven Senkbearbeitung. Diss. TH Aachen 1980. – *König, W.:* Fertigungsverfahren. Bd. 3: Abtragen. Düsseldorf 1979. – *König, W.,* u. *W.-I. Jutzler:* Technologie des funkenerosiven Senkens mit Graphit-Elektroden. Ind.-Anz. 101 (1979), S. 55. – *Kurr, R., G. Obaciu* u. *R. Wertheim:* Die Auswirkungen der Energieverteilung auf Abtrag und Verschleiß bei der funkenerosiven Bearbeitung. Ind.-Anz. 94 (1972), S. 682/93. – *Schumacher, B.:* Das Leistungsverhalten und der Werkzeugverschleiß bei der funkenerosiven Bearbeitung von Stahl mit Speicher- und Impulsgeneratoren. Diss. TH Aachen 1966.

Abtragverhalten, elektrochemisches. Das A. eines elektrochemisch zu bearbeitenden Werkstoffs hängt außer von seiner chemischen Zusammensetzung auch von dessen Gefügestruktur und damit von der Wärmebehandlung, vom Verarbeitungszustand und von weiteren, die Struktur eines Werkstoffs bestimmenden Größen ab.

Des weiteren muß das Abtragverhalten in direktem Zusammenhang mit der →Elektrolytlösung, ihrer Zusammensetzung, der Konzentration und der Temperatur gesehen werden. Die direkte Proportionalität zwischen der Abtraggeschwindigkeit und der Stromdichte leitet sich aus den Faradayschen Gesetzmäßigkeiten ab.

Dieser theoretische Zusammenhang gilt jedoch nur für die Bedingung, daß die ausschließlich abtragwirksamen Reaktionen mit den angenommenen Lösungswertigkeiten ablaufen. Gerade diese Voraussetzung ist aber in der Praxis nicht immer zutreffend, da an einer Elektrode in Abhängigkeit von den vorliegenden Bearbeitungsbedingungen (z. B. Art des Elektrolyten, pH-Wert, angelegte Arbeitsspannung usw.) mehrere elektrochemische Reaktionen ablaufen, die sowohl abtragwirksam als auch abtragunwirksam sein können. Außerdem sind die unterschiedlichen chemischen Reaktionen oftmals potentialabhängig und damit auch stromdichteabhängig.

Während ein linearer Zusammenhang zwischen der Abtraggeschwindigkeit und der Stromdichte nach dem Faradayschen Gesetz auf einen konstanten Reaktionsmechanismus hinweist, bewirken die zuvor beschriebenen Reaktions- bzw. Abtragmechanismen ein Abknicken des Kennlinienverlaufs. Grundsätzlich können jedoch alle untersuchten Abhängigkeiten von Abtraggeschwindigkeit und Stromdichte durch Geraden oder Geradenabschnitte dargestellt werden (→Werkzeugelektrode, Passivierung). *König*

Abtriebsgerade →McCabe-Thiele-Diagramm

Abtriebsteil. Unter dem A. einer Gegenstromtrennkolonne versteht man das Kolonnenstück, das unterhalb der Zulaufstelle liegt (→Destillieren). Im A. (auch Abtriebskolonne oder →Stripper genannt) werden die leichtflüchtigen Bestandteile der nach unten fließenden Flüssigkeit abgetrieben (die Flüssigkeit wird „gestrippt"), so daß das →Sumpfprodukt nur noch aus schwerflüchtigen Bestandteilen besteht. Im A. werden der Flüssigkeitsstrom mit L′ und der Gasstrom mit G′ bezeichnet. Die Gleichung der →Bilanzlinie lautet:

$$y = \frac{L'}{G'} \cdot X - \frac{B}{G'} \cdot X_B;$$

B bedeutet entnommene Menge des Sumpfprodukts. Eine Massenbilanz um den A. ergibt

$$L' = G' + B.$$

Das Verhältnis von Flüssigkeitsstrom L′ zu Gasstrom G′ ist maßgeblich für die Steigung der Bilanzlinie. Wenn kein Sumpfprodukt entnommen wird, ist L′ = G′, und die Bilanzlinie hat die Steigung 1. Sofern Sumpfprodukt entnommen wird, ist die Steigung > 1.

Bild a) zeigt eine Rektifizierkolonne (→Rektifikation) mit einem Verstärkungs- und einem A. Der →Zulauf erfolgt in der Mitte der Kolonne, so daß sowohl ein von schwerflüchtigen Stoffen gereinigtes →Destillat als auch ein von leichtflüchtigen Bestandteilen abgereichertes Sumpfprodukt gewonnen wird.

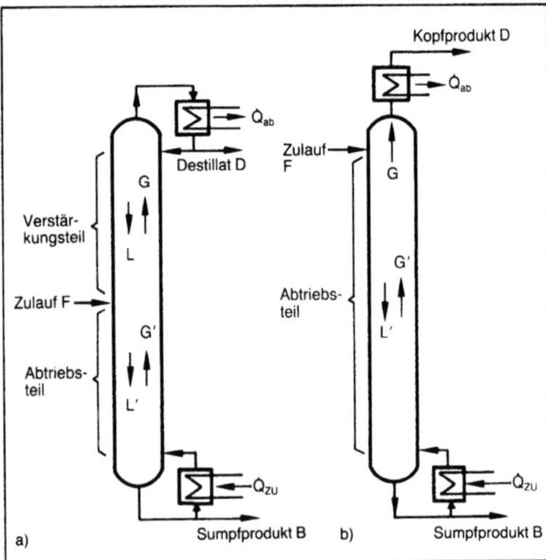

Abtriebsteil: Schema von Kolonnen mit Abtriebsteil.

a) Schema einer Rektifizierkolonne mit Abtriebs- und Verstärkungsteil

b) Schema einer Kolonne, die nur aus einem Abtriebsteil besteht.

Die in b) im Bild dargestellte Kolonne wird verwendet, wenn man aus schwerflüchtigen Stoffen eine geringe Menge an leichtflüchtigen Komponenten abtrennen will und die Reinheit des Destillats keine Rolle spielt. Der Zulauf erfolgt am Kopf der Kolonne, so daß es keinen →Verstärkungsteil gibt. *Dohrn*

Literatur: *Kirschbaum, E.:* Destillier- und Rektifiziertechnik. 4. Aufl. Berlin, Heidelberg, New York 1969. – *Mersmann, A.:* Thermische Verfahrenstechnik. Berlin, Heidelberg, New York 1980.

Abwärme. Unter A. versteht man Wärmeströme, die bei technischen Prozessen in Maschinen, Apparaten oder Anlagen auftreten und ungenutzt an die Umgebung abgegeben werden. Beispiele sind die Kühlwärme von Verbrennungsmotoren und Kraftwerken sowie die Strahlungswärmeverluste von Dampferzeugern.

Im Umgangssprachgebrauch werden – physikalisch nicht richtig – unter A. auch die Enthalpieströme verstanden, die mit einem Stoffstrom ungenutzt an die Umgebung abgegeben werden. Beispiele hierfür sind die Abgasströme von Verbrennungsanlagen, Abdampfströme sowie Abluftströme, soweit deren Temperaturen über dem Umgebungsniveau liegen.

Bei steigenden Brennstoffkosten und/oder wenn die Energie rationeller verwendet werden soll, kann A. in speziellen Prozessen weiter genutzt werden. *Bohn*

Abwasserreaktor. Reaktorsystem, um Abwässern mit Hilfe aerober oder anaerober Mikroorganismen biologisch zu reinigen. Wesentliche Merkmale für die Konstruktion und Dimensionierung von A. sind die Verfahrensweise (aerob oder anaerob) und die Schadstoffbelastung. Mit installierten Reaktorvolumen bis zu 30 000 m³ und Flüssigkeitshöhen bis zu 120 m (→Deep-Shaft-Reaktor) sind A. die größten Bioreaktoren. A. sowie Verfahrensprinzipien zeigt die Tabelle.

Für den Einsatz in Ballungsgebieten sind wegen ihres geringen Platzbedarfs, der fehlenden Belästigung durch Lärm und Geruch sowie ihrer hohen Abbauleistung insbes. Turmreaktoren und Wirbelschichtreaktoren geeignet. Die Wahl zwischen aeroben und anaeroben Verfahren hängt in erster Linie von der chemischen Konstitution des Abwassers und der Abbaubarkeit der Wasserinhaltsstoffe ab. Weitere Gesichtspunkte sind mögliche Schwankungen in der Zusammensetzung des Abwassers und das Auftreten von Belastungsspitzen.

Generell ist die mikrobielle Population eines anaeroben Verfahrens spezialisierter und somit empfindlicher als eine aerobe Population. Darüber hinaus benötigen anaerobe Abwasserreinigungssysteme auf Grund der geringeren Wachstumsrate anaerober Bakterien eine längere Zeit zum Erreichen eines stationären Zustands. Diesen Nachteilen stehen eine geringe Bildung von Überschußschlamm und Kohlendioxid sowie die Produktion von verwertbarem Methan (Biogas) gegenüber. *Liefke*

Literatur: *Bailey, J. E.,* u. *D. F. Ollis:* Biochemical Engineering Fundamentals. 2. Aufl. New York 1986. – *Oehme, Ch.:* Trägerbiologien in der Abwassertechnik. Chem.-Ing.-Tech. 56 (1984), S. 599.

Abwasserreinigung. Die A. in A.-Anlagen (Kläranlagen) und Klärwerken erfaßt die im Schmutzwasserkanal des Trennverfahrens oder im Mischwasserkanal des Mischverfahrens zusammengefaßten Abwässer, bei letzterem auch Anteile der wesentlich verschmutzten Regenwasserabflüsse. Fremdwasser ist unerwünscht, leider aber oft gegeben. Dabei

Abwasserreaktor. Tabelle: Verfahren.

Aerobe Verfahren		Anaerobe Verfahren	
Fixierte Mikroorganismen (MO)	Suspendierte MO	Fixierte MO	Suspendierte MO
Festbettreaktor: Emscherbrunnen Tropfkörperreaktor Tauchkörperreaktor	Belebungsverfahren Belebungsbecken Turmreaktor (Deep-Shaft, Biohochreaktor, Turmbiologie)	Festbettreaktor: anaerobes Filter	Faulturm
Wirbelschichtreaktor (Oxitronverfahren, Katoxreaktor, Biokopreaktor, Hy-Flo-Prozeß)		Wirbelschichtreaktor: Upflow-Activated- Sludge-Blanket (Zellrückhaltung durch Agglomeration der Zellen)	

erfassen die kommunalen A.-Anlagen (ARA) außer den häuslichen Abwässern meist auch Abwässer gewerblicher (Bäcker, Fleischer usw.) und gelegentlich auch industrieller Herkunft (Indirekteinleiter). Für spezielle industrielle Abwässer ist oft die spezifische eigene Reinigung oder eine Vorbehandlung vor der Abgabe in das kommunale Kanalnetz üblich oder nötig. Die A. umfaßt mehrere Stufen: Die Vorreinigung (Rechen, Sandfang, evtl. Fettfang) und die mechanische erste Reinigungsstufe entfernen absetzbare (abfilterbare), suspendierte Stoffe meist in Absetzbecken, gelegentlich auch durch Flotation. Der anfallende Primärschlamm wird zusammen mit dem Sekundärschlamm der zweiten biologischen Reinigungsstufe meist anaerob ausgefault oder seltener auch aerob stabilisiert. Diese biologische Stufe erfaßt die gelösten und kolloidalen, vor allem organischen, leichter abbaubaren (mineralisierbaren) Kohlenstoffverbindungen und weniger die Stickstoffverbindungen. Das Abwasser verbleibt rechnerisch etwa 2 h bis zu 8–10 h in dieser Behandlungsstufe einschl. einer Nachklärung. Bei besonderen Anforderungen werden in einer dritten Reinigungsstufe die Nährstoffe Phosphat und evtl. auch Nitrate entfernt, die vor allem stehende Gewässer durch ihre Düngewirkung besonders belasten können. Außerdem läßt sich in einer vierten, bisher selten angewendeten Reinigungsstufe, z. B. durch Filtration, der Kläreffekt verbessern. Ebenso kann eine abschließende Schönung, z. B. das Durchleiten durch Fischteiche oder Teiche allgemein, einen Kläreffekt bringen. Eine abschließende Entkeimung, z. B. durch Chlorung, ist in Deutschland nicht üblich, wird aber im Ausland gelegentlich angewendet.

Die mechanische Reinigung entfernt meist rd. 90 % der absetzbaren oder rd. 30 % der biologisch in fünf Tagen (BSB_5) abbaubaren Stoffe. Die biologische Reinigung ergibt gewöhnlich eine Reduzierung des BSB_5 von rd. 90 %. Bei weitergehender Reinigung werden rd. 95 % und ausnahmsweise bis zu etwa 98 % erreicht. In der Praxis sind jedoch nicht diese Wirkungsgrade als Soll-Werte der A. vorgegeben, sondern BSB_5-Konzentrationen im Ablauf von 15–30 mg/l, meist 20–25 mg/l. Werte unter 10 mg/l sind ein sehr gutes A.-Ergebnis. Zum Vergleich: In unseren Gewässern gibt es häufig eine Belastung an BSB_5 von etwa 5–2 mg/l, die nicht nur anthropogen bedingt, sondern z. T. auch natürlich ist. Eine andere Meßgröße ist der chemische Sauerstoffbedarf (CSB), der in unseren Gewässern oft im Bereich von 18–35 mg/l liegt. Die Keimzahlen lassen sich bei der Abwasserreinigung in Größenordnungen von 90–99 und sogar 99,9 %, je nach dem Grad der Reinigung, reduzieren. Durch die A. werden auch Wurmeier und Viren in diesen Größenordnungen im Klärschlamm zurückgehalten. *Pfeiff*

Achse →Antrieb; →Arbeitssicherheit; →Fertigung, flexible; →Industrieroboter-Teilsystem; →Kinematik (Industrieroboter); →Leichtroboter; →Roboter

Acrylfaser. A. sind synthetische Fasern mit einem Mindestgehalt von 85 % an Polyacrylnitril (PAN):

$$\left[\text{CH}_2 - \underset{\underset{\text{C}\equiv\text{N}}{|}}{\text{CH}}\right]_n$$

Sie können sowohl nach dem Naß- als auch nach dem Trockenspinnverfahren (→Faserherstellung) aus Lösung ersponnen werden.

Fasern aus reinem PAN werden wegen ihrer schlechten Anfärbbarkeit kaum verwendet. Praktisch eingesetzt werden vielmehr PAN-Copolymerisate mit basischen (Vinylpyridin) oder sauren Monomeren (Styrolsulfonsäure, Allyl- oder Methallylsulfonsäure), denen i. a. noch Vinylacetat, Acryl- oder Methacrylsäureester beigemischt werden.

Die technischen Verfahren zur Herstellung einer verspinnbaren Lösung von PAN kennzeichnet die Verwendung von Dimethylformamid ($HCON(CH_3)_2$, DMF) als Lösungsmittel. Erst dieses Lösungsmittel hat die großtechnische Herstellung von A. möglich gemacht (seit den 40er Jahren). Im Trockenspinnverfahren wird das durch Suspensionspolymerisation hergestellte PAN-Copolymer mit DMF angeteigt und unter Rühren erwärmt. Die fertige Lösung ist etwa 20–25 %ig. Sie wird bei ca. 80 °C entlüftet, über geheizte, meist mit Baumwollnessel bespannte Plattenfilter zu den Spinnpumpen und von da zu den Spinndüsen gefördert. Diese enthalten bis zu 800 Bohrungen von 0,05 bis 0,3 mm Dmr. und werden mit Wasser auf 90 °C erwärmt. In den auf 200 °C erhitzten Spinnschächten (Länge etwa 6 m) spinnt man in vorgewärmter Luft von 160 °C im Gleich- oder Gegenstrom. Die Fäden werden danach in heißem Wasser verstreckt, gewaschen, getrocknet, gekräuselt und geschnitten.

Faserstoffe aus PAN zeichnen sich durch geringe Dichte ($1,16–1,18 \text{ g/cm}^3$), einen hohen Bausch, daher ausgezeichnetes Wärmerückhaltevermögen, und eine unübertroffene Licht- und Wetterbeständigkeit aus. Weiterhin sind sie widerstandsfähig gegenüber verdünnten Säuren und Laugen. Konzentrierte Laugen führen in der Wärme zur Verseifung. Von den üblichen organischen Lösungsmitteln werden sie nicht gelöst. Lösungsmittel sind neben DMF folgende Substanzen: Dimethylsulfoxid, Dimethylacetamid, Dialkylcyanamide, bestimmte organische Phosphorverbindungen; ferner wäßrige Lösungen einiger anorganischer Salze, wie etwa Zinkchlorid/Calciumchlorid und bemerkenswerterweise 60 %ige Salpetersäure.

Infolge ihres wollähnlichen Charakters werden Faserstoffe aus PAN zu Kleidern, Handstrickgarnen, Trikotagen, Decken und Möbelbezugsstoffen in Mischung mit Natur- und anderen Chemiefasern verarbeitet.

Fasern, die einen Acrylnitrilgehalt von 35–85 % besitzen, werden als Modacrylfasern bezeichnet. Als Comonomere werden hierbei vorwiegend Vinylchlorid und Vinylidenchlorid eingesetzt. *Zahradnik*

Literatur: *Rogovin, Z. A.:* Chemiefasern. Stuttgart 1982. – *Nogaj, A.:* In: Ullmanns Enzyklopädie der techn. Chemie. 4. Aufl. Bd. 11.

Acrylglas. A. ist die in der Technik verwendete Bezeichnung für in Masse polymerisierte oder durch Extrusion hergestellte Tafeln, Blöcke und Rohre aus reinem Polymethylmethacrylat (PMMA) und aus Acrylnitril-Methylmethacrylat-Copolymer (AMMA).

PMMA:
$$\left[CH_2 - \underset{\underset{COOCH_3}{|}}{C(CH_3)} \right]_n$$

AMMA:
$$\left[CH_2 - \underset{\underset{C\equiv N}{|}}{CH} - \ldots - CH_2 - \underset{\underset{COOCH_3}{|}}{C(CH_3)} \right]_n$$

Die Tafeln werden mit glatter, matter oder verschieden strukturierter Oberfläche glasklar (auch UV-absorbierend), weiß oder farbig hergestellt.

Anwendungsgebiete sind gebogene, bruchsichere Verglasungen, optische Linsen, Reklameschilder, Lichtkuppeln und Überdachungen (Polymethylmethacrylat). *Zahradnik*

AC-System (Honen). Beim →Honen werden AC-(Adaptive-Control)-S. für die Regelung der Maß- und Formgenauigkeit genutzt, d. h. sie sind definitionsgemäß ACC-(Adaptive Control Constraint)-S. Im Rahmen der NC-Programmierung werden AC-S. beim Honen für die Generierung technologischer Daten (Bild) und für die Ausregelung von Störgrößen, wie Werkzeugverschleiß und Maßabweichungen, eingesetzt.

Bei honender Bearbeitung zylindrischer Durchgangsbohrungen sind die Bohrungs- und Honleistenlängen konstant (→Honwerkzeug). Die Formgenauigkeit des Werkstücks wird dabei hauptsächlich von der eingestellten Hublänge und der Hublage bzw. dem Honleistenüberlauf beeinflußt. Bei einer Verlegung der im Normalfall symmetrischen Hubumkehrpunkte nach oben oder unten entsteht im Bereich der Bohrungskanten eine Maßänderung. Eine Vergrößerung oder Verkleinerung des Umkehrpunkts bewirkt eine beidseitige Vergrößerung oder Verkleinerung des Austrittsdurchmessers am Werkstück.

Für diese Formänderungen kann eine anpassungsfähige AC-Steuerung während des Fertigungs-

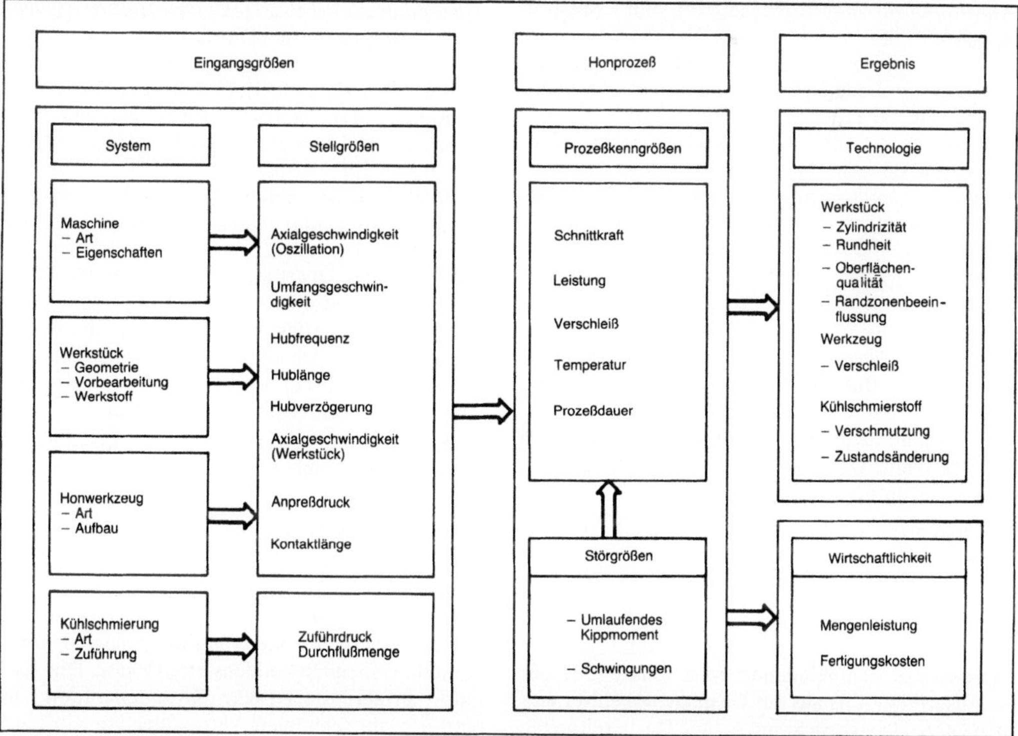

AC-System (Honen): Eingangsgrößen und Ergebnisse des Honprozesses. (Quelle: König)

prozesses gezielt eingesetzt werden. Hierzu sind die technologisch-geometrischen Zusammenhänge in Form eines Prozeßmodells funktional zu beschreiben und in die Steuerung einzugeben. Nur den Austrittsdurchmesser muß man mit einem Sensor messen. Systeme dieser Art haben sich in der Praxis des Langhubhonens seit langem bewährt. *Kenter*

Literatur: *König, W.:* Fertigungsverfahren. Bd. 2. Düsseldorf 1989.

Additive (für Treibstoffe). A. sind Zusätze, die Treibstoffen in Konzentrationen von wenigen bis mehreren 100 ppm hinzugefügt werden und für die Wirksamkeit des Treibstoffs und des Motors von erheblicher Bedeutung sind.

Antiklopfmittel sollen ein vorzeitiges Zünden des Kraftstoff-Luft-Gemisches (Klopfen) verhindern, indem sie die Oktanzahl erhöhen (nicht für Dieselkraftstoffe).

Spülmittel entfernen die Verbrennungsprodukte der Antiklopfmittel.

Mittel zur Veränderung der Ablagerungen im Verbrennungsraum sollen Oberflächenentzündungen und eine Verschmutzung der Zündkerzen verhindern.

Antioxidantien erhöhen die Lagerfähigkeit des Treibstoffs.

Desaktivatoren für Metalle bewirken eine zusätzliche Lagerungsstabilität.

Antirostmittel bieten Rostschutz für vom Kraftstoff berührte Teile.

Antivereisungsmittel verhindern das Vereisen des Vergasers und das Gefrieren der Treibstoffversorgung (nicht für Dieselkraftstoffe).

Detergentien verhindern das Verschmutzen des Vergasers und des Ansaugsystems.

Obenschmiermittel schmieren die Flächen des Zylinders und verhindern Ablagerungen im Ansaugsystem.

Farbstoffe zeigen das Vorhandensein von Antiklopfmitteln an und dienen zur Kennzeichnung der Kraftstoffe.

Cetanzahlerhöher verbessern die Zündeigenschaften und beeinflussen auch das Start- und Laufverhalten (nur Dieselkraftstoffe).

Die Anzahl, der Typ und die Menge der den Treibstoff hinzugegebenen A. sind von Hersteller zu Hersteller unterschiedlich. *Dohrn*

Literatur: *Bland, W.,* u. *R. Davidson:* Petroleum Processing Handb. New York 1967. – Deutsche BP Aktiengesellschaft (Hrsg.): Das Buch vom Erdöl. 4. Aufl. Hamburg 1978.

Adsorbat →Adsorption

Adsorbens. Aufnehmende feste Phase bei der →Adsorption. Die aus der Gasphase zu entfernenden Stoffe lagern sich am A. an. Da bereits eine dünne Molekülschicht von angelagerten Stoffen

genügt, um die Anziehungskräfte des A. zu neutralisieren, ist eine große Oberfläche von Bedeutung. Im folgenden werden technisch wichtige A. kurz skizziert:

Aktivkohle ist pflanzlichen Ursprungs und kann aus Holz, Torf, Kokosnußschalen, Braun- oder Steinkohle hergestellt werden. Bei der Aktivkohleherstellung wird das Material zunächst carbonisiert und Koks erzeugt. Anschließend vergrößert man mit Hilfe von Dampf bei 900–1100 °C die Porenstruktur und erreicht eine spezifische Oberfläche von 400–1500 m²/g. Bei den chemischen Aktivierungsverfahren werden Phosphorsäuren oder Zinkchloridlösungen mit Holz vermischt und auf 400 bis 500 °C erwärmt. Das Holz quillt auf und die Zellstruktur lockert auf. Aktivkohle wird als Pulver oder Granulat geliefert (Bild).

Adsorbens: Aktivkohle. Granulat zur Adsorption aus der Gasphase (im Bild links) sowie Pulver zur Adsorption aus der flüssigen Phase (rechts). (Quelle: Norit Adsorption, Düsseldorf)

→*Silicagel* (Kieselgel) besteht aus fast reinem amorphen SiO₂ (97,3 %), wird in körniger Form (1–5 mm Dmr.) hergestellt und hat eine spezifische Oberfläche von 200–850 m²/g.

Molekularsiebe sind natürliche oder künstliche Zeolithe mit einem regelmäßigen Kristallgitter. Die Porendurchmesser liegen zwischen 0,3 und 1 nm. Die spezifische Oberfläche liegt bei 500–1000 m²/g.

Für technische Zwecke seltener angewendet werden A. wie aktiviertes Aluminiumoxid, Bleicherden (natürliche Aluminosilicate, die man z. B. zum Entfärben von Speiseöl verwendet), →Ionenaustauscher sowie Holz, Papier und Textilien. *Dohrn*

Literatur: Ullmanns Enzyklopädie der technischen Chemie. 4. Aufl. Weinheim 1972.

Adsorber →Adsorptionsapparat, →Adsorption

Adsorption. Unter A. versteht man die Anreicherung von Komponenten einer gasförmigen oder flüssigen Phase an der Oberfläche einer damit in Kontakt stehenden kondensierten Phase. Die A. ist eine verfahrenstechnische Grundoperation. Sie wird u. a. zur selektiven Abtrennung von einzelnen Stoffen aus der Gas- oder der Flüssigkeitsphase verwendet. Der abgetrennte Stoff kann ein Schadstoff oder ein Wertstoff sein, der zurückgewonnen werden soll (→Sorptionskinetik).

Die Bindungskräfte der A. können physikalischer (Van-der-Waals-Kräfte) oder chemischer Natur sein. Die an der Oberfläche eines Stoffs befindlichen Atome können nicht symmetrisch, sondern nur einseitig mit Nachbaratomen in Wechselwirkungen treten. Somit bieten sich Möglichkeiten zur Wechselwirkung mit Fremdatomen, die an der Oberfläche angelagert werden.

Die Komponenten, die angelagert werden sollen, bezeichnet man als Adsorptive, der Feststoff, an dem adsorbiert wird, mit →Adsorbens (oder A.-Mittel) und der angelagerte Stoff mit Adsorbat:
Adsorbens + Adsorptiv → ← Adsorbens + Adsorbat.

Technisch bedeutende Adsorbenzien sind Aktivkohle, →Silicagel (Kieselgel), Molekularsiebe, Aluminiumhydroxid und Aluminiumoxidgel. A.-Gleichgewichte, d. h. der Zusammenhang zwischen der relativen Sättigung φ des Gases und der A.-Beladung X, werden meistens in Form von A.-Isothermen oder A.-Isobaren dargestellt (→Sorptionsgleichgewicht). Dabei versteht man unter der relativen Sättigung des Gases das Verhältnis aus dem Molenbruch des Adsorptivs in der Gasphase und seinem Gleichgewichtsmolenbruch. Ist $\varphi = 1$, tritt in Gasen Kondensation ein.

Bild 1 zeigt typische Verläufe von A.-Isothermen, wobei der Typ I ein günstiges und der Typ III ein ungünstiges Gleichgewicht darstellt.

Zur mathematischen Beschreibung von A.-Isothermen können u. a. die Gleichungen von *Freundlich* (Typ I), von *Langmuir* (Typ II) oder von *Brunauer, Emmet* und *Teller* (BET-Gleichung für die Typen I, II, III) verwendet werden.

A.-Verfahren werden in der Regel diskontinuierlich betrieben. Damit die anfallenden Rohgase oder Rohlösungen kontinuierlich verarbeitet werden können, ordnet man mehrere A.-Behälter parallel an, die man wechselseitig belädt bzw. regeneriert. Bild 2 zeigt den schematischen Aufbau einer Anlage mit zwei Behältern. Während Adsorber 1 beladen wird, erfolgt im Adsorber 2 die Regenerierung des A.-Mittels mit Hilfe eines Regenerierfluids, das die

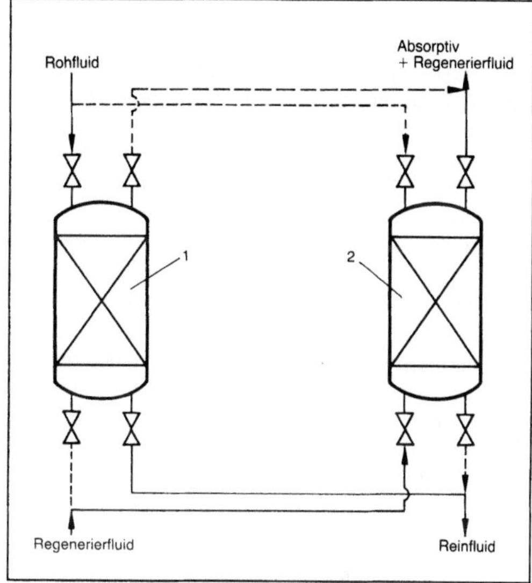

Adsorption 2: Schematischer Aufbau eines Adsorptionsapparates mit zwei Behältern.

—— Behälter 1 als Adsorber, Behälter 2 als Desorber
---- Behälter 2 als Adsorber, Behälter 1 als Desorber

adsorbierte Komponente aufnimmt und wegspült. Die Regeneration des A.-Mittels wird mit →Desorption bezeichnet. Desorptionsverfahren sind das →Temperaturwechselverfahren, das →Druckwechselverfahren und die →Verdrängungsdesorption.

Industrielle Anwendungsbeispiele der A. sind die Entfernung von Wasser (Trocknung) von Gasen (z. B. Erdgas, Luft), die trockene Entschwefelung von Rauchgasen nach dem Babcock-BF-Verfahren und die Rückgewinnung von Lösemitteln aus Abgasströmen. Die A. kann auch zur Reinigung von Flüssigkeiten (z. B. Wasser oder organische Lösungen) verwendet werden.   *Dohrn*

Literatur: *Hauffe, K., u. S. R. Morrison:* Adsorption. Eine Einführung in die Probleme der Adsorption. Berlin 1974. – *Martin, K.:* Adsorption. Fortschr. Verfahrenstechnik 13 (1975), S. 262/7. – *Mersmann, A.:* Thermische Verfahrenstechnik. Berlin, Heidelberg, New York 1980. – *Sattler, K.:* Thermische Trennverfahren. Weinheim 1988. – *Timofejew, D. P.:* Adsorptionstechnik. Leipzig 1967.

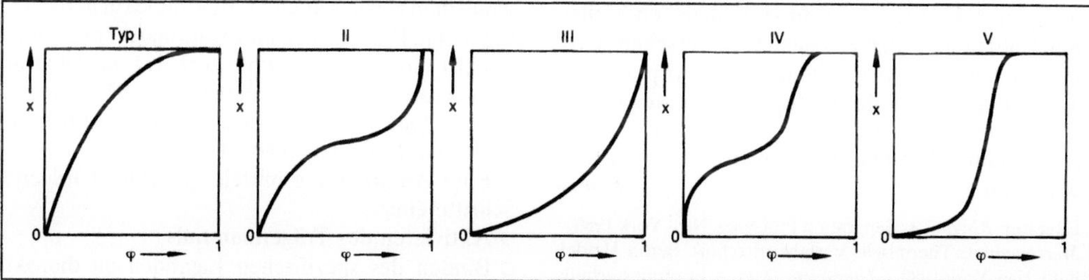

Adsorption 1: Typische Verläufe von Adsorptionsisothermen.

Adsorptionsapparat. Im Gegensatz zur →Absorption, Extraktion und →Rektifikation werden bei der →Adsorption in den meisten Fällen diskontinuierlich betriebene Apparate verwendet. Das Adsorptionsmittel (→Adsorbens) bildet ein Festbett, das von dem zu behandelnden Fluid (Gas oder Flüssigkeit) durchströmt wird (Schaltung von zwei Behältern zu einer Adsorptionsanlage mit Regeneration des Adsorbens, Adsorption). Zur adsorptiven Reinigung von Flüssigkeiten werden neben Festbetten auch Flüssigkeitswirbelschichten und Suspendierrührwerke eingesetzt. Das Bild zeigt den schematischen Aufbau einer Anlage, bei der das Adsorptionsmittel in Form von Feststoffstückchen in einem Rührbehälter gleichmäßig verteilt wird. Die zu entfernenden Komponenten adsorbieren an den Oberflächen der Teilchen. In einer Filterpresse wird die gereinigte Lösung von dem beladenen Adsorptionsmittel getrennt.

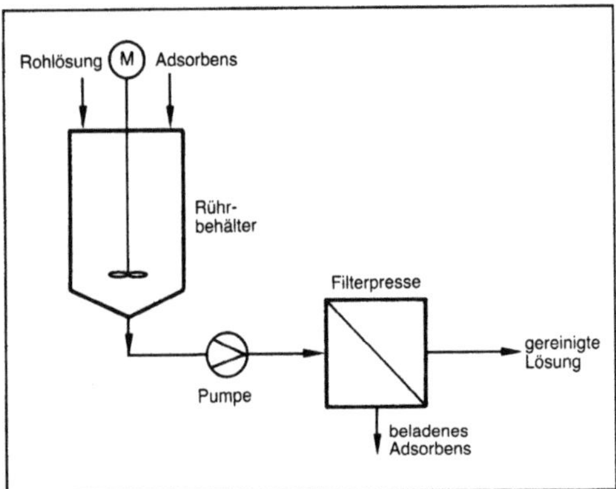

Adsorptionsapparat: Schematischer Aufbau einer Anlage zur Adsorption aus Flüssigkeiten.

Bei einigen kontinuierlich betriebenen Adsorbern wandert das Adsorbens von oben nach unten durch eine Kolonne und wird im →Gegenstrom zu dem zu reinigenden Gas geführt. Auf den einzelnen Kolonnenböden bilden sich Wirbelschichten aus. Das beladene Adsorptionsmittel regeneriert man im unteren Kolonnenteil durch ein heißes Gas und führt es anschließend an den Kolonnenkopf.

Eine weitere Möglichkeit der kontinuierlichen Betriebsweise von A. ist die torusförmige Anordnung eines Festbetts, das an verschiedenen Stellen mit Entnahme- oder Zulaufstutzen versehen wird. Ein Teil des Festbetts dient zur Adsorption, ein anderer desorbiert gleichzeitig. Der zur Adsorption verwendete Teil wandert der Gasströmung entgegen, wodurch ein Quasi-Gegenstrom erreicht werden kann. *Dohrn*

Literatur: *King, C. J.*: Separation Processes. New York 1980. – *Mersmann, A.*: Thermische Verfahrenstechnik. Berlin, Heidelberg, New York 1980. – *Timofejew, D. P.*: Adsorptionstechnik. Leipzig 1967.

Adsorptionsverfahren. Unter Ausnutzung der physikalisch-chemischen Erscheinung →Adsorption im technischen Maßstab angewendete Stofftrennverfahren. Sie werden vorzugsweise zum Trennen und Reinigen von Gasen und Dämpfen und zum Abtrennen von in geringer Konzentration vorhandenen Komponenten aus Flüssigkeiten eingesetzt.

A. führt man meist diskontinuierlich in Festbettprozessen, seltener kontinuierlich mit bewegtem Adsorptionsmittel (→Adsorbens) durch. Als Adsorbens werden vor allem Aktivkohle, →Silicagel, Molekularsiebe und Aluminiumoxid verwendet.

Ein technisches Beispiel für ein A. mit Aktivkohle ist die Reinigung von Luft oder Inertgasen durch die Entfernung von chlorierten Kohlenwasserstoffen. Es werden Aktivkohlekugeln mit Durchmessern > 5 mm verwendet. Die Regeneration des Absorbers erfolgt durch Heizen auf 120 °C. Weitere Beispiele sind die Lösemittelrückgewinnung aus Abgasströmen, die Benzolgewinnung aus Kohle-Pyrolysegasen sowie die Adsorption von Schwefeldioxid aus Rauchgasen (Rauchgasentschwefelung).

Silicagel wird in Prozessen zur Entfernung von Wasser (Trocknung) aus Luft, Inertgasen, C_1- oder C_2-Kohlenwasserstoffen und zur Entfernung von Kohlendioxid aus Luft und Inertgasen eingesetzt. Die Adsorbenskugeln haben Durchmesser von 2 bis 6 mm. Der Druckverlust beträgt ca. 10 kPa/m. Die Regeneration erfolgt durch Erwärmen auf 120 bis 150 °C. Bei der Adsorption von Ethan aus flüssigem Sauerstoff liegt der Druckverlust bei 1–3 kPa/m. Das Silicagel wird in diesem Verfahren durch →Verdrängungsdesorption regeneriert.

Adsorptionsverfahren, die Molekularsiebe verwenden, dienen ebenfalls zur Entfernung von Wasser und CO_2 aus Luft und Inertgasen sowie zur Trennung geradkettiger von verzweigtkettigen Kohlenwasserstoffen. *Dohrn*

Literatur: *Mersmann, A.*: Thermische Verfahrenstechnik. Berlin, Heidelberg, New York 1980. – *Sattler, K.*: Thermische Trennverfahren. Weinheim 1988.

Affinitätschromatographie. Hochspezifisches Trennverfahren zur Feinreinigung von Biomolekülen. Die A. (→Trennverfahren, chromatographisches; →Aufarbeitung biotechnologischer Produkte) nutzt biospezifische Wechselwirkungen zwischen dem gewünschten Produktmolekül und einem Liganden. Dieser ist an eine stationäre Trägerphase – meist ein aktiviertes Polysaccharid auf Dextran- oder Agarosebasis – gebunden. Industriell wird die A. zum Gewinnen von Substanzen mit sehr hoher Wertschöpfung eingesetzt (Tabelle).

Eine Aufarbeitung mittels A. schließt folgende Schritte ein:

□ Aktivieren des Trägermaterials,

□ Binden des spezifischen Liganden an die aktivierte Matrix,

Affinitätschromatographie. Tabelle: Gewonnene Pharmaprodukte.

Pharmaprodukt	trägerfixierter Ligand
Antithrombin	Heparin
Enzyme	Substratanalogon, Inhibitor, Kofaktor
Hormone	Rezeptoren
Immunglobuline	Protein A, Protein G
Interferone	monoclonale Antikörper
monoclonale Antikörper	Antigene

□ Applikation der Probelösung und →Adsorption des zu reinigenden Produkts,
□ Waschen zum Entfernen von Verunreinigungen,
□ Elution der Produktmoleküle.

Die hohe Spezifität der A. erlaubt das Aufkonzentrieren von Proteinen aus sehr verdünnten Lösungen. Dabei können in einem Schritt Anreicherungsfaktoren bis zu 500 und mehr erreicht werden.

Sonderfälle der A. sind die Metall-Chelat-Chromatographie, bei der die Komplexbildung zwischen den Aminosäuren Histidin, Cystein oder Tryptophan mit Übergangsmetallen als Trennprinzip genutzt wird, sowie die Farbstoff-Liganden-Chromatographie, die weniger spezifisch Proteine an immobilisierte Farbstoffe (Cibacron, Procion) bindet. *Liefke*

Literatur: *Belter, P. A., E. L. Cussler* u. *W.-S. Hu:* Bioseparations. 1. Aufl. New York 1988. – *Scopes, R.:* Protein Purification. 1. Aufl. Berlin, Heidelberg, New York 1982.

Agglomerieren. A. ist das eher unerwünschte Haften feiner Partikel ca. <30 μm aneinander durch elektrostatische und/oder Van-der-Waals-Kräfte. Dies sind Nahkräfte F der Moleküle (Bild 1). Sie werden bei enger Annäherung von Partikeln wirksam an den Berührungspunkten P, aber bei sehr feinen Teilchen auch durch die immer näher beieinanderliegenden Massen insgesamt. Die große Oberfläche feiner Stäube schafft zahlreiche Berührungspunkte, und die kleinen Abmessungen verkleinern auch den Abstand der Massen.

A. ist immer ein Wechselspiel mit Trennvorgängen. Jedes Teilchen, das auf eine Oberfläche oder auf ein anderes trifft, kann dort haften oder auch ein bereits haftendes wegschlagen. Bläst man TiO_2-Pigmente mit Korngrößen der Primäragglomerate im Mikrometerbereich mit einem Luftstrahl senkrecht gegen eine Platte, bildet sich bei kleinen Geschwindigkeiten im Zentrum sofort ein kegelför-

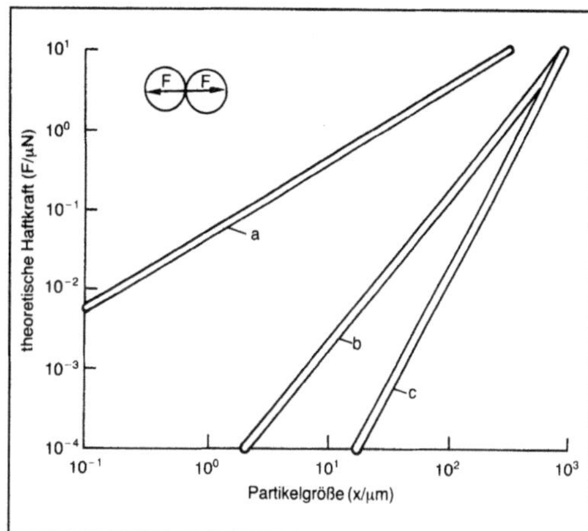

Agglomerieren 1: Nahkräfte der Moleküle.

a Van-der-Waals-Kraft, b elektrostatische Kraft, c Partikelgewicht

miger Ansatz. Die übrige Fläche bleibt frei. Der Vorgang bleibt beliebig lange stationär. Bei großen Geschwindigkeiten ist es umgekehrt. Der Ansatz entsteht als dünne Schicht um das freie Zentrum (Bild 2).

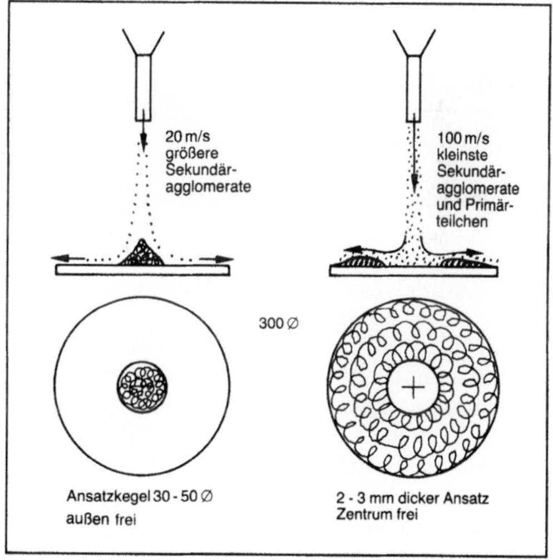

Agglomerieren 2: Dünne Schicht entsteht um das Zentrum.

Farbstoffe und auch Pigmente werden durch gezieltes A. bei Mischvorgängen sowie Strömungen in Zyklonen und Rohrleitungen leicht agglomeriert, um sie für die Verwendung staubfrei zu machen. Dabei werden die feinsten Teilchen an die größeren oder an schon vorhandene Primäragglomerate so leicht gebunden, daß sie später bei der Verarbeitung wieder auseinanderfallen. *Muschelknautz*

Literatur: *Rumpf, H.:* Mechanische Verfahrenstechnik. München, Wien 1975.

Ähnlichkeit, physikalische. P. Ä. bezüglich bestimmter Phänomene, d. h. physikalischer Größen bzw. Vorgänge (z. B. viskose Reibung, Oberflächenspannung, instationärer Wärme- oder Stoffübergang), besteht dann für physikalische Vorgänge, wenn die Verhältnisse der einander entsprechenden (homologen) Größen, die das Phänomen beschreiben, für alle einander entsprechende Orte konstant sind. Die p. Gesetze für die betrachteten Vorgänge sind auf die Übertragungsverhältnisse (Verhältnis der homologen Größen zweier Vorgänge) anwendbar. P. Ä. setzt geometrische Ä. voraus, d. h. das Verhältnis der Längen einander entsprechender Strecken zweier Figuren (Bild) muß konstant sein, oder das Verhältnis zweier Größen gleicher Dimension in einer Figur muß gleich dem Verhältnis der homologen Größe in der anderen Figur sein.

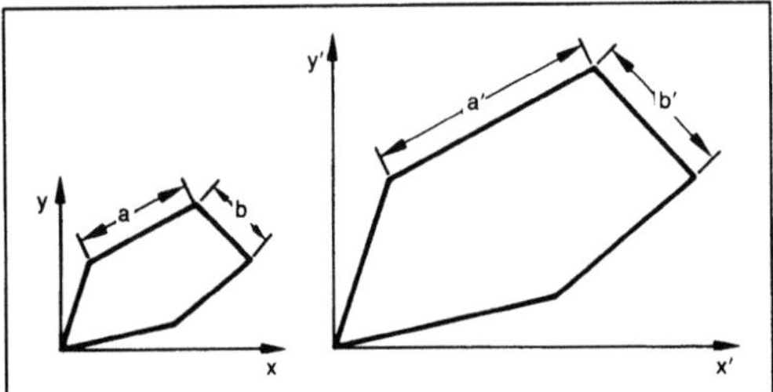

Ähnlichkeit, physikalische: Geometrisch ähnliche Figuren.

Vollkommene Ä. bezüglich eines p. Vorgangs (allgemeine p. Ä.) ist meist nicht möglich. Deshalb unterscheidet man partielle Ä. für bestimmte p. Phänomene, z. B. Ä. von Massen, von Temperaturen, von Stromstärken, kinematische, statische, dynamische, thermodynamische Ä. Die Beschreibung der partiellen Ä. erfolgt durch dimensionslose Kennzahlen, die durch folgende Verfahren hergeleitet werden können: Vergleich p. Gesetzmäßigkeiten; Dimensionsanalyse, Differentialgleichungen.

Ihre Verwendung führt entsprechend dem Buckinghamschen π-Theorem zu einer Verminderung der einen p. Vorgang beschreibenden Variablen, wodurch die Anzahl der notwendigen Experimente zur Ermittlung ihrer Einflüsse auf den Vorgang beträchtlich reduziert werden kann. Die Ä.-Gesetze ermöglichen Untersuchungen an Modellen, deren Ergebnisse auf die Hauptausführung bzw. das reale System übertragbar sind. Solche Vorgehensweisen sind von praktischem und finanziellem Vorteil. In bestimmten Fällen sind Untersuchungen ausschließlich an Modellen durchführbar.

Wichtige Anwendungsbereiche der Ä.-Gesetze in der →Lebensmittelverfahrenstechnik und geeignete dimensionslose Kennzahlen sind: instationäre Wärme- bzw. Stoffübertragung beim Erhitzen oder Abkühlen (Fourier-Zahl, Nußelt-Zahl) bzw. beim →Trocknen, →Pökeln, →Räuchern

(Fick-Zahl, Sherwood-Zahl); Strömungsvorgänge von reibungsbehafteten Fluiden oder von Festkörpern in Fluiden (Reynolds-Zahl, Newton-Zahl, Froude-Zahl). *Kerner/Loncin*

Literatur: *Moog, W.:* Ähnlichkeits- und Analogielehre. Düsseldorf 1985. – *Wetzler, H.:* Kennzahlen der Verfahrenstechnik. Heidelberg 1985.

Airlift-Reaktor. Reaktortyp mit rein pneumatischer Durchmischung der Flüssigkeit. Entsprechend dem →Blasensäulenreaktor erfolgt der Energieeintrag nur durch Begasen ohne mechanische Rührelemente.

Im Gegensatz zur Blasensäule besitzt der A.-R. einen definierten Flüssigkeitsumlauf. Dieser wird durch die vertikale Anordnung zweier konzentrischer Rohre, innerer Umlauf, oder nebeneinander angeordneter Rohre mit Überströmern, äußerer Umlauf, erreicht (Bild). Bei innerem Umlauf wird entweder nur das innere Leitrohr über einen Gasverteiler (Düse, Lochplatte, Sinterplatte) oder der äußere Ringraum begast; bei äußerem Umlauf entsprechend eines der vertikalen Rohre. Durch Verringern der integralen Dichte im begasten Bereich steigt dort die Flüssigkeit auf, entgast im Kopf und strömt nahezu gasfrei im unbegasten Teil zurück (Mammutpumpenprinzip), so daß sich eine stationäre Zirkulationsströmung einstellt. Die Misch- und Stofftransportleistung zwischen Flüssigkeit und Gas wird von entsprechenden Parametern wie bei dem Blasensäulenreaktor bestimmt (→Bioreaktor). *Liefke*

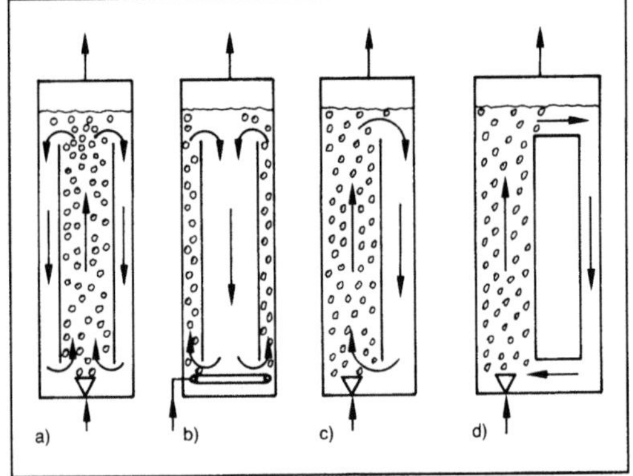

Airlift-Reaktor: Bauarten.
a), b), c) Mit innerem Umlauf
d) Mit äußerem Umlauf.

Airliftschlaufenreaktor →Schlaufenreaktor

Aktivität (Reaktionstechnik) →Reaktion, katalytische

Aktivität (Verfahrenstechnik). Die A. einer Substanz ist ein Maß für die Differenz ihres chemischen Potentials in einer Mischphase und einem Bezugszustand. Das chemische Potential μ einer Komponente x in einer idealen Mischung ist gleich dem chemischen Potential dieser Komponente in reiner Phase (bei gleichem Druck P und gleicher Temperatur T), vermehrt um $R \cdot T \cdot \ln x_i$.

Ideal: $\mu_i (P,T,x_i) = \mu_i^* (P,T) + R \cdot T \cdot \ln x_i$.

Bei realen Mischungen wird der Molenbruch durch die A. ersetzt.

Real: $\mu_i (P,T,x_i) = \mu_i^* (P,T) + R \cdot T \cdot \ln a_i$.

Molenbruch und A. sind über den Aktivitätskoeffizienten γ_i miteinander verbunden:

$$a_i = \gamma_i \cdot x_i.$$

Im Grenzfall einer idealen Mischung wird der A.-Koeffizient gleich eins, und die A. ist gleich dem Molenbruch ($\rightarrow$Phasengleichgewicht, Berechnung). *Dohrn*

Aktivitätskoeffizient. Der A. ist ein Korrekturfaktor, die Konzentrationsabhängigkeit des chemischen Potentials in realen Mischungen zu beschreiben. Er kennzeichnet die Abweichung des Zustands der realen Mischung von dem der idealen Mischung oder dem der ideal verdünnten $\rightarrow$Lösung. Das reale Gemischverhalten wird durch die Wechselwirkungen zwischen den Molekülen und Ionen auf Grund ihrer Masse, ihrer Ladung und ihres Volumens bestimmt.

Die wirksame Konzentration der Komponente K wird als Aktivität a_K bezeichnet. Sie ergibt sich als Produkt aus dem Molenbruch x_K und dem A. γ_K der Komponente K:

$$a_K = \gamma_K \cdot x_K \tag{1}.$$

In reinen Stoffen und in idealem Gemisch ist der A. γ bzw. $\gamma_K = 1$. Wenn gegenseitige molekulare Beeinflussung die Flüchtigkeit einer Komponente gegenüber dem idealen Zustand erhöht (positive Abweichung vom Raoultschen Gesetz), wird $\gamma_K > 1$, und wenn sich dabei die Flüchtigkeit einer Komponente gegenüber dem idealen Zustand verringert (negative Abweichung vom Raoult-Gesetz), so nimmt dann γ_K Werte < 1 an.

Die experimentelle Bestimmung des A. erfolgt vorwiegend aus Dampf-Flüssigkeits-Gleichgewichten. Der A. erweist sich als abhängig vom Druck (bei Gasen), von der Temperatur und von der Konzentration. *Weinspach*

Literatur: Autorenkollektiv: Thermodynamik der Mischphasen. Leipzig 1973. – *Grassmann, P.:* Einführung in die thermische Verfahrenstechnik. Berlin 1967. – *Haase, R.:* Grundzüge der Physikalischen Chemie. Thermodynamik. Darmstadt 1972.

Allosterie. Als A. oder allosterischer Effekt wird die Regulation der Enzymaktivität durch die nichtkovalente Bindung eines Effektors an ein regulatorisches Zentrum außerhalb des aktiven Zentrums bezeichnet. Die Bindung des Liganden bewirkt eine Konformationsänderung des Enzyms, durch die die katalytischen Eigenschaften des aktiven Zentrums beeinflußt werden. Durch die Bindung des Liganden kann die Reaktionsgeschwindigkeit gesteigert (positive $\rightarrow$Kooperativität) oder verringert (negative Kooperativität) werden.

Allosterische Enzyme sind Oligomere von 2 bis 8 Untereinheiten. Sie besitzen daher mehrere Bindungszentren mit unterschiedlicher Affinität gegenüber den Liganden (Substrat oder $\rightarrow$Effektor). Die Definition schließt Konformationsänderungen in einer Untereinheit nach Bindung des Substrats an das aktive Zentrum einer anderen Untereinheit ein. Allosterische Enzyme sind durch eine für sie charakteristische Substratsättigungskurve gekennzeichnet: Sie folgt nicht einer $\rightarrow$Michaelis-Menten-Kinetik, sondern zeigt einen sigmoiden Kurvenverlauf.

Konformationsänderungen als Folge allosterischer Wechselwirkungen sind eine sehr effiziente Möglichkeit zur Regulation von Stoffwechselsequenzen. Aus diesem Grund sind Enzyme in der Nähe von Verzweigungen eines Stoffwechselwegs sehr häufig allosterische Enzyme (z. B. Isocitrat-Dehydrogenase, Glyceraldehyd-3Phosphat-Dehydrogenase, Pyruvat-Kinase, Phosphofructo-Kinase, Threonin-Desaminase). Die Aktivität dieser Enzyme wird entweder durch ein Coenzym, das Substrat, das Produkt der katalysierten Reaktion oder ein Folgeprodukt der Reaktionssequenz reguliert. *Liefke*

Literatur: *Fersht, A.:* Enzyme Structure and Mechanism. New York 1985.

AlNiCo-Legierung. Dauermagnetwerkstoffe mit 27–60 % Fe, 6–13 % Al, 13–28 % Ni, 2–6 % Cu, bis zu 42 % Co, bis zu 9 % Ti und bis zu 3 % Nb. Nach DIN 17410 genormte Dauermagnetwerkstoffe, die schmelz- oder pulvermetallurgisch hergestellt werden. *W. Dahl*

Alterung. Zeitbedingte Änderungen von Klebverbindungen unter äußeren chemischen oder thermischen Einflüssen. Insbesondere kann A. durch

☐ Kälte und Wärme (Versprödung bzw. Erweichung der Klebschicht),

☐ Anlagerung und Aufnahme von Fremdmolekülen (Adsorption und Absorption, verbunden mit Lösungs- und Quellvorgängen),

☐ Licht, IR- und UV-Strahlung, harte Strahlen (chemische Änderungen und Molekülstrukturänderungen),

☐ elektromagnetische Felder (Polarisationsschwingungen, Erwärmung),

☐ Klebstoffkorrosion (meist Spannungsrißkorrosion unter Einfluß von Lösungs- und Emulgiermitteln)

verursacht werden. Hauptursache für Festigkeitsverluste in Klebschichten ist eindiffundierendes

Wasser. Abhilfe schafft man durch nachträgliche, den Feuchtigkeitszutritt hemmende Beschichtung der Klebstellen (Lackierung). *Dorn*

Literatur: *Habenicht, G.*: Kleben – Grundlagen, Technologie, Anwendungen. Berlin, Heidelberg, New York 1986.

Alumetieren. Als Schutzverfahren von Stahl und →Gußeisen gegen Verzunderung hat sich das A. (früher auch als Chromalisieren, heute vielfach noch als Heißaluminierung, Kalorisieren oder Spritzalitieren bezeichnet) bewährt. Die Wirksamkeit beruht auf der Ausbildung einer diffusen Schutzschicht (Bild), die wiederum aus mehreren Teilschichten besteht. Gegen Verzunderung beständig ist nur die äußere Deckschicht aus Al_2O_3.

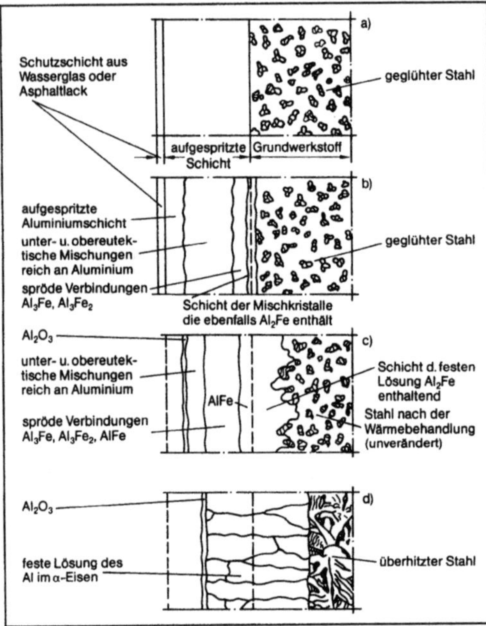

Alumetieren: Schematische Darstellung der Entstehung der diffusen Schutzschichten beim Alumetieren.

Für die Durchführung des A. gibt es zahlreiche Vorschläge. Immer muß es darauf ankommen, die Aluminiumaufspritzung so zu präparieren, daß sie nicht durchoxidiert, bevor sie in den Haftgrund eingesintert ist. Für den Erfolg entscheidend ist auch die gründliche Säuberung und Aufrauhung des Haftgrunds vor der Aluminiumaufspritzung, da sonst die Primärschichten abplatzen. Um eine fehlerfreie Diffusionszone zu erhalten, muß die Dicke der Aluminiumspritzschicht etwa 0,3 mm betragen, und die Diffusionsglühung sollte möglichst in reduzierender Atmosphäre oder unter Einfluß von inerten Gasen erfolgen. Hohe Diffusionstemperaturen, wie sie besonders bei der Pulver- und Tauchalitierung angewandt werden, sind dem Glühgut dann

nicht zuträglich, wenn Verzug auftreten kann. Auch im späteren Betrieb werden viele Werkstücke dadurch unbrauchbar, daß die geringe Warmfestigkeit unlegierter Stähle dauerndes Nachrichten erfordert und damit Beschädigung hervorruft. Für das A. sind deshalb Titanstähle günstig, weil sich Titan auch noch oberhalb 600 °C als steigernd auf die Warmfestigkeit auswirkt.

Alumetiert werden z. B. Kontakttürme, Rußblasrohre, Roststäbe, eiserne Schmelztiegel, Salzbadgefäße, Glüh- und Härtekästen, Auspuffrohre, elektrische Heizgeräte, Brennelemente, Glasblasformen, Dampfüberhitzer usw., alles Bauteile die nicht über 1000 °C erhitzt werden. Das Temperaturlimit 1000 °C hat folgenden Grund: Über 1000 °C nimmt die Diffusionsgeschwindigkeit derart zu, daß infolge Wanderung des Aluminiums in den Werkstückkern die Aluminiumkonzentration an der Oberfläche zur Bildung bzw. Erhaltung einer zusammenhängenden Deckschicht aus Al_2O_3 nicht mehr ausreicht.

Die vornehmlich aus Eisen und Stahl ausgerichtete Schutzwirkung des A. läßt sich in bestimmten Bereichen auch auf Kupferwerkstoffe ausdehnen. Die hierbei entstehende Al-Cu-Legierung hat etwa die gleichen Eigenschaften wie die Al-Fe-Verbindung. Angewendet wird das A. von Kupferwerkstoffen z. B. zur Herstellung von Lötkolben mit verlängerter Gebrauchsdauer. *Doliwa*

Aluminium (Prüfung). Die →Werkstoffprüfung von A. und A.-Legierungen erfolgt überwiegend wie bei anderen NE-Metallen oder Stahl. Folgende Besonderheiten verdienen Beachtung:

☐ Bei der Schwingfestigkeitsprüfung muß berücksichtigt werden, daß im Gegensatz zu Stahl keine eindeutige Dauerfestigkeit auftritt. Statt dessen werden Grenz- und Schwingspielzahlen von z. B. 10^9 Schwingspielen definiert.

☐ Werden ausgehärtete oder kaltverfestigte Werkstoffe geschweißt, so ist mit ausgeprägten Erweichungen im Bereich der Wärmeeinflußzone zu rechnen. Bei allen mechanischen Prüfverfahren (z. B. Zugversuch) ist darauf Rücksicht zu nehmen.

☐ Die Korrosionseigenschaften werden entscheidend durch die Ausbildung einer Oxidschicht beeinflußt. Hierauf ist bei Korrosionsprüfungen besonders zu achten. Oxidschichten und andere Schutzschichten müssen ggf. gesondert geprüft werden. *Kußmaul*

Aluminium (Werkstoffe). Als Legierungselement bei der Stahlherstellung verwendet zur Desoxidation, um den Sauerstoff im flüssigen Stahl nach dem Frischen abzubinden und eine beruhigte Erstarrung zu ermöglichen. Durch Abbindung des Stickstoffs zu A.-Nitrid führt eine A.-Zugabe zur Verringerung der Alterungsneigung von Stahl. *W. Dahl*

Aluminiumlegierung. Vier besondere Eigenschaften machen Aluminium und A. vor allem zu einem der vielseitigsten Werkstoffe in der heutigen Technik: das günstige Verhältnis von Festigkeit zu Dichte (Luftfahrt, Fahrzeugtechnik, Campingbedarf), das günstige Verhältnis von elektrischer Leitfähigkeit zu Dichte (Hochspannungsfreileitungen), die gute Korrosionsbeständigkeit (oxidische Deckschicht, Witterungsbeständigkeit im Bauwesen, Geräte des täglichen Bedarfs) und die gute Verformungsfähigkeit (kubisch-flächenzentrierte Bleche, Profile, Folien). Darüber hinaus werden noch weitere Eigenschaften technisch genutzt: nicht ferromagnetisch, nicht funkenbildend, gute Verarbeitbarkeit (Gießen, Zerspanen, Schweißen), hohes Reflexionsvermögen, dekoratives Aussehen (Anodisation, Eloxieren). Die Aluminiumindustrie bietet mehr als 300 verschiedene Kombinationen von Legierungen und Wärmebehandlungen in vielfältigen Halbzeugen an.

Vielseitiger Konstruktionswerkstoff. Aluminium hat insofern eine besondere Stellung unter den Metallen, als es für nahezu alle bekannten Fertigungs- und Bearbeitungsverfahren geeignet ist. Es kann z. B. zu den feinsten Formen verarbeitet werden, wie für Schmuck oder Bestecke. Es kann anodisiert und getönt werden, um wie Gold zu erscheinen. Seine Oberfläche kann Spiegelglanz erhalten. Es kann aber auch so anodisiert werden, daß es eine extrem harte, verschleiß- und abriebfeste Oberfläche erhält.

Aluminium ist in vielen handlichen Formen verfügbar: Bleche, Platten, Barren, Drähte, Stangen, Profile, Folien, Guß- und Schmiedeprodukte, Pulverwerkstoffe und Strangpreßerzeugnisse. Durch Gießverfahren (Gießen) entstehen Fertigprodukte im Sandguß, Kokillenguß oder Druckguß. Aluminium ist besonders wegen seines guten Verhältnisses von hoher Festigkeit mit geringer Dichte unentbehrlich für die Luft- und Raumfahrt. Für den Einsatz in verschiedenen Anwendungsgebieten ist eine Übersicht über seine besonderen Eigenschaften und Formgebungsverfahren zusammengestellt (Tabelle 1).

Unlegiertes Aluminium. Reines Aluminium ist weich und duktil. Die Zugfestigkeit beträgt im weichgeglühten Zustand nur etwa 90 N/mm². Durch eine Kaltverformung (Walzen, Strangpressen,

Aluminiumlegierung. Tabelle 1: Wesentliche Eigenschaften des Aluminiums, die für den Einsatz in den verschiedenen Anwendungsgebieten maßgebend sind.

Anwendungsgebiete in der Industrie	Eigenschaften				Formgebung, Art des Halbzeugs					
	niedrige Dichte	gute Leitfähigkeit für Wärme und Elektrizität	Korrosionsbeständigkeit	dekoratives Aussehen (mit oder ohne Oberflächenbehandlung)	Formguß- oder Schmiedeteile	Blechumformung, Rohre	Fließpressen	Strangpreßprofile	Kabel, Drähte	Folie
Fahrzeugbau	●		○	○	○	○		○		
Architektur	○		○	●		○		○		
Verpackung	+	+	●	●		○	○			○
Elektroindustrie	+	●	○			○		○	○	○
Haushalt	○	●	●	○		○				○
Maschinen, Apparate	●	○	○	○	○	○		○		
Chemie u. Nahrungsmittelindustrie	○	○	●	○	+	○		○		○
Luft- u. Raumfahrt	●	○	○		○	○		○	○	○

+ erwünscht   ○ wichtig   ● ausschlaggebend

Drahtziehen) kann die Festigkeit des unlegierten Aluminiums auf $210\,N/mm^2$ gesteigert werden. Unlegiertes Aluminium wird wegen seiner geringen Dichte, seiner Korrosionsbeständigkeit (durch die oxidische Deckschicht Al_2O_3) und des dekorativen Aussehens verwendet.

Reinaluminium ist nicht legiertes Aluminium (Hütten-, Rücklauf-), hat einen Reinheitsgrad von 99–99,9 % (ca. 99,5 %, Rest meist Fe und Si) und ist infolge der chemischen Raffination weitgehend frei von Beimengungen, die die Korrosionsbeständigkeit vermindern. Es wird auch dort verwendet, wo die gute elektrische Leitfähigkeit ($\kappa = 36 \cdot 10^6\,S/m$) und sein geringes Gewicht ($\rho = 2,7\,kg/m^3$) für

Drähte, Kabel, Stromschienen usw. ausgenutzt werden. Dünne Folien (bis 1/100 mm dick) dienen der Verpackung; feines Pulver wird für Metallic-Lacke eingesetzt.

Reinstaluminium wird unmittelbar als Hütten- oder Rücklaufaluminium nach der Dreischichten-elektrolyse raffiniert auf Reinheitsgrade von mindestens 99,98 %. Dadurch entsteht ein besonders guter Glanz, z. B. für Reflektoren und Schmuck benötigt.

Für viele Bauteile und technische Anwendungen wird vor allem eine höhere Festigkeit, als sie Rein- oder Reinstaluminium aufweisen, gefordert, weshalb eine Festigkeitssteigerung durch Legierungs-

Aluminiumlegierung. Tabelle 2: Festigkeitswerte von Walzhalbzeug aus Reinstaluminium, Reinaluminium und nicht aushärtbaren Al-Knetlegierungen (Mindestwerte nach DIN 1745, Richtwerte für Brinellhärten).

Werkstoff Kurzzeichen nach DIN	Legierungsbestandteil %	Zustand	DIN	Zug-festigkeit R_m N/mm^2	0,2-Dehn-grenze $R_{p0,2}$ N/mm^2	Bruch-dehnung A_{10} %	Brinell-härte HB N/mm^2
Reinst-aluminium Al 99,98 R	Al 99,98 %	weich halbhart hart	w F7 F10	40 70 100	— — —	28 3 4	150 200 250
Al 99,98 R Mg 1	Mg 0,8—1,2 (Basis: Reinstaluminium)	weich halbhart hart	w F13 F16	100 130 160	40 100 140	18 5 2	300 400 500
Rein-aluminium Al 99,5	Al 99,5 %, als zuläs-sige Beimengungen 0,4 % Fe + Si	weich halbhart hart	w F10 F13	70 100 130	< 60 70 110	30 5 4	200 300 350
AlMn	Mn 0,9—1,4 Mg 0—0,3 (Basis: Reinaluminium)	weich halbhart hart	w F13 F16	100 130 160	40 90 130	21 6 3	250 350 400
AlMgMn	Mg 1,6—2,5 Mn 0,5—1,1 Cr 0—0,3 (Basis: Reinaluminium)	weich halbhart hart	w F23 F26	180 230 260	80 140 180	15 8 3	450 650 750
AlMg3	Mg 2,6—3,4 Mn 0—9,5 Cr 0—0,3 (Basis: Reinaluminium)	weich halbhart hart	w F23 F26	180 230 260	80 140 180	15 8 3	450 650 750
AlMg4,5Mn	Mg 4,0—4,9 Mn 0,60—1,0 Cr 0,05—0,25 (Basis: Reinaluminium)	weich ver- festigt	w F31	280 310	125 240	15 6	600 850

bildung oder zusätzlich noch durch Wärmebehandlung (Ausscheidungshärtung) erreicht wird. Die Hauptlegierungselemente sind Kupfer, Magnesium, Silicium, Zink und Mangan.

Aluminium-Knetlegierungen. Die gute Verformbarkeit des Aluminiums (kubisch-flächenzentriertes Atomgitter) kommt bei den Knetlegierungen (DIN 1745–1749) zum Ausdruck.

Nicht aushärtbare Knetlegierungen sind im wesentlichen niedrig legierte AlMg- und AlMn-Legierungen (Tabelle 2). Sie lassen sich durch zusätzliche Kaltverformung in ihrer Festigkeit steigern (Härtesteigerung) und haben eine hohe Korrosionsbeständigkeit auch gegen Seewasser. Deshalb kommen sie bei der Blechverarbeitung, als Fassadenverkleidung, im Schiffsbau, der Nahrungsmittelindustrie, aber auch Flugzeugbau zum Einsatz. AlMn-Legierungen sind den meisten anderen Al-Knetlegierungen in der Warmfestigkeit überlegen.

Aushärtbare Knetlegierungen werden besonders wegen ihres günstigen Verhältnisses Festigkeit zu Dichte genutzt (Tabelle 3). Grundtypen stehen mit vielfachen Abwandlungen zur Auswahl:

□ AlCuMg-Legierungen (Duraluminium) besitzen hohe Festigkeitswerte, sind durch Mg beschleunigt aushärtbar und durch Cu nur mäßig korrosionsfest.

□ AlMgSi-Legierungen erreichen mittlere Festigkeitswerte, sind gut korrosionsbeständig und haben im kaltverfestigten und ausgehärteten Zustand eine hohe elektrische Leitfähigkeit (Aldrey-Legierung AlMg0,4Si0,6).

□ AlZnMg-Legierungen haben nicht ganz die Festigkeitswerte des Duraluminiums, sind dagegen aber wesentlich korrosionsbeständiger und schweißbar. Mit Cu-Zusatz erreichen sie die höchste Zugfestigkeit ($520\,N/mm^2$) aller Aluminiumlegierungen.

Aushärtbare Knetlegierungen lassen sich besonders gut durch die Warm- oder Kaltaushärtung (Ausscheidungshärtung) in ihrer Festigkeit erhöhen. Der erste Schritt besteht im Lösungsglühen bei relativ hoher Temperatur (üblich um $500\,°C$), um die Legierungselemente vollständig im α-Mischkristall zu lösen. Der zweite Schritt ist ein rasches Abschrekken auf Raumtemperatur, wodurch die feste Lösung eingefroren wird. Für kurze Zeit ist die Legierung in diesem Zustand verformbar (Walzen), was technologisch ausgenutzt wird. Der dritte Schritt besteht darin, daß die Legierung bei Raumtemperatur (Kaltaushärtung), erst recht bei Auslagerungstemperaturen bis etwa $200\,°C$ (Warmaushärtung), nicht mehr in fester Lösung thermodynamisch stabil bleibt, sondern sich die zulegierten Atome infolge von Diffusion im festen Zustand ausscheiden. A. mit Cu und Mg neigen zur Kaltaushärtung, während die A. mit Mg und Si oder mit Mg und Zn die Warmaushärtung erleichtern (Tabelle 4).

Aluminiumlegierung. Tabelle 3: Festigkeitswerte von Walzhalbzeug aus aushärtbaren *Al-Knetlegierungen (Mindestwerte für Zugfestigkeit, Streckgrenze und Bruchdehnung, Richtwerte für Brinellhärte).*

Werkstoff Kurzzeichen nach DIN	Legierungsbestandteile (Basis: Reinaluminium) %	Zustand	DIN	Zugfestigkeit R_m N/mm^2	0,2-Dehngrenze $R_{p0,2}$ N/mm^2	Bruchdehnung A_{10} %	Brinellhärte HB N/mm^2
AlCuMg1	Cu 3,5—4,5 Mg 0,4—1,0 Mn 0,3—1,0	weich kalt ausgehärtet	w F40	< 220 400	— 270	12 13	— 1000
AlZnMg1	Cu 4,0—5,0 Mg 1,0—1,4 Mn 0,1—0,5 Cr 0,1—0,25 Ti 0,01—0,2	weich kalt ausgehärtet warm ausgehärtet	w F32 F36	< 220 320 360	— 220 280	13 10 8	450 700 800
AlMgSi1	Mg 0,6—1,2 Si 0,75—1,3 Mn 0,4—1,0 Cr 0—0,3	weich kalt ausgehärtet warm ausgehärtet warm ausgehärtet	w F21 F28 F32	< 150 210 280 320	— 110 200 260	15 14 12 8	350 650 800 950
Baustähle (zum Vergleich) St 34 St 42	 C 0,12 C 0,25			 340 420	 190 230	 25 20	 950 1150

Aluminiumlegierung. Tabelle 4: Typische Einsatzgebiete und besondere Eigenschaften von ausgewählten Al-Knetlegierungen (Halbzeuge).

Kurzzeichen	Legierungs-bestandteile %	Eigenschaften	Anwendungsbereiche und -beispiele
AlMn		höhere Festigkeit als Al, seewasserbeständig, nicht aushärtbar	Apparatebau, Bauwesen
AlMg1 AlMg2 AlMg3 AlMg5	Mg1-2 Mg3-5	hohe Festigkeit, gut verformbar gut korrosionsbeständig	Bauwesen, Fahrzeuge, Möbel Apparatebau, Schiffbau
AlMgMn	Mg4,5	gute Warmfestigkeit, gut verformbar, seewasserbeständig	Apparatebau, Chemie, Fahrzeugbau, Nahrungsmittel, Schiffbau
AlMgSi0,5 AlMgSi1	Si0,5-1	mittlere Festigkeit, kalt- u. warmaushärtbar, gut korrosionsbeständig	Bergbau, Behälterbau, Fahrzeugbau, Metallwaren
AlCuMg0,5 AlCuMg2	Mg0,5-2	sehr hohe Festigkeit, kaltaushärtbar, bedingt korrosionsbeständig	Maschinenbau, Automatenbearbeitung
AlZnMg1		hohe Festigkeit, gut schweißbar, gut zerspanbar, kalt- u. warmaushärtbar	Schweißkonstruktionen, Bergbau, Fahrzeugbau, Maschinenbau
AlZnMgCu0,5 AlZnMgCu1,5	Cu0,5–1,5	höchste Festigkeit, aushärtbar, ausreichend korrosions-beständig, gut zerspanbar, nicht schweißbar	Bergbau, Fahrzeugbau, Maschinenbau
AlSiCuNi		gute Warmfestigkeit, gute Laufeigenschaften	Kolben von Brennkraft-maschinen

Aluminium-Gußlegierungen. Auf der Grundlage der eutektischen Zusammensetzung erreichen die Al-Gußlegierungen ein feinverteiltes, festes Gußgefüge und gute Gießfähigkeit.

AlSi-Gußlegierungen um das Eutektikum herum (G-AlSi12) sind die wichtigsten Al-Gußlegierungen. Sie sind für Druckguß, Kokillenguß und Sandguß geeignet. GD-AlSi12 wird wegen der guten Fließfähigkeit bevorzugt für dünnwandige, druck- und flüssigkeitsdichte Gußstücke verwendet.

AlSiMg-Legierungen sind aushärtbar, Sandguß ist schweißbar, ihre Dauerfestigkeit ist nach Aushärtung hoch. Als untereutektische Gußlegierungen werden sie in der Chemieindustrie, im Kraftfahrzeug- und Schiffbau sowie für Motorengehäuse verwendet.

AlSiCu-Legierungen sind aushärtbar, durch den Cu-Gehalt gut gießbar und als Druckgußlegierungen für den allgemeinen Bedarf und für Gußstücke mit guter Festigkeit zu nennen.

AlCuNi-Legierungen sind als hochbeanspruchte, warmfeste Gußteile (z. B. AlCu4Ni2Mg1,5Si für Motorenzylinderköpfe) geeignet (Tabelle 5).

Aluminium-Verbundwerkstoffe. Sie bestehen aus einer Aluminiummatrix (Reinaluminium oder A.) mit eingelagerten Komponenten aus einem oder mehreren Werkstoffen. Die praktische Anwendung der Al-Verbundwerkstoffe ist bisher jedoch nur bescheiden:

□ Faserverbundwerkstoffe, die durch Einbetten von Fasern in die Metallmatrix entstehen, kommen z. B. auf pulvermetallurgischem Wege oder durch Ver-

Aluminiumlegierung. Tabelle 5: Typische Eigenschaften und Anwendungen von Al-Gußlegierungen.

Kurzzeichen	Legierungs-bestandteile %	Eigenschaften	Anwendungsbereiche und -beispiele
G-AlSi	Si12	eutektisch, hohe Stoß- und Schwingfestigkeit, ausgezeichnete Guß-eigenschaften, gut schweißbar	dünnwandige, stoßfeste Guß-teile (Druckguß), Nahrungs-mittelindustrie
G-AlSiMg	Si11-13	eutektisch, untereutektisch, sehr gut gießbar, gut schweißbar, chemisch beständig, aushärtbar	dünnwandige, schwingfeste Gußteile, Apparatebau, Chemie, Bauwesen, Beschlagteile
G-AlSiCu	Si6, Cu3	gut gießbar, aushärtbar, gut schweißbar	mittlere Beanspruchung von Gußteilen
G-AlMg	Mg3-10	gut gießbar, seewasserbeständig	Apparatebau, Bauwesen, Beschlagteile, Schiffbau, Chemie
G-AlCuSi		gute Festigkeit, gut gießbar, gut zerspanbar	normalbeanspruchte Gußteile
G-AlCuTi		hohe Festigkeit, hohe Biegewechselfestigkeit, gering korrosions-beständig, ausreichend gießbar	schwingungsempfindliche, verschleißfeste Gußteile, Schiffbau, Bauanlagen
G-AlCuNi		aushärtbar, warmfest	hochbeanspruchte warmfeste Gußteile
G-AlMgMn		sehr gut chemisch beständig, seewasserbeständig, aushärtbar	Apparatebau, Chemie, Bauwesen, Beschläge, Kraftfahrzeugbau, Schiffbau

strecken von Einlagerungen (Strangpressen, Ziehen) zum Einsatz. Bei der Faserverstärkung führen sehr dünne, angenähert parallel zueinander im Grundwerkstoff Al liegende Bor- oder Kohlenstoff-fäden zu einer erheblichen Festigkeitssteigerung (bis 1000 N/mm^2) in Faserrichtung.

□ Bei dispersionshärtenden Verbundwerkstoffen werden kleine Al_2O_3-Teilchen pulvermetallurgisch mit Al gemischt und dann gesintert. Sie kommen als Sinter-Aluminium-Produkt (SAP) mit hoher Festigkeit zum Einsatz und können nicht durch eine Wärmebehandlung gelöst oder wieder ausgeschieden werden. Ebenso wirken Borcarbid-Einlagerungen (B_4C) dispersionshärtend.

Verarbeitung. Reinaluminium und Al-Knetlegierungen lassen sich sehr gut kalt- und warmverformen. Besonders durch Strangpressen lassen sich eine Vielzahl von Profilen herstellen. Die gute Zerspanbarkeit weichgeglühter A. kann durch Zusätze von Blei noch verbessert werden (höchste Zerspanungsleistungen). Ausgehärtete Legierungen und teilweise Al-Gußlegierungen sind schwieriger zu zerspanen und haben infolge ihrer Härte einen hohen Werkzeugverschleiß.

Die Schwierigkeiten beim Schweißen beruhen auf der Rißneigung (gute Wärmeleitung) und Bildung der festhaftenden Oxidhaut (Al_2O_3 mit Schmelztemperatur bei 2060 °C). Die aushärtbaren Al-Knetlegierungen können intermediäre Phasen bilden, deren Anwesenheit zu sprödem Gefüge mit ausgeprägter Schweißrißneigung führt. Lediglich AlSi-Gußlegierungen (in der Nähe des Eutektikums) sind schweißrißfrei.

Die aushärtbaren A. mit Cu oder Zn als Legierungspartner sind korrosionsanfällig (im Gegensatz zur Mehrheit der nichtaushärtbaren Knetlegierungen). Zur Verbesserung können Plattierungen z. B. aus Reinaluminium oder AlMn mit z. T. sehr dünnen Schichtdicken (2,5–5 %) aufgebracht werden (kathodischer Schutz).

Für komplizierte Bauteile, die um große Beträge verformt werden müssen, wird die Superplastizität eutektischer A. ausgenutzt. Dabei können gleichzeitig extrem hohe Verformungsbeträge (bis 1000 % Bruchdehnung) und hohe Zugfestigkeit (bis 420 N/mm^2) erreicht werden (z. B. bei Legierungen Al94,5Cu5Zr0,5 und Al22Zn78). *Heller*

Literatur: *Altenpohl, D.*: Aluminium und Aluminiumlegierungen. Berlin 1965. – Aluminium-Taschenb. Hrsg. Aluminium-Zentrale Düsseldorf 1983. – *Bargel, H. J.*, u. *G. Schulze*: Werkstoffkunde. Düsseldorf 1988. – *Schimpke, P., H. Schropp* u. *R. König*: Technologie der Maschinenbaustoffe. Stuttgart 1977.

Analyse, thermische. Die t. A. ist eine experimentelle Methode zur Bestimmung von Phasengrenzlinien in Zustandsdiagrammen. Von dem zu untersuchenden System werden eine Reihe von Legierungen unterschiedlicher Zusammensetzung geschmolzen und sehr langsam (um dem Gleichgewichtszustand möglichst nahezukommen) abgekühlt, wobei Abkühlungskurven (T,t-Diagramme) aufgezeichnet werden. In den Abkühlungskurven treten je nach Charakter des Systems Knick- und Haltepunkte bei den jeweiligen Umwandlungstemperaturen auf. Überträgt man die Umwandlungstemperaturen für einzelne Konzentrationen (c) in ein T,c-Diagramm, so erhält man die Punkte, mit denen die Phasengrenzlinien im Zustandsdiagramm konstruiert werden können.

Die Empfindlichkeit des Nachweises von Phasenumwandlungen läßt sich erhöhen, indem die t. A. als Differenzmaßnahmen (Differentialthermo-A., DTA; Thermo-A.) durchgeführt wird. *Kußmaul*

Anisotropie (Umformtechnik). Unter A. werden in der Umformtechnik alle Erscheinungen zusammengefaßt, die sich in einer Richtungsabhängigkeit der Werkstoffeigenschaften äußern. Dabei sind sowohl die elastische als auch die plastische A. sowie die anisotrope Verfestigung von besonderer Bedeutung.

Die Ursache für die mechanische A. liegt in der Kristall-A. in Verbindung mit der Textur und in der Gefüge-A., die durch Ausrichten bestimmter Gefügeelemente wie Korngrenzen oder Phasen bewirkt wird. Während metallische Einkristalle sich stets anisotrop verhalten, sind vielkristalline (technische) Werkstoffe bei Fehlen von Texturen häufig nahezu isotrop in ihren makroskopischen Eigenschaften, d. h. die Kristall-A. macht sich im vielkristallinen Werkstoff nur dann bemerkbar, wenn eine Vorzugsorientierung (Textur) vorliegt. Die Ursache der Vorzugsorientierung liegt häufig im Herstellprozeß eines Halbzeugs oder Werkstücks begründet.

Besonders ausgeprägt ist die A. häufig bei Blechwerkstoffen, bei denen die Vorzugsorientierung durch den Walzvorgang hervorgerufen wird. Im Fall gewalzter Bleche existieren drei Vorzugsrichtungen, die Walz- und die Querrichtung sowie die senkrecht zur Blechebene stehende Normalenrichtung.

Als Maß zur Beschreibung der A. der plastischen Eigenschaften von Blechwerkstoffen wird der Wert der senkrechten A. r herangezogen. Er ist definiert als das Verhältnis der Umformgrade in Breiten- und Dicken(Normalen-)richtung und kann im Flachzugversuch ermittelt werden:

$$r = \frac{\xi_b}{\xi_s}.$$

Nun ist der Wert der senkrechten A. i. a. nicht konstant in der Blechebene, sondern ändert sich mit dem Winkel zur Walzrichtung (Bild). Ein Maß für diese ebene A., d. h. die Änderung des r-Werts in der Blechebene, ist der Wert Δr. Er wird aus den einzelnen r-Werten der Blechebene errechnet:

$$\Delta r = \frac{1}{2}\,(r_0 + r_{90} - 2r_{45}),$$

mit r_0 r-Wert in Walzrichtung (WR),
     r_{45} r-Wert unter 45° zur WR,
     r_{90} r-Wert unter 90° zur WR.

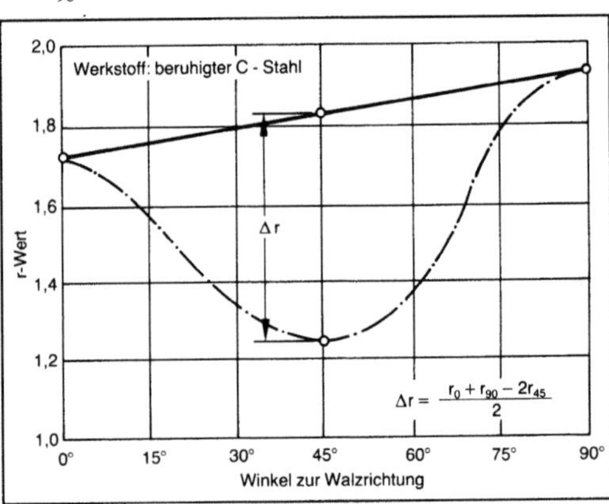

Anisotropie: Änderung der senkrechten Anisotropie r in der Blechebene.

Beim →Tiefziehen ist ein großer r-Wert im Hinblick auf eine geringe Blechdickenänderung erwünscht. Gleichzeitig sollte keine ebene A. auftreten, da sie die Zipfelbildung hervorruft. Die Beschreibung und Berechnung des anisotropen Werkstoffverhaltens mit Hilfe geeigneter Werkstoffmodelle im Rahmen der →Prozeß-Analyse ist sehr aufwendig und die experimentelle Ermittlung von Werkstoffkennwerten bzw. A.-Kennwerten mit großen Schwierigkeiten verbunden. *Lange*

Literatur: *Lange, K.* (Hrsg.): Umformtechnik. Handb. f. Ind. u. Wiss. Bd. 1. 2. Aufl. Berlin, Heidelberg, New York 1984. – *Lange, K.* (Hrsg.): Umformtechnik. Handb. f. Ind. u. Wiss. Bd. 3: Blechumformung. 2. Aufl. Berlin, Heidelberg, New York, Tokio 1990.

Ankerrührer. Der A. (Bild) gehört mit einer Drehzahl von 10–60 min^{-1} zu den langsam laufenden Rührern. Eingesetzt wird er zum Mischen und zum Intensivieren des Wärmeübergangs bei Fluiden und Pasten mit einer dynamischen Viskosität von 5–50 Pas. Die Mischwirkung wird durch starkes Scheren in Richtung der Rotation sowie durch die langsame Sekundärströmung hervorgerufen. Die Sekundärströmung erfolgt längs der Wand am Boden von innen nach außen, an der Oberfläche der Füllung wieder nach innen zur Welle. *Schlag*

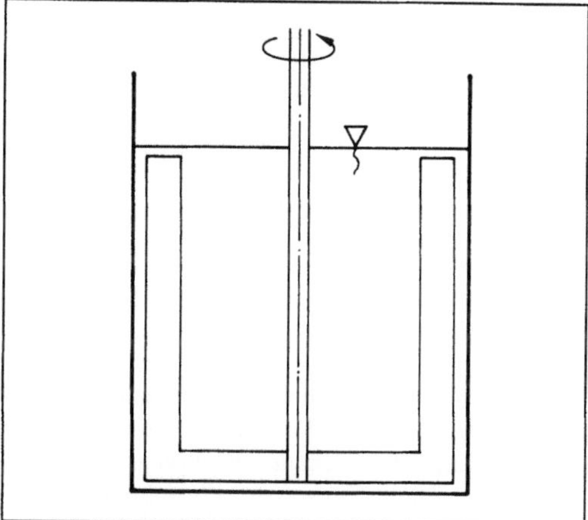

Ankerrührer.

Anlage, mehrstufige. In einer m. A. wird ein identischer Prozeß mehrfach in Serie durchgeführt. Dies ist erforderlich, wenn sich der gewünschte Umsatz nicht in einer einfachen A. erzielen läßt. In der Bioverfahrenstechnik finden sich m. A. besonders bei der Abwasserbehandlung und Gasreinigungsprozessen. *Liefke*

Anpaßsteuerung. Steuerung für NC-Maschinen zum Anpassen der von der numerischen Steuerung (NC) ausgegebenen Signale in Art und Leistung an die Stellglieder der Maschine. Maschinenspezifische Verriegelungen und Abhängigkeiten werden durch entsprechende logische Verknüpfung realisiert. Neben festverdrahteten Kontaktsteuerungen (Relais- und Schützsteuerung) werden heute hauptsächlich speicherprogrammierbare elektronische Steuerungen (programmierbare Steuerung, SPS, PC) verwendet. Typische Schaltfunktionen sind beispielsweise das Schalten des Hauptantriebs, Werkzeugwechselfunktionen, Kühlmittelfunktionen, Kühlmittelzufuhr, Verriegelung von Türen u. ä. In vielen Fällen ist die A. mit einer Funktionssteuerung, die ein manuelles Auslösen der Maschinenfunktionen ermöglicht, kombiniert. *Schulz*

Anschwemmfilter →Filtration (mechanische Verfahrenstechnik)

Anspringtemperatur. Die Reaktanden eines Reaktionsgemisches benötigen zum Überwinden der Aktivierungsschwelle eine bestimmte Mindest-Energiezufuhr, bevor sie miteinander reagieren. Erfolgt die Energiezufuhr durch thermische Aktivierung, dann ist zum Anspringen, Anfahren oder Zünden (→Reaktorstabilität) einer Reaktion oder eines Reaktors häufig das Erreichen einer bestimmten Temperatur (A., Zündtemperatur) erforderlich. Durch die A. ist eine Mindest-Reaktionsgeschwindigkeit (→Arrhenius-Zahl) garantiert, unterhalb der die Reaktion (Zündung) nicht aufrecht zu erhalten wäre. Nach dem Anspringen exothermer Reaktionen muß der Reaktor häufig gekühlt werden, um ein Durchgehen (→Reaktorstabilität) der Reaktion bzw. des Reaktors zu vermeiden. Die Mehrzahl technisch bedeutsamer Reaktionen sind thermisch aktiviert und treten z. B. auf bei Brennprozessen (Kalkbrennen, Zementherstellung), bei der Erzaufbereitung (Abrösten sulfidischer Erze), bei der Kohleveredlung (Vergasung von Koks), bei der Carbidherstellung, bei der Pyrolyse (→Pyrolyse-Reaktion) von Kohlewasserstoffen, bei Flammenreaktionen (Hochtemperaturpyrolyse, Chlorknallgasreaktion, Öl-Druckvergasung) sowie bei der Methanchlorierung, bei der Sulfonierung und Nitrierung von Aromaten. *Schönbucher*

Antioxidantien. A. (Oxidationsinhibitoren) sind organische Verbindungen, die unerwünschte, durch Sauerstoff oder andere Oxidationsmittel hervorgerufene Veränderungen von Fetten, Kunststoffen (z. B. PVC), Kautschuk u. a. hemmen. Im Lebensmittelsektor erstreckt sich ihr Oxidationsschutz hauptsächlich auf tierische Fette, Talg und Schmalz.

Die Autoxidation (Fettverderb, oxidativer), verläuft nach folgenden Teilreaktionen:

□ Unter Energiezufuhr wird einer aktiven Methylengruppe (–CH$_2$-Gruppe in Nachbarschaft zu einer Doppelbindung oder einem aromatischen Ring) ein Wasserstoffatom unter Bildung eines Radikals R· abgespalten.

□ Das gebildete Radikal R· reagiert mit Sauerstoff zum Peroxyradikal ROO·.

□ Das Peroxyradikal ROO· entzieht einer weiteren aktiven Methylengruppe ein Wasserstoffatom unter Bildung eines Hydroperoxids ROOH und eines neuen Radikals R·.

Die Radikalkettenreaktion wird exogen durch Licht und Wärme, endogen durch Porphyrinpigmente (Häm) oder Metallionen (Cu, Fe, Mn, Co, Ni) gefördert. Die an die Kettenreaktion anschließenden Oxidationsprozesse führen zu Abbauprodukten wie Alkoholen, Aldehyden, Ketonen usw., die Fetten und Ölen einen ranzigen Geruch bzw. Geschmack verleihen und diese ungenießbar machen. Oxidationen bei Kunststoffen und Kautschuk führen zu Veränderungen der Farbe sowie der charakteristischen Eigenschaften, wie z. B. Abnahme der Elastizität und der chemischen Widerstandsfähigkeit.

A. können auf zwei Arten wirken:

☐ Sie fungieren als Radikalfänger, indem sie ein H-Atom abspalten, das sich mit den während der Oxidation gebildeten Substratradikalen R· verbindet:

$$AH + R· \rightarrow A· + RH.$$

Das Antioxidansradikal A· verhindert die Weiterführung einer Radikalkettenreaktion, da es durch Mesomerie stabilisiert ist. Antioxidativ wirken substituierte Phenole und aromatische Amine, besonders solche, die in o- und p-Stellung Hydroxylgruppen tragen (z. B. Gallate, 3-Butyl-p-hydroxyanisol = BHA, Tocopherole).

☐ Sie verändern Hydroperoxide derart, daß keine Carbonylverbindungen bzw. freie Radikale gebildet werden können. Solche A., die in Kunststoffen und Kautschuk, nicht jedoch in Speisefetten eingesetzt werden, sind Thiodipropionate und Organophosphorsäureester, wie z. B. Trikresylphosphat.

A. werden im Verlauf der Autoxidation verbraucht, gewähren daher nur einen zeitlich begrenzten Schutz. Wesentlich für ihre Anwendung sind gewisse Anforderungen, denen sie genügen müssen:

☐ Sie müssen in geringen Konzentrationen (0,01 bis 0,05 %) optimal wirksam sein.

☐ In Lebensmitteln verwendet dürfen sie nicht toxisch sein und dürfen Geruch, Geschmack, Farbe und Struktur nicht beeinflussen.

☐ Sie müssen im Substrat soweit löslich sein, daß ihre homogene Verteilung hinreichend gesichert ist.

☐ Gegen bestimmte Behandlungsprozesse (z. B. Backen) sollen sie genügend beständig sein (Carrythrough-effect).

A. werden in ihrer Wirkung durch Synergisten unterstützt, die ihre antioxygene Wirkung erst im Zusammenspiel mit A. entfalten. Synergisten sind Zitronensäure und Phosphorsäure, die als Komplexbildner prooxidativ wirkende Metallspuren binden, sowie Ascorbinsäure, die als Reduktionsmittel verbrauchte phenolische A. zu regenerieren vermag.

Als in Pflanzen, besonders in Keimlingen natürlich vorkommend, stellen die Tocopherole (Vitamin E) wichtige A. dar. Dabei entfaltet das δ-Tocopherol die stärkste antioxidative Wirksamkeit, das α-Tocopherol (eigentliches Vitamin E) die geringste. Tocopherole wirken insbes. im Beisein von Ascorbinsäure und Zitronensäure und werden vor allem tierischen tocopherolarmen Fetten (300 mg/kg), Margarine, Vitamin-A-Präparaten und Orangenöl zugesetzt.

Die Anwendung von Gallaten, einer weiteren Gruppe natürlich vorkommender A., erstreckt sich auf Fette, Öle, Emulsionen (50–200 mg/kg), in Deutschland jedoch nur in begrenztem Maß, hauptsächlich auf Langzeitkonserven.

Daneben wird zum Oxidationsschutz auch eine Reihe mehr oder weniger gut isolierter Stoffe oder Stoffgruppen aus Naturprodukten eingesetzt (z. B. Hafer-, Soja-, Kakaoschalenpräparate).

Alle natürlichen A. haben in der Regel einen geringen Carry-through-effect.

Die künstlichen A. BHA und BHT (Buthylhydroxytoluol) sind sehr viel hitzebeständiger. BHA wird Backwaren, Knabberartikeln und Vitamin-A-Präparaten zugegeben (50–200 mg/kg). Gewisse Bedenken bestehen gegen BHT, das in Deutschland nur für Kaugummi zugelassen ist (1 g/kg).   *Kerner/Loncin*

Antischaummittel. Chemikalien, die Schaumbildung unterdrücken, vermindern oder verhindern. Schäume sind für verschiedene stoffwandelnde Verfahren nachteilig, weil sie in Apparaten und Rohrleitungen Platz in Anspruch nehmen und somit die Durchsatzkapazität verringern. Zu den Verfahren, die besonders zur Schaumbildung neigen, zählt das Kraft-Verfahren zur Herstellung von Papier, bei dem ein stark schäumender Pulpebrei gebildet wird, sowie die Herstellung von Phosphorsäure aus Phosphatgestein, die Rübenzucker-Verarbeitung und verschiedene Fermentationsprozesse.

Die Zerstörung des Schaums beruht auf verschiedenen Mechanismen. Beim Eindringmechanismus überbrückt das A. die zwei Oberflächen der Blase, wodurch die Blase zusammenfällt. Dies beruht auf der sehr geringen Adhäsion zwischen A. und schäumender Flüssigkeit. Beim Überschichtungsmechanismus bildet sich auf der Flüssigkeitsoberfläche ein dünner Film aus A., der den Schaum nicht stützt (→Schaumtrennung).

Die Kombination von Fettsäuren und Fettalkoholen in Kohlenwasserstoffölen ist ein Beispiel für die Zusammensetzung eines löslich gemachten oberflächenaktiven A. Andere Mittel bestehen aus Dispersionen weicher Partikel (z. B. paraffinische Wachse und Fettamide) oder harter Partikel (z. B. Kieselerde oder mit →Silicon beschichtetes Mineral).   *Dohrn*

Literatur: *Kouloheris, A. P.:* Foam destruction and inhibition. Chem. Engng. (1970), S. 143. – *McGee, J.:* Selecting chemical defoamers and antifoams. Chem. Engng. (1989), S. 131. – *Ross, S., u. T. H. Bramfitt:* Inhibition of foaming (VII): changes in elec. conditions of colloidal electrolyte solutions on addition of nonionic foam stabilizers and foam inhibitors. J. of Phys. Chem. 61 (1957), S. 1261/65. – Ullmanns Enzyklopädie der technischen Chemie. 4. Aufl. Weinheim 1972.

Antrieb (Roboter). Für den A. eines Industrieroboters, dessen Aufgaben die Übertragung der benötigten Bewegungen und das Aufbringen notwendiger Kräfte und Momente ist, sind grundsätzlich pneumatische, hydraulische und elektrische Systeme geeignet. Pneumatische A.-Systeme finden nur in Ausnahmefällen bei Industrierobotern Anwendung, da wegen der Kompressibilität der Luft die Einstellung von genauen Positionen problematisch ist. Die aufwendigeren hydraulischen A.-Systeme werden seit den Anfängen der Industrierobotertechnik eingesetzt und zeichnen sich durch folgende Eigenschaften aus:

□ stufenlose Geschwindigkeitsregelungen der einzelnen Achsen,
□ beliebige Zwischenpositionen,
□ hohe Leistungsreserven,
□ große Kräfte und Momente.

Es müssen jedoch folgende Nachteile in Kauf genommen werden:

□ Leckage, Umweltbelastung,
□ Temperaturabhängigkeit,
□ nicht konstantes Betriebsverhalten bei Austausch von Baugruppen,
□ nicht optimale Betriebssicherheit,
□ Lärm- und Temperaturbelastung,
□ hoher Energieverbrauch, ungünstige Energiebilanz.

Diese Nachteile der hydraulischen Antriebssysteme führten zur Entwicklung von Gleichstromantrieben, die eine sehr gute Regelbarkeit mit einem konstanten Betriebsverhalten und hoher Betriebssicherheit verbinden. Beim Austausch von Teilen ist eine Nachjustage der Steuerung nicht nötig, und es ergibt sich eine gute Überwachungsmöglichkeit in sicherheitstechnischer Hinsicht. Dem gegenüber stehen höhere Kosten infolge zusätzlich notwendiger Untersetzungsgetriebe und bei höheren Traglasten infolge eines zusätzlich erforderlichen statischen Gewichtsausgleichs.

Auf Grund der vielen Vorteile werden heute ca. dreiviertel aller Industrieroboter durch servoelektrische Systeme angetrieben. Als Motoren werden meist bürstenbehaftete Gleichstrommotoren mit Stab- oder Scheibenläufern eingesetzt; teilweise finden auch schon bürstenlose Gleichstrommotoren oder Asynchronmotoren Verwendung. Die Bewegung überträgt sich durch Kugelrollspindeln oder technisch hochwertigere Planetenrollspindeln, die direkt mit dem Motor gekoppelt als hochuntersetzende Getriebe wirken. Teilweise verwendet man auch Harmonic-Drive-Getriebe zum Untersetzen der Motordrehzahl. Wird die Kopplung von Motor und Drehachsen direkt, d. h. ohne Übersetzungsgetriebe, ausgeführt, so spricht man von Direkt-A.-Roboter (Direct Drive). Neben hohen Beschleunigungen und Geschwindigkeiten ermöglicht der Verzicht auf ein Untersetzungsgetriebe sehr hohe Positioniergenauigkeiten. Die Motordrehbewegung über größere Distanz überträgt man häufig über Zahnriemen, die gleichzeitig schwingungsdämpfend

wirken. Für die Steuerung eines Industrieroboters ist eine Rückmeldung der einzelnen Bewegungsachsen durch Weg- oder Winkelmeßsysteme erforderlich, um einen Regelvorgang zur genauen Positionierung über Stellglieder auf die A. durchführen zu können. Es gibt grundsätzlich 2 Arten von Wegmessungen, analog und digital, und man unterscheidet die Meßsysteme in 3 verschiedene Verfahrensgruppen:

□ inkrementale Geber mit einem photoelektrischen oder magnetischen Meßsystem, bei dem Impulse gezählt werden und die Anzahl der Impulse einer Wegstrecke entspricht;
□ absolute Geber sind Potentiometer mit Widerstandsänderungen oder Kodierer, die optisch oder magnetisch einen binären Dezimalkode ablesen. Jede Stellung der Achse entspricht einem binär kodierten Wert auf der Meßstrecke;
□ zyklisch absolute Geber verbinden das inkrementale und absolute Meßprinzip, indem man in einem bestimmten Bereich z. B. eine Umdrehung mißt, jedoch die Umdrehungen zählt, also inkremental aufnimmt.

Die inkrementalen sowie die zyklisch absoluten Systeme müssen zum Bestimmen der Nullstellung auf einen Referenzpunkt gefahren werden, der die Zähler auf null setzt. Bei dem inkrementalen Verfahren besteht die Möglichkeit, daß durch elektrische Störimpulse eine Verfälschung des Zählergebnisses möglich ist und damit eine falsche Position der Achse gemeldet würde. Die absoluten Systeme sind nach Anlegung der Versorgungsspannung, d. h. nach dem Einschalten der Maschinen funktionsbereit und liefern einen Zahlenwert an die Steuerung, der der momentanen Position der Achse entspricht. Neben der Weg- bzw. Winkelmessung ist zur optimalen Steuerung eines Industrieroboters auch eine Geschwindigkeitsmessung nötig, die üblicherweise mit einem Tachogenerator direkt am A.-Motor vorgenommen wird. *Warnecke*

Arbeitsbereich. In der Verfahrenstechnik versteht man unter dem A. einer Kolonne den Bereich der Gas- und →Flüssigkeitsbelastung, bei dem ein kontrollierter Betrieb der Kolonne mit einer hohen Trennleistung möglich ist (Bild). Auf den Kolonnenböden befindet sich eine Sprudel- und eine Sprühzone. Erhöht man die Gasbelastung, so werden vermehrt Flüssigkeitstropfen mitgerissen. Die obere Belastungsgrenze ist erreicht, wenn sich die Sprühzone bis zum nächsthöheren Boden ausgedehnt hat. Eine weitere Erhöhung der Gasbelastung führt zu einem Flüssigkeitsstau (Fluten), der mit einem steilen Abfall des Verstärkungsverhältnisses verbunden ist. Bei einer zu geringen Gasbelastung kommt es zu einem →Durchregnen der Böden (→Destillieren).

Auch bei einer zu großen Flüssigkeitsbelastung flutet die Kolonne durch einen Aufstau in den

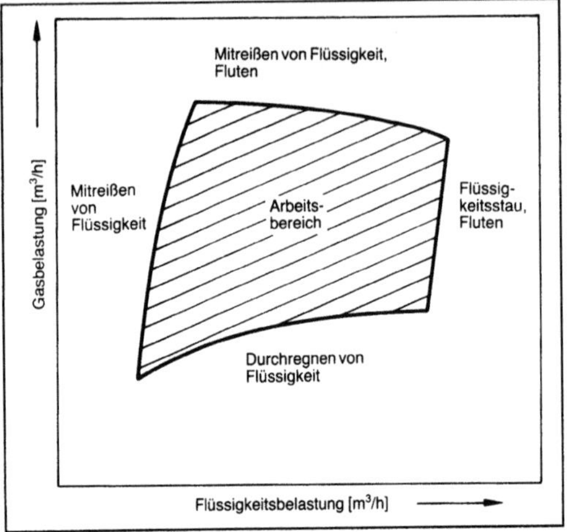

Arbeitsbereich: Schematische Darstellung des Arbeitsbereichs von Kolonnenböden.

Ablaufschächten. Ist der Flüssigkeitsfluß zu gering, so wird das Verstärkungsverhältnis durch ein Mitreißen der Flüssigkeit und durch eine ungleichmäßige Flüssigkeitsverteilung über den Böden verringert.

Der A. von Packungskolonnen wird nach oben durch das Fluten der Kolonne (Überschreiten der →Flutgrenze) und nach unten durch eine zu geringe Benetzung der →Füllkörper bzw. der geordneten Packung (Abnahme der aktiven Stoffaustauschfläche) begrenzt (→Verstärkungsverhältnis, →F-Faktor). *Dohrn*

Literatur: *Billet, R.*: Die Industrielle Destillation. Weinheim 1973. – *Kirschbaum, E.*: Destillier- und Rektifiziertechnik. 4. Aufl. Berlin, Heidelberg, New York 1969.

Arbeitsdiagramm (Trennverfahren). Unter einem A. sei die graphische Darstellung eines funktionalen oder empirisch ermittelten Zusammenhangs zwischen interessierenden unabhängigen und abhängigen Variablen zum Zweck einer einfachen, schnellen und ausreichend genauen Problemlösung verstanden; dabei sind die Zusammenhänge klar erkennbar. In der thermischen Verfahrenstechnik, die sich meist mit der Trennung von Stoffgemischen und deren Grundlagen befaßt, dienen A. zum Ermitteln der Anzahl der Trennstufen oder der Anzahl der Übergangseinheiten bei Trennoperationen.

A. reduzieren die Anzahl der Einflußgrößen wesentlich; dadurch ist ein Überblick über das Problem relativ leicht und schnell zu erhalten. Dies kann nur auf Kosten der Genauigkeit für den allgemeinen Fall erreicht werden. Daher sind A. in der thermischen Verfahrenstechnik Näherungen und/oder nur für bestimmte Fälle anwendbar, z. B. geringe Konzentrationen oder konstante Ströme.

Ein Beispiel für ein empirisch ermitteltes A. ist das von *Gilliland* für die Rektifikation, mit dem ein Zusammenhang zwischen Trennstufenzahl und Rücklaufverhältnis wiedergegeben wird, der sich aus der Analyse tatsächlich betriebener Kolonnen ergeben hat (Bild 1).

Im Bereich geringer Konzentrationen, für die ein konstanter Verteilungskoeffizient für das Phasengleichgewicht angenommen werden kann, wurden von *Kremser, Souders* und *Brown* vereinfachte Beziehungen für den Zusammenhang zwischen Stufenzahl bzw. Anzahl der Übergangseinheiten, Phasengleichgewicht und dem Mengenverhältnis der gegeneinander geführten Ströme hergeleitet (Bild 2).

Weitaus am häufigsten wird in der Trenntechnik ein Diagramm verwendet, in dem die Konzentrationsveränderungen in den miteinander im Stoffaustausch stehenden Strömen in Abhängigkeit von Phasengleichgewichten oder der in einer Stufe

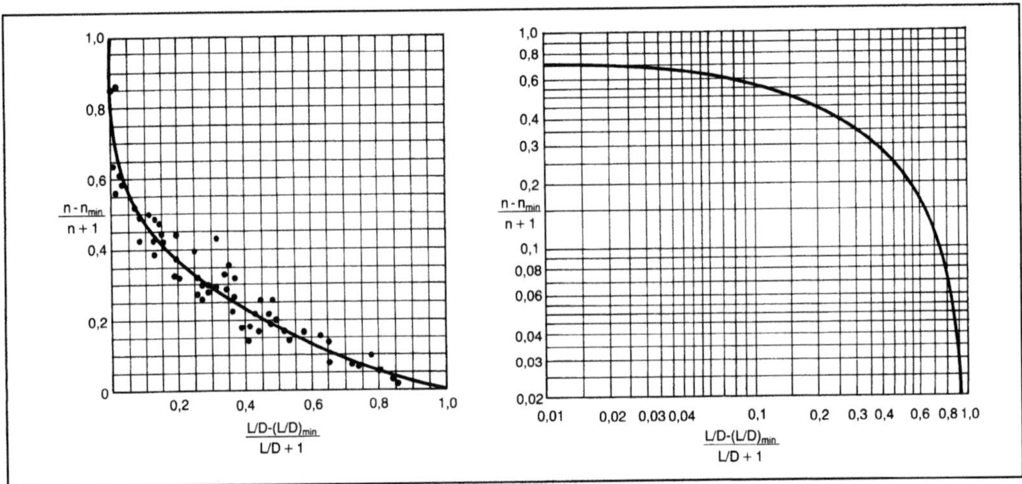

Arbeitsdiagramm (Trennverfahren) 1: Zum Ermitteln der tatsächlichen Anzahl von Gleichgewichtsstufen bei der Destillation (Rektifikation) auf der Basis tatsächlich betriebener Kolonnen. (Quelle: Gilliland a. a. O.)

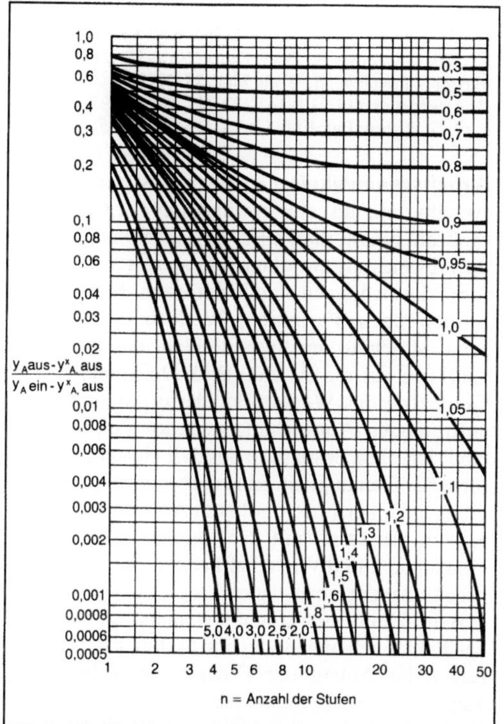

Arbeitsdiagramm (Trennverfahren) 2: Zum Ermitteln der Gleichgewichtsstufen in einem Gegenstromtrennprozeß. (Quelle: Kremser, Souders, Brown *a. a. O.)*

Parameter der Kurvenscher ist der Term $L/(m \cdot V)$, mit L Flüssigkeitsmengenstrom, V Gasmengenstrom, m Steigung der Gleichgewichtsgeraden ($y = m \cdot x$)

erreichbaren Anreicherung sowie der Mengen der miteinander in Kontakt stehenden Ströme in einem rechtwinkeligen Koordinatensystem aufgetragen werden. Derartige Diagramme sind als McCabe-Thiele, x, y- oder Beladungs-Diagramme bekannt. Sie eignen sich zunächst nur für die Behandlung binärer Systeme, bei denen durch die Festlegung einer Konzentration das System bestimmt ist. In Stoffsystemen, bei denen nur eine Komponente relativ geringer Konzentration verändert wird, während die anderen Komponenten konstant bleiben, kann die Komponente geringer Konzentration auf die anderen bezogen werden (Beladung). Dadurch lassen sich die Zusammenhänge auch ternärer oder mehrkomponentiger Stoffsysteme durch eine Konzentration festlegen und Konzentrationsveränderungen zweidimensional darstellen.

Die Darstellung der Ströme in einem derartigen Diagramm in Form der Arbeitslinie oder Betriebslinie repräsentiert die Massen- und Energiebilanz. In bestimmten Fällen ergibt sich ein besonders einfacher, linearer Zusammenhang. Dann kann man die sich ergebende Arbeitsgerade aus zwei Punkten,

den Endpunkten der Trennkaskade, ermitteln. Die Steigung der Betriebsgerade wird durch das Mengenverhältnis der miteinander in Kontakt stehenden Ströme bestimmt. Eine Gerade als Arbeitslinie ergibt sich u. a. für eine Trennkaskade, wenn

☐ die Ströme konstant sind,

☐ der molare Nettostoffstrom konstant ist,

☐ die ausgetauschten Komponenten nur in geringer Konzentration vorhanden sind,

☐ sich konstante Ströme definieren lassen, auf die die ausgetauschten Komponenten bezogen werden können, z. B. ein konstanter Inertgasstrom (Bild 3).

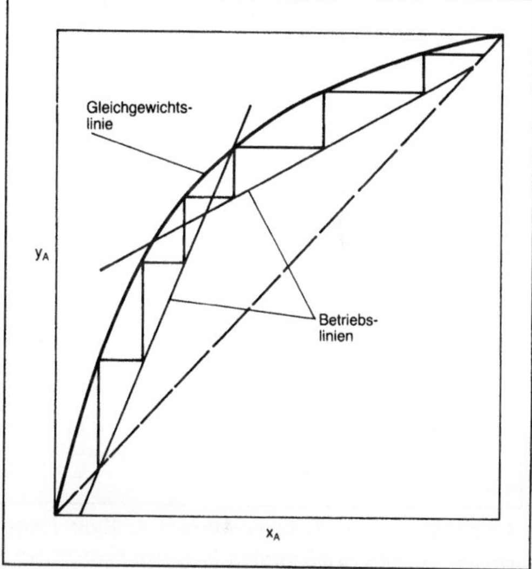

Arbeitsdiagramm (Trennverfahren) 3: Zum Ermitteln der Gleichgewichtsstufen in einem Gegenstromtrennprozeß. (Quelle: McCabe und Thiele *a. a. O.)*

Die Anzahl der durch einen Treppenlinienzug zwischen Gleichgewichts- und Betriebslinie sich ergebenden Eckpunkte auf der Gleichgewichtslinie entspricht der Anzahl der Gleichgewichtsstufen

Für die Phasengleichgewichte liegt i. a. kein linearer Zusammenhang zwischen den Konzentrationen in den Phasen vor. Bei geringen Konzentrationen der betrachteten Komponenten kann sich jedoch ein linearer Zusammenhang ergeben (Gesetz von *Henry, Nernst*). Sind Gleichgewichte und Arbeitslinie Geraden, kann man außer dem rechtwinkligen Konzentrationsdiagramm auch das erwähnte A. von *Kremser, Souders* und *Brown* verwenden.

Ändern sich Ströme und Konzentrationen in Trennkaskaden in komplexer Weise, lassen sich Gleichgewichte und Ströme nicht durch Gerade darstellen. In diesen Fällen wird der empirisch ermittelte Zusammenhang für die Phasengleichgewichte in entsprechende Konzentrationsdiagramme eingetragen. Beispielsweise verwendet man bei der Rektifikation binärer Gemische mit ungleichen Verdampfungsenthalpien der Komponenten das

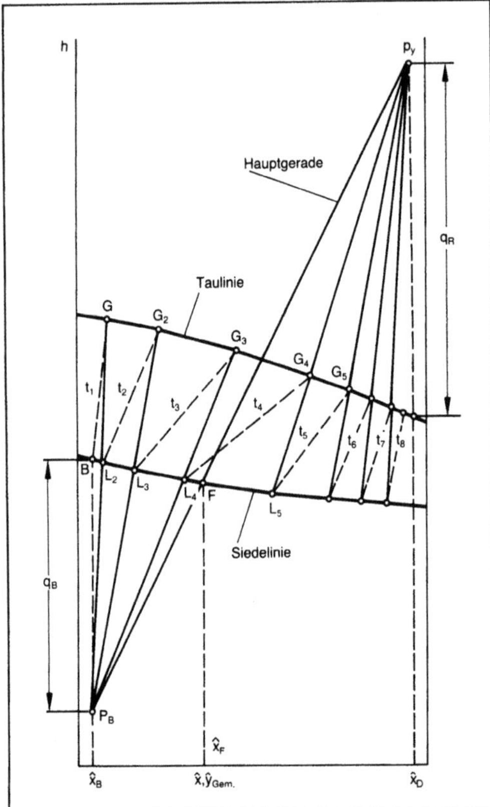

Arbeitsdiagramm (Trennverfahren) 4: Zum Ermitteln der Gleichgewichtsstufen in einem Gegenstromprozeß. (Quelle: Ponchon, Savarit a. a. O.)

In dem Diagramm ist die Enthalpie mit berücksichtigt. Daher lassen sich Stoffsysteme mit merklichen Mischungsenthalpien und unterschiedlichen Verdampfungsenthalpien der Reinstoffe behandeln

Enthalpie-Konzentrationsdiagramm nach *Ponchon-Savarit* (Bild 4).

Bei der Flüssig-Flüssig-Extraktion benutzt man zum Darstellen der ternären Phasengleichgewichte ein gleichseitiges Dreiecksdiagramm nach *Gibbs*. Bezüglich der Ströme zeigt eine einfache Überlegung, daß in einer Gegenstromtrennkaskade für die Extraktion, bei der nur an den Enden Stoffströme zu- oder abgeführt werden, die Differenz der Stoffströme konstant bleibt. In einem Diagramm stellt diese Differenz einen Punkt, den sog. Polpunkt, dar, durch den alle Bilanzlinien der entsprechenden Trennkaskade verlaufen. Durch eine alternierende Berücksichtigung der Phasengleichgewichte und der →Stoffbilanz in Form der Bilanzlinien durch den Polpunkt lassen sich die für ein Trennproblem notwendigen Gleichgewichtsstufen ermitteln (Bild 5).

Zur näheren Erläuterung über Beschränkungen der A. und deren Umgang sei auf Standardlehrbücher der Verfahrenstechnik verwiesen. *Brunner*

Literatur: *McCabe, W. L.,* u. *E. W. Thiele:* Ind. Eng. Chem. 17 (1925), S. 605. – *Gilliland, E. R.:* Ind. Eng. Chem. 32 (1940), S. 1220. – *Kremser, A.:* Natl. Petrol. News 22 (21) 42 (1930) May 21. – *Ponchon, M.:* Tech. Mod. 13 (1921), S. 20. – *Savarit, R.:* Arts Métiers (1922), S. 142, 178, 241, 266, 307. – *Souders, M.,* u. *G. G. Brown:* Ind. Eng. Chem. 24 (1932), S. 519.

Arbeitsgenauigkeit. Genauigkeit ist der Grad der Annäherung an ein gewünschtes Ergebnis. Als Maßzahl nimmt man meist die Ungenauigkeit, d. h. die Abweichung zwischen Soll- und Ist-Wert. Zulässige Abweichungen sind Toleranzen. Beim →Umformen üben Verfahren, Werkstückstoff, Werkzeug, Maschine und Arbeitsablauf die wichtigsten Einflüsse auf die A. aus (Bild). Je komplexer die Geometrie des Werkstücks, desto größer sind die auftretenden Abweichungen. Jedes Verfahren hat eine sich ohne besondere Sorgfalt einstellende „natürliche" Genauigkeit. Eine verbesserte „gepflegte" Genauigkeit erfordert höheren Aufwand, wobei die Kosten progressiv mit der Genauigkeit ansteigen. Genauigkeit und Wirtschaftlichkeit sind daher stets gegeneinander abzuwägen.

Beim Umformen treten systematische und zufällige Fehler nebeneinander auf. Systematische Fehler zeigen im Ablauf der Fertigung eine bestimmte Tendenz, z. B. Durchmesserzunahme gestauchter Köpfe durch Reibverschleiß und plastische Werkzeug-Verformung, Dickenabnahme beim Gesenkschmieden auf →Spindelpresse oder Hammer durch bleibende Verformung der Gesenk-Aufschlagflächen. Zufällige Fehler, die von Teil zu Teil keine Tendenz zeigen, entstehen durch teils sich addierende, teils aufhebende Überlagerung von Einflüssen wie Temperaturschwankungen, Schwankungen der Einsatzmasse, Schwankungen in Stoffzusammensetzung, Gefüge und →Oberflächenbehandlung. Die dadurch bedingten Schwankungen der elastischen Verformung von Werkzeug und Maschine gehorchen den Gesetzen der Statistik und verteilen sich nach einer Normalverteilungskurve.

Fehlerarten an umgeformten Werkstücken sind Maß-, Lage-, Form- und Oberflächenfehler. Dabei ist nicht immer eine eindeutige Beschreibung der Fehler möglich; z. B. werden Lagefehler eines Formelements oft durch Formfehler eines anderen Formelements verursacht. Bei Maß- und Formfehlern werden werkzeugabhängige Fehler (in einem Werkzeugteil) und maschinenabhängige Fehler (über mindestens zwei Werkzeugteile hinweg) unterschieden. Sie hängen von den elastischen Verformungen im System Werkzeug-Umformmaschine ab. *Lange*

Literatur: *Lange, K.,* u. *H. Meyer-Nolkemper:* Gesenkschmieden. 2. Aufl. Berlin, Heidelberg, New York 1977. – *Lange, K.* (Hrsg.): Umformtechnik. Handb. f. Ind. u. Wiss. Bd. 1: Grundlagen. 2. Aufl. Berlin, Heidelberg, New York, Tokio 1984.

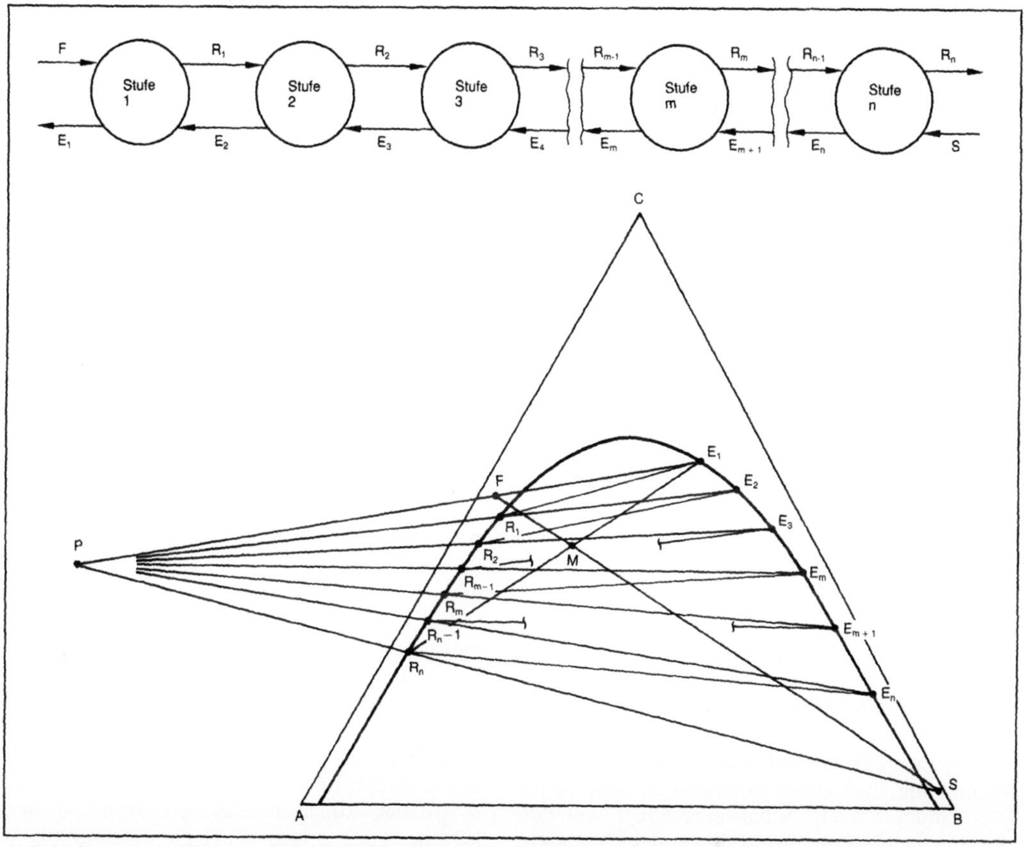

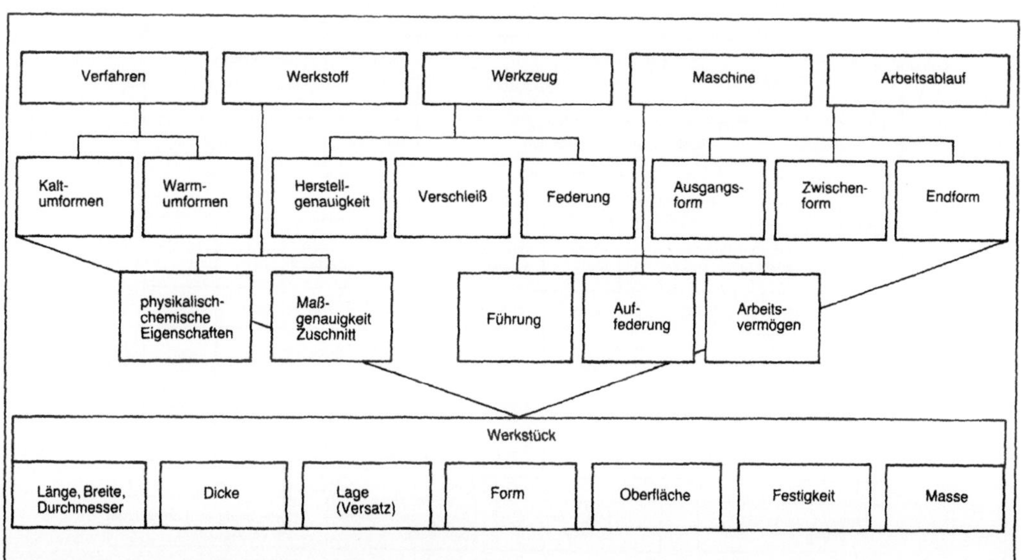

Arbeitsdiagramm (Trennverfahren) 5: Ermittlung der Gleichgewichtsstufen in einem Gegenstromprozeß, bei dem sich die gegenseitige Löslichkeit der Phasen mit der Konzentration ändert.

Beispiel: Flüssig-Flüssig-Extraktion, F Zulauf, R Raffinat, E Extrakt, S Lösungsmittel, P Polpunkt

Arbeitsgenauigkeit: Einflüsse bei Umformvorgängen.

Arbeitslinie →Arbeitsdiagramm (Trennverfahren)

Arbeitsmedium →Funkenerosion, →Dielektrikum

Arbeitsplanerstellung. Ein Schwerpunkt der →Arbeitsplanung ist die Erstellung von Arbeitsplänen für die Bereiche Fertigung und Montage. Der Arbeitsplan enthält die logische und wirtschaftliche Reihenfolge und Beschreibung der Bearbeitungsschritte, um ein Werkstück oder eine Baugruppe von einem Ausgangszustand in einen vorgesehenen Endzustand zu überführen.

Wesentliche Eingangsinformationen der Arbeitsplanung sind die Zeichnung, Stückliste und die zu fertigende Stückzahl. Grundsätzliche Aufgaben der A. sind (Bild):

☐ Ausgangsteilbestimmung,
☐ Arbeitsvorgangsfolgeermittlung,
☐ Maschinenauswahl und Bestimmung von . . .,
☐ Fertigungshilfsmittelzuordnung,
☐ Schnittwertermittlung (evtl.),
☐ Vorgabezeitermittlung.

Im Rahmen der Ausgangsteilbestimmung wird die kostenoptimale Form und Abmessung des Ausgangsteils festgelegt. Beim Vergleich unterschiedlicher Ausgangsteile, wie Halbzeug, Schmiede- oder Gußrohling, muß zwischen einmaligen Kosten für Vorrichtungen (z. B. Schmiedegesenke) und den Kosten für die Rohteilherstellung, d. h. Material-, Lohn- und Maschinenkosten, unterschieden wer-

den. Hieraus ergeben sich stückzahlabhängige Kostenunterschiede.

Die Funktionen Arbeitsvorgangsfolgeermittlung, Maschinenauswahl bzw. Lohngruppenbestand sowie Vorrichtungsauswahl sind unter dem Begriff →Prozeßplanung zusammengefaßt.

Die Detaillierung jedes Arbeitsvorgangs erfolgt in der →Verfahrensplanung. Diese Tätigkeit beinhaltet die Teilarbeitsvorgangsfolgeermittlung, Werkzeugauswahl bzw. Fertigungshilfsmittelzuordnung und die Ermittlung der Arbeitsvorgangsdaten, wie Schnittwerte und Vorgabezeiten. *Eversheim*

Literatur: *Eversheim, W.:* Organisation in der Produktionstechnik. Bd. 3: Arbeitsvorbereitung. Düsseldorf 1980. – *Veerkamp, H.-J.:* Verfahrensplanung für ebene Blechwerkstücke – Entwicklung von Methoden für die rechnerintegrierte Fertigungsdatenbestimmung in der Klein- und Mittelserienfertigung. Diss. RWTH Aachen 1986.

Arbeitsplanung. Definition nach AWF und REFA: Die A. umfaßt, unter ständiger Berücksichtigung der →Wirtschaftlichkeit, alle einmalig auftretenden Planungsmaßnahmen, wie die fertigungs- und ablaufgerechte Gestaltung der Arbeitsgegenstände und →Betriebsmittel, die Festlegung der Arbeitsverfahren, -methoden und -bedingungen sowie die Bereitstellung der Menschen und Betriebsmittel.

Die Tätigkeiten der A. sind in kurzfristige und langfristige Aufgaben gegliedert. Während innerhalb der kurzfristigen Tätigkeiten die wirtschaftliche →Auftragsabwicklung in den Bereichen Ferti-

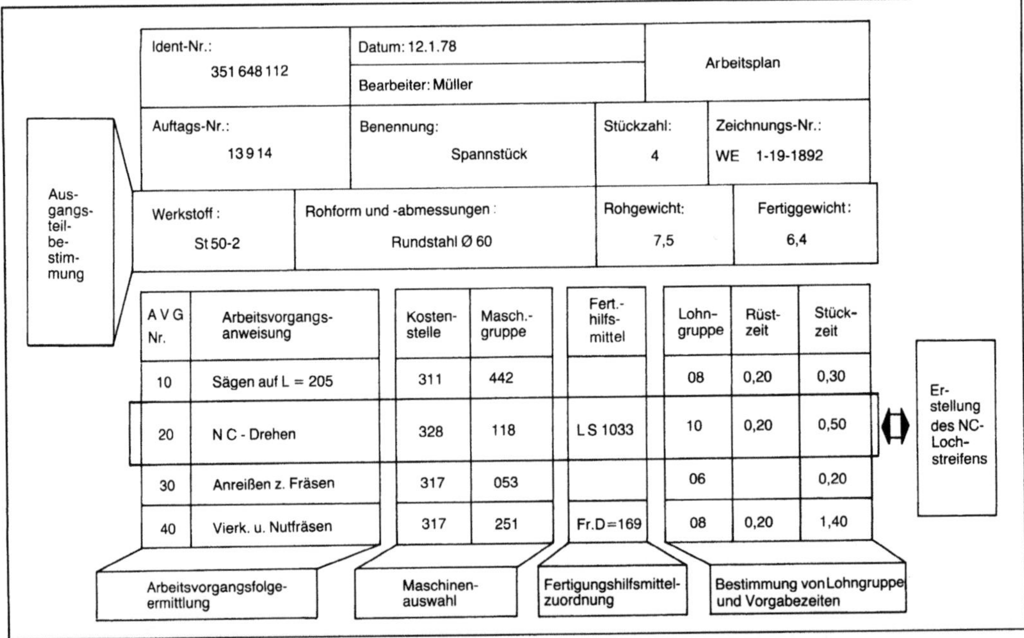

A V G Nr.	Arbeitsvorgangs-anweisung	Kosten-stelle	Masch.-gruppe	Fert.-hilfs-mittel	Lohn-gruppe	Rüst-zeit	Stück-zeit
10	Sägen auf L = 205	311	442		08	0,20	0,30
20	N C - Drehen	328	118	L S 1033	10	0,20	0,50
30	Anreißen z. Fräsen	317	053		06		0,20
40	Vierk. u. Nutfräsen	317	251	Fr.D=169	08	0,20	1,40

Arbeitsplanerstellung: Funktionen.

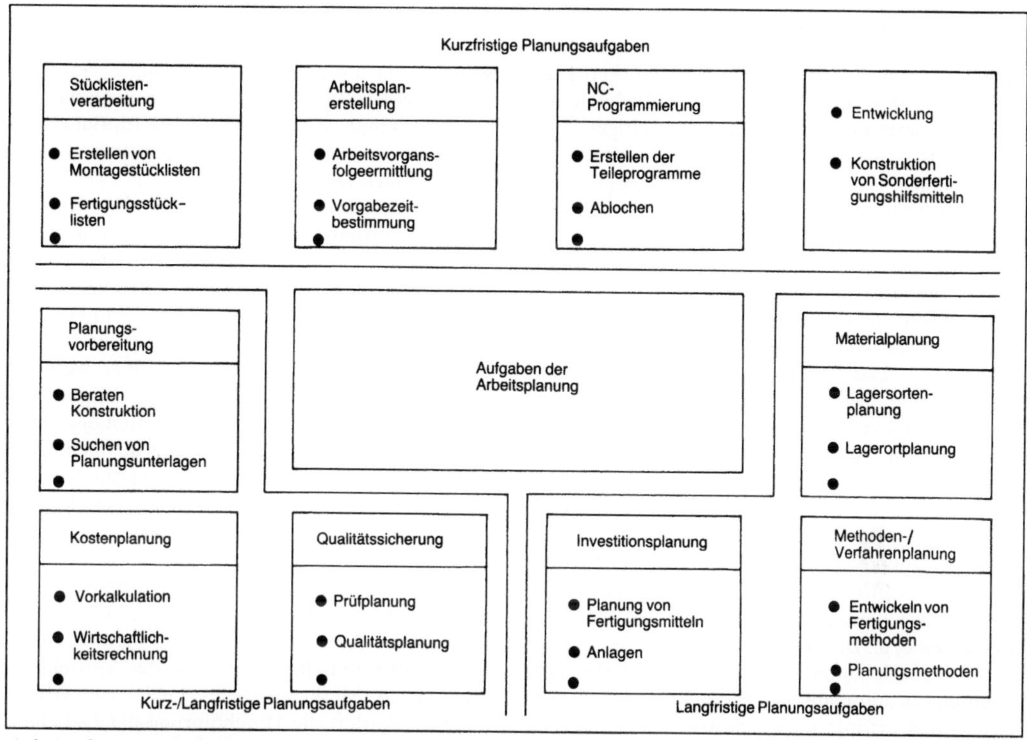

Arbeitsplanung: Aufgaben.

gung und Montage geplant und festgelegt wird, ist es Ziel der langfristigen Planungsaufgaben, geeignete Maßnahmen für eine wirtschaftliche Gestaltung und Auslegung dieser Bereiche zu entwickeln (Bild). *Eversheim*

Literatur: *Minolla, W.:* Rationalisieren in der Arbeitsplanung. Schwerpunkt Organisation. Diss. RWTH Aachen 1975. – N. N.: Handb. Arbeitsvorbereitung. Tl. 1: Arbeitsplanung. AWF/REFA (Hrsg.). Berlin.

Arbeitsplanverwaltung. Mit der Anwendung der rechnerunterstützten A. wird das Auffinden ähnlicher Pläne in einer großen Arbeitsplandatei ähnlicher und effizienter. Die Änderung und Aktualisierung der Daten erfolgt am Terminal. Das Einschieben (Kopieren) oder Austauschen (Duplizieren) vollständiger Arbeitsvorgänge und das Ersetzen einzelner Vorgabezeitanteile oder Arbeitsanweisungen ist möglich. Die rechnerunterstützte A. bildet die Grundlage für EDV-Systeme zur →Arbeitsplanerstellung.

Die Klassifizierung von Arbeitsplänen kann problemabhängig aufgebaut sein; sie kann sich jedoch auch an der Art der Werkstücke oder der Verfahren orientieren. Durch einen geeigneten Klassifizierungsschlüssel wird der Zugriff auf vorhandene Arbeitspläne wesentlich verbessert.

Für die abgegrenzten Werkstückgruppen können Standardarbeitspläne definiert werden, die alle Informationen und Berechnungsvorschriften in auftragsneutraler Form enthalten. Ausschlaggebend für die Standardarbeitspläne ist die Vielfalt der Werkstücke und die Anzahl der notwendigen Bearbeitungsverfahren. Teilefamilien sind die Ausgangsbasis für eine Standardarbeitsplanbildung. *Eversheim*

Literatur: *Eversheim, W.:* Organisation in der Produktionstechnik. Bd. 3: Arbeitsvorbereitung. Düsseldorf 1980. – *Geitner, B.:* EDV-Gesamtplanung. München, Wien 1980. – N. N.: Methodenlehre der Planung und Steuerung. Tl. 3. REFA-Verband für Arbeitsstudien e. V. (Hrsg.) München 1985.

Arbeitsplatz, automatisierter. Werden im Gegensatz zu manuellen A. die zur Erfüllung der gestellten Arbeitsaufgabe erforderlichen Teilfunktionen teilweise oder vollständig automatisiert, so spricht man von teil- bzw. vollautomatisierten A. Aus Gründen der Sicherheit werden soweit möglich vollautomatisierte A. angestrebt, d. h. die Eliminierung nichtautomatisierbarer Teilfunktionen aus dem Prozeß und die gemeinsame Automatisierung der restlichen Teilfunktionen vorgenommen.

Vorwiegend im Bereich der Teilefertigung wird, insbesondere seit der Einführung der NC-Technik, verstärkt automatisiert. Vergleichsweise leicht zu automatisieren sind in diesem Bereich Ur- und Umformprozesse, da hier bereits weitgehend automatisierte Fertigungsmittel existieren und die Funktionen Spannen und Ordnen mit einfachen Mitteln zu automatisieren sind oder gar völlig entfallen können. Hingegen scheitern Automatisierungsbemühungen im Bereich der spanenden Fertigung oftmals an der geforderten Wirtschaftlichkeit der Automatisierungsmittel. Wesentlich niedriger als in der Teilefertigung liegt der Automatisierungsgrad in der Montage. Einer der Gründe hierfür liegt in den oftmals sehr komplizierten Handhabungs- und Fügevorgängen, die häufig keine technisch-wirtschaftlich ausreichenden Lösungen erlauben. Steigende Angebotsvielfalt und damit verbundene kleine Losgrößen zwingen in neuerer Zeit die Unternehmen zu einer neuen Art der Automatisierung, der flexiblen Automatisierung. Das erhöht in der Fertigungs- und Montagetechnik den Stellenwert flexibler Automatisierungsmittel gegenüber der Einzweckautomatisierung deutlich. In diesem Zusammenhang ist der zunehmende Einsatz von Industrierobotern bei häufig wechselnden Aufgaben bei der Werkstückhandhabung (z. B. Be- und Entladen an Pressen, Druck- und Spritzgußmaschinen), bei der Werkzeughandhabung (z. B. Schweißen, Schneiden, Entgraten) und in der Montage, beispielsweise Kfz-Aggregat-Montage, Bestücken o. ä., zu erklären.

Die Planung automatisierter A. und deren Verknüpfung zu automatischen Fertigungs- und Montagesystemen erfordert ein schrittweises Vorgehen. Nach einer Auswahl automatisierbarer Arbeitsplätze, die auch eine genaue Analyse der anfallenden Tätigkeiten bzw. Bearbeitungs- und Montageaufgaben sowie die Ermittlung von Randbedingungen umfaßt (→Arbeitsplatzanalyse), werden Maschinen- bzw. Anlagenkonzepte ausgewählt. Sowohl bei der Planung einzelner „Automatisierungsinseln" als auch ganzer Systeme müssen verschiedene Kriterien berücksichtigt werden, u. a.
□ Trennen von automatischen und manuellen Systemteilen,
□ Entkoppeln manueller A. vom Systemtakt,
□ Minimieren der Durchlaufzeiten,
□ Vermeiden von Engpässen,
□ hohe Systemverfügbarkeit,
□ Auslastung.

Bei dieser komplexen, planerischen Aufgabe finden in zunehmendem Maße Rechner ihre Verwendung. Beispielhaft steht hierfür die Simulation des dynamischen Systemverhaltens mit Hilfe geeigneter Programme. Der schrittweise Einstieg in die flexible Fertigung empfiehlt sich nicht nur dadurch, daß im Übergangsstadium alte und neue Maschinen nebeneinander bestehen können, sondern daß auch die notwendigen neuen Denk- und Arbeitsweisen in Fertigung und Montage bei relativ geringem wirtschaftlichem Risiko durchgesetzt werden können. *Warnecke*

Arbeitsplatzanalyse. Die A. wird i. a. bei der Einsatzplanung von Industrierobotern in der indu-

striellen Fertigung und bei der Ermittlung von Anforderungsprofilen an Industrierobotern angewendet. Sie umfaßt die Untersuchung sämtlicher geometrischer, physikalischer, technologischer, organisatorischer und wirtschaftlicher Einflußgrößen und wird meist in einem interdisziplinären Team durchgeführt. Die A. unterteilt sich in zwei Stufen, nämlich in eine Grob- und eine Detailanalyse.

Die Grobanalyse soll zunächst Auskunft geben darüber, inwieweit sich →Industrieroboter an den Arbeitsplätzen des festgelegten Untersuchungsbereiches grundsätzlich einsetzen lassen. Mit Hilfe der Grobanalyse kann man bereits häufig entscheiden, ob ein untersuchter Arbeitsplatz einer weiteren, detaillierten Prüfung hinsichtlich der Einsatzmöglichkeiten von Industrierobotern unterzogen werden soll. Dadurch soll die Planung für nicht automatisierungsgerechte Arbeitsplätze verhindert werden. Zu dieser Untersuchung eignet sich die DIN 33407 (Arbeitsanalyse) sowie speziell entwickelte Fragebögen.

Die Detailanalyse ist die Fortsetzung der Grobanalyse und hat hauptsächlich die Aufgabe, die technischen Anforderungen an das automatische System zu ermitteln. Auf Grund der Vielzahl der technischen Merkmale jedes einzelnen Arbeitsplatzes erfordert die Durchführung der Detailanalyse im Vergleich zur Grobanalyse einen wesentlich höheren Zeit- und Arbeitsaufwand. Bei der Detailanalyse wird eine Reihe von Gesichtspunkten untersucht. Im einzelnen sind dies:
□ das Handhabungsobjekt, dessen Eigenschaften im wesentlichen die Gestaltung der Zubringeeinrichtungen und die Auswahl des Industrieroboters bestimmen. Für diese Analyse und Klassifikation stehen bekannte Systematiken zur Verfügung;
□ der Automatisierungsgrad der Bearbeitung und Kontrolle, der Aufschluß gibt über das Ausmaß der Änderungen an den Fertigungsmitteln, um einen vollautomatischen Betrieb des Arbeitsplatzes zu ermöglichen;
□ der Handhabungsablauf, der mit Hilfe der Symbole nach VDI 2860, Bl. 1, funktional beschrieben und in Teilfunktionen zerlegt werden kann. Diese Teilfunktionen müssen durch Randbedingungen, z. B. Genauigkeit, Geschwindigkeit, bzw. Informationen über die Häufigkeit und den Umfang der Verrichtung ergänzt werden. Hierbei kommen u. a. die Vorranggraphenanalyse sowie die Systeme vorbestimmter Zeiten, insbesondere das MTM-Verfahren, zur zeitlichen Untersuchung von Bewegungsabläufen von Arbeitspersonen zum Einsatz;
□ die Arbeitsbedingungen, um den Einsatz eines Industrieroboters aus humanitären Erwägungen begründen zu können. Diese Analyse umfaßt die physische und psychische Belastung, die Monotonie und die Umgebungseinflüsse an den Arbeitsplätzen;

□ die Arbeitssicherheit mit dem Ziel, mögliche Unfallquellen auszuschalten. Vor allem beim Einsatz von Industrierobotern treten spezifische Unfallgefahren auf, die in den energiereichen Bewegungen und in der Unvorhersehbarkeit des nächsten Bewegungsschritts liegen.

Als Ergebnisse der A. liegen für den Fertigungsplaner Erkenntnisse darüber vor, ob der Einsatz eines Industrieroboters an einem gegebenen Arbeitsplatz möglich und zweckmäßig ist. Des weiteren bilden die aus der A. gewonnenen Daten die Entscheidungsgrundlage für die Auswahl von optimalen Anlagenkomponenten und Betriebsmitteln im Fertigungssystem.

Werden A. nicht nur innerhalb eines Fertigungssystems, sondern innerhalb eines ganzen potentiellen Einsatzbereiches für Industrieroboter durchgeführt, so können sie wichtige Konstruktionsdaten für Gerätehersteller liefern, wie z. B. statistische Aussagen über maximale Werkstückmasse, Anzahl verschiedener Werkstücktypen, Losgrößen, Taktzeiten, erforderliche Kinematiken, Positionierfehler. *Warnecke*

Literatur: N. N.: Arbeitssysteme mit integrierten Handhabungsgeräten: Planung des Einsatzes für das Ordnen und Zuführen von Werkstücken. Hrsg. Arbeitsgemeinschaft Handhabungssysteme (HHS). Schriftenr. HdA, Bd. 56. Hrsg. Bundesminister für Forschung und Technologie. Düsseldorf 1984.

Arbeitsschutz. Unfallgefahren können durch Brand und Explosion, elektrischen Strom sowie Strahlung gegeben sein. Außerdem besteht Gesundheitsgefährdung durch luftverunreinigende Stoffe (Rauch und Staub), Lärm und evtl. einseitige körperliche Belastung. Als A.-Maßnahmen sind die Maximalen Arbeitsplatzkonzentrationen (MAK) bzw. Technischen Richtkonzentrationen (TRK), ausreichende Abschirmung optischer Strahlen von Augen und Körper sowie Einhaltung der Brandschutzregeln zu beachten.

Beim →Lichtbogenschweißen sind insbes. die zulässige Leerlaufspannung, die Isolation des Schweißers gegen den Schweißstrom und die korrekte elektrische Installation der Schweißenergiequelle zu berücksichtigen. *Dorn*

Literatur: *Dorn, L.,* u. a.: Unfallverhütung und Gesundheitsschutz beim Schweißen und Schneiden. Grafenau 1982.

Arbeitssicherheit. Unfallgefahren durch Industrieroboter bestehen hauptsächlich wegen der energiereichen Bewegungen, d. h. der Bewegung großer Massen bei hohen Verfahrensgeschwindigkeiten. Diese Unfallgefahren wirken sich aber wesentlich gravierender als bei konventionellen Maschinen aus auf Grund

□ der gleichzeitigen Bewegung in mehreren (bis 6) Achsen,

□ der freien Programmierbarkeit der Geschwindigkeit und Bewegungsrichtung jeder einzelnen Achse,

□ des im Verhältnis zum Gerätevolumen sehr großen Bewegungsraums,

□ der Überschneidung des Bewegungsraums des Industrieroboters mit dem Standraum anderer Maschinen, Gebäudeteile usw.

Wegen dieser Besonderheiten müssen spezielle Vorkehrungen getroffen werden, um diesen Gefahrenbereich abzuschirmen und so Menschen, die sich in diesem Gefahrenbereich aufhalten müssen, vor Unfallgefahren zu schützen.

Abhängig von der jeweiligen Betriebsart des Industrieroboters ergeben sich für unterschiedliche Personengruppen Sicherheitsprobleme: Im Automatikbetrieb sind vor allem das Bedien- und Überwachungspersonal, das Personal an benachbarten Arbeitsplätzen sowie Neugierige besonders gefährdet. Hier muß durch feste Absperrungen, Verkleidungen, Schutzzäune u. ä. sicher verhindert werden, daß der Gefahrenbereich betreten oder in ihn hineingegriffen werden kann. Muß jedoch ein Eingriff in den Arbeitsraum erfolgen, so muß eine Schutzvorrichtung für die Zeitdauer des Eingriffs die Bewegungsfähigkeit des Roboters unterbrechen.

Im Programmier- und Einrichtbetrieb müssen Einrichter und Programmierer beim Aufenthalt derart geschützt werden, daß die Sicherheitsmaßnahmen nur bewußt und von befugten Personen aufgehoben werden können, wobei die Ausschaltung immer wirksam bleiben sollte. Feste Schutzeinrichtungen können i. a. nicht verwendet werden, so daß bereits bei der Planung mögliche Unfallgefahren beim Verfahren des Roboters durch andere Maschinen oder Gebäudeteile im Bewegungsraum des Industrieroboters zu vermeiden sind. Zum Einrichten sollte über einen gesonderten Schalter sichergestellt werden, daß ein Verfahren nur im Schleichgang und/oder im Tippbetrieb möglich ist, solange sich der Einrichter noch im Gefahrenbereich befindet.

Während der Arbeiten zur Instandhaltung des Industrieroboters sollte die gesamte Anlage stillgelegt sein. Bei Arbeiten, bei denen das nicht möglich ist, sollten aber die gleichen Sicherheitseinrichtungen wie im Automatik- und Einrichtbetrieb wirksam sein. Darüber hinaus können eine übersichtliche Gestaltung der Anlage mit klar definierten Schnittstellen und organisatorische Maßnahmen wie Fehlerdiagnosesysteme oder vorbeugende Instandhaltung das Unfallrisiko verringern helfen.

Unfallverhütungsvorschriften können aus allgemeinen Vorschriften und Empfehlungen (DIN 31000, 31001, VDE 0113, Allg. UVV) hergeleitet bzw. aus der VDI 2853 entnommen werden. *Warnecke*

Literatur: *Mertens, A.*: Der Arbeitsschutz und seine Entwicklung. Bundesanstalt f. Arbeitschutz und Unfallforschung, Schriftenwerke Arbeitsschutz Nr. 15, Dortmund 1978. – *Peters, Meyna*: Handb. Sicherheitstechnik. Bd. 1 u. 2. München 1988.

Arbeitsspalt. Unter dem A. versteht man den bei der elektrochemischen Senkbearbeitung (→Abtragen, elektrochemisches) sich verfahrensbedingt einstellenden Spalt zwischen der Werkzeugkathode (→Werkzeugelektrode) und der Werkstückanode.

Da sich die Werkstückgeometrie beim elektrochemischen Senken um den Betrag des A. von der Werkzeuggeometrie unterscheidet, muß zur Herstellung eines maßgenauen Werkstücks das Werkzeug um diesen Betrag korrigiert werden; dies setzt die Kenntnis der Spaltausbildung voraus. In erster Näherung kann die Spaltbreite mit Hilfe des Faradayschen und des Ohmschen Gesetzes berechnet werden, denn sie ist von den Einstellparametern Arbeitsspannung und Kathodenvorschubgeschwindigkeit abhängig. Des weiteren wird die Größe des A. von werkstoffspezifischen Kenngrößen wie dem spezifischen Abtragvolumen und den Grenzschichtpolarisationsspannungen (Elektrode/Elektrolytlösung) und von der spezifischen Leitfähigkeit der →Elektrolytlösung bestimmt.

Beim Einsenken von Raumformen wird die Spaltausbildung von einer weiteren Variablen, und zwar vom Neigungswinkel der Werkstückkontur, bestimmt. Die Normalkomponente der Abtraggeschwindigkeit ändert sich mit dem Sinus des Konturneigungswinkels. Da sich aber die Abtraggeschwindigkeit umgekehrt verhält wie der A., resultiert ein um so größerer Spalt, je steiler die Kontur ist. Zu dem Zweck, den Unterschied der Spaltweiten (Spaltaufweitung) möglichst gering zu halten, da sich dann auch die Werkzeugkorrektur einfacher gestaltet, bedient man sich passivierender Elektrolysebedingungen (Passivierung). Bei zylindrischen Formen oder Durchbrüchen wird darüber hinaus durch eine Isolierung der Werkzeugseitenwände ein nahezu konstanter Seitenspalt ausgebildet (→Abtragverhalten, →STEM). *König*

Arbeitsspannung →Funkenerosion

Arbeitssteuerung. Hauptaufgaben der A.- bzw. Fertigungssteuerung sind die mittel- und kurzfristige Planung, Steuerung und Überwachung von Fertigungs- und Montageprozessen. Die Tätigkeiten bestehen im Veranlassen, Überwachen und Sichern der Aufgabendurchführung hinsichtlich Menge, Termin, Qualität, Kosten und Arbeitsbedingungen.

Die Fertigungssteuerung kann in die Aufgabenbereiche Auftragsvorbereitung und →Werkstattsteuerung gegliedert werden. Die Auftragsvorbereitung umfaßt alle auftragsabhängigen Aufgaben der Fertigungsorganisation, die der Vorbereitung der Aufgabendurchführung im →Fertigungsbereich dienen. Aufgabe der Werkstattsteuerung ist die Regelung der Arbeitsabläufe im Werkstattbereich auf der Basis der von der Auftragsvorbereitung vorgegebenen Soll-Daten.

Die Ziele der Fertigungssteuerung sind, die Aufträge zum richtigen Zeitpunkt (Termintreue), bei maximaler Kapazitätsauslastung, geringer →Kapitalbindung (durch liegendes Material oder ungenutzte Arbeitsmittel) und minimaler →Durchlaufzeit unter Erreichen möglichst niedriger Gesamtkosten zu erledigen.

Im einzelnen fallen in der Auftragsvorbereitung die folgenden Aufgaben an:

Die Fertigungsprogrammplanung wird entweder durch die Annahme einer Kundenbestellung ausgelöst oder durch die Verabschiedung eines Produktionsprogramms. Aus diesen beiden Quellen entstehen Beschaffungsprogramme und Beschaffungsaufträge sowie Fertigungsprogramme und Fertigungsaufträge. Die Auftragsbildung erstreckt sich von den Aufträgen zur Fertigung bestimmter Erzeugnisse über die Aufträge zur Montage von Gruppen und zur Fertigung von Teilen bis zu den Aufträgen, mit denen die Durchführung eines einzelnen Arbeitsvorgangs mit einer bestimmten Auftragsmenge angewiesen wird.

Die Ermittlung des Kapazitätsbedarfs an Produktionsfaktoren setzt die Ermittlung des Kapazitätsbestands voraus und betrifft Material, Personen und →Betriebsmittel.

Die Auftragsvorbereitung ermittelt den Bruttobedarf an Material sowie an Menschen und Betriebsmitteln, indem sie den von der →Fertigungsplanung in Stücklisten und Arbeitsplänen dokumentierten Bedarf je Einheit mit den vorliegenden Auftragsmengen multipliziert und einzelnen Perioden zuordnet. Die Zuordnung zu bestimmten Perioden (Tage, Wochen, Monate) erfolgt unter Berücksichtigung der Zieltermine der einzelnen Aufträge im Rahmen der Terminermittlung. Die Differenz zwischen dem Bruttobedarf und dem Bestand an Material, Personal und Betriebsmitteln ergibt den Nettobedarf (→Bedarfsplanung).

Ist dieser Bedarf nicht durch den Bestand gedeckt, so muß mindestens der Nettobedarf beschafft werden. Bei Beschaffungen können entweder die Möglichkeiten des eigenen Betriebs genutzt werden (interne Beschaffung), oder es wird der Beschaffungsmarkt in Anspruch genommen (externe Beschaffung).

Die Terminermittlung (→Terminplanung) für die Montage von Erzeugnissen und von Gruppen, für die Fertigung von Teilen sowie für die Bereitstellung und Beschaffung von Material und Kapazitäten erfolgt unter Berücksichtigung der vorgegebenen

Auftragsmengen und der Zieltermine. Das Erstellen von Arbeitsunterlagen (z. B. Laufzeiten →Belegwesen) bildet den Abschluß der Auftragsvorbereitung.

Die Werkstattsteuerung stellt die zur Durchführung einer Aufgabe erforderlichen Eingaben (Material, Information und Energie) und Kapazitäten (Menschen und Betriebsmittel) termingemäß in der zuvor ermittelten Art und Menge am Arbeitsplatz zur Verfügung. Außerdem übernimmt die Werkstattsteuerung die Einsteuerung der Arbeitsaufträge, so daß die Durchführung an den Arbeitsplätzen und -systemen termingemäß begonnen und beendet werden kann.

Die →Fertigungsüberwachung betrifft das kontinuierliche oder in zeitlichen Abständen erfolgende Feststellen der Ist-Daten und das Ermitteln der Abweichungen der Ist- von den Soll-Daten während der →Auftragsabwicklung. Die wichtigsten Daten sind hierbei die Mengen und Termine. Die automatisierte Datenerfassung wird Betriebsdatenerfassung genannt.

Ergibt die Datenerfassung Abweichungen der Soll- von den Ist-Daten, so ermittelt die Werkstattsteuerung die Störungsursache (z. B. falsche Bestelldaten bei der →Materialbereitstellung, Terminverzögerungen durch ungünstige Maschinenbelegung). Durch den Eingriff in den Fertigungsablauf oder eine Planänderung wird die Störung behoben.

Durch den Einsatz von Produktionsplanungs- und -steuerungssystemen steht heute ein rechnergestütztes Instrumentarium zur Verfügung, das die Gesamtheit der Fertigungssteuerungsfunktionen abdeckt. *Eversheim*

Literatur: N. N.: Elektronische Datenverarbeitung bei der Produktionsplanung und -steuerung. Bd. VI: Begriffszusammenhänge, Begriffsdefinitionen. Düsseldorf 1976. – N. N.: Planung und Steuerung. Bd. 2 u. 3. REFA-Verband für Arbeitsstudien (Hrsg.). München 1985.

Arbeitsstrom →Funkenerosion

Arbeitstemperatur →Löten

Arbeitsvermögen (Umformtechnik). Das A. ist eine wichtige Kenngröße von Umformmaschinen. Es muß mindestens dem Arbeitsbedarf eines Umformvorgangs entsprechen, damit dieser durchgeführt werden kann. *Lange*

Arbeitsvermögen (Werkstoffprüfung). A. ist der Teil der in einem physikalischen System gespeicherten Energie, der sich als mechanische Arbeit wiedergewinnen läßt. Diese Energie ist als potentielle Energie z. B. im Gewicht einer Standuhr, im Wasser eines Stausees oder im Dampf eines Hochdruckkessels gespeichert oder als kinetische Energie in einem Schwungrad, im Wasserstrahl gegen die Becher einer Peltonturbine oder im Gasstrahl eines Flugtriebwerks.

In der Mechanik der festen Körper wird die für die Verformung aufzuwendende Arbeit als Formänderungsarbeit bezeichnet und in Form von potentieller Energie gespeichert. Als Ausgangslage (Bezugskonfiguration) dient der Körper im Zustand ohne Belastung durch äußere Kräfte. Wird der Körper nur elastisch verformt, kann bei vollständiger Entlastung die gesamte zur Verformung aufgewendete Arbeit wieder zurückgewonnen werden. Tritt zusätzlich plastische Verformung auf, geht der Körper bei Entlastung nicht mehr in die Ausgangslage zurück. Die zur Verformung aufgewendete Arbeit kann nicht mehr vollständig zurückgewonnen werden.

Bekannteste technische Anwendung dieser Art von Energiespeicherung ist die Feder einer Uhr, die in guter Näherung nur elastisch verformt wird. *Kußmaul*

Arbeitsvorbereitung. Die vier wesentlichen Produktionsbereiche bei der industriellen Herstellung von Erzeugnissen jeder Art sind die Konstruktion, A., Fertigung und Montage.

Aus dieser Aufzählung wird ersichtlich, daß die A. das organisatorische Bindeglied zwischen der Konstruktion und der Fertigung ist. Die daraus resultierenden Aufgaben und Ziele dieses Produktionsbereichs werden in der Begriffsbestimmung durch den Ausschuß für wirtschaftliche Fertigung e. V. (AWF) und REFA – Verband für Arbeitsstudien und Betriebsorganisation e. V. wie folgt definiert:

Die A. umfaßt als Oberbegriff die Gesamtheit aller Maßnahmen einschl. der Bereitstellung aller erforderlichen Unterlagen für Arbeitsgegenstand, Menschen und →Betriebsmittel mit dem Ziel, durch Planung, Steuerung und Überwachung für die Fertigung von Erzeugnissen und die Gestaltung von Abläufen jeder Art ein Optimum aus Aufwand und Arbeitsergebnis zu erreichen.

In dieser Definition erfolgt eine weitergehende Einteilung der A. in drei zeitliche aufeinanderfolgende Aufgabenbereiche: →Arbeitsplanung, →Arbeitssteuerung und Arbeitsüberwachung. Die beiden zuerst genannten Teilbereiche beinhalten die eigentlichen arbeitvorbereitenden Maßnahmen und bilden das Kernstück der A. (Bild).

Im folgenden werden die drei Bereiche definiert.

□ *Arbeitsplanung:* Im Rahmen der Arbeitsplanung ist zu klären, was, wie, womit hergestellt werden soll, d. h. es erfolgt nach der Betrachtung des Produkts bez. seiner Art, Beschaffenheit usw. erstens die Bestimmung der Verfahren und Abläufe und zweitens die Bestimmung der Fertigungsmittel und Fer-

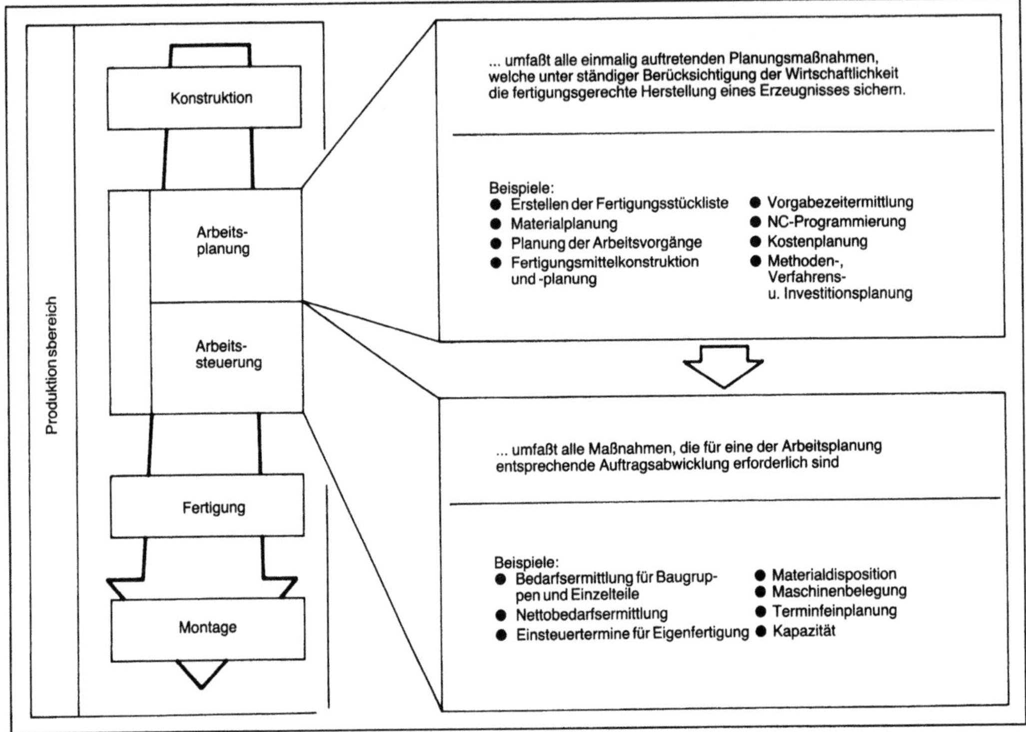

Arbeitsvorbereitung: Definition und Aufgabenbeispiele.

tigungshilfsmittel. Diese Größen werden unter der Prämisse, alle Kapazitäten zur Fertigung eines Erzeugnisses verfügbar zu haben, bestimmt.

□ *Arbeitssteuerung:* Zur Arbeitssteuerung gehört, die verschiedenen Arbeitspläne in einen auftragsbezogenen Kontext zu setzen, um somit die tatsächlich vorhandenen Kapazitäten optimal einzusetzen. Dazu müssen die Fragen nach dem Wieviel, Wann, Wo und durch Wen zu fertigen ist geklärt werden.

□ *Arbeitskontrolle:* Der Arbeitskontrolle bzw. -überwachung kommt die Aufgabe zu, Informationen über die bisherigen Maßnahmen zu sammeln, um so eine Aussage über deren positive bzw. negative Auswirkungen zu erhalten. Das Ziel ist es, je nach Art der Auswirkung diese Maßnahmen zu verstärken bzw. zu beheben.

Die Hauptfunktionen der A., die Arbeitsplanung, -steuerung und -überwachung, beinhalten mehrere Teilfunktionen. Diese sind in der Tabelle aufgelistet. *Eversheim*

Literatur: *Eversheim, W.:* Organisation in der Produktionstechnik. Bd. 3: Arbeitsvorbereitung. Düsseldorf 1980. – *Hackstein, R.:* Produktionsplanung und -steuerung (PPS). Handb. Betriebspraxis. Düsseldorf 1984. – N. N.: Handb. Arbeitsvorbereitung. Tl. 1: Arbeitsplanung. AWF/REFA (Hrsg.). Berlin, Frankfurt, Köln 1969. – N. N.: Methodenlehre der Planung und Steuerung. Tl. 1, 2, 3. REFA (Hrsg.). München 1985. – N. N.: Handb. Arbeitsvorbereitung. Tl. II: Arbeitssteuerung. Berlin, Köln.

Arbeitsvorgangsfolge. Als A. bezeichnet man die chronologische Reihenfolge der Arbeitsvorgänge, um durch schrittweises Verändern der Form und/ oder Stoffeigenschaft ein Werkstück im Sinne der Bearbeitungsaufgabe herzustellen (Bild). Die Bearbeitungsaufgabe ist eindeutig gekennzeichnet durch den Roh- und Fertigteilzustand sowie die zugrunde

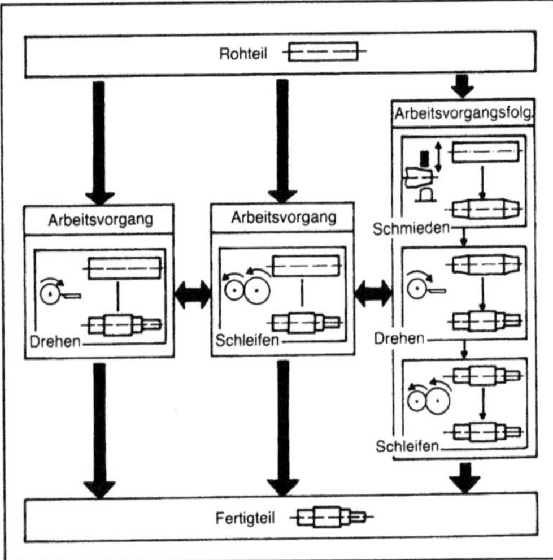

Arbeitsvorgangsfolge: Bearbeitung einer Welle durch alternative Arbeitsvorgänge und Arbeitsvorgangsfolge.

Arbeitsvorbereitung. Tabelle: Übersicht über die Aufgaben der Arbeitsplanung, -steuerung und -kontrolle.

| | Planung (Zukunft) | | Steuerung (Gegenwart) | Kontrolle (Vergangenheit) | |
	Produktionsplanung	Arbeitsplanung (auftragsunabhängig)	Arbeitssteuerung (auftragsabhängig)	SOLL-IST-Vergleich	Kosten-rechnung
Produkt, Erzeugnis	Marktanalyse und Absatzplanung Projektierung der Erzeugnisse und Programme **Erzeugnisgestaltung**	**Ablaufplanung** Erzeugnisgliederung **Verfahrensplanung** **Methodenplanung** **Kostenträgerrechnung** (Vorkalkulation)	Erstellen des Programmes Auftragsvorbereitung Auftragsterminierung Auftragsbenummerung Erstellen der Informationsträger Terminüberwachung	Qualitäts-Kontrolle	**Kostenträger-rechnung** (Nach-kalkulation)
Material	neue Werkstoffe	Materialbedarf **Vorkalkulation der Materialkosten Materialflußplanung**	Materialdisposition Materialbereitstellung Bereitstellungs-prüfung nach Menge und Termin Durchlauf-terminierung	Material-abrechnung	Kostenarten- und Kosten-stellenrechng. (Betriebs-abrechnung)
Kapazität — Betriebsmittel einschließlich Gebäude	langfristige Ermittlung des Bedarfs an Gebäuden, Maschinen usw.	Konstruktion von Betriebsmitteln **Bedarfsplanung Arbeitsplatz-gestaltung Vorkalkulation der Betriebsmittelkosten**	Kapazitätsdisposition Werkstätten-, Maschinen- und Arbeitsplatz-belegung Bereitstellung der Auftragspapiere (Anstoß zum Arbeitsbeginn)	**Instand-haltung Abrechnung der Energie- und Hilfs-stoffe**	
Kapazität — Personal	langfristige Personalvorschau	**Vorgabezeit-ermittlung Festlegung des Lohnsystems Vorkalkulation der Lohnkosten**		Lohn-abrechnung	
Kapital	langfristige Finanzplanung	Finanzdisposition Bereitstellung des Kapitals	Planung des Kapitalbedarfs	Finanz-buchhaltung	

gelegte Planungsbasis (Stückzahl und Auftragswiederholhäufigkeit).

Die A. ist für alle betroffenen Unternehmensbereiche die wichtigste Information zur Herstellung des Werkstücks. Hierbei wird mit dem Begriff Arbeitsvorgang diejenige Arbeit bezeichnet, die beim organisatorischen Ablauf jeweils von einem Arbeiter oder einer Arbeitsgruppe an einem Arbeitsplatz zusammenhängend auszuführen ist. Damit entspricht die A. der Arbeitsplatzfolge. Von Arbeitsvorgang zu Arbeitsvorgang wird normalerweise das Bearbeitungsverfahren gewechselt. Wichtige Einflußparameter bei der A.-Ermittlung sind die im Betrieb vorhandenen Maschinen, Vorrichtungen, Werkzeuge und Meßzeuge.

Ein Arbeitsvorgang kann in Teilarbeitsvorgänge unterteilt werden. Unter Teilarbeitsvorgang versteht man sowohl die Hilfsoperation (Einspannen, Tischdrehen usw.) als auch die Operation, die in einer Einspannung auf einer Maschine, bei gleichen Bearbeitungsverfahren mit einem Werkzeug und gleichen Schnittbedingungen, zur →Zerspanung eines Elements des Werkstücks (einer Bohrung, einer Fläche usw.) ausgeführt wird, z. B. für die Zerspanung einer Bohrung die Teilarbeitsvorgänge: Zentrieren, Vorbohren, Bohren, Reiben und Senken. Ein Teilarbeitsvorgang läßt sich in Arbeitsbewegungen weiter unterteilen. Werden z. B. für den Teilarbeitsvorgang Fläche Schruppfräsen mehrere Schnitte benötigt, so entspricht eine Arbeitsbewegung jeweils einem Schnitt.

Der Begriff Operation wird in der Literatur teilweise mit dem Begriff Teilarbeitsvorgang gleichbedeutend verwendet. *Eversheim*

Literatur: *Eversheim, W.:* Organisation in der Produktionstechnik. Bd. 3: Arbeitsvorbereitung. Düsseldorf 1980. – *Zons, R.-H.:* Rechnerunterstützte Ermittlung von Arbeitsvorgangsfolgen auf der Basis von bearbeitungstechnologischen Grundlagen. Diss. RWTH Aachen 1985.

Aromagewinnung. Ätherische Öle und Essenzen (konzentrierte Geruchs- und Geschmacksstoffe für den Einsatz in Lebensmitteln) werden überwiegend durch Destillation, Extraktion oder Auspressen von pflanzlichen Naturprodukten (vollständige Pflanze, Pflanzenteile oder Pflanzensäfte) gewonnen.

Destillative Gewinnung ist für leichtflüchtige wie auch für Aromastoffe mit hohen Siedepunkten möglich. Bei geringer Konzentration nimmt der Aktivitätskoeffizient γ vieler Aromastoffe sehr hohe Werte an (10^4 bis 10^5), und der Dampfdruck p wird entsprechend der Beziehung $p = p_{rein} \cdot \gamma$ (Raoult-Gesetz) groß. Damit wird der Aromastoff in der Lösung oft flüchtiger als das Lösungsmittel mit eigentlich niedrigerem Siedepunkt. Durch Wasserdampfdestillation können flüchtige Aromastoffe bei Temperaturen unterhalb ihrer Siedetemperatur abdestilliert werden. Der Wasserdampf dient als Schleppmittel. Große Mengen an Fruchtsaftaromakonzentraten werden durch Destillation hergestellt. Zur Extraktion von Aromastoffen aus Pflanzenbestandteilen werden Kohlenwasserstoffverbindungen (z. B. Alkohol, Petrolether) sowie flüssiges oder überkritisches CO_2 verwendet. CO_2 hat als Extraktionsmittel den Vorteil, durch Entspannungsverdampfung auf einfache Weise vom Extrakt abgetrennt werden zu können. Durch Variation von Druck und Temperatur lassen sich zudem gezielte Löslichkeits- und Abscheidebedingungen einstellen. Häufig werden Kaffee-, Tee-, Frucht- und Gewürzextrakte durch Extraktion mit CO_2 gewonnen. Das mechanische Auspressen wird vor allem zur Gewinnung von ätherischen Ölen aus den Schalen von Zitrusfrüchten angewendet.

Neuere Tendenzen der Aromagewinnung gehen dahin, spezielle Impacts (sensorisch stark hervortretende Substanzen in einem Aromagemisch) oder ganze Aromenmuster (z. B. Käsearomen) auf biotechnologischem Weg durch Einzelenzyme, Multienzymkomplexe, pflanzliche Zellkulturen oder durch ausgewählte Spezies von Mikroorganismen zu erzeugen. *Kerner/Loncin*

Literatur: *Brunner:* Zum Stand der Extraktion mit komprimierten Gasen. Chemie-Ing.-Techn. 53 (1981) Nr. 7. – *Schorrmüller, J.:* Lehrb. Lebensmittelchemie. 2. Aufl. Berlin 1974.

Arrhenius-Zahl. Dimensionslose Kennzahl (Arh) aus der Arrheniusschen Aktivierungsenergie E einer chemischen Reaktion und der thermischen Energie RT; R allgemeine Gaskonstante, T Temperatur:

$$\text{Arh} = \gamma = \frac{E}{RT}.$$

Sie tritt als negativer Exponent in der Arrhenius-Gleichung auf und beschreibt hier die Temperaturabhängigkeit der Reaktionsgeschwindigkeitskonstanten. Darüber hinaus spielt sie eine wichtige Rolle beim Zusammenwirken von chemischer Reaktion und Wärmetransportvorgängen. So bilden sich bei schnellen Reaktionen mit großen Reaktionsenthalpien neben Konzentrationsprofilen ($\rightarrow$ Thiele-Modul) häufig auch Temperaturprofile aus. Existieren diese Temperaturprofile zwischen einer Fluidphase der Temperatur T_g und einer festen Katalysatoroberfläche, dann werden sie durch die A.-Z. γ_g (für $T = T_g$) bestimmt. Dann ist γ_g eine wichtige Variable des äußeren Katalysatorwirkungsgrads η_{ext} ($\rightarrow$ Porennutzungsgrad). Temperaturprofile im Inneren eines porösen Katalysatorpellets ($\rightarrow$ Katalysator, poröser) werden ebenfalls mit γ beschrieben, wenn für T die Temperatur T_s der äußeren Katalysatoroberfläche gesetzt wird. In diesem Fall ist nicht nur der Thiele-Modul, sondern zusätzlich γ eine Variable vom Katalysatorwirkungsgrad η_K. *Schönbucher*

Literatur: *Wetzler, H.:* Kennzahlen der Verfahrenstechnik. Heidelberg 1985.

Aspirateur. Hauptsächlich bei der Reinigung von Getreide eingesetzte Maschine. Der A. besteht aus geneigten Rüttelsieben, die horizontal von Luft angeströmt werden. In moderneren Maschinen sind fünf bis zehn Siebfächer kaskadenartig übereinander angeordnet. Der Luftstrom entfernt leichte Verunreinigungen wie Staub, Spreu und Stroh. Die Siebe klassieren nach der Partikelgröße. Mit Hilfe eingebauter Magnete lassen sich im A. auch Eisen- und Stahlteile entfernen. Außer Getreide werden auch Kaffee und Kakao im Aspirateur gereinigt. *Kerner/Loncin*

ATP-Ausbeute. A. an Biomasse bezogen auf 1 mol Adenosintriphosphat (ATP), das zur Biosynthese verbraucht wurde. Kennzeichnende Größe ist der A.-Koeffizient Y_{ATP}.

Für eine exakte Berechnung des A.-Koeffizienten Y_{ATP} müssen die Zusammensetzung der Biomasse sowie die Stoffwechselwege mit den energieliefernden Reaktionen genau bekannt sein. Die ATP-Erzeugung erfolgt durch oxidative Phosphorylierung von Adenosindiphosphat (ADP) und hängt daher mit dem Sauerstoffverbrauch aerober Zellen zusammen.

Die notwendigen Informationen sind experimentell schwierig zu ermitteln, da die einzelnen Wege des ATP-Verbrauchs und der ATP-Erzeugung erheblich von den Kultivierungsbedingungen beeinflußt werden. Darüber hinaus wird ATP auch in schlecht charakterisierbaren Vorgängen, z. B. Membrantransportprozessen sowie in den futile cycles verbraucht.

Für anaerob wachsende Zellen und zahlreiche Substrate ist die ATP-Ausbeute sehr ähnlich: Im Mittel beträgt $Y_{ATP} \approx 10,7$ g Zellmasse/mol ATP. Der Vergleichswert für aerob-kultivierte Zellen von Escherichia coli beträgt mit Glucose als C-Quelle auf einem Mineralmedium $\approx 28,8$ g Zellmasse/mol ATP.

Die schwer zu definierenden Unsicherheiten bei der experimentellen Bestimmung von Y_{ATP} verhindern eine effiziente Nutzung dieser Größe zur Modellierung von Bioprozessen. *Liefke*

Ätzen. Abtragendes Fertigungsverfahren, bei dem der Werkstoffabtrag durch eine direkte chemische Reaktion der Werkstückoberfläche mit einem angreifenden Wirkmedium erfolgt.

Vor dem eigentlichen Prozeß müssen die Werkstückoberflächen in einer Dampfentfettung (z. B. Perchlorethylen-Dampf) zur Beseitigung störender Oxidschichten, Schmutz und vor allem Fett gereinigt werden, denn nur eine metallisch reine Oberfläche erlaubt einen gleichmäßigen Angriff des Ätzmittels (Säuren, Laugen, Salzlösungen). Man unterscheidet das nichtselektive Ä., bei dem das Metall gleichmäßig an der gesamten Oberfläche des Werkstücks abgetragen wird, und das selektive Ä., das mit Kontur- oder Form-Ä. bezeichnet wird. Hierbei müssen die Werkstücke an den nicht zu ätzenden Stellen abgedeckt werden bzw. maskiert sein (→Maske). Das Werkstück wird zunächst vollständig bedeckt. Dann werden die zu ätzenden Flächen wieder freigelegt. Um den Betrag der Unterätzung muß die Schutzschicht über die angestrebte Kante hinausragen. Für Genauigkeitsteile muß der Ätzbeiwert (das Verhältnis des Ätzfortschritts senkrecht zur Schutzschicht zu der Unterätzung) durch Versuche ermittelt werden, da er je nach Werkstoff, Schutzschicht sowie der Art, Konzentration, Temperatur und Anwendung des Wirkmediums abweicht. Ecken lassen sich nicht scharfkantig ausätzen, da sie infolge der Unterätzung ausrunden.

Je nach dem Verfahren der Aufbringung des Ätzmittels auf die Werkstücke unterscheidet man zwischen dem Tauch-Ä. und dem Sprüh-Ä. (Bild).

Ätzbar sind neben den meisten Metallen Halbleiterwerkstoffe, verschiedene Kunststoffe und Glas. In der Elektro-Industrie fertigt man hiermit neben gedruckten Schaltungen dünne Blechteile komplizierter Umrisse, wie z. B. Scherblätter elektrischer

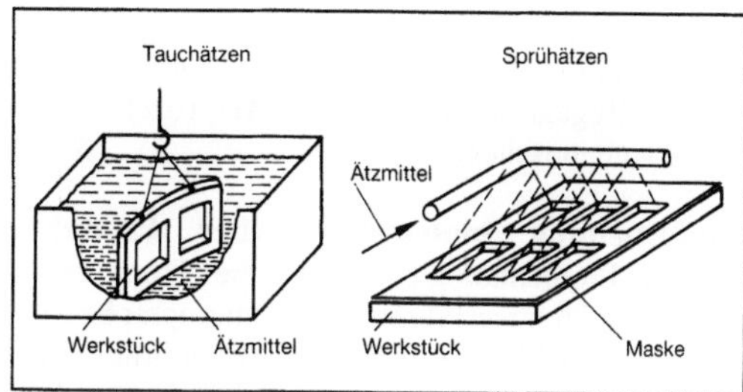

Ätzen: Ätzverfahren.

Rasierapparate, Ziffern für elektronische Zählröhren, Motorbleche für Elektromotoren, Kontaktfedern u. a.

Die wesentlichen Vorteile dieses Verfahrens liegen in seiner Unabhängigkeit von den mechanischen Kennwerten der verschiedenen Werkstoffe und der Kompliziertheit der Werkstückkonturen. Da die maximale Prozeßtemperatur der Siedetemperatur des Ätzmediums entspricht, tritt keine Wärmebeeinflussung der Werkstückoberflächen auf. Dünnwandige Bauteile können ohne Verzug und Verwerfen hergestellt werden, da das Ätzabtragen kräftefrei abläuft. Auf Grund seiner Verfahrensspezifität wird das Ätzabtragen auch zum Bauteilentgraten eingesetzt. *König*

Literatur: DIN 8590 Fertigungsverfahren Abtragen. Hrsg. Dt. Inst. f. Normung. Ausg. Juni 1978. – *Fischer, R.:* Ätzen von Werkstücken-Erfahrungen in der Automobil-Industrie. VDI-Ber. 183 (1972), S. 83/88. – *Mitterhummer, G.:* Ätzen von Werkstücken – Erfahrungen in der Elektroindustrie. VDI-Ber. 183 (1972), S. 89/94.

Ätzmittel. Ä. dienen bei dem Fertigungsverfahren →Ätzen als Wirkmedium und enthalten die für den Werkstoffabtrag erforderlichen chemischen Verbindungen.

Die Wahl des Ä. richtet sich nach der Abdeckschicht (→Maske), der Abtraggeschwindigkeit und dem Werkstückwerkstoff; darüber hinaus ist sie eine Frage der Wirtschaftlichkeit unter Berücksichtigung von Abwasserproblemen. In den meisten Fällen handelt es sich um Mischungen aus verschiedenen Säuren und/oder Salzen, die außerdem noch Zusätze wie Netz- oder Entschäumungsmittel enthalten können.

Eisenchlorid ist nach wie vor weit verbreitet bei der Verwendung als Ä. für die Kupferätzung. Ammoniakalische Lösungen werden in erster Linie eingesetzt für die Ätzung von edelmetallplattierten Schaltungen und gerade dort für zinnplattierte Schaltungen. Durch eine Umkehrung der elektrochemischen Potentialdifferenzen zwischen den einzelnen Metallen und dem Wirkmedium zeichnen sich diese basischen Ä. durch ihre äußerst geringe Unterätzung bei plattierten Schaltungen aus.

Alle Ä. haben bei ihrer Anwendung ein ganz charakteristisches Verhalten. Problematisch sind beispielsweise die korrodierende Wirkung, die toxischen Gefahren, die Anforderungen an Entlüftung und die Regenerierung nach dem Ätzprozeß (→Abtragen, chemisches). *König*

Aufarbeitung biotechnologischer Produkte. In der Biotechnologie werden die Trennverfahren (→Trennverfahren, chromatographisches; →Crossflow-Mikrofiltration; →Membranverfahren, biotechnologisches; →Salzfraktionierung; →Verfahren, integriertes; →Zellaufschlußverfahren, →Zellernteverfahren) zum Reinigen eines Produkts unter dem Oberbegriff Aufarbeitung zusammengefaßt. Während beim Vorbehandeln, Anreichern und Vorreinigen Verfahrensschritte eingesetzt werden, wie sie auch von der Gewinnung petrochemischer Produkte bekannt sind, unterscheiden sich die Feinreinigungsverfahren erheblich. Bedingt durch die niedrige Konzentration von Bioprodukten in hochverdünnten wäßrigen Lösungen, die hohe Anzahl von Trennoperationen bis zum Erreichen des geforderten Reinheitsgrads, die relativ hohen Ausbeuteverluste bei der Aufarbeitung dieser meist thermisch-instabilen Substanzen und die Notwendigkeit einer aseptischen Ausführung der Apparate für bestimmte Produkte entfallen auf den Aufarbeitungsteil eines Bioprozesses bis zu 80 % der Investitions- und Produktionskosten.

Ein biotechnologisches Aufarbeitungsverfahren kann die folgenden aufgelisteten Einzelschritte umfassen:

□ Vorbehandlung: Heizen oder Kühlen, Flokkulieren, Ändern des pH-Werts;

□ Abtrennen der Biomasse: Sedimentation, Zentrifugation, Filtration, Flotation;

□ Zellaufschluß (bei intrazellulären Produkten):
- mechanisch: Rührwerkkugelmühle, Hochdruckhomogenisator, Ultraschall (Labormaßstab),
- chemisch: Lösungsmittel, Säuren/Laugen, Tenside,
- thermolytisch,
- enzymatisch;

□ Anreicherung des Produkts:
- Membranverfahren: Ultra-/Mikrofiltration, Elektrodialyse, Umkehrosmose,
- Adsorption,
- Verdampfung,
- Fällung (Salzfraktionierung),
- Extraktion: Lösungsmittel, wäßrige Mehrphasensysteme, überkritische Gase (SFC),
- Schaumfraktionierung;

□ Feinreinigung: Chromatographie, Kristallisation, Elektrophorese (Labor- und Technikumsmaßstab);

□ Aufkonzentrieren: Trocknung, Lyophilisation;

□ Konditionieren des Produkts.

Die Anfangskonzentration eines biotechnisch hergestellten Produkts ist dem Verkaufspreis umge-

kehrt proportional. Dieser Zusammenhang bedingt die Forderung nach einer möglichst hohen Produktkonzentration im →Bioreaktor. Diese ist zu realisieren durch Zellrückhaltung oder Zellrückführung. Sie findet ihre Grenzen jedoch in der Inhibition der Mikroorganismen durch zu hohe Produktkonzentrationen. Weiterhin können nur solche Trennprozesse eingesetzt werden, in denen die Produktverluste möglichst gering sind oder minimiert werden können.

Neben der geringen Anfangskonzentration der Bioprodukte kommen als Kostenfaktoren die Empfindlichkeit der Substanzen gegen äußere Einflüsse wie Temperatur- oder pH-Wertänderungen hinzu sowie die Notwendigkeit, das gewünschte Produkt aus einem Gemisch chemisch ähnlicher Verbindungen zu isolieren. Aus den genannten Gründen werden überwiegend Verfahren mit äußerst hoher Selektivität zur A. b. P. eingesetzt. Diese beruhen auf Unterschieden in der molekularen Struktur der zu trennenden Stoffe. Viele dieser Verfahren, insbes. Chromatographie, Membranverfahren und Elektrophorese, haben in der klassischen chemischen Technik nahezu keine Bedeutung.

Als Beispiel für die Kombination effizienter Verfahren zur A. b. P. ist im Bild die Gewinnung von Cephalosporin C aus dem Fermentationsmedium dargestellt. Abgesehen von der Elektrodialyse sind in diesem Prozeß die gebräuchlichen Membranverfahren miteinander gekoppelt. Dabei wird das aus der Umkehrosmose abfließende Konzentrat einer →Ionenaustauschchromatographie als Endreinigung zugeführt. *Liefke*

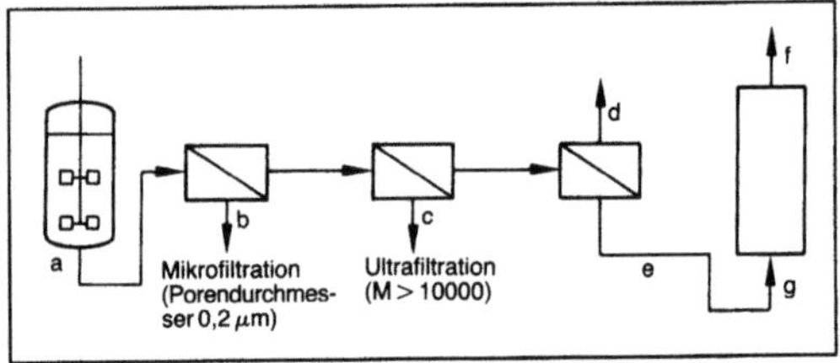

Aufarbeitung biotechnologischer Produkte: Isolierung von Cephalosporin C. (Quelle: Onken *a. a. O.)*

a Fermentation, b Zellen, c Protein, Pigmente, d Permeat, e Reversosmose, f Cephalosporin C (Reinheit 93 %), g Chromatographie

Literatur: *Belter, P. A., E. L. Cussler* u. *W.-S. Hu:* Bioseparations. 1. Aufl. New York 1988. – *Onken, U.:* Physikalischchemische Trennverfahren in der Biotechnologie. Chem.-Ing.-Tech. 61 (1989), S. 395.

Aufbauorganisation. Das ist die Gliederung des Betriebs in aufgabenteilige Einheiten (Stellen) sowie ihre Koordination untereinander. Man bildet sie nach den übergeordneten Gestaltungszielen: Zweckmäßigkeit und Wirtschaftlichkeit.

Im Gegensatz zur A. bezieht sich die →Ablauforganisation auf die raumzeitliche Strukturierung der Arbeits- und Bewegungsvorgänge (→Organisation).

Wesentliche Aufgabe bei der Bildung der A. ist die Zuordnung von Kompetenz und Verantwortung im Rahmen der Stellenbildung. Unter Kompetenz sind die einem Stelleninhaber ausdrücklich zugeteilten Rechte und Befugnisse zu verstehen. Die Verantwortung dagegen besteht in der Pflicht einer Person, für die Erfüllung einer Aufgabe persönliche Rechenschaft abzulegen.

Weiterhin ist die Bildung von Instanzen und Abteilungen zu berücksichtigen, wodurch die Rangbeziehungen der Stellen zueinander bestimmt werden. Eine Instanz ist eine Stelle, die Leitungsaufgaben gegenüber mehreren rangniedrigeren Stellen übernimmt. Die Instanz selbst sowie die ihr untergeordneten Stellen bezeichnet man als Abteilung. Bei der Instanzenbildung stellt sich die Frage, wie viele Stellen einer einheitlichen Leitung zugeordnet werden können. Diese sog. Leitungsspanne hängt von der Art der auszuführenden Aufgaben, den Kommunikations- und Kontrollmöglichkeiten sowie den persönlichen Fähigkeiten des Stelleninhabers ab.

Weitere organisatorische Prinzipien bei der Bildung einer Aufbauorganisation sind die Zentralisation und Dezentralisation. Dadurch wird die Art der Zuordnung und Verteilung von Teilaufgaben auf Stellen und Abteilungen bestimmt. Unter Zentralisation bzw. Dezentralisation versteht man, daß gleichartige Aufgaben aus ihrer jeweiligen Gesamtaufgabe herausgelöst und einer einzigen Stelle bzw. mehreren unterschiedlichen Stellen zugeordnet werden. Die Entscheidung über Zentralisation und Dezentralisation bestimmt den Grad der Arbeitsteilung. Sie ist deshalb ausschlaggebend für die Wirtschaftlichkeit eines Organisationssystems.

Wichtigstes Teilsystem der Aufbauorganisation ist das →Leitungssystem, welches die Rangbeziehungen der einzelnen Stellen zueinander enthält. Als Grundformen von Leitungssystemen unterscheidet man Linien- und Funktionssysteme. Daneben existiert eine Vielzahl von Mischformen dieser Idealtypen.

Die Abgrenzung der Stellen und Abteilungen (→Unternehmensgliederung) erfolgt meist nach funktionalen oder objektbezogenen Gesichtspunkten (Gliederung, fachorientiert bzw. Gliederung, objektbezogen). Eine Kombination beider Arten stellt die →Matrixorganisation dar. *Eversheim*

Literatur: *Grochla, E.:* Handwörterb. Organisation. Stuttgart 1969.

Aufbauschneidenbildung. Zur A. kommt es insbes. in niedrigen Schnittgeschwindigkeitsbereichen.

Aufbauschneiden sind hochverfestigte Schichten des zerspanten Werkstoffs, die als Verklebungen am →Schneidteil die Funktion der Werkzeugschneide übernehmen. Dies ist möglich bei Werkstoffen, die sich infolge plastischer Verformungen verfestigen. Der an der Schneide haftende Werkstoff wird durch den Spandruck verformt und gewinnt eine hohe Härte. Je nach Schnittbedingungen gleiten Aufbauschneidenteile periodisch zwischen Freifläche und Schnittfläche ab. Sie führen zu einem erhöhten →Freiflächenverschleiß und verschlechtern erheblich die →Oberflächengüte des Werkstücks. Außerdem bewirkt die Aufbauschneide einen Schneidkantenversatz und damit Form- und Maßungenauigkeiten des gefertigten Werkstücks.

Die A. ist, sofern die Warmhärte des Schneidstoffs es zuläßt, durch eine Erhöhung der Schnittgeschwindigkeit und die dadurch bedingte Temperaturerhöhung vermeidbar. Die Verfestigung der Aufbauschneide wird durch Rekristallisations- und Umwandlungserscheinungen wieder abgebaut. Kühlung verschiebt die A. dagegen zu höheren Schnittgeschwindigkeiten. *König*

Aufbereitung (metallische Werkstoffe). Behandlung von Massengütern wie Erze, Kohlen, Schlacke, →Schrott, Formsand usw. mit dem Ziel, technisch verwertbare Produkte herzustellen. Die Verfahren der A. richten sich nach der Art des behandelten Gutes.

Bei der A. von armen Eisenerzen ist das Ziel, eine Anreicherung des Eisengehalts und Verminderung des Gehalts an Gangart. Auch bei reicheren Erzen kann eine A. notwendig sein zum Abscheiden eines unerwünschten Begleitelements, wie z. B. Phosphor.

In der ersten Stufe der A. wird das Roherz gebrochen und gemahlen. Die Mahlfeinheit ist abhängig vom Verwachsungsgrad. In der zweiten Stufe erfolgt die Anreicherung unter Ausnutzung bestimmter Eigenschaften der Eisenoxide, wie Magnetismus und hohe Dichte. Verfahren sind Magnetscheidung, Schwimm-Sink-Verfahren, Flotation. In einer dritten Stufe wird das gewonnene Konzentrat durch Pelletieren stückig gemacht, um es in den Reduktionsverfahren einsetzen zu können.

Bei Reicherzen besteht i. a. die A. im Brechen auf die gewünschte Korngröße und Absieben des Unterkorns. Das Unterkorn wird durch →Sintern stückig gemacht. *Rellermeyer*

Literatur: *Schubert, H.:* Aufbereitung fester mineralischer Rohstoffe. Leipzig 1979.

Aufbohren. Variante des Bohrens, die das Ziel verfolgt, ein vorhandenes z. B. gegossenes oder vorgebohrtes Loch zu vergrößern. Günstig wirkt sich hierbei die Tatsache aus, daß im Bereich der

Schneidenmitte keine Spanabnahme erfolgt und das kinematisch bedingte Quetschen weitestgehend vermieden wird. *König*

Aufgabegut → Klassieren

Aufhärtung → Randzonenbeeinflussung

Auflösen. Lösen von Feststoffen in einer fluiden Phase, z. B. in einer Flüssigkeit. Die maximale Aufnahmefähigkeit des Fluids wird durch das Phasengleichgewicht bestimmt. Durch eine intensive Vermischung des nichtgelösten Feststoffs im Fluid kann der Lösevorgang beschleunigt werden. *Dohrn*

Aufnahmevorrichtung für Schleifwerkzeuge. Die A. für Schleifwerkzeuge (auch Schleifscheibenflansch genannt) hat die Aufgabe, die Schleifscheiben kraftschlüssig aufzunehmen. Die A. ist auf die Schleifspindel montiert. Im Bild ist eine A. für gerade Schleifscheiben dargestellt.

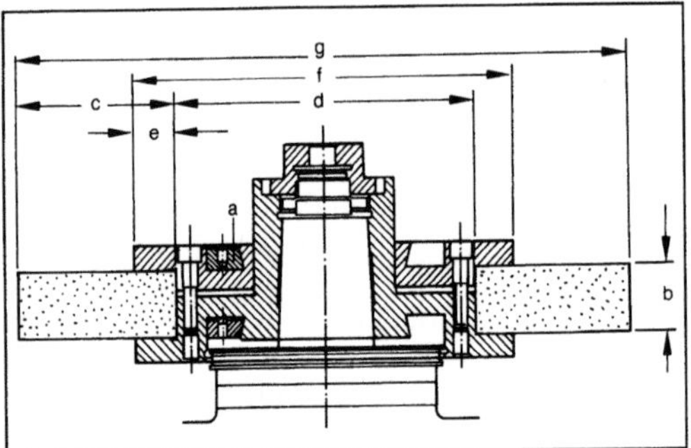

Aufnahmevorrichtung für Schleifwerkzeuge: Schleifscheibenaufnahme mit Ausgleichsgewichten. (Quelle: Spur *und* Stöferle*)*

a Ausgleichsgewichte, b Schleifscheibenbreite, c Schleifscheibenhöhe, d Innendurchmesser des Flansches, e Überdeckung, f Außendurchmesser des Flansches, g Außendurchmessser der Schleifscheibe

Zwischen → Schleifscheibe und Aufnahmeflansch sind Zwischenlagen aus elastischem Material (z. B. Pappe, Filz, Leder) eingefügt. Hierdurch sollen Unregelmäßigkeiten der Schleifkörperoberfläche ausgeglichen und eine gleichmäßige Übertragung der Einspannkraft erreicht werden. Es ist zu beachten, daß sich die Zwischenlagen mit der Betriebsdauer setzen und die Einspannkraft somit vermindert wird.

Bei zu geringer Einspannkraft kann unter Einwirken der Schleifkräfte die Schleifscheibe im Flansch gleiten. Auf Grund des zwischen der Scheibenbohrung und dem Flanschansatz vorhandenen Spiels kann die Schleifscheibe dadurch in eine außermittige Lage kommen und durch hiermit mögliche Überbeanspruchungen brechen.

Bei zu starkem Einspannen kann andererseits das Gefüge der Schleifscheibe im Bereich der Flansche so hoch belastet werden, daß der Schleifkörper den Betriebskräften nicht mehr standhält. *Kenter*

Literatur: DIN 6375: Aufnahmeflansche mit Schraubenkranz für gerade Schleifscheiben. Hrsg. Dt. Inst. f. Normung. Berlin. – *Spur, G.,* u. *Th. Stöferle:* Handb. der Fertigungstechnik. Bd. 3/2: Spanen. München, Wien 1980.

Aufschluß von Mikroorganismen. Grundoperation in der Bioverfahrenstechnik. Ein Zellaufschluß ist im Rahmen der Aufarbeitung von Bioprodukten (Downstream-Processing) immer dann notwendig, wenn die Zielkomponente des Verfahrens innerhalb von Zellen (Pflanzenzellen, Algen, Bakterien, Hefen) vorliegt und isoliert, konzentriert und gereinigt werden soll.

Ziel des Zellaufschlusses ist es, die Zellwand zu zerstören oder zumindest teilweise durchlässig zu machen, so daß die Inhaltsstoffe in dem umgebenden Medium in Lösung gehen können und für eine weitere Verarbeitung zugänglich werden (Zentrifugation, → Mikrofiltration).

Die unterschiedlichen Methoden des Zellaufschlusses lassen sich prinzipiell in nichtmechanische und in mechanische Verfahren unterteilen. Bei den nichtmechanischen Verfahren unterscheidet man chemische, biochemische und physikalische Methoden. Die chemischen Verfahren bestehen im wesentlichen im Einsatz von Säuren und Laugen, durch deren Einwirken die Zellwandstruktur durchlässig wird. Ein Nachteil dieser Verfahren ist, daß auch eine Vielzahl von Inhaltsstoffen durch die eingesetzten Reagenzien geschädigt werden kann.

Ohne diesen Nachteil arbeiten die biochemischen Verfahren, bei denen spezifische Enzyme zur Lysis der Zellwand eingesetzt werden; im Falle von Bakterien z. B. Lysozym. Diese Methoden sind allerdings auf Grund der Enzymkosten relativ teuer. Der Einsatz immobilisierter Enzyme bietet sich an, ist jedoch wegen praktischer Schwierigkeiten technisch noch nicht möglich.

Unter den physikalischen Verfahren sind Hitzeschockbehandlungen, wechselweises → Gefrieren und → Auftauen sowie der osmotische Schock (Platzen der Zellen durch osmotische Effekte) zu nennen. Hitzeschockbehandlungen bergen die Gefahr einer Schädigung von Zielkomponenten in sich. Die genannten physikalischen Verfahren sind im wesentlichen auf den Labormaßstab beschränkt.

Bei den mechanischen Aufschlußmethoden sind auf Grund der Einsatzmöglichkeiten im technischen Maßstab besonders zwei Verfahren zu nennen: die Naßvermahlung in Rührwerkskugelmühlen und der Aufschluß in Hochdruckhomogenisatoren. In Rührwerkskugelmühlen erfolgt die Zerkleinerung der Zellen zwischen Mahlkörpern (Glas-, Keramik-,

Stahlkugeln mit Durchmessern von 0,1 bis 3 mm), die durch entsprechende Rührorgane in heftige Relativbewegung zueinander versetzt werden.

Im Fall der Hochdruckhomogenisation wird die Zellsuspension durch eine Hochdruckpumpe auf den Prozeßdruck gebracht (bis 1 000 bar) und anschließend in einem speziellen Ventil (Homogenisierventil) wieder entspannt. In der Entspannungseinheit findet unter hoher Scherbeanspruchung und durch Kavitationseffekte der Aufschluß statt. Beide Verfahren können kontinuierlich betrieben werden und sind bezüglich der Zellinhaltsstoffe meist sehr schonend. Im Labormaßstab kann der mechanische Aufschluß u. a. auch in Vibrationsmühlen oder unter dem Einfluß von Ultraschallenergie erfolgen. *Kerner/Loncin*

Auftauen. Wärmebehandlung von gefrorenen und tiefgefrorenen Lebensmitteln mit dem Ziel, das während des Gefriervorgangs ausgefrorene Wasser zu schmelzen, um das Lebensmittel anschließend weiteren Verfahrensschritten zu unterziehen oder zu verzehren. Je nach Produkt, vorangegangenem Gefrierverfahren, angestrebter Produktqualität und Auftauzeit, vorhandenen Anlagen und Heizmedien eignen sich folgende Verfahren: A. mit Luft, Wasser, Dampf, im Vakuum, im dielektrischen Feld oder mit Mikrowellen. In bestimmten Fällen werden auch kombinierte Verfahren eingesetzt.

Das einfachste Verfahren ist das A. in ruhender Luft. Auf Grund des schlechten Wärmeübergangs zwischen Luft und Gut ist es aber am zeitaufwendigsten. Durch den Einsatz von strömender Luft oder Einblasen von Dampf in die Luft läßt sich der Wärmeübergang jedoch verbessern. Durch letzteres Verfahren wird gleichzeitig ein zu starkes Austrocknen der Gutsoberfläche vermieden. Übliche Lufttemperaturen beim Auftauen liegen zwischen 5 und 10 °C. Zu hohe Temperaturen würden zu hohe Gewichtsverluste verursachen und evtl. das Wachstum von Mikroorganismen fördern.

Das A. mit Wasser erfolgt durch Eintauchen des Lebensmittels in ein Wasserbad oder durch Besprühen mit Wasser. Die Auftauzeiten werden nicht durch den Wärmeübergang zwischen Wasser und Gut, sondern praktisch nur durch die Wärmeleitung im Gut bestimmt, die in der aufgetauten, äußeren Schicht deutlich niedriger ist als im noch gefrorenen Gutsinneren.

Die Zeiten zum A. im dielektrischen Feld bzw. Mikrowellenfeld (bei Frequenzen von 13,6 oder 27,12 MHz bzw. 915 oder 2 415 MHz) sind bedeutend kürzer als bei den anderen Verfahren, da die Wärme im gesamten gefrorenen Gut gleichzeitig entsteht. Da Mikrowellen vom aufgetauten Gut schneller absorbiert werden als von gefrorenem Gut, ist die Wärmegeneration im Gut jedoch nicht homogen. In den Randschichten kann bereits Über-

hitzungsgefahr bestehen, während der Gutskern noch gefroren ist. Deshalb werden die Randschichten während des A. oft luftgekühlt.

Das während des Gefrierens aus den Gewebezellen der Lebensmittel herausdiffundierte Wasser soll beim A. wieder möglichst vollständig aufgenommen werden. Das geschieht um so besser, je länger die Auftauzeiten sind. Ist die Zellstruktur während des vorangegangenen Gefrierens und Gefrierlagerns teilweise zerstört worden, dann ist die Wasserresorption nur bedingt reversibel. Es bleibt mit Mineralstoffen, Proteinen und Kohlenhydraten aus dem Lebensmittel angereichtes Wasser (Tropfsaft) zurück, das ein ausgezeichneter Nährboden für Mikroorganismen ist, wodurch ein rascher →Verderb des Lebensmittels verursacht werden kann. *Kerner/Loncin*

Auftragsabwicklung. Sie umfaßt alle Organisationseinheiten, die an der Planung und Ausführung von Aufträgen beteiligt sind.

Die wesentlichen an der A. mitwirkenden Unternehmensbereiche sind →Vertrieb, Einkauf, Beschaffung, →Konstruktion, →Arbeitsvorbereitung, →Fertigung, Montage und Versand. Für die ingenieurwissenschaftlichen Bereiche spielt die technische A. eine entscheidende Rolle. Sie umfaßt die Unternehmensbereiche Konstruktion, Arbeitsvorbereitung, Fertigung und Montage (Bild).

Ein Neuauftrag, bei dem nicht auf bestehende oder ähnliche konstruktive Lösungen zurückgegriffen werden kann, durchläuft zunächst die Konstruktion mit den Arbeitsphasen Konzeption, Entwurf und Detaillierung. Danach werden im Rahmen der Arbeitsvorbereitung die beiden Teilbereiche →Arbeitsplanung und →Arbeitssteuerung durchlaufen. Ausgehend von den in der Konstruktion und Arbeitsvorbereitung erstellten Unterlagen werden in den Bereichen Fertigung und Montage die Erzeugnisse produziert. Das Gesamtsystem der technischen A. ist nur dann funktionsfähig, wenn die ausführenden Bereiche Fertigung und Montage von den vorbereitenden und planenden Bereichen Konstruktion und Arbeitsplanung und dem steuernden Bereich der Arbeitssteuerung mit ausreichenden Informationen versorgt werden. Die wichtigsten Informationsträger sind Stücklisten, Zeichnungen, Arbeits-, Montagepläne, Pläne für Kapazitätsbedarf und Prüfvorschriften.

Durch den Einsatz der elektronischen Datenverarbeitung kann die A. automatisiert werden. Auf dem Weg zu einem Automatisierungskonzept sind firmenspezifische Systematisierungsmaßnahmen erforderlich, die auch zu einer Verbesserung des gesamten Prozesses der A. beitragen. Beispiele sind Erzeugnisgliederung, Standardisierung der Arbeitsunterlagen, Klassifizierung, Teilefamilienbildung usw. (→Integration, produktionstechnische). *Eversheim*

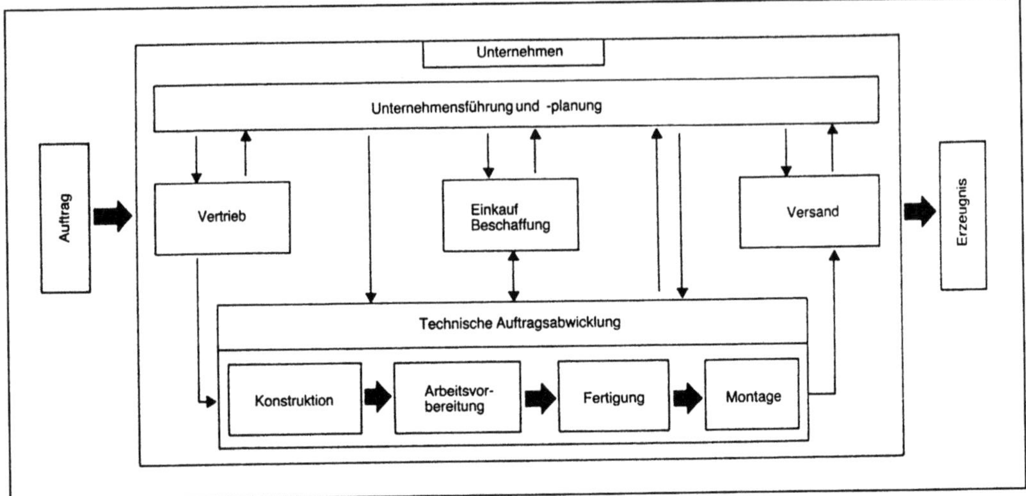

Auftragsabwicklung: Einordnen der technischen Auftragsabwicklung.

Literatur: *Eversheim, W.:* Organisation in der Produktionstechnik. Bd. 1. Düsseldorf 1981.

Auftragslöten →Löten

Aufweit-Tiefziehen. Durch A.-T. wird eine gelochte, kreisrunde Blechscheibe (Platine) in ein kurzes Rohrstück (Hülse) mit kegeligem Stempel und kegeligem Ziehring (Matrize) umgeformt. Der Außendurchmesser verringert sich bei Dickenzunahme, der Innendurchmesser vergrößert sich bei Wanddickenabnahme. Nur wenn die Teilkräfte für beide Teilvorgänge gleich sind, gelingt der Vorgang. Das Bild zeigt für einen Anwendungsfall den schmalen Bereich für „Gutteile" mit den Verfahrensgrenzen. Die verfahrensbedingte ungleiche Wanddicke über der Werkstückhöhe läßt sich durch unmittelbar dem A.-T. folgendes Hohl-Vorwärtsfließpressen in einem Kombinationswerkzeug beseitigen. Dadurch entstehen Hülsen mit sehr engen Wanddickentoleranzen. *Lange*

Literatur: *Burgdorf, M.:* Das Aufweittiefziehen, ein neues Verfahren der Umformtechnik. CIRP-Annals 16 (1968). – *Ragupathi, P. S.:* Untersuchungen über das Aufweittiefziehen. Ber. Nr. 29. Inst. für Umformtechn. Universität Stuttgart. Essen 1974.

Ausbeute (einer chemischen Umsetzung). Die durch die Reaktion aus einem bestimmten Ausgangsstoff A (Edukt) gebildete Stoffmenge (in Molen) eines Reaktionsprodukts C, bezogen auf die Stoffmenge (in Molen), die maximal, also bei vollständig ablaufender Umsetzung, auf Grund der Stöchiometrie aus dem Edukt A gebildet werden kann.

Beispiel: Direktoxidation von Ethylen (C_2H_4) zu Ethylenoxid (EO):

$$C_2H_4 + \tfrac{1}{2}\, O_2 \rightarrow EO,$$

$$\nu_A A + \nu_B B \rightarrow \nu_C C;$$

ν_A, ν_B, ν_C stöchiometrische Koeffizienten der Reaktionskomponenten A,B,C.

Ausbeute an Ethylenoxid bezogen auf Ethylen:

$$Y_{CA} = n_c/n_{Aa} \cdot \nu_A/\nu_C \leqq 1;$$

n_c Mole gebildetes EO,
n_{Aa} Mole eingesetztes C_2H_4.

Im Unterschied dazu ist der Umsatz bei einer chemischen Reaktion der während einer bestimmten Reaktionsdauer verbrauchte Anteil eines Edukts, z. B. der Umsatz an Ethylen bei obiger Reaktion:

$$X_A = \frac{n_{Aa} - n_A}{n_{Aa}} \leqq 1;$$

n_A Mole nicht verbrauchtes C_2H_4. *Onken*

Ausbringen →Elektrode (Lichtbogenschweißen)

Ausfrieren. Das A. ist ein thermisches Verfahren zum Aufkonzentrieren einer Lösung, bei dem das Lösungsmittel durch Abkühlung auskristallisiert wird (→Kristallisation, →Kühlungskristallisation). Zum A. eignen sich Systeme, die ein Eutektikum bilden. Je größer die Konzentration an Gelöstem im Eutektikum ist, desto höher läßt sich die Lösung aufkonzentrieren.

Im Bild ist der Vorgang des A. schematisch in einem T,x-Diagramm dargestellt. Eine Lösung der Zusammensetzung x_1 wird abgekühlt und erreicht bei der Temperatur T_1 die Liquiduslinie. Reines Lösungsmittel kristallisiert aus, und der Anteil an Gelöstem in der Restlösung steigt an. Bei der

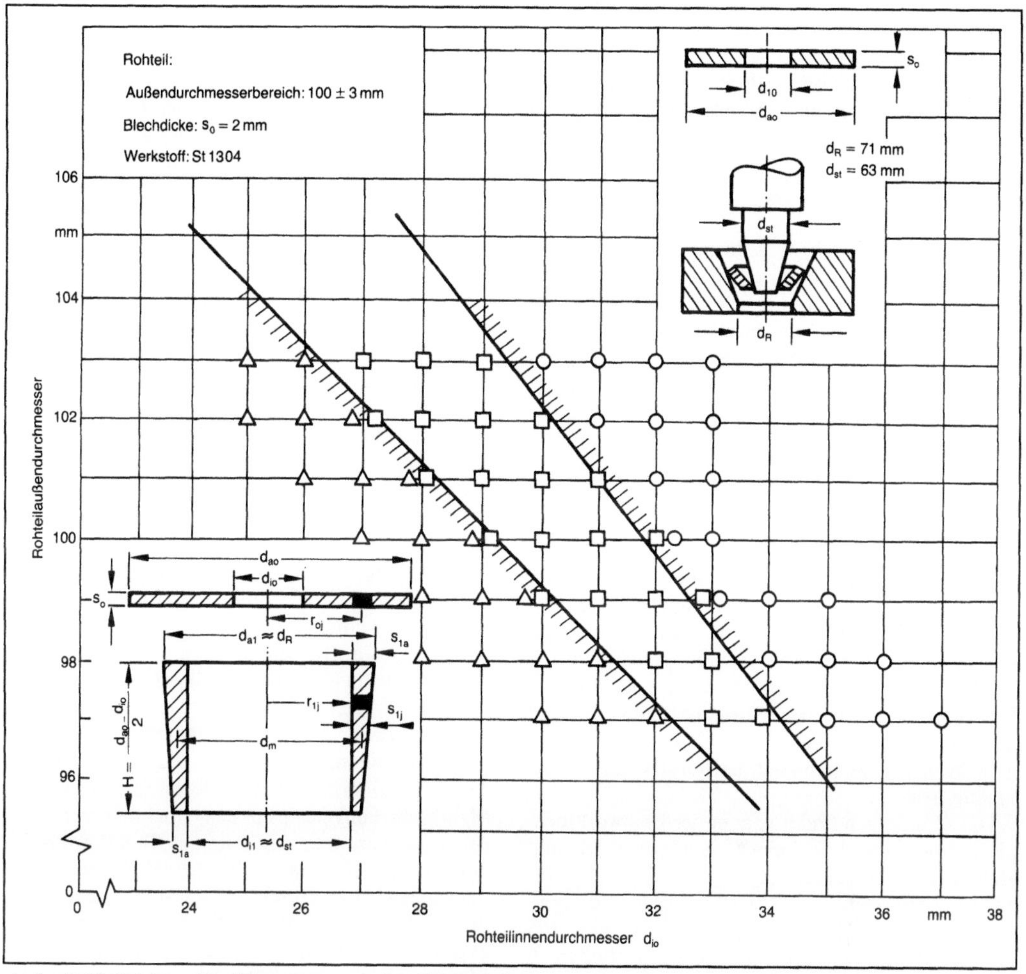

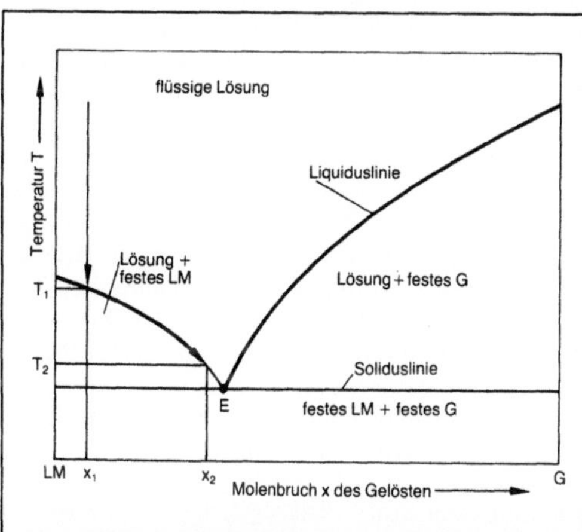

Aufweit-Tiefziehen: Verfahrensgrenzen in Abhängigkeit vom Durchmesserverhältnis dao/dio.

○ Außenrand nicht vollständig umgeformt, □ vollständig umgeformt, △ Innenrand nicht vollständig umgeformt

Ausfrieren: Ausfriervorgang im T,x-Diagramm.
LM Lösungsmittel, G Gelöstes, E Eutektikum

Temperatur T_2 ist die Zusammensetzung der Lösung auf x_2 angestiegen.

Die Abtrennung des Kristallisats kann durch Zentrifugieren, Abschöpfen oder Auspressen erfolgen. *Dohrn*

Ausfunken →Schleifprozeß-Modifikation

Ausgangsform. Nach DIN 8580 heißt die Form, von der man bei jedem Arbeitsvorgang in der Fertigung ausgeht, A. Die Form, die in einem beliebigen Augenblick während eines Arbeitsvorgangs besteht, wird Augenblicksform genannt.

Durchläuft ein Werkstück im Fertigungsablauf eine Reihe von Arbeitsvorgängen, z. B. beim →Tiefziehen in mehreren Stufen, so heißen die Endformen der einzelnen Ziehstufen, die zugleich A. der folgenden Ziehstufen sind, Zwischenformen.

Ein Werkstück in seiner rohen A. heißt Rohteil. Hierzu rechnen z. B. gescherte oder gesägte Stab- und Knüppelabschnitte (Blöckchen), aus Blech oder Flachmaterial ausgeschnittene Ronden und Platinen. *Lange*

Literatur: DIN 8580: Fertigungsverfahren. Begriffe, Einteilung. Hrsg. DA. Inst. f. Normung. Ausg. Entw. Juli 1985.

Ausgießen eines Körpers. In der Hauptgruppe 4 „Fügen" (DIN 8593) innerhalb der Übersichtsnorm für die Begriffsbestimmung der Fertigungsverfahren (DIN 8580) umfaßt die Gruppe 4.4 „Fügen durch Urformen" das A., Umgießen und Umpressen. Das „Um" bedeutet hierbei um einen Körper herum. Als Beispiele sind zu nennen: A. eines hohlgeformten Werkzeugmaschinenbetts mit Beton zur Verbesserung der Dämpfungseigenschaften oder das A. eines Gleitlagers bzw. dessen Stützschale aus Stahl oder NE-Metall mit einer Weißmetallschicht für die Lauffläche.

Umgossen werden z. B. Stahleinlagen mit Beton bei Stahlkonstruktionen, ferner metallische Einlagen, wie Muttern, Stehbolzen, Stifte usw., von niedrigschmelzenden und wenig verschleißfesten Werkstoffen, z. B. Kunststoffe, oder von Materialien, die im festen bzw. ausgehärteten Zustand nur sehr schwer zu bearbeiten sind, wie Keramik, manche austenitischen oder martensitischen Stähle, Stellite usw.

Das Umpressen findet u. a. in der Feinwerktechnik Anwendung, z. B. beim Fassen von Edel- und Halbedelsteinen bei der Erzeugung von höchstpräzisen Lagern oder in der Metallographie und Spektrometrie bei der Herstellung von Präparaten. Bei der Erzeugung von Kunststoffteilen vornehmlich aus duroplastischen Preßmassen gehört das Umpressen von metallischen Einlagen der verschiedensten Art zum Stand der Technik. *Doliwa*

Aushärtung. Veränderung der Eigenschaften, vor allem Anstieg der Festigkeit durch Bildung neuer Phasen aus übersättigten Mischkristallen. Bei Stahl Alterung. *W. Dahl*

Ausklinken →Scherschneiden

Auskolkung →Kolkverschleiß

Auslaugen. A. ist das Herauslösen (→Extrahieren) von Bestandteilen aus Feststoffen oder Feststoffgemischen mit Hilfe eines selektiven flüssigen Lösungsmittels. Andere Bezeichnungsweisen sind Fest-Flüssig-Extraktion oder Feststoffextraktion. *Dohrn*

Auslegung. Unter A. versteht man in der Verfahrenstechnik die Dimensionierung eines nach dem Typ vorher festgelegten Apparats oder einer Maschine hinsichtlich der zu erbringenden Aufgabe und der Baugröße. Bei den Trennoperationen der thermischen Verfahrenstechnik läuft dies z. B. bei Trennkolonnen bei Vorgabe von Durchsatz und Produktreinheiten auf die Bestimmung von Anzahl und Höhe der theoretischen Trennstufen oder von Anzahl und Höhe von Übertragungseinheiten und auf die Ermittlung des erforderlichen Durchmessers hinaus. Mit diesen Angaben kann dann die Konstruktion durchgeführt werden.

Zur Lösung des A.-Problems stehen folgende Grundbeziehungen zur Verfügung:

□ Stoffbilanzen (Massenerhaltungssatz),
□ Enthalpiebilanzen (Energieerhaltungssatz),
□ Gleichgewichtsbeziehungen (in der Trenntechnik meist heterogene Phasengleichgewichte, seltener chemischer Gleichgewichte),
□ kinetische Beziehungen (in der Trenntechnik meist zum Stoff- und Wärmeübergang, seltener zum Reaktionsablauf).

Das Gleichungssystem der Grundbeziehungen wird für jede Trennoperation nach Bedarf angepaßt, da eine allgemeine Lösung kaum durchführbar, jedenfalls zu aufwendig wäre. So reduziert sich die A.-Aufgabe im einfachsten Fall auf eine spezifische Angabe zu Trennleistung und Trennkapazität und eine spezifische Angabe zum Durchsatz, aus denen bei vorgegebenem Durchsatz die Baugröße der Trenneinheit ermittelt wird. Beispielsweise wird bei Membrantrennverfahren das Rückhaltevermögen (meist in Prozent bezogen auf eine Standardlösung) oder die abgetrennte untere Molekülgröße neben dem spezifischen Durchsatz, meist in Liter je Quadratmeter Membranfläche und Tag angegeben. Bei gegebenem Durchsatz läßt sich daraus die benötigte Membranfläche ermitteln. Mit einer spezifischen Angabe über die Raumausnutzung, hier m^2 Membranfläche je m^3 Apparatevolumen, wird das benötigte Gesamtvolumen ermittelt, das bei Bedarf in zweckmäßige Teilvolumen unterteilt wird.

Für den Fall, daß die einmalige Anwendung einer Trennoperation nicht die geforderte Trennung ergibt, muß die Trennoperation mehrmals durchgeführt werden. Dann besteht die Aufgabe der A. auch darin, die notwendige Anzahl der Trennoperationen zu bestimmen. Besonders effektiv für derartige Aufgaben erweist sich der Gegenstrom, d. h. die gegensinnige Führung des abgebenden und des aufnehmenden Stoffstroms. Zur Analyse mehrstufiger Trennverfahren wurde das Konzept der theoretischen Trennstufe eingeführt. In einer solchen wird die bei einmaliger Durchführung der Trennoperation maximal mögliche Trennleistung erzielt. Beispielsweise wird bei der Rektifikation in einer theoretischen Stufe Phasengleichgewicht zwischen Gas und Flüssigkeit erreicht. Die Anzahl der theoretischen Trennstufen wird durch die Anwendung der Grundbeziehungen ohne die kinetischen Gleichungen ermittelt. Diese Beziehungen kann man graphisch (z. B. McCabe-Thiele-Verfahren), analytisch (z. B. Underwood-Gleichungen) oder numerisch lösen. Häufig sind iterative Verfahren notwendig. Die sich ergebende Anzahl theoretischer Trennstufen ist unabhängig von einer speziellen Trennvorrichtung. Zur Umsetzung muß bekannt sein, wieviel theoretischen Trennstufen eine Trennvorrichtung entspricht. Ein Austauschboden (Ventilboden) kann z. B. 0,8 theoretischen Trennstufen entsprechen. Bleibt dieser Wirkungsgrad über die Trennkolonne konstant, kann daraus unmittelbar die Anzahl der benötigten Austauschböden bestimmt werden. Mit dem Abstand zwischen zwei Austauschböden erhält man die Bauhöhe.

Bei kontinuierlich wirkenden Austauscheinrichtungen wie z. B. Füllkörpern wird häufig das Konzept der Übergangseinheiten angewendet. Die Anzahl der Übergangseinheiten

$$NTU = \int_{Y_{ein}}^{Y_{aus}} \frac{y}{y^* - y} \, dy,$$

NTU Anzahl der Übergangseinheiten,
Y aus, Y ein Konzentrationen an den Enden der Trennkolonne bzw. Trennkaskade,
y^* Gleichgewichtskonzentration,
y Konzentration der betrachteten Komponente einer Stoffmischung an beliebiger Stelle der Trennkolonne,

ist ebenfalls unabhängig von einer speziellen Trennvorrichtung und setzt die erreichte Änderung zum mittleren treibenden Gefälle ins Verhältnis. Die Höhe einer Übergangseinheit

$$HTU = \frac{V}{Kg \cdot a \cdot A \cdot P},$$

V Gasstrom in Molen und konstant über die Kolonne angenommen,
Kg Stoffdurchgangskoeffizient, bezogen auf die Gasphase,
a spezifische →Austauschfläche,
A Querschnittfläche der Trennkolonne,
P Druck,

berücksichtigt den Stoffübergang bei speziellen Trennvorrichtungen. Aus dem Produkt HTU·NTU = h ergibt sich die Bauhöhe h der Trennkolonne. Der Durchmesser einer Austauschkolonne ergibt sich aus der hydraulischen Belastbarkeit einer Austauschvorrichtung. *Brunner*

Auslegungsmethode →Auslegung

Ausschmelzmodell. Ein A. ermöglicht die Herstellung von ungeteilten Gießformen hoher Maßgenauigkeit im Feingußverfahren. In überwiegendem Maß werden Feingußwachse verwendet, die aus Wachsen natürlicher und synthetischer Herkunft wie Kunstharze, Polymerstoffe und des Zwischenprodukts eines zuvor gesondert gefertigten Masterbatches aus zwar mengenmäßig untergeordneten, aber notwendigen und genau zu bemessenden Additiven in beheizten Misch- und Konfektionsrührwerken hergestellt werden. Nach guter Verteilung der geschmolzenen Komponenten wird der sorgfältig gemahlene Füllstoff in den Ansatz gedrückt und nach Homogenisierung und Filtration die Charge auf Konfektionstemperatur abgekühlt. Rohstoffe, Masterbatche und Fertigprodukte werden einer strengen Qualitätskontrolle unterzogen, wobei nicht nur Erstarrungszeitpunkt, Tropfpunkt, Härte, Füllstoff- und Aschegehalt bestimmt werden, sondern auch Messungen unter dynamischen Bedingungen mit rechnerunterstützter Datenverarbeitung (Differentialkalometrie, Dilatometrie, Viskosimetrie) zur Anwendung kommen.

Die Modellherstellung erfolgt im Spritzverfahren, so daß das rheologische Verhalten der Modellwachse eine wesentliche Rolle in der Fertigungstechnik spielt. Unerwünschte Fließstrukturen auf den Modelloberflächen konnten nicht nur durch verarbeitungstechnische Maßnahmen (Spritzdruck, Werkzeugtemperatur), sondern auch durch die Entwicklung von Wachsen vermieden werden, die bei niedriger Temperatur und in den Werkzeugen üblicherweise auftretenden Geschwindigkeitsgefällen keine Fließgrenzen aufweisen. Wichtig für ein gutes Modellwachs ist die Dispersionsstabilität, weil davon die Maßgenauigkeit der Modelle in Serie abhängt. Der Verarbeiter von Feingußwachsen legt natürlich auch auf eine gute Einformbarkeit Wert, da die Wirtschaftlichkeit des Feingießverfahrens durch kurze Taktzeiten der Wachsmodellherstellung erhöht wird.

Beim Ausschmelzen aus den Keramikformen dehnt sich das Modellwachs trotz eines hohen Füllstoffanteils wesentlich stärker als das Keramikmaterial aus. Der daraus resultierende Innendruck kann so stark werden, daß es in der Keramikform zu Rissen kommt. Man hat sich deshalb bemüht, Wachsformulierungen zu entwickeln, bei denen die Anfangsexpansion erst im Bereich des quasiplastischen Zustands erfolgt, die Schmelzexpansion möglichst klein gehalten und über einen weiteren Temperaturbereich verteilt wird. *Doliwa*

Außenhonwerkzeug →Honwerkzeug

Außenprofilhonen →Profilhonen

Außenrundhonen. Beim A. handelt es sich um ein →Feinbearbeitungsverfahren, das in der Regel zu einer Verbesserung der Maß- und Formgenauigkeit sowie der Oberflächengüte von rotationssymmetrischen, zylindrischen oder kegeligen Werkstücken eingesetzt wird. Hierfür kommen überwiegend die Kurzhubhonverfahren zur Anwendung ($\rightarrow$Honverfahren).

Die Werkstückaufnahme beim A. erfolgt entweder zwischen zwei Spitzen, im Spannfutter oder spitzenlos über Stützwellen. Während der Bearbeitung dreht sich das Werkstück. Das mit einer oder mehreren Honleisten bestückte $\rightarrow$Honwerkzeug befindet sich unter Durchführung der Kurzhub- und einer zusätzlichen Axialbewegung (parallel zur Werkstück-Mantellinie) im Eingriff. Beim Einstechverfahren entfällt die axiale Bewegung des Honwerkzeugs. Bei kegeligen Werkstücken ist das Honwerkzeug schräggestellt, damit der Eingriff parallel zur Werkstück-Mantellinie erfolgen kann. Auch hierbei verfährt das Honwerkzeug in axialer Richtung, wenn die Länge des zu bearbeitenden Werkstücks größer als die Honleistenbreite ist. Bei sehr langen Werkstücken besteht das Honwerkzeug aus mehreren nebeneinander angeordneten Honleisten.

Beim A. liegen die Werte der gemittelten $\rightarrow$Rauhtiefe Rz zwischen 0,1 und 0,2 μm. Die erreichbare Rundheitskorrektur liegt zwischen 30 und 80%, wobei elliptische Formfehler kaum korrigierbar sind. Auch Zylindrizitätsfehler sind durch das A. schwer zu reduzieren. Kurze Längswellen, wie z. B. Vorschubspiralen, können dagegen ohne Probleme korrigiert werden.

Das A. wird heute am meisten bei der Bearbeitung ungehärteter Kolbenstangen eingesetzt. Dabei werden spitzenlos vorgeschliffene Werkstücke in der Regel auch spitzenlos endbearbeitet. Ein weiteres Verfahren für die honende Endbearbeitung rotationssymmetrischer Werkstücke ist das $\rightarrow$Bandhonen. *Kenter*

Außenrundschleifen $\rightarrow$Rundschleifen

Außenrundschleifmaschine $\rightarrow$Schleifmaschine (Metallbearbeitung)

Ausstrahlungseigenschaften. Gegenüber der Strahlung konventioneller Lichtquellen zeichnet sich der ausgekoppelte Laserstrahl durch folgende Eigenschaften aus:
□ hohe Frequenzstabilität,
□ Monochromasie,
□ zeitliche und räumliche Kohärenz,
□ geringe Divergenz,
□ hohe Strahlintensität.

Die erreichbaren Werte resultieren im wesentlichen aus dem jeweiligen aktiven Medium, dem Pumpverfahren und aus der Resonatorkonfiguration. Sie können für die einzelnen Lasertypen sehr unterschiedlich sein. *König*

Austauschfläche. Als A. wird eine feste oder fluide Grenzfläche bezeichnet, durch die Energie oder Materie transportiert wird. Feste Grenzflächen liegen vor bei Wärmeübertragern, in denen Wärmeenergie von einem Medium höherer Temperatur auf ein durch eine feste Wand getrenntes Medium niedrigerer Temperatur übertragen wird; ferner bei partiell durchlässigen Membranen aus Polymerkunststoffen oder Glas sowie an der Oberfläche von Feststoffpartikeln. Fluide Grenzflächen liegen zwischen fluiden Phasen vor (gas-flüssig, flüssig-flüssig). Die übertragene Energie- oder Stoffmenge m ist der Größe der A. A proportional (z. B. $m = \beta A \cdot \Delta c$). Daher werden möglichst große A. angestrebt. Dies erreicht man bei festen Oberflächen bezogen auf die Raumnutzung durch möglichst dichte Packung der A., z. B. in Form von Rohrbündeln oder aufgewickelten Membranen. Im Fall fester Partikel kann die A. durch Verringerung des Partikeldurchmessers d erhöht werden ($A \sim \frac{1}{d}$), da sich die Oberfläche bei kugelförmigen Partikeln umgekehrt proportional zum Durchmesser verhält; ferner durch Poren, die sich in feste Partikel erstrecken und ein Mehrfaches an A. gegenüber der porenfreien Partikeloberfläche betragen können.

Im Fall beweglicher (fluider) Grenzflächen zwischen fluiden Phasen wird zum Zweck einer guten Energie- und Stoffübertragung eine Phase möglichst fein zerteilt. Dies kann mit dünnen Filmen geschehen (z. B. Fallfilmverdampfer) oder in Form kleiner Tropfen oder Blasen. Zur Herstellung und Aufrechterhaltung dieser Oberflächen dienen Aufgabevorrichtungen wie Zentrifugalscheiben, Düsen, Lochplatten, Sinterplatten sowie Füllkörper und Stoffaustauschböden.

Bei beweglichen A. zwischen fluiden Phasen wird auch eine Erneuerung der A. angestrebt. Der Austauschprozeß an frischen Oberflächen verläuft instationär mit gegenüber stationärem Zustand wesentlich erhöhten Übergangsraten. *Brunner*

Austauschgrad. Der A. gibt das Verhältnis der Wirksamkeit einer praktischen $\rightarrow$Trennstufe zur Wirksamkeit einer theoretischen Trennstufe an (Wirkungsgrad). A. werden bei verschiedenen Gegenstromtrennprozessen verwendet, z. B. Rektifikation, Absorption und Extraktion. Lokale A. gelten nur für einen Punkt der Trennstufe. Der Molanteil einer Komponente in einer Phase steigt in einer praktischen Trennstufe von y_{n-1} auf y_n. Theoretisch wäre eine Anreicherung bis zur Gleichgewichtskonzentration y^* möglich gewesen. Für den lokalen A. gilt:

$$S_L = \frac{y_n - y_{n-1}}{y_n^* - y_{n-1}},$$

wobei y_n^* die Gleichgewichtskonzentration zur lokalen Konzentration x_n der anderen Phase ist.

Während der lokale A. stets kleiner als eins ist, kann der Boden-A. S_B größer als eins sein. S_B gilt für einen ganzen Trennboden und unterscheidet sich vom lokalen A. durch die Bezugsgebung der Zusammensetzung der zweiten Phase. Der Murphree-A. ist ein dampfbezogener Boden-A., bei dem y_n^* die Gleichgewichtskonzentration zur Flüssigkeitskonzentration im →Ablaufschacht des Bodens j ist. Bei vollständiger Flüssigkeitsdurchmischung sind die lokalen A. und der Boden-A. gleich groß. Bei der Extraktion und der Absorption werden A. analog zur Rektifikation definiert (→Verstärkungsverhältnis). *Dohrn*

Literatur: *Billet, R.:* Die Industrielle Destillation. Weinheim 1973. – *Kirschbaum, E.:* Destillier- und Rektifiziertechnik. 4. Aufl. Berlin, Heidelberg, New York 1969.

Austenit. Kubisch flächenzentrierte Kristallform des Eisens, auch γ-Eisen, im reinen Eisen zwischen 911 und 1392 °C (→Eisen-Kohlenstoff-Zustandsschaubild). Durch Legieren kann der Existenzbereich des A. als Mischkristall vergrößert oder verkleinert werden. Für viele Wärmebehandlungen von Stahl ist das Erwärmen in das Austenitgebiet (Austenitisieren) der erste Teilschritt. *W. Dahl*

Austenitumwandlung. Umwandlung des Austenits beim Abkühlen aus dem Austenitgebiet. Die Umwandlung erfolgt zu →Perlit, wenn Diffusion von Eisen und Kohlenstoff möglich ist, und zu →Martensit, wenn durch schnelle Abkühlung bei der Umwandlung so tiefe Temperaturen erreicht werden, daß keinerlei Diffusionsprozesse ablaufen können. Im mittleren Temperaturgebiet findet man die Umwandlung zu →Bainit, bei der Kohlenstoff noch diffundiert, die Austenit-Ferrit-Umwandlung aber nach einem Umklapprozeß ähnlich wie beim Martensit erfolgt. Die quantitative Beschreibung der A. von Stählen erfolgt durch die isothermen oder kontinuierlichen Zeit-Temperatur-Umwandlungsschaubilder. *Dahl*

Austreiben. Entfernen einer oder mehrerer gas- oder dampfförmiger Stoffe aus einer Flüssigkeit (→Desorption). Das A. kann durch Temperaturerhöhung, durch Druckabsenkung (in beiden Fällen „siedet" die Flüssigkeit die Gase aus) oder durch Strippen in einem Intertgasstrom erreicht werden. Beim Strippen wird die Flüssigkeit im →Gegenstrom zu einem Inertgas geführt, wobei die zu entfernenden Komponenten von der flüssigen Phase in die Gasphase wandern (→Absorption). *Dohrn*

Auswaschen. Das Entfernen von festen, dampf- oder gasförmigen Substanzen aus einem Gasstrom mit Hilfe eines flüssigen Waschmittels (→Absorptionsmittel). Die zu entfernenden Stoffe wandern

gemäß dem Phasengleichgewicht von der Gasphase in die flüssige Phase. *Dohrn*

Auswuchten (Schleifwerkzeuge). Schleifwerkzeuge sind mit einer Unwucht behaftet, die auf eine ungleichmäßige Verteilung ihrer Bestandteile zurückzuführen ist. Das muß durch A. ausgeglichen werden, um Schwingungen des Systems Maschine-Schleifwerkzeug-Werkstück zu vermeiden.

Man unterscheidet zwischen form- und strukturbedingter Unwucht. Die formbedingte Unwucht geht auf Maß- und Formfehler der Schleifwerkzeuge zurück. Die strukturbedingte Unwucht wird durch örtliche Dichteunterschiede hervorgerufen (Bild).

	formbedingte Unwucht		strukturbedingte Unwucht
statische Unwucht	r_s	r_s	r_s
	r_s = Schwerpunktverlagerung		
dynamische Unwucht			

Auswuchten (Schleifwerkzeuge): Verschiedene Unwuchten an Schleifscheiben. (Quelle: König)

Zum A. wird zuerst die Schleifscheibenumfangsfläche und u. U. auch die Seitenfläche abgerichtet (→Abrichten), um die formbedingte Unwucht zu minimieren. Formbedingte Restunwuchten sowie strukturbedingte Unwuchten werden anschließend durch Anbringen oder Verschieben von Ausgleichsmassen kompensiert.

Bei Schleifscheiben wird nur die statische Unwucht beseitigt. Lediglich sehr breite Schleifscheiben müssen dynamisch ausgewuchtet werden. Man unterscheidet dabei das A. bei stehender und bei drehender →Schleifscheibe.

Die ersteren Verfahren finden außerhalb der Maschine auf Abrollböcken und Auswuchtwaagen statt. Dabei wird die Unwucht durch Verschieben von Gleitsteinen in einer Nut am Umfang des Scheibenspannsystems (→Aufnahmevorrichtung für Schleifwerkzeuge) ausgeglichen.

Für die Wuchtverfahren, die mit drehender Schleifscheibe direkt auf der Schleifmaschine durchgeführt werden, gibt es verschiedene Geräte. Das Stroboskopauswuchtgerät löst bei jeder Umdrehung einen Blitz aus, wenn die schwere Seite der Scheibe in eine bestimmte Richtung zeigt. Der Ausgleich erfolgt auch hier durch Verschieben von Gleitsteinen. Beim A. mittels eines Kompensers (Wuchtkopf) gibt es mehrere Verfahrensvarianten.

Zunächst ein selbsttätiges Verfahren, bei dem sich drei Kugeln während des A. so verteilen, daß die Unwucht automatisch ausgeglichen wird. Ein anderes Verfahren benutzt einen Mechanismus, um über Verstellräder, die auf der Spindel angebracht sind, während des Laufs Ausgleichsgewichte zu bewegen. Ein weiteres Gerät, der Hydro-Kompenser, kommt völlig ohne Verstellelemente und feste Ausgleichsmassen aus. Sein Herzstück ist ein Vierkammer-Flüssigkeitsbehälter, dessen auf den Umfang verteilte Kammern einzeln über Düsen mit einer Flüssigkeit gefüllt werden. Durch unterschiedliche Beaufschlagung der Kammern wird die bestehende Unwucht kompensiert. *Kenter*

Literatur: DIN 69 106: Schleifscheiben aus gebundenem Schleifmittel; zulässige Unwucht. Hrsg. Dt. Inst. f. Normung. Ausg. Sept. 1977. – *König, W.:* Fertigungsverfahren. Bd. 2: Schleifen, Honen, Läppen. Düsseldorf 1989. – *Spur, G.,* u. *Th. Stöferle:* Handb. der Fertigungstechnik. Bd. 3/2. München, Wien 1980.

Auszählmethode. Bei Partikel- und Tropfenverteilungen interessiert die Massenverteilungskurve in Abhängigkeit von der Teilchengröße. Wenn die Teilchengröße durch Auszählen zu bestimmen ist, so muß man mit Hilfe eines Mikroskops bzw. einer Lupe das kleinste und größte Teilchen feststellen. Als Durchmesser nimmt man den eines Kreises mit der gleichen Projektionsfläche wie das beobachtete Teilchen. Das kleinste Teilchen findet sich immer. Der Fehler, den man dabei machen kann, ist bezogen auf die gesamte Probenmasse vernachlässigbar. Das Auffinden des größten Teilchens gestaltet sich schwierig. Ein Fehler dabei erweist sich bezogen auf die gesamte Probenmasse als schwerwiegend. Um solch eine Analyse machen zu können, sollte die Anzahl der beobachteten Partikeln nicht unter 1000 liegen. Man teilt die gesamte Verteilung in 10–20 verschiedene Größenklassen ein, die jeweils den gleichen Größenunterschied Δd haben. Dann zählt man die Anzahl der Teilchen in jeder Größenklasse und bestimmt für jede Klasse das Gesamtvolumen $n\,\bar{d}^3$:

$$\frac{\Delta D}{\Delta d} = \frac{r\cdot \bar{d}^3/\Delta d}{\Sigma n\cdot \bar{d}^3}$$

bezeichnet die Massenhäufigkeit zur Klassenbreite Δd.

Die Durchgangs- oder Rückstandsummenkurve $D(d)$ bzw. $R(d)$ ersetzt die Häufigkeitsverteilung. Die Durchgangssummenkurve zeigt auf, wieviel Massenanteile der Gesamtmasse kleiner sind als der betrachtete Durchmesser:

$$D(d) = \int_{d_{min}}^{d} H(d)\cdot dd = 1 - R(d).$$

Das ist der Zusammenhang zwischen Häufigkeitsverteilung und Rückstandssummenkurve (Bild).

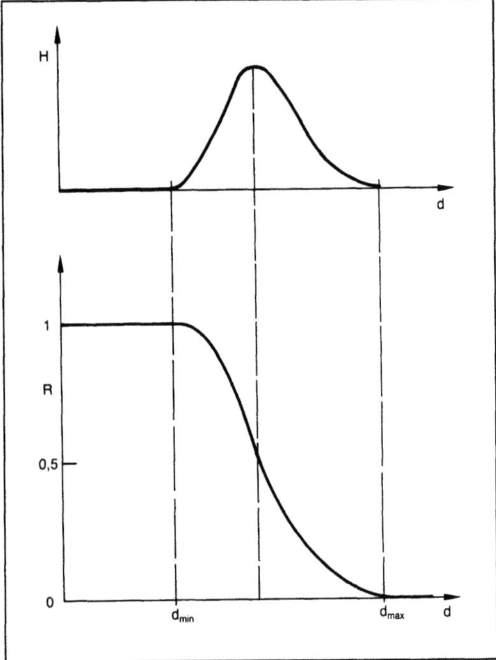

Auszählmethode: Häufigkeitsverteilung und Rückstandssummenkurve.

Das Maximum der Häufigkeitsverteilung liegt meistens ungefähr ein Drittel der gesamten Verteilung $(d_{max}-d_{min})$ vom kleinsten Teilchendurchmesser entfernt. Die Häufigkeitsverteilung hat bei dem Durchmesser sein Maximum, wo die Rückstandssummenkurve ihren Wendepunkt besitzt. Bei automatisch arbeitenden Meßgeräten werden alle beschriebenen Schritte intern vorgenommen. *Schlag*

Autofrettage. Die meisten, insbesondere dickwandigen Bauelemente der Technik sind inhomogen beansprucht, d. h. über der Wanddicke gibt es Fasern mit hohem Spannungsniveau und solche mit relativ niedrigem Beanspruchungszustand. Die Tragfähigkeit eines Bauteils bei ungleichförmiger Spannungs-Verteilung ist keineswegs mit Erreichen der Fließgrenze an der höchstbeanspruchten Stelle erschöpft. Es ist zulässig, plastische Verformungen in bestimmter Größenordnung im Bauteil zu akzeptieren.

Bei der A. eines dickwandigen Zylinders erzeugt man nun bewußt plastische Verformung in der Behälterwand dergestalt, daß durch Steigerung des Innendrucks nach der Fertigung ca. ⅓ der Wand plastifiziert wird. Nach Entlastung verbleiben im Bauteil Eigenspannungen mit umgekehrtem Vorzeichen zur Belastungsrichtung, wodurch an der höchstbeanspruchten Behälterinnenseite günstige Druckeigenspannungen vorherrschen. *Strohmeier*

Autogenbrenner. Das wesentliche Unterscheidungsmerkmal zwischen Schneid- und Schweißbrennern ist die getrennte, zusätzliche Sauerstoffzuführung zur Brennerspitze, wo getrennte Düsen für das Heizgasgemisch und den Brennsauerstoff angeordnet sind.

Ist ein Brenner keiner außergewöhnlich hohen thermischen Belastung ausgesetzt, so erfolgt die Mischung des Heizgases aus Brenngas und Sauerstoff innerhalb des Brenners mittels einer Injektordüse. Dabei saugt der Sauerstoff auf Grund seiner hohen Strömungsgeschwindigkeit das Brenngas — meist Acetylen — aus seitlichen Kanälen an. Die Brennerdüsen sind entweder so angeordnet, daß die Heizflamme vor dem Schneidstrahl die Oberfläche bestreicht, oder daß sie den Sauerstoffstrahl konzentrisch umgibt. Somit ist gewährleistet, daß der Werkstoff zunächst auf seine Zündtemperatur aufgeheizt und nach der Verbrennung als Schlacke ausgetrieben wird.

Die erstgenannte Anordnung ist von Vorteil, wenn dünne Bleche geschnitten werden oder ein besonders enger Schnittspalt angestrebt wird; ebenso bei geradlinigen Schnitten, die letztere beim Trennen von dickeren Bauteilen.

Für hohe Wärmebelastungen werden gasmischende Düsen bevorzugt, in denen Sauerstoff und Brenngas erst unmittelbar am Brennerkopf zusammenströmen und gezündet werden, so daß das brisante, zündfähige Gasvolumen auf ein Mindestmaß beschränkt ist.

Bei extremen Belastungen, etwa im Hüttenwerksbetrieb, wo beim Trennen von Stranggußbrammen die Temperaturen zwischen 300 und 1 000 °C vorliegen, werden als dritte Bauform Brenner mit Außenmischung eingesetzt, bei denen das Heizgasgemisch erst außerhalb des Brenners zusammengeführt wird. *König*

Autogenmahlung. Die A. zerkleinert ohne Mahlkörper. Dies geschieht durch Aufprall, gegenseitigen Stoß und Reibung. Der Vorteil bei der A. ist, daß kein Abrieb von den Mahlkörpern entstehen kann, der das Mahlgut verunreinigt. Deshalb wird diese Art der Mahlung immer dann angewandt, wenn es auf besondere Reinheit ankommt, z. B. in der Pharmazie.

Autogenmühlen setzt man auch in der Erzaufbereitung (Eisen, Buntmetall, Uran) ein. Dort werden sie mit Durchmessern bis 15 m bei Antriebsleistungen von $P = 15$ MW gebaut und erfolgreich betrieben. Das Längen-Durchmesser-Verhältnis ist dabei $\lambda = l/D = 0{,}25{-}0{,}4$. Große Autogenmühlen brechen und mahlen gleichzeitig. Dadurch entstehen hohe Zerkleinerungsverhältnisse von $\varepsilon = 100{-}1000$. Der Füllungsgrad beträgt dabei 20–35 %. Gibt man geringe Mengen an Mahlkörpern hinzu (max. 10 %), spricht man von teilautogener Mahlung.

Die häufigsten Konstruktionen sind die Aerofallmühle (Bild) und die Kaskadenmühle. Alle sind mit radialen Prall- und Hubleisten sowie keilförmigen Einbauten an den Stirnflächen ausgestattet. Diese Einbauten sollen eine Entmischung in der Mahlkammer in axialer Richtung verhindern und den Mahlvorgang unterstützen.

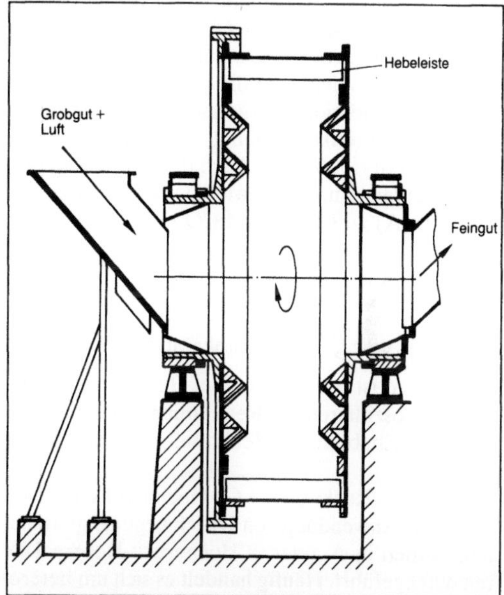

Autogenmahlung: Aerofallmühle.

Die Aerofallmühle arbeitet mit einem Windsichtsystem im Kreislauf. Das Feingut wird mittels Luftstrom aus dem Mahlraum stirnseitig ausgetragen. Etwa 90 % der Luft führt man zurück, die restlichen 10 % über einen Feingutabscheider. Man trennt Feingut und Grobgut durch Richtungswechsel der Strömung. Die groben Teilchen können dieser Richtungsänderung nicht folgen, werden abgeschieden und fallen zurück in die Mühle. Das Feingut wird dann von der Luft mittels Fliehkraftabscheider und Filter abgeschieden. *Greif*

Autokatalyse. Eine Reaktion $A + P \xrightarrow{k_1} 2P + D$, bei der ein Reaktionsprodukt (oder Zwischenprodukt) P als i. a. homogener Katalysator (homogene →Katalyse) wirkt und sie beschleunigt (Selbstbeschleunigung). Das zunächst in sehr geringer Konzentration vorliegende Produkt P tritt in der →Geschwindigkeitsgleichung $r = k_1 c_A c_P$ mit positivem Exponenten (hier +1) auf. Mit zunehmender Reaktionszeit bzw. zunehmender Produktkonzentration (Produkt) c_P erhöht sich die Reaktionsgeschwindigkeit r erheblich, bis sie ein Maximum erreicht hat. Infolge der Konzentrationsabnahme des Edukts A fällt die Reaktionsgeschwindigkeit r mit der Reaktionszeit wieder ab, wie es für gewöhnliche, nichtautokatalytische Reaktionen charakteristisch ist. Autokatalytische Reaktionen werden häufig in einem kontinuierlichen →Rührkesselreaktor durchgeführt, dem sich zur Umsatzerhöhung oft ein in Serie geschalteter →Rohrreaktor anschließt. Besonders in der Biotechnologie verlaufen zahlreiche enzymatische Reaktionen, z. B. das mikrobielle Zellenwachstum und die Herstellung von Ethanol (D) aus zuckerhaltigen Substraten (A) unter der Einwirkung von Hefezellen (P), autokatalytisch.

Weitere Beispiele sind die großtechnisch durchgeführten Oxidationen organischer Verbindungen, die zu den Produkten Phenol, Acetaldehyd, Essigsäure oder Styrol führen. Auch die säurekatalysierten Esterverseifungen sowie die Zersetzung von Phosgen (A) zu Cl_2 (P) und CO (D):

$$COCl_2 + \frac{1}{2}\,Cl_2 \xrightarrow{\;\;k_2\;\;} \frac{3}{2}\,Cl_2 + CO,$$

mit $r = k_2\,c_A\,c_P^{1/2}$, sind autokatalytische Reaktionen. Die A. ist auch von großer Bedeutung bei der Existenz oszillierender Reaktionen, wie z. B. der Belousov-Zhabotinskii-Reaktion.   *Schönbucher*

Autoklav. Reaktionen (→Hochdrucksynthese), die durch Anwendung von Druck begünstigt ablaufen, werden in A. oder in Hochdruck-Rohrreaktoren durchgeführt. Häufig handelt es sich um heterogene Reaktionsmassen mit überwiegend flüssigem Anteil. Die A. sind sowohl diskontinuierlich (→Reaktionsführung, diskontinuierliche) als auch kontinuierlich (→Reaktionsführung, kontinuierliche) betriebene Kesselreaktoren. Es gibt Kessel (z. B. Kocher) ohne und mit Einbauten (z. B. Rührer, Wärmeübertrager). Man unterscheidet zwischen Vollwand-A. und Mehrlagen-A. Die Entwicklung geht zu den Mehrlagenbehältern, bei denen die Gesamtwanddicke in eine Vielzahl einzelner, dünner Lagen aufgeteilt ist. Bei der Auslegung von A. ist die richtige Werkstoffauswahl aus mechanischen und chemischen Gründen sowie die Art der Druckdichtungen von großer Bedeutung.

Einige technisch durchgeführte Reaktionen, die in Autoklaven ablaufen, sind

□ die Herstellung von Hochdruck- und Niederdruck-Polyethylen in kontinuierlich betriebenen Rühr-A. bei Drücken von 2000–3000 bar und von 2–10 bar,

□ die katalytische Fetthydrierung (von Ölen und Fetten zur Margareineherstellung) in diskontinuierlich betriebenen Härtungs-A. mit eingebauten Turbo-Mischern bei Drücken zwischen 10 und 30 bar,

□ die Herstellung von →Zellstoff (Cellulose, zum Erzeugen von Papier oder Kunstfasern) erfolgt heute überwiegend nach dem alkalischen Sulfatverfahren in diskontinuierlich betriebenen Kochern bei Drücken zwischen 7 und 13 bar,

□ die Drucklaugung von Bauxiten (zum Herstellen von Aluminium) nach dem Bayer-Verfahren in einer kontinuierlich betriebenen A.-Kaskade mit Heizschlangen-Einbauten bei Drücken zwischen 20 und 30 bar.

Beispiele für technisch bedeutsame Reaktionen, die in Hochdruck-Rohrreaktoren durchgeführt werden, sind in Hochdrucksynthese beschrieben.   *Schönbucher*

Automatenstahl. Stähle, die in besonderem Maße zur Verarbeitung durch spanabhebende Formgebung geeignet sind. Vor allem durch Schwefelgehalte von 0,1–0,4 % wird der Mechanismus von Spanbildung und -bruch günstig beeinflußt und dadurch eine hohe Schnittgeschwindigkeit und geringer Werkzeugverschleiß ermöglicht. *W. Dahl*

Azeotrop. An einem azeotropen Punkt sind die Zusammensetzungen der im Phasengleichgewicht befindlichen Gas- und Flüssigkeitsphase gleich groß (→Destillieren). Da der →Trennfaktor am azeotropen Punkt gleich eins ist, läßt sich ein azeotropes Gemisch durch einfache Destillation nicht trennen. Bei einem positiven (negativen) A. hat die →Siede-

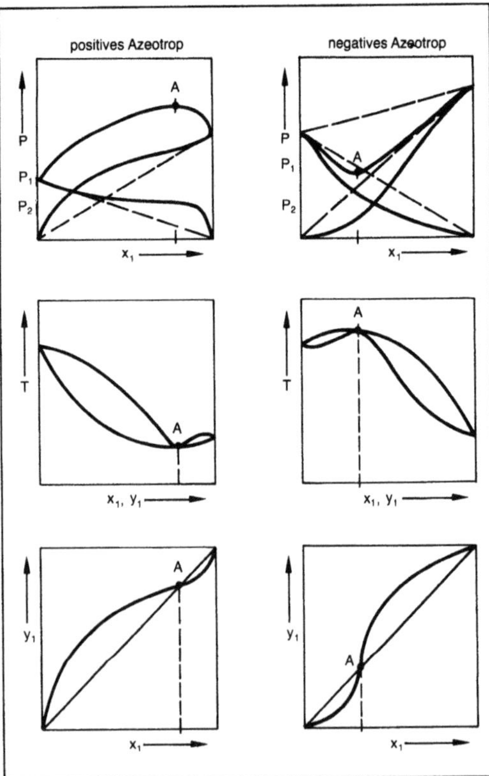

Azeotrop: P,x-, T,x- und x,y-Diagramm für homogene Azeotrope.

linie im P,x-Diagramm ein Maximum (Minimum) und im T,x-Diagramm ein Minimum (Maximum). Tau- und Siedelinie tangieren sich an den Extremwerten (Bild).

Man unterscheidet weiterhin zwischen homogenen A., bei denen die Komponenten vollständig mischbar sind, und Hetero-A., bei denen eine Entmischung in der flüssigen Phase vorliegt. *Dohrn*

Azeotropdestillation. Die A. (oder Azeotroprektifikation) ist ein thermisches Trennverfahren zur Trennung engsiedender oder azeotroper Flüssigkeitsgemische (→Destillieren). Wie bei der →Extraktiv-Rektifikation wird dem zu trennenden Gemisch ein Hilfsstoff beigefügt. Der Hilfsstoff sollte folgende Eigenschaften haben:

☐ Seine Siedetemperatur sollte sich von den Siedetemperaturen der anderen Komponenten um nicht mehr als 10–40 K unterscheiden.

☐ Er sollte mit einer oder jeder Komponente ein →Azeotrop oder ein ternäres Azeotrop bilden.

☐ Zur leichten mechanischen Abtrennung werden Hilfsstoffe bevorzugt, die Heteroazeotrope bilden.

Durch diese Einschränkungen lassen sich für die A. weniger leicht geeignete Hilfsstoffe finden als bei der Extraktiv-Rektifikation.

Als Beispiel sei die A. von Ethanol und Wasser mit Benzol als Zusatzstoff betrachtet (Bild). Das Ausgangsgemisch Ethanol-Wasser wird je nach Zusammensetzung der Kolonne 1 oder 2 zugeführt. In Kolonne 1 wird reines Wasser als →Sumpfprodukt und ein Gemisch nahe der azeotropen Zusammensetzung (Massegehalt von 96 % Ethanol, 4 % Wasser) als Kopfprodukt abgezogen. Der in den Kolonnen 2 und 3 wirksame Hilfsstoff Benzol bildet mit den beiden anderen Komponenten ein →Heteroazeotrop (18,5 % Ethanol, 74,1 % Benzol, 7,4 % Wasser). Die Konzentrationen der Kopfprodukte der Kolonnen 2 und 3 liegen nahe bei der Zusammensetzung dieses ternären Azeotrops. Die Kopfprodukte werden zusammengeführt, gekühlt und in einem Abscheider in zwei flüssige Phasen getrennt. Die benzolreiche Phase wird der Kolonne 2 und die benzolarme Phase der Kolonne 3 zugeführt. Als Sumpfprodukte der Kolonne 3 fällt eine Ethanol-Wasser-Mischung an, die der Kolonne 1 zugeführt wird. Das gewünschte absolute Ethanol wird als Sumpfprodukt der Kolonne 2 gewonnen. *Dohrn*

Literatur: *Hoffman, E. J.:* Aceotropic and extractive distillation. New York 1964. – *Weiß, S.:* Thermische Verfahrenstechnik I. Leipzig 1978.

Azeotropie. Die A. ist eine Besonderheit des Dampf-Flüssigkeits-Gleichgewichts. Sie liegt vor, wenn in einem bestimmten Punkt des Gleichge-

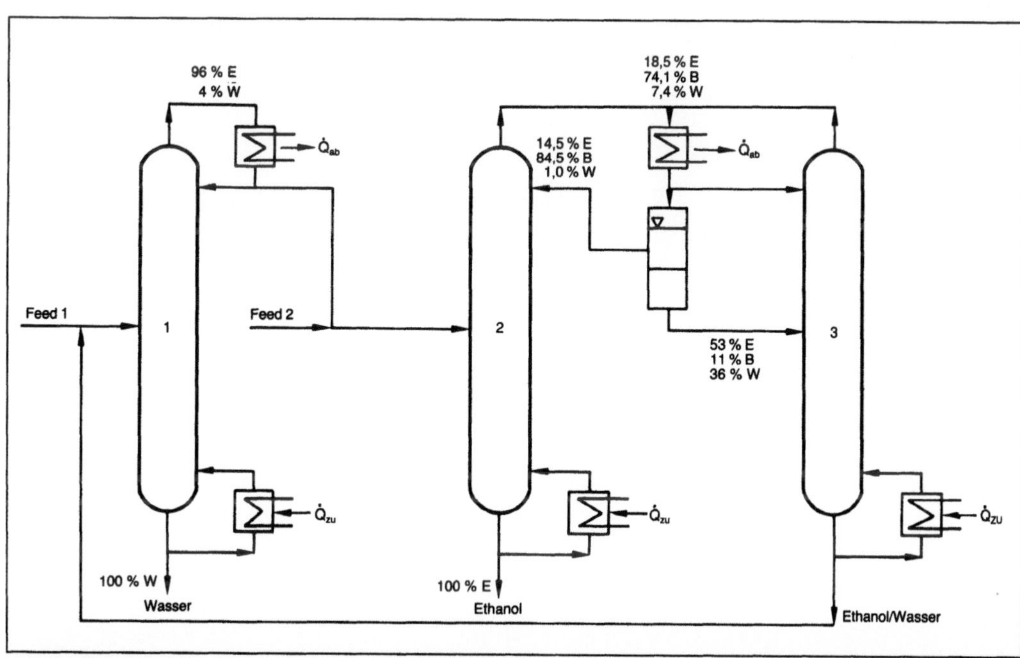

Azeotropdestillation: Schema einer Azeotropdestillation zur Trennung von Ethanol und Wasser mit Benzol als Hilfsstoff.

1, 2, 3 Kolonnen

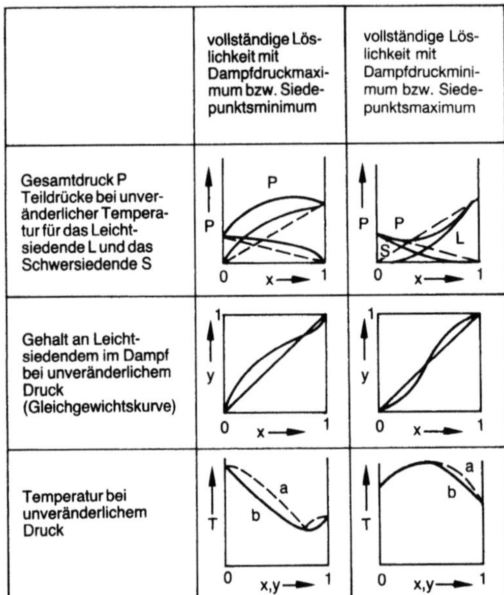

	vollständige Löslichkeit mit Dampfdruckmaximum bzw. Siedepunktsminimum	vollständige Löslichkeit mit Dampfdruckminimum bzw. Siedepunktsmaximum
Gesamtdruck P Teildrücke bei unveränderlicher Temperatur für das Leichtsiedende L und das Schwersiedende S		
Gehalt an Leichtsiedendem im Dampf bei unveränderlichem Druck (Gleichgewichtskurve)		
Temperatur bei unveränderlichem Druck		

Azeotropie: Dampfdruck-, Gleichgewichts- und Siedediagramm für nichtideale Mischungen.

a Taulinie, b Siedelinie

wichtsdiagramms (Bild) die Gasphase die gleiche Zusammensetzung aufweist wie die koexistierende flüssige Phase.

Diese Erscheinung spielt eine wesentliche Rolle bei der destillativen Stofftrennung, weil beim Auftreten eines azeotropem Punkts ein Anreichern der Komponente über diesen Punkt hinweg nicht möglich ist. Dies gelingt erst durch zusätzliche Maßnahmen, wie z. B. durch eine Zusatzflüssigkeit, die mit einer der Komponenten des Gemisches ein Azeotrop bildet, so daß das Abtrennen dieser Komponente als azeotropes Destillat möglich wird.

Das Auftreten eines azeotropen Punkts ist mit einem Extremwert im Dampfdruckdiagramm (p-x, y-Diagramm) bzw. im Siedediagramm (T-x, y-Diagramm) verbunden. Nichtideale Mischungen mit negativer Abweichung vom Raoult-Gesetz haben ein Dampfdruckminimum und ein Siedepunktsmaximum. Mischungen mit positiver Abweichung vom Raoult-Gesetz weisen ein Dampfdruckmaximum und ein Siedepunktminimum auf. *Weinspach*

Literatur: *Mersmann, A.:* Thermische Verfahrenstechnik. Berlin, Heidelberg, New York 1980.

B

Bahnschweißen →Arbeitsplatz, automatisierter; →Fertigung, flexible; →Industrieroboter-Teilsystem; →Roboter

Bainit. Ergebnis der →Austenitumwandlung im Temperaturbereich zwischen →Perlit und →Martensit (daher früher auch Zwischenstufengefüge genannt). Da Diffusion des Kohlenstoffs möglich ist, entstehen vor oder während der Bainitumwandlung feinverteilte Carbide, während die Umwandlung des Austenits zum Ferrit durch einen Umklappprozeß ähnlich dem Martensit erfolgt. Gefüge der unteren Bainitstufe weisen bei hoher Festigkeit gute Zähigkeitseigenschaften auf, in der oberen Bainitstufe entstehen Gefüge geringerer Zähigkeit (→Zeit-Temperatur-Umwandlungsschaubild). *W. Dahl*

Balkenrührer. Der B. (Rührer) ist eine vereinfachte Ausführung des Ankerrührers; an der Welle sind 2 oder mehr Balken angeordnet. Er erzeugt nur eine Rotationsströmung ohne große axiale Mischwirkung. Die Balken sind kreuzförmig angeordnet, so daß man dann vom Kreuz-B. (Bild) spricht. Dieser besitzt gute Wirkungsgrade. Der Kreuz-B. wird bei einer Drehzahl von 40–80 min^{-1} für Medien mit einer Zähigkeit von 0,5–5 Pas zum Homogenisieren eingesetzt. Verwendet wird er sowohl mit als auch ohne Strombrecher; teilweise auch mit schräg gestellten Blättern. *Schlag*

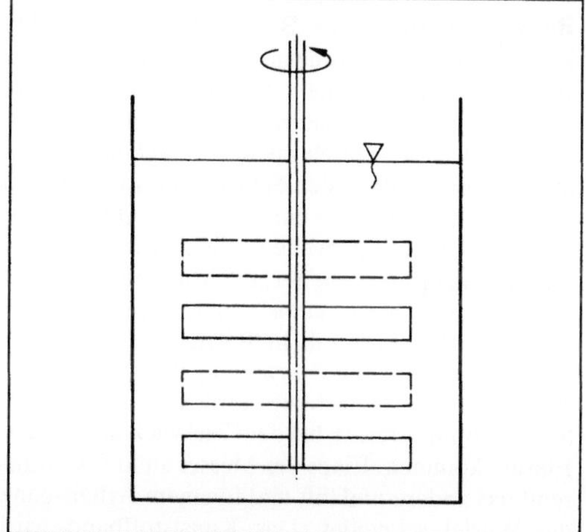

Balkenrührer: Kreuzbalkenrührer.

Ballenförderung. Bei der pneumatischen →Förderung von Schüttgütern entstehen im Übergangsgebiet von der Strähnen- zur Dichtstromförderung häufig kürzere Dünen oder Ballen, die sich mit wenigen m/s weiterbewegen, immer wieder aufgelöst werden und sich neu bilden. *Muschelknautz*

Ballenpresse. Papierabfälle, Federn und Daunen als Rohware, Textilfasern und ähnliche Stoffe werden mit großen B. zu großen Quadern oder Würfeln von 1 m^3 und mehr gepreßt; dabei wird die Schüttdichte von 25–50 kg/m^3 auf Werte bis über 750 kg/m^3 erhöht. Die Preßkraft wird nach dem Füllen aus einem Vorlagegefäß meist mit Hydraulikzylindern erzeugt, der Ballen in seiner Umhüllung aus Sackleinen oder Folien u. U. mit mehrfachem Nachpressen auf seine Endgröße verdichtet und gleichmäßig mit Stahl- oder Kunststoffbändern umreift (Bild). Damit ist der Inhalt geschützt und mit normalen Kosten transportfertig. *Muschelknautz*

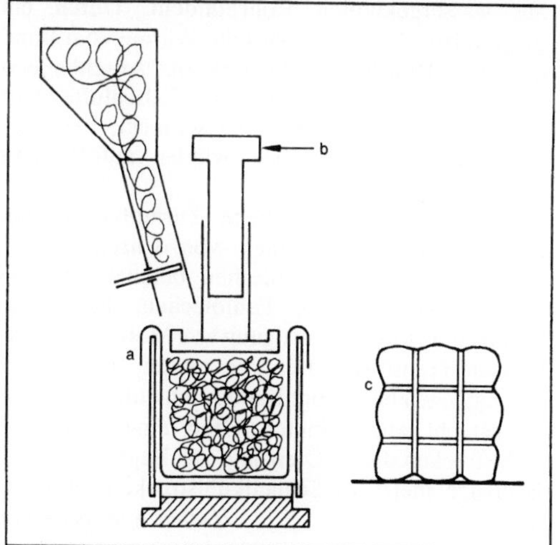

Ballenpresse.

a Umhüllung, b Druckluft, c gepreßter Ballen mit umreifter Hülle

Banddurchlaufofen. Industrieofen vornehmlich zum Wärmebehandeln von dünnen Feinblechen und Bändern für große Leistungen (Bild). Ausgehend von der Haspel läuft das Band zunächst durch eine Schere und Speicherstrecke, bevor es den eigentlichen Ofen erreicht. Es wird hierbei in einem

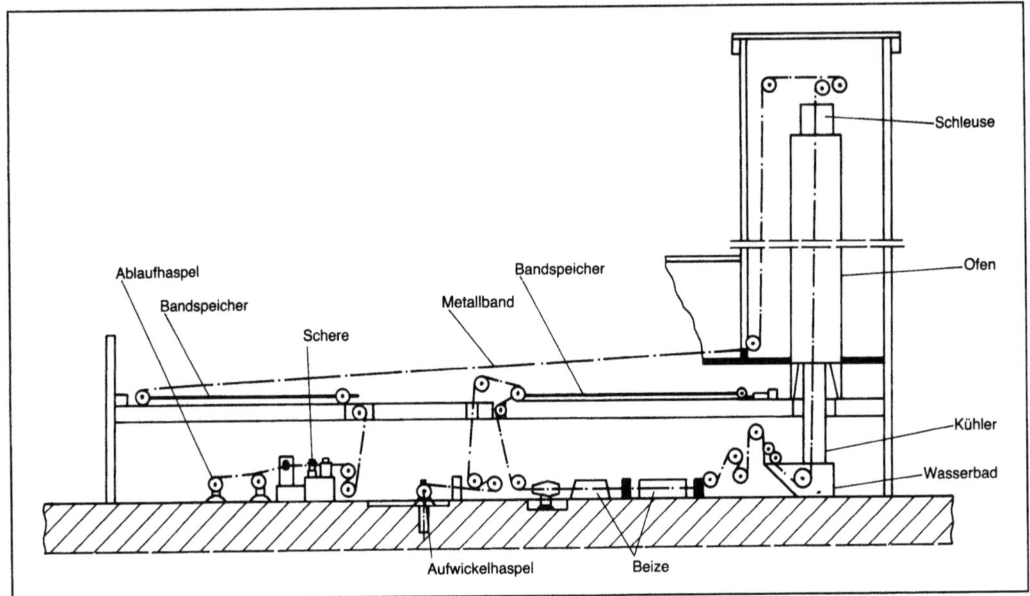

Banddurchlaufofen: Längsschnitt, schematisch.

gasdichten Vertikaldurchlaufofen mittels beidseitig angeordneter Strahlrohre und anschließend über Düsenfelder aufgeheizt, bevor es in eine Kühlstrecke gelangt. Diese besteht im dargestellten Fall aus wassergekühlten Rohrbündeln. Durch ein umgewälztes Schutzgas wird die Wärme vom Band an diese Rohrbündel übertragen. Anschließend wird das Band in einem gegen Falschlufteintritt abgesicherten Wasserbad abgeschreckt, bevor es abgebeizt und schließlich wieder aufgehaspelt wird.

B. und ähnlich betriebene Turmöfen werden hauptsächlich zum Glühen von Chrom-Nickel-Stahlblechen und Weißblechen benutzt. Für die Wärmebehandlung von Feinblechen, die in der Elektroindustrie zur Fertigung von Motoren, Dynamos und Transformatoren Verwendung finden, werden hingegen bevorzugt Banddurchlaufanlagen mit waagerecht angeordneten Öfen eingesetzt. Die Kühlstrecken dieser Öfen sind zur Begrenzung der Baulänge meist als Schnellkühlstrecken ausgebildet. *Jeschar/Specht/Bittner*

Bandfilter. Man setzt sie zur →Filtration gut filtrierender Suspensionen ein. Die Suspension wird auf ein Band aufgegeben, das kontinuierlich die einzelnen Filtrationsstufen durchläuft (Bild). An Vakuumzellen zur Filtration können sich Abschnitte zum Waschen und Trocknen des Filterkuchens und zum Reinigen des Filtertuches anschließen. Das Filtertuch ruht auf einem Transportband aus Gummi mit Rillen und Löchern für den Filtratablauf. *Dahl*

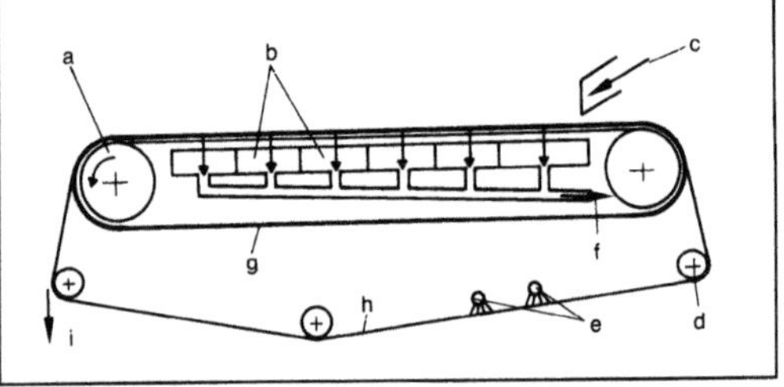

Bandfilter.

a Antriebsrolle, b Vakuumkammern, c Suspension, d Spannrolle, e Reinigungsdüsen, f Filtrat, g Lochband, h Filtergewebe, i Kuchen

Bandgranulator. Der B. (Bild) gehört zu den Kaltgranuliervorrichtungen. Eine pastöse Kunststoffmasse wird dabei zu einem Endlosband gepreßt, das je nach Material 100–650 mm breit und 3–4 mm dick ist. Durch ineinanderlaufende Kreismesser werden im ersten Schritt Längsstreifen von 3–5 mm geschnitten, ein weiteres Quermesser schneidet daraus im zweiten Schritt Kunststoffwürfel. Die Maschine arbeitet außerordentlich gleichmäßig und liefert keine zusammenhängenden Stücke und keinen Staub. Im Betrieb ist sie aber sehr laut. Die Messer müssen zudem genau positioniert sein. Eine Vereinfachung wird durch den sog. Stufenschnitt erreicht, bei dem Zickzackmesser zum Einsatz kommen. Eines der Messer steht fest, während das andere umläuft und in einem Arbeitsgang die Würfel schneidet. Das Kunststoffband wird hierbei in einem Winkel von 45° zugeführt. *Müller*

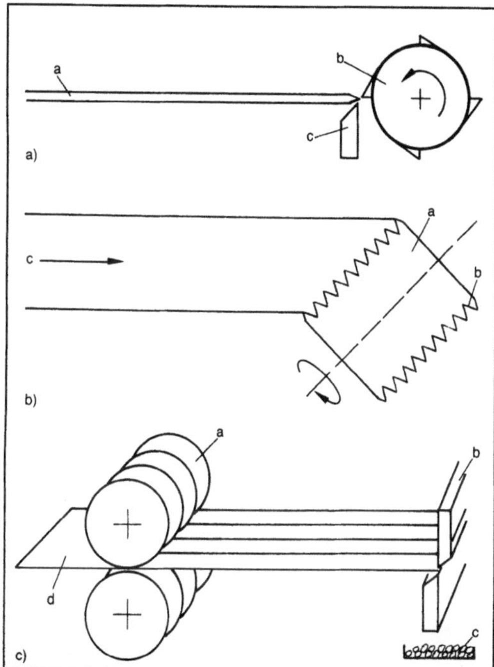

Bandgranulator.
a) Seitenansicht.
  a Kunststoffband
  b rotierendes Zickzackmesser
  c stehendes Zickzackmesser
b) Draufsicht.
  a Messerwalze
  b Zickzackmesser
  c Band
c) Stufenschnitt.
  a Kreismesser
  b Quermesser
  c Granulat
  d Kunststoffband

Bandhonen. Das B. ist ein spezielles Außenrund-honverfahren (→Außenrundhonen). Bei einer Bandhonmaschine ist das →Honwerkzeug nicht mit Honleisten besetzt, sondern es besteht aus einem Schleifband (→Schleifwerkzeug auf flexibler Unterlage), auf dem die Körnung gebunden aufgebracht ist. Während des Bearbeitungsvorgangs rotiert nur das Werkstück, und das Honband wird durch (u. U. mehrteilige) Anpreßschalen auf die zu bearbeitende Werkstückoberfläche gedrückt. Der Umschlingungswinkel beträgt dabei 60–180°, und der Anpreßdruck liegt zwischen 30 und 50 N/cm². Bei der honenden Vorbearbeitung beträgt die Umfanggeschwindigkeit des Werkstücks 10 bis 15 m/min und bei der Endbearbeitung 20–30 m/min. Durch das B. wird durch eine intensive Feinzerspanung ein hoher Glättungseffekt erreicht.

Bei jedem Bearbeitungsdurchgang wird das Honband um die dem Umschlingungswinkel entsprechende Länge weitertransportiert, so daß bei jedem Werkstück neue, scharfe Schneidkörner zum Eingriff kommen. Somit liegen für jeden Arbeitstakt gleiche technologische Voraussetzungen vor.

Typische Werkstückformen und Bearbeitungsflächen sind zylindrische und leicht ballige Lagerzapfen mit angrenzendem Übergangsradius sowie ballige Druck- und Gleitflächen an Kipp- und Schlepphebeln für die Ventilsteuerung im Motoren- und Anlagenbau. Auch Kugellagerlaufbahnen werden häufig mittels B. endbearbeitet. *Kenter*

Bandhonmaschine →Bandhonen

Bandpreßfilter. Bei dem B. (→Filtration) wird die Suspension zwischen Ober- und Unterband entwässert. Die Scherung der Kuchenzwischenräume im Bereich der Rollen führt neben der Pressung zu einem weiteren Absenken der Restfeuchte des Filterkuchens (Bild). *Dahl*

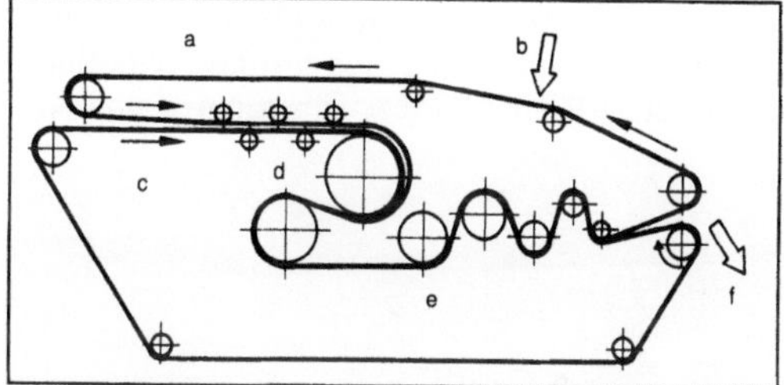

Bandpreßfilter.

a Seinzone, b Aufgabezone, c Keilzone, d Preßzone, e Scherzone, f Kuchenabwurf

Bandsägemaschine. Die B. ist eine Werkzeugmaschine, die mit einem Bandsägeblatt als Werkzeug zum Sägen verschiedener Werkstoffe geeignet ist.

Ein von zwei Sägebandrollen gespanntes, endloses Bandsägeblatt führt eine kontinuierliche Schnittbewegung aus. Eine der Sägebandrollen übernimmt zusätzlich den Antrieb, die andere Umlenkrolle erzeugt die Sägeblattspannung (Bild 1). Um einen genauen Schnitt zu erzeugen, wird das Sägeband vor und nach dem Schnitt geführt. Das Bandsägeblatt hat gehärtete Zähne und einen flexiblen Rücken. Ebenfalls werden Bandsägeblätter aus zwei verschiedenen Werkstoffen aufgebaut: Zahnspitzen aus hochlegiertem HSS (Hochleistungs-Schnellstahl), Trägermaterial aus Vergütungsstahl. Für das Bearbeiten von Glas, Steinen, Porzellan u. dgl. werden diamantbestückte Bandsägeblätter eingesetzt.

Die B. unterscheiden sich nach den Bauformen vertikal und horizontal. Vertikale B. werden hauptsächlich für das Sägen von beliebigen Innen- und Außenkonturen eingesetzt, wobei die Werkstück-

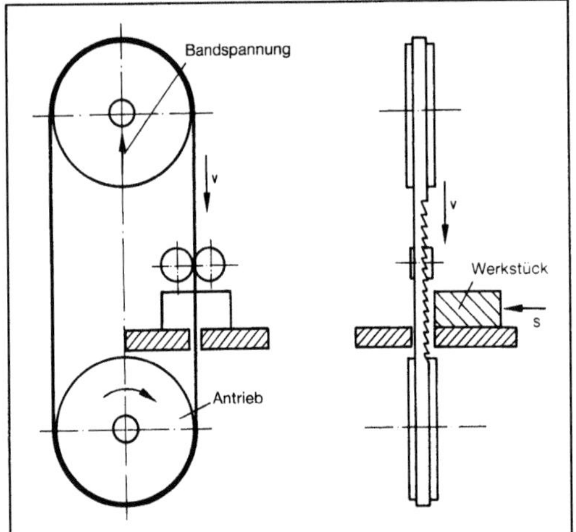

Bandsägemaschine 1: Arbeitsweise.

Vorschubbewegungen entweder von Hand, durch eine Vorschubeinrichtung oder durch die Maschine selbst ausgeführt werden. Eine Sägemaschine, bei der das Werkstück feststeht, während die Sägemaschine die Vorschubbewegung ausführt, zeigt Bild 2. Horizontale B. sind Werkzeugmaschinen zum Aus-

Bandsägemaschine 2: Vertikale Ansicht. (Quelle: Kasto Stolzer Anlagenbau)

Bandsägemaschine 3: Horizontal, Träger senkrecht bewegbar. (Quelle: Behringer GmbH)

führen gerader Sägeschnitte. Die Sägebandrollen sind im Gegensatz zu vertikalen B. an einem Träger angebracht, der sich senkrecht auf- und abbewegen läßt (Bild 3).   *Schulz*

Bandsägen →Sägen

Bandschleifen →Schleifwerkzeug auf flexibler Unterlage

Bandschleifmaschine. B. dienen zur Bearbeitung von Oberflächen, die meist eben sind, aber auch konkave oder konvexe Konturen aufweisen können. Als Schleifelement werden Schleifwerkzeuge auf flexibler Unterlage verwendet.

Entsprechend den verschiedenen Bandschleifverfahren werden B. nach den Anforderungen an das zu bearbeitende Werkstück konstruiert. Sie werden in Plan-, Rund- und Formschleifmaschinen unterteilt.

Die Plan-B. ist für die Bearbeitung von Metallblechen und plattenförmigen Holzwerkstücken geeignet. Das Schleifband läuft über zwei rotierende Rollen und wird durch ein Stützelement an das zu schleifende Werkstück angepaßt. Als Werkzeug verwendet man Schleifbänder mit Edelkorund- oder Siliciumcarbidkörnern.

Bei der Rund-B. werden Rundkörper verschiedener Art wie Stangen, Rohre, Walzen und Behälter geschliffen. Je nach Anforderung kann die →Rundschleifmaschine mit feststehendem Werkzeugträger und bewegtem Werkstück oder mit ortsfestem Werkstück und bewegtem Werkzeugquerschlitten ausgerüstet werden. Während für kohlenstoff- und chromnickellegierte Stähle Korund als Schleifmittel verwendet wird, findet Siliciumcarbid beim Schleifen von Grauguß und anderen Werkstoffen Anwendung. Die Maschine ist ähnlich aufgebaut wie eine konventionelle Außenrund-Schleifmaschine (→Schleifmaschine). An Stelle der →Schleifscheibe wird ein umlaufendes Schleifband eingesetzt, das mittels einer Stützscheibe gegen das Werkstück gedrückt wird.

Die Form-B. dient zum Vor- und Fertigschleifen von Formteilen unterschiedlicher Gestalt. Die Bearbeitung wird meist auf selbsttätigen Formschleifmaschinen in Rundtischanordnung oder in linearen Transferstraßen ausgeführt. Als Werkzeuge werden Gewebeschleifbänder mit unterschiedlichen Körnungen verwendet.

Die Fein- und Struktur-B. dient zum Erzielen feinster Oberflächen bei Blechen aus nichtrostendem Stahl, Messing und Zink. Die Maschine besteht aus einer Grundplatte, an der mehrere Schleifspindeln befestigt sind, die durch einen Elektromotor gemeinsam angetrieben werden können. Der Tischvorschub erfolgt durch einen Hydraulikmotor. Als

Werkzeuge werden Schleifbänder aus Korund oder Siliciumcarbid in den Körnungen P 80–P 400 verwendet. *Kenter*

Bandtrockner →Bandtrocknung

Bandtrocknung. Die B. ist ein Trocknungsverfahren, bei dem das feuchte Gut auf einem oder mehreren Förderbändern transportiert und von einem heißen Gas (meistens Luft) über- oder durchströmt wird (→Konvektionstrockner). B. wird angewendet, wenn große Mengen grobstückiger, sperriger oder faseriger Güter getrocknet werden sollen (→Trockner).

Das Bild zeigt den schematischen Aufbau eines Dreibandtrockners. Es können bis zu fünf Bänder übereinander angeordnet werden. Die Gesamtnutzfläche der Bänder beträgt 2–100 m². Die Bandgeschwindigkeiten liegen zwischen $5 \cdot 10^{-3}$ und $1 \cdot 10^{-2}$ m/s. *Dohrn*

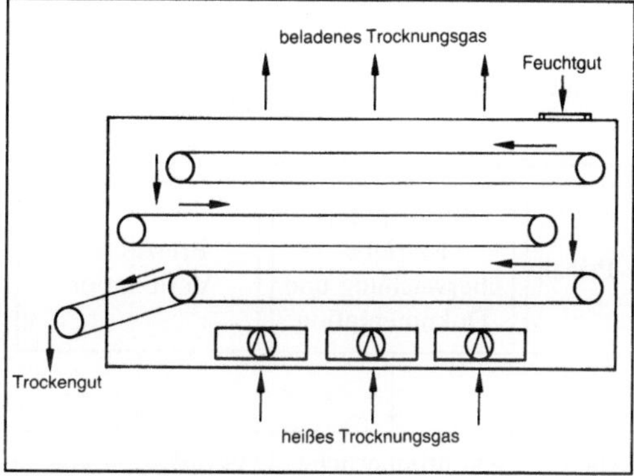

Bandtrocknung: Schematischer Aufbau eines Dreibandtrockners.

Bandwaage →Dosierung von Schüttgütern

Barth-Zahl. Sie kennzeichnet das Verhältnis der Massenträgheitskräfte zum Luftwiderstand von Partikeln oder Partikelwolken bei der pneumatischen Förderung oder ähnlichen Mehrphasenströmungsvorgängen:

$$Ba = \frac{v^k w_s^{2-k}}{Dg};$$

darin ist v die Gasgeschwindigkeit, w_S die →Sinkgeschwindigkeit bei der herrschenden Feststoffbeladung μ im Schwerefeld g, D der Rohrdurchmesser oder der hydraulische Durchmesser des entsprechenden Apparates. Die Sinkgeschwindigkeit w_S wird bei der gegebenen Re-Z., der Teilchenumströmung mit Linearisierung des $c_W(Re)$-Verlaufs

$$c_w = \frac{K}{Re^k}$$

für begrenzte Abschnitte der Re-Z. unter Berücksichtigung der Abhängigkeit der Sinkgeschwindigkeit

von der Beladung und von der Hoch-Z. k berechnet (→Mehrphasenströmung). *Muschelknautz*

Basis (Trennverfahren). Die Mischung zweier Stoffströme zu einer homogenen Mischung ist ein spontaner Vorgang, der mit einer Entropiezunahme verbunden ist. Eine Trennung dieser homogenen Mischung in zwei Stoffströme unterschiedlicher Zusammensetzung setzt Maßnahmen von außen voraus, die eine Abnahme der Entropie bewirken. Diese Maßnahmen sind die B. oder das Funktionsprinzip eines Trennprozesses (→Trennprozeß, thermischer). Als B. eines Trennprozesses kann im Prinzip jeder physikalisch-chemische Effekt in Betracht gezogen werden, mit dem es gelingt, aus einem homogenen Stoffstrom mit wenigstens zwei Komponenten zwei Stoffströme unterschiedlicher Zusammensetzung zu erreichen.

Als B. für Stofftrennungen kommen in Betracht:
□ Konzentrationsdifferenzen zweier Phasen im Gleichgewicht. Praktisch genutzt werden Gleichgewichte zwischen folgenden Phasen: gas-flüssig, gas-fest, flüssig-flüssig, flüssig-fest;
□ Grenzflächenphänomene an Phasengrenzen gas-flüssig, gas-fest, flüssig-flüssig, flüssig-fest;
□ Feldwirkungen: Schwerkraftfeld, elektrische Felder, magnetische Felder, Temperaturfelder, Druckfelder;
□ Größenunterschiede;
□ Unterschiede in den Molekulargeschwindigkeiten;
□ chemische und elektrochemische Eigenschaften.

Es ist möglich, mehrere B. für eine Stofftrennung zu nutzen.

Die bekannten Trennprozesse der Destillation, Rektifikation, Trocknung, Kristallisation, Absorption und Extraktion nutzen Konzentrationsunterschiede zweier Phasen im Gleichgewicht, die Adsorption Grenzflächeneigenschaften, die Reversosmose u. a. ein Druckfeld, die Elektrodialyse ein elektrisches Feld, die →Molekulardestillation und Gasdiffusion Unterschiede in den Molekulargeschwindigkeiten. *Brunner*

Literatur: *King, C. J.:* Separation Processes. 2. Aufl. New York 1980.

Basissicherheit. Mit fortschreitendem Stand von Wissenschaft und Technik ergaben sich bei Errichtung und Betrieb von Kernkraftwerken steigende Ansprüche an die Sicherheit gegen katastrophales Versagen druckführender Komponenten und Systeme. Im Bereich des Behälter- und Rohrleitungsbaus bildete die lange Erfahrung beim Bau und Betrieb von konventionellen Hochleistungs-Dampfkraftwerken und Chemieanlagen eine wesentliche Entscheidungshilfe. Analysen der Betriebsbewährung qualitativ hochwertiger Komponenten ebenso wie Fehler- und Schadensanalysen haben gezeigt, daß es bewährte und klar umrissene

Prinzipien gibt, mit denen hohe Qualität zuverlässig erreicht und erhalten werden kann.

Grundsätzlich wird hierbei davon ausgegangen, daß die Qualität im Zuge der Produktion zu erzeugen ist (Prinzip der Qualität durch Produktion).

Für dieses Prinzip hat sich der Begriff B. eingebürgert (Bild). Die daraus abgeleiteten Anforderungen an deutsche Leichtwasserreaktoren finden sich in den Sicherheitskriterien für Kernkraftwerke des Bundesministers des Innern, den Leitlinien der Reaktor-Sicherheitskommission (RSK) und den sicherheitstechnischen Regeln des kerntechnischen Ausschusses (KTA). Um das weitergehende Basissicherheitskonzept bzw. das Prinzip des Bruchausschlusses (Bild) verwirklichen zu können, sind vier unabhängige Redundanzen zu fordern. Für die praktische Anwendung müssen diese Redundanzen jedoch nicht sämtlich mit vollem Gewicht zum Tragen kommen. Somit ist es möglich, für jeden Einzelfall mit unterschiedlichen Voraussetzungen – auch abhängig von etwa vorhandenen Defiziten bei der B. – zu prüfen, inwieweit die einzelnen Redundanzen in Anspruch genommen werden müssen, um in allen Betriebsphasen den spezifischen Sicherheitsbedürfnissen Rechnung zu tragen.

Die erste Redundanz, das „Prinzip der Mehrfachprüfung", beinhaltet eine Qualitätssicherung durch mindestens zwei unabhängige Stellen. Bei diesen handelt es sich um nicht weisungsgebundene Werkssachverständige und um unabhängige Sachverständige einschlägiger Organisationen.

Die zweite Redundanz, als „Worst-Case-Prinzip" bezeichnet, berücksichtigt die möglichen menschlichen und technischen Einflüsse, die zu Qualitätseinbußen bei Herstellung und Betrieb führen können. In Forschungs- und Entwicklungsvorhaben (F u. E) unter Einbeziehung von Ausschußteilen und gezielt erzeugten abgestuften Qualitäten können die Sicherheitsreserven realer Anlagen aufgezeigt werden.

Die dritte Redundanz, das Prinzip der „Betriebsüberwachung und Dokumentation", ermöglicht durch gezielte Messungen einen Vergleich der Ist-Daten mit den bei der Planung vorausgesetzten. Darüber hinaus bilden die wiederkehrenden Prüfungen (WKP) und die Betriebsüberwachung einen Schutz gegen unerwartete Mängel besonders in

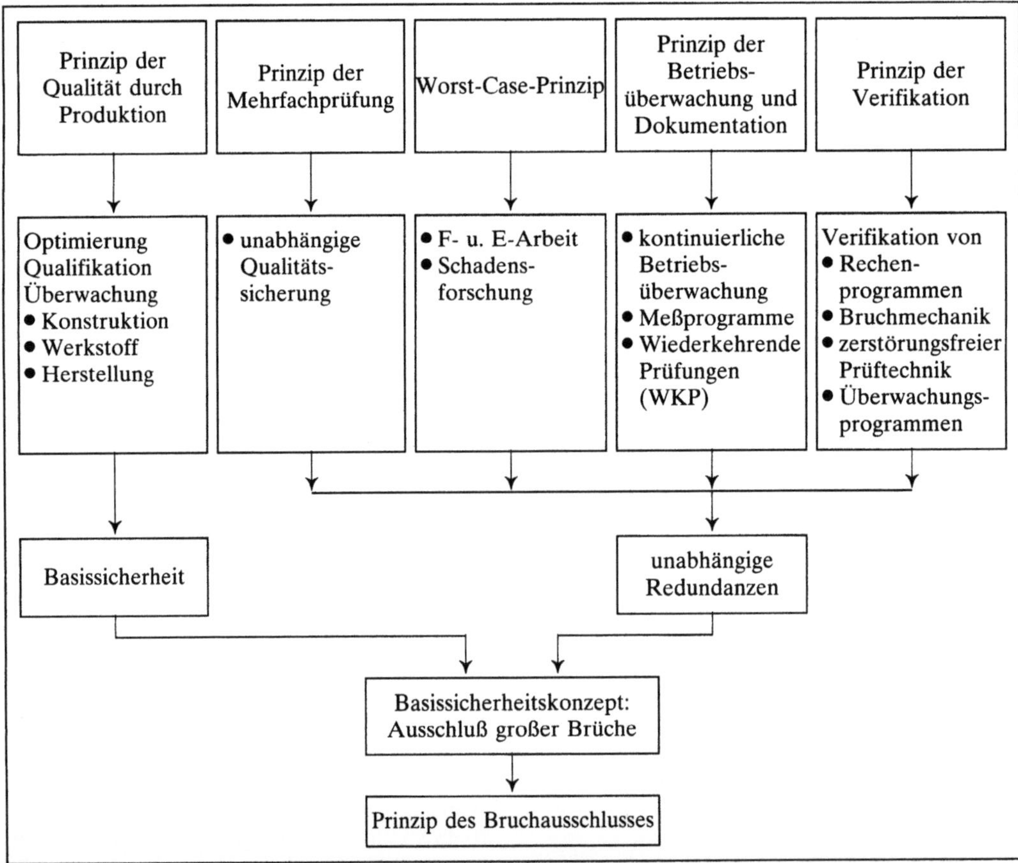

Basissicherheit: Basissicherheitskonzept.

Form von →Rißbildung als Folge von Korrosion und/oder →Ermüdung im Betrieb.

Der vierten Redundanz, dem „Prinzip der Verifikation", ist erhebliche Bedeutung zuzumessen. Durch repräsentative experimentelle Überprüfungen werden die bei der Auslegung und Betriebsüberwachung zum Einsatz kommenden Prozeduren auf ihre Richtigkeit hin überprüft. Hierbei handelt es sich um

□ Rechenprogramme zur Ermittlung der im Betrieb und bei Störfällen auftretenden Beanspruchungen.

□ Methoden der Bruchmechanik für die Beurteilung von Komponenten, für die Rißbildungen postuliert werden.

□ Zerstörungsfreie Prüftechnik: Hier werden sowohl die Wirksamkeit von mechanisierten und automatisierten Prüfsystemen für wiederkehrende zerstörungsfreie Prüfungen als auch der Datenverarbeitung und Auswertung eingehend überprüft und qualifiziert.

□ Überwachungsprogramme zur Absicherung gegen Korrosion und Reduzierung der Zähigkeit von Werkstoffen durch Neutronenstrahlung: Im Hinblick auf diese Erscheinungen, wie sie an Reaktordruckbehältern von Leichtwasserreaktoren auftreten können, werden im Rahmen von nationalen und internationalen Vorhaben die möglichen Schädigungen quantifiziert.

Wird das B.-Konzept zur Richtschnur für die Entscheidungen bei Anlagenherstellern, Herstellern und bei der Überwachung gemacht, kann das Prinzip Bruchausschluß für hochwertige Druckbehälter und Rohrleitungssysteme Anwendung finden. *Kußmaul*

Literatur: *Kußmaul, K.*: Werkstoffe, Fertigung und Prüfung durchtragender Komponenten von Hochleistungsdampfkraftwerken. Essen 1981. – *Kußmaul, K.*: German Basis Safety concept rules out possibility of Catastrophic failure. Nuclear Engineering International, December 1984 – RKS-Leitlinien für Druckwasserreaktoren, 3. Ausg., 14. Okt. 1981, mit Änderung von Kapitel 21.1 (März 1984) und von Kapitel 21.2 (Dez. 1982) und Anhang Rahmenspezifikation Basissicherheit. – Sicherheitstechnische Regeln des Kerntechnischen Ausschusses (KTA), jeweils neueste Ausgabe. KTA 3201.1: Werkstoffe mit Anhang A „Werkstoffkenndaten", KTA 3201.2: Auslegung, Konstruktion und Berechnung, KTA 3201.3: Herstellung, KTA 3201.4: Wiederkehrende Prüfungen und Betriebsüberwachung.

Batch-Betrieb →Destillation, absatzweise

Baumwolle. Als Faserstoff die Samenhaare der einjährigen Baumwollpflanze (Gattung Gossypium aus der Familie der Malvaceen). B. wächst in vielen Arten kraut- oder strauchartig in der tropischen bis subtropischen Zone der Erde. Die aus den Blüten sich entwickelnden, walnußgroßen Fruchtkapseln enthalten in mehreren Fächern je fünf bis zehn behaarte Samen (bis 7000 Haare auf jedem Kern). Nach der Reife platzt die Kapsel auf, und die Baumwollhaare quellen heraus (Bild 1). Wegen unterschiedlicher Reife der Kapseln auch auf einer

Pflanze erfolgt die Ernte in mehreren Pflückungen, entweder noch mittels Hand, heute zumeist aber mit Erntemaschinen (Vakuum- oder Spindelpflücker).

Baumwolle 1: Aufgesprungene Baumwollkapsel. (Quelle: Bremer Baumwollbörse)

Zum Abtrennen der Samenhaare von den Kernen (egrenieren) dienen Entkernungsmaschinen: Sägeegreniermaschine (engl. saw-gin, Erfindung von *E. Whitney* 1792, wodurch die B. die billigste und wichtigste Textilfaser wurde) oder Walzenegreniermaschine (engl. roller-gin), die letztere schonender arbeitend, aber mit geringerer Leistung, speziell für langstapelige B. (Bild 2). Der Versand der B. aus den Herkunftsländern zur Verarbeitung erfolgt in gepreßten Ballen mit einem mittleren Gewicht von 218 kg.

Baumwolle 2: Baumwoll-Erntemaschine. (Quelle: Bremer Baumwollbörse).

Baumwolle. Tabelle: Eigenschaften verschiedener Qualitäten. (Quelle: Faserinstitut Bremen e. V. in Bremer Baumwollbörse)

Züchtungsqualitäten	mittlere Faserlänge mm	Faserfeinheit Mikronaire	Faserfestigkeit lbs/inch^2
Spitzensorten (ägypt. Delta-Baumwolle)	29–30	3,2	115 000
mittlere Qualitäten (US-Upland u. ä.)	22–23	4,0	95 000
südamerikanische und asiatische Sorten	16–18	4,5	80 000

Das einzellige Baumwollhaar erscheint unter dem Mikroskop bandartig flach mit Verwindungen, deren Häufigkeit und Drehungsrichtung wechselt. Die verdickte Zellwand besteht aus fast reiner Cellulose. Der Querschnitt der Faser ist länglich, nieren- oder bohnenförmig. Den Spinnwert einer B. bedingen folgende Eigenschaften (Tabelle): Faserlänge (10–55 mm), bewertet nach dem Stapel, d. h. der unterschiedlichen Verteilung der einzelnen Faserlängen innerhalb einer Probe, Faserfeinheit, Faserfestigkeit und Reifegrad. Nach dem Handelsstapel unterscheidet man langstapelige B. mit über 29 mm (>1⅛″) mittlerer Länge der längsten Fasern, mittelstapelige B. mit 22–29 mm (⅞–1⅛″) und kurzstapelige B. mit unter 22 mm (<⅞″).

Wichtigste Anbauländer sind die USA, Indien, Brasilien, die Türkei und Mexiko; darüber hinaus an der Produktionsspitze VR China und die ehemalige UdSSR, welche aber wegen des hohen Eigenbedarfs für die Versorgung des Weltmarkts ohne Bedeutung sind. Die Weltproduktion an Rohbaumwolle betrug 1985/86 17 179 000 t. Der Ertrag pro acre schwankt erheblich. An der Spitze steht Israel mit fast 1400 lbs/acre, dagegen Ägypten mit 850, die USA mit 520 und Brasilien mit nur 240 lbs/acre.

Bedeutsame Veredlungsbehandlung der B. (am Garn oder Gewebe) ist das Mercerisieren (Erfinder *John Mercer* 1844) mit hochkonzentrierter Natronlauge unter Spannung, wodurch die B. ein glänzendes Aussehen erhält unter Erhöhen ihrer Festigkeit und des Anfärbevermögens. Unter dem Mikroskop erscheint mercerisierte B. zylindrisch glatt ohne Drehungen.

Die B. wird in der Drei- und Vierzylinderspinnerei (Feinspinnerei), minderwertigere Sorten und Abgänge in der Zweizylinderspinnerei versponnen und als bedeutendster und billigster textiler Faserstoff vielseitig für die menschliche Bekleidung, als Wäschestoff und für technische Zwecke eingesetzt. *Koch*

Literatur: *Wagner, E.:* Die textilen Rohstoffe. Frankfurt a. M. 1981.

Bauteilprüfung. Überprüfung der Funktions- und Betriebssicherheit von einzelnen Bauteilen und ganzen Baugruppen im Zuge der Entwicklung, Erprobung, amtlicher Zulassung und Fertigung mit Hilfe von Laborversuchen. Dabei werden in wirklichkeitsnahen Versuchsaufbauten betriebliche Funktionen, Beanspruchungen und Umweltbedingungen kontrolliert und reproduzierbar nachgefahren und maßgebliche Meßdaten zur Beurteilung des Bauteilverhaltens ermittelt, ausgewertet und zur Qualifizierung des Bauteils mit den vorgegebenen Anforderungen verglichen. Insbesondere zur Ermittlung von Schwachpunkten und Sicherheitsbeiwerten werden durch Überhöhung der Beanspruchungen z. T. bewußt Schädigungen der Bauteile erzeugt, aus denen Gesetzmäßigkeiten für das grundsätzliche Versagensverhalten abgeleitet werden können. *Kußmaul*

Beanspruchung, dynamische. In einem kurzen Zeitintervall auftretende Belastung mit im Gegensatz zur zyklischen (Schwing-) B. in der Regel einmaligen Änderung der Belastung. Der zeitliche Verlauf muß im Gegensatz zum quasistatischen Vorgang mit den Auswirkungen berücksichtigt werden (Bild 1).

Charakterisierende Größen sind die Dehngeschwindigkeit $\dot{\varepsilon} = d\varepsilon/dt$ als Maß für die tatsächliche Verformungsgeschwindigkeit im beanspruchten Körper und die Geschwindigkeit v eines die Belastung aufbringenden Körpers. Bei rißbehafteten Strukturen werden die zeitlichen Änderungen der bruchmechanischen Belastungsparameter ($\dot{K}$ bzw. $\dot{J}$) verwendet.

D. B. können im Apparate- und Rohrleitungsbau, im Schienen- und Straßenverkehr, in erdbebengefährdeten Strukturen (Gebäude und Anlagen), bei Drahtseilen in Förderanlagen sowie bei Explosionsvorgängen und Projektilbeanspruchung auftreten (Tabelle 1).

Neue fertigungstechnische Methoden führen durch die Erhöhung der Schnittgeschwindigkeiten

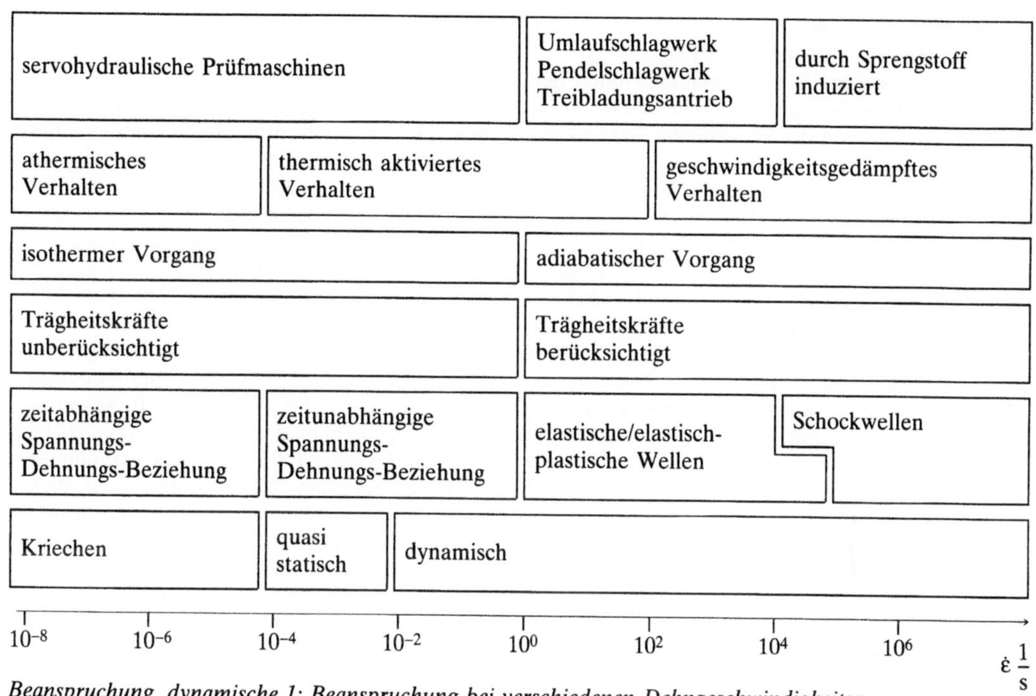

Beanspruchung, dynamische 1: Beanspruchung bei verschiedenen Dehngeschwindigkeiten.

Beanspruchung, dynamische. Tabelle 1: Belastungs- und Verformungsgeschwindigkeiten.

Belastungsbeispiel	$\dot\varepsilon$ in $^1/_s$	v in $^m/_s$	$\dot\kappa$ in $\dfrac{MN}{m^{\frac{3}{2}}\cdot s}$
Gebäude bei Erdbeben	1	—	—
Flugzeugfahrwerk	—	10	$<3{\cdot}10^3$
Förderanlagen	—	1	$<3{\cdot}10^4$
Eisenbahn- schienen	0,5	—	ca. 10^5
Schmiedepresse	—	10	$<3{\cdot}10^5$
Straßen- und Schienenverkehr	—	<100	$<3{.}10^5$
Hochgeschwindig- keitszerspanung	—	8—100	
Hochgeschwindig- keitsumformung	ca. 10^2	<300	
Explosions- oder Projektil- beanspruchung		$<10^4$	$<10^{10}$

beim Zerspanen wie auch die herkömmlichen Schmiede- und Gesenkschmiedeprozesse zu d. B. von Werkzeug und Werkstück. In der Umform- und Fügetechnik wird die Energie von Stoß- und Druck-wellen bei der Hochgeschwindigkeitsumformung ausgenützt.

Da bei höheren Dehngeschwindigkeiten die Trägheitskräfte der Teilchen größer als die inneren Kräfte werden, durchläuft der Verformungszustand einen Körper als Welle. Drei Wellenarten mit verschiedenen Ausbreitungsgeschwindigkeiten (Tabelle 2) sind zu unterscheiden:

□ Elastische Wellen treten auf, solange die B. kleiner als die Elastizitätsgrenze des Werkstoffs ist.

Beanspruchung, dynamische. Tabelle 2: Wellenlauf- geschwindigkeiten im begrenzten Medium.

elastische Welle:		
longitudinal	$c = \sqrt{\dfrac{E}{\rho}}$	E Elastizitäts- modul
transversal	$c = \sqrt{\dfrac{E}{2(1+\mu)\rho}}$	μ Quer- dehnungs- zahl
plastische Welle	$c = \sqrt{\dfrac{1}{\rho}\dfrac{d\sigma}{d\varepsilon}}$	ρ Dichte
Schockwelle	$c = \sqrt{\dfrac{K}{\rho}}$	K Kompres- sionsmodul

Sie breiten sich als Longitudinal-, Transversal- oder Oberflächenwelle (Raleigh-Welle) aus.

□ Bei überelastischer B. bildet sich eine hinter der elastischen Welle laufende plastische Welle, deren Geschwindigkeit von der Steigung der Spannungs-Dehnungs-Kurve abhängt.

□ Bei hohen Dehngeschwindigkeiten und stark verfestigendem Materialverhalten bildet sich eine Schockwellenfront, die zu hohen Spannungen mit kleinem deviatorischen Anteil führt. Der Zusammenhang zwischen dem Druck und der Teilchengeschwindigkeit ist werkstoffabhängig und wird unter Vernachlässigung der Schubspannungen von den Rankine-Hugoniot-Kurven (Bild 2) beschrieben. Der die Geschwindigkeit bestimmende Kompressionsmodul ist werkstoff- und druckabhängig.

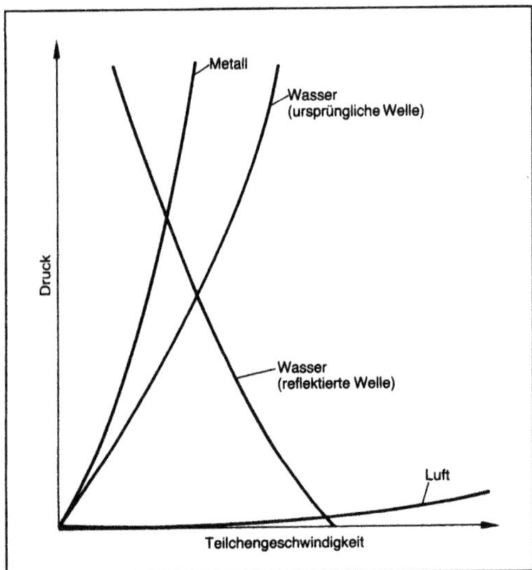

Beanspruchung, dynamische 2: Rankine-Hugoniot-Kurven. (Quelle: Lange)

Bei endlichen Körpern treten Reflexionen und durch unterschiedliche Wellenlaufzeiten Überlagerungen von ursprünglichen und reflektierten Wellen auf.

Die plastische Formänderungsenergie wird zum größten Teil in Wärme umgesetzt, die bei hoher Dehngeschwindigkeit nicht mehr an die Umgebung abgeführt werden kann. Dieser als adiabatisches Fließen bekannte Vorgang tritt je nach Umgebungsbedingungen bei Dehnraten $>0{,}1{-}1\,\mathrm{s}^{-1}$ in Erscheinung. Bei verschiedenen Werkstoffen kann dies zu thermischer Erweichung führen. Auch das Auftreten adiabatischer Scherbänder bei bestimmten Metallen unter Belastung mit hohen Dehngeschwindigkeiten wird auf die durch starke Erwärmung hervorgerufene Reduktion der Fließgrenze und dadurch zunehmende plastische Verformungen zurückgeführt. Die streifenförmigen engen Zonen mit großen plastischen Schiebungen, die zum Ver-

sagen eines Bauteiles führen können, werden durch reine Deformationsmechanismen oder durch örtliche Phasenumwandlungen hervorgerufen.

Der Fließvorgang bei Metallen wird auf verschiedene Mechanismen zurückgeführt. Bei mittleren Dehnraten bis $\dot{\varepsilon} = 1000\,\mathrm{s}^{-1}$ wird von einem thermisch aktivierten Vorgang ausgegangen, der sich als funktionaler Zusammenhang zwischen der für die Bewegung einer Versetzung notwendigen Aktivierungsenergie und der Spannung beschreiben läßt. Damit kann das Ansteigen der Fließgrenze (Bild 3) mit zunehmender Dehngeschwindigkeit erklärt werden, während die stärkere Zunahme ab Dehngeschwindigkeiten von etwa $1000\,\mathrm{s}^{-1}$ auf Dämpfungsmechanismen zurückgeführt wird, die die Bewegung von Versetzungen behindern. Der Spannungs-Dehnungs-Verlauf zeigt i. a. eine starke Überhöhung der oberen Streckgrenze (Bild 4). Die Zugfestigkeit nimmt mit zunehmender Belastungsgeschwindigkeit etwas weniger zu (Bild 5). Nähern sich beide einander an, kommt es bei kubisch-raumzentrierten Werkstoffen zum Sprödbruch.

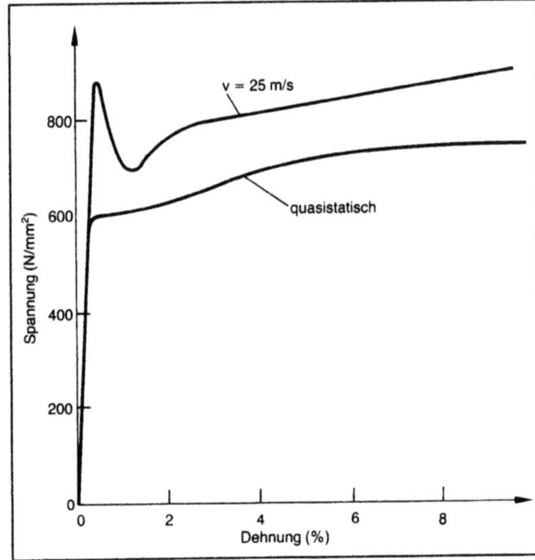

Beanspruchung, dynamische 3: Spannungs-Dehnungs-Diagramm bei unterschiedlichen Belastungsgeschwindigkeiten für ferritischen Stahl.

Der bei ferritischen Stählen vorhandene temperaturabhängige Übergang von sprödem zu zähem Werkstoffverhalten verschiebt sich bei zunehmender Belastungsgeschwindigkeit zu höheren Temperaturen. Faserverstärkte Kunststoffe haben meist eine zunehmende Zugfestigkeit (Bild 6), das Verhalten bei hohen Dehngeschwindigkeiten kann aber vom Aufbau des Werkstoffs abhängig sein.

Der bei rißbehafteten Bauteilen maßgebliche Parameter der linearelastischen Bruchmechanik, die Rißzähigkeit K_{Ic}, weist in einem bestimmten Temperaturbereich einen Übergang von der Tief-

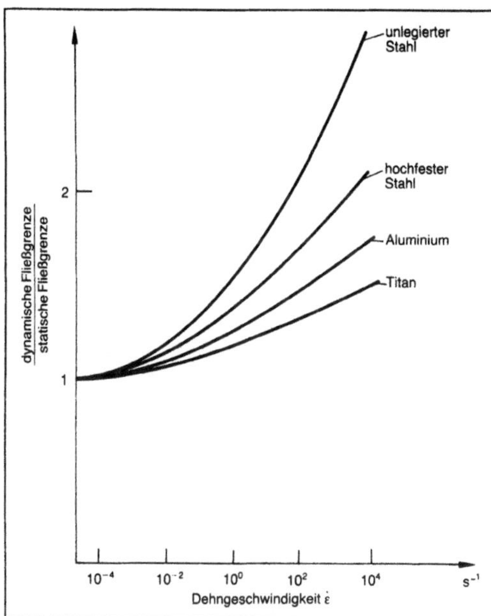

Beanspruchung, dynamische 4: Fließgrenze in Abhängigkeit von der Dehngeschwindigkeit. (Quelle: Krabiell und Harding)

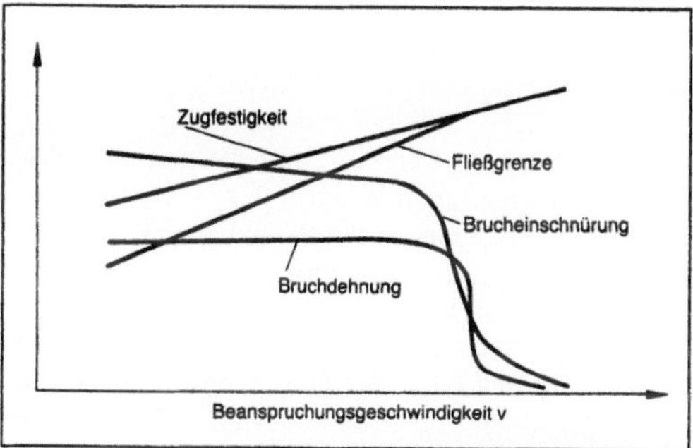

Beanspruchung, dynamische 5: Schematische Darstellung des Verlaufes von Zugfestigkeit, Fließgrenze, Brucheinschnürung und Bruchdehnung für einen unlegierten Stahl bei Raumtemperatur. (Quelle: Dietmann)

lage zur Hochlage auf, der sich mit zunehmender B.-Geschwindigkeit zu höheren Temperaturen verschiebt (Bild 7). An der Rißspitze treten dabei adiabatische Verformungsvorgänge auf. Auch von quasistatischer B. hervorgerufene laufende Risse haben dynamische Verformungsvorgänge an der Rißspitze zur Folge.

Versuche zur Ermittlung der dynamischen Rißzähigkeit werden meist mit instrumentierten Proben durchgeführt. Die Spannungsintensität K_{Id}, bei der Rißfortschritt auftritt, kann ermittelt werden
□ durch Messung der Dehnung auf einem elastisch beanspruchten Teil der Probe, die nach vorheriger

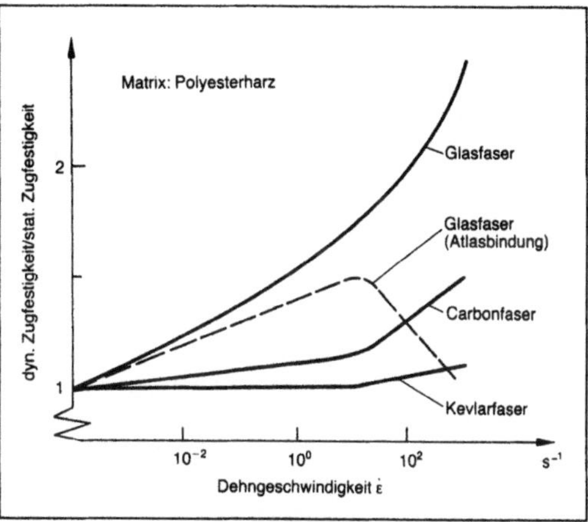

Beanspruchung, dynamische 6: Zugfestigkeit verschiedener faserverstärkter Kunststoffe in Abhängigkeit von der Dehngeschwindigkeit. (Quelle: Harding)

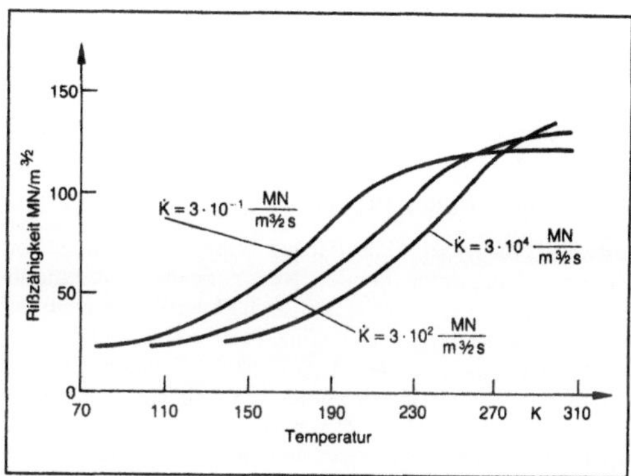

Beanspruchung, dynamische 7: Rißzähigkeits-Temperatur-Kurve bei verschiedenen Belastungsgeschwindigkeiten. (Quelle: Krabiell)

Kalibrierung in eine auf die Probe wirkende Kraft umgerechnet wird, oder
□ durch die an Dreipunktbiegeproben mit Hilfe des schattenoptischen Verfahrens ermittelte werkstoffunabhängige Impact-Response-Kurve, die die Spannungsintensität als Funktion der Zeit für eine bestimmte Probengeometrie und Versuchsanordnung wiedergibt, so daß im eigentlichen Versuch nur noch der Bruchzeitpunkt ermittelt werden muß.

Der zähbruchmechanische Parameter J_{Ic} wird mit quasistatischen Methoden (Bruchmechanik) bestimmt. Schlagversuch, →Dauerschlagversuch, Schlagzugversuch und Schnellzerreißversuch sind weitere gebräuchliche Versuche zur Ermittlung von Kennwerten und Werkstoffeigenschaften.

Neben servohydraulischen Prüfmaschinen (bis 10 m/s Belastungsgeschwindigkeit) gibt es weitere Einrichtungen zur Aufbringung dynamischer Belastungen mit unterschiedlicher Geschwindigkeit (Bild 1).

Einen mechanischen Energiespeicher haben
☐ das Pendelschlagwerk zur Durchführung des Kerbschlagbiegeversuchs,
☐ das Fallwerk für den Fallgewichtsversuch,
☐ das Umlaufschlagwerk bestehend aus einer rotierenden Scheibe mit Schlagnasen sowie
☐ Einrichtungen, die eine Federkraft oder die Vorspannung langer Stahlseile ausnützen.

Treibladungsgetriebene Schnellzerreißmaschinen sind auch für Prüfkörper in Bauteilgröße geeignet; ihre Belastungsgeschwindigkeit ist hubabhängig (25–60 m/s). Die Dehngeschwindigkeit ist bei den vorgenannten Einrichtungen auch bei konstanter Abzugsgeschwindigkeit nicht konstant, da mit Einsetzen der plastischen Verformung die Dehngeschwindigkeit stark zunimmt.

Im Expanding-Ring-Versuch wird eine dünne Rohrprobe meist treibladungsgetrieben aufgeweitet. Das Prinzip des Split-Hopkinson-Bar ermöglicht die Untersuchung von Wellenausbreitungsphänomenen unter Druck- und in modifizierter Form auch unter Zug- und Scherbeanspruchung sowie Bruchmechanikversuche mit einer Belastungsgeschwindigkeit $\dot{K}$ über $10^6 \, \text{MN/m}^{3/2}\,\text{s}$. Die Dehnungsmessung auf dem Krafteinleitungs- und Reaktionsstab ermöglicht die Bestimmung der Spannungen und Dehnungen in der Probe. *Kußmaul*

Literatur: *Blazynski, T. Z.* (Hrsg.): Explosive Welding, Forming and Compaction. London, New York 1983. – International Conference on Mechanical and Physical Behaviour of Materials under Dynamic Loading, Paris. Journ. de Physique, Colloque C5, Suppl. au No. 8, Aout 1985. – *Kalthoff, J. F.*: On the measurement of dynamic fracture toughness – a review of recent work. Int. J. Fract. 27 (1985), S. 277/98. – *Krabiell, A.*: Zum Einfluß von Temperatur und Dehngeschwindigkeit auf die Festigkeits- und Zähigkeitskennwerte von Baustählen mit unterschiedlicher Festigkeit. Diss. RWTH Aachen 1982. – *Meyers, M. A.* u. *L. E. Murr* (Hrsg.): Shock Waves and High Strain Rate Phenomena in Metals. New York 1981. – *Zukas, N., T. Nicholas, H. F. Swift, L. B. Greszczuk* u. *D. R. Curran*: Impact Dynamics. New York 1982.

Bearbeitungszentrum. B. zählen zu der Gruppe der numerisch gesteuerten Werkzeugmaschinen (NC). Sie zeichnen sich durch die Möglichkeit der Komplettbearbeitung (4 oder 5 Seiten) von kubischen Werkstücken aus. Dazu verfügen sie über wenigstens drei translatorische Achsen, die mit einer numerischen Bahnsteuerung versehen sind. Zudem werden sie meistens durch eine oder zwei rotatorisch, numerisch gesteuerte Achsen ergänzt (Bild 1). Das Maschinenkonzept erlaubt die Durchführung der Zerspanungsarten wie Fräsen, Bohren, Senken, Reiben, Ausdrehen und Gewindebohren. Vollautomatischer Ablauf der Bearbeitung mit automatischem Werkzeugwechsel ist Standard, der automatische Werkstückwechsel kann dem Bearbeitungszentrum ein großes Maß an Flexibilität verleihen. Das zu fertigende Teilespektrum auf der

Maschine bestimmt die technischen Merkmale wie Art und Anzahl der gesteuerten Achsen, Antriebsleistung, Drehzahl- und Vorschubbereich, Größe des Arbeitsraums, maximales Werkstückgewicht, Größe des Werkstückspeichers, Anzahl und Größe der Werkstückpaletten sowie die Genauigkeit. Hinsichtlich der Lage der →Hauptspindel wird zwischen horizontalen und vertikalen B. unterschieden.

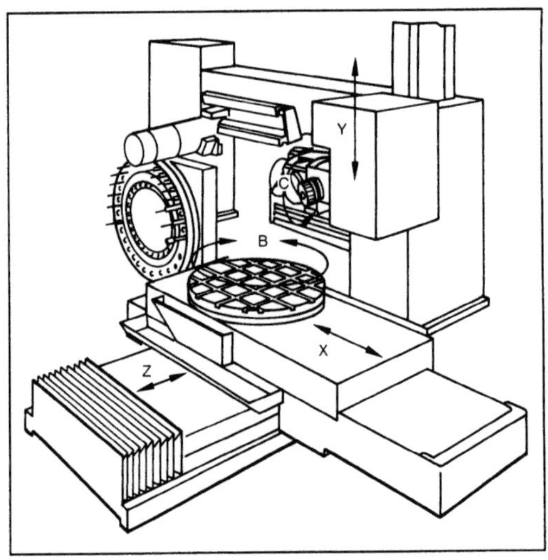

Bearbeitungszentrum 1: 5-Achsen-Ausführung.

Die Verteilung der einzelnen Bewegungsachsen auf die verschiedenen Baugruppen, z. B. Tisch- und Ständerbaugruppen, ist ein zusätzliches Unterscheidungsmerkmal. Sie bestimmt im entscheidenden Maße den Gestellaufbau. Die Bauformen sind am einfachsten nach der Zuordnung der Bewegungsachsen und der Lage der Hauptspindel zu klassifizieren (Bild 2). Die Einständerbauweise ist durch ein im oder am Ständer vertikal geführtes Werkzeug gekennzeichnet. Dabei sind Zentren mit seitlich am Ständer geführter Hauptspindel und solche mit zentrisch im Ständer geführter Bearbeitungseinheit ausgeführt. Je nach bearbeitbarem Werkstückspektrum und geforderter Genauigkeit (thermische Stabilität) wird zwischen diesen Bauweisen gewählt.

Sollen die einzelnen Hauptspindel- und Achsenanordnungen eingeteilt werden, so sind die einzelnen Bewegungsachsen entsprechend DIN 66217 und der ISO-Recommendation R 841 mit X, Y und Z bezeichnet. Unabhängig von vertikaler oder horizontaler Anordnung der Hauptspindel wird die Bewegungsrichtung des Werkzeugs oder Werkstücks in Richtung der Hauptspindelachse als Z-Achse bezeichnet. Mit X oder Y werden die verbleibenden translatorischen Achsen des Werkzeugs oder Werkstücks senkrecht zur Achse der Hauptspindel bezeichnet. Wird der Rundtisch gedreht, so ist diese Drehrichtung mit B bezeichnet. Entspre-

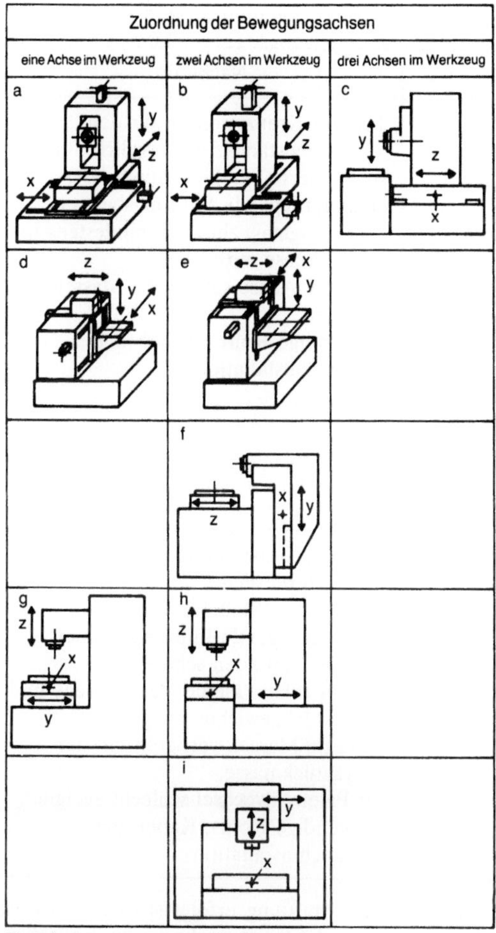

Bearbeitungszentrum 2: Bauformen.
a) bis c) Einständerbauweise mit horizontaler Haupt-
spindel
d) bis f) Konsolbauweise
g) und h) Einständerbauweise mit vertikaler Haupt-
spindel
i) Portalbauweise.

chend Bild 2 können diese Achsen auf vielfältige
Weise auf die einzelnen Maschinenkomponenten
verteilt werden. Als jeweilige Extrema können
entweder alle Bewegungen vom Werkzeug oder alle
Bewegungen vom Werkstück ausgeführt werden.
Die Vor- und Nachteile sind in der Tabelle aufgeführt.

Zum Reduzieren der Haupt- und Nebenzeiten
sowie zum Erhöhen der Flexibilität werden B. mit
zusätzlichen Einheiten bestückt. Ein Rundschalt-
tisch bildet eine zusätzliche numerisch gesteuerte
Achse. Er erhöht ebenso wie ein numerisch gesteuerter Plan- und Ausdrehkopf das bearbeitbare
Werkstückspektrum. Um einen hohen Nutzungs-
grad solch kapitalintensiver Anlagen sicherzustellen
sind die Maschinen mit einem →Werkstückwechs-

ler ausgerüstet. So können während der Hauptzeit,
d. h. während der Bearbeitung eines Werkstücks
eine oder mehrere Werkstücke ab- oder aufgespannt und ausgerichtet werden. Je nach Anordnung der Maschinenachsen sind auch hier verschiedene Varianten realisierbar. Zum Reduzieren der
Hauptzeiten werden auch mehrspindelige Werk-
zeugkassetten über das Werkzeugmagazin und den
→Werkzeugwechsler in die Hauptspindel einge-
wechselt. Sie erlauben die simultane Herstellung
mehrerer Bohrungen, Senkungen oder Gewindelö-
cher. Werden B. als Einzelmaschinen eingesetzt, so
sind insbesondere diejenigen mit kleinem Bauvolu-
men komplett gekapselt. Der Bediener ist dadurch
geschützt. Werden B. in hochautomatisierten Anlagen verkettet (Verkettungseinrichtungen), so wird
von Fertigungszellen und flexiblen Fertigungssyste-
men gesprochen. *Schulz*

Literatur: *Dey, H. J.,* u. *W. Rohmann:* Bearbeitungszentrum
auf dem Weg zur Integration in flexible Fertigungssysteme.
Werkstatt und Betrieb 118 (1985) 12, S. 792/97. – *Kief, H. B.:*
NC-Handb. 1986. – *Spur, G.,* u. *Th. Stöferle:* Handb. Ferti-
gungstechnik. Bd. 3/1: Spanen. München 1979. – *Weck, M.:*
Werkzeugmaschinen. Bd. 1. Düsseldorf 1980.

Becherwerk →Fördern von Schüttgütern

Becherzentrifuge. B. (→Zentrifuge) dienen zum
Zentrifugieren kleiner Proben im Labor. Zwei oder
mehr Behälter sind an einer senkrechten Welle
pendelnd so aufgehängt, daß sie sich bei der Drehung waagrecht stellen. In diese Behälter werden
die Gefäße (z. B. Becher) mit der aufzutrennenden
Suspension eingesetzt. *Dahl*

Bedarfsgegenstand. Eine in § 2 des Lebensmittel-
gesetzes und § 5 des Lebensmittel- und Bedarfsge-
genstände-Gesetzes (Gesetz über den Verkehr mit
Lebensmitteln und Bedarfsgegenständen vom 5. 7.
1927, geändert am 21. 12. 1958; Gesetz über den
Verkehr mit Lebensmitteln, Tabakerzeugnissen,
kosmetischen Mitteln und sonstigen Bedarfsgegenständen vom 1. 1. 1975) definierte Gruppe von
Gegenständen und Stoffen, die nicht zu den Lebensmitteln zählen, die der Mensch aber in ständiger
Verwendung ge- und verbraucht und die unter
gesundheitlichen und hygienischen Aspekten einen
schädlichen Einfluß auf ihn ausüben können.

Zu den B. zählen demnach im wesentlichen:
□ Maschinen, Behälter, Geschirr und andere
Gegenstände, die dazu bestimmt sind, mit dem
Lebensmittel auf dem Weg von der Erzeugung bis
zum Verbrauch in Kontakt zu kommen,
□ Körperreinigungs-, -pflege- und -verschönerungs-
mittel,
□ Gegenstände, die dazu bestimmt sind, nicht nur
vorübergehend mit dem menschlichen Körper in
Kontakt zu kommen (z. B. Bekleidung, Brillen,
Spielwaren, Schmuck, Bettwäsche),

Bearbeitungszentrum. Tabelle: Vor- und Nachteile unterschiedlicher Bewegungsaufteilungen.

	Vorteile	Nachteile
Alle Bewegungen im Werkzeug	Ortsfester Werkstücktisch oder Spannplatte, gute Zugänglichkeit zum Be- und Entladen, für große und schwere Werkstücke geeignet, mit zwei Tischen Pendelbearbeitung möglich, einfache Möglichkeit für Palettenwechsel, beliebige Ausführung des Werkstücktisches, Bett in X-Achse beliebig zu verlängern, definierte Massen werden bewegt	Teuerer Kreuzschlitten für den Maschinenständer erforderlich, verminderte Stabilität durch übereinanderliegende Führungsbahnen, Werkzeugmagazin muß mindestens in der X-Achse mitfahren, in der X-Achse sind große Massen zu bewegen, aufwendige Rohr-, Kabel- und Schlauchinstallation
Alle Bewegungen im Werkstück	Ortsfeste Hauptspindel, ortsfestes Werkzeugmagazin	Teuerer Kreuzschlitten für Maschinentisch erforderlich, verminderte Stabilität durch übereinanderliegende Führungsbahnen, Be- und Entladen schwierig, nur für relativ kleine Verfahrwege und Werkstückgewichte geeignet, bewegte Massen variieren mit der Werkstückmasse, für Palettenwechsel schlecht geeignet, aufwendige Rohr-, Kabel- und Schlauchinstallation

☐ Reinigungs- und Pflegemittel für die genannten Gegenstände, Farben und Tapeten u. ä.

Kerner/Loncin

Literatur: *Holthofer, Nüse* u. *Franck:* Deutsches Lebensmittelrecht. Bd. I. 6. Aufl. 1975. – Lebensmittel- und Bedarfsgegenständegesetz. Bd. II. Neben dem Lebensmittelgesetz geltendes Lebensmittelrecht. Köln, Berlin, München 1975.

Bedarfsplanung. Sie ermittelt den für die Durchführung eines Auftrags bzw. zur Verwirklichung eines Produktionsprogramms notwendigen Bedarf an Arbeitskräften, Arbeitsmitteln und Material. Planungsergebnisse sind eindeutige Mengenangaben pro Periode, z. B. 1 000 Stück/kg.

Die B. muß mit anderen Teilaufgaben der Unternehmensplanung koordiniert werden. Sie baut auf der →Fertigungsplanung auf und bildet die Grundlage der Beschaffungsplanung, beeinflußt somit die Finanz- und Lagerplanung.

Je nach Erzeugnisebenen wird nach Primär-, Sekundär- und Tertiärbedarf unterschieden. Für die einzelnen Bedarfsarten wird der Bruttobedarf, Bedarf ohne Berücksichtigung der verfügbaren Bestände, und der Nettobedarf, Bruttobedarf abzüglich der verfügbaren Bestände, ermittelt.

Die Bedarfsermittlung erfolgt stochastisch oder deterministisch. Für die stochastische Bedarfsermittlung wird aus Verbrauchswerten der Vergangenheit und aus Marktanalysen mit Hilfe statistischer Methoden der Bedarf ermittelt. Die stochastische Methode bietet sich für häufig verwendete preiswerte Teile an. Die deterministische Bedarfsermittlung ermittelt durch Stücklistenauflösung den genauen Bedarf für eine Planungsperiode.

Die Komplexität und Genauigkeit der Bedarfsplanung hängt vom Fertigungsprogramm ab. Je kleiner die Zahl der Artikel, je weniger Materialarten, Einzelteile und Werkzeuge benötigt werden und je seltener Produktionsumstellungen erfolgen, desto einfacher und genauer wird die Planung.

Kurzfristige technische Änderungen sowie Nachlieferungen für unerwartet hohen Ausschuß verschlechtern die Planungsergebnisse. Da für Auftragsfertigung der Absatz meist nur grob geschätzt werden kann und Aufträge kurzfristig ausführbar sein müssen, bereitet eine langfristige Bedarfsplanung Schwierigkeiten.

EDV-gestützte Planungssysteme erleichtern die Planung und erhöhen die Genauigkeit. Sie umfassen folgende Grundschritte:

☐ Feststellen des Bruttobedarfs,
☐ Berechnung des Nettobedarfs,
☐ Festlegen der Bestellmengen,
☐ Auflösen des Bedarfs für die einzelnen Komponenten,
☐ Bestellungsfreigabe.

Bei Anwendung von leistungsfähigen Computersystemen sind trotz höherer Planungsgenauigkeit tägliche Planänderungen denkbar. *Eversheim*

Literatur: *Brankamp, K.:* Leitfaden und Einführung einer Fertigungssteuerung. Essen 1977. – *Brankamp, K.:* Handb. moderne Fertigung und Montage. München 1975. – *Hackstein, R.:* Produktionsplanung und -steuerung. Handb. für die Betriebspraxis. Düsseldorf 1984. – *Heckner, H., u. H.-P. Tangermann:* Untersuchungen von Planungsverfahren zur Steuerung von Mengen und Terminen in Materialwirtschaft und Fertigung. Berlin 1977. – *N. N.:* Methodenlehre der Planung und Steuerung. Bd. 1–5. REFA-Verband für Arbeitsstudien e. V., München 1985. – *N. N.:* Elektronische Datenverarbeitung bei der Produktionsplanung und -steuerung. Bd. VI: Begriffszusammenhänge, Begriffsdefinitionen. Düsseldorf 1976. – *Trochla, E.:* Handwörterb. Organisation. Stuttgart 1973. – *Wöhr, G.:* Einführung in die allgemeine Betriebswirtschaftslehre. 1978.

Bedeckungsgrad →Langmuir-Hinshelwood-Kinetik

Begasen. Eine Flüssigkeit wird mit einem Gas in Kontakt gebracht, um die in der Flüssigkeit gelöste Gasmenge zu erhöhen oder um andere gelöste Gase freizusetzen. Ein Beispiel ist die Belüftung von Rohwasser, um widerwärtige Gerüche oder unangenehme Geschmacksstoffe zu entfernen. Bei der Abwasseraufbereitung (→Abwasserreinigung) wird ein B. mit Luft zur Förderung der biologischen Prozesse durchgeführt. Die Abwässer fließen in einen Belüftungsbehälter, in dem man sie mit Faulschlamm mischt. Dann wird komprimierte Luft eingeblasen. Abwässer können auch mit mechanisch angetriebenen Schaufeln belüftet werden, die die Flüssigkeit umlaufen lassen und fortwährend mit der Atmosphäre in Berührung bringen.

B. ist auch bei der industriellen Fermentation von Bedeutung. Bei der Herstellung von Backhefe, Penicillin und anderen Antibiotika wird eine ausreichende Versorgung mit Sauerstoff für optimale Erträge bei bestimmten in der flüssigen Phase ablaufenden Fermentationsverfahren benötigt. Das B. kann so ausgeführt werden, daß entweder die Flüssigkeit in einem dünnen Film oder in Form von versprühten Tropfen durch das Gas fällt, oder das verdichtete Gas wird mit Hilfe von einer speziellen Vorrichtung zum Durchperlen von Gasen in die Flüssigkeit eingebracht. *Dohrn*

Literatur: *Perry, R. E., u. D. W. Green:* Perry's Chemical Engineers' Handb. 6. Aufl. New York 1984.

Begasungsdüse. B. werden u. a. in Strahlschlaufenreaktoren eingesetzt. B. sind Zweistoffdüsen, bei denen Gas- und Flüssigkeitsmassenstrom aus 2

verschiedenen Öffnungen austreten (Bild). Auf Grund der Scherkräfte kommt es zu einer sehr feinen Verteilung der Gasblasen in der Flüssigkeit. Dies bedingt eine hohe spezifische Oberfläche. Verglichen mit anderen Möglichkeiten zum Dispergieren von Gas in einer Flüssigkeit, wie z. B. einem →Begasungsrührer, hat die Begasungsdüse den Vorteil, daß sie keine Dichtung und mechanisch bewegte Teile besitzt. Sie besteht aus einer einfachen Konstruktion und ist einfach zu betreiben. Beim Strahlschlaufenreaktor hat die B. außerdem den Vorteil, daß sie mit ihrem Flüssigkeitsstrahl als Strahlantrieb den Airlift-Antrieb des Schlaufenreaktors unterstützt. Als Alternative zur Begasungsringdüse stehen das Begasungsrohr, der Begasungsring und der Begasungsboden zur Verfügung, die jedoch eine schlechtere Dispergierwirkung haben, da der Gaseintritt zu weit vom Flüssigkeitsstrahl entfernt und damit das Scherfeld geringer ist. *Schlag*

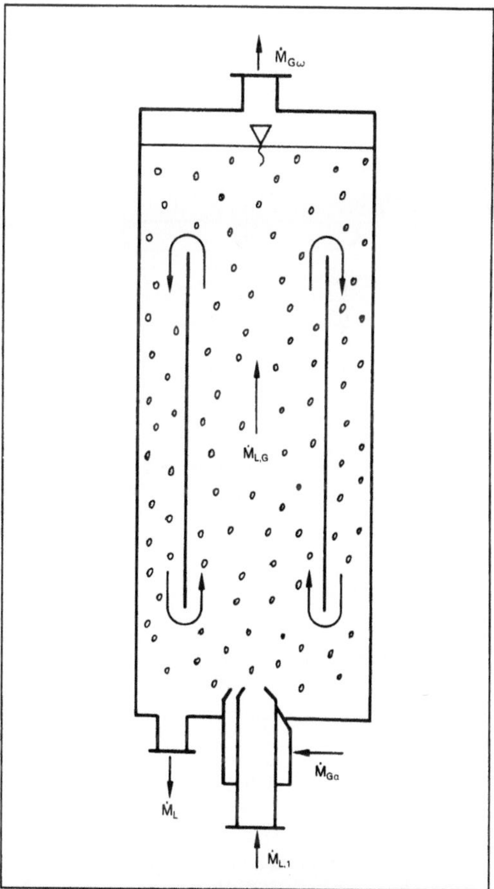

Begasungsdüse: Schlaufenreaktor mit Begasungsdüse.

M_L Flüssigkeit
M_G Gas

Begasungsrührer. Man unterscheidet bei der Begasung von Fluiden zwischen selbstansaugender Begasung und Fremdbegasung. Die vom Rührorgan erzeugten Unterdrücke werden bei der selbstansaugenden Begasung zum Fördern des Gases von der Oberfläche in die Flüssigkeit verwendet. Es besteht dabei ein Zusammenhang zwischen der Drehzahl des Rührers und der angesaugten Gasmenge $\dot{Q}$.

Die Gasdurchsatzcharakteristik dieser Hohlrührer (Bild) lautet:

$$\dot{Q}^{-1} = 33 \cdot (Fr \cdot d/h_{\ddot{u}})^{-1,47} + 180 \cdot (d'/d)^{-4,1} \quad \text{für}$$
$Fr \cdot d/h_{\ddot{u}} \leqq 1,8,$

$$\dot{Q}^{-1} = 15,5 \cdot (Fr \cdot d/h_{\ddot{u}})^{-0,19} + 180 \cdot (d'/d)^{-4,1} \quad \text{für}$$
$Fr \cdot d/h_{\ddot{u}} > 1,8.$

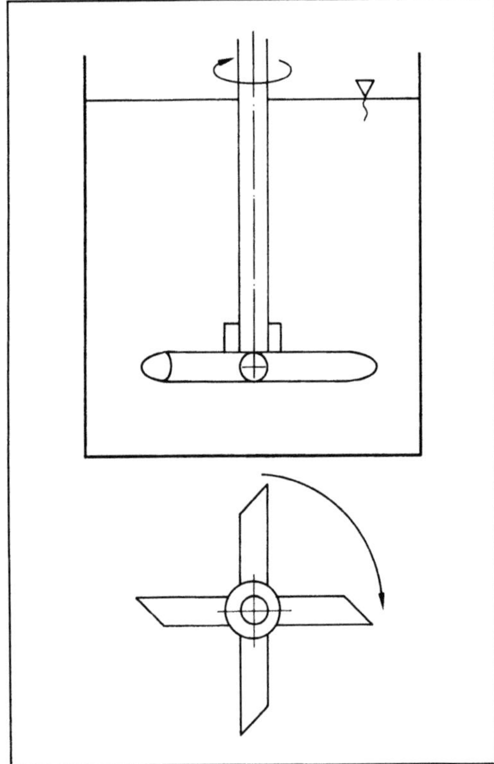

Begasungsrührer: Hohlrührer.

Die Leistungscharakteristik eines Hohlrührers ergibt:

$$Ne = [\exp(-0,317 \cdot Fr - 0,616) + 0,42] \, (h_{\ddot{u}}/d)^{0,25};$$

$H_{\ddot{u}}$ bedeutet die Flüssigkeitsüberdeckung des Rührers, Fr die Froude-Zahl.

Bei der Fremdbegasung kann man den Gasdurchsatz unabhängig von der Rührerdrehzahl einstellen. Dadurch ist eine bessere Optimierung des Gesamtprozesses erhältlich. *Schlag*

Literatur: *Zlokarnik:* Rührtechnik. Ullmanns Enzyklopädie der techn. Chemie. Bd. 2. Weinheim 1972.

Beheizen. Für Stoffumwandlungsprozesse und für thermische Grundoperationen wie Verdampfen, Trocknen usw. werden z. T. beträchtliche Energiemengen benötigt. Die Zufuhr an thermischer Energie erfolgt in den einzelnen Prozeßstufen durch B. Man unterscheidet direktes B., bei dem die Wärmeenergie z. B. durch exotherme Reaktion im Reaktionsraum erzeugt wird, und das indirekte B., bei dem sich der Reaktionsapparat über die Behälterwand, Heizschlangen oder Heizregister von außen beheizen läßt.

Für das indirekte B. stehen mehrere Heizverfahren zur Auswahl:
□ B. durch unmittelbare Energiezufuhr (Brennstoff-, Elektro- und Strahlungsheizung) und
□ B. mittels stofflicher Energieträger (Dämpfe, Gase, Flüssigkeiten und Feststoffe).

Der Gesamtwärmetransport der Brennstoffheizung setzt sich aus der Wärmestrahlung (30–50%) und dem konvektiven Wärmeaustausch der Verbrennungsgase zusammen. Die Elektroheizung läßt sich in Widerstands-, Induktiv-, dielektrische und Lichtbogenheizung unterteilen. Bei der Strahlungsheizung wird die Wärmestrahlung vom Heizgut absorbiert, der konvektive Wärmeaustausch ist dabei meist von untergeordneter Bedeutung.

Bei dem B. durch stoffliche Wärmeträger, die ein schonendes und gleichmäßiges Erwärmen des Heizguts gestatten, kommt dem B. mittels Wasserdampf oder organischer Dämpfe sowie der Flüssigkeits-Umlaufheizung mit Wasser oder organischen Flüssigkeiten (Diphenyl, Glycerin usw.) große Bedeutung zu. In Sonderfällen werden Salzschmelzen und flüssige Metalle als Wärmeträger für höhere Temperaturen eingesetzt.

Die Auswahl der Beheizungsart erfolgt nach betrieblichen und wirtschaftlichen Gesichtspunkten. Dabei sind alle Möglichkeiten einer wirtschaftlichen Energieverwendung zu prüfen. *Weinspach*

Literatur: *Vauck, W. R. A.,* u. *H. A. Müller:* Grundoperationen chemischer Verfahrenstechnik. Leipzig 1978.

Beheizungssystem. Bei Industrieöfen unterscheidet man generell zwischen brennstoffbeheizten und elektrisch beheizten Öfen und bei brennstoffbeheizten Öfen zwischen direkter und indirekter Beheizung.

Bei der direkten Beheizung gelangt das Gut in direkten Kontakt mit dem Heizmittel bzw. Energieträger, z. B. mit den Verbrennungsgasen aus Brennern.

Indirekt muß beheizt werden, wenn Gut und Heizmittel nicht in unmittelbaren Kontakt treten dürfen, z. B. um unerwünschte Reaktionen zu vermeiden. Gut und Heizmittel sind dann über eine Wand voneinander getrennt, durch die der Wärmestrom übertragen werden muß, wie z. B. bei Strahlrohren. Die maximale Temperatur im System wird von der Temperatur der wärmeübertragenden Trennwand bestimmt, die aus Festigkeitsgründen nicht überschritten werden darf.

Eine elektrische Beheizung kann über Heizwendeln, induktiv über Spulen (Induktionsofen) oder über Lichtbögen (Lichtbogenofen) erfolgen. Diese Beheizungsart wird besonders dann eingesetzt, wenn das Gut unter einem inerten Gas (Schutzgas) erwärmt werden muß oder hohe Temperaturen, z. B. zum Schmelzen von Metallen, bzw. auch eine bessere Wärmeübertragung benötigt werden. *Jeschar/Specht/Bittner*

Beißschneiden. Zerteilen von Werkstücken zwischen zwei keilförmigen, sich aufeinanderzubewegenden Schneiden (Bild links).

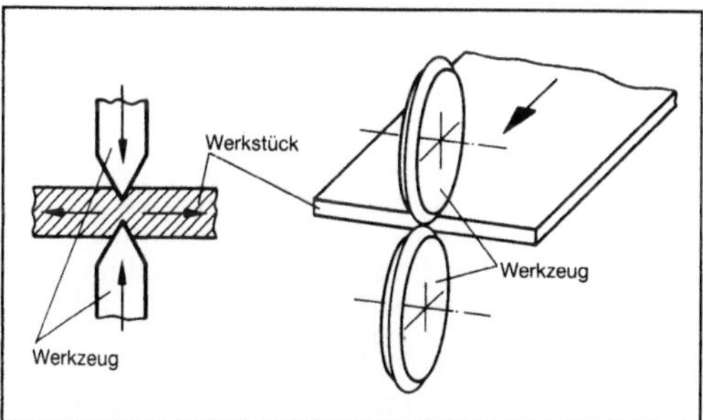

Beißschneiden: Schematische Darstellung. (Quelle: DIN 8588)

Nach DIN 8588 lassen sich wie beim →Messerschneiden folgende Verfahrensvarianten unterscheiden:

□ Beim einhubigen B. erfolgt der Schnitt längs der gesamten Schnittlinie in einem Hub,

□ beim mehrhubigen B. dagegen in mehreren Hüben;

□ kontinuierliches B. ist durch einen fortlaufenden Schnitt längs der vorgesehenen Schnittlinie gekennzeichnet (Bild rechts).

Das B. hat in der Fertigungstechnik nur geringe Bedeutung. Anwendung findet es z. B. beim Ablängen von Drähten und anderen Rundmaterialien mit kleinem Querschnitt. Die dabei entstehenden, unebenen Trennflächen können höheren Qualitätsanforderungen nicht genügen. *König*

Literatur: DIN 8588: Zerteilen. Hrsg. Dt. Inst. f. Normung. – *Spur, G.,* u. *Th. Stöferle:* Handb. Fertigungstechnik. Bd. 2/3: Umformen, Zerteilen. München, Wien 1979.

Belastungsbereich →Arbeitsbereich

Belegwesen. Das B. in der →Arbeitsvorbereitung erfaßt die Distribution von Informationen von der Auftragsdisposition bis zur Fertigungssteuerung. Mit den einzelnen Belegformularen sind die Informationen an alle betreffenden Stellen weiterzureichen.

Belege sind Träger sichtbarer Informationen, die neben vorhandenen Soll-Daten auch Ist-Daten enthalten und die zur Verrechnung oder Dokumentation abgelaufener Vorgänge in Unternehmen und zwischen Unternehmen dienen.

Wesentliche Eingangsbelege der Arbeitsvorbereitung und ihre dispositiven Informationen sind in Tabelle 1 dargestellt.

Belegwesen. Tabelle 1: Eingangsbelege der Arbeitsvorbereitung.

Auftragsdokumente	Konstruktionsstückliste
Auftragsnummer	benötigte Teile und Material
Artikelnummer	Menge und Abmessungen
Artikeltext	Aufbau der Struktur
Stückzahl	– Produkt
Fertigstellungstermin	– Baugruppe
Dringlichkeit	

Ausgangsbelege der Arbeitsvorbereitung sind im wesentlichen:

□ Fabrikationsstückliste,

□ Arbeitsplan,

□ auftragsabhängige Folgedokumente.

Fabrikationsstücklisten entsprechen in ihrer Struktur weitgehend der Konstruktionsstückliste, besitzen jedoch Ergänzungen um fabrikationsspezifische Daten wie

□ Lagerlistennummer des Rohteils,

□ Rohmaterialabmessungen,

□ Dispositionshinweise.

Arbeitspläne bestehen aus den in Tabelle 2 gezeigten Informationselementen.

Auftragsabhängige Folgedokumente finden im Rahmen der Fertigungssteuerung Verwendung. Sie werden durch teilweisen oder vollständigen Abzug vom auftragsneutralen Arbeitsplan, je nach Art und Einsatzbereich, erstellt. Das Bild zeigt die wichtigsten Dokumente und ihre jeweiligen Einsatzbereiche.

Folgende Verfahren zur Erstellung auftragsabhängiger Belege können unterschieden werden:

□ Ormig-Abzugsverfahren nach dem Zeilenumdruckprinzip,

□ EDV-gestützte Erstellung über Drucker.

Eversheim

Literatur: *Engel, K.-H.:* Handb. Techniken des Industrial Engineering. 4. Aufl. Düsseldorf 1984. – *Eversheim, W.:* Organisation in der Produktionstechnik. Bd. 3: Arbeitsvorbereitung. Düsseldorf 1980. – N. N.: Elektronische Datenverarbeitung bei der Produktionsplanung und -steuerung. Bd. VI.: Begriffszusammenhänge, Begriffsdefinitionen. VDI-Taschenb. T 77. Düsseldorf 1977. – N. N.: Methodenlehre der Planung und Steuerung. Bd. 3. REFA Verband für Arbeitsstudien e. V. München 1985. – *Olbrich, W.:* Arbeitsplanerstellung unter Einsatz elektronischer Datenverarbeitungsanlagen. Diss. TH Aachen 1973.

Belegwesen. Tabelle 2: Informationselemente des Arbeitsplans.

allgemeine Angaben	sachabhängige Angaben	arbeitsvorgangsabhängige Angaben
• Identifizierung • Art des Arbeitsplanes • Stückzahlbereich • Aktualitätsangaben • Ursprungsangaben • Angaben zu Umfang und Vollständigkeit des Basisarbeitsplanes • Sachbearbeitungsbereich	**bezogen auf den Fertigungszustand der zu bearbeitenden Sache** • Ident-Nr. • Zeichnungs-Nr. • Benennung • Klassifizierungs-Nr. • Teilefamilien-Nr. (werkstückbezogen) **bezogen auf den Ausgangszustand der zu bearbeitenden Sache** • Ident-Nr. Ausgangsmaterial bzw. -teil • Klassifierungs-Nr. Ausgangsmaterial bzw. -teil • Werkstoff • Benennung • Basismenge und Mengeneinheit • Rohmaße und Rohgewicht	• Arbeitsvorgangs-Nr. • Beschreibung zum Arbeitsvorgang • Kennzeichnung des Arbeitsplatzes • Basis (Stückzahl gleichzeitiger Bearbeitung) • Verknüpfung • Lohngruppe • Lohnart • Verfahren der Vorgabezeitbestimmung • Zeiteinheit • Rüstzeit t_r • Rüstzeit bei Teilefamilienfertigung • Zeit je Einheit t_e • Bedienungsverhältnis • Überlappung, Splittung (zeitlich, mengenmäßig) • Kennzeichnung von Fertigungshilfsmitteln • Teilefamilien-Nr. (arbeitsvorgangsbezogen) • Ein- und Aussteuerhinweise • Stückzahlvariator

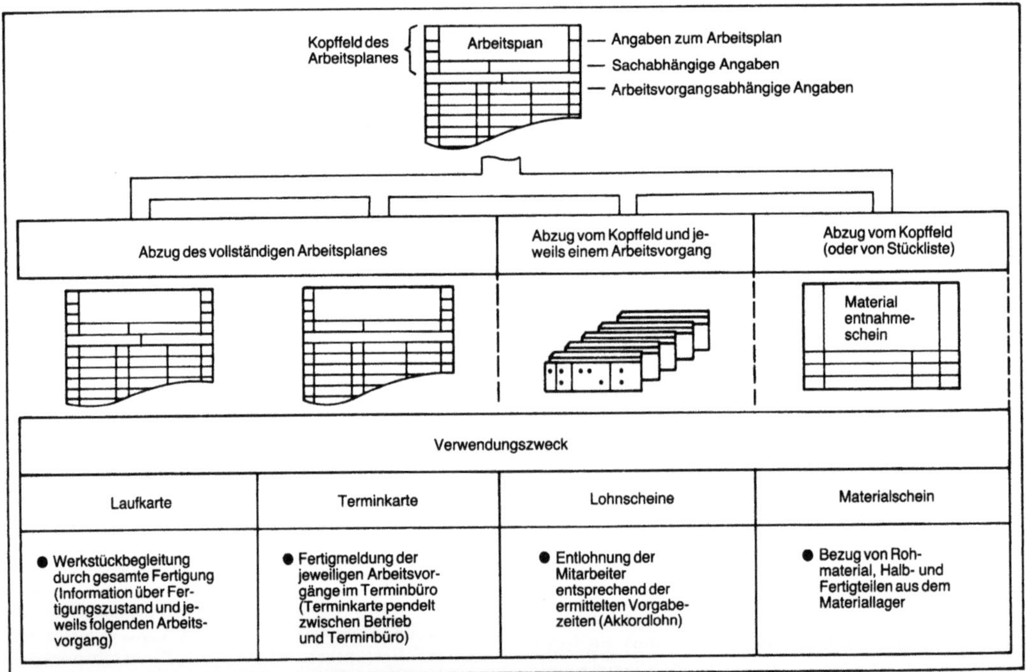

Belegwesen: Der Arbeitsplan als Grundlage der Arbeitspapiere.

Benetzung. Ausbreitung einer Flüssigkeit auf einer Festkörperoberfläche unter Vergrößerung der Grenzfläche Flüssigkeit–Gas. Sie kommt durch die Anziehungskräfte zwischen den Molekülen der festen Grenzfläche und denen der Flüssigkeit zustande. Es hängt vom Verhältnis dieser Kräfte zu den Anziehungskräften zwischen den Molekülen der Flüssigkeit ab, ob es zu einer vollständigen oder unvollständigen B. des Festkörpers kommt. Die B.-Effekte werden durch den Randwinkel Θ charakterisiert. Für den Zusammenhang zwischen der Grenzflächenspannung fest-gasförmig γ_{SG}, fest-flüssig γ_{SL} und flüssig-gasförmig γ_{LG} gilt entsprechend dem Bild:

$$\gamma_{SG} = \gamma_{SL} + \gamma_{LG} \cos\Theta.$$

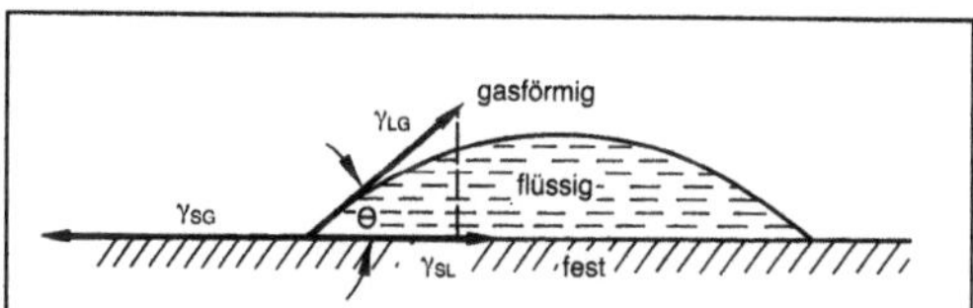

Benetzung: Einfluß des Randwinkels auf die Benetzung.

Ist $\Theta < 90°$, so breitet sich die Flüssigkeit auf der Festkörperoberfläche aus, d. h. sie benetzt sie. Ist $\Theta > 90°$, wie z. B. bei Quecksilber auf Glas, so findet keine B. statt ($\rightarrow$ Löten, $\rightarrow$ Kleben). *Dorn*

Berechnungsmethoden für Vielstufenprozesse. Bei der Trennung von Stoffmischungen muß das zugrundeliegende Trennprinzip, z. B. die ungleiche Verteilung der Komponenten einer Mischung zwischen gasförmiger und flüssiger Phase, oft mehrfach angewandt werden, um eine gewünschte Trennung zu erzielen. Sehr effektiv werden derartige V. in Gegenstromapparaten durchgeführt. Die Trennverfahren der Destillation (Rektifikation), Absorption und Extraktion gehören zu den Vielstufen-Gegenstromtrennprozessen. Es sind die am häufigsten für große Durchsätze benutzten Trennverfahren. Es lassen sich jedoch auch andere Prozesse, wie z. B. die Adsorption, als V. führen. Allerdings ist bei der Beteiligung fester Phasen ein erhöhter Aufwand nötig.

Ziel bei der Berechnung von V. ist die Ermittlung der Anzahl der Stufen. Die Anzahl der benötigten Trennstufen ist charakteristisch für das Trennproblem und unabhängig von der verwendeten apparativen Anordnung. Mit der Anzahl der Trennstufen und der für eine Trennstufe benötigten Höhe kann man die Gesamthöhe des Austauschapparats für den V. ermitteln. Die Höhe, die man für eine Trennstufe in einer Austauschvorrichtung benötigt, ist auch von der Stoffmenge (Durchsatz) abhängig, die durch die Austauschvorrichtung strömt. Durchsatz und Trennstufenhöhe sind wesentlich von der Gestaltung der Austauscheinrichtung abhängig. Nachfolgend seien nur Methoden zum Bestimmen der Trennstufenzahl besprochen.

Für die Trennstufen eines V. verwendet man zwei Konzepte, die

☐ theoretische Trennstufe,
☐ Übergangseinheit.

Theoretische Trennstufe. Diese umfaßt den Teil eines Trennprozesses, der gerade einer vollständigen, einmaligen Anwendung des Trennprinzips entspricht. Für gleichgewichtsbestimmte Trennprozesse bedeutet dies das einmalige Einstellen des Phasengleichgewichts. Die aus einer theoretischen Trennstufe austretenden Ströme stehen miteinander im thermodynamischen Phasengleichgewicht. Eine theoretische Trennstufe kann in einer Trennvorrichtung einem oder mehreren Austauschböden, einer oder mehreren Mischer-Abscheider-Stufen oder einem bestimmten Abschnitt in einer kontinuierlich wirkenden Gegenstromkolonne entsprechen.

Übergangseinheit. Bei dieser wird berücksichtigt, daß für einen Stoffaustausch stets ein Potential für den Ablauf des Stofftransportprozesses aufrechterhalten bleibt. Besonders deutlich wird dies bei kontinuierlich wirkenden Gegenstromapparaten, in denen die gegeneinander geführten Stoffströme niemals den Gleichgewichtszustand annehmen. Die Anzahl der Übergangseinheiten NTU wird definiert durch

$$NTU = \int_{Y_{i,ein}}^{Y_{i,aus}} \frac{1}{Y_i - Y_i^*}\, dY;$$

darin bedeuten: Y_i Konzentration der Komponente i, Y_i^* Konzentration der Komponente i im Gleichgewicht, $Y_{i,ein}$ und $Y_{i,aus}$ Konzentration der Komponente bei Eintritt in den bzw. bei Austritt aus dem V. Die Anzahl der Übergangseinheiten gibt in diesem Fall an, wie oft das mittlere treibende Konzentrationsgefälle in der Gesamtkonzentrationsänderung enthalten ist.

Für die Berechnung ist von Bedeutung, aus wieviel Komponenten die betrachtete Mischung besteht, da zusätzliche Komponenten zu den primär zu trennenden den Vorgang beeinflussen. Am einfachsten sind Stoffsysteme zu behandeln, deren Zusammensetzung durch eine einzige Konzentrationsangabe festgelegt ist. Dies ist bei Zweistoffgemischen (binären Gemischen) immer der Fall, da sich die Konzentrationen in jeder Phase immer zu 1 ergänzen müssen. Jedoch kann die Zusammensetzung auch bei ternären oder Vielstoffsystemen durch eine Konzentration festgelegt sein. Dies ist z. B. dann der Fall, wenn nur eine Komponente zwischen den Phasen ausgetauscht wird und sich die gegenseitige Löslichkeit der Phasen nicht ändert.

Für binäre Mischungen ist eine Reihe von näherungsweisen Berechnungsverfahren in Gebrauch, die häufig graphisch durchgeführt werden (Arbeitsdiagramme), aber auch als Rechenprogramme vorliegen. Berechnungen für binäre Systeme kann man als Boden-zu-Boden-Berechnung durchführen, da die Zusammensetzung der Stoffmischungen an den Enden des Trennapparats bekannt sind.

Bei B. für Mehrkomponentensysteme ist zu berücksichtigen, daß außer den Komponenten, für die eine Trennung spezifiziert wird, die anderen Komponenten der Mischung, die sog. Begleitkomponenten, den gesamten Trennvorgang beeinflussen. Daher lassen sich Methoden der Berechnung für binäre Systeme nur als Näherung einsetzen. Dies ist durchführbar, indem zwei Komponenten, zwischen denen die Trennung erfolgen soll, die sog. Schlüsselkomponenten, als repräsentativ für die Trennung behandelt werden. Boden-zu-Boden-Rechnungen sind nicht durchzuführen, da die Zusammensetzung der Stoffmischung an den Enden des Trennapparats wegen der unbekannten Verteilung der Begleitkomponenten nicht genügend genau angegeben werden kann. Lediglich in den Fällen, in denen Begleitkomponenten vollständig an einem Ende des Trennapparats vorhanden sind, kann man eine Boden-zu-Boden-Rechnung durchführen. Im allgemeinen Fall ist das Gleichungssystem aus Massenbilanz, Energiebilanz, Gleichgewichten und ggf. kinetischen Ansätzen zu lösen.

Stoffmischungen mit sehr vielen Komponenten (komplexe Gemische) werden entweder rein empirisch behandelt oder in Pseudokomponenten aufgeteilt und wie Mehrkomponentensysteme behandelt. *Brunner*

Literatur: *Coulson, J. M., u. J. J. Richardson:* Chemical Engineering. 3. Aufl. Oxford 1980. – *Grassmann, P., u. F. Widmer:* Einführung in die thermische Verfahrenstechnik. Berlin 1974. – *Kfarow, W. W.:* Grundlagen der Stoffübertragung. Ost-Berlin 1977. – *King, C. J.:* Separation Processes. 2. Aufl. New York 1980. – *Mersmann, A.:* Thermische Verfahrenstechnik. Berlin, Heidelberg, New York 1980. – *Onken, U.:* Thermische Verfahrenstechnik. München 1975. – *Perry, R. H., D. W. Green u. J. O. Maloney* (Hrsg.): Perry's Chemical Engineers Handb. – *Rousseau, R. W.* (Hrsg.): Handb. Separation Process Technology. Wile-Interscience. New York 1987. – *Sattler, K.:* Thermische Trennverfahren. Würzburg 1977. – *Schweitzer, Ph. A.* (Hrsg.): Handb. Separation Techniques for Chemical Engineers. New York 1979. – *Treybal, R. E.:* Mass transfer operations. New York 1968. – Ullmanns Enzyklopädie der technischen Chemie. Weinheim 1972. – *Weiß, S., u. K.-E. Militzer:* Thermische Verfahrenstechnik I, II. 4. Aufl. Leipzig 1986.

Bereich, metastabiler. Nichtstabiler Zustandsbereich, in dem ein Stoffsystem mehr Energie als im stabilsten Zustand besitzt, diesen Zustand aber ohne äußere Einflüsse nicht verläßt. Ein Beispiel sind unterkühlte Flüssigkeiten, die bei Temperaturen unterhalb ihres Schmelzpunkts im flüssigen Zustand bleiben. Erst durch eine Störung bildet sich ein Kristallisationskeim, und die Flüssigkeit erstarrt.

Bei der →Kristallisation aus Lösungen versteht man unter m. B. das Zustandsgebiet zwischen der Gleichgewichtskurve und der Grenze der spontanen Keimbildung. Innerhalb dieses B. werden die meisten Kristallisationsprozesse durchgeführt, weil sich ein grobes und gleichmäßiges Kristallisat herstellen läßt. Überschreitet die →Übersättigung, z. B. durch Abkühlen, die Grenze der spontanen Keimbildung, so entstehen schlagartig viele neue Keime, und man erhält eine ungleichmäßige Korngrößenverteilung. *Dohrn*

Literatur: *Mersmann, A.:* Thermische Verfahrenstechnik. Berlin, Heidelberg, New York 1980. – *Nyvlt, J.:* Industrial Crystallisation. Weinheim 1982.

Berl-Sattel →Füllkörper

Berstscheibe. Eine B. ist eine Sicherheitseinrichtung für unter Druck stehende Systeme. B. werden so ausgelegt, daß sie bei einem bestimmten Druck bersten und für einen sofortigen Abbau des Drucks sorgen. Auf diese Weise ist gewährleistet, daß wertvollere Ausrüstungsgegenstände nicht durch einen zu hohen Druck beschädigt oder zerstört werden. Außerdem könnte von einer unkontrollierten Zerstörung von Bauteilen unter Druck eine Gefährdung ausgehen.

B. haben wesentlich geringere Leckraten als Sicherheitsventile. Im Gegensatz zu Sicherheitsventilen, die sich nach einem Öffnen wieder schließen, wenn der zulässige Höchstdruck unterschritten wird, werden B. durch die Drucküberschreitung zerstört, so daß sich das System nahezu vollständig entleert. B. stellt man aus Edelstählen (z. B. Werkstoff Nr. 14571), Legierungen (z. B. Inconel und Monel), Nickel und unter besonderen Umständen auch aus anderen Metallen her. Die Werkstoffe sind zähe, duktile und umformbare Metalle mit vorhersagbaren Streckgrenzen. In den meisten Fällen werden für B. Metallfolien von 0,05–0,5 mm Dicke verwendet. *Dohrn*

Beschichten. Die Auswahl der Beschichtungswerkstoffe richtet sich primär danach, welche Aufgabe die Beschichtung erfüllen soll (Korrosionsschutz, bessere Gleit- oder elektrische Eigenschaften, Dekorwirkung usw.); ferner nach der Temperaturbeanspruchung, der das beschichtete Teil im Dauer- oder Kurzzeitbetrieb ausgesetzt ist, den Haftgrundbedingungen und nicht zuletzt nach der vorgesehenen Bauteil-Lebensdauer. Eine große Vielfalt von Beschichtungswerkstoffen ermöglicht die Lösung fast eines jeden auftretenden Problems. Zu unterscheiden ist grundsätzlich zwischen metallischen und nichtmetallischen Beschichtungsmaterialien.

□ Metallische Überzüge:
– Zink ist das am meisten verwendete Metall für das B. von Stahlbauteilen, weil es nicht nur einen guten Korrosionsschutz bietet, sondern auch „selbstheilende Eigenschaften" aufweist, d. h. eventuelle Beschädigungen der Zinkschicht beim Umformen oder durch Betriebseinwirkungen werden in weiten Grenzen durch „Nachwachsen" der Zinkkristalle quasi wie eine Vernarbung geheilt.
– Chrom liefert verschleißfeste, vor allem gegen Abrieb widerstandsfähige Beschichtungen, die aber wegen ihrer Polierfähigkeit auch für dekorative Zwecke geeignet sind.
– Kupferüberzüge dienen außer zu dekorativen Zwecken (vor allem im Kunstgewerbe) oft nur zur Verbesserung der Haftung für eine darauf aufgebaute Deckschicht. In manchen Anwendungsfällen langen Verkupferungen für eine ausreichende Korrosionsbeständigkeit über die Bauteillebensdauer.
– Nickel als Matt- oder Glanznickelüberzug (→Glänzen) wird in unterschiedlichen Schichtdicken eingesetzt, wo Korrosionswiderstandsvermögen verlangt wird. Insbesondere Glanznickelüberzüge dienen neben ihrer Dekorwirkung auch zum Korrosionsschutz von Armaturen usw. im Apparatebau.
– Silber und Gold verwendet man nicht nur für dekorative Überzüge von Bestecken oder Kunstgegenständen, sondern vor allem in der Elektrotechnik zur Verbesserung der Kontakteigenschaften im Schalter-, Meßgeräte- und Relaisbau.
– Zinn benutzt man ebenfalls in der Elektrotechnik zum Bündeln einzelner feiner Drähte und zur Erleichterung des Lötens in der Verbindungstechnik.
– Cadmium in Schichtdicken von 8–25 μm wird auf Eisen und Stahl zum Korrosionsschutz von Schrauben, Muttern und anderen Teilen für den Präzisionsgerätebau einem Zinküberzug vorgezogen, sobald mit einer Dauereinwirkung von hoher Feuchtigkeit zu rechnen ist.
– Aluminium, →Alumetieren
□ Nichtmetallische Überzüge: Metallbeschichtungen mit thermoplastischen Kunststoffen werden meist durch Wirbelsintern (→Oberflächenbehandlung) hergestellt. Neben Polyethylen und weichgemachtem Polyvinylchlorid wird auch Polyamid-6- und Polyamid-6.6-Pulver verarbeitet, allerdings unter gewissen Schwierigkeiten. Herstellungstechnisch günstiger verhält sich Polyamid 12, das außer der Verarbeitung nach dem Wirbelsinterverfahren anwendungstechnisch auch das Tauch- oder Sprühsintern sowie das Flammspritzen und andere gebräuchliche Verfahren zuläßt. Qualitative hochwertige, porenfreie Überzüge erhält man besonders bei Schichtdicken von 0,25–0,5 mm; keramische Überzüge →Emaillieren, Oberflächenbehandlung.
□ Anstriche sind in der Form von Grund- und Deckanstrichen als Beschichtungen aufzufassen. Für die

Adhäsion der Anstrichfilme sind vor allem die Harzstruktur, Lösungsmittel, Pigmente und der Einfluß der Alterung verantwortlich. Rheologische Eigenschaften beeinflussen die Ablaufneigung, Schichtdicke, den Verlauf und die Streichbarkeit der Anstriche, und davon hängt bei gleichzeitiger Berücksichtigung der Rauhtiefe des Untergrunds der durch den Anstrich erzielbare Korrosionsschutz (Oberflächenbehandlung) ab (→Eloxieren, →Oxalat-Verfahren). *Doliwa*

Beschichtungsverfahren. Durch die Beschichtung von Schneidstoffen werden zwei wünschenswerte Eigenschaften kombiniert: die Zähigkeit des Grundkörpers (Substrat) und die hohe Verschleißfestigkeit der aufgebrachten Hartstoffschicht, die aus Carbiden (z. B. TiC), Nitriden (z. B. TiN), Carbonitriden (z. B. TiCN), Oxiden (z. B. Al_2O_3) oder Kombinationen hiervon zusammengesetzt sein kann.

Das Aufbringen der Beschichtung erfolgt derzeit nach zwei Verfahrensvarianten, dem
□ CVD-Verfahren (Chemical Vapor Deposition) oder dem
□ PVD-Verfahren (Physical Vapor Deposition).

Bei beiden Varianten wird das Beschichtungsmaterial aus der Dampfphase abgeschieden und auf der Substratoberfläche angelagert.

Bei den heute üblicherweise angewendeten CVD-Verfahren werden zum Erzeugen einer TiC-Schicht Titantetrachlorid und ein kohlenstoffhaltiges Gas (z. B. Methan, Heptan, Benzen) verdampft. Zur Herstellung von TiN-Schichten führt man verdampftes Titantetrachlorid mit Stickstoff zusammen. Das Gasgemisch wird zu einem Reaktionsgefäß (Bild 1) geleitet, das mehrere, bis tausend Wendeschneidplatten faßt. Bei Temperaturen von 900–1100 °C und einem Druck unterhalb des Atmosphärendrucks erfolgt eine chemische Reaktion, bei der sich die Hartstoffschicht aus der Gasphase abscheidet. Die Schicht wächst sehr langsam auf dem →Hartmetall. Die Reaktion läuft unter einer Wasserstoffschutzgasatmosphäre ab, die auf der Hartmetalloberfläche die Bildung von Oxiden vermeiden soll, welche die Haftfähigkeit

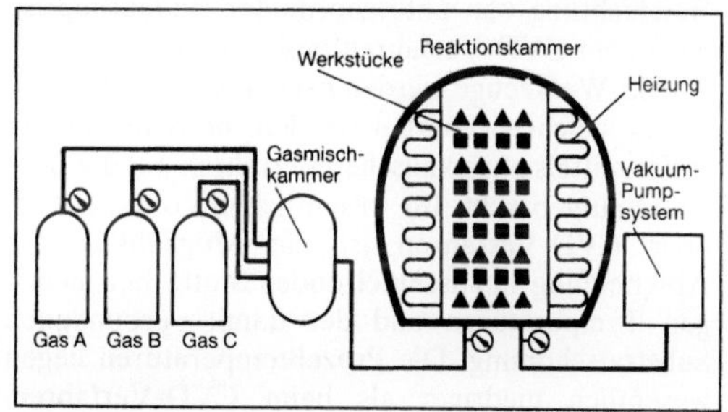

Beschichtungsverfahren 1: Prinzipdarstellung des CVD-Verfahrens.

der Beschichtung auf dem Grundkörper vermindern.

Das meist goldgelbe Titannitrid besitzt eine Härte von 2000–2500 HV und einen Schmelzpunkt von 2800 K. Den gleichen Schmelzpunkt, jedoch eine höhere Härte (3500–4000 HV) besitzt das mattgraue Titancarbid. Auch Schichten mit komplexer Zusammensetzung sowie Mehrlagenschichten können im CVD-Prozeß durch Verändern der Gasphasenzusammensetzung leicht realisiert werden.

Das CVD-Verfahren wird für die Beschichtung von HM-Wendeschneidplatten in großem Umfang eingesetzt, wodurch im glatten Schnitt hervorragende Leistungssteigerungen erzielt werden können. Beim Einsatz CVD-beschichteter Hartmetalle im unterbrochenen Schnitt weisen diese jedoch eine leistungsbegrenzende Sprödigkeit auf, so daß sich hier die Beschichtung noch nicht durchsetzen konnte.

Auf Grund der hohen Reaktionstemperaturen von 1000 °C und darüber eignet sich das CVD-Verfahren nicht für die Beschichtung von Präzisionswerkzeugen aus Schnellarbeitsstahl, da gehärtete Schnellarbeitsstähle in der Regel nur bis zu Temperaturen von maximal 550 °C eine ausreichende Anlaßbeständigkeit aufweisen. Die beim CVD-Verfahren auftretenden hohen Reaktionstemperaturen würden eine Gefügeumwandlung des Schnellarbeitsstahls bewirken, wodurch ein deutlicher Härteverlust eintritt. Zwar besteht die Möglichkeit, nach der Beschichtung noch einmal im Vakuum zu härten. Doch der dabei auftretende Härteverzug kann so groß sein, daß eine nachfolgende Schleifoperation nötig würde. Da die aufgebrachte Schicht dann stellenweise wieder entfernt würde, ist die CVD-Methode für →Spiralbohrer, Gewindebohrer und andere HSS-Werkzeuge nicht anwendbar, vor allem wenn sie auf Grund einer komplizierten und/oder nicht symmetrischen Geometrie zu Härteverzug neigen.

Bislang werden nur symmetrische, kompakte und geometrisch einfache HSS-Werkzeuge, wie z. B. HSS-Wendeschneidplatten, bei denen ein Härteverzug durch die Wärmebehandlung nach der Beschichtung von untergeordneter Bedeutung ist, nach dem CVD-Verfahren beschichtet.

HSS-Werkzeuge werden nach dem PVD-Verfahren beschichtet. Hierbei werden die Schichtwerkstoffe mittels physikalischer Verfahren auf die Substrate aufgebracht. Ihr wesentlicher Vorteil gegenüber CVD-Verfahren ist die Möglichkeit der Abscheidung hochschmelzender Stoffe bei niedrigen Temperaturen und der damit verbundenen Substratschonung. Die Prozeßtemperaturen liegen wesentlich niedriger als beim CVD-Verfahren. Selbst hochschmelzende Stoffe können bei Temperaturen aufgebracht werden, die noch unterhalb der Anlaßtemperatur von Hochleistungsschnellarbeitsstahl liegen.

Man unterscheidet drei Verfahren:
☐ Aufdampfen im Vakuum,
☐ Kathodenzerstäuben (Sputtern),
☐ Ionenplattieren.

Beim Aufdampfen im Vakuum (Bild 2) wird das Beschichtungsmaterial durch Zufuhr von Wärme (Verdampfer, Elektronenstrahlkanone) im Vakuum verdampft und auf dem Werkstück niedergeschlagen. Bei hoher Abtragrate ist jedoch die Haftfestigkeit einer solchermaßen aufgebrachten Schicht sehr gering, da die Atome der Beschichtungsstoffe mit nur geringer kinetischer Energie auf die Substrate auftreffen.

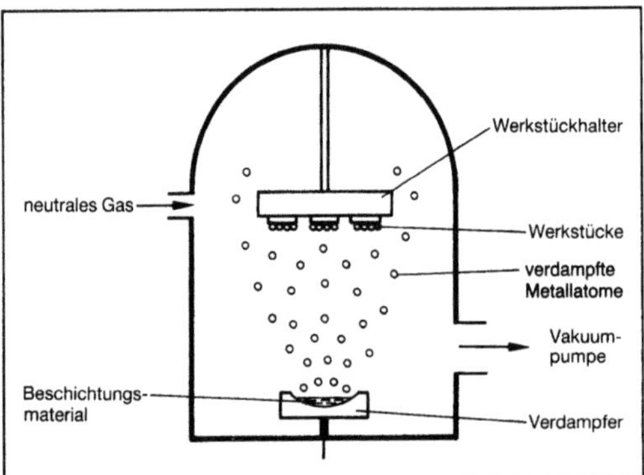

Beschichtungsverfahren 2: Prinzipdarstellung des PVD-Verfahrens Aufdampfen im Vakuum.

Eine weitere, häufig angewandte PVD-Variante ist das Sputtern (Kathodenzerstäuben, Bild 3). In einem heute meist magnetisch beeinflußten DC- oder HF-Entladeplasma werden bei $10^{-2} - 10^{-4}$ mbar (Vakuum) Partikel (Atome, Ionen) aus einem Target herausgelöst, welche sich dann auf dem Substrat niederschlagen. Dabei bleibt das Beschichtungsmaterial und folglich das Substrat relativ kalt.

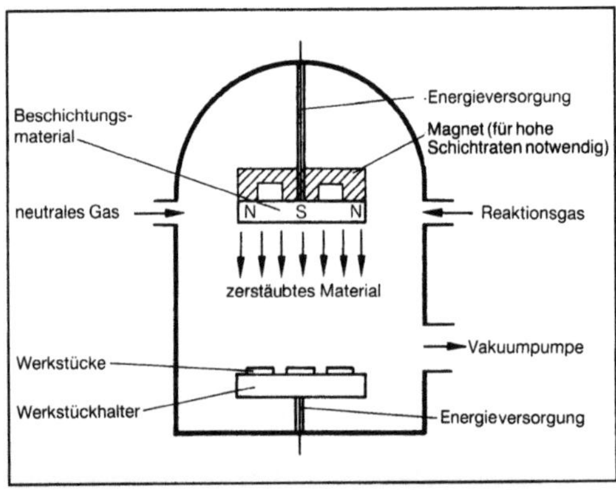

Beschichtungsverfahren 3: Prinzipdarstellung des PVD-Verfahrens Kathodenzerstäuben.

Weitere Vorteile des Verfahrens sind:

□ Die Aufstäuberaten von Metallen und Dielektrika liegen in derselben Größenordnung (bis ca. 10μm/h).

□ Die Schichtreinheit und die Schichthaftung sind sehr gut.

Das Ionenplattieren (Bild 4), eine Kombination der beiden bereits erläuterten Verfahren, ist das jüngste Verfahren, bei dem verschiedene Varianten existieren. Sie unterscheiden sich vor allem in der Verdampfung des Beschichtungswerkstoffes, die durch Zuführen thermischer Energie mit Hilfe eines Elektronenstrahls, einer Sputterquelle oder eines Niedervoltlichtbogens erfolgen kann. Der verdampfte Beschichtungswerkstoff wird teilweise ionisiert und durch das Anlegen eines negativen Potentials an die Werkstücke auf diese beschleunigt. Bei Anwesenheit eines Gases bildet sich zusätzlich ein Glimmentladungsplasma aus. Dieses kann sowohl Inertgas als auch Reaktivgas beinhalten. Durch in der Gasglimmentladung enthaltene Schutzgasionen (z. B. Argon) wird das Substrat bombardiert und dessen Oberfläche gereinigt (Ionenätzen). Dieser Reinigungsvorgang läuft vor und während der Beschichtung ab. Reaktivgaspartikel tragen hingegen zum Schichtaufbau an den Substraten bei.

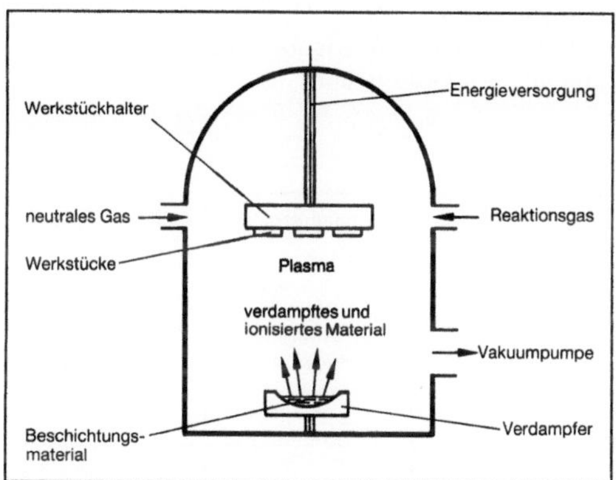

Beschichtungsverfahren 4: Prinzipdarstellung des PVD-Verfahrens Ionenplattieren.

Durch die hohe Energie der auf die Werkstückoberfläche auftreffenden Teilchen wird die Verbindungsbildung zwischen Schichtatomen und Substratatomen begünstigt; das ist für die ausgezeichnete Haftung maßgebend.

Die Beschichtung von HSS-Werkzeugen erfolgt nach den Verfahren Kathodenzerstäubung und Ionenplattieren. Mit beiden PVD-Verfahren können auch bei Substrattemperaturen unterhalb 550 °C für die Werkzeugbeschichtung hervorragende Schichteigenschaften erzielt werden. *König*

Literatur: *Arcu, T.:* Das TD-Verfahren; Ein neues Verfahren zur Carbidbeschichtung, seine Durchführung und praktische Anwendung. tz für Metallbearb. 80 (1986) Nr. 3, S. 27/32. – *Chatterjee-Fischer, R.:* Hauchdünn, aber wirkungsvoll. Maschinenmarkt 92 (1986) Nr. 8, S. 9/33. – *Hintermann, H.-E.:* Reibungs- und verschleißmindernde Schichten nach PVD und CVD. VDI-Ber. 506. Düsseldorf 1984. – *Kienel, G.:* Stand, Anwendung und Entwicklungstendenzen von CVD- und PVD-Beschichtung. HTM 40 (1985), S. 35/40. – *Knotek, O., H. Reimann u. W. Bosch:* Die Darstellung verschleißfester TiN-Schichten mittels reaktiven Kathodenzerstäubens. Metall 37 (1983) Nr. 3. – *Straten, P. J. M. von der, u. G. Vespui:* Aufbringen verschleißfester Schichten auf Werkzeugstahl nach dem PVD-Verfahren. Philips techn. T. 40 (1981/82) Nr. 5, S. 141/47.

Beschleunigungsfaktor →Verstärkungsfaktor

Bestrahlung von Lebensmitteln. Verfahren zur Haltbarmachung von Lebensmitteln unter Verwendung verschiedener Arten von Strahlen. Prinzipiell unterscheidet man das Bestrahlen mit UV-Strahlen und mit ionisierenden Strahlen.

UV-Strahlung. Die hinsichtlich der Abtötung von Mikroorganismen wirksamsten Wellenlängen der UV-Strahlung liegen zwischen 210 und 330 nm. Das Optimum ist für jeden Mikroorganismus etwas unterschiedlich, liegt in der Regel bei ca. 254 nm. Auf Grund der geringen Eindringtiefe der UV-Strahlen und einer beträchtlichen Absorption durch Staub und Trübstoffe in Flüssigkeiten ist ihr Einsatz auf die Entkeimung von Luft und Trinkwasser sowie die Oberflächenentkeimung von Obst- und Gemüseprodukten beschränkt.

Ionisierende Strahlung. Als Strahlenquelle kommen in Betracht natürliche oder künstliche radioaktive Isotope, die β- und/oder γ-Strahlen emittieren, sowie Elektronenstrahlen (Kathodenstrahlen) oder elektromagnetische Strahlen (Röntgenstrahlen), die in Elektronenbeschleunigern oder Röntgenanlagen erzeugt werden. α-Strahlen und Neutronenstrahlen scheiden auf Grund der sehr geringen Eindringtiefe bzw. der Induzierung von Radioaktivität im bestrahlten Gut aus.

Unter den radioaktiven Isotopen wird in den bestehenden Anlagen in erster Linie künstlich erzeugtes Co-60, daneben auch Cs-137 eingesetzt. Beim Zerfall emittieren beide sowohl β- als auch γ-Strahlen. Elektronenstrahlen haben nur geringe Eindringtiefe in das Gut. Sie können jedoch in hohen Dosisleistungen (Energie pro Zeit und Masse des bestrahlten Gutes) bereitgestellt werden, so daß flache Produkte mit hohen Durchsatzgeschwindigkeiten behandelt werden können. Elektromagnetische Strahlen lassen sich auf Grund ihrer größeren Eindringtiefe bei dickeren Produkten einsetzen. Durch das Bestrahlen werden verschiedene Ziele verfolgt: →Pasteurisieren oder →Sterilisieren von Lebensmitteln, d. h. Abtöten pathogener und verderbnisverursachender Mikroorganismen; Abtöten von Insekten und Parasiten; Unterbinden unerwünschter physiologischer Veränderung (z. B. Auskeimen von Kartoffeln), Inaktivieren von Enzymen.

Erforderliche Strahlendosen enthält die Tabelle. Man unterscheidet geringe Dosen (bis 1 kGy), mittlere Dosen (1–10 kGy) und hohe Dosen (10–50 kGy).

In einer Reihe von Ländern ist Bestrahlung für bestimmte Lebensmittel zugelassen, vor allem für Kartoffeln, Zwiebeln, Knoblauch und Schalotten, seit neuerem auch für Gewürze. In Deutschland ist die B. v. L. nicht zugelassen. Dagegen ist sie zum Sterilisieren von Einwegspritzen, Kanülen und ähnlichem medizinischen Bedarf weit verbreitet. *Kerner/Loncin*

Bestrahlung von Lebensmitteln. Tabelle: Erforderliche Strahlendosen für verschiedene Behandlungen.

Ziel der Behandlung	erforderliche Dosis kGy*)
Hemmen der Auskeimung von Kartoffeln	0,05–0,4
Abtöten von Insekten und deren Eiern	0,25–1,0
Pasteurisieren von Lebensmitteln	1,0 –10
Sterilisieren von Lebensmitteln	30–50
Inaktivieren von Viren	10–150
Inaktivieren von Enzymen	20–1 000

*) 1 Gy (Gray) = 1 Joule/Kilogramm Gut = 100 rad

Betriebsdatenerfassung. Aufgabe der Betriebsdatenerfassung (BDE) ist es, alle erforderlichen Ist-Daten aus dem Betrieb zu sammeln und in verarbeitungsgerechter Form für folgende Anwendungen bereitzustellen:
□ Fertigungsdisposition und -steuerung,
□ Ermittlung neuer Soll-Daten,
□ Kostenrechnung,
□ Materialwirtschaft/Materialtransport.

Dabei dienen die im Fertigungsprozeß anfallenden Betriebsdaten dazu, die Abweichung des Fertigungsprozesses von seinem Soll-Zustand zu melden. In Verbindung mit der →Fertigungsplanung und -steuerung kann so eine erforderliche Korrektur des Ist-Zustands bewirkt werden.

Betriebsdaten können gem. Tabelle nach ihrem Verwendungszweck und den anfallenden Datenarten gegliedert werden.

Je nach Datenart erlauben die aufgenommenen Daten eine Aussage über

Betriebsdatenerfassung. Tabelle: Gliederung der Betriebsdaten.

Verwendungszweck \ Datenarten	auftragsbezogene Daten (Stückzahlen, Ausschuß Bearbeitungs-, Liege- und Transportzeiten)	maschinenbezogene Daten (Maschinenlaufzeiten, Stillstandszeiten, Störungsursachen)	materialbezogene Daten (Wareneingang, Bestandsbewegungen, Verfügbarkeit)	personalbezogene Daten (Anwesenheitszeit, Arbeitsstunden, Zeitgrad)	qualitätsbezogene Daten (Meß- und Prüfwerte, Fehlerkennzahlen, Prüfentscheidung)
Fertigungssteuerung	●	●	●	●	
planmäßige Instandhaltung		●			●
Qualitätsregelung	●				●
Bruttolohnabrechnung u. Anwesenheitskontrolle	●			●	●
Lagerverwaltung			●		
Kalkulation	●			●	●
Betriebsabrechnung			●		
technologische Regelung	●				●

Literatur: Food Preservation by Irradiation. Bd. I, II. Proceedings of a Symposium, Wageningen, 21–25 Nov. 1977. Wien 1978. – *Grünewald, T.:* Untersuchungen zur Bestrahlung von Trockenprodukten. Berichte der Bundesforschungsanstalt für Ernährung. Karlsruhe 1984. – *Kryschi, R.: UV-Behandlung von Wasser für Lebensmittelbetriebe. Z. Lebensmitteltechn. 5 (1986).* – *Linko, P., Y. Mälkki, J. Olkuu u. J. Larinkars:* Food Process Engineering. Bd. 1. London 1980. – *Schorrmüller, J.:* Die Erhaltung der Lebensmittel. Stuttgart 1966.

☐ den Stand eines Auftrags,
☐ die Nutzung/Auslastung einer Maschine,
☐ Anwesenheit, Produktivität der Mitarbeiter.

Standardbereiche für die Erfassung von Betriebsdaten sind:

☐ →Arbeitsvorbereitung,
☐ Wareneingang,
☐ Lager,
☐ →Fertigung,
☐ →Qualitätssicherung.

Betriebsdaten können sowohl konventionell per Handaufschreibung als auch EDV-unterstützt mit Hilfe sog. Betriebsdatenerfassungssysteme aufgenommen werden. Entsprechend dem Automatisierungsgrad werden die BDE-Systeme folgendermaßen eingeteilt:

☐ Sammelsysteme,
☐ Erfassungs- und Verarbeitungssysteme,
☐ Fertigungslenkungssysteme.

Die Sammelsysteme ermöglichen eine bereichsweise dezentrale Datenerfassung und eine formale Prüfung der eingegebenen Informationen. Die Daten werden sequentiell abgespeichert und lassen sich von Hand oder off line durch einen Betriebsrechner auswerten. Durch den Einsatz von Kleinrechnern als Datenkonzentrator und Auswertesystem lassen sich Erfassungs- und Verarbeitungssysteme realisieren. Charakteristisch für solche On-Line-Systeme ist die Möglichkeit der weitgehenden Fehlerprüfung, Korrektur und des Abrufs der zentral abgelegten Daten. Das Fertigungslenkungssystem ermöglicht darüber hinaus die Feinsteuerung der Fertigung. Das System führt einen Vergleich zwischen Produktions-Soll- und -Ist-Daten durch und steuert abhängig davon den Materialfluß und die Auftragszuordnung.   *Eversheim*

Literatur: *Eversheim, W.:* Organisation in der Produktionstechnik. Bd. 3: Arbeitsvorbereitung. Düsseldorf 1980. – *Maas, R.:* Betriebsdatenerfassung – Bedeutung und Notwendigkeit. AV 20, H. 3, 1983 – *Weck, M.:* Werkzeugmaschinen. Bd. 3: Automatisierung und Steuerungstechnik. Düsseldorf 1978.

Betriebsfestigkeit. Zeit- oder Dauerschwingfestigkeit eines betriebsmäßig schwingend beanspruchten Konstruktionsteils. Zur Ermittlung der B. werden Dauerschwingversuche an Konstruktionsteilen auf einer programmgesteuerten Prüfmaschine (Programm-Pulser) durchgeführt.

Dieser Betriebsschwingungsversuch soll Auskunft über den Einfluß einer Dauerschwingbeanspruchung mit bestimmter Belastungsfolge (experimentell ermittelte Häufigkeitskurve der Betriebsbeanspruchungen) auf die Dauerhaltbarkeit eines Konstruktionsteils geben. Die Ermittlung eines solchen Belastungskollektivs kann entweder durch Aufnahme eines Beanspruchungsdiagramms oder durch unmittelbare Zählung der Beanspruchungs-

häufigkeiten erfolgen, wobei eine ausreichend lange Beobachtungsdauer erforderlich ist.

Zur Aufnahme eines Beanspruchungsdiagrammes wurden in der Regel Dehnungen gemessen und mittels schreibender Dehnungsmeßgeräte aufgezeichnet. Die Auswertung von Beanspruchungsdiagrammen geschieht nach Bild 1. Das Ergebnis ist eine Summenhäufigkeitskurve (Bild 2). Die Erfassung und Auswertung kann heute auch durch rechnergesteuerte elektronische Datenerfassungssysteme (Transientenrecorder) mit integrierten Zähl- und Klassiereinrichtungen automatisiert erfolgen.

Bei der unmittelbaren Zählung von Beanspruchungshäufigkeiten findet während des Meßvorgan-

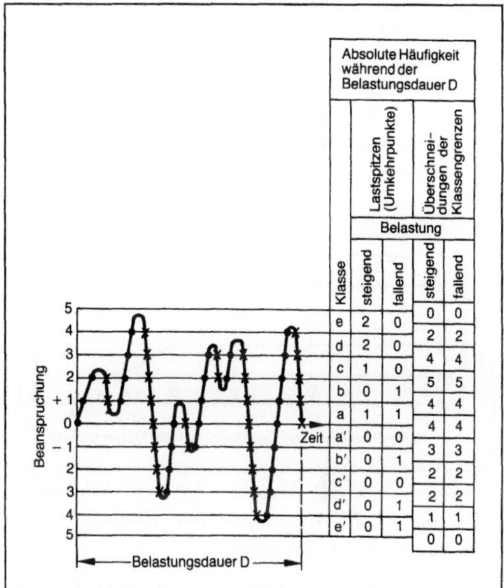

Betriebsfestigkeit 1: Beanspruchungsdiagramm (Ausschnitt) und Auswertung.

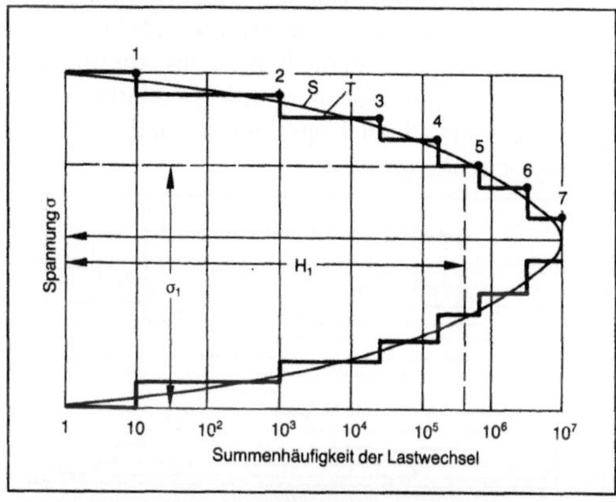

Betriebsfestigkeit 2: Ableitung der Summenkurve S aus dem betriebsmäßigen Spannungsablauf und Ersatz durch eine Summenkurve T. (H₁ Häufigkeit der Spannung σ₁).

ges bereits eine Auswertung statt. Die Unterteilung in einzelne Klassen erfolgt entweder im Anzeigegerät, wenn der Dehnungsgeber eine kontinuierliche Änderung der Meßgröße liefert (z. B. Dehnungsmeßstreifen, induktive oder piezoelektrische Geber) oder schon im Dehnungsgeber, der dann als Kontakt-Dehnungsgeber ausgebildet wird.

Im ersten Fall tritt als Anzeigegerät an Stelle des Oszillographen ein elektrisches Zählgerät, dessen einzelne Zählwerke auf die beliebig einstellbaren Spannungsgrenzen der Klassen ansprechen.

Die Kontakt-Dehnungsgeber liefern bei den vorher eingestellten Ausschlaggrößen (Klassen) Stromstöße oder Stromunterbrechungen, durch die mechanische Zählwerke betätigt werden.

Bei beiden Verfahren werden die in den einzelnen Klassen aufgetretenen Beanspruchungshäufigkeiten unmittelbar gezählt. Ihre Auswertung liefert eine Summenhäufigkeitskurve (Bild 3).

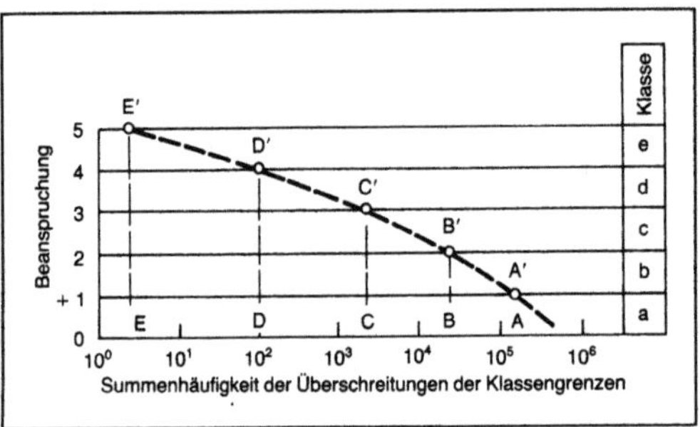

Betriebsfestigkeit 3: Kollektiv der Betriebsbeanspruchungen (A–E Ablesungen der Zählwerke nach Gesamtdauer der Messung).

Für den Betriebsschwingversuch wird das Belastungskollektiv in ein Treppendiagramm (Bild 4) zerlegt. Infolge der gegensätzlich wirkenden Einflüsse der Werkstoffschädigung (bei hohen Beanspruchungen) und des Trainiereffekts (bei niedrigen Beanspruchungen) auf die B. muß der Aufeinanderfolge der Spannungsgrößen und der relativen Häufigkeit der einzelnen Laststufen besondere Beachtung geschenkt werden.

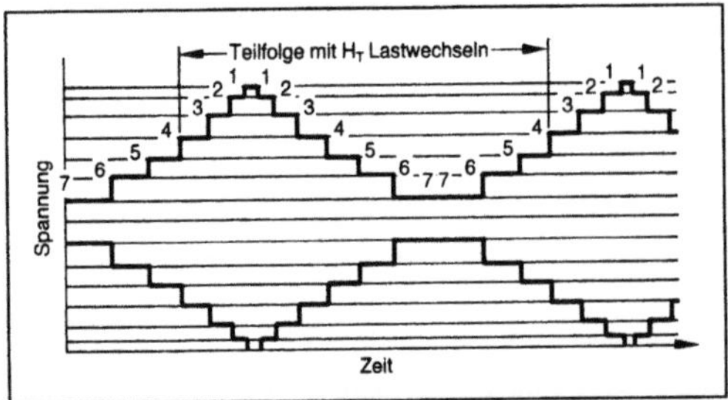

Betriebsfestigkeit 4: Ablauf des Betriebsschwingungsverlaufes in der Prüfmaschine. Aufteilung der Gesamtfolgen in gleichartige Teilfolgen.

Das Programmlast-Steuergerät der Prüfmaschinen wird so eingestellt, daß die treppenförmige Folge der Versuchbelastungen mit der zu jeder Teillast gehörenden Lastwechselzahl innerhalb einer Teilfolge mit H_T Lastwechseln (Bild 4) abläuft und diese Teilfolgen sich wiederholen, bis die gewünschte Zahl erreicht ist oder die Probe einen Anriß zeigt.

Die B. ist gegenüber der Dauerschwingfestigkeit kein Einzelwert, sondern ein Belastungskollektiv. Für ihre eindeutige Kennzeichnung ist die Angabe der Höchstspannung des Kollektivs und der Häufigkeitsverteilung erforderlich. Bezeichnet die B. ein Zeitfestigkeitskollektiv, so ist zusätzlich die Angabe der Gesamthäufigkeit (Anzahl der Teilfolgen) erforderlich. Im einzelnen Betriebsschwingversuch können das Belastungskollektiv maßstäblich vergrößert oder verkleinert und die bis zum Brucheintritt ertragene Gesamthäufigkeit festgestellt werden.

Zwischen der B. und der Dauerschwingfestigkeit besteht i. a. kein eindeutiger Zusammenhang. Die B. bezeichnet grundsätzlich eine durch schwingende Vorbeanspruchung schädigend oder verbessernd beeinflußte Dauerschwingfestigkeit. *Kußmaul*

Literatur: *Becker, A.*: Laststeuer Automaten für Bauteil-Prüfmaschinen mit selbsttätigem Versuchsablauf. Z. VDI 92 (1950), S. 266/71. – *Dolan, T. J., F. E. Richart* u. *C. E. Work*: The Influence of Fluctuations in Stress Amplitude on the Fatigue of Metals. ASTM 49 (1949), S. 646/79. – *Gassner, E.*: Betriebsfestigkeit. Eine Bemessungsgrundl. für Konstruktionsteile mit statistisch wechselnden Betriebsbeanspruchungen. Konstruktion 6 (1954), S. 97/104; Beanspruchungsmessungen und Betriebsfestigkeitsversuche an Fahrzeugbauteilen. ATZ 53 (1951), S. 286f. – *Gassner, E.*: Betriebsfestigkeit. In: Lueger Lexikon der Technik. Band Fahrzeugtechnik. Stuttgart 1967. – *Gassner, E.*: Über bisherige Ergebnisse aus Festigkeitsversuchen im Sinne der Betriebsstatistik. Ber. 106 (1. Tl.) der Lilienthal Gesellschaft f. Luftfahrtforschung (1939), S. 9/14; Ergebnisse von Betriebsfestigkeitsversuchen mit Stahl- und Leichtmetallbauteilen. Ber. 152 der Lilienthal Gesellschaft f. Luftfahrtforschung (1942), S. 13. – *Gassner, E.*: Zur Aussagefähigkeit von Ein- und Mehrstufen-Schwingversuchen (Tl. 1). Materialprüfung 2 (1960) Nr. 4, S. 121/28. – *Gassner, E.*: Zur experimentellen Lebensdauerermittlung von Konstruktionselementen mit zufallsartigen Beanspruchungen. Materialprüfung 15 (1973) Nr. 6, S. 197/205. – *Gassner, E., F. W. Griese* u. *E. Haibach*: Ertragbare Spannungen und Lebensdauer einer Schweißverbindung aus St 37 bei verschiedenen Formen des Beanspruchungskollektivs. Archiv für das Eisenhüttenwesen 35 (1964) Nr. 3, S. 255/67. – *Gassner, E.*, u. *A. Teichmann*: Ansatz und Durchführung von Betriebsfestigkeitsversuchen. Ber. d. Deutschen Versuchsanstalt f. Luftfahrt (1943). – *Haibach, E.*, u. *W. Lipp*: Verwendung eines Einheits-Kollektivs bei Betriebsfestigkeits-Versuchen. Frauenhofer-Institut für Betriebsfestigkeit (LBF) Darmstadt. Techn. Mitt. Nr. 15 (1965). – *Jacoby, G.*: Möglichkeiten der praxisgerechten Betriebslastensimulation. Materialprüfung 17. (1975) Nr. 6, S. 171/73. – *Lowak, H.*: Gesichtspunkte für die Einführung und Anwendung von standardisierten Lastfolgen am Beispiel der Standards TWIST und FALSTAFF. In: Anwendung von Prozeßrechnern bei Betriebsfestigkeitsuntersuchungen. 2. Sitzung des Arbeitskreises Betriebsfestigkeit. Hrsg.: Dt. Verband für Materialprüfung, Berlin (1977), S. 107/17. – *Lowak, H., D. Schütz, M. Hück* u. *W. Schütz:* Standardisiertes Einzelflugprogramm für Kampfflugzeuge – FALSTAFF –. Industrieanlagen-Betriebsgesellschaft, Ottobrunn, Ber. Nr. TF-568 (1976)/Frauenhofer-Institut für Betriebsfestigkeit (LBF) Darmstadt. Ber. Nr. 3045 (1976). – *Schütz, W.:* Über eine Beziehung zwischen der Lebensdauer bei konstanter zur Lebensdauer bei veränderlicher Beanspruchungsamplitude und ihre Anwendbarkeit auf die Bemessung von Flugzeugbauteilen. Diss. TH München 1965. – *Svenson, O.:* Unmittelbare Bestimmung der Größe und Häufigkeit von Betriebsbeanspruchungen. Trans. Instrum. Measurem. Conf. Stockholm (1952), S. 243/48. – *Swanson, S. R.:* Evaluating Component Fatigue Performance Under Programmed Random and Programmed Constant Amplitude Loading. SAE Paper 690050 (1969). Society of Automotive Engineers. Warrendale. – *Swanson, S. R.:* Random Load Fatigue Testing: A State of the Art Survey. Materials Research and Standards 8 (1968) Nr. 4, S. 11/44. ASTM. – *Walgreen, B.:* Fatigue Tests with Stress Cycles of Varying Amplitude. Mitt. Nr. 28, Flygtekniska Försöksanstalten. Stockholm 1949.

Betriebsmittel. Sie gehören neben den Arbeitsleistungen und den Werkstoffen zu den betrieblichen Produktions- bzw. Leistungsfaktoren. B. sind dabei alle Sachgüter, die im Leistungsprozeß genutzt werden und die direkt oder indirekt dem Produktionsfortschritt dienen, ohne mit ihrer Substanz Eingang in die Erzeugnisse zu finden.

B. lassen sich nach der Richtlinie VDI 2815 in die folgenden Bereiche einteilen: Ver- und Entsorgungsanlagen, Fertigungsmittel, Meß- und Prüfmittel, Fördermittel, Lagermittel, Organisationsmittel und Innenausstattungen.

Zu den Fertigungsmitteln zählen dabei neben den maschinellen Anlagen u. a. auch Werkzeuge, Vorrichtungen und Modelle.

In der REFA-Methodenlehre des Arbeitsstudiums werden die Begriffe B. und Arbeitsmittel gleichbedeutend verwendet; festgestellt wird jedoch, daß der Begriff B. in der Fertigung und der des Arbeitsmittels in der Verwaltung gebräuchlicher ist. *Eversheim*

Literatur: N. N.: Methodenlehre des Arbeitsstudiums. Tl. 2. Verband für Arbeitsstudien – REFA e. V. (Hrsg.). München 1972.

Betriebsmittelbeschaffung. Die B. ist eine betriebliche Grundfunktion. Sie kann über Einkauf auf dem Beschaffungsmarkt erfolgen, aber auch durch Eigenfertigung oder Lieferung von Konzernbetrieben. Die Beschaffung muß wie alle betrieblichen Tätigkeiten genau geplant werden. Ziel ist es, →Betriebsmittel nach benötigter Anzahl, Art und Qualität termingerecht bereitzustellen. Geplant wird die Beschaffung auf der Grundlage des ermittelten Bedarfs, den die einzelnen Bereiche an Betriebsmitteln haben. Der Bedarf geht aus der →Fertigungsplanung hervor. Durch Anwendung eines Klassifizierungsschlüssels lassen sich die unterschiedlichen Betriebsmittel kennzeichnen. In

aufgearbeiteter Form läßt sich so ein Überblick über die Gesamtheit der Betriebsmittel gewinnen. Außerdem können sich Hinweise auf eine mögliche Standardisierung oder sogar Mechanisierung ergeben. *Eversheim*

Literatur: *Eversheim, W.:* Organisation in der Produktionstechnik. Bd. 4. Düsseldorf 1981.

Betriebsorganisation. Das ist die planvolle Verknüpfung von Einrichtungen, Funktionen und Abläufen in einem Betrieb durch generelle oder spezielle (fallweise) Regelungen.

Gegenstand der B. ist das gesamte Betriebsgeschehen. An Hand bestimmter Regelungen wird dem Betrieb eine Ordnung gegeben. Es ist notwendig, diese Ordnung zunächst einmal zu planen, bevor sie dann mit organisatorischen Maßnahmen verwirklicht wird. Die Regelungen bilden den Inhalt der B. Sie stellen Anweisungen der Betriebsführung dar. Allgemeine Regelungen ordnen Vorgänge, die sich immer wieder in gleicher oder ähnlicher Weise wiederholen. Sie stellen eine Beschränkung der Entscheidungsfreiheit von Mitarbeitern bei deren Aufgabenerfüllung dar. Spezielle Regelungen werden in Fällen getroffen, für die allgemeine Regelungen nicht bestehen. Diese lassen für anordnende Aufgaben größere Bewegungsfreiheit. Allgemeine Regelungen bedeuten eine Vereinfachung der Führungsaufgaben und damit eine Entlastung der Führungsorgane. Voraussetzung für deren Anwendung ist Gleichartigkeit und Regelmäßigkeit der Vorgänge.

Der Begriff der B. meint zum einen die Planungstätigkeit, die zu einer Ordnung der betrieblichen Tätigkeiten führt, zum anderen das Planungsergebnis, also einen Zustand. Um die Beschreibung und Analyse der B. zu erleichtern, wird eine gedankliche Trennung in Ablauf- und Aufbauorganisation vorgenommen. In Wirklichkeit sind Ablauf und Aufbau untrennbar verbunden und bedingen sich gegenseitig. Die Organisation von Ablauf und Aufbau muß deshalb synchron erfolgen. Sie ist wie Planung und Kontrolle eine Aufgabe der Betriebsleitung. Gleichzeitig ist die B. das Instrument der Führungsebene, um die Produktionsfaktoren zielentsprechend zuzuordnen. Ziel der Organisation ist die bestmögliche Gestaltung der betrieblichen Abläufe. *Eversheim*

Literatur: *Eversheim, W.:* Organisation in der Produktionstechnik. Bd. 1. Düsseldorf 1981. – *Wöhe, G.:* Einführung in die allgemeine Betriebswirtschaftslehre. 11. Aufl. 1978.

Betriebsweise, kontinuierliche. Verfahrenstechnische Prozesse können kontinuierlich oder diskontinuierlich (absatzweise) betrieben werden (Verfahren). Bei k. B. erfolgt die Zufuhr und die Abfuhr der am Prozeß beteiligten Stoffströme ohne Unterbrechung. Bei großen Durchsätzen sind bei k. B. im

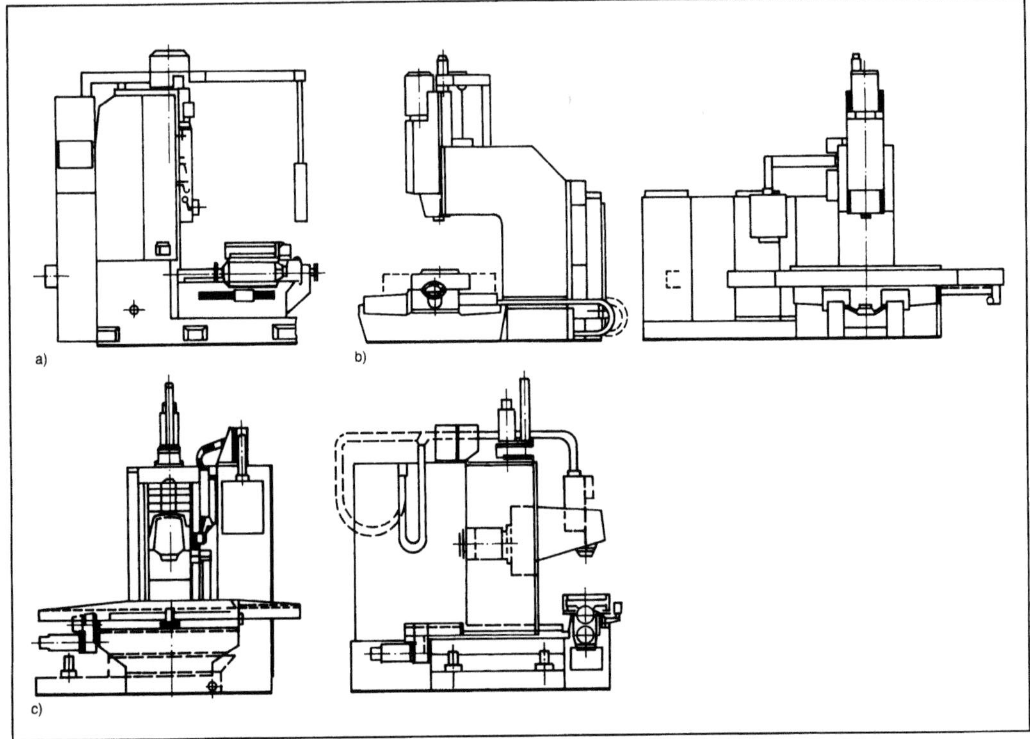

Bett-Fräsmaschine 1.
a) Horizontale mit Kreuztisch
b) Vertikale mit Kreuztisch
c) Vertikale mit verfahrbarem Ständer.

Vergleich zur absatzweisen B. die Investitions- und die Betriebskosten geringer. Die Bedienbarkeit ist einfacher. Kontinuierlich betriebene Prozesse sind bei einem Ausfall von Anlageteilen und Puffern sowie bei einer Änderung der Trennaufgabe weniger flexibel als absatzweise betriebene. *Dohrn*

Bett-Fräsmaschine. Bei B.-F. erfolgt die Auflage des Maschinentisches auf einem festen →Maschinenbett, das durch seine Verbindung mit dem Fundament als sehr formsteifes Element anzusehen ist. Dadurch ergibt sich eine unveränderliche Höhenlage des Maschinentisches und somit des Werkstückes. B.-F. (Bild 1) sind mit einer oder mehreren in der Höhe verstellbaren Fräseinheiten ausgestattet.

Die Bauweise bietet folgende vorteilhafte Eigenschaften: große Steifigkeit, einfache Beschickung, hohe Belastbarkeit des Maschinentisches, ständige Unterstützung des Tisches über den gesamten Verfahrweg, große Verfahrwege der Bewegungseinheiten und somit große Arbeitsräume.

Man unterscheidet Einständer- und Zweiständer-Fräsmaschinen (Bild 2). Die Einteilung der Fräsmaschinen erfolgt nach deren Spindel- und Achsanord-

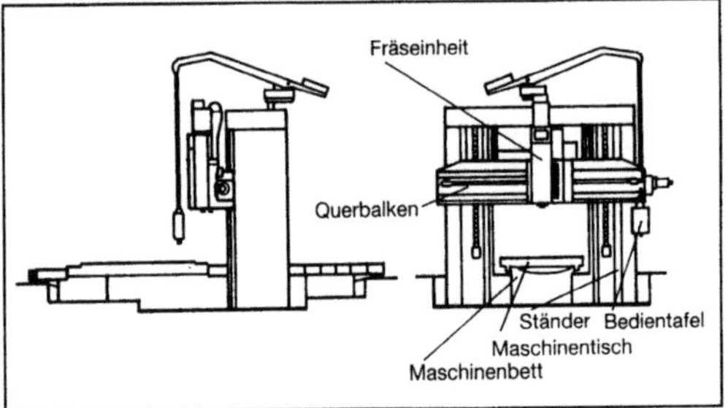

Bett-Fräsmaschine 2: Zweiständer-Bett-Fräsmaschine mit festem Portal.

nung. Je nach Lage der →Hauptspindel unterscheidet man zwischen Senkrecht- und Waagrecht-Fräsmaschine.

Die Bewegung des Fräswerkzeugs bzw. des Werkstücks erfolgt auf drei senkrecht zueinander stehenden translatorischen Achsen. Gemäß DIN 66 217 werden die Bewegungseinrichtungen mit X, Y und Z bezeichnet. Die Z-Achse liegt dabei in Richtung der Rotationsachse des Werkzeugs.

Die Vorschubantriebe werden als Einzelantriebe ausgeführt, wobei drehzahlgeregelte Gleichstrom-

Servomotoren heute überwiegend Verwendung finden. Die Hauptantriebsleistung liefern drehzahlgeregelte Drehstrom- oder Gleichstrommotoren.

B. sind in den heutigen Ausführungen für den NC-Betrieb geeignet. Durch den Einsatz von z. B. automatischen Werkzeugwechslern, manuell oder NC-gesteuerten Rundtischen und Teilapparaten oder Kühlmitteleinrichtungen können sie vielseitig eingesetzt bzw. einem bestimmten Bearbeitungsproblem bis hin zur 5-Seiten-Bearbeitung angepaßt werden. *Schulz*

Literatur: *Beitz, W.,* u. *K.-H. Küttner* (Hrsg.): Berlin, Heidelberg, New York 1981. – *Dubbel:* Taschenb. Maschinenbau. – *Spur, G.,* u. *Th. Stöferle:* Handb. Fertigungstechnik. Bd. 3/1: Spanen. München, Wien 1979. – *Weck, M.:* Werkzeugmaschinen. Bd. 1. Düsseldorf 1980.

Bewegungsachse →Antrieb, →Arbeitssicherheit, →Fertigung, flexible, →Industrieroboter-Teilsystem, →Kinematik, →Leichtroboter, →Roboter

Biegen, freies. Das f. B. zählt zu den Verfahren des Biegeumformens mit geradliniger Werkzeugbewegung. Es ist gekennzeichnet durch freies Ausbilden der Werkstückform bei den beiden Varianten Durch- und Abbiegen (Bild); hierbei wird das Biegemoment durch eine Querkraft hervorgerufen. Bei der Variante querkraftfreies B. wird die Biegung dagegen allein durch ein Biegemoment erzeugt. Das f. B. ist ein wichtiges Grundverfahren des Biegeumformens, das in mannigfaltigen Abwandlungen in unterschiedlichen Anwendungsbereichen an Werkstücken aus Blech, Platten, Rund- und Profilstäben, Rohren und anderen Hohlprofilen angewandt wird. Die Verfügbarkeit numerischer Steuerungen trägt vor allem bei Einsatz hydraulischer Pressen wesentlich zu einer hohen erreichbaren →Arbeitsgenauigkeit bei. *Lange*

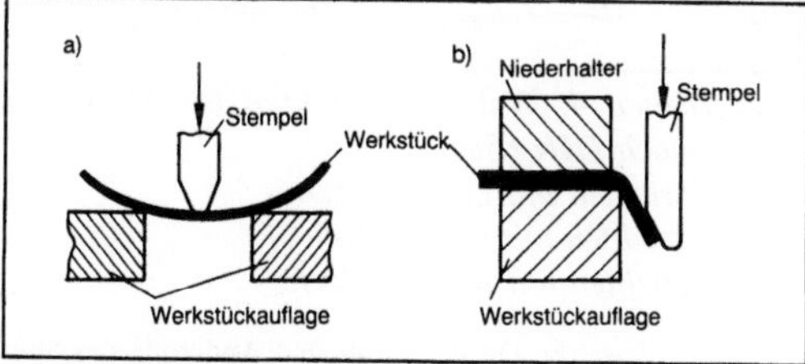

Biegen, freies: Schematische Darstellung.
a) Durchbiegen
b) Abbiegen.

Biegen, querkraftfreies. Q. B. ist freies B. unter Einwirkung eines reinen Biegemoments gemäß Bild 1. Der Biegebogen bildet sich dabei als Kreisbogen aus. Die Werkzeugbewegung ist beim q. B. nicht geradlinig, sondern die das Moment einleitenden Spannbacken führen (z. B.) eine drehende Bewegung aus. Bei der in Bild 1 vorgestellten

Einrichtung zum Biegen mit einem annähernd reinen Moment werden die Querkräfte durch einen sehr langen (theoretisch unendlich langen) Hebelarm vernachlässigbar klein. Gleichzeitig ist die Momentzunahme im Bereich der Biegeprobe so klein, daß das Moment mit genügender Genauigkeit als rein und konstant bezeichnet werden kann. Bei dem in Bild 1 gezeigten Prinzip des q. B. heben sich die an der Einspannung wirksamen Querkräfte gemäß Bild 2 im mittleren Bereich der Biegeprobe auf, so daß dort ein reines, konstantes Moment wirkt.

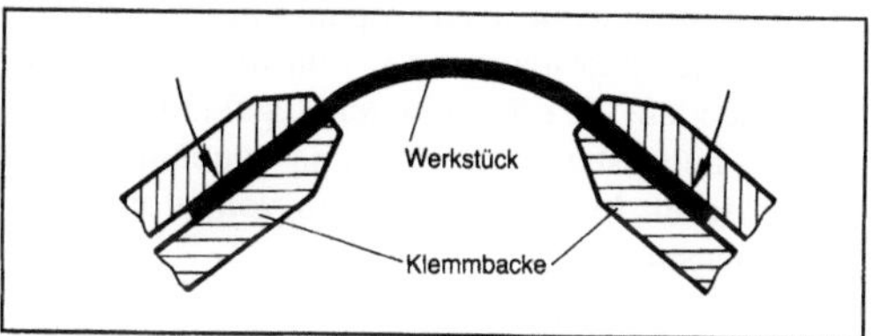

Biegen, querkraftfreies 1: Prinzipielle Darstellung.

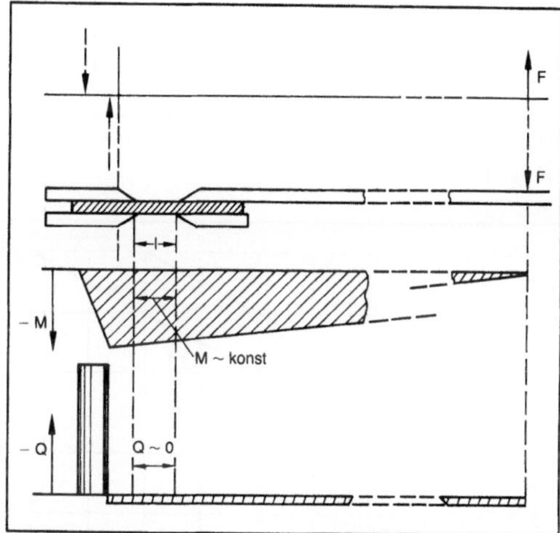

Biegen, querkraftfreies 2: Biegen durch ein reines Moment.

F Belastungen, M Moment (Schraffur Momentenfläche), Q Querkräfte (Schraffur Querkraftfläche), l Biegelänge der Probe

Das q. B. hat vornehmlich Bedeutung als Modellverfahren in Verbindung mit theoretischen Arbeiten über die Grundlagen des Biegeumformens erlangt und spielt als Fertigungsverfahren nur eine untergeordnete Rolle. *Lange*

Literatur: *Wolter, K. H.:* Freies Biegen von Blechen. VDI-Forsch.-Heft 18 (1952) Nr. 435.

Biegerichten. Nach DIN 8586 ist B. freies →Biegen zum Richten von kürzeren Wellen, Stäben und ähnlichen Werkstücken. Dabei werden unerwünschte Krümmungen beseitigt bzw. in definierter Weise minimiert. Das Prinzip des B. sei am Beispiel eines geraden, eigenspannungsfreien Blechstreifens, der zunächst gebogen und dann wieder gerichtet wird, erläutert. Nach dem Biegen und Entlasten vom Biegemoment stellt sich der in Bild 1 gezeigte Eigenspannungsverlauf unter Annahme eines durch rein elastische, fiktive Spannungen erzeugten Entlastungsmoments ein. Die Beseitigung der Krümmung erfolgt gemäß Bild 2 dadurch, daß das zunächst einer Randdehnung von $\varepsilon_{a1} = 4\,\varepsilon_F$ (1 in Bild 2) unterworfene Blech mit $\varepsilon_{a2} = -1.37\,\varepsilon_F$ (2) zurückgebogen wird und nach Entlasten einen Dehnungsverlauf gemäß (3) gleich null aufweist, d. h. gerade ist. Der Blechstreifen ist aber nicht eigenspannungsfrei, wie der Verlauf der Restspannung (3) im unteren Teilbild erkennen läßt. B. erfolgt in der Regel mit hydraulischen, hubgesteuerten Pressen, zunehmend mit numerischen Meßsteuerungen in vollautomatisierten Anlagen.

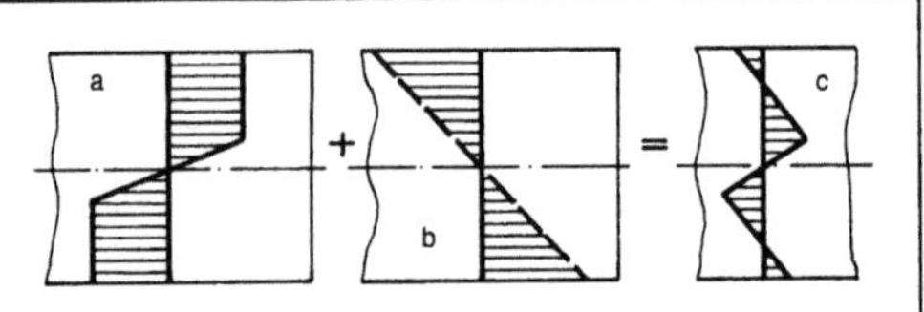

Biegerichten 1: Entstehung der Restspannungen beim Biegen.

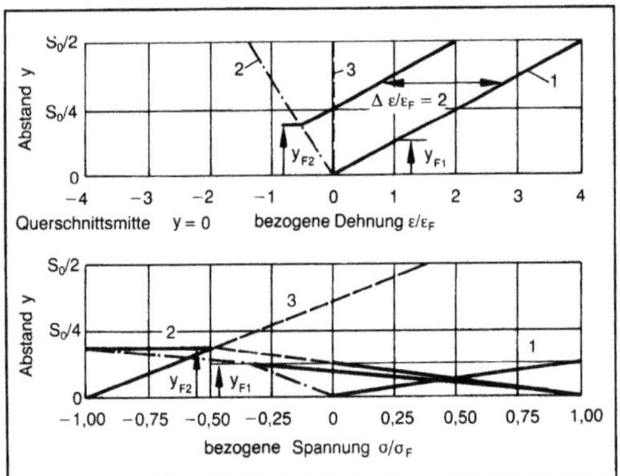

Biegerichten 2: Dehnungs- und Spannungsverlauf bei zweifachem Biegen (1, 2) und Entlasten (3).

Längere Blechbänder, Tafeln usw. werden durch →Walzrichten biegegerichtet. Dabei wird das Blech zwischen einer Anzahl versetzt angeordneter →Walzen mehrfach hin- und hergebogen, bis es eben ist (Bild 3). Die Anzahl der Walzen (5–30) richtet sich nach der Blechdicke, der Fließgrenze und dem E-Modul. Schwierig zu richten sind dünne Bleche mit hoher Fließgrenze und kleinem E-Modul. Mit zunehmender Walzenzahl werden die Restspannungen vermehrt abgebaut, so daß Ebenheit und nahezu Eigenspannungsfreiheit erreicht werden.

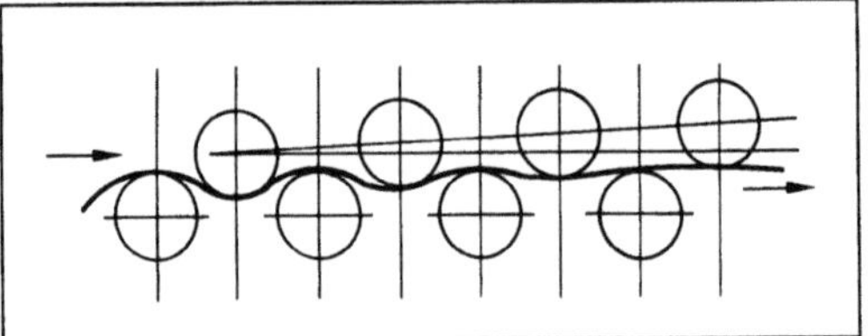

Biegerichten 3: Prinzip des Walzrichtens.

Während Bleche nur in einer bzw. zwei Ebenen gekrümmt sind und gerichtet werden, können Rundstäbe und Rohre wie auch andere Profile Krümmungen in unendlich vielen Ebenen aufweisen. Richteinrichtungen verfolgen stets das Prinzip des Dehnungs- und Spannungsabbaus durch Hin- und Herbiegen. Bild 4 zeigt verschiedene industrielle Walzrichtverfahren im Prinzip. Insgesamt haben die Biegerichtverfahren einen wichtigen Platz in der industriellen Produktion mit einem weiten Anwendungsbereich. *Lange*

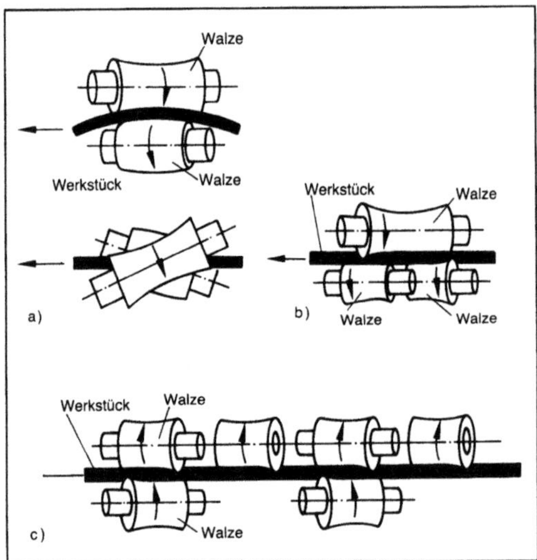

Biegerichten 4: Walzrichtverfahren für Stäbe und Rohre nach DIN 8586.
a) Walzrichten mit zwei Walzen
b) Walzrichten mit drei Walzen
c) Walzrichten mit sechs Walzen.

Literatur: *Pawelski, O.:* Richtkraft und Änderung des Stabdurchmessers beim Richten von Blankstahl in Dreiwalzen-Richtmaschinen. Stahl u. Eisen 82 (1962), S. 836/46. – *Schwark, H. F.:* Rückfederung an bildsam gebogenen Blechen. Diss. TH Hannover 1952. – *Witte, H.-D.:* Untersuchungen über das Walzrichten von Metallbändern mit symmetrisch angestellter Fünf-Walzen-Richtmaschine. Ber. Nr. 46. Inst. Umformtechn. Universität Stuttgart. Essen 1970.

Biegeumformen. B. ist nach DIN 8582 und DIN 8585 →Umformen eines festen Körpers, wobei der plastische Zustand durch eine Biegebeanspruchung erreicht wird. Diese ist für einen querkraftfrei gebogenen Blechstreifen durch einen über die Blechdicke s im Vorzeichen von Druck (Innenseite) nach Zug (Außenseite) bzw. Stauchung und Dehnung wechselnden Spannungs- bzw. Dehnungsverlauf gekennzeichnet (Bild 1). Wegen des elastischen Anteils an der Gesamtdehnung bei metallischen Werkstoffen läßt sich der vollplastische Biegezustand (d in Bild 1) nur näherungsweise erreichen. Es verbleibt eine elastische Schicht mit der Dicke $2y_F$ (c in Bild 1) um die mittlere Faser (teilplastisches Biegen). Für einen Werkstoff mit elastisch-idealplastischem Verhalten nach *Prandtl-Reuss* (c in Bild 1) errechnet sich das Biegemoment für querkraftfreies Biegen zu

$$M = \frac{1}{4}\,\sigma_F\,bs_0{}^2\left[1 - \frac{4}{3}\left(\frac{y_F}{s_0}\right)^2\right].$$

Es liegt dem Betrag nach zwischen dem Biegemoment für rein elastisches Biegen (a in Bild 1)

$$M_F = \frac{1}{6}\,\sigma_F\,bs_0{}^2$$

(bei Fließbeginn $\varepsilon_a = \varepsilon_F$) und dem Biegemoment für vollplastisches Biegen

$$M_{Vpl} = \frac{1}{4}\,\sigma_F\,bs_0{}^2 = 1{,}5\,M_F.$$

Die Verfahren des B. werden nach DIN 8582 in die Untergruppen B. mit geradliniger bzw. mit drehender Werkzeugbewegung eingeteilt. Insgesamt ergibt sich die in Bild 2 gezeigte Aufgliederung. Biegeverfahren haben eine hervorragende Bedeutung in zahlreichen Bereichen der Industrie. Für viele Anwendungen haben sich hochproduktive Sondermaschinen und Fertigungssysteme, auch flexible Fertigungssysteme, entwickelt und bewährt. *Lange*

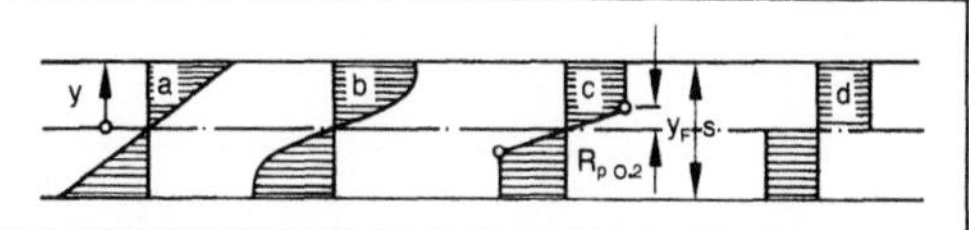

Biegeumformen 1: Dehnungen und Spannungen im Biegestreifen.

a) Dehnungsverlauf ($\varepsilon = y/r$)
b) Spannungsverlauf (schematisch)
c) Idealisierter Spannungsverlauf
d) Spannungsverlauf beim vollplastischen Biegen.

s Blechdicke, y Koordinate, y_F Abstand bis zur Fließgrenze, $R_{p0,2}$ 0,2 %-Dehngrenze, r Biegeradius

Literatur: *Lange, K.* (Hrsg.): Umformtechnik. Handb. f. Ind. u. Wiss. 2. Aufl. Bd. 3: Blechumformung. Berlin, Heidelberg, New York, Tokio 1990. – *Oehler, G.:* Biegen. München 1963. – *Proksa, F.:* Zur Theorie des plastischen Blechbiegens. Diss. TH Hannover 1958. – *Rechlin, B.:* Vergleichende Untersuchungen verschiedener Kaltbiegeverfahren für Bleche. Fortschr.-Ber. VDI R. 2 Nr. 18. Düsseldorf 1967. – *Spur, G.* (Hrsg.), u. *Th. Stöferle:* Handb. Fertigungstechnik. Bd. 2/3: Umformen–Zerteilen. München 1985.

Biegeversuch. Versuch mit zügiger Belastung zur Ermittlung der Biegefestigkeit und Verformungsfähigkeit bei weniger duktilen Werkstoffen (Guß- und Federwerkstoffe). Als technologischer B. (Faltversuch) dient er bei duktilen Werkstoffen dazu, das Umformvermögen eines metallischen Werkstoffs oder Halbzeugs bei den Bedingungen des Versuchs zu ermitteln. B. mit dynamischer Belastung: Umlauf-B., Wechselfestigkeit, Kerbschlag-B..

Der B. kann als Dreipunkt-B. (Bild 1) oder mit einer Belastung durch ein freies Biegemoment (Bild 2) durchgeführt werden. In der Regel wird der Dreipunkt-B. angewandt.

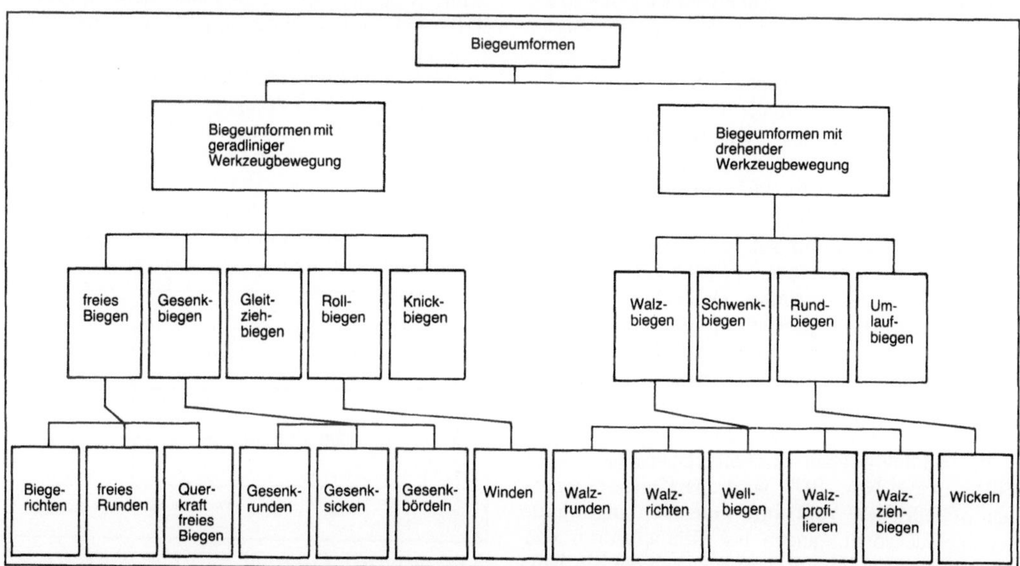

Biegeumformen 2: Einteilung der Biegeverfahren. (Quelle: DIN 8586)

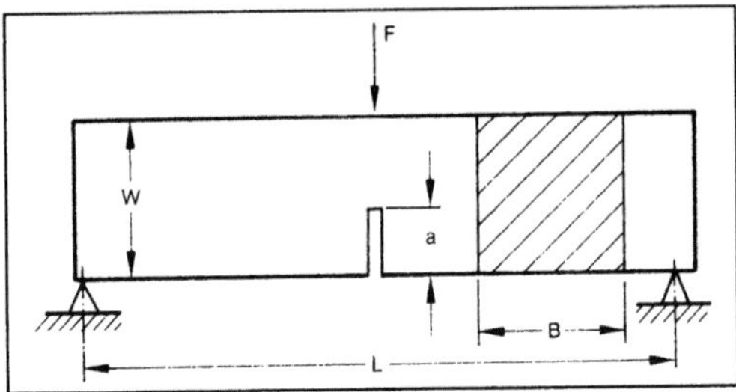

Biegeversuch 1: Dreipunktbiegeprobe.

F äußere Kraft, W Probenbreite, a Kerbtiefe, B Probendicke,
L Auflagerabstand

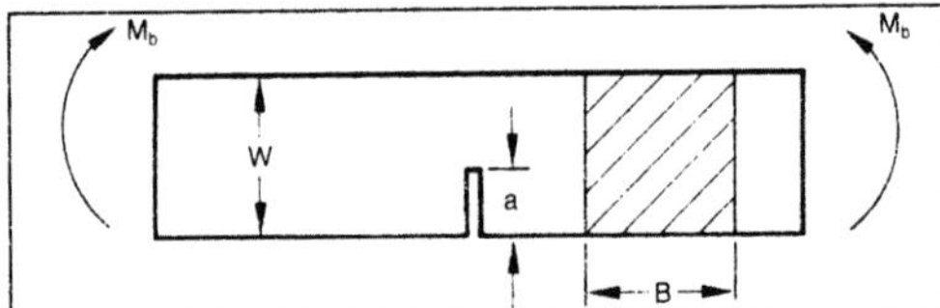

Biegeversuch 2: Mit freiem Biegemoment belastete Biegeprobe.

a Kerbtiefe, B Probendicke, W Probenbreite

Als Prüfkörper werden prismatische Proben mit oder ohne Kerbe, aber auch Rundstäbe sowie Halbzeuge und Normteile verwendet.

Die Biegefestigkeit σ_{bB} erhält man als Quotienten aus dem Biegemoment F L/4 und dem Widerstandsmoment der Probe.

Die Durchbiegung f der Probe wird in der Kraftwirkungslinie gemessen und wird im Moment des Probenbruchs zur Bruchdurchbiegung f_B.

Die Steifigkeit S (Durchbiegungsziffer) errechnet sich als Quotient aus der Biegefestigkeit und der Durchbiegung und entsprechend der Biegefaktor F_B als Quotient aus der Biegefestigkeit und der Zugfestigkeit (Bruchmodul).

Nicht homogene, weniger duktile Gußwerkstoffe erfordern die Verwendung von Proben, die der maßgeblichen Wanddicke des Bauteils angepaßt sind. Für Gußeisen sind die Prüfbedingungen in DIN 50110, Ausg. Feb. 1962, aufgeführt. An Blechen, Bändern und Streifen aus Federblech mit Dicken von 0,05–1,0 mm wird der Elastizitätsmodul und die Federbiegegrenze σ_{FB} nach E-DIN 50151, Ausg. März 1984, bestimmt. Die Federbiegegrenze gibt den Spannungswert an, bis zu dem der Werkstoff unter den in der Norm definierten Bedingungen gebogen werden darf, ohne daß eine bestimmte kleine bleibende Verformung überschritten wird.

Im technologischen B. (Faltversuch) nach DIN 50111, Ausg. Nov. 1977, wird das Umformvermögen metallischer Werkstoffe unter den angewandten Versuchsbedingungen bei Temperaturen von 18–28 °C geprüft. Die Probendicke soll bei Blechen, Bändern und Profilstäben der Dicke der Erzeugnis-

form entsprechen. Bei Dicken über 25 mm bzw. Durchmessern über 30 mm kann die Probe abgearbeitet werden. Bei der Versuchsdurchführung werden Auflagerabstand und Dicke Rundungsdurchmesser des Stempels sowie Auflagerrollendurchmesser gemäß den Angaben der Normen für die Technischen Lieferbedingungen (z. B. DIN 17100 für allgemeine Baustähle) ausgewählt und die Proben bis 180° Biegewinkel zügig gebogen. Bewertet wird der erreichte Biegewinkel, bei dem ggf. Anrisse aufgetreten sind.

Eine Verschärfung der Beanspruchung wird durch den Doppelfaltversuch (Taschentuchversuch) erzielt, bei dem die gefaltete Probe im rechten Winkel zur ersten Faltung ein zweites Mal gefaltet wird.

Im Ringfaltversuch an Rohren (DIN 50136, Ausg. Nov. 1979) werden Rohre mit Nennaußendurchmessern bis 400 mm (Stahl), 150 mm (Aluminium und -legierungen) bzw. 100 mm (Kupfer und -legierungen) und Nennwanddicken bis 15 % des Nennaußendurchmessers gemäß den Angaben der Technischen Lieferbedingungen (z. B. DIN 1629, Ausg. Okt. 1987, für nahtlose kreisförmige Rohre aus unlegierten Stählen für besondere Anforderungen) geprüft. Beim Versuch wird ein Rohrabschnitt senkrecht zur Rohrachse zwischen zwei Druckplatten bis zu einem bestimmten, von der Probengeometrie abhängigen Abstand zusammengedrückt oder bis zur Anrißbildung oder dem Bruch gefaltet. Berühren sich die Innenflächen des Rohrs mindestens zur Hälfte, so nennt man die Probe dichtgefaltet. Neben der Beurteilung des Verformungsverhaltens dient der Versuch dem Auffinden von makroskopischen Fehlern wie Schalen, Überlappungen, Rissen, Riefen und Doppelungen.

Im Aufschweiß-B. werden allgemeine Baustähle (DIN 17100) der Gütegruppe 3 in Dicken von 25–50 mm auf Sprödbruchunempfindlichkeit bzw. Schweißeignung geprüft. Hierbei wird in eine Probe von der Dicke des Erzeugnisses eine Nut (Bild 3) gefräst und bei 20 °C mit einem geeigneten Schweißzusatzwerkstoff in einer Lage überschweißt. Beim Biegen der Probe mit der Schweißraupe auf der Zugseite (Bild 4) darf sich kein Riß weiter als 20 mm in den Grundwerkstoff hinein erstrecken bzw. kein Sprödbruch auftreten.

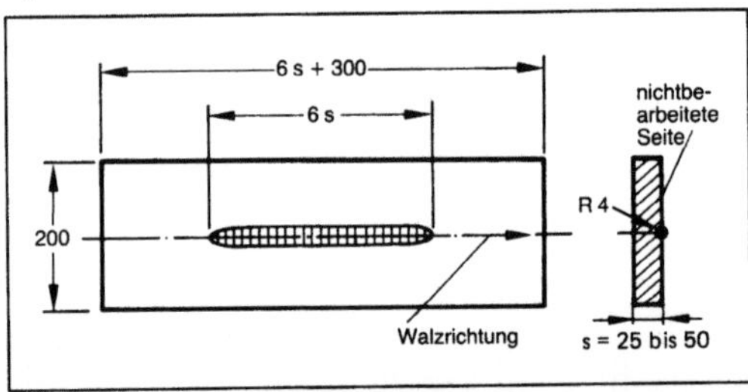

Biegeversuch 3: Probe für Aufschweißbiegeversuch. s Erzeugniswanddicke.

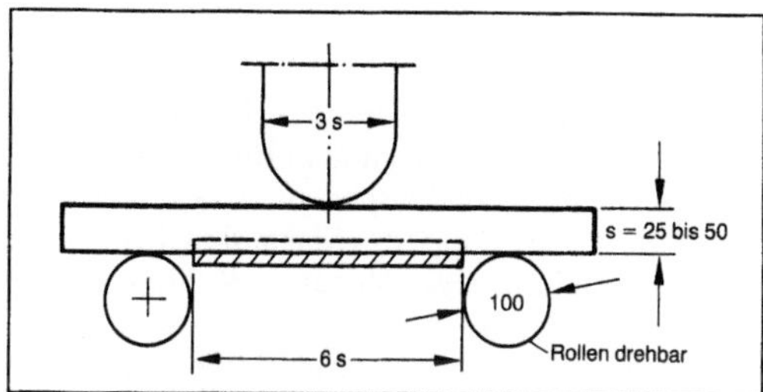

Biegeversuch 4: Aufschweißbiegeversuch.

Im technologischen B. an Schweißverbindungen (DIN 50121. Tl. 1: Schmelzschweißverbindungen, Tl. 2: Preßschweißverbindungen, Tl. 3: Schmelzschweißplattierungen, Ausg. Jan. 1978) wird die Verformbarkeit der Naht bei Beanspruchung abhängig von der Entnahmerichtung (Bild 5) geprüft.

Der Abkantversuch ist ein B. über Kanten mit definierten Radien. Hierbei kann ermittelt werden, über welchen kleinsten Radius sich ein Blech um 90° ohne Anriß biegen läßt.

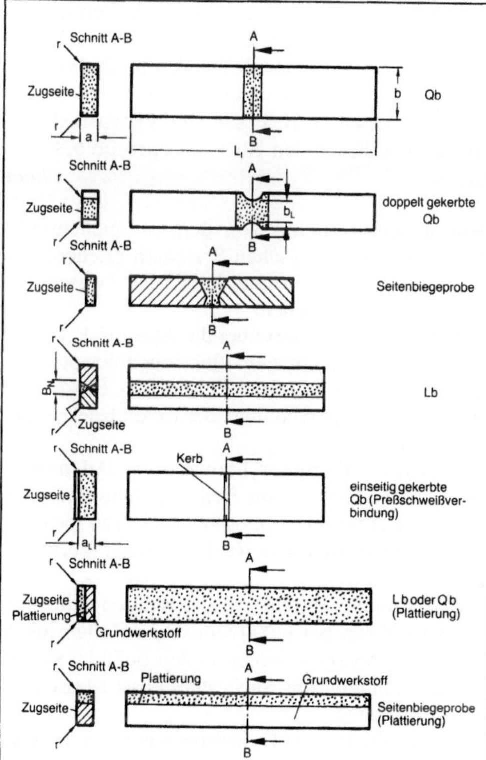

Biegeversuch 5: Proben für den technologischen Biegeversuch an Schweißverbindungen. (Quelle DIN 50121)

a Probendicke, b Probenbreite, a_L Ligamentdicke, b_L Ligamentbreite, L_t Probenlänge, r Kantenradius, Qb Querbiegeprobe, Lb Längsbiegeprobe

Der Hin- und Her-B. (DIN 50153, Ausg. Aug. 1979) wird in ähnlicher Form wie bei der Drahtprüfung auch für Bleche angewandt.

Außer an Proben werden B. auch an in profilierten Rollen gehaltenen Rohren, Kettengliedern, Schrauben, Nieten, Schraubenstahl, Muttern und anderen Normteilen (teilweise mit Zusatzkerben) durchgeführt. In jüngerer Zeit werden auch B. an Platten mit (großen) Bauteildicken durchgeführt (Großprobenprüfung, Größeneinfluß). Unter anderen werden bei Korrosionsuntersuchungen Drei-Punkt-Biegeproben wie die WOL-Probe (engl. wedge open loaded specimen) eingesetzt.

Zum Nachweis ausreichender Verformbarkeit im Zuge der Herstellung können Warm-B. zwischen 700° und 1100 °C (Rotbruchgebiet) durchgeführt werden, die bei geringer Duktilität Rückschlüsse auf Schwefel- und Sauerstoff- oder auch den Arsengehalt zulassen (Alterungsversuch). *Kußmaul*

Literatur: DIN 17100: Allgemeine Baustähle; Gütenorm. Hrsg. Dt. Inst. für Normung. Ausg. Jan. 1980.

Bilanzlinie →Arbeitsdiagramm (Trennverfahren), →McCabe-Thiele-Diagramm

Bindemechanismus. Beim →Agglomerieren und →Granulieren haften die Partikel im einfachsten Fall durch Van-der-Waals-Kräfte lose aneinander, bei Zugabe von wäßrigen, wenig viskosen Flüssigkeiten zunächst durch Kapillarwirkung der Zwickelflüssigkeit und nach dem Austrocknen durch feste Feststoffbrücken infolge der Löslichkeit an den benetzten Stellen und z. T. auch durch Sinterbrücken, letzteres in Verbindung mit höheren Drücken beim Granulieren. Je nach dem Preßdruck beim Granulieren und der Feinheit der Teilchen erhält man wie z. B. bei Tabletten oder Briketts Festigkeiten 10^4–10^5 Pa des Granulats. *Muschelknautz*

Binodalkurve. Die B. ist die Begrenzungslinie zwischen einem Zweiphasengebiet und einem Gebiet vollständiger Mischbarkeit in einem Dreistoffgemisch (→Dreieckskoordinate). Das Bild zeigt ein ternäres System mit einer Mischungslücke. Fällt die Gesamtzusammensetzung in das Zweiphasengebiet (Punkt P), so zerfällt die Mischung in zwei Phasen, z. B. in eine Gas- und eine Flüssigkeitsphase (Punkt P′ und P″). Die Verbindungslinie der koexistierenden Phasen nennt man Konnode. Die B. ist der Ort aller Gleichgewichtszusammensetzungen des Systems, wenn der Druck und die Temperatur gegeben sind. Sie verbindet alle Konnodenpunkte miteinander (→Konjugationslinie). Der Teil der B., der der flüssigen Phase zugewandt ist, wird bei Gas-Flüssig-Systemen auch mit →Siedelinie bezeichnet und der der gasförmigen Phase zugewandte Teil mit →Taulinie. Die beiden Teile werden durch den kritischen Punkt (plait point) voneinander getrennt. *Dohrn*

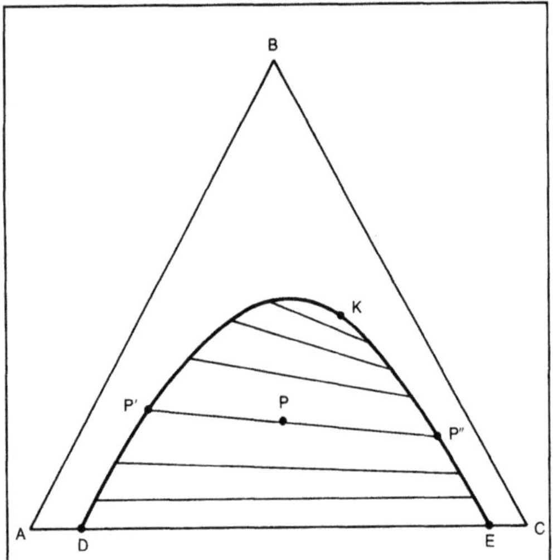

Binodalkurve DP'KP''E eines Dreistoffgemisches.

Biodegradation. Die Eigenschaften von Biomaterialien können sich bei Kontakt mit Blut durch chemische und durch physikalische Prozesse verschlechtern. Besonders ausgeprägt wurde dies bei Polymeren, also Kunststoffen, beobachtet. Die Verringerung der mechanischen Festigkeit durch Quellvorgänge (Eindringen von Wasser oder Fetten) oder die Versprödung durch das Auswaschen von Weichmachern sind typische physikalisch bedingte Abbauprozesse. Von den chemischen Abbauprozessen sind vor allem der hydrolytische und der oxidative Abbau (Degradation) zu nennen.

Daneben können Enzyme (d. h. aktive Proteine) tief in den Kunststoff eindringen und dabei die Polymerketten spalten. Schließlich lassen sich Polymere auch durch die Sterilisation in ihren Eigenschaften beeinträchtigen.

Die B. kann durchaus erwünscht sein, wie z. B. bei chirurgischem Nahtmaterial. Hier ist das Ziel, daß der verwendete Kunststoff nach einer definierten Zeit möglichst vollständig abgebaut wird. Für die Mehrzahl der Anwendungen ist die B. jedoch unerwünscht.

Bei mechanisch stark beanspruchten Kunststoffen, wie z. B. dem Schlauch der →Rollerpumpe, wurde gelegentlich auch Abrieb beobachtet, der sich im Gewebe ablagern kann. Bei Metallen ist der wichtigste Abbauprozeß die Korrosion.

Bei der elektrolytischen Korrosion der Metalle in Kontakt mit z. B. Blut gehen Metallionen in Lösung, oder es bilden sich schwerlösliche Verbindungen (z. B. Metalloxide).

Besonders kritisch ist die gleichzeitige Anwesenheit zweier (oder mehrerer) verschiedener Metalle, da es dann zur Bildung eines galvanischen Elements kommt. Dies kann allerdings bereits infolge chemischer oder struktureller Inhomogenitäten in einem Material auftreten (Lokalelement). Die Korrosion wird be- oder verhindert, wenn sich stabile Oxidschichten bilden (Passivierung). Die gute Korrosionsbeständigkeit von Titan in Blut ist hierfür ein Beispiel. Ein Gegenbeispiel ist Magnesium. Der Käfig einer Herzklappe aus Magnesium löste sich in Blut innerhalb weniger Monate vollständig auf. Es kommt hinzu, daß mechanisch wechselnd beanspruchte Implantate, wie die erwähnte Herzklappe, zu feinsten Rissen an der Oberfläche (Haarrisse) neigen, die dann für Korrosion besonders empfindlich sind.

Ein Grund für die Verwendung keramischer Werkstoffe als →Biomaterial ist ihre hohe Resistenz gegen Abbau durch chemischen oder enzymatischen Angriff. Jedoch wurde beobachtet, daß im Kontakt mit Blut und unter gleichzeitiger statischer oder dynamischer Beanspruchung die mechanische Festigkeit abnimmt. Auch dürften Mikrorisse, in die Wasser eindringen kann, die Ursache sein.

Abbauprozesse am isotropen Kohlenstoff (Biomaterialien) sind bisher nicht berichtet worden. Diese Tatsache begründet zusammen mit den hervorragenden mechanischen Eigenschaften und der guten →Biokompatibilität die besondere Bedeutung des pyrolytischen Kohlenstoffs als Biomaterial. Allerdings kann er im Verbund mit weniger edlen Metallen (z. B. bestimmte Typen rostfreien Stahls) bei diesen den Korrosionsprozeß beschleunigen. *Chmiel*

Bioenergetik. Lehre von den energieliefernden Prozessen in biologischen Systemen (Zellen). Die Energiegewinnung in einer Zelle ist in 2 wesentliche Prozesse zu unterteilen:

□ Elektronentransport über die Atmungskette vom Substrat zum terminalen Elektronenakzeptor (bei aeroben Zellen Sauerstoff). Mit dem Elektronentransport ist eine Abnahme der freien Energie $\Delta G°$ verbunden.

□ Oxidative Phosphorylierung von Adenosindiphosphat (ADP), um die freigewordene Energie in Form von Adenosintriphosphat (ATP) zu speichern und für biosynthetische Reaktionen zur Verfügung zu stellen.

Die Atmungskette ist an der inneren Mitochondrienmembran bei eukaryontischen Zellen lokalisiert, bei prokaryontischen Zellen befindet sie sich an der Zellmembran. Sie besteht aus 4 Klassen von Redoxenzymen:

□ pyridinabhängige Dehydrogenasen, mit NAD oder NADP als Coenzym,

□ flavinabhängige Dehydrogenasen mit Flavin-Adenin-Dinukleotid (FAD) oder Flavin-Adenin-Mononukleotid (FMN) als prosthetischer Gruppe,

□ Eisen-Schwefel-Proteine,

□ Cytochrome mit Eisen-Porphyrinen als prosthetischer Gruppe.

Außerdem ist auch noch Ubichinon (Coenzym Q) am Elektronentransport beteiligt. Bei den Elektronenübertragungsreaktionen in der Atmungskette werden vom NADH bis zum Sauerstoff drei Moleküle ATP regeneriert. *Liefke*

Literatur: *Lehninger, A. L.:* Biochemie. 2. Aufl. Weinheim 1983.

Biofilm. Bezeichnung für eine ein- oder mehrlagige Schicht von Mikroorganismen, tierischen oder pflanzlichen Zellen auf einem Trägermaterial. B. sind das Resultat der →Immobilisierung von Organismen auf Trägern. Die bewachsenen Träger werden als Festbett oder suspendiert eingesetzt (→Oberflächenreaktor, →Biofilter). *Liefke*

Literatur: *Andrews, G. F.,* u. *J. P. Fonta:* Biofilms on adsorbent Particles. In: Bioreactor Immobilized Enzymes and Cells. M. Moo-Young (Hrsg.). New York 1988.

Biofilter. Apparat zur Entfernung unerwünschter Komponenten aus Gasströmen und gleichzeitigem biologischem Abbau dieser Stoffe.

B. bestehen aus einer Füllkörperschüttung, die mit Mikroorganismen bewachsen ist. Der Gasstrom wird durch die mit Nährmedium berieselte Schüttung geleitet. Schad- und Geruchsstoffe werden absorbiert und von den Organismen abgebaut. Als Füllkörper und Organismenträger werden natürliche Materialien wie Torf oder Tannenreisig oder speziell gefertigte Körper aus Kunststoffen, Ton, Glas oder keramischen Werkstoffen verwendet. Eine Vielzahl flüchtiger oder gasförmiger Stoffe kann man durch verschiedene Organismen zu Biomasse und Kohlendioxid abbauen (→Schadstoffabbau, biologischer; →Biowäscher). *Liefke*

Biokompatibilität. Ein ideal biokompatibles Material induziert weder in dem biologischen Medium, mit dem es in unmittelbarem Kontakt steht, noch in dem biologischen Gesamtsystem Schädigungen. Diese Schäden können toxischer, allergischer, infektiöser, onkogener (bösartiger) Natur sein und als Sofortreaktion oder als Spätreaktion eintreten. Die Beurteilung der B. eines Fremdmaterials erfolgt an Hand der Beurteilung und Messung verschiedener Eigenschaften, der B.-Parameter (Bild). *H. Schneider*

Biomasserückführung. Bei verschiedenen Prozessen in der Bioverfahrenstechnik wird dem →Bioreaktor während der Kultivierung Fermentationslösung zur Produktabtrennung entzogen. Die aktive aufkonzentrierte Biomasse wird dem Prozeß wieder zugeführt, um bei gleichzeitiger Zufuhr von Substraten die biologische Aktivität im Reaktor nicht zu verringern oder die Konzentration der Organismen zu erhöhen.

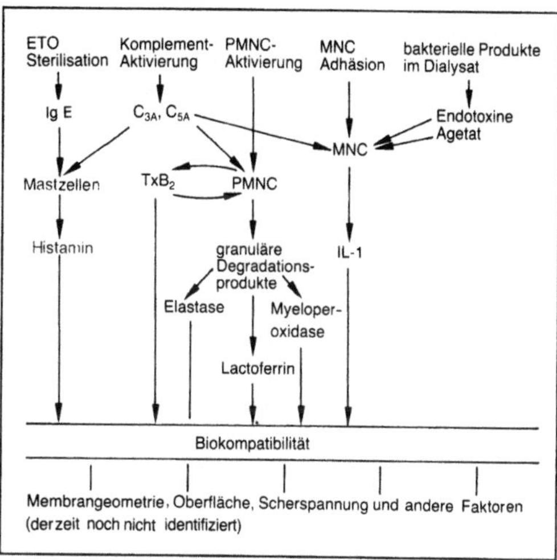

Biokompatibilität: Einflüsse.

ETO Ethylenoxid, IgE Immunglobulin E, C_{3A} Komplementfraktion C_{3A}, C_{5A} Komplementfraktion C_{5A}, PMNC polymorphonukleäre Zellen, TxB_2 Thromboxan B_2, MNC mononukleäre Zellen, IL-1 Interleukin-1.

Die Fermentationslösung wird nach Entnahme aus dem Bioreaktor über Filter, z. B. Querstromfiltrationsmodule, oder Zentrifugalseparatoren, geklärt und die eingedickte Biomasse in den →Fermenter rückgeführt. Besonders aufwendig ist die B. bei sterilen Prozessen, da dann die gesamte Peripherie zum Abtrennen der Biomasse ebenfalls unter sterilen Bedingungen arbeiten muß. Anwendbar ist die B. beim Gewinnen von Produkten, die von den Organismen an die flüssige Phase abgegeben werden. Eine Alternative zur B. ist die →Biomasserückhaltung direkt im Reaktor (→Aufarbeitung biotechnologischer Produkte). *Liefke*

Biomasserückhaltung. Bei verschiedenen Prozessen in der Bioverfahrenstechnik wird dem →Bioreaktor zur Produktgewinnung oder zum Austausch von Nährlösung Kulturflüssigkeit entzogen. Die kultivierten Organismen verbleiben dabei im Reaktor. Dies wird durch konstruktive Maßnahmen zur Fixierung der Organismen im Kulturgefäß oder die Entnahme der Flüssigkeit über eine im Reaktor befindliche Abscheidevorrichtung erreicht.

Die Fixierung der kultivierten Organismen kann auf Einbauten im Bioreaktor erfolgen. Eine andere Möglichkeit ist die →Immobilisierung der Organismen auf Trägern und Kultivierung in Festbett- oder Wirbelschichtreaktoren. Bei Einsatz einer Abscheidevorrichtung werden die Organismen durch Membranen oder andere Filtrationssysteme, die in die Kulturlösung eintauchen, im Reaktor zurückgehalten.

Eine Alternative zur B. ist die →Biomasserückführung. *Liefke*

Biomassetrocknung. Verschiedene Produktionsverfahren in der Biotechnologie erfordern eine Trocknung der Biomasse, die meist nach Abtrennen der flüssigen Mediumsbestandteile durch →Filtrieren oder Zentrifugieren geschieht. Das Ziel ist, die Mikroorganismen selbst (Einzellerprotein, Trockenhefe) oder deren Bestandteile zu gewinnen (Proteine, Lipide, Peptide oder Aromastoffe); (→Aufarbeitung biotechnologischer Produkte).

Die Trocknung wird in verfahrenstechnisch geläufigen Trocknertypen wie Zerstäubungstrockner, Wirbelschichttrockner, Stromtrockner oder Drehrohrtrockner durchgeführt. In neuerer Zeit findet auch die Gefriertrocknung vermehrt Anwendung. In der fermentativen Analytik wird die B. zum Bestimmen der Zellmasse als Trockengewicht in der Kulturlösung angewandt.   *Liefke*

Biomaterial. B. sind Werkstoffe, die Ersatzfunktionen natürlicher Gewebe übernehmen. Man unterscheidet zwischen einem vorübergehenden oder temporären Ersatz einer Organfunktion (Organunterstützungssystem) und dem permanenten Organersatz (Implantat).

Beispiele für den temporären Ersatz sind Blutpumpe, Ballonpulsation, künstliche Niere, →Hämoperfusion und →Oxygenator. Für den permanenten Einsatz sind dies Herzklappen, Gefäßersatz, Gelenkprothese, Zahnersatz und Totalherzersatz.

Verständlicherweise sind die Anforderungen an ein B. für den permanenten Einsatz höher als für den temporären. Generell sollten B. den physiologischen Eigenschaften der natürlichen Gewebe soweit wie möglich nahekommen. Dazu müssen folgende Anforderungen erfüllt werden:

1. Technische Funktionsfähigkeit: B. müssen die Materialeigenschaften aufweisen, die für die bloße Erfüllung der technischen Funktion des Gewebes erforderlich sind, wie z. B. Abriebfestigkeit bei Gelenkprothesen, aderngleiche Dehnbarkeit bei Gefäßprothesen oder ausreichende Sauerstoffdurchlässigkeit beim →Membranoxygenator. Da von verschiedenen Geweben unterschiedliche Funktionen erfüllt werden müssen, werden Werkstoffe aus ganz verschiedenen Materialien eingesetzt.

2. Biostabilität: Das B. darf durch das biologische Milieu nicht geschädigt werden, d. h. es darf keiner →Biodegradation unterliegen. Verantwortlich für die speziellen Abbaumechanismen im biologischen Milieu sind physikalische und chemische Prozesse und schließlich Enzyme, das sind aktive Eiweißmoleküle.

3. Bioverträglichkeit bzw. →Biokompatibilität: Das B. darf das biologische System nicht beeinträchtigen. Die Bioverträglichkeit beinhaltet verschiedene Einzelforderungen an das zu verwendende Material wie z. B. keine Thrombusbildung, keine Zerstörung von Blutzellen, keine toxischen, entzündlichen oder allergischen Reaktionen, keine Immunreaktionen, keine Zerstörung des angrenzenden Gewebes, keine Veränderungen am Bluteiweiß u. a.

4. Sterilisierbarkeit: Die Forderung der Sterilisierbarkeit als Voraussetzung dafür, daß eine Infektion durch das Einbringen des B. in das biologische Milieu unter allen Umständen vermieden werden muß, versteht sich von selbst. Da sich aber von den verschiedenen zur Verfügung stehenden →Sterilisationsverfahren bei den Medizinern die Heißdampfsterilisation zunehmender Beliebtheit erfreut, bedeutet dies vor allem bei der Verwendung von Kunststoff als B. ein wichtiges zusätzliches Kriterium.

Die Anforderungen an B. lassen sich oft nicht völlig voneinander trennen. So kann etwa der Abbau des Materials durch das biologische Milieu (Biodegradation) zu toxischen Abbauprodukten führen und so die Primärursache für unzureichende Bioverträglichkeit bilden. Man muß sich dabei vor Augen halten, daß eine biologische Flüssigkeit wie Blut durch ihren Gehalt an gelösten Gasen, Salzen, Fetten, Eiweißen und nicht zuletzt Wasser verschiedene Werkstoffe durch unterschiedliche Mechanismen angreifen und auf die Dauer schädigen kann.

Es ist nicht immer möglich, den verschiedenen Kategorien von Anforderungen an ein B. durch einen einheitlichen Werkstoff Rechnung zu tragen. Wie in der Technik bei komplexeren Anwendungsprofilen wird man auch bei B. dann Verbundwerkstoffe einsetzen. Da sich die Forderungen 1 und 4 vorwiegend auf das Innere des B., die Forderung 3 vorwiegend auf die Oberflächeneigenschaften beziehen und auch die Forderung 2 weitgehend Oberflächeneigenschaften tangiert, wird das Verbundkonzept häufig durch →Oberflächenmodifikation realisiert.

Entsprechend den vielseitigen Einsatzgebieten ist auch das Spektrum der verwendeten Materialien breit. Die wichtigsten Materialgruppen sind Kunststoffe, Metalle, Keramiken und Kohlenstoff in verschiedenen Modifikationen.

Die am häufigsten als B. verwendeten Kunststoffe sind Polysiloxane als Oxygenatormembranen, Polyurethane im Gefäßersatz und Totalherzersatz, Polypropylen im →Gelenkersatz, als chirurgisches Nahtmaterial und für Herzklappen, HEMA und Acrylamid als Gelschichten bei der Oberflächenmodifikation und für Kontaktlinsen, Polyethylen als Pfannen von künstlichen Gelenken und Polytetrafluorethylen als Herzklappen- und mikroporöse Gefäßprothesen (Gefäßersatz).

Metalle werden vorwiegend für orthopädische Implantate und bei Herzklappen verwendet. Neben rostfreien Stählen werden als Gelenkprothesen hauptsächlich Legierungen auf der Basis Cobalt-

Chrom verwendet. Reines Titan und Titanlegierungen gelten als besonders bioverträglich und als im biologischen Milieu korrosionsfest. Sie finden daher als Kanülen und als Herzklappenersatz Verwendung.

Die Korrosion ist bei Metallen im biologischen Milieu der Prozeß, der die Bioverträglichkeit am stärksten beeinträchtigen kann. Zu beachten ist insbes., daß eine Reihe von Metallen (z. B. Kupfer, Aluminium und Silber) mit den in biologischen Flüssigkeiten vorhandenen Eiweißen chemische Verbindungen eingehen, die toxisch sind. Entsprechende Reaktionen sind die Folge.

Keramische Materialien, wie z. B. Aluminiumoxid und Glaskeramik, werden wegen ihrer Verschleißfestigkeit teilweise im Gelenkersatz verwendet. Calciumaluminat ermöglicht wegen seiner porösen Struktur das Einwachsen von Knochen.

Ein besonders wichtiges B. ist der LTI-Kohlenstoff (Low Temperature Isotropic), auch pyrolytischer Kohlenstoff genannt. Er scheidet sich bei ca. 1300 °C im Fließbettverfahren aus Kohlenwasserstoff-Edelgas-Gemischen auf entsprechend vorbereiteten Oberflächen ab. Dabei bilden sich feinste Kristallite mit enorm hoher Biege- und Verschleißfestigkeit. Daneben zeichnen sich mit einem derartigen Material beschichtete Oberflächen durch hervorragende Bioverträglichkeit aus. Entsprechend vielseitig sind dessen Anwendungen. Kieferimplantate, Herzklappen und elektrische Hautdurchführungen sind mit LTI-Kohlenstoff beschichtet. Das Material kann durch Vakuumbeschichtungsverfahren wie Elektronenstrahlverdampfen oder Kathodenzerstäuben (Bild) auf Kunststoffe aufgebracht werden (Oberflächenmodifikation). Vor allem das Anhaften von Bluteiweißen (Fouling) auf Oberflächen kann dadurch beträchtlich reduziert werden. Große Hoffnungen werden daher in dieses Verfahren zur Beschichtung von Membranen gesetzt.

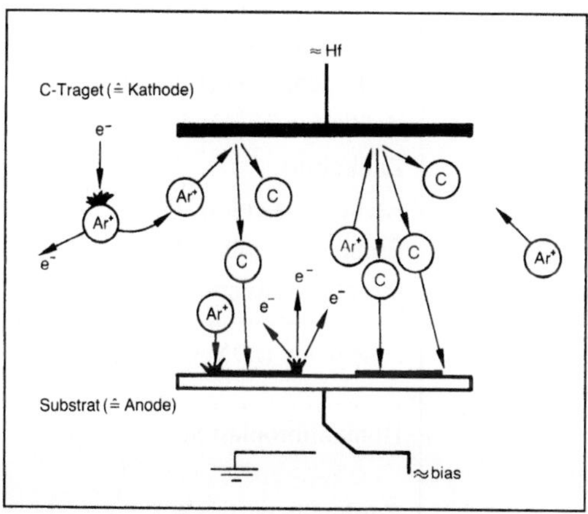

Biomaterial: Schema von Kathodenzerstäuben.

Die Charakterisierungsmethoden von B. sind in den letzten zehn Jahren immer mehr verbessert worden, ohne daß man sie heute bereits als voll befriedigend ansehen könnte. *Chmiel*

Literatur: *Chmiel, H.,* u. *H. Bauser:* Surface Modification of Biomaterials.

Bioprozeß. Oberbegriff für Verfahren zur Stoffumwandlung mit Biokatalysatoren (Enzyme oder Zellen). B. (→Aufarbeitung biotechnologischer Produkte, →Bioreaktor) lassen sich in 5 Gruppen unterteilen:

☐ Verfahren der Umweltbiotechnologie (Abwasser- und Abgasreinigung, Bodendekontamination): unsterile Prozeßführung,

☐ Verfahren der Nahrungsmittelherstellung (Hefeproduktion, Bier-, Käse-, Weinherstellung): sterile und unsterile Prozeßführung,

☐ Gewinnen von Pharmaka, Carbonsäuren, Lösungsmitteln, Einzellerprotein, Enzymen, Aminosäuren: sterile Prozeßführung,

☐ Verfahren zum Kultivieren von Säugerzellen für die Produktion hochwertiger Pharmawirkstoffe: sehr hohe Anforderungen an sterile Prozeßbedingungen,

☐ Wirkstoffproduktion mit rekombinanten Zellen: sehr hohe Anforderungen an sterile Prozeßbedingungen und biologische Sicherheit des Systems.

Ein Teil der erwähnten Verfahren, die Produktion von Carbonsäuren (Ausnahme Zitronensäure), Aminosäuren (Ausnahme Glutaminsäure) und Lösungsmitteln steht in erheblicher Konkurrenz zu klassischen petrochemischen Verfahren. In diesen Fällen setzen sich B. immer dann durch, wenn spezielle Anforderungen an das Produkt, wie optische Aktivität oder die Verwendung in der Nahrungsmittelindustrie, gestellt werden. Im Gegensatz zu konventionellen chemischen Verfahren werden B. als Einstufenprozesse durchgeführt. Trotz der hohen Selektivität des Biokatalysators werden in B. niedrigere Umsätze und Ausbeuten erzielt als in chemischen Prozessen. Zudem liegen die Produkte in B. in hochverdünnter, wäßriger Lösung vor, so daß sich umfangreiche Aufarbeitungsverfahren an den Reaktionsteil anschließen.

Ihre größte Bedeutung bezogen auf den Marktwert der Produkte haben B. für die Herstellung von Pharmawirkstoffen (Tabelle). Hier ist in den nächsten Jahren mit Zuwachsraten von mehr als 25 % zu rechnen, gegenüber 5–10 % bei den übrigen Produkten. *Liefke*

Literatur: *Bailey, J. E.,* u. *D. F. Ollis:* Biochemical Engineering Fundamentals. 2. Aufl. New York 1986. – *Onken, U., M. Hülscher* u. *E. Liefke:* Stand und Problembereiche der Bioverfahrenstechnik in der Bundesrepublik. Ber. Sozialforschungsstelle Dortmund 1988.

Bioprozeß. Tabelle: Biotechnologisch hergestellte Pharmawirkstoffe.

Produktgruppe	Wirkstoff	produzierender Organismus
Antibiotika	Cephalosporine	Cephalosporium acremonium
	Gentamicin	Mikromonospora purpurea
	Erythromycin	Streptomyces erythreus
	Penicillin	Penicillium chrysogenum
	Streptomycin	Streptomyces griseus
	Tetracycline	Streptomyces aureofaciens
Cytostatika	L-Asparaginase	Escherichia coli
	Adriamycin	Streptomyces peucetius
	Daunorubicin	Streptomyces coeruleo-rubidus
	Mitomycin	Streptomyces caespitosus
Alkaloide	Ergotamin	Claviceps purpurea
	Ergotoxine	Claviceps purpurea
	Ergometrin	Claviceps fusiformis
	Agroclavin	Claviceps fusiformis
	Elymoclavin	Claviceps fusiformis
	Lysergssäurederivate	Claviceps paspali
Steroidhormone (teilsynthetisch)	Hydrocortison	Curvularia lunata
	Prednisolon	Corynebacterium simplex
	11α-Hydroxyprogesteron	Rhizopus nigricans
Vitamine	Riboflavin (B_{12})	Ashbya gossypii
	L-Ascorbinsäure (Teilschritt: Sorbit – Sorbose)	Acetobacter suboxydans
monoclonale Antikörper		Maus/Maus-Hybridoma-Zellen
Pharmaproteine	epidermaler Wachstumsfaktor	unbekannt
	Gewebeplasminogenaktivator (TPA)	Escherichia coli (rDNA)
	Insulin	Escherichia coli (rDNA)
	Interferon-α	Escherichia coli (rDNA)
	Interferon-β	Zellkultur
	Urokinase	Zellkultur
	Erythropoietin	Escherichia coli (rDNA)
	Tumor-Nekrosis-Faktor (TNF)	Escherichia coli (rDNA)
	Streptokinase	Streptococcus sp.
Vakzine	Hepatitis B	Hefezellen (rDNA)
	Masern	
	Röteln	Humanfibroplasten
	Mumps	
	Keuchhusten	Bordetella pertussis

Bioreaktor. Der B. ist der Mittelpunkt jeder biotechnologischen Produktionsanlage. In ihm werden die eingesetzten Substrate mit Hilfe von Mikroorganismen, tierischen oder pflanzlichen Zellen oder isolierten Enzymen zu den gewünschten Produkten umgesetzt. Das Reaktorsystem soll den kultivierten Organismen optimale Bedingungen für Wachstum und Produktbildung bieten und diese mit allen erforderlichen Nährstoffen versorgen. Gleichzeitig muß ein Maximum an Prozeßsicherheit bei möglichst niedrigen Betriebs- und Investitionskosten gewährleistet sein.

Prinzipiell lassen sich 3 Klassen von aeroben Reaktoren unterscheiden:

□ mechanisch durchmischte Reaktoren (→Rührreaktor);

□ pneumatisch durchmischte Reaktoren (→Airlift-Reaktor, →Blasensäulenreaktor, →Deep-Shaft-Reaktor, →Tauchstrahlreaktor);

□ Reaktoren für trägerfixierte Zellen (→Oberflächenreaktor, Rieselfilmreaktor, Festbettreaktor, Wirbelbettreaktor).

Außerdem existieren verschiedene Varianten für anaerobe Prozesse (→Reaktor, anaerober).

B. werden nicht speziell für ein Produktionsverfahren entwickelt. Daher steht die Flexibilität des Reaktorsystems im Vordergrund. Am weitesten verbreitet ist der Rührreaktor. Auf Grund seiner guten Stoffaustausch- und Durchmischungsleistung läßt er sich universell für viele Prozesse mit Bakterien und Pilzen einsetzen.

B. mit pneumatischer Durchmischung haben einen geringeren Energiebedarf, sind jedoch nicht so variabel einsetzbar. Sie werden bei der Produktion von Massenprodukten mit geringerer Wertschöpfung in für einen speziellen Prozeß gebauten Produktionsanlagen eingesetzt, z. B. Einzellerproteingewinnung. Zunehmend erlangen pneumatisch durchmischte Reaktoren Bedeutung bei der Kultivierung von Zellen, speziell tierischen Zellen, die die große mechanische Belastung in gerührten Reaktoren nicht vertragen.

Bei verschiedenen Prozessen ist zum Erlangen einer großen Raum-Zeit-Ausbeute eine hohe Zellkonzentration im Reaktor erforderlich. Dies ist entweder durch →Biomasserückführung, →Biomasserückhaltung oder den Einsatz von trägerfixierten Organismen in speziellen Ausführungen der oben genannten Reaktoren zu erreichen. Entsprechende Systeme werden bei der Kultivierung von adhärenten, d. h. nur auf Oberflächen wachsenden, Zellen verwendet.

Das Ziel neuerer Entwicklungen von B.-Systemen ist die Integration von Vorrichtungen zur Produktabtrennung und -isolation direkt in den Reaktionsraum, z. B. über semipermeable Membranen. Dies ist von Vorteil beim Gewinnen zersetzungsempfindlicher oder die Produktbildung inhibierender Substanzen.

B. sind ausgehend von den Reaktoren für konventionelle chemische Prozesse entwickelt worden. Sie unterscheiden sich durch konstruktive Änderungen im Detail, um die Anforderungen einer sterilen Prozeßdurchführung zu erfüllen. So dürfen z. B. keine Toträume an Dichtungen, Rohranschlüssen und Blindflanschen vorhanden sein. Dichtungen werden grundsätzlich als O-Ring-Dichtungen ausgeführt. Alle Werkstoffe müssen dampfsterilisierbar sein (→Sterilisation, thermische). Mediumsberührte Oberflächen werden elektropoliert. Darüber hinaus gibt es eine Vielzahl von Armaturen und speziellen Bauteilen für sterile Prozesse. Bis heute existiert keine einheitliche Norm oder ein einheitliches Anforderungsprofil für die apparative Ausführung biotechnischer Anlagen. Verschiedene Apparatehersteller bieten unterschiedliche Problemlösungen an. Große Produzenten fermentativ gewonnener Produkte haben jedoch meist einen firmeninternen Standard etabliert.

Ein B.-System besteht neben dem eigentlichen B. aus einer umfangreichen Peripherie (Bild). Produktionsanlagen sind wesentlich umfangreicher und aufwendiger konstruiert und instrumentiert. Im Labormaßstab werden die optimalen Kultivierungsbedingungen erarbeitet. Hier werden Temperatur, pH-Wert und Substratzusammensetzungen ermittelt. Diese Bedingungen müssen auf den Produktionsfermenter übertragen werden. Außer den erforderlichen Einrichtungen zum Steuern des Prozesses über Substrat- und Korrekturmittelzugaben und ggf. Abzug vom Kulturmedium bei kontinuierlich betriebenen Fermentationen sowie zur →Schaumkontrolle muß man besondere Aufmerksamkeit der Maßstabvergrößerung von B. widmen. Bei kleinen Laboranlagen läßt sich von einer homogenen Durchmischung des Reaktorinhalts ausgehen. In Großreaktoren treten jedoch unvermeidlich Gradienten innerhalb des Reaktionsvolumens auf, die fast immer zu einer Verringerung der Produktausbeute führen. Durch geeignete Konstruktion

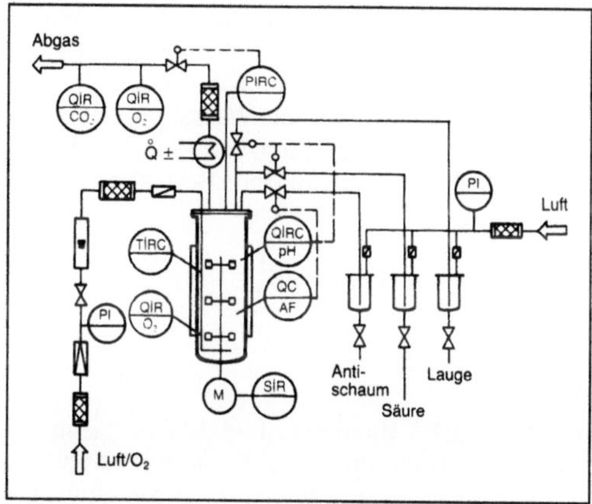

Bioreaktor: Bioreaktorsystem (Schemaskizze).

sind diese Gradienten möglichst gering zu halten, da biologische Verfahren nur in einem engen Toleranzbereich maximale Ausbeute liefern. Die Einhaltung der Prozeßbedingungen ist Aufgabe der Prozeßführung. In biotechnischen Produktionsanlagen nehmen neben dem B.-System die Einrichtungen für die Aufarbeitung der Produkte aus der Fermentationslösung einen großen Raum ein ($\rightarrow$Aufarbeitung biotechnologischer Produkte). *Liefke*

Literatur: *Bailey, J. E.*, u. *D. F. Ollis:* Biochemical Engineering Fundamentals. 2. Aufl. New York 1986. – *Crueger, W.*, u. *A. Crueger:* Biotechnologie – Lehrb. angewandte Mikrobiologie. München 1989. – *Moo-Young, M.*, u. *H. W. Blanch:* Transport Phenomena and Bioreactor Design. In: Basic Biotechnology. *J. Bu'Lock, B. Kristiansen* (Hrsg.). New York 1987. – *Schügerl, K.*, u. *W. Sittig:* Bioreactors. In: Fundamentals of Biotechnology. *P. Präve* u. a. (Hrsg.). Weinheim 1987.

Biostabilität $\rightarrow$Biodegradation

Biowäscher. Vorrichtung zum Entfernen von Schad- oder Geruchsstoffen aus Gasströmen durch Einsprühen von Waschlösung und gleichzeitigem mikrobiellem Abbau dieser Substanzen durch in der Waschlösung enthaltene Organismen.

B. werden zur Abluftreinigung von Kompostierwerken, Abwasseranlagen und unterschiedlichen industriellen Produktionsprozessen eingesetzt. Abgebaut werden können z. B. niedere Fettsäuren, Phenole, Formaldehyd, Amine, Ketone und verschiedene C_1, C_2-Kohlenwasserstoffe ($\rightarrow$Biofilter, $\rightarrow$Schadstoffabbau, biologischer). *Liefke*

Blackman-Kinetik. Kinetischer Ansatz zur Beschreibung der Reaktionsgeschwindigkeit einer enzymkatalysierten Reaktion oder einer Sequenz derartiger Reaktionen in Abhängigkeit von der Substratkonzentration. Der Ansatz nach *Blackman* wird zur Korrelation des Zellwachstums mit der Substratkonzentration genutzt. Der Ansatz basiert auf der Beobachtung, daß bei definierten Umgebungsbedingungen die Wachstumsrate von Mikroorganismen auch bei Überschuß an Substrat einen maximalen Wert nicht übersteigen kann. Sofern ein Substrat limitierend ist, ist die Wachstumsrate direkt proportional der Substratkonzentration. Das Blackman-Modell wird durch folgende Beziehung wiedergegeben:

$$\frac{dX}{dt} = \left[\frac{\mu}{2} \cdot \frac{S_1}{K_1}\right] \cdot X \text{ für } S_1 < 2K_1,$$

$$\frac{dX}{dt} = \mu \cdot X \text{ für } S_1 \geq 2K_1,$$

mit X in $g \cdot l^{-1}$ Biomasse, t in h Zeit, μ in h^{-1} spezifische Wachstumsrate, S_1 in $g \cdot l^{-1}$ Substratkonzentration, K_1 Konstante; $K_1 = S_1$, wenn $\mu = 0,5\ \mu_{max}$.

Daraus ergibt sich folgende Beziehung für die relative Wachstumsrate:

$$\frac{\mu}{\mu_{max}} = \frac{1}{2} \cdot \frac{S_1}{K_1} \text{ für } S_1 < 2K_1,$$

$$\frac{\mu}{\mu_{max}} = 1 \text{ für } S_1 \geq 2K_1.$$

Das Modell wurde 1905 von *Blackman* für die Abhängigkeit der Photosynthese von der CO_2-Konzentration und der Lichtintensität postuliert. Trotz der vereinfachenden Annahmen und der Diskontinuität für $S_1 = 2K_1$ gibt das Modell experimentelle Daten sehr gut wieder ($\rightarrow$Monod-Kinetik, $\rightarrow$Wachstumskinetik, $\rightarrow$Wachstumsmodell). *Liefke*

Blaine-Test. Der B.-T. ist eine Methode zur experimentellen Bestimmung der spezifischen Oberfläche eines Schüttguts. Er funktioniert nach dem Prinzip der Durchströmungs- oder Permeabilitätsmethode. Dabei läßt sich die spezifische Oberfläche aus dem Durchströmungswiderstand einer aus den zu untersuchenden Partikeln hergestellten Schüttung berechnen.

Für die Partikelmeßtechnik ist der laminare Durchströmungsbereich (Re < 1) von besonderem Interesse. Dann ergibt sich folgende Beziehung zwischen spezifischer Oberfläche O_{sp} und Druckverlust Δp sowie Strömungsgeschwindigkeit v:

$$O_{sp}^2 = \frac{1}{K} \cdot \frac{\varepsilon^3}{(1-\varepsilon)^2} \cdot \frac{\Delta P}{h\ \eta\ \overline{v}} \qquad (1);$$

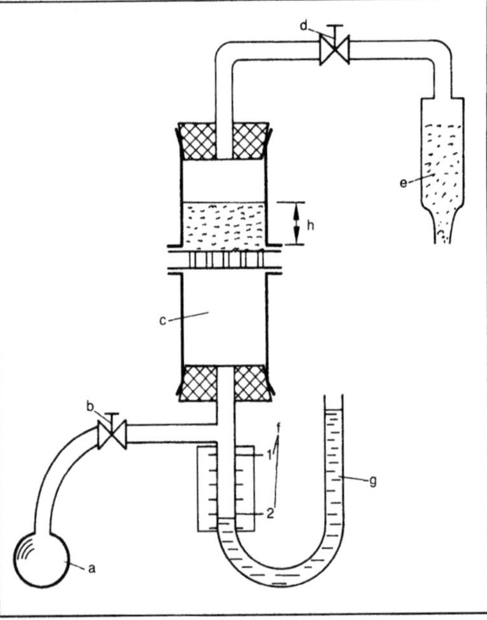

Blaine-Test: Durchlässigkeitsgerät nach Blaine.

a Gummibalg, b Ventil 2, c Meßzelle, d Ventil 1, e Silicagel, f Meßmarker, g Manometer

k ist hierbei die Kozeny-Kármán-Konstante und von Partikelform und Packungsstruktur abhängig. Für keine allzusehr von der Kugelform abweichende Partikel sowie nahezu einheitliche Packung beträgt $k \approx 5$; ε ist der Hohlraumanteil der Schüttung.

Beim B.-T. ist der Druckabfall Δp veränderlich. Deshalb ist auch $\bar{v}$ nicht konstant.

Für die Messung füllt man das körnige Material mit einer fest vorgegebenen Höhe h in die Meßzelle (Bild) ein. Anschließend saugt der Gummibalg den linken Schenkel der Manometerfüllung hoch. Als nächstes wird Ventil 2 geschlossen und Ventil 1 geöffnet. Danach mißt man die Zeit t, in der sich der Flüssigkeitsspiegel um ein bestimmtes Maß (Meßmarke $1 \rightarrow 2$) absenkt.

Über folgende, aus Gl. 1 hergeleitete Beziehung läßt sich die spezifische Oberfläche berechnen:

$$O_{Sp}^2 = K_0^2 \cdot \frac{\varepsilon^3}{(1 - \varepsilon)^2} \cdot \frac{t}{\eta} \qquad (2);$$

K_0 ist eine gerätespezifische Konstante, die sich durch eine Substanz mit bekannter Oberfläche O_{Eich} ermitteln läßt:

$$K_0 = \frac{O_{Eich}}{\sqrt{\frac{\varepsilon^3}{(1 - \varepsilon)^2} \cdot \frac{t}{\eta}}} \qquad (3);$$

mit η dynamische Viskosität des Strömungsmediums.

Das Blaine-Gerät eignet sich wegen der einfachen und schnellen Handhabung auch für Betriebs- und Produktionskontrollen (z. B. Zementindustrie). Inzwischen gibt es auch automatisch arbeitende Geräte. *Schlag*

Literatur: DIN 66 127: Bestimmung der spezifischen Oberfläche pulverförmiger Stoffe mit Durchströmungsverfahren. Hrsg. Dt. Inst. für Normung. Ausg. April 1977.

Blanchieren. Wärmebehandlung von meist pflanzlichen Rohstoffen, vor allem Obst und Gemüse, vor ihrer Weiterverarbeitung. Dabei muß die Temperatur an jeder Stelle des Guts mindestens 60 °C erreichen. Das B. erfolgt unter mehreren Aspekten. Im pflanzlichen Rohstoff enthaltene, auch nach der Ernte noch aktive Enzyme (z. B. Peroxidase, Katalase), die unerwünschte Veränderungen wie Verfärbung, Fremdgeruch, Reservestoff- und Vitaminverluste hervorrufen, werden hitzeinaktiviert. Der Inaktivierungsgrad steigt mit zunehmender Behandlungsdauer und -temperatur.

Auf der Gutsoberfläche haftende Mikroorganismen werden teilweise abgetötet, je nach Verfahren z. T. auch abgewaschen. Ebenso werden Verunreinigungen wie Sand und Staub entfernt. Die Behandlung bewirkt weiterhin ein Entweichen von Gasen

aus dem Gewebe. Damit sinkt der Sauerstoffgehalt im Gut, und Oxidationsprozesse laufen langsamer ab. Die gleichzeitige Volumenverminderung erleichtert in Verbindung mit dem Erweichen des Gewebes das Abfüllen des Guts. Unangenehme Geruchs- und Geschmacksstoffe werden ebenfalls entfernt. Beim B. treten gewisse Verluste durch Auslaugung (Vitamine, Mineralstoffe, Kohlenhydrate, Proteine) und durch Hitzeeinwirkung auf. Auslaugverluste können durch Zusätze zum Blanchiermedium (z. B. Zucker, Essig, Milchsäure, L-Ascorbinsäure, Kochsalz) oder durch Verwendung von Dampf (bei Normal- oder Überdruck) an Stelle von heißem Wasser als Blanchiermedium reduziert werden. Durch die Wahl optimaler Blanchiertemperaturen und -zeiten können auch Hitzeschädigungen minimiert werden. In der Regel liegen die Blanchiertemperaturen zwischen 60 und 80 °C, in gewissen Fällen auch nahe bei 100 °C. Die Zeiten betragen meist 1–5 min.

Für den absatzweisen Betrieb werden Wasser- bzw. Dampfkessel eingesetzt. Trommel- oder Tunnelblancheure, Schnecken- und Korbblancheure arbeiten kontinuierlich und ermöglichen höhere Durchsätze. *Kerner/Loncin*

Literatur: *Poulsen, K. P.:* Optimization of Vegetable Blanching. Food Technology (1986) Nr. 6. – *Williams, D. C.,* et al.: Blanching of Vegetables for Freezing–Which Indicator Enzyme to Choose. Food Technology (1986) Nr. 6.

Blankbremsung $\rightarrow$ Standzeit

Blase. In der Destillationstechnik versteht man unter einer B. das untere Ende einer Destillationskolonne, in dem durch Wärmezufuhr der für den Gegenstrombetrieb der Kolonne benötigte Gasstrom erzeugt wird. Die B. bezeichnet man auch mit „Sumpf". Die in der B. befindliche Flüssigkeit ist mit schwererflüchtigen Komponenten angereichert. Bei kontinuierlich betriebenen Kolonnen wird der B. ein Flüssigkeitsstrom ($\rightarrow$ Sumpfprodukt) entnommen ($\rightarrow$ Abtriebsteil). *Dohrn*

Blasenabscheider. B. setzt man vor allem zum Abscheiden von Gasblasen hinter Blasensäulenreaktoren oder Schlaufenreaktoren ein. Durch Schwerkraft oder Zentrifugalkraft wird abgeschieden. Zentrifugalabscheider sind in Form von Zyklonen oder Drallrohren ausgeführt.

Es gibt Schwerkraftabscheider (Bild 1). Die von unten von der Blasensäule kommende, mit Gasblasen beladene Strömung verläßt das Steigrohr und gelangt in einen großen Behälter. Dort wird aus Kontinuitätsgründen die Strömungsgeschwindigkeit soweit verringert, daß die Steiggeschwindigkeit der Gasblasen die abwärtsgerichtete Axialströmung ins Fallrohr übertrifft. Diese Axialgeschwindigkeit sollte über den gesamten Querschnitt konstant sein,

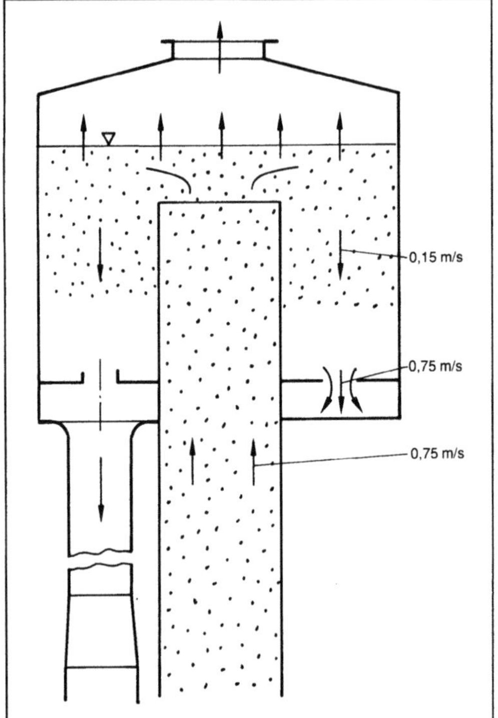

Blasenabscheider 1: Schwerkraftabscheider.

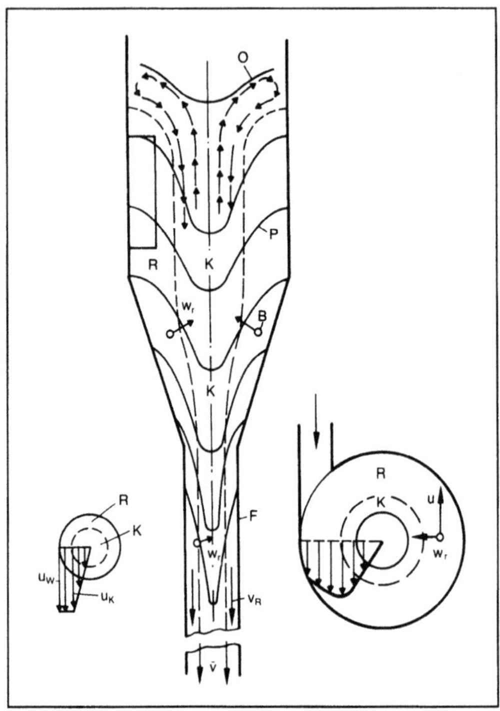

Blasenabscheider 2: Verhältnisse im Zyklon.

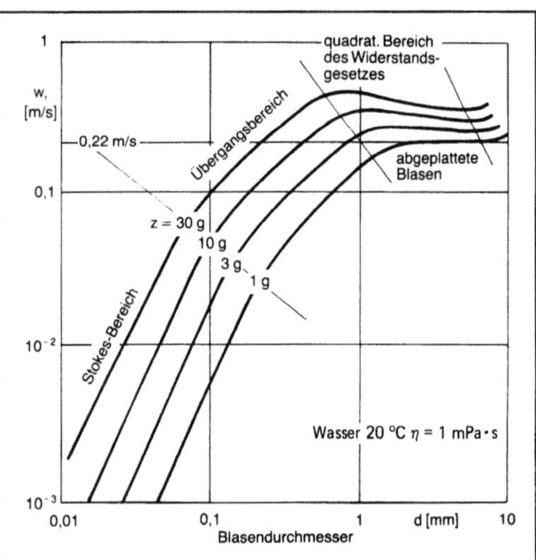

Blasenabscheider 3: Steiggeschwindigkeit von Gasblasen.

damit keine Blasen mit in das Fallrohr gerissen werden.

Der Entgasungszyklon (Bild 2) ist ein oben offener Zyklon mit langem Fallrohr F. Der tangentiale Eintritt muß genügend weit unter dem Flüssigkeitsspiegel sein, da sonst die Gefahr der Luftansaugung besteht. Im Zyklon bewegen sich die Gasblasen B im Druckfeld P der Zyklonströmung radial nach innen und oben. Sie sammeln sich im Wirbelkern K und steigen zur Oberfläche O auf. Die Strömung läuft nur auf einer Ringfläche R. Der sich bildende Totwasserkern K dreht auf der Stelle. In seinem Zentrum herrscht Rückströmung. Durch diese gelangen Gasblasen, die ganz unten im Fallrohr in den Kern kommen, noch an die Oberfläche. Die bessere Abscheidung gegenüber den Schwerkraftabscheidern hat einen höheren Druckverlust zur Folge.

Wie neuere Messungen zeigen, ist die Steiggeschwindigkeit der Blasen im Newton-Bereich fast unabhängig von der Beschleunigung (Bild 3). Im Stokes-Bereich dagegen hat die Zentrifugalbeschleunigung einen großen Einfluß. Aus diesem Grund geht man bei im Newton-Bereich betriebenen B. wieder auf Schwerkraftabscheider über.

Bei größeren Viskositäten sind Drallrohre mit Ein- und Auslaufspirale zu verwenden. Die Strömung läuft ruhiger, und der Druckverlust geht auf zwei Drittel zurück, im Vergleich zum Zyklon. Die Grenze der Fliehkraftabscheider liegt bei einer Viskosität von ca. 0,1 Pa·s bei Druckverlusten von 0,05 bar. *Greif*

Blasendestillation →Destillation, absatzweise; →Destillieren

Blasensäule. Bei B. handelt es sich um Stoffaustausch- und Reaktionsapparate, in denen ein oder mehrere Gase mit einer flüssigen Phase kontaktieren oder reagieren. In der Flüssigkeit können zusätzlich reaktive oder katalytisch wirksame Feststoffe suspendiert (Dreiphasenreaktoren, s. u.) sein. Charakteristisch für B. ist, daß die Gasphase in Form von Blasen in der kontinuierlichen Flüssigkeit dispergiert ist. In solchen Mehrphasen-Reaktoren können der chemischen Reaktion Stofftransportvorgänge (Gas-Flüssig-Reaktionen) vor- bzw. nachgeschaltet sein, die geschwindigkeitsbestimmend (→Schritt, geschwindigkeitsbestimmender) werden können. Dies bedeutet, daß die B. so zu konstruieren sind, daß eine möglichst hohe →Phasengrenzfläche bei hohen Turbulenzintensitäten vorliegt. Die einfachste Ausführungsform eines B.-Reaktors ist im Bild dargestellt. Das Gas strömt von unten über speziell ausgelegte Gasverteiler in Form von Blasen (etwa 3–10 mm Dmr.) nach oben durch die Flüssigkeit, die diskontinuierlich vorgelegt oder meist im Gleichstrom geführt wird. Der Wärmeaustausch, der durch die Reaktionsenthalpie erforderlich wird, erfolgt über eingebaute Rohre und Register. Die konische Erweiterung am Kopf der B. bewirkt eine bessere Gasabtrennung aus der Dispersion. Technische B.-Reaktoren haben Schlankheitsgrade L/d_R zwischen 3 und 6, aber auch um 10. Die Reaktorvolumen betragen in der klassischen chemischen Technik maximal zwischen etwa 100 und 200 m³, für die Produktion von Einzellerproteinen aus Methanol etwa 3 000 m³ und für die biologische Abwasserreinigung etwa 20 000 m³.

Die B. läßt sich durch folgende Eigenschaften charakterisieren:

☐ einfache Konstruktion ohne mechanisch bewegte Einbauten,

☐ kostengünstiger und anpassungsfähiger Reaktor, auch für große Volumen,

☐ große Stoff- und Wärmeaustauschgeschwindigkeiten,

☐ auch bei stark exothermen Reaktionen praktisch keine Temperaturprofile im Reaktor; dies wirkt sich günstig auf die →Selektivität aus,

☐ besonders geeignet für relativ langsame Reaktionen und wenn flüssigkeitsseitige Stofftransportwiderstände vorliegen,

☐ Durchsatz großer Gasmengen möglich,

☐ kurze Mischzeiten durch große Zirkulationsgeschwindigkeiten, wodurch praktisch keine radialen Konzentrationsgradienten in der flüssigen Phase existieren,

☐ gleichförmige Verteilung des Feststoffs (Katalysator, Reaktand oder Biomasse) in der Flüssigkeit infolge hoher Flüssigkeitsumwälzung. In solchen Fällen liegt ein Dreiphasen-B.-Reaktor (→Mehrphasenreaktor) vor,

☐ nachteilig ist die große Rückvermischung der flüssigen Phase und deren lange Verweilzeit sowie die kurze Verweilzeit des Gases, die infolge der

Aufstiegsgeschwindigkeiten (20–30 cm/s) der Blasen und der Reaktorlänge festgelegt ist,

☐ sehr komplexe Hydrodynamik: Bei kleinen Gasgeschwindigkeiten sind die Gasblasen gleichmäßig in der Flüssigkeit verteilt und beeinflussen sich wenig, d. h. es liegt eine homogene oder quasilaminare Blasenströmung vor. Bei größeren Gasbelastungen treten durch Koaleszenz Blasenaggregate und Großblasen auf, die eine erhöhte Aufstiegsgeschwindigkeit besitzen. Dieser Strömungsbereich, der in der Praxis häufig existiert, wird als heterogen bezeichnet. Er bewirkt i. a. eine Erniedrigung des Umsatzes. In engen Blasensäulen, die im Labor oder in Pilotanlagen betrieben werden, stabilisieren sich diese Großblasen durch die Rohrwand und füllen mit zunehmender Steighöhe den gesamten Säulenquerschnitt als Gaspfropfen (slugs) aus, wodurch die hier unerwünschte Kolbenströmung entsteht. Diese Strömungsverhältnisse sind dafür verantwortlich, daß z. B. der Gasgehalt und die Stoffaustauschkenngrößen nur mit großen Unsicherheiten aus Korrelationen abgeschätzt werden können,

☐ Maßstabvergrößerung ist oft schwierig oder unmöglich.

Zum Vermeiden bzw. zum Eindämmen dieser Nachteile wurde der einfache B.-Reaktor durch zahlreiche Varianten verbessert. Beispielsweise führt der Einbau zusätzlicher Lochplatten (Kaskaden-B.) oder Füllkörper zu einer Verstärkung des Stoffaustausches, zu einer Verringerung des Großblasenanteils und zu einer Verkleinerung der Rückvermischung. Eine weitere Modifizierung der B. besteht darin, daß durch Einbau von Einsteckrohren bzw. Leitrohren ein gelenkter Flüssigkeitsumlauf (→Schlaufenreaktor, a) bis c) im Bild) bzw. ein Flüssigkeitszwangsumlauf (Schlaufenreaktor, d) im Bild, →Strahldüsenreaktor, in den das Gas über Düsen eingepreßt wird) entsteht, wodurch ein Queraustausch über die gesamte B.-Querschnittsfläche verhindert wird. Durch Entwicklung einer Abstrom-B., bei der das Gas am Kopf eingeführt wird, lassen sich auch hohe Gasverweilzeiten bei niedrigen Bauhöhen erreichen.

Bezüglich der Modellierung von B., z. B. mit dem →Zellenmodell oder dem →Dispersionsmodell, sei auf die Literatur verwiesen.

Von der Vielzahl technisch durchgeführter Reaktionen im B.-Reaktor werden folgende Verfahren erwähnt:

☐ die katalytische Partialoxidation von Ethylen mit Sauerstoff bzw. Luft zu Acetaldehyd (Wacker-Hoechst-Verfahren),

☐ die Isobuten-Abtrennung aus C_4-Schnitten von Krackanlagen mit Schwefelsäure zum Herstellen von Polyisobuten,

☐ die Naßoxidation hochbelasteter Chemieabwässer mit Luftsauerstoff in einer Kaskaden-B.,

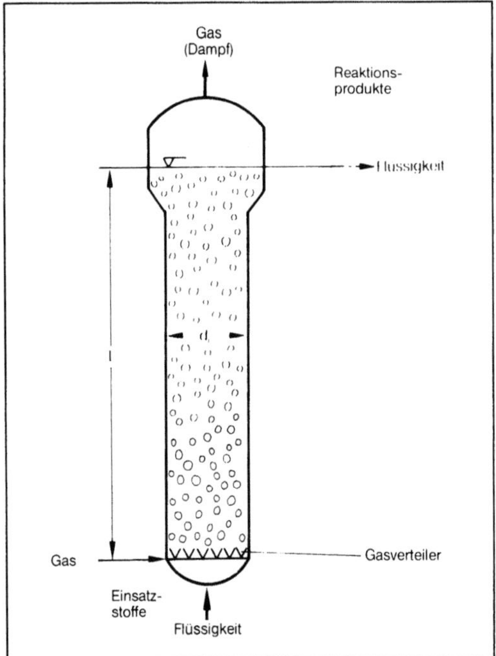

Blasensäule: Einfacher Blasensäulen-Reaktor. (Quelle: Deckwer a. a. O.)

□ die direkte Chlorierung (mit Chlor) und die Oxychlorierung (mit Chlorwasserstoff/Sauerstoff) von Ethylen zu 1,2-Dichlorethan, das anschließend endotherm in Rohrreaktoren zu Vinylchlorid, dem Momomer von PVC (→Polymerisationstechnik), gespalten wird,
□ die Hydrierung von Benzol zu Cyclohexan, einem Zwischenprodukt zur Nylon- und Perlonherstellung in Gegenwart von suspendiertem Raney-Nickel als Katalysator (Dreiphasen-B.-Reaktor),
□ die Fischer-Tropsch-Synthese in flüssiger Phase und die Kohlehydrierung,
□ die biologische Abwasserreinigung durch belüfteten Belebtschlamm im Bio-Hochreaktor,
□ die Herstellung von Einzellerprotein aus Methanol in Gegenwart aerober Bakterien und Hefen.

Schönbucher

Literatur: *Deckwer, W. D.*: Reaktionstechnik in Blasensäulen. Aarau, Frankfurt a. M. 1985. – *Grassmann, P.*: Physikalische Grundlagen der Verfahrenstechnik. Aarau, Frankfurt a. M. 1983. – *Weiß, S.* (Hrsg.): Verfahrenstechnische Berechnungsmethoden. Tl. 5. Chemische Reaktoren. Weinheim 1987.

Blasensäulenreaktor. Reaktortyp, in dem der Energieeintrag nur durch die Begasung erfolgt. Die Blasensäule besteht aus einem vertikalen, flüssigkeitsgefüllten Rohr. Der Gaseintrag geschieht über einen Gasverteiler (Düse, Lochplatte, Sinterplatte) am Boden des Reaktors. An den aufsteigenden Blasen erfolgt der Stoffaustausch zwischen Gas und Flüssigkeit. Gleichzeitig wird der Reaktorinhalt

durchmischt, und zwar durch die von den Blasen erzeugte Strömung. Der Stofftransport in der Blasensäule wird außer von den Flüssigkeitseigenschaften von der Ausführung des Begasers, dem geometrischen Parameter Durchmesser-Höhen-Verhältnis und dem Verhältnis von Flüssigkeitsvolumen zum Gasstrom bestimmt (→Airlift-Reaktor, →Bioreaktor). *Liefke*

Blasensieden. Wird Wärme von einer Heizfläche an eine siedende Flüssigkeit übertragen, so bilden sich bei höheren Temperaturdifferenzen zwischen der Oberfläche der Heizung und der Flüssigkeit in zunehmendem Maße Dampfblasen. Dieser Vorgang wird B. genannt. Die aufsteigenden Blasen sorgen durch ihre Rührwirkung für einen verbesserten Wärmeübergang, als dies beim →Konvektionssieden der Fall ist. Beim →Verdampfen von Wasser bei einem Druck von 1 bar wird die maximale Wärmestromdichte von $9 \cdot 10^5 \, W/m^2$ und der maximale Wärmeübergangskoeffizient von $28\,000 \, W/m^2K$ bei einer Temperaturdifferenz von ca. 30 K erreicht.

Erhöht man die Temperaturdifferenz noch weiter, so wird zunächst ein instabiles Gebiet durchlaufen, in dem die Wärmestromdichte und der Wärmeübergangskoeffizient mit der Temperaturdifferenz abfallen. Es entstehen auf der Heizfläche so viele Blasen, daß sich mehrere zu Dampffilmen vereinigen, wodurch der Wärmetransportwiderstand stark erhöht wird. Man spricht vom sog. Filmsieden. Ab einer bestimmten Temperaturdifferenz steigen Wärmestromdichte und Wärmeübergangskoeffizient wieder an.

Wegen der guten Wärmeübertragung ist das B. der gewünschte Betriebszustand. Bei zu hohen Temperaturdifferenzen besteht jedoch die Gefahr, daß es im instabilen Gebiet zu einer sehr starken Temperaturerhöhung in der Heizung kommt, weil nicht mehr genügend Wärme abgeführt werden kann. Durch die Überhitzung können die Heizflächen zerstört werden. *Dohrn*

Literatur: *Mayinger, F.*: Strömung und Wärmeübergang in Gas-Flüssigkeitsgemischen. Berlin, Heidelberg, New York 1982. – *Mersmann, A.*: Thermische Verfahrenstechnik. Berlin, Heidelberg, New York 1980.

Blasfolie. Die B.-Herstellung erfolgt überwiegend aus Polyethylen niederer Dichte (LDPE). Für zähe, mechanisch hochbeanspruchte Erzeugnisse, wie Säcke, Beutel, Tragetaschen, wählt man Typen mit Dichten um $0{,}918 \, g/cm^3$ und Dicken von $0{,}2-0{,}3$ mm. Aus Sorten mit höherer Dichte (bis $0{,}930 \, g/cm^3$) und höherem Schmelzindex (bis 4), die Gleitmittel und Antiblockmittel enthalten, kann man glasklare, dünne, aber etwas steifere Folien mit hoher Abzugsgeschwindigkeit erhalten. Aus HDPE (etwa 0,955/ 0,3) stellt man bis zu $6 \, \mu m$ dünne papierähnliche Folien mit trockenem Griff her, aus ähnlichen nicht ganz so hochmolekularen PE-Sorten die Ausgangsfolien für hochverstreckte PE-Spleißgarne.

B. werden auch aus PVC-Sorten hergestellt, und zwar hier vornehmlich aus Hart-PVC. Bei PVC ist die maßgebliche Kenngröße für die Verarbeitbarkeit der K-Wert. Dieser schwankt je nach Polymerisationsverfahren für ein Emulsionspolymerisat (E) oder das Massepolymerisat (M) von 60 bis 57–60 beim Suspensionspolymerisat. Prinzipiell kann man davon ausgehen, daß die Verarbeitungsschwierigkeiten mit steigendem K-Wert zunehmen, und insofern scheinen PVC-Suspensionspolymerisate für die Verarbeitung zu B. günstiger zu sein.

Biaxial gereckte PVC-B. eignen sich für stoßfeste Fenster in Briefumschlägen und Kartonagen und als Schrumpffolien für Überpackungen.

Aus thermoplastisch verabeitbaren Polyurethanen lassen sich ebenfalls B. im Dickenbereich zwischen 0,05 und 1,7 mm erzeugen. Derartige Folien benutzt man u. a. zur Herstellung von Abwurfbehältern oder beschichtet damit Schlechtwetter- oder Sportkleidung sowie Packmaterial. Vorteile der Polyurethanfolien liegen in ihrer Schlagzähigkeit und Verschleißfestigkeit.

Neben anderem Halbzeug für den Verpackungssektor gewinnen B. auf der Basis von Vinylchlorid-Polymerisaten mit Rohdichten von 60–200 kg/m^3 und Wanddicken im Bereich zwischen 0,1 und 3,5 mm, nachgeschäumt bis 6 mm dick, immer mehr an Bedeutung. Diese Erzeugnisse werden zu Eierpackungen, Minischalen, Einweggeschirr usw. warmgeformt. *Doliwa*

Blasformen. Verfahren zur Herstellung von Hohlkörpern (Flaschen, Tanks usw.) aus thermoplastischen Kunststoffen. Dabei wird mit Hilfe eines Extruders ein Rohr geformt, in ein Werkzeug (Negativform) geführt und mittels Luft über einen Blasdorn zum Formteil aufgeblasen (→Kunststoffverarbeitung). *Zahradnik*

Blasluftkanone. Bei Brückenbildung in Schüttgutsilos kann man Brücken durch kurzzeitiges Einblasen einer Preßluftmenge von 0,1–0,3 des Siloinhalts wieder zum Fließen oder Rutschen bringen. Die nötige Preßluft wird außerhalb des Silos in einer Druckflasche bei Drücken bis 10 bar gespeichert und mit Schnellschlußventil durch eine Tasche, Schlitz oder mehrere Löcher in die Schüttung eingeblasen. *Muschelknautz*

Blasstahlverfahren. Verfahren zur Stahlherstellung, bei denen die Oxidation der Begleitelemente in Roheisen und Schrott mit Sauerstoff in einem Konverter erfolgt, in den zu Beginn einer Schmelze das flüssige Roheisen und der Schrott gefüllt werden.

Die klassischen Vorläufer sind das Bessemer- und das Thomasverfahren, bei denen zum Frischen der Schmelze Luft durch den Düsenboden des Konverters geblasen wurde. Diese Verfahren wurden abgelöst, seit in den Jahren 1952/53 das →LD-Verfahren zur Betriebsreife gebracht wurde, bei dem reiner Sauerstoff durch eine wassergekühlte Lanze auf das Bad aufgeblasen wird. Da die großen Mengen an Stickstoff der Luft entfallen, verbessert sich die Wärmebilanz. In den B. können daher neben 800–950 kg Roheisen 150–300 kg Schrott eingesetzt werden, um 1 t Stahl zu erzeugen. Etwa 50 m^3 (Normzustand) Sauerstoff je Tonne Stahl sind zum Frischen notwendig. Durch die freiwerdende Reaktionswärme wird der Schrott geschmolzen und das Bad von etwa 1300 °C Roheisentemperatur auf 1650 °C Abstichtemperatur erhitzt. Zugesetzter Kalk bildet mit den Oxiden der Begleitelemente die Stahlwerksschlacke.

Neben dem ursprünglichen LD-Verfahren sind mehrere Verfahrensvarianten entwickelt worden.

Beim OBM-Verfahren wird der Sauerstoff durch Düsen im Konverterboden in das Bad geblasen. Kalk kann mit eingeblasen werden, so daß sich die Schlackenbildung beschleunigt. Da die Bodendüsen mit Kohlenwasserstoffen gekühlt werden, nimmt das Bad Wasserstoff auf. Durch Spülen mit Argon wird dieser nach Blasende entfernt. Durch zusätzliche Düsen im Hut des Konverters kann Sauerstoff eingeblasen werden zur Nachverbrennung des CO im Konvertergas. Damit gelingt es, den Schrottsatz zu steigern.

Beim KS-Verfahren wird mit dem Sauerstoff Feinkohle eingeblasen, die zu CO und teilweise zu CO_2 oxidiert wird. Das ermöglicht eine weitere Steigerung des Schrottsatzes bis hin zum reinen Schrottschmelzen.

Für die mit Lanzen ausgerüsteten Aufblasstahlwerke wurde das kombinierte Blasen entwickelt, bei dem zusätzlich durch den Konverterboden geringe Mengen Inertgas oder Sauerstoff während des Frischens eingeblasen werden, um die Badbewegung zu verbessern. Diese Arbeitsweise ist heute weit verbreitet (Bild).

Durch die Einführung der Roheisenvorbehandlung wandeln sich die Verfahren neuerdings. Eine Roheisenentschwefelung führt bereits zu niedrigen Kalksätzen und Schlackenmengen. Werden auch Silicium und Phosphor vorher entfernt, so kann im Konverter fast ohne Schlacke nur noch entkohlt werden.

Bei allen genannten Verfahrensvarianten wird die Durchführung des Frischprozesses weitgehend durch Rechner gesteuert. Dazu werden Gewichte, Sauerstoffmenge, Temperaturen, Konvertergasanalyse bestimmt und vom Rechner in Verbindung mit Prozeßmodellen verarbeitet. So kann das Blasende vorbestimmt werden. Kurz vor diesem Zeitpunkt

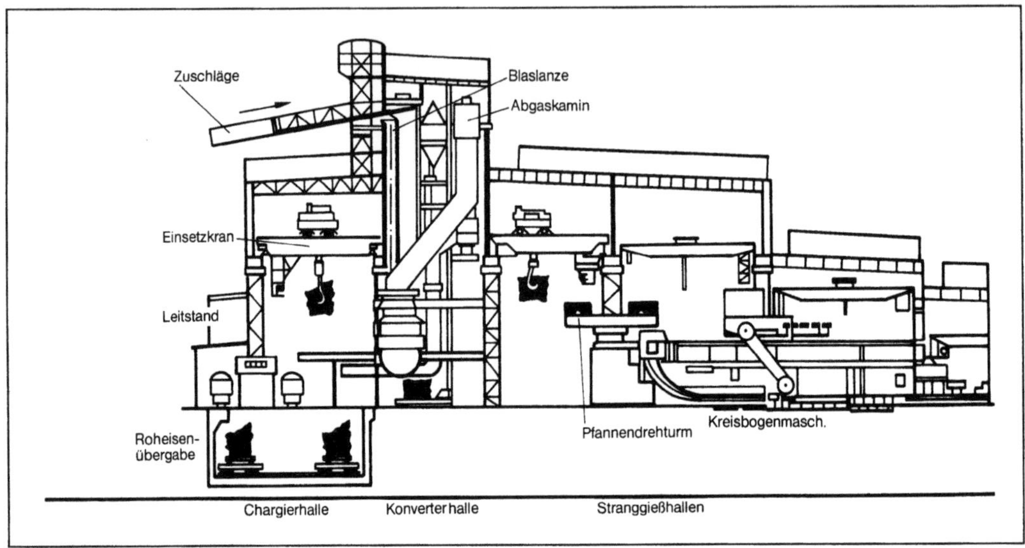

Blasstahlverfahren: Schnitt durch ein Sauerstoffaufblasstahlwerk. (Quelle: VDEh Düsseldorf)

werden mit Hilfe einer in den Konverter abgesenkten Lanze Badtemperatur und Kohlenstoffgehalte gemessen. Mit diesen Werten korrigiert der Rechner seine Vorgabe, so daß mit hoher Genauigkeit Temperatur und Kohlenstoffgehalt der Schmelze getroffen werden.

Die B. zeichnen sich durch eine hohe Produktivität aus. Die reinen Blasezeiten betragen 15–18 min, und Chargenfolgezeiten von 35–45 min werden erreicht.

In zunehmenden Maße werden in Blasstahlwerken Anlagen für Pfannenmetallurgie und Vakuumverfahren betrieben.

Ein Sonderverfahren ist die Stahlherstellung in einem AOD-Konverter. Eine Vorschmelze aus legiertem Schrott und Nickel wird zusammen mit kohlenstoffhaltigem Ferrochrom mit einem Gemisch aus Argon und Sauerstoff gefrischt. Da der Partialdruck des Sauerstoffs im Blaswind niedrig liegt, wird eine zu starke Oxidation und Verschlakkung des Chroms vermieden. *Rellermeyer*

Literatur: *Burghardt, H.,* u. *G. Neuhof:* Stahlerzeugung. Leipzig 1983. – *Gmelin-Durrer:* Metallurgy of Iron. Bd. 7. 4. Aufl. (weitergeführt von *H. Trenkler* u. *W. Krieger*). Berlin, Heidelberg, New York 1984.

Blech. Ausgewalztes Metall in Form von Tafeln von sehr flachem, rechteckigem Querschnitt: Grobblech in einer Dicke über 4,75 mm, Mittelblech von 3–4,75 mm, Feinblech unter 3 mm, Feinstblech unter 0,5 mm.

Die Herstellung von Grob- und Mittelblech erfolgt in Warmwalzwerken über die Bramme als Zwischenformat oder aus der Rohbramme vorzugsweise im Breitbandwalzwerk und anschließender Unterteilung in Tafeln durch zumeist fliegende Scheren. *W. Dahl*

Blechmantelschicht. Die überwiegende Mehrzahl der heute eingesetzten Automobil-Motorblöcke besteht aus Grauguß mit feinverteiltem lamellarem Graphit. Normalerweise sollte dieser Werkstoff keine Ferritanteile aufweisen, denn dieser relativ weiche Gefügebestandteil neigt beim →Honen der Zylinderlaufbahn dazu, daß er schmierend über die neu erzeugte Oberfläche verteilt wird. So kann es vorkommen, daß eine ungünstig gehonte Zylinderlauffläche in ihrer Oberfläche bis zu 70 % mit einer verschmierten Ferritschicht bedeckt ist, obwohl der verwendete Grauguß-Werkstoff nur 5 % Ferrit enthält.

Diese Verschmierung gehonter Zylinderlaufbahnen aus Grauguß mit einer dünnen Ferritschicht nennt man Blechmantelbildung. Verstärkt wird dieser unerwünschte Effekt, wenn die Honwerkzeuge stumpf geworden sind oder wenn hohe Schnittkräfte (z. B. beim Einsatz von Diamantwerkzeugen) auftreten.

Die Ausbildung einer ausgeprägten B. ist für die Funktion der Zylinderlauffläche nachteilig. Während des Einsatzes erhöhen sich die Reibungskräfte und damit der Verschleiß der Kolbenringe. Durch die Abtrennung kleiner Blechmantel-Bruchstücke kann es auch zu dem gefürchteten Einlauffressen kommen, bei dem trotz guter Schmierverhältnisse Reibverschweißungen zwischen Kolbenring und Zylinderwand auftreten. Am häufigsten und praktisch unvermeidlich ergibt sich aus der Blechmantelbildung aber vor allem der Nachteil, daß die Graphitlamellen von der B. abgedeckt werden. Damit können die Graphitlamellen ihre Funktion als feinverteiltes Schmiermittel-Reservoir nicht mehr erfüllen. Reibung und Verschleiß nehmen hohe Werte an, die Motoreffizienz ist niedrig, der Ölverbrauch hoch.

Wenngleich die Ausbildung der B. und ihr gradueller Abbau während der Einlaufphase noch nicht genau bekannt sind, so weiß man doch zumindest, wie man honen muß, damit dieser Effekt möglichst klein ist. Beim Vorhonen mit hohem Anpreßdruck sollten scharfe, schnittfreudige Honleisten zum Einsatz kommen, damit die Ferritkörner möglichst ohne Gratbildung durchtrennt werden. Beim Fertighonen sollen ebenfalls scharfe, möglichst keramisch gebundene Honleisten bei niedrigen Anpreßdrükken eingesetzt werden.

In der Praxis gilt die Anzahl der freigelegten Graphitlamellen relativ zu der vorhandenen Gesamtzahl als Kriterium für eine gute Ausbildung der Oberfläche ohne B. Hierfür wird die gehonte Fläche lichtmikroskopisch 500fach vergrößert und die freie Lamellenzahl visuell bestimmt. Bei mehr als 50 % freier Lamellen ist der Blechmantel praktisch bedeutungslos, bei 35–50 % liegt ein sehr brauchbares Honergebnis vor, bei 20–35 % ist die Zylinderlauffläche noch akzeptabel, bei unter 20 % liegt eine nicht mehr zu tolerierende intensive Blechmantelbildung vor. *Kenter*

Literatur: *Baumgarten, D.:* Reibung und Verschleiß von Kolbenringen und Zylinderbuchsen. Diss. TU Berlin 1968.

Blechumformung. Der Begriff B. umfaßt in Abgrenzung zur →Massivumformung alle Fertigungsverfahren der Umformtechnik, durch die bei Änderung der gegebenen Form eines festen Körpers in eine andere Form in der Reihe Ausgangsform – Zwischenform – Endform aus als flächenhaft zu beschreibenen Rohteilen (Bleche, Platten, Folien) Hohlwerkstücke mit annähernd konstanter, nicht bewußt veränderter Wanddicke, die der Rohteildicke entspricht, erzeugt werden (Bild). Die dazu benutzten Verfahren finden sich vorwiegend in den Gruppen →Zugdruckumformen (DIN 8584) und →Zugumformen (DIN 8585), teils auch beim →Biegeumformen (DIN 8586), z. B. →Walzprofilieren, →Walzrunden, →Gesenkbiegen, →Schwenkbiegen. Die obengenannte Definition der B. läßt sich jedoch nicht bei allen Verfahren des Biegeumformens, z. B. freies →Biegen, →Rundbiegen, →Winden, und des Schubumformens (DIN 8587) verwenden, da diese auch für massive Werkstücke mit gedrungenen Voll- und Hohlquerschnitten eingesetzt werden. Man wird daher hier zweckmäßigerweise nach der Querschnittsform der Ausgangswerkstücke unterscheiden. Umformen an Werkstücken mit gedrungenen Voll- und Hohlquerschnitten wäre danach Massivumformung, an flächenhaften Werkstücken B.

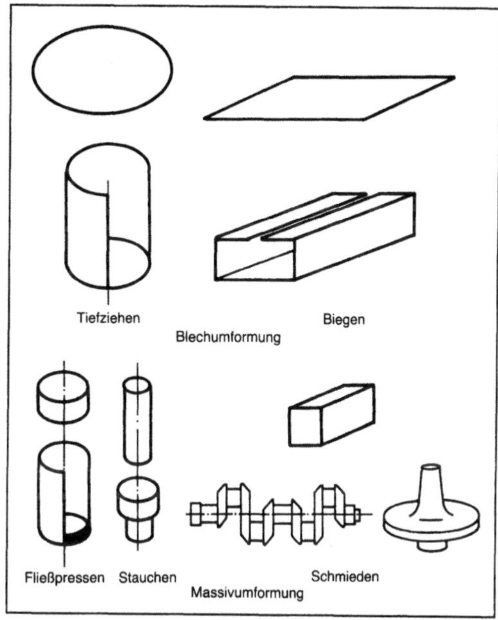

Blechumformung: Unterschied zwischen Blechumformung und Massivumformung.

Das Halbzeug Blech mit den Erzeugnisbereichsgrenzen, zu großen Dicken (Platte, Flachstab) und sehr kleinen Dicken (Folie), wird durch →Walzen, d. h. Massivumformen erzeugt. Die eigentlichen Blechumformverfahren gewinnen erst mit zunehmender Fertigungstiefe bei der Weiterbearbeitung technisch-wirtschaftliche Bedeutung. Die wichtigsten Abmessungen liegen in den Bereichen der Feinbleche (Blechdicke s unter 3 mm nach DIN 1541 und Mittelbleche, Blechdicke s zwischen 3 und 4,75 mm nach DIN 1542). Die vom Bedarf her bedeutenden Karosseriebleche für Personenkraftwagen liegen ganz in diesem Abmessungsbereich. Hinsichtlich der →Werkstückhandhabung handelt es sich bei der B. überwiegend um Stückgutfertigung, wenn auch die Fließgutfertigung ebenfalls anzutreffen ist, z. B. Walzprofilieren.

Die bezogenen Kräfte bei der B. sind wegen häufig nur partieller Umformung der Werkstücke niedrig (bis einige hundert N/mm²). Die Werkzeugbeanspruchung ist relativ gering, und die Werkzeugmaschinen (Pressen, Biegemaschinen usw.) sind meist mit großflächigen Arbeitsräumen ausgestattet. *Lange*

Literatur: *Lange, K.:* Entwicklungsstufen der Umformtechnik. Ind.-Anz. 87 (1965), S. 967/70. – *Lange, K.* (Hrsg.): Umformtechnik. Handb. f. Ind. u. Wiss. 2. Aufl. Bd. 1. Berlin, Heidelberg, New York, Tokio 1984.

Blei. Wird bei der Erzeugung von Automatenstählen neben →Schwefel als zusätzliches oder alternatives Legierungselement verwendet. Ausgehend von der Grundgüte 9SMn 28 kann durch Zugabe von 0,1 % B. eine Erhöhung der Schnittleistung von rd. 20 % erreicht werden. *W. Dahl*

Bleikammerverfahren. Das B. wurde zur Schwefelsäureherstellung verwendet und ist durch das Nitrose- oder Turmverfahren ersetzt worden. Nitrosegas wirkt als Sauerstoffüberträger und katalysiert die Reaktion:

$$SO_2 + H_2O + 0{,}5\,O_2 \xrightarrow{\text{Katalysator}} H_2SO_4 .$$

In einem Denitrierturm rieselt nitrose Säure (Schwefelsäure + Stickoxide) den Röstgasen (SO_2, O_2, N_2) entgegen. Das mit Stickoxiden beladene Röstgas wird nacheinander durch mehrere mit Blei ausgekleidete Reaktionsbehälter (Bleikammern) geführt, wo unter Wasserzugabe die Abreaktion des SO_3 zu Schwefelsäure stattfindet. Die Stickoxide werden im Nitrierturm mit Schwefelsäure absorbiert, mit HNO_3 aufgefrischt und wieder dem Denitrierturm zugeführt. *Dohrn*

Blockmetall. Fast alle Gießmetalle aus Neu-(Aufbau-) oder Umschmelzen kommen in Blockform oder als Masseln in den Handel. In der Metallgießerei-Praxis versteht man unter B. ein aus Altmetall erschmolzenes und mit Neumetall auflegiertes bzw. mit den erforderlichen Zusätzen versehenes Umschmelzmaterial. Mitunter findet man dafür die Bezeichnung „Legierungsblöcke". Solches B. gibt es für die gesamte Palette der Schwermetalle (Guß-Zinnbronzen, Rotguß, Messing, ferner Zinn-, Blei- und Zinklegierungen) sowie der Leichtmetalle (Al- und Mg-Legierungen).

B. ist gegenüber Neumaterial keineswegs minderwertiger, sofern die Lieferbedingungen, d. h. Analysentreue, Freiheit von anhaftendem Schmutz und Schlacke sowie von anderen Merkmalen, die auf eine nicht einwandfreie Metallqualität schließen lassen, eingehalten werden, wie z. B. in DIN 17656 für Kupfergußlegierungen festgelegt. Die Lücke in dieser Norm, nämlich das Fehlen von Angaben über die zulässigen Grenzwerte an unerwünschten Stoffen sowie von einem Hinweis auf ein einfaches Analysenverfahren zur Bestimmung des Gehalts an Sauerstoff und oxidischen Verunreinigungen wurde durch die im VDG-Fachbericht 037 veröffentlichte Forschungsarbeit geschlossen.

Bei Messingguß wurde festgestellt, daß trotz der an sich guten →Gießbarkeit von Gußmessing Neumaterial schwieriger zu vergießen ist als Messing zweiter Schmelzung und man deshalb Aufbau-Chargen erst auf Blöcke vergießen sollte.

Die Metallgießereien sind aus Kostengründen gezwungen, alles Metall soweit wie möglich aus den Abfällen zurückzugewinnen. Angüsse und Speisereste aus eigener Produktion kann die Gießerei selbst umschmelzen, dabei ggf. nachlegieren und verblokken, wogegen kleinere Abfälle unkontrollierbarer Zusammensetzung, aber auch Späne, an die dafür eingerichteten Umschmelzwerke abgeliefert werden sollten.

Was die Blockformate anbetrifft, so haben sich im Laufe der Zeit für die verschiedenen NE-Metalle feste Handelsformen, z. B. Blöcke mit einer Kerbe für Rg 5 und mit zwei Kerben für Rg 9, eingebürgert. Zusätzlich werden die Blöcke meist durch Einstempeln der Legierungsgattung gegen Verwechseln gesichert. *Doliwa*

Blockpolymerisation →Polymerisationstechnik

Boden. B. dienen in verfahrenstechnischen Trennapparaten (z. B. Destillationskolonne) dazu, ein Gas und eine Flüssigkeit in Kontakt zu bringen (→Destillieren). In den B. sind Löcher, Schlitze, Glocken, Kappen oder Ventile angebracht, durch die das Gas durch eine auf dem B. stehende Flüssigkeitsschicht strömt.

Die B. werden in Abhängigkeit vom Durchmesser einzeln zu mehreren zusammengefaßt am Kolonnenmantel befestigt (Bodenkolonnen). Der Abstand von B. zu B. beträgt i. a. 0,3–0,8 m (Bild).

Zur Reinigung oder Reparatur können eingebaute B. über Mannlöcher im Kolonnenmantel und durch Durchstiegsöffnungen erreicht werden (Glocken-B., Sieb-B., Ventil-B., Jet-B., Kaskaden-B.). *Dohrn*

Boden: Installation von Ventilböden in einer Kolonne. (Quelle: Luwa-SMS GmbH)

Literatur: *Billet, R.:* Die industrielle Destillation. Weinheim 1973. – *Sattler, K.:* Thermische Trennverfahren. Weinheim 1988.

Boden-Boden-Rechnung. Die B.-B.-R. ist eine Methode zur Berechnung der theoretischen Trennstufenzahl (→Trennstufe) bzw. der Stoffströme und Produktkonzentration bei Gegenstromtrennprozessen (→Destillieren). Soll die theoretische Trennstufenzahl berechnet werden, so stellt man zunächst eine Stoffbilanz für die Kolonne auf und legt zwei Variable fest (z. B. die Konzentrationen der Schlüsselkomponenten in den Produktströmen). Nach der Ermittlung des minimalen Rückflußverhältnisses oder des minimalen Lösungsmittelverhältnisses wählt man ein Verhältnis der Stoffströme und stellt eine Energiebilanz für die Kolonne auf. Bei der B.-B.-R. wird von einem Ende der Trennkaskade ausgegangen, an dem die Zusammensetzung der Stoffströme bekannt ist oder mit ausreichender Genauigkeit angegeben werden kann. So kann man bei einer Mehrkomponentenrektifikation z. B. dann mit der Rechnung am Sumpfende beginnen, wenn die zu trennende Stoffmischung keine schwerflüchtigen Begleitkomponenten enthält. Dann erfolgt die eigentliche B.-B.-R., indem man für jeden Boden eine Stoff- und Energiebilanz aufstellt und das entsprechende →Phasengleichgewicht berechnet. Man beginnt beispielsweise in der Blase und berechnet dann den ersten, zweiten, n-ten Boden bis zum Ende der Trennkaskade. Die Auslegung einer binären →Rektifikation im McCabe-Thiele-Diagramm ist beispielsweise eine B.-B.-R.

Es ist ebenfalls möglich, bei einer gegebenen Trennstufenzahl die Konzentrationen der Produktströme iterativ zu berechnen.

Da die einen Boden verlassenden Stoffströme sich in der Regel nicht vollständig im Phasengleichgewicht befinden, lassen sich bei der B.-B.-R. Bodenverstärkungsverhältnisse einführen, die die Wirksamkeit eines Bodens angeben. Einen gleichen Ansatz kann man bei der Wärmeübertragung verwenden: Weil sich Gas- und Flüssigkeitstemperatur auf einem Boden nicht vollständig angleichen, führt man Temperaturverstärkungsverhältnisse ein (→Verstärkungsverhältnis). Eine auf diese Weise durchgeführte B.-B.-R. führt nicht zu theoretischen sondern zu effektiven Trennstufenzahlen (→Fenske-Underwood-Gleichung, →Erbar-Maddox-Korrelation). *Dohrn*

Literatur: *King, C. J.:* Separation Processes. New York 1980. – *Mersmann, A.:* Thermische Verfahrenstechnik. Berlin, Heidelberg, New York 1980. – *Weiß, S., H.-U. Adolphi* u. *K.-E. Militzer:* Thermische Verfahrenstechnik I. Leipzig 1978.

Bodendekontamination, mikrobielle. Verfahren zum Abbau anthropogener Schadstoffe im Boden mit Hilfe von Mikroorganismen. Die m. B. (→Schadstoffabbau, biologischer) erlangt zunehmende Bedeutung beim Sanieren industrieller Altlasten, also dem Beseitigen von Kohlenwasserstoffverunreinigungen in industriell genutzten Bodenflächen. Im Gegensatz zu den äußerst aufwendigen thermischen Verfahren bieten m. Verfahren den Vorteil einer möglichen In-Situ-Sanierung. Als Produkte liefern die biologischen Dekontaminierungsverfahren das gereinigte Erdreich sowie Biomasse und CO_2. Diese Vorteile mikrobiologischer Verfahren sind jedoch mit vergleichsweise hohem Zeitaufwand verbunden. Der Zeitaufwand kann durch Verlagern der m. B. in einen →Bioreaktor vermindert werden. Für derartige Verfahrensweisen sind insbesondere Airlift-Reaktoren geeignet. Das Verfahren gleicht dann der bakteriellen Laugung.

Zu unterscheiden ist zwischen dem Abbau von Schwermetallkontaminationen durch Anreicherung der Schwermetalle in den Mikroorganismen und dem oxidativen Abbau von Kohlenwasserstoffen. Letztere werden unter Bildung von CO_2 und Biomasse von den Mikroorganismen als Substrat verwertet. Die natürliche Bakterienpopulation ist im kontaminierten Boden bereits hinreichend selektiert und in der Lage, zumindest einfache Kohlenwasserstoffe abzubauen. Zum Beseitigen von heterozyklischen oder halogenierten Kohlenwasserstoffen werden speziell gezüchtete Kulturen in den Boden über ein Verrieselungsverfahren eingebracht. Da die Abbauleistung der Mikroorganismen in erster Linie durch Nährsalze und Sauerstoff limitiert ist – als C-Quelle dienen die Schadstoffe –, sind Nährsalze und Sauerstoff in freier oder chemisch gebundener Form (Nitrat) dem Boden zuzuführen. Über ein Dränagesystem kann die Nährlösung nach Durchströmen der kontaminierten Bodenschicht aufgefangen, mit Mineralien und Sauerstoff angereichert und anschließend wieder dem Erdreich zugeführt werden. Die Nährlösung wird so lange im Kreis gefördert, bis die Schadstoffkonzentration auf den Soll-Wert vermindert ist. *Liefke*

Bodenkolonne. B. sind verfahrenstechnische Apparate zur Destillation und Absorption, bei denen der Stoff- und Wärmeaustausch zwischen einer herabfließenden Flüssigkeit und einem aufsteigenden Gas auf übereinander angebrachten Böden stattfindet. Sie werden in der Industrie häufiger als Füllkörperkolonnen oder Kolonnen mit rotierenden Einbauten eingesetzt, insbes. bei Kolonnendurchmessern, die >1,60 m sind. B. eignen sich für große Flüssigkeits- und Gasbelastungen und werden im Grobvakuum, bei Normaldruck und Überdruck eingesetzt, wenn eine gute Trennwirkung erforderlich ist und der Druckverlust eine untergeordnete Rolle spielt. Bei den meisten Kolonnenböden wird die Flüssigkeit zwangsgeführt. Sie gelangt durch einen →Ablaufschacht auf den nächsttieferen

Boden. Das untere Ende des Ablaufschachtes muß in der Flüssigkeitsschicht eintauchen, da andernfalls das aufsteigende Gas durch den Schacht auf den nächsthöheren Boden gelangen würde (Bild 1). Bei einigen Böden sind Zulaufwehre vorhanden, die eine Richtungsumkehr der Flüssigkeit bewirken. Das Gas strömt durch die Öffnungen im Boden (Glocken, Löcher, Ventile) und dringt durch die Flüssigkeitsschicht, so daß sich eine →Zweiphasenschicht mit einer großen Stoffaustauschfläche bildet. Die Höhe der Ablaufwehre bestimmt die Höhe der Zweiphasenschicht auf dem Boden.

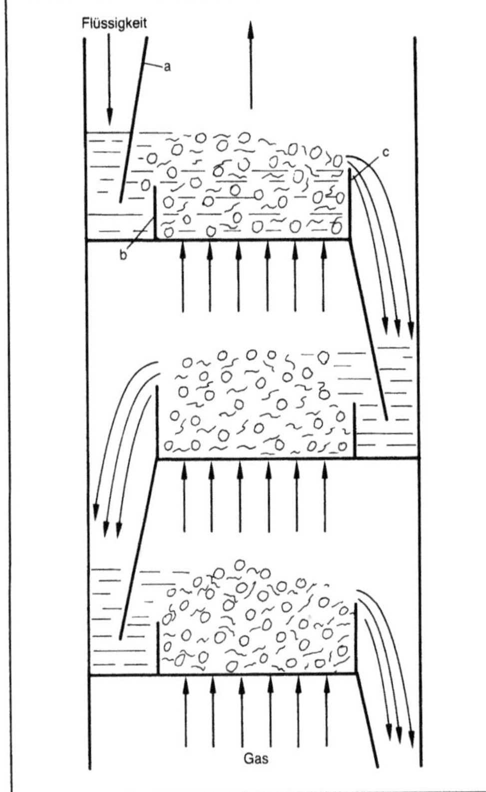

Bodenkolonne 1: Schema der Gas- und Flüssigkeitsführung in Bodenkolonnen mit Gegenkreuzstrom.

a Ablaufschacht, b Zulaufwehr, c Ablaufwehr

Auf einem einzelnen Boden bewegen sich Gas und Flüssigkeit im →Kreuzstrom zueinander. Betrachtet man die gesamte Kolonne, so kann man von →Gegenstrom sprechen.

Bild 2 zeigt verschiedene Formen der Flüssigkeitszwangsführung. Umkehrstromböden werden bei kleinen Flüssigkeitsbelastungen verwendet, Bild 2a). Bei den meisten B. benutzt man einflutige Böden, bei denen auf einer Seite des Bodens die zulaufende Flüssigkeit durch den Ablaufschacht kommt und auf der gegenüberliegenden Seite abfließt, Bild 2b).

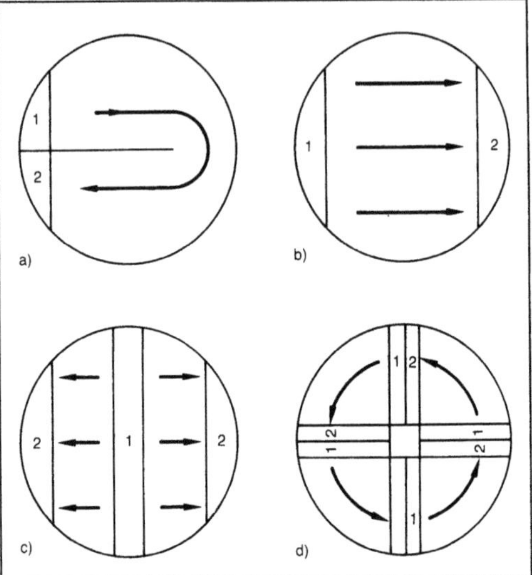

Bodenkolonne 2: Verschiedene Arten der Flüssigkeitszwangsführung.
a) Umkehrstromboden.
b) Einflutiger Boden.
c) Zweiflutiger Boden.
d) Vierflutiger Boden.

1 Zulauf vom nächsthöheren Boden, 2 Ablauf zum nächsttieferen Boden

Bei großen Kolonnendurchmessern (> 2 m) können die Böden mit mehreren Ablaufschächten versehen werden, damit die Flüssigkeitswege nicht zu lang sind. Bild 2c) zeigt einen zweiflutigen Boden mit einer Zulaufstelle und zwei Ablaufschächten. Beim nächsttieferen Boden ist die Strömungsrichtung umgekehrt (2 Zulaufstellen und 1 Ablaufschacht). Ein vierflutiger Boden ist in Bild 2d) dargestellt.

Gegenstromböden, bei denen es keine Ablaufschächte gibt und das Gas und die Flüssigkeit durch dieselben Öffnungen strömen, sind nur für spezielle Strömungsbedingungen geeignet. Beispiele für Gegenstromböden sind Siebböden ohne Ablaufsegmente, Wellsiebböden, Turbogrid-Böden und Kittelböden ohne Ablaufsegmente.

Der Aufbau und die Funktion der wichtigsten Bodenarten wird unter →Glockenboden, →Siebboden, →Ventilboden, →Jet-Boden und →Kaskadenboden behandelt. Bild 3 zeigt einen Blick zwischen zwei Böden einer Glocken-B.

Als Kriterien zur Beurteilung von Böden können dienen:

☐ die Größe des Arbeitsbereiches (der Gas- und der →Flüssigkeitsbelastung),

☐ das →Verstärkungsverhältnis bei verschiedenen Belastungen,

☐ die Flexibilität, d. h. der Anteil des Arbeitsbereiches, in dem das Verstärkungsverhältnis um weniger als 15 % schwankt,

Bodenkolonne 3: Blick zwischen zwei Glockenböden. (Quelle: ACV Köln)

□ der Druckverlust,

□ die Kosten,

□ das Gewicht,

□ die Empfindlichkeit gegen Verschmutzungen und Verkrustungen.

Beispiele: Ventilböden besitzen den größten Arbeitsbereich. Die Verstärkungsverhältnisse liegen bei fast allen Böden bei 0,7–0,85; die Flexibilität ist bei Gegenstromböden am geringsten; der Druckverlust, die Kosten und das Gewicht sind bei Glockenböden am größten. Andererseits haben Glockenböden im Vergleich zu anderen Böden große freie Querschnitte für das durchströmende Gas und sind deshalb viel unempfindlicher gegen Verkrustungen. *Dohrn*

Literatur: *Grassmann, P., u. F. Widmer:* Einführung in die thermische Verfahrenstechnik. Berlin 1974. – *Mersmann, A.:* Thermische Verfahrenstechnik. Berlin, Heidelberg, New York 1980. – *Sattler, K.:* Thermische Trennverfahren. Weinheim 1988. – *Weiß, S.:* Thermische Verfahrenstechnik II. Leipzig 1975.

Bodenstein-Zahl. Das dimensionslose Verhältnis von Stofftransport durch Konvektion zum Stofftransport durch axiale Diffusion (Dispersion) wird als B.-Z. Bo bezeichnet und ist definiert als

$$Bo = \frac{\bar{u}L}{D_{ax}};$$

$\bar{u}$ mittlere Strömungsgeschwindigkeit der Reaktionsmasse, L Länge des Rohrreaktors, D_{ax} axialer Dispersionskoeffizient. Die B.-Z. spielt z. B. beim Dispersionsmodell (→Verweilzeitmodell) eine große Rolle und ist allgemein ein Maß für die →Rückvermischung in realen Reaktoren.

Schönbucher

Bodenverstärkungsverhältnis. Das B. und der Bodenaustauschgrad (→Austauschgrad) sind ein Maß für die Wirksamkeit eines Bodens bei thermi-

schen Trennprozessen (z. B. Destillation, Absorption). Während ein Punktverstärkungsverhältnis nur die Konzentrationsänderung einer Phase entlang eines Stromfadens berücksichtigt, gilt das B. für die Zusammensetzungsänderung des ganzen Bodens.

Üblicherweise werden Verstärkungsverhältnisse bei der →Rektifikation und Absorption auf die Gasphase und bei der →Desorption auf die Flüssigkeitsphase bezogen. Das B. hängt von einer Vielzahl von Einflüssen ab, z. B. von der Gas- und →Flüssigkeitsbelastung der Kolonne, den Stoffwerten der zu trennenden Komponenten, von konstruktiven Details des Bodens und vom Grad der Durchmischung der Flüssigkeit. Je größer Phasengrenzfläche und Stoffübergangskoeffizienten sind, desto größer ist das B. *Dohrn*

Bodenzahl, theoretische. Die t. B. gibt an, wieviel Böden eine Kolonne zur Erfüllung einer bestimmten Trennaufgabe benötigt, wenn der Gesamtaustauschgrad gleich eins ist. Das Modell des theoretischen Bodens vereinfacht die Berechnung von Bodenkolonnen, weil zur Ermittlung der t. B. nur die Kenntnis der Phasengleichgewichte, der Stoff- und der Energiebilanz notwendig ist. Das Modell setzt voraus, daß sich die einen Boden verlassenden Ströme (Gas, Flüssigkeit) im Phasengleichgewicht befinden, daß auf den Böden eine vollständige Flüssigkeitsdurchmischung vorliegt und daß das durch einen Boden strömende Gas eine konstante Zusammensetzung besitzt.

Über den →Austauschgrad läßt sich die effektive Bodenzahl bestimmen (→Bodenkolonne, →Wertungszahl, →Übergangseinheit, →Fenske-Underwood-Gleichung, →Gilliland-Methode, →Erbar-Maddox-Korrelation). *Dohrn*

Bogensieb. Siebmaschine (→Naßsiebung) zum Klassieren suspendierter Feststoffe und zum →Eindicken von Suspensionen (Bild).

Das in der Trägerflüssigkeit suspendierte Aufgabegut strömt über ein gekrümmtes feststehendes Sieb. Dabei teilt sich der Flüssigkeitsstrom in einen Teil, der zusammen mit feinen Feststoffpartikeln (d<w) durch die Siebspalte tritt. Der Rest mit dem Grobgut bzw. der eingedickte Feststoff fällt am Ende des Siebbodens ab. Die technisch eingesetzten Spaltweiten (Mineralaufbereitung) betragen w=0,1–1 mm. Die Überströmgeschwindigkeiten liegen zwischen 0,5 und 3 m/s. Die Überströmung bewirkt eine gute Siebreinigung der quer zur Strömungsrichtung angeordneten Spalte, so daß sich eine Verstopfung weitgehend vermeiden läßt. *Trefz*

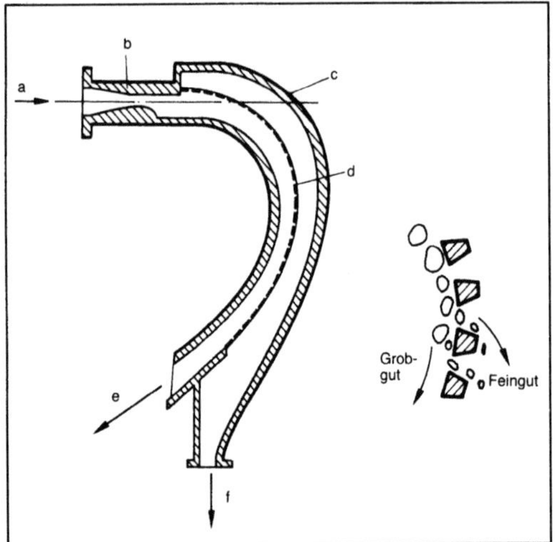

Bogensieb.

a Zulauf, b Verteilerdüse, c Gehäuse, d Trennfläche, e Ablauf Grobgut, f Ablauf Feingut

Bohren. Mit B. werden spanende Verfahren mit rotatorischer Hauptbewegung bezeichnet, bei denen das Werkzeug nur eine Vorschubbewegung in Richtung der Drehachse erlaubt.

Die wesentlichen Verfahrensvarianten (Bild) sind: B. ins Volle, Auf-B., Kern-B., Gewinde-B. und Zentrier-B. (Profil-B.).

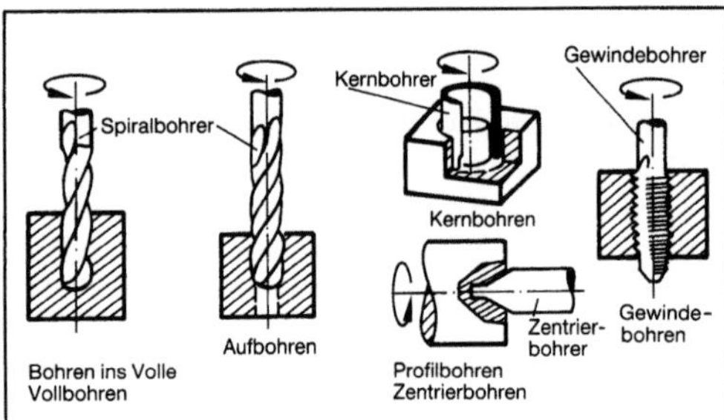

Bohren: Verfahrensvarianten.

Die verschiedenen Bohrverfahren unterscheiden sich insbes. in der Art der verwendeten Werkzeuge sowie in den zu bearbeitenden Bohrungen.

Bei der Herstellung von Durchgangs- oder Sacklöchern wird werkzeugseitig zwischen Spiralbohrern, Wendeschneidplatten-Bohrern und Tiefbohrwerkzeugen unterschieden. Letztere finden ihren Einsatz bei der Fertigung von Bohrungen mit einem hohen Längen-Durchmesser-Verhältnis (Tief-B.).

Die besonderen Merkmale des B. sind
□ die bis auf null abfallende Schnittgeschwindigkeit in der Bohrermitte,
□ der mit zunehmender Bohrtiefe schwierigere Abtransport der Späne,
□ die ungünstige Wärmeverteilung in der Schnittstelle,

□ der erhöhte Verschleißangriff auf die scharfkantige Schneidecke sowie
□ Stabilitäts- und Schwingungsprobleme des Werkzeugs mit zunehmender Bohrtiefe (Bohrreibung).
König

Literatur: DIN 8589. Tl. 2: Fertigungsverfahren Spanen. Hrsg. Dt. Inst. f. Normung. Ausg. März 1978. – *König, W.:* Fertigungsverfahren. Bd. 1: Drehen, Fräsen, Bohren. Düsseldorf 1990.

Bohren ins Volle. Auch Vollbohren. Bezeichnung für das Bohren in den vollen, noch nicht mit einem Loch versehenen Werkstoff. Hierbei wird eine kreiszylindrische Innenfläche erzeugt, die koaxial zur Drehachse der Schnittbewegung liegt. Im Gegensatz zum →Kernbohren wird beim B. i. V. der gesamte Werkstoff im Bohrloch zerspant. *König*

Bohrmaschine (Metallbearbeitung). Die B. bilden eine Untergruppe der spanenden Werkzeugmaschinen. Die Einteilung der B. kann nach folgenden Gesichtspunkten erfolgen:
□ Bauprinzip (Anordnung und Anzahl der Spindeln),
□ Lage der Hauptachsen,
□ Umdrehungsfrequenz- und Vorschubbereich,
□ Größe des Spann- und Arbeitsraums,
□ Automatisierungsgrad,
□ Steuerungsart,
□ Verwendungszweck.

Gelegentlich erfolgt auch eine Einteilung nach der Fertigungsgenauigkeit bzw. nach den Aufstellbedingungen (ortsfest bzw. beweglich) der Maschinen.

Die verschiedenen Bauprinzipien kann man in folgenden Gruppen zusammenfassen (Bild): Tischbohrmaschinen, Säulenbohrmaschinen, Ständerbohrmaschinen, Reihenbohrmaschinen, Radialbohrmaschinen, Koordinatenbohrmaschinen, Gelenkspindelbohrmaschinen, Tiefbohrmaschinen.

Bei den meisten Bauprinzipien wird die Bohrspindel senkrecht angeordnet.

Die B. sind analog zu Fräsmaschinen aufgebaut. Sie bestehen aus →Maschinenbett oder Konsole mit Grundplatte, Bettschlitten, Tisch, Spindelkasten und Ständer. Bei der Konstruktion ist auf eine möglichst steife, verwindungsfreie Bauweise und spielfreie Führungen zu achten, um eine ausreichende Genauigkeit der Maschine zu gewährleisten. Der Spindelkasten beinhaltet die gesamte Arbeitseinheit. Die Bohrspindel sollte möglichst starr ausgeführt sein und spielfrei im Spindelkasten gelagert werden.

Die Werkzeugaufnahme bei Bohrmaschinen erfolgt durch Zylinder- oder Kegelschaft. Die dabei eingesetzten Werkzeuge sind je nach Bohrverfahren unterschiedlich. Das Werkzeug führt hierbei eine

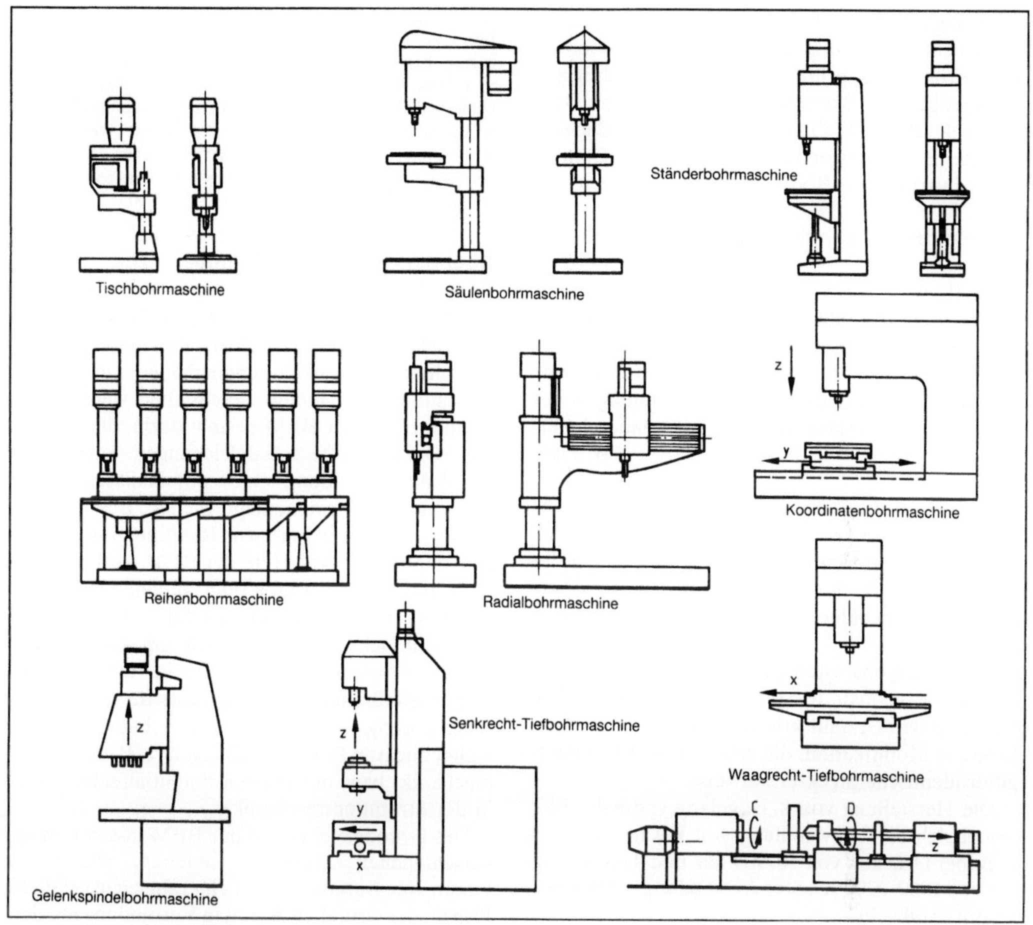

Bohrmaschine (Metallbearbeitung): Bauprinzipien.

Vorschubbewegung nur in Richtung der Drehachse aus. Unabhängig von der Vorschubbewegung behält die Drehachse der Schnittbewegung ihre Lage zum Werkzeug und Werkstück bei. Die Bohrverfahren werden in Bohren, Aufbohren, Senken, Reiben und Gewindebohren unterteilt. Dabei eingesetzte Werkzeuge sind Spiralbohrer, Senker, Reibahlen und Gewindebohrer bzw. in der Serienfertigung auch Sonderwerkzeuge.   *Schulz*

Literatur: *Dubbel:* Taschenb. Maschinenbau. – *Klein, H. H.:* Bohren und Aufbohren. Bd. 7: Fertigung und Betrieb. Berlin, Heidelberg 1975. – *König, W.:* Fertigungsverfahren Bd. 1: Drehen, Fräsen, Bohren. Düsseldorf 1990. – *Spur, G.,* u. *Th. Stöferle:* Handb. Fertigungstechnik. Bd. 3: Spanen. München 1979. – *Weck, M.:* Werkzeugmaschinen. Düsseldorf 1979. – DIN E 8589. Tl. 2: Fertigungsverfahren, Spanen, Bohren. Hrsg. Dt. Inst. f. Normung. Ausg. März 1978. – DIN 8625. Tl. 1: Werkzeugmaschinen; Radialbohrmaschinen mit beweglichem Ausleger, Abnahmebedingungen. Hrsg. Dt. Inst. f. Normung. Ausg. Jan. 1976. – DIN 8626. Tl. 1: Werkzeugmaschinen; Senkrecht-Bohrmaschinen, Ständerbohrmaschinen, Abnahmebedingungen. Hrsg. Dt. Inst. f. Normung. Ausg. Jan. 1976. – DIN 8626. Tl. 2: Werkzeugmaschinen; Senkrecht-Bohrmaschinen, Säulenbohrmaschinen, Abnahmebedingungen. Hrsg. Dt. Inst. f. Normung. Ausg. Jan. 1976. – DIN E 8626. Tl. 3: Werkzeugmaschinen; Senkrecht-Bohrmaschinen, Einständer-Senkrecht-Koordinatenbohrmaschinen mit in der Höhe verstellbarem Tisch, Abnahmebedingungen. Hrsg. Dt. Inst. f. Normung. Ausg. Juli 1976. – DIN E 8626. Tl. 4: Werkzeugmaschinen; Senkrecht-Bohrmaschinen, Einständer-Senkrecht-Koordinatenbohrmaschinen mit fester Höhe des Tisches, Abnahmebedingungen. Hrsg. Dt. Inst. f. Normung. Ausg. Juli 1976. – DIN E 8626. Te5: Tl 5: Werkzeugmaschinen; Senkrecht-Bohrmaschinen, Zweiständer-Senkrecht-Koordinatenbohrmaschinen mit fester Höhe des Tisches, Abnahmebedingungen. Hrsg. Dt. Inst. f. Normung. Ausg. Juli 1976. – DIN 44715: Handbohrmaschinen; Spannhalsmaße für Spindelseite. Hrsg. Dt. Normenausschuß. Ausg. Juni 1969. – DIN 55005. Tl. 5: Technische Angaben in Druckschriften über Werkzeugmaschinen; Radialbohrmaschinen. Hrsg. Dt. Normenausschuß. Ausg. Aug. 1961. – DIN 55058. Bohrspindelköpfe für Stellhülsen; Anschlußmaße. Hrsg. Dt. Normenausschuß. Ausg. Jan. 1973. – DIN 55060. Tl. 10: Waagerecht-Bohr- und Fräswerke bis 125 mm Arbeitsspindeldurchmesser; Querkeile. Hrsg. Dt. Normenausschuß. Ausg. Aug. 1944.

Bohrungsläppen →Rundläppen

Bohrungsqualität. Die Qualität einer spanend hergestellten Bohrung kann unter einer Vielzahl von Kriterien geprüft werden. Die wichtigsten Kenngrößen zur Beurteilung der B. sind die Bohrungstoleranz (ISO-Qualität), die →Oberflächengüte der Bohrungswand und der durch den Bohrerverlauf verursachte Bohrungsmittenversatz. *König*

Bolzenschweißen →Schweißverfahren

Bor. B. wird Stahl in geringen Mengen (unter 0,01 %) zugesetzt, um die →Härtbarkeit zu verbessern. Gelöstes B. reichert sich beim →Glühen an den Korngrenzen an, baut die Korngrenzenenergie ab und verzögert dadurch die Umwandlung in der Perlitstufe. Die →Durchhärtung wird dadurch verbessert. *W. Dahl*

Bornitrid, kubisches. Nach dem Diamanten ist k. B. (CBN) das zweithärteste bekannte Material. Bornitrid ist ein synthetisches Material, das in der Natur nicht vorkommt, sondern über die Reaktion von Borhalogeniden mit Ammoniak hergestellt wird.

Wie beim Kohlenstoff existiert von Bornitrid eine weiche, hexagonale Modifikation, die im gleichen Gittertyp wie Graphit kristallisiert, und eine harte, kubische Modifikation, die eine mit dem Diamantgitter identische Struktur aufweist.

Die Herstellung von k. B. gelang erstmals 1957, wobei sich die Umwandlung von hexagonalem in k. B. bei Drücken von 50–90 kbar und Temperaturen von 1800–2200 K unter Anwendung eines Katalysators vollzieht.

CBN-Werkzeuge mit definierter Schneidteilgeometrie werden bevorzugt bei der spanenden Bearbeitung von gehärtetem Stahl mit einer Härte HRC>45, Schnellarbeitsstahl und hochwarmfesten Legierungen auf Nickel- und Cobaltbasis, die sich mit Hartmetallwerkzeugen nur sehr schwer bearbeiten lassen. Ferner ist die →Zerspanung von Werkstücken mit flammgespritzten Beschichtungen und Auftragsschweißungen mit hohem Wolframcarbid- oder Chrom-Nickel-Anteil möglich.

CBN-Schneidstoffe eignen sich sowohl für den unterbrochenen Schnitt als auch für die Schrupp-, Schlicht- und Feinbearbeitung. Da Rauhtiefen <1 μm erreicht werden können, ist in vielen Fällen eine Nachbearbeitung durch →Schleifen überflüssig (Schneidstoffe, PKD). *König*

Literatur: *Bohrmeister* u. *Gühring:* PKD und PKB; Zwei neuartige hochharte Schneidstoffe zum Bohren und Innenausdrehen 17 (1984) Nr. 26. – *Clausen, R.:* Polykristalline Schneidstoffe spanen harte Eisenwerkstoffe mit langer Standzeit. Maschinenmarkt 81 (1985), S. 628/31. – *Notter, T. A., P. J. Heath* u. *K. Steinmetz:* Trenn-Kompendium. Bd. 2: Polykristalline CBN-Wendeschneidplatten für die Bearbeitung harter Eisenwerkstoffe. Bergisch-Gladbach 1982. – *Pipkin, N., D. J. Roberts* u. *W. J. Wilson:* Amborite – der polykristalline Hochleistungswerkstoff. Firmenschrift: De Beers: Diamant Information M39. Düsseldorf 1980. – *Töllner, K.:* Fräsen von harten Eisenwerkstoffen. wt-Z. ind. Fertigung 72 (1982), S. 493/96. – *Tönshoff, H. K.,* u. *G. Chryssolouris:* Einsatz kubischen Bornitrids (CBN) beim Drehen gehärteter Stähle. Werkstatt u. Betrieb 114 (1981) Nr. 1, S. 45/49. – *Werner, G.,* u. *W. Knappert:* Untersuchungen zur spanenden Bearbeitung von gehärteten Großkugellagerringen mit kompakten CBN-Schneidstoffen. IDR 18 (1984) Nr. 2, S. 83/90.

Boundary-Elemente-Methode. Die B.-E.-M. (kurz BEM, auch Randelemente- oder Randintegralmethode) ist ein Berechnungsverfahren für physikalische Vorgänge innerhalb eines Gebiets, wobei die physikalischen Zusammenhänge nur auf der Berandung des Gebiets beschrieben werden. Das Grundprinzip der BEM besteht darin, die in Form von Gebiets-Differentialgleichungen vorliegende Problembeschreibung eines physikalischen Sachverhalts durch eine entsprechende Beschreibung der Randeffekte in Form von Randintegralgleichungen zu ersetzen. Mit Hilfe der BEM wird also eine Gebiets-Problemformulierung auf eine reine Rand-Problemformulierung zurückgeführt. Damit ist die Problembeschreibung praktisch um eine Dimensionsstufe verringert und so eine in vielfacher Hinsicht vorteilhaftere Ausgangsbasis für ein numerisches Lösungsverfahren gewonnen. Dies gelingt bei vielen linearen Problemstellungen (z. B. der Elastomechanik) bzw. bei stetigen Potentialfeldern (z. B. in der Strömungsmechanik).

Die Grundgleichungen der BEM lassen sich aus verschiedenen Methoden ableiten, wie z. B. Green-Integralsatz, →Fehlerabgleichverfahren, Prinzip der virtuellen Arbeit in Verbindung mit dem Arbeitssatz von *Betti.* Vorgehensweise und Anwendungen der BEM ist vergleichbar mit der Finite-Elemente-Methode.

Bei vielfältigen Anwendungen in Gebieten der Kontinuumsmechanik, in der Bruchmechanik oder bei elektromagnetischen Problemen hat sich die BEM bewährt. Sie ist z. B. besonders geeignet zur Berechnung von „halbunendlichen" Problemen (Tunnelbau oder andere Gebiete der Bodenmechanik, Statik eines Schiffs im Meer usw.). Für endliche Probleme der Kontinuumsmechanik ist die BEM besonders für solche Körper geeignet, bei denen das Verhältnis von Oberfläche zu Volumen klein ist (kompakte Körper).

In der Umformtechnik eignet sich die BEM besonders zur Berechnung der elastischen Verformungen und Spannungen von Bauteilen, z. B. Umformwerkzeugen (Stempel, Matrize) oder Umformmaschinen (Pressengestell).

Um eine Berechnung durchzuführen, muß die Oberfläche des betrachteten Körpers diskretisiert, d. h. durch Punktkoordinaten beschrieben werden (günstige Kopplungsmöglichkeit an CAD-Systeme). An der Oberfläche angreifende Kräfte und

Lagerreaktionen sowie auf den ganzen Körper oder Teilen davon einwirkende Temperaturen (stationäre Verteilung) bzw. Massenkräfte (Zentrifugal-, Schwerkraft) sind zusätzlich anzugeben.

Für zweidimensionale (ebener Spannungs- oder Formänderungszustand) und axialsymmetrische Probleme genügt es, die begrenzende Kontur in Form eines Linienzugs zu idealisieren. So lassen sich im thermoelastischen Fall mit BE-Rechenprogrammen die Verschiebungen und Spannungen an der Oberfläche des betrachteten Körpers berechnen. *Lange*

Literatur: *Brebbia, C. A., J. C. F. Telles u. L. C. Wrobel:* Boundary Element Techniques. Berlin, Heidelberg, New York 1984. – *Kuhn, G.:* „Boundary Elemente", eine sinnvolle Ergänzung zu finiten Elementen. Lehrgangsunterlagen. Techn. Akad. Esslingen 1984.

Bräunungsreaktion. Bezeichnung für eine Reihe verschiedenartiger, in vielen Lebensmitteln auftretenden chemischen Reaktionen, in deren Verlauf höhermolekulare braun- bis schwarzgefärbte Produkte entstehen. Prinzipiell sind enzymatische und nichtenzymatische B. zu unterscheiden.

Enzymatische B. erfordern die Anwesenheit bestimmter Substrate, bestimmter Enzyme (Oxidoreduktasen) sowie von Sauerstoff (z. B. Luftsauerstoff), welcher als Wasserstoffakzeptor fungiert.

In der Natur weit verbreitet und für das Auftreten enzymatischer B. bedeutend ist unter den Enzymen die Gruppe der Diphenol-Oxidoreduktasen (z. B. Polyphenolase), die Substrate wie Catechine, Anthocyanidine, Flavonole usw. unter Entstehung von O-Chinonen oxidieren. Diese instabilen Verbindungen polymerisieren zu braunen bis schwarzen Pigmenten. Darauf beruht das Braunwerden frischer Schnittflächen von Äpfeln, Kartoffeln, frisch gepreßten Obstsäften u. ä.

Die Ascorbinsäure-Oxidase oxidiert Vitamin C, dessen Abbauprodukte zu braunen Harzen polymerisieren. Derartige Reaktionen führen in Säften von Zitrusfrüchten und anderen Vitamin-C-reichen Lebensmitteln z. T. zu beträchtlichen Verlusten an Vitamin C.

Verfahrenstechnische Maßnahmen zur Vermeidung der enzymatischen Bräunung sind Ausschluß von Sauerstoff (Vakuum- oder Schutzgasverpakkung) oder Enzymhemmung bzw. -inaktivierung durch pH-Wertabsenkung bzw. Hitzebehandlung oder Verwendung von Zusatzstoffen (z. B. Sulfit, Ascorbinsäure).

Nichtenzymatische Bräunungen, sog. Maillard-Reaktionen, sind Reaktionen zwischen reduzierenden Zuckern (z. B. Glucose, Fructose) und primären Aminen (z. B. Aminosäuren, Proteine), die bereits bei milden Bedingungen unter Bildung von huminartigen, braungefärbten Produkten (Melanoidine)

ablaufen. Die Geschwindigkeit der Maillard-Reaktion ist von der →Wasseraktivität a_w abhängig und hat bei $a_w = 0{,}6\text{–}0{,}7$ ein Maximum. Höhere Temperaturen begünstigen die Reaktion. Beim →Pasteurisieren, →Sterilisieren und →Trocknen vieler Lebensmittel auftretende nichtenzymatische B. sind in der Regel unerwünscht, da auch essentielle Aminosäuren (z. B. Lysin) an den Reaktionen beteiligt sind und damit in eine für den menschlichen Körper nicht mehr verwertbare Form übergehen. Angestrebt werden diese Reaktionen dagegen bei Back-, Röst- und Bratprozessen (Brot, Kaffee, Zerealien, Fleisch) oder z. B. beim Trocknen des Malzes für das Brauen von Bier (wegen der erwünschten Braunfärbung). Parallel dazu bilden sich Aromakomponenten. Durch Einstellen der Wasseraktivität und des Temperaturverlaufs sowie u. U. durch Entfernung von Reaktionsedukten läßt sich das Ausmaß der Maillard-Reaktion beeinflussen. *Kerner/Loncin*

Literatur: *Heimann, W.:* Grundzüge der Lebensmittelchemie. 3. Aufl. 1976.

Brechen. Nicht werkzeuggebundenes Zerteilverfahren. Eine Biege- oder Dreh-Beanspruchung führt bei Überschreiten eines werkstückstoffspezifischen Grenzwertes zum Trennbruch an einer bestimmten Stelle.

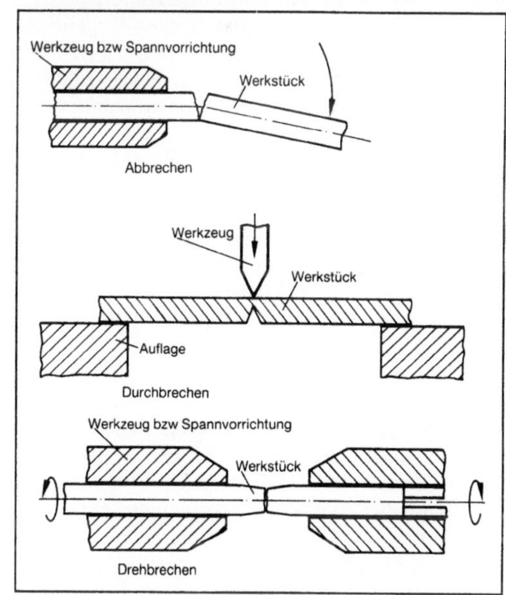

Brechen: Verfahrensvarianten. (Quelle: DIN 8588)

Die DIN 8588: Zerteilen unterscheidet (Bild):
□ Biege-B. (Zug-Bruch-Beanspruchung): Ab-B. ist Biege-B. bei einseitiger Einspannung oder Unterstützung des Werkstücks (Abschlagen ist Ab-B. durch Schlagbeanspruchung).

□ Durch-B. ist Biege-B. bei beidseitiger Unterstützung des Werkstücks. Die Brechkraft wirkt zwischen den Stützstellen. Zur Erzielung eines lagegenauen Bruchs ist es zweckmäßig, die entsprechende Stelle mit einer Kerbe zu versehen.

□ Dreh-B. (Schub-Bruch-Beanspruchung): Brechverfahren finden relativ selten Anwendung. Sie werden vorwiegend zur Herstellung von Rohteilen für die Warmumformung und hier nur von Rund- oder Vierkant-Stäben mit großen Querschnittsflächen eingesetzt. *König*

Brecher (Verfahrenstechnik). B. dienen zum Grobzerkleinern harter bis mittelharter Materialien. Die zur Anwendung kommenden Brechwirkungen sind Druck, Scherung, Schlag, Reibung und Prall, die je nach B.-Typ auch kombiniert angewandt werden. Kennzeichnend für fast alle B. ist die Antriebstechnik der zerkleinernden Teile, die ein Exzenter von einer kreisförmigen Antriebswelle in eine periodische Auslenkbewegung umwandelt.

Eine Beurteilung und den Vergleich verschiedener B.-Typen erlaubt der Zerkleinerungsgrad n, der als Verhältnis von maximalem Durchmesser von Aufgabegut und Feingut definiert ist,

$$n = D_A/d_F > 1.$$

Das weite Feld unterschiedlicher B.-Typen wird weiter aufgeteilt in Backen-B. und Rund-B.

Backen-B.. Der Aufbau der Backen-B. geht aus Bild 1 (Pendelschwing-B.) hervor. Bei den Backen-B. schwingt eine Brechschwinge gegen eine ruhende Stirnwand. Das zwischen den beiden Wänden liegende Brechgut wird während der Annäherung der Brechschwinge zerkleinert. Der Brechraum wird nach unten hin enger, so daß das zerkleinerte Gut nachrutschen kann und nochmals zerkleinert wird. Bei Erreichen der Feinkorngröße fällt das Brechgut unten aus und wird zur weiteren Verarbeitung abtransportiert. Die Feinkorngröße läßt sich durch Verstellen des Stützplattenlagers einstellen. Die Oberfläche der Brechplatten sind je nach Brechgut aus geripptem oder glattem Hartmetall gefertigt. Der Öffnungswinkel der Brechplatten muß kleiner als der Reibungswinkel von Brechgut und Hartmetall sein; sonst greift die Brechschwinge nicht. Mit diesen Geräten sind Zerkleinerungsverhältnisse von n = 3–8 möglich. Backen-B. erlauben die Zerkleinerung harter bis mittelharter Materialien wie z. B. Granit, Kalkstein und Erze. Weitere Einteilungen dieses Bautyps werden nach der Antriebsmechanik der Brechschwinge vorgenommen. Alle Bauformen erlauben den Einbau einer Überlastsicherung, die das Gerät vor Beschädigung schützt, wenn nicht zerkleinerbare Materialien in den Brechraum gelangen.

Einschwingen-Backen-B. (Kurbelschwingen-B.). Bei diesem Gerät ist die Brechschwinge direkt an

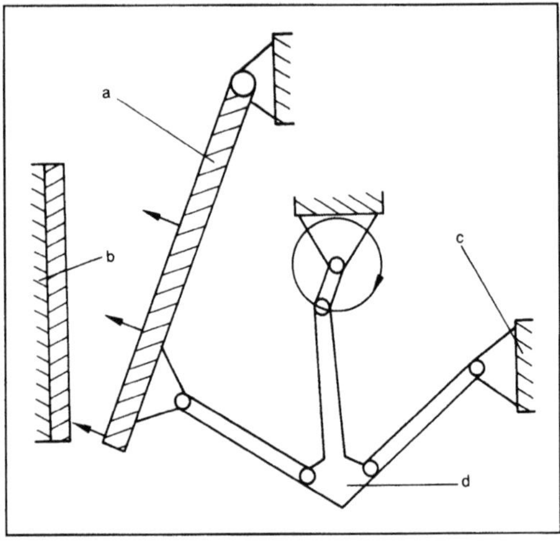

Brecher (Verfahrenstechnik) 1: Pendelschwingbrecher (Schemaskizze).

a Brechschwinge, b Stirnwand, c Stützplattenlager, d Hebelmechanik

der Exzenterwelle befestigt und führt daher im oberen Teil nahezu Kreisbewegungen aus. Wegen der Lagerung am unteren Ende bewegt sich die Platte dort fast nur in vertikaler Richtung, was hohen Verschleiß durch Reibung verursacht. Aus diesem Bewegungsablauf resultiert eine Druck- und Scherbeanspruchung des Brechgutes sowie eine hohe Belastung für die Exzenterlager.

Einschwingen-Backen-B. sind zum Zerkleinern von mittelhartem, weniger festem Material geeignet und etwas leichter und preisgünstiger als Pendelschwing-B.. Die Spaltweite kann sehr klein gewählt werden. Daher sind sie auch zum Feinbrechen und →Granulieren geeignet.

Pendelschwing-B. (Kniehebel-B.). Sie eignen sich bevorzugt zum Zerkleinern von harten bis mittelharten Materialien in Grob- und Großbacken-B., da die hier eingesetzte Hebelmechanik zum Übertragen sehr hoher Kräfte geeignet ist (Bild 1). Eine Hubstange pendelt um den Exzenterzapfen und bewegt über die Stützplatte die Brechschwinge. Schwungscheiben auf den Antriebswellen gleichen die stoßartigen Belastungen aus und schützen so die Antriebsmaschinen. Eine Kräftebilanz ergibt, daß die größten Kräfte am Stützplattenlager angreifen und nur geringe Belastungen auf das Exzenterlager wirken. Daraus resultiert ein günstiges Belastungsverhalten.

Zweischwingen-B. (Schwing-Backen-B.). Hierbei handelt es sich um eine Sonderbauform, die für alle Backen-B. vorgesehen werden kann. Statt einer bewegten und einer feststehenden Brechplatte kommen 2 bewegte Platten zum Einsatz, die symmetrisch zueinander angeordnet sind. Daraus resultieren höhere Durchsätze und bei Massenausgleich der

Schwungmassen eine geringere Belastung für die Fundamente.

B. dieser Bauform werden zum Nachbrechen harter Materialien eingesetzt. Sie erlauben eine sehr feine Einstellung der Korngröße des Feinguts.

Schlag-B. Bei diesem Bautyp wird die Brechschwinge oben aufgehängt. Der Antrieb erfolgt durch einen Exzenter am unteren Ende der Brechplatte. Brechschwinge und ruhende Brechwand sind gegenüber der Vertikalen stark geneigt.

Im Betrieb führt die Brechschwinge einen großen Hub bei hohen Drehzahlen aus; daraus resultieren eine hohe Geschwindigkeit der Brechschwinge und die schlagende Belastung des Brechguts. Als Überlastungsschutz dient eine Zugfeder, die in der Zugstange eingebaut ist und Überlastungen der Antriebsmaschinen verhindert. Schlag-B. werden zur Vor- und Nachzerkleinerung harter Stoffe eingesetzt.

Backen-B. mit hydraulischem Antrieb. Genauere Untersuchungen über den zeitlichen Ablauf des Brech- und Austragsvorgangs brachten die Erkenntnis, daß der Antrieb der Brechschwinge durch Exzenterwellen nicht optimal ist. Das gebrochene Gut benötigt eine bestimmte Zeit zum Nachrutschen und Herausfallen, die nicht unterschritten werden darf. Der eigentliche Brechvorgang kann aber schneller durchgeführt werden. Bei Exzenterantrieben sind jedoch die einzelnen Zeitspannen aus der konstanten Antriebsdrehzahl über Hebelmechanismen miteinander gekoppelt, so daß die Zeit zur Zerkleinerung nicht unabhängig von der Austragszeit verkürzt werden kann.

Hydraulische Antriebe erlauben eine differenzierte Steuerung, bei der sich die Brechbewegung schneller ausführen läßt. So kann man deutlich höhere Durchsätze gegenüber Exzenterantrieben erzielen. Praktische Ausführungen ersetzen bei gleichen Hebelmechanismen den Exzenterantrieb durch einen hydraulischen Antrieb. Mittels Überdruckventilen ist auch ein einfacher und zugleich wirksamer Überlastungsschutz möglich. Hydraulikantriebe sind jedoch aufwendiger instand zu halten.

Pendelkurbel-Schwing-B. Eine Erhöhung des Durchsatzes ist mit dieser Bauart möglich, die die Vorteile des Einschwingen- und des Kniehebel-B. vereint. Die Brechschwinge wird hier sowohl über eine Exzenterwelle am oberen als auch über eine Druckplatte am unteren Ende angetrieben. Die Antriebe sind über ein Zahnradgetriebe synchronisiert, so daß nur ein Motor erforderlich ist und der Bewegungsablauf genau definiert bleibt. Die dazu erforderliche aufwendige Mechanik verteuert den Apparat.

Das Brechgut wird durch diesen Aufbau gut eingezogen und durch hohe Kräfte zerkleinert. Der Durchsatz kann so gegenüber den Einschwingen-

und dem Pendelschwing-B. erhöht werden. Das Haupteinsatzgebiet dieses Bautyps ist die Grobzerkleinerung harter, spröder Materialien.

Kegel-B. (Rund-B.). Backen-B. haben den Nachteil, daß die Zeit zur Öffnungsbewegung praktisch ungenutzt bleibt, da kein Beitrag zum Zerkleinern geleistet wird. Diesen Nachteil kann man umgehen, indem die Konstruktion der Backen-B. ins Räumliche übertragen wird. Aus der feststehenden Stirnplatte wird so ein innen belasteter Kegelmantel, aus der Brechschwinge der sich taumelnd bewegende Brechkegel. Das Grundprinzip der Zerkleinerung bleibt erhalten. Auch der Antrieb erfolgt wieder über eine Exzenterbuchse, in der die Kegelachse befestigt ist. Der Kegel selbst rotiert nicht um diese Achse. Diese Bewegungsform führt nun dazu, daß der Kegel sich zu jedem Zeitpunkt auf eine Stelle des Kegelmantels zu bewegt und Grobgut zerkleinert, während gleichzeitig auf der Rückseite des Kegels auf Grund der entfernenden Bewegung des Kegels Material nachrutschen kann und hinreichend zerkleinertes Granulat ausfällt. Die Spaltweite zum Festlegen der Feinkorngröße kann durch axiale Verstellung des Kegels oder Kegelmantels erfolgen.

Da die Maschine stetig arbeitet, werden deutlich höhere Durchsätze als bei Backen-B. erzielt. Kegel und Kegelmantel lassen sich zur besseren Griffigkeit gezahnt ausführen. Sie bestehen aus gehärtetem Stahl.

Weiche und klebrige Materialien können zu einer Verstopfung des Austragsspalts führen. Kegel-B. sind daher nur für harte, nichtklebende Stoffe geeignet.

Je nach Art des Grobguts und den Anforderungen an das gebrochene Gut gibt es mehrere Bauformen, bei denen der Brechwinkel eine kennzeichnende Größe ist.

Flachkegel-B. (Symons-B.). Zum Erzeugen von Granulaten hoher Qualität eignet sich der Flachkegel-B., bei dem die Brechkegelneigung ca. 45° beträgt. Die durch diese Geometrie bedingten großen Hübe bei der Kegelauslenkung beanspruchen das Brechgut überwiegend durch Schlag. Da der große Neigungswinkel ein schnelles Herausrutschen des gebrochenen Guts verhindert, wird das Brechgut bis zum Austrag sehr häufig belastet. Das letzte Wegstück zwischen Brechkegel und -mantel ist parallel ausgeführt und trägt wesentlich zu einer genauen Einstellung der Endkorngröße bei. Der Brechmantel ist häufig federnd mit dem Gehäuseboden verbunden, um bei Überlastung durch unbrechbares Gut nach oben ausweichen zu können.

Steilkegel-B. Der Neigungswinkel des Brechkegels beträgt nur 10–20°, so daß das Brechgut überwiegend durch Druckbelastung zerkleinert wird. Die Kegelachse ist um 1–3° gegenüber der Vertikalen geneigt, das Brechgut rutscht nahezu senkrecht nach unten (Bild 2).

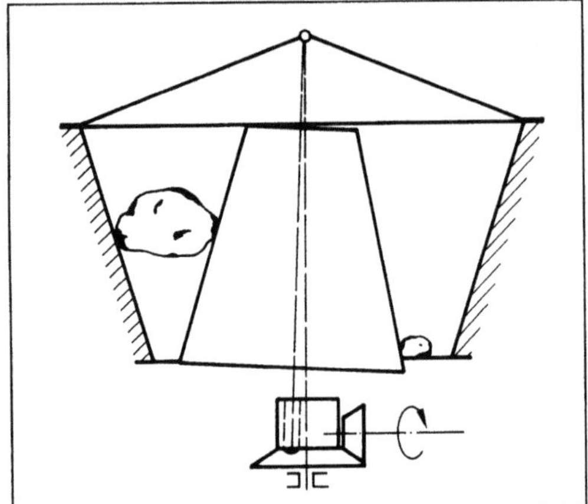

Brecher (Verfahrenstechnik) 2: Steilkegelbrecher (Schemaskizze).

Backen-Kreisel-B. Der Aufbau entspricht dem der bekannten Kegel-B., mit einer Besonderheit: Zur Aufnahme großer Stücke wurde die Aufgabeöffnung an einer Stelle sehr vergrößert. Diese Maßnahme läßt Zerkleinerungsverhältnisse bis zu $n = 15$ zu. Bei der Konstruktion ist zu beachten, daß der entstehende Öffnungswinkel nicht größer als der Reibungswinkel wird.

Prall-B. Prall-B. (Bild 3) nutzen als Zerkleinerungsprinzip das Aufprallen sehr schnell fliegender Teilchen auf Prallplatten.

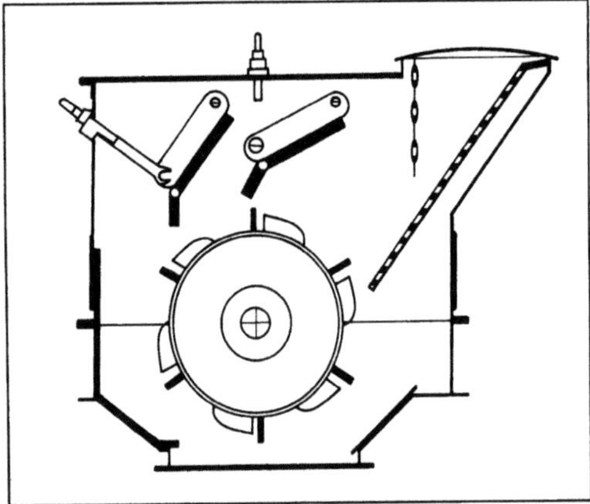

Brecher (Verfahrenstechnik) 3: Prallbrecher.

Im Gehäuse ist eine mit sehr hoher Umfanggeschwindigkeit von 20–60 m/s umlaufende Walze eingebaut, die mit Schlagleisten besetzt ist. Das aufgegebene Grobgut wird von diesen Leisten erfaßt und vor die Prallplatten geschleudert. Die hinreichend kleinen Teilchen fallen entweder durch einen unten angeordneten Rost oder fliegen bei günstiger Flugbahn aus dem Gehäuse heraus. Die Korngröße des Endprodukts läßt sich durch Änderung von Walzendrehzahl, Rostspaltweite oder

Abstand der Walze von den Prallplatten in weiten Bereichen ändern. Zum Zerkleinern sind vor allem spröde Stoffe wie Kohle, Gips, Mergel und Kalkstein geeignet.

Hammer-B. Eine weitere Variation der Beanspruchung von Grobgut ermöglichen Hammer-B. Hammerartig geformte Gewichte sind beweglich an schnell umlaufenden Walzen befestigt, je 4–8 Hämmer an einer Scheibe, wobei mehrere Scheiben auf einer Walze montiert sind. Das Aufgabegut wird von den Hämmern erfaßt und auf Schlag und Prall beansprucht, letzteres auch, wenn die Teilchen gegen die gepanzerte Gehäusewand fliegen. Das Feingut fällt durch Roste am Boden des Gehäuses aus dem Brechraum heraus.

Hammer-B. zerkleinern nasses, klebendes Gut wie Ton, Erz und Bauxit. Durch die Wahl verschiedener Schlagelemente und Drehzahlen kann man den Einsatzbereich weiter variieren.

Walzen-B. Walzen-B. bestehen aus 2 parallelen zylindrischen Walzen mit waagrecht gelagerten Drehachsen. Eine der Walzen ist fest gelagert, während sich bei der anderen mit speziellen Mechanismen der Abstand zur ersten Walze verändern läßt. Die Feinheit des Mahlguts läßt sich so beeinflussen.

Bild 4 verdeutlicht den Einzugsmechanismus bei Walzen-B. Der Winkel, unter dem das Gut eingezogen wird, darf nicht größer als der Reibungswinkel zwischen Walze und Brechgut werden, da das Gut sonst durchrutscht.

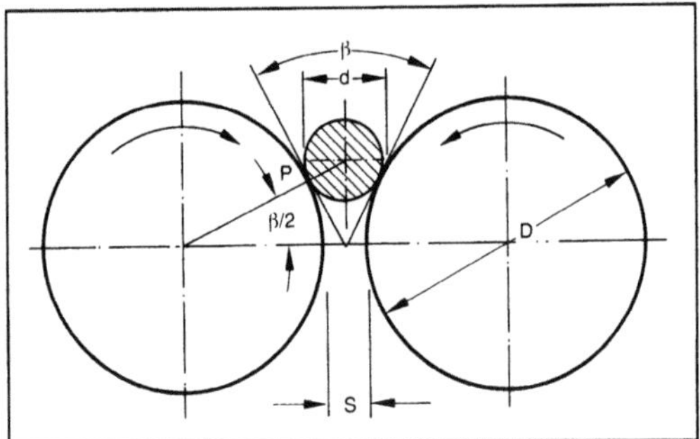

Brecher (Verfahrenstechnik) 4: Einzugsmechanismus eines Walzenbrechers.

Durch einen Federmechanismus oder eine hydraulische Vorrichtung kann diese Walze bei der Aufgabe von nicht zerkleinerbarem Gut ausweichen. Dadurch übernimmt die Verstellvorrichtung den Schutz der Maschine vor Beschädigung.

Die Gutaufgabe erfolgt von oben. Das zerkleinerte Gut fällt unten heraus und kann zur weiteren Verarbeitung abtransportiert werden. Walzen-B. können harte und weiche Materialien verarbeiten und erzielen ein Verkleinerungsverhältnis von höchstens $n = 4$; andere B.-Bauarten erreichen bis zu $n = 8$. Bei der Zerkleinerung von harten Materialien sind die Walzen glatt. Werden weiche Stoffe verarbeitet, lassen sich auch unterschiedliche Profilierungen vorsehen, wie z. B. Riffel-, Zahn- oder Schnekkenprofile. Zur Verbesserung der Zerkleinerungsleistung kann man die Walzen bei weichen Materialien mit unterschiedlichen Drehzahlen antreiben, wodurch die Stoffe zusätzlich zur Druck- auch mit einer Scherbeanspruchung belastet werden. *Müller*

Literatur: *Höffl, Karl:* Zerkleinerungs- und Klassiermaschinen. Berlin 1986.

Brennfuge →Abtragen

Brennofen. Industrieofen, in dem nichtmetallische anorganische Stoffe (Brenngut), die meist im getrockneten Zustand eingesetzt werden, definiert erhitzt, gebrannt und abgekühlt werden. Der Prozeß wird so gesteuert, daß die gewünschten Materialeigenschaften erzielt werden. Typische B. sind: Tunnel-, Drehrohr-, Schacht-, Herdwagen- und Haubenofen. *Jeschar/Specht/Bittner*

Brennschneiden →Abtragen

Brennschneiden, autogenes. Bei diesem Verfahren wird der metallische Werkstoff eines Bauteils mittels eines Gasbrenners auf Entzündungstemperatur erhitzt und anschließend im Strahl des Schneidsauerstoffs kontinuierlich verbrannt. Der Gasstrahl entfernt die flüssigen Verbrennungsprodukte aus der Schnittfuge.

Das Verfahrensprinzip grenzt das Spektrum der schneidbaren Werkstoffe nach drei unterschiedlichen Kriterien ab:

□ Die erste Voraussetzung für die Schneidbarkeit ist, daß die Entzündungstemperatur des Metalls im Sauerstoffstrom unterhalb seiner Schmelztemperatur liegt. Für Stahlwerkstoffe steigt die Entzündungstemperatur mit zunehmendem Kohlenstoffgehalt an, während die Solidustemperatur abfällt. Die Brennschneidbarkeit eines Stahls ist damit um so besser, je niedriger sein Kohlenstoffgehalt ist.

□ Als zweite Bedingung muß die Schmelztemperatur der im Verbrennungsvorgang gebildeten Metalloxide unter derjenigen des Grundwerkstoffs liegen, um eine Schlacke niedriger Viskosität zu gewährleisten, die durch den Gasstrahl leicht aus der Schnittfuge herausgefördert werden kann. Dies verbessert einerseits die geometrische Qualität der geschnittenen Kante und schafft andererseits eine eng begrenzte Schlackenschicht zwischen Metall und Sauerstoffstrom, die den Verbrennungsfortschritt an der Schnittflanke begünstigt.

Nach diesem Kriterium schneidbar sind die Kohlenstoffstähle und niedriglegierten Stähle sowie Titan und Vanadium, während hochlegierte Stähle i. a. sehr zähflüssige Schlacken bilden und bei

Aluminiumlegierungen äußerst hochschmelzende Oxide auftreten, die ein B. dieser Werkstoffe verhindern.

□ Die dritte Forderung schließlich betrifft das Verhältnis von extern eingebrachter Heizwärme und exothermer Verbrennungswärme zur Verlustwärme, die von der Schnittfront her in das Werkstückinnere abgeleitet wird. Diese Energiebilanz muß positiv sein, um die Entzündungstemperatur kontinuierlich aufrechtzuerhalten.

Vorteilhaft in diesem Sinn wirken eine hohe Verbrennungswärme und niedrige Wärmeleitfähigkeit des zu trennenden Werkstoffs.

Unter Maßgabe dieser Kriterien sind unlegierte Stähle mit niedrigem Kohlenstoffgehalt unter den Eisenwerkstoffen am besten zum B. geeignet. Mit steigendem Kohlenstoffgehalt nimmt die unerwünschte Aufhärtung in der Randzone zu, mit wachsendem Legierungsgehalt verschlechtert sich die Fließfähigkeit der Schlacke. Ein aus allen Legierungselementen gebildetes Kohlenstoffäquivalent von 0,4 % sollte daher nicht überschritten werden. Bei Vorwärmung des Bauteils und gesteuerter Abkühlung im Ofen kann dieser Wert auf 0,6 % erhöht werden.

Während das B. ursprünglich zur Zerteilung von Bauteilen bei der Verschrottung genutzt wurde, gilt es inzwischen als Fertigungsverfahren hoher geometrischer Bearbeitungsqualität. Ein wesentliches Kriterium der Qualität ist auch die Ausdehnung der wärmebeeinflußten Zone im Grundwerkstoff, die in Abhängigkeit der Bauteilfunktion das Aufmaß einer mechanischen Endbearbeitung vorgibt.

Von allen Verfahren des B. lassen sich mit der Autogentechnik die größten Werkstoffdicken trennen, die im Extremfall 2000 mm überschreiten können, im Normalfall jedoch unter 500 mm bleiben. Im Dünnblechbereich unterhalb einer Dicke von 10 mm ist es im Hinblick auf die Qualität der Schnittkante (Riefigkeit, Rauheit, Verwerfung, Breite der wärmebeeinflußten Zone) dem →Laserstrahlbrennschneiden auf Grund der erheblich niedrigeren Leistungsdichte unterlegen, bei reduzierten Qualitätsanforderungen jedoch wegen der geringeren Anlagenkosten vorteilhaft. *König*

Literatur: DIN 2310: Autogenes Brennschneiden. Hrsg. Dt. Inst. f. Normung. Ausg. Okt. 1980. – *Eichhorn, F.:* Übersicht über Schweiß- und thermische Trennverfahren in der industriellen Fertigung. Hrsg. Inst. f. Schweißtechnische Fertigungsverfahren. RWTH Aachen 1985.

Brennschneidmaschine. B. sind Maschinen der thermisch trennenden Verfahrenstechnik. Beim Brennschneiden (auch autogenes Brennschneiden genannt) werden Werkstoffe im Sauerstoffstrahl so verbrannt, daß eine Schnittfuge entsteht.

Das Werkzeug dieser Maschinen ist ein Schneidbrenner. Er ist durch getrennte Kanäle für Schneid-

Brennschneidmaschine in Portalbauweise. (Quelle: Esab-Handcock, Karten)

sauerstoff und Heizgasgemisch (Brenngas und Sauerstoff) gekennzeichnet.

Die verbreitetste Maschinenbauform in der industriellen Fertigung ist die Kreuzwagen-B. (Bild). Sie besteht aus einem Unterwagen (Portal) zur Bewegung in Längsrichtung und einem verfahrbaren Ausleger für Querbewegungen. Groß-B. sind fast ausschließlich in Portalbauweise ausgeführt. Die Spurbreite kann 20 m und mehr betragen. Zur Erhöhung der Wirtschaftlichkeit sind Schneidbrennanlagen häufig mit mehreren Brennern ausgestattet, die simultane Schnitte an mehreren Werkstücken erlauben.

Anstatt autogener Brenner können die Maschinen auch mit Laserbrennern (Laser-B.) oder Plasmabrennern (Plasmaschneidmaschinen) ausgerüstet werden.   *Schulz*

Literatur: *Eichhorn, F.:* Schweißtechnische Fertigungsverfahren. Bd. I: Schweiß- und Schneidtechnologien. Düsseldorf 1983. – *Ruge, J.:* Handb. Schweißtechnik. Bd. II, Berlin, Heidelberg, New York 1980. – Die Verfahren der Schweißtechnik. Fachbuchreihe Schweißtechnik. Bd. 55. Düsseldorf 1974.

Brennstoff (Chemie). Ein B. ist ein natürlicher oder durch Veredelungsprozesse erhaltener Stoff, der zur Erzeugung von Wärmeenergie durch Verbrennung, im weiteren Sinne auch durch Kernspaltung oder Kernfusion, verwendet wird. Die Wärmeenergie kann vielfältig weiter verwendet werden, z. B. zur Dampferzeugung aus Wasser. Der Dampf selbst läßt sich u. a. zur Elektrizitätserzeugung mit Hilfe einer Dampfturbine nutzen. B. wird auch zur Erzeugung mechanischer Energie verbrannt, z. B. in einem Verbrennungsmotor, bei dem Wärme ein unvermeidliches, jedoch unerwünschtes Nebenprodukt ist.

Als chemischen B. bezeichnet man einen solchen B., der durch chemische Reaktionen hergestellt wird, wie z. B. Alkohol, den man entweder durch natürliche Fermentation oder durch Synthese gewinnt, oder Wasserstoff, der aus der Elektrolyse oder anderen chemischen Reaktionen gewonnen werden kann, oder verschiedene Synthesegase wie Wassergas, Kokereigas und Stadtgas. Raketentreibstoffe sind in der Regel chemische B. (Brennstoffzelle).

Einige kennzeichnende Eigenschaften von B. sind der Heizwert, die Energiedichte und die Sauberkeit der Verbrennung. Je nach beabsichtigter Verwendung des B. wechselt seine relative Bedeutung. Der Heizwert gibt an, wieviel Energie bei der Verbrennung pro Masse- oder Volumeneinheit des B. frei wird. Die Tabelle zeigt den Heizwert verschiedener Gase, Flüssigkeiten und Feststoffe. Die Energiedichte ist bei der Verwendung eines B. zum Antrieb eines Fahrzeugs wichtig, da in diesem Fall ein Teil dazu benötigt wird, um sich selbst zu transportieren. Die Sauberkeit der Verbrennung ist sowohl wegen der bei der Verbrennung gebildeten umweltverschmutzenden Stoffe von Bedeutung als auch wegen der zusätzlichen Kosten für die Anlagen, die benötigt werden, die Nebenprodukte wie Rauchgase und Asche zu handhaben. In dieser Hinsicht ist Erdgas für viele Anwendungszwecke ein nahezu idealer B., da es sauber, ohne Asche und unter geeigneten

Brennstoff (Chemie). Tabelle: (Oberer) Heizwert verschiedener Stoffe.

Gase	Heizwert	
	MJ/m³ (15 °C, 1 013 mbar)	kJ/mol
Acetylen	54,2	1 306,3
Butan	119,2	2 847,0
Kohlenmonoxid	11,8	280,9
Ethan	64,5	1 540,7
Ethylen	60,2	1 390,0
Wasserstoff	11,9	286,4
Methan	37,1	883,4
Erdgas	36,3 – 44,0	866,7 – 1 059,3
synthetisches Erdgas (SNG) mit		
hohem Heizwert	35,4 – 39,1	845,7 – 937,8
niedrigem Heizwert	14,9 – 22,4	355,9 – 535,9
Flüssigkeiten	kJ/g	kJ/mol
Benzol	41,9	3 274,1
Ethylalkohol	29,9	1 373,3
n-Heptan	48,1	4 814,8
n-Hexan	48,1	4 144,9
Methylalkohol	22,4	715,9
n-Oktan	47,7	5 455,4
n-Pentan	48,6	3 696,9
n-Propylalkohol	33,5	2 013,9
Toluol	42,7	3 910,5
Feststoffe	kJ/g	
Kohlenstoff (amorph zu CO_2)	33,8	(406,1 kJ/mol CO_2)
Kohlenstoff (amorph zu CO)	10,4	(125,2 kJ/mol CO)
Cellulose	17,6	

Bedingungen nahezu völlig zu Kohlendioxid und Wasser verbrennt.

Wirtschaftlichkeit und Verfügbarkeit zwingen häufig zur Verwendung von weniger gut verbrennendem B., wie z. B. Stein- oder Braunkohle. Der Trend in den 60er und 70er Jahren, in großen Kraftwerken von Kohle auf Heizöl (Erdöl) und Erdgas umzustellen, hat sich in den letzten Jahren umgekehrt. Der Heizölanteil zur Stromerzeugung nimmt stetig ab, die Verwendung von Erdgas zur Verstromung ist in der Bundesrepublik Deutschland verboten. Die Wertschätzung der Kohle ist in den Industriestaaten neu erwacht. Zunehmende Beachtung wird auch den unkonventionellen Rohstoffquellen für B. geschenkt, wie →Ölschiefer, →Teersand und der Verflüssigung und Umwandlung von Kohle, Holz und Biomasse in geeignetere B., wie z. B. Rohrleitungsgas mit hohem Heizwert, oder dem Erdgas ähnlichen flüssigen B. (Müllverbrennung, Sonnenenergie). *Dohrn*

Literatur: *Keim, W., A. Behr* u. *G. Schmitt:* Grundlagen der industriellen Chemie. Frankfurt a. M. 1986. – Ullmanns Enzyklopädie der technischen Chemie. Weinheim.

Brikettieren. B. heißt Stückigmachen durch einen Preßvorgang. Dabei wird feinkörniges Gut mit oder ohne Zusatz von Bindemitteln mechanisch zusammengepreßt.

Bei der bindemittellosen B. bewirken Adhäsions- und Kohäsionskräfte den Zusammenschluß der Teilchen zu einem festen Gefüge. Einen Einfluß auf das Brikettierverhalten haben dabei vor allem der Preßdruck (800–2 000 bar), die Temperatur, der Wassergehalt (12–18 % Massenanteil) und die Anwesenheit funktioneller Molekülgruppen (Wasserstoffbrücken).

Wird Bindemittel verwendet, hängt das B.-Verhalten von der Körnung des Preßguts ab. Als Bindemittel werden dabei organische und anorganische Bindestoffe verwendet. B.-Pressen lassen sich in Stempelpressen, Walzenpressen und Ringwalzenpressen unterteilen.

Bei Stempelpressen mit geschlossener Form (Bild 1) wird das Preßgut diskontinuierlich in eine einseitig geschlossene Form eingefüllt und durch einen aufgesetzten Stempel zusammengepreßt. Die Briketts werden durch den Preßstempel (Oberstempel) oder einen Gegenstempel (Unterstempel) ausgepreßt.

Stempelpressen mit offener Form pressen das breiig, knetbar angemachte Preßgut mit Hilfe eines hin- und herlaufenden Kolbens (Kolbenstrang-presse) oder einer Preßschnecke in einen horizontalen Formkanal und stoßen das Preßgut als endlosen Strang aus. Dieser Strang wird dann mechanisch zerschnitten und die Stücke getrocknet.

Walzenpressen (Bild 2) bestehen aus zwei gegeneinander laufenden Walzen gleichen Durchmessers. Auf ihrem Umfang tragen sie jeweils die Hälfte der →Preßform. Das oben aufgegebene Preßgut wird in die sich schließende Brikettform gepreßt und unten ausgeworfen. Walzenpressen arbeiten also kontinuierlich. Ringwalzenpressen erzeugen höchste Drücke (bis 2500 bar). Da aber der Bedarf an Hochdruckbriketts rapide gesunken ist, stehen die meisten Ringwalzenpressen still. *Greif*

Bronze →Kupferlegierung

Bruch. Trennung des Werkstoffs, die zwischen den Kristalliten (interkristallin, d. h. entlang der Korngrenze) oder durch die Kristallite hindurch (transkristallin) erfolgt (Bild 1 und 2).

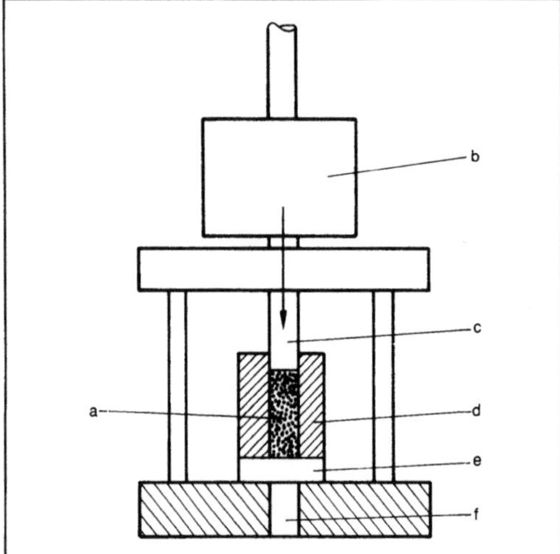

Brikettieren 1: Stempelpresse mit offener Form.

a Preßgut, b Hydraulikzylinder, c Oberstempel, d Preßform, e ausrückbare Bodenplatte, f Auspreßöffnung

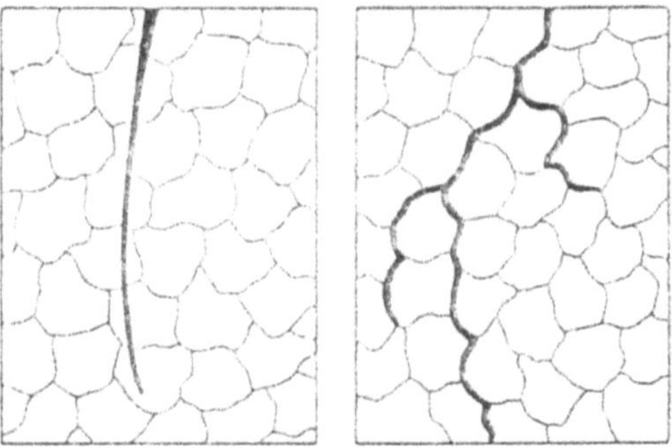

Bruch 1: Trans- und interkristalliner Riß im metallographischen Schliff (Schemaskizze).

links: transkristallin, rechts: interkristallin

Alle Metalle bestehen aus einem Haufwerk kleiner Kristalle mit unregelmäßiger Begrenzung (Kristallkörner, Kristallite). Bei der Abkühlung der Schmelze bilden sich im Bereich der Erstarrungstemperatur an bevorzugten Punkten kleinste submikroskopische Kristallgebilde (Kristallisationse) aus, an die sich weitere Atome in regelmäßiger Anordnung (Kristallstruktur) anlagern. Aus den Keimen entstehen in der Schmelze feste Kristalle, die aufeinander zuwachsen. Das Kornwachstum schreitet fort, bis benachbarte Kristalle aneinanderstoßen (polykristalliner Werkstoff). Dabei ergeben sich unregelmäßige Begrenzungsflächen, die mit Hilfe der →Metallographie im Mikroskop als Korngrenzen im Gefüge sichtbar werden. Die Größe der Kristallkörner hängt von der Zusammensetzung der Schmelze und den Abkühlbedingungen ab. Die Korngröße wirkt sich auf die Festigkeit des Werkstoffs aus.

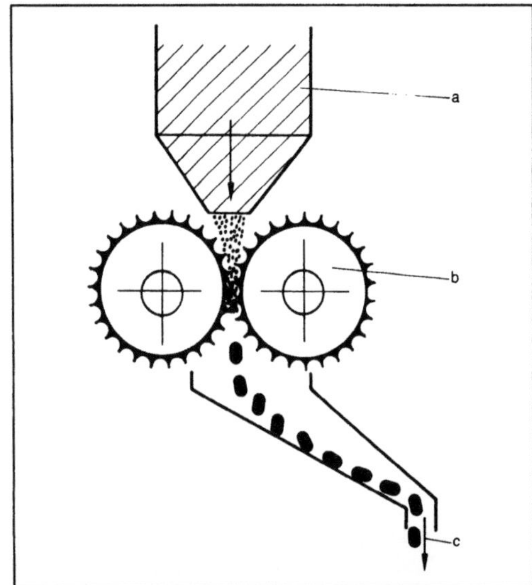

Brikettieren 2: Walzenpresse.

a Aufgabegut, b Preßwalze, c Austritt der Briketts

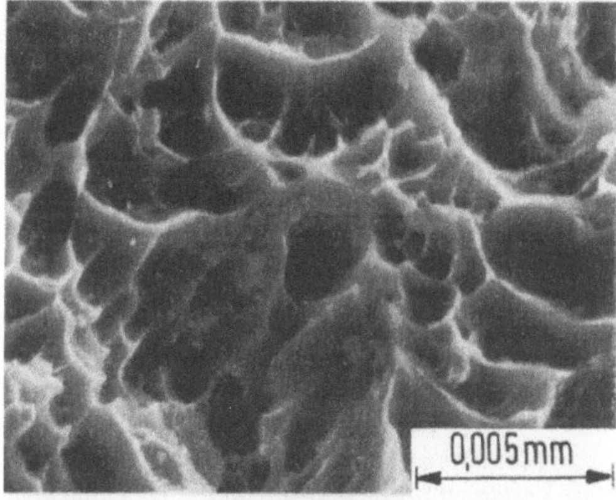

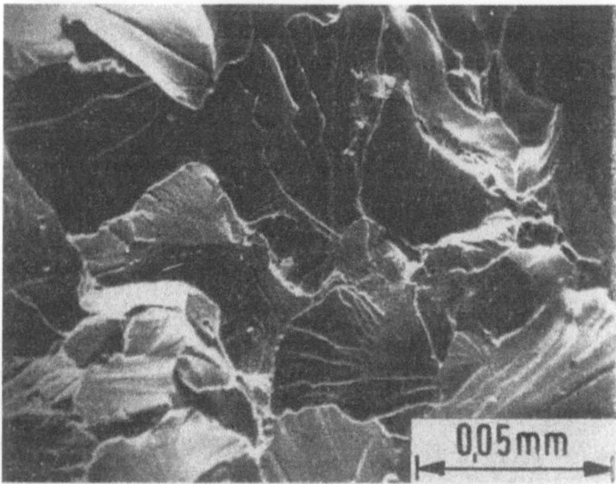

Bruch 2: Rasterelektronenmikroskopische Aufnahmen verschiedener Brucharten. (Quelle: MPA)

transkristalliner Wabenbruch, transkristalliner Spaltbruch, interkristalliner Bruch

An den Begrenzungsflächen ist der Aufbau der Kristalle durch die gegenseitige Behinderung beim Zusammenwachsen gestört. Diese Störstellen (zweidimensionale Gitterfehler, Versetzungen) haben durch den Zwangszustand, in dem sich die Atome befinden, bei technischen Werkstoffen i. a. eine größere Festigkeit als der regelmäßig aufgebaute, mit weniger Gitterbaufehlern behaftete innere Teil der Körner.

Unter mechanischer Beanspruchung erfolgt eine Trennung bei Überschreiten der Werkstofffestigkeit im schwächsten Teil des Kornverbands. Bei Raumtemperatur und niedrigeren Temperaturen verlaufen deshalb Risse durch die Körner hindurch (transkristalliner B). Für sprödes oder zähes Werkstoffverhalten ergeben sich verschiedene Formen der Tennung. Beim transkristallinen Spröd-B. werden die Kristallite verformungslos gespalten (Spalt-B.). Bei zähem Werkstoffverhalten tritt ein Abgleiten in kristallographisch bevorzugten Ebenen (Gleitebenen) mit Bildung von Mikroporen und Hohlräumen ein. Die Hohlräume weiten sich auf, dazwischen liegende Stege werden zu schmalen Rändern ausgezogen, wobei eine wabenartige Mikrostruktur entsteht (Waben-B., Fraktographie). Unter Dauerschwingbeanspruchung (→Dauerschwingversuch) bilden sich transkristalline Anrisse mit B.-Bahnen und Schwingstreifen (Fraktographie).

Bei höherer Temperatur werden die Atome beweglicher. Die Festigkeit der Korngrenzen nimmt ab. B. nach langer Belastungszeit bei hoher Temperatur (→Zeitstandversuch) folgen den Korngrenzen (interkristalliner B.).

Im Bereich der Raumtemperatur treten bei mechanischer Belastung interkristalline B. nur dann auf, wenn die Korngrenzen durch Ausscheidungen oder Verunreinigungen geschwächt oder versprödet sind (→Rißbildung). Auch die Einwirkung von Wasserstoff kann zu interkristallinen B. führen (wasserstoffinduzierte Risse).

Bei bestimmten Formen der Korrosion folgt der Angriff ebenfalls den Korngrenzen (interkristalline Korrosion, Kornzerfall, interkristalline Spannungsrißkorrosion). *Kußmaul*

Bruchmechanik (Prüfung). Die quantitative bruchmechanische Bewertung von Bauteilen geht zurück auf Ansätze von *Griffith* und *Irwin*.

Entsprechend der Verformungsfähigkeit des Werkstoffs ist die bruchmechanische Bauteilanalyse in Verfahren der linear-elastischen und elastisch-plastischen B. unterteilt. Die Bauteilbewertung erfolgt durch den Vergleich der Belastungsgröße mit dem relevanten B.-Kennwert. Im linear-elastischen Beanspruchungsbereich tritt Versagen durch spontanen Sprödbruch ein (Sprödbruchprüfung), im elastisch-plastischen Beanspruchungsbereich treten mit zunehmender Belastung an der Rißspitze plastische Verformungen auf, die zur Abstumpfung der Rißspitze (engl. blunting) führen.

Auf das „blunting" folgt die Rißinitiierung, d. h. der Beginn der Rißerweiterung. Daran schließt sich die Phase stabiler Rißerweiterung an, deren Ausdehnung abhängig ist von Werkstoff, Prüfbedingungen und Spannungszustand. Bei Erreichen der kritischen Rißtiefe tritt instabile Rißerweiterung, d. h. Bruch der Probe ein.

Als Probenformen werden in den Prüfvorschriften ASTM E813 bzw. BS 5762 geometrisch ähnliche Compact-Tension-Proben (CT) oder 3PB- (Dreipunkt-Biege)-Proben empfohlen.

Der B.-Parameter J-Integral wurde von *Rice* definiert als Linienintegral entlang einem beliebigen Weg um die Rißspitze, das das örtliche Spannungs-Dehnungs-Feld im Bereich der Rißspitze charakterisiert.

Das J-Integral kann anschaulich formuliert werden als Energiefreisetzungsrate zweier identischer Körper mit geringfügig unterschiedlichen Rißlängen gemäß

$$J = -\frac{dV}{dA_{Riß}}.$$

Unter Crack Tip Opening Displacement (CTOD) versteht man die Aufweitung der Rißspitze infolge der Belastung. Sie kann experimentell nur mit großem Aufwand gemessen werden.

In der Prüftechnik unterscheidet man die Mehrprobentechnik und die Einprobentechnik.

Bei der Mehrpobentechnik (MPT) werden mindestens vier identische Proben bei gleichen Prüfbedingungen unterschiedlich hoch belastet. Nach dem Entlasten werden sie zur Bestimmung der Rißerweiterung bei tiefen Temperaturen aufgebrochen (Bild 1).

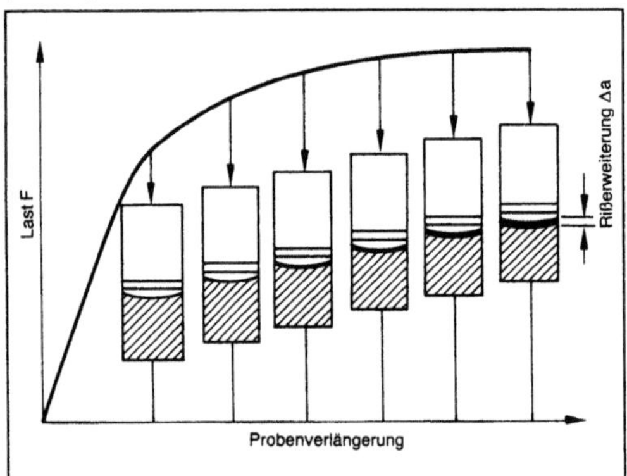

Bruchmechanik (Prüfung) 1: Mehrprobentechnik. Last-Verlängerungsverhalten und Rißerweiterung.

Bei der Einprobentechnik (EPT) wird durch Teilentlastungen die aus der Rißerweiterung resultierende Steifigkeitsänderung der Probe gemessen, aus der dann die momentane Rißtiefe berechnet werden kann (Bild 2). Nach Versuchsende wird die Endrißtiefe entsprechend der MPT bestimmt.

Ziel der B. ist die Bestimmung der Rißeinleitungswerte J_{Ic} und $CTOD_i$ und die Bestimmung der

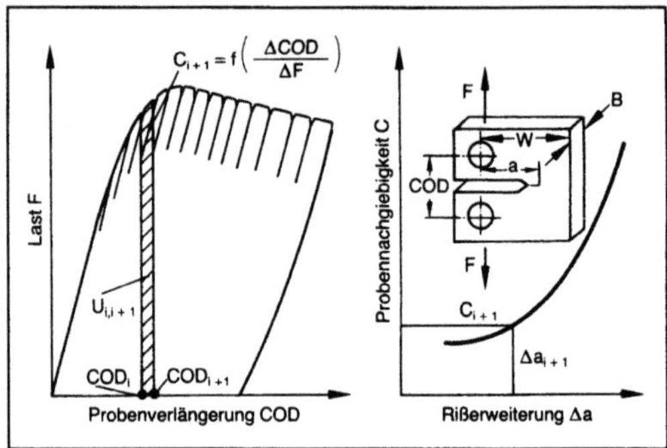

Bruchmechanik (Prüfung) 2: Einprobentechnik. Last-Verlängerungsverhalten und Probennachgiebigkeit.

Rißwiderstandskurve auf der Basis des J-Integrals und des CTOD als Funktion der Rißerweiterung.

Zur J_{Ic}-Bestimmung wird aus den Werkstoffkennwerten der Proben die Steigung m einer Geraden berechnet, die das plastische Abstumpfen der Rißspitze kennzeichnet. Es ist

$$m = (R_{p0,2} + R_m) = 2\,\sigma_{fl}.$$

In ein J,Δa-Diagramm werden drei Geraden mit der Steigung m eingetragen. Die erste Gerade ist eine Ursprungsgerade und wird als „blunting-line" bezeichnet. Die beiden anderen Geraden werden als „offset-lines" bezeichnet und schneiden die Abszisse bei Δa = 0,15 mm und 1,5 mm (Bild 3).

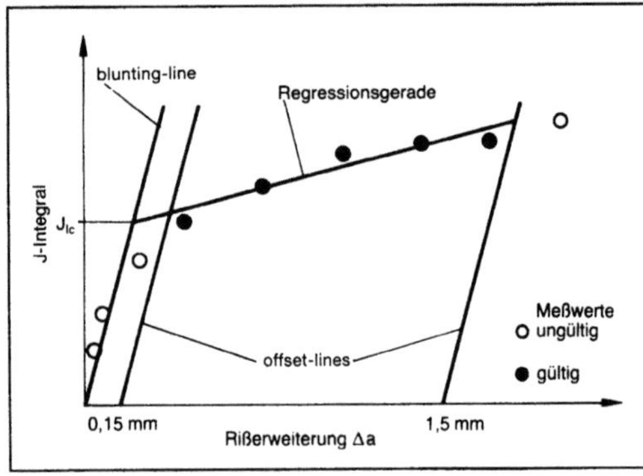

Bruchmechanik (Prüfung) 3: Bestimmung von J_{Ic}.

In dieses Diagramm werden die J,Δa-Wertepaare der Proben eingezeichnet. Mindestens 4 dieser Wertepaare müssen zwischen diesen offset-lines liegen. Durch die Punkte zwischen den offset-lines wird eine Ausgleichsgerade gelegt. Der Schnittpunkt dieser Gerade mit der blunting-line ist der B.-Kennwert J_{Ic}, der bei Einhaltung der Größenbedingungen als Werkstoffkennwert gilt.

In BS 5762 wird nur die MPT angegeben. Die prinzipielle Prüftechnik ist dieselbe wie nach ASTM E813. Bei der Bestimmung von $CTOD_i$ wird durch die CTOD-Δa-Werte eine Gerade oder eine Kurve gelegt, wobei der Schnittpunkt mit der Ordinate bei $\Delta a = 0$ den B.-Kennwert $CTOD_i$ bei Rißeinleitung ergibt (Bild 4).

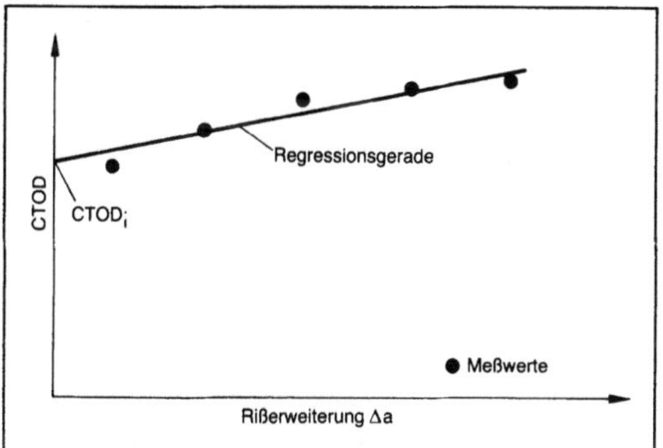

Bruchmechanik (Prüfung) 4: Bestimmung von $CTOD_i$*.*

Neuere Überlegungen und experimentelle Untersuchungen haben ergeben, daß bei Bestimmung des Initiierungswerts nach der obengenannten Methode häufig zu hohe Werte ermittelt werden.

Alternativ zu dem obengenannten Verfahren ist es möglich, die J,Δa-Werte durch eine Kurve höherer Ordnung zu approximieren (Bild 5).

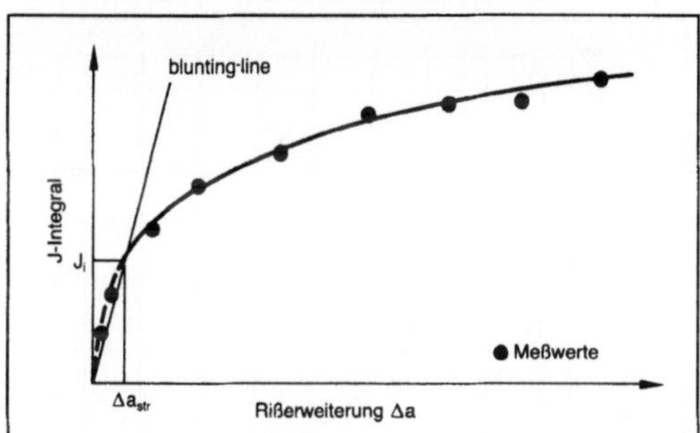

Bruchmechanik (Prüfung) 5: J_R-Kurve und Bestimmung von J_i nach DVM.

Der Schnittpunkt dieser Kurve mit der Parallelen zur Ordinate bei $\Delta a = \Delta a_{str}$ ergibt den physikalischen Rißeinleitungswert J_i. Die Integration dieses Verfahrens in die Prüfvorschriften ist derzeit in Diskussion.

Dabei ist Δa_{str} der Betrag der plastischen Rißabstumpfung vor Rißeinleitung, der auf der Bruchfläche mit Hilfe des Rasterelektronenmikroskops als Saum zwischen Ermüdungsanriß und stabiler Rißerweiterung zu erkennen ist.

Näherungsweise kann das J-Integral aus der von der Probe aufgenommenen Verformungsenergie berechnet werden als

$$J = U/ (B \cdot c) \cdot g (a/W),$$

mit

$$g (a/W) = 2 \text{ für TPB-Proben,}$$

$$g (a/W) = 2 \cdot [(1 + \eta) / (1 + \eta^2)] \text{ für CT-Proben,}$$

$$\eta = \sqrt{(2a/c)^2 + 4(a/c) + 2} - ((2a/c) + 1),$$

$$c = W - a,$$

mit
U Verformungsenergie aus der Last-Verlängerungskurve der Probe,
B Probendicke,
W Probenbreite,
a Rißtiefe,
g (a/W) Formfaktor.

Für die Rißerweiterung während des Versuchs zwischen der i-ten und der i+1-ten Teilentlastung wird der Wert des J-Integrals korrigiert:

$$J_{i+1} = [J_i + g(a/W)/(B \cdot c) \cdot (U_{i+1} - U_i)]$$
$$[1 - \gamma (a_{i+1} - a_i)/c];$$

$$\gamma = 1 + 0,76 (c/W) \text{ für CT-Proben,}$$
$$\gamma = 1 \text{ für 3PB-Proben.}$$

Die Rißspitzenaufweitung CTOD wird berechnet aus der Last F und der Kerböffnung COD:

$$K_I = F/ (B \sqrt{w}) \cdot f(a/W),$$

$$CTOD = K_I^2 /(2 R_{p0,2} E') + [0,4 (W - a) \cdot COD_{PL}/ (0,4 W + 0,6 a)],$$

mit
K_I Spannungsintensitätsfaktor,
f(a/W) Formfunktion,
E' Elastizitätsmodul,
COD_{PL} plastischer Anteil der Kerböffnung.

Um die Gültigkeit des J_{Ic}-Werts als Werkstoffkennwert zu gewährleisten, sind bei der J-Integralberechnung folgende Größenbedingungen zu beachten:

$$B_{netto} > 25 J_{Ic}/\sigma_{fl},$$
$$W - a > 25 J_{Ic}/\sigma_{fl},$$
$$dJ/da < \sigma_{fl}.$$

B_{netto} ist die tatsächliche Probendicke in der Rißebene. *Kußmaul*

Literatur: ASTM E-813 – Standard Test for J_{Ic}: A Measure of Fracture Toughness. Am. Soc. for Testing and Materials. Philadelphia 1981. – BS 5762 – Methods for Crack opening displacement (COD) testing. British Standards Institution. London 1979. – Ermittlung von Rißinitiierungswerten und Rißwiderstandskurven bei Anwendung des J-Integrals. Normentwurf des Deutschen Verbandes für Materialprüfung (DVM). Stand Februar 1987. *Griffith, A. A.:* The Phenomena of Rupture and Flow in Solids. Phil. Trans Roy. Soc. London, Ser. A (1920), S. 163/98. – *Flügge, S.* (Hrsg.): Handb. Physik. Bd. 6. Elastizität und Plastizität. Berlin, Heidelberg 1958. – *Rice, J. R.:* Mathematical Analysis in the Mechanics of Fracture. In: *H. Liebowith* (Hrsg.), Fracture: On Advanced Treatise. Bd. III. New York 1968.

Brückenbildung →Schüttgutsilo

Brüdenkompression. Die thermische und die mechanische B. ist ein Verfahren zur Energieeinsparung bei Verdampfungsprozessen (Verdampfung). Die Brüden werden soweit verdichtet, daß ihre

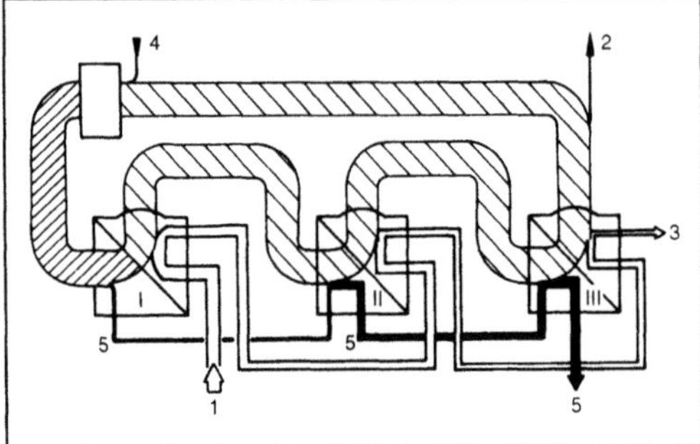

Brüdenkompression 1: Wärmestrombild einer dreistufigen Eindampfungsanlage mit mechanischer Brüdenkompression über drei Verdampferstufen. (Quelle: GEA Wiegand, Ettlingen)

1 einzudampfendes Produkt, 2 Restbrüden, 3 Konzentrat, 4 Antriebsenergie, 5 Kondensat

Brüdenkompression 2: Dreistufige Fallfilmeindampfanlage mit einem einstufigen Radialverdichter. (Quelle: GEA Wiegand, Ettlingen)

Kondensationstemperatur über der Siedetemperatur der zu verdampfenden Lösung liegt. Die B. wird eingesetzt, um die Energieausnutzung bei ein- oder mehrstufigen Verdampfungsanlagen zu verbessern. Eine zusätzliche Verdampferstufe hat den Nachteil, daß sich die für eine Stufe zur Verfügung stehende Temperaturdifferenz verkleinert, da in vielen Prozessen die zulässige Gesamttemperaturdifferenz begrenzt ist (z. B. bei der Lebensmittelverarbeitung). Während in den 60er Jahren wegen niedriger Energiepreise dreistufige Anlagen mit einer B. über einer Verdampfungsstufe üblich waren (Bild 1), werden heute bis zu achtstufige Anlagen mit einer B. über mehrere Verdampferstufen eingesetzt.

Bei der thermischen B. wird eine gewisse von einer Stufe abgeschiedene Brüdenmenge mittels eines Dampfstrahlinjektors verdichtet und das Gemisch als Heizmittel zur ersten Verdampferstufe zurückgeleitet. Bei der mechanischen B. erfolgt die Verdichtung mit Hilfe von Kreisel- oder Kolbenverdichtern. Bild 2 zeigt einen Ausschnitt aus einer dreistufigen Fallfilmeindampfanlage mit einem Radialverdichter, der die Brüden der dritten Stufe verdichtet und der zweiten zuführt. Die Abhängigkeit des Dampfverbrauches von der Stufenzahl und verschiedenen Arten der B. ist in Bild 3f für ein typisches Produkt dargestellt. Bei einer Brüdenver-

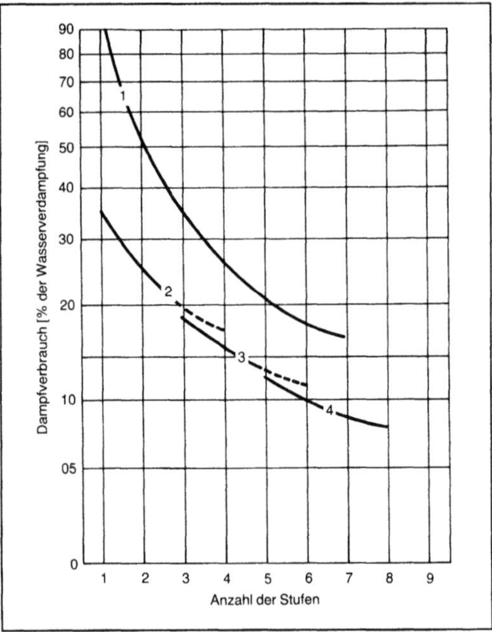

Brüdenkompression 3: Dampfverbrauch in Abhängigkeit von der Stufenzahl und verschiedenen Arten der Brüdenkompression. (Quelle: APV Anhydro AIS, Kopenhagen)

1 ohne Brüdenverdichtung, 2 Brüdenverdichtung über eine Stufe, 3 Brüdenverdichtung über zwei Stufen, 4 Brüdenverdichtung über drei Stufen

dichtung über drei Stufen in einer achtstufigen Anlage werden zum Verdampfen von 100 kg Wasser nur noch 8 kg Dampf benötigt (→Wärmepumpe (Destillation)).   *Dohrn*

Literatur: *Billet, R.:* Energieeinsparung bei thermischen Stofftrennverfahren: Anwendungen im technologischen Umweltschutz. Heidelberg 1983. – *Billet, R.:* Verdampfung und ihre technischen Anwendungen. Weinheim 1981. – *Mersmann, A.:* Thermische Verfahrenstechnik. Berlin, Heidelberg, New York 1980.

BTA-Bohrverfahren. Verfahren des Tiefbohrens, bei dem der Kühlschmierstoff von außen durch den Spalt zwischen Bohrrohr und Wand zugeführt wird. Der Rückfluß erfolgt dann zusammen mit den Spänen durch das Spanmaul und das Bohrrohr, dessen Durchmesser nicht unter 6 mm liegen sollte. Der obere Durchmesser für BTA-Vollbohrer (Bild) kann im Einzelfall bis zu 100 mm betragen.

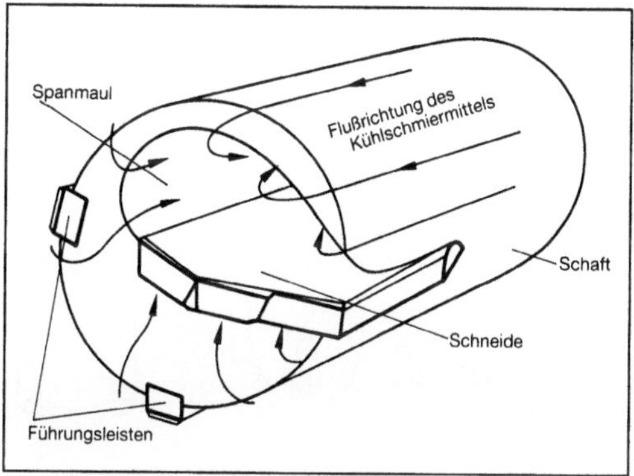

BTA-Bohrverfahren: Vollbohrkopf. (Quelle: Cronjäger)

Gegenüber dem →Einlippen-Bohrverfahren hat das BTA-Verfahren den Nachteil, daß ein komplizierter Zuführungsapparat für den Kühlschmierstoff benötigt wird, der die Abdichtung des Bohrrohrs übernimmt.   *König*

Buckelschweißen →Schweißverfahren

Bügelsägemaschine. Die B. ist eine Werkzeugmaschine, die mit einem Bügelsägeblatt als Werkzeug zum Sägen verschiedener Werkstoffe geeignet ist (Bild). Meist wird über eine Kurbelschleife eine hin- und hergehende Bewegung des Sägeblatts erzeugt. Das Sägeblatt arbeitet während des Schnitts ziehend und wird beim Rückhub mechanisch oder hydraulisch abgehoben. Durch diesen diskontinuierlichen Schnittverlauf ist die Trennleistung gegenüber den kontinuierlichen Sägeverfahren wie Kreissägen und Bandsägen geringer.   *Schulz*

Bügelsägen →Sägen

Bunkeraufsatzfilter. Filter, die auf einem Bunker angebracht sind, so daß sie die beim Befüllen des

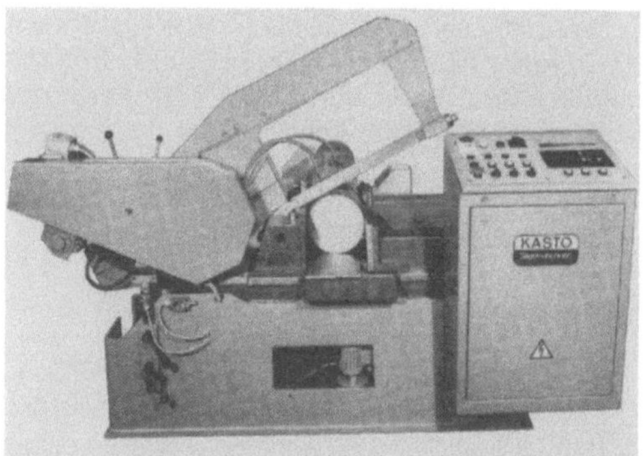

Bügelsägemaschine mit CNC-Steuerung. (Quelle: Stolzer Anlagenbau, Achern)

Bunkers entweichende Luft von Staubpartikeln reinigen.   *Dahl*

Bunkerauslaufhilfe. Bei kohäsiven Schüttungen und Massenflußsilos (→Schüttgutsilo) können sich Feststoffbrücken bilden, ähnlich wie Bogengewölbe, wenn

$$\sigma_C > \sigma_A = \frac{\rho_{sch} \cdot D \cdot g}{2 \cdot \sin 2(\Theta + \varphi_w)} \, .$$

Die Gleichung zeigt, daß bei kleinen Silodurchmessern immer mit Brückenbildung zu rechnen ist, insbesondere nach längeren Lagerzeiten oder bei Feuchtigkeitsbindung. Deshalb ist es bei solchen Stoffen notwendig, Vorrichtungen in die Schüttgutsilos einzubauen, die Brückenbildungen verhindern oder bereits vorhandene Feststoffbrücken zerstören können. Es gibt verschiedene Ausführungen von B. (Bild).

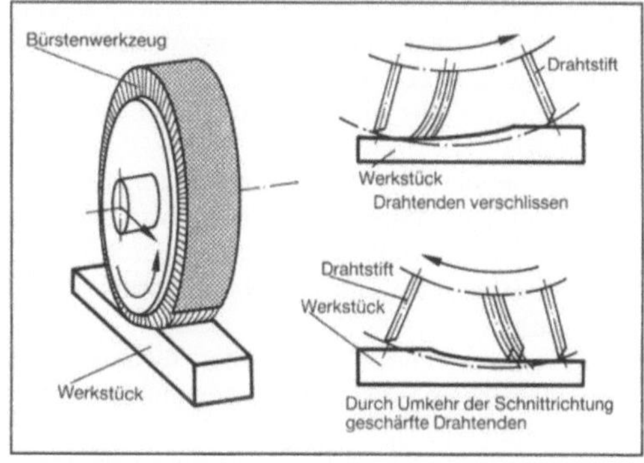

Bunkerauslaufhilfe: Unterschiedliche Ausführungen.
a) Mechanischer bridge-breaker
b) Unwucht-Schwingtrichter
c) Rührwerk
d) Umlaufende Kratzschnecke
e) Luftkanonen
f) Belüftungsschläuche, Fritten.

Zum einen gibt es mechanische Brückenbrecher, die am konischen Teil des Silos, an dem die Brücken auftreten, angebracht sind. Durch horizontale und vertikale Bewegungen können dann die Brücken zerstört werden.

Eine andere Möglichkeit besteht in der Anwendung von Schwingungen. Durch einen Unwuchtschwingtrichter wird der konische Teil des Silos in Schwingungen versetzt; dadurch bringt man die Feststoffbrücken zum Einsturz.

Auch umlaufende Rührwerke und Kratzschnekken lassen sich für einen ungestörten Feststoffauslauf einsetzen.

Schließlich kann man auch mit Preßluft operieren. Bei Luftkanonen wird mit abwechselnden Luftstößen von 10^{-3} s bei 10 bar gearbeitet (vergleichbar mit der Druckluftabreinigung an Filtern). Man kann aber auch durch Belüftungsschläuche oder Fritten das Schüttgut fluidisieren und somit fließfähig machen ($\rightarrow$ Wirbelschicht). *Greif*

Buntmetallurgie. Die Metallurgie, auch Hüttenkunde genannt, ist die Lehre von der Erzeugung und Herstellung von Metallen aus Erzen und Schrott (Gewinnung, Scheidung, Raffination, Legieren). Häufig wird die Technik der Weiterverarbeitung miteinbezogen.

Die Einteilung der Metalle wird nach verschiedenen Eigenschaften vorgenommen (z. B. Dichte, Schmelzpunkt, Farbe, Gefüge, Herstellung). Steht die Farbe im Vordergrund, unterscheidet man Bunt-, Schwarz- oder Edelmetalle.

Nach der Einteilung der Metalle ergeben sich besondere Gruppen:

□ Eisen- oder Schwarzmetalle (wie Kohlenstoff-, Chrom-, Mangan-Stähle),

□ Buntmetalle (nach ihrer schönen Farbe, wie Kupfer, Cobalt, Nickel, Blei, Antimon, Wismut, Cadmium, Quecksilber, Zink, Zinn),

□ Edelmetalle (wie Silber, Gold, Platin, Osmium, Rhodium),

□ Leichtmetalle (mit einer Dichte unter $4,5\,\text{g/cm}^3$, wie Aluminium, Magnesium, Titan, Beryllium),

□ Schwermetalle (mit einer Dichte über $4,5\,\text{g/cm}^3$, wie Zink, Blei, Eisen, Chrom, Nickel, Kupfer, Platin, Wolfram),

□ Nichteisenmetalle (NE-Metalle, technisch genutzte Metalle und ihre Legierungen mit Ausnahme von Eisenmetallen),

□ Sondermetalle (in geringen Mengen verwendet, mit einzigartigen Eigenschaften, z. B. hochschmelzende Übergangsmetalle Titan, Zirkonium, Molybdän, Wolfram, seltene Erden, Halbleitermetalle Silicium und Germanium).

Die B. befaßt sich mit der Erzeugung und Weiterverarbeitung der Buntmetalle und ihrer Legierungen. Sie wird als Metallhüttenkunde zusammengefaßt und gelehrt. *Heller*

Literatur: *Bargel, H. J.,* u. *G. Schulze:* Werkstoffkunde. Düsseldorf 1988. – *Hornbogen, E.:* Werkstoffe. Berlin 1983. – *Kieffer, R., G. Jangg u. P. Ettmayer:* Sondermetalle. Berlin, Wien 1971. – Werkstoffhandb. Nichteisenmetalle. Düsseldorf. – Werkstoffhandbuch Stahl und Eisen (Hrsg. Verein Deutscher Eisenhüttenleute) Düsseldorf.

Burnishing. Aus dem Englischen stammende Bezeichnung für das $\rightarrow$ Reibglätten *Kenter*

Bürstspanen. Früher auch als Nadelfräsen bezeichnet. Fertigungsverfahren mit geometrisch bestimmten Schneiden.

Als Schneiden dienen dabei die Enden von harten, elastischen Drahtstiften, die am Umfang oder an der Stirnseite des Bürstwerkzeugs angebracht sind (Bild). Neben dem Einsatz von rotierenden Werkzeugen sind auch nichtrotierende, ebene Bürsten denkbar.

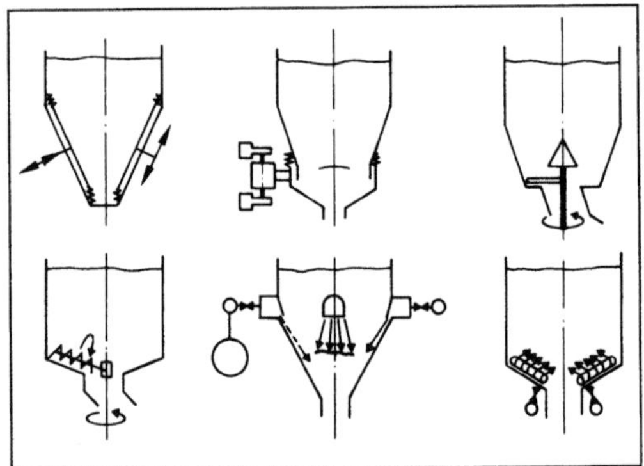

Bürstspanen: Schematische Darstellung. (Quelle: DIN 8589)

Beim B. kann der Verschleiß der Drahtenden durch Richtungswinkel als Selbstschärfung der Schneiden genutzt werden.

Das B. wird sowohl zur Veränderung der Oberflächengüte, z. B. beim Aufrauhen, als auch als Entgratverfahren an Walz- und Schweißteilen eingesetzt. In der Holzbearbeitung kann das B. zum Herausarbeiten der Holzmaserung eingesetzt werden.

Eine Bearbeitung mit Bürstwerkzeugen zum Entfernen von Rost, Zunder oder Oberflächenverunreinigungen wird nach DIN dem Fertigungsverfahren Reinigen zugeordnet. *König*

Butterungsverfahren. Die Butterherstellung geht von pasteurisiertem und gereiftem Rahm aus. Zur Reifung wird der Rahm entweder kühlgelagert (Süßrahmbutter) oder mit einer Säureweckerkultur (Streptococcus lactis, S. cremoris, S. diacetylactis, Leuconostoc citrovorum) beimpft (Sauerrahmbutter). Während der Reifung bildet sich das Butteraroma (Diacetyl).

In kontinuierlichen Butterungsmaschinen wird der gereifte Rahm (Öl-Wasser-Emulsion) unter Phasenumkehr (Zerstörung der Fettkügelchenmembranen, Zusammenklumpen des Milchfettes) in Butter (Wasser-Öl-Emulsion) umgewandelt (Agglomerationsverfahren). Dabei wird Buttermilch, die noch geringe Mengen Fett, den Hauptanteil des Proteins, Lactose und Mineralstoffe enthält, abgeschieden (Sauerrahmbutter wird zusätzlich gewaschen), so daß der vom Gesetzgeber geforderte Fettgehalt $>82\%$ und ein Wassergehalt $<16\%$ erreicht wird.

Durch einen anschließenden Knetprozeß wird eine gleichmäßige und feine Verteilung der Lufteinschlüsse und der wäßrigen Phase einschl. der darin gelösten Milchbestandteile erzielt und ein definiertes Gefüge eingestellt, das für die Haltbarkeit der Butter entscheidend ist.

Bei den neueren Fettkonzentrationsverfahren wird Rahm durch meist zweistufiges Zentrifugieren auf den Endfettgehalt der Butter konzentriert. Der Rahm wird im Kratzkühler (Transmutator) unter Phasenumkehr in Butter umgewandelt, die in einem Ruherohr nachkristallisiert. *Kerner/Loncin*

Butylelastomer. Ein vernetztes Copolymer aus Isobutylen und bis zu 5% Isopren. Es zeigt eine bemerkenswert hohe Beständigkeit gegen Ozon, Sauerstoff, Hitze, Licht, Säuren und Öle und eine außerordentlich geringe Gasdurchlässigkeit ($\rightarrow$ Elastomer). *Zahradnik*

C

CA-Lagerung. Aus dem Englischen übernommene Bezeichnung (Controlled Atmosphere) für die L. von Lebensmitteln in kontrollierter Atmosphäre, d. h. Aufbewahrung in gasdichten Behältern oder Räumen, in denen die Lageratmosphäre entweder bei der Einlagerung definiert eingestellt oder über die gesamte Lagerzeit hinweg gesteuert wird. Die seit etwa 1958 praktizierte CA-L. für verderbnisempfindliche Lebensmittel eignet sich vor allem für pflanzliche Ernteprodukte wie Stein-, Kern- und Weichobst, Südfrüchte und Gemüse, findet aber auch bei gewissen Trockenprodukten und Fertigspeisen sowie bei Frischfleisch zunehmend ihre Anwendung.

Das Verfahren beruht auf der Erhöhung des CO_2-Gehalts und der Verminderung des O_2-Gehaltes der Lageratmosphäre. Dadurch werden die Veratmung von Reservestoffen und/oder andere Stoffwechselvorgänge, die in den eingelagerten Gütern auch nach der Ernte bzw. Schlachtung ablaufen, reduziert, und die Alterungsprozesse (z. B. Ver- oder Entfärbung, Texturveränderung, Weichwerden, Fruchtsäure- und Vitaminabbau) laufen verlangsamt ab. Weiterhin wird das Wachstum von verderbsverursachenden Bakterien (manche können selbst bei 0 °C wachsen) und Fäulnispilzen beträchtlich gehemmt.

Je nachdem, ob nur der CO_2-Gehalt kontrolliert oder sowohl CO_2- als auch O_2-Gehalt optimal gesteuert werden, spricht man von einseitig oder zweiseitig kontrollierter Atmosphäre. Letztere setzt sich zunehmend durch. Die optimale Zusammensetzung der Lageratmosphäre ist für verschiedene Lebensmittel sehr unterschiedlich (Tabelle) und läßt sich nur experimentell ermitteln. Neben CO_2- und O_2-Gehalt hängt die erzielbare Lagerzeit auch von der Lagertemperatur und der relativen Luftfeuchte ab.

Die Lageratmosphäre wird durch Zugabe von gasförmigem CO_2 aus Druckgasflaschen oder verdampfendem Trockeneis (festes CO_2, −78,64 °C bei 1 bar), u. U. auch durch Verdrängen des Sauerstoffes durch Stickstoff (Schutzgasverpackung), erzeugt. Durch offenes Verbrennen von Propan- oder Erdgas können CO_2- und O_2-Gehalt ebenfalls variiert werden.

Folgende Formen der CA-L. haben sich in der Lebensmittelindustrie durchgesetzt:

□ Verpacken des Lebensmittels in Portionspackungen oder Schrumpffoliensäcke bzw. vollständiges Abdecken mit Silofolie; Einstellen der Atmosphäre und möglichst gasdichtes Verschließen.

□ Beschicken von Kühllagerräumen und ständige Regelung der Atmosphäre.

□ Transport in gasdicht verschließbaren Containern, in denen die Atmosphäre eingestellt und teilweise nachgeregelt wird und die mit Kühlaggregaten ausgestattet sind. Diese neuere Entwicklung

CA-Lagerung. Tabelle: Optimale Zusammensetzung der Lageratmosphäre.

Lagergut	Temperatur °C	relative Luftfeuchtigkeit in %	CO_2 Volumengehalt in %	O_2 Volumengehalt in %
Apfel (Boskop)	3—4	90—95	2,5	2,5
Apfel (Golden Delicious)	1	95	5	2,5
Birne (Alexander Lucas)	−1—0	90—95	1	3
Birne (Williams Christ)	0	90—95	4	2
Erdbeeren	0	90—95	bis 10	2—3
Erdbeeren	20	90—95	bis 30	3
Kirschen	1	95	5	3
Blumenkohl	0	90—95	5	3
Bananen	13	90	6—8	4
Fleisch	1	90	20	0,1

ist im konventionellen Containerverkehr einsetzbar.

Die CA-L. beinhaltet meist eine Kühlung, wodurch die Lagerzeiten gegenüber der einfachen Kühllagerung wesentlich verlängert werden können (Blumenkohl, Broccoli und Kirschen bis zu 6 Wochen, Äpfel bis zu einem Jahr). Für kälteempfindliche Produkte (z. B. Bananen) wird die CA-L. auch ohne Kühlung erfolgreich eingesetzt. Eine so erzielbare Verlängerung der Obst- und Gemüsesaison entlastet sowohl den Markt als auch die verarbeitende Industrie. Längere oder weitere Transportwege bei Erhaltung der Produktqualität werden möglich. Ausweitung der Absatzmärkte und Verlagerung von der Luftfracht auf die billigere Seefracht sind die Folge. *Kerner/Loncin*

Literatur: *Hansen, H.:* Die Lagerung von Obst, Gemüse und anderen landwirtschaftlichen Erzeugnissen in kontrollierter Atmosphäre (CA-Lagerung). ZFL 28 (1977) Nr. 8.

CAM. Nach Empfehlung des AWF (Ausschuß für Wirtschaftliche Fertigung e. V.) bezeichnet CAM die EDV-Unterstützung zur technischen Steuerung und Überwachung der Betriebsmittel bei der Herstellung von Produkten im Fertigungsprozeß. Dabei erstreckt sich CAM auf die direkte Steuerung von Arbeitsmaschinen, verfahrenstechnischen Anlagen, Handhabungsgeräten sowie Transport- und Lagersystemen.

Beim Rechnereinsatz von CAM muß man zwischen zwei Arbeitsebenen, der zentralen Ebene mit dem Fertigungsleitrechner und der lokalen Ebene mit NC-Steuerungseinheiten, unterscheiden. Erstere ist mit der rechnerüblichen Peripherie (Bildschirm, Drucker, Massenspeicher usw.) ausgestattet und dient der übergeordneten Koordination und Überwachung des Fertigungsprozesses. Aufgaben sind z. B. Auftragsverwaltung, Werkstattsteuerung, Lagerverwaltung, Werkzeugdisposition, DNC-Steuerung mit Programmspeicherung, -verwaltung und -verteilung. Dagegen dient die lokale Ebene, die durchaus mehrere Hierarchiestufen aufweisen kann, der Steuerung von Bearbeitungsmaschinen, Werkstücktransport und Werkzeugversorgung sowie Handhabungsgeräten.

Die Rechner und Steuerungen in der Fertigung werden beim Einsatz von CAM über ein lokales Netzwerk gekoppelt. Dabei treten generelle Probleme der Standardisierung der verschiedenen Systemkomponenten sowie der Schnittstellennormung auf. Mit der Entwicklung eines standardisierten Protokolls MAP (Manufactoring Automation Protocol) hat General Motors eine Initiative ergriffen, um einen durchgängigen Informationsfluß der fabrikinternen Kommunikationssysteme zu erreichen. *Schulz*

Literatur: *Rapp, H.:* Bewertung von CAD-Systemen. Diss. Universität Stuttgart 1985. – *Schröder, G.:* Die neue Fabrik. Techn. Rdsch. 78 (27. 5. 1986).

CAP. Nach der Empfehlung des AWF (Ausschuß für Wirtschaftliche Fertigung e. V.) versteht man unter CAP die EDV-Unterstützung der Arbeitsvorbereitung auf dem Gebiet der Arbeitsplanung. Hierbei handelt es sich um einmalig auftretende Planungsaufgaben, die auf den konventionell oder mit Hilfe von CAD erstellten Arbeitsergebnissen der Konstruktion aufbauen, um Daten unter wirtschaftlichen Gesichtspunkten für Teilefertigungs- und Montageanweisungen zu erzeugen. Darunter versteht man die rechnerunterstützte Planung der Arbeitsvorgänge und der Arbeitsvorgangsfolgen, die Auswahl von Verfahren und Betriebsmitteln zum Erzeugen der Produkte sowie das rechnerunterstützte Erstellen von Daten für die Steuerung der Betriebsmittel des CAM.

In der Praxis finden sich derzeit drei Erscheinungsformen des EDV-Einsatzes in der Arbeitsplanung. Die erste Form ist durch die Verwendung der EDV als Datenerfassungs-, Auskunfts- und Textbearbeitungsinstrument gekennzeichnet. Eine weiter entwickelte Form ist die automatisierte Arbeitsplanerstellung. Sie ist bisher nur für Werkstücke niedriger Komplexität realisiert. Die dritte Form umfaßt die maschinelle sowie die dialogorientierte Programmierung von CNC-Maschinen auf Programmierarbeitsplätzen. Neuere Entwicklungen ermöglichen hier ein interaktives, menügesteuertes Erstellen von Teileprogrammen. Die Anwendung der EDV setzte im Bereich der Arbeitsplanung schon zu einem früheren Zeitpunkt als in der Konstruktion ein und entwickelte sich getrennt davon. Daher dominieren zur Zeit in der Praxis überwiegend Insellösungen im CAP-Bereich. Vorrangige Aufgabe in Hinsicht auf das Fernziel CIM ist die direkte Kopplung von CAP mit anderen Bereichen, wie z. B. Konstruktion (CAD) und Fertigung (CAM). *Schulz*

Literatur: *Bamberg, T.:* Rationalisierung in der Arbeitsplanung unter Berücksichtigung dynamischer Unternehmensveränderungen und der Auswirkung auf die Fertigungskosten. Diss. TH Aachen 1980. – *Spur, F., u. F. Krause:* CAD-Technik. 1. Aufl. München, Wien 1984.

Carbid. Verbindungen von Kohlenstoff mit Metallen. Die Möglichkeit zur Einstellung verschiedener Kombinationen von Festigkeit und →Zähigkeit bei Stahl ist vor allem auf die Bildung von Eisen-C. (Fe_3C) zurückzuführen (→Eisen-Kohlenstoff-Zustandsschaubild). Festigkeitssteigerung auch bei höheren Temperaturen ergibt Sonder-C., z. B. mit →Chrom, →Vanadium oder Molybdän. Die Koagulation der ausgeschiedenen Teilchen und damit die Erweichung des Werkstoffs findet im Vergleich zum Eisen-C. sehr viel langsamer statt, da die Diffusion auch der substitutionell gelösten Legierungsatome erforderlich ist. Schließlich führen fein verteilte C. der Legierungselemente →Niob,

Vanadium oder →Titan bei thermomechanischer Behandlung zur →Aushärtung und wegen Behinderung des Kornwachstums zu feinkörnigen Gefügen mit guten Festigkeits- und Zähigkeitseigenschaften (Hochtemperaturwerkstoff). *Dahl*

CBN-Honwerkzeug →Honwerkzeug

CBN-Schleifscheibe. Schleifkörper mit CBN-(kubisches Bornitrid) oder Diamantkörnung bestehen aus einem Trägerkörper, auf den der Schleifbelag aus Korn und Bindung auf unterschiedliche Weise aufgebracht wird. CBN- und Diamantkörner sind extrem harte Schleifmittel, die einen sehr hohen Verschleißwiderstand aufweisen. Die CBN- und zum größten Teil auch die Diamantkörner werden synthetisch hergestellt. Auf Grund ihrer hohen Verschleißfestigkeit ermöglichen CBN-S. (auch bei gehärteten Stahlwerkstoffen) einen effektiven Schliff mit geringer Wärmeentwicklung. Das →Verschleißverhältnis G liegt gegenüber den herkömmlichen Schleifwerkzeugen aus Korund oder Siliciumcarbid bis zu einem Faktor 100 höher.

CBN- und Diamantschleifwerkzeuge unterscheiden sich in bezug auf ihre Einsatzgebiete. Da das Diamantkristall bei hohen Temperaturen und Drücken seine kubisch-kristalline Struktur verliert, bilden Nichteisenmetalle (z. B. Al- und Cu-Legierungen), Hartmetalle und Nichtmetalle (z. B. Gestein, Keramik, Hartstoffe, Kunststoffe) das Hauptanwendungsgebiet von Diamantschleifscheiben. CBN ist für die Bearbeitung unterschiedlicher, vorzugsweise gehärteter Stahlsorten, insbes. hochlegierter Schnellarbeitsstähle und Werkzeugstähle

geeignet, weil es gegenüber Diamant die größere Warmhärte aufweist.

Die Sprengfestigkeit von CBN- und Diamantschleifkörpern wird durch das Trägerkörpermaterial bestimmt. Hierfür werden Metalle wie Stahl und Aluminium oder auch Körper aus Kunstharzen oder Kunstharz-Metallpulver-Gemisch verwendet.

Die Herstellung und das Schleifverhalten des CBN-Schleifbelags ist je nach Bindungsart (→Schleifwerkzeug-Zusammensetzung) unterschiedlich. Kunstharzbindungen sind zäh, elastisch und stoßunempfindlich. Sie halten das Korn weniger fest als metallische Bindungen und haben deshalb eine bessere Selbstschärfung, und sie besitzen eine geringere Verschleißfestigkeit (→Verschleißmechanismus (Schleifen)). Kunstharzbindungen werden als universelle Bindungen in allen Anwendungsbereichen von CBN- und Diamant-S. eingesetzt.

Bei den Metallbindungen werden Bronze-Legierungen als Bindungsmaterial verwendet. Duktile Bronzebindungen sind hart und verschleißfest und haben eine verminderte Selbstschärfung. Sie sind stoßunempfindlich und eignen sich bei mittleren Zeitspanvolumen insbes. für Schlichtarbeiten. Spröde Bronzebindungen sind auch für höhere Zeitspanvolumen einsetzbar. Sie zeigen ein gutes Selbstschärfverhalten und sind besser abrichtbar als Bindungen aus hartduktilen Bronzen. Metallbindungen haben eine hohe Wärmeleitfähigkeit und werden deshalb gern bei wärmeempfindlichen Werkstoffen eingesetzt.

Ein weiteres Anwendungsgebiet für metallische Bindungen sind galvanisch gebundene CBN- und Diamantwerkzeuge. Der Schleifbelag wird in einem

CBN-Schleifscheibe. Tabelle: Bezeichnung von geraden Schleifscheiben mit Diamant- oder CBN-Belag.

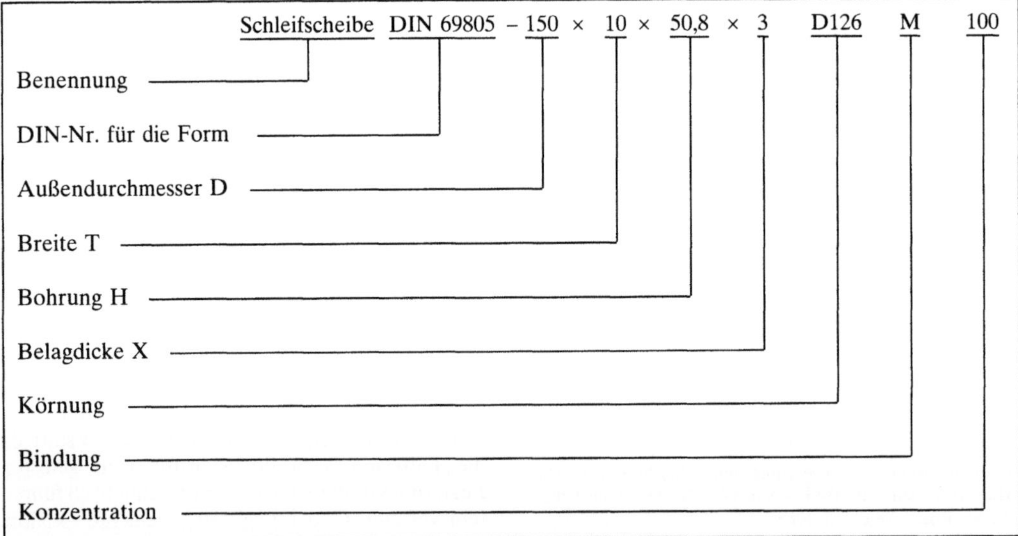

galvanischen Bad erzeugt, in dem ein metallischer Niederschlag, meistens aus Nickel, die Hartstoffkörner einbindet. Die einschichtige Belagdicke entspricht etwa der mittleren Korndicke, so daß galvanisch gebundene Schleifkörper nicht abgerichtet werden können (→Abrichten). Die Scheibentopographie ändert sich verschleißbedingt bis zum Standzeitende der →Schleifscheibe.

CBN- und Diamant-S. werden auch mit keramischer Bindung hergestellt. Diese speziellen, niedrigschmelzenden Bindungen sind spröde und bruchempfindlich, haben aber eine gute Selbstschärfung. Sie werden bei Tief- und Hochgeschwindigkeits- und beim Innenschleifen eingesetzt.

Die Kennzeichnung von Schleifwerkzeugen mit CBN- oder Diamant-Belag ist in DIN 69800–69830 festgelegt, wie am Beispiel einer geraden Scheibe in der Tabelle dargestellt ist. Die Körnung gibt den mittleren Korndurchmesser in Mikrometern an. Die Bindungsart wird mit Buchstaben (M für Metall- und K für Kunstharzbindungen) gekennzeichnet. Die Bezeichnung der Konzentration erfolgt nach dem volumetrischen Anteil der Körner an der Bindung: z. B. die Konzentration 100 entspricht einem volumetrischen Kornanteil von 25 % bzw. einem Kornvolumen von 4,4 Kt/cm³ (Kt Karat, 1 Kt = 0,22 g). *Kenter*

Literatur: *König, W.:* Fertigungsverfahren. Bd. 2: Schleifen, Honen, Läppen. Düsseldorf 1989. – *Spur, G.,* u. *Th. Stöferle:* Handb. der Fertigungstechnik. Bd. 3/2. München, Wien 1980.

Celluloseacetat. C. ist die Bezeichnung für die Essigsäureester der Cellulose. Sie finden Anwendung als Fasern (Acetatfasern) und thermoplastische Kunststoffe (Celluloseester). *Zahradnik*

Cer. C.-Zusätze verbessern die Haftfestigkeit der oxidischen Deckschicht von Heizleiterlegierungen. Sie führen in Baustählen zu Sulfiden mit hohen Erweichungstemperaturen (Sulfidformbeeinflussung), die beim Warmwalzen nicht verformt werden und daher isotrope Zähigkeitseigenschaften ergeben. *W. Dahl*

Cermet. Verbundschneidstoffe aus Keramik und Metall. In eine metallische Ni-Mo-Bindephase sind Titancarbide/-nitride als verschleißfeste Härteträger eingebettet. Nach dieser Definition zählen die Cermets zu den Hartmetallen.

Die C. zeichnen sich durch den weitgehenden Verzicht auf die seltenen und damit preissensiblen Rohstoffe wie Wolfram, Tantal und Cobalt aus. Sie weisen eine hohe Härte sowie Wärmebeständigkeit und damit eine hohe Verschleißfestigkeit auf. Hauptanwendungsbereich dieser Schneidstoffe

ist die Fein- und Feinstbearbeitung von Stählen. *König*

Literatur: *Autorengruppe:* Stand und Tendenzen in der spanenden Bearbeitung. Ind.-Anz. 96 (1974), S. 1967/71. – *N. N.:* „Rohstoffunabhängiges" Hartmetall zum Drehen von Stahl- und Gußwerkstoffen. dima 9 (1980), S. 44. – *Reiter, N.:* Hartmetalle als Werkzeugwerkstoff. VDI-Ber. 432, S. 145/58. Düsseldorf 1982. – *Rocek, V.,* u. *M. Boselar:* Schneidkeramik zum Drehen von Temperguß und Stahl. Werkstatt und Betrieb 114 (1981), S. 51. – *Schmolz, G.:* Oxidkeramik erschließt neue Einsatzgebiete. Ind.-Anz. 107 (1985) Nr. 68, S. 98/99. – *Urana, H.,* u. *D. Kopplin:* Eigenschaften und Anwendung von Cermet-Schneidplatten. Werkstatt und Betrieb 118 (1985), S. 63/33.

Chao-Seader-Methode →Phasengleichgewicht (Trennprozesse)

Chargendestillation →Destillation, absatzweise

Chargenofen. C. sind diskontinuierlich betriebene Industrieöfen. Sie werden meist dann verwendet, wenn das Gut wegen seiner Größe oder ständig wechselnder Abmessungen nur als Einzelstücke oder bestenfalls in geringer Stückzahl eingesetzt werden kann oder wenn das Endprodukt flüssig ist. Typische C. sind Schmelzöfen, Kammeröfen, Herdwagenöfen, Haubenöfen, Tieföfen. *Jeschar/Specht/Bittner*

Chelatbildner. Verbindungen, die mit manchen Metallionen lösliche, praktisch nicht dissoziierte Salze bilden. Dabei werden in diesen Verbindungen vorhandene Alkaliionen, vor allem Natrium, gegen Erd- und Schweralkaliionen ausgetauscht.

Die Härtebildner des Wassers, Calcium und Magnesium, können in löslichen Komplexen gebunden werden, wodurch das Ausfällen von Calcium- und Magnesiumcarbonat verhindert wird. Produktansätze wie z. B. Eiweißniederschläge, die in Anlagen lebensmittelverarbeitender Betriebe häufig auftreten, quellen in reinem Wasser auf und sind leicht entfernbar. In Anwesenheit von Calcium und Magnesium werden diese Ansätze weit weniger hydratisiert und sind beim Reinigen schwieriger zu entfernen. Durch Zugabe von C. werden diese Ionen den Ablagerungen entzogen. Die Ablagerungen werden aufgelockert und lassen sich besser entfernen.

C. haben als maßgebliche funktionelle Gruppen alkoholische OH- oder Carboxylgruppen. Folgende Verbindungen werden häufig eingesetzt (Bild): Ethylendiaminnatriumtetraacetat (EDTA), Stickstofftriacetat, Polyphosphate (z. B. Natriumtripolyphosphat), Gluconsäure und Zitronensäure. *Kerner/Loncin*

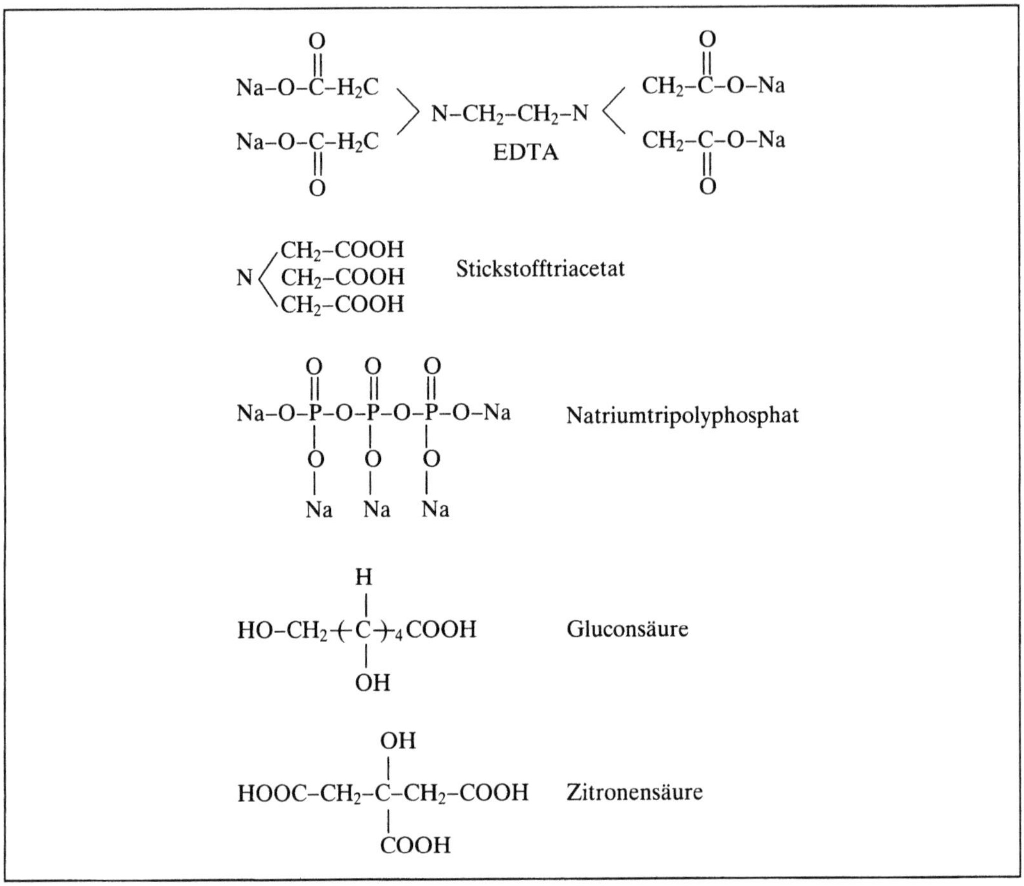

$$Na{-}O{-}\overset{\overset{\displaystyle O}{\|}}{C}{-}H_2C \Big\rangle N{-}CH_2{-}CH_2{-}N \Big\langle \overset{\overset{\displaystyle O}{\|}}{CH_2{-}C}{-}O{-}Na$$

EDTA

$$N \Big\langle \begin{array}{l} CH_2{-}COOH \\ CH_2{-}COOH \\ CH_2{-}COOH \end{array} \qquad \text{Stickstofftriacetat}$$

$$Na{-}O{-}\overset{\overset{\displaystyle O}{\|}}{P}{-}O{-}\overset{\overset{\displaystyle O}{\|}}{P}{-}O{-}\overset{\overset{\displaystyle O}{\|}}{P}{-}O{-}Na \qquad \text{Natriumtripolyphosphat}$$

$$HO{-}CH_2{\Big(}\overset{\overset{\displaystyle H}{|}}{\underset{\underset{\displaystyle OH}{|}}{C}}{\Big)}_4 COOH \qquad \text{Gluconsäure}$$

$$HOOC{-}CH_2{-}\overset{\overset{\displaystyle OH}{|}}{\underset{\underset{\displaystyle COOH}{|}}{C}}{-}CH_2{-}COOH \qquad \text{Zitronensäure}$$

Chelatbildner.

Chelating. Bildung von Chelaten zur Abtrennung von Metallen aus Lösungen. Chelate sind Komplexverbindungen (→Komplexbildung, chemische), bei denen ein Metallatom oder -ion das Zentrum eines Komplexes bildet, um das sich räumlich organische Verbindungen lagern. Auf diese Weise läßt sich die Löslichkeit in organischen Lösungsmitteln erheblich verbessern (→Reaktivextraktion).

Chelatbildner sind u. a. Carbon- und Sulfonsäuren und saure Phosphorester. *Dohrn*

Chemisorption. Unter C. versteht man die Aufnahme von Gasen in Flüssigkeiten oder die Aufnahme von Gasen, Dämpfen oder gelösten Stoffen an der Oberfläche von Feststoffen durch chemische Bindungskräfte. Die erste Form der C. bezeichnet man auch als chemische Absorption und die zweite Form als chemische Adsorption.

Bei der chemischen findet im Gegensatz zur physikalischen Absorption während der Absorption eine chemische Umsetzung zwischen dem Absorptiv und dem Absorptionsmittel statt. Der Prozeß verläuft häufig katalytisch; dabei enthält die flüssige Phase, die i. a. auch der Reaktionsort ist, den Katalysator.

Bei der chemischen Adsorption treten zwischen dem Festkörper (→Adsorbens) und dem adsorbierten Teilchen (Adsorbat) beachtliche chemische Bindungskräfte auf, die von einer elektronischen Wechselwirkung begleitet sind, während bei der physikalischen Adsorption (Physisorption) nur schwache Van-der-Waals-Kräfte auftreten.

In der schematischen Darstellung (Bild) sind die Energieverhältnisse des Systems „Festkörper und Molekül" bei der Physisorption und C., wenn ein Molekül sich der Oberfläche des Adsorbens nähert, qualitativ dargestellt. Kurve M stellt die Physisorption eines Moleküls dar. Kurve A stellt die Systemenergie dar, wenn das Molekül nach Dissoziation in Atome sich der Oberfläche nähert. ΔE_α ist die Dissoziationsenergie, ΔE_{Ph} die Energie der Physisorption, ΔE_{Ch} die Energie nach der C., ΔE_D die Desorptionsenergie und ΔE_a die Aktivierungsenergie, die für das Einleiten der Adsorption benötigt wird.

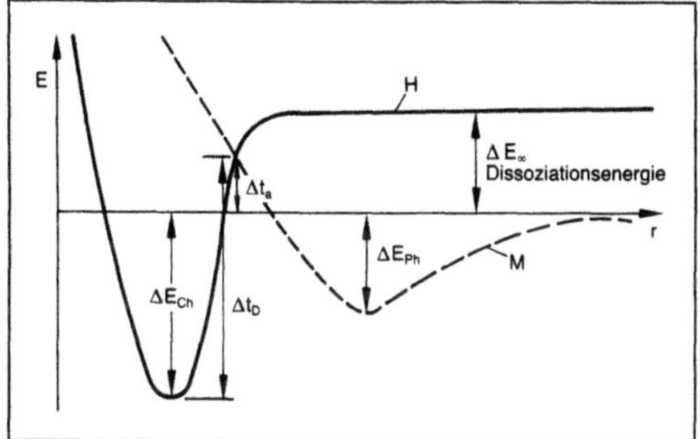

Chemisorption: Schematische Darstellung des örtlichen Verlaufs der Energie E des Systems „Festkörper und Molekül" beim Nähern eines Teilchens an die Oberfläche des Adsorbens.

Bei der physikalischen Adsorption beträgt die Adsorptionswärme eines Gases etwa das 1,5- bis 2fache der Kondensationswärme. Die C. ist dagegen mit wesentlich höheren Adsorptionswärmen verbunden, deren Wärmetönung die Größenordnung chemischer Reaktionen erreicht.

Während die physikalische Adsorption i. a. rasch und reversibel verläuft und für die Desorption praktisch keine zusätzliche Energie nötig ist, kann die einmal abgelaufene C. der Teilchen häufig nur durch erhöhte Energiezufuhr (Temperaturerhöhung) wieder rückgängig gemacht werden. *Weinspach*

Literatur: *Hauffe, K., u. S. R. Morrison:* Adsorption – Eine Einführung in die Probleme der Adsorption. Berlin 1974.

Chemostat. Betriebsweise eines Bioreaktors für die kontinuierliche Kultivierung von Mikroorganismen. Im Gegensatz zum Turbidostaten, bei dem zur Aufrechterhaltung eines stationären Zustands die Biomassekonzentration geregelt und Nährlösung nach Bedarf zudosiert wird, dient beim C. (Verfahren, integriertes, →Monod-Kinetik) die Wachstumsrate der Zellen als Regelgröße. Die kontinuierliche Zudosierung von Nährlösung erfolgt in der Weise, daß eine Komponente das Wachstum der Zellen limitiert, während alle anderen Komponenten im Überschuß vorhanden sind. Als limitierende Komponente wird die Kohlenstoffquelle gewählt, weniger häufig die Stickstoffquelle und selten die Phosphatquelle. Unter diesen Bedingungen hängt die Wachstumsrate nur von der Konzentration der limitierenden Komponente ab und entspricht daher der Raumgeschwindigkeit bzw. der reziproken Verweilzeit des Nährmediums.

Durch Variation des Durchsatzes an Nährlösung ist die spezifische Wachstumsrate leicht zu verändern. Somit kann man den Einfluß von Kultivierungsbedingungen oder Streßzuständen auf die Zellen unter definierten und konstanten physiologischen Bedingungen gezielt untersuchen.

Auf Grund seiner erheblich einfacheren Meß- und Regeltechnik ist der C. dem Turbidostaten vorzuziehen. *Liefke*

Literatur: *Pirt, S. J.:* Principles of Microbe and Cell Cultivation. London 1975.

Chloralkalielektrolyse. Die C. ist ein großtechnisches Verfahren zur Herstellung von Chlor und Alkalilaugen. 96 % des weltweit erzeugten Chlors entstammen der Elektrolyse wäßriger Alkalimetallchloridlösungen. Als Rohstoff wird wegen der geringen Rohstoffkosten in den meisten Fällen Natriumchlorid (NaCl, Kochsalz) verwendet. Chlor wird an der Anode durch Oxidation von Chlorionen gebildet:

$$2\,Cl^- \rightarrow Cl_2 + 2e^-.$$

Die C. wird mit drei verschiedenen Verfahren durchgeführt:

☐ Quecksilber-Verfahren,
☐ Diaphragma-Verfahren,
☐ Membran-Verfahren.

Beim *Quecksilber-Verfahren* laufen Anoden- und Kathodenreaktionen in getrennten Zellen ab, wodurch eine ideale Trennung der Produkte erreicht wird. Die NaCl-Sole fließt durch eine lange Wanne, auf deren Boden eine dünne Quecksilberschicht (als Kathode) geleitet wird. Als Anoden verwendet man in der Lösung hängende Stempel (z. B. aus Titan). An den Anoden wird Chlor gebildet; an den Kathoden werden Na^+-Ionen zu Na-Metall reduziert, welches sich im Quecksilber als Amalgam löst. Das Na-Amalgam fließt in einen mit Füllkörpern aus Graphit gefüllten Zersetzungsturm, der im Gegenstrom mit Wasser beschichtet wird. Das Amalgam reagiert mit dem Wasser, wobei sich Natronlauge und Wasserstoff bilden.

$$2Na/Hg^x + 2H_2O \rightarrow 2NaOH + H_2 + Hg^x$$

Das am Boden des Zersetzers ankommende Quecksilber wird in die Elektrolysewanne zurückgepumpt. Nachteil dieses Verfahrens ist die unvermeidbare Quecksilberemission, die durch umfangreiche Reinigung der Prozeßströme auf unter 1 g Quecksilber pro t Chlor gesenkt werden kann.

Beim *Diaphragma-Verfahren* sind Kathoden- und Anodenraum durch ein Diaphragma (z. B. aus Asbest oder Beton) voneinander getrennt. Dadurch kann vermieden werden, daß sich an der Kathode gebildeter Wasserstoff mit anodisch gebildetem Chlor zu explosivem Chlorknallgas vermischt. Der Aufbau einer Zelle ähnelt dem einer Filterpresse. Nachteil dieses Verfahrens ist, daß nur eine sehr verdünnte Alkalilauge entsteht, die auch chloridhaltig ist.

Das *Membran-Verfahren* unterscheidet sich vom Diaphragma-Verfahren dadurch, daß die Elektrodenräume weitgehend flüssigkeits- und gasdicht durch eine Kationenaustauschermembran voneinander getrennt sind. Die Membran läßt nur eine Permeation von Metallionen, nicht aber von Anionen (Chlorid-, Hydroxylionen) zu. Als Membranmaterial werden perfluorierte Kunststoffe verwendet, die Carbonsäure-, Sulfonsäure- oder Sulfonamidgruppen enthalten können.

Die Natronlauge ist fast chlorfrei und enthält bis zu 40% NaOH. 1983 betrug der Anteil der Membran-Verfahren ca. 4% mit steigender Tendenz, während das Quecksilber- und das Diaphragma-Verfahren zu je 48% an der Chlorproduktion beteiligt sind. *Dohrn*

Literatur: *Keim, W., A. Behr* u. *G. Schmitt:* Grundlagen der industriellen Chemie. Frankfurt a. M. 1986. – Ullmanns Enzyklopädie der technischen Chemie. 4. Aufl., Weinheim 1972.

Chrom. Verbessert als Legierungselement in Stahl die Korrosionsbeständigkeit. Ab etwa 12% C. bildet sich infolge einer submikroskopisch dünnen C.-Oxidschicht der für nichtrostende Stähle charakteristische passive Zustand aus. Da für die Korrosionsbeständigkeit der Gehalt an freiem, ungebundenem C. entscheidend ist, wirken sich alle Legierungselemente, die C. z. B. als →Carbid abbinden, ungünstig aus. C. schnürt das γ-Gebiet im Zustandsschaubild mit Eisen ein, so daß ab etwa 14% C. im gesamten Temperaturbereich ein ferritisches Gefüge mit kubisch-raumzentriertem Gitter vorliegt. Da →Nickel die Korrosionsbeständigkeit in Säuren durch Verminderung der Passivierungsstromdichte weiter verbessert, enthalten die nichtrostenden Stähle meist C. und Nickel sowie weitere Legierungselemente. Je nach Legierungsgehalt erhält man ferritisch-austenitische Stähle (Gefügeschaubilder nach *Strauß* und *Maurer* oder *Schaeffler*).

C. erhöht durch die Bildung von schützenden Oxidschichten auch die Oxidationsbeständigkeit von Stahl, besonders in Verbindung mit Aluminium und/oder Silicium. C. spielt ferner wegen seines Einflusses auf das Umwandlungsverhalten und der starken Tendenz zur Carbidbildung in Werkzeugstählen, Vergütungsstählen und Einsatzstählen eine wichtige Rolle. C. ist ferner als Legierungselement in Dauermagnetwerkstoffen von Bedeutung. *W. Dahl*

Chromatieren, alkalisches. Ist ein Verfahren zur Erzeugung von korrosionshemmenden Schutzschichten auf Metallen durch chemische Oxidation (stromlos). Man verwendet dieses Verfahren häufig zur Bildung von dichten Deckschichten auf bereits vorhandenen Überzügen aus korrosionsbeständigen Werkstoffen (Zink, Cadmium, Aluminium), deren Korrosionsschutzfähigkeit aber erheblich von einer guten Belüftung des Bauteils abhängt.

C. von Zink verzögert den Beginn der Korrosion erheblich, während bei Cadmium diese Wirkung nicht eindeutig feststellbar ist. Zink und Cadmium werden ausschließlich aus sauren Lösungen chromatiert. Dagegen benutzt man beim C. von Aluminium saure und alkalische Lösungen, wobei allerdings den sauren Lösungen der Vorzug gegeben wird. Die aus sauren Ansätzen erzeugten Deckschichten sind gleichmäßiger und liefern einen besseren Haftgrund für Anstriche. Der weite Anwendungsbereich des C. beruht aber gerade auf seiner Eignung als Vorbereitung der Oberfläche für einen nachfolgenden Anstrich, da die chromatierte Deckschicht selbst fest auf der Unterlage haftet und somit eine gute Verankerung für den organischen Lackfilm bietet. *Doliwa*

Chromatographie, präparative. Verfahren zum Trennen von Stoffgemischen in einzelne Komponenten oder in Fraktionen, wobei die Trennwirkung durch die unterschiedliche Verteilung der Stoffe auf eine stationäre Phase und eine mobile Phase erzielt wird. Im Gegensatz zur analytischen C. wird die p. C. zur Gewinnung der Komponenten bzw. Fraktionen und nicht zur Analyse eines in der Zusammensetzung unbekannten Gemisches verwendet.

Als Apparate dienen gepackte Säulen mit einem Detektor und einem Fraktionssammler.

Die p. C. wird hauptsächlich für schwierige Trennaufgaben bzw. zur Gewinnung wertvoller Produkte angewendet, z. B. pharmazeutische Stoffe. *Dohrn*

Chromstahl. Stahl, bei dem →Chrom das wichtigste Legierungselement ist, meist in Verbindung mit weiteren Elementen. *W. Dahl*

Literatur: *Houdremont, E.:* Handb. Sonderstahlkunde. 1965. – Werkstoffkunde Stahl. 2 Bde. Hrsg. VDEh. Berlin, Düsseldorf 1984/85.

CIM. Der steigende Wettbewerb zwingt die Unternehmen zu ständigen Produktivitätssteigerungen. Zusätzlich zur besseren Auslastung der Maschinen sind heute verkürzte Durchlaufzeiten, verringerte Bestände und die direkte Einbeziehung von Entwicklung, Konstruktion, Fertigung und Arbeitsvorbereitung in das Automatisierungskonzept allgemeine Unternehmensziele. Die bisher realisierten Anwendungen beschränken sich auf inselartige Automatisierung, d. h. nur in bestimmten Teilbereichen eines Unternehmens kommt es zu Produktivitätssteigerungen, z. B. durch DNC-Betrieb (→DNC), PPS-Systeme, CAD in der Konstruktion (CAD) oder →NC-Programmierung. Der gesamte betriebliche Ablauf wird dadurch nur geringfügig beeinflußt.

Wirkliche Automatisierungserfolge lassen sich dann erzielen, wenn der Informationsfluß zwischen allen Abteilungen und über alle Unternehmensebenen realisiert wird.

Dieses Konzept des integrierten EDV-Einsatzes in allen mit der Produktion zusammenhängenden Betriebsbereichen bezeichnet man gemäß der Empfehlung des AWF (Ausschuß für Wirtschaftliche Fertigung e. V.) als CIM (Computer Integrated Manufacturing). CIM umfaßt das informationstechnologische Zusammenwirken zwischen CAD, CAP, CAM, CAQ und PPS. Hierbei soll die Integration der technischen und organisatorischen Funktionen zur Produkterstellung erreicht werden. Dies bedingt die gemeinsame, bereichsübergreifende Nutzung von Datenbanken.

Eine Datenbank, die alle Informationen des Unternehmens und ihre Beziehungen untereinander enthält, muß dabei so organisiert sein, daß sie die Anforderungen des gesamten CIM-Systems erfüllt. Die Datenverwaltung für ein CIM-System stellt besondere Anforderungen, da die jeweils benötigten Daten dem Anwender der verschiedenen Abteilungen rasch zur Verfügung gestellt werden müssen.

Eine wichtige Voraussetzung für die Integration der betrieblichen Teilaufgaben in ein CIM-Konzept ist die Kompatibilität der Rechnerhardware und der Netzwerke. Unter Netzwerk versteht man ein Kommunikationssystem, das alle Datenverarbeitungsanlagen innerhalb eines begrenzten räumlichen Bereichs miteinander verbindet. Die Systeme in einem Netzwerk sind in der Lage, Informationen auszutauschen und Rechnerergebnisse von einem System zum anderen zu übertragen. Daten, die im Dialogbetrieb an einem Arbeitsrechner eingegeben wurden, werden zu einem größeren System transferiert und aktualisieren dort die bestehende Datenbank. Aufgaben, die umfangreiche Berechnungen erfordern, können an schnellere Großrechner übertragen werden. Umgekehrt lassen sich bestimmte Anwendungen von Großrechnern auf kleinere Rechner verteilen. *Schulz*

Literatur: *Eversheim, W.:* CIM – Stand und Entwicklungstendenzen. Ind.-Anz. 108 (11. 3. 1986) Nr. 20. – *Liu, F.:* CAD, CAM, CAP und CIM-Computer sind allgegenwärtig. Werkstatt und Betrieb 118 (1985) Nr. 12. – *Schröder, G.:* Die neue Fabrik. Techn. Rdsch. 78 (27. 5. 1986).

CIP. CIP (Cleaning In Place) ist ein geschlossenes oder automatisches Reinigungsverfahren (→Reinigen (Lebensmitteltechnik)), das insbes. in größeren, zusammenhängenden lebensmitteltechnischen, chemischen und pharmazeutischen Anlagen, die aus Rohrleitungen, Armaturen, Apparaten, Vorrats- und Lagerbehältern bestehen, immer häufiger an Stelle des offenen Reinigens angewendet wird.

In Stapeltanks gelagerte Reinigungs- und Desinfektionslösungen werden mit hohem Druck umgepumpt, um in den Rohrleitungen, Armaturen und Kleingeräten turbulente Strömungsverhältnisse zu erzeugen. Großbehälter und andere Anlagenteile,

in denen der Lösungsstrom auf Grund von Querschnittserweiterungen stark absinkt, werden gereinigt, indem man die Lösungen im Nieder- oder Mitteldruckbetrieb über Sprühköpfe oder rotierende Düsen aufgibt. Der Einsatz der CIP-Reinigung setzt eine daraufhin abgestimmte Konstruktion der Anlage voraus, die umfangreiche Rohrleitungsumlenkungen, starke Querschnittsveränderungen, Bypässe, tote Rohrenden und andere Toträume vermeidet.

CIP erlaubt das Reinigen von Anlagen, ohne sie zu zerlegen. Zeitaufwendige manuelle Tätigkeiten entfallen weitgehend. Zudem wird die Voraussetzung für die Automatisierung des Reinigungsvorganges mit Hilfe moderner Prozeßrechner und geeigneter Meß- und Regelsysteme geschaffen. *Kerner/Loncin*

Clearance. Der aus der Nierenphysiologie stammende Begriff der C. ist ein Maß für die Entfernung einer Substanz aus einem reellen oder virtuellen Blutvolumen und wird seit Jahren im Zusammenhang mit der Leistungsbeurteilung von Dialysatoren benutzt. Unterschiedliche Verfahren zur Elimination harnpflichtiger Substanzen oder zur Giftelimination werden ebenfalls mit Hilfe der C.-Leistung verglichen. Die gebräuchlichste C.-Formel lautet:

$$C = Q_B \frac{C_{p\ in} - C_{p\ out}}{C_{p\ in}} \text{ in ml/min;}$$

darin bedeuten C Clearance, Q_B Blutfluß, $C_{p\ in}$ Konzentration einer Substanz im Plasma vor dem →Dialysator, $C_{p\ out}$ Konzentration einer Substanz im Plasma nach dem Dialysator. Die Formel kann für die Zwecke der Beurteilung der Filtrationstechnik entsprechend umgeformt werden:

$$C = Q_F \frac{C_F}{C_p} \text{ in ml/min,}$$

mit C Clearance, Q_F Filtratfluß, C_F Konzentration einer Substanz im Filtrat, C_p Konzentration einer Substanz im Plasma.

Zur Beurteilung der Giftelimination durch →Hämoperfusion ist eine gute C.-Leistung allein kein Garant für eine toxikologisch relevante Giftelimination, da das Verhältnis der Verteilung eines Gifts im Gewebe toxikologisch bedeutungsvoll ist. *H. Schneider*

CNC (Computerized Numerical Control) →Steuerung, numerische

Colburn-Gleichung. G. zur näherungsweisen Bestimmung der Anzahl der Übergangseinheiten bei Gegenstromtrennprozessen und kontinuierlicher Konzentrationsänderung (z. B. in Packungskolonnen zur Absorption oder Destillation). Die G. wurde 1939 von *Colburn* vorgeschlagen:

$$NTU_G = \frac{\ln\left[(1-c)\,(y_{ein} - y^*_{aus})/(y_{aus} - y^*_{aus}) + c\right]}{1-c};$$

NTU_G Anzahl der Übergangseinheiten bezogen auf die Gasphase,

c $m \cdot V/L$,

y_{ein} Gasmolenbruch beim Eintritt,

y_{aus} Gasmolenbruch beim Austritt,

y^*_{aus} Gleichgewichtsmolenbruch beim Austritt,

L Flüssigkeitsstrom (kmol/h),

V Gasstrom (kmol/h),

m Steigung der Gleichgewichtsgeraden,

b Ordinatenabschnitt der Gleichgewichtsgeraden.

Voraussetzung für die Gültigkeit der G. ist, daß die Betriebslinie und die Gleichgewichtskurve Geraden sind. Die C.-G. ähnelt der KSB-G. für diskrete Trennungen (z. B. Bodenkolonnen); sie unterscheidet sich nur durch den Nenner. Das C.-Diagramm (Bild) hat den gleichen Aufbau wie das KSB-Diagramm. Der Parameter der Kurvenschar ist L/(m V).

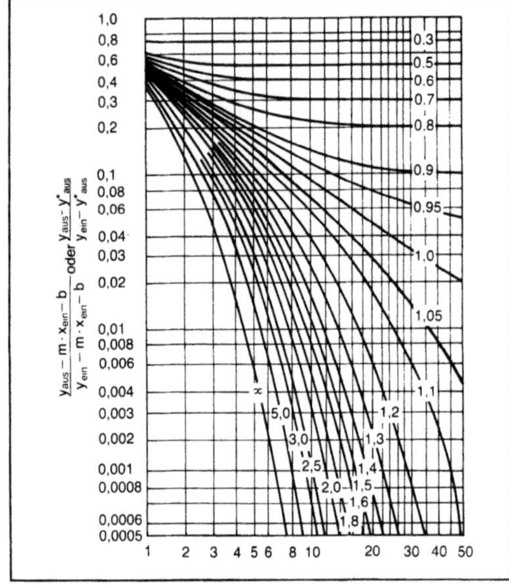

Colburn-Gleichung: Colburn-Diagramm zur näherungsweisen Bestimmung der Anzahl der Übergangseinheiten (bezogen auf die Gasphase) bei Gegenstromtrennprozessen in Packungskolonnen.

Zur näherungsweisen Bestimmung der Anzahl der Übergangseinheiten ermittelt man zunächst den Ordinatenwert des Diagramms aus den gegebenen Konzentrationen und den Konstanten m und b der Gleichgewichtsgeraden. Dann bestimmt man den Wert des Parameters L/(m V) und kann auf der Abszisse den NTU_G-Wert ablesen. Das Diagramm

läßt sich auch zur Bestimmung des L/V-Verhältnisses sowie zur Ermittlung der Konzentration verwenden, wenn der NTU-Wert bekannt ist oder abgeschätzt werden kann.   *Dohrn*

Literatur: *Colburn, A. P.:* Number of transfer units or theoretical plates. Trans. AIChE 35 (1939), S. 211. – *King, C. J.:* Separation Processes. New York 1980.

Cold-Box-Verfahren. Mit diesem Verfahren begann der Einstieg in die Anwendung organischer Bindemittel in die Gashärtungstechnologie zur maschinellen Herstellung von Kernen für den Formguß. Ein Benzyletherpolyol wird mit einem Polyisocyanat zu einem Polyurethan umgesetzt, wobei die Reaktion durch tertiäre Amine sekundenschnell ausgelöst wird. Als Vorteile des Verfahrens sind zu nennen: sehr gute Fließfähigkeit der Sandmischung, schnelle homogene Durchhärtung, kurze Härtezeiten, Arbeiten in kalten Werkzeugen, sehr gute Gußoberflächen, guter Zerfall und ziemlich problemlose Regenerierbarkeit des Altsands.

Neuere Forschungsarbeiten haben gezeigt, daß Lösungsmittelverluste während des Mischens, Verarbeitens und Schießens für mitunter auftretende Festigkeitsschwankungen von C.-B.-Formteilen verantwortlich sind. Dieser Fehler läßt sich im C.-B.-Kompaktverfahren vermeiden, weil diese Verfahrenstechnik die Einhaltung eines fertigungsgerechten Lösungsmittelgehalts ermöglicht. Der geschlossene Mischer ist über der Schießmaschine angebracht und gibt den fertigen →Formstoff durch den zentralen Bodenverschluß direkt in den Übergabetrichter. Die Chargengröße des Mischers ist bewußt klein gehalten; er verfügt aber über eine hohe Mischgeschwindigkeit mit Mischzeiten unter einer Minute. Dadurch vermeidet man einen schädlichen Sandüberschuß in der Schießmaschine. Andererseits läßt sich ein größerer Sandbedarf durch zwei oder mehrere aufeinanderfolgende Chargen decken. Die hohe Fluidität der Mischung nach der Aufbereitung im Schwingmischer unterstützt die gute Verschießbarkeit des C.-B.-Formstoffs, so daß auch schwierige Fertigungsaufgaben, wie z. B. Rahmenkerne für den Automobil-Kokillenguß, lösbar sind.

In den letzten Jahren wurden glanzkohlenstoff- und blattrippenreduzierte C.-B.-Systeme sowie solche mit besserem Zerfall bei Aluminiumguß und wesentlich verlängerter Verarbeitungszeit entwickelt. Ein Abschluß der Entwicklungsaktivitäten ist noch nicht erkennbar, und das C.-B.-V. dürfte auch in den nächsten Jahrzehnten noch das führende Gashärtungsverfahren bleiben.   *Doliwa*

Literatur: *Boenisch, D.,* u. W. *Lotz:* Giesserei 71 (1984) Nr. 5, S. 187/96.

Controlling. Das ist ein ursprünglich in amerikanischen Unternehmen entstandener Unternehmensbereich, der neben den überwachenden Funktionen des traditionellen Rechnungswesens auch Aufgaben der erfolgsorientierten Planung und Steuerung übernimmt. C. wird als Entscheidungs- und Führungshilfe verstanden, indem es die finanzielle Bewertung und Kumulierung vergangener und zukünftiger Geschäftsperioden und Einzelmaßnahmen vornimmt (Mitwirkung bei Unternehmensplänen, Investitionsvorhaben, Preispolitik, Projektmanagement, allgemeine Aufgaben der internen Revision). Auf der Basis der im →Rechnungswesen vorhandenen Daten über alle Unternehmensbereiche und -ebenen werden periodisch sowie fallbezogen Analysen erstellt (Investitionsanalyse, Kostenanalyse, Gewinn- und Finanzanalyse) und zu Berichten aufbereitet, die als Grundlage unternehmerischer Entscheidungen dienen. Die Überwachungsfunktion wird durch ständigen Vergleich von Plan- und Ist-Daten wahrgenommen, um die Erfolgswirksamkeit und Zielkonformität des Unternehmensgeschehens sicherzustellen.

Das C. stellt eine Linienfunktion dar, die in modernen Organisationskonzepten (→Organisation) durch eine eigene Stelle im Vorstand bzw. in der Geschäftsführung vertreten ist. *Eversheim*

Literatur: *Grochla, E., u. W. Wittmann:* Handwörterb. Organisation. Stuttgart 1980.

Copolymerisation (z. B. Caprolactame). Caprolactam wird üblicherweise alkalisch bei 250–270 °C zu dem bei diesen Temperaturen schmelzflüssigen Polyamid 6 polymerisiert. Cokatalysatoren (Acrylierungsmittel, insbes. Isocyanate) ermöglichen rasche drucklose Polymerisation bei 100 bis 200 °C zu hochpolymerem Guß-Polyamid 6, allerdings mit etwa 15 % Volumenschrumpfung.

In Zweikomponentenverfahren (Caprolactam-Schmelzen mit Katalysator einerseits, Cokatalysator andererseits auf Reaktionstemperatur gebracht) gießt man drucklos große, dickwandige Werkstücke bis zu etwa 1 t Gewicht in einfach herzustellende Formen (wie im Metallguß üblich). Rotationskörper (Laufrollen, Rohre) stellt man im →Schleuderguß, Hohlkörper (Behälter) im Rotationsguß her. Unmittelbar nach der Polymerisation können Rohlinge preßgeformt oder schlauchförmig zu Hohlkörpern geblasen werden.

Nach dem CJB-Prozeß des Lizenznehmers Toyo Rayon Co. Ltd. (Japan) wird Caprolactam durch Photonitrosation von Cyclohexan hergestellt. Die Caprolactam-Produktion ist weltweit sehr stark angestiegen, weil Caprolactam in der kunstfaserherstellenden Industrie zur Erzeugung von Nylon 6 eingesetzt wird. Hinzu kommt die Verwendung zu Plastikwaren, Filmen, Kunstleder, Plastifizierungs-

mittel, Farbträgern und als wirksames Mittel zur Stabilisierung von Polyurethanen. Letztlich gewinnt Caprolactam erhebliche Bedeutung bei der Herstellung von Nylon 66 (PA 6.6) wegen seiner Umwandelbarkeit in Hexamethylendiamin. *Doliwa*

Couette-Rheometer. Um die Viskosität von Flüssigkeiten zu bestimmen, benötigt man Meßgeräte, in denen die ebene Scherströmung vorherrscht. Im C.-R. wird dies durch zwei konzentrisch angeordnete Zylinder realisiert, in deren Spalt sich die zu untersuchende Flüssigkeit befindet (Bild). Wird beispielsweise der äußere Zylinder mit konstanter Winkelgeschwindigkeit Ω angetrieben und am inneren Zylinder das Drehmoment M gemessen, das sich auf Grund der Flüssigkeitsreibung einstellt, so erhält man eine Meßgröße, die proportional der Schergeschwindigkeit ist (nämlich W), und eine, die proportional der Schubspannung ist (nämlich M), und damit einen Punkt der Fließkurve.

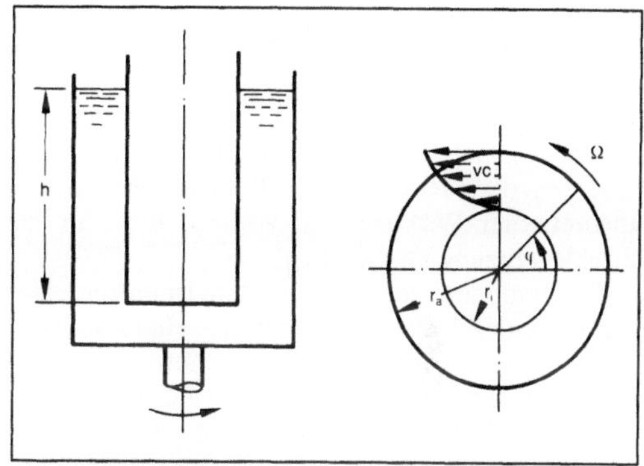

Couette-Rheometer: Couette-Strömung.

Allerdings sind hier einige Näherungen zu beachten. Am Boden und an der Flüssigkeitsoberfläche treten Abweichungen von der reinen Scherströmung auf. Außerdem ist die Schergeschwindigkeit im Flüssigkeitsspalt nicht konstant, sondern variiert mit dem Radius. Nur bei engem Flüssigkeitsspalt darf man näherungsweise mit einer Schergeschwindigkeit rechnen. Der Zusammenhang lautet dann für die Schubspannung: $\tau = M/2\,P\,hr_i^2$ und für die Schergeschwindigkeit: $\gamma = 2\,W\,v_i^2/(r_a^2-r_i^2)$, wobei r_a und r_i die Radien von Außen- bzw. Innenzylinder sind und h die Zylinderhöhe.

Schließlich muß bei höheren Winkelgeschwindigkeiten mit einer Störung der parallelen Schichtenströmung durch das Auftreten sog. Taylorwirbel gerechnet werden. *Chmiel*

CO$_2$-Laser. 4-Niveau-Gaslaser, dessen Infrarotstrahl von 10,63 µm Wellenlänge in einem Leistungsbereich zwischen etwa 10 W und 25 kW für die Laserstrahlerwärmung genützt wird.

Das laseraktive Medium ist CO$_2$. Das Arbeitsgas besteht jedoch aus einer Mischung von CO$_2$, N$_2$ und He (Partialdruckverhältnis etwa 5:15:80) mit einem Systemdruck meist um 10^3 Pa, beim Hochdruck-(TEA-)Laser 10^5–10^6 Pa. Die N$_2$-Moleküle werden durch die Pumpenergie über Elektronenstöße auf einen metastabilen Vibrationszustand angeregt, dessen Energieniveau um 0,3 eV über dem Grundzustand liegt. Durch einen Stoß zweiter Art geht nahezu die gesamte Anregungsenergie des N$_2$-Moleküls anschließend auf ein CO$_2$-Molekül über, das dabei seinerseits auf einen Vibrationszustand von entsprechendem Energieniveau angeregt wird. Von diesem Niveau aus erfolgt durch stimulierte Emission die Abgabe des Photons für den Laserstrahl mit einem Energiequant von 0,12 eV. Die verbliebene Anregungsenergie des CO$_2$-Moleküls wird sehr rasch von He-Atomen übernommen, so daß eine hohe Besetzungsinversion der beiden laserspezifischen Energieniveaus erreicht und aufrechterhalten wird. Hierfür ist jedoch auch eine möglichst intensive Kühlung des Arbeitsgases Voraussetzung, da sonst die kinetische Energie der Gasmoleküle ausreichen kann, um durch Anregung das untere Laserniveau zusätzlich zu besetzen und so den Zustand der Besetzungsinversion wieder aufzuheben. Aus den beiden genannten Energiegrößen resultiert ein sehr günstiger quantentheoretischer Wirkungsgrad von rd. 40 % für die Strahlerzeugung im CO$_2$-L.

Die Pumpenergie wird ins Gas meist mittels einer DC-Glimmentladung eingebracht. Hierbei fallen etwa 20–30 % Verluste in dem zur Stromstabilisierung erforderlichen Vorwiderstand an; etwa ebenso große Verluste sind durch den Kathodenfall bedingt. Problematisch bei der Glimmentladung ist die Neigung zu thermischen Instabilitäten (Gefahr der Lichtbogenzündung), was durch Erhöhung des Gasdurchsatzes gemildert werden kann. Jedoch setzt diese Art der L.-Anregung der Leistungsdichte im Gasvolumen und damit der L.-Leistung bei technisch brauchbaren Abmessungen Grenzen.

Eine erfolgversprechende Alternative der Anregung ist die Hochfrequenzentladung (13,56 MHz). Zwar treten hier Verluste von etwa 30–40 % im HF-Generator auf. Jedoch gehen nur mehr 10–20 % der ins Gas eingebrachten HF-Energie primär in Verlustwärme über, in erster Linie durch Rekombinationsvorgänge in Elektrodennähe. Durch die erhöhte Entladungsstabilität ermöglicht die HF-Anregung eine Verdoppelung der volumenspezifischen L.-Leistung (bis 7 W/cm^3).

Zur Abführung der Verlustwärme wird das Gas entweder laufend ausgetauscht (meist in Verbindung mit einer Außenkühlung des Laserrohrs) oder im Kreislauf über einen Kühler geführt. Auch hierbei ist jedoch eine gewisse Gasaustauschrate notwendig, da bei der Entladung Zersetzungsprodukte wie CO entstehen, die sich auf die L.-

Mechanismen hemmend auswirken. Hinsichtlich der Bauart unterscheidet man

☐ axiale durchströmte (Bild 1) und
☐ transversal durchströmte Systeme (Bild 2).

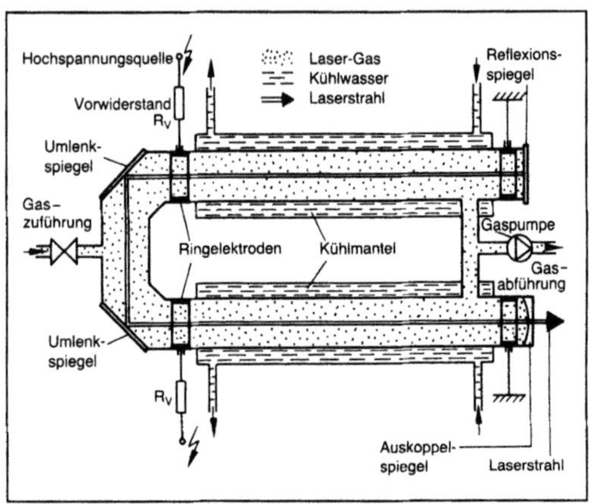

CO$_2$-Laser 1: Axial durchströmter, einfach gefalteter CO$_2$-Laser mit axialer Glimmentladung und Mantelkühler.

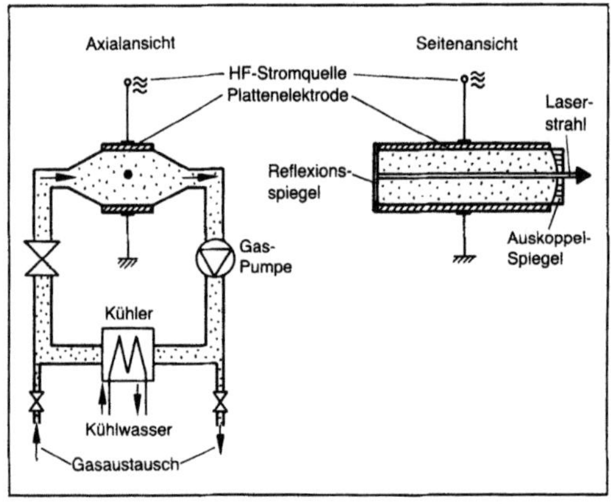

CO$_2$-Laser 2: Transversal durchströmter CO$_2$-Laser mit transversaler HF-Anregung und externem Kühler.

Der vollreflektierende Spiegel ist als goldbeschichteter, von der Rückseite her wassergekühlter Metallspiegel ausgeführt (Reflexionsgrad 98–99 %). Als Material für den teildurchlässigen Auskoppelspiegel (Transmissionsgrad zwischen 10 und 40 %) wird ZnSe, Ba$_3$As$_2$ oder Ge verwendet. Zur Erzielung der aus schwingungsoptischen Gründen erforderlichen Resonatorlängen (je nach Leistung bis etwa 10 m) ist die L.-Strecke meist gefaltet, wobei zur Umlenkung ebenfalls vollreflektierende Spiegel dienen.

Von der gesamten, durch induzierte Emission erzeugten L.-Strahlung geht ein Teil (typisch: etwa 40 %) als inkohärente oder fehlgerichtete Strahlung verloren.

Der Gesamtwirkungsgrad als Quotient aus L.-Strahlleistung und elektrischer Leistungsaufnahme aus dem Versorgungsnetz liegt für einen CO_2-L. im Dauerstrichbetrieb üblicherweise zwischen 5 und 10 %. Darin ist auch der zusätzliche Energieverbrauch von etwa 2 % miterfaßt, der in erster Linie für die Gaspumpe benötigt wird.

Der CO_2-L. eignet sich sowohl für Dauerstrich-(cw-)Betrieb als auch für Pulsbetrieb (gepulste Zufuhr der Anregungsleistung) sowie für gütemodulierten (Q-switch-)Betrieb. Die letztgenannte Betriebsart ermöglicht besonders kurze Strahlblitze ($>10^{-6}$ s). Jedoch begrenzen die erforderlichen elektrooptischen Schalter die mittlere Leistung auf etwa 20 W.

Die Strahleigenschaften des CO_2-L. sind durch folgende Daten charakterisiert:

☐ Divergenz: 1,5–10 mrad,

☐ Strahldurchmesser: meist 5–25 mm,

☐ Fokusdurchmesser: 0,1–1 mm. *M. Rudolph*

Literatur: *Brunner, W.,* u. *K. Junge:* Lasertechnik. Heidelberg 1984. – *Conrad, H.,* u. *R. Krampitz:* Elektrotechnologie. Ost-Berlin 1983. – Materialbearbeitung mit CO_2-Hochleistungslasern. Internationaler Workshop Düsseldorf 1984. VDI-Ber. Nr. 535. Düsseldorf 1984. – *Weber, H.,* u. *G. Herziger:* Laser. Weinheim 1978.

CO_2-Verfahren. Ist die übliche Bezeichnung für ein Formverfahren, das auf der Verwendung eines Wasserglasbinders beruht, der durch Einleiten von Kohlensäure zum Erhärten gebracht wird. Bezüglich seiner Anwendung in der Gießereipraxis hat dieses Verfahren ein ewiges Auf und Ab durchlaufen müssen. Gegenwärtig ist es wieder in den Blickpunkt des Interesses gerückt, weil es als ein umweltfreundliches Verfahren einzustufen ist. Darüber hinaus gelten folgende Vorteile: Fortfall der Ofentrocknung, gute Haltbarkeit der Formen, schnelle Fertigung zur Gießbereitschaft, geringe Investitionskosten und beachtliche Maßgenauigkeit der Abgüsse. Diesen Vorteilen stehen aber auch erhebliche Nachteile gegenüber, und zwar vor allem in fertigungstechnischer Hinsicht, wie schnelles Aushärten von Formstoffmischungen an Luft, was kurze Verarbeitungszeiten oder Aufbewahrung in geschlossenen Behältern bedingt.

Viel bedeutender ist die Tatsache, daß Modelle und Kernkästen für das Kohlensäure-Erstarrungs-Verfahren eine stärkere als in der Sandformerei übliche Konizität haben müssen, weil ein Losklopfen von ausgehärteten Formen oder Kernen nicht mehr möglich ist. Mit der Aushärtung ist eine Volumenvergrößerung verbunden, so daß die Modelle wie „einbetoniert" festsitzen. Dem Gießer bereitet außerdem vielfach der teilweise schlechte Kernzerfall Sorge, weil dadurch beim Schwinden des Gußwerkstoffs Warmrisse entstehen können.

Diesem Minuspunkt hat die moderne gießereitechnische Forschung versucht abzuhelfen, und nach den daraus resultierenden Erkenntnissen hat die Zulieferindustrie neuartige und verbesserte Produkte entwickelt, die einerseits zu einem besseren Zerfall ohne Schwindungsbehinderung und andererseits auch zu einer höheren Oberflächengüte geführt haben. *Doliwa*

creep feed grinding. Englische Bezeichnung (wörtlich übersetzt: Schleichgangschleifen) für das →Tiefschleifen. *Kenter*

Croning-Formmaskenguß. Bei diesem Formverfahren wird ein trockenes Sand-Kunstharz-Gemisch durch Aufkippen, Aufschütten oder Aufblasen auf eine warme Metallmodellplatte aufgebracht. Nach einer gewissen Zeit, deren Dauer von der Plattentemperatur, der gewünschten Maskendicke und der Art des als Binder dienenden Harzes abhängig ist, bildet sich infolge Aushärtung des Harzes eine Formmaske. Man versteht darunter eine erhärtete Formstoffschicht, die sich in möglichst gleicher Dicke um die Modellkontur gebildet hat. Diese Maske wird mit einer Abhebevorrichtung von der Modellplatte abgehoben und anschließend in einem Ofen fertig ausgehärtet. Den prinzipiellen Ablauf der Formmaskenherstellung veranschaulicht Bild 1 einer einfachen Maskenformmaschine. Solche Anlagen sind heute natürlich mit Zusatzeinrichtungen und in Mehrfachstationen weitgehend mechanisiert und automatisiert, ohne daß sich am grundsätzlichen Arbeitsmechanismus aber etwas geändert hat.

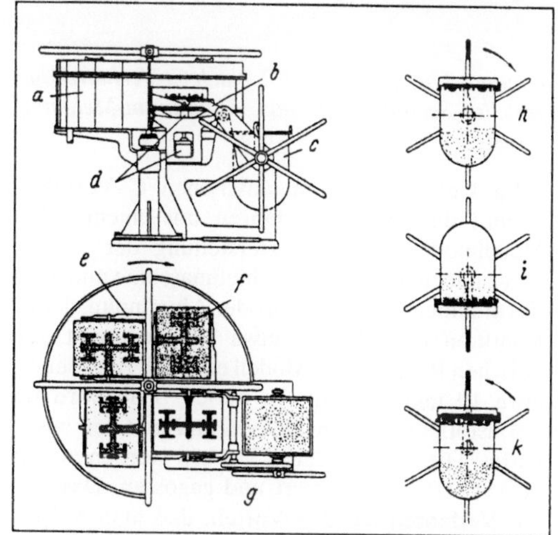

Croning-Formmaskenguß 1: Herstellung einer Formmaske auf einer einfachen Maskenformmaschine.

a Aushärteofen, b Wendearm, c Kippgefäß, d Preßluftabhebung, e Drehkreuz, f Platten im Aushärtervorgang, g Platte am Arbeitstisch zum Wenden und Abheben, h Platte deckt Kippgefäß, i Maske im Aufbau, k Platte fertig zum Wenden und Aushärten

Nach dem gleichen Verfahren lassen sich auch Kerne (meist als Hohlkerne ausgebildet) herstellen. Die fertig montierten Maskenformen werden in Gruben oder Rahmen eingesetzt und zur Aufnahme des Gießdrucks mit Stahlkies oder anderen Materialien hinterfüllt.

An die Werkstoffe für die Modelle und die Modellplatten sind wegen der Erhitzung dieser Teile auf Aushärtetemperatur des Formstoffgemisches besondere Anforderungen zu stellen, so z. B. Temperaturbeständigkeit bis 350 °C, hohe Oberflächengüte nach der Bearbeitung, Verschleißfestigkeit und ein kleiner Wärmeausdehnungskoeffizient. Am besten geeignet ist Gußeisen, gefolgt von Messing und Bronze.

Die Maßgenauigkeit von nach dem C.-Verfahren hergestellten Abgüssen umfaßt ein Toleranzfeld von 0,08–0,13 mm in der Teilungsebene, wogegen quer dazu mit etwa dem doppelten Betrag zu rechnen ist. Nur in Sonderfällen sind Toleranzen um 0,05 mm erreichbar. Als Beispiel für ein typisches C.-Gußteil können die abgebildeten Schaufelräder aus Aluminium-Mehrstoffbronze dienen (Bild 2).

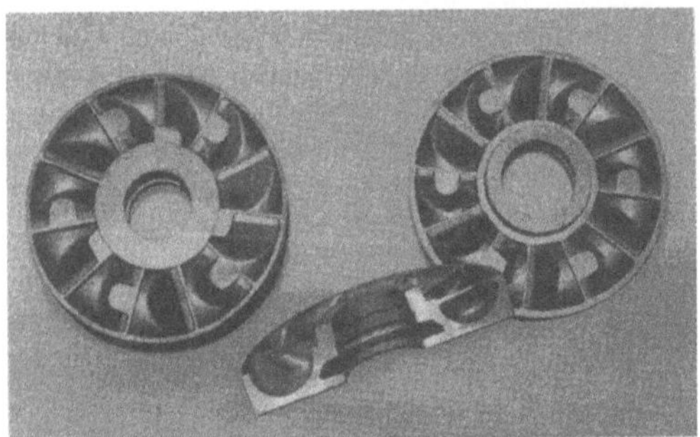

Croning-Formmaskenguß 2: Nach C.-Verfahren hergestellte Schaufelräder aus Aluminium-Mehrstoffbronze.

Im Unterschied zum klassischen C.-Verfahren kommt das Dietert-Verfahren mit einem kalten Metallmodell aus. Zur Herstellung der Formen verwendet man eine Kernschießmaschine und einen Kernrahmen aus Gußeisen oder Aluminium, der die Konturen des Modells etwa so wiedergibt, daß zwischen Rahmen und Modell ein Spalt ringsum von etwa 10 mm entsteht. In diesen Spalt wird das Formstoffgemisch eingeblasen und im Ofen ausgehärtet. Die ausgehärteten Masken werden zusammengesetzt, verklammert und gegossen. Das Dietert-Verfahren hat den Vorteil, daß man Masken vorbestimmter Dicke herstellen kann, während beim C.-Verfahren die Maskendicke eine Funktion der Maskenbildungszeit und der Beheizungsgleichmäßigkeit der Modellplatte ist. Dieser Punkt ist wichtig für die Lenkung der Erstarrung und damit

für die Gefügeausbildung im Gußstück. Als Bindemittel für das Dietert-Verfahren verwendet man Spezialöle oder Phenolharze mit Zusatz von einem Spezialöl. Die Toleranzen entsprechen den im C.-Prozeß erreichbaren. *Doliwa*

Literatur: *Pölzguter, F.:* Die Bedeutung des Formmaskenverfahrens nach Croning in der modernen Gießerei. Giesserei (1956) S. 270/80. – Die Praxis des Maskenformverfahrens. Düsseldorf 1971. Taschenb. Gießereipraxis. Berlin 1972. S. 278/300.

Crossflow-Mikrofiltration. →Querstromfiltration, charakterisiert durch eine zu trennende Partikelgröße im Bereich von 0,1–10 μm. Als Filtermittel verwendet man Membranen, die rein nach dem Prinzip der Siebfiltration trennen. Diese werden in Form von Flachmembranen in Kassetten, Membranschläuchen in Bündeln und spiralgewickelten Moduln ausgeführt. Die C.-M. findet Verwendung u. a. bei der →Biomasserückführung und →Biomasserückhaltung. *Liefke*

Cuprophan. Zu Beginn der Dialyseära waren keine brauchbaren Membranen vorhanden. In ersten Versuchen wurden tierische Membranen wie Peritoneum, Fischblasen und pflanzliche Membranen wie Papier, Schilf und Kollodium (Celluidin, Schießbaumwolle) verwendet. 1937 wurde von *Thalheimer* das Cellophan (regenerierte Baumwollcellulose) in Schlauchform als Dialysemembran eingeführt und noch bis Mitte der 60er Jahre verwendet. Ab 1960 kamen dann verbesserte Cellulosemembranen zum Einsatz, die mit dem Kupferoxidammoniakverfahren hergestellt und Cuprophan[R] genannt wurden.

Im Kupferoxidammoniakverfahren wird die Löslichkeit des Kupfer-Ammoniak-Komplexes der Cellulose in Lauge ausgenutzt. Die Regenerierung der Cellulose erfolgt mit Säure. Ausgangsmaterial ist natürliche Cellulose von Baumwoll-Linters.

Diese Membran hat bei der künstlichen Niere Geschichte gemacht, da sie bis heute noch in fast allen Dialysatoren für die klassische →Hämodialyse verwendet wird. (Bei ca. 85 % des Weltmarkts an künstlichen Nieren wird C. eingesetzt)

C. ist zunächst als Schlauchfolie für Spulendialysatoren und dann als Flachfolie für Plattendialysatoren verwendet worden. Erst 1974 gelang es, auch Hohlfasern aus C. für Kapillardialysatoren herzustellen.

Es werden Flach-, Schlauch- und Hohlfasermembranen mit Dicken von 5–20 μm hergestellt. Die Membranstruktur ist bei allen Bauformen symmetrisch. Die Hohlfaser-Außendurchmesser reichen von 150–300 μm. *Stroh*

Literatur: *Nederlof, B., et al.:* Entwicklung von Membranen für die Dialyse. Biomed. Techn. 29 (1984) Nr. 6, S. 131/41.

D

Damköhler-Zahl. Dimensionslose Kennzahl, nach dem Physikochemiker *G. Damköhler* (geb. 1906) benannt. Sie dient zum Kennzeichnen der Makrokinetik chemischer Reaktionen.

Es gibt vier verschiedene D.-Z. (Da), die als das Verhältnis von Stoffmengen (in Molen) bzw. von Wärmemengen definiert sind. Im einzelnen sind dies:

□ die Da erster Art (Da_I): das Verhältnis von chemisch umgesetzter Stoffmenge zu der durch Strömung nachgelieferten Stoffmenge,

□ die Da zweiter Art (Da_{II}): das Verhältnis von chemisch umgesetzter Stoffmenge zu der durch Diffusion nachgelieferten Stoffmenge,

□ die Da dritter Art (Da_{III}): das Verhältnis von chemischer Wärmeentwicklung zur Wärmeabführung durch Strömung,

□ die Da vierter Art (Da_{IV}): das Verhältnis von chemischer Wärmeentwicklung zur Wärmeabführung durch Wärmeleitung. *Onken*

Dampfgeschwindigkeit in Kolonnen. In Kolonnen, die für thermische Trennverfahren verwendet werden (z. B. Destillations-, Absorptionskolonnen), darf die Geschwindigkeit des aufsteigenden Gases einen bestimmten zulässigen Bereich nicht unter- oder überschreiten. Bei zu kleinen Gasgeschwindigkeiten sinkt in Packungskolonnen die benetzte Oberfläche, bei Bodenkolonnen ist die Gasverteilung nicht mehr gleichmäßig. Bei einer zu hohen Gasgeschwindigkeit flutet die Kolonne (→Flutgrenze, →Flüssigkeitsbelastung). Die Größe des zulässigen Geschwindigkeitsbereiches ist u. a. von den Kolonneneinbauten (Bodenart, Packungsart) und von den physikalischen Eigenschaften des Gases und der Flüssigkeit abhängig.

Beispiel: Bei der Trennung eines Ethanol-Wasser-Gemisches in einer Glockenbodenkolonne (Bodendurchmesser 750 mm, Glockendurchmesser 50 mm, Bodenabstand 500 mm) werden bei Dampfgeschwindigkeiten von 0,4–1,7 m/s bei atmosphärischem Druck bzw. von 0,2–3,2 m/s bei einem Druck von 133 hPa (Vakuumdestillation) die größten Verstärkungsverhältnisse erreicht. *Dohrn*

Literatur: *Kirschbaum, E.:* Destillier- und Rektifiziertechnik. 4. Aufl. Berlin, Heidelberg, New York 1969.

Dampfsterilisation. Unter Sterilisation versteht man die hygienische Beseitigung aller kontaminierender Mikroorganismen (einschl. Sporen) mit phy-

sikalischen Verfahren. Bei der D. wird ein geeigneter Dampftopf oder Autoklav benutzt, in dessen Sterilisationskammer mittels spezieller Ventilanordnung die schwerere Luft durch den gesättigten Dampf verdrängt wird, der so auf das Sterilisationsgut (Instrumente, Spritzen, Verbandstoffe, thermostabile Lösungen, Nährmedien) einwirken kann. Als für die Abtötung von Keimen und Sporen notwendige Sterilisationszeit gilt bei gespanntem Wasserdampf (120 °C) etwa 15–20 min bei Heißluft (120 °C) für Keime, 20–30 min bzw. bei 160 °C ca. 8 min, für Sporen bei 120 °C 120 min bzw. bei 160 °C 30–90 min. Die ordnungsgemäße Durchführung der Sterilisation ist durch entsprechende Indikatoren bei jedem Sterilisationsvorgang zu prüfen. *H. Schneider*

Dampfstrahlen →Reinigen (Produktion)

Darre. Eine D. ist eine Vorrichtung zum Trocknen oder Rösten von tierischen oder pflanzlichen Produkten. Das zu trocknende Gut liegt in Schichtdicken von 150–200 mm auf horizontalen Rosten mit Seitenwänden, die von unten mit heißer Luft (Geschwindigkeit: 0,2–1 m/s) durchströmt werden. D. sind somit →Konvektionstrockner (→Trockner).

Die spezifische Verdunstungsleistung beträgt 5–22 kg Wasser pro Quadratmeter und Stunde, wobei der spezifische Wärmebedarf zwischen 5000 und 6000 kJ/kg Wasser liegt. *Dohrn*

Dauerform. Im Gegensatz zur „verlorenen Form", die durch einmaligen Guß zerstört wird, erlaubt die D. das Abgießen einer größeren Anzahl von gleichen Gußteilen.

Sofern D. aus metallischen Werkstoffen bestehen, werden sie üblicherweise als Kokillen bezeichnet. Gebräuchlicher Werkstoff ist →Gußeisen mit Lamellengraphit bestimmter Zusammensetzung, die durch Ausbildung eines möglichst umwandlungsfreien Gefüges hohe Formstabilität und Thermoschockfestigkeit gewährleistet.

Für die Erzeugung von →Druckguß aus Metallen oder Spritzguß aus Kunststoffen verwendet man D. aus legierten Stählen, die eine hohe Temperaturbeständigkeit, gute Polierfähigkeit und in manchen Fällen auch eine ausreichende Korrosionsbeständigkeit aufweisen müssen.

Der Einsatz von Kupferkokillen ist seltener und auf ganz spezielle Anwendungsfälle beschränkt. Größere Bedeutung haben dagegen D. aus Graphit erlangt, und zwar sowohl beim Kokillen- und Schleudergießen wie auch in der Sintertechnik.

In der keramischen Industrie finden als D. u. a. seit langem Brennschalen aus Siliciumcarbid Verwendung, weil das SiC infolge seiner hohen Temperaturbeständigkeit lange Einsatzzeiten im Hochtemperaturbereich aushält. Erst wenn der Kohlenstoff durch die oxidierende Atmosphäre in den Brennöfen weitgehend verbraucht ist, müssen die dann totgebrannten Brennschalen aus der Fertigung genommen werden.

Wo die Formen beim Einfüllvorgang nicht besonders druckbeansprucht, dafür aber später thermisch hoch belastet werden (Sinter- oder Brennvorgang), haben sich keramische Formen auf der Basis von Tonerde- oder Zirconiumoxidmischungen für Mehrfacheinsatz bestens bewährt. *Doliwa*

Dauermagnet-Stahl. Durch Gießen oder Sintern hergestellte Eisenwerkstoffe, die zu den Dauermagnet-Werkstoffen gehören und die nach einer zweckentsprechenden →Wärmebehandlung als Dauermagnete verwendet werden. *W. Dahl/Bolbrinker*

Dauermagnet-Werkstoffe. Es können drei Gruppen von D.-W. unterschieden werden:
□ *Metallische Dauermagnete:* Hierzu gehören die Werkstoffe FeCrCo und die Gruppe der AlNiCo-Magnete, die sich durch hohe Temperaturstabilität auszeichnen. Die magnetischen Eigenschaften lassen sich in einem weiten Rahmen durch die chemische Zusammensetzung der Legierungen variieren. Durch spinodale Entmischung werden in diesen Legierungen Ausscheidungen erzeugt, die für die Formanisotropie verantwortlich sind.

Weiterhin gehören in diese Gruppe die Seltenerd-Übergangsmetall-Magnete. Letztere stellen die stärksten bislang bekannten Magnete dar. Die Magnete basieren auf den intermetallischen Verbindungen $SmCO_5$, Sm_2TM_{17} (TM: Zr, Fe, Co, Cu) und $SE_2Fe_{14}B$ (SE: Pr, Nd, Dy).

Die Magnete vom $SmCo_5$-Typ zeichnen sich durch sehr hohe Koerzitivfeldstärken aus, die Magnete vom Sm_2Co_{17}-Typ, bedingt durch den Ausscheidungsmechanismus (PINNING), durch extrem kleine Temperaturkoeffizienten. $SE_2Fe_{14}B$-Magnete haben das höchste bislang erreichte maximale Energieprodukt. Diese Magnete weisen im Gegensatz zu den AlNiCo- und FeCrCo-Magneten Kristallanisotropie auf.
□ *Keramische Magnete:* Diese Gruppe basiert im wesentlichen auf den ebenfalls kristallanisotropen ferrimagnetischen hexagonalen Ferriten ($BaO \cdot 6Fe_2O_3$ und $SrO \cdot 6Fe_2O_3$). Durch den relativ geringen Preis dieser Magnete wird diese Gruppe besonders für Massenanwendungen (Motoren, Lautsprecher usw.) verwendet.

□ *Kunststoffgebundene Magnete:* Sie werden fast von allen Werkstoffen gefertigt. Sie eignen sich besonders für die Herstellung schwieriger Formen, lassen sich gut mechanisch bearbeiten und sind je nach Kunststoffgehalt flexibel oder mechanisch stabil.

Hergestellt werden kunststoffgebundene Magnete in völliger Analogie zu den anderen Gruppen sowohl in isotroper als auch in anisotroper Qualität. Das Einsatzgebiet von kunststoffgebundenen Magneten nimmt ständig zu.

Der Zusammenschluß von Dauermagneten mit weichmagnetischen Werkstoffen ergibt den magnetischen Kreis. *Kußmaul*

Dauerschlagversuch. Prüfung von Proben oder Bauteilen unter Dauerschlagbeanspruchung (Vielschlagbeanspruchung) mit konstanter Schlagstärke. D. werden als Dauerschlagzug-, -druck-, -verdreh- und -biegeversuche oder bei kombinierten Schlagbeanspruchungen ausgeführt. Am häufigsten werden Dauerschlagbiegeversuche durchgeführt.

Ermittelt werden:
□ Dauerschlagarbeit oder Grenzschlagarbeit als größte Schlagstärke, die von der Probe ohne Bruch und ohne bleibende Formänderung unendlich oft ertragen wird;
□ Dauerschlagfestigkeit als entweder auf den Probenquerschnitt bezogene Dauerschlagarbeit oder als entsprechende, unmittelbare Spannung der Probe;
□ Bruchschlagzahl, die von der mit einer bestimmten Schlagstärke beanspruchten Probe bis Brucheintritt ertragen wird.

Die Ermittlung der Dauerschlagarbeit bzw. der Dauerschlagfestigkeit erfolgt wie beim →Dauerschwingversuch empirisch, im Einstufen-D. nach dem Wöhler-Verfahren (Dauerschwingversuch). Das Wöhler-Schaubild des D. stellt zusammengehörige Wertepaare von Schlagstärke und Bruchschlagzahl graphisch dar. Die Wöhler-Linie des D. verläuft für Schlagzahlen oberhalb der Grenzschlagzahl bei gleichbleibender Schlagstärke (Grenzschlagarbeit). Die Grenzschlagzahl kann für Stähle mit etwa 1–2 Mill. angenommen werden.

Beim Dauerschlagbiegeversuch liegt eine zylindrische, mit einer Umlaufkerbe versehene Probe im Dauerschlagwerk zwischen zwei Auflagern und wird mittig vom Schlagbär getroffen. Die Schlagstärke des Einzelschlags wird aus dem Bärgewicht, der Hubhöhe und der Schlagfrequenz ermittelt. Die Probe kann während der Versuchsdauer vom Schlagbär immer an derselben Stelle getroffen oder aber auch zwischen zwei aufeinanderfolgenden Schlägen um ihre Längsachse um einen bestimmten Winkel verdreht werden. D. werden wegen der geringen Schlagfrequenz der Dauerschlagwerke meist als Vergleichs-Einzelversuche (Dauerschwingversuch) im Zeitfestigkeitsbereich durchgeführt, wobei die für eine bestimmte Schlagstärke erhaltenen Bruchschlagzahlen verschiedener Werkstoffe miteinander verglichen werden.

Die Ergebnisse sind von Einflüssen der Versuchsbedingungen und des Werkstoffes abhängig:

□ bei gleicher Schlagstärke (Arbeitsinhalt) vom Bärgewicht und der Fallhöhe. Große Bärgewichte und kleine Fallhöhen ergeben höhere Beanspruchungen;

□ vom Verdrehwinkel der Probe zwischen zwei aufeinanderfolgenden Schlägen. Die Dauerschlagarbeit ergibt sich am kleinsten im Wechselschlagversuch, bei dem die Probe jeweils um 180° verdreht wird;

□ von der Kerbform und Stützweite der Probe;

□ von Elastizitätsmodul und Werkstoffdämpfung des Probenwerkstoffs;

□ von der Kerbschlagzähigkeit des Probenwerkstoffs beim D. im Zeitfestigkeitsbereich.

Vergleichende Biegeschwingungsversuche und D. mit gleichzeitiger Messung der Spannung in der schlagbeanspruchten Probe ergaben, daß die Dauerschlagbiegefestigkeit mit der Biegeschwingungsfestigkeit übereinstimmt. Infolge der klareren Beanspruchungsverhältnisse ist aber der Dauerschwingversuch dem D. vorzuziehen. D. werden daher zur Werkstoffprüfung heute nur noch selten durchgeführt. Auf Versuchsdurchführung, Auswertung und Versuchsbedingungen sind die beim Dauerschwingversuch angeführten Grundlagen sinngemäß zu übertragen. *Kußmaul*

Literatur: *Berg, S.*: Zur Frage der Beanspruchung beim Dauerschlagversuch. Mitt. dtsch. Mat. Prüf.-Anst. H. 12 (1932), S. 180/82. – *Herold, W.*: Die Wechselfestigkeit metallischer Werkstoffe. Wien 1934. – *Ludwik, P.*: Schwingungsfestigkeit. Z. österr. Ing. u. Arch. Ver. 81 (1929), S. 403. – *Mailänder, R.*: In: Handb. Werkstoffprüfung (Hrsg. *E. Siebel*). Bd. II. Berlin, Göttingen, Heidelberg 1955. – *Thum, A.*, u. *F. Debus*: Vorspannung u. Dauerhaltbarkeit von Schraubenverbindungen. Mitt. Mat. Prüf. Anst. Darmstadt (1936) Nr. 7.

Dauerschwingversuch. Im D. werden Probestäbe oder Bauteile einer Dauerschwingbeanspruchung unterworfen. Die Versuchsdurchführung richtet sich nach dem Versuchsziel. Nach DIN 50100 sind möglich:

□ Stufenversuche zur Ermittlung der Dauerschwingfestigkeit für eine bestimmte Beanspruchungsart.

– Einstufen-D. werden bei dem von *A. Wöhler* angegebenen Verfahren verwendet. Sechs bis zehn völlig gleichwertige Proben werden einer zweckmäßig gewählten Dauerschwingbelastung ausgesetzt, die während der Dauer der Prüfung nicht verändert wird. Die Prüfdauer einer Probe wird entweder durch ihren Bruch oder durch Erreichen der Grenzlastspielzahl abgeschlossen.

– Mehrstufen-D. Dabei wird eine Probe entweder mit stufenweise gesteigerter Belastung oder abwechselnd mit hohen und niedrigen Belastungen des Zeit- oder Dauerfestigkeitsbereiches geprüft.

Entspricht die Änderung der Probenbelastung den Betriebsbelastungsfolgen, liegt ein Betriebs-Schwingversuch vor (→Betriebsfestigkeit).

□ Serienprüfung zur Ausscheidung von fehlerhaften Stücken einer Fertigungsserie, wobei alle oder eine größere Anzahl von Stücken dieser Serie im D. geprüft werden. Die Probenbeanspruchung wird meist nach Erfahrung gewählt. Als Prüfdauer wird eine Lastspielzahl $N \geqq 2 \cdot 10^6$ festgelegt.

□ Einzelversuche dienen als Kontrollversuche der Feststellung, ob eine Probenart eine bestimmte Zeit- oder Dauerfestigkeit mindestens erreicht. Wegen der Streuungen sollen mindestens 3 gleichartige Kontrollversuche durchgeführt werden.

□ Schwachstellenprüfung soll an Bauteilen die bruchgefährdetste Stelle aufzeigen. Dazu wird die Konstruktion einem Dauerversuch mit Beanspruchungen im Gebiet der Zeitfestigkeit ausgesetzt und bis zum Auftreten des ersten Anrisses geprüft. Die Stelle des Dauerbruchbeginns kann von der Höhe der Überbeanspruchung abhängig sein, wenn an einer anderen Schwachstelle (z. B. Kerbe) dadurch örtlich plastische Verformungen, Werkstoffverfestigungen oder ein Abbau der Spannungsspitze aufgetreten sind.

Die Probestäbe für D. sind mit geringer Spandicke, die von Bearbeitungsstufe zu Bearbeitungsstufe kleiner werden soll, herzustellen, um unzulässige Erwärmungen, Kaltverformungen und Eigenspannungen in der Oberflächenzone zu vermeiden; dies gilt auch für den Schleifvorgang. Die Probestäbe besitzen verstärkte Einspannköpfe mit einem allmählichen Übergang zur Prüfschaftlänge durch eine Hohlkehle.

Die Probenbelastung wird bei Dauerprüfmaschinen mit der Kraftmeßeinrichtung gemessen und während der Versuchsdauer konstant gehalten. Sowohl die Messung wie auch die Regelung der Probenbelastung sind nur innerhalb gewisser Fehlergrenzen möglich, die bei ordnungsgemäßer Versuchsdurchführung bekannt sein sollen.

Von den D., bei denen die Probenbelastung konstant gehalten wird, unterscheiden sich grundsätzlich jene, bei denen die Formänderung der Probe während der Versuchsdauer konstant gehalten wird.

Bei D. mit konstant bleibender Probenbelastung wird nach Eintreten des ersten Anrisses abgesehen von der Kerbwirkung der nun kleinere Restquerschnitt höher beansprucht. Bis zum vollen Durchbruch der Probe werden nur verhältnismäßig wenige Lastspiele notwendig sein.

Wird hingegen die Formänderung der Probe konstant gehalten, dann wird nach dem Anreißen eine Belastungsabnahme eintreten, die eine Verkleinerung der Beanspruchung des Restquerschnitts zur Folge haben kann, so daß eine verhältnismäßig große Lastspielzahl zwischen Anriß und Bruch der Probe liegen kann.

Bei D. mit gleichzeitigem Korrosionsangriff oder bei hohen Prüftemperaturen gibt es keine Grenzlastspielzahl.

In manchen Fällen (z. B. bei Stahlbaukonstruktionsteilen) werden D. bis zu einer konventionellen Grenzlastspielzahl (z. B. $2 \cdot 10^6$ Lastspiele) nahe der wirklichen Grenzlastspielzahl geführt. Folgende Grenzlastspielzahlen sind üblich:

Werkstoff	Grenzlastspielzahl N_G
Stahl	$3 \cdot 10^6 - 10 \cdot 10^6$
Gußeisen	$3 \cdot 10^6 - 10 \cdot 10^6$
Kupfer	$10^9 - 10^{10}$
Messing	$10^7 - >10^{10}$
Bronze	$10^6 - 10^8$
Nickel und Nickellegierungen	$10^8 - 10^9$
Leichtmetalle	$3 \cdot 10^7 - 5 \cdot 10^8$
Holz	etwa $2 \cdot 10^4 - 3 \cdot 10^6$
Beton	nicht vorhanden. Dauerfestigkeit meist auf 1 Mill. Lastwechsel bezogen.

Die bei jedem D. ermittelten Wertepaare (Beanspruchungshöhe und zugehörige Bruch-Lastspielzahl) werden graphisch dargestellt als Wöhler-Kurve. Die Wöhler-Linie ist eine Ausgleichskurve, die durch die Versuchspunkte gelegt wird. Bei großer Probenzahl kann die Kurve durch Aufnahme von Linien gleicher Bruchhäufigkeit erweitert werden.

Die Anwendung statistischer Methoden ist erforderlich, wenn die Angabe einer mittleren Zeitschwing- oder Dauerschwingfestigkeit durch Aussagen über den zu erwartenden Streubereich ergänzt werden soll oder wenn Aussagen über eine gesicherte Lebensdauer bei gegebener Beanspruchung erforderlich sind oder wenn eine gesicherte untere Grenze für die Dauerfestigkeit angegeben werden soll.

Mit Hilfe der Wöhler-Kurve werden Dauerfestigkeits-Schaubilder aufgestellt.

Vergleichende Versuche im Vakuum und in der Luftatmosphäre ergeben bei metallischen Werkstoffen eine Beeinflussung der Dauerschwingfestigkeit durch den Sauerstoff und Feuchtigkeitsgehalt der Luft, wobei besonders bei Nichteisenwerkstoffen (z. B. Kupfer, Bronze, Blei) beträchtliche Unterschiede nachgewiesen wurden. Noch ausgeprägter ist der Abfall der Dauerschwingfestigkeit bei Einwirkung korrodierender Medien, wie z. B. Meerwasser. Auch die Temperatur der Probe während

des Versuches ist von Einfluß auf die Dauerschwingfestigkeit, weshalb D. durchgeführt werden, bei denen diese besonderen Versuchsbedingungen vorliegen. *Kußmaul*

Literatur: *Bühler, H., u. W. Schreiber*: Lösung einiger Aufgaben der Dauerschwingfestigkeit mit dem Treppenstufenverfahren. Archiv für das Eisenhüttenwesen 28 (1957) Nr. 3, S. 153/156. – DIN 50100: Dauerschwingversuch. Hrsg. Dt. Inst. für Normung. Ausg. Febr. 1978. – DDR-Standard TGL 19340/01: Dauerschwingfestigkeit. Allgemeine Forderungen. Berlin, Leipzig 1974. – *Haibach, E., u. C. Matschke*: Normierte Wöhlerlinien für ungekerbte und gekerbte Formelemente aus Baustahl. Stahl und Eisen 101 (1981) Nr. 3, S. 21/27. – Handb. Werkstoffprüfung (Hrsg. *E. Siebel*). Berlin, Göttingen, Heidelberg 1955. – *Hempel, M.*: Das Dauerschwingverhalten der Werkstoffe. In: VDI-Ber. Nr. 71B. Düsseldorf 1963. – *Herold, W.*: Wechselfestigkeit metallischer Werkstoffe. Wien 1934 – *Just, E.*: Beziehung zwischen der Dauerfestigkeit und den Kenngrößen des Zugversuchs. Z. für wirtschaftliche Fertigung 73 (1978) Nr. 2, S. 95/102. – *Kaesche, H.*: Die Korrosion der Metalle. Berlin, Heidelberg, New York 1979. – *Maennig, W. W.*: Bemerkungen zur Beurteilung des Dauerschwingfestigkeitsverhalten von Stahl und einige Untersuchungen zur Bestimmung des Dauerfestigkeitsbereiches. Materialprüfung 12 (1970) Nr. 4, S. 124/31. – *Ostermann, H.*: Kennzeichnung der Dauerfestigkeit durch Mittelwert und Streuung. In: Beispiele angewandter Forschung. Fraunhofer-Gesellschaft, München (1965), S. 33/40.

Dauerstrichbetrieb →Laserbetriebsart

Deckschicht →Eloxieren (Urformen), →Oxalat-Verfahren

Deep-Shaft-Reaktor. Reaktortyp mit rein pneumatischer Durchmischung der Flüssigkeit. Ähnlich dem →Airlift-Reaktor besteht der D.-S.-R. aus 2 vertikalen, konzentrischen Röhren oder aus einem durch ein Leitblech unterteilten Rohr (Bild). Zum Erzeugen des Flüssigkeitsumlaufs wird der Reaktor durch nach oben gerichtete Düsen im Aufstrombereich begast. Im stationären Betrieb wird Luft über

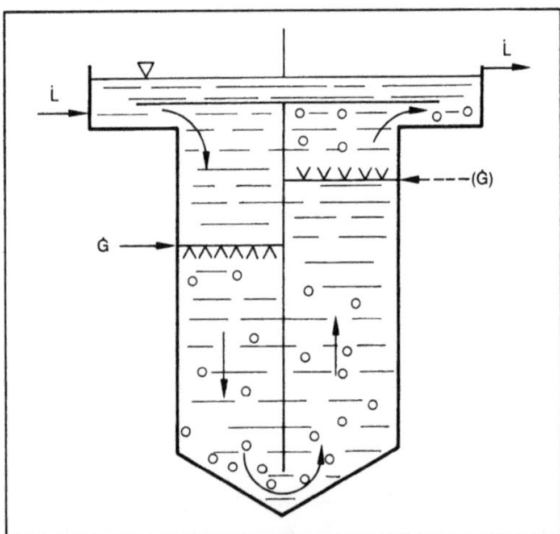

Deep-Shaft-Reaktor: Prinzipskizze.

nach unten gerichtete Düsen im oberen Drittel des Abstrombereiches eingebracht. Die erzeugte Umlaufgeschwindigkeit der Flüssigkeit ist so groß, daß die Gasblasen nicht gegen den Flüssigkeitsstrom aufsteigen können.

Der Vorteil des D.-S.-R. als →Bioreaktor ist die lange Verweilzeit der Gasphase und damit große Abreicherung des Sauerstoffs in der Begasungsluft, was zu einem verringerten Energiebedarf führt. Verwendung findet der D.-S.-R. in der aeroben →Abwasserreinigung. Nachteilig sind die durch die hohe Bauhöhe bedingten physikalischen und chemischen Gradienten bei Verfahren, die eine exakte Einhaltung von Prozeßbedingungen erfordern.   *Liefke*

Dehngrenze. Bei Belastung eines metallischen Körpers erfolgt im Anschluß an die elastische Verformung, die dem Hookeschen Gesetz folgt, plastische, irreversible Verformung. Bei Entlastung nimmt die Spannung parallel zur Hookeschen Gerade ab. Als D. wird die auf den Ausgangsquerschnitt bezogene Last bezeichnet, bei der nach Entlastung ein festgelegter Betrag an bleibender Dehnung erreicht wird, z. B. $R_{p0,2}$: D. bei 0,2 % Dehnung.   *W. Dahl*

Dehnung (Umformen). Als D. bezeichnet man den Grenzwert der Verlängerung eines Linienelements, bezogen auf seine Ausgangslänge, wenn die Ausgangslänge gegen null geht. Für kleine Verformungen gilt damit z. B. für die einachsige D. in x-Richtung:

$$\varepsilon_x = \frac{\partial u_x}{\partial x},$$

wobei u_x die Verschiebung des Punkts P in x-Richtung darstellt.

Entsprechendes gilt für die D. ε_y und ε_z (Bild 1). In der Festigkeitslehre (z. B. Zugversuch) wird bei einachsiger, gleichförmiger Beanspruchung häufig in Vereinfachung der obigen Beziehung die D. ε nach der Gleichung

$$\varepsilon = \frac{l_1 - l_0}{l_0} = \frac{\Delta l}{l_0}$$

berechnet. Dabei bezeichnen l_0 die Anfangs- und l_1 die Endlänge des Linienelements. Der Fehler, der hierbei gemacht wird, dadurch daß an Stelle der augenblicklichen Länge l die Ausgangslänge l_0 eingesetzt wird, ist für kleine D. gering, kann aber bei großen (z. B. plastischen) D. nicht mehr ohne weiteres vernachlässigt werden.

In der Umformtechnik wird Dehnen stets als bleibendes Dehnen (bleibende D.) behandelt. Bleibende D. ε_r tritt ein bei Beanspruchung durch ein- oder mehrachsige Zugspannungen (→Zugumformen) nach Überschreiten der Fließgrenze bzw.

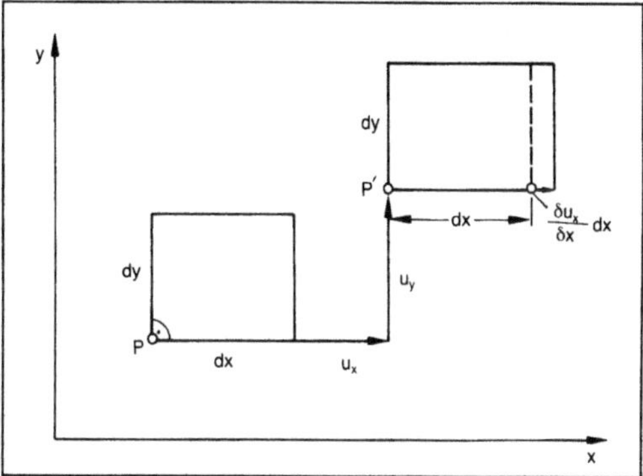

Dehnung (Umformen) 1: Verformung einer zur x, y-Ebene parallelen Fläche eines Werkstoffelements, einachsige Dehnung des Linienelements d_x in x-Richtung.

Proportionalitätsgrenze eines Werkstoffs (Bild 2). Als Maß für die Formänderung durch Dehnen eines Stabs z. B. im Zugversuch gilt die D. $\varepsilon = \Delta l/l_0$. Ausgezeichnete D.-Kenngrößen gem. DIN 50145 sind die Gleichmaß-D. A_g und die Bruch-D. A. Die D. im Augenblick des Eintretens des plastischen Zustands (D. bei Fließbeginn) wird meist mit ε_F bezeichnet. Da in der Umformtechnik bei großen plastischen Formänderungen der spannungslose Ausgangszustand einer Probe nach Überschreiten der Fließgrenze keine Bedeutung mehr hat, wird als Formänderungsmaß der momentane Zuwachs der Formänderung bezogen auf die augenblickliche Abmessung dl/l verwendet. Über die gesamte Formänderung integriert ergibt sich daraus der →Um-

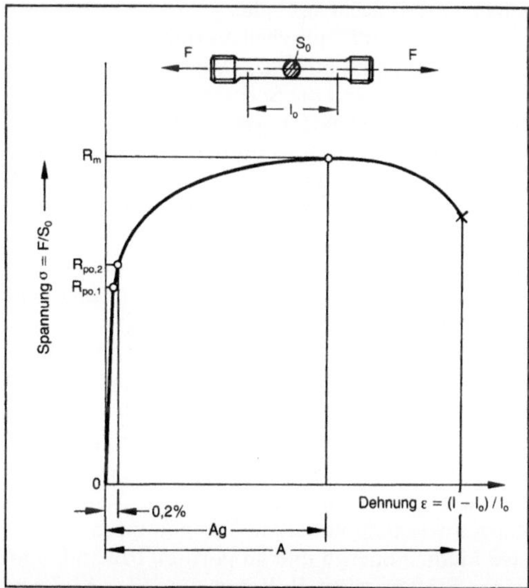

Dehnung (Umformen) 2: Schematisches Spannungs-Dehnungs-Schaubild eines Metalls ohne ausgeprägte Streckgrenze im Zugversuch.

formgrad $\varphi = \ln l_1/l_0$. Zwischen φ und ε besteht folgender Zusammenhang: $\varphi = \ln(1+\varepsilon)$.

D. sind somit ein Teil der Formänderung ($\rightarrow$ Formänderungszustand). *Lange*

Dehnungsmeßtechnik. Die experimentelle Spannungsanalyse bedient sich der D. zur Ermittlung von Dehnungen in Bauteilen oder Modellen, aus denen wiederum die Beanspruchungen (Spannungen) abzuleiten sind. Die D. verfügt über eine Vielzahl von unterschiedlichen Methoden, die sich je nach Meßprinzip und Funktionsweise einteilen lassen in

□ mechanische,

□ fluidische,

□ hydraulische,

□ elektrische,

□ optische

Verfahren, wobei auch vielfältig Kopplungen der einzelnen Gruppen realisiert sind.

Mechanische und insbes. mechanisch-elektrische Verfahren spielen in der experimentellen Spannungsanalyse eine große Rolle. Bis etwa 1940 dominierten noch weitgehend Meßmethoden und -einrichtungen nach rein mechanischen Prinzipien, u. a. Setzdehnungsmessung mit allen damit zusammenhängenden Problemen der Meßwerterfassung und -verarbeitung, die heute nur noch vereinzelt, insbes. bei Langzeitmessungen zum Einsatz kommen. Mit der ersten praktischen Anwendung der Dehnungsmeßstreifen (DMS) im Jahre 1938 und ihrer raschen Weiterentwicklung verloren die mechanischen Verfahren stark an Bedeutung, obwohl gerade sie die Grundprinzipien der Dehnungsmessung am anschaulichsten nachempfinden.

Die wichtigsten optischen Verfahren der D. sind die $\rightarrow$ Spannungsoptik, das Moiré-Verfahren, die $\rightarrow$ Holographie und die Speckle-Technik. In gewissem Sinne kann auch das $\rightarrow$ Reißlack-Verfahren den optischen Methoden zugeordnet werden. Die optischen Methoden, die zunächst überwiegend als Laborverfahren, teils unter Verwendung von Modellen zu betrachten waren, haben auf Grund neuerer Verfahrens- und gerätetechnischer Entwicklungen Eingang in die $\rightarrow$ Bauteilprüfung auch „vor Ort" gefunden.

Die wohl größte Bedeutung in der D. hat heute nach wie vor die DMS-Technik, nicht zuletzt auch wegen der heute vorhandenen Typen-Vielfalt, der Möglichkeit der elektrischen Fernübertragung, der Rechnerverarbeitung und der Einsatzmöglichkeiten bei vielen extremen Umgebungs- und Randbedingungen wie tiefe und hohe Temperaturen, aggressive Medien oder in und an porösen bzw. inhomogenen Stoffen, wie z. B. Beton. *Kußmaul*

Dehydrierung (technische Chemie). Eine D. ist eine Eliminierungsreaktion, bei der Wasserstoff aus chemischen Verbindungen abgespalten wird. Die D. wird meist bei höheren Temperaturen (250–700 °C) in Anwesenheit eines Katalysators ($\rightarrow$ Katalyse) durchgeführt. Als Katalysatoren werden Edelmetalle (z. B. Platin) oder Oxide von Übergangsmetallen (z. B. Eisen, Chrom) verwendet ($\rightarrow$ Hydrierung).

Ein Beispiel für einen technisch durchgeführten D.-Prozeß ist das Reformieren (Reforming) von Erdölfraktionen zur Erhöhung der Oktanzahl. Beim Reforming werden Alkane zu Naphthenen zyklisiert und diese zu Aromaten dehydriert. Das Bild zeigt den Reaktionsschritt bei der D. von Methylcyclohexan (Research-Oktanzahl ROZ = 75) zu Toluol (ROZ = 115).

CH₃ — 3H₂ → CH₃

Mehylcyclohexan Toluol

Dehydrierung (technische Chemie): Schematische Darstellung der Dehydrierung von Methylcyclohexan zu Toluol.

Weitere Beispiele für D.-Prozesse sind die Alkan-D. zu Alkenen (Olefinen), z. B. Ethan zu Ethen (Ethylen), die D. von Ethanol zu Acetaldehyd (bei 270–300 °C an cobalt- oder chromaktivierten Kupferkatalysatoren), von Isopropanol zu Aceton oder von Ethylbenzol zu Styrol.

Bei der oxidativen D. wird Luft zugesetzt und der abgespaltene Wasserstoff in Form von Wasser gebunden. Ein technisches Beispiel ist die oxidative D. von Ethanoldampf mit Luft zu Acetaldehyd. Die Reaktion findet bei 450–500 °C und 3 bar Druck an Silbernetz- oder Elektrolyt-Silberkontakten statt. Bei 30–50 %igem Umsatz werden Selektivitäten von 85–90 % erzielt, wobei als Nebenprodukte Essigsäure, Ethylacetat, Ameisensäure, Kohlenmonoxid und Kohlendioxid entstehen. *Dohrn*

Literatur: *Keim, W., A. Behr* u. *G. Schmitt:* Grundlagen der industriellen Chemie. Frankfurt a. M. 1986.

Dekanter. D. sind Vollmantelzentrifugen mit Schneckenaustrag ($\rightarrow$ Zentrifuge). Sie sind für höhere Feststoffkonzentrationen und Durchsätze geeignet. Beim Gegenstrom-D. (Bild) tritt die Suspension durch eine Hohlwelle ein. Die Feststoffteilchen sedimentieren im Zentrifugalfeld der rotierenden D.-Trommel. Die sedimentierten Teilchen werden von einer mit einer anderen Drehzahl rotierenden Schnecke ausgetragen. D. setzt man zum Waschen und Entschlämmen von Kohle, in der Nahrungsmittelindustrie und in Kläranlagen ein. *Dahl*

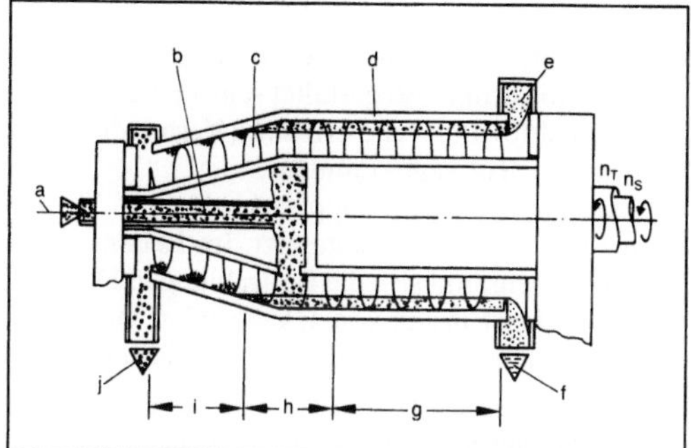

Dekanter: Ausführung in Gegenstrombauweise.

a Suspensionszulauf, b Einlaufrohr, c Schneckenkörper, d Trommel, e Überlaufwehr, f Klarwasserablauf, g Klärzone, h Einlaufzone, i Trockenzone, j Feststoffaustrag

Dekantieren. Verfahren zur Sedimentation, Klärung, Klassierung oder Trennung nichtmischbarer Flüssigkeitsgemische ($\rightarrow$Koaleszenz, $\rightarrow$Extrahieren).

Die Fest-Flüssig-Trennung kann in Dekantierzentrifugen ($\rightarrow$Zentrifuge) durchgeführt werden. Dabei handelt es sich um Vollmantelzentrifugen, bei denen der Sedimentaustrag durch eine Schnecke erfolgt. Bei Drehzahlen von 800–8000 min^{-1} erreicht man Schleuderziffern von 400–5000. Unter der Einwirkung der Zentrifugalkraft werden die Feststoffteilchen gegen die Mantelfläche gedrückt und von der Schnecke ausgetragen.

Bei der Flüssig-Flüssig-Trennung dekantiert man in großen Behältern, in denen sich die Flüssigkeitsdispersionen absetzen und koaleszieren können. Die Phasen werden kontinuierlich entnommen.

Anwendungsgebiete des D. sind die Aufbereitung von Kunststoffen, Mineralien, Zellstoff, Nahrungsmitteln, Abwässerschlämmen, organischen Produkten und Schwerchemikalien. *Dohrn*

Dephlegmation. Eine D. ist eine $\rightarrow$Partialkondensation der Dämpfe, die eine Destillationskolonne verlassen. Sie stellt eine zusätzliche Gleichgewichtsstufe am Kolonnenkopf dar.

Die Destillatdämpfe werden in dem Rückflußkühler (sog. Dephlegmator) nur soweit gekühlt, daß sich die Menge der Rückflußmenge in ihm bilden kann. Diese wird der Kolonne direkt zugeführt. Die Restdampfmenge kondensiert in einem weiteren Wärmeübertrager (Bild). Der Dephlegmator nimmt dem Dampf durch die Teilkondensation der schwererflüchtigen Bestandteile das „Phlegma". Deshalb hat der den Rückflußkühler verlassende Dampf einen höheren Gehalt an leichtflüchtigen Komponenten als die die Kolonne verlassende Gesamtdampfmenge. *Dohrn*

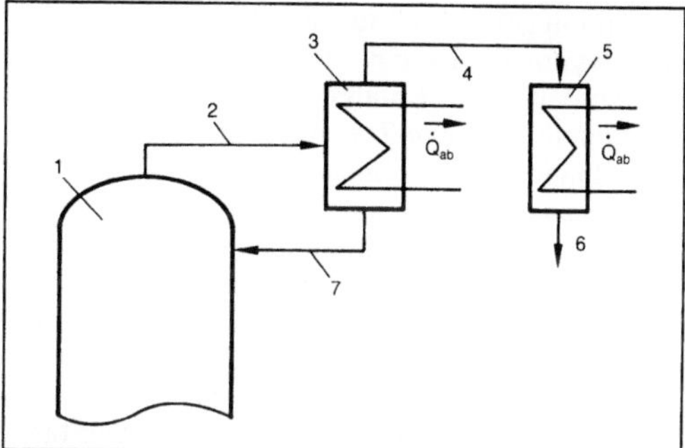

Dephlegmation: Rückflußschaltung mit einem Dephlegmator.

1 Destillationskolonne, 2 Gesamtdampf, 3 Dephlegmator, 4 Restdampf, 5 Kondensatorkühler, 6 Destillat, 7 Rückfluß

Desaktivierung von Katalysatoren. Bei heterogen katalysierten Reaktionen ($\rightarrow$Katalyse, heterogene) wird der zeitliche Aktivitätsverlust ($\rightarrow$Reaktion, katalytische) von Katalysatoren während des Betriebs von Reaktoren als Desaktivierung (Inaktivierung, Alterung) bezeichnet. Die wichtigsten Ursachen für die Katalysator-D. lassen sich in folgende vier Gruppen einteilen:

☐ Vergiftung der Katalysatoroberfläche durch Reaktion und/oder irreversible Adsorption von Fremdkomponenten (z. B. H_2S, COS, CO, As, Pb, Hg) an den katalytisch aktivierten Zentren, die dadurch für die erwünschte Reaktion blockiert sind (z. B. Adsorption von CO an Eisenkatalysatoren bei der Ammoniak-Synthese);

☐ Nebenreaktionen der Reaktanden, die zu Ablagerungen (Beläge, Rückstände, Belegung) auf der Katalysatoroberfläche führen und diese mechanisch blockieren. Es kann sich um feste, harzige oder ölige odukte handeln. Beispiel ist die Koksabscheidung (Verkokung) von Katalysatoren beim Kracken, Isomerisieren oder Cyclisieren von Kohlenwasserstoffen;

☐ morphologische Veränderungen des Katalysators, z. B. Phasenumwandlungen der Kristallstruktur, Sinterungsvorgänge (thermische Desaktivierung), Zerfall aktiver Komplexe sowie mechanische Verformungen und Abrieb des Katalysators. Ein Beispiel für diese Gruppe ist die durch Rekristallisation hervorgerufene Verkleinerung der aktiven Nickeloberfläche bei Ni/Al_2O_3-Trägerkatalysatoren für Hydrierreaktionen. Durch Zusatz von Promotoren (z. B. Alkali- oder Erdalkalimetalloxide) kann die Rekristallisation von Katalysatoren verhindert oder zurückgedrängt werden;

☐ Katalysatorverluste durch Austragen der katalytisch aktiven Substanzen, beispielsweise über die Dampfphase durch Bildung flüchtiger Verbindungen, wie z. B. Metallcarbonyle.

Ein integrales Maß für die Geschwindigkeit der Katalysator-D. ist die Standzeit (Betriebsdauer, Lebensdauer) des Katalysators, innerhalb der eine bestimmte →Raum-Zeit-Ausbeute erreicht wird. Die Standzeiten können mehrere Jahre (z. B. Ammoniaksynthese), aber auch in der Größenordnung von Minuten oder Sekunden (z. B. Krackprozesse) liegen. Nach Ablauf der Standzeit muß daher eine Erneuerung oder Regenerierung des Katalysators erfolgen. Dabei kann die Regenerierung außerhalb des Reaktors in speziellen Anlagen oder im Reaktor, z. B. durch Verbrennen der Rückstände auf dem Katalysator, stattfinden. Es ist auch möglich, z. B. beim katalytischen Kracken in Wanderbettreaktoren eine kontinuierliche Regenerierung über einen Katalysatorkreislauf zwischen der Reaktor- und einer Regenerationsstufe durchzuführen. (Bez. makrokinetische Modellierung der K. sowie Änderungen der Selektivität →Reaktion, katalytische.)

Die Desaktivierung hat auf die →Reaktionsführung bzw. Betriebsführung und auf die Ökonomie eines katalytischen Verfahrens einen wesentlichen Einfluß. *Schönbucher*

Desinfizieren. In lebensmittelverarbeitenden Betrieben ist das D. meist ein Teilprozeß eines gesamten Reinigungszyklus (→Reinigen (Lebensmitteltechnik)) oder dient zur Entkeimung von Verpackungsmaterialien (→Verpacken). D. bezweckt das Abtöten pathogener Keime und der Mikroorganismen, die in den Lebensmitteln, welche mit den zu desinfizierenden Teilen in Berührung kommen, wachsen können. Zur Desinfektion von festen Oberflächen (von kompletten Anlagen, Kesseln, Rohrleitungen, Wärmeübertragern, Ventilen usw.) werden im wesentlichen Halogenverbindungen (z. B. unterchlorige Säure, Jodophore), Tenside und Peroxi-Verbindungen verwendet. Erstere haben ein breites Wirkungsspektrum und töten sowohl vegetative Bakterien als auch Bakteriensporen ab, verursachen aber Korrosion (Lochfraß). Unter den Tensiden sind vor allem quarternäre Ammoniumverbindungen in einem weiten pH-Wert-Bereich wirksam. Diese sind nicht korrosiv, jedoch auch nicht sporozid. Peroxid-Verbindungen, insbes. Wasserstoffperoxid und Peressigsäure, die sporozid wirken, werden vielfach zum D. von Verpackungsmaterialien eingesetzt.

Die Auswahl der geeigneten Mittel richtet sich nach den verarbeiteten Produkten, der Mikroorganismenflora sowie den Apparatewerkstoffen. Auch die Oberflächenbeschaffenheit kann die Qualität der Desinfektion beeinflussen. Glatte Oberflächen (z. B. polierter Edelstahl) sind besser zu desinfizieren als rauhe Oberflächen mit Poren, in denen sich Mikroorganismen ansiedeln und in die die Desin-

fektionsmittel schlecht eindringen können. Anlagen, die im Umlaufverfahren desinfiziert werden, müssen konstruktiv so gestaltet sein, daß das Desinfektionsmittel alle Teile erreicht (Vermeidung von Luftsäcken, Totwasserräumen).

γ-Strahlen werden hauptsächlich zum D. von medizinischem Gerät eingesetzt. Im Lebensmittelbereich beschränkt sich die Bestrahlung in Deutschland auf den Einsatz von UV-Strahlen zur Keimzahlreduktion in der Luft. *Kerner/Loncin*

Literatur: *Loncin, M.:* Die Grundlagen der Verfahrenstechnik in der Lebensmittelindustrie. Aarau, Frankfurt 1969. – *Thor, W.,* u. *M. Loncin:* Reinigen, Desinfizieren und Nachspülen in der Lebensmittelindustrie. Chemie-Ing.-Techn. 50 (1978) Nr. 3.

Desorption. Desorbieren ist das Entfernen sowohl von durch eine vorangegangene →Absorption gelösten Gasen aus einer Waschflüssigkeit als auch von durch Oberflächenkräfte an einer kondensierten Phase angelagerten Stoffteilchen mit Hilfe physikalischer Methoden. Die D. ist somit die Umkehrung der Absorption und der →Adsorption. Die D. wird durch niedrige Drücke und hohe Temperaturen begünstigt. Drei Verfahrensarten für die Absorptionsmittelregenerierung werden oft einzeln oder kombiniert angewendet:

□ Entspannen der Absorptionslösung auf Normaldruck bei Absorptionstemperatur. Diese D.-Variante ist dann vorteilhaft, wenn bei höherem Betriebsdruck absorbiert wurde.

□ Temperaturerhöhung (Ausheizen der Lösung), oft gekoppelt mit einer →Rektifikation oder Entspannungsstufen. Die Siedetemperatur des Absorptionsmittels begrenzt die Temperaturerhöhung nach oben.

□ Austreiben in einem inerten Gasstrom (Strippen, eigentliche D.). Ein Inertgas führt man im →Gegenstrom zum beladenen →Absorptionsmittel. Die gelösten Bestandteile wandern aus der Flüssigphase in die Gasphase, wobei sein Partialdruck durch ständig zugeführtes Inertgas niedrig gehalten wird.

Zur Regenerierung des Adsorptionsmittels können folgende Verfahren angewendet werden:

□ →Temperaturwechselverfahren. Das beladene Adsorbens wird mit heißem Inertgas erwärmt.

□ →Druckwechselverfahren. Entspannen oder Evakuieren zur D. Das Druckwechselverfahren läuft schneller ab als eine D. durch Temperaturerhöhung.

□ Verdrängungs-D. Ein D.-Mittel verdrängt das Adsorbat. Es muß so gewählt werden, daß es sich leicht von dem Adsorbens abtrennen läßt.

□ Extraktion mit Lösungsmitteln. Das Adsorptiv (Beladungskomponente) wird von einem Lösungsmittel extrahiert. Dieses Verfahren wendet man nur an, wenn alle anderen Verfahren versagen.

Die Berechnung der D. entspricht der Absorptions- bzw. Adsorptionsberechnung mit umgekehrten Stofftransportrichtungen. *Dohrn*

Literatur: *Perry, R. E.,* u. *D. W. Green:* Perry's Chemical Engineers' Handb. 6. Aufl. New York 1984. – *Ruhl, E.:* Temperaturwechsel-, Druckwechsel- und Verdrängungsdesorptions-Verfahren. Chem. Ing.-Techn. 43 (1971), S. 870/76. – *Sattler, K.:* Thermische Trennverfahren. Weinheim 1988.

Destillat. Das D. ist die am oberen Ende (Kopf) einer Destillationskolonne (→Destillieren) entnommene leichterflüchtige Fraktion. Andere Bezeichnungen für D. sind Kopfprodukt, Erzeugnis und Geist. Im D. sind die leichtflüchtigen Komponenten angereichert, weil sich unterhalb des Kolonnenkopfes der Verstärkungsteil der Kolonne befindet. Lediglich bei reinen Abtriebskolonnen (→Abtriebsteil), wo der Zulauf am Kopf erfolgt, sind im D. größere Anteile an schwerflüchtigen Komponenten. *Dohrn*

Destillation, absatzweise. Die a. D. oder diskontinuierliche D. ist ein thermisches Trennverfahren, bei dem der →Zulauf der Ausgangsmischung nicht kontinuierlich, sondern absatzweise erfolgt (→Destillieren). Das Bild zeigt den schematischen Aufbau einer Apparatur zur a. D. Das zu trennende Gemisch wird in die sog. Destillationsblase gefüllt, wo es erwärmt und teilweise verdampft wird. In der

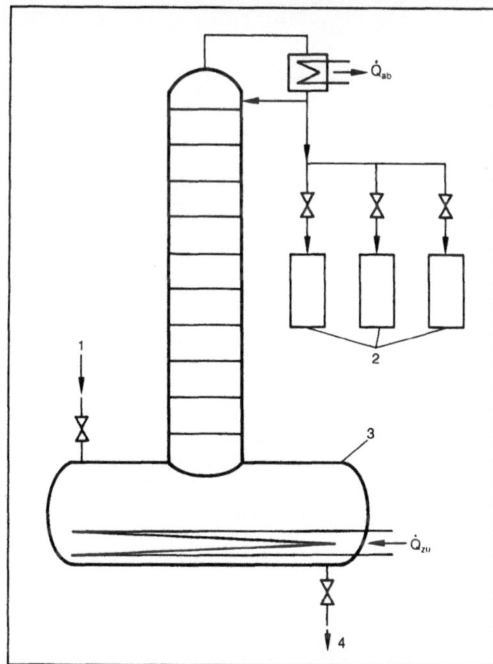

Destillation, absatzweise: Schematischer Aufbau einer Apparatur zur absatzweisen Destillation.

1 zu trennendes Gemisch, 2 Destillatbehälter, 3 Destillationsblase, 4 Sumpfprodukt (Destillationsrest)

oberhalb der Blase angebrachten Kolonne (→Bodenkolonne, →Packungskolonne) reichert man die aufsteigenden Dämpfe mit den leichtflüchtigen Komponenten an. Das →Destillat kann je nach Anforderungen an das Kopfprodukt in verschiedene Behälter geleitet werden.

Bei der a. D. sind verschiedene Betriebsweisen möglich:

☐ Das →Rückflußverhältnis wird während des D.-Vorgangs erhöht, damit die Zusammensetzung des Kopfprodukts konstant bleibt.

☐ Das Rückflußverhältnis wird konstant gehalten, und die Zusammensetzung des Kopfprodukts verändert sich.

Gegenüber einer kontinuierlichen D. hat die a. D. den Vorteil, daß ein Mehrstoffgemisch mit einer einzigen Kolonne in Fraktionen getrennt werden kann. Dies erfolgt durch Sammeln der mit einer bestimmten Komponente angereicherten Fraktion in verschiedenen Behältern. Die Reinheit dieser Produkte ist allerdings begrenzt. Ein weiterer Vorteil ist, daß verschiedene Produkte nacheinander aufgearbeitet werden können. Ein Nachteil der diskontinuierlichen D. ist der höhere Bedienungsaufwand und die komplizierte Regelung, weil sich während des Prozesses die Betriebsbedingungen ständig ändern. Außerdem ist die Reinheit der Produkte geringer als bei einer kontinuierlichen Betriebsweise. Die a. D. wird deshalb vor allem bei kleineren Mengen (<300 t/a) eingesetzt.

Die Berechnung kann graphisch mit dem McCabe-Thiele-Diagramm erfolgen. *Dohrn*

Literatur: *Kirschbaum, E.:* Destillier- und Rektifiziertechnik. 4. Aufl. Berlin, Heidelberg, New York 1969. – *Weiß, S.:* Thermische Verfahrenstechnik II. Leipzig 1975.

Destillation mit Reaktion. D.-Kolonnen können auch als chemische Reaktoren dienen. Dies hat den Vorteil, daß statt zwei Apparaten nur einer benötigt wird, was die Investitions- und Betriebskosten senkt. Wenn eines der Reaktionsprodukte die leichtflüchtige oder die schwerflüchtige Komponente ist, läßt sich diese durch →Destillieren kontinuierlich abtrennen, was zu einer Umsatzerhöhung führt. Da man eine D. bei erhöhten Temperaturen betreibt, können chemische Reaktionen beschleunigt werden. Es besteht aber auch die Gefahr, daß nicht erwünschte Nebenreaktionen in verstärktem Maße auftreten. Deshalb müssen Vor- und Nachteile für das spezielle Stoffsystem genau geprüft und gegeneinander abgewogen werden.

Eine D. m. R. kann in Packungs- oder in Bodenkolonnen durchgeführt werden, wobei letztere eine große flüssige Phase (→Holdup) haben. *Dohrn*

Literatur: *Davis, B., J. D. Jenkins* u. *S. Dilfanian:* Distillation with chemical reactions – the distillation of formaldehyde solutions in a sieve plate column. In: 3rd International Symposium on distillation. London, April 1979, Event No. 213

of the EFCE. – *Sawistowski, H.,* u. *P. A. Pilavakis:* Distillation with chemical reaction in a packed column. In: 3rd International Symposium on distillation. London, April 1979, Event No. 213 of the EFCE.

Destillieren. D. ist das teilweise →Verdampfen eines homogenen Flüssigkeitsgemisches mit anschließender Kondensation des mit einer oder mehreren Komponenten angereicherten Dampfes. Das D. ist eine der bedeutendsten verfahrenstechnischen Grundoperationen und das wichtigste Verfahren zum Trennen von Flüssigkeitsgemischen.

Beim D. wird das zu trennende Gemisch teilweise verdampft. Auf Grund der unterschiedlichen Siedepunkte und Dampfdrücke der Komponenten haben der aufsteigende Dampf und die zurückbleibende Flüssigkeit unterschiedliche Zusammensetzungen. Die leichterflüchtigen Komponenten reichern sich im entstehenden Dampf an, die weniger flüchtigen Bestandteile verbleiben im flüssigen Rückstand (→Sieden von Gemischen).

Bild 1 zeigt den schematischen Aufbau einer einfachen Destillierapparatur. Der in der beheizten Destillierblase (→Blase) erzeugte Dampf wird im Kondensator verflüssigt. Der kondensierte Dampf (→Destillat) kann in verschiedene Vorlagen geleitet werden.

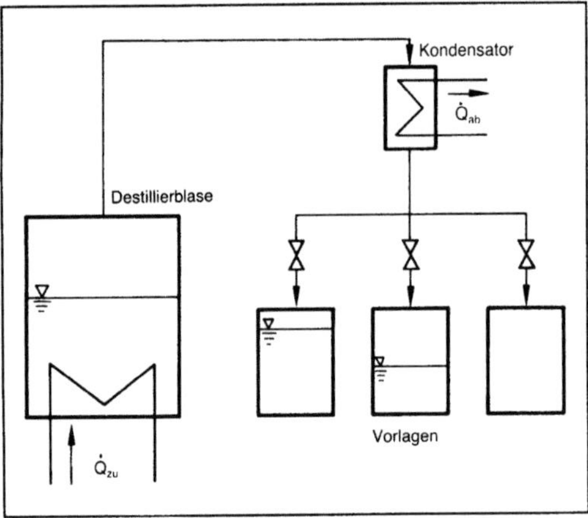

Destillieren 1: Schematischer Aufbau einer einfachen Destillierapparatur.

Beim D. verdampfen mindestens zwei Komponenten. Im Gegensatz dazu besteht die Gasphase bei einem Verdampfungsprozeß nur aus einer Komponente (z. B. Wasser).

Die Trennwirkung des D. wird größtenteils durch die Unterschiede in den Siedepunkten der Ausgangskomponenten bestimmt. Wo diese weit auseinanderliegen, ist die Trennung relativ einfach, und es ist kein wiederholtes D. notwendig. Der →Trennfaktor α ist ein Maß für die Schwierigkeit der Trennung zweier Komponenten. Bei sich ideal verhaltenden Systemen ist der Trennfaktor gleich

dem Verhältnis der Dampfdrücke der zu trennenden Komponenten. Gemische aus Komponenten mit Trennfaktoren $\alpha > 1{,}05$ (bzw. $< 0{,}95$) können i. a. ohne weitere Hilfsmittel destillativ getrennt werden.

In Bild 2 ist das Phasenverhalten eines binären Systems dargestellt. Bei der Temperatur T_1 zerfällt die Mischung in zwei Phasen, sofern die Gesamtzusammensetzung der Mischung zwischen x_1 und y_1 liegt. Die Zusammensetzungen der Phasen ergeben sich aus den Schnittpunkten der Siede- und der →Taulinie mit der waagerecht durch T_1 gezogenen Linie. Man erkennt, daß eine siedende Flüssigkeit mit einem Molanteil von $x_1 = 0{,}32$ mit dem Dampf mit einem Molanteil von $y_1 = 0{,}63$ im Gleichgewicht steht. Trägt man die auf diese Weise gewonnenen Gleichgewichtskonzentrationen gegeneinander auf, so erhält man das McCabe-Thiele-Diagramm des Systems, das für die →Stufenkonstruktion zur Bestimmung der theoretischen Bodenzahl von Kolonnen verwendet werden kann (→Füllkörperkolonne).

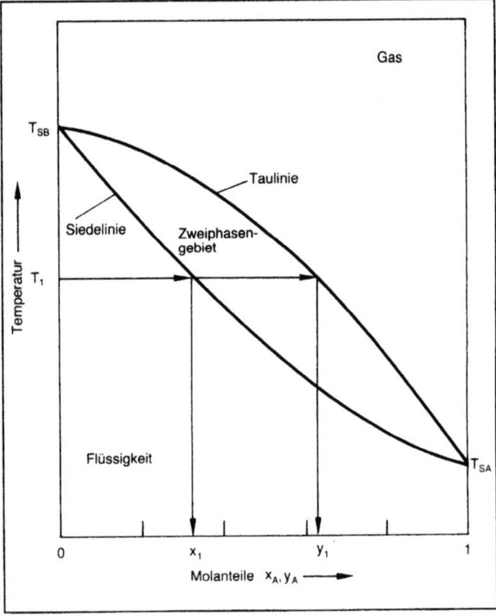

Destillieren 2: Temperatur-Zusammensetzungs(T,x)-Diagramm eines Systems aus den Komponenten A und B bei konstantem Druck.

Das Trennverfahren der Destillation kann absatzweise (→Destillation, absatzweise) oder kontinuierlich durchgeführt werden. Bei der überwiegenden Anzahl der industriellen Destillationen wird ein Teil des Destillats kontinuierlich der Kolonne wieder zugeführt. Das zurückgeführte Kondensat (der →Rückfluß) wird im →Gegenstrom mit den aufsteigenden Dämpfen in Kontakt gebracht. Auf den Böden der Kolonne oder in den Abschnitten von

Packungskolonnen findet jeweils eine teilweise Verdampfung der zurückfließenden Flüssigkeit und eine teilweise Kondensation der aufsteigenden Dämpfe statt. Diese Verfahrensweise ist als →Rektifikation, Gegenstrom-Destillation oder fraktionierte Destillation bekannt. Man erzielt auf diese Weise den gleichen Effekt wie bei vielen hintereinandergeschalteten einfachen Destillationen, d. h. man kann reine Komponenten gewinnen. Mit steigender Bodenzahl bzw. steigender Packungshöhe und zunehmendem Rückfluß verbessert sich die Trennwirkung der Kolonne (→Boden-Boden-Rechnung).

Bei den meisten Destillationskolonnen wird das zu trennende Gemisch etwa in der Mitte der Kolonne zugeführt. Der Teil der Kolonne, der oberhalb des Zulaufpunktes liegt, wird als →Verstärkungsteil, derjenige, der darunter liegt, als →Abtriebsteil bezeichnet. Bild 3 zeigt den schematischen Aufbau einer typischen Rektifizierkolonne.

Wird der →Zulauf am Kopf der Kolonne aufgegeben, wird gewöhnlich die gesamte Kolonne als Abtriebssäule oder als →Stripper bezeichnet. In der stoffumwandelnden Industrie setzt man die Rektifikation vor allem zur Trennung von Gemischen aus organischen Stoffen in ihre Komponenten ein. Erdöl besteht aus einer Vielzahl von chemischen Substanzen, deren Siedepunkte oft sehr dicht beieinander liegen. Deshalb ist eine Auftrennung in reine Komponenten nicht möglich. Man begnügt sich bei der Erdöldestillation mit der Aufteilung in mehrere Fraktionen. Als Kopfprodukt werden Gase und Benzin gewonnen. In verschiedenen Höhen der Kolonne entnimmt man Seitenströme, die als Produkte Kerosin, leichtes und schweres Gasöl enthalten. Das →Sumpfprodukt, der sog. atmosphärische Rückstand, wird in einer Vakuumdestillationsanlage bei einem Druck von ca. 50 hPa noch einmal destilliert.

Bei dem trockenen D. handelt es sich nicht um ein thermisches Trennverfahren, sondern um die pyrolytische Umwandlung von festen organischen Substanzen, z. B. Holz, Kohle (→Azeotropdestillation, →Wasserdampfdestillation). *Dohrn*

Literatur: *Kirschbaum, E.:* Destillier- und Rektifiziertechnik. Heidelberg, Berlin, New York 1969. – *Perry, R. E.,* u. *D. W. Green:* Perry's Chemical Engineers' Handb. 6. Aufl. New York 1984.

Desublimieren. D. (Solidisieren) nennt man den unmittelbaren Übergang eines Stoffs von der

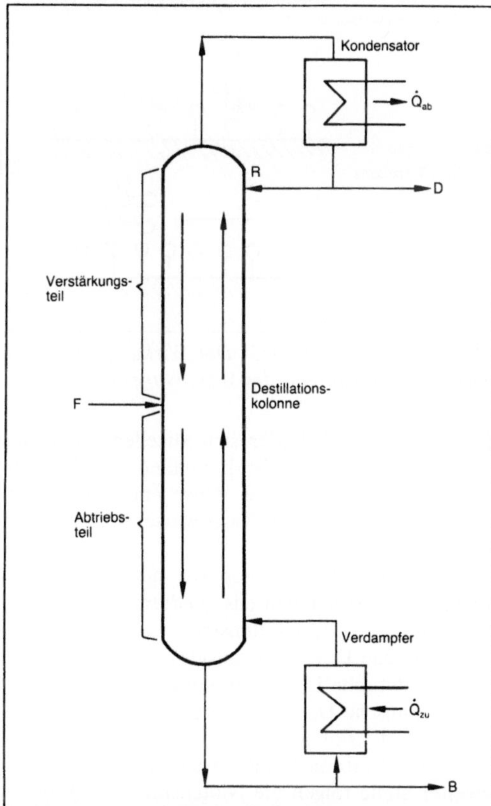

Destillieren 3: Schematischer Aufbau einer Destillationskolonne (Rektifizierkolonne).

F Zulauf (Feed), R Rücklauf, D Destillat, B Sumpfprodukt, $\dot{Q}_{zu}$ zugeführte Wärme, $\dot{Q}_{ab}$ abgeführte Wärme

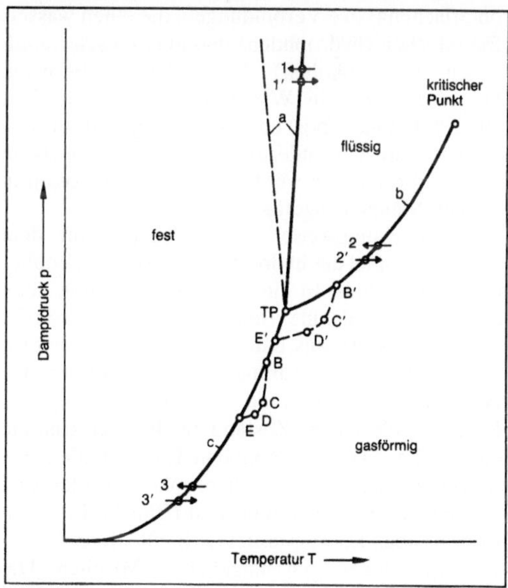

Desublimieren: p,T-Diagramm eines sublimierenden Stoffs.

a Schmelzdruckkurven (—— normal, – – – anomal, wie z. B. bei Wasser), b Dampfdruckkurve, c Sublimationsdruckkurve 1' Schmelzpunkt, 1 Erstarrungspunkt, 2' Siedepunkt, 2 Taupunkt, 3' Sublimationspunkt, 3 Scheidepunkt, TP Tripelpunkt, BCDE Sublimations-Desublimations-Zyklus, B'C'D'E' Pseudosublimation

dampfförmigen in die feste Phase, ohne daß der flüssige Aggregatzustand durchlaufen wird.

Neben dem einfachen D. unterscheidet man das Vakuum-D., das Trägergas-D., das Fließbett-D. und das fraktionierte D. Bei dem einfachen D. liegt ein einfach desublimierender Dampf mit einem Sublimationsdruck von 1 bar vor. Ist der Stoff desublimierfähig, desublimiert aber nicht „einfach", so muß man den Druck erniedrigen, damit Desublimation eintritt. Beim Vakuum-D. wird der Gesamtdruck und bei dem Trägergas-D. der Partialdruck unter den Desublimationsdruck des Dampfes bei der Arbeitstemperatur gesenkt.

Ist der Dampfdruck des Desublimanden bei festgelegter Arbeitstemperatur niedrig (<133 Pa), so benutzt man das Vakuum-D., weil man andernfalls zu große Trägergasmengen brauchte, um nennenswerte Mengen an Desublimat zu erzeugen. Die Möglichkeiten für das D. eines Stoffs lassen sich aus dem p,T-Diagramm (Bild) erkennen. Die Suspensionsdruckkurve, die im Tripelpunkt endet, trennt die Gebiete der festen und dampfförmigen Phase. *Weinspach*

Literatur: *Ciborowski, J., u. J. Surgievicz:* Studies on sublimation condensing by mixing. Brit. Chem. Engng. 7 (1962), S. 763/67. – Ullmanns Enzyclopädie der technischen Chemie. 4. Aufl. Bd. 2 (1972). *G. Matz:* Sublimation. S. 664/71.

Detergentien (Chemie).

Detergentien (Chemie). D. oder Tenside sind oberflächenaktive Verbindungen, die einen wasserfreundlichen (hydrophilen) und einen wasserfeindlichen (hydrophoben) Molekülanteil besitzen. D. werden u. a. in Waschmitteln (Massengehalt 10–15 %), Shampoos und Reinigungsmitteln verwendet. Zur Verhinderung von Ablagerungen im Motorenbrennraum werden D. den Kraftstoffen in kleinen Mengen zugefügt.

Die Wirkungsweise von D. beruht auf dem Zusammenspiel des hydrophilen und des hydrophoben Molekülteils. In einer wäßrigen Lösung üben die Wassermoleküle untereinander so starke Attraktionskräfte aus, daß sie versuchen, den hydrophoben Anteil zu verdrängen. Deshalb bilden sich Aggregate aus mehreren Tensidmolekülen, sog. Mizellen, die einem Zustand niedrigerer Energie entsprechen. Die hydrophoben Enden bilden den Kern der Mizelle, und die hydrophilen Enden sind von Wassermolekülen umgeben (Bild 1). In einem hydrophoben Lösungsmittel (z. B. Öle, Kohlenwasserstoffe) bilden sich umgekehrte Mizellen. Die optimale Waschwirkung ist bei der kritischen Mizellenbildungskonzentration (c. m. c.) vorhanden. Diese kritische Tensidkonzentration muß gerade erreicht werden, damit sich Mizellen bilden.

Die Wirkungsweise von D. beim Waschvorgang wird in Bild 2 veranschaulicht. Die Tensidmoleküle adsorbieren mit ihrem hydrophoben Ende an den Fasern und den auf den Fasern sitzenden Fettparti-

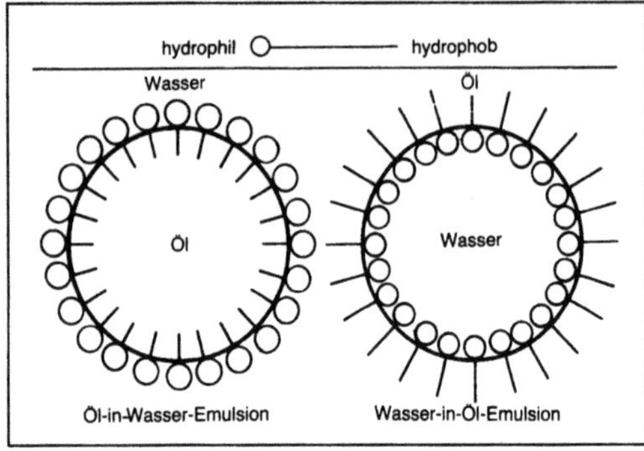

Detergentien (Chemie) 1: Die Struktur von Mizellen in Emulsionen.

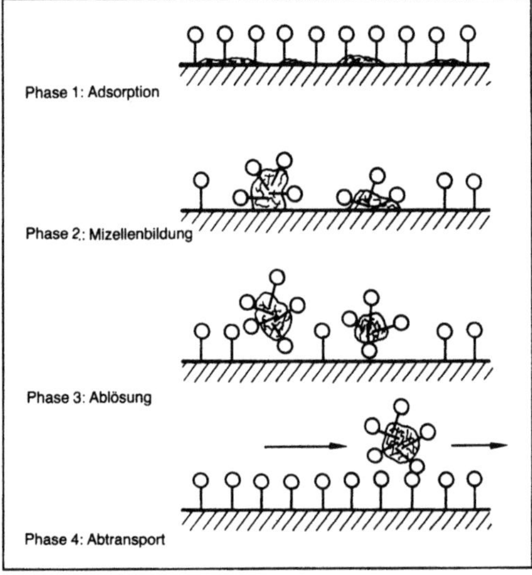

Detergentien (Chemie) 2: Die Wirkungsweise von Detergentien während des Waschvorgangs.

keln (lipophil). Es bilden sich Mizellen, indem die hydrophoben Enden die lipophilen Partikel einschließen. Der auf diese Weise emulgierte Fettschmutz kann mit dem Waschwasser entfernt werden.

D. lassen sich nach der Art der Ladung des hydrophilen Molekülanteils gliedern:
- anionische D. (Aniontenside),
- kationische D. (Kationtenside),
- ampholytische D. (Amphotenside),
- nichtionische D. (Niotenside).

Die Aniontenside haben mit einem Anteil von ca. 70 % am Verbrauch die größte Bedeutung. An zweiter Stelle folgen die Niotenside (23 %), deren Anteil noch steigen wird. Die Kationtenside (7 %) gehören wie die Amphotenside (<1 %) zu den Spezialdetergentien.

Die wichtigsten Vertreter der *anionischen D.* sind die Natriumsalze höhermolekularer Carbonsäuren

(Seifen), Sulfonsäuren (Sulfonate) und Schwefelsäurehalbester (Sulfate). Der hydrophile Anteil ist negativ geladen und besteht aus $-COO^-$, $-SO_3^-$ oder $-OSO_3^-$-Gruppen.

Seifen werden durch die „Verseifung", d. h. durch eine Zugabe von Natronlauge, von natürlichen Fetten hergestellt (Bild 3).

$$R_1 - COO - CH_2$$
$$R_2 - COO - CH \quad + 3\,NaOH \longrightarrow R_2 - COONa + HO - CH$$
$$R_3 - COO - CH_2 \qquad\qquad\qquad R_3 - COONa \quad HO - CH_2$$

| Triglycerid (Fett) | Seifen | Glycerin |

$R_1, R_8, R_3 = C_{12} - C_{18} -$ Alkylreste

Detergentien (Chemie) 3: Die Verseifung von Fetten.

Sulfonate können durch die Sulfonierung von Alkylbenzolen (LABS), von höhermolekularen, linearen Olefinen (AOS), von hydrierten Fettsäuremethylestern auf Basis von Kokos-, Palmkernöl (C_{12}–C_{14}) oder Talg (C_{16}–C_{18}) (ES) oder durch Sulfoxidieren von höhermolekularen, linearen Alkanen (AS) hergestellt werden. In Klammern sind jeweils die Abkürzung der entstehenden Sulfonate angegeben.

Sulfate werden durch die Umsetzung von Schwefelsäure mit Alkoholen, Phenolen oder Alkenen mit anschließender Neutralisierung mit Natronlauge hergestellt.

Kationische D. sind im wesentlichen quartäre Ammonium-, Sulfonium- oder Phosphoniumsalze. Sie haben eine hohe Netzwirkung und starke Bakterizität. Sie erhöhen die Geschmeidigkeit der Fasern und verleihen vor allem Baumwoll- und Cellulosefasern einen weichen Griff, weshalb sie wesentlicher Bestandteil von Weichspülern sind.

Ampholytische D. besitzen im gleichen Molekül ein positiv und ein negativ geladenes Zentrum. Sie haben ein sehr gutes Waschvermögen und werden in Shampoos und Schaumbädern eingesetzt.

Nichtionische D. sind Reaktionsprodukte von Ethylenoxid mit Alkoholen oder Alkylphenolen sowie Fettsäuren, Fettamiden und Fettaminen. Sie haben eine gute Waschwirkung und sind unempfindlich gegenüber Härtebildnern des Wassers. *Dohrn*

Literatur: *Keim, W., A. Behr* u. *G. Schmitt:* Grundlagen der industriellen Chemie. Frankfurt a. Main 1986. – Unilever Educational Booklets. Advanced Series, No. 7. Theory of Detergency. London, Hamburg.

Detoxikation. Man versteht unter D. eine Entgiftung, wobei neben biologisch metabolischen Vorgängen zur Unschädlichmachung toxischer Substanzen im Organismus auch die therapeutische Gesamtheit aller Maßnahmen zur Beseitigung einer in den Körper gelangten oder im Körper gebildeten oder an der Körperoberfläche fixierten giftigen Substanz

zur Blockierung der Giftwirkung bzw. zu deren Neutralisation verstanden werden.

Die D. durch metabolische Umwandlung im biologischen System (im wesentlichen in der Leber) erfolgt meist durch Umwandlung der Primärsubstanz in löslichere, leichter ausscheidbare und ungiftige Verbindungen. Die Veränderung der Löslichkeit kann das Ziel einer erhöhten Fettlöslichkeit haben. Hierauf basiert die Ausscheidungsfähigkeit im hepatobiliären System und schließlich über den Darm. Andererseits können durch Erreichen der Wasserlöslichkeit Substanzen über die renale Filtration, d. h. über den Urin, ausgeschieden werden.

Eine Reihe von biochemischen Prozessen im Stoffwechsel stehen für D.-Mechanismen zur Verfügung:

□ Oxidation (Abbau von Ethanol zu Essigsäure, Abbau von Toluol zu Benzoesäure),

□ Reduktion (Veränderung von Nitro- zu Aminoverbindungen),

□ Hydrolyse (häufig angewandte D. von Arzneimitteln, z. B. bei Digitalisglycosiden, Barbituraten, Atropin),

□ Kondensation und Konjugation (z. B. die Kondensation von Ammoniak zu Harnstoff oder die Konjugation durch Paarung mit Glucuronsäuren z. B. bei Bilirubin und Östrogenen) oder die Konjugation mit Schwefelsäuren (bei Phenolen, Kresolen) oder die Konjugation mit Aminosäuren (aromatische Kohlenwasserstoffe konjugieren mit Cystein),

□ Alkylierung und Azetylierung (z. B. beim Abbau von Sulfonamiden, Paraaminobenzoesäure und Pyridin).

Die verschiedenen genannten hepatischen Umwandlungsleistungen benötigen als Energieträger NADPH und erfolgen meistens auf dem Weg des enzymatischen Abbaus. Die chemischen Umsetzungen lassen sich intrazellulär in das glatte und teilweise auch das rauhe endoplasmatische Retikulum lokalisieren, in dem auch das Cytochrom-P 450-System lokalisiert ist.

Andererseits können die in der Leber stattfindenden metabolischen Umwandlungen eines Stoffs (im wesentlichen durch Hydrolyse) auch Reaktionsprodukte entstehen lassen, die bei ungiftigem Ausgangsprodukt selbst höchst giftig sind (Giftung im Organismus). Dies erfolgt z. B. beim Abbau des Methanol zu Formaldehyd.

Weitere Möglichkeiten der D. bestehen in der Gabe von Antidoten. Dies sind Substanzen, die im Körper eine Neutralisierung des Gifts bewirken. Die Neutralisierung kann durch Adsorption (Aktivkohle), durch Konkurrenz am Wirkort (Acetylcholin-Überangebot bei E-605-Vergiftung, Konkurrenz am Rezeptor zwischen Acetylcholin und dem Antidot Atropin) sowie durch spezifische Bindung an einen Antikörper und Bildung eines Antigen-Antikörperkomplexes (Digitalisglykosid wird von spezifischem Antikörper gebunden und damit inaktiviert) erfolgen.

Weitere D.-Maßnahmen bestehen in der Anwendung extrakorporaler Blutreinigungsverfahren bei schweren Vergiftungen. Dies setzt voraus, daß genaue Informationen über die Art der Vergiftung vorliegen, da sonst nicht die geeigneten Maßnahmen ergriffen werden können (→Hämodialyse bei wasserlöslichen Giftsubstanzen, Plasmapherese bei Substanzen mit hoher Eiweißbindung, Adsorption von Giften an Kohlepartikel oder spezifische Harze (Amberlite)). Die Durchführung dieser maschinell aufwendigen und schwierigen D.-Verfahren ist an Vergiftungszentren, dies sind toxikologische Schwerpunkte an Universitätskliniken und Schwerpunktkrankenhäuser, gebunden. *H. Schneider*

Literatur: Lehrb. Pharmakologie und Toxikologie. Stuttgart 1981.

Dialysat →Hämodialyse, →Dialysator

Dialysator. Unter einem D. versteht man ein Gehäuse, in dem die semipermeablen Membranen untergebracht sind, die auf der einen Seite von Blut und auf der anderen Seite von Spülflüssigkeit umflossen werden können. Man unterscheidet drei Konstruktionsprinzipien: Platten-D., Spulen-D., Kapillar-D. Alle diese D.-Typen können in verschiedenen Größen (verschiedene Membranoberflächen) und mit unterschiedlichen Membranen hergestellt werden. Das am häufigsten verwendete Membranmaterial ist →Cuprophan (Cellophan); es entsteht auf der Basis von Cellulose. Auch Cupramonium und Celluloseacetat können durch chemische Umwandlungsvorgänge aus Cellulose hergestellt werden und lassen sich als Membranmaterialien verwenden. In neuerer Zeit werden zunehmend synthetische Membranmaterialien angewandt, wobei sowohl Flach- als auch Kapillarmembranen aus Polyacrylonitril, Polyamid, Polysulfon, Polycarbonat und Polymethylmethacrylat Verwendung finden.

Die Qualität und Leistungsfähigkeit eines D. ist von vielen Faktoren abhängig. Hierzu gehören das Konstruktionsprinzip, die Art des Membranmaterials, die Strömungseigenschaften von Blut und die Spüllösung im D., die Steuerbarkeit der Ultrafiltration (hydraulische Permeabilität) und die Füllungsvolumen in der Blut- und Dialysatseite. Als Leistungsvergleich der verschiedenen Fabrikate und Modelle werden die Clearance- und Ultrafiltrationseigenschaften verschiedener Substanzen angegeben. Als Repräsentanten von Molekülen mit niedriger molarer Masse werden Harnstoff und Kreatinin (molekulare Masse 60 bzw. 113) verwendet, Vitamin B 12 und Inulin (molare Masse 1355 bzw.

5000) repräsentieren Moleküle mit höherer molarer Masse.

Platten-D. bestehen aus mehreren alternierenden doppelten Lagen von Membranfolien und Stützplatten, die in Sandwichbauweise zusammengefügt sind. Zwischen den doppeltgelegten Membranfolien fließt das Blut des Patienten, während durch das Gitterwerk der Stützplatten Spüllösung in entgegengesetzter Stromrichtung fließt.

Die Spulen-D. verwenden einen langen Membranschlauch, der zusammen mit einem Stützgerüst aus Kunststoffmaschen auf einen zentralen Zylinder gewickelt wird. Das Blut wird durch den Membranschlauch geleitet, während die Spüllösung durch die Maschen des Stützgerüsts fließen kann. Die Spüllösung kann sowohl teilweise rezirkuliert werden als auch im Single-Pass nur einmal den D. durchströmen.

Bei Kapillar-D. wird das verwendete Membranmaterial zu haarfeinen Kapillaren gesponnen, die als Bündel beliebiger Faserzahl in ein Gehäuse eingeklebt werden. Das Blut wird durch das Innenlumen geleitet, während die Spüllösung an der Außenseite der Kapillarfasern entlangfließt. Die Vorteile dieses D.-Typs liegen in besserer Leistung bei kleinerer Oberfläche sowie geringem Blutfüllvolumen, so daß hierdurch die beiden anderen D.-Typen weitgehend verdrängt worden sind.

Sterilität und Pyrogenfreiheit sind die Voraussetzung zur Verwendung von D. Aus diesem Grund ist die Wiederverwendung von D. zwar technisch möglich, wird jedoch wegen noch nicht ausreichend sicherer Verfahren nur vereinzelt durchgeführt. *H. Schneider*

Dialyse. Die D. ist ein Verfahren zur Entfernung von löslichen Stoffen mit kleiner relativer Molekülmasse aus einer Lösung hochmolekularer Stoffe mittels einer halbdurchlässigen Membran. Als treibende Kraft für den Transport der aus der Rohlösung zu entfernenden Komponente wirkt die Konzentrationsdifferenz zwischen der Rohlösung und der aufnehmenden Lösung (Dialysat). Die wichtigste Anwendung hat die D. in der künstlichen Niere zur Entgiftung des Bluts gefunden. Hierbei werden im wesentlichen niedermolekulare toxische Stoffe (z. B. Harnstoff) aus dem Blut entfernt. Bild 1 zeigt den schematischen Aufbau eines D.-Apparats. Die Rohlösung strömt entlang einer halbdurchlässigen

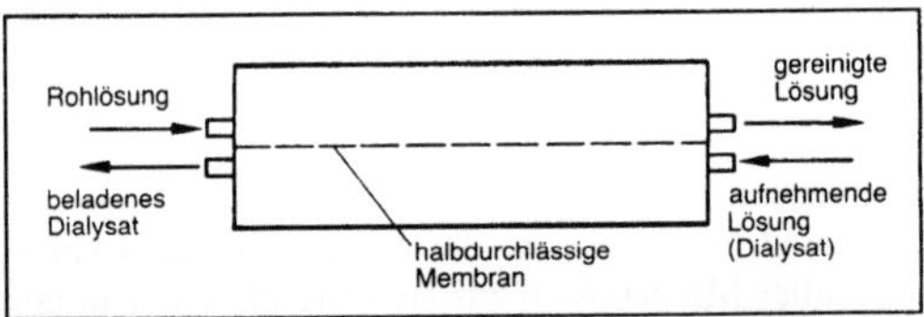

Dialyse 1: Schematischer Aufbau eines Dialyseapparats.

Membran. Ionen oder niedermolekulare Stoffe diffundieren dem Konzentrationsgefälle folgend durch die Membran, während die hochmolekularen Stoffe zurückgehalten werden. Die Diffusionsgeschwindigkeit ist von der Molekülgröße abhängig.

Als Membranen wurden früher Tierhäute verwendet. Heute sind Materialien wie →Celluloseacetat oder Polycarbonate verbreitet.

Zur D. werden häufig Hohlfasermodule verwendet, die ursprünglich für die Umkehrosmose zur Meerwasserentsalzung entwickelt worden waren (Bild 2). Das Dialysat wird durch eine Vielzahl von Hohlfasern (> 10 000) und die Rohlösung durch den Raum außerhalb der Hohlfasern geführt.

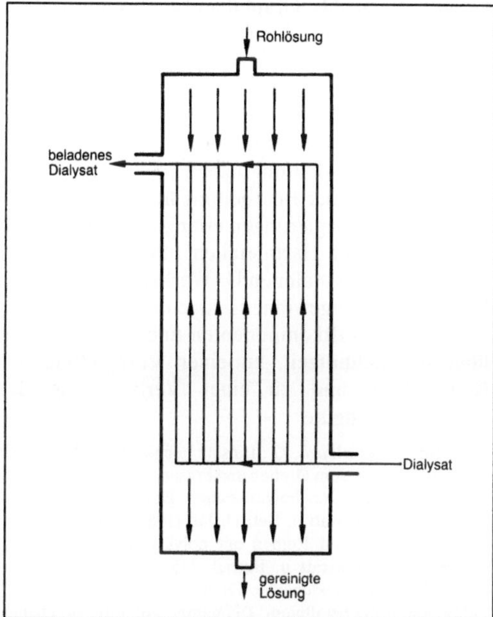

Dialyse 2: Prinzipieller Aufbau eines Hohlfasermoduls.

Die D. hat nicht die industrielle Bedeutung wie andere Membrantrennprozesse (z. B. Ultrafiltration, Umkehrosmose, Elektro-D.) erlangen können. Dies liegt daran, daß der Prozeß relativ langsam abläuft und daß er nicht besonders selektiv ist, so daß Stoffe, die sich in ihren chemischen Eigenschaften oder in der Molekülgröße ähneln, nicht voneinander getrennt werden können. Das Hauptanwendungsgebiet der D. ist nach wie vor die Reinigung des Blutes nierenkranker Patienten (Haemo-D.). 1982 wurde das Blut von weltweit 130 000 Menschen regelmäßig mit einer künstlichen Niere dialysiert (→Hämodialyse, →Dialysator). *Dohrn*

Literatur: *Londsdale, H. K.:* The Growth of the Membrane Technology. J. of Membrane Science 10 (1982), S. 81/181. – *Strathmann, H.:* Membrane Separation Processes. J. of Membrane Science 9 (1981), S. 121/189.

Dialyse, sequentielle. Physikalisch betrachtet ist die D. idealerweise ein flußfreier isobarer Diffusionstransport. Unter diesen Bedingungen findet ein Stoffaustausch an einer semipermeablen Membran ausschließlich entlang einem Konzentrationsgradienten über diese semipermeable Membran statt. Der Transport von Wasser ist ein Spezialfall und wird je nach Transportrichtung als Osmose bzw. Ultrafiltration bezeichnet.

Die Anwendung der D. als Mittel der →Detoxikation bei Nierenversagen verbindet diese beiden physikalischen Prinzipien, d. h. es findet eine gleichzeitige Kombination von Diffusionstransport und Ultrafiltrationsvorgängen statt. Die klinische Beobachtung von Patienten hat ergeben, daß die Kreislauftoleranz, d. h. der ohne Blutdruckabfall tolerierte Flüssigkeitsentzug pro Zeiteinheit, limitiert ist und durch Trennung der beiden physikalischen Transportvorgänge erheblich verbessert werden kann. Die s. D. bedeutet also eine zeitlich hintereinander geschaltete Durchführung von isoliertem Ultrafiltrationstransport und reinem Diffusionstransport. Die Ultrafiltrationstoleranz kann in der Phase der reinen Ultrafiltration stark erhöht werden (bis zu 2 l/h), ohne die Kompensationsmechanismen des Kreislaufs (refilling) zu überfordern.

Diese Phase der Ultrafiltration kann am Anfang und am Ende der gesamten Behandlungszeit ohne Minderung des Effekts durchgeführt werden. Der reine Diffusionstransport erfolgt dann ohne Überlagerung durch Ultrafiltrationstransporte und dient der effektiven Elimination von Urämietoxinen über die semipermeable Membran in eine Spüllösung. *H. Schneider*

Literatur: *Bergström, J., H. Asaba, P. Fürst u. R. Oules:* Dialysis, ultrafiltration and blood pressure. Proc. Europ. Dial. Transpl. Ass. 13 (1976), S. 293.

Diamant. Elementarer Kohlenstoff tritt in den beiden Modifikationen Graphit und D. auf. D. erstarrt im kubisch-kristallinen Gittersystem, in dem die C-Atome durch Kovalenzbindungen tetraedisch miteinander verbunden sind. Die extrem hohe Bindungs- und Gitterenergie sind der Grund dafür, daß der D. der härteste aller bekannten Stoffe ist. Diamant wird heute in zunehmendem Maße auch zur Herstellung von Werkzeugen mit geometrisch definierter Schneidteilgeometrie eingesetzt.

Zur Einteilung der D.-Schneidstoffe unterscheidet man zwischen natürlichem und synthetischem D., die beide in mono- oder polykristalliner Form vorliegen können.

Von besonderer Bedeutung für die →Zerspanung mit geometrisch bestimmter Schneide ist Natur-D. nur in seiner monokristallinen Form. Obwohl D. in der Natur auch in polykristalliner Ausbildung (Ballas, Carbonado) vorkommt, sind diese D.-Arten als Schneidstoffe von untergeordnetem Interesse, da die synthetische Herstellung von polykristallinem D. sowohl wirtschaftliche als auch technologische Vorteile liefert.

Eine wichtige Eigenschaft monokristalliner Natur-D. ist die Anisotropie (Richtungsabhängigkeit) der mechanischen Kennwerte wie Härte, Festigkeit oder Elastizitätsmodul. Während sich bei polykristallinen Materialien die Richtungsabhängigkeit durch die völlig regellose Verteilung der einzelnen Kristalle ausgleicht, bleibt die Anisotropie bei monokristallinen Stoffen auf Grund der gleichgerichteten Orientierung des Kristallgitters erhalten.

Aus dem gleichen Grund ergibt sich eine Spaltbarkeit des monokristallinen Diamanten in vier bevorzugte Spaltrichtungen. Während das Schleifen immer in Richtung der geringsten Härte erfolgen sollte, müssen monokristalline D.-Werkzeuge im Werkzeughalter so orientiert werden, daß die →Zerspankraft in die Richtung eines Härtemaximums weist.

Schneidkörper aus synthetischen polykristallinem D. (PKD) wurden 1973 erstmals vorgestellt und haben auf einigen Einsatzgebieten die monokristallinen D.-Werkzeuge und die Hartmetalle ersetzt. Ausgangsmaterial sind synthetische D.-Partikel sehr kleiner, definierter Körnung, um ein Höchstmaß an Homogenität und Packungsdichte zu erreichen.

Die Herstellung der polykristallinen D.-Schicht erfolgt durch einen Hochdruck-Hochtemperaturprozeß (60–70 kbar, 1400–2000 °C), wobei die synthetischen D. über eine Bindephase zu einem polykristallinen Körper zusammengesintert werden.

Die D.-Schicht stellt auf Grund ihres polykristallinen Aufbaus einen statistisch isotropen Gesamtkörper dar, in dem die Anisotropie der einzelnen, monokristallinen D.-Partikel durch die regellose Verteilung der D.-Körner ausgeglichen wird. Polykristalliner D. weist somit nicht die Härteanisotropie und Spaltbarkeit monokristalliner D. auf, erreicht auf der anderen Seite auch nicht die Härtewerte eines D.-Einkristalls in dessen „härtester" Richtung, zumal die Härte außerdem durch den Grad des Zusammenwachsens der einzelnen Kristalle und deren Bindung an die Binderphase beeinflußt wird.

Die Schneidkörper werden entweder auf den Werkzeugträger aufgelötet oder in genormte Werkzeughalter geklemmt, da die Wendeschneidplatten aus polykristallinem D. in Form und Abmessung mit den handelsüblichen Hartmetall- oder Keramikschneidplatten übereinstimmen.

Die Zerspanung von Eisen- und Stahlwerkstoffen mit D.-Werkzeugen ist auf Grund der Affinität des Eisens zum Kohlenstoff nicht möglich. Der D. wandelt sich in der Kontaktzone zwischen Werkzeug und Werkstück wegen der dort auftretenden hohen Temperaturen in Graphit um und reagiert mit dem Eisen. Die Folge ist ein schnelles Abstumpfen der Schneidkante sowohl bei mono- als auch bei polykristallinen D.-Schneidstoffen.

Monokristalline D.-Werkzeuge eignen sich insbes. für die Zerspanung von Leicht-, Schwer- und Edelmetallen, von Hart- und Weichgummi sowie von Glas, Kunststoffen und Gestein. Ihr Anwendungsgebiet liegt hauptsächlich in der Feinbearbeitung, da auf Grund der begrenzten Schneidkantenabmessungen und der relativ geringen Biegebruchfestigkeit die Realisierung großer Schnittiefen und Vorschübe nicht möglich ist.

Die Palette der mit polykristallinen D.-Werkzeugen zerspanten Werkstückstoffe umfaßt neben den Leicht-, Schwer- und Edelmetallen verschiedene Kunststoffe, Kohle, Graphit und vorgesinterte Hartmetalle. Die Anwendung ist nicht auf die Feinbearbeitung beschränkt, sondern schließt auch die Schruppbearbeitung mit ein. In manchen Fällen ist es möglich, Vor- und Endbearbeitung in einem Arbeitsgang zusammenzufassen.

Besondere Bedeutung haben polykristalline D.-Werkzeuge bei der Bearbeitung hoch siliciumhaltiger Aluminiumlegierungen erlangt. Gegenüber der Zerspanung mit Hartmetallen führt die Verwendung von polykristallinen D.-Werkzeugen zu erheblichen Standzeitgewinnen, zu einer Verringerung der Zerspankraftkomponente und deren Anstieg über der Schnittzeit, zu einer Vermeidung der Klebneigung und zu einer Verbesserung der →Oberflächengüte. *König*

Literatur: *Chryssolouris, G.:* Einsatz hochharter polykristalliner Schneidstoffe zum Drehen und Fräsen. Diss. TU Hannover 1979. – *Dietrich, R.:* Polykristalline Diamant- und CBN-Werkzeuge. Werkstatt u. Betrieb 116 (1983). – *Hobohm, G.:* Drehen, Fräsen und Reiben mit polykristallinen Diamantwerkzeugen. Werkstatt u. Betrieb 119 (1986), S. 119/21. – *König, W., u. K. Gerschwiler:* Drehen von GK-AlSi 17 Cu 4 FeMg mit polykristallinem Diamanten im unterbrochenen Schnitt bei hohen Schnittgeschwindigkeiten. Gießerei 69 (1982), S. 10/13. – *Obeloer, M.:* Neuentwicklungen und Anwendungsgebiete polykristalliner Diamant- und Bornitridwerkzeuge. wt-Z. ind. Fertig. 74 (1984), S. 219/21. – *Spur, G., u. U. E. Wunsch:* Drehen von glasfaserverstärkten Kunststoffen und Schichtpreßwerkstoff mit PKD-Werkstoffen. IDR 18 (1984), S. 221/27. – *Toulinson, P. N., u. R. J. Wedlake:* Gegenwärtiger Entwicklungsstand bei Verbundwerkstoffen aus Diamant und kubischem Bornitrid. IDR 17 (1983), S. 234. – *Werner, G.:* Trennkompendium. Bd. 1: Neuartige polykristalline Schneidwerkzeuge aus Diamant und kubischem Bornitrid. Bergisch-Gladbach 1979.

Diamant-Abrichtrolle →Abrichtwerkzeug, →Abrichten

Diamant-Gesteintrennscheibe. Für das Durchtrennen (→Trennschleifen) kurzspanender Hartstoffe und Gesteine werden Trennschleifscheiben auf Stahlgrundkörpern mit einem Diamantbelag eingesetzt. Je nach Einsatzgebiet bzw. Werkzeugdurchmesser wird der Diamantbelag auf den Trägerkörper in unterschiedlicher Weise aufgebracht, nämlich in Form eines galvanisch aufgebrachten Belags oder als aufgelötetes Diamant-Schleifelement.

Die Schnittgeschwindigkeiten liegen bei 20 bis 40 m/s, und die Schleifzone wird meist mit Wasser gekühlt. Bei großen Scheiben, die einen Durchmesser bis zu 3 m erreichen können, wird – auch wegen der besseren Kühlmittelzufuhr – der Schleifscheibenumfang in einzelne Segmente unterteilt (Bild).

Zum Trennen von Edelsteinen, Glas und Keramikwerkstoffen werden extra dünne Diamanttrennblätter eingesetzt. *Kenter*

Diamant-Gesteintrennscheibe: Segmentierte Ausführung. (Quelle: Diamant Boart)

Diamant-Honwerkzeug →Honwerkzeug

Diamant-Schleifscheibe →CBN-Schleifscheibe

Diaphragmazelle →Reaktor, elektrochemischer

Diauxie. Spezielle Form der →Wachstumskinetik für die sequentielle Verwertung mehrerer gleichartiger Substrate. Werden einem Mikroorganismus mehrere Substrate angeboten, die über verschiedene Wege verstoffwechselt werden, so muß die Zelle zur Verwertung der einzelnen Komponenten unterschiedliche Enzyme synthetisieren. In der Wachstumskurve ist diauxisches Wachstum leicht an einem Plateau in der exponentiellen Wachstumsphase zu erkennen. Zudem unterscheiden sich die spezifischen Wachstumsraten der Organismen auf den einzelnen Substraten, so daß in der exponentiellen Wachstumsphase 2 Geraden mit unterschiedlicher Steigung resultieren. Diese sind durch eine erneute Adaptationsphase miteinander verbunden. Während der zweiten Adaptationsphase bleibt die Biomassenkonzentration konstant oder nimmt sogar ab, weil die Enzyme für die Verwertung des zweiten Substrats zuerst synthetisiert werden müs-

sen und in dieser Phase kein verwertbares Substrat zur Verfügung steht. Welches Substrat zuerst verstoffwechselt wird, hängt u. a. von den Vorkulturbedingungen ab. Darüber hinaus werden Monosaccharide eher metabolisiert als Oligosaccharide. Häufig wird auch durch Glucose die Synthese der katabolischen Enzyme zur Nutzung anderer C-Quellen reprimiert.

Bei der Kultivierung von Escherichia coli auf einem Gemisch aus Glucose und Lactose wird zuerst ausschließlich die Glucose verwertet. Danach wird die Synthese der zur Lactosespaltung notwendigen Enzyme induziert, und das Bakterium wächst mit verminderter Wachstumsrate auf Lactose. *Liefke*

Literatur: *Schlegel, H. G.:* Allgemeine Mikrobiologie. 5. Aufl. Stuttgart 1981.

Dichtheitsprüfung. Im Kraftwerks- und Behälterbau werden bestimmte Komponenten und Systeme einer D. unterzogen. Das Augenmerk liegt dabei besonders auf Schweißnähten und Dichtflächen von Blinddeckeln und Flanschverbindungen aller Art. Zur Prüfung der Schweißnähte hat sich z. B. bei Rohrschlangen in Rauchgaszügen von Kesselanlagen die Nebelprobe oder das Benetzen mit einer schaumbildenden Flüssigkeit als wirksam erwiesen, wobei vorher durch ein Gebläse ein Überdruck erzeugt wird. Die Dichtheit kann auch im Zuge der Wasserdruckprüfung kontrolliert werden.

Für den Sicherheitsbehälter eines Druckwasserreaktors kann dagegen auf Grund der Vielzahl von Schleusen und Durchführungen die Dichtheit nur über eine zulässige Leckrate definiert werden, die im Einzelfall festgelegt und überprüft wird. *Kußmaul*

Dickstoffpumpe. Bei Flüssigkeiten mit festen Beimengungen oder breiiger Beschaffenheit können Kreiselpumpen mit Schaufelrädern nicht eingesetzt werden. Vor allem faserige Bestandteile würden an den Schaufelkanten hängenbleiben oder Verstopfungen an Verengungen der Schaufelkanäle hervorrufen. Dies hat zu einer Sondergestaltung des Laufrades geführt, das als Schlauch- oder Kanalrad bezeichnet wird. Es gibt verschiedene Bauformen (Bild 1). Besonders zu erwähnen ist das Einschaufelrad. Es dient zum Fördern besonders empfindlicher Güter, da es überall denselben Kanalquerschnitt aufweist. Bei allen Bauformen sind scharfe, vorspringende Kanten vermieden. Auch das Gehäuse muß an die besonderen Anforderungen angepaßt sein. Leitschaufeln sind weggelassen. Das Spiralgehäuse bei herkömmlichen Kreiselpumpen ist durch einen einfachen Ringraum ersetzt worden. Außerdem sind die Stutzen und die Gehäuse durch einen abnehmbaren Deckel schnell zu reinigen. Abrasive Beimengungen wie Kohle, Kies oder Schlacke stellen an den Werkstoff besondere Anfor-

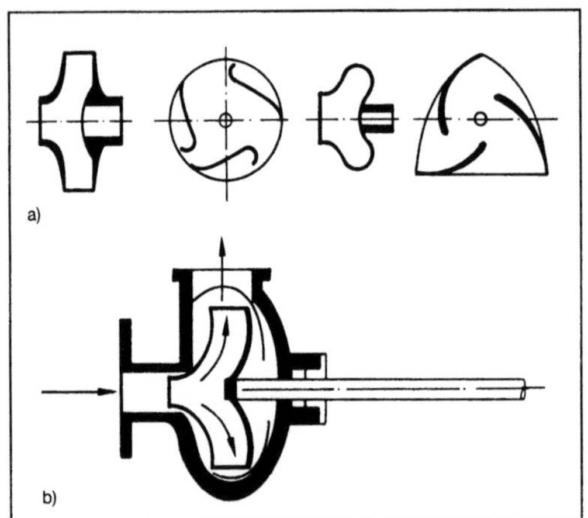

Dickstoffpumpe 1: Bauformen.
a) Kanalräder
b) Kanalradpumpe (Schemaskizze).

derungen. Gehäuse und Kanalrad sind deshalb häufig aus verschleißfestem Gußeisen gefertigt. Eine Stopfbuchsendichtung verhindert eine direkte Berührung mit dem Fördermedium.

Bild 2 zeigt das Kennlinienfeld einer Kanalradpumpe. Die Druckhöhe hängt von der Umfanggeschwindigkeit des Kanalrades und dem Impulsaustausch der Strömung, die vom Kanalrad ins Gehäuse tritt, ab. Besondere Bauvarianten sind die Einschaufelradkreiselpumpe und die Freistrompumpe (Bild 3 und 4).

Erstere besitzt einen einschaufeligen Kreisel, der auf seiner gesamten Länge denselben Strömungsquerschnitt hat wie der Aus- und Eintrittstutzen. Der Innenraum der Pumpe ist so geformt, daß empfindliche Güter, wie Früchte, nicht beschädigt werden.

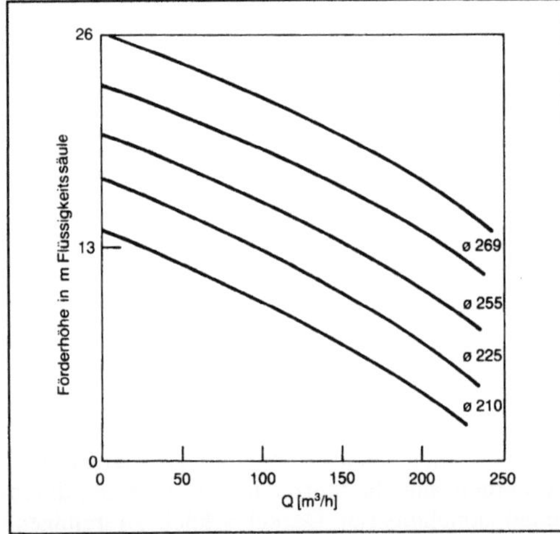

Dickstoffpumpe 2: Kennlinienfeld einer Kanalradpumpe.

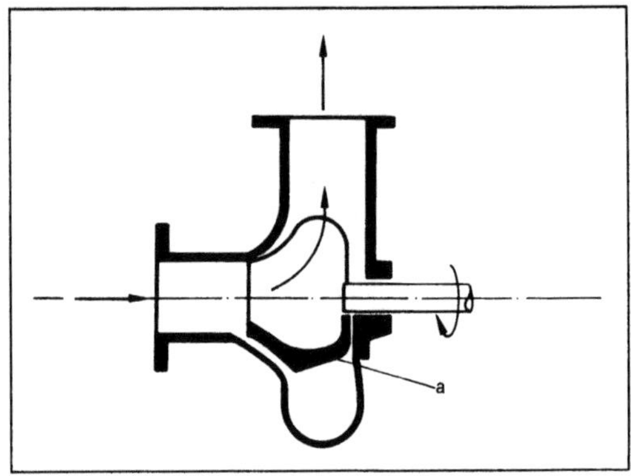

Dickstoffpumpe 3: Einschaufelkanalradpumpe.

a Kanalrad

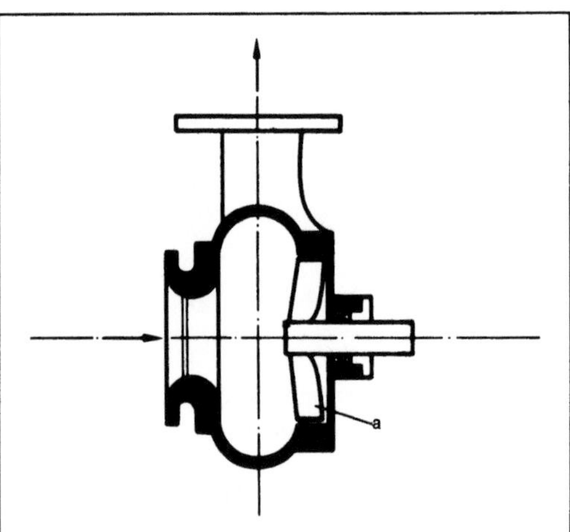

Dickstoffpumpe 4: Freistrompumpe.

a Kreiselrad

In der Freistrompumpe wird eine direkte Berührung der Dickstoffe mit dem Kanalrad vermieden. Das Rad ist seitlich so angeordnet, daß der Ringraum frei bleibt. Dieses erzeugt im Ringraum eine Rotationsströmung, durch die die Dickstoffe berührungsfrei von der Saug- zur Druckseite gelangen. Die Stutzen haben dieselbe Breite wie der Ringraum. *Würtz*

Dielektrikum. Die funkenerosive Bearbeitung findet üblicherweise unter einem Arbeitsmedium statt, wobei vorzugsweise flüssige D. benutzt werden. Die Hauptaufgaben des D. sind dabei:
□ gegenseitige Isolation der Elektroden (kleine Spaltweite),
□ Einschnürung des Entladekanals (hohe Energiedichte),
□ gute Ionisation sowie Entionisation (→Abtragverhalten),
□ Kühlung von Werkzeug- und Werkstückelektrode (geringe thermische Belastung),

◻ Abtransport der Abtragpartikel (stabiler Prozeßverlauf).

Prinzipiell sind alle elektrisch nicht oder schwach leitenden Medien als D. zwischen den Elektroden verwendbar. In der Praxis scheiden jedoch die meisten Stoffe wegen ihrer problematischen Handhabung am Arbeitsplatz aus.

Neben deionisiertem bzw. demineralisiertem Wasser zum Erodieren sehr kleiner Konturen und für das funkenerosive →Schneiden mit ablaufender Drahtelektrode kommen insbes. Kohlenwasserstoffverbindungen in Form von Mineralöl- oder Syntheseprodukten zur Anwendung.

Die Eignung unterschiedlicher Kohlenwasserstoffdielektrika wird hauptsächlich an Hand der Höhe der Abtragrate und des relativen Verschleißes beurteilt. Diese beiden Kenngrößen hängen im wesentlichen von der Viskosität der eingesetzten Arbeitsmedien ab. Hochviskose D. schnüren den Entladekanal wirksamer ein als niedrigviskose und erhöhen so die Energiedichte bzw. die Effektivität der Entladung. Dennoch kann die Viskosität nicht beliebig gesteigert werden, da dann eine einwandfreie Spülung im engen →Arbeitsspalt nicht mehr gewährleistet ist.

Beim Einsatz von Kohlenwasserstoffen muß zur Minderung der Geruchsbelästigung durch die entstehenden, teilweise gesundheitsschädlichen Gase eine Absaugvorrichtung eingesetzt werden. Von besonderer Bedeutung ist die Entflammbarkeit der Kohlenwasserstoffe, die aufwendige Brandschutzmaßnahmen erfordert.

Die Verwendung von Wasser beim funkenerosiven Schneiden hat mehrere Gründe: Die auch bei deionisiertem Wasser noch vorhandene Leitfähigkeit (ca. 5–100 µS/cm) bewirkt eine Herabsetzung der Durchschlagfestigkeit und damit eine Vergrößerung des Arbeitsspalts. Dadurch können die Abtragprodukte besser abtransportiert werden. Die Gefahr einer prozeßstörenden Berührung zwischen Draht und Werkstück infolge von Drahtauslenkungen wird geringer. Die Abtragpartikel sind kleiner, und es bilden sich keine festen Zersetzungsprodukte, die den Prozeß stören könnten. *König*

Literatur: *König, W.:* Fertigungsverfahren. Bd. 3.: Abtragen. Düsseldorf 1979. – *Schulze, D.:* Auswahl des Dielektrikums zur elektroerosiven Bearbeitung. Maschinenmarkt 84 (1978) Nr. 42. – *Schulze, D.:* Einfluß des Dielektrikums auf die elektroerosive Bearbeitung. Maschinenmarkt 84 (1978), S. 662/66.

Differentialdestillation →Destillation, absatzweise

Diffusion (Lebensmitteltechnik). Stoffaustauschprozesse auf der Grundlage von D.-Vorgängen spielen bei vielen lebensmittelverfahrenstechnischen Operationen eine entscheidende Rolle im Hinblick auf Bearbeitungsdauer, Rohstoffausbeute, Produktqualität und – häufig damit verbunden – auf die Haltbarkeit und den Preis.

D. in heterogenen Festkörpern tritt auf bei der Extraktion von festen Rohstoffen (Zuckerrüben, Kaffee, Obst, Ölsaaten) mit Flüssigkeiten, beim Pökeln von Fleisch und Fisch, beim Salzen von Käse, beim Trocknen von Lebensmitteln. Bei der Emulsionsherstellung müssen die Tensidmoleküle an neu geschaffene Oberflächen diffundieren. Biotechnologische Produktionsverfahren unter Einsatz trägergebundener Enzyme oder Mikroorganismen (alkoholische Fermentation, Milchsäurefermentation, →Stärkeverzuckerung, Glucoseisomerisierung) erfordern den diffusiven Stofftransport sowohl des Substrats im Immobilisat an die aktiven Einheiten als auch der Stoffwechselprodukte aus dem Träger. Hohe D.-Geschwindigkeiten sind in all diesen Fällen erwünscht.

Im Gegensatz dazu werden zur Verzögerung des Verderbs oft geringe D.-Geschwindigkeiten angestrebt. Unerwünschtes Austrocknen bzw. Welken von Lebensmitteln kann durch Beschichtung mit geeigneten grenzflächenaktiven Stoffen (Hinzufügen eines D.-Widerstands) vermindert werden. Ähnliches gilt für die Aromaretention.

Verpackungsmaterialien, insbes. Kunststoffolien und -beutel für die luftdichte Verpackung von Lebensmitteln, müssen D.-Eigenschaften aufweisen, welche die Permeation von Gasen (O_2, H_2O) verhindern. *Kerner/Loncin*

Diffusion (Verfahrenstechnik). D. ist ein spontaner, durch die Wärmebewegung von Molekülen verursachter Konzentrationsausgleich in Gasen, Flüssigkeiten und Feststoffen.

Der Stofftransport durch D. gehört neben dem konvektiven Stofftransport und dem Stoffübergang durch Phasengrenzflächen zu den wesentlichen Mechanismen der Stoffübertragung.

Die D. spielt bei Berechnungen des Stofftransports von einer Phase in eine andere eine besondere Rolle, weil in den Phasengrenzschichten ein diffusiver Transport stattfindet.

Die Geschwindigkeit des durch D. bedingten Stofftransportes läßt sich meist mit dem ersten Fick-Gesetz beschreiben: Die Transportgeschwindigkeit (mol/s) bei einem in einer Richtung vorliegenden Konzentrationsgefälle ist dem Kontrationsgefälle und der Querschnittsfläche proportional. Der stoffabhängige →Diffusionskoeffizient D ist der Proportionalitätsfaktor. Das zweite Fick-Gesetz beschreibt die zeitliche Änderung der Konzentration, wenn das Konzentrationsgefälle durch D. ausgeglichen wird.

Die Größe des Diffusionskoeffizienten D ist in der festen Phase am niedrigsten, z. B. D = 2,3 10^{-13} m^2/s für Gold in Blei bei 100 °C, in Flüssigkeiten größer, z. B. D = 1,36 10^{-9} m²/s für Methanol in Wasser bei 18 °C, und in Gasen am größten, z. B. D = 7,72 10^{-5} m²/s für Wasserstoff in Wasserdampf bei 0 °C.

Die Größe des Diffusionskoeffizienten kann mit Hilfe verschiedener Korrelationen abgeschätzt werden. *Dohrn*

Literatur: *Perry, R. E., u. D. W. Green:* Perry's Chemical Engineers' Handb. 6. Aufl. New York 1984.

Diffusionskoeffizient. Der D. D ist der molekulare Transportkoeffizient eines Stoffs bei der gewöhnlichen Diffusion in feste und in ruhende fluide Stoffe sowie in laminar strömende Medien. Der D. ist definiert durch das erste Fick-Gesetz der Diffusion. In einem binären Stoffsystem (mit den Komponenten A und B) ist danach bei eindimensionalem Transport der diffusive Stofffluß der Komponente A $j_A^{(n)}$ dem Konzentrationsgradienten dy_A/dz und dem D. D_{AB} proportional:

$$j_A^{(n)} = -D_{AB} \cdot c \frac{dy_A}{dz} \qquad (1),$$

mit c molare Gesamtkonzentration.

Der D. D_{AB} hat die SI-Einheit m²/s. Er ist eine Stoffeigenschaft und hängt i. a. vom vorliegenden Systemzustand ab. In Gasen sind die D. unter Normalbedingungen erheblich größer als bei Flüssigkeiten; bei Feststoffen sind sie i. a. wesentlich kleiner (Tabelle).

Diffusionskoeffizient. Tabelle: Größenordnung.

Medium	Größenordnung des Diffusionskoeffizienten	Einheit
Gase	10^{-5} – 10^{-4}	m²/s
Flüssigkeiten	10^{-11} – 10^{-9}	m²/s
Feststoff	10^{-37} – 10^{-19}	m²/s

In binären Gasgemischen mit den Komponenten A und B gilt im Bereich geringer Drücke für die D. näherungsweise $D_{AB} \approx D_{BA} \approx D$. In derartigen Gasgemischen ist der D. praktisch unabhängig von der Konzentration. Er steigt allerdings mit zunehmender Temperatur und mit abnehmendem Druck. Im Gegensatz dazu sind D. in Flüssigkeitsgemischen sehr konzentrations- und viskositätsabhängig. *Weinspach*

Literatur: *Bird, R. B., W. E. Stewart u. E. N. Lightfoot:* Transport Phenomena. New York 1960. – *Brauer, H.:* Stoffaustausch einschließlich chemischer Reaktionen. Aarau, Frankfurt a. M. 1971. – *Mersmann, A.:* Stoffübertragung. Berlin, Heidelberg, New York 1986.

Diffusionsschweißen. In einem Vakuum- oder Schutzgasofen, der auf die gewünschte Schweißtemperatur (Diffusionstemperatur) gebracht wird, werden die zu verbindenden Teile über längere Zeiten (z. B. 1–24 h) einem Druck ausgesetzt. Durch die Diffusion und den aufgebrachten Druck, der ein örtliches Kriechen zur Folge hat, tritt die Verbindung ein. Das aufwendige Verfahren findet insbes. beim Verschweißen solcher Werkstoffe und Werkstoffkombinationen Anwendung, bei denen ein Schweißen im flüssigen Zustand wegen Versprödung durch grobkörnige Kristallisation oder Bildung intermetallischer Phasen nicht zu befriedigenden Ergebnissen führt. *Dorn*

Direct Drive →Antrieb (Roboter)

Direkthärten. Härten unmittelbar im Anschluß an das Aufkohlen von der Aufkohlungstemperatur. Bei höheren Randkohlenstoffgehalten nimmt wegen des dann verstärkt auftretenden Restaustenits die erreichbare Härte ab, so daß eine zusätzliche Wärmebehandlung zum Härten erforderlich wird (Einfachhärtung). *W. Dahl*

Direktreduktion. Als D. wird die Herstellung von festem Eisenschwamm durch Reduktion von Eisenerzen bezeichnet. Als Reduktionsmittel werden entweder ein Reduktionsgas oder Kohle verwendet.

Die Gasreduktionsverfahren verwenden einen Schachtofen, in den das heiße Reduktionsgas unten eingeblasen und das Erz oben aufgegeben wird und im Schacht absinkt. Das Eisenoxid wird dabei im →Gegenstrom durch CO und H_2 im Gas reduziert. Der metallische Schwamm wird entweder vor dem Austrag im unteren Teil des Ofens durch eingeblasenes kaltes Gas abgekühlt oder heiß ausgetragen und dann heiß brikettiert. Das Reduktionsgas wird überwiegend durch Umformen von Erdgas erzeugt. D.-Öfen werden heute mit einer Kapazität von 250–600 000 t/a gebaut. Die wichtigsten Schachtofenverfahren sind Midrex (Bild) und Hyl III.

Neben den kontinuierlich arbeitenden Schachtöfen gibt es eine Reihe älterer Anlagen nach dem Hyl I-Verfahren, die mit Retorten und chargenweisem Einsatz arbeiten. Dabei sind vier Retorten in einer Gruppe zusammengefaßt, die jeweils in einer anderen Phase des Prozeßablaufs sind. So wird eine kontinuierliche Abnahme des Reduktionsgases sichergestellt.

Alle Gasreduktionsverfahren erfordern sorgfältig vorbereitete Einsatzstoffe, um eine gute Gasdurchlässigkeit und in Schachtöfen ein gleichmäßiges Absinken der Beschickung sicherzustellen. Daher werden überwiegend Pellets eingesetzt. Der Eisengehalt von D.-Pellets ist mit 65–68 % sehr hoch und der Gehalt an Gangart mit 3–6 % niedrig.

Ein anders geartetes Gasreduktionsverfahren ist das FIOR-Verfahren. Bei diesem Verfahren werden Feinerze in einem Wirbelschichtreaktor mit Gas

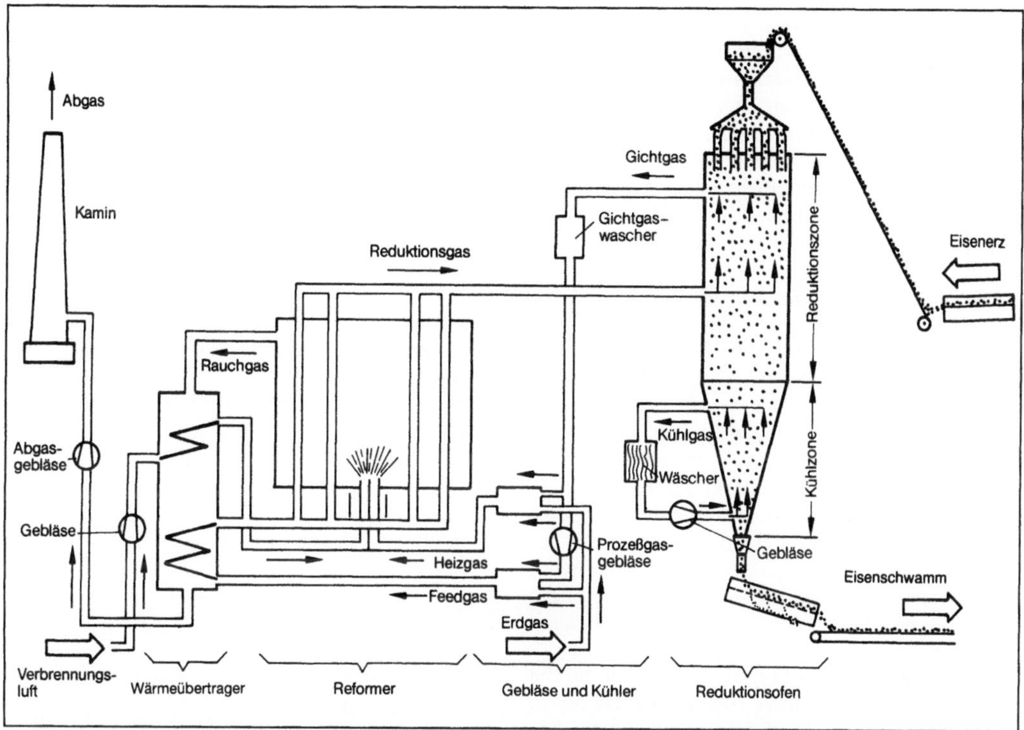

Direktreduktion: Schema des Midrexverfahrens. (Quelle: Stahlberatung Düsseldorf)

reduziert. Bis heute arbeitet nur eine Anlage mit einer Kapazität von 300 000 t/a. Die Anlage hat nach langjähriger Entwicklungsarbeit die Nennkapazität erreicht. Die zukünftigen Möglichkeiten dieses Verfahrens können noch nicht hinreichend beurteilt werden.

Fast alle Verfahren der D., die mit Kohle als Energieträger arbeiten, als wichtigste SL-RN und CODIR, führen die Reduktion in einem →Drehrohrofen durch. Die Öfen haben einen Durchmesser von 3,5–4 m und eine Länge von 35–40 m. Pellets oder Stückerze werden zusammen mit Kalk oder Dolomit und Kohle aufgegeben. Vom Austragsende des Ofens her wird mit einer Kohlenstaub- oder Ölfeuerung beheizt. Zur Regulierung der Temperatur über die Ofenlänge kann Luft durch regelbare Düsen im Ofenmantel eingeblasen werden. Die Wärmeübertragung an die Beschickung erfolgt sowohl direkt durch die Flamme wie auch indirekt über das aufgeheizte Futter des Ofens. Der Ofenaustrag wird in einer wassergekühlten Drehtrommel abgekühlt. Feiner Kalk bzw. Dolomit und Kohleasche werden ausgesiebt. In einer anschließenden Magnetscheidung wird nicht verbrauchter Überschußbrennstoff vom Eisenschwamm getrennt und zurückgeführt. Die Kapazität von Drehrohröfen liegt bei 50–150 000 t/a.

Der Energieverbrauch dieser Verfahren ist höher als bei Schachtöfen mit Gasreduktion. Um einen Eisenschwamm mit geringem Gangartanteil zu erhalten, müssen Erze oder Pellets hohe Eisengehalte haben. Da Kohleasche und Zuschläge nicht vollständig ausgesiebt werden können, liegt der Gangartanteil höher als bei Gasreduktionsanlagen.

Im Jahre 1985 betrug die Kapazität aller D.-Anlagen der Welt etwa 23 Mill. t/a. Weitere 10 Mill. t sind in Bau. Aus wirtschaftlichen Gründen wurden aber viele Anlagen nicht betrieben, so daß die tatsächliche Erzeugung im gleichen Jahr 11 Mill. t betrug. 93 % dieser Menge wurden in Gasreduktionsanlagen erzeugt. *Rellermeyer*

Literatur: Direktreduktion von Eisenerz. Düsseldorf 1976. – *Stephenson, R. L.*, u. a.: Direct Reduced Iron. The Iron an Steel Society of AIME Warrendale. Pa. 1980.

Dispersionsmodell. Im Reaktormodell des idealen Rohrreaktors wird die Abweichung von der Kolbenströmung infolge axialer Vermischungsvorgänge (axiale Dispersion) durch einen Diffusions-Term berücksichtigt. Dieser Term kann analog dem zweiten Fickschen Gesetz formuliert werden als:

$$D_{ax} \frac{\partial^2 c}{\partial z^2};$$

c Konzentration eines Reaktanden, z axiale Koordinate in Strömungsrichtung, D_{ax} axialer Dispersionskoeffizient. Die axiale Vermischung (auch als

→Rückvermischung oder effektive, turbulente, konvektive Diffusion sowie als Wirbeldiffusion bzw. als Mischung oder Durchmischung bezeichnet) kann bedingt sein durch molekulare Diffusion, insbesondere aber durch turbulente Geschwindigkeitsschwankungen und durch Wirbelbildung. Der Parameter des kontinuierlichen D. ist der axiale Dispersionskoeffizient bzw. die →Bodenstein-Zahl und gibt den Grad der Rückvermischung an. Das Modell beschreibt eine partielle Vermischung der Reaktionsmasse, die zwischen einer vollständigen Vermischung im idealen, kontinuierlichen →Rührkesselreaktor (→Reaktormodell) und keiner Vermischung im idealen →Rohrreaktor liegt. Neben dem →Zellenmodell spielt das D. z. B. bei den Verweilzeitmodellen, zur Auslegung von Blasensäulenreaktoren und realen Rührkesselreaktoren sowie von Flüssig-Flüssig-Extraktoren eine wichtige Rolle. Treten jedoch Totzonen, Kurzschlußströmungen oder Kanalbildung auf, dann läßt sich das D. i. a. nicht mehr anwenden. Es müssen dann mehrparametrige Modelle (→Verweilzeitmodell) verwendet werden. *Schönbucher*

Disposition. Das ist die kurzfristig planende, nur im konkreten Einzelfall gültige Anordnung, die neben der →Organisation als allgemeine und beständige Struktur besteht. Die individuellen D. ersetzen eine fehlende Organisation dort, wo diese mangels Wiederholung nicht angewendet werden kann. Sie beinhaltet kurzfristige Maßnahmen, die geeignete Reaktionen auf die jeweilige Situation des laufenden Betriebsgeschehens im Sinne der festgesetzten Unternehmensziele darstellen.

Aufgabe der betrieblichen D. ist die termingerechte Bereitstellungsplanung der Produktionsfaktoren. Sie hat das optimale Kosten-Nutzen-Verhältnis zum Ziel. So ist es beispielsweise Aufgabe der →Materialdisposition, den Lagerbestand als Optimum zwischen Verfügbarkeit, Lager- bzw. Bestandskosten und Einstandskosten abhängig vom aktuellen Bedarf festzulegen. *Eversheim*

Literatur: *Grochla, E.:* Handwörterb. Organisation. Stuttgart 1973.

Dixon-Darstellung. Die D.-D. (→Enzymkinetik) ist ein graphisches Verfahren zum Auswerten enzymkinetischer Messungen. Sie ist insbes. geeignet, den Einfluß von Effektoren auf die Kinetik enzymkatalysierter Reaktionen zu untersuchen. Für ein Auftragen nach *Dixon* wird die Konzentration eines Inhibitors bei verschiedenen Substratkonzentrationen variiert und die jeweilige Reaktionsgeschwindigkeit gemessen. Die Auftragung der reziproken Reaktionsgeschwindigkeit 1/v über der Konzentration des Inhibitors [I] liefert für jede Substratkonzentration eine Gerade. Der Verlauf dieser Ausgleichsgeraden sowie Existenz und Koordinaten

des gemeinsamen Schnittpunkts hängen vom Typ der →Hemmung ab: Bei kompetitiver (Bild), nichtkompetitiver und gemischter Hemmung liefert der Abszissenwert des gemeinsamen Schnittpunkts die negative Hemmkonstante -K_I. Bei einer unkompetitiven Hemmung verlaufen die Geraden parallel. Daher wird in diesem Fall zunächst in einer →Lineweaver-Burk-Darstellung die maximale Reaktionsgeschwindigkeit v_{max} für [I] = 0 ermittelt. Bei einer unkompetitiven Hemmung entspricht die Steigung der Ausgleichsgeraden in der D.-D. $1/K_I \cdot v_{max}$. Die Kombination beider Auftragungen ermöglicht somit eine einfache und exakte Bestimmung der Hemmkonstanten K_I.

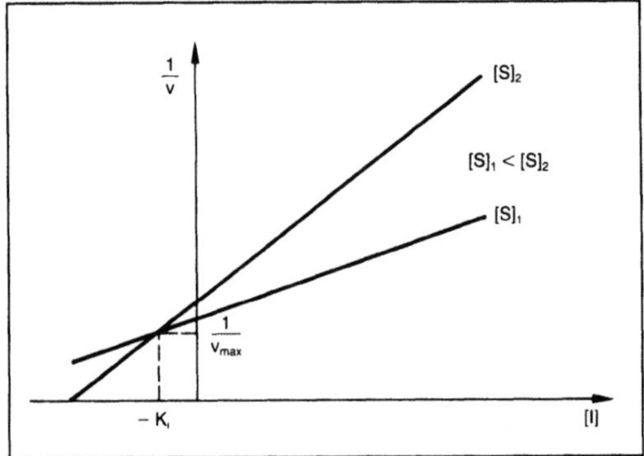

Dixon-Darstellung: Kompetitive Hemmung.

Bei einer pseudokompetitiven Hemmung liefert die D.-Auftragung keine Geraden und kann deshalb nicht zum Bestimmen der kinetischen Parameter herangezogen werden.

Da sich aus der D.-Auftragung die Hemmkonstante K_I direkt ablesen läßt, ist dieses graphische Verfahren zum Bestimmen von Hemmtyp und kinetischen Konstanten besonders geeignet. *Liefke*

DNC. Der Begriff DNC-System wird in der Richtlinie VDI 3424 folgendermaßen definiert: „Direct Numerical Control (DNC) ist ein System zur Rechnerdirektführung von mehreren numerisch gesteuerten Arbeitsmaschinen durch Digitalrechner."

Der wesentliche Unterschied zum herkömmlichen CNC-Betrieb besteht darin, daß die Eingabe der Programme in die Werkzeugmaschine nicht mehr durch Lochstreifen, sondern direkt (on line) über einen zentralen Rechner auch für mehrere Werkzeugmaschinen erfolgt.

Grundfunktionen von DNC-Systemen sind die Verwaltung der CNC-Teileprogramme und ihre zeitrichtige Verteilung auf die nachgeschalteten Maschinen. Daneben bieten sie die Möglichkeit der datenmäßigen Einbindung des Fertigungsprozesses in den gesamten Betriebsablauf. Somit bilden sie einen unverzichtbaren Bestandteil integrierter CAD/CAM-Systeme und flexibler Fertigungssysteme, insbes. im Hinblick auf das Erreichen des Fernziels CIM.

Die ersten Installationen von DNC-Systemen wurden in den Jahren 1967/68 fast gleichzeitig in den USA und Japan bekannt. Anlaß für diese Entwicklung waren Probleme mit dem Datenträger Lochstreifen. Daher wurden zur Steuerung der Werkzeugmaschine die beiden Alternativen Rumpfsteuerung und BTR-Betrieb entwickelt. Während bei der Rumpfsteuerung die Werkzeugmaschine vollständig vom Fertigungsrechner abhängig ist und bei dessen Ausfall nicht autonom betrieben werden kann, sind die einzelnen Maschinen beim BTR-Betrieb (Behind Tape Reader) auch rechnerunabhängig arbeitsfähig. Die Steuerinformationen werden dabei hinter einen noch vorhandenen Lochstreifenleser in eine CNC-Steuerung eingeleitet. Auf Grund des geringeren Ausfallrisikos hat sich heute der BTR-Betrieb durchgesetzt. *Schulz*

Literatur: *Klemer, J.:* ZWF CIM 81 (1986) Nr. 2. – *Sautter, R.:* Numerische Steuerungen für Werkzeugmaschinen. 1. Aufl. Würzburg 1985. – *Weck, M.:* Werkzeugmaschinen. Bd. 3. 2. Aufl. Düsseldorf 1982.

Dokumentation. Hierunter wird die Sammlung, Speicherung, Ordnung und Auswahl sowie Verbreitung und Nutzbarmachung von Informationen verstanden, sofern sie in Dokumenten aller Art enthalten sind. Zu diesen gehören nicht nur Veröffentlichungen, sondern auch Filme, Akten, Zeichnungen, EDV-Daten usw.

Sie soll jedem Informationssuchenden, z. B. in einem Unternehmen, die und nur die Informationen zur Verfügung stellen, die er zur Beseitigung von Ungewißheit einmalig, periodisch oder laufend benötigt. Auf diese Weise besteht die Möglichkeit, Doppelarbeit in Forschung und Entwicklung zu vermeiden, was ein wichtiges Ziel der D. darstellt.

Zur Erschließung der gespeicherten Informationen werden unterschiedliche Methoden eingesetzt. Weit verbreitet sind Universal- und Fachklassifikationen, wie z. B. die Internationale Dezimalklassifikation. Bedingt durch die Möglichkeit der EDV werden heute vermehrt die Thesaurusmethoden angewandt. Hierbei handelt es sich um systematisch oder alphabetisch geordnete Begriffe, die sog. Deskriptoren, deren Beziehungen zu über-, unterund nebengeordneten Begriffen angegeben sind und die ein Fachgebiet möglichst lückenlos überdecken. Der Inhalt von Dokumenten wird mit etwa 3–20 Deskriptoren beschrieben und eingespeichert. Mit Hilfe logischer Verknüpfungen der Deskriptoren können dann bei der Recherche die relevanten Dokumente wiedergefunden werden. Zur gezielten Suche finden hierzu interaktive Dialogprogramme Anwendung. *Eversheim*

Literatur: *Laisiepien, K.,* u. a.: Grundlagen der praktischen Information u. Dokumentation, eine Einführung. 2. Aufl. Deutsche Gesellschaft für Dokumentation. Frankfurt a. M. 1980.

Doppelhärtung. Nach dem Aufkohlen wird zunächst von einer Temperatur oberhalb der Umwandlungstemperatur des Kernmaterials gehärtet und dadurch ein feines Korn erzielt. Anschließend erfolgt Härtung von einer auf den Randkohlenstoffgehalt abgestimmten niedrigeren Temperatur. *W. Dahl*

Doppelsubstratkinetik. Eine D. beschreibt die zeitliche Änderung des mikrobiellen Wachstums bei Verwertung von 2 oder mehreren gleichartigen Substraten. Diese können entweder simultan oder sequentiell verwertet werden; dabei ist die sequentielle Verwertung als →Diauxie bekannt.

Bei simultanem Verbrauch gleichartiger Substrate werden die Stoffwechselraten für die einzelnen Substrate S_1 und S_2 wechselseitig inhibiert. Die spezifische Wachstumsrate μ ist daher eine Funktion der partiellen Wachstumsraten auf den einzelnen Substraten mit n additiven Gliedern:

$$\mu = \mu_1(S_1, S_2) + \mu_2(S_1, S_2).$$

Dabei kann in jedem Term der Einfluß des inhibierenden Substrats durch einen Inhibitionsterm berücksichtigt werden. Für $S_2 = 0$ hängt μ nur von S_1 und $\mu_{1,max}$ ab und umgekehrt. Das Konzentrationsverhältnis der eingesetzten Substrate bestimmt demnach die Größe der resultierenden Wachstumsrate μ_{eff}. *Liefke*

Doppler-Sonographie. Zur nichtinvasiven Bestimmung der Geschwindigkeit bewegter Strukturen über Ultraschall-Doppler. Zwei Arten der Dopplermessung werden unterschieden, die kontinuierliche (CW) Messung und die gepulste Dopplermessung. Bei der CW-Dopplermeßtechnik wird ein Piezokristall als Sender verwendet, der ständig eine vorgegebene Frequenz aussendet (i. a. zwischen 1 und 10 MHz). Ein zweiter Kristall empfängt die durch den Dopplereffekt verschobene Frequenz. Für die nach der Demodulation auftretende Dopplerverschiebefrequenz $f_D(f_D = f-f$, mit f reflektierte Frequenz, f ursprüngliche Frequenz) gilt, wenn $v \ll c$ ist: $f_D = 2 \cdot v \cdot \cos\gamma \cdot f/c$; dabei ist γ der Winkel zwischen der Bewegungsrichtung der reflektierten Fläche und der Richtung der einfallenden Welle. Diese Frequenz liegt üblicherweise im Hörbereich. Spezielle Schaltungen ermöglichen eine Unterscheidung der Strömungsrichtung. Ein gepulstes Ultraschall-Dopplersystem mit nur einem Ultraschallwandler, der abwechselnd als Sender und Empfänger arbeitet und als Sender Frequenzpakete mit vorgegebener Frequenz aussendet, erlaubt zusammen mit einem Tiefenfenster die Auswahl der zu messenden Strukturen. Die verschiedenen Ultraschall-Dopplerverfahren erwiesen sich als wertvoll für die nichtinvasive Bestimmung und Beurteilung der Blutströmung und des Gefäßzustands (Stenosen) in arteriellen und venösen Gefäßen und im Herzen sowie als fetales Herzüberwachungsgerät. *Stroh*

Dornhonen. Beim D. (auch Precidor-Honen genannt) wird ein dornartiges →Honwerkzeug mit einem sehr harten abrasiven Belag mit relativ großer Kraft rotierend in zylindrische Durchgangsbohrungen eingebracht. Das hochgenaue Dornhonwerkzeug besteht aus einem Schaft, der leicht konisch ausgebildet ist. Auf diesen wird eine Hülse aufgezogen, die auf ihren Außenflächen mit Schneidkörnern belegt ist. Diese Hülse ist mit einer spiralförmigen Nut versehen. Das D.-Werkzeug besteht im ersten Drittel aus dem Führungskegel, im zweiten Drittel aus der leicht konischen Schneidenzone und im letzten Drittel aus einem zylindrischen Kalibrierelement (Bild).

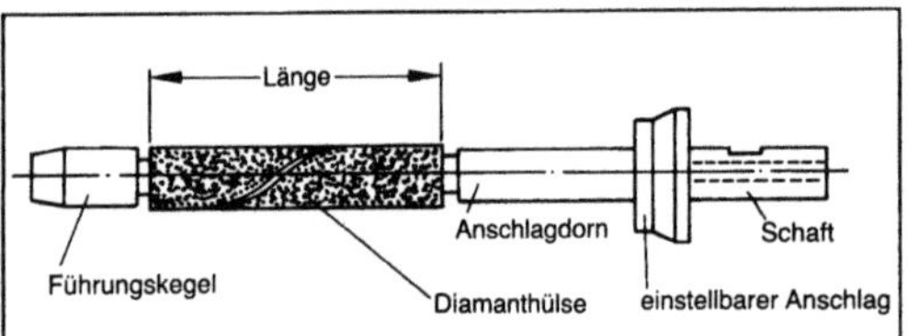

Dornhonen: Dornhonwerkzeug.

Kennzeichnend für den Prozeß des D. ist, daß mit nur einem Arbeitshub der Werkstoffabtrag und die Verbesserung der Oberflächenstruktur genau vorbearbeiteter Bohrungen bewerkstelligt wird.

Für die Anwendung des D. hat sich in jüngster Zeit eine eigene Technologie entwickelt. Es handelt sich bei den zu bearbeitenden Flächen um lange glatte oder mit Konturen durchsetzte Durchgangsbohrungen, wie z. B. bei Graugußgehäusen für hydraulische Steuerungssysteme. Während des Bearbeitungsprozesses befindet sich der gesamte Schneidbelag des Dornhonwerkzeugs umfangsmäßig im Eingriff. Die Axialgeschwindigkeit beträgt dabei 1–2 m/min. Die Umfanggeschwindigkeit von 20 m/min entspricht der von konventionellen →Honverfahren.

Beim D. können Form- und Maßgenauigkeiten von 1–2 µm erzielt werden. Der Werkstoffabtrag liegt zwischen 20–30 µm, bezogen auf den Durchmesser. Bei diesem Feinbearbeitungsverfahren ist die Verwendung eines Honöls unbedingte Arbeitsvoraussetzung. *Kenter*

Dosierung von Schüttgütern. Unter D. versteht man das Abfüllen vorbestimmter Stoffmengen, die Zuteilung vorbestimmter Massenströme und deren Steuerung bzw. Regelung in Abhängigkeit von anderen Größen.

Schüttgüter sind körnige bis pulverige Haufwerke. Die Beschaffenheit hängt von Stoffart, Partikelfeinheit und -form ab. Die mechanischen Eigenschaften können mit einer →Scherzelle gemessen werden.

Dosiereinrichtungen müssen eine Mengen- bzw. Durchflußmessung durchführen, automatisch arbeiten und das zu dosierende Gut an den Bestimmungsort fördern. Die Zufuhr erfolgt absatzweise oder kontinuierlich. Mittel zur D. sind bei Schüttgütern:
□ Meßbehälter,
□ Bandförderer,
□ Förderschnecke,
□ Schwingrinne,
□ Zellenradschleuse,
□ Bandwaage.

Schneckenförderer. Sie eignen sich zur D. bzw. Vor-D. Bei letzterem fördert ein Präzisionsschneckenaufgeber das Gut zur Wägung auf eine Bandwaage (Bild 1). An Stelle einer Bandwaage kann auch eine Dosierschnecke angebracht sein (Bild 2).

Zellenradschleuse. Man unterscheidet zwischen Durchfall- und Durchblasschleuse (Bild 3 bis 5).

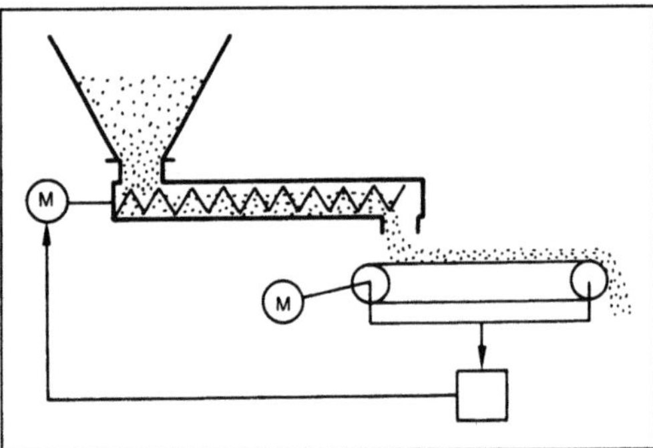

Dosierung von Schüttgütern 1: Schneckenförderer als Vordosierer.

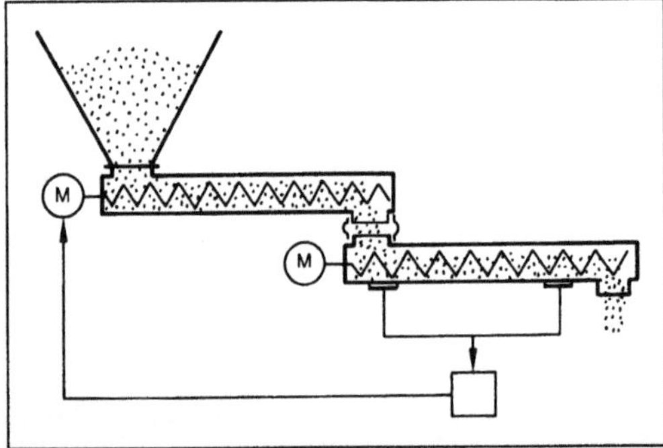

Dosierung von Schüttgütern 2: Schneckenförderer als Dosierwaage.

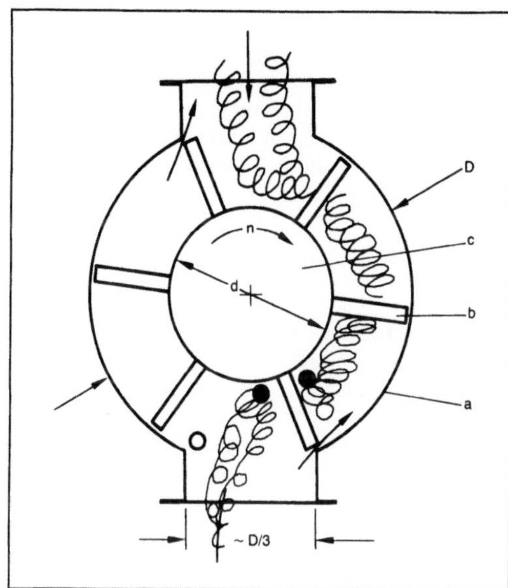

Dosierung von Schüttgütern 3: Durchfallschleuse.

a Gehäuse, b Stege, c Welle, d,D Durchmesser

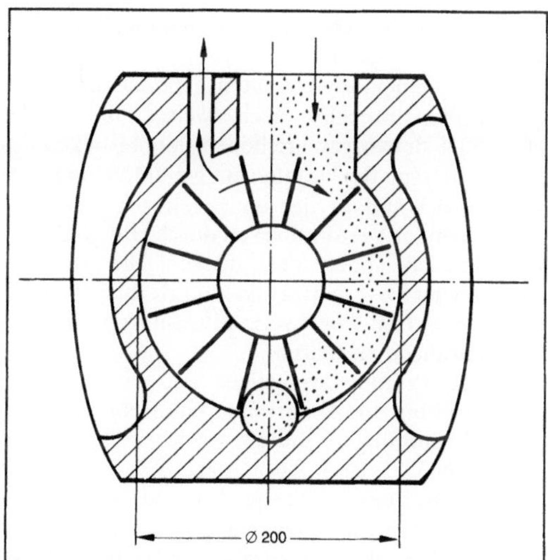

Dosierung von Schüttgütern 4: Durchblasschleuse.

Zellenräder verwendet man zum Einspeisen und zur D. v. S. in pneumatischen Förderleitungen sowie in Druckräumen bei Differenzdrücken von $p = 1{,}5$ bis 2 bar. Die Zellenradschleuse besteht aus einem Gehäuse a mit dem Durchmesser D. Die 6 Stege b des Rades sitzen auf einer Welle c, deren Durchmesser d groß genug sein muß, um den großen Druckkräften standzuhalten. Das Spiel zwischen Gehäuseinnenwand und Stegen darf maximal 0,2 mm sein.

Bei der Durchfallschleuse fällt das Gut durch den Austrittsschacht frei nach unten. Bei $D = 500$ mm werden Füllvolumen von $V = 80$ l erreicht. Die Drehzahl n ist begrenzt durch die Fallzeit im

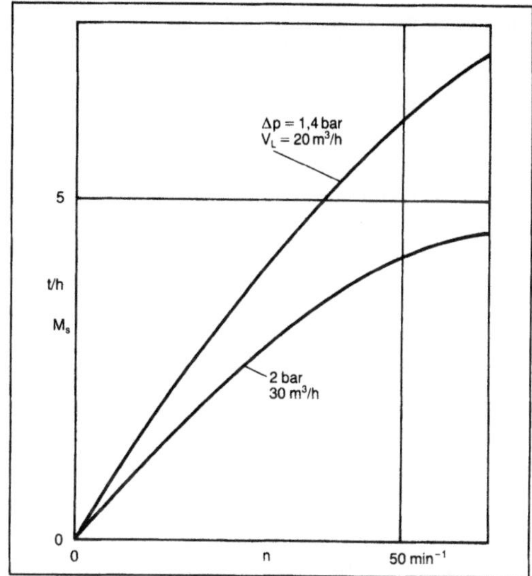

Dosierung von Schüttgütern 5: Förderkennlinie einer Zellenradschleuse.

Schwerefeld g. Je nach Durchmesser D ergeben sich Drehzahlen von $n = 40\text{–}90$ min^{-1}.

Bei größer werdenden Gegendrücken geht der Durchsatz stark zurück (Bild 5). Deshalb wurde die Durchblasschleuse entwickelt, bei der die unterste Kammer mit Förderluft durchgeblasen wird. Der Antrieb der Zellenräder erfolgt über Elektromotoren und eine stufenlose Drehzahlregelung.

Bandwaage. Sie ist die genaueste Dosiervorrichtung (Bild 6). Den Massenstrom $\dot{M}_S$ berechnet man

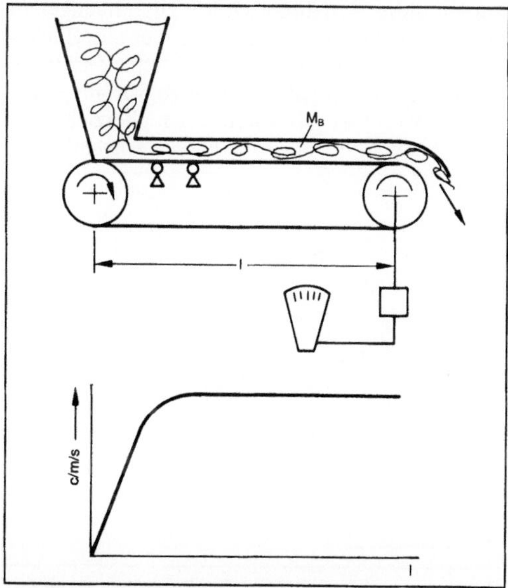

Dosierung von Schüttgütern 6: Bandwaage mit Gutgeschwindigkeit über der Bandlänge.

M_B auf dem Band befindliche Masse, l Bandlänge

aus der an der zweiten Rolle gemessenen, dauernd auf dem Band befindlichen Masse:

$$\dot{M}_S = \frac{M_S}{t}, \text{ mit } t = \frac{l}{u_{Band}};$$

darin bedeuten $\dot{M}_S$ Massenstrom des Feststoffs, M_S Masse des Schüttguts, t Zeit, l Bandlänge.

Die Verweilzeit ist exakt bestimmt, wenn nur der Teil des Bandes gewogen wird, wo die aufliegende Masse bereits auf Bandgeschwindigkeit u_{Band} beschleunigt wurde. Dann ist der Trichterdruck auf das Band eliminiert. Es treten Bandlängen bis 1 m auf. Die Förderleistung liegt zwischen 0,5–15 t/h. *Würtz*

Literatur: *Höffl, Karl:* Zerkleinerungs- und Klassiermaschinen. Berlin 1986. – *Ullmann:* Bd. 3: Verfahrenstechnik und Reaktionsapparate. Weinheim 1972. – *Weinberg:* Gemenge- und Dosiertechnologie. Grafenau 1989.

Dragiertrommel. Dragees sind überzogene Tabletten. Der Überzug eines verpreßten Formlings soll den Arzneistoff vor allem gegen Licht und Feuchtigkeit schützen. Der Dragiervorgang besteht aus mehreren Arbeitsschritten:

☐ Andecken mit wechselweise Andecksirup und Andeckpuder,

☐ Dragiervorgang: Überziehen mit Sirup und Puder wechselweise in Schichten,

☐ Glätten der Dragees ohne Puder, nur mit Dragierlösung,

☐ Färben der Dragees,

☐ Polieren mit Fetten oder Wachsen.

Bei der heute üblichen Suspensionsdragierung werden diese Verfahrensschritte zusammengefaßt. Die Dragiersuspension besteht dabei aus Zucker, Talkum und Calciumcarbonat, ggf. unter Zusatz von Farbstoffen. Man wendet 2 Überzugverfahren an.

Kesselverfahren (Bild): Die zu überziehenden Kerne werden in einer rotierenden, schwenkbaren

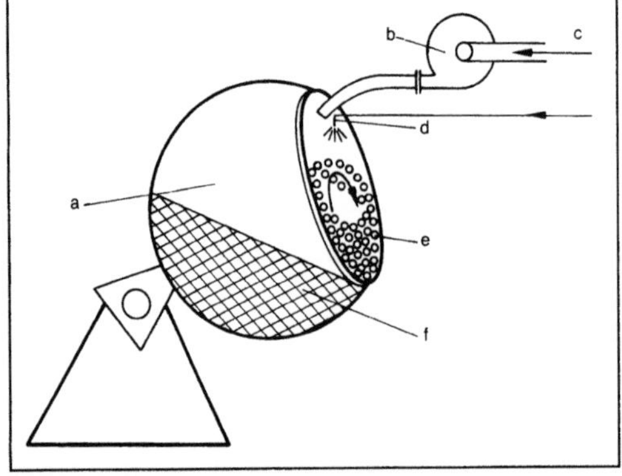

Dragiertrommel: Dragieren im Kesselverfahren.

a schwenkbare Dragiertrommel, b Gebläse, c Kalt- oder Warmluft zum Trocknen, d Suspension, e Drageekerne, f Lage der Kerne in der Trommel

D. (Dragierkessel) bewegt und mit Suspension, im Wechsel mit Trocknungszeiten, besprüht. Dieses Verfahren wird für bikonvexe Kerne verwendet.

Bei der Wirbelschichtdragierung hält aufsteigende Luft die Kerne in einem Zylinder in Bewegung. Gleichzeitig besprüht man sie mit Überzugsflüssigkeit und trocknet sie durch Warmluft. *Greif*

Drahterosion →Schneiden, funkenerosives

Drahtseilprüfung. Ermittlung von Kennwerten zum Nachweis geforderter Eigenschaften an unverseilten und verseilten Drähten bzw. an ganzen Seilen.

Drahtseile für Hebezeuge und Fördermittel, Schifffahrt und Bergbau. Die bei der Drahtseilherstellung verwendeten Runddrähte weisen die Festigkeitsklassen 1570 bzw. 1770 N/mm² auf, die gem. DIN 3051, Bl. 4, Ausg. März 1972 mit vom Durchmesser abhängigen Plustoleranzen versehen sind. Gemäß den Normangaben ist außerdem eine ausreichende Verformbarkeit an unverseilten Drähten nachzuweisen.

Hierzu ist bei Drähten mit Nenndurchmessern von 0,18–0,37 mm im Knotenzugversuch nach DIN 51214 bei einem zum Knoten gebundenen Draht eine Minimalbruchlast nachzuweisen, die mindestens 50 % der vorgeschriebenen Nennfestigkeit des Drahts beträgt. Bei Drähten mit Nenndurchmessern von 0,4–3,5 mm ist der entsprechende Nachweis ausreichender Verformbarkeit durch Hin- und Herbiegeversuche oder Verwindeversuche und bei Drähten mit 3,6–5 mm im Hin- und Herbiegeversuch an Hand der im Regelwerk aufgeführten Mindestanforderungen zu führen.

Bei der Prüfung des fertigen Seils wird zwischen Drahtprüfung und Seilprüfung unterschieden.

Zur Ermittlung der Gütewerte der Drähte genügt nach DIN 3051, Bl. 4, Ausg. März 1972 die Prüfung aller Drähte einer Litze je Art und Abmessung. Hierbei dürfen im Zugversuch und im Hin- und Herbiegeversuch maximal 5 % der Drähte je Litze die zulässigen Abweichungen bzw. Mindestwerte nicht einhalten bzw. unterschreiten. Beim Verwindeversuch und Knotenzugversuch gelten die gleichen Anforderungen.

Bei der Bestimmung der Bruchkraft des Seils unter zügiger Beanspruchung unterscheidet man nach DIN 3051, Bl. 3, Ausg. Febr. 1972 zwischen

☐ der aus dem metallischen Seilquerschnitt und der Nennfestigkeit der Drähte ermittelten „Rechnerischen Bruchkraft". Aus der „Rechnerischen Bruchkraft" erhält man durch Multiplikation mit einem den Verseilungsverlust berücksichtigenden Faktor (Verseilfaktor) die „Mindestbruchkraft";

☐ der aus den Bruchkräften aller geprüften Einzeldrähte erhaltenen „Ermittelten Bruchkraft";

□ der im Zugversuch an einem Seilabschnitt ermittelten „Wirklichen Bruchkraft" (Höchstkraft bis zum Brechen des Seils).

Für hochwertige Seile (z. B. Förderseile) ist nach DIN 51201 die „Ermittelte Bruchkraft" unter Zugrundelegung aller Einzeldrähte festzustellen. Sonst genügt i. a. für die „Ermittelte Bruchkraft" die Prüfung von 10 % aller Drähte.

Zur Ermittlung der „Wirklichen Bruchkraft" werden nach DIN 51201, Ausg. März 1961 Seilabschnitte mit einer Versuchslänge größer 600 mm (mindestens jedoch 30 x Seildurchmesser) verwendet. Hierbei sind die Seilenden in Vergußmuffen oder nach Vereinbarung in dem Verwendungszweck entsprechenden Halterungen so zu halten, daß alle Drähte an der Aufnahme der Belastung teilnehmen. Es hat sich als zweckmäßig erwiesen, hierzu die Seilenden vor dem Vergießen mit Tonerdeschmelzzement, Weißmetall oder Zink zu einem Büschel aufzulösen. Die Prüfung erfolgt zügig mit einer Belastungszunahme $\leq 10\,\mathrm{N/mm^2}$ je Sekunde.

Liegt die „Ermittelte Bruchkraft" unter dem Wert der „Rechnerischen Bruchkraft", so ist die „Ermittelte Bruchkraft" unter Zugrundelegung aller Drähte des Drahtseils erneut zu bestimmen.

Nach Vereinbarung sind dem Verwendungszweck angepaßte Dauerschwingversuche durchzuführen.

Drahtseile für Hauptseilfahrtanlagen. Bestimmung der „Ermittelten Bruchkraft" unter Zugrundelegung aller Einzeldrähte; gleicher Prüfumfang bei Hin- und Herbiegeversuchen. Die Grundlage für die Bewertung der Tragfähigkeit des Seils und der Seilaufliegezeit sind in den Bergverordnungen der Oberbergämter für Hauptseilfahrtanlagen der Bundesländer niedergelegt.   *Kußmaul*

Drahtziehen. D. gehört nach DIN 8584, Bl. 2, zu den Verfahren des Durchziehens und ist als Gleitziehen von Draht durch ein Werkzeug (Ziehstein, Zieheisen) mit kreisförmiger oder andersgeformter Austrittsöffnung (Ziehen von Runddraht bzw. Profildraht) definiert.

Der Vorgang des D. ist hinsichtlich Formänderungs- und Spannungszustand identisch mit dem →Stabziehen. Das D. ist jedoch stets ein kontinuierlicher Prozeß mit Ab- und Aufhaspeln des Ziehguts vor und hinter der Maschine. Die Geschwindigkeiten sind dabei teils erheblich höher, besonders bei kleinen Abmessungen (Durchmesserbereich beim D. zwischen 50 mm und ca. 10 µm) als beim Stabziehen. Üblicherweise verläuft das D. bei größeren Abmessungen (d $\geq$ 8 mm) im Einzelzug, bei kleineren und kleinsten Abmessungen im Mehrfachzug mit Ziehgeschwindigkeiten bis ca. 20 m/s bei kleinen Umformgraden und kleinen Ziehdüsenöffnungswinkeln. Bild 1 zeigt prinzipiell den Vorgang bei Einfach- und Mehrfachziehmaschinen. Der auf der Haspel befindliche Draht wird mit der an der Ziehtrommel befestigten Zange durch das Ziehwerkzeug gezogen und auf die Ziehtrommel aufgehaspelt. Je nach Lagerung der Ziehtrommel werden Vertikal- und Horizontal-Einfachziehmaschinen unterschieden. Beim Mehrfachzug kommt es bedingt durch die Querschnittsabnahme und die damit verbundene Verlängerung des Drahts nach jeder Ziehstufe zu einer Geschwindigkeitserhöhung, die eine entsprechende Trommeldrehzahl erfordert. Lösungen hierfür bilden für den Trockenzug die gleitlos arbeitenden Mehrfachziehmaschinen mit und ohne Drahtansammlung zwischen den Stufen und für den Naßzug die gleitend arbeitende Ziehmaschine.

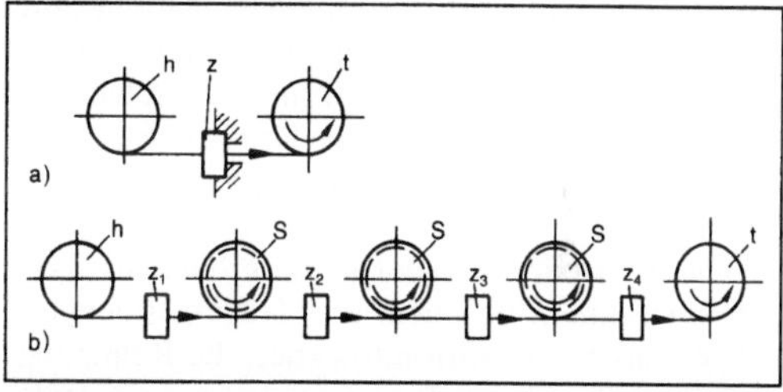

Drahtziehen 1: Drahtziehmaschinen. (Quelle: Spur, Stöferle a. a. O.)
a) Einfachziehmaschine
b) Mehrfachziehmaschine.

h Haspel, s Scheibe, t Ziehtrommel, z, z_1 bis z_4 Ziehwerkzeuge

Als Ziehwerkzeuge wurden für das D. Zieheisen aus in Öl oder an Luft härtenden Stählen verwendet. Heute benutzt man je nach Anwendung Ziehsteine aus Stählen mit hoher →Härte, →Hartmetall oder Diamant. Bild 2 zeigt einige Beispiele von Ziehwerkzeugen für das D.   *Lange*

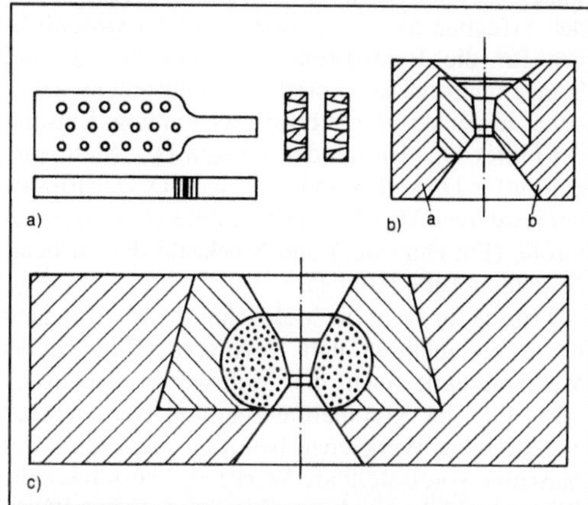

Drahtziehen 2: Drahtziehwerkzeuge (Beispiele).
a) Zieheisen
b) Ziehstein mit Hartmetallkern. (Quelle: DIN 1547)
c) Ziehstein mit Diamant-Kern (hartgelötet).

a Fassung, b Kern

Literatur: *Lange, K.* (Hrsg.): Umformtechnik. Handb. f. Ind. u. Wiss. Bd. 2: Massivumformung. 2. Aufl. Berlin, Heidelberg, New York, Tokio 1988. – *Spur, G.* (Hrsg.), u. *Th. Stöferle:* Handb. Fertigungstechnik. Tl. 2/2: Umformtechnik. München 1984.

Drallenergie →Zyklonabscheider

Drallrückgewinnung →Zyklonabscheider

Drallstromtrockner. Kontinuierlich zu betreibender Trocknungsapparat (→Trocknen), der aus einem beheizbaren Rohr und einem ebenfalls beheizbaren Verdrängungsrohr besteht. Das zu trocknende Gut wird mit Luft pneumatisch durch den Ringspalt zwischen Rohr und Verdrängungsrohr gefördert. Durch spiralförmige Leitbleche auf dem Innenrohr entsteht eine Drallströmung, und das Gut erhält guten Kontakt mit den beheizten Wänden.

Die Verweilzeiten sind in D. größer als die in Stromtrocknern üblichen. Die Trägergasmenge ist kleiner als beim →Stromtrockner, die Reinigungsarbeiten allerdings aufwendiger. *Dohrn*

Drehautomat. D. sind selbständig arbeitende Drehmaschinen für die Großserien- und Massenfertigung. Die Steuerung des Vorschubs und die Auslösung von Schaltfunktionen können dabei mechanisch über Kurvenscheiben oder durch pneumatische, hydraulische, elektrische oder elektrohydraulische Programmsteuerungen oder in neuerer Zeit auch durch die NC-Steuerung erfolgen. Kurvengesteuerte Automaten zeichnen sich durch sehr hohe Betriebssicherheit aus und sind bei kleinen Teilen und hohen Stückzahlen besonders wirtschaftlich.

D. sind als Ein- oder Mehrspindelautomaten mit waagrecht oder vertikal angeordneter →Hauptspindel verfügbar. Sie sind vorwiegend oder ausschließlich für die Bearbeitung von Futterteilen oder Stangenmaterial konzipiert und unterscheiden sich daher in der Art der Werkstückspannung: Einspindel-Futter-D., Einspindel-Stangen-D., Mehrspindel-Futter-D., Mehrspindel-Stangen-D. Der Einsatz der jeweiligen Maschinenart richtet sich nach Form, Größe (Durchmesser) und Stückzahl der zu bearbeitenden Teile (Bild 1).

Typisch für D. ist die Mehrschnittbearbeitung mit mehreren Schlitten und Revolvern (Bild 2), bei Mehrspindlern auch die Mehrwerkstückbearbeitung. Für die Komplettbearbeitung werden auch angetriebene Werkzeuge benötigt. Außerhalb der Maschine voreinstellbare Werkzeuge verkürzen die Rüstzeiten. Überwachungseinrichtungen wie Werkzeugverschleiß- und Bruch-Sensoren werden verstärkt eingesetzt (→Werkzeugüberwachung).

Die Rohlingszuführung erfolgt meist automatisch. Stangenabschnitte oder vorbearbeitete Rohlinge können über Vibrationsförderer oder handbe-

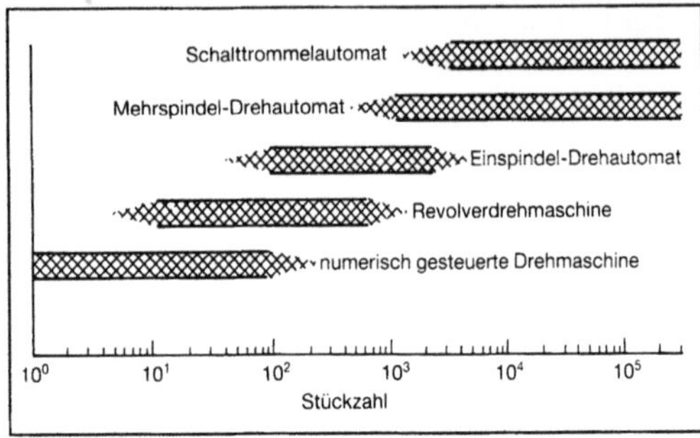

Drehautomat 1: Einsatzbereich verschiedener Drehmaschinen in Abhängigkeit von der Stückzahl. (Quelle: Handb. Fertigungstechnik a. a. O.)

Drehautomat 2: Arbeitsraum eines CNC-Frontdrehautomaten. (Quelle: Heyligenstaedt & Comp. Werkzeugmaschinen, Gießen)

schickte Puffer zugeführt werden (→Werkstückwechsler, →Werkstückspeicher).

Die Sortierung und Abfuhr der bearbeiteten Werkstücke erfolgt ebenfalls automatisch. Da bei Automaten die Späneabfuhr eine große Rolle spielt, sind viele Maschinen in Schrägbettbauweise ausgeführt und mit Spänefördereinrichtungen ausgerüstet (→Späneentsorgung). *Schulz*

Literatur: *Spur, G.,* u. *Th. Stöferle:* Handb. Fertigungstechnik. Bd. 3/1. München, Wien 1979.

Drehen. D. ist Spanen mit geschlossener, meist kreisförmiger Schnittbewegung und beliebiger, quer zur Schnittrichtung liegender Vorschubbewegung. Die Drehachse der Schnittbewegung behält ihre Lage zum Werkstück unabhängig von der Vorschubbewegung bei. Die Definitionen der Drehverfahren gelten grundsätzlich für die Relativbewegung zwischen Werkzeug und Werkstück und sind unabhängig davon, ob sich das Werkstück bei stillstehendem Werkzeug dreht oder ob das Werkzeug um das stillstehende Werkstück rotiert.

Nach DIN 8589, Tl. 1, werden die Drehverfahren in Abhängigkeit von der zu erzeugenden Oberfläche, der Werkzeugform sowie der Kinematik des Prozesses wie folgt unterteilt:

Plan-D. ist D. zur Erzeugung einer senkrecht zur Drehachse des Werkstücks liegenden ebenen Fläche. Rund-D. ist D. zur Erzeugung einer zur Drehachse koaxialen, kreiszylindrischen Fläche. Schraubdrehen (→Gewindedrehen, →Gewindeschneiden, →Gewindestrehlen) ist D. mit einem Profilwerkzeug (Profil-D.) zur Erzeugung von Schraubflächen, wobei der Vorschub je Umdrehung gleich der Steigung der Schraubenlinie ist. Das Wälzdrehen dient der Erzeugung rotationssymmetrischer Wälzflächen, bei der ein →Drehwerkzeug mit Bezugsprofil während des Zerspanvorgangs eine mit der Vorschubbewegung simultane Wälzbewegung ausführt (→Wälzfräsen, →Wälzstoßen). Beim Profil-D. wird die Werkstückkontur durch ein entsprechend profiliertes Werkzeug erzeugt. Im Gegensatz dazu wird die gewünschte Werkstückkontur beim Form-D. durch eine Steuerung der Vorschubbewegung erreicht. Die Vorschubsteuerung kann dabei über eine Schablone (Nachform-D.), eine kinematische Steuerung oder über – in eine NC-Steuerung programmierte – Geometriedaten erfolgen. In einigen Fällen kann bei einfachen Einzelteilen die Vorschubbewegung auch von Hand frei gesteuert werden.

Drehoperationen werden sowohl für die Vorbearbeitung als auch für die Fein- und Feinstbearbeitung von Stählen, NE-Metallen u. a. Werkstoffen eingesetzt. Bei entsprechender Auswahl der Schneidstoffe und Werkzeuge können heute Stähle nicht nur im weichen Zustand, sondern auch hochvergütet und gehärtet wirtschaftlich bearbeitet werden. Je nach Bearbeitungsaufgabe können unterschiedlichste Schneidstoffe wie Schnellarbeitsstähle, Hartmetalle, Keramiken oder CBN und PKD eingesetzt werden. Beim D. im unterbrochenen Schnitt schränken die aus den Schnittunterbrechungen resultierenden Werkzeugbeanspruchungen die anwendbaren Schneidstoffe auf Grund der unterschiedlichen Zähigkeiten ein.

Die beim D. erzielbaren Oberflächengüten hängen im wesentlichen von der Schnittgeschwindigkeit, dem Vorschub sowie dem Eckenradius des Werkzeugs ab. Es können Rauhtiefen von R_t = 2–10 μm, in Sonderfällen $R_t < 1$ μm erzielt werden. Mit voreingestellten Werkzeugen (Drehwerkzeuge) sind Maßgenauigkeiten von IT 7 erreichbar.

Die realisierbaren Schnittbedingungen beim Drehen hängen von der Bearbeitungsaufgabe, dem eingesetzten →Schneidstoff und Werkstoff sowie von maschinen- und werkzeugseitigen Randbedingungen ab. *König*

Literatur: DIN 8589. Tl. 1: Fertigungsverfahren Spanen – Drehen. Hrsg. Dt. Inst. f. Normung. Ausg. 1982. – *König, W.:* Fertigungsverfahren. Bd. 1. Düsseldorf 1990. – *Spur, G.,* u. *Th. Stöferle:* Handb. Fertigungstechnik. Bd. 3/1. München, Wien 1979.

Drehfräsen →Rundfräsen

Drehmaschine. D. dienen zum Herstellen rotationssymmetrischer Werkstücke. Die Hauptschnittbewegung wird vom Werkstück ausgeführt, das um die Hauptantriebsachse rotiert. Die zur Zerspanung notwendige Vorschubbewegung erfolgt durch das Werkzeug in einer zur Schnittrichtung senkrechten Ebene. Gemäß Bild 1 erfolgt die Einteilung der Drehoperation entsprechend der Vorschubrichtung in Längsdrehen, Plandrehen und Konturdrehen.

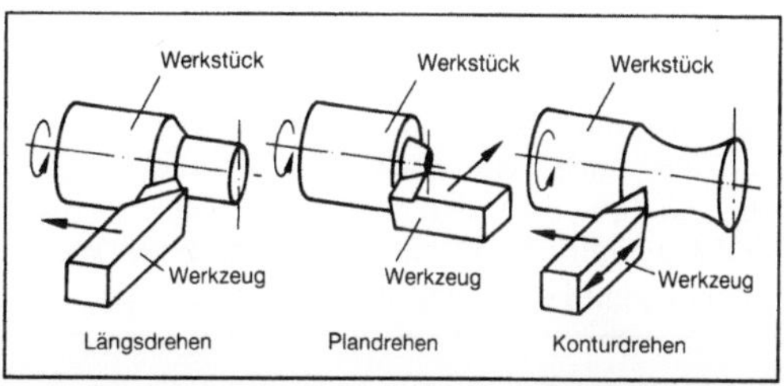

Drehmaschine 1: Einteilung der Drehoperation nach der Vorschubrichtung.

Die Einteilung der D. in Leit- und Zugspindel-D., Spitzen-D., Revolver-D., Nachform-D., Karussell-D., Vertikal-D., Plan-D. und Sonder-D. erfolgt gemäß der Lage der Hauptachse, des Automatisierungsgrads, der Steuerungsart und -kinematik sowie der Anzahl der Hauptspindeln. Allen D. gemeinsam ist das Gestell, das als Bett die Führungen für die Werkzeugschlitten trägt und als Spindelstock die Lagerung der →Hauptspindel sowie den →Hauptantrieb beinhaltet. Die Betten können in Waagrecht-, Schräg- oder Senkrechtbauweise ausgeführt sein, wobei sich die Schrägbettbauweise für den automatisierten Betrieb in Folge eines günstigen Spänefalls und guter Zugänglichkeit zum Arbeitsraum bewährt hat und standardmäßig angewendet wird.

Die ehemals handbedienten D. werden zunehmend durch NC-D. bzw. CNC-D. ersetzt, bei denen man die Maschinenfunktionen über ein Rechnerprogramm steuert. Bild 2 zeigt eine CNC-D. neuer Bauart mit Schrägbett und Werkzeugrevolver. Zum Einsatz in der automatischen Fertigung (→Fertigung, flexible automatisierte) sind Bauarten entwickelt worden, z. B. Front-D., die den Handhabungseinrichtungen (→Roboter) eine gute Zugänglichkeit zum Arbeitsraum ermöglichen. *Schulz*

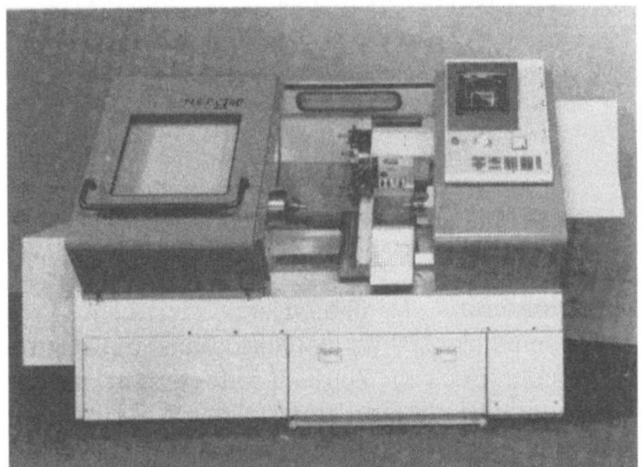

Drehmaschine 2: CNC-Universaldrehmaschine. (Quelle: Gildemeister, Bielefeld)

Drehräumen. Spanabhebendes Bearbeitungsverfahren mit geometrisch bestimmter Schneide, bei dem die Prinzipien des Drehens und Räumens miteinander kombiniert werden. Ein mehrschneidiges Räumwerkzeug führt dabei eine translatorische – in Sonderfällen auch rotatorische – Vorschubbewegung tangential zu dem rotierenden Werkstück aus (Bild), so daß zylindrische Flächen und Absätze an Wellen i. a. in einem Hub bearbeitet werden können.

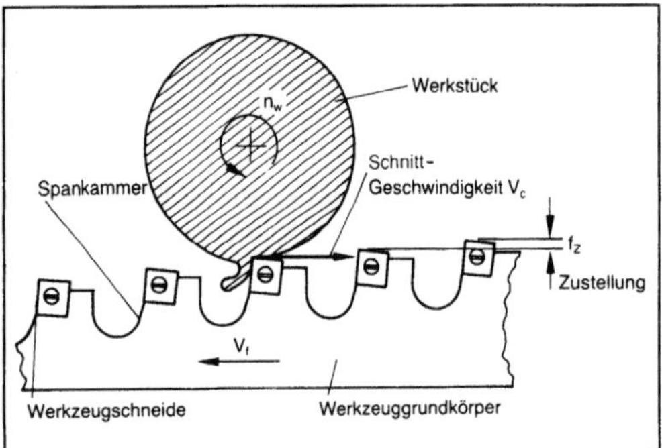

Drehräumen: Kinematisches Prinzip.

Ebenso wie beim Räumen wird der Betrag der Gesamtzustellung durch die Anzahl und Steigung der Schneiden bestimmt. Die Werkzeuge können dabei ebenfalls in Schrupp-, Schlicht- und Kalibrierteile segmentiert sein.

Die Vorteile des D. liegen in einer Substitution mehrerer einzelner Bearbeitungsgänge durch einen Räumhub, insbes. auch im Einsatz als Endbearbeitungsverfahren gehärteter Werkstücke. Aus den gleichen Gründen wie beim Räumen ist ein wirtschaftlicher Einsatz nur in der Serienfertigung zu erwarten. *König*

Drehrohrförderer. Ein Drehrohr vom Radius r, dessen Achse mit ca. 5–15° zur Horizontalen geneigt ist, fördert bei Winkelgeschwindigkeiten

$$\omega \approx (0{,}8 - 0{,}9) \sqrt{\frac{g}{r}}$$

rieselndes Schüttgut in Richtung der Achse, wenn durch entsprechende Querschnitte am Silo oder an Stauscheiben dafür gesorgt ist, daß der Querschnitt höchstens zu $^1/_4$ gefüllt ist. Das Schüttgut wird durch Wandreibung einseitig bis auf ungefähr $^3/_4$ des Rohrdurchmessers hochgenommen und fällt dann wegen der Neigung des Rohrs in Richtung der Neigung mit Versatz in Förderrichtung wieder nach unten; auch zum Dosieren geeignet.

Der Vorlagesilo kann druckdicht ausgeführt sein, wenn die Abdichtung zum drehenden Rohr ebenfalls den Druck aushält. Förderlänge bis 5 m, Durchsatz bis 15 t/h (Bild). *Muschelknautz*

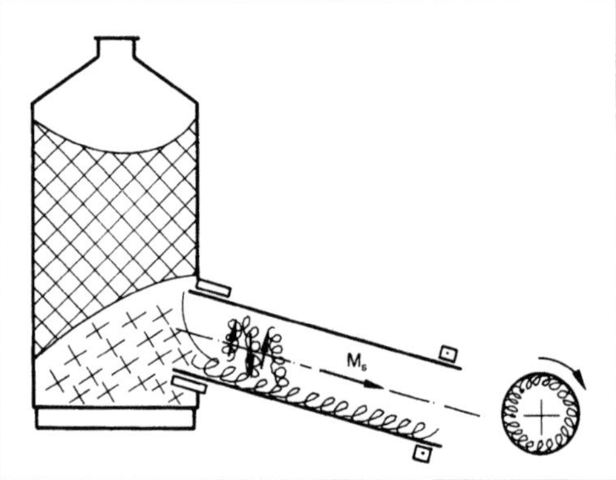

Drehrohrförderer.

Drehrohrofen. Kontinuierlich drehender zylindrischer Ofen, der leicht gegenüber der horizontalen Ebene geneigt ist. Infolge seiner Drehbewegung wird das Gut durch den Ofen transportiert und gleichzeitig gut durchmischt (Bild). An einer der beiden Stirnseiten sitzt ein Brenner, der eine längliche Flamme erzeugt. Als Brennstoffe können Gas, Öl oder Kohle eingesetzt werden. Die Verbrennungsgase werden je nach Prozeß im Gegen- oder Gleichstrom geführt. Im D. werden überwiegend feine Schüttgüter mit undefiniertem Kornband eingesetzt. Im Gegensatz zu Schachtöfen ist hier der Einsatz eines sehr breiten Kornbandes möglich.

Hauptanwendungsgebiete sind das Brennen von Kalkstein und Zementklinker, das Brennen oder Sintern von Dolomit, Magnesit, Phosphat oder Pigmenten sowie weitere Prozesse zur thermischen Behandlung von Rohstoffen der Steine- und Erden-, metallerzeugenden und chemischen Industrie, wie z. B. →Trocknen, Verflüchtigen, thermisch Reinigen, →Agglomerieren, Rösten, Sintern usw.

D. können bis zu 6 m Dmr. und bis zu 200 m Länge aufweisen. Zement-D. können z. B. bis zu 4 000 t Zement/Tag erzeugen. Im Falle einer Kühlung des austretenden Guts werden meist Rostkühler oder Satellitenkühler verwendet. Die hierbei vorgewärmte Luft kann als Verbrennungsluft eingesetzt werden. Die aus dem Drehrohr austretenden Ver-

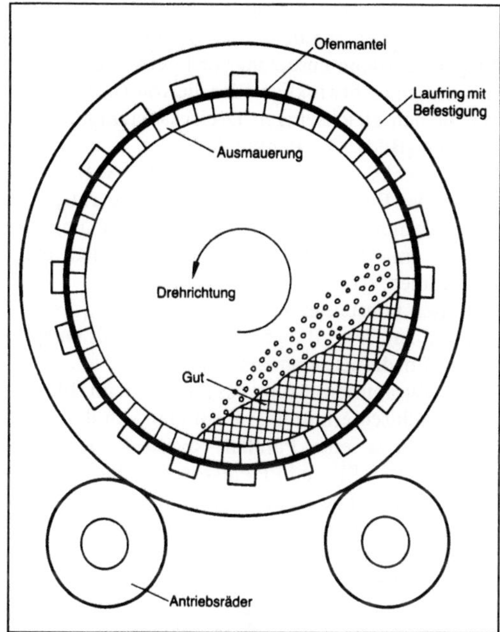

Drehrohrofen: Querschnitt.

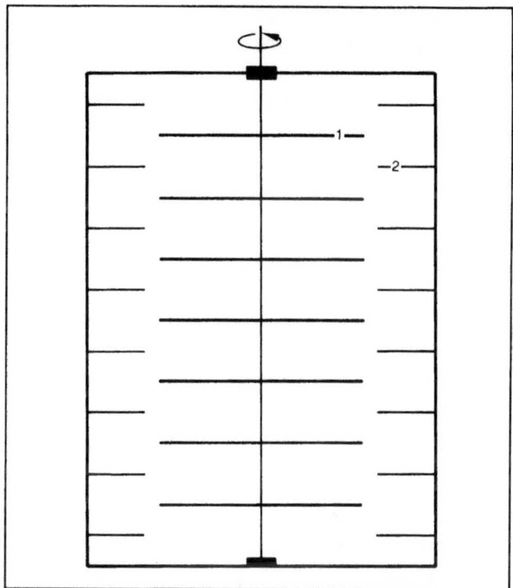

Drehscheibenkolonne: Schematischer Aufbau.

1 Drehscheibe, 2 Stator

brennungsgase sind häufig stark mit Staub beladen, der über ein Filtersystem abgeschieden wird.

D., deren Verhältnis Länge/Durchmesser < 3 ist, werden auch als Drehtrommelöfen bezeichnet.

Jeschar/Specht/Bittner

Drehrohrzuteiler →Drehrohrförderer

Drehscheibenkolonne. Apparat zur Flüssig-Flüssig-Extraktion und zur Gegenstrom-Gasextraktion (→Extrahieren). Für die Phasendurchmischung sorgen auf einen Rotor aufgesetzte Scheiben. Zur Verringerung der →Rückvermischung ist die Kolonne durch Statorscheiben unterteilt (Bild). Der Raum zwischen den Drehscheiben dient als Beruhigungszone, in der →Koaleszenz und Phasentrennung gefördert werden. Nach der Beruhigung strömen die leichte und die schwere Phase in die gewünschte Richtung (→Scheibelkolonne).

Die englische Bezeichnung für die D. lautet Rotating-Disc-Contactor (RDC). *Dohrn*

Literatur: *King, C. J.:* Separation Processes. New York 1980. – *Mersmann, A.:* Thermische Verfahrenstechnik. Berlin, Heidelberg, New York 1980. – *Sattler, K.:* Thermische Trennverfahren. Weinheim 1988.

Drehvibrations-Gleitschleifen. Beim D. handelt es sich um eine Kombination aus →Trommel-Gleitschleifen und →Vibrations-Gleitschleifen. Dabei wird der sich drehenden Bearbeitungstrommel zusätzlich eine Vibration überlagert. Das Ziel dieser Maßnahme ist die Steigerung der Abtragsleistung.

Mit der Weiterentwicklung der Vibrationsanlagen trat das D. in den Hintergrund. *Kenter*

Drehwerkzeug. Werkzeug für die Drehbearbeitung (→Drehen). Grundsätzlich werden die Werkzeuge hinsichtlich ihrer Ausführung in Vollstahlwerkzeuge, Werkzeuge mit eingelöteten Schneiden sowie in Werkzeuge mit geklemmten Schneidplatten eingeteilt. Letztere werden heute überwiegend eingesetzt, da sie problemlos mit unterschiedlichen Schneidstoffen bestückt werden können und die Aufbereitung verschlissener Werkzeuge auf das Drehen oder Wechseln der Schneidplatte begrenzt ist. Die Bezeichnung der Drehmeißelklemmhalter ist nach ISO 5608 genormt.

Vorteilhaft bei Spannsystemen für Lochplatten ist, daß alle Spannelemente im Halter vor Spänen geschützt sind. Die Wendeschneidplatten werden z. B. durch Kniehebel oder Stifte unverrückbar im Plattensitz zentriert und fixiert.

Die konstruktiv einfachste Klemmung wird durch eine Spannschraube verwirklicht. Eine andere Möglichkeit bietet die Fixierung durch eine Spannpratze, die die Wendeschneidplatte und eine stufenlos verstellbare Spanleitstufe klemmt. Hierbei kann der Spanformer gut an wechselnde Schnittbedingungen angepaßt werden, um eine günstige Spanform zu erreichen.

Um Rüst- und Nebenzeiten zu verkürzen, werden häufig voreinstellbare Werkzeuge verwendet. Diese Werkzeuge werden nach dem →Schleifen so vorbereitet, daß sie im eingespannten Zustand, z. B. an NC-Maschinen oder Drehautomaten, ohne zusätzliche Einstellarbeit immer wieder genau dieselbe

Stellung gegenüber dem Werkstück einnehmen. Durch die Voreinstellung außerhalb der Maschine verkürzen sich die Maschinenstillstandzeiten wesentlich, wenn zum Austauschen der Werkzeuge mindestens zwei gleiche Werkzeugsysteme vorhanden sind.

In der Großserienfertigung werden Sonderkonstruktionen mit austauschbaren Kurzklemmhaltern oder Kassetten eingesetzt, auf denen mehrere Wendeschneidplatten angeordnet sind. Diese Werkzeuge erlauben eine deutliche Verkürzung der Haupt- und Nebenzeiten, da mehrere Schnitte in einem Überlauf ausgeführt werden.

Hauptsächlich für Kopierdrehmaschinen oder für verkettete Maschinen und Transferstraßen mit automatischer Werkstückbeschickung können Werkzeuge eingesetzt werden, die verbrauchte Wendeschneidplatten automatisch wechseln. Die verschlissene Schneidplatte wird während der Werkstückbeschickung durch einen Impuls vom Steuersystem der Maschine ohne Zeitverlust ausgetauscht und richtig positioniert.

Die Ausführung der Wendeschneidplatten und der Schaftform des Halters müssen in Abhängigkeit von den geometrischen und technologischen Anforderungen an das Werkzeug ausgewählt werden. Bei Innen-D. muß auf eine ausreichende Stabilität der oft weit auskragenden Werkzeuge geachtet werden, um Stabilitätsprobleme zu vermeiden.

Die beim Nachformdrehen eingesetzten Werkzeuge müssen auf die Geometrie des Werkstücks abgestimmt sein. Um die Kontur des Meisterstücks (Schablone) auf das Werkstück übertragen zu können, muß der Eckenwinkel ε_r einerseits möglichst klein, andererseits aber groß genug sein, um eine stabile Schneide zu bilden. Nachformdrehwerkzeuge (Kopierwerkzeuge) haben daher Eckenwinkel zwischen 52° und 58°, um ein Nachformdrehen unter einem Kopierwinkel von 30° zu ermöglichen. Für die Gewindeherstellung werden spezielle Formwerkzeuge eingesetzt, die auf die Gewindeform abgestimmt sind ($\rightarrow$Gewindedrehen, $\rightarrow$Gewindestrehlen).

Der Schneidstoff und die Schneidteilgeometrie ($\rightarrow$Schneidteil) müssen ebenfalls in Abhängigkeit von den Schnittbedingungen, der Bearbeitungsaufgabe und dem zu bearbeitenden Werkstoff ausgewählt werden. *König*

Literatur: ISO 1832: Indexable Inserts for Cutting Tools – Designation-Code of Symbolization. Int. Organization for Standardization 1977. – ISO/DIS 5608: Turning and Copying Tool Holders for Indexable Inserts – Designation-Code of Symbolization. Int. Organization for Standardization 1977. – *König, W.:* Fertigungsverfahren. Bd. 1. Düsseldorf 1990. – *Spur, G.,* u. *Th. Stöferle:* Handb. Fertigungstechnik. Bd. 3/1., Wien 1979.

Dreieckskoordinate. Die Zusammensetzung eines binären Gemisches kann als Punkt auf einer Linie dargestellt werden und bei einem ternären Gemisch als Punkt in einer Ebene. Zur graphischen Darstellung der Zusammensetzung von Dreistoffgemischen lassen sich rechtwinklige oder die von *Gibbs* vorgeschlagenen gleichseitigen Dreiecksdiagramme verwenden (Bild). Die Punkte A, B, und C, die Ecken des Dreiecks, stellen die reinen Stoffe A, B, und C dar. Jeder Punkt auf einer Dreieckslinie entspricht der Zusammensetzung einer binären Mischung. Die Punkte innerhalb des Dreiecks entsprechen einer Zusammensetzung aus drei Stoffen.

Linien konstanter Zusammensetzung x_A werden parallel zur Seite BC gezeichnet. Dies gilt entsprechend für die Zusammensetzung x_B und x_C.

Die Zusammensetzung des Punktes P im Bild läßt sich graphisch ermitteln, indem man von den Dreiecksseiten je eine Parallele durch P zieht. Die Strecken $\overline{PD}$, $\overline{PE}$ und $\overline{PF}$ entsprechen den Anteilen x_A, x_B und x_C. Die Summe dieser Strecken ist gleich der Länge einer Dreiecksseite ($\rightarrow$Binodalkurve, $\rightarrow$Konjugationslinie). *Dohrn*

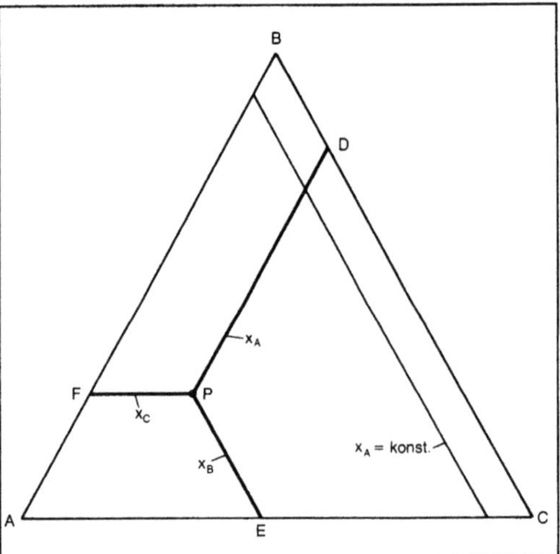

Dreieckskoordinate: Dreieckskoordinaten in einem gleichseitigen Dreieck.

Drücken. D. ist ein Oberbegriff für eine Reihe von Verfahren zum Herstellen von meist rotationssymmetrischen Hohlkörpern mit zylindrischer oder komplexer Mantellinie. Die zugehörigen Verfahren sind in einer Untergruppe des Zugdruckumformens nach DIN 8584, Bl. 4, zusammengefaßt. Dazu rechnen die Verfahren D. von Hohlkörpern (mit verschiedenen Varianten), $\rightarrow$Weiten durch D. sowie Engen durch D. Bei den Drückverfahren wird als Ausgangsform eine Blechronde oder ein Hohlkörper aus Blech zu einem Hohlkörper mit anderer Mantellinie umgeformt, wobei keine gewollte Änderung der Blechdicke auftritt (Bild 1).

Wesentliches Merkmal der Drückverfahren ist, daß das $\rightarrow$Umformen nicht in einer die Rotations-

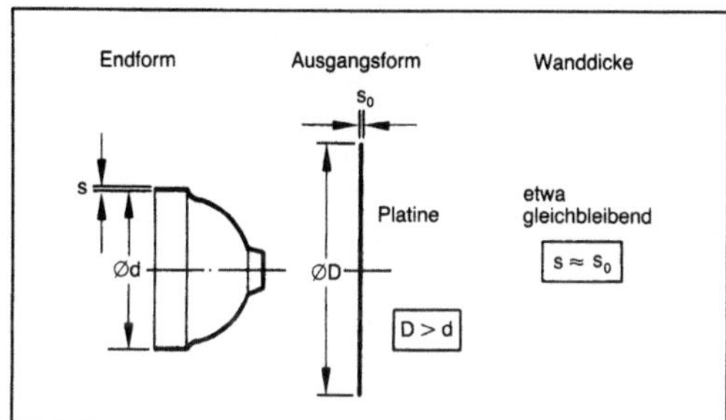

Drücken 1: Ausgangsform und Endform.

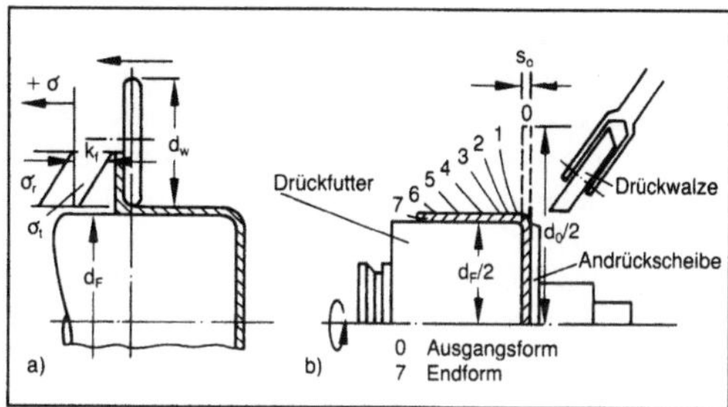

Drücken 2: Hohlkörper.
a) Einstufig
b) Mehrstufig.

s_0 Blechdicke, d_F Drückfutterdurchmesser, d_w Drückwalzendurchmesser, σ_r radiale Zugspannung, σ_t tangentiale Druckspannung, k_f Fließspannung

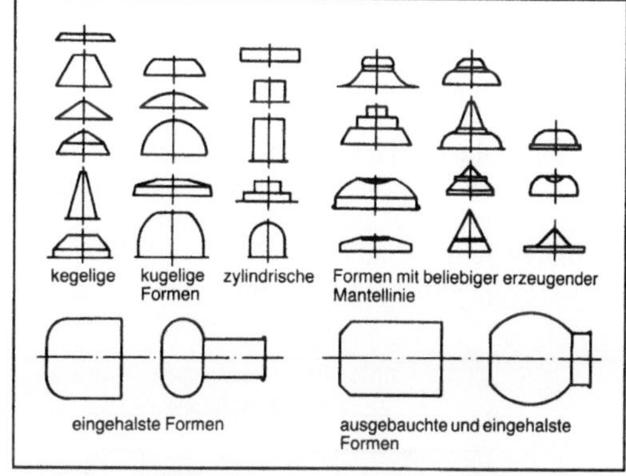

Drücken 3: Mantellinien-Formen. (Quelle: Sellin)

ebene des Werkstücks umschließenden Zone erfolgt, sondern daß die relativ zum Werkstück verschobenen Werkzeuge nur in einem örtlich eng begrenzten Bereich angreifen, in dem die plastische Formänderung stattfindet. Diese wegen Rückwirkung des weitaus größeren elastischen Teils des Werkstücks nur schwer analytisch beschreibbare Umformzone läuft wegen der Werkstückrotation auf einer Schraubenlinie mit sehr geringer Steigung um, wobei die einzelnen Werkstückbereiche mehrfach plastifiziert werden.

Beim D. wird eine Blechronde mit einer Andrückscheibe gegen ein von der →Hauptspindel der Drückmaschine angetriebenes Drückfutter gespannt und in Drehung versetzt. Mit einer vom Kreuzsupport geführten Drückwalze wird dann die Ronde Stufe für Stufe oder – bei einfacher Mantellinie und kleinen Formänderungen – auch einstufig umgeformt (Bild 2). Verfahrensgrenzen sind Faltenausbildung durch tangentiale Druckspannungen, tangentiale Risse durch Zugspannungen, radiale Risse durch tangentiale Zugspannungen an umgeklappten Werkstückrändern (Flanschen). Bild 3 zeigt eine Übersicht über erzielbare Mantellinienformen. Moderne Drückmaschinen erlauben bei relativ geringen Werkzeugkosten/Werkstück die flexible Fertigung von Werkstücken im Abmessungsbereich zwischen weniger als 100 mm bis zu etwa 5 m Dmr. aus einer Vielzahl von Blechwerkstoffen: C-Stähle, warmfeste und nichtrostende Stähle, NE-Schwer- und -Leichtmetalle durch D. bei Raumtemperatur und von Titan-, Wolfram-, Zirconium- und Molybdänlegierungen bei erhöhter, werkstoffspezifischer Temperatur. Typische Produkte sind Lampengehäuse, Kochtöpfe für Großküchen, Gehäuse und Behälter verschiedener Art, Waschmaschinentrommeln, Behälterböden, Parabolspiegel, Teile für Luft- und Raumfahrt u. a. m. Bei der Fertigung dieser Teile wird neben dem D. vor allem für das Oberflächenglätten und das Einstellen bestimmter Wanddickenverläufe auch das →Drückwalzen in der gleichen Aufspannung eingesetzt.

Die seit mehreren Jahrhunderten handwerklich betriebene Technik des D. hat – teils in Verbindung mit dem Drückwalzen – seit etwa 1950 eine zunehmende Bedeutung erlangt, bedingt durch geringe werkstückgebundene Werkzeugkosten und die hohe, dem D. eigene Flexibilität. Einen beträchtlichen Entwicklungsschub brachten neue Maschinen- und Steuerungskonzepte etwa ab 1960, die zu erheblichen Produktivitätssteigerungen und Qualitätsverbesserungen geführt haben. CNC-Drückmaschinen und Bearbeitungszentren mit bis zu 8fachen Werkzeugträgern kennzeichnen den Stand der Technik ab 1970 bis in die 80er Jahre.   *Lange*

Literatur: *Lange, K.* (Hrsg.): Umformtechnik. Handb. f. Ind. u. Wiss. 2. Aufl. Bd. 3: Blechumformung. Berlin, Heidelberg, New York, Tokio 1990 – *Spur, G.* (Hrsg.), u. *Th. Stöferle:* Handb. Fertigungstechnik. Bd. 2/3: Umformen/Zerteilen. München 1985.

Druckfließläppen →Preßläppen

Druckförderung. Sie ist gegeben, wenn bei der pneumatischen Förderung am Beginn der Leitung höherer Druck und am Ende der Leitung Atmosphärendruck herrscht (→Förderung, pneumatische).   *Muschelknautz*

Druckgefäßförderung. Wenn wie bei der pneumatischen →Förderung das Fördergut aus einem Überdruckkessel in die Leitung gespeist wird, spricht man von D. Sie ist im Wechsel mit einem zweiten Gefäß oder einem drucklosen Vorsilo automatisiert. Druckgefäße bis 5 m³ Inhalt bei Überdrücken bis 10 bar sind im Einsatz. Auch kleine Druckgefäße von 0,5–1 m³ Inhalt werden häufig verwendet. *Muschelknautz*

Druckgießform. Die D. hat wesentlichen Einfluß auf Maßhaltigkeit, Oberflächengüte, Gußbeschaffenheit und nicht zuletzt auf die wirtschaftliche Herstellung eines Druckgußteils. Deshalb wird auf Gestaltung und Bauweise dieses Gießwerkzeugs, zumal es sich dabei um eine →Dauerform handelt, größte Sorgfalt aufgewendet. Da der Konstrukteur die D. sozusagen um das Gußteil herum bauen muß und darüber die fertigungstechnischen Gesichtspunkte nicht außer acht lassen darf, gibt es D. für Warm- und Kaltkammermaschinen in großer Vielfalt. Man unterscheidet zwischen Auswerfer-, Kernzug-, Abstreif-, Zweistufen-Auswerfer-D., Auswerfer- und Kernzug-D., ferner solchen mit hydraulisch betätigten Seitenschiebern, mit mechanisch betätigten Kernzügen (Schrägstifte), mit seitlichen beweg-

lichen Backen, mit Schieberzügen und schrägem Kernzug und letztlich zwischen D. für Gußteile mit Gewinden.

Bei der Auswerf-D. (Bild 1) wird das Druckgußstück nach dem Erstarren mit Hilfe der Auswerfstifte A von der auswerfseitigen Formplatte abgehoben. Dieser Formenaufbau ist die einfachste, allgemein anzustrebende Ausführungsart, und die weitaus meisten Druckgußteile werden auf diese Weise gefertigt. Die Rückstoßstifte R bringen beim Formschluß die Auswerfer automatisch wieder in die Gießstellung zurück.

Ohne Auswerfer arbeitet die Kernzug-D. Sämtliche Partien, wo das Gießmetall aufgeschrumpft ist, werden hier durch einen Kernzug befreit, und anschließend läßt sich das Teil aus der geöffneten Form entnehmen.

Um das nachträgliche Entfernen des Eingußsystems bzw. der Gießläufe vom Druckgußteil zu vermeiden, wurde das Zweistufen-Auswerfen entwickelt, bei dem das Druckgußteil vor dem Gießlauf oder umgekehrt der Gießlauf vor dem Druckgußstück ausgeworfen wird (Bild 2).

Aus den Konstruktionsbeispielen geht hervor, daß D. ein kostenintensives Wirtschaftsgut sind, deren Amortisation wesentlich von der Lebens-

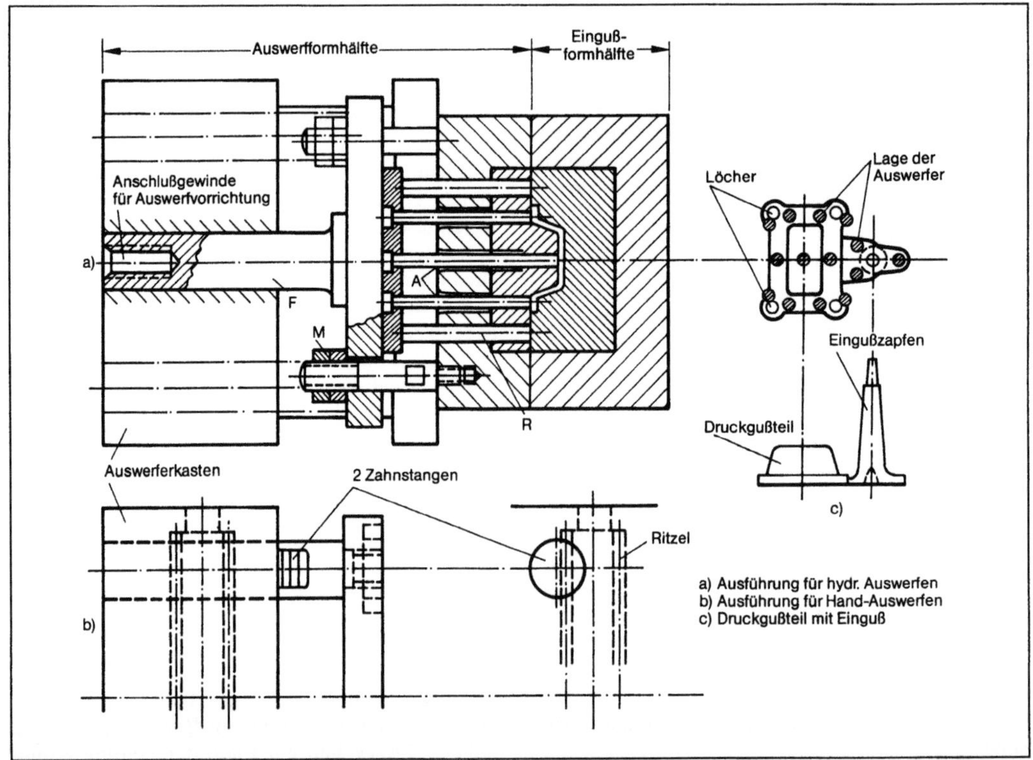

Druckgießform 1: Auswerf-Druckgießform (für Kaltkammer-Druckgießmaschine, senkrechte Druckkammer).

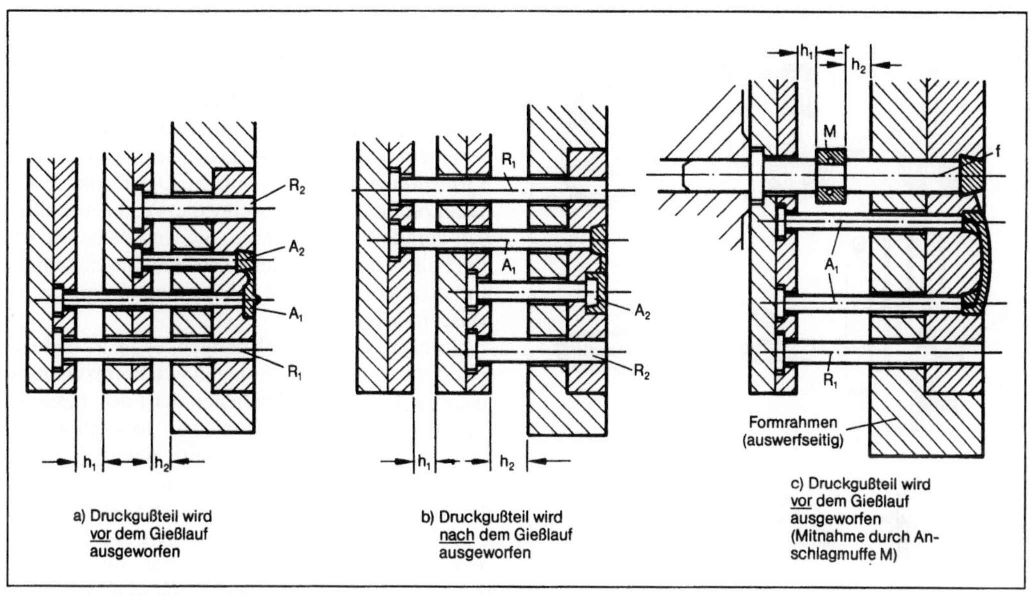

Druckgießform 2: Möglichkeiten des Zweistufen-Auswerfens.

dauer der Formen abhängt. Um eine optimale Werkstoffauswahl für den Formenbau treffen zu können, muß man zunächst die Verschleißbeanspruchung kennen. Die Form unterliegt einmal mechanischem Verschleiß, hervorgerufen durch das mit hoher Geschwindigkeit einströmende Metall und gleichzeitig einem Lösungsverschleiß infolge des Legierungsbestrebens des flüssigen Metalls mit dem Eisen und den Legierungsbestandteilen des Stahls. Zusammenfassend kann man feststellen, daß die Lebensdauer einer D. aus Warmarbeitsstahl wesentlich von der chemischen Zusammensetzung und Warmfestigkeit des Formenbaustoffs, seiner Härteeigenschaften und Wärmebehandlung sowie von seiner Verschleißfestigkeit und Temperaturwechselbeständigkeit abhängt.

Als Anforderungen an Formenbaustähle sind im VDG-Merkbl. M 82 enthalten:

☐ Einhaltung der festgelegten Analysenwerte nach DIN 17350, Tabelle 4,

☐ Schwefelgehalt maximal 0,008%,

☐ hoher Reinheitsgrad des Gefüges,

☐ möglichst wenig Seigerungen (Erschmelzungsart),

☐ Gefüge aus gleichmäßig angelassenem Martensit mit möglichst wenig Bainit,

☐ quasiisotrope mechanische Eigenschaften (Durchschmiedungsgrad),

☐ Schlagarbeit A_v mindestens 200 J.

Diese Vorschriften gelten besonders für die vielfach verwendeten Stähle 1.2343 und 1.2344. *Doliwa*

Literatur: *Lieby, G.:* Konstruktionsmerkmale von Druckgießformen. Gießerei 50 (1963), S. 260/69. – *Schönert, K.:* Beitrag zur Verschleißbeanspruchung von Druckgießformen. Gießerei 48 (1961), S. 257/60.

Druckgießmaschine. Druckgießen ist ein seit langem bekanntes Formgebungsverfahren. Schon vor dem Ersten Weltkrieg wurden auf sehr kleinen, meist handbetätigten Maschinen formschwierige Abgüsse hergestellt. Seitdem hat sich das Druckgießen vom Handwerk zur Präzisions-Serienfertigung fortentwickelt, und entsprechend wurde die D. in ihrer Bauweise und Größe dem Fortschritt angepaßt (Bild). Zu unterscheiden ist zwischen Warmkammer- und Kaltkammermaschinen.

Bei der Warmkammermaschine befindet sich die Druckkammer im Schmelzbehälter, was eine hohe thermische Belastung aller mit dem flüssigen Metall in Kontakt stehenden Bauteile zur Folge hat. Unnötige Überhitzungen des Gießmetalls wird man deshalb nicht nur mit Rücksicht auf die Qualität des Druckgußstücks, sondern auch zur Verhütung von hohem Verschleiß an der Gießeinrichtung vermeiden.

Die Kaltkammermaschinen erhalten ihr Metall aus einem Schmelz- bzw. Warmhalteofen außerhalb der D. zugeführt. Bei dieser Verfahrenstechnik werden die wesentlichen Bauteile der Gießeinheit einer D., wie Druckkammer und Kolben, weniger hart beansprucht. Jedoch muß man mit hohen Einspritzdrücken und Kolbengeschwindigkeiten zur Erzeugung hochwertiger Druckgußstücke arbeiten.

Vom Konstruktionsprinzip her gliedert sich jede D. in zwei Baugruppen, die Gieß- und die Schließeinheit. Während die Gießeinheit das Füllen der Form mit Metall unter Druck besorgt, hat die Schließeinheit die Aufgabe, einmal die Schließ- und

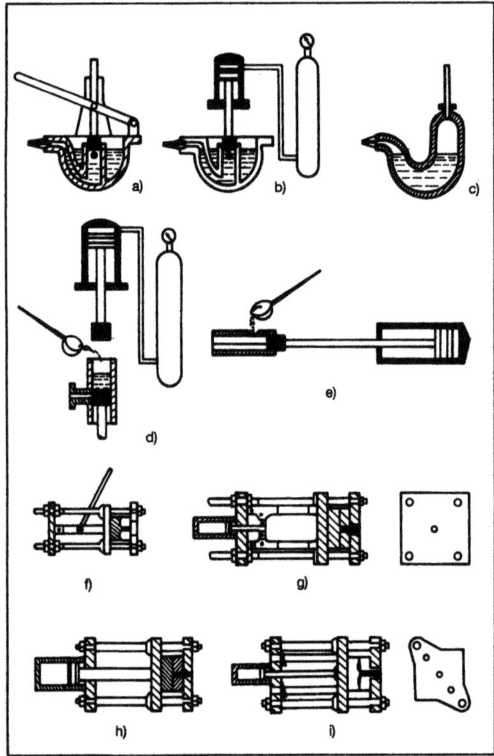

Druckgießmaschine: Prinzipieller Aufbau und Arbeitsweise.

a) Warmkammer, handbetätigte Kolbenpumpe

b) Warmkammer, Kolbenpumpe mit Preßluft- oder Hydraulikantrieb

c) Warmkammer, Druckbehälter mit Preßluft beaufschlagt

d) Kaltkammer, mit senkrechter Druckkammer

e) Kaltkammer, mit waagerechter Druckkammer

f) Handbetätigter Kniehebelverschluß, vier Führungssäulen

g) Hydraulischer Doppelkniehebelverschluß, vier Führungssäulen

h) Unmittelbar wirkender hydraulischer Verschluß, zwei Führungssäulen

i) Hydraulischer Verschluß mit zusätzlicher Verriegelung, zwei Führungssäulen mit Keilverschluß.

Öffnungsbewegungen der Form auszuführen, zum andern aber vor allem die Kräfte aufzunehmen, die beim Gießvorgang entstehen. Die Schließeinheit muß in der Lage sein, das Gießwerkzeug absolut geschlossen zu halten, um Arbeitssicherheit und Einhaltung der Maßtoleranzen zu gewährleisten. Dazu muß eine Kraft aufgebracht werden, die größer ist als die vom Gießdruck herrührende Kraft, die das Werkzeug auftreiben will. In der Gieß- und Nachdruckphase erzeugt die unter Druck stehende Metallschmelze eine Sprengkraft F_{Sp}, die der Schließkraft entgegenwirkt und in ihrer Größe von

der Formfläche A und dem Innendruck p ($F_{Sp} = p \cdot A$) abhängt. Die Sprengkraft wird teils von der Schließeinheit teils von der Form aufgenommen. Deshalb muß man den Begriff der Zuhaltekraft einführen, d. h. die Kraft, mit der die Schließeinheit bei einem bestimmten Werkzeug dem Auftreten der Formsprengkraft entgegenwirkt. Die maximale Zuhaltekraft ist erreicht, wenn die Werkzeughälften sich gerade noch berühren. Sie sind demnach von den Federkonstanten der belasteten Maschinenteile und dem Vorspannmaß abhängig und insofern eine Maschinenkonstante.

Grenzen sind den bisherigen D. u. a. dadurch gesetzt, daß die Einrichtungen zur Formzuhaltung auch das Öffnen und Schließen der Form besorgen müssen, und zwar sowohl bei formschlüssigen (Kniehebel) wie auch bei kraftschlüssigen Zuhaltungen. Ebenso besteht eine Abhängigkeit zwischen der Größe der Aufspannplatte und der Zuhaltekraft. Neuere Entwicklungen im Druckgießmaschinenbau führen deshalb zu Bauarten mit entriegelbaren Zugstangen oder mit drehbaren Aufspannplatten. Die entriegelbaren Zugstangen gestatten, die Auswerferformhälfte nach dem linearen Öffnen ggf. drehend zur Seite zu bewegen. Im andern Fall sind die Aufspannplatten um eine gemeinsame Achse drehbar. Damit können sie gleichzeitig 2 Formen aufnehmen, die im Wechsel zum Gießen, Entnehmen des Gußstücks und Sprühen kommen und somit die Leistung auf etwa das Doppelte steigern. Beide Bauarten können in horizontaler und vertikaler Anordnung ausgeführt werden.

Vakuumgießeinrichtungen für das Druckgießverfahren sind seit längerem bekannt, aber verfahrenstechnisch nicht problemlos. Hauptnachteile sind die Gefahr des Mitreißens von Öl- und Fetttröpfchen in die Form sowie Blasenbildung im Gußstück infolge der plötzlichen Entspannung eines gashaltigen Metalls in der evakuierten Form. Neuere Vakuumgießeinrichtungen sind dieser Problematik wenigstens z. T. erfolgreich begegnet.

Große Fortschritte sind auf dem Gebiet der Steuerungen zu verzeichnen, die bei modernen Maschinen in einer CNC-Steuerung gipfeln. Mit Hilfe solcher Steuerungen ist es möglich, die Teilequalität und die Produktion zentral zu überwachen, zu protokollieren und statistisch auszuwerten. *Doliwa*

Literatur: DIN 24480: Druckgießmaschinen. Hrsg. Dt. Normeninstitut. Ausg. Sept. 1974. – E DIN 24482: Waagerechte Kaltkammer-Druckgießmaschinen. Hrsg. Dt. Inst. für Normung. Ausg. Febr. 1978.

Druckguß. Beim Druckgießverfahren wird das Gießmetall maschinell unter Druck in die Form gepreßt. Diese Verfahrenstechnik stellt hohe Anforderungen an die dafür verwendbaren Metalle, die Druckgießformen sowie an Kenntnisse und Erfahrung bei Konstrukteuren und Gießern. Im Bild sind die Haupteinflußgrößen auf die Güte eines D.-Teils, wie Zustand des Gießmetalls, Füllzeit und die Formtemperatur, in ihren gegenseitigen Abhängigkeiten dargestellt. Das Metall sollte sich ohne Ausscheidungen warm oder flüssig halten lassen, auch bei großen Eintrittsgeschwindigkeiten in kleine Formquerschnitte ohne Umwandlungen ein homogenes Gußstück liefern, ferner möglichst seigerungs- und lunkerunempfindlich sein. Letztlich wird gefordert, daß die Legierung maß-, gefüge- und weitgehend korrosionsbeständig ist. Die für D. hauptsächlich verwendeten Legierungen sind genormt und haben sich in der Praxis bewährt. Einen Auszug über die D.-Werkstoffe auf Al-, Zn-, Cu-Zn- und Mg-Basis geben Tabelle 1 bis 4 wieder. Darüber hinaus sind die Blei-D.-Legierungen in DIN 1741 und die Zinn-D.-Legierungen in DIN 1742 genormt.

Verarbeitungszeit und Verarbeitungstemperatur hängen vor allem von der verwendeten →Druckgießmaschine ab. Es ist nicht einerlei, ob die gleiche Legierung, falls eine Wahl überhaupt möglich ist, auf einer Warmkammer- oder einer Kaltkammermaschine verarbeitet wird. Bei einer Warmkammermaschine ist die Gießtemperatur etwa gleich der Metalltemperatur im Schmelzbehälter. Die Gießtemperatur sollte niemals unnötig hoch gewählt werden, weil dadurch die Gefahr von Lunker- und Warmrißneigung steigt, die Abkühlzeit bis zur Auswerftemperatur sich verlängert, die Kornfeinheit im Gußgefüge leiden kann und letztlich die Gießeinrichtung schneller verschleißt. Man wird deshalb eine Gießtemperatur auf oder unterhalb der Liquidustemperatur wählen. Bei Kaltkammermaschinen kann die Gießtemperatur bei Anwendung sehr hoher Drücke und bei bestimmten Metallen,

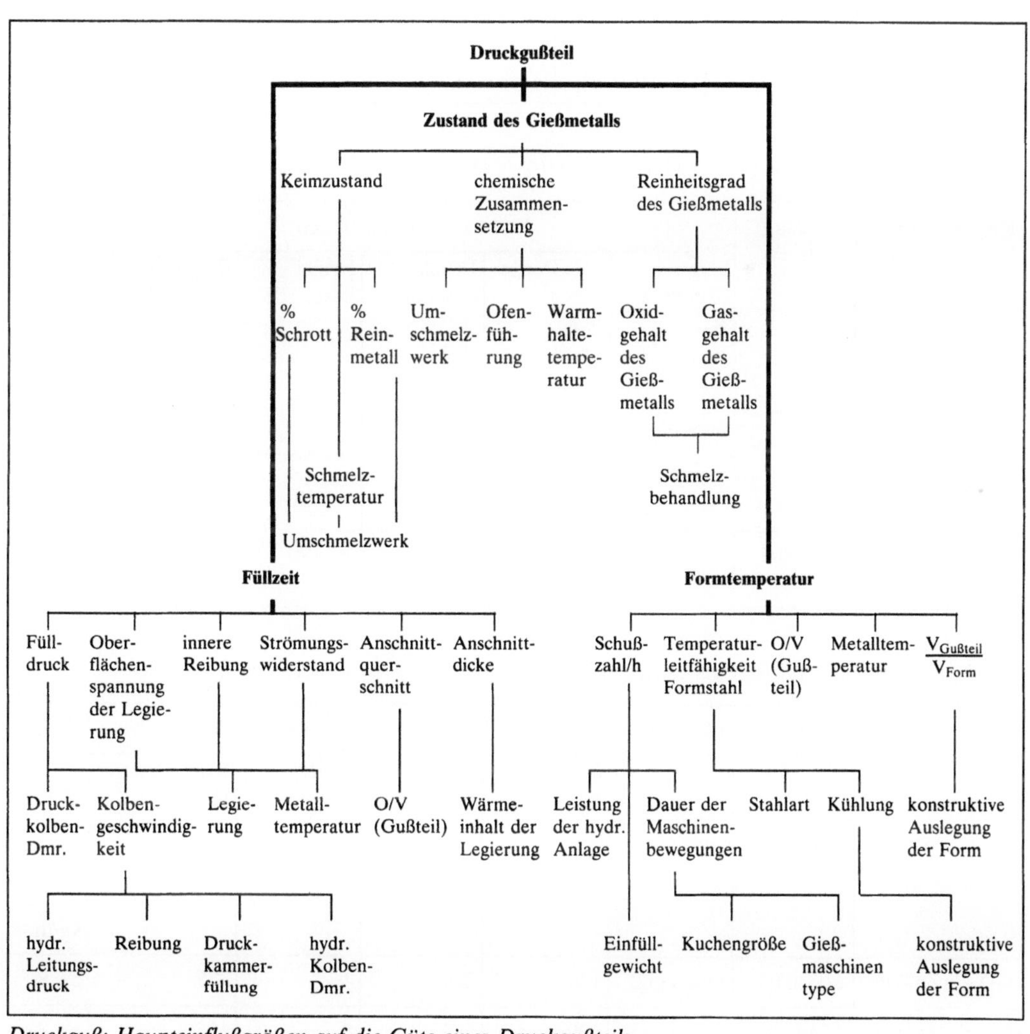

Druckguß: Haupteinflußgrößen auf die Güte eines Druckgußteils.

Druckguß. Tabelle 1: Aluminium-Druckguß. (Quelle: DIN 1725, Tl. 2, Februar 1986 (Auszug))

Werkstoff-Kurzzeichen	Werkstoff-nummer	Gießverfahren und Lieferzustand	Werkstoffeigenschaften			
			$0,2\%$-Grenze $R_{p0,2}$ N/mm^2	Zugfestigkeit R_m N/mm^2	Bruch-dehnung A_{10} %	Brinellhärte HB 5/250
GD-AlSi9 Cu3	3.2163.05	Druckguß Gußzustand	140–240	240–310	0,5–3	80–120
GD-AlSi12 (Cu)	3.2982.05	Druckguß Gußzustand	140–200	220–300	1–3	60–100
GD-AlSi12	3.2852.05	Druckguß Gußzustand	140–180	220–280	1–3	60–100
GD-AlSi10Mg	3.2382.05	Druckguß Gußzustand	140–200	220–300	1–3	70– 90
GD-AlMg9	3.3992.05	Druckguß Gußzustand	140–220	200–300	1–5	70–100

Druckguß. Tabelle 2: Zink-Druckguß. (Quelle: DIN 1743, Tl. 2, April 1978 (Auszug))

Kurzzeichen (Kennzeichen)	Werkstoff-nummer	Festigkeitseigenschaften					Dichte
		Zug-festigkeit R_m (σ_8) N/mm^2	0,2-Grenze $R_{p0,2}$ ($\sigma_{0,2}$) N/mm^2	Bruch-dehnung A_5 (δ_5) %	Brinell-härte HB	Biegewech-selfestigkeit bei $20\cdot10^4$ Lasten-wechseln σ_{LW} ($20\cdot10^6$) N/mm^2	kg/dm^3
GD-ZnAl4Cu1 (Z410)	2.2141.05	280–350	220–250	2–5	85–105	70–100	ca. 6,7
GD-ZnAl4 (Z 400)	2.2140.05	250–300	200–230	3–6	70– 90	60– 80	ca. 6,6

Druckguß. Tabelle 3: Kupfer-Zink-Druckguß. (Quelle: DIN 1709, November 1981 (Auszug))

Kurzzeichen	Werkstoff-nummer	Lieferform	Werkstoffeigenschaften im Probestab				Dichte
			0,2-Grenze $R_{p0,2}$ N/mm^2 min.	Zugfestig-keit R_m N/mm^2 min.	Bruch-dehnung A_5 % min.	Brinellhärte HB 10	kg/dm^3
GD-CuZn37Pb	2.0340.05	Druckguß	120	280	4	75	ca. 8,5
GD-CuZn15Si4	2.0492.05	Druckguß	300	550	8	125	ca. 8,6

Druckguß. Tabelle 4: Magnesium-Druckguß. (Quelle: DIN 1729, Bl. 2, Juli 1973 (Auszug))

Kurzzeichen	Werkstoff-nummer	Werkstoffeigenschaften				handels-übliche Bezeich-nung
		0,2-Grenze N/mm^2	Zugfestigkeit N/mm^2	Bruch-dehnung %	Brinellhärte HB 5/250	
GD-MgAl18Zn1	3.5812.05	140–160	200–240	1–3	60–85	AZ 81
GD-MgAl9Zn1	3.5912.05	150–170	200–250	0,5–3,0	65–85	AZ 91
GD-MgAl6	3.5662.05	120–150	190–230	4–8	55–70	A 6
GD-MgAl6Zn1	3.5612.05	130–160	200–240	3–6	55–70	AZ 61
GD-MgAl4Si1	3.5470.05	120–150	200–250	3–6	60–90	AS 41

Diese Norm gilt für die Werkstoffeigenschaften und Zusammensetzungen von Sand-, Kokillen- und Druckgußstücken.
Die Legierungszusammensetzung gilt nach Vereinbarung auch zur Herstellung von Gußstücken nach anderen Gießverfahren, z. B. Feinguß, Schleuderguß.
Die Angaben über die Zusammensetzung gelten auch für die Masseln (Blockmetalle).
Die Masseln sollten weitgehend frei von Salzanhaftungen, Salzeinschlüssen, Korrosions- und Brandstellen sein.
Die Angaben dieser Norm gelten auch für Schweißstäbe und Schweißdrähte von gleicher Zusammensetzung wie die zu schweißenden Geräte.

z. B. GD-Ms 60, sogar unter Liquidus gesenkt werden.

Die Formtemperierung ist ein wichtiger Faktor hinsichtlich der erreichbaren Qualität von Druckgußteilen. Mit der Beherrschung der Formtemperatur bekommt der Gießer Oberflächengüte, Schwindung, Verzug, Fließfähigkeit und Zykluszeit in den Griff. Gießereiseitig ist man deshalb am Einsatz wirksamer Temperiersysteme interessiert. Solche Systeme bestehen im wesentlichen aus 3 Teilen: Temperierkanalsystem mit ausreichender Kanaloberfläche und möglichst großem Kanalquerschnitt in der Form, Temperaturregelgerät mit hinreichender Heiz-, Kühl- und Pumpenleistung sowie aus einem Wärmeträger mit guten Wärme-Übertragungseigenschaften, um in kurzer Zeit große Wärmemengen abführen zu können.

Wie sehr der Druckgießprozeß die mechanischen Eigenschaften von D.-Teilen beeinflußt, wird am Beispiel von Zink-Druckgußteilen besonders deutlich. Von solchen Teilen wird verlangt, daß sie immer dünnwandiger konstruiert von gleichbleibender hoher Qualität sind. Dünnwandige Zink-D.-Teile müssen häufig auch dekorativen Ansprüchen genügen, woraus hohe Anforderungen an die Oberflächenbeschaffenheit resultieren.

Die Oberflächenqualität der Gußstücke wird primär durch das Fehlen oder Auftreten von Kaltschweißen, Schlieren, Blasen oder Zugstreifen bestimmt. Einen wesentlichen Einfluß auf die Oberflächengüte hat auch in diesem Fall neben Schußventileinstellung, Ladedruck und Formtemperatur die Formfüllzeit. Die tatsächliche Formfüllzeit wird wesentlich durch die Gießkolbengeschwindigkeit bestimmt. Zugfestigkeit sowie 0,2 %-Dehngrenze und Rauhtiefe nehmen mit sinkender Gießkolbengeschwindigkeit, d. h. mit längerer Formfüllzeit, zu, der Elastizitätsmodul dagegen ab.

Typische Einsatzgebiete für Zink-D. sind Kameragehäuse und andere Teile für die optische und Photo-Industrie, während Aluminium-D. u. a. für Teile im Motoren- und Fahrzeugbau, im Flugzeugbau sowie in vielen Zweigen des allgemeinen Maschinenbaus eingesetzt werden. Wo es auf besondere Leichtigkeit der Bauteile ankommt, verwendet man die Magnesium-D.-Werkstoffe. Messing-D. liefert vorwiegend Armaturen, Nippel u. ä. in blanker Ausführung.

Zu beachten ist, daß die Herstellung von Druckgießformen kostenaufwendig ist, so daß D.-Teile nur als Serien in großen Stückzahlen erzeugt werden können. *Doliwa*

Literatur: *Doliwa, H. U.:* Gegossene Werkstücke. München 1960. – *Schneider, P.,* u. *H. E. Hilger:* Gießerei 48 (1961), S. 245/65. – Analyse des Druckgießprozesses unter Berücksichtigung der mechanischen und physikalischen Gußstückeigenschaften von Zinklegierungen. Gießerei-Erfahrungsaustausch 3/87, S. 85/91.

Druckkristallisation. Die D. ist ein Verfahren zur Erzeugung von Kristallen, die erst bei hohen Drücken stabil sind. So ist z. B. Diamant bei Raumtemperatur bei Drücken größer 20 000 bar stabil. Unterhalb des Grenzdruckes befindet sich ein Kristall in einem metastabilen Zustand, d. h. er zerfällt zwar nicht, vergrößert sich aber auch nicht. *Dohrn*

Drucklufterzeugung. Die bei vielen Prozessen benötigte Druckluft wird in D.-Anlagen bereitgestellt. Diese Anlagen bestehen praktisch immer aus einem Verdichter (Kolbenverdichter für kleine Mengen und hohe Drücke, Schraubenverdichter oder Turboverdichter für große Mengen und mäßige Drücke) und einem anschließenden Luftkühler. *Bohn*

Druckstoßabreinigung →Filtration (mechanische Verfahrenstechnik)

Druckumformen. D. ist die erste von fünf Gruppen der Hauptgruppe →Umformen nach DIN 8580 bis 8582. Danach ist D. Umformen eines festen Körpers, wobei der plastische Zustand durch eine ein- oder mehrachsige Druckbeanspruchung herbeigeführt wird. Nach DIN 8583, Bl. 1–6, gliedert sich D. auf in →Walzen, →Freiformen, →Gesenkformen, →Eindrücken und →Durchdrücken.

Die zum D. gehörenden Verfahren zählen überwiegend zum Massivumformen und nehmen in der industriellen Produktion der ersten Verarbeitungsstufe der Eisenhütten- und Metallindustrie eine dominierende Rolle ein. Aber auch in der Weiterbearbeitung von Walz- und Preßwerksprodukten zu Einzelwerkstücken in der zweiten Verarbeitungsstufe spielen Verfahren des D. eine wichtige Rolle. Während in der ersten Verarbeitungsstufe überwiegend bei z. B. Schmiedetemperatur, Walztemperatur warm umgeformt wird, nehmen in der zweiten Verarbeitungsstufe neben Warmumformverfahren wie Gesenkschmieden, →Strangpressen wegen höherer Maß- und Formgenauigkeit sowie besserer Oberflächenbeschaffenheit bis hin zu einbaufertigen, funktionsfähigen Bauteilen Kaltumformverfahren einen wichtigen Platz ein, z. B. →Gewindewalzen, Kaltfließpressen und andere Verfahren der Kaltmassivumformung. *Lange*

Druckverlust, trockener. Unter dem t. D. versteht man die Druckdifferenz zwischen der Blase und dem Kopf einer Kolonne, wenn diese frei von Flüssigkeit ist. Der t. D. ist der Gasdichte und dem Quadrat der Gasgeschwindigkeit proportional. Bei Bodenkolonnen setzt sich der Gesamtdruckverlust aus dem t. D. und der Summe der hydrostatischen Drücke der Sprudelschichten auf den Böden zusammen. Bei Füllkörperkolonnen führt eine Berieselung der →Schüttung ebenfalls zu einem Druckanstieg, weil der freie Querschnitt durch die Filmbildung auf den Füllkörpern kleiner wird.

Trägt man den t. D. gegen das Produkt aus Gasgeschwindigkeit und -dichte doppeltlogarithmisch auf, so ergibt sich eine nach rechts aufsteigende Gerade. Je größer die →Füllkörper sind, desto geringer ist der t. D. (→Rektifikation). *Dohrn*

Literatur: *Billet, R.:* Die industrielle Destillation. Weinheim 1973. – *Kirschbaum, E.:* Destillier- und Rektifiziertechnik. 4. Aufl. Berlin, Heidelberg, New York 1969.

Druckverlustbeiwert →Zyklonabscheider

Druckversuch. Ermittlung des Verhaltens von Werkstoffen unter zügiger einachsiger, über den Querschnitt gleichmäßig verteilter Druckspannung. Der D. wird häufig angewandt zur Prüfung von Baustoffen, spröden Metallen und zur Beurteilung der zulässigen Flächenpressung bei Lagerwerk- und Kunststoffen.

Nach DIN 50106, Ausg. Dez. 1978, werden bei metallischen Werkstoffen im D. mittels zylindrischer Druckproben mit einem Verhältnis Höhe h_0 zu Durchmesser d_0 von ≥ 1 und ≤ 2 die Druckfestigkeit, Stauchgrenzen, natürliche Quetschgrenze, Bruchstauchung und Längenänderung ermittelt. Während des Versuchs wird eine Druckspannungs-Stauchungs-Kurve aufgezeichnet (Stauchversuch).

Die Druckfestigkeit ist der Quotient aus der Druckkraft, die beim Auftreten des ersten Anrisses oder des Bruchs gemessen wird, und dem Anfangsquerschnitt. Tritt kein Anriß auf, gilt als Druckfestigkeit der Quotient aus der Druckkraft, die einer vereinbarten Gesamtstauchung zugeordnet ist, und dem Anfangsquerschnitt.

Stauchgrenzen sind die Quotienten aus den Druckkräften, die einer kleinen ($\leq 2\%$) Gesamtstauchung oder bleibenden Stauchung zugeordnet sind, und dem Anfangsquerschnitt. Bei metallischen Werkstoffen mit stetig verlaufender Druckspannungs-Stauchungs-Kurve wird die 0,2%-Stauchgrenze an Stelle der Quetschgrenze bestimmt.

Die natürliche Quetschgrenze ist der Quotient aus der Druckkraft, bei der der Anstieg der Druckspannungs-Stauchungs-Kurve (Bild 1) unter Auftreten einer merklichen, bleibenden Stauchung die erste Unstetigkeit zeigt, und dem Anfangsquerschnitt.

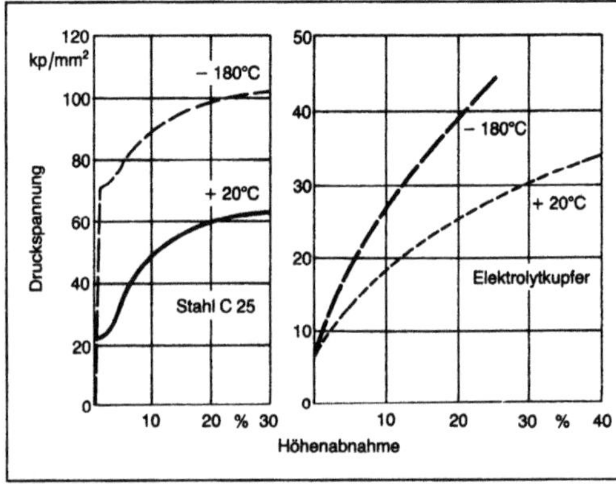

Druckversuch 1: Druckfließkurven von Stahl (kubisch-flächenzentriertes Gitter) und Kupfer (kubisch-raumzentriertes Gitter) bei verschiedenen Temperaturen.

Die Bruchstauchung, ist das Verhältnis der bleibenden Längenänderung nach dem ersten Anriß oder dem Bruch zur Anfangsmeßlänge in %.

Die Längenänderung ist in jedem Zeitpunkt des Versuchs der Unterschied zwischen der Anfangsmeßlänge und der jeweiligen aktuellen Meßlänge.

Der D. wird mit einer Druck- oder →Universalprüfmaschine durchgeführt, wobei die Druckplatten vor jedem D. leicht geschmiert (Vaseline oder Molybdändisulfid) werden sollen. Die Spannungszunahmegeschwindigkeit soll den Wert von $30\,N/mm^2$ je Sekunde nicht überschreiten. Die Druckplatten müssen eben, poliert und härter als der zu prüfende Werkstoff sein.

Beim D. wird die Ausbildung einer gleichmäßigen Verformung durch Reibungskräfte an den Probenenden behindert, weshalb die erhaltenen Stauchkurven von der Probengeometrie abhängig sind. Um die Reibungskräfte herabzusetzen, wurde deshalb von *Siebel-Pomp* eine Kegelstauchvorrichtung mit stumpfen Kegeln als Druckplatten und Probenenden entwickelt. Darüber hinaus gewährleistet die Vorrichtung eine exakte Parallelität der Druckplatten.

Der Bruch erfolgt bei einem spröden Werkstoff i. a. in der Ebene der größten Schubspannung unter etwa 45° zur Druckrichtung (Bild 2a)). Ein zäher verformungsfähiger Werkstoff (z. B. weicher Stahl) bricht nicht. Es kommt lediglich nach starker Verformung zu einem Aufreißen der Probenränder infolge von Querzugspannungen (Bild 2b)).

Aus Gründen der Verfügbarkeit wird bei Stahl häufig die Streckgrenze bzw. 0,2-Dehngrenze aus dem Zugversuch als Ersatzwert auch für Kennwerte des D. verwandt (Tabelle).   *Kußmaul*

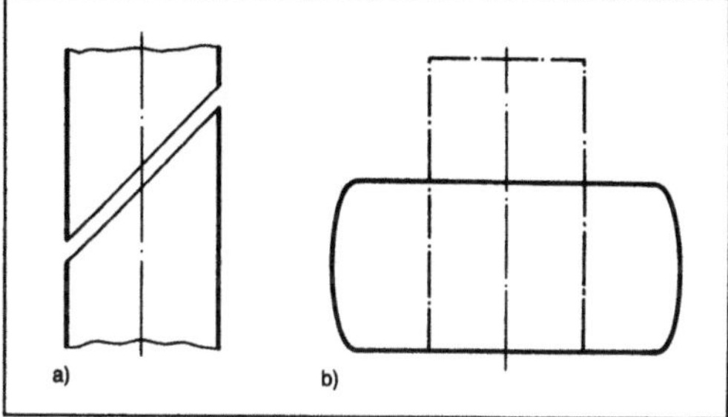

Druckversuch 2: Bruch.
a) Spröder Werkstoff
b) Duktiler Werkstoff.

Literatur: *Kußmaul, K.*: Vorlesungsmanuskript Schadenskunde. Lehrstuhl für Materialprüfung, Werkstoffkunde und Festigkeitslehre. Univ. Stuttgart 1983. – *Siebel, E.*: Handb. Werkstoffprüfung. Berlin, Heidelberg 1955. – *Wellinger, Dietmann*: Festigkeitsberechnung. Stuttgart 1969.

Drückwalzen. D. ist nach DIN 8583, Bl. 2, Schrägwalzen von Hohlkörpern über sich drehendem zylindrischen oder anders geformten Drückfutter mit gewollter Wanddickenänderung durch die achsparallel entsprechend der Mantellinienform bewegte(n) Drückwalze(n) (Bild 1); bei dieser Umformung überwiegen Druckspannungen. Dadurch ist das D. deutlich vom →Drücken zu unterscheiden, wenn auch die Kinematik beider Verfahren zum großen Teil gleich ist (Bild 2). Auch ist die Umformzone in beiden Fällen klein gegenüber den plastischstarren Bereichen des Werkstücks.

Das D. von zylindrischen Hohlkörpern (auch Abstreckdrücken genannt) wird nach dem Gleichlauf- oder Gegenlaufprinzip durchgeführt. Beim Gleichlauf-Verfahren wird ein Hohlkörper mit

Druckversuch. Tabelle: Werkstoffkennwerte bei Raumtemperatur.

Beanspruchungsart	Werkstoffkennwert			für Berechnung gegen
	Bezeichnung	Zeichen	Ersatzwert bei Stahl	
Zug	Streckgrenze (Fließgrenze)	$\sigma_s(\sigma_F)$	–	Verformen
	0,2-Dehngrenze	$\sigma_{0,2}$	–	Verformen
	Zugfestigkeit	σ_B	–	Bruch
Druck	Quetschgrenze (Druckfließgrenze)	σ_{dF}	$= \sigma_F$	Verformen
	0,2-Stauchgrenze	$\sigma_{d0,2}$	$= \sigma_{0,2}$	Verformen
	Druckfestigkeit	σ_{dB}	–	Bruch
Biegung	(Biege-)Fließgrenze	σ_{bF}	$= \sigma_F$	Verformen
	0,2-(Biege-)Dehngrenze	$\sigma_{b0,2}$	$= \sigma_{0,2}$	Verformen
	Biegefestigkeit	σ_{bB}	–	Bruch
Torsion	(Torsions-)Fließgrenze	τ_F	$\approx 0,58 \cdot \sigma_F$	Verformen
	0,4-(Torsions-)Dehngrenze	$\tau_{0,4}$	$\geqq 0,58 \cdot \sigma_{0,2}$	Verformen
	Torsionsfestigkeit	τ_B	$\approx \sigma_B$	Bruch
Scherung	Scherfestigkeit	τ_{aB}	$(0,65\text{–}0,75)\ \sigma_B$	Bruch

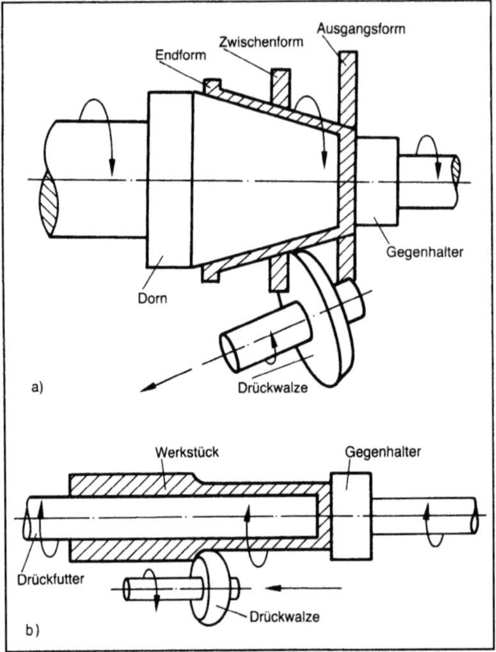

Drückwalzen 1.
a) Über sich drehendem kegeligen Drückfutter
b) Über sich drehendem zylindrischen Drückfutter.

Die Mantellinie bei a) kann auch parabolisch oder anders geformt sein. Beide Verfahrensvarianten sind auch ohne Schrägstellung der Walzen durchführbar.

Boden zwischen Drückfutter und Gegenhalter eingespannt, beim Gegenlauf-Verfahren wird ein Rohrabschnitt über einen formschlüssigen Mitnehmer mit dem Drückfutter gedreht. Für größere Werkstücke wurden Sondermaschinen als Drei-Walzen-Drückmaschinen mit steifem, dreieckförmi-

gem Rahmen zur Aufnahme der radial und axial geringfügig gegeneinander versetzten D. entwickelt. Damit lassen sich sehr dünnwandige Werkstücke mit mehreren Metern Länge mit hoher Durchmesser- und Wanddickengenauigkeit herstellen, z. B. für hochtourige Gaszentrifugen. Wegen der gegenüber dem Drücken sehr viel größeren Radialkräfte muß beim D. zum Verhindern des Durchbiegens vor allem langer, dünner, zylindrischer Drückfutter zumindest mit zwei gegeneinander wirkenden D. bei Drückwalzmaschinen mit Kreuzsupport gearbeitet werden.

Die Verfahrensgrenze beim D. ist durch das →Formänderungsvermögen des Werkstückwerkstoffs gegeben. Bei gut umformbaren Stählen lassen sich Wanddickenabnahmen von 80–85 % erzielen. Das Auftreten der den Vorgang behindernden Wulstbildung (Aufdickung) vor der Walze infolge der radialen Werkstoffflußkomponente kann durch Wahl der Wanddickenabnahme je Durchlauf (Stich), des Walzenvorschubs und der Verfahrensvariante Gleich- bzw. Gegenlauf sowie durch Einsatz von Walzen mit spezieller Geometrie minimiert werden. Die Aufweitung, eine Vergrößerung des Werkstückinnendurchmessers infolge tangentialer Komponente des vorwiegend axialen Werkstoffflusses, läßt sich durch einen größeren D.-Durchmesser und -rundungshalbmesser klein halten. Beim D. mit kegeliger oder andersgeformter Mantellinie (auch Projizierstreckdrücken genannt) wird gem. Bild 1 a) eine Ronde oder ein vorgeformter Hohlkörper in einen Hohlkörper mit in Teilbereichen verminderter Wanddicke umgeformt. Die sich einstellenden Wanddicken errechnen sich aus einfachen Winkelbeziehungen. Eingesetzt werden Drückwalzmaschinen mit Kreuzsupport zur Realisierung der Bahnkurven der D. Hydraulische Nachformsteuerungen

Verfahrens-bezeichnung	Wanddicke	Mantellinie	Ausgangsform	Endform
Drücken (DIN 8584 Bl. 4)	gleich-bleibend	beliebig	S_0, d_0	$= S_0$, d_1
Drückwalzen (DIN 8583 Bl. 2)	abnehmend	zylindrisch	S_0	S_1, S_0
		kegelig oder gekrümmt	S_0, d_0	S_1, S_0, S_0, d_0

Drückwalzen 2: Verfahrensmerkmale des Drückwalzens und Drückens.

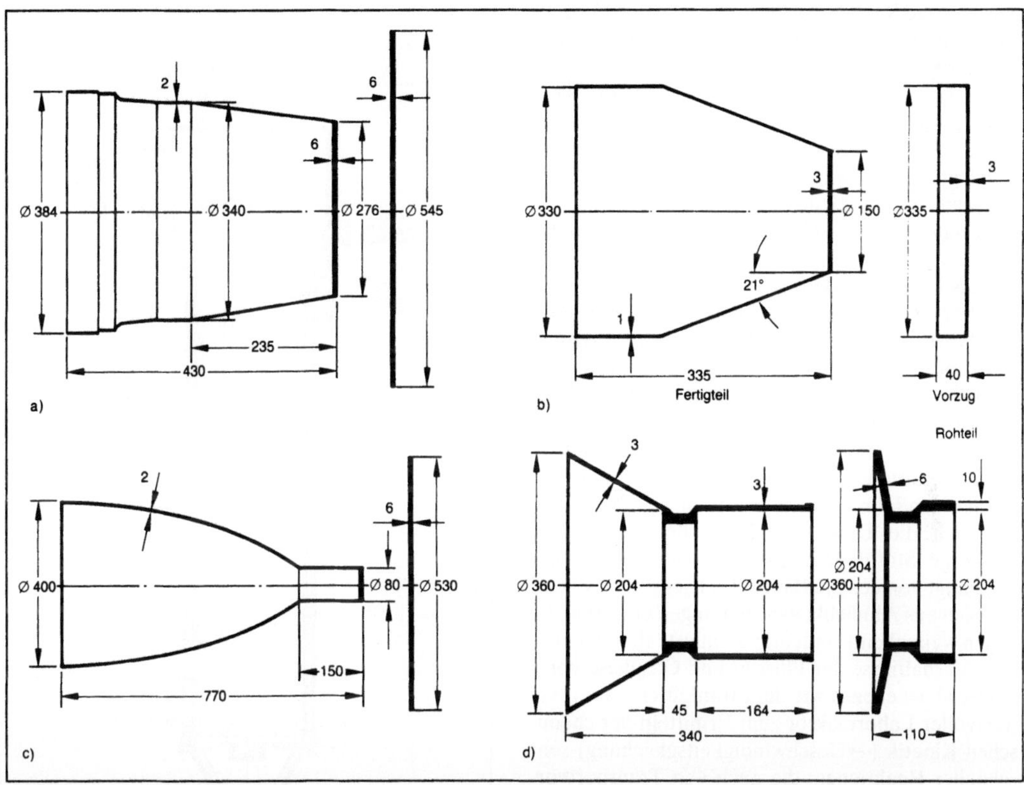

Drückwalzen 3: Beispiele für durch Drücken und Drückwalzen hergestellte Hohlteile. (Quelle: Bohmer & Köhle)
a) Gasturbinenteil aus hochfestem, hitzebeständigem Stahl
b) Behälter für Melkmaschine aus nichtrostendem Stahl
c) Flugzeugteil aus Aluminiumlegierung
d) Gehäuse aus Stahl.

werden von NC- bzw. CNC-Steuerungen verdrängt. Die modernen Maschinen mit in Europa bis etwa 150 kN Radialkraft und 550 kN Axialkraft je Walze, in den USA bis 300 kN Radialkraft/Walze, sind mit bis zu sechs steuerbaren Achsen ausgerüstet und haben meist Mehrfachwerkzeugwechselsysteme. Sie zeichnen sich durch hohe, reproduzierbare Genauigkeit aus und sind als hochflexible Maschinen den wachsenden Bedingungen der Klein- und Mittelserienfertigung gut angepaßt. In Verbindung mit dem Drücken hat das D. insgesamt einen festen Platz in der industriellen Produktion von Präzisions-Hohlkörpern mit einem weiten Bereich von Formen und Abmessungen sowie Werkstoffen inne (Bild 3). *Lange*

Literatur: *Lange, K.* (Hrsg.): Umformtechnik. Handb. f. Ind. u. Wiss. Bd. 2: Massivumformung. 2. Aufl. Berlin, Heidelberg, New York, Tokio 1988. – *Spur, G.* (Hrsg.), u. Th. Stöferle: Handb. Fertigungstechnik. Bd. 2/1: Umformen. München 1983.

Druckwechselverfahren. Verfahren zur adsorptiven Trennung von Stoffgemischen, bei dem man die Regenerierung der Adsorbenzien (Adsorptionsmittel, z. B. Aktivkohle) durch Druckerniedrigung erreicht. Das Adsorptiv geht in die Gasphase über und wird abgesaugt oder mit einem Spülgas entfernt. Wurde die →Adsorption bei Normaldruck durchgeführt, ist zur →Desorption das Einstellen eines Unterdruckes erforderlich.

Anwendungsbeispiele für das D. sind die Adsorption von Wasserdampf und Kohlendioxid aus Inertgasen mit Hilfe von →Silicagel und →Molekularsieben, die Trennung von Methan-Wasserstoff-Gemischen an Aktivkohle oder Molekularsieb sowie die Trennung eines n-Iso-Alkangemisches an 0,5 nm Molekularsieb. *Dohrn*

Dünnschichtreaktor. Reaktor (auch als Fallfilmreaktor oder Fallfilmabsorber bezeichnet) für Gas-Flüssig-Reaktionen sowie für Flüssigphasenreaktionen, der aus einem oder mehreren parallel angeordneten Rohren besteht, an deren innerer Mantelfläche der flüssige Reaktand als dünne Schicht (Flüssigkeitsfilm, Rieselfilm) herabläuft. Der gasförmige bzw. flüssige Reaktand kann im Gleich- oder Gegenstrom zur Flüssigkeit geführt werden. Der D. läßt sich durch folgende Eigenschaften charakterisieren:

☐ Bei laminar strömendem Flüssigkeitsfilm liegt eine geometrisch eindeutig definierte Phasengrenzfläche vor, die auch bei turbulenter Filmströmung kaum größer als die innere Rohrmantelfläche ist und somit relativ klein bleibt.

☐ Geeignet für sehr schnelle Reaktionen, wenn der Stoffübergangswiderstand auf der Gasseite liegt (→Gas-Flüssig-Reaktion).

☐ Sehr guter Wärmeaustausch zwischen Flüssigkeit und Wärmeträger (z. B. Kühlfluid bei exothermen Reaktionen), der die Rohre von außen umspült.

☐ Kleine Verweilzeiten und kleiner Anteil (Holdup) für die Filmflüssigkeit.

☐ Beim wäßrigen Rieselfilm unterscheidet man den laminar glatten, den laminar welligen und den turbulenten Film. In allen drei Strömungsbereichen läßt sich die Dicke des Films berechnen. Der gasseitige Stoffübergangskoeffizient (→Filmtheorie) hängt von der Lauflänge des Rieselfilms ab und läßt sich aus Ähnlichkeitsbeziehungen ermitteln. Es liegen weitgehend eindeutig definierte fluiddynamische Verhältnisse der Flüssig- und Gasphase vor.

Der D. ist ebenso wie der Strahldüsenreaktor ein wertvoller Laborreaktor zum Ermitteln der chemischen Kinetik (→Geschwindigkeitsgleichung) sehr schneller Reaktionen, die auch von Transportvorgängen (Gas-Flüssig-Reaktionen, Phasengrenzfläche) beeinflußt sein können.

Großtechnisch wird der D. zum Herstellen waschaktiver Anionentenside (wichtigster Bestandteil moderner Waschmittel) eingesetzt, z. B. von Natriumdodecylsulfat durch Sulfonierung von Dedecylalkohol mit gasförmigem Schwefeltrioxid und anschließender Neutralisation mit Natronlauge.   *Schönbucher*

Dünnschichtverdampfer. D. sind Apparate zum Verdampfen von Flüssigkeiten aus Lösungen oder Suspensionen, bei denen die zu verdampfende Flüssigkeit auf der Innenseite eines Rohrs einen dünnen Film bildet, dessen Dicke durch ein Wischersystem eingestellt werden kann.

Bild 1 zeigt den schematischen Aufbau eines D. In einem beheizten Rohr läuft ein schnelldrehender Rotor. Das zu behandelnde Produkt speist man oberhalb des Heizmantels ein und verteilt es mittels eines Verteilerrings gleichmäßig über den Umfang. Es wird von den Flügeln des Rotors ergriffen und als dünner Film von großer Turbulenz über die Heizwand ausgebreitet.

Das Produkt fließt innen an der Heizwand in einer schraubenförmigen Bahn nach unten, wobei die leichterflüchtigen Anteile verdampfen. Die Dämpfe durchlaufen den Apparat im →Gegenstrom nach oben und passieren den Abscheider. Mitgerissene Tröpfchen oder Schaumblasen werden durch einen

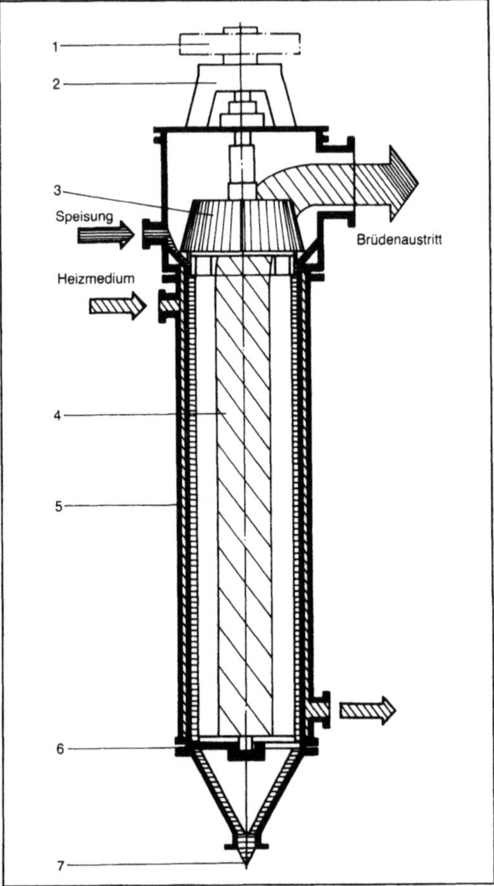

Dünnschichtverdampfer 1: Schematischer Aufbau eines Dünnschichtverdampfers. (Quelle: Luwa-SMS, Butzbach)

1 Rotorantrieb, 2 oberes Rotorlager, 3 Abscheider, 4 Rotor, 5 Heizmantel, 6 unteres Lager, 7 Produktaustritt

hochtourigen Rotor ausgeschleudert und fließen in die Verdampfungszone zurück.

Der nicht verdampfte Produktanteil erreicht in Sekunden das untere Ende des Verdampfers und wird ausgetragen. Dünnschichtapparate sind für viskose und belagbildende Flüssigkeiten besonders gut geeignet, weil die von den Rotorblättern erzeugten Turbulenzen für einen guten Wärmeübergang sorgen (Bild 2). Bei Produkten, die zur Belagbildung neigen, wird durch die vollständige Vermischung in der entstehenden Bugwelle eine Krustenbildung vermieden. Durch die im Vergleich zu Fallfilmverdampfern gleichmäßigere, sehr kleine Filmdicke sind die Verweilzeiten im Verdampfer klein, und das Verweilzeitspektrum ist eng, so daß der Produktanteil mit einer längeren Verweilzeit sehr gering ist. Deshalb gelingt auch die Behandlung temperaturempfindlicher Stoffe. Bild 3 zeigt einen D. mit einer Heizfläche von 40 m².

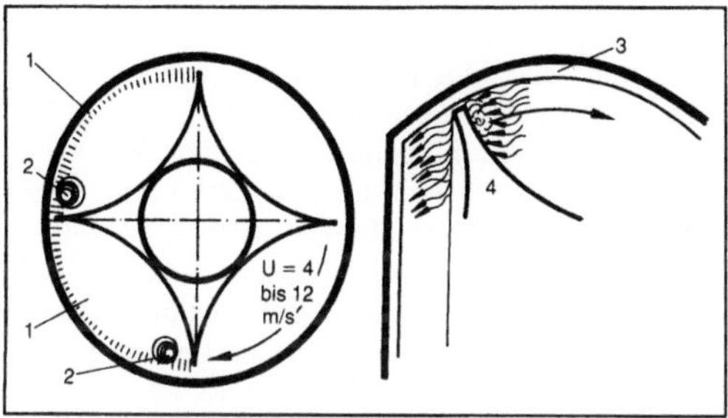

Dünnschichtverdampfer 2: Schematische Darstellung der Flüssigkeitsverteilung auf der Heizwand eines Dünnschichtverdampfers. (Quelle: Luwa-SMS Butzbach)

1 ruhige Zone, 2 Bugwelle, 3 beheizte Wand, 4 Rotorblatt

Dünnschichtverdampfer 3: Dünnschichtverdampfer (40 m^2 Heizfläche) mit ausgezogenem Rotor. (Quelle: Luwa-SMS, Butzbach).

Neben starren Rotoren gibt es bewegliche Wischersysteme, bei denen sich die Wischblätter infolge der Zentrifugalkraft an den inneren Zylinder anlegen. Diese Rotoren werden u. a. für die Verarbeitung von Produkten mit Tendenz zur Belagbildung verwendet. *Dohrn*

Literatur: *Billet, R.*: Verdampfung und ihre technischen Anwendungen. Weinheim 1981. – Luwa-SMS GmbH, Butzbach: Firmenschrift – *Mersmann, A.*: Thermische Verfahrenstechnik. Berlin, Heidelberg, New York, 1980.

Durchbruchskurve. Unter D. versteht man bei Festbettprozessen den zeitlichen Verlauf der Konzentration des austretenden Fluids, wenn nicht mehr Gleichgewicht mit unbeladenem →Adsorbens erreicht werden kann, d. h. wenn die Konzentration der abzutrennenden Komponenten mit der Zeit anzusteigen beginnt, bis schließlich die Eintrittskon-

zentration erreicht ist. Betrachtet man beispielsweise einen Adsorptionsprozeß zur Gasreinigung, bei dem das Festbett aus regeneriertem Adsorptionsmittel besteht, so wird das beladene Gas bereits von den vorderen Adsorbensteilchen gereinigt und tritt mit der Gleichgewichtskonzentration aus dem Adsorber aus. Mit zunehmender Zeit wandert eine Stoffübergangszone durch das Festbett (Bild). Erreicht sie das Ende des Bettes, d. h. fast das gesamte Adsorbens hat die Gleichgewichtsbeladung erreicht, so tritt beladenes Gas am Adsorber aus, und die Austrittskonzentration steigt steil an (→Sorptionskinetik).

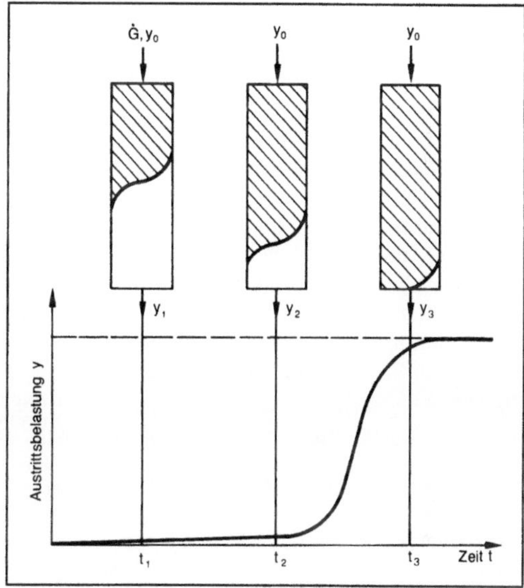

Durchbruchskurve: Durchbruchskurve in einem Adsorberbett.

Das Adsorberbett wird um so besser ausgenutzt, je steiler die D. verläuft. Der Verlauf der D. ist u. a. von der Korngrößenverteilung der Adsorberpartikel, von der Volumenstromdichte, vom Diffusionsverhalten des Gases, vom Lückenvolumen der →Schüttung und von der Gleichgewichtskonstanten zwischen der Gasphase und der Festphase abhängig. *Dohrn*

Literatur: *Mersmann, A.*: Thermische Verfahrenstechnik. Berlin, Heidelberg, New York 1980. – *Sattler, K.*: Thermische Trennverfahren. Weinheim 1988.

Durchdrücken. D. ist eine Untergruppe des Umformens (DIN 8580) und ist als →Druckumformen eines Werkstücks durch teilweises oder vollständiges Hin-D. durch eine formgebende Werkzeugöffnung unter Vermindern des Querschnitts oder des Durchmessers definiert.

Das D. teilt sich nach DIN 8583, Bl. 6, in Verjüngen, →Strangpressen und →Fließpressen auf. Überwiegend werden diese Verfahren mit ihren nach der Kinematik (Vorwärts-, Rückwärts- oder Quer-Strang- bzw. Fließpressen) und nach der Querschnittsart (Voll- oder Hohlquerschnitt) untergliederten Varianten mit starren Werkzeugen durchgeführt. Daneben gibt es für Sonderanwendungen bezüglich Werkstückwerkstoff und -geometrie das Strang- bzw. Fließpressen mit Wirkmedien als hydrostatisches Strang- bzw. Fließpressen. Wirkmedien im Sinne von DIN 8583, Bl. 6, dienen zur Kraftübertragung (Wirkmedien mit kraftgebundener Wirkung), wobei die Formgebung des Werkstücks in Verbindung mit Werkzeugteilen erfolgt.

Alle Durchdrückverfahren zählen zu den Umformverfahren mit mittelbarer Einleitung der →Umformkraft und damit zu den Verfahren mit quasistationärem Werkstofffluß. Während das Verjüngen und das Fließpressen meist bei Raumtemperatur (Kaltfließpressen) oder im halbwarmen Temperaturbereich bei der Produktion einzelner Werkstücke angewendet werden, gehört das Strangpressen zum Warmumformen von Halbzeug. Die Werkzeuge sind mechanisch und – beim Strangpressen – zusätzlich thermisch hoch beansprucht. Die Durchdrückverfahren haben einen wichtigen Platz in der industriellen Fertigung. Die erzielbaren Maß- und Formtoleranzen sowie die Oberflächenqualität verleihen den Produkten häufig die Qualität von Fertigteilen. *Lange*

Literatur: *Lange, K.* (Hrsg.): Umformtechnik. Handb. f. Ind. u. Wiss. Bd. 2: Massivumformung; Bd. 4: Sonderverfahren. 2. Aufl. Berlin, Heidelberg, New York, Tokio 1988/1992.

Durchgangsschleifen →Schleifprozeß-Modifikation

Durchhärtung. Beim →Härten Erzielen eines gleichmäßigen martensitischen Gefüges über den gesamten Querschnitt. Eine D. wird bei größeren Querschnitten nur durch höhere Legierungsgehalte erreicht, die die kritische Abkühlgeschwindigkeit verringern (→Zeit-Temperatur-Umwandlungsschaubild). *W. Dahl*

Durchlaufofen. Industrieöfen werden nach der Art der Prozeßführung in D. und Chargenöfen unterteilt. Im D. wird das Produkt im Gegensatz zum →Chargenofen kontinuierlich durch den Ofen transportiert. D. werden meistens stationär, Chargenöfen dagegen stets instationär betrieben. Typische D. sind: Drehrohröfen (für Feingut), Schachtöfen (für stückiges Gut), Tunneldurchlauföfen (für Form- und Stückgut). *Jeschar/Specht/Bittner*

Durchlaufzeit. Das ist die Zeit, in der ein Arbeitsgegenstand (Material, Teil, Auftrag) ein Arbeitssystem auf einem vorgeschriebenen Weg durchläuft. D.-Angaben werden zur Lieferterminbestimmung und zur Kapazitätsauslastung benötigt. Die Gestaltung der Arbeitssysteme, die →Betriebsorganisation und die Materialwirtschaft bestimmen im wesentlichen die Länge der D.

Die D. beginnt mit dem Bereitstellen des Objekts für die erste Bearbeitung und endet mit dessen Auslieferung. Bearbeitungs-, Rüst-, Kontroll-, Liege- und Wartezeiten ergeben zusammen die D. Die D. verschiedener Arbeitsgegenstände schwanken, da sie durch zufällige Größen beeinflußt werden. Durchschnittlich ergeben die Liege- und Wartezeiten zusammen einen Anteil von 90–95 % an der D.

Die zufälligen Schwankungen erschweren die Vorausberechnung der D. Die D. müssen für die Ablaufplanung bekannt sein; sie müssen entweder vorgegeben oder bestimmt werden. Der Arbeitsplan legt die Rüst-, Bearbeitungs- und Kontrollzeiten fest, sowohl als Vorgabezeiten für die Arbeiter als auch als Belegungszeiten für Maschinen. Die Übergangszeiten zwischen zwei Bearbeitungsstationen, d. h. die Liegezeit nach der Beendigung des letzten Vorgangs, die Transportzeit und die Wartezeit vor der nächsten Bearbeitungsstation, lassen sich nur schwer vorausbestimmen. Die aktuelle Kapazität und die tatsächliche Bearbeitungs- und Transportzeit bestimmen die Übergangszeit.

Für die Übergangszeiten kann ein Vorlauf, d. h. eine konstante Zeit, vorgegeben werden. Die Übergangszeit kann auch proportional zur Bearbeitungszeit als Zeitwert errechnet werden.

Genauer wird die Vorgabe, wenn der Vorlauf auf die Bearbeitungsschritte bezogen und für jeden Vorgang ein Vorlauf angesetzt wird. Die Zeit kann darüber hinaus im Verhältnis zu der Anzahl der Arbeitsschritte exakter berechnet werden.

Weitere Verfahren zur Übergangszeitermittlung basieren auf der Übergangsmatrix und auf stochastischen Verfahren. Bei der Übergangsmatrix wird für alle Kombinationen der Stationen die durchschnittliche Übergangszeit ermittelt. Die D. ergibt sich aus der Addition von Bearbeitungszeit und den erforderlichen Übergangszeiten. Die stochastischen Verfahren berücksichtigen dynamische Einflüsse und erreichen durch eine Abbildung der Produktion, z. B. mit der Simulation, eine größere Genauigkeit als die anderen Verfahren. *Eversheim*

Literatur: *Kern, W.:* Handwörterb. Produktion. Stuttgart 1979.

Durchmischung, axiale →Längsvermischung

Durchregnen. Unter D. versteht man in der Verfahrenstechnik das Herabfließen von Flüssigkeit durch die Bodenöffnungen von Destillationskolonnen auf den nächsttieferen Boden. D. tritt auf, wenn die Geschwindigkeit des aufsteigenden Dampfes zu niedrig ist, d. h. wenn die →Gasbelastung der Kolonne zu gering ist. Durch das D. nimmt das

→Verstärkungsverhältnis des Bodens stark ab, insbes. bei einer geringen Flüssigkeitsdurchmischung.

Um ein D. zu verhindern, muß eine bestimmte Froude-Zahl überschritten werden. Die Froude-Zahl ist eine dimensionslose Kennzahl, die das Verhältnis aus der Trägheits- und der Schwerkraft bei Strömungsvorgängen charakterisiert. *Dohrn*

Durchsatzleistung. Die in einer Zeiteinheit durch einen verfahrenstechnischen Apparat oder eine chemische Anlage durchlaufende Menge. Die D. kann in verschiedenen Einheiten angegeben werden, z. B. kg/s, kg/h, t/a, m^3/s, m^3/h. *Dohrn*

Durchsetzen. D. ist ein Verfahren des Schubumformens (DIN 8587) und zählt zur Untergruppe Verschieben, d. h. zu den Schubumformverfahren mit geradliniger Werkzeugbewegung. Dabei werden in der Umformzone benachbarte Querschnittsflächen des Werkstücks gegeneinander verlagert, wobei in den Flächen Schubspannungen in Höhe der Schubfließspannung k hervorgerufen werden (Bild 1).

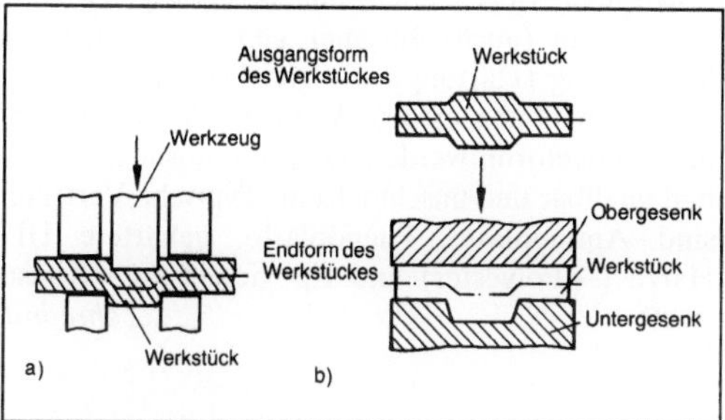

Durchsetzen 1: Beispiele.
a) Durchsetzen eines Stabes
b) Durchsetzen eines Formteils.

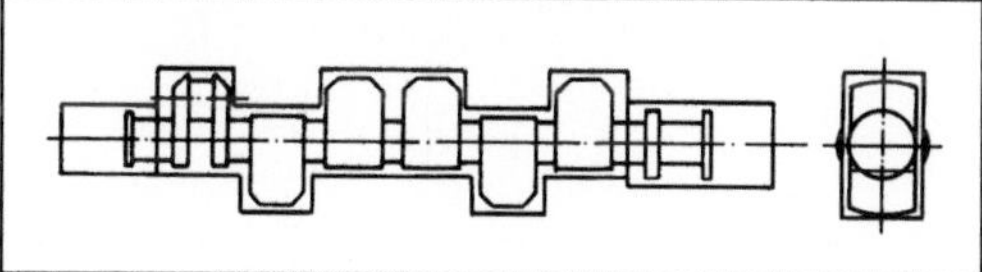

Durchsetzen 2: Großkurbelwelle mit durchgesetzten Hüben.

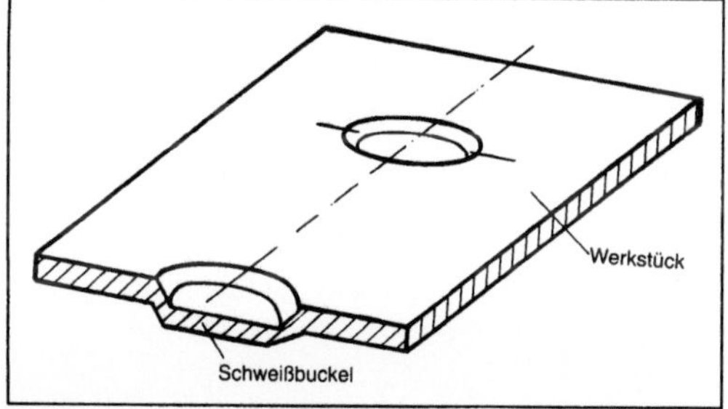

Durchsetzen 3: Durchsetzen zum Herstellen von Schweißbuckeln.

Teilmassen eines Werkstücks werden mit diesem Verfahren gegeneinander verschoben. Beispiele sind das D. von Kurbelhüben an freiformgeschmiedeten Großkurbelwellen oder – bei sehr kleinen Abmessungen – das Herstellen von Schweißbuckeln oder Distanzpunkten an Blechwerkstücken (Bild 2 und 3). *Lange*

Durchziehen. In der zum →Zugdruckumformen gehörenden Untergruppe D., DIN 8584, Bl. 2, sind zahlreiche wesentliche Fertigungsverfahren der Präzisions-Halbzeug- bzw. -Einzelteilfertigung zusammengefaßt. Die Plastifizierung des Werkstoffs in der Umformzone wird dabei durch die Kombination axialer Zugspannungen (direkt aufgebracht) mit radialen und tangentialen Druckspannungen (indirekt erzeugte Reaktionsspannungen im Ziehwerkzeug) bewirkt. Die Verfahrensgrenze ist durch die durch den umgeformten Endquerschnitt übertragbaren Spannungen ohne Einschnürung und Bruch, d. h. durch die Zugfestigkeit R_m gegeben.

D. als →Ziehen eines Werkstücks durch eine in Ziehrichtung verengte Werkzeugöffnung teilt sich

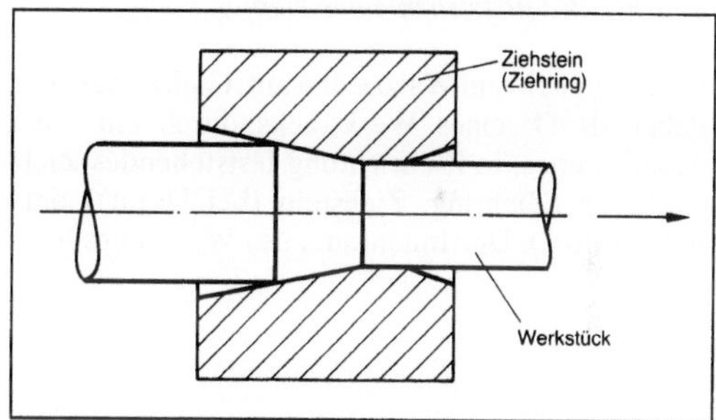

Durchziehen 1: Gleitziehen von Runddraht oder Rundstäben (Drahtziehen bzw. Stabziehen).

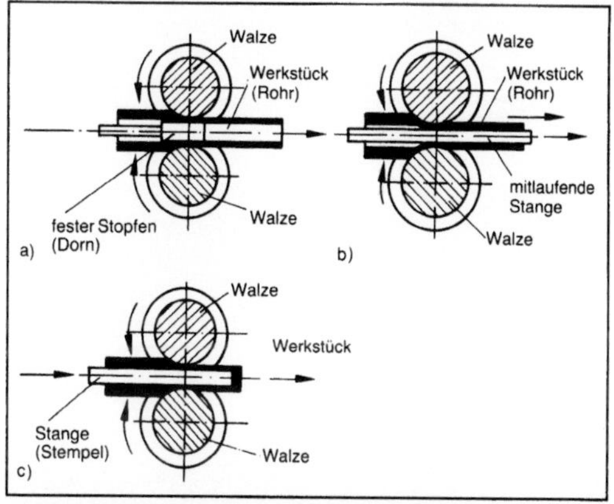

Durchziehen 2: Walzziehen von Rohren.
a) Walzziehen über festen Stopfen (Dorn)
b) Walzziehen über mitlaufende Stange (über langen Dorn)
c) Abstreck-Walzziehen zum Herstellen eines Rohrs.

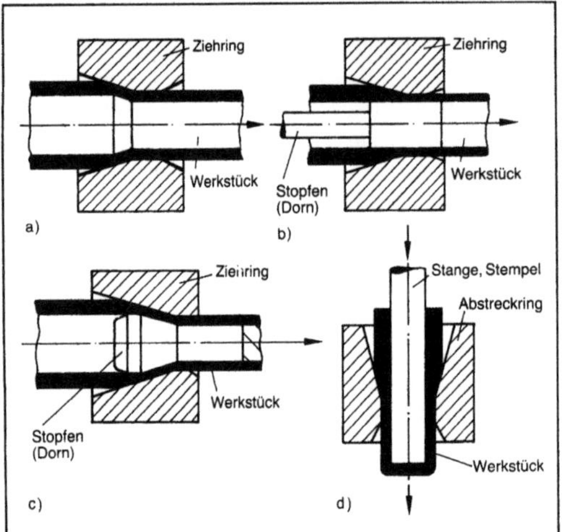

Durchziehen 3: Gleitziehen von Rohren und Hohlkörpern.

a) Hohl-Gleitziehen eines Rohrs

b) Gleitziehen über festen Stopfen (Dorn)

c) Gleitziehen über losen (fliegenden oder schwimmenden) Stopfen (Dorn)

d) Absteck-Gleitziehen eines Napfes.

in Gleitziehen und Walzziehen auf. Gleitziehen wird dabei als D. eines Werkstücks durch ein meist geschlossenes, in Ziehrichtung feststehendes Ziehwerkzeug (Ziehring, Ziehstein (bei Draht)) definiert (Bild 1). Der Innenraum des Werkzeugs heißt Ziehhol. Walzziehen ist D. eines Werkstücks durch eine Öffnung, die von zwei oder mehreren Walzen gebildet wird (Bild 2). Bei beiden Verfahrensvarianten ist ferner unter Verwendung geeigneter Innenwerkzeuge das D. von Voll- oder Hohlkörpern möglich.

Die Durchziehverfahren nehmen in der industriellen Produktion sowohl in der ersten als auch der zweiten Verarbeitungsstufe eine hervorragende Stellung ein. Wichtige Verfahren des Gleitziehens sind das Draht-, Stab-, Rohr- und Profilgleitziehen sowie Abstreck-Gleitziehen von Hohlkörpern mit Boden (Bild 3). Wichtige Verfahren des Walzziehens sind das Walzziehen von Rohren über feste Stopfen (Dorn), über mitlaufende Stange (über langen Dorn) und das Abstreck-Walzziehen. *Lange*

Literatur: *Lange, K.* (Hrsg.): Umformtechnik. Handb. f. Ind. u. Wiss. Bd. 2: Massivumformung. 2. Aufl. Berlin, Heidelberg, New York, Tokio 1988. – *Spur, G.* (Hrsg.), u. *Th. Stöferle:* Handbuch der Fertigungstechnik. Bd. 2/2: Umformen. München 1984.

Duroplast. Bezeichnung für hochgradig vernetzte Kunststoffe (auch Duromer genannt). Nach der Vernetzung (Härtung), die gleichzeitig oder nach der Formgebung erfolgt, kann das Material nicht mehr umgeformt werden. D. sind unlöslich, manchmal quellbar und unschmelzbar. Typische Vertreter sind Aminoplaste, Phenoplaste, gehärtete UP-Harze (→Polyester) und Epoxidharze (→Kunststoff). *Zahradnik*

E

Eadie-Hofstee-Darstellung. Graphisches Verfahren zum Ermitteln der kinetischen Konstanten einer enzymkatalysierten Reaktion (→Enzymkinetik). Zum Auswerten von Meßdaten wird die Michaelis-Menten-Gleichung umgeformt und in eine linearisierte Form, die E.-H.-Gleichung, umgewandelt:

$$v = v_{max} - K_M \frac{v}{[S]},$$

mit v in mol/l·s Reaktionsgeschwindigkeit,
K_M in mol/l Michaelis-Konstante,
$[S]$ in mol/l Substratkonzentration.

Die Auftragung der Reaktionsgeschwindigkeit v über dem Quotienten $v/[S]$ liefert eine Gerade mit der Steigung $-K_M$, dem Ordinatenabschnitt v_{max} sowie dem Abszissenabschnitt v_{max}/K_M.

Der Vorteil der E.-H.-Auftragung gegenüber der →Lineweaver-Burk-Darstellung besteht darin, daß man die Meßwerte bei hohen Substratkonzentrationen nicht so stark komprimiert. Damit werden die Meßwerte über den gesamten Konzentrationsbereich gleichmäßiger gewichtet, und Abweichungen von der Linearität sind leichter zu erkennen. Insgesamt gewährleistet die E.-H.-D. eine größere Genauigkeit bei der Auswertung enzymkinetischer Messungen als die Lineweaver-Burk-Darstellung. *Liefke*

Eckenradius →Schneidteil

Edelstahl. Stahlsorten, die i. a. für eine besondere Wärmebehandlung bestimmt sind und darauf gleichmäßig ansprechen müssen. Daneben weisen sie auf Grund ihrer Herstellungsbedingungen eine größere Reinheit als die Qualitätsstähle auf, von denen sie jedoch nicht durch eindeutige Zahlenwerte für Prüfungen abzugrenzen sind (Euronorm 20–74). Erschmelzung, Warm- und Kaltumformung, Wärmebehandlung und Prüfung während der Erzeugung und bei der Ablieferung erfordern besondere Sorgfalt und sind auf den vorgesehenen Verwendungszweck ausgerichtet. *W. Dahl*

Edukt. Ausgangsstoff (Reaktionspartner) in einer chemischen Reaktion. Die E. reagieren zu den Produkten:

$$\nu_A A + \nu_B B \rightarrow \nu_C C + \nu_D D$$

$$CH_4 + 2\,O_2 \rightarrow CO_2 + 2\,H_2O.$$
Edukte Produkte *Onken*

Effektor. Als E. (→Allosterie, →Enzymkinetik, →Kooperativität) werden Stoffe bezeichnet, die hemmend oder beschleunigend auf die Geschwindigkeit enzymkatalysierter Reaktionen wirken. Entsprechend ihrer Wirkungsweise werden E. in Aktivatoren oder Inhibitoren unterteilt. E. binden reversibel oder irreversibel an das Enzym oder den Enzym-Substratkomplex.

Zur Charakterisierung von Enzymen haben gruppenspezifische Hemmstoffe besondere Bedeutung erlangt. Mit ihrer Hilfe können die funktionellen Gruppen eines Enzyms selektiv blockiert werden, um auf diese Weise Rückschlüsse auf den Mechanismus des enzymatischen Prozesses ziehen zu können.

Als Aktivatoren können bestimmte anorganische Ionen wirken. Für einige enzymatische Reaktionen sind Aktivatoren essentiell. In diesen Fällen reagiert der Aktivator, beispielsweise ein Phosphatanion, mit dem Substratmolekül, das sich nur in dieser aktivierten Form vom Enzym umsetzen läßt.

Der Einfluß von Aktivatoren läßt sich mit den gleichen Methoden quantifizieren wie der Einfluß von Hemmstoffen (→Dixon-Darstellung, →Eadie-Hofstee-Darstellung, →Lineweaver-Burk-Darstellung). *Liefke*

Literatur: *Fersht, A.:* Enzyme Structure and Mechanism. New York 1985.

Eigenspannung. E. sind definiert als elastische Spannungen, die in einem abgeschlossenen System bei Fehlen äußerer Kräfte und Momente vorhanden sind.

In Werkstücken, die durch umformtechnische Fertigungsverfahren hergestellt werden, sind E. unvermeidbar. Die Formgebung ist nur möglich durch örtlich unterschiedliche plastische Verformungen. Diese sind fast immer unverträglich mit denjenigen benachbarter Werkstückteilchen, was zu einer gegenseitigen Formbehinderung und damit zu E. führt. Die örtliche Inkompatibilität der bleibenden Verformungen ist die Ursache aller E.

Je nach Größe und Verteilung wird unterschieden zwischen E. I., II. und III. Art. Diese Unterteilung beruht auf der räumlichen Auflösung der verschiedenen Arten (Tabelle). Der lokale Eigenspannungswert σ ist in realen Fällen eine Überlagerung der drei E.-Arten (Bild 1). Mit den heute eingeführten E.-Meßverfahren werden vorwiegend E. I. Art (Makro-E.) erfaßt. Die meßtechnische Erfassung

Eigenspannung. Tabelle: Eigenschaften der Eigenspannungen I., II. und III. Art.

Eigenschaften	Eigenspannungen		
	I. Art	II. Art	III. Art
Spannungen sind über	größere Bereiche (mehrere Körner) nahezu homogen	kleinere Bereiche (ein Korn oder Kornbereiche) nahezu homogen	kleinste Bereiche (mehrere Atomabstände) inhomogen
Die mit den Eigenspannungen verbundenen Kräfte u. Momente sind im Gleichgewicht über	den ganzen Körper	hinreichend viele Körner	einen hinreichend großen Teil eines Korns
Bei Eingriffen in das Gleichgewicht	treten immer makroskopische Maßänderungen auf	können makroskopische Maßänderungen auftreten	treten keine makroskopische Maßänderungen auf
Mathematische Beschreibung im Überlagerungsfall	$\sigma^{I} = \left(\dfrac{\text{Ä}\sigma\text{df}}{\text{Ä}\text{df}}\right)_{\text{Körner}}^{\text{mehrere}}$	$\sigma^{II} = \left(\dfrac{\text{Ä}\sigma\text{df}}{\text{Ä}\text{df}}\right)_{\text{Korn}}^{\text{ein}} - \sigma^{I}$	$\sigma^{III} = \sigma - (\sigma^{I} + \sigma^{II})$
Bedeutung im Überlagerungsfall	Mittelwert	Mittelwert der Schwankungen um σ^{I}	Schwankungen um $(\sigma^{I} + \sigma^{II})$

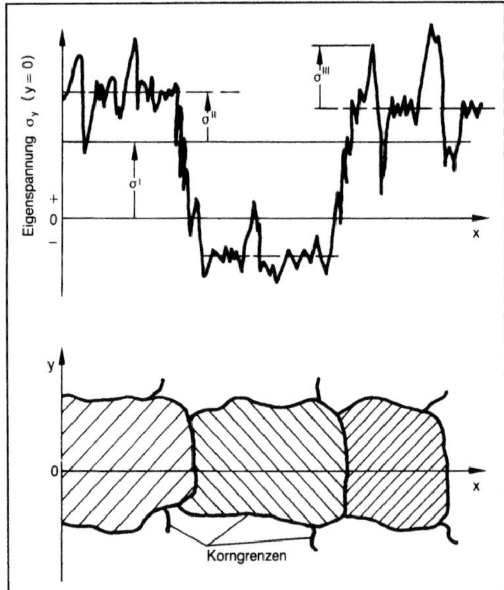

Eigenspannung 1: Überlagerung von Eigenspannungen I., II. und III. Art.

und Trennung der E. II. und III. Art (Mikro-E.) ist z. Z. noch unbefriedigend.

E. in umgeformten Werkstücken können sich auf deren späteren betrieblichen Einsatz auswirken. Dieser Einfluß kann sowohl positiv als auch negativ sein. Im folgenden sind die Auswirkungen von E. nach unterschiedlichen Gesichtspunkten zusammengefaßt.

□ *Streckgrenze:* In der Regel bewirken E. bei einer Überlagerung von Lastspannungen eine Streckgrenzenverminderung.

□ *Statischer Bruch:* Duktilen Brüchen geht stets eine plastische Formänderung voran, so daß kein Einfluß der E. auf den Bruch zu vermerken ist. Nach einer geringen Verformung werden die E. nahezu vollständig abgebaut. Bei spröden Brüchen ist dies nicht der Fall. Hier ist es wichtig, den E.-Zustand auf den Lastspannungszustand abzustimmen.

□ *Dauerschwingfestigkeit:* Druck-E. in den oberflächennahen Bereichen eines Werkstücks erhöhen die Dauerschwingfestigkeit.

□ *Spannungsrißkorrosion:* Druck-E. in Bauteilbereichen, die mit einem aggressiven Medium in Kontakt sind, verzögern die Rißausbreitung. Aus einer Studie des japanischen Eisen- und Stahlverbands geht hervor, daß 80 % der untersuchten Schadensfälle infolge einer Spannungsrißkorrosion durch Zug-E. verursacht bzw. beschleunigt werden.

□ *Weitere Auswirkungen:* E. können sich auf Instabilitätserscheinungen auswirken und unerwünschte Geometrieänderungen hervorrufen. Dies gilt z. B. für Maßabweichungen eines Werkstücks bei einer Nachbearbeitung.

Die Ermittlung von E. nach einer →Kaltumformung ist Voraussetzung für eine Optimierung des Umformverfahrens im Hinblick auf einen günstigen E.-Zustand. In der →Massivumformung kann das Vorhandensein von E. beispielsweise bei kaltgezogenen Werkstücken unmittelbar beobachtet werden. Scheinbar ohne jede äußere Einwirkung kann beim längeren Lagern von gezogenen Rohren, Stangen und Draht plötzlich oder allmählich ein Aufreißen erfolgen. Auf Grund dessen wurden die Durchziehverfahren hinsichtlich der erzeugten E. intensiv untersucht, und es wurden auch Möglichkeiten zur E.-Reduktion angegeben.

Bild 2 zeigt die E.-Verteilung in einem gezogenen Draht nach dem →Ziehen mit einem bzw. zwei Ziehsteinen. Das Ziehen durch einen zweiten Ziehstein mit einer sehr geringen Querschnittsabnahme bewirkt dabei eine erhebliche Reduktion der E.

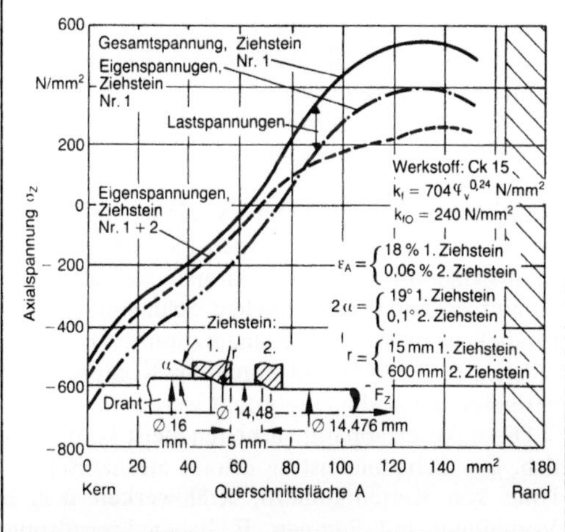

Eigenspannung 2: Axialspannungen beim Drahtziehen mit einem bzw. zwei Ziehsteinen. (Quelle: Gerhardt a. a. O.)

In der →Blechumformung haben die Biegerichtverfahren die Aufgabe, in Blechen vorhandene unerwünschte Krümmungen zu beseitigen. Ihre Entstehungsursache sind u. a. unsymmetrische E.-Ausbildung beim Umformen und Auslösen von E. durch spanende Bearbeitung. Das Prinzip des Blechrichtens am Beispiel eines geraden, eigenspannungsfreien Bleches, das zunächst gebogen und dann wieder gerichtet wird, ist in Bild 2 dargestellt.

Die Ermittlung von E. erfolgte bislang fast ausschließlich mittels experimenteller Methoden. In jüngster Zeit gewinnen aber auch numerische Simulationsverfahren zunehmend an Bedeutung. Die experimentellen Meßverfahren lassen sich in zerstörende und zerstörungsfreie Verfahren unterteilen. Zu den zerstörenden Verfahren (mechanisch-elektrisch) gehören die Zerlege-, Nocken-, Ausbohr-, Abdreh-, Ringfuge- und Bohrlochverfahren. Für die E.-Messung mit zerstörungsfreien Verfahren werden die Röntgen-, Neutronenstrahl-, Ultraschall- und die magnetischen Verfahren herangezogen. *Lange*

Literatur: *Bühler, H.,* u. *E. H. Schulz:* Die Verminderung der beim Kaltziehen in Stangen entstehenden Eigenspannungen. Stahl u. Eisen 70 (1950) Nr. 25. – *Dieter, G. E.:* Mechanical Metallurgy. 2. Aufl. Tokio 1976. – *Elfinger, F. X., A. Peiter, W. A. Theiner u. E. Stücker:* Verfahren zur Messung von Eigenspannungen. VDI-Ber. 439 (1982). – *Gerhardt, J.,* u. *A. E. Tekkaya:* Simulation of Drawing Processes by the Finite Element Method. In: Proceedings of the 2nd ICTP. (Hrsg. *K. Lange*). Berlin, Heidelberg, London, New York, Paris, Tokio 1987. – *Lange, K.* (Hrsg.): Lehrb. Umformtechnik. Bd. 3: Blechumformung. Berlin, Heidelberg, New York 1975. – *Macherauch, E.:* Bewertung von Eigenspannungen. In: Eigenspannungen. Entstehung – Messung – Bewertung. Oberursel 1980. – *Macherauch, E., H. Wohlfahrt u. U. Wolfstieg:* Zur zweckmäßigen Definition von Eigenspannungen. HTM 28 (1973) Nr. 3. – N. N.: X-Ray Stress Analyser. Application Report. Sonderdruck der Rigaku Corp. Nr. AED 29A. 1981. – *Ostermann, M.:* Das Aufreißen von Messing. Metallwirtsch., Metallwiss., Metalltechn. 10 (1931) Nr. 17. – *Peiter, A.:* Werkstückverzug durch Eigenspannungsänderung. Werkstatttechn. 57 (1967) Nr. 6. – *Tekkaya, A. E.:* Ermittlung von Eigenspannungen in der Kaltmassivumformung. Ber. Inst. Umformtechn. Stuttgart. Nr. 83. Berlin, Heidelberg, New York, Tokio 1986.

Eigenspannung, mechanisch induzierte →Eigenspannungszustand

Eigenspannung, thermisch induzierte →Eigenspannungszustand

Eigenspannungszustand. Eigenspannungen werden definiert als Spannungen in einem abgeschlossenen System, auf das keine äußeren Kräfte und Momente einwirken. Die durch Eigenspannungen verursachten inneren Kräfte und Momente befinden sich im Gleichgewicht. Verursacht werden Eigenspannungen durch ungleichmäßige Verformungen, die sowohl mechanisch als auch thermisch verursacht sein können.

Bei der Bearbeitung metallischer Werkstoffe sind Vorgänge, die in kleineren oder größeren Werkstoffbereichen inhomogene Verformungen zur Folge haben, grundsätzlich nicht zu vermeiden. Insbesondere bei allen spanabhebenden Bearbeitungsverfahren entstehen in oberflächennahen Schichten durch plastische Verformungen charakteristische Eigenspannungen. Dabei werden die betragsmäßige Höhe, das Vorzeichen (Zugeigenspannung wird mit +, Druckeigenspannung mit – gekennzeichnet) und die Tiefenverteilung der Eigenspannungen vor allem durch die Art des Bearbeitungsverfahrens, die Bearbeitungsparameter und den Werkstoffzustand bestimmt.

Man unterscheidet drei Arten von Eigenspannungen. Eigenspannungen I. Art erstrecken sich über größere Werkstoffbereiche (mehrere Körner) und sind nahezu homogen. Eigenspannungen II. Art sind über kleine Werkstoffbereiche (ein Korn oder Teile eines Kornes) nahezu homogen. Eigenspannungen III. Art sind über kleinste Werkstoffbereiche (mehrere Atomabstände) inhomogen. Homogen bedeutet in diesem Zusammenhang „konstant in Betrag und Richtung".

Es wird angenommen, daß der E. in der Randzone geschliffener (→Schleifen) Bauteile durch die Überlagerung zweier unterschiedlich generierter Spannungskomponenten zustandekommt, und zwar durch thermisch induzierte Zugeigenspannungen und durch mechanisch induzierte Druckeigenspannungen. Zugspannungen beruhen überwiegend auf irreversiblen plastischen Verformungen, die ihrerseits durch hohe Temperaturen in der Werkstückrandzone verursacht werden. Druckeigenspannungen hingegen werden überwiegend durch mechanische Verformungen verursacht.

Angestrebt wird ein eigenspannungsfreier Zustand der Bauteil-Randzone oder ein definierter Druck-E. Zugeigenspannungen würden durch äußere Kräfte auf Zug beanspruchte Teile leicht überlasten. Bei Druckeigenspannungen müssen diese durch äußere Zugkräfte zunächst ausgeglichen werden, bevor eine Zugbelastung stattfindet. Mit Druckeigenspannungen behaftete Bauteile sind deshalb wesentlich höher belastbar. Bei dynamischer Beanspruchung, d. h. wechselnder Zug- und Druckbelastung, können sich vorhandene Zugeigenspannungen auch dadurch nachteilig auswirken, daß vorhandene Risse allein durch diese Eigenspannungen wachsen und zum Versagen des Bauteils führen.

Eigenspannungen werden durch Bestimmung der gegenüber dem entspannten Zustand veränderten Atomgitterabstände gemessen. Dazu werden Interferenzerscheinungen bei schräg auf die Oberfläche fallenden Röntgenstrahlen genutzt (Eigenspannungsmessung). *Kenter*

Literatur: *Brinksmeier, E.*: Randzonenanalyse geschliffener Werkstücke. Diss. Universität Hannover 1982. – *Hoffmann, J., P. Starker* u. *E. Macherauch*: Bearbeitungseigenspannungen. In: Härterei-Technische Mitt.; Eigenspannungen und Lastspannungen; Moderne Ermittlung – Ergebnisse – Bewertung. Beih. S. 84/91. München, Wien 1982. – *Muster, W. J.*, u. *C. Hochhaus*: Eigenspannungen. Techn. Rdsch. 75 (1983) Nr. 13. – *Werner, G.*, u. *T. Tawakoli*: Der Druck-Eigenspannungszustand tiefgeschliffener Stahlbauteile. tz für Metallbearbeitung 80 (1986) Nr. 6, S. 39/46.

Einbauten. In Apparaten befindliche Bleche, Platten, Packungen usw., die zur Führung von Fluidströmungen (Gas- oder Flüssigkeitsstrom) oder zur Schaffung einer großen Phasengrenzfläche für die Wärme- und Stoffübertragung verwendet werden. Zu den E. gehören die Lochplatten, die man als Siebböden, Glockenböden oder Ventilböden in Rektifikations-, Absorptions- und Extraktionskolonnen einsetzt. Eine weitere wichtige Gruppe von E. sind →Füllkörper und Packungen. Eine flüssige Phase umströmt die Packungselemente als Film, und die andere gasförmige oder flüssige Phase durch-

strömt die freibleibenden Räume im →Gegenstrom.

Bei der Anordnung von E. sollte man darauf achten, daß die Fluidströme über den gesamten Apparatequerschnitt verteilt und Rückvermischungen vermieden werden. *Dohrn*

Literatur: *Mersmann, A.*: Thermische Verfahrenstechnik. Berlin, Heidelberg, New York 1980.

Eindicken von Suspensionen. E. oder Eindampfen ist das Entfernen von Flüssigkeit aus Feststoff-Flüssig-Systemen, wobei im Gegensatz zum →Verdampfen nicht die kondensierten Brüden, sondern die aufkonzentrierte (eingedickte) Restlösung (z. B. beim E. von Obst- und Fruchtsäften) oder der Feststoff selbst (z. B. Zucker und Salz aus ihren Lösungen) von Interesse ist.

Sollen Feststoffe gewonnen werden, so folgen dem E. ein oder mehrere Trocknungsschritte. *Dohrn*

Eindicker (mechanische Verfahrenstechnik). Bei E. trennt man eine Suspension in feststoffreichen Schlamm und feststoffarmen Ablauf. Dabei kommt es auf feststoffreichen Schlamm an. Das Eindicken muß mit der Sedimentation von Feststoffteilchen (→Klärer) und durch das Kompressionsverhalten der Sedimente erfaßt werden.

Diese Absetzapparate arbeiten meist kontinuierlich. Der Schlammaustrag erfolgt mechanisch mit Hilfe von Kettenräumern, Krählwerken u. ä. in Verbindung mit Pumpen. E. haben kreisförmige oder rechteckige Querschnitte und sind überwiegend aus Beton gefertigt. Die Trennung in E. weist einen geringeren Energiebedarf auf als die Trennung mit Filtern oder Zentrifugen. Dafür ist der Platzbedarf aber deutlich größer.

Mit E. kann man auf Flüssigkeitsvolumenanteile von 75–90 % eindicken. Eine weitergehende Entwässerung erfolgt dann mit Filterpressen oder Zentrifugen. Damit kommt man auf einen Flüssigkeitsvolumenanteil von ungefähr 50 %. Eine weitergehende Entwässerung läßt sich dann nur noch durch Trocknen erreichen.

Zum Auslegen sind Absetzversuche in Bechergläsern nötig, da die Kompression des Schlamms in Bodennähe rechnerisch nur schwer zu erfassen ist.

Bei der Ausführung des Einlaufs ist zu beachten, daß man so wenig Turbulenz wie möglich erzeugt, da dadurch die Sedimentation der Schwebeteilchen gestört wird. Aus diesem Grund finden häufig Prallplatten Einsatz, die den Einlauf beruhigen sollen.

Rund-E. haben einen Durchmesser von 30 bis 200 m. Dabei ist der Antrieb für die Räumarme in der Mitte einer Brücke aus Profilstahl angeordnet (bis 30 m Dmr.), oder die Krählarme werden durch einen Radsatz angetrieben, der auf einer Schiene auf dem Rand des Betonbeckens umläuft. Für E. mit

Durchmessern von 30–130 m ist der Antrieb auf einer Mittelsäule aus Beton oder Stahl verlagert (Bild). Die Geschwindigkeit des Krählwerks beträgt dabei v = 0,07–0,14 m/s. *Greif*

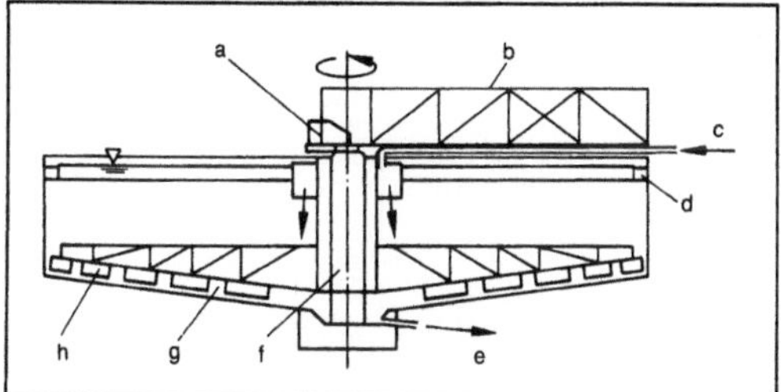

Eindicker (mechanische Verfahrenstechnik): Mit Mittelsäule.

a Antrieb, b Laufsteg, c Zulauf, d Überlauf, e Schlammabzug, f feststehende Mittelsäule, g Krählarm, h Schlammschaber

Eindicker (thermische Verfahrenstechnik). E. sind verfahrenstechnische Apparate oder Maschinen zum Abtrennen von Flüssigkeit aus Feststoff-Flüssigkeit-Systemen. Die gewonnene Restlösung ist von Interesse und nicht die kondensierten Dämpfe. Die Flüssigkeit wird durch → Verdampfen entfernt. E. werden in der Lebensmittelverarbeitung (z. B. Obst- und Fruchtsaftkonzentrierung, Kondensmilchgewinnung) und in der chemischen Industrie (z. B. Aufkonzentrierung von Lösungen, → Eindicken von Suspensionen) verwendet. *Dohrn*

Eindrücken. E. ist eine Untergruppe des Umformens (DIN 8580) und ist als Druckumformen mit einem Werkzeug, das örtlich in ein Werkstück eindringt, definiert.

Das E. unterteilt sich entsprechend DIN 8583, Bl. 5, in Verfahren mit geradliniger bzw. mit umlaufender Werkzeugbewegung und ferner danach, ob während des Vorgangs Gleiten zwischen Werkzeug und Werkstück stattfindet oder nicht. Wichtige Verfahren des E. mit geradliniger Bewegung ohne Gleiten sind das Körnen, das Kerben (z. B. zum Feilenhauen), das Einprägen und das Einsenken, das Prägerichten und in der Schmiedetechnik das Dornen und Hohldornen. Beim Glattdrücken und Anreißen findet dagegen Gleiten statt (Bild 1). Eindrückverfahren mit umlaufender Bewegung ohne Gleiten sind das Wälzprägen, das Rändeln und Kordeln. Mit Gleiten werden die Verfahren Gewindefurchen und Glattdrücken mit umlaufender Bewegung durchgeführt (Bild 2).

Die Eindrückverfahren werden teils mit → Pressen (und Hämmern), teils mit Sondermaschinen und Sonderwerkzeugen z. B. für Bearbeitungszentren durchgeführt. Das Einsenken ist ein wichtiges Verfahren für die Herstellung von Umform- und Kunststoffspritzgußwerkzeugen bei größeren Serien. *Lange*

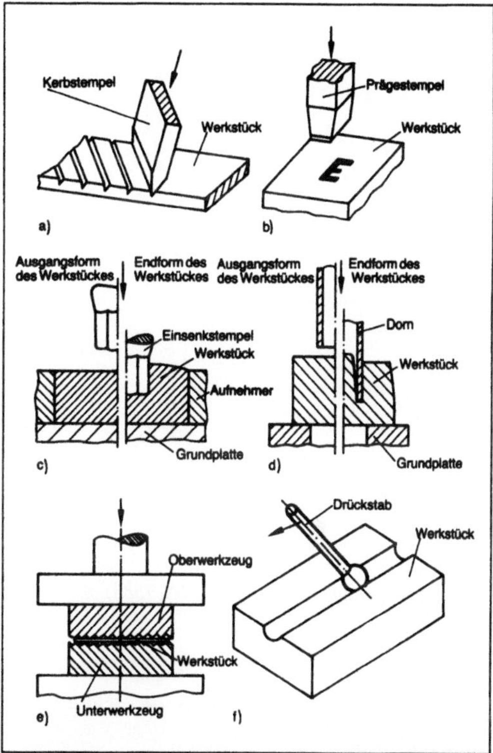

Eindrücken 1: Eindrückverfahren mit geradliniger Werkzeugbewegung. (Quelle: DIN 8583, Bl. 5)
a) Kerben
b) Einprägen
c) Einsenken
d) Hohldornen
e) Prägerichten
f) Glattdrücken mit geradliniger Bewegung mit Gleiten.

Literatur: *Lange, K.* (Hrsg.): Umformtechnik. Handb. f. Ind. u. Wiss. Bd. 2: Massivumformung. Berlin, Heidelberg, New York, Tokio 1988.

Einhärtbarkeit. Beim Härten von Stahl wird die gewünschte Martensitbildung in dem Teil des Werkstücks erreicht, in dem die kritische Abkühlzeit unterschritten wird (→ Zeit-Temperatur-Umwandlungsschaubild). Mit E. wird die erreichte Einhärtungstiefe bezeichnet, z. B. die Tiefe, bis zu der ein bestimmter Härtewert überschritten wird. Zur Kennzeichnung des Umwandlungsverhaltens von Vergütungsstählen dient z. B. der → Stirnabschreckversuch, bei dem eine auf Austenittemperatur erhitzte zylindrische Stahlprobe an einer Stirnseite mit Wasser abgeschreckt und der erzielte Härteverlauf ermittelt wird (→ Härtbarkeit). *W. Dahl*

Literatur: Werkstoffkunde Stahl. 2 Bde. Hrsg. VDEh. Berlin, Düsseldorf 1984/85.

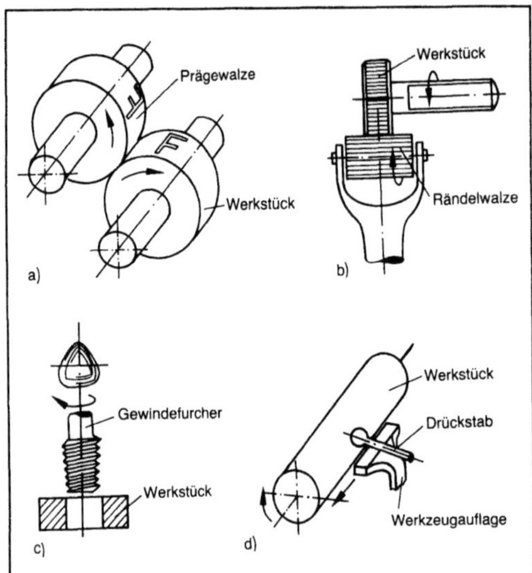

Eindrücken 2: Eindrückverfahren mit umlaufender Werkzeugbewegung. (Quelle: DIN 8583, Bl. 5)
a) Wälzprägen
b) Rändeln
c) Gewindefurchen von Innengewinden
d) Glattdrücken mit umlaufender Bewegung.

Einläppen. Beim E. (auch Formläppen oder Einlaufläppen genannt) werden zwei zu paarende Flächen unter Zufuhr vom Läppmittel miteinander geläppt. Das sonst beim →Läppen übliche formübertragende Gegenstück, d. h. das Werkzeug, fällt weg. Die Paarungsflächen können eben, zylindrisch oder von gegensätzlich erzeugter Form sein, wie z. B. Zahnradflanken.

Der Einsatz dieses relativ alten Verfahrens ist beschränkt, da es keine Austauschbarkeit von einzelnen Teilen einer Losgröße erlaubt. In Sonderfällen, bei denen es nicht auf die Toleranz, sondern auf gute Einpassung des Teilepaars ankommt, wird das E. noch häufig angewendet. Das am meisten bekannte Anwendungsgebiet ist die Einlauf-Läppbearbeitung von Ventilsitzen und von Getriebezahnrädern. *Kenter*

Einliniensystem. Das E. (auch als Liniensystem, militärisches System, Frontsystem, hierarchisches Zuständigkeitssystem bezeichnet) ist eine Grundform von Leitungssystemen (→Liniensystem, →Leitungssystem). Das Grundprinzip liegt in einer hierarchischen Struktur, bei der eine untergeordnete Stelle nur von einer übergeordneten Stelle Weisungen erhält. Die Leitungsbeziehungen werden somit nach dem Prinzip der Einheitlichkeit der Auftragserteilung gestaltet (→Fayol-Prinzip). Das E. kann als eine Organisationsform mit Verrichtungszentralisation, Einfachunterstellung mit ausschließlicher Vollkompetenz charakterisiert wer-

den. Jede Stelle, jede Abteilung bzw. jede organisatorische Einheit ist nur mit einer einzigen Linie mit ihrer vorgesetzten Instanz verbunden – Dienstweg für Anordnungen, Mitteilungen, Anträge usw. (Bild 1).

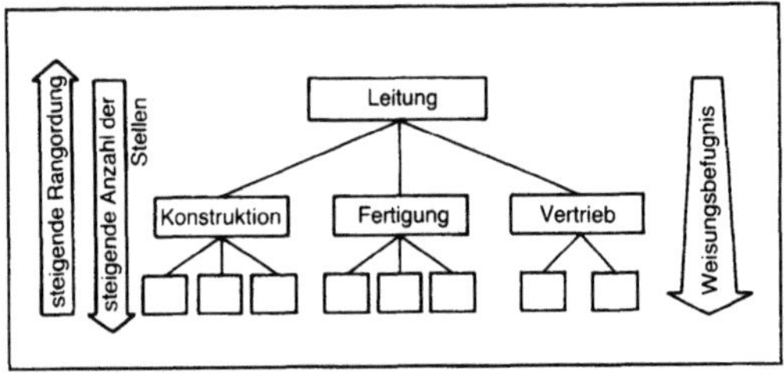

Einliniensystem 1: Schema.

An der Spitze der Organisation steht nur eine weisungsbefugte Stelle. Da jede untergeordnete Stelle ausschließlich von der ihr direkt vorgesetzten Stelle Weisungen erhält, führt der Informationsweg zwischen gleichgeordneten Instanzen über die nächsthöhere gemeinsame Instanz.

Das Vorhandensein von Aufgaben mit stabilem, repetitivem Charakter spricht für eine Anwendung des E. Hauptsächliche Vorteile sind eindeutige Zuordnung von Aufgaben-, Kompetenz- und Verantwortungsbereichen (Einheit der Leitung), klare Unterstellungsverhältnisse und Zielausrichtung bei Entscheidungen, Durchsichtigkeit des Gesamtsystems und Sicherheit durch genaue Aufgaben- und Kompetenzabgrenzung sowie Verantwortungszuordnung (Rollenspezifikation). Als Nachteile sind zu nennen:

□ lange und umständliche Befehlswege,
□ Überlastung der oberen Instanzen,
□ Starrheit und fehlende Flexibilität des Systems,
□ Gefahr der Informationsfilterung durch Zwischeninstanzen bei Einhalten des Dienstweges und

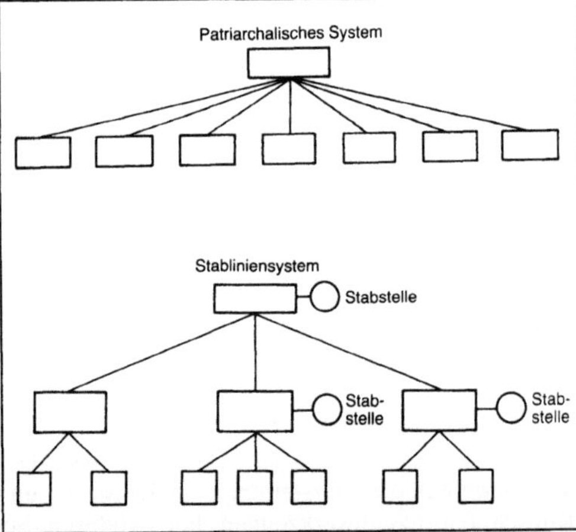

Einliniensystem 2: Sonderformen.

☐ ein zu hoher Organisationsgrad (Gefahr der Verbürokratisierung).

Sonderformen des E. sind das patriarchalische System und das Stabliniensystem (Bild 2). Das patriarchalische System hat keinerlei Zwischeninstanzen. Es ist nur für kleinere Unternehmen (Handwerksbetriebe usw.) geeignet, da sonst die Unternehmensleitung wegen der Vielzahl der zu koordinierenden Aufgaben überfordert wird. Bei dem Stabliniensystem ist der Instanzenweg des reinen Liniensystems beibehalten. Einzelnen Instanzen sind aber Stäbe zugeordnet, die bestimmte Aufgaben der Instanz übernehmen, allerdings nicht weisungsbefugt sind. *Eversheim*

Literatur: *Eversheim, W.:* Organisation in der Produktionstechnik. Bd. 1. Düsseldorf 1981; S. 160/64. – *Grochla, E.,* u. a.: Handwörterb. Organisation. Stuttgart 1973; S. 928/39. – *Schertler, W.:* Unternehmensorganisation. München, Wien 1985; S. 38/42. – *Steinbuch, P. A.:* Organisation. Ludwigshafen 1985; S. 168/73.

Einlippen-Bohrverfahren. Beim Tiefbohren nach diesem Verfahren wird das Kühlschmiermittel durch das Werkzeug geleitet, und die Späne werden in einer V-förmigen Nut zwischen Bohrer und Bohrungswand nach außen gespült. Nachteilig ist dabei, daß die Späne die erzeugte Bohrungsoberfläche beschädigen können.

Der typische Durchmesserbereich dieser Werkzeuge liegt zwischen 3 und 30 mm. Die verbleibenden Querschnitte für die Ölzuführungskanäle werden bei Durchmessern unter 3 mm so klein, daß sie ihre Funktion nicht mehr erfüllen können. Die obere Grenze der Einlippenbohrer ergibt sich dadurch, daß andere Verfahren wie etwa das →BTA-Bohrverfahren zweckmäßiger und wirtschaftlicher sind.

Einlippen-Tiefbohrwerkzeuge werden zum Vollbohren, →Kernbohren, →Aufbohren und Stufenbohren in der Fertigung eingesetzt, wobei das Vollbohren der in der Praxis am häufigsten anzutreffende Einsatzfall ist. *König*

Einmassensystem. Bei Schwingförderern und Schwingsieben unterscheidet man E. und Zweimassensysteme. Beim E. schwingt nur eine Masse, nämlich die Rinne oder das Sieb, auf den Federn und wird von mitschwingenden Unwuchterzeugern zu seiner Schwingung angeregt. Die Reaktionskräfte der Schwingungen werden ins Fundament übertragen. Beim Zweimassensystem nimmt eine zweite vergleichbar große mitschwingende Masse die Gegenkräfte auf, so daß praktisch keine Reaktionskräfte ins Fundament abgeleitet werden. *Muschelknautz*

Einsatzhärten. Zur Gruppe der thermochemischen Verfahren gehörende Wärmebehandlung, um eine gegenüber dem Grundwerkstoff höherfeste Oberflächenschicht durch Eindiffusion von Kohlenstoff zu erhalten. Beim E. werden Stähle mit Kohlenstoffgehalten zwischen 0,1 und 0,25 % in der Randschicht auf etwa den eutektoidischen Kohlenstoffgehalt aufgekohlt und anschließend gehärtet. Typische Maschinenelemente, für die eine harte, verschleißfeste Oberfläche und ein zäher Kern erwünscht sind, sind Wellen, Lager, Lagerzapfen, Zahnräder usw. Die Aufkohlung erfolgt bei Temperaturen um Ac_3 (900–980 °C), da hier die Diffusionsgeschwindigkeit des Kohlenstoffs und seine Löslichkeit im γ-Eisen groß sind. Bei der gewählten Temperatur und dem größten Kohlenstoffgehalt dürfen keine Carbide entstehen, da im Zweiphasengebiet der Kohlenstoffgehalt nicht gezielt eingestellt werden kann.

Für die Aufkohlung des Stahls ist es wesentlich, daß der Kohlenstoff gasförmig mit der Oberfläche des Metalles in Berührung kommt. Bei den festen Aufkohlungsmitteln, die in der Regel aus 60 % Holzkohle oder Koks mit Zusätzen von 40 % Bariumcarbonat als Aktivierungsmittel bestehen, erfolgt die Aufkohlung über Kohlenmonoxid. Maßgebend ist dabei das Boudouard-Gleichgewicht. Als flüssige Aufkohlungsmittel werden Cyanide verwendet, die in Gegenwart von Eisen zerfallen, wobei sich atomarer Kohlenstoff und Stickstoff bilden, die in den Stahl eindiffundieren. Die entstehenden Nitride tragen ebenfalls zur →Festigkeitssteigerung des Stahls bei, insbes. in Gegenwart von Aluminium, Chrom oder Vanadin. Als gasförmige Aufkohlungsmittel kommen Butan, Propan, Methan usw. in Betracht, die zersetzt und zu CO oxidiert werden. Härten unmittelbar von der Aufkohlungstemperatur bezeichnet man mit →Direkthärten, Härten nach Abkühlung und Wiedererwärmen mit Einfachhärten (→Doppelhärtung, Nitrieren). *W. Dahl*

Einsatzstahl. Stahl, der zum →Einsatzhärten geeignet ist (z. B. DIN 17210, Euronorm 84, ISO/R 683). Wichtige Legierungselemente sind Mangan, Chrom, Molybdän und Nickel, die einzeln oder kombiniert zum Erreichen der gewünschten Eigenschaften bei gegebenen Abmessungen angewendet werden. *W. Dahl*

Literatur: Werkstoffkunde Stahl. 2 Bde. Hrsg. VDEh. Berlin, Düsseldorf 1984/85.

Einschroten →Messerschneiden

Einspindel-Futterautomat. E.-F. sind vorwiegend zur Bearbeitung vorbearbeiteter oder kurzer Rohteile konzipiert. Für größere oder scheibenförmige Werkstücke wird die →Hauptspindel wegen der günstigeren Beschickung und Spannbarkeit auch vertikal angeordnet, Bild (→Vertikaldrehmaschine).

Auch Frontdrehautomaten mit einem quer zur Maschinenbettlängsachse liegenden Spindelstock

Einspindel-Futterautomat: Vertikal angeordnet. (Quelle: J. G. Weisser Söhne, St. Georgen)

sind günstig zu beladen. Zum Be- und Entladen werden schwenkbare Ladearme, Ladeportale oder Roboter (→Werkstückwechsler) eingesetzt, die Rohlinge aus Rutschenmagazinen oder – bei nicht rollfähigen Teilen – von manuell bestückten Taktbändern entnehmen und die fertig bearbeiteten Werkstücke in Abfuhrrinnen legen (→Werkstückspeicher). Die Rückseitenbearbeitung wird mit Werkstückwendeeinrichtungen möglich. *Schulz*

Einspindel-Stangenautomat. Stangenverarbeitende Automaten werden wegen der Problematik der Werkstückspannung und der Führung der 3 bis 6 m langen Stangen für bestimmte Durchmesser-Bereiche konzipiert, wobei das verarbeitete Material im Durchmesser toleriert sein muß (IT 11 bei mechanisch betätigter Spannung).

Die Spannung erfolgt meist über Spannzangen, bei größeren Durchmessern auch über hydraulisch betätigte Kraftspannfutter. Um das Taumeln der Stangen zu vermeiden, werden häufig zusätzlich federnde Spannfinger verwendet (Bild).

Außerhalb der Spindel werden die Stangen meist in Rohren geführt, wobei Geräuschentwicklung und Schwingungen durch Abstützen mit elastischen Rollen, Sand oder Ölfüllung gedämpft werden.

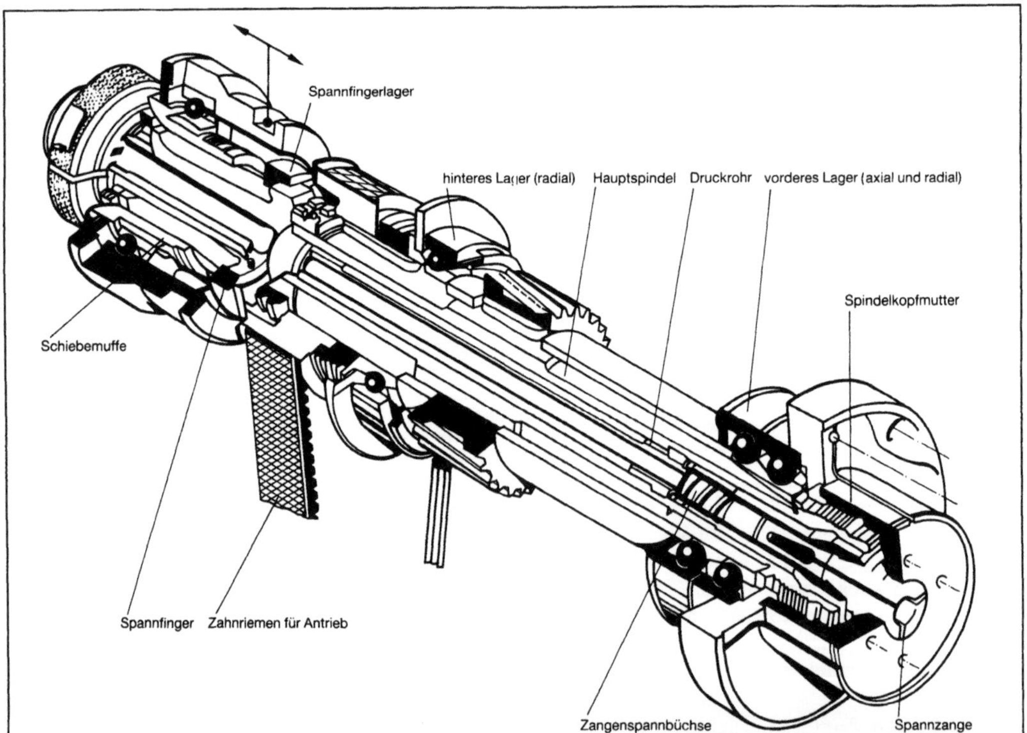

Einspindel-Stangenautomat: Hauptspindellagerung. (Quelle: Handb. Fertigungstechnik a. a. O.)

Die Stangennachladung erfolgt durch Werkstoff-schieber oder durch eine mitdrehende Vorschub-Zange. Diese ist geschlitzt und federt bei einer bestimmten Kraft auf, die kleiner ist als die Spann-kraft. Ist die Spannzange geöffnet, transportiert die Vorschubzange den Werkstoff. Längere Drehteile werden durch feststehende oder mitlaufende Lünet-ten oder einen Reitstock abgestützt.

Sehr lange und schlanke Drehteile können auf speziellen Maschinen nach dem Büchsen-Langdreh-verfahren bearbeitet werden. Der in Längsrichtung bewegliche Spindelstock führt dabei die Vorschub-bewegung aus. Das Stangenmaterial läuft durch eine ortsfeste Führungsbüchse. Die Werkzeuge sind nur quer zur Spindelachse beweglich. *Schulz*

Literatur: *Spur, G.,* u. *Th. Stöferle:* Handb. Fertigungstechnik. Bd. 3/1. München, Wien 1979.

Einständer-Fräsmaschine. E.-F. bestehen aus einem Unterteil, dem →Maschinenbett und einem Ständer. Dieser ist entweder mit dem Maschinen-bett fest verschraubt oder verfahrbar angeordnet (→Bett-Fräsmaschine).

Am Ständer ist eine Waagrecht- oder Senkrecht-fräseinheit verschiebbar angeordnet. Die Bewegungen in horizontaler Richtung sind je nach Ausführung der Maschine dem Werkzeug oder Werkstück zugeordnet (Bild). Hierbei unterscheidet man drei Grundtypen:
□ Zwei Werkstückachsen und eine Werkzeugachse, a) im Bild. Maschinenbett und Ständer sind fest

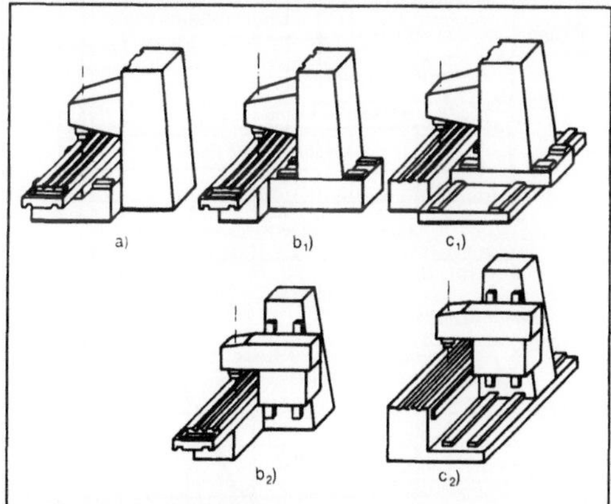

Einständer-Fräsmaschine: Aus verschiedenen Achs-anordnungen sich ergebende Grundtypen von Bett-Fräsmaschinen.
a) Kreuztisch-Fräsmaschine
Tisch-Fräsmaschine
b₁) mit verfahrbarem Ständer
b₂) mit festem Ständer und in zwei Achsen beweglicher Fräseinheit
Starrtisch-Fräsmaschine
c₁) mit verfahrbarem Ständer
c₂) mit festem Ständer und in zwei Achsen beweglicher Fräseinheit.

miteinander verschraubt. Das Grundgestell trägt Querführungen, auf denen ein Kreuzschlitten und auf diesem der Maschinenlängstisch gleitet.
□ Eine Werkstückachse und zwei Werkzeugachsen. Hierbei enthält das Grundgestell die Tischführung in Längsrichtung. In bezug auf die Querbewegung sind zwei Varianten zu unterscheiden, zum einen die E. in symmetrischer Gestaltung, d. h. mit verfahrba-rem Ständer, im Bild b₁); ferner die Variante mit festem Ständer und vertikal verfahrbaren Support, der die Fräseinheit trägt, im Bild b₂).
□ Drei Werkzeugachsen. Bei diesem Grundtyp steht der →Maschinentisch in jedem Fall fest. Die Längsbewegung wird vom Ständer ausgeführt. Mit Bezug auf die Querbewegungen sind wieder die beschriebenen Ausführungsvarianten zu nennen, c₁) und c₂) im Bild. *Schulz*

Literatur: *Beitz, W.,* u. *K-H. Küttner* (Hrsg.): 14. Aufl. Berlin, Heidelberg, New York 1981. – *Dubbel:* Taschenb. Maschinen-baus. – *Spur, G.,* u. *Th. Stöferle:* Handb. Fertigungstechnik. Bd. 3/1: Spanen. München, Wien 1979. – *Weck, M.:* Werkzeug-maschinen. Bd. 1. Düsseldorf 1980.

Einstechschleifen →Schleifprozeß-Modifikation

Einstellwinkel →Schneidteil

Einstoffdüse. E. zerstäuben die Flüssigkeit meist durch in kinetische Energie umgesetzte Druckener-gie. Das Bild zeigt die Sprühbilder der gebräuchlich-sten E.

Sowohl bei Hohl- wie auch bei Vollkegeldüsen wird die Flüssigkeit entweder durch Leitapparate mit Wendelnuten (Axialeinlauf) oder durch einen tangentialen Einlauf in Rotation versetzt. Im Unter-schied zur Vollkegeldüse herrschen bei der →Hohl-

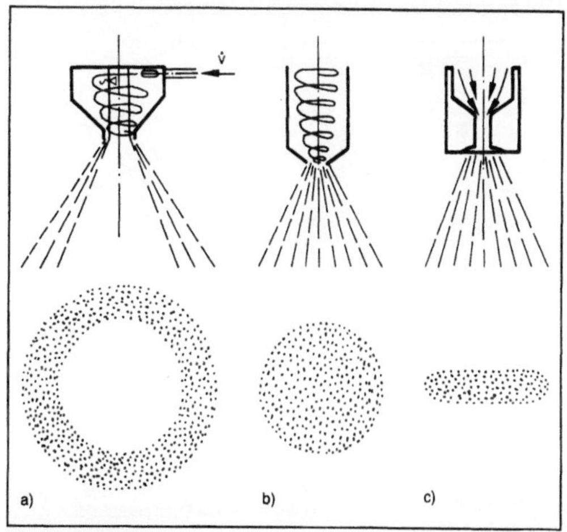

Einstoffdüse.
a) Hohlkegeldüse
b) Vollkegeldüse
c) Flachstrahldüse.

kegeldüse weit größere Zentrifugalkräfte. Dies führt zur Ausbildung eines dünnen Flüssigkeitsfilms mit einem luftgefüllten Hohlkern. Bei Flachstrahldüsen strömt die Flüssigkeit mit hoher Geschwindigkeit durch einen schmalen ebenen Spalt. Hinter der Düse zerfallen die Flüssigkeitsfilme oder -strahlen analog zu den Zerfallsmechanismen eines zylindrischen Strahls (→Zerstäuben). Je nach Verhältnis der Geschwindigkeitskomponenten der austretenden Flüssigkeit bildet sich ein schmaler oder breiter Sprühkegel aus. E. haben den Nachteil, daß Durchsatz und Tropfengröße im Betrieb nicht getrennt beeinflußt werden können.

E. können für Durchsätze von einigen Liter/h bis zu Mill. l/h eingesetzt werden. Sie besitzen Bohrungsdurchmesser von 0,6 bis über 100 mm. Der Betriebsdruck liegt meist zwischen 0,2 und 10 bar. In Sonderfällen sind aber auch bis zu 500 bar möglich. *Dahl*

Eisenerz. E. sind in der Natur vorkommende Eisenoxide in Verbindung mit unterschiedlichen Mengen an Gangart. Sie sind Grundstoff zum Erzeugen von Eisen und Stahl.

Die heute bekannten E.-Vorkommen werden auf mehr als 100 Mrd. t geschätzt. Die jährliche Förderung beträgt 750–850 Mill. t (Bild). Aus wirtschaftlichen Gründen werden heute überwiegend Reicherze mit mehr als 55 % Fe abgebaut. Diese werden in mehreren Stufen auf etwa 50 mm gebrochen, und das Korn unter 8 mm wird abgesiebt. So gewonnene Stückerze werden im →Hochofen direkt verwendet. Der Anteil unter 8 mm muß durch →Sintern stückig gemacht werden.

Bei armen Erzen wird der Eisengehalt durch eine Aufbereitung angereichert. Das dabei anfallende Konzentrat, das dann einen Eisengehalt von 60 bis

70 % haben kann, ist sehr feinkörnig und wird durch Pelletieren stückig gemacht. *Rellermeyer*

Literatur: *Gmelin, L.,* u. *R. Durrer:* Metallurgie des Eisens. 4. Aufl. Weinheim 1971.

Eisen-Kohlenstoff-Gußwerkstoff. Unter diesem Oberbegriff ist eine umfangreiche Palette von industriell in großem Umfang verwendeten Werkstoffen zusammengefaßt. Einen informativen Überblick vermitteln die E.-K.-Zustandsschaubilder, aus denen hervorgeht, daß der Kohlenstoff in zwei Modifikationen auftreten kann, und zwar

□ in gebundener Form als Eisencarbid Fe_3C (metallographisch als Zementit bezeichnet) gemäß dem metastabilen System, Bild 1 a), und

□ als freier Kohlenstoff (Graphit) entsprechend dem Zustandsdiagramm, Bild 1 b), dem stabilen System.

Die Neigung zur Bildung von Graphit zeigt an, daß das Eisen oder eisenreiche Mischkristalle nur mit freiem Kohlenstoff (Graphit) ein stabiles Gleichgewicht bilden können. Voraussetzungen für

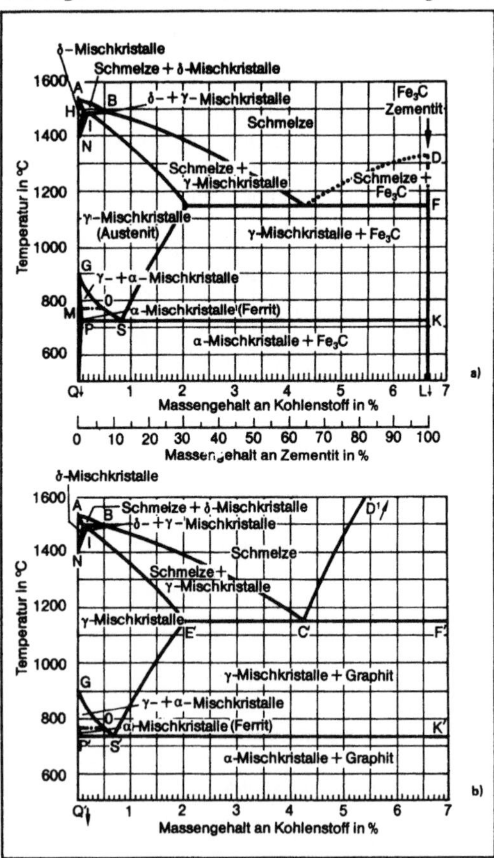

Eisen-Kohlenstoff-Gußwerkstoff 1: Zustandsschaubilder. Auftreten von Kohlenstoff.
a) In gebundener Form
b) Als Graphit.

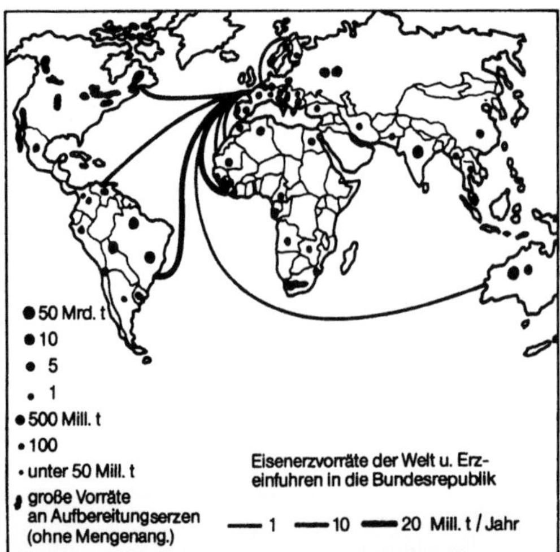

Eisenerz: Eisenerzvorräte und Eisenerzeinfuhren. (Quelle: VDEh Düsseldorf)

die Graphitausscheidung sind eine ausreichende Kohlenstoffkonzentration und langsame Abkühlung während des Erstarrungsablaufs. Der Unterschied zwischen den beiden Systemen äußert sich in den verschiedenen Lagen der Soliduslinie E-F bzw. E'-F', unterhalb der es nur noch feste Phase gibt. Die benachbarte Lage dieser einander entsprechenden Gleichgewichtslinien läßt erkennen, daß der Stabilitätsunterschied zwischen Carbid und Graphit in den Legierungen nicht groß ist.

Der Aufbau der Stähle wird in erster Linie vom metastabilen Gleichgewicht Eisen-Eisencarbid bestimmt. Nach der Euronorm 20 „Einteilung und Benennung der Stahlsorten" lautet die Begriffsbestimmung für Stähle: „Stähle sind Eisenwerkstoffe, die im allgemeinen eine Eignung für die Warmumformung aufweisen. Mit Ausnahme bestimmter chromreicher Stähle enthalten sie weniger als 1,9% Kohlenstoff, ein Gehalt, der sie gegen Roheisen abgrenzt." Hinsichtlich der chemischen Zusammensetzung unterscheiden sich die für die Warmumformung (Walzen, Schmieden) bestimmten Stähle von entsprechenden Stahlgußsorten nicht. Der Stahlgießer muß allerdings auf eine nachfolgende Formung im warmen oder kalten Zustand verzichten und damit auf die Möglichkeit, kleinere Fehler auf diese Weise zu beseitigen.

Für die Auswahl der auf den Verwendungszweck abgestimmten Stahlgußsorte stehen dem Verbraucher folgende Normen und Werkstoffblätter zur Verfügung: national DIN-Normen und Stahl-Eisen-Werkstoffblätter; international Euro-Normen und ISO-Vorschriften.

Stahlguß für allgemeine Verwendungszwecke ist in DIN 1681 (ISO DP 3755/1) genormt. Diese Norm umfaßt grundsätzlich 4 Sorten mit Festigkeiten von 380–600 N/mm² bei gegenläufigen Dehnungen von 25–15 %. Leicht mit Mangan (1,0–1,5 %) legiert sind die Stahlgußsorten mit verbesserter Schweißneigung und Zähigkeit nach DIN 17182 (ISO DP 3755/2).

Die Norm DIN 17445 gibt Auskunft über Zusammensetzung der nichtrostenden Stahlgußsorten, wobei auffällt, daß man in der Werkstoffentwicklung großes Gewicht auf niedrigen Kohlenstoffgehalt zur Erhöhung der Schweißbarkeit und des Korrosionswiderstands gelegt hat.

Warmfeste Stahlgußsorten sind in DIN 17245 (ISO DP 4991) genormt. Diese Stähle eignen sich vor allem für Einsatzfälle, wo die 0,2%-Dehnung auch bei höheren Temperaturen (bis etwa 650°C) noch relativ hohe Werte erreichen muß. Die Norm enthält auch Angaben über die Durchführung einer zweckentsprechenden Wärmebehandlung. Die in der Chemie, beim Transport von Gasen im verflüssigten Zustand und auch in der Lebensmittelbehandlung immer mehr an Bedeutung gewinnende

Tieftemperaturtechnik hat zur Entwicklung kaltzäher Stahlgußsorten nach Stahl-Eisen-Werkstoffbl. 685 geführt. Diese Stähle zeichnen sich durch das Verkraften einer hohen Kerbschlagarbeit (ISO-V) bis zu maximal etwa 50J bei −180°C aus. SEW 685 macht auch Angaben über die Schweißtechnik (geeignete Elektroden und die zweckmäßige nachfolgende Wärmebehandlung). Weitere Normen bzw. Stahl-Eisen-Werkstoff-Blätter befassen sich mit hitzebeständigem Stahlguß, Vergütungsstahlguß, Stahlguß für Flamm- und Induktionshärtung usw.

Sobald der Kohlenstoffwert die 2,0%-Grenze übersteigt, vermindern sich die Dehnungswerte des Stahls, und man kommt in das Gebiet des Gußeisens. Wie nahtlos sich die verschiedenen E.-K.-G. in ihren Eigenschaften ergänzen, zeigt Bild 2, wo als Gütemaßstab der von *J. Czikel* eingeführte Quotient Zugfestigkeit/Brinellhärte eine gute Einordnung der verschiedenen Werkstoffe erlaubt. Die zur Gruppe Gußeisen zählenden Werkstoffe werden ganz wesentlich durch ein weiteres Element, nämlich Silicium, beeinflußt. Das Eutektikum wird mit steigenden Siliciumgehalt zu geringeren Kohlenstoffwerten verschoben. Der Zusammenhang zwi-

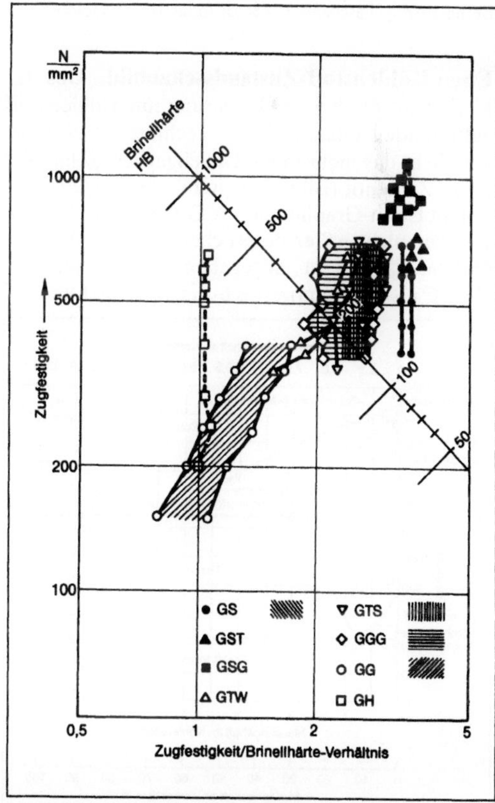

Eisen-Kohlenstoff-Gußwerkstoff 2: Einordnung verschiedener Werkstoffe nach dem Quotient Zugfestigkeit/Brinellhärte.

schen Kohlenstoff und Silicium wird durch den Sättigungsgrad

$$S_C = \frac{\% \ C_{Analyse}}{4,3 - \frac{1}{3} \ (\% \ Si + + P)} \tag{1}$$

bzw. nach der angelsächsischen Literatur durch das →Kohlenstoffäquivalent

$$CE = \% \ C_{Analyse} + \frac{1}{3} \ (\% \ Si + \% \ P) \tag{2}$$

definiert. Daraus geht hervor, daß etwa drei Gewichtsteile Silicium ein Teil Kohlenstoff ersetzen können. Silicium zählt zu den die Graphitausscheidung fördernden Legierungselementen. Gußeisensorten mit hohem Sättigungsgrad bzw. CE-Wert sind leicht bearbeitbar. Leider besteht eine gewisse Diskrepanz zwischen Festigkeitsanforderungen und der für die Bearbeitbarkeit ausschlaggebenen Härte. Je höher die Festigkeitsanforderung, desto höher die Härte und folglich um so schwerer das spanende Bearbeiten. Eine leichte Milderung kann man durch Legierungszusätze (Impfmittel) erzielen. *Doliwa*

Literatur: *Czikel, J.*: Gießerei 55 (1968), S. 345/50. – *Doliwa, H. U.*: Gegossene Werkstücke. München 1960. – *Doliwa, H. U.*: Werkstatt u. Betrieb 100 (1967), S. 256/58. – Gießerei-Lexikon. Berlin 1988. – Taschenb. Gießerei-Industrie. Düsseldorf.

Eisen-Kohlenstoff-Zustandsschaubild. Das E.-K.-Z. zeigt die bei der Legierung mit Kohlenstoff auftretenden Phasengebiete. Technisch wichtig ist vor allem das metastabile Gleichgewichtsschaubild Eisen-Zementit (Bild). Das stabile Gleichgewichtssystem Eisen-Graphit, das für Gußeisen wichtig ist, soll hier nicht näher besprochen werden. Auf der Ordinatenachse ist angegeben, daß Eisen bei 1536 °C als raumzentriertes δ-Eisen erstarrt und bei

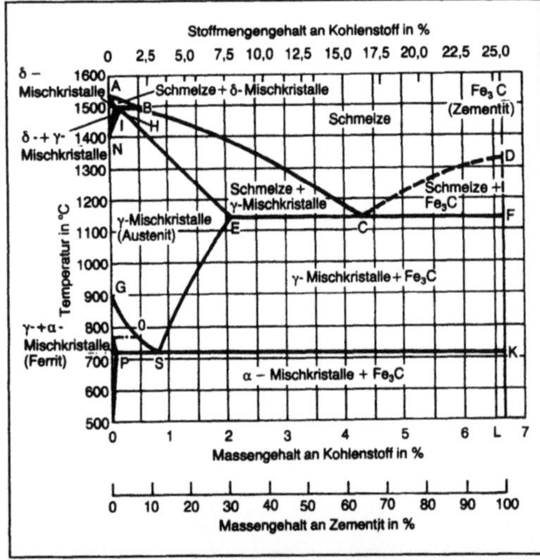

Eisen-Kohlenstoff-Zustandsschaubild: Zustandsfelder in dem metastabilen System Eisen-Eisencarbid.

1392 °C in das flächenzentrierte γ-Eisen, den →Austenit, umwandelt. Bei 911 °C erfolgt sodann bei weiterer Abkühlung die Umwandlung in das raumzentrierte α-Eisen, den Ferrit. Durch Legieren mit Kohlenstoff sinkt die Liquidustemperatur ab, bis bei einem Kohlenstoff von etwa 4,3 % die eutektische Temperatur von 1147 °C erreicht ist. Das Austenitgebiet wird durch Zulegieren von Kohlenstoff aufgeweitet. Die obere Grenze ist das Peritektikum bei dem Gehalt von 0,16 % C und der Temperatur 1493 °C. Die maximale Löslichkeit im Austenit beträgt 2,06 % bei 1147 °C. Bei langsamer Abkühlung gelangt man unterhalb der Linie GOS in das Zweiphasengebiet Ferrit/Austenit. Bei 723 °C sind im Ferrit maximal 0,02 % Kohlenstoff gelöst. Am Punkt S, der Konzentration von 0,8 % Kohlenstoff, bildet sich aus dem Austenit bei weiterer langsamer Abkühlung →Perlit, ein feinstreifiges Gefüge mit Lamellen aus Ferrit und →Carbid. Bei Kohlenstoffgehalten oberhalb von 0,8 % scheidet sich bei Abkühlung aus dem Austenit zunächst →Zementit und unterhalb von 723 °C ebenfalls wieder Perlit aus.

Das flächenzentrierte γ-Eisen und das raumzentrierte δ- und α-Eisen sind oberhalb von 768 °C paramagnetisch. α-Eisen wird unterhalb der Curie-Temperatur (768 °C) ferromagnetisch. Auf den Ferromagnetismus ist die Umwandlung des flächenzentrierten Austenits in den raumzentrierten Ferrit zurückzuführen.

Das E.-K.-Z. ist von großer Bedeutung für die Erklärung der Gefügeentstehung bei der →Wärmebehandlung von Stahl. Zwar handelt es sich um ein metastabiles Gleichgewichtsdiagramm. Doch kennzeichnen die verschiedenen Phasenräume den jeweiligen Ausgangszustand bei einer Wärmebehandlung. Der Umwandlungsverlauf wird dann in Diagrammen beschrieben, in denen die Umwandlung in Abhängigkeit von der Zeit bei verschiedenen Abkühlgeschwindigkeiten dargestellt wird: Zeit-Temperatur-Umwandlungsdiagramm (ZTU-Diagramm). Legierungselemente verändern die Lage der Phasenfelder und beeinflussen auch dadurch das Umwandlungsverhalten. Hinzu kommt die Wirkung auf die Kinetik der Umwandlung. *W. Dahl*

Eiverarbeitung. Unter den Eiern nimmt das Hühnerei als Nahrungsmittel für den Menschen die mit Abstand wichtigste Stellung ein. Neben der Verwendung als Frischeier, die direkt an den Endverbraucher gelangen, werden Eier zur Bevorratung kühlgelagert bzw. konserviert, oder sie werden zu Flüssigei oder Trockenei verarbeitet. Diese Produkte setzt man hauptsächlich in der Teig- und Backwarenindustrie, in Bäckereien und Konditoreien sowie bei der Herstellung von Margarine, Speiseeis, Mayonnaise und Eierlikör ein. Für spezielle Zwecke finden auch Eieröl und das im Eigelb enthaltene Lecithin Verwendung.

Frischeier werden zerstörungsfreien Prüfverfahren hinsichtlich Qualität und Frischezustand unterzogen. Dazu zählen Ermittlung der Eimasse (Eierwaage) und -form (Formindex-Meßapparatur), Untersuchung auf Risse in der Schale und Flecken im Ei, auf Schalenfestigkeit, Ermittlung des Alters (Durchleuchten und Ausmessen der Luftkammer, Schwimmprobe in 8–10%iger NaCl-Lösung). Weitere Untersuchungen physikalischer, bakteriologischer und organoleptischer Art führt man am aufgeschlagenen Ei durch. Nicht als Frischei an den Endverbraucher gelangende Eier werden zur Verzögerung des Verderbs bei Temperaturen von ca. 0,5 °C (Gefrierpunkt der Eier) bis –3 °C (Unterkühlung) gelagert. Im unterkühlten Zustand sind Eierschütterungen zu vermeiden, um kein →Gefrieren auszulösen. Eine weitergehende Verbesserung der Haltbarkeit kann durch geeignete →CA-Lagerung (CO_2-Gehalt von 20–40%, Luftfeuchtigkeit ca. 80%, geringer O_3-Gehalt) bei Temperaturen von 0 °C erzielt werden.

Ein anderes Konservierungsverfahren ist das Eintauchen in Spezialöl und Thermostabilisieren der Eier. Sowohl der dünne Ölfilm auf der Eischale als auch die bei ca. 2-minütiger Temperaturbehandlung bei 55–65 °C durch Koagulation entstandene dünne Eiklarschicht unmittelbar unter der Schalenhaut vermindern die Austrocknung und verzögern das Eindringen von Luft, Bakterien und Schimmelpilzsporen. Bei der Herstellung von flüssigem Vollei werden die Eier ausgeblasen oder aufgeschlagen; ggf. werden Eigelb und Eiklar dabei getrennt. Das anschließende Reinigen der Eimasse umfaßt das Abtrennen von Schalenbestandteilen, Dotterhäutchen und Hagelschnüren durch Sieben, →Filtrieren oder Separieren. Meist ist damit ein →Homogenisieren der Masse verbunden. Hauptsächlich zum Transport über weite Strecken oder zur längerfristigen Lagerung wird die Eimasse tiefgefroren (bei –25 °C) und gefriergelagert (bei –18 °C). Ansonsten wird sie zur Abtötung pathogener Keime (Gattung Typhus, Paratyphus, Enteritis, Salmonella) pasteurisiert. Dabei sind Verweilzeitstreuungen möglichst zu vermeiden, um einerseits keine unterpasteurisierte Fraktion, andererseits keine überhitzte Fraktion mit Eiweißkoagulation zu erhalten. Zur Erzeugung sehr lange lagerfähiger und leicht transportierbarer Produkte werden Eier bzw. Eiweiß und Eigelb getrennt getrocknet. Zunächst baut man dabei die im Ei enthaltene Glucose durch Enzyme (Glucoseoxidase) oder Hefen auf fermentativem Wege ab. Auf diese Weise verhindert man das Auftreten von Maillard-Reaktionen (→Bräunungsreaktion) und die damit verbundene Verfärbung und Geschmacksverschlechterung des Trockenprodukts. Die fermentierte Eimasse wird pasteurisiert und vor allem in Vakuumwalzentrocknern getrocknet, daneben auch in Zerstäubungstrocknern. Das trockene Eipulver wird in der Regel unter Verwendung von Schutzgas (N_2) luftdicht verpackt. *Kerner/Loncin*

Literatur: *Schorrmüller, J.:* Handb. Lebensmittelchemie. Berlin, Heidelberg 1961.

Ejektor-Bohrverfahren. Verfahren (→Tiefbohren), bei dem sowohl die Zuführung als auch die Entsorgung von Kühlschmierstoff und Spänen innerhalb des Werkzeugs erfolgt. Die Unterbringung zweier getrennter Kanäle im Werkzeug (Doppelrohr) bedingt einen Mindestdurchmesser des Ejektorbohrers von 20 mm.

Das Ejektorwerkzeug (Bild) ist dadurch gekennzeichnet, daß besondere Düsenöffnungen vorhanden sind, durch die ein Teil des Kühlschmiermittels bereits vor dem Erreichen der Wirkstelle vom Ringraum in das Innere des Werkzeugs eintritt und dadurch einen Unterdruck im Bohrkopf erzeugt. Die dadurch entstehende Saugwirkung unterstützt den kühlschmierstoffbedingten Transport der Späne.

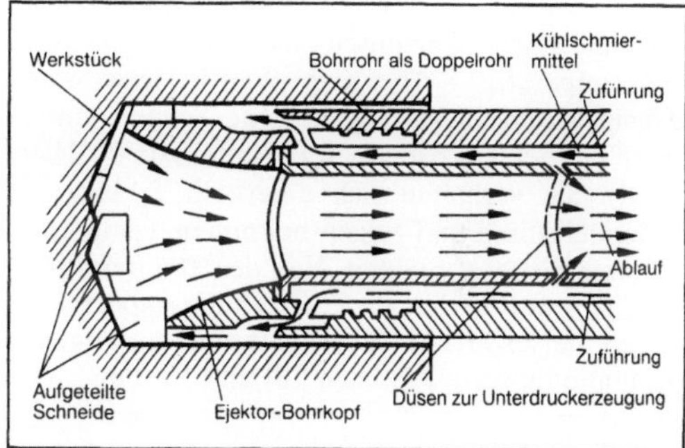

Ejektor-Bohrverfahren: Ejektor-Bohrkopf (schematisch). (Quelle: Cronjäger)

Eine Besonderheit der Ejektor-Bohrwerkzeuge ist die Schneidenaufteilung zur Verminderung der auf die Führungsleisten wirkenden Kräfte. *König*

Elastomer. Sammelbezeichnung für natürliche oder synthetische, makromolekulare Stoffe, die sich reversibel mindestens auf das Doppelte bis Mehrfache ihrer Ausgangslänge dehnen lassen, einen niedrigen Elastizitätsmodul und hohe Rückprallelastizität besitzen.

Neben der umfassenden Bezeichnung E. werden im allgemeinen Sprachgebrauch häufig auch die Ausdrücke Kautschuk und →Gummi verwendet. Dabei spricht man von Kautschuk, wenn das unvernetzte Ausgangsprodukt, von Gummi, wenn das vernetzte Endprodukt, das eigentliche E., gemeint ist.

E. bauen sich aus langen, geknäulten oder teilweise kristallin angeordneten Makromolekülen auf, die untereinander weitmaschig vernetzt sind. Durch das Einführen (Vulkanisation) solcher vernetzenden Bindungen (Vernetzungspunkte) werden die ursprünglich gegeneinander verschiebbaren Molekülketten daran gehindert, unter Zug- oder Druckbelastung aneinander abzugleiten. Thermodynamisch gesehen gehen die Makromoleküle (exakter die Molekülsegmente zwischen den Vernetzungspunkten) bei Verformung von einer ungeordneten Gleichgewichtslage (Knäuel: Zustand hoher Entropie) in eine entropisch ungünstigere, geordnete Lage (gestreckte Kette: Zustand niedrigerer Entropie) über. Die Verformung ist also auf Grund der Fixierung der Moleküle über Vernetzungspunkte mit einer Entropieerniedrigung verbunden. Beim Nachlassen der äußeren Kraft nehmen die Makromoleküle wieder ihre ursprüngliche Lage ein. Es stellt sich also wieder die wahrscheinlichste Verteilung der Konformationen (Knäuel) ein.

Da diese Elastizität auf einer Entropieänderung beruht, bezeichnet man dieses Phänomen als Entropieelastizität.

Nach DIN 7724 (Febr. 1972) sind E. hochmolekulare Werkstoffe, deren Kettenmoleküle bis hin zur Zersetzungstemperatur T_z weitmaschig vernetzt sind und deren dynamisch-mechanisch gemessene Glastemperatur T_g (bei amorphen E.) bzw. deren dynamisch-mechanisch gemessene Schmelztemperatur T_m (bei teilkristallinen E.) unterhalb 0 °C liegt (Bild). Sie verhalten sich unterhalb T_g bzw. T_m energieelastisch und zeigen bei hohen Temperaturen kein viskoses Fließen. Von der Temperatur T_g bzw. $T_m + 20\,K$ bis hin zur Zersetzungstemperatur T_z zeigen sie leicht mit der Temperatur ansteigende Schubmodulwerte zwischen 10^5 und 10^7 Pa.

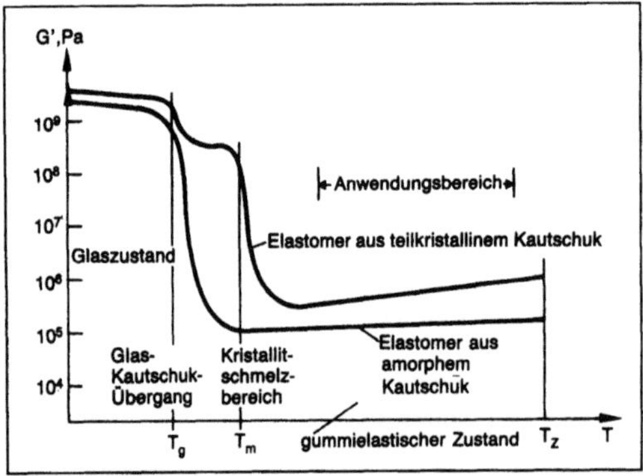

Elastomer: Schematische Darstellung des Verlaufes des Schubmoduls G bei Elastomeren in Abhängigkeit von der Temperatur bei einer Frequenz von 1 Hz.

Die E. werden in Gruppen unterteilt, die sich auf den unterschiedlichen chemischen Aufbau des unvernetzten Ausgangsstoffes, des Rohkautschuks, beziehen. Der Gruppenbuchstabe steht hierbei als letzter Buchstabe im Kurzzeichen, entsprechend DIN-ISO 1629 (1981):

□ Kautschukgruppen:

M	Kautschuke mit einer gesättigten Kette vom Polymethylen-Typ
N	Kautschuke mit Stickstoff in der Polymerkette
O	Kautschuke mit Sauerstoff in der Polymerkette
R	Kautschuke mit einer ungesättigten Kohlenstoffkette, z. B. Naturkautschuk und synthetische Kautschuke aus Dienen, wie Polybutadien
Q	Kautschuke mit Siloxangruppen in der Polymerkette
T	Kautschuke mit Schwefel in der Polymerkette
U	Kautschuke mit Kohlenstoff, Sauerstoff und Stickstoff in der Polymerkette.

□ M-Gruppe (gesättigte Kohlenstoffkette):

ACM	Copolymere aus Ethylacrylat oder anderen Acrylaten mit einem geringen Anteil eines Monomers, welches die Vulkanisation erleichtert;
ANM	Copolymere aus Ethylacrylat oder anderen Acrylaten und Acrylnitril
CM	chloriertes Polyethylen
CFM	Polychlortrifluorethylen (auch PCTFE)
CSM	chlorsulfoniertes Polyethylen
EAM	Ethylen-Vinylacetat-Copolymer (auch EVA)
EPDM	Terpolymere aus Ethylen, Propylen und einem Dien mit einem ungesättigten Teil des Diens in der Seitenkette
EPM	Copolymere aus Ethylen und Propylen
FPM	fluorhaltige Kautschuke (auch FKM)
IM	Polyisobuten (auch PIB).

□ O-Gruppe (Sauerstoff in der Polymerkette):

CO	Epichlorhydrin-Kautschuke
ECO	Copolymere aus Ethylenoxid und Epichlorhydrin
GPO	Copolymere aus Propylenoxid und Allylglycidether.

□ R-Gruppe (ungesättigte Kohlenstoffkette):

ABR	Acrylat-Butadien-Kautschuke
BIIR	Brom-Isobuten-Isopren-Kautschuke
BR	Butadien-Kautschuke
CIIR	Chlorisobuten-Isopren-Kautschuke (auch Chlorbutyl-Kautschuk)
CR	Chloropren-(Chlorbutadien) -Kautschuke
IIR	Isobuten-Isopren-Kautschuke
IR	synthetische Isopren-Kautschuke
NBR	Acrylnitril-Butadien-Kautschuke
NCR	Acrylnitril-Chloropren-Kautschuke
NIR	Acrylnitril-Isopren-Kautschuke
NR	Naturkautschuk (Poly-cis-isopren)

Elastomer. Tabelle: Eigenschaftswerte von Elastomeren.

Eigenschaft		NR	IR	SBR	BR	IIR	EPM EPDM	EVA	CR	NBR	PU	PSR	AR	CHR	CSM	FE	SIR	TPR
Dichte, unvulkanisiert	g/cm^3	0,93	0,93	0,94	0,94	0,93	0,86	0,98	1,25	1,0	1,25	1,35	1,10	1,30	1,25	1,85	1,25	0,95
Glastemperatur	°C	−75	−70	−60	−100	−70	−50		−30	−40	−60		−25			−30	−50	−100
Zugfestigkeit unverstreckt	MPa	22	1	5	5	5	4	5	11	6	20	2	4	5	18	2	1,5	
verstreckt	MPa	28	24	25	18	21	25	18	25	25	30	8	12	15	20	15	10	18
Reißdehnung	%	600	500	500	450	600	500	500	400	450	450	300	250	250	300	450	250	360
Anwendungsbereich von	°C	−60	−60	−30	−80	−30	−50	−30	−30	−20	−30	−50	−10	−10	−30	−10	−80	
bis	°C	60	60	70	90	120	120	120	90	110	100	120	140	150	120	260	250	
DIN-Abrieb	mm^3	152	160	150	69					145								105
spez. Durchgangs- widerstand	Ωm	10^{17}		10^{17}				10^{16}	10^{15}	10^{13}		10^{17}				10^{21}	10^{18}	
dielektrischer Verlustfaktor		0,008		0,1				0,015	0,015	0,015						0,001	0,009	
Beständigkeit gegen org. Lösungsmittel		−	−	−	−	−	−	−	−	+	+	++	−	−	−	+	+	−
Mineralöl		−	−	−	−	−	−	−	+	++	++	++	++	++	+	++	++	−
Wasser, Säuren, Laugen		+	+	+	+	+	+	−	+	−	+	+	−	+	+	++	−	+
Oxidation		−	−	+	+	+	++	++	+	+	+	+	++	+	++	+	++	−

Erläuterungen: ++ = sehr gut; + = gut; − = gering bis unbeständig

PBR	Vinylpyridin-Butadien-Kautschuke
PNR	Polynorbornen-Kautschuke
PSBR	Vinylpyridin-Styrol-Butadien-Kautschuke
SBR	Styrol-Butadien-Kautschuke
SCR	Styrol-Chloropren-Kautschuke
SIR	Styrol-Isopren-Kautschuke
TOR	Polyoctenamer
TPR	Trans-Polypentenamer.

□ Kautschuke mit Carboxylgruppen (-COOH) an der Hauptkette werden mit einem vorgestellten X gekennzeichnet:

XSBR	carboxylgruppenhaltige	Styrol-Butadien-Kautschuke
XNBR	carboxylgruppenhaltige	Acrylnitril-Butadien-Kautschuke.

□ Q-Gruppe (Siloxangruppen in der Polymerkette):

MFQ	Methyl-Fluor-Siliconkautschuke (auch FMQ)
MPQ	Methyl-Phenyl-Siliconkautschuke (auch PMQ)
MPVQ	Methyl-Phenyl-Vinyl-Siliconkautschuke (auch PVMQ)
MQ	Methyl-Siliconkautschuke (Polydimethylsiloxan)
MVQ	Methyl-Vinyl-Siliconkautschuke (auch VMQ).

□ U-Gruppe (Kohlen-, Sauer- und Stickstoff in der Polymerkette):

AFMU	Terpolymer aus Tetrafluorethylen, Trifluornitrosomethan und Nitrosoperfluorbuttersäure
AU	Polyesterurethan-Kautschuke (auch PUR)
EU	Polyetherurethan-Kautschuke (auch PUR).

Eine andere Einteilung der E. ergibt sich auf Grund der unterschiedlichen Synthesereaktionen der im E. vernetzten Rohkautschuke:

□ Polymerisate: Sie entstehen in einer Synthesereaktion, bei der Monomere mit reaktionsfähigen Doppelbindungen oder Ringstrukturen ohne Abspaltung von niedermolekularen Produkten zu Polymeren reagieren. Zu dieser Gruppe gehört die Mehrzahl der Synthesekautschuke, wie z. B.:

ACM	Acrylat-Copolymer-Kautschuke
CM	chlorierter Polyethylen-Kautschuk
CSM	chlorsulfonierter Polyethylen-Kautschuk
EAM	Ethylen-Vinylacetat-Copolymer
EPDM	Ethylen-Propylen-Dien-Kautschuk
EPM	Ethylen-Propylen-Copolymer
FPM	Fluor-Kautschuke
ECO	Ethylenoxid-Epichlorhydrin-Copolymer
ABR	Acrylat-Butadien-Kautschuke
BR	Butadien-Kautschuk
CR	Chloropren-Kautschuk

IIR	Isobuten-Isopren-Kautschuk
NBR	Acrylnitril-Butadien-Kautschuk
SBR	Styrol-Butadien-Kautschuk.

□ Polykondensate: Hierbei werden Monomere mit funktionellen Gruppen unter Abspaltung niedermolekularer Substanzen (wie Wasser, Chlorwasserstoff, Schwefelwasserstoff usw.) zu Makromolekülen verknüpft. Für die Synthesekautschuk-Produktion ist diese Herstellungsmethode von geringerer Bedeutung. Hierher gehören:

Q	Silicon-Kautschuke
TM	Polysulfid-Kautschuke.

□ Polyaddukte: Sie entstehen in einer Polymersynthese, bei der reaktionsfähige Monomere durch schrittweise Addition zu Polymeren reagieren. Die Kettenverknüpfung ist dabei mit der Wanderung eines Wasserstoffatoms verbunden. Beispiele für diese Gruppe sind:

AU	Polyesterurethan-Kautschuke
EU	Polyetherurethan-Kautschuke.

Als klassifizierender Faktor für die E. werden häufig deren Glastemperaturen herangezogen. Sie hängen ab von der Kettenbeweglichkeit (Kettenflexibilität), die ihrerseits wieder eine Reihe von Grundeigenschaften der E. bestimmt. Mit abnehmender Glastemperatur steigen die Werte für die Kältefestigkeit, den Abriebwiderstand, die Elastizität und die Permeabilität an. Dagegen nimmt die Reibungszahl, eine sehr wichtige Eigenschaft bei Automobilreifen, ab. Diese gegenläufige gegenseitige Abhängigkeit von Abriebwiderstand und Reibungszahl erfordert einen Kompromiß, der in der Regel für Autoreifenmischungen bei einer Glastemperatur von −70 °C liegt (Tabelle). *Zahradnik*

Elektrode (Lichtbogenschweißen). Stromführende, im Lichtbogen abschmelzende stab-, draht- oder bandförmige Zusatzwerkstoffe für das Lichtbogenschweißen.

Der Kerndraht umhüllter Stab-E. entspricht in seiner chemischen Zusammensetzung den zu verbindenden Werkstücken. Der Kerndraht kann dünn, mitteldick oder dick umhüllt sein. Je nach der Umhüllung unterscheidet man unter den E. vier Grundtypen: rutil- (R), sauer- (A), basisch- (B) und celluloseumhüllte (C) Elektroden sowie Sondertypen. Die Umhüllung bildet beim Aufschmelzen eine Schlackeschicht, die, da sie spezifisch leichter als das aufgeschmolzene Metall ist, an der Oberfläche schwimmt und das flüssige E.-Ende, die übergehenden Tropfen und das Schweißgut gegen die Gase der Atmosphäre schützt. Außerdem kann sie auch metallurgische Aufgaben (z. B. Auflegieren oder Desoxidieren) haben. Bei Hochleistungs-E. dient die neben Schlackebildnern metallische Zusätze enthaltende Umhüllung der Erhöhung der Abschmelzleistung. Zusätzlich dient die E.-Umhüllung zur Lichtbogenstabilisierung und zum besseren Zünden des Lichtbogens.

Die Ausbringung der E. bezeichnet das Verhältnis der in die Schweißfuge eingebrachten bzw. auf das Werkstück aufgebrachten Schweißgutmasse zur abgeschmolzenen Schweißzusatzmasse, d. h. beim Lichtbogenhandschweißen die Masse abgeschmolzenen Kernstabs.

Der Werkstoffübergang im Schweißlichtbogen führt infolge von Reaktionen mit der Umgebung (atmosphärische Gase, nicht inerte Schutzgase, Schlacke) zu einer Veränderung der Zusammensetzung des abgeschmolzenen E.-Werkstoffs.

Man unterscheidet Zu- und Abbrand von Legierungselementen, je nachdem ob der Legierungsgehalt des Schweißzusatzwerkstoffs vor dem Schweißen niedriger (Zubrand) oder höher (Abbrand) war als der Legierungsanteil des unvermischten Schweißguts nach dem Schweißen (→Lichtbogenschweißen). *Dorn*

Literatur: *Killing, R.:* Handb. Schweißverfahren. Tl. I: Lichtbogenschweißverfahren. Düsseldorf 1984. – DIN 1913. Tl. 1: Stabelektroden für das Verbindungsschweißen von Stahl. Hrsg. Dt. Inst. für Normung. Ausg. 1984.

Elektrode (Widerstandsschweißen) →Punktschweißen, →Schweißverfahren

Elektrode, bipolare →Reaktor, elektrochemischer

Elektrodenherstellung. Auf Grund des abbildenden Prinzips kommt beim funkenerosiven →Senken der exakten Fertigung der →Werkzeugelektrode erhebliche Bedeutung zu (→Elektrodenwerkstoff). Die Elektrodenfertigung ist zumindest mit der gleichen Präzision vorzunehmen, die später das fertige Werkstück aufweisen soll (→Abbildungsgenauigkeit, →Funkenerosion).

Je nach Geometrie der zu erodierenden Einsenkung können spanende Verfahren wie beispielsweise →Drehen, →Fräsen oder →Schleifen eingesetzt werden. Elektroden zur Bearbeitung von Raumformen (Gesenke u. a.) werden meist kopiergefräst, wobei die zurückbleibenden Fräszeilen und eventuelle Formfehler anschließend von Hand nachzuarbeiten sind.

Bei der →Zerspanung von Graphit ist als Sonderverfahren das Formfeilen zu erwähnen, mit dem man Raumformelektroden aus Graphit mit hoher Genauigkeit herstellen kann (Bild 1). Aus einem Graphitblock wird die gewünschte Elektrodenform mit Hilfe eines Feilwerkzeugs, das eine kreisende, nicht rotierende Bewegung ausführt, herausgefeilt. Den Feileffekt erzeugt ein in Kunststoff gebundenes Schleifmittel. Das Feilwerkzeug wird, ausgehend von einem Modell der Elektrode im Maßstab 1:1, in mehreren Verfahrensschritten mit einem der kreisenden Bewegung entsprechenden Übermaß hergestellt, so daß die Graphitelektrode maßgetreu wird.

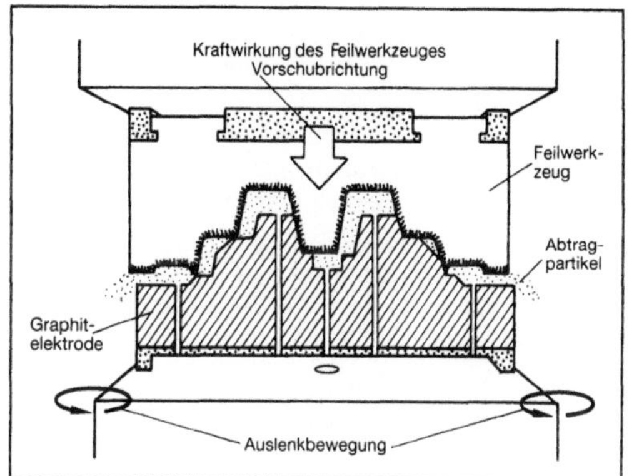

Elektrodenherstellung 1: Formenschleifen von Graphitelektroden (schematisch).

Als Herstellungsverfahren für Kupferelektroden bietet sich außer dem Zerspanen das →Umformen und das Galvanisieren an.

Bei der →Hochgeschwindigkeitsumformung wird der Druckstoß einer gezündeten Sprengladung bzw. eines Funkenüberschlags einer Unterwasserfunkenstrecke für die Umformung eines Kupferblechs genutzt. Das so erzeugte Formteil kann man vorteilhaft als Werkzeugelektrode für Preß- und Prägewerkzeuge in der →Blechumformung einsetzen. Dabei kann sowohl die Patrize wie auch die Matrize mit der gleichen Werkzeugelektrode bearbeitet werden.

Im Hinblick auf die Genauigkeit ist jedoch zu beachten, daß sich die Kupferbleche durch die thermische Belastung beim Erodieren leicht verformen und daher i. a. hinterfüttert werden.

Beim galvanischen Abscheiden schlägt sich auf einem kathodisch gepolten Formenabguß oder Modell, durch geeigneten Lack elektrisch leitfähig gemacht, in einem galvanischen Bad Kupfer nieder (Bild 2). Vorteilhaft ist der geringe Materialverbrauch. Es muß jedoch mit relativ langen Badzeiten gerechnet werden.

Für die grobe Schruppbearbeitung kann als Formelektrode auch ein Bündel zunächst loser Kupferstifte verwendet werden. Dieses Bündel wird so auf ein Modell der herzustellenden Form aufgesetzt, daß sich die Negativform abbildet. In dieser Stellung

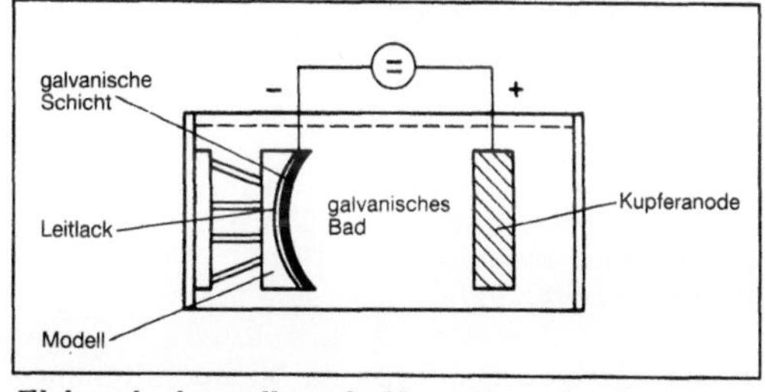

Elektrodenherstellung 2: Herstellung durch galvanisches Abscheiden (Prinzip).

gespannt ergibt das Stiftbündel eine Werkzeugelektrode, die man zur Vorbearbeitung des Werkstücks einsetzen kann.

Die zum funkenerosiven →Schneiden benötigten Drähte sind in verschiedenen Durchmessern und Materialien handelsüblich lieferbar. *König*

Literatur: *Heuel, O.:* Rationelle Herstellung von Erodier-Elektroden durch normalisiertes Kornmaterial. Metallhandwerk + Technik (1982) Nr. 1. – *Lange, K.:* Lehrb. Umformtechnik. Bd. 3: Blechumformung. Berlin, Heidelberg, New York 1975. – *Ullmann, W.:* Funkenerosive Gesenkbearbeitung mit systemintegrierten Graphitelektroden. Ind.-Anz. 99 (1977), S. 1349/52. – *Ullmann, W.:* Formenschleifen von Graphitelektroden für das Funkenerodieren. wt-Z. ind. Fertig. 73 (1983), S. 697/99. – *Ullmann, W.:* Wirtschaftliches Formenschleifen von Graphitelektroden. Werkstatt und Betrieb 115 (1982) Nr. 9, S. 49/58. – *Weiler, G. G.:* Erodierelektroden durch Galvanoformung. Mainz 1978. – *Weiler, G. G.:* Galvanoelektroden zum Erodieren großer Hohlformwerkzeuge. Ind.-Anz. 97 (1975), S. 1216/17.

Elektrodenuntermaß →Planetärerosion

Elektrodenwerkstoff. Als Werkzeug-E. werden beim funkenerosiven →Senken überwiegend Graphit und Elektrolytkupfer eingesetzt. Graphit erbringt beim Schruppen die besten Abtrag- und Verschleißwerte. Dabei ist jedoch die Neigung des Graphits zur Lichtbogenbildung und seine Bruchempfindlichkeit zu beachten. Neu entwickelte Graphitsorten sind diesbezüglich deutlich unempfindlicher und auch bei der Schlichtbearbeitung vorteilhaft einsetzbar. Mit Kupfer lassen sich vielfach bessere Oberflächengüten erzielen. Ferner ist Kupfer unempfindlicher gegen mechanische Beanspruchung. Für besonders verschleißarme Bearbeitung oder beim Erodieren von →Hartmetall hat sich Wolframkupfer bewährt.

Beim funkenerosiven →Schneiden kommen meist Kupfer- oder Messingdrähte, bei kleinen Durchmessern auch Drähte aus Stahl oder Molybdän zum Einsatz.

Werkstückseitig sind alle elektrisch leitenden Werkstoffe bearbeitbar, und zwar unabhängig von der jeweiligen mechanischen Festigkeit (→Abtragverhalten). Die Bearbeitbarkeit wird dabei hauptsächlich von den Wärmekennwerten bestimmt. *König*

Literatur: *Barwa, E.:* Elektrodenwerkstoffe für die funkenerosive Metallbearbeitung. tz für Metallbearbeitung 79 (1985) Nr. 5, S. 13/16. – *Klaus, J.:* Herstellung und Anwendung von Graphitelektroden. wt-Z. ind. Fertig. 69 (1976), S. 677/80. – *König, W.:* Fertigungsverfahren. Bd. 3: Abtragen. Düsseldorf 1978. – *Stempel, G.:* Funkenerosions-Elektroden auf Metallbasis. Werkstatt und Betrieb 111 (1978) Nr. 3. – *Weiß, L.:* Funkenerosions-Elektroden aus Graphit. Werkstatt und Betrieb 111 (1978) Nr. 1.

Elektrodialyse. Die E. ist ein Membrantrennprozeß, bei dem elektrisch geladene Bestandteile aus wäßrigen oder kolloidalen Lösungen mit Hilfe von ionenselektiven Membranen entfernt werden, wobei die treibende Kraft ein elektrisches Feld ist. Den Prozeß kann man als Kombination von Dialyse und Elektrolyse betrachten. E.-Anlagen bestehen aus einer Vielzahl alternierend angeordneter Anionen- und Kationenaustauschermembranen. Die Kammern zwischen den Membranen werden von der Elektrolytlösung bzw. einer Spülflüssigkeit durchströmt. An den Elektroden, die in den beiden äußeren Kammern angebracht sind, wird ein elektrisches Feld angelegt, unter dessen Einfluß die Anionen durch die anionenselektive Membran, die Kationen durch die kationenselektive Membran wandern (Bild). Dadurch nimmt die Elektrolytkonzentration in der Aufgabelösung ab, während sich die Spülflüssigkeit aufkonzentriert. An den Elektroden entstehende Gase werden durch Elektrodenspülung entfernt. Für die E. geeignete Membranen müssen sich durch hohe Ionenselektivität, geringen elektrischen Widerstand, hohe chemische und thermische Beständigkeit auszeichnen.

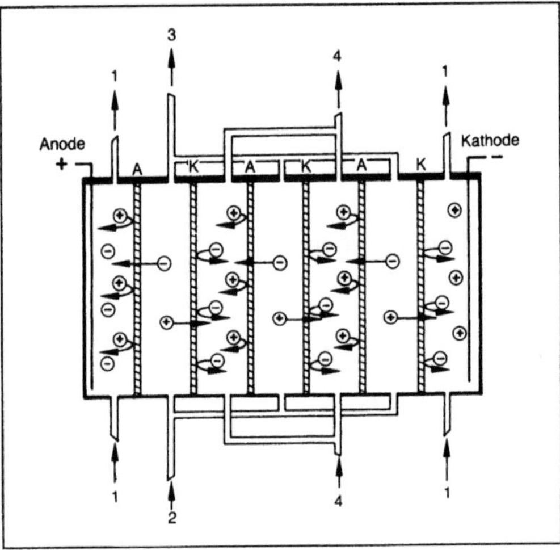

Elektrodialyse: Prinzip der Abtrennung von Ionen.

1 Elektrodenspülung, 2 Elektrolytlösung, 3 entsalzte Lösung, 4 Spülflüssigkeit, A Anionenaustauschermembran, B Kationenaustauschermembran

Bedeutende Anwendungsgebiete der E. sind die Brackwasserentsalzung, die Aufbereitung von Galvanikabwässern, die Entsalzung von Molke. Einsatzmöglichkeiten für die Nitratentfernung bei der Trinkwasseraufbereitung werden entwickelt. *Kerner/Loncin*

Elektrodialyse (medizinische Verfahrenstechnik). Für diesen Prozeß wird die Wanderung von Ionen einer Elektrolytlösung in einem elektrischen Feld ausgenützt. Trennt man Anode und Kathode jeweils durch eine für Ionen durchlässige Membran, so entstehen drei Zellen für die Elektrolytlösung.

Bei der Elektrolyse kommt es zu einer Entsalzung in der mittleren Zelle. In den Elektrodenräumen nimmt dagegen die Konzentration an Ionen zu (Bild).

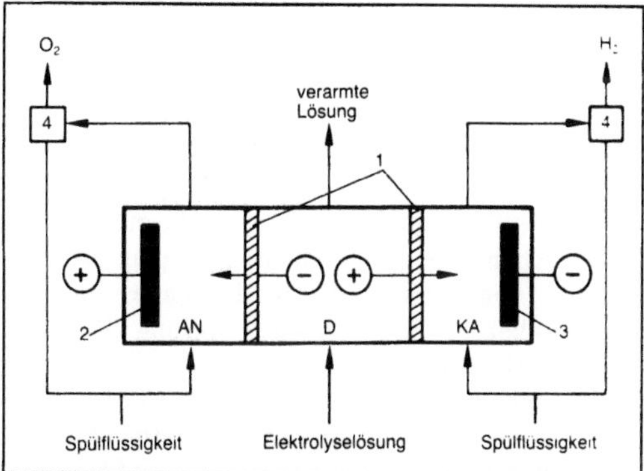

Elektrodialyse (medizinische Verfahrenstechnik): Schema eines kontinuierlichen Elektrodialyseprozesses in einer Dreifachzelle.

AN Anodenzelle, D Dialysierzelle, KA Kathodenzelle, 1 ionendurchlässige Membranen, 2 Anode, 3 Kathode, 4 Gasabscheider für Wasserstoff und Sauerstoff

Werden als Membranen Ionentauschermembranen eingesetzt, die jeweils nur für Anionen oder Kationen durchlässig sind, können Ionen auch gegen ein Konzentrationsgefälle in die Elektrodenräume transportiert werden.

Wirtschaftlich interessant wird der Prozeß, wenn Mehrfachzellen mit nur einem Elektrodenpaar verwendet werden. Zwischen den Elektroden sind alternierend jeweils an- und kationenselektive Membranen mit entsprechenden Rahmen und Abstandshaltern angeordnet. ED-Anlagen enthalten heute bis zu 600 ionenselektive Membranen, d. h. 300 Einzelzellen mit wirksamen Flächen bis zu 1 m² pro Membran.

Zwischen dem theoretisch berechenbaren und dem praktisch ermittelten Energiebedarf bei der E. besteht eine Diskrepanz. Der um 10–20mal höhere reale Energiebedarf läßt sich hauptsächlich auf den Widerstand der Membranen und der Elektrolytlösung zurückführen. Dazu kommt, daß keine 100 %ige Stromausbeute erreicht wird. Die Stromausbeute wird beeinflußt durch Faktoren wie Überführung des Wassers aus der Roh- in die konzentrierte Lösung, durch die Solvathülle der transportierten Ionen, durch osmotische Effekte, durch Kriechströme über die Zellenisolierungen und die nicht 100 %ige Permselektivität der Membranen. Als weiterer wichtiger Parameter für die Auslegung einer E.-Einheit gilt die maximal zulässige Stromdichte, da sie die für eine gewünschte Kapazität notwendige Membranfläche bestimmt. Die maximal zulässige Stromdichte (auch Grenzstromdichte genannt) hängt von der Elektrolytkonzentration in

der Grenzschicht der Lösung an der Membranoberfläche ab. Der Transport von geladenen Teilchen führt auf einer Seite einer Membran zu Konzentrationserhöhungen, auf der anderen Seite zu -erniedrigungen. Durch verfahrenstechnische Maßnahmen wie Rühren oder turbulente Kanalströmung läßt sich diese Konzentrationsdifferenz beeinflussen. Wird auf einer Seite der Membran die Ionenkonzentration null, ist die für ein wirtschaftliches Verfahren maximal zulässige Stromdichte erreicht. Höhere Ströme würden nur zu einer Wasserzersetzung führen. Die hauptsächlichen Einsatzgebiete der E. sind die Entsalzung von Meer- und Brackwasser. Die Einsatzmöglichkeiten sind weit gespannt und reichen von der Abwasserbehandlung (Rückgewinnung von Wertstoffen) bis zur Aufbereitung von Lebens- und Genußmitteln, wie z. B. Weinsteinstabilisierung. *Stroh*

Literatur: *Shaffer, L. H., M. S. Mintz:* Electrodialysis, Principles of Desalination. 2. Aufl. Tl. A. 1980. – *Strathmann, H.:* Trennung von molekularen Mischungen mit Hilfe synthetischer Membranen. Darmstadt 1979. – *Wucherpfennig, K.:* Elektrodialyse zur Entmineralisierung von Flüssigkeiten. Chemie Techn. 4 (1975) Nr. 7, S. 253/56.

Elektrodialyse (Verfahrenstechnik). Die E. ist ein Trennverfahren, bei dem ionenbildende Komponenten (z. B. Salze) mit Hilfe selektiver ionendurchlässiger Membranen und einer elektrischen Potentialdifferenz als treibender Kraft aus einer wäßrigen Lösung entfernt werden. Das Grundprinzip der E. ist im Bild schematisch dargestellt. Eine E.-Einheit besteht aus mehr als hundert Membranpaaren, die in einem elektrischen Feld angeordnet sind. Die positiv geladenen Ionen werden von der Kathode angezogen und die negativ geladenen von

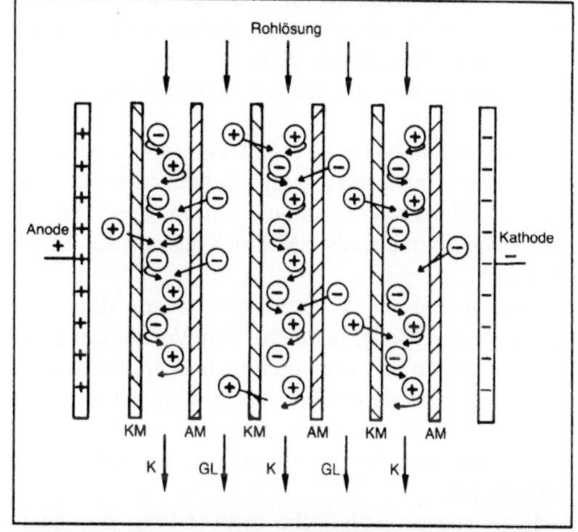

Elektrodialyse (Verfahrenstechnik): Prinzipieller Aufbau eines Elektrodialyse-Systems.

KM kationenselektive Membran, AM anionenselektive Membran, K Konzentrat, GL gereinigte Lösung

der Anode. Die Kationen permeieren durch die kationenselektive Membran und bewegen sich dabei aus einer an Ionen verarmenden Membranzelle in eine Konzentratzelle. In die Gegenrichtung können nur sehr wenige Kationen gelangen, weil die anionenselektive Membran Kationendurchgänge sehr behindert. Für die Anionen gelten entsprechende Bedingungen. Die Rohlösung wird in zwei Arten von Strömen aufgetrennt: in eine an Ionen arme, gereinigte Lösung und in ein Konzentrat, das einen hohen Ionenanteil besitzt.

Die Geschichte der E. reicht bis in die 30er Jahre zurück, wo wäßrige Lösungen in einem einfachen dreizelligen Apparat mit zwei Membranen entsalzt wurden. Die Verbesserung von E.-Prozessen war wesentlich von der Entwicklung von hochselektiven, physikalisch robusten und einen niedrigen elektrischen Widerstand besitzenden Membranen abhängig. Fortschritte wurden in den 50er Jahren durch die Einführung von modernen Ionenaustausch-Membranen erzielt.

Die E. kann für verschiedene Problemstellungen angewendet werden, z. B. für

□ die Entfernung von Elektrolyten aus wäßrigen Lösungen wie bei der Entsalzung von Brackwasser,

□ die Aufkonzentrierung von Elektrolyten,

□ die Trennung von Elektrolyten und Nichtelektrolyten.

Die Hauptanwendung der E. ist die Entsalzung von Brackwasser. Bei Salzkonzentrationen bis zu 12000 ppm ist die E. einer Entsalzung durch Destillation energetisch deutlich überlegen. Bei höheren Konzentrationen wird eine Destillation immer vorteilhafter, so daß eine Meerwasserentsalzung (30000–45000 ppm) nur selten mittels einer E. durchgeführt wird. Im Jahr 1984 gab es weltweit über 1200 E.-Anlagen zur Wasserentsalzung. Der Trend geht aber zur Umkehrosmose, die insbes. bei großen Anlagen wirtschaftlicher ist.

Weitere industrielle Anwendungen der E. sind die Entsalzung von Lebensmitteln, z. B. Molke- oder Zuckerlösungen und in Japan die Gewinnung von mehr als 1 Mill. t Kochsalz aus Meerwasser.

Eine technische Verbesserung wurde durch die Polaritätswechsel-E. erreicht. Zur Vermeidung von Ablagerungen aus organischen und anorganischen Materialien an den Membranen wechselt man von Zeit zu Zeit die Polarität. Dadurch werden ionenarme Membranzellen zu Konzentratzellen und umgekehrt.

Eine neuere technische Anwendung der Elektrodialyse ist die Herstellung von Chlor- und Natronlauge in Chlor-Alkali-Zellen. Sie ersetzen die bisher verwendeten Quecksilberzellen (→Dialyse). *Dohrn*

Literatur: *Lonsdale, H. K.*: The Growth of Membrane Technology. J. of Membrane Science 10 (1982), S. 81/181. – *Shaffer, L. H.*, u. *M. S. Mintz*: Elektrodialysis. In: Principles of Desalination. Hrsg. v. *K. S. Spiegler* u. *A. D. K. Laird.* New York 1980.

Elektrolysezelle →Reaktor, elektrochemischer

Elektrolytkupfer →Elektrodenwerkstoff

Elektrolytlösung. Unter E. versteht man bei der elektrochemischen Metallbearbeitung eine wäßrige Lösung von Stoffen, die in der Lage sind, den elektrischen Strom zwischen Werkzeug (Kathode) und Werkstück (Anode) zu transportieren. Ihre Leitfähigkeit beruht auf dem Zerfall der Verbindung in der Lösung unter Bildung von elektrisch geladenen Teilchen, den Anionen (−) und Kationen (+).

Diese Eigenschaft der elektrischen Leitfähigkeit ist die entscheidende Voraussetzung für den Einsatz von E. als Wirkmedium bei dem Fertigungsverfahren elektrochemisches →Abtragen. Die spezifische Leitfähigkeit ist direkt abhängig von der Art bzw. Zusammensetzung, der Konzentration und der Temperatur der E. Für gebräuchliche E. ($NaCl$ und $NaNO_3$) liegt die spezifische Leitfähigkeit zwischen 5 und 30 S/m. Weitere Anforderungen, die zusätzlich an die E. gestellt werden müssen, sind:

□ hohe chemische Stabilität, d. h., daß die E. eine dauerhafte Erhaltung ihrer Eigenschaften zeigen soll;

□ geringe Korrosionswirkung auf die Bearbeitungsapparatur;

□ physiologische Neutralität in bezug auf das Bedienungspersonal;

□ Preisgünstigkeit.

In der Praxis kommen vorwiegend folgende E. mit unterschiedlichen Konzentrationen und Temperaturbereichen zum Einsatz:

□ Kochsalzlösungen ($NaCl$): Bei Bearbeitungsprozessen mit Natriumchloridlösungen kommt es wegen der großen Adsorptionsneigung der Chlorionen zu einer vorrangigen Adsorption dieser Ionen auf der Metalloberfläche. Dadurch können die Metallionen direkt mit den Chlorionen reagieren, und es bildet sich das lösliche Metallchlorid. In einem anschließenden Hydrolysevorgang entsteht das in der E. ausfallende Metallhydroxid. Wegen der bei hohen Stromdichten auftretenden großen Bildungsgeschwindigkeit des Metallchlorids wird die Sättigungsgrenze der E. überschritten. Dies führt zur Bildung eines viskosen Elektrolytfilms auf der Anode, der eine Einebnung der Oberfläche bewirkt. Weiterhin zeichnen sich diese E. bei der Bearbeitung der meisten Stähle durch hohe Stromausbeuten aus. Ein Materialabtrag findet schon im niederen Potentialbereich statt.

☐ Nitratlösungen ($NaNO_3$): Im Gegensatz zu den Kochsalzlösungen verläuft die Metallauflösung bei der Verwendung von Natriumnitratlösungen über einen Oxidationsvorgang des Metalls im transpassiven Elektrodenpotentialbereich. Dabei kann es als Nebenreaktion zu einer Entwicklung von molekularem Sauerstoff kommen, der das bei der elektrochemischen Bearbeitung von Kohlenstoffstählen auftretende Passivitätsverhalten (Passivierung) hervorruft. Da die Sauerstoffentwicklung im unteren Stromdichtebereich nahezu die gesamte Ladungsmenge verbraucht, kann dort nur wenig Metall aufgelöst werden.

Während bei den hier genannten E. (NaCl und $NaNO_3$) die Anodenreaktionsprodukte als Metallhydroxide ausgefällt werden, bleiben die Abtragprodukte beim Einsatz von starken Säuren (H_2SO_4) und Basen (NaOH) in dem jeweils verwendeten Arbeitsmedium gelöst. Ihre Anwendung wird wegen der außerordentlich hohen Aggressivität gegenüber der Apparatur und dem Bedienungspersonal auf Sonderfälle beschränkt bleiben (STEM). Weiterhin kommen auch Mischungen der beiden beschriebenen Elektrolyte zum Einsatz, und es werden je nach Bearbeitungsaufgabe Komplexbildner (Zitrate = Salze der Zitronensäure und Tartrate = Salze der Weinsäure) verwendet (→Arbeitsspalt, →Abtragverhalten, →Werkzeugelektrode). *König*

Literatur: *Mao, K. W.:* The Anodic Dissolution of Mild Steel in Solutions Containing Both Cl⁻- and NO₃⁻-ions. Corrosion Science 13 (1973), S. 709/803. – *Wedler, G.:* Lehrb. Physikalische Chemie. Weinheim 1982.

Elektronenstrahlbearbeitung. Unabhängig von der Zielsetzung der einzelnen Verfahren beruht die Bearbeitung von Werkstoff mit dem Elektronenstrahl auf der Umsetzung seiner kinetischen Energie in Wärme innerhalb der Randschicht des Werkstücks. Treffen die Elektronen auf eine Metalloberfläche auf, so reflektiert diese einen geringen Anteil davon, während der größte Teil in den Werkstoff eindringt und dort abgebremst wird, wobei die Energieumwandlung stattfindet. Diese Vorgänge der Energieumsetzung sind auf eine Tiefe von ca. 50 μm unter der Oberfläche begrenzt, von wo aus die weitere Aufheizung des Bauteilvolumens durch Wärmeleitung erfolgt.

Auf Grund der hohen Leistungsdichte im Arbeitsfleck – es werden 10^8 W/cm² erreicht – kommt es innerhalb von wenigen Millisekunden zunächst zum Aufschmelzen und anschließend zum Verdampfen des Werkstoffs an der Oberfläche, so daß die nachfolgenden Elektronen tiefer eindringen können, nachdem ein Teil des Schmelz- und Dampfvolumens aus dem Hohlraum ausgeschleudert wurde. Auf diese Weise bildet sich in Richtung der Strahlachse eine Metalldampfkapillare im Werkstück aus, die ringsum von einer dünnen Zone

schmelzflüssigen Werkstoffs umgeben ist. Beendet man die Energieeinbringung, nachdem der Strahl an der Unterseite des Werkstücks ausgetreten ist, so handelt es sich um das Elektronenstrahlbohren. Führt man die Kapillare bei kontinuierlicher Energiebeaufschlagung entlang der Fügestelle zweier Werkstücke, so entsteht eine Elektronenstrahlschweißung.

Beim Bohren bestimmt sich die Anzahl der notwendigen Impulse aus der Dicke und dem Werkstoff des Bauteils. Dabei wird das Einzelpulsbohren vom Perkussionsbohren unterschieden, mit dem bei wiederholten Pulsen Tiefen/Durchmesser-Verhältnisse bis etwa 40:1 erreichbar sind. Die Impulszeiten betragen hierbei 0,1–10 ms. Behandelbar sind nicht nur metallische, sondern auch keramische Werkstoffe und Kunststoffwerkstoffe.

Ein wesentliches Charakteristikum des Elektronenstrahlbohrens ist es, daß Metalle ungeachtet ihrer Wärmevorbehandlung bearbeitet werden können, da auf Grund der hohen Leistungsdichte nur eine minimale thermische Beeinflussung des umgebenden Werkstoffs auftritt. Der erzielbare Bohrungsdurchmesser umfaßt den Bereich von 0,05 bis 1,5 mm; dabei sind Tiefen bis maximal 10 mm möglich. Ist eine große Anzahl von Bohrungen in das Bauteil einzubringen, so kann dies „fliegend" geschehen, d. h. unter Nachführung des Strahls über das bewegte Werkstück mittels der Ablenkspulen (Elektronenstrahlquellen). Durch diese „Perforationstechnik" lassen sich bei optimierten Parametern und Randbedingungen Arbeitsfrequenzen >1000 Bohrungen/s realisieren, wobei der Einstrahlwinkel bis zu 70° gegen die Oberflächensenkrechte geneigt sein kann.

Hauptkennzeichen des Elektronenstrahlschweißens ist ebenfalls die Leistungsdichte, auf Grund der sich der Tiefschweißeffekt und damit eine Naht von besonders hohem Tiefen/Breiten-Verhältnis einstellt. Damit ist es möglich, hohe Arbeitsgeschwindigkeiten und somit kurze Taktzeiten zu erzielen und wegen der vergleichsweise geringen Wärmeeinbringung fertigbearbeitete und -montierte Baugruppen zu verbinden. Darüber hinaus ist die Naht von hoher Qualität, da das herrschende Vakuum Oxidation und Fremdeinschlüsse vermeidet.

Die prozeßtechnisch bedingte Notwendigkeit eines Vakuums wirkt sich neben dem hohen Investitionsaufwand hemmend auf die Elektronenstrahltechnik aus insbes., seitdem durch das →Laserstrahlbohren und -schweißen ein Ausschnitt des Anwendungsbereiches auch in atmosphärischer Umgebung abgedeckt werden kann. *König*

Elektronenstrahlbohren. Thermisch abtragendes Bearbeitungsverfahren mittels →Elektronenstrahlerwärmung. Wie beim Tiefschweißeffekt (→Elektronenstrahlschweißen) entsteht durch das Auftreffen des Elektronenstrahls auf das Werkstück sehr rasch eine dünne Dampfkapillare, die von einem Schmelzfilm umgeben ist. Infolge der Oberflächenspannung des Schmelzfilms schließt sich jedoch die Kapillare normalerweise wieder, sobald der Elektronenstrahl abgeschaltet oder weitergeführt wird. Während dieser Vorgang beim Schweißen erwünscht ist, muß er zum Bohren durch folgende Maßnahmen verhindert werden:

□ Die Elektronenstrahlkanone muß den Elektronenstrahl besonders scharf bündeln, wobei der Fokus und damit die Zone größten Dampfdrucks unterhalb der Oberfläche eingestellt wird.

□ Der Elektronenstrahl muß sehr kurz gepulst werden, um das durch Wärmeleitung entstehende Schmelzvolumen klein zu halten.

□ Meist wird die Unterseite des zu durchbohrenden Werkstücks mit einem Hilfsmaterial unterlegt, das die Restenergie des Elektronenstrahls absorbiert und dabei einen so hohen Dampfdruck erzeugt, daß das an der Lochwand haftende schmelzflüssige Material mit dem aus dem Bohrkanal austretenden Dampfstrom mitgerissen wird.

Da der Abtragvorgang thermisch erfolgt, spielt die Härte des zu bohrenden Materials keine Rolle. Geeignet zum E. sind fast alle metallischen und auch einige nichtmetallische Werkstoffe. Je Millisekunde Impulsdauer des Elektronenstrahls nimmt die Bohrtiefe in Stahl um etwa 1 mm zu. Die größten mit einem Einzelimpuls erzielbaren Bohrtiefen liegen bei 8 mm (Bild). Lochdurchmesser bis 1 mm lassen sich durch Wahl der Strahlleistung bzw. des Strahlstroms einstellen. Die kleinsten erreichbaren Lochdurchmesser betragen etwa $^1\!/_{15}$–$^1\!/_{18}$ der Bohrtiefe. Leitet man mehrere aufeinanderfolgende Strahlimpulse (mit kurzen Zwischenintervallen) in dieselbe Bohrung ein, so lassen sich Löcher bis 20 mm Tiefe

und etwa 2 mm Dmr. bohren. Das maximale Verhältnis Tiefe/Durchmesser einer Bohrung kann so bis auf Werte von 30–40 erhöht werden.

Die Längsschnittform der Bohrung kann zwischen zylindrisch und konisch variiert werden. Durch entsprechende Neigung der Elektronenstrahlrichtung zur Werkstückoberfläche können Schrägbohrungen bis zu einem Neigungswinkel von etwa 70° zur Normalen ausgeführt werden.

Durch den sehr raschen Ablauf des Bohrvorganges und die trägheitslose Strahlsteuerung lassen sich Bohrfrequenzen erzielen, die bei kleinen Bohrdurchmessern und -tiefen bis zu mehreren Kilohertz reichen. Dadurch ist das E. besonders für Perforationen interessant, bei denen in ein Werkstück viele kleine Bohrungen einzubringen sind. Hierbei wird das Werkstück z. T. unter Einsatz mehrachsiger Manipulatoren unter der Strahlachse hinwegbewegt. Zur Koordinierung von Werkstückbewegung, Pulsauslösung und ggf. Strahlnachführung dient ein CNC-System. Damit ist das Perforieren im „fliegenden" Verfahren, also ohne Stopp der Werkstückbewegung möglich.

Der bis heute wichtigste Anwendungsbereich des Elektronenstrahlperforierens ist der Bau von Triebwerksteilen (Brennkammergehäuse, Turbinenschaufeln). In wachsendem Umfang hält das Verfahren auch Einzug in andere Bereiche, wie z. B. bei der Herstellung von Glasfaser-Spinntöpfen, in der Sieb- und Filtertechnik usw. *M. Rudolph*

Literatur: *Dorn, L.:* Fügen und thermisches Trennen. Grafenau 1984. – *Meyer, E.:* Heutiger Stand des Elektronenstrahlbohrens. DVS-Ber. Bd. 63. Düsseldorf 1981.

Elektronenstrahlerwärmung. Teilgebiet der Elektrowärmetechnik, das auf der Wärmeerzeugung durch Aufprall beschleunigter freier Elektronen auf ein zu erwärmendes Material beruht.

In einer Elektronenstrahlkanone werden an einer Glühkathode freie Elektronen erzeugt und über eine Hochspannungsstrecke beschleunigt. Der so entstandene Elektronenstrahl läßt sich unter der Einwirkung elektrischer oder magnetischer Felder fokussieren und lenken. Die kleinsten erreichbaren Fokusdurchmesser liegen im μm-Bereich. Bei manchen Anwendungen ist aber auch eine Aufweitung des Elektronenstrahls erwünscht.

Sowohl für die Erzeugung des Elektronenstroms als auch für seine hinreichend ungehinderte Hinführung zu dem zu erwärmenden Gut ist ein Hochvakuum (10^{-2}–10^{-4} Pa) Voraussetzung, da sonst sowohl die Energieverluste als auch die nicht mehr korrigierbare Strahlstreuung infolge Wechselwirkung zwischen Elektronen und Gasmolekülen übermäßig ansteigen.

Beim Auftreffen auf das zu erwärmende Material überträgt jedes Strahlelektron seine Energie in einer Vielzahl von Einzelstößen auf die Stoffatome bzw.

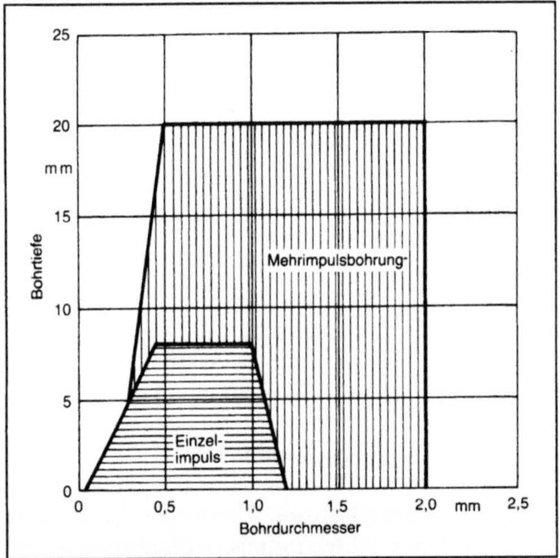

Elektronenstrahlbohren: Bohrdurchmesser und Bohrtiefen in Stahl. (Quelle: Meyer *a.a.O.)*

-moleküle vorzugsweise auf dem Weg über Kollisionen mit den äußeren Hüllelektronen. Neben der Verlangsamung durch Energieabgabe erfährt das einzelne Strahlelektron bei jedem Einzelstoß auch eine Richtungsänderung (Streuung).

Der Elektronenstrahl besitzt daher eine gewisse Reichweite in das zu erwärmende Material hinein, die von der kinetischen Energie der Elektronen (und damit von der Beschleunigungsspannung) sowie von der Materialdichte abhängt. Bei senkrechtem Auftreffen des Elektronenstrahls auf die Materialoberfläche findet die Wärmeerzeugung in einem dieser Reichweite entsprechenden Tiefenbereich statt. Dieser beträgt z. B. in Stahl rd. 10 μm bei einer Beschleunigungsspannung von 60 kV.

Ein Teil der Strahlelektronen wird durch Streuung im Material soweit umgelenkt, daß er über die Oberfläche wieder austritt. Entsprechend der Austrittsgeschwindigkeit ergibt sich daraus ein Energieverlust, dessen Anteil an der Strahlenergie mit der Abweichung der Einstrahlrichtung von der Normalen sowie mit der Element-Ordnungszahl des bestrahlten Materials steigt. Für senkrecht bestrahlten Stahl werden so rd. 25 % der Strahlleistung nicht im Material in Wärme umgesetzt, sondern mit den rückgestreuten Elektronen wieder ausgetragen.

Des weiteren werden Sekundärelektronen und bei hohen Temperaturen auch thermische Elektronen emittiert. Ihre Anteile an der Energiebilanz liegen jedoch unter 1 %. Etwa 1 % der Strahlleistung werden von der Oberfläche des bestrahlten Materials in Form von Röntgenstrahlung ausgesandt, was bei Beschleunigungsspannungen über 60 kV einen beträchtlichen Aufwand zur Abschirmung erfordert.

Die hauptsächlichen Anwendungsbereiche der E. sind das Elektronenstrahlbohren, Elektronenstrahlschmelzen, Elektronenstrahlschweißen und Elektronenstrahlvergüten. *M. Rudolph*

Literatur: *Schiller, Heisig* u. *Panzer:* Elektronenstrahltechnologie. Stuttgart 1977. – *Conrad, H.,* u. *R. Krampitz:* Elektrotechnologie. Ost-Berlin 1983.

Elektronenstrahlhärten. Bei umwandlungshärtenden Werkstoffen wird durch lokales, kurzzeitiges Aufwärmen (ohne Aufschmelzen) durch den Elektronenstrahl und anschließendes Ableiten der Wärme ins gesamte Werkstück (Selbstabschreckung) eine Gefügeumwandlung mit starker Aufhärtung erreicht. Durch entsprechendes Abrastern des Elektronenstrahls über die Werkstückoberfläche werden Härtepunkte und -linien nur dort aufgebracht, wo die Oberfläche entsprechend belastet werden soll. Hierzu gehören z. B. Schnittkanten, Messerschneiden und lineare Führungen. Wegen des geringen Strahldurchmessers und des verhältnismäßig großen freien Arbeitsabstandes ist auch die Härtung an schwer zugänglichen Stellen möglich, z. B. in engen Spalten. Gegenüber konventionellen Verfahren bietet das E. den Vorteil der exakt reproduzierbaren, extrem schnellen Steuerung der Leistungsdichteverteilung im Arbeitsbereich. *Scheffels*

Elektronenstrahlmaschine. E. nutzen einen leistungsstarken, gebündelten Elektronenstrahl als präzis steuerbare Wärmequelle.

Im Vakuum von 10^{-2} Pa werden die aus einer glühenden Kathode austretenden Elektronen in Richtung der durchbohrten Anode beschleunigt und zu einem schlanken Strahl gebündelt. Zum Erzeugen des Elektronenstrahls werden Beschleunigungsspannungen zwischen 30 und 150 kV benötigt. Die Elektronen treffen mit hoher Geschwindigkeit auf das Werkstück und geben dort ihre kinetische Energie in Form von Wärme ab. Die Strahlleistungen reichen von wenigen 100 W bis über 100 kW (Bild 1). E. werden eingesetzt zum Elektronenstrahlschweißen (Bild 2) und Perforieren und zur Oberflächenbehandlung. *Schulz*

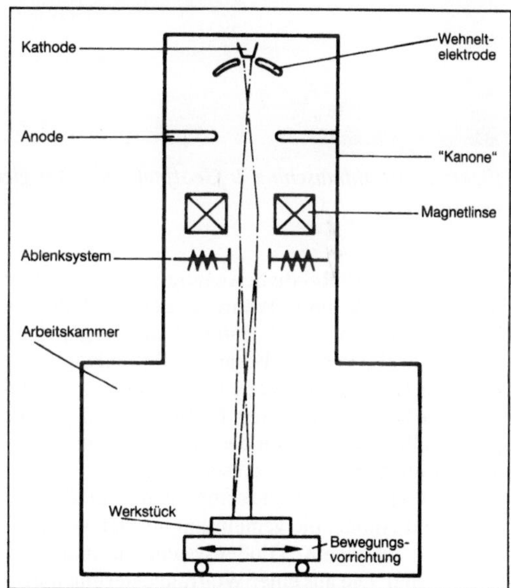

Elektronenstrahlmaschine 1: Schema.

Literatur: Die Verfahren der Schweißtechnik. Fachbuchreihe Schweißtechnik. Bd. 55. Düsseldorf 1974. – *Eichhorn, F.:* Schweißtechnische Fertigungsverfahren. Bd. I: Schweiß- und Schneidtechnologien. Düsseldorf 1983. – *Ruge, J.:* Handb. Schweißtechnik. Bd. II. Berlin, Heidelberg, New York 1980.

Elektronenstrahlquelle. Anlagen zur Materialbearbeitung mit dem Elektronenstrahl (Bild) bestehen in ihrer Gesamtheit aus zwei Hauptkomponenten, deren Funktionen zum einen die Strahlerzeugung mit der Leistungsversorgung und -steuerung und zum anderen die Aufnahme des Werkstücks und die

Elektronenstrahlmaschine 2: Geöffnet, mit zwei gleichzeitig arbeitenden 8,5 kW-Kanonen. (Quelle: Messer Griesheim)

Ausführung der Relativbewegung zwischen Strahl und Werkstück sind. Während der Aufbau von Werkstückkammer und Handhabungssystemen in starkem Maße von der Form des Bauteils und der Lage der Bearbeitungsstelle sowie durch das jeweilige Bearbeitungsverfahren bestimmt wird, ist die prinzipielle Konstruktion des Strahlerzeugers weitgehend unabhängig von diesen Vorgaben.

Die elektrischen Grundkomponenten bilden Kathode und Anode, die gemeinsam mit der Wehneltelektrode zu einem Triodensystem zusammengeschaltet sind. Die aus einer Wolframlegierung hergestellte Kathode wird beheizt, und es kommt zur Freisetzung von Elektronen durch Glühemission, die auf Grund der Hochspannung zwischen Kathode und Anode beschleunigt werden und ihre kinetische Energie erhalten, die nach dem Durchtritt durch die ringförmige Anode zur Materialbearbeitung genutzt wird. Bei Betriebsspannungen von 150 kV lassen sich dabei ca. 60 % der Lichtgeschwindigkeit erreichen. Voraussetzung hierfür ist allerdings die Erzeugung eines Vakuums von 10^{-2} bis 10^{-1} Pa innerhalb der Strahlquelle und im Arbeitsraum, da ansonsten die Elektronen zu stark abgebremst würden.

Die zwischen Wehneltelektrode und Kathode anliegende Spannung steuert die Stromstärke des Elektronenstrahls und macht somit eine wesentliche Stellgröße der Bearbeitungsverfahren aus. Als ergänzende elektrische Komponenten im Strahlengang dienen Spulen zur Fokussierung und Ablenkung des Elektronenstrahls. Die größere, als elektromagnetische Linse wirkende Spule bündelt den Strahl auf Wirkdurchmesser zwischen 0,1 und 1 mm und erzeugt dadurch die zur thermischen Werkstoffbearbeitung notwendige Leistungsdichte.

Die Brennweite des Fokussiersystems wird über den Spulenstrom innerhalb eines Bereiches variiert, wodurch auf eine Vertikalbewegung des Bauteiles bei der Bearbeitung weitgehend verzichtet werden kann. Das magnetische Ablenksystem schließlich erlaubt auf Grund der trägheitslosen Steuerung des Strahls die Erzeugung nahezu beliebiger geometrischer Muster in Längs- und Querrichtung, was sowohl beim Schweißen als auch insbes. beim Bohren und Härten genutzt wird. Der Kegel des Ablenkbereiches beträgt je nach Spulenauslegung etwa 5° um die Strahlachse.

Die mechanischen Komponenten der Strahlquelle sind vor allem auf die Erzeugung und Erhaltung des Hochvakuums hin ausgelegt, das zur Strahlentstehung erforderlich ist. Insbesondere sind ein Trennventil und eine Drossel zum Arbeitsraum hin

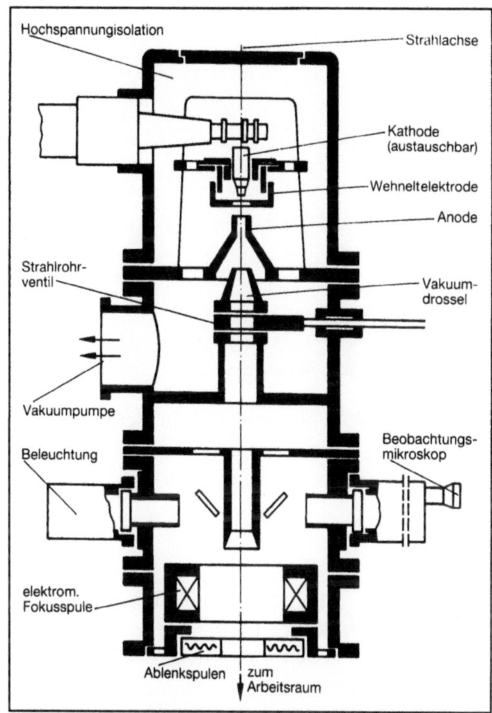

Elektronenstrahlquelle: Aufbau und Funktionsschema.

notwendig, der in der Regel zur Teilebeschickung im Bearbeitungstakt belüftet und evakuiert wird, teilweise jedoch auch mit kontinuierlicher Druckabsenkung und -erhöhung im Durchlaufverfahren arbeitet. Ein Beobachtungsmikroskop und die entsprechende Beleuchtungseinrichtung ermöglichen die exakte Positionierung des Bauteils im Strahlengang.

Produktionstaugliche E. geben Strahlleistungen bis 60 kW ab. Sie werden primär zum Schweißen und Bohren, in geringem Umfange aber auch zum Veredeln von Oberflächen genutzt.   *König*

Elektronenstrahlschweißen. E. (auch EB-Schweißen genannt) ist Schweißen mit dem Elektronenstrahl als Wärmequelle: Beim Auftreffen eines gebündelten Elektronenstrahls höherer Strahlleistung und ausreichender Leistungsdichte auf eine Metalloberfläche wird diese aufgeheizt, schmilzt und verdampft. Die starke Verdampfung an der Strahlauftreffstelle treibt sehr rasch eine enge Vertiefung in Strahlrichtung in das Werkstück hinein. Um den vom Strahl erzeugten Dampfkanal bildet sich eine schmale Schmelzzone. Diese wird zum Schweißen an der Nahtfuge entlang geführt. Im Zuge der Erstarrung der Schmelze wird das Werkstück verschweißt. Dieser Tiefschweißeffekt ermöglicht ein Verhältnis von Tiefe zu Breite der Naht von ca. 20:1.

Durch die im Vergleich zu den anderen Schmelz-Schweißverfahren geringere Wärmeeinbringung ergibt sich für das geschweißte Teil ein Minimum an Verzug. Im Elektronenstrahlgenerator treten die Elektronen (im Hochvakuum) durch Glühemission aus der Kathode aus und werden dann durch Anlegen von Hochspannung an die Strahlquelle beschleunigt. Die Hochspannung beträgt zwischen 30 und 150 kV, der Strahlstrom maximal etwa 1 A. Die Strahlleistung läßt sich von null bis zum Maximalwert des jeweiligen Generators stufenlos einstellen, bei entsprechender Ausstattung z. B. bis 100 kW.

Für die Fokussierung des von der Strahlquelle ausgehenden Strahls in einen Fleck mit ca. 0,1 mm Dmr. werden magnetische Linsen benutzt. Anschließend ist ein magnetisches Ablenksystem angeordnet. Es dient z. B. zur genauen Ausrichtung des Strahls auf die zu verschweißende Fuge.

In der Arbeitskammer wird bei den meisten E.-Anlagen ein Vakuum von einigen Pascal (10^{-2} mbar) benutzt. Bei höherem Druck in der Arbeitskammer bewirkt zunehmend die Streuung der Strahlelektronen im Restgas eine Verbreiterung des Strahldurchmessers, also des Schweißflecks. Das Verschweißen von reaktiven Materialien wie Titan, Zirconium und deren Legierungen erfordert jedoch Hochvakuum von ca. 10^{-2} Pa (10^{-4} mbar).

Zur Optimierung einer Schweißaufgabe unter Berücksichtigung von Geometrie und Materialeigenschaften des vorliegenden Werkstücks lassen sich, insbes. zur Beeinflussung der Schweißnahtqualität, außer der Schweißgeschwindigkeit die verschiedenen Strahlparameter sehr genau einstellen und reproduzieren. Durch entsprechende Wahl von Strahlstrom und Hochspannung sowie der Tiefe der Fokuslage im Werkstück und, falls erforderlich, von Frequenz und Funktion einer dynamischen Strahlablenkung (Oszillation) läßt sich die Energieeinbringung örtlich bzw. zeitlich steuern.

Bei größeren Schweißtiefen muß auch die Wirkung der Schwerkraft auf das Schweißbad berücksichtigt werden. Durchschweißungen von mehr als 80 mm Wanddicke gelingen daher sicherer mit nahezu horizontaler Strahllage. Es sind Schweißtiefen bis etwa 300 mm in Stahl in einem Durchlauf realisierbar.

Abmessung und Bauweise der Arbeitskammer werden durch die Schweißaufgabe bestimmt. Um einen wirtschaftlichen Betrieb mit kurzen Nebenzeiten zu ermöglichen, werden zum Schweißen von Massenteilen (z. B. für die Automobilindustrie), automatisierte Anlagen mit einem Mehrstationen-Schalttisch ausgerüstet. Während sich eine Station in Schweißstellung befindet, ist eine andere für den Be- bzw. Entladevorgang zugänglich.

Für die kontinuierliche Verschweißung von bandförmigem Material werden Durchlaufmaschinen benutzt, bei denen über Druckstufen-Vakuum-

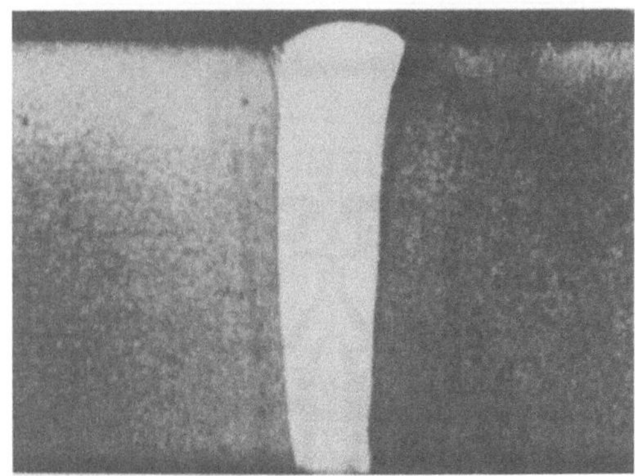

Elektronenstrahlschweißen: Elektronenstrahlgeschweißtes Bimetallsägeband (0,7 mm dick). (Quelle: Messer Griesheim, Steigerwald Strahltechnik)

Trägerband aus niedrig legiertem Vergütungsstahl und Vierkantdraht aus Schnellarbeitsstahl; links unten vor, links oben nach der Einarbeitung der Sägezähne, rechts Querschliff

schleusen die Bänder kontinuierlich in die Schweißkammer eingeführt und nach dem Verschweißen wieder an Atmosphäre herausgeführt werden. Ein typisches Anwendungsbeispiel ist die Herstellung von Bimetallsägeband (Bild). Ein Trägerband aus bruchsicherem Federstahl wird in ganzer Länge mit einem verschleißfesten harten Schnellarbeitsstahl verbunden. Die Sägezähne werden später durch Stanzen oder Schleifen herausgearbeitet.

Für das Zusammenfügen größerer Präzisionsteile aus mehreren fertig bearbeiteten Einzelteilen werden entsprechend angepaßte Werkstückaufnahme- und Bewegungseinrichtungen und große Arbeitskammern sowie CNC-Steuerung für Strahldaten und Bewegungsabläufe eingesetzt. Beispielsweise bei der Herstellung von Strahltriebwerkskomponenten ist die automatische Ausführung vieler und z. T. unterschiedlicher Schweißungen in unmittelbarer Abfolge erforderlich. Hierzu gehört auch die Kontrolle der Ausrichtung des Strahls auf die Fuge. Dabei wird der Strahl selbst zum Abscannen der Fuge benutzt, womit eine automatische Selbstpositionierung des Strahls erfolgt. Für besonders große Werkstücke sind auch Anlagen mit lokalem und mit mobilem Vakuum eingesetzt worden.   *Scheffels*

Literatur: *Anderl, P., E. Kappelsberger* u. *K. Leeb:* DVS-Ber. 99 (1985), S. 50/54. – *Anderl, P., E. Kappelsberger, W. Scheffels* u. *K. H. Steigerwald:* DVS-Ber. 74 (1982), S. 215/219. – *Schiller, S., U. Heisig* u. *S. Panzer:* Elektronenstrahltechnologie. Stuttgart 1977. – *Steigerwald, K. H.:* Schweißen und Schneiden 12 (1960) Nr. 3, S. 89/95.

Elektronenstrahlschweißmaschine   →Elektronenstrahlmaschine

Elektronenstrahl-Umschmelzveredeln. Zum E.-U. wird der betreffende Oberflächenbereich des Werkstücks durch Beaufschlagung mit dem E. kurzzeitig über den Schmelzpunkt erwärmt. Die anschließende Abkühlung durch Wärmeableitung ins gesamte Werkstück (Selbstabschreckung) führt zu einer sehr hohen Erstarrungsgeschwindigkeit. Dies hat zur Folge eine deutliche Änderung der Gefügeausbildung verglichen mit dem Grundmaterial, wie Verfeinerung der Mikrostruktur, Abbau von Seigerungen oder Aufhärtung bei umwandlungshärtenden Werkstoffen. Dies führt z. B. bei Grauguß zu einem stark ausgeprägten Härteanstieg (→Hartguß). Auch bei Aluminiumlegierungen kann die Härte erhöht und die Verschleißfestigkeit verbessert werden.

Durch E.-U. an den Schäften von Ventilen für Kraftfahrzeugmotoren wird durch Verbesserung der Mikrostruktur des Gefüges die Korrosionsbeständigkeit und so die Standzeit der Schäfte erhöht. An Flachproben des warmfesten Stahls X20 CrMoV 121 wurde die Dauerbiegefestigkeit bei 500 °C getestet. Sie war bei umschmelzveredelten Proben um 45 % erhöht gegenüber unbehandelten Proben.

Für das E.-U. werden E.-Schweißmaschinen mit einigen Kilowatt Strahlleistung eingesetzt. Punkt- oder linienförmige Umschmelzstrukturen lassen sich aufbringen, z. B. durch sprungweises Abrastern der Oberfläche mittels spezieller Ablenksteuerungen. Zur Erzeugung einer flächenhaften Struktur kann man mehrere Umschmelzlinien nebeneinander legen. Die Aufschmelztiefe liegt zwischen einigen Zehnteln Millimetern bis zu einigen Millimetern. Die leicht aufgerauhte geschmolzene Oberfläche wird glattgeschliffen.

Um die Verschleißfestigkeit an Ringnutenflanken von Aluminiumkolben für Verbrennungsmotoren (Bild) zu verbessern, werden vor dem Ausarbeiten der jeweiligen Nut zwei Tiefschweißnähte eingebracht, so daß die Flanken der Nut in den umge-

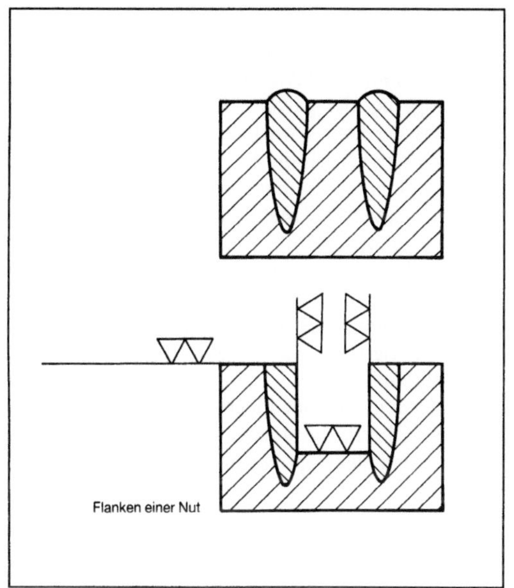

Elektronenstrahl-Umschmelzveredeln: Umschmelzveredelung an Ringnutenflanken von Aluminiumkolben. Links: Schemaskizze des Arbeitsablaufs. (Quelle: Messer Griesheim, Steigerwald Strahltechnik)

schmolzenen Materialbereich fallen. Besonders bei Aluminiumlegierungen hat es sich bewährt, die Oberfläche vor dem E.-U. z. B. mit Nickel zu beschichten, um die Verschleißfestigkeit weiter zu erhöhen. Das ist dann ein Umschmelzlegieren. *Scheffels*

Literatur: *Hiller, W.:* DVS-Ber. 26 (1973), S. 61. – *Hiller, W., K. H. Steigerwald:* Trennen und Fügen (1981) Nr. 8, S. 16. – *Hiller, W., E. Pfeiffer, K. H. Steigerwald u. H. Zürn:* DVS-Ber. 74 (1983), S. 229.

Elektroosmose. Die E. ist ein der →Elektrodialyse ähnliches Membrantrennverfahren zur Gewinnung von konzentrierten Salzlösungen aus Meerwasser. Wie bei der Elektrodialyse werden ionenselektive Membranen und als treibende Kraft eine elektrische Potentialdifferenz verwendet. Das Bild zeigt den prinzipiellen Aufbau eines Membranmoduls zur E. Die in der Rohlösung enthaltenen Anionen bewegen sich durch eine anionendurchlässige Membran einer Membranzelle weiter in Richtung Anode. Dort werden sie durch eine kationendurchlässige Membran an einer weiteren Bewegung in Richtung Anode gehindert. Die Kationen bewegen sich entsprechend eine Membranzelle weiter in Richtung Kathode. Auf diese Weise reichern sich in einigen Membranzellen die Ionen an, während in anderen die wäßrige Lösung entsalzt wird. Im Gegensatz zur Elektrodialyse sind bei der E. die Konzentratzellen von der Rohlösung abgetrennt, so daß Wasser nur durch die Membran hindurch in die Konzentratzellen gelangen kann. Auf diese Weise können hohe Salzkonzentrationen erreicht werden. In Japan wird

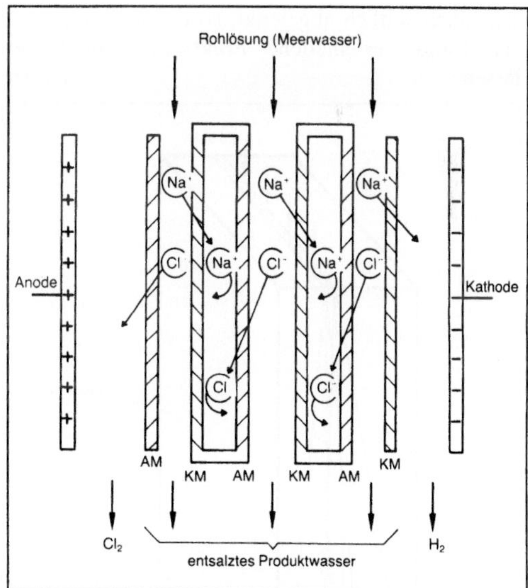

Elektroosmose: Prinzipieller Aufbau eines Membranmoduls zur Elektroosmose.

AM anionendurchlässige Membran, KM kationendurchlässige Membran

in verschiedenen großen Anlagen die konzentrierte Lösung zur Salzgewinnung verwendet. *Dohrn*

Literatur: *Nishiwaki, T.:* In: Industrial Processing with Membranes. Hrsg. *R. E. Lacey* u. *S. Loeb* (Kapitel 6). New York 1972. – *Shaffer, L. H.,* u. *M. S. Mintz:* Elektrodialysis. In: Principles of Desalination. Hrsgg. v. *K. S. Spiegler* u. *A. D. K. Laird.* New York 1980.

Elektrophorese. Die E. ist ein Verfahren zur analytischen oder präparativen Trennung von kolloidalen Teilchen in einem elektrischen Feld. Die Wanderungsgeschwindigkeit der Kolloidteilchen ist von der Summe der elektrischen Ladungen, die pH-Wert-abhängig sind, und von den Reibungskräften, d. h. von der Größe und der Gestalt der Moleküle, abhängig.

Bei der analytischen E. wird das zu untersuchende Stoffgemisch auf Filterpapier als Träger oder in einem Flüssigkeitsfilm zwischen zwei Glasplatten längere Zeit einem elektrischen Feld ausgesetzt. Das Gemisch wird durch die unterschiedlichen Wanderungsgeschwindigkeiten in verschiedene Fraktionen aufgetrennt, deren Anteile sich nach einer Einfärbung photometrisch quantitativ bestimmen lassen. Hauptanwendungsgebiete sind die Trennung von Aminosäuren, Eiweißen und Peptiden.

Bei der präparativen E. wird das zu trennende Gemisch kontinuierlich einer Trägerflüssigkeit zugeführt, die sich in einem senkrecht angeordneten elektrischen Feld befindet (Bild). Die Kolloidteilchen bewegen sich durch die Schwerkraft nach unten und werden durch das elektrische Feld unterschiedlich seitlich abgelenkt, so daß sich am unteren Rand verschiedene Fraktionen entnehmen lassen. *Dohrn*

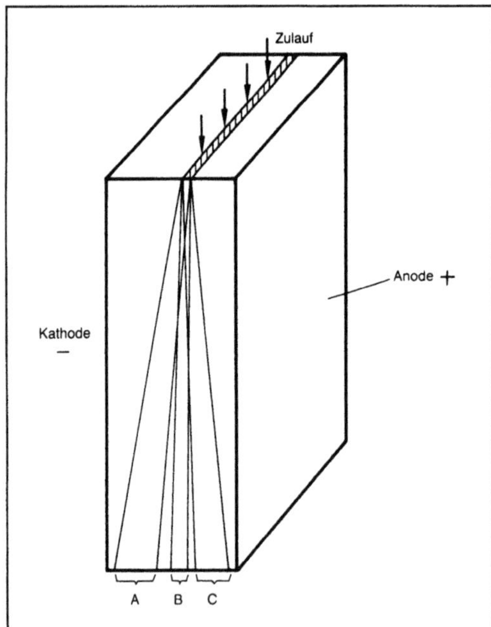

Elektrophorese: Kontinuierliche präparative Elektrophorese zur Trennung einer Stoffmischung in die Fraktionen A, B und C.

Literatur: *Perry, R. E.,* u. *D. W. Green:* Perry's Chemical Engineers' Handb. 6. Aufl. New York 1984.

Elektropolieren. Erzeugung einer mikroskopisch glatten Metalloberfläche mit Hilfe elektrochemischer Verfahren. Das E. stellt die Umkehrung der Vorgänge bei der galvanischen Metallabscheidung dar. Das Werkstück wird als Anode geschaltet und löst sich auf. Durch die bevorzugte Auflösung der hervorstehenden Rauheitsspitzen wird eine spiegelblanke, kratzerfreie Metalloberfläche erzielt, deren Güte vergleichbar ist mit mechanisch polierten Oberflächen. Als Polierlösungen werden je nach Werkstoffart die verschiedenartigsten Elektrolyte benutzt. Zum Beispiel enthält ein für rostfreie Stähle geeigneter Elektrolyt Phosphorsäure und Butylalkohol.

Im Gegensatz zum mechanischen Polieren, bei dem die Oberfläche stets eine gewisse Verformung erfährt, sind elektropolierte Oberflächen völlig verformungsfrei. Vielfach wird beim elektrolytischen Polieren gleichzeitig auch das Gefügebild entwickelt (→Metallographie).

Eine wichtige kommerzielle Anwendung ist das E. von Massengütern unterschiedlicher Formen, die sich schwierig oder überhaupt nicht mechanisch polieren lassen. Stähle, Kupfer und seine Legierungen, Monel, Aluminium und viele andere Legierungen können elektropoliert werden. *Kußmaul*

Literatur: *Schumann:* Metallographie. Leipzig 1974.

Elektroschlackeschweißen →Schweißverfahren

Elektroschweißen. Metallische Verbindung von Metallteilen durch Aufschmelzen im elektrischen Lichtbogen oder durch elektrische Widerstandserwärmung im Druckkontakt (→Preßschweißen, →Punktschweißen).

Beim einfachen →Lichtbogenschweißen wird ein Wechselstromlichtbogen mit einer Stromstärke von 20–600 A über eine Metallelektrode (Schweißelektrode mit 1,5–10 mm Dmr.) zum Werkstück hin gebrannt. Die Schweißspannung liegt dabei im Bereich von 15–40 V. Die Metallelektrode selbst wird beim Schweißvorgang in normaler Atmosphäre mit abgeschmolzen.

Eine Sonderform des E. ist das Inertgasschweißen (→Schutzgasschweißen) von speziellen Werkstoffen wie Edelstahl, Kupfer, Aluminium u. a. Ein Schutzgasmantel aus in den Schweißbogen einströmendem Argon verhindert in diesem Fall chemische Reaktionen des Werkstoffs mit der Atmosphäre. Dabei werden entweder nicht abschmelzende Wolframelektroden (WIG-Schweißen) oder gleichfalls abschmelzende dünne Metallelektroden (MIG-Schweißen) eingesetzt. Beim Inertgasschweißen wird ein Gleichstrombogen verwendet. Lediglich bei Aluminium und Magnesium ist Wechselstrom erforderlich.

Lokale Verschweißungen von Blechen werden in großem Umfang im Punktschweißverfahren ausgeführt. Dazu werden die zu verschweißenden Teile zwischen zwei Elektroden zusammengepreßt und durch einen starken Strompuls aufgeheizt. Die zum lokalen Schmelzen benötigte Stromstärke bewegt sich je nach Blechdicke und Material zwischen 3 und 50 kA. Der Anpreßdruck liegt im Bereich von 50–10 000 N. *Wilhelm*

Eley-Rideal-Kinetik. Modifiziertes Modell der →Langmuir-Hinshelwood-Kinetik, bei dem ein nichtadsorbierter Reaktand, z. B. aus der Gasphase heraus, mit den übrigen, am Katalysator adsorbierten Reaktanden reagiert. Dies bedeutet, daß die Reaktionsgeschwindigkeit r einer bimolekularen Reaktion

$$A + G \overset{Kat.}{\rightleftharpoons} (A...G)_{ad} + B \overset{k}{\rightarrow} P + G$$

(G freier, katalytisch aktiver Oberflächenplatz des Katalysators für den Reaktanden A) dem Partialdruck P_B des nichtadsorbierten Reaktanden B und dem Bedeckungsgrad Θ_A des adsorbierten Reaktanden A proportional ist:

$$r = k \, P_B \, \Theta_A.$$

Wird für Θ_A die Langmuir-Adsorptionsisotherme eingesetzt, dann erhält man die stets einfachere →Geschwindigkeitsgleichung nach *Eley-Rideal*:

$$r = k \, P_B \, \frac{K_A \, P_A}{1 + K_A \, P_A}.$$

Schönbucher

Eloxieren (Urformen). Im Gegensatz zum Galvanisieren, wo das Werkstück an den Minuspol des Elektrolysebades geschaltet wird und sich ein metallischer Überzug an seiner Oberfläche niederschlägt, wird bei der anodischen Oxidation das Werkstück an den Pluspol angelegt. Es bildet sich aus dem Bad kein Niederschlag, sondern die Schutzschicht entsteht aus dem Werkstück selbst durch Umwandlung des Metalls an der Oberfläche in hauptsächlich oxidische Verbindungen.

Die Eloxalschicht hat nichtmetallischen Charakter. Im Gegensatz zu galvanischen Überzügen wächst sie mit zunehmender Behandlungsdauer in den Werkstoff hinein (Bild 2) und nicht, wie bei galvanischen Fremdmetallüberzügen, nach außen. Oberflächenfehler und sonstige Unregelmäßigkeiten werden nicht verdeckt, sondern treten eher deutlich hervor. Die Durchführung der anodischen Oxidation erfordert besondere apparative und maschinelle Einrichtungen. Die Arbeitsgänge beim E. zeigt Bild 1. Notwendig ist eine chemische oder elektrochemische Entfettung und das Abbeizen etwa vorhandener Oxidschichten (Walzhaut, Gußhaut, Vergütungszunder).

Die Herstellung von Aluminiumgußteilen für die anodische Oxidation hat erst nach dem Zweiten Weltkrieg begonnen. In sehr vielen Fällen dient die

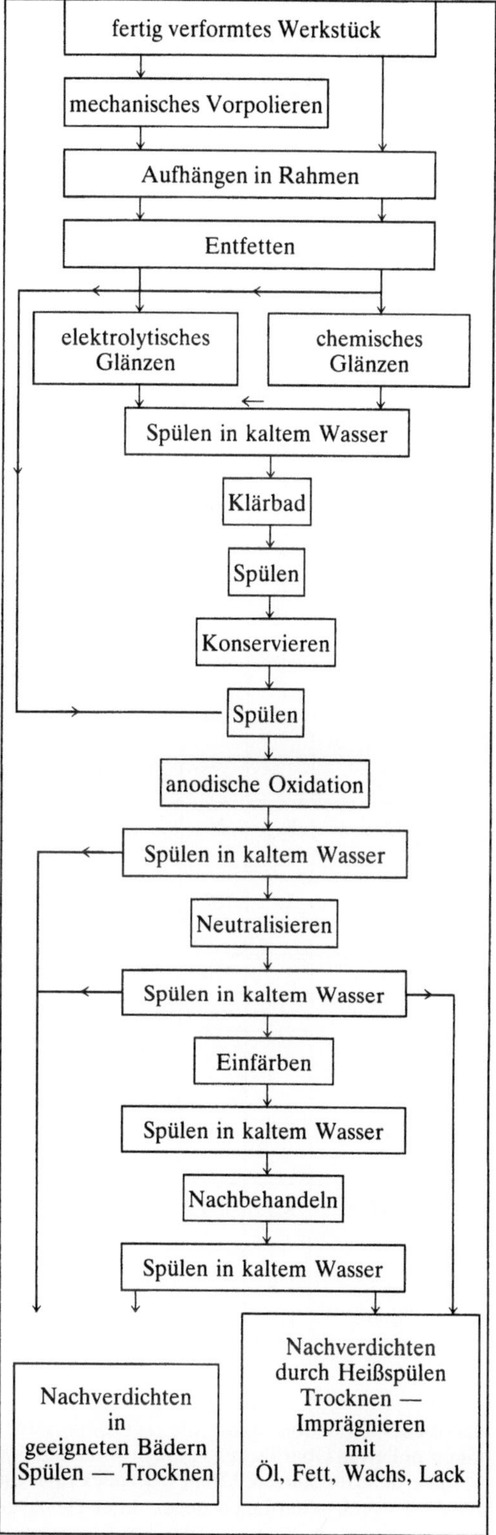

Eloxieren (Urformen) 1: Arbeitsgänge.

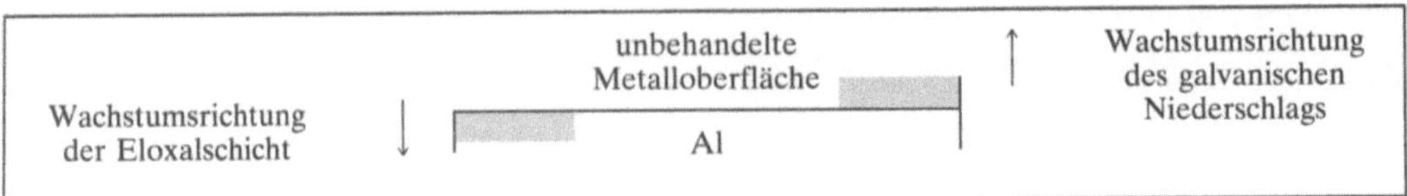

Eloxieren (Urformen) 2: Schichtwachstum. Eloxalschicht/galvanischer Überzug.

Eloxieren (Urformen). Tabelle: Zur dekorativen anodischen Oxidation geeignete Legierungen und deren Beurteilung. Vergleich mit G-AlSi10MnMg.

| | bevorzugtes Gießverfahren | Erstarrungsintervall in °C | Schrumpfungskoeffizient | Beurteilung auf | | | | | maximale Schichtdicke in µm für Dekorativglanz | Zugfestigkeit in N/mm² | Anwendungsgebiet |
				Warmreißneigung	Formfüllvermögen	Schlierenbildung	Eignung zur Glanzanodisation				
G-AlMg3	KS	40	0,067	III	III	III	I	15	160 220	Haushaltapparate Lebensmittel-verarbeitung
G-AlMg5	K	60	0,064	IV	II	IV	II	10	190 250	einfache Bau-beschläge
G-AlZn5Mg	S	60	0,070	IV	II	III	I	15	200 280	stark beanspruchte Baubeschläge
G-AlMg4Zn	K	40	0,069	III	III	IV	I	12	160 220	Baubeschläge
G-AlSi2MnMg	K	80	0,065	II	III	II	III	6	180 260	verwickelte Teile
G-AlSi5MnMg	KS	60	0,061	II	II	II	IV	3	240 310	dünnwandige Teile
G-AlCu5Ti	KS	80	0,065	III	III	I	III	6	300 380	stark beanspruchte einfache Teile
G-AlSi10MnMg	KS	30	0,050	I	I	I	V	0	240 320	für Dekorations-guß ungeeignet

K Kokillenguß, S Sandguß. — I sehr gut, II gut, III mittel, IV schlecht, V ungeeignet

anodische Oxidation dazu, die auf dekorativen Glanz polierten Oberflächen vor dem Anlaufen und Mattwerden zu schützen. Einen Überblick über die für das E. geeigneten Legierungen unter gleichzeitigem Hinweis auf die wesentlichsten Einsatzmöglichkeiten gibt die Tabelle. *Doliwa*

Email. E. kann als eine durch Schmelzen entstandene, vorzugsweise glasig erstarrte Masse mit anorganischer, in der Hauptsache oxidischer Zusammensetzung, die in einer oder mehreren Schichten auf Werkstücke aus Metall aufgeschmolzen ist, definiert werden.

E. sind Spezialgläser von der Art der chemisch beständigen, aluminiumhaltigen Borosilikatgläser (Tabelle 1 und 2). Die Grundeigenschaften des E. können aus der Kenntnis der Glasstruktur abgeleitet werden. Demnach besteht das Glasnetzwerk silikatischer E. aus räumlich verknüpften Baugruppen von SiO_4-Tetraedern, in dessen Hohlräumen sich die Alkaliionen oder andere Ionen niedriger Wertigkeit befinden.

Emailliert werden vor allem Gußeisen oder Stahlblech, in geringem Umfang Nichteisenmetalle wie Aluminium oder Kupfer. Durch die Oberflächenbeschichtung wird die Oberfläche des Metalls vor Korrosion geschützt, sie wird aber auch zur Verschönerung von Oberflächen aufgebracht. Unterschieden wird zwischen Grund-E., das die Verbindung zwischen metallischem Werkstoff und E. vermittelt, und Deckemail mit den gewünschten Eigenschaften.

Charakteristisch für Grund-E. ist der Gehalt von 1–3 % an Cobalt- und Nickeloxid, den sog. Haftoxiden. Beim Einbrennen des Grund-E. löst sich das an der Oberfläche sich bildende Eisenoxid auf. Gleichzeitig findet die Oxidation des im Stahl vorhandenen Kohlenstoffs statt. Durch die Haftoxide, die nur eine Vermittlerrolle bei Entstehung der Haftung, aber keine Funktion in der Haftschicht selbst ausüben, erfolgt eine besonders intensive Aufrauhung der Metalloberfläche.

Deck-E. unterscheiden sich in der chemischen Zusammensetzung nur wenig von den Grund-E. Sie haben aber eine große Variationsbreite hinsichtlich ihrer chemischen Beständigkeit und ihrer Verträglichkeit mit Trübungs- und Farbkörpern.

Als wichtigstes E. sei das Weiß-E. genannt. Stahlblech wird ausschließlich mit Bortitanweiß-E. emailliert. Die Trübung entsteht durch Kristallisation eines Anteils des darin gelösten Titanoxids.

E. zeigen als silikatische Gläser eine bevorzugte Beständigkeit gegen saure Lösungen. Die Beständigkeit gegenüber alkalischen Lösungen ist meist etwas geringer als die gegen Säuren. Thermisch sind E. stabil bis zu Temperaturen von 450 °C. E. haben eine hohe Druckfestigkeit, sind jedoch empfindlich gegenüber Zugspannungen. Daher müssen die thermische Ausdehnung von E. und Unterlage so aufeinander abgestimmt sein, daß die E.-Schicht während des Gebrauchs nie in den Bereich einer Zugspannung gelangt. Zum Aufbringen von E. werden fein gemahlene Fritten auf eine vorbehandelte Metalloberfläche im nassen Zustand durch Spritzen oder Tauchen aufgebracht. Der nasse E.-Auftrag wird getrocknet und anschließend, wie etwa bei Stahlblech, bei ca. 800 °C eingebrannt. In den letzten Jahren findet die Direktweißemaillierung eine verbreiterte Anwendung. Hier übernimmt das Deckemail die Funktion des Grund-E. *Hesse/Hennicke*

Literatur: *Dietzel, A.:* Emaillierung. Berlin, Heidelberg, New York 1981. – *Petzold, A.,* u. *H. Pöschmann:* Email und Emailliertechnik. Berlin, Heidelberg, New York, Tokio, London, Paris 1987.

Email. Tabelle 1: Chemische Zusammensetzung in Massengehalt in % eines Grundemails zur Emaillierung von Stahlblech im chemischen Apparatebau.

SiO_2 45—46	Al_2O_3 1—6	B_2O_3 13—30	Na_2O 12—14	K_2O 1—2	CaO 1—4	TiO_2 bis 5	CaF_2 2—6
dazu MnO_2 und Haftoxide (je 1—2)							

Email. Tabelle 2: Chemische Zusammensetzung für farbige Deckemails.

	Rotbraun	Gelb	Schwarz	Pastellgrün	Blau	Blau
SiO_2	61,5	50	47	49	51	47—49
Al_2O_3	8	6	6	9	9	3,5—7
B_2O_3	8	bis 15	14,5	9	6	10—12
ZnO		8	3	(TiO_2 13)		(TiO_2 4)
CaO	(BaO 2)		4	(MgO 2)	6	2
R_2O	17,5	bis 20	19,5	18	26	24—29
F	3—4	4	1,5	5	1,5	1,5
Na_2SiF_6	3					4—7
Na_3ALF_6						7—14
$Fe_2O_3 + Cr_2O_3$			1,8			
CoO			1,2		2	5
MnO			3,5			

Emaillieren. Wegen der guten chemischen Beständigkeit und auch Hitzebeständigkeit werden Emailüberzüge in großem Umfang eingesetzt. Für die Haftfestigkeit der Emailschichten sind Kohlenstoff- und Schwefelgehalt des metallischen Trägers (Bleche oder Guß) sowie die Vorbehandlung dieser Trägerwerkstoffe verantwortlich. Über lange Zeit glaubte man nicht ohne Zwischenschichten zur Erhöhung der Haftfestigkeit des Email auskommen zu können. Inzwischen wurden speziell für den Bereich der sog. weißen Ware Spezialbleche entwickelt, die eine Direkt-Weißemaillierung zulassen.

Für die verschiedensten Zwecke wurden Sonderemails entwickelt, wie hoch- oder niedrigeinbrennende Grundemails, Emails mit besonders hoher chemischer oder thermischer Widerstandsfähigkeit sowie auch zirconiumoxidhaltige Sondertypen.

Je nach dem Trägerwerkstoff sind die Herstellungsbedingungen der Schichten und die Zusammensetzung des Emails unterschiedlich. Bereits die Form der Rohware ist zu beachten. Wichtiger ist aber die chemische Zusammensetzung des Werkstoffs. Bei Stahlblechen haben bereits geringe Zusätze von Titan bewirkt, daß werkstoffseitige Störungen beim E. vermieden werden. Von besonderer Bedeutung ist bei Stählen die Verteilung des Wasserstoffs und seine Löslichkeit in den verschiedenen Stahlsorten, da hierdurch die Neigung zum Wiederaufkochen des Emails beeinflußt wird. Außerdem besteht ein Zusammenhang zwischen der Oxidationsgeschwindigkeit von Stählen, der Benetzbarkeit und der Haftfestigkeit des Emails.

Bei Gußteilen ist die Emailhaftung in erster Linie von der Form, den Erstarrungsbedingungen (Graphitausbildung), der Schichtdicke des Grundemails und seinen Herstellungsbedingungen abhängig. Bei dünnen Gußteilen wirkt sich das Gefüge sowie der Sauerstoff-, Wasserstoff- und Stickstoffgehalt erheblich aus. Noch mehr aber verursachen Formstoffeinschlüsse Fehler in der Emaillierschicht. Emailschichten auf Gußeisen gibt es vor allem bei der Badewannenproduktion, aber auch bei Armaturen für die chemische Industrie (hier meist mit Cobaltoxiden vermischt).

Emailliertes Aluminium hat sich in der Architektur einen beachtlichen Anwendungsbereich erobert. *Doliwa*

Empfindlichkeit, parametrische. Bei polytroper Reaktionsführung können sich kleine Änderungen bestimmter Betriebsparameter (z. B. Kühlmittel- bzw. Wandtemperatur T_{Wa}, Anfangstemperatur der Reaktorpackung, Anfangskonzentration der Reaktionsmischung oder Wärmeaustauschkoeffizienten) übermäßig stark (sehr empfindlich) auf die Temperatur- und Konzentrationsprofile im Reaktor auswirken. Beispielsweise kann es bei exothermen Reaktionen in einem wandgekühlten →Rohrreaktor durch Erhöhung von T_{Wa} (in einem bestimmten Temperaturbereich) um wenige Grad Celsius zur Ausbildung von Temperaturspitzen (Hot Spots) mit Temperaturdifferenzen um mehrere Dutzend Grad Celsius kommen. Diese Hot Spots können zum Durchgehen (thermische Explosion) des Reaktors führen. Zum Abgrenzen solcher gefährlichen Reaktionszustände wurden für einfache Reaktionen Kriterien entwickelt, die den parametrisch empfindlichen Bereich des Reaktors vom parametrisch unempfindlichen trennen. Dazu wird z. B. in einem Stabilitätsdiagramm das Verhältnis von Wärmeabfuhr- zu Wärmeerzeugungsgeschwindigkeit über das Wärmeerzeugungspotential S aufgetragen. S ist definiert als das Produkt aus der Temperatursensivität $\dfrac{E}{RT_{Wa}^2}$ (E Aktivierungsenergie, R universelle Gaskonstante) und der adiabaten Temperaturerhöhung ΔT_{ad} (→Reaktionsführung).

Die p. E. ist von der thermischen Instabilität eines Reaktors infolge von Mehrfachzuständen (→Reaktorstabilität) zu unterscheiden. Beide Effekte können jedoch zu gefährlichen Reaktionszuständen führen und sind daher in ihren Auswirkungen z. B. auf die Betriebssicherheit (Sicherheitstechnik) von Reaktoren sehr ähnlich. *Schönbucher*

Emulgieren. Unter E. wird das Herstellen einer Emulsion ausgehend von den einzelnen Komponenten verstanden. Emulsionen sind metastabile Mehrphasensysteme, die im einfachsten Fall aus zwei ineinander unlöslichen Flüssigkeiten (Wasser und Öl) bestehen. Dabei liegt die eine Flüssigkeit in der anderen in disperser Form vor. Grundsätzlich unterscheidet man nach der Art der dispersen Phase zwischen Öl-in-Wasser- (z. B. Mayonnaise, Milch) und Wasser-in-Öl-Emulsionen (z. B. Margarine, Butter). Der disperse Zustand wird von Emulgatoren und/oder Stabilisatoren aufrecht erhalten.

Emulgatoren sind grenzflächenaktive Stoffe und gehören zur Stoffklasse der Tenside. Die Emulgatormoleküle sind ambiphil, d. h. sie bestehen aus lipophilen und hydrophilen Molekülteilen. Dieses Strukturmerkmal befähigt die Emulgatoren, an der Phasengrenzfläche zu adsorbieren. Dabei bilden die Emulgatormoleküle sterische bzw. elektrostatische Barrieren aus, welche die innere Phase der Emulsion gegen Koaleszenz stabilisieren. Außerdem bewirken sie eine Abnahme der Grenzflächenspannung, was bei der Emulsionsherstellung eine weitere Tropfenzerkleinerung erleichtert. Die wichtigsten in der Lebensmittelindustrie vorkommenden Emulgatoren sind Lecithin, Mono- und Diglyceride.

Das Herstellen der Emulsion kann sowohl in Rührern und Mischern als auch in speziellen Emulgiermaschinen, wie z. B. Rotor-Stator-Systemen und Hochdruckhomogenisatoren, erfolgen. Die Aufgabe all dieser Maschinen ist das Einbringen der Zerkleinerungsenergie in das flüssige System. Die für die Grenzflächenvergrößerung theoretisch notwendige Energie ist wesentlich kleiner als die in das System eingebrachte Energie. Der Wirkungsgrad solcher Maschinen liegt zwischen 0,001 und 1 %. *Kerner/Loncin*

Emulsionspolymerisation →Polymerisationstechnik

Endform. Nach DIN 8580 heißt im Fertigungsablauf eines Werkstücks diejenige Form, die am Ende eines Arbeitsvorgangs entsteht, E. Auch wird die Form eines Werkstücks, die in der Ablaufkette Ausgangsform, Zwischenform aus der letzten Zwischenform oder auch direkt aus der Ausgangsform entsteht, E. genannt, wenn sie durch keinen Arbeitsvorgang mehr geändert wird. Das in der E. vorliegende Werkstück heißt Fertigteil. *Lange*

Literatur: DIN 8580: Fertigungsverfahren. Begriffe, Einteilung. Hrsg. Dt. Inst. f. Normung. Ausg. Entw. Juli 1985.

Endlagenschalter. E. sind binäre Signalgeber. Sie sind eine mechanische Realisierungsform von berührenden Näherungssensoren. Zur Erfassung einer Endlage, z. B. die Endstellung einer Ventilstange, haben sie direkten Kontakt über ein Tastelement mit dem Meßobjekt oder dem zu überwachenden Objekt. E. bestehen aus
☐ dem Schaltelement, in der Regel ein Schalter mit Springkontakt oder ein Schnappschalter, der als Öffner, Schließer oder Umschalter ein- oder mehrpolig ausgeführt ist,
☐ dem Tastelement, das unterschiedlichste Konstruktionsvarianten aufweist, abhängig von der erforderlichen Schaltkraft, dem notwendigen Schaltweg und der Kontaktgabe zwischen dem abgetasteten Objekt und dem Tastelement,
☐ den Motagevorkehrungen.
Die Ausführungsformen sind entscheidend durch das jeweilige Einsatzfeld geprägt. Die Anwendungspalette reicht vom Einsatz in Kleingeräten wie Druckern, Recordern, Haushaltsgeräten usw. bis hin zu Schwermaschinen. Besonders bei Einsatz in mechanisch stark belasteter oder aggressiver Umgebung bewähren sich entsprechend robuste, massive Ausführungsformen. *Freyberger*

Energie. E. ist eine Zustandsgröße, die den Zustand eines materiellen Systems – es besteht aus Masse und elektrischer Ladung – angibt. Die Veränderung der E. eines Systems macht sich durch die Veränderung seines Bewegungszustands (Geschwindigkeit) und seines Ortes bemerkbar.

Die der Geschwindigkeitsänderung entsprechende E. heißt kinetische E., die der Ortsänderung entsprechende potentielle E.:

$$E_{kin}^m = \frac{m \cdot v^2}{2} \qquad \text{kinetische E.,}$$

$$E_{pot}^m = m \cdot \Phi(\vec{r}) \qquad \text{potentielle E.;}$$

dabei ist $\vec{r}$ der Ortsvektor.

Darüber hinaus entspricht der Masse m_0 (Ruhemasse, $v=0$) eine E.

$$E_o^m = m_0 \cdot c^2;$$
$c = 2{,}997925 \cdot 10^8$ m/s; c ist die Lichtgeschwindigkeit.

Aber auch die elektrische Ladung, nicht nur die Masse, ist E.-Träger. Auch hier existiert eine potentielle E.

$$E_{pot}^e = e \cdot \psi(r),$$

und eine E. der bewegten elektrischen Ladung

$$E_{kin}^e = \frac{1}{2} L \cdot i^2;$$

i elektrischer Strom infolge bewegter Ladung,
L Selbstinduktion.

Das griechische Wort ἐνέργεια bedeutet Wirksamkeit. Das Wort Energie wurde von *W. Thomson* und *W. M. Rankine* 1851/52 eingeführt.

Ändert sich die gespeicherte E., dann tritt ihre Wirksamkeit in Form von Arbeit, Wärme und Strahlung in Erscheinung. Alle E.-Formen, wie z. B. E. der fossilen E.-Träger, thermische E. usw., sind auf die fünf fundamentalen E.-Formen

$$E_{pot}^m, \ E_{kin}^m, \ E_0^m, \ E_{pot}^e, \ E_{kin}^e$$

zurückzuführen.

E. ist eine aus Masse, Länge und Zeit abgeleitete Größe und hat die Dimension

$$\text{Masse} \left(\frac{\text{Länge}}{\text{Zeit}}\right)^2.$$

Die Einheit der E. ist ein Joule (J):

$$1 \text{ J} = 1 \text{ kg} \left(\frac{m}{s}\right)^2.$$

In jedem materiellen System ist E. E gespeichert. Sie ist proportional dem materiellen Inhalt des Systems, also proportional der Systemmasse m und proportional der elektrischen Ladung e des Systems. E. ist also eine extensive *Größe*.

Mit Ausnahme der Massen-E. E_o^m lassen sich die fundamentalen E.-Formen in eine äußere und eine innere Energie unterteilen. Die E., bei der der Schwerpunkt des Systems unverändert bleibt, wird innere E. genannt im Gegensatz zur äußeren E., die vom Ort und der Geschwindigkeit des Schwerpunkts abhängt.

Beispielsweise entspricht der statistischen Bewegung der Atome bzw. Moleküle eines Körpers die innere E. Die Energie eines bewegten Körpers hat auch noch eine äußere E. entsprechend der Schwerpunktgeschwindigkeit.

Die fundamentalen Energieformen. Nachfolgend werden zum besseren Verständnis die fundamentalen E.-Formen z. T. erläutert.

Potentielle E. Potentielle E. $\Phi^m(\vec{r})$, $\psi^m(\vec{r})$ ist definiert als Kraftwirkung in Wegrichtung:

$$\Phi^m(\vec{r}) = \int_{r_0}^{r} F^m(\vec{r}) \cdot d\vec{r},$$

$$\psi^m(\vec{r}) = \int_{r_0}^{r} F^e(\vec{r}) \cdot d\vec{r};$$

$F(\vec{r})$ ist die zwischen zwei Körpern wirkende Kraft.

Beispiel: Gravitationskraft

$$F^m(r) = f \cdot \frac{m_{01} \cdot m_{02}}{r^2};$$

$f = 6{,}6732 \cdot 10^{-11}$ Nm^2/kg^2; f ist die Graviationskonstante.

$F^m(\vec{r})$ ist in diesem Falle die Gravitationskraft zwischen den Ruhemassen m_{01} und m_{02} im Abstand r:

$$E_{pot}^m = \int_{r_0}^{r} f \cdot \frac{m_{01} \cdot m_{02}}{r^2} \cdot dr = f \cdot m_{01} \cdot m_{02} \cdot \left(\frac{1}{r_0} - \frac{1}{r}\right).$$

In diesem Beispiel ist, bezogen auf die Masse m_{01}:

$$E_{pot}^m = m_{01} \cdot \Phi^r(r),$$

mit $\Phi^r(r) = f \cdot m_{02} \cdot \left(\frac{1}{r_0} - \frac{1}{r}\right).$

Im Kraftfeld der Erde ist die potentielle E. der Masse im Abstand h über der Erdoberfläche:

$$E_{pot}^m = m_{01} \cdot g \cdot h.$$

Dies entspricht dem vorherigen Ausdruck, wenn

$r - r_0 = h$ ist und $h \ll r_0$:

$$m_{01} \cdot m_{02} \cdot \left(\frac{1}{r_0} - \frac{1}{h + r_0}\right) \approx m_{01} \cdot \frac{m_{02}}{r_0^2} \cdot h;$$

$g = f \cdot m_{02}/r_0^2$, mit m_{02} Erdmasse und r_0 Erdradius.

Die Kraft zwischen zwei elektrischen Ladungen ist:

$$F^e(r) = \frac{1}{4 \pi \cdot \epsilon_0} \cdot \frac{e^1 \cdot e^2}{r^2};$$

$\epsilon_0 = 8{,}8541843 \cdot 10^{-12}$ As/Vm ist die Dielektrizitätskonstante.

Die entsprechende potentielle E. ist ebenfalls umgekehrt proportional zu $\frac{1}{r}$:

$$E_{pot}^e = \frac{1}{4 \pi \cdot \epsilon_0} \cdot \frac{e^1 \cdot e^2}{r},$$

$$E_{pot}^e = e_1 \cdot \psi^r(r), \text{ mit } \psi^r(r) = \frac{1}{4 \epsilon_0} \cdot \frac{e_2}{r}.$$

Kinetische E. der Masse. Die Trägheitskraft einer Masse $m \cdot \frac{dw}{dt}$, in Wegrichtung wirkend, bewirkt die kinetische E. der Masse.

Im nichtrelativistischen System (m = konst) gilt:

$$E_{rein}^m = {}_w\!\!\int_0 m \cdot \frac{dw}{dt} \cdot dr = m \cdot \int_0^w \frac{dr}{dt} \cdot dw =$$

$$m \cdot \int_0^w w \cdot dw = m \cdot \frac{w^2}{2}.$$

E. der bewegten elektrischen Ladung. Die E. einer gleichmäßig bewegten elektrischen Ladung, die einem elektrischen Strom i entspricht, ist

$$E_i^e = \frac{1}{2} L \cdot i^2;$$

L Selbstinduktion des Leiters bzw. des Stromkreises. Dies ist aus dem Induktionsgesetz ableitbar.

E.-Gesetze im atomaren Bereich. In den Atomen und Molekülen sind drei fundamentale E.-Formen gespeichert:

☐ Zwischen den positiv geladenen Kernen und den in der Atomhülle befindlichen negativ geladenen Elektronen bestehen anziehende Kräfte. Mit der Abstandsänderung verändert sich die potentielle E.

☐ Die Elektronen und auch die Atome oder Moleküle einschl. der Kerne bewegen sich translatorisch, rotatorisch oder oszillatorisch und haben so kinetische E. gespeichert.

☐ Die Bindung der Nukleonen im Kern ist mit einem Massendefekt, der der Bindungs-E. entspricht, verknüpft (E. der Masse).

Das Besondere der im atomaren Bereich gespeicherten E. ist, daß sie nicht in beliebiger Quantität auftritt. Sie ist gequantelt. Diese Eigenart ist nicht nur atomphysikalisch von Interesse, sondern auch im Zusammenhang mit der Wärmekapazität eines Stoffs.

Wichtige technisch nutzbare gespeicherte Energieformen. Hierzu zählen die thermische Energie, die chemisch gespeicherte Energie und die Kernenergie.

Thermische E. Die thermische E. E_{th} eines Körpers ist die ungeordnete kinetische und die potentielle gespeicherte E. der Atome bzw. Moleküle des Körpers. Die ungeordnete Bewegung kann translatorisch, rotatorisch oder oszillatorisch sein. Ein Charakteristikum der thermischen E. ist, daß man sie formal nicht als Funktion des Orts und der Geschwindigkeit darstellt, sondern als Funktion von thermischen oder kalorischen Zustandsgrößen.

Jedem Freiheitsgrad der ungeordneten Bewegung ist nach dem Gleichverteilungssatz die gleiche E. ε je Teilchen zugeordnet, die proportional der absoluten Temperatur T ist:

$$\varepsilon = \frac{1}{2} \cdot k \cdot T;$$

$k = 1{,}38054 \cdot 10^{-23}$ J/K Boltzmann-Konstante.

Ein einatomiges Gas hat drei translatorische Freiheitsgrade ($n_{tr} = 3$). Seine gesamte gespeicherte kinetische E. ist:

$$\varepsilon_n = \varepsilon_{tr} = \frac{m \cdot w^2}{2} = \frac{3}{2} \cdot k \cdot T.$$

Für jeden weiteren Freiheitsgrad der Rotation und der Oszillation kommt zu ε_{tr} noch $^1/_2 \cdot k \cdot T$ Energie dazu:

$$\varepsilon_n = \frac{n_{rot} + n_{osz} + n_{tr}}{2} \cdot k \cdot T = \frac{n}{2} \cdot k \cdot T.$$

Bei Flüssigkeiten und festen Körpern ist $n_{rot} = 0$ und $n_{tr} = 0$. Dabei kann aber n_{osz} sehr groß sein.

Bemerkenswert ist in diesem Zusammenhang, daß jeder möglichen Oszillation zwei Freiheitsgrade zuzuordnen sind: ein Freiheitsgrad für die kinetische E. und ein Freiheitsgrad für die potentielle E. Tabelle 1 gibt die Freiheitsgrade für verschiedene Stoffe in verschiedenen Aggregatzuständen an.

Energie. Tabelle 1: Thermische Energie. Freiheitsgrade verschiedener Stoffe in verschiedenen Aggregatzuständen.

Stoff	n	n_{tr}	n_{rot}	n_{osz}
einatomiges Gas	3	3	0	0
zweiatomiges Gas	7	3	2	2
k-atomiges Gas	$6 + k^2 - k$	3	3	$2 \cdot \frac{k}{2} \cdot (k-1)$
Flüssigkeit	>6	0	0	meist über 6
idealer fester Körper*)	6	0	0	6

*) bei höherer Temperatur als die Debye-Temperatur

Die gesamte thermische E. der Masse m (m/M Teilchen, M molare Masse) bei n Freiheitsgraden ist

$$E_{th} = m \cdot \left(\frac{1}{2} \cdot \frac{n}{M} \cdot k \right) \cdot T,$$

mit der spezifischen Wärmekapazität

$$c = \frac{1}{2} \cdot \frac{n}{M} \cdot k.$$

Neben der Temperatur sind auch der Druck, die Enthalpie und die Entropie wichtige Zustandsgrößen der thermischen E.

Chemisch gespeicherte E. Entsteht aus mehreren Atomen ein Molekül, dann ist die E. dieses Moleküls ungleich der Summe der E. der Atome, wenn die thermischen Zustandsgrößen gleich bleiben:

$$E \text{ (Molekül)} \neq \sum_i E_i \text{ (Atome)}.$$

Die Differenz nennt man chemische Bildungsenergie, die bei der Bildung eines Moleküls aus Atomen auftritt:

$$E_{ch}^B = E \text{ (Molekül)} - \sum_i E_i \text{ (Atome)};$$

B steht für Bildung.

Häufig ist $\sum_i E_i$ (Atome) größer als E (Molekül); daher ist E_{ch}^B negativ. Oft wird in der Literatur statt E_{ch}^B die entsprechende chemische Bildungsenthalpie H_{ch}^B angegeben:

$$H_{ch}^B = E_{ch}^B + p \cdot \left(V - \sum_i V_i \right).$$

Bei Bezug der Bildungs-E. auf den absoluten Nullpunkt spricht man von chemischen Nullpunkt-E. E_{ch}^B bzw. chemischen Nullpunktenthalpien H_{ch}^B, die wegen $p_0 = 0$ identisch sind:

$$H_{0ch}^B = E_{0ch}^B.$$

Beispiele für H_{0ch}^B sind in Tabelle 2 für jeweils ein kmol angeführt.

Energie. Tabelle 2: Chemische Energie. Molare chemische Nullenthalpie für einige chemische Verbindungen.

chem. Verbindung	H_{0ch}^B in MJ/kmol
CO	− 1 071,77
H_2	− 432,00
N_2	− 941,68
NO	− 627,88
O_2	− 493,56
CO_2	− 1 597,89
H_2O	− 917,69
H_2S	− 726,89
NO_2	− 928,42
SO_2	− 1 064,40

Bei einer chemischen Reaktion, bei der mehrere Moleküle als Reaktanden (Index j) wiederum mehrere Moleküle als Reaktionsprodukte (Index k) bilden, tritt die chemische Reaktions-E. ΔE_{ch}^R bzw. die chemische Reaktionsenthalpie

ΔH_{ch}^R auf:

$$\Delta H_{ch}^R = \Sigma_k\, H_{chk}^B - \Sigma_j H_{chj}^B\,;$$
R steht für Reaktion.

Diese Gleichung gilt allerdings nur für den Zustand, auf den auch die Bildungsenthalpien bezogen sind.

Tritt die Reaktion bei irgendeinem Zustand (T, p) auf, dann muß die Differenz der thermischen E. bzw. Enthalpien der Reaktionsprodukte und der Reaktanden berücksichtigt werden:

$$\Delta H_{ch}^R\,(T,p) = \underset{k}{\Sigma}\,[H_{0ch}^B + H_{th}\,(T,p)]_k$$

$$- \underset{j}{\Sigma}\,[H_{0ch}^B + H_{th}\,(T,p)]_j.$$

Beispiel: Reaktionsenthalpie ΔH_{0ch}^R der Verbrennung von Kohlenmonoxid CO mit Sauerstoff O_2 zu Kohlendioxid CO_2:

$$CO + \frac{1}{2}\,O_2 \rightarrow CO_2$$

(chemische Reaktionsgleichung);

$$\Delta H_{0ch}^R - H_{0chCO_2}^B - \left(H_{0chCO}^B + \frac{1}{2}\,H_{0chO_2}^B\right)$$

(E.-Gleichung);

$$\Delta H_{0ch}^R = 1597{,}89\ \text{MJ/kmol}$$

$$- \left(-1071{,}77\ \text{MJ/kmol} - \frac{1}{2}\cdot 493{,}56\ \text{MNJ/kmol}\right);$$

$$\Delta H_{0ch}^R = -279{,}34\ \text{MJ/kmol}.$$

An Stelle der Reaktionsenthalpie wird bei exothermen Verbrennungsreaktionen der Brennwert oder Heizwert E_H angegeben. Er entspricht der negativen Reaktionsenthalpie bei dem thermochemischen Standardzustand $t_S = 25\,°C = 298{,}15$ K und

$$p_S = 760\ \text{mm Hg} = 1{,}01325\ \text{bar} = 0{,}101325\ \text{MPa}.$$
$$E_H = -\,\Delta H_{ch}^R\,(t_S,\, p_S);$$

E_H wird auf die Menge des Brennstoffs bezogen.

Beispiel: Heizwert von Wasserstoff H_2 (alle Reaktionsteilnehmer gasförmig):

$$H_2 + \frac{1}{2}\,O_2 \rightarrow H_2O;$$

$$\Delta H_{ch}^R\,(t_S,\, p_S) = H_{0chH_2O}^B + H_{thH2O}\,(t_S,\, p_S)$$

$$- [H_{0chH_2}^B + H_{thH2}\,(t_S,\, p_S) + \frac{1}{2}\,(H_{0chO_2}^B + H_{thO2})$$

$$(t_S,\, p_S)];$$

$$\Delta H_{ch}^R\,(t_S,\, p_S) = -917{,}69\ \text{MJ/kmol} + 9{,}90\ \text{MJ/kmol} -$$

$$[432\ \text{MJ/kmol} + 847\ \text{MJ/kmol} + \frac{1}{2}\,(-493{,}56\ \text{MJ/kmol} + 8{,}68\ \text{MJ/kmol})];$$

$$\Delta H_{ch}^R\,(t_S,\, p_S) = -241{,}82\ \text{MJ/kmol};$$

$$E_H = -\Delta H_{ch}^R\,(t_S,\, p_S) = 241{,}82\ \text{MJ/kmol}.$$

Kern-E. Die Kerne eines Atoms bestehen aus Z Protonen (Masse m_P) und N Neutronen (Masse m_N). Um den Kern befinden sich auch noch Z Elektronen (Masse m_E).

Die Masse m eines Atoms ist aber um Δm kleiner als die Summe aller Teilchen:

$$m = Z \cdot m_p + N \cdot m_N + Z \cdot m_E - \Delta m;$$

Δm heißt Massendefekt, dem eine Bindungs-E. E_B entspricht:

$$E_B = \Delta m \cdot c^2.$$

Die Bindungs-E. ist abhängig von der Massenzahl A des Kerns (N + Z = A).

Beim Spalten schwerer Kerne (großes A) in mehrere mittlere Kerne wird Bindungs-E. frei (Kernspaltungs-E.). Ebenso kann auch bei Fusion leichter Kerne Bindungs-E. frei werden (Kernfusions-E.). Beispielsweise setzt die Spaltung eines Kilogramms Uran (235) eine E. von $7{,}85 \cdot 10^{10}$ kJ frei, was dem Heizwert von $2{,}7 \cdot 10^6$ kg Steinkohle entspricht.

Energieerhaltung, Energiewandlung, Exergie. E. ist eine Erhaltungsgröße. E. kann weder vermehrt noch vermindert werden. (Demnach ist das Wort E.-Verbrauch unsinnig)

Nach dem E.-Erhaltungssatz ist die zeitliche Änderung der gespeicherten E. eines geschlossenen Systems gleich dem die Systemgrenze überschreitenden Prozeßenergiestrom $\dot{E}_{P1}$ bzw. die Änderung ΔE_{S1} der gespeicherten E. gleich der Prozeß-E. E_{P1} nach der Zeit t_1:

$$E_{P1} = \int_0^{t_1} \dot{E}_{P1} \cdot dt = \Delta E_{S1}.$$

Man unterscheidet drei Arten von Prozeß-E.: Wärme, Arbeit und Strahlung.

□ Wärme ist die E., die allein auf Grund des Temperaturunterschieds zwischen Systemen übertragen wird, die in direktem materiellen Kontakt stehen. Das Vorzeichen der Prozeß-E. Wärme richtet sich nach dem Temperaturgradienten. Wärme strömt stets von der höheren zur niederen Temperatur.

□ Arbeit ist das innere Vektorprodukt einer Kraft mit der Verschiebung des Kraftangriffspunkts:

$$dW = \vec{F} \cdot \vec{d}s = |F| \cdot |ds| \cdot \cos \alpha.$$

Ist die Kraft elektrischen Ursprungs, dann handelt es sich um elektrische Arbeit, andernfalls um mechanische Arbeit. Von den vielen Unterformen der Arbeit sollen hier nur die bei E.-Bilanzen an technischen Systemen wichtigen Formen genannt werden:

– Die Volumenänderungsarbeit ($-p\cdot dV$) tritt auf, wenn einem geschlossenen System durch Volumenänderung dV gegen den Druck p Arbeit zugeführt wird. Die Verdrängungsarbeit $p\cdot dV$ muß bei offenen Systemen berücksichtigt werden, als Einschiebearbeit $p_E\cdot dV_E$ zum Einführen der Masse dm_E mit dem Volumen dV_E gegen den Druck p_E in das System bzw. als Ausschiebearbeit $p_A\cdot dV_A$ der Masse dm_A mit dem Volumen dV_A beim Druck p_A.

– Die Dissipationsarbeit dW_{diss} (dissipierte Arbeit, Reibungsarbeit) wird bei irreversiblen Prozessen einem System zugeführt und ist stets positiv.

– Die technische Arbeit dW_t ist die Differenz der gesamten Arbeit dW, die einem System zu- oder von ihm abgeführt wird, und der Verschiebearbeit (Differenz aus Ein- und Ausschiebearbeit):

$$dW_t = dW - (p_E\cdot dV_E - p_A\cdot dV_A).$$

☐ Die Prozeßenergieform Strahlung ist die E., die zwischen Systemen elektromagnetisch übertragen wird. Materieller Kontakt ist dabei im Gegensatz zur Wärme nicht erforderlich. Es gibt verschiedene Arten von Strahlung. Eine große Bedeutung in der E.-Technik hat die Temperaturstrahlung. Ein strahlender fester Körper emittiert Strahlung verschiedener Frequenz mit Lichtgeschwindigkeit. Nach

Planck kann man für einen schwarzen Körper die E. angeben, die in der Zeiteinheit von der Flächeneinheit in einem Kegel vom Öffnungswinkel 1 im Frequenzbereich zwischen ν und $\nu+d\nu$ ausgestrahlt wird:

$$\frac{d}{d\nu}\left(\frac{d\dot{X}_T}{dA}\right) = \frac{2\cdot h\cdot \nu^3/c^2}{e^{\left(\frac{\nu\cdot h}{k\cdot T}\right)}-1};$$

$h = 6,6262\cdot10^{-34}\,J_s$ Planck-Konstante,
$k = 1,38054\cdot10^{-23}\,J/K$ Boltzmann-Konstante.

Integriert über alle Frequenzen ($0 \le \nu \le \infty$) und über den Halbraum (Öffnungswinkel 2π) erhält man:

$$\frac{d\dot{X}_T}{dA} = \sigma\cdot T^4;$$

$\sigma = 5,6697\cdot10^{-8}$ W/K^{4}m^2 Stefan-Boltzmann-Konstante.

In Matrixform sind in Bild 1 die technisch relevanten E.-Umwandlungen und die erforderlichen Maschinen, Umwandler und Übertrager dargestellt.

Alle diese Prozesse lassen sich mit Hilfe eines offenen Systems darstellen und klassifizieren. Das geschlossene System kann als Sonderfall des offenen Systems gelten. Ein solches System, dem Einsatz-E. E_{Ei} der Form i zugeführt und Ziel-E. E_{Zj} der Form j entnommen wird, zeigt Bild 2. Dabei wird Fort-E. E_{Fk} der Form k an die Umwelt abgeführt (i, j und k

Einsatzenergie		Prozeßenergie				gespeicherte Energie			
Zielenergie E_{Zj}, $j = 1....8$ E_{Ei}, $i = 1....8$		1 Wärme	2 Strahlung	3 mech. Arbeit	4 elektr. Arbeit	5 mech. Energie	6 thermische Energie	7 chemisch gebundene Energie	8 Kernenergie
Prozeßenergie	1 Wärme				thermo-elektrischer Generator				
	2 Strahlung		Licht-leiter		Solar-zellen		Solar-kollektor	Photo-synthese	
	3 mech. Arbeit			Getriebe	elektrischer Generator	Wasser-pumpe	Verdichter		
	4 elektr. Arbeit	Elektro-Speicher	elektro-magnetischer Sender	Elektro-motor	Transformator	elektromagn. Kranheber	elektr. Heizung	Batterie (Laden)	
gespeicherte Energie	5 mech. Energie			Wasser-turbine, Windkonverter	Piezo-Generator	Speicher			
	6 thermische Energie		Wärme-strahler	Gas- und Dampf-turbine	MHD-Generator		Wärme-übertrager u. Speicher	endotherme chemische Reaktion	
	7 chem. gebundene Energie				Batterie (Entladen)		exotherm. chem. Reaktion (Verbrennen)	Speicher (Lager)	
	8 Kern-energie				Nuklid-batterie		Kernspaltung, Kernfusion		

☐ Energieumwandlungsmaschinen   ⋮ Direktenergiewandler   ⌐ ⌐ Energieübertrager, u. U. auch Speicher

Energie 1: Funktionsmatrix technisch relevanter Energiewandler und Energieübertrager.

Energie. Tabelle 3: Begriffe der Energiewirtschaft.

Begriff	Bedeutung	Beispiel
Energieträger	Stoffe mit nutzbarer gespeicherter Energie	Kohle, Uran, Stauseewasser
Primärenergie	Energie, die keiner vom Menschen verursachten und beabsichtigten Umwandlung unterworfen wurde	Sonnenenergie, chem. Energie von Kohle
Primärenergieträger	Energieträger, die keiner vom Menschen verursachten und beabsichtigten Umwandlung unterworfen wurden (Umwandlung bedeutet dabei eine Änderung der Energieform oder der chemischen Zusammensetzung oder des nuklearen Aufbaus des Energieträgers)	Kohle, Erdöl, Uran, Holz
Sekundärenergie	Energie, die durch eine vom Menschen verursachte und beabsichtigte Umwandlung bereitgestellt wurde	Fernwärme, elektr. Energie, Energiealkohole
Sekundärenergieträger	Energieträger, die durch eine vom Menschen verursachte und beabsichtigte Umwandlung bzw. Veredelung gewonnen wurden	Benzin, Heizöl
Endenergie	Energie, die dem Endnutzer vorliegt	Fernwärme, elektr. Arbeit
Endenergieträger	Energieträger, die dem Energienutzer zur Verfügung stehen	Heizöl, Holz, Gase
Nutzenergie	Energie, die beim Energienutzer für die gewünschte Energiedienstleistung zur Verfügung steht	mech. Arbeit, Wärme oder Kälte, Licht, Schall
Energieverbrauch	gebräuchliche, allerdings aus physikalischen Gründen falsche Bezeichnung für Energieeinsatz, Energienutzung, Energiegebrauch, Energieanwendung	

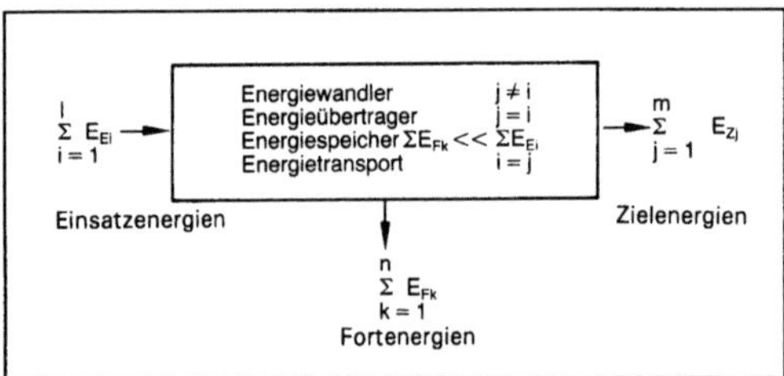

Energie 2: System zur Darstellung von energietechnischen Vorgängen.

sind die Indizes für die E.-Formen der Einsatz-E., Ziel-E. und Fort-E. und durchlaufen im allgemeinen Fall die Werte von 1 bis l, m und n).

E.-Wandler verändern gezielt die E.-Form ($j \neq i$), während dies bei E.-Übertragern nicht der Fall ist ($j = i$). E.-Speicher können die E.-Form ändern (z. B. Elektrospeicher für Heizwärme) oder auch nicht. Überall aber bleibt bei diesen Prozessen die E.-Menge gleich.

Die Wertigkeit der E. wird durch den Begriff der Exergie definiert. Exergie ist jener Teil der E., der sich im Zusammenwirken mit der Umwelt in jede andere E.-Form, insbes. auch in Arbeit, umwandeln läßt. Je mehr der Zustand eines Systems vom Zustand der Umgebung abweicht, desto größer ist die Exergie des Systems.

Begriffe der Energiewirtschaft. In der E.-Wirtschaft werden Begriffe verwendet, die nicht die physikalische Eigenschaft der E. bezeichnen, sondern im Rahmen der E.-Versorgung nützlich sind, Tabelle 3.   *Bohn*

Energiebilanz (Anlagen und Maschinen). Eine E. ist eine Gegenüberstellung der einem Energiesystem zugeführten und vom System abgeführten Energiesummen sowie der Änderung der im System gespeicherten Energie über einen bestimmten Zeitraum.

Ein Energiesystem kann z.B. eine einzelne Maschine mit Zu- oder Abfuhr von mechanischer Arbeit, ein Apparat mit Zu- oder Abfuhr von Wärme oder eine Anlage mit vielen Einzelkomponenten sein. Bei der Bilanz müssen alle über die Systemgrenze tretenden Energien berücksichtigt werden. Nach dem Energieerhaltungssatz gilt stets: Die Summe der zugeführten Energien eines Systems ist gleich der Summe der abgeführten Energien zuzüglich der Änderung der im System gespeicherten Energie.

Im Sonderfall stationärer, d. h. zeitlich unveränderlicher Zustände (konstante Energieströme der Zu- und Abfuhr, konstante gespeicherte Energie des Systems), gilt die Bilanz für die Energieströme: Die Summe der zugeführten Energieströme ist gleich der Summe der abgeführten Energieströme.

Beispiele für Energiebilanzen:

□ Das abgeschlossene System der „kalorimetrischen Bombe" zur Bestimmung des Brennwerts von Brennstoffen (Bild 1). Die chemisch gebundene, gespeicherte Energie E_{ch} eines Brennstoffs wird durch die Verbrennung in der Kalorimeterbombe in thermische Energie umgewandelt. Die Verbrennung erfolgt mittels des in die Bombe zusammen mit dem Brennstoff eingebrachten Sauerstoffs. Die thermische Energie der Bombe vor der Verbrennung sei E_{th1}. Sie vermehrt sich nach der Verbrennung um ΔE_{th}.

E. vor der Verbrennung:

$$\sum_k E_{Sk} = E_{th1} + E_{ch1};$$

nach der Verbrennung:

$$\sum_k E_{Sk} = E_{th1} + \Delta E_{th} + E_{ch2}.$$

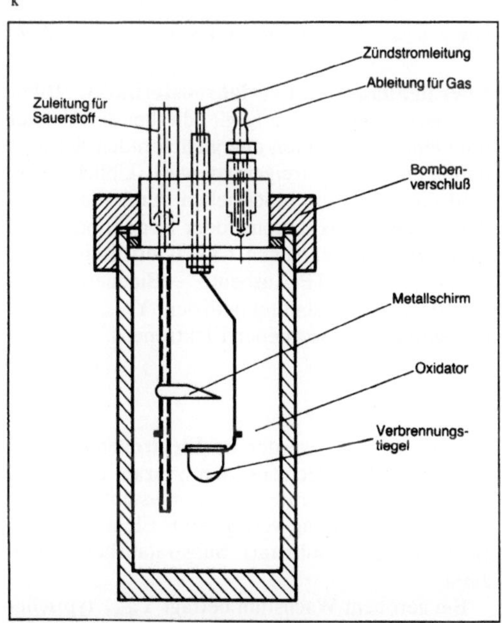

Energiebilanz (Anlagen und Maschinen) 1: Schematische Darstellung einer kalorimetrischen Bombe.

Daraus folgt:

$E_{ch1} - E_{ch2} = \Delta E_{th};$
$(E_{ch1} - E_{ch2}) = E_H = \Delta E_{th}$

(freigesetzte chemische Energie, „Brennwert").

Gemessen wird ΔE_{th} und damit E_H an der Temperaturerhöhung des gesamten Systems, dessen Wärmekapazität bekannt ist. Auch die Brennstoffmasse m muß vorher gemessen werden, wenn man den spezifischen Brennwert bestimmen will.

Wenn bei einem System Prozeßenergie die Systemgrenze überschreitet, aber keine Materie, dann spricht man von einem geschlossenen System. Nach dem Energieerhaltungssatz ist die zeitliche Änderung der gespeicherten Energie gleich dem die Systemgrenze überschreitenden Prozeßenergiestrom $\dot{E}_{P1}$ bzw. die Änderung ΔE_{S1} der gespeicherten Energie gleich der Prozeßenergie E_{P1} nach der Zeit t_1:

$$E_{P1} = \int_0^{t_1} \dot{E}_{P1} \cdot dt = \Delta E_{S1}.$$

Prozeßenergie kann einem System zugeführt, sie kann aber auch vom System abgegeben werden (Bild 2). Im letzteren Fall wird entweder dem positiven Formelzeichen ein negativer Zahlenwert zugeordnet (z. B. $E_{P2} = -10$ kJ), oder die abgeführte Prozeßenergie wird schon im Formelzeichen als solche durch ein negatives Vorzeichen (und einen entsprechenden Index) gekennzeichnet (z. B. $E_{PA} = 10$ kJ $= -E_{P2}$), wobei der Zahlenwert dann positiv ist:

$E_{P1} + E_{P2} = \Delta E_S,$
z. B. $30\,\text{kJ} + (-10\,\text{kJ}) = 20\,\text{kJ};$

$E_{PE} - E_{PA} = \Delta E_S,$
z. B. $30\,\text{kJ} - (+100\,\text{kJ}) = 20\,\text{kJ}.$

□ Elektrospeicherofen als geschlossenes System (Bild 3). Beim Beladen des Ofens wird Prozeßenergie, hier elektrische Arbeit E_{P1}, zugeführt und dadurch die gespeicherte Energie des Ofens um ΔE_{S1} erhöht:

$$E_{P1} = \int_0^{t_1} \dot{E}_{P1} \cdot dt = \dot{E}_{P1} \cdot t_1 = \Delta E_{S1},$$

$$E_{P2} = -\Delta E_{S2} = \int_{t_2}^{t_3} \dot{E}_{P2} \cdot dt,$$

$$\Delta E_{S2} = \int_{t_2}^{t_3} \dot{E}_{P2} dt.$$

Beim Entladen wird die gespeicherte Energie vollständig in Form von Wärme und Strahlung abgeführt.

Bei einem offenen System (Bild 4) wird auch ein Materieaustausch zwischen System und Umgebung zugelassen. So kann auch gespeicherte Energie neben Prozeßenergie die Systemgrenze überschrei-

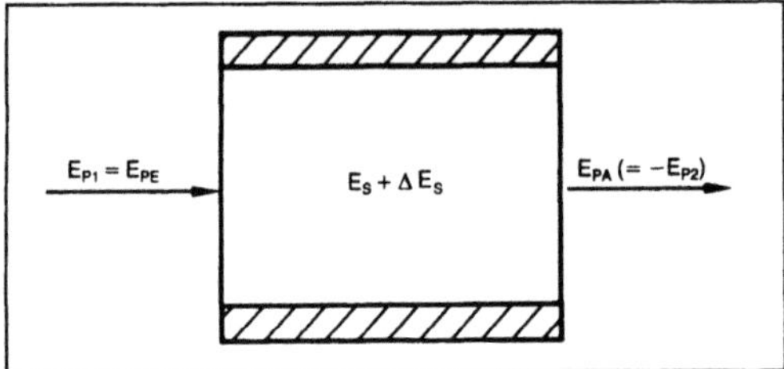

Energiebilanz (Anlagen und Maschinen) 2: Geschlossenes System mit Zufuhr und Abgabe von Prozeßenergie.

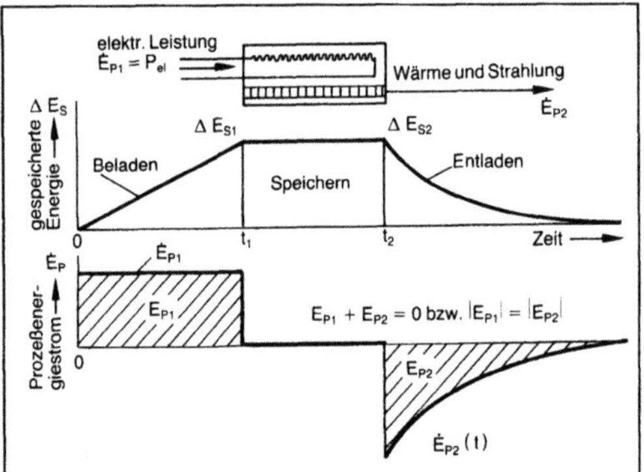

Energiebilanz (Anlagen und Maschinen) 3: Beladen und Entladen eines Elektrospeicherofens.

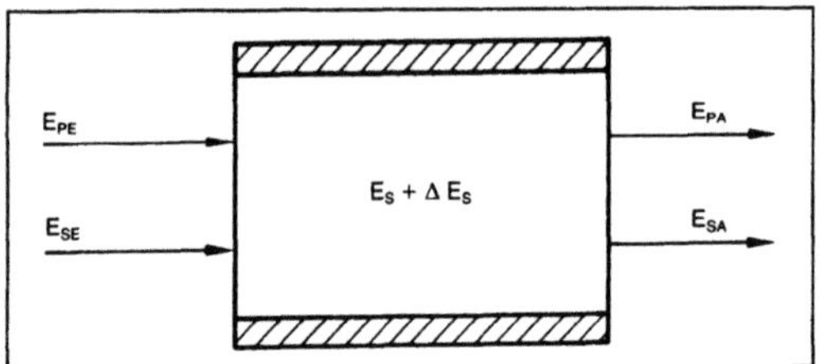

Energiebilanz (Anlagen und Maschinen) 4: Schema eines offenen Systems.

ten (E_{SE} eintretende und E_{SA} austretende gespeicherte Energie, E_{PE} zugeführte und E_{PA} abgegebene Prozeßenergie).

In der Zeit t_1 ergibt sich folgende Änderung der im System gespeicherten Energie E_S:

$$\Delta E_S = \int_0^{t_1} \dot{E}_{PE} \cdot dt + E_{SE} - \left(\int_0^{t_1} \dot{E}_{PA} \cdot dt + E_{SA} \right)$$

$$= \int_0^{t_1} \dot{E}_{PE} - \dot{E}_{PA}) \cdot dt + (E_{SE} - E_{SA}).$$

□ Verbrennungsmotor als offenes System (Bild 5). Die Energien bzw. Energieströme sind:

E_S gespeicherte Energie des Motors,

$\dot{E}_{SE}$ eintretender Strom gespeicherter Energie (vornehmlich chemisch gebundene Energie des Brennstoffs),

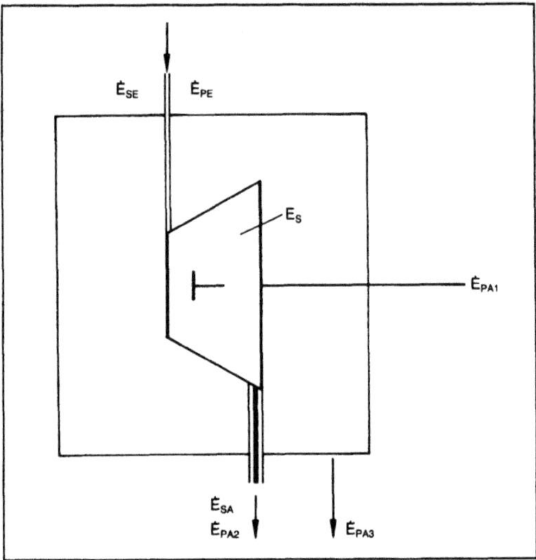

Energiebilanz (Anlagen und Maschinen) 5: Energieströme beim Verbrennungsmotor.

$\dot{E}_{PE}$ Arbeitsleistung (Einschiebearbeitsleistung) zur Einbringung des Brennstoffes und der Luft,

$\dot{E}_{PA1}$ Nutzarbeitsleistung (mechanische Leistung),

$\dot{E}_{SA}$ austretender Energiestrom der Abgase (thermische Energie),

$\dot{E}_{PA2}$ Ausschiebeleistung,

$\dot{E}_{PA3}$ Fortwärmestrom.

Für den stationären Fall gilt

$$\frac{dE_S}{dt} = 0;$$

$$\dot{E}_{SE} + \dot{E}_{PE} + \dot{E}_{PA1} + \dot{E}_{PA2} + \dot{E}_{PA3}. \qquad Bohn$$

Energiebilanz (Bioverfahrenstechnik). Bilanz zum Bestimmen der Energie, die bei der Verwertung eines bestimmten energieliefernden Substrats durch eine Zelle freigesetzt wird. Üblicherweise wird diese Energie beschrieben durch die Anzahl der bei einem Oxidations- oder Reduktionsprozeß transferierten Elektronen. Charakteristische Größe für eine E. (→ATP-Ausbeute, →Bioenergetik) ist der Elektronenausbeutekoeffizient Y_{x/ave^-} (in g Biomasse/mol freigewordener Elektronen):

$$Y_{x/ave^-} = \frac{Y_{x/s}}{ave^-},$$

mit ave^- (mol freiwerdender Elektronen/mol Substrat) available electrons, d. h. Anzahl der je Mol umgesetzter Substrate für Biomassebildung und Energieumwandlung verfügbaren Elektronen, $Y_{x/s}$ (g Biomasse/g Substrat) Substratausbeutekoeffizient.

Bei aerobem Wachstum beträgt Y_{x/ave^-} typischerweise ca. 3,5 g/mol, während bei anaeroben Kulturen $Y_{x/ave^-} \leq 1,0$ g/mol ist. Die Energieerzeugung bezogen auf ein übertragenes Elektron hängt sehr vom Stoffwechselweg, vom Edukt und vom Produkt der Reaktionssequenz ab. Bezogen auf ein übertragenes Elektron beträgt die freie Energie $\Delta G°$ für die anaerobe Umwandlung in Essigsäure für Glucose als Edukt 13 kJ/mol, für Milchsäure 4,7 kJ/mol und für Ethanol 3,5 kJ/mol.

In erster Näherung ist der Elektronenausbeutekoeffizient für anaerobes Wachstum etwa um den Faktor 10 kleiner als für aerobes Wachstum. *Liefke*

Literatur: *Roels, J. A.*: Energetics and Kinetics in Biotechnology. 1. Aufl. Amsterdam 1983.

Energiebilanz (Ofenprozeß). E. sind die Grundlage zur wärmetechnischen Beurteilung von Industrieöfen. Sie können sowohl für ganze Anlagen als auch für geeignete Teilbereiche aufgestellt werden. Exemplarisch wird eine solche Bilanz nachfolgend für einen brennstoffbeheizten und stationär betriebenen Durchlaufofen aufgestellt, innerhalb dessen der Gutstrom $\dot{m}_S$ von der Temperatur ϑ_{S1} auf die Temperatur ϑ_{S2} erwärmt wird (Bild).

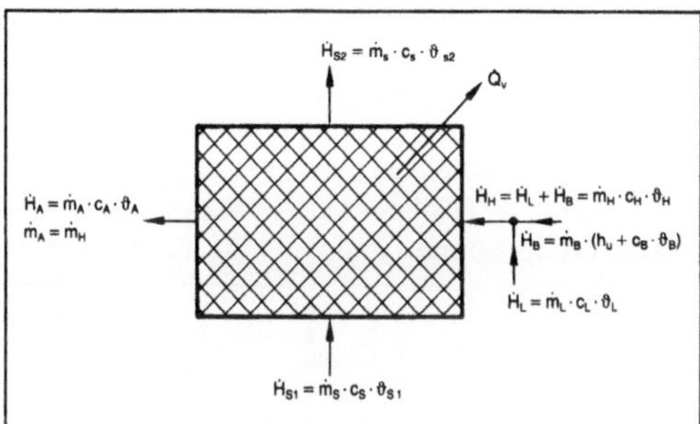

Energiebilanz (Ofenprozeß): Energiebilanz an einem brennstoffbeheizten Durchlaufofen.

$\dot{m}_B$ Brennstoffmassenstrom, $\dot{m}_L$ Luftmassenstrom, $\dot{m}_A$ Abgasmassenstrom, $\dot{m}_S$ Gutmassenstrom, $\dot{m}_B$ Heizmittelmassenstrom, c_B spezifische Wärmekapazität des Brennstoffs, c_L spezifische Wärmekapazität der Luft, c_A spezifische Wärmekapazität des Abgases, c_S spezifische Wärmekapazität des Gutes, c_H spezifische Wärmekapazität des Heizmittels, ϑ_B Brennstofftemperatur, ϑ_L Lufttemperatur, ϑ_A Abgastemperatur, ϑ_{S1} und ϑ_{S2} Guttemperaturen bei Ein- und Austritt, ϑ_H Heizmitteltemperatur, $\dot{H}_B$ Enthalpiestrom des Brennstoffs, $\dot{H}_{S1}$ Enthalpiestrom der Luft, $\dot{H}_A$ Enthalpiestrom des Abgases, $\dot{H}_{S1}$ und $\dot{H}_{S2}$ Enthalpieströme des Gutes bei Ein- und Austritt, $\dot{H}_H$ Enthalpiestrom des Heizgases, h_u unterer Heizwert des Brennstoffs, $\dot{Q}_V$ Verlustwärmestrom

Die dem Ofen zu- und abgeführten Massenströme an Brennstoff, Luft und Abgas sind $\dot{m}_B$, $\dot{m}_L$ und $\dot{m}_A$. Der Brennstoff hat den Heizwert h_u und wird dem Ofen mit der Temperatur ϑ_B zugeführt. Die Temperatur der evtl. vorgewärmten Luft ist ϑ_L und die des Abgases ϑ_A. Wird angenommen, daß durch die Ofenwände der Verlustwärmestrom $\dot{Q}_V$ abgegeben wird, so lautet die E. für dieses einfache Beispiel

$$\dot{H}_B + \dot{H}_L = \dot{H}_{S2} - \dot{H}_{S1} + \dot{H}_A + \dot{Q}_V \tag{1}$$

wobei die einzelnen Enthalpieströme $\dot{H}$ durch die im Bild aufgeführten Zustandsgleichungen gegeben sind. Hierbei bedeutet c_i die im jeweiligen Temperaturbereich gemittelte isobare spezifische Wärmekapazität des Stoffs i. Die Massenströme $\dot{m}_B$, $\dot{m}_L$ und $\dot{m}_A$ sind entsprechend den nachstehenden Beziehungen über die Luftzahl Λ und den Mindestluftbedarf L_{min} miteinander verknüpft, so daß die beiden Massenströme $\dot{m}_L$ und $\dot{m}_A$ im obigen Gleichungssystem eliminiert und durch die üblicherweise vorgegebenen Verbrennungskenngrößen gemäß

$$\dot{m}_L = \Lambda \cdot L_{min} \cdot \dot{m}_B \tag{2}$$

sowie

$$\dot{m}_A = (1 + \Lambda_{min}) \cdot \dot{m}_B \tag{3}$$

ersetzt werden können. Nach einigen Umformungen erhält man dann für den spezifischen Energieverbrauch:

$$\frac{\dot{m}_B \cdot h_u}{\dot{m}_S} = \frac{c_S \cdot (\vartheta_{S2} - \vartheta_{S1}) + \dfrac{\dot{Q}_V}{\dot{m}_S}}{1 + \dfrac{c_B \cdot \vartheta_B + \Lambda \cdot L_{min}\, c_L \cdot \vartheta_L - (1 + \Lambda \cdot L_{min}) \cdot c_A \cdot \vartheta_A}{h_u}} \tag{4}.$$

In der Regel wird der Brennstoff nicht vorgewärmt, so daß das Glied $c_B \cdot \vartheta_B$ vernachlässigbar ist. Geht man davon aus, daß die Verbrennungsluft bei der Zufuhr Umgebungstemperatur aufweist, so kann das entsprechende Glied für die Luftvorwärmung ebenfalls vernachlässigt werden, wodurch sich Gl. (4) zu

$$\frac{\dot{m}_B \cdot h_u}{\dot{m}_S} = \frac{c_S \cdot (\vartheta_{S2} - \vartheta_{S1}) + \dfrac{\dot{Q}_V}{\dot{m}_S}}{1 - \dfrac{(1 + \Lambda \cdot L_{min}) \cdot c_A \cdot \vartheta_A}{h_u}} \tag{5}$$

vereinfacht. In diesem Fall wird also der spezifische Energieverbrauch eines Ofens außer von der erzielten Temperaturerhöhung des Guts ($\vartheta_{S2} - \vartheta_{S1}$) nur noch von der Abgastemperatur ϑ_A, den Verbrennungskenngrößen Λ, L_{min} und h_u sowie dem spezifischen Wandverlust $\dot{Q}_V/\dot{m}_S$ bestimmt.

Man entnimmt Gl. (5) ferner, daß bei gleichem Verlustwärmestrom $\dot{Q}_V$ der spezifische Wandverlust mit größer werdendem Durchsatz $\dot{m}_S$ kleiner wird. Dies ist der Grund dafür, daß insbes. Öfen zur Wärmebehandlung von Kleinteilen mit geringem Gutdurchsatz $\dot{m}_S$ einen relativ großen spezifischen Wandverlust aufweisen. Häufig kann das Gut nur mit Hilfe von Transportmitteln, wie z. B. Transportwagen, Ketten, Körben o. ä., durch den Ofen befördert werden, so daß in diesen Fällen im Zähler von Gl. (4) und (5) noch die Enthalpieerhöhung der Transportmittel (Index T) durch das Glied

$$\frac{\Delta \dot{H}_T}{\dot{m}_S} = \frac{\dot{m}_T}{\dot{m}_S} \cdot c_T \cdot (\vartheta_{T2} - \vartheta_{T1}) \tag{6}$$

hinzuzufügen ist. Hierin bedeuten: $\dot{m}_T$ Massenstrom des Transportmittels, $\dot{m}_S$ Massenstrom des Guts, c_T spezifische Wärmekapazität des Transportmittels, ϑ_{T1} Temperatur des Transportmittels vor Erreichen des Ofens sowie ϑ_{T2} Temperatur des Transportmittels nach Passieren des Ofens. In ungünstigen Fällen kann der spezifische Energieverbrauch sogar überwiegend vom Transportmittel bestimmt werden.

In diesem Zusammenhang sei ergänzend bemerkt, daß sich entsprechende Beziehungen auch für Chargenöfen, die immer instationär betrieben werden, ergeben, wenn man die einzelnen Bilanzglieder über die jeweilige Chargendauer in geeigneter Weise mittelt. Allerdings ist dann häufig ein weiteres Wärmeverlustglied zu berücksichtigen, da ein Teil der in den Wänden gespeicherten Energie in der Zeit zwischen der Entnahme der Charge und dem Einsetzen der folgenden Charge verlorengeht (Speicherverluste). *Jeschar/Specht/Bittner*

Energieeinsparung (Destillation). Da das Destillieren zu den energieintensivsten verfahrenstechnischen Prozessen gehört, besteht ein erheblicher Anreiz zur Senkung der Betriebskosten durch E. Die wichtigste Möglichkeit der E. ist die Ausnutzung der Energie der Kopfproduktdämpfe (Brüden) durch eine Brüdenkompression (→Wärmepumpe (Destillation)) oder eine Druckstufung der Kolonnen bei der Mehrstoffdestillation.

Da die Kondensationstemperatur der Brüden unterhalb der Siedetemperatur der Lösung in der Blase liegt, können sie nicht zur Beheizung der Kolonne verwendet werden. Deshalb kompromiert man die Kopfproduktdämpfe mechanisch mit einem Verdichter oder thermisch mit einem Strahlverdichter, so daß ihre Kondensationstemperatur steigt. Ohne zusätzliche Energie können die Brüden zur Beheizung einer zweiten Kolonne verwendet werden, wenn man diese bei einem niedrigeren Druck betreibt. Dadurch wird die Siedetemperatur aller Komponenten des zu trennenden Gemisches gesenkt.

Da die Investitionskosten bei einer Druckstufung der Kolonnen geringer als bei der Brüdenkompression sind, ist die Druckstufung bei der Mehrstoffdestillation i. a. kostengünstiger. Energie kann auch durch die Wahl der richtigen Kolonnenschaltung bei der Mehrstoffdestillation gespart werden.

Auf bestimmten Kolonnenböden reichern sich bestimmte Komponenten an. Durch das Entnehmen von Seitenströmen von diesen Böden erhält man angereicherte Vorprodukte, was zu Trennkosteneinsparung führt.

Ist die Temperaturdifferenz zwischen Kopf und Sumpf einer Kolonne groß (z. B. bei der Erdöldestillation mit über 300 K), so kann die Wärmeenergie im →Abtriebsteil temperaturgestuft zugeführt und im →Verstärkungsteil temperaturgestuft abgeführt werden. *Dohrn*

Literatur: *Billet, R.:* Energieeinsparung bei thermischen Stofftrennverfahren: Anwendungen im technologischen Umweltschutz. 1. Aufl. Heidelberg 1983. – *Billet, R.:* Die industrielle Destillation. Weinheim 1973. – Verfahrenstechnische Berechnungsmethoden. Tl. 2: Thermisches Trennen. Hrsgg. v. *S. Weiß* et al. Weinheim 1986. – *King, J. C.:* Separation Processes. New York 1980. – *Moser, F.:* Energieeinsparung durch Wärmepumpen in Industrie und Gewerbe. Berlin, Heidelberg, New York 1983.

Energiespeicher, thermischer. Ein E. ist eine technische Einrichtung zum Speichern von Energie über einen bestimmten Zeitraum. Dabei unterscheidet man das Beladen des Speichers mit Energiezufuhr, das eigentliche Speichern ohne Energiezufuhr sowie das Entladen mit Abgabe von nutzbarer Energie. Beim allgemeinen E. können die Energieformen der Beladeenergie, der gespeicherten Energie sowie der Entladeenergie unterschiedlich sein.

Beim thermischen E. – oder grammatisch richtiger: Speicher für thermische Energie – ist die gespeicherte Energie die thermische Energie eines Speichermediums, das fest, flüssig oder gasförmig sein kann. Die gespeicherte Energie kann sensibel sein (Energieänderung proportional einer Temperaturänderung) und/oder latent (Phasenwechselenergie bei meist konstanter Temperatur, Schmelzenergie fest-flüssig oder Verdampfungsenergie flüssig-dampfförmig).

Das Beladen des Speichers bzw. des Speichersystems erfolgt durch Zufuhr von Prozeßenergie

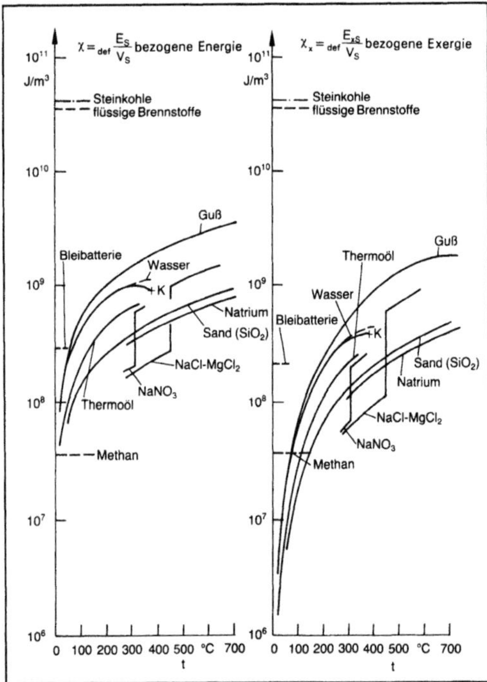

Energiespeicher, thermischer 1: Volumetrische Energie- und Exergiekapazität verschiedener Energiespeichermedien.

(Wärme, Strahlung, elektrische Arbeit) bzw. mit Hilfe eines fluiden Stoffstroms hoher Temperatur, der beim Durchströmen des Speichers Wärme abgibt. Das Entladen des Speichers geschieht über Wärmestrahlung bzw. mit Hilfe eines fluiden Stoffstroms niederer Temperatur, der beim Durchströmen Wärme aufnimmt.

Bild 1 zeigt den Energie- und Exergiegehalt bezogen auf das Volumen von verschiedenen festen und flüssigen Speichermedien. Zum Vergleich sind die von der Temperatur unabhängigen Energiekapazitäten einiger chemischer Energieträger sowie des Bleiakkumulators eingezeichnet.

In Bild 2 ist die Prinzipschaltung für das Be- und Entladen eines thermischen E. mit Hilfe von fluiden Stoffströmen dargestellt. Wegen der Grädigkeiten beim Wärmeaustausch ist die Entladetemperatur niedriger als die Beladetemperatur. *Bohn*

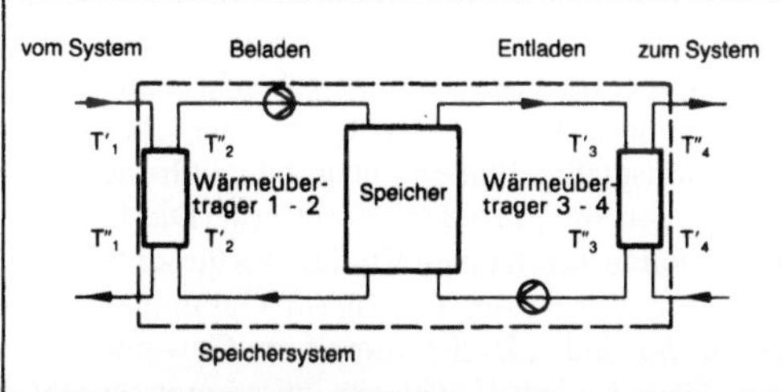

Energiespeicher, thermischer 2: Prinzipschaltung für Verdrängungsspeicher mit externen Gegenstromaustauschern.

Energieverwendung, rationelle. Unter E. versteht man die Nutzung der Endenergie durch Umwandlung in die benötigten Nutzenergieformen: (mechanische) Arbeit, Wärme, (elektromagnetische) Strahlung, Licht. Bei dieser Nutzung wird i. a. die Energie schließlich an die Umgebung abgegeben und erhöht deren thermische Energie. Rationelle E. ist jene, die bei Berücksichtigung energetischer, ökonomischer und ökologischer Gesichtspunkte optimal erfolgt.

Vereinfacht bedeutet dies z. B. für eine E.-Anlage ein Kostenminimum für die Summe der Kosten der benötigten Energieträger, der notwendigen Anlagenkomponenten sowie der u. U. notwendigen Reinhaltemaßnahmen, die sowohl von der Größe des Energieeinsatzes als auch von der Art der Energiewandlung in der Anlage abhängt, sowie der volkswirtschaftlichen Folgekosten.

Die Gewichtung der Einzelziele rationeller E. (Wirtschaftlichkeit, Umweltfreundlichkeit, Versorgungssicherheit usw.) hängt von der jeweiligen Kostenstruktur für Energieträger und Anlagen sowie von ordnungspolitischen Vorgaben ab. Letztere sollten nicht laufend geändert werden, weil sonst die Planung einer rationellen E. nicht möglich ist. Zu den ordnungspolitischen Randbedingungen

für eine rationelle E. gehören nebst Emissions- und Immissions-Gesetzgebungen auch Verordnungen über die Verwendung einzelner Energieträger (z. B. Erdgas für Kraftwerke) und nicht zuletzt steuerliche Maßnahmen. *Bohn*

Engler-Siedekurve. Die E.-S. dient zur Charakterisierung des Siedeverhaltens von Vielstoffgemischen (Sieden von Gemischen). Zur Ermittlung der E.-S. wird das zu untersuchende Gemisch nach einer genormten Methode in einen Laboratoriums-Siedekolben gegeben und verdampft. Die Dämpfe kondensiert man und führt sie einem Meßkolben zu. Die im Kolben gemessene Siedetemperatur wird über der Kondensatmenge (meistens in Volumenprozenten der gesamten Kondensatmenge) aufgetragen. Das Bild zeigt ein Beispiel für den Verlauf einer E.-S. Mit Siedebeginn bezeichnet man die Temperatur, bei der der erste Tropfen aus dem Kondensator in das Auffanggefäß fällt. Das Siedeende ist die höchste erreichte Temperatur beim Trockenwerden des Glaskolbens. *Dohrn*

Literatur: DIN 51751: Siedeanalyse nach *Engler*.

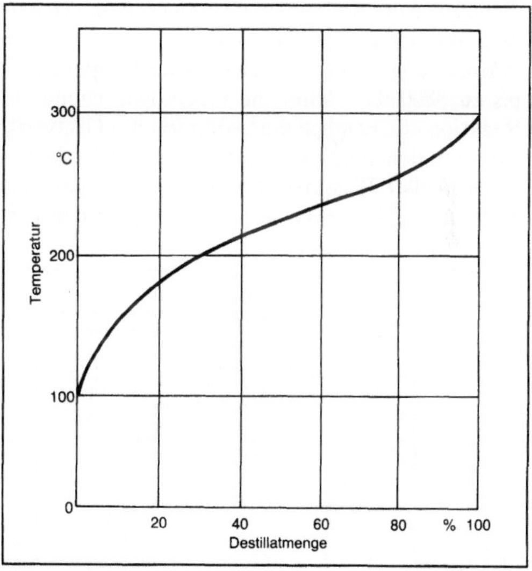

Engler-Siedekurve: Beispiel für die Engler-Siedekurve eines Rohölgemisches.

Entgasung. In Flüssigkeiten können Gase in unterschiedlichen Mengen gelöst sein, z. B. Sauerstoff und Kohlendioxid. E. wird immer dann durchgeführt, wenn zur weiteren Verwendung der Flüssigkeit gelöste Gase unerwünschte Auswirkungen hervorrufen. Da die Löslichkeit von Gasen mit dem Druck steigt, gilt dies insbes. für Prozesse, bei denen Flüssigkeiten unter hohem Druck verwendet werden.

Das Entgasen kann durch eine chemische Reaktion erfolgen, indem die zu entfernende gasförmige

Komponente chemisch gebunden wird. Eine weitere Möglichkeit ist die Anwendung von physikalischen E.-Verfahren. Bei einer Temperaturerhöhung sinkt die Gaslöslichkeit in der Flüssigkeit. Anschließend wird der Druck abgesenkt und die zu entgasende Flüssigkeit in einen Abscheider geleitet, wo sie heftig siedet. Die Gase entfernt man mit einer Gaspumpe. *Dohrn*

Entgraten →Arbeitsplatz, automatisierter, →Fertigung, flexible, →Roboter

Entgraten mittels Läppen →Kantenbearbeitung, →Läppen

Entgraten, thermisches. Die Thermische-Entgrat-Methode (TEM) ist ein Bearbeitungsverfahren, bei dem Grate an metallischen oder nichtmetallischen Werkstücken in einer sauerstoffreichen Atmosphäre abgebrannt werden (Oxidation).

Die zu entgratenden Werkstücke werden dazu in eine hermetisch verschließbare, stabile Entgratkammer gelegt (Bild). Dann wird ein Mischgas aus Wasserstoff und Sauerstoff zugeführt und dieses Gemisch in der Kammer elektrisch gezündet (Knallgasreaktion). Die bei dieser Reaktion entstehende Wärmemenge – es entstehen örtliche Temperaturen bis zu 3800 °C – leitet die eigentliche chemische Reaktion ein, nämlich die Oxidation des Gratwerkstoffs mit dem überschüssigen Sauerstoff des Mischgases. Außer Wasserstoff kann auch Erdgas bzw. Methan als Brenngas zum Sauerstoff gemischt werden.

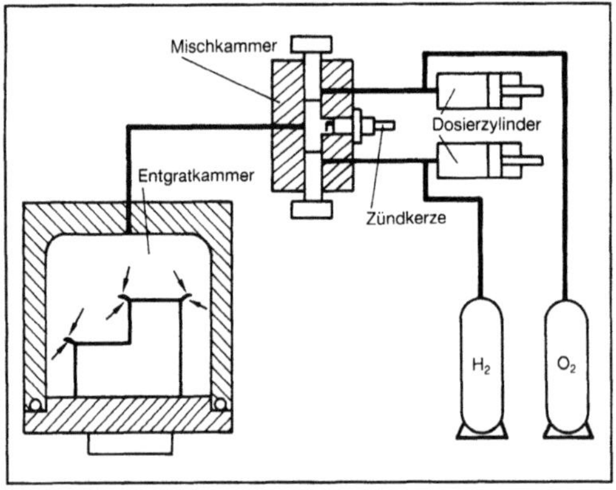

Entgraten, thermisches: Schematische Darstellung.

Die zur Verbrennung notwendigen Temperaturen werden nur an den Graten erreicht, da die Wärme hier wegen des im Verhältnis zur Gratoberfläche sehr geringen Gratvolumens nicht ins Werkstückinnere abgeleitet werden kann, so daß der Abtrag auf den Grat beschränkt bleibt. An der übrigen Werkstückoberfläche ist dieses Verhältnis umgekehrt, so daß hier die Wärme sehr schnell ins Werkstückinnere

abgeführt werden kann und keine hohen Temperaturen entstehen können. Da diese Temperaturen in den meisten Fällen 100 °C nicht überschreiten, wird das Werkstoffgefüge nicht beeinflußt.

Das Arbeitsergebnis wird bei diesem Verfahren erheblich von den thermischen Eigenschaften des zu bearbeitenden Werkstückmaterials bestimmt, so z. B. von dessen Wärmeleitfähigkeit. Es läßt sich mit abnehmender Wärmeleitfähigkeit eine Effektivitätssteigerung des Entgratprozesses bezüglich der Kantenverrundung und des Materialabtrages erzielen. Während die beschriebenen Einflußgrößen das Arbeitsergebnis im Hinblick auf die Entgratqualität werkstoffseitig festlegen, wird eine Steuerung des Entgratergebnisses durch die Wahl des Gasfülldrucks und Mischverhältnisses von Brenngas zu Sauerstoff von außen ermöglicht.

Größe und Gleichmäßigkeit der erreichten Kantenverrundung werden darüber hinaus von der Form und z. T. auch von der Lage des Grats beeinflußt. Im Gegensatz zu gewachsenen Graten werden lose Grate oder Grate, die über einen verhältnismäßig dünnen Fuß mit dem Grundkörper verbunden sind, problemlos entfernt. Die Lage des Grats hat insofern einen Einfluß, als dieser während des Entgratprozesses allseitig von Gas umgeben sein sollte. So sind z. B. die von einem Gewindebohrer am Grund eines Sacklochs zusammengepreßten Grate nur sehr schlecht zu entfernen; ebenso Grate, die an einer bearbeiteten Fläche anliegen.

Der durch die Zündung ausgelöste Verbrennungsdruck, der rd. das 20fache der Gasfülldrücke betragen kann, ist außer vom vorgewählten Gasfülldruck auch von der Kammergeometrie abhängig, die im wesentlichen durch die Kammerglocke und den Kammerboden festgelegt ist. *König*

Literatur: *Müller, H.,* u. *Th. Wagner:* Thermochemisches Entgraten; Gefügeänderung, Materialabtrag und Härtebeeinflussung. wt-Z. ind. Fertig. 65 (1975), S. 473/78. – *Ulbricht, W.:* Das thermische Entgraten und seine wirtschaftliche Anwendung. wt-Z. ind. Fertig. 64 (1974), S. 273/76.

Entkohlung. Bei der Stahlherstellung der Abbau des Kohlenstoffgehalts im Roheisen durch Frischen mit Sauerstoff. Im festen Zustand die meist unerwünschte Abnahme des Randkohlenstoffgehalts beim →Glühen in oxidierender oder reduzierender Atmosphäre. Die infolge des niedrigen Kohlenstoffgehalts nach dem →Härten geringere Festigkeit führt bei Federn zur Verringerung der Dauerfestigkeit, die entscheidend von den Eigenschaften der Oberfläche abhängt. Silicium fördert die Neigung zum Entkohlen. *W. Dahl*

Entladedauer →Funkenerosion

Entladeenergie →Funkenerosion, →Randzonenbeeinflussung

Entladestrom →Funkenerosion

Entmischung. Wenn Schüttgüter beim Transport in Silofahrzeugen oder in Fässern oder auch bei der Lagerung durch Vibrationen beansprucht werden, rütteln sich die feinen Teilchen durch die Lücken der großen nach unten, und die gröberen Teilchen wandern dadurch z. T. nach oben. Dann erhält man deutliche E., die den weiteren Verarbeitungsvorgang stören können. *Muschelknautz*

Entspannungsverdampfung. Bei der E. (Flashverdampfung) wird eine zu verdampfende Flüssigkeit vorgewärmt und in einem Behälter entspannt, in dem ein niedrigerer Druck vorliegt. Durch die Druckabsenkung sinkt auch die Siedetemperatur der Flüssigkeit, so daß es zu einer Verdampfung der leichterflüchtigen Bestandteile kommt. Die E. wird in großen Anlagen zur Meerwasserentsalzung verwendet. Viele Entspannungsstufen werden dann hintereinandergeschaltet.

Gegenüber →Verdampfungsverfahren, bei denen Wärme zugeführt werden muß, hat die E. den Vorteil, daß in der Restlösung keine Verkrustungsvorgänge an Heizflächen auftreten können. *Dohrn*

Entstaubung. Als E. bezeichnet man die Abtrennung von Partikeln aus einem gasförmigen Trägermedium (oft zum Zweck der Luftreinhaltung); (→Zyklonabscheider, →Staubwäscher, →Filtration (mechanische Verfahrenstechnik)). *Dahl*

Entstickungsgrad. Der E. η eines Denox-Reaktors hängt bei konstanten Rauchgasbedingungen (Temperatur, NO_x-Gehalt und Durchsatz) von der zudosierten Ammoniakmenge ab. Das eingestellte Konzentrationsverhältnis von NH_3 zu NO_x vor dem Katalysator wird als stöchiometrisches Verhältnis α bezeichnet.

Die Abhängigkeit des E. von der Stöchiometrie zeigt im Prinzip zwei Verläufe. Unterhalb eines gewissen Punktes (Auslegungspunkt) wird die zudosierte Menge an NH_3 vollständig abgebaut. Das stöchiometrische Verhältnis entspricht dem Entstickungsgrad. Oberhalb weicht der E. immer deutlicher von der Stöchiometrie ab. Der Umsatz an NH_3 ist unvollständig. Es tritt eine Restkonzentration an NH_3 im Rauchgas hinter dem Katalysator auf, die man als NH_3-Schlupf bezeichnet.

Bei einer Großanlage beeinflußt selbst ein NH_3-Schlupf von nur 5 ppm das Betriebsverhalten des nachgeschalteten Luftvorwärmers. Je kleiner der NH_3-Schlupf hinter dem Katalysator ist, um so geringer fällt die Verschmutzung des Luftvorwärmers durch Salzbildung aus. Die Auslegung eines Denox-Reaktors muß diesem Umstand Rechnung tragen. Bei einem konstanten Entstickungsgrad darf ein NH_3-Schlupf von 5 ppm erst nach der Alterung

des Katalysatormaterials zum Ende der Standzeit erreicht werden. Im Neuzustand des Katalysators liegt aus diesem Grund bei konstantem E. ein kleinerer NH_3-Schlupf vor. *Oeckenpöhler*

Literatur: *Schallert, B.,* u. *J. Kaulitz:* Betriebserfahrungen mit SCR-DENOX-Versuchsanlagen unter verschiedenen Einsatzbedingungen. VGB Kraftwerkstechnik 66 (1986) Nr. 9.

Enzymkinetik. Die E. beschreibt den Zusammenhang zwischen einer gemessenen Reaktionsgeschwindigkeit und der Konzentrationen an Substrat sowie Enzym und Effektoren. Grundlage der E. ist die Bestimmung der Enzymaktivität aus der gemessenen Reaktionsgeschwindigkeit. Meßgröße zum Bestimmen der Enzymaktivität ist die Konzentration an Substrat, Produkt oder an Cofaktoren wie NADH oder NAD^+.

Grundlegende Beziehung zur Beschreibung der Kinetik enzymkatalysierter Reaktionen ist die →Michaelis-Menten-Gleichung

$$v = \frac{k \cdot [E]_o \cdot [S]}{K_M + [S]},$$

mit v Reaktionsgeschwindigkeit, k Reaktionsgeschwindigkeitskonstante für den Zerfall des Enzym/Substrat-Komplexes, K_M Michaelis-Konstante, [S] Substratkonzentration, $[E]_o$ Anfangskonzentration des Enzyms.

Damit besteht eine formale Analogie zwischen dem Michaelis-Menten-Ansatz und den Adsorptionsmodellen zur Beschreibung der heterogenen →Katalyse.

Enzyme unterscheiden sich durch eine wesentlich höhere Spezifität von konventionellen chemischen Katalysatoren. Die Geschwindigkeit enzymkatalysierter Reaktionen wird durch die Wechselzahl charakterisiert, d. h. die Anzahl der umgesetzten Moleküle Substrat je aktivem Zentrum des Enzyms und Zeiteinheit. Eine hohe Wechselzahl, z. B. $\approx 5 \cdot 10^6$ min^{-1} für die Zersetzung von H_2O_2 durch Katalase, bedeutet also eine hohe Reaktionsgeschwindigkeit (→Michaelis-Menten-Kinetik, →Hill-Kinetik, →Monod-Kinetik, →Doppelsubstratkinetik). *Liefke*

Enzymreaktor. Entsprechend der Anwendungsform des Biokatalysators werden E. in 2 Gruppen unterteilt:

□ Reaktoren für trägerfixierte Enzyme (Säulenreaktoren: Festbett oder Wirbelbett),

□ Reaktoren für freie Enzyme (Membranreaktoren: Flachmembran oder Hohlfasermodul).

In den erwähnten Reaktortypen werden die Enzyme durch →Immobilisierung oder durch Membranen im Reaktor zurückgehalten, während Substratlösung, Cofaktoren und Hilfsreagenzien über Sterilfilter dem Reaktor kontinuierlich zugeführt werden. Nach dem Durchströmen des Reaktors

Enzymreaktor. Tabelle: Kontinuierlich betriebene Enzymreaktoren mit technischer Bedeutung. (Quelle: Deckwer a. a. O.)

Reaktion	Produkt	Reaktor
Isomerisierung von Glucose	Fructose	Festbett-Reaktor
Hydrolyse von Penicillin	6-Aminopenicillinsäure	Festbett-Reaktor
Hydrolyse von Fumarsäure	L-Apfelsäure	Festbett-Reaktor
Hydrolyse von N-Acetyl-D-Aminosäuren	L-Aminosäuren	Enzym-Membran-Reaktor
reduktive Aminierung von α-Ketosäure	L-Aminosäuren	Enzym-Membran-Reaktor

wird die Lösung mit dem Produkt und nicht umgesetztem Substrat aufgearbeitet und das nicht umgesetzte Substrat in den Reaktor zurückgeführt. Dabei liegt das Produkt aus Enzym-Membran-Reaktoren bereits in ultrafiltrierter Lösung vor, während der Ablauf eines Säulenreaktors durchaus Enzyme oder Abrieb des Trägermaterials enthalten kann.

Zu den Vorteilen eines Membranreaktors gehören eine einfache und sichere Sterilisierbarkeit, eine unkomplizierte Prozeßregelung, eine hohe Effektivität bei sehr hoher Enzymaktivität sowie die Möglichkeit der Enzymnachdosierung, um Enzymaktivität und Umsatz konstant zu halten. Säulenreaktoren weisen demgegenüber eine höhere Stabilität auf.

Wichtige technische Bioprozesse mit Verwendung von E. gibt die folgende Tabelle wieder. *Liefke*

Literatur: *Deckwer, W.-D.:* Bioreaktoren – derzeitiger Stand und erkennbare Entwicklungen. Chem.-Ing.-Tech. 60 (1988), S. 583. – *Wandrey, Ch.:* Bioreaktoren für den Einsatz von Enzymen. Forum Mikrobiol. 7 (1984), S. 33.

EPROM. Erasable Programmable Read-Only Memory, ein löschbarer und programmierbarer Nurlese-Speicher auf der Basis binärer Halbleiterspeicherbausteine.

Die Grundelemente dieser Speicherbausteine sind MOS-Transistoren, die durch Ansteuerung mit einer technologieabhängigen Programmierspannung in einen festen Schaltzustand versetzt werden. Dabei wird das mit einer Oxidschicht isolierte Gate durch Lawineninjektion negativ aufgeladen. Dieser Zustand bleibt praktisch beliebig lange erhalten und wird durch Auslesen der Speicherzelle nicht verändert. Die Besonderheit des EPROMs liegt in der Löschbarkeit dieses Zustands durch Bestrahlung mit ultraviolettem (UV) Licht oder Röntgenlicht bzw. -strahlen. Die Strahlung bewirkt, daß im Kristallgitter des Halbleiters Elektronen-Lochpaare erzeugt werden, die unter dem Einfluß des elektrischen Felds einen Strom bilden, der die am Gate gespeicherte Ladung abfließen läßt und damit den Speicherzustand in den Grundzustand rücksetzt.

Nach dem Löschen ist eine erneute Programmierung möglich.

EPROMs sind normalerweise wortorganisiert, d. h. es sind immer 8(16) bit (= 1(2) Byte) parallel adressierbar. Sie sind derzeit mit Speicherkapazitäten bis zu 4 Mbit ausgeführt. Die Zugriffszeit, d. h. die Zeit, die für Adressieren und Auslesen benötigt wird, liegt je nach Typ im Bereich von ca. 50–300 ns. Die Versorgungsspannung entspricht den bei TTL-Bauelementen üblichen 5 V. Der Programmiervorgang dauert bei beschleunigter Programmierung wenige Sekunden, bei normaler Programmierung wenige Minuten und wird mit Impulsen bestimmter Dauer und Amplitude (typisch 0,1–2 ms, 12,5 V) vorgenommen. Je nach Strahlungsleistung der UV-Lichtquelle kann ein EPROM innerhalb von 10–15 min gelöscht werden. Hergestellt werden EPROMs in NMOS- oder CMOS-Technologie.

Einsatzbereiche für EPROMs liegen hauptsächlich in der Computerherstellung bei Kleinserien und Prototypen sowie überall dort, wo ein Festwertspeicher bei Bedarf geändert werden soll. Damit haben EPROMs neben den elektrisch löschbaren EEPROMs (Electrically Erasable PROM) bei speicherprogrammierbaren Steuerungen (SPS) ein breites Anwendungsfeld. *Freyberger*

Erbar-Maddox-Korrelation. *Erbar* und *Maddox* schlugen 1961 eine empirische Korrelation zur Beschreibung des Zusammenhanges zwischen der Anzahl der theoretischen Böden und dem →Rückflußverhältnis bei der →Rektifikation von Zwei- und Mehrstoffgemischen vor. Zunächst müssen die Mindestbodenzahl und das →Mindestrückflußverhältnis ermittelt werden, z. B. mit der →Fenske-Underwood-Gleichung. Wählt man ein bestimmtes Rückflußverhältnis, so läßt sich im Bild der Schnittpunkt von $v/(v+1)$ und $v_{min}/(v_{min}+1)$ bestimmen. Aus dem Abszissenwert $(n_{min}+1)/(n+1)$ des Schnittpunktes berechnet man die theoretische Bodenzahl n. Bei der Anwendung der E.-M.-K. handelt es sich um ein Näherungsverfahren, das genauer als die →Gilliland-Methode, aber ungenauer als eine →Boden-Boden-Rechnung ist. *Dohrn*

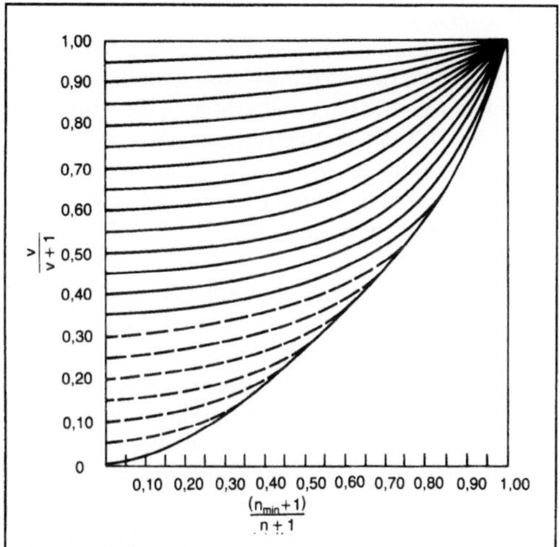

Erbar-Maddox-Korrelation: Darstellung des Zusammenhangs zwischen der Anzahl der theoretischen Stufen und dem Rücklaufverhältnis. Die Linien gelten für konstante Verhältnisse $v_{min}/(v_{min}+1)$.

Literatur: *Maddox, R. N.,* u. *R. C. Erbar:* Minimum reflux rate for multicomponent distillation systems by rigorous plate calculations. Can. J. Chem. Eng. 40 (1962), S. 25/30.

Erdgas, synthetisches. Als s. E. wird ein künstlich produziertes Gas mit relativ hohem Heizwert bezeichnet, das in seinen Eigenschaften als Brennstoff gut mit E. vergleichbar ist.

Man kann zwischen zwei Klassen unterscheiden:

□ Schwachgase mit Heizwerten von 15 000–22 000 kJ/m³ (Normzustand),

□ Starkgase, Rohrleitungsgas genannt, mit Heizwerten von 35 000–39 000 kJ/m³ (Normzustand).

S. E. kann man aus Kohle, Erdölfraktionen und Abfallprodukten herstellen. Zu den vorgeschlagenen Verfahren, die Kohle als Rohstoffbasis verwenden, gehören das Lurgi-, das Hygas-, das Bigas-, das CO_2-Akzeptor-, das Hydrane-, das Synthane- und das Cogas-Verfahren sowie die In-Situ-Vergasung von Kohle.

Der Rohstoff zum Erzeugen von s. E. hängt von der Verfügbarkeit und dem Preis ab. Hinzu kommt eine Reihe von Faktoren, die von der energiepolitischen Situation und der geographischen Lage bestimmt sind. Nachfolgend seien einige Verfahren zum Herstellen von s. E. vorgestellt.

Katalytisches Starkgas-Verfahren (Catalytic Richgas CRG). Kohlenwasserstoffe des Naphtha-Schnitts werden mit Wasserdampf zu Methan, Wasserstoff und Kohlendioxid umgewandelt. Bei Temperaturen unterhalb von 500–550 °C verläuft die Gesamtreaktion exotherm, bei höheren Temperaturen endotherm.

Ein typisches Starkgas aus dem CRG-Reaktor hat folgende Zusammensetzung (Stoffmengenanteil; Molprozent):

$$\left.\begin{array}{ll} CO_2 & 23{,}0\,\% \\ CO & 0{,}7\,\% \\ H_2 & 12{,}8\,\% \\ CH_4 & 63{,}5\,\% \end{array}\right\} 100{,}0\,\%$$

Heizwert 25 500 kJ/m³ (Normzustand).

Höhere Kohlenwasserstoffe sind nur in vernachlässigbaren Mengen vorhanden. Bild 1 zeigt ein typisches Fließbild des CRG-Verfahrens.

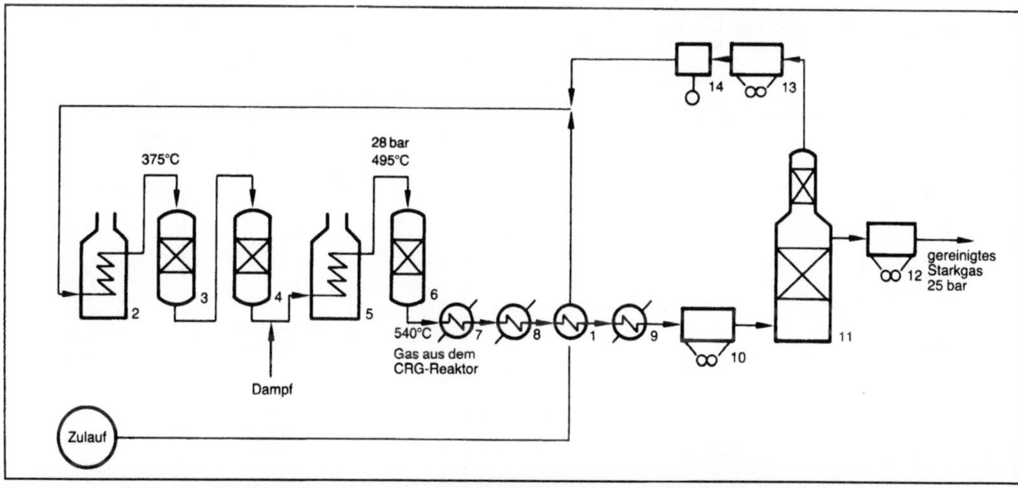

Erdgas, synthetisches 1: Fließbild einer Gaserzeugung nach dem CRG-Verfahren.

1 Naphtha-Vorwärmer, 2 Naphtha-Verdampfer, 3 Schwefelwasserstoff-Reaktor, 4 Schwefel-Absorber, 5 Überhitzer, 6 CRG-Reaktor, 7 Abhitzekessel, 8 Speisewasservorwärmer, 9 Kohlenwasserstoff-Vorwärmer, 10 Kühler, 11 CO_2-Absorber, 12 Kühler, 13 Kühler, 14 Kompressor

Methan-Starkgas-Verfahren (MRG). Aus Kohlenwasserstoffen wie Naphtha, Flüssiggas und Raffineriegas wird Methangas hergestellt. Die grundlegenden Reaktionen des MRG-Verfahrens beruhen auf drei Stufen:

☐ Entfernung der Schwefelverbindungen im Einsatzstoff Wasserstoffentschwefelung (Hydrodesulfurisation),

☐ Reformieren (Vergasung) der entschwefelten Kohlenwasserstoffe mit Dampf bei niedrigen Temperaturen,

☐ Methanisierungsreaktion zwischen Wasserstoff und CO_2.

Der Heizwert des Produktgases kann in weiten Grenzen eingestellt werden, z. B. 23 000–39 400 kJ/m³ (Normzustand). Der Betrieb bei niedrigen Temperaturen und hohen Drücken ermöglicht je nach Einsatzstoff thermische Wirkungsgrade von 92–96 %.

COMFLUX-Verfahren (Methanisierung in der Wirbelschicht). Aus Kohle gewonnenes Synthesegas wird durch eine einstufige kombinierte Methanisierung und Konvertierung von kohlenmonoxidreichen Gasen in s. E. umgewandelt. Die Katalysatorteilchen schweben in einer Wirbelschicht, die eine bessere Abführung der Reaktionswärme ermöglicht.

Wasserstoffkracken-Wasserstoffvergasung. Aus einer Erdölfraktion im Bereich des Dieselöls kann durch Hydrokracken ohne Katalysator bei erhöhten Drücken (35–100 bar) und erhöhten Temperaturen (592–760 °C) ein methanreiches Gas mit ca. 30 % Volumenanteil in Wasserstoff und 10 % Ethan gewonnen werden. Durch Entschwefeln und Methanisieren kann man dieses Gas zu Rohrleitungsgas aufarbeiten.

Vergasung ohne Katalysator mittels partieller Oxidation. Mit Hilfe der partiellen Oxidation oder teilweisen Verbrennung von Kohlenwasserstoffen können insbes. schwerflüchtige schwefelhaltige Rückstandsöle und schwere Erdöle in Wasserstoff und Kohlenmonoxid, vermischt mit Inertgasen, überführt werden. Öl und Luft (bzw. Sauerstoff) werden durch einen besonders konstruierten Brenner in einen geschlossenen Verbrennungsraum eingespritzt, wo eine Verbrennung unter Sauerstoffmangel bei Temperaturen von ca. 1300 °C abläuft. Mit Luftzufuhr erhält man wegen des Stickstoffs ein Gas mit einem geringen Heizwert von ca. 4500 kJ/m³ (Normzustand). Eine Vergasung mit Sauerstoff liefert ein Gas mit einem mittleren Heizwert von ca. 11 200 kJ/m³ (Normzustand). Bild 2 zeigt ein Blockschema zur Herstellung von s. E. aus Rohöl.

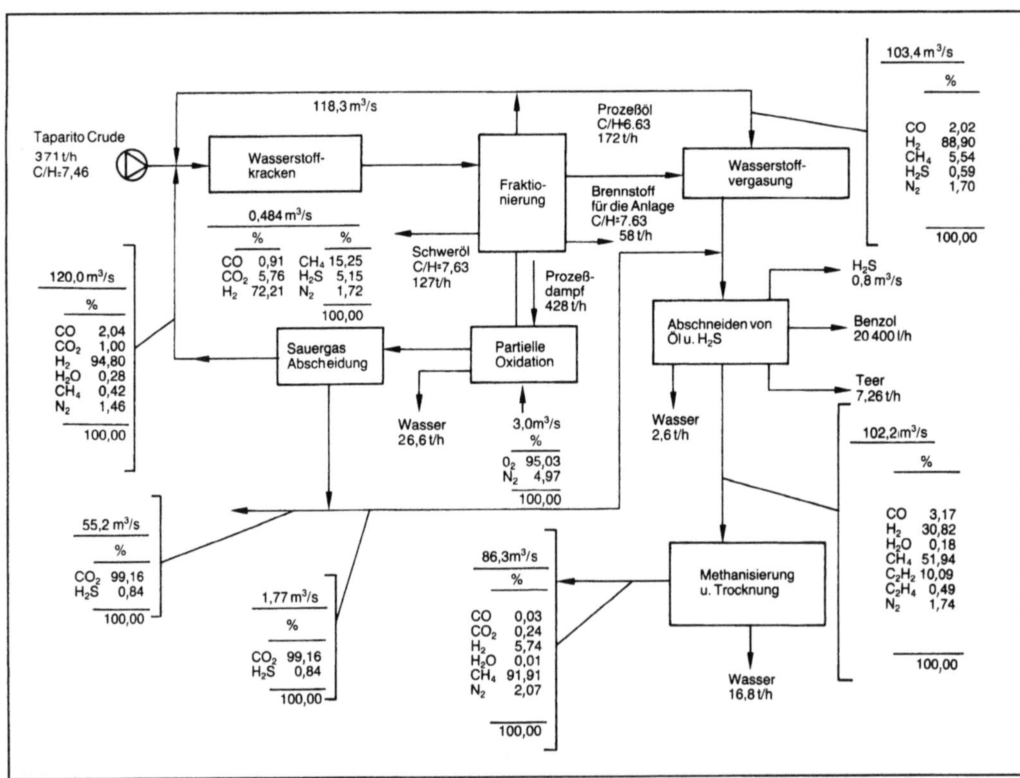

Erdgas, synthetisches 2: Blockschema der Herstellung von synthetischem Erdgas aus Rohöl. (Quelle: Institute of Gas Technology)

Gas aus festen Abfallstoffen. Ein Verfahren zum Erzeugen von Gas aus Abfall besteht darin, daß kommunaler Müll am Kopf eines senkrechten Ofens aufgegeben und auf dem Weg durch den Ofen pyrolysiert wird. Dazu wird Sauerstoff in die Feuerung durch Einlaßöffnungen nahe am Boden eingeblasen und strömt durch die 1400–1650 °C heiße Verbrennungszone nach oben. Das gewonnene Heizgas hat nach einer Reinigung einen Heizwert von etwa 11 200 kJ/m³ (Normzustand) und eine Flammentemperatur, die etwa der des E. entspricht.

Methanol aus s. E. Erdgas, Flüssiggas, Naphtha, Rückstandsöle, Asphalt, Schieferöle und Kohle werden als primäre Ausgangsstoffe für Methanol angesehen, während Holz und Abfälle aus der Landwirtschaft als weitere Rohstoffquellen in Betracht kommen. Zum Herstellen von Methanol wird aus den Einsatzstoffen durch Dampfreformieren, partielle Oxidation oder Vergasung ein Gemisch aus Wasserstoff und Kohlenmonoxid (Synthesegas) hergestellt. Dieses Gemisch wird über einen geeigneten Katalysator (→Katalyse) zu Methanol umgewandelt (→Kohleveredelung). *Dohrn*

Literatur: *Keim, W., A. Behr u. G. Schmitt:* Grundlagen der industriellen Chemie. Frankfurt a. M. 1986. – *Lommerzheim, W.:* Entwicklung des COMFLUX-Verfahrens – Ein Beitrag zur Erzeugung von SNG aus Kohle. Gaswärme International 29 (1980) Nr. 4, S. 171. – Ullmanns Enzyklopädie der technischen Chemie. 4. Aufl. Weinheim 1972.

Erfolgsplanung. Sie ist die voraussehende Planung eines genau festgelegten Erfolgs. Der Erfolg soll durch die Berücksichtigung möglichst vieler Einflußfaktoren genau vorherbestimmt und damit gesichert werden. Dabei wird in Betrieben der Erfolg normalerweise am Gewinn oder Umsatz gemessen. Zur E. gehört deshalb an erster Stelle die zahlenmäßige Festlegung aus geplanten Betriebsergebnissen für einen bestimmten Unternehmensbereich oder Produktbereich. Die E. kann sich aber auch auf Marktanteile bzw. auf das Erschließen eines neuen Markts beziehen.

Die Planziele ergeben sich aus Analysen der Vorgänge und Tendenzen im Planungsbereich und den tangierenden Märkten. Statistische Hochrechnungen (Prognosen), die auf vorangegangene Erfolge basieren, sind ein häufiges Hilfsmittel. Die Planung ist stark abhängig von der betrieblichen Situation. Die prinzipielle Vorgehensweise, aus Analysen einen Erfolg zu prognostizieren, ist zwar immer gleich. Doch die Gewichtung der einzelnen Einflußfaktoren sehr unterschiedlich. Die E. ist um so effektiver, je mehr Randbedingungen und Einflüsse erfaßt werden können. Speziell ist unter E. das Aufstellen des Erfolgsplanes in einem Eigenbetrieb zu verstehen.

Der Begriff des Erfolgsplans hat seine feste Bedeutung in der Bewirtschaftung des Eigenbetriebs. Diese Betriebe sind verselbständigte Regiebetriebe der öffentlichen Hand (relevant nur in der Bundesrepublik Deutschland, z. B. kommunale Versorgungs- und Verkehrsbetriebe). Eigenbetriebe werden im Gegensatz zu vielen anderen öffentlichen Betrieben nach betriebswirtschaftlichen Grundsätzen geführt, auch wenn häufig kommunal- oder sozialpolitische Aspekte den Ausschlag geben. Nach der deutschen Gemeindeverordnung von 1953 muß deshalb ein Eigenbetrieb an Stelle eines Haushaltsplanes einen Wirtschaftsplan aufstellen, der nicht den Vorschriften des Haushaltsrechts unterliegt.

Der Erfolgsplan als Teil des Wirtschaftsplanes enthält alle voraussehbaren Erträge und Aufwendungen des Wirtschaftsjahres. Der Betriebsaufwand und die Betriebsleistungen sind darin getrennt aufgeschlüsselt je nach den jeweiligen Bedürfnissen des Betriebes. Muster sind den Gemeindeverordnungen der Länder zu entnehmen. *Eversheim*

Literatur: *Bührer, F.:* Die Produktionsplanung in der Industrie. TZ Jahrg. 64/66; Nr. 554. – N. N.: Eigenbetriebsverordnung des Landes Nordrhein-Westfalen (Eigvo).

Erhaltungsstoffwechsel. Teil des zellulären Stoffwechsels, der zur Versorgung bestimmter, für die Lebensfähigkeit der Zelle essentieller Funktionen dient. Zu diesen gehören die osmotische Energie zur Aufrechterhaltung von Konzentrationsgradienten zwischen der Zelle und ihrer äußeren Umgebung, die Synthese oder Regeneration von ständig abgebauten Zellinhaltsstoffen sowie die Beweglichkeit der Zelle.

Das Konzept des E. wurde von *Pirt* 1965 definiert. Es unterteilt den Gesamtverbrauch an energielieferndem Substrat in einen Teil für das Zellwachstum (Neubildung von Zellmasse) und in einen Teil für die Erhaltung der Biomasse. Dementsprechend kann man die →Substratbilanz für einen Chemostaten im stationären Zustand wie folgt aufstellen:

$$\frac{1}{Y_{x/s,w}} = \frac{1}{Y_{x/s,max}} + \frac{m}{\mu},$$

mit $Y_{x/s}$ (g Biomasse/g Substrat) Substratausbeutekoeffizient, m (g/g h) Erhaltungskoeffizient, μ (h^{-1}) spezifische Wachstumsrate, W Wachstum.

Der Erhaltungskoeffizient m ist die kennzeichnende Größe für den Substratverbrauch im E. Er wird graphisch bestimmt aus einer Auftragung des reziproken Ausbeutekoeffizienten $1/Y_{x/s,w}$ über der reziproken Wachstumsrate μ (entspricht der reziproken Raumzeit $1/\tau$). Die Steigung der resultierenden Geraden entspricht dem Erhaltungskoeffizienten m, während der Ordinatenabschnitt den maximalen Substratausbeutekoeffizienten liefert.

Insbesondere bei niedrigen Wachstumsraten lassen sich Abweichungen von der →Monod-Kinetik durch den Energieverbrauch im E. erklären. *Liefke*

Literatur: *Pirt, S. J.:* Principles of Microbe and Cell Cultivation. 1. Aufl. Oxford 1975.

Ermüdung. Sachlich nicht zutreffende Bezeichnung für die dem Dauerbruch vorangehende Werkstoffschädigung (Zerrüttung); (→Dauerschwingversuch, →Dauerschlagversuch).

Bei gummielastischen Stoffen bezeichnet man mit E. →Rißbildung durch dynamische Beanspruchung. Sie kann u. U. durch Sauerstoff, Wärme oder Licht beschleunigt werden (→Alterung). *Kußmaul*

Erosionskrater →Randzonenbeeinflussung

Erosionsprozeß →Funkenerosion

Erwärmung, induktive. Teilgebiet der Elektrowärmetechnik, das auf der elektromagnetischen Induktion von Wechselströmen in einem elektrisch leitenden Körper beruht, der durch die so hervorgerufene joulesche Wärme erhitzt wird. Bild 1 veranschaulicht die beiden Grundprinzipien der i. E.

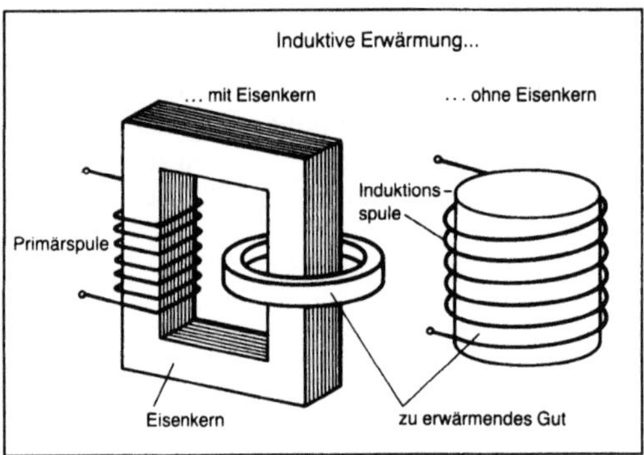

Erwärmung, induktive 1: Grundprinzipien.

Die E.-Anordnung mit Eisenkern kann als Netzfrequenztransformator aufgefaßt werden. Eine auf den geblechten Trafokern gewickelte Primärspule wird mit Wechselstrom gespeist, so daß im Kern ein magnetischer Wechselfluß hervorgerufen wird. In dem zu erwärmenden Gut, das die kurzgeschlossene Sekundärwicklung des Trafos darstellt, wird eine Wechselspannung induziert. Diese erzeugt entsprechend der elektrischen Leitfähigkeit einen Kreisstrom, der wiederum die E. bewirkt. Das E.-Prinzip mit Eisenkern wird hauptsächlich angewendet beim Induktions-Rinnenofen; außerdem zur gleichmäßigen E. ringförmiger Metallteile (z. B. zum Aufschrumpfen von Laufkränzen auf Eisenbahnräder).

Die E.-Anordnung ohne Eisenkern ist dadurch gekennzeichnet, daß der magnetische Hauptfluß durch das zu erwärmende Gut selbst geführt wird. Dadurch stehen dort die elektromagnetischen Feldgrößen zueinander in Wechselwirkung, so daß sie von der Gutsoberfläche aus nach innen zu abnehmen (Skineffekt). Die Stärke des Skineffekts wird grundsätzlich durch das Eindringmaß des elektromagnetischen Felds im unendlichen Halbraum bestimmt, mithin durch die Frequenz des Stroms und die elektrischen Materialeigenschaften (Leitfähigkeit und Permeabilität). Darüber hinaus hängt die örtliche Verteilung der induzierten Leistung ab von Größe und Form des zu erwärmenden Gutes und der Form und Anordnung der Induktionsspule.

Häufig handelt es sich um die E. eines zylindrischen Gutes in einer ebenfalls zylindrischen Induktionsspule. Nimmt man vereinfachend an, daß die Spulenlänge groß ist im Vergleich zu ihrem Durchmesser und daß die Windungen dicht aneinanderliegen und somit keine Windungsstreuflüsse auftreten, so lassen sich mit Hilfe der Besselschen Zylinderfunktionen allgemeine Gleichungen über die Zusammenhänge verschiedener wichtiger Größen aufstellen.

Ausgehend von einem Spulen-Wechselstrom I_{sp} mit konstantem Effektivwert in der Induktionsspule zeigt Bild 2 die je Längeneinheit im E.-Gut insgesamt induzierte elektrische Wirkleistung in Abhängigkeit vom Quotienten aus Radius r des E.-Gutes und Eindringmaß δ. Um einen nennenswerten Leistungseintrag zu erzielen, muß der Zylinderradius größer sein als das Eindringmaß.

Besteht die Aufgabe darin, einen Zylinder in seiner Gesamtheit zu erwärmen, so sollte hierfür die volumenbezogene Leistung möglichst groß sein.

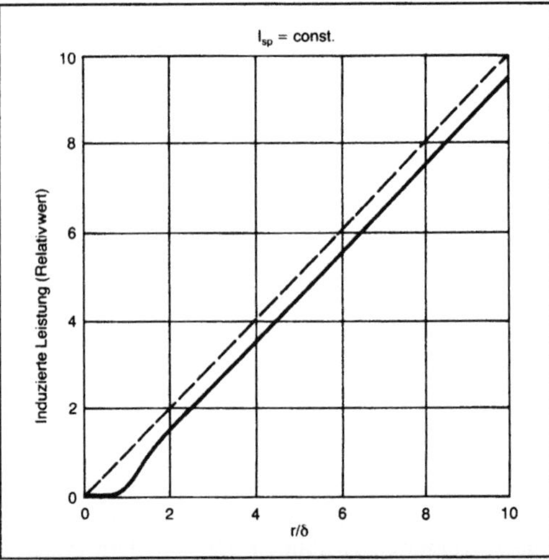

Erwärmung, induktive 2: Induzierte Wirkleistung in einem Zylinder vom Radius r.

Geht man von einem Wechselstrom gegebener Größe I_{sp} und Frequenz f in der Induktionsspule aus, so wird, bezogen auf das Zylindervolumen, die maximale Leistung dann induziert, wenn der Zylinderradius das 1,8fache des Eindringmaßes beträgt (Bild 3). Liegt der Zylinderradius beim Doppelten dieses Optimalwerts, so ist die volumenbezogene induzierte Leistung um etwa 40% reduziert.

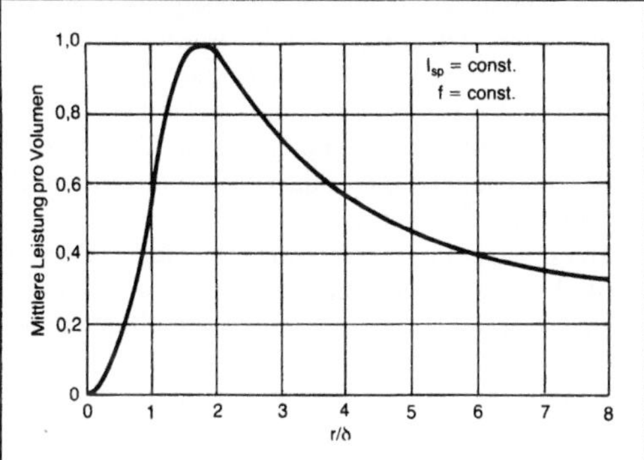

Erwärmung, induktive 3: Mittlere induzierte Leistung pro Volumen eines Zylinders vom Radius r.

Die induzierte Leistung ist nicht gleichmäßig über das gesamte Zylindervolumen verteilt. Wie Bild 4 zeigt, ist die Leistungsintensität, also die in einem sehr kleinen Volumenelement induzierte Leistung, um so stärker auf den Zylinderrand konzentriert, je größer der Quotient aus Zylinderradius r und Eindringmaß δ ist. Wählt man also für die Erwärmung eines Zylinders eine sehr hohe Frequenz, womit das Eindringmaß sehr klein wird, so wird eine hohe Leistungsintensität in der äußersten Randschicht induziert. Diese erwärmt sich daher sehr rasch, während die Innenzone kalt bleibt, da dort weder in nennenswertem Umfang Leistung induziert wird, noch durch Wärmeleitung ein Wärmetransport nach innen in so kurzer Zeit möglich ist. Diese Tatsache macht man sich z. B. beim Induktionshärten zunutze.

Die der Induktionsspule zuzuführende elektrische Wirkleistung P_{el} beinhaltet zwei Anteile:
□ die im E.-Gut induzierte Leistung P_{ind},
□ die Verlustleistung P_v, die infolge des ohmschen Widerstands der Induktionsspule dort in Wärme umgewandelt wird und daher nicht für den eigentlichen Erwärmungszweck genutzt werden kann.

Der Induktions-Wirkungsgrad

$$\eta_{ind} = P_{ind}/P_{el}$$

hängt vom Quotienten aus Zylinderradius r und Eindringmaß δ ab, wie in Bild 5 gezeigt.

Für hohe Frequenzen, d. h. großes r/δ, strebt der Induktions-Wirkungsgrad einem Grenzwert η^*_{ind} zu. Dieser hängt nur noch ab vom Verhältnis der Permeabilitäten und der elektrischen Leitfähigkei-

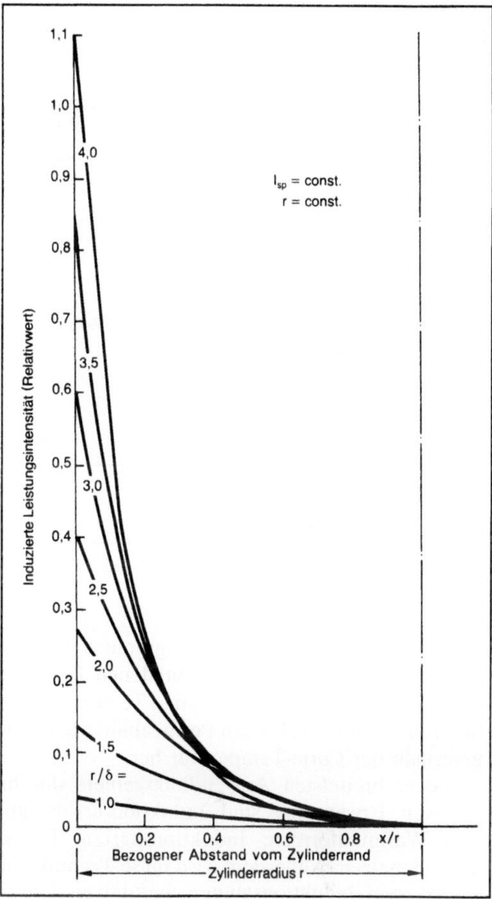

Erwärmung, induktive 4: Örtlicher Verlauf der induzierten Leistungsintensität in einem Zylinder.

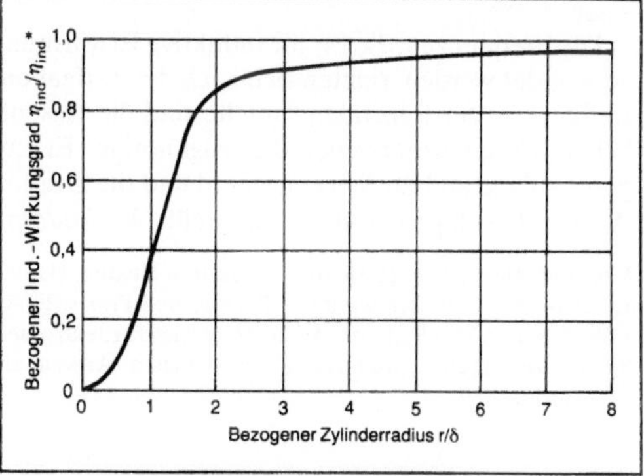

Erwärmung, induktive 5: Induktions-Wirkungsgrad η_{ind} bezogen auf den Grenzwirkungsgrad η^*_{ind} bei sehr hoher Frequenz.

ten des E.-Gutes und des Spulenleiters. Letzterer besteht aus Kupfer. Von Einfluß ist ferner das Verhältnis von Spulenquerschnitt A_{Sp} und Querschnitt A_E des zu erwärmenden Zylinders. In Bild 6

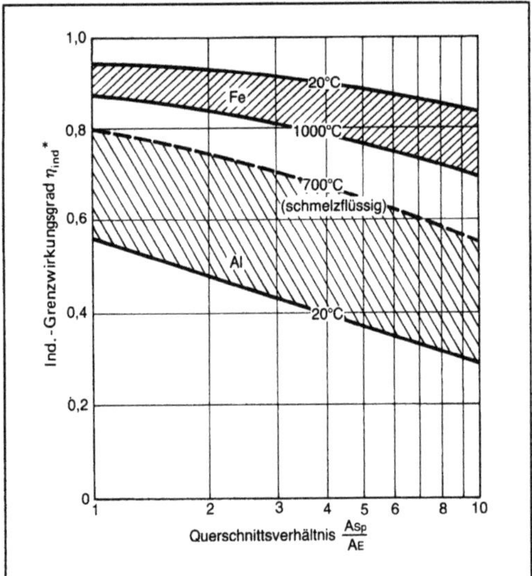

Erwärmung, induktive 6: Induktions-Grenzwirkungsgrad.

sind die Werte des Grenzwirkungsgrades η^*_{ind} für Aluminium und Stahl bei verschiedenen Temperaturen dargestellt. Der gegenläufige Temperatureinfluß rührt von der erhöhten Permeabilität bei Stahl unterhalb der Curie-Temperatur her.

Die verbreitetsten Anwendungsgebiete der induktiven Erwärmung sind Induktionserwärmung zum Warmumformen, Induktionshärten, Induktionsschmelzen. Außerdem wird diese Technik eingesetzt zum Induktionsglühen, induktiven Längsnahtschweißen, induktiven Löten sowie bei der Herstellung von Silicium-Halbleitern zum Zonenziehen von Kristallen und für Epitaxie-Prozesse.

Die Frequenzen, die für die induktive Erwärmung verwendet werden, richten sich nach der Aufgabenstellung. In der folgenden Tabelle sind die wesentlichen Frequenzbereiche, die zugehörige Erzeugungsanlage und ihr Wirkungsgrad und die größten Anlagenleistungen zusammengestellt. *M. Rudolph*

Literatur: *Davis, J., u. P. Simpson:* Induction Heating Handb. London 1979. – Elektrowärme – Theorie und Praxis. Hrsg.: UIE. Essen 1974. –*Rudolph, M., u. H. Schaefer:* Elektrothermische Verfahren – Grundlagen, Technologien, Anwendungen. Berlin 1989.

Essiggärung. Essigsäurebakterien bewirken durch Oxidation von Ethanol die Erzeugung von Essigsäure nach der folgenden Bilanzgleichung:

$$CH_3CH_2OH + O_2 \rightarrow CH_3COOH + H_2O.$$

Unter den Essigsäurebakterien (Gattungsname Acetobacter) lassen sich Maische- und Würzebakterien (technisch bedeutungslos), Bieressigbakterien, Weinessigbakterien und Schnellessigbakterien unterscheiden. Technisch genutzt werden besonders die Spezies Acetobacter xylium, suboxidans, mesoxidans und rancens. Unter den bekannten technischen Verfahren zur Herstellung von Gärungsessig verwendet man hauptsächlich das Generatorverfahren und das Submersverfahren.

Beim Generatorverfahren wird der Gäransatz (Alkoholkonzentration maximal 5 %) in einem mit Buchenholzspänen gefüllten „Essigbildner" umgepumpt. Auf den Spänen wachsende Bakterien wandeln den Alkohol innerhalb von 8–10 Tagen in Essigsäure um.

Im leistungsfähigeren Submersverfahren (submerses Durchlüftungsverfahren) sind die Essigsäurebakterien in der Ansatzmaische frei suspendiert.

Die Nachbehandlung besteht aus einer Filtration sowie einer kurzzeitigen Pasteurisation oder Schwefelung des Essigs.

Lange Zeit konnten technische Gärprozesse ausschließlich absatzweise durchgeführt werden. Neuerdings werden jedoch auch kontinuierliche Gärverfahren entwickelt, die vor allem bei der Essigsäure- und →Milchsäuregärung sowie der alkoholischen Gärung (zur Erzeugung von technischem Alkohol) Verwendung finden. Die für die Gärung eingesetzten Mikroorganismen bindet man durch →Immobilisierung im Reaktor oder →Fermenter, während Substrat bzw. Gärprodukte kontinuierlich zugeführt bzw. abgezogen werden. Auf Grund von Unterschieden bei der Bildung geschmacklich relevanter Substanzen haben sich zur Herstellung alkoholischer Getränke die kontinuierlichen Verfahren noch nicht zur Zufriedenheit bewährt. *Kerner/Loncin*

Etagenofen. Reaktor für nicht-katalytische Gas-Feststoff-Reaktionen, in dem der feste Reaktand im Gegenstrom zu einem gasförmigen Reaktanden

Frequenzbereich	Erzeugung	Wirkungsgrad	max. Leistung
50(60) Hz	Trafo	0,95 – 0,99	ca. 40 MW
150, 250, 450 Hz	Magnetkernumrichter	0,85 – 0,95	mehrere MW
0,5 – 100 kHz	Halbleiterumrichter	0,85 – 0,97	mehrere MW
bis ca. 3 MHz	Röhrengenerator	0,50 – 0,70	bis ca. 1 MW

mechanisch von oberen auf untere Etagen (Herde) transportiert wird. Die E. (Etagenröstöfen) sind innen ausgemauerte Stahlzylinder von 2–8 m Dmr. mit 3–16 übereinander angeordneten Herden (Bild). Auf jedem Herd wird der von der darüberliegenden Etage fallende Feststoff durch Rührzähne, die an horizontal rotierenden Krählarmen befestigt sind, abwechselnd radial nach innen oder nach außen bewegt. Die Krählarme sind an einer senkrecht angeordneten Königswelle (Hohlwelle) befestigt, die mit 0,5–4 Umdrehungen pro Minute rotiert. Der feste Reaktand fällt dabei kontinuierlich durch Öffnungen, die abwechselnd in Achsennähe oder im Bereich des Ofenmantels angeordnet sind, auf den nächst tiefer liegenden Herd. Die Welle und Krählarme können, um die Reaktionsenthalpie teilweise abzuführen, mit Luft oder Wasser gekühlt werden. Damit ist es möglich, die oft hohen Ofentemperaturen in engen Grenzen konstant zu halten.

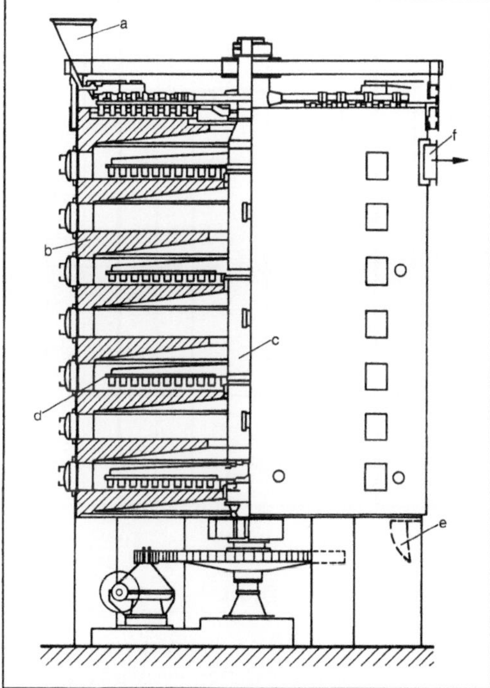

Etagenofen: Etagenröstofen.

a Aufgabetrichter, b kreisförmiger Herd, c Hohlwelle, d Krählarm mit Zähnen, e Abbrandauslauf, f Gasaustritt

(Quelle: Esch *a. a. O.)*

Die E., die lange Zeit bei der exothermen →Röstung sulfidischer Erze eingesetzt waren, sind hier von Sonderfällen abgesehen fast völlig durch den Wirbelschichtofen (→Wirbelschichtreaktor) verdrängt worden. Sie werden allerdings bei besonders schwierig abzuröstenden Erzen (z. B. Molybdänsulfid) noch eingesetzt. Eine erhebliche Leistungserhö-

hung der E. wurde durch Abkühlung (auf 320 bis 350 °C) der heißen Röstgase z. B. in einem Abhitzekessel möglich, die in die mittleren Herde der Öfen zurückgeführt wurden. Damit wurde eine möglichst weitgehende Rückgewinnung der Reaktionsenthalpie in Form vom Hochdruckdampf erreicht.

Der E. wird heute vorwiegend zur Durchführung endothermer Reaktionen sowie zur Reduktion einzelner Erze angewandt. Die erforderliche Wärmezufuhr erfolgt mit Mantelbrennern oder heißen Rauchgasen. Folgende Prozesse werden im E. durchgeführt:

☐ Aufschluß von vanadin- und wolframhaltigen Schlacken, die bei der Stahlherstellung entstehen,

☐ Reduktion insbes. oxidischer Nickelerze,

☐ chlorierende Röstung,

☐ Calcinierung von Galmei, Zinkcarbonat und Hydrozinkit sowie von Magnesit und Dolomit.

Trotz der erheblichen Vorteile der Wirbelschichtreaktoren und der Flugstaubreaktoren behält der Etagenofen seine Bedeutung für:

☐ langsame Reaktionen, die sehr lange Verweilzeiten des Feststoffs bei geringerem Abrieb erforderlich machen,

☐ Reaktionen, die bei relativ niedrigen Temperaturen oder innerhalb enger Temperaturbereiche (± 10 °C) ablaufen müssen,

☐ Reaktionen, die bei kleinen Gasmengen oder bei genau eingestellten Gaskonzentrationen verlaufen,

☐ Reaktionen zwischen Feststoffen und Salzen oder anderen Feststoffen, da stets eine gute Homogenisierung der Reaktionsmasse vorliegt. *Schönbucher*

Literatur: *Esch, H., u. C.-A. Maelzer:* Etagen-, Staubröst- und Schwebeschmelzöfen. In: Ullmanns Enzyklopädie der technischen Chemie. Bd. 3. Weinheim 1973.

Evakuieren. Luftleer- oder Gasleermachen eines hohlen Werkstücks (Erzeugung eines Vakuums), so daß ein Druck herrscht, der geringer ist als der Atmosphärendruck. Meist folgt dem E. ein weiterer Arbeitsgang, z. B. Schutzgas füllen, Aufdampfen, Elektronenstrahlschweißen.

Die Vakuumtechnik wird großtechnisch angewandt zum Trocknen und Gefriertrocknen von temperaturempfindlichen Stoffen, zur Filtration, zur Herstellung von Gasentladungsröhren und Glühbirnen. Tabelle 1 gibt eine Übersicht der Anwendungsgebiete der Vakuumtechnik und der dazugehörigen Druckbereiche.

Zur Erzeugung eines luftleeren oder gasleeren Raumes werden Vakuumpumpen eingesetzt, von denen die industriell am häufigsten eingesetzten Pumpenarten nach DIN 28400, Tl. 2, im folgenden angeführt sind:

☐ *Verdrängervakuumpumpe* ist eine Gastransfervakuumpumpe, bei der ein gasgefüllter Pumpenraum (Schöpfraum) periodisch von der Einlaßöffnung

Evakuieren. Tabelle 1: Übersicht der Einsatzgebiete der Vakuumtechnik und der Druckbereiche.

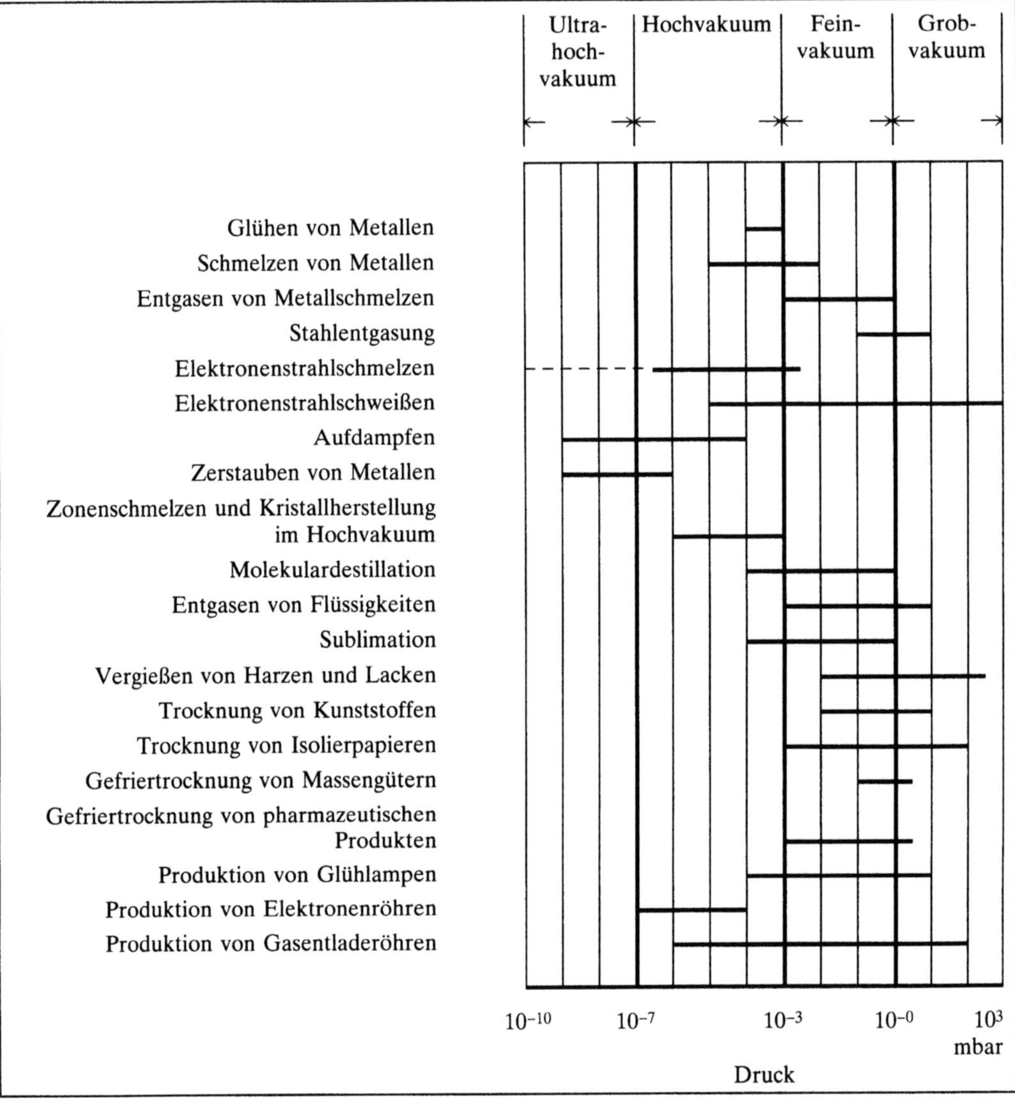

abgetrennt und das Gas anschließend zur Auslaßöffnung gefördert wird. Bei den meisten Verdrängervakuumpumpen wird das Gas komprimiert, bevor es aus der Auslaßöffnung ausströmt.

□ *Molekularpumpe* ist eine mechanisch-kinetische Vakuumpumpe, in der den Gasteilchen durch Zusammenstoß mit den Oberflächen eines Rotors mit hoher Drehgeschwindigkeit ein Impuls erteilt wird, der ihre Bewegung in Richtung der Auslaßöffnung steuert.

□ *Treibmittelvakuumpumpe* ist eine kinetische Vakuumpumpe, in welcher der Druckabfall des Venturieffekts benutzt wird und das Gas durch einen schnellbewegten flüssigen, gas- oder dampfförmigen Strahl (Treibmittel) mitgerissen wird.

□ *Gettervakuumpumpe* ist eine Vakuumpumpe, in der das Gas an einen Getter, vorzugsweise durch eine chemische Reaktion, gebunden wird. Dabei werden vorwiegend Metalle oder Metalllegierungen als Getterstoffe verwendet, die entweder als Festkörper oder in Form frisch aufgedampfter dünner Schichten vorliegen.

□ *Kryopumpe* enthält tiefgekühlte Flächen (unterhalb 120 K) an denen Gase oder Dämpfe als fester Niederschlag kondensieren. Das Kondensat wird auf einer Temperatur gehalten, bei der der Druck der gasförmigen Phase geringer ist als der gewünschte Druck in der Vakuumkammer.

Tabelle 2 gibt eine Übersicht über die Arbeitsbereiche für Vakuumpumpen.   *König*

Evakuieren. Tabelle 2: Gebräuchliche Arbeitsbereiche von Vakuumpumpen. (Quelle: DIN 28400, Tl. 2)

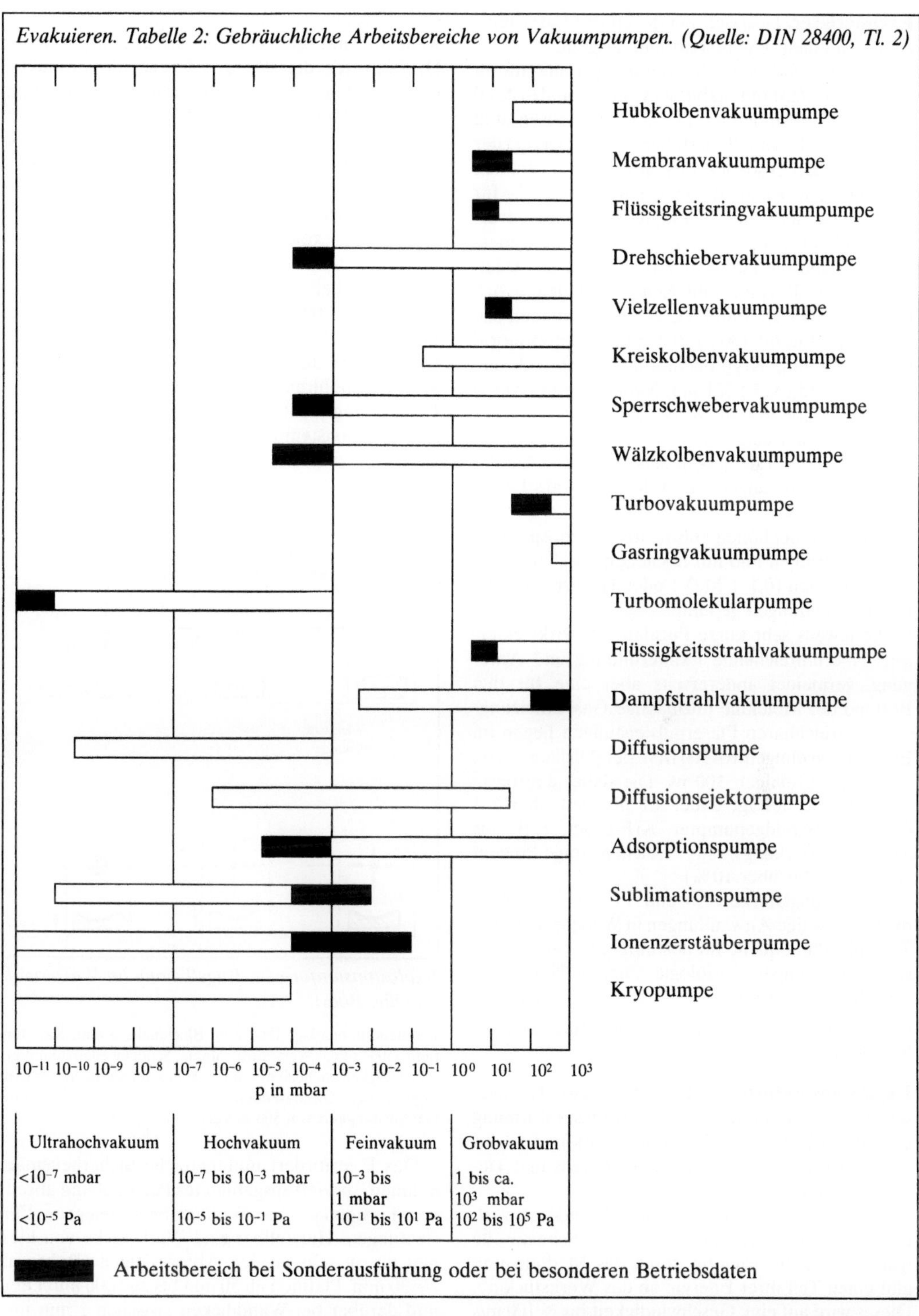

Literatur: DIN 28400. Tl. 2: Vakuumtechnik; Benennung, Definition. Hrsg. Dt. Inst. f. Normung. Ausg. Okt. 1980. – DIN 28401: Vakuumtechnik; Bildzeichen, Übersicht. Hrsg. Dt. Inst. f. Normung. Ausg. Nov. 1976. – DIN 28402: Vakuumtechnik; Größen, Formelzeichen, Einheiten. Hrsg. Dt. Inst. f. Normung. Ausg. Dez. 1976. – *Pupp, W.:* Vakuumtechnik, Grundlagen und Anwendung. München 1972.

Excimerlaser. Gaslaser, bei denen der Laserübergang von einem Excimerzustand ausgeht.

Excimere sind Molekülverbindungen, die nur im angeregten Zustand stabil sind, im Grundzustand jedoch ein abstoßendes Potential aufweisen und entsprechend schnell zerfallen. Auf Grund der endlichen Lebensdauer des angeregten, stabilen Zustands läßt sich mit derartigen Molekülen die für einen Laserübergang benötigte Besetzungsinversion aufbauen. Für den Lasereinsatz besonders geeignet sind die Halogenverbindungen der Edelgase Argon, Krypton und Xenon, mit denen sich leistungsstarke UV- und VUV-Laser aufbauen lassen: Argonfluorid (ArF) 193 nm, Kryptonfluorid (KrF) 249 nm, Kryptonchlorid (KrCl) 222 nm, Xenonfluorid (XeF) 351 nm, Xenonchlorid (XeCl) 308 nm, Xenonbromid (XeBr) 282 nm.

Neben den Edelgashaliden werden auch Edelgasoxide und Edelgas-Metall-Eximere (Alkali-, Erdalkaliverbindungen mit Edelgasen) als Lasergase eingesetzt.

E. werden bei hohen Gasdichten (Atmosphärendruck) betrieben und mit hochenergetischen Elektronenstrahlen (0,1–1 MeV) oder Hochspannungs-Plasmaentladungen gepumpt.

Die jeweils sehr kurze Pulsdauer bewirkt einerseits eine hinreichende Eximerbildung und Anregung, vermeidet andererseits aber eine für den Bestand der Moleküle unzulässige Gasaufheizung.

Die erreichbaren Plaserpulsleistungen liegen im Bereich von einigen 10–100 MW bei Pulslängen von 10 ns bis zu einigen 100 ns. Die dabei emittierte Laserenergie beträgt dabei 0,1 bis weit über 1 J (elektronenstrahlgepumpter KrF-Laser z. B. bis 350 J). Die Wirkungsgrade erreichen einige Prozent (KrF-Laser bis über 10 %).

Als leistungsstarke UV- und VUV-Laser finden die E. vielfältige Anwendungen in Wissenschaft und Technik (Pumpquelle für abstimmbare Farbstofflaser, Anwendungen in Biologie, Chemie, Halbleiterprozeßtechnik usw.). *Wilhelm*

Literatur: *Rhodes, Ch. K.:* Eximerlasers. Topics in Appl. Phys. 30 (1979).

Explosionsumformen. E. gehört zur Hochgeschwindigkeits- bzw. →Hochleistungsumformung und ist ein Umformverfahren mit Wirkmedien mit energiegebundener Wirkung des Weitens und Tiefens nach DIN 8585.

Die bei einer Explosion oder Detonation z. B. unter Wasser entstehende Stoß- oder Schockwelle transportiert die Energie durch das Medium und gibt einen Teil ihrer Energie an das Werkstück ab. Dieses wird auf eine Geschwindigkeit bis ≫ 100 m/s beschleunigt, trifft auf das formgebende, einteilige starre Werkzeug und wird durch die in ihm enthaltene kinetische Energie umgeformt. Der Wirkungsgrad beträgt dabei einige Prozent der in der Explo-

sivstoffladung enthaltenen Energie. Der Schockwelle folgt mit zeitlicher Verzögerung ein geringerer Druckanstieg der aus den Umsetzungsprodukten entstehenden Gasblase, die schließlich als „Fontäne" durch die Oberfläche des Wassertanks bricht (Bild 1). Die Anfangsgeschwindigkeit der Schockwelle hängt vom verwendeten Explosivstoff ab – bei Niederdruck-Explosivstoffen (Schießstoffen) beträgt die Umsetzgeschwindigkeit 2500–3000 m/s, bei Hochdruck-Explosivstoffen (Sprengstoffen) bis 8000 m/s – und fällt nach einer gewissen Ausbreitung auf die Schallgeschwindigkeit des Mediums (im Wasser ca. 2000 m/s) zurück. Wegen der hohen Geschwindigkeit beim Umformen des Werkstücks, vornehmlich durch Tiefen oder Weiten, muß der Werkzeughohlraum evakuiert werden, damit die Umformung nicht behindert wird, keine zu hohen Kompressionstemperaturen entstehen und bei Anwesenheit von Fett oder Öl kein „Dieseleffekt" auftritt.

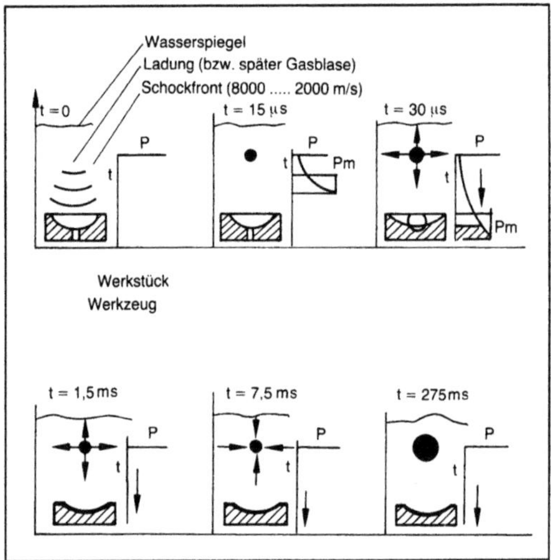

Explosionsumformen: Kugelkalotte im Wassertank. (Quelle: Boes)

Platinendurchmesser 1500 mm, Blechdicke 5 mm, Kalottentiefe 500 mm, Wertestoff Stahl, Schockwellenanfangsgeschwindigkeit ca. 8000 m/s auf 3500 m/s abfallend; ab t ≈ 15 µs Beginn der Gasblasendehnung, die bei t ≈ 30 µs eine Geschwindigkeit von 500 m/s erreicht.

Das E. erfordert umfangreiche Sicherheitsmaßnahmen, speziell ausgebildetes Personal und abseits von Fertigungs- und Wohnanlagen gelegene Einrichtungen. Herstellbar sind Werkstücke von kleinen bis zu sehr großen Abmessungen (Rohre ab 20–30 mm, Platinen ab 50 mm bis zu 5000 mm Dmr. und darüber bei Wanddicken zwischen 1 mm und 30 mm, ggf. auch darüber). Die meist einteiligen Werkzeuge bestehen aus Stahl, Gußeisen, Beton, Kunststoff und ggf. aus Eis. Bei der Herstellung kleiner Mengen großer Werkstücke, insbes. aus schwer umformbaren Werkstoffen, hat das E. folgende Vorteile: vergleichsweise geringe Investitionskosten, geringe Werkzeugkosten, Einsparung von Arbeitsgängen gegen herkömmliche Fertigung. Demgegenüber stehen die Nachteile: schwierige Bestimmung des Umformverlaufs und der Werkzeugauslegung, geringe Mengenleistung, Sicherheitsmaßnahmen. Insgesamt haben sich die technischen Vorteile als nicht durchschlagend und die wirtschaftlichen Nachteile als gravierend erwiesen. Das E. wird daher weltweit nur sehr begrenzt angewandt. Auch die Entwicklung von Einrichtungen zum E. in geschlossenen Werkzeugen mit patronierten Explosivstoffen hat diese Entwicklung nicht positiv beeinflussen können. *Lange*

Literatur: *Lange, K.:* Lehrbuch der Umformtechnik. Bd. 3: Blechumformung. Berlin, Heidelberg, New York 1975.

Extrahieren. E. ist das selektive Herauslösen von Stoffen aus einem Gemisch mit Hilfe eines Lösungsmittels. An dieser Stelle soll die Flüssig-Flüssig-Extraktion behandelt werden (→Feststoffextraktion, →Gasextraktion).

Die Flüssig-Flüssig-Extraktion beruht auf der unterschiedlichen Gleichgewichtsverteilung der zu trennenden Komponenten einer Lösung zwischen zwei flüssigen Phasen. Sie findet besonders bei der Trennung von Stoffgemischen Anwendung, die nur schwierig oder überhaupt nicht durch Rektifikation getrennt werden können, vor allem

☐ bei geringem Unterschied der Dampfdrücke der zu trennenden Stoffe,

☐ beim Auftreten von azeotropen Gemischen,

☐ bei Gefahr von thermischer Zersetzung,

☐ bei gleichzeitiger Entfernung mehrerer Komponenten mit großen Unterschieden in den Siedepunkten.

Das größte Einsatzgebiet der Flüssig-Flüssig-Extraktion liegt in der Erdölindustrie. Dort werden Aromaten, Hartparaffine und Olefine aus Schmierölen und Asphalt aus den Rückständen der atmosphärischen Destillation entfernt. Wichtig ist ferner die Aufkonzentrierung und Gewinnung von Essigsäure, die mit Ethylacetat aus wäßriger Lösung extrahiert wird.

Eine große Anzahl von Metallen gewinnt man durch Extraktion ihrer Salze aus Gemischen, z. B. Niob, Tantal, Beryllium, Mangan, Zink, Nickel.

Alle Extraktionsverfahren lassen sich stufenweise oder kontinuierlich durchführen. Als Stufe wird eine mechanische Vorrichtung bezeichnet, in der die zu trennende Lösung und ein nichtmischbares Lösungsmittel untereinander verteilt werden, wobei man annähernd das Phasengleichgewicht erreicht und anschließend die beiden unlöslichen Phasen in einem Abscheider voneinander trennt (Bild). Die aufnehmende Phase, welche die Stufe verläßt, bezeichnet man als →Extrakt, die abgebende Phase

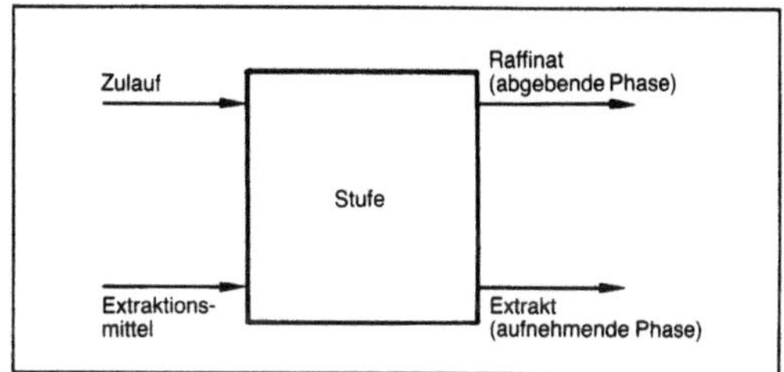

Extrahieren: Schema einer Extraktionsanlage.

als →Raffinat. Eine theoretische Stufe ist eine solche, in welcher der Kontakt zwischen den Phasen hinreichend eng ist und genügend lange aufrecht erhalten wird, daß sich ein →Verteilungsgleichgewicht einstellt.

Die stufenweise Extraktion kann nach folgenden Möglichkeiten durchgeführt werden:

☐ als *Einstufenextraktion*, wobei das zu trennende Stoffgemisch und das Lösungsmittel einmalig zusammengebracht, durchmischt wird und die Extrakt- und Raffinatphasen anschließend getrennt werden,

☐ als *Mehrstufenextraktion im* →*Kreuzstrom*, wobei die Raffinatphase mehrere Male hintereinander mit jeweils frischem →Extraktionsmittel behandelt wird,

☐ als *Mehrstufenextraktion im* →*Gegenstrom*, wobei das Extraktionsmittel und die zu trennende Lösung an den gegenüberliegenden Enden einer Kaskade eintreten,

☐ als *Mehrstufenextraktion im Gegenstrom mit* →*Rückfluß*, wobei an dem Ende der Kaskade, an dem die Extraktphase austritt, ein Rückfluß erzeugt wird.

Bei der Wahl des Extraktionsmittels muß ein Kompromiß zwischen den folgenden gewünschten Eigenschaften gesucht werden:

☐ Selektivität (vorzugsweise Lösen einer Komponente),

☐ Kapazität (Beladbarkeit),

☐ schlechte gegenseitige Löslichkeit von Extraktionsmittel und Raffinat,

☐ hohe Dichtedifferenz der Phasen,

☐ große Grenzflächenspannung,

☐ hohe chemische Stabilität,

☐ niedrige Viskosität,

☐ einfache Regeneriermöglichkeiten,

☐ ungiftig, nicht gesundheitsschädlich,

☐ Preis.

Die Berechnung der Flüssig-Flüssig-Extraktion kann in einfachen Fällen in einem Beladungsdiagramm (Beladung des Extrakts gegen Beladung der Raffinatphase) oder in einem Dreiecksdiagramm erfolgen. (Zu den bei der Flüssig-Flüssig-Extraktion verwendeten Apparaten: →Extraktionsapparat, →Pulsationsextraktion, →Reaktivextraktion, →Reextraktion, →Vielstoffextraktion.) *Dohrn*

Literatur: *Blaß, Soldmann, Hirschmann, Mikailowitsch, Pietsch:* Fortschritte auf dem Gebiet der Flüssig/Flüssig-Extraktion. Chem.-Ing.-Techn. 57 (1985), S. 565/81. – *Hampe, M. J.:* Lösungsmittel-Auswahl bei der Flüssig/Flüssig-Extraktion unter physikalisch-chemischen Aspekten. Chem.-Ing.-Techn. 57 (1985), S. 669/81. – *Hanson, C.:* Recent Advances in Liquid-Liquid-Extraction. Oxford 1971. – *Lo, T. C., M. H. F. Baird* u. *C. Hanson:* Handb. Solvent Extraction. 1. Aufl. New York 1983. – *Mersmann, A.:* Thermische Verfahrenstechnik. Berlin, Heidelberg, New York 1980. – *Sattler, K.:* Thermische Trennverfahren. Weinheim 1988. – *Treybal, R. E.:* Liquid Extraction. 2. Aufl. New York 1963. – Ullmanns Enzyklopädie der technischen Chemie. 4. Aufl. Weinheim 1972.

Extrakt. Mit E. oder E.-Phase wird die aufnehmende Phase bei thermischen Trennverfahren bezeichnet, z. B. bei der Flüssig-Flüssig-, der Fest-Flüssig- oder der Gasextraktion.

Die Stofftrennung bei Extraktionsverfahren beruht auf den unterschiedlichen Gleichgewichtsverteilungen der Komponenten auf zwei Phasen. Die E.-Phase, die zu Beginn der Trennung nur aus dem Extraktionsmittel (Flüssigkeit oder komprimiertes Gas) besteht, wird mit der Raffinatphase (Trägerstoff und abzutrennender Wertstoff) in Kontakt gebracht. Solange die Gleichgewichtskonzentration des Wertstoffs in der E.-Phase noch nicht erreicht ist, kommt es zu einem Stoffübergang des Wertstoffs von der Raffinat- in die E.-Phase. Am Ende des Trennvorgangs befinden sich im E. das Extraktionsmittel und der Wertstoff sowie geringe Mengen des Trägerstoffs. *Dohrn*

Extraktion (Lebensmitteltechnik). In der Lebensmittelverfahrenstechnik ist die E. eine der bedeutendsten Trennoperationen. Während die Flüssig-Flüssig-E. nur eine untergeordnete Rolle spielt, wird die Fest-Flüssig-E., eines der ältesten bekannten Trennverfahren, in beträchtlichem Maße eingesetzt:

☐ E. von Ölsaaten: Ölsaaten werden zunächst bis auf ca. 18 % Restöl abgepreßt, zerkleinert und zu Flocken, eine für die E. günstige Form, gewalzt. Die E. erfolgt mit Hexan hauptsächlich in Karussell- und Bandextrakteuren. Die Hexan-Öl-Lösung (Miscella) wird filtriert und destillativ in Rohöl und Hexan getrennt. Letzteres wird der E.-Anlage erneut zugeführt. Zur Öl- und Fettgewinnung werden auch Knochen und Fisch extrahiert.

☐ E. von Zuckerrüben: Die Rüben werden zu Schnitzeln mit optimaler Größe und Form für die anschließende E. zerkleinert (Kenngröße ist die Silin-Zahl). Die Saccharose wird mit Wasser bei 70 bis 75 °C bis auf einen geringen Restzuckergehalt aus den Schnitzeln extrahiert. Gebräuchlich sind hier Turm- und Trog-E.-Anlagen.

Zur Erhöhung der Ausbeute wird auch Zuckerrohr nach dem Pressen mit Wasser extrahiert.

☐ Von Bedeutung ist darüber hinaus die E. von Kaffee und Kaffee-Ersatzstoffen bei der Herstellung der entsprechenden Instantgetränke sowie die E. geeigneter Früchte (hauptsächlich Äpfel) bei der Saftgewinnung. Auch Aromastoffe, Drogen und andere, z. B. pharmazeutische Wirkstoffe werden extraktiv aus Pflanzenteilen gewonnen.

Die E.-Geschwindigkeit wird meist durch den diffusiven Transport der im E.-Mittel gelösten Zielkomponente innerhalb des Feststoffes limitiert. Der Stoffübergang und damit die E.-Dauer ist demnach eine Funktion der Dicke der Feststoffpartikel. Geringere Dicken begünstigen den E.-Verlauf. Zu kleine Partikel jedoch führen zur Undurchlässigkeit für das E.-Mittel und damit zur Verschlechterung des E.-Ergebnisses.

Konsistenz des E.-Gutes und Gehalt an unlöslichen Stoffen sind maßgebend für die Auswahl des E.-Apparates. Nach dem Verdrängungsverfahren (diskontinuierlich) werden schlammartige und pulverförmige Güter extrahiert. Kürzere E.-Zeiten können in der Regel mit kontinuierlichen Verfahren (Durchlaufverfahren, Eintauchverfahren) erzielt werden. In großem Maßstab setzt man heute Band-E.-Apparate (Bild) und Zellenradextrakteure ein. *Kerner/Loncin*

Literatur: *Loncin, M.:* Die Grundlagen der Verfahrenstechnik in der Lebensmittelindustrie. Frankfurt 1969. – *Tschenschner, H.-D.:* Lebensmitteltechnik. Leipzig 1986.

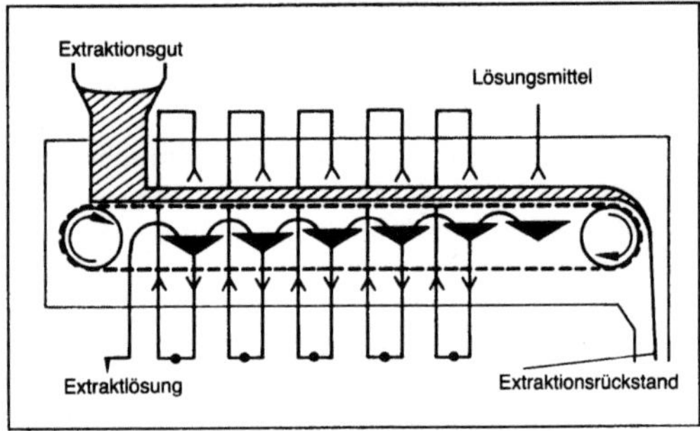

Extraktion (Lebensmitteltechnik): Schema eines Bandextraktors.

Extraktion (Verfahrenstechnik). Von den klassischen physikalisch-chemischen Trennverfahren hat die Flüssig-Flüssig-E. die größte Bedeutung, biotechnologisch hergestellte Produkte zu gewinnen. Üblicherweise wird die E. (→Aufarbeitung biotechnologischer Produkte) als erster Schritt der Produktisolierung dem Zellaufschluß oder der Separation der Biomasse nachgeschaltet. Organische Lösungsmittel werden vor allem zur Isolierung niedermolekularer Substanzen wie Antibiotika und Aminosäuren eingesetzt. Da derartige Substanzen keine Tertiär- oder Quartärstrukturen aufweisen, ist nicht mit einer Verminderung der biologischen Aktivität (also Denaturierung) durch das Lösungsmittel zu rechnen. Höhermolekulare Verbindungen

Extraktion (Verfahrenstechnik). Tabelle: Gewinnung von Bioprodukten.

Stoffklasse	Substanz	Extraktionsmittel
Antibiotika	Cycloheximid	Methylenchlorid
	Erythromycin	Amylacetat
	Novobiocin	Butylacetat
	Penicillin G/V	Amylacetat
Aminosäuren	L-Alanin	n-Butanol
	L-Lysin	n-Butanol
	Glutaminsäure	n-Butanol
Enzyme	Glucose Isomerase	Polyethylenglykol/K_3PO_4
	Fumarase	Polyethylenglykol/K_3PO_4
	Katalase	Polyethylenglykol/Dextran

(Proteine, Enzyme, Nukleinsäuren) können dagegen nur mit wäßrigen Mehrphasensystemen (z. B. Polyethylenglycol/Dextran/K_3PO_4) unter Erhaltung ihrer biologischen Aktivität extrahiert werden. Beispiele für die Aufarbeitung von Bioprodukten mittels E. zeigt die Tabelle.

Voraussetzung für eine effiziente E. ist ein Verteilungskoeffizient >1. Zum Beeinflussen der Löslichkeit und des Verteilungskoeffizienten lassen sich der zu extrahierenden Phase Modifikatoren zusetzen. Dazu gehören Säuren und Laugen sowie Ionenpaarreagenzien. Ionenpaarreagenzien bilden mit dem Produktmolekül einen elektrisch neutralen Komplex, der sich besser in einer unpolaren organischen Phase löst als in der wäßrigen Phase. *Liefke*

Literatur: *Belter, P. A., E. L. Cussler* u. *W.-S. Hu:* Bioseparations. 1. Aufl. New York 1988.

Extraktion, überkritische →Gasextraktion

Extraktionsapparat. Bei der Flüssig-Flüssig-Extraktion (→Extrahieren) sind die Eigenschaften des Zweiphasensystems Raffinat–Extrakt oft sehr unterschiedlich, so daß es eine Vielzahl von Extraktorentypen gibt, die jeweils für bestimmte Anwendungsfälle am besten geeignet sind.

Ist das treibende Konzentrationsgefälle groß, so läuft der Stofftransport von einer flüssigen Phase in die andere genügend schnell ab, und Extraktionskolonnen ohne Rühreinrichtung kommen zum Einsatz. Zu diesem Typ gehören die Siebbodenkolonne, die →Füllkörperkolonne und die →Tropfensäule. Siebbodenkolonnen haben als Einbauten gelochte Böden mit Überlaufwehren und Ablaufschächten. Der Stufenwirkungsgrad liegt bei 5–15 %. Der zulässige Belastungsbereich ist kleiner als bei für die Rektifikation verwendeten Siebbodenkolonnen.

Füllkörperpackungen mit in gewissen Abständen angebrachten Verteilerböden (→Verteiler) dienen in Füllkörperkolonnen zur Schaffung einer großen Phasengrenzfläche. Die Höhe eines theoretischen Bodens liegt beim Zwei- bis Fünffachen des Kolonnendurchmessers. Das Bild zeigt den schematischen Aufbau einer Füllkörperkolonne zur Extraktion.

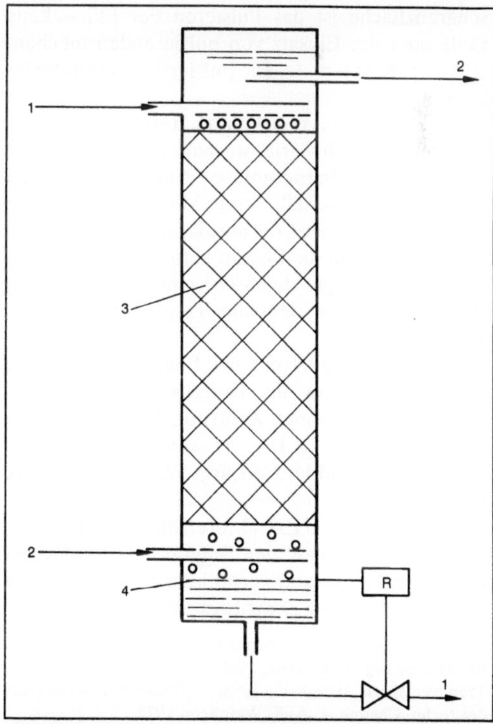

Extraktionsapparat: Schematischer Aufbau einer Füllkörperkolonne zur Extraktion.

1 schwere Phase, 2 leichtere Phase, 3 Füllkörper, 4 Phasengrenzfläche

Bei Tropfensäulen wird die disperse Phase beim Einströmen verteilt. Sie lassen sehr große Durchsätze pro Volumeneinheit zu.

In vielen Fällen läuft der Stoffübergang langsam ab, und zur Schaffung einer größeren Stoffübertragungsfläche können mechanisch angetriebene Rührer eingesetzt werden. Rührkolonnen haben meist an einer zentralen Welle angebrachte Rührer (z. B. Turbinenrührer, Schaufelrührer) und häufig zwischen den Rührzonen Beruhigungszonen, um die →Koaleszenz der Tropfen zu ermöglichen.

Drehscheibenkolonnen haben rotierende Scheiben als Rührer und gehören zu den am häufigsten verwendeten E. Ein Nachteil der Drehscheibenkolonne ist die durch die Rührer verursachte Längsvermischung, die aber durch asymmetrischen Einbau der Rührerachse vermindert werden kann.

Eine bessere Phasentrennung wird durch zwischen den Rührern angebrachte Gewebepackungen erreicht. Dieser Extraktortyp wird →Scheibelkolonne genannt.

Bei der →Oldshue-Rushton-Kolonne wird die gute Phasentrennung durch relativ kleine Rührer mit großen Rührkammern erreicht. Die Kammern sind durch enge Öffnungen miteinander verbunden.

Eine weitere Möglichkeit zur Erhöhung der Phasengrenzfläche ist das Pulsieren der Flüssigkeitssäule oder der Einsatz von pulsierenden mechanischen Einbauten (z. B. pulsierte Siebbodenkolonne).

Bei allen Extraktionskolonnen ist die Maßstabsvergrößerung schwierig, weshalb man das von der Rektifikation übernommene Prinzip der Gegenstromkolonne verläßt und Mischer-Abscheider-Kaskaden verwendet, die jeweils aus einem Rührteil bestehen, in dem die Phasen vermischt werden und sich das Phasengleichgewicht einstellt, und einem Abscheiderteil, in dem die Tropfen koaleszieren können.

Ist die Dichtedifferenz der Phasen so klein, daß eine Abscheidung im Erdschwerefeld zu lang dauern würde, können Zentrifugalextraktoren eingesetzt werden (z. B. →Podbielniak-Extraktor, Alfa-Laval-Extraktor, Lurgi-Westphalia-Extraktor).

Die Auswahl von Extraktoren für neu entwickelte Verfahren beruht auf den Ergebnissen von Experimenten im Labor- und Technikumsmaßstab (→Zellenradextraktor, →Zentrifugalextraktor). *Dohrn*

Literatur: *Mersmann, A.*: Thermische Verfahrenstechnik. Berlin, Heidelberg, New York 1980. – *Sattler, K.*: Thermische Trennverfahren. Weinheim 1988. – Ullmanns Enzyklopädie der techn. Chemie. 4. Aufl. Weinheim 1972.

Extraktionskolonne. Zylindrischer Stoffaustauschapparat zur Flüssig-Flüssig-Extraktion (→Extrahieren) und Gegenstromgasextraktion. Im Gegensatz zu Mischer-Abscheidern verläuft die Stofftrennung in E. kontinuierlich. Als →Einbauten werden u. a. Siebböden der Füllkörperpackungen verwendet.

Zur Vergrößerung der Phasengrenzfläche können →Rührer eingesetzt werden. Eine andere Möglichkeit ist die Pulsation der Flüssigkeitssäule mit einer Kolbenpumpe oder die Pulsation der Einbauten.

E. haben einen relativ geringen Grundflächenbedarf, benötigen aber in der Höhe Platz. Wegen des langsameren Stoffübergangs bei Flüssig-Flüssig-Phasensystemen ist die Anzahl der theoretischen Böden einer E. wesentlich kleiner als die bei Destillationskolonnen vergleichbarer Höhe (→Holdup). *Dohrn*

Literatur: *Mersmann, A.*: Thermische Verfahrenstechnik. Berlin, Heidelberg, New York 1980. – *Sattler, K.*: Thermische Trennverfahren. Weinheim 1988. – Ullmanns Enzyklopädie der techn. Chemie. 4. Aufl. Weinheim 1972.

Extraktionsmittel. Bei Extraktionsverfahren verwendete aufnehmende Phase. Das E. ist bei der Flüssig-Flüssig-Extraktion (→Extrahieren) und bei der →Feststoffextraktion flüssig, bei der →Gasextraktion jedoch gasförmig.

Die Auswahl des E. ist für die Wirtschaftlichkeit des Trennprozesses von entscheidender Bedeutung. Das E. und die Raffinatphase müssen eine möglichst große Mischungslücke aufweisen, damit wenig E. im →Raffinat verloren geht und damit wenig →Trägerstoff im →Extrakt gelöst wird. Die Löslichkeit mit dem aufzunehmenden Stoff sollte möglichst groß und selektiv sein. Weiterhin sollte die Regeneration einfach sein, d. h. E. und aufgenommener Stoff müssen möglichst deutlich unterscheidbare Siedepunkte haben und kein →Azeotrop bilden.

Die Extrakt- und die Raffinatphase sollten eine große Dichtedifferenz und eine große Grenzflächenspannung aufweisen, damit die Phasentrennung erleichtert und die Bildung von Emulsionen erschwert wird. Außerdem ist für flüssige E. bei der Arbeitstemperatur ein niedriger Dampfdruck erwünscht, da sonst größere Verluste durch Verdunstung entstehen.

Weitere Anforderungen sind chemische und thermische Stabilität, geringe Viskosität, geringe oder keine Giftigkeit, keine umweltbelastenden Eigenschaften, schlechte Brennbarkeit und ein geringer Preis.

Beispiele für E. sind Alkane, Aromaten wie Benzol und Toluol, Dichlormethan, Trichlorethylen, Furfurol, Ethylacetat, Butylacetat, Amine, Natronlauge, Wasser, Kohlendioxid usw. (→Lösungsmittel). *Dohrn*

Literatur: *Hampe, M. J.*: Lösungsmittel-Auswahl bei der Flüssig/Flüssig-Extraktion unter physikalisch-chemischen Aspekten. Chem.-Ing.-Techn. 57 (1985), S. 669/81. – *Mers-*

mann, A.: Thermische Verfahrenstechnik. Berlin, Heidelberg, New York 1980. – *Sattler, K.*: Thermische Trennverfahren. Weinheim 1988.

Extraktiv-Rektifikation. Die E.-R. (oder Extraktiv-Destillation) ist ein thermisches Trennverfahren zur Trennung azeotroper oder engsiedender Gemische durch Destillation mit einem Hilfsstoff. Im Gegensatz zur →Azeotropdestillation liegt die Siedetemperatur des Hilfsstoffs wesentlich höher als die Siedetemperaturen der Komponenten des zu trennenden Gemisches. Der Partialdruck einer Komponente wird durch den relativ schwerflüchtigen Hilfsstoff erniedrigt, so daß der Verlauf der Gleichgewichtskurve günstig beeinflußt wird. Auf diese Weise kann sich der →Trennfaktor erhöhen und der azeotrope Punkt verschwinden.

Die Veränderung der Phasengleichgewichte durch eine zusätzliche Komponente wird in Bild 1 für das System Benzol–Cyclohexan mit Anilin als Hilfsstoff verdeutlicht. Das System Benzol–Cyclohexan hat einen azeotropen Punkt A und ist durch eine einfache Destillation nicht vollständig zu trennen. Durch die Hinzugabe von Anilin verringert sich die Flüchtigkeit des Benzols, und die Gleichgewichtskurve verschiebt sich vollständig unter die y=x-Diagonale.

Bild 2 zeigt den schematischen Aufbau einer Anlage zur E.-R. von Cyclohexan und Benzol mit Anilin als Hilfsstoff. Sie besteht aus zwei gekoppelten Destillationskolonnen. Die Zugabe des Anilins

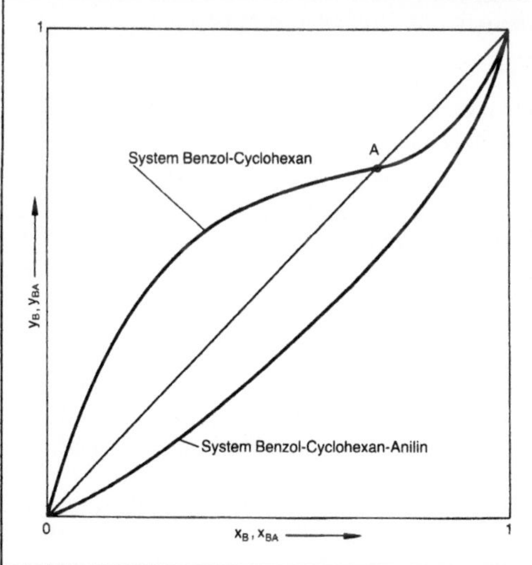

Extraktiv-Rektifikation 1: x, y-Diagramm der Systeme Benzol-Cyclohexan und Benzol-Cyclohexan-Anilin.

x_B, y_B Molanteile Benzol in der flüssigen und gasförmigen Phase (System Benzol-Cyclohexan), x_{BA}, y_{BA} Molanteile Benzol auf einer anilinfreien Basis (System Benzol-Cyclohexan-Anilin)

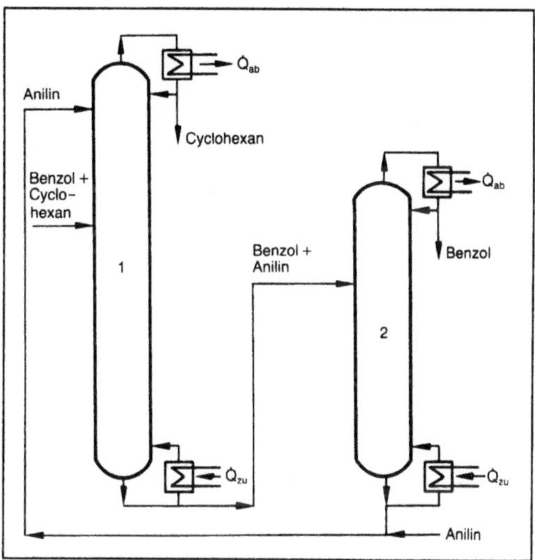

Extraktiv-Rektifikation 2: Schema einer Anlage zur Extraktiv-Rektifikation von Benzol und Cyclohexan mit Anilin als Hilfsstoff.

in Kolonne 1 erfolgt oberhalb der Zulaufstelle für das zu trennende Gemisch. In Kolonne 1 wird fast reines Cyclohexan als Kopfprodukt gewonnen. Das →Sumpfprodukt, eine Mischung aus Benzol und Anilin, kann in Kolonne 2 auf Grund der stark unterschiedlichen Flüchtigkeiten relativ einfach in Benzol und Anilin aufgetrennt werden. Das Anilin wird zusammen mit frischem Anilin zum Ausgleich der Verluste der Kolonne 1 zugeführt. Der Hilfsstoff wandert wie ein →Extraktionsmittel in einer Extraktionsanlage im Kreis, was zu der Bezeichnung E.-R. für dieses Trennverfahren geführt hat.

Bei der Auswahl des Hilfsstoffs sind die Selektivität, der Preis, die Verluste, die Korrosivität und das toxische Verhalten von Bedeutung.   *Dohrn*

Literatur: *Hoffmann, E. J.*: Aceotropic and extractive distillation. New York 1964. – *Mersmann, A.*: Thermische Verfahrenstechnik. Berlin, Heidelberg, New York 1980. – *Weiß, S.*: Thermische Verfahrenstechnik I. Leipzig 1978.

Extrudieren. Vielseitiges Verfahren zur kontinuierlichen Be- und Verarbeitung von Rohstoffen für die Lebensmittel- sowie Tier- und Kraftfutterindustrie und zur Produktion konventioneller wie auch vollkommen neuer Produkte mit definierten Eigenschaften.

Das Prinzip dieses Verfahrens beruht auf einer mechanischen Beanspruchung des Produkts, das in ein zylindrisches Gehäuse aufgegeben wird. In diesem Gehäuse befinden sich Schneckenwellen oder Knetelemente, die das Produkt durch das Gehäuse fördern und bearbeiten. Die vielfältigen Möglichkeiten beim E. ergeben sich durch geeignete konstruktive Gestaltung der Gehäuseinnenwand und der Schneckenwellen oder durch Aufsetzen spezieller Elemente auf die Wellen. Es werden Extruder mit Einwellenschnecken wie auch mit ineinandergreifenden und nicht ineinandergreifenden Doppelschnecken angeboten. Die Schnecken können gangprogressiv oder kernprogressiv, das Gehäuse kann gerade oder konisch gestaltet sein.

Damit werden verschiedene nacheinander oder gleichzeitig ablaufende Funktionen wie Fördern, Mischen, Scheren, Komprimieren u. a. erfüllt. Kompression und Reibung können das Produkt auch sehr stark erhitzen, wodurch die Möglichkeit besteht, Kochprozesse und Sterilisationen durchzuführen. Das Expandieren und Formgeben eines Produkts wird durch Querschnittsverengung an der Formdüse in Verbindung mit einem Druckaufbau unter Verwendung von gang- oder kernprogressiven Schnecken erzielt. Je nach Extrudersystem wird bei Drehzahlen von ca. 50–400 min^{-1} gearbeitet. Durch Variation der Düsenbohrung und der Kanalhöhe läßt sich der Durchsatz in einfacher Weise einstellen. Bezogen auf das Endprodukt können Durchsätze bis zu ca. 1 t/h erzielt werden.

Das Einsatzgebiet der Extrusion erstreckt sich auf expandierte und kaltgeformte Knabberartikel, proteinreiche Produkte wie texturiertes Pflanzenprotein oder proteinangereicherte Instantprodukte, auf Mehlprodukte wie eßfertige Zerealien, Backmittel und Paniermehl, modifizierte Stärke und Süßwaren wie Kaugummi, Kaubonbons und Schokolade. *Kerner/Loncin*

Literatur: *Geldner, G.:* Kochextrusion – ein neues Verfahren zum kontinuierlichen Herstellen von Lebensmitteln verschiedenster Art. ZFL (1978) Nr. 3, S. 73/75. – *Kluge, G.,* u. *K. Petutschnik:* Neue Verfahren zur Herstellung von Kartoffel-Knabberartikeln. ZFL (1978) Nr. 2, S. 43/46. – *Wiedmann, W.:* Neue Einsatzgebiete für Doppelschneckenextruder in der Süßwarenindustrie. ZFL (1978) Nr. 3, S. 102/07.

Exzenterschneckenpumpe. Die E. ist eine kontinuierlich arbeitende Verdrängerpumpe. Der Aufbau besteht aus einer eingängigen, kordelförmigen Förderspindel, die in einem zweigängigen Stator rotiert. Mit jeder Spindeldrehung ist eine Rotation der Spindelmittellinie um die Gehäusemittellinie verbunden (Bild). Deshalb muß der Spindelantrieb über eine Kardanwelle erfolgen. Die entstehenden Arbeitsvolumen verschieben sich zwischen Stator und Rotor bei der Drehung der Spindel axial von der Saug- zur Druckseite. Da der Stator aus elastischen, gummiartigen Werkstoffen besteht, kann der Rotor spielfrei eingebaut werden. Dadurch sind hohe spezifische Saugarbeiten möglich. Der Stator ist in das Pumpengehäuse eingesetzt, oft auch eingeklebt. Das mit Saug- und Druckstutzen versehene Gehäuse ist an den Lagersockel angeflanscht, der die Antriebswelle trägt.

Eine besondere Bauform der E. ist die Mohnopumpe. Davon existieren Bauvarianten, die an der

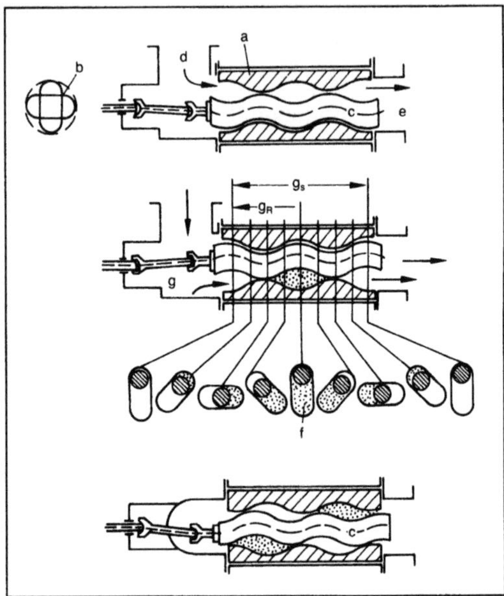

Exzenterschneckenpumpe: Schemaskizze.

a zweigängiger Schneckengang des Gehäuses, b Langlochquerschnitt des Schneckengangs, c eingängig schraubenförmig gewundene Rotorwelle, d Saugseite, e Druckseite, f Produktfüllung, g Gelenkwelle, g_s Ganghöhe des Stators, g_R Ganghöhe des Rotors

Saugseite des Stators eine Messerwelle aufweisen. Sie dient zum Zerkleinern faseriger oder klumpiger Güter, um die Pumpbarkeit zu verbessern. Der theoretische Volumenstrom ist

$$\dot{V}_{th} = 8e\ H_s\ dm\ n,$$

mit e Exzentrizität, H_s Spindelsteigung, dm Spindeldurchmesser, n Drehzahl.

Dünnflüssige bis hochviskose Flüssigkeiten sind mit der E. ebenso förderbar wie pastenförmige, breiige Medien mit hohem Feststoffanteil. Dabei können die Feststoffe hart, abrasiv, körnig oder faserig sein. Die Pumpendrehzahl ist abhängig von der Viskosität und dem Anteil abrasiver Substanzen im Fördermedium. Bei der Förderung von Wasser beträgt die Drehzahl 750 min^{-1}, während sie bei abrasiven oder zähen Medien auf 120 min^{-1} absinkt. Typische Förderströme liegen um 5 m^3/h bei Förderdrücken zwischen 1,5 und 3 bar.

E. arbeiten pulsationsarm. Die Förderflüssigkeit wird schonend und ohne zu schäumen gefördert.

Der Stator besteht je nach Einsatzbedingungen aus unterschiedlich weichem Gummi. Die Pumpe darf niemals trocken angefahren werden, da sonst der Stator durch Erwärmung zerstört würde. Die Stutzen sind vertikal angeordnet, um ein Leerlaufen der Pumpe während des Stillstands zu vermeiden. Der spindelförmige Rotor besteht aus Chrom-Nickel-Stahl. Er wird häufig von einer hohl ausgeführten Kardanwelle angetrieben, die auf Zug oder Torsion beansprucht wird. Die Wellendurchführung wird mit Weichpackungsstopfbuchsen abgedichtet. Bei Förderung abrasiver Medien kann man der Stopfbuchse Sperrflüssigkeit zugeben. *Würtz*

Exzeßfunktion. Die E. ΔZ_i gibt die Differenz zwischen der betreffenden thermodynamischen Zustandsfunktion der Komponente i in einer realen Mischung Z_i und dem Wert der Zustandsfunktion in der entsprechenden idealen Mischung gleicher Zusammensetzung Z_i^{id} an:

$$\Delta Z_i T Z_i - Z_i^{id} \tag{1}$$

bzw. als mittlere molare Größe

$$\Delta Z = Z - Z^{id} \tag{2},$$

mit

$$\Delta Z = x_K \cdot \Delta Z_K \tag{3},$$
$$Z = \Sigma x_K \cdot Z_K \tag{4},$$
$$Z^{id} = \Sigma x_K \cdot Z_K^{id} \tag{5};$$

x_i Molenbruch der Komponente i.

Eine der wichtigsten Exzeßgrößen ist die freie Exzeßenthalpie, die unmittelbar mit dem Aktivitätskoeffizienten der betreffenden Komponente ver-

knüpft ist. Für die partielle molare freie Exzeßenthalpie gilt

$$\Delta \mu_i = R \cdot T \ln \gamma_i \tag{6}$$

und für die mittlere molare freie Exzeßenthalpie

$$\Delta \mu = R \cdot T \cdot \Sigma x_K \cdot \ln \gamma_K \tag{7},$$

mit $\gamma_i \rightarrow$ Aktivitätskoeffizient der Komponente i, R universelle Gaskonstante.

Dieser Zusammenhang des Aktivitätskoeffizienten mit der freien Exzeßenthalpie kann dazu dienen, Beziehungen für die Temperatur- und Druckabhängigkeit der Aktivitätskoeffizienten zu formulieren.

Die E. sind abhängig von der Temperatur, dem Druck und der Zusammensetzung und müssen experimentell ermittelt werden. Zum Beschreiben der experimentellen Ergebnisse dienen häufig Potenzreihen oder halbempirische Beziehungen (z. B. Van-Laar-, Wilson- und NRTL-Gleichung für $\Delta \mu$ bzw. γ_i). Es existieren auch einige Gleichungen, die ausgehend von den Daten der reinen Stoffe E. zu berechnen gestatten (z. B. Hildebrand-Scott-Gleichung). *Weinspach*

Literatur: Autorenkollektiv: Thermodynamik der Mischphase. Leipzig 1973.

F

Fallfilmverdampfer. F. sind verfahrenstechnische Apparate, bei denen die einzudampfende Flüssigkeit als Film an den Innenwänden senkrechter Rohre siedend von oben nach unten strömt. Dabei wird die Schwerkraft als Ursache der Flüssigkeitsbewegung durch die treibende Wirkung des entstehenden Dampfes unterstützt, der ebenfalls nach unten strömt (→Verdampfen).

Bild 1 zeigt den schematischen Aufbau eines F. Die einzudampfende Flüssigkeit wird über eine Vorrichtung statisch, Bild 2a), oder dynamisch, Bild 2b), auf die Rohre verteilt. In einem den Heizrohren nachgeschalteten Abscheider werden Flüssigkeit und Dampf voneinander getrennt.

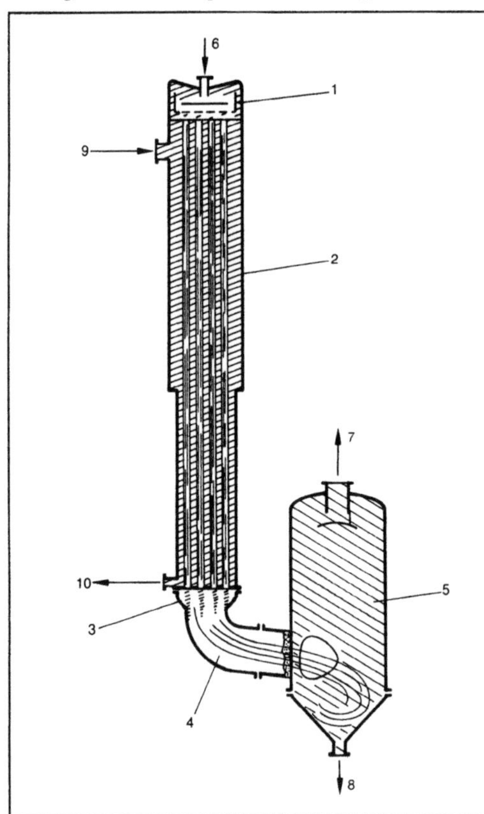

Fallfilmverdampfer 1: Schematischer Aufbau. (Quelle: Wiegand Karlsruhe GmbH, Ettlingen)

1 Kopf, 2 Heizkörper, 3 Heizkörperunterteil, 4 Gemischkanal, 5 Abscheider, 6 Produkt, 7 Brüden, 8 Konzentrat, 9 Heizdampf, 10 Kondensat

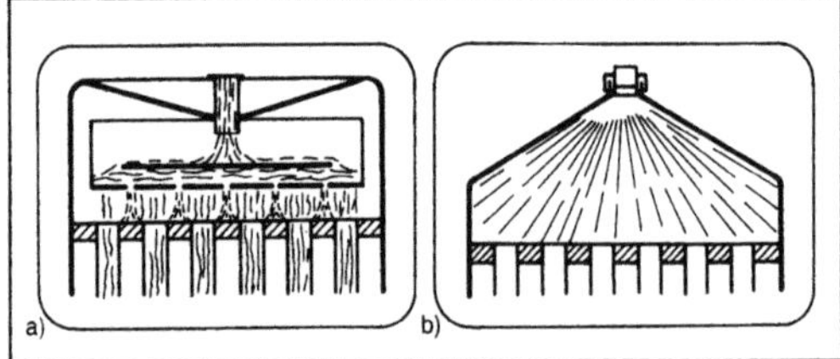

Fallfilmverdampfer 2: Flüssigkeitsverteilung.
a) Flüssigkeitsverteilung mit einer Wanne
b) Flüssigkeitsverteilung mit einer Vollkegeldüse (dynamische Verteilung).

F. haben eine sehr weite Verbreitung gefunden, was u. a. auf folgende Vorzüge zurückzuführen ist:

□ Das Fallstromprinzip ermöglicht, mit verhältnismäßig geringem Energieaufwand und mit guten Heizflächenleistungen viskose Produkte auf sehr hohe Endkonzentrationen einzudampfen.

□ F. können ohne Schwierigkeiten für größte Leistungen konstruiert werden bei vergleichsweise geringen Herstellungskosten und geringem Grundflächenbedarf.

□ Die Möglichkeit bei sehr kleinen Temperaturdifferenzen zu arbeiten, bedeutet,

– daß bei Anwendung von →Brüdenkompression und Mehrstufenverdampfung äußerst niedrige Energieverbrauchszahlen erreicht werden können,

– daß infolge geringer Wandtemperaturen empfindliche Produkte weniger leicht geschädigt werden.

□ Infolge des geringen Flüssigkeitsinhalts und der hohen Strömungsgeschwindigkeiten ergeben sich kurze Durchlaufzeiten, was besonders für empfindliche Stoffe von Vorteil ist. *Dohrn*

Literatur: *Billet, R.:* Verdampfung und ihre technischen Anwendungen. Weinheim 1981. – *Mersmann, A.:* Thermische Verfahrenstechnik. Berlin, Heidelberg, New York 1980.

Fallhammer. F. gehören zu den Umformmaschinen mit energiegebundener Wirkung. Die in einem zwischen Gleitführungen freifallenden Hammerbär in kinetische Energie umgesetzte potentielle Energie (Produkt aus Bärmasse und Fallhöhe) wird in sehr kurzer Druckberührzeit auf das umzuformende Werkstück übertragen. F. dienen überwiegend zum Gesenkschmieden, teils auch zur →Blechumformung. *Lange*

Fällung. Verfahrenstechnische Grundoperation, bei der durch Zugabe geeigneter Substanzen oder Veränderung physikalischer Parameter ein ursprünglich gelöster Stoff einen unlöslichen Niederschlag in Form von Kristallen oder Flocken bildet, d. h. er fällt aus der Lösung aus.

Die Löslichkeit einer Substanz in einem Lösungsmittel hängt von verschiedenen Faktoren ab:
□ Temperatur der Lösung,
□ Wasserstoffionenkonzentration der Lösung (pH-Wert),
□ Ionenstärke in der Lösung,
□ Dielektrizitätskonstante,
□ chemische Struktur der Verbindung.

Entsprechend vielfältig ist die Auswahl an F.-Methoden:
□ Ein F.-Mittel wird der Lösung zugesetzt. Dieses reagiert mit der gelösten Substanz zu einem unlöslichen Produkt, z. B. einem Salz. Dieses Verfahren wendet man oft bei der Gewinnung von wasserlöslichen Antibiotika und Biopolymeren aus Fermentationslösungen an.
□ Polare Substanzen können durch Zusatz von organischen Lösungsmitteln aus der Lösung ausgefällt werden.
□ Änderung der Wasserstoffionenkonzentration (pH-Wert) kann zum Ausfallen einer Substanz führen, wenn diese im undissoziierten Zustand unlöslich ist.

F. werden grundsätzlich durch die Verringerung der Temperatur begünstigt.

In der Biotechnologie hat die F. besonders bei der Gewinnung von Proteinen große Bedeutung. Diese können bei kontrollierten F.-Bedingungen fraktioniert gewonnen werden. Folgende Methoden sind u. a. bei der Protein-F. anwendbar:
□ Durch Zugabe von großen Salzmengen werden diese „ausgesalzt";
□ der pH-Wert wird auf den isoelektrischen Punkt eingestellt. Proteine haben hier eine geringe Löslichkeit in Wasser;
□ die Dielektrizitätskonstante des Lösungsmittels wird durch Zugabe von mit Wasser mischbaren organischen Lösungsmitteln herabgesetzt;
□ durch Zugabe von nichtionischen Polymeren (z. B. Polyethylenglycol) wird den Proteinen Wasser zum Bilden der Solvathüllen entzogen.

Die Auswahl der F.-Methode hängt von der Proteinkonzentration, den Kosten für die anschließende Trennung und die geforderte Reinheit ab.

Das gefällte Produkt wird durch Zentrifugation, Filtration oder Flotation aus dem Lösungsmittel entfernt und anschließend weiter aufgearbeitet (→Aufarbeitung biotechnologischer Produkte). *Liefke*

Literatur: *Bailey, J. E.,* u. *D. F. Ollis:* Biochemical Engineering Fundamentals. 2. Aufl. New York 1986.

Fällungspolymerisation →Polymerisationstechnik

Farbbestimmung. Das Aussehen eines Lebensmittels ist neben der Struktur und der Oberflächenbeschaffenheit insbes. von seiner Farbe abhängig. Andererseits ist das Aussehen mitbestimmend für den Handelswert des Produkts und das Kaufverhalten des Verbrauchers. Für eine Anbau- und Produktionsoptimierung wie auch für die Einteilung in Handelsklassen ist die Standardisierung der Farben als Kriterium für die Produktqualität von Interesse.

Nach DIN 5033 ist die Farbe diejenige Gesichtsempfindung eines dem Auge strukturlos erscheinenden Teiles des Gesichtsfeldes, durch die sich dieser Teil bei einäugiger Beobachtung mit unbewegtem Auge von einem gleichzeitig gesehenen, ebenfalls strukturlosen angrenzenden Bezirk allein unterscheiden kann.

Die Farbe eines Nichtselbstleuchters, d. h. eines Körpers, der zur Sichtbarmachung einer beleuchtenden Strahlung bedarf, wird als Körperfarbe bezeichnet. Sie hängt ab von der Beleuchtungsart, dem durch einen bestimmten wellenlängenabhängigen Reflexions-, Absorptions- und Transmissionsgrad zu charakterisierenden Körper und von der Gesichtsfeldgröße des Beobachters.

Eine Farbcharakterisierung durch chemische Bestimmung der Farbstoffe ist nur bedingt möglich. Lebensmitteln wie Obst und Gemüsen, die extrahierbare Farbstoffe wie Carotinoide, Anthocyane, Porphyrine und Flavenole enthalten, können durch Konzentrationsbestimmung dieser Stoffe Farbwerte zugeordnet werden. Vielfach eignen sich dazu spektralphotometrische Meßmethoden. Auch klare, flüssige Lebensmittel wie Bier, Wein und Säfte sind einer spektralphotometrischen Farbcharakterisierung zugänglich.

Neuere F.-Methoden bedienen sich der internationalen Normen der Farbmetrik (CIE-Normen). Auf der Basis von Reflexions- oder Transmissionsmessungen innerhalb definierter Wellenlängenbereiche können unter Verwendung von integrierenden Spektralphotometern Farbvalenzen bestimmt werden, welche z. B. in einem durch einen Farbton, einer Sättigungsstufe, d. h. Farbintensität, und eine Helligkeits- bzw. Dunkelstufe oder auch in einem durch drei theoretische Normvalenzen (Tristimuluswerte) aufgespannten dreidimensionalen Raum eindeutig festlegbar sind. Eine ähnliche Bestimmung der Farbvalenz verschiedener Lebensmittel ist mit Tristimuluscolorimetern möglich. Durch Anwendung von ausgewählten Lichtfiltern und Standards kann die Farbvalenz direkt ausgedrückt werden. Dieses Verfahren eignet sich besonders zur Erfassung von Farbunterschieden zweier Produkte. Für viele Lebensmittel anwendbar sind Geräte, in die feststehende gefärbte Glasfilter oder rotierende

Scheiben mit unterschiedlich gefärbten Kreisausschnitten so eingesetzt werden, daß der visuelle Vergleich mit der Probe eine genaue Farbübereinstimmung ergibt. Zur Farbbestimmung von Ölen, Fetten, Margarine, Getränken und Gewürzen eignen sich nach dem genannten Prinzip funktionierende Lovibond-Tintometer, speziell für Gemüse und Pürees das Munsell-System. Die ermittelten empirischen Werte lassen sich in Farbvalenzen ausdrücken. Darüber hinaus existiert noch eine große Anzahl empirischer Verfahren für bestimmte Lebensmittel, insbes. Farbskalen, z. B. die Jodfarbzahl und E.B.C.-Werte (European Brewery Convention) für Bier, die Gardner-Farbzahl für Öle und Fette oder die Hazen-Farbzahl. Ihr Prinzip beruht auf der Herstellung von Verdünnungsreihen einer Standardlösung und einem visuellen Vergleich mit der Probe. *Kerner/Loncin*

Literatur: *Brückner, F.:* Farb-Beurteilung von Flüssigkeiten. Fette, Seifen, Anstrichmittel 86 (1984) Nr. 4. – *Grünewald, T.:* Über die Auswertung von Farbmessungen, insbesondere an Lebensmitteln. Fette, Seifen, Anstrichmittel 61 (1959) Nr. 6. – *King, R. D.:* Developments in food analysis techniques. London 1980.

Farbeindringprüfung. Die F. ist ein Verfahren der zerstörungsfreien Werkstoffprüfung zum Nachweis von Fehlern, die von der Prüfstückoberfläche ausgehen oder mit ihr unmittelbar in Verbindung stehen. Typische Beispiele hierfür sind Risse, Poren, Kerben, Überwalzungen und Pilgerdurchschläge.

Bei der F. wird die Kapillarwirkung feiner Oberflächenöffnungen ausgenutzt. Eingefärbte Flüssigkeiten mit geringer Oberflächenspannung dringen in solche Öffnungen ein und können dort mit geeigneten Kontrastmitteln nachgewiesen werden.

Prüfvorgang (Bild). Die sachgerecht durchgeführte F. beginnt mit der sorgfältigen Reinigung der

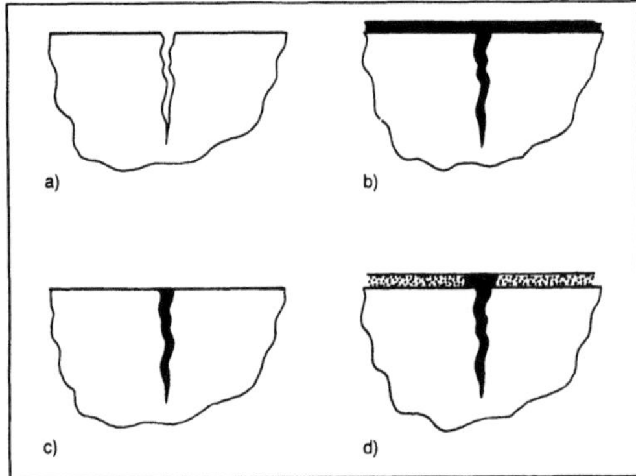

Farbeindringprüfung: Schematische Darstellung einer Werkstückoberfläche mit Riß.
a) Gereinigt
b) Nach Aufbringen des Eindringmittels
c) Nach Abwaschen des Eindringmittels
d) Mit Fehleranzeigen in der Entwicklerschicht.

zu prüfenden Oberfläche. Der Reinigungsvorgang richtet sich nach dem Grad der Verschmutzung und reicht von der mechanischen Entfernung von Zunder, Rost oder Farben bis zur Behandlung mit Dampf oder Lösungsmitteln, wenn die Gefahr besteht, daß Schmutz in Oberflächenöffnungen eingedrungen ist. Nach einer Naßreinigung ist das Prüfstück sorgfältig zu trocknen.

Beim nächsten Prüfschritt wird das Eindringmittel aufgebracht. Kleine Prüfstücke werden hierzu zweckmäßig eingetaucht. Bei großen Prüfstücken wird das Eindringmittel aufgesprüht oder mit dem Pinsel aufgetragen. Hierbei ist darauf zu achten, daß das Eindringmittel während der Eindringzeit nicht antrocknet. Die Eindringzeit ist um so länger, je feiner die nachzuweisenden Oberflächenfehler sind.

Der dritte Prüfschritt dient der Entfernung der überschüssigen Eindringmittel von der Prüfstückoberfläche. Auswahl sowie Dauer und Art der Anwendung des Waschmittels hat so zu erfolgen, daß das Eindringmittel in den nachzuweisenden Fehlern verbleibt.

Als letzter Prüfschritt erfolgt die Entwicklung der Anzeige eines ggf. vorhandenen Fehlers. Hierzu werden Mittel mit hoher Saugfähigkeit auf die Prüfstückoberfläche aufgebracht, die daneben auch einen guten Kontrast zur Farbe des Eindringmittels bilden. Der Entwickler saugt das Eindringmittel aus dem Fehler heraus und zeigt ihn infolge des Kontrasts an. Die Entwicklungszeit ist ebenfalls um so länger, je feiner die zu erwartenden Fehler sind.

Prüfmittel. Die Auswahl der Prüfmittel richtet sich nach den Werkstoffen der Prüfstücke und der Art der darin enthaltenen Oberflächenfehler. Es ist empfehlenswert, die angebotenen Mittel an geeigneten Teststücken zu erproben. Als Eindringmittel werden meist wasser- oder lösungsmittellösliche Farben verwendet, die wasserabwaschbar sind. Meist sind die Farben leuchtend rot oder fluoreszierend. Als Entwickler werden überwiegend in Lösungsmitteln oder Wasser aufgeschlämmte mattweiße Pulver verwendet. Zur Kontrolle der Prüfmittel werden geeignete Testkörper verwendet. Dies können beispielsweise Testkörper mit verstellbaren, künstlichen Spalten sein, oder es finden Platten aus Aluminiumlegierungen oder hartverchromtem Stahl Verwendung, in deren Oberflächen Risse durch Erhitzen und Abschrecken eingebracht werden.

Verwendung. Das →Farbeindringverfahren kann prinzipiell bei allen Feststoffen angewendet werden. Bei porösen Stoffen sind aber spezielle Eindringmittel notwendig. Das Hauptanwendungsgebiet im Bereich der metallischen Werkstoffe liegt bei den nichtmagnetisierbaren Stählen, Aluminium, den Buntmetallen und speziellen Werkstoffen des Flugzeugbaus, z. B. Titan usw. Für magnetisierbare Werkstoffe, wie z. B. die ferritischen Stähle, ist die →Magnetpulverprüfung vorzuziehen. *Kußmaul*

Literatur: *Betz, C. E.*: Principles of Penetrants. Chicago 1963. – *Müller, E. A. W.*: Handb. zerstörungsfreie Materialprüfung. München 1975.

Farbeindringverfahren. Für die Überprüfung von Werkstücken auf Oberflächenrisse stehen Oberflächenriß-Prüfverfahren zur Verfügung, nämlich visuelle Verfahren, Farbeindring-Verfahren oder Magnetpulver-Verfahren. Für die visuelle Prüfung dienen das menschliche Auge sowie einige Hilfsmittel z. B. Lupen. Beim F. dringt eine Penetrierflüssigkeit in die Fehler ein, die nach Aufbringen eines Entwicklers nachzuweisen sind (→Farbeindringprüfung, →Werkstoffprüfung). *Strohmeier*

Faser, synthetische. Die wichtigsten Vertreter der s. F. sind Erzeugnisse auf der Basis von Polyamiden, Polyethylenterephthalat und Polyacrylnitril.

Polyamid-F. zeigen eine hohe Zugfestigkeit, ausgezeichnete Scheuerbeständigkeit, eine hohe Zunahme der Dehnung bei geringer Spannung und eine geringe Licht- und Wetterbeständigkeit.

Polyethylenterephthalat-F. zeigen gute elastische Eigenschaften, hohe Formbeständigkeit und Knittererholung, hohe Zugfestigkeit und eine bessere Beständigkeit gegen Licht und Hitze als Polyamid-F.

Polyacrylnitril-F. zeigen eine unübertroffene Licht- und Wetterbeständigkeit, einen wollähnlichen Griff, eine niedrige Dichte, aber nur geringe Zugfestigkeit und schlechte Scheuerbeständigkeit. Polyamid-F. lassen sich leicht anfärben; sehr viel schwerer die Polyethylenterephthalat-F., die nur mit Spezialfarbstoffen bzw. unter Modifizierung des Substrats oder erhöhter Temperatur (über 100 °C) brauchbare Ergebnisse liefern. Kaum anfärbbar mit den üblichen Methoden sind reine Polyacrylnitril-F. Sie müssen vor dem Anfärben modifiziert werden.

Modacryl-F. sind Materialien aus einem Copolymerisat von mindestens 35 % und höchstens 85 % Acrylnitril und Vinylchlorid. Sie besitzen wie die Polyacrylnitril-F. eine ausgezeichnete Licht- und Wetterbeständigkeit, einen angenehmen Griff, bessere Scheuerbeständigkeit als Polyacrylnitril-F. und auch eine höhere Zugfestigkeit.

Saran (Handelsname der Dow Chemical) ist ein Copolymerisat aus 85 % Vinylidenchlorid, 13 % Vinylchlorid und 2 % Acrylnitril.

Spandex sind F., die zu mindestens 85 % Polyurethanglieder in ihren Makromolekülen enthalten. Die typischen Eigenschaften dieser Polyurethanelastomer-F. sind bedingt durch ihren Aufbau: In den Makromolekülen wechseln längere, bewegliche, weiche Segmente mit kurzen, hochschmelzenden, harten Segmenten ab. In den kristallinen Bereichen bewirken starke Wasserstoffbrücken eine physikalische Vernetzung. Diese Fäden besitzen einen zweibis dreimal höheren Elastizitätsmodul als Gummifäden, eine ausgezeichnete Zugfestigkeit und sind besonders abriebfest.

Polypropylen-F. besitzen eine mittlere Zugfestigkeit und eine gute Scheuerbeständigkeit. Die Licht- und Wetterbeständigkeit ist gering, der Griff unangenehm, paraffinartig. Die F.-Stoffe aus Polypropylen werden deshalb vorwiegend auf dem Teppichsektor (Grundgewebe für Tuftings) und auf dem technischen Gebiet für Seile und Netze eingesetzt.

Polytetrafluorethylen-F. besitzen eine sehr hohe Hitzebeständigkeit (bis 330 °C) und werden von Säuren, Laugen und Lösungsmitteln nicht angegriffen. *Zahradnik*

Faserherstellung. Zur Herstellung von Fasern, dem Verspinnen, muß der Spinnrohstoff in einen fließfähigen Zustand gebracht und durch engporige Öffnungen (Spinndüsen) in ein Medium (Fällmittel) ausgepreßt werden, in dem er sich verfestigt. Prinzipiell sind zwei Möglichkeiten gegeben, einen makromolekularen Stoff zu verspinnen:
□ Lösungsspinnen,
□ Schmelzspinnen.

Beim Lösungsspinnen wird der Spinnrohstoff in einem geeigneten Lösungsmittel gelöst und diese Lösung durch die Spinndüse gedrückt. Um dabei Fasern zu erhalten, bedient man sich zwei verschiedener Verfahren: Naßspinnverfahren und Trockenspinnverfahren.

Im Naßspinnverfahren wird die Spinnlösung hinter der Düse in ein geeignetes Fällbad geführt, in dem die Faser koaguliert. Beim Trockenspinnverfahren wird die Verfestigung der Faser durch Verdampfen des Lösungsmittels mit heißer Luft erreicht. Beim Schmelzspinnen wird der Spinnrohstoff aufgeschmolzen und durch die Düse gepreßt. Die Verfestigung der Faser erfolgt dabei durch Abkühlen.

Welches dieser Verfahren man zum Verspinnen anwendet, hängt davon ab, ob die zwischenmolekularen Kräfte im polymeren Rohstoff ohne chemische Zersetzung entweder durch Solvatation (Lösungsspinnen) oder durch die thermische Bewegung der Moleküle (Schmelzspinnen) besser zu überwinden sind. Manche Stoffe können nach beiden Verfahren, die meisten aber nur nach einem versponnen werden. Wichtigster Bestandteil der Spinnapparatur ist die Düse, durch die der Rohstoff in Faserform gebracht wird. Sie ist ein einseitig verschlossener, kurzer Zylinder mit einem Durchmesser von ungefähr 1–10 cm und ist aus Glas, hochwertigem Stahl, Nickel, Tantal oder Edelmetallegierungen (Gold, Platin, Rhodium) gefertigt. Die bis zu mehreren tausend Spinnkanäle in der Bodenplatte besitzen einen Durchmesser zwischen 0,02 und 1 mm. Ihre Form ist im Querschnitt meist rund, im Längsschnitt zylindrisch, konisch oder trichterförmig.

Neben den Düsen kommt den Pumpen, die das Spinngut zur Düse fördern, eine entscheidende Bedeutung zu. Ihre Präzision ist für die Gleichmäßigkeit des Spinnvorganges ausschlaggebend. Man verwendet hauptsächlich Zahnradpumpen, mit denen Förderdrücke bis zu 30 bar erzeugt werden können.

Hinter den Düsen müssen die Fasern durch geeignete Vorrichtungen (Galetten) erfaßt und abgezogen werden. Sie werden daraufhin ggf. nachbehandelt und getrocknet und schließlich auf Spulen gewickelt oder in Zentrifugentöpfen als Spinnkuchen gesammelt.

Von dem Abzug an der Düse sowie von der pro Zeiteinheit geförderten Menge des Spinngutes wird die Dicke der Faser bestimmt. Für die Qualität der Faser ist daher eine sorgfältige und gleichbleibende Einstellung von Abzug und Förderung wichtig. Verschmutzte Düsen, inhomogenes Spinngut, schwankende Förderung oder unregelmäßiger Abzug führen zu Fadenbrüchen, Verklebungen und anderen Fehlern.

Maßsystem für Fasern: Als Gewichtstiter bezeichnet man die Masse von 1000 m einer Faser in Gramm; seine Einheit ist das Tex (tex). In der Praxis wird meist das Decitex (dtex) benutzt, das sich auf die Masse von 10000 m einer Faser bezieht. Gebräuchlich ist auch die Angabe der Faserlänge, bezogen auf 1 g (Nm Nummer metrisch).

Naßspinnverfahren. Hierzu zählen das Viskose- und das Kuoxamverfahren, wobei das erste die größte wirtschaftliche Bedeutung zur Herstellung von Fasern aus abgewandelter Cellulose besitzt. Weiterhin werden nach diesem Verfahren Homo- und Copolymerisate (besonders mit Acrylnitril) von Vinylchlorid sowie seit einigen Jahren auch Polyacrylnitril versponnen. Voraussetzung für eine Verarbeitung nach diesem Verfahren (Bild 1) ist eine einwandfreie Spinnlösung des makromolekularen Stoffes. Neben der erforderlichen Reinheit kommt es besonders auf eine günstige Viskosität der Lösung an. Gewöhnlich wird die Spinnlösung in großen Kesseln unter Rühren und bei erhöhter Temperatur hergestellt. Dabei werden ihr sämtliche Zusatzstoffe beigemischt, die zur besseren Verarbeitbarkeit oder zur Qualitätssteigerung der Faser dienen (Stabilisatoren, Farbpigmente usw.).

Die so hergestellte Spinnlösung muß anschließend filtriert und entgast werden, um Störungen beim Verspinnen durch Fremdkörper, ungelöstes Polymer oder Gasbläschen zu vermeiden. Sie gelangt über eine Verteilerleitung zur Spinnpumpe und wird von ihr, nochmals über einen Filter, zur Spinndüse gedrückt. Diese liegt im Fällbad und ist entweder für einen horizontalen oder senkrecht nach oben gerichteten Fadenabzug eingestellt. Bei diesem Verfahren werden Düsen mit 3000–50 000 Löchern von 0,03–0,15 mm Bohrungsdurchmesser verwendet.

Das Fällbadmedium, das sich während des Spinnens fortlaufend mit Lösungsmittel aus der Spinnlösung verdünnt, wird kontinuierlich aus dem Bad abgeleitet und strömt nach Titration, Temperierung und Korrektur seiner Zusammensetzung wieder ins Fällbad zurück.

Zusammensetzung von Fällbädern:

Viskoseverfahren:	
Schwefelsäure	100–25 g/l
Natriumsulfat	230–320 g/l
Zinksulfat	5–10 g/l
od. Magnesiumsulfat	8–17 g/l
Kuoxamverfahren:	
Schwefelsäure und Wasser	
Polyacrylnitril:	
70 Teile Dimethylformamid	
30 Teile Wasser oder Dimethylsulfoxid	

Die Konzentrationsverhältnisse und die Temperatur des Fällbadmediums sind von entscheidender Bedeutung für die Faserbildung und müssen deshalb sorgfältig überwacht und konstant gehalten werden.

Weiterhin ist wichtig, daß die für die Koagulation der Fasern notwendige Kontaktzeit mit der Badflüssigkeit eingehalten wird. Sie wird durch die Abzugsgeschwindigkeit gesteuert. Das ersponnene Gut wird bei der Herstellung von Endlosmaterial auf Spulen aufgewickelt oder in Zentrifugentöpfen abgelegt. Soll die Faser noch verstreckt werden, so führt man sie vor dem Aufwickeln über mehrere mit zunehmender Umlaufgeschwindigkeit rotierende Walzen. Die aufgewickelten Fasern werden anschließend gewaschen, um das Fällbadmedium vollständig zu entfernen, mit Präparationsmittel versetzt und getrocknet.

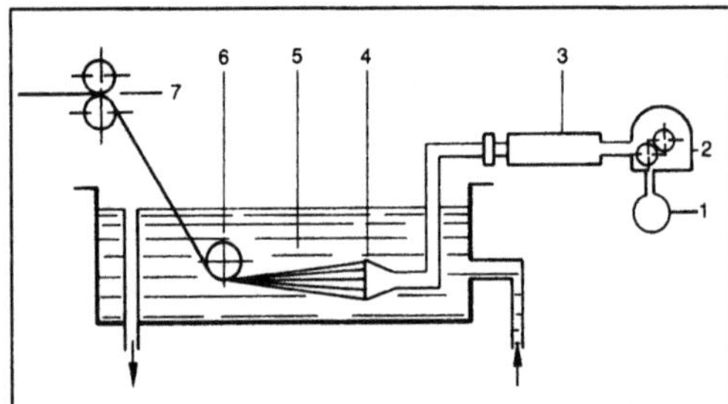

Faserherstellung 1: Prinzipieller Aufbau einer Naßspinnanlage.

1 Rohrleitung für Spinnlösung, 2 Spinnpumpe, 3 Filter, 4 Spinndüse, 5 Fällbad mit Zu- und Ableitung, 6 Umlenkrolle, 7 Abzugswalzenpaar

Trockenspinnverfahren. Im Gegensatz zum Naßspinnverfahren, wo die Koagulation der Faser durch Kontakt mit einem flüssigen Medium erreicht wird, benutzt man beim Trockenspinnverfahren (Bild 2) ein Trocknungsgas, um der durch die Düse gedrückten Spinnlösung das Lösungsmittel zu entziehen und so die Faser zu verfestigen. Nach diesem Verfahren

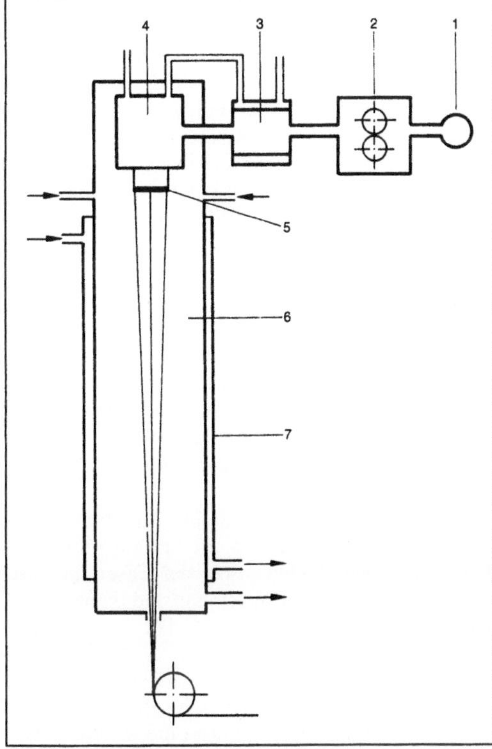

Faserherstellung 2: Prinzipieller Aufbau einer Trokkenspinnapparatur.

1 Rohrleitung für Spinnlösung, 2 Spinnpumpe, 3 Filter mit Thermostiereinrichtung, 4 Spinnkopf mit Thermostiereinrichtung, 5 Spinndüse, 6 Spinnschacht, 7 Thermostiereinrichtung

werden hauptsächlich Celluloseacetat, Polyacrylnitril, Polyvinylalkohol und Polyvinylchlorid versponnen.

Am oberen Ende eines heizbaren Rohrs, des Spinnschachtes (Länge 4–8 m, Durchmesser 15 bis 30 cm), sitzt der ebenfalls heizbare Spinnkopf mit einer oder mehreren Düsen, die mittels Zahnradpumpen mit der Spinnlösung (Naßspinnverfahren) versorgt werden.

Den ausgepreßten Fasern gleich- oder entgegengesetzt gerichtet strömt im Spinnschacht das Trocknungsgas, das auf eine dem Siedepunkt des Lösungsmittels angepaßte Temperatur erhitzt ist. Da die Verweilzeit des Spinngutes bei den normalerweise üblichen Abzugsgeschwindigkeiten von 200 bis 800 m/min sehr gering ist, muß das Verdampfen des Lösungsmittels rasch vor sich gehen. Es sollte also eine niedrige Verdampfungswärme besitzen, daneben aber auch ein gutes Lösungsvermögen, geringe Explosionsneigung und erträgliches physiologisches Verhalten. Praktische Bedeutung haben nur Methylenchlorid, Aceton und Dimethylformamid erlangt.

Als Trocknungsgas verwendet man entweder Frischluft oder mit Stickstoff angereicherte Luft. Von besonderer wirtschaftlicher Bedeutung ist dabei die möglichst vollkommene Rückgewinnung des Lösungsmittels entweder durch Kondensation oder Adsorption an Aktivkohle bzw. Silicagel.

Schmelzspinnen. Bei diesem Verfahren wird der makromolekulare Rohstoff aufgeschmolzen und versponnen, wobei die Verfestigung der Faser durch Abkühlen eintritt. Der Vorteil dieses Verfahrens (Tabelle) liegt auf der Hand: Es sind weder Lösungsmittel noch Fällbäder notwendig, und es erlaubt die Anwendung hoher Spinngeschwindigkeiten (bis zu mehreren 1000 m/min).

Die Anwendung dieses Verfahrens ist allerdings auf solche Stoffe beschränkt, die ohne Zersetzung aufgeschmolzen werden können und deren Schmelzen eine zum Verspinnen geeignete niedrige Visko-

Faserherstellung. Tabelle: Verarbeitungsdaten beim Schmelzspinnen für verschiedene Polymere.

Spinnrohstoff	Abschmelztemperatur °C	Spinntemperatur °C	Düsendimensionen		Abzugsgeschwindigkeit m/min
			Lochzahl	Lochdurchmesser, mm	
Polyamid 66	285	280	50–500	0,2–0,4	800–2000
Polyamid 6	260–280	275	50–500	0,2–0,4	600–1100
Polyethylenterephthalat	270–290	280	12–500	0,2–0,4	800–1500
Polypropylen		260	50–500	0,1	500–1000
Polyvinylchlorid		145–180			
Polyvinylidenchlorid		160–175	18–24	0,8–1,0	300– 500

sität besitzen. Es sind dies Polyamid 66, Polyamid 6, Polyethylenterephthalat, Polypropylen, sowie Vinylidenchloridhomo- und -copolymerisate.

Heute werden in der Praxis zwei unterschiedliche Schmelzspinnverfahren angewandt: Einmal die Aufarbeitung des Spinnrohstoffes mit Abschmelzrosten und zum anderen die über Extruder. In beiden Verfahren wird der Rohstoff als Granulat vorgelegt.

Bei dem ersten Verfahren kommt das Granulat unter Stickstoffatmosphäre aus den Vorratsbehältern auf die Abschmelzroste. Dies sind nebeneinanderliegende Rohre, die mit Diphenyldampf oder elektrisch beheizt werden. Von hier tropft die Schmelze ab und sammelt sich im Spinntopf. Sie wird dann mittels Pumpen unter Drücken bis zu 100 bar durch die Spinndüse gedrückt. Die Düse besteht in der Regel aus gehärtetem Stahl und besitzt zwischen 50 und 500 Löcher mit einem Durchmesser von 0,2–0,5 mm.

Bei dem zweiten Verfahren wird zum Aufschmelzen ein Extruder eingesetzt. Die von den Spinndüsen abgezogenen Fasern verfestigen sich durch Abkühlen mit Luft, bisweilen auch mit Wasser, in Spinnschächten von 3–6 m Länge. Unterhalb der Schächte sitzen die Abzugseinheiten. Ihnen schließt sich ein Präparationsbad an, in das die Fasern eintauchen und mit für die Weiterverarbeitung notwendigen Hilfsstoffen versehen werden.

Weiterverarbeitung. Die dem Spinnprozeß nachfolgenden Arbeitsgänge, Verstrecken und Tempern, Kräuseln und Schneiden, Zwirnen, chemische Nachbehandlung dienen in erster Linie einer Verbesserung der Fasereigenschaften und werden unabhängig vom Spinnverfahren bei allen Fasern angewandt.

Durch das Verstrecken, d. h. Dehnen der Faser auf das 2 bis 6fache ihrer Länge, erreicht man eine Steigerung der Festigkeit der Faser. Es wird sowohl im nassen Zustand der Faser, wie etwa bei Cellulose, als auch im trockenen, bei synthetischen Polymeren, ausgeführt. Die dabei aufzuwendenden Kräfte richten sich nach dem Widerstand, den die betreffende Faser einer Strukturänderung entgegensetzt. Sie sind dort niedrig, wo die Fadenmoleküle bereits in einer vorwiegend gestreckten Form vorliegen (Cellulose), sie sind dagegen groß, wenn Form und Lage der Moleküle stark verändert werden müssen (synthetische Polymere).

Die technische Durchführung der Verstreckung geschieht mit zwei bis drei Walzen, von denen die jeweils nachfolgende mit höherer Umlaufgeschwindigkeit läuft und so die Faser um einen genau einstellbaren Betrag schneller transportiert als die vorausgehende. Zu einer einwandfreien Verstreckung gehört auch eine sorgfältige Temperatureinstellung und -konstanz.

Durch Tempern bzw. Fixieren, d. h. Erwärmen der Faser bis wenige Grade unterhalb der Erwei-

chungstemperatur während eines bestimmten Zeitraumes (5–30 s) und rasches Abkühlen, werden insbes. die elastischen Eigenschaften und die Formbeständigkeit (Schrumpf-, Knitter- und Kräuselbeständigkeit) verbessert.

Durch die Kräuselung ist es möglich, den synthetischen Fasern eine höhere Voluminosität zu verleihen, wodurch sich die Wärmehaltung verbessert, und sie so den Naturfasern anzupassen. Voraussetzung dazu ist Thermoplastizität und ausreichende Festigkeit des Materials. Angewandt wird die Kräuselung praktisch nur bei Polyamiden und Polyestern. Sie kann auf verschiedene Arten erzeugt werden, entweder durch Ausnutzung kleiner Unterschiede im inneren Aufbau der Faser, wie etwa in der Molekülorientierung oder der Dichte, oder durch äußere mechanische Einwirkung.

Diese Stauchkräuselung wird am häufigsten angewandt. Dabei wird die Faser durch Walzen in einen temperierbaren Kanal (Stauchkanal) gedrückt, der am entgegengesetzten Ende mit einer Klappe verschlossen ist. Durch den erzeugten Stauchdruck wird die Faser gekräuselt. Ist der Gegendruck der Klappe erreicht, so öffnet sie sich, und die Faser wird ausgestoßen. Danach wiederholt sich der Vorgang.

Fernerhin ist die chemische Nachbehandlung (Präparation) zu erwähnen. Sie besteht im wesentlichen aus einer Befeuchtung der Faser mit wäßrigen Lösungen oder Emulsionen und dient der störungsfreien Verarbeitung auf den Textilmaschinen.

Von der Präparation zu unterscheiden sind Verfahren, bei denen eine chemische Reaktion an der Faser ausgeführt wird, wie etwa die Acetalisierung von Polyvinylalkoholfasern oder die Herstellung von Pfropfcopolymeren. *Zahradnik*

Literatur: *Ludewig, H.:* Polyester-Fibres. New York 1971. – *Mark, H. F., S. M. Atlas* u. *E. Cernia:* Man-Made Fibres. New York 1967. – *Moncrieff, R. W.:* Man-Made Fibres, New York 1971.

Faserverbundwerkstoff. F. sind Werkstoffe, in denen Fasern (→Faserwerkstoff) gezielt eingelagert sind. Die Fasern tragen i. a. dazu bei, den Matrixwerkstoff zu verstärken. Dieser verfügt über spezifische Eigenschaften, z. B. geringe Dichte, jedoch auch meist geringe Festigkeiten und Steifigkeiten. F. mit mehreren unterschiedlichen Faserwerkstoffen werden zu den Hybridwerkstoffen gezählt.

Durch das Einlagern geeigneter Faserwerkstoffe hoher Festigkeit wird ein Verbundwerkstoff geschaffen, der hohe Festigkeiten, ggf. auch hohe Steifigkeiten bei geringer Dichte besitzt. Damit empfiehlt er sich für den Einsatz im Leichtbau. Des weiteren kommen F. im Hochtemperaturbereich zur Anwendung. Die Fasern erfüllen hier den Zweck, dem Werkstoff bei höheren Temperaturen ausreichende Festigkeiten zu verleihen. Ein Einlagern von Fasern in einen Werkstoff kann jedoch auch erfolgen, um spezifische elektrische oder magnetische Eigenschaften zu erzielen.

Die Eigenschaften von F. werden wesentlich durch verschiedene Einflußfaktoren (Bild 1) bestimmt und können durch Variation dieser Faktoren in einem großen Bereich verändert werden.

Bei gegebenem Faser- bzw. Matrixwerkstoff sowie Fertigungsverfahren kann eine Eigenschaftsoptimierung durch Variation der Faserorientierung und des Fasergehalts erfolgen. Zudem besitzt auch die Fasergeometrie einen Einfluß auf die Eigenschaften, wobei dem Verhältnis Länge/Durchmesser (L/D) eine herausragende Bedeutung zukommt.

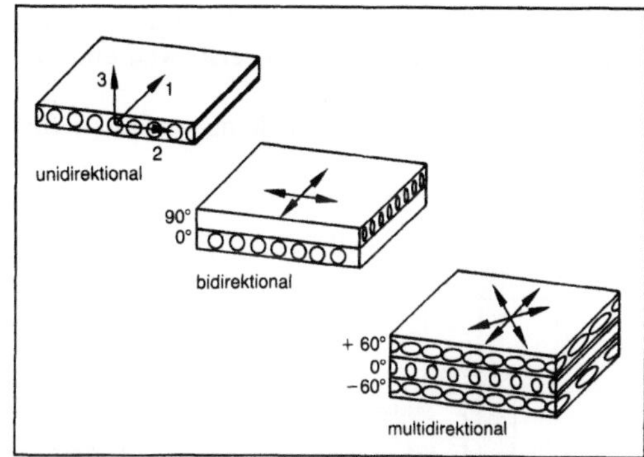

Faserverbundwerkstoff 2: Möglichkeiten zur Verstärkung von Werkstoffen.

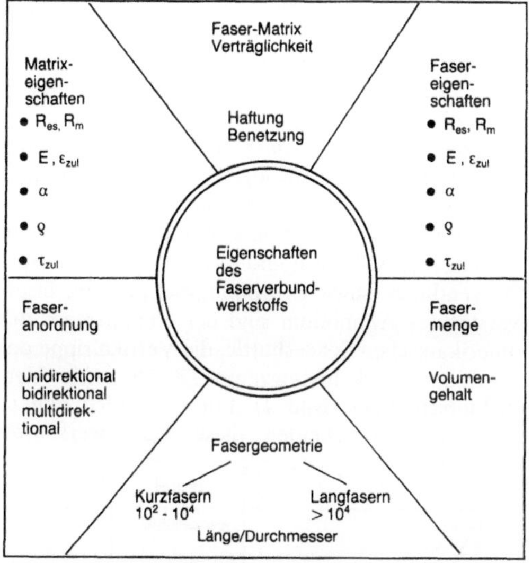

Faserverbundwerkstoff 1: Faktoren, die die Eigenschaften von Faserverbundwerkstoffen bestimmen.

Bei kleinem L/D-Verhältnis (L/D $< 10^4$) liegen Kurzfasern vor, bei großem L/D-Verhältnis Langfasern. Man bezeichnet die Verstärkung mit Kurzfasern auch als diskontinuierlich und die mit Langfasern als kontinuierlich. Sind sämtliche Fasern in einer Richtung angeordnet, wird von unidirektionaler Verstärkung gesprochen. Liegen zwei Vorzugsrichtungen vor, handelt es sich um bidirektionale und bei mehreren um multidirektionale Verstärkung (Bild 2).

Bei Orientierung der Fasern in einer Vorzugsrichtung weist der Verbundwerkstoff ein ausgeprägtes anisotropes Verhalten (Anisotropie) auf. So verfügt er in Richtung der Fasern über eine hohe Festigkeit, senkrecht dazu über eine verhältnismäßig niedrige.

Die ausgeprägte Anisotropie von F. erfordert bei der Dimensionierung von Bauteilen eine genaue Analyse der auftretenden Belastungen (Kontinuumstheorie). Um die Festigkeit der Fasern voll ausnützen zu können, werden sie, soweit es die Bauteilgeometrie und das Fertigungsverfahren ermöglichen, in Richtung der maximal auftretenden Zugspannungen orientiert. Die Materialoptimierung ist somit meist direkt mit einer Bauteilgestaltung gekoppelt.

Die Vielzahl der Parameter, die zu einer Streuung der Eigenschaften von F. führen können, erfordert das Einhalten exakter Fertigungsbedingungen. So muß gewährleistet sein, daß die Fasern gleichmäßig in der Matrix verteilt sind, eine einheitliche Ausrichtung der Fasern in der gewünschten Orientierung gegeben ist sowie eine ausreichende Bindung zwischen Faser und Matrix erfolgt. Starke chemische Reaktionen zwischen Faser und Matrix sowie eine mechanische Beschädigung der Faser sollten während der Herstellung ausgeschlossen bleiben.

Für Kunststoffe lassen sich folgende wesentliche Fertigungsverfahren aufzählen:

☐ für langfaserverstärkte Kunststoffe:

– das Wickeln von getränkten Fasern/Faserbündeln (Rovings) und Gewebebändern (Wickeltechnik),

– das Heißpressen von vorimprägnierten Matten (Prepregs),

– das Strangziehverfahren, bei dem zuvor getränkte Rovings, Matten und Bänder durch eine beheizte Form zur Profilierung gezogen werden;

☐ für kurzfaserverstärkte Kunststoffe:

– das Faserspritzen, bei dem in einen Harzstrahl geleitete Kurzfasern auf eine Form gespritzt werden,

– das Schleuderverfahren, bei dem Kurzfasern und Harz in eine sich drehende Kokille eingeführt werden,

– das Heißpreßverfahren, bei dem vorimprägnierte Matten in Formen unter Druck und Wärme verarbeitet werden.

Die Herstellungsverfahren für faserverstärkte metallische Matrixwerkstoffe lassen sich in direkte und indirekte Verfahren unterteilen. Bei den indirekten Verfahren – auch als In-Situ-Verfahren bezeichnet – wird die Faser erst während des Herstellungsprozesses erzeugt.

☐ Wesentliche direkte Herstellungsverfahren sind (Bild 3):

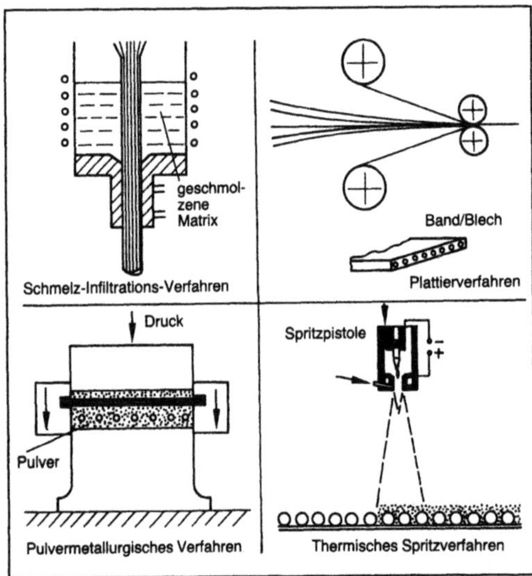

Faserverbundwerkstoff 3: Schematische Darstellung der wichtigsten Herstellungstechniken für faserverstärkte metallische und keramische Werkstoffe.

– Schmelzinfiltration: Bei diesem Verfahren werden die Fasern in eine Form eingelegt bzw. eingespannt. Der Verbund wird durch Infiltration des schmelzflüssigen Matrixmaterials z. T. unter Druck oder im Vakuum erzeugt.
– Plattierverfahren: Fasern werden in dünne Folien des Matrixwerkstoffs eingewalzt. Man erhält Bleche oder Bänder, sog. Tapes, die weiterverarbeitet werden können.
– Pulvermetallurgische Verfahren: Hier werden Faser- und Matrixmaterial unter hohem Druck und hoher Temperatur durch Sintern verbunden. Die Verfahren eignen sich auch zum Einlagern von Fasern in keramische Werkstoffe.
– Thermisches Spritzen (→Spritzverfahren, thermisches): Aufgeschmolzene Teilchen aus Matrixwerkstoff werden auf vorfixierte Fasern gespritzt. Mit derartigen Verfahren lassen sich sowohl metallische als auch kermische Werkstoffe verarbeiten und mit metallischen und nichtmetallischen Fasern kombinieren.

☐ Wesentliche indirekte Herstellungsverfahren sind:
– Strangpressen von Sinterkörpern: Bei diesen Verfahren liegt der Verstärkungswerkstoff nach dem Sintern in Teilchenform vor und wird durch Pressen ausgerichtet und in Faserform gebracht.
– Gerichtete Erstarrung eutektischer Legierungen: Hier werden durch gerichtetes, langsames Abküh-

len einer eutektischen Schmelze parallel ausgerichtete Fasern oder Lamellen von wenigen µm Durchmesser in der Matrix erzeugt. Die so erzeugten Werkstoffe werden auch als eutektische Verbundwerkstoffe bezeichnet.

Die bekanntesten Vertreter von F. sind glasfaserverstärkte (GFK) sowie kohlefaserverstärkte Kunststoffe (CFK). Sie bildeten auch die ersten gezielt entwickelten faserverstärkten Werkstoffe, wenn man davon absieht, daß schon früher Lehmziegel mit Stroh verstärkt wurden. Das erste Einsatzgebiet der faserverstärkten Kunststoffe lag im Flugzeugbau.

Heute findet man GFK und CFK fast überall dort, wo bei begrenzter Temperaturbeständigkeit leichte, jedoch hochfeste und korrosionsbeständige Werkstoffe gefordert sind. Die faserverstärkten Kunststoffe eignen sich lediglich für Anwendungstemperaturen bis zu ca. 280 °C. Aus diesem Grund wurden schon in den 60er Jahren Anstrengungen unternommen, Leichtmetalle (Aluminium- und Titanlegierungen) zu verstärken, um einen hochfesten, Leichtbau-Werkstoff zu erhalten, der auch bei höheren Temperaturen noch günstige Festigkeitseigenschaften besitzt. Als günstig für die Verstärkung von Aluminium haben sich u. a. mit SiC beschichtete Borfasern, SiC-Fasern und Al_2O_3-Fasern erwiesen. Anwendungs- sowie Erprobungsbeispiele für faserverstärktes Aluminium sind der Rumpfträger des amerikanischen Spaceshuttle, die Vertikalrippe des Großraum-Verkehrsflugzeugs DC-10 sowie Verdichterschaufeln (Bild 4). Für wesentlich höhere Temperaturen scheiden diese Matrixwerkstoffe

	Bauteil	Entwicklungsstand
	Spaceshuttle: :	
	Rumpfträger	Produktion
	Turbinenabdeckung	Entwicklung
	DC-10 Vertikalrippe	Produktion
	Verdichterschaufeln	Erprobung

Faserverbundwerkstoff 4: Anwendungsbeispiele für faserverstärktes Aluminium.

jedoch – wie schon bei tieferen Temperaturen die Kunststoffe – aus. Bei höheren Temperaturen haben sich vor allem eigenfaserverstärkte Werkstoffe bewährt. Als Beispiel seien hier kohlenstofffaserverstärkter Kohlenstoff C/C und die eigenfaserverstärkte Keramik SiC/SiC genannt. So sind beispielsweise die thermisch hochbelasteten Bremsscheiben des Flugzeugs Concorde aus C/C hergestellt.

Ein weiteres Einsatzgebiet der F., bei dem nicht die spezifische Festigkeit der Werkstoffe maßgebend ist, liegt in der Elektrotechnik, wo z. B. Werkstoffe für Kontakte und Dauermagneten als F. ausgelegt sind. *Steffens*

Literatur: N. N.: Metallische Verbundwerkstoffe. Karlsruhe 1977. – N. N.: Verbundwerkstoffe mit Metallmatrix. Fortbildungspraktikum der DGM, Köln-Porz. – *Taprogge, R., u. a.*: Faserverstärkte Hochleistungs-Verbundwerkstoffe – zukünftige Entwicklung und Anwendung. Würzburg 1975. – VDI-Ber. 563: Konstruieren mit Verbund- und Hybridwerkstoffen – Entwicklung, Konstruktion und Vertrieb. Düsseldorf 1985.

Faserwerkstoff. Liegt ein Werkstoff in Form eines sehr dünnen Drahtes vor, d. h. das Verhältnis Länge/Durchmesser (L/D) ist sehr viel größer als 1, spricht man von Faser; bei sehr großem Verhältnis L/D von Langfasern, bei kleinerem (L/D < 10⁴) von Kurzfasern. Einige Werkstoffe besitzen als Faser eine wesentlich höhere Festigkeit als in kompakter Form. Monokristalline Fasern (Whisker) erreichen sogar annähernd theoretische Festigkeiten.

In der technischen Anwendung werden die Fasern in einen Werkstoff, den sog. Matrixwerkstoff, mit unterschiedlichen Techniken eingelagert. Der Matrixwerkstoff gewährleistet u. a. das Fixieren der räumlichen Anordnung der Fasern und die Krafteinleitung. Derartige mit Fasern verstärkte Werkstoffe werden als Faserverbundwerkstoffe bezeichnet. Ein Hauptanwendungsgebiet der Faserverbundwerkstoffe liegt im Leichtbau. Eine wesentliche Forderung an Fasern für Leichtbau-Verbundwerkstoffe ist eine hohe spezifische Festigkeit, d. h. ein hoher, auf die Dichte bezogener Kennwert. Da es sich bei diesem Kennwert von der Einheit her um eine Länge handelt, spricht man auch von Reißlänge. Für die Verwendung von Fasern in einem Hochleistungsverbundwerkstoff ist neben der Festigkeit ein hoher Elastizitätsmodul entscheidend, bei Leichtbauanwendung wiederum der spezifische Elastizitätsmodul (Bild 1). Die bekanntesten und in vielen Kunststoffmatrix-Faserverbunden eingesetzten Verstärkungswerkstoffe sind Glasfasern. Sie werden in großtechnischem Maßstab hergestellt. Der Materialpreis ist relativ gering; doch eignen sie sich nur bedingt für höhere Einsatztemperaturen. Man unterscheidet u. a.:
□ E-Glasfasern (elektrisch hochwertiges Glas),
□ S-Glasfasern (64 % SiO_2, 26 % Al_2O_3, 10 % MgO),
□ Quarz (99,9 % SiO_2).

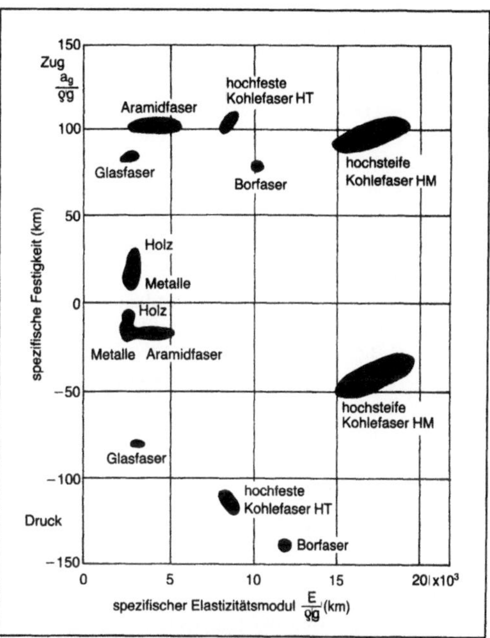

Faserwerkstoff 1: Spezifische Werkstoffkenngrößen verschiedener Faserwerkstoffe.

ϱ Dichte, g Fallbeschleunigung

Besonders hohe spezifische Festigkeiten und Elastizitätsmoduln weisen Kohlenstofffasern auf (Bild 2). Ausgangsmaterialien zur Herstellung von Kohlenstofffasern sind Polyacrylnitrid (PAN) und Cellulosefasern (Reyon). Das gebräuchlichste Herstellungsverfahren ist die Pyrolyse, d. h. die thermische Umformung bzw. Aufspaltung der Kohlenstoffverbindungen in inerter Atmosphäre. Die Kennwerte der Kohlefasern sind von der Prozeßführung und dem Ausgangsmaterial abhängig. Derzeit verfügbare Kohlenstofffaser-Typen sind z. B.:

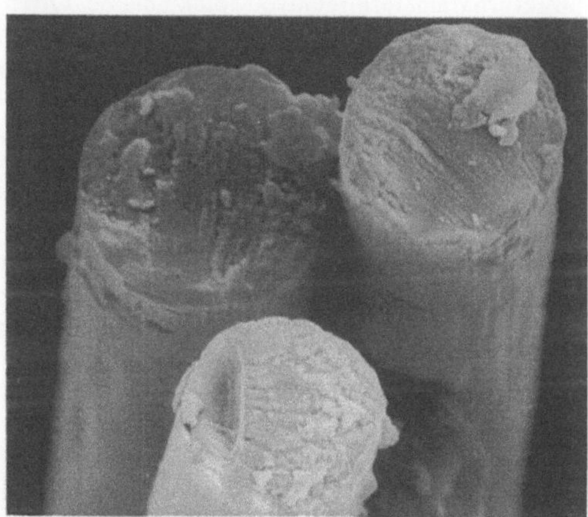

Faserwerkstoff 2: Rasterelektronenmikroskopische Aufnahmen von Kohlenstofffasern.

☐ HM-Fasern (High-Modulus hoher Elastizitätsmodul),

☐ HT-Fasern (High-Tensile hohe Festigkeit).

Kohlefasern sind anisotrope Fasern. Dies muß bei der Dimensionierung von Faserverbundbauteilen berücksichtigt werden. Interessant an diesen Fasern ist ferner die Hochtemperaturfestigkeit, die in inerter Atmosphäre bis etwa 2000 °C nahezu konstant bleibt. Außer Kunststoff wird mit Kohlenstoffasern auch Kohlenstoff selbst verstärkt. In diesem Fall handelt es sich dann um den eigenfaserverstärkten →Verbundwerkstoff C/C. (kohlenstoffaserverstärkter Kohlenstoff).

Neben diesen bedeutenden F. existiert noch eine ganze Reihe weiterer Verstärkungswerkstoffe. Eine Einteilung läßt sich vornehmen in:

☐ Metallfilamente/-drähte,

☐ organische Fasern,

☐ monokristalline Fasern,

☐ polykristalline Fasern (Boride, Carbide, Nitride, Oxide),

☐ Verbundfasern,

☐ natürliche keramische Fasern.

Metallfilamente sind Fasern aus rein metallischen Werkstoffen. Durch geeignete Herstellungsverfahren, wie z. B. dem Düsenziehverfahren – Umformen in fester Phase – oder dem Auspressen von Schmelzen aus Düsenöffnungen, werden hohe Festigkeitswerte erzielt. Metallfilamente haben jedoch eine relativ geringe Warmfestigkeit und eine große Dichte, so daß ihr Einsatz nur für wenige Anwendungen in Betracht kommt (z. B. Reifenkord, Drahtglas).

Die bekanntesten organischen Fasern sind Aramidfasern. Sie bestehen aus aromatischen Polyamiden. Der Elastizitätsmodul von p-Aramid (auch unter dem Namen Kevlar bekannt) ist eine Funktion der Molekülorientierung in Faserrichtung. Die Zugfestigkeit von organischen Fasern wird von den Strukturparametern relative Molekülmasse, Orientierung der Moleküle, Kristallinität und gewissen Defekten bestimmt. Aramidfasern werden vor allem zur Verstärkung von Kunststoffen eingesetzt.

Monokristalline Fasern (die geläufigere Bezeichnung ist Whisker) sind Einkristalle, die durch Abscheidung aus der Gasphase, durch elektrolytische Ausscheidung oder durch Reduktion von Metallhalogeniden gewonnen werden. Durch das Fehlen von Versetzungen und Leerstellen besitzen sie sehr hohe, annähernd theoretische Schubfestigkeiten (G/30, G Schubmodul), d. h. eine Festigkeit, die sich errechnet, wenn ein idealer Kristall betrachtet wird, der in einer bestimmten Ebene (Gleitebene) längs einer bestimmten Richtung (Gleitrichtung) abgeschert werden soll. Problematisch ist bei Whiskern u. a. die schlechte Reproduzierbarkeit der Eigenschaften, was ein Aussortieren erfordert. Insgesamt ist die Handhabung und Herstellung der Whisker sehr aufwendig und kostenintensiv, was ihrem erweiterten Einsatz entgegensteht.

Polykristalline Nitride, Oxide, Carbide, Boride (keramische Werkstoffe) sind in Faserform weitere Verstärkungswerkstoffe. Die bekanntesten sind Al_2O_3 und SiC (Bild 3 und 4).

Faserwerkstoff 3: Kurzfasern – polykristalliner Faserwerkstoff Al_2O_3.

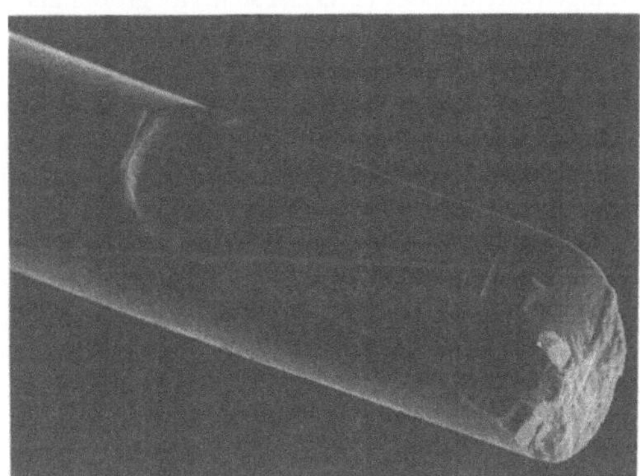

Faserwerkstoff 4: SiC-Faser mit Wolframseele.

Die Herstellung polykristalliner Fasern, z. B. Extrudieren aus der Schmelze, ist ebenfalls sehr aufwendig. Neue Verfahrenstechniken haben jedoch dazu geführt, daß auch diese Fasern zunehmend zum Einsatz kommen. Meist finden sie Verwendung bei höheren Temperaturen, da sie vor allem hierfür gut geeignet sind. Beispiel: Verstärkung der Flanken von Kolben von Verbrennungsmotoren mit Al_2O_3-Kurzfasern. Die meisten polykristallinen Werkstoffe in Faserform sind spröde, und ihre Handhabung ist deshalb aufwendig. Bringt man den polykristallinen Werkstoff auf einen Wolframfaden oder Kohlenstoffaden auf, z. B. durch chemische Abscheidung aus der Gasphase (CVD Chemical Vapour Deposition), erhält man eine Verbundfaser. Die Faser läßt sich einerseits relativ kostengünstig herstellen, andererseits besser handhaben, da sie nicht mehr so spröde ist.

Verbundfasern sind z. B. SiC-Fasern; Trägermaterial ist Wolfram (Bild 4). Bor-Verbundfasern werden zudem oft mit SiC ummantelt (B-SiC-Fasern), um die chemische Verträglichkeit mit metallischem Matrixmaterial zu verbessern. Borfasern werden z. B. zur Verstärkung von Aluminiumträgern des Space-Shuttle eingesetzt.

Unter natürlichen Fasern versteht man in der Hauptsache Asbest, d. h. natürlich vorkommende Silikatmineralien in Form von Fasern und Kristallen. Asbestfasern wurden bisher zur Verstärkung von Wärmedämmstoffen eingesetzt. Zur Verstärkung von Konstruktionswerkstoffen, wie z. B. Kunststoff, hatten sie jedoch nur untergeordnete Bedeutung. *Steffens*

Literatur: *Taprogge, R.:* Faserverstärkte Hochleistungs-Verbundwerkstoffe – zukünftige Entwicklung und Anwendung. Würzburg 1975. – VDI-Ber. 563: Konstruieren mit Verbund- und Hybridwerkstoffen – Entwicklung, Konstruktion und Vertrieb. Düsseldorf 1985.

Fayol-Prinzip. Das ist das P. der Einheit der Auftragserteilung (→Einliniensystem), wonach innerhalb eines Unternehmens jede untergeordnete Stelle nur von einer übergeordneten Stelle Weisungen erhält.

Der Franzose *Henri Fayol* (1841–1925) ist Begründer der organisatorisch orientierten Administrations- und Managementlehre, in deren Mittelpunkt die Fragen der Aufgabengliederung (Abteilungsbildung) und der Koordination in Unternehmen stehen, wobei vorwiegend die gesamte Unternehmung betrachtet wird. Seine praktischen Erfahrungen hat *Fayol* in 14 allgemeinen Verwaltungsprinzipien zusammengefaßt:
1. Arbeitsteilung (nach *Fayol* ein Naturgesetz). Jeder Beschäftigungswechsel hat einen Kraftaufwand zur Anpassung nötig, der die Leistung verringert (Funktionstrennung).
2. Autorität und Verantwortlichkeit (das Recht, zu befehlen, und die Macht, sich Gehorsam zu verschaffen). Persönliche Autorität ist nicht ohne Verantwortlichkeit denkbar.
3. Disziplin ist gegeben durch Gehorsam und Befolgen der Dienstordnung.
4. Einheit der Auftragserteilung, als Regel von allgemeiner und dauernder Notwendigkeit.
5. Einheit der Leitung, d. h. möglichst ein einziger Leiter und ein einziger Plan.
6. Unterordnung des Sonderinteresses unter das Interesse der Gesamtheit.
7. Entlohnung als angemessener Preis für die Dienstleistung.
8. Zentralisation (wie die Arbeitsteilung ein Naturgesetz) als eine Frage des Maßes für die günstigste Grenze.
9. Rangordnung von der höchsten Autorität zum letzten ausführenden Arbeitnehmer.

10. Ordnung als materielle Ordnung (jede Sache an ihren Platz), als Sozialordnung (jede Person an ihren Platz). Der Platz soll dem Angestellten entsprechen und der Angestellte dem Platz.
11. Billigkeit als Vereinigung von Wohlwollen und Gerechtigkeit.
12. Stabilität des Personals. Zeit ist notwendig für die Einarbeitung und für die gute Ausführung der Funktionen. Häufiger Wechsel des Personals ist immer nachteilig.
13. Initiative (in diesem Fall die Befähigung, einen Plan zu ersinnen und ihn erfolgreich auszuführen) ist eine der kräftigsten Anreize menschlicher Tätigkeit.
14. Gemeinschaftsgeist. Das Personal darf nicht entzweit werden. Bürokratisierenden Mißbrauch des Schriftverkehrs darf man nicht dulden.

Von diesen 14 P. ist das vierte P. der Einheitlichkeit der Auftragserteilung das bedeutendste. Im Rahmen der →Aufbauorganisation eines Unternehmens werden die Beziehungen einzelner Stellen zueinander festgehalten. Das P. besagt, daß für jeden Untergebenen nur ein Vorgesetzter vorhanden sein soll, der Anweisungen zu geben berechtigt ist. Dieses P. wird durch das →Liniensystem verwirklicht. *Eversheim*

Literatur: *Fayol, H.:* Allgemeine und industrielle Verwaltung. Hrsg. Internationales Rationalisierungs-Institut. München, Berlin 1929. – *Seidel, N.,* u. *H. Fayol:* Handwörterb. Betriebswirtschaft. Hrsg. *H. Seischab* u. *Karl Schwantag.* Stuttgart 1961.

Fed-Batch-Prozeß. Absatzweise →Fermentation, bei der zusätzlich Nährmedium in Intervallen oder kontinuierlich zugeführt, aber nicht entnommen wird.

Besonders beim Bilden sekundärer Stoffwechselprodukte wie Antibiotika tritt bei zu hohen Anfangskonzentrationen an leicht abbaubaren Kohlenstoff- und Stickstoffquellen Katabolitrepression auf, was zu einer Verminderung der Ausbeute führt. Deshalb werden bei den F.-B.-P. die kritischen Substrate im Vergleich zum Batch-Prozeß in geringerer Konzentration vorgelegt und erst in der Produktionsphase kontinuierlich oder schubweise nachgefüttert. Der Zeitpunkt oder die Menge der Zugabe orientiert sich an Stoffwechselparametern wie der CO_2-Konzentration in der Abluft, der Konzentration an gelöstem Sauerstoff oder dem pH-Wert der Fermenterbrühe, da die Substratkonzentrationen im →Bioreaktor nicht direkt meßbar sind. *Liefke*

Federstahl. Stahl für Federn, der sich vor allem durch eine hohe Elastizitätsgrenze auszeichnet und damit in einem großen Spannungsbereich rein elastisch beansprucht werden kann. Wegen der stark wechselnden Belastungen ist ferner eine hohe

Dauerfestigkeit erwünscht, um eine ausreichende Lebensdauer der Federn zu erzielen. Als Sicherheit bei Überbeanspruchung wird auch gute →Zähigkeit gefordert. Je nach den Anforderungen werden unterschiedliche Stähle, von unlegierten Stählen, die kalt geformt werden, bis zu Vergütungsstählen mit Kohlenstoffgehalten bis zu etwa 0,75 %, verwendet. Federn können auch für höhere und sehr niedrige Temperaturen sowie für Einsatz in korrosiven Medien ausgelegt werden.

Wegen der schwingenden Beanspruchung kommt der Oberflächenbeschaffenheit besondere Bedeutung zu. *W. Dahl*

Federstahldraht. Blanker Draht aus →Federstahl, meist gezogen, patentiert-gezogen oder vergütet. *W. Dahl*

Fehler (Qualitätssicherung). Qualitätslehre: Nichterfüllung einer Forderung (DIN 55350, Tl. 11). Demnach ist eine Abweichung vom Soll-Wert innerhalb zugelassener Grenzwerte kein F. im Sinn der Qualitätslehre. Eine Einheit (definiert als abgrenzbares, als solches prüf- und beurteilbares Produkt, Zwischenprodukt, Teil oder Materialeinheit, aber auch Dienstleistung oder Tätigkeit) kann so viele F. aufweisen, wie sie quantifizierbare Qualitätsmerkmale hat, doch wird sie schon mit einem F. fehlerhaft (Fehlprodukt).

Eine fehlerhafte Einheit kann dennoch ihren Zweck erfüllen. Die Grenzwerte sind z. B. unzweckmäßig vorgegeben. Daher ist zwischen dem technischen Begriff F. und dem juristischen Begriff Mangel zu unterscheiden.

Nach ihren Auswirkungen werden F. in drei Klassen eingeteilt:

☐ kritische F.: Ihr Auftreten verursacht eine Gefahr für das Leben oder die Gesundheit von Menschen;

☐ Haupt-F.: Sie machen die Betrachtungseinheit funktionsunfähig oder beeinträchtigen ihre Funktion wesentlich;

☐ Neben-F.: Sie beeinträchtigen die Funktion der Betrachtungseinheit nur wenig, oder sie sind Schönheits-F.

F. werden nach

☐ F.-Art (welches Qualitätsmerkmal ist betroffen),

☐ F.-Ort (wo ist der F. aufgetreten),

☐ Zeitpunkt des Auftretens

und anderen Kriterien quantitativ analysiert, um ihre Ursachen zu ermitteln und abzustellen. Nur damit läßt sich ein Wiederauftreten verhindern (F.-Verhütung).

Die F.-Häufigkeit wird in %, ggf. Bruchteilen von %, ausgedrückt. Im Zuge fortschreitender →Qualitätsverbesserung bürgert sich die Maßzahl ppm (parts per million) ein; 1 % entspricht 10 000 ppm. Nicht immer ist es technisch möglich oder wirtschaftlich sinnvoll, fehlerhafte Einheiten durch Nachbessern in den ursprünglich angestrebten Zustand zu bringen. Eine aus diesem Grund ausgeschiedene Einheit wird Ausschuß. Der Begriff Schrott sollte nicht synonym mit Ausschuß verwendet werden.

Eine davon abweichende Bedeutung hat der F. bei statistischen Schlußverfahren (Prüfung von Hypothesen durch Stichproben). Zwei F.-Arten sind möglich:

☐ F. erster Art: Die Hypothese wird verworfen, obwohl sie richtig ist.

☐ F. zweiter Art: Die Hypothese wird angenommen, obwohl sie falsch ist.

In der Praxis spielt ein weiterer F. eine große Rolle: Die Stichprobe ist für das Los nicht repräsentativ. Alle Schlußfolgerungen aus dieser Stichprobenprüfung sind fragwürdig. *Masing*

Literatur: DIN 55350. Tl. II: Begriffe der Qualitätssicherung. Hrsg. Dt. Inst. für Normung. Ausg. Mai 1987. – *Geiger, W.:* Handb. Qualitätssicherung. 1. Aufl. Kap. 4: Fehler. München, Wien, 1980. – *Geiger, W.:* Die Abweichung und der Fehler. Feinwerktechn. & Meßtechn. 87 (1979) Nr. 1, S. 16/22. – *Geiger, W.:* Jeder Mangel ist ein Fehler, aber nicht umgekehrt. Werkst. u. Betr. 110 (1977) Nr. 11, S. 782/84.

Fehlerabgleichverfahren. Die F. sind Näherungsverfahren und haben ihren Ursprung in der direkten Behandlung von Problemen der Variationsrechnung.

In der Umformtechnik werden die F. zur näherungsweisen Ermittlung des Spannungs- und Formänderungszustands bei Verwendung des starrplastischen Werkstoffmodells eingesetzt.

Da das aus den Stoffgleichungen resultierende Differentialgleichungssystem einer analytischen Behandlung nur in seltenen Fällen zugänglich ist, benutzt man eine Integralformulierung, z. B. in Form des Markov-Extremalprinzips (→Schrankenverfahren):

$$F = k_f \int_V \sqrt{\dot{\varepsilon}_{ij}\, \dot{\varepsilon}_{ij}}\, dV - \int \sigma_i\, v_i\, dA,$$

k_f →Fließspannung,
$\dot{\varepsilon}_{ij}$ Formänderungsgeschwindigkeiten,
v_i Geschwindigkeiten,
V Volumen,
A Oberfläche,

und verwendet die Tatsache, daß dieses Funktional F für die Lösung einen Extremwert annimmt, zur Bestimmung konstanter Parameter A_j in den Ansätzen für die Spannungen oder die Geschwindigkeiten. Setzt man z. B. die Geschwindigkeitskomponenten v_i in der Form

$$v_i = v_i (A_j, x, y, z)\ (j = 1,2 \ldots N)$$

an, so besteht die Aufgabe darin, die Konstanten A_j so zu bestimmen, daß das Funktional F mit dem

Ansatz für v_i einen Kleinstwert annimmt. Mit den notwendigen Bedingungen für einen Extremwert

$$\frac{\partial F}{\partial A_i} = o \quad (i = 1,2, \ldots N)$$

erhält man ein algebraisches Gleichungssystem für die Parameter A_j, von dessen Lösung man annehmen darf, daß damit ein Geschwindigkeitsfeld gefunden ist, das im Rahmen des Ansatzes der Lösung am nächsten kommt.

Die Ansatzfunktionen sind prinzipiell frei wählbar, doch hängen von der geeigneten Wahl der Funktionen sowohl die erzielbare Genauigkeit als auch der Rechenaufwand entscheidend ab. Für die Probleme der →Plastizitätstheorie werden einfach Polynomfunktionen in den Koordinaten für die Strom-(Geschwindigkeits-) und Spannungsfunktionen angesetzt.

Dabei werden die Ansatzfunktionen möglichst so gewählt, daß sie die Rand- und Zusatzbedingungen (z. B. →Kontinuitätsbedingung) direkt erfüllen. Gelingt dies nicht, so müssen sie durch zusätzliche Gleichungen, die man dem Funktional F beifügt, erzwungen werden.

Die freien Parameter in den Ansatzfunktionen A_j werden so bestimmt, daß der Fehler, der sich daraus ergibt, daß man Ansätze benutzt, die nicht die exakte Lösung des Funktionals darstellen, minimal wird. Hierzu kann beispielsweise die Methode der kleinsten Fehlerquadrate herangezogen werden.

Bei dem beschriebenen Verfahren ergibt sich wegen der Nichtlinearitäten im Stoffgesetz bei einer direkten Anwendung der Bedingungen für einen Extremwert ein nichtlineares algebraisches Gleichungssystem für die Parameter der Ansätze, das schwierig zu behandeln ist. Daher werden mit dem Lösungsverfahren Iterationsmethoden verbunden, die von einer Linearisierung der Grundgleichungen ausgehen und durch schrittweise Änderung dieser Gleichungen Lösungen anstreben, die befriedigende Näherungslösungen der ursprünglichen Aufgabenstellung darstellen.

Damit ergibt sich wiederum ein lineares Gleichungssystem für die Parameter A_j, dessen Lösung keine Schwierigkeiten bereitet. Die Iteration wird solange fortgesetzt, bis die Differenz zwischen den Formänderungsgeschwindigkeiten (und den zugehörigen Spannungen) in aufeinanderfolgenden Schritten unterhalb einer vorgegebenen Grenze liegt.

Das Bild zeigt eine Lösung, die mit F. gewonnen wurde. Man erkennt, daß hiermit sehr detaillierte Aussagen über Spannungs- und Bewegungszustände möglich sind, die eine weitere Auswertung, z. B. zur Berechnung von Temperaturverteilungen, der Werkstoffeigenschaften von Fertigteilen oder – durch Vergleich mit experimentellen Ergebnissen – eine Untersuchung von Reibeinflüssen und anderen Verfahrensgrößen erlauben.

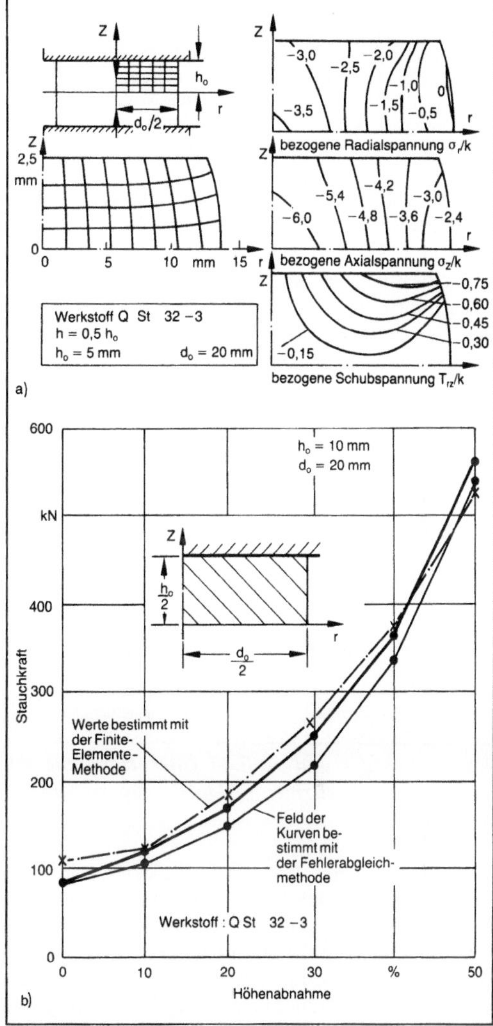

Fehlerabgleichverfahren.
a) Spannungen beim axialsymmetrischen Stauchen mit Reibung.
b) Kraftverlauf beim axialsymmetrischen Stauchen, berechnet nach Fehlerabgleichverfahren und Finite-Elemente-Methode. (Quelle: Roll a. a. O.)

In jüngerer Zeit werden die „klassischen" F., bei denen die Ansätze für das gesamte betrachtete Gebiet gültig sind, immer stärker durch die Finite-Elemente-Methode (FEM) verdrängt, bei der die Ansatzfunktionen nur bereichsweise (innerhalb der Elemente) gültig sind. *Lange*

Literatur: *Betten, J.:* Elastizitäts- und Plastizitätslehre. Braunschweig, Wiesbaden 1985. – *Hill, R.:* The Mathematical Theory of Plasticity. Oxford 1950. – *Ismar, H., u. O. Mahrenholtz:* Technische Plastomechanik. Braunschweig, Wiesbaden 1979. – *Lange, K.* (Hrsg.): Umformtechnik. Handb. f. Ind. u. Wiss. Bd. 1: Grundlagen. 2. Aufl. Berlin, Heidelberg, New York, Tokio 1984. – *Lippmann, H.:* Mechanik des plastischen

Fließens. Berlin, Heidelberg, New York 1981. – *Lippmann, H.,* u. *O. Mahrenholtz:* Plastomechanik der Umformung metallischer Werkstoffe. Berlin, Heidelberg 1967. – *Prager, W.,* u. *P. G. Hodge:* Theorie ideal-plastischer Körper. Wien 1954. – *Roll, K.:* Einsatz numerischer Näherungsverfahren bei der Berechnung von Verfahren der Kaltumformung. Ber. 66 Inst. f. Umformtechnik. Univ. Stuttgart. Berlin, Heidelberg 1982.

Feilen. Spanen mit wiederholter, meist geradliniger Schnittbewegung. Das Werkzeug weist eine Vielzahl von hinter- und nebeneinanderliegenden Schneidzähnen von geringer Höhe auf (Bild). Die Vorschubbewegung ergibt sich aus dem Andrücken des Werkzeugs an das Werkstück.

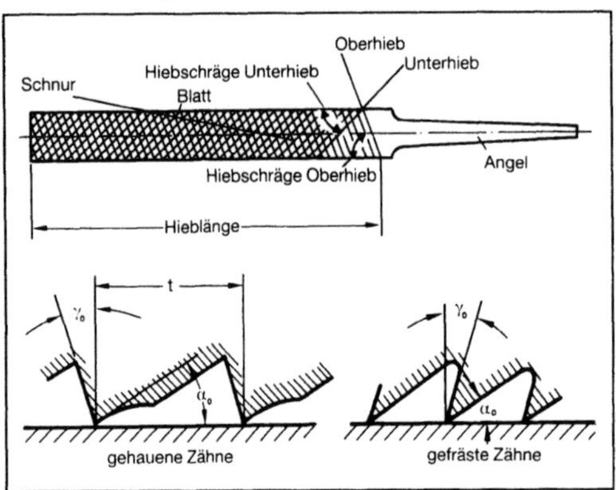

Feilen: Begriffe und Aufbau einer Handfeile mit Doppelhieb (Kreuzhieb). (Quelle: Spur, Stöferle a.a.O.)

Hinsichtlich der Zahnform werden Feilen mit gefrästen, schneidend wirkenden und gehauenen, schabend wirkenden Zähnen unterschieden. Weitere Unterscheidungen der Werkzeuge erfolgen an Hand der Querschnittform, der Hiebart (Einfachhieb, Kreuzhieb, Pockenhieb) sowie der Hiebteilung. Die Hiebteilung wird durch ganze Zahlen gekennzeichnet, wobei die Hiebteilung mit steigender Nummer feiner wird. Feilwerkzeuge werden als plane und rotierende Scheiben- und Stiftwerkzeuge auch für maschinelle Bearbeitungen eingesetzt.   *König*

Literatur: *Spur, G.,* u. *Th. Stöferle:* Handb. Fertigungstechnik. Bd. 2/3: Umformen, Zerteilen. München, Wien 1979.

Feinbearbeitungsverfahren. Unter Feinbearbeitung wird innerhalb der Fertigungstechnik die Erzeugung einer Werkstückoberfläche hoher Qualität hinsichtlich einer geringen Rauheit und eines gezielten Härte- und Eigenspannungszustands der Randzone bei gleichzeitiger Erhöhung der Maß-, Form- und Lagegenauigkeit des Werkstücks verstanden.

Die im Einsatz an die Bauteile gestellten Anforderungen sind extrem hoch. Die Toleranzen und Rauheitswerte liegen oft im Mikrometerbereich. Die Erfüllung dieser Anforderungen hängt von dem F. ab, das zumeist den letzten Bearbeitungsgang bei der Bauteilherstellung bildet. Dabei ist eine genaue Abgrenzung zwischen Feinbearbeitung (Endbearbeitung) und konventioneller Formgebung (Vorbearbeitung) nicht möglich. Als grobe Unterscheidung kann man sagen, daß hinsichtlich der geforderten Maßgenauigkeiten Toleranzen unter IT 7 (ISO-Toleranz, Klasse 7) nur durch F. erreichbar sind.

Die in der Fertigungstechnik häufig eingesetzten F. sind in der Tabelle aufgeführt. Die Auswahl des für Werkstoff, Form und Abmessungen des Bauteils

Feinbearbeitungsverfahren. Tabelle: Erreichbare gemittelte Rauhtiefen.

Feinbearbeitungsverfahren	gemittelte Rauhtiefe R_z μm
Spanen mit geometrisch bestimmter Schneide:	
Ultrapräzisionsdrehen	0,04– 0,16
Feindrehen	0,16– 2,5
Feinbohren	0,16– 2,5
Feinfräsen	0,40– 6,3
Reiben	0,40– 4,0
Schaben	0,40–25,0
Spanen mit geometrisch unbestimmten Schneiden:	
Polieren	0,06– 0,4
Läppen	0,04– 1,6
Kurzhubhonen	0,04– 6,3
Langhubhonen	0,25– 1,0
Feinschleifen	0,10– 2,5
Schleifen	2,50–10,0
Rollieren	0,25– 1,6
Festpartikel-Strahlen	0,63–10,0
Gleitschleifen	0,63–10,0
umformende und zerteilende Feinbearbeitung:	
Glattwalzen (Festwalzen)	0,10– 4,0
Kalibrieren	0,40– 1,0
Nach-/Feinschneiden	0,63–10,0
Drahtziehen	0,25– 4,0
chemisches, elektrochemisches, elektroerosives Feinabtragen:	
Formätzen	0,40– 4,0
elektrochemisches Polieren	0,40– 4,0
elektrochemisches Schleifen	0,63–10,0
Feinerodieren	0,40–10,0
Poliererodieren	0,10– 2,5
Drahterodieren	0,40–25,0

geeigneten Verfahrens wird zum einen nach den an das Bauteil gestellten Qualitätsanforderungen, zum anderen nach Wirtschaftlichkeitskriterien getroffen.

Die Funktionssicherheit und Austauschbarkeit von Maschinenteilen sind nur dann gewährleistet, wenn die Geometrie, die der Konstrukteur festgelegt hat, möglichst genau erzeugt wird. Da man bei jedem Fertigungsverfahren das vorgesehene Maß nur innerhalb gewisser Toleranzen herstellen kann, werden bereits bei der Zeichnungserstellung bestimmte Maß-, Form- und Lageabweichungen zugelassen. Bei engen Toleranzbereichen kann nicht jedes Verfahren die gestellten Präzisionsansprüche befriedigen. Für die Wahl eines F. ist entscheidend, ob die realisierbare Genauigkeit ausreicht.

Die erreichbare Oberflächenqualität ist ein weiteres Kriterium für die Verfahrenswahl. Die topographische Gestalt der feinbearbeiteten Werkstückoberfläche wird gekennzeichnet durch Rauheit, Welligkeit und Traganteil. Da Geräte, mit denen die Welligkeit und der Traganteil automatisch gemessen werden können, bisher kaum verbreitet sind, steht bei der Beurteilung der Oberflächentextur die →Rauheitsmessung im Vordergrund. Die zulässige Rauhtiefentoleranz richtet sich nach der Funktion der bearbeiteten Oberfläche.

Zu berücksichtigen ist auch, daß in vielen Fällen eine Oberfläche nur optisch ansprechend sein muß, also ästhetische Gesichtspunkte über die Wahl des F. entscheiden.

Außer der topographischen Oberflächenausbildung ist der strukturmechanische Zustand der Werkstückrandzone von Bedeutung, denn der Bearbeitungsprozeß kann die randnahen Schichten des Werkstücks mechanisch und/oder thermisch stark beeinflussen. Ein Beispiel hierfür ist die Wärmeentwicklung beim →Schleifen. Sie kann Anlaßvorgänge auslösen und einen unerwünschten Härteabfall bewirken. Auch Zugspannungen (→Eigenspannungszustand) in der Randzone können zu den Folgeerscheinungen gehören. Dies führt zu einem Abfall der Dauerfestigkeit. Das Gegenteil ist der Fall, wenn bei niedriger thermischer Beeinflussung die mechanisch bedingten Druckeigenspannungen überwiegen.

Sind zwei Verfahren hinsichtlich des Arbeitsergebnisses gleichwertig, so entscheiden die Stückkosten im Sinne einer höheren Wirtschaftlichkeit über die Auswahl des Verfahrens. Dieses Kriterium hängt u. a. von der reinen Bearbeitungszeit ab. Außerdem gehen auch die Neben- und Rüstzeiten, die Maschinen- und Werkzeugkosten sowie der Vorbearbeitungsumfang in die Gesamtstückkosten ein. *Kenter*

Literatur: *Degner, W.,* u. *H.-C. Böttger:* Handb. der Feinbearbeitung. München, Wien 1979. – *König, W.:* Fertigungsverfahren. Bd. 2. Düsseldorf 1989.

Feinguß. F. wird mit Hilfe von ausschmelzbaren Modellen in ungeteilten Formen hergestellt. Weil durch das Fehlen von Formteilungen die damit verbundenen Maßabweichungen und Grate vermieden werden, gestattet das Feingießen die Erzeugung von Gußstücken mit höchstmöglicher Maßgenauigkeit.

Als Modellwerkstoffe verwendet man in der Serienproduktion Spezialwachse oder geeignete Thermoplaste, die in eine vorher nach einem Urmodell oder durch Gravur entstandene Form eingespritzt werden. In der Regel werden mehrere solcher Modelle um einen Eingußstamm herum durch Anschweißen befestigt, und es entsteht auf diese Weise eine Gießtraube, die dann durch Tauchen mit einer keramischen Masse, bestehend aus feingemahlenen feuerfesten Stoffen und gelierenden kolloidalen Kieselsäuredispersionen als Bindemittel, überzogen wird. Nach dem Abbinden des Überzugs durch Lufttrocknung wird die Traube in einem Kasten geeigneten Formats eingebettet und mit weniger hochwertigem →Formstoff hinterfüllt. Anschließend wird das Ganze bei etwa 1000 °C gebrannt, wobei die Modelle ausschmelzen bzw. vergasen und sich aus den Überzügen eine kerami-

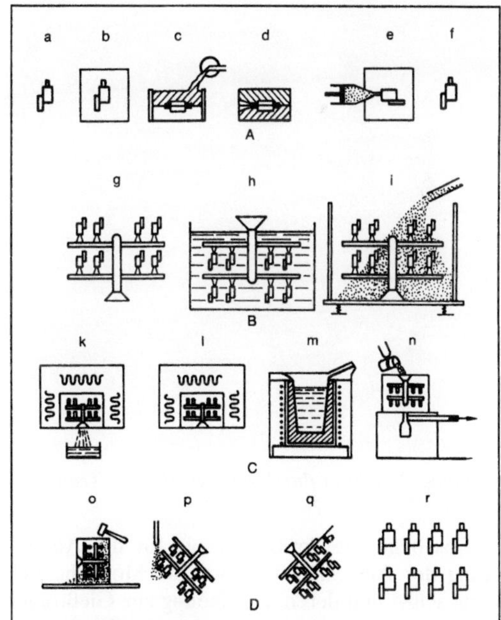

Feinguß 1: Schematische Darstellung des Arbeitsablaufes beim Modellausschmelzverfahren.

a Urmodell, b in Gips einbetten, c Guß der ersten Kokillenhälfte in Weichmetall, d fertige Weichmetall-Kokille, e Wachs einspritzen, f Wachsmodell, g vollständige Traube, h Tauchen in feuerfeste Überzugsmasse, i Einfüllen der Formmasse und rütteln, k Wachsausschmelzen, l Brennen, m Metall schmelzen, n Statisches Gießen unter Vakuum, o Ausschlagen des Gusses, p Sandstrahlen, q Abtrennen der einzelnen Gußstücke, r fertige Gußstücke

sche Form bildet. Nach dem Abgießen, Erkalten und Ausleeren braucht man die einzelnen Abgüsse nur noch mit einer Trennschleifmaschine abzutrennen (Bild 1).

Grundsätzlich sind im F. (Bild 2 und 3) alle Gußwerkstoffe einsetzbar, so z. B. auch Leichtmetalle (für Nähmaschinenteile), Messinge (für Brennerelemente und -düsen) und Gußeisen mit Lamellen- und Kugelgraphit (für Kupplungsklauen, Greiferhebel usw.). Aber zum Hauptanwendungsgebiet des Feingießens gehören niedrig und hochlegierte Stähle, Stellite, hochwarmfeste Nickelbasislegierungen und andere vor allem spanend schwer bearbeitbare Werkstoffe.

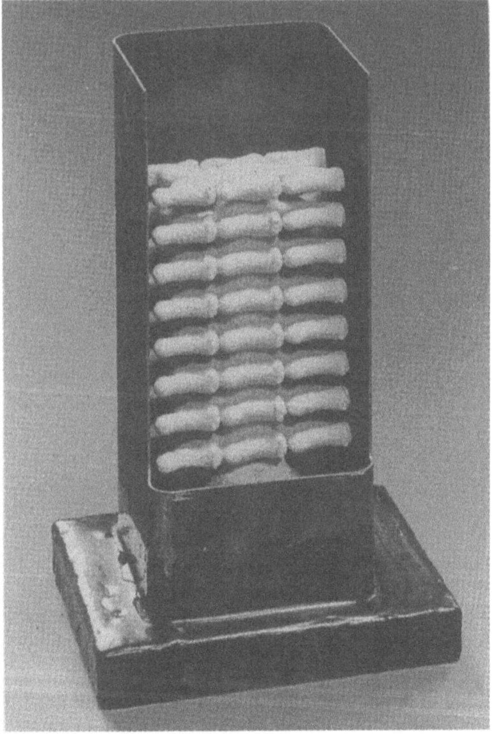

Feinguß 2: Schnitt durch eine gießfertige Traube.

Das benötigte Spritzwerkzeug für die Anfertigung der Ausschmelzmodelle, die Modellherstellung selbst und deren Verbindung zur Gießtraube (im wesentlichen immer noch von Hand) sowie die relativ teuren Formstoffe verursachen beträchtliche Herstellungskosten, deren Amortisation eine bestimmte Losgröße sowie Wegfall oder zumindest starke Reduzierung der Bearbeitung erfordern. Deshalb gilt grundsätzlich, daß F. dann wirtschaftlich sein wird, wenn das Teil infolge seiner Werkstoffeigenschaften durch spanende Formung nicht oder nur kostenaufwendig herstellbar ist. F.-Teile aus gut bearbeitbaren Gußwerkstoffen müssen als

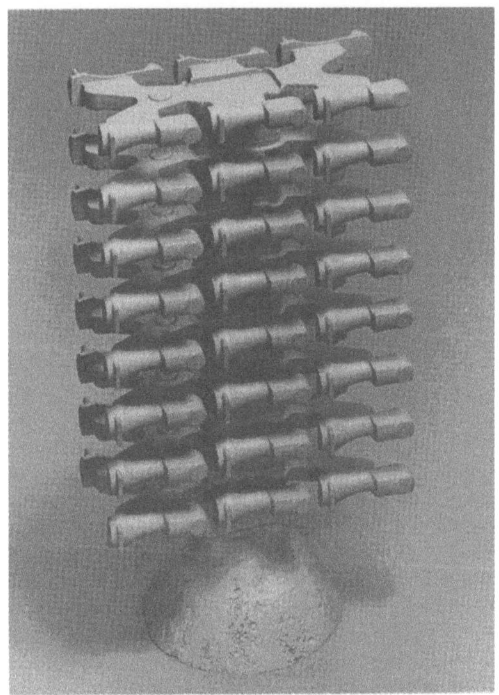

Feinguß 3: Fertig gegossene Traube.

Seriengußstücke praktisch einbaufertig aus der Form kommen.

Hinsichtlich der erzielbaren Maßgenauigkeit bestehen bei den Gußverbrauchern mitunter nicht erfüllbare Vorstellungen. Der Verein Deutscher Gießereifachleute hat mit dem Merkbl. P 690 E (Entwurf April 1986) „Feinguß-Maßtoleranzen, Bearbeitungszugaben" den Versuch unternommen, hier Klarheit zu schaffen. Die Schwindung beim Brennen der Formen, unterschiedliches Schwinden der Gußwerkstoffe in Abhängigkeit von der Gießtemperatur und andere Faktoren mehr lassen Einhalten von Maßen im Toleranzfeld von ± 0,01 mm illusorisch werden. Dazu ist anzumerken, daß bei der Großserienfertigung in Sonderfällen durch eine Langzeiterprobung und der bei der Großserie möglichen Konstanthaltung vieler Einflüsse eine besonders hohe Maßtreue mit sehr geringen Schwankungsbreiten von Stück zu Stück erzielbar ist. *Doliwa*

Feingußlegierung, hochwarmfeste. Hochwarmfeste Nickel- und Kobaltlegierungen, die nicht umformbar sind. Im Unterschied zu den Schmiedelegierungen enthalten sie zusätzliche Gehalte an Tantal, Wolfram, Zirconium und/oder Aluminium (Legierungsbildung). *W. Dahl*

Feingut →Klassieren

Feinhonen →Honen

Feinkornstahl. Meist Feinkornbaustähle. Durch Kornfeinung wird die Streckgrenze und in geringerem Maße der weitere Verlauf der Spannungs-Dehnungs-Kurve zu höheren Werten verschoben. Für die Streckgrenze gilt die Hall-Petch-Gleichung:

$$R_{el} = \sigma_{iy} + k_y \cdot d^{-1/2};$$

dabei ist σ_{iy} die Reibungsspannung, also die Spannung, die in einem sehr großen Korn angelegt werden muß, um die Versetzungen zu bewegen; k_y gibt den Korngrenzenwiderstand an und ist weitgehend von Temperatur und Beanspruchungsgeschwindigkeit unabhängig; d ist die Korngröße.

Im Gegensatz zu allen anderen festigkeitssteigernden Mechanismen verbessert Kornfeinung die →Zähigkeit. Die Übergangstemperatur wird erniedrigt, weil die mikroskopische Spaltbruchspannung bei gegebener Kornfeinung etwa viermal stärker ansteigt als die Streckgrenze. Auch in der Hochlage wird die Zähigkeit verbessert.

In Baustählen führt die Zugabe von Aluminium zur Kornfeinung, da der Stickstoff zu Aluminiumnitrid abgebunden wird. Dadurch wird einmal die Alterungsanfälligkeit verringert. Zum anderen hemmen die Aluminiumnitridteilchen das Kornwachstum bei der Austenitisierung und führen bei der Umwandlung auch zu feinerem Sekundärkorn des Ferrits. Die →Schweißeignung der Stähle wird verbessert, da auch die Neigung zur Grobkornbildung in der Wärmeeinflußzone verringert wird.

Bei der thermomechanischen Behandlung wird Feinkorn durch Walzen bei niedriger Endwalztemperatur und beschleunigter Abkühlung erreicht.

F. können erfolgreich auch bei mäßig erhöhten Temperaturen eingesetzt werden, wobei sie ihre günstigen Festigkeits- und Zähigkeitseigenschaften behalten, solange noch kein Korngrenzengleiten auftritt. *W. Dahl*

Feinschleifen. Das F. ist eine Abwandlung verschiedener Schleifverfahren (→Schleifprozeß-Modifikation), dem keine spezielle Kinematik zugeordnet ist. Ein Schleifprozeß ist dann dem F. zuzurechnen, wenn die Erzeugung sehr hoher Oberflächengüten sowie geringer Maß- und Formabweichungen Vorrang vor einer hohen Abtragsleistung haben (→Feinbearbeitungsverfahren). Es gibt keine verbindliche Definition, ab welcher Toleranz ein Schleifverfahren dem F. zuzurechnen ist. Man spricht von Feinbearbeitung, wenn die ISO-Toleranz 7 oder besser eingehalten wird.

Die genannten Ziele zu erreichen, werden beim F. nach Möglichkeit feinkörnige Schleifwerkzeuge und mitunter erhöhte Schleifscheibenumfangsgeschwindigkeiten angewandt. Die Zustellung ist gering, und es wird lange ausgefunkt (→Schleifprozeß-Modifikation). Die verwendete Feinschleifmaschine muß eine ausreichende statische und dynamische Steifigkeit aufweisen, um die auftretenden Kräfte aufzufangen und Schwingungen zu dämpfen. Besonders wichtig sind die richtigen Schleifwerkzeuge, die geeigneten Abrichtbedingungen (→Abrichten) und das Vermeiden von Werkzeugunwuchten (→Auswuchten).

Beim F. kommt auch der Filterung des Kühlschmierstoffs besondere Bedeutung zu. Wenn die im zugeführten Kühlschmierstoff enthaltenen Verunreinigungen (Späne und Schleifscheibenabrieb) genügend klein sind, können sie durch die Porenräume in der Scheibenoberfläche aufgenommen werden, ohne daß die Oberflächengüte des Werkstücks beeinträchtigt wird. Große Partikel hingegen ragen aus dem Spanraum feinkörniger Schleifscheiben hervor und können die →Oberflächenrauheit der Werkstücke beträchtlich vergrößern.

Die Einsatzgebiete des F. reichen von kleinen Düsennadeln für Einspritzsysteme über Wälzlagerringe (→Schuhschleifen), Hydraulikkolben und Bremszylinder bis zu Druckwalzen mit mehreren Metern Länge. *Kenter*

Literatur: *Degner, W.,* u. *H.-C. Böttger:* Handb. Feinbearbeitung. München, Wien 1979. – *Hennig, B.:* Technologie des Feinschleifens. Düsseldorf 1990.

Feinschneiden. F. (in der Werkstattechnik noch Feinstanzen genannt) ist ein an eine besondere Werkzeugbauart gebundenes Scherschneidverfahren und zählt nach DIN 8588 zur Gruppe →Zerteilen. Mit diesem Verfahren werden Schnitteile mit rißfreier Schnittfläche und hoher Maß- und Formgenauigkeit hergestellt.

Feinschnitteile sind nach dem Entgraten einbaufertig und werden dort eingesetzt, wo hohe Schnittflächenqualitäten bei kleinen Maßtoleranzen gefordert werden.

Feinschnitteile finden nicht nur in der Feinmechanik (Uhren, Rechenmaschinen Kameras) Anwendung, sondern auch als Funktions- und Sicherheitsbauteile in der Haushaltsgeräteindustrie, im Automobil-, Textil- und Landmaschinenbau.

Das Feinschneidwerkzeug unterscheidet sich von konventionellen Schneidwerkzeugen (Normalschneiden) durch folgende Merkmale: Niederhalter, Gegenhalter, sehr kleiner Schneidspalt, Ringzacke auf Niederhalter und/oder Schneidplatte.

Daraus ergibt sich die Notwendigkeit einer dreifach wirkenden Schneidpresse, an der die Zusatzkräfte Niederhalter- und Gegenhalterkraft separat eingestellt werden können.

Durch diese Zusatzkräfte werden während des Schneidvorganges hohe Druckspannungen erzeugt. Risse in der Schnittfläche können infolge lokaler Zugspannungen auftreten. Eine Rißausbreitung kann daher durch ausreichend hohe Druckspannungen eingeschränkt oder ganz verhindert werden.

Die wesentlichen Grundlagen des F. sind nebst Angaben zur fertigungsgerechten Teilegestaltung, erreichbarer Werkstückgenauigkeiten, Werkstückstoffen und Werkzeugen in der Richtlinie VDI 3345 zusammengefaßt. *König*

Literatur: *Haack, J.,* u. *F. Birzer:* Feinschneiden. Handb. für die Praxis. Hrsg. Feintool AG, Lyss (Schweiz). – *König, W.:* Fertigungsverfahren. Bd. 5: Blechumformung. Düsseldorf 1986. – *Lange, K.:* Lehrb. Umformtechnik. Bd. 3: Blechumformung. Berlin, Heidelberg 1975. – *Spur, G.,* u. *Th. Stöferle:* Handb. Fertigungstechnik. Bd. 2/3: Umformen, Zerteilen. München, Wien 1985. – VDI 3345: Feinschneiden. Hrsg. Verein Dt. Ingenieure.

Fenske-Underwood-Gleichung. *Fenske* und *Underwood* entwickelten im Jahre 1932 unabhängig voneinander eine Gleichung zur Bestimmung der Mindestbodenzahl n_{min} beim →Destillieren.

Für ein binäres System gilt bei vollständigem →Rückfluß, konstanten Mengenströmen in der Kolonne und konstanter relativer →Flüchtigkeit:

$$n_{min} = \frac{\log\left(\frac{x_{Dest.}}{x_{Sumpf}} \cdot \frac{1 - x_{Sumpf}}{1 - x_{Dest.}}\right)}{\log \alpha_{12}} - 1;$$

α_{12} →Trennfaktor, relative Flüchtigkeit, x Konzentration der leichterflüchtigen Komponente.

Ist der Trennfaktor konzentrationsabhängig, d. h. er ist nicht für alle Böden konstant, kann man für α näherungsweise das geometrische Mittel der Trennfaktoren an verschiedenen Stellen in der Kolonne einsetzen. In idealen Vielstoffgemischen kann man die Mindestbodenzahl durch Einsetzen der Konzentrationen x_{S1} und x_{S2} der Schlüsselkomponenten in die F.-U.-G. rechnerisch ermitteln:

$$n_{min} = \frac{\log\left[\left(\frac{x_{S1}}{x_{S2}}\right) \text{Destillat} \cdot \left(\frac{x_{S2}}{x_{S1}}\right) \text{Sumpf}\right]}{\log \alpha_{S1S2}} - 1$$

(→Gilliland-Methode, →Rückflußverhältnis). *Dohrn*

Fermentation, absatzweise. Eine a. F., auch Batch-F. genannt, ist ein abgeschlossener Prozeß zur Anzucht von Mikroorganismen oder Zellkulturen. Das Ziel ist die Gewinnung von Biomasse, Zellbestandteilen oder Stoffwechselprodukten.

Zu Beginn der F. wird der mit sterilem Nährmedium gefüllte →Bioreaktor mit einer Starterkultur beimpft. Über die gesamte Laufzeit des Prozesses werden lediglich pH-Korrekturmittel oder Antischaummittel zugegeben. Durch den Metabolismus der Zellen ändern sich ständig die Bedingungen im Reaktor. Die Mikroorganismen im Batch-Prozeß durchlaufen in der Regel vier Wachstumsphasen:
□ Lag-Phase: Adaptionsphase der Starterkultur an die Umgebungsbedingungen im Bioreaktor;
□ exponentielle Wachstumsphase: Bei halblogarithmischer Auftragung der Zelldichte gegen die Fermentationszeit ergibt sich eine ansteigende Gerade. Alle Substrate sind noch im Überschuß vorhanden, und die Kultur wächst mit maximaler Wachstumsrate;
□ stationäre Phase: Das Wachstum ist auf Grund von Substratmangel oder toxischer Stoffwechselprodukte zum Stillstand gekommen. Es werden zahlreiche industriell interessante Stoffwechselprodukte, die Sekundärmetabolite, gebildet;
□ Absterbephase: Die Substrate sind erschöpft. Die Organismen sterben exponentiell ab.

Industrielle Prozesse werden zum Ende der logarithmischen Wachstumsphase (Gewinnung von Biomasse oder Zellinhaltsstoffen) oder in der stationären Phase (Sekundärmetabolitproduktion) abgebrochen.

Eine Weiterentwicklung der Batch-Prozesse sind die →Fed-Batch-Prozesse. Sie erlauben umfangreichere Eingriffe in den Prozeßablauf. *Liefke*

Fermentation, kontinuierliche. Einem kontinuierlich betriebenen →Bioreaktor wird ständig frisches Nährmedium zugeführt und gleichzeitig Kulturlösung mit Mikroorganismen entzogen. Der Reaktor besitzt ein konstantes Arbeitsvolumen, und die Organismen wachsen mit konstanter Wachstumsrate. Bei der →Prozeßführung wird unterschieden zwischen Chemostat-Betrieb mit konstantem Mediumsdurchsatz und Turbidostat-Betrieb mit Regelung des Mediumsdurchsatzes über die Zelldichte im →Fermenter. Sowohl →Chemostat als auch →Turbidostat arbeiten mit vollständig durchmischten Reaktoren, so daß im Idealfall weder räumliche noch zeitliche Konzentrationsgradienten auftreten.

K. F. sind besser steuerbar und berechenbar als Batch-Prozesse. Sie eignen sich jedoch nicht für wachstumsphasenabhängig gebildete Produkte, da sich die kultivierten Organismen permanent in der exponentiellen Wachstumsphase befinden. Weiterhin sind technische Anlagen nur schwer über einen längeren Zeitraum steril zu betreiben. Hochleistungsstämme neigen zu Rückmutationen, die die Produktionsstämme dann überwachsen. Industrielle kontinuierliche Produktionsprozesse existieren nur für Einzellerproteingewinnung, Bier- und Ethanolproduktion und Gewinnung von Enzymen des Primärmetabolismus. *Liefke*

Fermentationsfluid. Rheologische Eigenschaften: F. zeichnen sich durch ein besonderes rheologisches Verhalten aus. Dies wird hervorgerufen durch die Koexistenz verschiedener Phasen (flüssige und feste Substrate, Mikroorganismen unterschiedlicher Morphologie) und die Anwesenheit verschiedener hochmolekularer Substanzen (Polysaccharide, Proteine und Lipide). Das Fließverhalten dieser Fluide läßt sich i. a. nicht mit dem Newton-Gesetz beschreiben. Es werden vielmehr ausgeprägte strukturviskose Eigenschaften und z. T. plastisches Verhalten der F. beobachtet. Die genaue Kenntnis des rheologischen Verhaltens ist von Wichtigkeit, da es die Hydrodynamik und damit den Impuls-, Stoff- und Wärmeaustausch eines Systems erheblich beeinflußt.

Reines Wasser und verdünnte wäßrige Lösungen zeigen ein newtonsches Fließverhalten, d. h., die Schubspannungen in einer strömenden Flüssigkeit sind linear abhängig von der aufgeprägten Schergeschwindigkeit. Das Fließverhalten dieser Fluide läßt sich allein über die Stoffgröße Viskosität beschreiben. Reine Nährmedien, die keine hochmolekularen Substanzen enthalten, zeigen dieses Verhalten.

Mit Ausnahme der Kultivierung von Einzellern, die das Fließverhalten nur unwesentlich beeinflussen, wird durch das Wachstum von Mikroorganismen das Fließverhalten strukturviskos, d. h. die durch die Fluide übertragene Schubspannung wächst unterproportional zur aufgeprägten Schergeschwindigkeit. Hervorgerufen wird diese Veränderung durch die in Form von Zellhyphen wachsenden Organismen, die als Pellets oder filamentöses Netzwerk in der Kulturflüssigkeit vorliegen. Bei hoher Organismenkonzentration und kleiner Scherbeanspruchung können diese Fluide auch plastisches Verhalten besitzen. Es existiert also eine Fließspannung, unterhalb der sich die Flüssigkeit quasi wie ein plastisch verformbarer Festkörper verhält.

Durch die in Bioreaktoren auftretenden Scherkräfte kann die Morphologie der in der Kulturflüssigkeit enthaltenen Organismen beeinflußt werden. Entsprechend verändert sich auch das rheologische Verhalten des F. Daher sind Informationen über das rheologische Verhalten aus anderen Reaktorsystemen nicht einfach übertragbar.

Gleichzeitig produzieren viele Organismen Polysaccharide und andere höher molekulare Substanzen, die das Fließverhalten verändern. Auch hier werden strukturviskose und in höheren Konzentrationen plastische Eigenschaften der Kulturflüssigkeit beobachtet. *Liefke*

Literatur: *Kulicke, W.-M.* (Hrsg.): Fließverhalten von Stoffen und Stoffgemischen. Basel 1986.

Fermenter. Andere Bezeichnung für einen →Bioreaktor. Unter F. versteht man allgemein Reaktorsysteme, in denen biologische Umwandlungsprozesse durchgeführt werden. *Liefke*

Fertigung. Das bedeutet allgemein die Umwandlung von Rohmaterialien in Einzelteile, unter Ein-

beziehung technischer und organisatorischer Hilfsmittel und Methoden.

Grundlagen der F. sind Einzelteilzeichnungen und Arbeitspläne. Grundsätzlich ist die F. ein diskontinuierlicher Vorgang, da zur Herstellung der Produkte zumeist mehrere Maschinen und Verfahren notwendig sind.

Als Basis für die Einteilung der F.-Verfahren wird allgemein DIN 8580 gewählt, die eine begriffliche Ordnung, Einteilung und Definition der verschiedenen Verfahren vornimmt. Hierin werden folgende Verfahrens-Hauptgruppen unterschieden:
1. Urformen ist Fertigen eines festen Körpers aus formlosem Stoff durch Schaffen des Zusammenhalts (z. B. Gießen).
2. Umformen ist Fertigen durch bildsames (plastisches) Ändern der Form eines festen Körpers (z. B. Pressen).
3. Trennen ist F. durch Ändern der Form eines festen Körpers, wobei der Zusammenhalt örtlich aufgegeben wird (z. B. Spanen).
4. Fügen ist das Zusammenbringen von zwei oder mehr Werkstücken oder von Werkstücken mit formlosem Stoff (z. B. Schweißen).
5. Beschichten ist das Aufbringen einer festhaftenden Schicht aus formlosem Stoff auf ein Werkstück (z. B. Aufdampfen).
6. Stoffeigenschaftändern ist Fertigen eines festen Körpers durch Umlagern, Aussondern oder Einbringen von Stoffteilchen (z. B. Härten). *Eversheim*

Literatur: *König, W.:* Fertigungsverfahren. Bd. 1: Drehen, Fräsen, Bohren. Düsseldorf 1981.

Fertigung, flexible. Eine f. F. ist eine bedarfsgerechte F. Sie kann sich mit minimalem Aufwand an die Wünsche des Marktes und der Kunden in Qualität und Quantität anpassen. Auch Produktänderungen sowie kurzfristige Änderungswünsche des Auftraggebers führen nicht zu nennenswerten Zeit- und Kostenverlusten in der F. Die Forderung nach f. F. ergibt sich aus der wirtschaftlichen Entwicklung zu kürzeren Produktzyklen, mehr Varianten und Produktionsüberkapazitäten bzw. gesättigten Märkten. Die Gestaltung einer f. F. zeichnet sich durch das Vermeiden von Schnittstellen, also verringerte Arbeitsteilung aus. Charakteristisch ist der Einsatz rechnergesteuerter Bearbeitungszentren, die möglichst viele Bearbeitungsfunktionen integriert haben (Komplettbearbeitung). Alle zum Erfüllen einer Produktionsaufgabe erforderlichen Funktionen wie Planen, Steuern, Programmieren, Bereitstellen von Material, Qualität Sichern werden weitestgehend von den direkt in der Produktion tätigen Mitarbeitern übernommen. Die Qualifikationsanforderungen steigen. Entscheidend für die Kosten der F. ist weniger die einzelne Bearbeitungszeit (Prozeßaufwand) als die Geschwindigkeit der Auftragsabwicklung (Logistikaufwand). Die Flexibilität soll die

Produktivität auch bei zunehmend turbulenter werdender Umwelt sicherstellen.

Die Forderung nach Flexibilität innerhalb eines bestimmten Produktspektrums (Umrüstflexibilität) wie auch gegenüber neuen Produktionsaufgaben (Anpaßflexibilität) steht häufig noch im Widerspruch zur Automatisierung in Teilefertigung und Montage, da diese festgelegte planbare Abläufe bedingt und damit verhältnismäßig starre Strukturen. Dieses Hindernis wird zunehmend durch die steigende Leistungsfähigkeit in der technischen Informationsverarbeitung z. B. bei Rechnern und Sensoren überwunden werden. Beispiele dafür sind sensorgeführte Industrieroboter oder freiprogrammierbare automatische Flurförderzeuge. *Warnecke*

Literatur: o. B. REFA: Methodenlehre der Betriebsorganisation. Planung und Gestaltung komplexer Produktionssysteme. München 1987.

Fertigung, flexible automatisierte. Bis zu den 50er Jahren war die Automatisierung der F. auf die Massenproduktion konzentriert. Veränderte Marktforderungen, wie z. B. steigende Variantenzahl und kürzere Produktlebenszeiten, erfordern dagegen Produktionseinrichtungen, die die wirtschaftliche F. kleiner bis mittlerer Losgrößen bei hoher Produktivität ermöglichen. Die durch die überaus schnellen Fortschritte in der Mikroelektronik sich entwickelnde Automatisierungstechnik führte schließlich zu flexiblen Produktionseinrichtungen, die die Lücke zwischen der Großserienfertigung (Transferstraße) und der Fertigung mit Einzelmaschinen (→Bearbeitungszentrum) schließen.

Flexible F.-Zellen, flexible F.-Inseln, flexible F.-Systeme und flexible Transferstraßen kennzeichnen die Entwicklung moderner Produktionssysteme (Bild).

Grundsätzlich bieten flexible Fertigungseinrichtungen gegenüber konventionellen die Möglichkeit, ein Werkstückspektrum ohne Umrüsten (weitgehend) komplett zu bearbeiten. Hierfür ist die Automatisierung der Werkstück- und Werkzeughandhabung sowie die Integration von Meß- und Prüfsystemen zur Überwachung der Werkzeug- und Werkstückbeschaffenheit Voraussetzung.

Die Flexibilität solcher Anlagen liegt einerseits in der langfristigen Produkt-F., wobei durch Erweiterung, Änderung oder Ersatz von wenigen Baugruppen die F.-Einrichtung auf das künftige Produktspektrum umgebaut werden kann, und andererseits in der kurzfristigen Produktions-F., deren Kriterium ein minimierter Umrüstaufwand ist. Die kurzfristige F. gliedert sich in:

□ technologische F., d. h. die Vielseitigkeit der Bearbeitung an einem bestimmten Werkstückspektrum auch im Hinblick auf Konstruktionsänderungen sowie die rasche Umstellbarkeit bei Produktänderungen,

□ strukturelle F., d. h. die Durchlauffreizügigkeit (Verkettungseinrichtungen) nach den jeweiligen Prioritäten,

□ kapazitive F., wobei insbes. kurzfristige Reaktionen auf Bedarfsschwankungen der aktuell zu bearbeitenden Werkstücke (Kompensationsfähigkeit) ermöglicht werden.

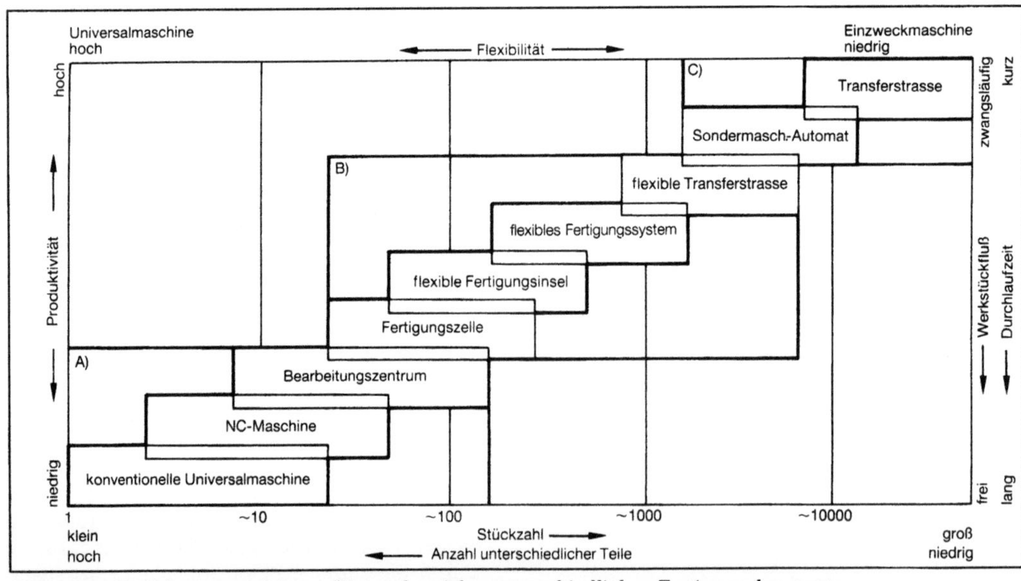

Fertigung, flexible automatisierte: Einsatzbereiche unterschiedlicher Fertigungskonzepte.

A) Fertigung mit Einzelmaschinen, B) flexible Fertigungseinrichtungen, C) starre Fertigungseinrichtungen

Zugleich wird eine hohe Produktivität durch längere Nutzungszeiten in Pausen und mannarmen Schichten sowie durch eine Mehrmaschinenbedienung erreicht. *Schulz*

Fertigungsbereich. Die Fertigung ist unter dem Merkmal des Fertigungsprinzips in F. zu untergliedern. Die Aspekte eines F. orientieren sich an der räumlichen Anordnung der Einrichtungen, an der Abgrenzung administrativer Verantwortungsbereiche und an der Erfaßbarkeit und Zurechenbarkeit von Kosten. Dabei ist allerdings zu beachten, daß eine sinnvolle Strukturierung vorgenommen wird. So sollten organisatorische Einheiten auch räumlich zusammengefaßt werden, um eine sinnvolle Verwaltung zu ermöglichen (z. B. Zuordnung einer Kostenstelle zu einer Transferstraße).

Eine Gliederung wird üblicherweise nach den Kriterien Einzel- und Kleinserienteile bzw. Serienteile wie auch nach den Fertigungsverfahren vorgenommen. So wird z. B. bei einer Serienfertigung die Maschinenanordnung nach einer sinnvollen Arbeitsablauffolge vorgenommen. Bei einer Kleinserie hingegen ist es möglich, Maschinen gleichen Fertigungsprinzips zusammenzustellen (Werkstattprinzip).

Der F. selbst ist ein Teilbereich der Fertigung, die wiederum unterhalb der Ebene →Produktion angeordnet ist. *Eversheim*

Literatur: *Eversheim, W.:* Organisation in der Produktionstechnik. Bd. 4. Düsseldorf 1981.

Fertigungsgenauigkeit →Arbeitsgenauigkeit

Fertigungsinsel. F. bilden im Gegensatz zur Werkstattfertigung autarke Produktionssysteme. Ausgehend von der Zusammenfassung des betrieblichen Werkstückspektrums in Gruppen von Werkstücken ähnlicher Fertigungsanforderungen, sog. Teilefamilien, werden für deren Bearbeitung möglichst selbständige Fertigungsbereiche geschaffen. Dazu werden alle Werkzeugmaschinen und Betriebsmittel räumlich zusammengefaßt, damit die Werkstücke möglichst nach dem Fließfertigungsprinzip komplett fertig bearbeitet werden können. Alle benötigten Spannmittel, Meß- und Prüfzeuge, Vorrichtungen und Werkzeuge werden der F. fest zugeordnet.

Die Objektzentralisierung der Maschinen führt zu einem wesentlich vereinfachten Materialfluß (Bild), geringeren Durchlaufzeiten und damit zur Senkung des Bestands im Roh- und Fertigteillager.

In der F. ist eine selbständige Arbeitsgruppe beschäftigt, die weitgehend autonom die Koordination zwischen den Arbeitsplätzen und den Fertigungshilfstellen durchführt. Der formale Informationsfluß wird durch eine Selbststeuerung ersetzt, so daß nur noch eine Terminvorgabe und -kontrolle für ein komplettes Werkstück, jedoch nicht mehr für

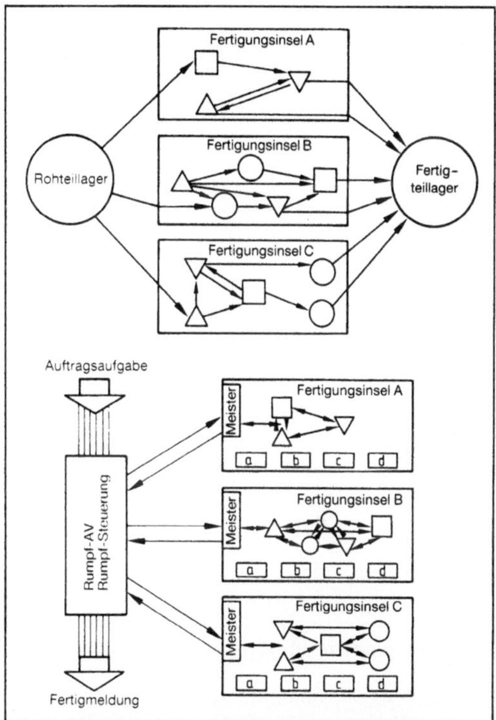

Fertigungsinsel: Material- und Informationsfluß.

a Werkzeugmaterial, b Vorrichtungen, c Programmierung, d Prüfen und Messen; □, ▽, ○ unterschiedliche Maschinenarten

jeden Arbeitsgang, zentral zu erfolgen hat. Der Tätigkeitsbereich des Personals umfaßt neben der Organisation der Arbeit in der Fertigungsinsel das Betreiben der Maschinen und Arbeitsplätze sowie in der Regel auch die →Programmierung von NC-Maschinen vor Ort.

Werden innerhalb der F. die Werkzeugmaschinen durch Transport- oder Handhabungseinrichtungen verkettet, spricht man von einer automatisierten F. Im engeren Sinn sind flexible Fertigungssysteme auch Inselkonzepte. *Schulz*

Fertigungsplanung. Die Aufgabe bei der Planung der Fertigung ist zu entscheiden, welche Einrichtungen zur Erfüllung der Fertigungsaufgaben bereitgestellt und in welcher Art und Weise sie eingesetzt werden sollen. →Produktivität, →Wirtschaftlichkeit und Flexibilität sind hierbei maßgebliche Entscheidungskriterien.

Ziel der Fertigung ist es, Einzelteile herzustellen. Hieran beteiligt und bei der Planung zu berücksichtigen sind Fertigungsmittel, Lager- und Transportmittel, Personal, Gebäude und Flächen. Bei der Planung der Fertigung werden die zu treffenden Entscheidungen stufenweise in einer Grob-, Mittel- und Feinplanungsphase konkretisiert (Bild).

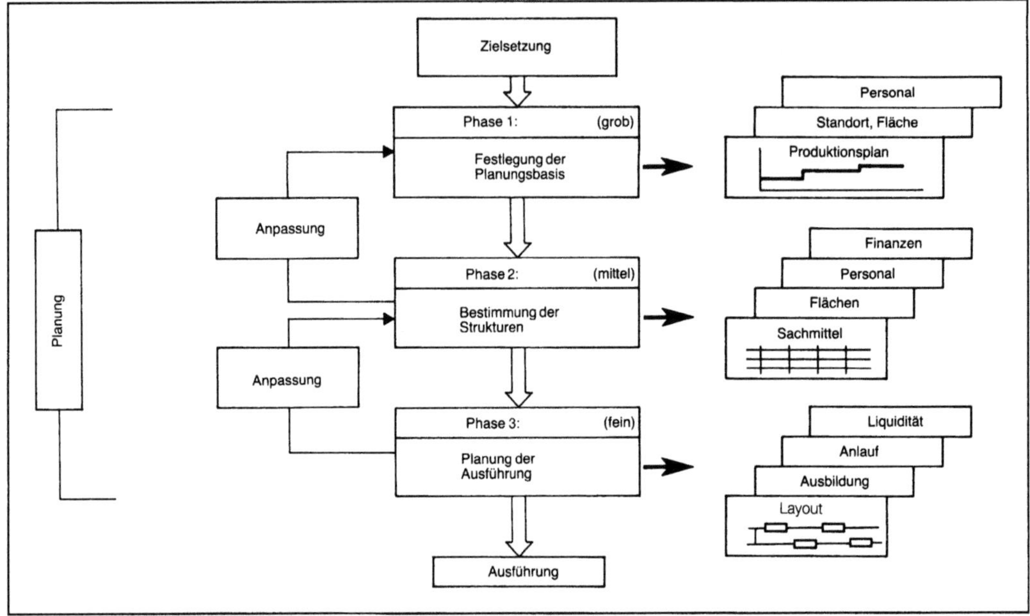

Fertigungsplanung: Allgemeine Vorgehensweise zur Planung der Fertigung.

In der Grobplanungsphase werden ausgehend von der Zielsetzung für die Fertigung die Basis und der Rahmen für die weitere Planung festgelegt. Dies geschieht durch Aufstellung eines langfristigen Produktionsplanes, die Festlegung der verfügbaren Finanzmittel und die Auswahl des Standorts. Auf dieser Planungsbasis werden in der zweiten Phase (auch →Strukturplanung genannt) die notwendigen Sachmittel, der Flächenbedarf, die erforderliche Investitionssumme sowie der Personalbedarf hinsichtlich Qualifikation und Anzahl ermittelt. Auf dieser Stufe werden die wesentlichen Entscheidungen bezüglich der Leistungsfähigkeit der geplanten Fertigung getroffen. Die Ergebnisse dieser mittleren Phase können u. U. eine Anpassung der Planungsbasis erforderlich machen. Im letzten Schritt wird die Planung der Ausführung des Investitionsvorhabens vorgenommen. Erneut muß ggf. eine Anpassung der vorausgegangenen Planungsphase vorgenommen werden.   *Eversheim*

Literatur: *Eversheim, W.:* Organisation in der Produktionstechnik. Bd. 1. Düsseldorf 1981. – *Wiendahl, H.-P.:* Betriebsorganisation für Ingenieure. München, Wien 1983.

Fertigungsprinzip. Es charakterisiert den →Fertigungsbereich hinsichtlich der Einordnung in die Vielzahl der alternativen räumlichen Anordnungen und der Organisationsstrukturen. Zielsetzung bei der Auswahl eines bestimmten F. ist es, den Fertigungsablauf und den Materialfluß im Hinblick auf die gegebene Produktionsaufgabe zu optimieren. Die Auswahl des geeigneten F. ist abhängig vom gegebenen →Produktionsprogramm, von den Charakteristika der einzelnen Werkstücke sowie von organisatorischen Größen, wie z. B. der →Losgröße. Bei der Gliederung der Anordnungsvarianten wird zwischen Produkt-, Verfahrens- oder verfahrensfolgenorientierten F. unterschieden. Das Werkstättenprinzip faßt Maschinen mit gleichen Bearbeitungsverfahren räumlich zusammen (verfahrensorientiert).

Ein Fertigungsauftrag durchläuft entsprechend der im Arbeitsplan vorgegebenen Verfahrensfolge die verschiedenen Werkstätten. Hierbei steht dem Vorteil der durch einen internen Kapazitätsabgleich erreichbaren hohen Auslastung der Nachteil der langen Durchlaufzeiten entgegen. Das Werkstättenprinzip wird angewandt bei heterogenen Werkstückspektren geringer Auftragsstückzahlen mit unterschiedlichen Verfahrenskombinationen und -reihenfolgen.

Das Gruppenprinzip basiert auf der Existenz einer Fertigungszelle, die Maschinen mit den Bearbeitungsverfahren für eine vollständige Herstellung einer definierten Werkstückgruppe zusammenfaßt (verfahrensorientiert). Hierbei steht dem Vorteil der Senkung der Anzahl Transportvorgänge und der →Durchlaufzeit der Nachteil festgelegter Verfahrenskombinationen gegenüber. Das Gruppenprinzip wird angewandt bei Produktgruppen mit hoher Variantenvielfalt.

Die →Fließfertigung charakterisiert eine produktbezogene Gliederung der räumlichen Anordnung des Fertigungsbereichs. Als Vorteile sind die sehr kurzen Durchlaufzeiten bei guter Auslastung der Kapazitäten zu nennen. Der Hauptnachteil ist in der starren →Arbeitsvorgangsfolge und dem damit verbundenen hohen Aufwand bei Produktänderung zu sehen. Die Fließfertigung wird bei Produktionsprogrammen mit gleichen oder ähnlichen Arbeitsvorgangsfolgen und bei Serienfertigung angewandt. *Eversheim*

Literatur: *Eversheim, W.:* Organisation in der Produktionstechnik. Bd. 4. Düsseldorf 1981.

Fertigungsstruktur. Sie determiniert die räumlichen und zeitlichen Anordnungsbeziehungen des Fertigungsprozesses und ist die Basis für die Organisationsform des Fertigungsablaufs. Bestimmende Faktoren sind

◻ vom Produktprogramm her:
– die je Zeiteinheit zu fertigende Anzahl an Erzeugnissen und hierbei prognostizierbare mögliche Schwankungen,
– die Art der zu fertigenden Erzeugnisse in ihrer Variantenvielfalt bezüglich Form, Abmessung und Anzahl an Funktionselementen je Werkstück,
– die technologischen Anforderungen bez. Verfahren, Verfahrensfolgen und Genauigkeit je Werkstück;
◻ von den Anforderungen an die →Fertigung her: eine dem geplanten Absatzvolumen der Produkte entsprechende Produktionskapazität bereitzustellen, wobei die Leistungs- und Kostenunterschiede der verschiedenen Maschinenarten und Anordnungsbeziehungen mit zu berücksichtigen sind.

Die Gestaltungsentscheidung orientiert sich an zwei organisatorischen Leitmodellen:
◻ dem produktbezogenen, technischen Arbeitsablauf, realisiert im Erzeugnisprinzip,
◻ der Ähnlichkeit von Verrichtungen oder Funktionen im Werkstättenprinzip.

Dabei sind statische Kriterien, gegeben durch das Produktprogramm (Anzahl an Produkttypen und Varianten, benötigte Verfahren und Verfahrensfolgen, Bearbeitungsvolumen und Stückzahlvorgaben), und dynamische Kriterien, welche die Umweltkriterien wie Absatzschwankungen und -änderungen, Produktänderungen, Technologieänderungen und Ressourcenverfügbarkeit mit in die Betrachtung einbeziehen, strukturbestimmend.

Generell gilt, daß bei Vorliegen der Voraussetzungen für das Erzeugnisprinzip, z. B. Serien- und Massenfertigung, stückzahlinvariantes Produktprogramm, einheitliche Verfahrensfolge, die vorgenannte →Organisationsstruktur kostengünstiger ist. Dies ist auf Spezialisierungs- und Koordinierungsvorteile zurückzuführen. Durch die vorgegebene Operationsfolge wird eine Koordinierung des Fertigungsablaufs notwendig. Der Einsatz flexibler Transferstraßen und Fertigungsinseln, u. U. in Verbindung mit der Durchführung organisatorischer Maßnahmen, wie z. B. Scheinlosbildung, ermöglicht eine Anpassung an die sich wandelnden Anforderungen der Fertigung. (Zur Definition der einzelnen Strukturtypen →Strukturplanung.) *Eversheim*

Literatur: *Eversheim, W.:* Organisation in der Produktionstechnik. Bd. 4. Düsseldorf 1981.

Fertigungssystem, flexibles. In einem flexiblen F. wird die Komplett-Bearbeitung unterschiedlicher Werkstücke in beliebiger Reihenfolge durchgeführt. Das System besteht aus einer Anzahl unabhängig voneinander arbeitender numerisch gesteuerter Werkzeugmaschinen bzw. Fertigungszellen, die über ein gemeinsames Steuer- und Transportsystem so miteinander verknüpft sind, daß einerseits eine automatische Fertigung stattfinden kann, andererseits innerhalb eines gegebenen Bereiches unterschiedliche Bearbeitungsaufgaben durchgeführt werden können. Ein flexibles F. besteht also aus einem Bearbeitungssystem, einem Materialflußsystem sowie einem Steuerungs- und Informationsverarbeitungssystem. Im Bearbeitungssystem werden vorwiegend Bearbeitungszentren, Drehzentren und Mehrspindeleinheiten eingesetzt. Dabei kann das System aus sich ersetzenden und/oder sich ergänzenden Bearbeitungsstationen aufgebaut sein. Zusätzlich zu den Maschinen sind Hilfsstationen (z. B. Waschanlagen), Werkstück- und Werkzeuglager sowie Meßstationen integriert (Bild 1).

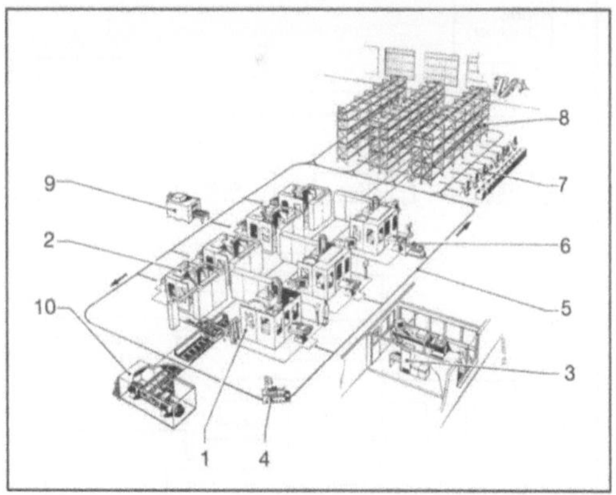

Fertigungssystem, flexibles 1: Für die Bearbeitung von Pkw-Motoren, Getrieben und Achsen. (Quelle: Daimler Benz AG, Stuttgart)

1,2 CNC-Bearbeitungszentrum, 3 Leitstand, 4 Flurförderfahrzeug, 5 Induktionsschleifen, 6 Palettenwechseleinrichtung, 7 Spannplätze, 8 Regallager, 9 Waschstation, 10 Späneförderanlage

Das Materialflußsystem erfüllt in flexiblen F. Aufgaben des Transports, der Lagerung und der Handhabung von Werkstücken und Werkzeugen. Als Transportsysteme werden z. B. Rollenbahnen, schienengebundene Wagen, Regalbediengeräte und zunehmend induktiv gesteuerte Fahrzeuge eingesetzt. Das Handhaben zwischen Transportsystem und Werkzeugmaschine erfolgt durch Palettenwechsler oder Handhabungssysteme (→Werkstückwechsler). Systeme mit einem zentralen →Werkzeugspeicher benötigen zusätzliche Transportmittel für die Werkzeuge. Hier können auch Industrieroboter und roboterähnliche Handhabeeinrichtungen zum automatischen Austausch von Werkzeugen im Magazin der Maschinen eingesetzt werden (→Werkzeugwechsler).

Elementare Voraussetzung für ein flexibles F. mit einem hohen Flexibilitäts- und Automatisierungsgrad ist der DNC-Betrieb (→DNC), mit dem die Steuerungsdatenverteilung für die NC-Maschinen (NC, CNC, PPS), der Materialfluß und die Werkzeugverwaltung (→Werkzeugcodierung) zentral gesteuert und überwacht bzw. erfaßt wird (CAM, CIM). Bild 2 zeigt Steuerungsstrukturen eines flexiblen F. *Schulz*

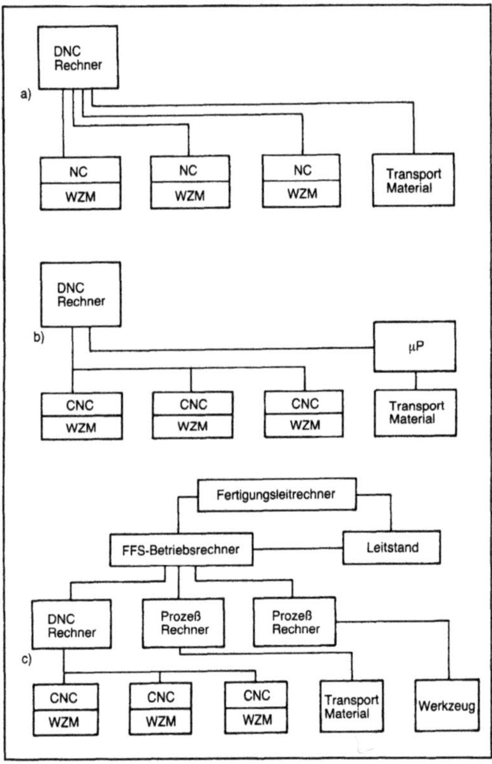

Fertigungssystem, flexibles 2: Steuerungsstruktur.

a) bis c) Ausbaustufen

Fertigungsüberwachung.

Fertigungsüberwachung. Darunter versteht man die Aufnahme von Meßwerten, Prozeßkenngrößen und -parametern des gegenwärtigen Prozeßzustands mit dem Ziel, Fehlerentwicklungen frühzeitig zu erkennen und durch geeignete Strategien Folgeschäden zu vermeiden.

Die Zustandserfassung ist eine Teilaufgabe der Überwachung (Bild). Im anschließenden Zustandsvergleich wird der ermittelte Ist-Zustand dem vor-

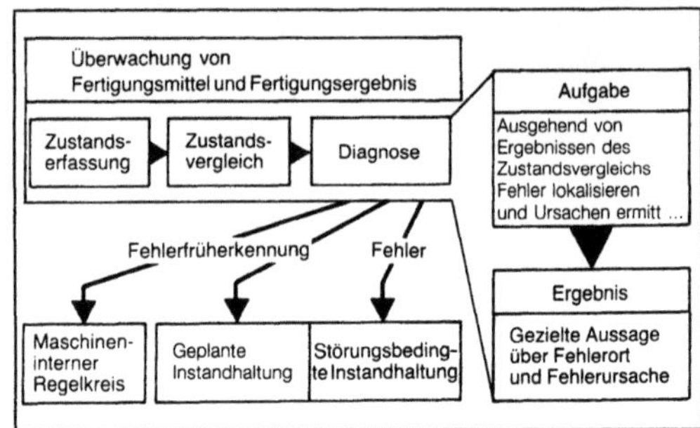

Fertigungsüberwachung: Aufgaben.

gegebenen Soll-Zustand gegenübergestellt und die vorliegende Abweichung bestimmt. Die nachfolgende Diagnose ermöglicht bei rechtzeitiger Fehlererkennung z. B. eine Kompensation der Abweichung über einen maschineninternen Regelkreis bzw. löst Fehlermeldungen aus, die ggf. Instandsetzungsmaßnahmen einleiten.

Im Gegensatz zu konstruktiven oder arbeitsvorbereitenden Maßnahmen kann die Überwachung keine Fehlerursachen beseitigen, vermeidet jedoch durch regelndes Eingreifen unvorhergesehene Fehler bzw. Fehlerfolgen. Sie schafft u. a. die Voraussetzungen für den Einsatz automatisierter Fertigungseinrichtungen in personalreduzierten Zusatzschichten (Diagnose, Fehler, Instandhaltung, Verfügbarkeit, Zuverlässigkeit). *Eversheim*

Literatur: *Eversheim, W.,* u. *A. Barg:* Überwachung als integrativer Bestandteil der technischen Investitionsplanung. HGF-Kurzber. 86/84. Ind.-Anz. 108 (1986) Nr. 66/67, S. 33/34. – Autorenkollektiv: Maschinendiagnose in der automatisierten Fertigung. Ind.-Anz. 103 (1981) Nr. 62, S. 181/90.

Fertigungszelle, flexible. Die flexible Fertigungszelle (FFZ) – Basis ist das →Bearbeitungszentrum für kubische, das Drehzentrum für rotationssymmetrische Werkstücke – ist gegenüber der automatisierten Einzelmaschine mit einem →Werkstückspeicher, einer Werkstückwechseleinrichtung sowie Überwachungseinrichtungen für den bedienerarmen Betrieb ausgestattet. F. werden meist dort eingesetzt, wo die Fertigungsstruktur, Teilestruktur und Losgröße eine Verkettung mehrerer Arbeitsplätze nicht zulassen, jedoch die Lösung des Personals aus der Taktbindung, die Erhöhung der Maschinennutzung und eine Mehrmaschinenbedienung aus Kosten- und Personalgründen erwünscht sind. Der hohe Automatisierungsgrad einer Zelle erfordert im Betrieb Personal nur für Spanntätigkeiten, so daß Pausen überbrückt und bei ausreichender Kapazität des Werkstückspeichers bedienerarme Schichten gefahren werden können.

Für den automatischen Betriebsablauf ist die Überwachung einerseits des Zerspanprozesses (→Werkzeugüberwachung) und andererseits des Fertigungsergebnisses Voraussetzung. Der Zerspanprozeß wird dabei einheitlich durch eine Werkzeugbruch-Überwachung kontrolliert, die abhängig von der Werkzeuggröße durch das Messen der Vorschubkräfte, des Hauptspindeldrehmoments, den Motorstrom oder geometrisch durch Lichtschranken und Taster erfolgt. Meßtaster werden zur Kontrolle des Fertigungsergebnisses, aber auch zum Werkstückerkennen und Messen des Werkstückversatzes auf der Palette (kubische Werkstücke) eingesetzt (Bild 1).

Fertigungszelle, flexible 1: Für die Bearbeitung kubischer Werkstücke. (Quelle: Diag-Kolb, Berlin)

Die Steuerung der verschiedenen Funktionen einer flexiblen F. wird überwiegend durch eine (Standard-) CNC, die mit einer speicherprogrammierbaren →Anpaßsteuerung (SPS, PLC) gekoppelt ist, vorgenommen (NC/CNC).

Bei kubischen Werkstücken werden überwiegend Rund- und Ovalspeicher mit mehreren Paletten verwendet. Diese Magazine mit einem relativ hohen Platzbedarf werden vorzugsweise eingesetzt, wenn infolge hoher Bearbeitungszeiten pro Palette nicht viele Speicherplätze benötigt werden. Bei größerem Speicherplatzbedarf wird z. B. ein Palettenmagazin in Regalbauweise angeordnet, während bei großen (schweren) Werkstücken Linearspeicher zur Anwendung kommen. Die Werkstückwechseleinrichtung ist als Schiebe- oder Drehtisch fast ausnahmslos in die Basismaschine integriert.

Bei der Fertigung von rotationssymmetrischen Werkstücken kann die Handhabung durch angeordnete Industrieroboter oder durch Handhabungsgeräte, z. B. über der Maschine angeordnete Flächenportale, erfolgen (Bild 2). Die Aufgaben der Handhabung bestehen darin, das Werkstück aus dem Werkstückspeicher zu nehmen, in die Maschine ein- und ggf. umzuspannen sowie nach Beenden der Bearbeitung aus der Maschine zu entnehmen und einem Fertigteilspeicher zuzuführen. Bei einem Werkstücktyp-Wechsel lassen sich automatisch die Greifwerkzeuge austauschen. Daneben können die Handhabungsgeräte auch für den Werkzeugwechsel sowie den Futterbacken-Austausch vorgesehen werden. *Schulz*

Fertigungszelle, flexible 2: Drehzelle mit Portalroboter. (Quelle: Index Werke AG Hahn & Tessky, Esslingen)

Festbett. Unter einem F. versteht man in der Verfahrenstechnik eine Schüttung aus Festkörpern oder auch Anordnungen technischer Gebilde wie Füllkörper, Drahtgewebe in einem Gefäß. Letztere werden oft als Packungen bezeichnet, die in regelloser Form als Schüttungen oder geordnet in wohldefinierter Form eingebracht werden. F. verwendet man für Wärme- und Stofftransportvorgänge sowie chemische Reaktionen, an denen fluide Phasen und eine feste Phase beteiligt sind. Die feste Phase bildet in Form der Festkörper das F. Das F. (auch als disperse Phase bezeichnet) wird von der fluiden Phase (auch als kontinuierliche Phase bezeichnet) durchströmt. Bei einer Strömungsführung von oben nach unten bleibt das F. bei allen Strömungsgeschwindigkeiten erhalten. Bei einer Durchströmung von unten nach oben bleibt das F. nur bis zur Lockerungsgeschwindigkeit erhalten, bei der das F. in ein Fließbett oder in eine Wirbelschicht übergeht, sofern nicht eine mechanische Abdeckung eine Ausdehnung des F. verhindert. Das F. kennzeichnet sich durch den Leervolumenanteil ε, der sich aus dem nicht vom Feststoff ausgefüllten Volumen $V - V_S$, bezogen auf das Gesamtvolumen V, ergibt. Bei porösen Feststoffen kann man noch unterscheiden nach dem makroskopischen Leerraum, der als Lückenvolumen bezeichnet wird, und dem mikroskopischen Leerraum, der →Porosität, die den Leerraumanteil im Innern der Festkörper wiedergibt:

$$\varepsilon = \frac{V - V_S}{V}.$$

Den Druckverlust Δp des Fluids beim Durchströmen kann man durch Größen der Schüttung wie folgt ausdrücken:

$$\Delta p = \xi \cdot \frac{1 - \varepsilon}{\varepsilon} \cdot \frac{H}{dp} \cdot \frac{w^2 \cdot \rho}{2},$$

mit ξ Widerstandskoeffizient (Bild 1),
H Festbetthöhe,
w Leerrohrgeschwindigkeit des Fluids,

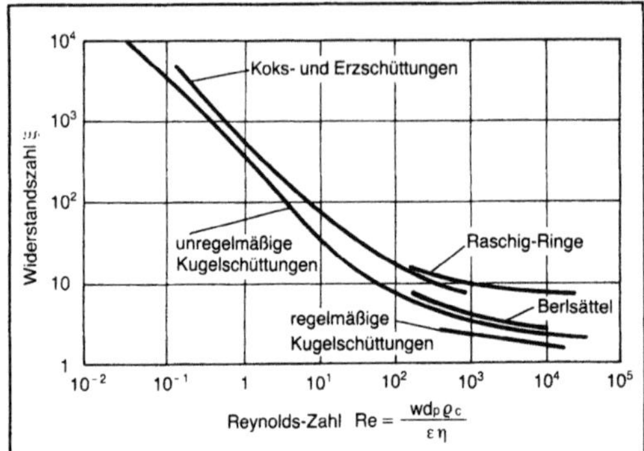

Festbett 1: Widerstandskoeffizient von Festbetten aus unterschiedlichen Schüttmaterialien. (Quelle: Hersmann a. a. O.)

ρ Dichte des Fluids,
d_p geeigneter Partikeldurchmesser, z. B. Sauter-Durchmesser.

F. setzt man für chemische Reaktionen, vor allem als Katalysatorträger (heterogene Katalyse) ein. In der thermischen Verfahrenstechnik spielen sie neben ihrer Verwendung als Stoffaustauschvorrichtung zum Erzeugen von Stoffaustauschfläche dann eine Rolle, wenn Substanzen aus Feststoffen oder mit Hilfe von Feststoffen aus fluiden Mischungen abgetrennt werden sollen. Beispiele hierfür sind die →Feststoffextraktion (Herstellung von Kaffee-Extrakt mit heißem Wasser zum Erzeugen von löslichem Kaffee nach Sprühtrocknung), die Trocknung von Feststoffen, die Adsorption (Trocknen von Luft durch Adsorption von Wasser an Silicagel) und der Ionentausch (Enthärten von Wasser). Auch gepackte Trennsäulen für die Chromatographie sind hierzu zu rechnen.

F. haben endliche Kapazität. Beispielsweise ist die Kapazität eines Ionentauschers nach Austausch aller funktionellen Gruppen erschöpft. Bei der Extraktion von Zucker aus einem F. aus Rübenschnitzeln erschöpft sich der Zuckergehalt. Dies hat den Nachteil, daß die F. nach Erschöpfung ausgetauscht und/oder regeneriert werden müssen, was i. a. zu einer Unterbrechung des Betriebs führt. Um hinsichtlich des Fluids kontinuierlich arbeiten zu können, sind mindestens 2 F. nötig.

Bei F. wird die feste Phase nicht vermischt. Dies führt zu dem Vorteil, daß das Verteilungsgleichgewicht immer durch den unbeladenen Feststoff bestimmt wird. So kommt z. B. feuchte Luft so lange mit wasserfreiem Silicagel in Kontakt, bis das F. aus Silicagel praktisch vollständig in seiner Aufnahmekapazität für Wasser erschöpft ist, da sich das Silicagel von Anfang des F. Schicht für Schicht bis zum Ende des F. belädt (Bild 2). Da die Beladung mit einer für den speziellen Adsorptionsvorgang charakteristischen Verzögerung erfolgt, ergibt sich eine gewisse Breite der adsorbierenden Schicht.

Diese kann am Auslauf des F. in Form einer Durchbruchkurve gemessen werden. Die Durchbruchkurve zeigt, wie sich das Bett örtlich und zeitlich fortschreitend belädt (Bild 2).

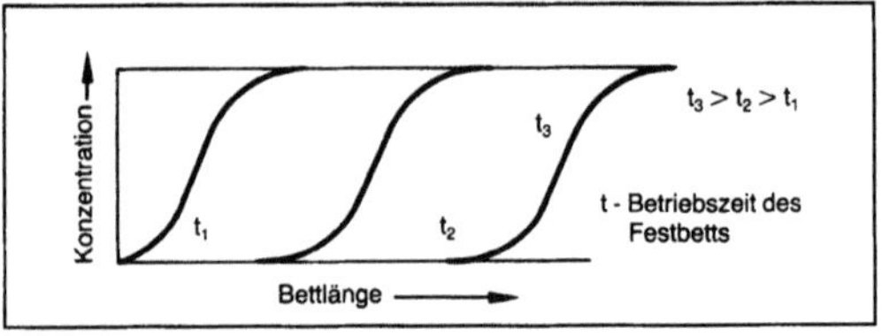

Festbett 2: Durchbruchkurve.

Um die Kapazität eines Adsorberbetts voll nutzen zu können, werden häufig 2 Adsorber-F. in Reihe geschaltet.

Analoges gilt für die Desorption, die Regenerierung von Ionentauschern und die Extraktion aus Feststoffen.

Sind die Beladungs- oder Durchbruchkurven sehr flach, kann man durch Hintereinanderschalten mehrerer F. und entsprechende Führung der fluiden Phase dennoch eine weitgehend vollständige Nutzung der Kapazität erreichen. Dies entspricht einer Gegenstromführung in mehreren Stufen. *Brunner*

Literatur: *Hersmann, A.:* Thermische Verfahrenstechnik. Berlin, Heidelberg, New York 1980.

Festbettelektrode →Reaktor, elektrochemischer

Festbettreaktor. Weit verbreitetster Reaktortyp für heterogen-katalysierte Fluid-Feststoff-Reaktionen, in dem ein nicht-bewegtes Katalysatorhaufwerk (poröse oder unporöse Partikel, wie z. B. Kugeln, Zylinder, Hohlstränge oder Splitt) als Festbett angeordnet ist. In den meisten Fällen ist das Fluid in der Technik ein Gas, das häufig axial von oben nach unten oder auch radial durch das Festbett strömt. Man unterscheidet daher zwischen den überwiegend eingesetzten axial durchströmten Rohrreaktoren und den Radialstromreaktoren. Die Grundtypen festbettkatalytischer Rohrreaktoren sind der Vollraumreaktor (fast der gesamte Reaktor ist gleichmäßig mit dem Katalysatorhaufwerk ausgefüllt), der Abschnittsreaktor (→Hordenreaktor) und der →Rohrbündelreaktor. Die →Reaktionsführung kann adiabat, polytrop oder isotherm erfolgen. In der Praxis ist die adiabate Reaktionsführung auf Grund ihrer Einfachheit bevorzugt. Dann entstehen häufig keine radialen Temperaturprofile innerhalb der Reaktionsmasse. Es bilden sich jedoch axiale Temperaturprofile proportional dem Umsatz aus. Der Einsatz des Vollraumreaktors ist stark begrenzt, da die Temperatur der Reaktionsmasse nicht gesteuert werden kann und die Temperaturdifferenz des Reaktionsgases zwischen Reaktorein- und -austritt bei Reaktionen mit hoher Reaktionsenthalpie groß ist.

Der Radialstromreaktor, bei dem das Festbett vom Reaktionsgas in radialer Richtung durchströmt wird, gewinnt zunehmend an Bedeutung. Der wesentliche Vorteil gegenüber den axial durchströmten Festbettreaktoren besteht darin, daß der Radialstromreaktor bei gleichem Druckverlust und gleicher Geometrie der Katalysatorschüttung mit viel höherer Gasgeschwindigkeit gefahren werden kann. Die Einschränkung der Anwendbarkeit resultiert vor allem aus den fehlenden Einbauten für Heizung und Kühlung sowie der größeren →Rückvermischung infolge der geringen Festbettschichtdicke, die durchströmt wird.

Je nach der Standzeit (→Desaktivierung von Katalysatoren) des verwendeten Katalysators muß das Festbett regeneriert oder durch frische Katalysatoren ersetzt werden (Reaktionsführung).

Für Schlankheitsgrade $L/d_R > 100$ (→Rohrreaktor) läßt sich die axiale Dispersion (Rückvermischung) in den meisten realen F. vernachlässigen. Dies bedeutet, daß in der Praxis die pseudo-homogenen Reaktormodelle PH1 oder PH3 (F.-Modell) mit gutem Erfolg anwendbar sind.

Im Unterschied zu den F. gibt es Feststoff-Reaktoren für Gas-Feststoff-Reaktionen, bei denen sich das gesamte Feststoff-Haufwerk oder Teile davon durch den Reaktor bewegen und kontinuierlich zu- und abgeführt werden. Hierzu gehören die Wanderbettreaktoren, Wirbelschichtreaktoren und Flugstaubreaktoren.

Ebenfalls F. sind die Dreiphasen-Reaktoren (Mehrphasenreaktoren), Rieselbettreaktoren und der Sumpfreaktor, bei dem die Partikelgröße des Katalysators zwischen 3 und 7 mm beträgt. Das Gas strömt beim Sumpfreaktor meist im Gegenstrom zur Flüssigkeit von unten nach oben. Er wird bevorzugt verwendet, wenn die Verweilzeit der Flüssigkeit groß sein und/oder wenn die flüssige Phase mit einer relativ kleinen Gasmenge reagieren soll. Die Modellierung des Sumpfreaktors ist komplex. Verfahrensbeispiele sind die Aminierung von Alkoholen sowie die selektive Hydrierung von Acetylen oder Olefinen. *Schönbucher*

Festbettreaktormodell. Das Verhalten von Festbettreaktoren kann durch F. beschrieben werden, die ebenfalls auf der Lösung der Stoffmengen- und Wärmebilanz (Reaktormodell) beruhen. Die größte Bedeutung haben bisher die Kontinuumsmodelle erlangt, die in der Tabelle zusammengefaßt sind, wobei eine zunehmende Tendenz zur Entwicklung von diskreten Modellen (z. B. Zellen-, Kapillar- oder Kugelpackungsmodelle) besteht. Das Kontinuumsmodell wird als ein- bzw. zweidimensional bezeichnet je nachdem, ob radiale Konzentrations- bzw. Temperaturprofile unberücksichtigt ($\partial/\partial r = 0$) bleiben oder berücksichtigt ($\partial/\partial r \neq 0$) werden. Liegt ein pseudohomogenes Modell (PH in der Tabelle) vor, dann lassen sich die Konzentrations- und Temperaturgradienten zwischen Fluid (in der Tabelle z. B. Gas) und Kornoberfläche (z. B. Katalysatoroberfläche) vernachlässigen. Kann im →Festbettreaktor zusätzlich Kolbenströmung der Reaktionsmasse angenommen werden (Festbettreaktor), so erhält man das einparametrige Festbettreaktormodell PH1, das mit dem Reaktormodell des idealen Rohrreaktors (IR) übereinstimmt. Das Modell PH1 wird häufig mit Erfolg angewandt. Bei stark exothermen Reaktionen sollte dagegen das zweidimensionale Modell PH3 benutzt werden, das

Festbettreaktormodell. Tabelle: Kontinuumsmodelle für stationäre Festbettreaktoren.

	pseudo-homogene Modelle $(c_i,T)_{GAS} = (c_i,T)_{KORN}$		heterogene Modelle $(c_i,T)_{GAS} \neq (c_i,T)_{KORN}$	
eindimensional $\dfrac{\partial}{\partial r} = 0$	PH 1	IR-Modell (Parameter K)	HT1	IR-Modell und Gradienten an der Phasengrenze (3 Parameter)
$\dfrac{\partial}{\partial z} \neq 0$	PH2	Modell PH1 und Axialdispersion (3 Parameter)	HT2	Modell HT1 und interne Gradienten (5 Parameter)
zweidimensional $\dfrac{\partial}{\partial r} \neq 0$ $\dfrac{\partial}{\partial z} \neq 0$	PH3	Modell PH1 und Radialdispersion (Parameter α_{Wa}, λ_r, D_r)	HT3	Modell HT2 und Radialdispersion (9 Parameter)

K Wärmedurchgangskoeffizient, α_{Wa} Wärmeübergangskoeffizient in Wandnähe, λ_r Wärmeleitfähigkeit in radialer Richtung r, D_r radialer Dispersionskoeffizient, c_i Reaktandenkonzentration der Komponente i, T Temperatur, z Ortskoordinate in axialer Richtung

radiale Temperatur- und Konzentrationsprofile berücksichtigt und mit den drei Parametern α_{Wa}, λ_r, D_r auskommt. Treten zwischen dem Fluid und der Kornoberfläche erhebliche Konzentrations- und Temperaturdifferenzen auf, die unter technischen Bedingungen meist nicht vorliegen, ist ein heterogenes F. (z. B. HT1 in der Tabelle) anzuwenden. Bei heterogenen Modellen müssen die Stoffmengen- und Energiebilanzen sowohl für die Fluid- als auch für die Feststoffphase gelöst werden. Beim Modell HT2 werden zusätzlich interne Gradienten, d. h. Konzentrations- und Temperaturprofile innerhalb des porösen Katalysatorkorns (Katalysatorwirkungsgrad) berücksichtigt, die in der Technik häufig ebenfalls zu vernachlässigen sind.

Eine wichtige Aufgabe bei der Modellierung besteht darin, eine für den vorliegenden, technischen Reaktor geeignete Modellauswahl zu treffen. Insbesondere sollte das gewählte Reaktormodell möglichst wenige Parameter enthalten, für die verläßliche Zahlenwerte oder Korrelationen existieren. *Schönbucher*

Fest-Flüssig-Rektifikation. Die F.-F.-R. ist ein thermisches Trennverfahren für schwierige Trennprobleme mit hohen Reinheitsanforderungen, für deren Lösung eine Destillation oder Extraktion aus technischen oder wirtschaftlichen Gründen nicht in Betracht kommt.

Bild 1 zeigt den prinzipiellen Aufbau einer F.-F.-R.-Apparatur. In einer Kolonne bewegen sich eine feste kristalline und eine flüssige Phase unterschiedlicher Zusammensetzung im →Gegenstrom zueinander, so daß es zu einem →Stoffübergang kommt. Am unteren Kolonnenende werden die Kristalle geschmolzen, ein Teil der Schmelze als flüssiges Produkt entnommen und der Rest als →Rückfluß in der Kolonne belassen. Im oberen Kolonnenteil wird in einem horizontal angeordneten Trennteil die Schmelze gekühlt sowie Feststoff und Flüssigkeit voneinander getrennt. Am Ende der Trennzone entnimmt man einen Teil des Feststoffs als Produkt und beläßt den Rest als Rückfluß in der Kolonne.

Die in Bild 2 gezeigte Apparatur wurde von Union Carbide Australia entwickelt und zeigt insbes. für eutektische Systeme gute Ergebnisse.

Zur Entwicklung exakter Auslegungsmethoden sind z. Z. noch weitere grundlegende Forschungsarbeiten notwendig.

Vom trenntechnischen Standpunkt ist die F.-F.-R. eine fraktionierte Kristallisation und kein Destillationsverfahren. *Dohrn*

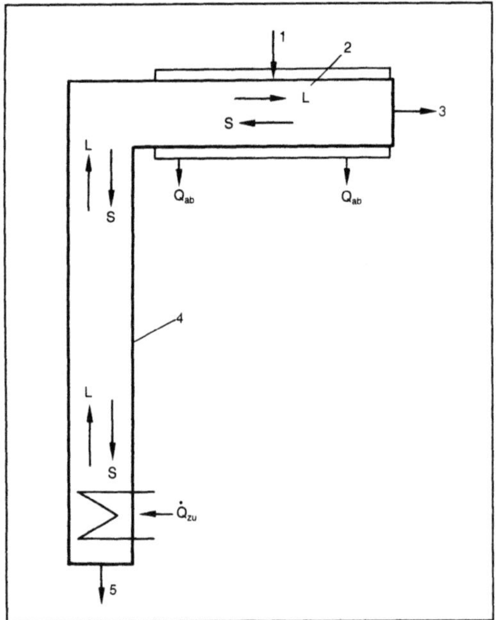

Fest-Flüssig-Rektifikation 1: Prinzipieller Aufbau einer Fest-Flüssig-Rektifikationsapparatur.

S Solid, Feststoff, L Liquid, Flüssigkeit
1 Zulauf, 2 Trennzone, 3 festes Produkt, 4 Anreicherungszone, 5 flüssiges Produkt

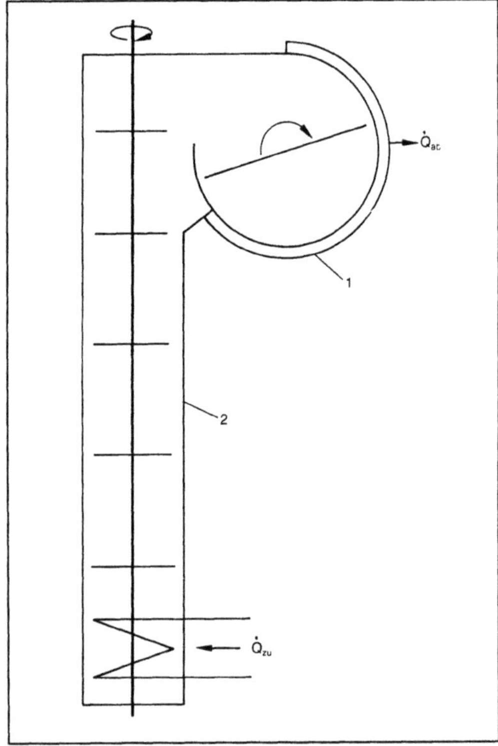

Fest-Flüssig-Rektifikation 2: Schnitt durch eine Fest-Flüssig-Rektifikationsapparatur. (Quelle: Union Carbide Australia)

1 gekühlte horizontale Trennzone, 2 senkrechte Anreicherungszone

Literatur: *Billet, R.:* Distillation Engineering. London, Rheine 1979.

Festigkeitshypothese. Die technischen Bauteile sind im Regelfall mehrachsig beansprucht. Diese mehrachsigen Spannungszustände müssen mit einachsigen Versuchswerten, den Werkstoffkennwerten, verglichen werden. Hierzu bedarf es einiger Hypothesen, die den mehrachsigen Spannungszustand auf einen einachsigen Spannungszustand vergleichbar zurückrechnen können. Bewährt haben sich insbes. Normalspannungshypothese, Schubspannungshypothese und Gestaltänderungs-Energie-Hypothese. Die mit solchen Hypothesen berechenbare Spannung wird Vergleichsspannung genannt, weil sie mit den einachsigen Versuchswerten verglichen werden darf. *Strohmeier*

Festigkeitssteigerung. Bei Belastung verformen sich metallische Werkstoffe zunächst elastisch. Der Zusammenhang zwischen angelegter Spannung σ und der Dehnung ε wird durch das Hookesche Gesetz $\sigma = E \cdot \varepsilon$ beschrieben, in dem E der Elastizitätsmodul ist. Beim Erreichen einer bestimmten Spannung beginnt irreversible plastische Verformung ($\rightarrow$Dehngrenze, ausgeprägte Streckgrenze), weil sich Versetzungen im Gitter bewegen und dadurch Abgleitungen hervorrufen können.

F. bedeutet Behinderung der Versetzungsbewegung. Die Hindernisse werden nach ihrer Dimension eingeteilt in

□ nulldimensionale Hindernisse, wie Fremdatome, die interstitiell oder substitutionell im Mischkristall eingebaut werden,

□ eindimensionale Hindernisse, wie Versetzungslinien, deren Anzahl bei der Verformung stark ansteigt und deren Spannungsfelder die weitere Bewegung von Versetzungen behindern,

□ zweidimensionale Hindernisse, wie Korngrenzen, deren Wirkung auch deshalb gründlich untersucht und vielfach ausgenutzt wird, weil mit höherer Festigkeit durch feineres Korn eine Verbesserung der Zähigkeit verbunden ist ($\rightarrow$Feinkornstahl), und

□ dreidimensionale Hindernisse, wie Ausscheidungen (Ausscheidungshärtung).

Bei der Einstellung des Gefüges durch Zusammensetzung und Wärmebehandlung werden die verschiedenen Möglichkeiten zur F. ausgenutzt. Die Wirkung der harten Hindernisse, wie festliegende Versetzungen und nicht schneidbare Teilchen, addiert sich dabei entsprechend der Wurzel aus der Summe der Quadrate der Einzeleffekte; die übrigen Teilbeträge addieren sich linear. *W. Dahl*

Literatur: Werkstoffkunde Stahl. 2 Bde. Hrsg. VDEh. Berlin, Düsseldorf 1984/85.

Festigkeitsverhalten (des Stahls). Als F. bezeichnet man das Verhalten eines Bauelements aus einem größeren Tragwerk unter der Einwirkung vorgegebener Belastungen. Damit ist einmal das Verformungsverhalten des Bauelements und darüber hinaus des Gesamttragwerks bis zum Erreichen der Festigkeitsgrenze, zum anderen das Verhalten nach Überschreiten der Festigkeitsgrenze zu verstehen.

Mit Erreichen dieser Grenze wird das Tragwerk funktionsunfähig. Die zugehörige Belastung wird als Traglast definiert und ist vielfach systembedingt. Das Tragwerk ist immer so zu bemessen, daß ein ausreichender Sicherheitsabstand zwischen den real vorhandenen Nutzlasten und der Traglast eingehalten wird.

Das F. eines Bauelements hängt von einer Reihe von Parametern ab, die einmal durch den Werkstoff vorgegeben sind (Zusammensetzung und Herstellungsprozeß des Stahls), die zum andern aber durch den Beanspruchungszustand, der in diesem Bauelement infolge seiner Eingliederung in ein größeres Tragwerk vorherrscht, festgelegt werden.

Eine wichtige Unterscheidung ist zwischen der statischen (vorwiegend ruhenden) und der dynamischen Beanspruchung eines Tragwerks zu treffen. Dynamische Beanspruchungen, besonders bei häufig wechselnden Lastintensitäten, beeinflussen die Werkstoffkenngrößen und verändern das F. des Stahls ($\rightarrow$Ermüdung).

Das F. wird an Prüfkörpern im Labor bestimmt, die so konzipiert sind, daß sich die Einflüsse der folgenden wichtigsten Parameter gezielt untersuchen lassen:

□ Werkstoffeigenschaften,

□ Form eines Bauelements,

□ Art des Spannungszustands,

□ Geschwindigkeit des Belastungsvorgangs,

□ Zahl der Lastspiele und Höhe der Einzelbelastungen bei wiederholten Lastvorgängen,

□ Temperatur.

Die weiteren Ausführungen beschränken sich weitgehend auf die Werkstoffeigenschaften, speziell des Werkstoffs Stahl.

Bis zum Erreichen der Traglast unter statischer Belastung durchläuft ein Stahltragwerk verschiedene Stadien, die von der jeweiligen Höhe der Lastintensität abhängen. Zunächst verhält sich das Tragwerk elastisch: Die auftretenden Verformungen gehen nach einer Entlastung auf den unbelasteten Ausgangszustand vollständig zurück. Mit zunehmender Lastintensität treten bleibende (plastische) Verformungen auf, bis mit Erreichen der Traglast das Verformungsverhalten labil wird. Die teilplastifizierten Querschnitte sind nicht mehr in der Lage, einen stabilen Gleichgewichtszustand zwischen den äußeren Lasten des Tragwerks und den inneren Schnittgrößen aufrecht zu erhalten.

Das Verformungsverhalten unter statischer Belastung wird maßgebend durch das Spannungs-Dehnungs-Gesetz des Werkstoffs bestimmt, welches durch den Zugversuch an einem Probestab ermittelt wird. Bild 1 zeigt typische Spannungs-Dehnungs-Linien für verschiedene Stahlsorten, wie sie der Zugversuch liefert.

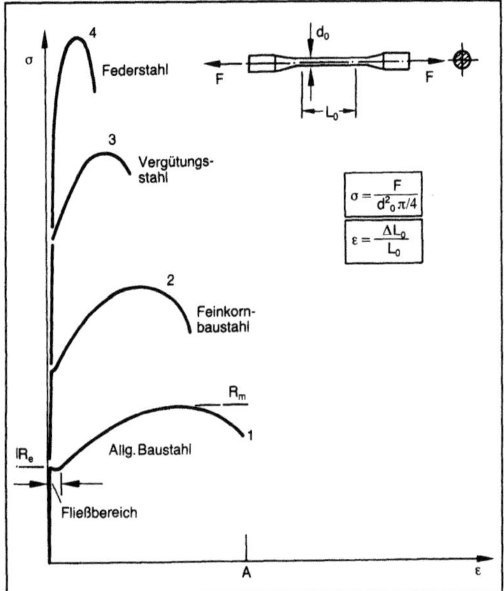

Festigkeitsverhalten (des Stahls) 1: Spannungs-Dehnungs-Diagramme von Stahl.

σ Normalspannung, ε Dehnung, L_0 Meßstrecke am Prüfstab, ΔL_0 Längenänderung der Meßstrecke infolge F, R_e Fließspannung

Der Zugversuch läßt die folgenden wichtigen Eigenschaften einer Stahlsorte erkennen:
□ Zugspannung R_m,
□ Bruchdehnung A,
□ Fließspannung R_e,
□ Ausdehnung des Fließbereiches.

Die Stahlsorten, die normalerweise im Bauwesen und Maschinenbau verwendet werden, weisen einen ausgeprägten Fließbereich auf (Kurve 1 in Bild 1). Er ist ausschlaggebend für das geschilderte Verformungsverhalten eines Stahltragwerks. Das plastische Verformungsvermögen des Stahls wirkt sich dabei in zweierlei Hinsicht aus:

Zunächst bleiben die Spannungen in einem Tragwerk rechnerisch unter der Fließgrenze R_e. In Wirklichkeit treten jedoch in den einzelnen Bauelementen konstruktionsbedingt örtlich höhere Spannungsspitzen auf (Kerbspannungen). Dank seines Plastifizierungsvermögens ist der Stahl in der Lage, diese Spannungsspitzen bis auf die Höhe der Fließgrenze abzubauen und auf weniger beanspruchte Nachbarbereiche umzulagern. Trotz örtlich begrenzter plastischer Verformungen ist das Verformungsverhalten des Gesamttragwerks nahezu elastisch, so daß ein Nachweis dieser Kerbspannungen in statischen Berechnungen normalerweise nicht

erforderlich ist. Dem Statiker ist diese Vereinfachung beim üblichen Spannungsnachweis, die nur auf Grund der günstigen Werkstoffeigenschaften zulässig ist, meist gar nicht mehr bewußt.

Dieser Ausnutzung des Plastifizierungsvermögens „im kleinen" steht die direkte Anwendung der Plastizitätstheorie gegenüber. Mit zunehmender Belastung breiten sich in den maximal beanspruchten Querschnitten plastische Zonen aus, die näherungsweise mit Fließgelenken vergleichbar sind. Der Stahl entzieht sich in diesen Bereichen einer weiteren Spannungsaufnahme, die zum Bruch führen würde, durch große Verformungen. Dadurch wird die weitere Beanspruchung auf bisher weniger beanspruchte Teile des Gesamttragwerks umgelagert; dies ermöglicht eine bessere Ausnutzung aller Tragwerksteile bis zum Erreichen der Traglast.

Stähle ohne ausgeprägten Fließbereich sowie Guß (Kurve 3 in Bild 1) reagieren wesentlich empfindlicher auf Überbeanspruchungen und örtliche Spannungsspitzen. Es fehlt die ausgleichende Wirkung des Plastizierens, und es kommt daher schneller zum Bruch. Der Bruch im Tragwerk erfolgt plötzlich und wird nicht durch auffällig große plastische Systemverformungen eingeleitet. Stahlsorten mit diesen Eigenschaften neigen zum Sprödbruch (Bruch) und werden im praktischen Stahlbau möglichst vermieden, zumindest dort, wo mit hohen Kerb- und/oder Eigenspannungen zu rechnen ist.

Die Fähigkeit des Stahls zu plastizieren oder, umgekehrt ausgedrückt, die Gefahr eines auftretenden Sprödbruchs wird durch weitere Faktoren bestimmt, die dem einfachen →Spannungs-Dehnungs-Diagramm nicht mehr zu entnehmen sind:
□ Mehrachsigkeit des Spannungszustands,
□ →Alterung des Stahls,
□ Schlagbeanspruchung,
□ tiefe Temperaturen.

Unter ungünstigen Einflüssen kann sich auch ein Stahl, der im einfachen Zugversuch einen normalen Fließbereich erkennen läßt, im Bauelement spröde verhalten. Um diese Einflüsse erfassen zu können, werden im Labor spezielle Versuche durchgeführt, wie z. B. Kerbschlagversuche, Aufschweißbiegeproben oder Zugversuche an verschiedenen Kerbstäben. Wichtigstes Merkmal all dieser Versuche ist es, daß die Ergebnisse weniger absolut als relativ zu werten sind. Das in den Versuchen beobachtete F. der Prüfkörper kann in Form modifizierter Spannungs-Dehnungs-Gesetze bei der Berechnung von Bauteilen nach der Methode der finiten Elemente berücksichtigt werden.

Die Versuche unter genormten Bedingungen ermöglichen einen Vergleich der Stahlsorten untereinander, so daß sich eine Rangordnung hinsichtlich ihrer Sprödbruchanfälligkeit aufstellen läßt. Auf der anderen Seite muß man die Bauelemente und Tragwerke in Gruppen einteilen, die jeweils die gleichen ungünstigen Merkmale konstruktiver Art hinsichtlich der Sprödbruchgefahr aufweisen. Sprödbruchanfällige Stähle wird man nur dort einsetzen, wo auch konstruktiv keine Sprödbruchgefahr vorliegt. Ihr kann niemals durch eine Verminderung der zulässigen Spannungen begegnet werden, sondern in erster Linie nur durch die Entwicklung und Auswahl geeigneter Stahlsorten.

Mehrachsige Spannungszustände in einem Bauelement können dann zu einem Sprödbruch (Bruch) führen, wenn es sich um einen Zugspannungszustand mit nahezu gleichgroßen Komponenten in den drei Achsenrichtungen bei geringen Schubspannungen handelt (hydrostatischer Zugspannungszustand).

Dieser Spannungszustand behindert das Fließen des Stahls, setzt aber die Zugfestigkeit herauf. Zugversuche an Rundstäben mit unterschiedlich ausgerundeten Kerben, durch deren Form eine Mehrachsigkeit des Spannungszustands im Kerbgrund bis hin zum fast hydrostatischen Spannungszustand erreicht werden kann, lassen die Versprödung des Bruchverhaltens erkennen (Bild 2).

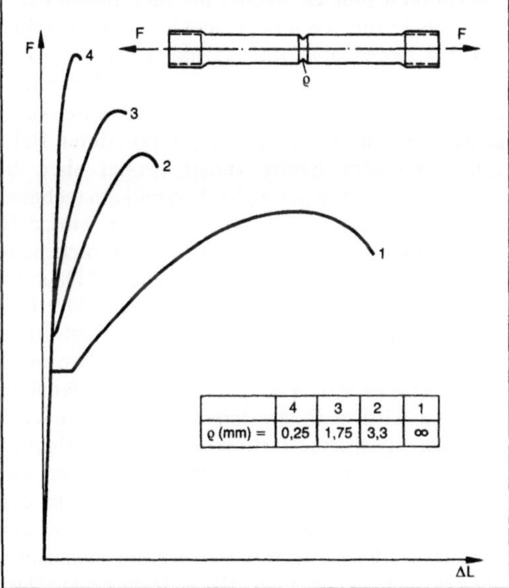

Festigkeitsverhalten (des Stahls) 2: Verlängerung des Prüfstabes infolge einer Zuglast F bis zum Erreichen der Bruchlast.

Prüfstab: F Zuglast, ϱ Ausrundungsradius der Rundkerbe (ϱ = ∞ bezeichnet den Stab ohne Kerbe)

Die Zunahme der Festigkeit geht auf Kosten der Bruchdehnung (Kerbspannung). In Bauelementen treten solche ungünstigen, mehrachsigen Zugspannungszustände vor allem bei Eigenspannungen, die durch das Schweißen bedingt sind, auf. Mit Beginn der Schweißtechnik, als man diese Zusammenhänge noch weniger beherrschte, gab es eine Reihe von

Sprödbrüchen in Bauwerken, die auf diese Ursache zurückzuführen waren.

Andere Versprödungseinflüsse, wie z. B. die Alterung (Ausscheidungshärtung), die Kaltverformung oder durch die Härtung des Stahls (Eisen, Eisenlegierungen), sind herstellungsmäßig bedingt. Bei der Kaltverformung werden die Profile nicht wie beim Walzen unter hohen Temperaturen hergestellt, sondern durch Abkanten von Blechen unter Normaltemperatur. Dieses Verfahren wird in erster Linie für dünnwandige Profile des Stahlleichtbaues angewandt. Es ermöglicht die Herstellung fast beliebiger Profilformen. Durch die Kaltverformung wird jedoch in der unmittelbaren Umgebung der kalteingewalzten Winkel und Ecken der Profile die Festigkeit des Werkstoffs heraufgesetzt, während gleichzeitig das Fließvermögen abnimmt (Härtung). Die Verwendung solcher Profile ist dann problematisch, wenn rechnerisch das Plastifizierungsvermögen des Stahls zur Erzielung höherer Traglasten ausgenutzt werden soll.

Eine Schlagbeanspruchung tritt bei Stahlbauwerken nur in Ausnahmefällen auf. Die Versprödung des Stahls unter Schlageinwirkung wird jedoch in den Kerbschlagversuchen ausgenutzt, um eine Klassifizierung der Stähle hinsichtlich ihrer Sprödbruchanfälligkeit aufzustellen. Dabei werden gekerbte Prüfstäbe mit einem Schlaghammer gebrochen, wobei die für die Verformung bis zum Bruch erforderliche Energie (Schlagenergie) ein Maß für die Kerbschlagarbeit des Stahls ist. Diese Versuche lassen sich unter verschiedenen Temperaturen ausführen und lassen so die Versprödung bei Kälte erkennen.

Die Werkstoffgrößen, die unter einachsiger Zugbeanspruchung an einem Prüfstab ermittelt wurden (Bild 1), sagen zunächst noch nichts darüber aus, wann im gleichen Werkstoff unter einer mehrachsigen Beanspruchung Fließen oder Bruch eintritt. Es gibt kaum reale Tragwerke, bei denen die Werkstoffelemente nicht zweiachsigen oder gar dreiachsigen Beanspruchungen ausgesetzt sind, so daß die Beantwortung obiger Frage für die Beurteilung des F. von Bauelementen eine wesentliche Voraussetzung darstellt.

Durch die verschiedenen Festigkeitshypothesen wurde versucht, einen mehrachsigen Spannungszustand so in einen einachsigen Zustand mit einer einzigen theoretischen Vergleichsspannung σ_v umzurechnen, daß in bezug auf das F. des Werkstoffs beide Spannungszustände gleichwertig sind. Sobald die rechnerische Vergleichsspannung σ_v die Fließgrenze des Werkstoffs, so wie sie im einachsigen Zugversuch ermittelt wurde, erreicht, tritt im mehrachsigen wirklichen Spannungszustand Fließen ein.

Mit Hilfe dieser Festigkeitshypothesen ist es auch möglich, auf den Bruch oder Dauerbruch bezogene Vergleichsspannungen anzugeben.

Die verschiedenen Festigkeitshypothesen versuchen, der jeweiligen Versagensart des Werkstoffs Rechnung zu tragen. Erfahrungsgemäß läßt sich die Versagensart eines Tragwerks – Fließen, Bruch oder Dauerbruch – unter allen gegebenen Bedingungen ziemlich sicher voraussagen, so daß zur Berechnung der Vergleichsspannungen nur ganz bestimmte Festigkeitshypothesen zutreffen können. Aber obwohl im Laufe der Entwicklung eine Unmenge von Versuchen durchgeführt wurde mit gezielt vorgegebenen Spannungszuständen und Versuchsbedingungen, war es nicht möglich, eine endgültige Auswahl der zur Verfügung stehenden Festigkeitshypothesen vorzunehmen. Fast alle Festigkeitshypothesen decken nur bestimmte Versagensarten gut ab. Umgekehrt können mehrere Hypothesen nahezu gleichgute Aussagen über einen Spannungszustand liefern. Nachfolgend werden einige der wichtigsten Fließ- und Bruchhypothesen aufgeführt.

Die Normalspannungshypothese besagt, daß allein die absolut größte Normalspannung für den Bruch im Werkstoff maßgebend ist, während nach der Schubspannungshypothese der größten Schubspannung diese Rolle zukommt. Beide Hypothesen gehen von den Extremfällen, dem normalspannungsbedingten Trenn- oder Sprödbruch und dem schubspannungsbedingten Gleitbruch, aus und erfassen jeweils für sich nur einen Teil der möglichen Versagensarten.

In der Mohrschen Hypothese wird eine Verbindung zwischen den beiden Hypothesen gesucht. Die kritische Schubspannung, bei der das Gleiten einsetzt und zu Fließen (Kriechen) oder Bruch führt, wird nicht mehr als werkstoffabhängige Konstante angesehen. Die Zug- oder Druckspannungen, die gleichzeitig auf die Gleitebene der Schubspannungen wirken, verringern oder vergrößern die kritische Schubspannung. Auch diese Hypothese läßt jedoch einen Teil der Komponenten eines allgemeinen mehrachsigen Spannungszustandes unberücksichtigt, zeigt aber trotzdem eine gute Übereinstimmung mit vielen Versuchsergebnissen.

Von grundsätzlich anderen Überlegungen gehen die Energiehypothesen aus. Die mechanische Arbeit, die zur Erzeugung einer bestimmten Deformation eines Werkstoffelements geleistet werden muß, wird im verformten Element als elastische Energie gespeichert. Sie hängt von allen Komponenten eines mehrachsigen Spannungszustands ab. Sobald diese Energie einen werkstoffeigenen Grenzwert erreicht hat, tritt Fließen oder Bruch im Werkstoffelement ein. Zu diesen Hypothesen gehört insbes. die Gestaltänderungshypothese (oft auch nach den drei Autoren *Huber, Mises* und *Hencky* benannt). Der hydrostatische Zugspannungszustand wird in dieser Hypothese ausgeklammert, so daß sie als Sprödbruchhypothese nicht

geeignet ist. Sie wird bei Traglastberechnungen am häufigsten zur Erfassung des Fließbeginns von Stahl unter mehrachsiger Beanspruchung herangezogen und ist auch in mehreren DIN-Vorschriften verankert.

Die meisten Tragwerke sind wechselnden Belastungen aus Verkehr, Wind und Schnee ausgesetzt. Dadurch ändern sich fortwährend ihre Beanspruchungen, was sich auch auf das F. des Stahls auswirken kann. Von einer bestimmten Häufigkeit und Größe ab, mit der diese Lastwechsel auftreten, spricht man daher von auf Dauerfestigkeit beanspruchten Tragwerken und grenzt sie gegen die vorwiegend ruhend belasteten Tragwerke ab. Typische Tragwerke, die auf Dauerfestigkeit zu untersuchen sind, sind schwingend beanspruchte Maschinenteile sowie stählerne Eisenbahnbrücken. Jeder Zug, der über die Brücke fährt, ergibt nahezu die rechnerische Vollast für die Brücke. Die Beanspruchungen im Tragwerk aus dem Lastfall „Verkehr" schwanken in kurzen Abständen zwischen dem Wert null und dem Maximalwert.

Unter den vorwiegend ruhend beanspruchten Tragwerken gibt es solche, die ihre rechnerische Höchstbelastung zwar bei jedem Lastwechsel erhalten, bei denen aber die Anzahl der Lastwechsel während der Lebensdauer des Tragwerkes relativ gering ist, z. B. bei Silos (Behälter). Umgekehrt gehören zu dieser Gruppe Tragwerke, deren Belastung sich sehr häufig ändert, wobei aber die Lastschwankungen gering bleiben und die rechnerische Maximallast so gut wie nie erreicht wird, z. B. bei Hochhäusern und großen Straßenbrücken. In diesen Fällen kommt eine Bemessung auf Dauerfestigkeit normalerweise nicht in Betracht. Der Einfluß der Lastwechsel auf das F. des Werkstoffs ist vernachlässigbar gering. An den Stellen, wo unter Gebrauchslasten die Fließgrenze erreicht oder überschritten wird, z. B. an den Kerben, treten zwar zunächst plastische Verformungen im Kerbgrund auf. Der größere elastisch gebliebene Teil des Querschnitts strebt nach der Entlastung in den unverformten Ausgangszustand zurück, was ihm aber wegen der plastischen Verformungen im Kerbbereich nicht möglich ist. Diese Unverträglichkeit zwischen beiden Bereichen ruft Zwängungsspannungen hervor, die im Kerbgrund ein zu den Lastspannungen entgegengesetztes Vorzeichen haben. Bei jedem Lastwechsel werden dadurch die Maximalspannungen im Kerbgrund und die neuen plastischen Verformungsanteile kleiner. Nach einer bestimmten Anzahl von Lastwechseln bleibt die Summe der plastischen Dehnungen nahezu konstant. Im Spannungs-Dehnungs-Diagramm bildet sich eine Hysteresisschleife (Bild 3) als Zeichen eines stationären Beanspruchungszyklus. Das Bauelement verhält sich bei weiteren Lastwechseln rein elastisch.

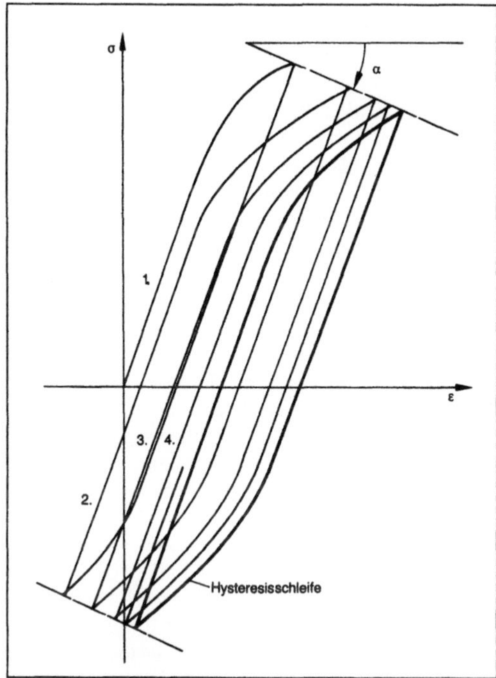

Festigkeitsverhalten (des Stahls) 3: Spannungs-Dehnungs-Diagramm bei wiederholter Belastung und dehnungsbegrenzter Beanspruchung.

Die eigentliche Ursache für die Stabilisierung des Beanspruchungszyklus ist die innere Dehnungsbegrenzung im Querschnitt, die von den rein elastisch beanspruchten Querschnittsteilen auf den anfangs plastisch verformten Kerbbereich ausgeübt wird. Sie beeinflußt die Größe des Winkels α der Grenzgeraden (Bild 3). Verläuft diese Grenzgerade horizontal (α = 0), so liegt keine Dehnungsbegrenzung vor. Bei jeder neuen Belastung summieren sich die plastischen Verformungen weiter auf und führen schließlich zum Bruch im Werkstoff. Je größer der elastische Querschnittsbereich im Verhältnis zum durchplastizierten Kerbgrund ist, um so größer ist die Dehnungsbegrenzung und um so schneller stabilisiert sich der Beanspruchungszustand.

Sehr viel ungünstiger ist der Einfluß von Kerben bei auf Dauerfestigkeit beanspruchten Tragwerken zu beurteilen. Schon die Dauerbeanspruchung allein bewirkt eine Verminderung der Bruchspannung im Stahl; Kerben verstärken diesen Einfluß noch. Tragwerke, die unter diese Kategorie fallen, sind daher gegen verminderte zulässige Spannungen abzusichern, wobei die Art der Lastwechsel (Dauerfestigkeit) und die Schärfe der Kerben eine wesentliche Rolle spielen.

Den ungünstigsten Einfluß auf die Dauerfestigkeit hat eine reine Wechselbeanspruchung mit gleich großen positiven und negativen Spannungen bei jedem Lastwechsel. Im allgemeinen schwingen die Spannungen in den Bauelementen jedoch um einen konstanten Mittelwert, der durch die ruhende Eigengewichtsbelastung vorgegeben ist. Die Dauerfestigkeit (Ermüdung) wird an Prüfstäben und z. T. auch direkt an Bauelementen ermittelt. Die Versuchsergebnisse werden zeichnerisch aufgetragen: Ein einzelner Dauerversuch liefert für eine ganz bestimmte Oberspannung die maximale Lastspielzahl N, nach der der Bruch im Werkstoff auftritt. Die in einem Diagramm aufgetragenen Oberspannungen über der maximalen Lastspielzahl N ergeben eine Wöhler-Linie. Jede Wöhler-Linie erfordert eine Vielzahl von Einzelversuchen, wobei jeweils die Oberspannung konstant gehalten wird. Die Wöhler-Linien werden von mehreren Parametern beeinflußt, wie z. B. von der Mittelspannung, um die die Lastspannungen schwingen, von der Kerbform, von der Stahlsorte usw. Im Stahlbau geht man davon aus, daß ein Bauwerk maximal 2 Mill. Lastwechsel während seiner Lebensdauer erfährt. Die Spannungshöhe, die von einem Bauelement bei dieser Lastspielzahl gerade noch ertragen werden kann, läßt sich aus der Wöhler-Linie abgreifen und ist ein Maß für die Festsetzung der zulässigen Spannung dieses Bauteils. Dabei müssen die Bedingungen, die das Bauteil im Gesamttragwerk vorfindet, mit den Versuchsbedingungen weitgehend übereinstimmen.

Die Erforschung der Dauerfestigkeit von Bauelementen aus Stahl hat sich mittlerweile zu einem eigenen Forschungsbereich entwickelt. Das eigentliche Ziel besteht darin, den Einfluß einer Dauerbeanspruchung auf das F. eines Bauelements auch rechnerisch erfassen zu können.

Zur Beurteilung der Eigenschaften metallischer Werkstoffe bei erhöhten Temperaturen können die Ergebnisse aus bei Raumtemperatur durchgeführten Versuchen i. a. nicht mehr herangezogen werden. Man unterscheidet zwischen zügiger Beanspruchung, bei der der Einfluß der Zeit vernachlässigt werden kann, Zeitstand- und Wechselbeanspruchung. Als Kennwerte für zügige Beanspruchung werden die Warmstreckgrenze oder $R_{P0,2}$-Grenze und die Warmzugfestigkeit im Warmzugversuch nach DIN bestimmt. Im →Zeitstandversuch wird an Zugproben bei vorgegebener Temperatur und Spannung die Zeit bis zum Brucheintritt ermittelt. *Kußmaul/Friemann*

Literatur: *Chwalla, E.*: Einführung in die Baustatik. Köln 1954. – *Dietmann, H.*: Spannungszustand und Festigkeitsverhalten. Techn. wiss. Ber. der Materialprüfungsanstalt, Stuttgart Nr. 68-04. – *Klöppel, K.*: Über zulässige Spannungen im Stahlbau. Veröffentlichungen des Deutschen Stahlverbandes (1958) Nr. 6.

Festkörperlaser. Der F. enthält als aktives Medium Kristalle oder Gläser, in die Fremddionen wie Chrom oder Neodym als laseraktive Störstellen eingebaut sind. Die Elektronen der eingelagerten Atome werden bei diesem Lasertyp ausschließlich durch optisches Pumpen unter Verwendung geeigneter Pumplichtquellen in energetisch höhere Niveaus angeregt. Lasertätigkeit ist im Wellenlängenbereich zwischen 0,3 und 3 μm zu erreichen. Für den industriellen Einsatz in der Materialbearbeitung haben sich bis heute im wesentlichen der Rubin-, Neodym-YAG- und Neodym- Glas-Laser durchgesetzt.

Das Lasermedium beim Rubinlaser besteht aus Aluminiumoxid (Al_2O_3), das mit Chromionen (Cr^{3+}) dotiert wurde. Der Rubinlaser ist der einzige Laser, dessen Wirkungsweise auf dem 3-Niveau-Modell basiert. Dabei müssen mehr als die Hälfte aller aktiven Atome angeregt werden, um auch nur die Inversionsschwelle zu erreichen. Auf Grund der erforderlichen hohen Schwelleistung werden Rubinlaser überwiegend in gepulsten Systemen mit kleinen mittleren Leistungen, aber Spitzenleistungen im Megawattbereich eingesetzt. Für sehr kleine Leistungen im Wattbereich ist auch der Dauerbetrieb möglich. Die emittierte Strahlung liegt mit einer Wellenlänge von 0,694 μm (rot) im sichtbaren Spektralbereich. Der Wirkungsgrad dieses Lasertyps liegt bei etwa 1 %.

Die z. Z. wichtigsten Festkörperlaser für die Materialbearbeitung sind der Nd-YAG- und der Nd-Glas-Laser. Das aktive Medium besteht aus einem Granat- ($Y_3Al_5O_{12}$) oder einem Glassubstrat (Silicat), in das Neodym (Nd^{3+})-Ionen eingelagert sind. Das Anregungsschema der Nd^{3+}-Ionen entspricht dem eines 4-Niveau-Systems.

Die hieraus resultierende niedrige Schwelle für den Laserbetrieb ermöglicht den Einsatz der Nd-Laser als gepulste und kontinuierliche Strahlungsquelle. Für Lasersysteme mit hoher mittlerer Leistung im gepulsten oder cw-Betrieb wird Nd-YAG als Lasermedium verwendet. Die Vorteile des Granats gegenüber den Glassubstraten liegt in der größeren Wärmeleitfähigkeit und der sich daraus ergebenden geringeren thermischen Belastung des Lasermediums. Bei gepulsten Systemen mit hoher Pulsenergie und geringer mittlerer Leistung besitzt das Glassubstrat Vorteile gegenüber dem Granat auf Grund des kleineren Wirkungsquerschnitts für stimulierte Emission und damit die Möglichkeit, mehr Energie zu speichern.

Nd-Glas-Laser sind die z. Z. verfügbaren leistungsstärksten Laser. Durch Hochleistungsimpulse werden Spitzenleistungen im TW-Bereich erreicht. Die mittlere kontinuierlich erregte Ausgangsleistung liegt unter 1 kW. Der Wirkungsgrad beträgt etwa 5 %.

Mit dem Nd-YAG-Laser werden gepulst maximale Leistungen bis 1 MW erreicht. Im kontinuierlichen Betrieb liegt die Grenze noch unter 2 kW bei einem Wirkungsgrad von etwa 4 %. Die Wellenlänge beträgt bei beiden Neodymlasern 1,06 μm und liegt damit im nahen Infrarotbereich. *König*

Feststoffextraktion. Unter F. oder besser Extraktion aus Feststoffen versteht man das Herauslösen von Stoffen aus einem Feststoff mit Hilfe von Lösungsmitteln. Man verwendet flüssige Lösungsmittel, in einzelnen Fällen auch schon komprimierte überkritische Gase (→Gasextraktion). Die folgenden Ausführungen beziehen sich auf die Extraktion mit flüssigen Lösungsmitteln.

Die F. wird in einer Reihe von Produktionsprozessen als Verfahrensschritt angewendet, darunter bei der Gewinnung von Öl aus Ölsaaten, der Herstellung von Zucker aus Zuckerrüben und Zuckerrohr und der Entkoffeinierung von Kaffee. Die Herstellung eines Extrakts aus gemahlenem Röstkaffee mit Hilfe von heißem Wasser ist eine F. aus dem Alltag.

Gebräuchliche Lösungsmittel sind Wasser, Ethanol, Essigester usw. In vielen Fällen bewirkt das Lösungsmittel während des Extraktionsprozesses chemische Veränderungen. Dadurch werden häufig erst die zu extrahierenden Stoffe in lösliche Form überführt. Beispiele hierfür sind die Hydrolyse von Holz und viele Erzlaugungsverfahren.

Das Verfahren der F. und die üblichen Bezeichnungen erläutert Bild 1. Der Einsatzstoff wird zunächst einer Vorbehandlung unterzogen, die dafür sorgt, daß das Lösungsmittel möglichst schnell an die zu lösenden Bestandteile gelangen und die aufgelösten Komponenten aus dem Feststoff heraustransportieren kann. Dazu wird der Feststoff beispielsweise zerkleinert, um die Transportwege kurz zu halten, oder wie bei Ölsaaten zu Flocken verarbeitet, um zusätzlich die Zellen aufzuschließen, oder wie bei der Entkoffeinierung von Rohkaffee durch Hinzufügen von Wasser die Zellwände durchlässig zu machen. In der anschließenden Extraktion wird der vorbehandelte Einsatzstoff mit dem Lösungsmittel in Kontakt gebracht, bis eine ausreichende Menge der zu extrahierenden Komponenten aufgelöst ist. Hierfür sind unterschiedliche Verfahrensweisen in Gebrauch. Lösungsmittel und extra-

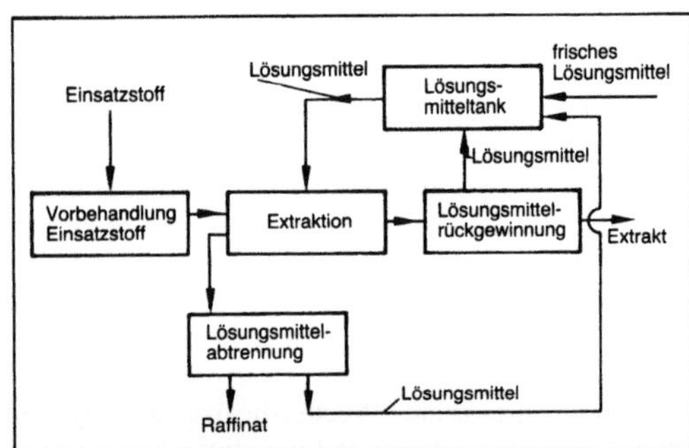

Feststoffextraktion 1: Fließbild.

hierte Komponenten trennt man anschließend beispielsweise durch Verdampfen des Lösungsmittels. Dieses wird nach einer eventuellen zusätzlichen Reinigungsstufe dem Lösungsmittelvorrat zugeführt, bei dem auch Lösungsmittelverluste durch frisches Lösungsmittel ersetzt werden. Die vom Lösungsmittel befreiten Stoffe heißen Extrakt. Aus dem bei der Extraktion zurückbleibenden Feststoffrückstand wird ebenfalls das Lösungsmittel entfernt und dem Lösungsmittelvorrat zugeführt. Der zurückbleibende ausgelaugte Feststoff wird als Raffinat bezeichnet.

An die Durchführung der einzelnen Verfahrensschritte ist eine Reihe von Anforderungen zu stellen, damit sich die F. wirtschaftlich durchführen läßt. Für die eigentliche Extraktion muß der in geeigneter Weise vorbereitete Feststoff in möglichst effektiver Weise mit dem Lösungsmittel in Kontakt gebracht werden. Hier sind verschiedene Vorrichtungen anwendbar, in denen der Feststoff ruht, mittels Rührvorrichtungen durchmischt oder fluidisiert wird.

Gelegentlich muß bei fein verteilten Feststoffen granuliert oder pelletiert werden, um eine ausreichende Durchströmung der Feststoffphase mit Lösungsmittel zu ermöglichen.

Im allgemeinen soll man die Extraktion in möglichst kurzer Zeit durchführen. Die je Zeiteinheit extrahierte Stoffmenge hängt vom Lösungsmittelverhältnis (Lösungsmittelmenge bezogen auf Feststoffmenge), von der Extraktionstemperatur und der Löslichkeit der zu extrahierenden Komponenten im Lösungsmittel ab. Mit höheren Temperaturen nimmt die Extraktionsmenge je Einheit zu, da sich die diffusiven Transportvorgänge beschleunigen und die Löslichkeit mit der Temperatur steigt. Das Lösungsmittelverhältnis soll möglichst groß sein, damit der Konzentrationsgradient immer groß bleibt. Häufig werden die Lösungsmittel bei weitem nicht bis zu ihrer thermodynamischen Gleichgewichtslöslichkeit beladen. Entscheidend für die Wahl des Lösungsmittelverhältnisses ist die Berücksichtigung prozeßökonomischer Einflüsse. Dabei stehen die Kosten des Lösungsmittelkreislaufs den Einsparungen durch die Verkürzung der Extraktionszeit gegenüber.

Das Lösungsmittel soll nur die gewünschten Komponenten herauslösen, um nachfolgende Trennschritte zu ersparen, also möglichst selektiv wirken und eine möglichst hohe Aufnahmekapazität (Löslichkeit) besitzen. Darüber hinaus ist an das verwendete Lösungsmittel eine Reihe von Forderungen zu stellen, die unabhängig vom speziellen Prozeß zu sehen sind. Ein Lösungsmittel soll chemisch definiert und stabil, nicht brennbar, ungiftig, umweltverträglich und nicht korrosiv sein sowie eine niedrige spezifische Wärme und Verdampfungsenthalpie aufweisen. In Extrakt- und Raffinat-

phase soll es keine unerwünschten chemischen Reaktionen hervorrufen sowie weder Geschmack, Geruch, Aussehen und andere Qualitätsmerkmale unerwünscht verändern.

Das Lösungsmittel muß möglichst einfach vom Raffinat und Extrakt wieder abzutrennen sein. Bei der Raffinatphase ist zunächst ein möglichst geringes Rückhaltevermögen an Lösungsmittel durch den Feststoff erwünscht. Dies wird durch ein geringes Lückenvolumen erreicht, das aber andererseits eine gute Durchströmung behindert. Zusätzliche Verfahrensschritte zur mechanischen Lösungsmittelabtrennung wie Pressen oder Zentrifugieren sind aufwendig. Das geringe Rückhaltevermögen für Lösungsmittel ist wichtig bei mehrmaliger Behandlung des Feststoffs mit Lösungsmittel und bei der abschließenden Entfernung des Lösungsmittels. Diese wird besonders aufwendig, wenn es sich beim Raffinat um Produkte für den Lebensmittelbereich handelt, wie z. B. entkoffeinierten Kaffee, oder wenn man umweltfremde Lösungsmittel verwendet, deren Emissionen begrenzt werden müssen.

Zusätzlich haftet Lösungsmittel an der Oberfläche des Feststoffs und in Poren. In vielen Fällen ist auch diese Lösungsmittelmenge zu entfernen. Dies kann durch Trocknen, Verdampfen, Verdunsten oder Behandeln mit Wasserdampf (Dämpfen) bei Umgebungsdruck oder vermindertem Druck geschehen.

Durchführung der Extraktion. Der Feststoff läßt sich mit dem Lösungsmittel entweder als →Festbett oder in disperser Form mit bewegten Feststoffpartikeln in Kontakt bringen. Das Lösungsmittel kann mit einem Festbett durch →Perkolation in Kontakt gebracht werden. Dabei wird von oben das Lösungsmittel auf das Festbett verteilt, z. B. durch Versprühen (Bild 2), und strömt unter Schwerkrafteinfluß durch das Festbett. Eine zweite Möglichkeit besteht darin, das Festbett immer voll mit Lösungsmittel zu

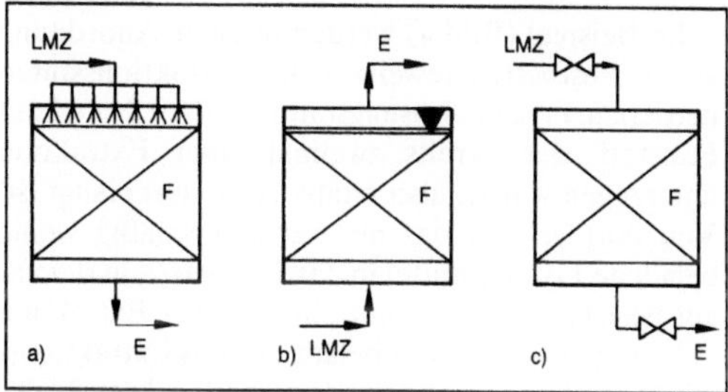

Feststoffextraktion 2: Methoden des Kontakts von Lösungsmittel und Festbett.
a) Perkolation
b) Durchströmen unter dauerndem Eintauchen
c) Intermittierendes Eintauchen durch mehrmaliges Ablassen des Lösungsmittels.

LMZ Lösungsmittelzulauf, E Extraktablauf, F Festbett

beaufschlagen, indem das Lösungsmittel am unteren Ende dem Festbett zugeführt und am oberen Ende abgezogen wird. Bei der dritten Vorgehensweise beaufschlagt man das Festbett in ganzer Ausdehnung mit Lösungsmittel. Das Lösungsmittel wird von Zeit zu Zeit abgelassen, so daß Lösungsmittelfraktionen mit unterschiedlichen Konzentrationen an Gelöstem entstehen.

Betriebsweisen der F. Eine F. kann wie jedes Trennverfahren, das mit einem stofflichen Trennhilfsmittel arbeitet, einstufig oder mehrstufig durchgeführt werden, wobei bei der mehrstufigen Betriebsweise entweder eine Kreuzstromführung des Lösungsmittels oder eine Gegenstromführung in Betracht kommt (Bild 3).

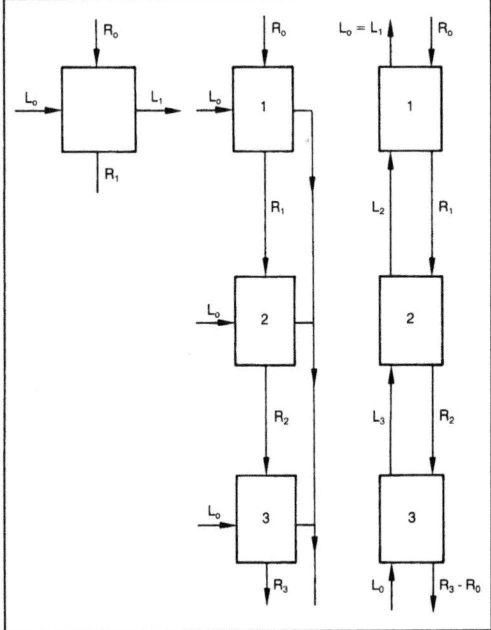

Feststoffextraktion 3: Betriebsweisen.

Im Beispiel (Bild 4) werden in einer Anordnung von 4 Festbetten jeweils 3 als Extraktionsstufen betrieben. Frisches Lösungsmittel trifft in Stufe 1 auf Feststoff, der bereits zweimal einer Extraktion unterzogen wurde, also relativ stark ausgelaugt ist. Von dort gelangt das nur verhältnismäßig wenig beladene Lösungsmittel in das Festbett 2, in dem es auf Feststoff trifft, der nur einmal einer Extraktion unterzogen wurde. Hier belädt sich das Extraktionsmittel weiter und strömt dann in Festbett 3, das frischen Feststoff enthält. Dort belädt sich das Lösungsmittel nochmals bis zu seiner Endkonzentration. Das Festbett 4 ist bereits 3 Extraktionen unterzogen worden und wird durch frischen Feststoff erneuert. Im nächsten Zyklus wird das frische Lösungsmittel bei Festbett 2 zugeführt, während Festbett 1 erneuert wird usw.

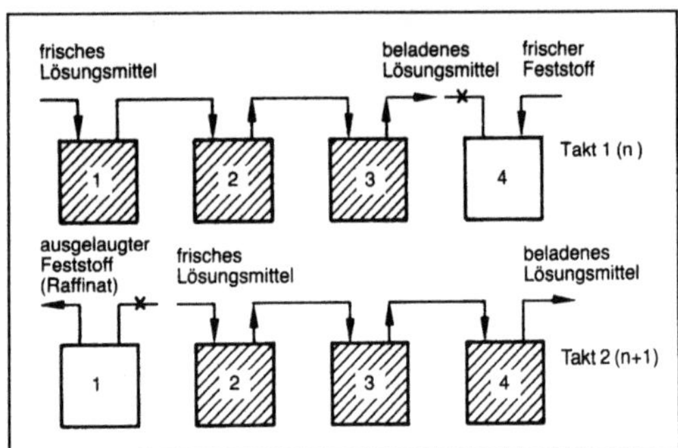

Feststoffextraktion 4: Simulation von Gegenstrom mittels mehrerer Festbetten.

Berechnung der F. Bei der F. wird das Stoffsystem als ein Dreikomponentensystem (ternäres System) betrachtet, das aus folgenden Bestandteilen zusammengesetzt ist:

□ dem inerten, unlöslichen Feststoff,

□ den zu extrahierenden Stoffen, die auch im Fall von mehreren Stoffen wie ein einziger behandelt werden, und

□ dem Lösungsmittel, in dem sich die zu extrahierenden Stoffe lösen. Auch das Lösungsmittel wird für den Zweck der Berechnung als eine Komponente angesehen, selbst wenn es eine komplexe Stoffmischung ist.

Zur Lösung des Problems stehen die Materialbilanzen, die Lösungsgleichgewichte und die Beziehungen für den Stoffübergang zur Verfügung. Die Energiebilanz ist für die Berechnung des Verfahrens von untergeordneter Bedeutung. Die Temperatur wirkt sich in Form veränderter Löslichkeiten und Stoffwerte aus.

Eine Berechnung mehrstufiger F. läßt sich mit Hilfe des Konzepts der theoretischen Trennstufen durchführen. Dabei ist eine Gleichgewichtsstufe dadurch definiert, daß die ablaufende Extraktphase dieselbe Zusammensetzung hat wie die in der Raffinatphase zurückbleibende Lösung. Dies bedeutet nicht, daß die Lösungsmittelphase (Extraktphase + Lösungsinhalt der Raffinatphase) im thermodynamischen Lösungsgleichgewicht mit dem Feststoff ist. Das Lösungsgleichgewicht wird nicht erreicht, da die Verweilzeiten zu kurz sind. Selbst bei eingestelltem Gleichgewicht haftet dem austretenden Feststoff noch Lösung an, so daß der Wirkungsgrad einer Gleichgewichtsstufe herabgesetzt wird. Es ist deshalb zweckmäßig, von einer praktikablen Definition einer Gleichgewichtsstufe auszugehen, wie sie oben angegeben wurde.

Die einstufige Betriebsweise wird verhältnismäßig selten ausgeführt, da es effektiver ist, die Lösungsmittelmenge aufzuteilen und einen mehrmaligen Extraktionsvorgang mit jeweils geringerer Lösungsmittelmenge durchzuführen. Bei der Kreuzstromführung wird jeder Extraktionsstufe frisches

Lösungsmittel zugeführt. Dadurch entstehen Lösungsmittelströme unterschiedlicher Konzentration an extrahierten Stoffen. Bei der Gegenstromführung werden Feststoff und Lösungsmittel gegenläufig durch die Extraktionsstufen geführt. Diese Betriebsweise ermöglicht eine hohe Ausbeute an Extrakt bei hohen Extraktkonzentrationen, da einerseits der weitgehend ausgelaugte Feststoff mit frischem Lösungsmittel und andererseits das schon beladene Lösungsmittel mit frischem Feststoff in Kontakt kommt. Mehrstufige Gegenstromverfahren können durch Transport der Feststoffe gegensinnig zum Lösungsmittel erreicht werden oder durch eine Reihe von Extraktionsstufen, in denen der Feststoff verbleibt und die in bestimmter Reihenfolge von Lösungsmittel durchströmt werden.

Die Berechnung kann man analytisch oder graphisch durchführen. Für die analytische Berechnung ergeben sich die folgenden Beziehungen unter der Voraussetzung, daß die in der Feststoffphase (Raffinatphase) zurückgehaltene Lösungsmenge unabhängig von der Konzentration der gelösten Komponente ist. Die Bezeichnungen der Stoffströme ergeben sich aus Bild 3:

einstufige Extraktion entfernter Anteil:

$$\frac{e_L}{e_G} = \frac{C \cdot \varphi}{1 + C \cdot \varphi}$$

im Feststoff zurückbleibender Anteil:

$$\frac{e_R}{e_G} = \frac{1}{1 + C \cdot \varphi}$$

Kreuzstromextraktion:

$$\frac{e_L}{e_G} = 1 - \left(1 + \frac{C \cdot \varphi}{n}\right)^{-n} \qquad \frac{e_R}{e_G} = \left(1 + \frac{C \cdot \varphi}{n}\right)^{-n}$$

Gegenstromextraktion:

$$\frac{e_L}{e_G} = 1 - \frac{C \cdot \varphi - 1}{(C \cdot \varphi)^{n+1} - 1} \qquad \frac{e_R}{e_G} = \frac{C \cdot \varphi - 1}{(C \cdot \varphi)^{n+1} - 1}$$

Anzahl der Stufen für einen gewünschten Extraktionsgrad $\frac{e_R}{e_G}$:

$$n = \frac{\log\left(1 + \frac{C \cdot \varphi - 1}{e_R/e_G}\right)}{\log(C \cdot \varphi)} - 1;$$

$L = L_f + E_L$ — L Lösung in Extraktphase,

$R = L_f + E_R + T + E_F$ — L_f Lösungsmittel in Extraktphase,

$\varphi = \frac{V_L}{V_R} \approx \frac{L}{R - T}$ (verdünnte Lösung!) — R Raffinatphase (Feststoff + zurückgehaltene Lösung),

n Anzahl der Stufen,

$C = \frac{E_L/V_L}{E_R/V_R}$ — V Volumen,

$e_F = \frac{E_F}{F}$ — E_F zu extrahierende Stoffe im Feststoff,

$e_R = \frac{E_R}{F}$ — E_R zu extrahierende Stoffe in zurückgehaltener Lösung,

$e_L = \frac{E_L}{F}$ — E_L zu extrahierende Stoffe in freier Lösung,

$F = T + E_F$ — T Feststoff,

$F = T + E_F$ — L_R Lösungsmittel in Raffinatphase.

Graphische Lösung. Zur Lösung des Berechnungsproblems der F. wird in diesem Fall die graphische Darstellung der Stoffbilanzen und der Gleichgewichtsverhältnisse verwendet. Sie ist einer algebraischen Lösung gleichwertig, bietet jedoch den Vorteil der größeren Übersichtlichkeit. Andererseits ist innerhalb von Prozeßberechnungsprogrammen die algebraische Methode zu verwenden.

Am gebräuchlichsten ist die Darstellung der F. in einem rechtwinkligen Dreiecksdiagramm. Daneben besteht die Möglichkeit, modifizierte McCabe-Thiele-Diagramme oder Ponchon-Savarit-Diagramme zu verwenden (Arbeitsdiagramme). Den Verlauf von Gleichgewichtslinien im rechtwinkligen Dreiecksdiagramm zeigt Bild 5.

In Bild 6 sind die Verfahrensweisen der F. im Dreiecksdiagramm dargestellt. Bei der einmaligen Zugabe von Lösungsmitteln (Bild 6a)) ergibt sich aus der Mischung von Lösungsmittel ($L_f = L_o$) mit dem Einsatzstoff R_o der Mischpunkt M. Die Gerade

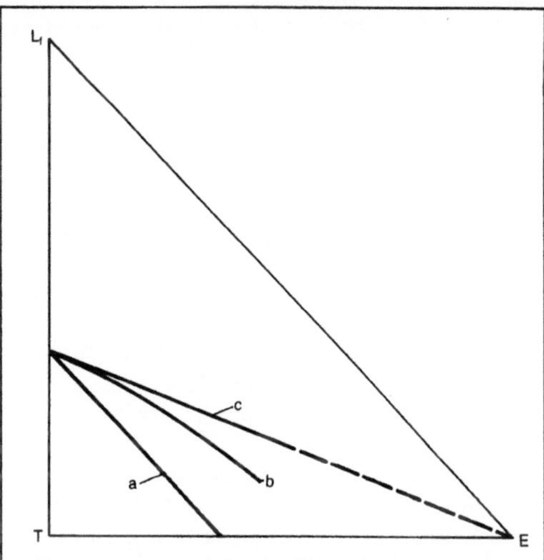

Feststoffextraktion 5: Gleichgewichtslinien im rechtwinkligen Dreiecksdiagramm.

a in Feststoffphase zurückgehaltene Menge an Lösung konstant, b in Feststoffphase zurückgehaltene Menge an Lösung abhängig von Konzentration, c in Feststoffphase zurückgehaltene Menge an Lösungsmittel konstant

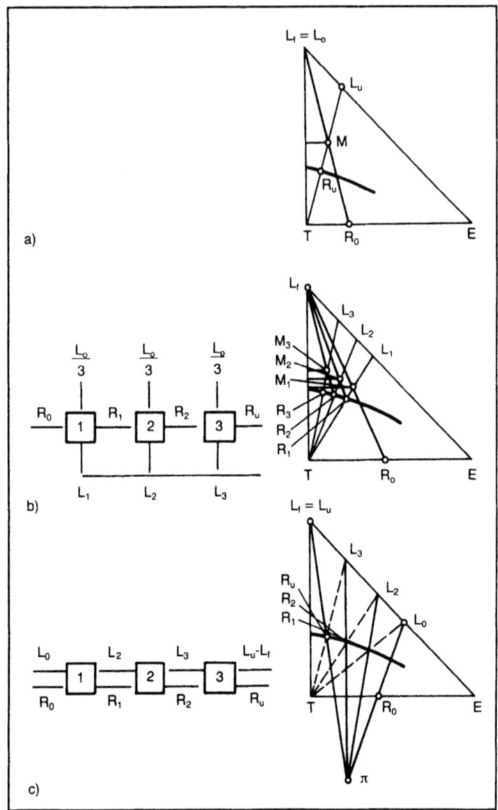

Feststoffextraktion 6: Graphische Berechnung.
a) Einstufige Extraktion (einmalige Zugabe von reinem Lösungsmittel)
b) Mehrstufige Extraktion: Kreuzstrom (mehrmalige Zugabe von reinem Lösungsmittel)
c) Mehrstufige Extraktion: Gegenstrom.

TM ergibt in Verlängerung die Zusammensetzung der Extraktphase L_u.

Bei mehrmaliger Zugabe von reinem Lösungsmittel (Bild 6b)) wird analog vorgegangen. Lediglich wird der Vorgang entsprechend der Anzahl der Zugaben wiederholt. Nach der ersten Stufe liegen die Raffinatzusammensetzungen auf der Gleichgewichtslinie. Beim Gegenstromverfahren (Bild 6c)) verlaufen die Bilanzgeraden durch einen Punkt (Polpunkt Π), da die Differenz der Stoffströme konstant ist.

Extraktoren. Für die Ausführung der Extraktion sind unterschiedliche Apparate gebräuchlich, die sich durch die Art und Weise des Feststofftransports unterscheiden. Für absatzweise durchgeführte Extraktionen werden Extraktionsbehälter eingesetzt (Bild 7) mit 2–10 m³ Inhalt. Dabei kann der Behälter stehend oder liegend ausgeführt sein. Der Feststoff kann in Form von Festbetten in ruhender Schüttung vom Lösungsmittel durchströmt, vom Lösungsmittel fluidisiert, durch interne Rührvor-

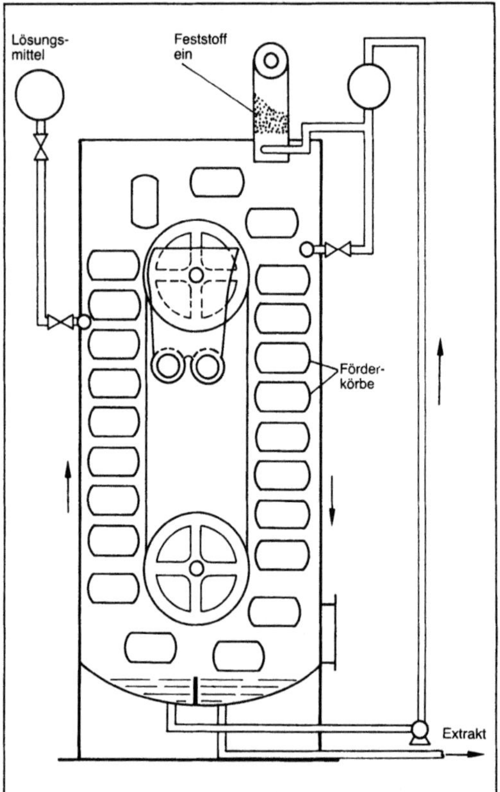

Feststoffextraktion 7: Ausführungsformen kontinuierlich arbeitender Feststoffextraktoren.
a) Feststoffbewegung durch Förderkörbe (Bollmann-Extraktor).

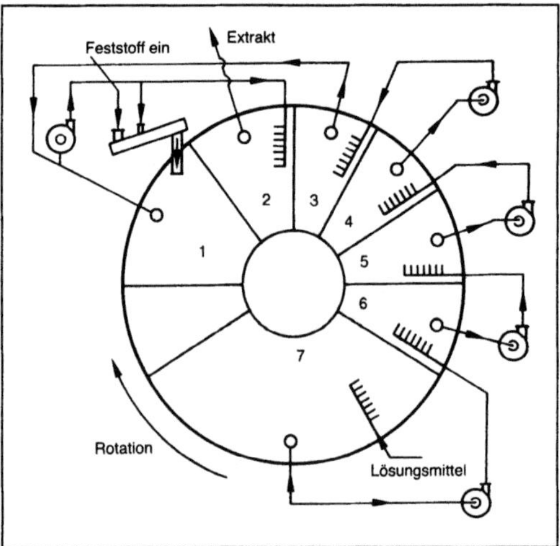

b) Feststoffbewegung durch rotierende Zellen. (Quelle: Extraktionstechnik)

richtungen bewegt oder im Fall des liegenden Extraktors durch Rotation des ganzen Behälters durchmischt werden. Kontinuierlich durchgeführte

Extraktionen werden meist durch Schwerkrafteinfluß vom Lösungsmittel durchströmt (Perkolation). Dafür ist eine Reihe von Konstruktionen verfügbar. In Bild 7 sind eine Ausführung mit Förderkörben (Bollmann-Extraktor), eine Konstruktion mit rotierenden Zellen (Karussel-Extraktor), eine mit linear bewegten Zellen, die als Förderband zusammengeführt sind, und ein Bandextraktor wiedergegeben. *Brunner*

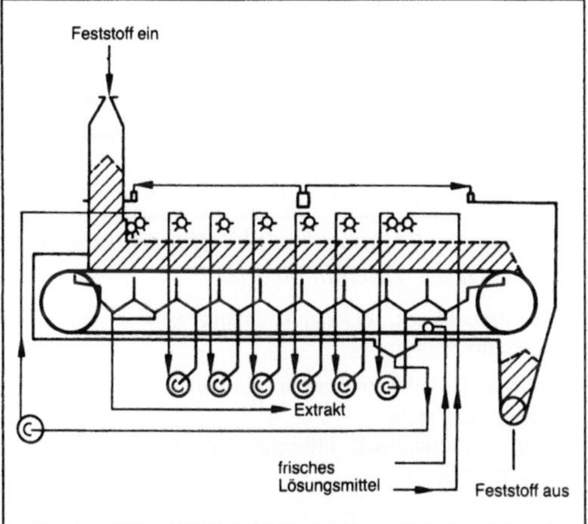

c) Feststoffbewegung durch Förderband. (Quelle: de Smelt)

Literatur: *Kneule, F.:* Unterlagen für die Vorlesung: „Theoretische Verfahrenslehre". TH München. 1964. – *Prabhudesai, R. K.:* Leaching. In: Handbook of Separation Techniques for Chemical Engineers. Hrsg. *Ph. A. Schweitzer.* New York 1979. – *Voeste, Th.:* Liquid-Solid-Extraction. In: Ullmann's Encyclopedia of Industrial Chemistry. 5. Aufl. Vol. B3.

Feuchtebeladung. Unter der F. versteht man die in 1 kg trockenem Gas gelöste Flüssigkeitsmenge. Die Feuchtigkeit ist in vielen Fällen Wasser. Die F. der Luft ist gleich der Wassermenge, die in 1 kg trockener Luft gelöst ist. Die F. ist also nicht auf 1 kg Luft-Wasser-Gemisch bezogen, sondern auf 1 kg wasserfreie Luft (→Gutfeuchte). *Dohrn*

F-Faktor. Der F.-F. ist ein Maßstab für die in einer Zeiteinheit durch eine Destillationskolonne strömende Gasmenge:

$$F = w_g\sqrt{\rho_g} \text{ in m/s } \sqrt{kg/m^3};$$

w_g Gas- oder Dampfgeschwindigkeit in Kolonnen, ρ_g Dichte der Gasphase.

Der F. wird oft bei der graphischen Darstellung des Murphree-Austauschgrades in Abhängigkeit von der Gasbelastung verwendet.

Für den maximalen F.-F. F_m, bei dem die Kolonne zu fluten beginnt, gibt es eine Reihe von empirischen Korrelationen. Für die obere Belastungsgrenze F gilt:

$$F \approx 0,7\ F_m.$$

Aus diesem Wert kann man die Gasgeschwindigkeit, die aktive Bodenfläche, den Kolonnenquerschnitt und den Bodenabstand berechnen (→Bodenkolonne). *Dohrn*

Filmabsorber. Absorptionsapparat, bei dem die Waschflüssigkeit am Umfang eines senkrecht stehenden Rohrmantels verteilt und zum Gas im

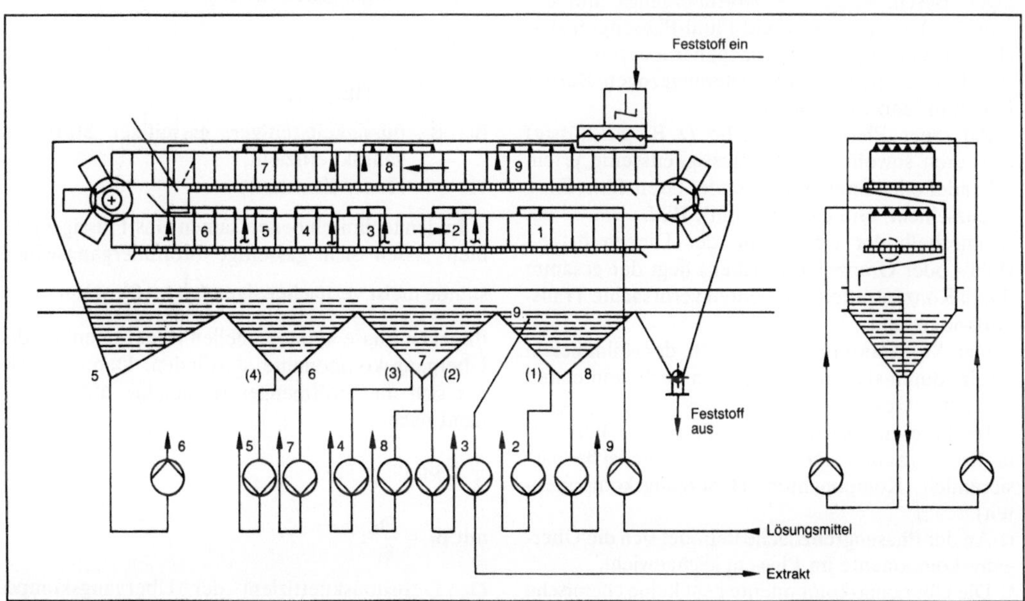

d) Feststoffbewegung durch gleitende Zellen. (Quelle: Lurgi)

→Gegenstrom geführt wird. Es liegt eine definierte Stoffaustauschfläche vor, was für Absorptionsberechnungen von Vorteil ist. F. (oder Filmwäscher) werden besonders dann eingesetzt, wenn gleichzeitig große Wärmemengen abzuführen sind, wie dies z. B. bei der →Absorption von Chlorwasserstoff in Wasser zu Salzsäure der Fall ist. Die berieselten Rohre kühlt man auf der anderen Wandseite.

F. sind gut geeignet, wenn der Haupttransportwiderstand in der Gasphase liegt, wenn Korrosionsgefahr besteht, wenn Schäumen möglich ist, wenn der zulässige Gasdruckverlust klein sein soll oder wenn der Gasdurchsatz gering ist. *Dohrn*

Filmkolonne. In einer F. wird die Oberfläche eines dünnen Flüssigkeitsfilms als Stoffaustauschfläche zwischen einem Gas und einer Flüssigkeit verwendet. Haupteinsatzgebiete von F. sind Destillation und →Absorption.

Zur Erzeugung einer großen Oberfläche können →Füllkörper oder geordnete Packungen verwendet werden, die die herabfließende Flüssigkeit als Film benetzt. Will man der Packung Wärme entziehen oder Wärme zuführen, werden Füllkörperrohrapparate eingesetzt. In den Rohren des Rohrbündels befinden sich Füllkörperschüttungen und im Mantelraum das Heiz- oder Kühlmedium.

Parallelkolonnen mit sehr kleinen Füllkörpern werden verwendet, wenn die Trennaufgabe eine hohe Bodenzahl erfordert. *Dohrn*

Filmtheorie (Reaktionskinetik). Zur modellmäßigen Beschreibung des Stoffübergangs und des Stoffdurchgangs an Fluid-Fluid-Phasengrenzflächen wird neben den Oberflächenerneuerungstheorien die einfache F. (Zwei-F.) herangezogen. Bei der F. nimmt man folgendes an:

□ An einer Phasengrenzfläche (z. B. gas-flüssig) existieren sowohl gas- wie flüssigkeitsseitig je ein ruhender oder laminar strömender Grenzfilm (Film, Grenzschicht, Grenzflächenfilm), Bild.

□ Innerhalb der Grenzfilme der Dicken δ_L, δ_G (Film- oder Grenzschichtdicken) liegt der gesamte durch Konzentrationsgradienten verursachte Transportwiderstand.

□ Der Stofftransport im Bereich der Filmdicken erfolgt durch stationäre Diffusion nach dem ersten Fickschen Gesetz.

□ Im Inneren (Kern) beider Fluide ist konstante Konzentration der die Phasengrenzfläche passierenden Komponente (Übergangskomponenten).

□ An der Phasengrenzfläche befindet sich die Übergangskomponente im Phasengleichgewicht.

□ Die Übergangskomponente geht keine chemische Reaktionen ein.

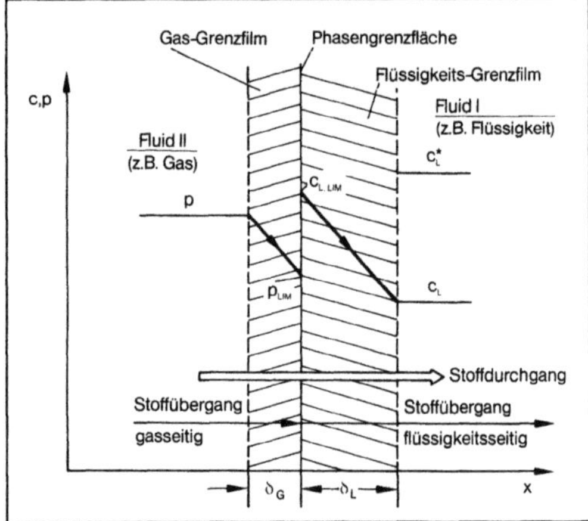

Filmtheorie (Reaktionskinetik): Konzentrationsverläufe nach der Zweifilmtheorie.

p, c_L Partialdruck, Flüssigphasenkonzentration der Übergangskomponente

c_L^* Flüssigphasenkonzentration, die zum Partialdruck p im Gleichgewicht steht

p_{lim}, $c_{L,lim}$ Partialdruck, Flüssigphasenkonzentration an der Phasengrenzfläche

Dann ergibt sich für die z. B. auf die flüssige Phase L bezogene Stoffmengenstromdichte (Massenfluß, Diffusionsstromdichte) $\dfrac{\dot{n}}{A}$ des Stoffdurchgangs:

$$\frac{\dot{n}}{A} = k_L\,(c_L^* - c_L),$$

mit dem Stoffdurchgangskoeffizienten (globaler →Stoffübergangskoeffizient)

$$k_L = \frac{1}{{}^{1}/\beta_L + \dfrac{1}{H\beta_G}};$$

β_L, β_G flüssigkeitsseitiger, gasseitiger Stoffübergangskoeffizient,

H Henry-Konstante.

In den technisch bedeutsamen Gas-Flüssig-Systemen lassen sich gasseitige Stoffübergangswiderstände meist vernachlässigen ($\frac{1}{\beta_G} \to 0$), wenn in der flüssigen Phase keine schnellen Reaktionen mit der Übergangskomponente stattfinden. Dann berechnet sich die Stoffmengenstromdichte ṅ/A vereinfacht nach

$$\frac{\dot{n}}{A} = \beta_L\,(c_L^* - c_L),$$

mit $\beta_L = \dfrac{D_L}{\delta_L}$;

D_L Diffusionskoeffizient der Übergangskomponente in der Flüssigkeit L.

Die F. ebenso wie die Oberflächenerneuerungstheorien haben breite Anwendung gefunden für die Berechnung von Stoffaustauschvorgängen bei Fluid-Fluid-Reaktionen, wie z. B. physikalische und/oder chemische Absorptionen bzw. Gaswäschen bei Gas-Flüssig-Reaktionen sowie Extraktionen oder Nitrierungen bzw. Sulfonierungen von Aromaten bei Flüssig-Flüssig-Reaktionen. *Schönbucher*

Filmtheorie (Stoffaustausch). Die F., oft auch Zwei-F. (Bild) genannt, ist die einfachste und älteste Modellvorstellung (*Lewis* und *Whitmann* 1923) zum Beschreiben des Stofftransports über eine Phasengrenzfläche. Bei der F. wird davon ausgegangen, daß der Widerstand bei der Stoffübertragung in einem dünnen Film in Form einer laminaren Grenzschicht an der Phasengrenzfläche auftritt. Beim →Stofftransport über eine Phasengrenzfläche treten dann 2 derartige laminare Grenzschichten auf. Der Stofftransport in den laminaren Grenzschichten erfolgt dabei durch Diffusion. In binären Stoffsystemen (mit den Komponenten A und B), in denen nur kleine Stoffstromdichten auftreten, gilt für die Molenstromdichten der Komponente A

$$n_A^* = \left(\frac{D_{AB}}{\delta}\right)_I (c_A - c_{Agr})_I = \left(\frac{D_{AB}}{\delta}\right)_{II}(c_{Agr} - c_A)_{II} \quad (1).$$

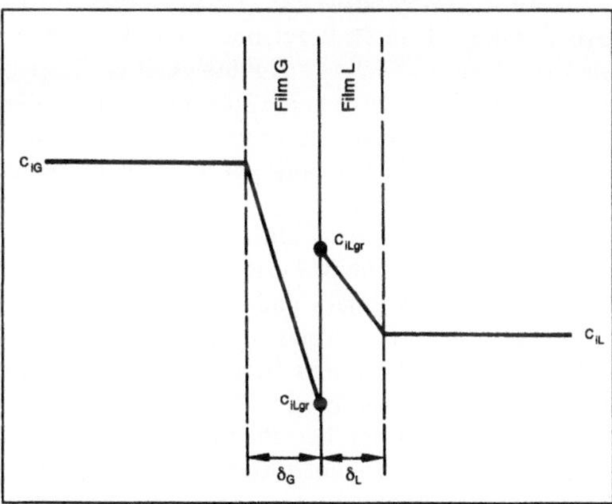

Filmtheorie (Stoffaustausch): Modell der Zweifilmtheorie.

Definiert man den Stoffübergangskoeffizienten β durch

$$\beta = \frac{D_{AB}}{\delta} \quad (2),$$

so gilt

$$n_A^* = \beta_I \cdot (c_A - c_{Agr})_I = \beta_{II} \cdot (c_{Agr} - c_A)_{II} \quad (3).$$

Hierbei werden jeweils lineare Konzentrationsänderungen in den laminaren Grenzschichten vorausgesetzt. Beim Stofftransport bei erzwungener oder freier Konvektion zeigt sich jedoch, daß die lineare

Abhängigkeit zwischen dem Stoffübergangskoeffizienten und dem Diffusionskoeffizienten häufig nicht vorliegt.

Beide laminare Grenzschichten sind als Hauptwiderstände des Stofftransports aufzufassen. Geschwindigkeitsbestimmend für den molekularen Stofftransport wirkt jeweils die Grenzschicht, die der Diffusion den größten Widerstand entgegensetzt.

Es wird angenommen, daß an der Phasengrenzfläche zu jedem Zeitpunkt Phasengleichgewicht herrscht. *Weinspach*

Literatur: Autorenkollektiv: Thermische Verfahrenstechnik I. Leipzig 1974. – *Bird, R. B., W. E. Stewart* u. *E. N. Lightfoot:* Transport Phenomena. New York 1960.

Filterapparat →Filtration (mechanische Verfahrenstechnik)

Filterhilfsmittel →Filtration (mechanische Verfahrenstechnik)

Filterkerze. F. (Bild) oder Patronenfilter sind hohlzylindrische Elemente, die in einem Druckbehälter angeordnet sind. Die Flüssigkeit wird durch die Kerzen gedrückt und fließt innen ab. Da zum Abreinigen des Feststoffs oft ein Ausbau der Kerzen erforderlich ist, werden sie meist bei geringen Feststoffkonzentrationen eingesetzt. F. bestehen aus porösen Sinterwerkstoffen, Keramik, Kunststoff, gefaltetem Papier oder auf eine Filterstütze aufgewickeltem Draht oder Gewebe. *Dahl*

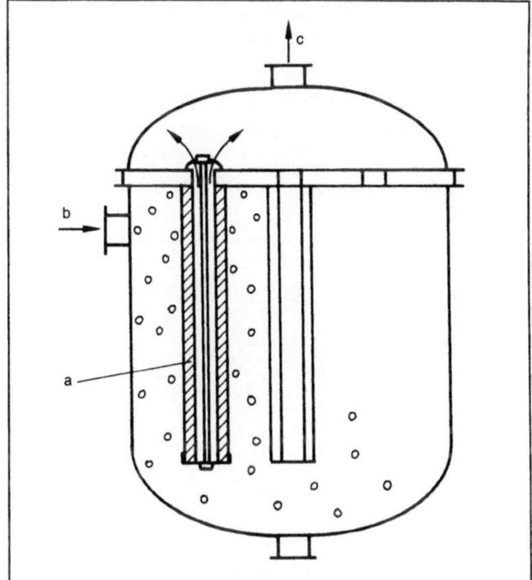

Filterkerze: Druckbehälter mit Filterkerzen.
a Filterkerze, b Trübe, c Filtrat

Filterkuchen →Filtration (mechanische Verfahrenstechnik)

Filtermittel →Filtration (mechanische Verfahrenstechnik)

Filterpresse. Die F. ist ein auch als Kammer- oder Rahmenpresse bezeichneter Filterapparat, der durch abwechselnde Anordnung von Platten und Rahmen aufgebaut ist (Bild). Die massiven Platten aus Metall (Guß, Alu, Stahl) oder Kunststoff haben je nach Feststoffgehalt der zu filtrierenden Suspension unterschiedlich profilierte Seitenflächen. Die Dicke der Rahmen richtet sich nach dem Feststoffgehalt und der Filterkuchenmenge, die sich zwischen zwei Filtrationsabschnitten ansammeln darf. Ist der Feststoffgehalt besonders gering, werden Rahmen eingesetzt, die über eine Profilierung hinaus keinen Innenraum aufweisen. Zwischen den Rahmen und Platten legt man Filtertücher ein. Neuerdings finden dazu hauptsächlich Kunstfasergewebe (z. B. Polyamid) Verwendung, die gegenüber früher üblichen Tüchern aus Naturstoffen wie Filz eine selektivere Abscheidung gewährleisten und besser zu reinigen sind. Rahmen, Platten und Filtertücher werden zwischen zwei Kopfstücken, an denen in der Regel Zu- und Ableitungen für die Suspension und das Filtrat angebracht sind, zusammengepreßt. Aus den im Ober- und Unterteil der Platten und Rahmen angebrachten Bohrungen entstehen dadurch geschlossene Rohrleitungssysteme. Durch zusätzliche Kanäle an Rahmen bzw. Platten wird die Suspension in die Innenräume der Rahmen geleitet bzw. das Filtrat durch die Platten in das Sammelrohr abgezogen. Ist der Rahmeninnenraum mit Rückstand belegt, entleert man die Filterpresse, indem die einzelnen Rahmen und Platten auseinandergezogen werden und der Filterkuchen teils automatisch, teils manuell von den Filtertüchern gekratzt wird. Filterpressen, in denen man nur Suspensionen mit geringem Feststoffanteil behandelt, werden häufig durch Gegenstromwäsche gereinigt.

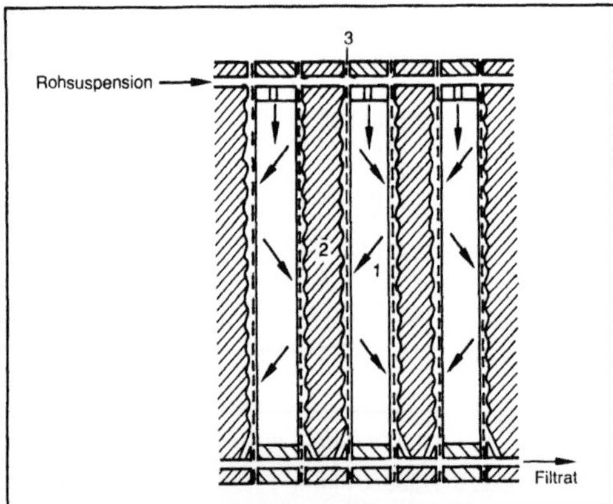

Filterpresse: Schematische Darstellung.

1 Rahmen, 2 Platte, 3 Filtertuch

In bestimmten Anwendungsfällen werden Filterhilfsmittel (z. B. Kieselgur, Aktivkohle) auf den Filtertüchern angeschwemmt. Gezielte Auswahl der Rahmen- und Plattenkonstruktion, der Filtertücher und -hilfsmittel sowie der Betriebsparameter ermöglichen den Filterpressen einen vielseitigen Einsatz, der jedoch durch hohe Investitionskosten und manuellen Arbeitseinsatz begrenzt wird. F. sind bei der Klärung von Obstsäften und Wein, bei der Maischefiltration, bei der Abtrennung von Calciumniederschlägen aus der Scheidung in der Zuckerindustrie, bei der Entfernung von Bleicherde und Nickelkatalysator in der Speiseölindustrie sowie bei der Entwässerung von Klärschlämmen in der Abwasserbehandlung weit verbreitet. *Kerner/Loncin*

Filtertuch →Filtration (mechanische Verfahrenstechnik)

Filtervlies →Filtration (mechanische Verfahrenstechnik)

Filterzentrifuge →Zentrifuge

Filtrat →Filtration

Filtration (mechanische Verfahrenstechnik). Als F. oder Filtrieren bezeichnet man das Abtrennen von festen Teilchen aus Flüssigkeiten (Suspensionen) oder Gasströmen. Flüssigkeit oder Gas durchströmt dabei ein Filtermittel, das den Feststoff zurückhält. Der F.-Vorgang erfordert als treibende Kraft ein Druckgefälle.

F. von Suspensionen. Die vom Feststoff abgetrennte Flüssigkeit heißt Filtrat. Man unterscheidet zwischen Kuchen-, Sieb- und Tiefen-F.

Bei der Tiefen-F. werden die im Vergleich zu den Filtermittelporen kleinen Feststoffteilchen hauptsächlich durch Anlagerung an das Filtermittel abgeschieden. Tiefenfilter bestehen aus relativ dicken Filtermittelschichten, um ausreichende Möglichkeiten zur Feststoffanlagerung zu schaffen. Die Tiefen-F. dient dazu, ein möglichst reines Filtrat zu erzielen.

Bei der Sieb-F. (Bild 1) hält das Filtermittel die Feststoffteilchen zurück. Dabei bildet sich im Gegensatz zur Kuchen-F. kein Filterkuchen. Die Sieb-F. wird zum Abtrennen kleinster Teilchen mit filternden Membranen (Ultra-F.) eingesetzt.

Die technisch wichtigste F.-Art ist die Kuchen-F. (Bild 2). Auf dem Filtermittel bildet sich eine Schicht aus Feststoffteilchen (Kuchen), die dort belassen wird.

Das Filtermittel besteht meist aus einem Vlies, dessen Fasern ein Netz bilden, oder aus einem textilen Gewebe (Filtertuch). Kunstfasern haben hier gegenüber Naturfasern den Vorteil der höheren

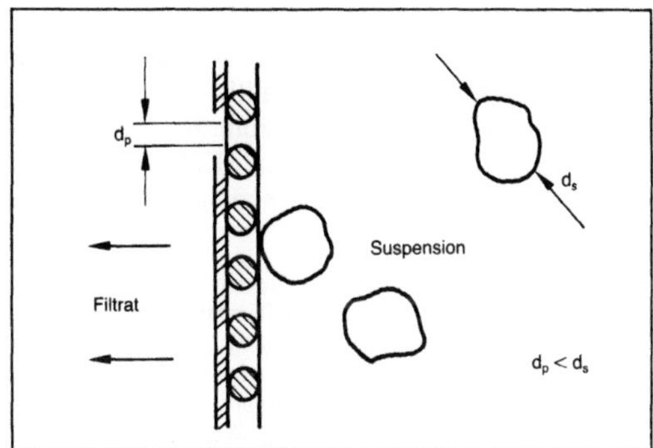

Filtration (mechanische Verfahrenstechnik) 1: Siebfiltration.

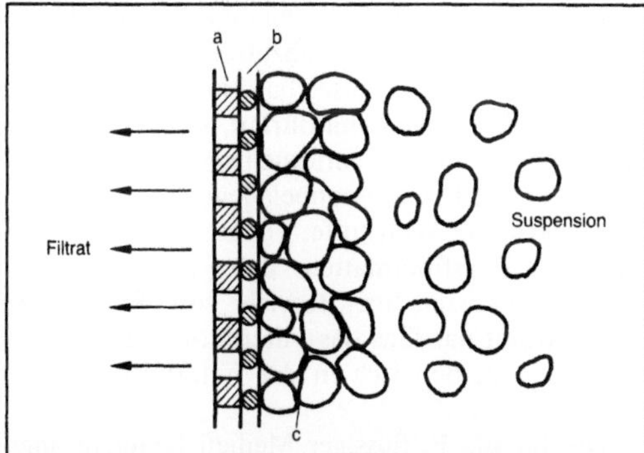

Filtration (mechanische Verfahrenstechnik) 2: Kuchenfiltration.

a Stütze, b Filtergewebe, c Filterkuchen

Festigkeit und geringeren Feuchtigkeitsaufnahme. Bei Nutschen werden auch poröse Massen oder Fritten aus Keramik oder Sintermetallen verwendet.

Zu Beginn der F. ist ein Durchschlag an Feststoff im Filtrat vorhanden, da kleine Teilchen durch die Poren des Filtermittels gelangen können. Mit der Zeit baut sich ein Filterkuchen auf, der auch kleinere Teilchen zurückhält. Korngrößen und Konzentration des Feststoffs, Durchsatz und Filtermittel bestimmen die Kuchenbildungsgeschwindigkeit und den Druckverlust bei der F. Der Gesamtdruckverlust Δp setzt sich aus dem Druckverlust des Filtermittels und des Filterkuchens zusammen. Der Druckverlust des Filtermittels bleibt über die F.-Dauer konstant, derjenige des Filterkuchens wächst proportional zur Kuchendicke Δx. Es gilt analog zum Druckverlust einer Schüttung:

$$\Delta p = \beta \cdot \eta \cdot v + \alpha \cdot \eta \cdot v \cdot \Delta x,$$

mit η dynamische Viskosität, v Durchströmgeschwindigkeit, β Filtermittelwiderstand. Der spezifische F.-Widerstand α ist:

$$\alpha \sim O_{FK}^2 \cdot \frac{(1-\varepsilon)^2}{\varepsilon^3},$$

mit O_{FK} spezifische Oberfläche des Filterkuchens, ε Hohlraumanteil.

Wenn feine weiche oder kompressible Teilchen zum Verstopfen der Poren von Filtermittel oder Filterkuchen neigen, lassen sich hochporöse, grobporige Stoffe (Kieselgur, Perlite) als Filterhilfsmittel einsetzen. Filterhilfsmittel kann man vor Beginn der F. als Filterhilfsschicht (Anschwemmfilter) auf das Filtermittel aufbringen oder, um einen lockeren Kuchenaufbau zu erzielen, kontinuierlich der zu filternden Trübe zusetzen. An den eigentlichen F.-Vorgang schließen sich als weitere Verfahrensschritte das Entwässern und die Entfernung des Kuchens sowie die Reinigung des Filtermittels an. Ist ein reiner lösungsmittelfreier Kuchen erwünscht, so kann der Kuchen vor der Entwässerung gewaschen werden. Wenn das nach dem Waschen zwischen den Feststoffteilchen eingeschlossene Lösungsmittel (Zwickelflüssigkeit) vollständig entfernt werden soll, muß der Filterkuchen erneut mit Waschflüssigkeit angemaischt werden. Ist der Filterkuchen beim Trockenblasen nicht mehr vollständig mit Waschflüssigkeit benetzt, so kann Rißbildung auftreten. Durch Risse fließt der größte Teil der Waschflüssigkeit oder der Luft zum Trocknen ungenutzt ab. Erneutes Anfiltrieren mit Suspension oder mechanisches Verdichten des Filterkuchens können die Rißbildung unterdrücken.

Filterapparate können diskontinuierlich oder kontinuierlich arbeiten. Diskontinuierliche Filterapparate sind →Nutschenfilter, Filterpressen (Kammerfilterpresse, Rahmenfilterpresse, Membranfilterpresse) und Kerzenfilter. Kontinuierlich arbeiten Trommelfilter, →Scheibenfilter, →Bandfilter und →Bandpreßfilter.

Zum Ermitteln der F.-Eigenschaften von Suspensionen wird die Handfilterplatte (Bild 3) eingesetzt. Mit der Handfilterplatte können nicht nur einzelne Stoffwerte bestimmt, sondern auch Abläufe ganzer

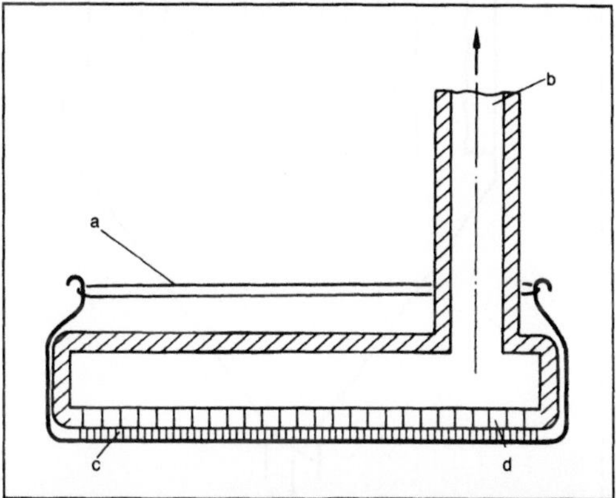

Filtration (mechanische Verfahrenstechnik) 3: Handfilterplatte.

a Gummizug zur Befestigung des Filterkuchens, b Filtratabflußrohr, c Filtermittel, d Filterstütze

F.-Prozesse mit Waschen und Trockenblasen simuliert werden.

F. von Gasströmen. Staubfilter werden benutzt, wenn hohe Anforderungen an den Reinheitsgrad des Gases gestellt werden. Sie halten Teilchen bis 0,1 μm zurück. Bei hohen Rohgasstaubgehalten über 50 g/m³ kann die Verwendung eines Vorabscheiders zweckmäßig sein. Zur industriellen →Entstaubung werden vorwiegend Gewebefilter (Tuchfilter) eingesetzt. Man baut sie als Schlauch- oder Taschenfilter. Schlauchfilter (Bild 4) können von innen nach außen oder bei einem durch ein Gerippe gestützten Schlauch von außen nach innen durchströmt werden. Es sind stets mehrere Schlauchgruppen in einem Gehäuse angeordnet, die wechselweise beaufschlagt und abgereinigt werden. Die Abreinigung erfolgt durch Rückspülen mit Druckluftstößen (Druckstoßabreinigung) oder Abschütteln des Staubs, der nach unten aus dem Gehäuse ausgetragen wird. Weil im Filtermittel kleine Staubteilchen abgeschieden wurden, die sich bei der Abreinigung nicht entfernen lassen, sinkt der Druckverlust des gebrauchten Filtermittels nach der Abreinigung nicht mehr auf den Wert eines neuen Filtermittels.

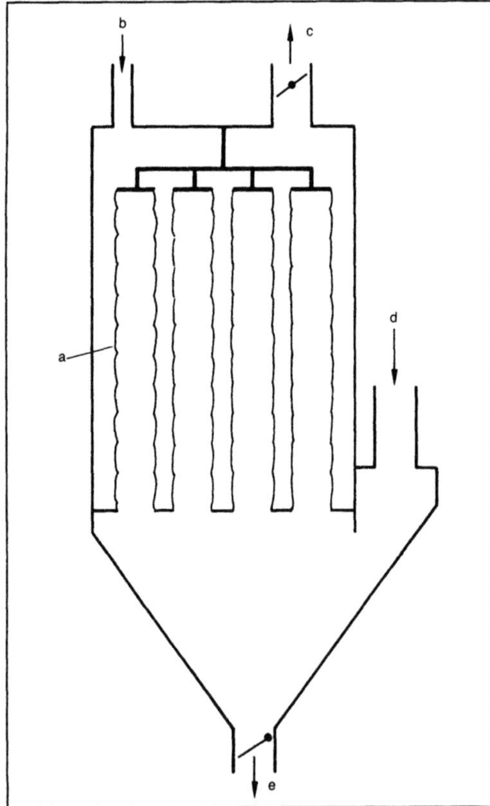

Filtration (mechanische Verfahrenstechnik) 4: Schlauchfilter zur Abgasreinigung.

a Schlauchfilter, b Spülluft, c Reingas, d Rohgas, e Staub

Taschenfilter arbeiten nach demselben Prinzip wie Schlauchfilter. Sie bestehen aus mit Filtertuch bespannten Rahmen. Patronenfilter sind hohlzylindrische Filterelemente, die zum Reinigen leicht ausgewechselt werden können (Kerzenfilter). Sie dienen besonders zur Feinreinigung, z. B. in Atemschutzgeräten. *Dahl*

Literatur: *Löffler, F.:* Staubabscheiden, Stuttgart 1988. – *Mrotzek, D.,* u. *K. H. Steiner:* Filterapparate. Chem.-Ing.-Techn. 60 (1988), S. 972/85. – *Mugrauer, H.-M.:* Versuche und Berechnungen zur Entwässerung kompressibler Schlämme auf Bandpreßfiltern. Diss. Univ. Stuttgart 1989. – *Ullmanns* Enzyklopädie d. techn. Chem. Bd. 2. Weinheim 1972.

Filtration von Gasen. Verfahren zum Abtrennen oder Entfernen von Partikeln aus einem Gasstrom, das dann eingesetzt wird, wenn Zyklone auf Grund zu geringer Größe der abzutrennenden Partikel (<10–20 μm) nicht einsetzbar sind. Gase, insbes. Luft, werden meist dann filtriert, wenn Staub oder Mikroorganismen zu entfernen sind (Steril-F.).

Zur Tiefen-F. von staubbeladenen Gasen werden als Filtermittel Wollstoffe, Textil- und Kunstfasergewebe, Glasfibermatten u. ä. eingesetzt. Bei Druckdifferenzen im Bereich von 500–1500 Pa durchströmt das Gas das Filtermittel laminar. Die Partikel scheiden sich in der Filtermittelpackung ab.

Die für die F. flüssiger Medien benutzte allgemeine Filtergleichung ist auch auf die F. v. G. anwendbar:

$$\dot{V} = \frac{A\,(p_2 - p_1)}{\eta\,(F_{w,1} \cdot l_1 + F_{w2} \cdot l_2)};$$

$\dot{V}$ Gesamtgasdurchsatz in m³/s,
A Filterfläche in m²,
$p_2 - p_1$ Druckdifferenz in Pa,
η dynamische Viskosität in Pa s,
F_w spezifischer Filterwiderstand in 1/m²,
l Schichtdicke in m,
Index 1   Filtermittel,
Index 2   Staubschicht auf Filtermaterial.

Ab einer bestimmten Staubschichtdicke auf dem Filtermittel wird der Einfluß des Filtermittels vernachlässigbar. Der Durchströmungswiderstand wird eine Funktion der Staubschichtdicke und des spezifischen Widerstandes des Staubs.

Die F. großer Luftmengen ist für den Betrieb von Zerstäubungstrocknern, Fermentationsanlagen, Rieselkühlern und für die Luftversorgung von Räumen, die aus produktionstechnischen Gründen staub- und keimfrei zu halten sind, erforderlich. *Kerner/Loncin*

Filtrieren. Einschlüsse in einem Guß- oder Schmiedestück, herrührend von Schlacken, Reaktionsprodukten aus der metallurgischen Behandlung der Schmelze, nichtgelöste Zusätze, Losspülungen aus

Pfannenfutter oder →Formstoff während der Form-füllung beeinträchtigen des öfteren die physikalischen Werkstoffwerte und die Dichtigkeit von Guß-stücken gegenüber Druckbeanspruchung von gas-förmigen oder flüssigen Medien. Diese Problematik besteht grundsätzlich bei allen Gußwerkstoffen und auch unabhängig vom angewendeten Formverfahren. Um die erwähnten Fehler weitestgehend zu vermeiden, setzt man Filter verschiedener Art ein je nachdem, ob man eine Schmelze schon beim →Abstich in die Gießeinrichtung (Pfanne o. ä.) oder erst beim Eingießen in eine Form oder in eine Strang-gießanlage filtrieren will. Weiterhin hängt die Filterwahl auch davon ab, welches Metall gefiltert werden soll, etwa Gußeisen mit Lamellen- oder Kugelgraphit, Leichtmetall- oder Schwermetall-Legierungen, wie hoch sind die Durchsatzmengen usw.

Die Gießleistung (kg/s) hängt sehr von der Siebfeinheit des Filters ab. Je feiner das Sieb, desto besser ist der Abscheidungsgrad, aber desto geringer ist die zeitbezogene Durchsatzleistung, und bei Gußstücken kann es dazu kommen, daß die Teile bei zu großer Siebfeinheit in der Form nicht mehr auslaufen. Man muß auch wissen, was abgeschieden werden soll. Im Aluminiumbereich geht es im wesentlichen um das Zurückhalten von Oxidhäutchen, die relativ leicht auch von etwas gröberen Sieben zurückgehalten werden können. Ganz anders verhält es sich mit der Abscheidung von Reaktionsprodukten bei Gußeisen mit Kugelgraphit, die sehr feinteilig sind und sich relativ spät aus ihrer Suspension in der Schmelze lösen. Hier hat das Filter eine wesentlich schwierigere Aufgabe.

Als Filterbauformen stehen Filter mit runden, vierkantigen oder dreieckigen Durchlässen in Vollkeramik, ferner Typen in Schaumkeramik, Glasfasergewerbefilter sowie Wickelkonstruktionen aus Mineralfasern zur Verfügung.   *Doliwa*

Fingerpumpe. Die Pumpwirkung wird erzeugt, indem über eine Reihe von Rundstäben, fingergleich, ein flexibler Schlauch abgequetscht wird. Der sinusförmige Bewegungsablauf dieser Finger bewirkt eine pulsatile Förderung.

Die mechanische Ansteuerung der Finger ist aufwendig. Die Pumpe hat keinen großen Wirkungsgrad und verursacht eine gegenüber anderen

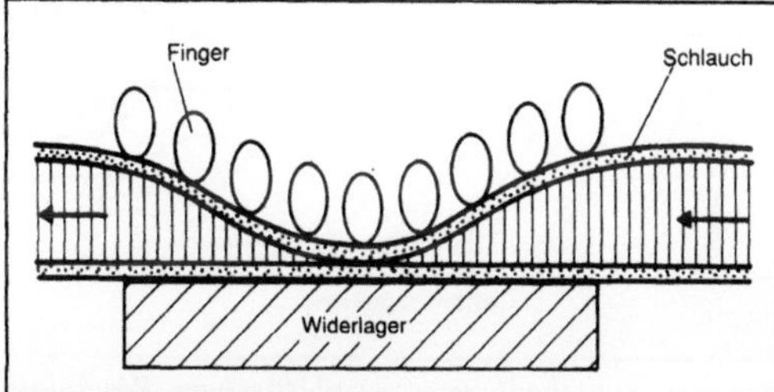

Fingerpumpe: Schematische Darstellung.

Pumpsystemen hohe Blutschädigung. In der heutigen klinischen Praxis hat diese Pumpe keine Bedeutung mehr (Bild).   *Stroh*

Finite-Elemente-Methode (Umformen). Die Methode der Finiten Elemente (FEM) ist ein numerisches Verfahren zur näherungsweisen Lösung von Systemen partieller Differentialgleichungen, die in Verbindung mit Rand- und evtl. Anfangsbedingungen Probleme der Physik und Technik beschreiben. Der Grundgedanke der FEM beruht auf der Unterteilung des i. a. komplexen Gebiets, für das eine Lösung gesucht wird, in geometrisch einfache Teilbereiche, die Elemente, und der Annäherung der Lösungsfunktion innerhalb dieser Elemente. Für eine Gruppe von Rand- und Anfangswertproblemen existieren Variations- oder Extremalprinzipien, die Aussagen über Extremwerte (Minima, Maxima) oder stationäre Punkte zulassen und zur Herleitung der Grundgleichungen der Formulierung herangezogen werden können. Sind keine echten Extremalprinzipien bekannt, so muß versucht werden, das Differentialgleichungssystem durch geeignete Ansätze näherungsweise so zu lösen, daß der resultierende Fehler beim Einsetzen der Näherungslösung in das Differentialgleichungssystem möglichst klein ist. Diese Vorgehensweise entspricht dem Verfahren der gewichteten Residuen. Die FEM hat ihren Ursprung in der Strukturanalyse von Konstruktionen der Luftfahrttechnik und des Bauwesens. Seit ca. 1970 wird die FEM auch in zunehmendem Maß zur Berechnung von Umformvorgängen, d. h. zum Untersuchen des Werkstoffflusses sowie zur Ermittlung der lokal auftretenden Spannungen und Formänderungen, eingesetzt.

Die →Prozeß-Analyse von Umformvorgängen gestaltet sich insofern schwierig, als hier die zugrunde liegenden Gleichungen stark nichtlinearen Charakter besitzen. Die Ursachen hierfür liegen in

□ der geometrischen Nichtlinearität infolge der großen plastischen Formänderungen,

□ der materiellen Nichtlinearität; die Werkstoffmodelle zur Beschreibung des plastischen Verhaltens metallischer Werkstoffe liefern einen nichtlinearen Zusammenhang zwischen den Spannungen und Formänderungen bzw. Formänderungsgeschwindigkeiten und

□ den wechselnden Randbedingungen, die durch Anlege- bzw. Ablösevorgänge zwischen Werkstückbereichen und der Werkzeugoberfläche, insbes. bei abformender →Gestalterzeugung, bedingt sind.

Die genannten Punkte erfordern eine inkrementelle (schrittweise) und iterative Vorgehensweise bei der Berechnung von Umformvorgängen, was sich bereits für einfache Problemstellungen in einem hohen Rechenaufwand niederschlägt. Gegenwärtig werden hauptsächlich zwei Lösungsansätze verfolgt:

□ die starr-plastische bzw. starr-viskoplastische Analyse für diejenigen Vorgänge (z. B. in der →Warmumformung), bei denen die elastischen Formänderungen vernachlässigt werden können, und

□ die elastisch-plastische Analyse, falls, wie z. B. in der →Blechumformung, die elastischen Spannungen und Dehnungen für den Vorgang von Bedeutung sind.

Bei der starr-(visko)plastischen Analyse erfolgt die Beschreibung des Fließvorgangs meist in einem raumfesten Koordinatensystem. Instationäre Vorgänge werden durch eine Folge von stationären Zwischenstufen beschrieben. Dabei ist zu beachten, daß in starren Bereichen, d. h. in Gebieten, in denen keine plastischen Formänderungen auftreten, keine exakte Aussage über den Spannungszustand möglich ist. Analog zu den →Fehlerabgleichverfahren wird bei der starr-plastischen Analyse vom Markovschen Extremalprinzip (→Schrankenverfahren), das zu einer oberen Schranke für die Umformleistung führt, ausgegangen. Die elastisch-plastischen Formulierungen basieren auf dem Prinzip der virtuellen Arbeit, wobei i. a. davon ausgegangen wird, daß für die metallischen Werkstoffe eine additive

Zerlegung der Gesamtdehnungsgeschwindigkeit in einen elastischen und, bei Überschreiten der Fließgrenze, einen plastischen Anteil zulässig ist:

$$\dot{\varepsilon}_{ges} = \dot{\varepsilon}_{el} + \dot{\varepsilon}_{pl}.$$

Der grundlegende Unterschied zu den Fehlerabgleichverfahren ist, daß die Ansätze für die Lösungsfunktionen bei der FEM nur bereichsweise – innerhalb der „finiten" Elemente – gültig sein müssen, während im anderen Fall der Ansatz für das gesamte betrachtete Gebiet aufgestellt werden muß. Diese Tatsache bringt bei komplexen Umformvorgängen entscheidende Vorteile für die FEM.

In jüngerer Zeit werden in zunehmendem Maß gekoppelte mechanisch-thermische Analysen durchgeführt. Hierdurch kann nicht nur die in der Warmumformung wichtige Temperaturentwicklung in Werkstück und Werkzeug, die sich auf Grund des Wärmeaustauschs zwischen dem erwärmten Werkstück und seiner Umgebung einstellt, berechnet, sondern auch die Erwärmung des Werkstücks durch die dissipierte Umform- und Reibarbeit berücksichtigt werden. Dabei wird die Berechnung der Temperaturen häufig mit Hilfe von Finite-Differenzen-Verfahren durchgeführt, während die mechanische Analyse durchweg mit Hilfe der FEM ausgeführt wird. Bild 1 bis 3 zeigen Beispiele der Berechnung

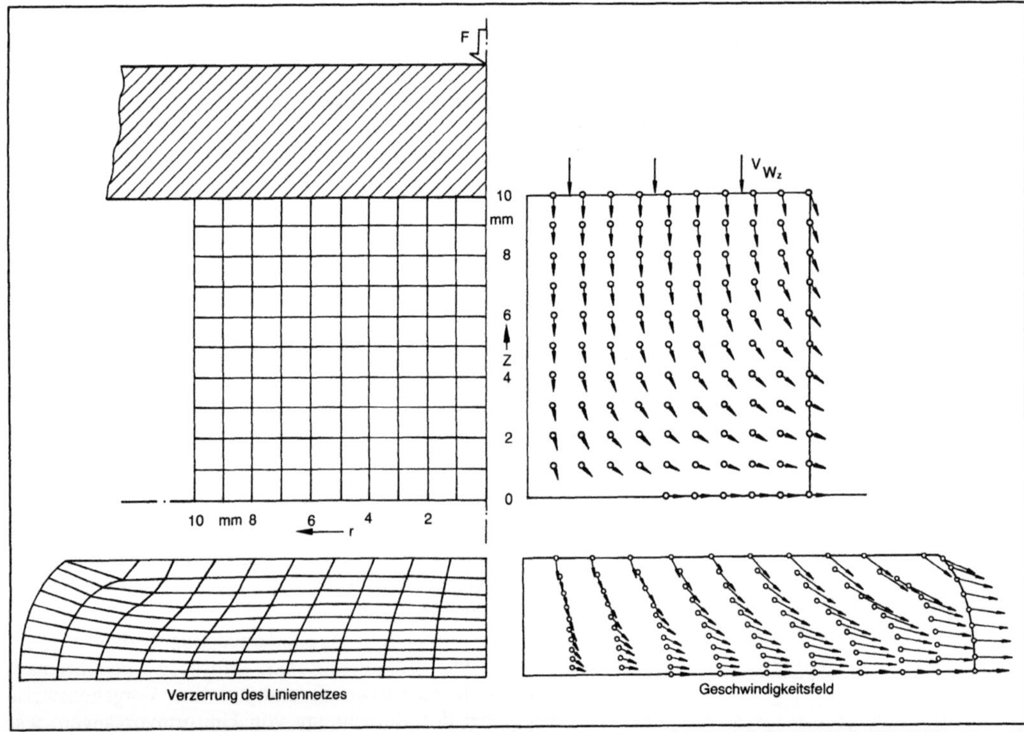

Finite-Elemente-Methode (Umformen) 1: Axialsymmetrisches Stauchen mit starr-plastischem Werkstoffverhalten. (Quelle: Roll *a. a. O.)*

von Umformvorgängen mit der FEM. Ein weiterer Anwendungszweig befaßt sich mit der Berechnung und Auslegung von Umformwerkzeugen. Hierzu werden allerdings meist FE-Programme für linear-elastische Analysen, die ggf. noch kleine plastische Formänderungen erfassen, eingesetzt. Die direkte Kopplung mit der Analyse des Umformvorgangs ist möglich, wird aber mit Rücksicht auf die Rechenkosten nur selten angewandt. *Lange*

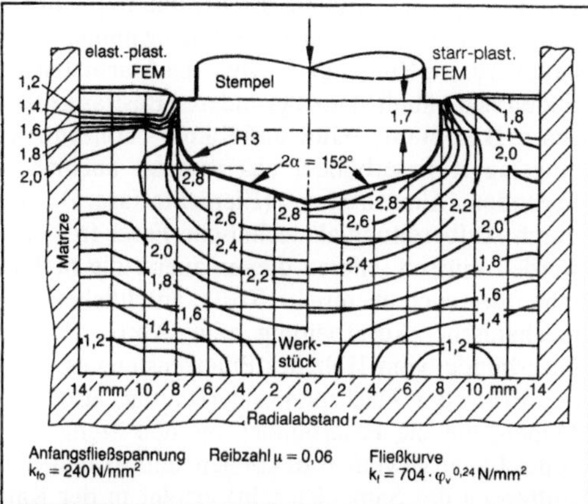

Finite-Elemente-Methode (Umformen) 2: Vergleich eines elastisch-plastischen FE-Programms mit einem starr-plastischen an Hand der berechneten relativen Vergleichsspannung σ_v/k_{fo} beim Napf-Rückwärts-Fließpressen. (Quelle: Tekkaya a. a. O.)

Literatur: *Argyris, J. H.,* u. *H.-P. Mlejnek:* Die Methode der Finiten Elemente. Bd. 2. Braunschweig 1987. – *Bathe, K.-J.:* Finite Element Procedures in Engineering Analysis. Englewood Cliffs 1982. – *Boer, C. R.,* et al: Process Modelling of Metal Forming and Thermomechanical Treatment. Berlin, Heidelberg, New York 1986. – *Kobayashi, S.:* Thermoviscoplastic Analysis of Metalforming Problems by the Finite Element Method. In: Numerical Analysis of Forming Processes. Hrsg. *J. F. T. Pittman* et al. Chichester 1984. – *Owen, D. R. J.,* u. *E. Hinton:* Finite Elements in Plasticity. Swansea 1980. – *Owen, D. R. J., E. Hinton* u. *E. Onate:* Computational Plasticity. Swansea 1987. – *Pittman, J. F. T.,* et al: Numerical Methods in Industrial Forming Processes. Swansea 1982. – *Pittman, J. F. T.,* et al: Numerical Analysis of Forming Processes. Chichester 1984. – *Roll, K.:* Einsatz numerischer Näherungsverfahren bei der Berechnung von Verfahren der Kaltmassivumformung. Ber. 66 Inst. Umformtechn., Universität Stuttgart. Berlin, Heidelberg, New York 1982. – *Tekkaya, A. E.:* Ermittlung von Eigenspannungen in der Kaltmassivumformung. Ber. 83 Inst. Umformtechn., Universität Stuttgart. Berlin, Heidelberg, New York 1986. – *Zienkiewicz, O. C.:* The Finite Element Method. 3. Aufl. London 1982.

Fischverarbeitung. Fisch hat für die menschliche Ernährung einen hohen Wert, der vor allem in seiner hohen biologischen Wertigkeit liegt; weiterhin in der leichten Verdaubarkeit des Eiweißes sowie im niedrigen Gehalt an Bindegewebe und Kohlenhydraten. Auf Grund bakterieller, enzymatischer und chemischer Vorgänge beginnen mit dem

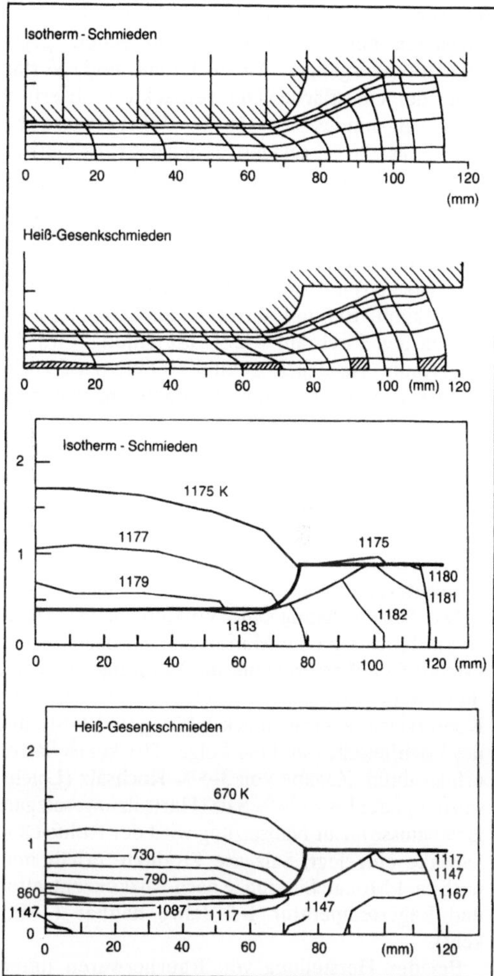

Finite-Elemente-Methode (Umformen) 3: Netzverzerrung und Temperaturverteilung beim Schmieden einer Turbinenscheibe. (Quelle: Kobayashi a. a. O.)

Fang die Verderbnisreaktionen, die viel schneller als beim Fleisch schlachtbarer Haussäugetiere zur Verzehrsunfähigkeit führen.

In der Binnen-, Küsten- oder Hochseefischerei wird der Fisch je nach Art in Grund- oder schwimmenden (pelagischen) Schleppnetzen, Treibnetzen oder Ringwaden gefangen, nach Art und Größe sortiert und – je nach Ausrüstung des Fangschiffes und vorgesehenem Endprodukt – auf See gekühlt, gefroren oder direkt verarbeitet. Moderne Produktionsschiffe sind mit Filetierlinien ausgestattet, in denen der Fisch gewaschen, entschuppt, geköpft, ausgeweidet, entgrätet, filetiert und gehäutet wird. Die Filets, teilweise in Polyethylenbeuteln verpackt, und auch Ganzfisch werden im Kaltluftstrom, in Soleflüssigkeiten oder in Kontaktgefrierern meist schnellgefroren (→Gefrieren). 50 mm dicke Filets können in 1,5–2 h gefroren werden. Anschließendes Glasieren mit Wasser dient zum Schutz gegen Oxidationsvorgänge, Austrocknung und Verfärbung der Oberfläche. Der verpackte Gefrierfisch wird bei mindestens –18 °C, üblicherweise bei –28 °C bis –30 °C gelagert. Je nach Art ist Gefrierfisch ca. 6 Monate (Fettfisch) oder bis 10 Monate (Magerfisch) haltbar.

Nicht auf See gefrorener Fisch wird bis zum Anlanden durch schichtweises Befüllen von Stellagen (Hocken) mit zwei Teilen Fisch und einem Teil Eis gekühlt. Eis und abtropfendes Schmelzwasser kühlen den Fisch auf 0–2 °C ab. Häufig wird der Lagerraum zusätzlich gekühlt. Ohne zusätzliche Haltbarmachung hat gekühlter Fisch eine maximale Haltbarkeit von 12–15 Tagen.

Nach dem Anlanden gelangt der gekühlte oder gefrorene Fisch unter Beibehaltung der Lagertemperatur unmittelbar in den Versand, oder er wird zu Fischkonserven, Räucherwaren, Salzfischwaren, Kaltmarinaden, küchenfertigen Gefriererzeugnissen weiterverarbeitet.

Das Salzen, häufig eine Vorstufe beim →Räuchern, Trocknen oder Marinieren, verursacht einen osmotischen Wasserentzug, das Eindringen von Salz ins Gewebe und Salzdenaturierung von Fischeiweiß. Konservierung, Geschmacksbildung und Festigung des Fischfleisches sind die Folge. Trockenes Salzen erfolgt durch Zugabe von 3–5 % Kochsalz (Leichtsalzung) oder bis zu 24 % Salz (Hartsalzung; salzgare Erzeugnisse). Zur Naßsalzung wird der Rohfisch in Salzlake eingelegt. Salzgare Produkte erhält man nach ca. 1 Monat. Sie sind je nach Salzkonzentration und Lagertemperatur 1–5 Jahre haltbar (→Pökeln).

Bei der Herstellung von Räucherwaren unterscheidet man das Heiß- und das Kalträuchern. Heißräuchern findet bei Temperaturen von 70 bis 100 °C, einer relativen Luftfeuchte von 0,5–0,6 statt und dauert ca. ½ bis 6 h. Dabei tritt Fett aus und durchdringt das Fischgewebe; Kollagen schmilzt und erstarrt gelartig. Beim Kalträuchern werden Temperaturen von 20–25 °C und eine relative Luftfeuchte von 0,7 eingestellt, wodurch Fettaustritt und Kollagengelierung vermieden werden. Dieses Verfahren dauert 1–2 Tage.

Zur Herstellung von Fischkonserven wird der Fisch nach verschiedenen Vorbehandlungsschritten (z. B. Vorsalzen, Beizen, Dämpfen, →Blanchieren, Vorräuchern, Erhitzen im Ölbad) in Aluminium- oder lackierten Weißblechdosen verpackt und in der Regel bei 120 °C sterilisiert. Je nach Konservenart müssen F_{121}-Werte von mindestens 5 min (Konserven ohne Säurezugabe), 4 min (Konserven mit Säurezugabe) bzw. 16 min (Konserven für tropische und subtropische Gebiete) erzielt werden (→Sterilisieren), um eine Haltbarkeitsdauer von über einem Jahr zu erzielen.

Aus den Abfallprodukten der Fischverarbeitung werden Fischmehl, Fischöl und Leberöl hergestellt. *Kerner/Loncin*

Literatur: Fischverarbeitung. Leipzig 1982.

Flachmembran →Phaseninversionsmembran

Flachs. Als Faserstoff die Bastfasern der einjährigen Faserpflanze Linum usitatissimum L., die in anderen Varietäten auch zur Ölgewinnung angebaut wird. Im Rindenparenchym des Flachsstengels finden sich – ähnlich wie bei anderen Bastfaserpflanzen, z. B. →Hanf, →Jute und Ramie – konzentrisch eingelagert Faserbündel aus versetzt aneinander liegenden Einzelzellen (Elementarfasern), die durch Aufbereitung als technische Faser freigelegt werden müssen. Hierzu dienen zuerst die biologische oder auch chemische Röste, anschließend die mechanische Ausarbeitung zum Abtrennen der Faserbündel vom Holz des Pflanzenstengels. Nach der Ernte der Flachspflanzen (Raufen, also nicht Mähen, um die Faserbündel aus den Stengeln in voller Länge gewinnen zu können, und Riffeln, d. h. Entfernen der Samenkapseln) erfolgt in der Kaltwasser- oder Warmwasserbassin-Röste durch Bakterien ein Mürbemachen (Verrotten) der Rindenschicht des Stengels, nach welchem die Bastfaserbündel durch Brechen, Schwingen und Hecheln freigelegt werden können. Neben dem so gewonnenen Langflachs (Faserbündel von 50–90 cm Länge, aus etwa 20–40 feinen Elementarfasern von 10 bis 50 mm Länge bestehend) fallen beim Schwingen und Hecheln auch Kurzfasern (Werg) an, die zu Gespinsten geringerer Güte verarbeitet werden. Die durch chemisch-mechanische Verfahren aus Werg gewonnenen F.-Elementarfasern (Flockenflachs) lassen sich mit Baumwolle oder Chemiefasern zusammen verspinnen.

Unter dem Mikroskop erscheinen die F.-Elementarfasern glatt und zylindrisch mit einem feinen Zellkanal (Lumen) im Inneren. Charakteristisch sind Quer- und Schrägrisse (Verschiebungen), oft mit knotigen Anschwellungen. Die Querschnitte der technischen Flachsfaser bestehen aus polygonalen oder länglich abgerundeten Einzelzellen mit kleinem, rundem Lumen im Innern. Länge und Feinheit der Elementarfasern entsprechen etwa der der Baumwolle. Die Festigkeit liegt höher, Dehnbarkeit und Elastizität sind geringer. Faserflachs wird fast ausschließlich in Europa angebaut. Haupterzeuger sind die ehemalige Sowjetunion einschl. der baltischen Staaten; daneben Polen, die Niederlande, Belgien und Frankreich. Weltanbaufläche 1982: 1 330 000 ha (Tendenz steigend), Weltproduktion 1985: 600 000 t.

Der Hechelflachs wird in der Langflachsspinnerei versponnen, das Hechelwerg in der Wergspinnerei.

Als Garn oder Gewebe wird der F. zur Entfernung der natürlichen Farbstoffe und der Faserbegleitsubstanzen gebleicht. Im Gewebe ist F. glänzender und glatter als Baumwolle und wird vor allem für Bett-, Leib- und Tischwäsche eingesetzt. *Koch*

Literatur: *Wagner, E.:* Die textilen Rohstoffe. 6. Aufl. Frankfurt a. M. 1981.

Flachschleifen →Planschleifen

Flachschleifmaschine →Schleifmaschine

Flachstrahldüse →Einstoffdüse

Flammabtragen. F. oder auch Flammhobeln ist ein Grobbearbeitungsverfahren, das in der Halbzeugfertigung und in der Schweißnahtvorbereitung eingesetzt wird.

Wie beim Brennschneiden besteht der Strahl aus der Heizflamme mit zusätzlichem freien Sauerstoff, der eine Oxidation des Werkstoffes bewirkt (Brennschneiden, autogenes). Im Vergleich zum Brennschneiden ist der Anteil verbrannten Werkstoffs jedoch erheblich geringer. Der überwiegende Volumenstrom wird als Schmelze aus der Fuge geblasen. Der Strahl steht bei diesem Verfahren jedoch nicht senkrecht auf der Werkstückoberfläche, sondern ist mit 10–20° Neigung fast tangential angestellt. Die Brennerdüse ist der Kinematik entsprechend schlitzförmig ausgebildet und besitzt eine größere Heizleistung als vergleichbare Schneidbrenner. Die Vorschubbewegung zwischen Brenner und Werkstück erfolgt manuell bzw. entlang einer Schablone.

Anwendungsgebiete des Flammhobelns liegen in der Vorbereitung von Tulpen- und Kelchnähten sowie von Wurzelgegenschweißungen und der Erzeugung von Nuten und Einstichen glatter Oberfläche. Ebenso wird die Oberfläche von Knüppeln, Brammen und Stahlblöcken mittels Flammhobeln behandelt, um die fehlerbehaftete Deckschicht zu entfernen und eine Weiterbearbeitung zu besonders hochwertigem Halbzeug zu ermöglichen. *König*

Flammhärten. F. ist das Härten nach Erwärmen (Austenitisieren) eines mehr oder weniger großen Bereiches des Bauteilquerschnitts. Beim F. wird die Flamme meist durch ein Leuchtgas- oder Acetylen-Sauerstoffgemisch erzeugt. Abschließend wird schnell abgekühlt (abgeschreckt). Dies geschieht durch Abbrausen oder Eintauchen in Wasser, seltener mit Hilfe von Luft oder Ölemulsionen. Je nach Ausbildung des zu härtenden Bauteils wird das Bauteil oder das Brenner-System bewegt. Das vergleichsweise kühle Innere des Werkstücks beschleunigt die Abkühlung der Oberfläche durch Wärmeleitung. Die durch F. erreichbaren Einhärtetiefen liegen zwischen 1 mm und rd. 6,5 mm und sind

abhängig von den Werkstückquerschnitten, der Brennereinstellung und der Erhitzungsdauer. Der Härteverzug ist geringer als bei normal gehärteten Teilen.

Solange beim F. weder Kohlenstoff noch Stickstoff in die Oberfläche gebracht werden, kommen nur Stähle mit ausreichend hohen Kohlenstoffgehalten, die schnell nach dem Abschrecken härten und eine befriedigende Härte erreichen, in Betracht. Der geeignete Kohlenstoffgehalt liegt zwischen 0,35 % und 0,7 %. Dem F. folgt zum Abbau des Härteverzugs ein Anlassen bei niedrigen Temperaturen. Es gibt für das F.- und Induktionshärten besondere Stähle. Typische Anwendungen des F. sind Getriebezähne, Nocken, Lager- und Laufflächen, Kurbelwellen und viele andere Maschinenteile sowie Werkzeuge. *Bolbrinker*

Flammhobeln →Flammabtragen

Flash-Destillation. Bei der F.-D. (auch Entspannungs-D. genannt) wird ein Flüssigkeitsgemisch in einem Abscheider oder in einer D.-Kolonne entspannt, so daß das Gemisch in einen flüssigen und einen gasförmigen Anteil zerfällt (→Destillieren). Die Anteile der leichter flüchtigen Bestandteile sind in der Gasphase größer als in der flüssigen, so daß durch die F.-D. eine Trennung des Zulaufgemisches erfolgt ist, die einer theoretischen →Trennstufe entspricht, wenn sich Gas und Flüssigkeit im Phasengleichgewicht befinden.

Das Zulaufgemisch der F.-D. kann aus einer Reaktionsstufe bei höherem Druck oder einem Vorwärmer stammen, in dem das Gemisch auf Siedetemperatur erwärmt wird. Ein Teil des den Abscheider verlassenden Flüssigkeitsgemischs führt man in einigen Fällen zum Vorwärmer zurück. Die den Abscheider verlassenden Stoffströme werden oft weiteren D.-Verfahren zugeführt (→Entspannungsverdampfung). *Dohrn*

Literatur: *Billet, R.:* Verdampfung und ihre technischen Anwendungen. Weinheim 1981. – *Sattler, K.:* Thermische Trennverfahren. Weinheim 1988.

Flashverdampfung →Entspannungsverdampfung

Fleischerzeugnis. Unter F. versteht man Produkte, die durch Be- oder Verarbeitung von Fleisch hergestellt werden. Dazu gehören Fleischwaren, Wurstwaren sowie Zubereitungen aus Fleisch- und Wurstwaren. Fleischwaren sind Erzeugnisse, die aus bearbeiteten Fleischteilen durch Salzen, →Pökeln, →Räuchern und Garen gewonnen werden und die noch die natürliche Form oder Struktur des Fleisches weitgehend aufweisen. Solche Produkte sind z. B. Schinken, Kassler oder Fleischdauerkonserven.

Dagegen versteht man unter Wurstwaren Gemenge aus zerkleinertem, ggf. gepökeltem oder gewürztem Fleisch, anderen Bestandteilen warmblütiger Schlachttiere (Fett, Innereien, Blut, Gehirn, Zunge usw.) sowie in einzelnen Fällen mit Zutaten wie Pökelstoffen und Hilfsmitteln, Phosphaten, Zerealien, Milcheiweiß, Zwiebeln, Knoblauch, Pilzen, Gewürzen u. ä. Zur Formgebung wird die Wurstmasse meist in Hüllen aus gereinigtem Darm, Magen oder Blase von Rindern, Schweinen, Schafen und Ziegen, in Naturindärme (aus gehärteten Spalthäuten von Rindern gewonnen), in Kunstdärme aus Cellophan, bestimmten Cellulosederivaten oder Alginat oder in Leinensäckchen eingefüllt. Wurstwaren werden entsprechend der Verarbeitung ihrer Rohstoffe in folgende Wurstarten eingeteilt:

□ *Rohwurst (Dauerwurst)* ist ein Gemisch aus rohem oder gefrorenem, im Fleischwolf vorzerkleinertem Fleisch, tierischem Fett, Pökelsalz, Gewürzen und anderen Zutaten, das im Schneidmischer (Kutter) feinzerkleinert und mit Hilfe von Wurstspritzen oder Vakuumspritzen in Wursthüllen eingefüllt wird. Ein Kutter besteht aus einem rundwannenförmigen Trog, der mit ca. 15 min^{-1} rotiert und in den die Rohmasse eingebracht wird. Senkrecht in diesen Trog ragen mit 3000–6000 min^{-1} rotierende Schneidmesser, welche eine innige Vermischung und feine Zerkleinerung bewerkstelligen. Rohwurst wird durch Trocknen (Naturverfahren: 3 Monate bei 15–18 °C, dabei Massenverlust bis zu 40 %), Räuchern (Normalverfahren: 4–6 Wochen bei 20 °C, dabei Massenverlust von 25–30 %) oder eine Kombination beider Verfahren (Schwitzrauchverfahren) haltbar gemacht. Während dieser Zeit vollzieht sich die durch Mikroorganismen verursachte Reifung, die durch eine Farbbildung (Umrötung) und Bildung von Aromastoffen gekennzeichnet ist. Seit die an diesen Prozessen beteiligten Mikroorganismen bekannt sind, werden sie bei der Rohwurstherstellung gezielt als Starterkulturen eingesetzt. Zu den Rohwürsten zählen Salami, Plockwurst, Mettwurst, Zervelat, Landjäger u. a.

□ *Brühwurst* wird hergestellt aus schlachtwarmem oder gekühltem, vorgesalzenem Fleisch und Fett unter Zusatz von Wasser oder Eis. Im für die Wurstqualität mitentscheidenden Kutterprozeß lagert sich das zugesetzte Wasser an die Fleischproteine an. Die Menge der Wasserzugabe richtet sich nach dem Wasserbindungsvermögen des Fleisches, das vom pH-Wert abhängt. Schlachtwarmes Fleisch (pH 6,8) hat ein gutes Bindevermögen, während gekühltem Fleisch zu diesem Zweck beim Kuttern Polyphosphate zugesetzt werden. Die in Hüllen abgefüllte Wurstmasse wird nach einer Heißräucherung (einige Stunden bei 100–130 °C) je nach Kaliber (Durchmesser der Wurst) ½–3 h bei 70–80 °C gebrüht, wobei sie sich verfestigt und ihre Streichfähigkeit verliert. Die wichtigsten Brühwurstsorten sind Fleischwurst, Bockwurst, Bierschinken, Bratwurst, Fleischkäse u. a.

□ *Kochwurst* unterscheidet sich von den anderen Wurstarten dadurch, daß sie meist aus gekochten (einige Minuten bei 80 °C) Rohstoffen hergestellt wird. Solche Rohstoffe sind Fleisch und Fett; ferner Innereien, Sehnen und Schwarten. Je nach Wurstsorte werden zudem Leber oder Blut, dazu Salz und spezielle Gewürze hinzugefügt. Die Bestandteile werden grob zerkleinert und vermischt oder gekuttert und in Hüllen eingefüllt. Wie bei der Brühwurstherstellung schließt sich ein 60- bis 90-minütiger Brühvorgang bei 75–85 °C an. Danach wird die Kochwurst getrocknet oder geräuchert und bis zum Versand kühlgelagert. Man unterscheidet bei dieser Wurstart Leberwurst, Blutwurst und Sülzwürste.

Brühwürste und Kochwürste werden auch als Dosenkonserven angeboten. Dabei entfällt meist die Räucherbehandlung, und der Brühvorgang wird durch die Sterilisation ersetzt.

Zubereitungen aus Fleisch- und Wurstwaren sind Fleisch- und Wurstsalate, Fleischfeinkost und tafelfertige Gerichte. Erstere werden auf der Grundlage von Rind-, Kalb-, Schweinefleisch oder Brühwurst mit Mayonnaise unter Zusatz von Gurken, Paprika, Gewürzen und anderen geschmackgebenden Zutaten zubereitet. Diese Produkte sind recht hitze- und kälteempfindlich und eignen sich in der Regel nicht als Dauerware. Ihre Haltbarkeit läßt sich durch Einsatz von Konservierungsstoffen nach Maßgabe der Konservierungsstoff-Verordnung verlängern. Hauptsächlich werden p-Hydroxybenzoesäureäthyl- und -propylester verwendet.

Die sehr weit gespannte Palette der Fleischfeinkostprodukte, die sich durch einen besonderen Geschmack, ein bestimmtes Aussehen und eine spezielle Herstellungsart auszeichnen, reicht von den Fleischpasten und -pasteten (z. B. Leber-, Zungen-, Gänseleberpastete) über Aspik- und Sülzwaren bis hin zur Bratfeinkost (z. B. Frikadellen, Schaschlik).

Tafelfertige Fleischgerichte sind in Gläsern, Dosen oder flexiblen Kunststoffbehältern verpackte Fleischfertiggerichte, die vor dem Verzehr lediglich aufzuwärmen sind. Es handelt sich dabei entweder um pasteurisierte Produkte (Halbkonserven oder Präserven), sterilisierte Produkte (Vollkonserven) oder Gefrierprodukte. Häufig produzierte tafelfertige Fleischgerichte sind Gulasch, Klopse, Rouladen und Braten. *Kerner/Loncin*

Literatur: *Krüger, F., G. Lemke* u. *H. Weinling:* Fleisch und Fleischerzeugnisse. Leipzig 1967. – *Schormüller, J.:* Lehrb. Lebensmittelchemie. Berlin 1974.

Fleischverarbeitung. Nach § 3 des Fleischbeschaugesetzes vom 29. 10. 1940 umfaßt der Begriff Fleisch alle Teile von warmblütigen Tieren, frisch oder zubereitet, sofern sie sich zum Genuß für Menschen eignen. Dieser Begriff beschränkt sich damit nicht auf Muskelgewebe mit eingewachsenen Knochen,

Fett- und Bindegewebe, wie es der landläufigen Definition entspricht, sondern beinhaltet ebenso Fleisch- und Wurstwaren sowie aus warmblütigen Tieren gewonnene Fette.

Den Hauptanteil an der Fleischversorgung in Mitteleuropa tragen in erster Linie Schweinefleisch (ca. 58%), Rindfleisch (ca. 24%) und Geflügel (ca. 11%), während Kalbfleisch (ca. 2%) und Fleisch anderer Warmblütler wie Schaf und Pferd nur einen bescheidenen Anteil haben (die Zahlen geben den prozentualen Fleisch-pro-Kopf-Verbrauch in der Bundesrepublik Deutschland für 1984/85 an).

Die Tierart, aber auch Alter und Fütterung der Tiere beeinflussen die quantitative Zusammensetzung, die Konsistenz und den Geschmack des Fleisches ebenso wie die Herkunft des Fleisches von den einzelnen Bereichen des Tierkörpers. Diese Faktoren entscheiden auch über die endgültige Verwendung des Fleisches. Die Grundoperationen der industriellen Verarbeitung, angefangen beim Schlachten über das Weiterverarbeiten bis hin zur Haltbarmachung, sind jedoch prinzipiell auf alle Produkte anwendbar.

Das Schlachten umfaßt das Betäuben, Entbluten und Enthäuten bzw. Entborsten oder Entfedern. Die Empfindungs- und Bewegungslosigkeit der Schlachttiere wird durch Betäuben mit Bolzenschußapparaten (Rinder, Kälber), Elektroschock mit pulsierendem Gleichstrom bei Spannungen von 70–300 V (Schweine, Geflügel und andere Kleintiere) oder CO_2-Konzentrationen von 70–75% in der Atemluft (hauptsächlich Schweine) erreicht. Unmittelbar danach tötet man die Schlachttiere durch Entbluten, wobei zur hygienischen Gewinnung des Blutes für die weitere Verarbeitung Hohlmesser und Schlauchleitungen sowie Blutsammel- und Rührapparate eingesetzt werden. In Anlagen zum Rinderhautabzug gewinnt man die für die Lederherstellung verwendeten Rinderhäute. Die Borsten des Schweins werden nach einem Brühprozeß in Enthaarungsmaschinen, die mit Schableisten, Schabklötzen oder federnden Schlägern ausgerüstet sind, entfernt. Auf ähnliche Weise wird Geflügel entfedert. Eine Nachenthaarung erzielt man durch Sengen.

Damit ist die Bearbeitung im unreinen Teil des Schlachthofs abgeschlossen und wird im streng davon getrennten reinen Bereich mit dem Ausschlachten fortgesetzt. Hier werden die Organe der Brust sowie der Bauch- und Beckenhöhle entfernt. Nach der Fleischbeschau zur Ermittlung der Tauglichkeit in hygienischer und qualitativer Hinsicht erfolgt die Weiterverarbeitung zu Frischfleisch, Gefrierfleisch, Fleischkonserven, Wurst oder Nebenprodukten.

Zum Frischfleischverbrauch bestimmtes Fleisch wird nach der Fleischbeschau auf Kernendtemperaturen von 4–7 °C abgekühlt (fast ausschließlich

Luftkühlung, bei Hähnchen auch Tauchkühlung), um durch Mikroorganismen bedingten →Verderb zu verlangsamen. Dadurch wird jedoch auch die Fleischreifung verlangsamt. Man strebt einerseits eine möglichst trockene Fleischoberfläche an (niedrige Wasseraktivität), andererseits einen minimalen Gesamtmasseverlust durch verdunstendes Wasser. In der Praxis finden überwiegend 2 Verfahren sowohl in Kühlräumen als auch in kontinuierlich beschickten Kühltunneln Anwendung:

□ Beim Schnellkühlen mit Luft von –6 °C und einer Strömungsgeschwindigkeit von anfangs 2–3 m/s, in der Endphase 1 m/s, wird eine ausreichende Abkühlung innerhalb von 12–14 h (Schwein, Kleintiere) bzw. 16–22 h (Rinderhälften) erzielt.

□ Durch Schnellstkühlung werden die Abkühlzeiten verkürzt, indem man Lufttemperatur T_L und -geschwindigkeit V_L der fortschreitenden Abkühlung anpaßt (erster Abschnitt: T_L = –15 °C, V_L = 5 m/s; zweiter Abschnitt: T_L = 0 bis –6 °C, V_L = 1 bis 2 m/s).

Je nach Fleischart ist Frischfleisch bei Temperaturen zwischen –1,5 °C und +1 °C und einer relativen Luftfeuchte von 80–95% ca. 1 Woche (Hähnchen) bis maximal 5 Wochen (Rindfleisch) lagerfähig. Durch zusätzlich geeignete Schutzgasverpackung (N_2, CO_2) kann die Haltbarkeit deutlich verlängert werden (z. B. Rindfleisch in 10% CO_2 bis zu 9 Wochen).

Eine weitere Verlängerung der Haltbarkeit von Fleisch wird durch →Gefrieren bzw. Tiefgefrieren, →Pökeln, →Räuchern, →Sterilisieren oder Trocknen erzielt (Konservierungsverfahren). Das Gefrieren (Tiefgefrieren) von Fleisch bewirkt nicht nur eine sehr starke Verringerung enzymatischer und mikrobieller Aktivitäten, sondern gleichfalls das sichere Abtöten von Trichinen im Schweinefleisch (in 36 h bei –27 °C, in 40 min bei –35 °C) und von Finnen im Rindfleisch (in 10 h bei –5 °C, in 15 min bei –35 °C).

Tiefe Gefriertemperaturen und hohe Gefriergeschwindigkeiten begünstigen das Wasserbindevermögen von Gefrierfleisch. Gefrierlagertemperaturen liegen üblicherweise im Bereich von –20 bis –30 °C, die Gefriergeschwindigkeiten bei 2 cm/h (schnelles Gefrieren). Schlachtwarm eingefrorenes Fleisch weist beim →Auftauen hohe Saftverluste auf, wenn das Fleisch vor Eintreten der Totenstarre (Rigor Mortis) gefriert. Der Saftverlust von aufgetautem Gefrierfleisch, das erst nach der Reifung gefroren wurde, ist wesentlich geringer. Mit zunehmender Gefrierlagerzeit nimmt das Wasserbindevermögen des Fleisches ab. Die Haltbarkeit von Gefrierfleisch wird hauptsächlich durch oxidative Veränderungen der Lipidfraktion begrenzt. Das Internationale Kälteinstitut hat für tiefgefrorenes Fleisch die in Tabelle 1 zusammengestellten Zeiten empfohlen.

Fleischverarbeitung. Tabelle 1: Mögliche Gefrierlagerzeiten für verschiedene Fleischsorten (Auszug).

Produkt	Temperatur °C	mögliche Lagerzeit Monate
Rindfleisch	−24	bis 18
Schweinefleisch	−23	8—10
Geflügel (wasserdampfdicht verp.)	−20 bis −23	9—10
Hammelfleisch	−18 bis −20	6—10
Kaninchenfleisch	−18 bis −23	bis 6

Vor dem Verzehr und meist auch vor der Weiterverarbeitung muß Gefrierfleisch aufgetaut werden (Auftauen). Während das Trocknen von Fleisch zur Haltbarmachung heute keine große Bedeutung mehr hat, ist die Hitzesterilisation und Weiterverarbeitung zu Fleischkonserven nach wie vor verbreitet. Dazu wird das in luftdicht verschlossene Blech- oder Glasverpackungen abgefüllte Produkt in diskontinuierlich oder kontinuierlich betriebenen Autoklaven sterilisiert (Sterilisieren von Lebensmittel). Lebende Zellen sowie Sporen des toxinbildenden Clostridium botulinum ($D_{121,1} = 12{,}6$ s) müssen sicher vernichtet werden; weiterhin der sehr viel widerstandsfähigere, sporenbildende und Bombage verursachende Clostridium sporogenes ($D_{121,1} = 100$ s) sowie der säurereproduzierende Bacillus stearothermophilus ($D_{121,1} = 408$ s).

Die optimale Sterilisiertemperatur richtet sich nach dem Flüssigkeitsanteil der →Konserve (z. B. Gulasch, Bratenkonserven 130–140 °C, Fleisch im eigenen Saft 120 °C). Nach der erzielbaren Lagerfähigkeit bei vorgegebener Lagertemperatur unterscheidet man Halbkonserven, ¾-Konserven, Vollkonserven und Tropenkonserven (Tabelle 2). *Kerner/Loncin*

Fliehkraft-Gleitschleifen. Das F.-G. ist eine Modifikation vom →Gleitschleifen. F.-Gleitschleifanlagen gibt es in zwei Bauformen. Die erste Form besteht aus einem runden Arbeitsbehälter mit stillstehender Wand und rotierendem Boden. Das Werkstück-Schleifkörper-Gemisch wird durch den Boden in Drehung versetzt. Durch die F. strebt die Füllung nach außen. An der stillstehenden Wand wird sie abgebremst und fällt wieder nach innen. Das Gemisch bewegt sich also auf einer Schraubenlinie innerhalb eines Torus.

Eine weitere Bauform besteht aus einer Drehscheibe mit horizontaler Drehachse, auf der kleinere Trommeln mit dem Werkstück-Schleifkörper-Gemisch befestigt sind, die zusätzlich mit höherer Drehzahl gegenläufig um ihre ebenfalls horizontale Drehachse rotieren. Dieses Verfahren eignet sich besonders für kleine Teile.

Das F.-G. ist ein wesentlich intensiveres Verfahren als das Vibrations-G. Nach Herstellerangaben arbeiten solche Anlagen bis zu 30mal schneller als die gegenüber dem Trommel-G. schon effektiveren Vibrations-Gleitschleifanlagen. *Kenter*

Fließbedingung. Die phänomenologische →Plastizitätstheorie geht davon aus, daß plastische (bleibende) Formänderungen in metallischen Werkstoffen dann auftreten, wenn die wirkenden Spannungen eine werkstoffabhängige, kritische Größe, die Fließgrenze erreichen.

Die F. (Fließkriterium) beschreibt den Zusammenhang zwischen den Spannungen bei Fließbeginn und der →Fließspannung. Die Darstellung der F. im Spannungsraum wird als →Fließfläche (auch Fließort) bezeichnet.

Beim einachsigen Spannungszustand (z. B. Zugversuch) tritt Fließen dann ein, wenn die wirkende Spannung gleich der Fließspannung ist. Bei mehrachsigen Spannungszuständen wird mit Hilfe von Modellen (Hypothesen) eine skalare Vergleichsgröße, die →Vergleichsspannung σ_v, bestimmt, die dann einen Vergleich mit der Fließspannung erlaubt. Die grundlegende Form einer F. lautet:

$$\sigma_v = k_f,$$

mit der Fließspannung k_f als Werkstoffkennwert.

Fleischverarbeitung. Tabelle 2: Sterilisier- und Lagerbedingungen für verschiedene Konservenarten.

Bezeichnung	Erhitzungstemperatur °C	Letalwert s	Lagertemperatur °C	Lagerfähigkeit Monate
Halbkonserve	65— 75	pasteurisiert	5	6
¾-Konserve	108—112	40— 50	15	6—12
Vollkonserve	117—130	300— 360	25	48
Tropenkonserve	120—130	960—1200	40	12

In der Plastizitätstheorie erfolgt die Berechnung der Vergleichsspannung für isotrope Werkstoffe nach den Hypothesen von *Tresca* bzw. von *von Mises* (→Schubspannungshypothese, →Gestaltänderungsenergiehypothese). Die beiden Hypothesen liefern unterschiedliche Berechnungsformeln für die Vergleichsspannung σ_v.

Nach *Tresca* tritt Fließen dann ein, wenn die größte Schubspannung einen kritischen Wert (Schubfließgrenze) erreicht:

$$|\tau_{max}| = k.$$

Mit Hilfe des Mohr-Spannungskreises (Bild 1) läßt sich dieser Zusammenhang mit der größten Hauptspannung σ_1 und der kleinsten Hauptspannung σ_3 auch angeben mit

$$\sigma_v = \sigma_1 - \sigma_3 = k_f,$$

$$\text{da } |\tau_{max}| = \frac{\sigma_1 - \sigma_3}{2},$$

falls $\sigma_1 > \sigma_2 > \sigma_3$

oder auch allgemeiner

$$[(\sigma_1-\sigma_2)^2 - k_f^2]\,[(\sigma_2-\sigma_3)^2 - k_f^2]\,[(\sigma_3-\sigma_1)^2 - k_f^2] = 0.$$

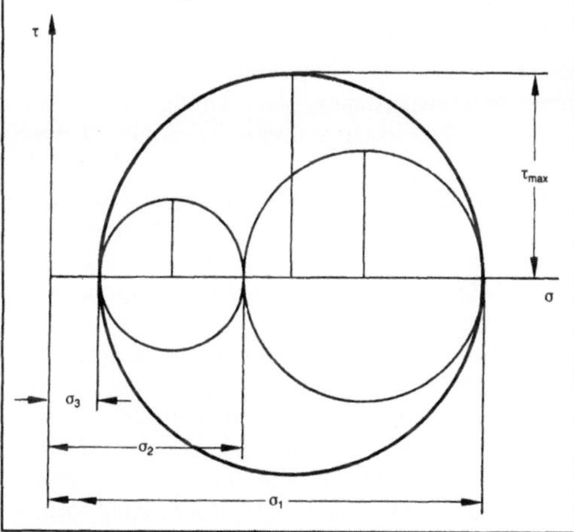

Fließbedingung 1: Spannungskreise für den räumlichen Spannungszustand.

Die räumliche Darstellung der Tresca-Fließhypothese ergibt einen gleichseitigen Sechskantzylinder (Bild 2) als Fließfläche, der im Hauptspannungsraum so geneigt ist, daß die Zylinderachse mit der hydrostatischen Achse zusammenfällt. Somit erfüllt das Tresca-Fließkriterium die Forderung, daß die mittlere Normalspannung σ_m keinen Einfluß auf den Fließbeginn hat.

Die Von-Mises-F. hat die Form

$$\sigma_v = \sqrt{\tfrac{3}{2}\,[(\sigma_x - \sigma_m)^2 + (\sigma_y - \sigma_m)^2 + (\sigma_z - \sigma_m)^2 + 2\,\tau_{xy}^2 + 2\,\tau_{yz}^2 + 2\,\tau_{zx}^2]},$$

mit der mittleren Normalspannung

$$\sigma_m = \frac{1}{3}\,(\sigma_x + \sigma_y + \sigma_z)$$

bzw. in Hauptspannungen

$$\sigma_v = \sqrt{\mathrm{PF70}\tfrac{1}{2}\,[(\sigma_1 - \sigma_2)^2 + (\sigma_2 - \sigma_3)^2 + (\sigma_3 - \sigma_1)^2]},$$

und beschreibt einen Kreiszylinder mit der gleichen Zylinderachse (Bild 2).

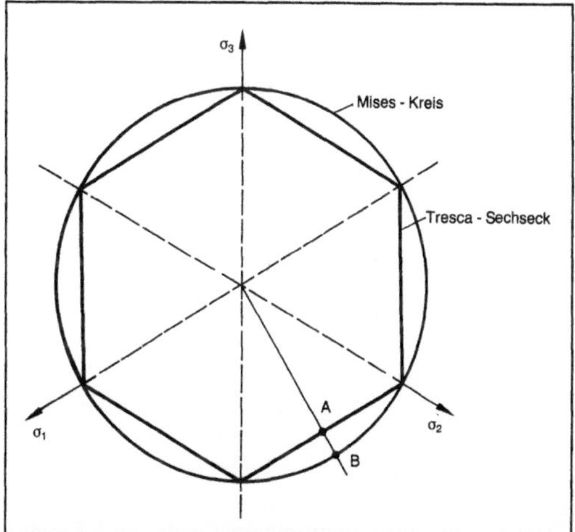

Fließbedingung 2: Schnitt durch Tresca- bzw. Von-Mises-Fließzylinder senkrecht zur Raumdiagonalen (Zylinderachse).

Der maximale Unterschied der nach den beiden Hypothesen berechneten Fließspannungen tritt im Fall der reinen Schubbeanspruchung ein und beträgt 15 % (z. B. Punkte A und B in Bild 2). Bei einachsiger Beanspruchung führen beide Fließkriterien zum gleichen Grenzwert für den Fließbeginn. Insgesamt wurde in Experimenten festgestellt, daß die Von-Mises-Hypothese die wirklichen Verhältnisse etwas genauer wiedergibt. Im Rahmen der Plastizitätstheorie werden beide Fließkriterien verwendet, und zwar ist das Tresca-Kriterium Grundlage der elementaren Plastizitätstheorie, während die Von-Mises-Hypothese innerhalb der höheren Plastizitätstheorie eingesetzt wird. *Lange*

Literatur: *Betten, J.:* Elastizitäts- und Plastizitätslehre. Braunschweig, Wiesbaden 1985. – *Hill, R.:* The Mathematical Theory of Plasticity. Oxford 1950. – *Ismar, H.,* u. *O. Mahrenholtz:* Technische Plastomechanik. Braunschweig, Wiesbaden 1979. – *Lange, K.* (Hrsg.): Umformtechnik. Handb. f. Ind. u. Wiss. Bd: 1. Grundlagen. 2. Aufl. Berlin, Heidelberg, New York, Tokio 1984. – *Lippmann, H.:* Mechanik des plastischen Fließens. Berlin, Heidelberg, New York 1981. – *Lippmann, H.,* u. *O. Mahrenholtz:* Plastomechanik der Umformung metallischer Werkstoffe. Berlin, Heidelberg 1967. – *Prager, W.,* u. *P. G. Hodge:* Theorie ideal-plastischer Körper. Wien 1954.

Fließbett. Ein F. (auch Wirbelschicht genannt) entsteht, wenn eine →Schüttung feiner Feststoffteilchen von einem aufwärts gerichteten gasförmigen oder flüssigen Stoffstrom angehoben wird und die Anströmgeschwindigkeit größer als die Lockerungsgeschwindigkeit ist. Das Verhalten von F. entspricht weitgehend dem von Flüssigkeiten. F. können u. a. als Reaktor, zur Verbrennung und zur Erwärmung bzw. zum →Trocknen von Feststoffen verwendet werden. *Dohrn*

Fließbettmischer →Mischer, pneumatischer

Fließbettreaktor →Wirbelschichtreaktor

Fließbettstrahlmühle. F. (Bild) bestehen aus einem runden Behälter, dessen untere Hälfte mit Schüttgut gefüllt ist. Am Umfang des Mahlraums sind mehrere Strahldüsen so angeordnet, daß sich deren Strahlen in einem Punkt in der Behältermitte treffen. Durch den austretenden Gasstrom wird das Gut fluidisiert und im Treibstrahlbereich auf hohe Geschwindigkeiten beschleunigt. Am Auftreffpunkt werden Teilchen durch Stoß und Reibung zerkleinert. Hier bildet sich auch eine nach oben gerichtete Strömung aus, die als Gas-Feststoff-Fontäne vom einem Sichter abgeschieden wird. Dort findet eine Trennung in Grob- und Feingut statt. Das Grobgut wird längs der Wand dem Fließbett wieder zugeführt, das Feingut abgeleitet. Zur Gewährleistung eines gleichmäßigen Durchsatzes muß man stets für eine gleiche Füllstandshöhe des Gutes sorgen. Dazu ist ein ständiges Messen und Regulieren der Materialzugabe nötig. Die Feinheit der Mahlung ist durch den Sichter steuerbar. Man erreicht Endfeinheiten von 1–10 μm. *Würtz*

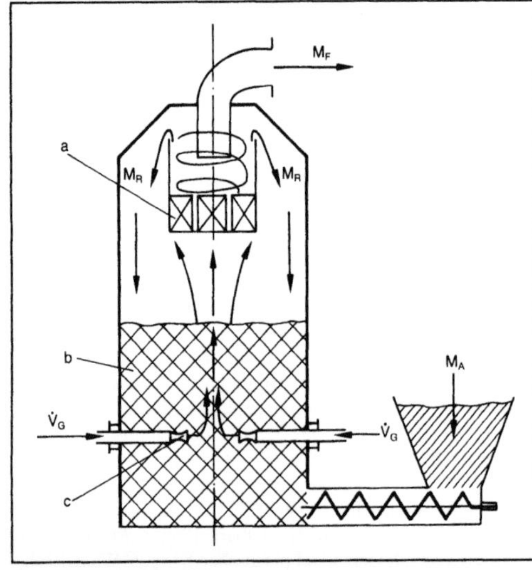

Fließbettstrahlmühle.

a Sichter (Bleche erzeugen Drall), b Mahlraum, c Treibdüsen

Fließbetttrockner →Wirbelschichttrockner, →Fließbett, →Trocknen

Fließfertigung. Sie ist eine Fertigungsorganisationsform für gleiche oder ähnliche Arbeitsvorgangsfolgen mit einer örtlich fortschreitenden, zeitlich bestimmten, lückenlosen Folge von Arbeitsgängen (→Fertigungsprinzip).

Es findet eine Relativbewegung zwischen dem Arbeitsgegenstand und den einzelnen, der Reihenfolge der Arbeitsgänge entsprechend angeordneten Arbeitsplätzen statt. Dies kann zum einen durch eine Weitergabe des Arbeitsgegenstands von Arbeitsplatz zu Arbeitsplatz realisiert werden oder, bei ortsfestem Werkstück, durch das Weiterrücken der Arbeitsplätze (Baustellenfertigung). Im Maschinenbau wird überwiegend die erstgenannte Methode angewendet, bei schwer zu bewegenden bzw. feststehenden Erzeugnissen dagegen die zweite Methode. Die genannte Relativbewegung kann sowohl kontinuierlich als auch periodisch erfolgen. Die F. findet Anwendung sowohl in manueller Umgebung als auch im Bereich der automatisierten →Fertigung. Kennzeichnung der F. ist in beiden Anwendungsfällen ihre zeitliche Bestimmtheit.

Diese äußert sich in der für alle Arbeitsplätze relevanten, in zeitlich gleichen Abständen simultan durchzuführenden Abtaktung. Sie ergibt sich aus einer zeitlich genauen Berechnung und Abstimmung der Arbeitsgänge und -operationen (Taktzeit/Takten).

Die für die F. kennzeichnende zwischenlagerlose Folge der Arbeitsgänge ergibt sich aus dem Prinzip der produktorientierten, technologisch festgelegten, aneinandergereihten Arbeitsgänge mit einem unterbrechungsfreien Ablauf.

Voraussetzung für den Einsatz der F. sind Stückzahlen, die eine befriedigende Auslastung der werkstückangepaßten Anordnungsstruktur zulassen. Während bei der Anwendung in Klein- und Mittelserienfertigung Ablaufvarianten durch Überspringen einzelner Maschinen oder durch Rückspringen in der Maschinenreihe möglich sind, werden bei Großserien die einzelnen Maschinen mehr und mehr zu starren Transferanlagen verkettet, die keine Alternativen im Fertigungsablauf mehr zulassen. *Eversheim*

Literatur: *Eversheim, W.:* Organisation in der Produktionstechnik. Bd. 4. Düsseldorf 1981.

Fließfläche. Die Tresca-Fließbedingung und die Von-Mises-Fließbedingung lassen sich im dreidimensionalen Zustandsraum der Hauptspannungen (σ_1, σ_2, σ_3) geometrisch anschaulich in Form der F. darstellen.

Die Tresca-Fließhypothese beschreibt einen gleichseitigen Sechskantzylinder, der im Hauptspannungsraum so geneigt ist, daß seine Achse mit der Raumdiagonalen zusammenfällt (Bild 1). Die Von-Mises-Hypothese liefert einen Kreiszylinder mit derselben Achse (Bild 2).

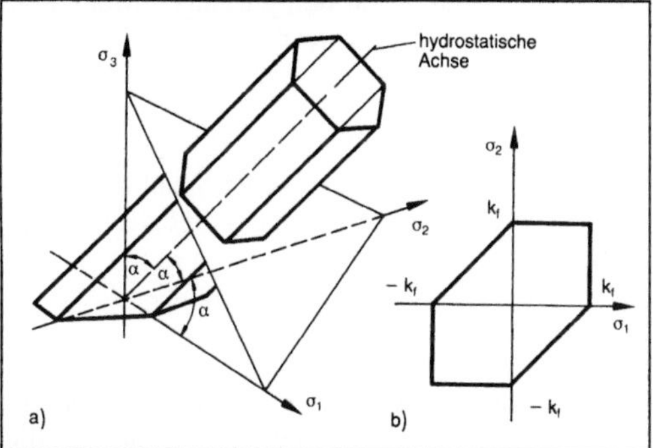

Fließfläche 1.
a) Fließzylinder für die Trescasche Fließbedingung
b) Schnitt der Fließzylinder mit der (σ₁–σ₂)-Ebene (Tresca-Sechseck).

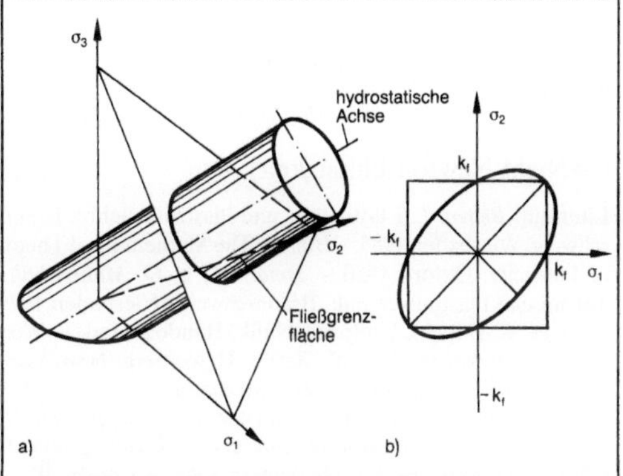

Fließfläche 2.
a) Zur Von-Mises-Fließbedingung
b) Schnitt des Fließzylinders mit der (σ₁–σ₂)-Ebene (Von-Mises-Ellipse).

Jeder Spannungspunkt auf dem Fließzylinder erfüllt das Fließkriterium und bedeutet somit Plastifizierung. Spannungspunkte innerhalb des Fließzylinders bedeuten rein elastischen Zustand. Spannungspunkte außerhalb der F. sind nicht möglich. Der hydrostatische Spannungszustand ist als Raumdiagonale mit der Achse des Fließzylinders identisch und kann somit nicht zur Plastifizierung führen. *Lange*

Literatur: *Betten, J.:* Elastizitäts- und Plastizitätslehre. Braunschweig, Wiesbaden 1985. – *Hill, R.:* The Mathematical Theory of Plasticity. Oxford 1950. – *Ismar, H.,* u. *O. Mahrenholtz:* Technische Plastomechanik. Braunschweig, Wiesbaden 1979. – *Lange, K.* (Hrsg.): Umformtechnik. Handb. f. Ind. u. Wiss. Bd. 1: Grundlagen. 2. Aufl. Berlin, Heidelberg, New York, Tokio 1984. – *Lippmann, H.:* Mechanik des plastischen Fließens. Berlin, Heidelberg, New York 1981. – *Lippmann, H.,* u. *O. Mahrenholtz:* Plastomechanik der Umformung metallischer Werkstoffe. Berlin, Heidelberg 1967. – *Prager, W.,* u. *P. G. Hodge:* Theorie ideal-plastischer Körper. Wien 1954.

Fließgesetz. Die Werkstoffmodelle für metallische Werkstoffe haben außer der →Fließbedingung auch das F. (auch Fließregel genannt) zum Inhalt. Während die Fließbedingung den Beginn der Plastifizierung beschreibt, legt das F. den Zusammenhang zwischen dem Spannungs- und Formänderungszustand fest. Für den ideal-plastischen Körper wird das F. von einem Fließpotential, das allein eine Funktion des Spannungszustands ist, abgeleitet:

$$F = F\,(\underline{\sigma}).$$

Als Fließpotential kann das Fließkriterium gesetzt werden.

Unter der Annahme der Von-Mises-Fließbedingung

$$F\,(\sigma) = (\sigma_x - \sigma_m)^2 + (\sigma_y - \sigma_m)^2 + (\sigma_z - \sigma_m)^2 + 2\,(\tau_{xy}^2 + \tau_{yz}^2 + \tau_{zx}^2)$$

(zweite Variante des Spannungsdeviators)

führt das Potentialgesetz

$$\dot{\lambda}\,\frac{\partial F}{\partial \sigma} = \dot{\varepsilon}$$

auf die Lévy-von-Mises-Gleichungen

$$\dot{\varepsilon}_x = \dot{\lambda}\,(\sigma_x - \sigma_m),$$
$$\dot{\varepsilon}_y = \dot{\lambda}\,(\sigma_y - \sigma_m),$$
$$\dot{\varepsilon}_z = \dot{\lambda}\,(\sigma_z - \sigma_m),$$
$$\dot{\varepsilon}_{xy} = \dot{\lambda}\,\tau_{xy},$$
$$\dot{\varepsilon}_{yz} = \dot{\lambda}\,\tau_{yz},$$
$$\dot{\varepsilon}_{zx} = \dot{\lambda}\,\tau_{zx},$$

wobei σ_m die mittlere Normalspannung beschreibt und λ eine positive skalare Größe darstellt:

$$\dot{\lambda} = \frac{\sqrt{\dot{\varepsilon}_x^2 + \dot{\varepsilon}_y^2 + \dot{\varepsilon}_z^2 + 2\,(\dot{\varepsilon}_{xy}^2 + \dot{\varepsilon}_{yz}^2 + \dot{\varepsilon}_{zx}^2)}}{\frac{1}{3}\,kf^2};$$

k_f →Fließspannung.

Die Volumenkonstanz ist in den Lévy-von-Mises-Gleichungen implizit enthalten. *Lange*

Literatur: *Betten, J.:* Elastizitäts- und Plastizitätslehre. Braunschweig, Wiesbaden 1985. – *Hill, R.:* The Mathematical Theory of Plasticity. Oxford 1950. – *Ismar, H.,* u. *O. Mahrenholtz:* Technische Plastomechanik. Braunschweig, Wiesbaden 1979. – *Lange, K.* (Hrsg.): Umformtechnik. Handb. f. Ind. u. Wiss. Bd. 1: Grundlagen. 2. Aufl. Berlin, Heidelberg, New York, Tokio 1984. – *Lippmann, H.:* Mechanik des plastischen Fließens. Berlin, Heidelberg, New York 1981. – *Lippmann, H.,* u. *O. Mahrenholtz:* Plastomechanik der Umformung metallischer Werkstoffe. Berlin, Heidelberg 1967. – *Prager, W.,* u. *P. G. Hodge:* Theorie ideal-plastischer Körper. Wien 1954.

Fließkurve. Grundlage aller Berechnungsverfahren der →Plastizitätstheorie ist die möglichst exakte Kenntnis des Umformverhaltens der Metalle. Eine der wichtigsten Kenngrößen zur Beschreibung des Umformverhaltens ist die →Fließspannung.

Damit bei einem Umformvorgang plastisches Fließen auftritt, müssen die tatsächlich wirkenden Spannungen eine bestimmte charakteristische Größe, die Fließspannung, erreichen. Die Ermittlung der Fließspannung erfolgt meist im einachsigen Zug- oder Stauchversuch. Analog zum Spannungs-Dehnungs-Diagramm in der Festigkeitslehre wird dabei die F. aufgezeichnet, wobei allerdings die Auftragung der Fließspannung k_f meist über dem Umformgrad φ erfolgt (Bild):

$$k_f = k_f\,(\varphi).$$

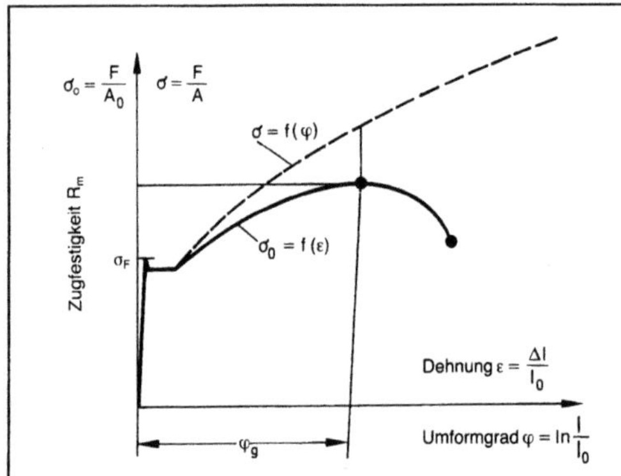

Fließkurve: Vergleich der Fließkurve mit dem Spannungs-Dehnungs-Diagramm für einen Werkstoff mit ausgeprägter Streckgrenze.

φ Umformgrad bei Beginn der lokalen Einschnürung

Für unlegierte oder niedriglegierte Stähle lassen sich die F. bei Raumtemperatur bis $\varphi \approx 1{,}0$ in Form einer Potenzfunktion

$$k_f = C\,\varphi^n$$

darstellen. Die Konstanten C und n (Verfestigungsexponent) können nach folgenden Beziehungen bestimmt werden:

$$n = \varphi g$$

(φ Umformgrad bei Beginn der lokalen Einschnürung),

$$C = R_m \left(\frac{e}{n}\right)^n, \quad e = 2{,}718\ldots,$$

wobei R_m die Zugfestigkeit darstellt.

Die F. ist neben dem Umformgrad φ auch von der Temperatur T und der →Umformgeschwindigkeit $\dot\varphi$ abhängig.

Die F. unterscheidet sich vom Spannungs-Dehnungs-Diagramm des Zugversuchs dadurch, daß nicht die technologische Spannung $\sigma_0 = F/A_0$ und

Dehnung $\varepsilon = \Delta l/l_0$ verwendet werden (die im Grunde nur eine bezogene Kraft bzw. eine bezogene Verlängerung darstellen), sondern die wahre Spannung und Dehnung. Um die wahre Spannung zu bekommen, muß F auf den jeweiligen Momentanquerschnitt A bezogen werden:

$$\sigma = \frac{F}{A}.$$

Bis zum Erreichen der →Gleichmaßdehnung ist eine Umrechnung von σ nach σ_0 möglich, da hier gilt:

$$\frac{\sigma}{\sigma_0} = \frac{F/A}{F/A_0} = \frac{A_0}{A}.$$

Ebenso muß, um den wahren Wert der Dehnung zu bekommen, die Verlängerung auf die jeweilige Momentanlänge l bezogen werden. Dies liefert dann den Dehnungszuwachs

$$d\varphi = \frac{dl}{l}$$

und integriert

$$\varphi = \int_{l_0}^{l} \frac{dl}{l} = \ln\frac{l}{l_0} = \ln\frac{l_0 + \Delta l}{l_0} = \ln\,(1 + \varepsilon)$$

(→Nicht-Newton-Flüssigkeit). *Lange*

Literatur: *Betten, J.:* Elastizitäts- und Plastizitätslehre. Braunschweig, Wiesbaden 1985. – *Hill, R.:* The Mathematical Theory of Plasticity. Oxford 1950. – *Ismar, H.,* u. *O. Mahrenholtz:* Technische Plastomechanik. Braunschweig, Wiesbaden 1979. – *Lange, K.* (Hrsg.): Umformtechnik. Handb. f. Ind. u. Wiss. Bd. 1: Grundlagen. 2. Aufl. Berlin, Heidelberg, New York, Tokio 1984. – *Lippmann, H.:* Mechanik des plastischen Fließens. Berlin, Heidelberg, New York 1981. – *Lippmann, H.,* u. *O. Mahrenholtz:* Plastomechanik der Umformung metallischer Werkstoffe. Berlin, Heidelberg 1967. – *Prager, W.,* u. *P. G. Hodge:* Theorie ideal-plastischer Körper. Wien 1954.

Fließläppen →Preßläppen

Fließort →Scherzelle

Fließortkurve. Der Fließort ist identisch mit der →Fließfläche. Für Werkstoffe, die während der plastischen →Formänderung ihr Volumen nicht ändern, läßt sich die →Fließbedingung im Hauptspannungsraum ohne Einbuße an Verallgemeinerungen in einer Hauptebene als F. (Bild 1) darstellen.

Die F. ist von besonderer Bedeutung für anisotrope Werkstoffe (z. B. Blechwerkstoffe), d. h. wenn der Fließzylinder von der Kreisform abweicht (Bild 2).

Die experimentelle Ermittlung von F. ist schwierig, da hierzu der Fließbeginn für definierte zweiachsige Spannungszustände bestimmt werden muß. *Lange*

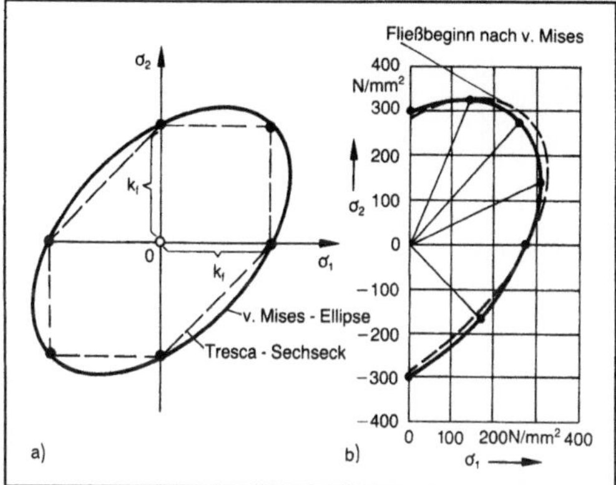

Fließortkurve 1.
a) Vergleich der Tresca- mit der Von-Mises-Hypothese; ideal isotrop
b) Reale Kurve für eine Stahlprobe. (Quelle: Reissner a. a. O.)

Literatur: *Lowden, U. A. W., u. W. B. Hutchinson:* Texture strengthening and strength differential in Ti 6 Al 4 V. Met. Trans. GA (1975), S. 765/71. – *Reissner, J.:* Bedeutung der Fließkurve in der Blechumformung. Blech Rohre Profile 28 (1981), S. 106/10.

Fließpressen. Die Verfahren des F. gehören zum →Druckumformen, Untergruppe →Durchdrücken nach DIN 8583, Bl. 6. Danach ist F. als Durchdrükken eines zwischen Werkzeugteilen aufgenommenen Werkstücks, z. B. Stababschnitt, Blechausschnitt, vornehmlich zum Erzeugen einzelner Werkstücke definiert. Im Unterschied zum →Verjüngen sind beim F. größere Formänderungen möglich. In der Umformzone ergeben sich Druckspannungen in Axial-, Tangential- und Radialrichtung. Je nach Umformtemperatur unterscheidet man Kalt-F. (bei Raumtemperatur), Halbwarm-F. (bei Temperaturen bis ca. 750 °C (bei Stahl)) und Warm-F. (bei Schmiedetemperatur).

Bild 1 gibt eine Übersicht über die Verfahren des F., von denen die hydrostatischen Fließpreßverfahren noch kaum Anwendung in der industriellen Produktion gefunden haben. Die Verfahren mit starren Werkzeugen werden nach der Richtung des Werkstoffflusses bezogen auf die Wirkrichtung der Maschine (Werkzeugbewegung) in Vorwärts-, Rückwärts- und Quer-F., nach der Werkstückgeometrie in Voll-, Hohl- und Napf-F. unterteilt. Die meist verwendeten Verfahren sind in Bild 2 dargestellt. Daneben kommen Kombinationen der Grundverfahren untereinander und auch mit anderen Massivumformverfahren wie →Stauchen, Anstauchen, Prägen, Abstreckgleitziehen zum Erzeugen komplexer Geometrien vermehrt zur Anwendung, teilweise bei mehrstufiger Fertigung in Verfahrensfolgen (Bild 3). Von besonderer technischer und wirtschaftlicher Bedeutung ist das Kalt-F. von

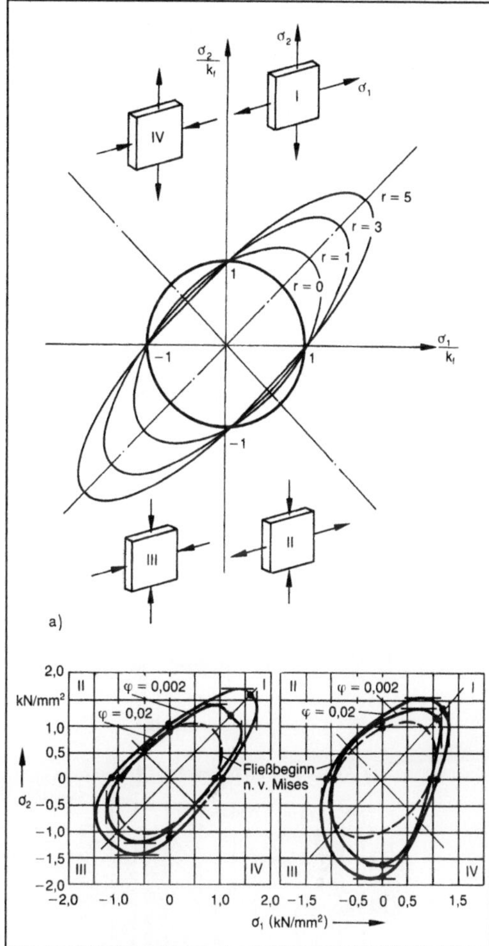

Fließortkurve 2: Für Blechwerkstoffe.
a) Anisotrop für verschiedene Werte der senkrechten Anisotropie r.
b) Gemessene Werte für ein Ti 6 Al4V-Blech mit Textur. (Quelle: Lowden, Hutchinson a. a. O.)

Stahl und NE-Metallen. Es wird in Verbindung mit anderen Verfahren zur Fertigung von Werkstücken mit Stückmassen zwischen einigen Gramm bis etwa 50 kg eingesetzt. Die große Menge der Kaltfließpreßteile liegt im Bereich bis etwa 3 kg Stückmasse. Wichtigste Abnehmer sind die Automobilindustrie und ihre Zulieferer vornehmlich wegen der dort benötigten großen Stückzahlen. Es folgen die Wehrtechnik, der allgemeine Maschinenbau, die Elektroindustrie und das Bauwesen. Durch Einführung rechnerunterstützter, z. T. wissensbasierter Methoden für die Stadienfolge bei mehrstufiger Fertigung und für die Werkzeugkonstruktion (CAD) sowie durch Werkzeugfertigung mit NC-Werkzeugmaschinen (CAM) unter Verwendung von CAD-Datensätzen sowie durch Schnellumrüstsysteme für die Fertigungseinrichtungen wird das F. auch für

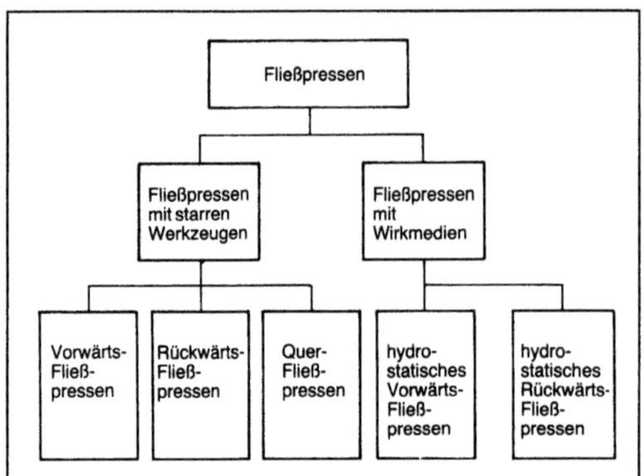

Fließpressen 1: Einteilung der Fließpreßverfahren. (Quelle: DIN 8583, Bl. 6)

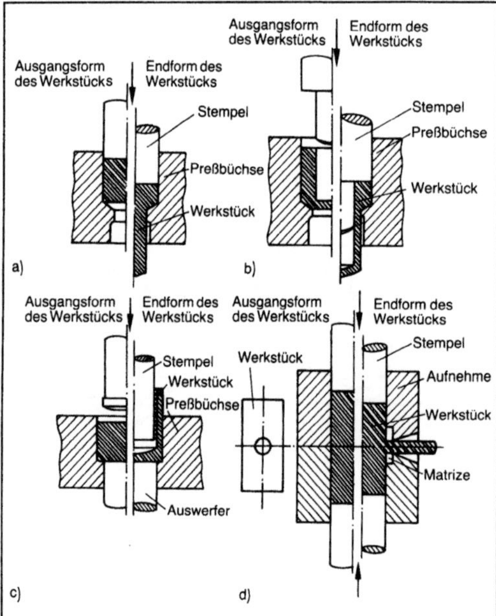

Fließpressen 2: Prinzipdarstellung der meist verwendeten Verfahren. (Quelle: DIN 8583, Bl. 6)
a) Voll-Vorwärts-Fließpressen
b) Hohl-Vorwärts-Fließpressen
c) Napf-Rückwärts-Fließpressen
d) Voll-Quer-Fließpressen.

mittlere bis kleine Bedarfsmengen wirtschaftlich interessant.

Die Vorteile des Kalt-F.: optimale Werkstoffaus und niedrige Materialkosten (Bild 4), hohe Mengenleistung, hohe reproduzierbare Maßgenauigkeit und Oberflächenqualität auch in der Massenfertigung, hohe statische und dynamische Beanspruchbarkeit durch Ausnutzung von Kaltverfestigung und beanspruchungsgerechten Faserverlauf in den Werkstücken sind gute Voraussetzungen für ein Wachstum in der Zukunft.

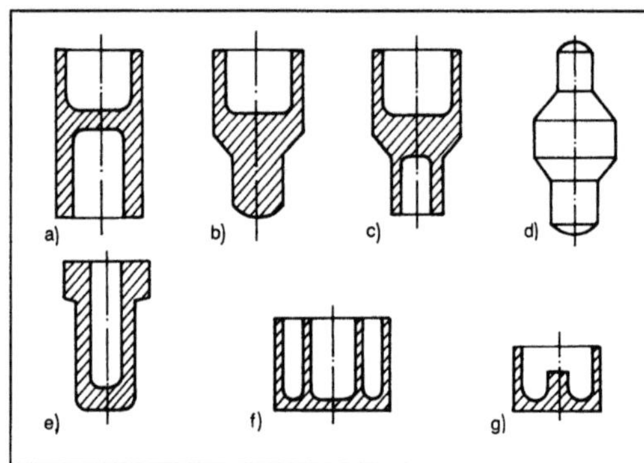

Fließpressen 3: Verfahrenskombinationen.
a) Napf-Vorwärts mit Napf-Rückwärts
b) Voll-Vorwärts mit Napf-Rückwärts
c) Hohl-Vorwärts mit Napf-Rückwärts
d) Voll-Vorwärts mit Voll-Rückwärts
e) Napf-Rückwärts mit Flanschanstauchen
f) Napf-Rückwärts mit Napf-Rückwärts
g) Voll-Rückwärts mit Napf-Rückwärts.

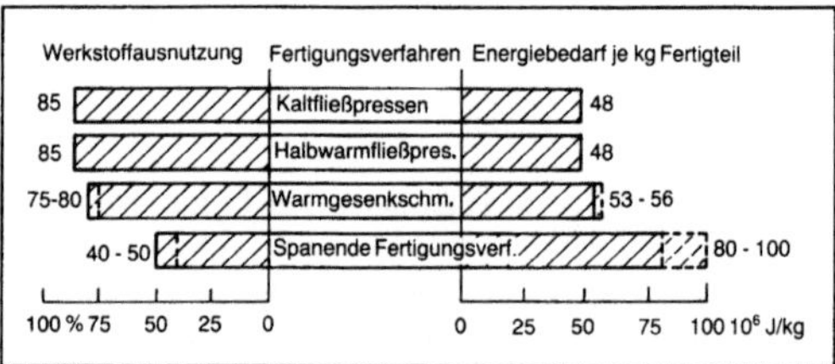

Fließpressen 4: Energiebedarf verschiedener Fertigungsverfahren unter Berücksichtigung der Werkstoffausnutzung.

Energiebedarf für 1 kg Fertigteil einschl. Aufwand für die Stahlherstellung und Energieinhalt des Abfalls

Werkstoffe für Kaltfließpreßteile sind Stähle – C-Stähle und niedrig legierte Stähle – und NE-Metalle auf Cu- und Al-Basis. Verbesserte Metallurgie und Glühbehandlungen haben bei Stählen die Anzahl geeigneter Typen stark wachsen lassen. Die Verfahrensgrenze beim F. ist durch die hohen Beanspruchungen ausgesetzten Werkzeuge gegeben: Axiale Stempelbelastungen, z. B. beim Napf-F. bis zu 2500 N/mm^2, und tangentiale Zugspannungen an der Matrizeninnenseite bis zu 2000 N/mm^2, hervorgerufen durch radiale Innendrücke in dem Betrage nach gleicher Höhe, sind Stand der Technik. An die Werkzeugkonstruktion und -herstellung wurden daher die höchsten Anforderungen gestellt. Das gleiche gilt für die Werkstoffauswahl: Hochleistungs-Werkzeugstähle und Sinterhartmetalle. Die Matrizen werden einfach oder zweifach mit Stahlringen armiert oder auch durch Bandwickeltechnik zur Kompensation der tangentialen Zugspannungen vorgespannt.

Wichtig ist die Schmierung zwischen Werkzeug und Werkstück angesichts der hohen Drücke.

Wegen der Neigung zur Kaltverschweißung mit dem Werkzeug reicht die Schmierung der Rohteile bzw. Werkstücke in vielen Fällen nicht aus. Stahlwerkstücke erhalten daher eine mit dem Werkstückstoff kristallin verbundene →Schmierstoffträgerschicht, in der Regel eine Phosphatschicht. Als Schmierstoffe finden Festschmierstoffe (Graphit, Molybdändisulfid, Stearate) oder Flüssigschmierstoffe (additivierte Mineralöle) besonders bei Mehrstufenfertigung Verwendung.

Die Rohteile werden nach dem Trennen vom Stab oder Draht vor der Oberflächenbehandlung weichgeglüht (Gefüge mit kugelig eingeformtem →Zementit). Zwischen den Arbeitsgängen genügt ein Entfestigungsglühen. Es muß daher durch optimierte Prozeßgestaltung für eine Minimierung der Anzahl von Glüh- und Oberflächenbehandlungen gesorgt werden.

Die erzielbaren Werkstückgenauigkeiten liegen zwischen IT 8 und IT 12, in Einzelfällen bis IT 7. Die →Oberflächenrauheit liegt zwischen $R_z = 4$ μm und 15 μm, bei Abstreckgleitziehen auch darunter.

Das F. erfolgt auf mechanischen Pressen (Kurbel-, Exzenter- und Kniehebelpressen) sowie auf hydraulischen Pressen. Flexible Automatisierung in Verbindung mit Mikroprozessor-Steuerung aller Abläufe und mit automatischem Werkzeugwechsel und Umrüsten findet sich zunehmend bei modernen Maschinen für das F. *Lange*

Literatur: *Lange, K.* (Hrsg.): Umformtechnik. Handb. f. Ind. u. Wiss. Bd. 2: Massivumformung. 2. Aufl., Berlin, Heidelberg, New York, Tokio 1988. – *Spur, G.* (Hrsg.), u. *Th. Stöferle:* Handb. Fertigungstechnik. Bd. 2/2: Umformen. München 1984. – VDI 3138. Bl. 1–3: Kaltfließpressen von Stählen und NE-Metallen: Grundlagen, Anwendungen, Arbeitsbeispiele, Wirtschaftlichkeit. Hrsg. Ver. Dt. Ing. Ausg. Okt. 1970. – VDI 3143. Bl. 1: Stähle für das Kaltfließpressen. Auswahl, Wärmebehandlung. Hrsg. Ver. Dt. Ing. Ausg. Dez. 1975. – VDI 3143. Bl. 2: NE-Metalle für das Kaltfließpressen. Auswahl. Wärmebehandlung. Hrsg. Ver. Dt. Ing. Ausg. Juni 1975.

Fließrinne. In langen, geneigten Rinnen wird durch Einblasen von Druckluft in Siebböden eine Wirbelschicht erzeugt (Bild 1). Bei Schichthöhen von 5 bis 10 cm bewegt sich die fluidisierte Schicht mit Geschwindigkeiten von 0,25–1,5 m/s bei Gefällen zwischen 1 und 5 %. Die F. findet häufig Verwendung bei der Beschickung von Druckgefäßen aus verschiedenen Silos in der pneumatischen →Förderung (Bild 2). Große Stoffmengen bei kleinen Förderdistanzen. Beispielsweise erfolgt die Förderung von Zement über Strecken von mehreren 100 m, wobei alle 75 m ein Airlift für das nötige Gefälle von 1,5 % sorgt. Größte Transportleistungen bis zu 3 000 t/h treten bei der Beladung von Schiffen aus Großsilos auf. Die Rinnen sind hier mit einer Breite von 1,25 m bei Schichtdicken von $h = 0{,}3$ m und einem Gefälle von 5 % ausgeführt. Die

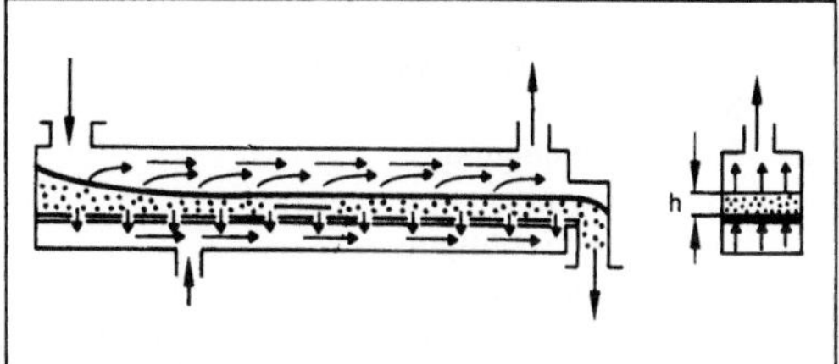

Fließrinne 1: Schemaskizze.

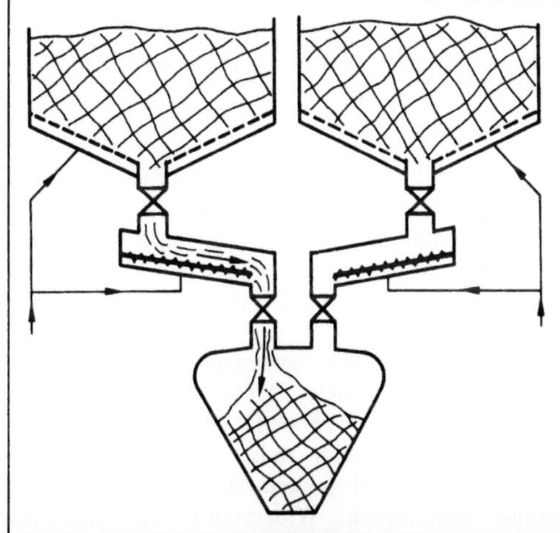

Fließrinne 2: Im technischen Einsatz.

Wirbelschicht in der F. zeigt strukturviskoses Verhalten. Viskosimetrische Messungen haben gezeigt, daß die Schubspannung proportional zur Wurzel des Geschwindigkeitsgefälles steigt: $\tau \sim dv/dy$ (Newton-Flüssigkeit).

Mit der strukturviskosen Schubspannung $\tau = C_R \cdot \sqrt{dc/dy}$ gilt für die mittlere Geschwindigkeit $\bar{c}$ des sich in der Rinne vorwärtsbewegenden Feststoffs (Bild 3):

$$\bar{c} = h \cdot \sqrt{\frac{h \cdot \rho_{sch} \cdot g \cdot \sin \alpha}{C_R \cdot [1+(2h/b)^{1{,}5}]}} \tag{1},$$

mit $C_R = 2{,}5$ Ns/m². In Gl. (1) bedeuten:

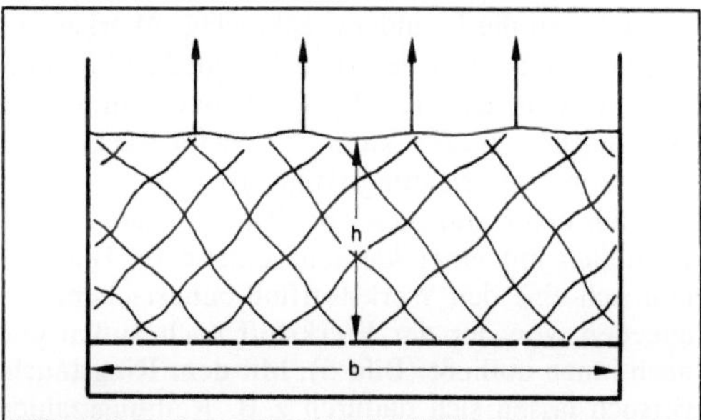

Fließrinne 3: Mittlere Fließgeschwindigkeit einer Fließrinne.

b   Breite der Fließrinne,
C_R spezifische Fließrinnenkonstante,
h   Schichthöhe,
g   Fallbeschleunigung,
α Neigungswinkel,
ρ_{sch} Dichte des Schüttguts.

Erhöhung von h bringt nach Gl. (1) eine Vergrößerung der Geschwindigkeit. Dennoch sind die Rinnen breiter als hoch, da mit der Breite genügend Querschnitt für einen höheren Durchfluß geschaffen werden kann, ohne die Bauhöhe vergrößern zu müssen. *Würtz*

Literatur: Ullmanns Enzyklopädie der techn. Chemie. Weinheim 1961.

Fließscheide. Die F. ist nach VDI 3137 die Grenze zwischen Bereichen, in denen der Werkstoff bei Massivumformvorgängen in ausgeprägter Weise in verschiedenen Richtungen abfließt. An den F. herrschen die maximalen Normaldruckspannungen.

Beim →Stauchen zwischen ebenen Werkzeugen treten radiale Reibschubspannungen in der Kontaktzone Werkstück-Werkzeug auf, die dem Werkstoff beim radialen Abfließen einen von Reibungszahl μ und Abstand vom freien Rand bestimmten Widerstand entgegensetzen (Bild 1). Bei Stauchteilen mit Kreisquerschnitt bleibt deshalb die Kreisform während des Vorgangs erhalten, bei nicht kreisrunden Werkstücken, z. B. Quadrat, Rechteck, fließt der Werkstoff auf kürzestem Weg zum Rand hin ab. Dadurch werden quadratische und bei fortschreitendem Stauchen auch rechteckige Querschnitte senkrecht zur Beanspruchungsrichtung schließlich annähernd kreisrund. Hiervon macht man in der Praxis des Gesenkschmiedens Gebrauch, indem Abschnitte von preiswerteren quadratischen Knüppeln (Vormaterial für Walzwerksendprodukte) in einem Hub zu scheibenförmigen Zwischenformen für Gesenkschmiedestücke gestaucht werden.

Beim Recken und Breiten – dies sind inkrementelle Stauchvorgänge an Freiformschmiedestücken – nützt man die F., indem rechteckige Werkzeuge, sog. Schmiedesättel, derart am Schmiedestück angesetzt werden, daß der Werkstoff quer zur langen Seite leicht abfließen kann, d. h. beim Recken von Stäben in Längsrichtung (Bild 2).

Auch beim Stauchen von Ringen oder flachen Rohteilen mit einer kleinen zentrischen Bohrung läßt sich eine den Werkstofffluß beherrschende F. angeben, von der der Werkstoff nach außen und nach innen abfließt (Bild 3). Mit dem Ringstauchversuch lassen sich dadurch z. B. Reibungszahlen bestimmen. Beim Zapfenpressen läßt sich die Zapfenhöhe steuern.

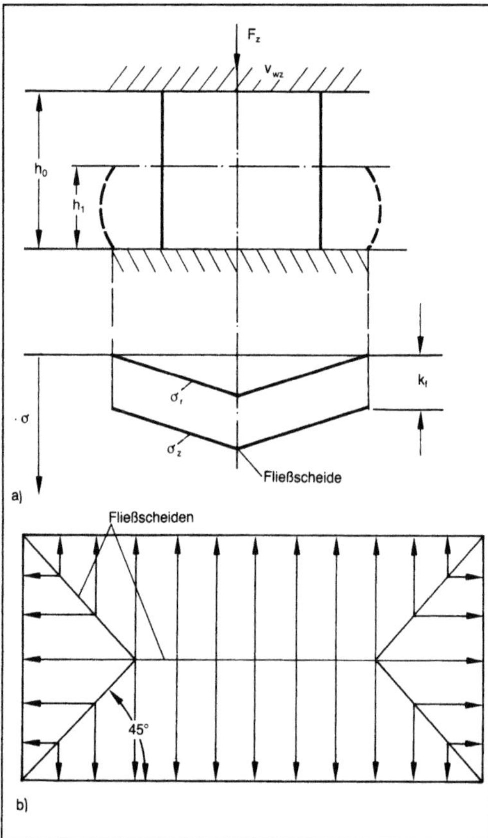

Fließscheide 1: Spannungen an der Kontaktfläche Werkzeug-Werkstück beim axialsymmetrischen reibungsbehafteten Stauchen (a)) und Fließscheidenausbildung beim Stauchen eines rechteckigen Körpers (b)).

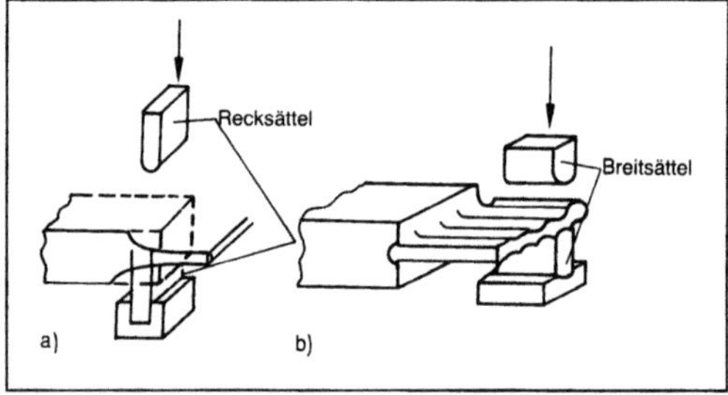

Fließscheide 2: Nutzung des Werkstoffflusses nach der Fließscheidenregel durch Arbeitsrichtung der Werkzeuge beim Freiformschmieden.
a) Recken
b) Breiten.

Beim →Walzen stellt sich auf Grund von Relativgeschwindigkeiten zwischen Walzgut und Horizontalkomponente der Walzenumfanggeschwindigkeit eine F. ein, die die Nacheilzone (Bereich des Greifens und Durchziehens) von der Voreilzone

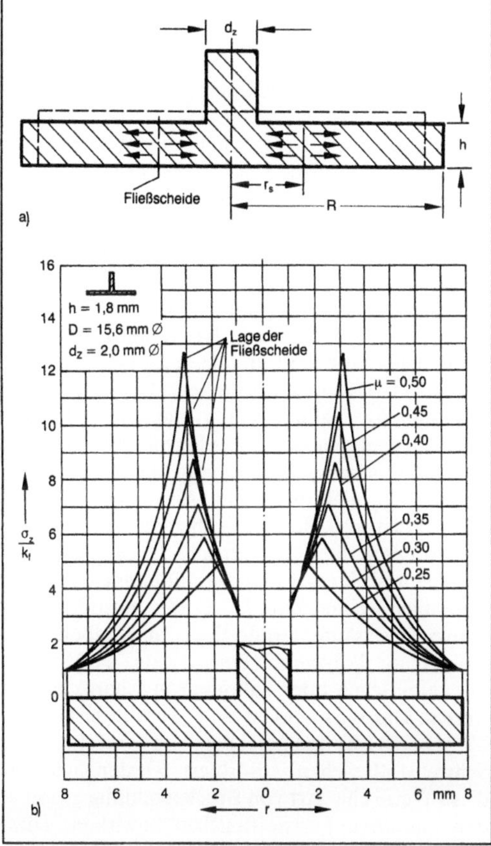

Fließscheide 3: Werkstofffluß (a)) und Einfluß der Reibungszahl auf die Lage der Fließscheide (b)) beim Zapfenpressen. (Quelle: Burgdorf a. a. O.)

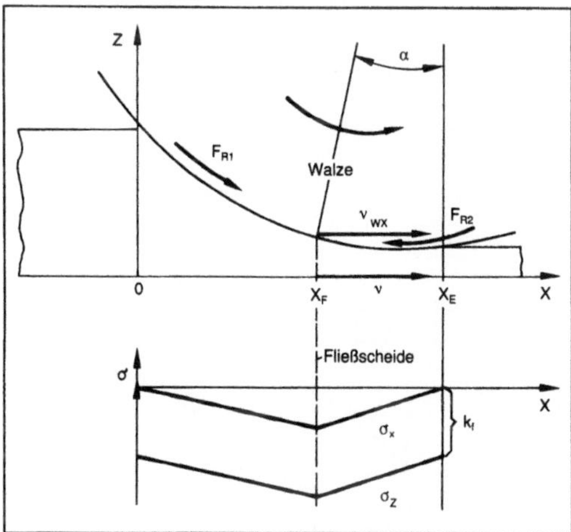

Fließscheide 4: Lage der Fließscheide und Spannungen im Walzspalt beim Flach-Längswalzen.

v_{wx} Walzenumfanggeschwindigkeitskomponente in x-Richtung, v Walzgutgeschwindigkeit, F_{R1} Reibkraft in der Nacheilzone $0\text{-}x_F$, F_{R2} Reibkraft in der Voreilzone $x_F\text{-}x_E$.

trennt. An der F. herrscht das Maximum der axialen und radialen Spannungen. Sie ist die grundlegende Voraussetzung für das Walzen (Bild 4).

Auch bei anderen Umformvorgängen, z. B. beim Abstreckgleitziehen mit sehr kleinem Werkzeugöffnungswinkel 2α, läßt sich eine F. definieren, derzufolge der Werkstoff gegenüber dem Stempelboden voreilt und von diesem abhebt. *Lange*

Literatur: *Burgdorf, M.:* Untersuchungen über das Stauchen und Zapfenpressen. Ber. Nr. 5 Inst. Umformtechn. TH Stuttgart. Essen 1966. – *Lange, K.* (Hrsg.): Umformtechnik. Handb. f. Ind. u. Wiss. Bd. 1: Grundlagen. Bd. 2: Massivumformung. 2. Aufl. Berlin, Heidelberg, New York 1984, 1988.

Fließspannung. Die F. ist eine Werkstoffkenngröße, die bei einem Umformvorgang in der Umformzone erreicht werden muß, damit der Werkstoff zu fließen, d. h. sich plastisch oder bleibend zu verformen beginnt. Die F. läßt sich nur in Modellversuchen bei vorwiegend einachsigem Spannungszustand (Zugversuch, reibungsfreier Stauchversuch) ermitteln. In allen anderen Fällen bedarf es einer Fließhypothese zum Vergleich der F. mit dem herrschenden Spannungszustand (→Fließbedingung, →Vergleichsspannung). Die F. hängt ab von →Umformgrad, →Umformgeschwindigkeit, Temperatur sowie vom Werkstoff und dessen Vorgeschichte (vorausgegangene Umformungen nach Art, Größe und Richtung). Die genaue Kenntnis der F. bzw. ihrer Abhängigkeit von der Dehnung bzw. Dehnungsgeschwindigkeit ist für die Berechnung und Simulation von Umformvorgängen mit mathematischen oder physikalischen Modellen eine wesentliche Voraussetzung. Wegen der zahlreichen Einflüsse auf die F. muß jedoch stets mit gewissen Ungenauigkeiten gerechnet werden (→Plastizitätstheorie, →Prozeß-Analyse, →Spannungs-Dehnungs-Diagramm). *Lange*

Fließverhalten. Das F. von Emulsionen, Suspensionen, Schlämmen und Schmelzen ist von großer Bedeutung für die Strömung in Rohren, Kanälen, Extrudern und Pumpen sowie für das Mischen und →Zerstäuben. Die dynamischen Viskositäten η variieren dabei über viele Zehnerpotenzen ($\eta_{Luft} = 18\cdot10^{-6}$ Pa s, $\eta_{Bitumen} = 10^5$ Pa s). Es wird durch die Eigenschaften der Fluidmoleküle und deren Wechselwirkungen bestimmt. Man unterscheidet zwischen newtonschem und nicht-newtonschem F.

Beansprucht man eine Newton-Flüssigkeit in einem Spalt mit einem konstanten Geschwindigkeitsgradienten $dw/dz = w_{max}/z_0$ (Bild 1), stellt sich proportional zur Beanspruchung eine Schubspannung ein:

$$\tau = \eta \cdot dw/dz.$$

Dabei nimmt die dynamische Viskosität mit der Temperatur bei Gasen zu und bei Flüssigkeiten ab. Nur Gase und Flüssigkeiten mit geringer Molmasse

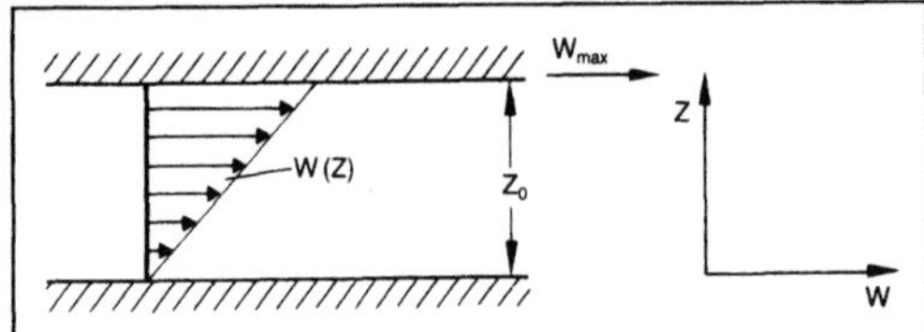

Fließverhalten 1: Geschwindigkeitsverlauf zwischen 2 parallelen Platten.

(z. B. Wasser) sind newtonsche Stoffe; Suspensionen und Emulsionen nur, wenn der Volumenanteil an disperser Phase gering ist.

Bei Nicht-Newton-Flüssigkeiten tritt zusätzlich noch eine Abhängigkeit vom Geschwindigkeitsgradienten, manchmal auch noch von der Zeit auf, so daß

$$\eta = f(\text{Stoff}, T, p, dw/dz, t).$$

Deshalb muß man zwischen zeitabhängigen und zeitunabhängigen Stoffen unterscheiden. Daneben kann auch noch viskoelastisches F. auftreten, bei dem neben dem Fließen auch elastische Deformation eintritt, z. B. Gelatine, Teig (Bild 2).

Strukturviskose Stoffe verflüssigen sich unter Scherbeanspruchung (Kunstharzfarben). Mit zunehmendem Geschwindigkeitsgradienten nimmt die Viskosität ab. Dilatantes F. zeigt das umgekehrte Bild (Suspensionen mit hohem Feststoffgehalt).

Plastische Stoffe fließen erst ab einer bestimmten Mindestschubspannung (Fette, Zahnpasta, Schokolade).

Bei thixotropem F. nimmt die Viskosität bei Beanspruchung zeitlich auf ein Minimum ab und kommt während der Regeneration wieder auf ihren Anfangswert. Rheopexie ist die umgekehrte Erscheinung.   *Greif*

Fließzone →Spanbildungsvorgang

Flockungsmittel. Bei kleinen Feststoffpartikeln in Suspensionen wird die Absetzdauer so groß, daß das Sedimentieren nicht mehr wirtschaftlich vertretbar ist. Schuld daran sind die Braunsche Molekularbewegung und die Adsorption von Ionen, die die Teilchen elektrisch auflädt (Bild 1). Wenn diese Aufladung nicht wäre, könnte eine Zusammenballung durch Van-der-Waals-Kräfte auftreten. Feststoffteilchen können durch F. dazu gebracht werden, sich in Gruppen zusammenzuballen (Flocken, koagulieren). Dadurch kann man die →Sinkgeschwindigkeit bei der →Sedimentation erhöhen. Um den Flockungseffekt zu verwirklichen, muß die gegenseitige elektrostatische Abstoßung aufgehoben werden, z. B. durch Zugabe von mehrwertigen Elektrolyten, die die elektrische Ladung der Teilchen neutralisieren. Flockungsmittel sind Stoffe wie Kalkmilch, Eisenchlorid, Aluminiumsulfat oder aktive Kieselsäure. Große Bedeutung haben hochmolekulare Polymere (Polyacrylate, Polyamide), die anionischen oder kationischen Charakter aufweisen. Die Wirksamkeit als F. beruht darauf, daß die langen Kettenmoleküle von verschiedenen Schwebstoffteilchen adsorbiert werden und auf diese Weise eine Art von Brückenbildung zwischen den einzelnen Feststoffteilchen bewirken. Diese Brücken stehen zwischen mehreren Feststoffteilchen, so daß größere Gebilde entstehen (Bild 2). Infolge ihrer Größe sedimentieren diese rascher und lassen sich besser filtrieren oder zentrifugieren. Eine

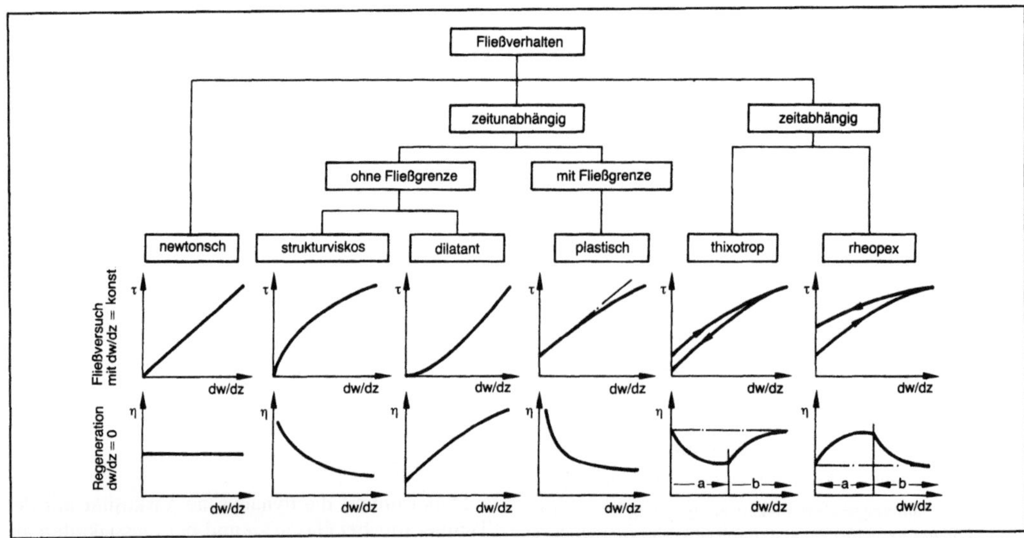

Fließverhalten 2: Übersicht.

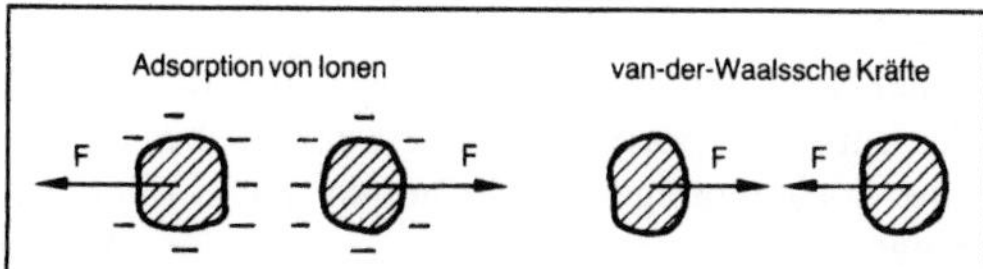

Flockungsmittel 1: Wechselspiel von Kräften zwischen Teilchen.

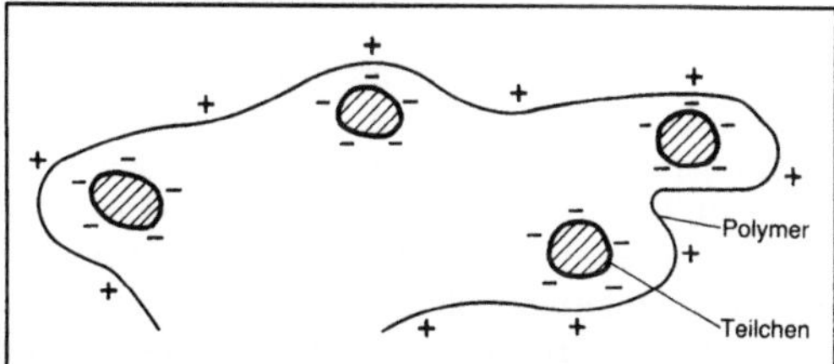

Flockungsmittel 2: Flockung von Teilchen.

zu heftige Durchwirbelung (in einer Pumpe) kann allerdings eine Zerstörung der Flocken zur Folge haben. *Trefz*

Flüchtigkeit, relative. Die r. F. α_{ij} kennzeichnet die Anreicherung einer Komponente i gegenüber einer anderen Komponente j in der Gasphase. Die r. F. ist eine wichtige Größe zum Kennzeichnen des Destillationsverhaltens, die auch für reale Mischungen und Mehrstoffsysteme mit r Komponenten anwendbar ist. Sie ist definiert durch

$$\alpha_{ij} T \frac{y_i/x_i}{y_j/x_j} \tag{1};$$

y_k und x_k sind dabei die Molenbrüche (Molenanteile) der Komponente k in der Gas- bzw. Flüssigkeitsphase.

Mit Hilfe des Raoult- oder Raoult-Dalton-Gesetzes

$$y_i \cdot p = x_i \cdot p_{oi} \tag{2},$$

mit p Gesamtdruck, p_{oi} Dampfdruck der reinen Komponente i, folgt durch Einsetzen in die Definitionsgleichung für die r. F. bei idealen Systemen der Zusammenhang

$$\alpha_{ij} = \frac{p_{oi}}{p_{oj}} \tag{3},$$

d. h. bei idealen Systemen hängt die Anreicherung von i gegenüber j in der Gasphase nur vom Verhältnis der Dampfdrücke der reinen Komponente ab.

Für reale Mischungen (mit idealer Gasphase) ergibt sich die analoge Beziehung

$$\alpha_{ij} = \frac{p_{oi} \cdot \gamma_i}{p_{oj} \cdot \gamma_j} \tag{4},$$

mit γ_k →Aktivitätskoeffizient der Komponente k (normiert auf den reinen Stoff).

Die Abweichungen der nicht idealen Gemische vom Raoult-Gesetz durch Dipolmomente, Polarisation, Intermolekularkräfte, Assoziation und Solvation werden erfaßt durch Aktivitätskoeffizienten γ_k.

Geht man davon aus, daß die Komponente i stets die niedrigersiedende, also leichterflüchtige Komponente ist, so läßt sich zeigen, daß für $\alpha_{ij} > 1$ der Dampf stets reicher an leichter siedender Komponente ist als das im Gleichgewicht stehende Flüssigkeitsgemisch. Bei Verringern des Drucks nimmt die r. F. eines Zweistoffgemisches zu, d. h. Arbeiten unter Vakuum erleichtert das destillative Trennen eines Zweistoffgemisches. *Weinspach*

Literatur: Autorenkollektiv: Thermodynamik der Mischphasen. Leipzig 1973. – *Vauck, R. A.,* u. *H. A. Müller:* Grundoperationen chemischer Verfahrenstechnik. 5. Aufl. Leipzig 1978.

Flugstaubreaktor. Reaktor für Gas-Feststoff- oder für Flüssig-Feststoff-Reaktionen, durch den der sehr feinkörnige Feststoff (häufig Katalysator, aber auch Edukt bei nicht-katalytischen Reaktionen) im Gleichstrom zur Fluidphase nach oben ausgetragen wird, heißt F. (Flugwockenreaktor, Flash-Reaktor). Er läßt sich wie folgt charakterisieren

□ Temperaturgradient in Richtung der Gas-Feststoff-Strömung,
□ sehr hoher Druckverlust,
□ geeignet für Feinkorn $>50\,\mu m$,
□ Feststoffverweilzeit: Sekunden und kleiner,
□ Gasverweilzeit: Sekundenbruchteile,
□ sehr hoher Wärme- und Stoffübergang,
□ mittelgute bis gute Temperatursteuerung,
□ Gas und Feststoff weisen mittelgute Näherung an Kolbenströmung auf,
□ sehr hohe →Raum-Zeit-Ausbeuten,
□ einfache Regenerierung (→Reaktionsführung) des Katalysators.

Technische Beispiele, die nach dem Prinzip der Flugstaubwolke arbeiten, sind:

□ die Kohlevergasung in einem Kohlenstaubbrenner nach *Koppers-Totzek* zur Herstellung von Synthesegas,
□ die Trocknung feuchter Produkte (z. B. Salze, Kunststoffpulver und -granulate, Nahrungs- und Futtermittel sowie Sägespäne, Sand, Quarz) in Stromtrocknern,
□ die Vorwärmung des Rohmehls in Zyklonwärmeübertragern bei der Zementherstellung,
□ die Verbrennung aschereicher Kohlen in Schmelzzyklonen zum Erzeugen sehr heißer Rauchgase in modernen Kraftwerken oder zur Röstung sulfidischer Erze.

Der F. gehört ebenso wie der →Wanderbettreaktor zu den Reaktoren mit bewegten Feststoffen (Katalysatoren oder Reaktanden) und läßt sich bei den Wirbelschichtreaktoren einordnen. *Schönbucher*

Fluidisieren. F. ist eine Technik, mit deren Hilfe man das Fördern oder das gleichmäßige Verdichten körniger oder pulvriger Substanzen, die durch ihre Adhäsion an Wänden oder infolge innerer Reibung der Einzelteilchen aneinander zur Brückenbildung neigen, ermöglichen oder verbessern will. Das Maß für die Fluidität φ ist der Kehrwert der dynamischen Zähigkeit η, also $\varphi = 1/\eta$. Als Fluidisierungsmittel dienen neben Druckluft auch expandierende Brenngase.

Industrielle Anwendung findet das F. u. a. beim Wirbelsintern (→Oberflächenbehandlung, Beschichten) oder bei der Formherstellung nach dem Prinzip der →Impulsverdichtung, wo sich die vorteilhafte Wirkung des F. am augenfälligsten aufzeigen läßt. Bild 1 zeigt eine Anordnung, bei der durch asymmetrisches F. nur an den Formkastenseiten a und b der Verdichtungsschwerpunkt A in Pfeilrichtung verlagert wurde, wie aus den Ergebnissen (Bild 2) hervorgeht. Die Festigkeiten im Modellschatten (Formwände I und II) liegen im Mittel bei 8 N/cm². Auffällig ist der Festigkeitsgradient in der offenen Formwand III, der aus dem Fluidbereich in Richtung der nicht fluidisierten Lagen (Wände c und d) um etwa ein Drittel abfällt. Daraus wird deutlich, daß die gesamte Formsandmasse während der Verdichtung unter Einwirkung ihrer Seitendrücke in Richtung der fluidisierten Lockerbereiche gepreßt wird. *Doliwa*

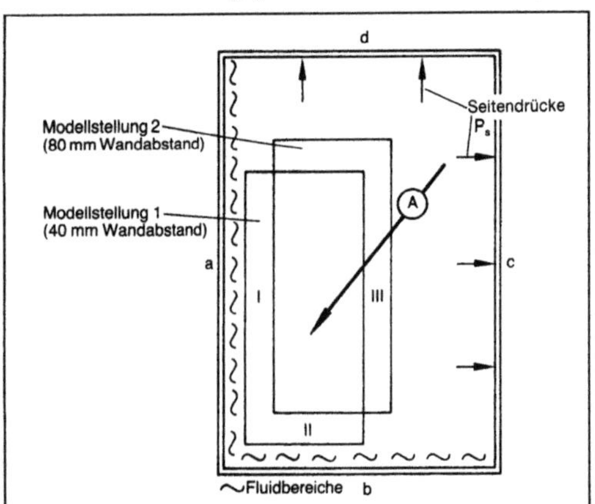

Fluidisieren 1: Anordnung zur Verlagerung des Verdichtungsschwerpunkts durch Fluidisieren.

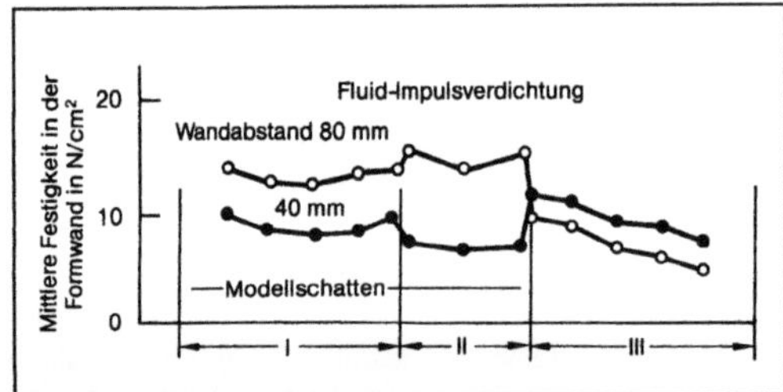

Fluidisieren 2: Festigkeiten erzielt durch die Anordnung in Bild 1.

Fluidisierungsboden. Bei einer Wirbelschicht (Fließbett) wird durch einen waagrechten Boden, der entweder poröse Struktur oder Löcher besitzt, eine gleichmäßige Gasströmung nach oben erzeugt. *Schlag*

Flüssigkeit, viskoelastische. Neben einer gekrümmten →Fließkurve, d. h. einer von der Scherbeanspruchung abhängigen Viskosität, unterscheiden sich Nicht-Newton Flüssigkeiten von Newton-Flüssigkeiten häufig durch das Auftreten von elastischen Effekten. Deshalb werden sie auch v. F. genannt. Im Gegensatz zu newtonschen Flüssigkeiten ist z. B. bei derartigen Fluiden, wenn sie laminar strömen, der Druck nicht in allen Richtungen gleich. Aus diesen Druckunterschieden heraus – man bezeichnet sie als Normalspannungsdifferenzen – ergibt sich eine Reihe von Strömungsanomalien. So bildet sich beispielsweise im Kegel-Platte-Rheometer mit zunehmender Winkelgeschwindigkeit (Drehzahl) eine Kraft aus, die den Kegel versucht anzuheben. Das Messen dieser Kraft in Abhängigkeit von der Winkelgeschwindigkeit erlaubt die Bestimmung einer elastischen Größe des zu untersuchenden Fluids.

Im →Couette-Rheometer und analog dazu im Rührwerk bewirken diese Normalspannungsdifferenzen, daß die v. F. an der rotierenden Welle nach oben „klettert".

Im Kapillar-Rheometer kann man gleich zwei Strömungsanomalien beobachten. Zum einen weitet sich der Flüssigkeitsstrahl auf, sobald er das Meßrohr des Kapillar-Rheometers verläßt. Zum anderen geschieht der Übergang von laminarer zur turbulenten Strömung der v. F. erst bei höheren Reynolds-Zahlen als bei newtonschen, und der turbulente Strömungswiderstand ist deutlich niedriger. Man bezeichnet diesen Effekt drag reduction.

Eine weitere Anomalie besteht darin, daß v. F. Zeiteffekte zeigen. Werden sie wechselnd bean-

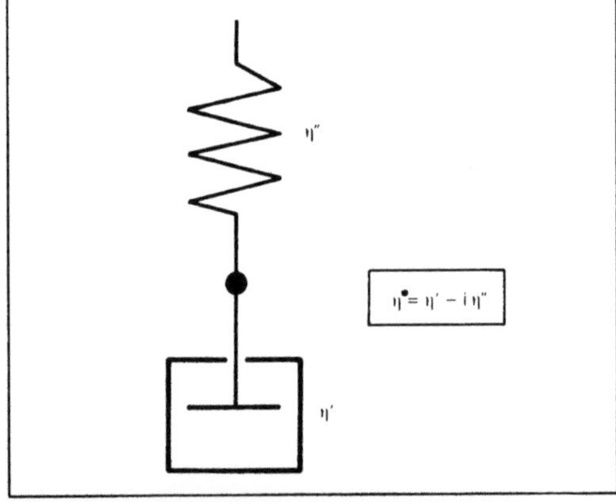

Flüssigkeit, viskoelastische: Feder-Masse-Dämpfer-System als Vergleichsmodell für das Fließverhalten.

sprucht, so reagieren sie mit einer zeitlichen Verzögerung. Erzwingt man beispielsweise eine sinusförmig oszillierende Strömung im Rohr, so ist die daraus resultierende Wandschubspannung dazu phasenverschoben. Vergleichen läßt sich dieses Fließverhalten mit dem Stoßdämpfer eines Autos, bei dem eine elastische Feder und ein in einer zähen Flüssigkeit gleitender Kolben in Reihe geschaltet sind (Bild). Daher bezeichnet man solche Fluide auch als viskoelastische Flüssigkeiten. Dieser Effekt ist im übrigen meßtechnisch recht gut zu erfassen und wird daher, vor allem in der Biorheologie, zur rheologischen Charakterisierung v. F. herangezogen.   *Chmiel*

Literatur: *Schmiel, H., u. E. Walitza:* Biologische Fluide im Fließverhalten von Stoffen und Stoffgemischen. *W.-M. Kulicke* (Hrsg.). Basel, Heidelberg, New York 1986.

Flüssigkeitsbelastung. Unter der F. versteht man in der Verfahrenstechnik den in einer Gegenstromkolonne herabrieselnden Flüssigkeitsstrom. Bei Bodenkolonnen wird die F. oft in m³/h angegeben. Bei Packungskolonnen gilt als F. die Berieselungsdichte, welche den Volumenstrom der Flüssigkeit bezogen auf die ganze Querschnittsfläche der Packung wiedergibt.

Ist die F. zu gering, so werden die Trennböden nicht mehr gleichmäßig vom aufsteigenden Dampf durchströmt, und das →Verstärkungsverhältnis sinkt. Mit zunehmender F. steigt der Druckverlust des Gases und der →Flüssigkeitsinhalt der Kolonne. Das zur Gasströmung zur Verfügung stehende Volumen wird um den Flüssigkeitsinhalt vermindert, wodurch sich in Füllkörperkolonnen die effektive Gasgeschwindigkeit erhöht (→Gasbelastung).

Ist die F. zu groß, so flutet die Kolonne, und das Verstärkungsverhältnis fällt steil ab (→Arbeitsbereich).   *Dohrn*

Flüssigkeitsinhalt. Der F. (→Holdup) einer Destillationskolonne beeinflußt das Betriebsverhalten des Trennapparats. Bei großem F. reagiert die Kolonne elastischer gegenüber Schwankungen der Zulaufmenge, der Zulaufkonzentration und der Kühlwassermenge des Rückflußkondensators, weil die in der Kolonne befindliche Flüssigkeitsmenge eine Speicherwirkung hat.

Ein kleiner F. ist dann von Vorteil, wenn die Kolonne absatzweise betrieben wird und sich entleert, wenn kein Gas mehr aufsteigt (z. B. bei Siebbodenkolonnen oder Füllkörperkolonnen). Die notwendige Anfahrzeit, bis das Betriebsverhalten stationär wird, ist bei kleinem F. kleiner als bei großem. Steht nur eine kleine Ausgangsmenge zur Verfügung (z. B. im Laborbetrieb für präparative Zwecke), so ist eine kleine in der Kolonne gebundene Flüssigkeitsmenge besonders vorteilhaft.

In der Regel ist der F. von Füllkörperkolonnen kleiner als von Bodenkolonnen.   *Dohrn*

Literatur: *Kirschbaum, E.:* Destillier- und Rektifiziertechnik. 4. Aufl. Berlin, Heidelberg, New York 1969.

Flüssigmembranextraktion. Extraktionsverfahren, bei dem Extraktion (→Extrahieren) und Reextraktion simultan erfolgen. Die zum Einsatz kommenden Stoffsysteme bestehen aus mindestens drei Phasen, zwischen denen der Wertstoff in eine feste Richtung ausgetauscht wird. Den Transport durch die mittlere Phase (Flüssigmembran) nennt man in Anlehnung an die Membrantechnik Permeation.

Für technische Anlagen von Bedeutung sind zwei Arten zur Darstellung flüssiger Membranen zwischen zwei Flüssigkeiten:

□ *Gestützte Flüssigkeiten* bestehen aus mikroporösem Stützmaterial, das unpolar oder hydrophob ist, z. B. Polypropylen oder Polyvinylidenfluorid. Die Flüssigmembran füllt das Porenvolumen der Stützmembran und wird durch Kapillarkräfte gehalten. Die Dicke der verwendeten Stützschichten beträgt 15–10 µm. Es werden spezifische Oberflächen von 100–200 m²/m³ erreicht.

□ Aussichtsreicher sind *multiple Emulsionen*, die spezifische Oberflächen von 1 000–3 000 m²/m³ erreichen. Das Bild zeigt eine multiple Emulsion mit einer organischen Flüssigmembran. Ein solches System wird durch Zugabe eines Emulgators stabilisiert, der die Grenzflächenspannung herabsetzt. Die Flüssigmembrankapseln müssen vor dem Extraktionseinsatz in einem gesonderten Apparat (Mischer) als Emulsion hergestellt werden und kommen erst im →Extraktionsapparat mit der kontinuierlichen Phase in Kontakt. Dabei kann die kontinuierliche Phase →Raffinat oder →Extrakt sein, d. h. der Stofftransport kann von der kontinuierlichen Phase in die disperse und umgekehrt gerichtet sein.

Die F. ist bisher wenig verbreitet, rückte in den vergangenen Jahren aber mehr ins Blickfeld, weil sie es ermöglicht, sehr verdünnte Lösungen aufzuarbeiten, wie z. B. Abwässer, die Schwermetalle, Phenole oder Ammoniak im ppm-Bereich enthalten. Die erste technische Großanlage arbeitet mit multipler

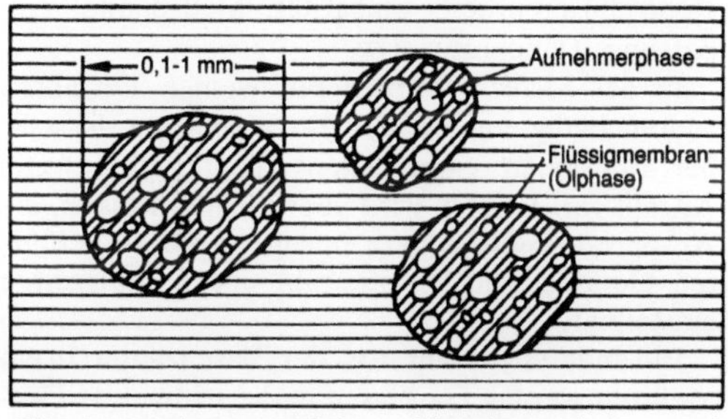

Flüssigmembranextraktion: Flüssigmembran nach dem Prinzip der multiplen Emulsion.

Emulsion und wurde Ende 1985 in Österreich zur Aufbereitung von Spinnereiabwässern errichtet. Die Stofftrennung erfolgt in einer gerührten Gegenstromkolonne mit einer Höhe von 10 m und einem Kolonnendurchmesser von 1,6 m. Die beladene Wasser-in-Öl-Emulsion wird kontinuierlich in elektrostatischen Wechselfeldern gespalten. *Dohrn*

Literatur: *Bart, H.-J., A. Bauer, D. Lorbach* u. *R. Marr*: Auslegungskriterien für die Extraktion mit chemischer Reaktion. Chem.-Ing.-Techn. 60 (1988) Nr. 3, S. 169/79.

Flußmessung. Für die technische Durchfluß- und Mengenmeßtechnik steht heute eine Vielzahl von Verfahren zur Verfügung. Im folgenden ist eine Auswahl gängiger Verfahren aufgezählt (Bild 1):

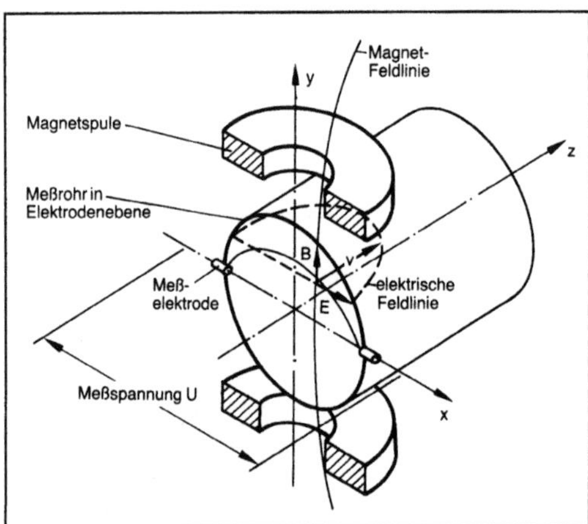

Flußmessung 1: Schemaskizze. Magnetisch-induktiver Durchflußmesser.

B magnetische Induktion, E elektrische Feldstärke, v Strömungsgeschwindigkeit, x, y, z Ortskoordinaten

□ *Wirbelstraße:* Wirkdruckgeber, Schwebekörper-Durchflußmesser, Stauplatten-Durchflußmesser, magnetisch-induktiver Durchflußmesser;
□ *Schwingkörper:* Ultraschall-Durchflußmesser, Coriolis-Durchflußmesser, Korrelations-Durchflußmesser, Blasenzählung, Hitzdraht- und Laseranemometer, Turbinenrad.

Die Auswahl für eine Meßaufgabe wird bestimmt durch Faktoren wie notwendige Meßgenauigkeit, Reproduzierbarkeit, Linearität, Meßspanne, Anpassung, Temperatur usw.

In der Medizin werden nur wenige Verfahren routinemäßig angewendet. Dazu gehören die z. B. bei Infusionen eingesetzten Tropfenzähler. Die Anzahl von Tropfen wird über Lichtschranken, die Absperrelemente steuern, bestimmt. Bei ausgeführten Geräten sind Tropfenzahl und Einsatzzeiten einstellbar.

Ein anderes Verfahren ist der Blasenzähler. In ein Meßrohr werden Gasblasen in die strömende Flüssigkeit eingebracht. Bestimmt wird die Laufzeit dieser Blasen über eine definierte Meßstrecke.

Daraus läßt sich die Fließgeschwindigkeit und der Durchsatz ermitteln. Über eine Blasenfalle wird das Gas wieder ausgekoppelt. Anstatt Gasblasen können auch andere Indikatoren oder radioaktiv markierte Substanzen verwendet werden. Als Standardverfahren zur Flußmessung in der Medizin gilt heute die elektromagnetische Methode. Mit dem Meßverfahren sind Fehlergrenzen <1% vom Meßwert erreichbar. Meßstoffeigenschaften wie Temperatur, Druck und Viskosität beeinflussen die Messungen nicht. Die Messung verursacht keine Rückwirkungen auf den Fluß. Das physikalische Prinzip basiert auf dem Faradayschen Induktionsgesetz.

Die leitende Flüssigkeit (Blut) strömt durch ein Rohr, dessen Wand elektrisch isoliert ist. Senkrecht zur Strömung herrscht ein magnetisches Kraftfeld.

Das Magnetfeld soll im Bereich des Rohrs als homogen angenommen werden. Gemäß dem Induktionsgesetz wird senkrecht zur Strömungsrichtung und senkrecht zu den Kraftlinien eine elektrische Spannung induziert, die proportional der Strömungsgeschwindigkeit v, dem Innendurchmesser des Rohrs sowie der magnetischen Kraftflußdichte B ist. Die durch die Bewegung der Flüssigkeit im Magnetfeld zustande kommende elektrische Spannung wird von den in die Wand eingelassenen und mit der Randzone der Flüssigkeit in Berührung stehenden Meßelektroden abgegriffen und mittels eines geeigneten Registriergeräts angezeigt. Die elektromagnetischen Flußgeber sind kleine Präzisionselektromagnete, zwischen deren Polen sich das Blutgefäß befindet. Man unterscheidet zwei Hauptgruppen von Flußgebern, einmal diejenigen, die in das Blutgefäß eingebunden werden (direkte F.), und andere, die ohne Eröffnung des Gefäßes eine indirekte F. ermöglichen (Bild 2). Der Schlitz des Flußgebers kann verschlossen werden, um ein vollkommenes Umfassen der Gefäße durch den Geber zu gewährleisten.

Die indirekte Blut-F. weist Nachteile auf; die Eichung des Gebersystems ist schwierig. Während

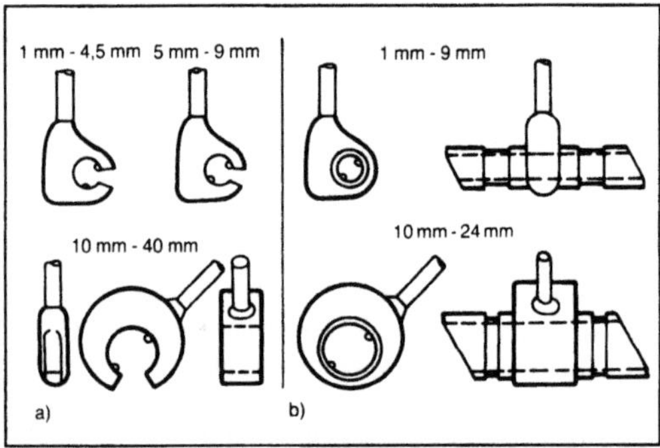

Flußmessung 2: Verschiedene Typen von Flußgebern mit unterschiedlichen Durchmessern.
a) Indirekte Flußmesser
b) Direkte Flußmesser.

der direkt eingebundene Flußmesser vor dem Experiment geeicht werden kann, muß der indirekte im Experiment durch einen definierten Blutfluß in das Gefäßsystem hinein geeicht werden.

Für die direkte Blut-F. ist eine Heparinbehandlung des Bluts notwendig, um eine Blutgerinnung und damit ein Verstopfen des Aufnehmers zu verhindern.

Für Gas-F. z. B. in der Lungenfunktionsdiagnostik werden auch Wirkdruckverfahren eingesetzt. In Anpassung an die reversierbare Strömung sind in den Aufnehmern symmetrische Drosselorgane angebracht.

In der experimentellen Medizin wurden viele der technischen Strömungsmeßverfahren erprobt und genutzt. Manche Meßsysteme, wie z. B. die Laser-Doppleranemometrie, sind apparativ und auch in der Bedienung so aufwendig, daß sie wohl immer nur bei experimentellen Fragestellungen genutzt werden.

Eine gewisse Bedeutung, vor allem wegen der nicht invasiven Anwendungsmöglichkeit, haben die Blutmessungen mit Ultraschall. Ultraschall-Flußmeßsysteme verwenden zwei physikalische Prinzipien. Das erste beruht darauf, daß die effektive Geschwindigkeit des Schalls in bewegten Medien gleich der Relativgeschwindigkeit des Schalls zum Medium zusätzlich zur Geschwindigkeit des Mediums ist. Eine Schallwelle besitzt deshalb z. B. gegen eine Strömung eine kleinere effektive Geschwindigkeit als eine andere in Flußrichtung. Da die Differenz der beiden Geschwindigkeiten exakt gleich der zweifachen Geschwindigkeit der Flüssigkeit ist, kann aus einer Differenzmessung die Flußgeschwindigkeit bestimmt werden.

Das zweite Prinzip verwendet zum Bestimmen der Blutflußgeschwindigkeit den Dopplereffekt. Die Doppler-Frequenzverschiebung einer ausgestrahlten Ultraschallwelle ist direkt proportional der Flußgeschwindigkeit.

Die Aufnehmer werden für Blut-F. an peripher liegenden Gefäßen eingesetzt. Schwierigkeiten bereitet die Ankoppelung. Der Anwender muß eine große Erfahrung in der Interpretation der Meßsignale haben. Die Meßwerte der Strömung enthalten Überlagerungen, die z. B. entstehen durch geometrische Veränderungen des Gefäßlumens bei der Durchströmung, durch Dickenänderungen der Gefäßwände, durch atemsynchrone Bewegungen. *Stroh*

Literatur: *Meyer-Waarden, K.:* Einführung in die biologische und medizinische Meßtechnik. Stuttgart, New York 1975. – *Wyatt, D. G.:* Blood flow and blood velocity measurement in vivo by electromagnetic induction. Review, Med. a. Biol. Eng. a. Comp., Mai 1984, S. 193/211.

Flußmittel. F. sind nichtmetallische Stoffe (Säuren, Salze, Harze), die auf Grund ihrer chemischen Reaktivität das Hart- und Weichlöten von Metallen erleichtern. Sie sind in DIN 8511 genormt und haben die Aufgabe, nach erfolgter Vorreinigung der Lötfläche noch vorhandene Oberflächenfilme zu beseitigen und eine Neubildung zu verhindern, damit das →Lot die Stoßflächen benetzen kann.

F., die auch nach erfolgter Abkühlung ätzende Wirkung haben, führen beim Verbleiben an der Lötstelle zu Korrosion und sind daher zu entfernen. Nicht korrosive Lötmittel sind bei Raumtemperatur neutral und entfalten ihre ätzende Wirkung erst bei erhöhter Temperatur. Sie brauchen daher i. a. nicht entfernt zu werden (→Löten, →Schweißen). *Dorn*

Literatur: DIN 8511: Flußmittel zum Löten metallischer Werkstoffe. Hrsg. Dt. Normenausschuß. Ausg. 1973.

Flußstahl. Veralteter Begriff aus der Zeit, als man nach dem Zeitalter des Schweißstahls durch höhere Temperaturen erstmals flüssigen Stahl erzeugen konnte. Heute wird für den flüssigen Stahl allgemein der Begriff Stahl oder Rohstahl verwendet. *Bolbrinker*

Flutgrenze. In Gegenstromtrennprozessen, wie →Rektifikation und →Absorption, bewegt sich eine flüssige Phase auf Grund der Schwerkraft von oben nach unten und eine Gasphase auf Grund eines treibenden Druckgefälles von unten nach oben. Wird die →Gasbelastung erhöht, so steigt der Druckverlust in der Kolonne. Unterhalb der →Staugrenze ist der →Flüssigkeitsinhalt unabhängig von der Gasbelastung. Oberhalb der Staugrenze wird der Flüssigkeitsabfluß durch die aufsteigenden Dämpfe so sehr behindert, daß der Flüssigkeitsinhalt mit der Gasbelastung steigt. Wird schließlich die F. erreicht, so füllt sich die Kolonne mit Flüssigkeit, der Druckverlust steigt steil an und das →Verstärkungsverhältnis sinkt ab (Bild 1).

Im Geschwindigkeitsbereich dicht unterhalb der F. ist die Trennwirkung am größten, weil sich eine stark turbulente Sprüh- und →Sprudelschicht ausbildet. Allerdings ist bei diesen Betriebsbedingungen die Regelung der Anlagen am aufwendigsten, und der hohe Druckverlust ist besonders bei der Vakuumrektifikation von Nachteil. Üblicherweise werden Füllkörperkolonnen bei Gasgeschwindigkeiten betrieben, die 50–70 % der Flutgeschwindigkeit betragen.

Bild 2 zeigt die prinzipielle Abhängigkeit der F. von der Gas- und →Flüssigkeitsbelastung in einer doppeltlogarithmischen Darstellung. Bei einer großen Flüssigkeitsbelastung wird die F. schon bei niedrigen Gasgeschwindigkeiten erreicht.

Die F. ist außerdem von den Dichten und den Viskositäten des Gases und der Flüssigkeit sowie den Abmessungen von Kolonne und →Einbauten abhängig. Da viele Einflußgrößen nur schwer zu erfassen sind, haben die zur Berechnung der Flut-

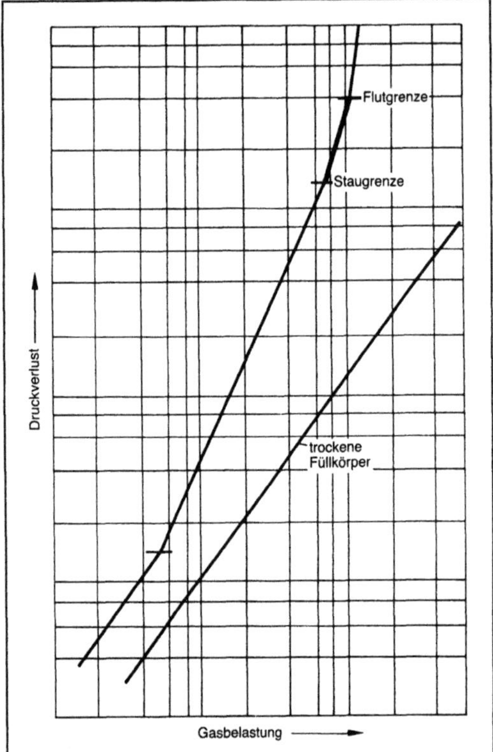

Flutgrenze 1: Qualitativer Verlauf des Druckverlustes in Abhängigkeit von der Gasbelastung.

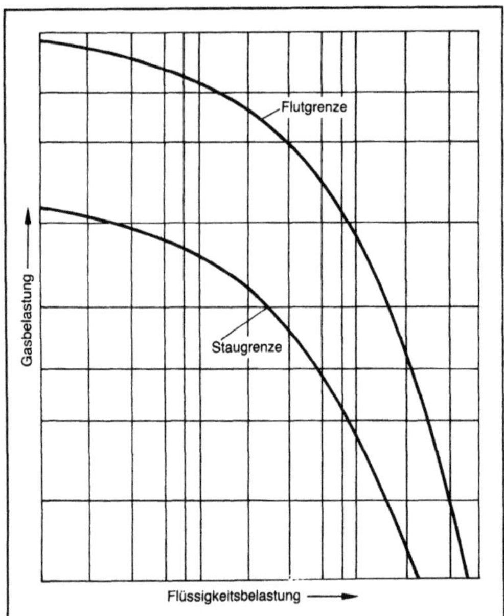

Flutgrenze 2: Prinzipielle Abhängigkeit von der Gas- und Flüssigkeitsbelastung.

grenze verwendeten Korrelationen lediglich eine Genauigkeit von ± 20% (Arbeitsbereich). *Dohrn*

Literatur: *Grassmann, P., u. A. Widmer:* Einführung in die thermische Verfahrenstechnik. Berlin, New York. – *Mersmann, A.:* Thermische Verfahrenstechnik. Berlin, Heidelberg, New York 1980.

Folgereaktion. Meist unerwünschte Nebenreaktion (→Reaktion, komplexe) bei einer chemischen Umsetzung, wobei das Produkt zu nicht gewünschten Produkten weiterreagiert. So ist z. B. beim Erzeugen von Chlorbenzol (C_6H_5Cl) durch Chlorierung von Benzol (C_6H_6) mit elementarem Chlor (Cl_2)

$$C_6H_6 + Cl_2 \rightarrow C_6H_5Cl + HCl$$

die Weiterchlorierung des Chlorbenzols zu Dichlorbenzol ($C_6H_4Cl_2$)

$$C_6H_5 + Cl_2 \rightarrow C_6H_4Cl_2 + HCl$$

eine Folgereaktion. *Onken*

Folgeschnitt. Folgeschneiden (Folgeschnitt) ist ein Schneidverfahren, bei dem in einem →Schneidwerkzeug das →Schnitteil durch mehrere hintereinander angeordnete Schneidoperationen (→Scherschneiden) gefertigt wird. Jeder Pressenhub liefert ein, u. U. auch mehrere Teile gleichzeitig. Nach jedem Stößelhub der Maschine wird der Blechstreifen um eine Werkzeugstufe weitergeschoben.

Da die Führungsgenauigkeit neben werkzeugseitigen Einflüssen auch durch Vorschubfehler beeinträchtigt werden kann, kommt der Vorschubbegrenzung beim Folgeschnitt eine wichtige Bedeutung zu.

Vorschubbegrenzungen können erfolgen durch Einhänge- oder Anschlagstifte, Such- oder Fangstifte, Seitenschneider, Vorschubsteuerung oder -regelung durch Walzenvorschübe. *König*

Folienblasen. Im Unterschied zum Blasformen wird beim F. der aufgeblasene Schlauch nicht durch eine Form in eine bestimmte Gestalt gezwungen. Der Druck, der den Schlauch weitet, ist gering. Er liegt nur wenige Hundertstel Bar über dem Luftdruck.

Eine F.-Anlage in horizontaler Bauweise zeigt Bild 1. Der Schlauch durchläuft schon vor dem Aufblasen einen Kühlring und wird auch nach dem Aufblasen mit Luft gekühlt. Das Kühlen vor dem Aufblasen sichert eine gleichmäßige Dicke der Folie und einen gleichmäßigen Durchmesser des Schlauchs.

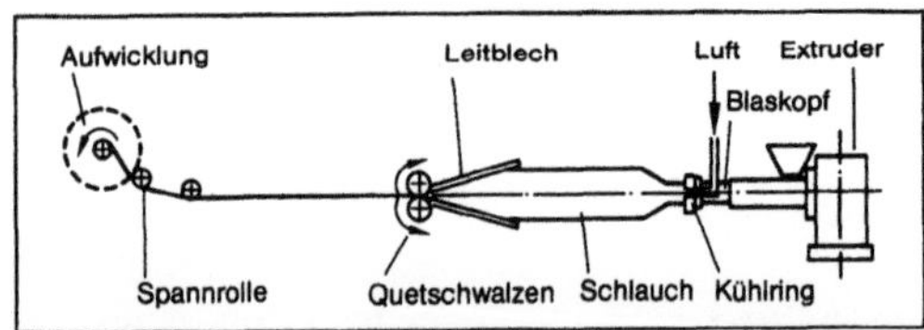

Folienblasen 1: Anlage in horizontaler Bauweise.

Die früher erprobte Anordnung eines nach unten arbeitenden Extruders wurde fallengelassen, weil eine zusätzliche Sicherung der Schnecke im Extruder in axialer Richtung die Anlage zu sehr verteuerte. Daraus ergaben sich Anordnungen nach Bild 2. Die durchgehend horizontale Fahrweise hat den Vorteil, daß man die Abzugsstrecke, also die Strecke zwischen der Düse und den Abquetschwalzen, beliebig variieren kann.

Wichtig ist in jedem Fall, daß der aufgeweitete Folienschlauch ruhig bleibt, bis er völlig erstarrt ist. Wenn er flattert oder seitlich ausgelenkt wird, gibt es Falten und Wellen und folglich Beulen in der fertigen Folie sowie Maßabweichungen und schlechte Wickel. Als Abhilfe baut man Leitstangen um die Folienblase herum.

Bei der horizontalen Arbeitsweise kommt zu dem Problem des Durchhängens noch das Wärmegefälle zwischen Ober- und Unterseite des Schlauchs hervorgerufen dadurch, daß die kalte Raumluft sich an der Unterseite der Formblase erwärmt, dann an der Blase als erwärmte Luft vorbeistreicht und die Schlauchoberseite immer weniger kühlt. Dies ist eine wesentliche Schwäche beim Horizontalverfahren.

Die vertikale Extrusion kann nach unten oder nach oben (Bild 2) durchgeführt werden. Beim Extrudieren nach unten hat man einen einfachen Anlagenbau, Platzersparnis und eine gute Kühlung (der Schlauch wird gewissermaßen im Gegenstrom gekühlt) als Vorteile, muß dafür aber als Nachteil in Kauf nehmen, daß der Schlauch wegen der notwendigen Reckung etwas schneller abgezogen werden muß, als er aus der Düse austritt. Belastet mit seinem Eigengewicht hängt alles an dem plastischen Teil des Schlauchs, der nur geringe Kräfte aufnehmen kann, so daß die Gefahr des Abreißens groß ist. Nach unten extrudiert man deshalb dünne Folien (Extrudergrößen bis 45 mm Schneckendurchmesser), dickere Folien (z. B. Schwersackfolien für Düngemittel) nach oben, obwohl in diesem Fall die Kühlung schlechter ist. *Doliwa*

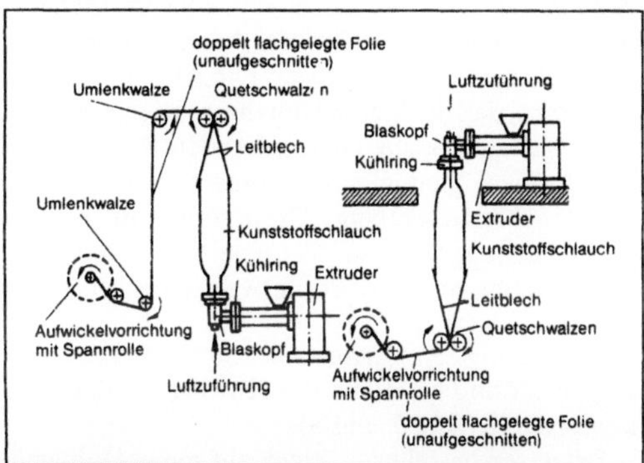

Folienblasen 2: Anordnungen für vertikale Extrusion.

Fördergutbeladung. Die F. oder einfacher die Beladung

$$\mu = \dot{M}_S / \dot{M}_L$$

ist das Verhältnis des Fördergutdurchsatzes $\dot{M}_S$ zum Luft- oder Gasdurchsatz $\dot{M}_L$. Sie wird deshalb verwendet, weil man beide Durchsätze immer genau kennt und weil die Beladung z. B. in einer pneumatischen →Förderung in der ganzen Leitung vom Anfang bis zum Ende immer gleich groß ist. *Muschelknautz*

Fördergutkonzentration. Die F. kann aus der Beladung mit

$$\varrho_S^* = \frac{\mu \varrho_L}{c/v}$$

berechnet werden, wenn man das Geschwindigkeitsverhältnis c/v und die Gasdichte kennt. Sie ist die Stoffdichte des Förderguts im betrachteten Rohrabschnitt. *Muschelknautz*

Fördern von Schüttgütern. Man kann hydraulisch, pneumatisch oder mechanisch fördern. Die Apparate für die mechanische Förderung unterteilt man in Unstetig- und Stetigförderer. Stetigförderer sind Fördervorrichtungen, die das Fördergut in stetiger Bewegung über einen Weg führen, der durch mechanische Führungen wie Rollen oder Schienen festgelegt ist. Die Einteilung der Stetigförderer erfolgt in 2 Hauptgruppen: mit und ohne umlaufende Zugmittel.

Der bekannteste Förderapparat mit Zugmittel ist der Bandförderer. Er eignet sich zur Stück- oder Schüttgutförderung bei überwiegend waagrecht oder schwach geneigter Förderstrecke. Ein typisches Gerät setzt sich aus einem endlosen Band mit mindestens 2 Umlenkrollen zusammen (Bild 1). Davon wird die Rolle an der Abwurfstelle i. a. angetrieben. Mit der anderen, verstellbaren Trommel wird über Gewichte, Federn und eine Spindel die Spannung des Gurtbands eingestellt. Förderbänder von 0,4–2 m Breite und bis zu mehreren Kilometern Länge werden bei einer Bandgeschwindigkeit von 0,5–5 m/s betrieben.

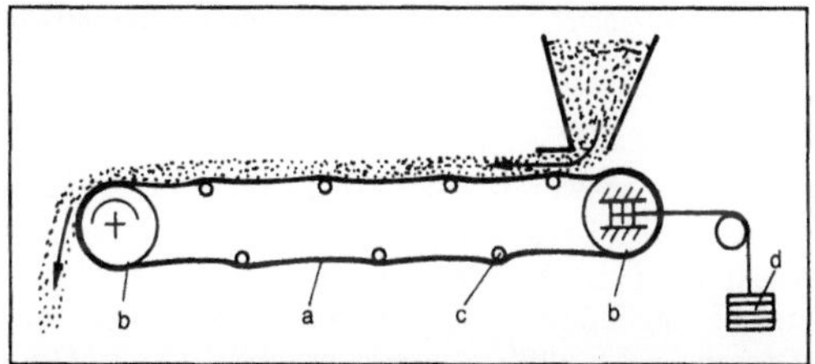

Fördern von Schüttgütern 1: Bandförderer (Schemaskizze).

a umlaufendes Band, b Umlenkrollen, c Stützrollen, d Spanngewicht

Der Durchsatz eines Bandförderers hängt ab von der vom Fördergut ausgefüllten Querschnittfläche A, von der Bandgeschwindigkeit c und der Schüttdichte des Förderguts:

$$\dot{M} = A \cdot \varrho_{Sch} \cdot c \qquad (1).$$

Die Querschnittfläche hängt von der Breite und Muldungsform des Bands und vom Böschungswinkel des Schüttguts ab (Bild 2). Geht das Band aufwärts, wird der Durchsatz mit zunehmender Steigung geringer, weil das Gut zu gleiten beginnt und der Böschungswinkel des Guts abnimmt.

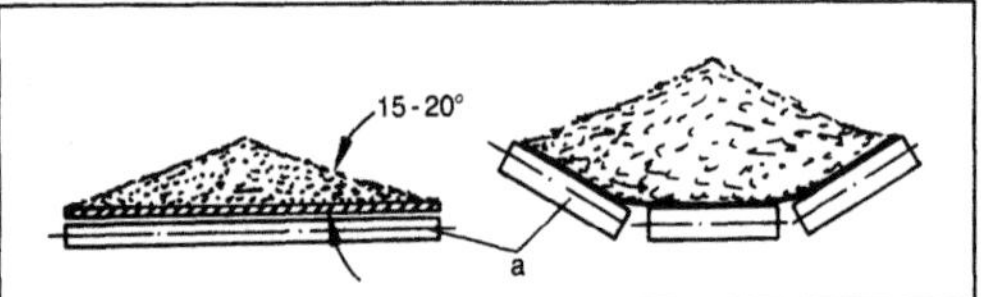

Fördern von Schüttgütern 2: Böschungswinkel bei unterschiedlichen Bandformen.

a Tragrollen

Mit Wurfweiten bis zu 20 m beschickt der Schleuderbandförderer (Bild 3) Halden oder großräumige Lager. Hierfür sind Wurfgeschwindigkeiten bis 15 m/s nötig. Das Band selbst hat eine Geschwindigkeit von 20 m/s und erzielt damit Durchsätze bis 800 t/h.

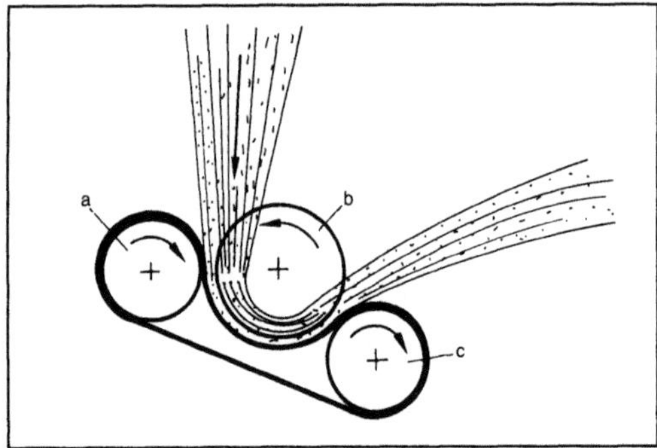

Fördern von Schüttgütern 3: Schleuderbandförderer.

a Antriebstrommel, b seitliche Leitscheiben, c Umlenktrommel

Gliederbandförderer (Bild 4) finden ihren Einsatz bei schweren, grobstückigen und heißen Gütern. Sie bestehen aus eckigen Antriebs- und Umlenkrollen. Das Zugelement besteht aus einzelnen Traggliedern. Diese können als Tröge oder Kästen (bei Steilförderung) ausgebildet sein. Gliederbänder erreichen Geschwindigkeiten bis 1 m/s und Förderlängen von einigen 100 m.

Das senkrecht fördernde Becherwerk zieht auf einem Riemen oder Gurt befestigte Becher durch

Fördern von Schüttgütern 4: Gliederbandförderer.

einen Schüttgutberg (Bild 5). Die Becher werfen bei genügender Geschwindigkeit so weit aus, daß das Fördergut auf einer schrägen Rutsche landet und nicht am Band entlang zurückfällt. Exakte Bandführung und ausreichende Spannung des Bands sind wichtig. Mit Leistungen von 10–30 t/h werden Förderhöhen bis 50 m erreicht.

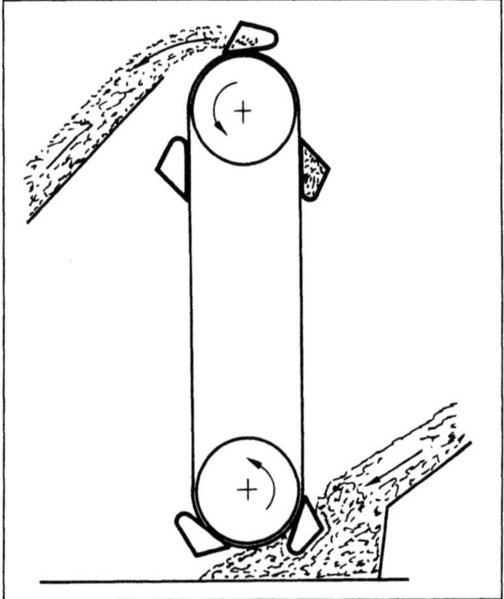

Fördern von Schüttgütern 5: Becherwerte.

Redler- und Trogkettenförderer (Bild 6) schieben Fördergut wie geradegestellte Schneepflüge oder Planierraupen vor sich her. Beim Redler sind schwere Scheiben an einem Drahtseil hintereinander aufgereiht, das in einem ovalen Gehäuse umläuft. Beim Kettenförderer hängen rechteckige Schaber an einem Kettenpaar. Die Abstände sind so bemessen, daß die Füllung mit ihrem Böschungswinkel β gerade bis zur vorangehenden Kratzscheibe reicht. Diese gleiten wegen ihres hohen Gewichts am Trogbogen entlang. Diese Förderer bringen große Leistungen bis zu 150 t/h bei Geschwindigkeiten bis zu 1 m/s und Förderwegen bis zu 200 m Länge.

Die wichtigsten Vertreter der Stetigförderer ohne Zugmittel sind vor allem die Schwing- und Schnekkenförderer (Bild 7 und 8).

Letzterer besteht aus einer auf einer Hohlwelle montierten Blechwendel, die in einem zylindrischen Gehäuse rotiert. Dabei schieben die unteren Wen-

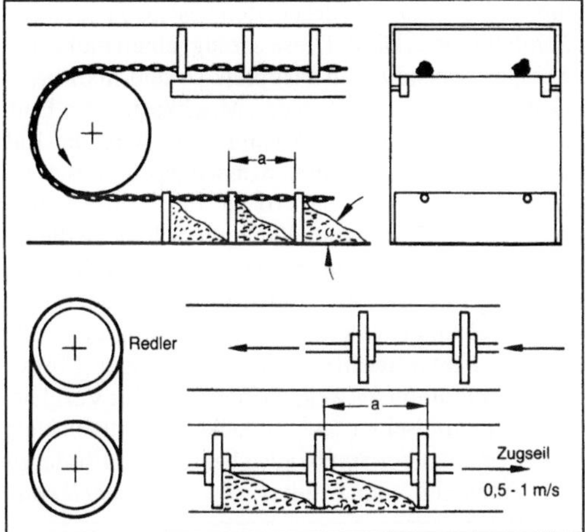

Fördern von Schüttgütern 6: Redler- und Tragketten-förderer.

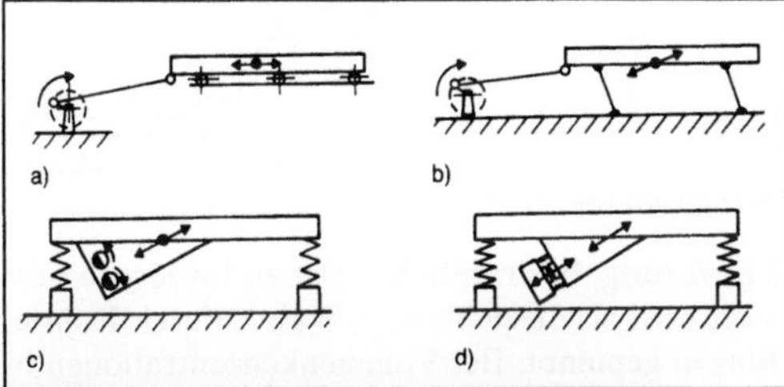

Fördern von Schüttgütern 7: Schwingförderer.
a) Schüttelrutsche mit Schubkurbelantrieb
b) Schwingrinne mit Schubkurbelantrieb
c) Schüttelrutsche mit Unwuchtantrieb
d) Schüttelrinne mit Unwuchtantrieb.

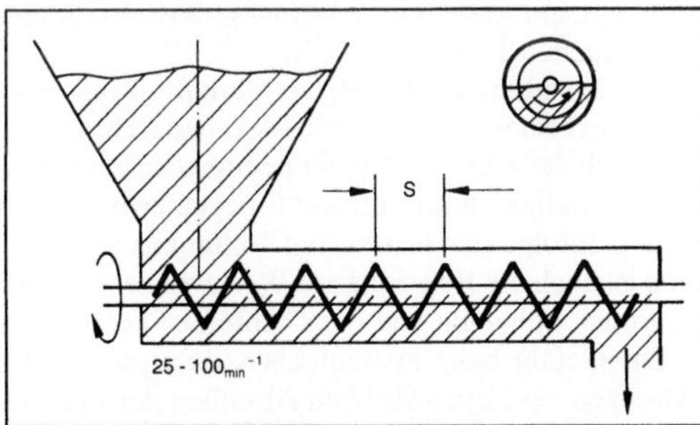

Fördern von Schüttgütern 8: Schneckenförderer (Schemaskizze).

delhälften wie der schräggestellte Schneepflug das Fördergut vor sich her. Der Einlauftrichter ist so bemessen, daß die Schnecke mit halber Füllung läuft. Mehr wirft sie über die Welle wegen der Schrägförderung in die anderen Gänge zurück.

Für den Massendurchsatz gilt hier:

$$\dot{M} = \varphi \cdot \frac{\pi}{4} \cdot D^2 \cdot \rho_{Sch} \cdot n \qquad (2).$$

Der Füllgrad φ der Gänge hängt von der Neigung α der Schnecke ab:

α	0	10	20	30	35°
φ	0,5	0,4	0,32	0,28	0,25

in Gl. (2) bedeuten: $\dot{M}$ Massenstrom in kg/s, D Durchmesser der Schneckenwendel, ρ_{Sch} Schüttdichte, n Drehzahl der Schnecke.

Große Förderströme von mehreren t/h sind möglich, jedoch nur für kurze Distanzen bis zu 15 m. Genaue →Dosierung durch Steuerung der Drehzahl n ist möglich unter der Voraussetzung, daß das Schüttgut am Trichtereinlauf gleichmäßig einfließt.

Schwingförderer werden auch als Schüttelrutschen oder -rinnen bezeichnet je nachdem, ob das Fördergut auf seiner Unterlage rutscht oder springt. Eine Förderrinne wird durch mechanische oder elektromagnetische Unwuchtbewegungen zu harmonischen Schwingungen angeregt, die in der Nähe der Eigenfrequenz des Systems liegen (Bild 9).

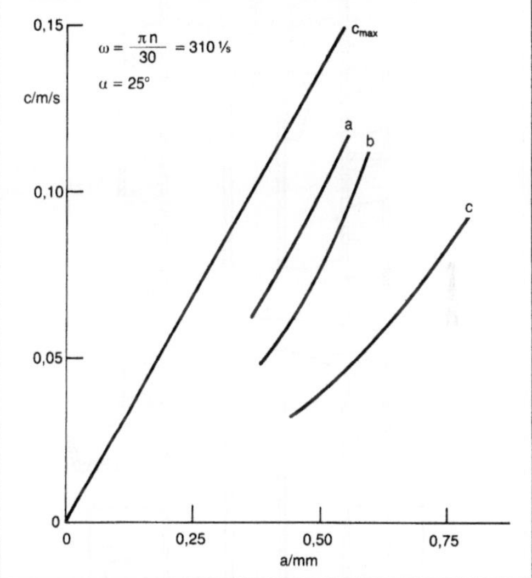

Fördern von Schüttgütern 9: Effektive Fördergeschwindigkeiten in Schwingrinnen.

a Sand d_{50} = 350 µm, ρ_{Sch} = 1 300 $\frac{kg}{m^3}$

b Kunststoff 3 mm × 4 mm Dmr., ρ_{Sch} = 500 $\frac{kg}{m^3}$

c Zement 60 µm, ρ_{Sch} = 1 100 $\frac{kg}{m^3}$

Die Schwingungsauslenkung bewirkt Beschleunigungsanteile in vertikaler und horizontaler Richtung. Letztere führt bei den lose aufliegenden Teilchen zu einer Bewegung in Förderrichtung. Die Vertikalkomponente der Beschleunigung $\ddot{y}$ führt bei den Partikeln zu einem Hüpfen oder Rutschen je nachdem, ob $\ddot{y}$ kleiner oder größer als die Fallbeschleunigung g ist.

Die Fördergeschwindigkeit ist von der Frequenz f, der Schwingungsamplitude a, der Rinnenneigung α und dem Anstellwinkel γ zwischen Schwingungsebene und Förderrinne sowie den Schüttguteigenschaften abhängig. Maximale Fördergeschwindigkeiten ergeben sich aus der Annahme, daß Einzelpartikel unbehindert in Resonanz auf der →Schwingrinne springen. Dieser theoretische Wert wird i. a. nur zu 50–80 % erreicht. Der Durchsatz ergibt sich aus der effektiven Fördergeschwindigkeit und der Querschnittfläche des Förderstroms. Es lassen sich Fördersteigungen bis 15° erreichen. Je nach Baugröße bewegt sich der Durchsatz von wenigen Kilogramm bis zu vielen 100 t/h.

Zum Senkrechtfördern verwendet man den Wendelwuchtförderer (Bild 10). Das Gut bewegt sich auf einer wendelförmigen Rinne mit 10–15° Steigung aufwärts bei Förderhöhen bis 10 m. Die Maschine dreht sich dabei im Kreis und schwingt zugleich in vertikaler Richtung. *Würtz*

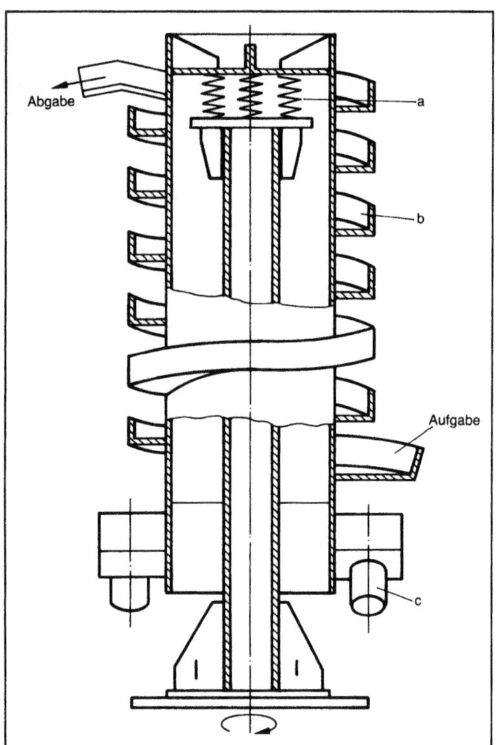

Fördern von Schüttgütern 10: Wendelwuchtförderer.

a vertikale Schwingungserzeuger, b Wendel, c Austragstutzen

Literatur: Ullmanns Enzyklopädie d. techn. Chemie. Bd. 3. 4. Aufl. Weinheim 1972.

Förderpumpe. Die F. wird auch Fullerpumpe oder Schneckendruckförderer genannt. Eine mit 1000 bis 1500 min⁻¹ laufende Schnecke von 80–200 mm Dmr.

mit ca. 3 Windungen drückt den Feststoff gegen eine Pendelklappe (Bild). Diese erzeugt einen mehr oder weniger druckdichten Pfropfen, so daß man bis zu Drücken von ca. 3 bar in den Mischkasten am Ende der Schnecke einspeisen kann. Dort wird die Luft mit einer Düse zugeführt, wonach das Gemisch mit Beladungen μ bis ca. 10 in die Förderleitung gedrückt wird. Die schnellaufende Schnecke dichtet bei größerem Spiel von einigen Zehntel Millimetern eher dynamisch als statisch. Die Rückschlagklappe R dient wesentlich als Sicherung der Fälle, wo am Einlauftrichter zeitweise weniger Fördergut $\dot{M}_S$ ankommt als weggefördert wird im Vergleich zu Zellenradschleusen einfacherer Ausführung. Meist benutzt bei Staub, auch bei heißem Fördergut wie Flugasche vom E-Filter. *Muschelknautz*

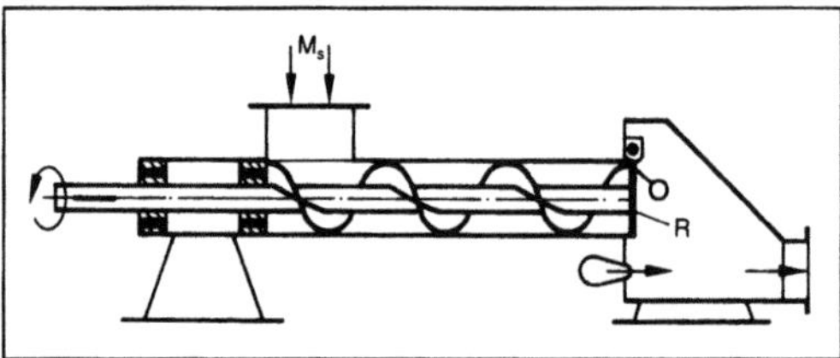

Förderpumpe.

Förderung, hydraulische. Der zu fördernde Feststoff wird als Suspension in Wasser durch Rohrleitungen gepumpt. Bei Volumenkonzentrationen bis ca. 30 % überbrückt man mit Geschwindigkeiten von ca. 1,5–4 m/s Distanzen von wenigen 100 m Länge bis zu vielen Kilometern. Man berechnet den Druckverlust mit $\Delta p = \lambda \, \dfrac{1}{D} \, \dfrac{\rho_M}{2} \, v^2$ ähnlich wie bei reiner Flüssigkeit mit einer erhöhten Wandreibungszahl λ, die nur 1,5–2mal größer als die der unbeladenen Flüssigkeit λ_0 ist.

Die Beladung $\mu = \dot{M}_S/\dot{M}_L$ als Verhältnis des Feststoffdurchsatzes $\dot{M}_S$ zum Flüssigkeitsdurchsatz $\dot{M}_L$ ist gleich definiert wie bei der pneumatischen F. Die Geschwindigkeitsverhältnisse C liegen zwischen 0,5 und 1. Infolge der begrenzten Volumenkonzentration ist auch die Beladung auf Werte von etwa 1,5–3 begrenzt, abhängig von der Dichte des Feststoffs.

Die Gefahr beim hydraulischen Transport ist das Absetzen des Feststoffs beim Abstellen der Leitung, wenn beim Anfahren die abgelagerte Menge nicht mehr in Bewegung kommt.

Die h. F. ist für reine Transportaufgaben nur sinnvoll bei sehr großen Leistungen über mittlere und größere Entfernungen und auch nur dann, wenn die anschließende Trocknung nicht zu teuer wird. In der chemischen Industrie wird die h. F. in vielen Prozessen automatisch genutzt, wenn man z. B. aus einer Fällung das Produkt mit dem abfließenden Wasser zur anschließenden Entwässerung transportiert. In solchen Fällen sind die Beladungen oft nur sehr klein in der Gegend von 0,1–0,5. *Muschelknautz*

Förderung, pneumatische. Schüttgüter werden mit Luft oder Gasen durch Rohre geblasen oder gesaugt; Körnung ca. 1 µm–1 mm–10 mm, Gasgeschwindigkeit 5–15–50 m/s und Rohre von 20 bis 650 mm Dmr. bei Längen von wenigen Metern bis maximal etwa 3000 m. Druckverlust je nach Beladung der Strömung, Förderdruck 0,1–2 bar je 100 m Förderweg bei Förderleistungen von wenigen 10 kg/h bei Granulat-F. zur Beschickung kleiner Kunststoffextruder über 50 t/h Tonerde bei der Aluminiumherstellung oder Flugasche in Kohlekraftwerken bis z. Z. maximal 750 t/h Weizen bei Schiffsentladungen. Die ganz verschiedenen Förderzustände sind in Bild 1 dargestellt. Bild 2 zeigt eine einfache Druckförderanlage. Bei Beladung $\mu < 5$–10 der Förderluftmenge $\dot{M}$ (kg/s) mit dem Fördergut- oder Staubstrom $\dot{M}_S$

$$\mu = \dot{M}_S / \dot{M}_L$$

herrscht Flug-F. Der Druckverlust der unbeladenen Transportströmung ist

$$\Delta\, p_L = -(\lambda_L \frac{1}{D} \frac{\varrho_L}{2} v^2 + n\, \xi_B \frac{\varrho_L}{2} v^2).$$

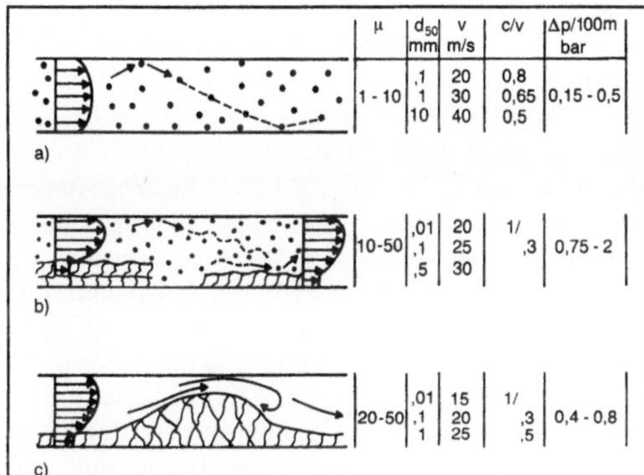

Förderung, pneumatische 1: Förderzustände.
a) Flugförderung
b) Strähnenförderung
c) Strähnen- und Ballenförderung.

Er ist verursacht durch Wandreibung mit $\lambda_L = 0{,}015$–0,020 und Verlusten durch n Bögen mit $\xi_B \approx 0{,}15$. Es addiert sich der zusätzliche Druckverlust infolge Luftwiderstands des langsameren Förderguts

$$\Delta\, p_S = -(\lambda_S \frac{1}{D} \mu \frac{\varrho_L}{2} v^2 + \mu\varrho_L\, v\Sigma\Delta c),$$

mit $\lambda_S = 0{,}005$–0,010–0,02 für Granulat im Millimeterbereich, mittelfeines Fördergut von 0,1–1 mm und feinkörnige Produkte im Mikrometerbereich. Die Geschwindigkeitsverhältnisse $C = c/v$ von Partikelgeschwindigkeit c und Gasgeschwindigkeit v liegen entsprechend im Bereich von 0,5 bis 0,75–0,95. Die Beschleunigung des Förderguts um

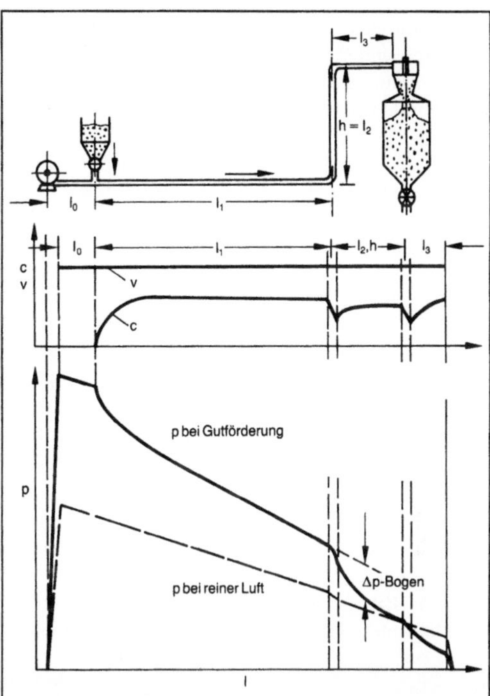

Förderung, pneumatische 2: Druckförderanlage.

Δc hinter der Aufgabestelle und hinter den Bögen erfordert zusätzliche Druckverluste, weil die Körner längs dieser Strecken langsamer sind und dem Luftstrom mehr Luftwiderstand entgegensetzen.

Die Endgeschwindigkeit ist in horizontalen und vertikalen Abschnitten deutlich kleiner als die Gasgeschwindigkeit, weil die Partikel in Abständen vom 10–20fachen Rohrdurchmesser immer wieder an die Wand stoßen, reflektiert werden und dabei einige Prozent ihrer Geschwindigkeit verlieren. Die zugehörigen Stoßreibungszahlen sind für eine große Anzahl von Fördergut-Wandkombinationen genau erforscht. Sehr feine Teilchen < 20 µm verzögern in größeren Rohrleitungen schon vor der Annäherung an die Wand in der langsameren Wandgrenzschicht. Ganz feine Teilchen im Mikrometerbereich machen die Bewegungen und damit auch die Verzögerungen der Turbulenzballen in der Wandnähe fast ohne Schlupf mit. Sie haben deshalb die höchsten Stoßreibungszahlen. Grobe und glatte Partikel > 1 mm verfolgen ihren Weg mit Eigenbewegungen infolge der Stöße sowie Querbewegungen infolge von Zusammenstößen mit anderen Körnern. Die wechselseitigen Stöße verursachen selbst nur geringe Verluste. In den Bögen vom Krümmungsradius R gerät der allergrößte Teil der Partikel durch Zentrifugalbeschleunigungen $z = c^2/R$ an die Außenwand und verzögert von der Anfangsgeschwindigkeit c_1 auf $c_2 = c_1 \exp(-f\cdot\varepsilon)$. Dabei ist ε der Umlenkungswinkel im Bogenmaß, f die Gleitreibungszahl zwischen 0,3 und 0,7.

Mittelfeine und feine Stäube <500 μm werden in horizontalen Förderleitungen durch die Strömungsturbulenz getragen. Diese hat eine begrenzte Energie, von der maximal $\frac{1}{6}$ in der Richtung von unten nach oben als Hubarbeit für die Partikel zur Verfügung steht. Davon kann wiederum nur ein Teil an die Partikel übergehen. Die Grenzbeladung ist

$$\mu_g = (0,3 - 0,6) \; 10^{-3} \; \frac{v^3}{g D w_s},$$

proportional der Gasgeschwindigkeit zur dritten Potenz und umgekehrt proportional dem Rohrdurchmesser D und der →Sinkgeschwindigkeit der Partikel w_s. Der kleinere Wert der Konstante gilt für sehr einheitliches, eher kugelförmiges Fördergut, der größere Wert für breite Kornverteilungen kompakter Partikel. Bei höheren Beladungen bilden sich Strähnen und Ablagerungen, die bei kleiner Geschwindigkeit zu Stopfen zusammengeschoben werden. Bild 3 zeigt eine Förderanlage für die Dichtstrom-F. Jetzt ist der wesentliche Widerstand des Förderguts die Wandreibung infolge seines Gewichts. Man rechnet hier eine Förderleitung immer vom Ende gegen den Anfang und erhält

$$p_1 = p_2 \; \exp\left(\frac{\mu_g g \Delta l \cdot \beta}{RT \cdot C}\right),$$

mit $\beta = \sin\alpha + f \cdot \cos\alpha$.

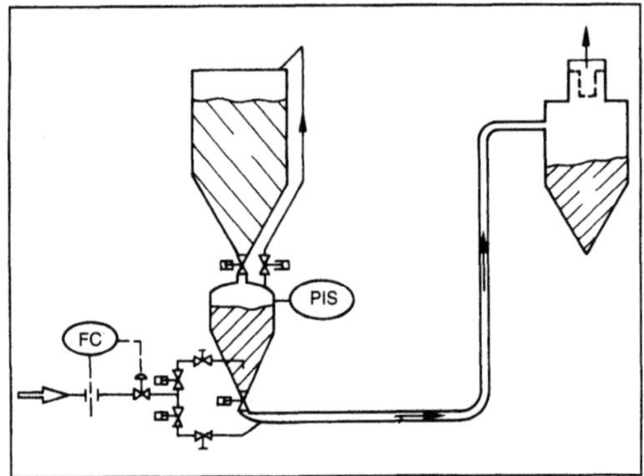

Förderung, pneumatische 3: Dichtstromförderanlage.

Die Reibungszahl f ist größer als die bei reiner Gleitreibung anzusetzen, weil durch Verkeilung zusätzliche Normalkräfte auf die Rohrwand ausgeübt werden. Im Mittel rechnet man mit dem 1,5 bis 1,7fachen der Gleitreibung, was in den meisten Fällen f=0,75 bedeutet. Das Geschwindigkeitsverhältnis C ist kleiner als bei Flug-F.; bei grobkörnigem Fördergut im Millimeterbereich etwa 0,2, bei feinkörnigem Fördergut etwa 0,6. Der Vorgang verläuft isotherm bei konstanter Temperatur T. Der Klammerausdruck sollte nicht größer als 0,8 wer-

den. Andernfalls muß die Leitung in Teilabschnitte verschiedenen Durchmessers gestuft werden.

Bei Dichtstrom-F. erreicht man Beladungen bis $\mu = 50$ über Längen bis ca. 250 m. Die Dichtstrom-F. ist die wirtschaftlichste Art der F., kann aber nur angewandt werden, wenn sie den Aufwand für Druckgefäße, Ventile und Steuerungen rechtfertigt. *Muschelknautz*

Literatur: VDI-Wärmeatlas. 6. Aufl. Düsseldorf 1991.

Formänderung (Umformen). Der Begriff Formändern, F. hat mehrfache Bedeutung. Nach DIN 8580 werden die Hauptgruppen der Fertigungsverfahren: Umformen, Trennen, Fügen, Beschichten unter dem Begriff „Ändern der Form" zusammengefaßt. F. ist danach die Änderung der gegebenen Form eines festen Körpers durch ein Fertigungsverfahren, d. h. auch durch Umformen. In der Umformtechnik beschreibt der Begriff F. daneben aber auch, durch welche Vorgänge (Dehnungen, Schiebungen) ein Umformvorgang bewirkt wird. Diese werden in der Kontinuumsmechanik, →Plastizitätstheorie mathematisch formuliert.

Aus den Änderungen der Abmessungen beim Umformen eines festen Körpers lassen sich F.-Maße ableiten, wie z. B. →Dehnung, Stauchung, Breitung, die als relative Maßänderungen $\varepsilon = \Delta l/l_o = (l_1-l_o)/l_o$ usw. definiert sind. In der Umformtechnik wird daneben auch für die Abmessungsänderungen am ganzen Körper das Maß →Umformgrad $\varphi = \ln l_1/l_o$ usw. verwendet. Dabei entsprechen die örtlichen F. im Körper wegen der bei realen Vorgängen stets auftretenden Reibungs- und Scherungsverluste dem aus den Maßänderungen am ganzen Körper errechneten Umformgrad jedoch nicht. Übereinstimmung besteht nur für den Idealfall der homogenen Umformung. Bei Körpern mit einer dem betreffenden Werkstoff entsprechenden relativen Dichte von 100 % wird die plastische F. durch das Gesetz der Volumenkonstanz (→Kontinuitätsbedingung) mitbestimmt. *Lange*

Formänderungsanalyse. Die F. ist eine Methode zum Ermitteln von Schwachstellen in durch →Tiefziehen, →Streckziehen oder →Karosserieziehen hergestellten Blechformteilen. Sie ermöglicht eine Aussage über die Fertigungssicherheit bzw. Prozeßbeherrschung für ein gegebenes Teil unter gegebenen Bedingungen (Maschine, Werkzeug, Blechwerkstoff, Schmierstoff usw.) in Verbindung mit dem für Werkstoff und Blechdicke bekannten (oder ggf. im Laboratorium zu ermittelnden) →Grenzformänderungs-Schaubild.

Voraussetzung für eine F. ist das Vorliegen eines Werkzeugs, mit dem zumindest ein Blechzuschnitt unter fertigungsähnlichen Bedingungen in der Versuchswerkstatt (oder auch in der Fertigung direkt mit laufender Produktionsüberwachung) gezogen werden kann. Entweder der ganze Blechzuschnitt oder – weniger aufwendig – die Bereiche, in denen kritische Formänderungen erwartet werden, werden mit einem Meßnetz aus Kreisen (Grenzformänderungsschaubild) versehen. Nach dem Umformen werden die verzerrten Netze lokal ausgemessen, und es werden die Formänderungen (lokale Umformgrade) berechnet und in das Grenzformänderungsschaubild eingetragen. Aus der Lage der Meßpunkte zur Grenzformänderungskurve lassen sich Schlüsse über die Prozeßsicherheit ziehen und Maßnahmen zu ihrer Verbesserung (Werkstoffwechsel, Schmierstoffwechsel, Werkzeugänderung, Änderung der Maschineneinstellung usw.) ableiten. Ist die Prozeßsicherheit sehr groß, läßt sich auch eine Verbilligung durch Wahl einer geringeren Werkstoffqualität in Betracht ziehen.

Das systematische Vorgehen bei der F. zeigt Bild 1. In Bild 2 und 3 sind zwei Beispiele vorgestellt, die das Vorgehen veranschaulichen. Sind z. B. Bereiche mit Versagen (Einschnürung, Bruch) ermittelt, wie die Bereiche C, E und F in Bild 2, dann sollten die Umformbedingungen geändert werden, um die kritischen Stellen zu eliminieren. Dies läßt sich erreichen durch Vergrößern des Umformgrades $\varphi_2(F_1{\rightarrow}F_2)$ oder durch Verkleinern der Umformgrade φ_1 bzw. $\varphi_2(C_1{\rightarrow}C_2$ und $E_1{\rightarrow}E_2)$. Für diese Art der Korrektur ist es notwendig, eine oder mehrere der technologischen Bedingungen des Ziehvorgangs

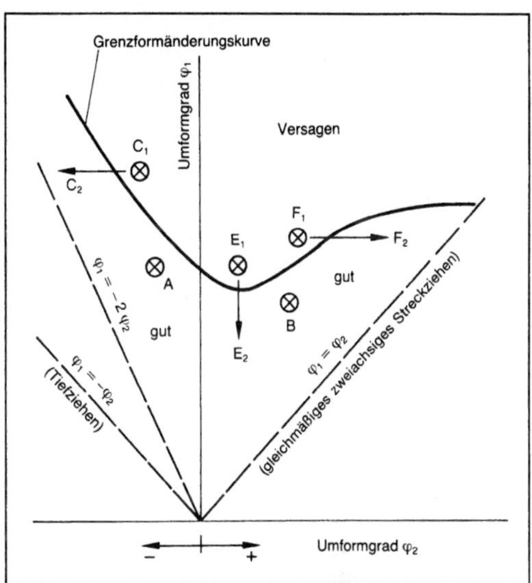

Formänderungsanalyse 2: Schema der Korrekturarten. (Quelle: Suy *a. a. O.)*

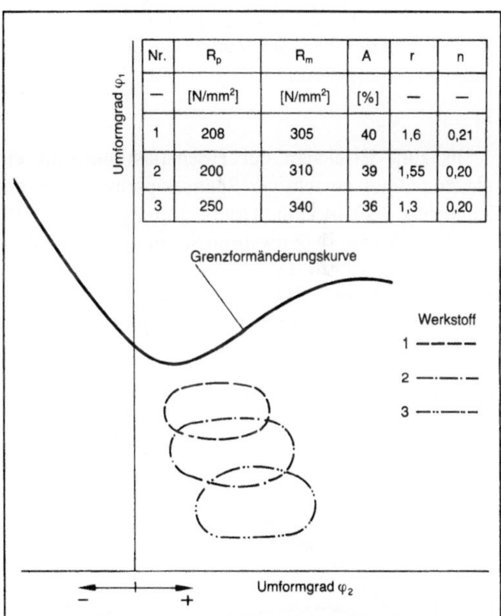

Nr.	R_p	R_m	A	r	n
—	[N/mm²]	[N/mm²]	[%]	—	—
1	208	305	40	1,6	0,21
2	200	310	39	1,55	0,20
3	250	340	36	1,3	0,20

Formänderungsanalyse 3: Einfluß der Blechqualität. (Quelle: Suy *a. a. O.)*

wie Form und Maße der Platine, Niederhalterform und -druck, Zahl, Form und Anordnung der Ziehstäbe, Ziehradius, Schmierung, Werkstoff oder Form des Ziehteils zu ändern.

Ein anderes Beispiel für die Anwendung der F. ist die Änderung der Blechqualitäten (Bild 3).

Nachteilig bei der F. ist, daß ein Werkzeug bereits vorhanden sein muß; dafür ist bereits ein großer Aufwand erforderlich. Die Entwicklung geht daher

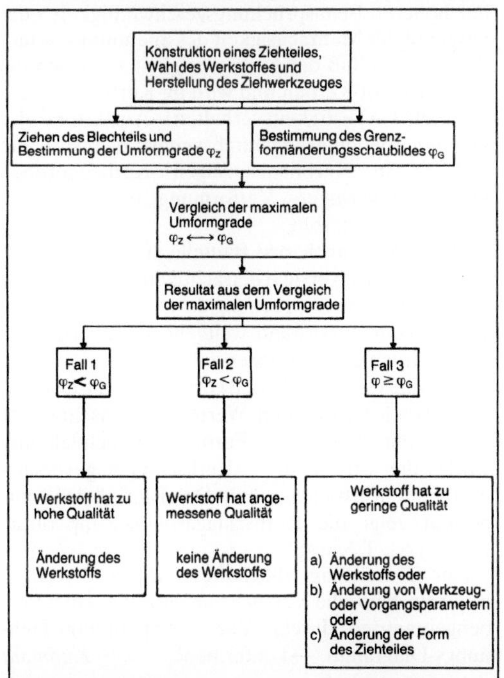

Formänderungsanalyse 1: Schema. (Quelle: Lange *a. a. O.)*

dahin, eine entsprechende Schwachstellenanalyse mit rechnerunterstützten Verfahren, z. B. der →Prozeß-Analyse bzw. Prozeß-Simulation vorzunehmen. Trotz dieser Einschränkungen ist die F. in vielen Fällen eine geeignete, zuverlässige Methode zum Erhöhen der Prozeßsicherheit in der →Blechumformung. *Lange*

Literatur: *Lange, K.* (Hrsg.): Umformtechnik. Handb. f. Ind. u. Wiss. Bd. 3: Blechumformung. 2. Aufl. Berlin, Heidelberg, New York, Tokio 1990. – *Müschenborn, W.*, u. a.: Die Formänderungsanalyse nach dem Meßrasterverfahren. Bänder Bleche Rohre 10 (1974), S. 407/12. – *Suy, J.*: Ziehen unregelmäßiger Blechteile. Ind.-Anz. 99 (1977), S. 174/76.

Formänderungsfestigkeit. Die F. ist derjenige Widerstand, ausgedrückt als Spannung, den ein Werkstoff plastischer Formänderung entgegensetzt. Sie ist die in der Umformtechnik gebräuchliche Größe zur Charakterisierung des Werkstoffwiderstands. Die F. wird als Funktion der Formänderung im Zugversuch oder im Stauchversuch an einem zylindrischen Stab ermittelt. Da für das Einsetzen von Fließen nach der Schubspannungshypothese die Differenz der beiden Hauptspannungen (Spannung σ_1 in Längsrichtung der Zugprobe und Querspannung σ_q) maßgebend ist, ergibt sich die F. zu

$$k_f = \sigma_1 - \sigma_q.$$

Bis zum Erreichen der Höchstlast herrscht ein gleichmäßiger einachsiger Spannungszustand in der Zugprobe. Es tritt keine Querspannung auf ($\sigma_q = 0$), die F. ist also gleich der wahren Spannung σ_1 (Kraft in Längsrichtung bezogen auf den momentanen Querschnitt der Probe). Nach Beginn der Einschnürung wirkt im Einschnürungsbereich eine zusätzliche Quer-

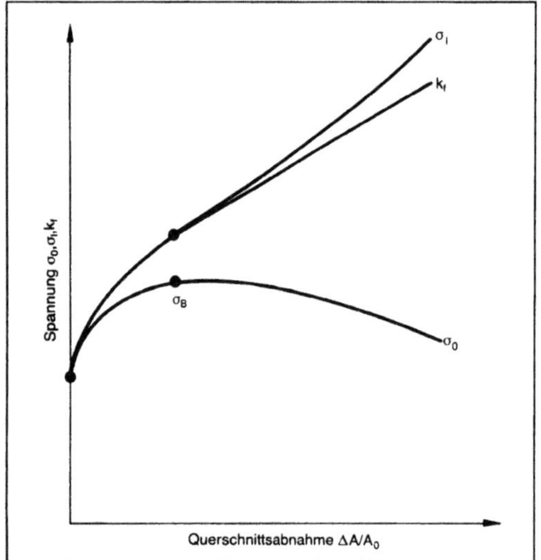

Formänderungsfestigkeit: Verlauf von Spannung, Formänderungsfestigkeit und wahrer Spannung beim Zugversuch.

spannung, die eine Behinderung des Fließens verursacht. Die F. k_f liegt nun mit zunehmender Dehnung immer weiter unter dem Wert der wahren Spannung. Das Bild zeigt den Verlauf der fiktiven Spannung σ_0 (Kraft in Stabrichtung bezogen auf die Ausgangsquerschnittsfläche), der wahren Spannung σ_1 und der F. in Abhängigkeit von der relativen Querschnittsabnahme bei Raumtemperatur. Im Gebiet der Warmformgebung oberhalb der Rekristallisationstemperatur ist die F. eine Funktion der Temperatur und der Verformungsgeschwindigkeit. *Kußmaul*

Formänderungsvermögen. F. ist die Fähigkeit eines Werkstoffs, sich vor dem →Bruch plastisch zu verformen. Wie ausgeprägt diese Fähigkeit in Erscheinung tritt, hängt wesentlich von zwei voneinander unabhängigen Gegebenheiten ab, nämlich vom Werkstoff selbst und vom Spannungszustand im belasteten Bauteil; außerdem von der Temperatur, der Beanspruchungsgeschwindigkeit und der vorangegangenen Umformung. Der Zustand des Werkstoffs ergibt sich aus den Legierungsbestandteilen, der Wärmebehandlung (Umformung durch Anlassen, Vergüten, Härten) sowie der Bearbeitung im Laufe der Herstellung eines Bauteils (Gießen, Schmieden, Walzen). Der Spannungszustand wird bestimmt durch die geometrische Form des Bauteils und die an ihm angreifenden Kräfte.

Eine Zunahme des F. zeigt sich bei höherer Temperatur oder allseitigem Druck, eine Abnahme bei höherer Beanspruchungsgeschwindigkeit oder ausgeprägter Mehrachsigkeit des Spannungszustandes. Der Einfluß der Mehrachsigkeit zeigt sich bei Bauteilen mit Kerben und wird im Kerbzugversuch ermittelt (→Festigkeitsverhalten). Auf Grund der Dehnungsbehinderung durch weniger beanspruchte Gebiete in Kerbnähe zeigen Kerbzugproben wesentlich geringere Verformung an der Bruchstelle als ungekerbte.

Dies erklärt auch, daß Bauteile aus Werkstoffen, die im Normzugversuch beträchtliche Einschnürung zeigen, unter Beanspruchung durch einen mehrachsigen Spannungszustand weitgehend verformungslos zu Bruch gehen können.

Als Maß für das F. dienen vorwiegend die aus dem Zugversuch bestimmten Werte von Einschnürung und in eingeschränkter Form die Bruchdehnung sowie die aus dem →Kerbschlagbiegeversuch bestimmte Kerbschlagarbeit. Den Einfluß der Temperatur zeigt die Kerbschlagarbeits-Temperatur-Kurve (A_v, T-Kurve).

Zur Beurteilung rißbehafteter Bauteile werden bruchmechanische Versuche an verschiedenen Probengeometrien durchgeführt (→Spannungs-Dehnungs-Diagramm, →Umformen). *Kußmaul*

Formänderungszustand. Wirken äußere Kräfte auf einen Körper, so rufen diese nicht nur Spannungen in demselben hervor, sondern der Körper ändert seine Lage im Raum durch die Verschiebung seiner materiellen Teilchen.

Die Gesamtheit aller Verschiebungen kennzeichnet den Verschiebungszustand, der durch Translation, Rotation und Formänderung (Verformung, Verzerrung) beschrieben ist.

Die gesamte Formänderung setzt sich aus zwei Anteilen, den Dehnungen und den Schiebungen, zusammen. Dabei bezeichnen die Dehnungen Längenänderungen und die Schiebungen Winkeländerungen. Unter der Voraussetzung kleiner Verformungen gilt für die Dehnungen (in kartesischen Koordinaten):

$$\varepsilon_x = \frac{\partial u_x}{\partial x}, \ \varepsilon_y = \frac{\partial u_y}{\partial y}, \ \varepsilon_z = \frac{\partial u_z}{\partial z},$$

und die Schiebungen:

$$\gamma_{xy} = \frac{\partial u_y}{\partial x} + \frac{\partial u_x}{\partial y}, \ \gamma_{yz} = \frac{\partial u_z}{\partial y} + \frac{\partial u_y}{\partial z}, \ \gamma_{zx} = \frac{\partial u_x}{\partial z} + \frac{\partial u_z}{\partial x},$$

wobei u_x, u_y, u_z die Verschiebungen des betrachteten Punkts P in Richtung der Koordinatenachsen bezeichnen.

Mit

$$\varepsilon_{xy} = \frac{1}{2} \gamma_{xy} = \frac{1}{2} \left(\frac{\partial u_y}{\partial x} + \frac{\partial u_x}{\partial y} \right),$$

$$\varepsilon_{yz} = \frac{1}{2} \gamma_{yz} = \frac{1}{2} \left(\frac{\partial u_z}{\partial y} + \frac{\partial u_y}{\partial z} \right),$$

$$\varepsilon_{zx} = \frac{1}{2} \gamma_{zx} = \frac{1}{2} \left(\frac{\partial u_x}{\partial z} + \frac{\partial u_z}{\partial x} \right),$$

läßt sich der Formänderungstensor (Verzerrungstensor) angeben mit

$$\underline{\varepsilon} = \begin{pmatrix} \varepsilon_x & \varepsilon_{xy} & \varepsilon_{xz} \\ \varepsilon_{yx} & \varepsilon_y & \varepsilon_{yz} \\ \varepsilon_{zx} & \varepsilon_{zy} & \varepsilon_z \end{pmatrix}.$$

Der Verzerrungstensor hat viele Eigenschaften mit dem Spannungstensor gemein. Er ist symmetrisch und besitzt ebenfalls drei reelle Invarianten. Die erste Invariante, die mittlere Dehnung

$$\varepsilon_m = \frac{1}{3} (\varepsilon_x + \varepsilon_y + \varepsilon_z),$$

ist proportional der Volumendehnung

$$\varepsilon_{vol} = 3 \, \varepsilon_m = \varepsilon_x + \varepsilon_y + \varepsilon_z.$$

Analog zum Spannungstensor existieren auch für den Formänderungstensor drei Hauptachsen, und die Dehnungen in Richtung dieser Hauptachsen werden als Hauptdehnungen $\varepsilon_1, \varepsilon_2, \varepsilon_3$ bezeichnet.

Sind für einen Punkt P alle sechs Komponenten des Formänderungstensors bekannt, so ist der F. in diesem Punkt vollständig beschrieben. Wichtige Sonderfälle sind der axialsymmetrische und der ebene Formänderungszustand:

□ Axialsymmetrie (in Zylinderkoordinaten, →Spannungszustand):

$$\varepsilon_r = \frac{\partial u_r}{\partial r}, \qquad \varepsilon_{rz} = \frac{1}{2} \left(\frac{\partial u_z}{\partial r} + \frac{\partial u_r}{\partial z} \right),$$

$$\varepsilon_z = \frac{\partial u_z}{\partial z},$$

$$\varepsilon_\vartheta = \frac{u_r}{r};$$

alle anderen Komponenten sind null;

□ ebener F.:

$$\varepsilon_x, \varepsilon_y, \varepsilon_{xy} \neq 0,$$

$$\varepsilon_z, \varepsilon_{yz}, \varepsilon_{zx} = 0,$$

(→Gleitlinientheorie).

Die Werkstoffmodelle, die in der Umformtechnik und Plastomechanik verwendet werden, verknüpfen meist die Spannungen und Formänderungsgeschwindigkeiten.

Zum Berechnen der Formänderungsgeschwindigkeiten werden an Stelle der Verschiebungen u_x, u_y, u_z die Verschiebungsgeschwindigkeiten v_x, v_y, v_z in die angegebenen Gleichungen eingesetzt, z. B.:

$$\dot{\varepsilon}_x = \frac{\partial v_x}{\partial x},$$

$$\gamma_{xy} = \frac{\partial v_y}{\partial x} + \frac{\partial v_x}{\partial y} \text{ usw.}$$

Entsprechend lautet der Formänderungsgeschwindigkeitstensor

$$\underline{\dot{\varepsilon}} = \begin{pmatrix} \dot{\varepsilon}_x & \dot{\varepsilon}_{xy} & \dot{\varepsilon}_{xz} \\ \dot{\varepsilon}_{yx} & \dot{\varepsilon}_y & \dot{\varepsilon}_{yz} \\ \dot{\varepsilon}_{zx} & \dot{\varepsilon}_{zy} & \dot{\varepsilon}_z \end{pmatrix},$$

wobei

$$\dot{\varepsilon}_{xy} = \frac{1}{2} \dot{\gamma}_{xy}.$$

Die erste Invariante des Tensors ist identisch mit der →Kontinuitätsbedingung und muß somit für inkompressible Werkstoffe null sein.   *Lange*

Literatur: *Betten, J.:* Elastizitäts- und Plastizitätslehre. Braunschweig, Wiesbaden 1985. – *Hill, R.:* The Mathematical Theory of Plasticity. Oxford 1950. – *Ismar, H., u. O. Mahrenholtz:* Technische Plastomechanik. Braunschweig, Wiesbaden 1979. – *Lange, K.* (Hrsg.): Umformtechnik. Handb. f. Ind. u. Wiss. Bd. 1: Grundlagen. 2. Aufl. Berlin, Heidelberg, New York, Tokio 1984. – *Lippmann, H.:* Mechanik des plastischen

Fließens. Berlin, Heidelberg, New York 1981. – *Lippmann, H.,* u. *O. Mahrenholtz:* Plastomechanik der Umformung metallischer Werkstoffe. Berlin, Heidelberg 1967. – *Prager, W.,* u. *P. G. Hodge:* Theorie ideal-plastischer Körper. Wien 1954.

Formdrehen. Drehen, bei dem durch die Steuerung der Vorschub- oder Schnittbewegung die Form des Werkstücks erzeugt wird. Beim Formdrehen wird nur die Vorschubbewegung gesteuert. Lediglich beim →Unrunddrehen erfolgt sowohl eine Steuerung des Vorschubs als auch der Schnittbewegung.

Die Formdrehverfahren werden nach der Art der Vorschubsteuerung unterschieden: Beim Frei-F. wird die Vorschubbewegung von Hand gesteuert. Nach-F. ist F., bei dem die Vorschubbewegung durch ein Bezugswerkstück gesteuert wird (→Kopierdrehen). F., bei dem die Steuerung durch ein kinematisches Getriebe erfolgt, wird als Kinematisch-F. bezeichnet. Beim NC-F. wird die Steuerung der Vorschubbewegung über programmierte Daten mittels einer NC-Steuerung realisiert.

Die beim F. eingesetzten Werkzeuge (Drehwerkzeuge) müssen auf die Geometrie des Werkstücks abgestimmt sein. Beim Einsatz numerisch gesteuerter Drehmaschinen mit Werkzeugmagazinen, die mit unterschiedlichen Werkzeugformen bestückt werden, können Formdrehoperationen mit angepaßten Werkzeuggeometrien wirtschaftlich durchgeführt werden. *König*

Formfaktor. Ein F. dient zur Beschreibung der Abweichung eines Partikels oder Tropfens von der Kugelform (Kristallisieren). Der am häufigsten verwendete F. f gibt an, wieviel mal größer die Oberfläche eines Körpers ist als die einer volumengleichen Kugel. Beispiele für die Werte des F. f sind: Wolframpulver f = 1,18, Kohlenstaub f = 1,75, Flugstaub f = 2,28, Glimmer f = 9,27. *Dohrn*

Formfeilen →Elektrodenherstellung

Formfräsen. Beim F. wird die Vorschubbewegung gesteuert. Dies kann von Hand (Frei-F.) beim Gravierfräsen, über ein zwei- oder dreidimensionales Bezugsformstück (Nach-F.), durch ein mechanisches Getriebe (Kinematisch-F.) oder durch eine NC-Steuerung (NC-F.) erfolgen.

Beim Nach-F. (Kopierfräsen) ebener Kurven bzw. beim Nachform-Raumfräsen wird ein Fräswerkzeug durch eine Nachformsteuerung entsprechend einer Steuerschablone über das Werkstück geführt und das von der Schablone vorgegebene Profil erzeugt. *König*

Formgedächtnis-Legierung. Legierungen, die nach geeigneter Behandlung auf Grund von Scherbewegungen ihre Gestalt in Abhängigkeit von der Temperatur ändern, werden als Memory-Legierungen oder F.-L. bezeichnet.

Voraussetzung für das Auftreten des Formgedächtniseffektes ist eine reversible Umwandlung der Kristallstruktur. Ist diese mit einem hohen Scherbetrag verbunden ($\varepsilon_{12} > 0{,}001$), so handelt es sich um eine Umwandlung erster Ordnung, die als martensitisch bezeichnet wird. Die Reversibilität des Martensits ist darauf zurückzuführen, daß die elastischen Spannungen, die bei der Umwandlung entstehen, praktisch keine irreversible Verformung durch Versetzungsbewegung bewirken.

Beim F.-Verhalten unterscheidet man den Einwegeffekt, den Zweiwegeffekt und die Pseudoelastizität (Bild). Beim Einwegeffekt wird die ursprüngliche Form nach einer starken, scheinbar plastischen Verformung beim Erwärmen wieder angenommen. Als Zweiwegeffekt bezeichnet man die Erscheinung, bei der sich ein Werkstoff sowohl bei Temperaturerhöhung als auch bei Abkühlung an seine „eintrainierte" Form erinnert, d. h. der Werkstoff wird mehrfach in Richtung der gewünschten Formänderung hin- und hergebogen. Anschließend werden beim Zweiwegeffekt keine äußeren Kräfte benötigt. Der Werkstoff nimmt bei Temperaturänderungen in einem für jede Legierung charakteristischen Temperaturbereich die eintrainierte Form ein.

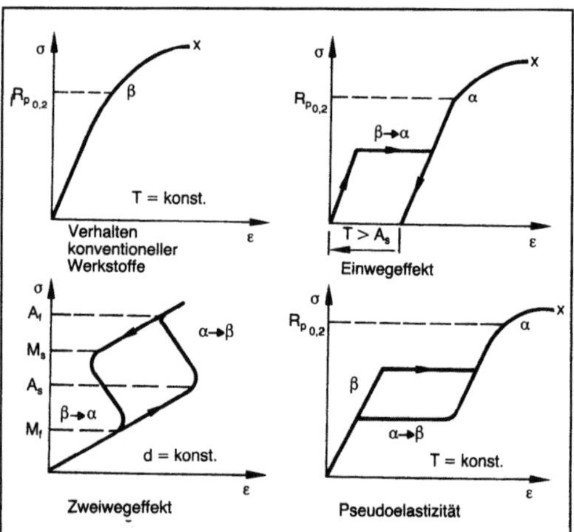

Formgedächtnis-Legierung: Gegenüberstellung unterschiedlichen Formgedächtnisverhaltens. (Quelle Hornbogen a.a.O.)

M_s Martensitstart, M_f Martensitende, A_s Austenitstart, A_f Austenitende

Von Pseudoelastizität spricht man, wenn das Metall ein gummiartiges Verhalten zeigt. Wie beim Einwegeffekt wird eine starke, scheinbar plastische Verformung aufgebracht, die aber schon beim Entlasten quasielastisch zurückgeht. Es treten wie beim Gummi hohe Verformungswege bei geringer Änderung der Spannung auf. Als entsprechende Werkstoffe haben sich β-Cu- und β-NiTi-Legierungen bisher in der Praxis bewährt. Anwendung finden F.-L. derzeit schon in der Medizintechnik, u. a. z. B. für Endoskope, und in der Elektrotechnik, z. B. als Schaltelemente. *Steffens*

Literatur: *Hornbogen, E.:* An Explorating Study on Shape Memory Composites. Vortragsband: Verbundwerkstoffe, SFB 316, Univ. Dortmund, 11.–12. Dez. 1986.

Formguß. F. ermöglicht die Herstellung von Konstruktionsbauteilen mit den Endabmessungen nahekommenden Rohmaßen durch Gießen von flüssigem Metall in eine entsprechende Form. Je nach Art des Formenbaustoffs und der Formfüllungstechnik unterscheidet man verschiedene Formgießverfahren, wie Sandguß (Naßguß), Kokillenguß, →Schleuderguß, Strangguß, →Druckguß, →Genauguß (→Feinguß) usw. Die Wahl des fertigungsgerechten Formgießverfahrens wird im wesentlichen durch folgende Einflußgrößen bestimmt: Art und Eigenschaften des Gußwerkstoffs, Stückgewicht, Stückzahl, gießgerechte oder verwickelte Konstruktion, verlangte Maßgenauigkeit und Oberflächengüte.

Gießen bietet von allen üblichen Herstellungsverfahren dem Konstrukteur die weitestgehende Freizügigkeit hinsichtlich der Gestaltung eines Bauteils, aber nur eine gießgerechte Konstruktion wird auch eine wirtschaftliche Fertigung ermöglichen. Gießgerecht ist eine Konstruktion, wenn folgende Grundregeln wenigstens prinzipiell eingehalten wurden:

☐ gute Formbarkeit durch ausreichend bemessene Formschrägen,
☐ gleichmäßige Wanddicken,
☐ erstarrungsgerechte Ausbildung von Knotenpunkten durch Vermeidung unnötiger Stoffanhäufungen und vor allem von scharfen Kanten bei Abzweigungen,
☐ genügend große und zahlenmäßig ausreichende Öffnungen im →Gußstück zur sicheren Lagerung der Kerne und damit gleichzeitig auch zur Verbesserung der Zugänglichkeit bei den Putzarbeiten,
☐ richtige Ausbildung von Rippen und anderen Versteifungselementen.

Eine allen Vorstellungen entsprechende gießgerechte Konstruktion läßt sich selbst bei vorhandenem Know-how zu diesem Problem auf beiden Seiten letztlich von Fall zu Fall nur in enger Zusammenarbeit zwischen Konstrukteur und Gießer verwirklichen. Mitunter erhöhen einfache Änderungen in der Formgebung in hohem Maß die Wirtschaftlichkeit der Fertigung.

Hinsichtlich der physikalisch-mechanischen Eigenschaften haben Formgußstücke gegenüber Schmiede- oder Preßteilen keine ausgeprägte, durch das Fertigungsverfahren hervorgerufene Vorzugsrichtung. Bei sachgemäßer Gußausführung sind die mechanischen Eigenschaften in allen Achsrichtungen praktisch gleich. Etwaige Abweichungen basieren auf unterschiedlicher Gefügeausbildung infolge ungleicher Abkühlungsbedingungen und in Extremfällen auf Mikro- oder Makroporositäten, hervorgerufen durch schlechte Speisungsmöglichkeiten.

Als Anhalt für einen Vergleich, welches Verfahren unter welchen Bedingungen vorteilhaft ist, kann die Tabelle dienen, in der die gebräuchlichen Herstellmethoden von geschlossenen Turboverdichter-Laufrädern übersichtlich aufgelistet sind. *Doliwa*

Literatur: Konstruieren und Gießen. Hrsg. Zentrale für Gußverwendung. Düsseldorf.

Formhobeln →Hobeln

Formläppen →Einläppen

Formmaskenguß →Croning-Formmaskenguß

Formsägen →Sägen

Formschleifen. Das F. ist ein Fertigungsverfahren, bei dem unterschiedliche Werkstückformen durch eine gesteuerte Vorschubbewegung der Schleifwerkzeuge erzeugt werden. (Im Gegensatz dazu wird beim →Profilschleifen die Werkstückkontur durch Abbildung des Schleifscheibenprofils erzeugt.) Selbst komplizierte Formen lassen sich auf diese Weise mit gerade oder kreisformprofilierten Schleifscheiben erzeugen. Leistungsfähige Steuerungen und die dazugehörigen NC-Programme kontrollieren dabei die abgestimmten Bewegungen mehrerer Maschinenachsen. Es ist auch möglich, die für das F. benötigte Werkzeug-Vorschubbewegung auf andere Art zu realisieren, z. B. durch mechanisches oder hydraulisches Abtasten einer Schablone oder durch Führung von Hand nach einer vergrößerten Zeichnung auf einem Profilprojektor.

Ein typisches Anwendungsbeispiel für das F. ist das Schleifen von Nockenwellen für Verbrennungsmotoren (Bild). Auf konventionellen Nockenwellen-Schleifmaschinen erfolgt die Steuerung der Vorschubbewegung über das Abtasten von Schablonen oder Meisternocken. Die zu bearbeitende Welle wird mit konstanter Drehzahl angetrieben. Dabei kommt es im Flankenbereich der Nocken zu Beschleunigungsspitzen, die zu Profilabweichungen und erhöhtem Schleifscheibenverschleiß führen können. Moderne Nockenwellenschleifmaschinen steuern alle Vorschubbewegungen sowie die Drehbewegung des Werkstücks numerisch. Dadurch kann die Werkstückdrehzahl stets optimal an die sich ergebende örtliche Zerspanleistung angepaßt werden. Das führt zu besseren Bearbeitungsergebnissen auf dem gesamten Nockenumfang. *Kenter*

Formguß. Tabelle: Gebräuchliche Herstellungsmethoden von geschlossenen Turboverdichter-Laufrädern.

| | Schmiedewerkstoffe | | Gußwerkstoffe | |
	gefräst und genietet	geschweißt	als komplette Einheit gegossen	in Elementen gegossen und gelötet
Vorteile	praktisch unbeschränkte Werkstoffauswahl sehr hohe Fertigungsgenauigkeit keine Begrenzungen bezüglich der minimalen Schaufelkanalbreiten; damit für beliebige Abmessungen anwendbar	große Freizügigkeit bezüglich der Laufradgestaltung prinzipiell gegeben ggf. bes. kostengünstige Fertigung möglich, wenn einfache Laufradformen mit geraden oder nur leicht gekrümmten Schaufeln zum Einsatz kommen.	größte Freizügigkeit bei der strömungstechnischen und festigkeitsmäßigen Gestaltung der Laufräder sehr homogene Werkstoffeigenschaften	hohe Maßgenauigkeit auch bei kleinsten Laufradabmessungen bei ggf. wesentlich geringeren Herstellkosten (Modellkosten) gegenüber dem „fertig" gegossenen Laufrad
Anwendungsgrenzen	Beschränkungen bezüglich der anwendbaren Schaufelformen und Kanalverläufe, da die Erfordernisse der Nietverbindung berücksichtigt werden müssen ggf. hoher Zerspanungsaufwand	nicht für beliebige Laufradabmessungen anwendbar, da bestimmte Zugänglichkeit der Schaufelkanäle zur Erzielung einer einwandfreien und prüfbaren Schweißverbindung gewährleistet sein muß Beschränkungen in der Werkstoffauswahl.	spezielle Werkstoffsorte erforderlich Maßgenauigkeit sinkt mit kleiner werdenden Laufradabmessungen. Für sehr kleine Laufräder ($\leq$ 300 mm Ø) i. a. Feinguß erforderlich.	bei großen Laufradabmessungen aus technologischen Gründen kaum realisierbar.
besondere Fertigungserfordernisse	spezielles Knowhow zur Erzielung hochwertiger Nietverbindungen	spezielle Schweißtechnologie und Wärmebehandlungsverfahren	hochentwickelte Form- und Gießtechnik	spezielles Knowhow zur Erzielung einwandfreier Lötverbindungen erforderlich
zweckmäßiger Anwendungsbereich	Einzelfertigung von „konventionellen" Laufrädern mit unverwundenen Schaufeln, insbesondere für mittlere und kleine Abmessungen und größere Laufräder (> 600 m Ø) mit kleinen relativen Kanalbreiten b_2/D	alle Laufräder ab mittleren Durchmessern und mit mittleren bis großen relativen Kanalbreiten b_2/D	„konventionelle" Laufräder ab mittl. b_2/D, die im Sandgußverfahren bei mehrfacher Modellausnutzung hergestellt werden können, und Hochleistungslaufräder mit komplizierten Schaufelformen.	Hochleistungslaufräder mit kleinen bis mittleren Durchmessern ($\leq$ 500 mm Ø) bis zu kleinsten relativen Kanalbreiten b_2/D.

Formschleifen von Nockenwellen. (Quelle: Fortuna-Werke Stuttgart)

Literatur: *Grau, R.,* u. *J. Horn:* Nockenformschleifen. Ind. Anz. 108 (1986) Nr. 63/64, S. 19/22. – *Spur, G.,* u. *Th. Stöferle:* Handb. der Fertigungstechnik. Bd. 3/2. München, Wien 1980.

Formschweißen. Hierunter versteht man eine neue Technologie, die nach der Begriffsbestimmung der Fertigungsverfahren (DIN 8580) in die Gruppe 4.4 „Fügen durch Urformen" einzuordnen ist. Von dieser Fertigungstechnologie wird vor allem im komplizierten Behälterbau sowie bei Bauteilen für die Kerntechnik Gebrauch gemacht. Hier stellt man ein Werkstück, z. B. einen Behälterboden, durch mehrlagiges Schweißen her. Es handelt sich hier also um ein echtes Formgebungsverfahren. Damit kann man Bauteile fertigen, die sich weder durch →Gießen noch durch →Umformen herstellen lassen, weil die ausgewählten Werkstoffe weder gute Gießeigenschaften noch eine ausreichende Umformfähigkeit, z. B. durch Tiefziehen usw., haben. *Doliwa*

Formstoff. Die heutige Gießereitechnologie ermöglicht die Herstellung besserer Formen und die Anwendung rationellerer Formverfahren als in den Jahren nach dem Zweiten Weltkrieg. Voraussetzung war die Entwicklung hochwertiger und teilweise neuartiger F.

Bei den Formgrundstoffen dominieren nach wie vor die gewaschenen und nach Korngrößen klassifizierten Quarzsande, vor allem als Basis für tongebundene F. (Naßgußverfahren) sowie als Hauptbestandteil von Kernsandmischungen. Inzwischen hat sich die Umstellung von Naturformsanden zu synthetischen Formsandmischungen in allen Industrieländern fast völlig vollzogen. In Westeuropa werden Natursande praktisch nur noch für →Kunstguß verwendet. Die Stahlgießereien verarbeiten Chromitsand aus Südafrika und Finnland, weil er nur wenig bereit ist, mit dem flüssigen Stahl zu reagieren. Wegen dieser Eigenschaft hat er den teuren und schweren Zirconiumsand teilweise ersetzt. Die breite Anwendung von Olivinsanden, obwohl zur Herstellung von Manganhartstahl sehr geeignet,

scheitert daran, daß sie für eine Bindung mit säurehärtenden Kunstharzen so gut wie ungeeignet sind.

Grundsätzlich ist zwischen tongebundenen Formsanden, Sandmischungen mit anorganischen oder organischen Bindern sowie bindemittellosen F. mit physikalischer Bindung (Vakuum-Formverfahren) zu unterscheiden.

Tongebundene Formsande. Gebräuchlicher Binder für Naßgußsand ist Bentonit, eine Tonart mit hohem Gehalt an Montmorillonit, dessen Gitter durch Wasserzugabe ziehharmonikaartig quillt und sich bei Verringerung des Wassergehalts (durch Verdunstung oder →Austreiben) wieder zusammenzieht. Die mit der Bentonitaufschlämmung bei der F.-Mischung gut umhüllten einzelnen Quarzkörner werden auf diese Weise fest eingebunden. Vorausgehen muß eine Verdichtung des F. durch Pressen, Rütteln, Gasdruck oder Vakuum.

Bentonit wird außer nach seinem Montmorillonitgehalt nach dem Anteil an unerwünschten Verunreinigungen, die für die thermische Beständigkeit des Bentonits verantwortlich sind, beurteilt. Deutsche Bentonitvorkommen mit Montmorillonitgehalten von 60–90 % befinden sich in Bayern im Gebiet Moosburg-Mainburg-Landshut. Der Gießer bevorzugt wegen seiner bessern Eigenschaften i. a. Na-Bentonite, weshalb Ca-reiche Bentonite mit Na-Ionen aktiviert werden.

F. mit anorganischen Bindern. Wasserglasbinder entwickeln ihre Bindekraft entweder durch die zur Gelbildung notwendige CO_2-Begasung, Mikrowellenenergie oder Härtung mittels Warmluft. Solche Mischungen werden überwiegend als →Kernsand eingesetzt, in geringerem Umfang zum Herstellen von Formen nach dem CO_2-Erstarrungsverfahren.

Wegen der verschärften Umweltschutzauflagen bekommt die Produktion von Einzel- und Großgußstücken nach dem →Zementsand-Formverfahren wieder Auftrieb, zumal die Aushärtezeiten von Zementsand-Mischungen durch Zusatz eines neuentwickelten Aktivators (Mischung von Na- und Ca-Aluminat) auf 15–20 min verkürzt werden können. Eine geringe Zugabe von Aluminiumpulver verkürzt das Aushärten weiter auf 8–12 min. Für die Herstellung einer 10-t-Kokille benötigt man auf diese Weise knapp 14 h gegenüber 46 h bei Einsatz von tongebundenem Formsand, wobei die Arbeitszeiten für Form- und Kernherstellung 8 bzw. 24 h betragen.

F. mit organischen Bindemitteln. Für die Herstellung von Formen werden fast ausschließlich Sande mit kalthärtenden Harzen als Binder eingesetzt. In der Praxis am häufigsten anzutreffen sind die drei Basissysteme Harnstoff-Formaldehydharz, Phenol-Formaldehydharz und die aus Furfuryl-Alkohol entwickelten Furanharztypen. Die Kalthärtung dieser Harze erfolgt durch Zusatz von Säuren, meist

Toluolsulfonsäure oder Phosphorsäure, als Härter.

Die Entwicklung auf diesem Gebiet ist noch nicht abgeschlossen. So wird beispielsweise für Stahlguß der Einsatz von Alkydharzen erprobt oder ein selbsthärtendes, Polyvinylalkohol enthaltendes Bindemittel.

Warmhärtende Harze werden überwiegend als Binder für Kernsande verwendet.

Zusatzstoffe. Bei der Herstellung von →Gußeisen mit Lamellen- oder Kugelgraphit, Temperguß und bestimmten NE-Metallgußlegierungen muß man den bentonitgebundenen Formsanden kohlenstoffhaltige Zusätze beimischen, um ein Anbrennen des F. am →Gußstück sowie Penetration des flüssigen Metalls in die →Sandform zu verhindern. Der durch solche Zusätze gebildete Glanzkohlenstoff verhindert eine unerwünschte Reaktion des Gießmetalls mit dem F.

Üblich ist der Zusatz von Steinkohlenstäuben, deren Wirksamkeit vor allem durch ihren Gehalt an flüchtigen Bestandteilen, das Glanzkohlenstoffbildungsvermögen, die Körnung und die CO-Bildung beeinflußt wird. Neuerdings verwendet man aber auch gemahlene Kunststoffe (Polystyrol, Polyethylen, Polyester und Polyurethane); ferner aliphatische, aromatische und ungesättigte Öle bzw. Kohlenwasserstoffharze sowie Asphaltite und in geringerem Umfang noch Bitumen und Peche.

Sandregenerierung und Deponieverhalten. In einer Formgießerei werden erhebliche Mengen an Form- und Kernsand durchgesetzt. Je nach Art der Gußstücke (Stückgewicht, Sperrigkeit, kernreich-kernarm usw.) schwankt der Anteil an Form- und Kernsand bezogen auf das Metallgewicht in weiten Bereichen. Er kann sogar Werte von 1t F. auf 1t Guß erreichen.

Beim Gießvorgang wird der F. an der Berührungsfläche Form/Metall und bis in eine vom Wärmeinhalt (Wanddicke) der Gußstückpartie abhängige Tiefe in die Formwand hinein hoch erhitzt.

Bei Naßgußsanden bleibt der totgebrannte Bentonit nicht immer als Staub zurück, sondern er umhüllt als quasi keramischer Aufbrand die einzelnen Quarzkörner (Oolithisierungseffekt). Hoch oolithisierter Sand hat eine verringerte Feuerbeständigkeit und liefert damit schlechtere Gußoberflächen. Dieser Teil muß aus dem Kreislaufsand entfernt werden.

Tongenbundene F. lassen sich relativ einfach regenerieren, und zwar durch mechanische Regenerierverfahren, wie Kühlen des vom Ausschlagrost kommenden heißen Sandes, Befreien von Spritzeisen und sonstigen Metallteilen über Magnetabscheider, Brechen von Knollen, Sieben, Entstauben und anschließende Rückführung in einen Altsandbunker, aus dem der nunmehr regenerierte Altsand dem Sandkreislauf wieder zugeführt wird. Der bei der Regenerierung angefallene Schutt kann auf einer Normaldeponie abgelagert werden, sofern er nicht zu hohe Anteile an Harzrückständen aus dem Kernsandabfall oder Verunreinigungen durch Metalloxide und Schlacken über einen Grenzwert hinaus enthält.

Schwieriger ist die Regenerierung von F. mit anorganischer oder organischer Bindung. Um hier wieder zu rieselfähigen Quarzsanden zu kommen, genügt in vielen Fällen die mechanische Aufbereitung durch Zerkleinern und Sieben nicht, sondern es wird eine thermische Aufbereitung bzw. eine kombinierte thermomechanische Sandregenerierung notwendig. Der hierbei anfallende Kernsandschutt muß meist zu Sondermülldeponien gebracht werden. *Doliwa*

Literatur: *Hofmann, F., U. Kleinheyer u. K.-A. Krekeler:* Bessere Formen mit neuen Formstoffen und rationelleren Formverfahren. Gießerei 71 (1984) Nr. 1/2, S. 41/49. – VDG-Merkbl. F 10: Formverfahren, Schema zur Verfahrengegenüberstellung. Düsseldorf April 1983.

Formverfahren, keramisches →Shaw-Verfahren, →Feinguß

Formziehen im Gesenk. F. i. G. oder G.-Ziehen (früher Formstanzen) ist nach DIN 8585, Bl. 4, die Bezeichnung für die für die →Blechumformung wichtige Kombination verschiedener Verfahren des Tiefziehens, Tiefens (Hohlprägen) sowie des Biegens und G.-Drückens (G.-Formen).

Eine wichtige Anwendung des F. i. G. ist das Karosserieziehen. Die örtlich sehr unterschiedliche Beanspruchung und Formänderungsverteilung bei geometrisch komplexen Blechformteilen, die z. T. auch Bereiche ohne plastische Formänderung aufweisen, macht die auf Berechnungen gestützte Verfahrens- und Werkzeugauslegung sehr schwierig. Rechnergestützte Methoden, wie CAD und nichtlineare FEM-Analysis, tragen jedoch dazu bei, die auf diesem Gebiet industrieller Produktion noch dominierende Empirie allmählich abzulösen. Hierbei ist die Formänderungsanalyse ein wichtiges Hilfsmittel. *Lange*

Fortschreitungsgrad. Der F. X_j, auch als Reaktionslaufzahl bezeichnet, charakterisiert den Fortschritt in der j-ten Reaktion. In einem reagierenden System bestehend aus n-Komponenten und m-Reaktionen ergibt sich die Molzahländerung ΔN_i der Komponente i aus den verschiedenen Teilreaktionen. Die Anteile δN_{ij} in der j-ten Reaktion verhalten sich dabei zueinander wie die stöchiometrischen Koeffizienten ν_{ij}:

$$\delta N_{1j} : \delta N_{2j} : \ldots : \delta N_{nj} = \nu_{1j} : \nu_{2j} : \ldots : \nu_{nj} \qquad (1).$$

Unter Einführung des Proportionalitätsfaktors X_j erhält man die Gleichungen

$$\delta N_{ij} = X_j \cdot \nu_{ij} \qquad (2).$$

Der Zusammenhang zwischen dem F. und der Molzahländerung der Komponente i ist gegeben durch

$$\Delta N_i = \sum_{j=1}^{m} \delta N_{ij} = \sum_{j=1}^{m} X_j \nu_{ij} \text{ mit } i = 1,..,n \qquad (3).$$

Zwischen dem Umsatz U_i (auch Stoffänderungsgrad bezeichnet) der Komponente i und dem F. besteht dabei die folgende Beziehung

$$U_i = \frac{\Delta N_i}{N_{io}} = \frac{1}{N_{io}} \sum_{j=1}^{m} X_j \, \nu_{ij} \qquad (4),$$

mit N_{io} eingesetzte Molmenge der Komponente i.

Weinspach

Literatur: Autorenkollektiv: Verfahrenstechnische Berechnungsmethoden. Tl. 5: Chemische Reaktoren. Weinheim 1987. – *Bockhardt, H.-D., P. Güntzschel u. A. Poetschukat:* Grundlagen der Verfahrenstechnik für Ingenieure. Leipzig 1981.

Fouling →Konzentrationspolarisation

Fourier-Gesetz. Man unterscheidet das erste und zweite F.-G. Das erste F.-G. ist ein Ansatz zum Beschreiben der Wärmestromdichte durch Wärmeleitung, wie sie infolge atomarer und molekularer Wechselwirkung unter dem Einfluß ungleichförmiger Temperaturverteilung auftritt:

$$q = -\lambda \text{ grad } T \qquad (1).$$

Die Wärmestromdichte q (in W/m^2) ist danach dem Temperaturgradienten grad T proportional und entgegengerichtet. Der Proportionalitätskoeffizient λ heißt Wärmeleitfähigkeit (in $W/(K \cdot m)$).

Das zweite F.-G. (auch F.-Gleichung genannt) beschreibt die instationäre Wärmeleitfähigkeit in einem als homogen und isotrop angenommenen Stoff. Die F.-Gleichung entspricht der partiellen Differentialgleichung der dreidimensionalen nichtstationären Wärmeleitung. In einem System, in dem zusätzlich Wärmequellen mit der Leistungsdichte W (in W/m^3) vorhanden sind, lautet die F.-Gleichung

$$\rho c_p \frac{\partial T}{\partial t} = \text{div } (\lambda \text{ grad } T) + W \qquad (2).$$

Die Leistungsdichte $W(x,y,z,t)$ kann man z. B. durch elektrische Heizung oder auch durch chemische, biologische oder nukleare Reaktionen erzeugen.

Zum Lösen der Differentialgleichung und damit zum Berechnen der Temperaturverteilung $T(x,y,z,t)$ werden die Anfangs- und Randbedingungen und die räumliche und zeitliche Verteilung der Leistungsdichte W benötigt. *Weinspach*

Literatur: *Bird, R. B., W. E. Stewart u. E. N. Lightfoot:* Transport Phenomena. New York 1960. – *Grigull, U., u. H. Sandner:* Wärmeleitung. Berlin, Heidelberg 1979.

Fourier-Zahl. Die F.-Z. Fo ist eine dimensionslose Kennzahl, die bei der Beschreibung nichtstationärer Wärmeleitungsvorgänge von Bedeutung ist. Sie ist definiert durch

$$Fo \equiv \frac{a \cdot t}{x^2} \qquad (1),$$

mit a als Temperaturleitfähigkeit $\left(a = \lambda/(\rho \cdot c_p) \text{ in } \frac{m^2}{s}\right)$, t Zeit, x charakteristische Abmessung.

Die F.-Z. läßt sich auch interpretieren als das Verhältnis des Wärmestroms durch Wärmeleitung zu dem konvektiven Wärmestrom:

$$Fo = \frac{\text{Wärmestrom durch Wärmeleitung}}{\text{konvektiver Wärmestrom}} \qquad (2).$$

Daneben wird die F.-Z. Fo beim Beschreiben nichtstationärer Diffusionsvorgänge verwendet:

$$Fo \equiv \frac{D \cdot t}{x^2} \qquad (3),$$

mit D als →Diffusionskoeffizient. *Weinspach*

Literatur: *Brauer, H.:* Stoffaustausch einschließlich chemischer Reaktionen. Aarau, Frankfurt a. M. 1971. – *Grassmann, P.:* Physikalische Grundlagen der Verfahrenstechnik. Aarau, Frankfurt a. M. 1970. – *Grigull, U., u. H. Sandner:* Wärmeleitung. Berlin, Heidelberg 1979.

Fraktionierverfahren. Mit Hilfe von F. werden Stoffmischungen in Teilmengen unterschiedlicher Zusammensetzung (Fraktionen) zerlegt. Häufig ist es weder nötig noch zweckmäßig, eine Stoffmischung in möglichst reine Komponenten zu zerlegen. Vielmehr stellen Teilmengen der Ausgangsmischung mit bestimmter Zusammensetzung die gewünschten verwertbaren Produkte des Trennprozesses (F.) dar. Ein bekanntes Beispiel ist die Ethanoldestillation mit einer für Trinkzwecke ungeeigneten ersten Fraktion, dem Vorlauf, in dem gegenüber Ethanol leichterflüchtige Bestandteile angereichert sind, der dann die Fraktion folgt, die für Trinkzwecke aufbereitet wird. Ein weiteres Beispiel von großer Bedeutung ist die Fraktionierung von Erdöl. Dieses besteht aus einer sehr großen Anzahl von Kohlenwasserstoffen, die in den Raffinerien in Rektifikationskolonnen in einzelne Fraktionen mit bestimmten Siedebereichen zerlegt werden.

Als F. eignet sich grundsätzlich jedes Trennverfahren, sofern sich dabei Gruppen von Stoffen mit ähnlichen Eigenschaften abtrennen lassen. Fraktionierungen werden auch als Vortrennung verwendet, wenn eine Auftrennung in einem Schritt unzweckmäßig wäre. Beispielsweise wird die Flüssiggasfraktion bei der Erdölaufarbeitung nach ihrer Abtrennung in Propan-Propylen, Butan, Pentan und Höhersiedende aufgetrennt.   *Brunner*

Fraktionsabscheidegrad →Zyklonabscheider

Fräsen. Spanabhebendes Fertigungsverfahren mit kreisförmiger Schnittbewegung eines meist mehrzahnigen Werkzeugs zur Erzeugung beliebiger Werkstückoberflächen. Die Schnittbewegung verläuft senkrecht oder auch schräg zur Drehachse des Werkzeugs. Die Fräsverfahren werden in der Norm DIN 8589 nach erzeugter Oberfläche, Werkzeugform (Profil) und Kinematik u. a. in Plan-F., Profil-F., Wälz-F., Rund-F. und Form-F. unterteilt.

Wird die Werkstückoberfläche von der Stirnseite des Werkzeugs mit der Nebenschneide erzeugt, spricht man vom Stirn-F. (Plan-F.). Entsprechend wird ein Fräsverfahren, bei dem die Oberfläche durch die Schneiden am Fräserumfang erzeugt wird, als Umfangs-F. (Plan-F.) bezeichnet (Bild 1).

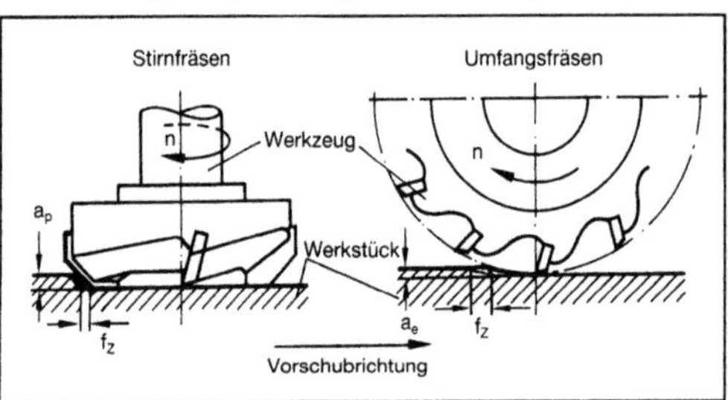

Fräsen 1: Stirn- und Umfangsfräsen.

f_z Vorschub je Zahn, a_p Schnittiefe, a_e Eingriffsgröße

Je nach Werkzeugdreh- und Vorschubrichtung unterscheidet man zwischen Gegenlauf- und Gleichlauf-F. (Bild 2). Beim Gegenlauf-F. laufen Vorschub- und Schnittbewegung gegeneinander, während sie beim Gleichlauf-F. in dieselbe Richtung weisen. Je nach Lage des Fräsers zum Werkstück kann ein Fräsprozeß Anteile von Gegenlauf- und Gleichlauffräsen enthalten, so daß eine eindeutige Zuordnung nicht immer möglich ist. Beim reinen Gleichlauf-F. tritt die Schneide mit einer Nullspanungsdicke ($h = 0$) aus, d. h. die Mindestspanungsdicke wird von einem bestimmten Eingriffswinkel an unterschritten. Es erfolgt dann keine eindeutige Spanabnahme mehr, und es kommt nur noch zu Quetsch- und Reibvorgängen. Entsprechend tritt die Schneide bei reinem Gegenlauf-F. mit einer Nullspanungsdicke ins Werkstück ein.

Im Gegensatz zu anderen Verfahren, wie z. B. Drehen, Bohren usw., befinden sich die Schneiden bei allen Fräsverfahren nicht ständig im Eingriff, sondern es tritt bei jeder Umdrehung des Werkzeugs mindestens eine Schnittunterbrechung je

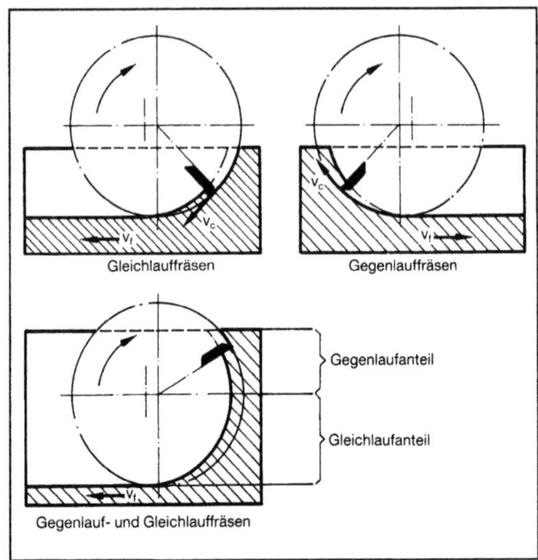

Fräsen 2: Gleich- und Gegenlauffräsen.

Schneide auf. Die Spanungsdicke h verändert sich mit dem Eingriffswinkel φ und erreicht bei $\varphi = 90°$, d. h. wenn die Schneide in Vorschubrichtung weist, ihren maximalen Wert. Zur vollständigen Beschreibung der Zerspanungsbedingungen sind neben den vom Drehen bekannten Größen die Angaben des Werkzeugdurchmessers, der Schneidenanzahl, des Ein- und Austrittswinkels φ_E und φ_A, des Werkzeugüberstands Ü und der Eingriffsgröße a_e notwendig. Die Eingriffsgröße a_e ist die Größe des Eingriffs der Schneide je Umdrehung, gemessen auf der zerspanten Werkstückoberfläche senkrecht zur Vorschubrichtung.

Der Spanwinkel γ setzt sich aus einem radialen Anteil γ_f und einem axialen Anteil γ_p zusammen. Man unterscheidet wie bei anderen Verfahren zwischen einer positiven (γ_f und $\gamma_p > 0$) und einer negativen (γ_f und $\gamma_p \leq 0$) Schneidteilgeometrie. Zur Verbesserung der bei rotierenden Werkzeugen oft problematischen Spanabfuhr hat sich die Wendelspangeometrie ($\gamma_f < 0$, $\gamma_p > 0$) bewährt.

Verschleißursachen beim Fräsen sind neben mechanischem Abrieb Diffusionsvorgänge, Adhäsion und Verzunderungen sowie die durch den unterbrochenen Schnitt bedingten dynamischen und thermischen Wechselbeanspruchungen. Die dynamischen Druckschwellbeanspruchungen können zu Querrissen und die thermischen Wechselbeanspruchungen zu Kammrissen führen und somit Ursache für ein vorzeitiges Erliegen der Schneiden sein.

Diese Rißerscheinungen werden heute nur noch bei erhöhten Beanspruchungen beobachtet. Dies ist auf die Entwicklung spezieller Hartmetallsorten, die Verbesserung der Sintertechniken, die Entwicklung feinkörniger Strukturen und auf Legierungsoptimierungen zurückzuführen.

Durch die ständigen Schnittunterbrechungen haben die Kontaktarten, d. h. die Art der ersten und letzten Berührung zwischen dem Werkstück und Werkzeug, besondere Bedeutung für das Verschleißverhalten und die Ausbruchneigung der Schneidstoffe (Bild 3). Möglich ist dabei ein Punktkontakt (S-, T-, U- oder V-Kontakt), ein Linienkontakt (ST-, TU-, UV- oder VS-Kontakt) oder ein Flächenkontakt STUV. Am günstigsten ist der V-Kontakt, der bei üblichen Werkzeugen nur in einem engen Bereich der Einstellgrößen zu verwirklichen ist. Günstig sind ebenfalls noch T- und U-Kontakt.

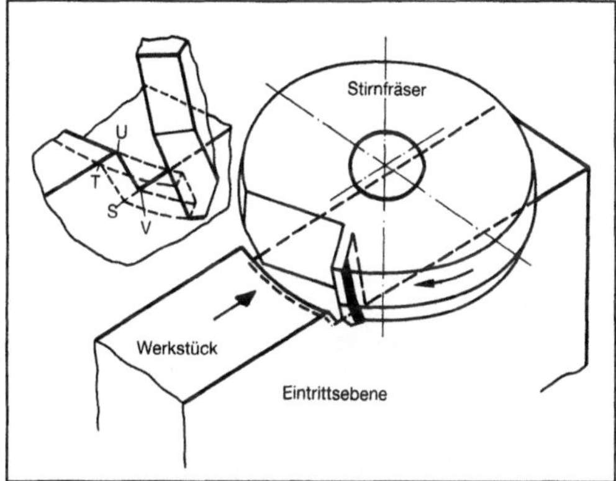

Fräsen 3: Kontaktarten beim Stirnfräsen.

Im allgemeinen ergibt sich bei einem Verhältnis von Eingriffsgröße zu Fräserdurchmesser von $a_e/D = 0{,}5{-}0{,}75$ ein V-Kontakt, so daß der erste Auftreffpunkt ein Punkt der Nebenschneide ist. S-Kontakt, also ein erstes Auftreffen mit der Schneidenspitze, muß vermieden werden. Ungünstige Linien- und Flächenkontakte können durch Variation der Eingriffsverhältnisse, z. B. durch Änderung der Werkzeugachsenstellung zum Werkstück sowie durch entsprechende Schneidteilgeometrie vermieden werden.

Die Schnittunterbrechungen bedeuten für den Schneidstoff thermische und dynamische Wechselbeanspruchungen, die ggf. Kamm- und Querrisse verursachen und damit zum Bruch der Schneide führen können. Die eingesetzten Schneidstoffe müssen daher hohe Zähigkeit, hohe Temperaturwechselbeständigkeit und hohe Kantenfestigkeit aufweisen.

Für die Stahlbearbeitung werden Schnellarbeitsstähle und zähe Hartmetalle der Zerspanungsanwendungsgruppen P 15–P 40, für die Bearbeitung von Guß, NE-Metallen, Kunststoffen und gehärteten Stählen die Sorten K 10–K 30 eingesetzt. Die für das F. eingesetzten Schneidstoffe wurden im Hinblick auf erhöhte thermische und mechanische Wechselbeanspruchung entwickelt und sind daher meist nicht direkt vergleichbar mit den beim Drehen verwendeten Schneidstoffarten.

Nitridkeramik wird bei der Schruppbearbeitung von Grauguß, Mischkeramik beim Feinst-F. von Grauguß, gehärtetem Guß, Einsatz- und Vergütungsstahl sowie gehärtetem Stahl, polykristalliner Diamant beim Fräsen von Aluminium und Kunststoffen mit Erfolg angewendet. Beschichtete Schneidstoffe ergeben zunehmend beim Stirnfräsen von Grauguß wirtschaftliche Vorteile und werden bei der Stahlbearbeitung z. Z. industriell in einigen Fällen angewendet.

Für hohe Schneidenstabilität werden die Schneidkörper mit großen Radien oder Fasen an der Schneidenecke und der Schneide versehen. *König*

Literatur: Autorengruppe: Wettbewerbsfähig durch Nutzung technologischer Reserven; Spanende Bearbeitung. Ind.-Anz. 100 (1978) Nr. 68, S. 50/63. – *Beckhaus, H.:* Kontaktbedingungen beim Stirnfräsen. Diss. TH Aachen 1969. – *Ber, A., S. Kaldor* u. *E. Lenz:* A New Milling Test to Evaluate Carbide Tools. TME 382. Faculty of Mechanical Engineering. Technion Haifa 1980. – *Brandstätter, A.:* Ein Adaptive-Control-Optimization-System für das Fräsen. Diss. Univ. Karlsruhe 1981. – *Dammer, L.:* Ein Beitrag zur Prozeßanalyse und Schnittwertvorgabe beim Messerkopfstirnfräsen. Diss. TH Aachen 1982. – *Deselaers, L.:* Umfangsfräsen mit Hartmetallwerkzeugen. Diss. Univ. Karlsruhe 1970. – *Gather, M.:* Adaptive Grenzregelung für das Stirnfräsen. Diss. TH Aachen 1978. – *Hentschel, B.:* Dynamische Grenzen im System Werkzeugmaschine-Werkzeug-Werkstück zur Spanungsoptimierung der Bearbeitung mittels Fräsköpfen. Diss. TU Dresden 1977. – *Kamm, H.:* Beitrag zur Optimierung des Messerkopffräsens. Diss. Univ. Karlsruhe 1977. – *König, W.:* Fertigungsverfahren. Bd. 1: Drehen, Fräsen, Bohren. Düsseldorf 1990. – *König, W., L. Dammer* u. *M. Hoff:* Das Verschleißverhalten beim Messerkopfstirnfräsen unter Berücksichtigung unterschiedlicher Eingriffsverhältnisse. tz f. prakt. Metallbearbeitung 74 (1980) Nr. 9, S. 39/42. – *König, W.,* u. a.: Technologie der Fertigungsverfahren; Stand und beachtenswerte Neuentwicklungen. wt-Z. f. ind. Fertig. 70 (1980), S. 89/101. – *Kronenberg, M.:* Analysis of Initial Contact of Milling Cutter and Work in Relation to Tool Life. Transactions of the ASME (1946), S. 217/28. – *Kronenberg, M.:* Grundzüge der Zerspanungslehre. 3 Bde. Berlin 1963. – *Lehwald, W.:* Prüfung von Hartmetallen im Hinblick auf die Schneidenbeanspruchung beim unterbrochenen Schnitt. Diss. TH Aachen 1962. – *Mayer, K.:* Schnittkraftmessungen an der rotierenden Fräserschneide. Diss. Univ. Stuttgart 1968. – *Müller, M.:* Zerspankraft, Werkzeugbeanspruchung und Verschleiß beim Fräsen mit Hartmetall. Diss. Univ. Karlsruhe 1981. – *Niklasson, G.:* Standardized Milling Test Proceedings of the 3rd Int. MTDR Conference. Birmingham 1982, S. 55/87. – N. N.: Versuchsanleitung für das Stirnfräsen. Informationszentrum für Schnittwerte (INFOS). Werkzeugmaschinenlabor der TH Aachen. 1980. – *Pandey, P. C., S. M. Bhatia* u. *H. S. Shan:* Thermo-Mechanical Failure of Cement Carbide Tools in Intermittend Cutting. Annals of the CIRP (1979) Bd. 28/1, S. 12/17. – *Pekelharing, A. J.:* Unterbrochener Schnitt mit spröden Werkzeugen. Techn. Rundsch. (1979) Nr. 36, S. 25/26. – *Pekelharing, A. J.:* The Exit Failure in Interrupted Cutting. Annals of the CIRP. Bd. 27/1 (1978), S. 5/10. – *Pekelharing, A. J.:* Unterbrochener Schnitt mit spröden Werkzeugen. Techn. Rundsch. 71 (1979) Nr. 36, S. 25/26. – *Philipp, H.:* Fräsen bei großen Vorschüben. Werkstatt u. Betrieb 114 (1981), S. 183/88. – *Philipp, H.:* Leistungsberechnung beim Fräsen. Werkstatt u. Betrieb 113 (1980), S. 749/52. – *Sack, W.,* u. *B. Bellmann:* Fräswerkzeuge mit Wendeschneidplatten. Werkstatt u. Betrieb 109 (1976)

Nr. 5, S. 249/59. – *Spur, G.*, u. *Th. Stöferle:* Handb. Fertigungstechnik. Bd. 3/1: Spanen. München, Wien 1979. – *Tschirf, L.*, u. *E. Eder:* Standzeit beim mittigen Flächenfräsen nicht rechteckiger Flächen. Werkstatt u. Betrieb 108 (1975), S. 691/94. – *Victor, H.*, u. *H. Kamm:* Standzeit und Verfahrensoptimierung beim Messerkopffräsen. Z. ind. Fertig. 67 (1977) Nr. 9, S. 539/46. – *Vieregge, G.:* Zerspanung von Eisenwerkstoffen. Düsseldorf 1959. – *Warnecke, G.:* Spanbildung bei metallischen Werkstoffen. Gräfelfing/München 1973. – *Weck, M.:* Werkzeugmaschinen. Bd. 1: Maschinenarten, Bauformen und Anwendungsbereiche. Düsseldorf 1980. – *Weilemann, R.:* Beitrag zur Berechnung des Leistungsbedarfs beim Fräsen. Werkstatt u. Betrieb 90 (1957), S. 296/98. – *Winkelmann, P.:* Ermittlung, Darstellung und Anwendung der Standzeitfunktion beim Fräskopffräsen. Diss. TU Dresden 1979. – *Yellowley, I.:* Schnittbedingungen beim Stirnfräsen. Fertigung 9 (1978) Nr. 2, S. 31/37.

Fräsmaschine (Werkzeugmaschine). Auf F. werden Werkstücke mit umlaufenden ein- oder mehrschneidigen Werkzeugen mit definierter Schneide spanend bearbeitet. Die rotatorische Hauptbewegung führt das Werkzeug, die Vorschubbewegung meist das Werkstück aus. Eine F. setzt sich aus den Hauptbaugruppen →Maschinenbett oder Konsole mit Grundplatte, Bettschlitten oder Kreuztisch, Tisch, Spindelkasten und Ständer (Bild) zusammen. Während des Fräsens ändern sich die Zerspankräfte fortwährend in Größe und Richtung. Daher sind F. hohen statischen und dynamischen Beanspruchungen ausgesetzt. Die Vorschubantriebe der Tische und Schlitten sollen spielfrei ausgeführt werden. Um optimale Schnittflächen zu erzielen, muß man die →Hauptspindel radial und axial spielfrei lagern. Die Weiterentwicklung der Schneidstoffe fordert zusätzlich eine hohe Dämpfung der Drehschwingungen bei den Hauptspindeln. Der Hauptspindelantrieb sollte möglichst stufenlos und spielfrei erfolgen. Dies dient insbes. der Erhöhung der Werkzeugstandzeiten. Hohe Anforderungen werden auch an die Führungen gestellt. Sie müssen zum einen hohe Gewichte aufnehmen und zum anderen möglichst leicht und ohne zu rucken (stick-slip) bewegbar sein.

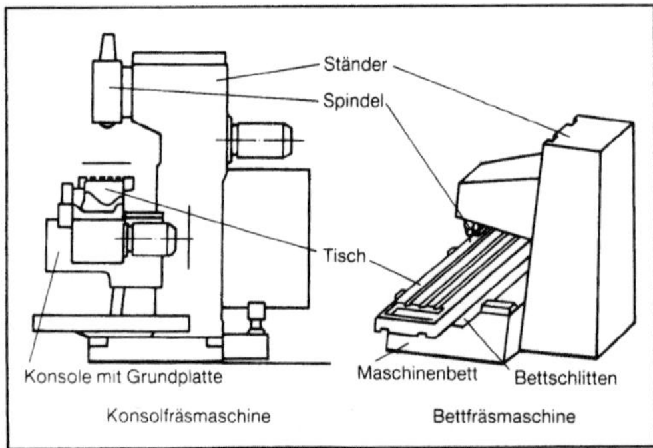

Fräsmaschine (Werkzeugmaschine): Hauptbaugruppen.
a) Konsolfräsmaschine
b) Bettfräsmaschine.

Da dies z. T. widersprechende Forderungen sind, ist je nach Anwendungsfall der geeignetste Kompromiß zu finden.

In zunehmendem Maße wird die Handbedienung und der zentrale →Vorschubantrieb (mit Getriebe und Verteilung über Kupplungen) durch Einzelantriebe und numerische Steuerungen verdrängt.

Eingeteilt werden die F. hauptsächlich nach ihrem Konstruktionsprinzip. Man unterscheidet Konsol-F., Bett-F., Langbett-F., Einständer-F. und Zweiständer-F. Weitere Einteilungsgesichtspunkte sind die Lage der Hauptachsen. Sie können entweder senkrecht (Senkrecht-F.) oder waagrecht (Waagrecht-F.) angeordnet werden.

Bauarten für besondere Fräsverfahren sind Wälz-F., Gewinde-F. und Kopier-F. *Schulz*

Literatur: *Dubbel:* Taschenb. Maschinenbau. Berlin, Heidelberg, New York 1981. – *Spur, G.*, u. *Th. Stöferle:* Handb. Fertigungstechnik. Bd. 3/1: Spanen. München, Wien 1979. – *Weck, M.:* Werkzeugmaschinen. Bd. 1. Düsseldorf 1980.

Freifläche →Verschleißform

Freiflächenverschleiß. Infolge des Werkzeug-Werkstück-Kontaktes kommt es während des Zerspanungsvorgangs zur Ausbildung eines F., der häufig als Kriterium für die Standzeit des Werkzeugs dient. Diese →Verschleißform kann sowohl auf der Haupt- als auch auf der Nebenfreifläche des Schneidteils auftreten. Die meßtechnische Erfassung des F. erfolgt an Hand der Verschleißmarkenbreiten VB, VB_{max} und des Schneidenversatzes $SV\alpha$. *König*

Freiformdrehen →Formdrehen

Freiformen. F. ist eine Untergruppe des Umformens (DIN 8580) und ist als →Druckumformen mit nicht oder nur teilweise die Form des Werkstücks enthaltenden, gegeneinander bewegten Werkzeugen definiert. Die Werkstückform entsteht dabei durch freie oder programmgesteuerte Relativbewegung zwischen Werkzeug und Werkstück, sog. kinematische →Gestalterzeugung.

Nach DIN 8583, Bl. 3, zählen zum F. die Verfahren Recken, Rundkneten, Breiten, Stauchen, Treiben, Schweifen und Dengeln mit einer Reihe von Unterverfahren, z. B. beim Recken (Bild 1) und Stauchen (Bild 2).

Die Freiformverfahren sind die Grundverfahren des Freiformschmiedens und haben daneben auch für die Vor- und Zwischenformung beim Gesenkschmieden eine große Bedeutung. Unter dem Einfluß numerischer Steuerungen haben sich Freiformverfahren z. T. zu wirtschaftlichen und genauen neuen Technologien, z. B. NC-Radialumformen mit neuen Maschinenkonzepten, entwickelt (Bild 3 und 4).

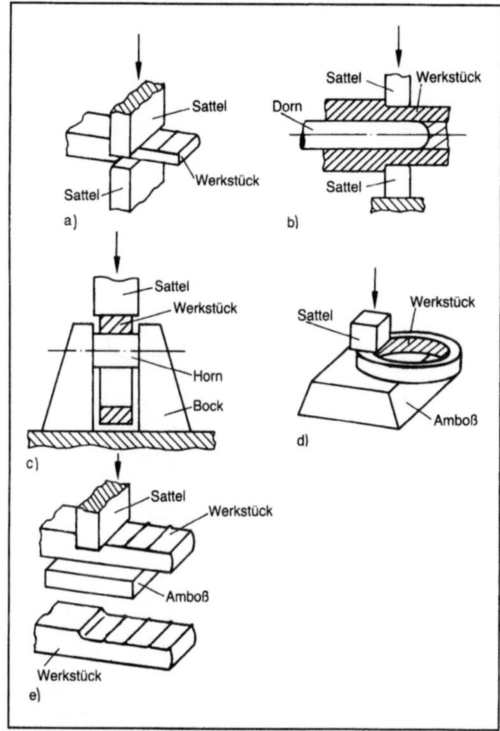

Freiformen 1: Verfahren des Reckens. (Quelle: DIN 8583, Bl. 3)
a) Recken von Vollkörpern
b) Recken von Hohlkörpern
c) Aufweiten
d) Beihalten
e) Absetzen.

Die Freiformverfahren sind die Kernverfahren des Freiformschmiedens (→Schmieden). *Lange*

Literatur: *Lange, K.:* NC-Radial Forging – a new concept in flexible automated manufacturing of precision forging in small quantities. Proc. 25th MTDR Conf. University of Birmingham. 1985. – *Lange, K.:* Umformtechnik. Handb. f. Ind. u. Wiss. Bd. 1: Grundlagen, Bd. 2: Massivumformung. Berlin, Heidelberg, New York, Tokio 1984/1988.

Freiheitsgrad (Roboter) →Industrieroboter-Teilsystem

Freiwinkel →Schneidteil

Fremdstoff. Stoffe, die beabsichtigt oder unbeabsichtigt in Lebensmittel gelangen, die aber von Natur aus nicht in der Nahrung vorkommen. Unter einer anderen, in diesem Zusammenhang häufig genannten Stoffgruppe, den Zusatzstoffen, versteht man solche Stoffe, die einem Lebensmittel im Laufe seiner Verarbeitung absichtlich zugesetzt werden. Teilweise überdecken sich die beiden Begriffe.

Die absichtlich zugesetzten Stoffe lassen sich nach ihrem Verwendungszweck unterscheiden in Stoffe

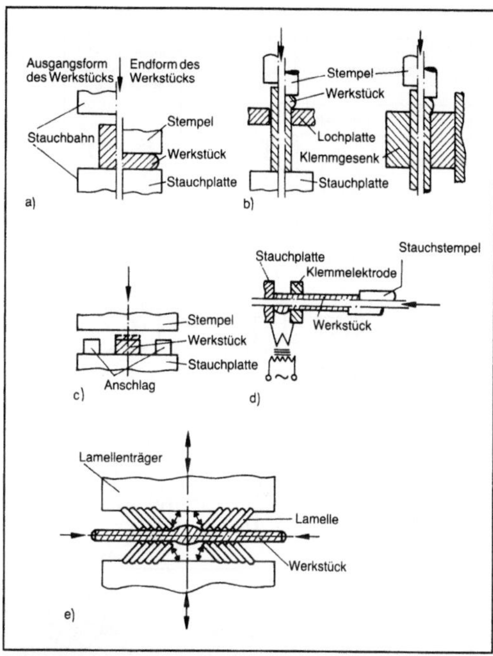

Freiformen 2: Verfahren des Stauchens. (Quelle: DIN 8583, Bl. 3)
a) Stauchen
b) Anstauchen (Wirkrichtung der Druckkraft in Wirkrichtung der Umformmaschine)
c) Maßprägen
d) Elektroanstauchen
e) Anstauchen (Wirkrichtung der Druckkraft senkrecht zur Wirkrichtung der Umformmaschine).

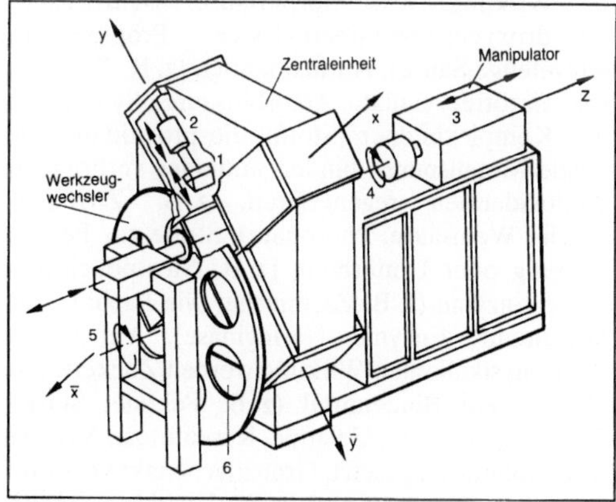

Freiformen 3: Numerisch gesteuertes Radialumformen. Flexible Radialumformmaschine. (Inst. f. Umformtechnik, Universität Stuttgart)

Technische Daten: Stößelnennkraft 500 kN, Stößelgeschwindigkeit 50 mm/s, Stößelhub maximal 50 mm, Werkstückabmessungen maximal 150 mm×150 mm×800 mm, Werkzeugkapazität 6 Werkzeuge (davon 5 im Speicher)
Zentraleinheit: 1 Hub (hydraulisch), 2 Hublage (mechanisch);
Manipulator: 3 Vorschub, 4 Drehen; Werkzeugwechsel: 5 Wechselbewegung, 6 Speicherposition

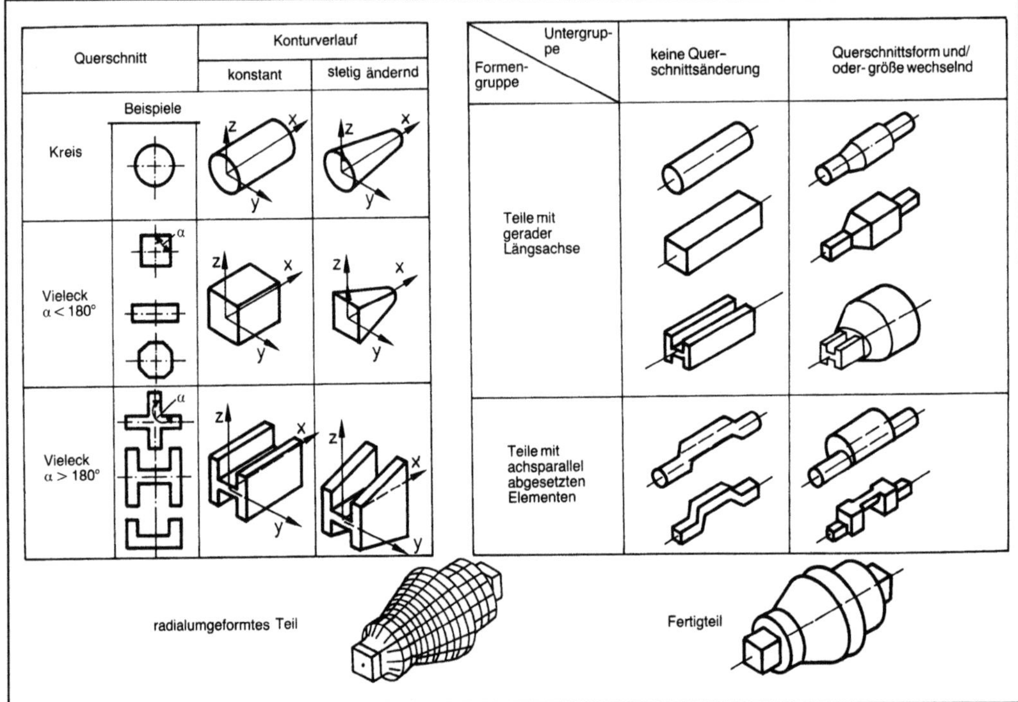

Freiformen 4: Numerisch gesteuertes Radialumformen: Werkstückgeometrie-Spektrum.

mit chemischer, physikalischer, physiologischer oder sonstiger Wirkung. Unter den Stoffen mit chemischer Wirkung sind als wichtigste zu nennen die Konservierungsstoffe (Stoffe mit antimikrobieller Wirkung, z. B. Sorbinsäure, Benzoesäure, p-Hydroxybenzoesäureethylester, Propionsäure, schwefelige Säure), Antioxidantien (z. B. Tocopherole, Carotine, Gallate, Ascorbinsäure), Synergisten und Komplexbildner (Stoffe, die prooxidativ wirkende Metallspuren binden und/oder verbrauchte Antioxidantien regenerieren, z. B. Zitronen-, Milch-, Weinsäure, Phosphate), Stoffe zur Farberzeugung oder Umfärbung (z. B. Nitritpökelsalze) sowie Enzyme (z. B. Zartmacher wie Papain, stärkespaltende Enzyme, Naringinase). Auf Grund ihrer physikalischen Wirkung werden Zuckerungs-, Gelier- und Bindemittel (z. B. Pektine, Stärke, Dextrine, Alginate, Gelatine, Kaseine) zur Viskositätserhöhung eingesetzt. Grenzflächenaktive Stoffe, vor allem Emulgatoren (z. B. Lecithine, Mono-Diglyceride und Polyglycerinester von Speisefettsäuren, Fruchtsäureester von Mono-Diglyceriden), dienen zur Stabilisierung der inneren Phase von Emulsionen, als Triebmittel zur Erzielung einer lockeren Struktur von Backwaren. Eine Reihe von Überzugsmitteln verwendet man zum Schutz vor Austrocknung oder Mikroorganismenbefall. Weitere Zusatzstoffe sind schaumbildende und -stabilisierende sowie schaumverhindernde Stoffe.

Unbeabsichtigt in Lebensmittel gelangende Verunreinigungen (filth) bestehen in erster Linie aus Sand, Staub, Insekten und Larven sowie Rückständen aus Verarbeitungsmaschinen und Verpackungsmaterialien. Sie können durch Filthtests gemessen werden.

In Deutschland sind die Verwendung von F. und Zusatzstoffen sowie mengenmäßige Auflagen nach dem Prinzip der Positivlisten im deutschen Lebensmittelgesetz, der Verordnung über die Zulassung von Zusatzstoffen zu Lebensmitteln, der Verordnung über das Inverkehrbringen von Zusatzstoffen und einzelnen wie Zusatzstoffe verwendeten Stoffen sowie weiterer Verordnungen für bestimmte Stoffe (z. B. Aromenverordnung, Farbstoffverordnung, Pflanzenschutz-Höchstmengen-Verordnung) geregelt. *Kerner/Loncin*

Literatur: Deutsche Forschungsgemeinschaft. Bewertung von Lebensmittelzusatz- und -inhaltsstoffen. Weinheim 1985. – Handbook of Food Additives. 2. Aufl. Vol. II. Cleveland/Ohio 1980. – *Heimann, H.:* Grundzüge der Lebensmittelchemie. Darmstadt 1976.

Fugazitätskoeffizient. Der F. Φ_i ist ein Korrekturfaktor zum Beschreiben der Druckabhängigkeit des chemischen Potentials. Er kennzeichnet die Abweichung eines realen Stoffs im reinen realen Zustand (Φ_{oi}, p) oder in der Mischung (Φ_i, p) vom Zustand des idealen Gases bei einem Druck p. Der F. eines reinen Stoffs Φ_{oi} ist definiert durch

$$f_i \equiv \Phi_{oi} \cdot p \qquad (1),$$

mit f_i Fugazität des reinen Stoffes i, p Gesamtdruck, und der F. der Komponente i in der Mischphase Φ_i durch

$$\tilde{f}_i \equiv \Phi_i \cdot p_i \qquad (2),$$

mit f_i Fugazität der Komponente i im realen Gemisch, p_i Partialdruck der Komponente i.

Zwischen den F. Φ_i und Φ_{oi} und dem →Aktivitätskoeffizient γ_i besteht der folgende Zusammenhang:

$$\gamma_i = \frac{a_i}{x_i} = \frac{\Phi_i}{\Phi_{oi}} \qquad (3),$$

mit a_i Aktivität der Komponente i, x_i Molanteil der Komponente i.

Den F. kann man über Zustandsgleichungen ermitteln. *Weinspach*

Literatur: Autorenkollektiv: Thermodynamik der Mischphasen. Leipzig 1973. – Autorenkollektiv: Verfahrenstechnische Berechnungsmethoden. Tl. 5: Chemische Reaktoren. Weinheim 1987.

Fügen. Unter F. werden im fertigungstechnischen Sinne alle diejenigen Verfahren zum Herstellen von Verbindungen zusammengefaßt, bei denen durch Zusammenbringen von zwei oder mehr Werkstücken geometrisch bestimmter fester Form oder von ebensolchen Werkstücken mit formlosem Stoff jeweils örtlich und somit im Ganzen ein höherer Zusammenhalt geschaffen wird. Hierzu zählt auch das F. verschiedener Stellen eines und desselben Körpers (z. B. eines Rings). Mit Ausnahme derjenigen Fertigungsverfahren, bei denen durch Aufbringen von Schichten aus formlosen Stoffen keine makrogeometrischen Formveränderungen während des Fertigungsablaufs erzeugt werden, sind die Fügeverfahren nach DIN 8593 nach den Oberbegriffen Zusammensetzen, Füllen, An- und Einpressen, F. durch Urformen, Umformen, Schweißen, Löten, Kleben sowie textiles F. geordnet (Bild 1). Die F.-Verfahren haben insbes. in der Montagetechnik große Bedeutung.

Zusammensetzen ist das Zusammenbringen von Werkstücken durch Auflegen, Einlegen, Ineinanderschieben, Einhängen, Einrenken und federnd Einspreizen. Das Verbleiben im gefügten Zustand wird i. a. durch Schwerkraft, Kraftschluß, Formschluß oder Kombinationen davon bewirkt (Bild 2).

Füllen ist eine Sammelbenennung für das Einbringen von gas- oder dampfförmigen, flüssigen, breiigen oder pastenförmigen, ferner von festen, pulverigen oder körnigen Stoffen oder kleinen Körpern in hohle oder poröse Körper.

Zum An- und Einpressen zählen die F.-Verfahren, bei denen die F.-Teile sowie etwaige Hilfsfügeteile nur elastisch verformt werden und ungewolltes Lösen durch Haftkraft verhindert wird. Hierzu gehört das Schrauben (Bild 3), das Klemmen (Bild 4), das Klammern (Bild 5), das F. durch Preßverbindung (Bild 6) sowie das Nageln, Verkeilen und das Verspannen (Bild 7).

F. durch Urformen ist ein Oberbegriff für die Verfahren, bei denen zu einem Werkstück ein

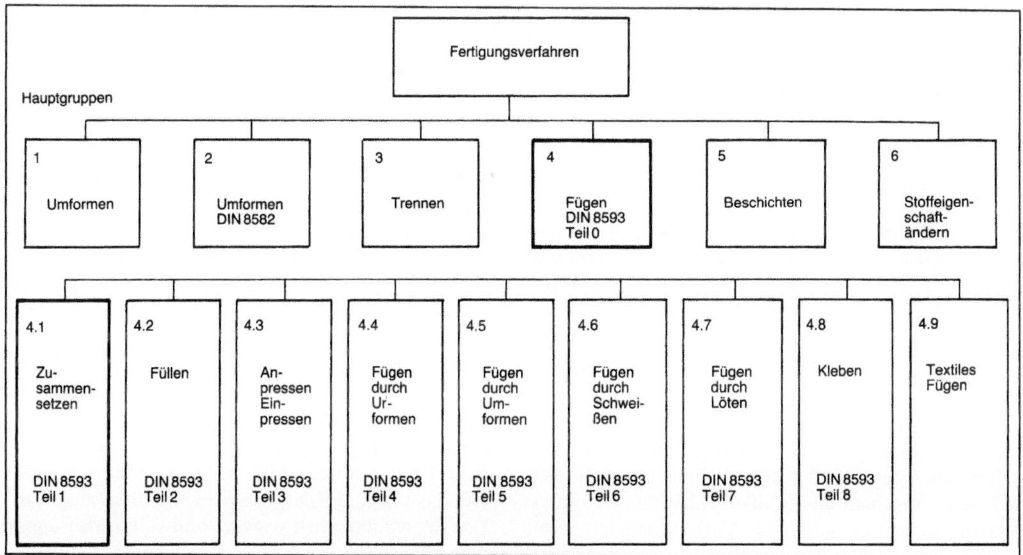

Fügen 1: Einteilung der Fügeverfahren. (Quelle: DIN 8593 a. a. O.)

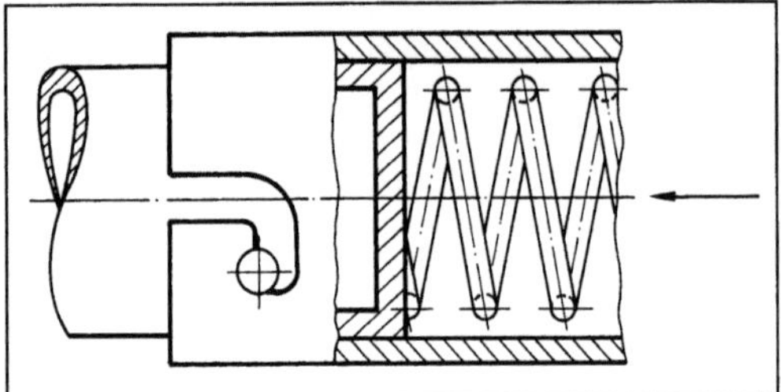

Fügen 2: Einrenken. (Quelle: DIN 8593 a. a. O.)

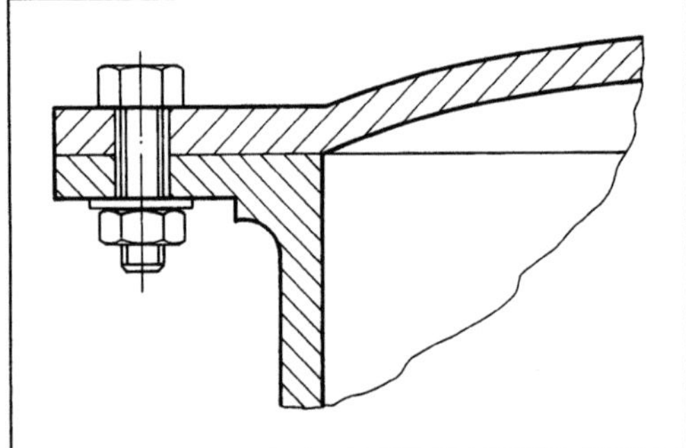

Fügen 3: Schrauben.

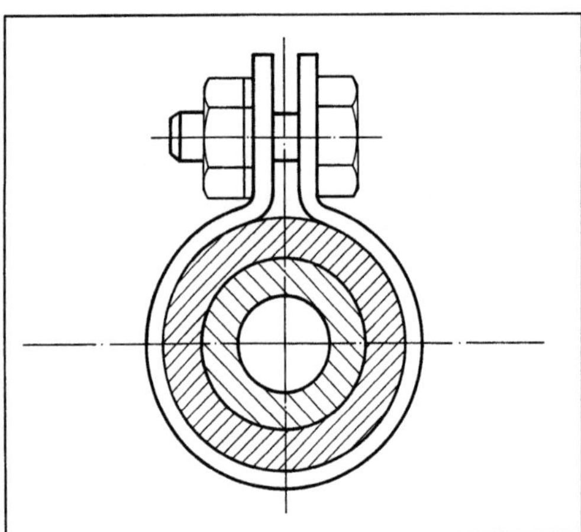

Fügen 4: Klemmen.

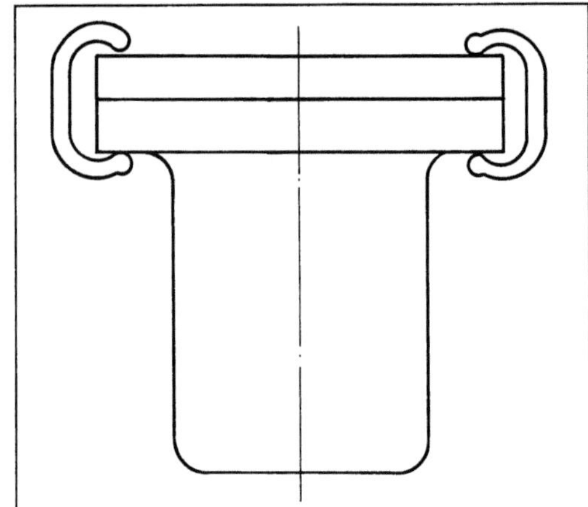

Fügen 5: Klammern.

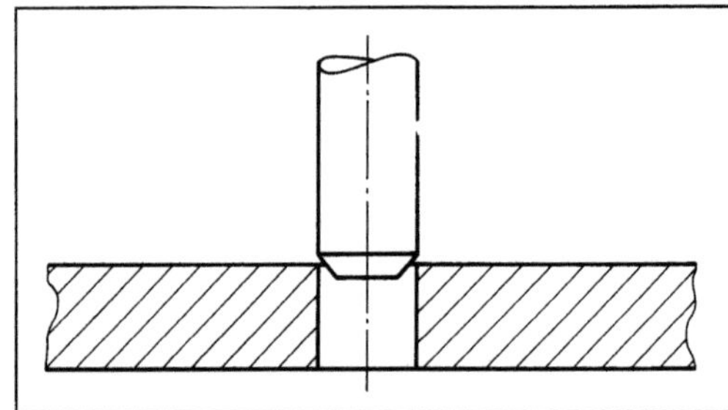

Fügen 6: Verstiften.

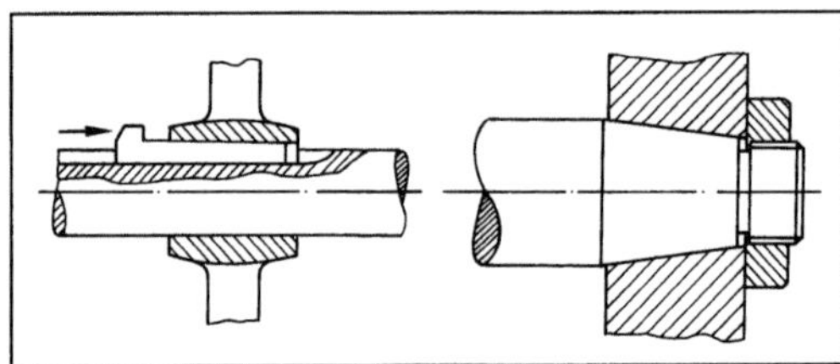

Fügen 7: Verkeilen und Verspannen. (Quelle: DIN 8593 a. a. O.)

Ergänzungsstück aus formlosem Stoff gebildet wird (z. B. Ausgießen einer Lagerschale in einem Gehäuse) oder bei denen mehrere F.-Teile durch dazwischengebrachten formlosen Stoff verbunden oder in formlosen Stoff Metallteile o. ä. (z. B. zum Erhöhen der Festigkeit) eingelegt werden (Bild 8 und 9).

Das F. durch Umformen umfaßt Verfahren, bei denen die Fügeteile oder Hilfsfügeteile örtlich oder auch ganz umgeformt werden. Die Umformkräfte können mechanischer, hydraulischer, elektromagnetischer Art sein. Die Verbindung ist durch Formschluß gegen ungewolltes Lösen gesichert. Hierzu zählt das Drahtflechten (Bild 10), das gemeinsam Verdrehen, Verseilen, Spleißen, Knoten und Wickeln mit Draht (Bild 11), das Körnen und Kerben (Bild 12), das Fließpressen, Ummanteln, Weiten, Engen, Bördeln, Umwickeln, Verlappen, gemeinsam Biegen oder Verdrehen und Einspreizen (Bild 13 bis 16) sowie das Nieten (Bild 17).

F. durch Schweißen ist das Vereinigen von Werkstoffen in der Schweißzone unter Wärme und/oder Kraft mit oder ohne Schweißzusatz. Es kann durch Schweißhilfsstoffe, z. B. Schutzgase, Schweißpulver oder Pasten, ermöglicht oder erleichtert werden. Die dazu nötige Energie wird von außen zugeführt. Das Schweißen wird sowohl zum F. (Verbindungsschweißen) als auch zum Beschichten (Auftragsschweißen) verwendet. Nach DIN 1910 unterschei-

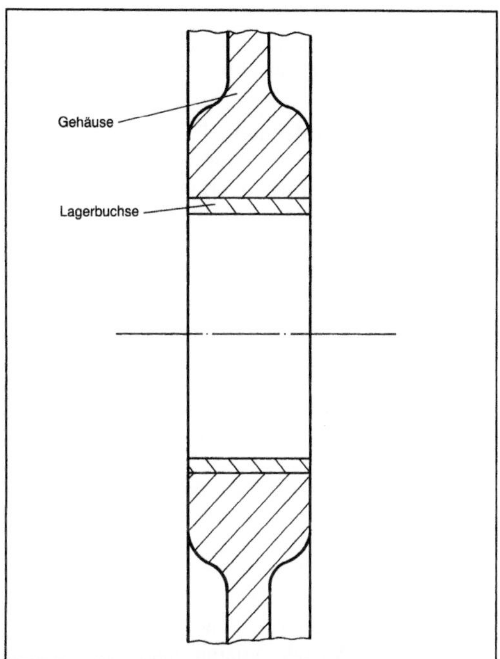

Fügen 8: Ausgießen einer Lagerschale in einem Gehäuse.

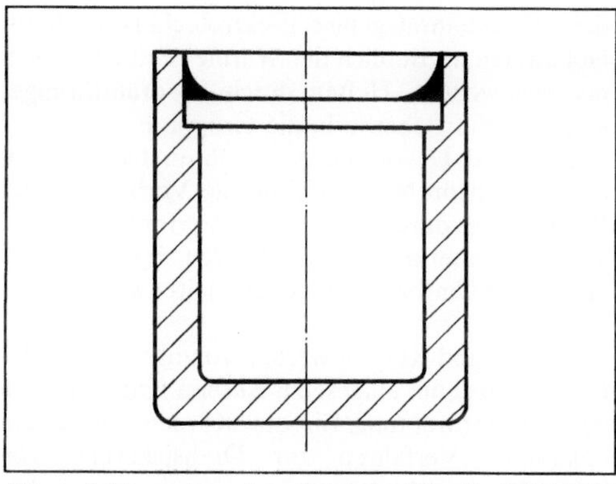

Fügen 9: Vergießen eines Deckels. (Quelle: DIN 8593 a. a. O.)

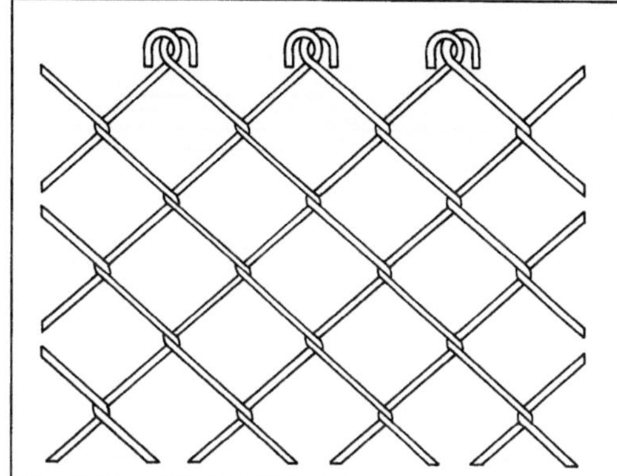

Fügen 10: Drahtflechten.

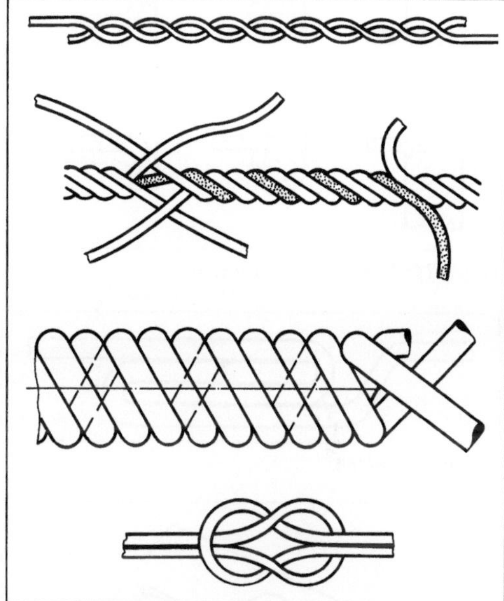

Fügen 11: Verdrehen, Verseilen, Spleißen und Knoten.

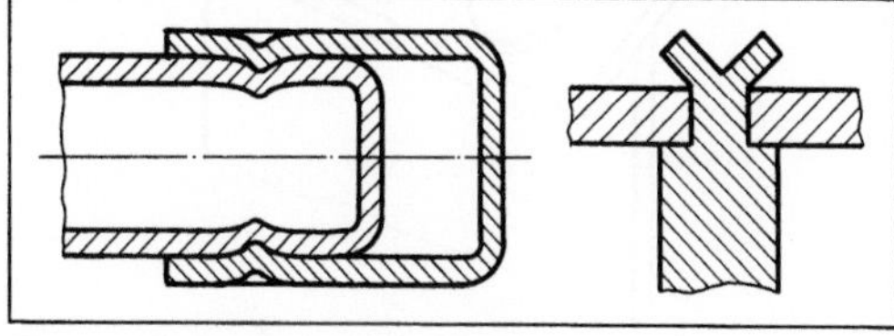

Fügen 12: Körnen und Kerben.

det man als Oberbegriffspaare das Metall- und →Kunststoffschweißen, das Schmelz- und →Preßschweißen.

Das F. durch Löten ist nach DIN 8505 ein thermisches Verfahren zum stoffschlüssigen F. (Verbindungslöten) und Beschichten (Auftragslöten) von Werkstoffen, wobei eine flüssige Phase durch Schmelzen eines Lots (Schmelzlöten) oder durch Diffusion an der Grenzfläche Lot/Grundwerkstoff (Diffusionslöten) entsteht. Die Grundwerkstoffe werden dabei nicht aufgeschmolzen.

Kleben ist das F. mit →Klebstoff, d. h. eines nichtmetallischen Werkstoffs, der F.-Teile durch Flächenhaftung und innere Festigkeit (Adhäsion und Kohäsion) verbindet. Zum Erreichen optimaler Adhäsion muß der Klebstoff die Klebflächen benetzen. Die Abbindung der Klebschichten kann physikalisch (Verdunsten, Abkühlen) und/oder chemisch (Reaktion der Klebstoffkomponenten) erfolgen. Während des Abbindens sind alle Klebungen unter ausreichendem Preßdruck in der gewünschten Fügelage zu fixieren.   *Dorn*

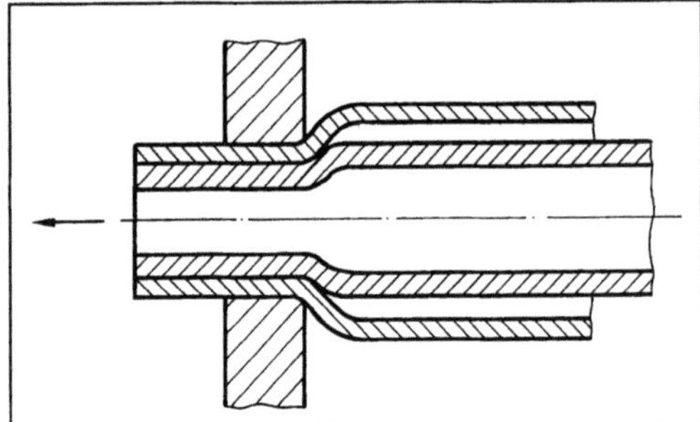

Fügen 13: Ummanteln.

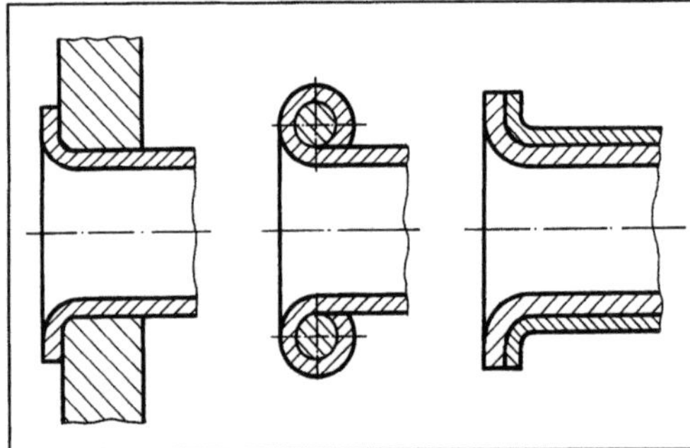

Fügen 14: Fügen durch Bördeln.

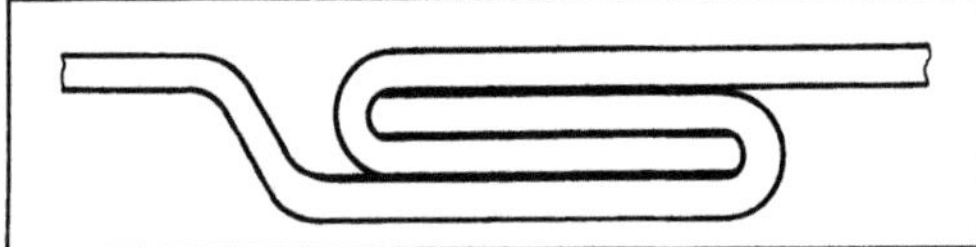

Fügen 15: Falzen.

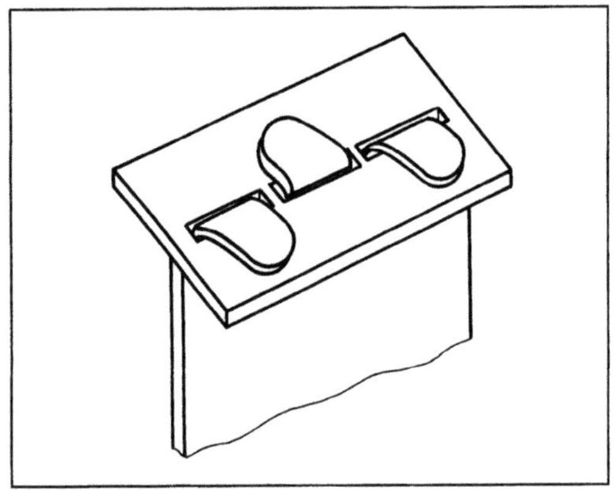

Fügen 16: Verlappen durch Biegen.

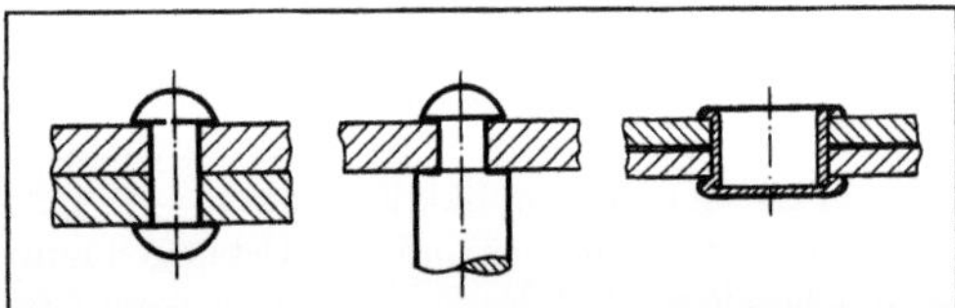

Fügen 17: Nieten. (Quelle: DIN 8593 a. a. O.)

Literatur: DIN 8593: Fertigungsverfahren Fügen. Hrsg. Dt. Inst. für Normung. Ausg. 1985. – DIN 1910: Schweißen. Hrsg. Dt. Inst. für Normung. Ausg. 1983.

Fügen durch Umformen. F. ist das auf Dauer angelegte Verbinden oder sonstige Zusammenbringen von zwei oder mehr Werkstücken geometrisch bestimmter Form. Nach DIN 8593 bezieht sich F. d. U. auf alle Verfahren, bei denen durch Formschluß eine Verbindung hergestellt und gegen ungewolltes Lösen gesichert wird. Die Fügeteile werden meistens nur örtlich umgeformt. Das Lösen von durch U. gefügten Verbindungen bewirkt an den betreffenden Teilen Veränderungen, Schädigungen oder gar Zerstörung. Entsprechend der Einteilung nach DIN untergliedert sich das F. d. U. in die drei Bereiche:

□ F. d. U. drahtförmiger Körper,
□ F. d. U. bei Blechen, Rohren und Profilen,
□ F. durch Nietverfahren.

F. drahtförmiger Körper erfordert eigene Verfahren wie das Drahtflechten, Spleißen und das Verseilen zum Herstellen von Seilen und Kabeln. Das Verfahren →Wickeln kommt bei drahtförmigen Werkstoffen als Umwickeln bzw. Auf- und Abwickeln häufig zur Anwendung (z. B. Spulen- und Motorenherstellung). Das Umwickeln wird neben dem Haupteinsatzgebiet Elektrotechnik auch für Isolationen im Bereich der Wärme- und Kältetechnik angewendet. Heften durch U. drahtförmiger Körper gehört ebenso in die Gruppe F.

Beim F. d. U. von Blechen, Rohren und Profilteilen sowie beim Nieten erfolgt die Verbindung der Werkstücke durch plastisches Verformen, deren Verfahrensmerkmale z. T. aus den Fertigungsverfahren der Umformtechnik hergeleitet werden können.

Kerben und Körnen werden vorzugsweise in der Feinwerktechnik eingesetzt. Kerben findet vielfach bei der Verdrahtung Einsatz. Körnen gilt als ein bekanntes Verfahren zur Drehsicherung von Schrauben und Muttern.

Beim →Weiten wird der Formschluß dadurch erzielt, daß ein hohles Innenteil in ein Loch im Gegenwerkstück gesteckt wird und durch Innen- oder Randdruck eine unlösbare Verbindung entsteht. Alle metallischen Hohlkörper können durch Knickbauchen oder durch Aufweiten mit kugeligen oder kegeligen Dornen geweitet werden.

Rohre aus metallischen Werkstoffen fügt man durch →Kaltumformung, z. T. durch den Einsatz von Wirkmedien (Innendruck) oder Wirkenergien (z. B. elektromagnetisches U.). Beim F. durch Engen werden immer rotationssymmetrische Teile – meistens Rohrstücke – verbunden. Dabei wird ein Außenteil über ein Innenteil geschoben und kraft- oder formschlüssig verjüngt. Zu diesem Verfahren gehören das Rundkneten (z. B. Reduzieren von

Rohrdurchmessern), Einhalsen (Bild 1) und →Sikken. Beim Einsatz von wärmeschrumpfenden Kunststoffen kann durch Engen eine isolierende Hülle über ein Werkstück geschrumpft werden.

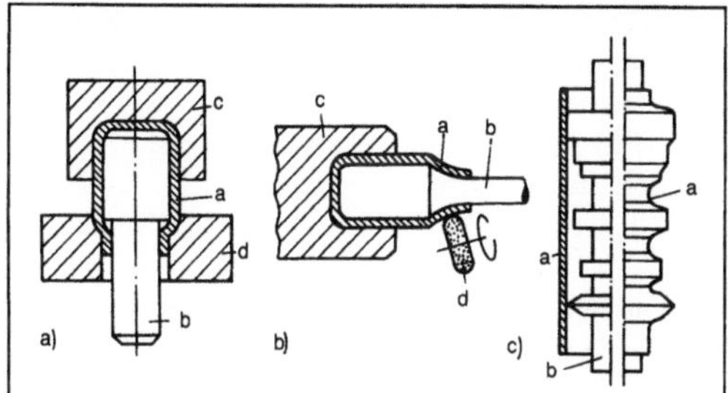

Fügen durch Umformen 1: Fügen durch Einhalsen.

a) Einhalsen durch Durchdrücken
b) Einhalsen durch partielles Drücken
c) Einhalsen durch Erwärmen.

a, b Fügeteile, c, d Werkzeuge

Beim Bördeln von Blechen werden die Werkstückränder winklig gestellt. Zum Fügen genügt ein Bördel an den zu verbindenden Werkstücken. Durch Zusammenlegen, Ineinanderstecken und Umklammern werden unter Anwendung einfacher Umformvorgänge (→Stauchen, Strecken) nicht lösbare, starre Verbindungen hergestellt. Das Fassen von Linsen in metallischen Rahmen erfolgt z. B. durch Bördeln.

Ein Fertigungsverfahren des Biegeumformens ist das Falzen, bei dem keine Wanddickenminderung erfolgt. Unter Falzen versteht man das Umbiegen, Zusammendrücken und Zusammenhaken von Blechen (Bild 2). Durch plastische Verformung an den Rändern stellt man durch Einfachfalzen eine unlösbare Verbindung her. Werden an einem Teil zwei 180°-Abbiegungen vorgenommen, entsteht ein Doppelfalz, der sich durch eine große Steifigkeit und Dichtheit gegen Auslaufen von Flüssigkeiten auszeichnet. Daher müssen Werkstoffe mit hoher Dehnung eingesetzt werden.

Das gebräuchlichste Verfahren zum Verbinden von Blechteilen bis ca. 2 mm Dicke ist das Verlappen (Bild 3). Eines der zu verbindenden Werkstücke trägt dabei eine vorstehende Kappe, die man in die Durchbrüche des anderen Werkstücks setzt. Man unterscheidet zwischen formschlüssigem Biegelappen und kraftschlüssigem Drehlappen. Vorteilhaft ist, daß die Verlappung bereits an den zu fügenden Werkstücken angebracht wird und durch einfache Umformvorgänge starre Verbindungen herzustellen sind. Verlappungen sind jedoch nur bedingt lösbare Verbindungen, die insbes. nicht mehrmals zu fügen und zu lösen sind.

Weitere unlösbare Fügeverbindungen entstehen durch Einspreizen (Bild 4). So können metallische

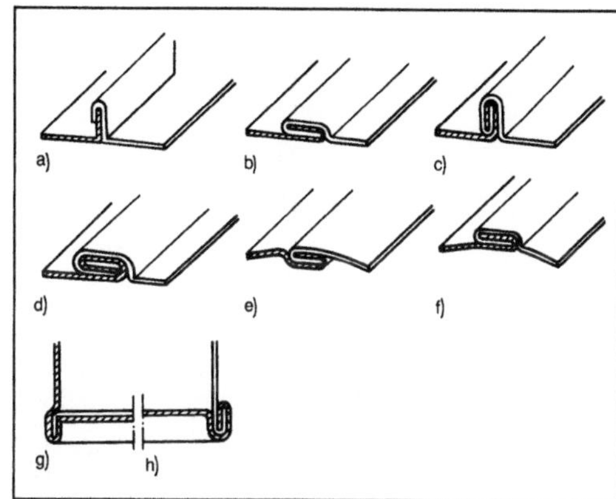

Fügen durch Umformen 2: Falzarten zum Verbinden von Blechen.
a) Stehender Falz
b) Liegender Falz
c) Stehender Doppelfalz
d) Liegender Doppelfalz
e) Innenfalz
f) Außenfalz
g) Einfacher Bodenfalz
h) Doppelter Bodenfalz.

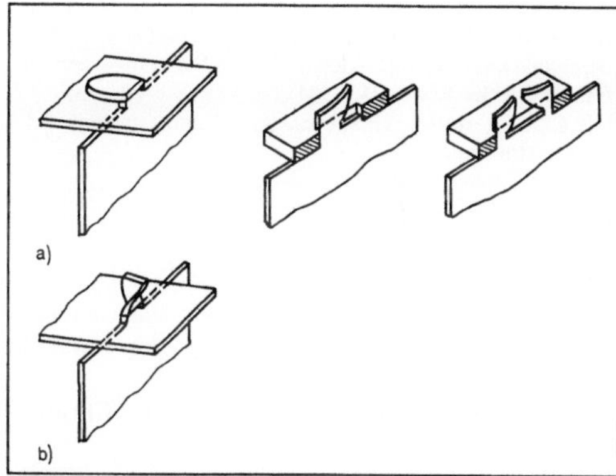

Fügen durch Umformen 3: Arten der Verlappungen.
a) Biegeverlappungen
b) Drehverlappungen.

Werkstücke (Bolzen, Bleche) in nachgiebigere Stoffe (z. B. Holz, Kunststoffe) eingespreizt werden. Das Verfahren findet häufig Einsatz beim Anbringen von Befestigungselementen.

Als ein jüngeres Verfahren hat sich das Durchsetzfügen bewährt. Durch Einschneiden mit nachfolgendem Stauchen werden zwei übereinanderliegende Bleche mit einem breiten Formschluß gefügt. Durch dieses Verfahren lassen sich zwei Werkstoffe unterschiedlicher Eigenschaften kostengünstig verbinden.

Zu der letzten Gruppe von F. d. U. gehört das Nieten, Hohlnieten, das Zapfnieten und das Hohl-

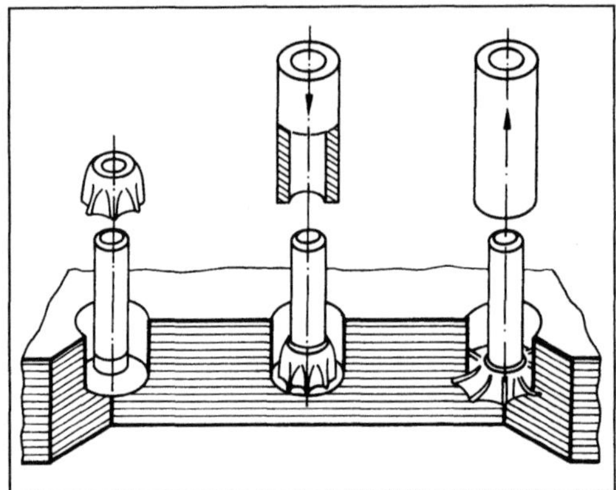

Fügen durch Umformen 4: Spreizverbindungen.

zapfnieten. Dadurch stellt man kraft- und formschlüssige Verbindungen zweier Werkstücke her. Je nach Art des Niets kann das Umformen als axiales Stauchen des Schafts oder Anstauchen des Kopfes, durch Weiten und Anbördeln zu der Nietverbindung führen. Für stärkere Bleche setzt man immer Vollniete ein. *Lange*

Literatur: *Lange, K.* (Hrsg.): Umformtechnik. Handb. f. Ind. u. Wiss. Bd. 3: Blechumformung. 2. Aufl. Berlin, Heidelberg, New York, Tokio 1990. – *Liebig, H. P., J. Bober* u. *R. Beyer:* Blechteile unlösbar verbinden nach dem Druckfügeverfahren. Bänder Bleche Rohre 25 (1984) Nr. 4, S. 99/102. – *Spur, G.* (Hrsg.), u.*Th. Stöferle:* Handbuch der Fertigungstechnik. Bd. 5: Fügen. München 1984.

Fugenlöten →Löten

Führung (Betriebsorganisation). Der Begriff *F.* steht in der betrieblichen Praxis für zwei verschiedene Aufgabenkomplexe. Dies ist zum einen der Komplex der Unternehmens-F. und zum anderen der mehr personenbezogene Bereich der Mitarbeiter-F.

In den Bereich der Unternehmens-F. fallen Tätigkeiten wie:

□ die Vorgabe der anzustrebenden Unternehmensziele,

□ die Bestimmung der Grundlagen und Grundsätze der Unternehmenspolitik,

□ die Koordination der betrieblichen Teilbereiche,

□ die Bestimmung der Grundlagen und Grundsätze der Personalpolitik,

□ Repräsentation und Interessenvertretung.

Unternehmerische F.-Entscheidungen können immer nur aus der Kenntnis der Gesamtzusammenhänge heraus getroffen werden. Sie sind damit im Gegensatz zu sog. Ressortentscheidungen immer Gesamtheitsentscheidungen.

Mitarbeiter-F. vollzieht sich in Form wechselseitiger Einflußausübung zwischen Vorgesetztem und Mitarbeiter mit dem Zweck, gemeinsam bestimmte Ziele zu erreichen.

Als wesentliche Teilaspekte der Mitarbeiter-F. sind zu nennen:

□ F.-Tätigkeiten: Ziele setzen, Planen, Entscheiden, Delegieren, Kontrollieren;

□ F.-Techniken: Aufgabenverteilung, Kritikgespräch, Besprechungsabwicklung, Förderung von Mitarbeitern;

□ F.-Stil: autoritär, bürokratisch, kooperativ, soziologisch, laissez-faire. *Eversheim*

Literatur: *Eversheim, W.:* Organisation in der Produktionstechnik. Bd. 1: Grundlagen. Düsseldorf 1981. – *Korndörfer, W.:* Unternehmensführungslehre. 3. Aufl. Wiesbaden 1983. – *Staehle, W. H.:* Management. 2. Aufl. München 1985.

Führung (Werkzeugmaschinen). Die F. zur Bewegung der Supporte und Arbeitstische zählen zu den wichtigsten Bauelementen im Kraftfluß einer Werkzeugmaschine. Außer der Aufnahme und Weiterleitung der äußeren Kräfte und der eindeutigen Bestimmung der Bewegungsrichtungen müssen sie die Zuordnung einer geometrisch bestimmten Lage zwischen Werkzeug und Werkstück sicherstellen. Neben Formsteifigkeit und Dämpfungsfähigkeit ist Spielfreiheit zum Erreichen einer hohen statischen und dynamischen Genauigkeit erforderlich.

Grundsätzlich gibt es drei Arten von F.: hydrodynamische und hydrostatische bzw. aerostatische Gleit-F. sowie Wälz-F. (Bild 1). Bei den Gleit-F. werden die relativ zueinander bewegten Maschinenelemente durch einen Flüssigkeitsfilm getrennt. Der Aufbau des Flüssigkeitsfilms erfolgt bei hydrodynamischen F. während der Anlaufphase selbständig durch Mitnahme des in den bewegten Teil der Führung eingebrachten Öls. Da die bei Werkzeugmaschinen üblichen Vorschubgeschwindigkeiten im Mischreibungsgebiet liegen, kann es auf Grund der Geschwindigkeitsabhängigkeit der Reibungszahl zum Stick-slip-Effekt (Bild 2) kommen. Das statische und dynamische Verhalten ist primär von der Kontaktsteifigkeit und der Dämpfung in der Kontaktzone abhängig.

Bei den hydrostatischen F. sind in jedem Betriebszustand die Gleitflächen durch einen Flüssigkeitsfilm (Schmierölfilm) voneinander getrennt. Dies wird durch ein externes Versorgungsaggregat erreicht, das die Flüssigkeit ständig auf einem von der Belastung der F. abhängigen Druckniveau hält. Die hydrostatischen F. haben auf Grund der ständigen und völligen Trennung der Gleitflächen eine niedrige Reibungszahl, wodurch die Stick-slip-Gefahr ausgeschlossen ist.

Bei den Wälz-F. werden die relativ zueinander bewegten Führungselemente durch Wälzkörper getrennt, die auf den bewegten Flächen abrollen. Durch Rollreibung ergibt sich eine sehr niedrige Reibungszahl von rd. $0{,}7 \cdot 10^{-3}$ bis $4{,}0 \cdot 10^{-3}$. Nachteilig ist die gegenüber den Gleit-F. geringere Dämpfung. Zur Erhöhung der Steifigkeit und zum

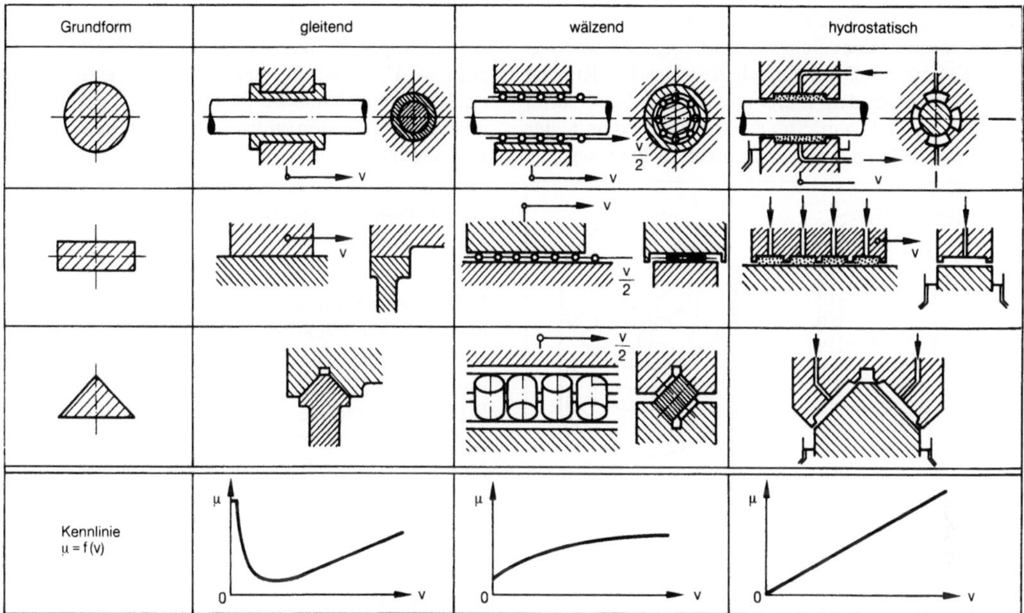

Führung (Werkzeugmaschinen) 1: Führungsarten.

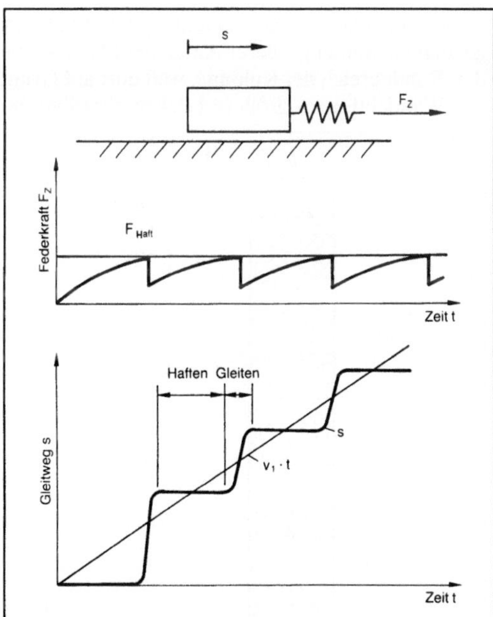

Führung (Werkzeugmaschinen) 2: Schema des Stick-slip-Effekts.

spielfreien Einstellen werden die Wälz-F. vorge-spannt. *Schulz*

Führungsfunktion. Die Managementfunktionen werden in Führungs- und Leitungsfunktionen unterteilt.

In der Leitungsfunktion spiegelt sich die Aufgabe des Managers wider, Organisationseinheiten verantwortlich zu leiten. Als Organisationseinheiten werden sowohl das Unternehmen in seiner Gesamtheit als auch dessen Hauptabteilungen, Abteilungen usw. verstanden. Im Rahmen der F. muß der Manager bestrebt sein, die Fähigkeiten seiner Mitarbeiter zu erkennen und diese entsprechend der Unternehmenszielsetzung einzusetzen. Zur Wahrnehmung der Leitungsfunktion ist außer einem fundierten Fachwissen die Kenntnis verschiedener Organisationsmethoden und organisatorischer Hilfsmittel erforderlich. Eine problemorientierte Kopplung von F. und Leitungsfunktion bei sachgerechter Anwendung moderner Methoden und Hilfsmittel führt zu einer rationellen Leistungserstellung und somit zur Zufriedenheit sowohl des Vorgesetzten als auch seiner Mitarbeiter. *Eversheim*

Literatur: *Eversheim, W.:* Organisation in der Produktionstechnik. Bd. 1: Grundlagen. Düsseldorf 1981.

Füllkörper. F. können bei verfahrenstechnischen Prozessen (z. B. →Rektifikation, →Absorption) statt Böden eingesetzt werden, um eine möglichst große Stoffaustauschfläche zwischen einer herabfließenden Flüssigkeit und einem aufsteigenden Gas zu schaffen. Sie werden meistens zu regellosen Schüttungen in F.-Kolonnen zusammengefaßt.

Die Form der eingesetzten F. reicht von Kugeln, Ringen mit glatten und profilierten Oberflächen, Ringen mit Innenstegen und/oder Wanddurchbrüchen bis zu Drahtnetzringen, verschiedenen Stahlkörpern und Wendeln. Das Bild zeigt die wichtigsten F.-Formen. Beim einfachen →Raschig-Ring ist die Höhe gleich dem Durchmesser. Der Supersattel ist mit zusätzlichen Stegen versehen, damit der Abstand zu benachbarten F. nicht zu klein wird.

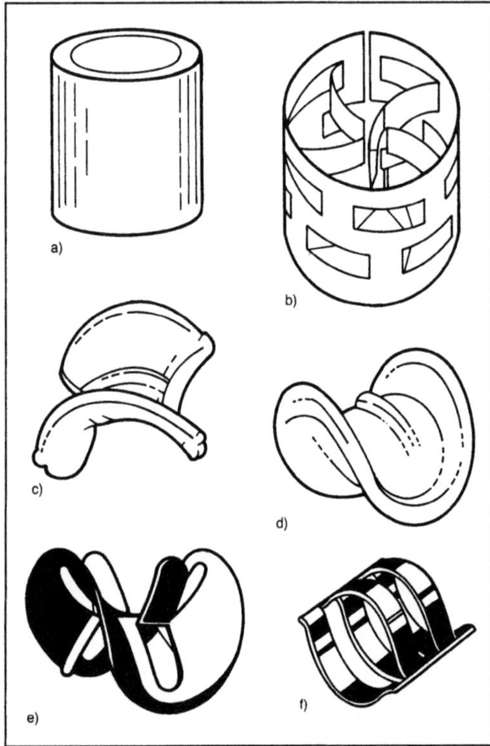

Füllkörper: Verschiedene Füllkörperformen.
a) Raschig-Ring
b) Pallring
c) Intalox-Sattel
d) Berl-Sattel
e) Supersattel
f) Interpack-Füllkörper.

Als Materialien für F. können Metalle, Porzellan und Kunststoffe verwendet werden. Die größten Schüttdichten weisen keramische Berl-Sättel und Raschig-Ringe auf (maximal 700–800 kg/m³), die kleinsten Supersättel aus Kunststoff (120 kg/m³). In einen Kubikmeter passen ca. 230 000 Raschig-Ringe der Größe 15 mm x 15 mm x 0,5 mm und nur 750 Raschig-Ringe der Größe 100 mm x 100 mm x 1,5 mm. Die letztgenannten F. haben eine spezifische Oberfläche von 48 m²/m³ und ein relatives Lückenvolumen von 96 %. Bei 15 mm großen Intalox-Sätteln ist die spezifische Oberfläche fast zehnmal so groß (450 m²/m³) bei einem spezifischen Lückenvolumen von 71 %.

Supersättel besitzen eine höhere →Wertungszahl als Pallringe und Raschig-Ringe und erlauben eine höhere →Gasbelastung.

Ein idealer F. sollte hohe Trennwirkung, hohe Belastbarkeit, geringen Druckverlust, geringe Neigung zu Bachbildung und →Randgängigkeit, ausreichende mechanische Festigkeit und gute Reinigungsmöglichkeiten aufweisen sowie geringe Kosten verursachen. *Dohrn*

Literatur: *Kirschbaum, E.:* Destillier- und Rektifiziertechnik. 4. Aufl. Berlin, Heidelberg, New York 1969. – *Sattler, K.:* Thermische Trennverfahren. Weinheim 1988.

Füllkörperkolonne. F. sind Packungskolonnen, bei denen die Packung aus Füllkörpern besteht. F. werden insbes. zur Vakuumdestillation sowie zur →Absorption eingesetzt und sind hinter den Bodenkolonnen die am zweithäufigsten eingesetzte Kolonnenart. Während bei Bodenkolonnen eine große Berührungsfläche zwischen Gas und Flüssigkeit durch die auf den Böden befindlichen Sprudelschichten erreicht wird, sorgen bei F. die mit einem Flüssigkeitsfilm benetzten →Füllkörper für eine große Stoffaustauschfläche. Das Bild zeigt den schematischen Aufbau einer F. Damit die gesamte Füllkörperoberfläche mit Flüssigkeit benetzt wird, muß der →Rückfluß gleichmäßig über den Kolonnenquerschnitt verteilt werden. Dazu kann man beispielsweise Spritzköpfe, Brausen oder Verteilerräder verwenden. Mit zunehmender Lauflänge gelangt ein immer größerer Anteil der Flüssigkeit in den Randbereich der Kolonne, weil dort auf Grund des Wandeinflusses größere Lücken zwischen den

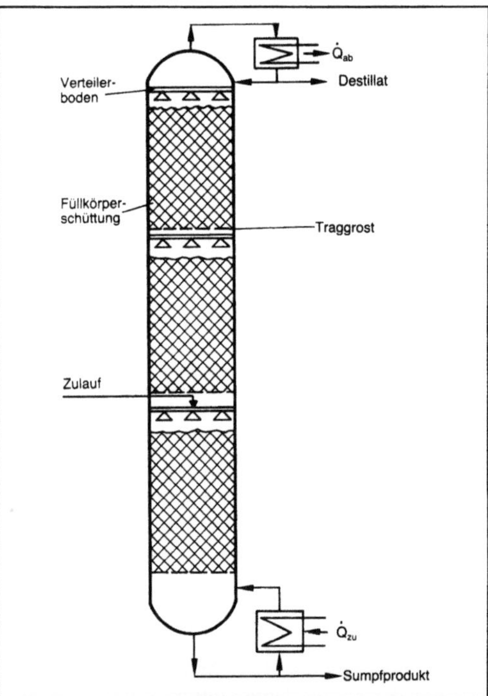

Füllkörperkolonne: Schematischer Aufbau.

Füllkörpern auftreten als in der Mitte der →Schüttung. Um diese →Randgängigkeit zu vermeiden, wird nach einigen Metern →Schütthöhe ein Verteilerboden installiert, der die Flüssigkeit sammelt und neu verteilt.

Die Füllkörperschüttungen liegen auf Tragrosten. Die Füllkörper werden meistens unregelmäßig in die Kolonne gefüllt, manchmal eingeschwemmt oder bei größeren Abmessungen geschichtet. Sie können die unterschiedlichsten Formen besitzen und aus Metall, Keramik oder Kunststoff gefertigt sein. Der Füllkörperdurchmesser beträgt üblicherweise 1/10–1/20 des Kolonnendurchmessers. Der Druckverlust von F. ist geringer als bei Bodenkolonnen. Sie werden deshalb vorzugsweise bei der Vakuumdestillation eingesetzt.

In den F. wird die →Flüssigkeitsbelastung oft als Berieselungsdichte angegeben, welche den Flüssigkeitsvolumenstrom bezogen auf den gesamten Schüttungsquerschnitt darstellt. Die Filmdichte und somit der →Flüssigkeitsinhalt der Kolonne steigt mit der Flüssigkeitsbelastung. Ist die →Gasbelastung zu groß, kommt es zum Fluten der Kolonne, so daß ihre Trennwirkung stark abnimmt. *Dohrn*

Literatur: *Kirschbaum, E.:* Destillier- und Rektifiziertechnik. 4. Aufl. Berlin, Heidelberg, New York 1969. – *Mersmann, A.:* Thermische Verfahrenstechnik. Berlin, Heidelberg, New York 1980.

Füllstoff →Schleifwerkzeug-Zusammensetzung

Funkenentladung →Funkenerosion

Funkenerodiermaschine. Mit F. werden Werkstücke aus schwerzerspanbaren Werkstoffen oder mit komplizierten Geometrien bearbeitet. Die Bearbeitbarkeit ist überwiegend unabhängig von den mechanischen Eigenschaften des Werkstücks; jedoch muß dieses elektrisch leitend sein. Zwischen Werkstück und Werkzeug (Elektrode) findet in einem mit Dielektrikum gefüllten Bearbeitungsspalt eine elektrische Entladung statt (Bild 1). Infolge des sehr kleinen Entladungskanals ergibt sich eine hohe Energiedichte, die in Verbindung mit hohem Gasdruck ein örtliches Schmelzen und Herausschleudern des Werkstoffs bewirkt. Die elektrische Energie für die Bearbeitung liefern sog. Generatoren in Form von zeitlich getrennten Impulsen. Typische Kennwerte von F. sind Arbeitsspannungen von 60–300 V, Stromstärken bis 400 A und Impulsfrequenzen von 0,25–1 000 kHz.

Wegen des flüssigen Dielektrikums (Kohlenwasserstoffe oder deionisiertes Wasser) sind bei allen Maschinen die Arbeitstische horizontal angeordnet und mit einem Behälter umgeben. Dieser ist entweder senk- oder klappbar, um das Aufspannen der Werkstücke zu erleichtern.

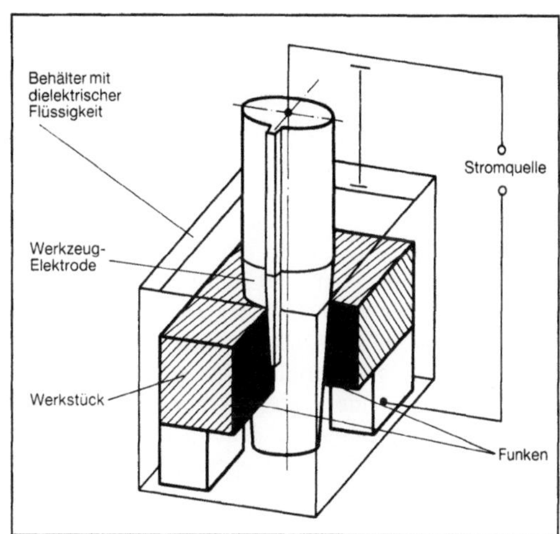

Funkenerodiermaschine 1: Prinzip des Funkenerodierens.

Je nach Verarbeitungsverfahren unterscheidet man zwischen funkenerosivem Senken, Bohren und Gravieren sowie Schneiden und Schleifen. Den prinzipiellen Aufbau einer Senkerodiermaschine zeigt Bild 2.

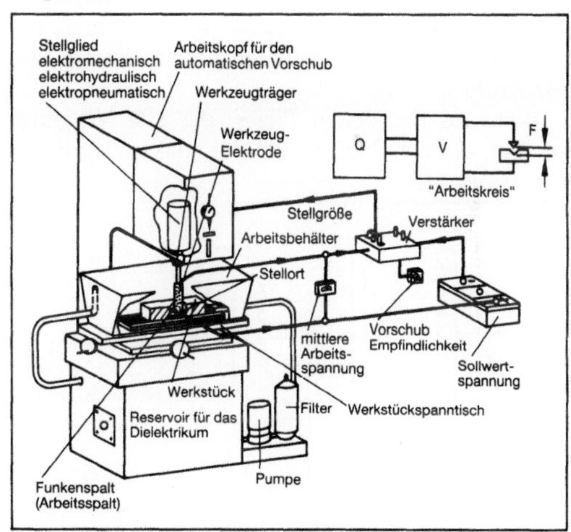

Funkenerodiermaschine 2: Schema einer Sondererodiermaschine.

Die Maschine selbst besteht aus dem Maschinengestell, dem in der horizontalen Ebene beweglichen Arbeitstisch, dem vertikal verfahrbaren Arbeitskopf mit Aufspannplatte, den Filteranlagen für das Dielektrikum sowie dem Generator.

Die Werkzeugelektroden werden aus elektrisch gut leitenden Werkstoffen hergestellt. Üblich sind Elektroden aus Graphit, Kupfer, Messing, pulvermetallurgisch hergestelltem CuW, NiW, AgW oder Cu-Graphit.

Bei Anlagen zum funkenerosiven Schneiden dient als Elektrode ein dünner Draht aus Kupfer oder Messing, der während der Bearbeitung entlang der gewünschten Werkstückgeometrie geführt wird. Während dieser Vorschubbewegung wird der Draht kontinuierlich von einer Drahttrommel durch den Schnittspalt gezogen. Neuere Maschinen sind mit mehrachsigen CNC-Bahnsteuerungen ausgerüstet. *Schulz*

Funkenerosion. Die F. ist ein abbildendes Formgebungsverfahren, bei dem sich die →Werkzeugelektrode in der Werkstückelektrode abbildet. Für diesen Abbildungsprozeß wird das physikalische Phänomen eines Materialabtrags als Folge zeitlich aufeinanderfolgender elektrischer Entladungen zwischen zwei elektrisch leitenden Werkstoffen technisch genutzt. Der Abtragprozeß findet i. a. in einer elektrisch nichtleitenden (dielektrischen) Flüssigkeit statt (→Dielektrikum).

Werkstück und →Werkzeug werden so in Arbeitsposition gebracht, daß zwischen beiden ein →Arbeitsspalt verbleibt. Legt man nun an die Elektroden eine Spannung an, so kommt es nach Überschreiten der Durchschlagfestigkeit des Arbeitsmediums – vorgegeben durch den Elektrodenabstand und die Leitfähigkeit des Dielektrikums – zur Bildung eines energiereichen Plasmakanals.

Die physikalischen Vorgänge während der Entladung (Bild 1) lassen sich in drei aufeinanderfolgende Hauptphasen aufteilen.

Während der ersten Phase, die alle Vorgänge umfaßt, die zur Bildung des Entladekanals führen, liegt eine große zeitliche Strom- und Spannungsänderung vor. Diese Stromcharakteristik verursacht nach Durchschlagen des Arbeitsmediums wegen des Skineffekts einen Stromfluß fast ausschließlich auf der Mantelfläche des gebildeten Entladekanals.

In der zweiten Entladephase konzentriert sich der zeitlich konstante Strom infolge des Pincheffekts auf einen möglichst kleinen Querschnitt. Die sich aus der zugeführten elektrischen Energie ergebenden Wärmeübertragungsvorgänge bewirken ein Schmelzen bzw. ein Verdampfen bestimmter Materialvolumen, so daß sich der Plasmakanal und die Gasblase ständig vergrößern.

Während der dritten Phase, die mit dem Abschalten der Stromzufuhr beginnt, liegt zunächst wieder der Skineffekt vor. Die Gasblase und der Plasmakanal brechen zusammen, und das teils verdampfte, teils flüssige Material wird herausgeschleudert.

Die Entladungen erzeugen auf den Elektrodenoberflächen Krater, deren Aneinanderreihung bzw. Überlagerung die für erodierte Werkstücke typische muldige Oberflächenstruktur ohne gerichtete Bearbeitungsspuren ergibt (Bild 2).

Sowohl die Kraterformen, die Gestalt der Abtragpartikel, die Gefügeveränderungen der Elektrodenwerkstoffe als auch die meist auftretenden Zug-Eigenspannungen und Mikrorisse in der Werkstückoberfläche deuten auf den thermischen Charakter des Erosionsmechanismus hin (→Randzonenbeeinflussung).

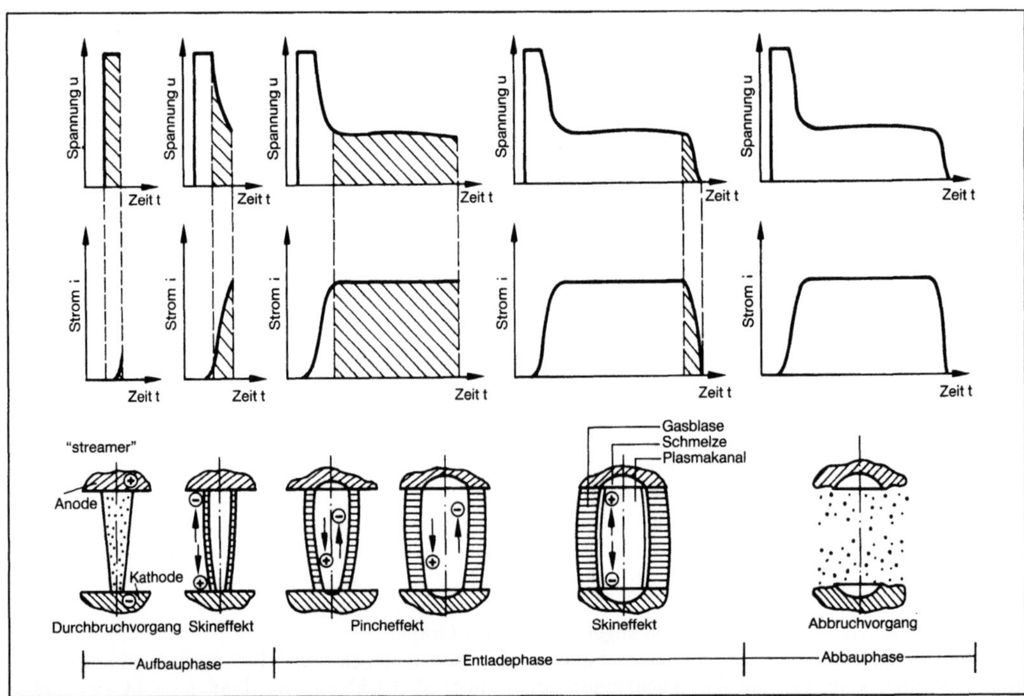

Funkenerosion 1: Schematische Darstellung der Phasen einer Funkenentladung.

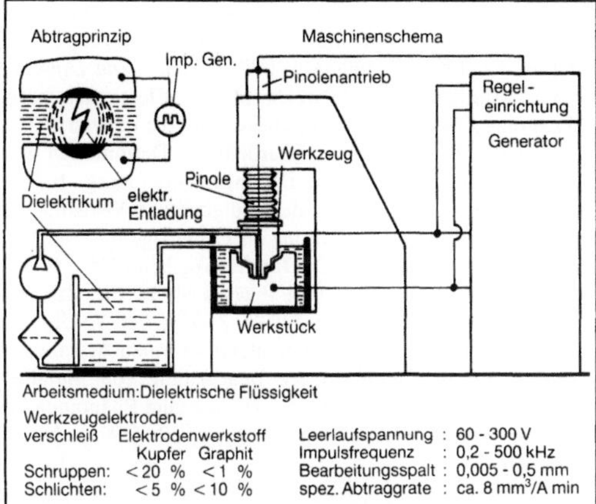

Werkzeugelektroden-verschleiß	Elektrodenwerkstoff			
		Kupfer	Graphit	Leerlaufspannung : 60 - 300 V
Schruppen:		< 20 %	< 1 %	Impulsfrequenz : 0,2 - 500 kHz
Schlichten:		< 5 %	< 10 %	Bearbeitungsspalt : 0,005 - 0,5 mm
				spez. Abtragrate : ca. 8 mm³/A min

Funkenerosion 2: Abtragprinzip und Maschinenschema des funkenerosiven Senkens.

Das am Werkzeug und Werkstück auf Grund einer Entladung abgetragene Werkstoffvolumen ist nicht gleich groß. Es hängt von der Polarität und den physikalischen Eigenschaften der Elektrodenmaterialien sowie von der Entladedauer und vom Entladestrom ab. Bei geeigneter Wahl des Werkzeugelektrodenwerkstoffs und durch Verändern der Impulsparameter kann eine bedeutende Asymmetrie (z. B. 99,5 % Abtrag an der Werkstückelektrode und 0,5 % an der Werkzeugelektrode) erzielt werden (→Abtragverhalten).

Eine F.-Anlage besteht prinzipiell aus drei Bauelementen (Bild 2), und zwar dem Generator, der Maschine und dem Aggregat für das Arbeitsmedium.

Ein maschineninternes Regelsystem führt die Werkzeugelektrode entsprechend dem Arbeitsfortschritt nach, so daß ein etwa gleichbleibender Abstand zwischen Werkzeug und Werkstück eingehalten wird (→Senken, funkenerosives).

Die Aufgabe des Dielektrikumaggregats besteht darin, der Bearbeitungsstelle das Arbeitsmedium zuzuführen. Zur Reinigung des Arbeitsmediums von Abtrag- und Zersetzungsprodukten ist eine Filter- oder Zentrifugieranlage vorhanden. Maschinen, die mit Wasser arbeiten, besitzen zusätzlich ein Deionisiergerät zur Konstanthaltung der Leitfähigkeit des Arbeitsmediums (→Spülung, →Dielektrikum).

Zur Impulserzeugung werden heute überwiegend statische Impulsgeneratoren eingesetzt, die den Vorteil haben, daß die den Energieinhalt einer Entladung bestimmenden Kenngrößen Impulsdauer t_i, Entladestrom i_e sowie Pausendauer t_o fest eingestellt werden können.

Bei der funkenerosiven Bearbeitung sind die elektrischen Vorgänge an der Entladestrecke durch charakteristische Formen der Spannungs- und Stromimpulse [u(t); i(t)] gekennzeichnet. Außer der normalen Funkenentladung treten auch Entartun-

gen auf. Die Spannungs- und Stromverläufe treten i. a. in einer stochastischen Folge auf, da sich die Bedingungen im Arbeitsspalt ständig ändern.

Wichtige Verfahrenskenngrößen sind: Entladedauer t_e, Zündverzögerungszeit t_d, Impulsdauer t_i ($t_i = t_e + t_d$), Pausendauer t_o, →Periodendauer t_p ($t_p = t_i + t_o$), Leerlaufspannung $\hat{u}_i$, Entladespannung u_e, Entladestrom i_e. Aus diesen Kenngrößen leiten sich die Impulsfrequenz $f_p = 1/t_p$ sowie das Tastverhältnis $\tau = t_i/t_p$ ab.

Da sich die Bedingungen im Arbeitsspalt ständig ändern, sind beim Erosionsprozeß Leerlaufimpulse, aber auch Fehlentladungen und Kurzschlüsse nie ganz auszuschließen. Entsprechend sind die folgenden Kenngrößen definiert: Die Entladefrequenz f_e ist die Anzahl der je Zeiteinheit in der Entladestrecke auftretenden Funkenentladungen. Zur Beurteilung der Güte des Erosionsprozesses dient das Frequenzverhältnis $\lambda = f_e/f_p$.

Die Einstellung und Überwachung des Erosionsprozesses erfolgt an Hand zweier Meßgrößen: Die Arbeitsspannung U ist der arithmetische Mittelwert der während der Bearbeitung an der Entladestrecke anliegenden Spannung. Der Arbeitsstrom I ist der arithmetische Mittelwert des während der Bearbeitung durch die Entladestrecke fließenden Stroms.

Die Entladeenergie W_e ist die in der Entladestrecke während einer Entladung umgesetzte Energie:

$$W_e = \int\limits_{t_e} u_e(t) \cdot i_e(t) \cdot dt \approx \overline{u}_e \cdot \hat{i}_e \cdot t_e.$$

Durch die Entladeenergie wird das durch die einzelnen Entladungen aufgeschmolzene Werkstoffvolumen und darüber auch das Arbeitsergebnis bestimmt (Abtragverhalten, Randzonenbeeinflussung).

Um einen guten Erosionsprozeß zu gewährleisten, muß man im Arbeitsspalt Entladebedingungen schaffen, die das Auftreten von Kurzschlüssen, Fehlentladungen und Leerlaufimpulsen möglichst ausschließen. Da die Bedingungen im Arbeitsspalt nach jeder Entladung durch veränderte Eigenschaften des Dielektrikums, wie Leitfähigkeit, Verschmutzung, Temperatur usw., sowie durch den Abtrag variieren, müssen F.-Maschinen mit einer geeigneten Vorschubregelung ausgerüstet sein. Sie führt die Werkzeugelektrode entsprechend dem Abtrag, dem Verschleiß und den jeweiligen Spaltbedingungen so nach, daß möglichst keine Kurzschlüsse, Fehlentladungen und Leerlaufimpulse auftreten.

Als Regelgröße bei der hauptsächlich angewandten analogen Vorschubregelung dient die Arbeitsspannung U, die eine zum Arbeitsspalt proportionale Größe ist. Als Stellsysteme haben sich elektrohydraulische und elektromechanische Systeme bewährt.

Die hohe kinematische Flexibilität der funkenerosiven Bearbeitung hat zur Entwicklung einiger Verfahrensvarianten geführt (Bild 3).

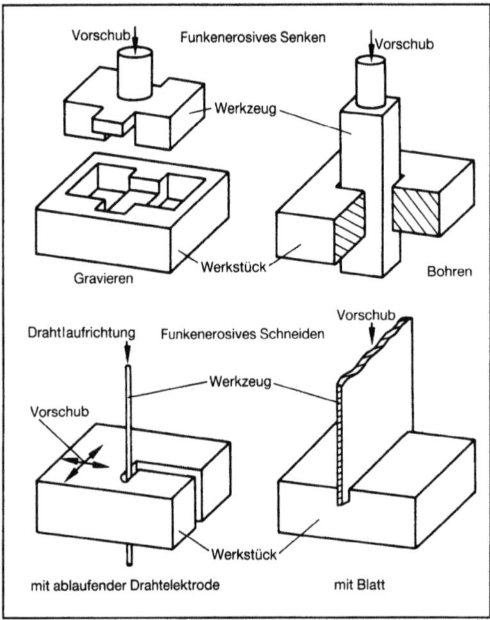

Funkenerosion 3: Verfahrensvarianten der funkenerosiven Bearbeitung.

Bei dem am weitesten verbreiteten funkenerosiven Senken erreicht man die Herstellung von Gravuren und Durchbrüchen mit einer entsprechenden Formelektrode. Das Hauptanwendungsgebiet liegt im Werkzeugbau.

Beim funkenerosiven →Schneiden mit einem Draht als Elektrode werden Prismen bzw. Durchbrüche mit beliebigen Konturen durch Relativbewegungen zwischen dem Werkzeug und dem Werkstück erzielt. Diese Variante wird insbes. im Schnittwerkzeugbau vorteilhaft angewendet.

Grundsätzlich liegen die Einsatzschwerpunkte der F. bei der Bearbeitung von Werkstoffen hoher Härte und Festigkeit wie hochvergüteten Stählen, Superlegierungen im Triebwerksbau, Hartmetallen oder auch elektrisch leitfähigen Keramiken. Weitere Vorteile des Verfahrens liegen in der geringen Kraftwirkung zwischen den Elektroden, der Automatisierbarkeit, der einfachen →Elektrodenherstellung sowie der preiswerten Maschinenanlage. Nachteilig ist der Elektrodenverschleiß und die Wärmebeeinflussung des Werkstoffs.   *König*

Literatur: *Förster, K.:* Funkenerosive Bearbeitungsverfahren, Anwendungen und Entwicklungstendenzen. Maschinenmarkt 82 (1976) Nr. 69, S. 1222/24. – *Horsten, H. J. A., C. J. Heuvelmann* u. *P. C. Veenstra:* Some further research on the breakdown mechanism in Elektro-Discharge-Machining. Annals of the CIRP 22/1 (1973), S. 49/50. – *König, W.:* Fertigungsverfahren. Bd. 3: Abtragen. Düsseldorf 1979. – *Kral, W.:* Funkenerodieren. Maschinen-Anlagen-Verfahren 6 (1982), S. 66/74. – *Mironoff, N.:* Die Elektroerosion – Ihre physikalischen Grundlagen und industriellen Anwendungen. Microtechnik 19 (1965), S. 149/53, 171/77, 253/58. – *Van Dijck, F.:* Physico-Mathematical Analyses of the Electro-Discharge Machining Process. Diss. Katholieke Univ. Te Leuven 1973. – VDI 3402: Elektroerosive Bearbeitung; Definitionen und Terminologie. Hrsg. Verein Dt. Ingenieure. Ausg. 1976. – *Wertheim, R.:* Untersuchung der energetischen Vorgänge bei der funkenerosiven Bearbeitung als Grundlage für eine Verbesserung des Prozeßablaufs. Diss. TH Aachen 1975. – *Wijers, J. L. C.:* Erodieranlagen und -techniken für die Zukunft. Techn. Rundsch. 47 (1985), S. 52/59. – *Zolotych, B. N.:* Über die physikalischen Grundlagen der elektroerosiven Metallbearbeitung. Bd. 1: Elektroerosive Bearbeitung von Metallen. Moskau 1957. – *Zolotych, G. N.:* Theorie zum Phänomen der funkenerosiven Bearbeitung. Fertigung 2 (1971) Nr. 6, S. 185/91.

Funktion technischer Systeme (Betriebsorganisation). In einem technischen System bestehen eindeutige, reproduzierbare Zusammenhänge sowohl zwischen den Eingangs- und Ausgangsgrößen des Gesamtsystems und den Teilsystemen als auch zwischen den Teilsystemen selbst (z. B. Drehmoment leiten, elektrische in mechanische Energie wandeln, Stofffluß sperren, Signale speichern usw.). Die Zusammenhänge, die zwischen Eingang und Ausgang eines Systems zur Erfüllung einer Aufgabe bestehen, nennt man F. Die Funktion (z. B. Drehmoment leiten) ist dabei die Formulierung der Aufgabe auf einer abstrakten und lösungsneutralen Ebene. Bezieht sie sich auf die Gesamtaufgabe des Systems, so spricht man von der Gesamt-F. Als Grundlage für den konstruktiven Entwicklungsprozeß ist die Gesamt-F. in der Regel zu komplex. Sie wird daher zweckmäßigerweise in Teil-F., die den Teilaufgaben der Gesamtaufgabe entsprechen, aufgegliedert. Die Teil-F. besitzen einen niedrigeren Komplexitätsgrad als die Gesamt-F. Jede Teil-F. kann in der Regel in weitere (Teil-) F. aufgegliedert werden. Ist eine weitere Aufgliederung einer (Teil-) F. nicht mehr möglich bzw. sinnvoll, spricht man von einer Elementar-F.

Bei der Untergliederung einer F. in Teil-F. ist es sinnvoll, zwischen Haupt- und Neben-F. zu unterscheiden. Haupt-F. dienen unmittelbar der Gesamt-F., während Neben-F. nur mittelbar zur Erfüllung der Gesamt-F. beitragen. Sie haben einen unterstützenden oder ergänzenden Charakter und sind häufig von der Art der Funktionslösung abhängig. Eine Neben-F. der Gesamt-F. kann bei deren Unterteilung in Teil-F. dort zur Haupt-F. werden.

□ Gesamt-F.: Die F. bzw. der Zusammenhang, der zwischen den Eingangs- und Ausgangsgrößen eines Systems zur Erfüllung einer Aufgabe besteht, wird Gesamt-F. genannt.

□ Teil-F.: Die F. bzw. der Zusammenhang, der zwischen den Eingangs- und Ausgangsgrößen eines Teilsystems zur Erfüllung einer Aufgabe besteht, wird Teil-F. genannt.

☐ Haupt-F.: F. bzw. Teil-F., die unmittelbar zur Erfüllung der Gesamt-F. eines Systems beitragen, werden Haupt-F. genannt.

☐ Neben-F.: F. bzw. Teil-F., die nur mittelbar zur Erfüllung der Gesamt-F. eines Systems beitragen, werden Neben-F. genannt. *Eversheim*

Literatur: *Dubbel:* Taschenb. für den Maschinenbau. Hrsg. *W. Beitz* u. *K.-H. Küttner.* Berlin, Heidelberg, New York 1981. – *Koller, R.:* Konstruktionslehre für den Maschinenbau – Grundlagen des methodischen Konstruierens. 2. Aufl. Berlin, Heidelberg, New York, Tokio 1985. – *Pahl, G.,* u. *W. Beitz:* Konstruktionslehre. Handb. für Studium und Praxis. Berlin, Heidelberg, New York.

Funktionsplan. Der F. ist im Zusammenhang mit Steuerungen eine allgemeine graphische Darstellungsmöglichkeit für Ablaufketten und Verknüpfungsbeziehungen sowie aller sonstigen Signalverarbeitungsoperationen, wie arithmetische Operationen, Signalfilterung, lokale Regelung, Signalkonvertierung usw. Er dokumentiert in graphischer Form das Steuerungsprogramm. Die Darstellung der einzelnen F.-Elemente ist dabei so gewählt, daß eine Dokumentation auf einfachen alphanumerischen Druckern und eine Darstellung auf Bildschirmen ohne Graphikfähigkeit möglich ist. Als F.-Elemente und zugehörige Symbole (Bild) lassen sich grob drei Gruppen feststellen:

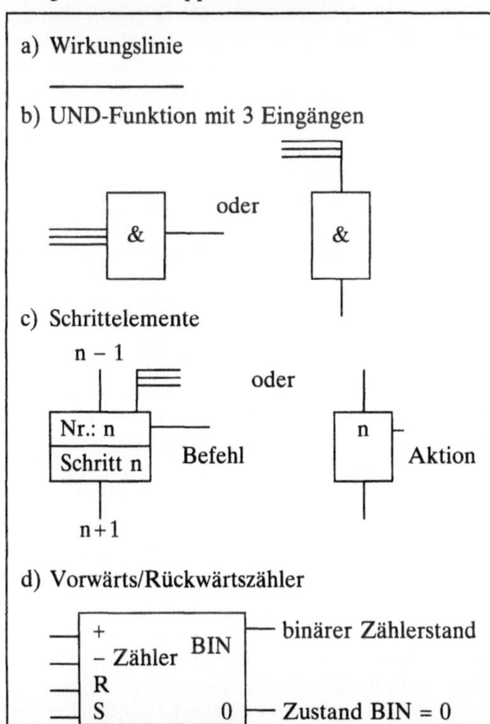

Funktionsplan: Beispiele für Funktionsplansymbole.

☐ Grundfunktionsmitglieder für Boolesche Funktionen, Speicher-, Zeit-, Zähloperationen, arithmetische Funktionen,

☐ standardisierte erweiterte Funktionsglieder wie Schritt- und Befehlselement, z. B. zum Aufbau von Ablaufsteuerungen,

☐ freie Funktionsglieder wie parametrierbare Programmbausteine, sog. Funktionsbausteine.

Allgemeines Bausteinsymbol ist das Rechteck, in das die Funktionskennzeichnung eingetragen wird und das die Bezeichnung der Ein- und Ausgänge enthält. Die Signalverbindungen, die sog. Wirkungslinien zwischen den Funktionssymbolen, werden so angelegt, daß der Signalfluß von links nach rechts bzw. von oben nach unten erfolgt. In diesen Fällen wird auf die Kennzeichnung der Flußrichtung verzichtet; andernfalls muß sie durch Pfeile angegeben werden. Für eine Reihe von Grundfunktionen ist die Funktionskennzeichnung in der Tabelle zusammengestellt. *Freyberger*

Funktionssystem. Es ist eine Grundform von unternehmerischen Leitungssystemen (→Liniensystem, →Leitungssystem) und wird auch Mehrliniensystem, Funktionalsystem, funktionales Zuständigkeitssystem genannt.

Im Unterschied zur Einlinienorganisation (→Einliniensystem) ist jede Stelle einer Mehrzahl von übergeordneten Stellen (mindestens zwei) unterstellt (Mehrfachunterstellung). Dabei werden die Wege von Aufträgen und Mitteilungen nicht durch Instanzwege bestimmt, sondern sind von der Art der Aufgabe abhängig (Bild).

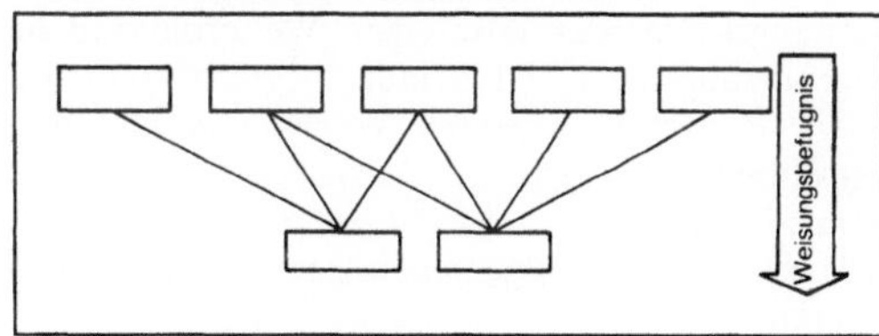

Funktionssystem: Schema.

Das F. bzw. Mehrliniensystem geht auf das Taylorprinzip (Funktionsmeisterprinzip) zurück, bei dem an die Stelle eines Universalmeisters auf einzelne Verrichtungen spezialisierte Meister, sog. Funktionsmeister, eingesetzt werden, die für die jeweilige Funktion verantwortlich sind und auch nur für die ihre Funktion betreffenden Entscheidungen und Rückfragen weisungsbefugt sind.

Bei dieser vom Grundsatz der funktionalen Spezialisierung ausgehenden Aufbauorganisationsform erhält also jeder Untergebene von mehreren spezialisierten Vorgesetzten Weisungen. Dabei ist der gegenseitige Informationsaustausch auf gleicher Ebene erwünscht.

Neuere empirische Untersuchungen *(Gaugler)* haben die Bedeutung und die vielfältigen Gestal-

Funktionsplan. Tabelle: Funktionskennzeichnung für Grundelemente und -operationen. (Quelle: DIN 19239)

Funktionsart	Bezeichnung	Kennzeichnung
logisch	UND	&
	ODER	≥ 1
	exklusiv ODER	$=1$
	Negation	—o| |o—
arithmetisch	Addition	+
	Subtraktion	–
	Multiplikation	x oder *
	Division	:
	Vergleich	$>, >=, =, <=, <$
		(> größer, = gleich, < kleiner)
Zeitfunktion	Impuls	1⌐⌐
	Einschaltverzögerung	t_1 0
	Ausschaltverzögerung	0 t_2
Speichern, Zählen	Setzen	S
	Rücksetzen	R
	Vorwärtszählen	+
	Rückwärtszählen	–

tungsmöglichkeiten von Mehrfachunterstellungen in der betrieblichen Praxis aufgezeigt, und zwar auf nahezu allen Ebenen des Leitungssystems.

Der Vorteil des F. liegt in der Möglichkeit einer Spezialisierung auf der Führungsebene mit ihren leistungsfördernden Wirkungen. Weiterhin sind die Verkürzungen der Entscheidungs- bzw. Mitteilungswege (Prinzip des kürzesten Weges) und die Übereinstimmung von Fach- und Entscheidungskompetenz (Fachpromotor = Machtpromotor) zu nennen. Als Nachteile sind allgemein folgende Punkte anzuführen:
□ die unübersichtliche Mehrfachunterstellung und das damit verbundene Konfliktpotential,
□ keine einheitliche Leitung und Zuordnung der Gesamtverantwortung,
□ Koordinationsprobleme durch die nicht eindeutigen Kompetenzen,
□ Informationsmangel und fehlender Überblick der vorgesetzten Spezialisten.   *Eversheim*

Literatur: *Eversheim, W.:* Organisation in der Produktionstechnik. Bd. 1. Düsseldorf 1981; S. 160/64. – *Grochla, E.,* u. a.: Handwörterb. Organisation. Stuttgart 1973; S. 928/39. – *Schwertler, W.:* Unternehmensorganisation. München, Wien 1985; S. 39/42.

Furnier. F. sind dünne Holzblätter (Dicken zwischen 0,4 und 8 mm), die durch Messern oder Schälen (seltener Sägen) vom Stamm oder Stammteil abgetrennt wurden.

Unterscheidung nach der Art der Herstellung:
□ *Messerfurnier* wird auf einer Messermaschine vom starr eingespannten Holzblock durch ein parallel zur Auflageebene des Blocks wirkendes Messer abgetrennt. Einzelne Furnierblätter werden stammweise gehandelt. Messerfurniere (ca. 0,5–1 mm dick) von hochwertigen Holzarten, z. B. amerikanisches Mahagoni, Eiche, Kiefer, Kirschbaum, Nußbaum, Palisander, Sapelli-Mahagoni und Teak, dienen meist als dekorative Deckfurniere. Nach der Schnittführung wird zwischen Spiegelschnitt (Quartierschnitt, Radialschnitt) und Fladerschnitt (Flachschnitt, Tangentialschnitt) unterschieden (→Holz).
□ *Schälfurnier* wird auf einer Schälmaschine vom rotierenden Stamm durch ein feststehendes parallel zur Stammachse angeordnetes Messer abgetrennt. Beim zentrisch rotierenden Stamm (Rundschälfurnier) entsteht nach dem Anschälen ein kontinuierliches Furnierband, das als wenig dekorativ gilt. Rundschälfurniere (meist 2–6 mm dick) aus gleichmäßig strukturierten Holzarten, z. B. Abachi, Birke, Buche, Limba, Pappel, Okoumé und verschiedenen Nadelhölzern, dienen meist zur Herstellung von →Sperrholz. Sehr dekorativ können Exzenter-Schälfurniere (exzentrisch rotierender Stamm) und Radialfurniere (nach dem Prinzip des Bleistiftspitzers) sein.
□ *Sägefurnier* wird auf Furniergatter oder Furnierkreissäge gewonnen; heute kaum noch hergestellt.

Unterscheidung nach dem Verwendungszweck:
□ *Deckfurniere,* die als Sichtflächen von Möbel- und

Innenausbauteilen insbes. dekorative Funktion haben. Als Trägermaterial dienen überwiegend Holzwerkstoffe.

□ *Unterfurniere,* Blindfurniere und Absperrfurniere, die unterhalb der Deckfurniere zur Verbesserung der Oberfläche und/oder der Formbeständigkeit dienen. *Noack/Schwab*

Literatur: DIN 68 330: Furniere; Begriffe. – *Kollmann, F.* (Hrsg.): Furniere, Lagenhölzer und Tischlerplatten. Berlin, Heidelberg, New York 1962.

G

Gamma-Strahl →Strahlensterilisation

Gas, Befeuchten und Trocknen. Gase können mit einer Flüssigkeit gesättigt werden, wenn sie mit einer genügend großen Flüssigkeitsoberfläche in Kontakt kommen. Dies kann man u. a. in einer Blasensäule, einer →Sprudelschicht, einer Boden- oder einer →Packungskolonne erreichen.

Zum →Trocknen kühlt man ein Gas unter seinen Taupunkt ab, so daß ein Teil der gelösten Flüssigkeit kondensiert und sich vom Gas abtrennen läßt. Eine weitere Möglichkeit zur Gastrocknung ist die Anwendung von festen und flüssigen Trocknungs- mitteln, welche die Feuchtigkeit aus dem Gas auf- nehmen. Oft werden kombinierte Verfahren benutzt.

Vom Standpunkt der physikalisch-chemischen Trennverfahren aus werden bei der Trocknung von Gasen verschiedene Grundoperationen ange- wendet, nämlich die →Partialkondensation (Ab- kühlen), die →Absorption (flüssiges Trocknungs- mittel) und die →Adsorption (festes Trocknungs- mittel). *Dohrn*

Literatur: *Perry, R. E.,* u. *D. W. Green:* Perry's Chemical Engineers' Handb. 6. Aufl. New York 1984.

Gasbelastung. Unter G. versteht man in der Ver- fahrenstechnik den in einer Gegenstromkolonne aufsteigenden Gas- oder Dampfstrom. Die G. muß einen Mindestwert überschreiten, weil sonst nicht alle Bodenöffnungen durchströmt werden und inak- tive Zonen auftreten. Außerdem kann es bei einer zu geringen Gasgeschwindigkeit zum →Durchreg- nen der Böden kommen.

Bei einer zu großen G. werden Flüssigkeitstrop- fen bis zum nächsthöheren Boden mitgerissen, was zu einem Abfall des Verstärkungsverhältnisses führt. In Füllkörperkolonnen ist der →Flüssigkeits- inhalt unabhängig von der G., solange diese unter- halb der →Staugrenze liegt. Wird die Staugrenze überschritten, so wird ein Abfließen der Flüssigkeit durch die Schubkräfte des Gases behindert, und der Flüssigkeitsinhalt steigt an. Wird die →Flutgrenze erreicht, so füllt sich die Kolonne mit Flüssigkeit. Füllkörperkolonnen verwandeln sich zu Blasensäu- len, die →Füllkörper enthalten. Bei einer weiteren Erhöhung der G. beginnt die Packung zu schweben. Wirbelwäscher werden in einem solchen Betriebs- zustand betrieben. Die G. beim →Destillieren wird in der Regel so gewählt, daß die Staugrenze gerade überschritten ist (Arbeitsbereich). *Dohrn*

Gasbilanz. Massenbilanz über die in einem →Bio- reaktor verbrauchten und gebildeten gasförmigen Komponenten.

Für die Erstellung einer G. müssen der Gasdurch- satz und die Konzentrationen der Gaskomponenten im Reaktoreingang und Reaktorausgang bekannt sein.

In aeroben biologischen Prozessen werden z. B. Sauerstoff und Substrat zu Produkten und Kohlen- dioxid umgesetzt. Über die G. läßt sich die Menge des verbrauchten Sauerstoffs und des gebildeten Kohlendioxids berechnen und so Aufschluß über die Aktivität des Prozesses gewinnen (→Abgasana- lyse). *Liefke*

Gasdruck-Formverfahren →Impulsverdichtung

Gasextraktion. Gasförmige Stoffe hoher Dichte können wie flüssige Stoffe als Lösungsmittel in der stoffwandelnden Industrie eingesetzt werden. In der Nähe der kritischen Temperatur T_C weisen Stoffe bei mäßigen Drücken im Bereich von 5–30 MPa flüssigkeitsähnliche Dichten auf. Daraus ergibt sich eine hohe Lösefähigkeit dieser gasförmigen oder kompressiblen flüssigen ($T < T_C$) Stoffe. Der mitt- lere Molekülabstand ist so gering, daß auch mole- kulare Wechselwirkungen zum Tragen kommen. Die Eigenschaften eines komprimierten Stoffes im Bereich der kritischen Temperatur können durch Änderungen von Druck und/oder Temperatur so beeinflußt werden, daß er sich wie ein normales Gas geringer Dichte oder als Flüssigkeit verhält. Auf Grund des hohen Flüchtigkeitsunterschieds zwi- schen komprimiertem Gas als Lösungsmittel und den gelösten Stoffen ist bei Entspannen auf Umge- bungsdruck eine praktisch vollständige Abtrennung des Lösungsmittels möglich. Damit haben Gase im überkritischen Zustand ($T > T_C$, $P > P_C$) und Flüssigkeiten im unterkritischen Bereich nahe der kritischen Temperatur ($0,95\ T_C < T < 1 \cdot T_C; P \approx P_C$) wesentliche Eigenschaften eines Lösungsmittels und können für Prozese ins Auge gefaßt werden, bei denen Lösungsmittel benötigt werden.

Durch die kritische Temperatur ist die Arbeits- temperatur eines solchen Verfahrens weitgehend vorbestimmt. Mit Kohlendioxid ($T_C = 31\,°C$, $P_C = 7,3\,MPa$) steht ein Gas mit günstigen Eigenschaften leicht zur Verfügung. Deshalb richtete sich der Schwerpunkt der G. zunächst auf die Trennung temperaturempfindlicher und schwerflüchtiger Stoffmischungen sowie solcher, bei denen Rückstände flüssiger Lösungsmittel vermieden werden müssen.

Komprimierte Gase können als Lösungsmittel in unterschiedlichen verfahrenstechnischen Prozessen verwendet werden. Bisher am verbreitetsten ist die Anwendung kompressibler Fluide hoher Dichte als physikalisch wirkende Lösungsmittel in einstufigen Prozessen. Daneben sind mehrstufige Prozesse und Gegenstromprozesse möglich; ferner die Verwendung komprimierter Gase als Lösungsmittel in chemischen Reaktionen.

Bei einstufigen Prozessen werden aus der Mischung in einem →Extraktionsapparat mit Hilfe eines komprimierten Gases eine oder mehrere Komponenten abgetrennt. Der →Trennfaktor für die abzutrennenden Komponenten gegenüber dem verbleibenden →Raffinat ist praktisch unendlich groß. Aus dem komprimierten Gas wird der →Extrakt durch Zustandsänderung, →Absorption oder →Adsorption im Abscheider abgetrennt. Das Gas wird nach Anpassung an die Extraktionsbedingungen zurückgeführt. Beispiele sind die Extraktion von Alkaloiden, Hopfenextrakt, Speiseölen und Gewürzstoffen aus festen Substraten, da letztere im komprimierten Gas unlöslich sind.

Ist der Trennfaktor nicht groß genug, um die erwünschte Auftrennung einstufig zu erreichen, kann die G. auch mehrstufig durchgeführt werden. Dabei ändert man entweder die Extraktions- oder die Abscheidebedingungen in mehreren Schritten, so daß nacheinander unterschiedliche Komponenten oder Gemische extrahiert oder abgeschieden werden. Beispiele hierfür sind die Altölraffination, die Speiseölfraktionierung und das Entasphaltieren. Bei der Altölraffination wird zunächst der fluide Anteil des Altöls mit Hilfe von Ethan von festen Verunreinigungen abgetrennt. Anschließend werden durch aufeinanderfolgende Druckabsenkungen und Temperaturerhöhungen mehrere unterschiedliche Fraktionen nach ihrer Flüchtigkeit bzw. ihrer druckabhängigen Löslichkeit in Ethan abgeschieden. Gasförmige Lösungsmittel wurden auch intensiv zur Gewinnung synthetischer Kraftstoffe aus Kohle, Ölschiefer und Schwerölen untersucht. Mit Lösungsmitteln wie Toluol, Tetralin, Wasserdampf (jeweils im überkritischen Zustand) und Wasserstoff können lösliche Bestandteile und Pyrolyseprodukte gelöst und anschließend durch Zustandsänderungen fraktioniert abgeschieden werden. Bei noch geringeren Trennfaktoren läßt sich die G. als kontinuierliches Mehrstufen-Gegenstrom-Trennverfahren durchführen. Die G. ist in dieser Ausführung einer Flüssig-Flüssig-Extraktion (→Extrahieren) in Gegenstromkolonnen vergleichbar und analog zu behandeln. Experimentell im Labor untersuchte Beispiele für derartige Trennungen sind die Anreicherung von Ethanol aus verdünnten wässerigen Lösungen und die Trennung von Mono- und Diglyceriden.

Die Lösefähigkeit komprimierter Gase wird weitgehend von ihrer Dichte bestimmt. Die Dichte kann im Bereich der kritischen Temperatur durch relativ geringe Änderungen von Temperatur und Druck in weiten Grenzen variiert werden. In der Nähe des kritischen Punktes sind auch die Verdampfungsenthalpien gering, so daß eine einfache und wenig Energie benötigende Trennung zwischen Extrakt und Lösungsmittel möglich wird. Ferner liegen günstige Transporteigenschaften des komprimierten Gases vor, nämlich geringe Viskosität, hohe Diffusionskoeffizienten und gute Wärmeleitfähigkeit (Tabelle).

Als Lösungsmittel für die G. kommen allgemein Stoffe oder Stoffgemische in Betracht, die entweder überkritisch sind oder eine überkritische Komponente als wesentlichen Bestandteil enthalten. Mit kritischen Temperaturen unterhalb 100 °C steht eine Reihe von Gasen zur Verfügung, z. B. Ethylen ($T_C = 9{,}5\,°C$), Kohlendioxid ($T_C = 31\,°C$), Ethan ($T_C = 35\,°C$), Stickoxid ($T_C = 36{,}5\,°C$), Propan ($T_C = 96{,}8\,°C$). Mit Gasgemischen lassen sich Lösungsmittel mit dazwischenliegenden kritischen Temperaturen herstellen. Polare Komponenten, wie z. B. Ethanol, können als →Schleppmittel in

Gasextraktion. Tabelle: Lösungsmittel für die Gasextraktion; Eigenschaften.

		ϱ g/cm³	η g/cm·s	D cm²/s
Gas	1 bar, 25 °C	$(0{,}6–2)\cdot 10^{-3}$	$(1–3)\cdot 10^{-4}$	0,1—0,4
komprimiertes Gas	P_C, T_C $4\,P_C, \approx T_C$	0,2–0,5 0,4–0,9	$(1–3)\cdot 10^{-4}$ $(3–9)\cdot 10^{-4}$	$0{,}7\cdot 10^{-3}$ $0{,}2\cdot 10^{-3}$
Flüssigkeit*)	1 bar, 25 °C	0,6–1,6	$(0{,}2–3)\cdot 10^{-2}$	$(0{,}2–2)\cdot 10^{-5}$

*) organische Lösungsmittel, Wasser

relativ geringen Konzentrationen von etwa 1–15 % Massegehalt spezifische Wechselwirkungen einbringen und die Lösefähigkeit für polare Stoffe wesentlich verbessern. In erster Linie trennt ein komprimiertes Gas ein Stoffgemisch nach den Molmassen oder Flüchtigkeiten der Komponenten auf. In zweiter Linie sind die molekularen Wechselwirkungen mit dem Gelösten von Bedeutung. Sehr polare Stoffe, wie z. B. Wasser, zeigen in den meist nur wenig polaren gasförmigen Lösungsmitteln eine erheblich geringere Löslichkeit als unpolare Stoffe.

Bei gegebenem Lösungsmittel nimmt die Löslichkeit mit steigender Polarität ab. Eine erhebliche Rolle spielt ferner die Löslichkeit des gasförmigen Lösungsmittel in einer auftretenden flüssigen Phase. Der Einbau der Lösungsmittelmoleküle in die flüssige Phase bringt erhebliche Strukturveränderungen mit sich, darunter die Verringerung der molekularen Wechselwirkungen der zu lösenden Moleküle durch die Vergrößerung des mittleren Molekülabstands.

Die Extraktion aus Feststoffen ist meist durch die Diffusion im Feststoff kontrolliert. Dementsprechend nimmt die Extraktionsgeschwindigkeit exponentiell mit der Zeit ab. Bei einem Aufschluß des Materials durch z. B. Mahlen und hohen Konzentrationen des zu extrahierenden Stoffes kann jedoch dieser Extraktionsphase eine solche mit konstanter Extraktionsgeschwindigkeit vorgelagert sein. Dabei liegt der Transportwiderstand in der Lösungsmittelphase.

Für kontinuierlich durchgeführte Gegenstromtrennungen mit fluiden Phasen liegen Stoffübergangsmessungen bei Glyceriden vor. Danach liegt die Anzahl Trennstufen pro Meter bei 2 (→Glockenboden) bis 3 (Sulzer-Packung) bei etwa 10 mm/s →Leerrohrgeschwindigkeit.

Der Kreislauf des gasförmigen Lösungsmittels unterscheidet sich im wesentlichen dadurch, ob zur Extraktabscheidung eine Entspannung durchgeführt oder eine Absorption oder Adsorption eingesetzt wird. In den beiden letzteren Fällen ergibt sich der Energiebedarf für den Gaskreislauf aus dem Druckverlust von etwa 1–2 MPa bei 30 MPa Extraktionsdruck. Der Energiebedarf für die Produktgewinnung ergibt sich im wesentlichen aus der Trennung zwischen Absorptions- und Adsorptionsmittel und Extrakt.

Die Entspannung zur Produktabscheidung kann bis in den Zweiphasenbereich führen, wonach die Druckerhöhung im flüssigen Zustand des Lösungsmittels erfolgt, oder im überkritischen Bereich bleiben, wonach die Druckerhöhung als Gasverdichtung durchgeführt wird.

Temperaturen und Drücke von G.-Anlagen bewegen sich im Bereich konventioneller Technik. Besonderes Augenmerk verlangen die großen Kreisgasmengen, die schwellende Belastung der Druckbehälter bei absatzweise durchgeführten Prozessen und die Beschickungsvorrichtungen.

Bisher erstellte kommerzielle Anlagen zur Feststoffextraktion beschränken sich auf den Lebensmittelbereich und verwenden ausschließlich Kohlendioxid als Lösungsmittel. Die erste Anlage wurde 1980 bei HAG (General Foods) in Bremen zur Entkoffeinierung von Rohkaffee in Betrieb genommen. Eine weitere Anlage folgte 1988 in Houston. Anlagen zur Herstellung von Hopfenextrakt werden von den Firmen Barth, Wolnzach, und SKW in Münchmünster betrieben. Im Jahr 1988 wurde von SKW eine Anlage zur Entkoffeinierung von Schwarztee in Betrieb genommen.

Hopfenextrakt wird auch mit flüssigem CO_2 im nahezu kritischen Zustand hergestellt. Derartige Anlagen stehen u. a. in England und Australien.

Nahezu kritische verflüssigte Gase wurden schon verschiedentlich als Lösungsmittel zur Trennung fluider Stoffmischungen eingesetzt. Dazu zählt die Ethasphaltierung mit Propan, die Triglyceridauftrennung mit Propan bei Fischölen im Solexolprozeß und neuerdings der ROSE-Prozeß, bei dem mittels Butan oder/und Pentan Rückstandsöle aufgearbeitet werden. Die Fa. Idemitsu betreibt innerhalb eines MEK-Prozesses die Abtrennung von sekundärem Butanol aus wässeriger Lösung mit 1-Buten nach dem Prinzip der G.   *Brunner*

Literatur: *Brunner, G.:* Mixed Solvents in Gas Extraction and Related Processes. In: Ion Exchange And Solvent Extraction. Vol. 10. Hrsgg. v. *J. A. Marinsky* u. *Y. Marcus.* New York 1988. – *Brunner, G.:* Anwendungsmöglichkeiten der Gasextraktion im Bereich der Fette und Öle. Fette, Seifen, Anstrichmittel 88 (1986) Nr. 12, S. 464/74. – *Brunner, G.,* u. *K. Kreim:* Separation of Ethanol from Aqueous Solutions by Gas Extraction. Ger. Chem. Eng. 9 (1986), S. 246/50. – *Coenen, H.,* u. *E. Kriegel:* Anwendungen der Extraktion mit überkritischen Gasen in der Nahrungsmittel-Industrie. Chem.-Ing.-Techn. 55 (1983), S. 890/91. – *Eggers, R.:* Development and Design of Plants for High-Pressure Extraction of Natural Products. Angew. Chem. Int. Ed. Engl. 17 (1978), S. 751/754. – *Eggers, R., U. Sievers* u. *W. Stein:* High Pressure Extraction of Oil Seed. J. Am. Oil Chem. Soc. 62 (1985) Nr. 8, S. 1222/30. – *Hoffmann, R., K. Künstle* u. *G. Brunner:* Production of Liquid Fuels and Electricity from Oil Shale by Hydrogen-Reporting. Preprints Int. Symp. High pressure Chemical Engineering. Erlangen 1984, S. 155/62. – *Kohmann, H.:* Betriebsverhalten einer überkritischen Fluidextraktion im Gegenstrom, untersucht am System Stearinsäureglyceride-Aceton-CO_2. Diss. Univ. Erlangen-Nürnberg 1981. – *Nelson, S. R.,* u. *R. G. Roodman:* Chem. Eng. Prog. (May 1985), S. 63/68. – *Peter, S., G. Brunner* u. *R. Riha:* Zur Abtrennung des Monoglycerids der Ölsäure aus einem Glyceridgemisch mit Hilfe von komprimiertem Kohlendioxid in Gegenstromkolonnen. Fette, Seifen, Anstrichmittel 78 (1976), S. 45/50. – *Vitzthum, O. G.,* u. *P. Hubert:* Fluid Extraction of Hops, Spices, and Tobacco with Supercritical Gases. Angew. Chem. Int. Ed. Engl. 17 (1978) 710/715. – *Wilhelm, A.,* u. *K. Hedden:* Extraktion von Kohle mit Lösungsmitteln in unterkritischer und überkritischer Phase unter hydrierenden und nicht hydrierenden Bedingungen. Erdöl Kohle, Erdgas-Petrochem. 33 (1983), S. 269/274.

Gas-Flüssig-Reaktion. Die G.-F.-R. zwischen gasförmigen Reaktanden und flüssigen oder in einer Flüssigkeit gelösten Reaktanden gehört zu den heterogenen Fluid-Fluid-Reaktionen ($\rightarrow$Reaktion, heterogene). Im Vergleich zur heterogenen Gaskatalyse ($\rightarrow$Reaktion, katalytische) werden hier zusätzlich fluiddynamische Vorgänge wichtig, und es können reaktionsbedingte Stoffströme zwischen beiden Phasen auftreten. Häufig verlaufen G.-F.-R. katalytisch. Dies bedeutet, daß dann bei Anwesenheit fester Katalysatoren Dreiphasenreaktionen ($\rightarrow$Katalyse, heterogene) oder Flüssigphasenreaktionen ($\rightarrow$Katalyse, homogene) vorliegen können.

Einige technisch wichtige G.-F.-R. sind:

□ die chemischen Absorptionen von SO_3 in Schwefelsäure bei der H_2SO_4-Synthese, von NO_2 in Wasser bei der HNO_3-Synthese sowie von SO_2 und CO_2 in heißer K_2CO_3-Lösung bei Gaswäschen,

□ Chlorieren von Kohlenwasserstoffen (z. B. von Benzol, Essigsäure),

□ Oxidationen flüssiger organischer Verbindungen mit Luft (z. B. Acetaldehyd zu Essigsäure, Cumol zu Cumolhydroperoxid bei der Herstellung von Phenol, p-Xylol zu Terephthalsäure, Ethylen in salzsaurer $PdCl_2/CuCl_2$-Lösung zu Acetaldehyd),

□ aerobe Fermentationen zum Herstellen von Antibiotika, Single Cell Proteine (SCP),

□ aerober bakterieller Abbau von Wasserinhaltsstoffen bei der $\rightarrow$Abwasserreinigung (z. B. im Biohochreaktor).

Wie alle heterogenen Reaktionen werden auch die G.-F.-R. von Stofftransportvorgängen ($\rightarrow$Makrokinetik) sehr beeinflußt. Die Modellierung des Stofftransports durch die $\rightarrow$Phasengrenzfläche Gas-flüssig kann nach der einfacheren Zweifilmtheorie oder nach den Oberflächenerneuerungstheorien erfolgen. Das Wechselspiel zwischen der chemischen Reaktion in der flüssigen Phase und des flüssigkeitsseitigen Stoffübergangs (bzw. Stoffdurchgangs) wird in Analogie zum $\rightarrow$Thiele-Modul bei heterogenen Gas-Feststoff-Katalysen durch die $\rightarrow$Hatta-Zahl beschrieben. Ebenfalls in völliger Analogie zum $\rightarrow$Porennutzungsgrad läßt sich hier ein Ausnutzungsgrad der Flüssigkeit (Hatta-Zahl) definieren. Abhängig von der Hatta-Zahl Ha und dem $\rightarrow$Verstärkungsfaktor E lassen sich bei G.-F.-R. unterschiedliche Reaktionsbereiche unterscheiden (Bild). *Schönbucher*

Konzentrationsverlauf	Bereich	Charakterisierung
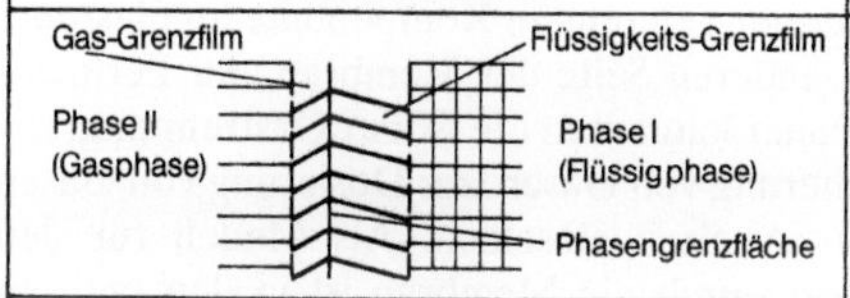		Flüssigkeit im Gas unlöslich Reaktion nur in der Flüssigkeit Reaktion B liegt im Überschuß vor
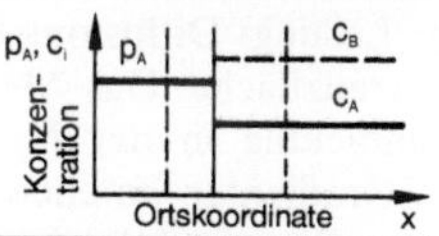	langsame Reaktion	$Ha < 0{,}3,\ E \approx 1$ $r \ll \dot{n}_e$
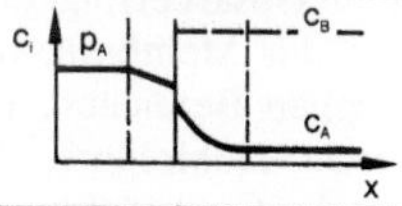	Reaktion mittlerer Geschwindigkeit	$0{,}3 < Ha < 3,\ E > 1$ $r > \dot{n}_e$
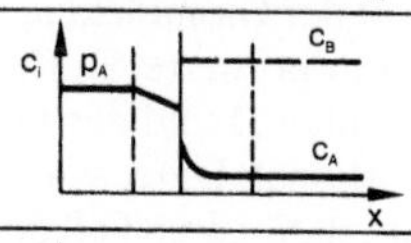	schnelle Reaktion	$Ha > 3,\ E = Ha$ $r > \dot{n}_e$
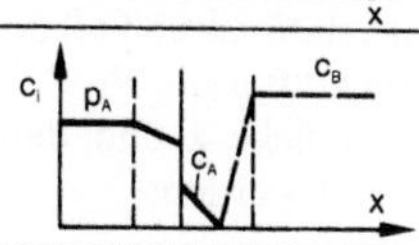	Momentanreaktion im Flüssigkeits-Grenzfilm	$Ha \gg 3,\ E \gg 1$ $r \gg \dot{n}_e$
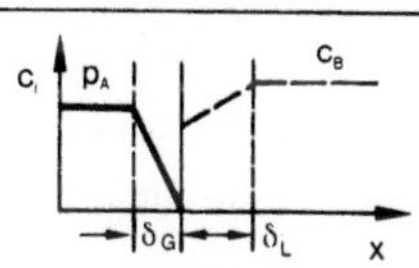	Momentanreaktion in Phasengrenzfläche (Grenzflächenreaktion)	Ha und E sind sehr groß $r \rightarrow \infty$

Gas-Flüssig-Reaktion: Reaktionsbereiche bei Gas-Flüssig-Reaktionen $A + B \rightarrow P$.

r Reaktionsgeschwindigkeit, $\dot{n}_e$ Stoffübergangsgeschwindigkeit, δ_L, δ_G flüssigkeitsseitige bzw. gasseitige Grenzfilmdicke, x Ortskoordinate, p_A Partialdruck des gasförmigen Reaktanden A, c_A Konzentration des Reaktanden A in der Flüssigkeit, c_B Konzentration des Reaktanden B in der Flüssigkeit

Gaskatalyse. Bei der G. wird eine chemische Reaktion gasförmiger Reaktanden durch Stoffe (Katalysatoren) beeinflußt, die selbst nicht an der Reaktion teilnehmen und oft nur in geringen Mengen vorliegen.

Nach dem Aggregatzustand, in dem die reagierenden Stoffe und der Katalysator vorliegen, wird unterschieden in

☐ homogene G. und

☐ heterogene G.

Bei der homogenen G. bildet der Katalysator mit den reagierenden Stoffen ein homogenes Gasgemenge. Bei der heterogenen G. bilden das gasförmige Reaktionsgemenge und der Katalysator verschiedene Phasen. Die Umsetzung der gasförmigen Reaktionsmassen findet dabei an der Phasengrenzfläche des meist festen Katalysators statt.

Der Katalysator bewirkt sowohl bei der homogenen als auch bei der heterogenen →Katalyse eine Änderung der Reaktiongsgeschwindigkeit und der Aktivierungsenergie. Durch den Einsatz des Katalysators stellt sich dadurch, ähnlich wie durch Temperaturerhöhung, das chemische Gleichgewicht beschleunigt ein. Die Lage des chemischen Gleichgewichts bleibt dabei anders als durch Temperaturerhöhung unbeeinflußt, weil Hin- und Rückreaktion gleichermaßen beschleunigt werden. Durch einen geeigneten Katalysator wird die Temperatur, bei der die chemische Umsetzung mit hinreichender Geschwindigkeit abläuft, herabgesetzt. Dieser Sachverhalt ist insbes. bei temperaturempfindlichen Substanzen wichtig.

Neben der positiven Katalyse, durch die die Reaktion beschleunigt wird, gibt es auch die negative Katalyse, durch die der Ablauf der Reaktion gehemmt wird. Stoffe, die bestimmte Reaktionen hemmen, werden als Inhibitoren, Antikatalysatoren, Passivatoren oder Stabilisatoren bezeichnet.

Homogene katalytische Gasphasenreaktionen sind in der Technik verhältnismäßig selten. Ein industrielles Beispiel ist die Oxidation von SO_2 zu SO_3 durch Luftsauerstoff beim Bleikammerverfahren, die durch Stickoxide katalysiert wird.

Auf der heterogenen G. basieren sehr viele technisch wichtige Produktionsprozesse, wie z. B. die Herstellung von Ammoniak, Methanol, Monomeren für die Polymerisation und die Verarbeitung von Erdölprodukten. *Weinspach*

Literatur: Autorenkollektiv: Verfahrenstechnische Berechnungsmethoden. Tl. 5: Chemische Reaktoren. Weinheim 1987. – *Dialer, K.*, u. *A. Löwe:* Chemische Reaktionstechnik. München 1975.

Gaspermeation. Unter G. versteht man den Transport gasförmiger Stoffe durch Membranen auf Grund von Druck- oder Partialdruckdifferenzen. Im Idealfall wirkt die Membran als semipermeable Membran, d. h. nur bestimmte Komponenten eines Gasgemisches vermögen durch die Membran zu wandern, andere werden zurückgehalten. In Wirklichkeit gibt es keine perfekten semipermeablen Membranen.

Die Fähigkeit eines Stoffs, durch eine Membran transportiert zu werden, hängt von mehreren Einflüssen, vor allem Größe, Form und chemischer Natur des Stoffs, den physikalischen und chemischen Eigenschaften des Membranmaterials, den Wechselwirkungen zwischen Membranmaterial und permeierender Komponente und dem Einfluß zusätzlicher permeierender Komponenten ab. Da meist Membranen aus Polymeren verwendet werden, beziehen sich die folgenden Ausführungen auf Polymermembranen.

Die Differenz in der Permeationsgeschwindigkeit kann auch für Moleküle mit geringen Unterschieden relativ groß sein. Die Permeation von Sauerstoff durch Polyethylen ist mehr als dreimal schneller als die von Stickstoff, obwohl beide Stoffe eine sehr ähnliche relative Molekülmasse aufweisen. P-Xylol permeiert durch Polyolefinmembranen doppelt so schnell wie o-Xylol, obwohl nur ein Unterschied von 10 % im effektiven Moleküldurchmesser besteht.

Die unterschiedliche Permeationsgeschwindigkeit in der Membran bewirkt eine Anreicherung der schneller permeierenden Komponente im Gasraum auf der anderen Seite der Membran, der Permeatseite. Daher kann man die G. zur Gastrennung, zur Anreicherung von Gasen, zur Dosierung von Gasen und zur Analyse einsetzen. Als Modell für den Transport durch die Membran ist in den meisten Fällen ein gekoppelter Lösungs-Diffusions-Prozeß ausreichend. In der Grenzfläche Gas–Membran werden zunächst Gasmoleküle in der Membran gelöst. Auf Grund des Gradienten im chemischen Potential der betrachteten Gasart erfolgt der Transport durch Diffusion in der Membran, und zwar bevorzugt in den amorphen Bereichen. In diesen bilden sich fluktuierende Hohlräume, die groß genug für den Durchtritt der Gasmoleküle sind. Die durch die Membran transportierte Stoffmenge ist dem Diffusionskoeffizienten D und der Löslichkeit in der Membran proportional. Unter vereinfachenden Annahmen kann im stationären Fall der Permeatstrom j mit der Druckdifferenz $P_1–P_2$ über die Membran, die Membrandicke z und den Henry-Koeffizienten H bestimmt werden:

$$j = \frac{D \cdot H}{z} (P_1–P_2).$$
Brunner

Gasschmelzschweißen →Schweißverfahren

Gassterilisation. Gase werden zur Sterilisation von hitzelabilen Produkten wie Kunststoffeinweggeräten z. B. Dialysatoren, elektronischen und optischen Geräten wie Meßwertaufnehmer, Endoskopen und

Verbandsmaterial eingesetzt. Diese Sterilisationsmethoden werden dabei sowohl von den Geräteherstellern zur Erststerilisation als auch in den Kliniken zur Resterilisation eingesetzt.

G.-Verfahren sind schwieriger zu kontrollieren als andere Verfahren. Um den Sterilisationserfolg zu gewährleisten, müssen in den Sterilisationskammern Einflußgrößen wie Gas- und Temperaturverteilung, Einstellung der Feuchtigkeit in engen Grenzen gehalten und kontrolliert werden.

Da meist sehr reaktionsfähige Gase benutzt werden, sollte das Sterilisiergut verfahrensgeeignet sein. Die Reaktionsfähigkeit der Gase und damit verbunden hohe Diffusionskoeffizienten in vielen Kunststoffen haben andererseits den Vorteil, daß verpackt sterilisiert werden kann. Eine dünnwandige Verpackung z. B. aus Polyethylen bildet keinen nennenswerten Diffusionswiderstand.

Aus der Gruppe von Gasen, die eine keimtötende Wirkung besitzen (Formaldehyd, Propylenoxid, Ozon, Methylbromid u. a.) hat sich Ethylenoxid (EtO) auf Grund seiner Verträglichkeit mit vielen Materialien als das meistbenutzte Sterilisiergas herausgestellt. Die Einwirkung des Gases auf polymerisationsfördernde Stoffe und bestimmte Metalle, z. B. Kupfer, sollte vermieden werden.

Einige Eigenschaften des EtO: bei Umgebungstemperatur farblos; Siedepunkt −10,8 °C; Flammpunkt −57 °C; Explosionsgrenzen in Luft 3–100 %; Dampfdruck 1,49 bar bei 20 °C; Dichte 1,965 g/l bei 20 °C.

Um die Entflammbarkeit herabzusetzen, werden Mischungen des EtO mit Kohlendioxid, Dichlordifluormethan und Trichlormonofluormethan eingesetzt.

Zum Gebrauch von EtO als Sterilisiermittel ist eine Kenntnis der Faktoren, die seine Wirkung beeinflussen, erforderlich. Eine Vorbefeuchtung verringert Diffusionswiderstände in Verpackungsmaterialien und bewirkt eine bessere Penetration

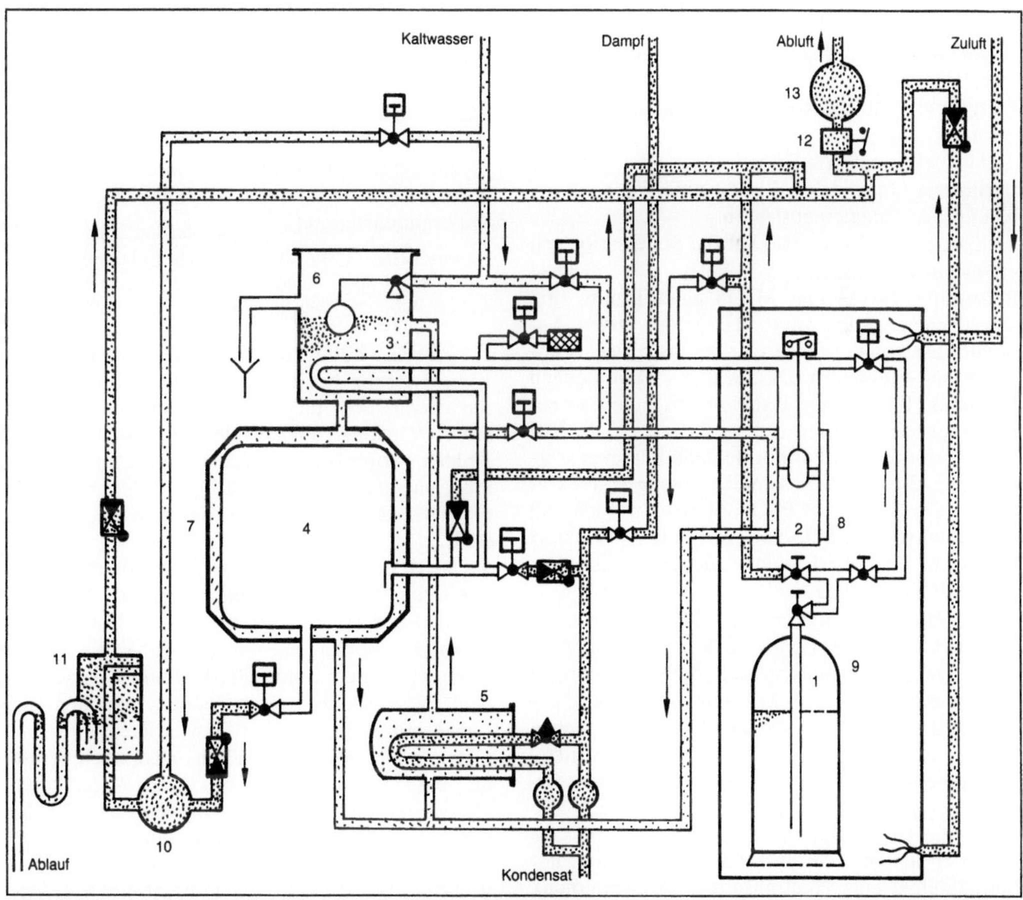

Gassterilisation: Aufbauschema eines Gassterilisationsgeräts.

Gas-Kreislauf, 1 EtO-Gasflasche, 2 Gasbehälter, 3 Gasvorwärmer, 4 Sterilisierkammer, Warmwasser-Kreislauf, 5 Temperierkessel, 6 Ausdehnungsgefäß, 7 Kammermantel, 8 Gasbehältermantel, Luftkreislauf, 9 Flaschenkammer, 10 Vakuumpumpe, 11 Gasabscheider, 12 Strömungswächter (bauseits), 13 Radialventilator (bauseits)

des Gases. Durch eine Befeuchtung vor der Sterilisation ist auch die Hydration von Sporen abgesichert. EtO tötet alle mikrobiell vegetativen Zellen und Sporen ab. Bei Konzentrationen von 220 bis 880 mg EtO/l und Temperaturen von 5–37 °C verläuft die Abtötungsrate der Mikroorganismen logarithmisch. Die benötigte Sterilisierzeit wird durch eine Konzentrationsverdopplung ungefähr halbiert. Der Temperaturkoeffizient der Reaktion beträgt pro 10 °C Temperaturerhöhung 2,7 (Tabelle).

Gassterilisation. Tabelle: Sterilisationsparameter für Ethylenoxid.

Vorbefeuchtung	40–50 % rel. Luftfeuchtigkeit
EtO-Konzentration	250–1 200 mg/l Sterilisierkammervolumen
Temperatur	25–52 °C
Zeit	2–16 h
rel. Feuchtigkeit	40–50 % (während der Sterilisation)

Der Gebrauch des EtO als Sterilisiermittel erfolgt in entsprechend ausgerüsteten Geräten, die einen weitgehend automatischen Ablauf der Sterilisation gestatten (Bild).

Da Rückstände von EtO mutagen sind, muß das sterilisierte Gut vor dem Einsatz eine Woche in gut belüftbaren Räumen auslagern.

Neben dem Ethylenoxid hat die Sterilisation mit gasförmigem Formaldehyd noch eine gewisse Bedeutung. Dieses Gas ist ein gutes Raum- und Oberflächen-Sterilisiermittel. Eine der ersten Anwendungen von Formaldehyd war das Ausräuchern von Krankenzimmern. Das Gas ist wirksam gegen Bakterien, Pilze, Viren, Insekten und andere Lebewesen. Für Sterilisationszwecke kann Formaldehyd durch Erhitzen von Paraformaldehyd erzeugt werden. Die chemische Zusammensetzung von Paraformaldehyd ist $HO-(CH_2O)_n-H$; n steht für 8–100 Formaldehyd-Moleküle. Die Sterilisation mit derart erzeugtem Gas ist wirksamer als mit verdampfter Formaldehyd-Lösung.

Freie Bakterien, Sporen und Viren werden rasch abgetötet. Geschützte Formen, z. B. von Blut, Sputum o. ä. eingehüllte Organismen und Sporen, benötigen Einwirkungszeiten bis zu 24 h. Durch Erhöhung der Temperatur (bis 60 °C) kann das Diffusionsvermögen von Formaldehyd in poröse Stoffe verbessert werden. Die optimale Feuchtigkeit für den Sterilisationsvorgang liegt bei 80–100 % relativer Luftfeuchte.

Um die Exposition von Personen mit dem Gas gering zu halten, muß nach einer Sterilisation mit Formaldehyd eine Neutralisation mit Ammoniak durchgeführt werden. Als Reaktionsprodukt entsteht dabei Hexamethylentetamin. *Stroh*

Literatur: *Korczynski, M.S.:* Sterilisation. Man. Methods for General Bacteriology. Washington 1981.

Gefrierbrand. Auch als Frostbrand bezeichnete Schädigung von Tiefkühlprodukten, die durch unsachgemäßes →Gefrieren und Gefrierlagern vor allem bei Fleisch und Geflügel auftreten kann. Der Gefrierbrand wird verursacht durch Verletzungen, die das Gewebe während des Auskristallisierens von Eis erleidet. Langsames Einfrieren bedingt das Wachstum großer Eiskristalle. Dadurch wird das Gewebe besonders beschädigt. Austritt von Zellsaft und Austrocknung des Gewebes sind die Folgen. G. kann auch dann auftreten, wenn auf Grund von starken Temperaturschwankungen während der Gefrierlagerung aus ursprünglich feinkörnigem Eisgefüge Verbände aus großen Kristallen entstehen. Die Temperaturschwankungen bewirken zusätzlich ein Partialdruckgefälle des Wassers zwischen dem Gut und seiner Umgebung, was den Stoffaustritt zu einem irreversiblen Vorgang macht. Mit Hilfe moderner Schnellgefrierverfahren und der Gewährleistung der →Gefrierkette kann eine sehr feinkristalline Eisstruktur erzielt und aufrechterhalten werden, so daß der G. weitgehend vermeidbar ist.

Der G. äußert sich durch helle, grauweiße bis graugelbliche Flecken auf der Oberfläche des Gutes und durch die ausgeprägte Zähigkeit dieser Stellen. Außerdem tritt ein Befall dieser Stellen durch psychrophile Mikroorganismen wie Cladosporium herbarium sowie Mucor-, Penicillum-, Monilia- und Aspergillusarten auf. *Kerner/Loncin*

Literatur: *Glas, A.:* Praktisches Handb. Lebensmittel. München 1965. – *Schorrmüller, J.:* Lehrb. Lebensmittelchemie. 2. Aufl. Berlin, Heidelberg 1974.

Gefrieren. Kältebehandlung, die einerseits zur Konservierung von Lebensmitteln sowie bestimmten chemischen, pharmazeutischen und medizinischen Präparaten angewendet wird, wenn die durch Kühlen erzielbare Haltbarkeitsverlängerung nicht ausreichend ist, andererseits eine Teiloperation des Gefrierkonzentrierens und Gefriertrocknens darstellt.

Das G. eines Produktes wird durch Unterschreiten seiner Gefriertemperatur erreicht. Wird das Produkt auf Temperaturen von –18 °C und tiefer gebracht, so spricht man vom Tief-G. Während reine Stoffe einen definierten Gefrierpunkt besitzen, bei dem sie vollkommen ausfrieren, zeichnen sich Lebensmittel durch einen Gefrierbereich aus. Als Gefriertemperatur ist in diesem Fall die Temperatur bei Beginn des Ausfrierens ihres Wasseranteils (Gefrierbeginn) zu verstehen. Wasserreiche Lebensmittel (Eier, Fisch, Fleisch) haben einen engeren Gefrierbereich als solche mit geringerem Wasseranteil. Bei den meisten Lebensmitteln gefriert der größte Teil des Wassers zu Beginn des Gefriervorgangs (z. B. bei hypotonischem Fisch sind 90 % des Wassers bei –10 °C ausgefroren). Die ausgefrorene Wassermenge hängt dabei ausschließlich von der Produkttemperatur ab. Der während des gesamten Gefriervorgangs insgesamt ausgefrorene Wasseranteil bestimmt die physikalischen Eigenschaften des Gefrierguts (z. B. Dichte, Volumen, Härte). Mikrobiologische und biochemische Aktivitäten im Gefriergut werden entscheidend durch die Gefriertemperatur beeinflußt. Bakteriostatische Wirkung ist bei Temperaturen unterhalb der Mindestwachstumstemperatur von Mikroorganismen vorhanden. In der Praxis kann man das Wachstum von Mikroorganismen unterhalb von $-10\,°C$ vernachlässigen.

Enzymatisch katalysierte Reaktionen sind bei den betrachteten Temperaturen generell verlangsamt. Einige Enzyme werden auch inaktiviert, aber insbes. Lipasen und Lipoxidasen sind selbst bei $-29\,°C$ noch aktiv und können langfristig →Verderb verursachen. Für die Qualität der Gefrierkonservierung eines gegebenen Produkts ist einerseits Temperatur und Temperaturstabilität (→Gefrierkette), andererseits das Gefrierverfahren ausschlaggebend. Unter den Verfahren werden nach der erreichten Gefriergeschwindigkeit w (von der Gefrierfront je Zeiteinheit im Gefriergut zurückgelegte Strecke) das langsame G. ($0,1\ cm/h < w < 0,5\ cm/h$), das normalerweise technisch angestrebte schnelle G. ($0,5\ cm/h < w < 5\ cm/h$) sowie das für kleine, dünne Produkte geeignete sehr schnelle G. ($5\ cm/h < w < ca.$ $100\ cm/h$) unterschieden. Das schnelle G. ist dem langsamen G. unter mehreren Aspekten überlegen: Es entstehen viele kleine Eiskristalle, die das Zellgewebe weit weniger schädigen als die beim langsamen G. entstehenden großen Kristalle. Auf Grund der kurzen Zeit können keine Entmischungsvorgänge stattfinden. Die mikrobielle und enzymatische Aktivität wird schnell reduziert, der Massenverlust unverpackter Ware durch Verdunstung ist geringer.

Die zum Erreichen der Gefriertemperatur im Gut erforderliche Gesamtzeit hängt von Gutseigenschaften, Apparateeigenschaften und Betriebsbedingungen ab (Form und Abmessung des Guts, Enthalpieänderung, Wärmeleitfähigkeit des gefrorenen Guts, Anfangs- und Endtemperatur des Guts, Temperatur des Kälteträgers, Wärmeübergangskoeffizient).

Unter den Gefrieranlagen unterscheidet man hauptsächlich Luftgefrierapparate und Kontaktgefrieranlagen. Das G. mit Luft ist wegen der guten Anpassungsfähigkeit an das Gut das weitaus gebräuchlichste. Es existiert eine Vielzahl absatzweise, halbkontinuierlich und kontinuierlich arbeitender Anlagetypen (Gefrierkammer, Band-, Hordenwagen-, Paternoster-, Karussell-, Fließbettgefrieranlagen), die mit Lufttemperaturen von ca. -30 bis $-40\,°C$ und Luftgeschwindigkeiten von ca. $2-7\ m/s$ betrieben werden.

Mit diesen Verfahren werden vielfach Obst- und Gemüseprodukte (oft in Fließbettgefrierern), Fleisch, Geflügel und Eier gefroren. Dabei findet stets eine Massenabnahme durch Wasserverlust statt.

Bei den Kontaktgefrieranlagen erfolgt der Wärmeübergang über Metalloberflächen (durch verdampfende Kältemittel oder zirkulierende flüssige Kälteträger gekühlt) durch Eintauchen in flüssige Kältemittel oder durch Besprühen bzw. Überströmen des Guts mit verdampfenden Flüssigkeiten.

Das G. des Guts durch Kontakt mit gekühlten Metallflächen wird in Stahlbandfrostern, Horizontal- und Vertikalplattengefrierapparaten sowie Walzengefrierern und Kratzkühlern realisiert. Sie werden eingesetzt zum Gefrieren von Fischfilet, Fleisch, Kaffeeextrakt und vielen pastösen und flüssigen Produkten wie Spinat, Eiscreme, Soßen und Obstsäften.

Als Kältemittel für das G. in flüssigen Medien dienen Salzlösungen ($CaCl_2$, $NaCl$), z. T. mit Zuckerzusätzen, ferner Propylenglycol und Glycerin-Ethylenglycol-Gemische mit Temperaturen von -20 bis $-30\,°C$. Damit werden verpackte Lebensmittel, z. B. Geflügel, z. T. auch Fisch und Eier, gefroren.

Das G. mit verdampfenden Flüssigkeiten zeichnet sich durch einen sehr guten Wärmeübergangskoeffizienten zwischen Gut und Kältemittel aus. Es werden flüssiger Stickstoff (LN_2), flüssiges CO_2 (LCO_2) und Freone, hauptsächlich R12 verwendet. Verdampfendes R12, z. T. auch CO_2, wird zurückgewonnen, N_2 entweicht aus dem System. Dieses Gefrierverfahren eignet sich für unverpackte, kleinstückige Produkte (IQF Individual Quick Freezing), z. B. Backwaren, Pommes frites, Hamburger, Mais, Erbsen, Bohnen, Krabben u. ä.

Gefrieren. Tabelle: Gefrierlagerzeiten und -temperaturen verschiedener Gefriergüter.

Produkt	Lagerzeiten in Monaten bei	
	$-18\,°C$	$-30\,°C$
Rindfleisch	12	24
Schweinefleisch	6	15
Lammfleisch	9	24
Geflügel	9	
Fettfisch	4	12
Magerfisch	8—10	24
Karotten, Erbsen	18	>24
Spinat	18	>24
Erdbeeren	12	24
Fruchtsaftkonzentrate	24	>24
Milchspeiseeis	3— 6	18

Empfohlene Lagerzeiten für verschiedene Gefriergüter in Abhängigkeit von der Temperatur zeigt die Tabelle. *Kerner/Loncin*

Literatur: *Ciobanu, A., G. Lascu, V. Bercescu* u. *L. Niculescu:* Cooling technology in the Food Industry. Tunbridge Wells (England) 1976. – *Desrosier, N.,* u. *D. Tressler:* Fundamentals of Food Freezing. Westport (USA) 1977. – *Gruda, Z.,* u. *J. Postolsky:* Gefrieren von Lebensmitteln. Leipzig 1980.

Gefrierkette. Reihe verschiedener Phasen, die tiefgefrorene Lebensmittel auf dem Weg vom Erzeuger bis zum Verbraucher durchlaufen, wobei zur Sicherung der Produktqualität die Temperatur im Gefriergut stets unterhalb der Gefriertemperatur liegen sollte. Die wichtigsten Phasen nach dem Verlassen des Gefrierapparats sind Auffanglager, Großkühlhaus, Großhandelslager, Verkaufstiefkühltruhe, Haushaltstiefkühltruhe sowie die Transporte im Kühlwagen. Erfahrungsgemäß wird die G. insbes. beim Umladen und beim Transport häufig unterbrochen, d. h. die Gefriertemperatur wird überschritten, und vor allem die Randschichten des Gutes tauen kurzzeitig auf. Qualitätsverluste verschiedener Art können dabei auftreten:

□ Beim Auftauen schmelzen kleine Eiskristalle schneller als größere. Wird die Gefriertemperatur wieder unterschritten, wirken die verbliebenen Kristalle als Kristallisationskeime. Es bilden sich größere Kristalle und bei wiederholtem Auftauen und Gefrieren tritt eine deutliche Verschiebung der Kristallgrößenverteilung hin zu großen Kristallen auf. Sensorische Einbußen und Produktschäden wie Zerstörung der Gewebestruktur (mit verstärktem Tropfsaftverlust beim Auftauen für den Verzehr) bis hin zum →Gefrierbrand sind die Folge.

□ Durch das Auftauen ist Wasser wesentlich besser verfügbar, so daß mikrobielle, enzymkatalysierte und chemische Verderbsreaktionen bedeutend schneller ablaufen als im gefrorenen Gut.

Bei Kenntnis des Temperatur- und Zeitverlaufs sowie dem funktionalen Zusammenhang mit der Qualität (Time-Temperature-Tolerance) kann man den Gesamtqualitätsverlust des Gutes verfolgen. Mit Hilfe von Auftauindikatoren (Zeit-Temperatur-Integratoren bzw. -Indikatoren), die unmittelbar beim Gefriergut aufbewahrt werden, läßt sich der Qualitätszustand des Gutes schnell und direkt messen. *Kerner/Loncin*

Gefrierkonzentrieren. Verfahren zum Konzentrieren flüssiger Lebensmittel durch →Ausfrieren von Wasser in der Lösung und Abtrennen des Eises von der aufkonzentrierten Restlösung.

Dementsprechend bestehen Gefrierkonzentrationsanlagen prinzipiell aus zwei funktional getrennten Anlagenteilen. Im Kristallisator werden die Eiskristalle gebildet. Das kann direkt durch Einleiten von Kältemitteln wie flüssiges CO_2 oder N_2

geschehen, die beim Verdampfen dem Wasser Wärme entziehen. Verbreitet sind jedoch die indirekten Verfahren, bei denen das →Kältemittel im äußeren Mantel eines Doppelrohr-Wärmeübertragers verdampft, während an den Wänden der inneren Kammer Wasser ausfriert und von rotierenden Kratzern oder Messern ständig abgeschabt wird. Häufig angeschlossen sind Kristallisationstanks, in denen durch Umkristallisation des Eises (Oswaldsche Reifung) möglichst einheitlich große Kristalle erzeugt werden.

Zum Trennen von Eis und Restlösung eignen sich prinzipiell Zentrifugen, Filterpressen und Waschkolonnen. In allen Fällen ist eine homogene Kristallgrößenverteilung Voraussetzung für eine gute Trennleistung.

Einstufige Anlagen sind auf Grund der begrenzten Pumpbarkeit und Filtrierbarkeit des Eis-Restlösungs-Gemisches für die Erzeugung bis zu einem Volumengehalt von 50 % Eis einsetzbar. Weitergehende Aufkonzentrierung muß in mehrstufigen Anlagen durchgeführt werden.

Die Vorteile des G. gegenüber dem Konzentrieren durch Verdampfen bestehen darin, daß flüchtige Aromabestandteile nicht ausgetrieben werden, Geschmack und Vitamine weitgehend erhalten bleiben und daß man beim Verdampfen auftretende Produktansatzbildung auf Heizflächen sowie das Schäumen von Lebensmitteln umgeht.

Das Verfahren ist jedoch im Vergleich zum Verdampfen teuer. Bei vielen Lebensmitteln besteht die Schwierigkeit, Eis und konzentrierte Restlösung ohne beträchtlichen Produktverlust voneinander zu trennen. Deshalb beschränkt sich die Anwendung des Gefrierkonzentrierens in der Lebensmittelindustrie z. Z. auf wenige Produkte wie Bier, Wein, Zitrus- und Obstsäfte. *Kerner/Loncin*

Gefrierpunkterniedrigung. Durch den Zusatz von schwer- oder nichtflüchtigen und nichtdissoziierenden Fremdstoffen zu einem Lösungsmittel entsteht eine verdünnte Lösung mit gegenüber dem reinen Lösungsmittel geänderten Eigenschaften: Im einzelnen treten dabei folgende Erscheinungen auf:

□ Erniedrigung des Dampfdrucks unter isothermen Bedingungen,

□ Erhöhung des Siedepunkts und

□ Erniedrigung des Gefrierpunkts unter isobaren Bedingungen.

Die Dampfdruckerniedrigung Δp ist nur konzentrationsabhängig und unabhängig von der Natur des gelösten Stoffs:

$$\Delta p = x \cdot p \qquad (1),$$

mit x Molanteil der nichtflüchtigen Substanz in der Lösung, $p = p(T)$ Dampfdruck des reinen Lösungsmittels.

Am Siedepunkt erreicht die Flüssigkeit einen dem Außendruck gleichen Dampfdruck. Der Gefrierpunkt ist durch die Temperatur gekennzeichnet, bei der die flüssige und die feste Phase im Gleichgewicht stehen, d. h. beide Phasen gleiche Dampfdrücke besitzen. Die Dampfdruckerniedrigung nach dem Lösen eines nichtflüchtigen Stoffs führt unter gleichem Außendruck zu einer Siedepunkterhöhung und zu einer G. der Lösung gegenüber dem reinen Lösungsmittel (Bild).

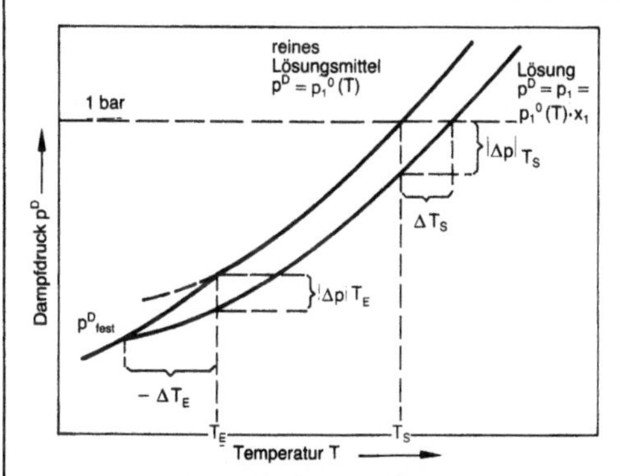

Gefrierpunkterniedrigung: Zur Erläuterung der Begriffe Dampfdruckerniedrigung, Siedepunkterhöhung und Gefrierpunkterniedrigung.

Siedepunkterhöhung und G. ΔT in einer Lösung lassen sich durch die folgende Beziehung beschreiben:

$$\Delta T = E \cdot \frac{N}{M_L} \qquad (2);$$

E Stoffkonstante des Lösungsmittels, N Molzahl an nichtflüchtiger nichtdissoziierender Substanz, M_L Lösungsmittelmasse.

Die Konstante E (auch als molare Siedepunkterhöhung bzw. G. bezeichnet) kann aus der absoluten Siede- bzw. Gefriertemperatur T, der zugehörigen spezifischen Verdampfungs- bzw. Schmelzwärme Δh des reinen Lösungsmittels und der universellen Gaskonstante R bestimmt werden:

$$E = R \cdot \frac{T^2}{\Delta h} \text{ in } K \cdot kg/kmol, \text{ R in Ws/kmolK, } \Delta h \text{ in}$$

Ws/kg. *Weinspach*

Literatur: Autorenkollektiv: Thermodynamik der Mischphasen. Leipzig 1973. – *Vauck, W. R. A.,* u. *H. A. Müller:* Grundoperationen chemischer Verfahrenstechnik. Leipzig 1978.

Gefriertrocknen. Beim G. wird eine mit Feuchtigkeit bezeichnete Komponente (meist Wasser) von einem Gut entfernt, indem das Gut in den festen Zustand überführt und die gefrorene Feuchtigkeit sublimiert wird. Das G. erfolgt in drei Verfahrensschritten (Bild):

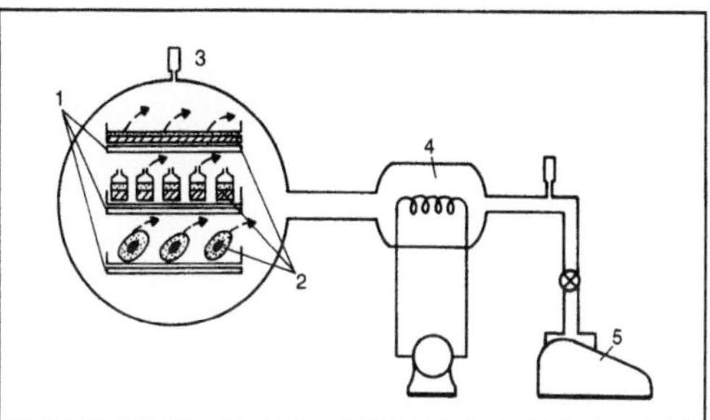

Gefriertrocknen: Funktionsschema einer Anlage zur Gefriertrocknung.

1 Heiz- und Kühlvorrichtungen, 2 zu trocknendes Gut, 3 Trocknungskammer, 4 Kondensator, 5 Vakuumpumpe

- Gefrieren,
- Sublimieren,
- Desorbieren.

Normalerweise sind Materialien, die gefriergetrocknet werden sollen, komplexe Mischungen aus Wasser und mehreren anderen Substanzen. Bei einer Abkühlung unter 0 °C scheiden sich zuerst reine Eiskristalle ab. Bei einer weiteren Abkühlung wird das Material starr, da sich Eutektika bilden. Für den Sublimationsschritt wird die gefrorene Substanz einem Vakuum von etwa 3 mbar ausgesetzt. Das Eis sublimiert zu Wasserdampf. Die zur Sublimation notwendige Wärmemenge kann durch Leitung, Strahlung, Widerstandsheizung, Mikrowellen oder Infrarotstrahlen übertragen werden. Die Sublimation von 1 kg Eis erfordert etwa 2800 kJ.

Soll auch das gebundene Wasser entfernt werden, so ist ein weiterer Verfahrensschritt, nämlich eine →Desorption, notwendig. Dazu wird die Temperatur des Guts auf 20–50 °C erhöht und Hochvakuum angelegt, wobei nicht nur das gebundene Wasser, sondern auch Sauerstoff entfernt wird. Obwohl das gebundene Wasser nur 5–10 % des gesamten Wasseranteils ausmacht, nimmt die Desorption 25–35 % der gesamten Trocknungszeit in Anspruch.

Das Produkt ist sehr stabil und kann durch Wasserzugabe bequem wieder in den ursprünglichen Zustand gebracht werden. Die G. wird bei der Herstellung von Pharmazeutika und bei Nahrungsmitteln wie Kaffee, Obstsäften und einigen Meerestieren eingesetzt. Bei der Herstellung von gefriergetrocknetem Kaffee stellt man zunächst ein →Extrakt mit 20–25 % Feststoff her. Dieser wird durch →Ausfrieren auf einen Feststoffanteil von 30–40 % gebracht. Dann wird bei Temperaturen von –25 bis –43 °C das gesamte Produkt gefroren, granuliert und das Eis bei einem Vakuum von etwa 0,2 mbar sublimiert. Das entstehende Produkt wird anschließend auf einen Feuchtigkeitsgehalt von 1–3 % herabgetrocknet (→Trocknen).

Bei der Elektronenmikroskopie stellt das G. ein wichtiges Verfahren dar, um biologische Präparate für das Vakuum in der Gerätesäule stabil zu machen. *Dohrn*

Literatur: *Kneule, F.*: Das Trocknen. Aarau 1975. – *Kröll, K.*: Trockner und Trocknungsverfahren. 2. Aufl. Berlin, Heidelberg, New York 1978. – *Noyes, R.*: Freeze-Drying of Foods and Biologicals. Park Ridge (New Jersey) 1969.

Gefügebeeinflussung →Randzonenbeeinflussung

Gegenlauffräsen →Fräsen

Gegenschlaghammer. G. sind arbeitsgebundene Umformmaschinen mit zwei überwiegend gleichgroßen, teils auch unterschiedlichen Bären, die mit mechanischer oder hydraulischer Kopplung oder auch frei mit gleichen oder verschiedenen Geschwindigkeiten gegeneinanderschlagen (Bild). Wesentliches Merkmal ist das Entfallen der bei üblichen Schabottehämmern benötigten schweren, im Erdreich mit Schwingungsisolierung gegründeten Schabotte. Dadurch verringern sich einerseits

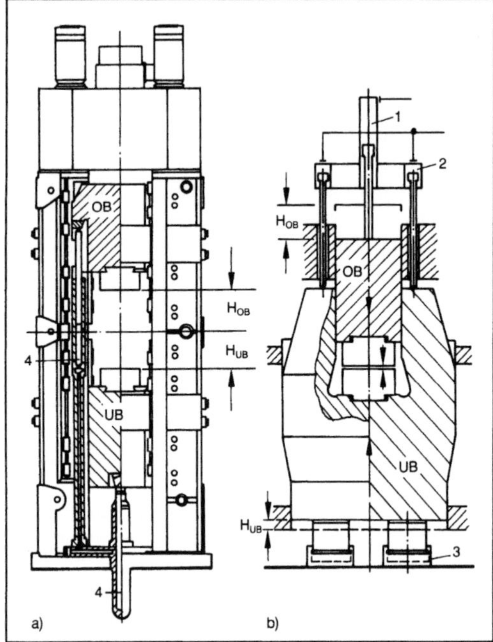

Gegenschlaghammer.
a) Mit gleichen Bärmassen. (Quelle: Beche & Grohs)
b) Mit ungleichen Bärmassen. (Quelle: Lasco)

Antrieb elektro-ölhydraulisch, Bärkopplung bei a) hydraulisch (Quelle: *Lange* a. a. O.) 1 Antrieb des Oberbären (OB), 2 hydraulischer Antrieb des Unterbären (UB) für Ausgangsstellung, 3 Luftzylinder für Aufwärts(Arbeits)bewegung des Unterbären, 4 hydraulische Bärkopplung, H_{OB}, H_{UB} Hub von Ober- bzw. Unterbär

die Baumassen von G. verglichen mit Schabottehämmern gleichen Arbeitsvermögens um über 50 %, andererseits wird theoretisch keine Stoßverlustenergie über das Fundament auf das Erdreich übertragen. Durch Führungsreibung und Bärkippen gelangen Stoßverlustanteile in das Fundament. Die Gründung ist jedoch nicht so aufwendig wie bei Schabottehämmern.

G. werden fast ausschließlich für das Gesenkschmieden von Stahl eingesetzt. Moderne Bauarten, stehend oder liegend, werden mit Drucköl oder Druckluft betrieben (→Umformmaschine) und haben teils speicherprogrammierbare Steuerungen. Die G. haben Oberdruckhämmer in Europa für Arbeitsvermögen $E_N > 100\ kJ$ weitgehend verdrängt. Die größten ausgeführten G. haben ein Arbeitsvermögen von 1 250 kJ und 1 500 kJ bei Bärmassen von über 100 t. *Lange*

Literatur: *Lange, K.* (Hrsg.): Umformtechnik. Handb. f. Ind. u. Wiss. Bd. 1: Grundlagen. 2. Aufl. Berlin, Heidelberg, New York 1984. – *Lange, K., u. H. Meyer-Nolkemper:* Gesenkschmieden. 2. Aufl. Berlin, Heidelberg, New York 1977.

Gegenstrahlmühle. Bei G. sind 2 oder 4 produktbeladene Injektorstrahlen gegeneinander gerichtet. Die Strahlen prallen im Winkel von 180° jeweils aufeinander und bilden eine Mahlzone. Dort zerkleinern sich die mitgeführten Partikel durch Reibung und Stoß. Die Verweilzeit ist jedoch sehr kurz, so daß auch ungemahlenes Gut die Mühle wieder verläßt. Deshalb muß stets ein Sichter nachgeschaltet werden. Die größten Aufprallgeschwindigkeiten erzielt man beim Einsatz von Lavalstrahlrohren. G. (Bild) eignen sich zum Zerkleinern harter bis mittelharter Materialien wie Quarz, Kohle, Salze und Farbpigmente. Die Durchsätze liegen bei 12 t/h, bei Feinstzerkleinerung unter 100 µm Korngröße. Das Treibmittel, häufig Heißdampf, ist mit bis zum Zweifachen seiner Eigenmasse mit Feststoff beladen. Wegen des abrasiven Verschleißes, bedingt

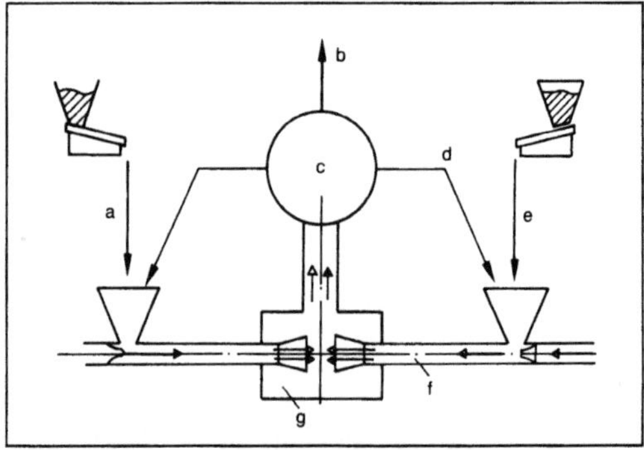

Gegenstrahlmühle. Gegenstrahlmahlanlage (Schemaskizze).

a Aufgabegut, b Feingut, c Windsichter, d Grobgutrücklauf, e Aufgabegut, f Strahlrohr, g Mahlkammer

durch die hohen Feststoffgeschwindigkeiten, ist der Mahlraum mit besonders verschleißfestem Material ausgekleidet. *Würtz*

Gegenstrom. Beim G. fließen zwei Stoffströme, die Wärmeenergie oder stoffliche Komponenten aus-

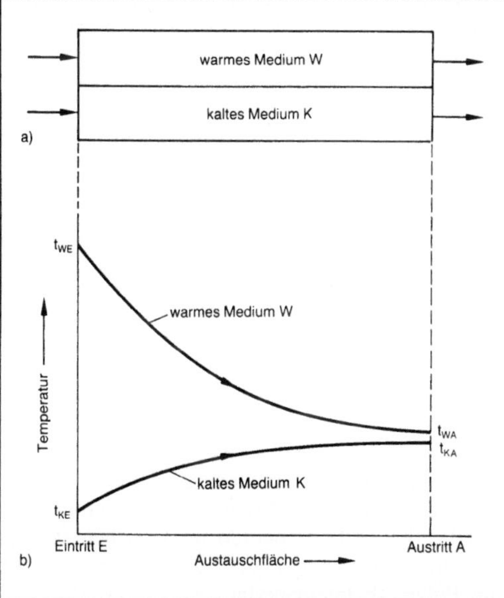

Gegenstrom 1: Gegenstrom bei Wärmeübertragern.
a) Stoffstromführung
b) Temperaturverlauf.

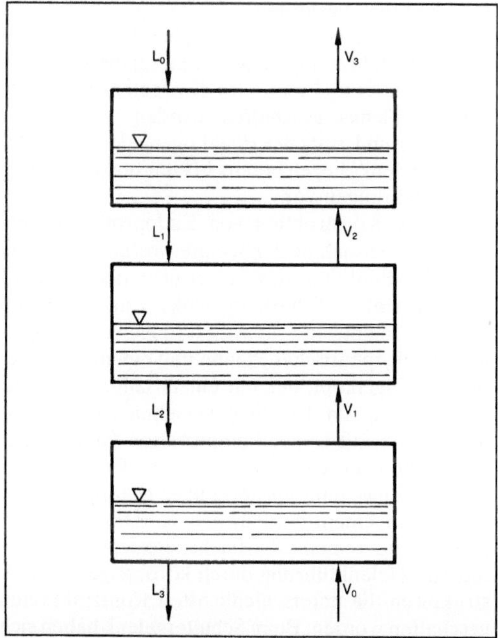

Gegenstrom 2: Gegenstrom bei einem dreistufigen Stofftrennprozeß.

tauschen sollen, in entgegengesetzter Richtung durch den Apparat.

Bei im G. betriebenen Wärmeübertragern kann ein zu kühlender Stoffstrom auf eine Temperatur gekühlt werden, die kälter als die Austrittstemperatur des Kühlmediums ist. Entsprechendes gilt für zu erwärmende Stoffströme (Bild 1).

Werden mehrstufige Stofftrennapparate im G. geschaltet, lassen sich im Vergleich zu Kreuz- und →Gleichstrom die höchsten Anreicherungen und somit die besten Trennwirkungen erreichen (Bild 2).

Außerdem ist der Verbrauch von Trennhilfsmitteln (z. B. →Extraktionsmittel oder Heizdampf) vergleichsweise gering. Aus diesen Gründen werden die meisten mehrstufigen Trennapparate im G. oder in einem angenäherten G. geschaltet (z. B. Extraktionskolonnen, Absorptionstürme, Destillationskolonnen). *Dohrn*

Literatur: *King, C. J.*: Separation Processes. New York 1980.

Gegenstrom-Trennverfahren. Bei G.-T. werden die Stoffströme durch die Trennapparatur gegensinnig geführt. Dadurch werden zwei Effekte erreicht. Zum einen kann in einer Trennvorrichtung die Trennung über das Maß hinausgeführt werden, das sich bei einmaliger Anwendung des Trennprinzips ergeben würde. Eine binäre Mischung läßt sich beispielsweise in einer G.-Kolonne in zwei reine Bestandteile auftrennen. Bei gleichsinniger Stromführung (→Gleichstrom) kann demgegenüber nur die bei einmaliger Anwendung des Trennprinzips erreichbare Auftrennung erzielt werden. Zum anderen ist der Aufwand an Trennhilfsmitteln (→Trennprozeß, thermischer) bei G.-T. gegenüber dem Aufwand bei Gleich- oder →Kreuzstrom erheblich verringert.

G.-T. werden vor allem bei Trennungen mit hohem Durchsatz angewandt. So werden Trennungen durch Destillation, Absorption und Extraktion meist im →Gegenstrom ausgeführt.

Die Vorteile des G. lassen sich in relativ einfacher Weise nur für fluide Ströme nutzen, die durch Schwerkraft oder Förderorgane durch die Trennvorrichtung transportiert werden. Feststoffe sind hingegen wesentlich schwieriger im G. kontinuierlich durch eine Trennvorrichtung zu befördern. Daher wird mitunter versucht, ein G.-T. dadurch anzunähern, daß man Festbetten nacheinander von der fluiden Phase durchströmen läßt. So entsteht eine Trennkaskade, an deren einem Ende die Stoffströme mit der höchsten Wertstoffkonzentration gegeneinander und an deren anderem Ende die Stoffströme mit der niedrigsten Wertstoffkonzentration geführt werden. Ein Beispiel ist die Herstellung von Kaffeeextrakt.

Eine andere Möglichkeit, bei Festbetten angenähert G. zu erreichen, besteht darin, daß in einer

Trennvorrichtung Zulaufstelle und Entnahmestelle periodisch weitergeführt werden. Dadurch entsteht der Effekt, daß das Festbett scheinbar im G. zur fluiden Phase wandert. Ein zur Produktionsreife gelangtes Beispiel ist der Sorbex-Prozeß. *Brunner*

Gelenkbohrmaschine. Die G. gehört zusammen mit der →Reihenbohrmaschine zu der Gruppe der mehrspindligen Bohrmaschinen. Sie wird für das Bearbeiten von Werkstücken mit sehr vielen Bohrungen in kleinen und mittleren Serien eingesetzt. Sie läßt sich auf verschiedene Bohrbilder umstellen und vermeidet die hohen Herstellkosten fester Mehrspindelbohrköpfe, deren Einsatz sich nur bei großen Werkstückserien lohnt.

Bei der üblichen Grundausführung einer vertikalen Gelenkspindelbohrmaschine bilden die Maschinengrundplatte und der Maschinenständer eine kompakte Einheit. Der Bohrschlitten läuft auf gehärteten Führungsbahnen am Maschinenständer und trägt die Bohrglocke, das Getriebegehäuse mit Haupt- und Verteilergetriebe sowie den elektrischen Antriebsmotor. In der Bohrglocke ist eine größere Anzahl teleskopartig ausziehbarer Gelenkwellen angebracht (Bild). Mit Stufenvorgelege und mehreren Getriebestufen lassen sich für einzelne Bohrspindeln unterschiedliche Umdrehungsfrequenzen einstellen. Der Vorschubweg ist für alle

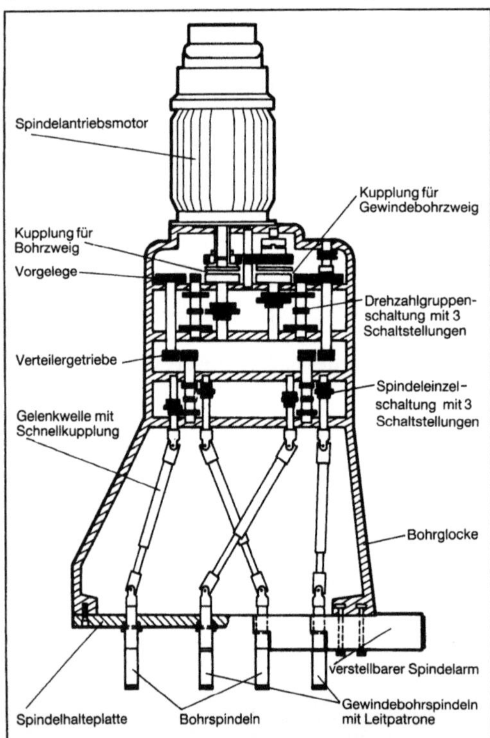

Gelenkbohrmaschine: Getriebeschema. (Quelle: Elha Maschinenbau, Hövelhof)

Bohrspindeln gleich. Die einzelnen Bohrspindeln werden in einer dem Bohrbild angepaßten Bohrplatte geführt, wobei auf den kleinstmöglichen Abstand zweier Spindeln Rücksicht zu nehmen ist. *Schulz*

Gelenkersatz. Bei Gelenkerkrankungen verschiedener Ursache, die mit einer zunehmenden Funktionseinschränkung, mit zunehmenden Schmerzen und mit einer zunehmenden Zerstörung der belasteten Gelenkanteile einhergehen, besteht seit fast einem Jahrhundert das Bestreben, solche Gelenke durch Kunstgelenke zu ersetzen. Bereits 1890 wurde vom deutschen Chirurgen *Gluck* eine Kniegelenksendoprothese aus Elfenbein eingesetzt. Am Hüftgelenk sind 1923 erstmals Interpositionen von Fremdmaterialien (Glas, Metall) bekannt geworden. Im Jahre 1964 hat *Judet* erstmals den Hüftkopf durch eine Nachbildung aus Methylmethacrylat ersetzt.

1962 stellte *J. Charnley* ein Endoprothesensystem für das Hüftgelenk vor, bei dem der Schaft aus korrosionsfestem Stahl und die Pfannenkomponente aus Teflon und später wegen Versagens dieses Kunststoffs aus Polyethylen war. Die Verankerung der Prothesenkomponenten im Knochen erfolgte mit Hilfe eines schnell härtenden Knochenzements aus Polymethylmethacrylat.

Diese Form des G. ist zum Standardverfahren der Hüftgelenksendoprothetik geworden. Es ist in der Bundesrepublik Deutschland mit jährlich ca. 60 000 Operationen und weltweit mit ca. 300 000 Eingriffen unentbehrlich geworden.

Neben dem Ersatz des Hüftgelenks sind in den letzten 15 Jahren in der Klinik einsetzbare Prothesensysteme zum Ersatz des Kniegelenks und des Schultergelenks geschaffen worden. Auch über Systeme zum Ersatz des Ellenbogengelenks und des Sprunggelenks liegen bereits Lösungsmöglichkeiten und Erfahrungen vor.

Bei der Konstruktion von Endoprothesen ging man – mit Ausnahme der Schulterprothesen – davon aus, die Funktion des zu ersetzenden Gelenks (Kugelgelenk, Scharniergelenk) nachzuahmen (Bild 1). So entstand für das Hüftgelenk ein Kugelgelenk mit sphärischer Pfanne und einem artikulierenden Kugelkopf, der mit einem langen Stiel zur Verankerung im Knochen versehen ist. Für das Kniegelenk mit seiner komplizierten Gelenkkinematik sind vom reinen Scharniergelenk (als Reduktion des Bewegungsmusters) über gekoppelte Prothesen mit einem zusätzlichen Rotationsfreiheitsgrad bis zur reinen Oberflächenersatzprothese bei intakter Gelenkführung durch körpereigene Bandstrukturen die unterschiedlichsten Konstruktionen geschaffen worden. Beim Schultergelenk haben sich die Probleme wegen der distrahierten Kraft des Armgewichts zwischen den artikulierenden Part-

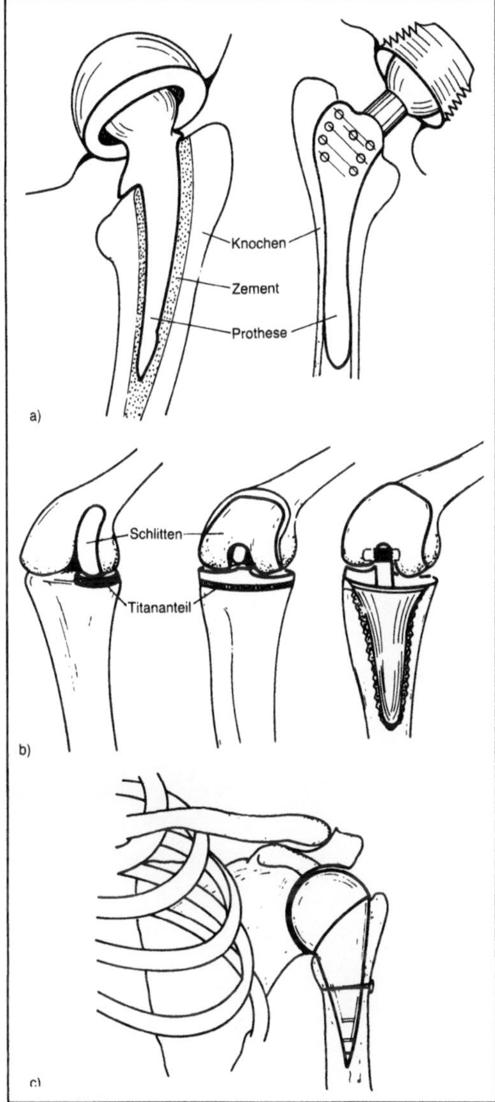

Gelenkersatz 1: Prothesentypen.
a) An Hüfte
b) An Knie
c) An Schulter.

nern noch nicht zufriedenstellend lösen lassen. Aus diesem Grund ist nur ein teilweiser Ersatz des Gelenks als Oberarmkopfprothese üblich.

Die wissenschaftlichen Grundlagen der Prothesenmaterialien und der Konstruktion der Gelenkteile einer Endoprothese sind erarbeitet. Bei der Verankerung von Endoprothesen ist jedoch noch eine Reihe von Fragen offen, die letztlich eine dauerhafte Lösung des künstlichen Ersatzes von Gelenken bisher verhinderten.

Zur Herstellung von Endoprothesen werden unterschiedliche Materialien verwendet, da nur eine Kombination verschiedener Werkstoffe die gestellten Aufgaben optimal erfüllen kann.

Als metallische Werkstoffe werden rostfreie Stähle eingesetzt. Nur sie besitzen eine genügend hohe statische Zugfestigkeit und Dauerfestigkeit sowie Beständigkeit gegenüber Korrosion und Korrosionsermüdung. Unter Beachtung der biologischen Verträglichkeit haben sich allgemein Cobalt-Chrom-Molybdän-Gußlegierungen durchgesetzt. Die Verwendung von Titanlegierungen und Reintitan scheint wegen der Überlegenheit hinsichtlich der biologischen Verträglichkeit und der höheren Korrosionsbeständigkeit trotz der höheren Kosten die Methode der Zukunft zu sein.

Wegen ihrer Eigenschaften werden die wesentlichen Teile des kräfteübertragenden Systems einer Prothese aus Metall hergestellt; so der Stiel und der Kugelkopf bei Hüftprothesen oder die Oberschenkelgleitfläche und die Achse bei Kniegelenksprothesen. Die Verwendung einer Metall-Metall-Gleitpaarung wurde wegen der höheren Reibung und des dadurch verursachten Abriebs und der Beanspruchung der Prothesenverankerung zunächst verlassen.

Polymere als Kunststoffe finden nur als lastaufnehmende Komponenten Anwendung, da sie keiner Zugspannung ausgesetzt sind. Sie haben eine geringe Reibungszahl gegen Metall und sind dadurch ein günstiger Gleitpartner in einem künstlichen Gelenk. Als Material hat sich Polyethylen mit hoher relativer Molekülmasse am besten bewährt, da es in vivo den geringsten Verschleiß hat. Es wird als Pfannenteil beim künstlichen Hüftgelenk und als Gleitpartner auf dem Schienbeinkopf bei Knieprothesen angewendet. Wird es metallunterlegt (Schienbeinkopf) oder metallhinterlegt (Hüftpfanne), so wird seine Verformung vermindert und der Abrieb verringert. Die Schädigung des Knochenlagers der Kunststoffimplantate durch chronische Entzündungsprozesse wird so deutlich herabgesetzt.

Als weiterer Werkstoff haben Keramiken Eingang in die Endoprothetik gefunden. Sie verbinden eine hohe chemische Beständigkeit in vivo mit einem sehr geringen Verschleiß als Gleitpartner gegeneinander als auch gegen Kunststoffe. So führt eine Polyethylen-Aluminiumoxid-Keramik-Paarung zu einem Abrieb von nur 0,09 mm im Jahr am Polyethylen. Kugeln aus Aluminiumoxidkeramik werden als Kopfkomponente von Hüftendoprothesen und als Material für den Pfannenersatz verwendet.

Der Ersatz von Gelenkfunktionen verlangt eine feste und belastbare Verankerung der Prothesenteile. Eine feste Verbindung wird durch die Elastizität des Knochens mit einem sich vom Prothesenmaterial deutlich unterscheidenden Elastizitätsmodul erschwert. Zusätzlich toleriert das Knochengewebe nur einen bestimmten Betrag an Druck- und Schubspannungen. Wird dieser überschritten, so bildet sich nach Resorption eine bindegewebige Zwischenschicht, die die Verankerung qualitativ verschlechtert.

Als Prinzip der Verbindung zwischen Prothese und Knochenlager haben sich der Preßsitz mit einem guten Formschluß zwischen Knochen und Implantat und die Zementverbindung vorläufig durchgesetzt. Die Strukturierung der Prothesenoberfläche, die das Einwachsen von Knochengewebe in das Implantat zur Verbesserung der Verankerung begünstigen soll, bringt nach dem heutigen Stand der Kenntnisse keine Vorteile. Beim Preßsitz füllt das Implantat einen Hohlraum im Knochen und wird durch die elastischen Eigenschaften des Knochenrohrs verklemmt (Verankerungsmuster der zementfreien Endoprothesen). Die Verklemmung des Prothesenstiels erfolgt dabei in der Markhöhle des Oberschenkelknochens entlang der kompakten Außenschicht. Sie kann durch eine Erhöhung des Formschlusses mittels individuell angefertigter Stielformen verbessert werden. Sekundäre Formveränderungen des Knochens als zeitabhängige Funktion verschlechtern die Verankerung allmählich und führen zur Lockerung.

Bei der Zementverankerung (in situ polymerisierende Kunststoffe) wird der Formschluß zwischen Prothese und Knochen durch eine genaue Anpassung der Oberflächen mittels des verformbaren Zements erreicht. Dies setzt zusammen mit einer Vergrößerung der Kontaktfläche die Flächenpressung herab und verringert den dadurch verursachten Knochenabbau. Trotz einer sich allmählich ausbildenden bindegewebigen Zwischenschicht bleibt die Verankerung durch den guten Formschluß mit z. T. vorhandenen Hinterschneidungen lange Zeit stabil.

Die Werkstoffe und die geometrischen Konstruktionen der Prothesenflächen bieten nur noch geringe Probleme auf dem Gebiet der Endoprothetik. Die Lockerung des Knochen-Endoprothesenverbunds, die durchschnittlich nach 8 Jahren beginnt, ist jedoch nach wie vor ein ungelöstes Problem. Sie wird durch die gestörte Biomechanik bei der Übertragung der Kräfte über den Stiel des Endoprothesensystems in den dieser Belastung nicht gewachsenen Knochen verursacht. Auch die Zementverankerung mit einer thermischen Schädigung des Knochens während des Polymerisationsvorgangs und der Freisetzung von toxischen Monomeren in der Frühphase führt über die Ausbildung der bindegewebigen Zwischenschicht zur späteren Lockerung. Als dritte wesentliche Lockerungsursache ist der Abrieb der Prothesenkomponenten (Polyethylen und Zementteilchen) anzuführen.

Ein Weg zur Verbesserung der Prothesenverankerung ist die zementlose Endoprothetik. Das Vermeiden der schädigenden Wirkung des Zements hat jedoch nur unwesentliche Fortschritte gebracht. Bedingt durch die weiterhin unnatürliche Krafteinleitung in den Knochen kommt es zu Lockerungen. Die Nachahmung der natürlichen Krafteinleitung über das trabekuläre System (Anordnung von Knochenlamellen entlang von Kraftlinien) des Knochens ist eine Lösung dieses Problems (Bild 2). Ein in der Struktur des gelenknahen Knochens zementfreies Prothesensystem muß die seither gebräuchliche massive Form zugunsten einer verstrebten Konstruktion mit großer Oberfläche verlassen, um eine harmonische Krafteinleitung in die Spongiosa des Knochens (schwammartig aufgebaute Knochenstruktur) zu ermöglichen. Über die steuerbare Oberflächenvergrößerung erlaubt eine solche Konstruktion eine gezielte Herabsetzung der Druckund Zugspannungen auf ein physiologisches Maß. Damit wird ein Knochenabbau mit nachfolgender Zwischenschichtbildung vermieden.

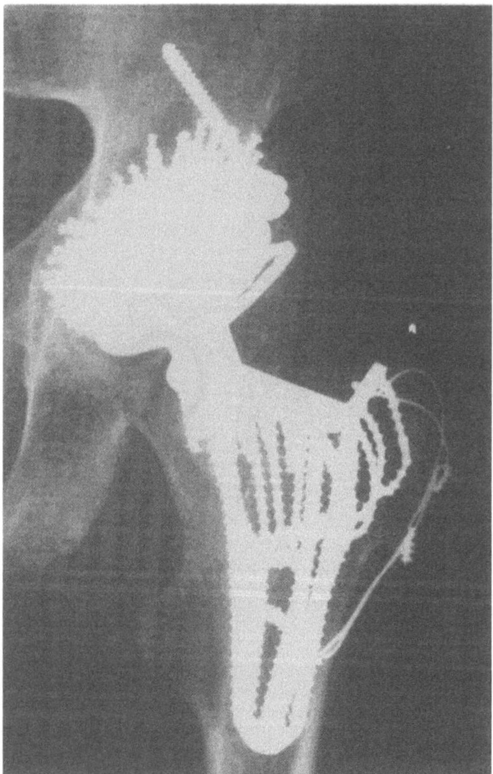

Gelenkersatz 2: Trabekulär verankertes Prothesensystem.

Die bisherigen Erfahrungen mit Hüftpfannen sind mittelfristig sehr gut, und erste Erfahrungen mit Femurprothesen bestätigen die theoretischen Erwartungen, so daß in diesem Prothesensystem eine mögliche Lösung des Verankerungsproblems zu sehen ist. *H. Schneider*

Gelenkprothese →Gelenkersatz

Gelfiltration. Chromatographisches Verfahren zur
Fraktionierung, Isolierung und Reinigung einzelner
Komponenten eines Stoffgemisches nach ihrer
Molekülgröße sowie zur Bestimmung von Molekül-
größen oder Molekülgrößenverteilungen. Die Trennung nach der Molekülgröße erfolgt in einem meist
als Säule ausgebildeten Festbett, bestehend aus
heteroporösen Gelkörpern, welche die stationäre
Phase darstellen. Das zu trennende Stoffgemisch
wird, in einer flüssigen Phase (mobile Phase) gelöst
oder suspendiert, aufgegeben und durch die Gel-
packung geleitet. Dabei diffundieren die Moleküle
des Gemisches in die Poren der Gelmatrix, sofern sie
kleiner sind als die größten Poren. Je kleiner die
Moleküle sind, desto weiter diffundieren sie in die
Gelmatrix und desto länger werden sie beim Durch-
wandern der Packung zurückgehalten. Moleküle,
die größer sind als die größten Poren, werden nicht
im Porensystem zurückgehalten und verlassen die
Säule als erste. Im Eluat treten die einzelnen
Molekülfraktionen demnach in der Reihenfolge
abnehmender Molekülgröße auf. Die G. wird vor
allem bei der Aufarbeitung biologischer Substanzgemische (z. B. Trennung von Proteinen) eingesetzt.
Da die relativen Molekülmassen dieser Substanzen
in einem weiten Bereich liegen (ca. 10^2–10^6 g/mol),
sind Säulenfüllmaterialien mit geeigneter Porengrößenverteilung für die relevanten relativen Molekülmassen erforderlich. Solche Materialien sind quer-
vernetzte Dextrane (Sephadex, Sephasorb), Aga-
rose und Acrylamid-Copolymere. Die Porengrößenverteilung und damit auch die Trenneigenschaften können durch Variation des Vernetzungsgrads
beeinflußt werden. Diese Materialien werden in der
Regel als Kügelchen mit Durchmessern von 20 bis
300 μm verwendet. Als mobile Phase werden zahlreiche Lösungsmittel eingesetzt: Wasser, Methanol,
Ethanol, Benzol, Toluol, Aceton, Dioxan, Chlo-
roform, Pyridin u. a. Das Prinzip der G. hat
als Gelchromatographie weite Verbreitung gefunden.   *Kerner/Loncin*

Gelschicht →Konzentrationspolarisation

Gemüseverarbeitung. Unter der Bezeichnung
Gemüse werden die Pflanzenteile zusammengefaßt,
die in frischem Zustand nicht lufttrocken sind
(Ausnahme Obst und Pilze) und die ohne Entzug
wesentlicher Bestandteile roh, gekocht, konserviert
oder auf sonstige Art zubereitet direkt für die
menschliche Ernährung zur Verfügung stehen. Man
unterscheidet üblicherweise folgende Gruppen:
Wurzelgemüse (z. B. Kartoffel), Blattgemüse (z. B.
Spinat), Salatgemüse (z. B. Kopfsalat), Stengel- und
Sproßgemüse (z. B. Spargel), Blütengemüse (z. B.
Blumenkohl), Fruchtgemüse (z. B. Tomaten), Zwie-

belgemüse (z. B. Zwiebeln) und Gewürzgemüse.
Auch nach ihrer Ernte laufen noch enzymatisch
gesteuerte Stoffwechselvorgänge ab, die zusammen
mit der sich entwickelnden Mikroorganismenflora
in vielen Fällen zu einem raschen Wertverlust und
schließlich vollkommenem →Verderb führen. Dieser geringen Haltbarkeit muß bei der gesamten G.
Rechnung getragen werden.

Empfindliches, für den Verzehr als Frischware
vorgesehenes Gemüse wird bei weiten Transport-
wegen und Zwischenlagerung bzw. bei längerer
Einlagerung kühlgelagert (Kälteträger in der Regel
Luft, bei Blattgemüse z. T. Verdunstungskühlung)
oder in kontrollierter Atmosphäre (→CA-Lage-
rung) gelagert. Lagerschäden (z. B. Kaltlagerkrankheiten) lassen sich durch Einstellen der optimalen
Bedingungen (unterschiedlich je nach Gemüseart)
vermeiden. Bei der Auslegung der Kühlaggrega-
te muß insbes. die Atmungswärme des Gemüses
(850–11 500 kJ je Tonne und Tag bei 0 °C) berücksichtigt werden.

Ein großer Teil des leichtverderblichen Gemüses
wird zu Dauerwaren verarbeitet:

□ *Tiefgefrorenes Gemüse:* Gewaschene und sor-
tierte Rohware wird in kochendem Wasser (90 bis
240 s) oder im Dampfstrom (120–300 s) blanchiert
(→Blanchieren) und unmittelbar danach bei –40 °C
und tiefer eingefroren. Meist werden dazu einfache
Luftgefrierapparate, Fließbettfroster, Platten- oder
Kontaktfroster eingesetzt. Die Tiefkühllagerung
erfolgt bei –20 bis –30 °C (→Gefrieren). Möglichst
rasches Einfrieren nach der Ernte wie auch
konsequentes Einhalten der →Gefrierkette während Lagerung und Transport der Ware zum Verbraucher sind wichtige Voraussetzungen für die
Qualitätserhaltung.

□ *Vollkonserven:* Die vorgerichtete Rohware wird
blanchiert, um neben der Enzyminaktivierung unerwünschte Geschmacksstoffe zu entfernen, eingeschlossene Luft auszutreiben und ein Schrumpfen
der Rohware zu erzielen. Diese wird zusammen mit
einer Aufgußflüssigkeit (meist 1–2 %ige NaCl-
Lösung, z. T. auch Zucker, Zitronensäure bis zu
0,05 %, Ca-Salze und Geschmacksverstärker) meist
maschinell in Aluminiumdosen, Weißblechdosen
oder Gläser gefüllt und gelangt zur Hitzesterilisation. Der Großteil des Gemüses wird im Autoklaven
sterilisiert (→Sterilisieren, Konservieren), ein geringer Teil auch in offenen Kesseln. Sterilisiertem-
peraturen und -zeiten liegen für Erbsen bei ca.
118 °C und 18 min, für Blumenkohl bei 116 °C und
15 min, jeweils in ¼-Dosen (850 ml). Die wichtigsten zu Vollkonserven verarbeiteten Gemüsearten
sind Tomaten, Erbsen, Bohnen, Mais und Karot-
ten.

Zwei andere wichtige Arten von Gemüseerzeug-
nissen sind Essig- und Gärungsgemüse. In beiden
Fällen beruht die konservierende Wirkung auf dem

niedrigen pH-Wert, der das Wachstum von Bakterien, insbes. von Sporenbildnern, vermindert und das Produkt z. T. durch zusätzliches →Pasteurisieren haltbar macht. Während Essiggemüse durch Übergießen mit 2,5 %igem Essig (evtl. Zusatz von Salz, Zucker, Gewürzen, Konservierungsstoffen) auf den erforderlichen pH-Wert eingestellt wird, senkt man beim Gärungsgemüse den pH-Wert durch spontane →Milchsäuregärung mit Lactobazillen, die als einzige Bakterien noch bei pH 3,5 wachsen können. Das meist zerkleinerte und in Salz (1,5–3 %) oder Salzlösung (6–8 %ig) eingelegte Gemüse gärt bei 18–28 °C in 3–6 Wochen. Dabei entstehen neben der Milchsäure auch Essigsäure, geringe Mengen Alkohol, CO_2 und Aromastoffe. Als Essiggemüse kommen hauptsächlich Gurken, Zwiebeln und Paprika in den Handel, als Gärungsgemüse vor allem Sauerkraut. Gemüsesäfte und Gemüsemarks spielen als Halbfabrikate für Säfte und Nektare eine wichtige Rolle. Ihre Herstellung entspricht weitgehend der des Obstmarks (→Obstverarbeitung). Häufig ist jedoch ein Schälvorgang erforderlich (chemisch durch Laugeneinsatz, thermisch in Hochdruck-Dampfanlagen). Es schließt sich eine kurzzeitige Aufheizung (110 bis 125 °C) und je nach Gemüseart eine Mazerierung der gewonnenen Maische und/oder sofortiges →Passieren (Spinat, rote Beete) an. Rohsäfte werden gewöhnlich durch Pressen von nicht mazerierter Maische gewonnen. Nach der Entlüftung (zum Oxidationsschutz) und Sterilisation in Platten- und Röhrenerhitzern (120–125 °C; 0,5–5 min) werden diese Halbfabrikate möglichst unter Stickstoffatmosphäre bei ca. 2 °C gelagert. *Kerner/Loncin*

Literatur: *Nelson, P.,* u. *D. Tressler:* Fruit and Vegetable Juice Processing Technology. 3. Aufl. Westport (Connecticut) 1980. – *Schobinger, U.:* Frucht- und Gemüsesäfte. Stuttgart 1978. – *Schorrmüller, J.:* Lehrb. Lebensmittelchemie. Berlin 1974.

Genauguß. G. (oft auch als Präzisionsguß bezeichnet) ist dadurch gekennzeichnet, daß solche Gußstücke eine wesentlich höhere Maßgenauigkeit als nach den üblichen Freimaßtoleranzen für Gußteile vorgesehen aufweisen. Voraussetzung für die erzielbare hohe Maßtreue sind spezielle Formverfahren und maßhaltige Modelle. Jeder Gußverbraucher sollte bedenken, daß ein Abguß nicht maßgenauer ausfallen kann als das Modell. Deshalb muß man dem Gießer zur Herstellung hochpräziser Abgüsse auch hochwertige Modelle zur Verfügung stellen. Die Maßgenauigkeit eines Abgusses wird aber auch durch Formteilungen, Kernlagerungsmöglichkeiten und die mit den verwendeten Formstoffen erzielbare Formstabilität beeinflußt. So liegen die Toleranzen innerhalb der Formteilungsebene erheblich niedriger als quer zur Formteilung.

Zu den G.-Verfahren rechnet man üblicherweise den →Croning-Formmaskenguß und dessen Variante das D-Verfahren, das →Shaw-Verfahren mit nachfolgendem Brennen sowie das Kohlensäure-Erstarrungsverfahren (→CO_2-Verfahren), das →Vollformgießen und den →Feinguß.

Die G.-Verfahren erfordern allesamt eine besondere Gieß- und Formtechnik, durch die der Erstarrungsablauf wesentlich beeinflußt wird und in gewissem Rahmen auch gelenkt werden kann. Deshalb ist man in der Lage, G.-Stücke auch mit einer auf die vorgesehene Beanspruchung abgestimmten Gefügestruktur zu erzeugen. Im allgemeinen will man in Gußstücken isotrope Eigenschaften erreichen. In Feingußstücken, z. B. bei gegossenen Turbinenschaufeln, ist man dagegen bestrebt, durch gelenkte Erstarrung eine Vorzugsrichtung der Kristalle über die Schaufellänge zu erreichen.

Es ist offensichtlich, daß die erzielbaren Toleranzen nicht nur davon abhängen, ob geteilte oder ungeteilte Formen verwendet werden, sondern auch von den Hauptabmessungen der Teile. In vielen Fällen reichen die beim Croning-Formmaskenguß und insbes. beim Feinguß erzielbaren Maßgenauigkeiten aus, um auf eine nachfolgende spanende Bearbeitung der Gußstücke gänzlich verzichten zu können oder zumindest das Nacharbeiten auf Schleifen zu begrenzen.

Das Vollformgießen und das Kohlensäure-Erstarrungsverfahren finden vor allem bei größeren Gußstücken Anwendung und erfordern dementsprechend größere Toleranzen, die aber deutlich unter den Freimaßtoleranzen nach Norm liegen und meist knapp bemessene Bearbeitungszugaben zulassen. Gerade auf dem Gebiet der Maßhaltigkeit hat die Gußerzeugung in den letzten Jahrzehnten durch die Erfindung neuer Formstoffe, besonders in Verbindung mit heiß- oder kalthärtenden Kunststoffen als Binder, durch bessere Form- und Kernherstellungstechnologien sowie verbesserte Kenntnis über das Schwindungsverhalten der verschiedenen Gußwerkstoffe wesentliche Fortschritte gemacht. *Doliwa*

Genußmittel. Lebensmittel, die sich durch ihren Gehalt an bestimmten Verbindungen mit physiologischer und pharmakologischer Wirkung auszeichnen. Sie werden in erster Linie wegen ihrer Eigenschaft zugeführt, den Körper dahin gehend zu beeinflussen, daß ein subjektiver Eindruck des Wohlbefindens ausgelöst wird. Ihre anregende Wirkung erstreckt sich auf das Nervensystem, auf Geruchs- und Geschmacksorgane, auf Stoffwechselvorgänge und auf das Verdauungssystem. Dagegen ist der Gehalt an Nährstoffen für ihre Zufuhr nicht relevant.

Die wichtigsten G. sind alkoholische Getränke wie Bier, Wein und Branntweine; weiterhin Kaffee- und Kakaogetränke, Tee und andere koffeinhaltige Getränke, ferner Tabak und Gewürze. Für manche

Stoffe, wie z. B. Tabak oder koffeinhaltige Pflanzen, wird die begriffliche Abgrenzung zu den Genußgiften nicht ganz einheitlich gehandhabt.

Neben den G. sind die Genußsäuren als häufig gebrauchter Begriff zu nennen. Als Genußsäure bezeichnet man verschiedene, in zahlreichen Lebensmitteln natürlich vorkommende organische Säuren, die wegen ihres sauren Geschmacks sowie ihrer antioxidativen und synergistischen Eigenschaften auch als Zusatzstoffe verwendet werden. Solche Genußsäuren sind vor allem Äpfelsäure, Zitronensäure, Essigsäure, Glutaminsäure, Milchsäure, Propionsäure und Weinsäure. *Kerner/Loncin*

Gesamtabscheidegrad →Zyklonabscheider

Geschwindigkeitsgleichung. Der zeitliche Ablauf einer irreversiblen Reaktion

$$\nu_A A + \nu_B B \xrightarrow{k} \nu_C C + \nu_D D$$

in Abhängigkeit der Temperatur T und der Konzentrationen c_A, c_B, c_C und c_D der Reaktionskomponenten A, B, C, D läßt sich durch die folgende G. (Geschwindigkeitsansatz, Geschwindigkeitsgesetz, Zeitgesetz) in Form eines Potenzansatzes ausdrükken:

$$r = k\,(T)\;c_A^m c_B^n c_C^o c_D^p;$$

r Reaktionsgeschwindigkeit, $k(T) \sim e^{-\gamma}$ temperaturabhängige Reaktionsgeschwindigkeitskonstante mit der →Arrhenius-Zahl γ; m, n, o, p Reaktionsordnungen (Exponenten) bez. der Reaktanden A, B und der Produkte C, D; (m+n+o+p) Gesamtordnung der Reaktion. Die Reaktionsordnungen können null, positive oder negative ganzzahlige bzw. gebrochene Zahlen sein und müssen i. a. empirisch ermittelt werden. Sie können allein bei Elementarreaktionen mit den stöchiometrischen Faktoren ν_A, ν_D, ν_C, ν_D übereinstimmen. In vielen Fällen nehmen die Exponenten die Zahlenwerte $0, \pm\frac{1}{2}, \pm 1, \pm 2$ an. Läuft die obige Reaktion reversibel ab, d. h. liegt die Gleichgewichtsreaktion

$$\nu_A A + \nu_B B \underset{k_2}{\overset{k_1}{\rightleftharpoons}} \nu_C C + \nu_D D$$

vor. Dann besteht die G. häufig aus additiven Potenzansätzen:

$$r = k_1\,(T)\,c_A^m c_B^n - k_2\,(T)\,c_C^o c_D^P,$$

wenn $k_1(T)$, $k_2(T)$ die temperaturabhängigen Geschwindigkeitskonstanten der Hin- und Rückreaktion bedeuten.

Bei heterogenen Reaktionen treten als G. neben den Potenzansätzen auch oft hyperbolische Ansätze (→Hougen-Watson-Kinetik) auf. Die G. bilden die Basis zum Erstellen eines kinetischen Modells für eine, auch komplexe Reaktion. *Schönbucher*

Gesenkbearbeitung →Senken, funkenerosives

Gesenkbiegen. G. ist ein Verfahren des Biegeumformens und ist nach DIN 8586 als Biegen zwischen Biegestempel und Biegegesenk bis zur Anlage des Werkstücks im Gesenk definiert. In Schenkelrichtung schrittweise fortschreitendes G. zum Runden heißt Gesenkrunden (Bild 1).

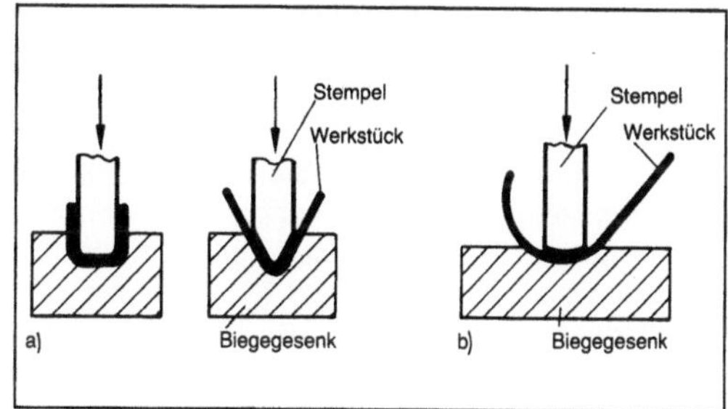

Gesenkbiegen 1: Prinzipdarstellung.
a) Gesenkbiegen
b) Gesenkrunden.

Von den beiden Verfahrensvarianten des G. – Biegen im V- und im U-Gesenk – hat das Biegen im V-Gesenk die größere Bedeutung. Man muß bei diesem Verfahren zwei Teilvorgänge unterscheiden: den Freibiegevorgang und das Nachdrücken im Gesenk. Für den Freibiegevorgang gelten die Gesetzmäßigkeiten des freien Biegens. Er ist beendet, wenn sich die Biegeschenkel an die Gesenkwände anlegen ($\alpha = \alpha_G$, Fall b in Bild 2) oder wenn der kleinste Biegeteilinnenradius kleiner als der Stempelradius wird (Fall b in Bild 3).

Für das Nachdrücken im Gesenk zwecks Anpassen des Biegeteils an die Werkzeugform ist die Ausbildung der Biegeteilrundung am Ende des

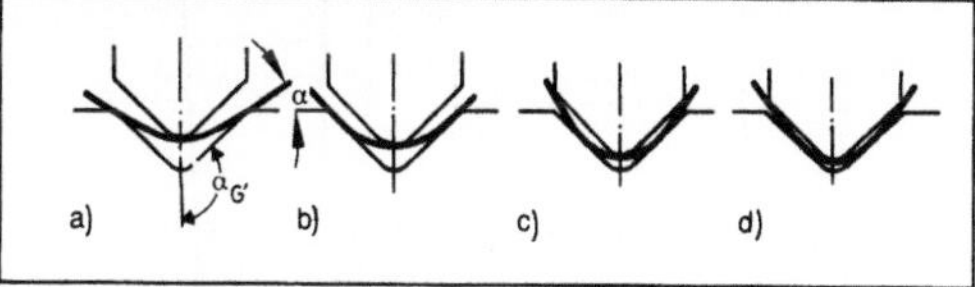

Gesenkbiegen 2: Biegen im V-Gesenk mit kleinem Stempelradius.

a) freies Biegen, b) Ende des Freibiegevorgangs, c) Ende des Überbiegens, d) Rückbiegen

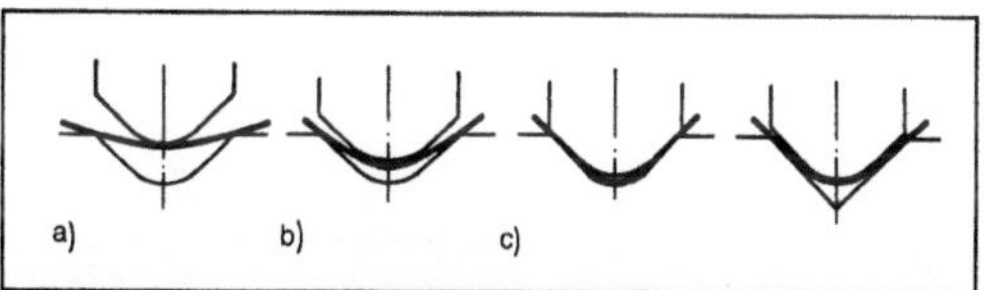

Gesenkbiegen 3: Biegen im V-Gesenk mit großem Stempelradius.

a) freies Biegen, b) Zweipunktauflage an der Stempelrundung, c) Nachdrücken (Beginn)

Freibiegevorgangs entscheidend: Bei kleinen Stempelradien (Bild 2) wird bei Anlegen der Schenkel des Biegeteils an den Stempel der Biegewinkel größer als der Gesenkwinkel, und die Schenkel müssen im weiteren Verlauf zurückgebogen werden. Daraus folgt ein Kraftmaximum vor dem Steilanstieg der Kraft beim Nachdrücken (Bild 4, Kurve a). Bei großem Stempelradius liegt das Biegeteil vor dem Nachdrücken an zwei Punkten am Stempel an, der Vorgang verläuft bis zum Steilanstieg der Kraft monoton ansteigend (Bild 4, Kurve b). Wegen der Rückfederung der Biegeteile nach der Entlastung müssen die Biegegesenke um den Rückfederungswinkel vorkorrigiert werden. Mit steigender Nachdrückkraft und -zeit wird die Abbildegenauigkeit verbessert. Schwankungen in der Serienfertigung werden bei Verwendung mit Pressen mit geringerer Längssteifigkeit geringer als bei Pressen mit hoher Steifigkeit.

In der industriellen Produktion hat das G. von einzelnen Teilen und von sog. Profilstäben auf Gesenkbiegepressen (auch Abkantpressen genannt) eine sehr große Bedeutung. Für die Fertigung von Profilstäben in Konkurrenz zum →Walz-

profilieren werden Schienenstempel und Schienengesenke, letztere auf vier Seiten mit verschiedenen Gesenkformen versehen, verwendet, Bild 5a). In Sonderfällen wird auch mit einem nachgiebigen Gesenk, Gummikissen in Stahlkoffer, gearbeitet, Bild 5b). Einige Beispiele für Arbeitsfolgen und Profilquerschnitte zeigt Bild 6.

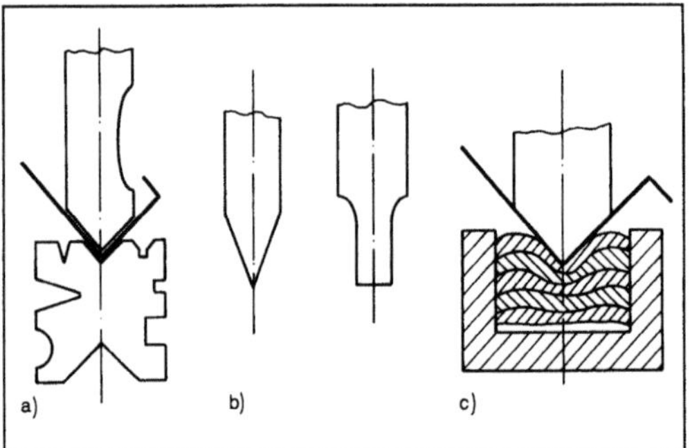

Gesenkbiegen 5: Gesenkbiegewerkzeuge. (Quelle: Spur, Stöferle *a. a. O.)*
a) Schienengesenk und Schienenstempel für Gesenkbiegepresse
b) Beispiele für Stempelformen
c) Gummikissen-Gesenk.

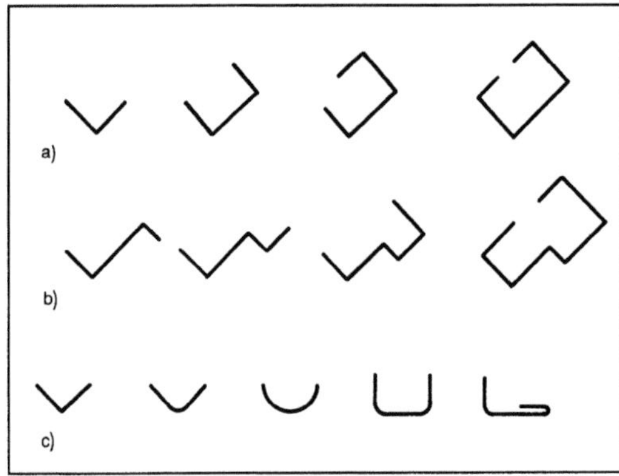

Gesenkbiegen 6: Gesenkbiegeprofile. (Quelle: Spur, Stöferle *a. a. O.)*
a) Gleichsinnig gebogen
b) In verschiedenen Richtungen gebogen
c) Beispiele für Profilquerschnitte an der Biegestelle.

Moderne Gesenkbiegepressen haben überwiegend hydraulischen Antrieb mit CNC-Steuerung für Biegestempelzustellung, Anschlagschienenverstellung, Nachdrückkraft und -zeit. Über Sensoren werden dabei die beiden Antriebskolbenwege zum gleichmäßigen Verlauf des Pressenstößels (auch Biegewange genannt) gesteuert. Ebenso kann über die Steuerung der Stößelbewegung auch die Biegeteilrückfederung kompensiert werden, wenn auf das Kalibrieren durch Nachdrücken im Gesenk verzich-

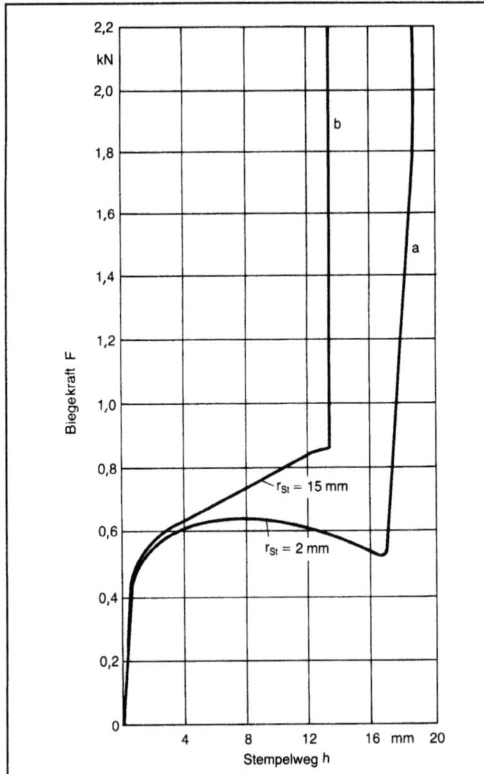

Gesenkbiegen 4: Kraft-Weg-Verlauf beim V-Gesenkbiegen.

90°-V-Gesenk, Blechdicke S_0=2 mm, Gesenkweite w = 42 mm

tet werden kann. Zur Verbesserung der Flexibilität wurden auch Pressen mit automatischem Werkzeugwechsel (Schiebetisch und Paternoster) entwickelt. Biegegesenke mit numerisch gesteuertem Boden ermöglichen sehr genaue Biegungen mit einigen Winkelminuten Abweichung vom Soll-Wert. Neue Entwicklungen für Biegungen an einzelnen Werkstücken erlauben das vollautomatische Biegen um mehrere Kanten mittels Handhabungs- und Positionierautomatik. Durch Verketten mit CNC-Platinenausschneidmaschinen (mechanisch durch Nibbeln oder mit Laser) und mit automatischen Schmelz- und Punktschweißmaschinen ergeben sich flexible Fertigungseinrichtungen für Blechformteile, z. B. Gehäuse unterschiedlicher Form. *Lange*

Literatur: *Dannenmann, E.:* Die Abbildegenauigkeit beim Biegen im 90°-V-Gesenk und ihre Beeinflussung durch Nachdrücken im Gesenk. Ber. Nr. 8 Inst. Umformtechn. Universität Stuttgart. Essen 1969. – *Koch, G.:* Automatisches Biegen von komplizierten Blechteilen. Stahl und Eisen 107 (1987), S. 561/65. – *Lange, K.* (Hrsg.): Umformtechnik. Handb. f. Ind. u. Wiss. Bd. 3: Blechumformung. 2. Aufl. Berlin, Heidelberg, New York, Tokio 1990. – *Oehler, G.,* u. *F. Kaiser:* Schnitt-, Stanz- und Ziehwerkzeuge. 6. Aufl. Berlin, Heidelberg, New York 1973. – *Spur, G.,* (Hrsg.), u. *Th. Stöferle:* Handb. Fertigungstechnik. Bd. 3: Umformen, Zerteilen. München 1985.

Gesenkformen. G. ist eine Untergruppe des Umformens (DIN 8580) und ist als →Druckumformen mit gegeneinander bewegten Formwerkzeugen (Gesenken), die das Werkstück ganz oder zu einem wesentlichen Teil umschließen und dessen Form enthalten, definiert (abformende →Gestalterzeugung).

Nach DIN 8583, Bl. 4, ist das G. in Gesenkformen mit teilweise bzw. mit ganz umschlossenem Werkstück zu untergliedern. Zu den Verfahren mit teilweise umschlossenem Werkstück gehören Formrecken, Reckstauchen, Formrundkneten, Schließen im Gesenk und Formstauchen (Bild 1). Zu den Verfahren mit ganz umschlossenem Werkstück zählen Anstauchen im Gesenk, Formpressen ohne Grat, Formpressen mit Grat und Gesenkrichten (Bild 2). Das Formpressen ohne Grat läßt sich weiter in Setzen, Gesenkrichten und Vollprägen unterteilen. Die Verfahren des G. haben für die industrielle Produktion genauer Werkstücke, die teils ohne spanende Fertigbearbeitung verwendbar sind, eine herausragende Bedeutung. Erwähnt sei z. B. das Präzisionsgesenkschmieden von Verzahnungsteilen, Turbinenschaufeln.

Die Verfahren Formpressen mit und ohne Grat sowie Anstauchen im Gesenk sind die Kernverfahren des Gesenkschmiedens (→Schmieden).

Sowohl für das G. als auch für das →Freiformen ist nach Bild 3 die Erzeugung der Werkstückgeometrie im ganzen oder schrittweise (kinematisch) möglich. Dabei gibt es außer den Verfahren der →Massivumformung auch solche der →Blechumformung,

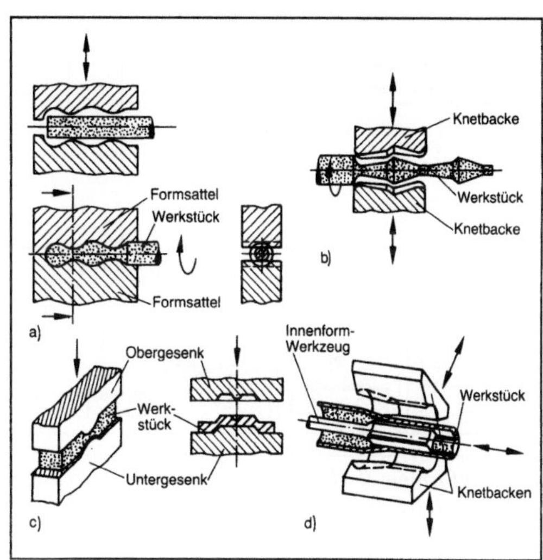

Gesenkformen 1: Verfahren des Gesenkformens nach DIN 8583, Bl. 4, mit teilweise umschlossenem Werkstück.
a) Formrecken
b) Formrundkneten von Außenformen
c) Formstauchen
d) Formrundkneten von Innenformen (nur zwei von drei Knetbacken dargestellt).

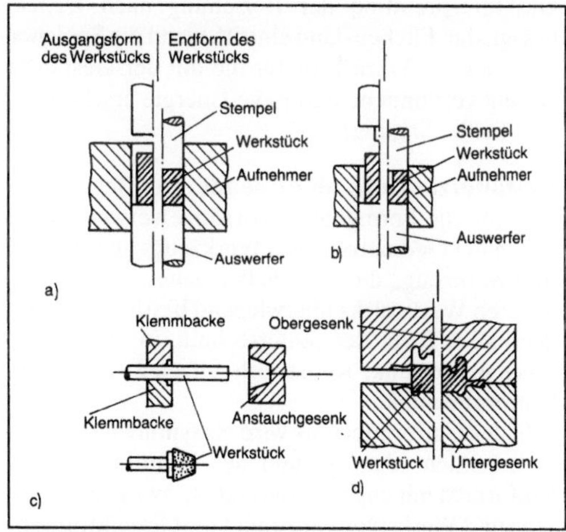

Gesenkformen 2: Verfahren des Gesenkformens nach DIN 8583, Bl. 4, mit ganz umschlossenem Werkstück.
a) Setzen
b) Formpressen ohne Grat
c) Kopfanstauchen im Gesenk
d) Formpressen mit Grat.

die sich nach den gleichen Kriterien in das Gliederungssystem: ungebundenes Umformen (Freiformen) und gebundenes Umformen (G.) einordnen lassen. Mit zunehmender Formbindung nimmt die Flexibilität der Verfahren ab. *Lange*

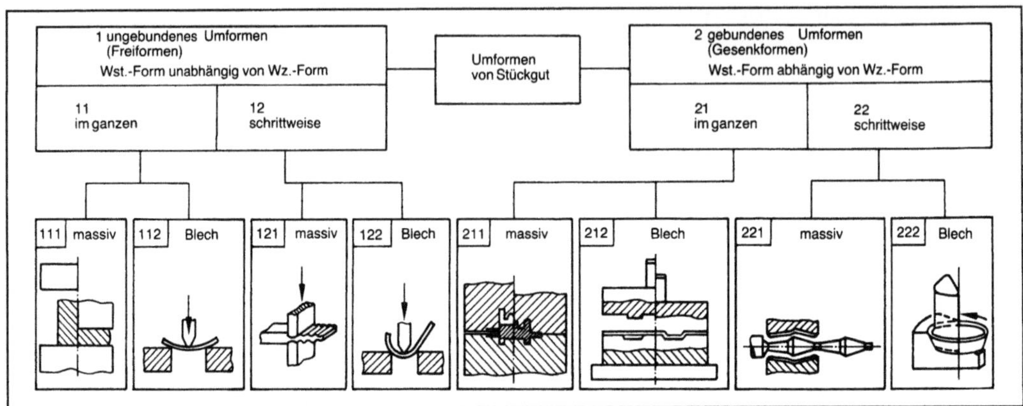

Gesenkformen 3: Umformverfahren für einzelne Werkstücke. Gebundenes und ungebundenes Umformen. (Quelle: DIN 8583 u. DIN 8585)

Literatur: *Lange, K., u. H. Meyer-Nolkemper:* Gesenkschmieden. 2. Aufl. Berlin, Heidelberg, New York, Tokio 1977. – *Lange, K.* (Hrsg.): Umformtechnik. Handb. f. Ind. u. Wiss. Bd. 1: Grundlagen. 2. Aufl. Berlin, Heidelberg, New York, Tokio 1984.

Gespann → Gießen

Gestaltänderungsenergiehypothese. Die G. ist formal identisch mit der Von-Mises-Fließhypothese. Die Interpretation der Beziehung nach *Hencky* besagt, daß Fließen dann eintritt, wenn die Speicherfähigkeit des Werkstoffs für die mit der Gestaltänderung verbundene elastische Energie erschöpft ist (→ Fließbedingung). *Lange*

Gestalterzeugung, abformende. Der Begriff a. G. wird für alle Formgebungsvorgänge verwendet, bei denen die Geometrie eines Werkzeugs, meist Hohlformwerkzeug, die Geometrie eines darin abgeformten Werkstücks überwiegend bestimmt. Das ist der Fall z. B. in der Sintertechnik, in der Metalldruckgießtechnik, Kunststoffspritzgießtechnik und Umformtechnik.

In der Umformtechnik wird als synonymer Begriff vornehmlich das gebundene Umformen, d. h. Umformen mit enger Formbindung zwischen Werkzeug und Werkstück verwendet (→ Gesenkformen). Bei vielen Verfahren ist die Bindung der Werkstückgeometrie an die Werkzeuggeometrie nur teilweise gegeben, und es bestehen Übergänge zur kinematischen G. Die Werkstückgenauigkeit ist bei Verfahren des gebundenen Umformens besser als beim ungebundenen Umformen. Sie hängt von der Werkzeuggenauigkeit ab. *Lange*

Literatur: *Lange, K.* (Hrsg.): Umformtechnik. Handb. f. Ind. u. Wiss. Bd. 1: Grundlagen. 2. Aufl. Berlin, Heidelberg, New York, Tokio 1984.

Gestalterzeugung, kinematische. Der Begriff k. G. wird für alle Formgebungsverfahren verwendet,

bei denen die Geometrie eines Werkstücks durch freie oder gesteuerte Relativbewegungen zwischen Werkzeug und Werkstück erzeugt wird. Hierzu gehören vor allem die Trennverfahren nach DIN 8580.

Auch in der Umformtechnik gibt es bei der Massiv- und bei der → Blechumformung zahlreiche Verfahren, bei denen die Werkstückgestalt kinematisch erzeugt wird, z. B. beim → Freiformen und Biegen. Als synonymer Begriff wird vornehmlich das ungebundene Umformen, d. h. Umformen ohne Formbindung zwischen Werkzeug und Werkstück verwendet. In einigen Fällen gibt es Übergänge zwischen dem ungebundenen und dem gebundenen Umformen, wenn kinematisch gesteuerte Formwerkzeuge, z. B. beim Formrundkneten eingesetzt werden. Bei Verfahren des ungebundenen Umformens ist in der Regel die Werkstückgenauigkeit schlechter als beim gebundenen Umformen. *Lange*

Literatur: *Lange, K.* (Hrsg.): Umformtechnik. Handb. f. Ind. u. Wiss. Bd. 1: Grundlagen. 2. Aufl. Berlin, Heidelberg, New York, Tokio 1984.

Getreideverarbeitung. Die mit Abstand wichtigsten Getreidearten sind Weizen (27,1 %), Reis (24,3 %), Mais (22,8 %) und Gerste (12,4 %). Die Zahlen geben die Anteile an der gesamten Weltgetreideproduktion als Mittel der späten 70er Jahre an. Sie dienen in allererster Linie der Stärkegewinnung für die menschliche und tierische Ernährung.

Abgesehen von der unmittelbaren Verfütterung des ganzen Getreidekorns an Tiere erfordert die Nutzung des Stärkegehalts (ca. 60–80 %) sowie des Proteingehalts (8–15 %) für die menschliche Ernährung verschiedene Verarbeitungsverfahren.

Man kann prinzipiell zwei Verarbeitungsstufen unterscheiden. Die erste umfaßt die Produktion von Vermahlungsprodukten (Mehl, Dunst, Grieß,

Schrot) und von Schälprodukten (geschälter Reis, Graupen, Grütze, Flocken, geschälte Hülsenfrüchte). Dabei wird das Getreide ohne Zusatz getreidefremder Stoffe von unerwünschten Bestandteilen gereinigt, zerkleinert, verformt oder thermisch behandelt.

In der zweiten Verarbeitungsstufe werden die aus der ersten Stufe zur Verfügung stehenden Produkte mit Hilfe einer Vielzahl von Verfahren entweder zu höherwertigen Zwischenprodukten oder Endprodukten verarbeitet (Kleberkonzentrate, Stärke, Backwaren, Teigwaren, Malz, Extrakte, Konzentrate, alkoholische Getränke).

Der größte Teil des für die menschliche Ernährung eingesetzten Getreides wird zu Vermahlungsprodukten, insbes. zu Mehl, verarbeitet, d. h. zu stärkehaltigen Produkten mit definiertem Korngrößenbereich und bestimmten Grenzwerten für die Nichtstärkebestandteile (z. B. Schale, Keimling, Protein, Fremdstoffe).

Folgende Teilprozesse werden dabei durchlaufen: →Reinigen des Getreides (→Sieben, Sichten, Magnetscheiden von Eisenteilchen, Auslesen nach Form und Größe mit Trieuren, Abscheiden, Bürsten, Waschen) zwecks Abtrennung kornfremder Bestandteile sowie der Bruch- und Schmachtkörner, →Konditionieren des Korns zur Verbesserung der Vermahlungseigenschaften sowie evtl. der Backeigenschaften (Einstellen einer bestimmten Oberflächenfeuchtigkeit oder Feuchteverteilung), Vermahlen mit Walzenstühlen (z. T. auch Naßvermahlung) und Auftrennen in verschiedene Partikelgrößenfraktionen (Sichten) mit Plansichtern. Zur stufenweisen Zerkleinerung des Korns setzt man das Schroten, Schleifen, Auflösen und Ausmahlen ein. Nach dem jeweils erzielten Zerkleinerungsgrad unterscheidet man Schrot, Grieß, Dunst und Mehl. In Grießputzmaschinen werden die Kornbruchstücke mit anhaftenden Schalenbestandteilen von reinen Endospermteilchen getrennt und zur Gewinnung von (Flug-)Kleie und reinem Grieß weiterbearbeitet. Durch Windsichten ist eine Proteinan- bzw. -abreicherung möglich. Es resultieren Mehlfraktionen mit einem Proteingehalt von ca. 15–20 % bzw. 10 %, die zur Glutengewinnung bzw. Stärkeherstellung eingesetzt werden. Wichtige Qualitätsmerkmale von Mehl sind einerseits analytische Meßgrößen (Asche-, Feuchte- und Glutengehalt, Korngrößenverteilung und Säuregrad), andererseits technologische Kenngrößen (Teigbilde-, Zuckerbilde- und Wasserabscheidevermögen, Gasbilde- und Gashaltevermögen, Verkleisterungsverhalten und Kraft des Mehls). Zur Einstellung von Standardeigenschaften eines verkaufsfertigen Mehls werden häufig Mehle unterschiedlicher Mahlfraktionen, Mahlposten oder Herkunft gemischt. (Zur Erfassung von Mehleigenschaften →Lebensmitteluntersuchung, →Texturmessung, →Stärke.)   *Kerner/Loncin*

Literatur: *Considine, D. M.:* Foods and Food Production Encyclopedia. New York 1982. – *Faridi, H.:* Rheology of Wheat Products. St. Paul (Minnesota) 1986. – *Hoseney, R. C.:* Principles of Cereal Science and Technology. St. Paul (Minnesota) 1986. – *Tscheuschner, H.-D.:* Lebensmitteltechnik. Darmstadt 1986.

Getriebe (Roboter) →Antrieb (Roboter), →Greifer (Roboter), →Industrieroboter-Teilsystem, →Leichtroboter

Gewichtsausgleich. Der G. an Werkzeugmaschinen wird zur Kompensation des Gewichts der vertikal bewegten Maschinenteile eingesetzt. Bei Langfräsmaschinen, Bohr- und Fräsmaschinen und auch bei einigen Sonderfräsmaschinen wird die Masse der Vorschubeinheit mit senkrechter Vorschubbewegung in vielen Fällen ganz oder teilweise durch Gegengewichte ausgeglichen, die über Rollenketten mit den Fräseinheiten/Vorschubeinheiten verbunden sind. Neben dieser mechanischen Lösung kann der G. auch hydraulisch bewerkstelligt werden. Den Vorteilen der Gewichtskompensation stehen der höhere konstruktive Aufwand, die Mehrkosten sowie ein erhöhter Platzbedarf gegenüber. Die Gegengewichte können aus Zementboden mit und ohne Bewehrung sowie bei kleineren Abmessungen auch aus Grauguß sein.   *Schulz*

Literatur: *Lueger:* Lexikon der Technik. Stuttgart 1968.

Gewindebohren. Aufbohren zur Erzeugung eines Innengewindes, das koaxial zur Drehachse der Schnittbewegung liegt (Bild).

Dieses Verfahren ist besonders geeignet für die Fertigung von Innengewinden mit kleinem Durchmesser. Größere Gewindedurchmesser kön-

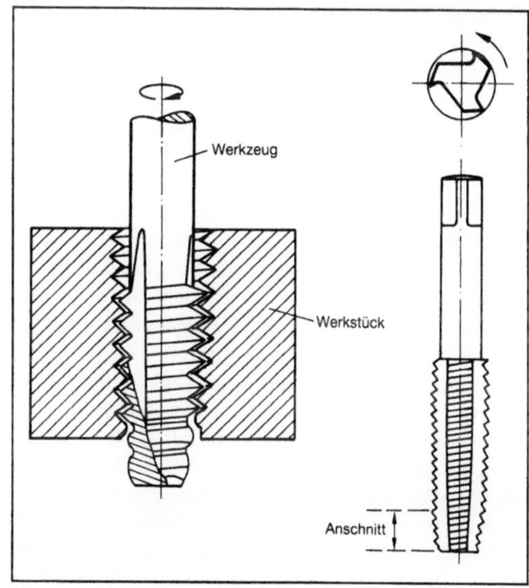

Gewindebohren: Schematische Darstellung.

nen auch durch →Gewindedrehen erzeugt werden.

Gewindebohrer für Durchgangsbohrungen haben einen Anschnitteil, der eine gute Führung des Werkzeugs gewährleistet.

Bei Handgewindebohrern wird zur Herstellung des Gewindes ein Satz von zwei bzw. drei Werkzeugen (Vor- und Fertigschneider bzw. Vor-, Mittel-, Fertigschneider) eingesetzt, um die Werkzeugbelastung und damit die Bruchgefahr zu vermindern. *König*

Gewindedrehen. Schraubdrehen mit einem Vorschub parallel zur Drehachse. Der Vorschub entspricht dabei der Gewindesteigung. Das Gewinde wird mit einem profilierten Werkzeug mit einer Schneide in meist mehreren Überläufen gefertigt.

Um bei einer Zustellung senkrecht zur Drehachse eine mögliche Beeinträchtigung der Oberflächengüte durch die ablaufenden Späne zu vermeiden, wird insbes. bei größeren Gewindetiefen entlang einer Gewindeflanke zugestellt, und nur der letzte Bearbeitungsschritt erfolgt mit einem genau profilierten Werkzeug bei geringen Spannungsquerschnitten, wobei beide Flanken des Werkzeugs im Eingriff sind.

Bei Trapezgewinden wird vielfach mit zwei hintereinander angeordneten Werkzeugen gearbeitet. Mit dem ersten Werkzeug wird der Gewindegrund bearbeitet. Die Profilierung der Gewindeflanken erfolgt dabei durch das nachschneidende zweite Werkzeug.

Neben Gewindedrehmeißeln aus HSS werden auch mit Hartmetallschneiden bestückte Werkzeuge eingesetzt. *König*

Gewindefräsen →Schraubfräsen

Gewindefräsmaschine. G. dienen zum spanenden Gewindefertigen mit mehrschneidigem rotierendem Werkzeug. Die Schnittbewegung und die translatorische Vorschubbewegung wird durch das Werkzeug und die rotatorische Vorschubbewegung durch das Werkstück ausgeführt. Um die Gewindesteigung exakt einzuhalten, muß zwischen der translatorischen Bewegung des Werkzeugs und der rotatorischen Bewegung des Werkstücks ein kinematischer Zwangsablauf bestehen. Hierdurch verschiebt sich der Werkzeugträger bei einer Werkstückumdrehung um den Betrag der Gewindesteigung. Bei älteren Maschinen läßt sich durch Wechselrädersätze dieser Zwangsablauf herstellen. In neueren Maschinen werden jedoch die Wechselrädersätze durch elektronische Mikroprozessorregelungen abgelöst.

Es gibt zwei Arten von G.: Lang- und Kurz-G. Bild 1 zeigt das Prinzip des Langgewindefräsens und Bild 2 das Prinzip des Kurzgewindefräsens. Die

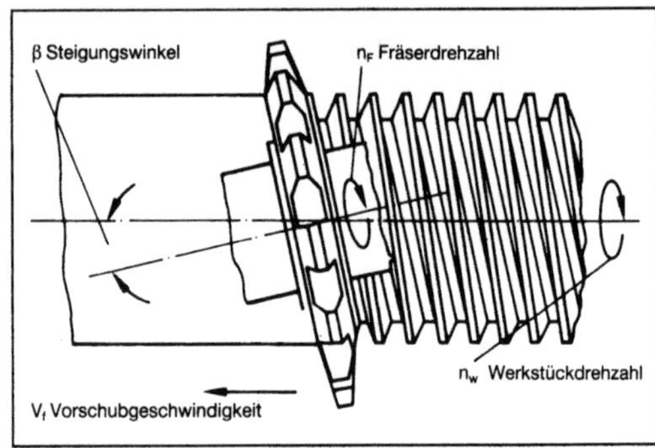

Gewindefräsmaschine 1: Prinzip des Langgewindefräsens.

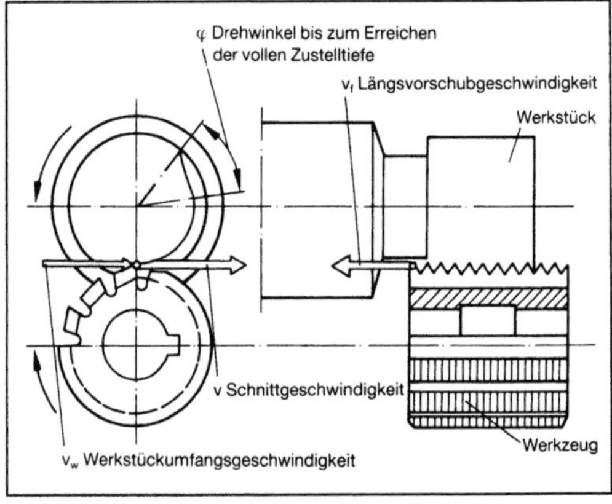

Gewindefräsmaschine 2: Prinzip des Kurzgewindefräsens.

Lang-G. ist ähnlich wie eine Leit- und Zugspindeldrehmaschine aufgebaut. Sie setzt sich aus dem →Maschinenbett, dem Werkzeugträger mit Frässpindel und dem Reitstock zusammen.

Beim Kurzgewindefräsen wird das Gewinde durch Fräser mit nebeneinander liegenden Profilen ohne Steigung erzeugt. Während ca. 60° einer Umdrehung wird der Fräser auf die erforderliche Gewindetiefe radial zugestellt. Nach einer weiteren Werkstückumdrehung ist das Gewinde fertig. Zum Erzielen der geforderten Gewindesteigung ist die G. mit einem Schlitten ausgestattet, mit dem entweder das Werkstück oder das Werkzeug axial um den gewünschten Betrag verschoben wird. *Schulz*

Gewindeschleifmaschine. Die G. erzeugt durch Überlagern der Drehbewegung des Werkstücks mit dem Längsvorschub der Schleifscheibe ein Gewindeprofil mit hoher Maßgenauigkeit und Oberflächenqualität. Dabei kann das Gewindeprofil nach dem Einstechschleifverfahren und als Folgebearbeitung anderer Gewindeherstellungsverfahren erzeugt werden. Nach Art des Profils unterscheidet man Innen- oder Außen-G., Spezial-G. für Präzisionsspindeln, für Schnecken und für hinterschliffene Werkzeuge (z. B. Fräser, Gewindebohrer).

Die Gewindesteigung bedingt zwischen der Rotations- und der Axialbewegung eine steigungsspezifische Kopplung, die bei älteren Maschinen über mechanische Übersetzungselemente im Antrieb von Werkstückspindel und Schlitteneinheiten und bei neueren Entwicklungen auch durch Mikroprozessor-Regelungen erreicht wird. Je genauer diese Kopplung durch die Maschinen eingehalten wird, desto größer ist die Genauigkeit der Steigung des erzeugten Gewindes. Dies ist besonders wichtig beim Herstellen von Kugelumlaufspindeln (Steigungsfehler). Durch In-Process-Lagemessung kann die Schleifmaschine mit Hilfe der Meßtaster automatisch in vorgeschnittene Gewinderillen hinein finden. *Schulz*

Gewindeschneiden. Schraubdrehen mit Vorschub parallel zur Drehachse und einem Gewindeschneideisen oder Gewindeschneidkopf. Die Werkzeuge weisen sowohl am Umfang als auch parallel zur Drehachse mehrere Schneiden auf. Dies können u. a. auch Strehleinsätze (→Gewindestrehlen) sein, die radial zurückgezogen werden können (Bild). Hierdurch ist ein Zurückziehen des Schneidkopfes ohne Drehrichtungsumkehr möglich. So können Beschädigungen des fertig geschnittenen Gewindes beim Rückzug vermieden und der Anteil der Nebenzeiten reduziert werden. *König*

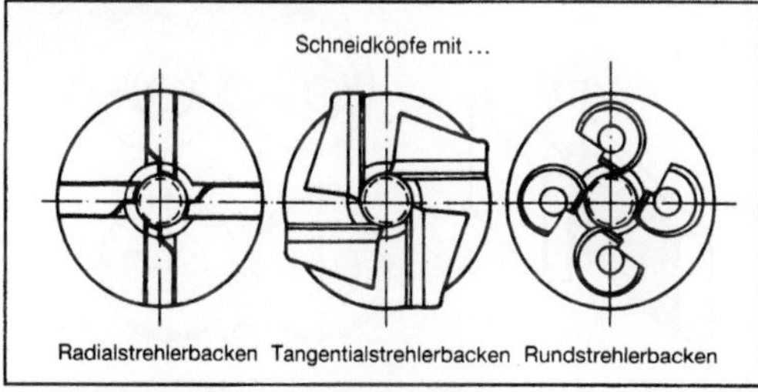

Gewindeschneiden: Schneidköpfe.

Gewindeschneidmaschine. Maschinen zum Gewindeschneiden sind durch folgende Kriterien charakterisiert: Der Spanabfluß am Werkzeug ist stark behindert; es sind große Drehmomente erforderlich und nur niedrige Schnittgeschwindigkeiten anwendbar.

Maschinen mit festen Gewindeschneidwerkzeugen besitzen einen Anschlag, der bei voller Gewindetiefe eine Kupplung umsteuert, so daß das Werkzeug nach dem Umsteuern der Hauptbewegung beschleunigt zurückläuft. Maschinen mit öffnenden Gewindeschneidwerkzeugen sind mit einem Anschlag ausgerüstet, der das Werkzeug bei erreichter Tiefe öffnet. Ohne Richtungswechsel der Hauptbewegung ist die beschleunigte Rückführung möglich.

Besondere Bedeutung haben selbstöffnende Gewindeschneidköpfe auf Revolverdrehmaschinen und Drehautomaten erlangt, da sie durch das selbsttätige Öffnen des Kopfes den Rücklauf und damit einerseits Zeit und andererseits ein Umschaltgetriebe ersparen. Es gibt feststehende oder anlaufende Köpfe, die angewendet werden je nachdem, ob sich das Werkstück oder das Werkzeug dreht.

Auf Gewindestrehlmaschinen wird ein mehrschneidiges Werkzeug verwendet. Dadurch ergibt sich eine erhebliche Zeitersparnis. *Schulz*

Gewindestrehlen. Schraubdrehen mit einem mehrschneidigen Werkzeug zur Erzeugung eines Gewindes. Der der Gewindesteigung entsprechende Vorschub erfolgt parallel zur Drehachse.

Im Gegensatz zum →Gewindedrehen sind beim G. gleichzeitig mehrere Schneiden eines Werkzeugs im Eingriff. Durch die Anordnung mehrerer Formschneiden nebeneinander in einem Werkzeug, von denen jede nachfolgende etwas tiefer schneidet (Bild), kann das Gewinde in einem einzigen Überlauf fertiggeschnitten werden. Der Schneidenabstand entspricht der Gewindesteigung.

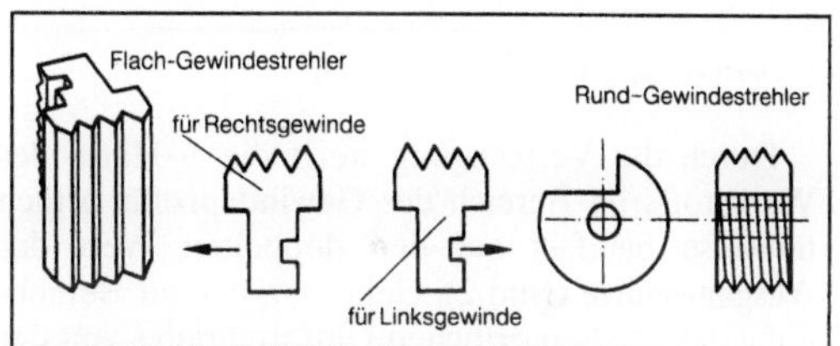

Gewindestrehlen: Strehlwerkzeuge.

Die Strehlwerkzeuge können als Flach- oder Rund-Gewindestrehler ausgeführt sein. Der Rundstrehler muß, damit er frei im geschnittenen Gewinde arbeitet, selbst als Gewinde ausgebildet sein. Zum Schneiden von Außen-Rechtsgewinde gehört ein Strehler mit Linksgewinde und umgekehrt. Zum Schneiden von Innengewinde werden in erster Linie Rundstrehler eingesetzt, da die Raumausnutzung bei gleichzeitig massiver Gestaltung des Werkzeugs günstiger ist. *König*

Gewindewalzen. G. ist nach DIN 8583, Bl. 2, die Erzeugung von Gewindeprofilen an Werkstücken durch Profil-Schrägwalzen mit Walzwerkzeugen, die das Gewindeprofil als Gegenform enthalten. Dabei wird der Werkstückstoff nicht bis in den Kern plastifiziert. Der Werkstofffluß erfolgt radial. Die mit Gewinde zu versehenden Werkstückteile müssen sehr genau auf den Flankendurchmesser durch Spanen oder Umformen (z. B. →Verjüngen) vorbereitet werden.

Neben den Profilen von Befestigungsgewinden werden auch solche anderer Gewindearten gewalzt (Trapezgewinde, Rundgewinde, Sägengewinde,

Sondergewinde). Man benutzt dazu Flach- und Rundwerkzeuge. Beim →Walzen mit Rundwerkzeugen im Durchlaufverfahren können auch Gewinde gewalzt werden, deren Länge größer ist als die Breite der Walzen.

Beim Eindringen des Werkzeugs in das Werkstück steigt der Werkstoff an den Flanken der eindringenden Gewindegänge stärker hoch als zwischen den Gängen (Bild 1). Besonders bei Spitzgewinden kann es dadurch zur Bildung einer Schließfalte kommen. Diese erreicht u. U. 20% der Gewindetiefe. Harte Werkstoffe bilden tiefere Schließfalten als weiche. Die Tragfähigkeit der Gewinde wird durch eine Schließfalte nicht verringert.

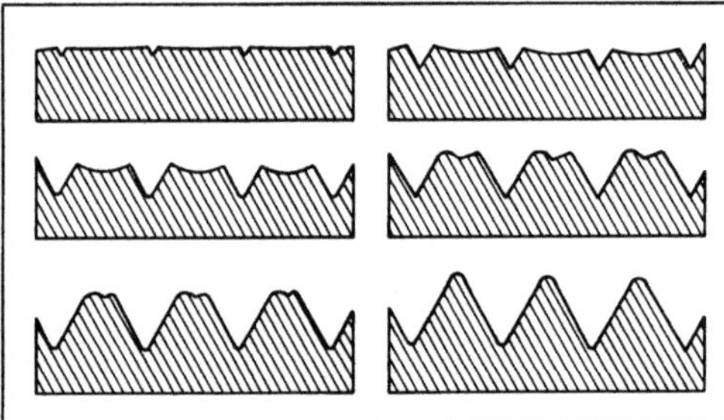

Gewindewalzen 1: Werkstofffluß.

Durch die Verfestigung steigt die →Härte des Werkstoffs im Bereich des Gewindeprofils örtlich teilweise bis fast auf den doppelten Wert der Ausgangshärte (Bild 2). Geht man bei der Berechnung des größten örtlichen Umformgrades von der Verlängerung des Umrisses eines Längsschnitts aus, so erhält man z. B. für die Gewinde M 12 bis M 20 φ_{max} ≈ 0,54. Die Tragkrafterhöhung infolge der

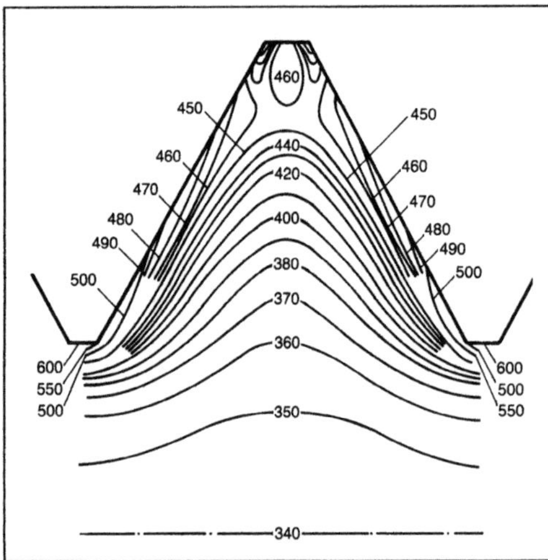

Gewindewalzen 2: Härteverteilung nach dem Gewindewalzen.

Gewinde M 8, Werkstoff Chromvanadiumstahl, vergütet, Kernhärte $HV_{0,1} = 340$

Verfestigung liegt z. B. bei Stahlschrauben M 10 bei 6–12% gegenüber spanend hergestellten Gewinden. Stärker wirkt sich die Verfestigung auf die Wechselfestigkeit aus. Die im Schrifttum angegebenen Werte für die Biegewechselfestigkeit lassen sich vereinfacht wie in der Tabelle darstellen. Ist eine Wärmebehandlung erforderlich, so wird diese möglichst vor dem Walzen durchgeführt, da die Verfestigung bei Erwärmen nach dem Umformen wieder abgebaut wird.

Gewindewalzen. Tabelle: Vergleich der Biegewechselfestigkeit von Gewindebolzen.

Zustand 1	Zustand 2	$\sigma_{bw1}/\sigma_{bw2}$
gewalzt – vergütet	vergütet – gewalzt	≈ 1 : 2
vergütet – geschnitten	vergütet – gewalzt	≈ 1 : 3
geschnitten – vergütet	gewalzt – vergütet	≈ 1 : 1

G. mit Flachwerkzeugen. Das Gewinde wird durch Walzen zwischen zwei Gewindewalzbacken erzeugt, von denen die eine ortsfest gelagert ist. Die zweite wird, auf einem Schlitten befestigt, relativ dazu bewegt durch Kurbeltrieb (Bild 3a)). Die Backen sind so ausgebildet, daß das Gewinde im Einlauf erzeugt wird. Dieser ist abgeschrägt und hat eine Länge von ca. 1,5U (U Bolzenumfang).

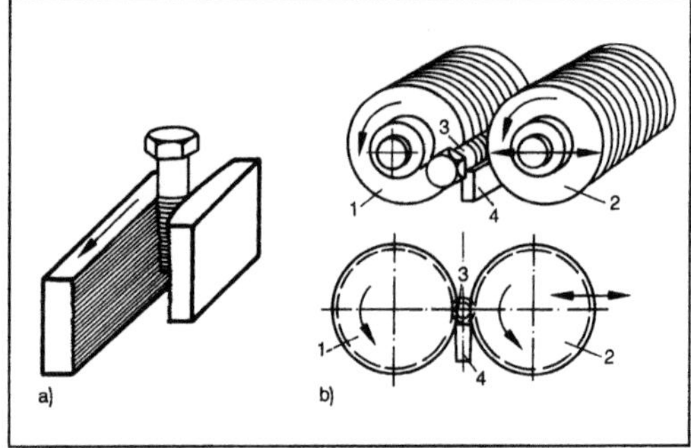

Gewindewalzen 3.
a) Gewindewalzen mit Flachbacken
b) Gewindewalzen mit Rundwerkzeugen im Einstechverfahren.

1 ortsfestes Werkzeug, 2 verstellbares Werkzeug, 3 Werkstück, 4 Werkstückauflage

Im anschließenden parallelen Teil (2–4 U) wird das Gewinde lediglich geglättet und kalibriert. Der folgende kurze Auslauf ist wieder abgeschrägt, damit das fertige Gewinde nicht beschädigt wird. Die bewegliche Backe ist länger als die feste. Dadurch wird ein sicheres Auswerfen garantiert. Erzeugt man in der Einlaufzone zu schnell die volle Gewindetiefe, wird der Bolzen unrund. Diese Unrundheit kann im Kalibrierteil nicht mehr ganz beseitigt werden.

Bildet man die Walzen als Segmentwalzwerkzeuge aus, kann die Produktivität im Einstechverfahren stark erhöht werden (Bild 4).

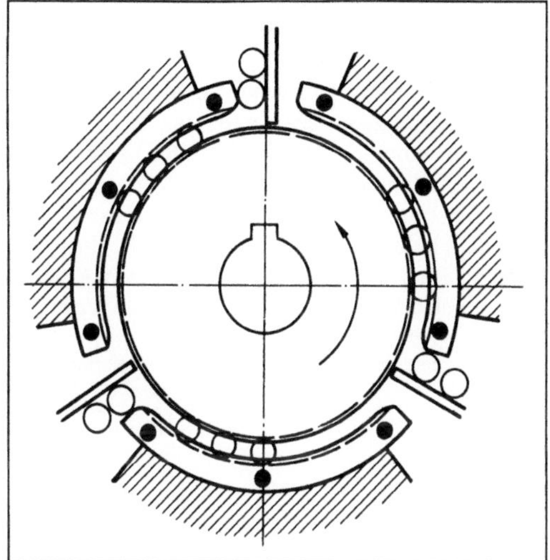

Gewindewalzen 4: Segment-Walzwerkzeuge mit feststehenden konkaven Segmenten.

G. mit Rundwerkzeugen. Beim Einstechverfahren arbeiten zwei in gleicher Drehrichtung und mit gleicher Drehzahl angetriebene Walzen zusammen (Bild 3b)). Die eine ist ortsfest gelagert, die andere wird während des Walzvorgangs radial gegen die erste hydraulisch zugestellt. Das Werkstück stützt sich dabei entweder auf einem Lineal ab oder wird zwischen Spitzen aufgenommen. Bei Auflage auf ein Lineal wird dieses so eingestellt, daß die Werkstückachse leicht unterhalb der Ebene der Werkzeugachsen liegt. Dadurch wird das Werkstück mit Sicherheit gegen das Lineal gedrückt.

Die Gewindegänge der Walzen müssen den gleichen Steigungswinkel wie das Werkstück aufweisen. Da andererseits der Rillenabstand an der Mantellinie gleich der Steigung h des Gewindes sein muß, werden die Walzwerkzeuge mehrgängig ausgeführt. Die erforderliche Gangzahl entspricht dem Verhältnis Walzendurchmesser zu Gewindedurchmesser:

$$d_{Wz}/d_{Wst} = z_{Wz}/z_{Wst}.$$

Im Durchlaufverfahren sind drei verschiedene Arbeitsweisen möglich (Bild 5):

□ Durch achsparallele Walzen, deren Profile einen Steigungswinkel $\alpha_2 > \alpha_{Wst}$ haben, wird ein Vorschub in Achsrichtung bewirkt. Die Abweichung des Winkels α_2 von α_{Wst} darf jedoch nicht zu groß sein, da sonst Beschädigungen der Gewindeflanken auftreten.

□ Verwendet man Walzen mit steigungslosem Profil, so müssen diese um den Winkel $\alpha_1 = \alpha_{Wst}$ geschwenkt werden. Die geringe Berührungslänge zwischen

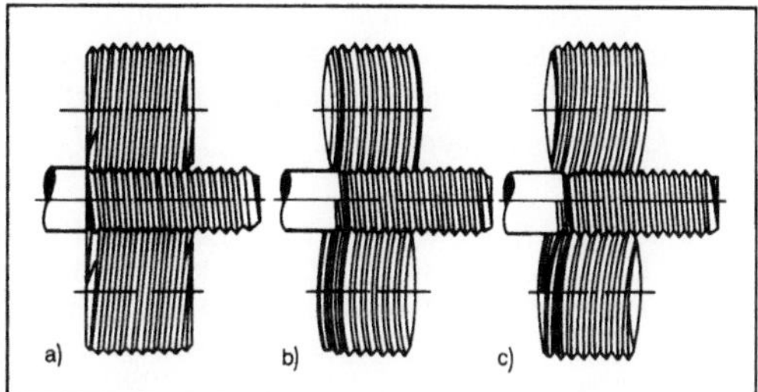

Gewindewalzen 5: Gewindewalzen im Durchlaufverfahren.
a) Achsparallele Walzen
b) Geschwenkte Walzen
c) Geschwenkte Walzen.

Profil mit Steigung $\alpha_1 + \alpha_2 = \alpha_{Wst}$

Werkzeug und Werkstück bei großen Steigungen setzt dieser Arbeitsweise eine Grenze. Von Vorteil ist dagegen, daß für verschiedene Steigungswinkel und Durchmesser bei gleichem Profil nur ein Satz Walzwerkzeuge erforderlich ist.

□ Das dritte Verfahren ergibt sich durch Kombinieren des ersten und zweiten Verfahrens, in dem man um den Winkel α_1 geschwenkte Walzen mit einem Steigungswinkel α_2 verwendet ($\alpha_1 + \alpha_2 = \alpha_{Wst}$). Es erlaubt das Gewindewalzen im Durchlaufverfahren bei großer Steigung und hoher Genauigkeit.

Das zweite Verfahren wird hauptsächlich beim Walzen mit Gewindewalzköpfen angewandt (Bild 6). Die Gewindewalzköpfe können auf Drehmaschinen aufgesetzt werden. Bei kleinen Gewinden ($d < 3$ mm) haben sie zwei, sonst drei Walzen.

Gewindewalzen 6: Gewindewalzkopf. (Quelle: Fette)

Arbeitsgenauigkeit. Durch G. können Gewinde mit Fein-Toleranz nach DIN 13, Bl. 15, hergestellt werden. Die Formfehler des Ausgangsteils (Unrundheit, Kegeligkeit) werden nicht beseitigt. Schwankungen des Vorbearbeitungsdurchmessers haben ungenaue Gewindeaußendurchmesser zur Folge. Die folgenden Angaben sollen als Anhaltswerte für die Maßhaltigkeit und →Oberflächengüte gelten: Toleranz des Flankendurchmessers $d_F \geq$ 0,02 mm, Steigungsfehler 0,05–0,1 mm/100 mm, →Rauhtiefe der Flanken $R_t \leq 5\,\mu m$. Bei zu großen Überwalzzahlen kommt es besonders bei scharfkantigen Gewindegründen zu Schuppenbildung. *Lange*

Literatur: VDI 3174: Walzen von Außengewinden durch Kaltumformung. Hrsg. Verein Dt. Ing. – *Lange, K.* (Hrsg.): Lehrb. Umformtechnik. Bd. 2: Massivumformung. Berlin, Heidelberg, New York 1974. – *Lange, K.* (Hrsg.): Umformtechnik. Handb. f. Ind. u. Wiss. Bd. 2: Massivumformung. 2. Aufl. Berlin, Heidelberg, New York, Tokio 1988.

Gewindewirbeln →Wirbeln

Gießbarkeit. Dieser Begriff umfaßt eine Reihe von Gießeigenschaften, wie Fließvermögen, Formfüllungs- und Speisungsvermögen, Warmrißneigung sowie Größe und Ausbildung des Volumendefizits.

Moderne Gußkonstruktionen im Leichtbau haben dünne Querschnitte auch bei großflächigen Teilen, und der Gießer muß deshalb zuallererst wissen, ob das Fließvermögen des vorgesehenen bzw. vorgeschriebenen Gußwerkstoffs ausreicht, um ein solches dünnwandiges →Gußstück überhaupt herstellen zu können. Unter Fließvermögen versteht man die Fließweite in einem waagerecht liegenden Kanal engen Querschnitts.

Zur Prüfung verwendet man eine nach dem Croning-Formmaskenverfahren hergestellte Gießspirale, deren Unterteil (Bild 1) den Spiralhohlraum

aufnimmt, während das Oberteil (Bild 2) den Durchbruch und Aufnahmestutzen für den Eingießkanal enthält. Bild 3 zeigt die zusammengesetzte und -geklebte, gießfertige Prüfeinrichtung. Die Spirale hat eine Länge von 200 cm bei einem trapezförmigen Querschnitt von 42 mm². Zum Messen der ausgegossenen Spirallänge, die das Maß für das Fließvermögen ist, verwendet man eine Ausmeßschablone mit Zentimetereinteilung.

Die Bestimmung des Fließvermögens kann auch zur Beurteilung der Wirkung von Schmelzbehandlungen herangezogen werden, sofern diese Einfluß auf das Fließvermögen haben, wie z. B. die Wirksamkeit einer Reinigungsbehandlung von Aluminiumschmelzen. Da von nichtmetallischen Verunrei-

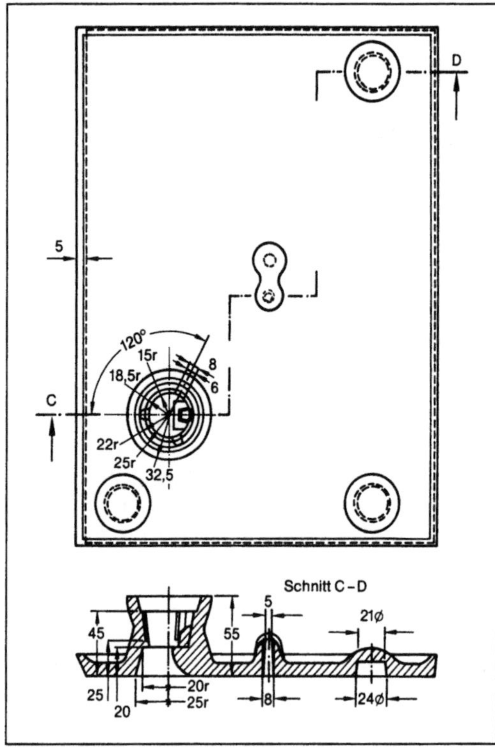

Gießbarkeit 2: Prüfeinrichtung mit Gießspirale-Oberteil.

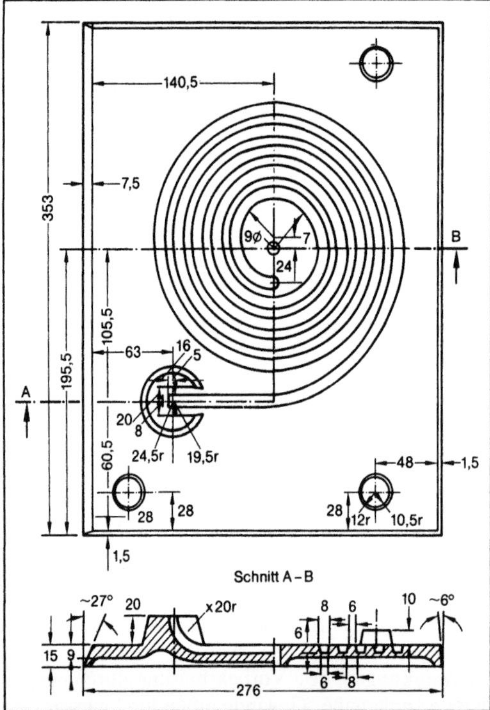

Gießbarkeit 1: Prüfeinrichtung mit Gießspirale-Unterteil.

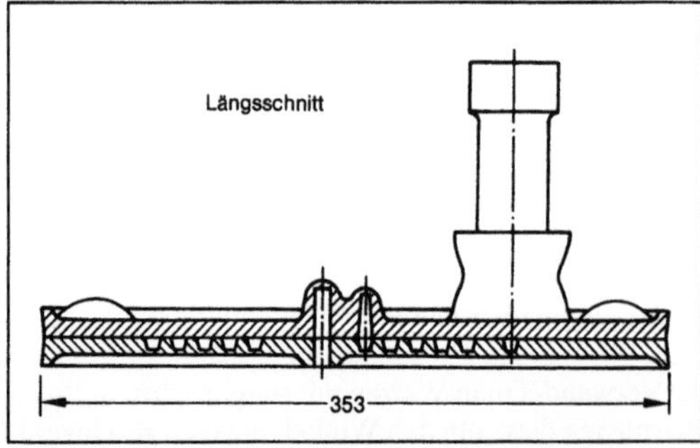

Gießbarkeit 3: Gießbarkeit-Prüfeinrichtung.

nigungen freie Schmelzen ein besseres Fließvermögen haben, ist somit eine indirekte qualitative Aussage über den Oxidgehalt möglich. Bei der Durchführung der Prüfung muß die Gießtemperatur jeweils sorgfältig gemessen werden, weil diese auf Grund des damit gegebenen Wärmeinhalts einen großen Einfluß auf die beim Versuch erreichbare Spirallänge hat. *Doliwa*

Literatur: Gießerei, techn.-wiss. Beih. (1952) Nr. 6/8, S. 379/81. – Gießerei 46 (1959), S. 897/904.

Gießen. G. ist nach dem üblichen Sprachgebrauch das Einfüllen von flüssigem Metall in Formen und Kokillen. Je nach Gießaufgabe erfolgt das G. mittels Handpfannen, Tiegeln oder Kranpfannen, wobei zwischen Kipp-Pfannen und solchen mit Bodenausguß (Stopfenpfannen) zu unterscheiden ist. Sehr verschieden ist die Gießtechnik bei der Erzeugung von Halbzeug und →Formguß. Mit Halbzeug bezeichnet man Vormaterial, das zur Weiterverarbeitung durch →Umformen, bei Gußeisenwerkstoffen u. U. auch zur spanenden Bearbeitung bestimmt ist. Zu unterscheiden ist hierbei zwischen dem G. von Blöcken oder Ingots im →Standguß oder der modernen Technologie des Stranggießens.

Die Blöcke werden in Kokillen mit quadratischem, rundem, polygonalen Querschnitt für Ingots oder rechteckigem Querschnitt für Brammen gegossen. Größere Blöcke gießt man meist fallend, d. h. das Gießmaterial wird direkt von oben in die auf einer Grundplatte aus →Gußeisen stehende, ebenfalls gußeiserne →Kokille eingefüllt. Bei Stählen besteht bis zu einem Blockgewicht von etwa 6 t ein Unterschied hinsichtlich der Kernseigerung zwischen normal-konisch und umgekehrt-konisch abgegossenen Blöcken (Bild 1). Normal-konische 4 t-Blöcke haben beispielsweise eine um 5 % höhere Gesamtseigerung als umgekehrt-konische Blöcke gleichen Gewichts.

Kleinere Blöcke werden meist steigend gegossen, und zwar zu mehreren gleichzeitig in einem

Gespann (Bild 2). Hierbei tritt das Metall von unten über Eingußrohr, einen Verteiler und daran angeschlossene Kanalsteine aus feuerfestem Material, die in der Gespannplatte aus Gußeisen angeordnet sind, in die Kokillen ein. Diese Gießtechnik liefert im Gegensatz zum fallenden G. meist bessere Blockoberflächen, ist aber erstarrungstechnisch ungünstiger als das fallende G. Angewandt wird der Gespannguß hauptsächlich beim Block-G. von beruhigten und legierten bis hochlegierten Stählen mit besonderen Qualitätsanforderungen.

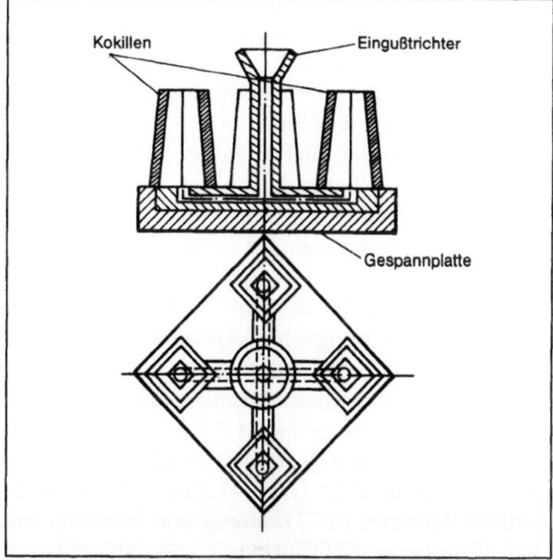

Gießen 2: Steigendes Gießen kleinerer Blöcke.

Als moderne und weltweit angewendete Methode zur Erzeugung von Halbzeug und anderem Vormaterial hat sich das Strang-G. durchgesetzt. Ursprünglich war dieses Verfahren für die Herstellung von Halbzeug aus Schwermetall-Legierungen in den USA entwickelt worden. Um der Gefahr von Entmischungen wegen der unterschiedlichen Dichten der verschiedenen Legierungsbestandteile zu begegnen, wurden die ersten Anlagen (Bild 3) für vertikales Strang-G. ausgelegt. Diese Bauweise führt zu hohen Gebäuden, und so war man bei der Übernahme des Strang-G. auf die Werkstoffgrup-

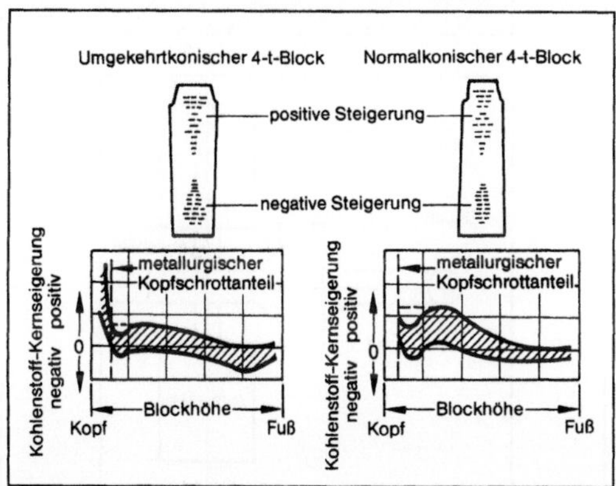

Gießen 1: Normal-konisch und umgekehrt-konisch gegossener Block.

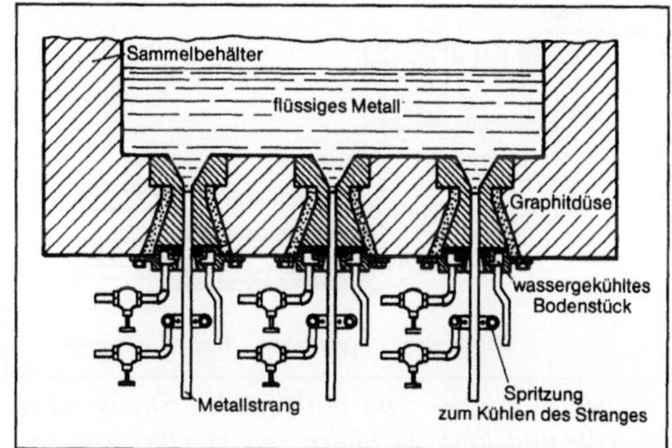

Gießen 3: Anlage zum vertikalen Stranggießen.

pen Stahl und Gußeisen bestrebt, den Vertikalguß möglichst in die horizontale Ebene zu verlegen.

Beim vertikalen G. ohne oder mit Umlenkung des Stranges sind die Bauhöhen von Stahl-Stranggießanlagen in erster Linie von der Erstarrungsstrecke des gegossenen Stranges und den geforderten Längen der Strangteilstücke abhängig. Bauhöhen von Senkrechtanlagen reichen bis 45 m, die von Biegericht-Anlagen bis zu 35 m und die von Bogen-Anlagen bis zu 15 m.

Die Entwicklung der Stranggießtechnik vom Vertikal- zum heute bei Stahl noch üblichen Bogen-G. kann zum waagerechten G. führen. Unterschiede zu Bogen-Gießanlagen sind:

□ Wegfall der Beanspruchung des Stranges durch Biegen und/oder Richten,

□ die Bauhöhe der Gießanlage ist sehr niedrig,

□ der Grundflächenbedarf einer Horizontal-Anlage ist dagegen groß, der Anteil der mechanischen Einrichtungen an der Gießanlage wiederum klein.

Bereits 1979 hatte die Böhler AG mit der Entwicklung einer geeigneten Anlagen- und Verfahrenstechnik für das horizontale Strang-G. von Edelstahl begonnen. Neben Vorteilen auf der Investitions- und Kostenseite bietet der Horizontalstrangguß die Möglichkeit, Verteiler und Kokille als eine geschlossene Einheit (Bild 4) auszubilden. Damit entfällt der sonst bei Trennung von Verteiler und Kokille notwendige Schutz vor Gießstrahloxidation, wodurch die Produktion kleiner Abmessungen unter 100 mm Dmr. oder Vierkant möglich wird. Im Gegensatz zur konventionellen Stranggießtechnik oszilliert bei der Böhler-Anlage der Strang, der diskontinuierlich abgezogen wird, und zwar schrittweise. Nach jedem Schritt wird der Strang um einen Bruchteil der Schrittlänge in die Kokille zurückgeschoben.

Bei der Herstellung von Halbzeug aus Gußeisenwerkstoffen hat sich das Horizontalverfahren eindeutig durchgesetzt. Ab 1963 wurden Anlagen mit Mehrfachantrieb entwickelt, die heute in aller Welt

in Betrieb sind. Für größere Strangquerschnitte ist die Anordnung mehrerer Rollenantriebe auf einen Strang vorgesehen, so daß dann auch Formate bis zu 500 mm Dmr. abgezogen werden können. Strangguß aus Gußeisenwerkstoffen ist heute im Bereich Hydraulik, für den Glasformenbau sowie allgemein bei der Herstellung von druckdichten und verschleißfesten Bauteilen ein unentbehrliches Material.

Beim G. metallischer Werkstoffe in Formen und Kokillen sind vor allem die Strömungsgesetze zu beachten. Das Eingußsystem bei Sandformen besteht prinzipiell aus 3 Elementen: dem Einguß (mit oder ohne Erweiterung zum Gießkümpel), einem Verteilerlauf und den Anschnitten zum Gußstück (Bild 5). Bei der Dimensionierung dieser Einzelelemente muß auf die sorgfältige gegenseitige Abstimmung der Einflußgrößen Gußwerkstoff, Formstabilität und Gießzeit geachtet werden. Obwohl diese Berechnungen heute rechnerunterstützt durchgeführt werden können, ist zur Optimierung der Auslegung immer noch viel Erfahrung erforderlich. Die gestiegenen Ansprüche an die Qualität der Gußstücke bedingen, daß die Abgüsse völlig frei von nichtmetallischen Einschlüssen, hervorgerufen durch Formstofferosion oder Reaktionsprodukte aus einer vorausgegangenen metallurgischen Schmelzbehandlung, sein müssen. Deshalb wird teilweise mit Syphonpfannen gegossen, oder man baut neuerdings vor Eintritt des Gießmetalls in den Gußstückbereich in das Gießsystem Filter ein.

Bei modernen Formanlagen mit hohem Mechanisierungsgrad werden auch Vergießöfen mit Stopfen-

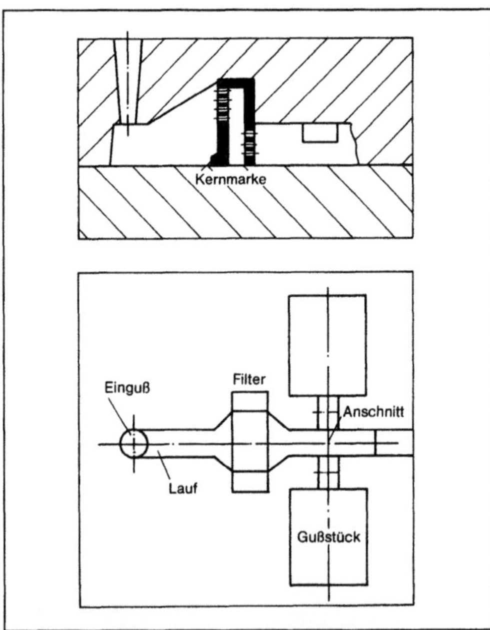

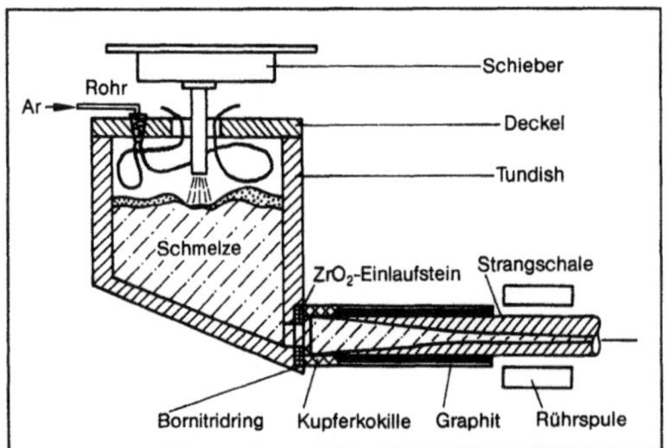

Gießen 4: Anlage zum horizontalen Stranggießen. Kokille und Verteiler bilden eine geschlossene Einheit.

Gießen 5: Eingußsystem bei Sandformen.

ausguß eingesetzt, die die auf einem Förder stehenden Gießformen taktweise automatisch abgießen. Stopfenöffnungszeiten und Korrekturen zur Lage des Eingusses der Form werden durch optische oder andere Einrichtungen geregelt. *Doliwa*

Literatur: *Doliwa, H. U.*: Gegossene Werkstücke. München 1960. – *Haisig, M.*, u. *H. Dören; S. Wilmes*: Stand der Entwicklung des Horizontal-Stranggießens von Edelstahl bei der Böhler AG. Stahl u. Eisen 101 (1981) Nr. 6, S. 91/97. – *Krall, H.*, u. *B. Düker*: Stranggießverfahren für Gußeisen und Stahl. Gießerei 71 (1984), Nr. 1/2, S. 63/64. – *Sieverding, F.*: Innovation im Maschinenbau für die Hüttentechnik. Stahl u. Eisen 101 (1981) Nr. 13/14, S. 149/150. – *Zimmermann, K.-A.*, u. *F. Weber; W. Kleine-Kleffmann, R. Bertram*: Planung und Ausführung der Brammenstranggießanlage Bruckhausen. Stahl u. Eisen 101 (1981) Nr. 1/2, S. 17/24.

Gießerei-Roheisen. Das ist die übliche Sammelbezeichnung für eine breite Palette von Roheisensorten, die zum Einsatz in Schmelzanlagen zum Erzeugen von Eisen-Kohlenstoff-Gußwerkstoffen bestimmt sind.

Zu den klassischen Roheisensorten zählt das Hämatit-Roheisen, gekennzeichnet durch mittelhohe (2,0–2,5 %) und hohe (2,5–3,0 %) Siliciumgehalte bei niedrigen Phosphorwerten unter 0,1 % und Schwefelwerten unter 0,04 %. Hämatit-Roheisen kommt hauptsächlich beim Kupolofenschmelzen von →Gußeisen mit Lamellengraphit zum Einsatz.

Von den Gießern als eigentliches G.-R. bezeichnete Sorten unterscheiden sich vom Hämatit im wesentlichen nur dadurch, daß hier der Phosphorgehalt mit 0,5–0,7 % deutlich höher liegt.

Neben niedriggekohlten (C = 2,4–2,8 %) und zugleich manganarmen, ferner titanhaltigen und kupferlegierten Spezialroheisen haben die Sonderqualitäten für die Herstellung von Gußeisen mit Kugelgraphit besondere Bedeutung erlangt. Von diesen Roheisensorten verlangt man generell einen niedrigen Schwefelgehalt, i. a. unter 0,010 % S; höchstwertige Sorten haben nur 0,06–0,08 % S. Ebenso werden auch niedrige Phosphorgehalte gefordert von unter 0,04 % P, wobei einige Sorten 0,03 % P erreichen. Da die meisten Gußstücke aus Gußeisen mit Kugelgraphit (GGG) mit ferritischem Gefüge, das man aus Kostengründen ohne Glühen im Gußzustand erreichen möchte, geliefert werden, muß auch der Mangangehalt niedrig, d. h. deutlich unter 0,10 % liegen. Einige Hersteller garantieren 0,009 % Mn.

Zum Erzeugen von GGG geeignete Roheisensorten müssen ferner praktisch frei von allen die Kugelgraphitbildung behindernden Bestandteilen, den sog. Störelementen, sein. Somit sind Ti auf maximal 0,03 %, Co und V auf 0,02 %, Cu auf 0,015 %, Sn und As auf 0,005 % und Pb auf maximal 0,001 % begrenzt.

Für die Herstellung von Temperguß (GTW und GTS) gibt es verschiedene Temperrohgußeisen, wobei die Skala im Kohlenstoffgehalt mit 3,4–4,0 % und im Siliciumgehalt mit 0,4–4,0 % weit gespannt ist. Alle Sorten haben niedrigen Phosphor- und Schwefelgehalt. Die Palette wird abgerundet durch Manganzusatzeisen mit 1,0–5,0 % Mn und Spiegeleisen mit 6,0–30,0 % Mn sowie hohem Kohlenstoffgehalt von 4,0–5,0 % als Manganträger beim Schmelzen von Gußeisen mit Lamellengraphit (GG). *Doliwa*

Gießmaschine. Derartige Maschinen werden insbes. zum Herstellen von Kokillenguß eingesetzt und dienen hier zu einer Mechanisierung des Gießprozesses, aber auch in nicht seltenen Fällen zur Verbesserung der gießtechnischen Bedingungen (Bild).

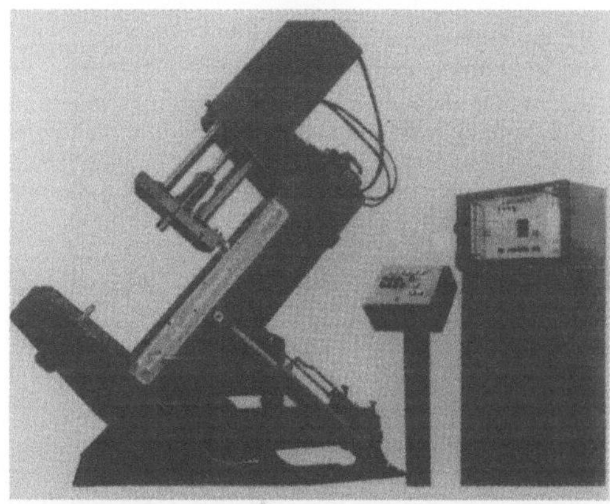

Gießmaschine: Kokillen-Kippgießmaschine, bei der die Kippbewegung proportional gesteuert sowie Geschwindigkeit und Kippwinkel frei gewählt werden können.

Beim →Gießen leicht oxidierbarer und zu Einschlüssen neigender Gußwerkstoffe in Kokillen kommt es sehr darauf an, daß beim Einfüllen der Schmelze eine möglichst laminare Strömung erreicht wird. Der Gießer kippt deshalb die →Kokille anfänglich in eine Lage, wo das Metall ohne erhebliches Gefälle in die Kokille einströmen kann. Im Verlauf der Formfüllung wird die Kokille bis zu ihrer Endlage mehr und mehr aufgerichtet. Ausströmgeschwindigkeit aus der Pfanne und die Kokillenbewegung müssen gut aufeinander abgestimmt sein, was bei solchen Maschinen mit einer modernen Steuerung durchaus möglich ist.

Im NE-Metallbereich ist eine wesentliche Voraussetzung für eine Mechanisierung des Kokillen- und auch des Druckgießens das Zuführen des flüssigen Metalls über Dosiergeräte. Zur Lösung dieser Aufgabe gibt es verschiedene Techniken. Eine der betrieblich zuverlässigsten ist die Zuteilung mittels eines „mechanisierten Löffels". Die Bewegungsabläufe derartiger Dosiergeräte werden über Mikroprozessoren gesteuert, und trotzdem bleiben die Dosiermenge und die angefahrene Position in der

Gießstellung während des automatischen Ablaufs korrigierbar. Mit solchen Geräten erreicht man eine Dosiergenauigkeit von ±1%. *Doliwa*

Gilliland-Methode. Zur Beschreibung des Zusammenhanges zwischen der Anzahl der theoretischen Trennstufen und dem →Rückflußverhältnis bei der →Rektifikation hat *E. R. Gilliland* im Jahr 1940 über 50 Destillationsanlagen untersucht. Der Zusammenhang läßt sich näherungsweise in Form einer Kurve (Gilliland-Diagramm) darstellen (Bild).

Die G.-M. kann zur groben Abschätzung der notwendigen Trennstufenzahl verwendet werden, z. B. um die Rahmenbedingungen für eine genauere Berechnung festzulegen. Eine Verbesserung der G.-M. wurde von *Erbar* und *Maddox* Anfang der 60er Jahre vorgeschlagen (→Fenske-Underwood-Gleichung, →Erbar-Maddox-Korrelation). *Dohrn*

Literatur: *Gilliland, E. R.*: Ind. Eng. Chem. 32 (1940), S. 1220.

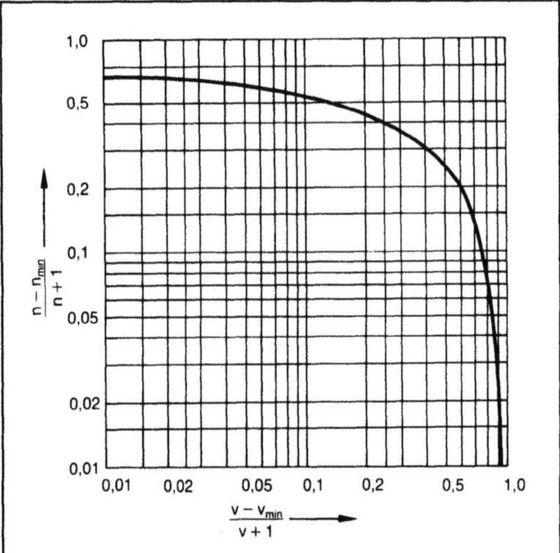

Gilliland-Methode: Gilliland-Diagramm zur Bestimmung der Anzahl der theoretischen Trennstufen in Abhängigkeit vom Rückflußverhältnis.

Gips. Die Bezeichnung G. ($CaSO_4 \cdot 2H_2O$) wird im deutschen Sprachgebrauch und in der Mineralogie für den Rohstoff G.-Stein sowie für den gebrannten G. und den abgebundenen G. verwendet. Die Bedeutung des G. beruht auf seiner Fähigkeit, durch Wärmezufuhr partiell ($CaSO_4 \cdot \frac{1}{2}H_2O$) oder ganz ($CaSO_4$) zu entwässern und anschließend durch Wasserzugabe in seinen ursprünglichen Zustand, den abgebundenen G., wieder überzugehen.

Das System $CaSO_4/H_2O$ umfaßt fünf Phasen: Calciumsulfat-Dihydrat ($CaSO_4 \cdot 2H_2O$), Calciumsulfat-Halbhydrat ($CaSO_4 \cdot \frac{1}{2}H_2O$), Anhydrit I, II, III ($CaSO_4$). Die Phase des Calciumsulfat-Dihydrats ist das jeweilige Ausgangsprodukt bei der Dehydration und Endprodukt bei der Rehydration. Das Bild veranschaulicht die möglichen Phasenumwandlungen.

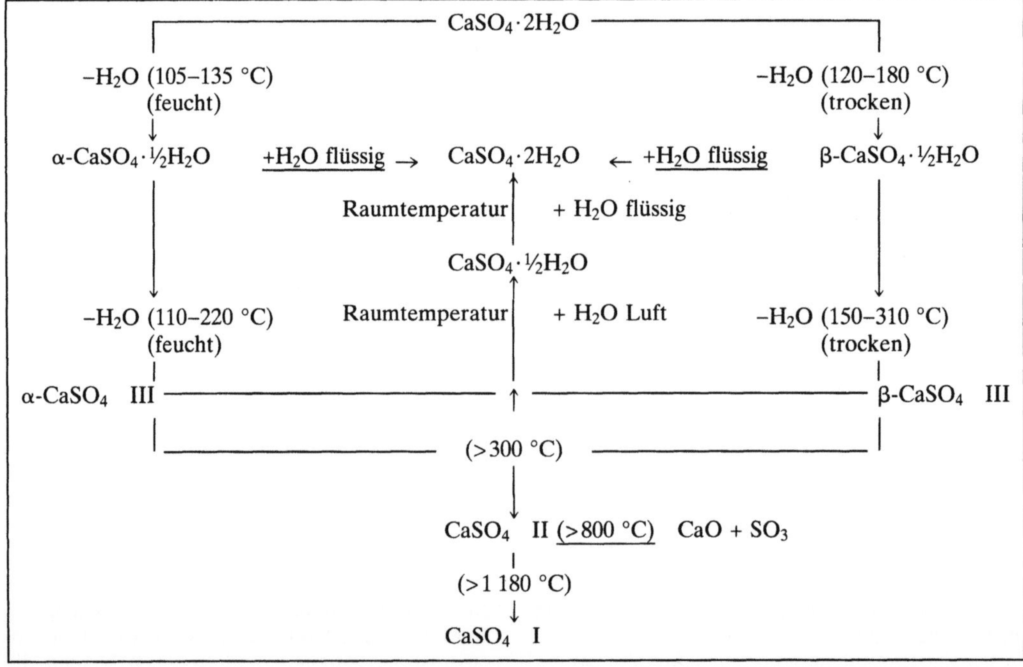

Gips: Phasenumwandlungen im System CaSO₄–H₂O.

Anhydrit I ist eine Hochtemperaturmodifikation, die sich bei der Erhitzung des Anhydrit II bildet. Die Fähigkeit dieser Phase, mit Wasser zu reagieren, ist gering. Anhydrit II ist die einzige bei Raumtemperatur beständige Modifikation. Es bindet langsam mit Wasser zu Dihydrat ab. Anhydrit III ist ein metastabiles Zwischenprodukt, das durch weitere Entwässerung des α/β-Halbhydrats entsteht. Bei weiterem Erhitzen wandelt es sich zum stabilen Anhydrit II um. Das Halbhydrat ist ein Zwischenprodukt bei der Entwässerung des Dihydrats zum Anhydrit. Erfolgt die Entwässerung des Dihydrats in gesättigter Wasserdampfatmosphäre oder im flüssigen Wasser, d. h. unter Autoklavbedingungen, so entsteht das α-Halbhydrat mit kompakten gut ausgebildeten Kristallen einer mittleren Teilchengröße von 10–20 µm.

Im Gegensatz dazu entsteht das β-Halbhydrat bei der Entwässerung des Dihydrats an trockener Luft. Es baut sich aus sehr feinen, zerklüfteten Kristallen (1–5 µm) auf. Auf Grund der unterschiedlichen Teilchengrößen bindet das β-Halbhydrat deutlich schneller mit Wasser zum Dihydrat ab als das α-Halbhydrat. Das α-Halbhydrat weist jedoch nach dem Abbindeprozeß höhere Festigkeiten auf. Allgemein läßt sich der Abbindeprozeß aller Anhydrate und Halbhydrate zum Dihydrat folgendermaßen beschreiben:

$$CaSO_4 + 2H_2O \gtreqless CaSO_4 \cdot 2H_2O$$
$$CaSO_4 \cdot 1/2H_2O + 1\,½\,H_2O \gtreqless CaSO_4 \cdot 2H_2O.$$

Mit Wasser löst sich ein Teil der Ca^{2+}- und SO_4^{2-}-Ionen des Anhydrits bzw. Halbhydrats. Diese Lösung ist gegenüber dem Halbhydrat gesättigt, gegenüber dem Dihydrat jedoch übersättigt, so daß folglich nadelartige Kristalle aus der Lösung ausfällen und sich unter Bildung einer festen, porösen Struktur ineinander verflechten. Durch Zusätze kann das Abbindeverhalten noch zusätzlich beeinflußt werden.

Das Dihydrat, welches in Form von G.-Stein in der Natur vorkommt, ist hingegen ein kompakter Rohstoff. Ferner fällt Dihydrat als industrielles Abfallprodukt in Form von Chemie-G. (z. B. aus der Naßphosphorsäure- und Flußsäureherstellung) an sowie in Rauchgasentschwefelungsanlagen (REA-G.). Letzteres wird im Rahmen zunehmender Entschwefelung von Rauchgasen im stark zunehmenden Maße anfallen, so daß z. Z. intensiv an weiteren Verwertungsmöglichkeiten dieses Abfallprodukts gesucht wird.

Typische technische G.-Produkte sind Brannt-G., Autoklav-G., Estrich-G. und Bau-G.:

□ Brannt-G. besteht in erster Linie aus β-Halbhydrat. Er bindet zusammen mit Wasser schnell ab und enthält daher noch das Abbindeverhalten regelnde Zusätze.

□ Autoklav-G. besteht überwiegend aus α-Halbhydrat und bindet entsprechend langsam ab, hat allerdings hohe Endfestigkeiten.

□ Estrich-G. wird durch Brennen von G.-Stein oberhalb 800 °C hergestellt. Hauptbestandteil ist Anhydrit II neben CaO durch teilweise dissoziertes $CaSO_4$. Er zeichnet sich durch hohe Reaktivität und Festigkeiten aus.

□ Zu den Bau-G. zählt der Stuck-G. (Innenputz, G.-Platten) und Putz-G. (Innenputz). Sie bestehen aus Dehydrationsprodukten des Dihydrats aus dem Hoch- und Niedertemperaturbereich.

Für vorgefertigte G.-Bauteile (G.-Karton-, G.-Deckenplatten usw.) wird als Ausgangs-G. in erster Linie β-Halbhydrat benutzt. Ferner findet G. Anwendung in der Keramik als Formen-G. sowie in der Medizin als Dental-G. oder Verband-G.   *Hesse/Hennicke*

Literatur: *Knauf, A. N.:* Sammlung von Schriftumsangaben über Gips. Merzig 1973. – *Schwiete, H. E.,* u. *A. N. Knauf:* Gips – Alte und neue Erkenntnisse in der Herstellung und Anwendung der Gipse. Merzig 1969. – *Wirsching, F.:* Gips. In: Ullmanns Enzyklopädie der techn. Chemie. Bd. 12. Weinheim 1976; S. 289/315.

Gipsmodell →Modell

Gipsverfahren. Die Gipsformtechnik eignet sich wenig zur Serienfertigung, sondern ist auf Einzelfertigung von Sondergußstücken im wesentlichen abgestellt. Vergossen werden fast ausschließlich Leichtmetall- und seltener Schwermetall-Legierungen. In Deutschland stößt das Verfahren überdies auf Schwierigkeiten, weil den Gipsbreimischungen zum Erhöhen der Festigkeit und zum Vermeiden von Rissen beim Glühen der Gipsformen Asbeste (vorzugsweise Anthophyllit-Asbest, der sich leicht zu feinem Pulver zerreiben läßt) zugesetzt werden, was wegen der möglichen Krebserregung verboten wird. Die mit Asbest gefüllten Gipsformen können ohne Vorwärmung schnell auf 800–820 °C erhitzt werden. Jedoch sind solche Formen gegen plötzliche Abkühlung sehr empfindlich und sollten aus dem Ofen erst bei 300 °C entfernt werden.

Eine weitere Behandlungsmöglichkeit ist die Dampfhärtung. Hierbei wird eine Form aus Gipsdoppelhydrat nach dem Abbinden in einem Autoklaven über 6–8 h mit einem Dampf von 1,2–1,3 bar und 125 °C behandelt.

Da eine Trocknung der Gipsform vor dem Abgießen praktisch unumgänglich ist, ergibt sich das Problem der Maßhaltigkeit. Zur Einhaltung einer möglichst hohen Maßhaltigkeit sollte das Trocknen langsam und bei Temperaturen zwischen 250 und 300 °C erfolgen. Nur in Fällen, wo das Kristallwasser restlos entfernt sein muß, wie z. B. beim →Gießen von Kupfer- und Magnesiumlegierungen, ist ein Glühen im Temperaturbereich bis zu 800 °C nötig.

Mit Hilfe von Gipsformen kann man dünnwandige Gußstücke aus Aluminium, Magnesium, Blei und anderen relativ niedrig schmelzenden Gußwerkstoffen herstellen. Unter Vakuum lassen sich äußerst dünnwandige Gußstücke aus Aluminium, wie z. B. Turbinenteile komplizierter Form mit einer Dicke an Kanten bis zu 0,2 mm herstellen.

Viele Aufgaben der Gipsformerei haben die neuzeitlichen Feingießverfahren übernommen, so daß die Gipsformverfahren erheblich an Bedeutung verloren haben und im industriellen Bereich mehr oder minder nur noch für die Prototypenherstellung oder für Sonderzwecke angewendet werden. Im →Kunstguß allerdings spielen diese Verfahren noch immer eine nicht unbedeutende Rolle. *Doliwa*

Gitterrührer. Der G. gehört mit einer Drehzahl von 40–80 min^{-1} zu den langsam laufenden Rührern (Bild). Verwendet wird er zum Homogenisieren von Fluiden mit einer Zähigkeit von 5–50 Pa s. Die Mischung erfolgt an der Wand, besonders in Verbindung mit Einbauten (→Rührer). *Schlag*

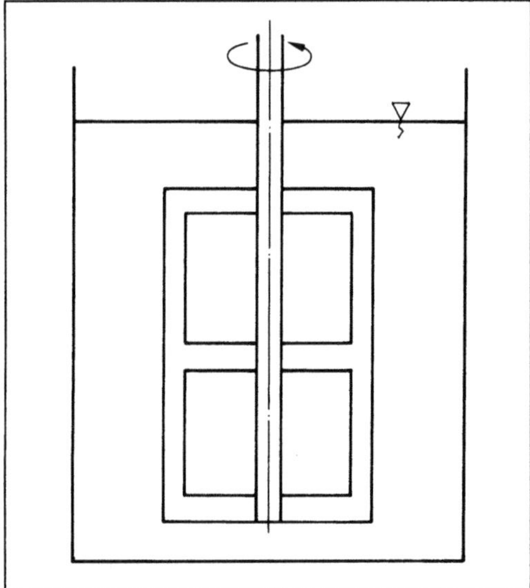

Gitterrührer.

Glänzen. Hierunter versteht man elektrolytisches und chemisches Polieren. Als wichtigste Faktoren beim Elektropolieren sind zu berücksichtigen: Zusammensetzung und Temperatur des Elektrolyten, Bewegung des Elektrolyten, Stromspannung und Stromstärke.

Das befriedigende Ergebnisse liefernde Elektropolieren von Kohlenstoffstählen wurde erst möglich, nachdem ein modifizierter Standardelektrolyt aus H_2SO_4 – H_3PO_4 – CrO_3 – Cr_2O_3 – $FeSO_4$ – CH_3COOH benutzt wurde. Bei Maschinenteilen aus unlegierten oder niedrig legierten Kohlenstoffstählen sowie aus Aluminium und seinen Legierungen werden Universalbäder aus 63 %iger Phosphorsäure, 15 %iger Schwefelsäure, 6 % Chromsäureanhydrid und 14 % Wasser verwendet. Ein auf der gleichen Basis aufgebauter Elektrolyt hat sich zum G. von Teilen aus nichtrostendem Stahl bewährt.

Für das Glanzvernickeln wurden spezielle Bäder entwickelt. Ferner ist auch ein Glanzvernickeln in Trommeln möglich. Das G. erfolgt mit Tripelkompositionen, das Abklären mit Wiener-Kalk. Zusammengesetzte Überzüge mit äußeren Glanznickelschichten verhielten sich in Industrieatmosphäre besser als Mattnickelüberzüge, in Küstenatmosphäre war es aber umgekehrt. Obwohl die atmosphärischen Einwirkungen auf die Nickelschichten noch nicht völlig geklärt sind, steht eine Abhängigkeit des Korrosionswiderstands von der Dicke der Nickelschicht fest. *Doliwa*

Glanzvernickeln →Oberflächenbehandlung (Beschichten)

Glas. Anorganischer Werkstoff, der im physikalisch-chemischen Sinne als eingefrorene, unterkühlte Schmelze anzusehen ist. Strukturell zeichnet sich der G.-Zustand durch die Abwesenheit einer periodisch aufgebauten Anordnung der atomaren Bauteile aus: Es liegt ein nichtkristalliner (amorpher) Strukturzustand vor.

Im allgemeinen bezieht sich die Bezeichnung G. auf ein anorganisches, meist oxidisches Schmelzprodukt, das durch einen Einfriervorgang ohne Kristallisation in den festen Zustand überführt wurde. Die Temperatur des Einfriervorgangs (Abkühlungskurve) wird zur Charakterisierung von G. herangezogen (Bild). Sie äußert sich u. a. in der Änderung der thermischen Ausdehnung des G. beim Aufheizen. Die Temperatur (Temperaturbereich), bei der diese Änderung eintritt, wird als Transformationstemperatur T_g (Transformationstemperaturbereich) bezeichnet. T_g ist von der thermischen Vorgeschichte des G. abhängig. Ein Vergleich ist daher nur bei einer vorherigen Abkühlung aus der Schmelze mit 1 K/min und einer anschließenden

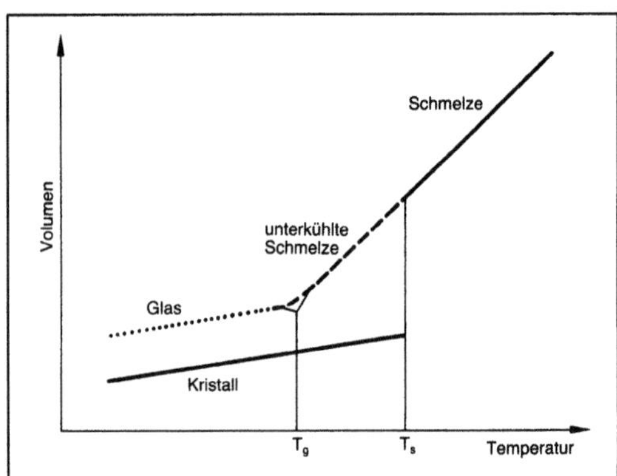

Glas: Temperaturverlauf des Volumens V im schmelzflüssigen, glasigen und kristallinen Zustand.

T_s Schmelztemperatur, T_g Transformationstemperatur

Glas. Tabelle: Chemische Zusammensetzung einiger industriell hergestellter Gläser in Massengehalt in %.

Glasart	SiO_2	B_2O_3	Al_2O_3	PbO	CaO	MgO	BaO	Na_2O	K_2O
Behälterglas	73	—	1,5	—	10	0,1		14	0,6
Flachglas	72	—	0,3	—	9	4		14	—
Glühlampenglas	73	—	1	—	5	4	—	17	—
Fernsehkolbenglas	67	—	4	—	—	—	13	8	8
Laborgeräteglas	81	13	2	—	—	—	—	4	—
Bleikristallglas	60	1	—	24	—	—	1	1	13
Faserglas (E-Glas)	54	10	14	—	17,5	4,5	—	—	—

Aufwärmung mit 5 K/min zulässig. Die Viskosität des G. beträgt bei T_g ca. 10^{13} dPa s und ist somit als „fest" anzusehen, d. h. das G. verhält sich unterhalb T_g als spröd-elastischer Körper. Oberhalb T_g erweicht das G. mit zunehmender Temperatur. Es zeigt viskoelastisches Verhalten.

Zu den kommerziell bedeutendsten G. zählen die Silicat-G., hier insbes. die Kalk-Natron-Silicat-G., die für Massenartikel wie Flach- und Hohl-G. verwendet werden (Tabelle). Die chemische Zusammensetzung der Silicat-G. beeinflußt die physikalischen und chemischen Eigenschaften des G., wobei für die Verarbeitung und Herstellung sowie für die Anwendung deren Temperaturabhängigkeit und deren chemische Resistenz am wichtigsten sind. So wird z. B. der Verarbeitungstemperaturbereich durch Zugabe von Al_2O_3, MgO oder K_2O erweitert (langes G.), durch Zugabe von B_2O_3 verringert (kurzes G.).

Die mechanische Festigkeit wird von der chemischen Zusammensetzung der G. nur gering beeinflußt. Vielmehr ist hier die Beschaffenheit der Oberfläche (Risse, Kratzer usw.) festigkeitsbestimmend (Griffith-Bruchtheorie, Abschrecken).

Die industrielle Herstellung von G. erfolgt in einer kontinuierlich betriebenen, feuerfest ausgekleideten Schmelzwanne. Das für z. B. Kalk-Natron-G. vorher homogenisierte Gemenge aus Quarzsand, Soda und Kalk wird maschinell eingelegt und bei 1 500–1 600 °C erschmolzen. Die Beheizung der Wannen erfolgt meist regenerativ mit Erdgas oder Heizöl. Die Homogenisierung der G.-Schmelze geschieht bei Maximaltemperatur durch Einblasen von Luft, durch gasabspaltende Läutermittel oder durch mechanisches Rühren. Die Formgebung des G. erfolgt durch Pressen, Ziehen, Schleudern usw. bei Temperaturen zwischen 1 250–1 000 °C. Dabei können die Durchsätze in z. B. der Flach-G.-Produktion bis zu 750 t/d in einer Float-G.-Anlage betragen.

Neben den Massen-G. gibt es diverse Spezial-G. Erwähnt seien hier G. für optische Lichtwellenleiter, phototrope G., Laser-G., halbleitende G., Strahlenschutz-G., G.-Keramiken und G.-Lote.

Prinzipiell können alle Feststoffe in einen G.-Zustand überführt werden bei hinreichend großer Abkühlgeschwindigkeit (metallisches G.) und durch Kondensation von Molekülen aus der Dampfphase auf gekühlten Substraten. Neben dem traditionellen Erschmelzen von G. können auch auf naßchemischen Weg mittels metallhaltiger organischer Lösungen (Alkoxiden) über Polykondensation/Hydrolysereaktionen und anschließendes Trocknen (Sol-Gel-Prozeß) ebenfalls Mehrkomponenten-G. hergestellt werden. Größere monolithische G.-Stücke sind mit dieser Technik z. Z. noch nicht herstellbar. Sie wird aber schon zum Auftragen von z. B. Entspiegelungsschichten auf Flach-G. angewandt. *Hesse/Hennicke*

Literatur: *Nölle, G.:* Technik der Glasherstellung. Leipzig 1979. – *Scholze, H.:* Glas – Natur, Struktur, Eigenschaften. 3. Aufl. Berlin, Heidelberg, New York 1988.

Glasfaser. Aus einer Glasschmelze (meist Silicatglas) oder erweichtem →Glas hergestellte Faser. Zu unterscheiden sind Endlosfasern (Glasfäden), endliche Fasern (Stapelfasern), technische Fasern (Textilfasern) und optische Fasern (Nachrichtenübertragung). Faserdurchmesser liegen je nach Verwendung zwischen 5–100 µm.

Bei den technischen G. erfolgt eine weitere Unterscheidung zwischen verspinnbaren und nicht-verspinnbaren Fasern. Verspinnbare Fasern werden im wesentlichen für Textil-G. benutzt. Als Glasarten finden für Textil-G. alkalifreie Bor-Aluminium-Silicat-Glaszusammensetzungen Verwendung, die sich durch Wasserunempfindlichkeit, hohe Erweichungstemperatur und Säurefestigkeit auszeichnen. Ein Hauptanwendungsgebiet für Textil-G. ist der glasfaserverstärkte Kunststoff. Die in Kunststoff eingebetteten G. übernehmen auf Grund ihres höheren E-Moduls jegliche Belastung.

Nichtverspinnbare G. (Stapel-G.) werden aus Kalknatronglasschmelzen gezogen. Aus ihnen werden in erster Linie für Wärmeisolierzwecke Glaswolle, Matten und Filze hergestellt; weiterhin Schalen und Preßteile.

Optische G. werden aus reinsten Rohstoffen (z. B. CVD) hergestellt. Durch besondere Herstellungsverfahren wie das Doppeltiegel- bzw. Stab/Rohr-G.-Ziehverfahren werden optische G. hergestellt, die im Innern aus einem hochbrechenden Glaskern und von außen mit einem niedrig brechenden Mantelglas umhüllt sind. Auf Grund der Totalreflexion des Lichts im Innern der Faser werden diese Fasern als Lichtleiterfasern eingesetzt. Je nach Brechungsindexverlauf im Querschnitt der Faser werden Stufenindexfasern und Gradientenindexfasern voneinander unterschieden. *Hesse/Hennicke*

Glättungstiefe. Die G. R_p ist der größte der fünf aufeinanderfolgenden Einzel-G. innerhalb der Meßstrecke l_m. Sie entspricht dem maximalen Abstand der mittleren Linie zur höchsten Profilerhebung innerhalb der Meßstrecke. Die gemittelte G. R_{pm} ist der Mittelwert aus den 5 Einzel-G. (Bild).

Die G. R_p gibt im Gegensatz zu anderen Oberflächenkennwerten eine gute Information über den Profilaufbau der Oberfläche und somit u. a. über dessen zu erwartendes Verschleißverhalten. R_p ist ein Relativmaß und ermöglicht somit nur mit einem anderen Oberflächenmaß, wie z. B. der gemittelten →Rauhtiefe R_z, eine Aussage (Rauhtiefe, gemittelte, Rauhtiefe, Rauhtiefe, maximale, →Mittenrauhwert, →Oberflächenrauheit). *Kenter*

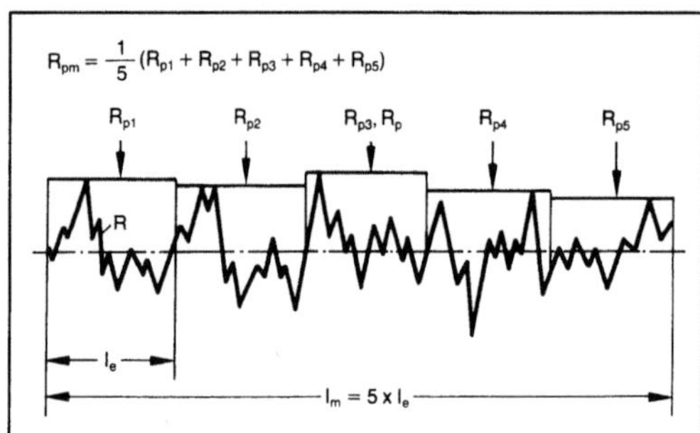

Glättungstiefe R_p und gemittelte Glättungstiefe R_{pm}.

Literatur: – DIN 4762. Tl. 1: Oberflächenrauheit; Begriffe. Hrsg. Dt. Inst. für Normung. – *Warnecke, H.-J.*, u. *W. Dutschke:* Fertigungsmeßtechnik. Handb. für Ind. und Wiss. Berlin, Heidelberg, New York 1984.

Gleichgewichtsdiagramm. Flüssigkeits-Dampf-Gleichgewichte binärer Systeme lassen sich übersichtlich darstellen, wenn der Molenbruch einer Komponente in der Gasphase y gegen den Molenbruch des gleichen Stoffes in der Flüssigkeit x aufgetragen wird.

Da für Zweistoffgemische mit den Komponenten A und B

$$x_A = 1 - x_b \qquad (1)$$

und

$$y_A = 1 - y_B \qquad (2)$$

gilt, genügt das Eintragen der Molanteile einer Komponente, meist der leichtersiedenden Komponente.

Im G. (Bild 1) kennzeichnet die Diagonale Systeme, deren flüssige und dampfförmige Phase gleiche Zusammensetzung haben (Azeotrope mit $y_A = x_A$).

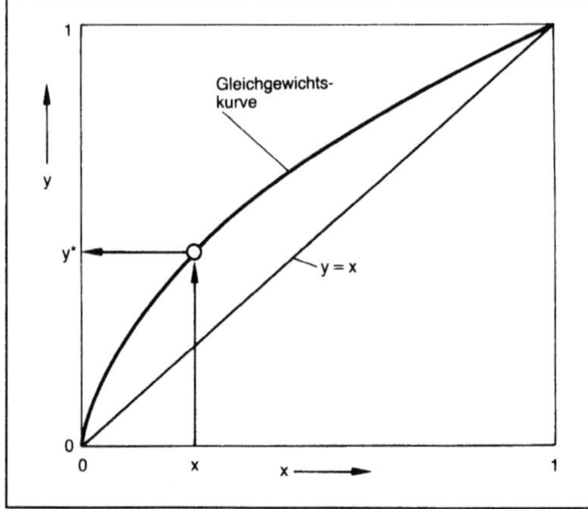

Gleichgewichtsdiagramm 1: y, x-Diagramm oder McCabe-Thiele-Diagramm (bei konstantem Gesamtdruck).

Dieses G. läßt sich sowohl aus dem Dampfdruckdiagramm (p, x-Diagramm) als auch aus dem Siedediagramm (T-x, y-Diagramm) konstruieren.

Dreistoffsysteme spielen insbes. bei der Extraktion eine wichtige Rolle. Zur Darstellung des Gleichgewichts zwischen der Extrakt- und der Raffinatphase wird das G. (auch Verteilungs- oder Phasendiagramm genannt) verwendet (Bild 2).

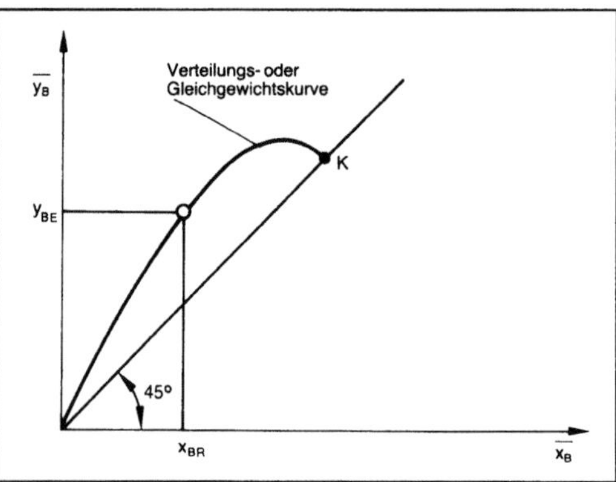

Gleichgewichtsdiagramm 2: Gleichgewichtsdiagramm eines ternären Stoffsystems mit Mischungslücke.

Als Koordinaten dienen die Massenanteile $\overline{x}_B$ und $\overline{y}_B$, die die Verteilung der Übergangskomponente B in der Raffinatphase ($\overline{x}_B$) und in der Extraktphase ($\overline{y}_B$) kennzeichnen.

Für den Massenanteil x_B gilt:

$$\overline{x}_B = \frac{m_B}{m_A + m_B + m_C},$$

mit $\overline{x}_A + \overline{x}_B + \overline{x}_C = 1$.

A und B sind die Komponenten des Ausgangsgemisches, B ist die Übergangskomponente, C das reine Extraktionsmittel. In dem ausgezeichneten Punkt K haben beide im Gleichgewicht stehende Phasen die gleiche Zusammensetzung. *Weinspach*

Literatur: Autorenkollektiv: Thermische Verfahrenstechnik I. Leipzig 1977. – *Vauck, W. R. A.,* u. *H. A. Müller:* Grundoperationen chemischer Verfahrenstechnik. Leipzig 1978.

Gleichgewichtskonstante. Die G. findet bei der Beschreibung des Gleichgewichtszustands einer chemischen Reaktion und beim Phasengleichgewicht Anwendung.

Ausgehend von den Bedingungen des gleichzeitigen chemischen und thermodynamischen Gleichgewichts

$$\mu_j{}^\alpha = \mu_j{}^{\gamma(\alpha)} \qquad j^\alpha = j^{\gamma(\alpha)} = 1,2\ldots, k^\alpha \qquad (1),$$
$$\mu_j{}^\beta = \mu_j{}^{\gamma(\beta)} \qquad j^\beta = j^{\gamma(\beta)} = 1,2\ldots, k^\beta \qquad (2),$$
$$\sum_j \nu_{j\rho}{}^\alpha \cdot \mu_j{}^\alpha = \sum_j \nu_{j\rho}{}^\beta \cdot \mu_j{}^\beta \qquad \rho = 1,2\ldots, R \qquad (3),$$

mit

μ_j chemisches Potential der Komponente j,
$\nu_{j\rho}$ stöchiometrischer Koeffizient der Komponente j in der Reaktion ρ,
α Phase verschieden von β,
β Phase verschieden von α,

können mit Hilfe des Zusammenhangs zwischen dem chemischen Potential μ_j und der Aktivität a_j der j-ten Komponente des Gemisches

$$\mu_j = \mu_{jo} + R \cdot T \ln a_j \qquad (4),$$

mit a_j Aktivität, R universeller Gaskonstante, T Temperatur,

folgende Beziehungen hergeleitet werden:

$$\frac{\prod\limits_{j^\beta} (a_j{}^\beta)^{\nu_{j\rho}\beta}}{\prod\limits_{j^\alpha} (a_j{}^\alpha)^{\nu_{j\rho}\alpha}} = K_\rho, \quad \rho = 1,2\ldots, R \qquad (5)$$

und

$$\frac{a_j{}^\beta}{a_j{}^\alpha} = K_j, \qquad j = 1,2\ldots, k \qquad (6);$$

dabei ist

$$a_j = \gamma_j x_j \qquad (7),$$

mit γ_j →Aktivitätskoeffizient der Komponente j, x_j Molenbruch der Komponente j.

Die Konstante K_ρ (auch G. der Reaktion ρ genannt) drückt dabei die Verteilung der „Elemente" zwischen den 2 Phasen aus, von denen die eine die reagierenden, die andere die gebildeten Komponenten enthält.

Die Konstante K_j, G. oder Verteilungskonstante beim →Stoffübergang zwischen 2 Phasen, drückt die Verteilung der Komponente j im Gleichgewicht in beiden Phasen aus. Die Konzentration in einer Phase ist dabei häufig der Konzentration in der anderen Phase innerhalb bestimmter Grenzen proportional (z. B. Henry- und Nernst-Verteilungsgesetz). *Weinspach*

Literatur: *Benedek, P.,* u. *A. László:* Grundlagen des Chemieingenieurwesens. Leipzig 1967. – *Vauck, W. R. A.,* u. *H. A. Müller:* Grundoperationen chemischer Verfahrenstechnik. Leipzig 1978.

Gleichgewichtsreaktion. Reaktion, bei der die chemische Umsetzung nicht vollständig abläuft, sondern zu einem chemischen Gleichgewicht führt, in dem die Edukte (A, B) in merklicher Konzentration vorhanden sind, z. B. in der Reaktion

$$\nu_A A + \nu_B B \rightleftharpoons \nu_C C + \nu_D D.$$

Durch die zwei Pfeile in der Reaktionsgleichung wird zum Ausdruck gebracht, daß beim Zusammenbringen der Produkte der Reaktion (C, D) die Umsetzung in umgekehrter Richtung abläuft, und zwar ebenfalls bis zum Gleichgewichtszustand. Dieser ist durch eine sog. →Gleichgewichtskonstante

$$K_c = \frac{c_C{}^{|\nu_C|} \; c_D{}^{|\nu_D|}}{c_A{}^{|\nu_A|} \; c_B{}^{|\nu_B|}}$$

bzw. für Gasreaktionen

$$K_p = \frac{p_C{}^{|\nu_C|} \; p_D{}^{|\nu_D|}}{p_A{}^{|\nu_A|} \; p_B{}^{|\nu_B|}},$$

c_A, c_B, c_C, c_D Konzentrationen von A, B, C, D,
p_A, p_B, p_C, p_D Partialdrücke von A, B, C, D,
$\nu_A, \nu_B, \nu_C, \nu_D$ stöchiometrische Koeffizienten von A, B, C, D,

festgelegt. Da die Gleichgewichtskonstante temperaturabhängig ist, läßt sich das chemische Gleichgewicht durch Ändern der Temperatur verschieben (s. Bild S. 396). Bei Gasreaktionen, die unter Volumenänderung ablaufen, hängen die Gleichgewichtskonzentrationen auch sehr vom Druck ab. *Onken*

Gleichgewichtstrennverfahren. In einem Trennprozeß wird eine Stoffmischung durch Anwendung eines physikalisch-chemischen Effekts in wenigstens zwei Teilmengen unterschiedlicher Zusammensetzung aufgetrennt (Trennprozeß, thermischer).

Als Trennprinzip (Basis) kann jeder physikalisch-chemische Effekt in Betracht gezogen werden, der

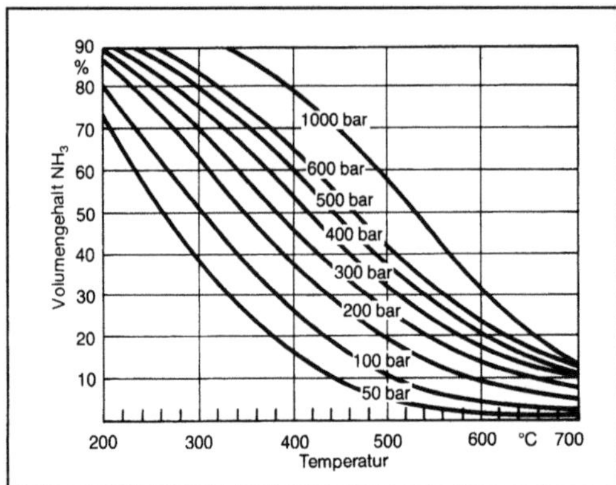

Gleichgewichtsreaktion: $N_2 + 3H_2 \rightleftharpoons 2\,NH_3$. Ammoniak-Gleichgewichtskonzentrationen bei stöchiometrischem Verhältnis von Wasserstoff zu Stickstoff ($H_2\!:\!N_2 = 3$) in Abhängigkeit von Temperatur und Gesamtdruck.

es ermöglicht, zwei Stoffströme oder Stoffmengen unterschiedlicher Zusammensetzung zu erzielen. Als wichtigste Basis für Trennprozesse dienen Konzentrationsdifferenzen zwischen zwei Phasen im thermodynamischen Gleichgewicht. Dieses ist dann erreicht, wenn für Druck, Temperatur und chemisches Potential in allen Phasen und für jede Komponente gleiche Werte gegeben sind. Mit m als Anzahl der Komponenten und π als Anzahl der Phasen ergibt sich:

Temperatur: $T^1 = T^2 = \ldots = T^\pi$,
Druck: $\quad\quad T^1 = P^2 = \ldots = P^\pi$,

chemisches Potential: $\mu_1^1 = \mu_1^2 = \ldots = \mu_1^\pi$,

$$\mu_2^1 = \mu_2^2 = \ldots = \mu_2^\pi,$$

$$\cdot$$
$$\cdot$$
$$\cdot$$

$$\mu_m^1 = \mu_m^2 = \ldots = \mu_m^\pi.$$

Trennverfahren, bei denen Konzentrationsunterschiede bei Phasengleichgewicht genutzt werden, bezeichnet man als G. oder als gleichgewichtsbestimmte Trennverfahren. Als Phasenpaarungen kommen in Betracht: gasförmig-flüssig, gasförmig-fest, flüssig-flüssig, flüssig-fest. Es werden nur zwei Phasen in Trennprozessen angewendet, nur selten drei, wie z. B. Heteroazeotrope bei der →Azeotropdestillation (gasförmig-flüssig-flüssig). Die →Triebkraft für den Stoffübertragungsvorgang bei der Trennung ist das Bestreben des Systems, den thermodynamischen Gleichgewichtszustand (durch Stoff- und Wärmetransport) anzunehmen, da sich dann das System im Zustand minimaler freier Enthalpie befindet. Für Trennungen, die mehr als

eine einmalige Gleichgewichtseinstellung erfordern, wird daher angestrebt, einerseits eine möglichst rasche und vollständige Einstellung des Gleichgewichts zu erreichen (Stoffübergang, Übertragungsfläche), andererseits die im Gleichgewicht oder nahezu im Gleichgewicht stehenden Ströme möglichst unmittelbar an nicht im Gleichgewicht befindliche Teile der Stoffströme heranzuführen, um einen weiteren Stoffübertragung zu ermöglichen. Dies geschieht am wirksamsten im →Gegenstrom.

Zu den G. können auch solche gerechnet werden, bei denen Grenzflächenphänomene genutzt werden, sofern ein eindeutiger Zusammenhang zwischen Zustand der umgebenden Phase und Grenzflächenbeladung vorliegt.

Gleichgewichtsbestimmte Trennverfahren sind u. a.:

□ gasförmig-flüssig: Destillation, →Rektifikation, →Absorption, Strippen (→Desorption), →Gasextraktion, →Schaumtrennung, →Verdampfen, Chromatographie;
□ gasförmig-fest: Gasextraktion, →Adsorption, →Trocknen, Chromatographie;
□ flüssig-flüssig: Lösungsmittelextraktion (Flüssig-Flüssig-Extraktion), →Reaktivextraktion;
□ flüssig-fest: →Kristallisation, Feststoffextraktion, Ionenaustausch, Chromatographie, Trocknen (nur durch Energiezufuhr).

Der theoretische Energiebedarf für den Trennvorgang ist bei Gleichgewichts-Trennprozessen mit nur Energie als →Trennhilfsmittel unabhängig vom →Trennfaktor α. Bei G. mit Energie und einem Stoff (Lösungsmittel) als Trennhilfsmittel ist der theoretische Energiebedarf proportional $1/(\alpha-1)$. Man ist daher bestrebt, durch das stoffliche Trennhilfsmittel einen von eins möglichst stark abweichenden Trennfaktor zu erreichen. *Brunner*

Gleichlauffräsen →Fräsen

Gleichmaßdehnung. Die G. A_g ist der im Zugversuch ermittelte Dehnungswert, der der Zugfestigkeit R_m im Spannungs-Dehnungs-Schaubild zugeordnet ist (→Dehnung). Bei weiter zunehmender Beanspruchung beginnt die Einschnürung, gefolgt vom Bruch mit der Bruchdehnung A.

In der Umformtechnik ist die G. eine wichtige Verfahrensgrenze bei Zugumformverfahren, z. B. beim einachsigen Auf-Länge-Strecken von Stäben und Profilstäben, beim zweiachsigen →Streckziehen von Blechformteilen. In diesen Fällen ist mit Rücksicht auf die Beanspruchung oder auch aus ästhetischen Gründen kein Einschnüren zugelassen. Bei mehrachsigen Beanspruchungen beim Blechumformen ändert sich ggf. der Einschnürbeginn, d. h. der Kennwert der G. Hierzu wird auf das →Grenzformänderungs-Schaubild verwiesen (→Spannungs-Dehnungs-Diagramm). *Lange*

Gleichrichter, gesteuerter. G. G. wandeln Wechselströme und Gleichströme mit steuerbarem Übersetzungsverhältnis um. Neben Anwendungen in der elektrischen Meßtechnik (Synchron-G., Phasenselektion-G.) und in der Nachrichtentechnik (Demodulatoren) werden sie als Leistungsstellglieder zur Steuerung elektrischer Gleichstromantriebe (Drehzahlsteuerung) verwendet.

Diese g. G. bestehen heute überwiegend aus Halbleiterdioden und Thyristoren. Thyristoren sind mehrschichtige Halbleiterbauelemente mit bistabilem Verhalten (Bild 1). Sie sperren oder sie lassen nach einer Zündung durch einen Spannungsimpuls am Steuereingang (Gitter) Stromfluß in einer Richtung zu. Nach dem Zünden des Thyristors bleibt er leitend, bis die Spannung zwischen Anode und Kathode, die Haltespannung, unterschritten wird und der Thyristor dadurch löscht. Er verbleibt in diesem Sperrzustand, bis er erneut gezündet wird.

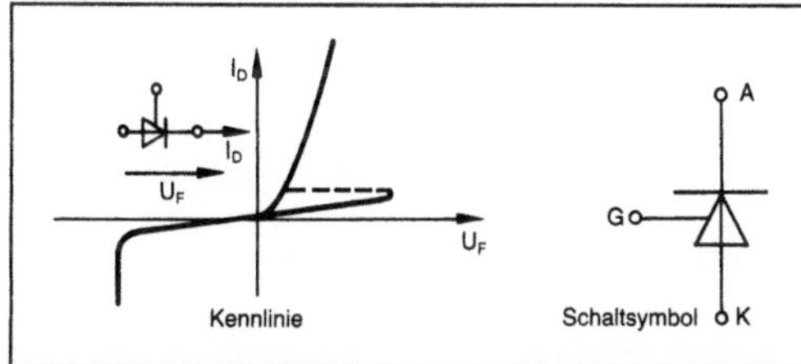

Gleichrichter, gesteuerter 1: Prinzipielle Kennlinie eines Thyristors und Schaltsymbol.

Thyristoren werden für Ströme bis ca. 1000 A und Spannungen bis ca. 2500 V ausgeführt. Ihr Steuerverhalten beim Einsatz in G. verdeutlicht Bild 2. Es werden nur positive Halbwellen des Stromes I durchgelassen (G.-Effekt), und mit Hilfe der Veränderung des Zündzeitpunkts kann der zeitliche Verlauf von Strom und Spannung und damit der Gleichrichtwert, d. h. der zeitlineare Mittelwert von Strom und Spannung, gesteuert werden. Man bezeichnet dies als Phasenanschnittsteuerung mit dem Steuerwinkel a/T (Bild 2). Die Phasenlage von

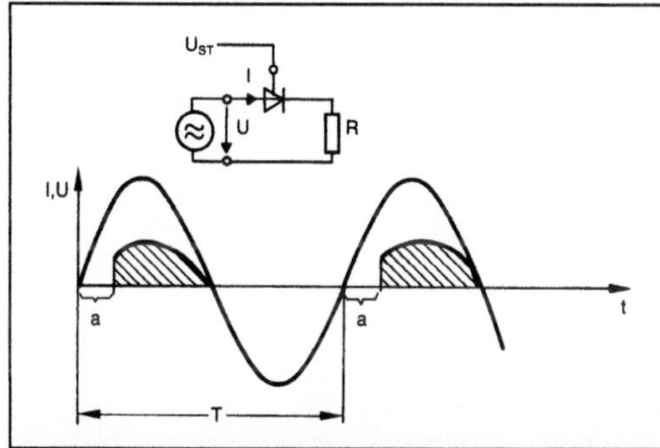

Gleichrichter, gesteuerter 2: Zeitlicher Verlauf von Spannung und Strom am Thyristor bei ohmscher Last.

Spannung und Strom hängt zusätzlich zum Steuereingriff allerdings auch von der an den g. G. angeschlossenen Last ab. So kann es bei induktiven Lasten zu Stromlücken kommen.

Für den technischen Einsatz werden mehrere Dioden und Thyristoren zu Mittelpunkts- und Brückenschaltungen geschaltet (Bild 3). Vorzüge beim halbgesteuerten G. liegen im geringeren Aufwand bei der Ansteuerung und der geringeren Thyristorzahl. Neben den in Bild 3 gezeigten Brückenschaltungen für einphasigen Betrieb sind zahlreiche Schaltungsvarianten für mehrphasigen Betrieb gebräuchlich. *Freyberger*

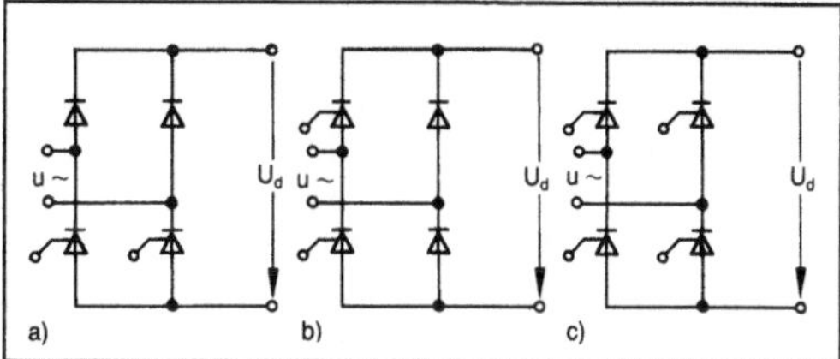

Gleichrichter, gesteuerter 3: Einphasige Brückenschaltung.
a) Symmetrisch halbgesteuert
b) Unsymmetrisch halbgesteuert
c) Vollgesteuert.

Literatur: *Heumann, K.:* Stromrichter. In: Hütte Taschenbücher der Technik (Hrsg. *W. Böning*). Bd. 2: Geräte. Berlin, Heidelberg, New York 1978.

Gleichstrom. Bei G. fließen zwei Stoffströme, die Wärmeenergie oder stoffliche Komponente aus-

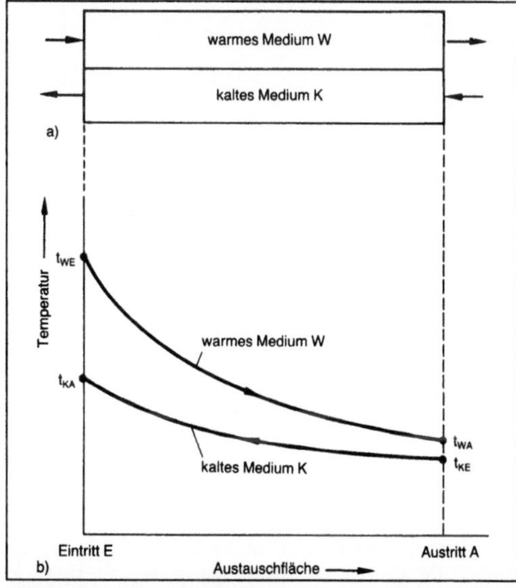

Gleichstrom 1: Gleichstrom bei einem Wärmeübertrager.
a) Stoffstromführung
b) Temperaturverlauf.

tauschen sollen, in gleicher Richtung durch den Apparat oder das Rohr.

Bei im G. betriebenen Wärmeübertragern (Bild 1a)) erreichen die austretenden Ströme im Grenzfall einer unendlich großen Übertragungsfläche die gleiche Temperatur. Eine Abkühlung des wärmeren Mediums unter die Austrittstemperatur des Kühlmediums ist nicht möglich (Bild 1b)).

Bei im G. betriebenen Stoffübertragungsapparaten (Bild 2) wird bereits in der ersten (theoretischen) →Trennstufe das Phasengleichgewicht erreicht. In weiteren (theoretischen) Stufen findet keine Veränderung der Zusammensetzung der Phasen mehr statt, egal wieviele zusätzliche Stufen vorhanden sind. Daher werden Trennprozesse im →Gegenstrom oder →Kreuzstrom betrieben. G. wird nur angewendet, wenn eine (theoretische) Trennstufe ausreicht und die bessere Stoffübertragung auf Grund der größeren Konzentrationsdifferenz am Eintritt genutzt werden soll. *Dohrn*

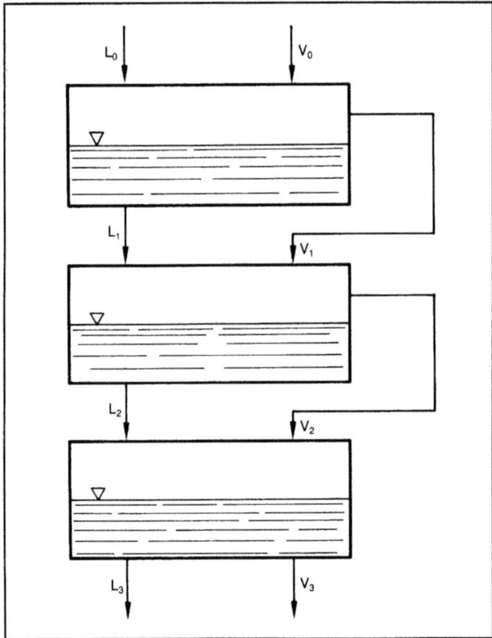

Gleichstrom 2: Gleichstrom bei Stofftrennprozessen.

Literatur: *King, C. J.:* Separation Processes. New York 1980.

Gleitläppen. G. ist ein →Feinbearbeitungsverfahren, bei dem die Werkstücke in einem Läppgemischbad bewegt werden. Der Materialabtrag erfolgt durch die stetige Beaufschlagung der Werkstückkanten und -flächen mit losen, im →Läppgemisch verteilten Läppkörnern. Je nach Art der Relativbewegung werden vier Verfahrensvarianten unterschieden. Diese sind nach DIN 8589 Trommel-,

Vibrations-, Fliehkraft- und Tauch-G. Das Tauch-G. (auch Tauchläppen genannt) wird in der Praxis oft mit dem →Tauch-Gleitschleifen verwechselt.

Beim →Gleitschleifen und G. sind die Verfahrenskinematik und die maschinellen Einrichtungen ähnlich. Abweichend vom Gleitschleifen wird beim G. als Werkzeug loses Korn an Stelle von gebundenen Schleifkörpern verwendet. *Kenter*

Gleitlinientheorie. Die G. ist das älteste Berechnungsverfahren der →Plastizitätstheorie.

Ausgehend von der →Fließbedingung lassen sich für den ebenen →Formänderungszustand Gleichungen herleiten, die unter der Annahme des starr-idealplastischen Werkstoffmodells analytisch lösbar sind.

Aus der Kombination der Fließbedingung mit den Gleichgewichtsbedingungen und der Transformation des dabei erhaltenen Differentialgleichungssystems auf ein krummliniges, orthogonales Koordinatensystem ergeben sich spezielle geometrische Eigenschaften der Gleitlinien, die von *Hencky* und *Prandtl* erkannt und systematisch genutzt wurden.

Mit der Fließbedingung, ausgedrückt in den Hauptspannungen ($\sigma_1 > \sigma_2 > \sigma_3$),

$$\tau_{max} = \frac{\sigma_1 - \sigma_3}{2} = k$$

ergeben sich für den ebenen Formänderungszustand folgende Beziehungen für die Spannungen (Bild 1):

$$\sigma_x = \sigma_m + k \sin 2\vartheta,$$

$$\sigma_y = \sigma_m - k \sin 2\vartheta,$$

$$\tau_{xy} = -k \cos 2\vartheta.$$

wobei k die Schubfließgrenze und σ_m die mittlere Normalspannung bezeichnen. Dabei gilt folgender

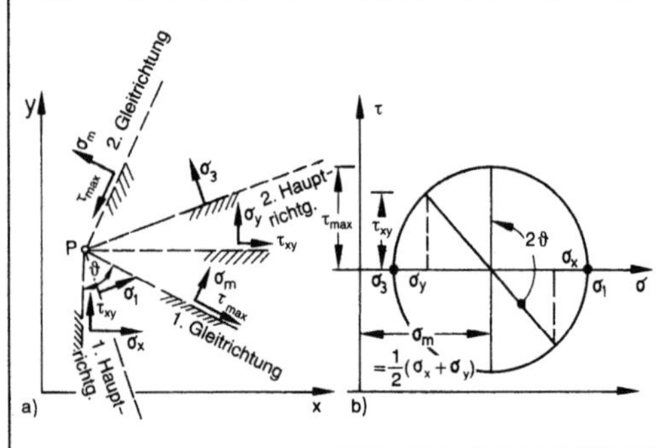

Gleitlinientheorie 1: Darstellung des Spannungszustands für die ebene Formänderung mit Hilfe des Mohr-Kreises.
a) physikalische Ebene
b) Spannungsebene.

einfacher Zusammenhang zwischen der Schubfließgrenze und der →Fließspannung:

$k = k_f/\sqrt{3}$ Von-Mises-Modell,

$k = k_f/2$ Tresca-Modell.

Für ebene →Formänderung gilt dabei speziell

$$\sigma_m = \sigma_2 = \frac{1}{2}(\sigma_1 + \sigma_3) = \frac{1}{2}(\sigma_x + \sigma_y).$$

Das Einsetzen dieser Beziehungen in die Gleichgewichtsbedingungen

$$\frac{\partial\sigma_x}{\partial x} + \frac{\partial\tau_{xy}}{\partial y} = 0,$$

$$\frac{\partial\tau_{xy}}{\partial y} + \frac{\partial\sigma_y}{\partial y} = 0$$

und die anschließende Transformation des entstehenden Gleichungssystems führt auf die einfachen Beziehungen

$$\frac{\sigma_m}{2k} - \vartheta = \text{konst}$$

längs der einen Gleitlinienschar und

$$\frac{\vartheta_m}{2k} + \vartheta = \text{konst}$$

längs der anderen Schar, mit deren Hilfe eine Konstruktion des Gleitliniennetzes (Bild 2) ausgehend von den Spannungsrandbedingungen möglich ist.

Die Gleitlinien stellen dabei die Charakteristiken des aus den Gleichgewichtsbedingungen hergeleiteten hyperbolischen Differentialgleichungssystems dar, die physikalisch den Linien maximaler Schubspannungen entsprechen.

Die erste und zweite Gleitrichtung stehen stets senkrecht aufeinander. Somit bilden die ersten und zweiten Gleitlinien zwei orthogonale Kurvenscharen. Die erste bzw. zweite Hauptrichtung schneiden die erste bzw. zweite Gleitrichtung unter einem Winkel von 45°.

Die Gleitlinien geben in einem Gebiet des ebenen plastischen Fließens die Richtungen der maximalen Schubspannungen und damit nach dem Lévy-von-Mises-Fließgesetz auch die Richtungen der maximalen Schiebungsgeschwindigkeiten an. Entlang den Gleitlinien treten somit keine Dehnungsgeschwindigkeiten auf (Formänderungszustand).   *Lange*

Gleitreibung (Umformen). Unter G. versteht man einen Reibzustand, bei dem zwei unter Normal- und Schubbeanspruchung stehende Körper in der Berührungsfläche relativ zueinander gleiten. Die Reibungszahl liegt dabei unter dem Grenzwert für →Haftreibung, d. h. sie ist signifikant kleiner als 0,5 bzw. 0,577 (→Modell, tribologisches).   *Lange*

Gleitschleifen. Das G. ist ein spanendes Fertigungsverfahren, bei dem zwischen den Werkstücken und einer Vielzahl von Gleitschleifkörpern (Chips) unregelmäßige Relativbewegungen stattfinden. Es gehört zusammen mit dem Gleitläppen zu den Gleitspanverfahren (→Gleitspanen, →Feinbearbeitungsverfahren, Spanen mit geometrisch modifizierter Schneide).

Beim G. wird auf mechanisch-chemischem Wege ein Materialabtrag an der Werkstückoberfläche erreicht, deren Eigenschaften verbessert werden. Die Beeinträchtigung von Maß und Form an den bearbeiteten Bauteilen spielt dabei eine untergeordnete Rolle. Typische Anwendungen des G. sind das

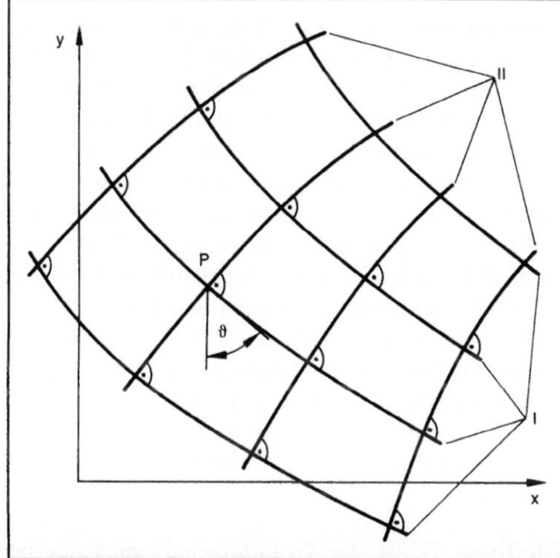

Gleitlinientheorie 2: Gleitliniennetz.

I Gleitlinien erster Gleitrichtung, II Gleitlinien zweiter Gleitrichtung

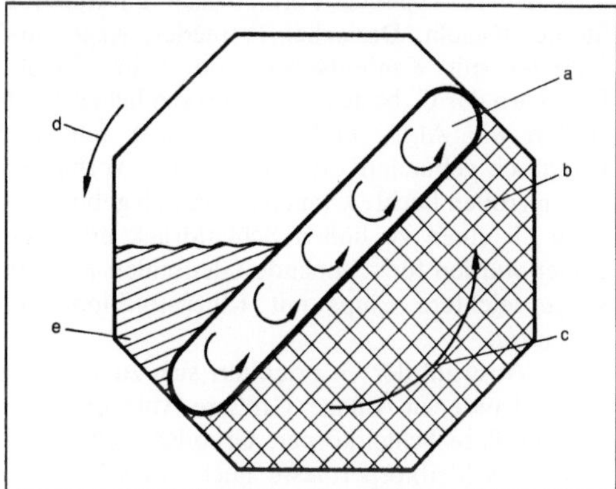

Gleitschleifen: Prinzip des Trommel-Gleitschleifens.

a Bearbeitungszone mit intensiver Relativbewegung zwischen Werkstücken und Schleifkörpern, b Bereich ohne Relativbewegung, c Bewegung des Werkstück-Schleifkörper-Gemisches, d Drehbewegung der Trommel, e Wasser mit Zusatzmittel

Entgraten (→Kantenbearbeitung) und Kantenrunden, Reinigen, Aufhellen, Glätten, Glänzen, Polieren, Entzundern und Entrosten.

Die zu bearbeitenden Werkstücke werden zusammen mit einer größeren Menge von Chips, denen in den meisten Fällen in Wasser gelöste chemische →Gleitschleif-Zusatzmittel (Compounds) zugesetzt sind, in einen Arbeitsbehälter gegeben. Dieser versetzt das eingefüllte Gemisch durch Rotation, Vibration oder Fliehkraft in Mischbewegung. Dabei finden intensive Relativbewegungen zwischen den Chips und den Werkstücken statt, die den gewünschten Materialabtrag bewirken.

Nach DIN 8589 unterscheidet man vier Verfahrensvarianten: Trommel-G. (Bild), Vibrations-G., Fliehkraft-G., Tauch-G. Zu erwähnen sind noch folgende weitere Varianten: Drehvibrations-G. und Schlepp-G. Diese Einteilung erfolgt entsprechend der Erzeugung der Relativbewegung.   *Kenter*

Literatur: DIN 8589: Fertigungsverfahren Spanen. Tl. 11: Gleitspanen. Hrsg. Dt. Inst. f. Normung. Ausg. Dez. 1985. – *König, W.:* Fertigungsverfahren. Bd. 2: Schleifen, Honen, Läppen. Düsseldorf 1980.

Gleitschleifkörper. Die G. (auch Chips genannt) sind die eigentlichen Werkzeuge beim →Gleitschleifen. Sie bestehen aus Körnern verschiedener Hartstoffe, die in eine Bindung eingebettet sind. Es werden aber auch unregelmäßig gebrochene und nach Größe klassierte synthetische und natürliche Schleifmittelkörnungen als G. verwendet. Zum Kugelpolieren werden Stahlformkörper in Gleitschleifanlagen benutzt. Bei der Glanzbearbeitung kommen Poliermittel wie Maiskolbenschrot und Kreide zum Einsatz.

Die gebundenen G. können verschiedenste Formen haben. Typische Formen sich Paraboloide, Sterne, Kugeln, Dreiecke, Tetraeder, Kegel und Zylinder mit Kantenlängen von 3 bis 30 mm. Das Korn der G. besteht aus herkömmlichen Hartstoffen wie Al_2O_3 und SiC, ist sehr fein und keramisch gebunden. Auf Grund ihrer verhältnismäßig großen Dichte können keramisch gebundene G. u. U. einen zu hohen Schleifdruck erzeugen. Daher wurden für schonende Gleitschleif-Arbeitsgänge leichtere Chips mit Kunststoffbindungen entwickelt.

Die Auswahl der G. orientiert sich zunächst an der vorhandenen Anlage. Größere Anlagen fassen auch größere Schleifkörper. Grundsätzlich ist mit höherer Schleifkörpermasse auch ein schnellerer Abtrag möglich. Zu große Schleifkörper behindern sich allerdings gegenseitig in ihrer Bewegungsfreiheit, so daß von einer bestimmten Größe an keine weitere Steigerung der Abtragsleistung möglich ist. Weiter ist zu berücksichtigen, daß größere G. die erreichbare Oberflächengüte der Werkstücke herabsetzen.

Die Abtragsleistung und die Oberflächengüte lassen sich durch die Zusammensetzung der Schleifkörper, d. h. vor allem durch die Wahl von Schleifmitteln und Bindungsart, steuern. Die Form der Schleifkörper muß so gewählt werden, daß diese ggf. auch in Bohrungen oder Hinterschneidungen eindringen können, ohne sich festzusetzen.   *Kenter*

Gleitschleif-Zusatzmittel. Wesentliche Bestandteile der G.-Bearbeitung sind außer den Gleitschleifkörpern die wasserlöslichen oder wassermischbaren chemischen G.-Z., die auch G.-Behandlungsmittel oder Compounds genannt werden. Sie haben die Aufgabe, Schmutz und Abrieb von Werkstücken und Schleifkörpern sowie an den Werkstücken haftende Öl- und Fettreste aufzunehmen und Korrosionsschutz zu bieten. Es gibt sie in flüssiger und fester Form. Die Fest-Compounds sind pulverförmig und können auch Schleifmittelzusätze enthalten. Das Gemisch aus Wasser, G.-Z. und Abrieb muß nach der Bearbeitung separiert, gefiltert und chemisch neutralisiert werden, bevor es wieder verwendet oder entsorgt wird.

Durch die Auswahl der G.-Z. bieten sich viele Möglichkeiten, die Abtragswirkung der Schleifkörper zu beeinflussen und Oberflächeneffekte am Werkstück wie matten Glanz oder Aktivierung bzw. Passivierung als Voraussetzung für weitere Behandlungsverfahren zu erzielen. Nach dem Stand der Technik ist es auch üblich, reibungsmindernde Zusatzmittel zu verwenden (z. B. MoS_2 oder Graphit), die sich auf der Werkstückoberfläche ablagern (→Sonder-Gleitschleifverfahren).

G.-Z. können chargenweise oder bei Durchlaufverfahren auch über Dosierpumpen kontinuierlich zugeführt werden.   *Kenter*

Gleitspanen. Unter G. versteht man einen Zerspanvorgang, bei dem zwischen den Werkstücken und einer Vielzahl von losen Schleifkörpern bzw. abrasiven Spanungselementen unregelmäßige Relativbewegungen stattfinden, die eine statistisch unregelmäßige Spanabnahme bewirken. Es wird zum Entgraten und zur Verbesserung der Werkstückoberfläche eingesetzt. Die Wirkung des Verfahrens kann durch Zugabe eines Zusatzmittels (→Gleitschleif-Zusatzmittel) verbessert werden.

Je nach Art und Größe des eingesetzten Schleifmittels wird zwischen →Gleitschleifen und →Gleitläppen unterschieden. Bei beiden Fertigungsverfahren wird außerdem nach der Erzeugung der Relativbewegung nach vier Verfahrensvarianten differenziert.   *Kenter*

Gleitung. G. ist der Grundmechanismus der bei Schubbeanspruchung eines kristallinen Körpers nach Überschreiten einer bestimmten kritischen Spannung (Streckgrenze) auftretenden plastischen

Verformung. Sie beruht auf einer Verschiebung von Kristallschichten parallel zu einer kristallographisch bestimmten Ebene, der Gleitebene, in Richtung der Gleitrichtung (Bild 1). Dabei werden größere Gitterbereiche gegeneinander verschoben, bis die Gitterbausteine wieder in ein Minimum des periodischen Gitterpotentials gelangt sind (Bild 2).

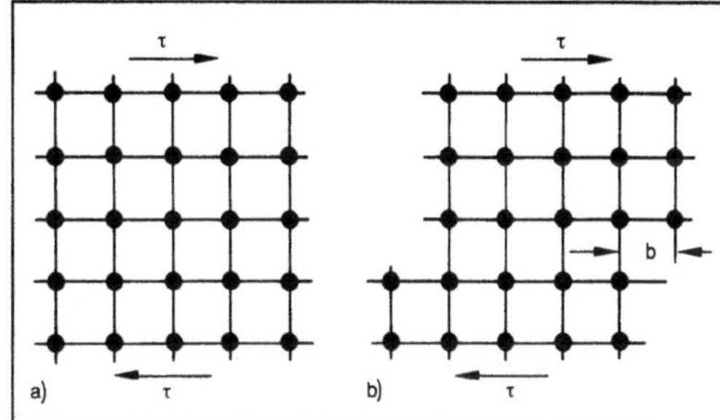

Gleitung 2: Modelldarstellung der plastischen Verformung eines Kristallgitters durch Gleiten; dabei werden alle Atome beiderseits der Gleitebene gleichzeitig aneinander vorbei bewegt.
a) Ausgangszustand
b) Abgeglitten.

Theoretische und experimentelle Untersuchungen haben zu dem Ergebnis geführt, daß die Gleitebenen meist kristallographisch dichtest belegte Ebenen und die Gleitrichtungen meist dichtest belegte Gittergeraden sind. So erfolgt bei kubisch-flächenzentrierten Kristallen die G. in Richtung der Flächendiagonalen der Elementarzellen, wobei die von den Raumdiagonalen aufgespannten Oktaederebenen aufeinander abgleiten (Bild 3). Da es vier

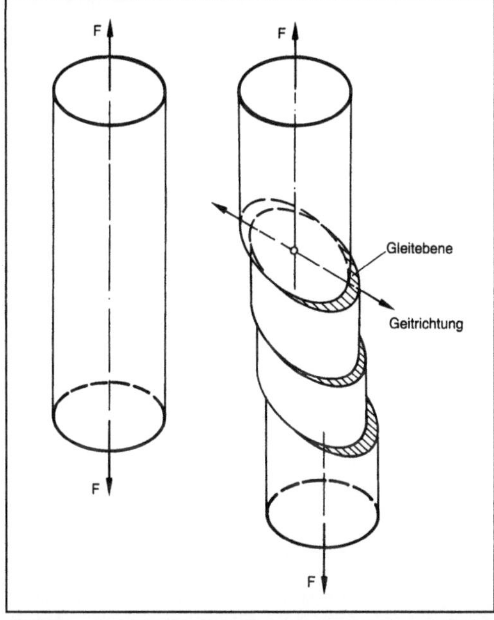

Gleitung 1: Prinzip der Formänderung durch freies Ableiten bei Einkristallen unter Zugbeanspruchung.

Struktur Metall	Gleit-Systeme	Anzahl der			Struktur Metall	Gleit-systeme	Anzahl der		
		Gleit-ebenen	Gleit-richtungen	Gleit-systeme			Gleit-ebenen	Gleit-richtungen	Gleit-systeme
kfz Cu, Al, Ni Pb, Au, Ag γ – Fe		4	3	12	hexagonal Cd, Zn, Mg Ti, Be		1	3	3
krz α – Fe, W, Mo β – Messing		6	2	12			3	1	3
	a/2	12	1	12			6	1	6
	a/3	24	1	24					

Gleitebene — Gleitrichtung — kfz : kubisch – flächenzentriert — krz : kubisch – raumzentriert

Gleitung 3: Beispiele für Gleitsysteme wichtiger Metalle.

solche kristallographisch gleichwertige Ebenen gibt, in denen jeweils drei kristallographisch gleichwertige Flächendiagonalen liegen, ergibt sich die Gesamtzahl von zwölf gleichwertigen Gleitsystemen. Bei kubisch-raumzentrierten Kristallen erfolgt bei gegebener Gleitrichtung (der Raumdiagonalen des Elementarwürfels) die G. gleichzeitig auf mehreren Ebenen (Bild 3).

Die Anzahl der möglichen Gleitsysteme wirkt sich auf das plastische Verhalten der Metalle aus. Metalle mit hexagonaler Struktur sind infolge der beschränkten Anzahl von Gleitsystemen nur sehr begrenzt umformbar.

Eine G. ist nicht notwendig auf ein Gleitsystem beschränkt. Vielmehr ist die Mehrfachgleitung der Normalfall: Bei Vielkristallen ist auf Grund der gegenseitigen Behinderung benachbarter Körner ohnehin keine Einfach-G. möglich, und bei Einkristallen geht eine anfängliche Einfach-G. schließlich in Mehrfach-G. über, weil der Kristall durch die G. gedreht wird.

Die G. wird durch linienförmige Gitterbaufehler, die Versetzungen, ermöglicht, ohne die eine um

Größenordnungen höhere Schubspannung zum Auslösen des Gleitens erforderlich wäre. Auf Grund der Versetzungen gleiten nicht alle Atome zweier benachbarter Gitterebenen zugleich aufeinander ab, sondern zu einem gegebenen Zeitpunkt bewegen sich jeweils nur die der Versetzungslinie benachbarten Atome.

Die Gleitrichtung wird durch den Burgers-Vektor b gekennzeichnet. Dieser spannt zusammen mit der Versetzungslinie die Gleitebene auf. Für den Sonderfall, daß b senkrecht auf der Versetzungslinie steht, spricht man von einer Stufenversetzung. Zeigt b parallel zur Versetzungslinie, so liegt eine Schraubenversetzung vor (Bild 4). Nur im letzteren Fall ist die Gleitebene durch b und die Versetzungslinie nicht eindeutig definiert. *Lange*

Literatur: *Reed-Hill, R. E.:* Physical Metallurgy Principles. New York 1964. – *Troost, A.:* Einführung in die allgemeine Werkstoffkunde metallischer Werkstoffe I. Mannheim, Wien, Zürich 1980.

Gleitziehbiegen. G. ist nach DIN 8586 → Biegeumformen von Blechstreifen oder Bändern zu Profilen. Dabei wird der Streifen durch ein Formwerkzeug (Ziehtrichter) gezogen und entsprechend profiliert (Bild). Die Kontur des Formwerkzeugs ist dabei gemäß der zu erwartenden elastischen Rückfederung des gebogenen Profils zu korrigieren. Der die Profilgenauigkeit beeinflussende Verschleiß des Formwerkzeugs kann durch günstige tribologische Bedingungen (Schmierung), durch Werkstoffwahl und ggf. Oberflächenbeschichtung des Werkzeugs minimiert werden. *Lange*

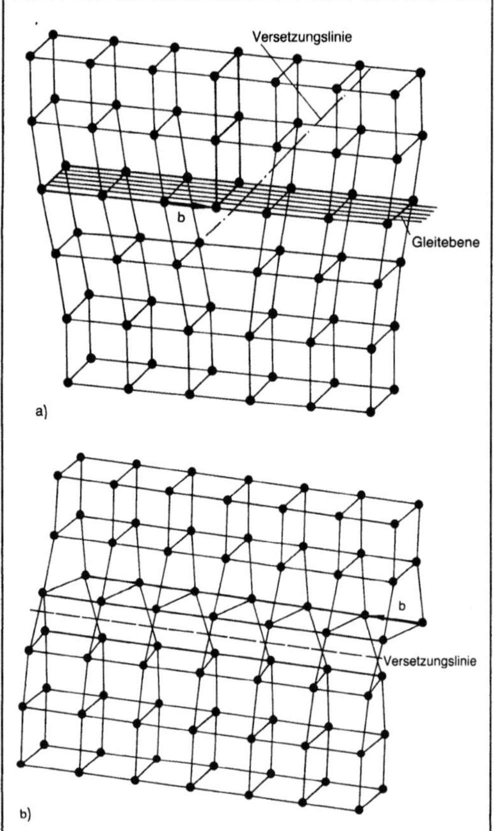

Gleitung 4: Versetzungslinie und Burgers-Vektor.
a) Stufenversetzung
b) Schraubenversetzung.

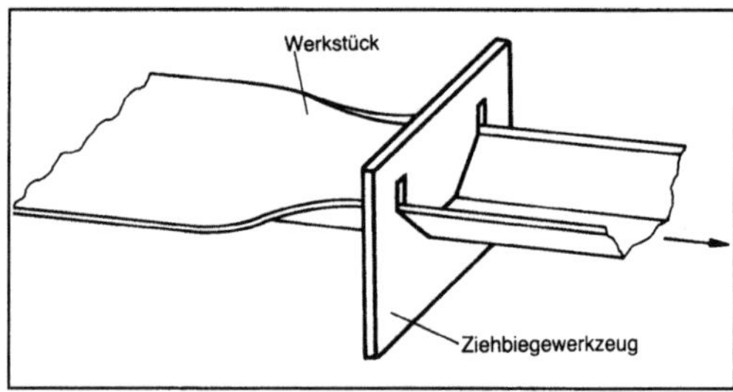

Gleitziehbiegen: Schematische Darstellung.

Gliederung, funktionale. Das bedeutet Abgrenzung der Stellen und Abteilungen eines Unternehmens entsprechend den Aufgabenbereichen bzw. Funktionen.

Eine mögliche Organisationsform von Unternehmen ist die G. nach Unternehmensfunktionen. Ein Maschinenbauunternehmen wäre entsprechend den zu erfüllenden Aufgaben in die Bereiche Beschaffung, → Produktion und → Vertrieb eingeteilt (Bild). Vorteile dieser G. sind:
□ Eine hohe Spezialisierung auf die jeweiligen Aufgaben wird gefördert, wodurch eine optimale Aufgabenerfüllung gesichert wird.

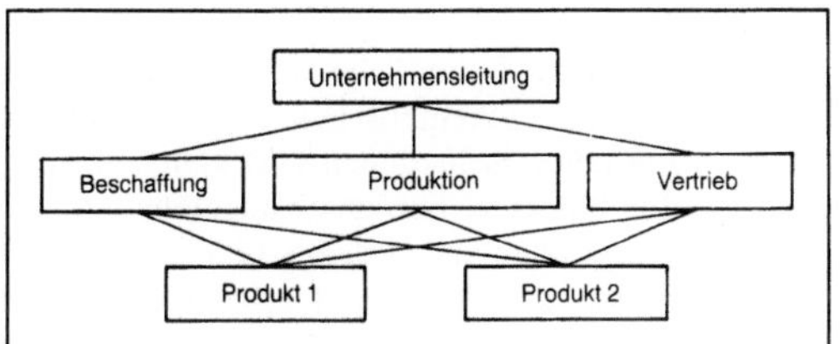

Gliederung, funktionale: Abgrenzung eines Unternehmens nach Funktionen bzw. Aufgaben.

□ Die vorhandenen Ressourcen wie Personal, Maschinen, Anlagen usw. werden optimal eingesetzt.

□ Gleichartige Aufgaben sind in einem Verantwortungsbereich zusammengefaßt.

□ Alle Unternehmensbereiche sind für alle Produkte gleichermaßen zuständig.

Als Nachteile sind zu nennen:

□ Erfolgskontrolle und Ergebnisverantwortung für die einzelnen Produkte sind nur schwer möglich.

□ Ein Bereichsdenken wird gefördert, wodurch Koordinationsprobleme entstehen. *Eversheim*

Literatur: *Eversheim, W.:* Organisation in der Produktionstechnik. Bd. 1: Grundlagen. Düsseldorf 1981.

Gliederung, objektbezogene. Das bedeutet Abgrenzung der Stellen und Aufgaben eines Unternehmens nach Objekten, wie z. B. Produkte oder Produktgruppen.

In einer objektbezogenen Unternehmens-G. werden Sparten (Divisions) gebildet. Jede Division umfaßt ein Produkt bzw. eine Produktgruppe mit den dazugehörigen Bereichen wie Beschaffung, →Produktion und →Vertrieb. Jede Division ist ein eigenständiges Element des Unternehmens (Bild).

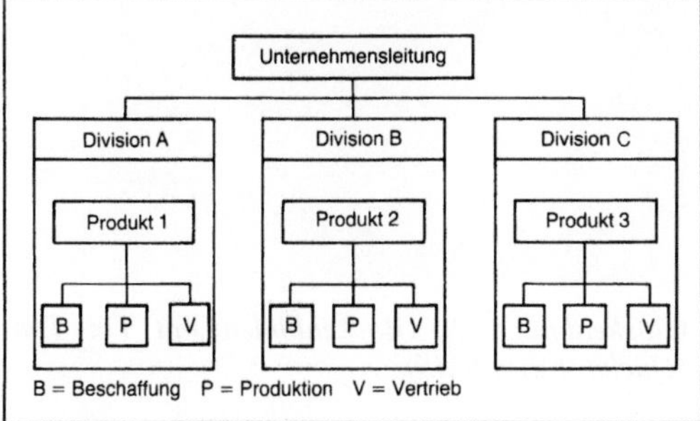

Gliederung, objektbezogene: Abgrenzung eines Unternehmens nach Objekten.

Die Vorteile dieser Unternehmens-G. sind:

□ gute Koordination bez. der Produkte,

□ gute Erfolgskontrolle und Erfolgszuweisung und

□ gute Möglichkeit zur Heranbildung von Führungsnachwuchs, da jede Division einem kleinen Gesamtunternehmen entspricht.

Als Nachteile gegenüber der funktionalen →Unternehmensgliederung sind zu nennen:

□ schlechtere Abstimmung von gleichartigen Aufgaben,

□ schlechtere Ausnutzung vorhandener Ressourcen.

Entsprechend den genannten Vor- und Nachteilen ist ein Unternehmen für diese Organisationsform dann geeignet, wenn es sehr uneinheitliche Produkte herstellt. In den Divisions sollten Produkte zusammengefaßt werden, die eine große Ähnlichkeit zueinander aufweisen.

Es zeigt sich oftmals, daß wegen der einseitigen Absatzorientierung bei einer objektbezogenen G. eine effektive Zusammenarbeit der einzelnen Divisions auf dem Beschaffungsmarkt und dem Produktionssektor nicht gewährleistet ist. Daher wird versucht, die Vorteile der funktionalen und objektbezogenen Organisationsform zu kombinieren, indem man zusätzlich zu den Divisions Zentralbereiche für bestimmte Unternehmensfunktionen einrichtet. *Eversheim*

Literatur: *Eversheim, W.:* Organisation in der Produktionstechnik. Bd. 1: Grundlagen. Düsseldorf 1981.

Gliederungstiefe. Der Aufbau einer Gliederung ist sowohl in vertikaler als auch in horizontaler Richtung variabel. Dabei legt die G. die vertikale Ausdehnung der Gliederung, d. h. ihre Unterteilung in einzelnen Ebenen, fest und bildet somit ein wichtiges Aufbaukriterium.

Die Zielsetzung einer Gliederung, wobei hier nur der Bereich der Produktionstechnik betrachtet werden soll, beinhaltet unter dem Aspekt der Systemrealisierung von Erzeugnissen und Informationen im wesentlichen die Punkte

□ Ordnung von Informationen,

□ Reduzierung der Informationsmenge und

□ Vereinfachung der Informationsverarbeitung.

Das Bild zeigt zwei Beispiele einer solchen Gliederung, die sich in ihrer jeweiligen G. unterscheiden.

Die Gliederung im oberen Teil des Bilds ist als Übersicht für die Endmontage in einem Automobilunternehmen denkbar. Hierbei ist nur eine geringe G. erforderlich, da eine weitere Unterteilung der Großbaugruppen für den Endmontageprozeß nicht von Interesse ist.

Im unteren Teil dagegen gibt die Gliederung einen Überblick über alle Einzelteile des Produkts. Hier ist eine größere G. nötig.

Weiterhin kann man im Bild erkennen, daß die Breite einer Gliederung von der G. abhängt: Eine kleine G. bedeutet in der Regel eine geringe →horizontale Ausdehnung der Gliederung. Im Gegensatz dazu bewirkt eine tiefe Staffelung meist eine große Gliederungsbreite.

Mit der Festlegung der G. sind also unterschiedliche Auswirkungen verbunden. Neben der Breite

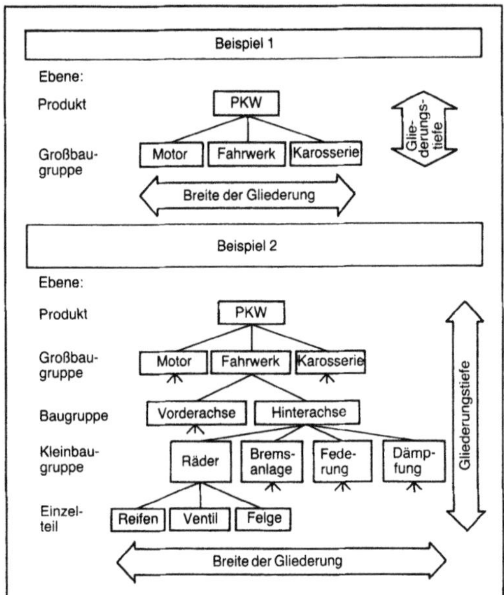

Gliederungstiefe: Beispiele.

einer Gliederung werden auch die Aussagekraft der Gliederung und der Aufwand zur Erstellung und Handhabung beeinflußt.

Eine große G. verursacht einerseits bei der Erstellung und Handhabung der Gliederungsunterlagen durch die feine Unterteilung einen erheblichen Planungs- und Verwaltungsaufwand, bietet aber andererseits durch den hohen Informationsgehalt eine gesteigerte Aussagekraft.

Durch eine kleine G. erreicht man einen geringen Planungs- und Verwaltungsaufwand, muß sich aber auch mit einer niedrigeren Aussagekraft der Gliederung begnügen.

Die Festlegung der G. ist verschiedenen Kriterien unterworfen. Diese Kriterien ergeben sich aus Anforderungen, die vom jeweiligen Anwendungsfall der Gliederung abhängig sind.

Kriterien sind z. B.

□ Lagerung,

□ Zukauf,

□ Varianten,

□ Vormontage,

□ Ersatzteileinheiten,

□ Funktionsgruppen des zu gliedernden Objekts. *Eversheim*

Literatur: *Eversheim, W.:* Organisation in der Produktionstechnik. Bd. 1: Grundlagen. Düsseldorf 1981.

Gliedmaßenersatz →Gelenkersatz

Glockenboden. G. werden in verfahrenstechnischen Trennapparaten dazu verwendet, ein Gas und eine Flüssigkeit in Kontakt zu bringen. Das Gas strömt von unten durch den Glockenhals, wird unter

der Glocke umgelenkt und strömt dann durch die auf dem Boden befindliche Flüssigkeitsschicht. Bild 1 zeigt den schematischen Aufbau und die Gasführung bei verschiedenen Glockentypen. Die Glockendurchmesser betragen ungefähr 30 bis 180 mm. Gegenüber Siebböden haben G. den Vorteil, daß auch bei geringen Gasbelastungen ein Flüssigkeitsstand auf dem Boden erhalten bleibt. Mehrere G. von 1 m Dmr. sind in Bild 2 dargestellt (→Ventilboden). *Dohrn*

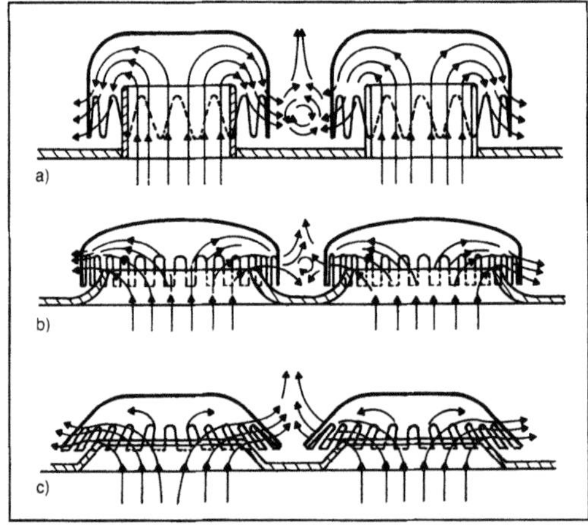

Glockenboden 1: Aufbau und Gasführung bei verschiedenen Glockentypen. (Quelle: ACV, Köln)
a) Sigwartglocke
b) Flachglocke
c) Regenschirmglocke.

Glockenboden 2: Glockenböden mit 1 m Dmr. (Quelle: Luwa-SMS)

Literatur: Informationsschrift der Arbeitsgemeinschaft Chemische Verfahrenstechnik, Köln. – *Mersmann, A.:* Thermische Verfahrenstechnik. Berlin, Heidelberg, New York 1980. – Ullmanns Enzyklopädie der techn. Chemie. Bd. 2. 4. Aufl. Weinheim 1972, S. 520.

Glockenbodenkolonne →Bodenkolonne

Glühen. Erwärmen des Stahls auf bestimmte Temperaturen, Halten, bis eine gleichmäßige Temperatur und falls erwünscht auch ein homogenes Gefüge erreicht ist, und anschließendes Abkühlen. Die Vorgänge bei der gezielten Einstellung von Gefügen durch G. sind für das Erwärmen in das Austenitgebiet in Zeit-Temperatur-Austenitisierungs-Schaubildern und bei der anschließenden Abkühlung in Zeit-Temperatur-Umwandlungsschaubildern beschrieben.

□ Diffusions-G. ist G. bei hohen Temperaturen und langen Zeiten zum Seigerungsausgleich;

□ Normal-G. ist Austenitisieren mit Luftabkühlen, um ein gleichmäßiges ferritisch-perlitisches Gefüge zu erzielen;

□ Grobkorn-G. ist G., um ein möglichst grobes Korn durch Kornvergröberung zu erzielen;

□ Spannungsarm-G. im Bereich von etwa 450 bis 650 °C verringert Eigenspannungen;

□ beim Rekristallisations-G. wird durch Kornneubildung im verformten Gefüge die durch Kaltumformung bewirkte Festigkeitssteigerung abgebaut;

□ Weich-G. und G. auf kugeligem →Zementit (GKZ-G.) ergibt niedrige Festigkeitswerte und gute Bearbeitbarkeit sowie Umformbarkeit (→Wärmebehandlung).　　*W. Dahl*

Granulieren. G. ist der wichtigste Teilvorgang der Tablettierung. Durch G. erhalten die Pulverpartikel eine Haftfähigkeit, die Fließfähigkeit wird verbessert. Beides ist für das Tablettenpressen von großer Bedeutung. Die Oberfläche des Granulatkorns ist uneben und gezackt. Da die Gleichförmigkeit des Granulats die Gleichförmigkeit der daraus gepreßten Tabletten bestimmt, sind an das Granulat folgende Ansprüche zu stellen:

□ gleichmäßige Form,

□ möglichst enge Kornverteilung,

□ nicht mehr als 10 % pulverförmige Bestandteile,

□ gute Gleitfähigkeit,

□ ausreichende mechanische Festigkeit,

□ nicht zu trocken (3–5 % Restfeuchte).

Die Verfahrensschritte bei der Granulatherstellung, die bei modernen Anlagen mit einem einzigen Apparat durchgeführt werden, sind:

□ Aggregierung der Pulvermischung unter Zugabe von Granulierflüssigkeit,

□ Zerteilen der Masse,

□ Trocknen des Granulats,

□ Absieben der Feinanteile,

□ Auflockern der zusammengeklebten Granulatkörner durch Bewegung auf dem Sieb.

Man kann zwischen Aufbau- und Abbaugranulaten unterscheiden: Nach Aggregation des Pulvers mittels Flüssigkeit oder Preßdruck entstehen bei der Abbaugranulation die Granulatkörner durch Zerlegen der Masse (Preßgranulate, Schüttelgranulate, Lochscheibengranulate).

Bei der Aufbaugranulierung bilden sich die Granulatkörner direkt durch Anlagerung von Nachbarpartikeln oder durch Partikelaufbau. Durch Besprühen mit feststoffhaltiger Flüssigkeit und anschließende Verdunstung reichern sich Granulierstoffe an der Oberfläche an und bilden somit allmählich ein größeres Korn.

Die Abbaugranulierung kann man in Feucht- und Trockengranulierung unterteilen. Bei der Feuchtgranulierung befeuchtet man das zu verpressende Gut mit einer geeigneten Flüssigkeit so, daß das Pulver zusammenbackt (z. B. Instantkaffee). Die Granulierflüssigkeit wird nach Bedarf zugesetzt. Man unterscheidet zwischen Krustengranulaten und Klebstoffgranulaten. Bei Krustengranulaten löst sich ein Teil des zu granulierenden Pulvers in der Flüssigkeit. Die konzentrierte Lösung besitzt eine gewisse Klebkraft, die die Pulverteilchen bindet. Bei Klebstoffgranulaten hat die Granulierflüssigkeit die klebenden Eigenschaften. Abschließend muß bei der Feuchtgranulierung bei ca. 40 °C getrocknet werden. Die Trocknung erfolgt mit Luft, Infrarotstrahlern oder Ventilatoren in Trocken- oder Vakuumschränken oder in Wirbelschichttrocknern. Die Trocknungsgeschwindigkeit hängt dabei von der Substanz (hydrophil, aerophil) und von der →Porosität ab.

Die Trockengranulierung wird i. a. auch Brikettierung genannt.　　*Greif*

Granuliermaschine. Bei der Abbaugranulierung unterscheidet man zwischen

□ Preßgranulaten,

□ Schüttelgranulaten,

□ Lochscheibengranulaten.

Bei Preßgranulaten drückt ein →Rührer die feuchte granulierfähige Masse durch ein Sieb bzw. eine Matrize. Die entstandenen Formlinge schneiden Abstreifer oder Messer auf die gewünschte Länge ab (Bild 1). Schüttelgranulate gewinnt man

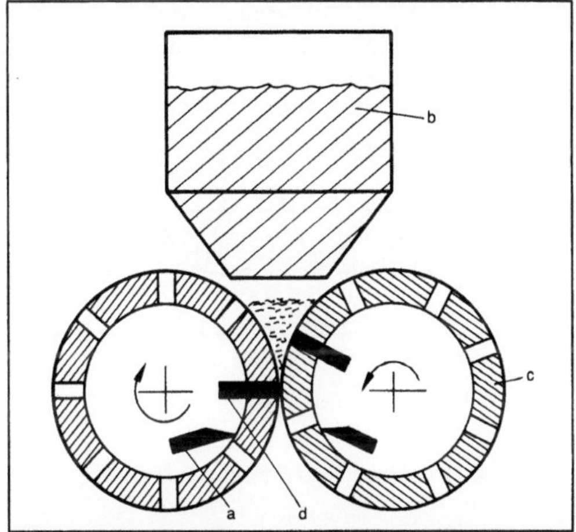

Granuliermaschine 1: Zum Herstellen von Preßgranulaten.

a Messer, b Silo, c Lochscheibenwalze, d Preßgranulat

durch Schüttelsiebe, auf die die feuchte Masse gegeben wird. Schüttelgranulatkörner besitzen meist eine kugelige Form und eine hohe Gleitfähigkeit. Bei Lochscheibengranulaten wird das Granuliergut durch eine Lochscheibe gedrückt. Diese Maschinen sind vor allem als Lochscheibenwalzen ausgeführt. Lochscheiben- und Preßgranulate sind stabförmig.

Zur Aufbaugranulierung ist die Granuliertrommel (Bild 2) einsetzbar. Das trockene Granuliergut gibt man an einem Trommelende zu. Axiale Bewegung wird durch eine geneigte, rotierende Trommel erreicht. Von oben wird Feuchtigkeit in die Trommel gesprüht. Die sich bildenden Granulate haben keine gleichmäßige Korngröße; deshalb ist eine Klassierung nötig. Dies erreichen Siebe am Trommelende.

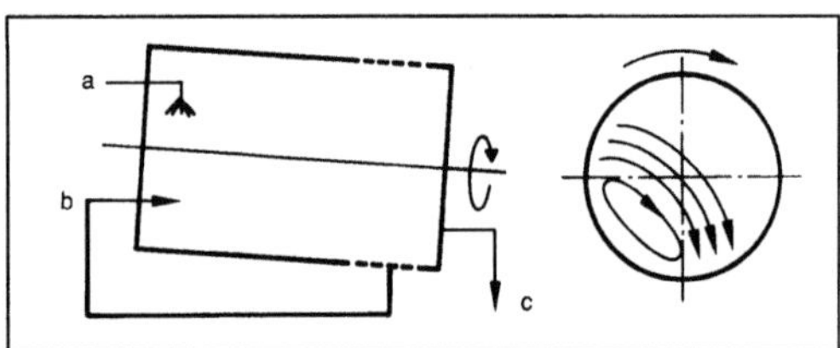

Granuliermaschine 2: Granuliertrommel.

a Granulierflüssigkeit, b Granuliergut, c Granulat

Ein anderes, häufig angewandtes Verfahren zum Aufbaubereiten von Granulaten ist das →Granulieren im Granulierteller (Bild 3). Der Granulierteller ist schräg angeordnet und rotiert. Das Granuliergut wird kontinuierlich auf den Teller gegeben und besprüht. Die sich bildenden Granulatkörner beschreiben nierenförmige Bewegungen. Dabei werden die feinen Teilchen höher angehoben als die großen. Die größten Kugeln sammeln sich am unteren Teil des Tellerkragens an und laufen über diesen ab. Das Granuliertellerverfahren beinhaltet also gleichzeitig eine Klassierung. *Greif*

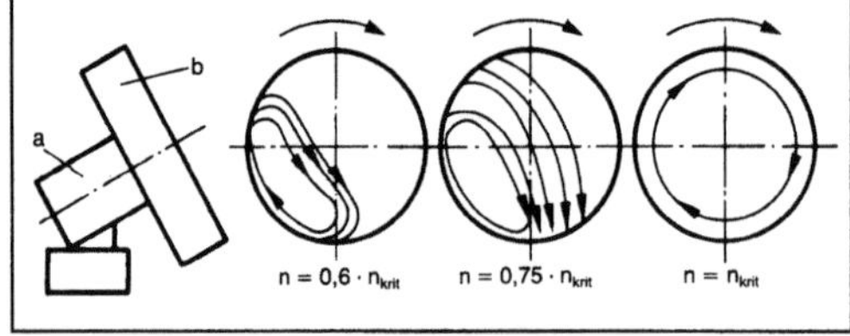

Granuliermaschine 3: Granulierteller.

a Antrieb, b Granulierteller

Granuliertrommel →Granuliermaschine

Graphit →Elektrodenwerkstoff

Graphitieren →Sonder-Gleitschleifverfahren

Grauguß. Gußeisen, bei dem der Kohlenstoff als Graphit ausgeschieden ist, so daß Bruchflächen grau erscheinen. Für die Eigenschaften sind die Ausscheidungsform des Graphits und die Ausbildung des Grundgefüges maßgebend.

Graphit wird lamellar, kugelförmig oder in einer dazwischen liegenden Form als Vermiculargraphit ausgeschieden. Kugelgraphit stört den Kraftfluß im Werkstoff weniger als das räumliche Netz lamellar ausgeschiedenen Graphits. Die Zähigkeit dieses Werkstoffs ist daher deutlich besser. Die Zähigkeit von Gußeisen mit Vermiculargraphit liegt zwischen der der beiden anderen Sorten, seine Wärmeleitfähigkeit ist aber höher als die von Kugelgraphiteisen. Es kann daher bevorzugt bei Temperaturwechselbeanspruchung eingesetzt werden, wie z. B. für Zylinderköpfe.

Das Grundgefüge von Gußeisen kann ferritisch oder perlitisch sein. Bei perlitischem Gefüge sind höhere Festigkeiten erreichbar. Die Dehnung liegt dann allerdings entsprechend niedriger. Durch Zugabe von Legierungselementen, wie Kupfer, Nickel, Chrom, Molybdän, können Gefüge und Eigenschaften von Gußeisen weitergehend verändert werden. G. mit lamellarem Graphit (GG) ist in DIN 1691 und G. mit Kugelgraphit (GGG) in DIN 1693 genormt. Legiertes Gußeisen ist in DIN 1694 und 1695 genormt. *Rellermeyer*

Greifer (Roboter). Der G. ist das Teilsystem eines Handhabungsgeräts, das die Kraftübertragung vom Werkstück zum Handhabungsgerät herstellt, um die Position und Orientierung des Werkstücks gegenüber dem Handhabungsgerät zu sichern. Das Sichern dient zum Erhalten definierter Zustände und kann dauerhaft oder vorübergehend sein. Die Elementarfunktionen des Sicherns sind das Halten und das Lösen.

Hieraus lassen sich folgende G.-Grundfunktionen herleiten:

☐ vorübergehendes Aufrechterhalten einer auf die Greifachse bezogenen definierten Werkstücklage,

☐ Aufnahme statischer und dynamischer Kräfte und Momente, die durch das Werkstück bzw. Beschleunigungs- und Bremsvorgänge hervorgerufen werden,

☐ Aufnahme prozeßbedingter Kräfte und Momente (z. B. Füge- oder Schnittkräfte).

Neben diesen Grundfunktionen können G. zusätzlich Sonderfunktionen erfüllen:

☐ Änderung der Position und Orientierung des Werkstücks durch G.-Linearachse bzw. Greifbackendrehachse,

☐ Informationsaufnahme durch Sensoren (Anwesenheitskontrolle und Lageerkennung von Werkstücken, Kraft-, Momenten- und Wegmessung),

☐ Teilebereitstellung in der Montage (Schraubenzuführung).

Der G. ist als eigenständiges Funktionselement im Handhabungssystem anzusehen.

Für die Kopplung von G. und Handhabungsgerät ist der G.-Flansch verantwortlich. Die mechanische Schnittstelle gewährleistet die kraftschlüssige Verbindung in definierter Lage, während die energetische Schnittstelle für die Versorgung mit Antriebsenergie und die informatorische Schnittstelle für den Informationsaustausch zwischen Sensoren und G.-Steuerung zuständig ist. Wird ein G.-Wechsel erforderlich, wird er meist manuell vorgenommen. In Ausnahmefällen (z. B. Werkzeugwechsel) werden automatische G.-Wechselsysteme eingesetzt, wobei dem G.-Flansch als standardisierter Schnittstelle besondere Bedeutung zukommt. G.-Antriebe haben die Aufgaben, die ihnen zugeführte Energie in Bewegungsenergie umzuwandeln, die zur Bewegung der Kinematik und somit des Haltesystems dient. Man unterscheidet zwischen pneumatischen Antrieben, meist bei mechanischen G. eingesetzt, hydraulischen Antrieben für die Handhabung hoher Gewichte und elektrischen Antrieben. Für die Umwandlung der Antriebsbewegung in eine lineare, rotatorische oder krummlinige Backenbewegung steht eine Vielzahl von Kinematiken zur Verfügung, z. B. Hebel- und Kniehebel-, Keil-, Räder- oder Kurvengetriebe.

Das Wirk- oder Haltesystem setzt sich aus den Greiffingern und den daran befestigten Greifbakken, die die eigentliche Schnittstelle zum Werkstück bilden, zusammen. Zur Lagefixierung zwischen diesen beiden Komponenten stehen die Wirkprinzipien Form-, Kraft- und Stoffschluß zur Verfügung.

Man unterscheidet je nach Ausbildung des Haltesystems unterschiedliche Bauformen. Am weitesten verbreitet sind mechanische G. mit rotatorischer oder paralleler Fingerbewegung (Zangen- bzw. Schraubstock-G.), die eine Lagefixierung des Werkstücks über Kraftschluß oder über kombinierten Form- und Kraftschluß ermöglichen. Sie zeichnen sich durch einfachen Aufbau, geringe Kosten und eine geringe Empfindlichkeit gegen Temperaturen und Schmutz aus, weisen aber eine geringere Flexibilität auf.

Pneumatische G. werden bevorzugt zur Handhabung empfindlicher Werkstücke eingesetzt. Man unterscheidet je nach Haltesystem kraftschlüssige (saugende) und formschlüssige (abformende) G. Sie zeichnen sich durch einfachen Aufbau und höhere Flexibilität aus. Anwendungseinschränkungen ergeben sich bei rauhen, unebenen oder porösen Oberflächen ebenso wie bei hohen Werkstücktemperaturen bei der Handhabung.

Die Bedeutung von elektrischen G., die den Kraftschluß elektrostatisch oder -magnetisch erzeugen, ist i. a. gering. Zur Steigerung der Flexibilität des Handhabungssystems werden oftmals G.-Sensoren (taktil/berührungslos), die quantitative und qua-

litative Meßdaten erfassen können, eingesetzt. Der Einsatz solcher Sensoren bringt jedoch höhere Kosten und meist eine höhere Störanfälligkeit mit sich. Die Steuerung des G. erfolgt meist durch die übergeordnete Steuerung des Handhabungsgeräts. Nur bei komplexen Greifeinrichtungen mit aufwendigen Sensor-, Energie- und Wirksystemen wird die Datenverwaltung durch eine eigenständige G.-Steuerung, die im Dialog mit der Steuerung des Handhabungsgeräts steht, ausgeführt. *Warnecke*

Grenzbeladung →Zyklonabscheider

Grenzbelastung. Betrachtetman man den Druckabfall von Füllkörperkolonnen in Abhängigkeit von der Gasgeschwindigkeit, so kann man in der Kurve zwei Knickpunkte beobachten, die mit unterer und oberer G. bezeichnet werden (→Flutgrenze).

Hat die Gasgeschwindigkeit die untere G. noch nicht erreicht, strömen Gas und Flüssigkeit nahezu ungehindert aneinander vorbei. Oberhalb der unteren G. beginnt das Gas die Flüssigkeit am Abfließen zu hindern, der freie Strömungsquerschnitt wird kleiner und der Druckverlust steigt stärker an. Eine Erhöhung der Gasgeschwindigkeit führt schließlich zu einem zweiten Knick der Druckverlustkurve. Kurz nach der oberen Belastungsgrenze wird die Flutgrenze erreicht, nach deren Überschreitung die Kolonne mit einer zusammenhängenden Flüssigkeitssäule angefüllt ist und der Druckverlust steil ansteigt. *Dohrn*

Literatur: *Grassmann, P.,* u. *F. Widmer:* Einführung in die thermische Verfahrenstechnik. Berlin 1974.

Grenzflächenerscheinung. Die Grenzfläche ist der Bereich, an dem verschiedene Phasen (Feststoff-Feststoff, Feststoff-Flüssigkeit, Feststoff-Gas, Flüssigkeit-Flüssigkeit und Gas-Flüssigkeit) aneinander stoßen. Die Phasengrenzfläche ist damit die Trennfläche zweier angrenzender Phasen, die von Molekülen und Atomen gebildet wird. Es handelt sich dabei in Wirklichkeit nicht um eine Oberfläche, sondern um eine Grenzschicht, deren Schichtdicke von den jeweiligen Ausmaßen bestimmt wird.

Bei vielen chemischen und physikalischen Prozessen kann der Einfluß der Phasengrenzfläche auf die Eigenschaften des Systems vernachlässigt werden, da das Verhältnis der Grenzfläche zum Systemvolumen genügend klein ist. Bei fein verteilten Stoffen, wie z. B. kolloiden Lösungen, Flüssigkeitsnebel und pulverförmigen Substanzen, ist diese Vernachlässigung nicht mehr zulässig. Die Größe der Grenzfläche ist entscheidend für den Stoffaustausch zwischen den Phasen. Die massen- und volumenspezifische Grenz- oder Oberfläche ist dabei ein Maß für den Verteilungsgrad.

Die Grenzfläche unterscheidet sich oft physikalisch und chemisch vom Phaseninneren und kann spezielle Eigenschaften aufweisen (z. B. elektrische Aufladung). An der Phasengrenzfläche wirkt, bedingt durch die Wechselwirkungen der Moleküle in der Phasengrenzfläche zu den sich außerhalb befindlichen Teilchen, die Grenzflächenspannung.

Die Grenzflächenspannung wirkt stets in Richtung einer Verkleinerung der Grenzfläche. Dieses äußert sich in der Ausbildung kugelförmiger Tropfen beim Dispergieren von Flüssigkeiten oder von kugelförmigen Gasblasen in einer Flüssigkeit.

Die Grenzflächenspannung erzeugt einen nach innen gerichteten Druck, den Kapillardruck. Hieraus resultiert, daß eine Vergrößerung von Gasblasen innerhalb einer Flüssigkeit um so schwieriger ist, je kleiner sie sind (Siedeverzug). Durch die Dampfdruckerhöhung in kleineren Tropfen werden diese metastabil gegenüber der kompakten Phase. Analog dazu weisen kleinere Kristalle eine größere Löslichkeit auf als kompaktere. Umgekehrt tritt bei Stoffen, die kapillare Hohlräume ausfüllen, eine Herabsetzung des Dampfdrucks auf, so daß Dämpfe kondensieren können (Kapillarkondensation).

Eine Benetzung eines festen Körpers durch eine Flüssigkeit tritt bei genügend großen Wechselwirkungskräften zwischen den Molekülen der festen und der flüssigen Grenzfläche auf. Bei vollständiger Benetzung bildet sich dabei ein Film aus und bei unvollständiger Benetzung ein Randwinkel.

Es gibt Stoffe, die sich auf Grund ihres chemischen Potentials in der Grenzschicht anreichern und dabei die Grenzflächenspannung herabzusetzen. Man bezeichnet sie als grenzflächen- oder kapillaraktive Stoffe. Die dagegen im Phaseninnern mit höherer Konzentration vertreten sind, bezeichnet man als grenzflächen- oder kapillarinaktiv.

Es gibt dabei 2 Möglichkeiten, die sich aus dem Zusammenhang zwischen dem chemischen Potential und dem Molenbruch der Komponente i eines binären Systems herleiten lassen:

$d\sigma/d\ln x_i < 0$ Komponente i grenzflächenaktiv,

$d\sigma/d\ln x_i > 0$ Komponente i grenzflächeninaktiv.

Diese Beziehungen gelten für praktisch nicht mischbare Flüssigkeiten (wäßrige Seifenlösungen, Öl). Bei teilweiser Mischbarkeit werden die Zusammenhänge komplizierter.

Die Bedingung des Haftens gilt bei den Fluid-Fluid-Phasengrenzflächen nicht. Bei diesen Systemen sind in der Nähe der Phasengrenzfläche und in dieser selbst Geschwindigkeitsschwankungen möglich (Grenzflächenkonvektion). Selbst an Fluid-Fluid-Phasengrenzflächen ruhender Phasen entsteht Wärme- und Stoffübergang oder bei chemischen Umsetzungen freie Grenzflächenkonvektion und Grenzflächenturbulenz durch Grenzflächenspannungsänderungen, die durch auftretende Temperatur- und Konzentrationsdifferenzen bzw. -gradienten verursacht werden (Marangoni-Effekt).

Feste Körper neigen besonders zur Adsorption, weil die Kristalle Ecken und Kanten aufweisen, in denen die Anzahl der Nachbarmoleküle kleiner ist als in den Flächen. Darüber hinaus weisen Kristalle noch Fehlstellen auf, an denen Attraktionskräfte nach außen hin wirksam werden können.

Die Bindung von Gas- und Dampfmolekülen an der Oberfläche eines Feststoffs erfolgt durch molekulare Kräfte (Van-der-Waals-Kräfte) bei der Physisorption oder durch chemische Bindungskräfte bei der →Chemisorption. Die Bindungskräfte zwischen den chemisorbierten Molekülen und den aktiven Zentren der Oberfläche sind wesentlich größer als die Van-der-Waals-Kräfte bei der physikalischen Adsorption. Bei der Adsorption wird Wärme freigesetzt. Die Adsorptionswärme setzt sich bei kondensierenden Dämpfen aus der Benetzungs- und Kondensationswärme zusammen und liegt in der Größenordnung des 1,5- bis 2fachen der Kondensationswärme. Bei nicht kondensierbaren Gasen wird nur die Benetzungswärme frei. Bei der Chemisorption kann die Adsorptionswärme bis zur Größenordnung der chemischen Reaktionswärme ansteigen.

Die Chemisorption ist charakterisiert durch langsame Adsorptionsgeschwindigkeit, relativ hohe Aktivierungsenergie, hohe Adsorptionswärme und große Selektivität und die Physisorption durch hohe Aufnahmegeschwindigkeit bei tieferen Temperaturen, geringe Wärmetönung bei geringer Selektivität. *Weinspach*

Literatur: Autorenkollektiv: Thermodynamik der Mischphasen I. Leipzig 1973.

Grenzflächenphänomen. An einer Grenzfläche stoßen verschiedene Phasen (fest-gasförmig-flüssig, flüssig-flüssig, fest-fest) aneinander. Die an der Grenzfläche befindlichen Teilchen haben nicht zu allen Seiten Nachbarn. Deswegen unterscheiden sich die Eigenschaften von Grenzflächen vom Verhalten im Phaseninneren (z. B. bei der →Adsorption und →Schaumtrennung). Zu den speziellen Eigenschaften gehört die elektrische Aufladung.

An Grenzflächen wirkt die Grenzflächenspannung in Richtung einer Verkleinerung der Grenzfläche. Bei Stoffübertragungsprozessen ist die Grenzfläche Übertragungsfläche, deren Größe für die Transportgeschwindigkeit maßgeblich ist (z. B. →Extrahieren, →Absorption, →Adsorption, →Schaumtrennung). *Dohrn*

Literatur: *Wolf, K. L.:* Physik und Chemie der Grenzflächen. Berlin, Göttingen, Heidelberg 1977.

Grenzformänderung. Als G. wird die bei einem Umformvorgang maximal erreichbare →Formänderung bezeichnet, wobei das Versagen werkstück- und werkzeugseitig verursacht sein kann. Maßzahl für die G. ist der →Grenzumformgrad φ_{vG}. Für die →Blechumformung lassen sich die bei verschiedenen Beanspruchungsarten erreichbaren G. im G.-Schaubild darstellen. *Lange*

Grenzformänderungs-Schaubild. Als G.-S. läßt sich der empirisch gefundene Zusammenhang zwischen den maximal ohne Einschnürung bzw. Bruch bei der Umformung von Blechen unter verschiedenen Beanspruchungszuständen ertragenen Formänderungen, Grenzformänderungen, in zwei aufeinander senkrecht stehenden Richtungen in der Blechebene darstellen (Bild 1 und 2). Das G.-S. in der vorliegenden Form wurde zuerst von *Goodwin* und *Keeler* vorgestellt.

Die Formänderungen werden durch Ausmessen von aufgeätzten, aufgedruckten oder photochemisch aufgebrachten Liniennetzen, die aus einem System von Kreisen bestehen, vor und nach der Umformung erhalten. Verteilung, Größe und Richtung der Formänderungen am Ziehteil werden

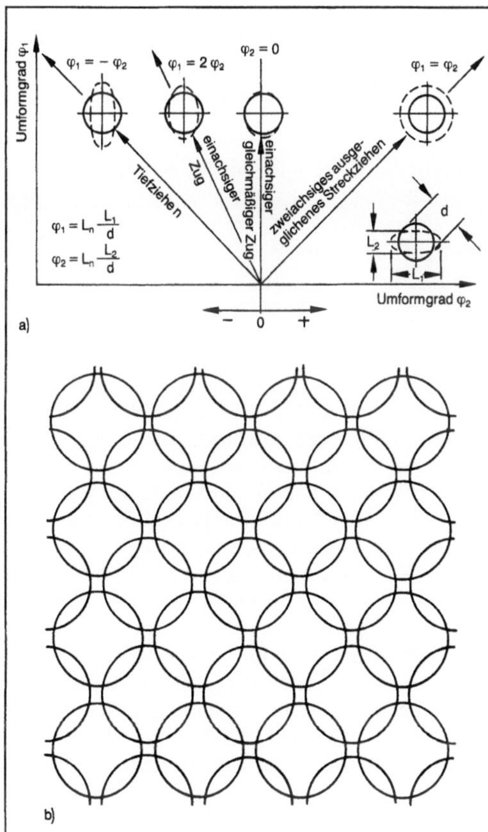

Grenzformänderungs-Schaubild 1: Kreiselelement-verzerrungen.
a) Bei ausgewiesenen Formänderungszuständen. (Quelle: Hasek a. a. O.)
b) Typisches Liniennetz.

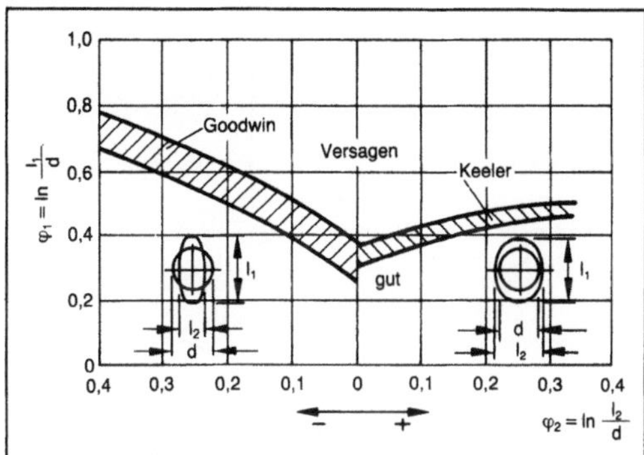

Grenzformänderungs-Schaubild 2: Formänderungen zwischen Einschnürbeginn und Bruch. (Quelle: Keeler, Goodwin, Hasek a. a. O.)

dabei sichtbar. Die Achsrichtungen der sich einstellenden Ellipsen entsprechen den lokalen Hauptdehnungsrichtungen, sofern diese während eines Umformvorgangs unverändert bleiben. Das bedingt, daß das Spannungsverhältnis $\eta = \sigma_2/\sigma_1 \approx (2\varphi_2+\varphi_1)/(2\varphi_1+\varphi_2)$ konstant ist.

Für die Ermittlung der Grenzformänderungskurven mit der Untergrenze Einschnürbeginn und der Obergrenze Bruch gibt es verschiedene Methoden, die teils nur das rechte oder linke, in wenigen Fällen auch beide Teilschaubilder zu ermitteln erlauben. Die Lage des G.-S. und damit seine Aussagefähigkeit wird beeinflußt

☐ vom Werkstoff (Art, mechanische Kennwerte, Anisotropie, Verfestigungsexponent),

☐ von der Blechdicke,

☐ von der Formänderungsgeschwindigkeit,

☐ vom Schmierstoff,

☐ von der Maßgenauigkeit beim Ausmessen der Liniennetze,

☐ von der Umformgeschichte (Formänderungsweg, Spannungsverhältnis η).

Wird eine Gesamtformänderung durch eine Summe von Teilformänderungen mit unterschiedlichen Spannungsverhältnissen erzielt, so hat die Wahl der Formänderungsfolge einen signifikanten Einfluß auf die Lage der Grenzformänderungskurven bzw. -bereiche (Bild 3).

Die Verwendung des G.-S. bei der →Formänderungsanalyse setzt daher die genaue Kenntnis der Werkstoffdaten, der Maßnahmen usw. bei seiner Aufstellung voraus. *Lange*

Literatur: *Goodwin, G. M.:* Application of Strain Analysis to Sheet Metal Forming Problems in the Press Shop. Soc. of Automotive Engineers. Nr. 680093 (1968), S. 380/87. – Hasek, V.: Über den Formänderungs- und Spannungszustand beim Ziehen von großen unregelmäßigen Blechteilen. Ber. Inst. Umformtechn. Nr. 25. Univ. Stuttgart. Essen 1973. – *Keeler, S. P.:* Circular Grid System – A Valuable Aid for Evaluating Sheet Metal Formability. Soc. of Automotive Engineers. Nr. 680092 (1968), S. 371/79. – *Keeler, S. P.:* Determination of Forming Limits in Automative Stampings.

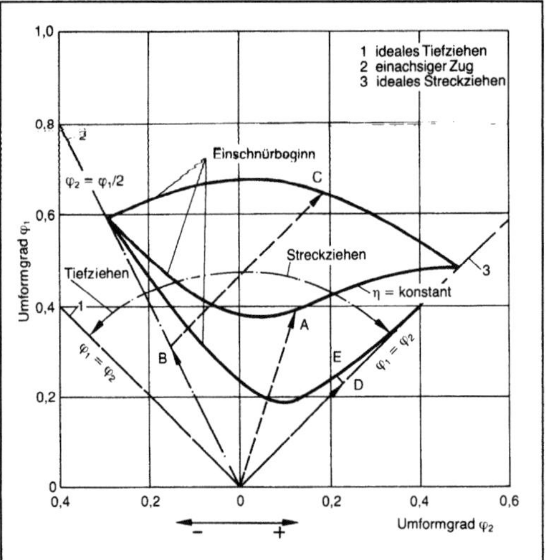

Grenzformänderungs-Schaubild 3: Einfluß der Formänderungsfolge (-geschichte) auf Lage und Form der Grenzformänderungskurve. (Quelle: Hasek a. a. O.)

O–A Streckziehen mit konstantem Spannungsverhältnis, O–B–C einachsiger Zug, gefolgt von idealem Streckziehen (erhöhte Grenzformänderung), O–D–E ideales Streckziehen, gefolgt von einachsigem Zug (erniedrigte Grenzformänderung).

Soc. of Automotive Engineers. Nr. 650535 (1965), S. 1/9. – *Lange, K.* (Hrsg.): Umformtechnik. Handb. f. Ind. u. Wiss. Bd. 3: Blechumformung. 2. Aufl. Berlin, Heidelberg, New York, Tokio 1990.

Grenzkonzentration →Konzentrationspolarisation

Grenzkorngröße →Zyklonabscheider

Grenzstauchverhältnis. Das G. ist das Maß für das zulässige Stauchverhältnis beim ein- oder mehrstufigen →Stauchen und Anstauchen. Es ist begrenzt durch plastisches Ausknicken eines Werkstücks z. B. Stabes mit dem Abmessungsverhältnis freie Länge/Durchmesser s = l/d und ist eine wichtige Verfahrensgrenze, die häufig ein mehrstufiges Anstauchen mit aufwendigen Maschinen z. B. in der Befestigungsmittel- und Formteilfertigung erforderlich macht. Durch konstruktive Maßnahmen an den Einspannstellen bzw. Werkzeugen läßt sich das Grenzstauchverhältnis beeinflussen. *Lange*

Literatur: *Lange, K.* (Hrsg.): Umformtechnik. Handb. f. Ind. u. Wiss. Bd. 2. 2. Aufl. Berlin, Heidelberg, New York, Tokio 1988.

Grenzumformgrad. Als G. wird nach VDI 3137 der größte →Vergleichsumformgrad φ_{vG} bezeichnet, der sich bei einem gegebenen Umformvorgang in Abhängigkeit von den Werkstoffeigenschaften, von der Werkzeugbelastung und von Verfahrensparametern (Temperatur, →Umformgeschwindigkeit, →Spannungszustand, tribologische Bedingungen an den Kontaktflächen Werkzeug–Werkstück) erzielen läßt, ohne daß Schäden am Werkstück und/oder Werkzeug auftreten.

Diese Formulierung gilt streng genommen nur für den Zustand homogener Umformung. In der industriellen Praxis wird der Begriff G. dagegen auch bei davon abweichenden Formänderungszuständen verwendet, wobei als synonymer Begriff auch →Grenzformänderung auftritt.

Der G. kann auf Grund der gegebenen Definition das Maß der Formänderung bei Werkstückversagen durch Bruch, den Bruchumformgrad φ_{vB}, höchstens erreichen; es gilt $\varphi_{vG} \leq \varphi_{vB}$. Bei Massivumformvorgängen mit hohen Werkzeugbelastungen (z. B. Kaltfließpressen, Warmgesenkschmieden) ist stets $\varphi_{vG} < \varphi_{vB}$: Bei Blechbearbeitungsvorgängen tritt dagegen häufig Werkstückversagen vor Werkzeugversagen auf, d. h. $\varphi_{vG} = \varphi_{vB}$. (Auf die Ausführungen zum →Formänderungsvermögen sei verwiesen.) *Lange*

Literatur: *Lange, K.* (Hrsg.): Umformtechnik. Handb. f. Ind. u. Wiss. Bd. 1: Grundlagen. 2. Aufl. Berlin, Heidelberg, New York 1984.

Grobblech. Blech mit einer Dicke über 4,75 mm.

W. Dahl

Grobgut →Klassieren

Großausführung. Unter G. versteht man die Ausführung eines verfahrenstechnischen Vorgangs oder Apparats im technischen Maßstab und unter realen Bedingungen im Gegensatz zur →Modellausführung, bei der sowohl Größe als auch Parameter und Stoffe so verändert sein können, daß sie für Untersuchungen leichter zugänglich sind.

Die Erstellung von G. auf Grund von Untersuchungen an Modellausführungen erfordert die Einhaltung der Ähnlichkeitsgesetze. Dennoch können bei der G. Effekte auftreten, die bei der Modellausführung keinen Einfluß hatten. *Brunner*

Größeneinfluß. Der G. ist ein Effekt, der bei experimentellen Untersuchungen im Rahmen von Experimenten zur Übertragbarkeitskette zu beobachten ist. Allgemein versteht man unter diesem Begriff die Veränderung von Eigenschaften relativ zu den entsprechenden Eigenschaften eines anderen Teils bei Änderung der Größe.

Bei geometrisch ähnlichen Proben unterschiedlicher Größe (Bild 1) wird die Belastbarkeit und die Verformungsfähigkeit geringer bei steigender Probengröße.

Der G. ist auf verschiedene Ursachen zurückzuführen (Bild 2), die jedoch bezüglich ihrer Auswir-

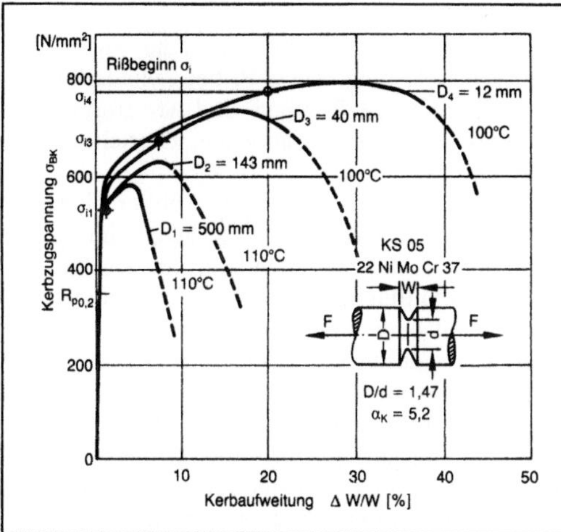

Größeneinfluß 1: Auf das Last-Verformungs-Verhalten unterschiedlich großer, geometrisch ähnlicher Kerbzugproben.

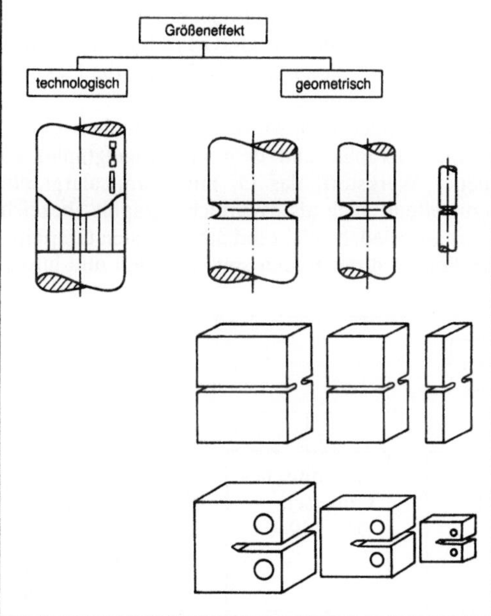

Größeneinfluß 2: Ursachen.

kung auf das Trag- und Verformungsverhalten in enger Wechselbeziehung stehen:
□ technologischer G.,
□ geometrischer G.,

Unter technologischem G. werden die Auswirkungen der Bauteilherstellung zusammengefaßt. Hier ist beispielhaft die Vergütung oder die Spannungsarmglühung großer Querschnitte zu nennen. Diese Vorgänge sind bei großvolumigen Teilen problematischer als bei kleineren Teilen und können demzufolge durch inhomogene Werkstoffeigen-

schaften über die Dicke u. U. zu negativer Beeinflussung der Trag- und Verformungsfähigkeit führen.

Die Auswirkungen des geometrischen G. sind in Bild 1 ersichtlich. Sie sind zurückzuführen auf die Mehrachsigkeit des Spannungszustands, die um so ausgeprägter vorliegt, je größer die betrachtete Probe oder das Bauteil ist. Dies hat seinen Grund in der mit ansteigender Probengröße zunehmenden Querdehnungsbehinderung.

Möglichkeiten zur theoretischen Beschreibung des G. bieten Verfahren der →Bruchmechanik in Verbindung mit Analysen zum Mehrachsigkeitsgrad des Spannungszustandes, wie sie in der neueren Literatur vorgeschlagen werden. *Kußmaul*

Literatur: *Ros, E., U. Eisele, H. Silcher* u. *F. Spaeth:* Einfluß der Werkstoffzähigkeit und des Spannungszustandes auf das Versagensverhalten von Großproben. 12. MPA-Seminar 1986, MPA Stuttgart 1986. – *Zirn, R.,* u. *U. Eisele:* Untersuchung des Größeneinflusses auf die Belastbarkeit gekerbter bauteilähnlicher Proben bei unterschiedlicher Werkstoffzähigkeit. TWB 08/09-2 Forschungsvorhaben Komponentensicherheit FKS MPA Stuttgart 1984.

Großhubhonmaschine →Honverfahren

Grundoperation. Unter G., Grundverfahren versteht man die Teilvorgänge oder Verfahrensschritte in einem Produktionsverfahren, die durch physikalische und physikalisch-chemische Vorgänge gekennzeichnet sind.

Die sehr große Anzahl von Produktionsverfahren läßt sich in Teilschritte unterteilen, die Grundoperationen, die gleichartige Änderungen, wie z. B. das Destillieren, bewirken. Dieses Konzept wurde 1915 von *A. D. Little* vorgeschlagen und ermöglichte die sehr erfolgreiche wissenschaftliche Durchdringung verfahrenstechnischer Prozesse. Neuerdings wird verstärkt an der weiteren Verallgemeinerung auf der Basis gemeinsamer naturwissenschaftlicher Gesetzmäßigkeiten (Fluiddynamik, Phasengleichgewichte) und gleichartiger Durchführungsweisen (einstufig, mehrstufig; Gleichstrom, Gegenstrom) gearbeitet.

Eine Systematik der G. läßt sich nach verschiedenen Gesichtspunkten durchführen (thermische Verfahrenstechnik). Die wichtigsten G. der thermischen Verfahrenstechnik sind: →Kondensation, Verdampfung, →Kristallisation, Trocknung, Destillation, Extraktion, →Absorption, →Desorption, →Adsorption, →Gaspermeation, Ultrafiltration, →Umkehrosmose. *Brunner*

Gummi. Umgangssprachlicher Ausdruck für Elastomere. Sie sind natürliche oder synthetische Polymere, die sich reversibel mindestens auf das Doppelte bis Mehrfache ihrer Ausgangslänge dehnen lassen, einen niedrigen Elastizitätsmodul und gute Rückprallelastizität besitzen.

Diese Bezeichnung leitet sich von der irrtümlichen Vorstellung ab, daß Naturkautschuk, der als cis-1.4-Polyisopren ein reiner Kohlenwasserstoff ist und in die Klasse der natürlichen Harze gehört, ein Pflanzengummi sei, wie z. B. G. arabicum, wobei aber die Pflanzengummi Kohlenhydrate sind. *Zahradnik*

Gußeisen. Sammelbegriff für eine umfangreiche Palette von Eisen-Kohlenstoff-Gußwerkstoffen mit vielfältigen Eigenschaften, die vor allem durch unterschiedliche Gefüge- und Graphitausbildung bestimmt werden (Bild).

Von besonderer Bedeutung für die Technik sind die G.-Sorten mit Lamellen- oder mit Kugelgraphit. Bei beiden Varianten wird der Kohlenstoff durch entsprechende Zusammensetzung des Eisens, wobei der Siliciumgehalt eine wesentliche Rolle spielt, zur Ausscheidung als Graphit, allerdings in der vorerwähnten unterschiedlichen Form, gezwungen.

Die verästelten Graphitlamellen unterbrechen beim G. mit Lamellengraphit (GG) in gewisser Weise störend die metallische Matrix, was zur Folge hat, daß diese Werkstoffgruppe hinsichtlich ihrer Zugfestigkeit bei etwa 400 N/mm^2 eine obere Grenze und keine Dehnbarkeit hat. Dafür bietet sie eine sehr gute →Gießbarkeit und Bearbeitbarkeit, hohes Dämpfungsvermögen und bei Erhalt der Gußhaut auch eine beachtliche Korrosionsbeständigkeit. G. mit Lamellengraphit ist auch heute noch

ein bevorzugter und kostengünstiger Werkstoff, sofern für die Gußstücke eine hohe, vorwiegend statische Belastung, wie z. B. bei Zylinderblöcken von Automotoren, Pumpen- und Armaturenteilen, Bremszylindern, Lagerflanschen, Getriebedeckeln usw., zu erwarten ist.

Die gute Gießbarkeit hochgekohlter G.-Sorten hat man sich auch beim G. mit Kugelgraphit zunutze gemacht. Durch eine Behandlung mit kugelgraphitbildenden Mitteln, vorzugsweise Magnesium-Legierungen mit oder ohne Cer-Zusatz, gelingt es, bei geeigneter Zusammensetzung der Basisschmelze den Graphit statt in eine lamellenartige in eine kugelige Form zu überführen. Dadurch (Wegfall der Kerbwirkung der spitzen Graphitlamellen) erhält das G. mit Kugelgraphit eine beachtliche Duktilität, die in manchen Bereichen der von Stahl ähnlich ist. Dieser Werkstoff wird deshalb vorwiegend dort eingesetzt, wo mit dynamischer oder pulsierender Beanspruchung zu rechnen ist. G. mit Kugelgraphit ist ein heute aus dem Maschinen- und Fahrzeugbau nicht mehr wegzudenkender Konstruktionswerkstoff, der zunehmend an Bedeutung gewinnt. Einen hohen Anteil an der GGG-Produktion nehmen weltweit auch die duktilen Rohre für die Gas- und Wasserversorgung ein.

Vor einiger Zeit wurde zwischen dem G. mit Lamellengraphit und dem mit Kugelgraphit ein neuer Werkstoff, das G. mit Vermiculargraphit (zutreffend auch als „Würmchengraphit" bezeichnet) angesiedelt. Während die normalen Graphitlamellen an ihren Enden spitz zulaufen und infolge

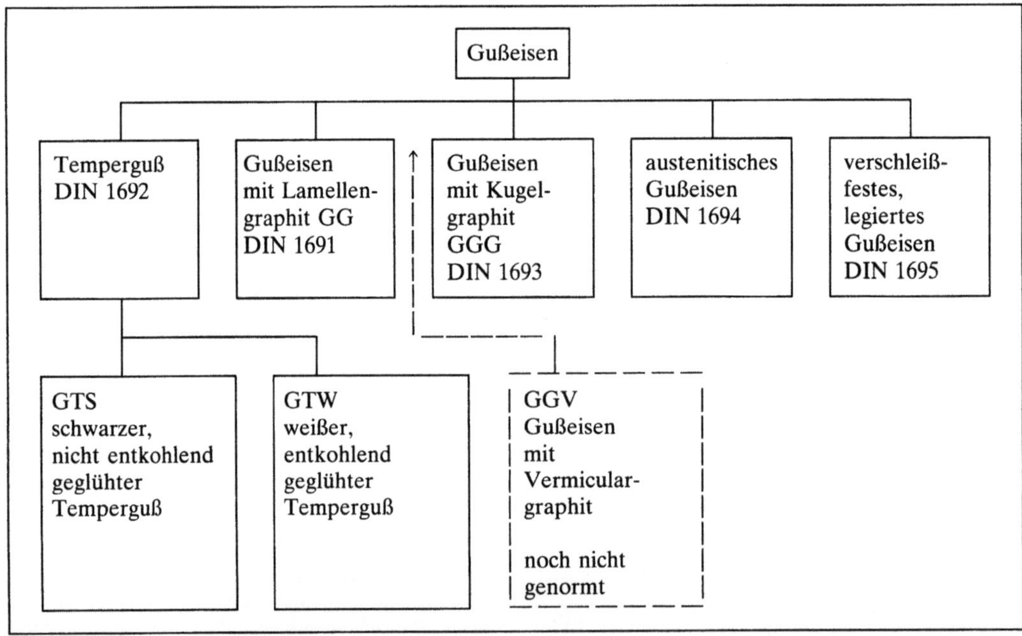

Gußeisen: Schematische Übersicht der Werkstoffgruppe.

der dadurch verursachten Kerbwirkung verhindern, daß das G. mit Lamellengraphit duktile Eigenschaften aufweist, hat der Vermiculargraphit, erzeugt durch eine spezielle Schmelzbehandlung, an den Enden seiner Lamellen keulenartige Verdickungen. Im Schliffbild erscheint der Vermiculargraphit in Form einer etwas verbogenen Hantel. Wegen der mit der Endenrundung verbundenen verringerten Kerbwirkung bekommt das G. mit Vermiculargraphit eine meßbare Dehnung. Dieser neue Werkstoff (GGV) verbindet gute Eigenschaften des G. mit Lamellengraphit, wie hohes Dämpfungsvermögen, mit denen des G. mit Kugelgraphit, nämlich Verbesserung der Duktilität. Bewährt hat sich GGV in Einsatzfällen, wo hohe Thermoschockfestigkeit, wie z. B. bei den Zylinderköpfen von Großmotoren, verlangt wird.

Temperguß wird in zwei Modifikationen hergestellt. Beim weißen Temperguß (GTW) wird der Kohlenstoff durch eine entkohlende Glühbehandlung in den Randzonen fast völlig, in tieferliegenden Bereichen teilweise entfernt. Es entsteht also in dickwandigeren Gußstücken ein Zonengefüge mit einer stahlähnlichen ferritischen Außenzone, einer Übergangszone aus Ferrit + Perlit + Temperkohle und einer gußeisenähnlichen Kernzone aus Perlit + Temperkohle. Die Festigkeits- und Dehnungswerte von GTW sind deshalb wanddickenabhängig, was der Konstrukteur beachten sollte. Weißer Temperguß wird bevorzugt nur noch für dünnwandige Teile, wie Hebel, Pedale u. ä. im Landmaschinenbau sowie für Fittings im Rohrleitungsbau, verwendet.

Gegenüber dem Zonengefüge des weißen Tempergusses besitzt der schwarze Temperguß (GTS) über die gesamte Wanddicke des Gußstücks ein ziemlich einheitliches Gefüge aus Ferrit bzw. Ferrit/ Perlit + Temperkohle. Die Wärmebehandlung von GTS wird in neutraler Atmosphäre durchgeführt, woraus sich erklärt, daß für beide Werkstoffvarianten eine jeweils unterschiedliche chemische Zusammensetzung (Tabelle) notwendig ist, wenn der Zweck der Glühbehandlung (Tempern), nämlich die in jedem Temperrohguß enthaltenen Eisencarbide in die erwähnten Gefüge + Temperkohle zu zerlegen, erreicht werden soll. Hauptabnehmer von schwarzem Temperguß ist der Automobilbau, wo dieser Gußwerkstoff mit überwiegend perlitischem Gefüge für Achsgehäuse, Getriebegehäuse und andere stoßbelastete Fahrzeugteile verwendet wird. Der Temperguß hat aber ebenso wie der →Stahlguß

im G. mit Kugelgraphit einen scharfen Wettbewerber gefunden vor allem deshalb, weil viele Sorten von Kugelgraphiteisen bereits im Gußzustand, d. h. ohne kostenträchtige Wärmebehandlung, die gleichen physikalisch-mechanischen Eigenschaften aufweisen wie der Temperguß nach dem Tempern.

Austenitisches G. gibt es mit Lamellen- und Kugelgraphit. Der Austenit ist ein Mischkristall mit besonderen Eigenschaften. So ist er z. B. nichtmagnetisch und kann durch eine geeignete chemische Zusammensetzung von der Erstarrungs- bis zur Raumtemperatur und darunter beständig erhalten werden. Austenitische G.-Werkstoffe mit Lamellengraphit finden in der Elektrotechnik und im Schiffbau Verwendung. Unter normalen Umständen gelten diese Werkstoffe als nicht magnetisierbar. Mit empfindlichen Meßgeräten läßt sich jedoch ein gewisser ferromagnetischer Anteil nachweisen. Normalerweise liegt die relative Permeabilität der austenitischen G.-Werkstoffe mit Lamellengraphit im Gußzustand zwischen 250 und 330 $\mu H/m$. Die geringste Permeabilität hat eine Nickel-Mangan-Legierung mit etwa 6,0 % Mn und 12,0 % Ni mit etwa 220 $\mu H/m$.

Die austenitischen G.-Sorten mit Kugelgraphit sind i. a. nur in geringem Maße magnetisierbar. Durch Kaltumformung oder Tiefkühlung können sie aber ferromagnetisch werden. Im Hinblick auf eine gute Gefügestabilität ist eine Wasserabschreckung aus 1000 °C vorteilhaft. Das austenitische Gefüge bleibt dann bis −196 °C stabil und ist damit auch bei Raumtemperatur nichtmagnetisierbar.

Neben verschiedenen Einsatzbereichen in der Elektrotechnik eignet sich wegen der vorerwähnten Eigenschaften diese Werkstoffgruppe auch für Gußteile der Tieftemperaturtechnik, wie Ventile, Fittings, Kompressorengebäude u. ä. Im Gegensatz zu ähnlich zusammengesetztem, hochlegiertem Stahlguß haben die austentischen G.-Werkstoffe eine bessere Gießbarkeit, was insbes. bei der Herstellung von verwickelten und dünnwandigen Teilen von Vorteil ist. In der Tieftemperaturtechnik benötigt man die kaltzähen Werkstoffe, die dadurch gekennzeichnet sind, daß sie im Beanspruchsfall sogar noch bei −196 °C eine Schlagbeanspruchung aushalten.

Andererseits sind die austenitischen G.-Sorten (und hier besonders die mit Kugelgraphit) auch hoch temperaturbeständig und korrosionsfest. Das damit verbundene Anwendungsgebiet erstreckt sich von Pumpen und Armaturen für die chemische und

Gußeisen. Tabelle: Richtanalysen für Temperguß.

	% C	% Si	% Mn	% P	% S
weißer Temperguß (GTW)	2,8—3,4	0,8—0,4	0,2—0,5	max. 0,1	0,10—0,25
schwarzer Temperguß (GTS)	2,2—2,8	1,4—0,9	0,2—0,5	max. 0,1	max. 0,15

Petro-Industrie bis zu Einbauten in Feuerungen Halterungen für Rohrbündel in Kesselanlagen, Roste usw. In den USA wurde z. B. ein austenitisches G. der Richtanalyse 2,0 % C, 36,0 % Ni, 2,0 % Cr, 5,5 % Si und 0,6 % Mn entwickelt, bei dem der Versuch gelang, die gute Oxidationsbeständigkeit eines siliciumlegierten G. mit den günstigen Eigenschaften der hochnickelhaltigen Qualitäten, wie gute Zeitstandfestigkeit, Thermoschockbeständigkeit und niedriger Ausdehnungskoeffizient, zu verbinden.

DIN 1695: Verschleißbeständiges Gußeisen umfaßt drei Werkstoffgruppen, die sich im wesentlichen durch ihren Legierungsanteil unterscheiden. Der niedrigstlegierte Werkstoff G-X 300 NiMo 3 Mg hat im weichgeglühten Zustand eine Härte von 300 HV30 und ist damit noch spanend bearbeitbar, während alle anderen genormten Sorten im Weichzustand mindestens 400 HV30 aufweisen. Der erstgenannte Werkstoff, auf Härten um 550 HV30 vergütbar, besitzt eine hohe Zugfestigkeit von 700 bis 1300 N/mm² bei 8–1 % Dehnung und zugleich die höchste Schlagzähigkeit innerhalb der genormten Werkstoffgruppe.

Grundsätzlich ist festzustellen, daß mit steigendem Kohlenstoffgehalt infolge zunehmender Martensitbildung das Widerstandsvermögen gegen abrasiven Verschleiß steigt, die Schlagbeanspruchung gleichzeitig aber rapide abnimmt. Durch Zugabe von Nickel und Molybdän versucht man, die Zähigkeit dieser Werkstoffe zu verbessern. Im vergüteten oder gehärteten Zustand werden i. a. Härten von 600 HV30 und darüber erreicht. Durch eine geeignete Wärmebehandlung gelingt es in vielen Fällen, unter der Voraussetzung einer dazu passenden chemischen Zusammensetzung der Schmelze eine bainitisch-martensitische Grundmasse zu erzeugen und damit einen für viele Anwendungsfälle günstigen Kompromiß zwischen gutem Verschleißwiderstand und möglichst hoher Schlagfestigkeit ohne Bruchgefahr zu erzielen. *Doliwa*

Literatur: *Doliwa, H. U.*: Gußeisen mit Vermiculargraphit. Maschinen-Markt (1977), S. 1601/04. – Gußeisen mit Kugelgraphit: Fachgemeinschaft Gußeisen mit Kugelgraphit in Zusammenarbeit mit Zentrale für Gußverwendung, Düsseldorf 1968. – *Piwowarsky*: Hochwertiges Gußeisen. 2. Aufl. Berlin 1958. Konstruieren und Gießen: Hrsg. Zentrale für Gußverwendung, Düsseldorf. – Werkstoffdatenblätter und Arbeitsanweisungen der Chemetall GmbH, Frankfurt a. M.

Gußeisenherstellung. Gußeisen wird durch Zusammenschmelzen von Roheisen, Gußbruch und Stahlschrott hergestellt. Nach dem Aussehen von Bruchflächen unterscheidet man graue und weiße Sorten.

Beim →Grauguß ist der Kohlenstoff in unterschiedlicher Form als Graphit ausgeschieden, beim weißen →Temperguß ist er dagegen zunächst als

Eisencarbid Fe_3C gebunden. Der Temperrohguß muß wärmebehandelt werden. Die Art der Erstarrung wird gesteuert durch die chemische Zusammensetzung des Eisens, seine Überhitzung beim Gießen, die Anzahl von Keimen für die Graphitbildung und die Abkühlungsgeschwindigkeit.

Im Kupolofen, dem wichtigsten Schmelzaggregat in Gießereien, werden Roheisen, Gußbruch und auch Stahlschrott eingesetzt. Ein hoher Anteil an Stahlschrott kann im Heißwindkupolofen gesetzt werden, da dort in größerem Umfang eine Aufkohlung des Einsatzes möglich ist. Zur Schlackenbildung werden Kalk, Dolomit und Flußspat zugegeben, um eine gewisse Entschwefelung beim Einschmelzen zu erhalten. Das Eisen wird in einem Vorherd gesammelt oder in einem Rinneninduktionsofen. In der Gießpfanne oder in Konvertern erfolgt eine Nachbehandlung des Eisens. Diese kann eine Aufkohlung, ein Legieren, eine Entschwefelung und ein Impfen umfassen. Injektionsverfahren und spezielle Konverterverfahren werden für die Herstellung von Eisen mit Kugelgraphit und Vermiculargraphit eingesetzt. Bei diesen Sorten ist eine Behandlung mit Magnesium oder Magnesiumlegierungen notwendig, um einen niedrigen Schwefelgehalt und die erwünschten Keime für die Graphitausscheidung zu erhalten.

Da in vielen Gießereien eine große Anzahl kleinerer Gußstücke abzugießen sind, sind Warmhalteöfen zum Ausgleich zwischen Schmelzofen und Gießanlagen notwendig. Dazu dienen meist Induktionsöfen, die in Form und Größe den unterschiedlichen Erfordernissen angepaßt sind.

Die Bedeutung der Gießereiindustrie läßt sich durch die Produktionszahlen kennzeichnen. In der Welt wurden 1985 etwa 40 Mill. t an Gußeisen hergestellt. Davon waren 7,5 Mill. t Eisen mit Kugelgraphit und 1,5 Mill. t Temperguß. *Rellermeyer*

Gußseigerung. Bei der Erstarrung von Metallschmelzen, die aus verschiedenen Legierungselementen bestehen, können Entmischungen der beteiligten Elemente auftreten, die als Seigerungen bezeichnet werden. Unterschiedliche Seigerungsarten treten bei Metallen auf:

□ Schwereseigerung bildet sich auf Grund großer Unterschiede in der Dichte der beteiligten Metalle. Sie ist möglich bei nicht ineinander lösbaren Schmelzen (z. B. Eisen und Blei), kommt aber häufiger zwischen Primärkristallen und Restschmelze vor. Eine gute Durchmischung der Schmelze und schnelle Abkühlung kann die Schwereseigerung vermeiden.

□ Kristallseigerung entsteht durch Konzentrationsunterschiede bei der Bildung von Mischkristallen. Bei der Erstarrung von Legierungen können Zonen verschiedener chemischer Zusammensetzung in den Körnern gebildet werden (Legierungsbildung). Die

Kristallseigerung wird verursacht durch die verminderte Diffusion in den Kristalliten infolge erhöhter Abkühlungsgeschwindigkeit. Die Zeit ist bei der Abkühlung zu kurz, um ein thermodynamisches Gleichgewicht mit gleichmäßiger Konzentration und Verteilung der Legierungsbestandteile in den einzelnen Körnern zu erreichen. Das hat zur Folge, daß primär erstarrte Körner (Dendriten) einen zu hohen Gehalt an höherschmelzenden Elementen im Vergleich zum Gleichgewicht aufweisen. Die Zwischenräume zwischen den Primärkristallen erstarren anschließend mit einer wesentlich geringeren Zusammensetzung der höherschmelzenden Komponenten.

□ Blockseigerung hat in großem Maßstab des Gußblocks eine Ansammlung von Verunreinigungen im Innern. Da die Schmelze von außen nach innen erstarrt, nimmt die Konzentration der (niedrigschmelzenden) Beimengungen im Gußblock von außen nach innen zu, z. B. der Kohlenstoffgehalt in einem Stahlblock. Bei der Weiterverarbeitung dürfen Seigerungszonen keinen hohen Beanspruchungen ausgesetzt und auch nicht beim Schweißen aufgeschmolzen werden.

□ Gasblasenseigerung im Innern der Restschmelze saugt besonders stark Verunreinigungen aus der noch flüssigen Kristallisationsfront durch Gasunterdruck beim Abkühlen an. *Heller*

Gußstück. Zum Herstellen eines G. ist immer eine Form notwendig, und man spricht deshalb von →Formguß. Nach dem →Gießen wird das G. geputzt, und – soweit es der Werkstoff erfordert – einer Wärmebehandlung unterzogen (Bild).

Der Konstrukteur entwirft das Bauteil überwiegend nach festigkeitsmäßigen, beanspruchungsgerechten Gesichtspunkten und fixiert seine Vorstellungen in einer Zeichnung. Bei einer G.-Konstruktion muß dieser Entwurf gießgerecht sein, d. h.

form- und putzgerecht, um eine gute Speisungsmöglichkeit und optimale mechanische Eigenschaften in allen Bereichen des Gußteils zu schaffen. Hierbei ist eine enge Zusammenarbeit zwischen Konstrukteur und Gießer bereits in frühem Entwurfsstadium unerläßlich, wenn man eine sichere und kostengünstige Fertigung anstrebt.

Der Werdegang eines G. bis zum Fertigungsstadium (Bild), wo es die Gießerei verläßt, ist für alle Gußwerkstoffe grundsätzlich gleich, selbst wenn der Gießer in Abhängigkeit von der Losgröße oder anderen Faktoren unterschiedliche Gießverfahren anwendet.

In der modernen Technik werden an ein G. nicht nur steigende Anforderungen an die mechanischen Eigenschaften, sondern auch an Maßhaltigkeit und Oberflächengüte gestellt. Der Gußverbraucher sollte gerade zum letzten Punkt berücksichtigen, daß ein G. nicht maßgenauer und glatter ausfallen kann als die verfügbare Modelleinrichtung oder die Metallform. *Doliwa*

Gußwerkstoff, nichtmetallischer. Nach im Metallguß üblichen Verfahren werden auch nichtmetallische Werkstoffe zu Gußstücken verarbeitet. Neben den verschiedenen Copolymerisaten, vor allem Caprolactamen, kommt Polymerbeton, insbes. für Bewässerungsanlagen einschl. der zugehörigen Rohrleitungssysteme, ferner für Meerwasserentsalzungsanlagen, Unterwasserkörper, aber auch für Druckbehälter und Elemente im Reaktorbau zum Einsatz.

Zum Herstellen von Polymerbeton werden normale Betonmischungen im Vakuum mit entsprechenden Kunststoffmonomeren getränkt (Methylmethacrylat, Acrilnitril, Styrol oder Trimethylopropantrimethacrylat) und mit Hilfe von Gammastrahlen polymerisiert. Die Gewichtszunahme beträgt maximal 6–7%. Die Druckfestigkeit steigt dadurch

Gußstück: Der Werdegang bis zur Ablieferung von der Gießerei an den Weiterverarbeiter.

um etwa 280 %, die Zugfestigkeit um knapp 300 %, der E-Modul um 80 % und die Biegefestigkeit um 44 %. Sehr hoch ist auch der Anstieg bezüglich der Beständigkeit gegen Gefrieren und Tauen (etwa 300 %), während die Wasserabsorption um fast 100 % zurückgeht.

Die Freizügigkeit der Formgebung ist bei Polymerbeton im Vergleich zu anderen Steinzeugprodukten beeindruckend.

Im allgemeinen Maschinenbau werden Polymerbeton-Bauteile vorerst nur versuchsweise eingesetzt. Vorteilhaft sind hier die hohe Dämpfung, Bauteilsteifigkeit und das stabile thermische Verhalten infolge hoher Wärmekapazität. Polymerbeton-Bauteile werden sich wohl dort sinnvoll einsetzen lassen, wo Maschinengewicht und Platzbedarf (auch innerhalb der Maschine) keine Rolle spielen und das Bauteil die auftretenden Kräfte auf möglichst kurzem Weg unter Ausschluß zwischengeschalteter Hebelarme und Kopplungen aufnehmen kann. *Doliwa*

Gutaufgabeinjektor. Der G. wird bei der pneumatischen →Förderung zum Einschleusen von rieselfähigen Schüttgütern wie feinem Staub oder grobem Granulat sowie Fasern in die Förderleitung genutzt. Man unterscheidet je nach dem Druckbereich 3 Arten von Injektoren (Tabelle).

Beim G. (Bild 1) wird der Treibstrahlmassenstrom $\dot{M}_T$ vom Druck p_T auf den Druck p_0 entspannt. Er erreicht bei der Entspannung in der Düse die Geschwindigkeit v_T. Der Treibstrahl erfaßt das Fördergut und zieht es mit in das Mischrohr. Bei neutralem Betriebszustand wird dabei weder Falschluft mit angesaugt ($\dot{M}_{L0}=0$) noch Treibluft durch das Silo ausgeblasen. Im Mischrohr tritt eine Verzögerung des Treibstrahls ein; dieser geht in eine Rohrströmung über. Die kinetische Energie wird dabei unter Misch- und Reibungsverlusten in potentielle Energie (Erhöhung des statischen Drucks) umgewandelt. Das Fördergut wird in der Mischstrecke auf die Geschwindigkeit c_M beschleunigt; dies bewirkt eine Verminderung des Druckanstiegs. Für den neutralen Betriebszustand gilt bei einem durch den Impulsaustausch bewirkten Druckanstieg:

$$\Delta p_M = \frac{(v_T - v_M) + \mu\,(c_0 - c_M)}{A_M} \cdot \dot{M}_T \cdot \eta_M.$$

Gutaufgabeinjektor. Tabelle: Injektorarten.

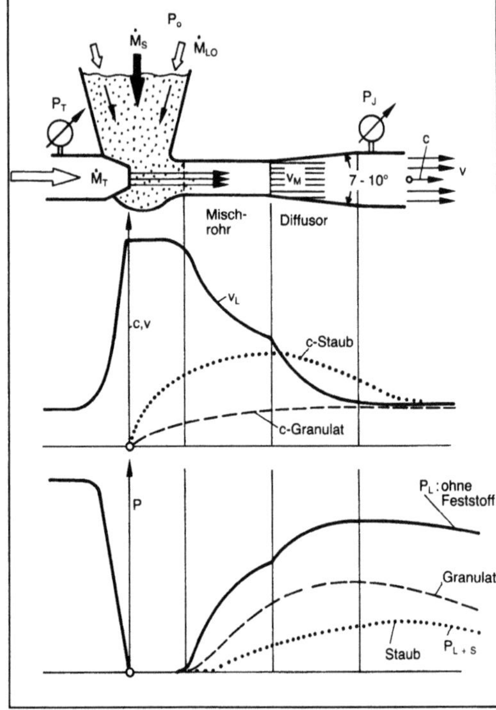

Gutaufgabeinjektor 1: Geschwindigkeits- und Druckverläufe.

Das Verhältnis $\mu = \dot{M}_S/\dot{M}_T$ kennzeichnet die Feststoffbeladung der Gasströmung. In der Praxis liegt μ zwischen 1 und 5.

Vermindert wird der Druckanstieg in der Mischstrecke durch einen Term, der die Beschleunigung des Feststoffs enthält, und einen Term, der die Reibungsverluste der Gas-Feststoff-Strömung beschreibt. Im Diffusor nach der Mischstrecke tritt eine Verzögerung der Gasströmung auf die Geschwindigkeit in der Förderleitung ein. Dadurch steigt der Druck weiter an. Die Kennlinie eines G. wird durch die Druckziffer ψ beschrieben:

$$\psi = \frac{p_J - p_0}{\frac{\rho_L}{2} \cdot v_T^2};$$

ψ erreicht bei $\mu \to 0$ seinen Maximalwert. Da p_J auf Grund der Verluste $<p_T$ ist, liegt $\psi<1$. Die Kennlinie $\psi=f(\mu)$ ist auch eine Funktion der →Barth-Zahl

	Niederdruckinjektor	Mitteldruckinjektor	Hochdruckinjektor
$p_T - p_0$	0,1 – 0,5 bar	0,5 – 3 bar	3 – 12 bar
v_T	125 – 250 m/s	250 – 400 m/s	400 – 500 m/s
ψ_{max}	0,7	0,5	0,3

(Bild 2). Diese kennzeichnet das Verhältnis Trägheitskraft/Luftwiderstandskraft:

$$Ba = \frac{w_S^{2-k} \cdot v^k}{D_M \cdot g} = \frac{1}{\frac{3}{4} c_w \frac{\rho_L}{\rho_S} \cdot \frac{D_T}{d_S}};$$

$k = 0 - 1$ je nach Reynolds-Zahl $Re = v \cdot d/v$;

$k = 0 \quad : Re > 10^3$,
$k = 0,5 : 1 < Re < 10^3$,
$k = 1 \quad : Re < 1$.

In den Gleichungen bedeuten:

A_M Querschnittsfläche der Mischstrecke,
c Feststoffgeschwindigkeit,
c_w Luftwiderstandsbeiwert,
D_M Mischstreckendurchmesser,
D_T Treibstrahldüsendurchmesser,
d_S Partikeldurchmesser,
M Massenstrom,
p Druck,
v Luftgeschwindigkeit,
w_S Teilchensinkgeschwindigkeit,
η_M Mischwirkungsgrad,
ρ_L Luftdichte,
ρ_S Feststoffdichte,
v kinematische Viskosität.

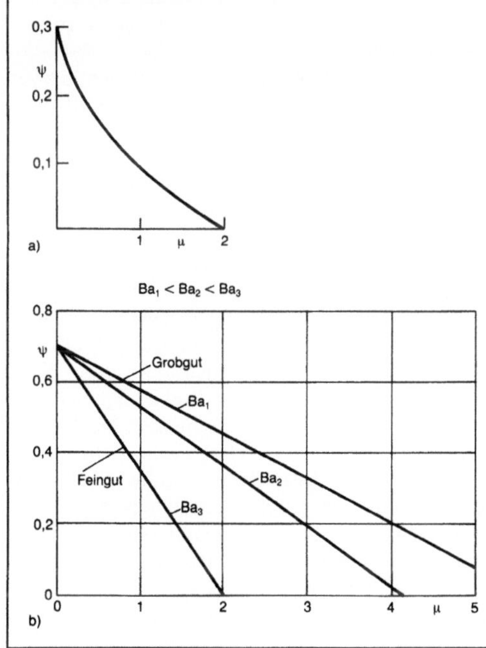

Gutaufgabeinjektor 2: Kennlinien
a) Hochdruckinjektor
b) Niederdruckinjektor.

Kleine Feststoffpartikel werden auf eine größere Geschwindigkeit beschleunigt als große Partikel. Dies hat einen höheren Druckabfall durch die Beschleunigung zur Folge. Die Kennlinie für Feingut verläuft deshalb steiler. Für Nieder- und Mitteldruck verlaufen die Kennlinien linear. Beim Ausblasen bzw. Ansaugen von Falschluft sind die Kurven nach oben bzw. unten verschoben. *Schlag*

Literatur: *Hutt, W.:* Untersuchung der Strömungsvorgänge und Ermittlung von Kennlinien an Gutaufgabeinjektoren zur pneumatischen Förderung. Diss. Univ. Stuttgart 1983. – *Muschelknautz, E.:* Strömungsvorgänge bei der Zerkleinerung in Strahlmühlen. Chem.-Ing.-Techn. 42 (1970) Nr. 1, S. 6/15.

Gütesicherung. Da die mechanisch-technologischen Gütewerte einer Schweißverbindung von vielen Faktoren, wie Grundwerkstoff, →Schweißverfahren, Gerätetechnik, technologischen Parametern und Schweißfolge, beeinflußt werden, sind geeignete Maßnahmen zum Sichern der Güte notwendig. In DIN 8563 werden die Anforderungen an die technische und personelle Ausstattung des Betriebs und die Konstruktion, Fertigung und Prüfung der Schweißverbindung beschrieben. Insbesondere in der Fertigung sind folgende Maßnahmen zu beachten:

☐ geeignete Wahl des Schweißverfahrens,

☐ sachgemäßes Vorbereiten der zu schweißenden Teile,

☐ Schweißdurchführung durch geprüfte und überwachte Schweißer,

☐ Überprüfen der Schweißarbeiten durch Schweißaufsichtsperson,

☐ fachgerechte Schweißausführung (Schweißparameterwahl, Schweißfolge, Schweißposition, Vorrichtungen),

☐ besondere Maßnahmen bei ungünstiger Witterung,

☐ ggf. Wärmenachbehandlung,

☐ Einhalten der Bewertungsmerkmale nach DIN 8563, Tl. 3: Anforderungen an Ausführung und Eigenschaften von Schweißverbindungen.

Grundsätzlich haftet der Schweißbetrieb für die gütegeschweißten Erzeugnisse und nicht der Besteller oder die Prüfstelle. *Dorn*

Literatur: DIN 8563: Sicherung der Güte von Schweißarbeiten. Hrsg. Dt. Inst. für Normung. Ausg. 1978.

Gutfeuchte. Unter der G. versteht man die Feuchtigkeitsmenge (Flüssigkeit) bezogen auf das trockene Gut. Die Feuchtigkeit ist in vielen Fällen Wasser. Die G. ist ein Beladungsmaß, kann also theoretisch Werte annehmen, die größer als eins sind (→Trocknen). *Dohrn*

H

Haftkraft. Diese führt zu einem Zusammenballen von einzelnen Partikeln. Man unterscheidet folgende H. (Agglomeration).

□ Festkörperbrücken: Die Haftung erfolgt beim Sintern. Eine Sinterbrücke entsteht zwischen 2 Partikeln, wenn sich diese bei hinreichend hohen Temperaturen und Druck berühren.

□ Flüssigkeitsbrückenbildung: Gelangt Flüssigkeit zwischen 2 Partikel, so haften diese auf Grund von Kapillarkräften aneinander.

□ Anziehung durch von Van-der-Waals- und elektrostatische Kräfte: Auf Grund von Wechselwirkungen zwischen Dipolmomenten von Atomen und Molekülen entstehen Van-der-Waals-Kräfte. Die Reichweite dieser Kräfte ist sehr gering. Sind Partikel mit gegenpoligen Ladungen behaftet, so ziehen sie sich auf Grund elektrostatischer Kräfte an. Unterschiedliche Ladungen können durch Übertritt von Elektronen beim Partikelkontakt entstehen. Durch Reibung, Zerkleinerung (Tribolumineszens) oder Elektronen-Adsorption können Feststoffpartikel bereits unterschiedliche Ladungen haben.

Alle H. sind sehr abhängig von der Entfernung der Partikel zueinander. Sie sind i. a. proportional zum Quadrat der Partikeldurchmesser. Bei Partikeldurchmessern $<100~\mu$m sind die H. größer als die Gewichtskräfte der Partikel, die proportional zur 3. Potenz der Durchmesser sind. *Schlag*

Haftreibung. Unter H. versteht man einen Reibzustand, bei dem in der Berührungsfläche zweier unter Normal- und Schubbeanspruchung stehender Körper keine Relativbewegung auftritt, wenn die Reibungszahl μ den Grenzwert 0,5 (nach der →Schubspannungshypothese) bzw. 0,577 (nach der Von-Mises-Fließhypothese) angenommen hat. In diesem Fall schert der weichere der beiden Körper (in der Umformtechnik das Werkstück) im Innern ab (Modell, tribologisches). *Lange*

Halbwarmumformung. H. ist →Umformen in einem Temperaturbereich, in dem bei den gegebenen Umformbedingungen die Vorteile des Kaltumformens (hohe Maßgenauigkeit und Oberflächengüte) mit denen des Warmumformens (hohes →Formänderungsvermögen, niedrige Umformkräfte) im wesentlichen genutzt werden können. Die zu wählende Temperatur stellt einen Kompromiß

dar. Sie wird nach unten hin durch Formänderungsvermögen des Werkstückstoffs und →Umformkraft, nach oben hin durch Oxidation (Zunderbildung) und thermische Werkzeugbeanspruchung begrenzt. Für Stahlwerkstoffe gilt ein Temperaturbereich von 450 °C bis etwa 900 °C. Die →Fließspannung k_f ist in diesem Bereich um etwa 30 % bis 70 % niedriger als bei Raumtemperatur. Bild 1 zeigt den Einfluß der Umformtemperatur auf verschiedene Kennwerte mehrerer Werkstück- und Werkzeugwerkstoffe.

Die H. wird zunehmend in der industriellen Produktion genutzt bei Fließpreß- und Stauchteilen, bei Teilen mit Verzahnungen usw.,

□ wenn kalt nicht umformbare Werkstoffe umgeformt werden sollen,

□ wenn die Anzahl der Umformstufen gegenüber Kaltumformen bei hinreichender Qualität wegen erhöhten Formänderungsvermögens bzw. geringerer mechanischer Werkzeugbelastung verringert werden kann,

□ wenn gegenüber Warmumformen wesentlich verbesserte Werkstückgenauigkeit und Oberflächenqualität gefordert werden.

Durch das Umformen im Gebiet der α-γ-Umwandlung bei Stählen ergibt sich ggf. eine gewisse bleibende Verfestigung. Für verschiedene Kohlenstoffstähle und leicht legierte Stähle wurde ferner eine teils erhebliche Erhöhung der Kerbschlagzähigkeit gemessen.

Dem erhöhten Werkzeugverschleiß durch erhöhte thermische Belastung muß durch Werkstoffauswahl, Oberflächenbeschichtung und Kühlschmierung begegnet werden. Bild 2 zeigt hierzu die Zunahme des Werkzeugverschleißes bei Schnellstahl S 6-5-2 beim →Stauchen zylindrischer Werkstücke. Die H. erfordert Schmierstoffe mit niedriger Reibungszahl, guter Benetzungsfähigkeit und Haftung. Bewährt haben sich Schmierstoffe auf Graphit-, Molybdändisulfid- und Boraxbasis. Bei Mehrstufenpressen werden Werkzeuge und Werkstücke mit Kühlschmierstoffemulsion überflutet. *Lange*

Literatur: *Diether, U.:* Fließpressen von Stahl im Temperaturbereich 773 K (500 °C) bis 1073 K (800 °C). Ber. Nr. 54 Inst. Umformtechn. Univ. Stuttgart. Berlin, Heidelberg, New York 1980. – *Lange, K.,* u. *H. Meyer-Nolkemper:* Gesenkschmieden. 2. Aufl. Berlin, Heidelberg, New York 1977. – *Lindner, H.:* Massivumformung von Stahl zwischen 600 °C und 900 °C – Halbwarmschmieden. Diss. TU Hannover 1965. – *Schaub, W.:* Fließpressen von Sintermetall im Temperaturbereich 873 K (600 °C) bis 1173 K (900 °C). Ber. Nr. 63 Inst. Umformtechn.

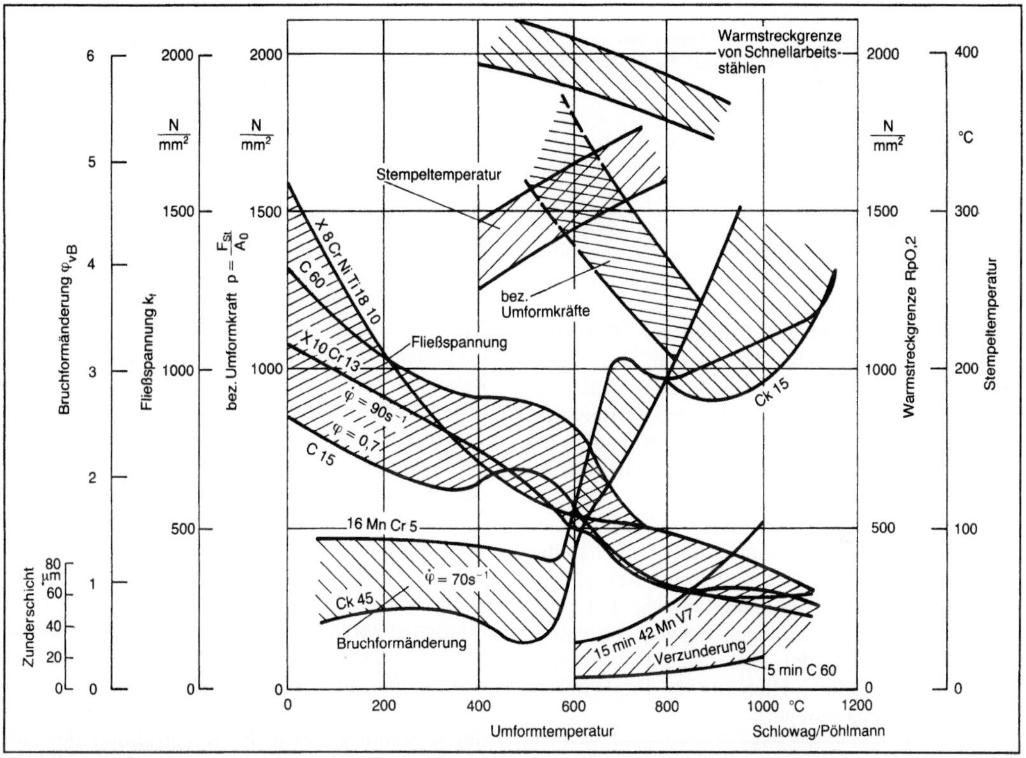

Halbwarmumformung 1: Einfluß der Umformtemperatur auf die Umformbedingungen beim Halbwarm-Rückwärtsfließpressen.

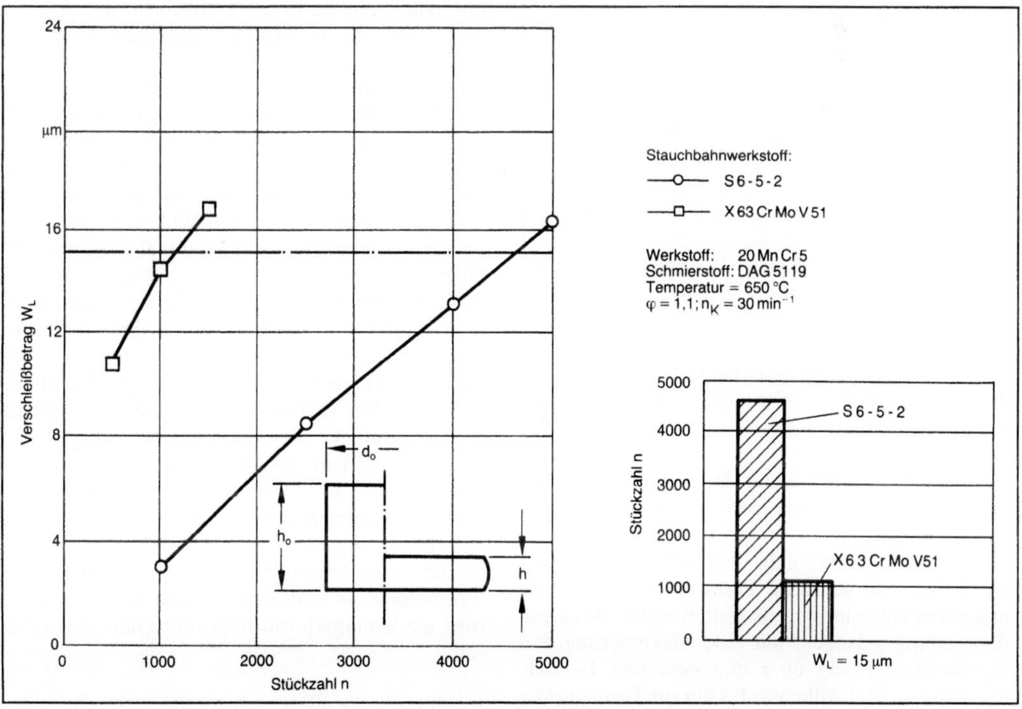

Halbwarmumformung 2: Einfluß der Werkzeugwerkstoffe auf den Stauchbahnverschleiß.

Univ. Stuttgart. Berlin, Heidelberg, New York 1982. – *Weiergräber, M.:* Werkzeugverschleiß in der Massivumformung. Ber. Nr. 73 Inst. Umformtechn. Univ. Stuttgart. Berlin, Heidelberg, New York, Tokio 1983.

Haltepunkt. Mit dem Verfahren der thermischen Analyse wird die Temperatur der abzukühlenden oder aufzuheizenden Legierung oder des reinen Metalls in Abhängigkeit von der Zeit gemessen (Bild). Bei jeder Phasenänderung (Zweistoffsystem) ergeben sich in den Temperaturkurven charakteristische Unstetigkeiten:

☐ H. beim reinen Metall, Eutektikum, Eutektoid und Peritektikum. Die Temperatur des reinen Metalls bzw. der Legierung bleibt beim Abkühlen oder Aufheizen bis zur vollständigen Phasenänderung konstant, Schmelzpunkt T_s. Dies tritt auf, wenn der Freiheitsgrad $F = 0$ ist (Gibbs-Phasenregel); 2–3 Phasen sind im Gleichgewicht.

☐ Übergangsbereiche (Knickpunkte) bei Legierungen. Zustandsänderungen im Bereich zwischen den Phasen flüssige Schmelze und fester Kristall von Legierungen bilden Übergangsbereiche z. T. über große Temperaturänderungen hinweg. Sie entstehen durch die bei der Erstarrung freiwerdende Kristallisationswärme. Hier ist der Freiheitsgrad $F = 1$ (Gibbs-Phasenregel).

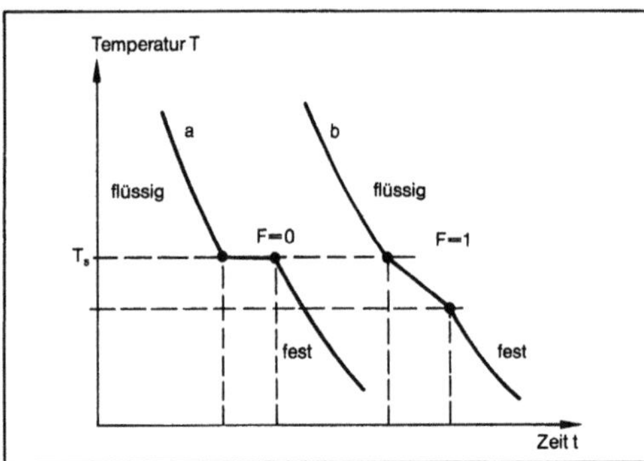

Haltepunkt: Haltepunkt bzw. Übergangsbereich bei der Erstarrung eines reinen Metalls (a) bzw. einer Metallegierung (b).

Der Nachweis der Phasenänderung erfolgt mit der thermischen Analyse oder durch Längenänderungen mit dem Dilatometer.   *Heller*

Hämodialfiltration. Unter H. versteht man die gleichzeitige Anwendung von →Hämodialyse und →Hämofiltration.

Dies setzt voraus, daß →Membranmaterialien mit hoher hydraulischer Permeabilität einerseits und guten Diffusionseigenschaften andererseits zur Anwendung gelangen, um eine Maximierung der Eliminationsleistung über den gesamten Bereich der relativen Molekülmasse bis hin zur Trenngrenze der Membran zu erreichen. Dies setzt spezielle, nach dem volumetrischen Prinzip arbeitende H.-Geräte voraus, da die exakte Proportionierung großer Flüssigkeitsmengen (Dialysat und Substitutionslösung) Voraussetzung für die komplikationslose Anwendung ist.   *H. Schneider*

Literatur: Hemodiafiltration. Proc. 1. Symposion Giessen 1981, Oberursel/Ts.

Hämodialyse. Unter H. versteht man die Anwendung des physikalischen Transportverfahrens →Dialyse auf die Entgiftung von Blut bei Nierenversagen. Zwar war es bereits durch *Haas* in Gießen 1926 erstmals gelungen, einen urämischen Patienten mit der Dialyse zu behandeln. Diese ersten Versuche blieben jedoch aus vielerlei Gründen erfolglos. Wesentliches Hindernis war die Blutgerinnung im extrakorporalen Kreislauf. Erst nachdem hochgereinigte Substanzen zur Gerinnungshemmung (Heparin) sowie verbesserte →Membranmaterialien und eine funktionsfähige Apparatur zur Verfügung standen, gelang es *Kolff* 1945, erstmals erfolgreich eine Dialysebehandlung am Menschen durchzuführen. Den eigentlichen Durchbruch zur Dauerdialysebehandlung erlaubten erst Kunststoffe für Gefäßprothesen zum wiederholten Anschluß des extrakorporalen Kreislaufs durch *Scribner* sowie die Konstruktion der subkutanen arterio-venösen Fistel durch *Brescia* und *Cimino* 1966.

Die Entgiftung des Bluts mittels H. erfolgt auf der physikalischen Basis des Diffusionstransports entlang eines Konzentrationsgradienten über eine semipermeable Membran. Auf der einen Seite der Membran wird das Blut des Patienten, auf der anderen Seite eine Elektrolytlösung entlanggeleitet, die als Spüllösung bzw. Dialysat bezeichnet wird. Die Größe des Stofftransports pro Zeiteinheit ist abhängig von der Konzentrationsdifferenz des betreffenden Stoffs zwischen Blut und Spüllösung, von der molekularen Größe (einschl. Hydratationshülle) der jeweils betrachteten Substanz und dem Transportwiderstand, der durch membranspezifische Faktoren festgelegt ist. In die Größe des Membranwiderstands gehen Durchmesser und Form der Poren sowie die Porenlänge (Membrandicke) ein. Der Diffusionswiderstand ergibt sich aus der Schichtdicke der Flüssigkeiten, die an der Membran entlang geleitet werden, d. h. aus der Diffusionsstrecke, die überwunden werden muß, um aus dem Zentrum des Blutstroms zur Membranoberfläche und von dort nach Membranpassage wieder ins Zentrum der Spüllösung zu gelangen. Der transmembrane Stofftransport läßt sich in Annäherung mathematisch mit folgender Gleichung erfassen:

$$J_i = J_k \cdot c_1 - D_i \frac{\Delta c_i}{\Delta x};$$

darin bedeuten: J_i Stromdichte von i, J_k Konvektionsstromdichte, C_i Konzentration von i, D_i Diffusionskoeffizient in der Porenflüssigkeit, Δx Länge der Pore, ΔC_i Konzentrationsdifferenz von i beidseits der Membran.

Die Anwendung der H. zur Entgiftung urämischen Bluts erfordert nicht nur die Elimination harnpflichtiger Substanzen, sondern auch die Entfernung von Wasser und den Ausgleich der Elektrolytzusammensetzung des Bluts. Die Entfernung von Wasser erfolgt auf der Basis der Ultrafiltration durch Anwendung eines Druckgradienten zwischen Blut- und Dialysatseite der Membran. Hieraus ergibt sich, daß die H. physikalisch betrachtet als Summe von diffusiven und konvektiven Transportmechanismen beschrieben werden kann, wobei kleinmolekulare Substanzen mit niedrigem Diffusionswiderstand gut entfernt werden können. Die Elimination von Stoffen mit höheren relativen Molekülmassen ist wegen des großen Diffusionswiderstands herkömmlicher Dialysemembranen mittels H. nur unzureichend möglich. *H. Schneider*

Literatur: *Brescia, M. J., J. E. Cimio, K. Appel* u. *B. J. Hurwich:* Chronichemodialysis using venapuncture and a surgically created arteriovenous fistula. New. Engl. J. Med. 275 (1966), S. 1089. – *Haas, G.:* Über Versuche mit Blutwaschung am Lebenden mit Hilfe der Dialyse. Naunyn Schmiedebergs Arch. Pharmakol. 120 (1927), S. 371. – *Kolff, W. J.:* De kunstmatige nier. Diss. Groningen 1946. – *Scribner, B. H., R. Buri, J. E. Z. Cancer, R. Hegstrom* u. *J. M. Burnell:* The treatment of chronic uremia by means of intermittent dialysis: a preliminary report. Trans. Amer. Soc. Artif. Intern. Org. 6 (1969), S. 114. – *Strathmann, H.:* Struktur und Funktion von Kunststoffmembranen. Mitt. AG Klin. Nephrologie 4 (1975) Nr. 14.

Hämofiltration. Unter H. versteht man einen Transport von Wasser und gelösten Substanzen durch eine semipermeable Membran mittels Konvektion. Dieser auf der Basis der Konvektion entstehende Transportvorgang läßt sich als Nettoeffekt von hydrostatischen und osmotischen Konzentrationsgradienten zwischen Blut- und Filtratseite der Membran verstehen. Erste Mitteilungen über In-Vitro-Versuche zur Plasmawasserfiltration sind bereits 1907 von *Bechold* erschienen. Spätere Versuche von *Malinow* und *Korzon*, eine nach dem Ultrafiltrationsprinzip arbeitende künstliche Niere zu entwickeln, scheiterten an den niedrigen Filtrationsraten der früher zur Verfügung stehenden Cellophanmembranen. Erst mit der Entdeckung asymmetrischer Membranen mit hoher hydraulischer Permeabilität war es möglich, die H. zur Reinigung urämischen Blutes 1967 durch *Henderson* erstmals einzusetzen.

Bei der H.-Behandlung wird Blut durch einen entweder aus Flachmembranen oder Kapillarmembranen bestehenden Hämofilter gepumpt, wobei durch Anwendung einer transmembranen Druckdifferenz ein Plasmawasserfiltrat gewonnen wird, das je nach Filter und Arbeitsbedingungen ein Volumen bis zu einem Drittel des Blutflusses erreichen kann. Hierdurch entsteht technisch das Problem, daß große Filtratvolumen volumengetreu durch sterile Infusionslösung ersetzt werden müssen, wobei volumetrisch und gravimetrisch arbeitende Systeme Verwendung finden.

Von seiten der Eliminationscharakteristik liegt der wesentliche Unterschied zur →Hämodialyse in der viel besseren Eliminierbarkeit größerer Moleküle, die ausschließlich von der Konzentration der Substanz im strömenden Blut einerseits und der Membranresistenz (Porosität, Dicke, Trenngrenze) andererseits bestimmt wird. *H. Schneider*

Literatur: *Bechhold, H.:* Ultrafiltration. Biochem. Z. 6 (1907), S. 379/408. – *Henderson, L. W., A. Besarab, A. Michaels* u. *L. W. Blümle:* Blood purification by ultrafiltration and fluid replacement (Diafiltration). Trans. Amer. Soc. Artif. Intern. Organs 12 (1967), S. 216. – *Malinow, M. R.,* u. *W. Korzon:* An experimental method for obtaining an ultrafiltrate of the blood. J. Lab. Clin. Med. 32 (1947), S. 461/71.

Hämoperfusion. Unter H. oder Hämoadsorption versteht man die adsorptive Bindung von im Blut gelösten Substanzen an oberflächenreiche Feststoffe. Mit diesem Verfahren ist es möglich, exogene und endogene Toxine direkt aus dem Blut zu entfernen. Die absorbierenden Feststoffe werden meistens als Granulat in einem Festbettfilter eingesetzt. Während des Durchströmens sinkt die Konzentration des zu entfernenden Stoffs bei ausreichender Feststoffkapazität und idealen Bindungsbedingungen praktisch auf null ab (Bild).

Dies geht in der Arbeitszone des Filters vor sich, die sich mit fortgesetzter Betriebszeit nach unten bewegt. Sobald die Arbeitszone das Ende des Filters

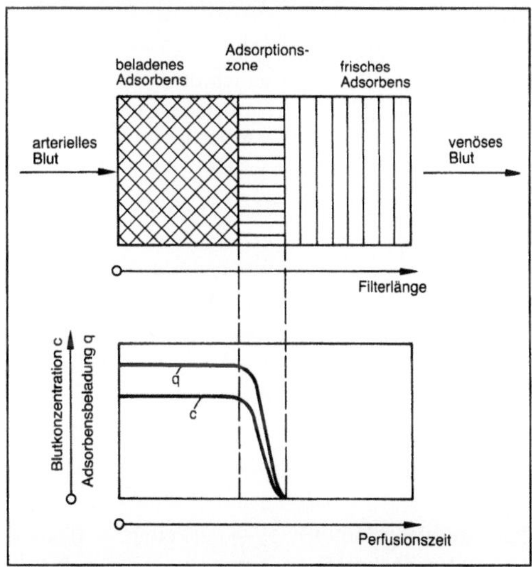

Hämoperfusion: Schematische Darstellung eines Festbettfilters mit wandernder Adsorptionszone.

erreicht, erfolgt der sog. Durchbruch. Als Blutreinigungsverfahren ist die H. nur mit Einschränkungen zu verwenden, da die zu eliminierenden Substanzen in unterschiedlicher Menge, Harnstoff praktisch überhaupt nicht, absorbiert werden und außerdem zusätzlich eine Wasserentfernung in einer zweiten Verfahrensstufe (z. B. einer →Hämofiltration) erforderlich ist.

Das Hauptanwendungsgebiet der H. ist die Arzneimitteldetoxikation. Als Absorbenzien dienen Aktivkohle und synthetische Adsorberharze, die in verschiedener Zusammensetzung und mit verschiedenen Füllvolumen kommerziell erhältlich sind (Tabelle). *H. Schneider*

Hämoperfusion. Tabelle: Verschiedene Hämoperfusionssysteme, die in Deutschland kommerziell erhältlich sind.

Handels-name	Hersteller/ Vertrieb	Absorbens	Füll-volumen
Haemocol	Frese-nius	300g acryl-hydrogel-beschichtete Aktivkohle	305 ml
Haemocol 100	Frese-nius	100g acryl-hydrogel-beschichtete Aktivkohle	105 ml
Adsorba 300 C	Gambro	300g cellulosebeschichtete Aktivkohle	260 ml
Adsorba 150 C	Gambro	150g cellulosebeschichtete Aktivkohle	140 ml
Haemo-resin	Braun	350g unbeschichtetes Neutralharz Amberlite XAD-4	250 ml
DHP 1	Salvia	160g Hydrogen-Polymer-beschichtete Aktivkohle	300 ml
Hemo-sorba	Diamed	200g collodionbeschichtete Aktivkohle	140 ml

Handfilterplatte →Filtration

Handhabungstechnik →Fertigung, flexible; →Greifer (Roboter); →Roboter; →Sensor, berührungsloser; →Werkstückhandhabung (Robotereinsatz); →Zubringeeinrichtung

Handläppen. Wird beim →Läppen die Relativbewegung zwischen Werkstück und Werkzeug manuell erzeugt, so spricht man von H. Dabei wird entweder das Werkstück auf der feststehenden Läppplatte oder eine Läppleiste auf der Werkstückoberfläche von Hand geführt. Bei kleinen Läppmaschinen kann das Werkstück auch von Hand auf die rotierende →Läppscheibe gedrückt werden. Das Handläppen findet hauptsächlich bei Einzelfertigung, kleinen Losgrößen und Einpaßarbeiten Anwendung.

Gute und reproduzierbare Ergebnisse sind beim H. nur durch erfahrene Fachkräfte zu erzielen. Insbesondere ist eine gleichmäßige Druckverteilung auf dem Werkstück sehr problematisch. Zum Erhalten der Planparallelität der Werkstückflächen und zum Vermindern der einseitigen Abnutzung der Läppplatte werden die Werkstücke mittels Vorrichtungen in schleifenförmiger Art geführt. Die Schnittgeschwindigkeit liegt etwa bei 10–50 m/min. Das →Läppgemisch muß auf der Werkstückoberfläche gleichmäßig verteilt werden und mit Läppkörnern gesättigt sein. Ein mit Spänen übersättigter Läppfilm erscheint schwärzlich-harzig und beeinträchtigt die Läppleistung und die Bauteilqualität.

Als Läppplattenwerkstoff wird meist Grauguß verwendet. Die Plattengröße liegt bei 250 mm × 250 mm – 1 000 mm × 1 000 mm. Zur Aufrechterhaltung der Ebenheit muß die Platte von Zeit zu Zeit nachbearbeitet bzw. abgerichtet werden. *Kenter*

Handschweißen →Schweißen, →Lichtbogenschweißen

Hanf. Als Faserstoff die Bastfasern der einjährigen Kulturpflanze H. (Cannabis sativa L.), die auch zur Ölgewinnung (aus den Samen) und zur Gewinnung von Haschisch (aus den Blüten des indischen H.) angebaut wird. Wie bei →Flachs liegen die Bastfaserstränge – hier in zwei Schichten – in der Rindenzone des Stengels und werden auch wie Flachs geröstet und durch Knicken, Schwingen und Hecheln ausgearbeitet. Die europäischen Hanfsorten werden 1,8 bis 4 m hoch und ergeben je nach Sorte 1–3 m lange Faserbündel, die vor dem Verspinnen auf 60–75 cm gekürzt werden. Bei der Ausarbeitung fällt auch hier Hanfwerg als ebenfalls gut spinnfähiges Kurzfasermaterial an. H. als Faserpflanze wird hauptsächlich in Osteuropa angebaut. Weltproduktion 1985 ca. 200 000 t.

Die Verarbeitung des H. erfolgt auf speziellen Bastfaser-Spinnmaschinen als Langhanf oder Hanfwerg. Wegen der geringeren Teilbarkeit der Bastfaserbündel des H. liegt aber die Ausspinngrenze wesentlich niedriger (Langhanf 50 tex, Langflachs 8,3 tex). Da H. schwer bleichbar ist, zeigen Hanferzeugnisse die Naturfarbe der Fasern (gelblich, grünlich bis grau). Verwendung als Bindfaden, für Kordeln, Netze und Seile, verwebt für Gurte, Segeltücher, Zeltstoffe, Wagenplanen, Matratzenbezüge u. a. *Koch*

Literatur: *Wagner, E.:* Die textilen Rohstoffe. 6. Aufl. Frankfurt a. M. 1981.

Härtbarkeit. Fähigkeit eines Stahls, durch →Härten, also Martensitumwandlung nach dem Austenitisieren, eine hohe Härte anzunehmen. Der Begriff der H. umfaßt die Auf.-H. und die Ein-H. eines Stahls. Als Auf-H. wird die maximal erreichbare Härte bei vollständiger Martensitumwandlung bezeichnet; sie ist hauptsächlich vom Kohlenstoffgehalt abhängig. Die Ein-H. wird gekennzeichnet durch die beim Härten erreichbare größte Einhärtungstiefe und den dabei erhaltenen Härteverlauf über den Querschnitt. Die Ein-H. wird durch Legierungselemente erhöht, die die Perlit- und Bainitumwandlung zu längeren Zeiten verschieben und damit die kritische Abkühlgeschwindigkeit erniedrigen.

Zur Prüfung der H. wird der Stirnabschreckversuch nach *Jominy* durchgeführt. Eine zylindrische Probe von 25 mm Dmr. und 100 mm Länge wird auf Härtetemperatur erhitzt, in eine Vorrichtung gehängt und an der Stirnfläche von unten durch einen Wasserstrahl abgeschreckt. Durch Festlegung von Wasserdruck, Wassermenge und das Anbringen einer Blende, die die Seitenflächen vor Benetzung mit Wasser schützt, erreicht man reproduzierbare Abkühlungsbedingungen mit abnehmender Abkühlgeschwindigkeit von der Stirnfläche her. Anschließend wird die Härte gemessen und in Abhängigkeit vom Abstand zur abgeschreckten Stirnfläche aufgetragen. Die Härte an der Stirnfläche ist ein Maß für die Auf-H., der Härteverlauf über die Probenachse kennzeichnet die Ein-H.. Für einzelne Stähle werden ggf. gewährleistete Streubänder für die Stirnabschreckhärte angegeben.

Eine wichtige Funktion von Legierungselementen besteht in der Steigerung der Ein-H. Je größer die Abmessungen des Werkstücks, um so geringer die Abkühlgeschwindigkeit im Kernbereich und um so höher der erforderliche Legierungsaufwand, um über den gesamten Querschnitt eine möglichst weitgehende Martensitumwandlung zu erzielen. Wichtige Legierungselemente sind zur Verbesserung der Ein-H.: →Chrom, Molybdän und →Nickel. *W. Dahl*

Literatur: Werkstoffkunde Stahl. 2 Bde. Hrsg. VDEh. Berlin, Düsseldorf 1984/85.

Härte. Unter H. eines Festkörpers wird allgemein ein Maß für den Widerstand dieses Stoffs gegenüber dem Eindringen eines härteren Festkörpers verstanden. Bei dieser allgemeinen Definition bleiben die Form- und Stoffeigenschaften der Eindringkörper sowie der sich ausbildende Spannungs- und Verformungszustand im Eindruck unberücksichtigt.

Zur Bestimmung der H. von Festkörpern gibt es eine Vielzahl von Prüfverfahren, die auf einzelne Werkstoffgruppen abgestimmt sind, wie z. B. Minerale, metallische Werkstoffe, Polymere und Schleifscheiben. Als Eindringkörper werden Stahl- und Hartmetallkugeln sowie Diamantkegel und -pyramiden verwendet.

Der mit Hilfe der einzelnen Prüfverfahren ermittelte H.-Wert hängt von einer Reihe von Einflußgrößen ab. Zu nennen sind vor allem die Beanspruchungsgrößen, wie Prüfkraft, Prüftemperatur, Belastungsgeschwindigkeit und Prüfdauer, die Struktur des Prüfsystems, wie Form des Eindringkörpers, und die Eigenschaften des zu prüfenden Werkstoffs (chemische Zusammensetzung, Bindungsart, Schub- und Elastizitätsmodul und Gefügeeigenschaften, wie z. B. Gitterfehler und Kristallorientierung).

Die H.-Prüfung stellt eine der wichtigsten Methoden der mechanischen Werkstoffprüfung dar. Durch eine Vielzahl von Entwicklungen wurde versucht, diesen Kennwert möglichst genau zu ermitteln. Die H.-Prüfverfahren lassen sich einteilen in

☐ Ritzverfahren (*Mohs, Martens*),

☐ Schleifverfahren (*Rosiwal*),

☐ Eindringverfahren (*Vickers, Knoop, Brinell, Rockwell, Shore*),

☐ dynamische Verfahren (Schlaghärteprüfung, Rückprallhärteprüfung).

Eines der ältesten H.-Prüfverfahren ist das in der Mineralogie verwendete Ritzhärteprüfverfahren, mit dem *Mohs* eine qualitative H.-Skala von 1–10 aufgestellt hat. Diese Skala besagt, daß das weichere Mineral vom nachfolgenden härteren geritzt wird. Mit wachsender Zahl nehmen die Intervallsprünge progressiv zu und erreichen zwischen 9 und 10 den größten Sprung. Die H.-Unterschiede der einzelnen Minerale sind so groß, daß eine H.-Anisotropie kaum festgestellt werden kann mit Ausnahme beim Disthen mit den Mohs-H. 4 und 7. Die Richtungsabhängigkeit läßt sich bei Mineralen auch durch die Mikrovickers-H. bestimmen. Den Zusammenhang zwischen der Mohs-H. und der Vickers- und Knoop-H. zeigt das Bild. Darin ist auch die Umrechnungsbeziehung zwischen Mohs-H. und Vickers-H. und umgekehrt angegeben:

$$M = 0{,}675 \sqrt[3]{HV}.$$

Zur Bestimmung der H. metallischer Werkstoffe wird vorwiegend die Prüfung mit einem statisch belasteten Eindringkörper angewandt, von denen die meisten genormt sind.

Bei der Brinellhärteprüfung (DIN 50351) wird eine Stahl- oder Hartmetallkugel (Durchmesser 10, 5, 2.5, 2 und 1 mm) senkrecht und stoßfrei in die

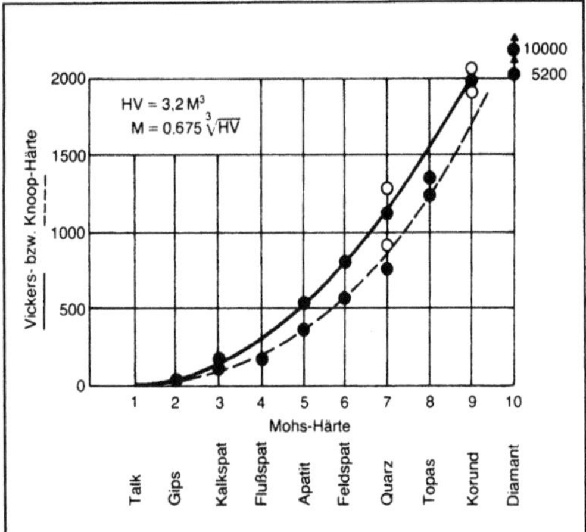

Härte: Abhängigkeit der Vickers- und Knoop-Härte von der Härte nach Mohs.

metallisch blanke Oberfläche des Werkstoffs eingedrückt, wobei die Prüfkraft 10–15 s gehalten wird. Durch Ausmessen des bleibenden Eindrucks und Bildung des Quotienten von Prüfkraft und Eindruckoberfläche errechnet sich die H.. Aus Tabellen läßt sich an Hand des ausgemessenen Eindruckes der Zahlenwert unmittelbar entnehmen. Die Angabe der Brinell-H. setzt sich aus dem Zahlenwert, den Kennbuchstaben HBW (für die Hartmetallkugel) oder HBS (für die Stahlkugel), dem Kugeldurchmesser in mm, einer Zahl, die die Prüfkraft kennzeichnet, und der Einwirkdauer der Prüfkraft in s zusammen, z. B. 400 HBW 2,5/30/20. Die Stahlkugel wird bei H. < 450 HBS und die Hartmetallkugel bei H. < 650 HBW verwendet. Die Brinell-H. eignet sich besonders zur Charakterisierung von heterogenen Werkstoffen, wie z. B. Grauguß, da durch die vergleichsweise großen Eindrücke eine Mittelwertbildung über die verschiedenen Gefügephasen erfolgt. Aus der Brinell-H. läßt sich die Zugfestigkeit in N/mm² für unlegierten Stahl mit Hilfe der Beziehung $R_m \approx 3{,}5$ HB abschätzen.

Die H.-Prüfung nach *Vickers* (DIN 50133) hat den Vorteil der universelleren Anwendbarkeit. Damit lassen sich auch höhere H. als nach dem Brinellverfahren bestimmen. Durch Reduzierung der Prüfkraft können Gefügephasen, dünne Schichten, spröde Hartstoffe und Minerale geprüft werden. Bei diesem Verfahren wird eine regelmäßige Diamantpyramide mit quadratischer Grundfläche und einem Flächenwinkel von 136° in die glatte ebene Oberfläche der Probe gedrückt. Nach der Entlastung werden die Diagonalen ausgemessen. Die H. wird aus dem Quotienten aus Prüfkraft und Eindruckoberfläche errechnet. Entsprechend den Prüfkräften und den gemessenen Eindruckdiagonalen kann aus Tabellen der H.-Wert entnommen werden. Die Angabe der Vickers-H. setzt sich zusammen aus

diesem Zahlenwert, den Kennbuchstaben HV, einer mit 0,102 multiplizierten Zahl, die der Prüfkraft in N entspricht, und der Einwirkdauer der Prüfkraft in s, falls diese von 10–15 s abweicht, z. B. 780 HV10/20.

Die Vickers-H. wird in 3 Bereiche eingeteilt: Makrobereich (49,03 bis 980,7 N), Kleinlastbereich (1,961 bis <49,03 N) und Mikrobereich (< 1,961 N). Die H.-Werte im Kleinlastbereich und insbes. im Mikrobereich sind prüfkraftabhängig. Mit abnehmender Prüfkraft nimmt die H. zu. Hierbei wirkt sich die Kaltverfestigung in der Randzone bei der Probenpräparation aus. Die eigentliche Ursache dieser Abhängigkeit liegt – wie auf Grund von Messungen der Eindringtiefe festgestellt wurde – in der Veränderung der Form der Spannungsfelder, die die Eindrücke umgeben und mit kleiner werdenden Eindrücken stärker in die Tiefe ausgedehnt sind. Die Prüfkraftabhängigkeit läßt sich nach dem Korrekturverfahren von *v. Engelhardt* korrigieren, wodurch ein Vergleich mit der prüfkraftunabhängigen Makro-H. möglich wird.

Bei der Bestimmung der Mikro-H. nach *Knoop* besteht der Eindringkörper aus einer regelmäßigen Diamantpyramide mit rhombischer Grundfläche. Infolge der größeren Winkel, die die Kanten der Pyramide miteinander bilden (172,5° und 130°), wird bei gleicher Prüfkraft eine in Vergleich zum Vickers-Diamanten geringere Eindringtiefe erzielt. Anisotropieeffekte werden von der Knoop-H. besser wiedergegeben als von der Vickers-H..

Bei der H.-Prüfung nach *Rockwell* (DIN 50103) wird der Eindringkörper, ein Diamantkegel mit einem Spitzenwinkel von 120° und Spitzenradius von 0,2 mm oder eine Stahlkugel mit einem Durchmesser von 1,5875 mm (1/16″), in 2 Laststufen (Prüfvorkraft und Prüfkraft) in die Oberfläche der Probe eingedrückt. Die Prüfvorkraft soll den Einfluß der Probenoberfläche ausschalten. Die von der Prüfkraft hervorgerufene bleibende Eindrucktiefe wird mit einer Meßuhr ermittelt. Die Rockwell-H. ergibt sich aus der Differenz eines Bezugswerts und der Eindringtiefe. Der Bezugswert beträgt für den Kegel 100 und für die Kugel 130. Je nach Eindringkörper und Höhe von Prüfvorkraft und Prüfkraft erhalten die Kennbuchstaben HR noch weitere Buchstaben wie C, A, B, F, N und T. Der Vorteil dieses Verfahrens liegt in der einfachen und schnellen Durchführung. Dünne Proben lassen sich allerdings damit nicht prüfen.

Bei den H.-Prüfverfahren nach *Vickers* und *Brinell* stützen sich die Entwicklungen auf Fortschritte der Längenmeßtechnik, wodurch die H.-Messung unter Einwirkung der Prüfkraft über die Ermittlung der Eindringtiefe möglich wird. Der Einsatz der Rechnertechnik sowie optoelektronische Bildauswertung ermöglichen eine Automatisierung der Prüfabläufe, wodurch die Ergebnisse objektiviert werden.

Die dynamischen H.-Prüfungen zeichnen sich dadurch aus, daß der Eindringkörper mit einer bestimmten kinetischen Energie auf den Probekörper einwirkt. Im Gegensatz zu den statischen Eindringhärteprüfverfahren sind die dynamischen Verfahren nicht genormt. Die Geräte für die dynamischen H.-Prüfverfahren sind transportabel. Sie werden beim Prüfen schwerer Bauteile und an schwer zugänglichen Stellen eingesetzt. Die H. läßt sich schnell und einfach bestimmen.

Bei der Schlaghärteprüfung mit dem Poldi-Hammer wird eine Prüfkugel durch einen Hammerschlag in das zu prüfende Bauteil und zugleich in einen Vergleichsstab getrieben. Aus der bekannten H. des Vergleichstabs und den beiden Eindruckoberflächen läßt sich die H. ermitteln.

Die Schlaghärteprüfung mit dem Baumann-Hammer hat den Vorzug einer definierten Kraft, da die Prüfkugel durch Auslösen einer gespannten Feder auf die Bauteiloberfläche einwirkt.

Bei der Rücksprunghärteprüfung fällt aus einer definierten Höhe ein Fallhammer auf die Bauteiloberfläche. Die Rücksprunghöhe ist dabei ein Maß für die H. Beim Skleroskop nach Shore wird die Rücksprunghöhe an einem in 130 Skalenteile eingeteilten Glasröhrchen, in dem der Hammer geführt wird, abgelesen.

Eine Neuentwicklung stellt das Equo (Energie-Quotienten-Rücksprung)-Verfahren dar, bei dem Aufprall- und Rückprallgeschwindigkeit eines Schlagkörpers mit einer Hartmetallkugel berührungslos gemessen werden. Die Meßwerte werden zum H.-Wert verarbeitet und digital angezeigt. An Hand von Tabellen können die Werte in Brinell- und Vickers-H. umgewertet werden.

Im Gegensatz zu den Metallen wird die H. bei Polymerwerkstoffen unter Einwirkung der Prüfkraft gemessen und entspricht somit der Definition der H. als Widerstand eines Körpers gegen Eindringen eines härteren Körpers.

Die Messung der H. von Elastomeren (DIN 53505) erfolgt mit einem Gerät, dessen Eindringkörper 2,5 mm tief in die Probe hineingedrückt wird. Der Eindringkörper ist als 35°-Kegelstumpf (Shore A) oder als 30°-Kegel (Shore D) ausgebildet. Die H.-Skala reicht von 0–100, wobei 100 der größten H. entspricht.

Zur Ermittlung der Kugeldruck-H. (DIN 53456) an anderen Kunststoffen wird eine Stahlkugel von 5 mm Dmr. in 2 Belastungsstufen (Prüfvorkraft und Prüfkraft) stoßfrei eingedrückt. Die H. ergibt sich als Quotient aus Prüfkraft und Oberfläche, wobei die Oberfläche aus der Eindringtiefe, die sich nach Aufbringen der Prüfkraft einstellt, bestimmt wird.

Der Bestimmung der H. von Schleifscheiben liegt eine andere Vorgehensweise zugrunde. Hier ist die H. als Widerstand definiert, den ein Schleifkorn dem Ausbrechen aus seiner Bindung entgegensetzt. Nach DIN 69100 wird die H. mit Buchstaben von A bis Z bezeichnet, wobei A die weichste und Z die härteste Ausführung darstellt. *Kußmaul*

Literatur: *Baden, M.,* u. *D. Dengel*: Vickershärteprüfung im Kleinlast- und Mikrobereich mittels Eindringtiefemessung. Härtereitechnische Mitt. 40 (1985) Nr. 3, S. 107/14. – *Dengel, D.,* u. *E. Kroeske*: Über Ursache und Unterdrückung der Prüfkraftabhängigkeit der Vickershärte. Härtereitechnische Mitt. 39 (1984) Nr. 5, S. 194/98. – *v. Engelhardt, W.,* u. *S. Haussühl*: Festigkeit und Härte von Kristallen. Fortschr. der Mineralogie 42 (1965), S. 5/49. – *Gahm, J.*: Einige Probleme der Mikrohärtemessung. Zeiss-Mitt. 5 (1969) Nr. 1, 2, S. 40/80. – *Habig, K.-H.*: Verschleiß und Härte von Werkstoffen. München, Wien 1980. – *Meyer, R.*: Vickershärte und Tiefenhärte unter Prüfkraft. Materialprüfung 29 (1987) Nr. 6, S. 166/70. – *Mott, B. W.*: Die Mikrohärteprüfung. Berliner Union Stuttgart 1957. – *Tertsch, H.*: Die Festigkeitserscheinung der Kristalle. Wien 1949. – *Uetz, H.* (Hrsg.): Abrasion und Erosion. München, Wien 1986. – VDI-Ber. Nr. 583: Härteprüfung in Theorie und Praxis. Düsseldorf 1986. – *Weiler, W.*: Härteprüfung mit kleinen und sehr kleinen Prüfkräften. Messung und Prüfkraft. Industrie-Anz. 109 (1987) Nr. 81, S. 18/22. – *Weiler, W.*: Zur Definition einer neuen Härtskala bei Ermittlung des Härtewertes unter Prüfkraft. Materialprüfung 28 (1986) Nr. 7/8, S. 217/20. – *Weiler, H.*: Eine neue Kugeldruckhärte. Materialprüfung 29 (1987) Nr. 5, S. 137/38.

Härten. Wärmebehandlung von Stahl, bei der nach dem Austenitisieren durch Abschrecken eine vollständige Umwandlung zu →Martensit angestrebt wird. Dazu sind Stähle geeignet, bei denen im →Zeit-Temperatur-Umwandlungsschaubild die Umwandlungen in der Perlit- und Bainitstufe zu längeren Zeiten verschoben sind, so daß die obere kritische Abkühlungsgeschwindigkeit verhältnismäßig niedrig ist und auch im Kern des Werkstücks noch erreicht werden kann. Die erzielbare Härte des Martensits nimmt mit dem Kohlenstoffgehalt zu. Allerdings wird bei Kohlenstoffgehalten oberhalb von etwa 0,8% die Martensitumwandlung bei Abkühlung bis Raumtemperatur nicht mehr vollständig; der verbleibende →Restaustenit führt zu geringeren Härtewerten.

Durch anschließendes Anlassen nimmt die Festigkeit des zunächst spröden Martensits ab, die →Zähigkeit aber zu, so daß durch geeignete Anlaßtemperaturen die gewünschten Eigenschaftskombinationen erreicht werden können.

Da vielfach die höchsten Härtewerte nur in einer verhältnismäßig dünnen Oberflächenschicht zur Verschleißminderung eingestellt werden sollen, erfolgt das H. vielfach nach Aufkohlen als Einsatz-H. (→Direkthärten, Einfach-H., →Doppelhärtung).

Die Kombination von H. und Anlassen wird mit Vergüten bezeichnet.

Wegen der Gefahr des Auftretens von Härterissen bei schroffer Abschreckung muß eine sorgfältige Abstimmung zwischen Werkstückabmessungen, Werkstoff und Abschreckmedium erfolgen, um eine

ausreichende →Durchhärtung ohne Fehler zu erreichen.
W. Dahl

Literatur: Werkstoffkunde Stahl. 2 Bde. Hrsg. VDEh. Berlin, Düsseldorf 1984/85.

Hartfaser. H. sind Faserbündel aus den Blättern (Sisal, Henequen), Blattscheiden (Manila bzw. Abacá) oder Früchten (Kokosfaser) tropischer monocotyler Pflanzen. Sie sind dicker und steifer als die Stengel-Bastfasern. Wichtigste H. ist der Sisal, dessen Faserstränge aus den bis 150 cm langen fleischigen Blättern der Sisal-Agave (A. sisalana L.) durch einfaches Abquetschen auf der Entfaserungsmaschine (Decorticator) gewonnen werden. Die gelblich-weißen, glänzenden Baststränge haben eine Länge von 60–100 cm. Zum Verspinnen werden sie durch ein Batschmittel geschmeidig gemacht und auf speziellen H.-Spinnmaschinen zu groben Garnen versponnen. Verwendung für Seilerwaren und Tauwerk, Teppiche und grobe Gewebe. Kultiviert in Plantagen vor allem in Ostafrika sowie Brasilien.

Henequen ist eine dem Sisal ähnliche Blattfaser, die von der speziell in Mexiko angebauten Agave fourcroydes LEM stammt. Produktion von Sisal 360 000 t, von Henequen 84 000 t (1985).

Manila (auch Abacá genannt) wird als Faserstrang aus den Blattscheiden der Faserbanane Musa textilis NÉE auf den Philippinen und in Indonesien durch mechanische Ausarbeitung gewonnen; Länge der Faserbündel 2–3 m. Wegen ihrer hohen Reißfestigkeit und Widerstandsfähigkeit gegen Meerwasser wird Abacá speziell für Fischereinetze und Schiffstaue verwendet. Weltproduktion 82 000 t (1985).

Kokos als Faserstoff ist die verholzte, aus Bastzellen bestehende H. von der inneren Wand der Kokosnuß, in welcher der Kokosnußkern eingebettet liegt. Nach Aufbrechen der Nüsse und monatelangem Rösten der Fruchtpolster in Süß- oder Meerwasser werden die Fasern durch Schlagen freigelegt und gewaschen. Länge der wirren Spinnfasern 15–35 cm, Farbe gelblich- bis dunkelrotbraun. Verspinnen und Schnüren erfolgt auch heute noch in Indien und auf Sri Lanka mit primitivem Spinn- oder Seilerrad. Verarbeitung zu Matten und Läufern, Stricken, die groben geraden Fasern zu Bürsten. Produktion 113 000 t im Export (1985).
Koch

Literatur: *Wagner, E.:* Die textilen Rohstoffe. 6. Aufl. Frankfurt a. M. 1981.

Hartguß. Er wird eingesetzt, wenn hohe Härte (von 500 HB und mehr) von Gußstücken verlangt wird, die einer besonderen Verschleißbeanspruchung ausgesetzt sind, wie z. B. Auskleidungen von Rutschen in der Kohle- und Mineralienförderung, Verschleißteile in Putzereimaschinen, Schlamm- und Dickstoffpumpen, Papier- und Drahtwalzen usw. Zu unterscheiden ist zwischen

□ Voll-H., bei dem die hohe Härte im gesamten Gußstückquerschnitt vorhanden ist, und dem

□ Schalen-H., bei dem ein grau erstarrter Kern erhalten bleibt und nur die Randzone mehr oder minder tief durch angelegte Schreckplatten weiß erstarrt.

In manchen Fällen will man, daß nur ein relativ geringer, verschleißbeanspruchter Teilbereich des Gußstücks weiß, d. h. mit einem hohen Anteil an Zementit (Ledeburit) im Gefüge, erstarrt.

Hohe Härte korrespondiert mit niedriger Schlagfestigkeit. Für viele Bauteile ist eine solche Sprödigkeit nicht tragbar, und in diesen Fällen muß man darauf verzichten, das zementitisch-martensitische Gefüge durch einfaches Absenken des Kohlenstoff- und Siliciumgehalts sowie eine Erhöhung der Abkühlungsgeschwindigkeit zu erreichen. Nach seiner Grundzusammensetzung ist der H. dem Temperrohguß ähnlich. Durch Zulegieren von Chrom, Nickel, Vanadium, Titan und Molybdän in verschiedenen Gehalten und Kombinationen lassen sich Gefüge und damit die physikalischen Werkstoffeigenschaften beeinflussen. So konnte man beispielsweise durch Gießen in Kokille und Legieren mit 19 % Cr die Haltbarkeit von Wurfschaufeln und anderen Verschleißteilen in Schleuderstrahlanlagen bei Beibehaltung eines weißen Basiseisens mit 2,5 % C, 1,0 % Si und 0,7 % Mn mehr als verdoppeln.

Die Tiefe der Weißerstarrung beim Schalen-H. läßt sich u. a. durch Zusatz von Cer variieren. Bei Gehalten von 0,2–0,3 % Ce nimmt die Verzweigung des eutektischen Austenits ab, und der Ledeburit geht von einer wabenartigen in eine lamellare Form über. Die Carbidkristalle nehmen dabei eine gefiederte Struktur an. Nach neueren Forschungsergebnissen scheint die Quantität, Art und Kristallstruktur der Carbide weniger wichtig zu sein als ihre Form, Verteilung und Anordnung. Nadelige Formen oder Formen mit Hohlräumen, die sich allerdings bei der Ausbildung von Materialtrennungen parallel zur Schleißebene (Ausschalungen) unvorteilhaft verhalten, sind i. a. massiven Formen vorzuziehen. Zu beachten ist ferner, daß verschiedene H.-Werkstoffe hinsichtlich ihrer Verschleißfestigkeitsbeiwerte bei einer Prüfung auf Reibverschleiß gänzlich andere Ergebnisse als bei Strahlverschleiß liefern können.

Umgekehrter H. zeigt außen ein graues Bruchgefüge, während die Kernzone mit weißen Inseln durchsetzt ist. Dieser Gußfehler entsteht, wenn das Eisen stark FeO-haltig ist, was bei Verwenden von stark verrostetem metallischem Einsatz und kaltem Schmelzgang möglich ist. Hoher Schwefelgehalt in der Eisenanalyse begünstigt die Bildung von umgekehrtem H.
Doliwa

Hartlot →Lot

Hartlöten →Löten

Hartmetall. H. sind Sinterwerkstoffe und bestehen aus einer Bindephase, in die Carbide eingebettet sind. Aufgabe der Bindephase ist die Verbindung der spröden Carbide zu einem relativ festen Körper. Aufgabe der Carbide dagegen ist die Erzielung hoher Warmhärte und Verschleißfestigkeit.

Vorteile der H. sind gute Gefügegleichmäßigkeit durch pulvermetallurgische Herstellung, hohe Härte und Verschleißfestigkeit (H. besitzt bei 1 000 °C die gleiche Härte wie →Schnellarbeitsstahl bei Raumtemperatur), hohe Druckfestigkeit und die Möglichkeit, H.-Sorten mit unterschiedlichen Eigenschaften durch Änderung des Carbid- und Bindemittelanteils zu schaffen.

Die Herstellung erfolgt auf pulvermetallurgischem Weg durch Sintern nach verschiedenen Verfahren, und zwar durch Vorsintern, mechanische Formgebung und Fertigsintern, durch Formpressen und Sintern, durch →Strangpressen und Sintern oder durch Heißpressen.

Die H. enthalten Wolframcarbid, Titan-, Tantalcarbid und als Bindephase Cobalt. Wolframcarbid ist in Cobalt löslich und bildet mit diesem Mischkristalle (Bild 1). Hieraus resultiert eine hohe innere Binde- und Kantenfestigkeit der reinen WC-Co-H. Wolframcarbid ist außerdem noch verschleißfester als Titancarbid und Tantalcarbid. Andererseits wird die Schnittgeschwindigkeit begrenzt durch die Lösungs- und Diffusionsneigung bei höheren Temperaturen.

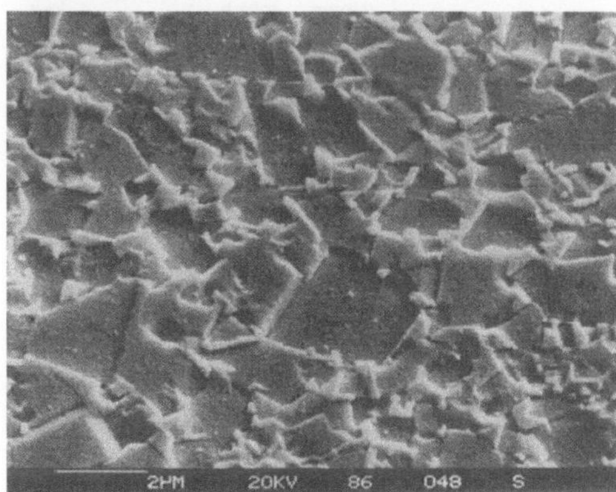

Hartmetall 1: Hartmetall-Gefüge.

Titancarbidhaltige H. haben auf Grund der geringen Diffusionsneigung des Titancarbids eine hohe Warmverschleiß-, aber geringere Binde- und Kantenfestigkeit. H. mit einem hohen Gehalt an Titancarbid sind deshalb spröde und bruchanfällig. Sie werden bevorzugt zur →Zerspanung von Stahl-

werkstoffen mit hohen Schnittgeschwindigkeiten eingesetzt. Mit Wolframcarbid bildet Titancarbid Mischkristalle.

Tantalcarbid wirkt in kleinen Mengen kornverfeinernd und damit zähigkeits- und kantenfestigkeitsverbessernd. Die innere Bindefestigkeit fällt nicht so stark ab wie beim TiC. Eine ähnliche Wirkung wie Tantalcarbid hat Niobcarbid. Beide Carbide können im H. als Mischkristall auftreten.

Nach DIN 4990 werden die H. auf der Basis von Wolframcarbid in drei Zerspanungs-Hauptgruppen eingeteilt, die mit den Kennbuchstaben P, M und K bezeichnet werden (Tabelle). Kriterien hierfür sind die Zusammensetzung der H. und ihre daraus resultierenden Eigenschaften und bevorzugten Einsatzgebiete. Die Kennbuchstaben P, M und K haben keine eigene Bedeutung.

Die H. der Anwendungsgruppe P enthalten neben Wolframcarbid noch Titan-, Tantal- und Niobcarbid. Sie zeichnen sich durch eine hohe Warm- und Abriebfestigkeit aus. Langspanende Stahlwerkstoffe werden in der Regel mit H. dieser Hauptgruppe zerspant.

Eine relativ gute Warmverschleiß- und Abriebfestigkeit besitzen die H. der Gruppe M. Sie sind geeignet für die Zerspanung von rost-, säure- und hitzebeständigen Stählen sowie für legierten oder harten Grauguß.

Fast ausschließlich aus Wolframcarbid und der Bindephase Cobalt bestehen die H. der Gruppe K. Sie weisen bei einer geringen Warmfestigkeit eine hohe Abriebfestigkeit auf. Sie finden deshalb Anwendung bei kurzspanenden Werkstoffen, Gußeisen, Nichteisen- und Nichtmetallen, hochwarmfesten Werkstoffen sowie bei der Gestein- und Holzbearbeitung.

Die Zerspanungs-Hauptgruppen sind zusätzlich noch in Zerspanungs-Anwendungsgruppen unterteilt. Die Reihenfolge der Kennnummern der Zerspanungs-Anwendungsgruppe weist innerhalb der betreffenden Hauptgruppe auf die Zähigkeit und Verschleißfestigkeit der zuzuordnenden H.-Sorte hin. Eine niedrige Kennzahl (z. B. P 01, P 10) bedeutet eine hohe Verschleißfestigkeit bei geringer Zähigkeit; eine große Kennzahl (P 30, P 40) eine geringere Verschleißfestigkeit bei hoher Zähigkeit. Die Kennzahlen sind hierbei lediglich Ordnungsnummern, die auf eine gewisse Reihenfolge hinweisen. Sie haben keinerlei Aussagekraft über die Größe der Verschleißfestigkeit oder der Zähigkeit eines Schneidstoffs. Zu jeder Zerspanungs-Anwendungsgruppe ist in der Tabelle ferner angegeben, für welche Werkstoffe, Arbeitsverfahren und Arbeitsbedingungen H. dieser Gruppe geeignet sind. H. der Hauptgruppe P mit niedrigen Kennziffern (z. B. P 01, P 10) werden für die Schlichtbearbeitung von Stählen bei hohen Schnittgeschwindigkeiten und kleinen Vorschüben eingesetzt. Für die Schruppbe-

Hartmetall. Tabelle: Zerspanungs-Anwendungsgruppen.

Zerspanungs-Hauptgruppen		Zerspanungs-Anwendungsgruppen		zunehmende Werte der Merkmale	
allgemeine Beschreibung der zu bearbeitenden Werkstoffe	zu bearbeitende Werkstoffe	Bezeichnung der Zerspanungs-Anwendungsgruppe	Bearbeitungsverfahren Zerspanungsbedingungen	des Zerspanvorgangs	des Hartmetalls
lang-spanende Stähle Kennbuchstabe P Kennfarbe blau	Stähle gewalzt, geschmiedet, gezogen, gegossen hochlegierte Stähle gewalzt, geschmiedet, gegossen vergütete u. gehärtete Werkzeugstähle bis 45 HRC	P01	Feindrehen (außen und innen), hohe Maßgenauigkeit u. Oberflächengüte, schwingungsfreie Arbeiten	Schnittgeschwindigkeit ↑ / Vorschub ↓	Verschleißfestigkeit ↑ / Zähigkeit ↓
		P10	Fertigdrehen (außen und innen), Einstechdrehen, Gewindeschneiden, Tieflochbohren, Fertigfräsen, Schälen		
		P20	Außen- und Innendrehen, Fräsen, Einstechdrehen, Gewindeschneiden, Schälen		
		P30	Fräsen, Drehen, Abstechen Einstechdrehen, Sägen		
		P40	Außen- und Innendrehen, Abstechen, Fräsen, Hobeln, Schlitz- und Nutenfräsen, ungünstige Arbeitsbedingungen		
Stähle Hoch-Temperatur-Legierungen Kennbuchstabe M Kennfarbe gelb	austenitische Stähle, Manganhartstähle, Hochtemperatur-Legierungen	M10	Drehen	Schnittgeschwindigkeit ↑ / Vorschub ↓	Verschleißfestigkeit ↑ / Zähigkeit ↓
		M20	Drehen, Fräsen		
gehärtete Stähle Kennbuchstabe K Kennfarbe rot	austenistische Stähle gehärtete Stähle über 45 HRC	K01	Fertigdrehen, Außen- und Innendrehen, Fräsen, Einstechdrehen, Reiben, Senken, Räumen, Sägen	Schnittgeschwindigkeit ↑ / Vorschub ↓	Verschleißfestigkeit ↑ / Zähigkeit ↓
		K10	Außen- und Innendrehen, Fräsen, Tieflochbohren, Reiben, Senken, Räumen, Gewindeschneiden, Einstechdrehen, Abstechen, Bohren, Schlitz- und Nutenfräsen, Hobeln, Schälen		
		K20	Außen- und Innendrehen, Fräsen, Tieflochbohren, Abstechen, Einstechdrehen, Gewindeschneiden, Reiben		
		K30	Fräsen, Schlitz- und Nutenfräsen, Drehen, besonders unter ungünstigen Bedingungen		

arbeitung von Stahlwerkstoffen mit großen Vorschüben bzw. für Fräsoperationen werden auf Grund ihrer großen Zähigkeit H. der Sorten P 20, P 30 bevorzugt.

H., die für mehrere Zerspanungs-Anwendungsgruppen geeignet sind, die sog. Mehrbereich-H., werden durch die Angabe der ersten und – nach dem Schrägstrich – der letzten gegebenen Zerspanungs-Anwendungsgruppe (z. B. P 10/P 30) bezeichnet. Bei den von den Herstellern angebotenen Schneidstoffen handelt es sich um solche Mehrbereichs-H., die insbes. unter dem Gesichtspunkt der Sortenreduzierung wirtschaftlich interessant sind.

Höchsten Anforderungen an die Kanten- und Verschleißfestigkeit scharfer Schneiden genügen die Feinstkorn-H. Die Carbidgröße, die bei konventionellen H. ca. 1–2 µm beträgt, liegt bei ihnen unter 1 µm (Bild 2). Bei gleicher Zusammensetzung weisen sie im Vergleich zu den herkömmlichen H. sowohl eine größere Härte als auch eine höhere Zähigkeit auf. Infolge der günstigen Eigenschaften geht der Anwendungsbereich dieser Schneidstoffe weit über die Schlichtbearbeitung hinaus. Vorteilhaft werden sie u. a. dann eingesetzt, wenn an der unteren Grenze der für H. noch möglichen Schnittgeschwindigkeit gearbeitet werden muß. Dabei können gleichzeitig hohe Vorschübe realisiert werden. Anwendungsgebiete sind u. a. das →Fräsen, Schälwälzstoßen und Räumen einsatzgehärteter Werkstoffe, die Gußzerspanung, die Bearbeitung von NE-Metallen sowie hochwarmfester Werkstoffe. Im Vergleich zu den Schnellarbeitsstählen besitzen die Feinstkorn-H. eine wesentlich höhere Härte und Warmverschleißfestigkeit.

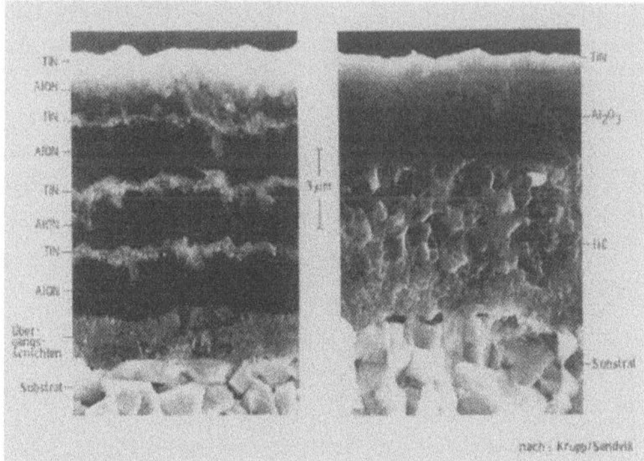

Hartmetall 2: Rasterelektronenmikroskopische Aufnahmen des Gefüges eines konventionellen (links) und eines Feinstkornhartmetalls (rechts).

Zu unterscheiden ist ferner zwischen beschichteten und unbeschichteten H. Die unbeschichteten H. haben ihren festen Einsatzbereich in der Zerspantechnik immer noch dort, wo hohe Anforderungen an Schneidenschärfe und Zähigkeitseigenschaften gestellt werden, wie z. B. beim Fräsen von Stahl, bei

der Feinbearbeitung, bei Ein- und Abstechoperationen oder bei der Gewindeherstellung.

Beschichtete H. wurden entwickelt, um die Vorteile der einzelnen Legierungselemente besser zu nutzen. Sie bestehen aus einem zähen Grundkörper, z. B. P 20, P 30, auf den eine 5–10 µm dünne, hoch verschleißfeste Hartstoffschicht aufgebracht wird. Diese kann aus Carbiden (z. B. Titancarbid), Nitriden (z. B. Titannitrid), Carbonitriden (z. B. Titancarbonitrid), Oxiden (z. B. Aluminiumoxid) oder Kombinationen hiervon bestehen. Beschichtet wird nach dem CVD- und PVD-Verfahren. Zur Unterscheidung wird der Bezeichnung der Zerspanungs-Anwendungsgruppe noch der Kennbuchstabe C (coated) hinzugefügt, z. B. P 30 C.

Eingesetzt wurden zuerst mit Titancarbid einlagig beschichtete H. Heute haben sich Mehrlagenbeschichtungen aus Titancarbid und Titannitrid und/oder Aluminiumoxid und Viellagenbeschichtungen, die aus einer Vielzahl unterschiedlicher Schichtlamellen bestehen, auf Grund verbesserter Verschleiß- und Zähigkeitseigenschaften durchgesetzt (Bild 3).

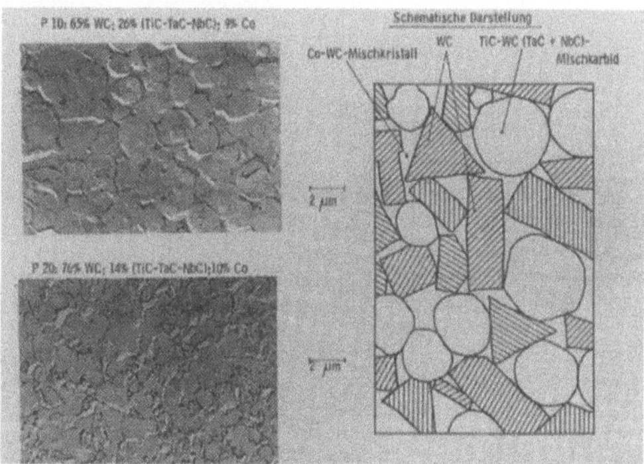

Hartmetall 3: Aufbau zweier Hartmetall-Hartstoffbeschichtungen.

Die Hauptanwendungsbereiche beschichteter H. liegen vor allem beim →Drehen und Fräsen. Hierbei wird in erster Linie die hohe Verschleißfestigkeit der Hartstoffe ausgenutzt. Die Beschichtung führt bei gleichen Schnittbedingungen zu einer Standzeiterhöhung oder bei gleicher Standzeit zu höheren Schnittwerten. H. auf der Basis von TiC/TiN werden in der Literatur allgemein als Cermets bezeichnet. *König*

Literatur: *Colding, B.:* Verschleißverhalten von beschichteten Hartmetallwerkzeugen. Fertigung 1 (1970), S. 3/7. – DIN 4990: Zerspanungs-Anwendungsgruppe für Hartmetalle. Hrsg. Dt. Normenausschuß. Ausg. Juli 1972. – DIN 4990: Klassifizierung und Bezeichnung von Zerspanungs-Hauptgruppen und Zerspanungs-Anwendungsgruppen von Hartmetallen. Hrsg. Dt. Inst. f. Normung. Entw. August 1984. – *Dreyer, K.:* Entwicklung und Schneidhaltigkeitsverhalten einer hochverschleißbeständigen Viellagen-Beschichtung auf Hartmetall. VDI-Z 123 (1981) Nr. 20, S. 199. – *Grewe, H.,* u. *J. Kolaska:* Entwicklung und Eigenschaften feinkörniger Hartmetalle. Vortragsseminar: Sonderfragen der Pulvermetallurgie. Haus der Technik, Essen 1978. – Horvath, E., u. *K. E. Klemme:* Einfluß des Hartmetall-Substrats bei unterschiedlichen Beschichtungen auf den Werkzeug-Einsatzbereich. Werkstoff und Betrieb 113 (1980), S. 169/72. – *Inzenhofer, A.:* Verschleißschutz durch CVD-Behandlung. wt-Z. ind. Fertig. 75 (1985), S. 251/56. – *Kiefer, G., u. F. Benesovsky:* Hartmetalle. Wien, New York 1965. – *König, U., u. a.:* Stand und Perspektive bei der chemischen und physikalischen Abscheidung von Hartstoffen auf Hartmetallen. Techn. Mitt. Krupp 39 (1981), S. 1/12. – *Kunz, H.:* Zerspanbarkeitsklassen als Grundlage für die Hartmetall-Klassifizierung. wt-Z. ind. Fertig. 72 (1982), S. 505/09. – *N. N.:* HM-Sorte mit Feingefüge ersetzt HSS. VDI-Nachr. (1981) Nr. 52, S. 8. – *Reiter, N., U. König u. H. van den Berg:* Fortschritte erst in jüngster Zeit: beschichtete Wendeschneidplatten zum Fräsen. Ind.-Anz. 105 (1983) Nr. 84, S. 26/28. – *Reiter, N.:* Hartmetalle als Werkzeugwerkstoff. VDI-Ber. Nr. 432. Düsseldorf 1982; S. 145/58. – *Schedler, W.:* Beschichtete Hartmetall-Werkzeuge für Dreh- und Fräsoperationen. Maschinenmarkt 82 (1976), S. 102. – *Storf, R.:* Beschichtete Hartmetall-Schneidplatten für das Fräsen. wt-Z. ind. Fertig. 72 (1982), S. 497/99. – *Voigt, K., H. Westphal u. W. Böhlke:* Entwicklungsstand und Leistungsvermögen der Hartmetalle. Fertigungstechnik und Betrieb 30 (1980), S. 155/60.

Harz. Terpene und H.-Säuren bauen sich chemisch auf dem gleichen Grundkörper, dem Isopren, auf. Als Monoterpene werden Verbindungen bezeichnet, die aus zwei Isopren-Einheiten aufgebaut sind. Sesquiterpene bestehen aus drei Isopren-Einheiten und Diterpene aus vier Isopren-Einheiten. Zur letzten Gruppe gehören formal die H.-Säuren.

Terpene und Terpenoide kommen häufig in Verbindung mit Fettsäuren vorwiegend in Nadelhölzern, aber auch in Laubhölzern, insbes. der tropischen Regionen vor. Die wirtschaftlich wichtigsten Terpen- und H.-Lieferanten sind Kiefern. Hier sind Mengen zwischen 2–10 % im Holz vorhanden. Noch höhere Anteile sind in den Wurzeln der entsprechenden Bäume zu finden. Sie werden gewonnen entweder in einer Lebendharzung durch Einschneiden der Rinde der Bäume, durch Extraktion des zerkleinerten Holzes oder der Wurzeln oder als Nebenprodukt bei der Herstellung von Zellstoffen.

Aus dem H. der Lebendharzung und der Extraktionsharzung können die Terpene durch Wasserdampfdestillation entfernt werden. Die Trennung von H. und Fettsäuren kann durch Destillation erfolgen. Bei der Herstellung von → Zellstoff befinden sich die Terpene in den Kocherabgasen und fallen bei deren Kondensation an. Die Gewinnung von H.- und Fettsäuren ist auf alkalische Aufschlußverfahren beschränkt. Bei Eindampfung der entsprechenden Ablaugen schwimmen sie in Form von Natriumseifen (Tallöl) auf der Ablauge, werden von dort abgeschöpft, gereinigt und in H.- und Fettsäure-Fraktionen aufgetrennt. Verwendung finden die Terpene als Lösungsmittel, als Geruchsstoffe sowie zur Synthese von Insektiziden. Die Harze (Kolophonium) werden vorwiegend zur Papierleimung, als Weichmacher in der Kunststoffindustrie und zur Modifizierung von Alkydharz eingesetzt. *Patt*

Harz, synthetisches. S. H. (auch Kunst-H.) ist der Sammelbegriff für solche synthetischen, niedermolekularen Verbindungen oder makromolekulare Rohstoffe, die flüssig, löslich oder schmelzbar sind und erst nach ihrer Verarbeitung ihre Gebrauchsfestigkeit erhalten.

Es sind dies Kunststoffe, die in einer speziellen Form verarbeitet werden oder zu einer besonderen Anwendung gelangen.

Harze sind weiche bis feste Stoffe, die in organischen Lösungsmitteln, einige auch in Wasser löslich sind, schmelzen oder doch beim Erwärmen erweichen.

Eine besondere Gruppe unter den H. sind die *Reaktions-H.* Dies sind in der Regel niedermolekulare Vorprodukte, die erst nach der formgebenden Verarbeitung durch Polymerisation, Polykondensation oder Polyaddition thermoplastisch oder duroplastische Kunststoffe ergeben.

Gieß-H. sind lösungsmittelfreie, flüssige, oder durch mäßiges Erwärmen verflüssigte Reaktionsharze, die ohne Druckanwendung in offene Formen gegossen werden und darin erstarrt die Formkörper ergeben.

S. H. kommen im reinen Zustand oder viel häufiger im Gemisch mit anderen Stoffen zur Anwendung. Dabei werden Stoffe eingesetzt, die die mechanischen Eigenschaften wie Festigkeit, Elastizität usw., die Chemikalien- und Witterungsbeständigkeit oder die elektrischen Eigenschaften verbessern, oder Füllstoffe, die zur Verbilligung der Fertigteile führen. Vorwiegend werden H. aber als Bindemittel eingesetzt.

Die Hauptanwendungsgebiete von s. H. sind die Lacke, Anstrichmittel und Klebstoffe. Hierher gehören die Alkyd-H., Epoxid-H., ungesättigte Polyester-H., Polyurethane, Silicon-H., Vinyl- und Acrylat-H.

Als Bindemittel in der Schichtstoffherstellung (Preßspanplatten, Sperrholz usw.) werden Phenol-H., Amino- und Melamin-H. eingesetzt. Bei der Fertigung von Kunstharzbeton bzw. Kunststein sind ungesättigte Polyester-H., Epoxid-H., Polyurethane und auch Acrylat-H. in der Anwendung.

Wichtige Einsatzgebiete von Gieß-H., vor allem auf Epoxidharzbasis, sind die Herstellung von Modellen, Formen und Werkzeugen sowie deren Verwendung als Umhüll- und Einbettmaterial. *Zahradnik*

Hatta-Zahl. Für heterogene Fluid-Fluid-Reaktionen definierte dimensionslose Kennzahl Ha als Verhältnis der Geschwindigkeiten der chemischen

Reaktion und des Stoffübergangs. Am Beispiel von Gas-Flüssigkeits-Reaktionen ist Ha gegeben durch

$$Ha = \delta_1 \sqrt{\frac{r}{D_{i,l}\, c_i}} = \frac{1}{\beta_{i,l}} \sqrt{\frac{rD_{i,l}}{c_i}};$$

δ_1 Dicke der flüssigkeitseitigen Grenzschicht, r Reaktionsgeschwindigkeit, $D_{i,l}$ Diffusionskoeffizient der Komponente i in der Flüssigkeit, c_i Konzentration des Reaktanden i in der Flüssigkeit, $\beta_{i,l}$ flüssigkeitseitiger Stoffübergangskoeffizient.

Die für Gas-Flüssig-Reaktionen definierte Ha beschreibt also den Einfluß eines flüssigkeitseitigen Stoffübergangs auf eine in der Flüssigkeit ablaufende Reaktion. Der Stoffübergang bewirkt eine Verarmung der Reaktandenkonzentration innerhalb der flüssigkeitseitigen Grenzschicht, d. h. es bilden sich in der Flüssigkeitsgrenzschicht Konzentrationsgradienten aus, die durch einen Ausnutzungsgrad (Wirkungsgrad) der Flüssigkeit beschrieben werden, der von der Ha abhängig ist. Damit ist die völlige Analogie zum →Thiele-Modul und Katalysatorwirkungsgrad bei Gas-Feststoff-Reaktionen hergestellt, die sich ebenso wie Flüssig-Flüssig-Reaktionen oder Flüssigkeits-Feststoff-Reaktionen zu den Fluid-Fluid-Reaktionen einordnen lassen. Dies bedeutet, daß die Ha, die sich für irreversible Reaktionen erster Ordnung (k Reaktionsgeschwindigkeitskonstante) vereinfacht zu

$$Ha = \delta_1 \sqrt{\frac{k}{D_{i,l}}} = \frac{1}{\beta_{i,l}} \sqrt{k\, D_{i,l}}\,,$$

und der Thiele-Modul Φ äquivalent sind. Die Ha ist z. B. bei Gas-Absorptionen und/oder Gas-Wäschen von großer Bedeutung und ist eine wichtige Einflußgröße des Verstärkungsfaktors. *Schönbucher*

Hauptachsensystem. H. sind von großer Bedeutung bei der Beschreibung von Spannungs- und Formänderungszuständen. Das H. wird beschrieben durch drei aufeinander senkrecht stehende Achsen, die Hauptachsen, und deren Richtung, die Hauptrichtungen.

Die im H. wirkenden Spannungen werden als Hauptspannungen $\sigma_1, \sigma_2, \sigma_3$, die durch sie hervorgerufenen Dehnungen (Formänderungen) als Hauptdehnungen (-formänderungen) $\varepsilon_1, \varepsilon_2, \varepsilon_3$ bezeichnet.

Im H. besitzen sowohl der Spannungs- als auch der Formänderungstensor eine besonders einfache Form, da sämtliche Schubspannungen/Schiebungen verschwinden:

Spannungstensor

$$\underline{\underline{\sigma}} = \begin{pmatrix} \sigma_1 & 0 & 0 \\ 0 & \sigma_2 & 0 \\ 0 & 0 & \sigma_3 \end{pmatrix}$$

Formänderungstensor

$$\underline{\underline{\varepsilon}} = \begin{pmatrix} \varepsilon_1 & 0 & 0 \\ 0 & \varepsilon_2 & 0 \\ 0 & 0 & \varepsilon_3 \end{pmatrix}$$

Die Bestimmung der Hauptwerte $\lambda_1, \lambda_2, \lambda_3$, die im Fall des Spannungstensors als Hauptspannungen $\sigma_1, \sigma_2, \sigma_3$ und beim (Dehnungs-)-Formänderungstensor als Hauptdehnungen $\varepsilon_1, \varepsilon_2, \varepsilon_3$ angegeben werden können, erfolgt an Hand der charakteristischen Gleichung

$$\lambda^3 - I_1\lambda^2 + I_2\lambda - I_3 = 0,$$

wobei I_1, I_2, I_3 die Invarianten des Tensors sind. Die Invarianten haben für den Spannungstensor die Form

$$I_1 = \sigma_1 + \sigma_2 + \sigma_3,$$

$$I_2 = - (\sigma_1\sigma_2 + \sigma_2\sigma_3 + \sigma_3\,\sigma_1),$$

$$I_3 = \sigma_1\sigma_2\sigma_3.$$

Für die Invarianten des Dehnungstensors gilt Entsprechendes. *Lange*

Literatur: *Betten, J.:* Elastizitäts- und Plastizitätslehre. Braunschweig, Wiesbaden 1985. – *Hill, R.:* The Mathematical Theory of Plasticity. Oxford 1950. – *Ismar, H.,* u. *O. Mahrenholtz:* Technische Plastomechanik. Braunschweig, Wiesbaden 1979. – *Lange, K.* (Hrsg.): Umformtechnik. Handb. f. Ind. u. Wiss. Bd. 1: Grundlagen. 2. Aufl. Berlin, Heidelberg, New York, Tokio 1984. – *Lippmann, H.:* Mechanik des plastischen Fließens. Berlin, Heidelberg, New York 1981. – *Lippmann, H.,* u. *O. Mahrenholtz:* Plastomechanik der Umformung metallischer Werkstoffe. Berlin, Heidelberg 1967. – *Prager, W.,* u. *P. G. Hodge:* Theorie ideal-plastischer Körper. Wien 1954.

Hauptantrieb. An spanenden Werkzeugmaschinen unterscheidet man zwischen Hauptantrieben, Vorschubantrieben und Hilfsantrieben. Dem H. fällt dabei primär die Aufgabe zu, durch Wandlung einer bereitgestellten Energieart (meist elektrisch oder hydraulisch) die zur Zerspanung benötigte Wirkenergie bereitzustellen. Gleichzeitig ist der H. aber immer auch eine unerwünschte Wärme- und Schwingungsquelle. Heute werden ausschließlich Einzelantriebe eingesetzt, d. h. jede Maschinenbewegung hat einen ihr zugeordneten Antrieb.

Auslegungs- und Auswahlkriterien sind neben der konstanten Leistungsabgabe über einen großen Drehzahlbereich hinweg die Zerspanungstechnologie und die Wirtschaftlichkeit. Wesentliche Kenngrößen eines Motors sind hierbei Leistung, Umdrehungsfrequenz, mechanische und elektrische Zeitkonstante (Hochlaufzeit), Schutzart, Regelbarkeit und die Art der Energie (elektrisch, hydraulisch, pneumatisch).

Bevorzugt werden derzeit fast ausschließlich Elektromotoren, stufenlos regelbar oder mit gestufter Drehzahl, mit und ohne Getriebe für rotatorische Antriebe eingesetzt. Translatorische Bewegungen hingegen werden oftmals auch mit hydraulischen oder pneumatischen Antrieben realisiert.

Als elektrischer Antrieb kommt hauptsächlich der Asynchronmotor mit Polumschaltung oder mit Frequenzumrichter für stufenlose Drehzahlregelung zum Einsatz. Gleichstrom-Nebenschlußmotoren werden wegen ihrer „harten" Kennlinie, d. h. bei steigendem Lastmoment nahezu konstante Umdrehungsfrequenz, und relativ einfachen stufenlosen Drehzahlregelbarkeit in CNC-Maschinen überwiegend eingesetzt.

Bei der Auslegung eines H. ist neben der Wahl der Antriebsart und der Energieversorgung auch auf die Anbringung des Motors/Getriebes zu achten. Eine unerwünschte Erwärmung der Werkzeugmaschine und Schwingungsanregung wird beispielsweise durch eine Kraftübertragung mit Keil- oder Zahnriemen vermieden.

Bei hohen Drehzahlen ($> 10\,000$ min^{-1}) wird der H. in die →Hauptspindel integriert (Motorspindel, Magnetlager). Damit sind Drehzahlen bis weit über $100\,000$ min^{-1} erreichbar. *Schulz*

Hauptschneide →Spiralbohrer, →Schneidteil

Hauptspindel. Aufgabe der H. (auch Arbeitsspindel) einer Werkzeugmaschine ist:
□ Führung und Aufnahme des Werkzeugs (z. B. Fräsmaschine) oder Werkstücks (z. B. Drehmaschine),
□ Aufnahme der Schnittkräfte,
□ Übertragung der Leistung.

Die Arbeitsbewegung ist meist rein drehend oder drehend und axial schiebend (z. B. Bohrmaschine).

Die Konstruktion einer H. (Bild) muß den Forderungen bezüglich
□ statischer und dynamischer Steifigkeit sowie Dämpfung,
□ Genauigkeit (z. B. Rundlauf, Spiel usw.)
genügen. Dabei sind die Anforderungen jedes Maschinentyps unterschiedlich, hohe Drehzahlen z. B. bei Schleifmaschinen, große Kräfte z. B. bei Drehmaschinen. Dies hat entsprechende Auswir-

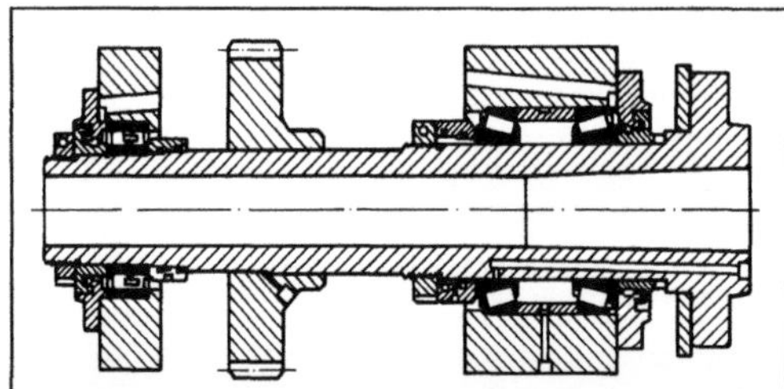

Hauptspindel: Wälzgelagerte Hauptspindel (Ausführungsbeispiel).

kungen auf die Wahl der verwendeten Lager. Unerwünschte Auslenkungen der Spindel können durch mangelnde Steifigkeit der Lager, der Lageraufnahme und der Spindel selbst entstehen. Die Auswahl der richtigen Spindellagerung ist daher von entscheidender Bedeutung.

Um thermische Einflüsse durch die unvermeidbaren Verluste in der Lagerung zu vermeiden, ist bei den Hauptspindeln wie auch bei den übrigen Elementen einer Werkzeugmaschine ein thermosymmetrischer Aufbau anzustreben. *Schulz*

Heften von Schweißteilen →Schweißen

Heißgasfilter. Elektrofilter zum Entstauben der Abgase von Röstprozessen (Schwefelsäureproduktion). Die bis zu 500 °C heißen Gase werden direkt hinter dem Röstofen durch ausgemauerte Filtergehäuse geführt. Die Niederschlagselektrode wird wegen der Wärmedehnung als verwerfungsbeständige Siebplatte ausgeführt. Quarzrohre führen die Spannung zu. Der Energieverbrauch beträgt 0,5–0,9 kWh/1 000 m^3. *Trefz*

Literatur: *Ullmann:* Enzyklopädie der techn. Chemie. 4. Aufl. Bd. 2. Weinheim 1972.

Heizelementschweißen →Mikroschweißen, →Kunststoffschweißen

Hemmung, kompetitive. Als k. H. einer enzymkatalysierten Reaktion wird die reversible Bindung eines Inhibitors I an das aktive Zentrum eines Enzyms E bezeichnet, wenn der Inhibitor auf Grund struktureller Ähnlichkeit mit dem Substrat um die Bindungsstelle konkurriert. Mit steigender Inhibitorkonzentration wird das Substrat in zunehmendem Maß vom aktiven Zentrum des Enzyms verdrängt, bis die Reaktion vollständig gestoppt ist. Durch Erhöhung der Substratkonzentration kann wiederum die Wirkung des Inhibitors verringert werden. Nach der Michaelis-Menten-Beziehung kann analog zur Dissoziationskonstanten K_S des Enzym-Substratkomplexes eine Inhibitorkonstante K_I definiert werden:

$$K_I = \frac{[E] \cdot [I]}{[EI]} \quad \text{und} \quad v = \frac{v_{max} \cdot [S]}{[S] + K_M (1 + [I]/K_I)};$$

K_I ist auf exakte Weise mittels einer Dixon-Auftragung zu bestimmen.

Ein kompetitiver Inhibitor beeinflußt die Michaelis-Konstante K_M und nicht die maximale Reaktionsgeschwindigkeit v_{max}, d. h. es wird die Substrataffinität verändert, nicht die Zerfallsgeschwindigkeit des Enzym-Substratkomplexes. *Liefke*

Literatur: *Fersht, A.:* Enzyme Structure and Mechanism. 2. Aufl. New York 1985.

Hemmung, nichtkompetitive. Die gleichzeitige Bindung von Substrat S und Inhibitor I an ein Enzym unter Verminderung der maximalen Reaktionsgeschwindigkeit v_{max} wird als n. H. bezeichnet (→Dixon-Darstellung, →Lineweaver-Burk-Darstellung, →Eadie-Hofstee-Darstellung). Dabei bindet der Inhibitor an das freie Enzym E und auch an den Enzym-Substratkomplex ES, allerdings nicht an das aktive Zentrum. Mit dem Reaktionsschema

$$E + S \underset{k_{-1}}{\overset{k_1}{\rightleftharpoons}} ES \underset{k_{-2}}{\overset{k_2}{\rightleftharpoons}} E + P$$

$$+ \qquad +$$

$$I \qquad I$$

$$k_1 \left\|\; k_{-i} \quad k'_1 \right\|\; k'_{-i}$$

$EI \underset{k'_{-1}}{\overset{k'_1}{\rightleftharpoons}} ESI$ ist die Wirkung eines nichtkompetitiven Inhibitors auf eine enzymkatalysierte →Reaktion beschrieben.

Die Inhibitorkonstanten $K_I = k_{-i}/k_i$ und $K'_I = k'_{-i}/k'_i$ stimmen nicht immer überein. In solchen Fällen spricht man von einer gemischten H. *Liefke*

Hemmung, pseudokompetitive. Während bei der kompetitiven H. Substrat und Inhibitor um dieselbe Bindungsstelle am aktiven Zentrum des Enzyms konkurrieren, binden Substrat und Hemmstoff wegen ihrer unterschiedlichen Struktur und Ladungsverteilung bei der p. H. an verschiedenen Positionen (Dixon-Auftragung, →Lineweaver-Burk-Darstellung, →Eadie-Hofstee-Darstellung). Der Hemmstoff bindet an ein regulatorisches Zentrum, das über allosterische Wechselwirkungen die katalytische Aktivität des Enzyms beeinflußt. Im Gegensatz zur kompetitiven H. können bei diesem Hemmtyp Substrat und Inhibitor gleichzeitig am Enzym gebunden sein. *Liefke*

Hemmung, unkompetitive. Bei einer u. H. (Dixon-Auftragung) greift der Inhibitor I nicht am freien Enzym E, sondern ausschließlich am Enzym-Substratkomplex ES an. Dadurch wird ein inaktiver Übergangskomplex gebildet, der nicht zum Produkt weiterreagieren kann. K_I ist in diesem Fall definiert als

$$K_I = \frac{[ES] \cdot [I]}{[ESI]} \text{ und}$$

$$v = \frac{v_{max}}{1 + [I]/K_I} \cdot \frac{[S]}{K_M/(1 + (I/K_I) + [S]}.$$

Durch unkompetitive Hemmstoffe sind K_M und V_{max} beeinflußbar. In der Dixon- oder →Lineweaver-Burk-Darstellung verschieben sich die resultie-renden Ausgleichsgeraden parallel, d. h. die Steigung der Geraden K/V_{max} bleibt bei Erhöhung der Inhibitorkonzentration konstant. *Liefke*

Henry-Gesetz. Das physikalische Lösungsverhalten von Gasen in verdünnten, wenig flüchtigen Lösungen kann mit ausreichender Genauigkeit für viele technische Zwecke mit Hilfe des H.-G. beschrieben werden (Bild 1). Nach diesem Gesetz ist der Partialdruck der Komponente i dem jeweiligen Molendruck über der ideal verdünnten Lösung proportional:

$$p_i = K_{H,i} \cdot x_i \qquad (1).$$

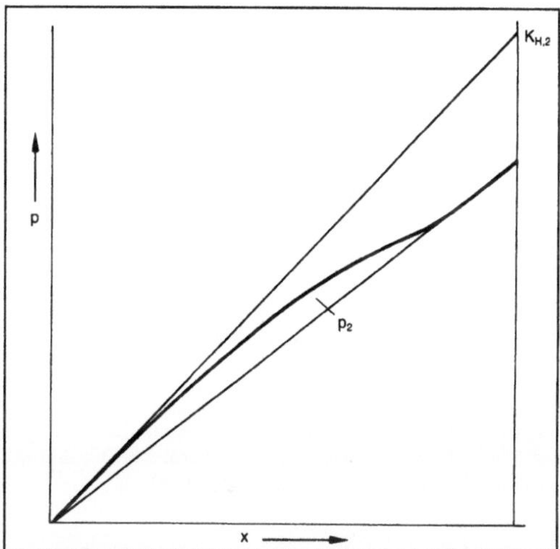

Henry-Gesetz 1: Zur Ableitung des Henry-Gesetzes.

Die H.-Konstante $K_{H,i}$ hängt von der Temperatur T, dem Druck p und auch von der jeweiligen Überschußkomponente ab.

Die Abweichungen von dieser Geraden können im Aktivitätskoeffizienten γ_i berücksichtigt werden:

$$p_i = x_i \cdot K_{H,i} \cdot \gamma_{i\infty} \qquad (2),$$

$$K_{H,i} = \frac{\gamma_i}{\gamma_{i\infty}} \cdot p_{oi} \text{ (in Pa)} \qquad (3),$$

mit γ_i →Aktivitätskoeffizient, $\gamma_{i\infty} = \lim\limits_{x_i \to 0} \gamma_i$, p_{oi} Dampfdruck der reinen Komponente i.

In Systemen, in denen angenommen werden kann, daß die Flüssigkeit praktisch keinen Dampfdruck hat ($p_i = p$), gilt dann:

$$p = x_i \cdot K_{H,i} \cdot \gamma_{i\infty}.$$

Ist außerdem die Lösung des Gases ideal verdünnt, so reduziert sich der Ausdruck zu

$$p = x_i \cdot K_{H,i}.$$

In Bild 2 ist der H.-Koeffizient für einige Stoffsysteme in Abhängigkeit von der Temperatur dargestellt. *Weinspach*

433

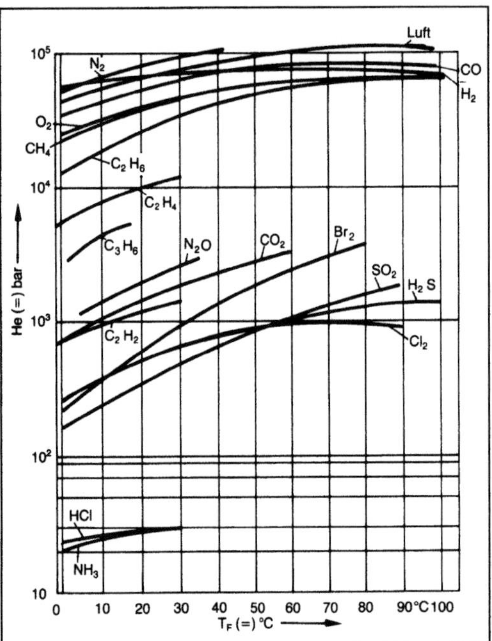

Henry-Gesetz 2: Henry-Koeffizient in Abhängigkeit von der Temperatur.

Literatur: Autorenkollektiv: Thermodynamik der Mischphasen. Leipzig 1973. – *Mersmann, A.:* Thermische Verfahrenstechnik. Berlin, Heidelberg, New York 1980.

Herstellgenauigkeit →Arbeitsgenauigkeit

Herzklappe. Für den Ersatz von insuffizienten natürlichen Klappen, aber auch für den Betrieb von künstlichen Blutpumpen wurde eine Vielzahl von H. entwickelt. Zur Zeit gibt es etwa 50 Typen auf dem Markt. Die erste Einpflanzung einer künstlichen H. beim Menschen, die auch zu einem Langzeiterfolg des Eingriffs führte, erfolgte im August 1960 durch *A. Starr.* In den letzten 27 Jahren sind auf diesem Gebiet große Fortschritte gemacht worden; der Klappenersatz wurde zu einer Routineoperation. Jährlich werden weltweit ca. 20000 H. implantiert. Setzt man voraus, daß die natürlichen H. die Optimalausführungen darstellen, so lassen sich aus ihrer Hämodynamik, Funktion und Anatomie die wichtigsten Randbedingungen für die Entwicklung von künstlichen H. ableiten:

□ leichte Implantierbarkeit,
□ schnelles Einheilen in das Wirtsgewebe,
□ geringer Strömungswiderstand,
□ fester Klappenschluß (kein Rückstrom),
□ Klappenaktion synchron zur Herzaktion,
□ keine Blutschädigung durch Hämolyse oder Thrombogenität,
□ keine Ermüdungserscheinungen (Mindestlebensdauer 5 Jahre = $2 \cdot 10^8$ Lastwechsel).

Die Mehrzahl der realisierten Klappenkonstruktionen spielt eine untergeordnete Rolle. Nur einige wenige Typen haben sich im Laufe der Zeit durchgesetzt, von denen die wichtigsten dargestellt sind (Tabelle).

Man kann eine grobe Unterteilung in Kugel-, Diskus- und Segelklappen vornehmen. Bei den Diskusklappen unterscheidet man axial bewegliche Schließkörper und Pendelklappen. Die dargestellte Bioprothese hat erst in den letzten Jahren an Bedeutung gewonnen und wird besonders in den Fällen eingesetzt, wo eine Antikoagulantienthera-

Herzklappe. Tabelle: Prothesentypen.

Klappentyp	Kugelklappe	Hubscheibenklappe	Kippscheibenklappe	Bioprothese
abgebildetes Modell	Starr-Edwards	Kay-Shiley	Björk-Shiley	Carpentier-Edwards Xenograft
verwandte Modelle	Harken Cooley-Cutter Smeloff-Cutter McGovern Braunwald-Cutter De Bakey	Cross-Jones Hufnagel Kay-Suzuki Beall Harken Cooley-Bloodwell-Cutter Cooley-Cutter	Wada-Cutter Lillehei-Kaster Hall-Kaster Omniscience St. Jude-Medical (Doppelflügel)	Hancock Angell-Shiley Ionescu-Shiley
Einführung	1960	1965	1967	1970

pie nicht möglich ist, z. B. bei Patienten mit hohem Lebensalter. Die Klappen bestehen aus einem Kunststoffstützgerüst, das mit einem Gewebe (Dacron) überzogen wird. Als Schließelemente werden bestimmte entsprechend zugeschnittene und vorbehandelte tierische Gewebe (Aortenklappe, Pericard, Dura mater) eingenäht. Die noch nicht befriedigende Dauerfestigkeit dieser Klappe ist allerdings ein potentielles Risiko. Reoperationen zum Austausch defekter Klappen sind vorhersehbar.

Von den mechanischen Kunstklappen haben sich heute die Kippscheibentypen durchgesetzt. Sie sind bezüglich Materialwahl, Formgebung und Hämodynamik sehr intensiv untersucht und optimiert worden. Für diese Bauteile kann man bei normaler Nutzung eine praktisch unbegrenzte Haltbarkeit voraussetzen. Aber selbst bei ständiger Antikoagulationsbehandlung neigen sie zur Thrombosierung und damit zur systematischen Embolisation. Klappenprothesenträger müssen sich deshalb einer regelmäßigen klinischen Kontrolle unterziehen.

Neuere Untersuchungen befassen sich mit Ein- und Zweisegelklappen. Das vordergründige Interesse liegt an der Erzielung eines Zentralflusses. Man möchte damit einen generellen Nachteil der Kippscheibenklappen, die Aufteilung der Blutströmung durch die Klappe in zwei Teilströme, umgehen. Derzeit haben diese Klappenprothesen noch keine klinische Bedeutung. *Stroh*

Literatur: *Dalichan, H.:* Herzklappenersatz: Heutige Möglichkeiten und Grenzen. D. Ärztebl. 83, H. 42 Okt. 86. Ausg. B. – *Köhler, J.,* et al.: Druck- und Volumenverluste an vier neuen Herzklappenprothesen. BMT 26 (Sept. 1981). – Nakiri, K., et al.: Central Flow Artificial Heart Valve: A New Concept, Progress in Artif. Org. ISAO Press No. 204, Cleveland 1984. – *Reul, H.:* In-vitro Evaluation of Artifical Heart Valves. Adv. cardiovasc. Phys. 5 (1983) Tl. IV.

Heß-Satz. Der H.-S. (auch Gesetz der konstanten Wärmesummen genannt), 1840 von *H. Heß* aufgestellt, besagt, daß die beim Übergang eines chemischen Systems von einem definierten Ausgangszustand in einen definierten Endzustand abgegebene oder aufgenommene Wärme unabhängig ist vom Weg der Umsetzung. Anders ausgedrückt: Die Enthalpie als Zustandsfunktion hängt nur vom Anfangs- und Endzustand, nicht vom Reaktionsweg ab. Dementsprechend kann eine unbekannte Reaktionsenthalpie einer Reaktion aus den bekannten Reaktionsenthalpien mehrerer anderer Reaktionen berechnet werden, wenn die stöchiometrische Gleichung der Reaktion mit unbekannter Reaktionsenthalpie sich durch Kombination der stöchiometrischen Gleichungen mit bekannten Reaktionsenthalpien darstellen läßt:

$$\sum_{i=1}^{N'} \nu_{i1} A_i = \sum_{i=1}^{N'} \nu_{i2} A_i + \sum_{i=1}^{N'} \nu_{i3} A_i \qquad (1),$$

$$\Delta_R H_1 = \Delta_R H_2 + \Delta_R H_3 \qquad (2),$$

mit ν_i stöchiometrische Koeffizienten, A_i Reaktand, $\Delta_R H$ Reaktionsenthalpie, $j = 1$ Reaktion mit unbekannter Reaktionsenthalpie, $j = 2,3$ Reaktion mit bekannter Reaktionsenthalpie, N' Anzahl der Komponenten.

Bei Reaktionen mit nicht vernachlässigbaren Mischungswärmen, d. h. in nichtidealen Gemischen, ist zu beachten, daß außer Temperatur, Druck und Aggregatzustand noch die Konzentration der Komponente i zur Zustandscharakterisierung erforderlich ist. *Weinspach*

Literatur: Autorenkollektiv: Verfahrenstechnische Berechnungsmethoden. Tl. 5: Chemische Reaktoren. Weinheim 1987.

Heteroazeotrop. Bei einem H. (heterogenes →Azeotrop) sind die flüssigen Komponenten des Systems im Gegensatz zu einem homogenen Azeotrop nicht vollständig mischbar. *J. S. Rowlinson* unterscheidet zwischen vier verschiedenen Typen von binären H. (Bild). An der Dreiphasenlinie llg stehen drei Phasen miteinander im Gleichgewicht: eine gasförmige Phase g und die beiden flüssigen Phasen l_1 und l_2. Der Typ I tritt auf, wenn der Dreiphasendruck zwischen den Dampfdrücken der reinen Komponenten liegt und kein zusätzliches Azeotrop auftritt (z. B. CO_2-n-Octan). Beim Typ II (z. B. Wasser-Phenol) tritt neben der Flüssig-Flüs-

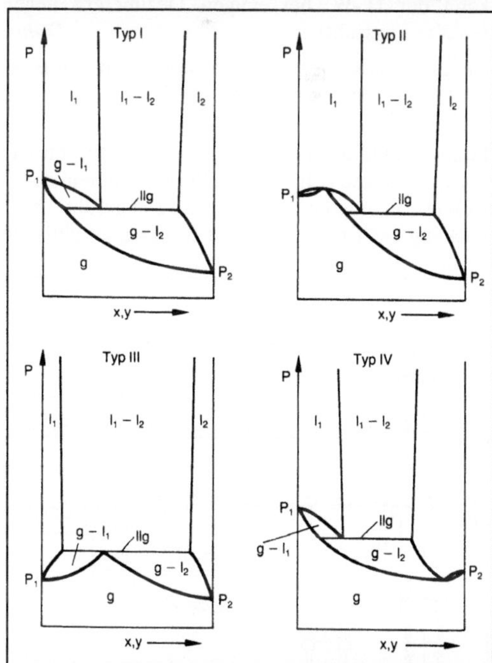

Heteroazeotrop: Typen von binären Heteroazeotropen.

P Druck, P_1 Dampfdruck der Komponente 1, x Molanteil (flüssige Phase), y Molanteil (Gasphase)

sig-Mischungslücke ein homogenes positives und beim Typ IV ein homogenes negatives Azeotrop auf. Der Typ III kommt dann vor, wenn der Dreiphasendruck höher als die Dampfdrücke beider Komponenten liegt (z. B. Wasser-Naphthalin). *Dohrn*

Literatur: *Rowlinson, J. S.,* u. *F. L. Swindon:* Liquids and Liquid Mixtures. London 1982.

HETP-Wert. Der H.-W. (Height Equivalent of one Theoretical Plate) dient zur Beurteilung der Trennwirkung einer →Füllkörperkolonne und entspricht derjenigen Höhe einer Packungsschicht, die das Gas durchlaufen muß, um die gleiche Anreicherung wie auf einem theoretischen Boden zu erfahren. Den H.-W. kann man ermitteln, indem man zunächst wie bei Bodenkolonnen graphisch im McCabe-Thiele-Diagramm oder mit der →Fenske-Underwood-Gleichung und der →Erbar-Maddox-Korrelation die theoretische Stufenzahl bestimmt. Man erhält den H.-W., wenn man dann die Packungshöhe durch die theoretische Bodenzahl dividiert. Der H.-W. fällt mit sinkender Größe der →Füllkörper. Bei chromatographischen Säulen werden bei sehr kleinen Partikeln H.-W. erreicht, die kleiner als 0,1 mm sind, d. h., eine Säule von wenigen Zentimetern besitzt viele hundert theoretische Böden. Bei Füllkörperkolonnen mit großen Füllkörpern (>10 mm) kann der H.-W. bei einigen Dezimetern liegen (→Wertungszahl). *Dohrn*

Literatur: *Grassmann, P.,* u. *F. Widmer:* Einführung in die thermische Verfahrenstechnik. Berlin 1974.

Higee-Destillation. Bei der H. wird das thermische Trennverfahren beim →Destillieren in einem durch Rotation erzeugten Schwerefeld durchgeführt. Eine Packung zur Erzeugung einer Stoffaustauschfläche

zwischen der Gas- und der Flüssigkeitsphase ist in einer Zentrifuge untergebracht. Das Gas strömt auf Grund einer Druckdifferenz vom Zentrifugenumfang radial zur Achse, während die Flüssigkeit auf Grund des künstlichen Schwerefeldes in entgegengesetzter Richtung fließt.

Anwendungsgebiete für das von der Firma ICI entwickelte Verfahren liegen im Bereich der Trennung von Flüssigkeitsgemischen unter Bedingungen, bei denen die Gravitationskräfte zu gering oder veränderlich gerichtet sind, wie z. B. in Raumflugkörpern oder nicht lagestabilisierten Plattformen (→Trennmaschine). *Dohrn*

Hilfsantrieb (Werkzeugmaschinen). H. (Bild) werden in den zur Ver- und Entsorgung einer Werkzeugmaschine notwendigen Einrichtungen verwendet. Dies sind Kühlmittelversorgung, Schmiermittelversorgung, Spänetransport, Spannmittel sowie Be- und Entladeeinrichtungen (→Vorschubantrieb, →Hauptantrieb).

Bei den rotatorischen H. (z. B. Kühlmittelpumpen, Schmiermittelpumpen usw.) werden fast ausschließlich Drehstrom-Asynchronmotore mit Kurzschlußläufer eingesetzt. Translatorische Bewegungen z. B. an Spannmitteln werden oft hydraulisch oder pneumatisch erzeugt.

Bei der Auswahl des geeigneten Antriebskonzeptes steht die Wirtschaftlichkeit im Vordergrund. Die technischen Anforderungen (Stellbereich, Dynamik, Positionsunsicherheit usw.) sind gering. *Schulz*

Hill-Kinetik. Auftragung zur quantitativen Beschreibung kooperativer Einflüsse auf enzymkatalysierte Reaktionen (→Enzymkinetik). Besteht ein Enzym aus mehreren Untereinheiten, die Substrat-

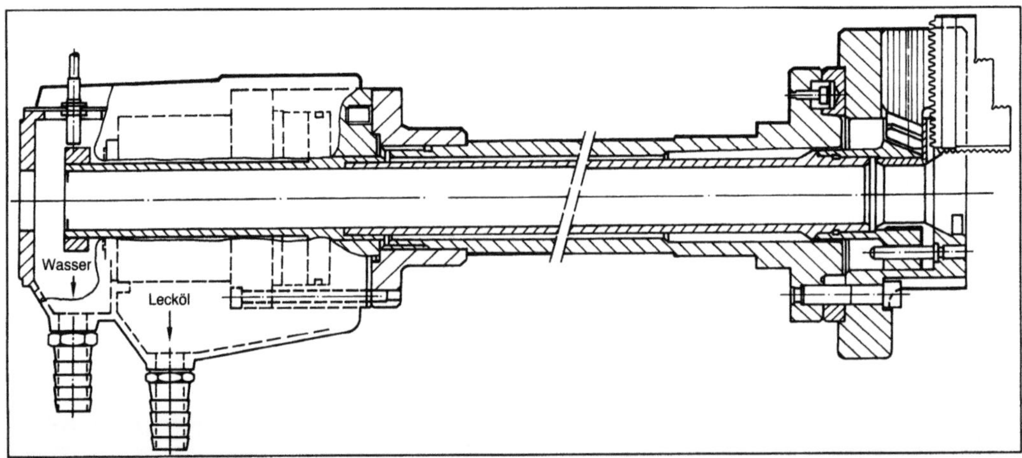

Hilfsantrieb (Werkzeugmaschinen): Hydraulisch angetriebene Spannbacken eines Drehfutters. (Quelle: Forkardt, Düsseldorf)

moleküle binden können, so lautet die Reaktionsgleichung:

$$E + nS \rightleftharpoons ESn \rightleftharpoons E + nP.$$

Analog der →Michaelis-Menten-Kinetik gilt für die Reaktionsgeschwindigkeit v:

$$v = \frac{v_{max} \cdot [S]^n}{K_M + [S]^n},$$

mit [S] Substratkonzentration, K_M Michaelis-Konstante, n Hill-Koeffizient (häufig mit n_H bezeichnet).

Zweckmäßigerweise wird diese Gleichung umgeformt und logarithmiert:

$$\log \frac{v}{v_{max} - v} = n_H \cdot \log[S] - \log K_M$$

(Hill-Gleichung). Die Auftragung von $\log v/v_{max} - v$ über $\log [S]$ liefert eine Gerade mit der Steigung n_H. Im Bereich von 10–90 % der Substratsättigung beschreibt die Hill-Gleichung hinreichend genau den Einfluß bereits gebundener Liganden auf die Substrataffinität allosterischer Enzyme. Der Hill-Koeffizient n_H gibt die minimale Anzahl an Bindungsstellen an und ist ein Maß für die →Kooperativität:

□ positive Kooperativität: $n_H > 1$,

□ keine Kooperativität: $n_H = 1$,

□ negative Kooperativität: $n_H < 1$.

Analog kann mit einer Hill-Auftragung auch der Einfluß von Aktivatoren oder Inhibitoren bestimmt werden, indem statt der Substratkonzentration der Logarithmus der Effektorkonzentration (→Effektor) aufgetragen wird. *Liefke*

Literatur: *Fersht, A.:* Enzyme Structure and Mechanism. 2. Aufl. New York 1985.

Hinterschnitt →Planetärerosion

Hobelmaschine, Stoßmaschine.

H. und S. werden zum spanabhebenden, geradlinigen Werkstoffabtrag mit geometrisch bestimmter Schneide benutzt.

Bei der H. bewegt sich der Tisch mit dem Werkstück geradlinig hin und her, während bei der S. das Werkzeug diese Bewegung ausführt.

H. bestehen aus den Bauelementen Support, evtl. Querbalken, Ständer und Tisch. Während größere H. meist über Ritzel und Zahnstange angetrieben werden, verwendet man bei S. entweder einen mechanischen oder einen hydraulischen Antrieb (Bild). H. finden Anwendung bei der Bearbeitung von langen, mittelschweren Werkstücken. Da das →Maschinenbett doppelt so lang wie der Tisch sein muß, ergibt sich eine große Baulänge.

S. eignen sich nur für kleinere Werkstücke, da der Werkzeugschlitten ein Kragbalken ist. Dies würde

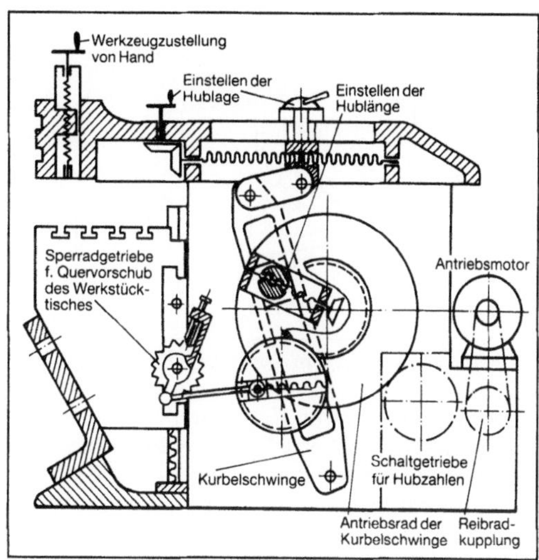

Hobelmaschine, Stoßmaschine: Antriebschema einer mechanischen Waagrecht-Stoßmaschine.

bei zu großem Hub zu Ungenauigkeiten führen. Bei den S. unterscheidet man Waagrecht- und Senkrecht-S. *Schulz*

Hobeln. Spanen mit geometrisch bestimmter Schneide mit wiederholter, meist geradliniger Schnittbewegung und schrittweiser, zur Schnittrichtung senkrechter Vorschubbewegung. Beim H. wird die Schnittbewegung durch das Werkstück bei ruhendem Werkzeug ausgeführt. Die kinematische Umkehrung, bei der die Schnittbewegung durch das Werkzeug ausgeführt wird, wird als →Stoßen bezeichnet.

Ein Arbeitszyklus besteht beim H. und Stoßen aus dem Arbeitshub, dem Rückhub mit abgehobenem Werkzeug sowie der Zustellung in Vorschubrichtung.

Hobel- und Stoßoperationen können außer für die Bearbeitung planer Flächen auch zur Erzeugung räumlich gekrümmter Flächen und Profile angewandt werden. Dabei ist zwischen Profil-H., bei dem Profilwerkzeuge eingesetzt werden, und dem Form-H. zu unterscheiden, bei dem die Werkstückform durch eine entsprechende Steuerung der Vorschubbewegung bzw. der Schnittbewegung erzeugt wird (Bild).

Es können sowohl Innen- als auch Außenkonturen durch H. bzw. Stoßen hergestellt werden.

Die erzeugten Oberflächen sind durch eine parallelzeilige Linienstruktur gekennzeichnet, deren Gestalt durch die Schneidenform sowie die Schnitttiefe und den Vorschub bestimmt werden. Mit Breitschlichtwerkzeugen, deren Nebenschneideneinstellwinkel $x_r' = 0°$ beträgt, lassen sich insbes. bei kurzspanenden Werkstoffen Oberflächen mit Mittenrauhwerten $R_a = 2$–4 μm erzeugen.

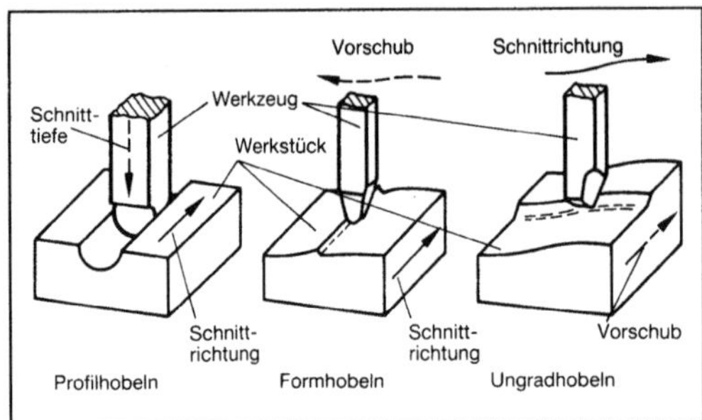

Hobeln: Verfahrensprinzipien. (Quelle: DIN 8589)

Die Werkzeuge beim H. und Stoßen bestehen auf Grund der verfahrensbedingten, schlagartigen Beanspruchung sowie der geringen realisierbaren Schnittgeschwindigkeiten aus Werkzeugstahl, Schnellarbeitsstahl oder zähem Hartmetall (z. B. P 40). Da man bei diesen Verfahren aus Wirtschaftlichkeitsgründen große Spanungsquerschnitte abnimmt, wird insbes. bei Hartmetallschneiden mit großem negativem Neigungswinkel gearbeitet. Durch diesen Neigungswinkel wird außer einem ziehenden Schnitt bewirkt, daß der Stoß beim Anschnitt nicht die Meißelspitze belastet, sondern sich auf die stabilere Schneidkante verteilt.

Die Formen der Werkzeuge sind vielfältig. Für Schrupparbeiten werden gerade und gebogene Meißel eingesetzt, während zum Schlichten spitze bzw. breite (Breitschlicht-H.) Meißel Verwendung finden. Werkstückbedingt müssen Meißel häufig weit auskragen. Um bei solchen Bedingungen Rattern und ein eventuelles Einhaken des Meißels zu vermeiden, wird der Meißel oft so gekröpft, daß seine Schneide hinter der Meißelauflage liegt.

Die beim H. und Stoßen realisierbaren Schnittgeschwindigkeiten sind gering, da bei jedem Hub Massen beschleunigt und abgebremst werden müssen. Schruppbearbeitungen erfolgen bei mittleren Schnittgeschwindigkeiten (rd. 10–30 m/min) und großen Vorschüben und Spanungstiefen, um das Leistungsangebot der Maschine auszunutzen. Dagegen werden bei Schlichtbearbeitungen Schnittgeschwindigkeiten bis zu 60 m/min bei geringen Vorschüben verwirklicht.

Auf Grund des Rückhubs, der zwar schneller erfolgt als der Arbeitshub, und der erforderlichen Ein- und Überlaufwege, bei denen keine Zerspanarbeit geleistet wird, ist die Differenz zwischen Maschinenlaufzeit und Schnittzeit erheblich. Aus Wirtschaftlichkeitsgründen ist hierdurch der Einsatzbereich dieser Verfahren begrenzt.

Hobelmaschinen mit großer Durchzugskraft erlauben den Einsatz von Mehrfach-Meißelhalterungen, so daß sich Haupt- und Nebenzeiten verringern lassen. Stoßmaschinen, bei denen die Hublänge normalerweise bis zu etwa 1000 mm beträgt, eignen sich vor allem zur Bearbeitung von kleinen Werk-

stücken. Zur Bearbeitung von Werkstücken mit schwer zugänglichen, senkrechten oder schrägen Außen- und Innenformen werden Senkrechtstoßmaschinen eingesetzt. Sie sind vor allen Dingen zur Bearbeitung unregelmäßiger Formen mit kurzem Schnittweg und kleinem Auslauf unentbehrlich. Das Zerspanvolumen je Zeiteinheit ist im Vergleich zu anderen spanenden Verfahren gering.

Vorteile dieser Verfahren im Vergleich zum →Fräsen sind außer den einfachen und damit billigen Werkzeugen die geringe Aufheizung des Werkstücks. Außer den schon genannten Nachteilen des Hobel- bzw. Stoßverfahrens sind noch der häufig erforderliche Werkzeugwechsel (einschneidiges Werkzeug) sowie die große Maschinenaufstellfläche (Hobeln) zu erwähnen. *König*

Literatur: *König, W.:* Fertigungsverfahren. Bd. 1. Düsseldorf 1990. – *Spur, G.,* u. *Th. Stöferle:* Handb. Fertigungstechnik. Bd. 3/2. München, Wien 1980.

Hochdruckextraktion →Gasextraktion

Hochdruck-Formverfahren →Sandform

Hochdruckhomogenisator. Vorrichtung zum Aufschluß (hier mechanische Zerstörung) von Mikroorganismen. Die Organismensuspension wird unter einem Druck von mehreren 100 bar über einen Spalt oder eine Düse entspannt und trifft mit hoher Geschwindigkeit auf einen Prallkörper. Durch diese mechanische Beanspruchung werden die Zellen zerstört und Zellinhaltstoffe freigesetzt. Zum vollständigen Aufschluß sind mehrfache Durchgänge durch den H. erforderlich. Der erreichbare Aufschlußgrad ist von dem Differenzdruck am Spalt, der Temperatur und der Zellwandbeschaffenheit abhängig. Der H. ist besonders geeignet für einzellige Bakterien, Hefen und Pilze. Bedingt geeignet ist er für filamentös wachsende Organismen in höherer Konzentration (→Zellaufschlußverfahren). *Liefke*

Hochdrucksynthese. Viele technisch bedeutsamen Reaktionen werden bei erhöhtem Druck durchgeführt. Die Anwendung von Druck kann folgende Auswirkungen haben:
□ Erhöhung des Umsatzes bzw. der →Ausbeute bei Reaktionen, die unter Molzahl-Verminderung (z. B. Ammoniak- oder Methanol-Synthese) ablaufen,
□ Begrenzung von (→Reaktion, komplexe) Neben-, Folge- und Zerfallsreaktionen (z. B. bei der Methanol-Synthese),
□ Kondensation oder Aufrechterhaltung der Flüssigphase auch bei höherer Temperatur des Reaktionspartners,
□ Erhöhung der Löslichkeit eines Stoffs (z. B. von Kohlenstoffdioxid in Wasser bzw. von Kohlenstoffmonoxid in ammoniakalischer Kupferlösung bei

Druckwäschen zur Entfernung von CO_2 bzw. CO),

□ Reaktoren und/oder Anlagenteile können kleinvolumiger dimensioniert werden.

Im Bereich der chemischen Technik unterscheidet man die Bereiche Niederdruck (1–19 bar), Mitteldruck (20–99 bar) und Hochdruck (100–5 000 bar). Die meisten technischen Synthesen verlaufen bei Drücken unterhalb 1 000 bar. Fast alle H. werden in Rohrreaktoren oder Mehrschichtreaktoren (→Hordenreaktor) durchgeführt und weisen relativ große Reaktionsenthalpien auf.

Im folgenden werden einige wichtige technische H. kurz beschrieben:

□ die Synthese von Ammoniak aus Stickstoff und Wasserstoff an Eisenoxid-Katalysatoren bei einem Druck von ca. 300 bar und im Temperaturbereich von 450–550 °C. Der am weitesten verbreitete Hochdruckreaktor ist der adiabat betriebene Abschnittsreaktor (Hordenreaktor) mit direkter Kühlung, der auch als Quenchreaktor bezeichnet wird (Bild). Zwischen den Katalysatorbetten erfolgt die Kühlung der Reaktionsmasse durch Zufuhr von kaltem Synthesegas. Dieser Reaktor ist relativ einfach aufgebaut und gut regelbar;

□ die Herstellung von Hochdruck-Polyethylen durch radikalische Polymerisation (Reaktion, komplexe) von Ethen bei einem Druck von 2 000–3 000 bar und im Temperaturbereich 150–300 °C in einem →Rohrreaktor (Rohrschlange von mehreren 100 m Länge, die von einem Heiz- bzw. Kühlmantel umgeben ist);

□ die Herstellung von Methanol heute vorwiegend nach dem Mitteldruckverfahren an Zink-Chrom-Kupferoxid-Katalysatoren bei Drücken von 100–250 bar und bei Temperaturen von 250 °C. Als Druckreaktor wird ebenfalls ein adiabat betriebener Abschnittsreaktor (Hordenreaktor) mit Kaltgas (CO/H_2)-Quench eingesetzt;

□ die autotherme Druckvergasung von Kohle nach Lurgi zum Herstellen von Synthesegas (CO/H_2) bei Drücken von 25–100 bar und im Temperaturbereich zwischen 600 und 1 200 °C mit einem Wasserdampf-Sauerstoff-Gemisch als Vergasungsmittel. Die Kohlevergasung erfolgt in einem →Festbettreaktor, wobei das entstehende Synthesegas auf Grund des angewandten Drucks ca. 10 % Methan enthält. Dadurch dient die Druckvergasung von Kohle zum Erzeugen von synthetischem Erdgas (Erdgasaustauschgas, SNG);

□ die Herstellung von Synthesegas durch katalytisches Kracken (Dampfspaltung, →Pyrolyse-Reaktion) von Naphtha in Gegenwart von Wasserdampf bei einem Druck von 27 bar und bei Temperaturen von 700 °C an Ni-MgO-Katalysatoren in einem →Röhrenofen;

□ die Herstellung von Synthesegas durch autotherme Vergasung hochsiedender Erdölfraktionen (z. B. schweres Heizöl) nach dem Shell-Vergasungsverfahren;

□ die Direktsynthese von Harnstoff (Zwischenprodukt, insbes. für Düngemittel) aus Ammoniak und Kohlenstoffdioxid bei Drücken von 150–250 bar und bei Temperaturen zwischen 150 und 200 °C;

□ die homogen katalysierte Oxosynthese zum Herstellen von Oxo-Aldehyden (z. B. n-Butyraldehyd, Zwischenprodukt zum Erzeugen eines wichtigen Kunststoff-Weichmachers) bzw. Oxo-Alkoholen aus einem Olefin (z. B. Propen) mit einem CO-H_2-Gemisch bei Drücken von 200–300 bar und bei Temperaturen zwischen 100 und 200 °C an Cobalt- und Rhodiumcarbonylkomplexen als Katalysatoren. Als Reaktoren werden Hochdrucköfen eingesetzt, die mit VA-Material ausgekleidet sind;

□ die Kohlehydrierung (thermische und katalytische Verfahren) bzw. Kohleverflüssigung zu flüssigen (z. B. Benzin) und gasförmigen Produkten bei Wasserstoffdrücken von 200–700 bar im Temperaturbereich zwischen 400 und 500 °C. Solche Verfahren haben z. Z. technisch keine Bedeutung. Es laufen jedoch weltweit mehrere Versuchsanlagen zur Verbesserung der katalytischen und auch der thermischen Hydrierverfahren. *Schönbucher*

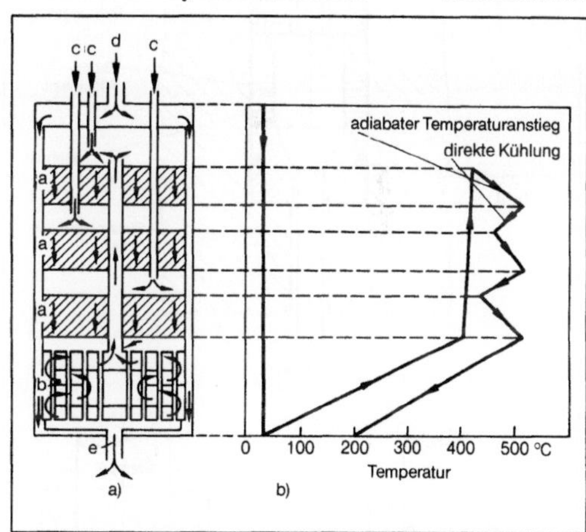

Hochdrucksynthese: a) Adiabat geführter Abschnittsreaktor mit direkter Kühlung.
b) Temperaturprofil des Reaktionsgases NH₃ beim Durchgang durch den Reaktor.
(Quelle: Bakemeier a. a. O.)

a Katalysator, b Regeneratorteil (Wärmeübertrager), c Kühlgasblenden bzw. Kühlgas, d Gaseintritt, e Gasaustritt

Literatur: *Bakemeier, H., H. Gössling* u. *R. Krabetz:* Ammoniak. In: Ullmanns Enzyklopädie der techn. Chemie. Bd. 7. Weinheim 1974.

Hochdruckumformung. Unter H. sind einige Umformverfahren zu verstehen, bei denen unter hohem hydrostatischen Druck stehende Wirkmedien an Stelle starrer Werkzeugteile verwendet werden und bei denen sich häufig durch Überlagerung eines Gegen- oder Querdrucks die mittlere Normalspannung und damit das →Formänderungsvermögen erhöhen.

Zur H. gehört das hydrostatische Strang- und Fließpressen. Hierbei wird gem. Bild 1 die →Umformkraft nicht durch einen Stempel, sondern durch den auf den Werkstückquerschnitt senkrecht A_o zur Umformrichtung wirkenden hydraulischen Druck p_h ($F = A_o p_h$) aufgebracht. Da die Wandreibung zwischen Werkstück und Aufnehmer entfällt, die Reibung in der Matrize durch gute Schmierung mit dem Druckmedium sehr klein ist und die Scherungsverluste bei den verwendeten kleinen Matrizenöffnungswinkeln 2α ebenfalls klein sind, ergeben sich insgesamt um 30–40 % niedrigere Umformkräfte gegenüber dem Umformen mit starren Werkzeugen bei gleicher Querschnittsabnahme A_o/A_1 (Bild 1).

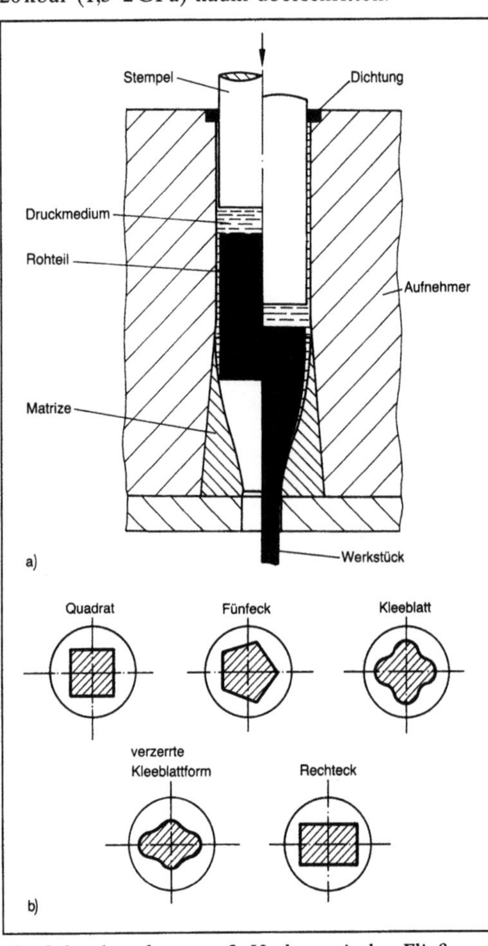

Hochdruckumformung 1: Hydrostatisches Strangund Fließpressen.
a) Prinzipieller Vorgang beim Voll-Vorwärtspressen
b) Dickfilm-Strang- bzw. Fließpressen.

Das Verfahren eignet sich für die meisten, auch höherfesten Metalle. Fertigungsbeispiele sind die Herstellung von Draht mit sehr großen Querschnittsänderungen in einer Stufe gegenüber sonst üblicher sehr großer Anzahl von Ziehstufen, Herstellung sehr dünnwandiger oder sehr dickwandiger Rohre, Herstellung von Strängen mit Längsprofilen (auch verwunden), Herstellung einzelner Werkstücke mit komplexen Querschnitten aus Rundmaterial bei großer Homogenität der Formänderungen (Bild 2). Bei den bekannt gewordenen Anwendungen werden hydraulische Drücke zwischen 15 und 20 kbar (1,5–2 GPa) kaum überschritten.

Hochdruckumformung 2: Hydrostatisches Fließpressen mit Matrize mit stetigem Querschnittsübergang.
a) Werkzeuglängsschnitt
b) Schaftquerschnitt.

Beispiele für das Umformen mit gezielt überlagertem Gegen- oder Querdruck sind das Querfließpressen gegen hydrostatischen Druck oder das →Tiefziehen unter hydrostatischem Druck, das durch radiale Druckeinwirkung auf den Platinenrand in ein →Durchdrücken zwischen Niederhalter, Matrize und Stempel umgewandet wird (Bild 3). Das

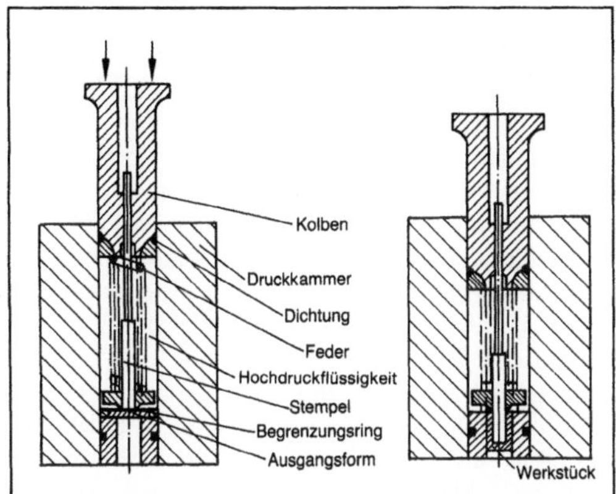

Hochdruckumformung 3: Tiefziehen unter hydrostatischem Druck.

Ziehverhältnis verdoppelt sich dadurch gegenüber dem konventionellen Tiefziehen. *Lange*

Literatur: *Lange, K.* (Hrsg.): Lehrb. Umformtechnik. Bd. 3: Blechumformung. Berlin, Heidelberg, New York 1975. – *Sugondo, S.:* Hydrostatisches Fließpressen von Profilen unter Verwendung von Matrizen mit stetigem Übergang. Ber. Nr. 88 Inst. Umformtechn. Univ. Stuttgart. Berlin, Heidelberg, New York, Tokio 1986.

Hochfrequenzschweißen. Das H. wird hauptsächlich bei der Fertigung geschweißter Rohre angewendet. Als Wärmequelle dient elektrische Energie, die durch konduktive oder induktive Übertragung auf die Kanten eines aus Bandstahl gebogenen Schlitzrohres übertragen wird. Bei Erreichen der Schweißtemperatur wird das Schlitzrohr durch Druckrollen zusammengepreßt und endlos verschweißt. Der Strom wird in einem Hochfrequenzgenerator (100 bis 500 kHz) erzeugt. Bei der konduktiven Übertragung erfolgt der Stromübergang durch Schleif- oder Rollenkontakte beiderseits des noch offenen Rohrschlitzes. Bei der induktiven Übertragung benutzt man eine ein- oder mehrwindige Spule, durch die das Schlitzrohr fährt. In beiden Fällen wird im Rohr eine Spannung induziert, die Wirbelströme und dadurch eine Widerstandserwärmung zur Folge hat. Infolge der Geometrie des Schlitzrohrs bilden sich Strombahnen aus, die sich entlang der Schlitzoberkante konzentrieren, so daß nur eine schmale Zone in diesem Bereich hoch erhitzt wird. Für eine weitere Konzentration des Stroms auf die Kanten des Schlitzrohrs sorgt ein Impeder, der sich im Rohrinneren befindet. Dies sind ferromagnetische Ferrite, die ähnlich einem Eisenkern in einer Magnetspule wirken (→Schweißverfahren). *Dorn*

Hochfrequenztrockner. H. werden zur schonenden Trocknung (→Trocknen) hochwertiger Produkte, z. B. Lebens- und Genußmittel, eingesetzt. Das feuchte Gut setzt man einem hochfrequenten

(2 bis 100 MHz) elektrischen Wechselfeld aus. Die Feldenergie wird z. T. durch Verschiebungen von Ionen und die Ausrichtung von Dipolen absorbiert, was zu einer Erwärmung im Inneren des Guts und zum Verdampfen der Feuchtigkeit führt. Durch eine Regelung der am Hochfrequenzgenerator erzeugten Spannung kann die Heizleistung an den Trocknungsverlauf im Gut angepaßt werden. *Dohrn*

Hochgeschwindigkeitsphotographie. Mit Hilfe der H. können schnell ablaufende Vorgänge für das menschliche Auge auflösbar gemacht werden. Mit der Aufnahmeeinrichtung wird der Vorgang mit hoher Bildwechselfrequenz (BF) aufgenommen und mit niedriger Frequenz projiziert.

Die Aufnahmeeinrichtung der H. besteht aus dem

□ abbildenden System,

□ Verschluß,

□ Speichermedium und

□ Antrieb.

Das abbildende System ist für kinematographische Aufnahmen das Objektiv.

Als Verschluß wird meist eine Umlaufblende oder seltener der Kerrverschluß verwendet; er kann aber auch fehlen.

Das Speichermedium ist der Film. Weit verbreitet ist der 16 mm breite Film (16 mm-Format).

In Aufnahmeeinrichtungen mit relativ niedriger BF erfolgt der Antrieb von Film, Verschluß und Bildnachführung elektromotorisch. Bei hohen BF wird die Bildnachführeinrichtung durch eine Turbine angetrieben.

Die am häufigsten eingesetzten Aufnahmeeinrichtungen der H. lassen sich in folgende fünf Gruppen einteilen:

□ *Kamera mit Greiferwerk:* Der Film wird durch Greifer intermittierend vorwärtsbewegt. Während der Belichtung des Einzelbilds steht der Film. Antrieb durch Elektromotor, Bildtrennung durch Umlaufblende. BF, abhängig vom Filmformat, bis 800 Bilder pro Sekunde (B/s).

□ *Kamera mit optischem Ausgleich:* Der Film wird kontinuierlich vorwärtsbewegt. Er steht also während der Belichtung des Einzelbildes nicht. Die Belichtung erfolgt durch das Bildnachführsystem, das aus einem rotierenden Polygonalprisma oder einem Spiegelkranz besteht. Antrieb und Bildtrennung wie Kamera mit Greiferwerk. BF bis 10 000 B/s.

□ *Trommelkamera:* Der Filmstreifen ist fest auf einem rotierenden Zylinder (Trommel) befestigt. Die maximale Filmlänge richtet sich nach dem Trommelumfang. Die Belichtung des Einzelbilds erfolgt durch mit der Trommel synchron laufende ebenfalls rotierende Spiegelflächen. Antrieb durch Turbine, zur Bildtrennung Verschluß oder verschlußlos mit Stroboskop. BF bis 50 000 B/s.

□ *Drehspiegelkamera:* Der Film ist über ein Kreisbogensegment gespannt. Die Belichtung des Einzelbilds erfolgt über einen sich drehenden Spiegel und eine zugehörige Linse. Die Anzahl der vorhandenen Linsen ergibt die maximale Bildzahl. Antrieb und Bildtrennung wie Trommelkamera. BF bis 80 000 B/s.

□ *Mehrfachkamera:* Mehrere Kameras werden mit synchronisierten Verschlußsystemen nacheinander ausgelöst, und zwar dann, wenn das aufzunehmende Objekt im jeweiligen Bildfeld der Kamera erscheint. BF bis 10 000 000 B/s.

Außer der eigentlichen Aufnahmeeinrichtung gehören Steuergeräte, Zeitgeneratoren, Triggergeräte, Beleuchtungseinrichtungen u. ä. zu einem H.-System.

Neben diesen am häufigsten für die H. eingesetzten Systemen gibt es eine Reihe zusätzlicher Verfahren wie

□ Röntgenphotographie,

□ Elektronen-Rasterphotographie,

□ Streakaufnahmen u. a.

Die Geschwindigkeit des aufzunehmenden Objekts, die Größe, die dieses Objekt auf dem Einzelbild des Films haben soll, bestimmen einerseits das Aufnahmeverfahren und die BF. Andererseits wird die BF durch die maximal zulässige Bewegung des Objekts während der Belichtungszeit des Einzelbildes (Bewegungsunschärfe) festgelegt. Dies bedeutet: Je höher die Objektgeschwindigkeit ist und je geringer die Bewegungsunschärfe sein soll, desto höher muß die BF sein.

Eine hohe BF ergibt wegen der begrenzten Filmlänge nur kurze Aufnahmezeiten. Das aufzunehmende Objekt muß also zu einem vorher bekannten Zeitpunkt vor der Aufnahmeeinrichtung erscheinen (Triggerung). Eine hohe BF ergibt aber kurze Belichtungszeit für das Einzelbild. Dies erfordert entweder hohe Lichtdichten, selbstleuchtende Objekte oder leistungsfähige Stroboskope.

Die Auswertung der Einzelbilder oder Filme erfolgt entweder manuell mit Filmprojektoren (Einzelbildschaltung) oder mit mehr oder weniger automatisierten Auswertesystemen.

Die H. ergibt Raum-Zeit-Informationen von schnell ablaufenden Vorgängen. Die Haupteinsatzgebiete sind in der

□ Forschung und Entwicklung,

□ Produktion,

□ Qualitätssicherung,

□ Fehlerdiagnose u. a.   *Kußmaul*

Hochgeschwindigkeitsschleifen. Als H. (HSG High Speed Grinding) werden Schleifoperationen mit Schleifscheibenumfanggeschwindigkeiten über 60 m/s und angepaßter Werkstück- bzw. Einstechgeschwindigkeit bezeichnet (→Schleifen, →Schleifverfahren).

Das Verfahren beruht darauf, daß bei proportional erhöhten Schnitt- und Werkstück- bzw. Einstechgeschwindigkeiten die Spanungsdicke, die Schnittkräfte sowie die Rauheitswerte und Formabweichungen etwa gleich bleiben. Der Vorteil einer erhöhten Werkstück- bzw. Einstechgeschwindigkeit liegt zum einen in der Verkürzung der Bearbeitungszeit, weil das bezogene Zeitspanvolumen Q_w' (das Abtragsvolumen pro Schleifscheibenbreite und pro Zeiteinheit) ansteigt. Zum anderen nimmt die thermische Randzonenbeeinflussung ab. Erhöhte Schnittgeschwindigkeiten führen i. a. zu verstärkter Reibung in der Kontaktzone, so daß die Leistungsaufnahme an der Schleifspindel und die thermische Randzonenbeeinflussung entsprechend steigen. Durch kürzere Kontakt- und Schleifzeiten auf Grund hoher Werkstück- bzw. Einstechgeschwindigkeiten kann dieser Effekt beim H. kompensiert werden.

Eine weitere Möglichkeit zum Reduzieren der Wärmeeinwirkung in der zu bearbeitenden Oberfläche bietet die Erhöhung der Zustellung bei gleichzeitiger Reduzierung der Werkstückgeschwindigkeit. Vom →Tiefschleifen ist beispielsweise bekannt, daß die Tiefe der thermisch beeinflußten Randzone am Werkstück und die maximalen Oberflächentemperaturen abnehmen. Im Zusammenhang mit hohen Scheibenumfanggeschwindigkeiten werden neuerdings beim Flachprofilschleifen Zustellungen bis 30 mm eingesetzt. Hierdurch werden sehr große, mit den herkömmlichen Schleifverfahren nicht realisierbare bezogene Zeitspanvolumen bis 1000 mm³/(mm s) erreicht. Dieses Verfahren wird daher auch Hochleistungsschleifen bzw. Hochleistungstiefschleifen genannt (Bild 1).

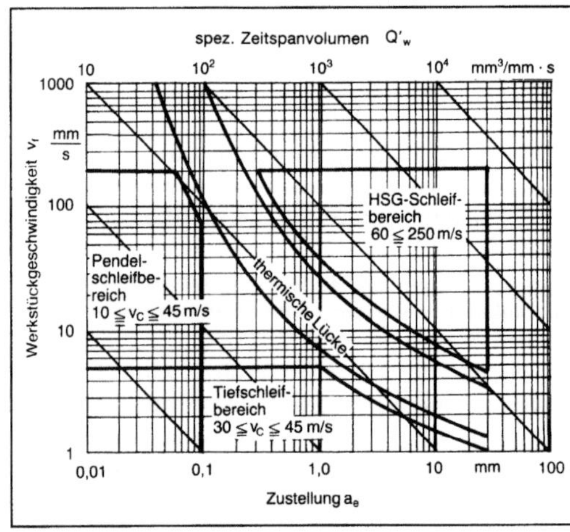

Hochgeschwindigkeitsschleifen 1: Einsatzbedingungen beim HSG-Verfahren. (Quelle: Guehring)

Mit diesen Eigenschaften gestattet das H., die Vor- und Endbearbeitung metallischer Werkstücke auf einen Arbeitsgang zu reduzieren. Insbesondere

Nuten, Schlitze, Einstiche und einige Wendelprofile, die bisher durch Dreh-, Fräs- oder Räumoperationen erzeugt werden, können in einem Schritt aus dem Vollen geschliffen werden (Bild 2). Neue Erkenntnisse deuten auf eine weitere vorteilhafte Beeinflussung der Werkstückrandzone durch das H. hin, da hiermit Druckeigenspannungen erzeugt werden können insbes., wenn man CBN-Schleifscheiben einsetzt.

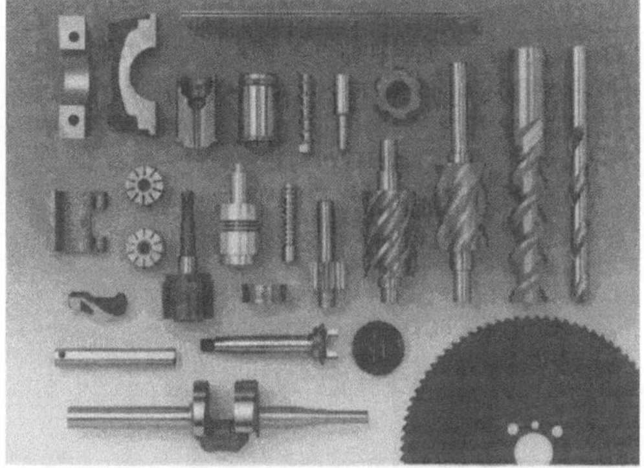

Hochgeschwindigkeitsschleifen 2: Bearbeitete Werkstücke.

Wegen der genannten besonderen Anforderungen beim H. wird von den eingesetzten Schleifscheiben erwartet, daß sie hohe Sprengfestigkeiten und gute Dämpfungseigenschaften aufweisen und daß sie den hohen Prozeßanforderungen gewachsen sind sowie eine ausreichende Verschleißfestigkeit haben. Deshalb kommen in erster Linie Schleifwerkzeuge aus hochharten Schleifmitteln mit hohen Bindungsfestigkeiten zum Einsatz. Bei Arbeitsgeschwindigkeiten von 80–120 m/s liegt die Bruchumfanggeschwindigkeit solcher Schleifscheiben über 250 m/s. Sind die Schleifkörner (z. B. CBN) nicht galvanisch gebunden, so kann durch Variation der Bindung ein gewisser Selbstschärfeffekt eingestellt werden. Unter den verschiedenen Bindungsarten erfüllen Bronzebindungen und keramische Bindungen die erforderlichen Voraussetzungen für das H. am besten.

Auf Grund neuer Entwicklungen auf dem Sektor der konventionellen Schleifwerkzeuge können heute auch Korundschleifscheiben mit Kunstharzbindungen bei Schnittgeschwindigkeiten bis 120 m/s für H. eingesetzt werden. Der Vorteil konventioneller Schleifscheiben liegt in ihren günstigen Anschaffungskosten und ihrer relativ einfachen Profilierbarkeit.

Um die thermische Beeinflussung der Randzone und damit eine Schädigung der Werkstücke zu vermeiden, ist beim H. ein besonders leistungsfähiges Kühlschmiersystem erforderlich (→Kühlschmierstoff(Schleifen)). Bei den eingesetzten hohen Geschwindigkeiten und Zerspanleistungen kommt überwiegend reines Schleiföl als Kühl-

schmiermittel zur Anwendung. Es wird unter erhöhtem Druck (20 bar und mehr) mit einem Durchfluß von 100 bis 500 l/min in die Kontaktstelle geleitet.

Gleichzeitig wird die Schleifscheibenoberfläche durch eine separate Kühlschmierstoff-Druckzufuhr von anhaftenden Werkstoffpartikeln gereinigt. Bei Drücken von 20–100 bar wird die Scheibenperipherie mittels kleiner Düsen mit dem Kühlschmiermittel beaufschlagt. Hierdurch wird gewährleistet, daß Zusetzungspartikel aus den Porenräumen entfernt werden und die Schnittfähigkeit der Kornschneiden erhalten bleibt. *Kenter*

Literatur: *Meyer, H.-R.,* u. a.: Hochgeschwindigkeitsschleifen mit CBN-Schleifscheiben. Jahrb. Schleifen, Honen, Läppen und Polieren. Ausg. 54. Essen 1987; S. 219/40. – *Tawakoli, T.:* Hochleistungs-Flachschleifen. Düsseldorf 1990. – *Martin, K.,* u. *K. Yogenoglu:* HSG-Technologie. Handb. zur praktischen Anwendung; Guehring Automation 1992.

Hochgeschwindigkeitsumformung. Zur H. werden die Umformverfahren gerechnet, bei denen der Vorgang mit hohen Geschwindigkeiten bzw. in sehr kurzen Zeiten verläuft. Dabei ergeben sich hohe Momentanleistungen (→Hochleistungsumformung).

Bei der H. ändern sich die Spannungs-Zeit-Funktionen teils signifikant. Die Belastungsgeschwindigkeit gegenüber herkömmlichen Umformverfahren ist wesentlich größer (Bild 1). Während die bekannten Mechanismen der plastischen Verformung allgemein auch bei höheren Geschwindigkeiten gelten, nimmt der Anteil der →Zwillingsbildung mit zunehmender Belastungsgeschwindigkeit auch bei kubisch kristallierenden Metallen zu und der Anteil der Gleitung entsprechend ab. Die dadurch gegebene Verringerung des Formänderungsvermögens wird z. T. dadurch kompensiert, daß bei den sehr kurzzeitigen Umformvorgängen die in Wärme dissipierte →Umformarbeit praktisch ganz im Werkstück verbleibt und zu einer maximalen Erwärmung führt, wodurch wiederum in Abhängigkeit vom Werkstoff eine gewisse Verbesserung des Formänderungsvermögens resultiert.

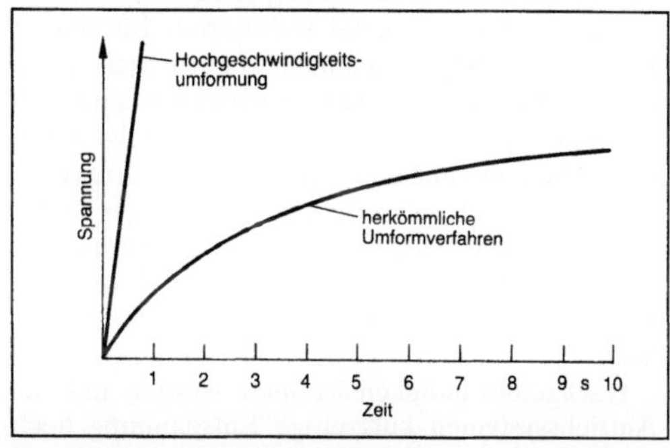

Hochgeschwindigkeitsumformung 1: Spannungs-Zeit-Funktionen unterschiedlicher Umformverfahren.

Zu den Grundverfahren der H. zählen gem. Bild 1 das →Umformen mit Expansion hochkomprimierter Gase, die →Explosionsumformung, die elektrohydraulische und elektromagnetische Umformung sowie das Umformen mit auf hohe Geschwindigkeiten beschleunigten starren Massen, d. h. das Umformen mit Hochgeschwindigkeitshämmern. Anwendungsbeispiele enthält Bild 2.

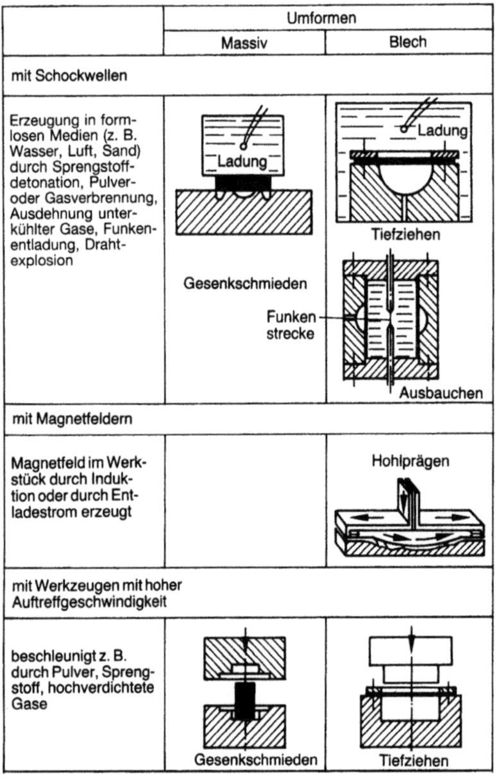

Hochgeschwindigkeitsumformung 2: Beispiele.

Die Verwendung von Bärgeschwindigkeiten zwischen 15 und 20 m/s bei Hochgeschwindigkeitshämmern gegenüber 5–7 m/s bei konventionellen Schmiedehämmern führt bei gleicher Nennenergie zu etwa auf ein Zehntel reduzierten Bärmassen. Hochgeschwindigkeitshämmer lassen sich daher leichter, gedrungener, steifer und billiger bauen. Mit der höheren Auftreffgeschwindigkeit steigen aber die Bärverzögerung und damit die Stoßkräfte (unter Annahme gleichmäßig verzögerter Bewegung) etwa proportional an. Hochgeschwindigkeitshämmer haben infolgedessen früher und häufiger Ausfall von Bauteilen; auch ist die Werkzeugbelastung sehr hoch.

Hochgeschwindigkeitshämmer wurden mit den Antriebssystemen kurzzeitige Entspannung hochkomprimierter Gase (z. B. Dynapak), Umsetzung chemisch gebundener Energie in mechanische Energie nach dem Prinzip des Verbrennungsmotors

(z. B. Petro-Forge) entwickelt und erprobt sowie z. T. in der Produktion eingesetzt (Bild 3). Antriebe nach dem Prinzip des linearen Induktionsmotors sind über das Laborstadium nicht hinausgekommen. Bevorzugtes Einsatzgebiet ist das Warmumformen hochwarmfester Metalle bei sehr großen Formänderungen. Nur in diesem Fall werden die hohe Energie und die hohe erzielbare Endumformkraft eines Hammers ausgenutzt.

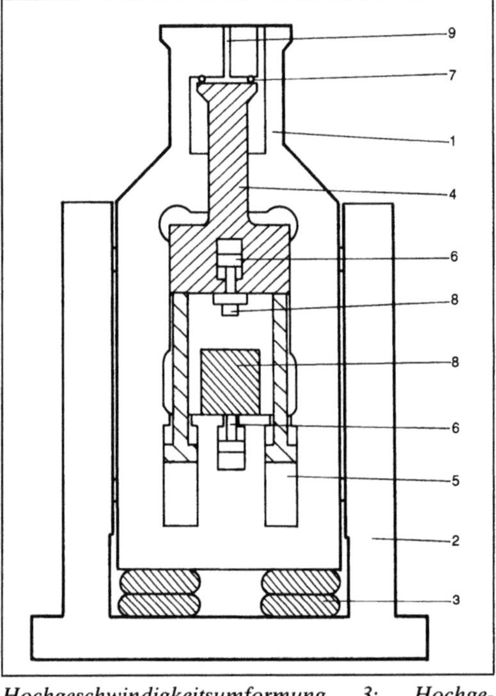

Hochgeschwindigkeitsumformung 3: Hochgeschwindigkeitshammer-System Dynapak. (Quelle: Schloemann)

1 freibeweglicher Maschinenrahmen, 2 Stützrahmen, 3 Luftfedern, 4 Arbeitskolben, 5 hydraulischer Spannzylinder, 6 Ausstoßer, 7 Dichtung, 8 Werkzeuge, 9 Druckgaszuleitung für Schlagauslösung

Während bei Hochgeschwindigkeitshämmern nach dem System Dynapak wegen des zeitaufwendigen Komprimierens des Treibgases über das integrierte Hydrauliksystem nur etwa 6–8 Schläge/min erreicht werden können, ist die Schlagfrequenz beim Petro-Forge eine Zehnerpotenz höher. Es hat deshalb verschiedene Lösungsvorschläge für die Automatisierung des Fertigungsablaufs für Umformen, Scheren, Pulververdichten auf Laborebene gegeben. Insgesamt ist eine industrielle Nutzung der H. trotz prinzipieller Vorteile wegen gravierender Nachteile bisher sehr gering geblieben. *Lange*

Literatur: *Lange, K.* (Hrsg.): Lehrb. Umformtechnik. Bd. 3.: Blechumformung. Berlin, Heidelberg, New York 1975. – *Tobias, S. A.:* Survey of the Development of Petro-Forge Forming Machines. Inter. J. Mach. Tool Des. Res. 1985.

Hochleistungsschleifen →Hochgeschwindigkeits-schleifen

Hochleistungsumformung. Als H. werden die Verfahren bezeichnet, bei denen Energie in sehr kurzen Zeiten umgesetzt wird, so daß sich hohe Momentanleistungen ergeben.

Handelt es sich bei der umgesetzten Energie um große Beträge, so kann H. gleichzeitig Hochenergie-umformung sein:

☐ Hochenergieumformung: verbrauchte Arbeit W groß,

☐ Hochleistungsumformung: Momentanleistung

$$P = \frac{dW}{dt} \text{ groß.}$$

Die Übergänge sind fließend, wie das Bild, in dem die Grundverfahren der Hochenergie- und H. dargestellt sind, erkennen läßt. Daraus folgt auch, daß Hochleistungsumformverfahren durch hohe Geschwindigkeiten oder sehr kurze Vorgangszeiten gekennzeichnet sind und sich deshalb, wie die Tabelle zeigt, von einigen konventionellen Umformverfahren weniger hinsichtlich der Leistung als vielmehr hinsichtlich der Geschwindigkeit unterscheiden. Die Verfahren werden deshalb meist mit →Hochgeschwindigkeitsumformung bezeichnet.

Die fünf Grundverfahren sind (Bild): das Umformen mit Expansion komprimierter Gase, die Explosionsumformung, die elektrohydraulische Umformung durch Entladung einer Kondensatorbatterie über eine Funkenstrecke unter Wasser, die elektromagnetische Umformung durch Entladung einer Kondensatorbatterie über eine Spule – beide Verfahren erfordern eine Stoßstromanlage –

Hochleistungsumformung. Tabelle: Kenngrößen.

Verfahren bzw. Maschine	Vorgangs-geschwin-digkeit m/s [1])	Vorgangszeit bei kleinen Umform-wegen (An-haltswerte) s	Leistung kW	erziel-barer Druck Anhalts-werte kbar
Schmiede-hammer	5	$10^{-1}...10^{-2}$	10^4	10
pneumatisch-mechanisch	20	$10^{-2}...10^{-3}$	10^5	10
Magnet-umformung	...300	10^{-4}	$10^4...10^5$	3–5
elektrohydr.	...300	10^{-3}	10^4	10
Explosiv-umform. in Flüssigkeit	...300	10^{-3}	10^6	60

1) Die Vorgangsgeschwindigkeit ist bei mechanischen und mechanisch-pneumatischen Verfahren = Werkzeuggeschwindigkeit, bei Schockwellenbearbeitungsverfahren die Geschwindigkeit, mit der sich das Werkstück relativ zur Werkzeugwand bewegt.

und das Umformen mit Hochgeschwindigkeitshämmern.

Aus verschiedenen Gründen haben sich die Hochleistungs- bzw. Hochgeschwindigkeitsumformverfahren trotz einer Reihe von Vorteilen nicht breit in die industrielle Praxis einführen können. Zu nennen sind vor allem Sicherheitsmaßnahmen, sehr schlechte Wirkungsgrade, sehr lange Vorbereitungszeiten, d. h. niedrige →Produktivität. In einigen Fällen wird vor allem noch das Hochgeschwindigkeitsschmieden mit Hämmern, das elektrohydraulische Umformen und das elektromagnetische Umformen angewendet. Das →Explosionsumfor-

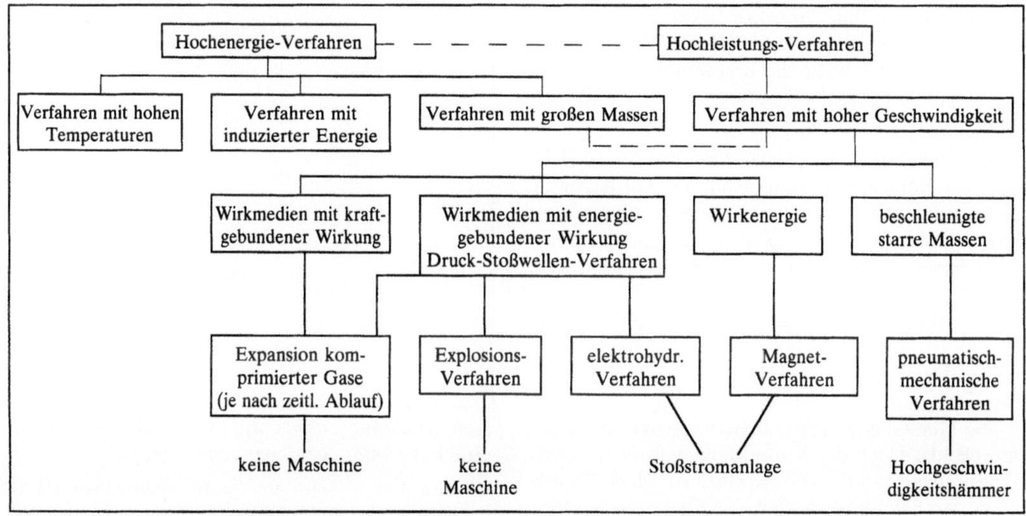

Hochleistungsumformung: Einteilung der Hochenergie- bzw. Hochleistungsumformverfahren.

men ist von den meisten Anwendern in westlichen Ländern aufgegeben worden. *Lange*

Literatur: *Lange, K.:* Lehrb. Umformtechnik. Bd. 3: Blechumformung. Berlin, Heidelberg, New York 1975.

Hochtemperaturlöten. H. ist nach DIN 8505 ein flußmittelfreies →Löten unter Luftabschluß (Vakuum, Schutzgas) mit Loten, deren Liquidustemperatur oberhalb von 900 °C liegt. Mit Hochtemperaturlöten lassen sich Verbindungen erzielen, die den Festigkeiten und Zähigkeiten von Schweißnähten nahekommen. Außerdem ist es mit diesem Verfahren möglich, die wärmebeeinflußte Zone (WEZ) klein zu halten und unterschiedliche Werkstoffe sowie dünnwandige Teile verzugsarm zu fügen. Teilweise lassen sich durch Wärmenachbehandlung der Lötverbindung die Festigkeitskennwerte erhöhen (diffusionsbedingter Abbau von Sprödphasen). Als Heizquellen können Öfen, Strahler oder Hochfrequenzgeneratoren verwendet werden. Hauptanwendungsgebiete dieses Verfahrens sind in der Luftfahrt-, Raumfahrt- und Kerntechnik zu finden. *Dorn*

Literatur: DIN 8505: Löten. Hrsg. Dt. Inst. für Normung. Ausg. 1979. – N. N.: Hochtemperaturlöten. DVS-Ber. Bd. 92. Düsseldorf 1984.

Höhe einer Übergangseinheit. HTU ist die Abkürzung für Height of one Transfer Unit, also für die H. e. Ü. Der HTU-Wert ist ein Maß für die Leistungsfähigkeit einer →Packungskolonne. Ein kleiner HTU-Wert bedeutet, daß bei einer gegebenen Höhe H der Kolonnenpackung die Anzahl der Übergangseinheiten NTU relativ groß ist:

$$H = NTU \cdot HTU.$$

Wie der NTU-Wert, so wird auch der HTU-Wert auf eine bestimmte Phase bezogen.

Der HTU-Wert und der →HETP-Wert sind nur dann gleich groß, wenn die Bilanz- und die Gleichgewichtslinie parallel verlaufen. *Dohrn*

Hohlfasermembran. Eine andere übliche Bezeichnung ist Kapillarmembran. Man versteht darunter rohrförmige Membranen mit Innendurchmessern von ca. 60 μm bis 3 mm. Die Wanddicken (Membrandicke) reichen von ca. 5 μm bis 1 mm. Die Membranen können symmetrisch oder asymmetrisch strukturiert sein. Bei asymmetrischen Membranen ist es möglich, die selektive Schicht, Dicke ca. 0,1–1 μm, auf der Innen- oder Außenseite anzubringen.

Die Herstellung erfolgt über Ringspalt-Spinndüsen (Bild). Über die Variationen von Polymerlösungskonzentration, Temperatur, Art und Anordnung der Fällmittel werden die Eigenschaften der Membran bestimmt. *Stroh*

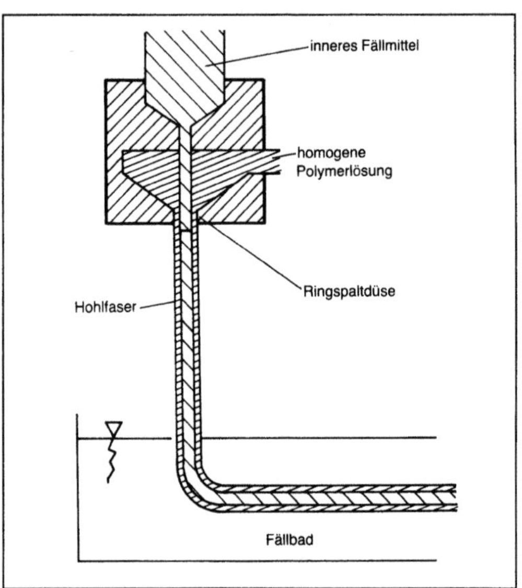

Hohlfasermembran: Schematische Darstellung der Herstellung (Naßspinnprozeß).

Hohlkegeldüse. H. bestehen aus einer zylindrischen Drallkammer, die sich zum Düsenaustritt hin konisch verengt. Die Flüssigkeit wird entweder durch einen tangentialen Einlauf oder durch einen Leitapparat mit Wendelnuten (Axialeinlauf) in Rotation versetzt (Bild). Wegen der Erhaltung des Drehimpulses beschleunigt die Strömung im Austrittsquerschnitt der Düse auf hohe Geschwindig-

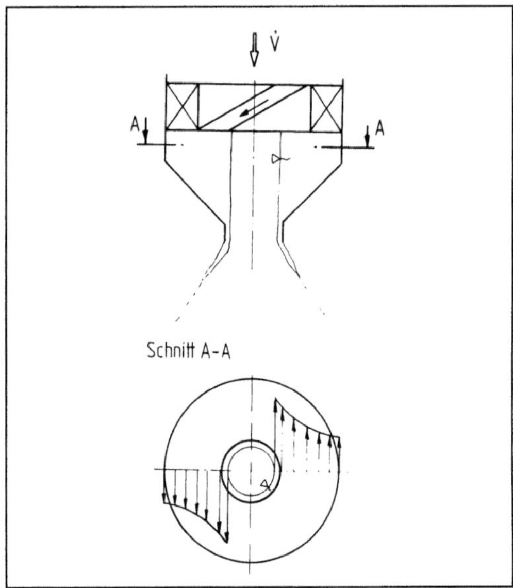

Hohlkegeldüse: Schnitt durch eine Axialhohlkegeldüse mit Umfanggeschwindigkeitsprofil.

Volumenstrom $\dot{V}$ 1–10⁶ 1/h, Austrittsdurchmesser 0,5 bis 150 mm, Druckverlust 0,1–500 bar, mittlere Tropfengröße 50–1000 μm, Sprühwinkel 60–120°

keiten. Die hohe Zentrifugalkraft führt zur Ausbildung eines Luftkerns im Innern der Düse. Dies hat neben hohen Geschwindigkeiten in Umfangsrichtung auch hohe Axialgeschwindigkeiten im Düsenaustritt zur Folge.

Der sich nach der Düse bildende Flüssigkeitsfilm zerfällt unter dem Einfluß von Luftkräften und eigener Turbulenz. Wie beim zylindrischen Strahl kann man in Abhängigkeit der Ausflußgeschwindigkeit Zertropfen, Zerwellen und Zerstäuben als Zerfallprozeß beobachten (→Zerstäuben).

H. sind wegen ihrer großen Strömungsquerschnitte verstopfungsunempfindlich. Weiterhin benötigen sie zum Erzeugen einer bestimmten Tropfengröße im Vergleich zu anderen Düsenarten wenig Energie. Nachteilig kann das ringförmige Sprühbild sein (Einstoffdüsen).

Einsatzgebiete sind beispielsweise die Landwirtschaft (Versprühung von Pflanzenschutzmitteln), die Versprühung von Kalksuspensionen bei der nassen Rauchgasentschwefelung oder die Verwendung bei Sprühdosen. *Dahl*

Literatur: *Dahl, H. D.,* u. *E. Muschelknautz:* Atomization of Liquids and Suspensions with Hollow Cone Nozzles. Chem. Eng. Technol. 15 (1992) Nr. 5/6.

Hohlprägen. H. ist ein Verfahren des Tiefens (DIN 8585, Bl. 4) und ist als →Tiefen mit einem starren, beweglichen Stempel in ein Gegenwerkzeug (Matrize) hinein definiert. Dabei ist die Vertiefung klein gegenüber der Abmessung des Werkstücks. *Lange*

Hohlzylinder, dickwandiger. Ein H. wird als dickwandig betrachtet, wenn das Verhältnis von Außendurchmesser zu Innendurchmesser ≥ 1,2 ist. Eine ähnliche Bedingung gilt für eine dickwandige Hohlkugel. In Hochdruckbehältern wird man also vorzugsweise dickwandige Zylinder und Kugeln als Bauelemente antreffen. *Strohmeier*

Holdup. Unter dem H. versteht man bei in Kolonnen durchgeführten Trennverfahren (z. B. →Destillieren, →Rektifikation, →Extrahieren, →Absorption) die momentan in einer Kolonne befindliche Flüssigkeitsmenge. Der H. ist bei Bodenkolonnen größer als bei Packungskolonnen.

Bei der Extraktion ist der H. der dispersen Phase als Verhältnis aus dem Volumen der verteilten Phase und dem gesamten freien Volumen der Kolonne definiert. *Dohrn*

Literatur: *Perry, R. E.,* u. *D. W. Green:* Perry's Chemical Engineers' Handb. 6. Aufl. New York 1984.

Holographie (Materialprüfung). Interferenz- und Beugungserscheinung von kohärentem Licht sind Grundlagen für ein zweistufiges Verfahren zur Aufzeichnung und Wiedergabe von Bildern, das im Gegensatz zur Photographie auch die Phaseninformation des ankommenden Lichtwellenfelds speichert (griech. holos, das Ganze). Dadurch ergeben sich dreidimensionale Bilder der Objekte.

Aufbauend auf den Arbeiten von *Abbe, Wolfke, Bragg, Zernike* u. a. im Bereich der Mikroskopie schlug *Denis Gabor* (1972 Nobelpreis) 1948 ein Verfahren vor, durch Überlagerung eines Wellenfeldes (z. B. Streulicht von einem beleuchteten Objekt) mit einem kohärenten Untergrund (Referenzlicht) Phasen- und Amplitudenverteilung dieses Wellenfeldes zu speichern und zu rekonstruieren. Das bei der Überlagerung entstehende Interferenzfeld wird dabei auf einem lichtempfindlichen Material hoher Auflösung aufgezeichnet. Bei erneuter Einstrahlung des Referenzlichts entsteht das ursprüngliche Wellenfeld (virtuelles Objektbild) und das dazu konjugierte Wellenfeld (reelles Bild) durch Beugungserscheinungen an der Schwärzungsverteilung des Films. Bei einer Aufnahme mit Licht der Wellenlänge λ_1 und Rekonstruktion mit λ_2 ergibt sich dabei ein Vergrößerungsfaktor $V = \lambda_2/\lambda_1$.

Gabors experimenteller In-Line-Aufbau für transparente Objekte (Bild 1) wird heute nur noch in wenigen Fällen (z. B. Tröpfchenanalyse) eingesetzt.

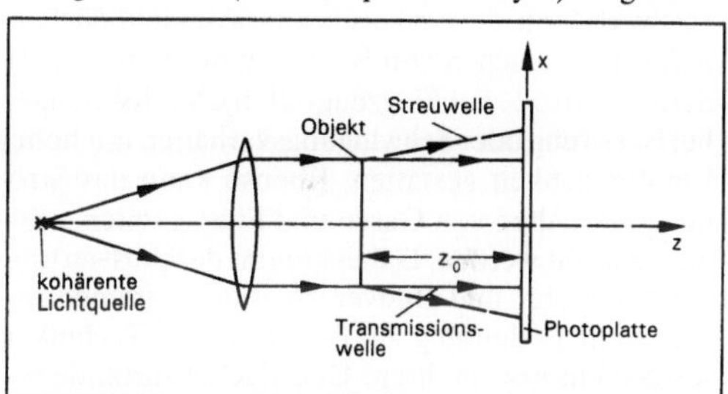

Holographie (Materialprüfung) 1: In-Line-Aufbau für transparente Objekte.

Durch Vertauschen von Objekt und Film gelang es *J. N. Denisjuk* 1962, Oberflächen opaker Körper zu holographieren. Beleuchtungs- und zurückreflektiertes Licht bilden hierbei ein stehendes Wellensystem, das eine Schwärzungsverteilung des Films nach Art der Lippmann-Photographie verursacht. Das Objekt ist bei Beleuchtung des Films mit weißem Licht in Reflexion sichtbar (Weißlichthologramm).

Aufschwung und praktische Bedeutung erlangte die H. erst, als 1960 mit der Entwicklung des Lasers erstmals eine intensive kohärente Lichtquelle zur Verfügung stand. *Leith* und *Upatnieks* modifizierten den Gabor-Aufbau nun, indem sie Objekt- und Referenzlicht richtungsmäßig trennten (Bild 2). Als entscheidender Vorteil wird bei der Rekonstruktion das virtuelle Bild weder von der Lichtquelle noch vom reellen Bild überstrahlt. Erstmals wurde auch der dreidimensionale Charakter des holographischen Bildes experimentell gezeigt.

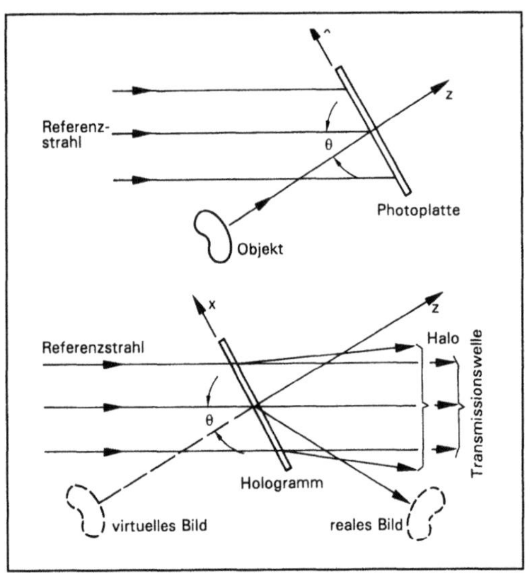

Holographie (Materialprüfung) 2: Standardaufbau für Aufnahme und Rekonstruktion.

Holographie (Materialprüfung) 3: Untersuchungsbeispiel für holographische Interferometrie (Doppelbelichtungstechnik).

Wichtigste Anwendung ist heute die holographische Interferometrie in Form von verschiedenen Meßverfahren, die ein berührungsloses und flächenhaftes Untersuchen von Bauteilen auf Fehler (z. B. Serienkontrolle bei Flugzeugreifen), Verformungen bei Belastung oder Schwingungsverhalten mit hoher Empfindlichkeit gestatten. Ebenso kann das Strömungsverhalten von Gasen und Flüssigkeiten sichtbar gemacht werden. Dabei kommt der Auswertung mit Computer und Bildverarbeitungssystemen immer mehr Bedeutung zu. Bei all diesen Techniken werden ein bzw. mehrere Oberflächenzustände holographisch gespeichert und die bei der Überlagerung mit anderen Verformungszuständen sichtbaren Interferenzerscheinungen analysiert. Die wichtigsten Verfahren sind:

□ *Doppelbelichtungstechnik:* Zwei Objektzustände (vor und nach Belastung) werden auf einem Film aufgezeichnet. Bei der Rekonstruktion erscheinen beide Bilder gleichzeitig und interferieren (Bild 3).

□ *Real-Time-Verfahren:* Ein aufgenommenes Bild (Grundzustand) wird an der ursprünglichen Stelle rekonstruiert und interferiert mit dem beleuchteten Objekt, wobei Veränderungen kontinuierlich verfolgt werden können.

□ *Time-Average-Verfahren:* Untersuchung des Schwingungsverhaltens (Schwingungsamplituden). Eine stationäre Schwingung wird über einen gegenüber der Schwingungsdauer großen Zeitraum aufgenommen, wobei über die verschiedenen Schwingungszustände gemittelt wird.

□ *Real-Time-Time-Average-Verfahren:* Ein Schwingungszustand (bzw. Ruhestand) wird holographisch gespeichert und das Bild am ursprünglichen Ort rekonstruiert. Änderungen am Schwingungsverhalten z. B. durch Frequenzänderung können nun in Real-Time beobachtet werden.

□ *Doppelplus-Technik:* Mit geeigneter Triggerung werden zwei Zustände einer Schwingung durch Belichtungszeiten von ca. 20 ns in Form einer Doppelbelichtung festgehalten. Beim Einsatz eines Pulslasers entfallen Maßnahmen zur Schwingungsisolation des Aufbaus.

Weitere Einsatzgebiete sind Konturerkennung, Datenspeicherung, Mustererkennung und Mikroskopie. Im künstlerischen Bereich werden vor allem farbige Regenbogenhologramme durch ein spezielles Umkopierverfahren angefertigt, wobei die Farberscheinung auf Kosten der vertikalen Parallaxe bei Beleuchtung mit weißem Licht auftritt.

Neben dem Silberhalogenid-Film (Auflösung ca. 1000–5000 Linien/mm) kommen heute vor allem Thermoplast-Filme (lösch- und wiederverwendbar), Dichromatgelatine oder lichtempfindliche Kristalle (BSO) als Speichermedium in Frage. Lichtquellen sind ausschließlich Laser mit entsprechenden Kohärenzeigenschaften. *Kußmaul*

Literatur: *Gabor, D.*: Nature 161 (1948), Proc. Roy. Soc. Ser. A 197 (1949), Proc. Phys. Soc. London, B 64 (1951). – *Hariharan, P.*: Optical Holography. Cambridge 1984. – *Leith, E. N., J. Upatnieks,*: J. Opt. Soc. Amer. 52 (1962). – *Thompson, B. J.*: Laser Applications. New York 1971.

Holz. H. ist das sekundäre Dauergewebe, das bei Bäumen und Sträuchern durch Zellteilung der Bildungsschicht (Kambium) entsteht. Das Kambium umschließt Stämme, Äste und Wurzeln mantelförmig und scheidet nach innen H.-Zellen (Xylem), nach außen Rinden- bzw. Bastzellen (Phloem) ab. Das Xylem besteht aus unterschiedlichen Zellarten, deren überwiegender Teil in Richtung des Stamms langgestreckt ist (Faserrichtung). Diese Zellen übernehmen im lebenden Baum den Wasser- und Nährstofftransport von der Wurzel zur Krone und sorgen für die Festigung des Stamms. Entsprechend besitzt auch der Werkstoff H. in Faserrichtung gute Durchlässigkeit sowie hohe Steifigkeit und Festigkeit.

Die quer zur Faserrichtung – im stehenden Stamm also waagerecht – verlaufenden bandartigen Zellbündel werden wegen ihrer strahlenförmigen Ausrichtung von der Stammitte zur Peripherie als H.-Strahlen bezeichnet. Sie sorgen für Transport und Speicherung von Nährstoffen. Infolge des sekundären Dickenwachstums bildet der Baum periodisch Zuwachsschichten, im gemäßigten Klima als Jahrringe bezeichnet. Beim H. sind demnach drei Hauptachsen zu unterscheiden, die als rechtwinklig aufeinanderstehend betrachtet werden (Bild 1):

☐ die Faserrichtung (längs zur Faser) oder longitudinale Richtung des H.,

☐ die Radialrichtung (quer zur Faser, parallel zu den H.-Strahlen) oder radiale Richtung des H.,

☐ die Tangentialrichtung (quer zur Faser, parallel zu den Jahrringen bzw. Zuwachszonen) oder tangentiale Richtung des H.

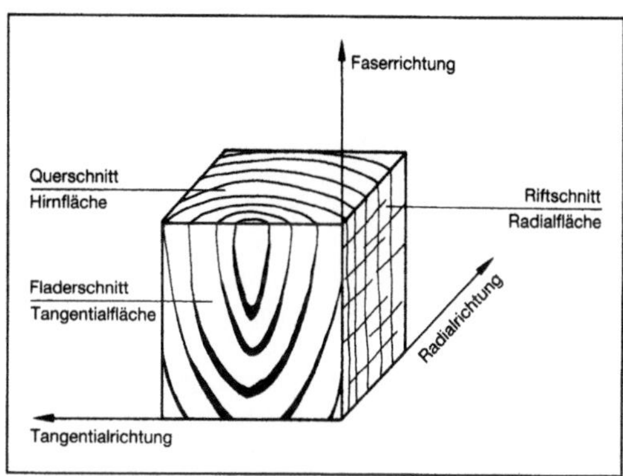

Holz 1: Die Hauptachsen des Holzes und ihre zugehörigen Schnittflächen.

H. ist ausgeprägt anisotrop, d. h. die H.-Eigenschaften hängen stark von der anatomischen Richtung ab. Die jeweils aus zwei dieser Achsen gebildeten Schnittflächen unterscheiden sich in ihrer Zeichnung deutlich und werden als Hirnfläche, Radialfläche bzw. Tangentialfläche bezeichnet.

Als Nadel-H. wird das H. der Nadelbäume (Bild 2 links) bezeichnet. Es besteht aus überwiegend gleichartigen Zellen, den Tracheiden, die sowohl

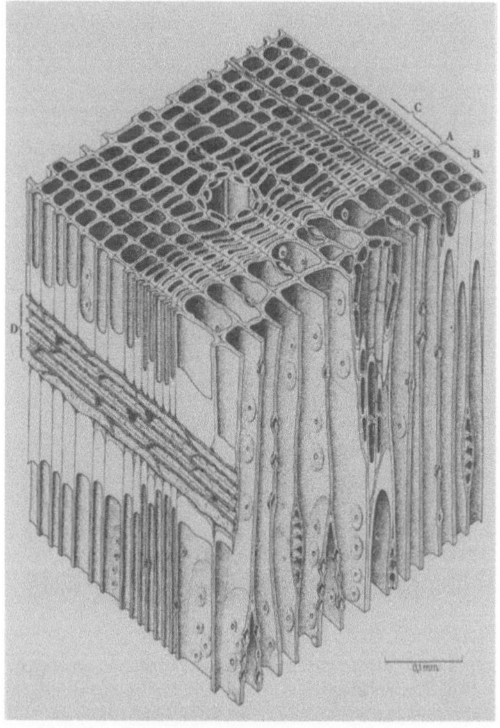

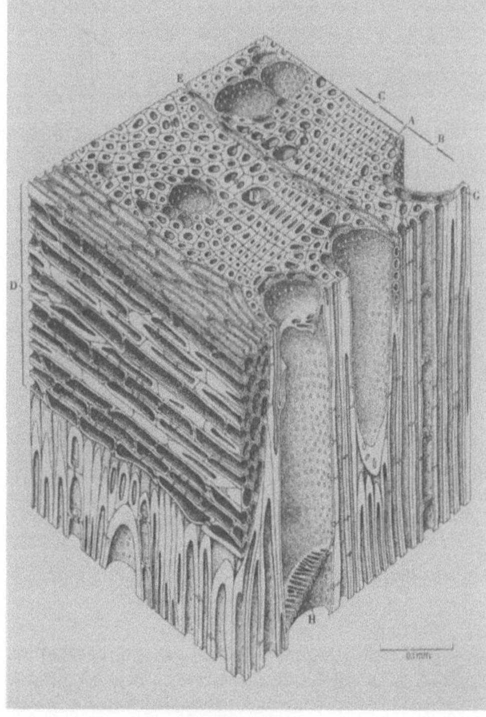

Holz 2: Struktur eines Fichtenholz- (links) und eines Buchenholzwürfels (rechts).

A Jahrringgrenze, B Frühholz, C Spätholz, D Holzstrahl, E Parenchym, F Tracheide, G Holzfaser, H Gefäß

Festigungs- als auch Leitungsfunktionen übernehmen. Innerhalb eines Jahrrings unterscheidet sich
das weitlumige Früh-H. deutlich vom englumigen,
dickwandigen Spät-H.

Das H. der phylogenetisch weiter entwickelten
Laubbäume (Laub-H., Bild 2 rechts) besitzt Zellen
größerer Variationsbreite; z. B. wird die funktionale
Trennung in Gefäße für Leitungszwecke und H.-
Fasern zur Festigung deutlich.

Die verschiedenen H.-Arten sind chemisch weitgehend ähnlich zusammengesetzt, wobei innerhalb
der Zellwände die kristallin strukturierte Cellulose
in eine aus Lignin und Hemicellulosen bestehende
Matrix eingebettet ist. Neben diesen drei Hauptkomponenten treten in geringeren Mengen Begleitstoffe auf, zu denen auch Gerbstoffe sowie Harze
und Terpene gehören. Diese Begleitstoffe (H.-
Inhaltsstoffe) bestimmen den spezifischen Charakter einer H.-Art wesentlich (H.-Eigenschaft).

Mit zunehmendem Baumalter erfolgt im Stamm-
querschnitt eine Trennung von Splint-H. (äußerer
H.-Mantel mit lebenden, physiologisch aktiven H.-
Zellen für Wasserleit- und Speicherfunktionen) und
Kern-H. (innere, marknahe Holz-Zone, deren Zellen abgestorben sind). Die Verkernung äußert sich
häufig in einer Verminderung des Feuchtegehalts
und einer verstärkten Einlagerung von H.-Inhalts-
stoffen. Besonders deutlich wird die Grenze zwischen Splint- und Kern-H. bei H.-Arten mit Farb-
kern (z. B. Kiefer, Eiche, Sipo, Palisander u. a.).

H. ist der wichtigste nachwachsende Rohstoff für
weite Bereiche des Handwerks und der Industrie.
Aus Rund-H. (unentrindeter, entrindeter oder
rundgeschälter Stammabschnitt) wird durch Sägen
Schnitt-H. erzeugt und hierbei nach den Abmessungen unterschieden:

□ *Kant-H:* Schnitt-H. von rechteckigem Querschnitt
mit einer Seitenlänge von mindestens 60 mm. Die
große Querschnittsseite ist höchstens 3mal so groß
wie die kleine.

□ *Balken:* Kant-H., dessen größere Querschnittsseite
mindestens 200 mm beträgt.

□ *Kreuz-H.* (bzw. Rahmen): Schnitt-H. mit einer
Querschnittsfläche A > 32 cm², wobei aus einem
Rund-H. 4 Stück kerngetrennt (bei Kreuz-H.) bzw.
mindestens 4 Stück (bei Rahmen) erzeugt sein
müssen.

□ *Bohle:* Schnitt-H. mit einer Dicke d ≧ 40 mm. Die
große Querschnittsseite ist mindestens 2mal so groß
wie die kleine.

□ *Brett:* Schnitt-H. mit einer Dicke 8 ≦ d < 40 mm
und einer Breite b ≧ 80 mm.

□ *Latte* (Leiste): Schnitt-H. mit einer Querschnittfläche A ≦ 32 cm² und einer Breite b ≦ 80 mm.

Neben Voll-H. (entrindetes Rund- oder Schnitt-
H. in seiner unveränderten, gewachsenen Struktur)
werden Furniere, H.-Werkstoffe (dazu gehören insbes. Sperr-H., Spanplatten, H.-Faserplatten), Brett-

schicht-H. u. a. H.-Halbwaren verwendet. Für die
Herstellung von Span- und H.-Faserplatten, von
H.-Stoffen und Zellstoffen werden im Forst speziell
für diese Verwendungszwecke sortiertes H. (Indu-
strie-H.) und bei der H.-Be- und -Verarbeitung
anfallende Reste (Industrierest-H.) eingesetzt. (H.-
Trocknung, H.-Schutz).   *Noack/Schwab*

Literatur: *Bosshard, H. H.:* Holzkunde. Basel, Stuttgart. –
Grosser, D.: Die Hölzer Mitteleuropas. Berlin, Heidelberg,
New York 1977. – Holz-Lexikon. Stuttgart. 3. Aufl. 2 Bd. 1988.
– *Knigge, W., u. H. Schulz:* Grundriß der Forstbenutzung.
Hamburg, Berlin 1966. – *Lohmann, U.:* Handb. Holz. Stuttgart
1986. – *Steuer, W.:* Vom Baum zum Holz. Stuttgart 1985. –
Trendelenburg, R., u. H. Mayer-Wegelin: Das Holz als Roh-
stoff. München 1955. – *Wagenführ, R.:* Anatomie des Holzes.
Leipzig 1980.

Holzart. Die Zahl der auf der Erde vorkommenden H. wird auf über 10 000 geschätzt, von denen
etwa 500 international gehandelt werden. Da viele
Arten jeweils unterschiedliche Lokalnamen haben,
ist eine eindeutige Zuordnung erst über den botanischen Namen möglich, der Gattung (z. B. Pinus)
und Art (z. B. strobus) international einheitlich fest-
legt.

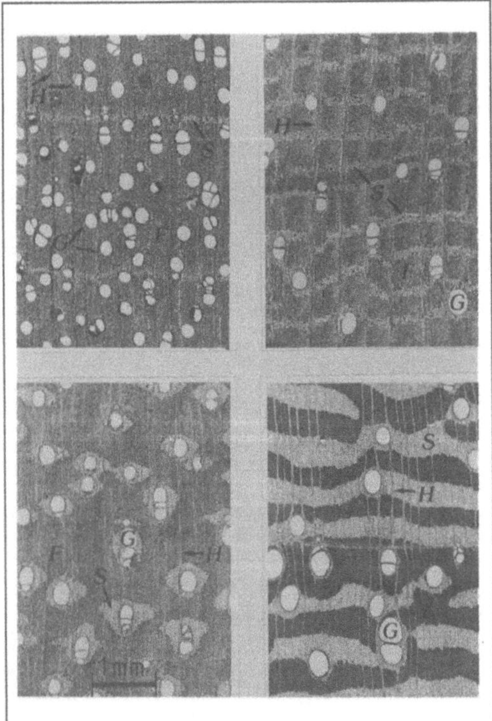

*Holzart: Querschnitte von Amerikanischem Maha-
goni (oben links), Koto (oben rechts), Afzelia (unten
links) und Wenge (unten rechts). (Quelle: H. G.
Richter)*

S Speichergewebe, G Gefäße, F Fasern, H Holzstrahlen

Holzart. Tabelle 1: Auswahl wichtiger Nadelhölzer aus DIN 4076, Tl. 1.

Benennung	andere handelsübliche Namen	botanischer Name	natürliche Verbreitung
Alerce	Lahuan	Fitzroya cupressoides	Chile, Argentinien
Douglasie	Oregon Pine, Douglas Fir	Pseudotsuga menziesii	westl. Nordamerika (in Europa kultiviert)
Fichte	europ. Fichte, Weißholz	Picea abies	Europa
Hemlock	Western Hemlock	Tsuga heterophylla	nordwestliches Nordamerika (in Europa kultiviert)
Kiefer	Föhre, Forche, Rotholz	Pinus sylvestris	Europa, Nordwestasien
Kiefer, Weymouth	Strobe, Yellow Pine, Eastern White Pine	Pinus strobus	östl. Nordamerika (in Europa kultiviert)
Lärche, europäische	—	Larix decidua	Mitteleuropa
Parana „Pine"	brasilian. Araukarie, Brasil „Kiefer"	Araucaria angustifolia	südl. Brasilien
Pine, Pitch	Kernholz (überwiegend) von: amerik. Südkiefer, karib. Pitch Pine, Honduras Pitch Pine	Pinus caribaea, P. palustris, P. taeda, P. oocarpa u. a.	südöstl. Nordamerika und Zentralamerika
Pine, Radiata	Insignis Pine	Pinus radiata	(in Südamerika, Südafrika, Australien kultiviert)
Pine, Red	Splintholz (überwiegend) von: amerik. Südkiefer, Carolina P., Loblolly P.	Pinus caribaea, P. palustris, P. taeda, P. oocarpa u. a.	südöstl. Nordamerika und Zentralamerika
Redcedar, Western	kanad. Rotzeder, Thuja	Thuja plicata	nordwestliches Nordamerika
Redwood, kalifornisches	Redwood, Sequoia, Vavona (Maser)	Sequoia sempervirens	Oregon, Kalifornien (USA)
Tanne	Edeltanne, Weißtanne	Abies alba	Süd- und Mitteleuropa
Zeder, echte	Deodar, indische Zeder, nordafrikanische Zeder	Cedrus deodara, C. atlantica u. a.	Nordwestl. Indien, nördl. Pakistan, Nordafrika (in Südafrika kultiviert)

Für Handelshölzer aus tropischen und subtropischen Gebieten werden in der Nomenclature Générale des Bois Tropicaux einheitliche Benennungen empfohlen, die auch in DIN 4076, Tl. 1, Eingang gefunden haben. Diese Norm führt 34 Nadel- und 223 Laubhölzer mit Benennung, Kurzzeichen, anderen handelsüblichen Namen, botanischem Namen, Rohdichte und natürlicher Verbreitung auf (Tabelle 1 und 2).

Unsere mitteleuropäischen Hölzer sind trotz ihrer Unterschiede in den →Holzeigenschaften vergleichsweise uniform, wenn man ihnen die große Bandbreite der Hölzer aus tropischen und subtropischen Gebieten gegenüberstellt. Die Bestimmung der botanischen Identität ist wichtige Voraussetzung für eine sichere Zuordnung von Art und Eigenschaften. Grundlage einer solchen Bestimmung ist der zelluläre Aufbau, die Struktur des Holzes. Sie zeigt über ein gemeinsames Grundprinzip hinaus (→Holz) jeweils arten- oder gruppenspezifische Muster (siehe Bild Seite 450), an Hand derer unbekannte Hölzer bestimmt werden. Eine erste Zuordnung ist mit Hilfe einer Lupe möglich. Letzte Sicherheit bietet aber häufig erst die Bestimmung auf mikroskopischer Basis. *Noack/Schwab*

Holzart. Tabelle 2: Auswahl wichtiger Laubhölzer aus DIN 4076, Tl. 1.

Benennung	andere handelsübliche Namen	botanischer Name	natürliche Verbreitung
Abachi	Ayous, Obeche, Samba, Wawa	Triplochiton scleroxylon	Westafrika
Afrormosia	Asamela, Kokrudua	Pericopsis elata	Elfenbeinküste, Zaire
Afzelia	Apa, Chanfuta, Doussie, Lingue	Afzelia pachyloba, A. quanzensis, A. bipindensis u. a.	tropisches Afrika
Agba	Tola branca	Gossweilerodendron balsamiferum	West- und Zentralafrika
Angelique	Basralocus	Dicorynia guianensis, D. paraensis	Guyana, Brasilien
Azobé	Bongossi, Ekki	Lophira alata	Westafrika
Balau	Bangkirai, Balau Kumus, Selangan Batu, Yellow Balau	Shorea atrinervosa, S. glauca, S. laevis u. a.	Südostasien
Balsa	—	Ochroma boliviana, O. lagopus	tropisches Amerika (in übrigen Tropen kultiviert)
Birke, gemeine	Weiß-, Hänge-, Sandbirke, Haar-, Moorbirke	Betula verrucosa, B. pubescens	Europa, Nordasien
Birnbaum	Schweizer Birnbaum	Pirus communis	Mittel- und Südeuropa
Buche	Rotbuche	Fagus sylvatica	Europa
Buchsbaum	—	Buxus sempervirens	Nordafrika, Nordeuropa, Vorderer Orient
Cocobolo	—	Dalbergia retusa, D. granadillo	Zentralamerika
Ebenholz, afrikanisches	Schwarzes Ebenholz, Ebène Afrique, African ebony	Diospyros crassiflora	tropisches Afrika
Eiche, Rot-	Eiche, Red Oak	Quercus rubra u. a.	östl. Nordamerika (in Europa kultiviert)
Eiche, Stiel-	Sommereiche	Quercus robur	Europa
Eiche, Trauben-	Wintereiche	Quercus petraea	Europa
Erle	Rot-, Schwarz-, Grau-, Weißerle	Alnus glutinosa, A. incana	Europa
Esche, gemeine	—	Fraxinus excelsior	Europa, Westasien
Framiré	Black afara, Idigbo, Emeri	Terminalia ivorensis	Guinea bis Kamerun
Greenheart	Demerara Greenheart	Ocotea rodiei	nördl. Südamerika
Hainbuche	Weißbuche	Carpinus betulus	Süd- und Mitteleuropa
Hickory	True Hickory	Carya glabra, C. ovata u. a.	östl. Nordamerika
Iroko	Kambala, Mvule	Chlorophora excelsa, C. regia	tropisches Afrika
Keruing	Apitong, Dau, Eng, Gurjun, In, Yang	Dipterocarpus alatus, D. grandiflorus u. a.	tropisches Asien
Kirschbaum	—	Prunus avium	Europa

Holzart. Tabelle 2. Fortsetzung: Auswahl wichtiger Laubhölzer aus DIN 4076, Tl. 1.

Benennung	andere handelsübliche Namen	botanischer Name	natürliche Verbreitung
Koto	Pahouro	Pterygota bequaertii, P. macrocarpa	Westafrika
Limba	Fraké, Ofram, White-Afara	Terminalia superba	Westafrika
Linde	Sommerlinde, Winterlinde	Tilia cordata, T. platyphyllos	Europa
Mahagoni, amerikanisches	echtes Mahagoni, American mahagony, Araputanga, Caoba	Swietenia macrophylla	Zentral- und nördl. Südamerika
Mahagoni, Khaya-	Grand Bassam, N'Gollon, Afric. mahagony, acajou blanc	Khaya ivorensis, K. anthotheca u. a.	tropisches Afrika
Mahagoni, Sapelli-	Aboudikro, Lifaki, Sapele	Entandrophragma cylindricum	West- und Zentralafrika
Mahagoni, Sipo-	Utile, Sipo, Assie	Entandrophragma utile	Westafrika
Makoré	Baku	Tieghemella (Mimusops) heckelii	Sierra Leone bis Ghana
Meranti, Red Light	—	Shorea negrosensis u. a.	Malaysia, Indonesien
Meranti, Red Dark	—	Shorea pauciflora u. a.	Malaysia, Indonesien
Merbau	Ipil, Kwila	Intsia bijuga u. a.	Südostasien, Neuguinea
Niangon	Ogoue, Wishmore	Tarrietia utilis, T. densiflora	Westafrika
Nußbaum	Walnußbaum	Juglans regia	Südeuropa, Nordindien
Okoumé	Gabunholz	Aucoumea klaineana	Gabun, Kongo
Padouk, afrikanisches	African P., Westafrican P.	Pterocarpus soyauxii	Westafrika
Palisander, ostindisches	ostind. Jacaranda, Indian rosewood	Dalbergia latifolia	Vorderindien und Java
Palisander, Rio	Rio Jacaranda, Brazil rosewood	Dalbergia nigra	südöstl. Brasilien
Pappel	Grau-, Schwarz-, Weiß-, Silberpappel	Populus canescens, P. nigra, P. alba, P. hybrid	Europa, Vorderasien
Pockholz	Gaiac, Guayacan, Lignum vitae	Guaiacum guatemalense, G. officinale, G. sanctum	nördl. Süd- und Mittelamerika
Ramin	Melawis	Gonystylus bancanus	Südostasien
Robinie	falsche Akazie	Robinia pseudacacia	östl. Nordamerika (in Europa kultiviert)
Rosenholz, Bahia	Tulip wood	Dalbergia decipularis	östl. Südamerika
Rüster	Rotrüster, Feldulme	Ulmus carpinifolia	Europa
Sen	—	Kalopanax pictus (Acanthopanax ricinifolius)	Ostasien
Teak	Djati, Kyun	Tectona grandis	Südasien (in übrigen Tropen kultiviert)

Literatur: Association Technique Internationale des Bois Tropicaux (ATIBT): Nomenclature Générale des Bois Tropicaux. Édiée par CTFT Nogent-sur-Marne/France 1982. – *Dahms, K.-G.:* Afrikanische Exporthölzer. Stuttgart 1979. – *Dahms, K.-G.:* Asiatische, ozeanische und australische Exporthölzer. Stuttgart 1982. – *Dahms, K.-G.:* Nordamerikanische Exporthölzer. Stuttgart 1991. – DIN 4076. Tl. 1: Benennungen und Kurzzeichen auf dem Holzgebiet; Holzarten. Hrsg. Dt. Normeninstitut. Ausg. Okt. 1985. – *Gottwald, H.:* Handelshölzer Hamburg 1958 (vergriffen). – *Wagenführ, R., u. Chr. Scheiber.:* Holzatlas. VEB Fachbuchverl. 1985.

Holzeigenschaft. Da Holz kein einheitliches Material, sondern eine Sammelbezeichnung für Holzarten mit deutlich unterschiedlichen Eigenschaften ist, ist hier nur ein grober Abriß über wichtige H. und ihre Einflußgrößen möglich. Dabei wird zur besseren Übersicht in biologische, chemische, physikalische und mechanische Eigenschaften untergliedert.

Biologische H. Auf Grund der Struktur ist Holz ausgeprägt anisotrop, d. h. die H. unterscheiden sich in den drei Hauptachsen Faserrichtung, Radialrichtung und Tangentialrichtung (Holz). Außerdem streuen die H. naturgegeben durch den individuellen Wuchs der Bäume. Deshalb erfolgt für viele Verwendungszwecke (Holz für tragende Konstruktionen, für Treppen, für Fenster, für Parkett, für Leitern, für Eisenbahnschwellen, für Werkzeugteile usw.) eine Sortierung nach den Wuchseigenschaften (z. B. Faserneigung, Ästigkeit, Jahrringbreite). Bei direkter Bewitterung von Holz kommt es zu Verfärbungen und leichter oberflächlicher Zerstörung. Bei Feuchteanreicherung (Holzfeuchtegehalt über 20 %) besteht zusätzlich die Gefahr eines Befalls durch holzzerstörende Pilze (Fäulnis). Die natürliche Resistenz bestimmter Holzarten gegen solchen Pilzbefall steht in keinem Zusammenhang zur Holzdichte, sondern beruht auf ihren ausschließlich im Kernholz vorkommenden Inhaltsstoffen. Deshalb gelten die Resistenzklassen 1 (sehr resistent) bis 3 (mäßig resistent) jeweils nur für das Kernholz der genannten Art (Tabelle). Das Splintholz aller Hölzer wird als wenig (Resistenzklasse 4) oder nicht resistent (5) eingestuft, kann aber durch Schutzmittel (Holzschutz) gegen Pilzbefall geschützt werden.

Chemische H. Holz besteht aus den Hauptkomponenten Cellulose, Hemicellulosen und Lignin sowie den mengenmäßig unbedeutenden Inhaltsstoffen, die aber einen großen Einfluß auf die artspezifischen H. haben. Manche Inhaltsstoffe fördern die Korrosion von Eisenmetallen (z. B. bei Douglasie, Redwood und Eiche), stören die Zementabbindung (z. B. bei Lärche, Buche und Red Meranti) oder verzögern die Aushärtung von Polyesterlacken (z. B. Cocobolo, Ebenholz und Iroko). Vorteilhaft können sie sich auswirken in bezug auf die natürliche Resistenz, die dekorative Farbe (z. B.

bei Mahagoni, Palisander und Zebrano), den angenehmen Geruch (z. B. bei Sandelholz) oder die wachsartige, wasserabweisende Wirkung (z. B. bei Niangon und Teak).

Die Widerstandsfähigkeit von Holz gegen verdünnte Säuren ist hoch. Dagegen wird Holz bei Einwirkung von Laugen eher geschädigt. Insgesamt sind Nadelhölzer wegen ihres höheren Ligningehaltes gegenüber Chemikalien widerstandsfähiger als Laubhölzer. Ihre im Vergleich zu anderen Baustoffen hohe Widerstandsfähigkeit besonders gegen aggressive Gase und Dämpfe hat die Verwendung von Brettschichtholz zur Konstruktion von Produktions- und Lagerhallen stark gefördert.

Physikalische H. Holz ist hygroskopisch, d. h. im Laufe der Lagerung stellt sich der Holzfeuchtegehalt (Masse des im Holz enthaltenen Wassers bezogen auf die absolut trockene Holzsubstanz) ein, der mit dem Umgebungsklima im Gleichgewicht steht. Unterhalb Fasersättigung (etwa 30 % Holzfeuchtegehalt) ändern sich mit wechselndem Feuchtegehalt die meisten H., auch die Abmessungen. Als Kriterium für die maximal mögliche Abmessungsänderung, die nur bei Befeuchtung vom absolut trockenen auf den nassen Zustand einträte, gilt das für die radiale und tangentiale Richtung des Holzes tabellierte Quellmaß. Um Maßänderungen fertiger Holzteile möglichst zu vermeiden, wird Holz in der Regel vor der Endbearbeitung auf den Feuchtegehalt gebracht, der bei der späteren Verwendung erwartet wird (→Holztrocknung).

Die Rohdichte (Masse bezogen auf das Volumen des Holzes einschl. Porenraum) ermöglicht Hinweise auf andere Eigenschaften und auf Verwen-

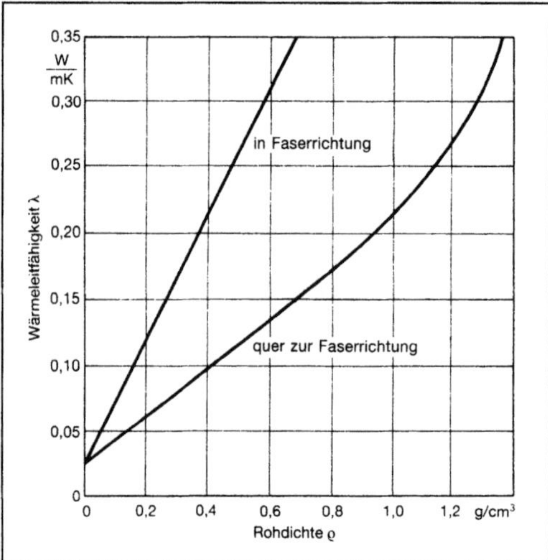

Holzeigenschaft: Abhängigkeit der Wärmeleitfähigkeit in und quer zur Faserrichtung des Holzes von der Rohdichte bei 10 % Holzfeuchte. (Quelle: Kollmann, Malmquist 1956)

dungsmöglichkeiten. Sie ist das Kriterium für die Reihenfolge der tabellierten Holzarten. Auch die Wärmeleitfähigkeit wird von der Rohdichte bestimmt (Bild). Die niedrige Wärmeleitfähigkeit quer zur Faserrichtung trägt bei Holzbauteilen mit ausreichenden Querschnittsabmessungen zum Erzielen einer günstigen Feuerwiderstandsdauer bei. Der elektrische Widerstand des Holzes hängt primär vom Holzfeuchtegehalt ab. Deshalb arbeiten elektrische Feuchtemeßgeräte meist nach dem Widerstandsprinzip.

Mechanische H. Die elastischen Kennwerte und die Festigkeiten (Tabelle) nehmen mit steigender Rohdichte tendenziell zu. Die für das Bauwesen entscheidenden Rechenwerte sind in DIN 1052, Tl. 1, angegeben. Die Härte und der Abnutzungswiderstand steigen ebenfalls mit der Rohdichte an und erreichen auf der Hirnfläche des Holzes (z. B.

Holzpflaster) deutlich höhere Werte als auf den Seitenflächen. Die leichte Bearbeitbarkeit des Holzes ist ein großer Vorteil dieses Rohstoffes, weil notwendige Nacharbeiten keine Schwierigkeiten bereiten. Dabei hängt die Güte der erzielbaren Oberflächen primär vom Faserverlauf und der Struktur ab. Als Baustoff zeichnet sich Holz durch die besondere Kombination von geringem Gewicht, hoher Festigkeit in Faserrichtung und niedriger Wärmeleitfähigkeit quer zur Faserrichtung aus. *Noack/Schwab*

Literatur: DIN 1052. Tl. 1: Holzbauwerke; Berechnung und Ausführung. Hrsg. Dt. Institut für Normung. Ausg. April 1988. – DIN 68 364: Kennwerte von Holzarten; Festigkeit, Elastizität, Resistenz. Hrsg. Dt. Inst. für Normung. Ausg. Jan. 1980. – *Kollmann, F.:* Technologie des Holzes und der Holzwerkstoffe. Berlin, Heidelberg, New York 1951. Reprint 1982. – *Noack, D., u. E. Schwab:* Holz als Baustoff. Holzbau-Taschenb. Bd. 1. Berlin 1986.

Holzeigenschaft. Tabelle: Mittlere Eigenschaftswerte wichtiger Holzarten.

Benennung	Rohdichte in g/cm³	max. Quellmaß in %		Festigkeit in N/mm²		Resistenz-klasse
		radial	tangential	Biegung	Druck	
Nadelhölzer						
Western Redcedar	0,37	2,5	5,3	54	35	2
Fichte	0,47	3,7	8,5	68	40	4
Kiefer	0,52	4,2	8,3	80	45	3—4
Douglasie/Oregon Pine	0,54	5,0	8,0	80	50	3
europ. Lärche	0,59	3,4	8,5	93	48	3
Laubhölzer						
Balsa	0,17	3,0	6,2	24	10	5
Abachi/Wawa	0,40	3,0	5,5	60	35	5
Pappel	0,42	3,4	8,9	70	36	5
amerik. Mahagoni	0,54	3,4	4,7	80	45	2
Sipo-Mahagoni	0,59	5,5	6,7	100	58	2
Iroko/Kambala	0,63	3,5	5,5	95	55	1—2
Eiche	0,67	4,6	10,9	95	52	2
Teak	0,69	2,7	4,8	100	58	1
Buche	0,69	6,2	13,4	120	60	5
Dark Red Meranti	0,71	4,3	10,7	110	58	2—3
Angelique/Basralocus	0,76	5,8	9,8	120	70	1
Afzelia/Doussie	0,79	3,0	4,5	115	70	1
Balau/Bangkirai	0,94	5,0	11,0	142	76	1—2
Greenheart	1,00	7,0	8,8	180	100	1
Azobé/Bongossi	1,06	7,7	11,4	180	95	1

Die Rohdichte und die Festigkeiten gelten für einen Holzfeuchtegehalt von etwa 12 %. Die Festigkeitsangaben beziehen sich auf Durchbiegung quer zur Faserrichtung bzw. Druckbelastung in Faserrichtung. Die Einteilung der Resistenzklassen erfolgt nach dem Grad der Resistenz des ungeschützten Kernholzes gegen einen Befall durch holzzerstörende Pilze bei langanhaltend hoher Holzfeuchte (> 20 %) oder bei Erdkontakt.

Holztechnologie, chemische. Die c. H. behandelt die chemischen Verfahren zur Verwertung des Holzes. Als Grenzbereich sind dabei eingeschlossen chemo-mechanische Verfahren und auf überwiegend mechanischen Wirkungsmechanismen beruhende Prozesse (Bild).

Aus dem Holz bestimmter Baumarten und der Rinde können durch eine Heißwasserextraktion Gerbstoffe gewonnen werden. Sie werden zum Gerben von tierischen Häuten und als Zusatz zu Holzleimen verwendet. Aus dem lebenden Stamm, insbes. von Kiefern, kann durch Verletzung der Rinde Harzbalsam gewonnen werden. Dies ist auch durch eine Extraktion mit organischen Lösungsmitteln aus zerkleinertem Holz möglich. Durch Wasserdampfdestillation können aus dem Balsam Terpene abgetrennt und als Lösungsmittel, Pharmazeutika oder Insektizide verarbeitet werden. Die im Kolophonium vorhandenen Harzsäuren werden vorwiegend zur Papierleimung und in der Kunststoff- und Lackindustrie eingesetzt.

Die wirtschaftlich bedeutendste Holzverwertung im Bereich der c. H. ist die Gewinnung von Faserstoffen zur Herstellung von →Papier und Pappen sowie zur chemischen Weiterverarbeitung der darin enthaltenen Cellulose. Für diese Prozesse ist die Entfernung der Rinde erforderlich, da sie nur sehr wenig Fasermaterial enthält und ihre übrigen Komponenten die Qualität der Faserprodukte mindern.

Die Rinde wird meist zur Energiegewinnung verbrannt. Sie kann kompostiert und in begrenzten Mengen der Mittelschicht von Spanplatten zugesetzt werden. Das entrindete Holz kann entweder direkt zur Erzeugung von Fasern verschliffen oder zunächst zu Hackschnitzeln zerkleinert und dann in Scheibenrefinern zerfasert werden. Anschließend können Fasern wiederum zur Papier-, Pappen-, Dämmplatten- und Hartfaserplatten-Produktion verwendet werden.

Bei einer Zerkleinerung von Rundholz in Späne lassen sich diese zur Herstellung von mineralgebundenen Holzwerkstoffen einsetzen oder aber hydrolysieren. Die Hydrolyse-Zucker können zur Ethanol-Produktion oder zur Futterhefeherstellung verwendet werden. Aus den Hemicellulosen entstehende Xylose kann zu Furfural oder Xylit umgesetzt werden. Das entstehende Hydrolyse-Lignin ist zur Energiegewinnung, Aktivkohle-Herstellung oder als Zusatz von Preßmassen verwendbar.

Beim Sulfataufschluß des Holzes ist eine Vorhydrolyse zur Gewinnung eines Chemiezellstoffs mit hohem Gehalt an Reincellulose erforderlich. Die gelösten Hemicellulosen-Zucker lassen sich in gleicher Weise verwerten wie beim Holzhydrolyseverfahren. Zusätzlich kann die Verwertung der anfallenden Essigsäure wirtschaftlich interessant sein.

Zur Herstellung von holzfreien Papieren und Pappen muß das →Lignin des Holzes im Zellstoff-

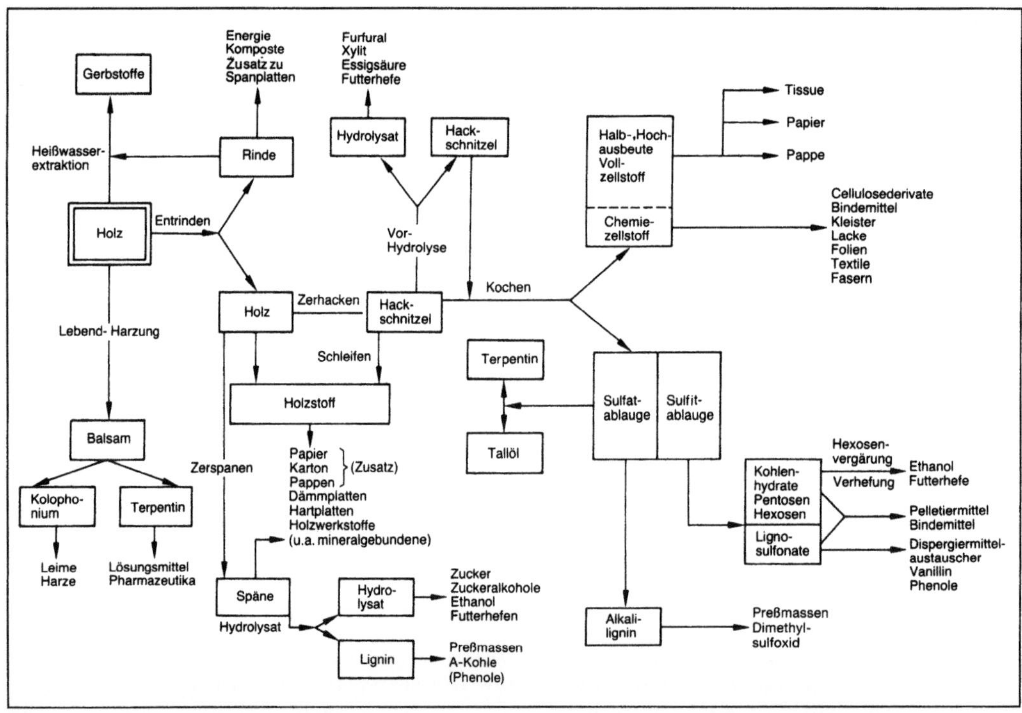

Holztechnologie, chemische: Verfahren.

herstellungsprozeß mit Hilfe von Sulfitlösungen oder durch Einsatz von Natronlauge und Natriumcarbonat und meist Zugabe von Natriumsulfid aus dem Holz entfernt werden. Je nach Intensität der Delignifizierung und Einsatzzweck werden Hochausbeute-, Halb-, Voll- und Chemiezellstoffe erzeugt. Zur Herstellung von hochweißen Produkten wie Tissue, Papier, Karton und Pappe und zur chemischen Weiterverarbeitung muß der →Zellstoff vom Restlignin in einer Bleiche befreit werden. Chemiezellstoffe müssen zudem einen mehr oder minder hohen Anteil an Reincellulose aufweisen, weshalb nicht nur im Aufschlußprozeß, sondern auch in der anschließenden Bleiche ein möglichst hoher Anteil an Hemicellulosen entfernt wird. Diese Chemiezellstoffe können zu verschiedensten Celluloseethern und -estern weiterverarbeitet werden. Celluloseether und Celluloseregeneratfasern sind die wirtschaftlich wichtigsten Produkte. Celluloseether in Form von Methyl- und Carboxymethylcellulose werden auf vielen Gebieten als hydrophile Bindemittel und Kleister eingesetzt, während Celluloseregeneratfasern zur Herstellung von textilen und technischen Geweben verwendet werden.

Bei der Zellstoffherstellung gehen etwa 50 % der Holzsubstanz in Lösung. Üblicherweise werden sie in mehreren Eindampfstufen aufkonzentriert und verbrannt und decken den Energiebedarf des Zellstoffherstellungsprozesses. In ihnen ist jedoch eine Reihe von wirtschaftlich interessanten Substanzen enthalten. So werden aus den Ablaugen der alkalischen Aufschlußprozesse vor der Verbrennung grundsätzlich Terpentin und Tallöl, das im wesentlichen die Harz- und Fettsäurefraktion des Holzes enthält, abgetrennt. Aus dem Alkali-Lignin lassen sich Bindemittel, aber auch Spezialchemikalien wie Dimethylsulfoxid oder Vanillin gewinnen. Die Ablaugen der sauren Sulfitprozesse können als Ganzes als Pelletierungs- und Bindemittel verwendet werden. Die darin enthaltenen Hexosen können zu Ethanol vergärt und die Pentosen verheft werden. Das in Form von Lignosulfonaten vorliegende Lignin wird eingesetzt als Bohrhilfsmittel, zur Herstellung von Phenolharzen, als Viskositätsverbesserer in Beton sowie generell als Dispergiermittel. *Patt*

Literatur: *Fengel, D.,* u. *G. Wegener:* Wood, Chemistry – Ultrastructure, Reactions. Berlin, New York 1984. – *Wenzel, A. F. J.:* The Chemical Technology of Wood. New York, London 1970.

Holztrocknung. Im lebenden Baum besitzt Holz einen hohen Feuchtegehalt (Masse des im Holz enthaltenen Wassers bezogen auf die absolut trockene Holzsubstanz), der z. B. bei Fichte im Splintholz etwa 160 % und im Kernholz etwa 35 % beträgt. Nach dem Einschlag gibt Rundholz in Rinde nur sehr langsam, Schnittholz wesentlich schneller Feuchtigkeit an die Umgebung ab. Langfristig nimmt Holz den Feuchtegehalt an, der dem Umgebungsklima entspricht (→Holzeigenschaft). Um größere Feuchteänderungen nach der Fertigstellung von Holzgegenständen zu vermeiden, wird vor der Endbearbeitung der Feuchtegehalt angestrebt, der dem Umgebungsklima bei der späteren Verwendung entspricht.

Niedrige Soll-Feuchte-Werte sind nur durch langfristige Freilufttrocknung (bei mitteleuropäischem Klima nicht unter 15 % Holzfeuchte) oder in wesentlich kürzerer Zeit durch eine technische Trocknung erreichbar. Häufig werden beide Methoden kombiniert, indem Schnittholz anfänglich Wochen oder Monate (mit Stapellatten luftig gestapelt, mit Abdeckung gegen direkte Sonneneinstrahlung und Niederschläge geschützt) im Freien vortrocknet und anschließend innerhalb von Tagen oder Wochen in einer Trockenkammer (unter steuerbaren Klimabedingungen, bei erhöhter Temperatur und Luftströmung) auf die gewünschte Sollfeuchte gebracht wird.

Die Mehrzahl der Schnittholztrockner arbeitet nach dem Frischluft-Abluft-Prinzip, wobei die Umluft im Trockner durch Beimengung trockener Frischluft aufbereitet und das verdampfte Wasser in der Abluft abgeführt wird. Die Steuerung des Kammerklimas hängt von der (meist kontinuierlich gemessenen) Holzfeuchte, der Schnittholzdicke und der →Holzart ab. Andere Trocknungsverfahren für Schnittholz sind meist auf Sondergebiete beschränkt, z. B.:

□ *Heißdampftrocknung:* Trocknung im überhitzten Wasserdampf ohne Luftbeimengung bei Temperaturen über 100 °C;

□ *Preßtrocknung:* Trocknung in einer Heizpresse; Wärmeübertragung erfolgt durch Konduktion;

□ *Vakuumtrocknung:* Trocknung in einem Kessel bei etwa 100–150 mbar Luftdruck; die Erniedrigung des Siedepunkts ermöglicht niedrigere Trocknungstemperaturen;

□ *Hochfrequenztrocknung:* Trocknung durch Erhitzen des im Holz enthaltenen Wassers in einem hochfrequenten Wechselfeld.

Auch vor der Anwendung von Holzklebstoffen ist eine Trocknung des Holzes erforderlich. Deshalb erfolgt z. B. bei der Herstellung von Spanplatten eine Spänetrocknung, bei der Herstellung von →Sperrholz eine Furniertrocknung in jeweils speziell hierfür konzipierten Anlagen. *Noack/Schwab*

Literatur: Hauptverband der Deutschen Holzindustrie (HDH, Hrsg.): Trocknung von Vollholz; Begriffe, Zeichen, Einheiten, Erklärungen, HDH-Ratgeber Wiesbaden 1985. – Holztrocknung. Stuttgart 1965. – *Brunner-Hildebrand* (Hrsg.): Die Schnittholztrocknung. 5. Aufl. 1987.

Holzwerkstoff. H. werden durch Zerlegen des Holzes in Furniere, Späne, Fasern, Stäbe oder

Holzwolle und durch anschließendes Zusammensetzen, meist mittels Klebstoffen, hergestellt. Traditionell gehören hierzu die plattenförmigen Erzeugnisse →Sperrholz, →Spanplatte, Holzfaserplatte, Furnierschichtholz (Lagenholz), Kunstharz-Preßholz (Lagenholz) sowie die zwei oder dreidimensional gewölbten Sperrholz- und Spanformteile. Statt des Klebstoffs können auch Zement, Magnesit, Gips o. ä. zur Bindung von Holzpartikeln dienen (mineralgebundene H.).

Inzwischen gibt es durch Kombination und Weiterentwicklung unterschiedlicher Lagenarten (z. B. Leisten-Mittellage mit Spanplatten-Decklagen, Hohlraum-Mittellagen mit Decks aus harten Holzfaserplatten, Spanplatten-Mittellage mit Deckfurnieren) eine Vielzahl von H. (Bild).

Zusätzlich erweitert wird das Produktspektrum durch Kombination holzhaltiger Lagen mit anderen Werkstoffen (z. B. GFK- oder metallbeplanktes Sperrholz, Schaumstoff-Mittellage mit Spanplatten-Decks, folienbeschichtete oder gewebekaschierte harte Holzfaserplatten). Derartige Spezialplatten zielen meist auf spezifische Anwendungsbereiche.   *Noack/Schwab*

Literatur: *Noack, D., u. E. Schwab:* Eigenschaften und Verwendung von plattenförmigen Holzwerkstoffen. Holz als Roh- u. Werkstoff 35 (1977), S. 421/29. – *Noack, D., u. E. Schwab:* Holzwerkstoffe im Bauwesen. Holzbau-Taschenb. Bd. 1. Berlin 1986.

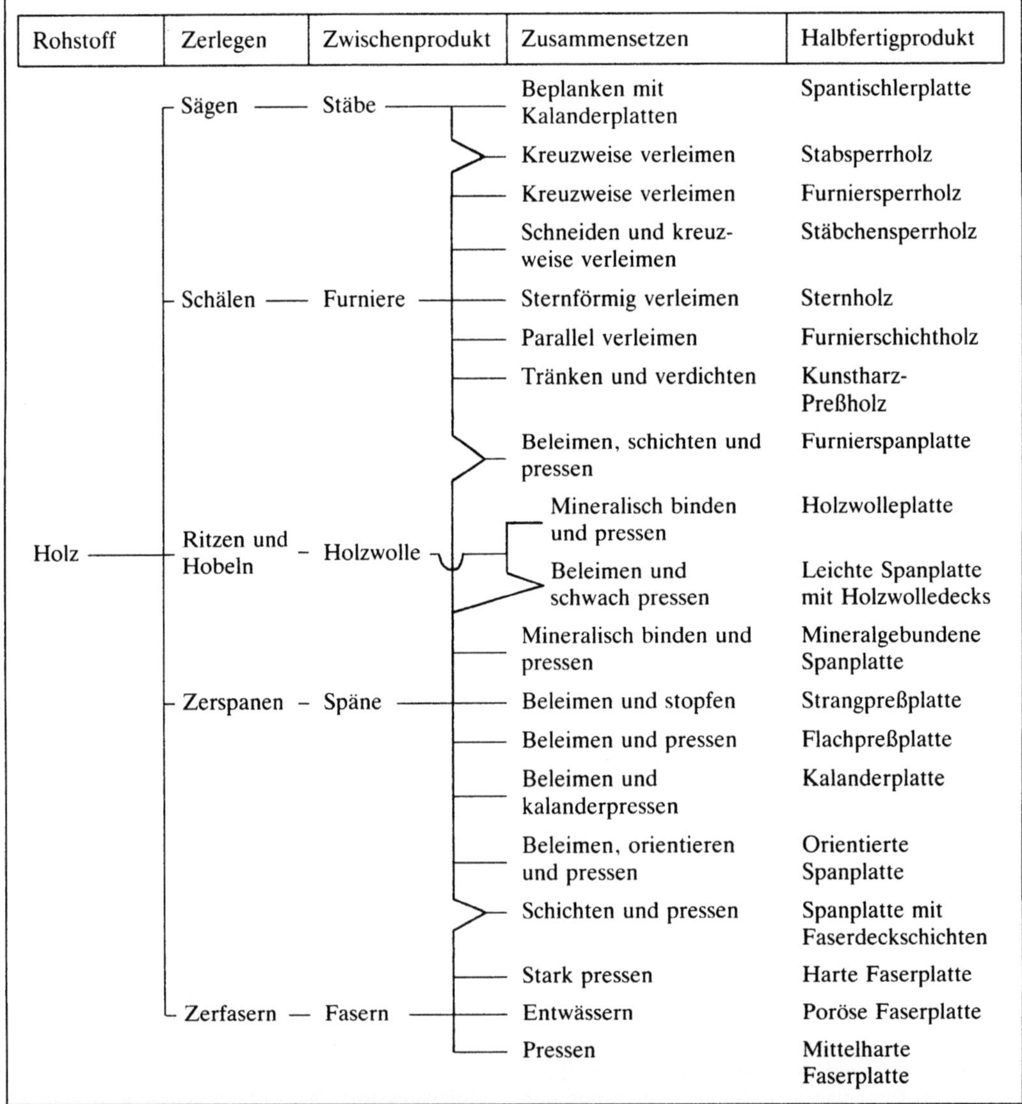

Holzwerkstoff: Schematischer Überblick über Holzwerkstoffplatten.

Homogenisieren. Prozeß zur Zerkleinerung von Partikeln in einer Flüssigkeit, in der sie unlöslich sind, mit dem Ziel, die Partikelgröße zu vereinheitlichen und die Partikel (innere Phase) gleichmäßig in der kontinuierlichen (äußeren) Phase zu verteilen.

In der Emulsionstechnologie versteht man unter H. das Feindispergieren eines Gemisches, bestehend aus mindestens zwei nicht ineinander mischbaren Flüssigkeiten (Rohemulsion). Die Zerkleinerung erfolgt mechanisch hauptsächlich durch Kavitation, Scherbeanspruchung, Drall und Stoß. Als Homogenisatoren werden Hoch- und Niederdruckhomogenisatoren, Rotor-Stator-Homogenisatoren (z. B. Kolloidmühle) und Ultraschallhomogenisatoren eingesetzt. Zum H. von Suspensionen verwendet man auch verschiedene Arten von Mühlen, u. a. Rührwerkskugelmühlen.

Bei der Milchverarbeitung wird das H. angewendet, um durch Zerkleinerung und Feinverteilung der Milchfetttröpfchen die Milch gegen Aufrahmen zu stabilisieren. Weitere wichtige Anwendungsgebiete liegen bei der Herstellung von Speiseeis, Frucht- und Gemüsesäften, Soßen und Babynahrung. *Kerner/Loncin*

Honahle →Honverfahren, →Honwerkzeug

Honen. Das H. ist ein spanendes Endbearbeitungsverfahren mit geometrisch unbestimmten Schneiden (→Spanen mit geometrisch unbestimmten Schneiden) Die Bezeichnung H. ist aus dem Englischen hergeleitet und bedeutet Abziehen oder →Feinschleifen. In der metallverarbeitenden Industrie werden je nach Anforderung an das Arbeitsergebnis verschiedene →Honverfahren eingesetzt.

Mit einem vielschneidigen Werkzeug aus gebundenem Korn (→Honwerkzeug) wird beim H. unter ständiger Flächenberührung zwischen Werkzeug und Werkstück eine Verbesserung der Maß- und Formgenauigkeit sowie der Oberflächengüte vorbearbeiteter Werkstücke erreicht.

Während des Honvorgangs werden die aus natürlichen oder synthetischen Schleifmitteln bestehenden Honleisten über eine Vorrichtung gegen die zu bearbeitende Werkstückoberfläche gedrückt. Durch die relative Bewegung des Honwerkzeugs gegenüber dem Werkstück wird Werkstoff zerspant und von dem als Kühlschmiermittel eingesetzten Honöl weggespült. Der abgetragene Werkstoff hat dabei nur in geringstem Maße die Form eines Spans, denn meistens wird beim H. die Grenzeindringtiefe für einen Spanbildungsprozeß nicht erreicht. Vielmehr verformt sich der Werkstoff so lange, bis der Verformungswiderstand die Trennfestigkeit überschreitet und sich der Werkstoff in Form

kleiner Partikel ablöst. Nur an der Kante der Honleisten können die Werkstoffpartikel frei abfließen.

Zur Honleistenmitte hin verstärkt sich der für die Oberflächenausbildung wichtige Prozeß der Reibglättung. Die dabei erzeugte Werkstückoberflächenrauheit ist von der Körnung der Honleiste, dem Anpreßdruck und der zeitlichen Dauer des Bearbeitungsvorgangs abhängig.

Durch die kurze Bearbeitungszeit, die in der Serienfertigung nur einige Sekunden beträgt, ist das H. ein wirtschaftliches Endbearbeitungsverfahren zum Erzeugen hoher Oberflächengüten sowie hoher Form- und Maßgenauigkeit.

In der Richtlinie VDI 3220 werden die Honverfahren in das Langhub-H. und in das Kurzhub-H. und nach der DIN 8589 nach der Form des zu bearbeitenden Werkstücks unterteilt. Vereinzelt wird das Langhub-H. auch als Ziehschleifen oder nur als H. bezeichnet. An Stelle des Begriffs Kurzhub-H. werden oft die Bezeichnungen Fein-H., Superfinishing und Schwingschleifen verwendet, wobei sich das Langhub-H. stets auf die Innenbearbeitung und das Kurzhub-H. auf die Außenbearbeitung bezieht.

Neben dem Lang- und Kurzhub-H. gewinnt in der Praxis ein weiteres Honverfahren an Bedeutung, das sog. Rotations-H., das unter dem Stichwort Honverfahren näher erläutert wird. *Kenter*

Literatur: *Flores, G.:* Honen. Grundlagen und Anwendung. Düsseldorf 1992. – *Klink, U.:* Honen. Übersicht. VDI-Z. 125 (1983). – *König, W.:* Fertigungsverfahren. Bd. 2. Düsseldorf 1989. – *Paulmann, R.:* Schleifen, Honen, Läppen. Düsseldorf 1991. – *Saljé, H.:* Untersuchungen über den Prozeßablauf beim Innenrundhonen anhand von Zerspankraftmessungen. VDI-Z. 125 (1983) Nr. 12. – *Spur, G.,* u. *Th. Stöferle:* Handb. Fertigungstechnik. Bd. 3/2 Spanen. München, Wien 1980.

Honen, elektrochemisches. Das e. H. besteht aus der Kombination des konventionellen Honens (→Honen) und dem Reaktionsvorgang der elektrolytischen Metallauflösung.

Bei diesem →Feinbearbeitungsverfahren wird zwischen dem →Honwerkzeug und dem metallischen Werkstück eine Gleichspannung so angelegt, daß sich das Werkstück als Anode und das Werkzeug als Kathode ausbildet. Durch diese Gleichspannung und mit Hilfe eines Elektrolyten, z. B. einer Kochsalzlösung, findet zwischen Werkstück und Werkzeug ein Ionenaustausch statt. Unter Abgabe einer ihrer Wertigkeit entsprechenden Ladung bilden die werkstückseitigen Metallatome der Anode Ionen mit den in dem Elektrolyt befindlichen OH-Radikalen. Nach weiterer Umwandlung fallen diese Metalloxide als Schlamm aus der Lösung aus.

Beim e. H. kommt dem Werkzeug eine besondere Bedeutung zu, weil die elektrische Leitfähigkeit der Honleistenbindung seinen konstruktiven Aufbau bestimmt. Bei elektrisch leitenden Bindungen ist diese die Kathode, an der kein elektrochemischer Abtrag erfolgt. Die nicht leitenden Körner bewirken lediglich den mechanischen Abtrag und bilden gleichzeitig den notwendigen Abstand für die Elektrolytversorgung im Arbeitsspalt. Wird elektrisch nicht leitende Honleistenbindung eingesetzt, so müssen zusätzliche leitende Kathodenleisten am Honwerkzeug angebracht werden. Derartige Honwerkzeuge mit getrennten mechanischen und elektrolytischen Abtragselementen haben sich beim e. H. weitgehend durchgesetzt.

Für eine gute Abtragsleistung gelten beim e. H. die bekannten Bearbeitungsbedingungen des konventionellen Honens. Daneben ist der elektrochemische Prozeß durch eine Gleichspannung von 5–6 V und einer Stromstärke von 300–5 000 A gekennzeichnet. Die Stromdichte liegt bei 10 bis 50 A/cm^2. Die Konzentration des Elektrolyten beträgt 10–15 %, und die Leitfähigkeit liegt zwischen 0,1–0,15 S/cm. Der Verschleiß der Honleisten ist wegen der aggressiven Wirkung der Elektrolytlösung etwa doppelt so hoch wie bei der Verwendung von Honölen beim konventionellen Honen. *Kenter*

Honleiste →Honwerkzeug, →Honwerkzeugstruktur, →Honen, →Honen, elektrochemisches

Honmaschine. Die H. verbessert die Oberflächengüte und die Maßgenauigkeit von Werkstücken. Formfehler sind nur bedingt zu beseitigen. H. dienen zur Durchführung des Honverfahrens an Bohrungen (Innenhonen) und Wellen (Außenhonen). Die H. erteilt dem Honwerkzeug, das an der Spindel starr oder pendelnd angeordnet ist, eine drehende und zugleich hin- und hergehende (axiale) Bewegung (Bild). Während dieser charakteristischen Honbewegung werden die Honsteine, die als schneidende Elemente am Honwerkzeug angebracht sind, durch ein meist hydraulisches Aufweitsystem in der Maschine über den Spreizmechanismus des Honwerkzeugs an die zu bearbeitende Oberfläche gedrückt. Die entstehenden feinen Späne werden durch das zufließende Honöl weggespült. Das besondere Kennzeichen der H. ist neben der Drehbewegung der Honspindel ihre schnelle Hubbewegung mit Geschwindigkeiten bis zu 25 m/min.

Für die wirtschaftliche Bearbeitung von Werkstücken in der Einzel- und Serienfertigung sind die zwei Grundbauarten Senkrecht- und Waagrecht-H. entwickelt worden. Der Antrieb dieser Maschinen erfolgt entweder mechanisch oder hydraulisch. *Schulz*

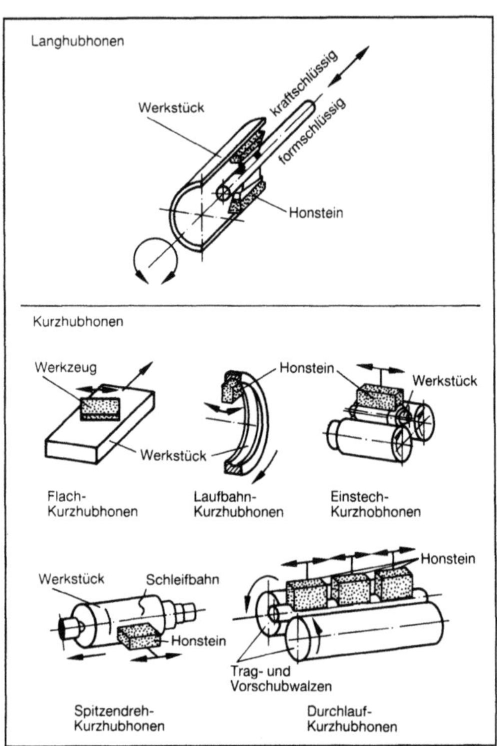

Honmaschine: Verfahrensmöglichkeiten beim Honen.

Honöl →Honen, →Kühlschmierstoff (Honen)

Honstein →Honwerkzeug, →Honwerkzeugstruktur

Honverfahren. Das Feinbearbeitungsverfahren Honen ist in die Einzelverfahren Langhubhonen, Kurzhubhonen und Rotationshonen unterteilt (Bild 1); die Verfahren unterscheiden sich durch den Bewegungsablauf des Honwerkzeugs. Für hohe Abtragsleistungen wird das Langhubhonen auch als →Schrupphonen eingesetzt.

Beim Langhubhonen (auch Ziehschleifen oder nur Honen genannt) führt das Honwerkzeug in einer zylindrischen Werkstückbohrung eine Hub- und Drehbewegung gleichzeitig aus. Das Langhub-Honwerkzeug (auch Honahle genannt) wird in entspanntem Zustand rotierend in das Werkstück verfahren. Danach erfolgt die Aufspreizung der Honleisten. Hierbei wird unterschieden zwischen einem wegabhängigen und einem kraftabhängigen Zustellsystem.

Der Werkstoffabtrag erfolgt wie bei allen Honverfahren dadurch, daß Kornschneiden, die in der Honleiste gebunden sind, in das Werkstück eingreifen. Dabei verfährt die Honahle unter gleichzeitiger Drehbewegung translatorisch zwischen einem oberen und unteren Umschaltpunkt.

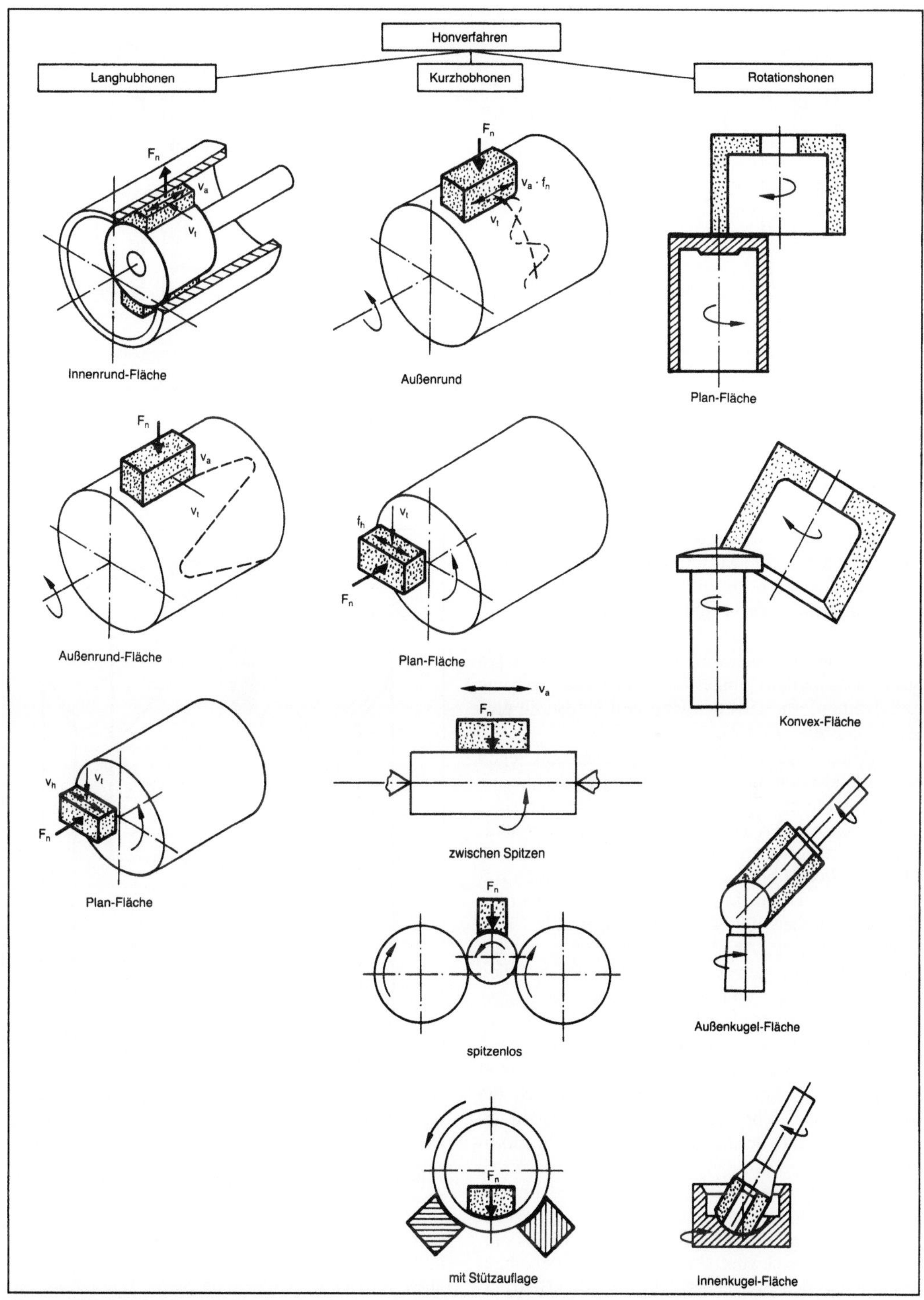

Honverfahren 1: Unterteilung.

F_n Normalkraft, v_a axiale Geschwindigkeit, v_t tangentiale Geschwindigkeit, v_h Hubgeschwindigkeit, f_h Hubfrequenz

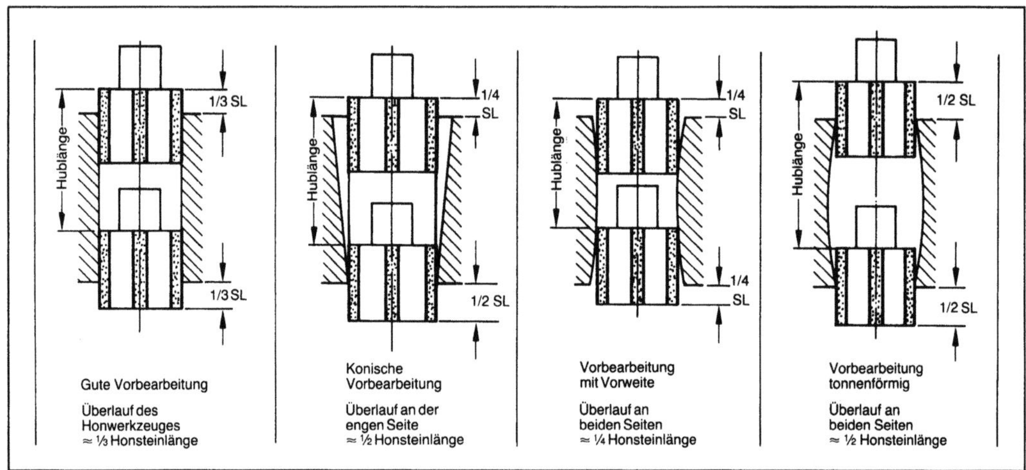

Honverfahren 2: Überlaufeinstellungen zur Formkorrektur. (Quelle: Haasis)

SL Honsteinlänge

Durch Länge und Lage des Hubs relativ zur Bohrung kann die Ausbildung der zylindrischen Bohrungsform stark beeinflußt werden. Im Normalfall beträgt der Werkzeugüberlauf ein Drittel der Honleistenlänge. Hat die Vorbearbeitung eine konische Bohrung erzeugt, wird an der engeren Seite ein größerer Überlauf eingestellt. Bei einer Bohrung mit Tonnenform wird der Überlauf beidseitig größer eingestellt (Bild 2).

In Abhängigkeit von der Schneidenanzahl liegen die Honleistenanpreßdrücke beim Langhubhonen für konventionelle Schneidstoffe wie Korund oder Siliciumcarbid zwischen 80–500 N/cm². Bei Diamant als Kornwerkstoff sind Werte zwischen 300–800 N/cm² üblich, und bei der Verwendung von kubischem Bornitrid (Honwerkzeug) werden Drücke zwischen 100–400 N/cm² angewandt.

Die Hub- bzw. Axialgeschwindigkeit v_a beträgt beim Langhubhonen 5–25 m/min, in Sonderfällen bis zu 35 m/min, und die Werkzeug-Umfanggeschwindigkeit v_u liegt zwischen 40–80 m/min. Aus diesen beiden Geschwindigkeitskomponenten kann die Schnittgeschwindigkeit v_c nach der Formel $v_c = \sqrt{(v_u{}^2 + v_a{}^2)}$ berechnet werden. Die durch die Aufweitkraft hervorgerufene radiale Geschwindigkeitskomponente des Honwerkzeugs ist vernachlässigbar.

Die bearbeitete Oberfläche erhält eine für das Honen von zylindrischen Innenflächen charakteristische Kreuzriefen-Textur. Es werden die Axial- und Umfanggeschwindigkeit so aufeinander abgestimmt, daß sich zwischen sich kreuzenden Bearbeitungsspuren ein Winkel von $\alpha = 45°{-}70°$ einstellt (Bild 3).

Neben konventionellen Langhubhonmaschinen (Bild 4) werden auch Großhubhonmaschinen gebaut, die Werkstücke bis zu einem Durchmesser

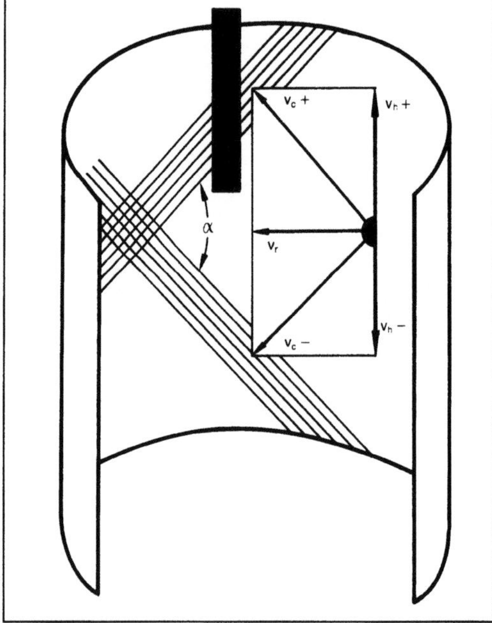

Honverfahren 3: Kinematik beim Innenrund-Langhubhonen. (Quelle: Juchem)

v_r Rotationsgeschw., v_h Hubgeschw., v_c resultierende Schnittgeschw., $v_c = \sqrt{v_r{}^2 + v_g{}^2}$, Kreuzungswinkel α

von 1200 mm und einer Länge bis zu 12 000 mm aufnehmen können, wobei eine horizontale sowie auch vertikale Anordnung vom Werkzeug und Werkstück möglich ist.

Das Kurzhubhonen (auch Superfinishing genannt) wird durch die Form der zu bearbeitenden Flächen in Planhonen, Rundhonen oder → Profilhonen eingeteilt. Von der Lage der zu bearbeitenden

Honverfahren 4: Vertikale Langhubhonmaschine.

Flächen hängt es ab, ob es sich hierbei um einen Innen- oder Außenhonprozeß handelt.

Beim Außen-Kurzhubhonen führt das mit einer oder mehreren Honleisten (Honwerkzeug) besetzte Werkzeug während des Abtragsprozesses gegenüber dem sich drehenden Werkstück eine sinusförmige, oszillierende Bewegung durch. Die Oszillationsfrequenzen liegen hierbei zwischen 4–45 Hz. Bei größeren Abmessungen der Werkstücke wird der Längsvorschub entweder vom Honwerkzeug oder vom Werkstück durchgeführt.

Beim Außenrund-Kurzhubhonen werden Richtung und Betrag der Schnittgeschwindigkeit durch die Kinematik des Werkzeugantriebs vorgegeben. Bei konstanter Umfanggeschwindigkeit des Werkstücks entstehen Schnittgeschwindigkeiten, die sich in Folge der Oszillationsbewegung des Honwerkzeugs ebenfalls periodisch mit der Zeit ändern.

Das Rotationshonen wird zur Feinbearbeitung von Planflächen (Planhonen), Außen- und Innenkugelflächen und konvexen Flächen eingesetzt. Bei diesem Verfahren werden rotierende Honhülsen, Topfscheiben oder Ringscheiben auf die zu bearbeitende Fläche gedrückt. Beim Erzeugen von Planflächen rotiert das Honwerkzeug exzentrisch zur Werkstückachse. Dabei befinden sich in der Kontaktfläche alle Kornschneiden des Werkzeugs mit dem Werkstück im Eingriff, und die sehr genaue Planfläche entsteht in kürzester Zeit. Beim Rotationshonen von Kugeloberflächen dreht sich das Werkstück gegenläufig zur Drehrichtung des Rotations-Honwerkzeugs, wobei die Werkzeugachse in einem bestimmten Winkel gegenüber der Werkstückachse steht.

Dadurch wird eine exakte Kugelform unabhängig vom Werkzeugverschleiß ermöglicht.

Die Werkzeug-Umfanggeschwindigkeit beim Rotationshonen beträgt 60 bis 1 200 m/min und die Werkstück-Umfanggeschwindigkeit nimmt Werte von 12–300 m/min an. Der spezifische Anpreßdruck liegt zwischen 10 bis 100 N/cm². Je nach Verfahren und Bearbeitungsbedingungen werden verschiedene Werkstückaufnahmevorrichtungen eingesetzt.　　　　　　　　　　　　　*Kenter*

Literatur: *Flores, G.:* Honen. Grundlagen und Anwendung. Düsseldorf 1992. – *Haasis, G.:* Technische Mitt. 67 (1974) Nr. 6. – *Juchem, H. O.:* Diamant-Information. Metallbearbeitung M 8 (1984). – *Klink, U.:* Das Honen von Sacklochbohrungen. TZ praktische Metallverarbeitung 71 (1977) Nr. 1. – *Krawitz, G.:* Elektrochemisches Honen – Grundlagen und Erkenntnisse. wt-Z. ind. Fertigung 66 (1976).

Honwerkzeug. Allen maschinell geführten H. ist gemeinsam, daß sie abrasive Schneidkörner in Form von festgebundenen Schneidkörpern (Honleisten, Honsteine genannt) als Schneidelemente aufweisen (→Honwerkzeugstruktur). Mit Hilfe einer geeigneten Mechanik werden diese in der Werkstückoberfläche zum Eingriff gebracht, so daß über geeignete kinematische Abläufe ein Abtragprozeß stattfindet (→Honwerkzeugsystem).

Das Langhub-H. (auch Honahle genannt) verfährt in entspanntem Zustand in die Werkstückbohrung (Bild). Danach erfolgt die mechanische Aufspreitzung und Zustellung.

Die Zustellung der Honleisten erfolgt bei einem kraftgebundenen System über einen hydraulischen Hubzylinder und bei einem weggebundenen System über eine Welle mit Außengewinde und Stellkonus. Hierbei bleibt die Rückwirkung, die eine mit Formabweichungen behaftete Oberfläche auf das Zustellsystem ausüben würde, sehr gering, so daß Formabweichungen mit weggebundener Zustellung effizient reduziert werden. In Abhängigkeit vom Neigungswinkel des Stellkonus können Zustellungen von 0,3–12 µm (bezogen auf den Durchmesser) ausgeübt werden. Wesentlich für das Bearbeitungsergebnis ist die richtige Auswahl der Schneidkörner und die Bindung. Für keramisch- oder kunststoffgebundene Honleisten kommen als Schneidstoffe Edelkorund, Siliciumcarbid und Normalkorund zur Anwendung. Die Kunststoffbindung wird wegen ihrer hohen Zähigkeit vor allem bei Bearbeitungsvorgängen mit hohem Anpreßdruck eingesetzt. Keramische Bindungen werden dann bevorzugt, wenn die Honleiste durch permanente Selbstschärfung besonders schneidfreudig bleiben soll. Bei großflächigen H. ist das Schneid- und Bindematerial auf einem Honleistenträger, aus Metall bestehend, aufgebracht. Aus Platzgründen werden für Klein-H. massive Honleisten, d. h. ohne Trägerleisten, gefertigt.

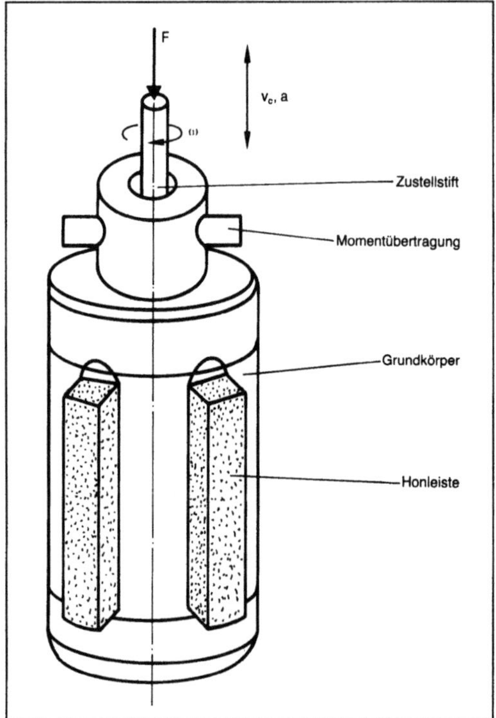

Honwerkzeug: Schematische Darstellung eines Langhubhonwerkzeugs (Honahle).

Beim Kurzhubhonen und beim Profil-Innenhonen werden die Honleisten ebenfalls als massive Schneidkörper ausgebildet.

Um hohe Standzeiten und hohe Zerspanleistungen zu erreichen, werden in zunehmendem Maße auch H. mit natürlichem oder synthetischem Diamant oder CBN-Körnern eingesetzt. Bei Diamant-H. mit natürlichem Diamantkorn findet während des Bearbeitungsvorgangs durch die fehlende Splitterneigung des Einzelkorns kein ausreichender Selbstschärfprozeß statt, und die aktiven Kornschneiden verlieren ohne Fremdschärfung somit ihre Schneidfähigkeit. Bei den Diamanthonbelägen mit synthetischem Diamantkorn führt die größere Splitterfreudigkeit bei ausreichend hoher Zerspanleistung zu einer ausreichenden Regeneration des Schneidvermögens. Die Diamanthonbeläge sind bei diesen Werkzeugausführungen auf Trägerleisten aufgebracht, die zur besseren Spanabfuhr mit Längsnuten versehen werden.

Ähnlich dem Honbelag aus synthetischem Diamant werden CBN-H. (CBN Cubic Boron Nitride) vorrangig für die Hochleistungsbearbeitung von gehärtetem Stahl eingesetzt. Schon bei geringem Anpreßdruck hat der CBN-Belag die Eigenschaft, sich feinsplittriger zu regenerieren. Die durch den verminderten Anpreßdruck ebenfalls verringerte Spanleistung kann durch eine erhöhte Schnittge-

schwindigkeit von bis zu 90 m/min ausgeglichen werden. Gleichzeitig wird damit auch noch die Splitterfreudigkeit der CBN-Honbeläge verstärkt.

Für das Honen von zylindrischen Innenflächen gibt es für die jeweils unterschiedlichen Bohrungsdurchmesser (von 5–1500 mm) eine Vielzahl von H.-Ausführungen. Bestimmend für die entsprechende Bezeichnung der H. ist neben den konstruktiven Merkmalen die zu bearbeitende Werkstückflächengestalt. Sackloch-H. werden für nicht durchgehende Bohrungen bis zu einem Durchmesser von 120 mm eingesetzt. Die Bohrung muß hierfür einen ausreichenden Auslauf-Freistich aufweisen.

Justier-H. und Einleisten-H. werden für stark durchbrochene Bohrungen mit kleinen Durchmessern verwendet.

Doppel- und Mehrfach-H. werden für die fluchtende Bearbeitung mehrerer in einer Achse liegenden Bohrungen gleicher oder unterschiedlicher Durchmesser, wie z. B. bei der Wellenlagerbearbeitung von Zylinderblöcken, benutzt.

Als Kleinst-H. werden jene bezeichnet, die einen Arbeitsbereich für Bohrungen von 1–25 mm aufweisen. Bei diesen kleinen Bohrungsdurchmessern steht wenig Platz für den Mechanismus der Aufweitung der Honleisten zur Verfügung. Deshalb sind hierbei keine Honleisten vorhanden, sondern der Honbelag wird galvanisch auf Trägerleisten aufgebracht.

Außen-H. sind die üblichsten H. für die Feinbearbeitung von Werkstücken in der Form von Zapfen, Wellen, Kolbenstangen, Kolbenringen usw. Sie sind entweder in Leisten- oder Großflächenform ausgeführt, die auf oder um das sich drehende Werkstück gelegt werden. Die Zustellung erfolgt über einen Konusring nach innen. Auch Hydraulikkolben oder Planscheiben, wie beim Mehrbacken-Spannfutter, können die Zustellung bewerkstelligen.

Für den manuellen Einsatz gibt es auch einfache Bauformen von H. für vorgegebene Endbearbeitungsmaße. *Kenter*

Literatur: *Flores, G.:* Honen. Grundlagen und Anwendung. Düsseldorf 1992. – *König, W.:* Fertigungsverfahren. Bd. 2: Schleifen, Honen, Läppen. Düsseldorf 1989. – *Spur, G.,* u. *Th. Stöfferle:* Handb. Fertigungstechnik. Bd. 3/2: Spanen. München, Wien 1980.

Honwerkzeugbelag-Kennzeichnung →Honwerkzeugstruktur

Honwerkzeug-Kennzeichnung →Honwerkzeugstruktur

Honwerkzeugstruktur. Zum Kennzeichnen der verschiedenen Werkzeugausführungen besteht noch keine Normung, so daß die Bezeichnung herstellerspezifisch erfolgt. Die Kennzeichnungen

Honwerkzeugstruktur. Tabelle: Kennzeichnung von Honwerkzeugbelägen nach DIN 69186.

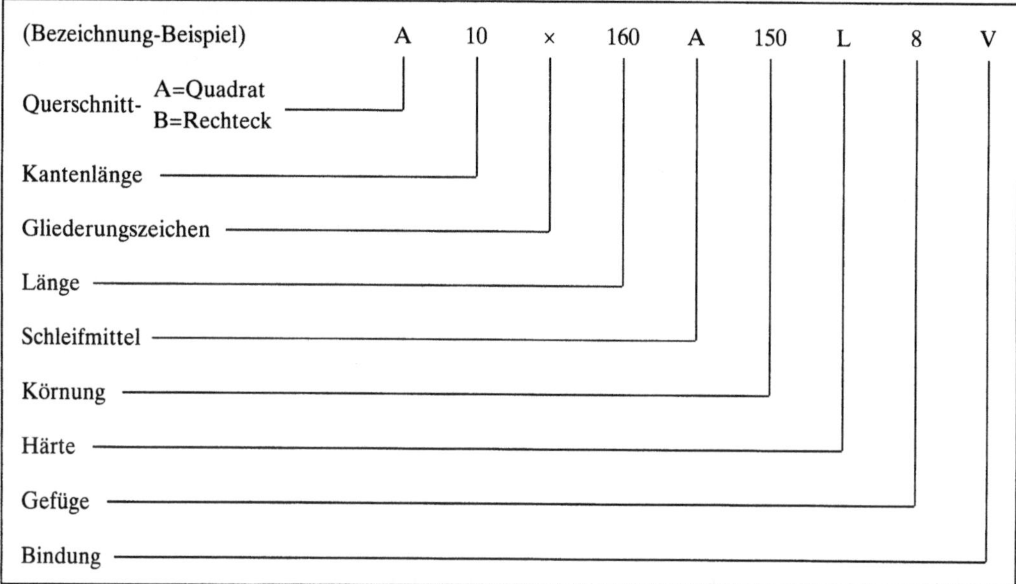

für Langhubhonwerkzeuge (→Honen, →Honverfahren) bestehen aus den internen Angaben der Ausführungsform, aus dem Nenndurchmesser, der Anzahl der Honleisten, der Länge der Honleisten und der Anschlußmaße.

Die Kennzeichnung der Honwerkzeugbeläge (Honleisten) ist in DIN 69100 beschrieben. Sie ist in dem obigen Schema aufgebaut (Tabelle).

Für Edelkorund, Siliciumcarbid und Normalkorund wird die Korngröße nach der Maschenzahl pro Zoll (in Mesh) gemessen. Sie liegt zwischen 46 und 1000. Die Korngröße der Diamantkörnung wird nach der lichten Maschenweite der Prüfsiebe in Mikrometer benannt (Schleifwerkzeugstruktur).

Bei Diamanthonbelägen wird auch häufig n Stelle der Körnung die Kornkonzentration angegeben. Zum Beispiel entspricht die Bezeichnung D 100 einer Konzentration von umgerechnet 4,4 ct/cm³. *Kenter*

Literatur: DIN 69186: Honsteine. Hrsg. Dt. Inst. f. Normung.

Honwerkzeugsystem. In bezug auf verschiedenartige Ausführungssysteme existieren zwischen den Bohrungs-Honwerkzeugen und den Außenhonwerkzeugen konstruktive Unterschiede (→Honwerkzeug). Eine weitere Unterteilung erfolgt nach maschinell oder manuell betriebenen H. Das konstruktive System eines Honwerkzeugs richtet sich nach dem Honverfahren und der zu bearbeitenden Fläche des Werkstücks.

Die Auswahl der Kombination von Kornart, Konzentration und Bindung des Honbelags richtet sich nach dem vorhergehenden Bearbeitungsverfah-

ren, dem Werkstückstoff und der geforderten Oberflächengüte. Entsprechend den in der Praxis am meisten eingesetzten Honbearbeitungsverfahren sind die formschlüssigen H. für die Innenrundbearbeitung zylindrischer Konturen durch Langhubhonen am häufigsten vertreten (→Honverfahren).

Für Innenrundhonwerkzeuge ist auch die Anordnung der Honleisten und ihre Zustellungsart kennzeichnend. Nach der Betriebsart der Zustellung und dem Honverfahren differenziert unterscheidet man Honwerkzeuge mit hydraulischer oder elektromechanischer Zustellung sowie mit mechanisch-hydraulischer Doppelzustellung.

Beim Kurzhubhonen runder oder planer Flächen werden die Honleisten auf einer einfachen Halterung aufgebracht. Der Vorschub und die Frequenz des Axialhubs werden von der Bearbeitungseinheit elektrisch, hydraulisch oder pneumatisch erzeugt.

Beim →Bandhonen besteht das Honwerkzeug aus einem mit abrasiver Körnung besetzten Geweband (→Schleifwerkzeug auf flexibler Unterlage) und aus den entsprechenden Anpreßschalen, die das Honband mit der zu bearbeitenden Fläche kraft- und formschlüssig in Eingriff bringen.

Beim Rotationshonen besteht das Werkzeug aus einer Topfscheibe oder einer Hülse, die aus gebundenem Abrasivkorn gebildet wird. Die Dreh- und Vorschubbewegung kann entsprechend den Anforderungen eingestellt werden (→Honverfahren).

Honwerkzeuge für eine Kombination von maschineller und manueller Bearbeitung werden dann eingesetzt, wenn z. B. die Umdrehung des Werkstücks durch eine Maschine (→Hubbalken-Hongerät) realisiert und die Hubbewegung eines

Außenhonwerkzeugs von Hand bewerkstelligt wird. *Kenter*

Hooke-Gesetz. Die lineare Beziehung zwischen der Verzerrung in einem Werkstoff (Dehnung, Stauchung, Gleitung) und der dazu korrespondierenden Spannungsgröße (Zugspannung, Druckspannung, Schubspannung) wird als H.-G. bezeichnet (mathematische Elastizitätstheorie).

Beim Werkstoff Stahl ist im elastischen Bereich das lineare Werkstoffgesetz am genauesten erfüllt. Der Proportionalitätsfaktor, der die Normalspannungen σ mit den Dehnungen ε verknüpft, wird als Elastizitätsmodul bezeichnet. Er ist ein Maß für die Steigung der Spannungskurve σ (ε) im Spannungs-Dehnungs-Diagramm (Bild 1). Der Proportionalitätsfaktor, der die Schubspannungen mit den Gleitungen verknüpft, wird als Schubmodul G bezeichnet. Mit Erreichen der Proportionalitätsgrenze σ_P wird auch beim Stahl das Werkstoffgesetz nichtlinear ($\rightarrow$Festigkeitsverhalten des Stahls).

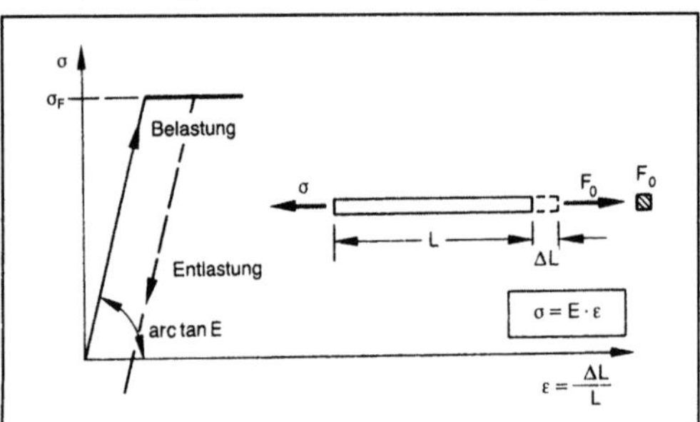

Hooke-Gesetz 1: Schematische Darstellung.

σ konstante Normalspannung in der Querschnittsfaser F_o, L Länge der Querschnittsfaser, ΔL elastische Längenänderung der Querschnittsfaser infolge der Zugspannung τ, E Elastizitätsmodul

Bei einem nichtlinearen Werkstoffgesetz, wie es z. B. bei Beton mit Ausnahme sehr geringer Beanspruchungen auftritt, ist der Elastizitätsmodul selbst abhängig von der Höhe der Spannungen: E = E(σ). Treten keine bleibenden Dehnungen auf, so erfolgt eine Entlastung des Werkstoffs nach der gleichen Gesetzmäßigkeit. Im anderen Fall ist die Entlastungskurve zwar affin zur Belastungskurve, liegt aber um den Betrag der bleibenden Verzerrungen zu ihr verschoben. Die Gültigkeit des H.-G. ist eine wichtige Voraussetzung der mathematischen und technischen Elastizitätstheorie, da ohne dieses Gesetz keine linearen Beziehungen zwischen den Lasten und Beanspruchungen eines Tragwerkes mehr bestehen.

Im allgemeinen ist ein Werkstoffelement in einem Bauwerk nicht nur einachsigem Zug oder Druck (Bild 1), sondern einem mehrachsigen ebenen oder räumlichen Spannungszustand unterworfen. Das Werkstoffelement wird dadurch in allen drei Achsenrichtungen verzerrt. Gleichzeitig können auch – sofern Schubspannungen vorhanden sind – Gleitungen auftreten, so daß sich die ursprünglich rechten Winkel zwischen den Schnittflächen ändern (Bild 2).

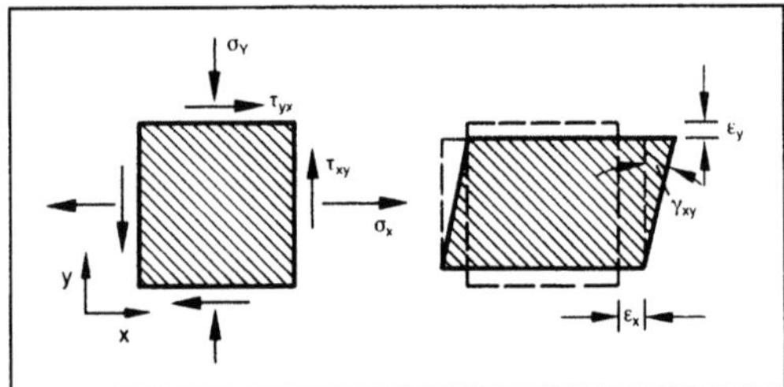

Hooke-Gesetz 2: Ebener Spannungszustand und zugehörige Verzerrungen.

Für den dreiachsigen Spannungszustand existieren im elastischen Bereich ebenfalls lineare Beziehungen zwischen Spannungen und Verformungen (Dehnungen und Gleitungen), und das verallgemeinerte H.-G. lautet:

$$\begin{bmatrix} \sigma_x \\ \sigma_y \\ \sigma_z \end{bmatrix} = \frac{E}{(1+\mu)\cdot(1-2\mu)} \cdot \begin{bmatrix} 1-\mu & \mu & \mu \\ \mu & 1-\mu & \mu \\ \mu & \mu & 1-\mu \end{bmatrix} \begin{bmatrix} \varepsilon_x \\ \varepsilon_y \\ \varepsilon_z \end{bmatrix};$$

$$\begin{bmatrix} \tau_{xy} \\ \tau_{yz} \\ \tau_{zx} \end{bmatrix} = \frac{E}{2\cdot(1+\mu)} \cdot \begin{bmatrix} \gamma_{xy} \\ \gamma_{yz} \\ \gamma_{zx} \end{bmatrix};$$

μ ist die Poisson-Zahl, die mit dem Elastizitätsmodul und dem Schubmodul in folgender Beziehung steht:

$$E = 2\,(1+\mu)\,G. \qquad \textit{Kußmaul/Friemann}$$

Hordenreaktor. Sind mehrere, adiabat ($\rightarrow$Reaktionsführung, adiabate) betriebene Katalysatorschichten, die meist in einem Reaktor untergebracht sind, in Reihe (Serie) geschaltet ($\rightarrow$Rückführung), dann liegt ein Horden- (Abschnitts-, Schicht-, Mehrstufen-) Reaktor vor. Zwischen den Schichten erfolgt über indirekte Wärmeübertrager oder durch eingemischte meist kalte (Kaltgaseinmischung) bzw. heiße Reaktanden (z. B. Frischgas) oder Inertstoffe die Einstellung noch zulässiger Temperaturdifferenzen bzw. -profile ($\rightarrow$Temperaturführung). Diese Aufteilung der Katalysatormasse eines Festbettreaktors in mehrere adiabate Abschnitte wird bevorzugt dann eingesetzt, wenn infolge der Ausbildung steiler axialer Temperaturprofile die Gefahr von Neben- oder Rückreaktionen besteht. Die $\rightarrow$Reaktionsführung kann durch Variation der Anzahl und Länge der Katalysatorschichten sowie der Temperatur und Zusammensetzung des Gasgemisches zwischen den Schichten wesentlich günstiger gestaltet werden als im feststoffkatalytischen Vollraumreaktor. Die Zahl der Abschnitte (Stufen) liegt i. a. zwischen 2 und 6, wobei mit zunehmender Stufenzahl der apparative Aufwand deutlich ansteigt. Weitere Nachteile bzw. gewisse Probleme beim H. sind neben relativ hohen Investitions- und Betriebskosten der Katalysatorwechsel ($\rightarrow$Desaktivierung von Katalysatoren) sowie die Gefahr von Verkrustungen der Einbauten zwischen den Abschnitten, wodurch sich die Wärmeübertragung verschlechtert und der Druckverlust erhöht.

H. werden häufig eingesetzt, beispielsweise zur SO_2-Oxidation (Zwischenkühlung und Gaseinmischung), Ammoniak-Synthese (Gaseinmischung), Methanolsynthese (Gaseinmischung), Styrol-Herstellung, katalytische Reforming-Prozesse und zur Butadien-Synthese (Buten-Dehydrierung). *Schönbucher*

Hot-Box-Verfahren $\rightarrow$Kernformmaschine, $\rightarrow$Kernbüchse

Hot Spot $\rightarrow$Empfindlichkeit, parametrische

Hougen-Watson-Kinetik. Die Modellierung der Reaktionskinetik heterogen katalysierter Reaktionen kann auf der Basis der Hougen-Watson- bzw. der $\rightarrow$Langmuir-Hinshelwood-Kinetik, der $\rightarrow$Eley-Rideal-Kinetik sowie – speziell bei Oxidationsreaktionen von Kohlenwasserstoffen – nach dem Mars-van-Krevelen-Redoxmechanismus erfolgen. Für zahlreiche Reaktionstypen hat die $\rightarrow$Geschwindigkeitsgleichung nach *Hougen-Watson* folgende allgemeine Form (formalkinetischer Ansatz, hyperbolischer Ansatz):

$$r = \frac{(\text{kinetischer Term}) \cdot (\text{Potentialterm})}{(\text{Adsorptionsterm})^n}.$$

Hierbei enthält der kinetische Term die Reaktions-Geschwindigkeitskonstanten sowie meist die Adsorptions-Gleichgewichtskonstanten des Adsorptions/Desorptions-Gleichgewichts der an der Katalysatoroberfläche adsorbierten Reaktionskomponenten. Der Potentialterm beschreibt die Triebkraft der Reaktion, während der Adsorptionsterm die Hemmung der Reaktion infolge der Bedeckung katalytisch aktiver Oberflächenplätze durch die Edukte und Produkte modelliert. Durch den Exponenten n wird die Anzahl der Oberflächenplätze angegeben, an denen die geschwindigkeitsbestimmenden Reaktionen ablaufen. Grundsätzlich ist allein dann die H.-W.-K. anwendbar, wenn die Oberflächenreaktion und/oder die Adsorption bzw. Desorption geschwindigkeitsbestim-

mend sind. Alle Stofftransportvorgänge ($\rightarrow$Reaktion, katalytische) wie Filmdiffusion ($\rightarrow$Zweifilmtheorie) oder Porendiffusion bleiben also unberücksichtigt. *Schönbucher*

HTU $\rightarrow$Höhe einer Übergangseinheit

Hubbalken-Hongerät. Für die Endbearbeitung in der Kleinserienfertigung und bei der Fertigung größerer Einzelstücke werden Einfachhonmaschinen eingesetzt. Hierzu zählen die Waagerecht-Handhonmaschine und das H.-H.

Bei der Waagerecht-Handhonmaschine ist das sich drehende Werkzeug ($\rightarrow$Honwerkzeug) waagerecht angeordnet und die Hubbewegung des Werkstücks sowie die Betätigung des Aufweitmechanismus des Werkzeugs wird manuell durchgeführt. In den letzten Jahren wurden auch horizontale Handhonmaschinen eingesetzt, die mit einer Hubautomatik ausgerüstet sind ($\rightarrow$Honen, $\rightarrow$Honverfahren).

Das H.-H. wird demgegenüber für die Bearbeitung größerer und/oder sperriger Bauteile eingesetzt. Durch einen schwenkbaren Balken, mit dem das Leichtbau-Honwerkzeug die Hubbewegung durchführt, können schwer zugängliche Flächen bearbeitet werden. Die Zustellung der Honwerkzeuge erfolgt durch einen einfachen Mechanismus manuell. *Kenter*

Hubmagnet. H. werden abgesehen von Hochleistungshaltesystemen in der eisenverarbeitenden Schwerindustrie in der Steuerungstechnik meist als elektromechanische Stellglieder kleiner Leistung eingesetzt, wo weder große mechanische Kräfte noch große Stellwege erforderlich sind, z. B. Sicherungsstift bei Aufzugstüren oder Arretierung großer Lasten im Stillstand, Antriebselement bei Magnetventilen und elektromechanischen Leistungsrelais. Hauptvorteil ist der geringe Aufwand zur Realisierung.

H. werden ausgeführt für Ansteuerung mit Gleich- oder Wechselstrom. Aufgebaut sind H. aus Erregerspule und Magnetkreis (Eisenkern mit beweglichem Anker). Bei Erregung bewegt sich der Anker so, daß sich der Luftspalt des magnetischen Kreises zu schließen sucht. Als Rückstellkraft dient meist eine Feder. Der Elektromagnet ist in der Regel als Tauchankermagnet ausgeführt, da sich hiermit relativ lange Stellwege erreichen lassen. In Sonderfällen werden wegen ihrer größeren Stellkräfte auch Topfmagnete verwendet. Hier liegt der Nachteil in den kurzen Stellwegen. Dimensioniert werden die Hubmagnete in erster Linie nach gewünschtem Stellweg, Stellkraft und erwarteter Schalthäufigkeit (thermische Belastung). Versorgt werden die H. mit Gleichstrom oder ein- oder mehrphasigem Wechselstrom. Eine Gleichstromversorgung ist meist aufwendiger, bringt aber als

Vorteil eine höhere statische Haltekraft mit sich. Bei H. für Magnetventile werden teilweise die Gleichrichterdioden mit in das Spulensystem konstruktiv einbezogen (Bild). *Freyberger*

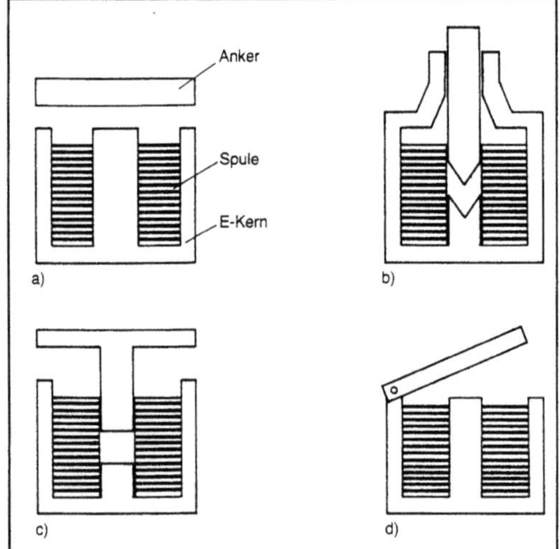

Hubmagnet: Beispiele für Bauformen.
a) Flachanker-E-Magnet
b) Tauchanker-I-Magnet
c) Tauchanker-Magnet mit T-Anker
d) Klappanker-Magnet.

Literatur: *Kallenbach, E.:* Der Gleichstrommagnet. Leipzig 1969.

Hubsägen →Sägen

Hydrierung (technische Chemie). Eine H. ist die Anlagerung von Wasserstoff an chemischen Verbindungen. Die H. wird bei hohen Drücken (bis 1 000 bar) und Temperaturen von 20 bis 500 °C durchgeführt. Zur Aktivierung werden in der Regel Metallkatalysatoren (meist Übergangsmetalle wie Platin, Nickel und Kupfer) verwendet.

Die H. kann z. B. in Festbettreaktoren (feste Katalysatorschüttung) oder in Rührkesseln (Katalysatorpulver ist in der zu hydrierenden Flüssigkeit suspendiert) stattfinden.

Technisch von Bedeutung ist die H. von Erdölfraktionen (Hydrotreating, Hydrofining) zum Entfernen von Katalysatorgiften, wobei stickstoff-, schwefel- und sauerstoffhaltige Verbindungen zu Ammoniak, Schwefelwasserstoff und Wasser abgebaut und durch Gaswäschen abgetrennt werden, zum Hydrieren von Alkenen (Olefinen) zu Alkanen (Paraffine) zwecks Erhöhung der Lagerfähigkeit (Alkene neigen zur Polymerisation), zur Reduzierung des Schwefelgehaltes von Heizölen und zur Verbesserung der Farb-, Stabilitäts- und Geruchseigenschaften von Schmierölen.

Weitere wichtige technische Verfahren sind die H. von Benzol zu Cyclohexan, von Nitrobenzol zu Anilin, von Fettsäuren zu Fettalkoholen, von ungesättigten Fettsäuren zu gesättigten (Fetthärtung) und von Adiponitril zu Hexamethylendiamin.

Durch die hydrierende Krackung von Schwerstölen (z. B. atmosphärischer oder Vakuumrückstand), Ölschiefer, Kohle und Biomasse können flüssige Kraftstoffe gewonnen werden (→Dehydrierung, →Krackverfahren). *Dohrn*

Literatur: *Keim, W., A. Behr u. G. Schmitt:* Grundlagen der industriellen Chemie. Frankfurt a. M. 1986.

Hydrogelschicht. Eines der Konzepte, ein Material durch →Oberflächenmodifikation dem natürlichen Gewebe ähnlicher (und damit biokompatibel) werden zu lassen, ist das Aufbringen einer H. Diese besteht aus einem Polymer, das extrem hohe Mengen an Wasser (>90%) aufnehmen kann, wodurch der Übergang von der natürlichen Gewebsflüssigkeit (z. B. Blut) zum körperfremden Material (z. B. einem Implantat) quasi fließend ist. Damit wird die erfahrungsgemäß gute Verträglichkeit derartiger Biomaterialien erklärt.

Hydrogele wie Polyhydroxyethylmetacrylat, Polyacrylamid, Polyvinylpyrrolidon usw. können sowohl mit konventionellen naßchemischen Verfahren als auch aus der Lösung durch z. B. Gamma-Bestrahlung auf eine polymere Oberfläche aufgepfropft werden.

Ein interessantes Verfahren zum Innenbeschichten von Gefäßprothesen mit dem Hydrogel Polyacrylnitril besteht darin, daß im Inneren des zu beschichtenden Schlauches das Monomer Acrylnitril in einer Niederdruck-Glimmentladung (Niederdruck-Plasma) angeregt und so auf die Oberfläche aufgepfropft bzw. polymerisiert wird. Die Hochfrequenzleistung, die zum Anregen der Glimmentladung erforderlich ist, wird über zwei Antennen in den rohrförmigen Reaktor eingespeist.

Das Verfahren eignet sich auch zum Aufbringen anderer Polymerschichten. *Chmiel*

Hydrospark-Umformen →Umformen, elektrohydraulisches

Hydrozyklon. Der H. wird zum Klären, →Klassieren und →Eindicken von Suspensionen eingesetzt. Typische Einsatzgebiete in der Industrie sind in der Tabelle aufgeführt.

Der Trennkorn-Größenbereich liegt zwischen d_T = 2–250 μm. Wie bei der Zentrifuge basiert das Trennprinzip auf der Erhöhung der →Sinkgeschwindigkeit durch Zentrifugalkraft. Der H. ist ein feststehender Apparat mit Durchmessern von 10 bis 750 mm. Er besteht aus einem schlanken, zylindrisch-konischen Gehäuse mit einem tangentialen Einlauf, einem Tauchrohr als Überlauf und einer Apexdüse, die den Unterlauf auf 5–10% des Gesamtdurchsatzes einstellt (Bild 1).

Hydrozyklon. Tabelle: Anwendungsgebiete.

Einsatzgebiet	$\dot{V}$ m³/h	Δp bar	d_S μm	η %	Zyklonzahl und Stufen
Aufbereitung von Kaolin, Kiessand und Kalkmilch	30–300	0,5–5	50–5	–	10–1000 1–5-stufig
Aufkonzentrierung von Metall-Kontakten in Hydrolyseanlagen	1–10	3–5	<2	80–85	2–10 1-stufig
Feststoff-Abscheidung aus wäßrigen bis ölhaltigen Suspensionen	5–50	1–3	10–20	80–90	5–50 2-stufig
Reinigung von Faserstoff-Suspensionen	100–600	1,5–45	50–100	40–80	10–100 3-stufig

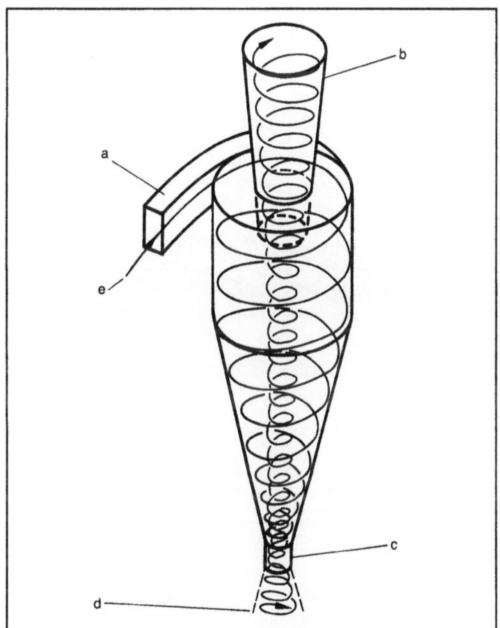

Hydrozyklon 1: Prinzipielle Wirkungsweise.

a tangentialer Einlauf, b Klarwasser-Überlauf $\dot{V}$–$\dot{V}_u$, c Apexdüse, d Unterlauf $\dot{V}_u$ = 0,01–0,1 · $\dot{V}$ (Konzentrat), e Zulauf $\dot{V}$ (Suspension)

Die Suspension wird durch tangentiales Einströmen unter Druck in Rotation versetzt und verläuft als Primärwirbel bis zum konisch auslaufenden Ende des Zyklons. Die suspendierten Partikel sedimentieren im Zentrifugalkraftfeld an die Wand, wo sie als dünne Schlammschicht nach unten strömen und durch die regulierbare Apexdüse ausgetragen werden.

Infolge Drosselung wird ein Großteil der Strömung zur Umkehr gezwungen. Diese strömt als rotierende Ringströmung nach oben zum Überlauf

(Bild 2). Die innere Umfanggeschwindigkeit steigt dabei an, so daß in dem aufsteigenden Sekundärwirbel höhere Zentrifugalkräfte herrschen als am wandnahen Primärwirbel. Deshalb stellt sich dort die Trennkorngröße d_T ein.

Die Strömungsverhältnisse und damit auch die Trennkorngröße hängen von der Höhe der tangential eintretenden Strömung u_a und der Abbremsung

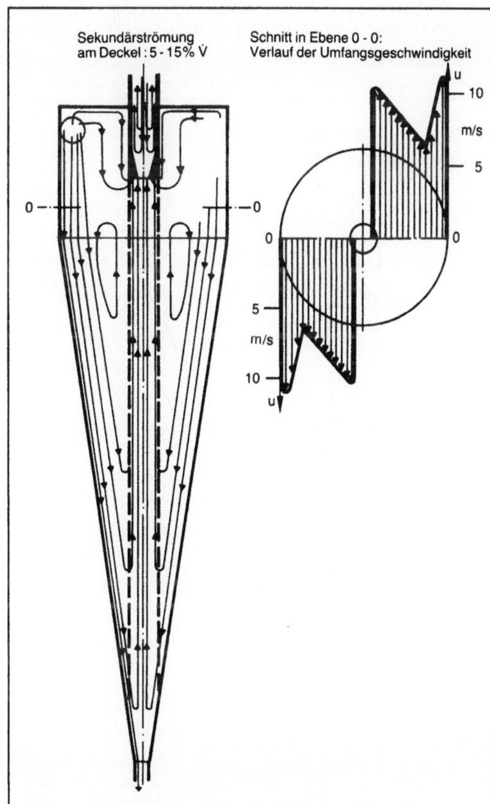

Hydrozyklon 2: Strömung im Inneren.

an der Wand ab. Mit der Drehimpulsbilanz läßt sich die innere Umfanggeschwindigkeit u_i berechnen (Bild 3).

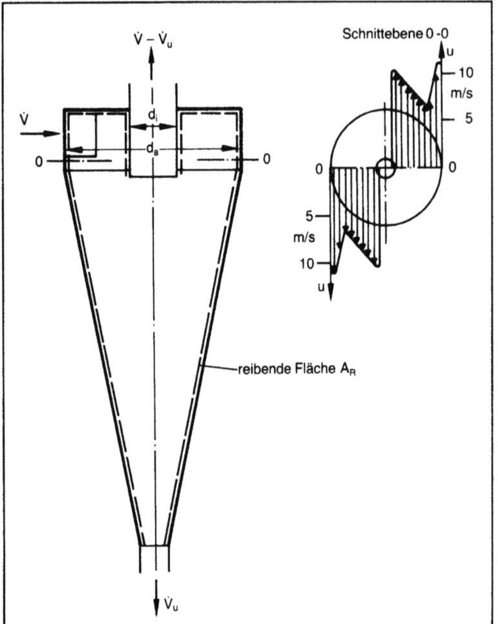

Hydrozyklon 3: Zur Berechnung der inneren Umfanggeschwindigkeit.

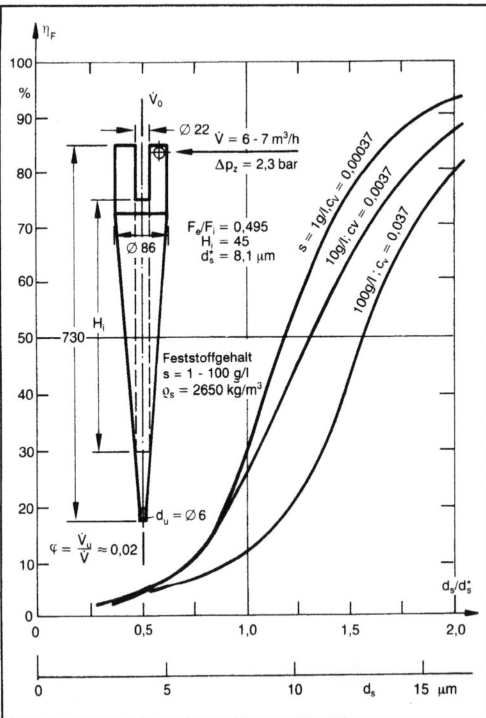

Hydrozyklon 4: Fraktionsabscheidekurven.

Die dimensionslose Reibungszahl λ ist von einer Reynolds-Zahl und der relativen Wandrauhigkeit abhängig. λ liegt zwischen 0,004 und 0,01. Die Grenzkorngröße d_i ergibt sich aus dem Gleichgewicht zwischen der bei r_i wirkenden Zentrifugalkraft und dem radialen Strömungswiderstand. Die Behinderung der Sedimentation nach *Richardson* und *Zaki* ist mit $(1-c_v)^{4,65}$ berücksichtigt:

$$d_T = 1{,}2 \cdot \sqrt{\frac{18 \cdot \eta \cdot (\dot{V} - \dot{V}_u)}{\Delta p \cdot u_i^2 \, 2 \, \pi h_i \, (1 - c_v)^{4,65}}} \cdot$$

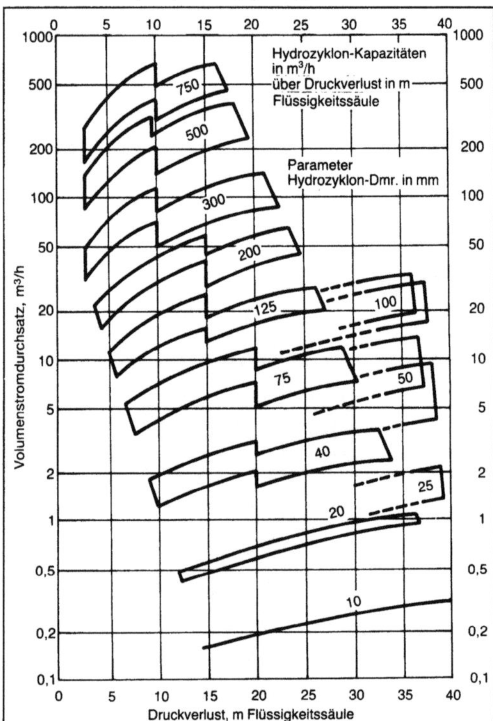

Hydrozyklon 5: Kapazität und Druckverlust.

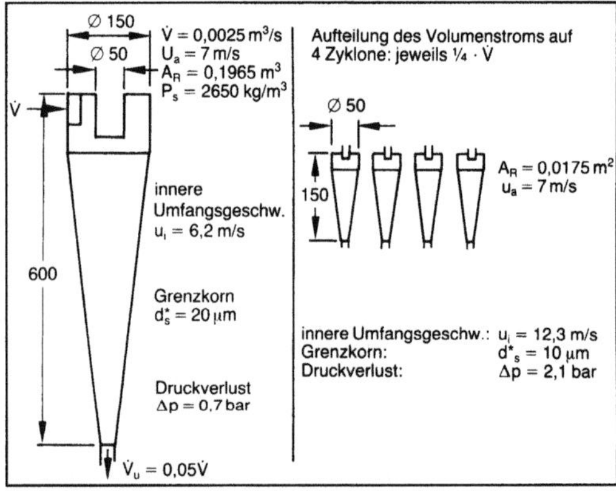

Hydrozyklon 6: Verbesserung der Abscheideleistung durch Aufteilung des Volumenstroms.

u Umfanggeschwindigkeit, $\dot{V}$ Durchsatz, Volumenstrom, A_R reibende Fläche

Die Trennschärfe von H. wird an Hand von Fraktionsabscheidegradkurven bestimmt (Bild 4). Der Druckverlust Δp im H. entsteht hauptsächlich im Tauchrohr (Überlauf). Maßgebend für die Größe des Druckverlusts sind das Geschwindigkeitsverhältnis u_i/v_i der Umfanggeschwindigkeit u_i zur Axialgeschwindigkeit v_i sowie die Formgebung des Überlaufs.

Für die praktische Auslegung haben sich Kapazitätsdiagramme bewährt (Bild 5). Nachdem für ein gewünschtes Grenzkorn d_T die Geometrie des H. festgelegt wurde, läßt sich aus dem Diagramm der Durchsatz $\dot{V}$ und der benötigte Druck Δp entnehmen. Die Forderung nach besserer Trennleistung kann durch Aufteilen des Volumenstroms (Bild 6) auf viele kleine, parallel durchströmte Zyklone erfüllt werden (Multizyklon). *Würtz*

Literatur: *Eck:* Strömungsmaschinen. Bd. 2. Berlin, Heidelberg, New York 1981. – *Höffl, Karl:* Zerkleinerungs- und Klassiermaschinen. Berlin 1986. – *Muschelknautz:* Vorlesungsmanuskript „Maschinen und Apparate der Trenntechnik". Univ. Stuttgart.

Hyperfiltration →Umkehrosmose

I

Immobilisierung (Enzyme). Die Trägerfixierung von Enzymen ist eine reaktionstechnische Maßnahme zur Rückhaltung der Enzyme im →Bioreaktor mit dem Ziel, eine kontinuierliche Prozeßführung zu ermöglichen, ein →Auswaschen des Biokatalysators zu verhindern und gleichzeitig dessen Stabilität (Standzeit) zu erhöhen. Mit dieser Maßnahme wird der Aggregatzustand des Biokatalysators geändert: Aus einem Prozeß der homogenen →Katalyse wird ein heterogen katalysierter Prozeß mit einer größeren Variabilität der Reaktorgestaltung und einer vereinfachten Katalysatorrückhaltung. Die Rückhaltung trägerfixierter Enzyme kann leicht durch großporige Glas- oder Edelstahlsinterplatten, aber auch durch Mikrofiltrationsmembranen realisiert werden. Dagegen müssen zur Rückhaltung nativer Enzyme kostenintensive Ultrafiltrationsmembranen eingesetzt werden (→Enzymreaktor).

Zu den wichtigsten technischen Prozessen mit immobilisierten Enzymen gehören die Isomerisierung von Glucose zu Fructose mit immobilisierter Glucose-Isomerase sowie die stereospezifische Hydrolyse von racemischen N-Acetyl-D, L-Aminosäuren mit immobilisierter Acylase zum Gewinnen von L-Aminosäuren für den Einsatz in der Humantherapie und die Herstellung von Süßstoffen (z. B. Aspartam). *Liefke*

Immobilisierung (Trägermaterialien). Als Trägermaterial für die adhäsive I. (→Biofilm) von Biokatalysatoren (Enzyme und Zellen) sind Feststoffe mit folgendem Eigenschaftsprofil geeignet:
□ biologisch inert,
□ mechanisch stabil,
□ große spezifische Oberfläche,
□ Sterilisierbarkeit (Ausnahme: Abwassertechnik),
□ geeignete Dichte für eingesetzten Reaktortyp,
□ Wiederverwendbarkeit,
□ chemische Zusammensetzung und Reaktivität,
□ hohe Porosität,
□ hohe spezifische Oberfläche.

Diese Anforderungen werden von einer Vielzahl natürlicher und synthetischer Trägermaterialien erfüllt (Tabelle).

Die Trägermaterialien werden in unterschiedlichen Formen und Dimensionen eingesetzt:
□ poröse oder nichtporöse Partikel,
□ Fiber oder Fasern,
□ Tafeln,
□ Membranen (fest und flüssig),
□ Ringe, Zylinder, Kugeln usw.

Wesentliches Kriterium für die Auswahl eines Trägermaterials ist außer dem anfangs skizzierten Eigenschaftsprofil der Preis.

Kostenbedingt werden in Verfahren der Abluft- und Abwasserreinigung überwiegend natürliche Träger, insbes. Sand und Kohle eingesetzt. Dabei vermindern die katalytischen Eigenschaften der Kohle toxische Wirkungen von Schadstoffen auf die Mikroorganismen. Bei der Kultivierung von adhärenten Säugerzellen sind dagegen biologische Inertheit sowie sichere Sterilisierbarkeit die wichtigsten Auswahlkriterien.

Außer partikelförmigen Trägermaterialien, die man in Blasensäulen, Rührreaktoren sowie in Festbett- und Wirbelschichtreaktoren einsetzt, haben sich für bestimmte Anwendungsfälle modulförmige Trägersysteme durchgesetzt. Zu ihnen gehören wabenartige Keramikmoduln sowie Hohlfaser-Membranmoduln.

Die spontane Bindung zwischen einem Enzym oder einer Zelle und der Oberfläche des Trägermaterials beruht auf Van-der-Waals-Kräften, hydro-

Immobilisierung (Trägermaterialien). Tabelle: Klassifizierung zur Immobilisierung von Biokatalysatoren.

Ursprung	Typ	Beispiel
anorganisch	natürlich	Aluminiumoxid, Quarz, Sand, Lava, Ton, Gips, Bimsstein
	synthetisch	Aktivkohle, Keramik, Glas, Sinterglas, Zeolithe
organisch	Polysaccharide	Dextran, Ca-Alginat, Cellulose, Agarose, Holz (Lignin), Stroh
	Proteine	Collagen, Gelatine
	synthetische Polymere	Polyacrylamid, Polyurethane, Phenol/Formaldehyd-Kondensationsharze, Polystyrol, Methacrylamid

phoben Wechselwirkungen, der Bildung von Wasserstoffbrückenbindungen sowie ionischen Wechselwirkungen. Somit kann die Affinität des Trägers für eine gegebene Zelle durch Modifikation der Oberfläche gezielt variiert werden, z. B. diethylaminoethyl(DEAE)-modifizierte Dextrane.

Dagegen beruht die induzierte Bindung auf kovalenten Wechselwirkungen. Zum Verstärken der Bindung ist häufig eine Quervernetzung mit Hilfe von Glutardialdehyd nötig.

Neben der I. durch Adsorption auf der Oberfläche können einige Trägermaterialien, insbes. Ca-Alginat, κ-Carrageenan und Flüssigmembranen, auch zum Einschluß oder zur Einkapselung der Zellen im Inneren der Partikel eingesetzt werden. In jedem Fall ist die Partikelgröße so zu wählen, daß Stofftransportlimitierungen im Inneren des Partikels ausgeschlossen sind. *Liefke*

Literatur: *Oehme, Ch.:* Trägerbiologien in der Abwassertechnik. Chem.-Ing.-Tech. 56 (1984), S. 599. – *Tampion, J.,* u. *M. D. Tampion:* Immobilized Cells: Principles and Applications. 1. Aufl. Cambridge 1987. – *Zlokarnik, M.:* Immobilisierung ganzer Zellen – eine Bestandsaufnahme aus bioverfahrenstechnischer Sicht. Biotech. Forum 3 (1986), S. 212.

Immobilisierung (Zellen). Die I. von Zellen auf inerten Trägermaterialien (→Immobilisierung (Trägermaterialien)) hat das Ziel, den Biokatalysator im Reaktionsraum zurückzuhalten, um dadurch eine hohe Katalysatorkonzentration und einen hohen Umsatz sicherzustellen. In der biologischen Abwasserreinigung, bezogen auf Reaktionsvolumen und Durchsatz das größte Anwendungsgebiet biotechnologischer Verfahren, wird die Zellrückhaltung erreicht durch Einsatz von Mischkulturen mit einer ausgeprägten Neigung zur Flokkulation und zum Bewuchs auf Oberflächen (→Biofilm). Die Abtrennung der Biomasse vom gereinigten Abwasser ist durch Sedimentation im Schwerefeld zu realisieren. Sie kann aber durch Flotationsverfahren deutlich verbessert werden.

Bei biotechnischen Verfahren zur Wertstoffgewinnung mit Monokulturen unter sterilen Bedingungen ist dagegen die I. der Zellen auf Trägermaterialien unerläßlich für eine wirksame Zellrückhaltung. Das gilt insbes. für die äußerst langsam wachsenden Kulturen von Säugerzellen. Zusätzlich werden diese Zellen durch die I. auch vor mechanischer Belastung geschützt.

Ganze Zellen lassen sich mit Hilfe folgender Verfahren immobilisieren:

□ Adhäsion und Bewuchs (Biofilm), natürlich oder chemisch unterstützt,

□ Agglomeration, natürlich oder induziert,

□ Einschluß in Polymere, synthetische und natürliche (Proteine),

□ Einkapselung in feste oder flüssige Membranen.

Den erwähnten reaktionstechnischen Vorteilen stehen als Nachteile eine Diffusionslimitierung des Stofftransports und daraus resultierende Konzentrationsgradienten innerhalb des Aggregats gegenüber. Außerdem ist die I. mit einer Abnahme der enzymatischen Aktivität verbunden, die jedoch durch die größere Zeitkonstanz der Restaktivität mehr als ausgeglichen wird. Auf Grund der höheren Empfindlichkeit gegen mechanische Beanspruchung kann man immobilisierte Zellen nicht wie immobilisierte Enzyme in Festbettreaktoren einsetzen. Neben der Druckbelastung der Zellen im unteren Teil des Reaktors sind in derartigen Systemen auch Verstopfungen durch abgescherte Zellen oder abrasiv zerstörte Partikel zu erwarten. Für die Kultivierung immobilisierter Zellen sind daher Blasensäulen oder Airlift-Schlaufenreaktoren mit suspendierten Partikeln am besten geeignet. *Liefke*

Literatur: *Tampion, J., M. D. Tampion:* Immobilized Cells: Principles and Applications. 1. Aufl. Cambridge 1987.

Implantat →Biomaterial

Implantatwerkstoff →Biomaterial

Impulsdauer →Funkenerosion

Impulsverdichtung. I., Pressen mit den beiden Varianten Luftimpuls- und Gasdruckverdichter, gehört zu den neueren Verdichtungsverfahren und wird z. Z. nur für Kastenformen mit waagerechter Teilung angewendet. Bei den mit Luftimpuls arbeitenden Maschinen wird durch Expansion einer abgegrenzten Druckluftmenge über ein großflächiges Ventil in wenigen Millisekunden die Verdichtung des lose eingefüllten Naßgußsands im gesamten Kastenformat erreicht. Die konstruktiven Lösungen für nach diesem Prinzip arbeitende Maschinen sind recht unterschiedlich, vor allem hinsichtlich Einbringen des Formsands in den Kasten und Auslösen des Druckstoßes über verschiedene Ventilbauarten.

Bei der Gasdruck-I. wird die bei der schlagartigen Verbrennung eines Gas-Luft-Gemisches erzeugte Druckwelle für die Verdichtung des Formsands genutzt. Durch ein im Verdichtungsaggregat eingebautes Gebläse kann die Verbrennungsgeschwindigkeit und damit der Verdichtungsgrad eingestellt werden.

Wie die klassischen, mechanischen Verdichtungsverfahren (Pressen, Rütteln, Rütteln und Pressen) befriedigen auch die I.-Methoden nicht immer hinsichtlich der geforderten Gleichmäßigkeit der Verdichtung in allen Formpartien. Nach *D. Boenisch* u. a., die sich mit den dafür verantwortlichen Ursachen auseinandergesetzt haben, bringt das Fluid-I.-Verfahren eine wesentliche Verbesserung. Die Methode besteht darin, den →Formstoff in der kurzen Zeitspanne des Verdichtungsvorgangs in bestimmten Bereichen des Formballens zu fluidisieren und damit seine räumliche Beweglichkeit zu verbessern (Bild 1). Die bei konventioneller I.

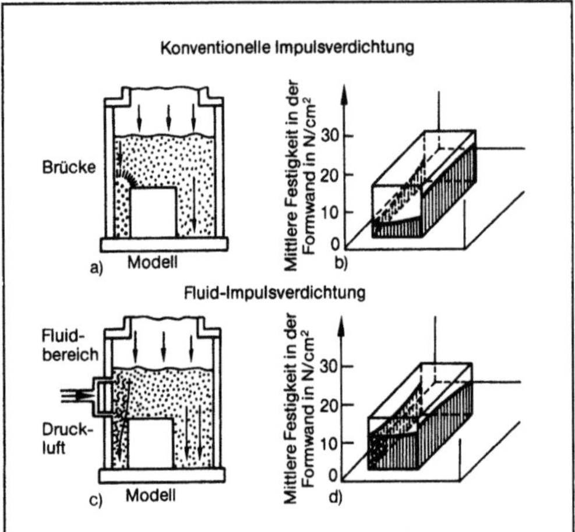

Impulsverdichtung 1: Gegenüberstellung der konventionellen- und der Fluid-Impulsverdichtung.
a) Brückenbildung bei konventioneller Impulsverdichtung
b) Mittlere Festigkeit bei konventioneller Impulsverdichtung
c) Fluidbereich über Druckluftzufuhr
d) Verbesserung der mittleren Festigkeit in der Formwand beim Fluid-Impulsverdichten.

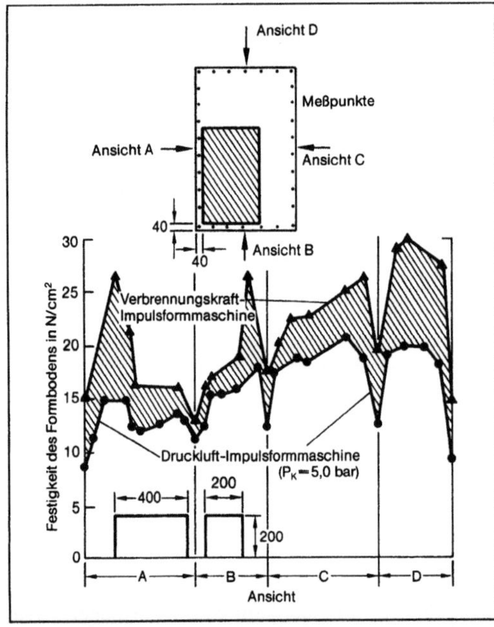

Impulsverdichtung 2: Festigkeit von Kastenform-Verdichtungen mit unterschiedlichen Impulsformmaschinen.

auftretenden Sandbrücken, Bild 1 a), werden durch das →Fluidisieren vermieden, Bild 1 c), wodurch die Festigkeiten im Bereich des Modellschattens ansteigen, Bild 1 d). Bild 2 zeigt, daß das Fluid-Impulsverfahren Vorteile sowohl bei der Druckluft- wie auch bei der Verbrennungskraftanwendung zur Erzeugung des Impulses bringt und vor allem für eine wesentlich bessere Festigkeit in den sonst oftmals problematischen Formkastenrandbereichen sorgt. *Doliwa*

Inaktivierung →Desaktivierung von Katalysatoren

Industrieroboter, intelligenter. Um den Begriff i. I. zu klären, ist es nötig, das Merkmal Intelligenz näher zu betrachten. Ganz allgemein kann das Wesen von Intelligenz wie folgt definiert werden:
□ Konstruktion eines Abbilds der Außenwelt, das durch Lernen ständig verbessert wird,
□ die Fähigkeit der zweckmäßigen Auswahl und Verknüpfung von Informationen, Bildung von Invarianten und deren Speicherung,
□ Konstruktion von Algorithmen des Verhaltens und Prüfung dieser Algorithmen vor ihrer praktischen Anwendung mittels eines Durchspielens am internen Modell der Außenwelt,
□ Konstruktion von Algorithmen zur Bewertung solcher Algorithmen und die Fähigkeit, Algorithmen, die sich als nicht zweckmäßig erwiesen haben oder die einer veränderten Umwelt nicht mehr angepaßt sind, durch bessere zu ersetzen,
□ Vorwegnahme künftiger Situationen der Außenwelt durch deren Simulation am internen Modell.

Die Konstruktion von Abbildern setzt im Bereich der Handhabungstechnik das Vorhandensein von Sensoren zur Informationsaufnahme voraus. Diese Sensoren jedoch sind für sich noch keine intelligenten Systeme. Vielmehr kennzeichnet erst die Fähigkeit, Informationen zu verarbeiten und daraus andersgeartete Informationen auf Grund einer Lernfähigkeit zu schaffen, das Vorhandensein von Intelligenz. Derzeit werden vorwiegend sog. adaptive I. zum Anpassen eines Systems an eine Umwelt entwickelt und erprobt. Die beschriebenen weiteren Intelligenzmerkmale werden im Bereich der Anwendung von I. dann benötigt, wenn ihr Einsatz in vollem Umfang nicht mehr planbar ist und wenn demzufolge entsprechende Algorithmen nicht mehr für alle denkbaren Situationen aufgebaut und durch Programmierung dem I. mitgeteilt werden können. Im industriellen Bereich sind solche Situationen dann denkbar, wenn über einen längeren Zeitraum eine vollkommen automatische und autonome Produktion sichergestellt werden soll. In diesem Fall müssen Automaten in der Lage sein, Probleme zu erkennen und sie zu strukturieren, um dann selbsttätig die entsprechenden nicht vorhandenen Algorithmen zur Lösung des neuen Problems zu konstruieren. Intelligente Entscheidungssysteme sind derzeit hauptsächlich dann erforderlich, wenn Bediener und Überwachungseinrichtung nicht in direkter Verbindung stehen können. Beispiele sind der Einsatz von I. in strahlenverseuchter Umgebung, z. B. in Kernreaktoren, oder der Einsatz von Robotern in der Weltraumtechnik, so z. B. bei der Erkundung der Oberfläche weit entfernter Sterne. Auf Grund der sehr hohen erforderlichen Zeiten für die Übertragung von Steuersignalen wird dem Gerät daher nur eine übergeordnete Strategie mitgeteilt. *Warnecke*

Literatur: *Warnecke, H. J.,* u. *R. Schraft:* Handb. Handhabungs-, Montage- und Industrierobotertechnik. Tl. 1–3. Loseblattausg. Landsberg 1984.

Industrieroboterprüfung. Um eine effiziente Einsatzplanung von Industrierobotern durchführen zu können, ist es notwendig, die genauen technischen Leistungsdaten der einzusetzenden Industrieroboter zu kennen. Hierfür müssen diese unter bekannten Bedingungen gemessen werden.

Nach der Richtlinie VDI 2861 lassen sich die wichtigsten Industrieroboterkenngrößen in folgende Bereiche unterteilen:

□ geometrische Kenngrößen,

□ Lastkenngrößen,

□ kinematische Kenngrößen,

□ Genauigkeitskenngrößen (statisch/dynamisch).

Die zentrale geometrische Kenngröße für den Anwender ist der Arbeitsraum. Die Bestimmung von Arbeitsräumen erfolgt oftmals rechnerisch an Hand von Konstruktionsdaten, die häufig von zeichnerisch oder photographisch gemessenen Ergebnissen abweichen. Neben dem Arbeitsraum können für den Anwender weitere geometrische Kenngrößen, wie z. B. Gefahrenraum, Bewegungsraum, Sicherheitsraum und nicht nutzbarer Raum, von Interesse sein.

Abhängig von Einsatzgebiet und Aufgabe müssen Industrieroboter unterschiedlich große Lasten und Kräfte aufnehmen können. Diese im Einzelfall handhabbaren Lasten oder auch aufnehmbaren Kräfte werden durch unterschiedlich große Momente, die bei der Bewegung der Achsen in diesen wirken, bestimmt. Relevante Lastkenngrößen sind die Nennlast, die maximale Nutzlast, die Maximallast und die statische Belastung (Durchbiegung, Verdrehung). Diese Lastkenngrößen werden durch Versuche mit gestaffelten Gewichten, bei denen das zu bewegende Gewicht solange gesteigert wird, wie keine Einschränkungen bez. der Leistungsfähigkeit des Industrieroboters auftreten, ermittelt. Bei der Ermittlung der Kenngrößen ist darauf zu achten, daß die Bedingungen während der Versuche eingehalten werden. Besonders die Beschleunigung, die gefahrene Geschwindigkeit, die Verzögerung und

die geometrische Anordnung der Last sollten konstant gehalten werden.

Im Rahmen der Takteinbindung von Industrierobotern gewinnen kinematische Kenngrößen aus wirtschaftlichen Gründen zunehmende Bedeutung. Unter kinematischen Kenngrößen sind Geschwindigkeitskenngrößen, Verfahrzeiten und die daraus resultierenden Zykluszeiten zu verstehen. An Hand der ermittelten Geschwindigkeit, die mit Hilfe von Lichtschranken und Beschleunigungsaufnehmern gemessen wird, kann der Anwender erforderliche Fahr- und Zykluszeiten bestimmen.

Ein sehr wichtiges Kriterium für die Beurteilung von Industrierobotern sind Angaben über die erzielbare Genauigkeit. Die Genauigkeitsgrößen lassen sich generell in statische bei Punkt-zu-Punkt-Betrieb und dynamische Kenngrößen bei bahngesteuerten Handhabungsgeräten unterteilen und gelten für den gesamten Arbeitsraum. Sie machen Aussagen darüber, wie genau ein programmierter Punkt an- bzw. eine vorgegebene Bahn abgefahren werden können (Positioniergenauigkeit). Die Wiederholgenauigkeit gibt Auskunft darüber, wie genau solche Bewegungen reproduzierbar sind. Diese Messungen zum Ermitteln der Genauigkeitskenngrößen sollen unter definierten Bedingungen durchgeführt werden, um möglichst viele Faktoren, die auf die Genauigkeit Einfluß nehmen können, zu berücksichtigen. Solche Einflußgrößen können sein:

□ Geschwindigkeit und Beschleunigung,

□ Nennlast und Lastanordnung,

□ Lage des Meßpunkts oder der Meßbahn im Raum,

□ Lage des Tool-Center-Points.

Zum Vermessen der Genauigkeit werden drei Arten von Meßgeräten eingesetzt: Meßköpfe, mechanische und optische Meßgeräte. Dabei sind Meßköpfe das am weitesten verbreitete Meßmittel. *Warnecke*

Literatur: *Schiele, Günter:* Entwicklung eines Meßverfahrens zur Bestimmung des Positionier- und Orientierungsverhaltens von Industrierobotern. Berlin, Heidelberg, New York, Tokio 1987.

Industrieroboter-Teilsystem. I. setzen sich aus mehreren T. zusammen, die unterschiedliche Funktionen ausführen. Diese T. sind:

□ Kinematik, Arm, →Greifer,

□ Steuerung,

□ →Antrieb,

□ Meßsystem,

□ Sensoren.

Die zu erfüllende Funktion der Kinematik eines I. ist es, beliebige Punkte innerhalb des Arbeitsraums anzufahren. Die meisten bekannten I. setzen sich aus einer Kombination von 3 Bewegungsachsen zur Positionierung (Grundachsen) sowie bis zu 3 weiteren Freiheitsgraden (Handachsen) zur Orientierung von Werkstücken/-zeugen zusammen. Die Bewegungsachsen können als translatorische oder rotatorische Achsen ausgeführt werden; dabei setzt man bevorzugt rotatorische Achsen ein.

Der kinematische Aufbau der Grundachsen bestimmt zusammen mit der konstruktiven Auslegung des Arms die Größe und Form des Arbeitsraums eines I. Die am Handflansch angebrachten Greifer haben die Aufgabe, vorübergehend die auf die Greiferachse bezogene definierte Lage eines Werkstücks aufrechtzuerhalten. Weiterhin sollen sie statische, dynamische und prozeßbedingte Kräfte und Momente aufnehmen, ggf. Position und/oder Orientierung des Werkstücks verändern, Informationsaufnahme durch Sensoren ermöglichen und evtl. weitere Sonderfunktionen (z. B. Reinigen) übernehmen.

Die Steuerung des I. hat ganz allgemein die Aufgabe, den Programmablauf zu speichern, zu steuern und zu überwachen, um damit eine logische Verknüpfung mit Fertigungs- und Ordnungseinrichtungen herzustellen. Man unterscheidet grundsätzlich zwei Steuerungsarten:

□ Punktsteuerung,

□ Bahnsteuerung.

Punktsteuerung bedeutet, daß nur fest einprogrammierte Punkte nacheinander in bestimmter Reihenfolge angefahren werden, ohne daß die Bewegungsbahn zwischen den einzelnen Punkten definiert ist. Eingesetzt wird diese Steuerung dann, wenn nur einzelne Punkte im Arbeitsraum angefahren werden müssen, so z. B. bei der Bedienung von Spritz- oder Druckgießmaschinen, Werkzeugmaschinen oder Punktschweißzangen. Bei der Bahnsteuerung ist eine definierte Bahn zwischen einzelnen Raumpunkten gefordert, die durch unterschiedliche Interpolationsverfahren erzeugt werden kann. Anwendungsbeispiele sind u. a. das Bahnschweißen, das Entgraten komplizierter Konturen oder das Strahlschneiden.

Der Antrieb hat die Aufgabe, die für die Bewegung der Achsen erforderlichen Energien umzuwandeln und zu übertragen. Prinzipiell stehen hierfür pneumatische, hydraulische oder elektrische Systeme zur Auswahl. Dabei haben sich elektrische Antriebssysteme weitgehend durchgesetzt. Die Übertragung der Bewegung erfolgt u. a. durch Kugel- oder Planetenrollspindeln oder Zahnriemen.

Eine Rückmeldung der einzelnen Bewegungsachsen durch Meßsysteme ist für die Steuerung eines I. nötig. Erst dadurch wird ein Regelvorgang möglich, um eine Position mit einer bestimmten Genauigkeit anfahren zu können. Neben der Weg- bzw. Winkelmessung, die mit inkrementalen, absoluten oder zyklisch absoluten Gebern durchgeführt werden kann, ist auch eine Geschwindigkeitsmessung erfor-

derlich, die üblicherweise mit einem Tachogenerator direkt am Antrieb vorgenommen wird.

Sensoren erweitern das Anwendungsgebiet für Roboter beträchtlich. So ermöglichen sie das Erfassen stochastischer Einflüsse im Umfeld des I., das Messen physikalischer Größen, die Muster-, Lage- und Anwesenheitserkennung. *Warnecke*

Informationsfluß, betrieblicher. Im Rahmen des betrieblichen Informationswesens werden durch den b. I. die Bereitstellung und die Handhabung der in den einzelnen betrieblichen Bereichen benötigten Informationen geregelt.

Der b. I. läßt sich in drei Teilbereiche untergliedern: den Belegfluß, den Kommunikationsfluß und die Informationsumwandlungsstellen. Der Belegfluß kennzeichnet die Weitergabe von Fertigungsunterlagen, wobei zwischen auftragsabhängigem und auftragsneutralem Belegfluß unterschieden werden kann. Der Kommunikationsfluß beschreibt die Handhabung betriebsspezifischer organisatorischer Informationen. Zu den Informationsumwandlungsstellen gehören die einzelnen Unternehmensbereiche, Abteilungen, Personen und Hilfsmittel.

Da durch den I. die Verknüpfung zwischen den einzelnen betrieblichen Regelkreisen bestimmt wird, kommt ihm innerhalb des betrieblichen Informationswesens eine zentrale Bedeutung als Hilfsmittel zur Informationsweitergabe zu. Ein detaillierter und aktueller I. führt zu einer größeren Transparenz der einzelnen Unternehmensbereiche und damit zu einer verbesserten Ausnutzung der vorhandenen Kapazitäten. Bei der Auslegung eines unternehmensspezifischen Informationssystems ist neben der Kombination von Informationen und Informationsträgern somit auch der I. mit einzubeziehen. Für einen wirkungsvollen I. ist zu berücksichtigen, daß nicht alle Bereiche alle Informationen erhalten, sondern nur die zur Erfüllung ihrer Aufgaben notwendigen. Eine einheitliche Darstellung eines b. I. ist nicht möglich, da dieser in den verschiedenen Unternehmen aus historischen Gründen meist sehr unterschiedlich ausgelegt ist. *Eversheim*

Informationsträger, betrieblicher. Zur Steuerung des betrieblichen Ablaufs sind eine Vielzahl von Informationen erforderlich, die gespeichert und weitergeleitet werden müssen. Die Hilfsmittel zur Speicherung dieser Informationen werden unter dem Oberbegriff b. I. zusammengefaßt.

B. I. dienen als Hilfsmittel der Informationsbereitstellung, -verarbeitung und -handhabung. Dabei läßt sich prinzipiell zwischen den manuell zu handhabenden Hilfsmitteln und EDV-unterstützten Hilfsmitteln unterscheiden. Manuelle Hilfsmittel sind in erster Linie Loseblattsammlungen, Handbücher, Karteien und Kataloge. Diese konventionellen

Hilfsmittel haben insgesamt ein verhältnismäßig niedriges Leistungsprofil bez. Platzbedarf, Aktualität und Zugriffszeit. Darüber hinaus gehören aber auch mechanisierte Hilfsmittel zu der Gruppe der manuell zu handhabenden I. Dazu zählen die Einrichtungen der Mikrofilmtechnik, die ein wesentlich besseres Leistungsprofil, ein erheblich reduzierten Platzbedarf sowie eine einfache Handhabung der I. aufweisen. Zu den EDV-unterstützten Hilfsmitteln zählen alle automatisierten I. wie Lochstreifen, Magnetband und Magnetplatte (Festplatte, Diskette usw.). Die Anforderungen an die I. ergeben sich aus der Art, dem Aufbau und der Menge der Daten. Entsprechend dem Anforderungsprofil und dem Leistungsprofil der einzelnen Hilfsmittel müssen dann die benötigten I. ausgewählt werden.   *Eversheim*

Informationswesen, betriebliches. Die einzelnen Bereiche eines Betriebs sind durch eine Vielzahl betrieblicher Regelkreise miteinander verknüpft. Das b. I. bestimmt den Austausch von Informationen zwischen diesen Regelkreisen.

Die Bestandteile des b. I. lassen sich unter den Oberbegriffen Informationen, Informationsträger und Informationsfluß zusammenfassen. Die Informationen, die zur Erfüllung einer betrieblichen Aufgabe erforderlich sind, werden auf den unterschiedlichen Informationsträgern gespeichert. Die Weitergabe wird durch den Informationsfluß geregelt. Zur Erfüllung der Aufgaben des b. I. stehen verschiedene Hilfsmittel zur Verfügung. Diese Hilfsmittel und die Anforderungen an die Hilfsmittel ergeben sich aus der Art, dem Aufbau und der Menge der Daten und damit aus der Kombination von Informationen und Informationsträgern sowie dem vorhandenen und geplanten Ablauf des Informationsflusses.

Das b. I. kann man in die Tätigkeitsgruppen Informationsverarbeitung, Informationsbereitstellung und Informationshandhabung untergliedern.

Die Informationsverarbeitung umfaßt die einzelnen Tätigkeiten in den verschiedenen Bereichen. Unter Informationsbereitstellung ist das gezielte Bereitstellen von Informationen zum richtigen Zeitpunkt und am richtigen Ort zu verstehen. Die Informationshandhabung beinhaltet das Verwalten, Archivieren und Aktualisieren von Daten.

Der Informationsbeschaffung in den einzelnen Bereichen des Unternehmens kommt auf Grund der ständig wachsenden Informationsmengen sowie der Forderung nach kürzeren Durchlaufzeiten, erhöhter Lieferbereitschaft und Senkung der Kosten immer größere Bedeutung zu. Die organisatorische Gestaltung und Durchführung der Informationsbeschaffung wird durch das b. I. geregelt.   *Eversheim*

Ingot. Beim Walzen von Stahlprofilen geht man von Ingots, Blöcken quadratischen Querschnitts, aus, während man für die Produktion von Blechen andere Blockformate, die Brammen, mit rechteckigem Querschnitt als Ausgangsmaterial verwendet. Für Schmiedearbeiten gibt es auch I. mit polygonem Querschnitt.

Im Nichteisenmetallbereich versteht man unter I. mehrfach gekerbte Kupferbarren nach den American Refineries Standard Dimensions (ARSD) im Gewicht von 28 und 48 kg. Hier sind also I. Blöckchen aus Kupfer zum Wiedereinschmelzen und Legieren.   *Doliwa*

Inmold-Verfahren. Unter dieser Bezeichnung gibt es eine Reihe von größtenteils patentierten Verfahren zum Erzeugen von →Gußeisen mit Kugelgraphit durch Einbringen der Kugelgraphitbildner unmittelbar in die Form. Als Vorteile dieser Verfahren sind zu nennen: hohes Magnesiumausbringen von 70 % und mehr, kein Abklingeffekt für den Restmagnesiumgehalt und damit Gewährleistung einwandfreier Kugelgraphitbildung auch bei längeren Pfannengießzeiten, keine Umweltschädigung und Belästigung des Personals durch Rauch und Lichtblitze und Schonung der Feuerfestzustellung der Induktionsöfen bei Rücknahme von Resteisen, da dieses frei von Magnesium ist.

Die Problematik der I.-V. liegt in der Schwierigkeit, einerseits eine gleichmäßige Verteilung der eingebrachten Menge an Kugelgraphitbildnern zu gewährleisten und andererseits die sich bildenden Reaktionsprodukte, insbes. MgS, sauber abzuscheiden. Ein Studium der einschlägigen Patentliteratur läßt erkennen, wie viele Anstrengungen unternommen wurden, um diese Probleme zu lösen. Hilfreich sind in diesem Zusammenhang von der Zulieferindustrie neu entwickelte Filter, die nicht nur eine verhältnismäßig gute Abscheidung der Reaktionsprodukte, sondern auch eine Lenkung des Strömungsverhältnisses ermöglichen. Neuere Entwicklungen haben zu einem Kompaktsystem (vgl. DE 20 25 822) geführt, das nicht nur anwendungstechnische Vorteile bietet, sondern gleichzeitig auch einen Nachimpfeffekt zur Verfeinerung und besseren Ausbildung der Graphitkugeln beinhaltet. *Doliwa*

Innenprofilhonen →Profilhonen

Innenrundschleifen →Rundschleifen

Innenrundschleifmaschine   →Schleifmaschine (Metallbearbeitung)

Instandhaltung. Gesamtheit der Maßnahmen zur Bewahrung und Wiederherstellung des Soll-Zustands sowie zur Feststellung und Beurteilung des Ist-Zustands aller Objekte (Gebäude, Anlagen und Arbeitsmittel), deren Verwendbarkeit durch geeignete Maßnahmen verlängert werden kann

(DIN 31051). I. ist der Oberbegriff von Inspektion (Erfassung und Beurteilung des Ist-Zustands), Wartung (Bewahrung des Soll-Zustands) und Instandsetzung (Wiederherstellen des Soll-Zustands).

Kernbegriff der I. ist der Abnutzungsvorrat. Er hat seinen vollen Wert im Soll-Zustand des Objekts, wie er beim Kauf zwischen Hersteller und Käufer vereinbart und bei der Abnahme nachgewiesen wurde. Wenn der Käufer das Objekt in Betrieb nimmt und nutzt, beginnt sich der Ist-Zustand vom Soll-Zustand zu entfernen. Der Abnutzungsvorrat sinkt. Das Objekt gilt als beschädigt, wenn der Abnutzungsvorrat eine bestimmte Grenze unterschritten hat. Das Objekt kann dennoch, wenn auch in verringertem Maß, betriebsfähig bleiben, bis bei weiterem Absinken der Abnutzungsvorrat null wird. Ab diesem Zeitpunkt ist das Objekt ausgefallen. Dieser Zeitpunkt kann bei instandsetzungsfähigen Objekten durch geplante Wartungsmaßnahmen erheblich hinausgezögert werden.

Während in früheren Jahren die Instandsetzung meist erst durch einen Schaden ausgelöst wurde, wird sie in gut geleiteten Unternehmen durch eine solche in regelmäßigen Abständen vor Eintritt des Schadens ersetzt. Es ist jedoch wirtschaftlicher, die I. vom Zustand des Objekts abhängig zu machen. Dazu müssen abnutzungsbegleitende, den Ist-Wert des Objekts feststellende Überwachungsverfahren eingesetzt werden. *Masing*

Literatur: DIN 31051: Instandhaltung; Begriffe. Hrsg. Dt. Inst. f. Normung. Ausg. Sept. 1979. – *Marx, H.-J.:* Handb. Qualitätssicherung. 2. Aufl. Kap. 28: Instandhaltung und Qualität. München, Wien 1988.

Instantisieren. Behandlung feinkörniger, pulverförmiger Partikelsysteme zur Erzielung eines im Vergleich zum Ausgangsprodukt schnelleren Auflösens bzw. Dispergierens in Flüssigkeiten.

Die vollständige Rekonstitution durch vier aufeinanderfolgende Einzelphasen (Eindringen der Flüssigkeit in das Porensystem; Absinken in der Flüssigkeit; Dispergieren des Pulvers unter geringem Energieeintrag, dem Rühren; Auflösen der Partikel in der Flüssigkeit, falls löslich) dauert bei guten Instantprodukten nur wenige Sekunden. Zudem sollen die Stabilität gegen mechanische Beanspruchung, die Riesel- und die Dosierfähigkeit verbessert werden.

Instantprodukte können durch Agglomerierverfahren, durch Zusatzstoffe, welche das Benetzungsverhalten verbessern (z. B. Lecithin), durch Entzug bestimmter Inhaltsstoffe (z. B. Fett) oder durch Verbesserung der Löslichkeit (z. B. Amorphisierung) hergestellt werden.

Das gebräuchlichste Verfahren zum I. ist das Agglomerieren (Zusammenfügen von Partikeln in gasförmiger und flüssiger Umgebung) z. T. in Kombination mit der Verwendung von Zusatzstoffen.

Die Festigkeit solcher Agglomerate beruht einerseits auf Haftmechanismen mit Materialbrücken zwischen den Partikeln (Festkörperbrücken aus schnellöslicher Substanz, hochviskose Bindemittel, frei bewegliche Flüssigkeit), andererseits auf Partikelhaftung ohne Materialbrücken (Van-der-Waals-Kräfte, elektrostatische Kräfte, formschlüssige Bindungen).

Unter den Agglomerationsverfahren unterscheidet man die Feuchtagglomeration (Wiederbefeuchten), die Agglomeration durch Trocknung (spezielle Sprühtrocknung) und die Agglomeration durch hohe Temperaturen. Die Preßagglomeration wird selten zum I. eingesetzt.

Als Instantprodukte werden Milch-, Kaffee-, Tee- und Kakaopulver, Mehl, Fruchtgetränke und Babynahrung, neuerdings auch Enzyme, Proteinkonzentrate und Gewürzkonzentrate hergestellt. *Kerner/Loncin*

Literatur: *Brunner, R.:* Agglomerieren von Lebensmitteln. ZFL (1977) Nr. 6. – *Dialer, K., U. Onken u. K. Leschonski:* Grundzüge der Verfahrenstechnik und Reaktionstechnik. München 1986. – *Külling, W., u. E. J. Simon:* Agglomeration im Wirbelbett. Das Aeromatic-Verfahren zur Instantisierung. Gordian 76 (1976) Nr. 3. – *Linko, P., Y. Mälkki u. J. Olkku:* Food Process Engineering. Bd. 1. London 1980.

Integration, produktionstechnische. I. bedeutet wörtlich die Verbindung einer Vielheit zu einer Gesamtheit. In der industriellen Praxis werden inner- und zwischenbetriebliche Vorgänge mit dem Ziel einer Vermeidung von Nutzungsverlusten zwischen den Organisationseinheiten miteinander verkettet.

Eine integrierte →Auftragsabwicklung – hier als betriebsumfassendes Beispiel näher erläutert – kann durch aufbau- und ablauforganisatorische Zusammenfassung realisiert werden. I. in der →Aufbauorganisation bedeutet die Zusammenlegung von Verantwortungs- und Kompetenzbereichen, um einen rationelleren Arbeitsablauf zu erreichen. Nach ablauforganisatorischen Kriterien lassen sich unterschiedliche Aufgaben mit Unterstützung einer zentralen EDV-Datei bearbeiten. Beispiel ist die integrierte Fertigungsunterlagenerstellung. Hierbei werden Werkstückdaten für die Programmkopplung, Teileverwendung und Aktualisierung zentral gespeichert und verwaltet. Vorteil ist die vielschichtige Verwendung einmal eingegebener Daten in der Konstruktion, Arbeitsvorbereitung, Fertigung und Montage.

Weitere Beispiele sind die I. der Qualitätssicherung in den Fertigungsprozeß, die I. innovativer Technologien in konventionelle Arbeitsabläufe oder integrierte flexible Fertigungs- und Montagesysteme, in denen Produkte komplett hergestellt werden können. *Eversheim*

Literatur: *Eversheim, W.:* Organisation in der Produktionstechnik. Bd. 1. Düsseldorf 1981.

Investitionsrechnung. Sie bildet das wichtigste Instrumentarium der Investitionsplanung. Sie erlaubt die Beurteilung eines Investitionsprojekts oder mehrerer vergleichbarer Investitionsalternativen bez. ihrer Vorteilhaftigkeit. Darüber hinaus unterstützt sie die Ermittlung eines sinnvollen Investitionsbudgets unter Berücksichtigung finanzieller, technischer und absatzmäßiger Restriktionen des Betriebs.

Die I. dient der Vorbereitung von Investitionsentscheidungen, indem sich mit ihr die monetären Auswirkungen geplanter Investitionen abschätzen lassen. Es wird geprüft, ob das durch ein Investitionsprojekt gebundene Kapital gegenüber alternativen Anlagemöglichkeiten die Wiedergewinnung der Anschaffungskosten ermöglicht und sich in ausreichender Höhe verzinst. Es existieren folgende Methoden der I.:

□ *Statische Verfahren:* Diese Verfahren basieren auf dem Vergleich von Kosten, Gewinn oder Rentabilität während einer Periode, berücksichtigen Zeiteinflüsse nicht bzw. nur unvollkommen und werden deshalb als statisch bezeichnet. Zu dieser Gruppe zählen im einzelnen die
- Kostenvergleichsrechnung,
- Gewinnvergleichsrechnung,
- Rentabilitätsrechnung und
- Amortisationsrechnung.

□ *Dynamische Verfahren:* Diese Verfahren betrachten die Ein- und Auszahlungsströme während der wirtschaftlichen Nutzungsdauer des Investitionsobjekts über den zeitlichen Verlauf. Folgende Verfahren sind gebräuchlich, die
- Kapitalwertmethode,
- Endwertmethode,
- Ermittlung des internen Zinsfußes und
- Annuitätenmethode.

□ *Simultanmodelle des Kapitalbudgets:* Im Gegensatz zu den bereits genannten Verfahren erfolgt hier nicht nur eine isolierte Beurteilung einzelner Investitionsprojekte bez. ihrer Vorteilhaftigkeit, sondern es werden auch die Interdependenzen zu anderen Bereichen der Unternehmung (z. B. Finanzierung, Produktion und Absatz) berücksichtigt. Durch Methoden der mathematischen Planungsrechnung (lineare Programmierung) versucht man, die simultane Ermittlung eines optimalen Investitionsprogramms mit mehreren Variablen (Absatz-, Produktions-, Investitions- und Finanzierungsmöglichkeiten) unter Nebenbedingungen zu realisieren. *Eversheim*

Literatur: *Gutenberg:* Grundlagen der Betriebswirtschaftslehre. Bd. 3: Die Finanzen. 8. Aufl. Berlin, Heidelberg, New York 1980.

Ionenaustauschchromatographie. Chromatographische Trennmethode zum Feinreinigen von Bioprodukten (→Aufarbeitung biotechnologischer Produkte, →Trennverfahren, chromatographisches). Die Stofftrennung beruht auf der reversiblen Bindung des Produktmoleküls an die stationäre Phase auf der Grundlage von Ladungsunterschieden. Als stationäre Phase werden je nach Oberflächenladung des Produktmoleküls Anionen- oder Kationenaustauscherharze eingesetzt. Dabei sind die ionogenen Liganden SO_3H, $COOH$, NH_3^+ und NH_2 entweder an polymere Trägermaterialien (Polystyrol-Divinylbenzol-Copolymerisate und Dextrane) oder an Silicagele gebunden. Die Polystyrol-Divinylbenzol-Copolymerisate sind im pH-Bereich von 0–12 einsetzbar, während modifizierte Silicagele nur im pH-Bereich von 2–8 eingesetzt werden können, dafür allerdings eine größere mechanische Stabilität aufweisen.

Die Bindung des zu reinigenden Produkts kann durch Beeinflussen der Oberflächenladung nach Variation der Ionengröße der mobilen Phase oder durch Zusatz eines Ionenpaarreagenzes – in diesem Fall spricht man von Ionenpaarchromatographie – gesteuert werden. Das Produkt wird durch Änderung des pH-Werts oder der Ionengröße von der Säule eluiert. Die I. hat eine hohe Selektivität und wird gleichermaßen im analytischen Maßstab und im Produktionsmaßstab eingesetzt.

Im industriellen Maßstab wird die I. eingesetzt zum Gewinnen von Antibiotika, Aminosäuren, Enzymen und Proteinen (Vorreinigung) aus Kulturfiltraten. *Liefke*

Literatur: *Belter, P. A., E. L. Cussler* u. *W.-S. Hu:* Bioseparations. 1. Aufl. New York 1988. – *Henschen, A., K.-P. Hupe, F. Lottspeich* u. *W. Voelter:* High Performance Liquid Chromatography in Biochemistry. 1. Aufl. Weinheim 1985.

Ionenaustauscher. Körnige Adsorbenzien, die reversibel Kationen oder Anionen austauschen. I.-Prozesse nutzt man zur Wasseraufbereitung (z. B. Enthärtung, Vollentsalzung, Entcarbonisierung, Dekontaminierung), zur Abwasserbehandlung (vor allem in der Galvano- und Kerntechnik), zur Metallgewinnung bei der Hydrometallurgie, zur Reinigung von Lösungen (z. B. Zucker, Glycerin) und Abluft. I. werden außerdem als Katalysator (z. B. Säuren-, Basen-, Enzymanalyse) und als Wirkstoff oder Träger in der Pharmazie sowie als stationäre Phase in der chemischen Analyse (I.-Chromatographie) verwendet.

Das Bild zeigt den schematischen Aufbau einer Anlage zur Wasserenthärtung. Das Rohwasser leitet man wechselweise auf ein →Festbett mit →Ionenaustauscherharz. Das jeweils andere Bett regeneriert man. Bei der Enthärtung werden die härtebildenden Calcium- und Magnesiumionen gegen Natriumionen ausgetauscht. Die Regenerierung kann mit einer Kochsalzlösung erfolgen, wodurch die Erdalkaliionen wieder durch Natriumionen ersetzt werden. *Dohrn*

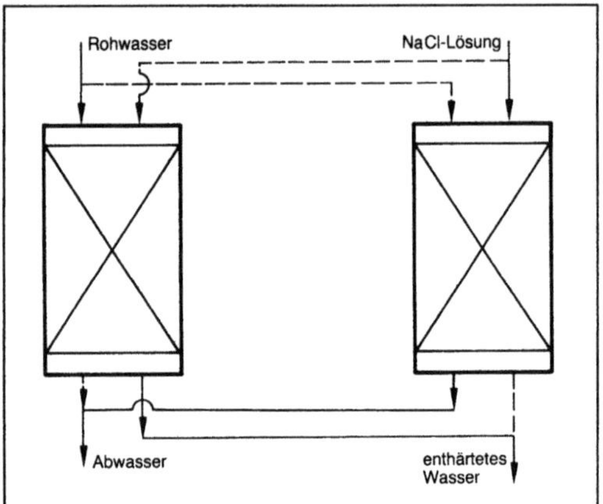

Ionenaustauscher: Ionenaustauscheranlage zur Wasserenthärtung.

Literatur: *Dorfner, K.:* Ionenaustauscher. 3. Aufl. Berlin 1970.

Ionenaustauscherharz. In der Verfahrenstechnik werden I. für Prozesse verwendet, bei denen aus einer Lösung bestimmte Ionenarten gegen andere ausgetauscht werden sollen. Je nach der Ladung der ausgetauschten Teilchen unterscheidet man zwischen Anionen- und Kationenaustauscherharzen.

Anorganische Ionentauscher von wirtschaftlicher Bedeutung sind die natürlichen und synthetischen Aluminiumsilicatgele, die als Kationenaustauscher wirken.

Organische I. sind auf zwei Wegen herstellbar. Einmal werden die Ionengruppen vor der Polymerisation in die Harzstruktur eingebaut, d. h. die Ionengruppen sind integrale Bestandteile der Monomere. Im anderen Fall wird zuerst das Polymer hergestellt, und anschließend bringt man die Ionengruppen in die Polymerstruktur ein. Die Polymere werden vernetzt, um die Löslichkeit im behandelten Fluid zu senken. Vom Vernetzungsgrad hängt die Quellung der Harze, die Diffusionsgeschwindigkeit der Ionen im Harz und in gewissem Maß die Gleichgewichtskonstante des Ionenaustauschers ab.

Ionenaustauschprozesse werden ähnlich wie →Adsorptionsverfahren betrieben. Das I. befindet sich in einem Festbett, das von der meist wäßrigen Lösung durchströmt wird. Wie bei der Adsorption erhält man eine →Durchbruchskurve, wenn man den Anteil der zu entfernenden Ionenart in der aus dem Festbett strömenden Lösung betrachtet. Der Anstieg der Durchbruchskurve ist insbes. von den Eigenschaften des I. abhängig. Nach einem Beladungszyklus wird das Harz mit einer starken Säure oder einer starken Base regeneriert.

Ionenaustauscherharz: Typische Ionenaustauscherharze.

Ionenaustauscherharz. Tabelle: Eigenschaften einiger Ionenaustauscherharze.

Material	Art	Feuchte-Massegehalt %	maximale Temperatur K	Kapazität, trocken g-Äquivalent/kg
Polystyrolsulfonat	Kationenaustauscher, stark sauer	42–70	400–430	3,9–5,5
Polystyrolphosphonat	Kationenaustauscher, schwach sauer	50–70	400	6,6
Trimethylbenzyl-ammonium	Anionenaustauscher, stark basisch	45–60	330–350	3,4–3,8
Aminopolystyrol	Anionenaustauscher, schwach basisch	45–60	370	4,9–5,5

Normalerweise sind die verwendeten Behälter nur mit einer Ionenaustauscherart befüllt. Bei einem Mischbett-Ionenaustauscher setzt man Anionen- und Kationenaustauscherharze miteinander vermischt ein. Zur Regeneration werden sie in einer aufwärtsgerichteten Strömung voneinander getrennt und nacheinander regeneriert.

Ionenaustauschprozesse können mehrstufig durchgeführt werden, wobei die Lösung nacheinander durch mehrere mit I. gefüllte Behälter strömt.

Nahezu alle handelsüblichen Kunstharz-Ionenaustauscher sind kugelförmige Perlpolymerisate. Die Teilchengröße liegt bei 0,4–0,8 mm Dmr. Feinere Körnungen werden für analytische Zwecke verwendet (Bild).

Wichtige Eigenschaften einiger I. sind in der Tabelle aufgeführt. Während des Austauschvorgangs kann das Volumen des Festbetts um 100 % ansteigen, was bei der Auslegung der Behälter zu berücksichtigen ist. In der Regel liegt die Volumenzunahme bei 3–20 %.

Zur Berechnung der Stoffübertragung kann das Konzept der Übergangseinheiten verwendet werden. *Dohrn*

Literatur: *Dorfner, K.:* Ionenaustauscher. 3. Aufl. Berlin 1970. – *Perry, R. E.,* u. *D. W. Green:* Perry's Chemical Engineers' Handb. 6. Aufl. New York 1984. – *Reents, A. C.:* Ion-Exchange Resins. In: Chemical and Process Technology Encyclopedia. Hrsg. *D. A. Considine.* New York 1974.

Ionenaustauschermembran. Auch bekannt als ionenselektive-, ionenpermeable- oder permselektive Membran. Darunter versteht man semipermeable Trennwände, die entweder nur für Kationen (Kat.-I.) oder nur für Anionen (An.-I.) durchlässig sind, wenn eine dazwischen befindliche Elektrolytlösung einem elektrischen Potential ausgesetzt wird. Ionenselektive Membranen sind heute normalerweise Kunststoffilme, in die ionische Gruppen, sog. Festionen, in einer unlöslichen Matrix fixiert sind. Bei einer Kat.-I. sind sie negativ geladen, bei einer An.-I. positiv.

Kationendurchlässige Membranen nennt man auch häufig negative Membranen, um zum Ausdruck zu bringen, daß sie eine negative Ladung tragen. Entsprechend werden anionenpermeable Membranen als positive Membranen bezeichnet.

Ionenselektive Membranen werden hergestellt, indem Kunststoffilme z. B. sulfuriert, aminiert oder auf andere Weise mit ionenaktiven Gruppen versehen werden. Eine weitere Möglichkeit besteht darin, feingemahlene Ionenaustauschharze in einen inerten Kunststoffilm einzubetten. Nach der erstgenannten Herstellungsart erhält man homogene, nach der letztgenannten heterogene Membranen.

Die wesentlichen Anforderungen an industriell eingesetzte ionenselektive Membranen sind:

☐ hohe Ionenselektivität, d. h. kationenaktive Membranen sollen absolut undurchlässig für Anionen sein und umgekehrt;

☐ geringer elektrischer Widerstand; der Transport der Gegenionen durch die Membran soll mit geringem elektrischem Energieaufwand durchführbar sein;

☐ hohe mechanische Festigkeit, d. h. bruchfest, flexibel, lange Standzeit;

☐ hohe chemische Beständigkeit, d. h. widerstandsfähig gegen Hydrolyse, oxidative und andere chemische Einflüsse.

Die Anforderungen zeigen gleichzeitig die Entwicklungsrichtung für verbesserte Membranen.

Eine grundsätzliche Neuentwicklung sind die bipolaren Membranen. Dies sind Membranen mit unterschiedlichen Ladungen auf beiden Seiten.

Mögliche Einsatzgebiete für diese Membranen sind Salzspaltungen in Säuren und Laugen. *Stroh*

Literatur: *Shaffer, L. H.,* u. *M. S. Mintz:* Electrodialysis, Principles of Desalination. 2. Aufl. Tl. A, Chapter 6. 1980. – *Strathmann, H.:* Trennung von molekularen Mischungen mit Hilfe synthetischer Membranen. Darmstadt 1979. – *Wucherpfennig, K.:* Elektrodialyse zur Entmineralisierung von Flüssigkeiten. Chemie Techn. 4 (1975) Nr. 7, S. 253/56.

Ionenplattieren →Beschichtungsverfahren

Ionitrieren. I. wird zum Erzielen hoher Härte, Verschleißfestigkeit, Temperaturbeständigkeit sowie hoher Polierfähigkeit in der Oberflächenschicht von Stahl und Stahlguß angewendet. Das I. erfolgt in einer automatisch nach Druck und Gaszusammensetzung geregelten, Stickstoff enthaltenden Atmosphäre. Durch elektronisch gesteuerte Glimmentladungen wird der Stickstoff ionisiert und kann in dieser reaktionsfähigen Form in die Stahloberfläche eindringen. Das Verfahren eignet sich u. a. zum Nitrieren von Teilen, die schlagartiger Beanspruchung, Druck- oder Scherkräften bei erhöhter Temperatur und punktförmiger Belastung sowie Trockenverschleiß ausgesetzt sind. Beim I. kann die Härtetiefe den Betriebsbedingungen angepaßt werden, ohne daß eine Verringerung der Oberflächenhärte eintritt. Verzug und Maßveränderungen sind geringer als beim normalen Nitrieren. Eine thermische Nachbehandlung der ionitrierten Teile ist nicht notwendig. Die Nitrierschicht hat eine beachtliche Duktilität und neigt nicht zum Abblättern (auch nicht an Kanten). Da das Verfahren außerdem das Härten von Innenkonturen ermöglicht, kann man auch komplizierte Werkstücke ionitrieren. *Doliwa*

Isolierprodukt. Die physikalisch-chemischen Trennverfahren werden nach der neuen Begriffsbestimmung der Fertigungsverfahren (DIN 8580) wohl der Gruppe 3.4: Abtragen zuzuordnen sein. Man versteht darunter das Abtrennen von Stoffteilchen auf nichtmechanischem Weg. Durch solche physikalisch-chemischen Trennverfahren erhält man z. B. hochreine Metalle und andere Reinstmaterialien, wie beispielsweise die Präparate, die als Bezugsgrößen für Analysenzwecke verwendet werden. Die Trennverfahren beginnen nach einem Zerkleinern der Ausgangsmaterialien meist mit einer Grobabscheidung der Ballaststoffe durch Flotation, Zentrifugieren u. ä. Diese Grobabscheidung wird dann durch thermische Abscheidung der ausschmelz- oder vergasbaren Beimengung und/oder durch chemische Verfahren zum Herauslösen der unerwünschten Bestandteile ergänzt. Der zurückbleibende Rest am Ende der Aufbereitungsperiode ist dann ein hochreines I., wie es heute in der Hochleistungselektronik, der Medizin und der Raumfahrttechnologie benötigt wird. *Doliwa*

J

Jet-Boden. J.-B. sind Platten mit halbausgestanzten und etwas hochgebogenen Laschen. Sie werden in verfahrenstechnischen Trennapparaten (z. B. Destillationskolonnen) dazu verwendet, ein Gas und eine Flüssigkeit in Kontakt zu bringen. Das Gas strömt von unten durch die wie Düsen wirkenden Laschenöffnungen. Das Gas wird parallel zum Boden abgelenkt und treibt die Flüssigkeit in Richtung →Ablaufschacht. Wie bei einem →Siebboden darf die →Gasbelastung einen bestimmten Wert nicht unterschreiten, da es andernfalls zum →Durchregnen der Flüssigkeit kommt. Das Bild zeigt den schematischen Aufbau eines J.-B. *Dohrn*

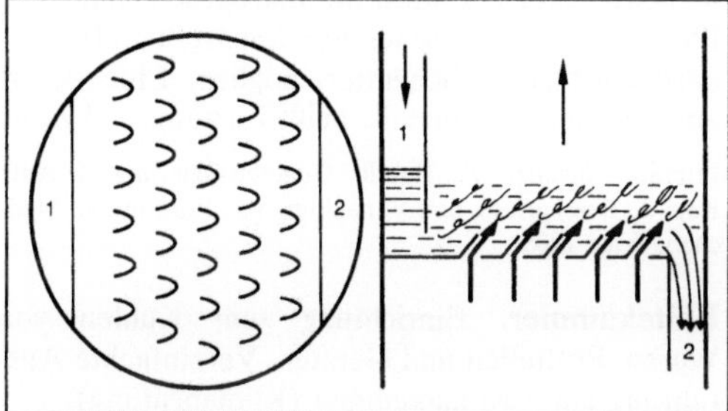

Jet-Boden: Schematischer Aufbau.

1 Zulauf vom nächsthöheren Boden, 2 Ablauf zum nächsttieferen Boden

Literatur: *Hoppe, K.,* u. *M. Mittelstrass:* Grundlagen der Dimensionierung von Kolonnenböden. Dresden 1967. – *Sattler, K.:* Thermische Trennverfahren. Weinheim 1988.

Jute. Als Faserstoff die verholzten Faserbündel des Stengelbastes der Jutepflanze (Gattung Corchorus L.). Die hauptsächlich in Indien und Pakistan, neuerdings aber auch in Brasilien angebaute schnellwüchsige Pflanze erreicht 4–5 m Höhe. Die bis 15 mm dicken Stengel werden von Hand mittels Sicheln geerntet. Die in ihrer Rindenschicht eingebetteten Bastfaserbündel werden durch Rösten in stehenden oder fließenden Gewässern gelockert, durch Abziehen vom Rest des Stengels freigelegt und durch Waschen von den noch anhaftenden Begleitstoffen befreit. Die Jutefaserbündel sind 1,5–2,5 m lang und stark verholzt (12 % Ligningehalt). Die Rohfaser ist gelblich, wird aber durch die Lichteinwirkung bräunlich. Zum Export wird die J. in Ballen von 400 lbs = 180 kg gepreßt. Welterzeugung ca. 4 Mill. t.

Die groben, nur schlecht teilbaren Jutefaserbündel lassen sich nur zu groben Garnen verspinnen (1000 tex–84 tex). Sie werden zu Sackgeweben und Bespannungsstoffen verarbeitet sowie als Grundgewebe für Linoleum und Tuftingteppichwaren.

Eine juteähnliche Bastfaserpflanze, die auch in anderen Teilen der Erde angebaut werden kann, ist Kenaf, von Hibiscus cannabinus L., weniger verholzt und reißfester als J. Aufbereitung und Verwendung wie J. *Koch*

Literatur: *Wagner, E.:* Die textilen Rohstoffe. Frankfurt a. M. 1981.

K

Kalander. K. sind Apparate, die zur Plastifizierung und Einmischung von Zuschlagstoffen in Kautschuk oder Kunststoff dienen. Der K. (Bild) besteht aus 2 gleichgroßen, gegenläufigen zylindrischen Walzen, die mit unterschiedlicher Geschwindigkeit umlaufen. Der Walzenspalt ist stufenlos einstellbar. In ihm wird das Aufgabegut infolge hoher Druck- und Scherbeanspruchung plastifiziert, vermischt und gestreckt. *Würtz*

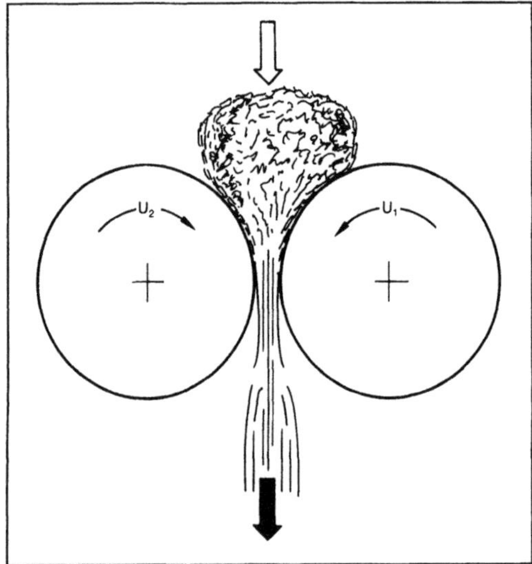

Kalander: Schemaskizze.

Kalibrierung. Die Korrektur der bei einem Vergleich mit einem zu diesem Zweck definierten Normal festgestellten unzulässigen Abweichung der Anzeige eines Meßgeräts oder der Form einer Maßverkörperung.

Ohne regelmäßige K. aller im Unternehmen benutzten Meß- und Prüfmittel ist eine wirkungsvolle Qualitätssicherung nicht denkbar. Es führt das →Qualitätswesen ein Register, das die Daten der eingesetzten Meß- und Prüfmittel mit dem Datum der letzten Prüfung enthält. Es ermöglicht die ständige Überwachung des Zustands der Meß- und Prüfmittel. Sie selbst erhalten zweckmäßigerweise einen Aufkleber mit dem nächsten Prüfdatum, damit der Benutzer diese Information jederzeit verfügbar hat. Meß- und Prüfmittel dürfen nach diesem Datum nicht mehr benutzt werden, bis sie neu zugelassen sind. Den zeitlichen Abstand der Prüfung bestimmt die Abnutzung, der die Meß- und

Prüfmittel ausgesetzt sind. Ein Grenzlehrdorn ist beispielsweise bei Sinterteilen schnell verbraucht, während er bei Kunststoffteilen praktisch keinen Verschleiß hat. Das Erfassungssystem muß also flexibel genug sein, sich veränderten Arbeitsbedingungen anpassen zu können.

Als Vergleichsinstrumente werden im Unternehmen besondere Geräte benutzt. Sie müssen dem nationalen Normal entsprechen. Das muß in gewissen zeitlichen Abständen geprüft werden. Diese Dienstleistung erbringt der Deutsche Kalibrierdienst, eine Organisation, die sich besonders autorisierter Labors der Hochschulen und der Industrie bedient. Jedoch ist auch die Inanspruchnahme der Physikalisch-Technischen Bundesanstalt und der ihr nachgeordneten Eichämter möglich. Eine derart amtlich durchgeführte K. heißt Eichung. *Masing*

Literatur: *Schulze, P.:* Handb. Qualitätssicherung. 2. Aufl. Kap. 8.: Beschaffung und Verwaltung von Prüfmitteln. München, Wien 1988.

Kältekammer. Einrichtung zum Kühlen von Waren, Prüfteilen und Geräten. Vereinfachte Ausführung einer Klimakammer (Klimaprüfung).

K. werden eingesetzt, um die Haltbarkeit von Produkten zu verlängern (Lebensmittel, Arzneimittel, Filme). Um den Einfluß der Temperatur auf Eigenschaften von Metallen, Natur- und Kunststoffen zu untersuchen, werden diese in K. auf die gewünschte bzw. von Regelwerken vorgegebene Prüftemperatur gebracht und anschließend geprüft (Kerbschlagbiegeproben, Schutzhelme, Zugproben usw.). Außerdem dienen sie zur Durchführung von Funktionsprüfungen, welche den Einsatzbereich von Teilen und Geräten nachweisen (Einfrierversuche, Kaltstartversuche bei Fahrzeugen, Funktionsprüfungen von elektronischen Bauteilen, Meß- und Rechenanlagen).

K. mit eingebauter Heizung erlauben darüber hinaus die Durchführung von zyklischen Temperaturwechselversuchen. *Kußmaul*

Kältemittel. K. sind in Kühl- oder Gefrieranlagen eingesetzte Kälteträger, die sich auf Grund ihrer spezifischen Eigenschaften zur Abfuhr von Wärme eignen. Bei der Auswahl geeigneter K. werden in der Regel folgende Eigenschaften berücksichtigt: thermodynamische Eigenschaften (Verflüssigungsdruck- und -temperatur, spezifisches Dampfvolumen, kritische Temperatur), chemische Stabilität bei den gegebenen Druck- und Temperaturverhältnissen (nicht reaktiv, brennbar oder explosiv), physiologische und wirtschaftliche Aspekte.

In der Vergangenheit wurden als K. Solen (wäßrige $CaCl_2$-, KCl-, NaCl- oder NH_4Cl-Lösungen) am häufigsten verwendet. Mittlerweile ist jedoch Ammoniak (NH_3) als klassisches K. anzusehen, das auf Grund seiner Eigenschaften (günstiger Verlauf der Dampfdruckkurve, kleines spezifisches Volumen, größte Verdampfungswärme unter den gebräuchlichen Kältemitteln) hauptsächlich in Kälteanlagen mittlerer und größerer Leistung Verwendung findet. In der Kleinkältetechnik und dort, wo aus Sicherheitsgründen Ammoniak nicht zugelassen ist, werden Freone (mit Chlor, Fluor oder Brom halogenierte Kohlenwasserstoffe, hauptsächlich Methan und Ethan) eingesetzt. Häufig gebrauchte Freone sind CF_2Cl (R12), CF_3Cl (R13), $CHFCl_2$ (R21), CHF_2Cl (R22), $C_2F_3Cl_3$ (R113), C_2F_5Cl (R115).

Das ungiftige und nicht brennbare R12 wird auch verwendet, um Lebensmittel durch unmittelbares Eintauchen in das K. zu gefrieren. Solche Anlagen sind unter der Bezeichnung LFF-Gefrieranlagen (Liquid Freon Freezant) bekannt ($\rightarrow$ Kühlen, $\rightarrow$ Gefrieren). *Kerner/Loncin*

Literatur: *Gruda, Z., u. J. Postolski:* Gefrieren von Lebensmitteln. Leipzig 1980.

Kaltlagerkrankheit.

Veränderung chemischer Art oder stoffwechselbedingte Störung in verschiedenen Obst- und Gemüsearten, die unter bestimmten Lagerbedingungen auftreten. Entscheidend sind dabei insbes. die Lagertemperatur und die Zusammensetzung der Lageratmosphäre. Der Temperaturbereich, in dem diese Produkte besonders gefährdet sind, liegt zwischen einer meist sortenspezifischen Grenztemperatur und dem Gefrierpunkt der Zellflüssigkeit. Bei Äpfeln und Birnen liegt dieser Bereich je nach Sorte und Reifegrad zwischen ca. 3 und –2 °C. Lagerung bei diesen Temperaturen führt zur Bräunung des Fruchtfleisches, die mit einer starken Abnahme der titrierbaren Säure und in der Folge mit der Bildung von Ethanol und Acetaldehyd verbunden ist. Die Atmungsrate dieser Früchte übersteigt die normale Rate sehr stark. Auch bei Kohl tritt eine Braunfärbung auf. Bei Pfirsichen äußert sich die K. durch ein Wolligwerden, bei Tomaten durch Bildung von Blasen in der Schale. Die Fähigkeit vieler Obstarten zur Nachreifung nach der Ernte wie auch zur Aromabildung kann durch Lagerung bei diesen Bedingungen verlorengehen. Werden Kartoffeln bei Temperaturen unterhalb von 4 °C gelagert, so akkumulieren sie Zucker, der durch enzymatische Hydrolyse der Kartoffelstärke entsteht, aber nicht in gleichem Maße durch Veratmung abgebaut wird (bei höheren Temperaturen verläuft die Stärkehydrolyse langsamer als der Zuckerabbau).

Ungeeignete Lageratmosphäre, insbes. zu hohe CO_2- und zu niedrige Sauerstoffkonzentrationen (Grenzkonzentrationen sind sortenabhängig, $\rightarrow$ CA-Lagerung), fördern Farbveränderungen bzw. Alkoholbildung oder gar Ersticken des Lagerguts und verstärken dadurch die Auswirkung der Kaltlagerschäden. *Kerner/Loncin*

Literatur: *Hansen, H.:* Die Lagerung von Obst, Gemüse und anderen landwirtschaftlichen Erzeugnissen in kontrollierter Atmosphähre (CA-Lagerung). ZFL (1977) Nr. 8. – *Hilkenbäumer, F.:* Obstlagerung. Berlin 1962. – *Schorrmüller, J.:* Lehrb. Lebensmittelchemie. Berlin 1974.

Kaltleiter.

Kaltleiter. Ferroelektrische Keramikwiderstände, meist $BaTiO_3$-Keramiken. Durch gezielte Dotierung wird der Werkstoff n-leitend, der spezifische Widerstand läßt sich bis 10 Ω cm absenken. Oberhalb der Curie-Temperatur Anstieg des spezifischen Widerstands um 3–6 Zehnerpotenzen (Bild).

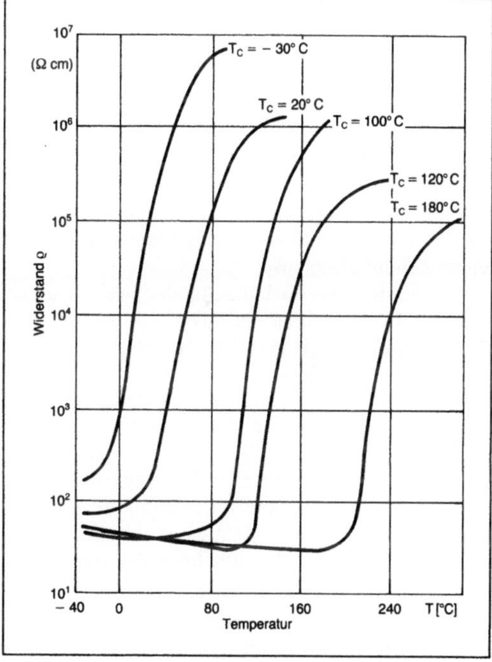

Kaltleiter: Temperaturgang des Widerstands von Kaltleitern mit verschiedenen Curie-Temperaturen.

Durch Dotierung des Werkstoffs mit einigen zehntel Atom-% an z. B. Antimon, Niobium und seltene Erden werden die Ba^{2+} und Ti^{4+}-Ionen durch höherwertige Ionen substituiert. Neben der Halbleitung kann durch die Art und Menge der Dotierung die Lage der Curie-Temperatur zwischen –30 °C und +230 °C eingestellt werden. Technisch wird der K.-Effekt für zahlreiche Steuer- und Regelaufgaben genutzt. *Hesse/Hennicke*

Literatur: *Heywang, W., u. H. Thomann:* Ferroelektrika. In: Ullmanns Enzyclopädie der technischen Chemie. Bd. 11. Weinheim/Bergstr. 1976.

Kaltmahlen. K. bezeichnet das Mahlen und Zerkleinern von Stoffen bei Temperaturen unterhalb der Umgebungstemperatur. Die Temperaturabsenkung kann aus 2 Gründen erforderlich sein:
□ Das Gut ist temperaturempfindlich. Dann muß die beim Mahlen freiwerdende Wärme durch das Kältemittel abgeführt werden;
□ das Gut ändert seine Zerkleinerungseigenschaften in hohem Maße mit der Temperatur. Dann wird durch eine Abkühlung vor der Zerkleinerung eine bessere Mahlgutqualität oder ein erheblich höherer Durchsatz erzielt. Dies trifft besonders für Kunststoffe zu.

Als Kältemedium wird häufig flüssiger Stickstoff eingesetzt. Bei allen flüssigen Stoffen, die unterhalb der Umgebungstemperatur sieden, kann die Verdampfungswärme und die zur Erwärmung auf Umgebungstemperatur benötigte Wärmemenge des Gases zur Abkühlung des Mahlguts genutzt werden. Stickstoff ist ein geeignetes Kältemedium, da es sich auf sehr niedrige Temperaturen abkühlen läßt und nach erfolgter Erwärmung nach einfacher Filtration an die Umgebung abgegeben werden kann.

Gutzufuhr und Mahlprozeß müssen luftdicht gekapselt werden, da die mit der Luft eintretende Feuchtigkeit gefrieren und zu einer Vereisung der Anlage führen würde. Die Gutaufgabe erfolgt aus diesem Grunde mittels einer Förderschnecke oder einer Zellenradschleuse.

Werden Kunststoffe kaltgemahlen, weisen sie auf Grund ihrer erreichten Sprödigkeit äußerst scharfe Bruchkanten, aber keine Fäden auf; das Granulat ist daher sehr rieselfähig.

Für den Stickstoffverbrauch können Anhaltswerte angegeben werden, die sich auf eine mittlere Korngröße von 300 μm beziehen. Zur Abführung der Mahlwärme werden ca. 0,3–0,5 kg Stickstoff je Kilogramm Produkt benötigt. Wenn eine Versprödung erzielt werden soll, müssen bis zu 1 kg/kg eingesetzt werden. Mit abnehmender Korngröße steigt der Stickstoffbedarf. *H. Müller*

Literatur: Feinmahlen und Sichten von Kunststoffen. Hrsg. VDI-Ges. Kunststofftechn. Düsseldorf 1975.

Kaltpreßschweißen →Schweißverfahren

Kaltumformung. Nach in der Metallkunde üblichen Definition findet K. bei Metallen in dem Temperaturbereich statt, in dem keine Kristallerholung oder Rekristallisation abläuft, d. h. in vielen Fällen unterhalb der halben Schmelztemperatur bezogen auf den absoluten Nullpunkt (Untergrenze des Rekristallisationsbereiches).

In der Fertigungstechnik werden Umformvorgänge dann der K. zugeordnet, wenn vor dem Umformen nicht erwärmt wird, z. B. auf eine Temperatur im Bereich der →Halbwarmumformung oder der →Warmumformung. Die Umformung findet somit bei Raumtemperatur statt. Dabei erwärmt sich das Werkstück durch Dissipation der zugeführten Energie.

Beide Definitionen bestehen nebeneinander. Entscheidend für das Werkstoffverhalten während des Umformens und die Werkstoffeigenschaften nach dem Umformen ist die dynamische Verfestigung im Zusammenwirken mit dynamischer Entfestigung durch Rekristallisation und Kristallerholung bzw. die bleibende Verfestigung durch Zunahme der Versetzungsdichte und Blockieren der Versetzungen. Welche Vorgänge jeweils ablaufen, hängt von der Vorgangstemperatur, der Vorgangsdauer bzw. -geschwindigkeit, der Werkstückerwärmung durch die zugeführte Arbeit, der Abkühlung durch Wärmeleitung, Wärmeübergang an die Werkzeuge, Strahlung und Konvektion sowie von der werkstoffspezifischen Rekristallisationstemperatur (Untergrenze des Rekristallisationsbereiches) ab. Die Tabelle enthält einige Zahlenwerte:

C-Stahl	550° C
Al 99,5	150° C
AlCuMg	360° C
Cu	200° C
Pb	0° C
Sn	0° C
Zn	20° C
Mo	870° C
W	1 200° C
Ni	600° C

Insgesamt ergibt sich hinsichtlich Abgrenzung zwischen Kalt- und Warmumformung (Halbwarmumformung hierbei als Übergangsbereich außer acht gelassen) das im Bild gezeigte Schema. *Lange*

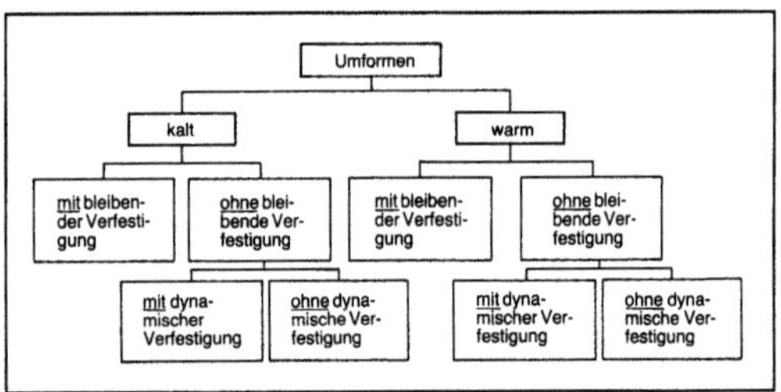

Kaltumformung: Schematische Darstellung gegenüber Warmumformung.

Literatur: *Lange, K.* (Hrsg.): Umformtechnik. Handb. f. Ind. und Wiss. 2. Aufl. Berlin, Heidelberg, New York, Tokio 1984.

Kammerfilterpresse →Filterpresse

Kanalbildung. Abweichungen von der idealen Kolbenströmung, z. B. infolge turbulenter Strömungen, können in realen Reaktoren (→Reaktor, chemischer) zur K., zur Bildung von Totzonen, zu Kurzschlußströmungen, zu großräumigen Rückströmungen sowie zur partiellen →Rückvermischung führen. Die K. tritt z. B. in Festbettreaktoren und in gepackten Rohren bei Zweiphasen-Gegenstromprozessen, wie z. B. Rektifikation, Absorption oder Extraktion, auf. Dadurch passieren Teile der Reaktionsmasse den Reaktor (bzw. Fluide die Kolonne), ohne sich mit dem übrigen Apparateinhalt zu vermischen oder an der Reaktion teilzunehmen, und erreichen dadurch nur eine sehr kurze →Verweilzeit. Die Wirkung der K. (z. B. in einem →Festbettreaktor) ist i. a. um so stärker, je kleiner das Verhältnis von Reaktordurchmesser zu Korndurchmesser ist. Die Abweichungen von der idealen Kolbenströmung bewirken allgemein ein stark nicht ideales Verweilzeitverhalten (→Verweilzeitverteilung, →Verweilzeitmodell), wodurch die Reaktorleistung und – bei komplexen Reaktionen – auch die erreichbaren Selektivitäten erheblich beeinflußt werden können. Die Beschreibung von Reaktoren mit K. ist nur näherungsweise mit mehrparametrigen Modellen (Verweilzeitmodell) möglich, deren Parameter i. a. experimentell bestimmt werden. *Schönbucher*

Kanalradpumpe →Dickstoffpumpe

Kandieren. Aufbringen von Zuckerüberzügen auf bestimmte Lebensmittel. Die Produktoberfläche wird dazu mit Zucker beschichtet oder mit einer Zuckerlösung, die geringe Mengen Gummiarabikum enthalten kann, befeuchtet. Anschließend wird das Gut bei höheren Temperaturen in sog. Kandierkästen getrocknet oder geröstet. Der Zucker schmilzt und bildet eine geschlossene Schicht. Häufig setzt man die Röstung bis zur Bräunung des Überzugs fort. Das K. erfolgt aus mehreren Gründen: Der Überzug kann als Schutzschicht zur Verhinderung von Aromaverlusten dienen. Manche Produkte werden auch zur Verschönerung des Aussehens, zur Erzielung einer bestimmten Konsistenz sowie aus geschmacklichen Gründen kandiert. Häufig kandiert man Früchte und Nüsse, z. T. auch Kaffeebohnen. *Kerner/Loncin*

Kantenbearbeitung. Durch eine spezifische Ausbildung der →Läppscheibe können flache Werkstücke an den Kanten verrundet bzw. entgratet werden. Hierfür setzt man meist mit elastischen Läppscheiben ausgerüstete Zweischeiben-Läppmaschinen ein. Bei Drehbewegung und je nach Ort und Größe des ausgeübten Läppdrucks baut die Läppscheibe vor dem Werkstück einen kleinen Wulst auf. Durch die elastischen Reaktionen der Wirkpartner, Läppscheibe-Läppgemisch-Werkstück, haben die Läppkörner an der Werkstückkante eine stärkere

Abtragswirkung (→Läppgemisch). Durch Änderung der Belastung und der Laufzeit können verschiedene Verrundungsgrößen und -formen erreicht werden. Das Verfahren findet insbes. bei der Formgebung von Wendeschneidplatten Verwendung.

Durch Einsatz elastischer Läppscheiben können auch die Werkstücke z. B. nach einem Gieß- oder Spritzgießprozeß entgratet werden. Das Verfahren ist bei komplizierten Werkstückformen besonders wirtschaftlich anzuwenden (→Läppen, →Läppmaschine). *Kenter*

Kantenverrundung →Kantenbearbeitung

Kantenverschleiß →Schleifwerkzeug-Verschleiß, →Verschleißmechanismus (Schleifen)

Kapazität von Adsorbern. Die Aufnahmefähigkeit eines Adsorptionsapparates (z. B. zur Gasreinigung) ist von einer Reihe von Einflußgrößen abhängig.

Die K. hängt von den geometrischen Größen des Adsorberbetts ab. Bei konstantem Adsorbensvolumen ist ein hohes Bett mit einem geringen Durchmesser günstiger als ein niedriges breites Bett. Dies liegt am Verlauf der →Durchbruchskurve, die nie eine Sprungfunktion darstellt, sondern schräg verläuft. Das bedeutet, daß nicht gereinigtes Gas den Adsorber verläßt, obwohl noch aufnahmefähiges Adsorbens am Rand des Betts zur Verfügung steht. Bei einem hohen schlanken Bett ist dieser Effekt geringer als bei einem niedrigen breiten, so daß die →Adsorption erst später abgebrochen werden muß und das Adsorbens besser ausgenutzt wird.

Die notwendige K. v. A. hängt weiterhin von der Eintrittskonzentration des Fluids und von der geforderten Austrittskonzentration ab, bei deren Erreichen die Adsorption abgebrochen und auf ein regeneriertes Bett umgeschaltet wird.

Die Aufnahmefähigkeit des Adsorbens hängt von der →Restbeladung nach der Regeneration, von der Temperatur und vom Partialdruck der zu adsorbierenden Komponente ab. Eine erhöhte Temperatur senkt die Aufnahmefähigkeit, weshalb üblicherweise die freiwerdende →Sorptionswärme abgeführt wird, um einen Temperaturanstieg zu verhindern. Wird die Adsorption bei einem erhöhten Druck durchgeführt, läßt sich die Adsorptionswärme besser abführen. Die K. kann nachteilig durch die Adsorption anderer Komponenten beeinflußt werden. So sinkt beispielsweise die Aufnahmefähigkeit von →Silicagel und Molekularsieben durch die bevorzugte Adsorption von Wasser. Kleinere Partikel erhöhen zwar die K., verursachen aber einen größeren Druckverlust. *Dohrn*

Literatur: *Mersmann, A.:* Thermische Verfahrenstechnik. Berlin, Heidelberg, New York 1980.

Kapazitätsplanung. Sie optimiert die Verteilung der Tätigkeiten auf einzelne Kostenstelleneinheiten.

Der Kapazitätsbedarf wird in Form von Belastungsplänen bzw. Kapazitätsprofilen erfaßt. Im nächsten Schritt werden die neu einzuplanenden Aufträge den bereits bestehenden Belastungsprofilen ohne Berücksichtigung der Kapazitätsgrenzen überlagert. Man unterscheidet zwei prinzipielle Formen des Kapazitätsabgleichs. Durch den zeitlichen Abgleich wird der Auftrag an derselben Kostenstelle in eine andere Planperiode verschoben. Beim technischen Abgleich wird der Auftrag auf ein anderes Fertigungsmittel gelegt ohne zeitliche Verschiebung. Eine Kombination der beiden Formen ist möglich.

Prinzipielle Kapazitätsspielräume ergeben sich durch Überstunden im Anschluß an die normale Arbeitszeit oder an Sonn- und Feiertagen, Einlegen einer zusätzlichen Schicht, Auswärtsvergabe von Aufträgen (verlängerte Werkbank), Investitionen, Kurzarbeit.

Die Ergebnisse der Termin- und K. dienen als Vorgaben für die →Werkstattsteuerung. *Eversheim*

Literatur: *Brankamp, K.:* Leitfaden zur Einführung einer Fertigungssteuerung. Essen 1977. – *Brankamp, K.:* Ein Terminplanungssystem für Unternehmen der Einzel- und Serienfertigung. Diss. RWTH Aachen 1967. – *Engel, K. H.:* Handb. Techniken des Industrial Engineering. Düsseldorf 1984. – *Hackstein, R.:* Arbeitswissenschaft im Umriß. Bd. 2: Grundlagen und Anwendung. Essen 1977. – Elektronische Datenverarbeitung bei der Produktionsplanung und -steuerung. I. Produktionsterminplanung und -steuerung. Düsseldorf 1969. – *Pilgram, E.:* Produktionsterminsteuerung in einem Maschinenbauunternehmen. VDI-Ber. Nr. 171. Düsseldorf 1971. – REFA: Methodenlehre der Planung und Steuerung. Bd. I, II, III. München 1985. – *Wöhe, G.:* Einführung in die allgemeine Betriebswirtschaftslehre. 1978.

Kapillarfeuchte. Flüssigkeit, die beim Entwässern (→Filtration) durch Oberflächenkräfte in den Poren eines Filterkuchens verbleibt.

Die Oberflächenkräfte bewirken, daß der Druck in der Kapillare (Kapillardruck) im Vergleich zur Umgebung steigt. Der Kapillardruck p_k ergibt sich zu

$$p_k = \frac{4\sigma \cdot \cos\varphi}{d},$$

mit σ Oberflächenspannung in N/m, φ Benetzungswinkel der Flüssigkeit am Feststoff, d Kapillardurchmesser in m. *Dahl*

Kapillarrheometer. Rheometer sind dann zur Ermittlung der Fließkurve, d. h. der Viskosität als Funktion der Schergeschwindigkeit geeignet, wenn in ihrer Meßgeometrie ebene Scherströmung (parallele Schichtenströmung) herrscht. Im K., dessen Meßgeometrie aus einem Rohr von ca. 1 mm Dmr.

besteht, sind dies zylindrische Schichten, die aufeinander gleiten, wie im Bild schematisch gezeigt. Das daraus resultierende Geschwindigkeitsprofil hat bei newtonschen Flüssigkeiten (Scherströmung) die Form eines Paraboloids.

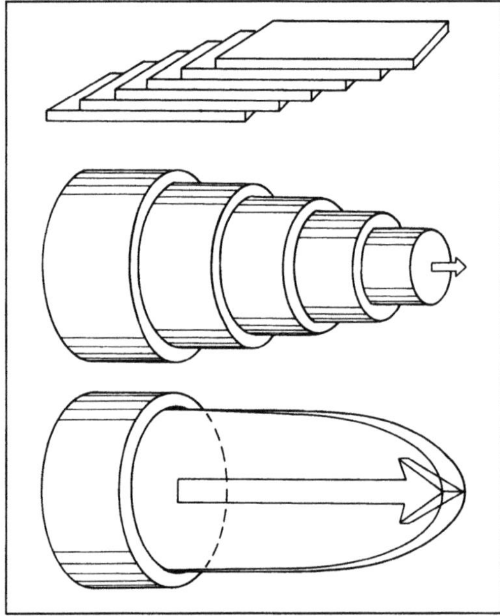

Kapillarrheometer: Schematische Darstellung paralleler Schichtenströmungen.

Gemessen wird die durch das Rohr mit dem Radius R pro Zeiteinheit fließende Flüssigkeitsmenge Q und der sich dabei im Rohr bekannter Länge L einstellende Druckverlust Δp. Aus einer Gleichgewichtsbetrachtung läßt sich daraus die Schubspannung τ_w an der Wand berechnen: $\tau_w = Dp \cdot R/2L$. Die zugehörige Schergeschwindigkeit π_w ergibt sich nach Hagen-Poiseuille zu $\pi_w = 4Q/PR^3$. Diese Gesetzmäßigkeit gilt allerdings nur für newtonsche Flüssigkeiten. Dies mag ein Grund dafür sein, warum sich dieses Rheometer in dieser Form in der Biorheologie nicht durchgesetzt hat; denn dort hat man es überwiegend mit nicht-newtonschen Flüssigkeiten zu tun. Es gibt aber eine Reihe weiterer Gründe. So geht jede Ungenauigkeit im Rohrradius mit der vierten Potenz in das Ergebnis für die Viskosität ein. Das erwünschte parabolische Geschwindigkeitsprofil stellt sich erst nach einer gewissen Anlauflänge ein. Daher muß das Meßrohr relativ lang sein, um diesen Meßfehler klein zu halten.

Die zur Messung benötigte Flüssigkeitsmenge ist relativ groß. Dies ist bei den nur in geringen Mengen zur Verfügung stehenden biologischen Fluiden ein erheblicher Nachteil. Die benötigte Menge könnte geringer sein, wenn man den Durchmesser des Meßrohrs kleiner wählen würde. Bei der Bestimmung der Blutviskosität tritt der Fahräus-Lindquist-Effekt auf: Die Blutviskosität wird experimentell um so niedriger, je kleiner der Rohrradius ist.

Die genannten Gründe führten dazu, daß das K. heute überwiegend zum Bestimmen der Plasmaviskosität und für dynamisch-rheologische Messungen (Biorheologie) eingesetzt wird. *Chmiel*

Literatur: *Chmiel, H.,* u. *E. Walitza:* Biologische Fluide im Fließverhalten von Stoffen und Stoffgemischen. Hrsg. *W.-M. Kulicke.* Basel, Heidelberg, New York 1986.

Kapitalbindung. Sie ist das im Umlauf- und Anlagevermögen durch Auszahlung gebundene Kapital und die dadurch verursachte Zinsbelastung. Das Umlaufvermögen durchläuft die →Produktion in verschiedenen Formen, vom Rohstoff über das Halbfabrikat bis zum Fertigfabrikat. Die K. wird durch den Wert bzw. die Kosten und die →Durchlaufzeit bestimmt (Bild). Der Wert der Gegenstände hängt von der Wertschöpfung ab, die die Gegenstände im Lauf der Zeit erhalten. Buchhalterisch und in der Bilanz werden die Kosten durch die Höhe der Aktivierung auf einem Bestandskonto bestimmt. Der wertmäßige Begriff deckt sich zwar mit den Bilanzmaßstäben, wird aber dann problematisch, wenn z. B. die Kapitalrückflüsse nicht in voller Höhe den Einzahlungen entsprechen.

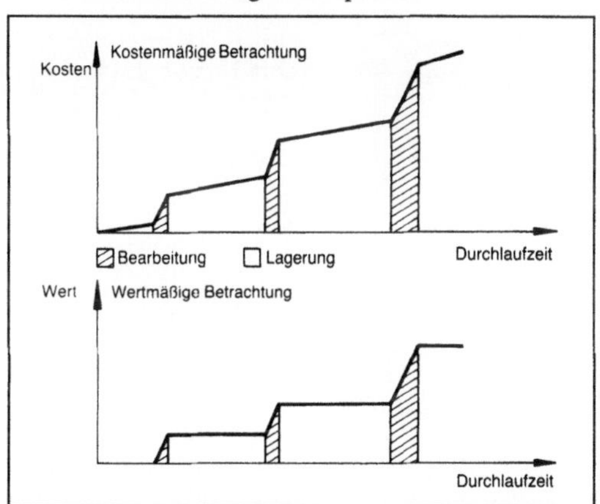

Kapitalbindung: Wertbegriffe in der Produktion.

In der industriellen Produktion wird eine Minimierung der K. durch das Umlaufvermögen angestrebt. Dabei wird versucht, einerseits die Durchlaufzeit zu reduzieren und andererseits die Tätigkeiten mit hoher Wertschöpfung spät in den Produktionsprozeß zu verlagern sowie die Umlaufbestände durch eine gute →Disposition gering zu halten. *Eversheim*

Kapok. K. sind Pflanzenhaare von der inneren Fruchtwand der Schoten verschiedener Wollbäume, insbes. des Kapokbaums Ceiba pentandra Gaertner (L). Die feinen, glänzenden, gelblichen bis hell-

bräunlichen Haare sind 15–40 mm lang und haben eine sehr dünne Zellwand, was ihre niedrige scheinbare Dichte von etwa 0,30 g/cm^3 bedingt und sie zum Füllen von Rettungsgürteln und Schwimmwesten besonders geeignet macht. Auch sonst dienen sie als Stopf-, Füll- und Polstermaterial für Steppdecken, Matratzen u. ä. (füllig, elastisch, unempfindlich gegenüber Feuchtigkeit und Ungeziefer). Wegen ihrer geringen Festigkeit und Glätte lassen sich K.-Fasern praktisch nicht verspinnen.

Der Kapokbaum und verschiedene andere tropische Wollbäume wachsen in Indonesien, auf den Philippinen, in Indien und Sri Lanka, West- und Ostafrika sowie in Mexiko und Brasilien. *Koch*

Karosserieziehen. Das →Ziehen von unregelmäßigen Teilen, wie sie z. B. an Karosserien häufig auftreten, ist nur noch lose mit dem →Tiefziehen bzw. →Streckziehen verwandt. Die Werkzeuge entsprechen zwar in ihrem prinzipiellen Aufbau (Stempel, Matrize, Niederhalter) den üblichen Tiefziehwerkzeugen. Auch gilt die Bedingung, daß die Stempelkraft kleiner als die Bodenreißkraft sein muß. Doch ist eine theoretische Behandlung des Problems wegen der i. a. komplizierten Werkstückgeometrie nur eingeschränkt möglich.

Untersuchungen der Formänderungen an solchen Teilen mittels elektrochemisch aufgebrachter Liniennetze (Meßrastermethode) haben ergeben, daß ein relativ großer Teil des für die Hohlkörperbildung benötigten Materials durch Verminderung der Blechdicke bereitgestellt wird (Streckziehen) und nur wenig Werkstoff aus dem Flansch nachfließt. Die örtlich angreifenden Spannungen können entweder im Zug-Druck-Gebiet oder im Zug-Gebiet (zweiachsig) liegen oder sogar zu null werden. Bis heute ist es noch weitgehend Erfahrungssache, die erforderlichen Ziehkräfte und die Grenzen des Verfahrens abzuschätzen, die Werkzeuge auszulegen und die nötige Blechgüte auszuwählen.

Generell bestimmt der Beiwert der senkrechten Anisotropie (r-Wert) das Verhalten in den Zonen mit Tiefziehvorgängen und der Verfestigungsexponent n die Grenzen in den Bereichen, die durch Streckziehen umgeformt werden.

Um das Verhalten des Blechs beim Umformen nach Werkstofffluß, Blechdickenänderung bzw. Formänderung analysieren zu können, bedient man sich der o. a. Meßrastermethode. Dabei werden die verzerrten Liniennetze über verschiedene Meßpfade z. B. entlang kritischer Bereiche am Blechteil vermessen und in das Grenzformänderungsschaubild eingetragen (Bild 1). Der Abstand der am Blechteil gemessenen Formänderungen von der Grenzformänderungskurve erlaubt dann eine Aussage über die Fertigungssicherheit der Umformung sowie über die Blechdickenabnahme.

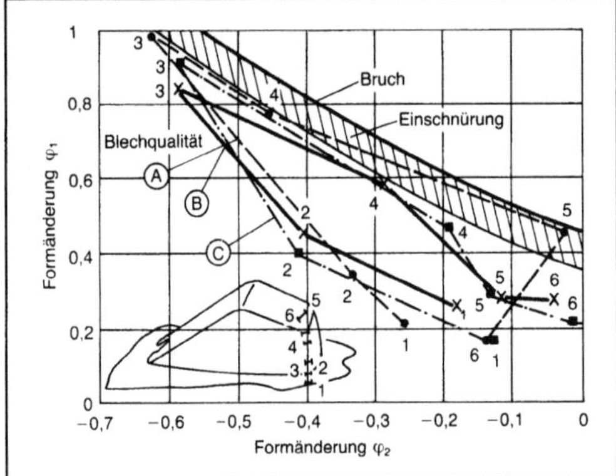

Karosserieziehen 1: Formänderungsanalyse. Blechqualität B und C zeigen günstiges Ziehverhalten. Grenzformänderungskurve schraffiert.

Die Grenzformänderungskurve läßt sich u. a. nach der Methode von *Hasek* (Bild 2) mit bestimmten Platinengeometrien, die bis zum Einschnüren bzw. Rißbeginn gezogen wurden, ermitteln.

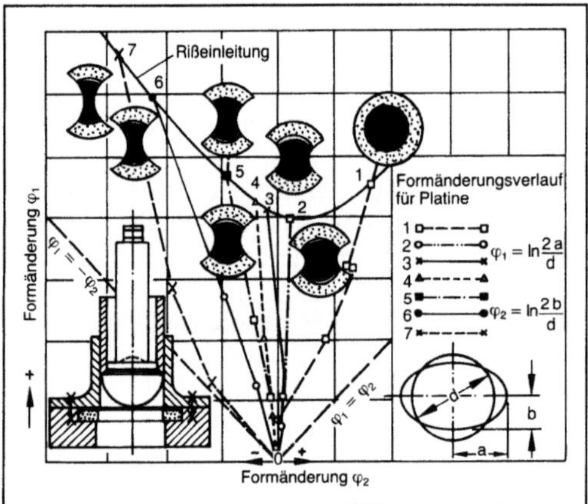

Karosserieziehen 2: Ermittlung der Grenzformänderungskurve nach der Methode von Hasek.

Um eine hohe Fertigungssicherheit zu erhalten, sollte die größte auftretende Flächendehnung 25 % bei Stahlblechen in Tiefziehqualität nicht überschreiten. Üblicherweise geht man nicht über 15 % hinaus, damit das mit der Oberflächenvergrößerung verbundene Aufrauhen nicht zu groß wird, so daß man die Werkstücke ohne Nachbehandlung lackieren kann. Dadurch ist die Ziehtiefe begrenzt. Mit Rücksicht auf die →Oberflächengüte kann i. a. weder zwischengeglüht noch in mehreren Stufen gezogen werden. Erhebliche Schwierigkeiten bereitet die Beherrschung der bei flachen Teilen (z. B. Pkw-Motorhauben und -Dächern) auftretenden großen elastischen Rückfederung.

Der ungleichförmige Werkstofffluß, bedingt durch die Vielgestaltigkeit und Unregelmäßigkeit der Ziehteile, erfordert häufig außer einer erhöhten Niederhalterpressung noch die Verwendung von Bremswülsten und Entlastungslöchern (Bild 3). An vertieften Stellen, die später ausgeschnitten werden (z. B. Fensteröffnungen), können insbes. in der Nähe der Ecken wegen des großen örtlichen Ziehverhältnisses Zugspannungen auftreten, die bis an die Bruchgrenze heranreichen. Um die Bruchgefahr an diesen Stellen zu vermindern bzw. um den Bruch an ungefährliche Stellen zu lenken, bringt man in dem Teil des Werkstücks, der später ohnehin ausgeschnitten wird, Entlastungslöcher an. Dadurch wird es dem Werkstoff ermöglicht, z. T. von innen in die Ecken der Vertiefung zu fließen, ohne daß es zu Rissen kommt. Risse treten ausgehend vom Entlastungsloch höchstens dort auf, wo sie nicht stören, da das gesamte Innenteil später sowieso ausgeschnitten wird. An langen, wenig gekrümmten Kanten treten i. a. keine großen tangentialen Druckspannungen auf. Infolgedessen läßt sich der Werkstoff dort leicht in Vertiefungen hineinziehen, während an Ecken und scharf gebogenen Kanten der Werkstofffluß erschwert wird. Um einen gleichmäßigen faltenfreien Werkstofffluß zu erreichen, bringt man deshalb dort, wo die Ziehkante nicht oder nur schwach gekrümmt ist, Bremswülste oder Ziehstäbe (Ziehleisten) an (Bild 4), d. h. der Werkstofffluß wird

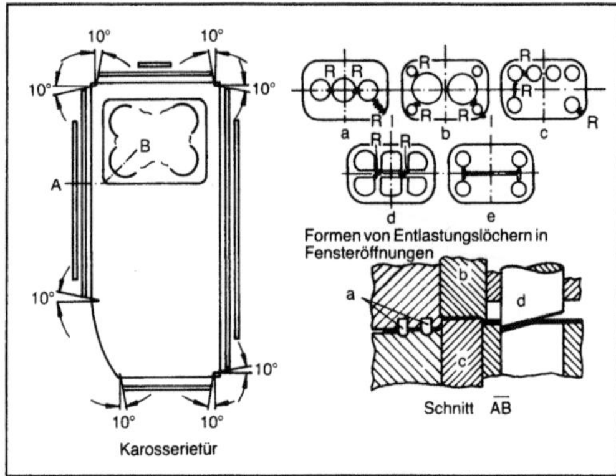

Karosserieziehen 3: Einsatz von Bremswülsten und Entlastungslöchern bei unregelmäßigen Ziehteilen. (Quelle: Oehler/Kaiser)

a Bremswulst, b Ziehstempel, c Ziehring, d Schneidstempel

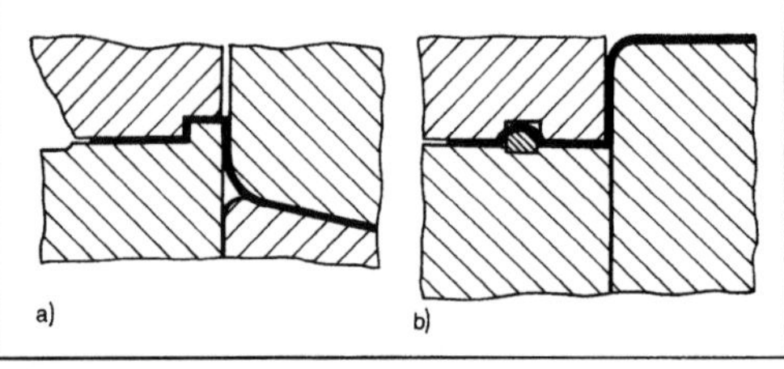

Karosserieziehen 4: Anordnung von
a) Ziehwulst und
b) Ziehstab (Ziehleiste).

erschwert, während man umgekehrt in den Ecken den Werkstoffffluß durch Verwenden größerer Ziehradien zu erleichtern trachtet. Bild 5 zeigt ein Karosserieziehteil mit Entlastungslöchern sowie das zugehörige Ziehwerkzeug mit Ziehwülsten.

Karosserieziehen 5: Karosserieziehteil mit Entlastungslöchern sowie dazugehöriges Karosserieziehwerkzeug (Oberteil und Unterteil). (Quelle: Läpple)

Die Mehrzahl der Karosserieteile ist unsymmetrisch. Zwecks gleichmäßiger symmetrischer Beanspruchung des Blechs und der →Umformmaschine baut man vielfach zwei (bzw. vier) Werkzeuge (z. B. für linken und rechten Kotflügel) spiegelbildlich zueinander zu einem Gesamtwerkzeug zusammen, so daß der Vorgang insgesamt wieder symmetrisch abläuft.

Eine hohe Bedeutung wird schließlich noch der richtigen bzw. gezielten Schmierung der Blechtafeln sowie einer tribologisch günstigen Oberflächenbeschaffenheit der Bleche beigemessen.

Infolge tribologischer Beanspruchung, d. h. durch kleine Relativgeschwindigkeiten (ca. 10–150 mm/s) bei gleichzeitig hoher Flächenpressung (10–50 N/mm^2) muß das Zusammenwirken von Schmierstoff und Blechoberflächenfeingestalt Festkörperreibung unterbinden, um Werkstoffübertragungen (Anfressungen, Adhäsionserscheinungen auf Werkzeugoberfläche) zu vermeiden.

Das Ziehen in einer zweifach- oder doppeltwirkenden →Presse, bei der der Ziehstempel und der Niederhalter bedingt unabhängig voneinander bewegt und mit Stempel- oder Niederhalterkraft beaufschlagt werden können, zeigt Bild 6. Die Problematik, insbes. beim Ziehen flacher Teile, ist in der Detailzeichnung erkennbar: Sobald der Gegenstempel (Gegendruck) das Werkzeug berührt, ergibt sich eine zusätzliche Werkstoffumlenkung, die über Reibungs- und Biegungsverluste ein weiteres Ausziehen der mittleren Blechpartien (Ziehen bis zum Plastifizieren aller Blechbereiche) verhindert und eine hohe Rückfederung, d. h. Bauteilformabweichungen, bewirkt.

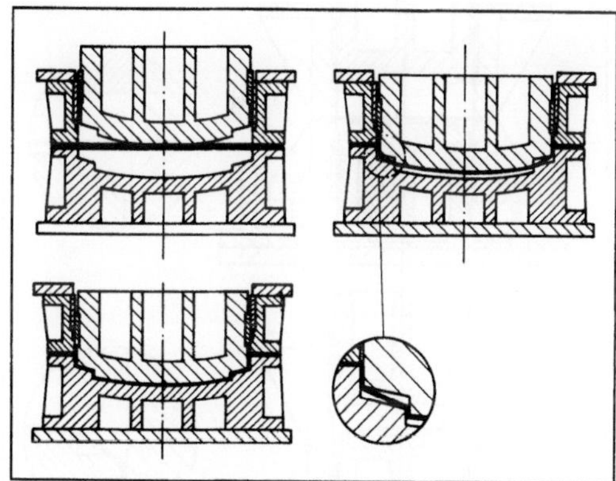

Karosserieziehen 6: Fertigen von Karosserieteilen in einer zweifachwirkenden Presse mit konventionellem Ziehwerkzeug. (Quelle: Siegert)

Zieht man jedoch, wie in Bild 7 gezeigt, zunächst ohne Behinderung durch einen Gegenstempel, also nahezu im Streckziehverfahren, und läßt anschließend den Gegenstempel über einen Ziehapparat (separat ansteuerbares Ziehkissen) im Pressentisch einwirken, so entfällt die Behinderung beim Ausziehen der flachen Blechbereiche. Da in nur wenigen Pressen ein solcher Ziehapparat zur Verfügung steht, werden in der Großserie die entsprechenden Arbeitsgänge in zwei Werkzeugen bzw. in zwei Pressen durchgeführt.

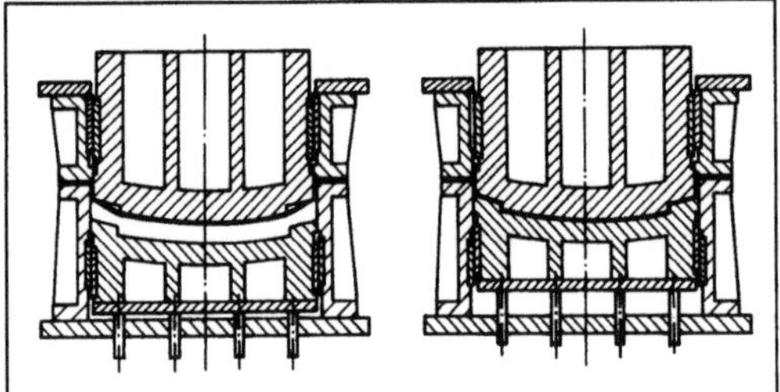

Karosserieziehen 7: Ziehen von Karosserieteilen mit zweifachwirkenden Pressen in zwei Arbeitsgängen. (Quelle: Siegert)

Eine Weiterentwicklung zeigt Bild 8. Hierbei wird im Prinzip die erwähnte Zieheinrichtung, die in den meisten Karosserieziehpressen nicht zur Verfügung steht, in das Werkzeug integriert, und über Stickstoff-Gasfeder-Systeme werden entsprechende Wirkfunktionen in den Niederhalter eingebracht. Der Stempel ist feststehend auf dem Pressentisch angeordnet. Der Gegenstempel formt die gewünschten Konturen in die plastifizierten bzw. streckgezogenen Blechpartien ein. *Lange*

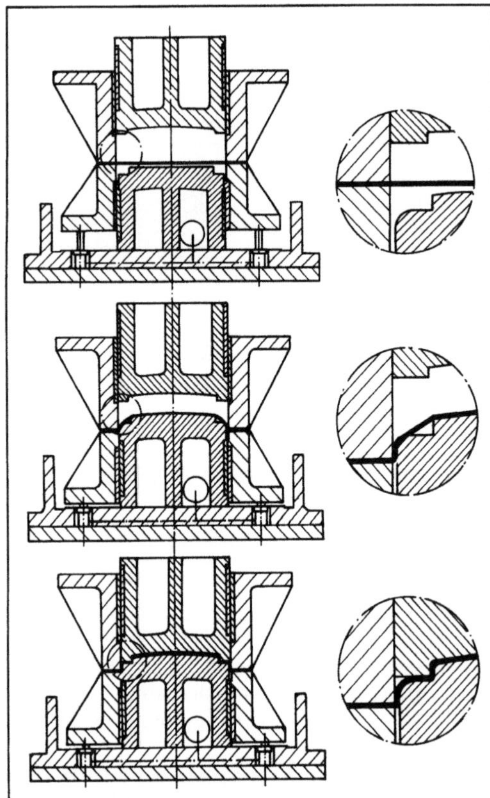

Karosserieziehen 8: Ziehwerkzeug mit Stickstoff-Federsystemen in einer zweifachwirkenden Presse. (Quelle: Siegert)

Literatur: *Lange, K.* (Hrsg.): Umformtechnik. Handb. f. Ind. u. Wiss. Bd. 3: Blechumformung. 2. Aufl. Berlin, Heidelberg, New York, Tokio 1990. – *Spur, G.* (Hrsg.), u. *Th. Stöferle:* Handb. Fertigungstechnik. Bd. 2/3: Umformen, Zerteilen. München 1985.

Karr-Kolonne. Extraktionsapparat, bei dem man eine Pulsation der aktiven Extraktionszone durch eine Auf- und Abbewegung von Siebböden erreicht (→Extrahieren). Durch die an den Löchern entstehenden Scherspannungen wird die zu dispergierende Phase zerteilt. Die Siebböden sind über eine zentrale Zugstange miteinander verbunden.

Bild 1 zeigt den schematischen Aufbau einer K.-K. Der Durchmesser des aktiven Kolonnenteils

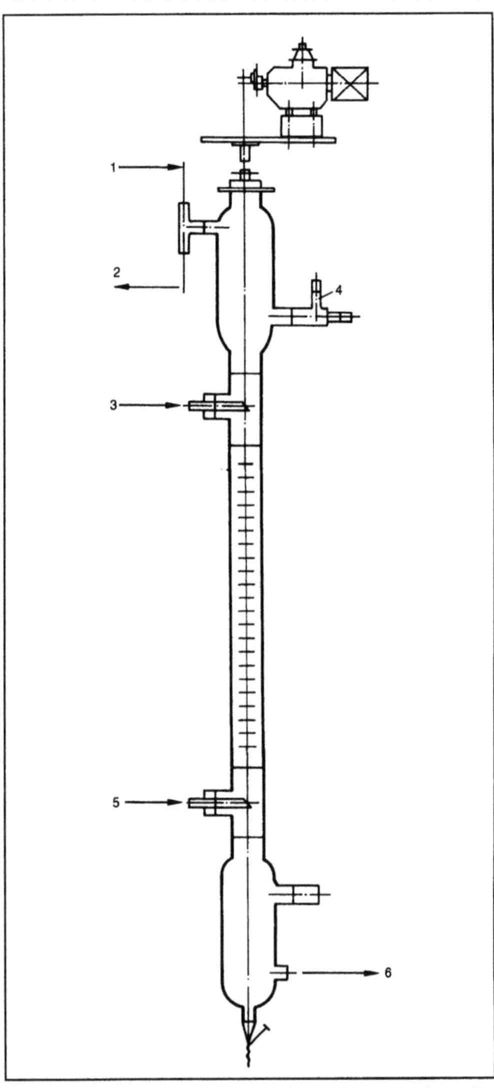

Karr-Kolonne 1: Schematischer Aufbau. (Quelle: QVF-Glastechnik, Wiesbaden)

1 Belüftung, 2 Ablauf leichte Phase, 3 Zulauf schwere Phase, 4 Elektrode für Grenzschichtregelung, 5 Zulauf leichte Phase, 6 Ablauf schwere Phase

orientiert sich an der Durchsatzmenge, die Höhe an der erforderlichen Trennstufenzahl. Am oberen und unteren Ende ist die Kolonne im Querschnitt erweitert, um eine bessere →Koaleszenz der dispersen Phase zu erreichen. Frequenz und Amplitude der Pulsation können über einen am Kopf der Kolonne angebrachten Getriebemotor eingestellt werden.

Ein Ausschnitt aus einem Bodenpaket für eine Kolonne mit einem Innendurchmesser von 600 mm ist in Bild 2 dargestellt. Der freie Querschnitt beträgt ca. 50 %. Die Lochböden sind in einem Abstand von 50 mm angebracht. Zur Verbesserung der Extraktionswirkung werden in bestimmten Abständen Prallbleche installiert.

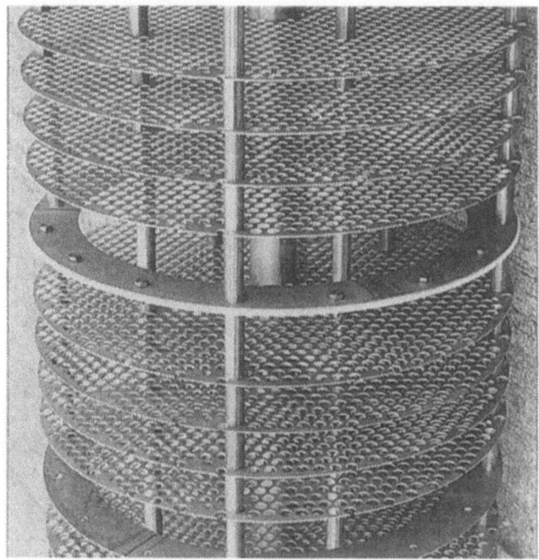

Karr-Kolonne 2: Ausschnitt aus dem Bodenpaket einer Karr-Kolonne. (Quelle: QVF-Glastechnik, Wiesbaden)

Von der Trennwirkung her ähnelt die K.-K. den pulsierten Siebbodenkolonnen. *Dohrn*

Literatur: *Coulson, J. M.,* u. *J. F. Richardson:* Chemical Engineering. Oxford, New York, Toronto, Sydney, Paris, Frankfurt a. M. 1979. – *Karr, A. E.:* Performance of a reciprocating-plate extraction column AIChE J. 5 (1959), S. 446/52. – *Karr, A. E.:* Design, scale-up, and applications of the reciprocating plate extraction column, Sep. Sci. Techn. 15 (1980), S. 877/905. – *Pilhofer, T.,* u. *J. Schröter:* Leistungskennwerte verschiedener Gegenstrom-Extraktionskolonnen. Chem.-Ing.-Techn. 56 (1984), S. 883/90. – *Sattler, K.:* Thermische Trennverfahren. Weinheim 1988.

Karton →Papier

Karusselldrehmaschine. Großvolumige und schwere Werkstücke, auch mit großem Umlaufdurchmesser, werden auf K. bearbeitet. Kennzeichnend für diese Bauart ist die um eine senkrechte Achse drehende Planscheibe, auf der das zu bearbeitende Werkstück gespannt wird. Je nach Werkstückgröße sind die Maschinen in Einständer- oder Zweiständerbauweise ausgeführt (Bild). Auf dem Querbalken der Zweiständermaschinen können ggf. mehrere Werkstückträger angeordnet sein, um eine simultane Bearbeitung zu ermöglichen. Portal und Ständer können verfahrbar ausgeführt sein, um den Drehdurchmesser zu vergrößern oder eine bessere Zugänglichkeit zum Werkstück zu gewährleisten. Die maximalen, derzeit angewendeten Scheibendurchmesser liegen bei etwa 18 m, die maximalen Drehdurchmesser bei etwa 25 m. *Schulz*

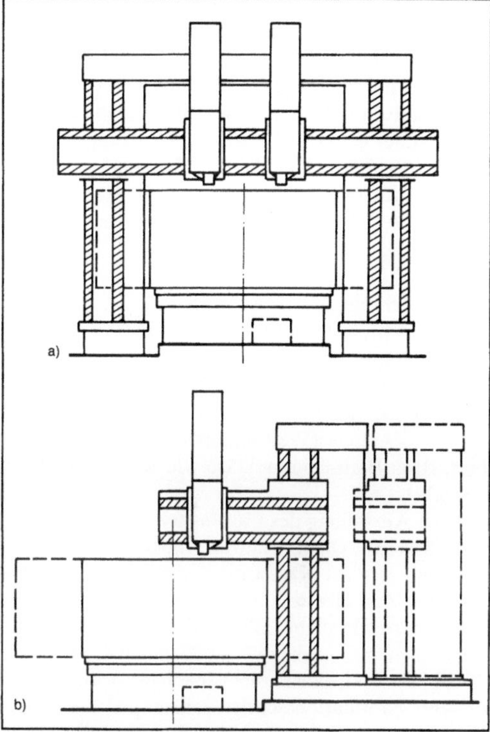

Karusselldrehmaschine: Bauarten.
a) Zweiständermaschine mit verfahrbarem Portal
b) Einständermaschine mit verfahrbarem Ständer.

Literatur: *Spur, G.,* u. *Th. Stöferle:* Handb. Fertigungstechnik. Bd. 3/1. München, Wien 1979.

Käseherstellung. Käse wird definiert als frisches oder in verschiedenen Graden der Reife befindliches Erzeugnis, das aus geronnener Milch hergestellt wird. Die Dicklegung der Milch erfolgt entweder durch Säuerung mittels Starterkulturen (Freisetzung von Calciumionen und Ladungsänderung bewirkt Ausfällung von Casein), durch Lab, einem Enzympräparat, das aus Kälbermägen hergestellt wird, oder durch gemischte Säure-Labgerinnung. Das caseinfällende Enzym des Labs ist das Rennin (Chymosin). Es spaltet das χ-Casein in ein hydrophiles Glykomakropeptid und in das hydrophobe, durch Calciumionen ausfällbare Para-χ-Casein, wobei die Schutzkolloidwirkung des χ-Caseins verloren geht. Das Casein fällt als elastisches, stichfestes Gel aus (Bruch).

Die Einteilung der Käsearten richtet sich
□ nach der Milchart (Kuh-, Schaf-, Ziegenmilch),
□ nach Art der Milchdicklegung (Sauermilch- und Labkäse),
□ nach Art der Reifung (Frischkäse, gereifter Käse).

Frischkäse (Speisequark, Schichtkäse, Rahmfrischkäse) wird aus pasteurisierter Milch bzw. Rahm mit Säureweckern unter Zusatz geringer Mengen Lab gefällt. Das erhaltene Koagulat wird in der Zentrifuge von der Molke getrennt, z. T. homogenisiert und unverändert oder mit Salz, Gewürzen und Kräutern versetzt zum unmittelbaren Genuß in den Handel gebracht.

Gereifter Käse. Nach Art der Reifung werden bei Labkäse verschiedene Käsesorten unterschieden:
□ Hartkäse (Emmentaler, Appenzeller, Chester, Parmesan),
□ Schnittkäse:
– ohne Schmiere (Edamer, Gouda),
– mit Schmiere (Tilsiter),
□ Weichkäse:
– mit Schmiere (Limburger, Butterkäse, Münsterkäse, Weißlacker),
– ohne Schmiere (Weißschimmelkäse wie Camembert, Brie; Blauschimmelkäse wie Roquefort, Gorgonzola).

Nach Ausfällung des Caseins wird der Bruch von der Molkenflüssigkeit befreit, mechanisch zerkleinert und je nach Käsesorte verschieden weiterbehandelt. Zur Herstellung von Hartkäse wird der zerkleinerte Bruch bei 52–55 °C unter Rühren während 20–30 min nachgewärmt (Schnittkäse wird bei 35–40 °C, Weichkäse nicht nachgetrocknet). Bei diesem Fabrikationsschritt schrumpft die Käsemasse unter Anreicherung von Eiweiß, Fett, Mikroorganismen und Abgabe von Molkenflüssigkeit (Lactose, Molkenproteine). Anschließend wird der Bruch in Formen gepreßt, gesalzen und der Reifung überlassen. Das Ausmaß der Schrumpfung (Synärese) beeinflußt den verbleibenden Molkegehalt im Bruch und damit den Reifungsprozeß. Bedingt durch vielfältige Mikroorganismentätigkeit treten dabei entscheidende physikalisch-chemische Umwandlungen verschiedener wichtiger Komponenten des jungen Käses auf. Durch Milchsäurebakterien wird Lactose (→Milchzucker) zu Milchsäure vergoren. Sinkt der pH-Wert unter 5,2, so vollzieht sich die heterogene Reifung: Der Käsebruch bzw. junge Käse hat eine körnige, spröde Struktur und ist kreideweiß. Oberhalb von pH 5,2 befindet sich die Käsemasse im heterogenen Reifungsstadium. Sie hat eine speckig-plastische, fast transparente Struktur. An der Reifung der verschiedenen Käsesorten sind verschiedene Mikroorganismenarten beteiligt,

die bereits der Milch zugesetzt (z. B. Penicillium camembertii bei Camembert, Propionsäurebakterien bei Emmentaler) oder als Schmiere nachträglich von außen auf den Bruch aufgetragen werden.

Beim mikrobiellen Abbau von Lactose, Eiweiß, Fett entstehen Aromastoffe, die dem Käse seinen besonderen Geschmack und Geruch verleihen. Durch Milchsäurebakterien wird Lactose zu Milchsäure vergoren. Das Absinken des pH-Werts beeinflußt die Aktivität von Enzymen und das Wachstum verschiedener Mikroorganismen. Die Milchsäure wird z. T. durch andere Bakterien weiter abgebaut, z. B. durch Propionsäurebakterien zu Propionsäure, Essigsäure und Kohlendioxid bei Emmentaler. (Die Lochbildung wird durch das entstehende Kohlendioxid verursacht.)

Am Fettabbau sind lipasebildende Mikroorganismen, besonders Schimmelpilze, aber auch Hefen und Bakterien beteiligt. Die Fette werden z. T. zu freien Fettsäuren, Aldehyden, Ketonen und Methylketonen abgebaut, die an der Aromabildung wesentlich beteiligt sind. Wichtig für Geschmack und Textur des Käses ist der mikrobielle Proteinabbau zu Peptonen, Peptiden, einzelnen Aminosäuren, Keto- und Hydroxysäuren und niederen Fettsäuren.

Käsefehler werden in der Regel durch Fehlgärungen infolge von Fremdinfektionen verursacht, die durch mangelnde Hygiene bei der Fabrikation begründet sind.

Sauermilchkäse (z. B. Mainzer Käse) wird aus Sauermilchquark gewonnen, der gesalzen, stark abgepreßt, zur Abstumpfung überschüssiger Säure mit Carbonaten oder Phosphaten versetzt und geformt wird. Die Reifung erfolgt von außen nach innen nach den gleichen Prinzipien wie bei Labkäse.

Schmelzkäse wird aus fein zerkleinertem Käse und Schmelzsalzzusätzen in einem Erhitzungsprozeß unter ständigem Rühren hergestellt. Als Schmelzsalze werden hauptsächlich Ortho-, Pyro- und Polyphosphate (maximal 3 %), Citrate und Tartrate (maximal 4 %) eingesetzt. Diese sind an der Gel-Sol-Umwandlung des eingesetzten Rohkäses beteiligt, die zur plastischen Konsistenz des Schmelzkäses führt, und ermöglichen das Einstellen definierter rheologischer Eigenschaften sowie des Wasserbindevermögens. *Kerner/Loncin*

Literatur: *Töpel, A.*: Chemie und Physik der Milch. Leipzig 1976. – *Schormüller, J.*: Handb. Lebensmittelchemie. Berlin, Heidelberg, New York 1968.

Kaskade. Die Reihenschaltung (Serien- oder Hintereinanderschaltung) chemischer Reaktoren wird als (Reaktor-)K. bezeichnet. Weit verbreitet ist die Rührkessel-K., d. h. die Reihenschaltung von Rührkesselreaktoren. Ebenso angewandt werden auch

Reihenschaltungen von Rohrreaktoren (Rohrreaktor-K.) sowie für spezielle Reaktionen (→Autokatalyse) von →Rührkesselreaktor und →Rohrreaktor. Eine K. von Reaktoren kann auch als Kreuzstromreaktor (→Reaktionsführung) geschaltet sein. Reihenschaltungen treten auch häufig innerhalb eines Reaktors auf, z. B. beim →Hordenreaktor. Eine K. hat vor allem folgende Eigenschaften:

□ Umsätze bzw. Ausbeuten liegen höher als im Einzelreaktor;

□ große Flexibilität der Konzentrations- und →Temperaturführung (Reaktionsführung). Beispielsweise können Reaktanden, deren Konzentration gering gehalten werden soll, in den Stoffstrom zwischen den Einzelreaktoren zugeführt werden (Zwischeneinspeisung, Kreuzstromführung). Eine andere, bei adiabat geführten Hordenreaktoren häufig eingesetzte Methode ist die Abzweigung eines Teils des Hauptfluidstroms als kalter Frischfluidstrom, der dann am jeweiligen Austritt der Einzelreaktoren wieder zugeführt wird (Frischgaszufuhr oder Kaltgaseinspritzen). Bezüglich der Temperaturführung ist es möglich, in die Stoffströme zwischen den Einzelreaktoren Wärmeübertrager einzubauen (K., z. B. mit Zwischenkühlung);

□ das erforderliche, für einen Einzelreaktor möglicherweise zu große Reaktorvolumen kann auf mehrere kleinere Reaktoren aufgeteilt werden;

□ die Wärmerückgewinnung sowie eine Katalysator-Regenierung (→Desaktivierung von Katalysatoren) wird günstiger bzw. überhaupt möglich;

□ mit zunehmender Anzahl der Einzelreaktoren erhöhen sich die Investitionskosten mehr als die Reaktorleistung.

Im folgenden seien einige Eigenschaften der Rührkessel-K. etwas näher betrachtet. Der Umsatz X_N einer K. aus N gleich großen, idealen Rührkesselreaktoren (→Reaktormodell) berechnet sich nach

$$X_{A,N}\,(\tau) = 1 - \frac{1}{\left(1 + \dfrac{Da_I}{N}\right)^N},$$

worin die Damköhler-Zahl definiert ist als

$$Da_I\;T\;\frac{V_R\,(-\,r_A)}{\dot{V}c_A}\;T\;\frac{\tau\,(-\,r_A)}{c_A},$$

wenn V_R das Reaktorvolumen der K., r_A die Reaktionsgeschwindigkeit des Edukts A, c_A die Eduktkonzentration, $\dot{V}$ der Volumenstrom und $\tau = V_R/\dot{V}$ die →Verweilzeit der Reaktionsmasse bedeuten. Danach ist der Umsatz einer Rührkessel-K. grundsätzlich größer als der im Einzelkessel, aber kleiner als der im Rohrreaktor. Es läßt sich zeigen, daß für N → ∞ (in der Praxis für N ≈ 2–5) exakt bzw. weitgehend der hohe Umsatz im Rohrreaktor

erreicht wird. In ähnlicher Weise liegt auch die →Verweilzeitverteilung einer Rührkessel-K. zwischen der des Einzelkessels und Rohrreaktors und nähert sich für große N dem sehr schmalen Verweilzeitspektrum des Rohrreaktors.

Die Rührkessel-K. ist die Basis für die Zellenmodelle und wird für die Durchführung von Flüssigphasenreaktionen, von →Gas-Flüssig-Reaktionen und Feststoff-Flüssig-Reaktionen sowie von Polymerisationsreaktionen eingesetzt. Beispiele sind Nitrierungen, Halogenierungen, Veresterungsreaktionen, Herstellung von Polyethylenterephthalat (Polyesterfasern) oder Polybutadien (→Polymerisationstechnik). *Schönbucher*

Kaskadenboden. K. sind in mehrere Ebenen unterteilte Destillationsböden, die bei großen Flüssigkeitsbelastungen verwendet werden (→Bodenkolonne).

Bei einflutigen Böden bildet sich zwischen dem →Zulauf am nächsthöheren Boden und dem →Ablaufschacht ein Flüssigkeitsgefälle. Durch die ungleiche Flüssigkeitshöhe ist der Druckverlust nicht bei allen Bodenöffnungen (Glocken, Löcher, Ventillöcher usw.) gleich groß, so daß das Gas nicht alle Öffnungen gleichmäßig durchströmt. Besonders bei großen Flüssigkeitsbelastungen fällt auf diese Weise das →Bodenverstärkungsverhältnis ab. Um diesen Mangel zu beheben, sind K. treppenartig auf verschiedene Ebenen aufgeteilt. Ablaufwehre am Ende jeder Stufe sorgen für eine gleichmäßige Flüssigkeitshöhe auf den Stufen (Bild). *Dohrn*

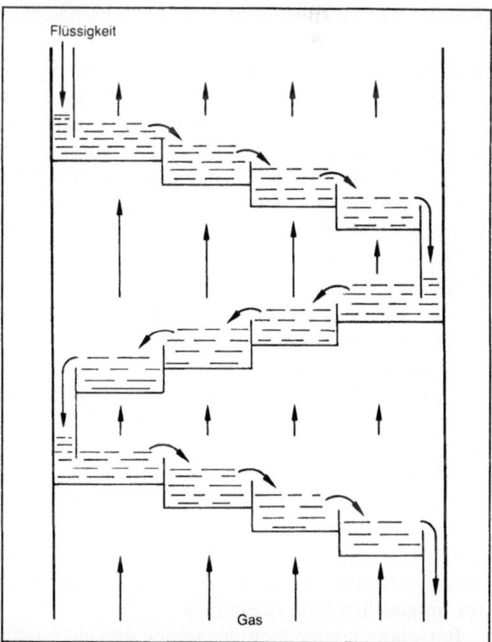

Kaskadenboden: Ausschnitt aus einer Destillationskolonne mit Kaskadenböden.

Literatur: *Sattler, K.*: Thermische Trennverfahren. Weinheim 1988.

Kaskadenmodell →Zellenmodell

Katalysator, poröser. P. K. gehören zu den weitverbreiteten Träger-K., die aus dem Trägermaterial, der katalytisch aktiven Substanz und gewissen Zusätzen (Promotoren, →Desaktivierung von Katalysatoren) zusammengesetzt sind. Das Trägermaterial (Gerüstsubstanz), z. B. Aktivkohle, Kieselgel, Zeolithe, γ-Al_2O_3, MgO, weist sehr große spezifische innere Oberflächen bis ca. $400\,m^2/g$, bei Aktivkohle bis ca. $1300\,m^2/g$ auf. Hochaktive p. K.-Pellets können auch durch Pressen oder Sintern der fein gemahlenen aktiven K.-Substanz hergestellt werden. Das Verhältnis von innerer Oberfläche des Porensystems zur äußeren Oberfläche des Pellets kann bis zu 10^6 betragen. Die Porenradien liegen zwischen einigen $1/100\,\mu m$ und einigen $100\,\mu m$ und werden zusammen mit der Anzahl der Poren durch die Porenverteilung charakterisiert. Die p. K.-Pellets (für kugelförmige Pellets liegen die Durchmesser häufig zwischen 2 und 8 mm, für →Wirbelschichtreaktoren zwischen etwa 50 und $200\,\mu m$) erzeugen einen geringen Druckverlust im Reaktor und sollten möglichst gute mechanische Stabilität (Abriebfestigkeit) und Thermostabilität sowie eine möglichst hohe Unempfindlichkeit gegenüber K.-Giften (→Desaktivierung von K.) aufweisen (→Reaktion, katalytische). *Schönbucher*

Katalysatorwirkungsgrad →Porennutzungsgrad

Katalyse. Unter K. versteht man den Vorgang der Beschleunigung der Reaktionsgeschwindigkeit einer chemischen Reaktion durch die Gegenwart einer Substanz, die man Katalysator nennt und die bei der Reaktion chemisch nicht verändert wird.

Im allgemeinen gelten für alle katalytischen Vorgänge folgende Regeln:

□ Der Katalysator hat zu Beginn und am Ende einer Reaktion die gleiche Zusammensetzung.

□ Eine geringe Katalysatormenge kann die Umwandlung einer nahezu beliebig großen Menge der reagierenden Stoffe bewirken.

□ Kein Katalysator kann eine chemische Reaktion in Gang setzen; er kann nur die Geschwindigkeit der Reaktion verändern.

□ Der Katalysator hat keinen Einfluß auf die Lage des Gleichgewichts (bei einer Vorwärts- und einer Rückreaktion).

□ Die Geschwindigkeit zweier entgegengesetzt ablaufender Reaktionen wird von einem Katalysator im gleichen Maß beeinflußt.

Bei einer homogenen *K.* findet die chemische Reaktion in einer einzigen Phase, meist einer flüssigen Phase, statt.

Bei einer heterogenen *K.* findet der Vorgang in einem Mehrphasensystem statt, meist in einer gasförmigen Umgebung, wobei ein fester Katalysator entweder unverdünnt oder an der Oberfläche einer inerten Trägersubstanz vorhanden ist.

Ein Katalysator muß aktiv sein, selektiv wirken und chemisch und physikalisch stabil sein. Ist die Aktivität eines Katalysators der Fähigkeit proportional, die reagierenden Komponenten zu adsorbieren, steigt die Aktivität mit der Oberfläche.

Das Modell der K. durch die Protonensäure (Wasserstoffion) und der entsprechenden Base (Hydroxilion) hat sich bei der Diskussion der heterogenen K. als anwendbar herausgestellt, wobei der Mechanismus als der Transfer eines Protons vom Katalysator zum Reaktanden angesehen wird (Säure-K.) oder vom Reaktanden zum Katalysator (basische K.). Eine Reihe unterschiedlicher Katalysatoren verhält sich wegen ihrer sauren Natur gleich, z. B. Mineralsäuren, Friedel-Crafts-Katalysatoren, Kieselsäure-Aluminium-Katalysatoren und Zeolith-Katalysatoren.

In den letzten Jahren wurde auch das Elektronenmodell der Feststoffe zur Erläuterung der katalytischen Wirkung herangezogen. Heterogene Katalysatoren lassen sich auf Grund ihrer Elektroneneigenschaften in verschiedene Gruppen einteilen. Beispielsweise können Metalle (elektrische Leiter) als Katalysatoren bei der Hydrierung, Dehydrierung und der Hydrolyse verwendet werden. Metalloxide oder -sulfide (Halbleiter) können bei der Oxidation, der Reduktion, Dehydrierung oder Zyklisierung eingesetzt werden. Salze oder Säurekatalysatoren (Nichtleiter) können beim Kracken (→Krackverfahren), Dehydrieren, Isomerisieren, Polymerisieren, Alkylieren, Dehalogenieren, Halogenieren und beim Wasserstofftransfer Verwendung finden.

Im allgemeinen muß ein geeigneter Katalysator für ein neues Verfahren gesondert entwickelt oder bei einem bestehenden Verfahren entsprechend den gesteckten Zielen modifiziert werden. Dabei kann der Katalysator nicht für sich allein, sondern nur im Rahmen des Gesamtprozesses betrachtet werden. Neben der genauen Beschaffenheit des Katalysators sind nämlich der Reaktionsmechanismus, Einzelheiten des Verfahrens und das Herstellungsverfahren des Katalysators von Bedeutung. Die Tabelle zeigt eine Auswahl katalytischer Reaktionen. Katalysatoren werden in großen Mengen hergestellt. Bei Krackverfahren, in denen sehr schwerflüchtige Kohlenwasserstoffe, z. B. der Rückstand bei der Vakuumdestillation von Erdöl, zu Heizöl und Benzin umgewandelt werden, beläuft sich der Verbrauch von Kieselsäure, Aluminiumoxid, Tonerden und Zeolith-Katalysatoren auf mehr als 100 000 t/a mit einem Wert von mehr als 100 Mill. DM. Bei Isomerisierungsreaktionen (Stereochemie), in denen geradkettige Alkanmoleküle zu verzweigten

Katalyse. Tabelle: Katalytische Reaktionen. Auswahl. (Quelle: Catalyst Development Corporation)

Reaktion und Produkt	Katalysator	Reaktanden	Ausbeute
Behandlung mit Ammoniak			
Amine	$Al_2O_3(Co)$	Alkohole und Ammoniak	90+
Behandlung mit Ammoniak und Sauerstoff			
Acrylnitril	Bi-Mo-P, CuO, SbSn	$Propylen + O_2 + NH_3$	60–80
Benzonitril	V_2O_5-Sb	$Toluol + O_2 + NH_3$	90+
Phtalonitril	V_2O_5	$o\text{-Xylol} + O_2 + NH_3$	90+
Chlorierung			
Chlorbenzol	Fe	$Benzol + Cl_2$	70–75
Chloressigsäure	roter Phosphor	$Essigsäure + Cl_2$	90
Benzoylchlorid	UV-Licht	$Toluol + Cl_2$	95+
Hydratisieren			
Acetaldehyd	Hg_2SO_4	$Acetylen + H_2O$	95
Ethanol (Alkohole)	H_3PO_4, WO_3	$Ethylen + H_2O$	95
Dehydratisieren			
Styrol	TiO_2	Methylethylcarbinol	80+
Ethylen (Olefine)	Al_2O_3, ThO_2	Ethanol (Alkohole)	90+
Acrylnitril	Al_2O_3	Ethylencyanhydrin	90+
Hydrierung			
Anilin	Fe-HCl, $Cu\text{-}SiO_2$	Nitrobenzol	90–95
Butanol	Co, $Ni\text{-}SiO_2$	Butyraldehyd	98+
Cyclohexan	$Ni\text{-}Al_2O_3$, PtO_2	Benzol	96+
Ethylen	Fe, Ni, Cu, $Pd\text{-}BaSO_4$	Acetylen	99
Methanol	$ZnO\text{-}CrO_3$, Ni-Co	Kohlenmonoxid	60
Dehydrierung			
Acetaldehyd	Cu, Ag, $FeMoO_4$	$Ethanol + H_2$	85–95
Benzol	Nu/Al_2O_3, $Pt\text{-}Al_2O_3$	Cyclohexan	95+
Butadien	Fe, Cr, K, $CaNiPO_4$	Butene	75–85+
Buten	$Cr_2O_3\text{-}Al_2O_3$	Butan	
Methylethylketon	ZnO-ZnCu	Sek.-Butanol	85–90
Styrol	$ZnCrO_2\text{-}Fe\text{-}MgO$, $CaNiPO_4$	Ethylbenzol	86–92
Styrol	TiO_2	Phenylmethylcarbinol	80+
Oxidation			
Acetaldehyd	$PdCl_2\text{-}MgO\text{-}Cu$	Ethylen	95+
Essigsäure	Mn^{++}	Acetaldehyd	88–95
Essigsäure	Co, Bi	Butan	20–40
Essigsäureanhydrid	Cu, Co	Acetaldehyd	70–75
Aceton	Cu, Ag, ZnO	Isopropanol	85–90
Adipinsäure	Cu-Mn, V-Cu	Cyclohexanon	70–90
Benzoesäure	Co^{++}	Toluol	90
Benzoesäure	Cu	Phenol	90
Benzaldehyd	$UO_2\text{-}MoO_3\text{-}Cu$	Toluol	30–50
Ethylenoxid	Ag, AgO	Ethylen	70
Propylenoxid	Mo, W, Ti, V	Propylen	90
Phthalsäureanhydrid	$V_2O_5\text{-}K_2SO_4$	Naphthalin, o-Xylol	70–80
Maleinsäureanhydrid	Mo-V-P-Na	Benzol	85
Maleinsäureanhydrid	V-P	Buten	60
Terephthalsäureanhydrid	Mn-Co	p-Xylol	90+
reduzierendes Dehydratisieren			
Butan	$Ni\text{-}Al_2O_3$	$Butanol + H_2$	90+
Reformieren			
Aromaten	$Mo\text{-}Al_2O_3$ $Pt\text{-}Al_2O_3$-Halide	$Naphthene + H_2$	
Entschwefelung			
Butan	$Co\text{-}Mo\text{-}Al_2O_3$	$Thiophen + H_2S + H_2$	

Molekülen umgelagert werden, um die Oktanzahl der Benzine zu erhöhen, werden mehr als 1,5 Mill. t Aluminiumchlorid mit einem Wert von mehr als 200 Mill. DM verbraucht. Bei Alkylierungsreaktionen, bei denen ein Alkylradikal durch Addition oder Substitution in ein Molekül eingebunden wird, um Benzine (Erdöl), Antioxidationsmittel, Farbstoffe, Aromastoffe u. a. herzustellen, wird Schwefelsäure als Katalysator mit einem Wert von jährlich 60 Mill. DM eingesetzt. *Dohrn*

Literatur: Forschung und Entwicklung zur Sicherung der Rohstoffversorgung. Programmstudie „Chemische Technik", Rohstoffe, Prozesse und Produkte. Bd. 2. Katalyse. Erarbeitet von der DECHEMA. Bundesministerium für Forschung und Technologie (Hrsg.). Bonn 1976. – *Krabetz, R., u. W. D. Mross:* Katalyse, heterogene und Katalysatoren. In: Ullmanns Enzyklopädie der technischen Chemie. Weinheim 1977.

Katalyse, heterogene. Erfolgt die Aktivierung der Reaktanden eines Reaktionsgemisches nicht thermisch (→Anspringtemperatur), sondern durch den Einfluß von Katalysatoren (→Katalysator, poröser), dann liegen katalytische Reaktionen (K.) vor. Befinden sich der Katalysator und die Reaktanden in unterschiedlichen Phasen, so liegt eine h. K. vor. Sie ist von der homogenen K. zu unterscheiden.

Über 75 % aller industriell hergestellten chemischen Produkte entstehen durch Anwendung von Katalysatoren. Neue Verfahren werden zu ca. 90 % katalytisch durchgeführt. Besonders große technische Bedeutung hat die heterogene Gas-K. erlangt, bei der ein fester Katalysator mit gasförmigen Reaktanden in Wechselwirkung tritt.

K. in flüssiger Phase, bei denen flüssige Reaktanden an festen Katalysatoren reagieren, werden nur in speziellen Fällen, z. B. beim Herstellen von Pharmazeutika und Kosmetika, angewandt.

Von zunehmender Bedeutung sind die ebenfalls zur h. K. zählenden Dreiphasenreaktionen. Hier liegen nebeneinander eine feste Katalysatorphase, eine flüssige und eine gasförmige Reaktandenphase vor. Beispiele sind die petrochemischen Hydrierverfahren (z. B. Entschwefelung und Hydrokracken schwerer Erdölfraktionen oder Destillationsrückstände), Fetthärtung, Oxidation flüssiger Kohlenwasserstoffe an festen Katalysatoren (z. B. Oxidation von Cyclohexan zum Herstellen von Nylon) sowie die meisten →Gas-Flüssig-Reaktionen und die biologische →Abwasserreinigung. (Zur Modellierung der h. K.-Reaktionen, die allgemein zu den heterogenen Reaktionen gehören, →Reaktion, katalytische.) *Schönbucher*

Katalyse, homogene. Im Unterschied zur heterogenen K. bilden bei der h. K. der Katalysator und die Reaktanden eine gemeinsame Phase. H. K. in der Gasphase sind i. a. technisch ohne Bedeutung. Dagegen gibt es bei den h. K. in flüssiger Phase einige technisch wichtige Reaktionen. Beispiele sind Säure-Base-K. (z. B. Alkylierung von Aromaten und Isoparaffinen), Polymerisation und Oligomerisierung von Olefinen, Oxo-Synthesen (z. B. Oxo-Alkohole und -Aldehyde aus Olefinen und CO/H_2-Gemischen in Gegenwart von Cobalt- und Rhodiumcarbonylkomplexen als Katalysatoren), Flüssigphasen-Oxidationen organischer Verbindungen an Cobalt- und Mangansalzkatalysatoren (z. B. Oxidation von Acetaldehyd zum Herstellen von Essigsäure) sowie viele →Gas-Flüssig-Reaktionen, wenn die gasförmigen Reaktanden in der flüssigen Katalysatorlösung reagieren. *Schönbucher*

Kathodenzerstäuben →Beschichtungsverfahren

Kationenaustauschermembran →Ionenaustauschermembran

Kegel-Platte-Rheometer. Zwischen einer horizontalen Platte und einem Kegel, dessen Spitze die Platte berührt, befindet sich eine Flüssigkeit, deren Viskosität man bestimmen möchte. Dreht sich der Kegel gegenüber der Platte mit konstanter Winkelgeschwindigkeit w, so stellt sich im Flüssigkeitsspalt näherungsweise eine ebene Scherströmung ein, wenn der Winkel α zwischen Kegel und Platte klein genug ist ($\alpha \leq 1°$). Für die Schergeschwindigkeit ergibt sich dann $\gamma = a/t$. Sie ist im gesamten Spalt zwischen Kegel und Platte näherungsweise konstant. Die zugehörige Schubspannung τ läßt sich aus dem gemessenen Drehmoment M ermitteln, das sich auf Grund der Flüssigkeitsreibung einstellt. Es gilt $\tau = 3M/2\pi R^3$, wobei R der Kegelradius ist.

Auf diese Weise läßt sich sehr einfach ein Wertepaar t/g einer →Fließkurve gewinnen. Dies war auch der Grund, warum das K.-P.-R. schon sehr früh Eingang in die Biorheologie gefunden hat. Es ist allerdings darauf zu achten, daß der Abstand und die Normale zwischen Kegel und Platte sehr genau eingehalten werden. Außerdem wird bei hohen Winkelgeschwindigkeiten der ebenen Scherströmung eine Sekundärströmung überlagert, so daß dann mit Meßfehlern zu rechnen ist. Diese stellen sich auch schon bei sehr niedrigen Winkelgeschwindigkeiten ein, wenn die zu messende Flüssigkeit eine Suspension ist. Dann kommt es nämlich in Wandnähe zu sog. Entmischungen, d. h. es bildet sich an den Wänden ein reiner Flüssigkeitsfilm, weil die suspendierten Partikel sich von der Wand wegbewegen. Dies hat in der Vergangenheit vor allem bei der Bestimmung der Blutviskosität zu Fehlinterpretationen geführt. *Chmiel*

Kehlnaht →Schweißnahtform

Keilpresse. K. sind Sonderbauarten von Pressen für die Warm-Massivumformung mit großem Arbeitsraum zur Aufnahme mehrerer Werkzeuge für die mehrstufige Fertigung eines Werkstücks in einer Hitze (→Umformmaschine). Der Keilantrieb erfolgt durch Schubkurbelgetriebe (Wegbindung), Hydraulikzylinder (Kraftbindung) oder Schwungrad-Spindelgetriebe (Arbeitsbindung). Durch Abstützung des Stößels auf seiner gesamten Fläche durch den Keil wird das Stößelkippen bei außermittiger Belastung minimiert (Bild). Dadurch, daß keine nachgiebigen Antriebselemente (Kurbelgetriebe, Ölsäule, Spindel-Mutter-System) im Kraftfluß liegen, ist gleichzeitig die Längssteifigkeit als Voraussetzung für hohe Werkstückgenauigkeit in Arbeitsrichtung des Stößels deutlich verbessert. *Lange*

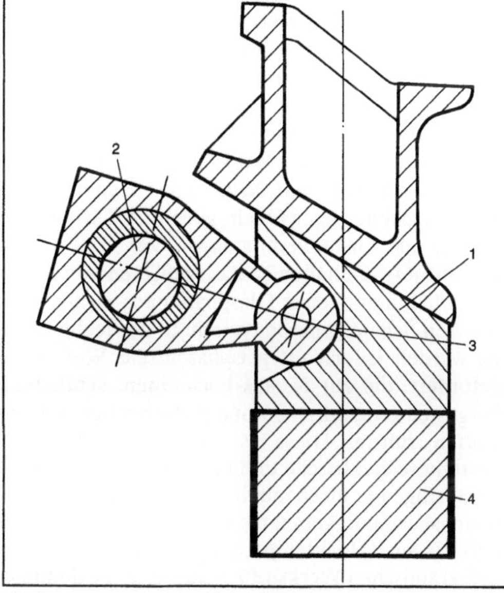

Keilpresse mit Schubkurbelantrieb. (Quelle: Beitz, Küttner *a. a. O.)*

1 Keil, 2 Exzenterwelle, 3 Druckpfanne, 4 Stößel

Literatur: *Beitz, W., u. K.-H. Küttner* (Hrsg.): Dubbel-Taschenb. für den Maschinenbau. 16. Aufl. Berlin, Heidelberg, New York, Tokio 1987.

Keilwinkel →Schneidteil

Kennzahlen (Produktion).
Sie sind ein wichtiges Werkzeug der Betriebsstatistik, die unter Berücksichtigung der unternehmerischen Zielsetzung (z. B. der Gewinnmaximierung) eine bessere Planung, Entscheidung und Kontrolle betrieblicher Vorgänge ermöglicht. Dabei bilden Erfolgs- und Wirtschaftlichkeitsanalysen sowie inner- und zwischenbetriebliche Vergleiche das Hauptanwendungsgebiet von K.

K. basieren auf allen drei Arten des statistischen Zahlenmaterials: den absoluten Zahlen, den Verhältniszahlen und den Durchschnittszahlen. Sie beziehen sich auf bestimmte betriebliche Daten, wie z. B. Umsätze, produktionswirtschaftliche Größen oder Liquiditätszahlen, und stellen Informationen in verdichteter Form dar.

In der Regel sind K. Verhältniszahlen, da diese gewöhnlich leichter einzuordnen und zu erfassen sind als absolute Zahlen. Aber oft ermöglicht erst die Kenntnis der absoluten Zahlen das Verständnis der Größenordnungen und Beziehungen, die durch Verhältniszahlen ausgedrückt werden.

Auf der Ebene des einzelnen Betriebs erfassen K. betriebsindividuelle Tatbestände. Wird die Betrachtung auf viele Betriebe eines Wirtschaftszweigs ausgedehnt, spricht man von branchenspezifischen K., sog. Richtzahlen. Diese Richtzahlen bilden dann den Maßstab (Branchendurchschnittszahl) zur Einordnung der betriebsindividuellen K.

Eine Systematisierung der K. ist nach verschiedenen Gesichtspunkten möglich. Zum Beispiel können nach dem Inhalt der K. zwei Gruppen gebildet werden:
□ finanzwirtschaftliche und
□ produktionswirtschaftliche K.

Eine andere Unterteilung berücksichtigt den Zweck der K.:
□ K. zur ganzheitlichen Bewertung der Unternehmen, wie z. B. zur Beurteilung der
– Rentabilität,
– Ertrags- und Kostensituation,
– Beschäftigungs- und Kapazitätsausnutzung sowie
– Kapital- und Vermögensverhältnisse;
□ K. zur Beurteilung einzelner Tätigkeitsbereiche, wie z. B.
– der Beschaffung
– der Fertigung oder
– des Absatzes. *Eversheim*

Literatur: *Gutenberg, E.:* Grundlagen der Betriebswirtschaftslehre. Bd. 1: Die Produktion. 24. Aufl., Berlin, Heidelberg, New York 1983. – *Vormbaum, H.:* Finanzierung der Betriebe. 6. Aufl., Wiesbaden 1981.

Kennzahlen (Verfahrenstechnik).
Die Ähnlichkeitstheorie ermöglicht es, Versuchsergebnisse oder Zusammenhänge komplexer Vorgänge so auszuwerten, daß verallgemeinerbare Gesetzmäßigkeiten erkennbar sind. Dies basiert auf der Erkenntnis, daß sich jedes Gesetz durch dimensionslose Größen, sog. K., ausdrücken läßt. Aus Differentialgleichungen kann man, ohne sie zu lösen, K. herleiten, deren gesetzmäßiger Zusammenhang vom Maßstab unabhängig ist und es gestattet, eine Gruppe ähnlicher Aufgaben gleichzeitig zu lösen. Der funktionelle Zusammenhang aller Meßgrößen wird in Form einer Potenzfunktion der K. Π_1, Π_2, Π_3, ...Π_n dargestellt:

$$\Pi_1 = C \cdot \Pi_2{}^m \cdot \Pi_3{}^n \ldots \ldots \Pi_n{}^q \cdot$$

Kennzahlen (Verfahrenstechnik). Tabelle.

Archimedes-Zahl	$Ar = \dfrac{g \cdot l^3}{\nu^2} \cdot \dfrac{\Delta\rho}{\rho}$
Biot-Zahl	$Bi = \dfrac{a \cdot l}{\lambda}$
Bodenstein-Zahl	$Bo = \dfrac{w \cdot l}{D}$
Euler-Zahl	$Eu = \dfrac{\Delta p}{\rho w^2}$
Fourier-Zahl	$Fo = \dfrac{a \cdot t}{l^2}$
Froude-Zahl	$Fr = \dfrac{w^2}{g \cdot l}$
Galilei-Zahl	$Ga = \dfrac{g \cdot l^3}{\nu^2}$
Grashof-Zahl	$Gr = \dfrac{g \cdot l^3 \gamma \cdot \Delta T}{\nu^2}$
Knudsen-Zahl	$Kn = \dfrac{\lambda}{l}$
Lewis-Zahl	$Le = \dfrac{a}{D}$
Mach-Zahl	$Ma = \dfrac{w}{c}$
Newton-Zahl	$Ne = \dfrac{F \cdot t}{m \cdot w}$
Nußelt-Zahl	$Nu = \dfrac{\alpha \cdot l}{\lambda}$
Péclet-Zahl	$Pe = \dfrac{w \cdot l}{a}$
Prandtl-Zahl	$Pr = \dfrac{\nu}{a}$
Reynolds-Zahl	$Re = \dfrac{w \cdot l}{\nu}$
Schmidt-Zahl	$Sc = \dfrac{\nu}{D}$
Sherwood-Zahl	$Sh = \dfrac{\beta \cdot l}{D}$
Stanton-Zahl	$St = \dfrac{\beta}{w}$
Weber-Zahl	$We = \dfrac{\rho w^2 \cdot l}{\sigma}$

a Temperaturleitfähigkeit
c Schallgeschwindigkeit
D Diffusionskoeffizient
F Kraft
g Fallbeschleunigung
l kennzeichnende Länge
m Masse
t Zeit
T Temperatur

w Strömungsgeschwindigkeit
α Wärmeübergangskoeffizient
β Stoffübergangskoeffizient
γ Wärmeleitfähigkeitskoeffizient
Λ mittlere freie Wellenlänge
ν kinematische Zähigkeit
ρ Dichte
σ Oberflächenspannung

Die Zahl der dimensionslosen K. ist nach dem Π-Theorem durch die Differenz zwischen der Zahl der Meßgrößen und der Anzahl der darin enthaltenen Grunddimensionen gegeben (→Modellgesetz).

Gebräuchliche K. der Verfahrenstechnik sind in der Tabelle zusammengestellt. *Brunner*

Keramik. Unter K. wird neben den Erzeugnissen aus keramischen Werkstoffen auch der Verfahrensgang zur Herstellung dieser Erzeugnisse verstanden, bei dem feinteilige Ausgangsstoffe in die gewünschte Form gebracht und anschließend einer Hochtemperaturbehandlung ausgesetzt werden, wobei sich unter Erhaltung der Form unter Ablauf von Sintererscheinungen und chemischen Reaktionen die endgültigen Werkstoffeigenschaften ausbilden. Der Festkörper zeigt spröden Bruch nach vorangehendem nahezu linear-elastischen Verhalten.

Bis auf eine Ausnahme, der Graphit-K., handelt es sich bei keramischen Werkstoffen um Verbindungen von Metallen mit Nicht- oder Halbmetallen. Vorherrschend liegen Oxide, aber auch Carbide und Nitride als Grundverbindungen vor. Bei hohen Silicat(SiO_2)-Gehalten ist das Auftreten von unterschiedlich homogenen Glasphasen aus nichtkristallisierten Schmelzphasen typisch. In der technischen K. werden jedoch oft glasphasenfreie Werkstoffe gefordert, die zur K. aus hochreinen, synthetisch hergestellten oxidischen und nichtoxidischen Rohstoffen führte. Diese K. zeichnen sich durch bestimmte elektrische und magnetische oder durch herausragende mechanische Festigkeiten und Korrosionsbeständigkeiten bis in den Hochtemperaturbereich aus (Hochtemperaturwerkstoffe). Die silicatkeramischen Werkstoffe beinhalten die dominierende Gruppe der tonkeramischen Erzeugnisse, die aus natürlichen Rohstoffen hergestellt werden.

Ein wichtiges Unterscheidungsmerkmal in der Gruppe der keramischen Werkstoffe bietet die Scherbenhomogenität, die in der technologischen Herstellung begründet liegt und zur Einteilung in fein- und grobkeramische Erzeugnisse geführt hat. Als Abgrenzung zwischen den beiden Gruppen gelten etwa 0,2 mm (Unterscheidungsvermögen des unbewaffneten Auges) für die Größe der Gefügebestandteile wie Poren oder Kristalle.

Für die Ausbildung vieler Eigenschaften spielt die Porosität eine wesentliche Rolle, die fast stets vorhanden ist. Sieht man von Werkstoffen mit gezielter Porenfunktion (z. B. Filter-K.) ab, so läuft eine Abnahme der Porosität mit einer Steigerung der Brenntemperatur, einer Zunahme der mechanischen Festigkeit und unterschiedlichen Veränderungen anderer Eigenschaften einher. Keramische Werkstoffe können somit folgendermaßen unterteilt werden (Tabelle 1 und 2):

Keramik. Tabelle 1: Systematik der keramischen Werkstoffe unter Einfügung technischer Werkstoffe im Bereich der silicatkeramischen Werkstoffe.

Silicatkeramische Werkstoffe

Gefüge	grob		fein	
	porös	dicht	porös	dicht
Wasseraufnahmefähigkeit Massengehalt in %	> 6	< 6	> 2	< 2
Scherben	farbig	farbig	Tongut	Tonzeug
			farbig — hell bis weiß	farbig — hell bis weiß (fuchsindicht)

Tonkeramische Erzeugnisse (Scherben enthält Mullit als wesentlichen Gefügebestandteil)

			Irdengut	Steingut	Steinzeug	Porzellan
Erzeugnisse (Beispiele)	Ziegel Tonrohre Terakotten Schamottesteine Tonsteine Feuertonwaren	Klinker Spaltplatten säurefeste Steine Baukeramik	Töpferwaren Schmelzwaren	Tonsteingut Feldspatsteingut Kalksteingut	Fliesen Spaltplatten Sanitärwaren Vitreous China Feinsteinzeug	Hartporzellan Weichporzellan Dentalporzellan Isolatorenporzellan Bone China

Sonstige silicatkeramische Erzeugnisse

Erzeugnisse (Beispiele)	Silicasteine Forsteritsteine	schmelzgegossene feuerfeste Steine		Cordierit: tonerdreiche elektrische Isolierstoffe	Cordierit	Steatit Li-Al-Silicate

Oxidkeramische Werkstoffe

Gefüge	grob	fein
Einfache Oxide		
Erzeugnisse (Beispiele)	Aluminiumoxid Magnesiumoxid Calciumoxid	Aluminiumoxid Magnesiumoxid Berylliumoxid Titandioxid Zirconiumdioxid
Komplexe Oxide		
Erzeugnisse (Beispiele)	Chromit	Perowskite Spinelle (Ferrite) Granate Magnetopiumbite β-Korund

Nichtoxidische keramische Werkstoffe

Gefüge	grob	fein
Erzeugnisse (Beispiele)	Kohlenstoff Graphit	Nitride (Si_3N_4) Carbide (SiC, B_4C) Silicide ($MoSi_2$) Kohlenstoff

☐ silicatische Werkstoffe (mit Glasphasengehalt),

☐ oxidische Werkstoffe (mit Dominanz der kristallinen Phasen),

☐ nichtoxidische Werkstoffe (nichtoxidische Verbindungen oder Elemente).

Die Verfahrensgänge zum Herstellen keramischer Werkstücke können generell durch folgende Arbeitsschritte beschrieben werden:

☐ Aufbereitung der Rohstoffe,

☐ Formgebung,

☐ Trocknung,

Keramik. Tabelle 2: Formgebungsverfahren mit Produktbeispielen.

Konsistenz	Feuchtegehalt	Formgebungsverfahren	Varianten	Vorrichtungen und Maschinen	Produktionsmerkmale	Beispiele/Werkstoff
Gießverfahren						
flüssig	30–40 %	Gießen	Kerngießen, Hohlgießen, Druckgießen	saugende Gipsform oder poröse Formenwerkstoffe	Saugvermögen bestimmt Arbeitstakt, teils Anlernarbeit	Klosettbecken/Porzellan Kaffeekannen/Porzellan Vasen/Steingut
	10–20 % (thermoplastische Masse)	Spritzgießen		Spritzgießmaschine mit gekühlten Stahlformen	Masse muß aufgeheizt werden, daher nur für Kleinteile	Fadenführer/Oxidkeramik
Plastische Formgebung (direkt oder indirekt)						
plastisch knetbar	20–30 %	Modellieren Freidrehen		Freihandarbeit Töpferscheibe	künstlerische Modellschöpfung, Einzelstücke	Kunstkeramik/Töpfermassen
		Plätschen		Aufformen von Hand	für Großstücke	Graphittiegel/Graphittonwerkstoffe Glashäfen/Schamotte
		Eindrehen Überdrehen		Ein- und Überformen in Gipsformen auf der Töpferscheibe	für Rotationsstücke, Geschirrfertigung	Tassen/Porzellan Steingut/Teller
	18–25 %	Rollerformung		Überformen durch Überquetschen mit beheiztem Rotationskörper	Massenerzeugung, auch zu Taktstraßen zusammengefaßt, mit Trocknung	Tassen/Porzellan Steingut/Teller
	15–30 %	Strangpressen	Formgebung durch Strömung aus Mundstück	Kolbenstrangpresse, Schneckenstrangpresse, Vakuumstrangpresse	zur Massenerzeugung einfacher Baustoffe	Mauerziegel, Dränrohre Steinzeugrohre/Steinzeug Spaltplatten/Steinzeug
	15–25 %	Strangpressen als Vorformung	mit Zwischentrocknung	Abdrehen und Bearbeitung des teils oder voll getrockneten Massenstranges	Großisolatorfertigung, Musterfertigung	Hochspannungsisolatoren, Versuchsfertigungen
			ohne Zwischentrocknung	Nachpressen plastischer Teile: Revolverpressen, Rampressen	zur Verbesserung der Formgenauigkeit, Hohlgeschirrfertigung	Schamottestein/Schamotte Dachziegel/Ziegelwerkstoff Bratgeschirre/Tonzeug
Pulverdichtung						
krümelig, rieselfähig	12–18 %	Feuchtpressen	Preßdruck durch Massefeuchte gegeben	Feuchtpresse von Hand oder automatisch	für Massenteile	Niederspannungsisolatoren; Feuerfeststeine, Sonderformate
		Einstampfen		Preßlufthammer in Holzformen	für grobkeramische Einzelstücke	Feuerfeststeine
Agglomeratpulver, rieselfähig	5–8 %	Halbfeuchtpressen in Stahlformen		Hydraulikpressen, Kniehebelpressen, Friktionsspindelpressen, Drehtischpressen	für Massenteile mit begrenzten Höhen- zu Tiefenabmessungen	Wandfliesen, Bodenfliesen, Feuerfeststeine
Pulver	0–5 %	Trockenpressen	in Starrmatrizen	Hydraulikpressen, mechan. Kurvenpressen	für Massenteile	Sonderkeramik Teile in E-Technik
		Isostatikpressen	in Gummimatrizen	☐ im Autoklaven (Naßmatrizentechnik)	für Sonderteile	chem. Technik
				☐ in mech. Pressen (Trockenmatrizentechnik)	für Massenteile	Zündkerzen/Oxidkeramik Mahlkugeln/Oxidkeramik

□ keramischer Brand (Sintern),
□ Nachbehandlung und Veredelung.

Die Durchführung der einzelnen Verfahrensschritte kann allerdings je nach Art der herzustellenden K. sehr unterschiedlich sein. Dies beginnt bei der Wahl der Rohstoffe. Generell gilt, daß tonkeramische Werkstoffe aus natürlichen, aufbereiteten Rohstoffen hergestellt werden. Die wichtigsten Rohstoffe der Tonkeramik sind Tonminerale (Kaolinit, Illit, Montmorillonit u. a.), Feldspäte und Quarzgesteine. Die Rohstoffe der sonderkeramischen Werkstoffe müssen jedoch vorher synthetisiert werden, wobei hohe Anforderungen an deren Reinheit gestellt werden.

Ziel der anschließenden Rohstoffaufbereitung ist die Herstellung eines homogenen Gemenges, das sich für das folgende Formgebungsverfahren eignet und den jeweiligen Qualitätsansprüchen an das Endprodukt gerecht wird. Dazu gehört die natürliche Aufbereitung, wobei der Ton den natürlichen Witterungseinflüssen ausgesetzt ist und evtl. durch einen zusätzlichen Kollergang seine endgültige Konsistenz für die Formgebung von einfachen Ziegeleierzeugnissen erreicht.

Bei der Trocken- und Halbnaßaufbereitung werden alle Massenkomponenten getrocknet, evtl. zerkleinert und gemischt (Wassergehalt ca. 5–15 % Massengehalt). Die Herstellung von tonfreien Massen bei der Herstellung feuerfester Werkstoffe erfordert einen bestimmten Körnungsaufbau, der in der Trockenaufbereitung durch Klassierungen eingestellt wird. Der Vorteil der Trockenaufbereitung liegt in einer guten Mischbarkeit der Komponenten und der Anwendbarkeit von rationellen Lager- und Fördertechniken.

Bei der Naßaufbereitung werden alle Rohstoffe durch Naßmahlung oder durch Verrühren mit Wasser in den Suspensionszustand (Schlicker) überführt und in diesem Zustand gemischt, feinstgemahlen und so optimal homogenisiert. Der Wasserentzug geschieht entweder in einer Kammerfilterpresse, wobei der Filterkuchen anschließend in Vakuumstrangpressen in bildsame Massen für die plastische Formgebung überführt wird, oder durch Versprühen des Schlickers in einen Sprühtrockner. Letzteres liefert ein rieselfähiges, trockenpreßbares Pulver, welches zur plastischen Formgebung wieder angeteigt oder für den Schlickerguß wieder zu einem Gießschlicker suspendiert werden kann. Dieses Verfahren wird auch vornehmlich für die Rohstoffaufbereitung von Oxid- und Nichtoxidkeramiken verwandt, wobei im Falle der anschließenden plastischen Formgebung dem Gemenge organische Plastifizierungsmittel zugesetzt werden.

Die Auswahl des geeigneten Formgebungsverfahren zur Herstellung eines Rohlings mit der gewollten geometrischen Form, die durch Schwindungs-/Dehnungsvorgänge beim nachfolgenden Trocknen und Brand in überschaubarem Maß verändert wird, richtet sich nach Erzeugnisart, betrieblichen Größen und geometrischen Abmessungen (Tabelle 2).

Bei der anschließenden Trocknung müssen die atmosphärischen Bedingungen im Trockner stets so eingestellt sein, daß die durch den Wasserentzug eintretende Volumenschwindung rißfrei vonstatten geht. Die lineare Trockenschwindung beträgt bei plastisch geformten Rohlingen 4–6 %, bei gegossenen 3–4 % und bei trockengepreßten 0,2–2 %.

Im folgenden keramischen Brand treten im Formkörper Fest-Fest- und/oder Fest-Flüssig-Reaktionen (Sinterung) auf, die zu den endgültigen physikalischen Eigenschaften führen. Diese Reaktionsabläufe stehen in kompliziertem Zusammenhang mit der Rohstoffzusammensetzung, der Brenntemperatur und -zeit, Brennatmosphäre usw. (Tabelle 3). Der Körper verdichtet sich unter Abnahme des Porenraums, wobei fast immer eine Brennschwindung auftritt, die linear bis zu 20 % betragen kann.

Zur Herstellung von Nichtoxid-K. werden die Brennöfen unter Inertgasatmosphäre betrieben. Da selbst feinstgemahlene Nichtoxidpulver sich schwer zu einer hohen Rohdichte sintern lassen, werden die Rohlinge z. T. unter zusätzlichen hohen mechanischen Druck in Heißpressen oder heißisostatischen Pressen verdichtet.

Zur Nachbehandlung und Veredelung der Produkte gehört das Glasieren, wobei die Scherben entweder direkt nach der Trocknung (Einbrandverfahren) oder aber nach dem ersten sog. Schrühbrand (Zweibrandverfahren) mit einem Glasurpulver überzogen werden, welches im anschließenden Brand zu einem Glas aufschmilzt und den keramischen Scherben gleichmäßig überzieht (Glasurbrand).

Eine Glasur dient zum Schutz des Scherbens gegen äußere mechanische und/oder chemische Einflüsse sowie der Dekoration. K. können nach dem Brand auch mit einer dünnen metallischen Schicht überzogen werden (Metallisieren), was in bestimmten Bereichen der Elektro-K. oder auch für K.-Metall-Verbindungstechniken genutzt wird.

K., die als mechanische Funktionsteile im Maschinen und Apparatebau eingesetzt werden, müssen oft einer hohen Maßgenauigkeit gerecht werden. Sie werden nach dem Brand geschliffen und z. T. auch poliert, was gerade bei den hochfesten Hochleistungs-K. einen hohen Werkzeugaufwand erfordert. *Hesse/Hennicke*

Literatur: Autorenkollektiv: Technologie der Keramik. 4 Bde. Berlin 1985. – DKG-Fachausschußber. 23 (Hrsg. *E. Singer*), DKG-Werkstoffmerkblätter für technische keramische Werkstoffe. Bad Honnef 1979. – *Hennicke, H. W.:* Silikatkeramische und oxidkeramische Werkstoffe. In: Technische Keramik. Essen 1988. – *Kingery, W. D., H. K. Bowen* u. *D. R. Uhlmann:*

Keramik. Tabelle 3: Übersicht der Brenntemperaturen wichtiger keramischer Erzeugnisse.

Erzeugnisse	max. Brenntemp. in °C	typische Kennzeichen
Mauerziegel Dränrohre	960–1180	keine besondere Versatztechnik
Klinkersteine	1040–1250	
Töpferware Steingutwandfliesen	950–1050 1200, 1120*)	Endprodukt mit offenporigem Gefüge, saugend
Steingutgeschirr	1250, 1180*)	
Spaltplatten Bodenfliesen	1120–1280	dicht gesinterte Werkstoffe
Sanitärbecken	1250–1300	gebrannt bis zur Sinterung
Hochspannungsisolatoren	1380 ab 1200 reduz. Ofen- atmosphäre	dicht homogene Werkstoffe mit durch- schneidendem Scherben in Zweibrand- technik
Laborporzellan	900, 1480*)	
Geschirrporzellan	900, 1350*)	
Steatitisolatoren	1250–3800	Speckstein als Rohstoff
Knochenporzellan	1280, 1080*)	calcinierte Knochenasche und Feldspat als Sinterhilfsmittel
Al_2O_3-Oxidkeramik mit 99% Al_2O_3, dicht	1600–1800	Einstoffsinterung von Korundkristallen
Dauermagnetwerkstoff aus $BaO \cdot 6F_2O_3$	1310	Einstoffsinterung in oxidierender Atmo-sphäre
Schamottesteine	1200–1400	Versatz aus Ton + vorgebranntem Ton
Graphitsiegel	1280	Graphit in Tonbindung
Silicasteine	1450–1550	Neubildung von SiO_2-Phasen (Cristobalit)
Magnesiasteine	1550–1750	MgO vorgebrannt aus $MgCO_3$, wird gesintert
SiSiC	bis 1700**)	Infiltration der Poren mit Silicium
R SiC	>2050**)	schwindungsfreies Sintern, porös, rekri-stallisiert
HP SiC	>1950**)	heißgepreßt bei p<50 MPa, mit Sinter-additiven, dicht
HIP SiC	>1950**)	heißisostat. gepreßt mit p<300 MPa, dicht
S SiC	>1950**)	druckloses Sintern mit Sinteradditiven, dicht
RB Si_3N_4	1200–1400	schwindungsfreies Reaktionssintern von Silicium zu Si_3N_4 in N_2-Atm., porös
HP Si_3N_4	1600–1700**)	heißgepreßt bei <50 MPa mit sinter-additiven, dicht
HIP Si_3N_4	1600–1700**)	heißisostat. mit Sinteradditiven, dicht
S Si_3N_4	1600–1700**)	druckloses Sintern mit Sinteradditiven, dicht

*) Glasurbrand, **) Inertgasatmosphäre

Introduction to Ceramics. 2. Aufl. New York, London, Sydney, Toronto 1976. – *N. N.:* Zur Klassifizierung der Keramik. Keramische Z. 38 (1986) Nr. 5, S. 261. – *Salmang, H.,* u. *H. Scholze:* Keramik. Tl. 1, 2. 6. Aufl. Berlin, Heidelberg, New York, Tokio 1983. – *Schüller, K. H.,* u. *H. W. Hennicke:* Zur Systematik keramischer Werkstoffe. cfi-Ber. DKG 62 (1985) Nr. 6/7, S. 259/263. – *Singer, F.,* u. *S. S. Singer:* Industrial Ceramics. London 1963.

Kerbschlagarbeit. Im Kerbschlagbiegeversuch werden vorzugsweise ISO-Spitzkerbproben mit einem Querschnitt von 10 mm × 10 mm, einer Länge von 55 mm und einem Kerb von 2 mm Tiefe und einem Kerbradius von 0,25 mm mit einer Schlaggeschwindigkeit von 5 m/s zerschlagen. Die dabei verbrauchte Energie ist die Schlagarbeit, die im Pendelschlagwerk aus dem Umkehrpunkt des Pendels nach dem Schlag unmittelbar abgelesen werden kann. *W. Dahl*

Kerbschlagbiegeversuch. Mechanisch-technologischer Versuch zur Ermittlung des Zähigkeitsverhaltens metallischer Werkstoffe (vorwiegend nichtaustenistischer Stahl und Gußwerkstoffe), der Güte von Fertigung und Wärmebehandlung und vor allem zur Ableitung von Aussagen zur Sprödbruch- und Alterungsempfindlichkeit sowie der Schweißeignung nach Regelwerksvorgaben. Er liefert keinen Kennwert für die Festigkeitsberechnung und die tiefste Einsatztemperatur eines Werkstoffs. In neuerer Zeit wurde die Hochlage der Kerbschlagarbeit bei Reaktorbaustählen mit den Initiierungswerten der elastisch-plastischen Bruchmechanik korreliert (Großprobenprüfung, →Größeneinfluß).

Die Durchführung des K. erfolgt gem. DIN 50115, Ausg. Febr. 1975, auf Pendelschlagwerken nach DIN 51222, Ausg. Jan. 1985. Die Probenlage und zu verwendende Probenform ist in den Technischen Lieferbedingungen der Werkstoffe angegeben. Für Schweißverbindungen ist DIN 50122, Ausg. Aug. 1984, heranzuziehen.

Seit Erscheinen von DIN 50115, Ausg. Febr. 1975, wird als gebräuchlichste Probenform die ISO-Spitzkerbprobe (Bild 1) verwandt und in der Regel die Kerbschlagarbeit als A_v (ISO-V) in der Einheit J ermittelt. Außerdem ist vor allem in nicht überarbeiteten Regelwerken noch die DVM-Probe (Bild 2) im Einsatz. Weitere im Laufe der Entwick-

lung entstandene Probenformen sind z. B. in DIN 50115 dargestellt.

Beim Versuch wird eine doppelseitig auf zwei Auflagern und gegen zwei Widerlager liegende Probe durch das Schlagwerk mit einem Schlag entweder durchgebrochen oder durch die Widerlager gezogen.

Neben der Schlagarbeit und teilweise noch der auf den Prüfquerschnitt (Schraffur in Bild 1) bezogenen Kerbschlagzähigkeit a_k in J/cm² wird bei ferritischen Stählen mit Hilfe von Kerbschlagarbeit-Temperatur-Kurven (Bild 3) eine den Steilabfall kennzeichnende Übergangstemperatur ermittelt, für die mehrere Definitionen im Regelwerk angegeben sind. In der Kerntechnik enthält das Regelwerk (KTA 3201.1) auch Anforderungen für die Hochlage und die laterale Breitung nach ASTM 370-82.

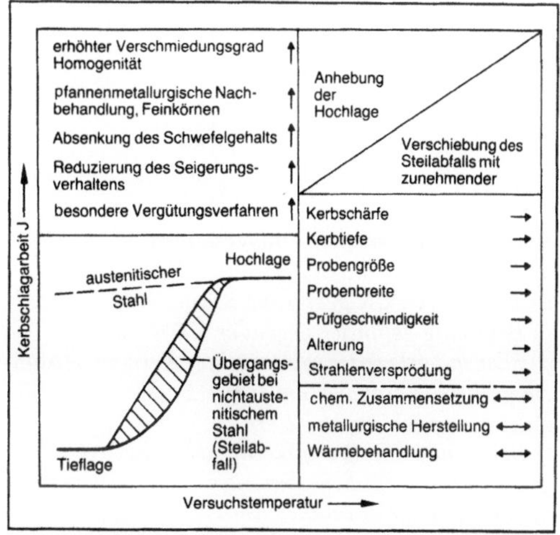

Kerbschlagbiegeversuch 3: Kerbschlagarbeit-Temperatur-Kurve und Einflußparameter (schematisch).

Die Kerbschlagarbeit ist von vielen Parametern abhängig (Bild 3), weshalb Vergleiche nur bei vergleichbaren Versuchsbedingungen und Probenformen zulässig sind. Einen Steilabfall weisen außer den nichtaustenitischen Stählen auch Zinklegierungen auf.

Wenn weitergehende Aussagen über das Bruchverhalten des zu prüfenden Werkstoffs, als sie im K. nach DIN 50115 erhalten werden, erforderlich sind, wird der instrumentierte K. nach Stahl-Eisen-Prüfbl. 1315, 1. Ausg. Mai 1987, des Vereins Deutscher Eisenhüttenleute mit Ermittlung von Kraft und Weg angewendet. *Kußmaul*

Literatur: *Kußmaul, K.*, u. *E. Roos*: Einfluß der Werkstoffzähigkeit auf das Trag- und Verformungsverhalten von Bauteilen. DDA-Kolloquium Werkstoffausnutzung, Stuttgart 21. 10. 1986. – *Siebel, E.*: Handb. Werkstoffprüfung. Bd. 2. Berlin, Göttingen, Heidelberg 1955.

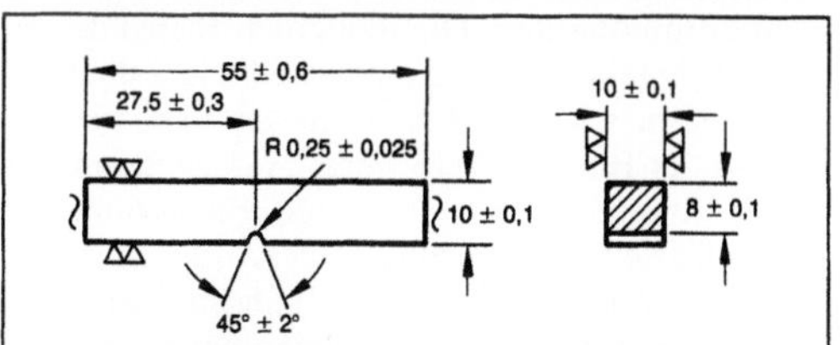

Kerbschlagbiegeversuch 1: ISO-Spitzkerbprobe (ISO-V-Probe).

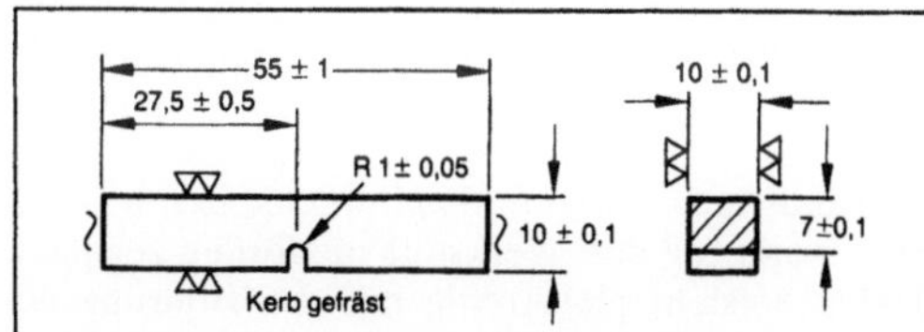

Kerbschlagbiegeversuch 2: DVM-Probe.

Kern. Während das Modell die Außenkonturen eines Gußstücks wiedergibt, werden Hohlräume im

Abguß (z. B. Bohrungen) durch K., die nach dem Ausheben des Modells in die Form eingelegt werden, gebildet. K.-Stücke benutzt man auch, um verwickelte Formkonturen (beispielsweise hinterschnittene Partien) ausformen zu können. Die maßgerechte Lage der K. in der Form ist besonders wichtig und wird durch K.-Marken gesichert. K.-Marken sollten so groß bemessen und so angeordnet sein, daß zum Abfangen der K. und zur Aufnahme des Gießdrucks ohne Lageveränderung keine weiteren K.-Stützen mehr benötigt werden, Bild 1 a).

Kern 2: Fittingkerne.

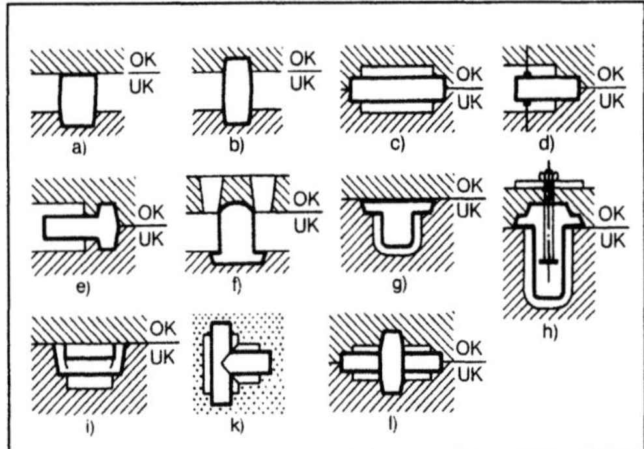

Kern 1: Verschiedene Kernlagerungen.
a) Einseitig, nur im UK geführter Kern
b) In OK und UK gelagerter Kern
c) Beidseitig geführter liegender Kern
d) Fliegend gelagerter waagerechter Kern mit Abstützung durch Kernnägel am freien Ende
e) Einseitig geklemmter Kern
f) Kern mit „Blumentopfkernmarke" im UK
g) Hängekern mit Schloßmarke
h) Im OK angeschraubter Kern
i) Liegender Kern mit seitlichen Schleif-Kernmarken
k) Mehrfach gelagerter Kern
l) Ineinander gelagerte Kerne.

Bei komplizierten Gußstücken, wie z. B. Automobilmotorengehäusen, benutzt man Montagevorrichtungen zum Zusammenbau einzelner K. zu einem K.-Block, der dann als Einheit in die Form eingelegt wird. Im Serienguß werden K. bis zu bestimmten Abmessungen nicht als Einzelstücke, sondern als Trauben im K.-Schießverfahren hergestellt. Ein typisches Beispiel sind die Fitting-K. (Bild 2). Auf dem Bild ist im Vordergrund der Fitting als Rohgußteil erkennbar. Das gleiche Bild zeigt aber auch die heute notwendige Veredlung der K. nach dem Formen auf der K.-Formmaschine, die in einem Entgraten und Quasi-Polieren der K.-Oberfläche besteht. Im rechten Bildteil von Bild 2 sieht man den nach dem Gleitschliffverfahren entgrateten und geschlichteten K., der in dieser Ausführung optimale Gußoberflächen liefert.

Diese hochwertigen K. müssen sich auch ohne Beschädigungen in die Form einlegen lassen. Genügende Konizität und falls erforderlich Schleifmarken, Bild 1 i), erleichtern das Einlegen auch schwerer K. mit Hilfe eines Hebezeugs. Das Spiel zwischen der K.-Marke am K. und dem Gegenlager in der Form ist so zu bemessen, daß sich der K. gut einführen läßt und andererseits trotzdem maßgerecht fixiert wird. Um zu verhüten, daß der Former Fasson-K. anders als lagerichtig einlegt, bringt man an den K.-Marken Sicherungen in Form von Ausschnitten, Absätzen, Kantungen usw. an.

An die thermische Beständigkeit der K. werden hohe Anforderungen gestellt, da die Metalle meist auf die K. aufschrumpfen und das Formstoffvolumen eines K. nicht selten gegenüber dem ihn umschließenden Metallvolumen klein ist. Zu diesem Zweck werden die K. mit feuerfesten Überzügen (Schwärzen oder Schlichten) versehen.

K. müssen aber auch nach dem Gießen gut zerfallen, was besonders wichtig in solchen Gußstückpartien ist, die für mechanische Putzwerkzeuge und ebenso für die Strahlmittelbeaufschlagung schwer zugänglich sind. Ein wichtiger Punkt ist ferner die Gasabfuhr der Gießgase und der Luft aus dem Formhohlraum. Die modernen K.-Sande sind meist harzgebunden und entwickeln nicht unerhebliche Gasmengen bei Erreichen des Sublimationspunkts der Binder. Nicht wenig Ausschuß entsteht durch Blasen im Abguß, deren Entstehung auf mangelhafte Gasabführung zurückzuführen ist. Für den Gießer haben die K.-Marken deshalb nicht nur den Zweck einer guten Lagefixierung des K., sondern die K.-Marken dienen auch zur notwendigen Entlüftung. Eine genügende Anzahl von Kernöffnungen am Gußstück anzuordnen ist deshalb eine Hauptanforderung des Gießers an den Konstrukteur. *Doliwa*

Kernbohren. Variante des Bohrens, bei dem das Bohrwerkzeug den Werkstoff ringförmig zerspant. Dabei entsteht gleichzeitig mit der Bohrung ein kreiszylindrischer, am Außendurchmesser bearbeiteter Kern. Das K. ist vor allem für die Fertigung von

Durchgangsbohrungen mit großem Durchmesser geeignet. *König*

Kernbüchse. Mit Hilfe von zwei- oder mehrteiligen K. werden die zur Ausbildung von Hohlräumen oder nicht ausformbaren Partien benötigten Kerne hergestellt. Nur in Ausnahmefällen werden Kerne heute noch von Hand geformt. Regel ist die Serienproduktion nach den verschiedensten Kern-Herstellungsverfahren. Die Verfestigung der Kernsande erfolgt ebenfalls immer seltener durch mechanische Verdichtung, sondern überwiegend durch chemische Reaktionen, ausgelöst entweder durch Begasung in kalten oder thermisch in heißen K. Man spricht deshalb von Cold- oder Hot-Box-Verfahren.

Die modernen Kernherstellungsverfahren haben einen großen Einfluß auf Gestaltung und vor allem die Werkstoffauswahl für die K. ausgeübt. K. aus Holz kommen praktisch nur für Einzelgußfertigung oder Prototypenabgüsse in Betracht. Hölzerne K. sind der Verschleißbeanspruchung durch das Einschießen der Kernsande mittels Kernformmaschinen nicht mehr gewachsen; außerdem auch nicht den korrosiven Angriffen der meisten Binder, mit denen die üblichen Kernsande versetzt sind. Längere Zeit waren deshalb metallische K. in Anwendung. Nicht alle Leichtmetalle weisen aber eine hinreichende Dauerstandfestigkeit auf und Gußeisen sowie korrosionsbeständige Schwermetalle erschweren infolge ihres Gewichts insbes. bei größeren K. die Handhabung und die Umspannarbeit.

Die Lösung mancher Probleme brachten K. aus Kunststoffen, die auch heute noch weitgehend Verwendung finden. Eine weitere Verbesserung für den Einsatz bei der Produktion von Großserienteilen stellen die aus Aluminium armierten, im Vakuum gegossenen Kernformwerkzeuge dar, die u. a. einen rationellen Einsatz des Cold-Box-Verfahrens ermöglichen.

Gegenüber Maschinen-Kernformwerkzeugen aus Gußeisen lassen sich in der neuen Technik erhebliche Kostensenkungen erzielen. Neben einer hohen Standzeit verlangt man von einer K. eine superglatte Oberfläche der Formseite, denn gerade die Innenkonturen eines Gußstücks, z. B. im Motorenbau, die spanend teilweise überhaupt nicht oder sonst nur kostenträchtig nacharbeitbar sind, sollen vornehmlich aus strömungstechnischen Gründen einen möglichst geringen Rauhigkeitsgrad aufweisen. Der Abguß kann aber nicht glatter ausfallen, als es die Oberflächengüte des Kerns zuläßt.

Neben der Wahl der zweckmäßigsten Teilung der Büchsen zur leichten Entformbarkeit der Kerne ist die Anordnung ausreichender Entlüftungen zur Abführung der in der Büchse enthaltenen Luft an den richtigen Stellen wichtig. Die K. ist

heute zu einem teilweise sehr komplizierten Kernformwerkzeug geworden, von dessen guter Konzeption die Qualität eines Gußstücks wesentlich abhängt. *Doliwa*

Kernformmaschine. Die ersten brauchbaren Einrichtungen zur maschinellen Herstellung von Kernen für Gußformen waren Kernschießmaschinen nach dem System Hansberg, die zunächst nur die lohnintensive Verdichtungsarbeit durch Stampfen des Kernsands von Hand rationalisieren sollten. Mit der fortschreitenden Entwicklung der Kernsande (CO_2-, Hot-Box-, Cold-Box-, SO_2-Verfahren) mußten die Maschinen weitere Aufgaben wie Begasung usw. übernehmen. Gleichzeitig mußte die Kernherstellung mit der Leistungssteigerung in der Formerei Schritt halten, was zur Konstruktion von hochautomatisierten K. führte, die neben Verdichtung, Begasung usw. auch die Eingliederung in Fertigungsstrecken ermöglichten.

Die vielfältigen Zusammensetzungen und Eigenschaften der Kernsande erfordern auch unterschiedliche K. für ihre Verarbeitung. Unabdingbar bleibt bei der maschinellen Kernherstellung die Forderung nach einwandfreier Verdichtung des Kernsands in allen Partien der →Kernbüchse, auch wenn diese komplizierte Konturen aufweist. Voraussetzung für die Erfüllung dieser Forderung ist neben der fachkundigen Anordnung von Entlüftungsdüsen in der Kernbüchse ein sehr gutes Fließvermögen des Sands beim Einströmen in die Kernbüchse, wie es z. B. durch den Fluidat-Schießkopf nach *D. Boenisch* (Bild) erreichbar ist.

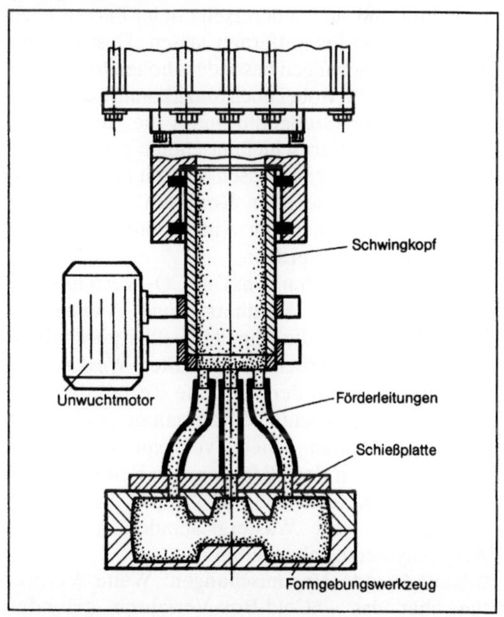

Kernformmaschine: Schnitt durch eine Kernformmaschine mit Fluidat-Schießkopf.

K. für das Warm-Box-Verfahren werden neuerdings mit einer Einrichtung versehen, die zur Beschleunigung des Härtevorgangs ein Evakuieren des Kerns in der Kernbüchse gestattet. Zu einer Wiederbelebung der Verwendung der umweltfreundlichen tongebundenen Sande zur Herstellung von geraden, außenprofilierten Rundkernen in großen Serien dienen Maschinen, in welche die geschossenen Kerne in der Kernbüchse durch ein von oben eingepreßtes Verdichtungswerkzeug (ggf. mit aufblasbarer Speicherblase) nachverdichtet werden.

Absaugungen und andere Maßnahmen zur Verbesserung der Arbeitsplatzbedingungen und Einhaltung der Vorschriften nach der TA Luft gehören zum Stand der Technik. Fortentwicklungen bestehen in PC-Steuerungen für die Dosierung der jeweiligen Sandmenge, in verschiedenen Möglichkeiten der Kernaustragung und -abnahme sowie in der Schnellwechselmöglichkeit der Kernbüchsen und Sandsorten. Zur Lösung vielseitiger Aufgaben bei der Handhabung der Kerne wurden Manipulatoren in flexibler Baukastenweise entwickelt. *Doliwa*

Kernsand. Hierunter versteht man Formstoffe, aus denen die zur Ausbildung von Hohlräumen oder hinterschnittenen Partien eines Gußstücks benötigten Kerne hergestellt werden. Da das flüssige Metall beim Erstarren auf die Kerne aufschrumpft, während es sich von den äußeren Formwänden ablöst, werden die Kerne thermisch länger belastet. Außerdem müssen die Kerne den Gießdruck bei der Formfüllung ohne Deformation oder sogar Bruch aushalten und sich andererseits beim Putzen leicht und rückstandslos entfernen lassen. Deshalb werden an K.-Mischungen besonders hohe Qualitätsansprüche gestellt, wobei noch hinzukommt, daß abgesehen von der Großgußformerei die Kerne meist maschinell auf Kernschießmaschinen gefertigt werden. Die Mischungen müssen also gut fließen, damit die vielfach verwickelten Konturen, wie z. B. bei Wassermantelkernen von Automobilmotoren, voll mit K. ausgefüllt werden:

□ Wasserglas-Mischungen: Das CO_2-Verfahren findet auch bei der Kernherstellung Anwendung. Vorteilhaft ist hier die schnelle Gießbereitschaft der Kerne und das Arbeiten mit kalten Werkzeugen, nachteilig dagegen der schlechte Zerfall der CO_2-Kerne und die Feuchtigkeitsaufnahme bei längerer Lagerung. Beiden Übeln versucht man durch Zusätze von den Zerfall fördernden Beimengungen (Bentonit, Kohlenstaub, Holzmehl usw.) oder Modifikation des Wasserglasbinders (z. B. mit Acrylpolymeren) abzuhelfen.

□ Kalthärtende Harzmischungen: Weite Verbreitung hat das →Cold-Box-Verfahren gefunden. Meist verwendet werden Binder auf Phenol-Isocyanat-Basis. Das Begasungsmittel, anfänglich Triethylamin, wirkt im Gegensatz zur Kohlensäure beim CO_2-Prozeß nicht als Reaktionspartner, sondern als Katalysator. Die notwendigen Sicherheitsmaßnahmen im Umgang mit Triethylamin sind im VDG-Merkbl. G 630 festgelegt. Die 1982 veröffentlichte 4. Ausgabe dieses Merkblatts enthält entsprechende Festlegungen auch für die Katalysatoren Dimethylethylamin und Dimethylisopropylamin. Schnelle Gießbereitschaft und Handhabung kalter Werkzeuge bietet auch die Cold-Box-Technologie. Als Nachteile sind die Beachtung von sicherheitstechnischen und Umweltschutzauflagen sowie mitunter eine besondere Neigung solcher Kerne zu Gießfehlern wie Blattrippen usw. zu nennen.

Eine neuere Entwicklung ist das SO_2-Verfahren, das nach einem US-Patent aus dem Jahr 1961 zehn Jahre später in Frankreich wieder aufgegriffen wurde, aber erst vor wenigen Jahren den eigentlichen Durchbruch schaffte, weil die Technik der SO_2-Begasung durch neue Binder auf der Basis epoxidgruppenhaltiger, phenolstämmiger Harze bereichert wurde, die die üblicherweise verwendeten furanstämmigen Harze ergänzen. Das Verfahren beruht auf der Umsetzung von Schwefeldioxid in Schwefeltrioxid durch Methylethylketonperoxid und Bildung von Schwefelsäure. Im Gegensatz zur Verwendung von Furanharz als Bindemittel, wo die freie Schwefelsäure eine Vernetzung unter Abspaltung von Wasser (Kondensationsreaktion) auslöst, lassen sich die neuen Binder durch die in situ entstehende konzentrierte Schwefelsäure ohne Abspaltung von Wasser und monomere Harzbestandteile polymerisieren. Dadurch verringern sich Klebneigung und Beläge an den Kernkästen auf ein Minimum. Wesentliche Voraussetzungen zur erfolgreichen Anwendung des SO_2-Verfahrens sind wirkungsvolle Abkapselung der Kernschießmaschine bei der SO_2-Begasung und eine gute Reinigung der Abluft. Das Verfahren liefert Kerne mit hoher Konturenschärfe und gutem Zerfall auch bei Aluminiumguß.

Warmhärtende Bindersysteme. Für das Hot-Box-Verfahren verwendet man meist Harze in einer Kombination von Harnstoff-Formaldehyd, Phenol-Formaldehyd und Furfurylalkohol mit Zusätzen zwischen 2–2,5 %. Katalysatoren sind saure Salze wie Ammonium, Ammoniumchlorid und Ammoniumphosphate in wäßriger Lösung. Für Eisengußwerkstoffe haben Hot-Box-Kerne ausreichende Zerfallserscheinungen. Für Aluminiumguß läßt sich der Zerfall durch Zusatz von Kaliumpermanganat verbessern. Eine Begrenzung erfährt diese Technologie auch dadurch, daß schlämmstofffreie Quarzsande benötigt werden. In den USA wurde ein Aktivierungsverfahren erarbeitet, bei dem die Sandkörner eines schlämmstoffhaltigen Sands mit einer Schicht überzogen werden, die den unmittelbaren Kontakt des Binders mit den Schlämmstoffen verhindert. Nachteilig bleibt die notwendige Handhabung heißer Werkzeuge, die Schutzkleidung und Arbeiten mit Handschuhen bedingt, sowie eine starke Gas- und Geruchsbelästigung bei der Kernherstellung und beim Gießen.

Im Gegensatz zum Hot-Box-Verfahren mit Arbeitstemperaturen um 250°C können beim Warm-Box-Verfahren die Härtetemperaturen auf 120–175°C gesenkt werden. Als Vorteile dieser Verfahrenstechnik sind Energieeinsparung, verringerter Formaldehydgehalt und geringere Gasentwicklung verbunden mit besseren Arbeitsplatzbedingungen zu nennen. Bindemittel sind Furanharze mit hohem Gehalt an Furfurylalkohol.

Das Maskenformverfahren ist natürlich auch für die Kernherstellung anwendbar. Die Kerne werden hierbei in beheizten Kernkästen ausgehärtet. Je nach Dauer der Wärmeeinwirkung und Kernquerschnitt lassen sich Massivkerne oder Hohlkerne herstellen. In manchen Fällen kommt es bei Maskenformkernen zu Verzug infolge einer Restplastizität nach dem Härten oder zu Gefügeänderung durch die isolierende Wirkung von Hohlkernen.

An sonstigen heißhärtenden Bindersystemen wurden vornehmlich in Japan die Einsatzmöglichkeiten von Stärkebindern untersucht mit dem Ergebnis, daß Stärke nur in Kombination mit anderen Bindern, wie sie z. B. beim Hot-Box-Verfahren angewendet werden, verwendbar ist.

Erprobt werden weiter Kernbinder auf der Grundlage von Acajounuß-Flüssigkeit, einem Nebenprodukt der Cashew-Nußölproduktion, in Kombination mit Dextrin sowie von Polyester ML-80, einem Kondensationsprodukt aus wasserfreier Maleinsäure.

Überzugstoffe. Formen werden sehr häufig, Kerne aber fast immer mit Überzügen, den Schlichten, versehen. Diese Schlichten sollen das Auftreten von Oberflächenfehlern wie Blattrippen (gratartige scharfe, unregelmäßig verlaufende Rippen aus Metall, die mit dem Gußstück fest verbunden sind), Vererzungen und Anbrennungen verhüten und damit den Putzaufwand verringern. Zu unterscheiden ist hierbei nach dem Lösungsmittel (Wasser oder Alkohol) und dem isolierenden Überzugsstoff (Graphit, Zirconiummehl, Talkum usw.). Um zu schnelleren Trocknungszeiten zu kommen, wurden in neuerer Zeit Fluorkohlenwasserstoffe (CCl_3F bzw. $C_2Cl_3F_3$) als Trägerflüssigkeit eingesetzt. Der MAK-Wert beträgt in beiden Fällen 1000 ppm. Tonerdeschlichten sind hochhitzebeständig und gegenüber Zirconiumschlichten weniger anfällig gegen Rißbildung beim Trocknen. Um ein rationelles Schlichten durch Tauchen oder Fluten zu ermöglichen, müssen die Schlichten auch über entsprechende rheologische Eigenschaften verfügen. *Doliwa*

Kernschießmaschine →Kernformmaschine

Kettenräumen. Variante des Außenräumens, bei der auf einer umlaufenden Kette befestigte Werkstücke an den Räumwerkzeugen vorbeigeführt werden. Die Werkstücke werden auf zwischen der Kette liegenden Spannvorrichtungen befestigt. Während des Räumvorgangs müssen die Werkstückträger zur Aufnahme der Zerspankräfte durch geeignete Führungen abgestützt werden. Wegen der bei vielen Vorrichtungen aufwendigen Rüstarbeiten ist das K. nur bei sehr großen Stückzahlen wirtschaftlich einsetzbar. Typische Bauteile sind Pleuel sowie verschiedene Formen von Hobeln und Schlepphobeln. *König*

Ketten-Räummaschine. Räummaschine. An Stelle der Räumnadel besteht hierbei das Werkzeug aus einer flexiblen, umlaufenden Kette, die mit Zähnen bestückt ist. *Schulz*

Kieferimplantat. Wegen der schlanken Geometrie des menschlichen Kiefers und der enormen Belastungen, denen er während des Kauvorgangs ausgesetzt ist, werden an K. in ihrem Festigkeitsverhalten besonders hohe Anforderungen gestellt. Dies gilt in besonderem Maß für im Kiefer zu implantierende Pfeiler, an denen Zahnbrücken permanent fixiert werden.

Die besten Erfahrungen wurden dabei noch mit keramischen Werkstoffen und pyrolytischem Kohlenstoff gesammelt (Biomaterialien). Bisher noch unbefriedigend gelöst ist das Problem der permanenten Verankerung der Implantate im Kiefer. Die extrem hohe Flächenpressung und die wechselnden Beanspruchsrichtungen während des Kauvorgangs führen zum Abbau des angrenzenden Knochengewebes und damit zur Lockerung des Implantats. Durch die daraus resultierende Schrägbelastung kann das Implantat dann herausbrechen. *Chmiel*

Kienzle-Gleichung. An Hand dieser Gleichung werden die bei der spanenden Bearbeitung auftretenden Kräfte (Zerspankräfte) bestimmt. Die K.-G. zur Berechnung der Schnittkraft lautet:

$$F_c = k_{c1.1} \cdot b \cdot h^{1-m_c};$$

der Spanungsquerschnitt wird in dieser Gleichung durch die Spanungsbreite b und die -dicke h beschrieben. Die spezifische Schnittkraft $k_{c1.1}$ ist im wesentlichen vom Werkstoff, von den Zerspanbedingungen, vom Werkzeug und von verfahrensspezifischen Einflüssen abhängig. Der Anstiegswert $1-m_c$ kennzeichnet den Schnittkraftverlauf für eine Werkstoff-Schneidstoff-Kombination in Abhängigkeit von der Spanungsdicke.

Für die Berechnung der Vorschubkraft und der Passivkraft gelten analoge Gleichungen. *König*

Kiesbettfilter. Das K. gehört der Gruppe der Tiefenfilter an. In einem meist flachen Behälter mit porösem Boden ist das Filtermittel, hier Kies, zwischen 0,5 und 1,5 m hoch aufgeschüttet. Die Korngrößen liegen dabei zwischen 3 und 50 mm.

Das Filter wird von oben nach unten durch Schwerkraft von der zu reinigenden Flüssigkeit durchströmt. Dabei kann man durch Anlegen von Druck die Fließgeschwindigkeit erhöhen. Die reinigende Wirkung beruht auf der Anlagerung von Schmutzpartikeln an den Kies- oder Sandteilchen (Tiefenfiltration).

Da die Reinigung mit Kies- oder Sandfiltern zum Entfernen letzter feinster Schwebeteilchen gedacht ist, ist ein solches Filter immer das letzte Glied einer Reinigungskette. Grobe Schmutzpartikel sollte man zuvor durch andere Verfahren entfernen.

K. sind nur mit geringen Feststoffbeladungen zu beaufschlagen und werden vor allem zur Trink- und Brauchwasseraufbereitung genutzt.

Da die Schmutzteilchen im Filter verbleiben, ist es notwendig, diese nach einiger Zeit zu entfernen. Dies geschieht durch Rückspülen. Dabei wird das Filter von unten nach oben durchströmt und der Schmutz ausgewaschen. Dieses Schmutzwasser wird dann einer Vorstufe der Wasseraufbereitung zugeführt.

Die Rückspülung kann entweder nach festen Betriebszeiten durchgeführt oder über den Druckverlust, der proportional der Verschmutzung des Filters ist, gesteuert werden. Diese Art der Regelung ist meß- und regelungstechnisch aufwendiger. *Greif*

Kinematik (Industrieroboter). Unter K. wird hier die räumliche Zuordnung nach Folge und Aufbau der Bewegungsachsen (Freiheitsgrade) zueinander verstanden. Ihre Aufgabe ist es, das Anfahren beliebiger Raumpunkte (Positionen) innerhalb eines Arbeitsraums zu ermöglichen und die Orientierung im Raum zu gewährleisten.

Man unterscheidet daher beim Industrieroboter in Grundachsen (3 Freiheitsgrade), die das Erreichen beliebiger Punkte im Arbeitsraum ermöglichen, und in Neben- oder Handachsen, die mit 3 Freiheitsgraden eine punktebeliebige Orientierung eines Werkstücks im Arbeitsraum erlauben. Daher werden für allgemeine Aufgaben meist Industrieroboter mit 6 Freiheitsgraden oder Achsen eingesetzt.

Prinzipiell bieten sich lineare, translatorische Bewegungen und rotatorische Bewegungen an, die je nach Anwendungsbereich unterschiedlich kombiniert werden. Die Kombination der translatorischen und rotatorischen Bewegungen bei den Grundachsen bestimmt die Form des Arbeitsraums. Die Hand- oder Nebenachsen sind i. a. rotatorisch und

können den Greifer oder das Werkzeug drehen, neigen oder schwenken.

Die Vorteile eines kinematischen Aufbaus mit rotatorischen Grundachsen sind:
- kleiner Kollisionsraum, großer Arbeitsraum,
- kleine Stellfläche,
- Spielfreiheit der Gelenklager,
- Abdichtung der Gelenklager,
- schwingungssteifer Aufbau,
- hohe Arbeitsgeschwindigkeit,
- geringer Wartungsaufwand.

Für translatorische Grundachsen sprechen folgende Vorteile:
- Verfahren in kartesischen Raumkoordinaten ohne Koordinatentransformation möglich,
- keine großen Anforderungen an das räumliche Vorstellungsvermögen des Programmierers.

Bevorzugt eingesetzt werden bei Industrierobotern rotatorische Grundachsen, da bei translatorischen Grundachsen eine Reihe von Nachteilen in Kauf genommen werden muß:
- großer Kollisionsraum,
- große Stellfläche,
- niedrige Arbeitsgeschwindigkeit,
- Spiel in den Achsführungen unvermeidlich,
- Abdeckung der Führungsbahnen schwierig.

Der einzige Nachteil der rotatorisch aufgebauten Grundachsen besteht in einer erhöhten Anforderung an die Steuerungstechnik, der aber durch leistungsfähige Rechnersteuerungen mit der Möglichkeit von Koordinatentransformationen ausgeglichen wird. *Warnecke*

Klärer. Zur möglichst vollständigen Abtrennung von Feststoff aus Flüssigkeiten nach dem Prinzip der →Sedimentation im Erdschwerefeld. Im K. findet ein kontinuierlicher Flüssigkeitsdurchfluß statt. Dabei muß die Verweilzeit so bemessen sein, daß auch die feinsten Partikel im Zulauf genügend Zeit zum Absetzen haben (Bild 1). Ist die →Sinkgeschwindigkeit des kleinsten Partikels bekannt, so

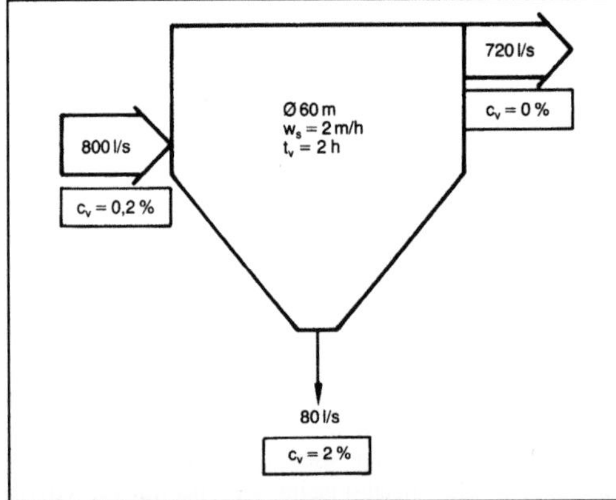

Klärer 1: Schematische Darstellung.

resultiert aus der Klärflächengleichung mit Durchsatz $\dot{V}$ und Sinkgeschwindigkeit w_s:

$$A = \frac{\dot{V}}{w_s}$$

die zur Abtrennung benötigte Grundfläche des Klärapparats. Im Gegensatz zu einem Eindicker soll der K. einen feststofffreien Überlauf gewährleisten (Bild 2). In vielen Kläranlagen sind K. in Form großer runder Becken mit Zulauf im Mittelpunkt und Überlauf am Umfang eingesetzt. *Trefz*

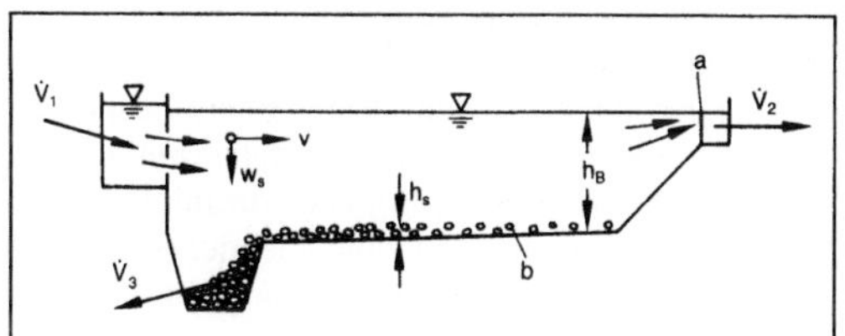

Klärer 2: Längsabsetzbecken (Schemaskizze).

a gezackte Überlaufkante, b Schlamm

Klärfilterzentrifuge. Filterzentrifuge, die vor allem zum Reinigen der flüssigen Phase dient (Zentrifugen). *Dahl*

Klassieren. Darunter versteht man die Auftrennung eines Haufwerks in Fraktionen verschiedener Korngröße. Als Ergebnis eines Klassiervorgangs erhält man mindestens zwei Kornfraktionen bzw. Teilmassen, die sich durch ihre Korngrößenverteilung voneinander unterscheiden. Die entscheidende Größe beim K. ist die Trennkorngröße d_T, bei der die Trennung einsetzt. Der dabei entstehende Massenanteil mit Partikeln kleiner d_T wird als Feingut oder Unterkorn, mit größeren Partikeln als Grobgut oder Überkorn bezeichnet. Eine absolut scharfe Trennung ist aber praktisch nicht möglich, so daß immer ein bestimmter Feinkornanteil (Fehlunterkorn kleiner d_T) im Grobgut und Grobkornanteil (Fehlüberkorn größer d_T) im Feingut verbleibt.

Es ergibt sich für jeden Klassiervorgang eine Trenngradkurve, die angibt, mit welcher Wahrscheinlichkeit (Trenngrad) ein Partikel einer bestimmten Größe sich in Fein- oder Grobgut befindet (Bild 1). Man kann mit Siebmaschinen (Trennung nach den geometrischen Abmessungen der Partikel) und mit Stromklassierern (Trennung nach der →Sinkgeschwindigkeit in gasförmigen oder flüssigen Medien) trennen. Für die unterschiedlichen Korngrößenbereiche werden folgende Klassiermaschinen-Gruppen bevorzugt:

□ Grobkornbereich (d>100 mm): unbewegte und bewegte Roste,

□ Mittel-, Fein- und Feinstkornbereich (d=0,0315–100 mm): Wurf-, Plan- und Trommelsiebmaschinen,

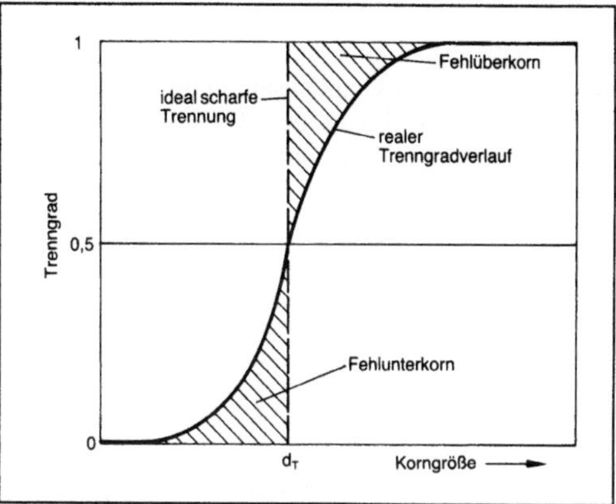

Klassieren 1: Trenngradkurve.

□ Fein- und Feinstkornbereich (d<0,5 mm): Stromklassierer (trocken und naß).

Die Siebklassierung geschieht durch einen häufig wiederholten statistischen Größenvergleich zwischen den Partikeln und den Sieböffnungen bei gleichzeitigem Transport des Guts über die Siebfläche. Während des Transports fällt das Feingut durch die Sieböffnungen (→Maschenweite), während das Grobgut mittels schwingender oder rotierender Bewegung des Siebes weitertransportiert wird. Es ist zu berücksichtigen, daß die Siebfläche dem Produktdurchsatz (Aufgabegut) angepaßt wird (Bild 2). Bei Siebmaschinen, die durch Schwingungen erregt werden, kann die effektive Maschenweite deutlich kleiner sein als die geometrische, besonders dann, wenn das Sieb mit hoher Frequenz schwingt (Bild 3). Die effektive Maschenweite ist dann diejenige Korngröße, bei der der Trenngrad 50 % beträgt (Bild 1). Bei der Stromklassierung erfolgt die Trennung des Partikelkollektivs unter Einwirken von Schwer-, Zentrifugal-, Trägheits- und Strömungskräften. Je nach Art des Mediums (Gas oder Fluid) wird von Sichtern oder Naßstromklassierern gespro-

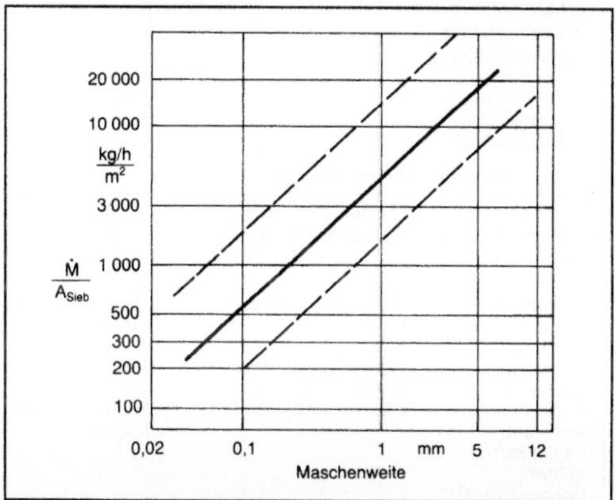

Klassieren 2: Spezifischer Durchsatz in Abhängigkeit von der Maschenweite.

chen. Als Maß für das Schwebeverhalten in einem Fluid gilt die Sinkgeschwindigkeit, die mit der Korngröße in direktem Zusammenhang steht. Eine Übersicht über die in der Technik eingesetzten Klassierverfahren bzw. -maschinen geben Bild 4, unten, und 5, Seite 513. *Trefz*

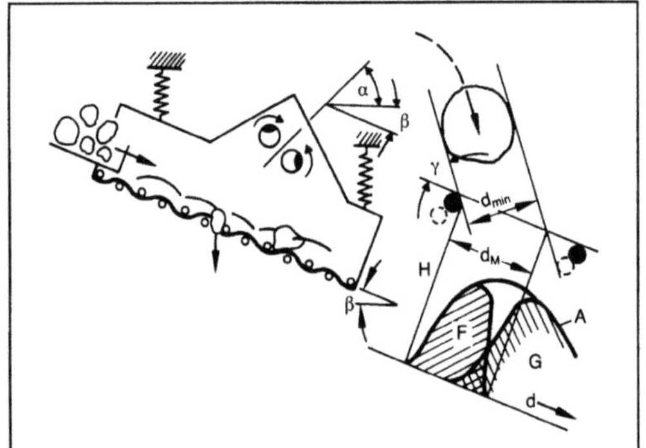

Klassieren 3: Effektive Maschenweite d_{min}.

Klassifizierung (Betriebsorganisation). Das erstrebte Ziel eines jeden Unternehmens ist die Rationalisierung seiner im Rahmen der →Auftragsabwicklung zu erfüllenden Aufgaben. Hier kann nach repetitiven und einmaligen Aufgaben unterschieden werden. Für die repetitiven Aufgaben muß durch eine Ordnung ein schneller Rückgriff auf bestehende Unterlagen gesichert sein, nachdem diese den Betriebsverhältnissen entsprechend bereinigt und vereinheitlicht worden sind. Letztlich soll

also durch ein K.-System eine Ordnung erreicht werden, die im Sinne der Zielsetzung Gleiches mit Gleichem zusammenführt.

Die klassifizierende Beschreibung einer Sache kann nach der Form, den Eigenschaften, Funktionen, Abmessungen u. a. m. erfolgen. Bei der Auswahl der beschreibenden Merkmale muß jedoch von dem Grundsatz ausgegangen werden, daß nur eine sachbezogene K. erfolgen darf, die frei von Aussagen der momentanen →Disposition oder Verwendung bleiben muß. Nur bei Einhaltung dieses Grundsatzes kann eine zeitlich unbeschränkt gültige K. erreicht werden.

Von besonderer Bedeutung für den Informationsgehalt von K.-Systemen sind die Stellenzahl und die Struktur des Systems (Bild). Die Anzahl der Merkmale nimmt natürlich mit zunehmender Stellenzahl zu. Der Grad der Zunahme ist dabei jedoch von der Struktur des Systems abhängig.

Für den formalen Aufbau von K.-Systemen kennt man grundsätzlich zwei Möglichkeiten: das dekadische System (Parallelsystem) und das dezimale System (verzweigtes System).

Beim dekadischen System sind alle Stellen unabhängig voneinander in jeweils zehn Positionen gegliedert. Beim dezimalen System wird jede Schlüsselposition in der nächsten Stelle in zehn weitere Positionen aufgeteilt.

Der Vorteil des dekadischen Aufbaus liegt in der Übersichtlichkeit und der leichten Handhabung, in der guten Merkbarkeit und in der leichten Auswert-

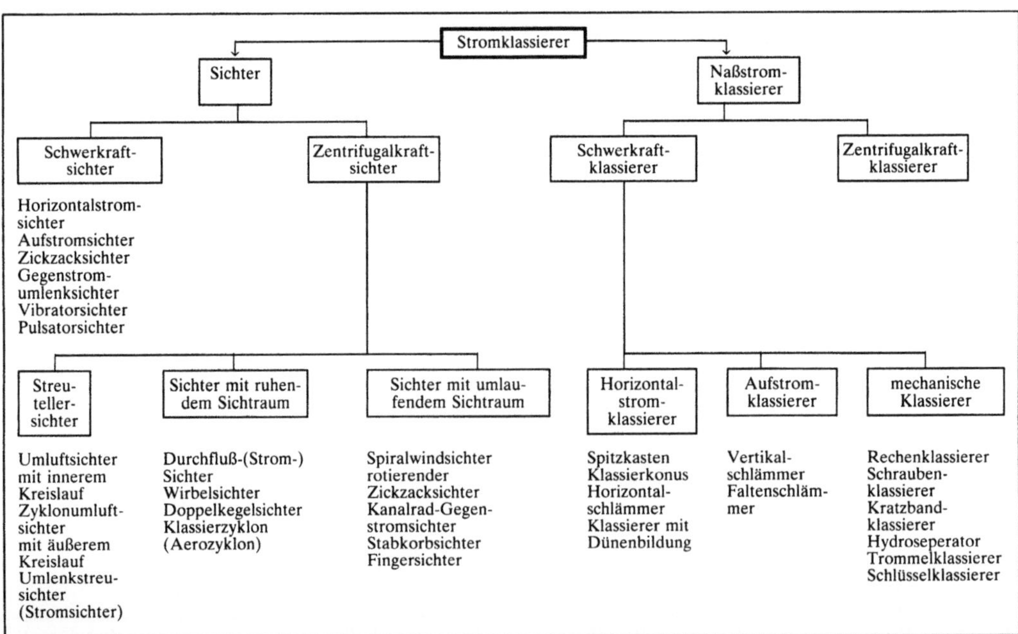

Klassieren 4: Stromklassierer (Übersicht).

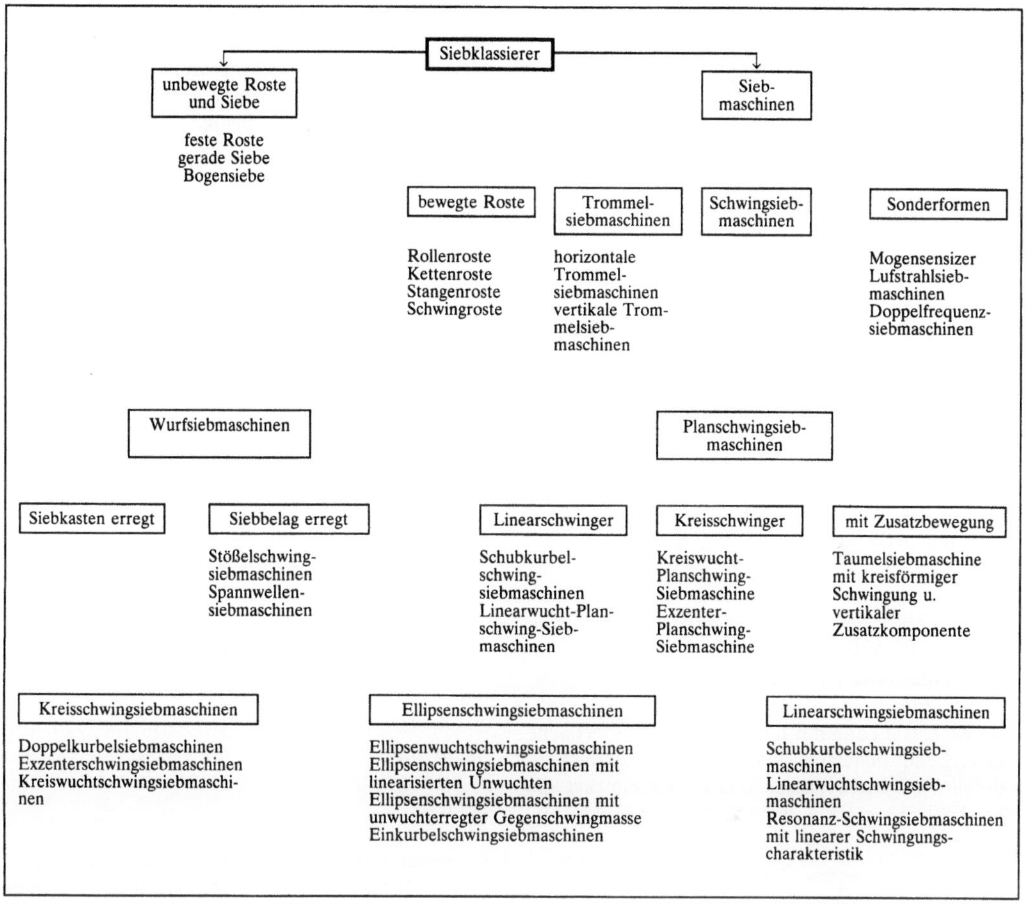

Siebklassierer
unbewegte Roste und Siebe
feste Roste
gerade Siebe
Bogensiebe
Sieb-maschinen
bewegte Roste
Rollenroste
Kettenroste
Stangenroste
Schwingroste
Trommel-siebmaschinen
horizontale Trommel-siebmaschinen
vertikale Trom-melsieb-maschinen
Schwingsieb-maschinen
Sonderformen
Mogensensizer
Lufstrahlsieb-maschinen
Doppelfrequenz-siebmaschinen
Wurfsiebmaschinen
Planschwingsieb-maschinen
Siebkasten erregt
Siebbelag erregt
Stößelschwing-siebmaschinen
Spannwellen-siebmaschinen
Linearschwinger
Schubkurbel-schwing-siebmaschinen
Linearwucht-Plan-schwing-Sieb-maschinen
Kreisschwinger
Kreiswucht-Planschwing-Siebmaschine
Exzenter-Planschwing-Siebmaschine
mit Zusatzbewegung
Taumelsiebmaschine mit kreisförmiger Schwingung u. vertikaler Zusatzkomponente
Kreisschwingsiebmaschinen
Doppelkurbelsiebmaschinen
Exzenterschwingsiebmaschinen
Kreiswuchtschwingsiebmaschi-nen
Ellipsenschwingsiebmaschinen
Ellipsenwuchtschwingsiebmaschinen
Ellipsenschwingsiebmaschinen mit linearisierten Unwuchten
Ellipsenschwingsiebmaschinen mit unwuchterregter Gegenschwingmasse
Einkurbelschwingsiebmaschinen
Linearschwingsiebmaschinen
Schubkurbelschwingsieb-maschinen
Linearwuchtschwingsieb-maschinen
Resonanz-Schwingsiebmaschinen mit linearer Schwingungs-charakteristik

Klassieren 5: Siebklassierer (Übersicht).

dekadisches System (paralleles System)
Pos. 0
Pos. 9
1. Stelle
2. Stelle
3. Stelle
Beispiel
mit Nut
dezimales System (verzweigtes System)
rechteckig
Formteil
Quader

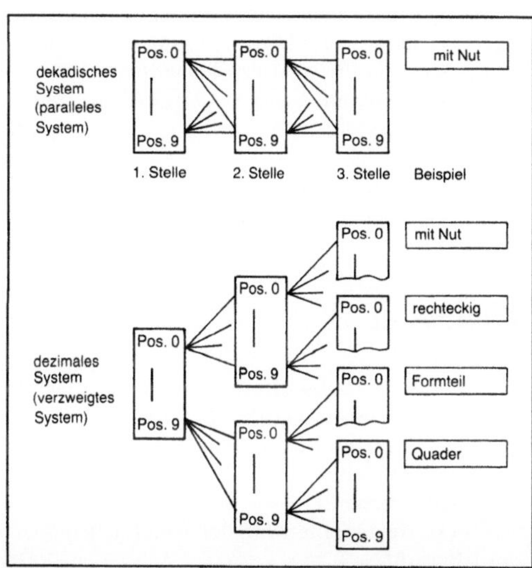

Klassifizierung (Betriebsorganisation): Struktur von Systemen.

barkeit, besonders bei der maschinellen Verarbeitung.

Jede Schlüsselstelle kann gesondert über die gesamte Breite des Spektrums ausgewertet werden. Demgegenüber hat das dezimale System eine wesentlich größere Speicherfähigkeit. Um die Vorteile beider Systeme auszunutzen, werden in der Hauptsache Mischsysteme verwendet. *Eversheim*

Literatur: *Eversheim, W.:* Organisation in der Produktionstechnik. Bd. 1: Grundlagen. Düsseldorf 1981.

Kleben. Verbinden von Fügeteilen mit Hilfe eines Klebstoffs, eines Lösungsmittels oder eines Lösungsmittelgemisches. Das K. ermöglicht die Verbindung unterschiedlicher Werkstoffe, auch solcher, die durch →Schweißen oder →Löten nicht fügbar sind, wie z. B. Duromere und Holz. Hauptaufgabe des Klebstoffs ist es, zwischen den Fügeteilen eine stoffschlüssige Verbindung herzustellen. Beim Haftungsmechanismus unterscheidet man zwischen der Adhäsion, d. h. der Oberflächenhaftung des Klebstoffs auf den Fügeteilen, und der Kohäsion, d. h. der Festigkeit innerhalb des Klebstoffs (Bild 1).

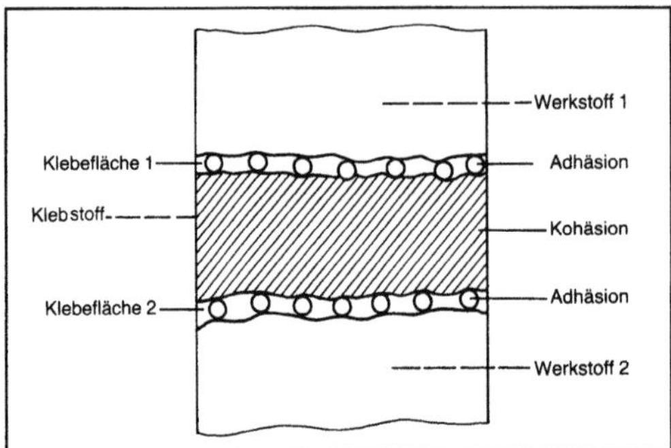

Kleben 1: Die Haftkräfte in einer Klebverbindung.

Die Adhäsion wird hervorgerufen durch physikalische Anziehungs- bzw. Adsorptionskräfte (Van-der-Waals-Kräfte, Sekundärbindungen), die zwischen den artfremden Atomen und Molekülen der sich berührenden Oberflächen wirken, und durch chemische Bindungen, die zwischen den Atomen und Molekülen der aneinandergrenzenden Oberflächen entstehen (Chemisorption). Von großem Einfluß auf die Adhäsion ist die ausreichende →Benetzung der Fügeteiloberfläche durch den →Klebstoff. Der Klebstoff kann nur dann eine feste Oberfläche ausreichend benetzen, wenn seine Oberflächenenergie γ_k gleich, besser jedoch kleiner als die Oberflächenenergie γ_s des Fügeteils ist (Bild 2).

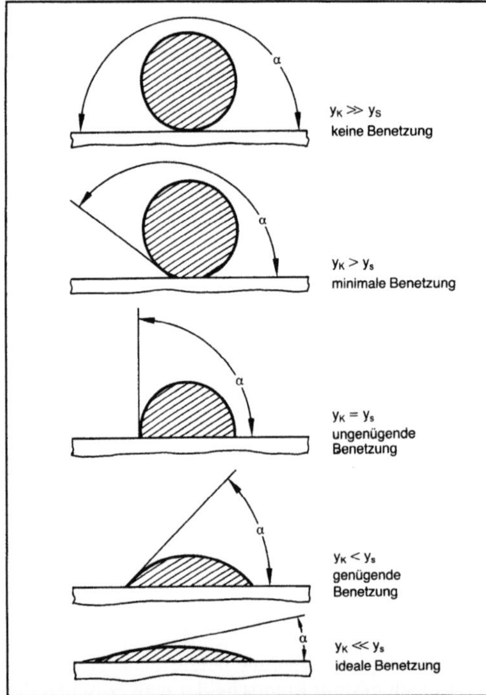

Kleben 2: Oberflächenenergie und Randwinkel.

Die Kohäsion der zumeist organischen Klebstoffe kann verursacht werden durch mechanische Verklammerung fadenförmiger Moleküle oder faseriger Stoffbestandteile, durch die Anziehung zwischen benachbarten Molekülen und Atomen auf Grund verschiedener zwischenmolekularer Kräfte oder durch chemische Bindungen im Molekül.

Für die Gestaltung von Klebverbindungen gelten folgende Richtlinien:

□ flächenhafte Verbindungen mit ausreichenden Überlappungen,

□ Beanspruchung möglichst nur auf Scherung und/oder Druck,

□ optimaler Oberflächenzustand je nach Art des Klebstoffs,

□ Vermeiden größerer Klebspalte,

□ Klebverbindungen möglichst biege-, dehn- und stauchfest gestalten,

□ Schälgefahr durch geeignete Maßnahmen vermindern,

□ keine schroffen Querschnitts- oder Klebschichtänderungen,

□ eingeschränkte Warmfestigkeit und Wärmebeständigkeit der Klebstoffe beachten.

Der Klebvorgang läßt sich in 6 Schritte unterteilen:

□ Vorbereiten der Fügeteile (→Klebflächenvorbehandlung),

□ Vorbereiten des Klebstoffs (Mischen der Komponenten),

□ Auftragen des Klebstoffs,

□ →Fügen und Fixieren (Ablüftzeit, Topfzeit),

□ Aushärten der Klebschicht (Härtezeit, Anpreßkraft und Temperatur),

□ Nachbehandlung (z. B. Klebwulstentfernung, Versiegeln).

Der auf die Fügefläche bezogene Widerstand gegen Trennung der Klebverbindung durch angreifende äußere Kräfte wird als Klebfestigkeit bezeichnet. Die Tabelle auf Seite 515 zeigt die gebräuchlichsten Klebnahtformen.   *Dorn*

Literatur: *Habenicht, G.:* Kleben; Grundlagen, Technologie, Anwendung. Berlin, Heidelberg, New York 1986. – DIN 16920: Klebstoffverarbeitung. Hrsg. Dt. Inst. für Normung. Ausg. 1981.

Klebfestigkeit →Kleben

Klebflächenvorbehandlung. Durch Oberflächenbehandlung kann u. U. eine beträchtliche Steigerung der Bindekräfte zwischen →Klebstoff und Fügeteilen erreicht werden. Das Vorbehandeln von Klebflächen bewirkt

□ verbesserte →Benetzung der Klebflächen durch den Klebstoff,

□ Erhöhen der wirksamen Oberfläche durch Aufrauhen der Klebfläche,

Kleben. Tabelle: Die gebräuchlichsten Klebnahtformen. (Quelle: Fauner, G., u. W. Endlich: Angewandte Klebtechnik)

Verbindungsformen		Lastart	Fügefläche	Scherspannung in der Klebschicht
einfache Überlappung	a)			
gefalzte Überlappung	b)			
abgeschrägte Überlappung	c)	Zug Druck	$A = l_{ü} \cdot b$	$\tau_s = \dfrac{F}{l_{ü} \cdot b}$
einschnittige Laschung	d)			
zweischnittige Laschung	e)	Zug Druck	$A = 2 \cdot l_{ü} \cdot b$	$\tau_s = \dfrac{F}{2 \cdot l_{ü} \cdot b}$
geschäftet	f)	Zug Druck	$A = \dfrac{l_{ü} \cdot b}{\cos \alpha}$ (für $l_{ü}/s \geqq 10$)	$\tau_s = \dfrac{F \cdot \cos \alpha}{l_{ü} \cdot b}$
rotationssymmetrische Überlappung (Rohrsteckverbindung)	g)	Zug Druck Torsion	$A = l_{ü} \cdot \pi \cdot d_a$	$\tau_s = \dfrac{F}{\pi \cdot l_{ü} \cdot d_a}$ $\tau_s = \dfrac{2 \cdot M_t}{\pi \cdot l_{ü} \cdot d_a^2}$
rotationssymmetrische Überlappung (Bolzensteckverbindung)	h)	Zug Druck Torsion	$A = l_{ü} \cdot \pi \cdot d_a$	$\tau_s = \dfrac{F}{\pi \cdot l_{ü} \cdot d_a}$ $\tau_s = \dfrac{2 \cdot M_t}{\pi \cdot l_{ü} \cdot d_a^2}$
rotationssymmetrische Stoßverbindung (Flanschverbindung)	i)	Torsion	$A = \dfrac{\pi}{4}(d_a^2 - d_i^2)$	$\tau_s = \dfrac{16 \cdot M_t \cdot d_a}{\pi (d_a^4 - d_i^4)}$

◻ Adhäsionsverbesserung durch Aktivieren der Grenzflächenkräfte.

Je nach Art der Fügeteilwerkstoffe und ihres Oberflächenzustands haben sich folgende Vorbehandlungsverfahren als geeignet erwiesen:

◻ Reinigen, Entfetten,

◻ mechanische Vorbehandlung (Schleifen, Strahlen),

◻ thermische Vorbehandlung (Beflammung, Heißluft),

◻ elektrische Vorbehandlung (Koronaentladung, Niederdruckplasmavorbehandlung, Funkeninduktion),

◻ Bestrahlung mit langsamen Elektronen (Pfropfpolymerisation),

◻ radioaktive Vorbehandlung (Pfropfpolymerisation),

◻ chemische Vorbehandlung (Beizbäder, Lösungsmitteldämpfe, Gase unter UV-Einstrahlung).

Die unpolaren und schwer bzw. unlöslichen Polymere wie Polyethylen, Polypropylen, Polyacetale usw. sind i. a. erst nach Vorbehandlung zufriedenstellend verklebbar (→Kleben). *Dorn*

Literatur: *Brockmann, W., L. Dorn* u. *H. Käufer:* Kleben von Kunststoff mit Metall. Berlin, Heidelberg, New York 1989.

Klebnahtform →Kleben

Klebstoff. K. sind reine Stoffe oder Mischungen verschiedener Stoffe unterschiedlichster Zusammensetzung und Struktur, die die Fähigkeit besitzen, zwei Körper gleicher oder verschiedener Natur über eine aneinandergefügte Fläche zu verbinden.

In DIN 16 920 und DIN 16 921 werden Richtlinien für die Einteilung von K. nach Gebrauchsform, Aufbau und Verarbeitung gegeben:

◻ *Wäßrige Leimlösung:* Darunter fallen die pflanzlichen und tierischen Leime wie Weizenkeimkleber, Sojaeiweißleime, Stärkeleime, Kollagenleime, Kaseinleime, Blutalbuminleime, aber auch wasserlösliche Kunststoffe wie Celluloseether (Methylcellulose usw.) sowie die kalt- und heißhärtenden Harnstoff-, Melamin- und Phenol-Formaldehydkondensate Diese Leime binden durch Verdunsten des Wassers (Trocknen) bzw. Vernetzen ab.

◻ *Klebdispersion:* Dies sind in Wasser dispergierte oder emulgierte pflanzliche Leime wie Naturharz und Naturkautschuk, aber auch synthetische Elastomere (im wesentlichen Butadien-Copolymerisate, Polychloropren) und thermoplastische Kunststoffe (Polyvinylacetat, Polyacrylsäureester/Acryllackharze, Vinylchlorid-Vinyliden-Copolymerisate, ABS-Dispersionen). Sie binden ebenfalls durch Trocknen ab.

◻ *Kleblack:* Nach der Norm gehören hierzu alle flüssigen K., die organische Lösungsmittel enthalten. Es sind dies die verschiedenen Lösungen thermoplastischer Kunststoffe, die zum Verkleben artverwandter Kunststoffe eingesetzt werden (z. B. Lösungen von nachchloriertem PVC zum Verkleben von PVC-hart. Weiterhin gehören hierher die Haftkleber auf der Grundlage von Polyisobutylen und Polyvinylether sowie die Kontaktkleber, die meist gelöste, synthetische Elastomere enthalten.

Ebenso zählen die Reaktionskleblacke dazu, die vorwiegend nur anpolymerisierte Kunststoffe mit niedrigen Molmassen enthalten und die erst durch „Härte"-Zusatz weiterreagieren und so abbinden. Man unterteilt sie in:

– Zweikomponenten-Kleber, bei denen Binder und Härter getrennt sind und erst vor dem Verkleben gemischt werden (Polymethacrylate, Polyurethan- und Epoxidharzvorprodukte, Polyethylenimine, ungesättigte →Polyester), und

– Einkomponenten-Kleber, die unter der Einwirkung von Luftfeuchtigkeit vernetzen und so abbinden (Cyanacrylate und Isocyanatkleber).

◻ *Klebkitt:* Dies sind hochgefüllte, pastenförmige K. auf der Grundlage von Polysulfid- und Siliconelastomeren.

◻ *Schmelzklebstoff:* Neben festen thermoplastischen Kunststoffen (z. B. Polyvinylbutyral) meist in Folienform, die zum Verkleben aufgeschmolzen werden und durch Erkalten abbinden, gehören hierher auch die auf Papier aufgetragenen heißhärtenden Phenol-Melamin- und Harnstoff-Formaldehydharze.

◻ *Klebeplastisol:* Es ist eine lösungsmittelfreie, weichmacherhaltige (20–50 %) PVC-Paste, die beim Erhitzen geliert und abbindet.

Neben diesen organischen K. spielen aber auch anorganische Kleber (Bindemittel, Zement) eine wichtige Rolle vor allem dort, wo keramische Stoffe zu verkleben sind. Als wichtigste sind zu nennen: Natriumsilicat (Wasserglas, $Na_2O \cdot nSiO_2$ mit n = 1–4), Gips ($CaSO_4 \cdot \frac{1}{2} H_2O$), Magnesiumoxidchlorid (3 $MgO \cdot MgCl_2 \cdot 11 H_2O$) und Portlandzement. *Zahradnik*

Kleinhonwerkzeug →Honwerkzeug

Kleinserienfertigung. Sie läßt sich durch die Anzahl der Werkstücke je Fertigungslos von der Einzelfertigung einerseits und von Serien- und Massenfertigung andererseits abgrenzen. Die Übergänge der einzelnen Bereiche sind jedoch, abhängig vom jeweiligen Endprodukt, als fließend anzusehen. Die häufigen Auftragswechsel erfordern eine große Anzahl von Umrüstvorgängen, die einen hohen Neben- und Rüstzeitanteil verursachen und somit insgesamt zu einer schlechten zeitlichen Nutzung der →Betriebsmittel führen.

Eine rationellere →Fertigung durch Steigerung der Flexibilität bzw. Erhöhung des Automatisierungsgrads ist auf Grund der ständig wechselnden Bearbeitungsanforderungen nur in Einzelfällen realisierbar. Das mit derartigen Maßnahmen verbundene Investitionsrisiko läßt sich nur durch eine zielorientierte, detaillierte Planung des Personal- und Betriebsmittelbedarfs auf ein vertretbares Minimum reduzieren. *Eversheim*

Literatur: *Eversheim, W.:* Organisation in der Produktionstechnik. Bd. 4. Düsseldorf 1981.

Knabberschneiden. Dieses (auch Nibbeln genannte) Verfahren ist gekennzeichnet durch mehrstufiges fortschreitendes →Scherschneiden mit einem Schneidstempel, wobei Werkstückstoff entlang einer offenen Schnittlinie stückweise abgetrennt wird.

Es wird zum Ausschneiden beliebiger Formen aus Blechtafeln, und zwar nur in der Einzelfertigung oder Kleinserienfertigung angewendet. Beispiele sind die Herstellung von Schablonen für Kopierdreh- und Fräsmaschinen oder Blechteile für Prototypen.

Der Ausschnitt erfolgt, indem entlang der Kontur eine Lochung so auf die andere folgt, daß nur der vordere Teil des Lochstempels zum Eingriff kommt. Daher ist die erforderliche →Schneidkraft relativ niedrig. Die Ausbildung der Schnittfläche ist vom Vorschub pro Lochung sowie von Form und Größe des Schneidstempels abhängig.

Runde Stempel erleichtern die Richtungsänderung während des Vorschubs, was für die meist gekrümmten Konturen von Vorteil ist.

Das Nibbelverfahren wird häufig mit anderen Scherschneidverfahren sowie mit Laserschneiden kombiniert.

Eine Einteilung verschiedener Nibbelverfahren wird durch die Maschine bestimmt und ist entsprechend folgenden Kriterien vorzunehmen:
□ Vorschubbewegung durch Werkzeug oder Werkstück,
□ Vorschubkraft manuell oder maschinell,
□ Vorschubbewegung automatisiert oder nicht,
□ Arbeitsbereich,
□ Anfangsloch herstellbar oder nicht,
□ Werkstückgeometrie ist gegeben durch Anriß, Zeichnung, Schablone oder Steuerprogramm. *König*

Literatur: *König, W.:* Fertigungsverfahren. Bd. 5: Blechumformung. Düsseldorf 1986. – *Spur, G.,* u. *Th. Stöferle:* Handb. Fertigungstechnik. Bd. 2/3: Umformen, Zerteilen. München, Wien 1975.

Kneter. K. werden zum Mischen oder Homogenisieren hochviskoser Medien eingesetzt. Sie bestehen aus auf rotierenden Wellen angebrachten Knetschaufeln, deren Geometrie je nach Knetaufgabe sehr unterschiedlich sein kann. K. können diskontinuierlich, aber in Verbindung mit Förderschnecken auch kontinuierlich arbeiten. Die bei dem Knetvorgang an das Produkt abgegebene Dissipationsleistung führt zu einer merkbaren Produkterwärmung

und damit zu einem Absinken der Viskosität. Bei temperaturempfindlichen Produkten muß deshalb der K. mit einem Kühlkreislauf ausgestattet sein. *Dahl*

Knetlegierung. Dieser Legierungstyp, den es nur im Leicht- und Schwermetallbereich gibt, unterscheidet sich von den Sandguß- und Druckgußlegierungen in Varianten der Zusammensetzung. Die Sandgußlegierungen sind auf gute →Gießbarkeit (Formfüllungsvermögen) und eine möglichst günstige Erstarrungsmorphologie zwecks Verminderung des Lunkervermögens getrimmt, Eigenschaften, auf welche die durch Umformung weiterverarbeiteten K. keine besondere Rücksicht nehmen müssen.

Bei den K. kommt es vor allem auf eine gute Umformbarkeit und gute Festigkeitseigenschaften, die u. U. durch die Warmformung verbessert werden und die üblicherweise über denen von vergleichbaren Sandgußlegierungen liegen, an. Druckgußlegierungen sollen nicht nur gut fließfähig, sondern auch resistent gegen Gasaufnahme beim Gießvorgang sein.

Je nach Gießmethode und Weiterverarbeitung gibt es also bei an sich gleicher Grundkonzeption (z. B. hinsichtlich Widerstandsvermögen des Werkstoffs gegen Korrosion, Verschleiß oder Kriechen) unterschiedliche Legierungsvarianten, wobei die K. für die Herstellung von Vor- oder Fertigerzeugnissen mit nachfolgender Umformung durch Walzen, Pressen, Drücken usw. bestimmt sind. *Doliwa*

Knetschnecke. K. übernehmen in Schnecken- oder Schraubenknetern die Knetarbeit. Durch die Schraubenlinie der Schneckenwelle wird das Knetgut in Drehrichtung und längs der Welle verschoben. Dadurch wird eine Knetwirkung erreicht und gleichzeitig gefördert. Schneckenkneter sind meistens mit 1 oder 2 Wellen ausgestattet (Ein-, Doppelschneckenkneter) und lassen sich kontinuierlich und diskontinuierlich betreiben. Der geförderte Volumenstrom eines kontinuierlichen Schneckenkneters ist

$$\dot{V} = \eta \cdot n \cdot A \cdot h,$$

mit n Wellendrehzahl, A Querschnitt des Mischraums, h Schneckensteigung, η Wirkungsgrad für Förderung und Füllungsgrad des Mischraums.

Beim Einschneckenkneter rotiert im zylindrischen, aufklappbaren Gehäuse die K. Das Gehäuse kann zusätzlich feststehende Knetzähne tragen, die die Knetwirkung verstärken. Der rotierenden Schneckenbewegung kann ein axial hin- und hergehendes Verschieben der Welle überlagert sein. Dadurch verbessert sich nochmals das Kneten.

Schließlich transportiert die Schnecke das Knetgut und wirft es am Ende des Gehäuses aus.

Einschneckenkneter werden hauptsächlich für das Mischen, Plastizieren und Polymerisieren bei Durchsätzen von ca. 100 m³/h eingesetzt.　　*Greif*

Knickbauchen. K. ist nach DIN 8584, Bl. 6, →Zugdruckumformen zum örtlichen Erweitern oder Verengen eines Hohlkörpers unter Einwirkung von Druckkräften in Längsrichtung, die zu einem Ausknicken des Werkstücks nach außen oder innen, quer zur Richtung dieser Druckbeanspruchung führen (Bild 1 und 2). Dabei werden in der Umformzone tangentiale Zugbeanspruchungen, z. T. auch tangentiale Druckbeanspruchungen bzw. Kombinationen davon hervorgerufen. K. dient zum Erzeugen von Versteifungen, Anschlägen und ähnlichen Formelementen meist an dünnwandigen Hohlteilen aus Blech.　　*Lange*

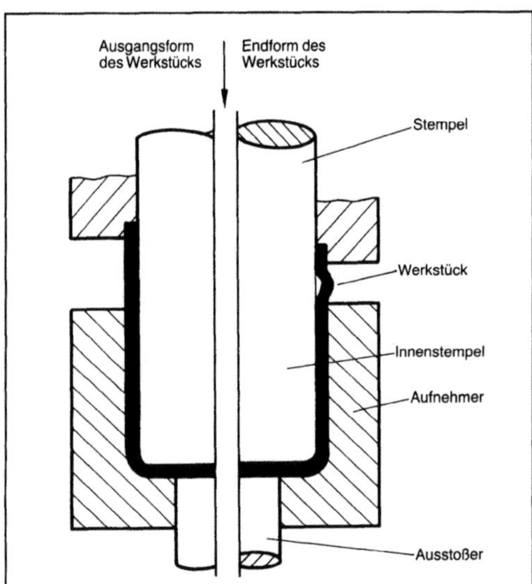

Knickbauchen 1: Knickbauchen nach außen.

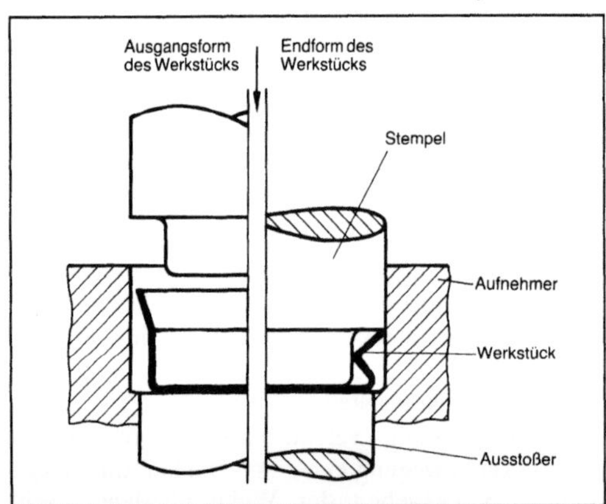

Knickbauchen 2: Knickbauchen nach innen.

Knickbiegen. K. ist nach DIN 8586 →Biegeumformen, bei dem der Biegevorgang durch Ausknicken des Werkstücks senkrecht zur Kraftwirkrichtung eingeleitet wird (Bild). Die Umformzone wird dabei durch Einspannen des nicht umzuformenden Teils des Werkstücks oder/und auch durch örtliche Erwärmung begrenzt. Durch K. lassen sich z. B. in einem Arbeitsgang örtliche Vorsprünge begrenzter Breite mit doppelter Dicke des Blechteils erzeugen, sofern der Werkstoff scharfkantige Biegungen um 180° zuläßt. Das ist dann gegeben, wenn die Brucheinschnürung Z = 50% beträgt.　　*Lange*

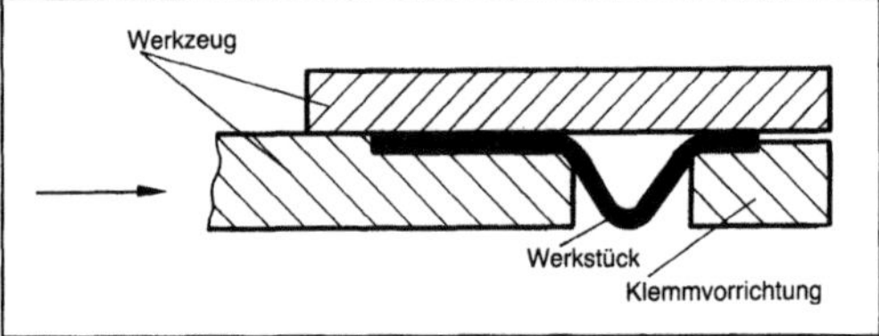

Knickbiegen: Schematische Darstellung.

Kniehebelpresse. K. sind mechanische, weggebundene Preßmaschinen mit erweitertem Kurbelgetriebe (→Umformmaschine). Man unterscheidet Kniehebelgetriebe mit zug- oder druckbeanspruchtem Pleuel. Die Stößelbewegung ist in der Nähe des unteren Totpunktes deutlich verzögert. Dadurch ergibt sich verglichen mit reinem Schubkurbelgetriebe ein merklich kleinerer Stößelweg, über den die →Nennkraft verfügbar ist. Auch sind im Bereich $h > h_N$ die verfügbaren Stößelkräfte sehr viel niedriger. K. werden daher bevorzugt für Umformvorgänge mit kurzen Umformwegen, längeren Druckberührzeiten und hohen Kraftspitzen bei Vorgangsende eingesetzt, z. B. für Prägen von Münzen, Formteilen.　　*Lange*

Knudsen-Diffusion. Stofftransport in engen Kanälen oder Poren, wenn der Porenradius angenähert kleiner als die mittlere freie Weglänge der Moleküle ist und/oder wenn geringe Moleküldichte des Fluids in den Poren vorliegt. Im Unterschied zur gewöhnlichen Fickschen Diffusion stoßen die Moleküle bei der K. viel häufiger mit der Begrenzungswand als mit sich selbst zusammen. Dies bedeutet, daß hier der effektive Diffusionskoeffizient $D_{i,eff}$ der Komponente i von r_p abhängig wird:

$$D_{i,eff} \approx 100\, r_p \sqrt{\frac{T}{M_i}};$$

T Temperatur der Fluids, M_i Molmasse der diffundierenden Komponente i. Die K. liefert einen wichtigen Beitrag zur Porendiffusion. *Schönbucher*

Koagulation. Verfahren zum Zusammenballen von Teilchen zu größeren Aggregaten. Im Gegensatz zur

Agglomeration, wo lange Kettenmoleküle eines Flockungsmittels die Feststoffteilchen durch mechanische Brücken miteinander verbinden, lagern sich die Teilchen bei der Koagulation direkt aneinander an. Die Anlagerung kann durch eine Temperaturerhöhung, durch mechanisches Einwirken oder durch Zugabe eines als Elektrolyt wirkenden Flockungsmittels, das die gegenseitige elektrostatische Abstoßung aufhebt, bewirkt werden. *Dohrn*

Koaleszenz. Unter K. versteht man das Zusammengehen von Tröpfchen einer Emulsion oder von Blasen in einer Wirbelschicht oder einer Blasensäule.

K. von Tröpfchen findet immer dann statt, wenn Tröpfchen kollidieren und genügend lange in Kontakt bleiben, so daß der Film der kontinuierlichen Phase ausdünnt und bricht. In Systemen, in denen sich nur wenig Verunreinigungen befinden und die Oberflächenspannung groß ist, tritt schnell K. ein. Verunreinigungen wie Polymerfilme lagern sich bevorzugt an den Tröpfchenoberflächen an und verringern die K.-Rate. Bei der Flüssig-Flüssig-Extraktion (→Extrahieren) ist ein schnelles Aufbrechen der Tropfen zu einer homogenen Phase für den →Stoffübergang von Bedeutung (→Dekantieren). *Dohrn*

Literatur: *Perry, R. E.,* u. *D. W. Green:* Perry's Chemical Engineers' Handb. 6. Aufl. New York 1984.

Kohlendioxid-Laser →CO$_2$-Laser

Kohlenstoff, kohlenstoffaserverstärkter. K. K. (häufig auch mit C/C oder CFC bezeichnet) ist ein →Verbundwerkstoff, bei dem Kohlenstoffasern in eine Kohlenstoffmatrix eingelagert sind. Man spricht auch von einem eigenfaserverstärkten Werkstoff. K.-Fasertyp (Faserwerkstoffe), Orientierung der Fasern, Volumenanteil und das zur Herstellung des Verbundwerkstoffs verwendete Verfahren sind wählbar und ermöglichen die Einstellung eines breiten Eigenschaftsspektrums.

Die Formgebung von Bauteilen aus faserverstärktem K. geschieht nach den für faserverstärkten Kunststoff üblichen Methoden. Mit thermisch härtenden Bindemitteln, Phenolharzen bzw. Pech-Schwefel-Gemischen oder thermoplastischen Bindemitteln werden die Kohlefasern getränkt und anschließend gewickelt oder verpreßt. Hieran schließt sich ein Pyrolyseprozeß an. Das Bindemittel wird verkokt. Hieraus resultiert ein Masseverlust und ein poröser K.-K.-Verbundkörper. Dieser wird erneut imprägniert und wieder carbonisiert. Diese Verfahrensschritte werden mehrmals wiederholt, bis ein dichter Festkörper entsteht. Eine Restporosität von 15–20% Volumenanteil läßt sich jedoch nicht vermeiden.

Die spezifische Zugfestigkeit von CFC-Verbundwerkstoffen ist in Inertgasatmosphäre von Raumtemperatur bis 2000 °C praktisch temperaturunabhängig. Durch Zinkphosphatimprägnierung lassen sich die CFC-Werkstoffe gegen Oxidation schützen.

C/C-Verbundwerkstoffe finden Verwendung als Hitzeschilder für Raumfahrtwiedereintrittskörper, Raketenspitzen, Raketendüsen für Festbrennstoffe, Flügelkanten, Bremsscheiben – im Einsatz z. B. in dem Flugzeug Concorde und in Rennwagen –, Heißpreßformwerkzeugen und Isolationsmaterial für Hochtemperaturöfen (Bild). Erwähnt sei noch die Biokompatibilität, die diesen Werkstoff auch für Prothesen interessant macht. *Steffens*

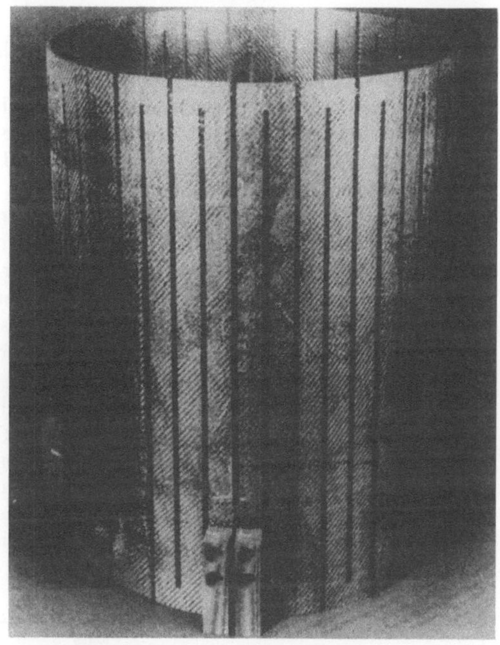

Kohlenstoff, kohlenstoffaserverstärkter: Heizmäander aus CFC. (Quelle: SIGRI)

Literatur: VDI-Ber. Nr. 563: Konstruieren mit Verbund- und Hybridwerkstoffen – Entwicklung, Konstruktion und Vertrieb. Düsseldorf 1986.

Kohlenstoffäquivalent. Formel zur Kennzeichnung der →Schweißeignung von Stählen. Das K. soll die →Härtbarkeit des Stahls und damit die Gefahr der Entstehung von spröden Zonen in der Nähe der Fusionslinie beim Schweißen beschreiben. Wegen der unterschiedlichen Zusammensetzung der schweißbaren Stähle kann es eine einheitliche Formel für alle Stähle nicht geben. In den vorgeschlagenen 84 unterschiedlichen Formeln zeigt sich eine erhebliche Streubreite in der Bewertung einzelner Elemente. Vom International Institute of Welding wird folgende Formel für Stähle mit mehr als 0,18 % Kohlenstoff vorgeschlagen:

$$CE\,(\%) = \%\,C + \frac{\%\,Mn}{6} + \frac{\%\,Cu + \%\,Ni}{15}$$
$$+ \frac{\%\,Cr + \%\,Mo + \%\,V}{5}.$$

Das K. soll für schweißgeeignete Werkstoffe unter 0,4 % liegen. Die Bedeutung des K. zur Kennzeichnung der Schweißeignung ist umstritten. Zumindest muß der Gültigkeitsbereich von vorgeschlagenen Formeln auf bestimmte Stahlsorten und →Schweißverfahren eingeschränkt werden. *W. Dahl*

Literatur: Werkstoffkunde Stahl. 2 Bde. Hrsg. VDEh. Berlin, Düsseldorf 1984/85.

Kohleteer. Bei der Verkokung von 1 t Kohle erhält man etwa 700 kg Koks, 300 m³ Koksofengas und 45 l K., wobei Gas und Teer Nebenprodukte sind. Nach DIN 55946 sind Teere flüssige bis halbfeste Stoffgemische, die durch zersetzende thermische Behandlung organischer Stoffe gewonnen werden.

Rohen Teer, der von Ammoniak und anderen Gasen befreit ist, kann man durch →Destillieren in unterschiedliche Fraktionen trennen: Leichtöl, Carbolöl, Naphthalinöl, Waschöl und Anthracenöl. Der Rückstand, Pech, macht ungefähr 50 % des K. aus. K. enthält ca. 5000–10 000 Verbindungen, von denen nur ein Teil (ca. 400) identifiziert ist.

Das durch eine Teerdestillation gewonnene Pech hat einen Erweichungspunkt zwischen 63 und 73 °C und wird als Bindemittel bei der Herstellung von Steinkohlebriketts, von Kunststoffelektroden und von Graphit- und Kunstkohleformkörpern sowie zur Anfertigung von Gußkernen in der Gießereitechnik verwendet.

Das *Anthracenöl* (20–30 % des Ausgangsmaterials) wird durch →Kristallisation in Ruß, Anthracen und Öle aufgetrennt. Letztere werden nach einer Mischung mit anderen Steinkohleteerkomponenten zu Steinkohlenteeröle und Teerprodukten verarbeitet. Aus dem Anthracen lassen sich Anthrachinon-Farbstoffe herstellen.

Waschöl siedet zwischen 230 und 290 °C und besteht vor allem aus Naphthalinhomologen und etwas Naphthalin. Waschöl wird zum →Auswaschen von Rohbenzol aus Kokereigasen und in technischen Teerölen und Teeren als Schwerölanteil verwendet.

Naphthalinöl besteht zum größten Teil aus Naphthalin, das mit 10 % Anteil am K. die größte Einzelkomponente ist.

Carbolöl siedet zwischen 180 und 215 °C und enthält 25–35 % Phenole, Kresole, Xylenole und höhere Homologe. Diese sog. Teersäuren werden durch Extraktion mit wäßrigen Alkalilösungen gewonnen.

Das *Leichtöl* wird zusammen mit dem vom Naphthalin und Phenolen befreiten Carbolöl, dem Neutralöl, aufgearbeitet. Es werden u. a. verschiedene Benzolfraktionen sowie Pyridin, Anilin und deren Homologe gewonnen. *Dohrn*

Literatur: Ullmanns Enzyklopädie der techn. Chemie. 4. Aufl. Weinheim 1972.

Kohleveredelung. Zur Erhöhung des Nutzens von Rohkohle gibt es eine Vielzahl von Veredelungsverfahren. Bild 1 zeigt einen Überblick über die wichtigsten Verfahren.

Zur Aufbereitung gehört u. a. das Abtrennen von Gesteinsbrocken (z. B. durch hydraulische Trennung, Trennung mit schweren Flüssigkeiten oder

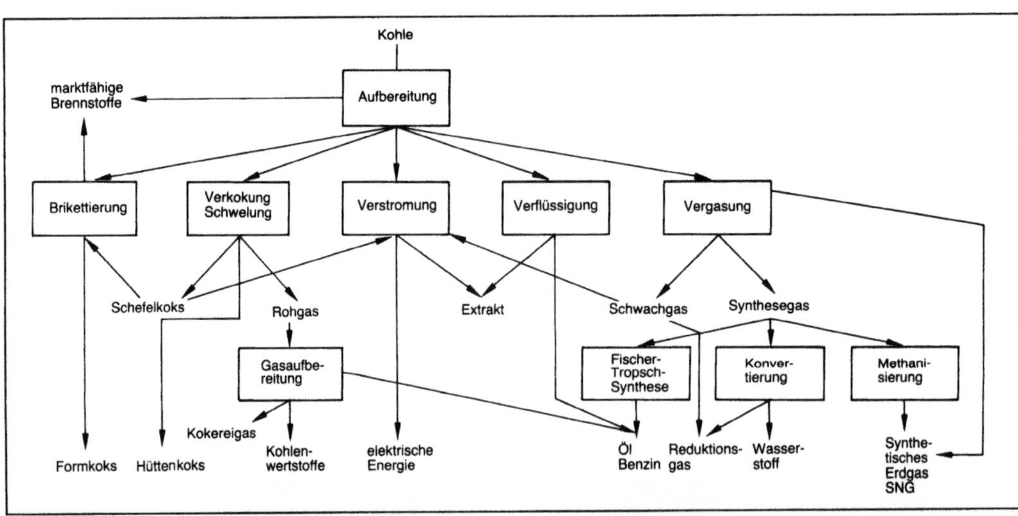

Kohleveredelung 1: Überblick über die Kohleaufbereitung und -veredelung.

mit Hilfe von Hydrozyklonen) sowie das Zerkleinern und Klassieren.

In der zweiten Hälfte des 19. Jahrhunderts und bis weit ins 20. Jahrhundert hinein wurde aus Kohle und Koks erzeugtes Gas zum Heizen, zu Kochzwecken und zur Beleuchtung verwendet. Wegen der leichten Verfügbarkeit und der in früheren Jahren unbegrenzt erscheinenden Vorräte an Erdgas wurde künstlich erzeugtes Gas, insbes. in den USA, rasch verdrängt. Die neuen Technologien zur Kohlevergasung wurden in Europa entwickelt (Erdgas, synthetisches).

Eine grundlegende Reaktion der Kohleumwandlung ist die Umsetzung von Kohle mit Wasserdampf. Die wichtigsten simultanen Reaktionen sind:

$$C + H_2O = CO + H_2, \quad H^R = +118{,}4 \text{ kJ/mol},$$
$$CO + H_2O = CO_2 + H_2.$$

Die Zusammensetzung des bei der Wasserdampfvergasung von Kohle entstehenden Gases ist in Abhängigkeit von der Temperatur bei Normaldruck in Bild 2 wiedergegeben. Mit zunehmender Temperatur steigt der Anteil an Kohlenmonoxid und Wasserstoff. Bild 3 zeigt die wichtigsten Bestandteile einer Kohlevergasungsanlage. Im folgenden seien einige Vergasungsverfahren näher erläutert.

Beim *Lurgi-Verfahren* wird Kohle unter Druck (35 bar) und unter Zufuhr von Wasserdampf und Sauerstoff bei Temperaturen von 1000–1300 K vergast. Die heute verwendeten Gaserzeuger eignen sich für alle Kohlearten und liefern 35 000 bis 50 000 m³ (Normzustand) trockenes Rohgas. 86 % der dem Vergaser zugeführten Kohle wird vergast, der Rest in der Verbrennungszone mit Sauerstoff

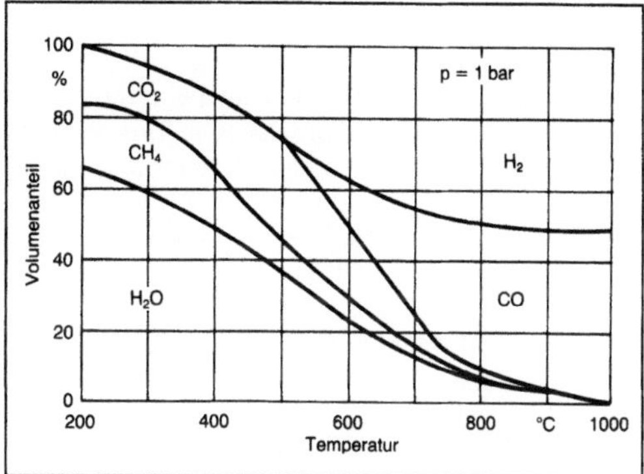

Kohleveredelung 2: Zusammensetzung des bei der Wasserdampfvergasung von Kohle entstehenden Gases bei Normaldruck in Abhängigkeit von der Temperatur.

verbrannt. Das Rohgas verläßt den Vergasungsapparat mit einer Temperatur zwischen 370 und 600 °C je nach der eingesetzten Kohle. Es enthält Teer, Öl, Naphtha, Phenole und Ammoniak sowie Spuren von Kohle und staubförmiger Asche. Dieses Rohgas wird in einen Skrubber geführt, in dem es mit Kreislaufflüssigkeit gewaschen und abgekühlt wird, so daß schwerflüchtige Bestandteile kondensieren.

Es folgt eine Rectisolwäsche, eine physikalische Absorption bei niedrigen Temperaturen (0 bis 60 °C), nach der das Synthesegas aus Kohlenmonoxid, Kohlendioxid und Wasserstoff besteht. Durch eine katalytische Reaktion wird dieses Gas zum größten Teil in Methan umgewandelt (Methanisierung).

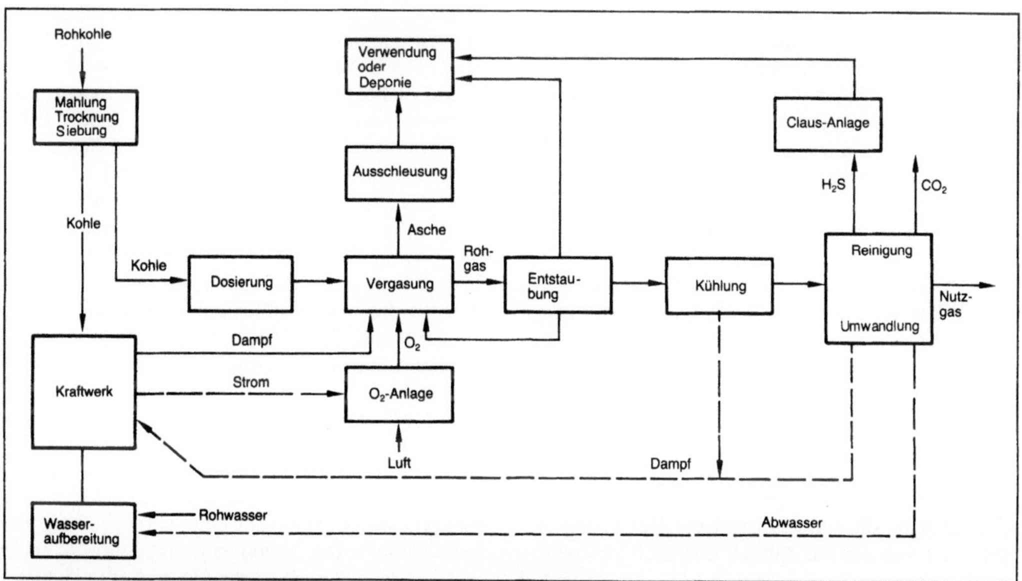

Kohleveredelung 3: Bestandteile einer Kohlevergasungsanlage.

Beim *Koppers-Totzek-Verfahren* erfolgt die Vergasung der Kohle in einer Flugstaubwolke bei Atmosphärendruck. Durch Zugabe relativ hoher Sauerstoffmengen werden sehr hohe Temperaturen (T > 1 800 K) erreicht, so daß die Umsatzgeschwindigkeit hoch und die erforderliche Verweilzeit klein ist. Das Rohgas enthält einen hohen Anteil an Kohlenmonoxid (ca. 58 %).

Das *Winkler-Verfahren* arbeitet bei Atmosphärendruck und Temperaturen von 1300–1500 K. Im Winkler-Generator lassen sich nur mäßig backende Kohlen verarbeiten.

Beim *Hygas-Verfahren* führt man gemahlene Kohle in einem Ölbrei dem Vergasungsreaktor zu, in dem in einer wasserstoffreichen Atmosphäre (70 bar, 650–930 °C) zwei Drittel des Methans, das im Endprodukt enthalten ist, gebildet werden. Das im Wasserstoffvergaser erzeugte Gas wird gereinigt und durch katalytische Methanisierung auf die Qualität von Rohrleitungsgas gebracht. Den Rückstand der Wasserstoffvergasung verwendet man zur Erzeugung.

Weitere Vergasungsverfahren sind das Bi-Gas-Verfahren, das Kohlendioxid-Akzeptor-Verfahren, das Hydrane-Verfahren, das Synthane-Verfahren, das Shell-Vergasungsverfahren, die partielle Vergasung (VEW), das Coed- und das Cogas-Verfahren.

Bei der In-Situ-Kohlevergasung wird Luft, Sauerstoff oder mit Sauerstoff angereicherte Luft und Wasserdampf durch ein Bohrloch in eine unterirdische Kohlelagerstätte eingebracht und über ein zweites Bohrloch das Rohgas entnommen. Bei den bisherigen Verfahren liegen die Ausbeuten nur bei 14–20 %, was z. T. an unterirdischen Gasverlusten auf Grund von Porositäten liegt.

Zur *Kohleverflüssigung* wird seit 1981 von der Ruhrkohle AG und der Veba Oel AG eine Pilotanlage mit einer Kapazität von 200 t Kohle pro Tag in Bottrop betrieben. Die Kohle wird gemahlen, angemischt und zusammen mit Wasserstoff in den Hydroreaktor gepumpt. Die Hydrierung findet bei einem Druck von 300 bar und einer Temperatur von 475–485 °C statt. Dabei entsteht ein Gemisch aus flüssigen und gasförmigen Kohlenwasserstoffen. Das Rohprodukt wird in mehreren Stufen aufgearbeitet. Die gewonnenen Ölfraktionen sind Vorprodukte für die Erzeugung von Treibstoffen, Heizöl oder Rohstoffen für die chemische Industrie. Aus 200 t Einsatzkohle lassen sich 20 t Heizgas, 20 t Flüssiggas, 30 t Leichtöl und 70 t Mittelöl erzeugen.

Im Jahr 1972 wurde in Wilsonville, Alabama (USA), eine Versuchsanlage zur Kohleverflüssigung gebaut, die seit 1976 von der Regierung und seit 1983 von der Fa. Amoco finanziell unterstützt wird. 1986 lieferte der Prozeß 65 % Massenanteil destillierbare Flüssigkeiten und 7 % Massenanteil Kohlenwasserstoffgase bei Versuchsbedingungen von 190 bar und 440 °C. Durch die Verringerung des Wasserstoffverbrauchs konnte man den rechnerischen Preis des flüssigen Produkts auf 35 $/Barrel reduzieren.

Weitere Forschungsaktivitäten auf dem Gebiet der Kohleverflüssigung werden in Japan von der NEDO (New Energy Development Organisation) unternommen. In Großbritannien wird in Point of Ayr (Wales) eine Pilotanlage mit einer Tageskapazität von 2,5 t Kohle errichtet. *Dohrn*

Literatur: *Franke, F. H.:* Zum Stand der Kohlevergasung. Chem.-Ing.-Techn. 50 (1978). – *Lumpkin, Robert E.:* Recent Progress in the Direct Liquefaction of Coal. Science 239 (1988), S. 873/77. – Ullmanns Enzyklopädie der techn. Chemie. 4. Aufl. Weinheim 1972.

Kokille. Ein Oberbegriff für Gießeinrichtungen, die ganz verschiedene Aufgaben zu erfüllen haben. Der Stahlwerksbetrieb braucht K. verschiedener Formate als metallische Formen zum Erzeugen von Stahlblöcken. Je nach den Anforderungen bei der Weiterverarbeitung (Walzen, Schmieden, Ziehen) verwendet man Ingots zum Herstellen von Profilstahl, Brammen als Ausgangsmaterial im Blechwalzwerk oder K. mit Vielkantquerschnitt für größere und große Schmiedeblöcke. Beim Strangguß erstarrt der Stahl in wassergekühlten K., wobei auch bei dieser Technik die K. querschnittsformend für den Strang ist. Durch eine gußeiserne K. wird auch beim →Schleuderguß die Außenform von rohr- oder ringförmigen Rotationskörpern bestimmt.

K. einfacher, offener Form, vielfach auch als Masselformen bezeichnet, dienen zur Produktion von Roheisenmasseln und NE-Metallblöcken. Im Gießerei- und Schmelzbetrieb werden ähnliche K. als Auffangbehälter für nicht mehr vergießbares Resteisen benutzt.

Die schnelle Abkühlung der eingegossenen Schmelze an der K.-Wand ist in vielen Fällen erstarrungstechnisch günstig. Diesen Effekt haben sich die Gießer zunutze gemacht und Fasson-K., d. h. solche, bei denen die Außenform des Gußstücks, soweit es die Entformbarkeit zuläßt, durch die Innenkontur der K. nachgebildet ist, entwickelt. In Fasson-K. werden Gußstücke für Hydraulikaggregate, die Verschleißtechnik und andere Anwendungsgebiete, bei denen es auf Dichtigkeit des Gefüges und feine Graphitverteilung ankommt, erzeugt.

In der Gießtechnik verwendet man weitgehend an die Form des Gußstücks angepaßte K. aus verschiedenen Werkstoffen, wie Gußeisen, Stahl, Kupfer, Siliciumcarbid oder Graphit, als Anlage-K., um an lunkergefährdeten Partien eines verwickelt gestalteten Gußteils die Erstarrungsbedingungen so zu verbessern, daß auch solche Querschnitte dicht und fehlerfrei ausfallen. K. sind auch als Dauerformen anzusehen und brauchen durchaus nicht immer aus metallischen Werkstoffen zu bestehen. *Doliwa*

Ko-Kneter. Sie bestehen aus einer Schnecke mit unterbrochenen Stegen. Die Homogenisierung wird durch die mit einer axialen Hubbewegung überlagerte Rotation der Schnecke in einem mit Stiftreihen besetzten Zylinder erzielt. *Dahl*

Kokos →Hartfaser

Kolbenströmung (Reaktionstechnik). Ein idealisierter Strömungszustand der Reaktionsmasse in einem Rohrreaktor wird als K. oder Pfropfenströmung bezeichnet. Die K. ist dadurch charakterisiert, daß

☐ in jedem Querschnitt senkrecht zur axialen Strömungsrichtung eine vollständige, also radiale Durchmischung vorliegt. Dies bedeutet, daß in jedem Rohrquerschnitt Massenstrom, chemische Zusammensetzung, Temperatur, Druck konstant sind und keine radialen Geschwindigkeits-, Konzentrations-, Temperatur-, Druckgradienten existieren. Alle Volumenelemente der Reaktionsmasse besitzen dann die gleiche Raumzeit bzw. mittlere Verweilzeit;

☐ in axialer Richtung keine Vermischung zwischen den einzelnen Volumenelementen stattfindet, die folglich als ideale Mikro-Chargenkessel betrachtet werden können, die durch den gesamten Reaktor wandern. Dies bedeutet, daß Umsatz oder Leistung eines idealen Rohrreaktors (bei K.) und eines idealen Chargenkessels übereinstimmen, wenn die Reaktionszeit gleich der Raum- bzw. Verweilzeit des Rohrreaktors ist.

Bei engen, gewöhnlich laborbetriebenen Blasensäulen liegt eine K. dann vor, wenn im heterogenen Strömungsbereich Groß-Blasen als Gaspfropfen durch die Säule nach oben wandern. Eine K. in Blasensäulen bewirkt im Gegensatz zum Rohrreaktor geringere Umsätze, kleinere Reaktorleistungen und sollte daher vermieden werden.

Die Annahme einer K. spielt bei der Formulierung von Reaktormodellen insbes. von Festbettreaktormodellen sowie auch beim Transport fluider Medien durch Rohrleitungssysteme (z. B. einer Erdölraffinerie) eine wichtige Rolle. In vielen Fällen kann der reale Strömungszustand eines Fluids durch Reaktoren bzw. Rohrleitungssysteme mit relativ geringen Korrekturen als K. modelliert werden. *Schönbucher*

Kolbenströmung (Verfahrenstechnik). Strömung durch ein Rohr oder einen Apparat, bei dem alle Teilchen die gleiche Geschwindigkeit haben und keine Turbulenzen auftreten. Bei einer K. kommt es zu keiner →Rückvermischung, was für alle Trennprozesse von besonderer Wichtigkeit ist. *Dohrn*

Kolk →Kolkverschleiß

Kolkverschleiß. Bei der spanenden Bearbeitung bildet sich auf der Spanfläche des Werkzeugs ein muldenförmiger Verschleiß, der Kolksverschleiß, aus, der in vielen Fällen die →Standzeit des Werkzeugs begrenzt. Der K. gehört zu den am häufigsten auftretenden Verschleißformen.

Zur Messung werden meist Tastschnittgeräte eingesetzt, wobei der Kolk in Spanablaufrichtung mittels einer definierten Tastnadelspitze kontinuierlich abgetastet wird. Die charakteristischen Meßgrößen sind die Kolklippenbreite KL, die Kolktiefe KT und der Kolkmittenabstand KM, d. h. der Abstand der tiefsten Stelle der Auskolkung von der Schneide. Aus den beiden letztgenannten Größen wird das Kolkverhältnis K = KT/KM gebildet. *König*

Kollergang. Der K. ist die älteste Form einer →Wälzmühle. Er war früher wegen seiner einfachen Konstruktion weit verbreitet. Heute wird er nur noch dort eingesetzt, wo neben Zerkleinern auch noch intensives Mischen verlangt wird, wie z. B. bei der Herstellung von Mischfarben.

Der K. besteht aus 2 schweren, zylindrischen Mahlkörpern, den sog. Kollern. Sie sind drehbar an den Enden einer waagrechten Achse gelagert (Bild 1). Im Betrieb wälzen sich die Koller a auf der Mahlbahn b ab. Der Antrieb der Koller erfolgt entweder über die vertikale Antriebsachse c, genannt Oberläufer, oder über den Mahlgang, genannt Unterläufer. Beim Oberläufer erfolgt die Zerkleinerung des Gutes durch Druck- und Scherbeanspruchung.

Die K. üben wegen ihres hohen Eigengewichts eine große Anpreßkraft auf die Unterlage aus. Diese

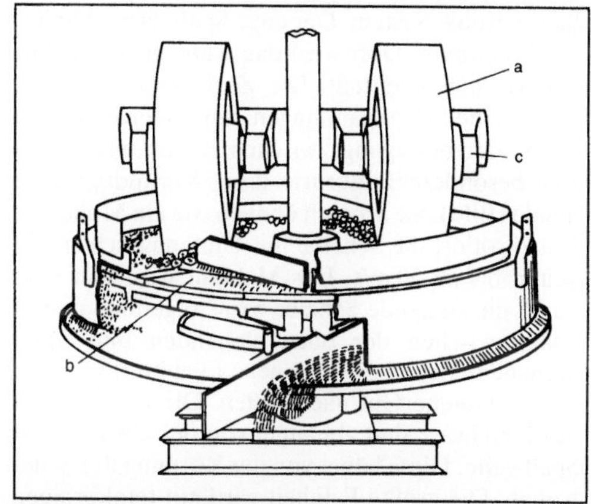

Kollergang 1: Schemaskizze.

a Koller, b Mahlbahn, c Antriebsachse

wird beim Oberläufer noch durch Kreiselkräfte verstärkt.

Die umlaufende Antriebsachse und der Koller drehen sich auf ihrer gesamten Breite mit der gleichen Umlaufgeschwindigkeit. Ein Abrollen des Kollers auf der Mahlbahn findet jedoch nur bei einem bestimmten Radius der Lauffläche statt. Ist der Radius größer, bewegt der Koller sich zu schnell. Ist er kleiner, dann ist dieser zu langsam. Die Folge sind hohe Scherbeanspruchungen auf der Unterlage.

Durch die besondere Formgebung von Koller und Mahlgut und durch die Kombination von Rollen und Gleiten wird das sich zerkleinernde Gut unter intensivem Mischen immer weiter nach außen transportiert. Es darf nicht zu viel Mahlgut aufgegeben werden, da es sich sonst vor dem Mühlrad aufstaut und zum Rutschen des Rades führt. Der Gutaustrag erfolgt häufig pneumatisch, d. h. das feingemahlene Gut wird mit einer geführten Gasströmung abgeleitet. Um diese Mühlen energiesparender zu betreiben, sind meistens Sichter in der Mühle integriert (Bild 2). Sie haben die Aufgabe, den Grobanteil des gemahlenen Gutes abzutrennen und der Mühle erneut zuzuführen. *Würtz*

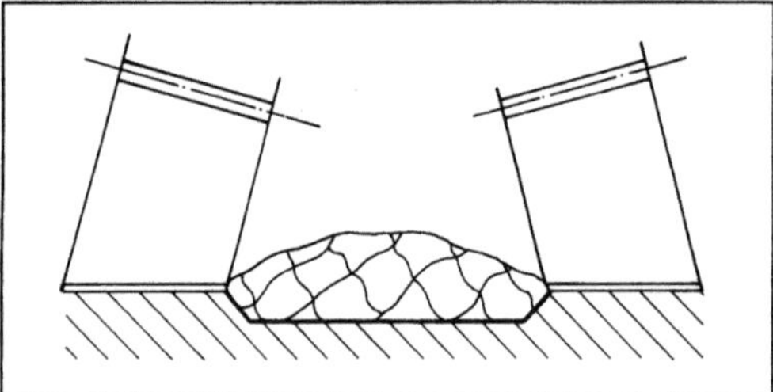

Kollergang 2: Zur Gutaufgabe einer Schlüsselmühle.

Kolloidmühle. K. bezeichnet man auch als Naßrotormühlen. Sie bestehen aus einem profilierten Stator-Rotor-System. Der enge Spalt dazwischen ist der Mahlraum. Dort wird das Aufgabegut als Suspension hineingepreßt. Die Zerkleinerung erfolgt durch hohe Scherspannungen, hervorgerufen durch die Relativbewegung zwischen Stator und Rotor. Eine besondere Bauform ist die →Korundscheibenmühle (Bild). Sie arbeitet ähnlich wie ein Mühlstein. Dabei rotiert die Scheibe mit Umfanggeschwindigkeiten bis zu 50 m/s. Das Mahlgut wird von oben durch die stehende Scheibe axial zugeführt und im Spalt zwischen der oben stehenden und unten drehenden Scheibe zerkleinert. Fliehkräfte fördern das gemahlene Gut nach außen. Die Feinheit und der Durchsatz sind abhängig von der einstellbaren Spaltweite. Diese hängt von der Körnung der Scheiben ab. Die größte Feinheit wird mit feinkörnigen, sich berührenden Scheiben erreicht. Da hierbei ein Bruch der Mahlelemente möglich ist, wenn diese

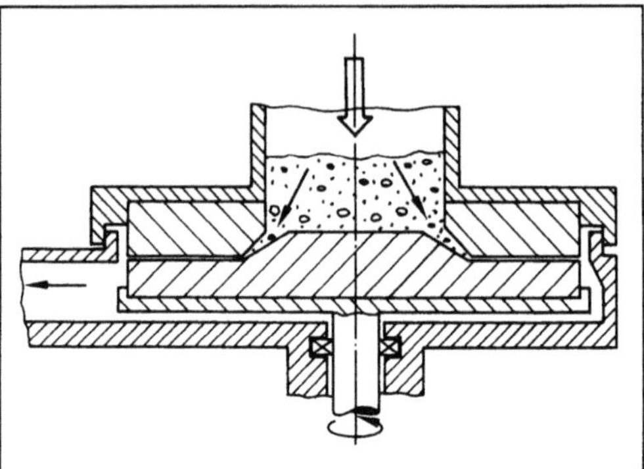

Kolloidmühle: Korundscheibenmühle.

trockenlaufen, muß während des Betriebs für eine ständige Suspensionszufuhr gesorgt werden. Wird die Zufuhr unterbrochen, sind die Scheiben sofort auseinanderzufahren. *Würtz*

Komplexbildung, chemische. Durch die Bildung von c. Komplexen lassen sich bestimmte Stoffe leichter abtrennen bzw. anreichern. Ein Beispiel für Komplexverbindungen sind die Chelate, bei denen ein Metallatom oder -ion das Zentrum eines Komplexes bildet, um das sich räumlich organische Verbindungen lagern. Dabei entstehen stabile Gebilde, teilweise ringsegmentartig. Die Anlagerung erfolgt gleichzeitig durch chemische Bindung und durch schwächere Wechselwirkungen freier Elektronenpaare mit unbesetzten Orbitalen des Zentralatoms, die sog. Koordinationsbindung oder semipolare Bindung. Aus der scherenförmigen Anlagerung leitet sich der Name Chelate (griech. chele Krebsschere) ab (→Chelating).

Chelatbildner sind organische Substanzen mit elektronegativen Heteroatomen, die über freie Elektronenpaare verfügen. Bekannteste Vertreter sind die Derivate der Nitriloessigsäure (N-$(CH_2COOH)_3$), deren Salze sowie Dioxime. Ein Beispiel für einen c. Komplex ist im Bild dargestellt.

Durch Bildung eines c. Komplexes läßt sich die Löslichkeit von Stoffen (z. B. Metallsalzen) in Lösungsmitteln erheblich erhöhen. Durch die größere →Triebkraft erhöht sich die Geschwindigkeit

Komplexbildung, chemische: Aufbau eines Chelates (Nickeldiacetyldioxim).

von Stofftransportprozessen. Auf diese Weise können Stoffe auch aus verdünnten Lösungen wirtschaftlich entfernt werden. Bei der →Reaktivextraktion wird die chemische →Komplexbildung verwendet. *Dohrn*

Literatur: *Bart, H.-J., A. Bauer, D. Lorbach u. R. Marr*: Auslegungskriterien für die Extraktion mit chemischer Reaktion und Flüssigmembran-Permeation. Chem.-Ing.-Techn. 60 (1988) Nr. 3, S. 169/79. – *Schügerl, K., R. Hausel, E. Schlichting u. W. Halwachs*: Reaktivextraktion. Chem.-Ing.-Techn. 58 (1986), S. 308/12.

Kompositmembran →Membran (Verfahrenstechnik)

Kompressionszone →Sedimentation

Kondensieren. K. ist das Verflüssigen von Dämpfen reiner Stoffe, von Gemischdämpfen oder von Dämpfen aus Gas-Dampf-Gemischen.

Ein Dampf kondensiert an einer Oberfläche, wenn die Oberflächentemperatur unter der Sättigungstemperatur liegt. Der kondensierte Dampf (das Kondensat) schlägt sich entweder in Form von Tropfen (→Tropfenkondensation) oder als zusammenhängender Film (Filmkondensation) nieder. Die Tropfenkondensation, bei der die Wärmeübergangszahlen größer als bei der Filmkondensation sind, tritt nur auf, wenn die Wand nicht benetzt wird. In den meisten Fällen ist mit einer Filmkonden-

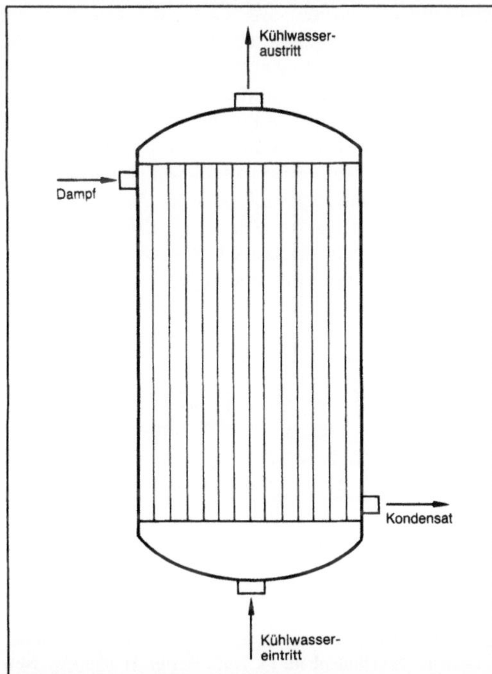

Kondensieren: Schematischer Aufbau eines Rohrbündelkondensators.

sation zu rechnen, für die es eine Reihe von empirischen Beziehungen zur Berechnung des Wärmeüberganges gibt (→Partialkondensation).

Kondensatoren werden häufig als Rohrbündelkondensatoren gebaut, die sich von Rohrbündelwärmeübertragern kaum unterscheiden. Meistens wird das Kühlwasser durch die Rohre und der zu kondensierende Dampf durch den Rohrraum geführt (Bild). Kondensatoren können auch als Einspritzkondensator oder Luftkühler gebaut werden. *Dohrn*

Literatur: *Grassmann, P., u. F. Widmer*: Einführung in die thermische Verfahrenstechnik. Berlin 1974.

Konditionieren. Allgemeine Bezeichnung für eine Reihe von Bearbeitungsschritten während der Herstellung von Lebensmitteln, die darauf abzielen, die mechanischen, chemischen oder physikalisch-chemischen Eigenschaften von Rohstoffen, Zwischen- oder Endprodukten so einzustellen, daß weitere Verfahrensschritte überhaupt erst durchführbar werden, zu qualitativ höherwertigen Produkten bzw. besseren Ausbeuten führen oder daß sich vorgegebene Eigenschaften des Endprodukts erzielen lassen.

Häufig handelt es sich bei diesen Verfahren um das Einstellen bestimmter Wassergehalte (z. B. von Ölsaaten bei der Ölgewinnung durch Pressen auf 14–18 % bzw. durch Extrahieren auf 10–12 %, von Getreidekörnern vor dem Brechen), um thermische Behandlungen (z. B. Erwärmung von Ölsaaten vor dem Pressen auf ca. 70 °C, Viskositätseinstellung von Kondensmilch durch 15-minütiges Halten bei ca. 90 °C, Erwärmen und Abkühlen von Kartoffelpüreerohmasse zur Verfestigung der Zellstruktur), um Zerkleinerungsprozesse, um Zumischung bestimmter Rohstoffe (z. B. Vermischung von Weizenmehlen verschiedener Herkunft) oder um bestimmte Reinigungsprozesse (z. B. bei der Ölgewinnung). *Kerner/Loncin*

Konjugationslinie. Die K. dient zur graphischen Konstruktion der Konoden einer Mischungslücke in einem Dreistoffsystem. Das Bild zeigt ein Dreiecksdiagramm mit einer Mischungslücke und der K. Das andere Ende der durch den Punkt F gehenden Konode ermittelt man, indem man zunächst durch F eine Parallele zur Dreiecksseite BC zieht und den Schnittpunkt H auf der Konjugationslinie ermittelt. Durch H zieht man dann eine Parallele zur Seite AB, die die →Binodalkurve im gesuchten Punkt G schneidet. Man kommt zum gleichen Ziel, wenn man Punkt I statt H als Schnittpunkt mit der K. verwendet. Es ist somit möglich, den Verlauf aller Konoden durch zwei Linien, nämlich der K. und der Binodalkurve zu beschreiben. Die Konstruktion der K. erfolgt auf dem umgekehrten Weg aus einigen gemessenen Gleichgewichtspunkten (Phasengleichgewicht). *Dohrn*

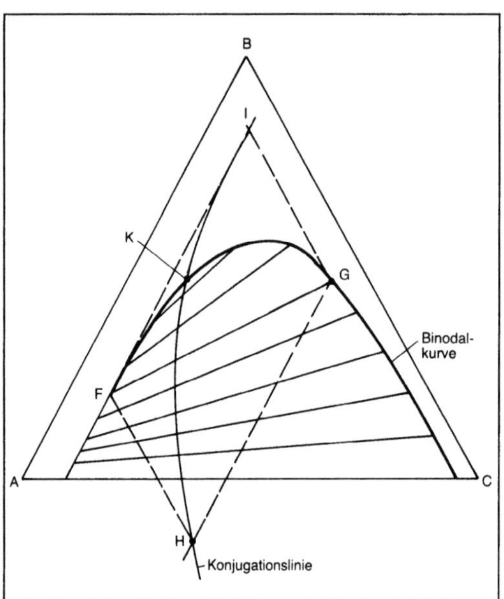

Konjugationslinie: Graphische Ermittlung der Konoden mit Hilfe der Konjugationslinie.

Konserve. Meist in Weißblech- oder Aluminiumdosen, z. T. auch in Gläser verpackte und durch Hitzebehandlung haltbar gemachte Lebensmittel. Diese Art der Haltbarmachung nahm mit der Herstellung von Fleisch-K. zu Beginn des 19. Jahrhunderts in Frankreich ihren Anfang. Heute werden in erster Linie Obst und Gemüse, Fleisch, Wurst, Fisch, Fleischzubereitungen und Milchprodukte zu K. verarbeitet.

Die Herstellung von Dosen-K. umfaßt in der Regel folgende Arbeitsgänge: mechanisches Vorbereiten des Guts (→Sortieren, Schälen, Schneiden), →Blanchieren, →Kühlen und Waschen, In-Dosen-Abfüllen, Exhaustieren, Verschließen der Dosen, Hitzebehandlung (→Pasteurisieren, →Sterilisieren), Abkühlen. Beim Exhaustieren wird durch Vorwärmung (mit Heißwasser oder Dampf) im Produkt eingeschlossene Luft ausgetrieben. Dabei ist der Deckel bereits auf die Dose aufgesetzt, aber noch nicht luftdicht angerollt. Die Hitzebehandlung richtet sich nach der Art des Produktes, nach dessen pH-Wert und →Wasseraktivität sowie der beabsichtigten Haltbarkeitsdauer. Glas-K. werden nach dem gleichen Verfahrensschema hergestellt. Lediglich die Einrichtungen zum Verschließen der Gläser unterscheiden sich von den Dosenverschließmaschinen. In zunehmendem Maß verwendet man für die Verpakkung von K. auch flexible, z. T. aluminiumbeschichtete Kunststoffmaterialien und Folien aus Aluminium und Papier oder Pappe. Das meist flüssige oder pastöse Produkt wird nach dem Verpacken in die genannten Behältnisse hitzebehandelt, oder es wird zunächst hitzebehandelt und anschließend aseptisch verpackt (→Verpacken). *Kerner/Loncin*

Konservierungsstoff. K. hemmen oder verhindern das Wachstum von Mikroorganismen. Ihre Verwendung in Lebensmitteln unterliegt in den meisten Ländern gesetzlichen Bestimmungen. In Deutschland sind auf Grund der Zusatzstoffzulassungsverordnung nur einige Stoffe zur Konservierung bestimmter Lebensmittel zugelassen. Ihre Verwendung bei der Herstellung von Lebensmitteln ist deklarationspflichtig. Die bakterizide und fungizide Wirkung der Konservierungsstoffe beruht meist auf der Zerstörung mikrobieller Zellmembranen und der Inaktivierung von Enzymen des Kohlenhydrat-, Fett- und Proteinstoffwechsels der Mikroorganismenzelle. Die meisten verwendeten K. sind in ihrer Wirkungsweise pH-abhängig. Als schwache Säuren können sie nur als undissoziierte, lipoidlösliche Verbindungen (pH <5) mikrobielle Zellmembranen passieren.

Wichtige K. sind in der Tabelle (Seite 527) aufgeführt. Neu erkannt wurde die konservierende Wirkung von Monoglyceriden (besonders das Glyceromonolaurat), die auch als Emulgatoren eingesetzt werden.

Keinen Einfluß auf das Wachstum von Mikroorganismen haben Antioxidantien. Sie werden gegen den oxidativen →Verderb von Fetten und fetthaltigen Erzeugnissen eingesetzt. *Kerner/Loncin/Ganser*

Konsol-Fräsmaschine. K.-F. bestehen aus einem Ständer mit angegossener oder verschraubter Grundplatte; ferner aus einer Konsole für die Vertikalbewegung. Hierauf ist ein Kreuzschlitten, der die Querbewegung ausführt und die Führung für den Langtisch trägt, montiert.

K.-F. werden als Senkrecht-, Waagrecht- (Bild) und Universal-Fräsmaschinen ausgeführt. Für die häufigste Variante der Grundtypen ist die ortsfeste Lage der →Hauptspindel sowie die Ausführung der drei Vorschubbewegungen durch die Schlitten an der Konsole charakteristisch. Durch eine Vielzahl von Zusatzeinrichtungen sind K.-F. universell einsetzbar. *Schulz*

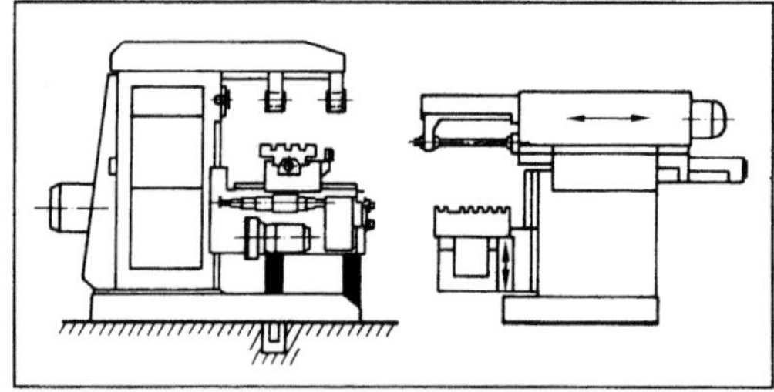

Konsol-Fräsmaschine: Waagrecht-Fräsmaschine.

Literatur: *Beitz, W.,* u. *K.-H. Küttner* (Hrsg.): *Dubbel.* Taschenb. Maschinenbau. 14. Aufl. Berlin, Heidelberg, New York 1981. – *Spur, G.,* u. *Th. Stöferle:* Handb. Fertigungstechnik. Bd. 3/1: Spanen. München, Wien 1979. – *Weck, M.:* Werkzeugmaschinen. Bd. 1. Düsseldorf 1980.

Konservierungsstoff. Tabelle: Wichtige Konservierungsstoffe.

Konservierungsstoff		Anwendung bei pH	Wirkungsweise und Anwendung
Benzoesäure		<5	hemmt Lipasen, Katalase; gegen Pilze und Hefen, in Konzentrationen von 0,2 bis 0,5%; bei Obst-, Gemüse- und Fischerzeugnissen
p-Hydroxybenzoe-säureester $R = -C_2H_5; -C_3H_7$		pH-unab-hängig	Antagonist der p-Aminobenzoesäure bei der Biosynthese von Folsäure durch Mikroorganismen; bakteriostatisch und fungistatisch in Konzentrationen von 0,05 bis 0,1%; bei Fischerzeugnissen, Mayonnaise, Salaten usw.
Sorbinsäure (2,4-Hexadiensäure)	$H_3C-CH = CH- \dots$ $\dots -CH = CH-COOH$	<5	hemmt SH-gruppenaktive Enzyme; gegen Schimmelpilze und katalasenegative Bakterien (Clostridien); in Konzentrationen von 0,1 bis 0,25% bei Backwaren, Käse, Margarine, Marmelade, Fleisch- und Gemüsesalaten; kratzender Geschmack in höherer Konzentration
Propionsäure	CH_3-CH_2-COOH	<5	verhindert Schimmelbefall und Fadenziehen bei Brot, Konzentration 0,1 bis 6%
Ameisensäure	$H-COOH$	<5	hemmt Enzyme; gegen Bakterien; Pilze, Hefen, bei Obsthalbfabrikaten und sauren Lebensmitteln
schwefelige Säure und Derivate	SO_2	<4	hemmt Dehydrogenasen, reduziert Disulfidbindungen, Konzentrationen 0,05 bis 0,5%, gegen Bakterien und Pilze, bei Wein, Obstpulpen, Trockenobst, Kartoffelerzeugnissen

Konstantkraftschleifen. Das K. ist ein modifiziertes →Schleifverfahren, bei dem während des Schleifens eine konstante Kraft eingestellt wird, mit der die →Schleifscheibe auf das Werkstück drückt.

Das Verfahren wird beim →Schleifen von polykristallinen Schneidstoffen, beim Brammenschleifen und in einigen Fällen beim Innenrundschleifen (→Rundschleifen) eingesetzt. Bei allen drei Bearbeitungsaufgaben bleiben Werkstück und →Schleifwerkzeug ständig in Berührung.

Polykristalline Schneidstoffe aus kubischem Bornitrid (PKB) und Diamant (PKD) sind sehr harte Werkstoffe, die die Schleifscheibe stark verschleißen (Verschleißmechanismen). Damit nicht das Werkstück die Schleifscheibe abträgt, wird eine konstante Anpreßkraft eingestellt. Erreicht der Schleifbelag einen bestimmten Stumpfungsgrad, hört der Materialabtrag auf, und die Schleifscheibe muß geschärft werden. Wenn der eingestellte Zustellbetrag erreicht wird, setzt die Schleifspindel zurück.

Beim Brammenschleifen folgt die Schleifscheibe den Unebenheiten der Bramme. Damit wird erreicht, daß alle Stellen auf der großen Werkstückfläche gleichmäßig geschliffen werden.

Beim Innenrundschleifen sind die Schleifspindeln i. a. lang und geben bei zu großen Kräften nach, so daß die erwünschte Formgenauigkeit des Werkstücks nicht erreicht wird. Um eine zu starke Verbiegung der Schleifspindel zu verhindern, wird die Schleifscheibe mit einer zulässigen konstanten Kraft gegen das Werkstück gedrückt. *Kenter*

Literatur: *Kenter, I. M.*: Schleifen von polykristallinem Diamant. Diss. Univ. Bremen 1990.

Konstruktion. Das ist eine schöpferisch, geistige Tätigkeit, die versucht, für technische Probleme mit Hilfe naturwissenschaftlicher Erkenntnisse Lösungen zu finden und sie unter den jeweils gegebenen Restriktionen stofflicher, technologischer und wirtschaftlicher Art in optimaler Weise zu verwirklichen.

Die K. bestimmt in entscheidender Weise Produkt und →Wirtschaftlichkeit beim Hersteller und Benutzer.

Man unterscheidet vier K.-Arten:

□ Neukonstruktion: Erarbeiten eines neuen Lösungsprinzips für ein System bei gleicher, veränderter oder neuer Aufgabenstellung.

□ Anpassungskonstruktion: Anpassen eines bekannten Systems bei gleichbleibendem Lösungsprinzip an eine veränderte Aufgabenstellung mit teilweise unterschiedlicher Funktion.

□ Variantenkonstruktion: Variieren von Größen und/oder Anordnung innerhalb von Grenzen vorausgedachter Systeme. Funktionen und Lösungsprinzipien bleiben erhalten.

□ Prinzipkonstruktion: Sonderfall der Variantenkonstruktion. Nur Variieren der Abmessungen von Einzelteilen bei gleichbleibendem Lösungsprinzip.

Der Konstruktionsprozeß unterteilt sich in den Synthese- und den Prüf- und Selektionsprozeß. Um den Konstruktionsprozeß überschaubarer und transparenter zu machen, bedient man sich der Konstruktionsmethodik. Nach der Richtlinie VDI 2222 ist bei der Produktentwicklung schrittweise nach den Stufen →Planen, Konzipieren, Entwerfen und Ausarbeiten vorzugehen. *Eversheim*

Literatur: *Koller, R.:* Konstruktionsmethode für den Maschinen-, Geräte- und Apparatebau. Berlin, Heidelberg 1976. – VDI 2222: Konzipieren technischer Produkte. Hrsg. Verein Dt. Ing. Ausg. Mai 1977 u. Febr. 1982. Düsseldorf 1977. *Pahl, G.,* u. *W. Beitz:* Konstruktionslehre-Handb. Studium und Praxis. Berlin, Heidelberg, 1977.

Konstruktion, schweißgerechte. Um beanspruchungsgerechte und fertigungsgerechte Bauteile herzustellen, sind folgende Gestaltungsgrundsätze beim schweißgerechten Konstruieren zu beachten:
□ Schweißnähte möglichst nicht an höchstbeanspruchte Stellen legen (geringere Güteanforderungen und geringerer Prüfaufwand),
□ geringe Wanddicken durch volle Werkstoffausnutzung anstreben,
□ Vermeiden von Nahtkreuzungen (Sprödbruchgefahr durch mehrachsige Spannungen),
□ Nahtanhäufungen vermeiden (Spannungskonzentration, Schrumpfrißgefahr),
□ ungestörten Kraftfluß anstreben (Kraftrichtungsänderungen und schroffe Querschnittsübergänge vermeiden). *Dorn*

Literatur: *Ruge, J.:* Handb. Schweißtechnik. Bd. 3. Berlin, Heidelberg, New York 1985.

Kontaktfläche →Stoffübergang in Kolonnen

Kontakttrocknung. Die K. ist ein thermisches Trocknungsverfahren (→Trocknen), bei dem das feuchte Gut mit beheizten Flächen in Kontakt steht. Die zum →Verdampfen der Feuchtigkeit erforderliche Wärmeenergie wird dem Gut über Wärmeleitung zugeführt.

Das Gut kann auf einer bewegten Unterlage liegen (→Walzentrockner) oder durch Rührwerke ständig umgeschichtet werden (→Tellertrockner, Muldentrockner, Schneckentrockner). Walzentrockner werden für flüssige Güter (z. B. Milch zur Milchpulverherstellung) verwendet.

Zur Gewinnung von festen Stoffen aus Fest-Flüssig-Suspensionen lassen sich Dünnschichttrockner benutzen, die ähnlich wie →Dünnschichtverdampfer funktionieren. An einem Rotor angebrachte Wischerelemente verhindern die Anlagerung von Feststoffteilchen an den Heizflächen. *Dohrn*

Literatur: *Grassmann, P.,* u. *F. Widmer:* Einführung in die thermische Verfahrenstechnik. Berlin 1974.

Konterschneiden. Sonderverfahren des Scherschneidens zur Herstellung von gratfreien Werkstücken.

Das Verfahrensprinzip ist durch einen zwei- bzw. dreistufigen gegenläufigen Folgeschnitt gekennzeichnet.

Bei der zweistufigen Variante wird in der ersten Stufe das zu schneidende Blech angeschnitten. In der zweiten Stufe wird in entgegengesetzter Richtung von der anderen Seite durchgeschnitten.

Die dreistufige Variante unterscheidet sich von der zweistufigen dadurch, daß in der zweiten Stufe in der der ersten Stufe entgegengesetzten Richtung angeschnitten wird. In der dritten Stufe wird entsprechend der Richtung der ersten Stufe durchgeschnitten. *König*

Literatur: *Liebing, H.:* Konterschneiden – Grundlagen und Anwendung. Vortragsb. zum Seminar: Neuere Entwicklungen in der Blechbearbeitung. 6./7. Juni 1978.

Kontinuitätsbedingung. Im Rahmen der klassischen →Plastizitätstheorie wird angenommen, daß plastische Formänderungen bei metallischen Werkstoffen keine Volumenänderung hervorrufen. Dies führt bei Vernachlässigung der elastischen Volumenänderung (→Werkstoffmodell) zum Gesetz der Volumenkonstanz. Die K. besagt, daß für inkompressible Werkstoffe die Summe der drei Dehnungsgeschwindigkeiten (d. h. die Spur des Formänderungsgeschwindigkeitstensors) identisch null ist:

$$\dot{\varepsilon}_x + \dot{\varepsilon}_y + \dot{\varepsilon}_z = 0$$

oder im →Hauptachsensystem

$$\dot{\varepsilon}_1 + \dot{\varepsilon}_2 + \dot{\varepsilon}_3 = 0. \qquad \textit{Lange}$$

Literatur: *Betten, J.:* Elastizitäts- und Plastizitätslehre. Braunschweig, Wiesbaden 1985. – *Hill, R.:* The Mathematical Theory of Plasticity. Oxford 1950. – *Ismar, H.,* u. *O. Mahrenholtz:* Technische Plastomechanik. Braunschweig, Wiesbaden 1979. – *Lange, K.* (Hrsg.): Umformtechnik. Handb. f. Ind. u. Wiss. Bd. 1: Grundlagen. 2. Aufl. Berlin, Heidelberg, New York, Tokio 1984. – *Lippmann, H.:* Mechanik des plastischen Fließens. Berlin, Heidelberg, New York 1981. – *Lippmann, H.,* u. *O. Mahrenholtz:* Plastomechanik der Umformung metallischer Werkstoffe. Berlin, Heidelberg 1967. – *Prager, W.,* u. *P. G. Hodge:* Theorie ideal-plastischer Körper. Wien 1954.

Konvektionssieden. Wird von einer Heizfläche Wärme an eine siedende Flüssigkeit abgegeben, so liegt bei kleinen Temperaturdifferenzen zwischen der Oberfläche der Heizung und der Flüssigkeit K. vor, weil die Wärme konvektiv übertragen wird.

Die erwärmte Flüssigkeit besitzt eine geringere Dichte als die noch kalte Flüssigkeit. Durch die Dichtedifferenz kommt es zu einer Konvektionsströmung, durch die warme Flüssigkeitsteilchen von der Heizfläche wegtransportiert werden. Ist die Temperaturdifferenz zu groß, setzt →Blasensieden

ein. Für Wasser bei einem Druck P von 1 bar beträgt die maximale Temperaturdifferenz für Konvektionssieden 6 K. Die Wärmestromdichten (Q $\leq 10^4$ W/m^2 für Wasser bei P = 1 bar) und die Wärmeübergangskoeffizienten (≤ 2500 W/m^2 für Wasser bei P = 1 bar) sind um mehrere Größenordnungen kleiner als die beim Blasensieden erreichbaren Werte. *Dohrn*

Literatur: *Mersmann, A.:* Thermische Verfahrenstechnik. Berlin, Heidelberg, New York 1980.

Konvektionstrockner. Ein K. ist ein verfahrenstechnischer Apparat zum thermischen →Trocknen eines Guts, in dem die Energie dem Gut mit Hilfe eines Trocknungsmittels (in der Regel Luft) konvektiv zugeführt wird. Die erhitzte Luft überstreicht die Gutoberfläche, strömt durch das Gut oder wirbelt das Gut auf (→Wirbelschichttrockner). Das Bild zeigt eine dreistufige Anlage zur Konvektionstrocknung mit Luft. Nach einer Vorwärmung 2 wird das feuchte Gut einem Zerstäubungssystem 3 zuge-

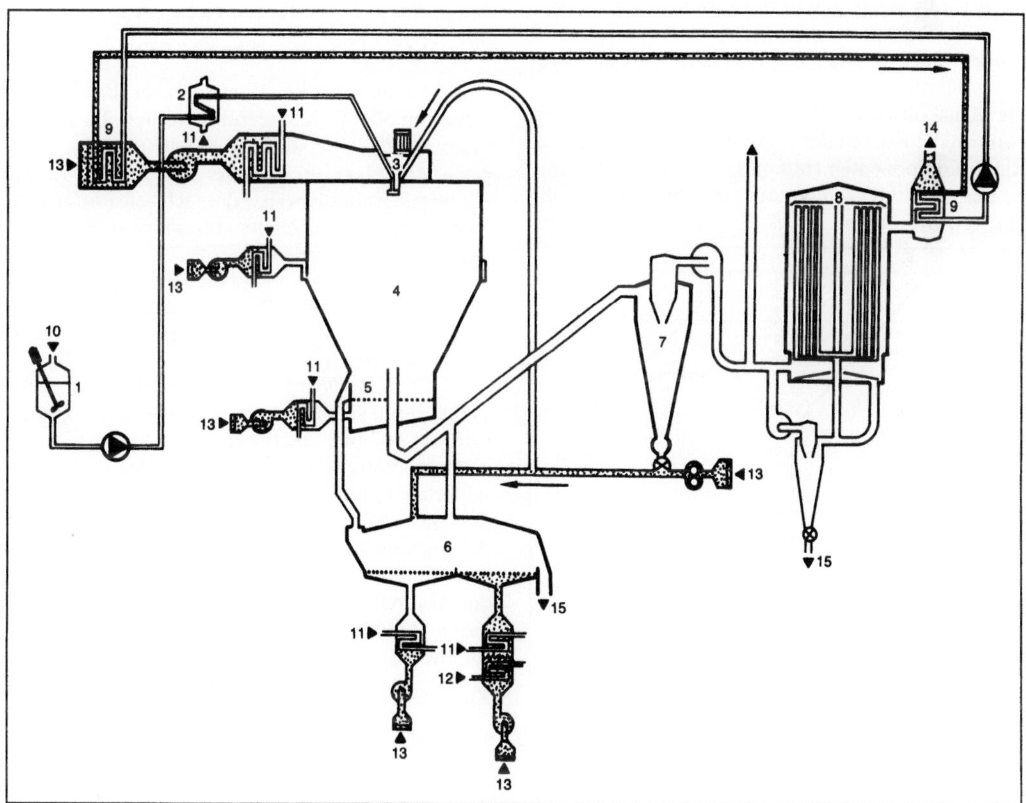

Konvektionstrockner: Mehrstufige Konvektionstrocknungsanlage. (Quelle: APV Anhydro AIS, Kopenhagen)

1 Speisebehälter, 2 Vorwärmer, 3 Zerstäuber, 4 Sprühtrockenkammer, 5 integriertes Kammerfließbett, 6 nachgeschaltetes Fließbett, 7 Zyklon, 8 Gewebefilter, 9 flüssigkeitsgekuppelter Wärmeübertrager, 10 Produkteintritt, 11 Dampf, 12 Kühlwasser, 13 Lufteintritt, 14 Luftaustritt, 15 Produktaustrag

führt und in eine Trockenkammer 4 eingespritzt, in der man es mit heißer Luft mischt. Die Partikel bewegen sich zu einem integrierten Kammerfließbett, in dem sie durch Fluidisieren weiter getrocknet werden. Die Endtrocknung erfolgt in einem nachgeschalteten →Fließbett (Wirbelschicht). Die verbrauchte Trockenluft wird durch Zyklone gesaugt, in denen Pulverpartikel abgetrennt werden. Das Feinpulver führt man zurück in das nachgeschaltete Fließbett. Ein Gewebefilter reinigt die Austrittsluft. *Dohrn*

Konvergenzdruck. In einem Mehrkomponentengemisch versteht man unter dem K. den für eine bestimmte Temperatur geltenden Systemdruck, bei dem die Gleichgewichtskonstanten (K-Faktor $K_i = Y_i/X_i$, Y_i Molenbruch der Komponente i in der Gasphase, X_i Molenbruch in der flüssigen Phase) aller Komponenten gleich eins sind. Trägt man die Gleichgewichtskonstante gegen den Systemdruck doppeltlogarithmisch auf, so ergeben sich bei niedrigen Drücken für alle Komponenten Geraden (Bild). Mit steigendem Druck weicht der Verlauf der Gleichgewichtskonstanten der Komponente 2 immer mehr von der Geradenform ab, durchläuft ein Minimum und steigt dann steil an. Die Gleichgewichtskonstanten „konvergieren" zum Wert eins, wo sich die Kurven der leicht- und der schwerflüchtigen Komponenten treffen.

Bei erhöhter Temperatur verschieben sich die Kurven zu höheren Drücken, und die Abweichun-

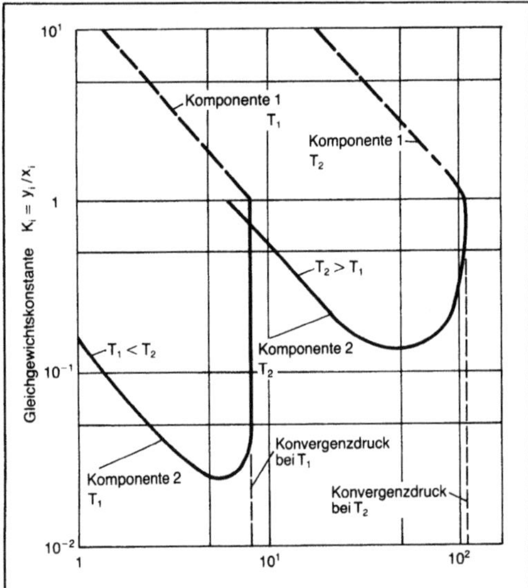

Konvergenzdruck: Abhängigkeit der Gleichgewichtskonstante K_i vom Druck in einem Zweistoffsystem (Komponente 1 ist die leichterflüchtige Komponente).

T Temperatur

gen von der Geradenform beginnen schon bei einem größeren Abstand zum K.

Erhöht man die Temperatur bis zur kritischen Temperatur der schwerflüchtigen Komponente, so sind die Kurven miteinander verschmolzen, und der K. ist gleich dem kritischen Druck der schwerflüchtigsten Komponente (Phasengleichgewicht). *Dohrn*

Literatur: *King, M. B.:* Phase Equilibrium in Mixtures. London 1969.

Konvergenztemperatur. Temperatur, bei der in einem Mehrstoffgemisch die K-Faktoren Y_i/X_i (Y_i Molenbruch der Komponente i in der Phase 1, X_i Molenbruch in der Phase 2) aller Komponenten gleich eins werden. Beim Erreichen der K. unterscheiden sich die Phasen in ihrer Zusammensetzung nicht mehr. Sie sind zu einer Phase verschmolzen (Phasengleichgewicht). *Dohrn*

Konvertierung (technische Chemie). Eine K. ist die katalytische Umsetzung einer chemischen Verbindung mit Wasserdampf (Erdgas, synthetisches).

Erstes Beispiel: Die K. von Kohlenmonoxid:

$$CO + H_2O \leftrightarrow CO_2 + H_2; \quad H^R = 42 \text{ kJ/mol}.$$

Die katalytische Reaktion kann bei einer Temperatur von 500 °C durchgeführt werden. Es entsteht Wasserstoff, den man als Bestandteil von Synthesegas, beispielsweise für die Ammoniaksynthese, benötigt. Außerdem ist das schwer entfernbare Kohlenmonoxid in leicht abtrennbares Kohlendioxid überführt worden.

In neueren Anlagen wird die K. zweistufig durchgeführt. Bei 350–400 °C setzt man über Cr_2O_3/Fe_2O_3-Kontakten die Hauptmenge des Kohlenmonoxids um. Bei 200–250 °C stellt man anschließend über CuO–ZuO/Cr_2O_3-Kontakte das bei dieser Temperatur viel günstiger liegende Gleichgewicht (die K. ist eine exotherme Reaktion) ein. Die Tieftemperaturkonvertierungskontakte sind sehr schwefelempfindlich. Deshalb wird das Gas nach der Hochtemperatur-K. durch mit Zinkoxid gefüllte Adsorptionstürme geleitet, in denen die vorhandenen Spuren an Schwefelwasserstoff gebunden werden. Das bei der K. gebildete Kohlendioxid läßt sich durch Waschen mit heißer Kaliumcarbonatlösung (in älteren Anlagen mit Wasser) entfernen.

Zweites Beispiel: Die K. von Kohlenoxidsulfid:

$$COS + H_2O \leftrightarrow CO_2 + H_2S; \quad H^R = -35 \text{ kJ/mol}.$$

Diese Reaktion wendet man beispielsweise bei der Synthesegasherstellung mit einer Öldruckvergasung an. Das Kohlenoxidsulfid wird mit Wasserdampf bei 150–200 °C über sauren Katalysatoren zu Schwefelwasserstoff und Kohlendioxid umgesetzt. Das von Schwefelverbindungen befreite Gas wird dann verschieden weiterverarbeitet je nachdem, ob man Ammoniak-Synthesegas (N_2+3H_2) oder Methanol-Synthesegas ($CO+2H_2$) erzeugen will. *Dohrn*

Literatur: *Keim, W., A. Behr* u. *G. Schmitt:* Grundlagen der industriellen Chemie. Frankfurt a. M. 1986. – Lehrb. Technische Chemie. Leipzig.

Konzentrationspolarisation. Selbst wenn für ein bestimmtes Stofftrennproblem eine geeignete Membran vorhanden ist, ergibt sich noch eine Reihe von Problemen, die die Effizienz eines Prozesses entscheidend beeinflussen können. Zu diesem Problem gehört besonders die K. und als deren Folge die Bildung von Niederschlägen auf der Membranoberfläche.

Durch die Eigenschaft der Membranen, Moleküle ab einer bestimmten Größe teilweise bis ganz zurückzuhalten, kommt es zu einer Aufkonzentration der zurückgehaltenen Komponenten vor der Membran. Im stationären Zustand stellt sich ein Gleichgewicht zwischen konvektiv zur Membran transportierten, die Membran permeierenden und auf Grund des wegen der Konzentrationserhöhung jetzt negativen Konzentrationsgradienten entgegen dem Konvektionsstrom von der Membran zurückdiffundierenden gelösten Stoffen ein.

Abhängig von den Transportkoeffizienten und dem konvektiven Strom zur Membran kann die Konzentrationsüberhöhung so groß werden, daß schließlich die Sättigungskonzentration einer oder mehrerer Komponenten an der Membran erreicht wird. Die Konzentrationsüberhöhung verschlechtert den Trennprozeß. Durch den Einfluß des osmotischen Druckgefälles wird die Wirksamkeit des den Stofftransport treibenden, transmembranen Druckgefälles vermindert. Hat eine Komponente die Sättigungskonzentration erreicht, beginnt die Bildung einer Deckschicht, die für den Trennprozeß dominierend werden kann.

Die Deckschicht (auch als Gelschicht, Sekundärmembran oder Membranfouling bezeichnet) ist für die Membranfiltertechnik ein fundamentales Problem. Über den komplexen Vorgang der Deckschichtbildung, ihre Eigenschaften und über deren zeitliches Verhalten, die eng verbunden sind mit den Wechselwirkungen der gelösten Stoffe untereinander, mit der Membran, mit den durch die Strömung erzeugten Scherkräften und dem Transmembrandruck, ist noch wenig bekannt. Ihr Einfluß auf den Stofftransport läßt sich phänomenologisch analog wie für Membranen beschreiben. Bisher ist meistens nur die Wirkung der Deckschicht, die Begrenzung des Stofftransports, gemessen worden. Letzteres kann aber im selben Maße durch grundsätzlich verschiedene Eigenschaften der Deckschicht verursacht werden. Die abgelagerte Deckschicht bildet eine Sekundärmembran, die in der Praxis einen Filtrationsvorgang weitgehend kontrollieren kann.

Aus den Bemerkungen über die Deckschicht geht hervor, wie sehr der Trennvorgang von den Eigenschaften der zu behandelnden Rohlösung und den Wechselwirkungen der Lösungsbestandteile mit der Membran abhängt.

Durch die Modulgestaltung lassen sich die Strömungsbedingungen in den Kanälen an der Membran oder der Einlauf in Hohlfaser- oder Rohrmembranen beeinflussen. Von Bedeutung sind auch die Betriebsbedingungen. So kann über eine Erhöhung der Strömungsgeschwindigkeit der Rohlösung die Bildung einer Gelschicht verzögert werden. Die Konvektion und Diffusion nicht membrangängiger Substanzen von der Membranoberfläche in den Kern der Rohlösungsströmung wird gefördert.

K. tritt bei allen Membranprozessen auf. Allerdings ist ihr Einfluß bei der Umkehrosmose und Ultrafiltration am schwerwiegendsten, während sie bei der Gastrennung wegen der hohen Diffusionsgeschwindigkeiten in der Gasphase meist vernachlässigbar gering ist. Auch bei der →Dialyse kann die K. durch eine vernünftige Strömungsführung der Rohlösung und des Dialysats gut kontrolliert werden. Anders liegen die Verhältnisse bei der →Elektrodialyse. Hier hat die K. einen erheblichen Einfluß sowohl auf die Energiekosten als auch auf die Investitionskosten, und zwar dadurch, daß bei einer Ionenverarmung an der Membranoberfläche sowohl der elektrische Widerstand erhöht als auch die kritische Grenzstromdichte erniedrigt wird.

Bei medizinischen Anwendungen von Membrantrennprozessen wie →Hämodialyse, -filtration, Plasmaseparation und Membranoxygenatoren ist die Wechselwirkung des Bluts mit dem großflächig vorhandenen ($1–3\,m^2$) körperfremden Material von großem Einfluß. Bei nicht ausreichend biokompatiblen Materialien kann es zu massiven Ablagerungen von Blutbestandteilen kommen, und Strö-

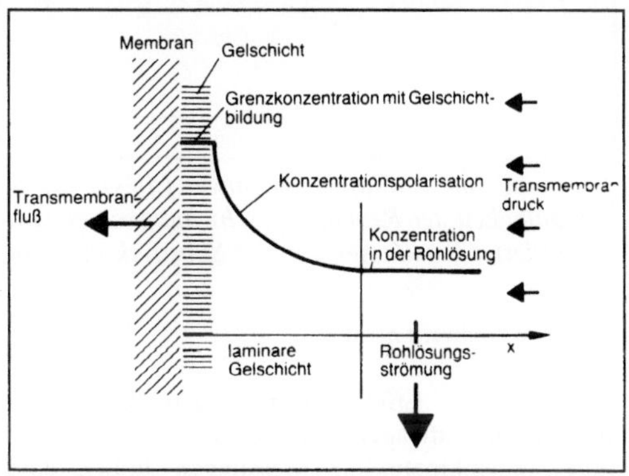

Konzentrationspolarisation: Schematische Darstellung des Konzentrationsprofils an der Membranoberfläche bei der Filtration von makromolekularen Lösungen.

x Ortskoordinate

mungskanäle werden verstopft, ganz abgesehen von hämolytischen und thrombogenen Effekten auf das Blut.

Um ein Membranverfahren effektiv gestalten zu können, muß immer das Gesamtsystem Membran, Modulkonzept und Betriebsbedingungen dem jeweiligen Anwendungsfall angepaßt und optimiert werden (Bild). *Stroh*

Literatur: *Bauser, H., et al.:* Control of Concentration Polarization and Fouling of Membranes in Medical, Food and Biotechnical Applications. J. of Membr. Sci. Amsterdam 27 (1986), S. 195/202. – *Strathmann, H.:* Trennung von molekularen Mischungen mit Hilfe synthetischer Membranen. Darmstadt 1979.

Kooperativität. Die Kinetik zahlreicher Enzyme weist signifikante Abweichungen von der →Michaelis-Menten-Kinetik auf. Dies trifft insbes. auf solche Enzyme zu, die aus mehreren Untereinheiten aufgebaut sind. Die Wechselwirkungen der Untereinheiten untereinander vor und nach Bindung des Substrats beeinflussen die Affinität des Enzyms gegenüber der Bindung weiterer Substratmoleküle. Eine erhöhte Affinität nach Bindung des ersten Substratmoleküls wird als positive K. bezeichnet, eine verminderte Affinität als negative K. (→Allosterie). Die prinzipielle Abhängigkeit der Reaktionsgeschwindigkeit v von der Substratkonzentration [S] ist für die 3 erwähnten Fälle aufgezeigt (Bild).

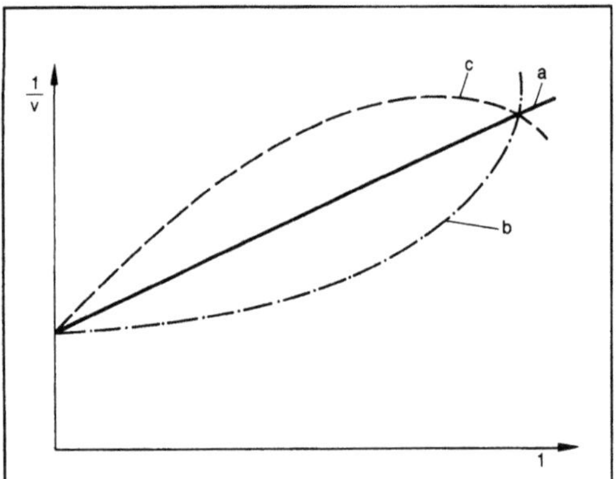

Kooperativität: Einfluß kooperativer Effekte auf die Abhängigkeit der Reaktionsgeschwindigkeit enzymkatalysierter Reaktionen von der Substratkonzentration.

a keine, b positive, c negative

Kooperative Effekte führen dazu, daß in den reziproken Auftragungen, wie sie für die Auswertung enzymkinetischer Messungen üblich sind, keine linearen Abhängigkeiten erhalten werden. Der Grad der K., also die Größe der Abweichung von der Michaelis-Menten-Kinetik, wird durch den Hill-Koeffizienten n_H angegeben (Hill-Auftragung). *Liefke*

Koordinaten-Bohrmaschine. K.-B. (auch Lehrenbohrmaschinen genannt) sind hochgenau. Sie werden für Präzisions-Bohr- und Fräsarbeiten eingesetzt. K.-B. kann man in drei grundlegende Konstruktionsarten unterteilen: Zweiständermaschinen mit vertikaler →Hauptspindel, Einständermaschinen mit vertikaler Hauptspindel und Maschinen mit horizontaler Hauptspindel.

Zum Erzielen hoher Genauigkeiten müssen verschiedene Gesichtspunkte beachtet werden. So muß das →Maschinengestell stabil und verwindungssteif ausgeführt werden. Bei der Maschinenaufstellung ist auf Schwingungsfreiheit (Fundament) und eine gleichbleibende Umgebungstemperatur in einem klimatisierten Raum zu achten, um Toleranzen von ± 0,002 mm einhalten zu können. Der →Maschinentisch muß spielfrei geführt und über hochgenaue Spindeln positioniert werden. Sein Schwerpunkt liegt immer innerhalb der Führungen des Maschinentisches. Dadurch werden unzulässige Durchbiegungen und Verwindungen vermieden. Zur meßtechnischen Erfassung der Maschinenposition muß die K.-B. mit geeigneten Meßsystemen und Meßeinrichtungen ausgerüstet sein. Diese können optisch oder elektronisch arbeiten. *Schulz*

Koordinateneinrichtung →Maschinentisch

Kopierdrehen. Formdrehen, bei dem die Vorschubbewegung des Werkzeugs über ein Bezugswerkstück gesteuert wird (Bild).

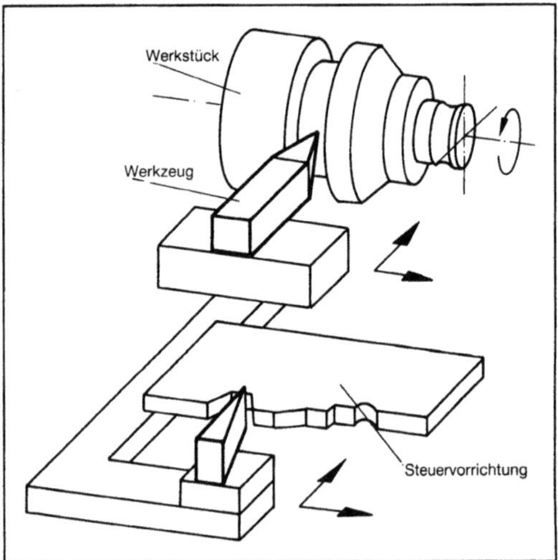

Kopierdrehen: Schematische Darstellung. (Quelle: DIN 8589)

Das K. wird zur wirtschaftlichen Herstellung rotationssymmetrischer Werkstücke in der Kleinserienfertigung eingesetzt sowie zur spanenden Fertigung komplizierter Konturen.

Die beim K. eingesetzten Werkzeuge müssen auf die Geometrie des Werkstücks abgestimmt sein. Um die Kontur des Meisterstücks (Schablone) auf das Werkstück übertragen zu können, muß der Eckenwinkel ε_r einerseits möglichst klein, andererseits aber groß genug sein, um eine stabile Schneide zu bilden.

Kopierwerkzeuge haben daher Eckenwinkel zwischen 52° und 58°, um ein Nachformdrehen unter einem Kopierwinkel von 30° zu ermöglichen. Bei kleinen Drehlängen kann das Nachformdrehen durch ein →Profildrehen mit einem entsprechenden Profildrehmeißel ersetzt werden. Jedoch ist hierbei die Werkzeugherstellung teurer. Als weitere Alternative zum Nachformdrehen bietet sich das NC-Formdrehen an, bei dem die Vorschubbewegung numerisch gesteuert wird. *König*

Kopierdrehmaschine →Nachformdrehmaschine

Kopplungskraft →Greifer (Roboter)

Korbrührer. Diese sind in der Technik heutzutage nicht mehr üblich. *Schlag*

Kornausbruch →Verschleißmechanismus (Schleifen), →Schleifwerkzeug-Verschleiß

Korngrenze. Grenze zwischen Körnern in polykristallinen Werkstoffen. K. sind Hindernisse für die Versetzungsbewegung. Daher nimmt die Festigkeit mit feinerem Korn zu, während die Zähigkeit in diesem Fall verbessert wird (→Feinkornstahl). *W. Dahl*

Korngrößenermittlung →Siebanalyse

Körnungsnetz. Korngrößenverteilungen lassen sich oft durch mathematische Funktionen beschreiben. Durch entsprechende Achsenteilung eines Diagramms kann man ihre Rückstandssummenkurve als Gerade darstellen. Wichtige Verteilungen sind:

□ RRSB-Verteilung: $R = e^{-(d/d')^n}$,

□ Potenzfunktion: $R = 1 - (d/d_{max})^m$ und

□ logarithmische Normalverteilung.

Technische Stäube können besonders mit der RRSB-Verteilung gut beschrieben werden.

Wichtige Parameter für die Beurteilung einer Körnung (Bild) sind der massenmittlere Durchmesser d_{50} sowie größtes und kleinstes Korn (d_{max} und d_{min}). *Dahl*

Literatur: DIN 66143: Darstellung von Korn-(Teilchen-)größenverteilungen; Potenznetz. Hrsg. Dt. Normenausschuß. Ausg. März 1974. – DIN 66144: Darstellung von Korn-(Teilchen-)größenverteilungen; Logarithmisches Normalverteilungsnetz. Hrsg. Dt. Normenausschuß. Ausg. März 1974. – DIN 66145: Darstellung von Korn-(Teilchen-)größenverteilungen; RRSB-Netz. Hrsg. Dt. Inst. f. Normung. Ausg. Apr. 1976.

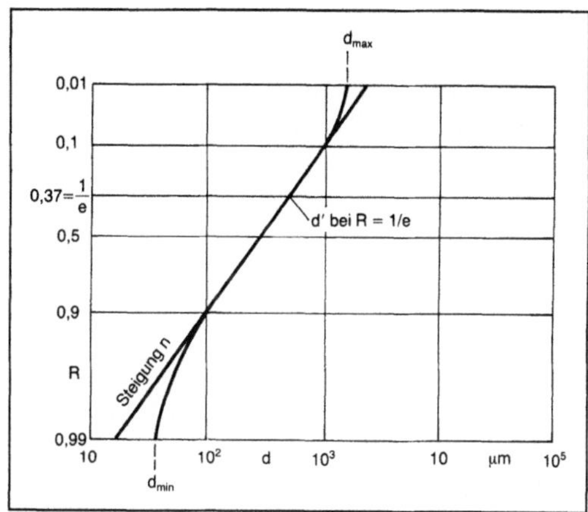

Körnungsnetz.

R Rückstand, d_{max} größter Korndurchmesser, d_{min} kleinster Korndurchmesser, d' Korn mit $R = 1/e = 0{,}368$

Kornwerkstoff →Schleifwerkzeug-Zusammensetzung

Korrosion (Biotechnologie) →Biodegradation

Korundscheibenmühle. K. (Bild) eignen sich zum Mahlen solcher Stoffe, die auf Grund ihrer Elastizität nicht durch schlagende oder pressende Belastung bearbeitet werden können. Im Gerät sind 2 Korundscheiben horizontal angeordnet, von denen die obere starr mit dem Gehäuse verbunden ist und die untere über eine Antriebswelle in Rotation versetzt wird. Das Mahlgut wird in der Mitte aufgegeben und wandert während des Mahlvorgangs von innen nach außen. Durch scherende und reibende Kräfte wird es ständig zerkleinert. Der Abstand der Korundscheiben voneinander und somit die Endfeinheit lassen sich einstellen. Durch Zugabe von Wasser oder anderen

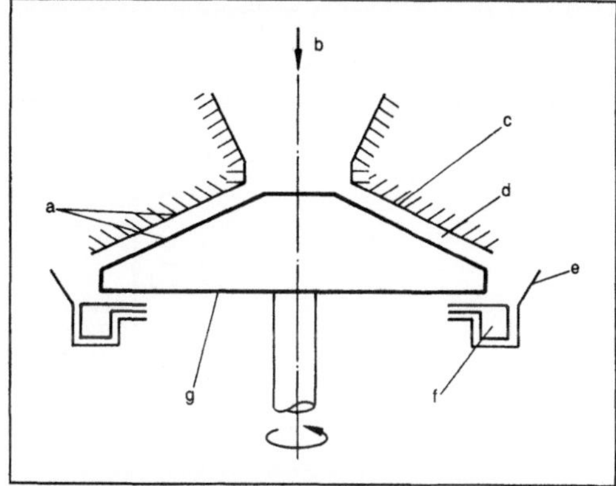

Korundscheibenmühle.

a mit Korundkörnern besetzte Fläche, b Gutaufgabe, c Stator, d einstellbarer Spalt, e Auffangrinne, f Austrag des Mahlgutes, z. B. durch umlaufende Räumer, g Rotor

Flüssigkeiten kann das Gut während des Mahlvorgangs dispergiert werden. K. erzeugen sehr feine Partikel von 5–30 μm als Endprodukt. Die Rotorscheibe bewegt sich mit 500–3000 min^{-1}. *Müller*

Kosten, unternehmensbezogene. Bei der betrieblichen Produktion werden Werte verbraucht bzw. geschaffen. Man unterscheidet hier Ausgaben, Aufwendungen und K. sowie Einnahmen, Erträge und Leistungen (Bild).

Unter Ausgabe wird der Abfluß von Zahlungsmitteln und/oder der Eingang von Verbindlichkeiten seitens eines Wirtschaftsobjekts verstanden. Aufwand ist der in Geldeinheiten ausgedrückte Werteverzehr, der während einer Abrechnungsperiode in einem Betrieb anfällt.

Aufwand schlägt sich in einer Verminderung des betrieblichen Nettovermögens nieder. Der Gesamtaufwand unterteilt sich in den betrieblichen Zeitaufwand und in den Aufwand in Nebenzweckbereichen. Der betriebliche Zweckaufwand wird untergliedert in den ordentlichen Zweckaufwand und den außerordentlichen, d. h. Aufwand bei Eintritt von Risiken bzw. anderer Berechnungsperioden. Den ordentlichen betrieblichen Zweckaufwand bezeichnet man als K. Zusammen mit den Anders-K., d. h. K., denen in der Periode ein Aufwand in anderer Höhe gegenübersteht (kalkulatorischer Unternehmerlohn und Mieten), ergeben sich die Gesamt-K. der Periode.

Nach der Abhängigkeit von bestimmten K.-Einflußgrößen unterscheidet man zwischen fixen und variablen K. Fixe K. sind in ihrer Höhe unabhängig, variable Kosten sind abhängig von Veränderungen der K.-Einflußgröße.

Dieser K.-Begriff wird als wertmäßiger K.-Begriff bezeichnet (K. = bewerteter leistungsbezogener Güterverbrauch) und geht auf *Schmalenbach* zurück. Die Anhänger eines anderen, in neuerer Zeit aufgekommenen K.-Begriffs, des pagatorischen K.-Begriffs (z. B. nach *Koch*), sehen in den K. eine spezifische Ausgabenkategorie (K. = leistungsbezogene Ausgaben). Objekt der K.-Erfassung ist nicht der Güterverbrauch, sondern das Entgelt, das für die Anschaffung oder den Verbrauch der Produktionsfaktoren zu entrichten war. *Eversheim*

Literatur: *Gabler, Th.:* Gabler-Wirtschaftslexikon. 11. Aufl. Wiesbaden 1984. – *Hummel, S.:* Kostenrechnung I. 3. Aufl. Wiesbaden 1978. – *Lück, W.:* Lexikon der Betriebswirtschaft. Landsberg am Lech 1983. – *Vormbaum, H.:* Grundlagen des betrieblichen Rechnungswesens. Stuttgart 1977.

Kostenstellengliederung, betriebliche. Die Betriebsabrechnung umfaßt die Hauptgebiete Kostenarten-, Kostenstellen- und Kostenträgerrechnung.

Der Kostenartenrechnung kommt die Aufgabe zu, die Kostenarten zu erfassen, abzugrenzen und zusammenzufassen.

Die Kostenstellenrechnung ermittelt die periodisch anfallenden Kosten, erfaßt die den Kostenträgern nicht direkt zurechenbaren Kostenarten für einzelne Kostenstellen, die im Rahmen der Kostenträgerrechnung weiterverrechnet werden und mißt die Stellen-Leistung. Die Kostenstellenrechnung ordnet ebenfalls die innerbetrieblichen Leistungen zu.

Die Kostenträgerrechnung stellt die Kosten und den Gewinn je Erzeugnis, Erzeugnisgruppe, Abnehmergruppe, Verkaufsabteilung, Verkaufsbezirk und für das Gesamtunternehmen bzw. für einzelne

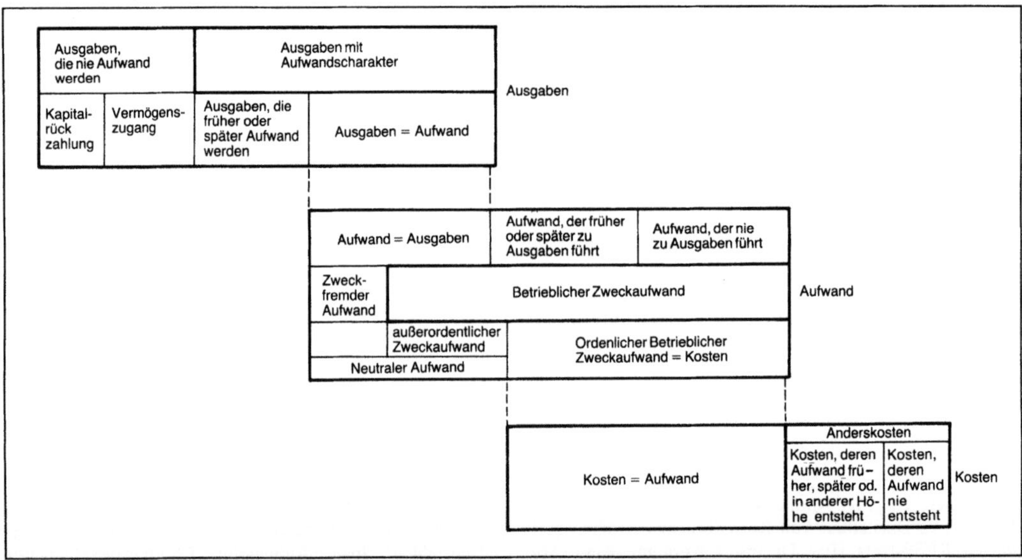

Kosten, unternehmensbezogene: Gliederung des wertmäßigen Kostenbegriffs.

Geschäftsbereiche fest. In der Regel wird die Kostenstellenrechnung mittels des Betriebsabrechnungsbogens I (Kostenstellenabrechnungsbogen) durchgeführt, auf dem in den Zeilen die Kostenarten und in den Spalten die einzelnen Kostenstellen angeordnet sind (Bild). Die Kostenerfassung nach Kostenstellen ist für die meisten Kostenstellen möglich, wenngleich auch hierbei nach der Genauigkeit der Erfassung zwischen direkt und indirekt zurechenbar unterschieden werden muß. Der direkt meßbare Verbrauch ergibt direkte Kostenstellen, für die auch direktive Verantwortlichkeit abgeleitet werden kann. Der andere Teil kann auf Grund fehlender Voraussetzungen der Meßbarkeit bzw. des Nachweises der Beeinflußbarkeit nur als indirekte Stellenkosten über Schlüsselungen (Kostenumlage) zugeteilt werden.

Die erste Gliederungsmöglichkeit der Kostenstellenbildung ist die nach räumlichen Gesichtspunkten. Je nach gewünschtem Genauigkeitsgrad der Rechnung kann dabei ein Teilbetrieb, ein einzelner Raum, ein Teil eines Raums oder ein einzelner Arbeitsplatz (Platzkostenrechnung) als Kostenstelle gewählt werden.

Eine zweite Möglichkeit ist die Kostenstellenbildung nach funktionalen Gesichtspunkten. Dabei ergeben sich folgende Kostenbereiche: allgemeine Kostenstellen, Fertigungs-, Material-, Verwaltungs- und Vertriebsstellen. Zu den allgemeinen Kostenstellen gehören diejenigen, die zwar im Rahmen des betrieblichen Hauptzwecks tätig werden, aber nicht unmittelbar an der Herstellung der Produkte beteiligt sind (Grundstücke und Gebäude, Wasserversorgung, Heizungsabteilung, Kraftzentrale usw.). Die dritte Gliederungsmöglichkeit der Kostenstellenbildung besteht nach organisatorischen Gesichtspunkten, d. h. eine Kostenstelleneinteilung nach den Verantwortungsbereichen, die im Organisationsplan vorgegeben sind.

Die Art, nach der die Kostenstellen gegliedert werden, wird wesentlich beeinflußt durch die Zwecke, die man der Kostenrechnung zuweist.

Dort, wo die Kostenrechnung in wirksamer Weise das Betriebsgebahren kontrollieren soll, ist man geneigt, die Kostenstellen mit Verwaltungsstellen zusammenzufassen. Wo der vorherrschende Zweck in der Unterstützung der Preispolitik liegt, steht die unterschiedliche Kostenverursachung und damit die funktionale Gliederung im Vordergrund. Beachtet man hauptsächlich eine übersichtliche, genau abgrenzbare Kostenstellenrechnung, so bietet sich die Unterteilung nach räumlichen Gesichtspunkten an.　　　　　　　　　　　　　*Eversheim*

Literatur: *Brankamp, K.:* Handb. moderne Fertigung und Montage. München 1975. – N. N.: Ökonomisches Lexikon. 3. Aufl. Berlin 1979. – *Schmalenbach, E.:* Kostenrechnung und Preispolitik. 8. Aufl. Berlin, Opladen 1968. – *Vormbaum, H.:* Grundlagen des betrieblichen Rechnungswesens. Stuttgart 1977.

Krackverfahren. Das Kracken ist eine chemische Reaktion, bei der ein Kohlenwasserstoffmolekül in zwei oder mehrere kleinere Bruchstücke zerbrochen wird. Als K. kommen hauptsächlich das
□ thermische Kracken,
□ katalytische Kracken,
□ Kracken in Wasserstoffatmosphäre (Hydrocracking) in Betracht.

Unter *thermischem Kracken* versteht man die Aufspaltung von höhersiedenden Erdölbestandteilen in leichter flüchtige Produkte unter Anwendung hoher Temperaturen. Von den thermischen K. sind bei der Erdölaufbereitung das Verkoken und das Visbreaking (Verminderung der Viskosität) von Bedeutung.

Da die leichten Krackprodukte einen höheren Wasserstoffgehalt haben als das Ausgangsmaterial, ist eine Anreicherung von stark kohlenstoffhaltigen Komponenten im Krackrückstand nicht zu vermeiden. Während beim Visbreaking eine Abscheidung dieser Komponenten in Form von Koks unerwünscht ist, wird bei Verkokungsverfahren ein hoher Koksanfall bewußt in Kauf genommen oder zur Herstellung von Petrolkoks sogar angestrebt.

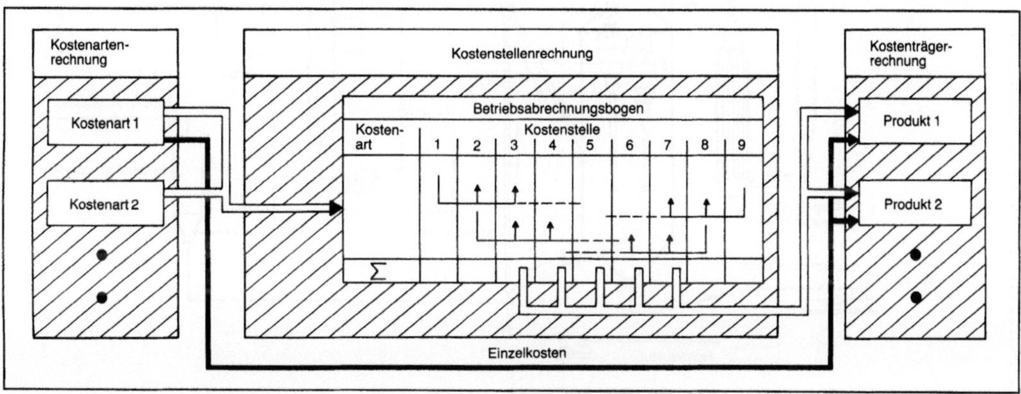

Kostenstellengliederung, betriebliche: Gliederung der Kostenrechnung.

Beim thermischen Verkoken werden schwere Rückstände aus der atmosphärischen oder der Vakuumdestillation in Gas, Benzin, Destillate und Koks umgewandelt. Das thermische Verkoken wird entweder als ein zyklisches, halbkontinuierliches Verfahren, als verzögertes Verkoken bezeichnet, oder als kontinuierliches fluides Verkoken durchgeführt.

Beim verzögerten Verkoken wird das Einsatzmaterial von leichtflüchtigen Bestandteilen befreit, in einem Ofen auf ca. 480 °C erwärmt und in einen thermisch isolierten Behälter, eine Kokstrommel, gebracht, in dem auf Grund der mitgeführten Wärmeenergie die Krackung stattfindet. Die Krackprodukte verlassen den Behälter gasförmig und werden destillativ aufgetrennt. Wenn der Koks in der Trommel eine bestimmte Grenzmarke erreicht hat, wird sie mit Wasserdampf regeneriert. Mehrere parallel geschaltete Trommeln werden wechselseitig zur Verkokung verwendet oder regeneriert.

Das fluide Verkoken ähnelt dem katalytischen Kracken. Vakuumrückstände werden in einem Wirbelbett bei Temperaturen bis 560 °C unter Atmosphärendruck in flüchtige Kohlenwasserstoffe und Koks gespalten.

Beim Visbreaking führt man den Einsatzstoff durch einen ringförmigen Ofenraum. Die nur wenig gekrackten Produkte werden destillativ in Gas, Benzin, leichtes →Destillat und einen Heizölrückstand getrennt, der jedoch eine erheblich geringere Viskosität als das Ausgangsmaterial aufweist.

Das *katalytische Kracken* wird vor allem zum Erzeugen von Benzin, C_3/C_4-Alkenen und von Isobutan verwendet, wobei sich schwere Destillate an speziellen Katalysatoren selektiv zersetzen. Das entstehende Benzin enthält erhebliche Mengen an hochoktanigen Kohlenwasserstoffen, darunter Aromaten, verzweigte Alkane und Alkene.

Bild 1 zeigt, daß die Produktverteilung beim katalytischen Kracken im Vergleich zum thermischen Kracken zu höheren C-Atomzahlen verschoben

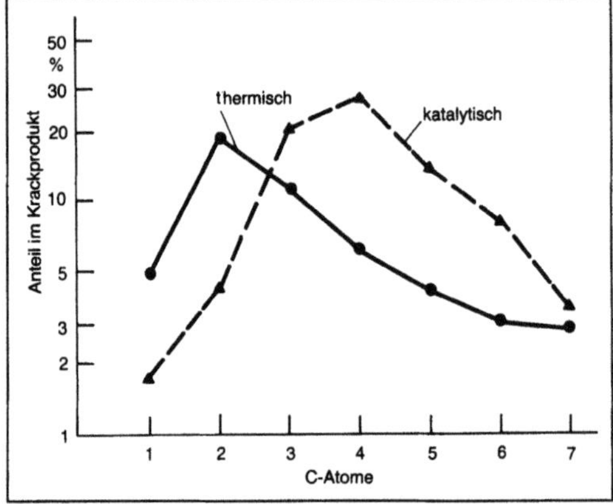

Krackverfahren 1: Produktverteilung beim thermischen und katalytischen Kracken von Cetan.

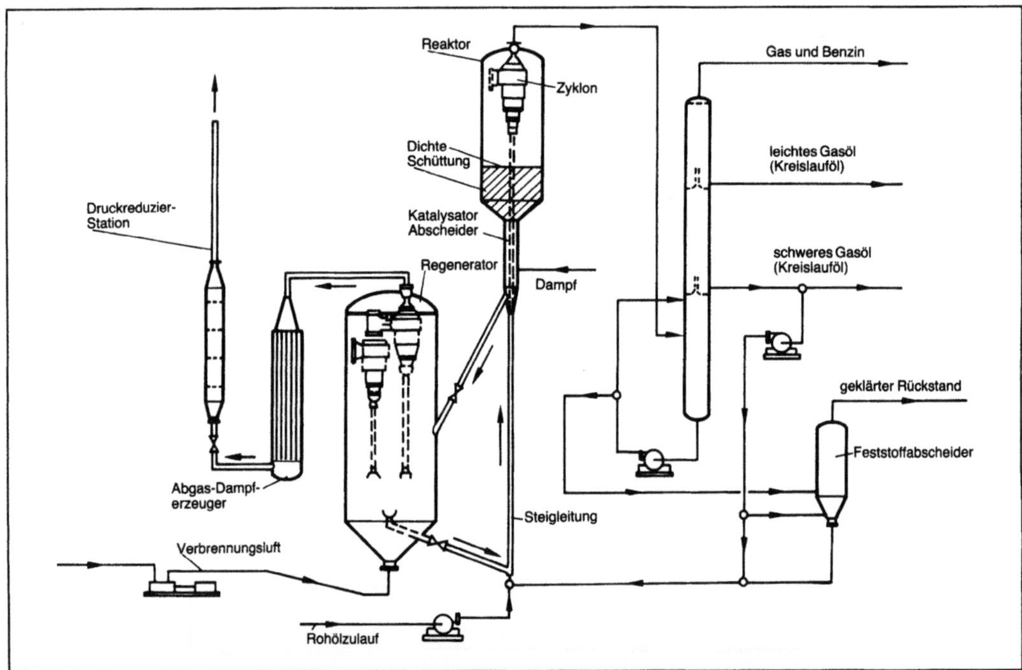

Krackverfahren 2: Fließschema einer Anlage für das katalytische Kracken (UOP).

ben ist, was an einem anderen chemischen Mechanismus liegt.

Ein Fließschema einer Anlage zur katalytischen Krackung ist in Bild 2 dargestellt. Das erwärmte Einsatzmaterial trifft auf heißen, regenerierten Katalysator. Gasförmiges Öl und der Katalysator strömen in dem Steigrohr nach oben, wodurch sich die Katalysatorteilchen direkt in einer verdünnten Phase befinden. In diesem Steigrohr findet der größte Teil der Krackung statt. Im Reaktor setzt sich der Katalysator zu einer Schüttung ab, bei deren Durchströmung die Kohlenwasserstoffe weiter gekrackt werden. Die Katalysatorteilchen werden von den Gasen in Zyklonen abgetrennt und einem Regenerator zugeführt. Die Krackgase werden in einer Haupttrennkolonne in die angegebenen Seitenströme zerlegt.

Das *Wasserstoffkracken* (Hydrocracking) kann als spaltende Hydrierung angesehen werden. Beim Kracken in einer Wasserstoffatmosphäre entstehen keine Alkene. Die Betriebsbedingungen liegen meist bei Temperaturen unter 480 °C und bei Drükken zwischen 50 und 250 bar. Katalysatoren können als feste oder fluidisierte Schüttungen verwendet werden. Das Wasserstoffkracken hat den Vorteil, daß schwere und weniger saubere Einsatzstoffe verwendet werden können als bei den anderen Verfahren. *Dohrn*

Literatur: Ullmanns Enzyklopädie der techn. Chemie. 4. Aufl. Bd. 10. Weinheim 1975. – *Riediger, B.:* Die Verarbeitung des Erdöls. Berlin 1971.

Kragenziehen. K. gehört nach DIN 8584 innerhalb der →Blechumformung zu den Verfahren der Zugdruckumformung, bei denen mit Stempel und Ziehring gearbeitet wird. Das →Durchziehen von Kragen dient dazu, aus der Ebene eines Blechs heraus einen ausgestellten, geschlossenen Rand an einer ausgeschnittenen Öffnung herzustellen (Bild). Der Kragen hat die Form eines Flansches.

Weitere gebräuchliche Begriffe für diese Verfahren sind Aushalsen, Durchziehen, Lochbördeln, entsprechen jedoch nicht den Bezeichnungen nach DIN.

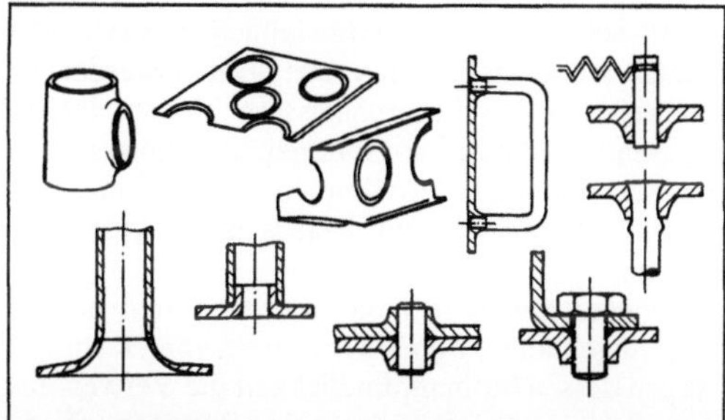

Kragenziehen: Anwendungsbeispiele kragengezogener Werkstücke.

An gezogene Kragen werden Gewinde geschnitten (Feinwerktechnik), können Bolzen angepreßt oder Rohre durch Fügen (→Schweißen, →Löten, →Kleben) angesetzt werden. Sie wirken auch als Versteifungselement in Blechkonstruktionen.

Das Verfahren kann an ebenen Blechen und an gewölbten Flächen angewendet werden. Die Form der Kragen ist meist kreiszylindrisch. Ovale und eckige Formen sind auch herstellbar.

Als →Ausgangsform dient ein Blech mit einem geschnittenen oder gebohrten Vorloch. Gebohrte und anschließend geriebene Vorlöcher erreichen größere Aufweitverhältnisse. Beim K. wird das Blech zwischen Niederhalter und Ziehring gehalten. Bei der Umformung taucht der Stempel in das Vorloch und weitet es auf. Der Durchmesser der eingebrachten Öffnung vergrößert sich, und gleichzeitig nimmt die Blechdicke in der Rundung ab. Am Ende der Umformung befindet sich kein Werkstoff mehr unter der Stempelstirnfläche. Die Abmessungen der Werkstücke sind frei wählbar, da aus dem Flanschbereich kein Werkstoff nachfließt.

Große Aufweitverhältnisse werden mit Blechqualitäten erreicht, die eine gute Tiefziehbarkeit haben. Eine gute Zylindrizität des Kragens wird durch den Einsatz einer Traktrix-Kurve am Ziehring erzielt. Die Stempelform dagegen hat nur geringen Einfluß auf die erreichbaren Aufweitverhältnisse. Die Verfahrensgrenzen beim K. sind die →Rißbildung an den freien Enden oder das Abreißen des gesamten Kragens.

Durch den Einsatz von Werkzeugen mit Gegenhaltern wird durch Überlagerung von Druckspannungen das Umformvermögen in dem Kragenbereich vergrößert. Höhere Kragen lassen sich auch durch Verringern der Wanddicke herstellen (Abstreckgleitziehen). Die Wanddicke darf dabei nicht so sehr geschwächt werden, daß der Kragen abreißt. Rißfreie Kragen werden mit möglichst glatten Schnittflächen erreicht. Der Einsatz von Verbundwerkzeugen ist bei Serienfertigung gebräuchlich. *Lange*

Literatur: *Lange, K.* (Hrsg.): Umformtechnik. Bd. 3: Blechumformung. Berlin, Heidelberg, New York 1990. – *Schlagau, S.:* Kragenziehen mit radialem Gegenhalter. Ind. Anz. 109 (1987) Nr. 85, S. 30/31. – *Wilken, R.:* Das Biegen von Innenborden mit Stempeln. Forsch. Ber. d. Landes NRW Nr. 794. Köln, Opladen 1959.

Kreiselbelüfter. K. (Bild) werden z. B. zum Lufteintrag in Belebtschlammbecken verwendet. Ein rotierendes Kreiselrad saugt axial Flüssigkeit nach oben und fördert diese über Leitschaufeln radial und tangential nach außen. Die hohe Umfanggeschwindigkeit beim Austrag des Flüssigkeitsfilms führt zu einem Tropfenzerfall. Während der Falldauer der Tropfen können diese über ihre große Oberfläche Luftsauerstoff aufnehmen, und

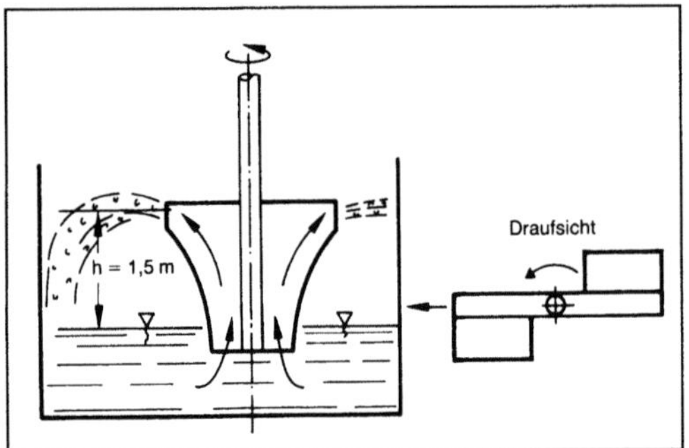

Kreiselbelüfter. Schemaskizze.

beim Auftreffen auf die Oberfläche schlagen sie Luftblasen in die Flüssigkeit ein. Da dieser Vorgang von der Fallhöhe abhängt, sollte das Rad mindestens 1,5 m über dem Flüssigkeitsspiegel angebracht sein. *Würtz*

Kreiselpumpe (Medizin). In der Technik hat die K. eine herausgehobene Stellung. Für Anwendungen in der Medizin wurden verschiedene Konstruktionen erprobt.

Durch eine mit diesem Pumpprinzip mögliche kleinere Bauweise hätte eine derartige Pumpe Vorteile gegenüber pulsatil arbeitenden Pumpen; dies insbes. im Hinblick auf den Einsatz als künstliches Herz.

Um die Blutschädigung gering zu halten, sind bei der Gestaltung des Pumpenkörpers folgende Punkte besonders zu berücksichtigen:
□ Die Wandschubspannung soll niedrig sein. Konstruktiv wird dies bei Inkaufnahme einer Wirkungsgradverringerung durch einen weiten Spalt zwischen Gehäuse und Laufrad erreicht.
□ Um eine Thrombenbildung zu vermeiden, sollen Strömungsablösungen vermieden werden. Dies läßt sich durch eine in Strömungsrichtung beschleunigte Strömung ohne Toträume erreichen.

Im Vergleich mit anderen Pumpen wie der →Rollerpumpe hat die K. in der klinischen Routine derzeit keine große Bedeutung. In der Fachliteratur wird ihr Einsatz als Blutpumpe bedingt durch die unphysiologische, kontinuierliche Förderung kontrovers diskutiert. *Stroh*

Literatur: *Affeld, K.,* et al.: Anwendung der Kreiselpumpe als Blutpumpe. BMT 25 (1980). – *Körfer, R.,* et al.: Pulsatile Versus Non – Pulsatile Coronary Perfusion in the Fibrillating Canine Heart. ESAO VII (1980), S. 294/98. – *Unger, F.,* et al.: Nonpulsatile Blood Pumps for Total Artificial Heart Replacement. Progr. in Artif. Org. (1983) ISAO Press Nr. 204 Cleveland 1984, S. 158/61.

Kreissägemaschine. Bei der K. führt ein auf der umlaufenden Sägeblattwelle angebrachtes kreisförmiges Sägeblatt die Schnittbewegung und gleichzeitig die Vorschubbewegung aus. Die Vorschubbewe-

gung erfolgt je nach Bauart waagrecht, senkrecht oder bogenförmig (Bild). Bei K. kann die Schnittgeschwindigkeit stufenlos oder gestuft regelbar sein.

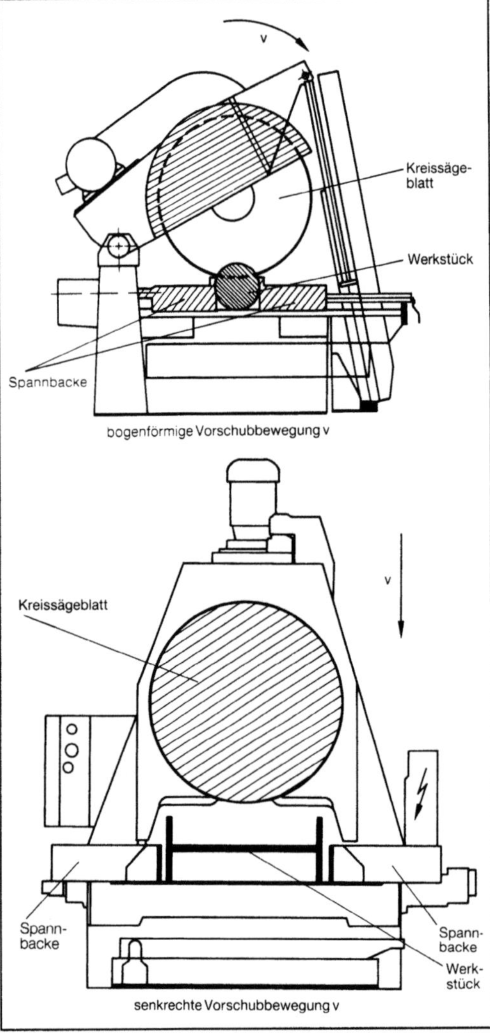

Kreissägemaschine: Unterschiedliche Bauarten.

Als Schneidmaterial wird vielfach HSS (Hochleistungs-Schnellstahl) eingesetzt. Dabei werden bei kleineren Sägeblattdurchmessern Vollstahlblätter verwendet. Blätter mit größerem Durchmesser sind aus Segmenten mit jeweils mehreren Zähnen aufgebaut, die einen Ring mit gegenseitiger Abstützung bilden.

Eingesetzt werden weiterhin hartmetallbestückte Kreissägeblätter, wobei der Einsatz von Hartmetall wegen dessen Stoßempfindlichkeit die Verwendung von Schwingungsdämpfungseinrichtungen an der →Sägemaschine erforderlich macht. Bei HSS-Kreissägeblättern setzt man Emulsionskühlmittel ein. Hartmetallbestückte Sägeblätter werden mit Luft gekühlt.

Zum Spannen der Werkstücke sind K. je nach Bauform mit einem Waagrecht- oder Senkrechtspannstock oder beidem ausgestattet. K. mit senkrechtem Vorschub besitzen waagrechte, Sägen mit waagrechtem Vorschub waagrecht und senkrecht wirkende Spannbacken. *Schulz*

Kreissägen →Sägen

Kreuzstrom. Wird ein mehrstufiger Stofftrennprozeß im K. betrieben, so wird jeder Stufe ein Stoffstrom L zugeführt, der dann an- oder abgereichert den Prozeß verläßt, während der zweite Stoffstrom V alle Trennstufen durchläuft und auf diese Weise mehrfach hintereinander mit dem Strom L in Stoffaustausch tritt (Bild). Die Ströme L_1–L_3 brauchen nicht die gleiche Zusammensetzung zu besitzen.

Im K. betriebene Anlagen liegen in ihrer Trennleistung und im Trennhilfsmittelverbrauch (z. B. →Extraktionsmittel, Energie) zwischen einer einstufigen Apparatur (bzw. →Gleichstrom) und einer im →Gegenstrom betriebenen Apparatur. Nachteilig ist, daß Ströme L' mit unterschiedlichen Zusammensetzungen entstehen. *Dohrn*

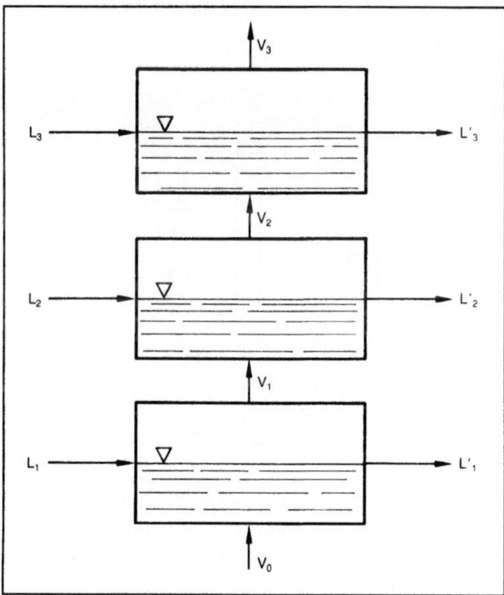

Kreuzstrom: Kreuzstrom in einem dreistufigen Stofftrennprozeß (z. B. Absorption).

Kristallisation. In der Verfahrenstechnik wird die K. zur Bildung einer festen kristallinen Phase aus einem festen amorphen, einem flüssigen (Lösungs-K. oder K. aus der Schmelze) oder einem gasförmigen Zustand (Desublimation) verwendet.

Die K. ist einer der ältesten verfahrenstechnischen Prozesse, denn die Gewinnung von Salz aus Meerwasser durch Verdampfung wird schon seit Jahrtausenden durchgeführt. Sind die zu kristallisierenden Stoffe in einem Lösungsmittel gelöst (Lösungs-K.), so kommt es dann zur Kristallbildung, wenn die Stoffkonzentration größer als die Gleichgewichtskonzentration (Sättigungskonzentration) ist. Zur Erzeugung der →Übersättigung können verschiedene Methoden angewendet werden:
□ Abkühlen der Lösung (Kühlungs-K.),
□ →Verdampfen des Lösungsmittels (Verdampfungs-K., →Verdampfungskristallisator),
□ Abkühlen und Verdampfen (Vakuum-K.).

Kühlungs-K. wird angewendet, wenn die Löslichkeit des zu kristallisierenden Stoffs mit fallender Temperatur stark abnimmt und Vakuum-K. nicht angewendet werden kann, z. B. wenn die Verdampfung des Lösungsmittels nicht erwünscht ist. Bild 1 a) zeigt in einem Konzentrations-Temperatur-Diagramm, wie eine Lösung von t_1 auf t_2 abgekühlt und übersättigt wird. Durch Ausscheiden von Kristallen gelangt die Lösung wieder ins Gleichgewicht (Punkt 3).

Verdampfungs-K. wird eingesetzt, wenn sich die Löslichkeit des zu kristallisierenden Stoffs nicht oder nur wenig mit der Temperatur ändert. Die Lösung erwärmt man, Bild 1b). Durch die Verdampfung des Lösungsmittels wird die Lösung (von Punkt 2 zu Punkt 3) übersättigt und erreicht durch K. wieder Gleichgewicht (Punkt 1).

Bei der Vakuum-K. expandiert eine gesättigte Lösung, Punkt 1 in Bild 1c), unter Vakuum, wobei ein Teil des Lösungsmittels verdampft. Die Verdampfungsenthalpie wird der Lösung entzogen, die sich abkühlt (Punkt 2 im Übersättigungsgebiet). Die Übersättigung wird durch K. abgebaut.

Die →Wachstumsgeschwindigkeit der Kristalle steigt nahezu linear mit dem Grad der Übersättigung, während die Keimbildungsgeschwindigkeit von einer bestimmten Übersättigung ab steil ansteigt. Das Zustandsgebiet zwischen der Gleichgewichtskurve und der Grenze der spontanen Keimbildung ist der metastabile Bereich. Um ein möglichst grobes und gleichmäßiges Kristallisat zu erhalten, darf die Übersättigung die Grenze des metastabilen Bereichs nicht überschreiten. Die Grenze der spontanen Keimbildung ist thermodynamisch nicht begründet, hängt von einer Vielzahl von Einflüssen ab (z. B. Abkühlungsgeschwindigkeit, Temperatur, Strömungszustand, Verunreinigungen) und läßt sich nur empirisch ermitteln.

Die K. läßt sich absatzweise oder kontinuierlich durchführen. Insbesondere bei kleineren Produktmengen wird oft diskontinuierliche Betriebsweise mit Kühlungskristallisatoren vorgezogen. Bei konstant eingestellter Kühlwassermenge sinkt die Temperatur der Lösung anfangs so schnell ab, daß die Übersättigung den metastabilen Bereich überschreitet und viele Primärkeime entstehen. Gegen

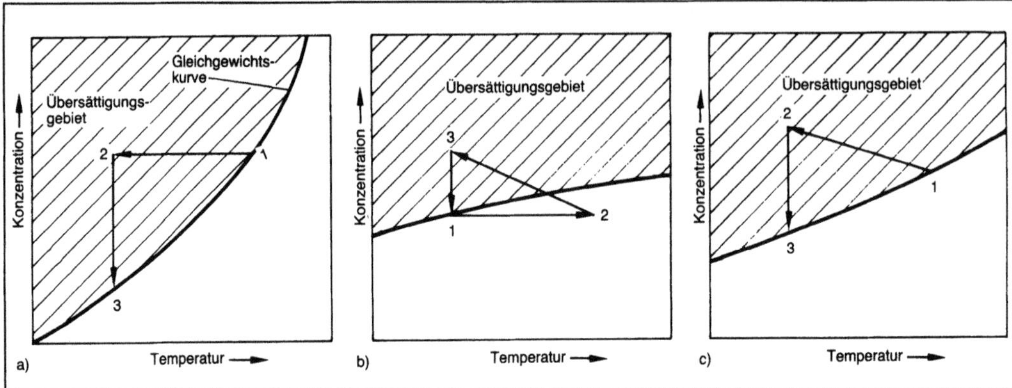

Kristallisation 1: Methoden zum Erreichen der Übersättigung bei der Kristallisation. (Quelle: Standard-Messo Duisburg)
a) Kühlungskristallisation.
b) Verdampfungskristallisation.
c) Vakuumkristallisation.

Ende des K.-Prozesses ist die Temperaturdifferenz kleiner geworden, und die Übersättigung liegt deutlich unterhalb der Grenze der spontanen Keimbildung. Durch eine Regelung der Kühlwassermenge lassen sich anfangs geringe Kühlraten und gegen Ende der Kühlung große Kühlraten einstellen, wodurch während der gesamten K.-Zeit eine optimale Übersättigung eingestellt werden kann.

Kontinuierliche Kristallisatoren werden eingesetzt, wenn die Kristallisatleistung 100–400 kg/h überschreitet. Eine Ausnahme ist die Zucker-K., die noch häufig bei größeren Einsatzmengen absatzweise durchgeführt wird. Die unterschiedlichen Typen von kontinuierlichen Kristallisatoren unterscheiden sich durch die erreichbare Bandbreite von Kristallgrößenverteilungen. Der Leitwerkkristallisator erzeugt im Gegensatz zum Rührwerkkristallisator eine gerichtete Strömung, so daß eine genaue Einstellung der Übersättigung möglich ist. Weitere Bauformen sind z. B. Umlaufkristallisatoren, Leitrohrkristallisatoren mit Abzug von Klarlösung, mehrstufige liegende Kristallisatoren und Klarlaufkristallisatoren.

Bei der K. aus der Schmelze hängt die Anzahl der benötigten Trennstufen vom Gleichgewichtsverhalten des Gemisches ab. Sind die beteiligten Stoffe im flüssigen Zustand vollständig mischbar, im festen Zustand aber nicht, so läßt sich das System durch Teil-K. in einer einzigen theoretischen Stufe in eine reine Komponente und ein eutektisches Gemisch zerlegen. Sind die Stoffe auch im festen Zustand mischbar, so kann eine vollständige Trennung durch eine fraktionierte K. erreicht werden. Dies geschieht durch mehrfaches Schmelzen und Kristallisieren, wobei sich eine feste und eine flüssige Phase im →Gegenstrom zueinander führen lassen. Für die fraktionierte K. können hintereinandergeschaltete Behälter oder Kristallisierkolonnen, die mit bewegten →Einbauten und Rückflüssen beider Phasen ausgestattet sein können, verwendet werden. Bild 2 zeigt eine schrittweise betriebene K.-Kolonne mit vertikal angeordneten Rohren, bei der Umkristallisierungen zeitlich nacheinander in mehreren Trennschritten erfolgen. *Dohrn*

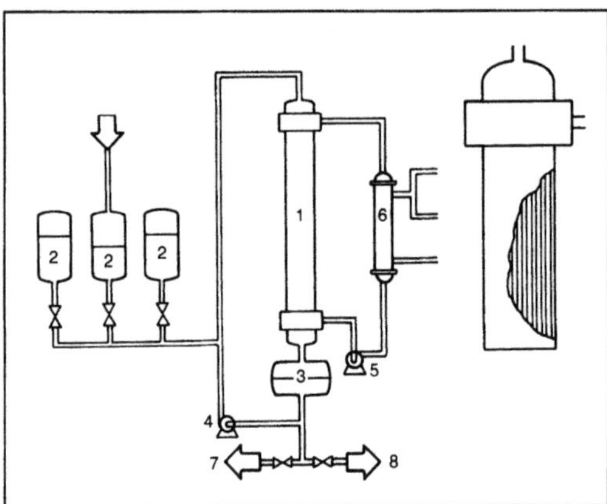

Kristallisation 2: Anlage zur fraktionierten Kristallisation, bei der die Trennschritte (Umkristallisierungen) zeitlich nacheinander in einer Kolonne erfolgen. (Quelle: Sulzer)

1 Sulzer-MWB-Kristallisator, 2 Lagertanks für Schmelzrückstand R, 3 Sammeltank, 4 Produktpumpe, 5 Umlaufpumpe für Wärmeträger, 6 Wärmeübertrager (Aufbereitungstauscher für Wärmeträger), 7 Rückstand, 8 Produkt

Literatur: *Mersmann, A.*: Thermische Verfahrenstechnik. Berlin, Heidelberg, New York 1980. – *Nývlt, J.*: Industrial Crystallisation. Weinheim 1982.

Kristallisator. Ein K. ist ein verfahrenstechnischer Apparat, in dem Stoffe aus einer Lösung, einer

Schmelze oder der Gasphase in den kristallinen Zustand überführt werden.

Je nach Art der Erzeugung der zur →Kristallisation aus einer Lösung notwendigen →Übersättigung unterscheidet man zwischen Kühlungs-, Verdampfungs- und Vakuum-K. Die meisten K. werden kontinuierlich betrieben. Je besser die Qualität des Kristallisats sein soll, desto aufwendiger muß die Übersättigungs- und Kristallbettkontrolle der Kristallisationsanlage sein. Bild 1 zeigt Bauformen von Magma-K. Der Rührwerks-K. wird für die →Vakuumkristallisation verwendet, wenn es sich um gut wachsende Kristallisate mit einem größeren metastabilen Bereich handelt. Der Leitrohr-K. erzeugt eine gerichtete Förderung und erlaubt ein exaktes Einstellen der Übersättigung. Mehrstufige liegende K. werden ausschließlich für die Vakuumkristallisation eingesetzt. Bei dieser Bauart wird die gesamte Abkühlung in mehrere Stufen unterteilt. Die mechanische Belastung ist geringer, so daß sich größere Kristalle erzeugen lassen.

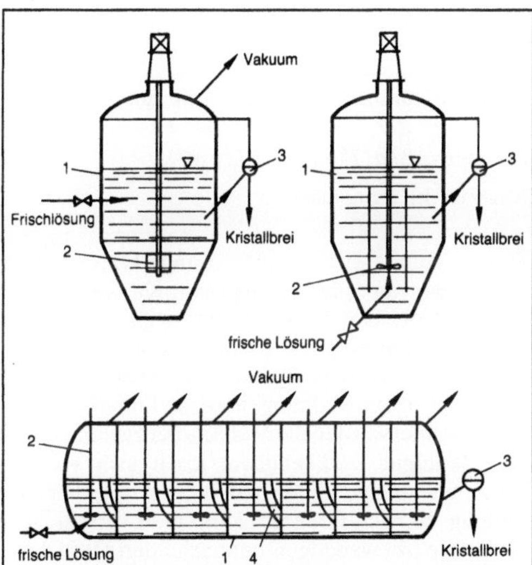

Kristallisator 1: Magmakristallisator ohne Abzug von Klarlösung.
a) Rührwerkskristallisator für unkontrollierte Kristallisation.
b) Leitrohrkristallisator mit kontrollierter Übersättigung.
c) Liegender mehrstufiger Vakuumkristallisator mit kontrollierter Übersättigung und begrenzter Kristallbettkontrolle. (Quelle: Standard-Messo Duisburg)

1 Kristallisator, 2 Rührwerk/Umwälzpumpe, 3 Kristallbreiüberlauf, 4 Überlaufrohr

Zwangsumlauf-K. mit einem äußeren Kreislauf haben ähnliche Eigenschaften wie Leitrohr-K., werden aber hauptsächlich bei der Kühlungs- und der Verdampfungskristallisation eingesetzt.

Zur Erhöhung der Kristallverweilzeit kann dem Kristallisator zusätzlich zum Kristallbrei auch geklärte Lösung entnommen werden. Die Klarlösung trennt man von der Suspension in Klärzonen innerhalb des K., in denen der Kristallbrei sedimentieren kann.

Zur Erzeugung noch größerer Kristalle muß die größte Keimbildungsquelle aus der Suspensionsströmung in die Klarlaufströmung gebracht werden. Bild 2 zeigt einen solchen K.-Typ, bei dem sich alle Kristalle in einem Fließbett befinden.

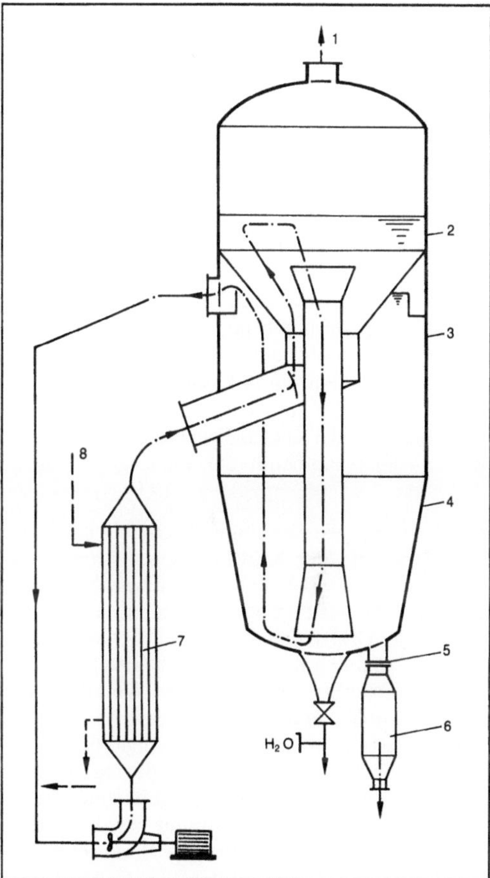

Kristallisator 2: Umlaufkristallisator mit kontrollierter Übersättigung und kontrolliertem Kristallbett (modifizierter Kristall-Kristallisator). (Quelle: Standard-Messo Duisburg)

1 Brüden, 2 Verdampfungsraum, 3 Klärraum, 4 Kristallbreibehälter, 5 Krustenaustrag, 6 Kristallbreiaustrag, 7 Heizkörper, 8 Dampf

Diskontinuierlich betriebene K. werden bei kleineren Kristallisatleistungen (<ca. 1 000 kg/Tag) eingesetzt und sind in der Regel Rührwerks- oder Leitrohr-K.

Bei der Kristallisation aus Schmelzen werden u. a. Sprüh- und Trommel-K. verwendet. *Dohrn*

Literatur: *Matz, G.*: Kristallisation. 2. Aufl. Berlin, Heidelberg, New York 1969. – *Mersmann, A.*: Thermische Verfahrenstechnik. Berlin, Heidelberg, New York 1980. – *Mullin, J. W.*: Crystallisation. 2. Aufl. London 1972. – Industrial Crystallisation. Hrsg. *J. W. Mullin.* New York 1976.

Kryoschutzmittel →Tiefkühlkonservierung

KSB-Diagramm-Beziehung. Methode zur näherungsweisen Bestimmung der Anzahl der Trennstufen in einer Gegenstromtrennkolonne (z. B. zur →Absorption oder beim →Destillieren). Die KSB-Gleichung wurde von *A. Kremser* (1930), *M. Souders* und *G. G. Brown* (1932) vorgeschlagen. Eine Voraussetzung für die Gültigkeit der Gleichung ist, daß die Betriebslinie und die Gleichgewichtskurve Geraden sind:

$$N = \frac{\ln\left[(1-c)\,(y_{ein}-y^*_{aus})/(y_{aus}-y^*_{aus})+c\right]}{\ln\,(1/c)};$$

N	Anzahl der Trennstufen,
c	$m \cdot V/L$,
y_{ein}	Gasmolenbruch beim Gaseintritt,
y_{aus}	Gasmolenbruch beim Gasaustritt,
y^*_{aus}	Gleichgewichtsmolenbruch beim Gasaustritt,
L	Flüssigkeitsstrom in kmol/h,
V	Gasstrom in kmol/h,
m	Steigung der Gleichgewichtsgeraden,
b	Ordinatenabschnitt der Gleichgewichtsgeraden.

Das Bild zeigt die Gleichung in graphischer Form. Der Parameter der Kurvenschar ist L/(mv). Zur näherungsweisen Bestimmung der Anzahl der notwendigen Trennstufen ermittelt man den Ordinatenwert des Diagramms aus den gegebenen Konzentrationen und den Konstanten der Gleichgewichtsgeraden. Dann bestimmt man den Wert des Parameters L/(mV) und kann auf der Abszisse die Trennstufenzahl ablesen. Entsprechend umgekehrt geht man vor, wenn die Anzahl der Trennstufen einer vorhandenen Anlage festliegt und die erreichbaren Konzentrationen bestimmt werden sollen. Das Diagramm läßt sich auch zur Bestimmung des L/V-Verhältnisses verwenden (→Colburn-Gleichung). *Dohrn*

Literatur: *King, C. J.*: Separation Processes. New York 1980. – *Kremser, A.*: Analysis of oil absorption. Natl. Petrol. News (1930) Nr. 22 (21), S. 42. – *Souders, M.*, u. *G. G. Brown*: Fundamental design of absorbing and stripping columns for complex vapors. Ind. Eng. Chem. (1930) Nr. 24, S. 519.

Kuchenfiltration →Filtration

Kugelläppen →Profilläppen

Kugelmühle. K. bestehen aus einer horizontal gelagerten, rotierenden Trommel als Mahlraum. Diese ist bis zur Hälfte ihres Mahlvolumens mit

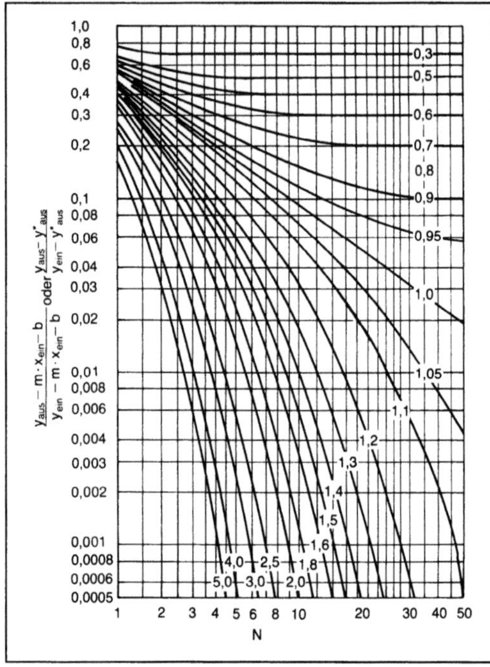

KSB-Diagramm-Beziehung: Näherungsweise Bestimmung der Trennstufenzahl bei Gegenstromtrennprozessen; Parameter L/(mV).

N Anzahl der Trennstufen

Kugeln gefüllt. Bis zu einem Länge-Durchmesser-Verhältnis von 2 spricht man von K., darüber von Rohrmühlen. Die Zerkleinerung wird durch zugegebene Mahlkörper (Stahl-, Porzellankugeln, Stäbe) oder größere Stücke des jeweiligen Haufwerks (autogene Mahlung) bewirkt. Durch Drehung der Trommel werden die Mahlkörper zusammen mit dem Mahlgut hochgehoben, lösen sich von der Trommel ab und fallen auf die darunterliegende Füllung. Je nach Drehzahl kann man verschiedene Mahlkörperbewegungen unterscheiden (Bild 1).

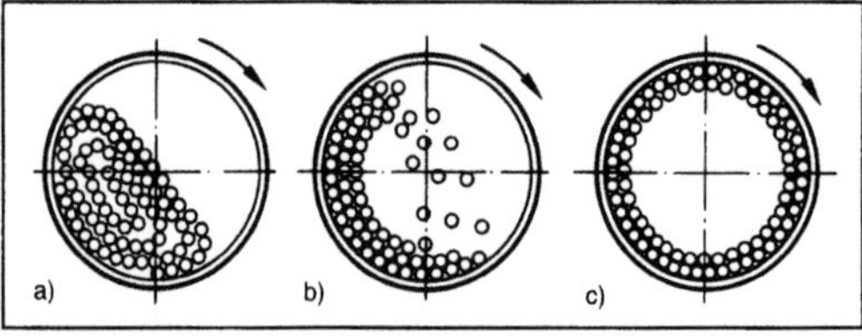

Kugelmühle 1: Bewegungszustände a), b) und c).

Bei niedrigen Drehzahlen kommt es nur zu einem Abrollen und Abgleiten der Füllung. Dadurch treten Scherbeanspruchungen mit Abriebwirkungen auf. Bei Steigerung der Drehzahl fallen Mahlkörper frei auf das darunterliegende Gutbett. Das Mahlgut wird dadurch infolge einer Prallbeanspruchung zerkleinert.

Übersteigt die Winkelgeschwindigkeit eine bestimmte Größe, so lösen sich Mahlgut und Mahlkörper nicht mehr von der Trommelwand (Bild 1 c)). Die Fliehkraft ist dann mindestens so groß wie die Gewichtskraft. Es tritt keine Zerkleinerungswirkung mehr auf. Der Eintrag des Mahlguts erfolgt meistens über stirnseitig angebrachte Rutschen oder durch die Welle (Hohlwelle). Der Austrag kann über Siebtrommeln oder durch einfachen Überlauf erfolgen (Bild 2 und 3).

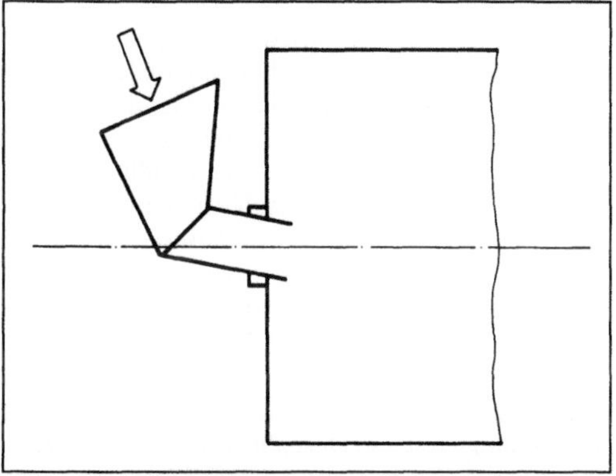

Kugelmühle 2: Eintrag.

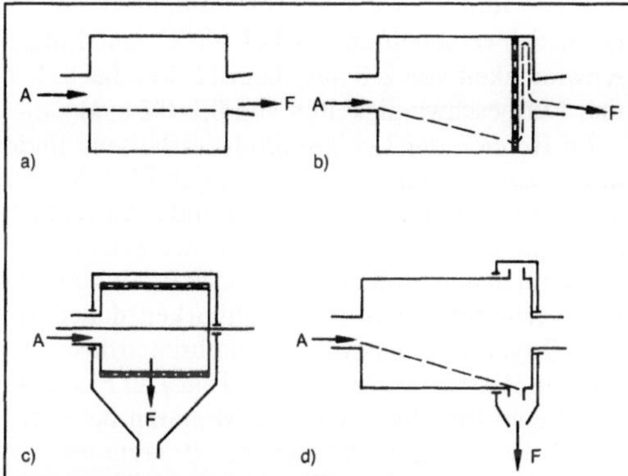

Kugelmühle 3: Austragsarten.
a) Überlauf- und Luftstrommühle
b) Austragskammermühle
c) Mühle mit peripherem Austrag
d) Mühle mit peripherem Endaustrag.

Die Trommel ist zumeist mit abriebfesten Materialien gepanzert und hat am Umfang Hubleisten, die ein Abrutschen der Füllung verhindern. Die Größe der Mahlkugeln, zumeist aus Hartporzellan oder Stahl, richtet sich nach den mechanischen Eigenschaften und der Korngröße des Mahlguts. Die kleinste erzielbare Korngröße von 30–50 μm ist abhängig von der →Sinkgeschwindigkeit des Mahlguts, da es etwa so schnell wie die Mahlhilfsmittel fallen muß. Höhere Feinheiten werden durch Naßmahlung erreicht. *Würtz*

Literatur: *Höffl:* Zerkleinerungs- und Klassiermaschinen. Berlin, Heidelberg, New York 1986.

Kugelpolieren →Gleitschleifkörper

Kugelschüttung. Haufwerke aus annähernd runden Partikeln lassen sich idealisierend als eine K. betrachten. Die Packungsgeometrie der Kugeln legt die Größe des Hohlraumanteils ε fest.

Der Hohlraumanteil ε ist der Quotient aus dem Zwischenraumvolumen und dem Gesamtvolumen. Er hängt von der räumlichen Anordnung der Kugeln zueinander ab. Man unterscheidet zwischen Würfel- und Tetraederpackungen mit Hohlraumanteilen von 47 bzw. 36 % (Bild 1). In einer realen Schüttung können verschiedene Packungsformen nebeneinander vorliegen. Bei kleiner werdenden Kugeln unter 100 μm wächst ε auf 80 % (Bild 2). Dies ist darauf zurückzuführen, daß die Teilchenabstände immer größer werden. Ursache dafür sind die bei kleinen Teilchen besonders wirksamen Oberflächenkräfte, die zur Brückenbildung und damit zu größeren Hohlräumen (Kavernen) in der Schüttung führen. *Würtz*

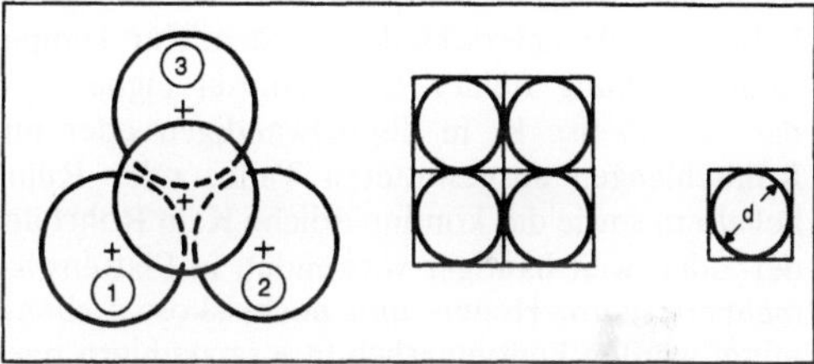

Kugelschüttung 1: Tetraeder- und Würfelpackung.

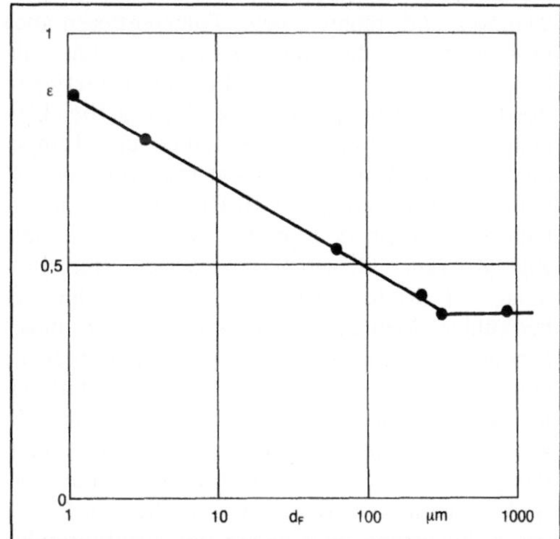

Kugelschüttung 2: Meßwerte ε von locker geschüttetem Quarzsand.

Kühlen. K. umfaßt das Absenken der Temperatur von Lebensmitteln auf einen Bereich zwischen

–3 °C und +5 °C sowie das Lagern bei diesen Temperaturen. Unter Berücksichtigung von kälteempfindlichen Südfrüchten liegt die Obergrenze der Kühltemperatur bei +13 °C. Nach unten ist sie durch den Gefrierpunkt des betreffenden Lebensmittels begrenzt. Die Temperaturerniedrigung bedingt eine Verlangsamung chemischer und biochemischer Vorgänge. Vor allem zum →Verderb des Lebensmittels führende enzymatisch bedingte Stoffwechsel- und Zersetzungs- bzw. Veratmungsprozesse, Oxidationsvorgänge sowie die Lebenstätigkeit vieler Mikroorganismen werden reduziert. Dadurch läßt sich die Haltbarkeit verlängern. Es ist jedoch zu beachten, daß bei manchen pflanzlichen Produkten Kälteschäden auftreten können (Kaltlagerkrankheiten), daß insbes. kryophile Mikroorganismen (untere Temperaturgrenze für Wachstum –12 °C) bei sonst günstigen Lebensbedingungen bei den üblichen Kühltemperaturen noch wachsen können und daß mikrobiell erzeugte Enzyme selbst bei noch tieferen Temperaturen weiterhin aktiv sind. Diese Aspekte limitieren die durch K. erzielbare Haltbarkeitsverlängerung.

Unter den Abkühlverfahren muß prinzipiell zwischen dem Abkühlen von fluiden und von festen Lebensmitteln unterschieden werden. Zur Temperaturabsenkung fluider Lebensmittel eignet sich das absatzweise K. in doppelwandigen oder mit Kühlschlangen ausgestatteten Tanks oder Rührbehältern sowie das kontinuierliche K. in Rohrbündel- oder, weit häufiger verwendet, in Plattenwärmeübertragern. Höher- und hochviskose Lebensmittel werden kontinuierlich in Kratzkühlern oder Walzenkühlern abgekühlt. Die Kühlung fester Lebensmittel erfolgt traditionell absatzweise in Kühlkammern und -räumen, beim Transportieren auch in Kühlwagen, oder kontinuierlich in Tunnelkühlern. In diesen Fällen dient Luft als Kälteträger. Bei Luftgeschwindigkeiten von 2–3 m/s (bei kleinen Gütern 12–16 m/s; Jet-Kühlung) und Temperaturen von –2 bis 0 °C spricht man von Schnellkühlung. Damit können z. B. Rinderhälften innerhalb von 19 h von 38 °C auf 4 °C abgekühlt werden. Zur Kühlung kleinstückiger, abriebfester Produkte (z. B. Kaffee, Erbsen) eignen sich auch Fließbettkühler. Manche Lebensmittel werden durch Eintauchen in Eiswasser (Geflügel, Fisch, manche Obst- und Gemüsearten) oder Besprühen mit kaltem Wasser von 0,5 bis 2 °C abgekühlt. Für sehr wasserreiche Lebensmittel (z. B. Blattgemüse, Pilze) bietet sich die Verdunstungskühlung bei stark erniedrigten Drücken an. Die Auslegung der Kälteleistung muß neben der abzuführenden fühlbaren Wärme des Guts und ggf. der Verpackung auch den Wärmeeinfall durch Wände u. ä. sowie die von Obst- und Gemüse noch nach der Ernte erzeugte Atmungswärme berücksichtigen.

Bei den meisten Abkühlvorgängen ist es wichtig, nicht nur die Außenschicht des Guts auf Kühlendtemperatur zu bringen, sondern auch den Kern der dicksten Stelle des Guts. Die benötigte Zeit zum Erreichen der angestrebten Kernendtemperatur ist eine Funktion der Anfangs- und der Kernendtemperatur, der Temperatur des Kühlmediums, der Geometrie und der maximalen Gutsdicke, der Wärmeleitfähigkeit und spezifischen Wärmekapazität des Guts sowie des Wärmeübergangskoeffizienten.

Ein Kühlprozeß kann jedoch auch so ausgelegt werden, daß während der Abkühlphase lediglich die mittlere Endtemperatur die Kühlendtemperatur erreicht (wobei die Kerntemperatur noch höher liegt) und daß sich während der Kühllagerung im Kern durch Temperaturausgleich die angestrebte Kernendtemperatur einstellt. Dadurch lassen sich die Abkühlzeiten z. B. bei Schweineschinken bei einer mittleren Endtemperatur von 3 °C von ca. 10½ auf 7½ h reduzieren. Sowohl das Abkühlen mit Luft als auch das Kühllagern ist mit einem Masseverlust verbunden, der um so größer wird, je länger die Behandlungszeit ist. Deshalb setzen sich zur Kühlung fester Lebensmittel vermehrt Schnellstkühlverfahren durch. Sie zeichnen sich durch zwei Kühlphasen bei unterschiedlichen Lufttemperaturen aus (z. B. Schweinehälften 2 h bei –8 °C und Luftgeschwindigkeit von 2–3 m/s, dann 12–14 h bei 0–1 °C und Luftgeschwindigkeiten von 0,1–0,2 m/s).

Im Bereich der Lebensmittelverarbeitung findet das K. hauptsächliche Anwendung in Fleischereien und Schlachthöfen (erste bedeutende Anwendung maschineller Kälteerzeugung), in der Fischerei, in Brauereien und Molkereien. Je nach Produktart und Kühlverfahren kann eine Haltbarkeitsdauer von 7–21 Tagen für Fleisch, von durchschnittlich 3 bis 8 Tagen (Extremwerte 1 bzw. 20 Tage) für Fisch, von 7–8 Tagen für Milch, von 6–7 Monaten bei Eiern, von 3 Tagen bis 6 Wochen für Beerenobst, von 8–28 Wochen für Kernobst, von 6–16 Wochen für Zitrusfrüchte erzielt werden. *Kerner/Loncin*

Literatur: *Ciobanu, A., G. Lacu, V. Berescu* u. *L. Niculescu:* Cooling Technology in the Food Industry. Tunbridge Wells England 1976. – *Jasper, W.,* u. *R. Placzek:* Kältekonservierung von Fleisch. Leipzig 1977. – VDI-Wärmeatlas. Hrsg. VDI-Ges. Verfahrenstechnik u. Chemieingenieurwesen (GVC). 4. Aufl. Düsseldorf 1984.

Kühlgrenztemperatur. Die Oberflächentemperatur eines feuchten Gutes nimmt den Wert der K. T_{KG} an, wenn das Gut bei einer Konvektionstrocknung von Luft überstrichen wird (→Konvektionstrockner). Ist der Austauschweg zwischen der feuchten Luft und dem Gut unendlich lang, so erreicht auch die Luft die Gleichgewichtstemperatur (Kühlgrenze). Der Wert der K. ist nur vom Eintrittszustand der Luft in den Trockner abhängig. Das Bild

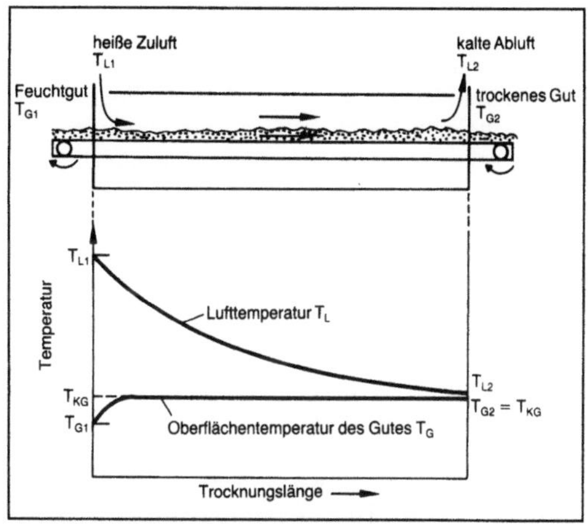

Kühlgrenztemperatur: Schematischer Verlauf von Luft- und Oberflächentemperatur des feuchten Gutes bei konvektiver Trocknung.

zeigt den schematischen Temperaturverlauf der Gutoberfläche und der Luft bei reiner Konvektionstrocknung. Die K. kann mit guter Näherung im Mollierschen H,x-Diagramm durch die Verlängerung der entsprechenden Nebelisothermen durch den Zustandspunkt der Luft ermittelt werden. *Dohrn*

Kühlmittelsystem. Das K. einer Werkzeugmaschine dient dazu, Kühlschmierstoffe in die Bearbeitungszone zu bringen, um dadurch die Bearbeitung zu erleichtern, zu verbessern oder auch erst zu ermöglichen und die Lebensdauer der Werkzeuge zu erhöhen. Das K. umfaßt neben dem Fördern und Verteilen des Kühlschmierstoffs das Auffangen, Zurückleiten, Reinigen (→Späneentsorgung) bzw. Aufbereiten und Lagern. In automatischen Maschinen wird das Kühlmittel auch zum Abspülen der Späne nach dem Bearbeiten benutzt. Der Aufbau des K. richtet sich in erster Linie nach der Art des Kühlmittels. Als Kühlmittel, deren Aufgabe sowohl Kühlung als auch Schmierung ist, werden an Werkzeugmaschinen normalerweise flüssige, seltener

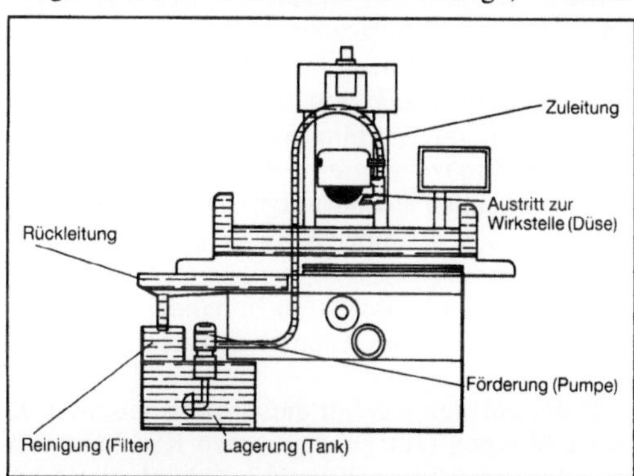

Kühlmittelsystem: Anlage.

auch feste oder gasförmige Medien eingesetzt. Unterscheiden lassen sich Einzelumlaufsysteme für jede Maschine und zentrale Umlaufsysteme für mehrere Maschinen oder ganze Fertigungsbereiche. Der prinzipielle Aufbau einer Kühlmittelanlage für flüssige Medien ist im Bild dargestellt. *Schulz*

Literatur: *Knobloch, H.:* Kühlschmierstoffpflege in der Praxis. Kontakt und Studium. Bd. 29. 2. Aufl. Grafenau 1979. – *Mang, Th.:* Die Schmierung in der Metallbearbeitung. Würzburg 1983.

Kühlschmierstoff (Honen). Beim →Honen werden als K. Honöle, Petroleum oder Emulsionen eingesetzt. Durch die verhältnismäßig geringe Schnittgeschwindigkeit beim Honen und die damit zusammenhängende niedrige Kontaktflächentemperatur hat dabei die Kühlwirkung nur eine untergeordnete Bedeutung. Wesentlich sind demgegenüber Eigenschaften, die eine Wirkung auf die Zerspanbarkeit und Glättung der zu bearbeitenden Werkstückoberfläche haben. Auf Grund der relativ großen Eingriffsfläche zwischen Werkzeug und Werkstück muß der K. einen guten Spüleffekt aufweisen, damit die Honleiste sich nicht mit Werkstoffpartikeln zusetzt (→Honwerkzeug). Für das Einhalten enger Maß- und Formtoleranzen muß der K. auch eine ausreichende Schmierwirkung aufweisen.

Durch chemische Zusätze wie Schwefel, Chlor und Phosphor kann auch bei erhöhter Spanleistung ein Zusetzen des Schneidenraums verhindert werden. Das ist jedoch nicht immer möglich, weil derartige Zusätze auch negative Einflüsse auf das Funktionsverhalten der bearbeiteten Bauteile ausüben können. Die auf einer Petroleumbasis aufgebauten und mit Zusätzen legierten Honöle werden nach dem Zerspanverhalten der Werkstoffe klassifiziert. Diese Unterscheidung gilt für keramisch- oder kunststoffgebundene Honleisten genauso wie für metallgebundene Diamant- oder Bornitrid-Honleisten. Bei kurzspanenden Werkstoffen wie gehärtetem Stahl und Gußeisen liegt die Viskosität des Honöls zwischen $2,8 \cdot 10^{-6}$ bis $6,2 \cdot 10^{-6}$ m^2/s. Bei langspanenden Werkstoffen wie unlegiertem Stahl, Aluminium und Kupfer sollte das Honöl eine höhere Viskosität von $7,9 \cdot 10^{-6}$ bis $14 \cdot 10^{-6}$ m^2/s aufweisen.

Zur Wiederverwendung sind im Kühlschmiermittelkreislauf Filtervorrichtungen integriert. Mittels Papierfiltern, Magnetwalzen, Anschwemmfiltern oder auch Zentrifugen werden dem K. Späne und Werkzeugpartikel entzogen. Die Aufbereitung erfolgt in der Regel durch separate Filteranlagen an der Honmaschine selbst.

Mit zunehmendem Einsatz von Transferstraßen und Verkettungslinien in den Fertigungsbereichen werden zunehmend auch Emulsionen und wasserlösliche Verbindungen als K. beim Honen verwendet. Diese sind u. U. auch für andere Fertigungsverfahren (Drehen, Fräsen, Schleifen, Bohren) verwendbar und werden in einer zentralen Filteranlage aufbereitet (→Kühlschmierstoff (Schleifen)).

Besonders unter dem Aspekt des Umweltschutzes ist heute der Einsatz von wasserlöslichen K. zu befürworten. *Kenter*

Kühlschmierstoff (Schleifen). Die während des Schleifvorgangs (→Schleifverfahren) entstehenden großen Wärmemengen können zu einer erheblichen thermischen Belastung von Werkstück und Werkzeug führen. Um diesen Effekt zu minimieren und den Schleifprozeß zu verbessern, werden beim →Schleifen K. eingesetzt, die im einzelnen folgende Aufgaben haben:

□ Kühlung der Werkstückoberfläche,

□ Schmierung der Kontaktstellen zwischen →Schleifscheibe und Werkstück; sie reduzieren somit die Reibung,

□ Löschung der Funkengarbe und Abtransport des Abschliffs,

□ Reinigung der Schleifscheibenoberfläche von anhaftenden Werkstoffpartikeln.

Nach DIN 51385 sind die beim Schleifen eingesetzten K. in wassermischbare und nicht wassermischbare K. unterteilt (Bild): Als nicht wassermischbare K. werden Schleiföle fast ausschließlich auf Mineralölbasis hergestellt. Die wesentlichen Vorteile des Schleiföls liegen neben der besseren Schmierfähigkeit in der höheren Druckaufnahmefähigkeit und im Korrosionsschutz. Gegenüber dem Schleiföl haben wassermischbare K. (z. B. Schleifemulsion) wegen der höheren Wärmeleitfähigkeit eine bessere Kühlwirkung.

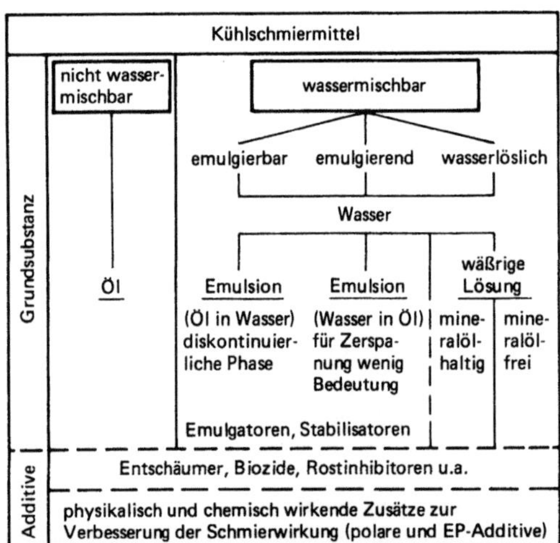

Kühlschmierstoff (Schleifen): Zusammenstellung der beim Schleifen einzusetzenden Kühlschmierstoffe (nach DIN 51 385).

Zur Verbesserung der Schmierfähigkeit von Schleifölen werden häufig die Polar- und Hochdruckzusätze verwendet. Während die Polarzusätze häufig beim Schlichtschleifen zum Erzielen guter Oberflächenqualitäten verwendet werden, eignen sich die Hochdruckzusätze zum Schleifen von schwer zerspanbaren Werkstoffen bzw. beim Schleifen mit hohen Abtragsleistungen.

Maßgebend für die Auswahl eines K. sind häufig die erzielbaren Arbeitsergebnisse und Abtragsleistungen. Als allgemeine Regel gilt, daß Schleifprozesse mit hoher Schneidenbelastung eine besonders gute Schmierung erfordern.

Neben dem K. hat auch das K.-Zuführungs- und -Umlaufsystem einen wesentlichen Einfluß auf das Arbeitsergebnis. Zu den wichtigsten Bestandteilen des K.-Umlaufsystems zählen Pumpen, Zufuhrdüsen, Kühler, Reinigungsvorrichtungen sowie Meß- und Sicherheitsvorrichtungen. Da wegen der hohen Scheibenumfanggeschwindigkeit beim Schleifen das Eindringen des K. in die Kontaktzone erschwert wird, sind wirksame Zufuhrdüsen als ein wesentliches Element für eine effektive Wirkung des K. anzusehen. *Kenter*

Literatur: DIN 51 385: Kühlschmierstoff. Hrsg. Dt. Inst. f. Normung. Ausg. Dez. 1985. – *König, W.:* Fertigungsverfahren. Bd. 2: Schleifen, Honen, Läppen. Düsseldorf 1989.

Kühlschmierstoff (Schneiden). K. haben die Aufgabe, die bei der Metallbearbeitung entstehende Trenn- bzw. Umformwärme abzuleiten und die Reibung zwischen Werkzeug und Werkstück bzw. Werkzeug und Span zu vermindern. Durch die kombinierte Wirkung von Kühlung und Schmierung soll der Werkzeugverschleiß verringert und dadurch →Oberflächengüte und Maßhaltigkeit der bearbeiteten Werkstücke verbessert werden. Ferner soll der K. Späne (z. B. beim Bohren) wegspülen. Nach DIN 51 385 (Ausg. Nov. 1981) werden die K. definiert und gem. Tabelle unterteilt.

Nicht wassermischbare K. (frühere Bezeichnungen: Schneidöl, Räumöl, Schleiföl, Honöl usw.) sind Mineralöle, die zur Verbesserung des Verschleiß- und Korrosionsschutzes sowie des Schaumverhaltens zusätzlich Wirkstoffe enthalten. Verwendet werden schmierungsverbessernde Additive aus pflanzlichen oder synthetischen Fettstoffen und/oder EP-Zusätze (extreme pressure). Diese chemisch wirkenden Hochdruckzusätze bestehen meist aus organischen Chlor-, Schwefel- und Phosphorverbindungen.

Bei den wassermischbaren K. handelt es sich um Konzentrate, die zum Anmischen wassergemischter K. dienen.

Unterschieden werden die wassergemischten K. in Emulsionen (aus emulgierbaren KSS-Mineralöl plus Zusätzen hergestellt) und in Kühlschmierlösungen (aus wasserlöslichen KSS – anorganische und/

Kühlschmierstoff (Schneiden). Tabelle: Unterteilung.

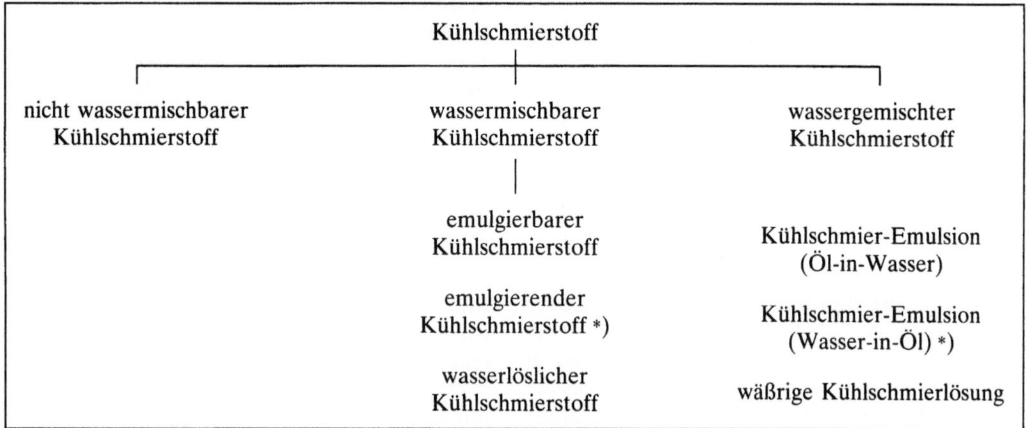

*) Die Wasser-in-Öl-Emulsionen und deren Ausgangsprodukte (emulgierende Kühlschmierstoffe) sind bei der Metallzerspanung nicht üblich.

oder organische Stoffe – hergestellt). Bei den Kühlschmieremulsionen handelt es sich um Öl-in-Wasser-Emulsionen. Um zu verhindern, daß die sich im Wasser verteilten Öltröpfchen vereinigen, enthält das Emulsionskonzentrat Emulgatoren. Je kleiner die Öltröpfchen sind, um so stabiler sind die Emulsionen. Große Öltröpfchen verleihen der Emulsion ein milchiges, sehr kleine ein transparentes Aussehen. Kühlschmierlösungen sind i. a. transparenter und stabiler als Kühlschmieremulsionen, haben jedoch häufig eine geringere Schmierfähigkeit. Ein typisches Anwendungsgebiet ist das →Schleifen.

Aufgabe der in den K. enthaltenen Zusätze ist es, durch Absorption oder chemische Reaktion Zwischenschichten zu bilden, die den metallischen Kontakt der Flächen mindern. Zusätze aus pflanzlichen oder synthetischen Fettstoffen bilden Adsorptionsfilme und Metallseifen, die jedoch nur bis ca. 150 °C beständig sind. Chemisch wirkende EP-Zusätze bilden Schutzfilme mit höherer Temperaturbeständigkeit.

Die K. sind bei den einzelnen Zerspanungsverfahren sehr unterschiedlichen Beanspruchungen ausgesetzt. Als allgemeine Regel gilt deshalb, daß Zerspanungsverfahren mit hohen Schneidenbelastungen bei niedrigen Schnittgeschwindigkeiten eine besonders gute Schmierung (nicht wassermischbare K.) und daß Verfahren mit hohen Schnittgeschwindigkeiten auf Grund der starken Wärmeentwicklung eine besonders gute Kühlung (wassermischbare Kühlschmierstoffe) erfordern.

Es ist auch durchaus möglich, daß durch eine Kühlung der →Verschleiß am Werkzeug erheblich vergrößert und die Standzeit der Werkzeuge vermindert wird. Die Ursache liegt darin, daß die Absenkung der Schnittemperatur durch das Kühlschmiermittel zu einem Anstieg der Festigkeit des Werkstoffs und damit zu höherem Werkzeugver-

schleiß führt (Bild). Die dargestellten Abhängigkeiten lassen erkennen, daß das Verschleißmaximum und -minimum durch Kühlung zu höheren Schnittgeschwindigkeiten verschoben werden.

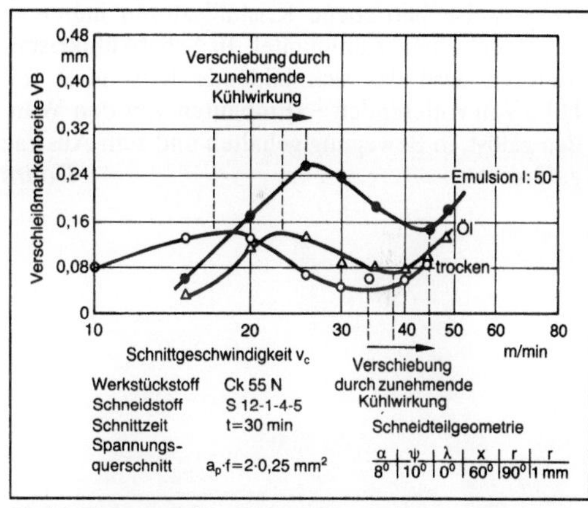

Kühlschmierstoff (Schneiden): VB,v_c-Kurve für Trockenschnitt und bei Anwendung von Kühlschmiermitteln.

Die bisherigen Ausführungen bezogen sich vorrangig auf die Anwendung von Werkzeugen aus Schnellarbeitsstahl im Schnittgeschwindigkeitsbereich bis etwa 80 m/min. Über den Einfluß von K. bei Hartmetallwerkzeugen liegen in der Literatur unterschiedliche Angaben vor. Während auf der einen Seite das Eindringen des K. in die Kontaktzone verneint wird, weist man auf der anderen Seite auf die Möglichkeit einer Art Verdunstungsschmierung durch submikroskopische Kanäle hin. Keramische Schneidstoffe auf der Basis von Al_2O_3 werden auf Grund ihrer hohen Warmverschleißfestigkeit und geringen Thermoschockbeständigkeit im Trockenschnitt eingesetzt. Die guten Zähigkeitseigenschaften nitridkeramischer Schneidstoffe hingegen erlauben den Einsatz von K. *König*

Literatur: *König, W.:* Fertigungsverfahren. Bd. 1: Drehen, Fräsen, Bohren. Düsseldorf 1990. – *König, W., u. L. Witte:* Kühlschmieren beim Zerspanen metallischer Werkstoffe. Maschinenmarkt 84 (1978) Nr. 6, S. 97/100. – *Scheyer, M.:* Ungechlorte Kühlschmierstoffe chlorhaltigen ebenbürtig. Werkstatt u. Betrieb 119 (1986) Nr. 6, S. 507/10. – *Spur, G., u. Th. Stöferle:* Handb. Fertigungstechnik. Bd. 3/1: Spanen. München, Wien 1979. – Firmenschrift: Kühlschmierstoffe für die Metallbearbeitung. Mobil Oil AG 1982.

Kühlungskristallisation. Die K. ist ein thermisches Trennverfahren, bei dem die zur Kristallbildung notwendige →Übersättigung der Lösung durch Abkühlen erreicht wird. Die K. wendet man an, wenn die Löslichkeit des zu kristallisierenden Stoffs mit fallender Temperatur stark abnimmt und die →Vakuumkristallisation nicht angewendet werden kann, z. B. wenn die Verdampfung des Lösungsmittels vermieden werden soll. Die Kühlung der Lösung kann mit Hilfe von Wärmeübertragern erfolgen, die im →Kristallisator (Bild) oder im äußeren Umlauf der Lösung angebracht sein können. Absatzweise betriebene Kristallisatoren haben in der Regel einen Kühlmantel. In Schabkühlkristallisatoren wird das sich bildende Kristallisat mit Hilfe von rotierenden →Einbauten von den Wänden gelöst, in Bewegung gehalten und zum Austrag gefördert. *Dohrn*

Kühlungskristallisation: Beispiel. (Quelle: Standard-Messo Duisburg)

Kunstguß. K. wurde bereits in vorchristlicher Zeit in formvollendeter künstlerischer Ausführung aus Bronze oder Edelmetallen, z. B. in China, im Gebiet zwischen Euphrat und Tigris, Ägypten usw., hergestellt, wie die zahlreichen Museumsstücke aus dieser Zeit beweisen. Als man gegen Ende des 14. Jahrhunderts in Europa allgemein verstand, Eisen zu gießen, wurde dieser damals neue Werkstoff auch für solche Zwecke eingesetzt, für die bisher ausschließlich die teure Bronze verwendet wurde. Von den wenigen erhaltenen Stücken aus der frühen Zeit des Eisengusses ist die Kultfigur des heiligen *Leonhard* zu erwähnen, dem die dank seiner Hilfe befreiten unschuldig Eingekerkerten ihre Ketten opferten.

Das relativ einfache →Gießen von Plaketten und offenen Reliefen wurde in Deutschland zu Ausgang des 18. Jahrhunderts im sächsischen Hüttenwerk Lauchhammer des *Graf von Einsiedeln* begonnen. Diese Tradition wurde bis in die Gegenwart von vielen Gießereien, die den K. teilweise nur nebenbei zur industriellen Fertigung betreiben, fortgesetzt. Das schwierigere Gießen von Figuren, teilweise von monumentaler Größe, konzentrierte sich stark auf Berliner Manufakturen, von denen es an der Wende zum 20. Jahrhundert mehr als 20 Großgießereien in und um Berlin gab, die u. a. das Achilles-Denkmal in Korfu und die Frithjofstatue in Norwegen, zwei 12 und 15 m hohe Figuren schufen. Nicht vergessen werden darf darüber vor allem die Erzgießerei Miller in München, aus der das 1850 enthüllte Monument der Bavaria hervorging, das eine Figurenhöhe von 18 m hat.

Figürlicher Großguß aus Bronze ist auch in Deutschland sehr viel älter, wie der 1166 im Auftrag *Heinrichs*, Herzog von Bayern und Sachsen, aufgestellte Braunschweiger Löwe als erster freistehender Hohlguß seit der Antike im Bereich nördlich der Alpen beweist. Erst nach mehr als 800 Jahren mußte das Bildwerk 1980 wegen Korrosionsschäden überholt werden. Dabei wurden neue, umfassende Kenntnisse über die gießtechnische Herstellung des Löwen gewonnen, dessen Hauptabmessungen 2800 mm Länge und 1785 mm Höhe sind und dessen Bronzegewicht ca. 840 kg beträgt. Eindeutig war zu erkennen, daß der Löwe aus einem Guß ist und nicht wie die in der Regel dünnwandiger gegossenen Bildwerke der Antike aus mehreren, für sich gefertigten Einzelteilen zusammengefügt wurde. Man hat es hier mit einer respektablen gießtechnischen Leistung zu tun. Nach Abschlagen des Lehmmantels stellte sich heraus, daß der Guß zwar gelungen war, aber einiges nachgebessert werden mußte. Neben kleineren Löchern waren sechs Risse zu schließen, was durch partielles Nachgießen und Eintreiben von Bronzepflöcken bewerkstelligt wurde. *Doliwa*

Kunstharzmodell →Modell

künstliche Intelligenz (KI). Bezeichnung für ein Teilgebiet der Informatik, bei dem es um das Verstehen menschlicher Intelligenz sowie um Computerprogramme zur Implementierung intelligenter Problemlösungen geht. Zur KI gehören Anwendungsbereiche wie Verstehen natürlicher Sprache, Bildverstehen, Planen von Roboterhandlungen, Problemlösen mit Expertenwissen, logische Deduktionen, Lernen u. a. Die KI entwickelt hierfür informationsverarbeitende Theorien. Das bedeutet: KI-Theorien können auf einem Computer implementiert und zur Anwendung gebracht werden.

Die KI umfaßt sowohl grundlegende, allgemeingültige wie auch anwendungsspezifische Methoden. Zu den grundlegenden Methoden gehören Suche und Wissensverarbeitung. Suche dient dazu, eine Lösung aus einer großen Anzahl von Alternativen durch schrittweises Vorgehen zu ermitteln (Suchgraph). Beispielsweise kann man (beim Schachspiel) einen guten Zug durch schrittweises Erkunden möglicher Zugfolgen bestimmen. Im allgemeinen ist es nicht möglich, alle Alternativen zu prüfen. In der KI werden zur Steuerung der Suche Heuristiken verwendet, die zum Auffinden einer Lösung beitragen.

Wissen gilt als die wichtigste Komponente zum Lösen komplexer Aufgaben. Die systematische Repräsentation und Verarbeitung von Wissen aller Art, auch von informellem Alltagswissen, gehört zu den zentralen Themen der KI (Wissensrepräsentation). In verschiedenen Anwendungsbereichen der KI, z. B. beim Sprachverstehen und bei der maschinellen Sprachübersetzung, hängt die Qualität der Lösung entscheidend vom verfügbaren Wissen ab. Um beispielsweise den Satz „Er wachte mit einem schweren Kater auf" hinsichtlich der Mehrdeutigkeit von „Kater" richtig zu verstehen (und ggf. zu übersetzen), muß Wissen über Schlafgewohnheiten, Folgen von Alkoholkonsum usw. herangezogen werden.

In der KI werden drei Beschreibungsebenen für informationsverarbeitende Systeme unterschieden. Auf der Wissensebene wird das Verhalten von Systemen durch Spezifikation des dafür erforderlichen Wissens beschrieben. Diese umfaßt Eingabe, Zwischenergebnisse und Ausgabe von Wissen sowie eine Verarbeitungstheorie. Auf dieser Ebene vermittelt die KI Theorien und beschreibt konzeptuelle Zusammenhänge. Für die KI-Forschung hat die Wissensebene eine Leitfunktion.

Eine Verarbeitungstheorie kann i. a. durch verschiedene Repräsentationen und Algorithmen realisiert werden. Sie kennzeichnen das Systemverhalten auf der Repräsentationsebene. Experimentelle KI-Systeme werden vielfach auf dieser Ebene beschrieben, wenn keine klare Verarbeitungstheorie bekannt ist.

Die niedrigste Ebene, auf der Systemverhalten beschrieben werden kann, ist die Implementationsebene. Hier geht es um die Hardware, auf der informationsverarbeitende Prozesse ablaufen. KI umfaßt die für diese Ebene spezifischen Fragestellungen, z. B. spezielle Rechnerstrukturen (LISP-Maschinen).

Das Forschungsgebiet KI entstand um 1950 etwa gleichzeitig mit der Verfügbarkeit von Digitalrechnern. Erste Ansätze zur „Mechanisierung des Denkens" finden sich allerdings bereits viel früher, z. B. bei *Leibnitz, Boole* und *Babbage.* Zu den modernen Pionieren der KI gehört der englische Mathematiker *Alan Turing.* Auf ihn geht ein als Turing-Test bekannter Vorschlag zur Definition maschineller Intelligenz zurück: Einem Rechner kann dann Intelligenz zugesprochen werden, wenn ihn eine Testperson, in einem „Gespräch" über Tastatur und Bildschirm, nicht von einem Menschen unterscheiden kann. Der Turing-Test kann nur als ein beschränkter Gradmesser für intelligente Fähigkeiten angesehen werden, weil Wahrnehmung und Agieren ausgeklammert sind. Allgemein akzeptierte quantitative Kriterien für maschinelle Intelligenz konnten bisher nicht gefunden werden.

Die Bezeichnung KI (engl. Artificial Intelligence) geht auf *John McCarthy* zurück, der 1957 zu einer ersten KI-Arbeitstagung in Dartmouth (USA) einlud. Zu dieser Zeit begannen auch einige größere KI-Projekte, darunter der Problemlöser GPS (General Problem Solver) von *Newell, Shaw* und *Simon,* das System STRIPS, das *Fikes* und *Nilsson* für das Problemlösen in der Robotik entwickelten, Programme zum Schach- und Damespiel sowie Projekte zur maschinellen Sprachübersetzung. Ein wesentliches Ergebnis dieser ersten Bemühungen war die Erkenntnis, daß intelligente Leistungen vielfach umfangreiches Wissen über den jeweiligen Anwendungsbereich erfordern.

Seit Mitte der 70er Jahre ist die KI ein blühendes Forschungsgebiet mit Forschungsgruppen an vielen Universitäten und zunehmend auch Industrielabors. Zu Beginn der 80er Jahre machten erste kommerzielle KI-Anwendungen von sich reden, namentlich das Expertensystem XCON (früher R1), das sich als nützliches Werkzeug für die Konfigurierung von Computeranlagen erweist. Auch in den Anwendungsgebieten Sprachverstehen und Bildverstehen werden KI-Systeme als kommerzielle Produkte angeboten, wenn auch meist für eingeschränkte Domänen, z. B. als natürlichsprachliche Zugangssysteme für Datenbanken.

Die zukünftigen Möglichkeiten der KI sind noch umstritten. KI-Experten sind sich allerdings einig, daß KI-Systeme nicht bei den Fähigkeiten des menschlichen Geistes stehenbleiben werden.　　　　　　　　　　　　　　*Neumann*

künstliche Niere. Der Ersatz der exkretorischen Nierenfunktion bei chronischem Nierenversagen durch die k. N. ist bislang die einzige technische Organersatzfunktion, die langjähriges Überleben erlaubt. Die technische Entwicklung der Dialysegeräte ist soweit fortgeschritten, daß Kontrollvorrichtungen eine Gefährdung des Patienten soweit ausschließen, daß die Durchführung nach entsprechender Ausbildungszeit sogar zu Hause (Heimdialyse) möglich ist. Moderne Dialysegeräte besitzen ein Proportionierungssystem zum Mischen von aufbereitetem Wasser und Salzkonzentrat zum Herstellen der Spülflüssigkeit (Dialysat). Die richtige Dialysatzusammensetzung und Temperatur werden durch Leitfähigkeits- und Temperaturmessung überwacht. Weiterhin läßt sich durch Flußregelung ein konstanter Dialysatfluß sicherstellen. Durch eine Vakuumpumpe wird eine Entgasung der erwärmten Spülflüssigkeit erreicht. Dieses so überwachte Dialysat kommt im →Dialysator an der semipermeablen Membran direkt mit dem Blut des Patienten in Kontakt, wobei es zum Übertritt von harnpflichtigen Substanzen in die Spülflüssigkeit kommt. Um auch kleine Defekte in der Dialysatormembran zu entdecken, wird das abfließende Dialysat photometrisch bzw. spektrophotometrisch auf die Anwesenheit von Hämoglobin in einem Blutleckdetektor geprüft. Neben dieser Wasseraufbereitungs- und Überwachungsanlage besitzt die k. N. eine Blutpumpe zur kontinuierlichen Beschickung des extrakorporalen Blutkreislaufs. Nach Antikoagulation mit Heparin fließt das Blut durch den Dialysator und wird gereinigt über eine Tropfkammer, die als Luftblasenfänger dient und mit einem Luftdetektor und einer automatischen Klemmeinrichtung versehen ist, dem Patienten zurückgeführt. Druckveränderungen im extrakorporalen Blutkreislaufsystem werden monitorisiert und führen beim Überschreiten der eingestellten Grenzwerte zum Abschalten der Blutpumpe.

An die Monitorisierung des wasser- und blutführenden Teils der k. N. werden folgende Mindestanforderungen gestellt:

□ Veränderungen müssen vor Gefährdung des Patienten erkannt werden.

□ Für jede Variable muß eine gesonderte Kontrollvorrichtung vorhanden sein.

□ Jede Kontrollvorrichtung muß unabhängig von einer anderen funktionsfähig und prüfbar sein.

□ Alarme sollen akustisch und gleichzeitig optisch angezeigt werden.

□ Im Alarmfall soll eine Fortsetzung der →Dialyse ohne Beseitigung der Ursache unmöglich sein.

□ Beim Ausfall einer Kontrollvorrichtung muß selbst Alarm ausgelöst werden.

□ Empfindlichkeit und Grenzbereiche der Kontrollvorrichtungen dürfen nicht durch den Patienten selbst über einen bestimmten Sicherheitsbereich hinaus verstellbar sein. *H. Schneider*

Literatur: *Shaldon, S.,* u. *L. A. Larsson:* Haemodialysis monitors and monitoring. In: Replacement of Renal Function by Dialysis. *W. Drukker, F. M. Parsons, J. F. Maher* u. *Nijhoff* (Hrsg.). Den Haag 1978.

künstliches Herz →Totalherzersatz

Kunststoff. Umfassende Bezeichnung für solche organischen Werkstoffe, die als wesentlichen Bestandteil eine makromolekulare Verbindung (Polymer), die entweder durch chemische Umwandlung eines makromolekularen Naturstoffs (z. B. Cellulose, Naturkautschuk) oder durch Synthese aus niedermolekularen Substanzen hergestellt wurde, enthalten. Herstellung von Polymeren: Polyaddition, Polykondensation und Polymerisation. Molekularer Aufbau von Polymeren: Makromoleküle.

K. finden Verwendung als Formkörper wie Preß- und Spritzgußmassen bzw. Halbzeug (Platten, Rohre, Profile), als Folien, Membranen, Fasern, Schaumstoffe, Klebstoffe und Lacke.

Diese Mannigfaltigkeit ihres Einsatzes resultiert aus der relativ leichten Verarbeitbarkeit, den günstigen mechanischen Eigenschaften und ihrer vergleichsweise niedrigen Dichte. Dabei lassen sich Verarbeitbarkeit und mechanische Eigenschaften durch geeignete Zusatzstoffe wie Weichmacher, Stabilisatoren, Gleitmittel und Füllstoffe günstig beeinflussen.

K. sind in der Regel keine reinen Stoffe, sondern hochentwickelte Substanzgemische.

Nach DIN 7724 (Febr. 1972) werden die K. auf Grund der bei einer bestimmten Frequenz (zwischen 0,1 und 10 Hz) gemessenen Temperaturabhängigkeit des komplexen Schubmoduls G^* und des mechanischen Verlustfaktors d, wie sie im Torsionsschwingungsversuch nach DIN 53 445 bzw. DIN 53 520 ermittelt werden, in vier Gruppen eingeteilt: Thermoplaste (Plastomere), Elastomere, Thermoelaste, Duroplaste (Duromere).

Die Verhältnisse beim Torsionsschwingungsversuch lassen sich am bequemsten durch Einführung des komplexen Schubmoduls G^* beschreiben, der mit dem mechanischen Verlustfaktor d wie folgt verknüpft ist:

$$G^* = G' \cdot iG'' = G' \, (1 + id), \text{ mit } d = G''/G' = \tan \delta.$$

Der Realteil G', der ein Maß für die beim Verformungswechsel während einer Schwingung umgesetzte, wiedergewinnbare Energie darstellt, wird Speichermodul genannt. Der Imaginärteil G'', der ein Maß für die nicht wiedergewinnbare Energie darstellt, wird Verlustmodul genannt. δ ist der Phasenwinkel zwischen Spannung und Deformation. Der so gemessene Verlauf des Speichermoduls

G' und des mechanischen Verlustfaktors d gibt die Temperaturlage der Zustands- und Übergangsbereiche eines Kunststoffes an und bestimmt damit dessen Anwendungsgebiet (Bild 1).

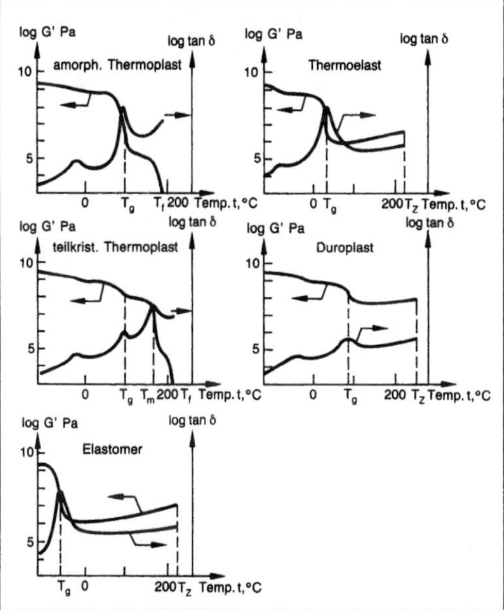

Kunststoff 1: Schematische Darstellung des Verlaufs von Speichermodul G' und mechanischem Verlustfaktor d (tan δ) bei Scherung in Abhängigkeit von der Temperatur bei einer Schwingungsfrequenz von 1 Hz für die verschiedenen Kunststoffgruppen.

Thermoplaste (Plastomere). Sie sind bei Raumtemperatur harte bis gummiweiche Stoffe, die schon bei mäßigem Erhitzen plastisch verformbar werden und bei höheren Temperaturen unterhalb ihrer Zersetzungstemperatur viskoses Fließen zeigen. Auf Grund unterschiedlicher Molekülanordnung unterteilt man sie in amorphe und teilkristalline Thermoplaste.

Die linearen oder verzweigten Makromoleküle in amorphen Thermoplasten sind unvernetzt und bilden ineinander verschlungene Knäuel ohne erkennbare Ordnung. Der Speichermodul liegt bei Temperaturen unterhalb der dynamisch gemessenen Glastemperatur T_g zwischen 10^9 und 10^{10} Pa. Für den mechanischen Verlustfaktor findet man hier Werte um 0,01. In den sekundären Dispersionsgebieten (kleiner Abfall von G') kann d bis zu maximalen Werten von 0,1 ansteigen. Bei diesen Temperaturen befindet sich der K. im Glaszustand; er verhält sich überwiegend energieelastisch. Die reversible Deformation liegt hier zwischen 0,1 und 1 %.

Auf den Glaszustand folgt zu höheren Temperaturen der Glas-Kautschuk-Übergang. Der Speichermodul fällt in einem Temperaturbereich von etwa 40 K um 3–4 Zehnerpotenzen ab. Der mechanische Verlustfaktor zeigt ein steiles Maximum mit Werten zwischen 1 und 4.

Oberhalb des Glas-Kautschuk-Übergangs schließt sich der gummielastische Zustand an. Der Temperaturverlauf von G' zeigt ein mehr oder weniger stark ausgeprägtes Plateau mit Werten um 10^5–10^6 Pa. Für den mechanischen Verlustfaktor findet man Werte zwischen 0,03 und 0,3. Die amorphen Thermoplaste zeigen in diesem Gebiet eine große reversible Deformierbarkeit (Dehnung bis mehrere 100 %).

Geht man zu noch höheren Temperaturen über, so beobachtet man viskoses Fließen. Der Speichermodul fällt steil ab, der mechanische Verlustfaktor steigt an.

Teilkristalline Thermoplaste sind dadurch gekennzeichnet, daß sich Teile der Makromoleküle in bestimmter Weise geordnet aneinander lagern. Ihr mechanisches Verhalten unterscheidet sich deutlich von dem amorpher Thermoplaste. Der Temperaturverlauf des Speichermoduls zeigt mehrere Dispersionsstufen, wobei der stärkste Abfall bei der Kristallitschmelztemperatur T_m (Schmelztemperatur) gefunden wird. Der mechanische Verlustfaktor zeigt bei jeder Dispersionsstufe ein Maximum, bei der Glastemperatur mit Werten um 0,1, bei der Kristallitschmelztemperatur mit Werten um 1.

Elastomere. Sie sind weitmaschig vernetzte Stoffe mit einer Glastemperatur T_g (amorphe, vernetzte Polymere) bzw. einer Kristallitschmelztemperatur T_m (teilkristalline, vernetzte Polymere) unterhalb 0 °C und einem sehr breiten gummielastischen Gebiet, in dem der Speichermodul Werte zwischen 10^5 und 10^7 Pa aufweist und leicht mit der Temperatur ansteigt. Das gummielastische Gebiet erstreckt sich bis zur Zersetzungstemperatur T_z. Es existiert kein Fließzustand.

Thermoelaste. Sie sind ebenfalls weitmaschig vernetzte Stoffe und zeigen ein ausgeprägtes gummielastisches Plateau zwischen der Glastemperatur T_g (amorphe, vernetzte Polymere) bzw. der Kristallitschmelztemperatur T_m (teilkristalline, vernetzte Polymere) und der Zersetzungstemperatur T_z. Sie unterscheiden sich von den Elastomeren durch die Lage der Glas- bzw. Kristallitschmelztemperatur, die bei ihnen oberhalb 0 °C liegt.

Duroplaste (Duromere). Sie sind hochvernetzte K., deren Glastemperatur oberhalb 50 °C liegt und die nur als kleine Dispersionsstufe im Verlauf des Speichermoduls zu erkennen ist. Auch im Temperaturbereich oberhalb T_g ist der Modul mit Werten über 10^7 Pa hoch. Duroplaste sind allenfalls beschränkt entropieelastisch deformierbar.

Eine weitere Einteilung der K. kann man unter dem Aspekt der unterschiedlichen Bildungsreaktionen der Polymere vornehmen (Bild 2). Man unterscheidet bei den synthetischen Polymeren zwischen Polymerisaten, Polykondensaten und Polyaddukten.

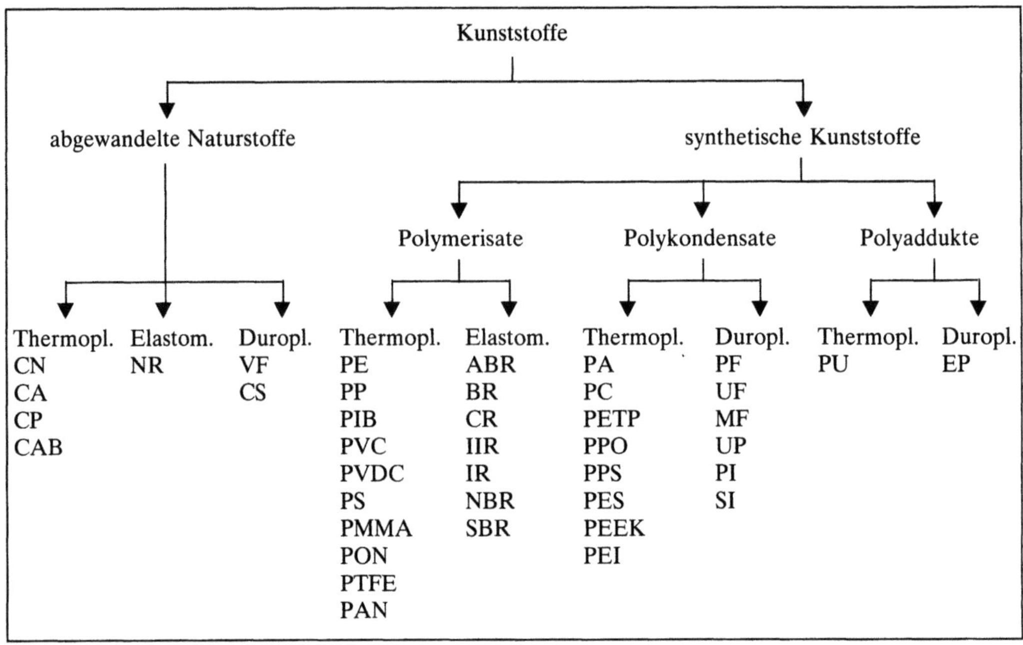

Kunststoff 2: Einteilung der Kunststoffe.

K. besitzen eine niedrige Dichte. Bei Formmassen liegt sie zwischen 0,8 und 2,2 g/cm³, bei Schaumstoffen sogar unterhalb 0,15 g/cm³. Im Verhältnis dazu sind ihre mechanischen Eigenschaften sehr gut. Der Zugfestigkeitsbereich reicht von 10^7–10^9 Pa. Die Elastizitätsmoduln liegen zwischen 10^6 (Weichgummi) und $7 \cdot 10^{10}$ Pa (glasfaserverstärkte Epoxidharze). Thermoplastische und duroplastische K. besitzen im Gebrauchstemperaturbereich E-Moduln in der Größenordnung von 10^9–10^{10} Pa.

Abgesehen von den verstärkten K. ist die Verwendung großer, tragender Bauelemente üblicher Konstruktion aus K. unwirtschaftlich. Andererseits aber sind hohe Zähigkeit, geringer Verschleiß, gute Korrosionsbeständigkeit verbunden mit den Möglichkeiten spanlosen Formens Vorteile, die die K. zu geschätzten Werkstoffen für kleine, auch kompliziert gestaltete Formteile machen. Allein die starke Abhängigkeit ihrer mechanischen Eigenschaften von Temperatur und Belastungsdauer sowie die vergleichsweise niedrigen Fließ- und Zersetzungstemperaturen schränken den Verwendungsbereich ein. Thermoplaste erweichen schon bei Temperaturen um 100 °C. Bei höheren Temperaturen zersetzen bzw. entzünden sie sich. Die Brennbarkeit vieler K. kann durch Zusätze wie Asbest und Antimontrioxid vermindert werden. Heute versucht man, dieses Ziel durch Copolymerisation mit halogen- und phosphorhaltigen Verbindungen bzw. durch Entwicklung spezieller K. zu erreichen. Eine wesentlich höhere Formbeständigkeit in der Wärme besitzen Polyimide und Leiterpolymere. Durch Einbau von Metallen (Ti, Co u. a.) in die Polymermoleküle erhält man Stoffe, die kurzzeitige Temperaturbelastungen bis 1000 °C aushalten können. Auch die vergleichsweise hohen thermischen Ausdehnungskoeffizienten (10^{-5}–$2 \cdot 10^{-4}$ K^{-1}) begrenzen den Anwendungsbereich.

K. besitzen eine hohe elektrische Isolierfähigkeit, eine geringe Wärmeleitfähigkeit und eine gute Dämmwirkung gegenüber Schall.

Die leichte Formgebung und wirtschaftliche Verarbeitbarkeit, die ausgezeichnete Oberflächengüte, die gute Färbbarkeit in der Masse sowie leichtes Bedrucken und Metallisieren machen die K. zu idealen Werkstoffen für die Massenfertigung (siehe Tabelle Seite 553 und 554). *Zahradnik*

Literatur: *Domininghaus, H.:* Die Kunststoffe und ihre Eigenschaften. 3. Aufl. Düsseldorf 1988. – *Elias, H. G.:* Makromoleküle, Struktur, Synthesen, Stoffe. 3. Aufl. Heidelberg 1975. – *Elias/Vohwinkel:* Neue polymere Werkstoffe für die industrielle Anwendung. München 1983. – *Saechtling, H.:* Kunststoff-Taschenb. 23. Aufl. München 1986. – *Vieweg, R.* (Hrsg.): Kunststoff-Handb. München 1986.

Kunststoff, verstärkter. Darunter versteht man Verbundwerkstoffe, die aus einem polymeren Matrixmaterial und anorganischen oder organischen, meist faser-, aber auch teilchenförmigen Verstärkungsstoffen aufgebaut sind. Zur Anwendung kommen im wesentlichen zwei Gruppen:
□ thermoplastische Verbundwerkstoffe,
□ duroplastische Verbundwerkstoffe.

Kunststoff. Tabelle: Kurzzeichen für Kunststoffe nach DIN 7728 (1978; ISO 1043–1978) sowie in der Literatur übliche Abkürzungen.

ABS	Acrylnitril-Butadien-Styrol-Copolymer
AFK	asbestverstärkter Kunststoff
AMMA	Acrylnitril-Methylmethacrylat-Copolymer
ASA	Acrylnitril-Styrol-Acrylester-Copolymer
BFK	borfaserverstärkter Kunststoff
CA	Celluloseacetat
CAB	Celluloseacetobutyrat
CAP	Celluloseacetopropionat
CF	Kresol-Formaldehyd-Kondensat
CFK	kohlefaserverstärkter Kunststoff
CN	Cellulosenitrat
CP	Cellulosepropionat
CSF	Casein-Formaldehyd-Kondensat
EC	Ethylcellulose
EMMA	Ethylen-Methacrylsäure-Copolymer
E/P	Ethylen-Propylen-Copolymer
EP	Epoxidharz
EP-GF	glasfaserverstärktes Epoxidharz
ETFE	Ethylen-Tetrafluorethylen-Copolymer
EVA	Ethylen-Vinylacetat-Copolymer
EVAL	Ethylen-Vinylalkohol-Copolymer
FEP	Perfluorethylenpropylen bzw. Tetrafluorethylen-Hexafluorpropylen-Copolymer
GFK	glasfaserverstärkter Kunststoff
LCP	liquid crystalline polymers bzw. flüssigkristalline Polymere
MC	Methylcellulose
MF	Melamin-Formaldehyd-Kondensat
MFK	metallfaserverstärkter Kunststoff
MPF	Melamin-Phenol-Formaldehyd-Kondensat
MWK	metallwhiskerverstärkter Kunststoff
PA	Polyamide
PA 6	Polyamid-6 bzw. Polycaprolactam
PA 66	Polyamid-66 bzw. Polyhexamethylenadipinamid
PAI	Polyamidimid
PAN	Polyacrylamid
PB	Polybuten-1
PBI	Polybenzimidazol
PBTP	Polybutylenterephthalat
PC	Polycarbonat
PCTFE	Polychlortrifluorethylen
PDAP	Polydiallylphthalat
PE	Polyethylen
PE-C	chloriertes Polyethylen
PE-HD	Polyethylen hoher Dichte
PE-HMW	Polyethylen hoher Dichte und hoher Molmasse
PE-LD	Polyethylen niederer Dichte
PE-LLD	Polyethylen linearer Struktur und niederer Dichte
PE-MD	Polyethylen mittlerer Dichte
PE-UHMW	Polyethylen hoher Dichte und ultrahoher Molmasse
PEEK	Polyetheretherketon
PEI	Polyetherimid
PEK	Polyetherketon
PES	Polyethersulfon
PETP	Polyethylenterephthalat
PF	Phenol-Formaldehyd-Kondensat

Kunststoff. Tabelle. Fortsetzung: Kurzzeichen für Kunststoffe nach DIN 7728 (1978; ISO 1043–1978) sowie in der Literatur übliche Abkürzungen.

PI	Polyimide
PIB	Polyisobutylen
PMI	Polymethacrylimid
PMMA	Polymethylmethacrylat
PMP	Poly-4-methylpenten-1
PMS	Poly-α-methylstyrol
POM	Polyoxymethylen, Polyformaldehyd
PP	Polypropylen
PP-C	chloriertes Polypropylen
PPO	Polyphenylenoxid
PPS	Polyphenylensulfid
PS	Polystyrol
PSU	Polysulfon
PTFE	Polytetrafluorethylen
PUR	Polyurethane
PVAC	Polyvinylacetat
PVAL	Polyvinylalkohol
PVB	Polyvinylbutyral
PVC	Polyvinylchlorid
PVC-C	chloriertes Polyvinylchlorid
PVC-P	weichmacherhaltiges PVC; Weich-PVC
PVC-U	weichmacherfreies PVC; Hart-PVC
PVDC	Polyvinylidenchlorid
PVDF	Polyvinylidenfluorid
PVF	Polyvinylfluorid
PVK	Polyvinylcarbazol
PVP	Polyvinylpyrrolidon
SAN	Styrol-Acrylnitril-Copolymer
SB	Styrol-Butadien-Copolymer
SFK	synthesefaserverstärkter Kunststoff
SI	Silicone
SP	gesättigte Polyester
UF	Harnstoff-Formaldehyd-Kondensat
UP	ungesättigte Polyester
VC/E	Vinylchlorid-Ethylen-Copolymer
VC/VDC	Vinylchlorid-Vinylidenchlorid-Copolymer
VF	Vulkanfiber

Unberücksichtigt bleiben in diesem Zusammenhang verstärkte Elastomere wie etwa Autoreifen und Transportbänder sowie verstärkte Formaldehyd-Kondensate (Phenoplaste, Aminoplaste).

Der wesentliche Unterschied zwischen den beiden genannten Gruppen besteht in ihrer Verarbeitbarkeit, bedingt durch ihren verschiedenartigen chemischen Aufbau, und in ihrer Anwendung.

Thermoplastische K. werden im geschmolzenen Zustand mit den Verstärkungsstoffen gemischt, granuliert und dann über z. B. Spritzguß oder Extrusion formgebend verarbeitet. Die Mischung aus Thermoplast und Verstärkungsstoff geschieht beim Thermoplast-Hersteller. Zur Herstellung duroplastischer Verbundwerkstoffe, die erst beim Verarbeiter geschieht, müssen die Verstärkungsmaterialien (z. B. Glasmatten) in der gewünschten Form ausgelegt, mit dem noch unvernetzten, niedrigviskosen Harz getränkt und anschließend gehärtet werden.

Thermoplastisches Verbundsystem. Thermoplastische K. werden mit mineralischen Stoffen wie Kreide, Talkum, Glimmer usw. in Anteilen auch über 50 % gefüllt. Diese Verstärkungsstoffe erhöhen z. B. bei Polypropylen und Polyamiden die Steifigkeit, Härte und Dimensionsstabilität, erniedrigen aber die Schlagzähigkeit der so verstärkten Materialien gegenüber den reinen Thermoplasten.

Besonders Spritzgießmassen technischer Thermoplaste werden üblicherweise zur Erhöhung der Festigkeit, der Moduln, der Wärmestandfestigkeit und der Dimensionsstabilität mit 25–45 % Glas-

Kurzfasern gefüllt. Die Länge dieser Fasern liegt bei etwa 0,5 mm, ihre Dicke beträgt 5–15 μm. Zur Faserherstellung wird größtenteils E-Glas eingesetzt, das ursprünglich zur Verwendung als Elektroisolationsglas vorgesehen war. Dieses Borsilicatglas ist weitgehend alkalifrei und weist gute chemische Beständigkeit auf. Für spezielle Anwendungen wird auch S-Glas, ein mechanisch hochfester Typ benutzt.

In der Anwendung sind weiterhin mit Glas-Langfasern gefüllte Thermoplaste, die durch Ummanteln von Glasfaser-Rovings (Faserbündel aus 100 bis 250 Elementarfäden) hergestellt werden (Pultrusionsverfahren). Dieses so kontinuierlich hergestellte Halbzeug wird auf eine Länge von 10–12 mm zerschnitten und zu Formteilen verarbeitet. Die Faserrestlänge im Fertigteil beträgt danach ca. 5–7 mm. Die mechanischen Eigenschaften solcher Fertigteile sind deutlich besser als die von mit Kurzglasfaser gefüllten Teilen.

Noch höhere Festigkeiten lassen sich bei Verwendung von Carbonfasern als Verstärkungsstoffe erreichen. Allerdings steht einer breiten Anwendung solcher Verbundsysteme der hohe Preis für C-Fasern entgegen. Nur ganz spezielle Produkte, wie etwa schnellaufende Maschinenteile, Bremsscheiben, Sportgeräte, Flugzeugteile usw., werden aus carbonfaserverstärkten Thermoplasten hergestellt, wobei diese Teile weniger schlagzäh sind als mit Glasfaser verstärkte Teile. Diesem Nachteil kann durch kombinierte Verstärkung mit Carbon- und Glasfasern (Hybrid-Verstärkung) begegnet werden.

Neben den genannten Faserstoffen kommen auch Glasmatten bzw. -gewebe als Verstärkungsstoffe zur Anwendung. Bei der Herstellung glasmattenverstärkter Thermoplaste (GMT) wird üblicherweise die Extruderbeschichtung oder das Zusammenlaminieren von Glasmatten und Thermoplastfolien in heizbaren Pressen angewandt. Die Pulverbeschichtung wird bei Glasgeweben, Geweben und Filamenten aus Carbon- oder Aramidfasern in zunehmendem Maße ausgeführt. Auf diese Weise werden thermoplastische Prepregs erhalten, die beliebig lange gelagert werden können, einfach zu verarbeiten („organisches Blech") und anwendungstechnisch den duroplastischen Verbundsystemen z. B. im Hinblick auf Recycling überlegen sind.

Gegenüber den mit Kurzglasfasern verstärkten Thermoplasten weisen GM-Thermoplastteile höhere Festigkeitswerte, aber insbes. höhere Schlagbiege-, Kerbschlag- und Stoßzähigkeiten auf.

Eigenschaften und Anwendungen thermoplastischer Verbundsysteme. Die Verstärkung mit faser- und flächenförmigen Verstärkungsstoffen wird in erster Linie angewandt, um die Festigkeitseigenschaften und die Dimensionsstabilität von thermoplastischen Kunststoffen zu verbessern sowie deren vielfach stark ausgeprägte Kriechneigung zu verringern. Bei teilkristallinen Thermoplasten wird durch die Verstärkung weiterhin die Wärmeformbeständigkeit erhöht. Bei amorphen Thermoplasten ergibt sich dagegen keine oder nur eine geringe Erhöhung der Gebrauchstemperatur. Im allgemeinen nimmt bei Einsatz von Kurzfasern die Schlagzähigkeit ab. Lediglich Langfasern bzw. Gewebe erhöhen die Zähigkeit. Durch das Zumischen von Fasern wird die Verarbeitung der thermoplastischen Massen durch Erhöhung der Schmelzviskosität erschwert. Als weiterer Vorteil ist die bei vielen Thermoplasten zu beobachtende Abnahme des Schrumpfes gefüllter Formteile anzusehen (Tabelle 1 und 2).

Verstärkte Thermoplaste finden vorwiegend als technische Bauteile Anwendung im Automobil-, Flugzeug- und Apparatebau. Einige ausgewählte Beispiele: Stoßfänger und andere großflächige Karosserieteile im Automobilbau (Polypropylen); selbsttragende Armaturenbretter (ABS); Lagerkäfige, Antriebs- und Getriebeelemente, Laufrollen (Polyamide, Polysulfone, Polyetherimid); Laufrol-

Kunststoff, verstärkter. Tabelle 1: Typische Eigenschaftswerte von ungefülltem, gefülltem und verstärktem Polypropylen.

Eigenschaft	Einheit	DIN-Norm	Homo-PP ungefüllt	40 % Talkum	30 % Glas-F.
Dichte	g/cm^3	53 479	0,89–0,91	1,23	1,14
Zugfestigkeit	MPa	53 455	22–42*)	32	40
Reißdehnung	%	53 455	10–800	8	5
Zug-E-Modul	GPa	53 457	0,95–2,43	5,4	3,8
Biegefestigkeit	MPa	53 452	26–41	55	60
Schlagzähigkeit	kJ/m^2	53 453	o. B.	17	15
Kerbschlagzähigkeit	kJ/m^2	53 453	2,5–17	4	6

*) Streckspannung

Kunststoff, verstärkter. Tabelle 2: Vergleich der Eigenschaftswerte unverstärkter und verstärkter Thermoplaste.

	Dichte g/cm^3	Zugfestigkeit MPa	Zug-E-Modul GPa	Reißdehnung %
Polyamid	1,12	65*)	2,0	50–200
PA-66 30% GF	1,4	170	9	3
Polyoxymethylen	1,4	70*)	3	70
POM 30% GF	1,58	125	12	3
Stryrol-Acrylnitril-Copolymer	1,08	76	3,8	4
SAN 35% GF	1,36	110	11	2
Acrylnitril-Butadien-Styrol	1,04	45	2,3	12
ABS 35% GF	1,19	83	6	2
Ethylen-Tetrafluorethylen	1,7	41	1	400
ETFE 25% GF	1,86	84	8,4	9
Polycarbonat	1,2	68	2,3	110
PC 40% GF	1,52	148	10	3
Polybutylenterephthalat	1,3	50	2,6	140
PBT 35% GF	1,71	150	17	2,5
flüssigkrist. Polyester	1,4	186	9	5
LCP 30% GF	1,5	240	37	1
Polyethersulfon	1,36	84*)	3,2	25
PES 30% GF	1,60	145	11	3
Polyetherimid	1,27	105*)	3	44
PEI 30% GF	1,51	160	9	3

*) Streckspannung

len, Transportketten, Lüfterräder, Schiffsschrauben, hochfeste Mauerdübel (Polyamide); Ausstattungsteile für Flugzeuginnenteile (Polyethersulfon, Polyetherimid); Kamera- und Projektorengehäuse (SAN); UV-durchlässige Lichtdach-Konstruktionen (mod. Ethylen-Tetrafluorethylen-Copolymer ETFE).

Duroplastisches Verbundsystem. Diese Werkstoffgruppe besitzt gegenüber den thermoplastischen Verbundsystemen die größere technische Bedeutung.

Als Matrixmaterialien kommen hier Duroplaste (Duromere) zum Einsatz, die entweder durch eine radikalische Polymerisation, wie z. B. ungesättigte Polyesterharze, Phenacrylatharze (Vinylesterharze) und Polydiallylphthalatharze, oder durch Polykondensation bzw. Polyaddition gehärtet werden. Beispiele für die letztgenannte Klasse sind Epoxidharze, Phenolharze und Polyimidharze. Der Vorteil der Polymerisationsharze liegt in deren kürzerer Härtungszeit. Auf der anderen Seite besitzen die Additions-/Kondensationsharze bessere mechanische und thermische Eigenschaften. Das am häufigsten eingesetzte Matrixmaterial sind ungesättigte

Polyesterharze. Für hochgradig mechanisch und thermisch beanspruchte Verbunde werden Epoxidharze und in zunehmendem Maße auch Polyimidharze verwendet. Sie zeichnen sich gegenüber den Polyesterharzen auch durch größere chemische Beständigkeit aus.

Verstärkungsfasern. Faserförmige Materialien sind die am häufigsten angewandten Verstärkungsstoffe und bestimmen in hohem Maße die mechanischen Eigenschaften wie Festigkeit und Steifigkeit eines Verbundsystems. Hauptanforderung an technisch verwendbare Fasern sind maximale mechanische Eigenschaften bei geringster Dichte. Aus diesem Grund kommen nur leichte Elemente wie Beryllium, Bor, Kohlenstoff, Stickstoff, Sauerstoff, Aluminium und Silicium als Faserrohstoffe in Betracht. Dabei werden Bor und Kohlenstoff als reine Elemente zu Fasern verarbeitet. Alle anderen Fasern bestehen aus Verbindungen der genannten Elemente. Zu unterscheiden ist zwischen anorganischen und organischen Fasern. Die erstgenannte Gruppe umfaßt Bor-, Kohlenstoff-, Glas- und Siliciumcarbidfasern. Polyethylen- und Kevlar-Fasern sind organische Fasern, die als einzige technische

Bedeutung unter den zahlreichen Polymerfaserstoffen erlangt haben (Bild 1).

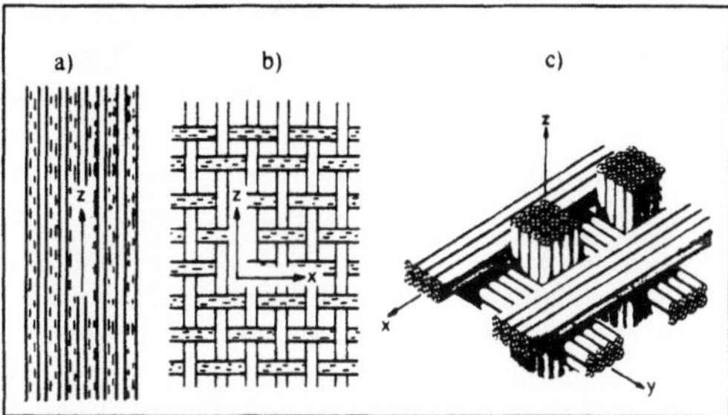

Kunststoff, verstärkter 1: Mögliche Faseranordnungen in Verbundsystemen.
a) Unidirektionale Faseranordnung
b) Bidirektionale Faseranordnung
c) Tridirektionale Faseranordnung.
Multidirektionale Anordnung ergibt sich bei Übereinanderlegen mehrerer bidirektionaler Schichten in unterschiedlicher Orientierung.

Glasfasern. Sie besitzen die größte Bedeutung als faserförmiges Verstärkungsmaterial, was auf die einfache und kostengünstige Herstellung und auf die gute Eigenschaftskombination von relativ hoher bis höchster Festigkeit, aber geringer Steifigkeit bei großer Bruchdehnung zurückzuführen ist (Bild 2).

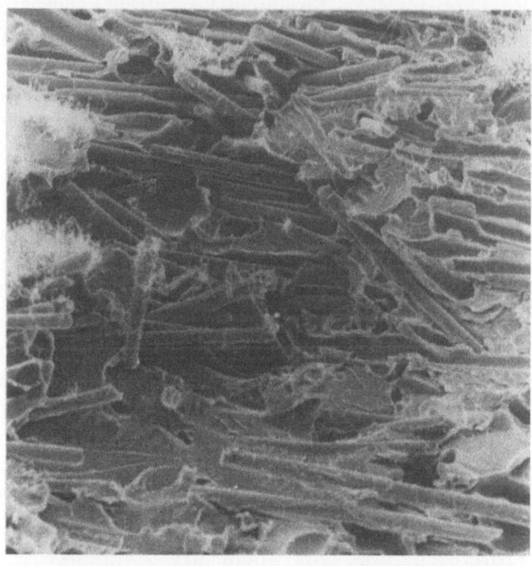

Kunststoff, verstärkter 2: Rasterelektronenmikroskopische Aufnahme der Bruchfläche einer mit 30 % Glasfaser verstärkten Polyethersulfon-Probe, hergestellt im Spritzgießverfahren. (Quelle: Verfasser)

Die hauptsächlich nach dem Schmelzspinnverfahren hergestellten Fasern besitzen auf Grund der amorphen molekularen Struktur (Netzwerk kovalent gebundener Sauerstoff- und Siliciumatome) isotrope Eigenschaften. Üblicherweise wird sog.

E-Glas, für Spezialanwendungen auch S-Glas benutzt. Zur Anwendung in duroplastischen Verbundsystemen kommen Glasfasern als unidirektionale Fasergelege, als bi- und multidirektionale Gewebe (Gewebematten, Geflechte bzw. dreidimensionale Gewirke) oder multidirektionale Gelege durch Wickeln von Faserbündeln in unterschiedlicher Ausrichtung. Daneben kommen auch mehr oder weniger stark verfilzte („genadelte") Matten aus Glaswolle, sog. Faservliese, zum Einsatz. Allerdings besitzen aus Vliesen aufgebaute Verbunde nur geringe Festigkeiten und werden deshalb nur zu wenig belastbaren Teilen verarbeitet.

Kohlenstoffasern (Carbonfasern). Sie sind wesentlich teurer in der Herstellung als Glasfasern, dafür aber ausgezeichnet durch hohe Festigkeit, größte Steifigkeit bei sehr geringer Bruchdehnung. Die herausragenden Eigenschaften dieser Fasern werden allerdings nur in Richtung parallel zur Faserachse beobachtet; quer dazu ist z. B. die Steifigkeit wesentlich niedriger. Bemerkenswert ist der negative Wärmeausdehnungskoeffizient in Faserrichtung. Dies wird ausgenützt bei der Herstellung von Formteilen, die auf Grund geeignet ausgerichteter Faserlagen über einen weiten Temperaturbereich keine thermische Verformung zeigen. Kohlenstoffasern werden entweder als unidirektionale Fasergelege oder als multidirektionale Gewebe bzw. Gewirke in Verbundsysteme eingearbeitet. Vliese werden unter Ausnutzung der guten elektrischen Leitfähigkeit von C-Fasern für elektrotechnische Anwendungen eingesetzt.

Aramidfasern. Darunter werden synthetische Fasern verstanden, in welchen die faserformende Substanz ein hochmolekulares Polyamid ist, wobei mindestens 85 % der Amidgruppen zwischen zwei aromatischen Ringen gebunden sind. Die Herstellung geschieht durch Lösungsspinnen und Recken der verfestigten Faser, wodurch die Molekülketten in Faserrichtung orientiert werden und kristalline Strukturen ausbilden. Aramidfasern besitzen eine niedrigere Dichte als Glas- bzw. Kohlenstoffasern, eine höhere Festigkeit und Steifigkeit als Glasfasern und einen größeren negativen Ausdehnungskoeffizienten als Kohlenstoffasern. Hervorzuheben ist die gute Schlagzähigkeit von Verbundsystemen mit Aramidfasern, die diese für Bauteile geeignet macht, die stoßartigen Belastungen unterworfen sind.

Hauptsächlich angewandt werden Aramidfasern als Garne für unidirektionale Gelege und in Mattenform als multidirektionale Gewebe bzw. Gewirke.

Polyethylenfasern (Polyolefine). Fasern aus ultrahochmolekularen Polyethylen (UHMPE) werden in einem speziellen Verfahren (Lösungsspinnen) so hergestellt, daß die Molekülketten sich nicht wie normalerweise unter Kettenfaltung in Kristalliten anordnen, sondern nahezu vollkommen gestreckt und in Faserrichtung orientiert werden. Dadurch werden Fasern erhalten mit hoher Festigkeit und Steifigkeit bei sehr geringer Dichte. Der Einsatz dieser Fasern aus hochverstrecktem Polyethylen ist allerdings durch die niedrige Erweichungstemperatur von ca. 100 °C eingeschränkt.

Bor- und Siliciumcarbidfasern (B- bzw. SiC-Fasern). Diese sehr teuren Fasern werden nur für wenige spezielle Zwecke zu Verbunden verarbeitet, vorwiegend im militärischen Flugzeug- und im Satellitenbau. Die Herstellung beider Faserarten geschieht durch chemische Gasphasenabscheidung von Bor aus einem Bortrichlorid-Wasserstoff-Gemisch bzw. von Siliciumcarbid aus einem Methyltrichlorsilan-Wasserstoff-Gemisch auf einem widerstandsbeheizten Wolfram- oder auch Kohlenstofffaden. SiC-Fasern ohne Substratfaden sind durch thermischen Abbau versponnenen Polycarbosilanfasern zugänglich. Die mechanischen Eigenschaften dieser Materialien sind stark abhängig von den Abscheidungsbedingungen. In der Literatur sind neben gängigen Festigkeitswerten von 3–4 GPa und E-Moduln um 400 GPa auch Spitzenwerte für die Festigkeit von SiC-Fasern bis 10 GPa angegeben.

In Epoxidharzverbunden mit jeweils 50 % Faseranteil ergeben sich Festigkeiten zwischen 1,6 und 1,7 GPa bei Moduln von 210–230 GPa.

Herstellungsverfahren duroplastischer Verbundsysteme. Am weitesten entwickelt sind die Verfahren zur Herstellung glasfaserverstärkter Duroplaste. Sie sind in den Richtlinien VDI 2011–13 beschrieben und waren auch für Herstellungsverfahren anderer Faserverbunde richtungsweisend.

Handlaminierverfahren: Hierbei werden in einer offenen Form schichtweise Verstärkungsstoffe wie Matten oder Gewebe eingelegt und mit kalthärtendem Harz luftblasenfrei durchtränkt. Dieses Verfahren wird angewandt bei Kleinserien, in der Prototypherstellung und bei großflächigen oder schwierig gestalteten Bauteilen. Im Segelflugzeug- und Bootsbau, aber auch in Verbindung mit anderen maschinellen Verfahren, um gezielt örtlich zu verstärken, ist dieses nur geringe Investitionen erfordernde Verfahren zu finden.

Mit diesem Verfahren sind Volumenanteile an Fasern bis etwa 40–45 % möglich. Um höhere Faseranteile bis 60 % einzuarbeiten, werden im Handlaminierverfahren hergestellte Teile zusätzlich mit trockenen Matten belegt, mit einer flexiblen Folie luftdicht abgedeckt und die Luft zwischen Bauteil und der Abdeckung abgesaugt. Durch den Atmosphärendruck wird das zugefügte Verstärkungsmaterial auf das Bauteil gepreßt und mit Harz durchtränkt (Vakuumverfahren).

Bei Verwendung von heißhärtenden Harzen werden Bauteile im Handlaminierverfahren oder aus Gewebeprepregs hergestellt und unter einer flexiblen Abdeckung evakuiert. Dieses evakuierte Paket wird dann in einem heizbaren Autoklaven mit Drücken bis 7 bar beaufschlagt und das Harz gehärtet (Vakuumsack-Autoklaven-Verfahren).

Im Faserspritzverfahren werden kurzgeschnittene Fasern gleichzeitig mit dem Harzgemisch in Mehrkomponenten-Spritzeinrichtungen unter Druckluft auf großflächige Formen aufgebracht. Nach dem Aufspritzen muß die Harz-Fasermasse noch verdichtet werden, was meist mit Handrollen geschieht. Angewandt wird dieses Verfahren weniger zur Bauteilherstellung als vielmehr zur rückwärtigen Verstärkung großer Formteile aus anderen Kunststoffen oder zur GFK-Auskleidung von Bauwerken.

Wickelverfahren: Zylindrische Hohlkörper werden mit geharzten Rovings, Fäden oder Bändern gewickelt, wobei durch geeignete Maschinenanordnungen beliebige Parallel-, Kreuz- oder Längswicklungen möglich sind.

Komplizierte, nicht symmetrische Bauteile wie Kardanwellen, Pleuel oder Torsionsfedern werden mit programmierbaren Wickelrobotern gefertigt.

Beim Resin-Transfer-Molding-Verfahren (RTM-Verfahren) wird das trockene Verstärkungsmaterial meist vorgeformt in eine zweiteilige Werkzeugform eingelegt, diese geschlossen und schnellhärtendes Harzgemisch eingespritzt (ähnlich dem RIM-, d. h. Reaction-Injection-Moulding-Verfahren; deshalb auch Bezeichnungen wie S-RIM oder MM-RIM für Structural- bzw. Mat-Molding-RIM). Je nach eingesetztem Harz kann bei Raumtemperatur oder auch bei erhöhten Temperaturen (100–200 °C) unter Druck ausgehärtet werden. Dieses Verfahren wird in der Serienproduktion von Großteilen wie etwa Fahrzeugfront- oder Heckklappen angewandt.

Prepreg-Herstellung: Hierbei werden flächige Verstärkungselemente wie Matten, Gewebe oder Gespinste mit einem Harzgemisch durchtränkt, und unter Hitzeeinwirkung wird die Vernetzungsreaktion eingeleitet. Durch Abkühlen wird die Reaktion wieder abgebrochen. Diese Formmassen sind dann mehrere Monate bei Temperaturen um 0 °C lagerfähig. Die endgültige Verarbeitung zu Formteilen mit vollkommener Vernetzung geschieht auf heizbaren Formpressen unter erhöhter Temperatur und Druck. Für die Eigenschaften der Fertigteile ist die Prozeßsteuerung, vor allem der Zeitpunkt der Druckbeaufschlagung, besonders wichtig.

Im Gegensatz zu diesen mit Matten verstärkten Prepregs sind solche in der Anwendung, bei denen nicht Matten oder Gewebe, sondern geschnittene Fasern (Länge zwischen 25 und 200 mm) neben endlosen Längsfäden eingebracht werden. Solche SMC (Sheet Molding Compounds) genannten Prepregs werden ebenfalls auf heizbaren Pressen verarbeitet. Typen, die nur geschnittene Fasern enthalten (SMC-R), sind noch gut fließfähig bei der Verarbeitung, so daß großflächige gekrümmte, auch mit Noppen und Rippen versehene Bauteile hergestellt werden können. Endlosfädenenthaltende SMC-C-Prepregs sind in Richtung der Längsfäden nicht mehr fließfähig. Anwendung finden solche SMC-Prepregs zur Herstellung von Automobilteilen wie Stoßfänger und Sitzschalen, im Telefonkabinenbau, für Großteile im Innenausstattungsbau von Schiffen und Flugzeugen.

Weitere verstärkte Reaktionsharz-Formmassen: Neben den mit flächen- oder linienförmigen Verstärkungsstoffen ausgerüsteten Reaktionsharzmassen (Prepregs) sind auch solche Massen im Einsatz, die mit geschnittenen, nicht flächenförmig angeordneten Fasern verstärkt sind (Einteilung, Bezeichnung und Kurzzeichen in DIN 16913).

BMC (Bulk Molding Compounds) und DMC (Dough Molding Compounds) sind feuchte, teigigfaserige Massen, die bei BMC mit chemischen Verdickern und bei DMC durch erhöhten Füllstoffgehalt hochviskos eingestellt sind. Sie lassen sich entweder über Spritzkolben-Pressen oder Formteilpressen zu großflächigen Bauteilen vorwiegend im Fahrzeugbau verarbeiten.

Zur Herstellung von Profilen wird bei Verwendung von parallelliegenden Endlosfäden das Strangziehverfahren (Pultrusionsverfahren) oder bei Einsatz von Kurzfasern das Strangpreßverfahren angewandt (Tabelle 3 und 4). *Zahradnik*

Literatur: *Broy, W.,* u. *N. I. Basov:* Handb. Plasttechnik. Leipzig 1985. – *Heißler, H.:* Verstärkte Kunststoffe in der Luft- und Raumfahrttechnik. Stuttgart 1986. – *Lubin, G.* (Hrsg.): Handb. of Composites. New York 1982. – *Meyer, R. W.:* Handb. of Polyester Molding Compounds and Molding Technology. New York 1986. – *Meyer, R.:* Pultrusion Technology. New York 1985. – *Schlichting, J.:* Verbundwerkstoffe und ihre wichtigsten Faserverstärkungskomponenten. Enzyklopädie Naturwissenschaft und Technik, Jahresb. 1982. Landsberg 1982. – *Schwartz, M. M.:* Composite Materials Handb. New York 1984.

Kunststoffschweißen. K. ist ein Vereinigen von thermoplastischen Kunststoffen gleicher oder verschiedener Art unter Anwendung von Wärme, mit oder ohne Druck sowie mit oder ohne Zusatz von artgleichen oder artähnlichen Zusatzwerkstoffen. Das →Schweißen erfolgt innerhalb des thermoplastischen Temperaturbereichs der Kunststoffe an den Berührungsflächen der zu verbindenden Teile. Die

Kunststoff, verstärkter. Tabelle 3: Eigenschaftswerte von Verstärkungsfasern.

	Dichte g/cm^3	Zugfestigkeit GPa	Zug-E-Modul GPa	Bruchdehnung %
E-Glas	2,54	3,4	73	3–4
S-Glas	2,49	4,6	88	5
Carbonfaser HM	1,86	2,6	400	0,6
Carbonfaser HT	1,7	3,5	240	1,4
Aramidfaser	1,4	3,4	130	2,5
Polyethylen	0,97	3	172	2,7
Siliciumcarbid	3,0	4	400	0,6
Borfaser/Whiskers	2,6	4	380	

Kunststoff, verstärkter. Tabelle 4: Eigenschaftswerte verschiedener Faserlaminate.

	Dichte g/cm^3	Zugfestigkeit MPa	Zug-E-Modul GPa	Biegefestigkeit MPa
Polyester unges. 45% Glasmatte	1,45	160	12	250
Polyester unges. 50% Glasgewebe	1,60	300	20	320
Epoxidharz 50% Glasgewebe	1,60	390	28	400
Epoxidharz 70% Carbonfaser	1,6/1,5	900/1 300	150/110	800/1 100
Epoxidharz 70% Aramidfaser	1,38	1 380	60	850
Phenacrylharz 40% Glasfaser		100–200	10–12	
Epoxidharz 50% Borfaser	2,0	1 700	210	
Epoxidharz 50% SiC-Faser	2,3	1 600	230	

Kunststoffschweißen. Tabelle: Schweißverfahren für Kunststoffe. (Quelle: Ruge, J.: Handbuch der Schweißtechnik. Bd. 1)

	PE	PP	PVC	PS	SAN	ABS	PMMA	POM	PA	PC	PTFE	PFEP
Warmgasschweißen	+	++	++	++	+		++	+	(+)	++	–	–
Heizelementschweißen	++	++	++	+	+	+	(+)	++	+	++	(+)	+
Reibschweißen	++	+	++	+	+	+	(+)	+	+	++	(+)	+
Hochfrequenzschweißen	–	–	+	–	–	+	(+)	–	+	+[a]	–	–
Ultraschallschweißen	–	–		+	(+)	+	(+)	+	+	+	(+)	–

[a] hohe Frequenzen erforderlich, ++ bevorzugt angewendet, + möglich, (+) selten angewendet, – nicht angewendet

durch die Erwärmung frei beweglichen Molekülketten fließen dabei unter Verknäulung ineinander.

Im Gegensatz zum Metallschweißen erfolgt das K. fast ausschließlich bei gemeinsamer Anwendung von Wärme und Druck und wird nur als Verbindungsschweißen angewendet. In der Tabelle sind die schweißbaren Kunststoffe den wichtigsten Kunststoffschweiß-Verfahren zugeordnet. Bei allen Verfahren sind insbes. zu hohe oder zu lange Erwärmung (Abbau und Zersetzung der Makromoleküle) und zu hoher oder zu geringer Schweißdruck (Herausdrücken von thermoplastischem Werkstoff bzw. ungenügende Makromolekülbindung) zu vermeiden.

In der Kunststofftechnik wird das Schweißen zunehmend durch das wärmearme →Kleben ergänzt, da Klebstoffe zur Verfügung stehen, deren Festigkeit derjenigen der Kunststoffe entspricht. *Dorn*

Literatur: DIN 1910. Tl. 3: Schweißen; Schweißen von Kunststoffen; Verfahren. Hrsg. Dt. Inst. für Normung. Ausg. 1977. – *Ruge, J.:* Handb. Schweißtechnik. Bd. 1: Werkstoffe. Berlin, Heidelberg, New York 1980.

Kunststoffüberzug. Kunststoffbeschichtetes Blech oder Band (kaltgewalzt, unverzinkt, verzinkt), das meist im Durchlaufverfahren mit Überzügen aus Kunststoffen verschiedener Art versehen wird. Diese Überzüge dienen dem Korrosionsschutz, erleichtern die Umformung, schützen die Oberfläche gegen mechanische Beschädigungen und verbessern das Aussehen. Gebräuchliche K. bestehen aus PVC (Polyvinylchlorid), PE (Polyethylen) usw. *Bolbrinker*

Kunststoffverarbeitung. Darunter versteht man die Herstellung von Halbzeug (Tafeln, Bändern, Blöcken, Stäben, Profilen, Rohren) und Fertigteilen aus den in Form von Lösung, Schmelze, Pulver oder Granulat anfallenden, abgewandelten, natürlichen und den synthetischen Polymeren. (Verarbeitung von Elastomeren →Elastomere; Herstellung von Fasern →Faserherstellung.)

Der erste Schritt in der K. ist das Aufbereiten (Bild 1). Es umfaßt alle Arbeitsvorgänge, die notwendig sind, um ein Polymer in eine für die Verarbeitung geeignete Form zu bringen (Abtrennen, Trocknen, Zerkleinern, Mischen, Granulieren). Nur wenige Polymere lassen sich im reinen Zustand verarbeiten bzw. als Werkstoffe verwenden. Die meisten Polymere müssen vor der eigentlichen Verarbeitung mit geeigneten Zusatzstoffen gemischt werden, um zum einen vor unerwünschten Veränderungen während der Verarbeitung (Zersetzung usw.) geschützt zu werden und zum anderen, um ein bestimmtes Eigenschaftsniveau der Endprodukte zu erhalten. Solche Zusatz- oder Hilfsstoffe sind:

□ Gleitmittel: Das sind Wachse und Metallstearate, die durch eine schmierende Wirkung die Verformung in der Wärme erleichtern sollen. Sie werden vorwiegend bei duroplastischen Preßmassen, bei thermoplastischen Kalander- und Strangpreßmassen und gelegentlich bei Spritzgießmassen zugesetzt. Die Verwendung von Gleitmitteln ist begrenzt durch oft nur geringe Verträglichkeit mit den Polymeren (Ausschwitzen oder Ausblühen) sowie durch die Möglichkeit der Beeinflussung von Eigenschaften des fertigen Kunststoffteils, wie z. B. Dimensionsstabilität und Wärmeformbeständigkeit.

□ Stabilisatoren: Das sind verschiedenartige Stoffe, die

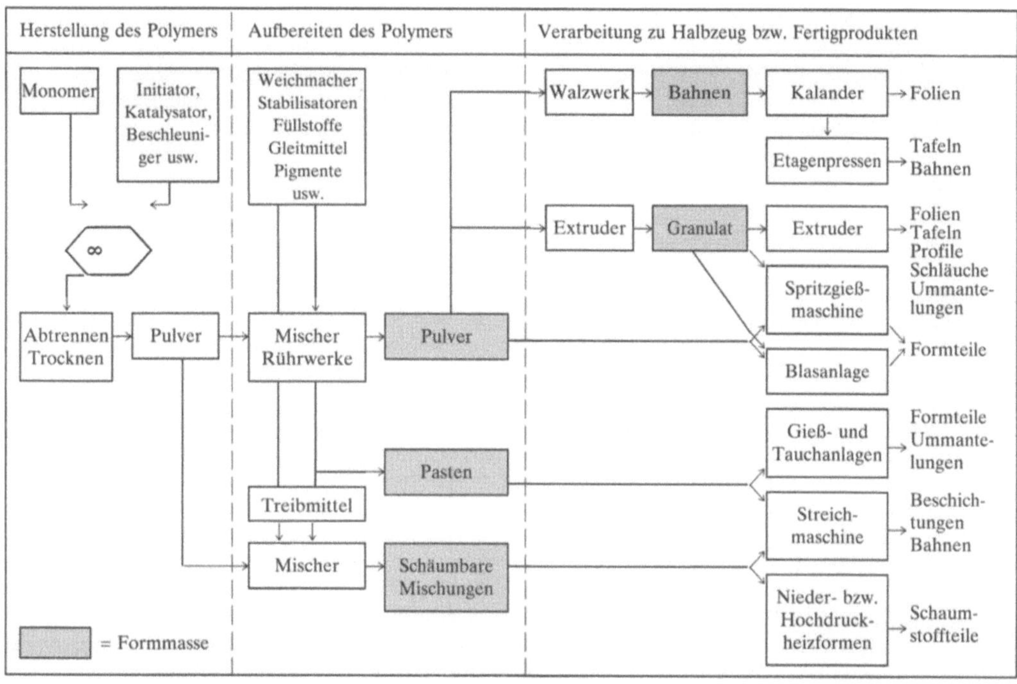

Kunststoffverarbeitung 1: Verarbeitungsschema für synthetische, thermoplastische Polymere.

– bestimmte Polymere während der thermoplastischen Verarbeitung vor Zersetzung schützen sollen (z. B. bei PVC: Bleioxid, basisches Bleisulfat, Natriumcarbonat, Salze von Barium, Calcium, Cadmium und Zink, Organozinnverbindungen wie etwa Dialkylzinnsalze und Dialkylzinnmercaptide, epoxidiertes Sojaöl, Diphenylthioharnstoff, 2-Phenylindol, Aminocrotonsäureester),
– Kunststoffertigteile während ihres Gebrauchs vor einer Beeinflussung durch Licht schützen sollen (UV-Absorber bzw. UV-Stabilisatoren: Hydroxybenzophenone, Hydroxybenztriazole, Organozinnverbindungen und Cadmiumsalze),
– Kunststoffertigteile vor einer Alterung durch Sauerstoff bewahren sollen (Alterungsschutzmittel bzw. Antioxidantien).
□ Weichmacher: Das sind hochsiedende Verbindungen, die dem im reinen Zustand spröden Polymer zugesetzt werden, um die Fertigprodukte biegsamer und geschmeidiger zu machen.
□ Füllstoffe: Das sind Materialien (z. B. Talkum, Kreide, Kaolin, Schiefermehl, Glimmerpulver, Schwerspat und Asbest), die zur Streckung einer Kunststofformmasse verwendet werden, d. h. bei möglichst weitgehender Erhaltung der mechanischen, elektrischen usw. Eigenschaften des fertigen Formteiles seinen Preis verbilligen. (Über Füllstoffe bei Elastomeren →Elastomer.)
□ Pigmente und Farbstoffe: Das sind anorganische oder organische, in Wasser oder Lösungsmittel

unlösliche (Pigmente) bzw. synthetische oder natürliche organische, lösliche Farbmittel (Farbstoffe). Zu den Pigmenten (DIN 55 944) zählen die Erd- und Mineralfarben, Bronzen, Ruß, tierische, pflanzliche und synthetische organische Stoffe sowie Farblacke. Man unterscheidet Weißpigmente (Titandioxid, Zink-, Blei- und Antimonverbindungen), Schwarzpigmente (Farbruß und Eisenoxid) und Buntpigmente (Eisen-, Mangan-, Chrom-, Blei-, Zink-, Molybdän- und Cadmiumverbindungen sowie die schwer- bzw. unlöslichen Teerfarbstoffe). Die anorganischen Pigmente sind sehr lichtecht, hitzebeständig, unlöslich und deckkräftig bei geringer Farbstärke. Die organischen Pigmente sind weniger deckkräftig, aber stark färbend. Die Farbstoffe sind im Gegensatz zu den Pigmenten i. a. transparent und werden zum Einfärben transparenter Kunststoffteile (Abdeckungen für Rücklichter, Leuchtreklame, Linsen usw.), Kunststoffdispersionen und in der Lackindustrie zur Herstellung von Transparentlacken, Farblacken und Holzbeizen verwendet.

Das Polymer wird mit den nötigen Zusatzstoffen in einem Mischaggregat (Flügel- oder Planetenmischer, Innenmischer, Walzwerk, Extruder) gleichmäßig dispergiert und homogenisiert.

Thermoplastische Materialien werden nach dem Mischen mit Hilfe eines Granulierwerkzeugs (Extruder mit Siebplatte und rotierendem Messer) in die gewünschte Granulatform (würfelig, zylindrisch oder linsenförmig) gebracht. Die Verarbeitung von

Pulver (Dryblends) beschränkt sich vorwiegend auf PVC. In letzter Zeit werden auch Polyolefine zunehmend über Pulvermischungen verarbeitet.

Duroplastische Materialien werden nach dem Zumischen der Hilfsstoffe entweder in Mühlen nur zu Pulver oder nach dem Mahlen in speziellen Granulatoren zu Granulat aufgearbeitet. Laminierungs- und Gießharze werden im flüssigen Zustand mit evtl. notwendigen Zusatzstoffen gemischt und so weiterverarbeitet. Diese ungeformten (Pulver) und vorgeformten (Granulat) Mischungen werden als Formmassen bezeichnet (DIN 7708, DIN 7740 bis 7748, DIN 16911 bis DIN 16913).

Dem Aufbereiten schließen sich als nächster Verarbeitungsschritt die verschiedenen Verfahren des Urformens an. DIN 8580: Urformen ist formschaffendes Fertigen von Werkstücken (Halbzeug oder Fertigteile) aus formlosen Ausgangsstoffen (Formmassen) wie Flüssigkeiten, Pasten, Pulver, Granulat, Fasern u. ä.

Pressen. Es gehört zu den ältesten Verfahren zur Herstellung von Formteilen aus duroplastischen und thermoplastischen Formmassen. Man unterscheidet zwischen Preß- und Spritzpreßverfahren (Transferpressen). Beim Preßverfahren wird das Werkzeug mit Pulver oder einer vorgepreßten Tablette gefüllt und mit einem Stempel verschlossen. Plastifizieren und Ausformen erfolgen unter der Einwirkung von Druck und erhöhter Temperatur (Bild 2).

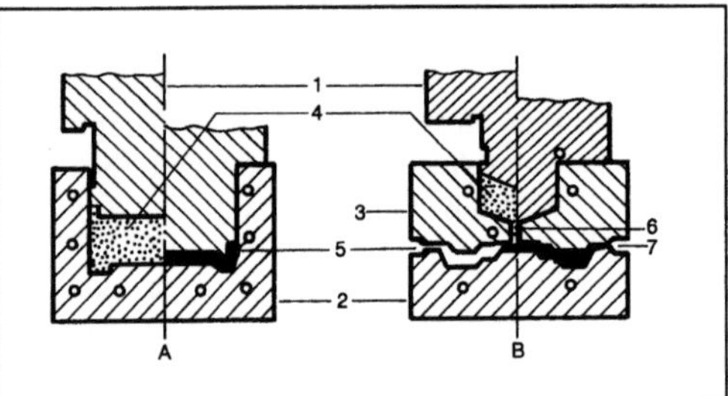

Kunststoffverarbeitung 2: Schematische Darstellung des Preßverfahrens (A) und des Spritzpreßverfahrens (B).

1 Werkzeugoberteil (Stempel bzw. Spritzkolben), 2 Werkzeugunterteil (Gesenk), heizbar, 3 Werkzeugmittel, heizbar, 4 Füllraum mit Pulver oder Granulat, 5 Formraum (schwarz: Formteil), 6 Spritzkanal, 7 Entlüftungskanal

Beim Spritzpreßverfahren wird das Pulver in einer beheizten Kammer plastifiziert und mit Hilfe eines Stempels in dosierter Menge durch einen beheizten Kanal in die Werkzeughöhlung gedrückt.

Auf Etagenpressen werden Tafeln hergestellt, wobei Folien oder dünne Tafeln in entsprechender Anzahl in jede der bis zu 20 Etagen eingelegt und unter Druck und erhöhter Temperatur verschweißt werden.

Spritzgießen. Es ist das am häufigsten angewandte Verarbeitungsverfahren zur diskontinuierlichen Herstellung von Kunststoffertigteilen. Es ist ein ausgesprochenes Massenfertigungsverfahren, mit dem ungefüllte und gefüllte thermoplastische wie duroplastische sowie schäumbare Formmassen, aber auch Kautschukmischungen verarbeitet werden. Die Masse der Fertigteile kann dabei 2 g bis 40 kg betragen.

Die früher eingesetzten Kolben-Spritzgießmaschinen sind heute nahezu vollständig durch Schnecken-Spritzgießmaschinen (auch Schubschnecken- oder Schneckenkolben-Spritzgießmaschinen genannt) verdrängt worden.

Beim Spritzgießen wird die pulverförmige oder granulierte Formmasse plastifiziert und in der ersten Arbeitsphase durch axiale Verschiebung der Schnecke nach vorwärts in das geschlossene, gekühlte Werkzeug gedrückt.

Hat sich die Form vollkommen mit Schmelze gefüllt, so erstarrt diese durch Abkühlung. Dabei kommt es zu einer Volumenverringerung. Zu ihrem Ausgleich wird nochmals Schmelze aus dem Spritzzylinder in die Form nachgedrückt. Während das gespritzte Teil nun weiter abkühlt, beginnt erneut die Plastifizierung, indem sich die rotierende Schnecke axial nach rückwärts verschiebt, bis sich vor der Schneckenspitze wieder genügend Schmelze für den nächsten Einspritzvorgang angesammelt hat.

In der letzten Phase öffnet die Schließeinheit das Werkzeug, und das fertige Formteil (mit Anguß) wird ausgestoßen. Das Werkzeug wird wieder geschlossen, und ein neuer Arbeitszyklus beginnt mit dem Einspritzen.

Zum Spritzgießen duroplastischer Formmassen werden anders konstruierte Spritzgießautomaten eingesetzt, da hierbei die plastifizierte Formmasse im Werkzeug aushärtet. Sie verbleibt länger im Werkzeug, das nicht gekühlt, sondern geheizt wird (Tabelle).

Extrudieren. Es ist das bedeutendste Verfahren zur kontinuierlichen Herstellung von Kunststoff-Halbzeug oder Fertigteilen, bei dem die pulverförmige oder granulierte Formmasse in einen Extruder (Schnecken- oder Kolbenstrangpresse) gefüllt, dort verdichtet, plastifiziert, homogenisiert und durch ein beliebig geformtes Werkzeug (Extrudierwerkzeug) gepreßt wird.

Im Prinzip besteht ein Extruder aus einem heiz- und kühlbaren Zylinder, in dem sich eine Welle mit einem oder mehreren wendelförmigen Stegen (Schnecke) dreht. Sie fördert stetig die Formmasse von der Einfüllvorrichtung zum Werkzeug.

Dabei wird die Formmasse von der beheizten Zylinderwand und der aus innerer Reibung resultierenden Schererwärmung erhitzt, plastifiziert, homogenisiert und komprimiert. Die Kompression im

Kunststoffverarbeitung. Tabelle: Verarbeitungsbedingungen beim Spritzgießen für verschiedene Thermoplaste und Duroplaste.

Form-masse	Masse-temp. °C	Werk-zeug-temp. °C	Spritzdruck bar	Schwin-dung %
PE-LD	160–260	30– 70	400– 800	1,5–3,0
PE-HD	260–300	50– 70	600–1 200	1,5–5,0
PVC-P	165–200	15– 50	400–1 200	>0,5
PVC-U	170–210	30– 50	1 000–1 800	0,5
Normal-PS	180–280	10– 40	600–1 800	0,6
Normal-ABS	210–240	40– 90		0,4–0,7
PMMA	210–240	50– 70	500–1 200	0,1–0,8
PA 6	230–280	80– 90	700–1 200	0,5–2,2
PA 66	260–320	80–120	700–1 200	0,1–2,5
PF (spezielle Typen)	110–140	170–190	800–2 500	
UF	120–140	140–160	1 000–2 500	
UP	80–110	155–170	300–1 000	

PE Polyethylen, PVC Polyvinylchlorid, PS Polystyrol, ABS Acrylnitril-Butadien-Styrol-Copolymer, PMMA Polymethylmethacrylat, PA Polyamid, PF Phenol-Formaldehydharz, UF Harnstoff-Formaldehydharz, UP ungesättigtes Polyesterharz

Zylinder wird durch die besondere Geometrie der Schnecke erzeugt, wobei zonenweise Gangsteigung und Gangvolumen von der Einzugs- zur Ausstoßzone hin verändert werden.

Neben Einschneckenextrudern werden auch Doppelschneckenextruder eingesetzt, die zwei nebeneinander liegende, im gleichen oder entgegengesetzten Drehsinn rotierende Schnecken besitzen. Sie bieten den Vorteil der besseren Durchmischung der Formmassenbestandteile sowie der von der Reibung an der Zylinderwand unabhängigen Förderung der Formmasse und werden hauptsächlich in der PVC-Verarbeitung angewandt.

Kaskadenextruder sind entweder zwei getrennte oder zwei in einem gemeinsamen Maschinengestell angeordnete Extruder, die verfahrenstechnisch so zusammenarbeiten, daß der eine Extruder die Formmasse plastifiziert und homogenisiert, der andere die Schmelze aufnimmt und präzise Formteile extrudiert.

Entgasungsextruder besitzen im Zylinder zwischen Einfüllöffnung und Zylinderende eine Bohrung, durch die Luft, Gase oder Dämpfe, die während der Plastifizierung im Zylinder der Formmasse entzogen werden müssen, abgesaugt werden

können. Dabei muß die Schnecke so gestaltet sein, daß im Bereich der Entgasungsöffnung kein Überdruck im Schneckenkanal herrscht, da sonst Formmasse aus der Entgasungsöffnung tritt und diese verstopft.

Extruder werden sowohl in Aufbereitungs- als auch in Fertigungsanlagen eingesetzt. Im Bereich der Aufbereitung dienen sie mit speziellen Werkzeugen zur Herstellung von Granulat, aber auch zum Einmischen von Zusatzstoffen und zum gezielten Abbau der Molekülketten auf eine für die Weiterverarbeitung abgestimmte mittlere Molekularmasse.

In Fertigungsanlagen werden mit Extrudern kontinuierlich Rohre, Schläuche, Profile, Bänder, Folien, Folienschläuche, Platten und Drahtummantelungen hergestellt. Der Extruder ist weiterhin wesentlicher Bestandteil (in der Regel Vorschaltaggregat zum Plastifizieren) anderer K.-Maschinen wie Spritzgieß-, Spritzpreß- und Blasformmaschinen.

In Folienblasanlagen wird aus einem engen Ringspalt ein Schlauch extrudiert, den in einem bestimmten Abstand von der Düse ein Abzugswalzenpaar luftdicht abquetscht. Die Ringdüse ist so konstruiert, daß der extrudierte Schlauch durch einen geringen Überdruck an Luft aufgeblasen werden kann. Unmittelbar nach Austritt aus der Düse wird der Schlauch durch den Überdruck aufgeweitet und dabei biaxial verstreckt, bis er sich auf die Erstarrungstemperatur abgekühlt hat. Bei diesem Aufweiten nimmt die Dicke der Schlauchwand ab. Es lassen sich so Folien mit einer Dicke zwischen 5 μm und 0,3 mm herstellen.

Zur Herstellung von Drahtummantelungen benutzt man Extruder mit Quer- oder Schrägwerkzeugen. Der zu ummantelnde, nahezu auf Schmelztemperatur der Formmasse erhitzte Draht läuft durch eine Bohrung im Dorn des Extruderwerkzeugs, das quer (60–90°) zum Extruder steht. Der Schmelze aus der Schnecke umschließt dann im Mundstück den Draht.

Ramextrusionsverfahren. Es ist ein Sonderverfahren zur Herstellung von Rohren, Schläuchen und Profilen aus Polytetrafluorethylen. Dabei wird PTFE-Pulver mit Hilfe eines Kolbenextruders unter hohem Druck durch ein beheiztes Profilwerkzeug gepreßt und erhält durch Sintern seine gewünschte Form.

Extrusionsblasformen ist ein Verfahren zur diskontinuierlichen Herstellung leichter und preiswerter Hohlkörper aus Polyethylen, Polypropylen, →Celluloseacetat, PVC-hart und PVC-weich u. a., die als Einwegverpackungen für flüssige, pastenförmige und feste Füllgüter Verwendung finden. Es können Behälter mit einem Fassungsvermögen von wenigen Millilitern bis mehreren tausend Litern hergestellt werden.

Bei diesem Verfahren wird mit einem Extruder und einer entsprechenden Ringdüse ein Schlauch hergestellt, der noch im plastischen Zustand in das geöffnete Blaswerkzeug eingebracht und abgeschnitten wird. Nach dem Schließen des Werkzeuges wird der Schlauch durch eingeblasene Druckluft aufgeweitet, bis er an allen Stellen die Formwand berührt. Die notwendige Druckluft wird über einen Dorn entweder von oben, von unten oder seitlich zugeführt. Nach dem Abkühlen öffnet sich das Werkzeug wieder, und der Hohlkörper wird ausgestoßen.

Kalandrieren. Es ist ein Verfahren zur kontinuierlichen Herstellung von Folien vorwiegend aus PVC-hart und PVC-weich sowie zum Kaschieren und Doublieren. Unter Kaschieren versteht man das Aufbringen einer Kunststoffolie auf Papier-, Pappe- oder Textilbahnen, Stahl- und Aluminiumbleche sowie Kunststofftafeln zum Oberflächenschutz. Doublieren ist das Verschweißen zweier Kunststoffolien zu einer Folie größerer Dicke.

Durch Kalandrieren lassen sich Folien mit einer Breite bis zu 3 m und mit Dicken zwischen 0,05 und 1,2 mm mit großer Präzision (Dickentoleranzen 2,5–3 µm) herstellen.

Kalander bestehen aus drei oder mehreren heiz- und kühlbaren Walzen, die mit engem, verstellbaren Spalt aufeinanderlaufen (Elastomere). Bei den üblichen Walzenanordnungen (F- oder L-Anordnung) dient der Spalt zwischen den horizontal angeordneten Walzen zum Einspeisen der plastifizierten Formmasse, die entweder aus einem Extruder oder einem Mischwalzwerk kommt. Während die Formmasse durch die Walzenspalte läuft, wird sie geformt und kalibriert. Die Folie verläßt den Kalander noch im plastischen Zustand, wird über Kühlwalzen abgekühlt und zur Aufwickelvorrichtung geführt.

Rotationsformen. Es ist ein Verfahren zur diskontinuierlichen Herstellung von gleichmäßig (Rohre) oder ungleichmäßig geformten Hohlkörpern aus PE-hart und PE-weich, Polyamiden, PVC-weich, Polystyrol und anderen Thermoplasten. Dabei wird eine flüssige oder pulverförmige Formmasse in ein Negativ-Werkzeug gefüllt. Das Werkzeug ist hierbei so gelagert, daß es um eine (bei Rohren) oder um mehrere Achsen zu rotieren vermag. Die Formmasse verteilt sich durch die Rotation im Werkzeug so, daß eine annähernd gleichmäßige Schichtdicke des sich bildenden Hohlkörpers entsteht.

Eine Besonderheit stellt das Verfahren zur Herstellung von Fertigteilen aus einer Schmelze von ε-Caprolactam dar. Hierbei wird keine aufbereitete Formmasse eines Polymers, sondern monomeres Caprolactam mit Katalysator und Beschleuniger in das Werkzeug gefüllt. Während der Formung polymerisiert das Caprolactam zum PA 6 aus. Dieses Verfahren wird auch Lactamgießen oder monomer casting genannt.

Gießen. Ein druckloses Verfahren zur diskontinuierlichen Herstellung von Kunststoffertigteilen aus niedrigviskosen, geschmolzenen oder mit Weichmacher und Lösungsmittel versetzten Formmassen. Mit Hilfe dieses Verfahrens werden vorwiegend PVC-Pasten, ungesättigte Polyesterharze, Phenol-Formaldehydvorkondensate, aber auch Monomere wie Caprolactam, Styrol und Methylmethacrylat verarbeitet. Die Ausgangsstoffe werden in eine beheizte Form gegossen und gelieren bzw. härten aus oder polymerisieren.

So hergestellte Kunststoffteile sind im Gegensatz zu den unter Druck gefertigten Teilen orientierungs- und spannungsfrei, was sich insbes. in der mechanischen Festigkeit äußert.

Warmformen. Es ist die Gestaltänderung (Umformen) eines Halbzeugs in der Wärme und mit geringerer Kraft. Biegen und Aufweiten eines Rohrs, aber auch Umformen von thermoplastischen Folien und Tafeln zu Fertigteilen (Becher, Schachteln, Kühlschrankinnengehäuse usw.) geschieht durch Warmformen. Eine Folie wird in einen Rahmen eingespannt und durch Strahler, Heißluft oder Kontaktheizung erwärmt, bis sie thermoelastisch verformbar ist. In diesem Zustand wird die Folie in die Höhlung eines Negativ-Werkzeuges hineingesaugt oder über ein Positiv-Werkzeug gezogen. Nach dem Abkühlen muß das Fertigteil noch aus dem ungeformt gebliebenen Folienrest ausgesägt bzw. ausgestanzt werden.

Um Kunststoffteile miteinander oder mit anderen Werkstoffen (Metalle, Holz usw.) zu verbinden, stehen die bekannten Fügeverfahren wie Schweißen, Kleben, Schrauben und Nieten zur Verfügung.

Thermoplastische Kunststoffe lassen sich durch örtlich begrenztes Überführen in den plastischen Zustand homogen verschweißen. Je nachdem, wie die zu verschweißenden Stellen erwärmt werden, unterscheidet man zwischen Heißgasschweißen (mit heißer Luft oder Gas und Schweißdraht), Heizelementschweißen (mit Heizplatten oder -keilen), Hochfrequenzschweißen (bei Kunststoffen mit genügend hohem dielektrischen Verlustfaktor) und Impulsschweißen (Wärme wird durch kurzen Stromstoß erzeugt). (Herstellen von Schaumstoffen →Schaumstoff.)   *Zahradnik*

Literatur: *Bauer, W.,* u. *W. Woebcken*: Verarbeitung duroplastischer Formmassen. München 1973. – *Domininghaus, H.*: Kunststoffe III. Spritzgießen, Extrudieren, Blasformen. Düsseldorf 1973. – *Engels, K., O. Lauer* u. *H. Schmieta*: Aufbereiten von Kunststoffen. München 1971. – *Holzmann, R.*: Spritzblasformen und Extrusionsblasformen: ein technologischer Vergleich. Düsseldorf 1973. – *Mink, W.*: Grundzüge der Extrudiertechnik. Speyer 1974. – *Mink, W.*: Grundzüge der Hohlkörperblastechnik. Speyer 1971. – *Saechtlin-Zebrowski*: Kunststoff-Taschenb. München 1974. – *Schönthaler, W.*: Verarbeiten härtbarer Kunststoffe. Düsseldorf 1973. – VDI-Gesellschaft Kunststofftechnik (Hrsg.): Extrudieren von Profilen und Rohren. Düsseldorf 1974. – VDI-Gesellschaft Kunststofftechnik (Hrsg.): Extrudieren von Schlauchfolien. Düsseldorf 1973.

Kupfer. Als Legierungselement in Stahl fördert K. die Bildung einer dichten Deckschicht in wetterfesten Stählen. In normalgeglühten und flüssigkeitsvergüteten Stählen kann K. zur Festigkeitssteigerung durch Ausscheidungen herangezogen werden. Da bei der Warmverformung die Gefahr der Bildung von Oberflächenfehlern besteht (Lötbruch), wird Stählen mit 0,5–1 % Cu ein etwa ebenso großer Nickelgehalt zugesetzt. *W. Dahl*

Literatur: Werkstoffkunde Stahl. 2 Bde. Hrsg. VDEh. Berlin, Düsseldorf 1985.

Kupferlegierung. Kupfer und Bronzen wurden von den Menschen bei ihrer geschichtlichen Entwicklung als erste metallische Werkstoffe genutzt. Mit der Entwicklung der Elektrotechnik nahm der Bedarf an Kupfer mit guter elektrischer Leitfähigkeit erheblich zu. Kupfer und K. haben heute eine große technische Bedeutung wegen ihrer besonderen Eigenschaften: hohe elektrische Leitfähigkeit (Leiterwerkstoff), Wärmeleitfähigkeit (Wärmeübertrager, Kühler, Apparatebau), gute Verformbarkeit (Drähte, Bänder, Töpfe, Plattierungen), gute chemische Beständigkeit (Apparatebau, Freileitungen, Dachrinnen) und Farbe (Schmuck, Kunstgegenstände). Bei K. unterscheidet man Bronzen, Rotguß, Messinge und Neusilber; des weiteren Knetlegierungen (umformbare) und Gußlegierungen.

Unlegiertes Kupfer. Die technisch wichtigste Eigenschaft des Kupfers ist seine elektrische Leitfähigkeit. Wenn Fremdatome im Gitter eingebaut sind, bilden sie Störpotentiale im elektrischen Feld (Fehler im Kristallgitter). Dadurch wird die Bewegung der Elektronen behindert und die Leitfähigkeit vermindert. Sie kann durch geringe Verunreinigungen von 0,01 % schon merklich verschlechtert werden (vor allem durch P, Fe, Co).

So ist es üblich, bei Cu die Leitfähigkeit als Kennzeichen des Reinheitsgrads zu verwenden (Tabelle 1). Elektrisches Leitmaterial (DIN 1708) wird mit E-Cu bezeichnet und muß eine Leitfähigkeit von mindestens $57 \, m/\Omega mm^2$ besitzen. OFHC-Cu (Oxygen Free High Conductivity) und SE-Cu sind sauerstofffrei und besser leitend. SF-Cu (sauerstofffrei) wird desoxidiert, hat mehr Verunreinigungen und begrenzten Phosphorgehalt und wird bei geringeren Anforderungen an die Leitfähigkeit verwendet (keine Wasserstoffkrankheit).

Die gute Wärmeleitfähigkeit des Kupfers wird in Wärmeübertragern, Kühlern, Heizschlangen, im Apparatebau und in Brauereien verwendet. Auch hier spielt die Korrosionsbeständigkeit in neutralen oder alkalischen Lösungen eine Rolle (Wasserleitungen). Die Bildung von Oxidschichten oder Krusten muß vermieden werden. Mit Kohlensäure wird an Luft die schützende basische Kupferkarbonat-Schicht (grüne Patina) gebildet. Als Endprodukt wird unlegiertes Kupfer für vielfältige Anwendungen als Leiterwerkstoff in der Elektrotechnik eingesetzt.

Niedrig legiertes Kupfer. Eine weitere Anwendung als legiertes Kupfer läßt den Charakter des Werkstoffs Kupfer durch geringe Zusätze von Legierungsbestandteilen im wesentlichen unverändert. Die elektrische Leitfähigkeit wird geringfügig verringert, aber die Festigkeit von Kupfer läßt sich durch geringe Legierungszusätze erheblich steigern (Tabelle 2). Das erfolgt durch Mischkristallbildung (Silber, Arsen) oder durch Ausscheidungshärtung (Chrom, Zirconium, Cadmium, Eisen, Phosphor), die günstiger auf die Leitfähigkeit wirkt. Diese Werkstoffe kommen für Sonderzwecke in der Elektrotechnik, Leiterwerkstoffe, Kommutatorlamellen, Schweißelektroden, Federkontakte, Automatenwerkstoffe usw. zur Anwendung.

Kupferlegierung. Tabelle 1: Elektrische Leitfähigkeit und Wäremeleitfähigkeit von unlegiertem Kupfer. (Quelle: Bargel, Schulze a. a. O.)

Kurzzeichen DIN 1708	Zusammensetzung Massenanteil %	elektrische Leitfähigkeit $m/\Omega \, mm^2$	Wärmeleitfähigkeit W/Km	besondere Merkmale
KE-Cu	Cu ≧ 99,90	—	—	Kathoden-(Elektrolyt)-Kupfer
E 1-Cu 58	Cu ≧ 99,90 (O: 0,005—0,040)	≧ 58	386	elektrolytisch raffiniertes Kupfer, sauerstoffhaltiges Kupfer
E-Cu 57	Cu ≧ 99,90 (O: 0,005—0,040)	≧ 57	386	
OFHC-Cu (SE-Cu)	Cu ≧ 99,95	≧ 58	386	Kupfer hoher Leitfähigkeit, sauerstofffreies Kupfer
SF-Cu	Cu ≧ 99,90 (P: 0,015—0,040)	35-53	240—360	desoxidiertes Kupfer, für geringe Anforderungen

Kupferlegierung. Tabelle 2: Elektrische und mechanische Eigenschaften von einigen ausgewählten Cu-Legierungen.

Kurzzeichen	Legierungs-bestandteile %	elektrische Leitfähigkeit $m/\Omega \ mm^2$	Zugfestigkeit N/mm^2	
CuSn 2	Sn 1,5-2,5; Zn 0,3	> 30	270 weichgeglüht 480 gewalzt	Schrauben
CuSn 6	Sn 5,5-7,5; Zn 0,3	10-20	370 weichgeglüht 660 gewalzt	Federn
G-CuSn 10 Zn	Sn 9-11; Zn 4	7	250-300 hart	
G-CuSn 5 ZnPb	Sn 5-6,5; Zn 4-6	9	200-240	gut gießbar
CuCd 1	Cd 0,9-1,3	36-48	400-600	
CuMg 0,4	Mg 0,3-0,5	≤ 48	400-600	
CuMg 0,7	Mg 0,5-0,8	≤ 36	600-1000	
CuCr 1	Cr 0,3-1,2	≈ 50	400-600	Stromleitschienen
CuSi 2 Mn	Si 1,5-3,5	4-6	≥ 850 federhart	
CuMn 2	Mn 0,5-1		420 hart	
CuNi 20 Mn 10		1,5	350 weich	Novokonstant
CuMn 12 Ni	Mn 12-15	1,5	330	Manganin
G-CuPb 22	Pb 18-23, Ni, Fe, Sn		160	Gleitlager
G-CuPb 5 Sn	Pb 4-6, Sn 9-11		240	Gleitlager
CuAl 5	Al 4-6; Ni 0,8	8	350	
CuAl 10 Ni	Ni 3-6; Fe 2,5-5	6	560	
CuZn 44 Pb 2	Zusätze 1-2,5	18	500	Hartmessing
CuZn 33		16	360 weich	Lötmessing

Messinge (CuZn-Legierungen; Knetlegierungen DIN 17660, Gußlegierungen DIN 1709) enthalten für die technische Verwendung mindestens 50% Kupfer. Zink wird zugesetzt, um die Festigkeit zu erhöhen, verringert die Schmelztemperatur und die elektrische Leitfähigkeit und ist billiger als Kupfer. CuZn-Legierungen mit einem Gehalt von mehr als 67% Cu wurden früher als Tombak bezeichnet.

Entsprechend dem Zustandsdiagramm Cu-Zn kann man zwei Legierungstypen von Messingen (α und $\alpha + \beta$) unterscheiden. Bis zu Gehalten von 62,5% Kupfer liegen im Gefüge homogene α-Mischkristalle vor, d. h. das Zink ist vollständig im Kupfer gelöst (Bild 1). Diese α-Legierungen sind gut kaltumformbar (kfz, Weichmessing). Die Festigkeit steigt mit dem Zinkgehalt an. Bei geringeren Kupfergehalten als 62,5% treten heterogene ($\alpha + \beta'$)-Legierungen auf (Bild 2), die sich zwar gut zerspanen und warmumformen lassen, aber nur schlecht kaltumformbar sind (Hartmessing). Die β-Phase (krz) bewirkt eine rasche Verringerung der Zähigkeit bei gleichzeitig ansteigender Härte und Festigkeit. Bei einem Gehalt von 56% Cu hat die Festigkeit mit $R_m \approx 540 \ N/mm^2$ ein Maximum.

Neben der Festigkeit wird auch die Farbe des Messings durch den Zinkgehalt bestimmt. Sie geht mit steigendem Zinkgehalt von goldrot (Ms95 $\triangleq$ 95% Cu) über goldgelb (Ms85), gelb (Ms72) zu rotgelb, sobald der β-Mischkristall (Ms63) auftritt, über. Als weiterer Zusatz zu CuZn kommt Blei (bis 3%) in Frage, das sich nicht legiert, sondern als feine, kugelige Ausscheidungen vorliegt und als Spanbrecher dient. CuZn42Pb wird hinsichtlich der Zerspanbarkeit nur noch von Aluminiumlegierungen übertroffen, die jedoch geringere Festigkeiten aufweisen.

Knetmessing wird in Form von Blechen, Stangen, Profilen, Rohren und Drähten geliefert. Gußlegie-

Kupferlegierung 1: Gefüge der homogenen α-Misch-kristalle mit Zwillingen von kupferreichen Messingen, CuZn 33.

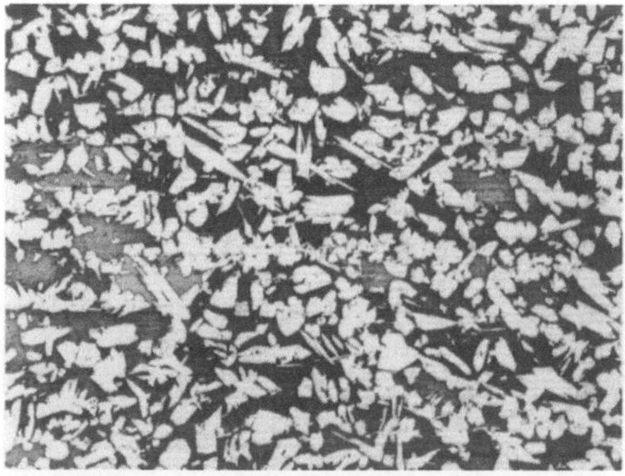

Kupferlegierung 2: Gefüge von heterogenem (α + β)-Messing der Legierung CuZn44, α-Phase hell, β-Phase grau.

rungen können für Sand-, Kokillen- und Druckguß eingesetzt werden. Verwendung finden die Messinge für Gehäuse, Gas- und Wasserarmaturen, Beschlagteile und Teile der Elektrotechnik.

Sondermessinge (Knetlegierungen DIN 17661, Gußlegierungen DIN 1709) sind CuZn-Legierungen, denen zur Verbesserung der Korrosionsbeständigkeit oder anderer Eigenschaften weitere gütesteigernde Zusätze an Al, As, Fe, Mn, Ni, P, Si, Sn (0,1–10%) zulegiert werden (Mehrstofflegierungen). Al erhöht die Festigkeit und verbessert die Korrosions- und Oxidationsbeständigkeit. As und P erhöhen ebenfalls die Korrosionsbeständigkeit und vermindern die Entzinkung (Potentialauflösung des unedlen Zinks). Für Gußlegierungen ist etwas P gut, da die Schmelze dünnflüssiger wird. Fe und Mn verbessern die Gleiteigenschaft und dienen der Kornfeinung. Ni verbessert die Warmfestigkeit und Korrosionsbeständigkeit. Sn und vor allem Si erhöhen die Gleiteigenschaft und den Korrosionswiderstand. Sondermessinge werden besonders für Druckmuttern, Schiffsschrauben, Ventil- und Steuerteile, Lager, Hartlote und Munitionshülsen verwendet.

□ *Zinnbronzen* (Knetlegierungen DIN 17662, Gußlegierungen DIN 1705) enthalten 1–25% Zinn. Mit zunehmendem Zinngehalt steigt die Verschleißfestigkeit und die chemische Beständigkeit. Selbst unter höchster Belastung weisen Gleitlager mit hohem Zinngehalt gute Laufeigenschaft auf. Bei mehr als 6% Sn tritt die spröde δ- bzw. ε-Phase auf, wodurch insbes. die Warmumformbarkeit stark vermindert wird. Zinnbronzen müssen vor dem Abgießen mit Phosphorkupfer desoxidiert werden (Zinnsäurekrankheit). Phosphor versprödet und erhöht außerdem die Gießbarkeit und Korrosionsbeständigkeit. Zinnbronzen mit 10–12% Sn werden für Schnecken, Zahnräder (G-CuSn14), Gleitlager, Hochdruckarmaturen, Leit- und Laufräder von Pumpen eingesetzt. Die Glockengußbronze hat einen Zinngehalt von 20–25%.

Rotguß (DIN 1705) enthält neben 3–11% Zinn zusätzlich 2–7% Zink, das die Gießeigenschaften verbessert und die Empfindlichkeit der Schmelze gegen eine Sauerstoffaufnahme vermindert. Dagegen werden die Festigkeitseigenschaften und das Formänderungsvermögen durch Zink verschlechtert. Gehalte von 1–6% Blei begünstigen das Laufverhalten und die Zerspanbarkeit; 1% Ni dient zur Kornfeinung. Eingesetzt wird Rotguß für Papierwalzenmäntel, Lagerbuchsen, Armaturen, Schiffswellenbezüge und für künstlerische Plastiken.

Aluminiumbronzen (Knetlegierungen DIN 17665, Gußlegierungen DIN 1714) sind die chemisch beständigsten K. Sie enthalten 3–14% Aluminium, das die Korrosionsbeständigkeit gegen Seewasser, Schwefelsäure und Salzlösungen sowie Verschleißfestigkeit und Zunderbeständigkeit erhöht. Oberhalb 10% Al kann der Werkstoff nicht mehr umgeformt werden. Als weitere Legierungselemente können As, Fe, Mn, Ni und Si enthalten sein. Auf Grund ihrer hohen Warmfestigkeit werden CuAl-Legierungen u. a. in Heißdampfarmaturen, Führungen und Ventilsitzen eingesetzt. Die erhöhte Korrosionsbeständigkeit läßt eine Verwendung in der Nahrungsmittelindustrie zu.

Siliciumbronze. Von Bedeutung sind zwei handelsübliche CuSi-Legierungen, die 3% Si und 1% Mn bzw. 2% Si und 0,5% Mn enthalten. Silicium wirkt desoxidierend, erhöht die Festigkeit und die Korrosionsbeständigkeit. Mangan verbessert die Warmfestigkeit und die Verschleißfestigkeit. Die Werkstoffe finden vor allem in der Kälteindustrie (z. B. als →Wärmeübertrager) Verwendung.

Berylliumbronze enhält 0,6–2,8% Be (Berylliumlegierungen). Der Werkstoff, der sich gut kalt umformen läßt, ist stark aushärtbar durch die Ausscheidung von Cu_2Be (R_m = 1500 N/mm² im ausgehärteten Zustand). Meistens sind noch Gehalte von

0,5 % Ni zur Kornfeinung zugegeben. Da die elektrische Leitfähigkeit im ausgehärteten Zustand noch 10–20 m/Ωmm^2 beträgt, werden die Werkstoffe hauptsächlich in der Elektrotechnik (Fahrdraht elektrischer Bahnen, Antennen, Relaiskontakte, Blattfedern, Elektroden für Schweißmaschinen) eingesetzt. Be kann durch Legierungselemente wie Zr, Co, Si und Ag teilweise eingespart werden.

Bleibronzen (DIN 1716) enthalten 5–18 % Pb, 4–10 % Sn und Zusätze von Ni, Zn, Fe, Sb. Von allen Gleitlagerwerkstoffen besitzen sie die höchste Wärmeleitfähigkeit neben guten Notlaufeigenschaften. Sie werden insbes. für dynamische Belastung und stoßartigen Betrieb (Dieselmotor) eingesetzt.

Neusilber (Kupfer-Zink-Nickel, DIN 17663) das oft auch Alpacca oder Argentan genannt wird, enthält neben Kupfer Gehalte von Zink (11–46 %) und Nickel (11–28 %). Diese Werkstoffe, die sich durch hohe Korrosionsbeständigkeit auszeichnen, besitzen eine silberweiße Farbe. Neben Zusätzen von Mn (bis 0,4 %), Fe (0,1–5 %), Al (0,5–2 %) enthalten sie gelegentlich Pb (bis 3 %) zur günstigen Zerspanung.

Bauteile, die unter Spannung stehen (Eigenspannungen), sind in Anwesenheit von Feuchtigkeit (Ammoniak) rißanfällig. Dies kann beseitigt werden durch Spannungsarmglühen bei etwa 200–300 °C. CuZnNi-Legierungen werden im Kunstgewerbe für Schmuckwaren, Tafelbestecke oder Schaltteile verwendet. Außerdem werden Widerstände, Schaltfedern und Stecker für die Elektroindustrie hergestellt.

Nickelbronzen (DIN 17664) können 2–45 % Ni enthalten. Cu und Ni bilden im Zustandssystem einen lückenlosen homogenen Mischkristall. Bereits geringe Gehalte von 1,5 % Ni verdoppeln die Kerbschlagzähigkeit des Werkstoffs gegenüber Cu. Außerdem wird die Korrosionsbeständigkeit verbessert. Bei Legierungen mit geringem Ni-Gehalt (0,5–4 %) kommt als weiteres Legierungselement Silicium (0,15–1 %) in Frage, das mit Nickel ein Silicid (Ni$_2$Si) bildet, wodurch eine starke Warmaushärtung des Werkstoffs möglich wird. Eine Aushärtung wird außerdem in CuNiMn-Legierungen mit ca. 20 % Ni und 20 % Mn erreicht. CuNi45 (Konstantan) wird für Thermoelemente benutzt.

Die Warmfestigkeit der korrosionsbeständigen CuNi-Legierungen ist mit der der nichtrostenden Stähle vergleichbar. Durch Zusätze von 1,5 % Fe und 2 % Mn wird die Korrosionsbeständigkeit (durch Passivschichten) noch weiter gesteigert. CuNi20Si, CuNi20Fe werden für warmfeste Rohre, CuNi30 (Nickelin), CuNi45 (Konstantan), CuNi20Zn20 (Neusilber) für Regelwiderstände und CuNi20Mn20 als Federwerkstoff technisch eingesetzt. Eine Sonderanwendung findet der Werkstoff CuNi25 als Münzlegierung. *Heller/Breme*

Literatur: *Bargel, H. J.,* u. *G. Schulze:* Werkstoffkunde. Düsseldorf 1988. – *Dies, K.:* Kupfer und Kupferlegierungen in der Technik. Berlin 1967. – *Guillery, P., R. Hezel* u. *B. Reppich:* Werkstoffkunde für die Elektrotechnik. Braunschweig 1982. – *Schimpke, P., H. Schropp* u. *R. König:* Technologie der Maschinenbaustoffe. Stuttgart 1977.

Kurbelpresse. K. sind die für die industrielle Produktion wichtigste Gruppe von weggebundenen Preßmaschinen ($\rightarrow$Umformmaschine). Sie lassen sich aufteilen in Ein- und Mehrkurbelpressen. Am weitesten verbreitet sind Pressen mit Schubkurbelgetriebe. Bei K. ist der Hub fest, bei Exzenterpressen veränderlich. Wird bei kleinem Hub große Stößelkraft gefordert oder im Arbeitsbereich verringerte Geschwindigkeit, werden erweiterte Kurbelgetriebe verwendet (z. B. Kniehebelgetriebe, Lenkhebel- oder Mehrkurbelgetriebe). *Lange*

Kurzhub-Bandhonen. Das K.-B. ist eine Modifikation des Honens. Die Technologie dieses Feinbearbeitungsverfahrens ist ähnlich wie beim B. Der Unterschied liegt darin, daß die Honband-Anpreßschalen kurzhubige Axialbewegungen ausführen. Diese Hubbewegungen werden dann erforderlich, wenn es sich bei den Werkstücken um einzelne oder mehrere rotationssymmetrische Plan- und/oder Zylinderflächen handelt. Auch bei Außenrundbearbeitungen von Werkstücken mit Kegel- oder Formflächen (z. B. Kugellager-Laufbahnen) wird das K.-B. eingesetzt ($\rightarrow$Honen, $\rightarrow$Honverfahren).

Beim K.-B. beträgt die Werkstückumfangsgeschwindigkeit bei der Vorbearbeitung 10–15 m/min und bei der Fertigbearbeitung 20–30 m/min. Die Hubfrequenz nimmt für die Außenrundbearbeitung Werte von 1–10 Hz an, und die Hublänge liegt zwischen 2–5 mm. Für die Planbearbeitung beträgt die Hubfrequenz 1–5 Hz, und die Hublängen liegen zwischen 5–25 mm. *Kenter*

Kurzhubhonen $\rightarrow$Honen, $\rightarrow$Honverfahren

Kurzhubhonen, spitzenloses. Das s. K. ist ein $\rightarrow$Feinbearbeitungsverfahren mit dem ausschließlich Außenflächen zylindrischer Werkstücke endbearbeitet werden ($\rightarrow$Honen, $\rightarrow$Honverfahren). Die Art, wie das Werkstück während des Bearbeitungsprozesses in der Honmaschine verweilt, unterteilt das s. K. in das Verfahren der spitzenlosen Durchlaufbearbeitung und das der spitzenlosen Einstechbearbeitung.

Bei der spitzenlosen Durchlaufbearbeitung, a) im Bild, werden gleichartige Werkstücke zwischen zwei Tragwalzen, die sich mit gleicher Drehrichtung bewegen, aufgenommen und über die Reibkraft angetrieben. Durch den Abstand der Walzen kann die Reibkraft variiert werden. Eine Zunahme des Walzenabstands führt zu einer Erhöhung der Reibkraft. Der axiale Vorschub der Werkstücke wird bei der Durchlaufbearbeitung durch eine Verschränkung der Tragwalzen gegeneinander von 0,5°–2° erreicht.

Das →Honwerkzeug (eine oder mehrere Einheiten) wird von oben an die durchlaufenden Werkstücke herangeführt. Die Anpressung erfolgt pneumatisch, und auch die einstellbare Oszillationsbewegung der Werkzeuge wird pneumatisch erzeugt.

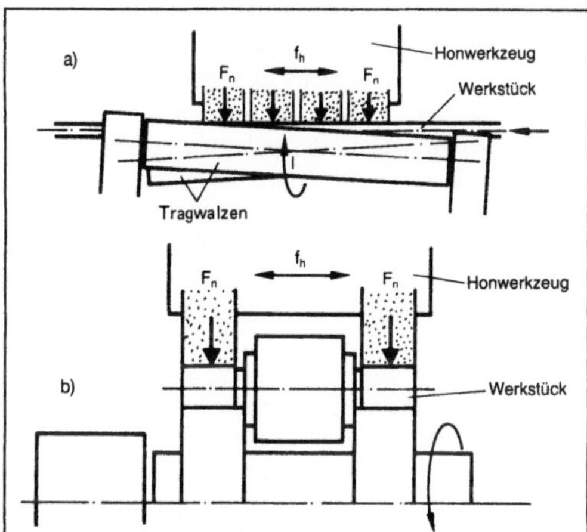

Kurzhubhonen, spitzenloses.
a) Durchlaufbearbeitung
b) Einstechbearbeitung.

F$_n$ Normalkraft, f$_h$ Hubfrequenz

Während der Durchlaufbearbeitung kann entsprechend der Anzahl der Bearbeitungsstationen eine stufenweise Verbesserung der Oberflächengüte (→Oberflächenrauheit) durchgeführt werden. Bei 6–10 Arbeitsstationen können entsprechend viele Honleisten verschiedener Spezifikation zum Eingriff gebracht werden. Die erzielbare Rauheit Rt liegt bei 0,1–0,2 µm, und der Rundlauffehler läßt sich um 30–90% reduzieren.

Bei der spitzenlosen Einstechbearbeitung, b) im Bild, entfällt der axiale Vorschub des Kurzhub-Honwerkstücks. Es erfolgt die Bearbeitung pro Feinbearbeitungsfläche mit einer jeweils separat wirkenden oszillierenden Honleiste. Für die Vorbearbeitung liegt die Umfanggeschwindigkeit bei 15 bis 25 m/min, und bei der Endbearbeitung beträgt sie 45–150 m/min. Die Abstützung der Bearbeitungsstellen erfolgt ebenfalls durch Tragwalzen, die nicht gegeneinander verschränkt sind.

Bei der spitzenlosen Einstechbearbeitung beträgt die Kurzhubfrequenz je nach Art des Antriebsystems zwischen 240–470 Hz. Die Rauheit Rt kann Werte zwischen 0,2–0,4 µm annehmen, und der Rundlauffehler wird bis zu 75% verbessert. *Kenter*

Literatur: *Bauer, E.:* Superfinishbearbeitung (Kurzhubhonen). VDI-Z 115 (1973). – *Hölper, R.:* Spitzenloses Kurzhubhonen im Durchlaufverfahren mit erhöhten Werkstückumfangsgeschwindigkeiten. Diss. TH Aachen 1974.

L

Lack. L. sind flüssige Substanzgemische (neuerdings auch feste, sog. Pulver-L.), die in dünner Schicht auf Oberflächen von Holz, Metallen, Kunststoffen oder mineralischen Baustoffen aufgebracht werden und nach der Trocknung festhaftende, geschlossene Überzüge (Filme), die Lackierung, ergeben. Andere, gebräuchliche Bezeichnungen für L. sind Anstrichmittel, Beschichtungsstoffe und L.-Farben.

Der Begriff L.-Kunstharze umfaßt alle L.-Bindemittel, deren essentielle Komponente ein rein synthetisches Produkt oder ein chemisch abgewandelter Naturstoff ist. Reine Naturstoffe, die als L.-Rohstoffe Verwendung finden, sind unter Harze zusammengefaßt.

Je nach ihrem Verwendungszweck enthalten L. eine Anzahl unterschiedlicher Bestandteile, die sich in folgende Gruppen einteilen lassen:

Filmbildner		
Harze	Bindemittel	
Weichmacher		
Hilfsstoffe		nichtflüchtige
Farbstoffe		Bestandteile
Pigmente		
Füllstoffe		
Lösungsmittel		flüchtige
Wasser (in		Bestandteile
Dispersionen)		

Filmbildner. Das sind makromolekulare Stoffe (z. B. Cellulosenitrat, Polyacrylate und Polymethacrylate, Vinylchlorid-Vinylacetat-Copolymere) oder niedermolekulare Verbindungen, die erst im Verlauf der L.-Härtung in makromolekulare Stoffe übergehen (z. B. ungesättigte Polyesterharze, Epoxidharze). Sie sollen nach dem L.-Auftrag auf dem Untergrund eine dünne, zusammenhängende Schicht, einen Film, mit den gewünschten mechanischen und chemischen Eigenschaften bilden.

Bei der Anwendung polymerer Filmbildner ist die Molekularmasseneinstellung von besonderer Bedeutung. Bestmögliche mechanische Eigenschaften des L.-Films sind nur bei hohen Molekularmassen zu erreichen. Hohe Molekularmassen bedingen aber bei notwendigerweise anzuwendendem geringem Lösungsmittelgehalt hohe Viskositäten, die bei der L.-Verarbeitung unerwünscht sind. Hier müssen Molekularmasseneinstellungen gefunden werden, die befriedigende mechanische Eigenschaften des L.-Films bei erträglichen Viskositätswerten des flüssigen L. ergeben. Diese Schwierigkeiten treten bei der Anwendung niedermolekularer Filmbildner nicht auf. Bei ihnen entsteht das eigentlich filmbildende Polymermaterial erst während der L.-Härtung, muß also nicht gelöst werden. Deshalb lassen sich hier mit lösungsmittelarmen bis lösungsmittelfreien L. sehr hochwertige Filme herstellen. Bei den handelsüblichen L. wird für eine spezielle Rezeptur allerdings nicht nur ein, sondern stets eine Anzahl verschiedener Filmbildner verwendet.

Harze. Dies sind leicht lösliche Stoffe, die zur Erhöhung des Feststoffgehalts von L., zur Verbesserung der Haftfestigkeit, zur Steigerung der Filmhärte sowie bei oxidativ vernetzenden Überzügen zur Verkürzung der Trockenzeit und des Glanzes von Lackierungen dienen. Von den natürlichen Harzen wird Kolophonium am meisten verwendet. Bevorzugt werden aber vollsynthetische Harze eingesetzt.

Weichmacher sind schwerflüchtige organische Verbindungen, i. a. Ester mehrbasischer Säuren (z. B. Dioctylphthalat), die den Erweichungsbereich der Bindemittel herabsetzen. Daraus resultieren erniedrigte Filmbildungstemperatur und größere Elastizität der L.-Filme.

Farbstoffe und Pigmente. Dies sind feingemahlene, meist kristalline Feststoffe, die im L. und im Überzug dispergiert vorliegen und dem L. Farbigkeit, Deckkraft, aber oft auch stark verbesserte Beständigkeit verleihen.

Füllstoffe. Als solche verwendet man i. a. Schwerspat, Kreide oder Kaolin. Sie ersetzen teuere Weiß- und Bundpigmente.

Hilfsstoffe. Unter dem Begriff versteht man die verschiedenartigsten Zusatzstoffe mit unterschiedlicher Wirkung. Sie werden nur in geringen Mengen dem L. zugesetzt und verbessern oft in entscheidender Weise die Eigenschaften der Lacklösung oder des L.-Films.

Trockenstoffe (Sikkative) beschleunigen die Bildung des polymeren L.-Films bei oxidativ trocknenden, niedermolekularen Filmbildnern (z. B. ölmodifizierten Alkydharzen). Verwendung finden im Bindemittel lösliche Schwermetallsalze von Carbonsäuren.

Härtungsbeschleuniger beschleunigen die Bildung des polymeren L.-Filmes bei chemisch trocknenden, niedermolekularen Filmbildnern. Ihr Zusatz bewirkt, daß ofentrocknende L. in kürzerer Zeit und/oder bei niedrigeren Temperaturen aushärten als der beschleunigerfreie Filmbildner. Beschleunigerhaltige L. sind allerdings weniger lagerfähig als beschleunigerfreie.

Antihautmittel sind Stoffe, die bei oxidativ trocknenden L. beim Zutritt von Luftsauerstoff während der Lagerung die oberflächliche Härtungsreaktion (Bildung einer Haut) verhindern. Diese sind in der Regel Antioxidantien. Sie bewirken weitgehend eine gleichmäßige Trocknung über die gesamte Tiefe des L.-Filmes, was unerwünschte Runzelbildung verhindert.

Verlaufmittel sind schwerflüchtige Lösungsmittel (z. B. Cyclohexanon und Butylglykol), die über einen längeren Zeitraum die Filmbildung hinweg eine lösende Wirkung auf die Bindemittel aufrecht erhalten. Sie bewirken dadurch die Ausbildung einer glatten L.-Oberfläche auch nach unebenem, rauhem oder stark strukturiertem L.-Auftrag.

Benetzungsmittel und Ausschwimmverhütungsmittel sollen ausreichenden Glanz und Deckkraft sowie die Farbtoneinheitlichkeit des L. gewährleisten. Die Benetzungsmittel sollen der Zusammenlagerung (Flokkulation) ungenügend benetzter Pigment- und Farbstoffteilchen entgegenwirken. Die Ausschwimmverhütungsmittel sollen im noch feuchten L.-Film die horizontale und vertikale Entmischung von Pigmenten unterschiedlicher Dichte und Oberflächenaktivität verhindern. Siliconöle, kationische und nichtionische Tenside haben sich hierbei als wirksame Hilfsstoffe bewährt. Mattierungsmittel werden seidenglänzenden und matten L. zugesetzt. Neben Talkum und Kieselgur werden dazu vorwiegend synthetische, hochdisperse Kieselsäuren und Polyolefinwachse verwendet.

Lösungsmittel. Sie dienen dazu, die festen und/ oder hochviskosen Komponenten einer L.-Mischung ohne chemische Reaktion aufzulösen und die L.-Viskosität auf das jeweilige Verarbeitungsverfahren optimal einzustellen. Je nach Art des Bindemittels und des Verwendungszwecks des L. verwendet man unterschiedliche Mischungen aus niedrig-, mittel- oder hochsiedenden organischen Substanzen.

Bis vor wenigen Jahren waren L. mit Lösungsmittelgehalten von 50–70% üblich. Heute ist man bemüht, den Anteil an organischen Lösungsmitteln herabzusetzen und auf die Verwendung von gesundheitsschädlichen Stoffen, wie z. B. Benzol, Xylol, Tetrachlorkohlenstoff usw., ganz zu verzichten. Die Gründe dafür sind sowohl ökonomische – die Lösungsmittel verdampfen bei der L.-Trocknung und sind damit wertmäßig verloren – als auch umweltpolitische – sie belasten als Schadstoffe die Atmosphäre. Wasser dient in wäßrigen Dispersionsfarben als flüssige Phase, in der Vinylpolymere mit

hohen Molekularmassen in hoher Konzentration dispergiert sind.

Durch den Vorgang der Filmbildung, den man als Trocknung bezeichnet, geht der L. in seinen Endzustand, in einen auf dem zu schützenden Untergrund festhaftenden Überzug (Lackierung) über. Dieser Endzustand kann auf vier verschiedene Weise erreicht werden:

□ durch Verdampfen von Lösungsmitteln aus Lösungen oder Dispersionen makromolekularer Stoffe,

□ durch Verdampfen von Wasser aus Dispersionen makromolekularer Stoffe,

□ durch Abkühlen aufgeschmolzener makromolekularer Stoffe,

□ durch chemische Reaktion niedermolekularer Verbindungen zu makromolekularen Stoffen.

Alle vier Möglichkeiten sind heute in reiner oder gemischter Form realisiert. L.-Systeme, bei denen die Filmbildung gem. den ersten drei Möglichkeiten erfolgt, ohne daß dabei chemische Reaktionen unter den L.-Komponenten eintreten, bezeichnet man als physikalisch trockene L. Systeme, die nach letzter Möglichkeit einen Film bilden, sind chemisch trocknende L.

Physikalisch trocknende L. enthalten als Filmbildner vernetzte, makromolekulare Stoffe (lineare bis verzweigte Makromoleküle), deren Glastemperatur in der Regel über 25 °C liegt. Die lösungsmittelhaltigen Systeme weisen nur geringe, nichtwäßrige und wäßrige Dispersionen und sehr viel höhere Feststoffgehalte auf. Vollständig lösungsmittelfrei sind die Pulver-L., wobei zur Filmbildung entweder die zu überziehende Oberfläche über die Erweichungstemperatur des Bindemittels erhitzt werden muß und in das kalte L.-System eintaucht (Wirbelsinterverfahren), oder das aufgeschmolzene L.-System auf den kalten Untergrund gespritzt wird (Flammspritzen).

Zu den physikalisch trocknenden Systemen gehören L. auf der Basis von Cellulosenitrat (Nitro-L.), Celluloseestern, Chlorkautschuk, Polyvinylchlorid, Polyvinylacetat, Polyvinylalkohol, Polyacrylester und Polymethacrylester, Styrol-Butadien-Copolymerisaten, Polyestern und Siliconen.

Als Bindemittelrohstoffe für Pulver-L. finden vorwiegend PVC, Polyamide und Polyolefine Verwendung.

Chemisch trocknende L. enthalten als Filmbildner sowohl Mischungen von niedermolekularen Verbindungen mit makromolekularen Stoffen als auch nur Gemische von niedermolekularen Verbindungen. Nach der Trocknung liegen im L.-Film vernetzte Makromoleküle vor, so daß diese Lackierungen zwar mehr oder weniger durch Lösungsmittel angequollen, aber prinzipiell nicht mehr aufgelöst werden können.

Zur Filmbildung (Härtung) bei chemisch trocknenden L. sind alle drei denkbaren Polyreaktionen einsetzbar: die Polymerisation, die Polykondensation und die Polyaddition. Je nach Art der Initiierung dieser Polyreaktionen unterscheidet man zwischen oxidativ trocknenden, kalthärtenden, strahlungshärtenden und ofentrocknenden L.-Systemen.

Ein Beispiel für die auf Polymerisation beruhende Filmbildung sind die ungesättigtes Polyesterharz enthaltenden L. Hier liegen Mischungen von hochmolekularen Polyestern vor, die in monomerem Styrol oder Acrylestern gelöst sind. Je nach verwendetem Initiator lassen sich diese L. kalt, warm, durch Ultraviolettbelichtung oder durch Elektronenbestrahlung härten. Bei der Härtung reagieren die monomeren Komponenten untereinander und mit dem hochmolekularen →Polyester zu einem dreidimensionalen Netzwerk. Diese Systeme sind auch ein Beispiel für vollständig lösungsmittelfreie L.

Zur Gruppe der durch Polykondensation aushärtenden L. gehören die Mischungen von Harnstoff-, Melamin- und Phenol-Formaldehydharzen mit Polyester oder Alkydharzen. Diese Systeme bedürfen nach dem Verdunsten der Lösungsmittel in der Regel noch der Wärmezufuhr durch Einbrennen in Trockenöfen, um in den vernetzten Zustand überzugehen. Bei dieser Trocknung werden Wasser, niedere Alkohole und geringe Mengen Formaldehyd abgespalten (Harnstoff-Formaldehydkondensate).

Bei Epoxidharz- und Polyurethan-L. erfolgt die Filmbildung durch Polyaddition. Diese Bindemittel sind, was die Verarbeitung anlangt, vielseitig variierbar. Hier reicht die Palette von kalthärtenden, fast lösungsmittelfreien Einstellungen bis zu ofentrocknenden Pulver-L. Auch sehr reaktive Kombinationen, die innerhalb weniger Stunden bei Zimmertemperatur vernetzen, sind bei den Zweikomponentenlacken gegeben, wobei die filmbildenden Komponenten in getrennten Gebinden angeliefert und erst kurz vor oder während der Verarbeitung gemischt werden.

Lacktypen:

□ Öl-L. enthalten Öle, die unter dem Einfluß von Luftsauerstoff bei Anwesenheit von Sikkativen Filme bilden (Leinöl, Sojaöl, Holzöl, Oiticicaöl usw.). Sie enthalten weiterhin Hartharze wie Alkylphenolharze, Netzmittel, ggf. Pigmente und bis zu 90% Lösungsmittel (Testbenzin).

□ Cellulosenitrat-L. (Nitro-L.) enthalten Cellulosenitrat (Kollodiumwolle) als wesentlichen Bindemittelbestandteil. Weitere Bestandteile sind Schellacke oder synthetische Harze wie Alkydharze, Maleinatharze, Harnstoffharze, Melaminharze, Acrylharze, Polyamidharze und auch Polyurethanharze. Solche Mischungen werden als Nitrokombinations-L. bezeichnet. Als Weichmacher werden vorwiegend Dibutyl- und Dioctylphthalat verwendet. Die wichtigsten Lösungsmittel sind: Ethyl-, Butyl- und Propylacetat, Methylethyl- und Methylisobutylketon.

□ Celluloseester-L. enthalten entweder →Celluloseacetat oder Celluloseacetobutyrat als Filmbildner, manchmal in Kombination mit Acrylharzen, Alkydharzen, Polyester, Harnstoff- und Melaminharzen (Kombinations-L.). Als Weichmacher werden hauptsächlich Phthalsäure- und Phosphorsäureester, aber auch Adipinsäureester (erhöhen die Kältefestigkeit) und Zitronensäureester (für Anwendungen im Lebensmittelsektor) verwendet. Die wichtigsten Lösungsmittel für Celluloseacetat sind Aceton, Methylacetat und Cyclohexanon, für Acetobutyrate Glykolether, Methylenchlorid und Dioxan. Celluloseester-L. besitzen gute Hitzebeständigkeit, Lichtechtheit und gutes elektrisches Isoliervermögen.

□ Chlorkautschuk-L. enthalten entweder chlorierten Naturkautschuk oder chloriertes Polyisopren, Polyethylen und Polypropylen als alleinigen Filmbildner oder diese in Kombination mit Alkyd- und/oder Acrylharzen. Die Filme weisen hohe Chemikalien- und Witterungsbeständigkeit auf und werden für Unterwasseranstriche auf Stahl und Beton als Straßenmarkierungen und als Korrosionsschutz verwendet.

□ Polyvinylharz-L. enthalten als Bindemittel solche makromolekularen Stoffe, die durch Polymerisation von vinylgruppenhaltigen Monomeren, $CH_2 = CH$-R, entstehen. Hierher gehören folgende Stoffe: Polyolefine (PE, PP), Polyvinylchlorid (PVC) und Polyvinylidenchlorid (PVC), polymere Fluorethylene, Polyvinylalkohol, Polyvinylacetate und -ether, Polyvinylester, Polystyrol sowie Polyacrylate und -methacrylate. Die Polyvinylharz-L. sind in der Regel physikalisch trocknend. Lediglich Polyolefine werden nur zu Pulver-L. oder L.-Dispersionen verarbeitet.

Polyvinylchlorid besitzt viele wertvolle Eigenschaften, besonders seine Chemikalienbeständigkeit, die es als L.-Rohstoff geeignet erscheinen lassen. Dem stehen aber seine beschränkte Löslichkeit in den üblichen Lösungsmitteln sowie seine Unverträglichkeit mit anderen Bindemitteln entgegen. Lediglich bei der Anwendung als Plastisole und Organosole besitzt PVC zunehmende Bedeutung. Plastisole sind Dispersionen von PVC in Weichmachern, Organosole enthalten zusätzlich Lösungsmittel. Copolymerisate von Vinylchlorid mit Vinylacetat eignen sich speziell für die Bandlackierung von Aluminium und Stahl. Durch den Vinylacetatanteil werden die Filme elastischer und haften besser. Eine weitere Verbesserung der Haftfestigkeit erreicht man durch Einpolymerisieren von Malein- oder Acrylsäure. Copolymerisate mit Vinylisobutylether sind im Vergleich zu reinem PVC besser löslich und verträglicher mit anderen Bindemitteln, haftfest und elastisch.

□ Auch die polymeren Fluorethylene, wie Polyvinylfluorid, Polyvinylidenfluorid, Polytetrafluorethylen und deren Copolymerisate, werden vorwiegend zu L.-Dispersionen verarbeitet. Sie zeichnen sich durch ungewöhnlich hohe UV-, Wetter-, Alterungsbeständigkeit, thermische Belastbarkeit und Beständigkeit gegen chemische Agenzien aus. Sie sind schwer entflammbar und selbstverlöschend.

□ Polyvinylalkohol ist wasserlöslich, jedoch unlöslich in organischen Lösungsmitteln, Fetten und Ölen. Die aus wäßrigen Lösungen enstandenen Filme sind sehr reißfest, zähelastisch und lichtbeständig und werden zur Herstellung lösungsmittelbeständiger Überzüge verwendet.

□ Polyvinylacetate zeichnen sich durch gute Löslichkeit in den üblichen Lösungsmitteln und gute Verträglichkeit mit anderen L.-Rohstoffen aus. Die eingebrannten Filme sind zäh, hart und relativ beständig gegen Lösungsmittel.

□ Polyvinylether (Methyl-, Ethyl- und Isobutylether) werden sowohl als Homo- wie auch als Copolymerisate in der L.-Industrie vorwiegend als Sekundärweichmacher und Haftkleber verwendet.

□ Polyvinylacetat wird in verschiedenen Molekularmassenabstufungen als Bindemittel sowohl in fester und gelöster Form, auch in Dispersionen, verwendet. Die niedermolekularen Typen lassen sich mit anderen L.-Rohstoffen wie Cellulosenitrat, Celluloseacetobutyrat oder Chlorkautschuk kombinieren. Die höhermolekularen Typen sind vorwiegend Alleinbindemittel. Anwendungsgebiete sind Kleb-L., Heizkörper-L. und Betonanstrichmittel.

□ Polystyrol als L.-Bindemittel ist auf wenige Spezialanwendungen beschränkt, während Copolymerisate mit Acrylsäureester, Maleinsäureester, Butadien und Acrylnitril einige Bedeutung als Papier-, Folien- und Metall-L., als Druckfarben sowie als Straßenmarkierungs- und Fassadenfarben erlangt haben.

□ Polyacrylate und Polymethacrylate, im allgemeinen Sprachgebrauch als Acrylharze bezeichnet, werden als L.-Bindemittel in großen Mengen verarbeitet. Sie gelangen als wäßrige Dispersionen, als Lösungen und als lösungsmittelfreie Systeme auf den Markt.

Wäßrige Acrylharz-Dispersionen sind ideale Bindemittel für Dispersionsfarben, die auf saugendem, porösem Untergrund vor allem im Baugewerbe als Fassaden- und Wandfarben Anwendung finden. Sie sind hervorragend licht- und wetterfest, dauerelastisch, haftfest und wasserdampfdurchlässig, so daß eine gestrichene Wand „atmungsaktiv" bleibt. Acrylharz-Lösungen werden als Bindemittel in Kombination mit Celluloseestern und Alkydharzen zur Herstellung flexibler Lackierungen auf Gummi-, Holz- oder verzinkten Oberflächen verwendet. Demgegenüber haben Lösungen von vernetzungsfähigen Acrylharzen als Einbrenn-L. für Kraftfahr-

zeuge und Haushaltsgeräte große technische und wirtschaftliche Bedeutung erlangt.

□ Epoxidharz-L. (Epoxidharze) enthalten im getrockneten (ausgehärteten) Zustand als wesentlichen Bestandteil vernetzte Makromoleküle, die durch Polyaddition von Epichlorhydrin und 2.2 – Bis (p-hydroxyphenyl)propan (Bisphenol A) bei Anwendung eines Härters (Polyaminen, Polyisocyanten, Formaldehydkondensaten, Acryl- oder Methacrylsäure) entstehen.

Auf Grund ihrer hervorragenden Eigenschaften, wie hohe Haftfestigkeit, ausgezeichnete Härte, Abriebfestigkeit und chemische Beständigkeit, haben sie große technische Bedeutung erlangt. Sie kommen vorwiegend als kalthärtende Zweikomponenten-Systeme (Reaktions-L.) zur Anwendung. Dabei wird das Polyaddukt aus Epichlorhydrin und Bisphenol A in einem Lösungsmittelgemisch (Alkohole, Ketone, Glykolether, Aromaten) gelöst. Dieser Lösung (Harzkomponente) wird kurz vor Gebrauch die Härtekomponente (Polyamin, Polyurethan usw.) zugegeben. Diese L.-Mischungen härten bei 20 °C in etwa 7 h aus, bei 120 °C in etwa 30 min.

Daneben werden Epoxidharze in Kombination mit Phenol- und Aminoharzen als Einbrennlacke verwendet. Hierbei werden hochmolekulare Epoxidharze (mittlere Molekularmassen zwischen 1 700 bis 4 000 g/mol) in geeigneten Lösungsmitteln gelöst und kalt oder bei mäßig erhöhter Temperatur mit Phenol-, Harnstoff- oder Melamin-Formaldehydharzen vermischt. Diese noch mit Hilfsstoffen versetzten Mischungen härten bei 160–200 °C aus, indem die Methylol- bzw. Phenolgruppen mit Epoxid- und teilweise auch Hydroxylgruppen unter Bildung von Etherbrücken zu hochvernetzten Makromolekülen reagieren.

□ Polyurethanlacke (Polyurethane) kommen sowohl als Ein-Komponenten- als auch als Zwei-Komponenten-Systeme zur Anwendung. Um nach der Härtung, die bei Raumtemperatur oder 160 bis 180 °C (bei blockierten Polyisocyanaten) abläuft, vernetzte Endprodukte zu erhalten, wird von relativ niedrigmolekularen Polyisocyanaten und Polyhydroxylverbindungen ausgegangen, die durch Polyaddition zu Polyurethanen reagieren.

Bei den kalthärtenden Ein-Komponenten-Systemen enthalten die Präpolymere freie, reaktionsfähige Isocyanatgruppen, die bei der Reaktion mit Luftfeuchtigkeit vernetzte Makromoleküle ergeben.

Die kalthärtenden Zwei-Komponenten-Systeme enthalten keine Präpolymere. Vielmehr werden hier reaktive Polyisocyanate („Härterkomponente") kurz vor der L.-Vearbeitung mit Polyhydroxylverbindungen gemischt.

Wegen ihrer vielfältigen Anpassungsfähigkeit sind Polyurethanlacke zur Beschichtung auf allen

Oberflächen hervorragend verwendbar. Sie zeigen hohe Härte, Dauerelastizität, Abriebfestigkeit, gute Chemikalien- und Witterungsbeständigkeit. *Zahradnik*

Literatur: DIN-Norm 55945: Anstrichstoffe und ähnliche Beschichtungsstoffe – Begriffe. – *Kittel, H.*: Lehrb. Lacke und Beschichtungen. 5 Bd. Stuttgart-Berlin 1971–1977. – *Wagner, H.*, u. *H. F. Sarx*: Lackkunstharze. 5. Aufl. München 1971.

Lagenzahl →Schweißnahtform

Lager (Produktion). In der betrieblichen Praxis versteht man unter einem L. einen räumlich abgegrenzten Bereich, in dem Roh- und Hilfsstoffe, Halb- oder Fertigerzeugnisse vor einer Bearbeitung oder dem Versand für einen bestimmten Zeitraum aufbewahrt, also gelagert werden.

Das L. hat für ein Unternehmen die Aufgabe des Ausgleichs auftretender Schwankungen zwischen Absatz und Nachfrage. Diese können z. B. durch jahreszeitlich-, markt- oder fertigungsbedingte Faktoren hervorgerufen werden. Auch im Produktionsprozeß sollen L. die Schwankungen im Fertigungsfortschritt auffangen.

L. sind, ebenso wie Arbeitsplätze und Fördermittel, zu berücksichtigende Bestandteile des Materialflusses. L.-Systeme in der →Produktion müssen zwei konkurrierenden Forderungen genügen. Durch die L.-Haltung will ein Unternehmen nach außen hin eine Lieferbereitschaft und innerbetrieblich die →Materialbereitstellung im Produktionsablauf sicherstellen. Demgegenüber steht aber der Wunsch nach geringen Materialbeständen im Unternehmen, also nach möglichst geringen Aufwänden für L.-Kosten und Kapitalbildung.

Der Trend zur Mechanisierung und Automatisierung der L.-Technik tritt immer mehr in den Vordergrund. Durch den Einsatz moderner Fördermittel und -geräte lassen sich die Zugriffszeiten verkürzen und schwer handhabbare Güter rationeller einlagern. Ein Beispiel sind Hochregal-L. Die Beschickung dieser L. geschieht durch Regalbediengeräte, die jeden L.-Ort manuell oder automatisch anfahren können. *Eversheim*

Literatur: *Eversheim, W.*: Organisation der Produktionstechnik. Bd. 4. Düsseldorf 1981.

Lageraufgabe. Die Definition der L. beinhaltet eine Beschreibung von Lagergut, Lagerstelle und Lagerfunktion (Bild). Damit ist die Festlegung der L. die Ausgangsbasis für eine Lagerplanung.

Das *Lagergut* ist bestimmt durch seine geometrischen und technologischen Eigenschaften. Die geometrischen Eigenschaften lassen sich aus den Abmessungen und der Form des Lagerguts bestimmen. Zu den technologischen Werkstückeigenschaften zählen Gewicht, Werkstoff, Oberflächenbe-

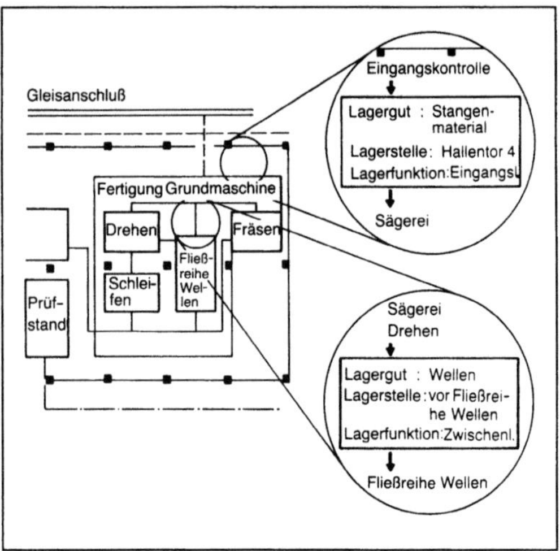

Lageraufgabe: Definition.

schaffenheit usw. Darüber hinaus gehört zur Beschreibung des Lagerguts die Aufstellung des Mengengerüsts, d. h. die Festlegung der möglichen maximalen sowie der noch zulässigen minimalen Lagerstückzahlen für die verschiedenen Lagerteile.

Durch die Angabe der *Lagerstelle* lassen sich räumliche und flächenbezogene Bedingungen für die Lagerausführung ableiten. Bei der Festlegung der Lagerstellen sind die Art des Transportablaufes und der Transportorganisation von entscheidender Bedeutung. Mit dem Ziel, den Aufwand für die Entnahme und den Transport von Materialien zu minimieren, muß bei der Lagerortplanung zwischen zentralen und dezentralen Lagern unterschieden werden. In der betrieblichen Praxis findet man auch häufig auf Grund von Wirtschaftlichkeitsüberlegungen beide Formen nebeneinander. Ein dezentrales Lager bietet wegen der verbrauchsnahen Lage die Vorteile kurzer Wege und damit verbundene schnelle Anlieferung an den Arbeitsplatz. Nachteilig wirken sich dagegen der erhöhte Verwaltungsaufwand und die schlechte Gesamtübersicht aus.

Die *Lagerfunktion* ist die Unterscheidung von Lagertypen nach ihrer Funktion im Produktionsablauf. Es lassen sich hierbei hauptsächlich drei Lagerarten unterscheiden: Eingangs-, Zwischen- und Ausgangslager. Im Eingangslager werden Rohmaterial, Halbzeuge und Zulieferteile aufgenommen. Die teilbearbeiteten Werkstücke werden im Zwischenlager abgelegt. Dies ist gerade in der Einzel- und Serienfertigung eine sehr wichtige Lagerfunktion. Im Gegensatz zur Massenfertigung ist es in der Einzel- und Serienfertigung in den meisten Fällen nicht möglich, die Fertigungsmittel derart aufeinander abzustimmen, daß sich ein kontinuierlicher Materialfluß vom Rohteil bis zum Fertigteil realisieren läßt. Diskontinuierliche Materialflüsse sind jedoch zwangsläufig mit Lagervorgängen verbunden. Im Ausgangslager werden die Teile gelagert, die den Werksbereich verlassen (z. B. Fertigteile). *Eversheim*

Literatur: *Eversheim, W.:* Organisation in der Produktionstechnik. Bd. 4. Düsseldorf 1981.

Lagermetall. L. sind Legierungen auf Sn-, Sb-, Pb-Basis oder Sn-, Cu-Pb- oder Pb-Alkali-(Erdalkali)-Legierungen.

Von besonderer Bedeutung sind Weißmetalle nach DIN 1703, wobei man zwischen zinnreichen und bleireichen Sorten unterscheiden muß. Zur Vergrößerung der Härte dienen Zusätze von Antimon und Kupfer oder Arsen bei bleireichen Weißmetallen. In eine weiche Grundmasse sind dann harte Kristalle eingelagert. Weißmetalle werden als dünner Lagerausguß in Stahl-, Bronze- oder Gußeisenschalen verwendet. Die Verbindung mit der Stützschale erfolgt durch Diffusion, bei →Gußeisen mechanisch mit Schwalbenschwanznuten. Weißmetallager haben gute Gleit- und Notlaufeigenschaften auch bei ungehärteten Wellen. Bei schwingender Dauerbeanspruchung allerdings werden sie spröde und bröckeln aus.

Ebenfalls in DIN 1703 genormt sind Bleilagermetalle mit dem Hauptbestandteil Blei und geringen Zusätzen an Alkali- und Erdalkalimetallen. Als Lagerausguß weisen sie gute Dauerfestigkeit, gute Einlauf- und Notlaufeigenschaften auf und sind für rauhen Betrieb (z. B. in Eisenbahnlagern) geeignet.

Zinnbronzen nach DIN 1705 bestehen im wesentlichen aus Kupfer mit 10–20 % Zinn. Sie eignen sich als Lagerwerkstoff für hohe Belastungen und kleine Gleitgeschwindigkeiten. Einlauf- und Notlaufeigenschaften sind mäßig. Wegen der relativ großen Härte dieses Werkstoffs muß der Lagerzapfen in der Lagerbohrung genau fluchten, um Kantenpressung zu vermeiden. Der Lagerzapfen sollte gehärtet und die Lagerbohrung feinstbearbeitet sein.

In der gleichen Norm sind die Rotgußsorten zusammengefaßt. Hierbei handelt es sich um Kupferbasislegierungen mit Zinn und Zink als Legierungspartner. Fast gleiche Zusammensetzung wie Rotguß hat die →Knetlegierung Zinn-Mehrstoff-Bronze nach DIN 17 662.

Messing, Sondermessung sind Legierungen auf Kupfer-Zink-Basis mit bis zu 3,0 % Blei. Die Gußlegierungen sind in DIN 1709, die Knetlegierungen in DIN 17 660 und 17 661 genormt. Rotguß und Messinge sind für Lager mit mittleren Belastungen geeignet. Im übrigen haben sie ähnliche Eigenschaften wie die Zinnbronzen.

Bleibronzen und Bleizinnbronzen nach DIN 1716 sind ebenfalls Kupferbasis-Legierungen mit dem Hauptlegierungsbestandteil Blei (bis zu 35 %) bzw.

Blei und Zinn. Durch das Blei erhalten diese Lagerwerkstoffe gute Einlauf- und Notlaufeigenschaften sowie eine Einbettungsfähigkeit für Fremdkörper. Man verwendet diese Legierungen deshalb für Lager mit hohen Belastungen und hohen Gleitgeschwindigkeiten.

Seltener verwendet werden Cadmium-Lagerwerkstoffe, die fast so weich wie Weißmetall, jedoch wesentlich verschleißfester, aber nicht so hoch belastbar wie Bleibronze sind.

Bei Gleitlagern spielt die Paarung von Lager- und Wellenwerkstoff eine große Rolle. So kann man z. B. beim Übergang von geschmiedeten zu gegossenen Kurbelwellen von Verbrennungsmotoren erleben, daß eine Umstellung im Lagerwerkstoff erforderlich ist. Aus diesem Grund werden in Japan Lagerlegierungen auf Al-Sn-Basis hergestellt, und zwar in mehreren Varianten mit unterschiedlichen Zinngehalten und verschiedenen Zusätzen an einer großen Anzahl von Legierungsmetallen. *Doliwa*

Lagerung (Werkzeugmaschinen). Die Aufgabe einer L. besteht darin, die rotierenden zu den stillstehenden Maschinenteilen zu positionieren, wobei die axialen und radialen Kräfte mit minimaler Reibung übertragen werden müssen. Die L. unterscheiden sich einerseits durch die Kraftübertragungsrichtung in Radial- und Axiallager sowie andererseits durch die Funktionsweise in Wälz-, Gleit- und Magnetlager.

Bei Wälzlagern werden die relativ zueinander bewegten Elemente durch Wälzkörper (meist Kugeln) getrennt. Die Wälzkörper müssen die auftretenden Kräfte übertragen. Bei Gleitlagern wird zwischen den relativ zueinander bewegten Maschinenelementen ein Flüssigkeitsfilm aufgebaut. Nach der Art, wie der tragende Flüssigkeitsfilm gebildet wird, unterscheidet man zwischen hydrodynamischen und hydrostatischen Gleitlagern. Die hydrodynamischen Lager bauen durch Bewegung den notwendigen Schmierspalt-Druck auf und durchlaufen in der Anlaufphase das Gebiet von der Festkörper- bis zur Flüssigkeitsreibung. Bei den hydrostatischen Gleitlagern halten externe Hydraulikpumpen ständig den notwendigen Schmierspalt-Druck aufrecht, und es kommt zu keiner Fest- oder Mischkörperreibung in der Anlaufphase. Elektromagnete halten bei der Magnet-L. die Welle in einem Schwebezustand, wobei die Lage der Welle durch Sensoren überwacht wird.

Von entscheidender Bedeutung für die Leistungsfähigkeit einer Werkzeugmaschine ist die Hauptspindellagerung. Die Arbeitsgenauigkeit, d. h. Maß-, Lage- und Formgenauigkeit sowie Oberflächengüte des bearbeiteten Werkstücks, wird dadurch direkt beeinflußt. Inwieweit die →Hauptspindel diese Aufgaben erfüllen kann, ist u. a. von den statischen, dynamischen und thermischen Eigenschaften der

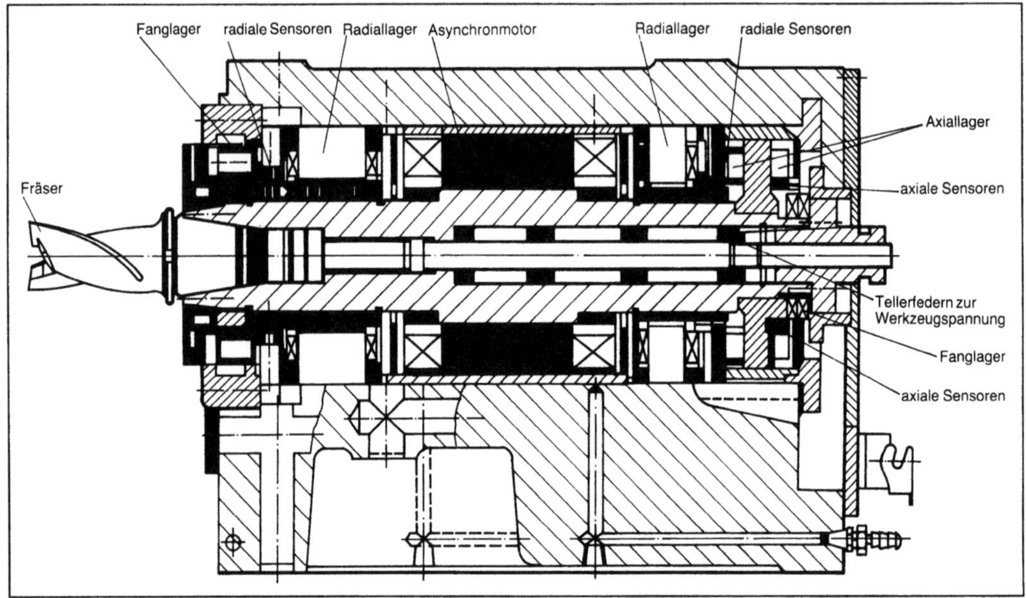

Lagerung (Werkzeugmaschinen): Magnetgelagerte Hochfrequenz-Arbeitsspindel.

verwendeten Lager, d. h. von Rundlaufgenauigkeit, Spielfreiheit, Nachgiebigkeit, Steifigkeit, Dämpfung, Reibmoment usw., abhängig. Die am häufigsten eingesetzten Lager für Spindel-L. sind Wälzlager. Der Grund liegt in der Vielzahl positiver Eigenschaften, wie z. B. der konstanten Laufeigenschaften über einen großen Belastungs- und Drehzahlbereich.

Hydrostatische Lager zeichnen sich gegenüber Wälzlager durch bessere Dämpfung und eine lange Lebensdauer aus, besitzen aber den Nachteil großer Reibverluste bei höheren Drehzahlen und hoher Bereitstellungs- und Betriebskosten. Hydrodynamische Gleitlager besitzen als Spindel-L. nur geringe Bedeutung.

Sie werden nur dort eingesetzt, wo durch höhere Drehzahlen ein Betrieb im Flüssigkeitsreibungsgebiet gewährleistet und kein häufiges Anfahren nötig ist (z. B. bei Schleifmaschinen). Für das noch junge Prinzip der magnetgelagerten Spindel sind erst wenige praktische Ausführungen realisiert worden. Neben hoher Laufgenauigkeit und Steifigkeit können sehr hohe Drehzahlen bei Verschleiß- und Wartungsfreiheit realisiert werden. Demgegenüber steht jedoch ein hoher Aufwand an Regelelektronik (Bild). *Schulz*

Lamellenschleifwerkzeug →Schleifwerkzeug auf flexibler Unterlage

Längen. L. ist eine Untergruppe des Umformens (DIN 8580) und ist als →Zugumformen (DIN 8582, Bl. 2) eines Werkstücks durch eine von außen aufgebrachte, in der Werkstücklängsachse wirkende Zugkraft definiert.

Zum L. zählen die Verfahren Strecken mit Anwendung Dehnen und Streckrichten. Unter Strecken ist daher L. zum Vergrößern der Werkstückabmessung in Kraftrichtung, z. B. zum Angleichen an ein vorgeschriebenes Maß, zu verstehen. Dabei kann die Wirkrichtung der →Umformmaschine mit der Wirkrichtung der →Umformkraft zusammenfallen oder auch davon abweichen (Bild 1). Überwiegend sind Verfahren des Streckens durch eine einachsige Zugbeanspruchung gekenn-

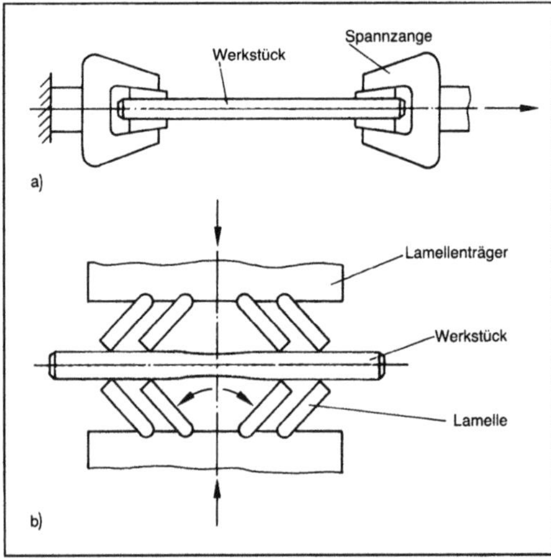

Längen 1: Verfahren des Streckens.
a) Wirkrichtung der Zugkraft in Wirkrichtung der Umformmaschine (auch Dehnen genannt)
b) Wirkrichtung der Zugkraft senkrecht zur Wirkrichtung der Umformmaschine.

zeichnet. Streckrichten ist L. zum Beseitigen von Verbiegungen und Verwindungen an Stäben, Rohren und Profilen, z. B. nach dem →Walzen oder →Strangpressen, sowie von Beulen an Blechen (Bild 2). Streckrichtmaschinen, die zumindest mit einem um die Längsachse drehbaren Spannknopf ausgerichtet sind, haben eine große Bedeutung für die Produktqualität in den genannten Industriebereichen. Dehnungen um wenige Prozent reichen zur Beseitigung der erwähnten Verformungen aus. *Lange*

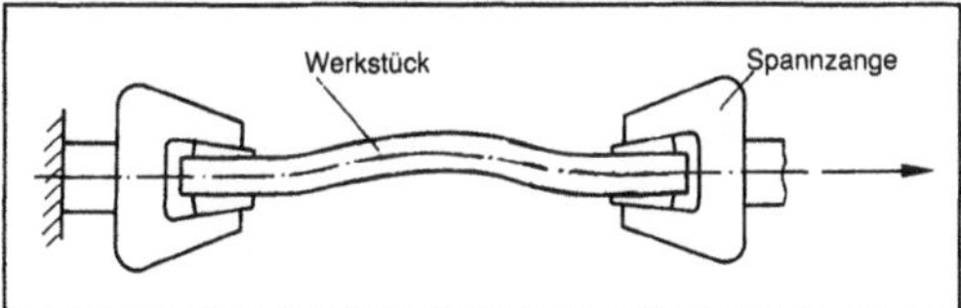

Längen 2: Streckrichten.

Literatur: *Lange, K.* (Hrsg.): Umformtechnik. Handb. f. Ind. u. Wiss. Bd. 3: Blechumformung. 2. Aufl. Berlin, Heidelberg, New York, Tokio 1990. – *Spur, G.* (Hrsg.), u. *Th. Stöferle:* Handb. Fertigungstechnik. Bd. 2/3: Umformen/Zerteilen. München 1985.

Langhubhonen →Honverfahren, →Honen

Langhub-Honmaschine →Honverfahren

Langmuir-Hinshelwood-Kinetik. Spezialfall der →Hougen-Watson-Kinetik, bei dem im Unterschied zur →Eley-Rideal-Kinetik alle Reaktionspartner aus dem adsorbierten Zustand heraus miteinander reagieren. Die Herleitung der →Geschwindigkeitsgleichung beruht auf den Voraussetzungen der Langmuirschen Adsorptionsisothermen. Danach gilt für die Reaktionsgeschwindigkeit r nach *Langmuir-Hinshelwood,* wenn z. B. die Oberflächenreaktion geschwindigkeitsbestimmend ist, für eine bimolekulare Reaktion:

$$A + B + G_2 \overset{\text{Kat.}}{\rightleftharpoons} (A...B...G_2)_{ad} \overset{k}{\rightarrow} P + Q;$$

G_2 katalytisch aktive, benachbarte Oberflächenplätze am Katalysator für die Reaktanden A, B,

$$r = k\, \Theta_A\, \Theta_B.$$

Wenn für die Bedeckungsgrade Θ_A, Θ_B der Reaktanden A, B die Langmuirsche Adsorptionsisotherme verwendet wird, folgt:

$$r = k\, \frac{K_A P_A\, K_B P_B}{(1 + K_A P_A + K_B P_B)^2},$$

mit K_A, K_B Adsorptions-Gleichgewichtskonstanten; P_A, P_B Partialdrücke der Komponenten A, B; k Geschwindigkeitskonstante. *Schönbucher*

Längsschleifen →Schleifprozeß-Modifikation

Längsvermischung. Eine L. bzw. axiale →Rückvermischung ist eine Vermischung in Richtung der Längsachse eines Trennapparats. Die L. führt zu einer Verringerung der Trennleistung, weil eine angereicherte Lösung mit wenig angereicherter vermischt wird. Die Art und Stärke der Rückvermischung ist von der Fluiddynamik abhängig. In Trennapparaten strebt man Kolbenströmungen an, bei denen fast alle Teilchen die gleiche Geschwindigkeit besitzen und keine rückvermischenden Turbulenzen auftreten.

In Sprühkolonnen und Tropfensäulen ohne →Einbauten ist die Rückvermischung besonders groß, so daß man große Werte für die Höhe einer →Übergangseinheit erhält. Die L. steigt mit dem Innendurchmesser der Kolonne, so daß oft schlanke hohe Kolonnen eingesetzt werden.

Durch Einbauten läßt sich die Rückvermischung verringern. Dazu gehören Packungen (z. B. in Scheibelkolonnen zur Flüssig-Flüssig-Extraktion) und Statorringe (z. B. →Drehscheibenkolonne und →Oldshue-Rushton-Kolonne). *Dohrn*

Literatur: *Mersmann, A.:* Thermische Verfahrenstechnik. Berlin, Heidelberg, New York 1980.

Läppdruck. Die zwischen dem Werkstück und dem Läppwerkzeug wirksame kraftbezogene Flächenbelastung wird als L. bezeichnet. Bei steigendem L. dringen unter sonst gleichbleibenden Bedingungen die Läppkörner tiefer in die Werkstoffoberfläche. Der Werkstoffabtrag nimmt überproportional zu (s. Bild, Seite 578). Die zunehmende Belastung des Läppmittels führt zur verstärkten Kornsplitterung. Dieser Effekt und die zunehmende Abtragsmenge bremsen das Abrollen der Läppkörner, wodurch der Anstieg des Abtrags eingeschränkt wird.

Mit höheren L. sind i. a. auch schlechtere Oberflächenqualitäten verbunden. Abhilfe bieten Druckregelsysteme. Diese ermöglichen es, zu Beginn des Läppvorgangs mit niedrigem Druck und nach der Anlaufphase mit erhöhtem Druck zu arbeiten. In der abschließenden Endbearbeitungsphase wird der Druck häufig wieder herabgesetzt (→Läppen). *Kenter*

Literatur: *Martin, K.:* Läppen. VDI-Z 117 (1975) Nr. 17.

Läppen. L. ist ein →Feinbearbeitungsverfahren, bei dem ein Werkstoffabtrag mittels loser, in einer Flüssigkeit oder Paste verteilter Läppkörner (→Läppgemisch) erfolgt. Die zu bearbeitende Werkstückoberfläche und das Läppwerkzeug (→Läppscheibe) werden formschlüssig aneinandergeführt und durch mechanische Antriebe relativ zueinander bewegt. Dabei führen die losen Läppkörner zwischen Werkstück und Werkzeug Abrollbewegungen auf ungerichteten Schneidbahnen aus (Bild 1); (→Läppkäfig, →Läppscheibe).

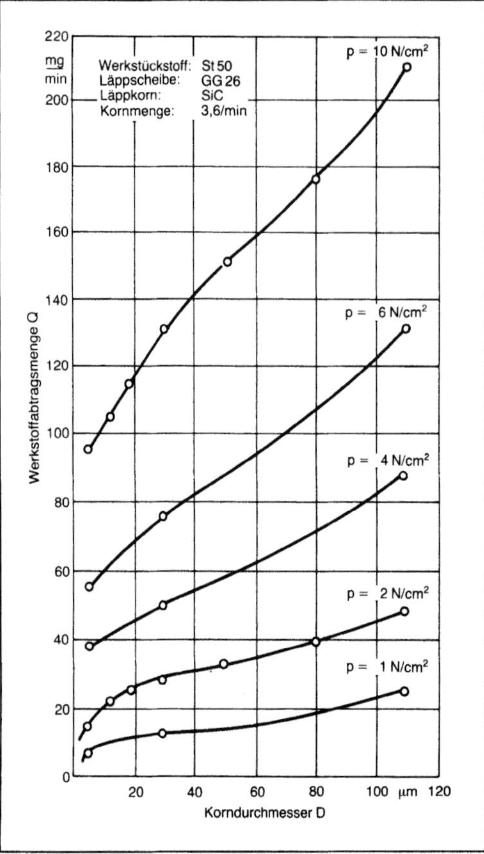

Läppdruck: Einfluß des Drucks und des Korndurchmessers auf den Werkstoffabtrag beim Läppen. (Quelle: Martin)

Die Läppkörner rollen im Läppspalt entsprechend der Relativgeschwindigkeit zwischen Werkzeug und Werkstück ab. Unterstützt wird diese Bewegung zusätzlich durch die Scherströmung der Läppflüssigkeit. Bei der Abrollbewegung der einzelnen Läppkörner kommt es zu einer Vielzahl von Verformungs- und Trennvorgängen an den beiden Wirkpartnern (Werkzeug und Werkstück), wobei

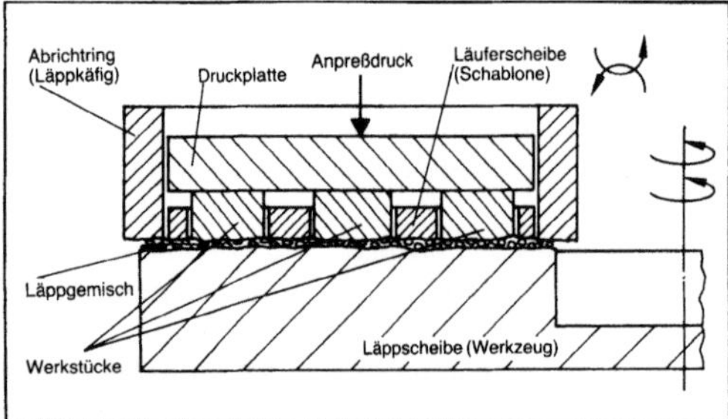

Läppen 1: Schematische Darstellung des Läppvorgangs am Beispiel des Planläppens. (Quelle: Stähli)

durch entsprechende Werkstoffauswahl der Abtrag am Werkzeug möglichst klein sein soll. Der Abtragsmechanismus läßt sich wie folgt erklären (Bild 2).

Läppen 2: Mikrogestalt einer geläppten Oberfläche. (Quelle: Martin)

Wegen der großen Kornzahl, die am Läppgemisch pro Volumeneinheit vorhanden ist, wird die Werkstückoberfläche beim L. mit einer sehr großen Anzahl einzelner Korneindrücke beaufschlagt. Diese Anzahl liegt in Abhängigkeit von den gewählten Operationsbedingungen (insbes. Korngröße, Konzentration und Läppgeschwindigkeit) bei $(1–100)\ 10^6$ Eindrücke/(mm² s).

Bei dieser hohen Frequenz von Korneindrücken verfestigt sich die Werkstückrandzone, und der Widerstand gegen weitere Verformung wird größer. Erreicht der Verformungswiderstand die Trennfestigkeit, so brechen als Folge hiervon bei Fortdauer des mikrogeometrischen Umformvorgangs kleine Werkstoffpartikel aus der Werkstückoberfläche. Bei Werkstoffen, die zur Kaltverfestigung neigen (z. B. Stähle), ist mit diesem Prozeß stets auch ein Härteanstieg in der Werkstückrandzone verbunden.

Falls einzelne Läppkörner in ihrer Rollbewegung gestört werden und sich möglicherweise am Läppwerkzeug festsetzen, erfolgt ein spanender Abtrag wie beim →Schleifen oder →Honen. Diese Körner rollen nicht mehr ab, sondern werden über die Werkstückoberfläche gezogen und erzeugen eine Riefe. In diesem Fall wird die normale, gleichmäßig matte Textur einer geläppten Werkstückoberfläche durch eine glänzende Spanungsfurche gestört.

Das L. zeichnet sich durch verschiedene Vorzüge unter den Feinbearbeitungsverfahren aus. Es ist ein sehr genaues Verfahren. Unabhängig von der Werkstoffhärte können Maßtoleranzen bis IT 1 (d. h. bis

1 μm), Rauheiten von $R_z = 0,5–0,1$ μm (bei Endmaßen bis 0,03 μm), Ebenheiten bis 0,3 μm/m und Planparallelitäten bis zu 0,2 μm erreicht werden. Geläppte Oberflächen haben einen hohen Materialanteil. Die erzielbaren Rauhtiefen sind abhängig von der Kornart, deren Größe und Konzentration sowie vom Läppträgermedium.

Das L. ist darüber hinaus durch folgende Verfahrensmerkmale gekennzeichnet:

□ kein Spannen der Werkstücke erforderlich, dadurch geringe Umrüstzeiten;

□ selbsttätige Werkzeugkorrektur während der Bearbeitung bei Verwendung geeigneter Abrichtringe beim Plan-L.;

□ geringe Anpreßdrücke, kein Durchbiegen oder Brechen dünner Werkstücke;

□ geringe Temperaturentwicklung bei der Bearbeitung und dadurch geringer Wärme- und Spannungsverzug an den Werkstücken;

□ Anwendbarkeit bei fast allen Materialien (alle Metalle, Keramik-Werkstoffe, Gläser, Gesteine, Kunststoffe, Halbleiter);

□ bei den meisten Werkstücken ist eine Vorbearbeitung nicht erforderlich. So können z. B. Sinterwerkstoffe, Hartmetall, Keramik und auch Rohgläser direkt nach der formgebenden Bearbeitung geläppt werden.

Für die Festlegung des Läppaufmaßes müssen die Formfehler und Maßtoleranzen sowie die durch die vorangehende Bearbeitung erzeugten Oberflächenspannungen (Eigenspannungszustand) berücksichtigt werden. Ebenfalls ist zu beachten, ob das Werkstück in einem Zug fertiggeläppt oder in zwei Arbeitsgängen vor- und endbearbeitet wird. Aufmaße vorgeschliffener Teile können 20–100 μm betragen. Verbesserte Maschinen erlauben es, Werkstücke unmittelbar nach der Fräs- oder Drehbearbeitung mit Aufmaßen bis zu 0,5 mm wirtschaftlich in ein oder zwei Stufen zu läppen.

Bei der Endbearbeitung von Hartmetallschneidplatten werden zwei verschiedene Läppmittel nacheinander eingesetzt. Nach dem Vor-L. mit SiC-Körnung von 30 μm Korngröße wird das Werkstück kurz gespült, und anschließend wird ein feineres Läppmittel mit SiC (18 μm) oder B_4C (12 μm) zugeführt. Die erzielbaren Abtragsraten liegen hier bei 5–20 μm/min.

Die in der Praxis gebräuchlichen Läppverfahren gehen aus der Tabelle hervor. Sie sind danach unterteilt, inwieweit beim L. ein formübertragendes Gegenstück (eine Läppscheibe oder Läpphülse) verwendet wird oder ob das mit kinetischer Energie beladene Läppgemisch der zu bearbeitenden Oberfläche frei zugeführt wird. *Kenter*

Literatur: *König, W.:* Fertigungsverfahren. Bd. 2. Düsseldorf 1989. – *Martin, K. M.:* Läppen. VDI-Z 117 (1975) Nr. 17. – *Paulmann, R.:* Schleifen, Honen, Läppen. Düsseldorf 1991. –

Läppen. Tabelle: Läppverfahren.

Läppen mit Formübertragung
Planläppen: einseitiges Planläppen, Plan-parallel-Läppen
Rundläppen: Umfangs-Außen-Rundläppen, Seiten-Außen-Rundläppen, Umfangs-Innen-Rundläppen
Schraubläppen: Innen-Schraubläppen, Außen-Schraubläppen
Wälzläppen
Profilläppen: Kugelläppen, Kegelläppen
Schwingläppen
Trennläppen
Polierläppen
Einläppen
Handläppen
Läppen ohne Formübertragung
Strahlläppen
Gleitläppen: Trommel-Gleitläppen, Vibrations-Gleitläppen, Fliehkraft-Gleitläppen, Tauch-Gleitläppen
Preßläppen

Läppgemisch. Das L. (auch Läppsuspension genannt) besteht aus den Läppkörnern und dem Läppträgermedium, in dem die Körner beim →Läppen aufgenommen werden. Das L. wird der Läppstelle zugeführt, wo die Läppkörner unter statischem Druck des Werkzeugs (→Läppscheibe) gegenüber dem Werkstück eine Relativbewegung ausführen.

Das Trägermedium ist meist eine niedrigviskose Flüssigkeit wie Petroleum, Öl, Benzin, Alkohol, Wasser oder eine Paste auf Fett-, Wachs- oder Paraffinbasis. Das Trägermedium soll gute Kühl- und Schmiereigenschaften aufweisen und einen wirksamen Spanabtransport ermöglichen. Trägermedien mit höherer Viskosität führen bei verringertem Werkstoffabtrag zu besseren Oberflächengüten. Entsprechend sind bei wäßrigen Trägermedien größere Abtragsraten zu verzeichnen.

Die Dicke des Läppfilms, der durch das L. auf der Bearbeitungsfläche gebildet wird, wird hauptsächlich vom mittleren Durchmesser der verwendeten Körnung bestimmt. Die Körner müssen mit den Schneidkanten aus dem Film herausragen, um sich in den Werkstoff einarbeiten zu können. Bei einem zu dünnflüssigen Medium kann der Film reißen. Dadurch werden der Spänetransport und die Kühlschmierung unterbrochen.

Die Zuführung des L. ist von besonderer Bedeutung für den Läppvorgang. Durch eine ständige Zufuhr und angepaßte Dosierung läßt sich die Kornabstumpfung verzögern und der Werkstoffabtrag beschleunigen. Die Läppflüssigkeit (Läppträgermedium) muß man so wählen, daß sie sich mit der Läppkörnung gut mischen läßt. Man sollte verhindern, daß sich Knollen (örtliche Kornkonglomerate) bilden oder die Körnung sich zu schnell absetzt, was die Zuführung der Suspension von der Pumpe bis zur Läppstelle beeinträchtigen kann.

Läppgemisch. Tabelle 1: FEPA-Mikrokörnungs-F-Reihe für Läppmittel.

Bezeichnung	mittlere Korngröße in μm
F 230	$53,0 \pm 3,0$
F 240	$44,5 \pm 2,0$
F 280	$36,5 \pm 1,5$
F 320	$29,2 \pm 1,5$
F 360	$22,8 \pm 1,5$
F 400	$17,3 \pm 1,0$
F 500	$12,8 \pm 1,0$
F 600	$9,3 \pm 1,0$
F 800	$6,5 \pm 1,0$
F 1000	$4,5 \pm 0,8$
F 1200	$3,0 \pm 0,5$

Läppgemisch. Tabelle 2: Läppmittel und ihre Einsatzgebiete.

Bezeichnung	Größe μm	Einsatzgebiet
Edelkorund	5—40	weiche Stähle, Guß, NE-Metalle, Halbleitermaterialien, Kohle
Siliciumcarbid	20—125	vergütete und legierte Stähle, Grauguß, Glas, Porzellan
Borcarbid	7—50	gehärteter Stahl, Hartmetall, Keramik
Diamant	0,5—4	harte Materialien sowie zum Polieren aller Werkstoffe
Polierrot	1—3	feinstes Fertigläppen von Gußeisen und Stahl
Chromgrün	1—3	feinstes Fertigläppen von Stahl und Leichtmetall

Die Art und Größe des Läppkorns (auch Läppmittel genannt) wird der zu bearbeitenden Werkstoffart und dem angestrebten Bearbeitungsergebnis angepaßt. Allgemein gilt, daß bei härteren Werkstoffen auch härtere Körner eingesetzt werden. Die Läppkorngrößen sind im FEPA-Mikro-Körnungsstandard und in DIN 69101 festgelegt (Tabelle 1).

Zu den am meisten verwendeten Läppkornwerkstoffen zählen Edelkorund (99% Al_2O_3), Siliciumcarbid (SiC), Borcarbid (B_4C), Diamant, Polierrot (Fe_3O) sowie Chromgrün (Cr_2O_3). In Tabelle 2 sind deren handelsübliche Größen und Einsatzgebiete aufgeführt. Hierin wird auch ersichtlich, daß zum Läppen nicht nur Mikrokörnungen verwendet werden. Es kommen auch Korngrößen zum Einsatz, die zur Schleifscheibenherstellung geeignet sind (Schleifwerkzeuge). *Kenter*

Literatur: *Degner, W.,* u. *H.-C. Böttger:* Handb. der Feinbearbeitung. München, Wien 1979.

Läppkäfig. L. (auch Läuferscheiben und Schablonen genannt) sind Vorrichtungen, in denen bei Einscheiben- oder Zweischeibenläppmaschinen die Werkstücke aufgenommen werden ($\rightarrow$Läppmaschine). Einfache L. sind Kunststoffscheiben mit Aussparungen für die Werkstückaufnahme. Sie drehen sich entweder selbsttätig durch die Geschwindigkeitsdifferenz zwischen dem inneren und äußeren Kreis der Läppscheibe, oder sie werden zwangsrotiert.

Bei sehr dünnen Werkstücken (Dicke unter 0,5 mm), wie sie z. B. auf Zweischeibenläppmaschinen bearbeitet werden, ist die Gestaltung des L. von großer Bedeutung. So werden beispielsweise bei der Halbleitertechnologie L. aus besonders leichten und verschleißfesten faserverstärkten Kunststoffen bis zu 50 μm Dicke eingesetzt.

Oft übernehmen L. gleichzeitig die Funktion, die Läppscheibe abzurichten, und werden deshalb als „Abrichtringe" bezeichnet. Diese werden aus Werk-

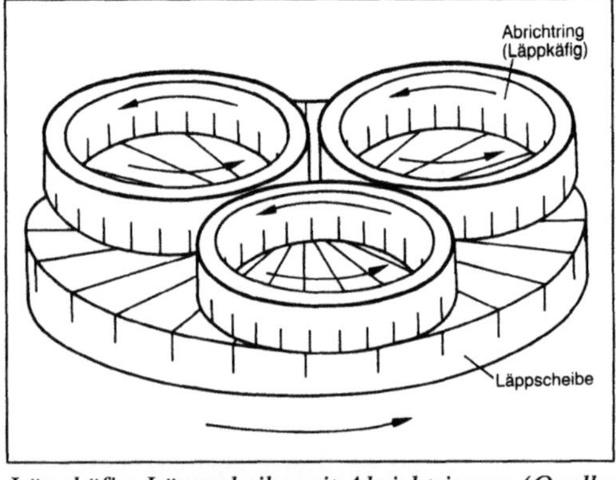

Läppkäfig: Läppscheibe mit Abrichtringen. (Quelle: Enzyklopädie Naturwissenschaft und Technik)

stoffen hergestellt, die härter sind als der Scheibenwerkstoff (z. B. aus Hartmetall). Die Werkstücke werden dann lose oder in Schablonen in die Abrichtringe gelegt.

Die L. bzw. Abrichtringe, von denen bis zu 6 Stück auf einer Läppscheibe vorhanden sein können, werden in Rollengabeln oder durch Planetenwälzsysteme zwangsgeführt (Bild). Der Abrichtbetrag auf der Scheibe wird durch das Drehzahlverhältnis (Abrichtring zu Läppscheibe) bestimmt. Für einen gleichmäßigen Scheibenabtrag soll dieses Verhältnis um 0,5 liegen.

Darüber hinaus kann durch radiales Verschieben der Abrichtringe auch eine Änderung der Flächenpressung erreicht werden. Hiermit kann eine längere Formhaltigkeit der Läppscheibe erreicht werden. *Kenter*

Literatur: Enzyklopädie Naturwissenschaft und Technik. Stichwort Läppen. München 1981.

Läppkörnung →Läppgemisch

Läppmaschine. In Abhängigkeit vom angewandten Läppverfahren (Läppen) werden unterschiedliche L. eingesetzt, deren Konstruktionsmerkmale in Abhängigkeit von der Läppmethode, der Anzahl und dem Gewicht der Werkstücke sowie der Antriebs- und Steuerungsart voneinander abweichen.

Bei der Einscheiben-L. sitzt der Antrieb unterhalb der →Läppscheibe und erzeugt die Rotationsbewegung der Scheibe und der Abrichtringe über getrennte Getriebe. Der Materialabtrag beim Läppen wird neben dem →Läppdruck auch durch die Relativgeschwindigkeit zwischen den Wirkpartnern entscheidend beeinflußt. So wird bei modernen Maschinen eine erhöhte Zerspanrate durch Erhöhung der Scheibenumfanggeschwindigkeit erzielt, die Werte bis maximal 300 m/min annehmen kann.

Beim →Planläppen wird durch eine geeignete Kinematik der Abrichtringe ein gleichmäßiger Verschleiß der Läppscheibe erreicht, und somit werden Formfehler am Werkstück vermieden. Zu diesem Zweck werden die Werkstückbahnen auf der Läppscheibe so ausgelegt, daß sie bei jeder Umdrehung unterschiedlich sind und die Läppscheibe gleichmäßig belastet wird. Die Messung des Scheibenverschleißes erfolgt mit Hilfe von Meßlinealen und mechanischen Tastern. Bei automatisierten Systemen werden auch pneumatische Sensoren zum Messen der Ebenheitsabweichungen eingesetzt.

Bei Zweischeiben-L. wird meistens die untere Läppscheibe starr im Maschinenunterteil gelagert, während die obere Läppscheibe pendelnd an einer Spindel angeordnet ist (Bild). Die Scheiben werden durch getrennte Antriebe in Bewegung gesetzt, so

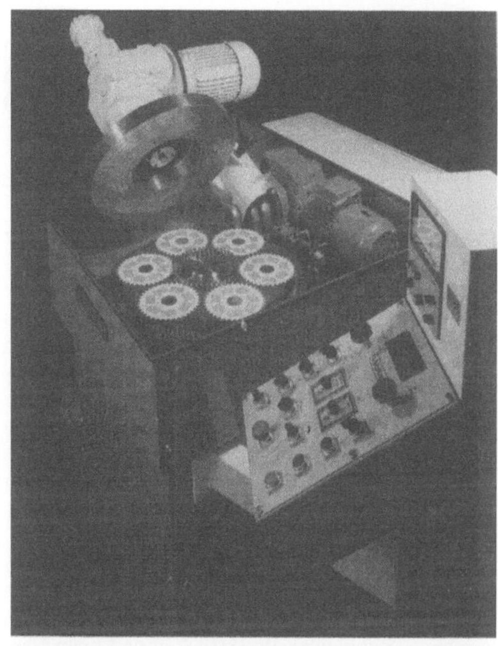

Läppmaschine: Zweischeiben-Läppmaschine. (Quelle: Peter Wolters Maschinenfabrik, Rendsburg)

daß verschiedene Kombinationen von Drehzahlen sowie Drehrichtungen möglich sind. In Verbindung mit einer elektronischen speicherprogrammierbaren Steuerung (SPS) sind hierbei unterschiedliche Maschinenparameter wie Scheibenbelastung, Hub- und Schwenkfunktionen einstellbar.

Als Antriebe für moderne L. kommen zumeist stufenlos verstellbare Gleichstrom- oder Hydraulikmotore zum Einsatz. Das Ziel ist, dabei eine möglichst hohe Drehzahlstabilität bei niedrigen Geschwindigkeiten zu erreichen. Auch die Läppgemisch-Zufuhreinrichtungen müssen mit besonderer Achtung ausgelegt werden (→Läppgemisch). Mittels geeigneter Rührwerke wird ein Absetzen der Läppkörner im Behälter verhindert und eine gleichmäßige Konzentration des Läppgemisches realisiert. *Kenter*

Läppmittel →Läppgemisch

Läppscheibe. Beim Läppen wird dem Werkstück die Oberflächenform eines Werkzeug-Gegenstücks aufgeprägt, das beim →Planläppen mit L., beim →Rundläppen mit Läpphülse bezeichnet wird. Die L. führt eine Rotationsbewegung um die eigene Achse aus und trägt das →Läppgemisch, die Werkstücke und die Abrichtringe. Die Läpphülse kann neben der Drehbewegung auch in eine lineare Oszillationsbewegung versetzt werden.

Die L.-Werkstoffe müssen feinkörnig und lunkerfrei sein. Es wird meistens Grauguß mit perlitischem Gefüge (Härte 170–200 HB) verwendet. Für das →Polierläppen kommen Kupfer, Aluminium, Zinn oder auch eine Kombination verschiedener Werkstoffe (z. B. Kupfer und Gußeisen) zum Einsatz.

Die L. unterliegen im Verlauf des Läppvorgangs einem Verschleiß, der an ihrer Oberfläche zu Formänderungen führt. Um dennoch die Ebenheit der Werkstücke gewährleisten zu können, werden während der Bearbeitung Abrichtringe eingesetzt, die einen gleichmäßigen Scheibenverschleiß bewirken (→Läppkäfig). Unter den L.-Werkstoffen besitzt Grauguß den Vorteil, daß sich die Ebenheitsabweichung bei diesem Werkstoff durch Abrichtringe leichter korrigieren läßt. Die Formgenauigkeit bleibt bei harten Scheibenmaterialien (z. B. Hartmetall) zwar länger erhalten, das Abrichten dieser Scheiben ist jedoch sehr kosten- und zeitaufwendig (Läppkäfig).

Um die Abfuhr der Abtragpartikel und des gebrauchten Läppgemisches von der Läppfläche sicherzustellen, werden die L. meistens mit Nuten versehen. Bei kleinen Werkstücken und beim Läppen von harten Werkstoffen (z. B. Hartmetall oder Keramik) mit hochkonzentrierten Läppgemischen auf Wasserbasis ergeben auch ungenutete L. gute Ergebnisse. Zum Entfernen der beim Läppen entwickelten Wärme sind die L. meistens mit einem Kühlsystem ausgerüstet. *Kenter*

Läppstrahlen →Strahlen

Läppsuspension →Läppgemisch

Läppträgermedium →Läppgemisch

Läpptrennen →Trennläppen

Laserabtragverfahren. Bei der Materialabtragung mit Laserstrahlen wendet man die folgenden Verfahren an:

□ Bohrungen mit einem Durchmesser bis zu 0,25 mm können im Einzelimpulsverfahren hergestellt werden, wobei sich eine Bohrungstiefe bis zu 2 mm erreichen läßt. Für dieses Verfahren werden Laser eingesetzt, die im Grundmode (TEM$_{00}$) betrieben werden. Eine maximale Fokussierbarkeit der Strahlung gewährleistet auf diese Weise die zur Bearbeitung notwendige hohe Intensität.

□ Für Bohrungsdurchmesser bis zu 1 mm wird ein Mehrfachimpulsverfahren (auch Perkussionsbohren genannt) angewendet. Bohrungstiefen bis zu 6 mm werden durch Mehrfachimpulse eines Nieder-Mode-Lasersystems mit Pulsleistungen bis zu 25 kW bei feststehendem Werkstück und Laserstrahl erreicht.

□ Mit Trepannierbohren können Bohrungsdurchmesser bis zu einigen Millimetern je nach verwendeter Optik hergestellt werden. Bei dieser Technik wird der Laserstrahl der Lochkontur nachgeführt, wobei das Material durch mehrere Umdrehungen der Optik (Rotation des fokussierten Laserstrahls um die Symmetrieachse der Bohrung) oder durch Drehung des Werkstücks spiralförmig abgetragen wird.

□ Ein flächenhaftes Abtragen mit Laserstrahlung ist grundsätzlich durch Aneinanderreihen von Sackbohrungen möglich, ist aber z. Z. noch nicht Stand der Technik. *König*

Literatur: *Bolin, S. R.:* Pulsed YAG laser applications in material processing. International Laser Processing Conference. Anaheim (USA) 1981. – *Eichler, H., u. G. Herziger:* Rückwirkung eines optischen Resonators auf einen Laser. Z. f. angew. Physik 23 (1967) Nr. 5. – *Herziger, G., R. Stemme u. H. Weber:* Modulation technique to control laser material processing. IEEE J. of Quantum Electronics QE-10 (1974) Nr. 2. – *Kocher, E.,* et al.: Dynamics of laser processing in transparent media. IEEE J. of Quantum Electronics QE-8 (1972) Nr. 2. – *Lörtscher, J. P., u. J. Steffen:* Beugungsstruktur im Nahfeld eines TEMOO-Mode-Lasers. J. de Math. et de Physique appliquées 26 (1975). – *Poprawe, R.:* Materialabtragung und Plasmaformation im Strahlungsfeld von UV-Lasern. Diss. TH Darmstadt 1984. – *Treusch, H. G.:* Geometrie und Reproduzierbarkeit einer plasmaunterstützten Materialabtragung durch Laserstrahlung. Diss. TH Darmstadt 1985.

Laserbetriebsart. Ein für die Materialbearbeitung entscheidendes Kriterium zur Auswahl einer geeigneten Laserquelle ist die Betriebsart. Zu unterscheiden sind in erster Linie der Dauerstrichbetrieb (cw continuous wave) und der Pulsbetrieb.

Eine Vielzahl von Lasern können auf Grund der geringen thermischen Belastbarkeit des aktiven Mediums nicht kontinuierlich arbeiten. Auf der anderen Seite gibt es zahlreiche Anwendungsfälle, die extrem kurze Pulse oder Pulse hoher Spitzenleistungen erfordern. Einige Systeme lassen auch beide Betriebsarten zu.

Die für die Materialbearbeitung wichtigsten Laserarten sind in der Tabelle, Seite 583, zusammengefaßt. *König*

Laser-Holographie. Interferenz- und Beugungserscheinungen von kohärentem Licht sind Grundlagen für ein zweistufiges Verfahren zur Aufzeichnung und Wiedergabe von Bildern, das im Gegensatz zur Photographie auch die Phaseninformation des ankommenden Lichtwellenfeldes speichert (griech. holos: das Ganze). Dadurch ergeben sich dreidimensionale Bilder der Objekte.

Aufbauend auf den Arbeiten von *Abbe, Wolfke, Bragg, Zernike* u. a. im Bereich der Mikroskopie schlug *Denis Gabor* (1972 Nobelpreis) 1948 ein Verfahren vor, durch Überlagerung eines Wellenfelds (z. B. Streulicht von einem beleuchteten

Laserbetriebsart. Tabelle: Zusammenstellung der wichtigsten Laser für die Materialbearbeitung.

	Lasertyp	aktives Medium	Wellenlänge μm	Betriebsart	Anwendung
Festkörperlaser	Rubinlaser	Cr-dotiertes Al_2O_3	0,694	gepulst kontinuierlich	Bohren
	Nd-Laser	Nd-dotiertes Glas	1,06	gepulst	Kernfusion Abtragen
	Nd-YAG-Laser	Nd-dotiertes Yttriumalu- miniumgranat	1,06	gepulst kontinuierlich	Bohren, Feinschweißen
Gaslaser	CO_2-Laser	CO_2	10,6	gepulst kontinuierlich	Trennen, Schweißen, Bohren, Oberflächen- behandlung
	Excimerlaser	ArF	0,193	gepulst	Abtragen, Ritzen, Photochemie
		KrF	0,248	gepulst	Spektrokopie

Objekt) mit einem kohärenten Untergrund (Referenzlicht) Phasen- und Amplitudenverteilung dieses Wellenfelds zu speichern und zu rekonstruieren. Das bei der Überlagerung entstehende Interferenzfeld wird dabei auf einem lichtempfindlichen Material hoher Auflösung aufgezeichnet. Bei erneuter Einstrahlung des Referenzlichts entsteht das ursprüngliche Wellenfeld (virtuelles Objektbild) und das dazu konjugierte Wellenfeld (reelles Bild) durch Beugungserscheinungen an der Schwärzungsverteilung des Films. Bei einer Aufnahme mit Licht der Wellenlänge λ_1 und Rekonstruktion mit λ_2 ergibt sich dabei ein Vergrößerungsfaktor $V = \lambda_2/\lambda_1$. *Gabors* experimenteller In-Line-Aufbau für transparente Objekte (Bild 1) wird heute nur noch in wenigen Fällen (z. B. Tröpfchenanalyse) eingesetzt.

Durch Vertauschen von Objekt und Film gelang es *J. N. Denisjuk* 1962, Oberflächen opaker Körper zu holographieren. Beleuchtungs- und zurückreflektiertes Licht bilden hierbei ein stehendes Wel-

lensystem, das eine Schwärzungsverteilung des Films nach Art der Lippmann-Photographie verursacht. Das Objekt ist bei Beleuchtung des Films mit weißem Licht in Reflexion sichtbar (Weißlichthologramm).

Aufschwung und praktische Bedeutung erlangte die Holographie erst, als 1960 mit der Entwicklung des Lasers erstmals eine intensive kohärente Lichtquelle zur Verfügung stand. *Leith* und *Upatnieks* modifizierten den Gabor-Aufbau nun, indem sie Objekt- und Referenzlicht richtungsmäßig trennten (Bild 2). Als entscheidender Vorteil wird bei der

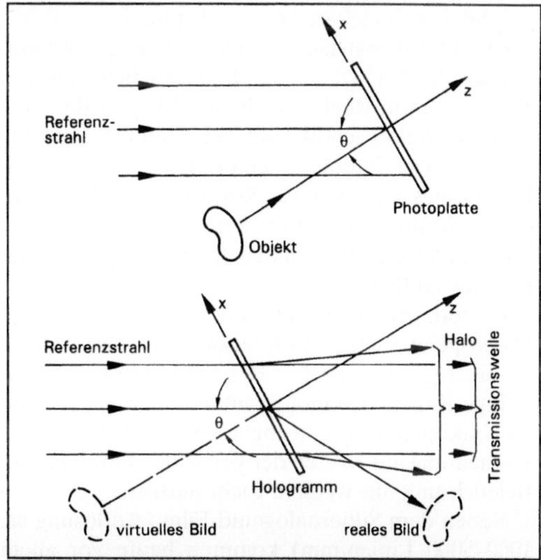

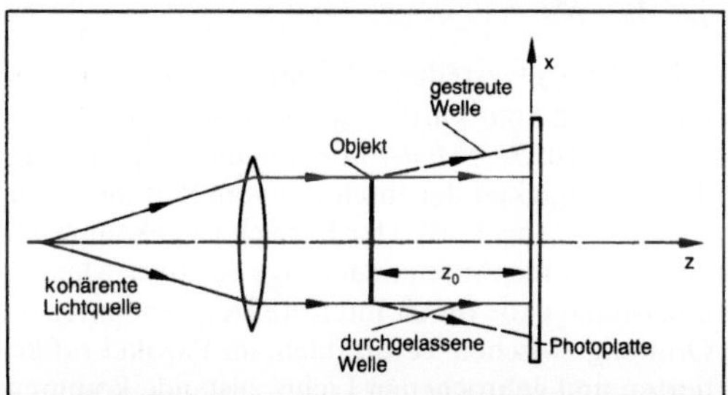

Laser-Holographie 1: In-Line-Aufbau für transparente Objekte.

Laser-Holographie 2: Standardaufbau (off-axis) für Aufnahme (links) und Rekonstruktion (rechts).

Rekonstruktion das virtuelle Bild weder von der Lichtquelle noch vom reellen Bild überstrahlt. Erstmals wurde auch der dreidimensionale Charakter des holographischen Bilds experimentell gezeigt.

Wichtigste Anwendung ist heute die holographische Interferometrie in Form von verschiedenen Meßverfahren, die ein berührungsloses und flächenhaftes Untersuchen von Bauteilen auf Fehler (z. B. Serienkontrolle bei Flugzeugreifen), Verformungen bei Belastung oder Schwingungsverhalten mit hoher Empfindlichkeit gestatten. Ebenso kann das Strömungsverhalten von Gasen und Flüssigkeiten sichtbar gemacht werden. Dabei kommt der Auswertung mit Computer und Bildverarbeitungssystem immer mehr Bedeutung zu. Bei all diesen Techniken wird ein bzw. mehrere Oberflächenzustände holographisch gespeichert, und die bei der Überlagerung mit anderen Verformungszuständen sichtbaren Interferenzerscheinungen werden analysiert.

Die wichtigsten Verfahren sind:

□ Doppelbelichtungstechnik: Zwei Objektzustände (vor und nach Belastung) werden auf einem Film aufgezeichnet. Bei der Rekonstruktion erscheinen beide Bilder gleichzeitig und interferieren.

□ Real-Time-Verfahren: Ein aufgenommenes Bild (Grundzustand) wird an der ursprünglichen Stelle rekonstruiert und interferiert mit dem beleuchteten Objekt, wobei Veränderungen kontinuierlich verfolgt werden können.

□ Time-Average-Verfahren: Untersuchung des Schwingungsverhaltens (Schwingungsamplituden). Eine stationäre Schwingung wird über einen gegenüber der Schwingungsdauer großen Zeitraum aufgenommen, wobei über die verschiedenen Schwingungszustände gemittelt wird.

□ Real-Time-Time-Average-Verfahren: Ein Schwingungszustand (bzw. Ruhestand) wird holographisch gespeichert und das Bild am ursprünglichen Ort rekonstruiert. Änderungen am Schwingungsverhalten (z. B. durch Frequenzänderung) können nun in Real-Time beobachtet werden.

□ Doppelpuls-Technik: Mit geeigneter Triggerung werden zwei Zustände einer Schwingung durch Belichtungszeiten von ca. 20 ns in Form einer Doppelbelichtung festgehalten. Beim Einsatz eines Pulslasers entfallen Maßnahmen zur Schwingungsisolation des Aufbaus.

Weitere Einsatzgebiete sind Konturerkennung, Datenspeicherung, Mustererkennung und Mikroskopie. Im künstlerischen Bereich werden vor allem farbige Regenbogenhologramme durch ein spezielles Umkopierverfahren angefertigt, wobei die Farberscheinung auf Kosten der vertikalen Parallaxe bei Beleuchtung mit weißem Licht auftritt.

Neben dem Silberhalogenid-Film (Auflösung ca. 1000–5000 Linien/mm) kommen heute vor allem Thermoplast-Filme (lösch- und wiederverwendbar), Dichromatgelatine oder lichtempfindliche Kristalle

(BSO) als Speichermedium in Betracht. Lichtquellen sind ausschließlich Laser mit entsprechenden Kohärenzeigenschaften. *Kußmaul*

Literatur: *Hariharan, P.*: Optical Holography. Cambridge 1984. – *Thompson, B. J.*: Laser Applications. Bd. 1. London 1971.

Laser-Korngrößenmessung. *L.-Streulichtmessung.* Bei der L.-Streulichtmessung wird die Korngröße eines Partikels über die Störung eines Laserstrahls durch Streuung oder Absorption bestimmt (Bild 1).

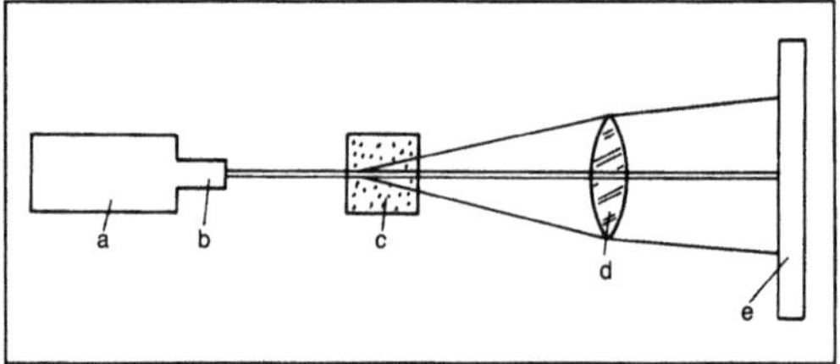

Laser-Korngrößenmessung 1: Meßapparatur zur Laser-Korngrößenbestimmung.

a Laser, b Strahlaufweitung, c Meßvolumen, d Linse, e Detektor

Wenn eine elektromagnetische Welle, die durch die Wellenlänge und die Intensität I_0 gekennzeichnet ist, auf ein Partikel trifft, so wird sie dort in alle Raumrichtungen gestreut. Die Intensität nach der Streuung ist eine Funktion von Partikeldurchmesser d, Wellenlänge λ, Brechungsindex n sowie Streuwinkel und Polarisationswinkel.

Der dimensionslose Parameter α beträgt

$$\alpha = \frac{\pi \cdot d}{\lambda}.$$

Je nach der Größe von α unterscheidet man verschiedene Bereiche.

$\alpha \ll 1$: *Bereich der Rayleigh-Streuung.* Hier ergibt sich nach der Mie-Theorie, daß die relative Intensität in folgendem Zusammenhang zum Partikeldurchmesser steht:

$$i_R = \frac{I}{I_0} \sim \frac{d^6}{\lambda^4}.$$

Die Winkelverteilung der Streulichtintensität ist unabhängig vom Partikeldurchmesser.

$\alpha = 0{,}1{-}10$: *Bereich der Mie-Streuung.* Hier beträgt die Abhängigkeit der Intensität vom Partikeldurchmesser $I \sim d^5$ bis $I \sim d^3$. Der Bereich ist gekennzeichnet durch eine Aufeinanderfolge relativer Maxima und Minima, die durch Interferenzen zunehmender Ordnung zwischen Teilstrahlen am Partikel reflektierten und gebrochenen Lichts zustande kommen. Dadurch ist eine Zuordnung $I = I(d)$ nicht mehr so einfach möglich. Die Streulichtintensität ist abhängig vom Winkel. Im Bereich der Vorwärtsstreuung wächst die Streulichtintensität. Das Meßergebnis ist vom Brechungsindex des streuenden Partikels abhängig. Bei der 90°-Anordnung (eintretender Laserstrahl und Detektor stehen im 90°-Winkel zueinander) ist dieser Einfluß geringer als bei der 0°-Anordnung, die Streulichtintensität jedoch auch.

$\alpha \gg 1$: *Strahlenoptischer Bereich.* Hier ist der Partikeldurchmesser wesentlich größer als die Wellenlänge. Wird ein kugelförmiger Körper von parallelem, monochromatischem Licht beleuchtet, so werden die Lichtwellen an der Partikelumrandung gebeugt. Ordnet man hinter dem Partikel eine Linse an, so entsteht in der Brennebene der Linse durch Interferenz der gebeugten Lichtwellen ein Fraunhofer-Beugungsbild. Dieses enthält abwechselnd helle und dunkle Zonen. Wird in der Brennebene der Linse ein Detektor angeordnet, so kann durch Auswertung der Intensitätsverteilung auf die Korngröße geschlossen werden. Die Verteilung der Lichtintensität ist vom Partikeldurchmesser abhängig. Das erste Minimum der Verteilung liegt um so weiter außen, je kleiner das Partikel ist (Bild 2).

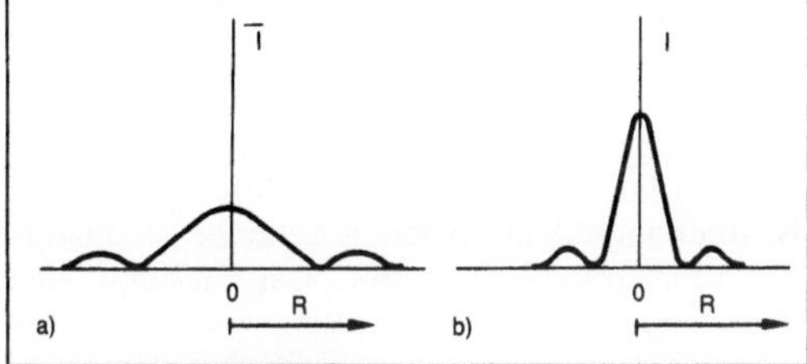

Laser-Korngrößenmessung 2: Intensitätsverteilung von Beugungsspektren.
a) Kleiner Partikeldurchmesser
b) Großer Partikeldurchmesser.

Bei kleinen Beugungswinkeln läßt sich über folgende Beziehung vom Radius des ersten Minimums R_1 auf den Partikeldurchmesser d schließen:

$$R_1 = 1{,}22 \, \frac{f \cdot \lambda}{d} \; ;$$

hierbei ist f die Brennweite der verwendeten Linse.

L.-Doppler-Anemometrie (LDA). Es handelt sich hierbei um ein optisches Meßverfahren zum Bestimmen der Korngröße in einem strömenden Medium. LDA beruht auf dem Doppler-Effekt. Meist kommt das Zweistrahlverfahren zur Anwendung. Ein Laserstrahl wird durch ein Prisma in 2 Strahlen gleicher Intensität und Polarität aufgespalten. In 2 Bragg-Zellen kommt es zu einer unterschiedlich starken Frequenzänderung. Eine nachgeschaltete Sammellinse bringt die beiden Strahlen im Brennpunkt zum Schnitt. Dieser Schnittpunkt ist das Meßvolumen; dort wird ein Interferenzstreifenmuster erzeugt. Durchquert ein Teilchen dieses Interferenzmuster, so emittiert es Streulicht. Daraus kann man auf die Partikelgröße schließen.

Phasen-Doppler-Anemometrie (PDA). Bei der PDA handelt es sich um ein Meßverfahren, das eine simultane Messung von Teilchengeschwindigkeit und Teilchengröße ermöglicht. Dafür muß das LDA-Meßsystem um einen weiteren Photodetektor ergänzt werden. Die beiden Photodetektoren nehmen phasenverschobene Signale auf. Besitzt ein Partikel kugelförmige Oberfläche, so ist die Phasenverschiebung direkt proportional dem Partikeldurchmesser. *Schlag*

Laserschneidmaschine →Laserstrahlmaschine

Laserschweißmaschine →Laserstrahlmaschine

Lasersicherheit. Die Vermeidung von Gefahren bei der Anwendung von Laserstrahlen zur Materialbearbeitung und beim Betrieb entsprechender Anlagen erfordert die Einhaltung von Grundregeln der Sicherheit. Die potentielle Gefährdung des Menschen durch den Laserstrahl betrifft primär das Auge. Darüber hinaus kann es zu Hautverbrennungen kommen. Ein Risiko geht auch von der Sekundärgefährdung durch den Laserstrahl aus, etwa durch das Entzünden leicht brennbarer Stoffe im Bereich der Bearbeitungsstelle oder durch den reflektierten Strahl.

Maßgebende Beschreibungsgrößen für die Gefährdung sind die Wellenlänge des Lasers, die optische Leistung im Strahl, die Größe seines Querschnitts und die Dauer der Einwirkung. Aus der Kombination dieser Parameter ergeben sich die zulässigen Grenzwerte für Augen- und Hautbestrahlung sowie direkte und diffuse Einwirkung, die in den Regelwerken für die unterschiedlichen Lasertypen unabhängig von ihrem Verwendungszweck zusammengestellt sind. Ihrem möglichen Gefährdungsgrad nach werden Lasergeräte in die Klassen 1–4 eingeteilt. Die erstmalige Inbetriebnahme einer Anlage ist der zuständigen Berufsgenossenschaft und Arbeitsschutzbehörde mitzuteilen.

Maßnahmen zur Gewährleistung der Sicherheit im Betrieb von Laseranlagen gliedern sich in bauliche Maßnahmen und technische Hilfsmittel auf der einen Seite und organisatorische Regeln auf der anderen. Von wesentlicher Bedeutung ist die Benutzung von zugelassenen und geeigneten Augenschutzmitteln durch das Bedienungspersonal sowie die Abdeckung und Umhüllung des Arbeitsraums durch strahlundurchlässige und nichtbrennbare Verkleidungen. Ebenso ist eine regelmäßige Sicherheitsbelehrung des Bedienungspersonals durch den Laserschutzbeauftragten des Betriebs vorzunehmen. *König*

Literatur: DIN 57836: Elektrische Sicherheit von Lasergeräten und Anlagen. Hrsg. Dt. Inst. f. Normung. – DIN 58215: Laserschutzfilter und Laserschutzbrillen. Hrsg. Dt. Inst. f. Normung. – DIN 57837: Strahlungssicherheit von Lasereinrichtungen. Hrsg. Dt. Inst. f. Normung. – DIN 57835: Leistungs- und Energiemeßgeräte für Laserstrahlen. Hrsg. Dt. Inst. f. Normung. – *Holzinger, G.,* u. a.: Schutz vor Laserstrahlen. Schriftenreihe Arbeitsschutz Nr. 14. Hrsg. Bundesanstalt f. Arbeitsschutz und Unfallforschung. Dortmund 1978. – Unfallverhütungsvorschrift der gewerblichen Berufsgenossenschaften (VBG § 3): Laserstrahlen.

Laserstrahlbohren. In der Feinwerktechnik werden gepulste →Festkörperlaser (Nd: YAG, Glas) zum Bohren von Metallen und dielektrischen Substanzen mit Werkstoffdicken bis zu einigen Millimetern angewendet. Der Laser übertrifft das konkurrierende Funkenerosionsverfahren durch eine größere Bearbeitungsgeschwindigkeit und größere Vielfalt der Einsatzmöglichkeiten. Zur Anwendung kommt das L. z. B. bei der Herstellung von Kühlbohrungen in Turbinenschaufeln. Bohrungen mit höheren Qualitätsanforderungen wie bei der Herstellung von Einzeldüsen erfordern dagegen im derzeitigen Entwicklungsstand noch eine Optimierung der Bearbeitungsparameter für den jeweiligen Anwendungsfall. Für industrielle Fertigungsverfahren wird der Laser z. Z. zum Bohren von Metallen dann eingesetzt, wenn die Bohrung kostengünstig nachgearbeitet werden kann oder wenn Wandqualität, Maßhaltigkeit und Reproduzierbarkeit der Bohrung keine ausschlaggebende Rolle spielen.

Die prozeßbestimmenden Parameter für die Materialabtragung mit Laserstrahlung können in die beiden Gruppen der Lasersystemparameter und der Werkstoff- und Randwertparameter unterteilt werden. Im einzelnen sind dies für das Lasersystem:

□ Intensität, örtliche und zeitliche Intensitätsverteilung,

□ Strahlradius und Rayleighlänge (Schärfentiefe des fokussierten Strahls),

□ Wellenlänge und Polarisation der Strahlung und für den Werkstoff und die Randwerte:

□ Absorption der Laserstrahlung,

□ Temperaturleitfähigkeit,

□ Schmelz- und Verdampfungstemperatur,

□ Oberflächenspannung,

□ Werkstoffgeometrie (Zugänglichkeit, Wärmeableitung),

□ Art, Druck und Zuführung des Schutz- bzw. Prozeßgases.

Die notwendige Intensität $I > I_v$ für die Laserstrahlmaterialabtragung wird durch Fokussierung der Strahlung mit einem Linsensystem erreicht. Die Intensität I_v stellt die Schwelle für den Verdampfungsprozeß dar. Die Werkstoffabtragung durch Verdampfen beginnt, wenn die durch Absorption der Laserleistung eingekoppelte Energie größer ist

als die Verluste durch die werkstoffspezifische Wärmeleitung. Mit dem Einsetzen der Verdampfung wird eine Absorptionserhöhung beobachtet, die eine fast vollständige Einkopplung der Laserleistung in den Werkstoff ermöglicht.

Die Änderung der Absorption ist auf das entstehende Plasma und die Änderung der Oberflächengeometrie (Kraterbildung und dadurch bedingte Mehrfachreflexion) zurückzuführen. Verlagert sich im Laufe der Bearbeitung das Plasma in den Bohrkanal, erhöht sich der auf den Verdampfungsprozeß bezogene Wirkungsgrad durch ein Aufschmelzen der Lochwand und den Austrieb der Werkstoffschmelze, der durch den Druck des expandierenden Metallplasmas und -dampfes hervorgerufen wird. Der Energiefluß aus der Schmelze durch Wärmeleitung führt zu einem teilweisen Erstarren der Schmelze an der Grenzfläche zum festen Material. Durch diese Schmelzablagerungen verringert sich der Bohrungsdurchmesser mit zunehmender Bearbeitungstiefe.

Die Schmelzablagerungen im Einschußbereich und an der Lochwand sowie der Grad der Austrittsverengung bei Durchgangslöchern sind die qualitätsmindernden Merkmale einer Laserbohrung. Durch eine dem Werkstoff angepaßte Prozeßführung lassen sich jedoch gratfreie Bohrungsöffnungen ohne Schmelzaufwurf erzeugen. Eine Verbesserung der Lochqualität wird dabei durch eine auf den Bearbeitungsfall abgestimmte zeitliche Modulation der Laserstrahlung erreicht. Das Resultat einer plasmaunterstützten Bearbeitung sind Bohrungen, deren Durchmesser um ein Vielfaches den Strahldurchmesser übertreffen und deren Wände bei Bohrungstiefen kleiner als der vierfache Bohrungsdurchmesser Rauheiten im Bereich von 1–5 μm aufweisen. Dabei kann die Geometrie von Durchgangsbohrungen durch Hinterlegen mit einem Zusatzwerkstoff über das Plasma Dampf gezielt positiv beeinflußt werden. Auf Grund der schnellen Abkühlung der dünnen Schmelzhaut an der Bohrungswand erhält man dort in einer Tiefe von 1–5 μm einen Bereich höherer Härte.

Laserbohrungen mit Durchmessern bis 0,25 mm lassen sich im Einzelimpulsverfahren durch eine geeignete Bearbeitungsoptik herstellen. Bohrungsdurchmesser im Bereich von 0,25 mm werden durch Dejustierung der Optik und Mehrfachimpulsbetrieb (Perkussionsbohren) erreicht. Für Durchmesser über 1 mm wird das Werkstück oder der Laserstrahl entsprechend der Lochkontur bewegt (Trepannierbohren). *König*

Literatur: *Max, A.,* u. a.: Einfluß des self-channeling der Laserstrahlung auf die Intensitätsverteilung an Bohrlochwandungen. IPC Science and Technology Press 1977. – *Peak, U. C.,* u. *F. P. Gagliano:* Thermal analysis of laser drilling process. IEEE J. of Quantum Electronics QE-8 (1972) Nr. 2. – *Roos, S. O.:* Laser drilling with different pulse shapes. J. of Applied

Physics 51 (1980) Nr. 9. – *Steffen, J.:* Präzisionsbohrungen mit Laserstrahlen. Feinwerktechnik und Meßtechnik 83 (1974) Nr. 3. – *Terrell, N. E.:* Laser precision small hole drilling. Manufacturing Engineering (1988) Nr. 88. – *Treusch, H. G.:* Bohren mit Laserstrahlung. Schweizer Maschinenmarkt (1984) Nr. 25. – *Treusch, H. G., B. Höltgen u. M. Knoff:* Bohren mit gepulsten Nd: YAG-Lasersystemen. Laser und Optoelektronik (1985) Nr. 4.

Laserstrahlbrennschneiden. Beim L. wird der meist metallische Werkstoff unter gleichzeitiger Sauerstoffzufuhr auf Zündtemperatur erwärmt. Mit Hilfe des Sauerstoffs verbrennt das Eisen unter starker Wärmeabgabe zu Eisenoxid und wird aus dem Schnittfugenbereich herausgeblasen. Für die metallischen Werkstoffe kann i. a. im Vergleich mit dem →Laserstrahlschmelzschneiden eine 5–10fach höhere Schnittgeschwindigkeit nachgewiesen werden. Bei NE-Metallen reicht die Verbrennungswärme des Oxids u. U. nicht aus, um die Schnittgeschwindigkeit durch exotherme Reaktionen wesentlich zu erhöhen, oder die Schmelztemperatur des Oxids liegt oberhalb der des Metalls.

Nachteilig wirkt sich die an den Schnittflächen entstehende Oxidhaut aus. Trotzdem findet das L. ein breites Anwendungsfeld: Neben der Bearbeitung von Bau- und Edelstählen, teilweise in lackiertem oder beschichtetem Zustand, sind auch Nichtmetallegierungen mit dem Laserbrennschneiden-Verfahren zu trennen. *König*

Laserstrahlerwärmung. Teilgebiet der Elektrowärmetechnik, das auf der Erzeugung elektromagnetischer Strahlung in einem Laser und ihrer Umwandlung in Wärme auf dem bestrahlten Material beruht.

Der Laserstrahl wird durch ein optisches System je nach Anforderung fokussiert und an die zu erwärmende Stelle des Werkstücks geführt. Entsprechend dem Absorptionsgrad (Bild 1) wird ein Teil der Photonenenergie vom Werkstück absorbiert, d. h. über Resonanzanregung in Gitterschwin-

gungen und damit in Wärme umgewandelt. Der Rest wird reflektiert und ist damit für die gewünschte Erwärmung nicht nutzbar. Die Wärmeentwicklung findet in einer sehr dünnen Schicht statt, die durch die Eindringtiefe der Photonen (je nach Material etwa 0,01–0,1 µm) bestimmt ist. Der Absorptionsgrad ist außer von der Wellenlänge der Strahlung und den Materialeigenschaften (Art des Werkstoffs, Oberflächenrauhigkeit, Temperatur) auch noch vom Strahleinfallswinkel und von der umgebenden Atmosphäre abhängig.

Metalle besitzen im Wellenlängenbereich der gebräuchlichen Laser ein geringes Absorptionsvermögen. Es kann erhöht werden, indem die Metalloberfläche aufgerauht oder mit einem besser absorbierenden Material beschichtet wird. Eine andere Möglichkeit ist die Nutzung des Effektes der anomalen Absorption: Oberhalb einer kritischen Grenzwertintensität des Laserstrahls – sie ist abhängig von der Wellenlänge, den Strahlparametern und der Werkstoffart und liegt etwa im Bereich von 10^{10}–10^{13} W/m² – steigt der Absorptionsgrad praktisch sprunghaft auf den Wert eins. Dieser Effekt erklärt sich daraus, daß der zunächst durch „normale Absorption" entstandene Metalldampf über die Energieaufnahme freier Elektronen lawinenartig ionisiert wird. In dem so erhaltenen Plasma wird die Energie des Laserstrahls über inverse Bremsstrahlung praktisch vollständig in Wärme umgewandelt. Diese wird zum größten Teil an das Werkstück abgegeben, so lange ein direkter Kontakt zwischen Plasmawolke und Werkstückoberfläche besteht. Liegt die Intensität des Laserstrahls um ein Mehrfaches über dem kritischen Wert, so kommt es zum Abheben der Plasmawolke, wodurch sich der Wärmeübergang auf das Werkstück drastisch verringert. Im Extremfall sehr hoher Intensitäten wird das Plasma in einer Detonationswelle von der Einwirkstelle weggeschleudert. Dabei treten kurzzeitig Rückstoßdrücke von einigen 100 bar auf, die zu einer lokalen Zerstörung der Werkstückoberfläche führen können.

Besteht die Bearbeitungsaufgabe in einer Erwärmung (auch Aufschmelzung) des Werkstücks ohne Materialabtrag, wie z. B. beim Laserschweißen, so ist eine Intensität des Laserstrahls anzustreben, bei der das Plasma als Energiewandler auf der Oberfläche stationär erhalten bleibt. In diesem Fall muß die vom Plasma absorbierte Energie im zeitlichen Mittel im Gleichgewicht stehen mit der durch Wärmeleitung ins Werkstückinnere abtransportierten Energie. Die Wärmeabstrahlung an die Umgebung kann in der Regel vernachlässigt werden.

Ist die Bearbeitungsaufgabe mit einem Materialabtrag verbunden, wie z. B. beim Laserbohren oder Laserschneiden, so ist der größte Teil des abzutragenden Materialvolumens in einen Plasmazustand

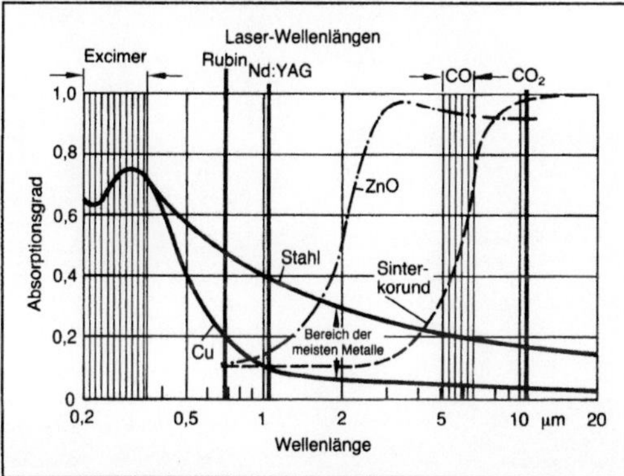

Laserstrahlerwärmung 1: Spektraler Absorptionsgrad einiger Stoffe.

zu überführen, bei dem die kinetische Energie der Teilchen für einen hinreichend schnellen Abtransport sorgt, ohne daß es zum Detonationseffekt kommt.

Die Einhaltung der jeweils optimalen Intensität des Laserstrahls ist durch den Effekt der optischen Rückkopplung erschwert. Solange ein Teil der Laserstrahlung von der Werkstoffoberfläche aus in den Laser zurückreflektiert wird, bildet das Werkstück mit dem Laser ein System gekoppelter Resonatoren. Dessen Modenstruktur und Intensitätsverteilung weicht u. U. beträchtlich ab vom eigentlichen Laserresonator. Insbesondere kommen instationäre Intensitätsspitzen vor, die kurzzeitig um das Hundertfache überhöht sein können.

Die verschiedenen Anwendungsbereiche der L. unterscheiden sich außer in der Leistungsdichte auch in der Einwirkzeit an der Bearbeitungsstelle und damit in der je Flächeneinheit eingebrachten Wirkenergie (Bild 2). Die Einwirkzeit ergibt sich bei Pulsbetrieb des Lasers aus der Pulsdauer, bei kontinuierlichem (cw)-Betrieb aus der Wanderungsgeschwindigkeit des Laserstrahls und seinen Brennfleckabmessungen. Mit kontinuierlich betriebenen Lasern sind Leistungsdichten bis maximal 10^{11} W/m² erreichbar.

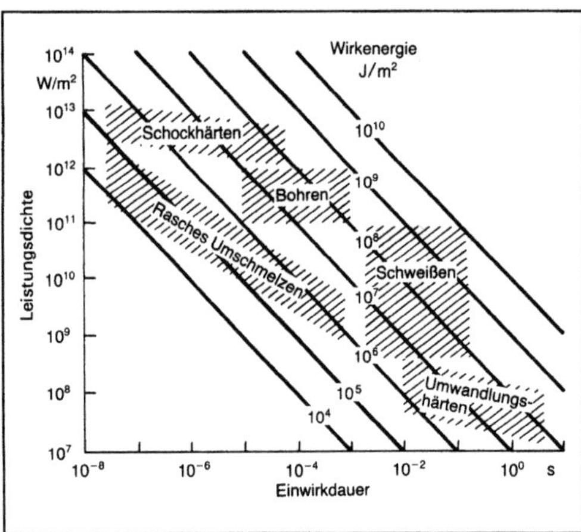

Laserstrahlerwärmung 2: Anwendungsbereiche.

Hauptsächlich verwendet werden für die L. der →CO₂-Laser und der →Neodym-Laser. Der →Excimerlaser ist wegen der hohen Pulsleistung bei sehr kurzer Pulszeit und auf Grund seiner kurzwelligen Strahlung interessant, der gasdynamische CO-Laser in erster Linie wegen seines hohen Wirkungsgrads und seiner für einige Spezialanwendungen vorteilhaften Wellenlänge. *M. Rudolph*

Literatur: *Brunner, W.,* u. *K. Junge:* Lasertechnik. Heidelberg 1984. – *Conrad, H.,* u. *R. Krampitz:* Elektrotechnologie. Ost-Berlin 1983. – *Weber, H.,* u. *G. Herziger:* Laser. Weinheim 1978. – Materialbearbeitung mit CO₂-Hochleistungslasern. VDI-Ber. Nr. 535. Düsseldorf 1984.

Laserstrahlmaschine. L. (Bild 1) benutzen als Energiequelle monochromatisches, kohärentes Licht (Laser). Sie werden zum Schneiden (Laserschneiden), Schweißen (Laserschweißen), Bohren und zur Oberflächenbehandlung eingesetzt.

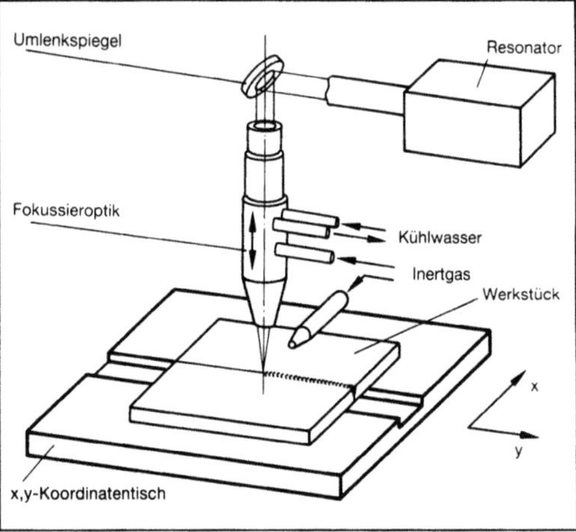

Laserstrahlmaschine 1: Schematische Darstellung.

Besondere Verfahrensvorteile sind die hohen Leistungsdichten, die in einer eng begrenzten Bearbeitungszone erzeugt werden können (dadurch geringe Beeinflussung des Werkstoffs), die hohe Bearbeitungsgüte und -geschwindigkeit. Neben Metallen lassen sich auch Kunststoffe, Holz, Leder, Gummi, Keramik, Glas, Porzellan, Asbest, Glimmer, Stein und Graphit bearbeiten.

Die am häufigsten eingesetzte Lichtquelle ist der →CO₂-Laser. Er wird wegen der hohen Leistung (100 W–10 kW und mehr) und wegen seines hohen Wirkungsgrads bevorzugt. Daneben werden auch YAG-Laser (Yttrium-Aluminium-Granat) verwendet. L. können als Koordinatenmaschinen mit numerischer Bahnsteuerung (Bild 2) oder in Portal-

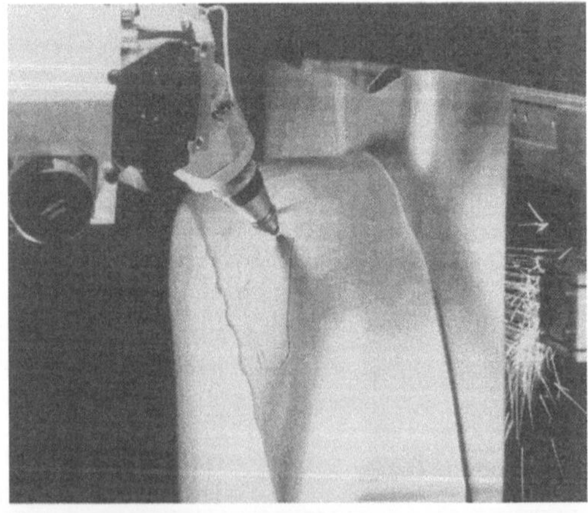

Laserstrahlmaschine 2: Fünffachsiger Laserschneidkopf. (Quelle: Trumpf, Ditzingen)

bauweise ausgeführt sein. Bei Arbeiten mit Laserstrahl dürfen keine Strahlen zum Bedienungspersonal oder in die Umgebung gelangen. *Schulz*

Literatur: *Eichhorn, F.:* Schweißtechnische Fertigungsverfahren. Bd. 1: Schweiß- und Schneidtechnologien. Düsseldorf 1983. – *Ruge, J.:* Handb. Schweißtechnik. Bd. 2: Verfahren und Fertigung. Berlin 1980.

Laserstrahlschmelzschneiden. Die Ausbildung der Schnittfuge beim L. erfolgt durch kontinuierliches Aufschmelzen und Ausblasen des Fugenwerkstoffs durch einen inerten bzw. reaktionsträgen Gasstrom. Dieser Schneidgasstrom – meist Argon, in Einzelfällen auch Helium oder Stickstoff – verhindert zusätzlich die Oxidation der Schnittfuge. Obwohl im Vergleich mit dem Sublimierschneiden wesentlich weniger Energie zur Verfügung gestellt werden muß, sind nur unwesentlich höhere Schnittgeschwindigkeiten möglich. Ursache hierfür ist der relativ geringe Absorptionsgrad.

Zum Einsatz kommt das L., wenn z. B. bei Edelstählen eine oxidfreie Schnittfläche gefordert wird. Eine andere Bearbeitungsaufgabe ist das Trennen von hochschmelzenden Nichteisenmetallen wie Titan. *König*

Literatur: *Rothe, R.:* Beitrag zur Optimierung des thermischen Schneidens mit CO_2-Hochleistungslasern. Diss. Univ. Bremen 1985.

Laserstrahlschneiden. Auf Grund der optischen Eigenschaften des Laserlichts (räumliche Kohärenz und gute Fokussierbarkeit) ist der Laserstrahl besonders geeignet zum Schneiden unterschiedlicher Materialien. Für das L. finden im industriellen Bereich meist CO_2-, Neodym-Laser sowie Excimerlaser Einsatz.

Bedingt durch die unterschiedlichen Wellenlängen regt die Strahlung der beiden Infrarotlaser (CO_2-, Neodym-Laser) Rotations- und Schwingungsmoden in der Werkstückoberfläche an, was zur Aufheizung des Bauteils führt. Im Gegensatz hierzu bewirkt die Photonenenergie des Excimerlasers im UV-Bereich (Wellenlänge $\lambda = 193$ bis 351 nm) eine elektronische Anregung, Ionisation und photolytische Dissoziation von Polymerketten. Dies ermöglicht einen Abtrag ohne thermische Beeinflussung des Werkstücks. Auf Grund der geringen Abtragrate und des photochemischen Prozesses beschränkt sich der Einsatz des Excimerlasers auf Polymere oder organische Gewebe, wo große Moleküle bzw. Molekülverbände vorliegen. Als Beispiel läßt sich die Herstellung von Halbleiterchips in der Mikroelektronik anführen. Ein wesentlich breiteres Einsatzfeld finden der Neodym-Laser ($\lambda = 1{,}06$ μm) und insbes. der CO_2-Laser ($\lambda = 10{,}6$ μm) beim thermischen Schneiden, da sie höhere mittlere Leistungen zur Verfügung stellen.

Im Vergleich zu den konventionellen thermischen Schneidverfahren zeichnet sich das L. durch eine schmale Schnittfuge, eine geringe Wärmeeinflußzone, eine hohe Bearbeitungsgeschwindigkeit und den berührungslosen Schneidvorgang aus. Zudem sind unterschiedlichste Werkstoffe und komplexe Konturen mit der gleichen Laseranlage zu bearbeiten. Im Gegensatz zum Neodym-Laser, der in kontinuierlichem bzw. Dauerpulsbetrieb Ausgangsleistungen bis etwa 400 W erreicht, sind mit CO_2-Lasern höhere Werte zu erzielen.

Im industriellen Einsatz zur Materialbearbeitung, speziell in der Laserschneidtechnik, verwendet man hauptsächlich schnell längsgeströmte CO_2-Laser mit einer Ausgangsleistung bis zu 1 kW. Bei der Bearbeitung zeigt sich in vielen Fällen, daß die Polarisation des Laserlichts das Schneidergebnis beeinflußt.

So sind beim Schneiden von Stahl die höchste Schnittgeschwindigkeit und bessere Schnittqualitäten zu erwarten, wenn die Polarisationsebene des Laserlichts parallel zur Schneidrichtung gewählt wird. Auf Grund dieser Feststellung wird für Schneidlaser eine zirkulare Polarisation angestrebt, die richtungsunabhängige Schnittqualitäten ermöglicht. Mit Hilfe eines geeigneten Resonatoraufbaus gelingt es zunächst, den Laserstrahl in einer definierten Richtung zu polarisieren. Durch den Einsatz eines weiteren optischen Elements, eines $\lambda/4$-Spiegels, wird eine der beiden senkrecht aufeinander stehenden Strahlkomponenten um ¼ seiner Wellenlänge verzögert und der gesamte Laserstrahl somit zirkular polarisiert.

Die Einkopplung der Laserleistung erfolgt durch Absorption in der Werkstückoberfläche. Für den Absorptionsgrad zeigt sich eine deutliche Abhängigkeit vom Werkstoff, der Werkstückoberfläche, der Wellenlänge des Laserlichts, der Bauteiltemperatur und des Einstrahlwinkels. Bei einem Einstrahlwinkel auf die Werkstückoberfläche von 90° sind die höchsten Absorptionsgrade und die gleichmäßigsten Schnittqualitäten festzustellen. Dies erfordert für das Schneiden räumlicher Konturen eine Relativbewegung mit bis zu fünf Freiheitsgraden zwischen Strahl und Bauteil. Auf Grund der hohen Schnittgeschwindigkeiten vor allem im Dünnblechbereich werden somit hohe Anforderungen an die Führungskomponenten des Laserstrahls gestellt (Bild 1).

Die Fokussierung des Laserstrahls bis auf Strahldurchmesser zwischen 0,1 und 0,5 mm (Bild 2) erfolgt im Leistungsbereich bis etwa 5 kW mit Linsen, während man oberhalb dieser Grenze auf Grund der hohen thermischen Belastung der optischen Komponenten Spiegelsysteme verwendet.

Durch die eingekoppelte Energie des fokussierten Laserstrahls erfolgt im Fugenwerkstoff eine Erwärmung auf Temperaturen oberhalb der Schmelztemperatur. In Abhängigkeit von der in der

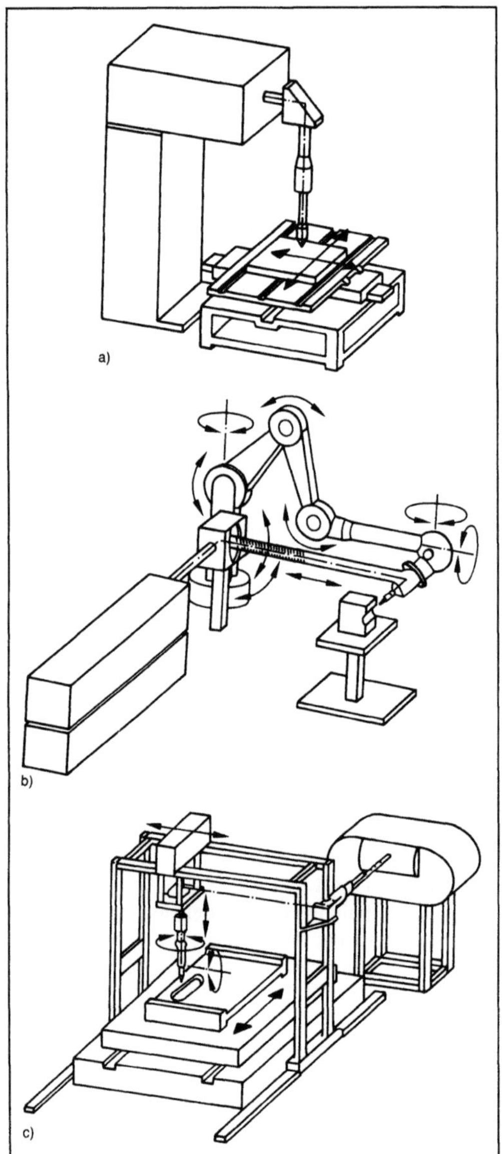

Laserstrahlschneiden 1: Relativbewegung zwischen Bearbeitungsstück und Werkstück.
a) Stationäre Optik, bewegtes Werkstück
b) Bewegte Optik, stationäres Werkstück
c) Bewegte Optik, bewegtes Werkstück.

Brennebene erreichten Leistungsdichte (bis 10^9 W/cm²) fällt der Fugenwerkstoff überwiegend als Dampf, Flüssigkeit oder Oxidationsprodukt aus, und man spricht vom →Laserstrahlsublimierschneiden, →Laserstrahlschmelzschneiden oder →Laserstrahlbrennschneiden. Durch einen zusätzlich eingebrachten Gasstrom kann bei Verwendung von inerten Gasen wie Argon oder Helium eine unerwünschte Oxidation der Schnittfläche verhindert

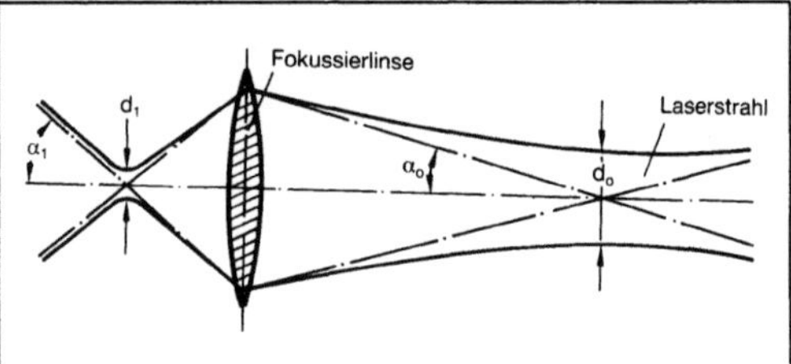

Laserstrahlschneiden 2: Fokussierung eines Laserstrahls.

d_0 Strahldurchmesser im freilaufenden Strahl, d_1 Strahldurchmesser im Brennfleck, α_0, α_1 Strahlwinkel

bzw. durch ein aktives Medium wie Sauerstoff der Verbrennungsprozeß verbessert sowie Fugenwerkstoff aus der Schnittfuge geblasen werden.

Die Schneidbarkeit der unterschiedlichsten Werkstoffe wird im wesentlichen durch den bereits angeführten Absorptionsgrad bestimmt. Grundsätzlich sind metallische Werkstoffe wie verzinktes Stahlblech, rostfreie und gehärtete Stähle schneidbar. Ebenfalls ist eine Bearbeitung verschiedener Stähle mit Metall- oder Kunststoffbeschichtung möglich. Aus dem Bereich der nichtmetallischen Werkstoffe sind besonders die keramischen Werkstoffe und Kunststoffe zu nennen. Im Gegensatz hierzu reflektieren z. B. Kupfer, Messing, Aluminium, Gold und Silber einen großen Teil der Laserstrahlung. Zudem führt die hohe Wärmeleitfähigkeit zu einer unzureichenden Aufheizung des Bauteilwerkstoffs und zu unbefriedigenden Schnittergebnissen.

Die Verbesserung der Laserquellen für das Schneiden durch optimierte Modenstrukturen führte in den letzten Jahren zu Schnittgeschwindigkeiten von mehr als 10 m/min. Hierbei sind insbes. der Grundmode (TEM$_{00}$ – gaußförmige Intensitätsverteilung über dem Strahlquerschnitt) und Modenstrukturen niederer Ordnung (z. B. der Ringmode) anzuführen. Bei der Bearbeitung wärmeempfindlicher Materialien, dünner Folien, scharfkantiger sowie unstetiger Übergänge und eingliedriger Konturen zeigen sich auf Grund der hohen Schnittgeschwindigkeiten deutliche Überschwingfehler des Bewegungssystems sowie Überhitzungen des Bauteils durch einen unzureichenden Wärmeabfluß. Daher ist z. B. beim Einstich oder im Eckenbereich ein Umschalten des Lasers von Dauer in Pulsbetrieb sinnvoll. Durch eine angepaßte Abstimmung der Einschaltdauer, Pulsfrequenz, Leistungsüberhöhung und Vorschubgeschwindigkeit kann man die thermische Schädigung in diesen Bereichen deutlich reduzieren.

Im Hinblick auf die Wirtschaftlichkeit findet der Schneidlaser sein Einsatzgebiet auf Grund seiner flexiblen Einsatzmöglichkeiten bei Materialdicken bis etwa 10 mm in der Klein- und Mittelserienfertigung (Losgröße ≤ ca. 1 000 Stück). *König*

Literatur: *Olsen, F. O.:* Cutting With Polarized Laser Beams. DVS-Ber. 63 Strahltechnik. 1980. – *Opower, H.:* Anmerkungen zum Schneiden von Metallen mit CO_2-Hochleistungslaser. Physikalische Bl. 38 (1982) Nr. 8. – *Pummer, A.:* Der Excimerlaser – ein nützliches Werkzeug? Physikalische Bl. 41 (1985), S. 199/203. – *Rothe, R.:* Beitrag zur Optimierung des thermischen Schneidens mit CO_2-Hochleistungslasern. Diss. Univ. Bremen 1985.

Laserstrahlschweißen →Schweißverfahren

Laserstrahlsublimierschneiden. Das Sublimierschneiden ist durch das Verdampfen des Werkstoffs im Schnittfugenbereich und ein sofortiges Ausblasen des Dampfes durch den inerten Schneidstrahl gekennzeichnet. Dies bedeutet, daß das Material im wesentlichen direkt vom festen in den gasförmigen Aggregatzustand übergeht, ohne den normalerweise dazwischenliegenden flüssigen Zustand anzunehmen. Die hierbei entstehende, auch beim →Laserstrahlschweißen zu beobachtende Dampfkapillare ermöglicht ein tiefes Eindringen des Laserstrahls, was besonders bei Materialdicken oberhalb 2 mm zu einer Erhöhung der Schnittgeschwindigkeit beiträgt.

Dieser Dampfkanal wird während der Bearbeitung entsprechend der gewünschten Kontur durch das Werkstück bewegt. Dem Schneidstrahl fällt beim Sublimierschneiden die Aufgabe zu, das Kondensieren des Dampfes im Schnittfugenbereich zu unterbinden. Gleichzeitig schützt dieser Gasstrahl wie beim →Laserstrahlschmelzschneiden und →Laserstrahlbrennschneiden die optischen Elemente des Strahlführungssystems vor hochspritzenden Materialpartikeln aus der Schnittfuge.

Das L. umfaßt die Bearbeitung nichtmetallischer Werkstoffe, wobei sowohl organische als auch anorganische Materialien in Betracht kommen. Als Beispiel sind Holz, Leder, Textilien sowie homogene Kunststoffe und Faserverbundwerkstoffe anzuführen. So hat sich in der Werbeindustrie das Zuschneiden von Acrylglas mit →CO_2-Lasern als ein wirtschaftliches Verfahren durchgesetzt. *König*

Laugung, mikrobielle. Herauslösen von unlöslichen Metallen aus Erzen mit Hilfe von Mikroorganismen. Die Metalle – sie liegen meist als Sulfide oder Oxide vor – werden aus dem Gestein herausgelöst, indem sie mit Hilfe biochemischer Oxidationsverfahren direkt oder indirekt in wasserlösliche Metallsulfate überführt werden.

Angewandt wird die m. L. für die Metallgewinnung aus minderwertigen Erzen und Abraum, der bei der Produktion dieser Metalle anfällt. Die chemische L. dieser Armerze ist durch den hohen Energiebedarf unwirtschaftlich. Verbreitet ist die m. L. bei der Gewinnung von Kupfer und Uran. Es sind aber heute für alle bekannten Metalle, außer Zinn, L.-Verfahren entwickelt worden. Im Labormaßstab ist es auch gelungen, die L. zum Entfernen des anorganischen Schwefels (Pyrit) aus fossilen Brennstoffen einzusetzen.

M. L.-Prozesse werden unsteril, meist mit Mischkulturen, bei stark sauren Umgebungsbedingungen und teilweise auch erhöhten Temperaturen durchgeführt. Die eingesetzten Organismen gewinnen die für den Stoffwechsel benötigte Energie durch die Oxidation anorganischer Substanzen. Technisch wichtig sind heute die Bakterienstämme Thiobacillus ferrooxidans, T. thiooxidans und Leptospirillum ferrooxidans. Im Technikumsmaßstab haben sich auch verschiedene thermophile Sulfolobos-Stämme bewährt. Diese Bakterien sind in der Lage, Eisensulfide direkt zu oxidieren (direkte L.):

$$4\ FeS_2 + 15\ O_2 + 2\ H_2O \rightarrow 2\ Fe_2(SO_4)_2 + 2\ H_2SO_4.$$

Bei dieser Reaktion wird Sauerstoff verbraucht, und es entsteht das wasserlösliche Eisensulfat und Schwefelsäure. Andere Metalle können indirekt unter Verwendung der Reaktionsprodukte der Eisenoxidation gelaugt werden (indirekte L.), z. B.

$$CuS + Fe_2(SO_4)_2 \rightarrow CuSO_4 + 2\ FeSO_4 + S \text{ oder}$$
$$UO_3 + H_2SO_4 \rightarrow UO_2SO_4 + H_2O.$$

Die zu laugenden Erze werden zu Halden oder an Hängen aufgeschüttet und mit Wasser oder besser mit einer speziellen L.-Lösung berieselt. Diese Lösung enthält Eisen-II-Ionen und besitzt einen pH-Wert von 1,7–2,5. Die entsprechenden Mikroorganismen siedeln sich dann spontan an oder werden in Form von Starterkulturen zugegeben. Das L.-Konzentrat wird am Fuße der Erzschüttung in Sammelbecken aufgefangen, und die gelösten Metalle werden entfernt. Die Restlösung wird aufbereitet und wieder auf die Halde gegeben. Möglich ist auch die In-Situ-L. von Erzen an ihren natürlichen Lagerstätten. Die L.-Flüssigkeit wird über Stollen in das Vorkommen gepumpt und das Konzentrat aus Brunnen gewonnen. Problematisch ist hier die Sauerstoffversorgung der Mikroorganismen und die Belastung des Grundwassers durch die stark saure und schwermetallhaltige L.-Flüssigkeit, so daß die Halden-L. auf einem wasserundurchlässigen Untergrund vorzuziehen ist. Wertvolle Metalle werden auch durch L. der gemahlenen und suspendierten Erze in begasten Tanks gewonnen, z. B. goldhaltige Arsenpyrite.

L.-Prozesse benötigen einen Zeitraum von Monaten bis Jahren. Die hohen L.-Raten neuerer Verfahren im Labor- oder Technikumsmaßstab können im großtechnischen Maßstab noch nicht erreicht werden, da hier die L.-Bedingungen, z. B. in der Halde, nicht so exakt eingehalten werden können, was natürlich zu einem schlechteren Wirkungsgrad führt. *Liefke*

Literatur: *Bosecker, K.:* Mikrobielle Laugung (Leaching). In: *Präve, et al.* (Hrsg.): Handb. Biotechnologie. München 1987. – *Kelly, D. P., P. R. Norris* u. *C. C. Brierley:* Microbiological methods for the extraction and recovery of metals. In: *A. T. Bully, D. C. Ellwood* u. *C. Ratledge* (Hrsg.): Microbial Technology: Current state, Future Prospects. Cambridge 1979.

LD-Verfahren. Beim LD-V. zur →Stahlherstellung aus Roheisen wird Sauerstoff auf das Schmelzbad aufgeblasen, um die Begleitelemente des Roheisens zu oxidieren. Es wurde vom Jahre 1953 ab in Österreich erstmalig in den Stahlwerken Linz und Donawitz großtechnisch betrieben. Sehr rasch hat es sich dann ausgebreitet und das SM-Verfahren und das Thomasverfahren abgelöst.

Eine Variante ist das LD-AC-Verfahren, bei dem der zur Schlackenbildung erforderliche Kalk mit dem Sauerstoff eingeblasen wird. Wegen der frühen Schlackenbildung kann in diesem Verfahren phosphorreiches Roheisen verarbeitet werden.

Verfahrens- und anlagetechnische Entwicklungen haben dazu geführt, daß heute mehrere vom ursprünglichen LD-V. abweichende →Blasstahlverfahren mit Sauerstoff in Gebrauch sind. *Rellermeyer*

Lebensdauervorhersage. Bei schwingender Beanspruchung der Versuch, aus Einstufenversuchen der dabei ermittelten Wöhlerkurve die Lebensdauer bei unterschiedlichen Beanspruchungsfolgen vorherzusagen. Nach *Palmgren* und *Miner* wird die Schädigung bei jeder Laststufe relativ zur Bruch-Schwingspielzahl bestimmt und aufsummiert. Wenn die Schädigungssumme den Wert 1 erreicht, kommt es zum Bruch der Probe. Diese sicher zu einfache Formel ist auf vielfache Weise vor allem unter Einbeziehung der Betriebsfestigkeit verbessert worden.

Auch für Beanspruchung bei höheren Temperaturen ist die L. aus Versuchen bei kürzeren Zeiten für die Beanspruchungen im Betrieb von größtem Interesse. Die kombinierte Wirkung von Temperatur und Beanspruchungsdauer soll dabei mit Hilfe des Larson-Miller-Parameters berücksichtigt werden. Die Anwendung bleibt aber problematisch, wenn weit über den untersuchten Bereich hinaus extrapoliert werden soll, da dann Vorgänge mit anderer Aktivierungsenergie eintreten können, die schwer vorhersehbar sind.

Besonders schwierig ist die Überlagerung von sich ändernden Temperaturen und Spannungen. Ansätze im Schrifttum kombinieren die Lebensdaueranteilregel für den Kriechversuch und die Schadensakkumulation aus der Wechselbeanspruchung. *W. Dahl*

Literatur: Werkstoffkunde Stahl. 2 Bde. Hrsg. VDEh. Berlin, Düsseldorf 1984/85.

Lebensmittel, halbfeuchtes. H. L. oder Lebensmittel mittlerer Feuchte sind ohne →Sterilisation und ohne Kühlung bei Raumtemperatur mehrere Monate haltbare Produkte mit einer →Wasseraktivität im Bereich von 0,6–0,9 und einem Wassergehalt, der mit 10–40 % zwischen dem von frischen wasserreichen Lebensmitteln und Trockenprodukten liegt. Herkömmliche Produkte, die auf Grund von Wassergehalt und -aktivität den h. L. zuzurechnen sind, sind z. B. Emmentaler und Edamer Käse, Salami, Honig, Marmelade, gesüßte Kondensmilch und Trockenobst. Ausgehend von Neuentwicklungen im Bereich der Haustierfuttermittel sowie der Militär- und Astronautenverpflegung entstanden seit den 60er Jahren auch völlig neue Lebensmittelprodukte. Die Erniedrigung ihrer Wasseraktivität wird durch Zusatz bestimmter niedermolekularer Substanzen (Wasserbindemittel) erzielt. Dies sind häufig Natriumchlorid, Sacchose, Fructose, Propandiol, Milchsäure und Glycerin. Sie erhalten gleichzeitig die geschmeidige Struktur des Produkts. Problematisch, weil in vielen Produkten oft unerwünscht, ist der süße Geschmack von Zucker und Glycerin.

Weitere Maßnahmen zur Erzielung der langen Haltbarkeit sind der Einsatz von chemischen Konservierungsstoffen, die Pasteurisation und oft eine leichte Trocknung.

H. L. sind ohne Befeuchtung oder sonstige Art von Zubereitung direkt verzehrsfähig. *Kerner/Loncin*

Literatur: *Loncin, M.,* u. *H. Weisser:* Die Wasseraktivität und ihre Bedeutung in der Lebensmittelverfahrenstechnik. Chemie-Ing.-Techn. 49 (1977) Nr. 4. – *Simatos, D.,* u. *J. L. Multon:* Properties of Water in Foods. Dordrecht 1985.

Lebensmittelkonservierung. Zur Verlängerung der Haltbarkeit von Lebensmitteln ist es erforderlich, Maßnahmen gegen unerwünschte Verderbsreaktionen zu treffen. Dazu stehen verschiedene Konservierungsmethoden zur Verfügung, die allgemein in physikalische und chemische Verfahren unterschieden werden können.

Physikalische Verfahren. Die physikalischen Haltbarkeitsverfahren umfassen das →Kühlen und →Gefrieren, →Pasteurisieren und →Sterilisieren, Trocknen, →Filtrieren und Bestrahlen.

Durch *Kühllagerung* bei +4 bis –2 °C werden die Vorgänge, die zu Veränderungen von Lebensmitteln führen, verlangsamt. Bei pathogenen, lebensmittelverderbenden Mikroorganismen tritt bei Kühlschranktemperatur weder Vermehrung noch Toxinbildung auf. Als Ausnahme vermag Clostridium botulinum auf proteinreichen Lebensmitteln noch bei Temperaturen unter 5 °C das Exotoxin Botulin (1 µg führt beim Menschen zum Tod) zu produzieren. Schimmelpilze und Hefen sind ebenfalls noch vermehrungsfähig bei einer Temperatur <5 °C. Viele Lebensmittel sind auch bei Kühllagerung nur begrenzt haltbar (einige Tage), da Atmung und Stoffwechsel, wenn auch verlangsamt, fortgesetzt werden. Durch Anwendung inerter Schutzgase zusätzlich zur Kühllagerung läßt sich die Haltbarkeit verschiedener Lebensmittel steigern; z. B. bleibt Obst unter einer sauerstoffarmen, kohlendioxidreichen Atmosphäre länger frisch (→CA-Lagerung).

Gefrierkonservierung. Durch Absenken der Temperatur auf −12 bis −20 °C gefriert bei tierischen und pflanzlichen Lebensmitteln die Zellflüssigkeit. Den Enzymen steht nahezu kein wäßriges Milieu für biochemische Reaktionen zur Verfügung. Unter −12 °C ist eine Entwicklung von Mikroorganismen nicht mehr möglich; vegetative Keime werden z. T. abgetötet. Die Gefrierkonservierung ist die ideale Methode zur Frischhaltung von Lebensmitteln. Nährstoffe, Vitamine, Aromastoffe, Farbe bleiben weitgehend unverändert erhalten. Wichtig für die Qualitätserhaltung der Gefrierware ist die Gefriergeschwindigkeit (Gefrieren von Lebensmitteln).

Haltbarmachung durch Erhitzen (Sterilisation und Pasteurisierung). Bei der Sterilisation erhitzt man Lebensmittel in Gläsern oder Dosen (Konservierungsindustrie) im Autoklaven bei Temperaturen von >100 °C (meist 115–123 °C) mindestens 15–20 min. Dabei werden alle Mikroorganismen einschl. Bakteriensporen abgetötet und Eigenenzyme der Lebensmittel infolge Hitzedenaturierung inaktiviert. Die Sterilisation eignet sich nur für Lebensmittel, deren Konsistenz durch höhere Temperaturen nicht sehr verändert wird und die üblicherweise gekocht verzehrt werden (z. B. Fleisch, Gemüse, Obst).

Eine vergleichbare Reduktion der Keimzahl bei besserer Erhaltung wertvoller Lebensmittelinhaltsstoffe wird durch das →Ultrahocherhitzen (1,5–7 s bei 135–150 °C) erzielt. Dieses Verfahren wird für flüssige Produkte, insbes. für Milch und Milchprodukte eingesetzt (→Sterilisieren).

Sollen nur die vegetativen Formen vor allem der pathogenen Mikroorganismen abgetötet werden, so wendet man die Pasteurisation an. Die Pasteurisiertemperaturen liegen prinzipiell unter 100 °C. Bakteriensporen werden nicht geschädigt. Die Haltbarkeit pasteurisierter Lebensmittel ist daher im Vergleich zu sterilisierten wesentlich kürzer (Pasteurisieren).

Trocknung von Lebensmitteln. Mikrobielles Wachstum sowie chemische und biochemische Reaktionen erfordern einen Mindestwassergehalt bzw. eine Mindestwasseraktivität. Absenken der →Wasseraktivität a_w führt nicht zu einer Abtötung der Mikroorganismen bzw. Denaturierung von Enzymen, beeinflußt aber das Wachstum.

Das Wachstum ist nicht möglich unterhalb von $a_w = 0{,}90$ für Bakterien, $a_w = 0{,}85$ für die meisten Hefen, $a_w = 0{,}60$ für osmophile Hefen und $a_w = 0{,}75$ für die meisten Schimmelpilze. Unterhalb von $a_w = 0{,}80$ sind die meisten Enzyme inaktiv.

Durch Trocknung können Lebensmittel infolge Wasserentzugs vor mikrobiellem →Verderb geschützt und für längere Zeit lagerfähig gemacht werden. Es stehen verschiedene Trocknungsverfahren (Walzentrocknen, →Sprühtrocknen, →Gefriertrocknen) zur Verfügung, deren Auswahl sich nach dem jeweils zu trocknenden Lebensmittel richtet. Wichtig für die Haltbarkeit getrockneter Lebensmittel ist eine licht-, luft- und wasserdichte Verpakkung.

Bestrahlung. Kurzwellige Strahlung führt infolge Proteindenaturierung zur Abtötung von Mikroorganismen. Die Bestrahlung von Lebensmitteln (mit Ausnahme von Trinkwasser) mit UV-Licht oder kürzerwelligem Licht zur Haltbarmachung ist in Deutschland verboten (→Bestrahlung von Lebensmitteln).

Chemische Verfahren. Zu den chemischen Verfahren zählen die seit langem bekannten Methoden der Haltbarmachung (Salzen, →Pökeln, →Räuchern, Säuern, Zuckern, Einlegen in Alkohol), die mit einer Zubereitung der betreffenden Lebensmittel verbunden sind, sowie der Zusatz von chemischen Konservierungsstoffen und Antioxidantien zu Lebensmitteln.

Einsalzen von Lebensmitteln (Fleisch, Fisch) bewirkt durch Erhöhung des osmotischen Drucks einen Wasserentzug (indirekte Trocknung, Verminderung der Wasseraktivität). Salzkonzentrationen >10 % wirken auf Mikroorganismen entwicklungshemmend (mit Ausnahme von halophilen Pseudomonaden, Staphylokokken.) Die Toxinbildung wird gestoppt.

Im Unterschied zum Salzen finden beim *Pökeln* Pökelstoffe und Pökelhilfsstoffe Verwendung, wodurch eine bakteriostatische Wirkung und eine Umrötung von Fleischwaren erzielt wird. Zur Erhöhung der Haltbarkeit und zur Verbesserung des Geschmacks wird meistens zusätzlich geräuchert (Räuchern).

Säuern (Absenken des pH-Werts) wirkt auf Mikroorganismen entwicklungshemmend. Unter pH 4,0 ist das Wachstum von pathogenen Bakterien unterbunden. Hefen und Pilze können sich jedoch bis pH 2,0 vermehren. Bei der Herstellung von Sauergemüse, Sauermilchprodukten usw. wird durch Gärung eine natürliche Säuerung erzielt (Äpfelsäure, Milchsäure, Zitronensäure).

Zuckern. Hohe Zuckermengen verringern die Wasseraktivität, indem sie wie Salze Wasser entziehen, und wirken bakteriostatisch. Eine Saccharosekonzentration von 50–60 % (z. B. Marmelade) schließt das Wachstum von Mikroorganismen aus.

Verschiedene chemische Stoffe verhindern oder hemmen das Wachstum von Mikroorganismen (Konservierungsstoffe).

Kombinierte Verfahren. Zu einer vorgegebenen Verlängerung der Haltbarkeit von Lebensmitteln und zur gleichzeitig bestmöglichen Schonung ihrer Inhaltsstoffe werden häufig mehrere der genannten Methoden kombiniert (hurdle technology):

□ Erhitzen und anschließendes Kühlen/Gefrieren: Vor allem pasteurisierte Produkte werden zur Verlangsamung des Auskeimens von Bakteriensporen und des Wachstums nicht abgetöteter Keime gekühlt (z. B. Milch) oder gefroren.

□ Erhitzen und Verminderung der Wasseraktivität: Durch Einstellen der Wasseraktivität auf $a_w < 0,9$ wird Bakterienwachstum sicher verhindert. Hefen und Schimmelpilze, die bei diesem a_w-Wert noch wachsen können, werden durch vorheriges Pasteurisieren abgetötet (praktische Sterilität).

□ Erhitzen und Verminderung des pH-Werts: Alle temperaturstabilen Mikroorganismen, vor allem Sporenbildner, können bei pH < 4,5 nicht wachsen. Pasteurisieren von sauren Produkten (pH < 4,5) reicht zur Erzielung einer praktischen Sterilität aus. *Kerner/Loncin/Ganser*

Lebensmitteluntersuchung. L. umfassen einerseits Laborbestimmungen im Rahmen der betrieblichen Qualitätskontrolle und der Produktentwicklung sowie der amtlichen lebensmittelrechtlichen Überwachung, andererseits die kontinuierliche Messung wichtiger Parameter im Laufe des Herstellungsprozesses.

L. erstrecken sich auf die Bestimmung der Lebensmittelbestandteile einschl. der vorhandenen Fremdstoffe, der physikalischen Eigenschaften, des Verderbnisgrades und der sensorischen Eigenschaften. Dazu werden chemische, toxikologische, physikalische, mikrobiologische und organoleptische Bestimmungsmethoden eingesetzt.

Während die kontinuierlichen Messungen direkt in der Produktionsanlage durchgeführt werden, ohne den Herstellungsprozeß zu unterbrechen, sind bei den Laborbestimmungen Probenahmen erforderlich. Zur Untersuchung fertiger, verpackter Produkte zieht man als Probe mehrere Verpackungen heran, um neben dem Mittelwert auch die Standardabweichung bestimmter Eigenschaften zu ermitteln. Bei der Probenahme von unverpackten Massengütern, insbes. von heterogenen Produkten, ist die Erfassung eines möglichst repräsentativen Querschnitts zu beachten (Standardisierung der Probenahme).

Die Bestimmung des Wassergehalts ist bei vielen Lebensmitteln von zentraler wirtschaftlicher und technischer Bedeutung (z. B. in Butter, Margarine, Fleisch, Getreide). Bestimmungsmethoden sind das Trocknen der Probe durch Erhitzen bis zur Massekonstanz und Berechnung des Masseverlustes als Wasser, die Destillation unter Einsatz organischer Schleppflüssigkeiten (z. B. Toluol, Xylol, Tetrachlorethylen), die chemische Umsetzung (hauptsächlich Karl-Fischer-Methode), die Kernresonanzmessung und die Massenspektroskopie.

Der Proteingehalt sowie Art und Zusammensetzung der Aminosäuren ist meist weniger entscheidend für den Handelswert eines Lebensmittels, aber maßgebend für seinen Nährwert. Stickstoffverbindungen (Proteine, Peptide, Aminosäuren, Alkaloide, Salpetersäure u. a.) sind qualitativ nachweisbar durch Farbreaktionen (z. B. Nachweis nach *J.-L. Lassaigne,* Ninhydrinreaktion). Schnellmethoden sind die direkte UV-Spektralanalyse, die Nephelometrie, die Phenolbestimmung u. a. Der Gesamtaminostickstoffgehalt wird nach dem Kjeldahl-Verfahren (Säureaufschluß, Ammoniakdestillation und Titration) bestimmt, der Anteil des verdaulichen Proteins durch eine Pepsinbehandlung, die Zusammensetzung der Aminosäuren durch Hydrolyse und →Ionenaustauschchromatographie.

Zur Überprüfung von Lebensmitteln auf unerlaubte oder nicht deklarierte Proteinzusätze kann die Herkunft von Proteinen durch serologische Tests oder Elektrophorese nachgewiesen werden.

Kohlenhydrate, die in der Ernährung nur als Energiequelle dienen, werden in Lebensmitteln vor allem bezüglich der Zusammensetzung, der Verdaulichkeit und der physikalischen Eigenschaften untersucht. Einzelne Zucker, wie Glucose, Fructose, Lactose, Saccharose und Galactose, lassen sich mit spezifischen chemischen oder enzymatischen Methoden qualitativ nachweisen. Die quantitative Erfassung dieser löslichen Zucker erfolgt durch Polarimetrie (Bestimmung des Drehwinkels) und chromatographische Methoden. Reduzierende Zucker werden durch Reduktionsmethoden bestimmt (z. B. nach *Potterat* und *Eschmann* oder nach *Luff* und Schoorf), Aldosen (Glucose, Lactose, Maltose) durch Umsetzung in alkalischer Lösung.

Höhermolekulare Kohlenhydrate untersucht man mit Farb- oder Fällungsreaktionen, Viskositätsmessungen, enzymatischen Abbaureaktionen und Bestimmung des Geliervermögens. Der Rohfasergehalt von Lebensmitteln, hauptsächlich von Cellulose (in Schalenbestandteilen) kann über die Bestimmung der schwer hydrolysierbaren Bestandteile erfaßt werden. All diese Untersuchungen dienen zur Erfassung der Stoffströme und -bilanzen in kohlenhydratverarbeitenden Betrieben, der Verluste in Müllereien, in Brauereien, zur Untersuchung von Abfällen und Abwasser, zur Bestimmung des Reifegrads von Obst und Gemüse u. ä.

Die Untersuchung der Nahrungsfette dient i. a. zur Ermittlung der Identität, Reinheit und des Frischezustands der Fette und Öle. Unverfälschtheit und Lagerfähigkeit können überprüft werden. Mit Extraktionsverfahren werden der Fettgehalt (Verfahren nach *Soxhlet; Weibull* und *Stoldt; Gerber*) und der Anteil an Unverseifbarem (als Maß für die Unreinheit des Fetts) bestimmt. Darüber hinaus werden Fette und Öle durch eine Vielzahl von physikalischen und chemischen Kenngrößen charakterisiert:

❑ physikalische: Schmelzpunkt und Schmelzbereich, Erstarrungspunkt (Thermoanalyse), Schmelzausdehnung (Dilatometrie), Brechungsindex (Refraktometrie), rheologische Eigenschaften;

❑ chemische: Gehalt (Titration) und Zusammensetzung (Gas- oder Dünnschichtchromatographie) der freien Fettsäuren, Sättigungsgrad (Jodzahlbestimmung), Gesamtfettsäuregehalt und mittlere Kettenlänge (Verseifungszahl), Esterzahl, Buttersäurezahl, Hydroxylzahl. Mit speziellen Methoden können Fettbegleitstoffe (Phosphatide, Sterine, Tocopherole, Squalen u. a.) erfaßt werden.

Neben der Bestimmung von Wasser und der Hauptnährstoffe Proteine, Kohlenhydrate und Fette ist im Rahmen der L. auch die Bestimmung folgender Inhaltsstoffe von Bedeutung: Mineralstoffe (Aschegehalt), Vitamine, organische Säuren, Quellstoffe und Verdickungsmittel, Alkohol, Konservierungsmittel, Lebensmittelfarbstoffe, Aromastoffe, Tenside, Schwermetall-, Pestizid- und Wuchsstoffrückstände, Mykotoxine, Kunststoffe, Enzyme.

Zahlreiche physikalisch-chemische Methoden werden allgemein zur Bestimmung von Stoffwerten und anderen Kenngrößen von Lebensmitteln herangezogen: Dichtebestimmung, rheologische Untersuchungen (z. B. Viskositätsbestimmung), Messen der Grenzflächenspannung, Refraktometrie, Kryoskopie, Polarimetrie, Potentiometrie, Polarographie, Elektrophorese, Spektroskopie (Kolorimetrie, Photometrie, Spektrometrie), Chromatographie (Gaschromatographie, HPLC).

Mikrobiologische Untersuchungen umfassen die Bestimmung der Art und Anzahl der in Lebensmitteln vorhandenen Mikroorganismen und Sporen sowie u. U. deren Stoffwechselprodukte.

Die Sinnesprüfung von Lebensmitteln und deren qualitätsbestimmenden Eigenschaften ist nach wie vor unverzichtbarer Bestandteil der L. (→Sensorik). *Kerner/Loncin*

Literatur: Amtliche Sammlung von Untersuchungsverfahren nach § 35 LMBG. Hrsg. u. Red. Bundesgesundheitsamt. Berlin, Köln. – *Rauscher, K., K. R. Engst u. U. Freimuth:* Untersuchung von Lebensmitteln. 2. Auf. Leipzig 1986. – Schweizerisches Lebensmittelbuch. 5. Aufl. Bern 1964.

Lebensmittelverfahrenstechnik. Das Wesen der L., einer in dieser Form noch recht jungen Disziplin, liegt im Anwenden wissenschaftlicher Prinzipien auf die Planung und den Einsatz von Maschinen, Anlagen und Verfahren zum Verarbeiten und Konservieren von Lebensmitteln auf dem Weg vom Erzeuger zum Verbraucher. Sie zeichnet sich demnach durch eine ausgesprochen verfahrenstechnische Blickrichtung aus, in der sich die Abgrenzung zur stark produktorientierten Lebensmitteltechnologie

manifestiert. Gegenüber der allgemeinen Verfahrenstechnik andererseits erhält die L. ihre spezielle Prägung durch die Natur der Rohstoffe sowie die sensorischen (→Sensorik) und diätetischen Eigenschaften der Endprodukte.

Rohstoffe sind i. a. pflanzliche und tierische Produkte wie Früchte, Gemüse, Getreide, Eier, Milch, Fische und Schlachttiere bzw. deren Fleisch. Sie sind am Ende ihrer landwirtschaftlichen Erzeugung keine toten Materialien, sondern biologisch intakte Systeme, die unerwünschten Veränderungen auf Grund der Entwicklung von Mikroorganismen, chemischer und enzymatischer Reaktionen sowie physikalischer Vorgänge unterliegen (Verderb von Lebensmitteln).

Die sensorischen Eigenschaften (Geruch, Geschmack, Aussehen, Textur) beeinflussen den Handelswert der Lebensmittel in entscheidender Weise. Sensorische Prüfungen sind für ihre Erfassung unerläßlich. Im Interesse rationeller Verarbeitungstechniken werden jedoch in verstärktem Maß physikalisch oder chemisch erfaßbare Kriterien erarbeitet und großtechnisch eingesetzt.

Im Hinblick auf die menschliche Ernährung ist der Gehalt an lebensnotwendigen Bestandteilen (Proteine, Lipide, Kohlenhydrate, Vitamine und Spurenelemente) von größter Bedeutung. Weitere Aufklärung der komplexen Zusammenhänge zwischen Zusammensetzung und diätetischem Wert von Lebensmitteln sowie deren Beeinflussung durch verfahrenstechnische Maßnahmen ist nach wie vor ein Anliegen der Forschung, die Umsetzung in die Praxis ein Anliegen aufgeschlossener Lebensmittelbetriebe. Immer mehr setzt sich das Bestreben durch, die positiven Eigenschaften der Rohstoffe in die Endprodukte zu übertragen, gleichzeitig jedoch gesundheitsschädliche Komponenten zu entfernen und eine größere Stabilität des Produkts gegenüber Verderbsreaktionen zu erzielen. Aus dieser Zielsetzung heraus stellt sich der L. ein vielschichtiger Aufgabenbereich.

Verarbeitungsverfahren. Es werden unterschieden:

❑ Trennen: Wichtige Trennverfahren sind das →Sortieren, →Klassieren und →Sieben (z. B. →Getreideverarbeitung), das Absetzen, Zentrifugieren und Abscheiden in Zyklonen (z. B. Stärkegewinnung, Milchentrahmung), das →Filtrieren (z. B. Treber-, Hopfen- und Trubabscheidung beim Bierbrauen, bei der Wein- und Fruchtsaftklärung); ferner auch die thermischen Verfahren Verdampfen (z. B. Aufkonzentrieren von Zuckerlösungen, Milch- und Molkenpulvergewinnung, Saftkonzentrate) und →Gefrierkonzentrieren (z. B. Säfte, Bier, Wein), Trocknen (z. B. Stärke, Malz, Trockenprodukte wie Milch- und Molkenpulver) und Gefriertrocknen (z. B. Kaffeextrakt), Destillieren (z. B. Alkoholgewinnung, Aromarückgewinnung) sowie

Extrahieren (z. B. Ölsaaten, Rübenzucker, Kaffee).

□ Mischen: Viele Lebensmittel bestehen aus mehreren Rohstoffkomponenten, die im Laufe der Herstellung homogen verteilt werden müssen. Hierzu eignen sich Rührer (z. B. Eiscrememix, Konfitüren, Süßigkeiten), statisches Mischen mit Einbauten in durchströmten Rohren, →Homogenisieren (z. B. Milch, Mayonnaise, Eiprodukte), Kneten (z. B. Teig). Verschiedene Mischoperationen verfolgen gleichzeitig auch andere Ziele, z. B. Zerkleinern beim Kuttern (Wurstmasse) oder thermische Behandlung beim Extrudieren (Knabberartikel).

□ Chemische Reaktionen: Verschiedene einfache chemische Reaktionen sind in der Lebensmittelindustrie von großer wirtschaftlicher Bedeutung (z. B. Hydrieren von Fetten bei der Margarineherstellung, Säurehydrolyse der Stärke zur Glucosegewinnung). Oft werden auch komplexe chemische Reaktionen angestrebt (z. B. Maillard-Reaktionen beim Rösten von Kaffee, Kakao, Zichorie, Malz, Brotbacken).

□ Fermentation: Die Ausnutzung von mikrobiellen Vorgängen spielt seit langer Zeit eine bedeutende Rolle in der Lebensmittelverarbeitung (z. B. Herstellung von Wein, Bier, Sauerkraut, Sauermilchprodukte, Käse, Essig). Eine Erweiterung des Anwendungsfeldes ergibt sich aus den Fortschritten in der Biotechnologie (z. B. fermentative Produktion von Vitaminen, Aminosäuren und Genußsäuren).

□ Enzymatische Reaktionen: Im Rohstoff vorhandene oder sich bildende Enzyme sind für eine Vielzahl von Umwandlungs- oder Reifungsreaktionen verantwortlich (z. B. Stärkeabbau beim Bierbrauen, Reifen von Fleisch und Früchten). Fermentativ gewonnene Enzyme werden seit neuerem für bestimmte Umsetzungsreaktionen gezielt eingesetzt (z. B. →Stärkeverzuckerung, Glucoseisomerisierung, Umesterung von Fetten).

Stabilisierungsverfahren. Sie dienen der Verlängerung der Haltbarkeit und damit dem zeitlich und räumlich flexibleren Verbrauch der Lebensmittel.

□ Stabilisierung gegen das Wachstum von Mikroorganismen

– durch Wärmebehandlung: Man unterscheidet das →Pasteurisieren zum Abtöten der vegetativen Mikroorganismen, insbes. aller pathogenen Keime (Temperaturen unter 100 °C), und das →Sterilisieren zum Abtöten aller vegetativen Formen sowie der Bakteriensporen (Temperaturen über 100 °C) Liegt der pH-Wert unterhalb von 4,5, ist eine praktische Sterilität bereits durch Pasteurisieren erzielbar.

– durch Kälteeinwirkung: Die Abkühlung von Lebensmitteln auf Temperaturen im Bereich von −3 bis +5 °C verlangsamt das Wachstum von Mikroorganismen deutlich. Weitgehend unterbunden wird das Wachstum jedoch erst durch →Gefrieren und Gefrierlagern (üblicherweise zwischen −18 und −30 °C).

– durch Senken der →Wasseraktivität: Durch Trocknen oder Zusatz niedermolekularer löslicher Stoffe (Zucker, Salze) wird die Verfügbarkeit des Wassers für die Mikroorganismen eingeschränkt. Unterschreitet die Wasseraktivität bestimmte organismenspezifische Mindestwerte, können Mikroorganismen nicht mehr wachsen.

– durch Senken des pH-Werts: Dies kann durch Zugabe von Säure (vor allem Essigsäure) oder durch gezielte Fermentation des Produkts, bei der Säure gebildet wird (hauptsächlich →Milchsäuregärung), erreicht werden.

– durch chemische Haltbarmachung: Hierzu steht eine Reihe von Konservierungsstoffen zur Verfügung, die dem Lebensmittel zugesetzt werden (z. B. Sorbinsäure, Benzoesäure, SO_2) oder die als Oberflächenbehandlungsmittel insbes. auf Früchte aufgebracht werden (z. B. Orthophenylphenol, Thiabendazol).

– durch Bestrahlung: Zum Pasteurisieren und Sterilisieren, ferner zum Abtöten von Trichinen und Insekten sowie zur Verhinderung des Keimens von Kartoffeln können ionisierende Strahlen (besonders Gamma- und Elektronenstrahlen) eingesetzt werden.

– durch sterilisierende Filtration: Die Entkeimung durch Filtration, meist mit mikroporösen Membranen, findet hauptsächlich Anwendung bei der Wein-, Bier- und Fruchtsaftherstellung.

□ Stabilisierung gegen enzymatische Schädigung

– durch Wärmebehandlung: Die thermische Behandlung verursacht die Denaturierung und damit Inaktivierung von Enzymen. Zerstörung unerwünschter Enzyme ist das Hauptziel des Blanchierens von Gemüse.

– durch Chemikalien: Die Enzyminaktivierung kann auch durch Zusatz bestimmter Substanzen (z. B. SO_2, Ascorbinsäure) erreicht werden.

□ Stabilisierung gegen chemische und physikalische Veränderungen: Hierzu steht eine Vielzahl von Maßnahmen, häufig kombinierte Verfahren, zur Verfügung, deren Auswahl sehr stark vom zu verarbeitenden Stoff und dem Schädigungsprozeß abhängt.

Insbesondere gilt es, Oxidationsvorgänge (durch Verarbeiten und Lagern unter Luftabschluß, Zusatz von Antioxidantien und Synergisten, Ausschluß von Oxidationskatalysatoren, besonders Kupfer), physikalische Entmischungsvorgänge (durch Erhöhung der Viskosität, Feinstverteilung der dispersen Phase, z. B. Homogenisieren, Einsatz grenzflächenaktiver Stoffe, Emulgatoren) und unerwünschte Maillard-Reaktionen (durch Entfernung der Polysaccharide, Senken des pH-Werts oder der Wasseraktivität) zu unterbinden.

Die Verfahrensauswahl für das Verarbeiten und Stabilisieren von Lebensmitteln erfolgt unter marktwirtschaftlichen und unternehmerischen Gesichtspunkten. Sie unterliegt aber gleichermaßen dem Konsumverhalten und den Verbraucherwünschen. Bezüglich letzteren war in den vergangenen Jahren eine Aufspaltung einerseits in möglichst naturbelassene Lebensmittel und andererseits in längerfristig haltbare sowie verzehrfertige Produkte zu verzeichnen.

Aus dieser Polarisierung ergeben sich vielfache Kontroversen, die nur durch sachliche Argumentation und Fachwissen um die Vorgänge sowie um Nutzen und Schaden im Zusammenhang mit der industriellen Bearbeitung von Lebensmitteln konstruktiv behandelt werden können. *Kerner/Loncin*

Lebensmittelzubereitung. L. ist die Bearbeitung von natürlich verfügbaren Nahrungsquellen derart, daß durch Abtrennung und Aufbereitung bestimmter Nähr- und Wirkstoffgruppen Produkte für die menschliche Ernährung entstehen, welche gut verdaulich, biologisch wertvoll, geschmacklich ansprechend und sättigend sind.

Das Zubereiten kann mechanische Verfahren (Zerkleinern, Agglomerieren, Trennen, Mischen, Kneten), thermische Verfahren (Trocknen, Eindikken) und Garprozesse (Kochen, Dämpfen, Dünsten, Schmoren, Braten, Backen, Grillen, Rösten) sowie biochemische Verfahren (Gären, Reifen, Fermentieren) umfassen. Diese Prozesse haben oft derartige Veränderungen der Rohstoffe zur Folge, daß sie mit den hergestellten Lebensmitteln oft nur noch wenig Ähnlichkeit haben.

Häufig wird mit der Zubereitung gleichzeitig eine Haltbarmachung erzielt (→Pökeln, Säuern, Zuckern, →Räuchern, Einlegen in Alkohol).

Zunehmende Bedeutung gewinnt das Herstellen von Teilkomponenten einer Mahlzeit oder kompletten Gerichten als tafelfertige Zubereitungen, die vor dem Verzehr lediglich zu befeuchten und/oder zu erwärmen (Aufkochen, Erwärmen mit Mikrowellen) sind. Neben eher traditionellen Produkten wie Dosenfleischwaren (z. B. Corned Beef) und Gemüse- oder Mischkonserven (z. B. Bohnen mit Speck) sind Gulasch- und Ragoutgerichte, Teigwaren mit Fleischfüllungen, Pizzas, Instantsuppen und Soßen und viele andere zu nennen. Diese Produkte stellen oft besondere technische Anforderungen an die Herstellung im Hinblick auf die einfache Zubereitung durch den Endverbraucher (z. B. →Instantisieren), aber auch an die Haltbarmachung (z. B. Trocknen, →Gefrieren, Zusatz von Konservierungsstoffen) und Verpackung (Einsatz neuer Verpackungsmaterialien, aseptisches Verpacken). *Kerner/Loncin*

Literatur: *Heimann, W.:* Grundzüge der Lebensmittelchemie. Darmstadt 1976. – *Schorrmüller, J.:* Lehrb. Lebensmittelchemie. 2. Auf. Berlin 1974.

Leberunterstützungssystem. Zur Behandlung von Patienten mit Leberkoma wurden seit Ende der 50er Jahre verschiedene Wege beschritten, die bis heute jedoch nicht zu einer technisch befriedigenden Lösung zum Ersatz der Leberfunktion geführt haben.

Verfahrenstechnische Grundprinzipien, wie z. B. Adsorption, Extraktion, chemische bzw. enzymatisch katalysierte Reaktionen sowie Membran-Trennprozesse, müssen möglichst sinnvoll mit biochemischen Prinzipien kombiniert werden, um wenigstens eine Teilsubstitution der Leberfunktionsleistung zu erreichen.

Innerhalb der Leberzelle werden in einer Reihe von Zellorganellen vielfältige Funktionen nebeneinander durchgeführt: Adsorptive, synthetische, metabolische, sekretorische und Speicherfunktionen haben das Ziel, durch Biotransformation eine chemische Umwandlung von meist fettlöslichen Substanzen in besser wasserlösliche Substanzen zu erreichen, um diese damit ausscheidungsfähig zu machen.

Die technischen Maßnahmen eines Leberersatzes müssen sich somit auf die Substitution von Teilfunktionen des geschädigten Organs beschränken, wobei hier auch bislang nur temporäre Lösungen möglich sind, um der geschädigten Leber Zeit zur Regeneration und Wiederaufnahme ihrer Eigenfunktion einzuräumen.

Technisch angewandte Möglichkeiten sind die →Hämoperfusion über Adsorbenzien und die Membranplasmaseparation. Konventionelle Membranverfahren, wie z. B. die →Hämodialyse, sind zur Elimination insbes. größerer Moleküle und Proteine bzw. lipidgebundener Toxine nicht geeignet. Versuche von Blutaustausch-Transfusionen, Kreuzperfusionen mit lebergesunden Menschen und Kreuzzirkulationen mit parallel geschaltetem Kreislauf eines höheren Wirbeltieres (Paviane, Schimpansen) bringen keine befriedigenden Lösungen.

Die extrakorporale Perfusion durch lebendes Lebergewebe, das in Form von Leberscheiben, Leberzellsuspensionen oder Leberzellen in Gewebekulturen angeboten wird, befindet sich ebenso wie die Anwendung von mikroverkapselten biologischen Systemen (künstliche Zellen) noch im Experimentalstadium. *H. Schneider*

Leerlaufspannung →Funkenerosion

Leerrohrgeschwindigkeit. Die L. ist die Geschwindigkeit, mit der ein Gas durch einen verfahrenstechnischen Apparat oberhalb oder unterhalb von →Einbauten bzw. einer →Schüttung im leeren Apparat strömt. Sie wird häufig als Bezugsgeschwindigkeit auch für Kolonnenteile mit Stoffaustauschvorrichtungen verwendet (→Destillieren).

Die Gasgeschwindigkeit am Lockerungspunkt einer Wirbelschicht nennt man auch minimale L. *Dohrn*

Legierungsmetall. L. werden zum Herstellen bestimmter Legierungen, die als feste Lösungen von Metallen zu vestehen sind und durch Zusammenschmelzen verschiedener Komponenten erhalten werden, verwendet. Je nach Art und Menge der einzelnen Bestandteile ändern sich die Eigenschaften der metallischen Werkstoffe teilweise beträchtlich. Die Anzahl der legierten Werkstoffe geht in die Tausende, und man ist deshalb bemüht, Ordnung und Übersicht durch eine weitgehende Normung zu erreichen. Nachfolgend können nur die wichtigsten L. beschrieben werden.

Silicium. Im Eisen- und Stahlbereich werden FeSi-Legierungen mit Siliciumgehalten um 45–90 % (FeSi 45, 75 und 90) verwendet. Bei der →Stahlherstellung dient FeSi meist als Desoxidationsmittel, aber auch als L., z. B. bei der Herstellung von Transformatorenblechen. Wegen der hohen Affinität besonders der niedrigprozentigen FeSi-Sorten zu Wasserstoff hat man den Silicumgehalt von etwa 9 % erheblich reduziert. Im →Gußeisen fördert Silicium die Graphitausscheidung und beeinflußt zusammen mit Kohlenstoff wesentlich die mechanischen Eigenschaften. Siliciummetall mit 99 % Si kommt nur in Sonderfällen, z. B. bei der Herstellung von säurefestem Guß mit 16 % Si, zum Einsatz.

Im NE-Metallbereich spielt Silicium vor allem beim Aluminium in den eutektischen AlSi-Legierungen mit ca. 12 % Si und den übereutektischen Kolbenwerkstoffen mit etwa 21 % Si eine wesentliche Rolle. Siliciumcarbid (SiC) hat sich als Siliciumträger für die Erzeugung von hochwertigem Gußeisen sowie als hochhitzebeständige Komponente in Feuerfestmaterialien bewährt.

Mangan. Handelsüblich sind Ferromangan mit 5–7 % C bei 70–80 % Mn (bzw. 30–50 % Mn), als carburé bezeichnet, sowie mit 1–2 % C (affiné) oder weniger als 0,5 % C (suraffiné) und schließlich Manganmetall mit 95–98 % Mn. Eisenmanganlegierungen mit 5–30 % Mn werden als Spiegeleisen bezeichnet. Ferromangan und Spiegeleisen werden zum Desoxidieren, Entschwefeln und auch zur Herstellung manganlegierter Stähle verwendet. Ferromangan suraffiné dient vorzugsweise zur Erschmelzung kohlenstoffarmer, rostfreier Stähle, die neben Mangan mit Chrom legiert sind. Mangan ist im Gußeisen ein Carbidbildner, der in geringen Gehalten (bis etwa 0,8 %) zur Festigkeitssteigerung beiträgt, darüber hinaus vor allem bei dünnwandigem Guß durch Zementitbildung die Bearbeitbarkeit sehr erschwert.

Chrom. Ferrochrom wird ähnlich wie Ferromangan als carburé (4–10 % C), affiné (0,5–2 % C) und suraffiné (0,02–0,5 % C) hergestellt. Die Chromgehalte liegen bei den hochgekohlten Sorten bei 60–70 %, bei den Affiné- und Suraffiné-Sorten zwischen 65 und 75 %. Ferrochrom verwendet man als Legierungszusatz zur Herstellung von Baustählen, Einsatz- und Vergütungsstählen, rostfreien, warmfesten, verschleiß- und zunderfesten Stahlsorten sowie von Werkzeugstählen. Im Gußeisen erhöhen Chromzusätze Verschleiß- und Zunderfestigkeit und verhindern ein zu großes Wachsen der Gußstücke bei Flammenbeaufschlagung. Chromlegiertes Gußeisen wird deshalb vor allem für Roststäbe usw. im Kessel- und Feuerungsbau eingesetzt.

Chrom ist ein starker Carbidbildner, weshalb man in Fällen, wo Duktilität vom Bauteil verlangt wird, durch gleichzeitiges Zulegieren von Nickel und ggf. Molybdän der sonst einsetzenden Versprödung entgegenwirken muß.

Nickel. Die Nickelgewinnung aus nickelhaltigen Erzen erfolgt in vielen Stufen nach ebenfalls unterschiedlichen Verfahrensvarianten. Rohnickel enthält noch so viele Verunreinigungen, daß es für die Weiterverarbeitung ungeeignet ist, weshalb es zu Reinnickel (Ni + Co = 99,95 %, wobei Co etwa 0,5 % beträgt) raffiniert wird.

Nickel wird nicht nur wegen seiner guten Formbarkeit und großen Korrosionsbeständigkeit eingesetzt, sondern vor allem deswegen, weil Nickelzusätze die mechanischen und physikalischen Werte sowie das Widerstandsvermögen anderer Metalle gegenüber chemischen und thermischen Angriffen erheblich verbessern können. Deswegen ist Nickel ein unentbehrlicher Bestandteil in der Zusammensetzung von Einsatz- und Vergütungsstählen für hochbeanspruchte Maschinenteile, von säurebeständigen Stählen für die chemische Industrie und für Haushaltswaren sowie von hochhitzebeständigen Stählen (z. B. für Ofenteile bei hoher mechanischer Beanspruchung); ferner von Gußeisen mit besonderen thermischen, magnetischen und elastischen Eigenschaften.

Nickel ist auch Legierungsbestandteil vieler NE-Metalle, z. B. von Kupfer-Nickel-Legierungen für Kondensatorrohre, chemische Apparate, Münzen, Widerstandsmaterial, Heizleiter usw. Ferner nutzt man Nickel als Katalysator für chemische Reaktionen und als elektrolytisch oder stromlos abscheidbaren Überzug für dekorative Zwecke oder zum Korrosionsschutz.

Cobalt. Da Cobalt immer zusammen mit Nickel in Erzen vorkommt, erfolgt praktisch die Anreicherung beider Metalle gemeinsam zu einem Zwischenprodukt. Cobalt wird fast ausschließlich in Reinmetallform verwendet und hat große Bedeutung bei der Herstellung von Spezialstählen und Stelliten (hier zusammen mit Wolfram und Chrom), bei der Erzeugung von Dental-Legierungen für Zahnprothesen und von Magnetwerkstoffen, wobei es hierbei auch in Pulverform für Sintermagnete zum Einsatz kommt. Cobaltzusätze sind auch ein Regulativ für die Härte von Hartmetallen und ein Co-Zusatz von 2–10 % in Spezialbronze macht diese gegen HNO_3 sehr beständig. Cobaltoxide dienen zur Herstellung von Schmelzemails.

Wolfram. Bei der Herstellung von Ferrowolfram wird ein Gehalt von etwa 80 % W angestrebt; doch läßt sich dieser Prozentsatz bei schlechten Erzen nicht immer erreichen. Wolframmetall gibt es in Pulverform, wobei die technische Qualität 96 bis 98 % W, 0,1 % C, 0,3–0,5 % O_2, Rest Eisen und nichtmetallische Bestandteile erhält. Die Produktion von Ferrowolfram geht größtenteils in die Stahlerzeugung, weil Wolframzusätze den Stahl gut härtbar machen. Da Wolfram den Zerfall des Martensits im gehärteten Stahl erschwert, sind Schneidstähle aus Wolframstahl sehr anlaßbeständig. Ferner nehmen durch Wolfram der remanente Magnetismus und die Koerzitivkraft der gehärteten Stähle hohe Werte an. Wolframmetall wird dort eingesetzt, wo bei sehr hohen Temperaturen noch eine gewisse Festigkeit verlangt wird (z. B. Glühdrähte in elektrischen Lampen, elektrische Kontakte, Zündkerzen usw.). Wolframcarbid ist ein wesentlicher Bestandteil der für die spanende Formung verwendeten Hartmetalle.

Molybdän. Molybdän ist ebenfalls ein wichtiger Stahlveredler. Ferromolybdän wird aus einem durch Rösten gewonnenen Konzentrat vornehmlich silicothermisch hergestellt. Ein solches Produkt enthält 60–70 % Mo, 0,5–1,0 % Si, 0,1 % C, 0,05–0,1 % S, Rest Eisen. Molybdän-Metallpulver wird aus reiner Molybdänsäure durch Reduktion im Wasserstoffstrom hergestellt. Die technische Qualität enthält 98–99 % Mo, 0,05–0,1 % C, Sauerstoff und Spuren von Fe, Si und Al.

Mo erhöht die Vergütbarkeit von Stahl vor allem unter Erhalt einer ausreichenden Zähigkeit sowie der Vermeidung der Anlaßsprödigkeit. In niedrig und hochlegierten Stählen erhöht Molybdän die Warm- und Dauerfestigkeit sowie den Widerstand korrosionsbeständiger Chrom- und Chrom-Nickelstähle gegen Lochfraß. Obwohl ohne eigenen Einfluß verbessert Molybdän die Schweißbarkeit, weil es gestattet, die erforderliche Festigkeit und Streckgrenze in Schweißdrähten und Elektroden auch bei sehr niedrigen Kohlenstoffgehalten zu erreichen.

Im Gußeisen wirkt Molybdän weder graphitisierend noch carbidbildend, so daß man weder Gattierung noch Schmelztechnik bei Mo-Zusatz zu ändern braucht. Bei gleichem Legierungsanteil erhöht Molybdän die Festigkeit von Gußeisen mit Lamellengraphit mehr als Chrom oder Nickel. Vor allem aber setzen Mo-Zugaben die Wanddickenempfindlichkeit von Gußeisen herab.

Vanadium. Da Vanadium ein starker Carbidbildner ist, genügen Bruchteile eines Prozents im Stahl, um dessen Festigkeitswerte erheblich zu verbessern. Zugesetzt wird Vanadium als Ferrovanadium mit 80–85 % V. Gußeisen für Motorenbauteile wird Vanadium zur Festigkeitssteigerung und Verminderung der Lunkerneigung zugesetzt. Vanadiumsalze dienen zur Herstellung von Katalysatoren.

Titan. Ursprünglich diente Titan in Form von Ferrotitan (ca. 50 % Ti) als Desoxidationsmittel bei gleichzeitiger Reduzierung von N und S, wird jetzt aber als L. vor allem für nichtrostenden Stahl verwendet, da es ebenso wie Niob interkristalline Korrosion verhindert, Walz- und Tiefziehbarkeit, vor allem aber infolge der Kohlenstoffbindung die Schweißbarkeit rostfreier Stähle verbessert. Für den Leichtmetallsektor werden eisenfreie Legierungen verlangt, bei denen ein hoher Aluminiumgehalt erwünscht ist, da er die Legierungsbildung mit Aluminium und Magnesium erleichtert.

Niob und Tantal. Beide Metalle haben als Legierungsbestandteile des Stahls praktisch die gleiche Wirkung. Vor allem verwendet man sie wie Titan zur Bindung des Kohlenstoffs (Stabilisierung) in nichtrostenden Stählen, womit verhindert wird, daß sich beim Schweißen schädliche Chromcarbide an den Korngrenzen abscheiden. Niob wird außerdem schweißbaren austenitischen und warmfesten Stählen für Gasturbinen, Raketen usw. zugesetzt.

Kupfer. Ist bis zu 3 % in Eisenschmelzen löslich und wirkt bei Gußeisen graphitisierend, so daß es teilweise Silicium ersetzt. Kupfer ist festigkeitssteigernd, verhindert aber bei gleichzeitigem Einsatz mit Carbidbildnern das Auftreten freier Carbide und verbessert somit die Bearbeitbarkeit. Außerdem erhöht Kupfer die Korrosionsbeständigkeit von Gußeisen. *Doliwa*

Legierungszusatz →Legierungsmetall

Leichtmetall →Nichteisen-Metallguß

Leichtroboter. Roboter in Leichtbauweise werden entwickelt mit dem Ziel, ein günstiges Verhältnis von Eigengewicht und Nutzlast bzw. Antriebsleistung und Verfahrgeschwindigkeit zu erreichen. Dadurch können höhere Traglasten, hohe Handhabungsgeschwindigkeiten und ein energiesparender Betrieb ermöglicht werden.

Die Leichtbauweise kann durch unterschiedliche Maßnahmen verwirklicht werden. Anstatt wie bisher die zur Bewegung der Hauptachsen erforderlichen Motoren und Getriebe an den bewegten Achsen anzubringen, werden diese Maschinenelemente in den nicht zu bewegenden Teil des Industrieroboters (z. B. im Sockel) verlagert. Der Vorteil dieser Anordnung liegt darin, daß zum einen die träge Masse der beweglichen Teile um die Masse dieser Elemente reduziert wird, zum anderen, daß die Armteile konstruktiv leichter ausgeführt werden können, da sie die Antriebe nicht aufnehmen müssen.

Weitere Möglichkeiten der Reduzierung bewegter Massen bestehen darin, die vorn am Handflansch des Industrieroboters angebrachten Greiforgane gewichtsoptimiert auszulegen bzw. bei der Materialwahl für den Roboterarm statt der bislang üblichen

Materialien (Stahl- und Aluminiumlegierungen) kohlefaserverstärkte Kunststoffe (CFK) einzusetzen. Die Vorteile dieser Materialien sind neben ihrem geringen Gewicht eine hohe Zugfestigkeit sowie ein großes Dämpfungsvermögen. Folgende Nachteile sollten bei ihrer Verwendung allerdings berücksichtigt werden:

□ Festigkeitsabfall auf Grund von Temperatur- und Feuchtigkeitseinflüssen,

□ Probleme bei der Ausbildung komplizierter Oberflächen,

□ Probleme bei der Krafteinleitung,

□ sehr hohe Kosten. *Warnecke*

Leidenfrost-Phänomen →Tiefkühlkonservierung

Leitspindel- und Zugspindeldrehmaschine. Sie werden in der Einzel- und Kleinserienfertigung für einen weiten Bereich fertigungstechnischer Aufgaben eingesetzt und gehören zu den handbedienten Drehmaschinen. Kennzeichnende Baugruppen dieser Bauart sind das Waagrechtbett, der Spindelstock mit integrierter →Hauptspindel und Antriebsmotor sowie Getriebe, der handbediente Querschlitten mit Kreuzsupport und der bei Wellenbearbeitung angewendete Reitstock (Bild). Der Antrieb erfolgt standardmäßig über einstufige oder polumschaltbare Drehstrommotoren, denen ein mehrstufiges, handgeschaltetes Schieberädergetriebe nachgeschaltet ist. Je nach Art der Werkstückeinspannung unterscheidet man zwischen Futterbearbeitung und Spitzenbearbeitung (→Spitzendrehmaschine). Werden kurze Werkstücke zur Drehbearbeitung in Futtern gespannt, so erfolgt die Einspannung bei langen Werkstücken zwischen zwei Drehspitzen. Werkstücke mit einem großen Schlankheitsgrad (kleiner Durchmesser) sind zusätzlich durch eine Lünette gegen Durchbiegung abzustützen. Die Leitspindel der Maschine ist eine Gewindespindel, die die Vorschubbewegung beim Gewindeschneiden übernimmt. Der eigentliche Vorschub bei der normalen Drehbearbeitung wird von der Zugspindel abgeleitet. *Schulz*

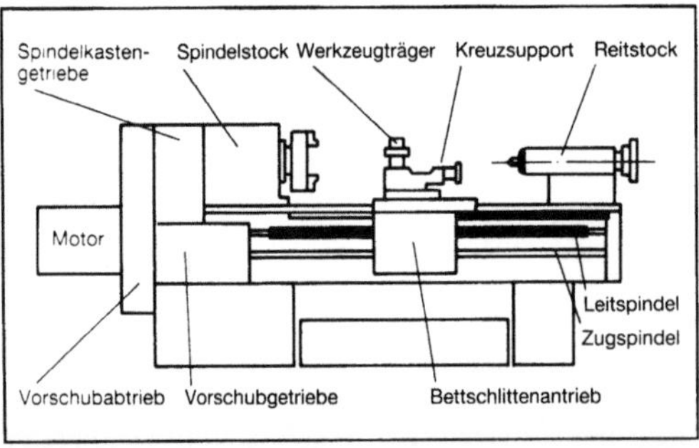

Leitspindel und Zugspindeldrehmaschine: Aufbau mit Baugruppenvarianten.

Leitungssystem. Darunter versteht man die Gesamtheit der steuernden Elemente im Unternehmen (Leitungsstellen) und deren Beziehungen (Leitungsbeziehungen). Die Leitungsstellen lassen sich gliedern nach

□ dem Umfang der Aufgabe (Gesamtleitung, Teilbereichsleitung),

□ der internen Struktur der Leitungsstellen (Besetzung mit einer oder mehreren Personen),

□ der Funktion im Leitungsprozeß (Instanzen, Leitungshilfsstellen, z. B. Stabsstelle),

□ der Permanenz der Leitungsstellen (Abteilungen, Kommissionen).

Die Beziehungen der Leitungsstellen unterteilen sich in die Beziehungen zwischen

□ Vorgesetzten und Untergebenen,

□ gleichgestellten Vorgesetzten,

□ Instanzen und Leitungshilfsstellen.

Je nachdem, wie die Leitungsstellen und die Leitungsbeziehungen konkret ausgestaltet werden, ergeben sich in der Praxis unterschiedliche L. Die bekanntesten Grundformen sind allerdings das Einlinien- und das Mehrliniensystem, die sich hinsichtlich der Vorgesetzten-Untergebenen-Beziehung unterscheiden.

Dem →Einliniensystem (Bild 1) liegt das →Fayol-Prinzip zugrunde, d. h. ein Untergebener erhält nur von einer Instanz Anordnungen. Der Vorteil liegt im eindeutigen Befehlsfluß und darin, daß die Kompetenzen und Unterstellungsverhältnisse klar definiert sind. Dadurch ergibt sich ein geringer Koordinationsaufwand. Die Nachteile sind in der hohen Belastung und fehlenden Spezialisierung der Vorgesetzten sowie in der Starrheit des Systems zu sehen.

Das Mehrliniensystem (Bild 2) baut im Gegensatz zum Einliniensystem auf dem Spezialisierungsge-

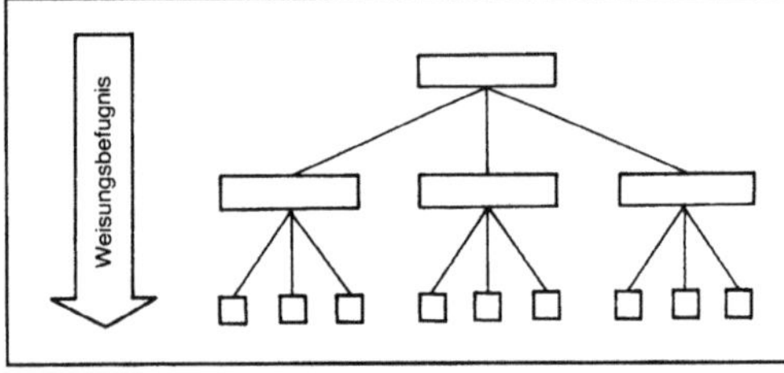

Leitungssystem 1: Schema eines Einliniensystems.

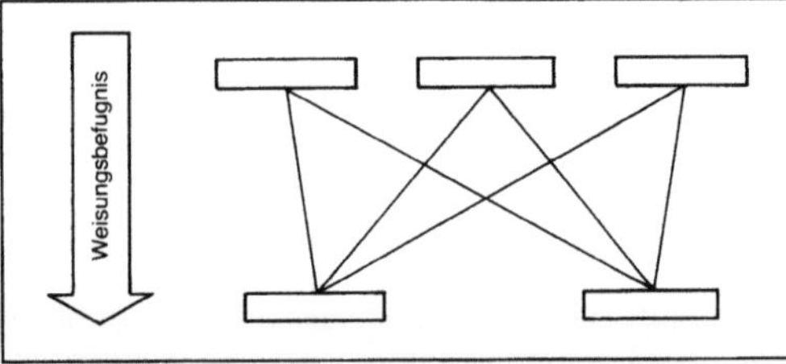

Leitungssystem 2: Schema eines Mehrliniensystems.

danken auf. Jeder Untergebene erhält also von mehreren spezialisierten Vorgesetzten Weisungen. Die Vor- und Nachteile des Mehrliniensystems liegen spiegelbildlich zu denen des Einliniensystems. Die bekannteste Form des Mehrliniensystems ist die →Matrixorganisation. Hier ist die Vorgesetzten-Untergebenen-Beziehungen zweidimensional ausgebildet, d. h. der Untergebene hat zwei Vorgesetzte.

Ausgehend von den beschriebenen Grundformen der Leitungssysteme wurden Mischsysteme entwickkelt, die die Vorteile der Grundformen vereinigen sollen. Bekannt ist z. B. das Stab-Liniensystem. Einzelnen Instanzen sind Stäbe zugeordnet, die Teilaufgaben der Instanzen übernehmen, in der Regel aber nicht weisungsbefugt sind. *Eversheim*

Lenkhebelpresse. L. sind mechanische weggebundene Preßmaschinen mit erweitertem Kurbelgetriebe (→Umformmaschine). Sie werden ausgelegt für niedrigere und nahezu konstante Stößelgeschwindigkeit im gegenüber dem reinen Schubkurbelgetriebe wesentlich erweiterten Arbeitsbereich. Die Leerwege werden mit sehr hohen Geschwindigkeiten durchfahren. L. werden vornehmlich für das →Ziehen großer Blechformteile durch →Karosserieziehen eingesetzt, aber auch für Kaltmassivumformverfahren, um bei hohen Hubzahlen den Aufsetzstoß und die dabei entstehende Schallemission zu dämpfen. *Lange*

Lewis-Beziehung. Die L.-B. gibt den Zusammenhang zwischen dem Wärme- und Stoffübergangskoeffizienten bei kleinen Partialdrücken $p_D \ll p$ an (p Gesamtdruck).

Für den Wärme- und →Stoffübergang durch Leitung bzw. Diffusion quer zum laminar bewegten Medium gilt die Nußelt-Beziehung:

$$\left(\frac{\alpha}{\beta}\right)_{lam.} = \frac{\lambda}{D} \tag{1},$$

mit λ Wärmeleitfähigkeit, D →Diffusionskoeffizient. Dabei wird davon ausgegangen, daß für den Wärme- und für den →Stofftransport die gleiche Grenzschichtdicke δ wirksam ist.

Für turbulenten Wärme- und Stofftransport quer zur mittleren Strömungsrichtung gilt für $p_D \ll p$ die bekannte L.-B.:

$$\left(\frac{\alpha}{\beta}\right)_{tur.} = \rho \cdot c_p \tag{2},$$

mit ρ Dichte, c_p massenspezifische Wärmekapazität, nach der das Verhältnis Wärme- zu →Stoffübergangskoeffizient gleich der auf die Volumeneinheit bezogenen spezifischen Wärmekapazität ist. Hierbei wird davon ausgegangen, daß für den turbulenten Wärmetransport und auch für den turbulenten

Stofftransport der gleiche Stoffstrom quer zur Hauptströmungsrichtung verantwortlich ist.

Wenn für laminaren wie auch turbulenten Wärme- und Stoffaustausch das gleiche Verhältnis zwischen Wärme- und Stoffübergangskoeffizient vorliegt, herrscht volle Ähnlichkeit zwischen Stoff- und Temperaturfeld. Dann gilt:

$$Le = \frac{(\alpha/\beta)_{lam.}}{(\alpha/\beta)_{turb.}} = \frac{\lambda}{D\rho c_p} = \frac{a}{D} \overset{!}{=} 1,$$

mit Le Lewis-Zahl,

$$a \text{ T } \frac{\lambda}{\rho \cdot c_p} \text{ Temperaturleitfähigkeit} \tag{3}.$$

Die L.-B. gilt in der angegebenen Form für Le = 1, z. B. bei Wasserdampf-Luft-Gemischen. Für höhere Partialdrücke und Le ≠ 1 ist sie zu erweitern. *Weinspach*

Literatur: *Benedek, P.,* u. *A. László:* Grundlagen des Chemieingenieurwesens. Leipzig 1967. – *Maltry, W.:* Wirtschaftliches Trocknen. Dresden 1975.

Lichtbogenreduktionsofen. Produkte mit großer Bildungsenthalpie, deren Herstellung hohe Reaktionstemperaturen und Energiekonzentrationen erforderlich macht, werden bevorzugt in L. (→Reaktor, elektrothermischer) hergestellt. Die Elektroden (z. B. Söderberg-Elektroden) tauchen tief in die Reaktionsmasse (Möller) ein, so daß der Hauptstrom durch den Lichtbogen und durch den Möller in der Hauptreaktionszone unterhalb der Elektroden zum Reaktorboden fließt. Zwischen den Elektroden befinden sich die Vorwärmzonen und an den Seitenrändern die Neutralzone (→Totzone). Diese Zoneneinteilung bildet die Basis einer Reaktormodellierung. In der Vorwärmzone wird die Eduktmischung kontinuierlich zugeführt, die langsam nach unten sinkt. Die Möllerschüttung in dieser Vorwärmzone wird durch die aufsteigenden heißen Ofengase, insbes. den Stromfluß zwischen den Elektroden sowie durch Wärmeleitungsprozesse, erwärmt. Der Bereich, in dem die Haupt- und Nebenreaktionen ablaufen, liegt in der heterogenen Hauptreaktionszone mit Temperaturen zwischen 1800 und 2500 °C. In dieser Zone muß zusätzlich zur Impuls-, Massen- und Energiebilanz die elektrische Ladung bilanziert werden.

L. werden z. B. zum Herstellen von Calciumcarbid, Phosphor, Roheisen und Korund eingesetzt. Sie haben einen sehr hohen spezifischen Elektroenergieverbrauch bei hohen Anlagekosten. *Schönbucher*

Lichtbogenschweißen. Das L. nutzt als Wärmequelle einen elektrischen Lichtbogen, der zwischen der →Elektrode und dem Werkstück brennt. Beim Lichtbogen-Preßschweißen werden die Werkstücke an den Stoßflächen durch einen kurzzeitig brennenden Lichtbogen erwärmt und unter Anwendung von Kraft vorzugsweise ohne Schweißzusatz geschweißt (hauptsächlich Lichtbogen-Bolzenschweißen).

Beim Lichtbogen-Schmelzschweißen entsteht das Schweißbad durch Einwirken eines oder mehrerer Lichtbögen. Abschmelzende Elektroden wirken gleichzeitig als Schweißzusatz. Wichtig sind das Metall-, das Unterpulverschweißen und das →Schutzgasschweißen. Beim manuellen Metall-L. (Lichtbogen-Handschweißen) mit abschmelzender Elektrode wird als Schweißstrom entweder Gleichstrom von Gleichrichtern oder Wechselstrom von Transformatoren verwendet. Aus Sicherheitsgründen ist die Leerlaufspannung bei Gleichstrom auf 100 V und bei Wechselstrom auf 70 V (in engen Räumen 42 V) begrenzt. Die Schweißstromstärke wird an Hand der Elektrodendicke gewählt und beträgt etwa 15–20 A/mm^2 Kerndrahtquerschnitt. Mit dem Lichtbogen-Handschweißen können alle schweißbaren Eisenwerkstoffe, auch Kupfer- und Nickelwerkstoffe, verarbeitet werden. Häufig werden auch Reparaturschweißungen an Stahl- und Temperguß sowie Gußeisen durchgeführt (→Schweißverfahren). *Dorn*

Literatur: *Killing, R.:* Handb. Schweißverfahren. Tl. I: Lichtbogenschweißverfahren. Düsseldorf 1984. – *Dorn, L.,* u. a.: Leistungs- und Qualitätssteigerung beim Lichtbogenschweißen. Ehningen 1989.

Lichtbogen-Schweißmaschine.

Diese werden unterschieden nach dem verwendeten Schweißverfahren und der mechanischen Ausführung.

Automatisierbare, auf L.-S. anwendbare Lichtbogenschweißverfahren sind das Metall-Inert-Gas (MIG)-Verfahren, das Metall-Aktiv-Gas (MAG)-Verfahren und das Unterpulver (UP)-Verfahren. In Ausnahmefällen wird auch das Wolfram-Inert-Gas (WIG)-Verfahren eingesetzt.

Zum Schweißen von horizontalen Längsnähten werden vorwiegend Fahrwerke (Traktoren) benutzt, die den →Schweißbrenner tragen. Zum Herstellen von Rundnähten benutzt man elektrisch angetriebene Tische, die das Werkstück am feststehenden Brenner vorbeiführen (Bild). Für Rundnähte, wie z. B. an Pipelines, werden Orbital-Schweißknöpfe benutzt, die das Werkstück umfahren.

Die für den Schweißprozeß benötigte Energie wird von einer Schweißstromquelle geliefert, heute meist als transistorgesteuerte Gleichstromquelle ausgeführt. Je nach Schweißverfahren werden Ströme bis zu 500 A bei Lichtbogenspannungen von maximal 60 V benötigt. Schweißstromquellen für die Verfahren mit abschmelzender Elektrode (MIG, MAG und UP) haben außerdem eine geregelte Vorschubeinrichtung für den Elektrodendraht.

Anwendungen für Schweißmaschinen ergeben

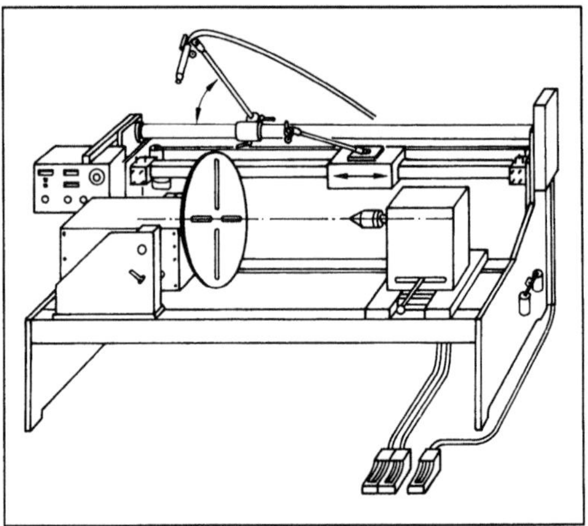

Lichtbogen-Schweißmaschine: Rundschweißmaschine. (Quelle: Messer Griesheim, Frankfurt a. M.)

sich in vielen Bereichen der metallverarbeitenden Industrie, wie z. B. Schiffsbau, Stahlbau, Apparate- und Behälterbau in der Automobilindustrie usw. In zunehmendem Maß werden L.-S. durch entsprechend ausgerüstete Industrieroboter ergänzt. *Schulz*

Lichtbogenverfahren.

Allothermes (→Reaktionsführung, allotherme) Hochtemperatur-Pyrolyse (HTP)-Verfahren (→Pyrolyse-Reaktion) zum technischen Herstellen von Acetylen in einem Lichtbogen. Als Rohstoffe werden häufig Flüssig- und Raffineriegase eingesetzt, die bei mittleren Reaktionstemperaturen von 1400–1500 °C pyrolisieren. Um den Zerfall des thermodynamisch sehr instabilen Acetylens in Ruß und Wasserstoff möglichst gering zu halten, liegen die →Verweilzeiten der Reaktionsmasse bei 2–3 ms (entspricht einer Gasgeschwindigkeit von ca. 1000 m/s im Lichtbogenbrenner). Nach Ablauf dieser kurzen Reaktionszeit werden die etwa 1000 °C heißen Spaltgase mit Wasser auf ca. 200 °C abgeschreckt (gequenscht). Neben dem Hauptprodukt Acetylen entstehen die Nebenprodukte Ethylen, Ruß, Wasserstoff und aromatische Leichtöle, wobei die →Ausbeute an Acetylen und Ethylen, bezogen auf den Rohstoff, etwa ein Massengehalt von 56 % beträgt. Das Acetylen wird durch selektive Lösungsmittel – hier Wasser – aus dem Spaltgas ausgewaschen.

An bis zu 20 000 K heißen Lichtbogen tritt eine erhebliche Überhitzung eines Teils der eingesetzten Kohlenwasserstoffe auf, die zu einem beträchtlichen Zerfall in Ruß und Wasserstoff führt. Dadurch verschlechtert sich die Acetylenausbeute, der spezifische elektrische Energieverbrauch steigt, und es können nur niedrige wasserstoffreiche und verdampfbare Kohlenwasserstoffe (also z. B. kein Erdgas) wirtschaftlich eingesetzt werden. Diese Nachteile des L. lassen sich durch das →Plasmaverfahren vermeiden.

Lichtbögen sind bei elektrothermischen Reaktoren (z. B. dem →Lichtbogenreduktionsofen) von großer technischer Bedeutung. *Schönbucher*

Lichtschnittmikroskop →Lichtschnittverfahren

Lichtschnittverfahren. Das L. mit einem Lichtschnittmikroskop ist ein zerstörungsfreies Rauheitsmeßverfahren (→Rauheitsmessung). Es wird nur an Oberflächen mit sehr kurzen zur Verfügung stehenden Meßstrecken und an mechanisch empfindlichen Oberflächen und transparenten Schichten eingesetzt.

Wie im Bild schematisch dargestellt, wird im Lichtschnittmikroskop ein Lichtstreifen gebündelt und i. a. unter 45° auf die Werkstückoberfläche projiziert. Das von der Prüffläche reflektierte Lichtband, das die Form des Oberflächenprofils angenommen hat, wird durch das Mikroskop vergrößert betrachtet oder photographiert und ausgewertet. *Kenter*

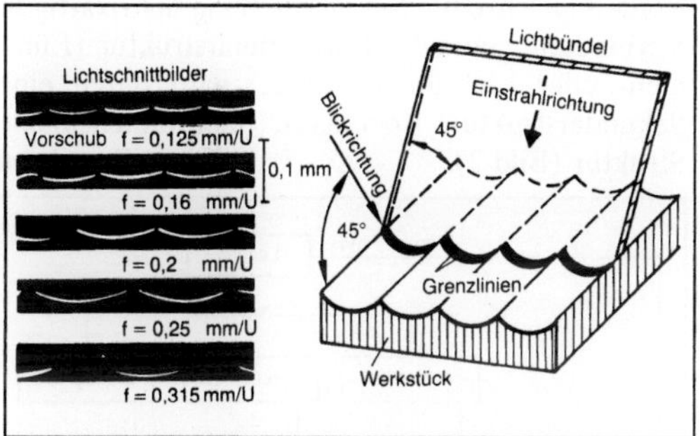

Lichtschnittverfahren: Messung der Rauhtiefe mit dem Lichtschnittmikroskop. (Quelle: König)

Schnittgeschwindigkeit v_c = 150 m/min, Werkstückstoff Stahl Ck 45, Schneidstoff HMP 15, Belichtungszeit t = 1/125 s, Mikroskopvergrößerung 400fach

Literatur: *König, W.:* Fertigungsverfahren. Bd. 1: Drehen, Fräsen, Bohren. Düsseldorf 1990. – *Warnecke, H.-J.,* u. *W. Dutschke:* Fertigungsmeßtechnik. Handb. f. Ind. u. Wiss. Berlin, Heidelberg, New York 1984.

Lignin. L. kommt in allen verholzten Pflanzen vor. Die größten Anteile im Pflanzenbereich hat Holz. In den Nadelhölzern der gemäßigten Zonen befinden sich 25–30% L., in den Laubhölzern 20–25%. Tropische Laubhölzer können in Einzelfällen L.-Gehalte von deutlich über 30% haben. Im Reaktionsgewebe von Nadelhölzern, dem sog. Druckholz, können sogar durchaus bis zu 40% L. vorliegen. L. trägt zur Versteifung des Gewebes bei.

In der Einzelzelle nimmt die L.-Konzentration von der Zellperipherie, der Mittellamelle, zum Zentrum, dem Lumen, hin ab. Am stärksten lignifiziert sind die Zellzwickel der Mittellamelle mit einem L.-Gehalt von 85–100%.

Chemisch ist L. ein thermoplastisches, dreidimensionales, durch enzymatisch initiierte Dehydrierungspolymerisation wechselnder Mengen der drei Monomere Trans-p-Cumar-Alkohol, Trans-Coniferyl-Alkohol und Trans-Sinapin-Alkohol entstandenes Polymer. Laub- und Nadelhölzer unterscheiden sich durch die Anteile der drei verschiedenen Grundbausteine. Nadelholz-L. setzen sich zu über 80% aus Coniferyl-Alkohol-Strukturen zusammen, während dieser Baustein in Laubhölzern nur zu etwas über 50% vorkommt. Daneben sind über 40% Sinapin-Strukturen vorhanden.

Die Verknüpfung der einzelnen Bausteine erfolgt durch enzymatische Dehydrierung, wodurch sich Radikale bilden, die polymerisieren. Am häufigsten sind Bindungen zwischen Seitenkette und phenolischer OH-Gruppe. Man findet jedoch auch Direktverknüpfungen zwischen benachbarten Phenolkernen.

L. ist eine hydrophobe Substanz. Bei der Nutzung von Holz zur Gewinnung von Zellstoffen muß ein mehr oder weniger großer Anteil des L. aus der Faser entfernt werden. Nur dadurch kann sich eine ausreichende Anzahl von Wasserstoffbrücken zwischen den Faseroberflächen ausbilden, welche dem Fasergewebe genügend Festigkeit verleihen. Natives L. ist cremefarbig. Durch Lichteinwirkung, aber auch Chemikalien können sich chromophore Gruppen bilden, die eine Braunfärbung von ligninhaltigen Faserprodukten verursachen. Auch gebleichte ligninhaltige Faserstoffe sind nicht weißgradstabil. *Patt*

Lignin (Chemie). L. ist ein komplexer, hochpolymerer Naturstoff mit einer Molmasse von 5 000 bis 10 000 kg/kmol, der zusammen mit Cellulose ein Hauptbestandteil von Holz ist (ca. 15–40% des Trockengewichts). L. ist weiß oder gelblich und hat eine Dichte zwischen 1300 und 1400 kg/m³, schwimmt also nicht auf Wasser.

In der Strukturformel des L. tauchen wiederholt Benzolringe mit OH-Gruppen auf, die über Alkyl- oder Etherbrücken miteinander verbunden sind.

Nur ca. 15% des anfallenden L. wird zu Alkohol, Zucker und Eiweiß verarbeitet. Der Rest wurde früher in Flüsse und Seen geleitet und wird heute getrocknet und verbrannt. *Dohrn*

Lineweaver-Burk-Darstellung. Zur graphischen Auswertung enzymkinetischer Messungen (→Enzymkinetik) ist die L.-B.-D. (Bild) (→Dixon-Darstellung, →Eadie-Hofstee-Darstellung) sehr weit verbreitet. Die L.-B.-Gleichung wird durch Umformen der reziproken Michaelis-Menten-Gleichung (→Michaelis-Menten-Kinetik) erhalten:

$$\frac{1}{v} = \frac{K_M}{v_{max}} \cdot \frac{1}{[S]} + \frac{1}{v_{max}},$$

mit K_m Michaelis-Konstante in mol/l,
[S] Substratkonzentration in mol/l,
v Reaktionsgeschwindigkeit in mol/l·s,
v_{max} maximale Reaktionsgeschwindigkeit in mol/l·s.

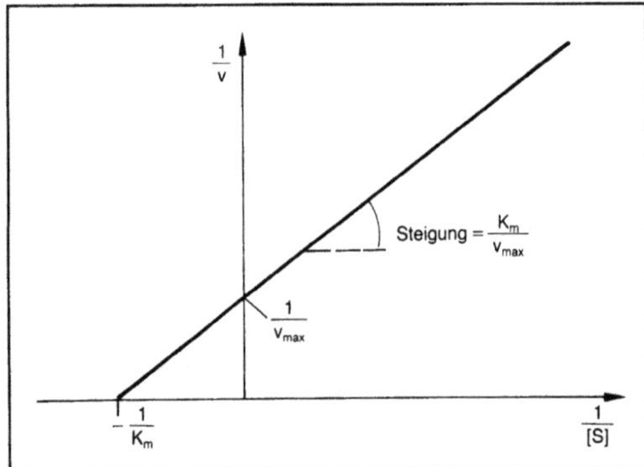

Lineweaver-Burk-Darstellung: Enzymkatalysierte Reaktion.

Gemäß der L.-B.-Gleichung liefert die Auftragung der reziproke Reaktionsgeschwindigkeit über die reziproke Substratkonzentration eine Gerade mit der Steigung K_M/v_{max}, dem Ordinatenabschnitt $1/v_{max}$ und dem Abszissenabschnitt $-1/K_M$. Diese doppelt-reziproke Auftragung ermöglicht eine genauere Bestimmung der kinetischen Parameter als eine direkte Auftragung von v über [S] gem. der Michaelis-Menten-Beziehung, da hier eine hyperbolische Ausgleichskurve erhalten wird, die sich asymptotisch v_{max} annähert. *Liefke*

Liniennaht →Schweißnahtform

Liniensystem. Es stellt eine wesentliche Form der →Aufbauorganisation eines Unternehmens dar. Es gibt die vertikale Struktur eines betrieblichen Leitungssystems an. Es existieren zwei Grundformen, die im Rahmen des L.-Prinzips aufgebaut sind:
□ Einliniensysteme,
□ Mehrlinien- oder Funktionssysteme.
Mit Hilfe von Rechtecken, die Aufgabenbereiche bzw. Instanzen bezeichnen, und Linien, die Aufgaben-, Kompetenz- und Verantwortungsbeziehungen aufzeigen, wird der hierarchische Aufbau der Über- und Unterordnung dargestellt (Bild 1).
Zur Darstellung eines L. bieten sich grundsätzlich zwei Möglichkeiten an:
□ eine vertikale Darstellung oder
□ eine horizontale Darstellung.

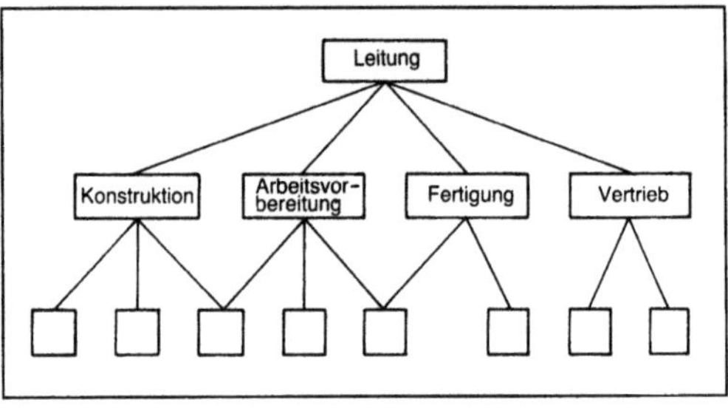

Liniensystem 1: Schema.

Die Vor- und Nachteile beider Darstellungsformen sind im wesentlichen zeichnerisch bedingt und hängen von der darzustellenden tatsächlichen →Organisationsstruktur ab. Zweckmäßig ist häufig auch eine kombinierte Form. Aus den Grundformen von L. werden Mischformen hergeleitet, wie z. B. kombinierte Ein-L., Mehr-L. oder Stab-L.

Im Gegensatz zum L. steht die Aufbauorganisation in Matrixform (→Matrixorganisation). Dabei wird die Dominanz eines Strukturkriteriums bzw. einer Dimension bei der Aufgabengliederung aufgehoben, und zwei (oder mehrere) Strukturkriterien werden gleichzeitig und gleichrangig matrixartig in Verbindung gebracht. Eine Primärstruktur (Einlinien- oder Mehrlinienstruktur) wird durch eine Sekundärstruktur überlagert, mehrdimensionale Struktur (Bild 2). *Eversheim*

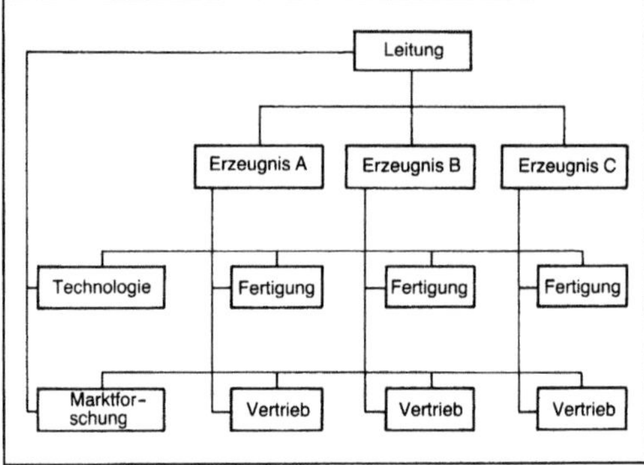

Liniensystem 2: Schema eines Matrixsystems.

Literatur: *Grochla, E.:* Einführung in die Organisationstheorie. Stuttgart 1978. – Managementenzyklopädie. Bd. 4. – *Schertler, W.:* Unternehmensorganisation. München, Wien 1985.

Lochen. Das Zerteilverfahren L. wird zur Herstellung einer beliebigen Innenform an einem Blechwerkstück eingesetzt. Es entspricht nach seinem Arbeitsprinzip dem einhubigen →Scherschneiden längs einer in sich geschlossenen Schnittlinie.

Ein typisches Anwendungsbeispiel des Lochens ist die Herstellung von Lochblechen, die in großem Umfang in fast allen Industriezweigen verwendet werden, so z. B. für Siebe und Filter in der Verfahrenstechnik, für Verkleidungen von Maschinen und elektrischen Geräten, für Trennwände und Dekorationen, Bauelemente in Haushaltsgeräten, in Flugzeugen und bei Büromöbeln.

Lochbleche mit durchgehenden oder periodisch wiederkehrenden Mustern werden auf Perforieranlagen hergestellt. Perforieren ist der Sammelbegriff für alle Verfahren, bei denen längs einer meist geraden Linie Löcher oder Einschnitte in ein Blechwerkstück eingebracht werden. Dies kann mit Scher-, Messer- oder Beißschneidwerkzeugen im Gesamtschnitt oder im →Folgeschnitt geschehen. Die Zahl der Stempelkonturen und Lochmuster sowie Form und Größe der Durchlaßquerschnitte ist nahezu unbegrenzt.

Beim Herstellen von Löchern mit glatten Lochwänden wird mit einem abgesetzten Stempel zunächst mit relativ großem Schneidspalt vorgelocht. Anschließend wird im gleichen Hub mit der Schulter des Stempels ein trapezförmiger Ring aus dem Werkstück herausgepreßt. *König*

Literatur: *Lange, K.:* Umformtechnik. Bd. 3: Blechumformung. Berlin, Heidelberg, 1975. – *Spur, G.,* u. *Th. Stöferle:* Handb. der Fertigungstechnik. Bd. 2/3: Umformen, Zerteilen. München, Wien 1975.

Lochsägen →Sägen

Lockerungsgeschwindigkeit →Wirbelschicht

Lokalelement. Unter L. versteht man eine elektrisch leitende Verbindung anodischer Bereiche auf einer Metalloberfläche, an denen Metallionen in Lösung gehen, mit kathodischen Bereichen, an denen ein Reduktionsmittel (z. B. Wasserstoffionen, Sauerstoff) durch die Aufnahme von Elektronen chemisch umgesetzt wird. Eine Auflösung metallischer Werkstoffe erfolgt hierbei auf Grund von Potentialdifferenzen zwischen Mikrobezirken des Werkstoffs bzw. zwischen Werkstoff und Lösungsmittel.

Die Größe des hierbei fließenden Lokalstroms ist abhängig

☐ von der Größe der EMK des L., die wiederum durch die Affinität des Korrosionsvorgangs gegeben ist,

☐ vom inneren elektrischen Widerstand, insbes. in den Flüssigkeitsschichten und etwaigen Deckschichten, durch die der Lokalstrom fließt,

☐ von der Polarisation an den Phasengrenzen Metall/Reduktionsmittel.

Eine praktische Anwendung der L.-Bildung findet sich bei der Präparation metallographischer Schliffe. Auf Grund der unterschiedlichen Auflösungsneigung der Gefügebestandteile, die abhängig ist von Kornorientierungen, Legierungselementen usw., werden die einzelnen Körner unterschiedlich stark angeätzt (→Ätzen) und damit lichtmikroskopisch sichtbar gemacht. Bei Nietverbindungen von Baugruppen führt die L.-Bildung bei Anwesenheit eines aggressiven Mediums dann zu einer Auflösung des Niets, wenn das elektrochemische Elektrodenpotential des Werkstoffs, aus dem er besteht, negativer ist als das Elektrodenpotential der ihn umgebenden Baugruppe (Kontaktkorrosion). Wird eine feuerverzinkte Stahloberfläche durch einen Kratzer beschädigt, so besteht das Wesen des Korrosionsschutzes darin, daß das Grundmetall Stahl durch den elektrischen Kontakt mit dem unedleren Zink (Spannungsreihe der Metalle) stabil bleibt. Das Zink seinerseits ist in der Lage, dichte, luftundurchlässige, basische Oxidschichten zu bilden, die den Innenwiderstand des L. erhöhen und das Auftreten eines Lokalstroms unterbinden.

Das Phänomen der L.-Bildung führt bei manchen hochchromhaltigen Stählen (Edelstähle) zum Auftreten der interkristallinen Korrosion. Bei ungünstiger Wärmebehandlung des Werkstoffs und Nichtvorhandensein carbidbildender Elemente (Titan, Tantal) kann sich Chrom auf den Korngrenzen in Form von Chromcarbiden anreichern. Zurück bleiben an Chrom verarmte Korngrenzensäume. Diese Korngrenzensäume sind dann im Gegensatz zum Inneren der Körner nicht mehr in der Lage, korrosionsschützende Oxidschichten zu bilden. Im Ergebnis wachsen kleinflächige, aber tiefe Gräben entlang der Korngrenzen ins Innere des Werkstoffs, während auf den großflächigen Körnern wegen der elektronenleitenden Oxidschicht Reduktionsvorgänge stattfinden und den anodischen Metallauflösungsprozeß unterhalten. *König*

Literatur: *Kaesche, H.:* Die Korrosion der Metalle. Berlin, Heidelberg, New York 1979.

Löseschnecke. L. dienen zum raschen An- und Auflösen von Feststoff im zugesetzten Lösungsmittel. Zwei wendelförmige Schnecken drehen gleichsinnig in einem Gehäuse. Dort, wo die Schnecken mit ihren Gewinden ineinandergreifen, schabt sich das Produkt selbst aus. Dabei legt sich das Gut in Form einer Acht um beide Wellen (Bild). Hohe Relativbewegungen an den Verzahnungsstellen vermischen Feststoff- und Lösungsmittel. Die hohe Scherung bewirkt einen ständigen An- und Abbau des Flüssigkeitsfilms. Dadurch wird rasches An- und Auflösen des Feststoffs gewährleistet. *Würtz*

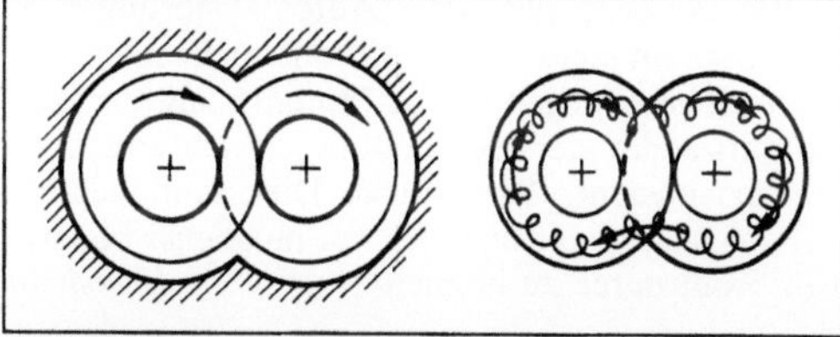

Löseschnecke: Gutführung bei 2 gleichsinnig drehenden Wellen.

Losgröße. Das ist die Menge der Teile einer Sorte, die bei einer Aufrüstung in einer Produktionseinrichtung aufgelegt wurden. Die Kapazitäten der Produktionseinrichtungen in der Einzel- und →Kleinserienfertigung sind i. a. für mehrere Produkte ausgelegt. Bei annähernd über der Zeit gleichmäßigem Bedarf der verschiedenen Produkte ergibt sich das Problem der Fertigungsverteilung über dem Zeitablauf und damit der Bestimmung der optimalen L. Zielsetzungen sind dabei eine hohe Auslastung der zur Verfügung stehenden Kapazitäten und kurze Durchlaufzeiten der Produkte.

Die kostenoptimale L. ergibt sich aus dem Optimum zwischen auflagefixen und auflageproportionalen Kosten. Auflagefixe Kosten entstehen nur einmal je Los (im wesentlichen Rüstkosten). Dem stehen auflageproportionale Kosten gegenüber, die mit steigender L. wachsen (hauptsächlich Kapitalbindungs- und Lagerkosten). Mit groben Vereinfachungen, wie der Annahme einer unendlich großen Produktionsgeschwindigkeit, läßt sich das Optimum für ein einzelnes Produkt mit der Andlerschen L.-Formel bestimmen:

$$x_{opt} \cdot [\text{Stck./Los}] = \sqrt{\frac{200 \times \text{Jahresbedarf } [\text{Stck/a}] \times \text{auflagefixe Kosten } [\text{DM/Los}]}{\text{auflageproportionale Kosten } [\text{DM/Stck} \times \text{a}] \times \text{Zinssatz } [\%]}}.$$

Für verschiedene Produkte, die auf derselben Produktionseinrichtung gefertigt werden, ergeben sich jedoch i. a. unterschiedliche kostenoptimale L. und damit unterschiedliche Zykluszeiten für die Losauflage. Die damit verbundene Optimierungsaufgabe läßt sich mit Methoden des Operations Research und der Simulation lösen.

Durch Teilefamilienbildung kann die L. beeinflußt werden. Hierzu werden verschiedene, jedoch hinsichtlich fertigungsrelevanter Merkmale (z. B. Abmessungen, →Arbeitsvorgangsfolge) ähnliche Werkstücke zu Scheinlosen zusammengefaßt, um sie in einer Aufrüstung zu bearbeiten. Als Hilfsmittel zur Teilefamilienbildung dienen die Klassifizierung und auch Methoden der Gruppentechnologie.

Maßnahmen zur Fertigungsautomatisierung bezogen sich ursprünglich wegen des erforderlichen Investitionsaufwandes hauptsächlich auf die Großserienfertigung. Durch zunehmende Flexibilität der Bearbeitungsmaschinen und der Maschinenperipherie eröffnen sich auch Automatisierungsmöglichkeiten für kleinere Produktionsstückzahlen. Ziel dieser Bestrebungen ist die Minimierung des Umrüstaufwandes der Bearbeitungseinrichtungen für die verschiedenen Werkstücke. Dies ermöglicht die →Fertigung in geringen L., um möglichst bedarfsnah produzieren zu können. *Eversheim*

Literatur: *Eversheim, W.:* Organisation in der Produktionstechnik. Bd. 3. Düsseldorf 1981. – *Müller-Merbach, H.:* Operations Research. Berlin, Frankfurt a. M. 1973.

Lösung. Mischungsverhältnisse werden häufig als L. bezeichnet, wenn eine Komponente im Überschuß vorliegt. Diese Komponente wird als L.-Mittel (auch als Lösemittel) bezeichnet und die andere als gelöster Stoff. Im weiteren Sinne werden alle homogenen Gemenge als L. bezeichnet. Man unterscheidet

□ echte L., bei denen Nichtelektrolyte in Form ihrer Moleküle molekulardispers und Elektrolyte in Form ihrer Ionen iondispers vorliegen, und

□ kolloide L., bei denen Molekül-, Assoziations- und Dispersionskolloide mit Teilchendurchmessern von 10^{-9} bis $5 \cdot 10^{-7}$ m vorliegen.

Im engeren Sinne versteht man unter L. nur die homogenen Gemenge, bei denen das L.-Mittel (Dispersionsmittel) flüssig ist und das Gelöste molekulardispers vorliegt (Teilchengröße $<10^{-9}$ m). Emulsionen und Suspensionen werden dagegen als grobdisperses System oder als heterogene Gemenge bezeichnet.

Es gibt gasförmige L., obwohl man hier meist von Mischungen spricht, flüssige L. (Gas in Flüssigkeit, Flüssigkeit in einer anderen oder Feststoff in Flüssigkeit) und feste L. (Gas in Feststoff, Flüssigkeit in einem Feststoff (Solvate), Feststoffe ineinander (Mischkristalle)). Ist der Molenbruch des Gelösten um Größenordnungen kleiner als der des L.-Mittels, so spricht man von verdünnten L. Für diese gelten einfache Gesetze (Raoult-Gesetz, →Henry-Gesetz, →Nernst-Verteilungssatz).

Beim Lösen von festen Stoffen und von Gasen in flüssigen L.-Mitteln gibt es in jedem Fall eine Grenze, die als Löslichkeit bezeichnet wird. Als gesättigte L. wird eine L. bezeichnet, die von dem gelösten Stoff nichts mehr zu lösen vermag. Liegt die in der L. enthaltene Menge an Gelöstem unter dessen Löslichkeit, so handelt es sich um eine ungesättigte L. Eine übersättigte L. liegt vor, wenn eine größere Menge an Gelöstem, als es der Löslichkeit entspricht, vorliegt. *Weinspach*

Literatur: Autorenkollektiv: Thermodynamik der Mischphasen. Leipzig 1973. – *Schröter, W., K. H. Lautenschläger* u. *H. Bibrack:* Taschenb. Chemie. Thun, Frankfurt a. M. 1986.

Lösungskristallisation. Die L. ist ein thermisches Trennverfahren, bei dem aus einer Lösung, die den gelösten Feststoff enthält, eine kristalline Phase gebildet wird. Damit es zur →Kristallisation kommt, muß die Konzentration des zu kristallisierenden Stoffs größer als die Sättigungskonzentration sein. Die →Übersättigung kann durch Abkühlen der Lösung (→Kühlungskristallisation), →Verdampfen des Lösungsmittels (Verdampfungskristallisation) oder durch gleichzeitiges Verdampfen und Abkühlen (→Vakuumkristallisation) erfolgen.

Bei Kristallisatleistungen, die kleiner als ca. 1000 kg/d sind, wird die Kristallisation absatzweise durchgeführt. Die Vorteile der diskontinuierlichen

Kristallisation sind u. a. der geringe apparative und wartungstechnische Aufwand und die geringe Neigung zu Verkrustungen. Kontinuierlich betriebene Kristallisationsanlagen sind mit geringeren Betriebskosten verbunden, benötigen weniger Arbeitskräfte, haben einen geringeren spezifischen Raumbedarf und erzeugen ein gleichmäßigeres Kristallisat.

Zur gezielteren Kontrolle der Übersättigung, die wegen zusätzlicher Keimbildung eine Höchstgrenze nicht überschreiten darf, und zur wirtschaftlichen Energieausnutzung wird oft die Kühlung oder Verdampfung in mehreren Stufen durchgeführt. Bei der Vakuumkristallisation betreibt man die einzelnen Stufen bei unterschiedlichen Drücken. Durch eine →Brüdenkompression kann bei der Verdampfungskristallisation ein Teil der Verdampfungsenergie zurückgewonnen werden. *Dohrn*

Literatur: *Matz, G.:* Kristallisation. 2. Aufl. Berlin, Heidelberg, New York 1969. – *Mersmann, A.:* Thermische Verfahrenstechnik. Berlin, Heidelberg, New York 1980. – *Mullin, J. W.:* Crystallisation. 2. Aufl. London 1972. – Industrial Crystallisation. Hrsg. *J. W. Mullin.* New York 1976.

Lösungskristallisator →Lösungskristallisation, →Kristallisation, →Kristallisator

Lösungsmittel. L. sind fluide reine Stoffe oder Stoffmischungen, die dazu dienen, andere Stoffe in der L.-Phase aufzulösen. Bei Trennprozessen der thermischen →Verfahrenstechnik werden L. als stoffliche Trennhilfsmittel verwendet. In diesem Fall sollen bestimmte Komponenten einer Stoffmischung selektiv vom L. gelöst werden. Dadurch wird eine Trennung ermöglicht.

Trennverfahren, bei denen L. als stoffliche Trennhilfsmittel eingesetzt werden, sind Flüssig-Flüssig-Extraktion, Extraktion aus Feststoffen, Absorption und →Gasextraktion. Die eingesetzten L. beeinflussen die gesamte Verfahrensgestaltung hinsichtlich der Art des Apparats, der Stoffstromführung, der Dimensionierung der Apparate, der Werkstoffe, der Sicherheitseinrichtungen und der Verfahren zur Regenerierung der L.

Die Auswahl eines L. ist wegen der Vielzahl der Abhängigkeiten und deren komplexer Verknüpfung ein iterativer Vorgang, der die Schritte der Vorauswahl, der experimentellen Überprüfung, des Vergleichs verschiedener L. und der Auswahlentscheidung umfaßt.

Durch die Kombination von Reinstoffen zu L.-Gemischen können sich L. mit Eigenschaften bilden, die Reinstoffe nicht aufweisen. Oft setzt man auch komplexe Stoffgemische wie bestimmte Erdölfraktionen als L. ein. An L. werden bestimmte Anforderungen gerichtet, die sich im einzelnen nach der Art des Verfahrens und der behandelten Stoffmischung richten, sich jedoch auch weitgehend allgemein angeben lassen:

☐ hohe Selektivität und hohes Lösungsvermögen für den Wertstoff,
☐ geringe Löslichkeit in der anderen Phase,
☐ leichte Regenerierbarkeit,
☐ niedrige Viskosität,
☐ chemische Beständigkeit gegenüber den beteiligten Stoffen, den Apparatewerkstoffen und der Umgebung,
☐ niedriger Preis,
☐ geringe Toxizität,
☐ hohe Umweltverträglichkeit,
☐ großer Flüchtigkeitsunterschied gegenüber den gelösten Stoffen, um eine gute Abtrennung und/oder geringe L.-Verluste zu erreichen,
☐ ausreichende Dichtedifferenz gegenüber der abgebenden Phase zur leichten Phasentrennung,
☐ hohe Grenzflächenspannung zwischen den beiden Phasen zum Vermeiden von Emulsionen. *Brunner*

Lösungsmittelrückgewinnung. Gelangen bei verfahrenstechnischen Prozessen Lösungsmittel in Abgase, so ist es oft aus wirtschaftlichen, sicherheitstechnischen und Umweltschutzgründen notwendig, die Lösungsmittel aus der Gasphase zu trennen und für weitere Verwendung rückzugewinnen. Die am häufigsten angewendeten Verfahren sind Kondensation und →Adsorption. Bei der Kondensation wird der Abgasstrom unter den Taupunkt des Lösungsmittels abgekühlt, so daß dieses entsprechend seinem Dampfdruck bei der Kühltemperatur als Flüssigkeit anfällt. Die Kühlung kann indirekt oder direkt mit Kühlwasser oder über einen Kältemittelkreislauf erfolgen.

Bei der L. durch Adsorption werden Lösungsmittel an Feststoffen mit großen Oberflächen (→Adsorbens) adsorbiert. Dieses Verfahren wendet man an, wenn der Lösungsmittelanteil im Gas relativ gering ist oder wenn durch Kühlung keine nennenswerten Mengen kondensiert werden können. Die Regenerierung des beladenen Adsorbens kann z. B. mit Hilfe von heißem Wasserdampf geschehen. Zur Trennung des Lösungsmittels von Wasser reicht bei Nichtmischbarkeit ein Abscheider. Anderenfalls muß das Gemisch destilliert werden (→Trocknen). *Dohrn*

Literatur: *Heck, G., G. Müller* u. *M. Ulrich:* Reinigung lösungsmittelhaltiger Abluft-alternative Möglichkeiten. Chem.-Ing.-Techn. 60 (1988) Nr. 4, S. 273/85. – *Perry, R. E.,* u. *D. W. Green:* Perry's Chemical Engineers' Handbook. 6. Aufl. New York 1984. – Ullmanns Enzyklopädie der techn. Chemie. 4. Aufl. Weinheim 1972.

Lösungspolymerisation →Polymerisationstechnik

Lösungsumlauf. Bei der →Kristallisation aus Lösungen lassen sich durch den Umlauf der gesättigten Lösung definierte Strömungsverhältnisse erreichen. Auf diese Weise läßt sich die Korngrößenverteilung des Kristallisats beeinflussen. Der Umlauf wird in der Regel mit Hilfe einer Umwälzpumpe erreicht. *Dohrn*

Lot. L. sind nach DIN 8505 reine Metalle oder Legierungen (DIN 1707, 1734, 1735, 8512 und 8513) in Form von Draht, Stäben, Blechen oder Pulvern. Man unterscheidet Weich- und Hart-L. Weichlote haben Liquidustemperaturen unter 500 °C und Hart-L. solche über 500 °C.

Weich-L. aus Zinn-Blei-Legierungen haben nur eine geringe Zugfestigkeit (20–80 N/mm²). Durch Zink (bis 23 %)-Kupfer (bis 2 %)-Silber (bis 10 %)-Zusätze oder Cadmium läßt sich die Festigkeit erhöhen. Hart-L. mit Festigkeitswerten von 200 bis 500 N/mm² sind vorwiegend Legierungen auf Kupfer-Zink- oder Kupfer-Silber-Basis oder Dreistofflegierungen Kupfer-Zink-Silber. Neben Aluminium-Silicium-Legierungen für das Löten von Aluminiumwerkstoffen gibt es noch Hochtemperatur-L. auf Gold-, Nickel- oder Palladiumbasis, die erhöhte thermische Belastbarkeit aufweisen (→Löten). *Dorn*

Literatur: DIN 8505. Tl. 1: Löten; Allgemeines, Begriffe. Hrsg. Dt. Inst. für Normung. Ausg. 1979. – DIN 1707: Weichlote. Hrsg. Dt. Inst. für Normung. Ausg. 1979. – DIN 8513: Hartlote für Schwermetalle. Hrsg. Dt. Inst. für Normung. Ausg. 1979.

Lötatmosphäre →Löten

Lötbarkeit. Nach DIN 8514 die Eigenschaft eines Bauteils, durch →Löten derart hergestellt werden zu können, daß es die gestellten Anforderungen erfüllt. Die L. eines Bauteils ist vorhanden, wenn
□ die Löteignung des Werkstoffs (Werkstoffeigenschaft),
□ die Lötmöglichkeit in der Fertigung (Anwendbarkeit eines oder mehrerer Lötverfahren) und
□ die Lötsicherheit der Konstruktion (ausreichende Zuverlässigkeit des Bauteils unter den vorgesehenen Betriebsbedingungen)
vorhanden sind. *Dorn*

Literatur: DIN 8514. Tl. 1: Lötbarkeit; Begriffe. Hrsg. Dt. Inst. für Normung. Ausg. 1978.

Löten. Nach DIN 8505 verbindet man mit L. metallische Werkstücke mit Hilfe eines geschmolzenen Zusatzmetalls (→Lot), dessen Schmelztemperatur unterhalb der der zu verbindenden Grundwerkstoffe liegt. Die Grundwerkstoffe werden nur benetzt. Es wird mit Flußmitteln und/oder Lötschutzgasen bzw. im Vakuum gearbeitet.

Die Arbeitstemperatur ist nach DIN 8505 die niedrigste Oberflächentemperatur des Werkstücks an der Lötstelle, bei der das Lot benetzen, sich ausbreiten und am Grundwerkstoff binden kann.

Nach Höhe der Liquidustemperatur des verwendeten Lotes unterscheidet man Weich-L. (Liquidustemperatur <500 °C) und Hart-L. (Liquidustemperatur >500 °C). Die Arbeitstemperatur ist höher als die Solidustemperatur des Lotes. Sie kann mit der Liquidustemperatur des Lotes zusammenfallen bzw. oberhalb oder unterhalb davon liegen.

Beim Hochtemperatur-L. liegt die Liquidustemperatur des Lotes über 900 °C. Dieses Verfahren wird meist unter inerter oder reduzierender Lötatmosphäre (Vakuum, Schutzgas) angewandt. Man unterscheidet zwischen Auftrags-L. (Beschichten durch L.) und Verbindungs-L. (Fügen durch L.).

Es finden verschiedene Lötverfahren Anwendung. Beim Flamm-L. benutzt man einen gasbeheizten Brenner, der mit neutraler oder leicht reduzierender Flamme arbeitet. Beim Kolben-L. überträgt ein erhitzter Lötkolben die Wärme auf die weichzulötenden Teile. Weitere Wärmequellen können sein:
□ Gas- bzw. elektrisch beheizte Öfen (Ofen-L.),
□ Chlorid-, Cyanid- oder Fluoridsalzbäder (Salzbad-L.),
□ Elektrowärme (Widerstands-L., Induktions-L., Elektronenstrahl-L.),
□ Infrarotstrahlung (Infrarot-L.), Licht (Lichtstrahl-L.) oder Laserstrahl (Laserstrahl-L.).

Beim Tauch-L. wird das Lot in einem elektrisch beheizten Behälter flüssig gehalten. Die zu verbindenden Teile werden für eine bestimmte Zeit eingetaucht. Vor dem L. sind die Lötflächen zu reinigen und von evtl. anhaftenden Oxiden mit Hilfe von Flußmitteln (DIN 8511) zu befreien.

Beim Spalt-L. wird ein zwischen den Teilen befindlicher enger Spalt vorzugsweise durch kapillaren Fülldruck mit Lot gefüllt. Dagegen wird beim Fugen-L. ein breiter Spalt (V-Fuge) zwischen den Fügeteilen unter Ausnutzung der Schwerkraft mit Lot gefüllt. *Dorn*

Literatur: DIN 8505. Tl. 1: Löten; Allgemeines, Begriffe. Hrsg. Dt. Inst. für Normung. Ausg. 1979. – DIN 8505. Tl. 2: Löten; Begriffe und Einteilung der Verfahren. Hrsg. Dt. Inst. für Normung. Ausg. 1979. – DIN 8505. Tl. 3: Löten; Einteilung der Verfahren nach Energieträgern, Verfahrensbeschreibungen. Hrsg. Dt. Inst. für Normung. Ausg. 1983. – *Dorn, L.,* u. a.: Hartlöten–Grundlagen und Anwendungen. Ehningen. 1985.

Lötfehler. Mögliche L. sind in DIN 8515 in 6 Gruppen eingeteilt: Risse, Hohlräume, feste Einschlüsse, Bindefehler, Formfehler, sonstige Fehler.

Meist entstehen L. auf Grund mangelhafter →Benetzung (ungenügende Oberflächenreinigung oder ungeeignete Flußmittel- oder Lotwahl) oder unzureichender Fließmöglichkeit des Lotes (mangelhafte Erwärmung der Lötstelle oder zu geringe Kapillarwirkung infolge zu großen Lötspalts). *Dorn*

Literatur: DIN 8515. Tl. 1: Fehler an Lötverbindungen aus metallischen Werkstoffen. Hrsg. Dt. Inst. für Normung. Ausg. 1979.

Lötnahtprüfung →Schweißnahtprüfung

LTI-Kohlenstoff →Biomaterial

Luftstrahlsieb. Das L. ist eine Prüfsiebmaschine zum Durchführen feinster Trockensiebungen für Partikel > 32 μm. Auf Grund der kurzen Siebzeiten und geringen Probemengen (bis 50 g) wird es in Prozessen eingesetzt, in denen Klassiereffekte von Maschinen laufend und schnell überprüft werden müssen (Bild). Das zu prüfende Gut wird auf dem Sieb durch einen Luftstrom bewegt, der über eine rotierende Schlitzdüse in den Siebraum gelangt. Das Grobgut bleibt auf dem Sieb zurück, während der Feinanteil über die Saugluftleitung abgezogen wird. Dieser wird in einem nachgeschalteten Filter abgeschieden. Die Siebung wird mit dem feinsten Sieb begonnen und setzt sich mit dem Rückstand auf dem nächst größeren Sieb fort. *Schlag*

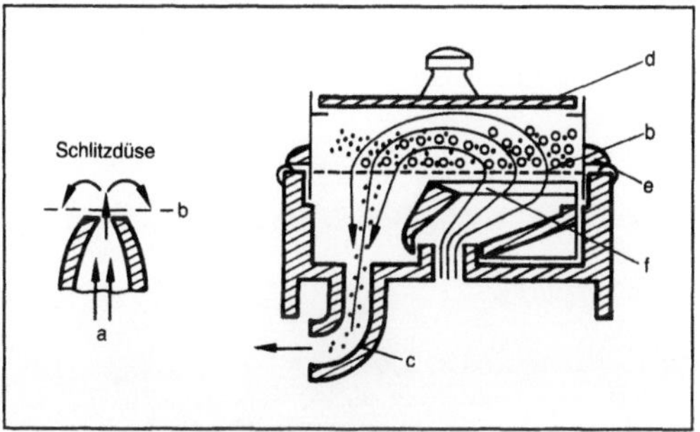

Luftstrahlsieb: Funktionsprinzip.

⸱ grob, . fein, a Luft, b Sieb, c Saugluftleistung zum Staubsaugen, d Deckel, e Dichtung, f rotierende Schlitzdüse

Luftstrommühle. Zum Zerkleinern von feuchten Schüttgütern, wie z. B. Braunkohle mit Wassergehalten zwischen 30 und 50 %. Eine L. arbeitet nach dem Prinzip der →Kugelmühle. Dabei transportiert ein Luftstrom das zu zerkleinernde Produkt durch die Mühle. Auf diese Weise werden Mahlung und Trocknung kombiniert. Falls erforderlich, kann die zum Trocknen und zum Guttransport erforderliche Luft mit einem →Wärmeübertrager vorgewärmt werden. Dies bietet sich insbes. für die Kohlemahlung in Kraftwerken an.

Die Zerkleinerung selbst erfolgt durch die umgewälzte Mahlkörperfüllung. Wie bei den Kugelmühlen lassen sich mehrere Mahlkammern mit zunehmend kleiner werdenden Mahlkörpern hintereinander anordnen. *Trefz*

Literatur: *Höffl, K.:* Zerkleinerungs- und Klassiermaschinen. Berlin, Heidelberg, New York 1986.

Lunker. L. können beim Erstarren einer Schmelze entstehen, weil der Phasenübergang flüssig/fest mit einer Volumenschrumpfung verbunden ist. Dieses Volumendefizit (Lunker) auszugleichen, ist eine wesentliche Aufgabe der Gießtechnik. Der bei der Erstarrung eines Stahlblocks sich bildende L. läßt sich durch die nachfolgende Druckumformung (Walzen oder Schmieden) ohne Nachteile für die Werkstoffeigenschaften beseitigen. Im Gegensatz dazu muß sich der Gußhersteller durch speisetechnische Maßnahmen bemühen, der L.-Bildung entgegenzuwirken und dabei die Art der Gußwerkstoffe berücksichtigen. Nach *S. Engler* ist zwischen exogenen und endogenen Erstarrungstypen zu unterscheiden.

Erstarrungstyp	exogen			endogen	
Erstarrungsart	glattwandig	rauhwandig	schwammartig	breiartig	schalenbildend
zunehmende Erstarrung →					
nach Erstarrungstyp u-art erstarrende Gußmetalle	Al 99,99	Al 99,9 Cu (rein) GK-MS 60 Stahl-GS	G-Al Mg 3,5, 10 G-Al Cu 4 Ti (Mg)	G-Al Si 6 Cu 4 G-Al Si 7 Cu 3 G-Al Si 5 Mg G-Al Si 9 (Cu) G-Al Si 10 Mg Cu Sn 10, 12, 14 Rg 5, 7. 10 G-Sn Po Bz	G-Al St 12 (veredelt) G-MS 65

Lunker 1: Exogene und endogene Erstarrungstypen.

Das Kristallwachstum im Ablauf des Erstarrungsprozesses (Bild 1) zeigt, daß das Nachspeisen in die mit zunehmender Verfilzung der Kristallite entstehenden Resthohlräume immer schwieriger wird. Wichtige Einflußfaktoren sind das Temperaturgefälle zwischen der eingegossenen Schmelze und der Form (Abkühlungsbedingungen) sowie die Differenz zwischen Liquidus- und Solidustemperatur (Erstarrungsintervall), wie aus der abgebildeten schematischen Darstellung des Erstarrungsablaufs nach *H. U. Doliwa* (Bild 2) hervorgeht. Die Möglichkeit einer besonders starken L.-Bildung ist hier durch ein breites Zick-Zack-Band gekennzeichnet. Beispielsweise haben die Gießmetalle A1 und A2 die gleiche Schmelz- und Erstarrungstemperatur, aber Schmelze A1 wird in eine metallische →Kokille vergossen und bietet wegen der damit verbundenen hohen Abkühlungsgeschwindigkeit wenig Anlaß zur L.-Bildung, während die gleiche Legierung A2 in eine →Sandform gegossen infolge der geringeren Abkühlgeschwindigkeit stärker lunkeranfällig ist. Aus Beispiel B1/B2 geht hervor, daß unter gleichen Abkühlungsbedingungen zwei unterschiedliche Gußwerkstoffe, einmal mit kleinem Erstarrungsintervall (B1) nur wenig L.-Neigung zeigen, umgekehrt B2 mit einem großen Erstarrungsintervall als lunkeranfällig gelten müssen. Beispiel D1/D2 lehrt, daß der Temperaturgradient zwischen Form und Metall auch durch die Gießtemperatur beeinflußt wird. Bei gleicher Formtemperatur und gleichem Erstarrungsintervall besteht wegen des geringen Temperaturgefälles bei D2 L.-Gefahr, die sich bei D1 trotz der höheren Gießtemperatur wesentlich verringert.

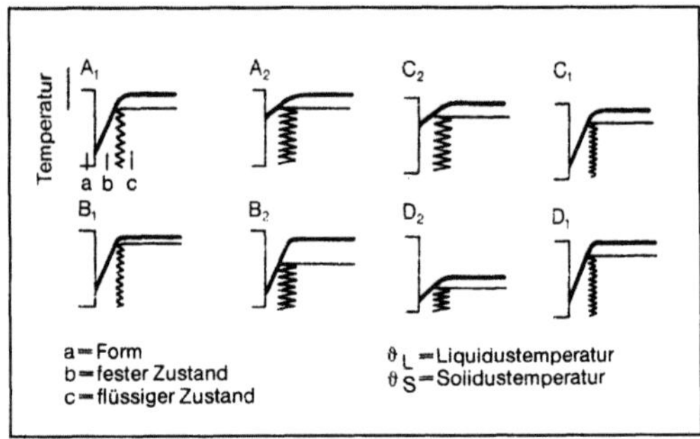

Lunker 2: Einfluß verschiedener Faktoren auf den Erstarrungsablauf.

Bei Formgußstücken übt auch die Formgebung einen bedeutenden Einfluß auf die Abkühlungsbedingungen aus. Man spricht hier von einem Sandkanteneffekt. Scharfkantige Übergänge sind zu vermeiden, da sie zur vermehrten Ausbildung von L. führen. Im allgemeinen sollten die Krümmungsradien zur Ausrundung etwa gleich der Wanddicke sein, mindestens aber halbe Wanddicke betragen (Bild 3). *Doliwa*

Lunker 3: Versuchskörper zur Darstellung des Einflusses der Kantenrundung bei Knotenpunkten.

M

Magnesiumlegierung. Magnesium und seine Legierungen besitzen die geringste Dichte (1,74 g/cm^3) aller metallischen Werkstoffe bei gleichzeitig mittleren Festigkeitswerten. Da sie eine hohe chemische Reaktionsfähigkeit haben, erfordern sie besondere Schutzmaßnahmen gegen Selbstentzündung beim Schmelzen, Gießen und Zerspanen. Deshalb sind ihre Anwendungsmöglichkeiten begrenzt.

Unlegiertes Magnesium hat wegen seiner geringen Verformbarkeit (hexagonale Gitterstruktur) als Werkstoff kaum Bedeutung. Seine Verwendung liegt in der anorganischen Chemie, der Desoxidation von Metallen (Nickel, Grauguß mit Kugelgraphit) und der thermischen Reduktion von Metallen.

M. sind hervorragend zerspanbar und werden vorwiegend als Sand-, Kokillen- und Druckguß verarbeitet. Guß- und Knetlegierungen finden Anwendung für leichte Bauteile im Maschinenbau (Fahrgestell, Behälter, Motor- und Gebläsegehäuse). Zwei Legierungsgruppen werden unterschieden:

☐ Mg-Al-Zn-Legierungen (DIN 1729) verbessern die schlechte Zähigkeit und hohe Kerbempfindlichkeit des Magnesiums durch Legieren mit Aluminium und Zink. Mangan (0,15–2 %) erhöht zudem die Korrosionsbeständigkeit. Diese Legierungen enthalten 6–9 % Al und 0,2–3,5 % Zn (G-MgAl9Zn1, MgAl6Zn) bei Zugfestigkeiten von 170–260 N/mm^2 und Bruchdehnung von 3–8 %.

☐ Mg-Legierungen mit Cer bzw. Thorium und Zirconium zeichnen sich durch gute Warmfestigkeit bis 300 °C aus. Der Zr-Zusatz dient zur Kornfeinung, wodurch eine zusätzliche Festigkeitssteigerung erreicht wird. Mg-Ce- bzw. Mg-Th-Legierungen enthalten 2,5–5 % Ce bzw. 3 % Th jeweils mit 0,5–0,7 % Zr. Diese Legierungselemente wirken stark desoxidierend und reinigend. Sie verbessern dadurch auch die Korrosionsbeständigkeit. Es entsteht ein porenfreier Guß ohne Mikrolunker, der außerdem sehr feinkörnig ist, wodurch die Warmfestigkeit und Kriechbeständigkeit verbessert wird.

Schwerpunkt der Verwendung sind Guß-, Gesenkschmiede- und Drehteile aus stranggepreßten Stangen, da beim Kaltwalzen von M. eine ausgeprägte Textur (Vorzugsrichtung) entsteht, die sich auch durch Rekristallisieren nicht beseitigen läßt. M. werden in Eisentiegeln unter einer breiigen Salzdecke von Magnesiumchlorid, Magnesiumoxid und Calciumfluorid erschmolzen. Vor dem Gießen (überhitzt auf ca. 800 °C) wird die Schmelze mit Schwefel abgedeckt und der Gießstrahl mit SO$_2$ eingehüllt, damit eine Entzündung der Schmelze an Luft verhindert wird. Gegenüber Zinkdruckguß ist die geringe Dichte vorteilhaft (4fache Anzahl von Teilen bei gleicher Gießmenge). Ungeschützte Teile aus M. überziehen sich an Luft rasch mit einer grauen Oxidhaut. In aggressiver Atmosphäre (Seeluft) sind Maßnahmen zum Korrosionsschutz (Beizen, Anstrich) erforderlich. *Heller*

Literatur: *Bargel, H. J.,* u. *G. Schulze:* Werkstoffkunde. Düsseldorf 1988. – *Schimpke, P., H. Schropp,* u. *R. König:* Technologie der Maschinenbaustoffe. Stuttgart 1977.

Magnetisierbarkeit. Eisenatome haben ein magnetisches Moment. Bei hohen Temperaturen und im →Austenit sind diese magnetischen Momente regellos in alle Richtungen verteilt; der Werkstoff ist paramagnetisch. Im kubisch-raumzentrierten Ferrit tritt unterhalb der Curie-Temperatur (769 °C) eine ferromagnetische Ordnung auf; der Werkstoff wird ferromagnetisch. Als nicht magnetisierbar gelten paramagnetische Stähle, die dann benötigt werden, wenn störende Wechselwirkungen mit magnetischen Feldlinien der Umgebung vermieden werden sollen. Je nach den sonstigen Anforderungen werden nur mit →Mangan oder aber mit →Chrom und →Nickel legierte Stähle eingesetzt (Magnetisierungskurve). *W. Dahl*

Literatur: Werkstoffkunde Stahl. 2 Bde. Hrsg. VDEh. Berlin, Düsseldorf 1984/85.

Magnetpulverprüfung. Die M. ist ein sehr empfindliches zerstörungsfreies Prüfverfahren zum Nachweis von Fehlern an der Oberfläche von magnetisierten Prüfstücken und darunter. Zur M. wird der Effekt ausgenutzt, daß an Grenzflächen zwischen Medien mit unterschiedlicher Permeabilität magnetische Feldlinien gebrochen werden. Bei z. B. Rissen oder Spalten in der Oberfläche von Prüfstücken aus Stahl führt dies zu Streufeldern (Bild 1). Diese können durch geeignete Mittel wie Pulver, Meßspulen oder Magnetstreifen nachgewiesen werden.

Zur Magnetisierung der Prüfstücke können magnetische Gleich- und Wechselfelder benutzt werden. Bei letzteren ist die Prüfempfindlichkeit höher, da es infolge des Skin-Effekts zur Feldver-

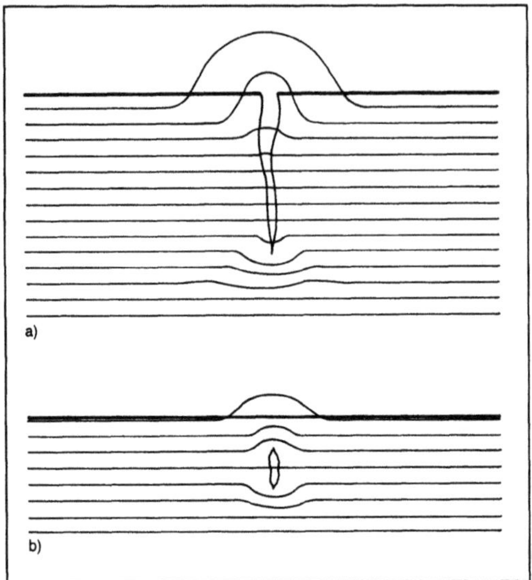

Magnetpulverprüfung 1: Magnetisches Streufeld in der Umgebung.
a) Eines Oberflächenfehlers.
b) Eines oberflächennahen Fehlers.

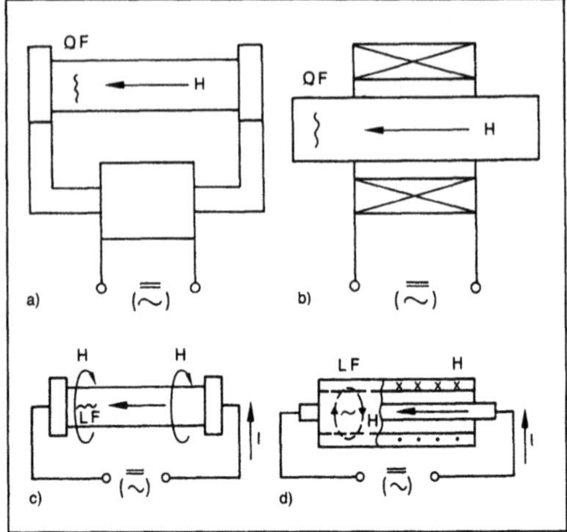

Magnetpulverprüfung 2: Eines Prüfstücks (schematisch).
a) Jochmagnetisierung: Querfehler(QF)-Nachweis
b) Spulenmagnetisierung: Querfehler(QF)-Nachweis
c) Magnetisierung mittels Selbstdurchflutung: Längsfehler(LF)-Nachweis
d) Magnetisierung mittels Hilfsdurchflutung: Längsfehler(LF)-Nachweis.

H Magnetfeldstärke, I elektrischer Strom

drängung an die Oberfläche des Prüfstücks kommt. Dies tritt um so stärker auf, je höher die Frequenz des Wechselfeldes ist. Die Magnetfelder können mit Magnetjochen, Spulen oder elektrischen Strömen (Stromdurchflutung) in Selbst- oder Hilfsdurchflutung erzeugt werden (Bild 2). Sämtliche hierzu benötigten Geräte stehen sowohl als Großgeräte als auch in Handausführungen für den ambulanten Einsatz zur Verfügung. Die Art der Magnetisierung richtet sich nach der Orientierung der nachzuweisenden Fehler. Diese sollten möglichst senkrecht vom Magnetfeld durchdrungen werden, weil dann der Streufluß am stärksten und somit die Nachweisempfindlichkeit am größten ist. Ist keine Vorzugsrichtung der Fehler zu erwarten, so sind Magnetfelder mit zwei 90° zueinander gedrehten Richtungen anzuwenden. Dies kann z. B. bei Verwendung von Jochen durch Drehen des Prüfstücks (kleines Prüfstück, stationäres Joch) oder durch Drehen des Joches (großes Prüfstück, kleines Handjoch) oder durch gleichzeitige Anwendung von Stromdurchflutung und Spulenmagnetisierung erreicht werden.

Durchführung der Prüfung. Das von lose anhaftendem Schmutz gereinigte und erforderlichenfalls mit Kontrastfarbe versehene Prüfstück wird mit geeigneten Mitteln magnetisiert und meist gleichzeitig mit üblicherweise flüssigem Prüfmittel bespült oder besprüht. Das Magnetfeld kann abgeschaltet werden, wenn die Trägerflüssigkeit des Prüfmittels abgelaufen ist. Danach bilden die magnetischen Partikel des Prüfmittels einen Saum beidseits einer ggf. vorhandenen Fehlstelle. Eine vorgefundene Anzeige kann entweder durch Photographieren oder Abziehen auf Klebefolie dokumentiert werden. Bei magnetisch harten Werkstoffen können die Prüfschritte Magnetisieren und Aufbringen des Prüfmittels zeitlich getrennt voneinander erfolgen. Wegen des in den Prüfstücken verbleibenden Restmagnetismus sollte nach der Prüfung entmagnetisiert werden.

Prüfmittel. Als Prüfmittel finden bei der M. meist schwarzgefärbte oder fluoreszierende Pulver, trocken oder in dünnflüssigen Ölen suspendiert, Verwendung. Bei Verwendung schwarzer Pulver ist ggf. das Prüfstück vor der Prüfung mit einer nicht abwischbaren mattweißen Lackschicht als Kontrastuntergrund zu versehen. Die Eignung eines Prüfmittels sollte mit einem geeigneten Testkörper (z. B. Stahlteil mit Härterissen) überprüft werden.

Verwendung. Wegen ihrer leichten und wirtschaftlichen Anwendbarkeit wird die M. zur Oberflächenrißprüfung von nahezu allen hochbelasteten magnetisierbaren Werkstücken eingesetzt. Dies geschieht insbes. vor kostenintensiven Bearbeitungen und nach Bearbeitungsschritten, die mit Umformungen oder Wärmeeinbringung verbunden sind. Beispiele hierfür sind: Guß-, Preß- und Schmiedeteile sowie Schweißkanten vor der Weiterbearbeitung; weiterhin Schweißnähte vor und nach der Wärmebehandlung, Werkzeuge und Maschinenteile nach dem Härten usw. *Kußmaul*

Literatur: *Müller, E. A. W.:* Handb. zerstörungsfreie Materialprüfung. München, Wien 1975.

Magnetventil. M. haben als Stellglieder für Gase und Flüssigkeiten unterschiedlicher Art in digitalen Steuereinrichtungen ein breites Anwendungsfeld gefunden. Sie werden als einfache Auf/Zu-Ventile oder als Mehrwegeventile entsprechend den variierenden Anforderungen in verschiedenen Ausführungsformen und Größen (Nennweiten) hergestellt.

M. bestehen aus dem Ventilgehäuse, aus Metall oder Kunststoff gefertigt, und dem in der Regel mit Ventilspindel und Ventilkegel zu einer Baueinheit konstruktiv verbundenen Elektromagneten. Er ist als Tauchankermagnet, Topfmagnet oder Kippankermagnet ausgebildet. Der Anker wird bei Erregung der Spule in diese hineingezogen. Die Rückstellkraft wird durch Federn und ggf. durch Druckkräfte des gesteuerten Mediums verstärkt hervorgerufen. Magnetanker und Ventilspindel sind unmittelbar miteinander verbunden. Der Anker bewegt sich je nach Ausführungsform in Luft, im Medium direkt oder in einer Ölvorlage. Beispielsweise bei aggressiven Stoffen oder besonders hohen Druck- oder Temperaturbelastungen wird der Ankerraum vom Stoffstrom getrennt. Die Ansteuerung der Magnete erfolgt durch Gleichstrom, durch Wechselstrom mit im Spulensystem eingebauter Gleichrichtung oder aufwandsärmer direkt durch Ein- oder Mehrphasenwechselstrom. Der prinzipbedingte Nachteil, daß bei konstantem Erregerstrom die Haltekraft groß, die Anzugskraft jedoch gering ist, kann durch besondere Ansteuerschaltungen, die mit erhöhtem Einschaltstrom arbeiten, ausgeglichen werden.

Hinsichtlich der Betätigung des Drosselkörpers oder Ventilkegels lassen sich bei M. drei Arbeitsprinzipien unterscheiden:

☐ Direktgesteuerte M., a) im Bild. Bei diesen betätigt der Magnetanker unmittelbar den mit ihm fest verbundenen Drosselkörper. Sie können infolge der relativ kleinen Magnetkräfte nur für kleine Drücke und Nennweiten ausgeführt werden.

☐ Zwangs- oder hilfsgesteuerte M., b) im Bild. Bei diesen wird durch den Magneten ein Hilfskegel über einer Überströmöffnung (kleiner Querschnitt) im Hauptventilkegel betätigt. Beim Öffnen des Hilfskegels kommt es zu einer Druckentlastung auf Abströmdruck über dem Hauptkegel, und das Ventil öffnet sich. Nach dem Schließen der Überströmöffnung baut sich über dem Hauptkegel der Anströmdruck auf, und der Hauptkegel wird über die Rückstellfeder geschlossen. Die nötige, magnetisch erzeugte Stellkraft kann damit gering gehalten werden. Flatterneigung beim Schließen und Druckstöße beim Öffnen sind Nachteile dieses Arbeitsprinzips.

☐ Vorgesteuerte M., c) im Bild. Sie werden auch als servogesteuert bezeichnet und benötigen im Vergleich zu den hilfsgesteuerten M. noch geringere Stellkräfte. Das Wirkungsprinzip ist dem der hilfsgesteuerten vergleichbar, wobei der Hilfskegel – hier das Vorsteuerventil – und der Hauptkegel

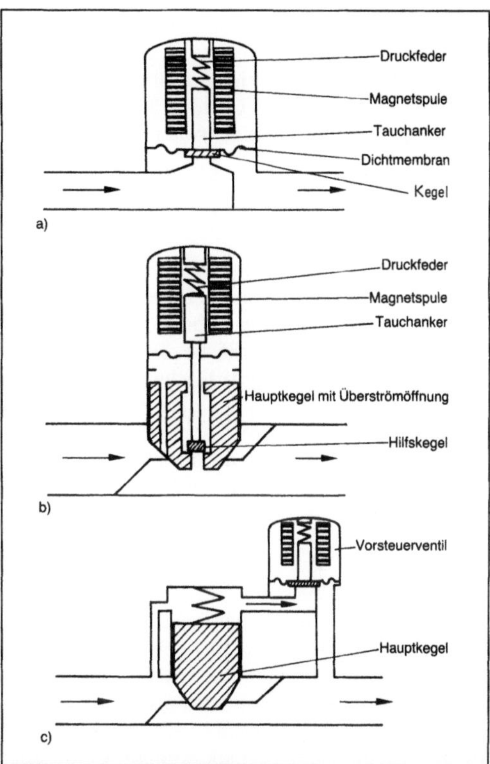

Magnetventil: Prinzipieller schematischer Aufbau (Darstellung im Schließzustand).
a) Direktgesteuert
b) Hilfsgesteuert
c) Vorgesteuert.

konstruktiv getrennt sind. Für eine einwandfreie Funktion ist eine gewisse Mindestdruckdifferenz über dem Ventil nötig. Diese Ventile neigen bei zu geringen Durchflüssen zum Schwingen.

M. sind sehr robust und schnell mit Stellzeiten im Bereich von 20–200 ms. Ihr Einsatzbereich beschränkt sich derzeit auf Nennweiten bis ca. NW 200 und Differenzdrücke bis ca. 50 MPa. Einsatzgrenzen werden durch Zähigkeit und Konsistenz des Stoffstroms sowie die Magnetkraft und die damit verbundene Eigenerwärmung des Spulensystems gesetzt. *Freyberger*

Mahlgleichgewicht. Begrenzt die erreichbare Feinheit beim Zerkleinern von Feststoff. Je kleiner der Durchmesser d_s eines Partikels mit der Dichte ϱ_s ist, desto größer ist seine spezifische Oberfläche O_{sp}, in m²/kg:

$$O_{sp} = \frac{6}{\varrho_s \cdot d_s}.$$

An dieser großen Oberfläche wirken Haftkräfte zwischen den Partikeln. Diese Haftkräfte entstehen durch Elektrostatik, Feuchtigkeitsbrücken oder

Verzahnung rauher Oberflächen. Für Partikel < 10 μm werden die Haftkräfte so groß, daß sie die Trennkräfte beim Zerkleinern überwiegen. Die Teilchen agglomerieren. Ohne Erhöhung der Zerkleinerungsenergie ist keine weitere Zerkleinerung mehr möglich. *Trefz*

Mahlkörper →Schwingmühle

Mahlwiderstand. Der M. wird auch als spezifische Oberflächenarbeit bezeichnet. Er berücksichtigt die beim Zerkleinerungsvorgang benötigte Energie für die neu geschaffene Oberfläche. Der M. hängt von den chemischen und physikalischen Eigenschaften des Mahlguts ab, insbes. von dessen Zähigkeit. Er ist unabhängig vom Mahlverfahren und wird um so größer, je mehr Widerstand das zu zerkleinernde Gut dem Mahlvorgang entgegensetzt, also je größer die geleistete Arbeit zur Schaffung neuer Oberflächen wird. *Würtz*

Makrokinetik. Die quantitative Beschreibung des zeitlichen Ablaufs einer chemischen Reaktion (chemische Kinetik, Mikrokinetik) einschl. des Zusammenwirkens mit physikalischen Stoff-, Wärme- und Impulstransportvorgängen wird als M. bezeichnet. Sie ist ein zentrales Thema der →Reaktionstechnik. In der chemischen Technik kommt es in allen heterogenen Reaktionssystemen (→Reaktion, heterogene) und zumeist auch in homogenen Systemen (→Reaktion, homogene) vor allem mit schnellen Reaktionen zur Ausbildung von Konzentrations- und Temperaturgradienten innerhalb der auch mehrphasigen Reaktionsmasse und/oder innerhalb poröser Feststoffe, die Reaktionspartner oder Katalysator (→Reaktion, katalytische) sein können. Zu den physikalischen Vorgängen, die den zeitlichen Ablauf einer chemischen Reaktion beeinflussen, gehören insbes. die Stofftransportvorgänge wie molekulare Diffusion, effektive Diffusion, turbulente Diffusion, →Porendiffusion, →Oberflächendiffusion, erzwungene Konvektion, →Stoffübergang (→Filmtheorie (Reaktionskinetik)) und die Wärmetransportvorgänge wie →Wärmeleitung, effektive Wärmeleitung, turbulente Wärmeleitung, Wärmekonvektion, Wärmeübergang sowie bei Fluid-Feststoff-Reaktionen die Adsorptions- und Desorptions-Vorgänge (→Hougen-Watson-Kinetik).

Eine bedeutende Rolle können auch die mit den Stoff- und Wärmetransportvorgängen eng verknüpften Impulstransportvorgänge, z. B. laminarer und turbulenter Strömungszustand des Fluids, turbulente Vermischungsvorgänge sowie die Ausbildung dissipativer Strukturen (→Segregation) innerhalb der Reaktionsmasse, spielen. (Eine quantitative Behandlung des Einflusses von Transportvorgängen auf chemische Reaktionen ist auch bei den Stichwörtern →Porennutzungsgrad, →Hatta-Zahl,

→Verstärkungsfaktor, →Reaktormodell und →Festbettreaktormodell zu finden.) *Schönbucher*

Makrovermischung. Der Verlauf einer chemischen Umsetzung, d. h. z. B. Umsatz, →Ausbeute, Reaktionsgeschwindigkeit, →Selektivität, hängt insbes. bei kontinuierlichen Reaktoren sehr vom Vermischungsgrad der Reaktanden ab. Es wird zwischen M. und →Mikrovermischung unterschieden.

Die M. ist die konvektive Vermischung der Fluidelemente der Reaktionsmasse im Reaktor und ist durch die →Verweilzeitverteilung charakterisiert. Ein idealer, kontinuierlicher →Rührkesselreaktor ist vollständig makrovermischt, während ein idealer →Rohrreaktor stets keine M. aufweist. Auch ein segregierter (→Segregation), idealer, kontinuierlicher Rührkessel ist vollständig makrovermischt. *Schönbucher*

Maldistribution. Ungleichverteilung der Flüssigkeit auf Füllkörpern oder geordneten Packungen in Packungskolonnen, z. B. zum Rektifizieren oder zur Absorption. Die ungleichmäßige Verteilung über den Kolonnenquerschnitt und der →Schütthöhe kann u. a. durch →Randgängigkeit oder Kanalbildung entstehen. Wird die Flüssigkeit nicht mit der gleichen Belegungsdichte von den Verteilereinrichtungen auf den Querschnitt der Packung verteilt, so kommt es ebenfalls zu einer M.

Die Trennwirkung der Packung verringert sich, weil nicht die gesamte Stoffaustauschfläche ausgenutzt wird. *Dohrn*

Mammutschlaufenreaktor →Schlaufenreaktor

Management. Darunter versteht man einerseits die Gesamtheit der Führungsaufgaben im Unternehmen. Andererseits umfaßt der Begriff aber auch die Gesamtheit der Führungspersonen (Manager) bzw. der Instanzen mit Weisungsbefugnis. Im ersten Fall spricht man von M. im funktionalen Sinn, im zweiten Fall von M. im institutionalen Sinn.

Beim M. im funktionalen Sinn wird zwischen der personenbezogenen und der sachbezogenen Entscheidungsfunktion unterschieden. Die sachbezogene Komponente umfaßt die wesentlichen Sachentscheidungen des jeweiligen Leistungsbereiches und damit den Prozeß der Willensbildung, Entscheidung und Willensdurchsetzung. Dagegen versteht man unter der personalbezogenen Komponente die Lenkung der unterstellten Mitarbeiter. Die Fähigkeiten der Mitarbeiter müssen erkannt und entsprechend der Unternehmenszielsetzung eingesetzt werden.

Beim M. im institutionalen Sinn wird der Personenkreis angesprochen, dem die Ausübung der funktionalen M.-Aufgaben obliegt. Dabei ist heute unter M. nicht nur das Top-M. zu verstehen. Der Begriff umfaßt vielmehr den Kreis aller Mitarbeiter, die vorwiegend dispositive Tätigkeiten ausüben bzw. über einen gewissen Entscheidungsspielraum verfügen. *Eversheim*

Managementmodell. Es beinhaltet das normative Konzept der Führung eines Gesamtsystems, i. a. eines Unternehmens. M. stellen Soll-Konzepte dar, die etwas darüber aussagen, wie Führung in Unternehmen vollzogen werden sollte.

Am bekanntesten ist das Harzburger Modell. Es beruht auf der „Führung im Mitarbeiterverhältnis", d. h. der Delegation von Aufgaben, Kompetenzen und Verantwortung. Die Gewährung von Entscheidungskompetenz und die Übertragung von Verantwortung erfolgt auf allen Stufen des Unternehmens. Die Initiative und das Mitdenken der Mitarbeiter soll dadurch systematisch nutzbar gemacht werden.

Wesentliche Bestandteile in allen M. sind
□ Führungsgrundsätze und
□ Führungstechniken.

Führungsgrundsätze sind schriftlich festzulegende Richtlinien, die Führungskräfte bei ihrer Führungstätigkeit zugrunde legen sollen. Die Führungsgrundsätze beziehen sich nicht auf einen bestimmten Anwendungsfall, sondern sind situationsabhängig formuliert. Meist handelt es sich um die Beschreibung eines generellen Führungsstils oder Führungsverhaltens. Heute wird der kooperative Führungsstil als Mittelweg zwischen dem autoritären Führungsstil und dem Führungsstil des Laissezfaire bevorzugt.·

Führungstechniken sind wesentlich konkreter als Führungsgrundsätze und sollen den Manager bei der praktischen Ausübung seiner Führungstätigkeit unterstützen. Führungstechniken umfassen das Beherrschen von Organisationsprinzipien, technischen Hilfsmitteln und Kommunikationstechniken. Im deutschen Sprachraum haben Führungstechniken als Management by technics weite Verbreitung gefunden. Die verschiedenen Techniken unterscheiden sich im wesentlichen nur dadurch, daß jeweils ein anderer Ansatzpunkt des Führungsverhaltens im Mittelpunkt steht. In der Betonung von Teilproblemen liegt allerdings der Ansatz für wesentliche Kritikpunkte an den Management by technics. Die Komplexität der Führungsproblematik wird in unzulässiger Weise vernachlässigt, wenn nur bestimmte Teilaspekte der Führung herausgestellt werden. *Eversheim*

Mangan. M. wird Stählen als Legierungselement vor allem zur Beeinflussung des Umwandlungsverhaltens zugesetzt. In Baustählen mit bis zu 1,7 % M. wird dadurch bei abgesenktem Kohlenstoffgehalt durch Umwandlung in der unteren Perlit- oder der Bainitstufe eine günstige Kombination von Festigkeit und Zähigkeit erzielt. Höhere M.-Gehalte werden in den M.-Hartstählen eingesetzt.

In der Erdkruste ist M. zu etwa 0,085 % enthalten. In der Natur kommt M. fast ausschließlich in oxidischer Form vor. Häufig finden sich diese Erze in Gesellschaft mit Eisenerzen. Sehr reich an M. sind die M.-Knollen der Tiefsee. Metallisches M. läßt sich nicht wie etwa Eisen durch Reduktion des Oxids mit Kohlenstoff gewinnen, da als Produkt Carbide entstehen. Eine elegante Darstellungsmethode stellt die Elektrolyse von M.-Sulfat-Lösungen dar.

Weiterhin ist M. auf aluminothermischem Weg erhältlich:

$$3 \, MnO_2 + 4 \, Al \rightarrow 3 \, Mn + 2 \, Al_2O_3 + 1787 \, kJ.$$

Da reines M. kaum technische Bedeutung besitzt, werden diese beiden Verfahren nur in geringem Umfang angewendet. Mehr als 95 % der M.-Produktion wird in Form von Eisen-M.-Legierungen verwendet. Diese Legierungen werden aus einem Gemisch von Koks, M.- und Eisenerzen im Hochofen bzw. elektrischen Ofen gewonnen.

Metallisches M. ist silbergrau, hart und sehr spröde. Es kristallisiert in einem sehr komplizierten kubischen Gitter. Es schmilzt bei 1247 °C, siedet bei 2030 °C und besitzt eine Dichte von 7,21 g/cm³. Natürliches M. besteht nur aus dem stabilen Isotop Mn-55. Künstlich lassen sich zehn radioaktive Isotope mit den Massenzahlen 50–58 herstellen.

Hauptanwendungsgebiet von M. ist die Stahlerzeugung. M.-Stähle mit 12–14 % M. werden für besonders hohe Anforderungen benutzt. Alle Aluminium- und Magnesium-Legierungen enthalten M., um die Korrosionsfestigkeit und mechanischen Eigenschaften zu verbessern. *W. Dahl/Schlögl*

Mangan-Hartstahl. Kohlenstoffstähle, die durch Zulegierung von 10–20 % Mangan, z. B. 12 % Mangan und 1,2 % Kohlenstoff nach dem Lösungsglühen und Abschrecken ein austenitisches Gefüge aufweisen. Bei Kaltverformung nimmt die Festigkeit durch Martensitbildung stark zu. Bei Verschleißbeanspruchungen unter Druck härtet die Randschicht auf und bildet so eine verschleißbeständige Schale über einem zähen Kern. Anwendungsbeispiele sind: Brechkegel, -mäntel und -backen, Hämmer, Baggereimer und -bolzen, Kettenglieder, Herzstücke von Eisenbahnweichen. Vorteilhaft ist die Möglichkeit zur Verbindungs- und Ausbesserungsschweißung. *W. Dahl*

Literatur: Werkstoffkunde Stahl. 2 Bde. Hrsg. VDEh. Berlin, Düsseldorf 1984/85.

Manila →Hartfaser

Manipulator →Roboter, →Zubringeinrichtung

Markierungsmethode. Zur experimentellen Bestimmung von Verweilzeitfunktionen (→Verweilzeitverteilung, →Verweilzeitmodell) in Reaktoren werden Volumenelemente der Reaktionsmasse mit einer Markierungssubstanz (Tracer, Spurstoff) in einer bestimmten Weise gekennzeichnet. Je nach Art der Einspeisung eines Tracers in den Eingangsstrom des Reaktors unterscheidet man insbes. drei M.: Die Stoßmarkierung (Pulsmarkierung), die Verdrängungsmarkierung (Stufenmarkierung) sowie die sich periodisch ändernde Tracer-Konzentration. Das Meßprinzip aller Methoden läßt sich regelungstechnisch behandeln und besteht darin, daß dem Reaktor ein Tracer nach einer bekannten Funktion (Eingangsfunktion, Eingangssignal) eingegeben wird und die Tracerkonzentration am Reaktorausgang oder an einer anderen Stelle (Ausgangssignal, Antwortfunktion, Übergangsfunktion) gemessen wird. Bei der Auswahl des Tracers sollten folgende Bedingungen erfüllt sein:

□ Viskosität und Dichte des Tracers und der Reaktionsmasse müssen übereinstimmen;

□ möglichst isokinetische Zugabe des Tracers;

□ er soll chemisch inert sein;

□ er soll keine Adsorption mit den Reaktorteilen eingehen, und

□ der Tracer soll in geringen Konzentrationen leicht analysierbar sein.

Als Markierungssubstanzen geeignet sind z. B. radioaktive Indikatoren, Farbstoffe oder Substanzen, die sich auf Grund elektrischer bzw. thermischer Eigenschaften von der Reaktionsmasse unterscheiden.

Bei der Stoßmarkierung wird die gesamte Menge an Markierungssubstanz innerhalb einer sehr kleinen Eingabezeit $Dt <$ ca. $0{,}01\,\tau$ (τ Raumzeit) mit der geringen Konzentration c_{Ma} in den Zulaufstrom am Reaktoreingang injiziert. Dabei soll das Eingangssignal möglichst gut eine (ideale) Dirac-Deltafunktion (Pulsfunktion) $\delta\,(t-t_o)$ darstellen, die folgende Eigenschaften aufweist:

$t = t_o$:
$\delta(t - t_o) \to \infty$ und

$$\int_{-\infty}^{\infty} \delta(t - t_o)\, dt = 1;$$

$t \neq t_o$.
$\delta(t - t_o) = 0$.

Gemessen wird die zeitabhängige Konzentration c_{Me} an Markierungssubstanz am Reaktorausgang. Hieraus erhält man als Antwortfunktion auf die Stoßmarkierung das Verweilzeitspektrum ($\to$Verweilzeitverteilung):

$$E(t) = \frac{c_{Me}(t)}{\tau\, c_{Ma}}.$$

Die Verdrängungsmarkierung ist dadurch charakterisiert, daß die Markierungssubstanz nicht einmalig, sondern von der Zeit $t = t_o$ an kontinuierlich bei der konstanten Konzentration c_{Ma} und mit konstanter Geschwindigkeit in den Zulaufstrom am Reaktoreingang eingegeben wird. Dabei soll das Eingangssignal in möglichst guter Näherung eine (ideale) Heaviside-Sprungfunktion $H(t-t_o)$ darstellen, die folgende Eigenschaften aufweist:

$t < t_o : H(t - t_o) = 0$ bzw. $c_{Ma} = 0$,
$t > t_o : H(t - t_o) = 1$ bzw. $c_{Ma} > 0$.

Gemessen wird die Konzentration $c_{Me}(t)$ am Reaktorausgang. Hieraus folgt als Antwortfunktion auf die Verdrängungsmarkierung die Verweilzeit-Summenfunktion

$$F(t) = \frac{c_{Me}(t)}{c_{Ma}}.$$

Bei der dritten M. werden periodische und stochastische Eingangssignale eingegeben, wodurch sich Störungen aus den Antwortfunktionen teilweise herausmitteln. Allerdings ist bereits die experimentelle Realisierung z. B. eines sinusförmigen Konzentrationsverlaufes $c_{Ma}(t)$ an Markierungssubstanz so aufwendig, daß diese dritte Methode auf Laborreaktoren beschränkt bleibt. Hier ergibt sich aus der gemessenen Amplitudenabnahme und der Phasenverschiebung des periodischen Eingangssignals die Verweilzeitverteilung. Die beiden ersten M. haben heute auch industrielle Anwendung für das Verhalten realer Reaktoren gefunden. *Schönbucher*

Martensit. Wird Stahl unterschiedlichen Kohlenstoffgehalts auf Austenitisierungstemperatur erwärmt und anschließend so schnell abgekühlt, daß die Diffusion von Eisen und Kohlenstoff vermieden wird, so wandelt sich der kubisch-flächenzentrierte →Austenit in das tetragonal verzerrte raumzentrierte Gitter des M. durch einen Schiebungs- oder Umklappprozeß um. Durch die nun zwangsweise gelösten Kohlenstoffatome ist die dem Kohlenstoff proportionale hohe Härte zu erklären (→Festigkeitssteigerung). Beim Anlassen werden die Kohlenstoffatome gleichmäßig verteilt (kubisch-raumzentrierter M.), und bei höherer Temperatur bilden sich aus dem übersättigten Mischkristall Carbide. Die zunächst extrem hohe Härte nimmt ab (Bild). Die M.-Umwandlung wird zum →Härten des Stahls ausgenutzt. Durch Legierungselemente kann die →Härtbarkeit verbessert werden, da die kritische Abkühlgeschwindigkeit abgesenkt wird (→Zeit-Temperatur-Umwandlungsschaubild).

M. bildet sich athermisch. Die Menge nimmt mit fallender Temperatur zu. Die M.-Bildungstemperatur nimmt mit steigendem Kohlenstoffgehalt ab und wird auch vom Legierungsgehalt beeinflußt. Bei Kohlenstoffgehalten bis zu etwa 0,8 % ist die M.-Bildung bis Raumtemperatur abgeschlossen. Bei höheren Kohlenstoffgehalten verbleibt zunehmend →Restaustenit, der durch Unterkühlung ebenfalls umgewandelt werden kann.

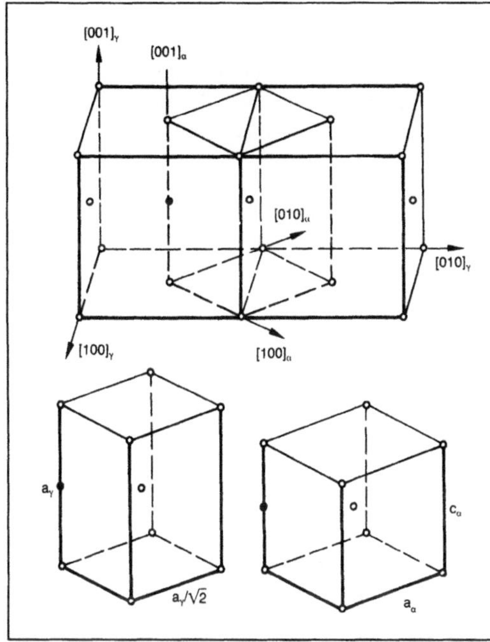

Martensit: Die Deformation der tetragonalen raumzentrierten Zellen des kubisch-flächenzentrierten Austenitgitters in die tetragonal ($c_\alpha \neq a_\alpha$) bzw. kubisch ($c_\alpha = a_\alpha$) raumzentrierten Zellen des Martensitgitters.

Das Gefüge ist nadelig und als Platten- oder Lanzett-M. ausgebildet.   *W. Dahl*

Maschenweite. Freier Querschnitt eines Siebgewebes. Unterscheidung in theoretische und effektive Maschenweite (→Klassieren).   *Trefz*

Maschinenabnahme. Die M. ist der Nachweis des Herstellers gegenüber dem Käufer für die Güte der Maschine. Die Bedingungen für die Abnahme stützen sich auf internationale bzw. nationale Normen oder auf Abnahmeempfehlungen von Fachverbänden.

Darüber hinaus sind auch noch gesonderte Vereinbarungen zwischen Hersteller und Käufer möglich. Die Hierarchie der Normen ist im Bild dargestellt.

Bei der grundsätzlichen Vorgehensweise zur Abnahme einer Werkzeugmaschine definiert man zuerst diejenigen Merkmale, die die Kriterien zur Beurteilung der zu prüfenden Maschine darstellen.

Die Prüfverfahren umfassen die Untersuchung des statischen Folgeverhaltens der nicht durch den Bearbeitungsprozeß belasteten Maschine und/oder das Messen der Ist-Maß-Abweichung eines Probewerkstücks von den im Steuerungsprogramm festgelegten Soll-Werten. Die Erfassung der Merkmale mit geeigneten Meßmitteln erfolgt unter den Gesichtspunkten: ausreichende Reproduzierbarkeit, Aussagefähigkeit für mögliche Bearbeitungsaufgaben und angemessener Testaufwand.

Die wichtigsten Normen für die M. sind im einzelnen:

DIN 86018668:	Abnahmebedingungen von Werkzeugmaschinen für die spanende Bearbeitung
DIN 45635:	Geräuschmessungen an Maschinen
VDI/DGQ 3441–3445:	Statische Prüfung der Arbeits- und Positionsgenauigkeit
VDI 2851:	Beurteilung von Werkzeugmaschinen
VDI/VDE 2605:	Kreisteilung und ebene Winkel, Winkelnormale und deren Fehler
VDI 3254:	Numerisch gesteuerte Werkzeugmaschinen – Genauigkeitsangaben

     Schulz

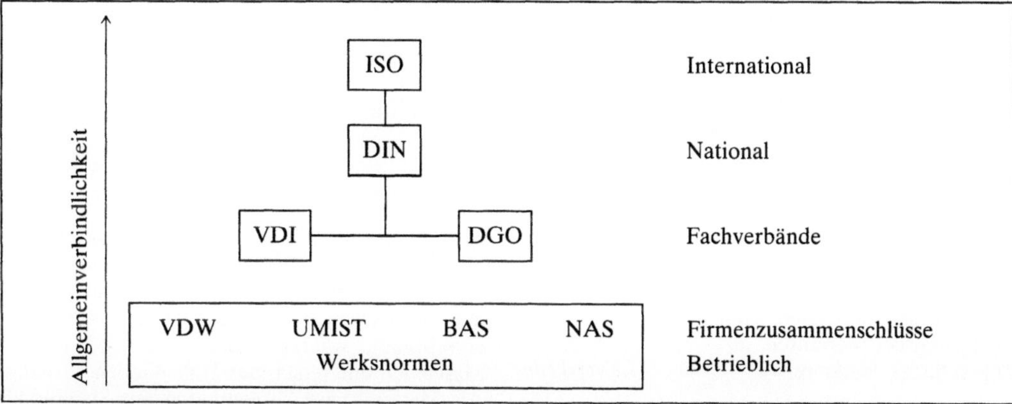

Maschinenabnahme: Abnahmerichtlinien bzw. Normen für verschiedene Geltungsbereiche.

617

Literatur: *Weck, M.:* Werkzeugmaschinen. Bd. 4: Meßtechnische Untersuchung und Beurteilung. Düsseldorf 1978.

Maschinenbelegungsplanung. Zur Erstellung eines Produktionsprogramms (→Produktionsprogramm) wird von der Fertigungsablaufplanung die zeitlich-räumliche Zuordnung der erforderlichen Fertigungsoperationen zu den Produktionsfaktoren vorgenommen. Diese Zuordnung erfordert eine Kapazitätsbelastungsplanung, die i. a. durch die M. dargestellt wird. Die M. ist somit Hauptaufgabe der Fertigungsablaufplanung und stellt den letzten Planungsschritt innerhalb der →Produktionsplanung dar. Die Ergebnisse der Produktionsprogrammplanung sind Eingangs-Daten für die M.

Aufgabe der M. ist:

□ in der Massenfertigung: die Gestaltung der Taktabstimmung am Fließband;

□ in der Serienfertigung: die Gestaltung der Abtaktabstimmung und Bestimmung der Reihenfolge der Produktserien;

□ in der Kleinserien- und Einzelserienfertigung: die Bestimmung der Losgrößen und Reihenfolge der Aufträge.

Ziele der M. sind:

□ Minimierung der Durchlaufzeiten,

□ Maximierung der Kapazitätsauslastung,

□ termingerechte Fertigung,

wobei Zielkonflikte nicht ausgeschlossen sind und einer für den jeweiligen Fall angepaßten Lösung bedürfen (Dilemma der Ablaufplanung).

In der betrieblichen Praxis werden häufig auch noch die Begriffe →Arbeitsvorbereitung oder Arbeitsverteilung an Stelle von M. benutzt.

Methoden und Verfahren zur Ermittlung der Maschinenbelegung lassen sich in heuristische und analytische Verfahren klassifizieren. Heuristische Verfahren arbeiten nach dem Prinzip der vorläufigen Annahme einer Lösung, während die analytischen Verfahren durch logische Zergliederung eine Lösung erarbeiten.

Heuristische Verfahren sind:

□ Auswahlverfahren: Entwicklung einer Lösung mittels bestimmter Probierregeln;

□ Verfahren mit Prioritätsregeln: Besteht eine Warteschlange von Aufträgen vor einer Maschine, so wird der nächste Auftrag nach bestimmten Kriterien ausgewählt. Kriterien können z. B. sein: Operationszeit (KOZ kürzeste Operationszeit zuerst), Wartezeit (FIFO first in – first out, LIFO last in – first out) usw.;

□ Simulationsverfahren: Computerunterstützte Simulation von verschiedenen Belegungskombinationen an einem Simulationsmodell.

Analytische Verfahren sind:

□ algebraische Verfahren,

□ graphische Verfahren. *Eversheim*

Literatur: *Eversheim, W.:* Organisation in der Produktionstechnik. Bd. 4. Düsseldorf 1981.

Maschinenbett. Das M. ist eines der Grundelemente des Maschinengestells und stellt die Verbindung zum Fundament her (Bild 1). Das M. nimmt die Kräfte auf und trägt die Führungsbahnen für die Schlitteneinheiten sowie ggf. die Befestigungsflächen für Peripherieeinheiten, z. B. Transporteinrichtungen für den Werkstückwechsel an der Maschine. Durch geeignete Konstruktionsmaßnahmen ist für eine gute Spanabfuhr zu sorgen (Bild 2).

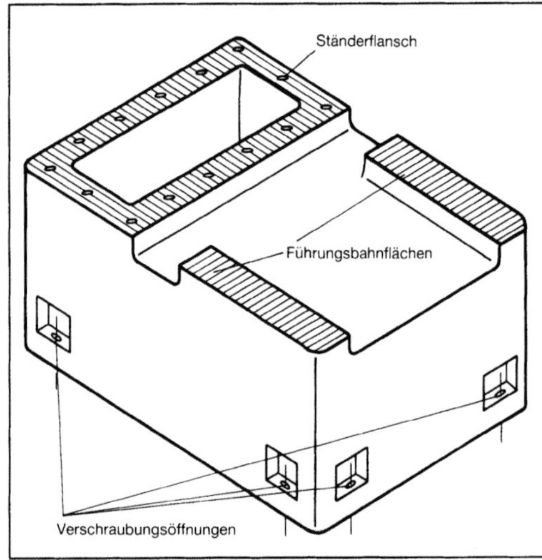

Maschinenbett 1: Schemaskizze.

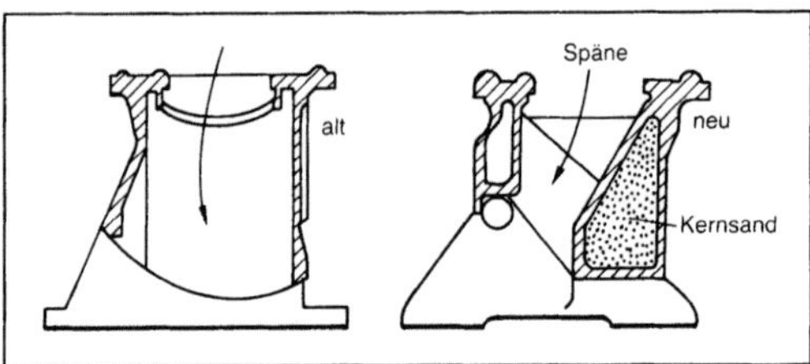

Maschinenbett 2: Zwei Spankanäle.

Das M. soll eine gute Dämpfung und eine hohe Steifigkeit besitzen. Bei kleineren Maschinen ist es selbsttragend ausgebildet, bei größeren wird es je nach Anforderungen auf dem Fundament justiert und befestigt. *Schulz*

Literatur: *Bruins/Dräger:* Werkzeug und Werkzeugmaschine. München. – *Saljé, E.:* Elemente der spanenden Werkzeugmaschinen. München.

Maschinenfundament (Werkzeugmaschinen). Das M. ist das Bindeglied zwischen Maschine und Umgebung (Boden). Größere Maschinen werden auf eigene Fundamente gesetzt und mit diesen verschraubt, während für kleine und mittlere Maschinen ein verstärkter Hallenboden ausreicht. Als Material wird Zementbeton mit Stahlbewehrung eingesetzt.

Bei der Verbindung zwischen Maschine und Fundament muß den verschiedenen Materialdehnungen und dem möglichen Betonkriechen Rechnung getragen werden. Es sind hierfür Nachstellmöglichkeiten vorzusehen, die bei Absenkungen oder Verformung des Fundaments ein Ausrichten der Maschinen zulassen.

Von der Qualität des Fundaments hängt die Genauigkeit der Maschine ab. Um Einflüsse von außen und deren Übertragung auf die Maschine zu vermeiden, besteht die Möglichkeit, das Fundament (Bild) zu isolieren. *Schulz*

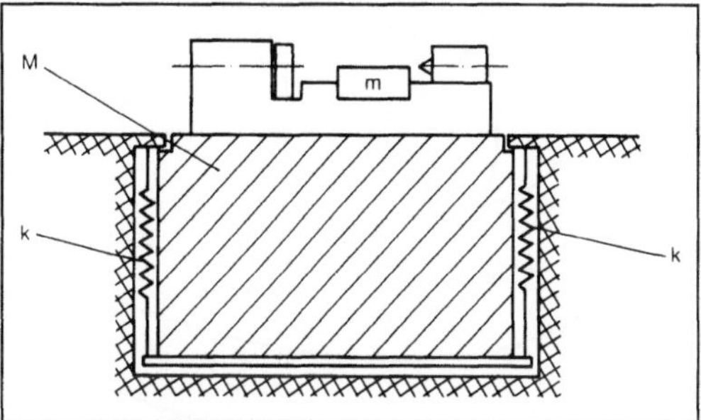

Maschinenfundament (Werkzeugmaschinen): Isoliert aufgehängt.

k Federn, M Masse des Fundaments, m Masse der gesamten Werkzeugmaschine, Eigenfrequenz des Systems Werkzeugmaschine plus Fundament:

$$\omega_{ei} = \sqrt{\frac{k}{m+M}}$$

Literatur: *Bruins, Dräger:* Werkzeuge und Werkzeugmaschinen. München 1978. – *Saljé, E.:* Elemente der spanenden Werkzeugmaschinen. München.

Maschinengenauigkeit. Wesentlich für die Genauigkeit und damit auch die Qualität eines auf einer Werkzeugmaschine gefertigten Werkstücks ist u. a. die M. Sie beeinflußt nicht nur die Form (Ebenheit, Rechtwinkligkeit usw.), sondern kann auch Rückwirkungen auf den Werkzeugverschleiß und die Oberfläche des Werkstücks haben. Bei Maschinen hoher Genauigkeit ist daher beim Betrieb auf eine exakte Einhaltung der vorgeschriebenen Umweltbedingungen zu achten.

Die Messungen der Genauigkeit umfassen drei voneinander unabhängige Prüfungen. Die geometrische Prüfung nach DIN 8601 bzw. OSOIR-230, Überprüfung der Positionsgenauigkeit nach VDI/DGQ 3441/3442 und die praktische Prüfung, d. h. die Überprüfung der Werkstücke. Eine Prüfung der Maschine kann auch nach der Erstabnahme notwendig sein, um durch Verschleiß hervorgerufene Fehler zu erkennen und zu beseitigen.

Eine Verbesserung der M. ist nicht nur durch Verbesserung eines Teils der Maschine zu erreichen. Statische und dynamische Steifigkeit des Bettes, Thermosymmetrie der Konstruktion, Genauigkeit

von Führungsbahnen, Spindeln, Antrieben und Meßsystem beeinflussen die M. wesentlich.

Eine Kompensation von Fehlern ist durch die der Maschine zugeordnete Steuerung möglich. Einmalig aufgenommene Fehlerkurven, z. B. der Wegmeßeinrichtungen, können von der NC/CNC-Steuerung zur Korrektur benutzt werden. Durch (Werkzeug-)Verschleiß hervorgerufene Ungenauigkeiten des Werkstücks sind durch Meßregelungen kompensierbar. *Schulz*

Maschinengestell. Das M. ist der tragende Grundkörper einer Werkzeugmaschine, auf dem alle weiteren Maschinenteile räumlich zueinander definiert montiert werden. Die Formen der verschiedenen Gestelltypen ergeben sich aus dem Bearbeitungsverfahren und dem Wunsch nach hoher Steifigkeit der Werkzeugmaschine.

M. sind in der überwiegenden Anzahl aus mehreren Grundelementen zusammengesetzt, die entweder miteinander über Flanschverbindungen verschraubt oder ggf. aneinandergeschweißt werden.

Bild 1 zeigt den prinzipiellen Aufbau verschiedener Gestelle sowie deren Einzelteile. Bei der Gestellform unterscheidet man zwischen L-, C- und O-(Portal-)Gestellen, Bild 2, in stehender oder liegender Bauweise und teilt zusätzlich nach der Art der Ausführung ein. So wird weiterhin in Ständer- bzw. Säulenbauweise aufgegliedert, wobei die Wahl des jeweiligen Typs vom Maschineneinsatz abhängt. Danach werden z. B. schwere Umformmaschinen

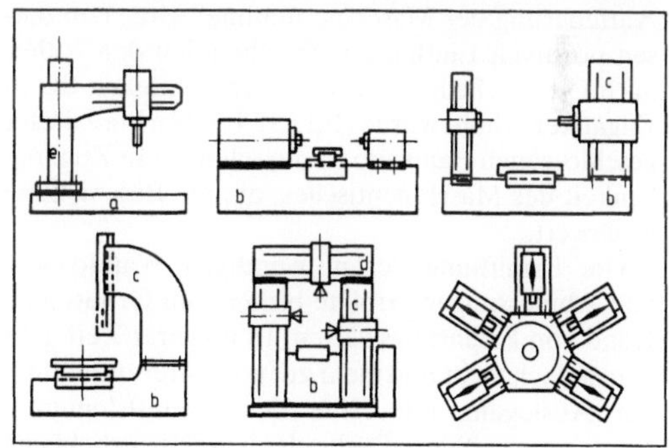

Maschinengestell 1: Typische Gestellteile.

a Grundplatte, b Bett, c Ständer, d Querbalken, e Säule

L-C-Gestellform		O-Gestellform	
Einständer-Bauart	Doppelständer-Bauart	Zweiständer-Bauart	Säulen-Bauart

Maschinengestell 2: L-, C- und O-Gestelle in Ständerbauweise.

vorwiegend als O-Gestell in Ständer- oder Säulenbauweise ausgeführt, um die Verformungen bei der Bearbeitung möglichst klein zu halten.

Die Herstellung der M. erfolgt in der Hauptsache durch das Gießen der Einzelteile aus metallischen Materialien oder bei sehr kleinen Stückzahlen (Sondermaschinen, Prototypen) durch Schweißen. Die Vorteile der Gußkonstruktion liegen in ihren guten Dämpfungseigenschaften sowie der sehr hohen Gestaltungsfreiheit der Ausführung, während sich die Schweißkonstruktion durch ihre flexible Gestaltbarkeit auszeichnet.

Als Substitutionswerkstoff für Stahl und Guß kommt neuerdings Reaktionsharzbeton (RHB) zum Einsatz, der ein sehr gutes Säurebeständigkeitsverhalten, hohe Dämpfung und ausgezeichnetes Wärmedehnungsverhalten aufweist. Die Verarbeitung dieser Betonwerkstoffe erfolgt durch Vermischen der verschiedenen Komponenten und Gießen in eine Form mit anschließendem Kaltaushärten.

Die Auslegung der Gestelle erfolgt nach minimaler Verformung und nicht wie sonst üblich im Hinblick auf die Beanspruchung. Die Hauptaufgabe des Gestells, die bewegten Maschinenteile zu tragen, kann nur erfüllt werden, wenn die Steifigkeit des Gestells groß genug ist, so daß keine wesentlichen Verformungen auftreten.

Unter diesen Gesichtspunkten ist ein M., das in Portalbauweise ausgeführt ist, als ideal zu betrachten, da durch den geschlossenen Querschnitt die Auffederung der Maschine minimal wird. Um diesen positiven Einfluß zu erreichen, wurden früher auch C-Gestelle hergestellt, deren Steifigkeit durch Zuganker erhöht wurde (Bild 3). Ein Nachteil dieser geschlossenen Bauweise ist die schlechtere Zugänglichkeit des Maschinentisches, die die Beschickung erschwert.

Die Ermittlung der notwendigen Wanddicken und Abmessungen erfolgte bisher zum Großteil an Hand von Erfahrungswerten. In jüngerer Zeit geht man jedoch mehr und mehr zur computerunterstützten Auslegung mit Hilfe der Finite-Elemente-Berechnung über. Dadurch wurden erhebliche Materialeinsparungen, insbes. bei Großkonstruktionen, erreicht.

Ein weiterer für die Konstruktion sehr wesentlicher Faktor ist das Schwingungsverhalten des M. Ist für die statische Belastung die Steifigkeit das Bewertungskriterium, so sind dies bei dynamischen Vorgängen das Eigenfrequenzspektrum sowie das Dämpfungsverhalten des Gestells.

Die Konstruktion ist so auszuführen, daß bei der Bearbeitung auftretende Schwingungsfrequenzen nicht mit den Eigenfrequenzen des M. zusammenfallen, da in diesem Bereich durch Resonanz die Schwingungsamplituden unzulässig hohe Werte annehmen können. *Schulz*

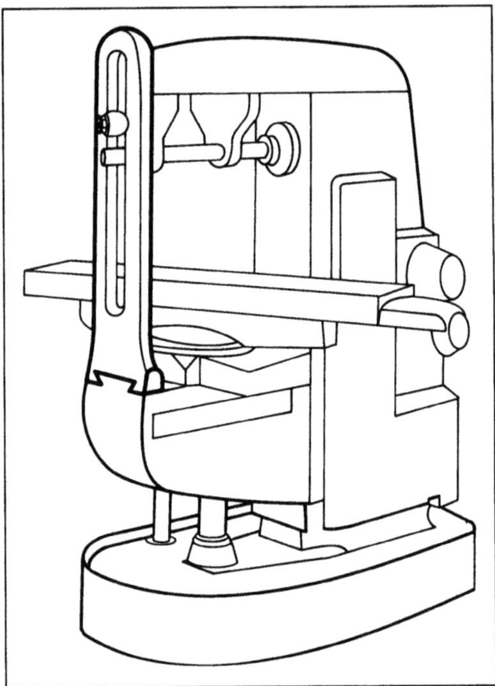

Maschinengestell 3: Steifigkeitserhöhung an einem C-Gestell durch Zuganker bzw. Gegenhalter.

Literatur: *Bruins/Dräger:* Werkzeuge und Werkzeugmaschinen. München. – *Coenen, M.:* Elemente des Werkzeugmaschinenbaus. Stuttgart. – *Saljé, E.:* Elemente der spanenden Werkzeugmaschinen. München. – *Witte, H.:* Werkzeugmaschinen. Würzburg.

Maschinenschwingung. M. werden durch dynamische Störgrößen verursacht, die entweder aus der Bearbeitung oder aus der Umgebung resultieren. Man unterscheidet zwischen selbst- und fremderregten bzw. erzwungenen äußeren Schwingungen. Bei selbsterregten Schwingungen schwingt das Maschinensystem grundsätzlich in einer Eigenfrequenz. Fremderregte Schwingungen entstehen durch periodische Störkräfte. Das Maschinensystem schwingt phasenversetzt mit der anregenden Frequenz.

Das Lokalisieren von M. ist wegen des komplexen Aufbaus der Maschinen sehr schwierig. Mit Hilfe von Computersystemen lassen sich jedoch Schwingungsanalysen durchführen. Da sich M. stets negativ auf das Arbeitsergebnis auswirken (z. B. schlechte Oberflächen durch sog. Rattermarken), müssen sie verhindert werden. Maßnahmen dazu sind z. B. der Einsatz von Dämpfern und Bearbeitung in Frequenzbereichen, die weit genug von den kritischen Resonanzstellen (Eigenfrequenzen) der Maschine entfernt liegen. *Schulz*

Literatur: *Weck, M.:* Dynamisches Verhalten spanender Werkzeugmaschinen. Berlin, Heidelberg 1977.

Maschinentisch. Der M. ist das bewegliche Bindeglied zwischen Maschinengestell und dem zu bearbeitenden Werkstück. Er dient dem definierten Verfahren eines aufgespannten Werkstücks oder Werkzeugs während der Bearbeitung.

Je nach Bearbeitungserfordernissen verwendet man Lineartische, deren Bewegung längs einer Geraden verläuft (Bild 1) oder Rund- bzw. Drehtische, die eine kreisförmige Bewegung ermöglichen (Bild 2). Die Befestigung von Vorrichtungen zur Werkzeug- bzw. Werkstückaufnahme erfolgt über genormte Nutenleisten oder in Gewindebohrungen mit anwendungsspezifischen Bohrbildern.

Der M. muß eine hohe Steifigkeit bei möglichst geringem Gewicht aufweisen. Gute Dämpfungswerte erreicht man durch gleitgelagerte Führungen. Um höhere Bearbeitungsgeschwindigkeiten zu erreichen, verwendet man wälzgelagerte Führungen, die eine sehr geringe Reibung aufweisen und große Beschleunigungswerte zulassen. Je nach Anwendungszweck und vorhandenem Energieträger erfolgt der Antrieb über Pneumatik, Hydraulik oder Elektromotoren mit CNC-Steuerung. *Schulz*

Maschinenüberwachung. Überwachung von Maschinenfunktionen und -baugruppen durch spezielle Systeme, um einen sicheren Betrieb des Fertigungsmittels zu erreichen, Störungen schnell zu erkennen, Ort und Ursache des Fehlers zu lokalisieren und dem Bedien- und Servicepersonal zu melden.

Durch die zunehmende Automatisierung (→Bearbeitungszentrum) hat die M. besondere Bedeutung erlangt. Mehrmaschinenbedienung und bedienarme Schichten erfordern zuverlässige Überwachungssysteme. Moderne Maschinensteuerungen (→Steuerung, numerische) überwachen die gesamte Fertigungseinrichtung, bestehend aus der Werkzeugmaschine mit den Hauptfunktionsbereichen Mechanik, Elektrik, Numerik und Hydraulik sowie den peripheren Komponenten zur Ver- und Entsorgung, indem Schaltsignale in der programmierbaren Steuerung miteinander verknüpft und abhängig von Betriebszustand geprüft werden. CNC-Steuerungen verfügen über Schnittstellen und Systemprogramme (Diagnoseroutinen) zur Maschinen- und Prozeßüberwachung. Hierin enthalten sind Überwachungsroutinen für Werkzeug (Standzeitüberwachung, Werkzeugbrucherkennung) und Werkstück (Meßsteuerung, Meßregelung).

Um eine hohe Verfügbarkeit von Maschinen zu erreichen, sind eine effektive Wartung und Instandhaltung erforderlich. Heute ist es allgemein üblich, eine periodische Wartung bzw. Instandsetzung bereits vor Ausfall der Maschine durchzuführen. Auf Grund fehlender Informationen über den Schadensverlauf kann entweder zu häufig gewartet oder ein Fehler nicht rechtzeitig erkannt werden, so daß ein größerer Schaden mit langer Ausfallzeit entsteht. Durch Weiterentwicklung der M. zum Maschinendiagnosesystem kann dies durch eine vorhersagende Fehlerdiagnose mit vorbeugender Wartung verhindert werden. So erzeugen bestimmte Fehler, wie z. B. Lagerschäden, charakteristische Veränderungen der Maschinenschwingungen. Dadurch ist es nicht nur möglich, einen Fehler anzuzeigen, sondern auch die Schadensursache zu bestimmen. Das defekte Bauteil kann daraufhin gezielt ausgewechselt werden, ohne daß die gesamte Baugruppe zerlegt und auf Schäden kontrolliert werden muß. *Schulz*

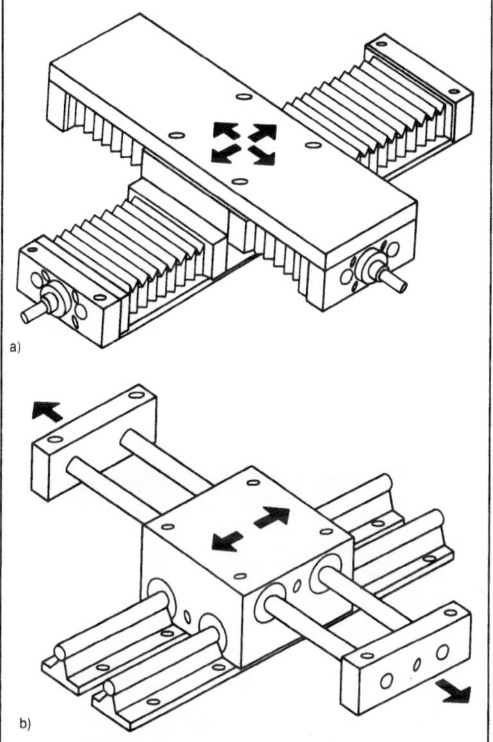

Maschinentisch 1: Linearkreuztisch für verschiedene Einsatzzwecke, a) mit und b) ohne Führungsbahnabdeckung.

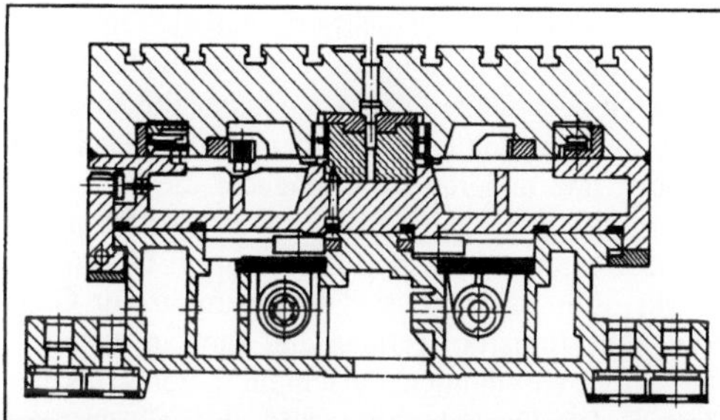

Maschinentisch 2. Drehtisch mit Außenführung und Klemmeinrichtung auf Kreuztisch. (Quelle: Scharmann & Co, Rheydt)

Maske. M. werden vor dem Fertigungsverfahren →Ätzen als Abdeckung auf Werkstückoberflächen aufgebracht, um einen kontrollierten Werkstoffabtrag zu ermöglichen.

M.-Werkstoffe (Harze, Kolophonium, Wachse, Asphalt, Schellack, pechartige Stoffe, Lacke) können auf verschiedene Weise auf das Werkstück aufgebracht werden. Für kleinere Bauteile wird das Tauch- bzw. Streichverfahren angewendet. Größere Werkstücke können durch Überfluten oder durch Spritzen maskiert werden. Die M.-Werkstoffe müssen dem Angriff des Ätzmittels standhalten können und gut am Werkstück haften, d. h. während des Ätzvorgangs darf kein An- bzw. Ablösen erfolgen. Dem wird durch eine gute Elastizität des M.-Werkstoffs Rechnung getragen, da sich das Werkstück infolge von Wärmeeinwirkung oder Freiwerden von Eigenspannungen verformen kann. Weiterhin ist die gute Elastizität für ein leichtes und vollkommenes Abziehen des M.-Werkstoffs nach dem Ätzen erforderlich.

Neben organischen M.-Werkstoffen spielen in der Leiterplattentechnik vor allem galvanisch aufgebrachte Ätzreserven, wie z. B. Bleizinn, Gold und Silber, eine wichtige Rolle.

Nach dem Ätzprozeß werden die M.-Werkstoffe mit Hilfe geeigneter Lösungsmittel, durch Abziehen oder durch mechanische Bearbeitung wieder entfernt. Hier liegt eine weitere Anforderung an die M. begründet, die zum einen während der Ätzung gut haften und zum anderen nach der Ätzung leicht loslösbar sein muß (→Abtragen, chemisches, →Tauchätzen, →Sprühätzen). *König*

Maskenformverfahren →Croning-Formmaskenguß

Masse, exotherme. Das Volumen der zum Ausgleich der Schrumpfung notwendigen Aufgüsse und Speiser läßt sich beim →Gießen von Halbzeug und →Formguß aus Stahl und Eisen durch den Einsatz von e. M. verkleinern und damit das Ausbringen an guter Ware verbessern. Angewendet werden solche auf aluminothermischer Basis wirkenden Exothermmaterialien als Aufstreupulver oder als geformte Heizmantelspeiser bzw. exotherme Abdeckkappen für Masselspeiser.

Die Abdeckpulver mit Aluminiumgehalten im Bereich von 16 bis über 20% blähen sich nach dem Zünden und Brennen um 50–100% ihres Ausgangsvolumens auf und bilden somit eine hochisolierende Deckschicht. Als Weiterentwicklung der Aufstreupulver gibt es heute diese Materialien auch als Speiserabdeckplatten, die die Anwendung vereinfachen und auch zu einem rationelleren Materialeinsatz führen. Für den Einsatz bei Leicht- und Schwermetallguß gibt es Sondersorten, z. B. aluminiumfrei und leicht entzündbar. Die Zusammensetzung dieser Sorten ist auf die Gußwerkstoffe so abgestimmt,

daß keine schädliche Beeinflussung des Speisermetalls eintritt.

Die geformten exothermen Speisereinsätze aus hochtonerdehaltigen Rohstoffen finden bei der Herstellung von Leicht- und Schwermetallen, vor allem aber von Eisen- und Stahlguß Verwendung. Solche Einsätze (Heizmäntel) verlängern die Erstarrungszeiten des Speisermetalls um das 2,0–2,4fache gegenüber modulgleichen Naturspeisern. Derartige Speiser werden bis zu etwas mehr als 60% ausgesaugt, woraus sich das gute Ausbringen ergibt. *Doliwa*

Masse, feuerfeste. Wegen ihrer universellen Einsatzmöglichkeiten rechnet man zumindest in Westeuropa bei den ungeformten feuerfesten Werkstoffen mit einer Steigerung ihres Anteils an den Feuerfesterzeugnissen von gegenwärtig 30 auf etwa 40%. Die Weiterentwicklung feuerfester Werkstoffe ist zunehmend auf bestimmte Anwendungsfälle ausgerichtet, wobei kosten- und zeitsparende sowie umweltfreundliche Herstellungs-, Zustellungs- und Reparaturverfahren im Vordergrund stehen. Neuerdings muß man, wie Bild 1 zeigt, den klassischen feuerfesten Grundrohstoffen die Sonderstoffe Kohlenstoff, Stickstoff und Bor mit ihren feuerfesten Verbindungen angliedern.

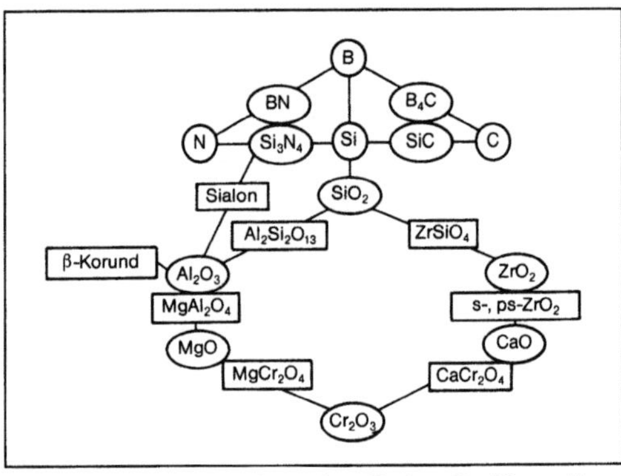

Masse, feuerfeste 1: Grundstoffe für die Herstellung feuerfester Erzeugnisse und sonderkeramischer feuerfester Werkstoffe.

Zu den modernen Hochwertfeuerbetonen zählen zementarme, tongebundene, feinstkornhaltige oder chemisch gebundene Produkte. Die signifikante Senkung des Zementanteils gegenüber den üblichen Feuerbetonen und anderen M. ermöglicht die Verminderung des Wassergehalts auf etwa 4–5% (Bild 2 und 3).

Die Zustelltechnik bei ungeformten feuerfesten Werkstoffen verlagert sich immer mehr zur Gieß- bzw. Vibrationsformgebung und zum Spritzen.

Um den voreilenden Verschleiß in den kritischen Zonen des Drucksyphons und des Herdes von Kupolöfen zu vermindern, verwendet man beispielsweise chemisch- oder pechgebundene M. mit rd. 60% Al_2O_3, 10–20% SiC, 15% C und 10% SiO_2.

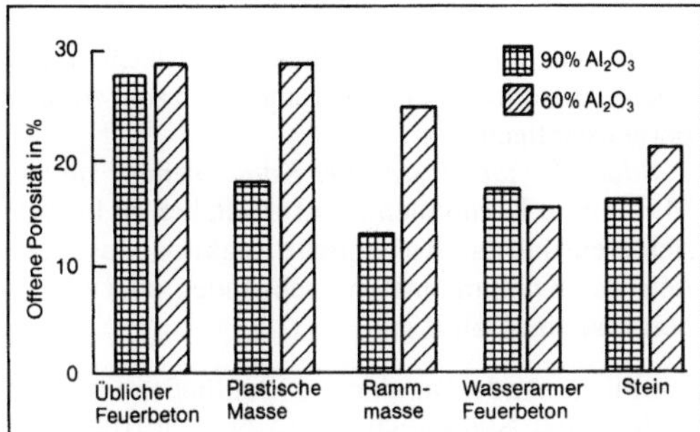

Masse, feuerfeste 2: Vergleich der offenen Porosität verschiedener feuerfester Werkstoffe nach Brennen bei 1370 °C.

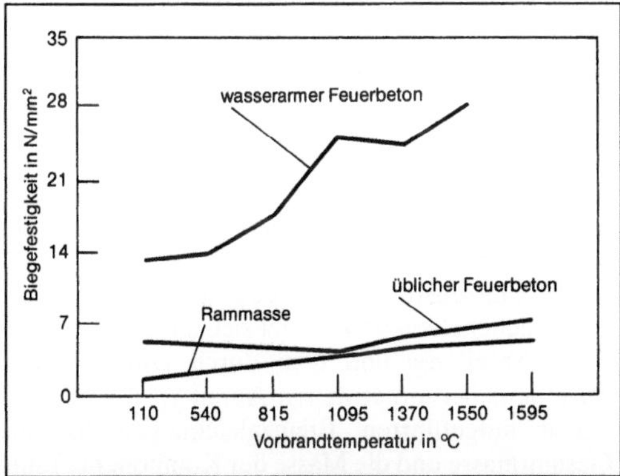

Masse, feuerfeste 3: Kaltbiegefestigkeit ungeformter feuerfester Werkstoffe mit 60 % Al₂O₃ in Abhängigkeit von der Vorbrandtemperatur.

Das durch die hohe Festigkeit dieser M. entstehende Problem des Ausbrechens von Auskleidungsteilen wird durch CO_2-Druckpatronen gelöst, die in vorgefertigten „Sprenglöchern" im Auskleidungsmaterial elektrisch zur Explosion gebracht werden (Cardox-Verfahren).

Bei der Auskleidung von Aluminium-Schmelzöfen muß besonders auf den Angriff der flüssigen Schmelzen Rücksicht genommen werden. Die sonderkeramischen Werkstoffe Siliciumnitrid und Sialon zeigen im Vakuum gegenüber Aluminium-, Silicium- und Nickelschmelzen geringe Kontaktwechselwirkungen. Phosphatgebundene Magnesium-Aluminium-Spinell enthaltende Mörtel sind hochbeständig gegen den Angriff von flüssigen Aluminiumlegierungen, aber auch gegen Magnesiumschmelzen.

Große Verbreitung haben in den Schmelzbetrieben Induktionsrinnenöfen gefunden, deren kritischer Zustellungsbereich im Induktor liegt. Empfohlen werden für Induktoren mit hoher Leistung uneingeschränkt trockene Magnesia-Spinell-M., für solche mittlerer Leistung u. U. auch chemisch gebundene Korundstampf- oder -gieß-M. und für Induktoren kleiner Leistung generell Korund-stampf- oder -gieß-M. bzw. auch Trockenkorund-M. *Doliwa*

Massel. Ursprünglich nur die Bezeichnung für die Lieferform von Roheisen an die Gießereien. Roheisen-M. werden heute kaum mehr in Sandformen (M.-Bett), sondern mittels Gießmaschinen in Kokillen gegossen. Die bis etwa 60 kg schweren M. sind meist zweimal gekerbt, um ein Zerschlagen in mehrere Stücke zwecks besserer Gattierbarkeit zu erleichtern. Mit M. aus Aluminium- und Magnesium-Legierungen decken die Formgießereien ihren Bedarf an Metall, da die Belieferung der NE-Metallgießereien mit Flüssigmetall keine breite Anwendung gefunden hat.

Die M. sind ein zwischenerstarrtes Erzeugnis und in der heutigen handelsüblichen Form mit Eigenschaften behaftet, die in der Formgießerei oftmals spezielle Verarbeitungsmethoden erfordern und sogar Probleme hervorrufen können. So ist z. B. bei Al-Si-Legierungen die Ausbildung des Siliciumeutektikums je nach Lieferwerk unterschiedlich (körnig, lamellar, vorveredelt), woraus sich unterschiedliche Fließeigenschaften ergeben. Ferner treten über den M.-Querschnitt oft mehrere Gefügetypen auf und, was noch schlimmer ist, die Legierungselemente sind über den M.-Querschnitt infolge von Seigerungen ungleichmäßig verteilt. Eine Verbesserung der Güte von Gußlegierungs-M. läßt sich vornehmlich durch eine Erhöhung der Abkühlgeschwindigkeit während der Erstarrung in der M.-Form bei gleichzeitiger entsprechender Änderung der M.-Form zur Erzielung besserer Erstarrungsbedingungen erreichen. An Vorteilen, die sich bei Verarbeitung derartig schnell erstarrter M. im →Formguß bieten, sind zu nennen: Verringerung der Groblunkerbildung, Abschwächung der Warmrißneigung und Verbesserung des Fließ- und Formfüllungsvermögens.

Bei der Gestaltung der M.-Formen muß man wegen der notwendigen Transportrationalisierung und der Lagermöglichkeit größerer Mengen auf kleiner Grundfläche auf sichere Stapelfähigkeit der M. achten. *Doliwa*

Masselgießmaschine. Masseln, insbes. solche aus Roheisen, wurden lange Jahre in Masselbetten im Abstichbereich des Hochofens vergossen. Diese Technologie war handarbeitsintensiv und mit erheblichen Belästigungen durch Hitze verbunden. Den Verbraucher ärgerte der mehr oder minder starke Sandanhang an den einzelnen Masseln, der nicht nur immer Streit wegen der Verrechnung hervorrief, sondern auch die metallurgische Schlackenführung erschwerte.

Diese Mißstände führten dazu, daß man die Roheisenschmelzen in Kokillen zu Masseln vergoß, die frei von Sandanhang waren und wegen ihrer definierten Form ein ziemlich gleichbleibendes Gewicht von Massel zu Massel lieferten. Der Gießvorgang ließ sich durch ein Endlosband, auf dem die Kokillen angebracht waren und das nach dem Gießen die Masselformen in einem Schrägförderer aufwärts transportierte, automatisieren. Die aufwärts gerichtete Förderstrecke mußte so lang sein, daß das flüssige Eisen in der Masselkokille vor Erreichen des Kulminationspunktes völlig erstarrt war und die Schrumpfung das Lösen aus der Kokille begünstigte. Dann entleert sich beim Durchfahren des Kulminationspunktes die Masselform selbsttätig in Behälter, auf ein Transportband oder direkt in einen Waggon. Die entleerten Masselformen gelangen auf dem Rückweg des Transportbandes über eine Reinigungs- und notfalls Schlichtestrecke (Ansprühen mit ff Schlichten zur Erleichterung des Ablösens der Roheisenmassel aus der Kokille) wieder in den Bereich der Gießstation.   *Doliwa*

Massenbilanz. Die M. (auch Material- und Stoffbilanz genannt) beruht auf dem Gesetz von der Erhaltung der Massen (*Lomonossow* 1756 und *Lavoisier* 1785). Sie wird für ein geeignetes Bilanzgebiet aufgestellt, z. B. für ein differentiell kleines Volumenelement, einen Reaktionsapparat oder für eine ganze Produktionsanlage. Bei der M. unterscheidet man die

□ Bilanz für die Gesamtmasse,
□ Bilanz für eine Komponente.

Bilanz für die Gesamtmasse. Für strömende Systeme läßt sich die Bilanz für die Gesamtmasse folgendermaßen formulieren:

$$\left\{ \begin{array}{l} \text{zeitliche Änderung} \\ \text{der Gesamtmasse} \\ \text{im Bilanzgebiet} \end{array} \right\} = \left\{ \begin{array}{l} \text{zufließender} \\ \text{Massenstrom} \end{array} \right\} - \left\{ \begin{array}{l} \text{abfließender} \\ \text{Massenstrom} \end{array} \right\}$$

$$\frac{d}{dt} \int_V \rho \, dV = - \int_A \rho \cdot \underset{\sim}{w}^T \underset{\sim}{n} dA \qquad (1),$$

mit ρ Dichte, $\underset{\sim}{w}$ Geschwindigkeitsvektor, $\underset{\sim}{n}$ Normalenvektor, t Zeit, T $\underset{=}{\triangle}$ transponiert.

In dieser Bilanz für die Gesamtmasse (auch Kontinuitätsgleichung genannt) wird berücksichtigt, daß bei einer chemischen Reaktion die Gesamtmasse der beteiligten Stoffe unverändert bleibt.

V bezeichnet hierbei ein festes Volumen (das Gesamtvolumen oder ein beliebiges Teilvolumen) mit der Oberfläche A. Von dem Vektor der Massenstromdichte $\rho\underset{\sim}{w}$ braucht nur die senkrecht durch das Oberflächenelement dA hindurchtretende Komponente $\rho \cdot \underset{\sim}{w}^T \underset{\sim}{n}$ bilanziert zu werden. Der Vektor $\underset{\sim}{n}$ ist der nach außen gerichtete Normalvektor, so daß aus dem Volumen V austretende Mas-

senströme positiv gezählt werden. Dabei sind Massenströme durch offene Querschnittsflächen und solche, die durch Stoffübergang verursacht sind, zu berücksichtigen.

Bilanz für die Masse einer Komponente i. Bei der M. für eine Komponente i ist zusätzlich zu berücksichtigen, daß durch chemische Reaktion Massenanteile der Komponente i verschwinden oder entstehen können. Damit gilt:

$$\left\{ \begin{array}{l} \text{zeitliche Änderung der} \\ \text{Masse der Komponen-} \\ \text{te i im Bilanzgebiet} \end{array} \right\} = \left\{ \begin{array}{l} \text{zufließender} \\ \text{Massenstrom} \\ \text{von i} \end{array} \right\} -$$

$$\left\{ \begin{array}{l} \text{abfließender} \\ \text{Massenstrom} \\ \text{von i} \end{array} \right\} + \left\{ \begin{array}{l} \text{Massenänderung/} \\ \text{Zeit von i durch} \\ \text{chemische Reaktion} \end{array} \right\}$$

$$\frac{d}{dt} \int_V \rho_i dV = - \int_A (\rho_i \underset{\sim}{w} + \underset{\sim}{j}_i)^T \underset{\sim}{n} dA + \int_V r_i^* dV \qquad (2),$$

mit ρ_i Partialdichte der Komponente i, $\underset{\sim}{j}_i$ diffusive und turbulente Massenstromdichte der Komponente i, r_i^* volumenbezogene Reaktionsrate der Komponente i.

Die Massenstromdichte des Stoffs i durch ein Oberflächenelement dA setzt sich aus dem konvektiven Anteil $\rho_i \underset{\sim}{w}$ und dem durch Diffusion und Turbulenz hervorgerufenen Anteil $\underset{\sim}{j}_i$ zusammen.

Die aufgeführten Bilanzgleichungen für die Gesamtmasse und die Masse der Komponente i sind für große und auch für beliebig kleine Volumen gültig. Der Übergang von der integralen Form der m kann mit Hilfe des Integralsatzes von *Gauß* und *Ostrogradski* durchgeführt werden:

$$\int_A \underset{\sim}{j}^T \underset{\sim}{n} dA = \int_V \text{div} \, \underset{\sim}{j} \, dV \qquad (3),$$

mit j allgemeine Stromdichte, div $\triangle$ Divergenz.

Damit erhält man die differentielle Form der M. der Komponente i:

$$\frac{\partial \rho_i}{\partial t} = - \text{div} \, (\rho_i \underset{\sim}{w} + \underset{\sim}{j}_i) + r_i^* \qquad (4).$$

Durch Integration dieser Differentialgleichungen läßt sich der Verlauf der Partialdichte im Reaktor berechnen. Eine exakte Lösung ist nur in Spezialfällen möglich. Meist muß man die Gleichungen weiter vereinfachen und bei der Integration Näherungsmethoden anwenden.   *Weinspach*

Literatur: Autorenkollektiv: Verfahrenstechnische Berechnungsmethoden. Tl. 5: Chemische Reaktoren. Weinheim 1987. – *Bird, R. B., E. S. Stewart* u. *E. N. Lightfoot:* Transport Phenomena. New York 1960. – *Grassmann, P.:* Physikalische Grundlagen der Verfahrenstechnik. Aarau, Frankfurt a. M. 1970.

Massivumformung. Der Begriff M. beinhaltet in Abgrenzung zur →Blechumformung (s. dort Bild) alle Fertigungsverfahren der Umformtechnik, durch die bei der Änderung der gegebenen Form eines festen Körpers in eine andere Form in der Reihenfolge →Ausgangsform, →Zwischenform, →Endform der Werkstoff bei teils großen Querschnitts- oder Wanddickenänderungen räumlich verteilt wird. Querschnitte und Wanddicken können dabei durch geeignete Verfahren verkleinert oder vergrößert werden. Diese Verfahren sind überwiegend solche mit mehrachsigen Druckspannungszuständen in der Umformzone: →Druckumformen (DIN 8583). Daneben finden sich wichtige Massivumformverfahren mit Zug-Druck-Beanspruchung, z. B. die Durchziehverfahren des Zugdruckumformens (DIN 8584) wie Stab-, Draht-, Rohr- und →Profilziehen.

Die genannte Definition des M. läßt sich bei den anderen drei Hauptgruppen der Umformtechnik jedoch nicht verwenden, da in diesen kaum Querschnittsänderungen bewirkende Verfahren vorkommen. Man wird daher hier zweckmäßigerweise nach der Querschnittsform der Ausgangswerkstücke unterscheiden. Umformen an Werkstücken mit gedrungenen Voll- und Hohlquerschnitten wäre danach M., an flächenhaften Werkstücken Blechumformen.

Bei den durch ein- oder mehrachsige Zugbeanspruchung gekennzeichneten Zugumformverfahren (DIN 8585) sind außer dem Strecken bzw. Streckrichten von Stäben und Profilen keine Massivumformverfahren zu verzeichnen. Die Verfahren des Biegeumformens (DIN 8586) und Schubumformens (DIN 8587) lassen sich überwiegend sowohl bei als flächenhaft zu beschreibenden Werkstücken als auch bei Werkstücken mit gedrungenen Voll- und Hohlquerschnitten anwenden, d. h. sowohl bei M. als auch Blechumformung.

Der Sprachgebrauch hat sich wohl schon weitgehend auf die beschriebene Begriffsauslegung eingestellt, wenn auch im Einzelfall durchaus Zuordnungsschwierigkeiten auftreten können. Massivumformverfahren finden sich – das sei hier abschließend festgestellt – in allen Gruppen der Umformtechnik nach DIN 8582 bis DIN 8587.

In der industriellen Produktion spielt die M. im Bereich der Halbzeugfertigung eine dominierende Rolle. Hier erfahren die metallischen Werkstoffe mit Ausnahme des sehr geringen Anteils gegossener oder gesinterter Werkstücke bzw. Rohteile ausnahmslos eine Umformung durch →Walzen, →Strangpressen oder →Durchziehen. So ist z. B. auch das Walzen von Blech und anderen Flacherzeugnissen M. Erst mit zunehmender Fertigungstiefe gewinnt die Blechumformung mehr und mehr Bedeutung. Vom Gesichtspunkt der Werkstückhandhabung handelt es sich in der Halbzeugfertigung meist um Fließgutfertigung, seltener um Stückgutfertigung, d. h. Fertigung einzelner Werkstücke.

Wegen der hohen bezogenen Kräfte zwischen einigen hundert bis über 2000 N/mm² sind Massivumformwerkzeuge sehr hoch belastet. Auch erfordern die auch absolut hohen Kräfte schwere, steif gebaute umformende Werkzeugmaschinen (→Pressen). *Lange*

Literatur: *Lange, K.* (Hrsg.): Entwicklungsstufen der Umformtechnik. Ind.-Anz. 87 (1985), S. 967/70. – *Lange, K.:* (Hrsg.) Umformtechnik. Handb. f. Ind. u. Wiss. Bd. 1. 2. Aufl. Berlin, Heidelberg, New York 1984.

Maßstabübertragung. Bei der Auslegung von Apparaten und Reaktoren ist eine ausreichend genaue Vorausberechnung häufig nicht möglich, so daß überschlägige Berechnungsmethoden oder weitere Möglichkeiten, wie z. B. die M., zur Dimensionierung herangezogen werden müssen.

Die M. geht unter Anwendung der Ähnlichkeitstheorie davon aus, daß zwischen dem Modell (Versuchsreaktor) und der Hauptausführung (industrieller Reaktor) Ähnlichkeit besteht.

Bei vollständiger Ähnlichkeit zwischen Modell- und Hauptausführung müßten folgende Ähnlichkeiten erfüllt sein:
☐ geometrische Ähnlichkeit,
☐ mechanische Ähnlichkeit,
☐ thermische Ähnlichkeit,
☐ chemische Ähnlichkeit.

Dazu müßten die zugehörigen charakteristischen dimensionslosen Kennzahlen gleich (idem) sein.

Die geometrische Ähnlichkeit fordert Proportionalität der entsprechenden charakteristischen Längen zwischen Modell- und Hauptausführung:

$$d_H = c \cdot d_M \tag{1}.$$

Die mechanische Ähnlichkeit fordert gleiche Reynolds-Zahlen in Modell- und Hauptausführung:

$$Re_H = Re_M \tag{2},$$

$$\text{mit } Re = \frac{w \cdot d}{\nu} \tag{3}.$$

Thermische Ähnlichkeit in durchströmten Systemen mit einfachen Reaktionen fordert gleiche Damköhler-Zahlen Da^{III} in Modell- und Hauptausführung:

$$Da_H^{III} = Da_M^{III} \tag{4},$$

$$\text{mit } Da^{III} = \frac{r_i^* \cdot \Delta h_r \cdot L}{\varrho \cdot w \cdot \overline{c_p} \cdot \Delta T}, \ r_i^* = \Sigma \nu_{ij} \cdot r_j \tag{5},$$

Stoffänderungsgeschwindigkeit der Komponente; ν_{ij} stöchiometrischer Koeffizient der Komponente i in der j-ten Reaktion, r_j Reaktionsgeschwindigkeit der j-ten Reaktion, Δh_r spezifische Reaktionswärme, ϱ Dichte, w Geschwindigkeit, c_p spezifische Wärme, ΔT Temperaturdifferenz, L Länge.

Chemische Ähnlichkeit in durchströmten Systemen mit einfacher Reaktion fordert gleiche Damköhler-Zahlen Da^I in Modell- und Hauptausführung:

$$Da_H^I = Da_M^I \qquad (6),$$

$$\text{mit } Da^I = \frac{r_i^* \cdot L}{\varrho_i \cdot w}, \ \varrho_i \text{ Partialdichte.}$$

Die Forderung nach vollständiger Ähnlichkeit zwischen Modell und Hauptausführung, d. h. die Erfüllung aller 4 Kriterien ist nicht möglich. Man muß sich auf die Realisierung einer partiellen Ähnlichkeit beschränken. Dabei bestimmt der betrachtete Teilprozeß die Auswahl der signifikanten Kenngrößen.

Bei der M. von durchströmten homogenen Rohrreaktoren sollte man z. B. die chemische Ähnlichkeit anstreben. Daneben sollte auch nach Möglichkeit thermische Ähnlichkeit erfüllt werden. In durchströmten Katalysatorschüttungen sollte die M. bei gleichen Katalysatorkörnern und gleicher volumenspezifischer Katalysatoroberfläche bei Einhaltung chemischer Ähnlichkeit in Modell- und Hauptausführung erfolgen. *Weinspach*

Literatur: Autorenkollektiv: Verfahrenstechnische Berechnungsmethoden. Tl. 5: Chemische Reaktoren. Weinheim 1987. – *Benedek, P.,* u. *A. László:* Grundlagen des Chemieingenieurwesens. Leipzig 1967.

Maßstabvergrößerung. Vorgänge der Prozeß- oder Verfahrenstechnik werden häufig in einem kleinen Maßstab untersucht, in dem sie experimentell verhältnismäßig einfach zugänglich sind. Werden die Vorgänge vom kleinen Maßstab (→Modellausführung) auf einen größeren, technischen Maßstab übertragen, nennt man dies eine M.

Die M. soll den Gesetzen der Ähnlichkeit genügen, um eine Übertragung der Ergebnisse von der Modellausführung auf die →Großausführung zu gewährleisten. Häufig ist es jedoch nicht möglich, die Ähnlichkeitsbedingungen völlig einzuhalten. Ferner ist es möglich, daß bei den Experimenten an der Modellausführung nicht alle wichtigen Einflußgrößen erfaßt werden konnten. Daher ist die M. auf bestimmte Größenverhältnisse begrenzt. Diese Größenverhältnisse können um so höhere Werte annehmen, je genauer die fraglichen Vorgänge bekannt sind und je mehr Erfahrungen mit Großausführungen vorliegen. Für Fälle, in denen wenig Erfahrungen und Kenntnisse der grundlegenden Gesetzmäßigkeiten vorliegen, ist ein Größenverhältnis von 10 für jeden Schritt der M. ein guter Anhaltswert. In Fällen, für die Kenntnisse in großem Umfang vorliegen, wie z. B. für die Destillation, kann eine M. um den Faktor 1000 und mehr möglich sein. *Brunner*

Materialanteil. Der M. t_p ist das prozentuale Verhältnis von materialerfüllter Länge zur Gesamtmeßstrecke l_m im Schnittniveau c (Bild). Das

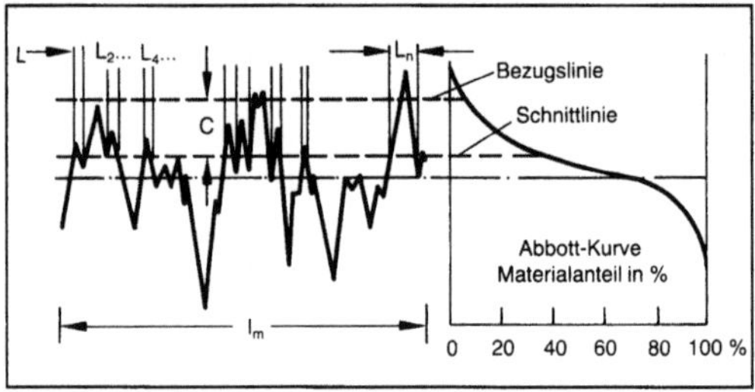

Materialanteil und Materialanteilkurve.

$$t_p = \frac{1}{l_m} (L_1 + L_2 \ldots + L_n) \cdot 100 \text{ in \%}$$

Schnittniveau c ist der Abstand der angenommenen Schnittlinie zur gewählten Bezugslinie. Demnach muß bei t_p-Auswertungen eine Bezugslinie vereinbart und angegeben werden. Früher wurde an Stelle des Begriffs M. der Ausdruck Traganteil oder Profiltraganteil verwendet.

Der M. t_p gibt eine gute Information über den Oberflächenprofilaufbau und somit über das zu erwartende Funktionsverhalten einer Fläche.

Werden über die gesamte Oberflächenprofilhöhe in möglichst vielen Schnittebenen die M.-Werte ermittelt und diese graphisch aufgezeichnet, so erhält man die M.-Kurve, die auch Abbotsche Tragkurve oder Abbot-Kurve genannt wird.

Die M.-Kurve ermöglicht mit anderen Rauheitskennwerten, wie z. B. →Glättungstiefe, ein besonders aussagefähiges Bild über den Aufbau des Oberflächenprofils. Aus dem Kurvenverlauf kann z. B. das zu erwartende Funktionsverhalten, etwa das Einlauf- oder das Verschleißverhalten einer Reibgleitfläche, bewertet werden. *Kenter*

Literatur: DIN 4762. Tl. 1: Oberflächenrauheit, Begriffe. Hrsg. Dt. Inst. f. Normung. – *Warnecke, H. J.,* u. *W. Dutschke:* Fertigungsmeßtechnik. Handb. f. Ind. u. Wiss. Berlin, Heidelberg, New York 1984.

Materialanteilkurve →Materialanteil

Materialbereitstellung. Sie beinhaltet alle notwendigen Funktionen, um das vorgesehene Material zum vorgesehenen Zeitpunkt am vorgesehenen Ort anzuliefern.

Im Produktionsprozeß müssen im wesentlichen Werkstücke, Werkzeuge, Vorrichtungen und Hilfsstoffe an den Arbeitsplätzen bereitgestellt werden. Die hauptsächlichen Funktionen der M. sind →Materialdisposition, Lagerung und Transport.

Besonders im Montagebereich ist eine funktionierende M. von großer Bedeutung. Hier fließen alle Einzelteile zum Gesamtprodukt zusammen. Untersuchungen belegen, daß Störungen im Montageablauf, hervorgerufen durch Fehler und Verzögerungen bei der M., bis zu 40 % der gesamten →Durchlaufzeit des Produkts in der Montage betragen können. *Eversheim*

Literatur: *Eversheim, W.:* Organisation in der Produktionstechnik. Bd. 4. Düsseldorf 1981.

Materialdisposition. Sie ist ein Teilgebiet der →Arbeitssteuerung, in der alle vorbereitenden Maßnahmen zur →Materialbereitstellung zusammengefaßt sind. Die Zielsetzung der M. ist die Gewährleistung der mengenmäßigen und termingerechten Verfügbarkeit aller zur Fertigung und Montage benötigten Materialien.

Innerhalb der M. lassen sich drei Funktionen unterscheiden (Bild):

□ Bestandskontrolle,

□ Bedarfsermittlung und

□ Bestellplanung.

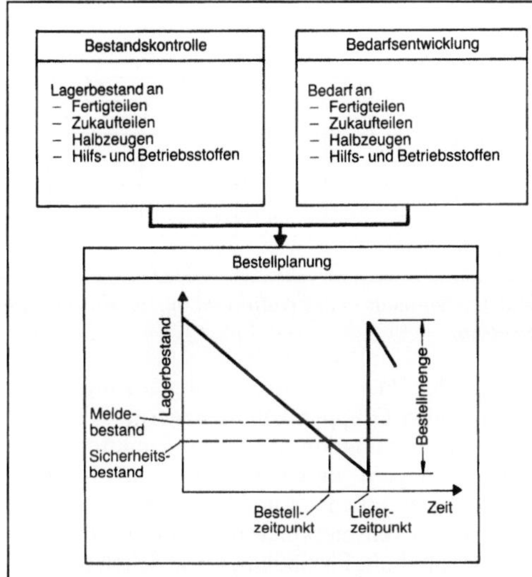

Materialdisposition: Funktion.

Die Bestandskontrolle umfaßt die mengen- und wertmäßige Fortschreibung der Materialbestände. Dabei muß sowohl nach Bestandsarten wie Lager-, Werkstatt- und Bestellbestand als auch nach Bestandsveränderungen wie Lagerzugang, Lagerentnahme und Korrekturen unterschieden werden.

Innerhalb der →Bedarfsplanung wird für jede Planungsperiode der Bedarf an Baugruppen, Einzelteilen, Rohstoffen, Hilfs- und Betriebsstoffen bestimmt, den man zur Ausführung der Kundenaufträge bzw. des Produktionsprogramms benötigt. Aufgabe der Bestellplanung ist es, die Beschaffung so rechtzeitig auszulösen, daß die Materialien in der erforderlichen Menge fristgerecht zur Verfügung stehen.

Bei der Optimierung der Bestellmengen ist zwischen zwei gegenläufigen Zielen abzuwägen. Einer-

seits kann man durch große Sicherheitsbestände eine planmäßige Bereitstellung der Materialien gewährleisten. Andererseits widerspricht dies der Forderung nach einer niedrigen →Kapitalbindung. Um beiden Anforderungen möglichst gerecht zu werden, ist die Genauigkeit und Aktualität der Bedarfs- und Bestandsermittlung von entscheidender Bedeutung. *Eversheim*

Literatur: *Eversheim, W.:* Organisation in der Produktionstechnik. Bd. 3. Düsseldorf 1981.

Materialflußanalyse. Im Rahmen von M. wird ermittelt, welches Material zwischen welchen Stationen bewegt werden muß und welche Wege zurückzulegen sind. M. sind die Grundlage für die Planung neuer Transportsysteme.

Die Durchführung einer M. setzt i. a. einen erheblichen Arbeitsaufwand voraus. Aus diesem Grunde werden M. meist auf repräsentative Produkte, Materialien bzw. Arbeitsgegenstände reduziert. Mit statistischen Erfassungsmethoden, wie z. B. Multimomentstudien, lassen sich auch mit wesentlich geringerem Aufwand Planungsergebnisse mit einer ausreichenden Genauigkeit erzielen. Die Ergebnisse einer M. lassen sich, wie im Bild dargestellt, anschaulich zusammenfassen. *Eversheim*

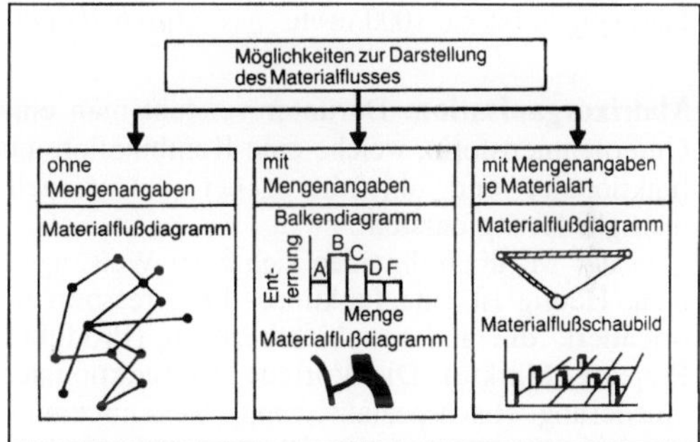

Materialflußanalyse: Darstellung des Materialflusses.

Literatur: *Eversheim, W.:* Organisation in der Produktionstechnik. Bd. 4. Düsseldorf 1981.

Materialflußstruktur. Sie unterteilt einen Untersuchungsbereich gedanklich in Teilbereiche und beschreibt deren Beziehungen bez. des Materialflusses untereinander.

Die Strukturierung des betrieblichen Materialflusses kann mit einem unterschiedlichen Detaillierungsgrad durchgeführt werden. So können Abteilungsbereiche, aber auch einzelne Arbeitsplätze unterschieden werden. Die Beziehungen der Teilsysteme untereinander kann z. B. an Hand der Transporthäufigkeiten, Transportfrequenzen oder auch der eingesetzten Transportmittel beschrieben werden. Ein Beispiel für die Darstellung einer M. ist im Bild gegeben. *Eversheim*

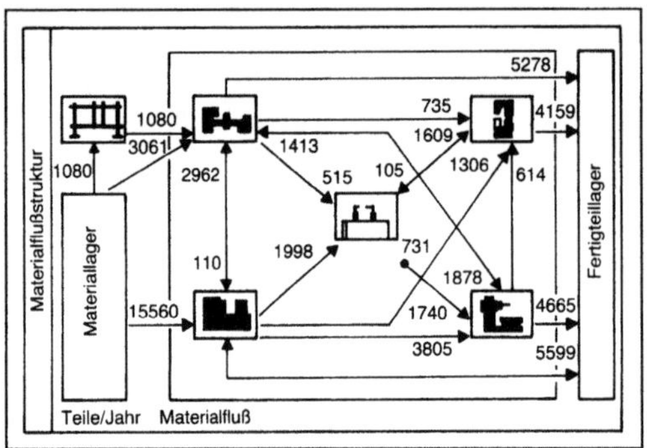

Materialflußstruktur: Beispiel einer Darstellung.

Literatur: *Eversheim, W.:* Organisation in der Produktionstechnik. Bd. 4. Düsseldorf 1981.

Materialfördergebläse. Bei der pneumatischen Flugförderung mit Beladungen μ < ca. 2,5 läßt man gelegentlich das Fördergut zusammen mit der Luft durch Kreiselgebläse gehen. Das Laufrad hat dann in der Regel radiale Schaufeln und eine relativ enge Spirale. Der Druckaufbau geht auf ca. 50–75 % zurück. Durch Verwendung von M. spart man Einspeisestellen und kann auch aus dem Empfangssilo die Luft abführen. Nur üblich für kleinere Gasmengen bis ca. 1000 m³/h. *Muschelknautz*

Matrixorganisation. Darunter versteht man eine Unternehmensform, welche eine Kombination aus funktionaler und objektbezogener →Unternehmensgliederung darstellt.

In der M. überschneiden sich zwei Weisungslinien. Häufig ist eine funktions- bzw. ressourcenorientiert, die andere objektbezogen (Produkte, Projekte, Märkte). Die Vorteile der funktionalen Gliederung (Fachspezialisierung, Ressourcennutzung) werden mit denen der Objektgliederung (gute Koordination der objektbezogenen Aktivitäten) kombiniert.

Die M. stammt historisch aus projektweise arbeitenden Unternehmen wie Ingenieurbüros, Flugzeug- und Raumfahrtindustrie. Unter Projekt ist ein zeitlich beschränkter Aufgabenkomplex zu verstehen. Jeder Projektleiter hat die Verantwortung für sein Projekt und hat in diesem Rahmen Entscheidungs- und Weisungsbefugnisse über die in den funktionalen Fachabteilungen tätigen Mitarbeiter (Bild 1). Die Funktionsleiter sind verantwortlich für die ihnen zugeordneten Ressourcen (z. B. Anlagen, →Betriebsmittel), die fachgemäße und termingebundene Abwicklung der Aufgabe, die Anpassung der Kapazitäten usw. Als permanente Organisationsform wird die M. für das Produktmanagement in Unternehmen verwendet (Bild 2).

Für ein erfolgreiches Funktionieren der M. werden häufig folgende Randbedingungen genannt:

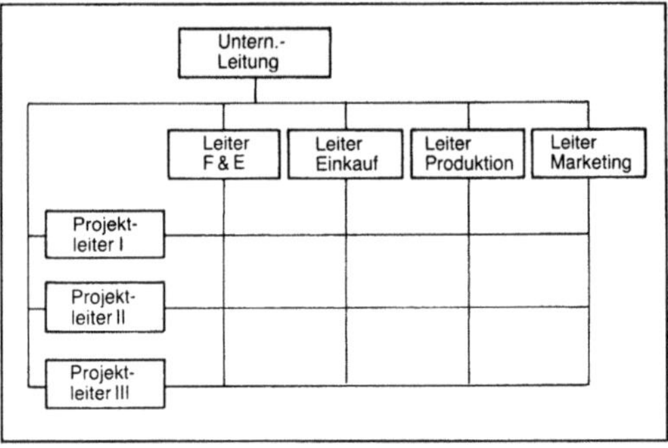

Matrixorganisation 1: Projektbezogene Matrixorganisation.

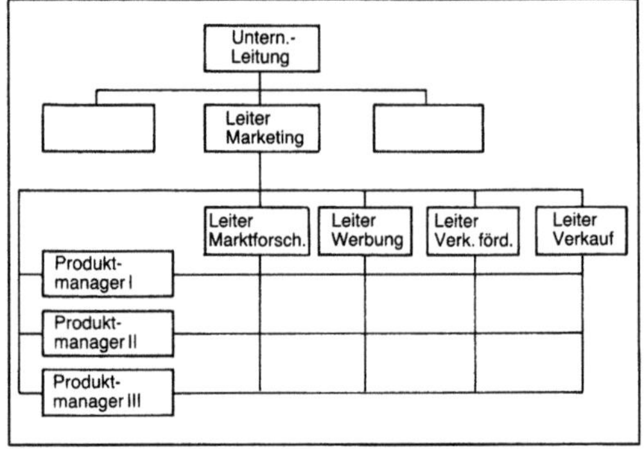

Matrixorganisation 2: Produktbezogene Matrixorganisation.

□ möglichst klare Kompetenzabgrenzungen zwischen beiden Gruppen von Managern,

□ Vorauskoordination zwischen Funktions- und Objektmanagern durch Planung, um Konflikte rechtzeitig zu erkennen und beizulegen,

□ Persönlichkeitsmerkmale der Manager: Kooperationsbereitschaft, Flexibilität, keine Scheu vor Konflikten, Fähigkeit der überzeugenden Argumentation, Verantwortungsbereitschaft, kein Streben nach Dominanz. *Eversheim*

Literatur: *Eisenführ, E.:* Betriebswirtschaftliche Organisationslehre. Aachen 1985.

Maximallast →Industrieroboterprüfung

Mazerieren. Enzymatische Behandlung von Frucht- oder Gemüsemaischen während der Herstellung von Frucht- und Gemüsehalbfabrikaten (z. B. Mark oder Markkonzentrat) sowie von Frucht- und Gemüsesäften. Dazu werden Mazerierpräparate eingesetzt, die hauptsächlich pektolytische (pektinspaltende) und cellulolytische (cellulosespaltende) Enzyme enthalten. Sie bewirken einerseits eine Hydrolyse der intrazellulären Kittsubstanz (Pektinstoffe), andererseits eine Auflösung des pflanzlichen Gewebes, ohne daß jedoch die Pflanzenzellen selbst zerstört werden. Auf diese Weise ist unter Verwendung speziell komponierter Enzympräparate eine Totalverflüssigung verschiedenster Frucht- und Gemüsemaischen möglich.

Durch Einstellen des Mazerationsgrads können Produkte gewonnen werden, die sich durch erhöhte Viskosität und gute Trubstabilität (Marks und Nektare) auszeichnen oder die sich durch Zentrifugieren und →Filtrieren zu klaren Säften weiterverarbeiten lassen. Die Wirkung der Enzympräparate hängt sehr stark von den Prozeßgrößen Temperatur und pH-Wert, weiterhin von der Anwesenheit aktivierender oder hemmender Stoffe in der Maische ab. Danach richtet sich die Dosierung des Präparats. Je nach Frucht- oder Gemüseart beträgt sie ca. 0,05–0,1 %. Das pH-Optimum liegt vielfach um pH 4. Gemüsemaischen haben meist einen viel höheren pH-Wert (ca. 5,6), Fruchtmaischen einen niedrigeren (ca. 2,7–3,5), weshalb vor der Mazerierung der optimale pH-Wert eingestellt werden sollte. Gemüsesäften gibt man zu diesem Zweck Zitronensäure zu. Unter diesen Bedingungen ist bei Temperaturen zwischen 45 und 50 °C nach 1–2 h eine ausreichende Mazeration erreicht. Durch anschließendes Erhitzen auf ca. 105 °C (z. B. in einem Röhrenerhitzer) werden die Enzyme inaktiviert, wodurch der Mazerationsvorgang gestoppt wird.   *Kerner/Loncin*

Literatur: *Schobinger, U.:* Frucht- und Gemüsesäfte. Stuttgart 1978.

McCabe-Thiele-Diagramm. *McCabe* und *Thiele* entwickelten 1925 ein graphisches Verfahren zur Bestimmung der theoretischen Stufen (Trennstufen) von verfahrenstechnischen Gegenstromtrennprozessen (→Destillieren). Im M.-T.-D. werden die Konzentrationen x und y der flüssigen und der gegeneinanderströmenden Phasen für den Gleichgewichtszustand und für Querschnitte senkrecht zur Kolonne aufgetragen (Bild). Die Gleichgewichtsdaten werden experimentell bestimmt, aus Stoffdatensammlungen (z. B. Datenbanken) übernommen oder mit Modellen berechnet.

Aus den Massenbilanzen des Verstärkungs- und Abtriebsteils der Kolonne erhält man die Gleichungen für die Verstärkungs- und die Abtriebsgerade (→Verstärkungsverhältnis). Die Anzahl der Trennstufen ermittelt man graphisch, indem man, an einem Ende der Trennkaskade beginnend, einen Treppenzug zwischen der Gleichgewichtskurve und

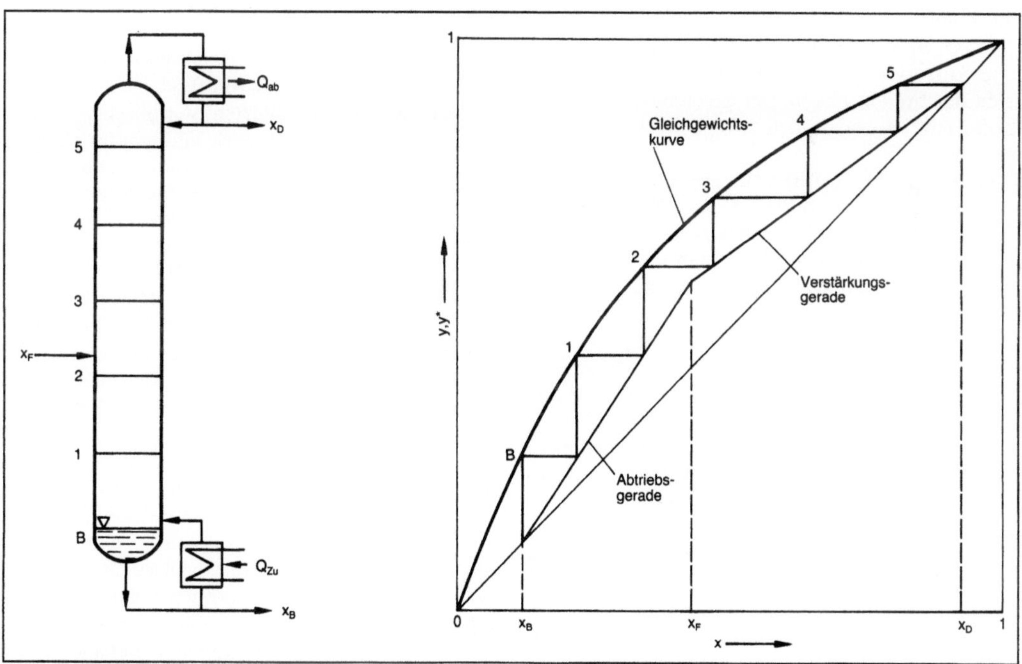

McCabe-Thiele-Diagramm: Diagramm mit Stufenkonstruktion für eine Destillationskolonne mit fünf Böden bzw. sechs Trennstufen.

x   Molanteil in der flüssigen Phase
y   Molanteil in der Gasphase
y*   Gleichgewichtsmolanteil
B   Blase, Sumpf
F   Feed, Zulauf
D   Destillat

den Bilanzgeraden einzeichnet (→Mindestrück-
flußverhältnis). *Dohrn*

Meehanite-Guß. M.-G. ist ein →Gußeisen mit
besonders hohem Qualitätsniveau, das durch eine
umfassende Kontrolle des Schmelz-, Gieß- und
Formvorgangs erzielt wird. Die M.-Gießer des In-
und Auslands haben sich zu einer Gütegemeinschaft
zusammengeschlossen, deren eingetragene Han-
delsmarken zu einem Gütesiegel geworden sind. Die
Vorteile von M.-G.-Eisen lassen sich in fünf Punkten
zusammenfassen:
□ Hohe Festigkeit, dichtes Gefüge und gleichmäßige →Härte infolge einer feinen Graphitverteilung
in einer sorbo-perlitischen Grundmasse.
□ Gute Bearbeitbarkeit nicht nur wegen der Gleichmäßigkeit des Gefüges und damit der Härte, sondern auch infolge der weitgehenden Freiheit von
Spannungen, Kantenhärten, Lunkern und Verwer-
fungen.
□ Durch Vergüten werden →Härten bis zu 600 HB
erreichbar, was eine ausgezeichnete Polierbarkeit
gewährleistet.
□ Meehanite-Gußstücke haben eine höhere Verschleißfestigkeit als solche aus normalem Gußeisen
mit Lamellengraphit.
□ M.-G. in Sonderqualitäten besitzen hohe Hitze-
und Korrosionsbeständigkeit.

In der breiten Palette der Meehanite-Gußwerk-
stoffe gibt es grundsätzlich folgende Unterteilun-
gen:
□ Gruppe 1: M.-G.-Eisen für allgemeine Zwecke,
gekennzeichnet durch den Vorsatzbuchstaben G
(general use), wobei innerhalb dieser Gruppe eine
Feinunterteilung es dem Anwender erleichtert, die
für einen bestimmten Zweck optimal geeignete
Werkstoffsorte auszuwählen.
□ Gruppe 2: Gekennzeichnet durch den Vorsatz H
(heat resistance) umfaßt eine Reihe von hitzebeständigen Werkstoffen (bis zu etwa 850 °C) ohne
Zusatz von kostspieligen Legierungselementen.
□ Gruppe 3: Kennbuchstabe W (wear resistance)
umfaßt Sorten hoher Verschleißfestigkeit zum Einsatz in Getriebebau, Aufbereitungstechnik, Förder-
technik usw.
□ Gruppe 4: Hier sind die korrosionsbeständigen
Qualitäten (Kennbuchstabe C für corrosion resistance) zusammengefaßt. Anwendung im Pum-
pen- und Armaturenbau für die chemische Industrie. *Doliwa*

Meerwasserentsalzung. Unter M. versteht man
Verfahren, gelöste Salze, vor allem Natriumchlorid
(Kochsalz), aus Meer- und Brackwasser mit dem
Ziel zu entfernen, Trinkwasser für den menschli-
chen Bedarf, Prozeßwasser und Wasser für Bewäs-
serungszwecke zu erhalten.

Wasser wird zunehmend knapper, da die Weltbe-
völkerung anwächst, der Wasserverbrauch pro Kopf
steigt und sich mehr und mehr Menschen in Gebieten ansiedeln, die von Natur aus eine eng begrenzte
Wasserversorgung haben. Zugleich werden die
nutzbaren Wasservorräte durch absinkende Grund-
wasserspiegel, Verschmutzung des Oberflächenwas-
sers und steigenden Salzgehalt des Grund- und
Flußwassers erschöpft. Durch die für Frischwasser
auf langen Versorgungswegen entstehenden Transportkosten werden Anlagen zur Entsalzung von
Meer- und Brackwasser wirtschaftlich konkurrenz-
fähig. Entsalzungsanlagen haben zwar einen großen
Energiebedarf und haben deshalb in den letzten
Jahren eine Verschlechterung ihrer wirtschaftlichen
Situation erfahren. Andererseits sind auch die
Transportkosten für Wasser gestiegen.

Während der letzten Jahrzehnte wurde eine
Reihe von Verfahren zur Entsalzung von Wasser
vorgeschlagen und erprobt, von denen hier nur die
wichtigsten angesprochen seien.

Technisch erprobte und im Einsatz befindliche
Verfahren zur M.
□ mit Phasenwechsel: Verdampfungsverfahren:
Entspannungsverdampfung, Mehrfacheffekt-Ver-
dampfung, Verdampfung mit Brüdenkompression;
Solarverdunstung;
□ ohne Phasenwechsel: Membrantrennverfahren:
→Umkehrosmose, Elektrodialyse.

Von den nun erläuterten Verfahrensprinzipien
haben sich vor allem das der Verdampfung, besonders der Entspannungsverdampfung, und das der
Membrantrennung durch Umkehrosmose bewährt
und einen hohen Entwicklungsstand für die Entsal-
zungstechnik für Meerwasser erreicht.

Entspannungsverdampfung (MSF). Das salzhaltige Wasser wird bei diesem Verfahren schrittweise
bis auf maximal 120 °C erwärmt und anschließend in
einer Reihe aufeinanderfolgender Stufen teilweise
verdampft. Jede Stufe arbeitet bei niedrigerem
Druck als die vorhergehende. Das reine Wasser wird
durch Kondensation des Wasserdampfes gewonnen.
Bei der Kondensation des Wasserdampfes wird das
eintretende Meerwasser erwärmt. Durch die Bildung von Kesselstein sind die Betriebstemperaturen
nach oben hin begrenzt. Aus zahlreichen Anlagen
liegen umfangreiche Erfahrungen vor.

Verfahrensschritte: Meerwasser wird aus dem
Ozean gepumpt, entgast, mit Chemikalien zur Verhinderung von Kesselsteinbildung behandelt und
mit einem Kreislaufstrom an Salzwasser zusammengeführt. Dann wird die Salzlösung durch Rohre
gepumpt, die in der oberen Hälfte von horizontalen
Behältern angeordnet sind. Senkrecht angeordnete
Trennwände unterteilen jeden Behälter in Vakuumkammern, in denen jeweils eine Stufe des Prozesses
durchgeführt wird (Bild 1). Die Stufen arbeiten
– vom Eintritt der Salzlösung in die Rohre her

gesehen – bei zunehmend höher werdenden Temperaturen. Dabei wird ein Bereich von mehr als 80 K überstrichen. Auf diese Weise erwärmt sich das Salzwasser von Stufe zu Stufe mehr, ohne zu sieden, da die Lösung unter Druck steht. Nach der letzten Stufe tritt die heiße Salzlösung in einen weiteren Vorwärmer ein. Die Temperatur steigt mit Hilfe von Dampf nochmals an. Dann wird die Salzlösung in den die Rohre umgebenden Raum der ersten und heißesten →Trennstufe eingebracht. Bei Eintritt in diese beginnt die Salzlösung auf Grund des dort herrschenden verminderten Drucks zu sieden. Der aufsteigende Dampf umströmt die Rohre und gibt so Wärme an die in den Rohren strömende Salzlösung ab. Der Dampf kondensiert und fließt in Sammeltröge, die unterhalb der Rohre angebracht sind. Die zweite Stufe arbeitet bei geringfügig niedrigerem Druck als die erste. Dadurch strömt die Salzlösung und das kondensierte Wasser in den Trögen von selbst in die nächste Stufe. Die Druckdifferenz wird durch Flüssigkeitsverschlüsse aufrechterhalten. In der zweiten Stufe siedet die Salzlösung unter dem verminderten Druck weiter. Der Vorgang wiederholt sich in den vielen Stufen der Anordnung, bis die gesamte nutzbare Wärmeenergie der Salzlösung abgegeben ist und die Lösung sich entsprechend abgekühlt hat. Die aufkonzentrierte Salzlösung wird, soweit sie nicht für den Kreislauf benötigt wird, in den Ozean zurückgepumpt. Aus den Sammeltrögen wird als Produkt sehr reines Wasser abgezogen.

Mehrstufenverdampfung. Das Meerwasser wird aufbereitet und nach dem Durchströmen mehrerer Vorwärmer oben in einen Verdampfer mit senkrechten Rohren aufgegeben: erste Stufe (Bild 2). An der Außenseite der Rohre strömt Wasserdampf aus einem Dampfkessel. Durch die an das Meerwasser übertragene Wärme beginnt das innen herabströmende Meerwasser zu sieden, während der Wasserdampf außen kondensiert. Das Kondensat dieser ersten Stufe wird als Speisewasser wieder dem Dampfkessel zugeführt. Der in den ersten Stufen entstehende Dampf wird in die zweite Stufe geführt und dort kondensiert. Dabei entsteht wiederum Dampf aus der Salzlösung. Dieser Dampf wird in eine dritte Stufe geführt usw. Die jeweils nachfolgenden Stufen müssen bei immer niedrigerem Druck betrieben werden, um ein ausreichendes Temperaturgefälle zwischen der Kondensationstemperatur des Dampfes der n-ten Stufe und der Siedetemperatur der n+1-ten Stufe zur Wärmeübertragung aufrechtzuerhalten. Der Dampf aus der letzten Stufe wird zum Vorwärmen des Meerwassers verwendet. Die konzentrierte Salzlösung wird in das Meer zurückgeführt, während man das Kondensat als Frischwasser abzieht.

Verdampfung mit Brüdenkompression. Der aus der siedenden Salzlösung aufsteigende Dampf (Brü-

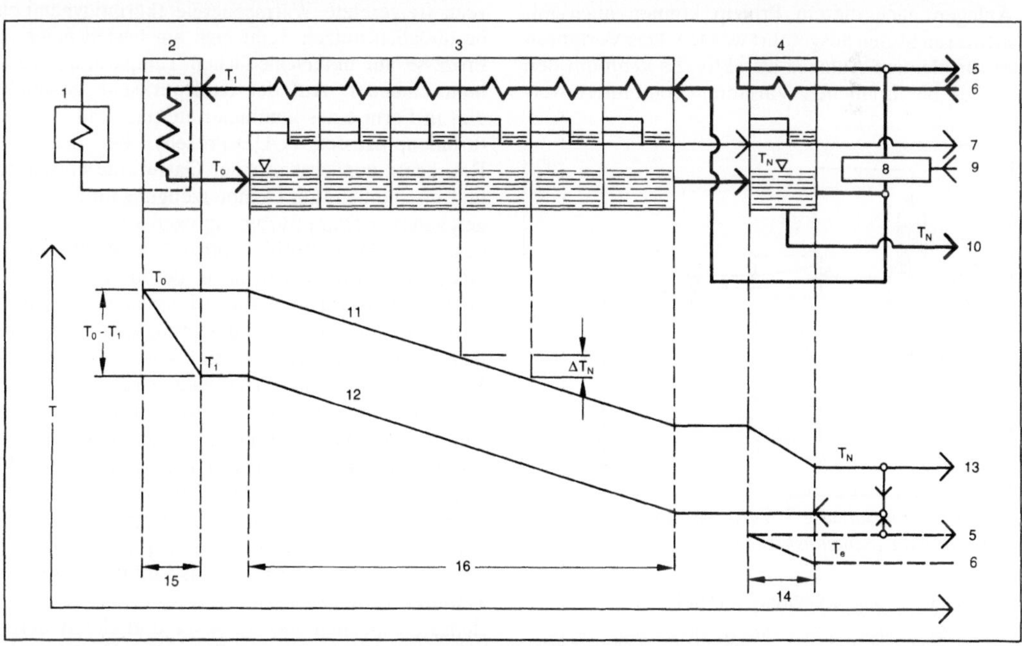

Meerwasserentsalzung 1: Entspannungsverdampfung (MSF) mit Rückführung.

1 Kessel, 2 Endvorwärmer, 3 MSF-Verdampfer, 4 Endkühler, 5 Kühlwasser, 6 Meerwasser, 7 Destillat, 8 Entgaser, 9 Chemikalien, 10 Solerückführung, 11 verdampfende Sole, 12 Sole in den Kondensatoren, 13 rückgeführte Sole, 14 Wärmeabfuhr, 15 Wärmezufuhr, 16 Wärmerückgewinnung

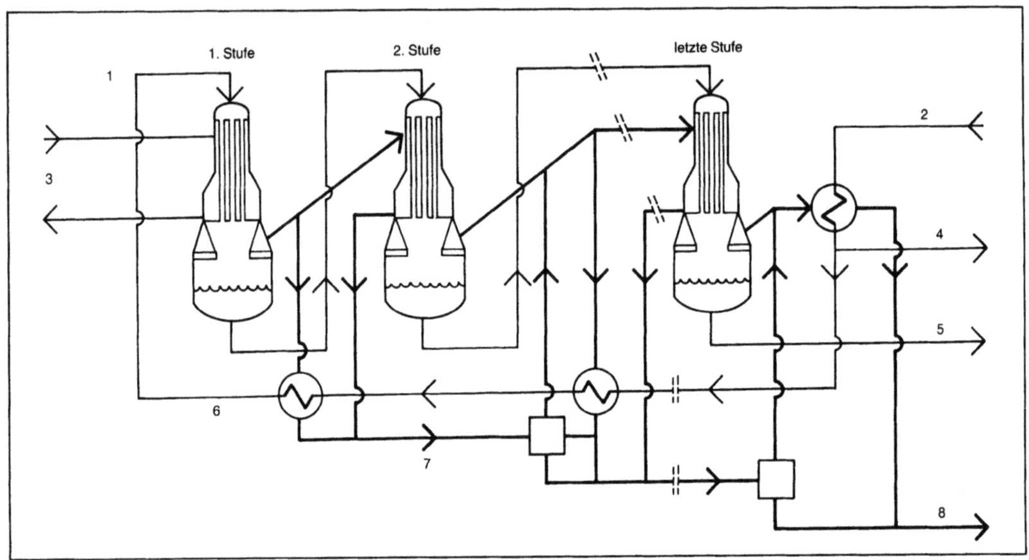

Meerwasserentsalzung 2: Mehrstufenverdampfung (Schemaskizze).

1 Solezuführung, 2 Meerwasserzuführung, 3 Heizdampf, 4 Meerwasserrückführung, 5 Solerückführung, 6 Vorwärmer, 7 Kondensatabscheider, 8 Destillat

den) wird mechanisch komprimiert. Dadurch erhöht sich seine Kondensationstemperatur entsprechend der Dampfdruckkurve. Er kann damit derselben Verdampferstufe wieder als Wärmeträger zur Verdampfung der Salzlösung zugeführt werden (Bild 3). Anlagen nach diesem Prinzip können auch mit mehreren Stufen ausgeführt werden. Das Verfahren ist für kleinere Anlagen attraktiv. Es kann mit den vorher beschriebenen Varianten kombiniert werden.

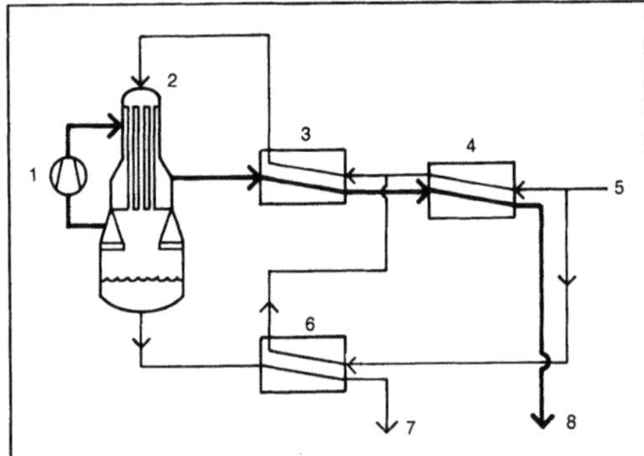

Meerwasserentsalzung 3: Verdampfung mit Brüdenkompression (Schemaskizze).

1 Kompressor, 2 Verdampfer, 3, 4 Kühler, 5 Meerwasser, 6 Solekühler, 7 Solerückführung, 8 Destillat

Den hohen Energiebedarf von Entsalzungsanlagen nach dem Verdampfungsprinzip kann man zweckmäßig durch Ankoppelung an ein Kraftwerk decken. Dabei stellt das Kraftwerk außer Strom für das Netz durch die Kondensationsenthalpie des Wasserdampfes die Energie für das Verdampfungsverfahren bereit.

Als Primärenergiequelle dient ein fossiler Brennstoff. Will man die daraus auf hohem Temperaturniveau freigesetzte Wärmeenergie thermodynamisch bestmöglich nutzen, reiht man am besten mehrere Prozesse auf unterschiedlichen Temperaturniveaus hintereinander. Auf der Kraftwerkseite geschieht dies in Form eines kombinierten Gas- und Dampfturbinenprozesses (GUD-Prozeß), bei dem die Rauchgase zunächst in einer Gasturbine entspannt und anschließend zur Dampferzeugung für den nachgeschalteten Dampfturbinenprozeß verwendet werden. Der Dampfturbinenprozeß wird mit einer Gegendruckturbine betrieben, deren Enddruck so hoch ist, daß der Dampf im nachgeschalteten Enderhitzer des Meerwasserverdampfungsprozesses kondensiert werden kann. In Bild 4 ist ein derartiger Prozeß in Form eines Schaltbilds dargestellt.

Einen Sonderfall der Verdampfungsverfahren stellt die Verdunstung mit Sonnenenergie dar. Ein großflächiges Becken wird mit geneigten lichtdurchlässigen Glasflächen oder Kunststoffolien abgedeckt (Bild 5). Diese wirken als Kondensationsflächen. In dem abgeschlossenen Raum wird die Salzlösung durch Sonneneinstrahlung erwärmt. Dadurch verdunstet Wasser, das sich auf den Kondensationsflächen niederschlägt und durch deren Neigung in Sammelrinnen fließt. Das Verfahren ist auf Gegenden mit viel Sonnenschein beschränkt. Es ist einfach und bedarf nur eines geringen zusätzlichen Energieaufwands.

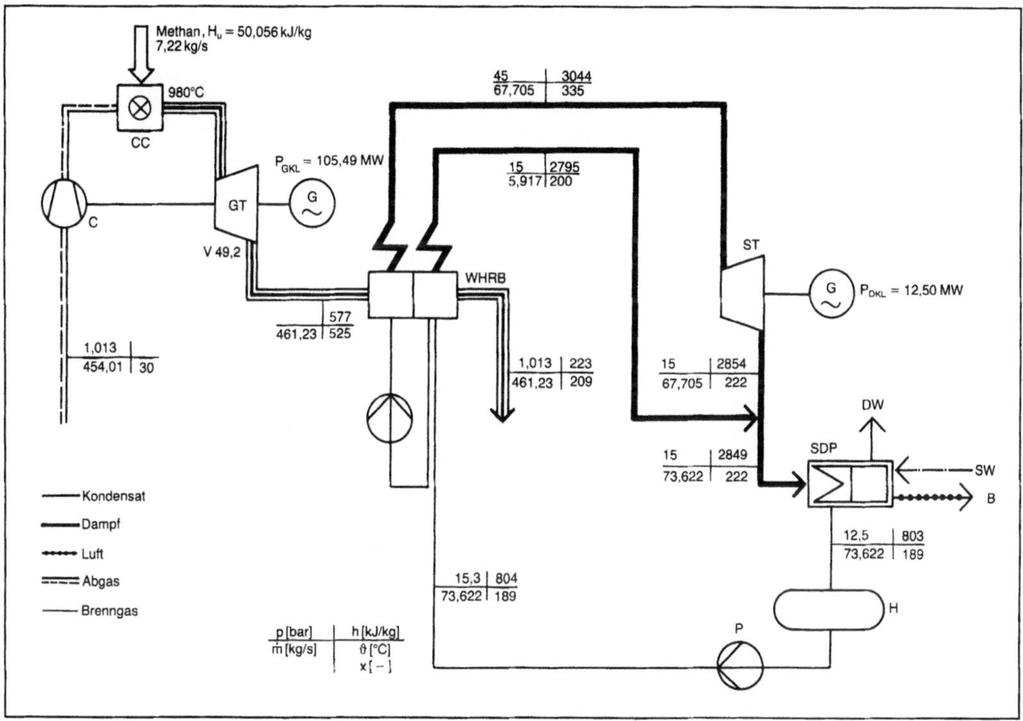

Meerwasserentsalzung 4: Wärmeflußdiagramm eines kombinierten Gas- und Dampfturbinenprozesses zur Energieversorgung einer Meerwasserentsalzungsanlage. (Quelle: Siemens AG)

C Kompressor, CC Verbrennungsraum, GT Gasturbine, G Generator, WHRB Abwärmerückgewinnung, ST Dampfturbine, P Pumpe, H Hobwell, SDP Meerwasserentsalzungsanlage, DW Trinkwasser, SW Meerwasser, B Sole

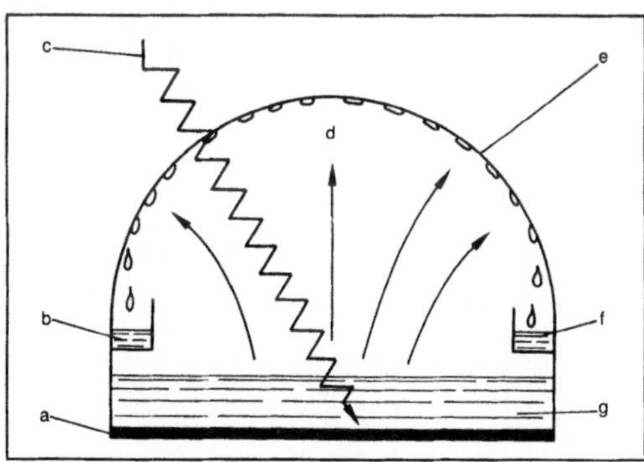

Meerwasserentsalzung 5: Solar-Verdunstungsanlage (Prinzipskizze).

a schwarze Oberfläche, b Frischwasser, c Sonneneinstrahlung, d Dampf, e aufgeblasene transparente Kunststoffolie, f Kondensatsammler, g Meerwasser

Von den Membrantrennverfahren ist für die M. die Umkehrosmose das geeignete Verfahren, da verhältnismäßig kleine Moleküle bei hohem osmotischem Druck abzutrennen sind. Das salzhaltige Wasser wird auf einen Druck gebracht, der den osmotischen Druck der Lösung übersteigt. Dadurch tritt ein Wasserfluß durch eine Membran auf, die für Wasser durchlässig, für die gelösten Feststoffe jedoch undurchlässig ist. Der Energiebedarf für die Umkehrosmose steigt mit zunehmendem Salzgehalt weniger schnell an als bei der Elektrodialyse. Es ist möglich, die Membranen unterschiedlichen Salzgehalten anzupassen.

Eine Entsalzungsanlage nach dem Prinzip der Umkehrosmose besteht aus vier wesentlichen Baugruppen (Bild 6), der

☐ Meerwasservorbehandlung,

☐ Druckerzeugung (Pumpe),

☐ Membraneinheit,

☐ Nachbehandlung.

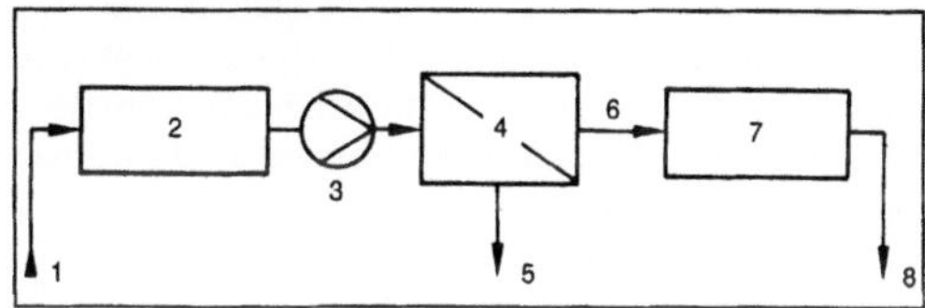

Meerwasserentsalzung 6: Verfahrensstufen einer Entsalzungsanlage für Meerwasser mittels Umkehrosmose.

1 Meerwasser, 2 Vorbehandlung, 3 Pumpe, 4 Membraneinheit, 5 Solerückführung, 6 Permeat, 7 Nachbehandlung, 8 Trinkwasser

Das zugeführte Meerwasser ist so aufzubereiten, daß die Membraneinheit dauerhaft funktionsfähig bleibt. Dazu werden suspendierte Feststoffe entfernt, der pH-Wert angepaßt und Inhibitoren zugegeben, um ein Ausfallen von Calciumsulfat und Calciumcarbonat zu verhindern.

Als Membranmaterial werden Celluloseacetat, Polyamide und andere Polymere verwendet. Der Struktur nach setzt man asymmetrische Membranen ein, die aus einer dünnen aktiven Trennschicht und einer wesentlich dickeren durchlässigen Stützschicht bestehen. Die Membranen werden zu Spiralen aufgerollt (Wickelmodul) oder als Bündel aus dünnen Hohlfasern eingesetzt. Mit Wickelmodulen lassen sich 0,6–1,2 m³ entsalztes Wasser je m² Membranfläche und Tag erzeugen. Bei Hohlfasermodulen liegt dieser Wert bei 0,12 bis 0,8 m³/(m²·d). Eine der ersten großen Entsalzungsanlagen nach dem Prinzip der Umkehrosmose wurde 1979 in Jeddah (Saudi-Arabien) für einen Durchsatz an entsalztem Wasser von 12 000 m³/d errichtet.

Für geringeren Salzgehalt ist auch die Elektrodialyse (Membrantrennverfahren) zum Entsalzen geeignet. Dabei wird einem geschlossenen Raum (Zelle), durch den Salzwasser fließt, mit Hilfe von Elektroden ein elektrisches Feld aufgeprägt. Dadurch wandern die Kationen zur Kathode und die Anionen zur Anode. Die positiven Ionen treten durch für Kationen durchlässige Membranen, die negativen Ionen durch für Anionen durchlässige Membranen. Zwischen alternierenden Membranen wird dadurch das Wasser entweder an Salzen angereichert oder abgereichert. Der Energiebedarf für die Elektrodialyse ist dem Salzgehalt proportional und steigt bei hohen Reinheitsgraden sehr an. Das Verfahren eignet sich für Brackwasser mit einem Gehalt bis zu 5000 ppm an gelösten Feststoffen. *Brunner*

Literatur: *Buros, O. K.:* The U.S.A.I.D. Desalination Manual. Gainesville (Fla.) 1980. – *Spiegler, K. S.,* u. *A. D. K. Laird:* Principles of Desalination. 2. Aufl. New York 1980.

Mehrkanalbearbeitung. Die M. dient zur Steigerung der Abtragrate ohne Verschlechterung der Oberflächengüte. Die →Werkzeugelektrode wird dazu in elektrisch gegeneinander isolierte Segmente unterteilt, die jeweils mit entsprechenden Leistungseinheiten des Generators verbunden sind und parallel arbeiten. So kann auf jedem Segment gleichzeitig eine Entladung zünden.

Eine Vervielfachung der Anzahl der Kanäle kann jedoch keine proportionale Zunahme der Abtragrate bringen, da alle Segmente der Mehrkanalelektrode an eine Vorschubeinrichtung montiert sind. Somit ergeben sich bei Prozeßstörungen an einem Segment Rückwirkungen auch auf die anderen Segmente.

Verringert man die Einsenkgeschwindigkeit eines Elektrodensegments durch Vergrößerung der Stirnfläche und/oder Variation der elektrischen Kenngrößen, so übernimmt diese Pilotelektrode die Führung des Vorschubs. Dadurch verläuft der Prozeß sehr gleichmäßig und stabil insbes. bei großer Kanalzahl (50 und mehr). *König*

Mehrkomponentenabsorption →Vielstoffabsorption

Mehrkomponentendestillation. Soll ein Gemisch aus n Komponenten destillativ in reine Stoffe aufgetrennt werden, so benötigt man dazu (n-1) Destillationskolonnen (→Destillieren). Das Bild zeigt verschiedene Kolonnenschaltungen zur Auftrennung eines Vierstoffgemisches (→Vielstoffrektifikation). Bei den Schaltungen a) bis d) wird jeweils eine Komponente als Sumpf- oder Kopfprodukt abgetrennt und der Rest noch einmal destilliert. In der dritten Kolonne besteht der Rest aus einer

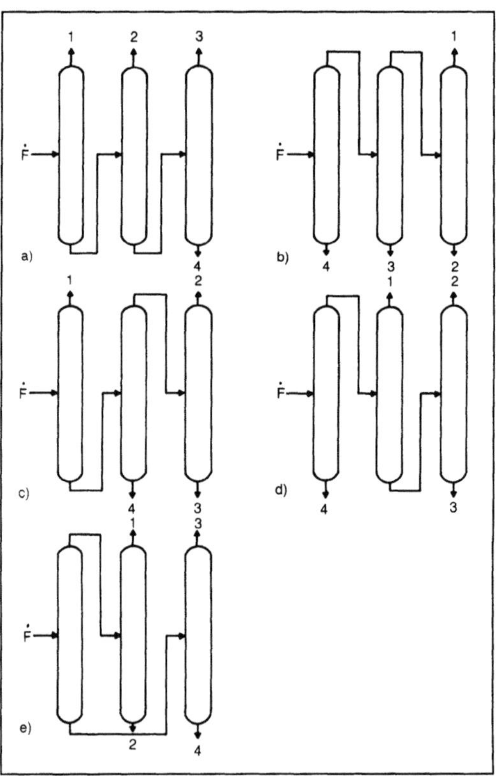

Mehrkomponentendestillation: Kolonnenschaltungen zur Zerlegung eines nichtazeotropen Vierstoffgemisches.
a) bis d) Reihenschaltungen
e) Parallelschaltung.

Ḟ Zulauf, 1, 2, 3, 4 Komponenten in der Reihenfolge abnehmender Flüchtigkeit reinen Komponente. In der Schaltung e) werden zunächst die Komponenten 1 und 2 von den Komponenten 2 und 3 abgetrennt. In den beiden anderen Kolonnen erfolgt dann die Trennung in reine Komponenten. *Dohrn*

Mehrkorn-Abrichtwerkzeug →Abrichtwerkzeug, →Abrichten

Mehrphasenreaktor. In M. (Dreiphasenreaktoren) laufen heterogene Reaktionen (Dreiphasenreaktionen) ab, bei denen eine feste Phase (häufig Katalysator, aber auch Edukte) neben einer flüssigen Phase (Reaktionspartner) sowie einer gasförmigen Phase (Reaktionspartner) beteiligt sind. Solche Gas-Flüssig-Fest-Systeme treten in der chemischen Technik mit zunehmender Bedeutung auf und haben folgende Vorteile:

□ schonendere Reaktionsbedingungen als bei der klassischen heterogenen Gaskatalyse (→Reaktion, heterogene, →Reaktion, katalytische),

□ besseres Beherrschen des Wärmehaushalts bei M., wodurch eine geringere Katalysator-Desaktivierung oder höhere Selektivitäten erreicht werden können.

Eine Klassifizierung industriell eingesetzter M. kann man nach der Bewegungsform der Phasen vornehmen. Danach unterscheidet man die Festbettreaktoren (Sumpfreaktor, →Rieselbettreaktor), die Suspensionsreaktoren (→Rührkesselreaktor, →Blasensäulenreaktor) und die Dreiphasen-Wirbelschichtreaktoren (→Wirbelschichtreaktor).

Wichtige Reaktionen, die in M. durchgeführt werden, sind:

□ katalytische Hydrierungen, z. B. von Fetten, Nitroaromaten,

□ petrochemische Hydrierverfahren (Hydrokrakken, Hydroraffination),

□ biochemische Verfahren (z. B. →Abwasserreinigung, Fermentationen mit immobilisierten Zellen),

□ Rauchgasentschwefelungs-Verfahren,

□ Kohlehydrierung.

(Die Teilschritte bei Dreiphasenreaktoren werden in →Reaktion, katalytische behandelt.)

Schönbucher

Mehrphasenströmung. Bei der M. (Bild) nimmt ein Gasstrom körniges Schüttgut, wie z. B. bei der pneumatischen Förderleitung durch Rohrleitungen, mit oder strömt zusammen mit dem Feststoff durch Apparate. Man spricht dann von der Gas-Feststoff-Strömung. Handelt es sich bei der Trägerströmung um Flüssigkeit wie bei der hydraulischen →Förderung, bezeichnet man diese M. als flüssig-fest. Die Geschwindigkeit der festen Phase c ist kleiner,

manchmal auch größer als die der Trägerströmung v. Dadurch wird Luftwiderstand

$$W = c_w \frac{\pi}{4} d^2 \frac{\rho_L}{2} (v-c)^2$$

auf die Partikel ausgeübt. Sind diese mit sehr geringer Anfangsgeschwindigkeit in die Strömung eingeschleust worden, beschleunigen sie bis auf eine End- oder Gleichgewichtsgeschwindigkeit c_e, bei der dieser Luftwiderstand mit dem Gewicht und Wandreibungskräften an der festen Phase im Gleichgewicht ist.

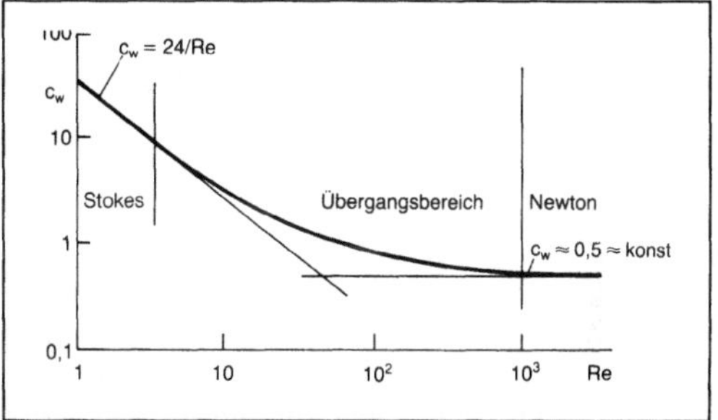

Mehrphasenströmung.

Bei technischen Vorgängen ist die →Fördergutbeladung $\mu > 0,1$. Für die meisten Berechnungen der Beschleunigungen und Verzögerungen sowie der Teilchenbahnen verwendet man an Stelle des allgemeinen, obenangegebenen Widerstandsgesetzes eine bequemere Abkürzung, in welcher der Luftwiderstand auf das Gewicht M_{Sg} von Einzelteilchen, meistens aber der Teilchenwolke, in einem kürzeren Abschnitt der Förderleitung von der Länge Δl

$$W = M_{Sg} \left(\frac{v - c}{w_S} \right)^{2 - k}, \text{ mit } M_S = \dot{M}_S \cdot \frac{\Delta l}{c},$$

bezogen ist, wenn man die Geschwindigkeit der Partikel c einigermaßen genau kennt oder abschätzen kann. Der Durchsatz $\dot{M}_S$ ist in allen technischen Fällen immer genau bekannt. Die →Sinkgeschwindigkeit w_S wird zunächst für Einzelteilchen berechnet. Dafür verwendet man im einfachsten Fall das Stokes-Gesetz für feine Partikel und Reynolds-Zahlen der Anströmung:

$$Re_S = \frac{(v - c)\, d_S}{\nu} < 3,$$

$$w_S = \frac{\Delta \varrho_{S,L}\, g\, d_S^2}{18 \eta_L},$$

mit der Dichtedifferenz $\Delta \varrho_{S,L}$ zwischen Teilchen (solid) und Gas (liquid) sowie dem mittleren Teilchendurchmesser d_S und der Viskosität η_L des Gases oder der Flüssigkeit. Die Hochzahl ist in diesem Fall $k = 1$.

Für Reynolds-Zahlen >500 darf man in erster Näherung das Newton-Gesetz des Luftwiderstands verwenden mit $c_w \approx 0{,}5$ = konst, das die Sinkgeschwindigkeit grober Partikel

$$w_S = \sqrt{\frac{4}{3} \frac{\Delta \varrho_{S,L}\, g\, d_S}{c_w \varrho_L}}$$

angibt. Hierbei ist k = 0.

Im Übergangsbereich $3 < Re_S < 500$ gilt

$$w_S = \frac{(\Delta \varrho_{S,L}\, g)^{2/3} \cdot d_S}{4{,}3\,(\varrho_L \eta_L)^{1/3}}.$$

Jetzt ist k = 0,5, und nach dem Newton-Gesetz wird im einfachsten Fall

$$c_w = \frac{12}{\sqrt{Re}}$$

linearisiert.

Mit dieser Beziehung für die Sinkgeschwindigkeit erzielt man eine Genauigkeit von $\pm 15\%$. Genauere Anpassungen des $c_w(Re)$-Verlaufs arbeiten mit dreigliedrigen Näherungen und entsprechend aufwendigeren Gleichungen.

Die Sinkgeschwindigkeit von Wolken hängt von ihrer Beladung und dem Bereich des Widerstandsgesetzes ab. Es gilt

$$w_S = w_{S0}\,(1 + 0{,}5\,\mu^{0.25}).$$

Mit dieser aerodynamischen Kennzeichnung der Partikel kann man Beschleunigungen und Verzögerungen entsprechend der Bewegungsgleichung

$$\frac{dc}{ds} = \frac{g}{c}\left(\frac{v-c}{w_S}\right)^{2-k}$$

vektoriell mit Genauigkeiten von $\pm 10\%$ berechnen. Auch bei der Berechnung der pneumatischen Flugförderung macht man von dieser Rechnung Gebrauch. *Muschelknautz*

Literatur: VDI-Wärmeatlas. 6. Aufl. Abschn. L. Düsseldorf 1991.

Mehrspindel-Futterdrehautomat. M.-F. sind Maschinen für die Komplett-Bearbeitung von Werkstücken in großen Serien. Diese Komplettbearbeitung erfolgt in mehreren Stationen. Hierzu laufen entweder Werkstücke oder Werkzeuge und bei Sonderautomaten auch beide um.

Beim Werkstückumlauf werden die Hauptspindeln in einer schaltbaren Spindeltrommel integriert (Bild). Die Trommel muß man in jeder Stellung arretieren können. Eine Einrichtung zur Spindelstillsetzung ist zum Spannen der Werkstücke und für bestimmte Bearbeitungsaufgaben (z. B. exzentrisches Bohren) nötig. Mehrspindeldrehautomaten mit umlaufenden Werkzeugen eignen sich bei kurzen Stückzeiten und hohen Drehzahlen für nicht

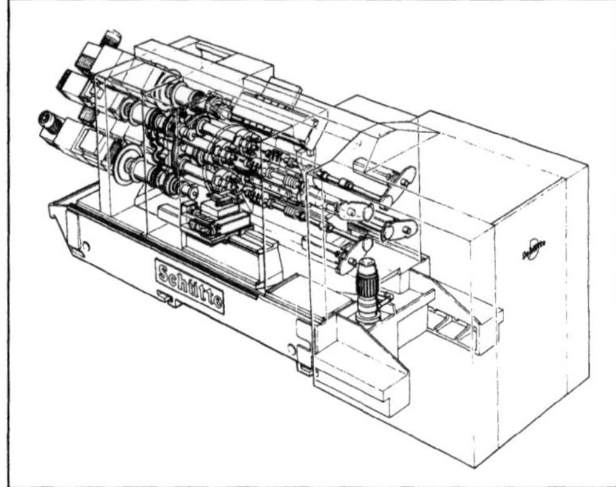

Mehrspindel-Futterdrehautomat: NC-Vierspindel-Futterautomat. (Quelle: Schütte, Köln)

rotationssymmetrische Werkstücke mit vielen Bohrungen. Dabei werden die Werkstücke in einem schaltbaren Revolver aufgenommen, während die Werkzeuge, die die Schnittbewegung ausführen, mit den Hauptspindeln umlaufen.

Die Schalttrommel liegt dabei entweder zwischen zwei sich gegenüberliegenden Spindelkästen, oder die Hauptspindeln sind sternförmig um die Schalttrommel angeordnet.

Bei Automaten ohne Werkstückträgerschaltung muß das Ladegerät auch den Transport des Werkstücks von einer Spindel zur nächsten übernehmen. Frontdrehautomaten sind hierfür charakteristisch. *Schulz*

Mehrspindel-Stangendrehautomat. M.-S. haben meist umlaufende Werkstücke (Bild). Das Spannen der Stangen und die Beschickung erfolgt ähnlich wie

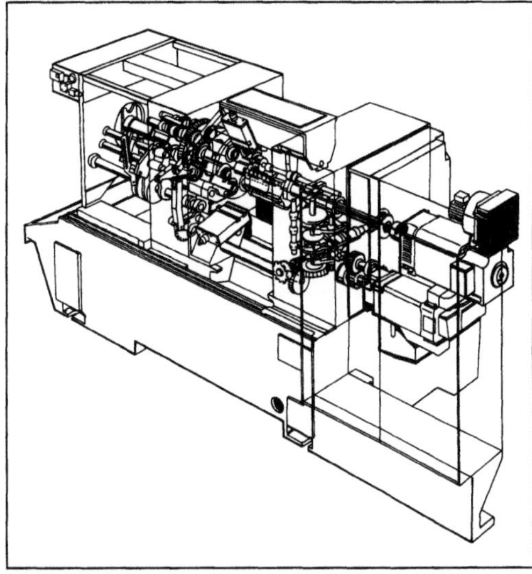

Mehrspindel-Stangendrehautomat mit sechs Spindeln. (Quelle: Schütte, Köln)

bei Einspindel-Stangenautomaten. Der grundsätzliche Aufbau entspricht dem Mehrspindel-Futterdrehautomaten. *Schulz*

Meißeln. Spanen mit geometrisch bestimmter Schneide zur Erzeugung beliebiger Werkstückoberflächen, bei dem die Späne durch Schlagen auf das Werkzeug abgetrennt werden. Je nach Bearbeitungsaufgabe werden verschiedene Meißelformen eingesetzt, z. B.

□ Flachmeißel zur Spanabnahme und zum Trennen,
□ Kreuz- und Nutenmeißel für schmale Nuten und Schmiernuten,
□ Rohrmeißel zum Trennen von Rohren,
□ Hohlmeißel zum Ausmeißeln von Rundungen in Flächen.

Die Keilwinkel der Meißelschneiden betragen je nach zu bearbeitendem Werkstoff $\beta_0 = 40° - 70°$. Kleinere Keilwinkel sind dabei weichen Werkstoffen zuzuordnen. Für härtere legierte Stähle werden Keilwinkel von $\beta_0 = 60° - 70°$ eingesetzt. *König*

Membran (medizinische Verfahrenstechnik). Eine M. ist im verfahrenstechnischen Sinne ein Apparateteil, das die Eigenschaft besitzt, bestimmte Komponenten eines Fluidgemisches hindurchtreten zu lassen, während die übrigen Komponenten zurückgehalten werden. Solche Fluidgemische können z. B. Suspensionen, Emulsionen, Lösungen oder Gasgemische sein.

Die Transportgeschwindigkeit der einzelnen membrangängigen Komponenten wird durch die darauf wirkende treibende Kraft, durch ihre Beweglichkeit und ihre Konzentration in der M.-Matrix bestimmt. Als treibende Kräfte in M.-Prozessen wirken z. B. Druck- und Konzentrationsdifferenzen oder elektrische Potentiale. Die Beweglichkeit einer Komponente in der M. wird in erster Linie durch die Teilchen- bzw. Molekülgröße und die Struktur der M.-Matrix bestimmt.

Der Transport durch eine M. wird gewöhnlich durch phänomenologische Gleichungen beschrieben, die eine Beziehung zwischen einem Fluß und den zugehörigen treibenden Kräften in Form von Proportionalitäten herstellen. Für die theoretische Betrachtung wurden zwei idealisierte M.-Modelle eingeführt: das Modell einer neutralen Poren-M. und das einer neutralen Löslichkeits-M.

Die ideale neutrale Poren-M. besteht aus einer festen Struktur mit definierten Poren. Die Trenneigenschaft beruht auf einem Siebeffekt, d. h. die Partikel werden nach ihrer Größe von der M. sortiert. In dieser M. können daher nur Stoffe voneinander getrennt werden, die erhebliche Unterschiede in ihrem Molekül- oder Teilchendurchmesser aufweisen. Poren-M. werden durch ihre Filtrationsstromdichte und das Rückhaltevermögen charakterisiert.

Eine ideale Löslichkeits-M. ist das andere Extrem. Sie besteht aus einer homogenen Polymer-, Gel- oder Flüssigkeitsschicht, durch die alle Partikel per Diffusion, dem Gradienten ihres chemischen Potentials folgend, transportiert werden. Die Trennung verschiedener chemischer Komponenten in einer Löslichkeits-M. wird im wesentlichen durch Unterschiede im Diffusionskoeffizienten und in der Löslichkeit dieser Komponenten in der M.-Matrix bestimmt. Im Gegensatz zu einer Poren-M. können mit Hilfe einer Löslichkeits-M. auch Stoffe mit gleichen oder fast gleichen Molekülradien getrennt werden, sofern sich ihre Löslichkeiten in der M.-Matrix hinreichend unterscheiden.

Die beiden beschriebenen M.-Modelle sind Idealfälle, die in praktischen M. i. a. nicht oder nur selten realisierbar sind. Das Verhalten der meisten für eine Stofftrennung eingesetzten M. liegt zwischen den idealisierten Modellen. *Stroh*

Literatur: *Strathmann, H.:* Trennung von molekularen Mischungen mit Hilfe synthetischer Membranen. Darmstadt 1979.

Membran (Verfahrenstechnik). Unter M. versteht man Barrieren für einen Stoffstrom, die dadurch charakterisiert sind, daß ihre Ausdehnung in Transportrichtung klein ist gegenüber der Ausdehnung senkrecht zur Transportrichtung und daß sie selektiv wirken, d. h. für verschiedene Substanzen unterschiedliche Transporthemmnisse bilden.

M. dienen in der Verfahrenstechnik meist für Trennprozesse. Die häufigsten M.-Materialien sind Polymere. Jedoch werden auch M. aus Metall, Glas, Keramik und Kohlenstoff für spezielle Verwendungszwecke eingesetzt. Daneben gibt es auch während eines Prozesses gebildete M., sog. dynamische M., und flüssige M.

Für jedes Trennproblem, das mit M. gelöst werden soll, muß eine geeignete M. ausgewählt werden. Für Trennungen sollen M. möglichst folgende Eigenschaften aufweisen: gute Selektivität, hoher Fluß (Permeatleistung), mechanische Festigkeit, Temperaturbeständigkeit, chemische Beständigkeit (pH-Wert, →Lösungsmittel, Chlor), Beständigkeit gegen Bakterienbefall, Reinigungsmöglichkeit, gute Verfügbarkeit, geringe Kosten.

Da eine M. nicht für alle Anwendungszwecke diese Forderungen erfüllen kann, sind eine Vielfalt verschiedener M. entwickelt worden. Die M. unterscheiden sich hinsichtlich Material, Struktur, Aufbau, Formgebung und Anordnung zu technisch brauchbaren Einheiten (→Modul).

Als M.-Materialien für Polymer-M. werden Cellulose und Cellulosederivate (Celluloseacetat, Cellulosebutyrat, Cellulosenitrat) und die meisten künstlichen Polymere, wie z. B. Polyamide, Polyharnstoff, Polyfuran, Polycarbonat, Polyethylen,

Polypropylen u. a. sowie Copolymerisate aus unterschiedlichen Polymeren eingesetzt.

Hinsichtlich der Struktur unterscheidet man zwischen M. mit Poren (Poren-M.) und porenfreien M. (Diffusions-M.). Poren-M. bestehen aus einer festen Matrix mit Poren, durch die der Stofftransport erfolgt. Der Porendurchmesser liegt z. B. für Ultrafiltrations-M. im Bereich von 1 nm–1 μm. Diffusions-M. bestehen aus einem homogenen Film, durch den der Stofftransport durch Diffusion erfolgt.

Vom Aufbau her unterscheidet man symmetrische und asymmetrische M. Während symmetrische M. einen durchgehend gleichartigen Aufbau besitzen, bestehen asymmetrische M. aus zwei oder mehr unterschiedlichen Schichten. Bestehen diese aus dem gleichen Material, sind es Phaseninversions-M., deren unterschiedlicher Aufbau durch Fällungsprozesse und Nachbehandlungen zustande kommt. Bei vom Material her unterschiedlichen Schichten spricht man von Komposit-M. Diese bieten die Möglichkeit, jede Schicht nach ihrer Aufgabe zu gestalten. Die asymmetrischen M. (Bild 1) bestehen aus einer aktiven porenfreien Trennschicht mit einer Dicke von etwa 0,2 μm, die ggf., um →Porosität zu verhindern, noch zusätzlich mit einer permeablen, aber porenfreien Deckschicht versehen ist, und einer Stützschicht mit einer Dicke von etwa 0,2 mm, die den permeierenden Substanzen keinen Transportwiderstand entgegensetzt, der M. jedoch die notwendige Stabilität verleiht.

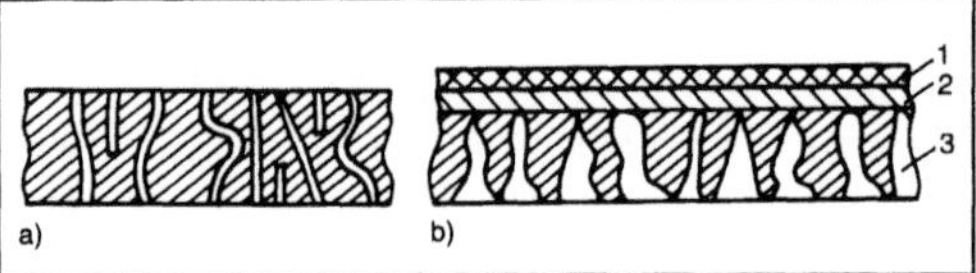

Membran (Verfahrenstechnik) 1: Membranformen.
a) Porenmembran
b) Asymmetrische Membran.

1 porenfreie Deckschicht, 2 aktive Trennschicht (≈0,2 μm), 3 Stützschicht (≈0,2 mm)

M. werden in bezug auf die Form als Flach-M. oder in zylindrischer Form hergestellt. Bei letzterer kann sich die aktive Trennschicht auf der Innenseite befinden. Dann haben die M. Durchmesser im Bereich von Millimetern. Sie werden ohne weitere mechanische Unterstützung in größerer Anzahl zusammengefaßt (Spaghetti-M.), oder sie haben Durchmesser im Bereich von Dezimetern. Dabei ist eine äußere Unterstützung durch Rohre notwendig (Schlauch- oder Rohr-M.). Befindet sich die aktive Schicht auf der Außenseite, kann man im Prinzip die M. um Rohre herumlegen. Sie werden jedoch in der Form selbsttragender Kapillaren mit sehr kleinem Durchmesser verwendet (ca. 0,01 mm Dmr.) und als Hohlfaser-M. bezeichnet.

Für die M.-Trennprozesse werden i. a. sehr große M.-Flächen benötigt. Um diese bereitstellen zu können, werden M. in Modulen zusammengefaßt, die auf einfache Weise in Prozesse integriert werden können. Flach-M. werden entweder in Schichtbauweise in Filterplattenmodulen zusammengefaßt oder zu Wickelmodulen aufgewickelt. Spaghetti- und Hohlfaser-M. werden in großer Stückzahl mit Endplatten versehen und so zu einer Einheit ähnlich einem Rohrbündelwärmeübertrager zusammengefaßt. Die Einbringung von Schlauch- oder Rohr-M. in Rohre ergibt Rohrmodule.

Die Trenneigenschaften von M. werden durch ihr Rückhaltevermögen gekennzeichnet. M. für die →Umkehrosmose, die zur Entsalzung von Meerwasser verwendet werden, haben ein Rückhaltevermögen von mehr als 99 % für gelöste Salze. M. für die Ultrafiltration, die man zum Rückhalt hochmolekularer Verbindungen einsetzt, sind durch die Molekülgröße der zurückgehaltenen Verbindungen gekennzeichnet. Dabei erreicht man auf Grund von M.- und Moleküleigenschaften scharfe oder weniger scharfe Trenngrenzen (Bild 2).

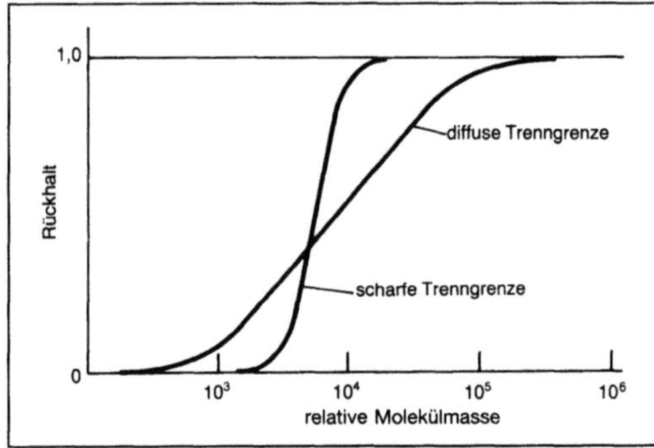

Membran (Verfahrenstechnik) 2: Verlauf der Trenngrenzen von Ultrafiltrationsmembranen.

In Tabelle 1 sind die Eigenschaften von Ultrafiltrations- und Umkehrosmose-M. gegenübergestellt.

M. werden in Trennprozessen wie der Ultrafiltration, Umkehrosmose, →Gaspermeation, →Pervaporation, Dialyse und Elektrodialyse eingesetzt. Damit werden u. a. Wasser für Trink- und Bewässerungszwecke entsalzt, Abwasser aufbereitet, Wasserstoff angereichert, Stickstoff und Sauerstoff aus Luft getrennt.

Für die →Permeation einer einzelnen Komponente ist der Permeabilitätskoeffizient die charakteristische Transportgröße. Aus dem Verhältnis der Permeabilitätskoeffizienten erhält man den idealen Trennfaktor der sich gegenseitig nicht bei der Permeation beeinflussenden Komponenten. Dieser Wert wird auch Selektivität genannt und ist eine nützliche Bezugsgröße, um für die kinetisch bestimmte Gaspermeation die Trennbarkeit einer

Membran (Verfahrenstechnik). Tabelle 1: Eigenschaften typischer Membranen für die Umkehrosmose und Ultrafiltration.

Eigenschaft	Membrantyp	Umkehrosmose		Ultrafiltration	
		Cellulose-acetat	HR (DDS)	Cellulose-acetat	Polyvinyl-idenfluorid
Permeatfluß für H_2O	$l/(m^2 \cdot h)$	50—110	110	70—200	200—600
Trenngrenze	MW (Dalton)	≈500	<500	8000—20000	6000—30000
max. Temperatur	°C	30	60	50	80
max. Druck	bar	20—60	60	10—20	10—15
pH	—	2—8	2—11	2—8	1—11,5

Stoffmischung beurteilen zu können. Dies geschieht analog zu dem durch Phasengleichgewichte bestimmten Trennfaktor bei gleichgewichtsbestimmten Trennprozessen:

$$\alpha^0{}_{AB} = \frac{P_A}{P_B}.$$

Permeabilitäten von Wasserstoff in verschiedenen Materialien und Selektivitäten für Kohlenmonoxid und Wasserstoff sind in Tabelle 2 aufgeführt. Die Permeabilität wird in der Einheit Barrer angegeben:

$$1 \text{ Barrer} = 10^{-10} \frac{cm^3 \, (STP) \cdot cm}{cm^2 \cdot s \cdot cm \, Hg}.$$

Membran (Verfahrenstechnik). Tabelle 2: Permeabilitäten von Wasserstoff und Selektivität für Wasserstoff und Kohlenmonoxid in verschiedenen Membranmaterialien. (Quelle: Koros, Chern a. a. O.)

Polymer	P_{H_2} Barrer	$\alpha^0(H_2/CO)$
Polystyrol	11,0	12
PVC	8,0	12,9
Celluloseacetat	13,0	37,2
Sulfon	14,0	37,8
Polyvinylfluorid	0,6	66,7
Poly(ethylen-terephthalat)	1,4	74,0
Polyimid	2,0	74,0
Polycaprolactam	1,5	115,0

Für einen ausreichenden Permeatfluß sind asymmetrische M. mit einer dünnen wirksamen Schicht in der Dicke von 0,1–1 μm nötig. Normale asymmetrische M. weisen eine gewisse Porosität auf. Bei der Gaspermeation reicht eine Porosität von 10^{-6}% aus, um eine M. für die Gastrennung untauglich zu machen. Daher werden diese M. mit einem dichten, aber permeablen Material beschichtet. Dies führt zu den Komposit-M.

Häufig wird das Produkt $D \cdot H$ zum Permeationskoeffizienten zusammengefaßt (D →Diffusionskoeffizient, H Henry-Koeffizient):

$$j = \frac{P}{z} (P_1 - P_2).$$

Die Abhängigkeit von P vom Druck ist zu beachten.

Die lokale Segmentbeweglichkeit eines Polymers wird durch weichmachende Stoffe erhöht, die Glasübergangstemperatur erniedrigt. Permeierende Stoffe wirken ähnlich wie Weichmacher. Der Nettoeffekt einer guten Löslichkeit und der weichmachenden Wirkung ist eine wesentlich gesteigerte Permeationsgeschwindigkeit. Der Permeabilitätskoeffizient ändert sich daher je nach Löslichkeit eines Stoffs über mehrere Größenordnungen (Tabelle 3).

Eine charakteristische Größe für die Permeation einer Gasmischung ist der Trennfaktor, der für eine binäre Mischung aus den Komponenten A und B sich aus den Konzentrationen im Permeatstrom (1) und Retentatstrom (2) ergibt:

$$\alpha_{AB} = \frac{Y_{A1}/Y_{A2}}{Y_{B1}/Y_{B2}} = \frac{Y_{A1}/Y_{B1}}{Y_{A2}/Y_{B2}} = \frac{Y_{A1} \cdot Y_{B2}}{Y_{A2} \cdot Y_{B1}}.$$

Die M. werden zur Anordnung großer M.-Flächen auf geringem Raum in Modulen angeordnet. Flach-M. werden in Wickelmodulen und haarfeine M.-Schläuche in Hohlfasermodulen zusammengefaßt.

Das vorwiegende Anwendungsgebiet der Gaspermeation lag bisher in der Wasserstoffrückgewinnung. Zunehmend werden mit der Verfügbarkeit geeigneter M. auch andere Trennungen wirtschaftlich interessant. Einen Überblick über Trennungen und Anwendungsgebiete gibt Tabelle 4.

Membran (Verfahrenstechnik). Tabelle 3: Permeabilität verschiedener Stoffe in einem Copolymermaterial Polybutadien-Acrylnitril, 35%) bei 25 °C.

permeierender Stoff	Permeabilitätskoeffizient $10^7 \cdot cm^3(STP)cm/ (cm^2 \cdot s \cdot cm\ Hg)$
Stickstoff	0,0042
Sauerstoff	0,016
Methan	0,032
Helium	0,084
Wasserstoff	0,095
Kohlendioxid	0,13
Wasser	17,5
Methanol	246
Tetrachlorkohlenstoff	465
Ethylacetat	3280
Benzol	6050
Methylethylketon	6100

Membran (Verfahrenstechnik). Tabelle 4: Anwendungen der Gaspermeation.

Trennung	Anwendungsgebiet
O_2/N_2	Sauerstoffanreicherung, Inertgaserzeugung (N_2)
H_2/Kohlenwasserstoffe	H_2 – Rückgewinnung in Raffinerien
H_2/CO	Anpassung der Synthesegaskonzentration
H_2/N_2	Ammoniakabgas
CO_2/Kohlenwasserstoffe	Sauergasbehandlung, Biogas
H_2O/Kohlenwasserstoffe	Erdgastrocknung
H_2S/Kohlenwasserstoffe	Sauergasbehandlung
He/Kohlenwasserstoffe, N_2	Heliumabtrennung
Kohlenwasserstoffe, Luft	Kohlenwasserstoffrückgewinnung, Abluftreinigung
H_2O/Luft	Trocknen von Luft

Brunner

Literatur: *Henis, J. M. S.,* u. *M. K. Tripodi:* The Developing Technology of Gas Separating Membranes. Science 220 (1983) Nr. 4592, S. 11. – *Koros, W. J.,* u. *R. T. Chern:* In: Handb. of Separation Process Technology (*R. W. Rousseau* Hrsg.). New York 1987. – *Li, N. N.,* u. *R. B. Long:* Permeation through Plastic Films. AICHE J. 15 (1969), S. 73. – *Overmann, L.,* u. *E. Staude:* Gasseparation mit Membranen. Erdöl und Kohle 40 (1987), S. 427. – *Rogers, C. E., M. Fels* u. *N. N. Li:* In: Recent Developments in Separation Science. Vol. II; (*N. N. Li* Hrsg.). Cleveland 1972. – *Rödicker, H.:* Einsatzmöglichkeiten und Entwicklungstendenzen der Membranprozesse. Chem. Techn. 32 (1980), S. 239. – *Spillmann, R. W.:* Economics of Gas Separation Membranes. CEP (Jan. 1989), S. 41 ff.

Membranfilterpresse →Filterpresse

Membranfiltration. Verfahren zur Trennung der Komponenten eines Stoffgemisches unter Verwendung von dünnen (100–200 μm), folienartigen synthetischen Membranen als Filtrationsmittel. Die M. unterscheidet sich hinsichtlich ihres Einsatzbereiches von der konventionellen Filtration in erster Linie durch die Größe der abtrennbaren Komponenten bzw. Partikel. Durch konventionelle Filtration können Partikel mit Durchmessern >10 μm abgeschieden werden. Die M. setzt in diesem Bereich ein und ermöglicht die Trennung von Stoffen bis hin zu Durchmessern von $1,5 \cdot 10^{-4}$ μm (1,5 Å). Je nach Größe der Stoffe, die von der Membran zurückgehalten werden bzw. die die Membran passieren, unterscheidet man nach steigendem Durchmesser die Umkehrosmose (Hyperfiltration), die Ultrafiltration und die →Mikrofiltration. Als treibende Kraft für diese Trennprozesse wirkt vor allem die aufgeprägte transmembrane Druckdifferenz. Weitere M.-Prozesse sind die Dialyse und die Elektrodialyse, die auf Grund der treibenden Kraft einer Konzentrationsdifferenz zwischen den durch die Membran getrennten Phasen bzw. einer angelegten elektrischen Potentialdifferenz ablaufen (Bild).

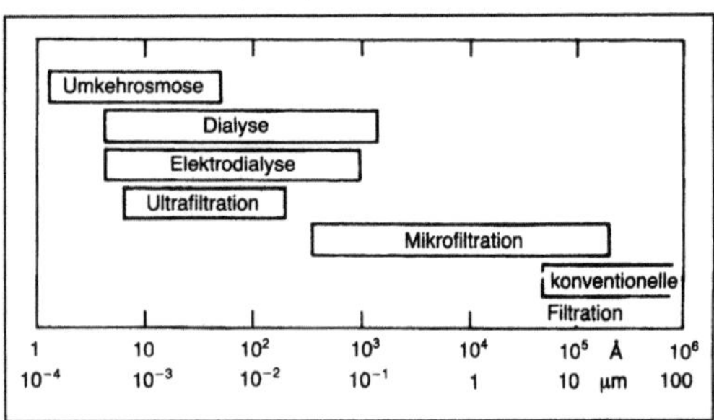

Membranfiltration: Membrantrennprozesse und Durchmesser der abzutrennenden Komponenten.

Das Trennvermögen von Hyper- und Ultrafiltrationsmembranen wird üblicherweise durch die nominelle molekulare Trenngrenze charakterisiert. Sie gibt die relative Molekülmasse an, ab der ungeladene, kugelförmig angenommene Moleküle mit einer bestimmten Wahrscheinlichkeit zurückgehalten werden. Auf Grund des Einflusses der wahren Molekülgröße und -form sowie von Adsorptionseffekten auf oder in der Membran kann die tatsächliche Trenngrenze deutlich vom theoretischen Wert abweichen. Eine weitere Kenngröße ist der bei definierten Bedingungen in der Regel mit Wasser ermittelte Filtratfluß, der mit steigender molekularer Trenngrenze zunimmt. Die Trenneigenschaften einer Membran werden während des Betriebs durch die Aufkonzentrierung von gelösten Bestandteilen an der Membranoberfläche beeinflußt. Der als Konzentrationspolarisation bezeichnete Effekt führt bei der M. von hochmolekularen Stoffen (z. B. Proteinen) häufig zur Bildung einer Deckschicht. Die Konzentrationspolarisation verursacht eine Verringerung des Rückhaltevermögens, während eine gebildete Deckschicht als zweites Filtermittel wirkt und völlig andere Trenneigenschaften als die Membran haben kann. Die Konzentrationspolarisation verringert auch den Filtratfluß. Dem kann in begrenztem Maße begegnet werden, indem geeignete Strömungsverhältnisse geschaffen werden, welche die Konzentrationspolarisation reduzieren. Als Membranwerkstoffe sind Celluloseester, Polyester, PTFE, FEP, Polycarbonat, HDPE, Polypropylen usw. verbreitet. Zunehmend finden auch anisotrope Membranen aus Mineralstoffen (z. B. Zirconiumoxid) Verwendung. Die M. hat zahlreiche Anwendungsgebiete: Abtrennung von Salzen, Kohlehydraten, Farbstoffen und Aminosäuren aus wäßrigen Lösungen (Hyperfiltration), Aufkonzentrierung von makromolekularen Stoffen in Lösungen, Abtrennung von Substanzen mit großer oder kleiner relativer Molekülmasse oder Fraktionieren von Substanzgemischen nach der relativen Molekülmasse, z. B. bei der Aufarbeitung von Molkenprotein oder Einzellerprotein, Aufkonzentrieren von Enzymen, Hormonen, Plasma (Ultrafiltration); Entfernung von Makromolekülen, Mikroorganismen und Partikeln <10 µm, Sterilisation von Flüssigkeiten und Gasen (Mikrofiltration). *Kerner/Loncin*

Literatur: *Rautenbach, R.*, et al.: Membranverfahren. Fortschritte der Verfahrenstechn. 23 (1985) Abteilung B.

Membranmaterial. Synthetische Membranen umfassen eine Vielzahl von Strukturen, die sich in ihrem Aufbau, in ihrer Funktion und in ihrer Herstellung z. T. erheblich unterscheiden. Sie können sowohl aus anorganischen als auch aus organischen Stoffen bestehen. Ihre Struktur kann homogen, heterogen, symmetrisch und asymmetrisch aufgebaut sein. Betrachtet man die Funktion, so kann man zwischen einer Löslichkeitsmembran, einer Porenmembran und einer →Ionenaustauschermembran differenzieren. Legt man den Herstellungsprozeß zugrunde, so ergeben sich wiederum verschiedene Membrantypen, z. B. Sintermembranen, Phaseninversionsmembranen oder Strukturen, die durch Verstrecken eines Polymerfilms oder durch die Kernspurtechnik hergestellt werden.

Für eine praktische Anwendung bei Stofftrennprozessen kommt heute den synthetischen Polymermembranen die größte Bedeutung zu. Besonders die zur →Elektrodialyse verwandten Ionenaustauschermembranen und die zur Mikro-, Ultrafiltration und Umkehrosmose eingesetzten asymmetrischen Membranen haben in den vergangenen Jahren für die Trinkwassergewinnung, die Abwasseraufbereitung und viele Stofftrennprobleme der Chemie und der Lebensmittelindustrie ein breites Anwendungsfeld gefunden.

Die verschiedenen M. können grob eingeteilt werden in:
□ abgewandelte Naturprodukte, in erster Linie Cellulosederivate,
□ synthetische Produkte wie Polymere,
□ anorganische Werkstoffe wie Glas, Keramik, Kohlenstoff, Oxide, Metalle.

Für Anwendungen in der Medizin mit direktem Kontakt zu Blut haben sich bis heute nur relativ wenige Materialien als ausreichend biokompatibel erwiesen (Tabelle).

Membranmaterial. Tabelle: Für Anwendungen in der Medizin, Hämodialyse (HD), Hämofiltration (HF), Hämodiafiltration (HDF), Plasmaseparation (PS), Membranoxygenator (MO).

Material	Anwendung
Polyacrylnitril	HD, HF, HDF, PS
Polyamid	HF, HDF
Polysulfon	HF, HDF, PS, HD
Celluloseacetat	HD, HDF, PS
Polymethylmethacrylat	HD
Cuprophan	HD, HDF
Ethylvinylalkohol	HD
Polycarbonat	HD, HF, MO
Polydimethylsiloxan	MO

Die aus diesen Membranen gefertigten Module müssen, um geringe Totvolumen aufzuweisen (geringe Vorfüllung mit Blut), sehr kompakt aufgebaut werden. Aus diesem Grund werden dafür fast ausschließlich Flach-, Schlauch- und Hohlfasermembranen verwendet. Als Modulbauformen ergeben sich damit Platten-, Spulen(Wickel)- und Hohlfaser(Kapillar)-Module.

Die M. (Tabelle) werden in unterschiedlich großem Umfang routinemäßig in Modulen verarbeitet. Daneben gibt es noch eine Reihe von Experimentalmembranen, deren Einsatzmöglichkeiten untersucht werden. Dazu gehören Copolymere aus verschiedenen Materialien und modifizierten Membranen. Bei letzteren werden die dem Blut zugewandten Oberflächen chemisch oder physikalisch verändert, z. B. durch Aufbringen von wenigen Moleküllagen Kohlenstoff. Auf diese Weise kann die →Biokompatibilität verbessert werden, ohne die Trenneigenschaften der Membran zu verändern.   *Stroh*

Literatur: *Nederlos, B.,* et al.: Entwicklung von Membranen für die Dialyse. Biomed. Techn. 29 (1984) Nr. 6, S. 131/41. – *Strathmann, H.:* Trennung von molekularen Mischungen mit Hilfe synthetischer Membranen. Darmstadt 1979.

Membranoxygenator. Das Blut wird durch eine Kunststoffmembran vom Sauerstoffträger getrennt. Die Membranen haben Schichtdicken in der Größenordnung 0,01–0,1 mm. Der Transport von Gas durch Kunststoffe vollzieht sich nicht durch Poren, sondern kann wie eine Gasdiffusion in Flüssigkeiten betrachtet werden. Das Gas muß sich demnach auf der Seite des höheren Drucks (Partialdruck) im Kunststoff lösen, durch das Material hindurchdiffundieren und auf der Seite des niedrigen Gasdrucks wieder desorbieren. Man nennt diese Art des Gastransports deshalb auch Lösungsdiffusion.

Für Oxygenatormembranen muß ein Kunststoff gewählt werden, dessen Gasdurchlässigkeit für die hier relevanten Gase O_2 und CO_2 besonders hoch ist (Tabelle).

Danach ist die Permeationszahl für Sauerstoff bei Siliconkautschuk am größten. Dies ist ein Grund

Membranoxygenator. Tabelle: Spezifische Gasdurchlässigkeit verschiedener Kunststoffe.

	Permeabilität $\dfrac{cm^3\ (STP) \cdot cm}{cm^2 \cdot s \cdot cmHg}\ 10^{10}$	
Membranmaterial	PSauerstoff	PKohlendioxid
Polydimethylsiloxan (Siliconkautschuk)	500	2 700
Polydimethylsiloxan / Polycarbonat – Copolymer,	160	970
Polyalkylsulfone (PAS),	60	250
Poly(alpha-hexadecan sulfon) Ethylcellulose	50	250
PTFE	5	13
Polypropylen, r = 0,91 kg/dm³	2	9
Polyethylen, r = 0,96 kg/dm³	0,4	1,8
Celluloseacetat	0,08	0,016
Polyvinylchlorid	0,045	0,016
Polyethylen-Terephthalat	0,035	0,017

dafür, daß Oxygenatormembranen meist aus diesem Material oder Copolymeren bestehen. Der Funktion als Oxygenatormembran kommt noch entgegen, daß Siliconkautschuk für CO_2 eine 5fach größere Permeabilität besitzt als für O_2. Dies ist insofern von Bedeutung, als die CO_2-Partialdruckdifferenz niedriger als die O_2-Partialdruckdifferenz ist.

Der Sauerstoffbedarf eines Erwachsenen in Ruhe beträgt 250–300 ml/min. Bei einem respiratorischen Quotienten von 0,85–1 muß eine ähnlich große Menge CO_2 in Gegenrichtung transportiert werden.

Die ersten, Mitte der 50er Jahre vorgestellten Oxygenatormembranen bestanden aus Ethylcellulose und Polyethylen. Später kamen PTFE und Siliconkautschuk dazu. Es bestanden große Schwierigkeiten, fehlstellenfreie, genügend dünne Membranen aus diesen Materialien herzustellen. Erst Ende der 60er Jahre standen Membranen aus Polysiloxan und Copolymeren in zufriedenstellender Qualität zur Verfügung. Ein wesentlicher Nachteil der ersten M.-Konstruktionen bestand darin, daß der Blutfluß in relativ voluminösen Kanälen keinen ausreichenden Kontakt der einzelnen Erythrozyten mit den Membranen ermöglichte. Der Gasaustausch erfolgte diffusionslimitiert und lag wesentlich hinter der möglichen Gastauschkapazität der Membran zurück. Es waren hohe Austauschflächen von 10–15 m² erforderlich verbunden mit entsprechend hohen Füllvolumen.

In neuen Oxygenatorkonstruktionen wurde die Blutströmungsführung so weit verbessert, daß zusammen mit ebenfalls verbesserten Membranen die Austauschflächen auf 1–3 m² gesenkt werden konnten.

Eine weitere Erhöhung des Gasaustausches läßt sich durch eine Verwirbelung des Bluts in den Strömungskanälen erzielen. Dies kann passiv durch entsprechend geformte Abstandshalter oder externe Maßnahmen (rotierende Systeme, Pulsatoren, pulsatil arbeitende Pumpen usw.) erreicht werden.

Kommerziell vertriebene M.-Module sind fast ausschließlich mit Hohlfaser- oder Flachmembranen gebaut. Oft werden in die Module →Wärmeübertrager integriert. Diese dienen zur Anpassung der Bluttemperatur aus dem extrakorporalen Kreislauf an die Körpertemperatur.

Manche Flachmembranmodule sind mit Druckkissen versehen. Damit läßt sich die Strömungskanalweite und damit die Effizienz des Oxygenators verändern.

Neben den Löslichkeitsmembranen werden auch poröse Membranen in Oxygenatoren eingesetzt. Mit hydrophoben Oberflächen (Polypropylen- und PTFE-Membranen) und einer entsprechenden Druckeinstellung auf der Blut- und Gasseite im Modul läßt sich ein Einperlen von Gas in das Blut verhindern. Der Stoffaustausch findet größtenteils über die Poren der Membran statt. Derartige Oxygenatoren kommen durch die hohen Stoffaustauschraten mit kleinen Flächen (1–2 m²) aus. Ein Nachteil ist durch den direkten Kontakt des Gases mit Blut gegeben. Damit können hämolytische und thrombotische Effekte ausgelöst werden. *Stroh*

Literatur: *Gray, N.:* Polymeric Membranes for Artificial Lungs. Polymeric Mat. Sci. and Eng. Process 48 (1983). Am. Ch. Soc. Nat. Meeting 185, S. 891/95. – *Ketteringham, J.,* et al.: A high permeability, nonporous, bloodcompatible membrane for membrane lungs: In vivo and in vitro performance. Trans. Am. Soc. for Art. Intern. Organs 1975.

Membranreaktor. Es ist ein kontinuierlich geführter →Bioreaktor, in dem trägerfixierte (immobilisierte) Enzyme und Zellen eine biochemische Reaktion katalysieren. Es ist zwischen dem diffusionskontrollierten M. und dem konvektionskontrollierten M. zu unterscheiden. In beiden Varianten befindet sich das z. B. an Polyacrylamidgel, Silicagel, Stärke oder Silicongummi fixierte Biomaterial in einem von einer Membran umschlossenen Bereich innerhalb des Reaktors. Die Membran ist undurchlässig für den Biokatalysator, erlaubt aber den Durchtritt des Substrats (Edukt) sowie der Nährstoffe, Zellprodukte und Metaboliten. Die Ausgangsnährlösung mit dem Substrat wird dem Bereich außerhalb der Membran (diffusionskontrolliert) zugeführt oder konvektiv unter Anwendung von Druck durch die von der Membran eingeschlossenen Biokatalysatoren transportiert. Dem M. kann ein Produktstrom entnommen werden, der frei von Biomasse ist.

Der M. wird zunehmend eingesetzt, z. B. zum Herstellen von L-Aminosäuren oder monoklonaler Antikörper, und ist vor allem durch folgende Eigenschaften charakterisiert:

□ keine Abtrennung des Biokatalysators von den Reaktionsprodukten erforderlich,

□ mehrfache bzw. kontinuierliche Nutzung der immobilisierten Biomasse,

□ höhere Katalysatorkonzentrationen erreichbar,

□ Erhöhung des Umsatzes durch kovalente Bindung der Biomasse an die Membran,

□ unerwünschte Nebenreaktionen können zurückgedrängt werden.

Zu den verschiedenen Ausführungsformen des M., auch als Enzym-M. (EMR) bezeichnet, gehören der Hohlfaser-M. sowie der →Rohrreaktor mit aufgerollter Katalysatormembran. *Schönbucher*

Membrantrennprozeß (medizinische Verfahrenstechnik). Lebende Systeme sind gegenüber ihrer Umgebung durch bestimmte Grenzstrukturen abgegrenzt. Diese Grenzstrukturen bewirken den Zusammenhalt aller für die Funktionsfähigkeit eines belebten Systems notwendigen Komponenten. Für die Lebensfähigkeit eines Systems oder Organismus ist es jedoch ebenso notwendig, daß ein Austausch von Materie und Energie mit der Umwelt erfolgen kann. Die abtrennenden Grenzstrukturen dürfen also keine vollständige Isolation bewirken. In bestimmtem Ausmaß müssen Austauschvorgänge mit der Umgebung möglich sein. Grenzstrukturen, die diese Aufgabe erfüllen, nennt man Membranen (lat. membrana die Haut).

Die biologische Membran kann als Vorbild für alle modernen Membranstofftrennverfahren dienen. Auch weitere technische Entwicklungen lassen sich entscheidend durch Beobachtungen der Mensch-, Tier- und Pflanzenphysiologie beeinflussen. Kernstück ist die Membran, die im weitesten Sinne als Zwischenphase, als Diskontinuität zwischen zwei homogenen Phasen bezeichnet werden kann.

Eine der ersten Publikationen zu diesem Thema dürfte die des Mikroskopikers *R. Hooke* (1635 bis 1703) gewesen sein, der im Jahre 1667 die Ergebnisse seiner Untersuchungen u. a. über ein Stückchen Flaschenkork veröffentlichte. Er glaubte, darin einen Beweis für die von ihm angenommene Porosität der Materie gefunden zu haben.

Das Phänomen der Osmose wurde 1748 durch *Abbé Nollet* entdeckt, in dieser Zeit jedoch noch nicht technisch ausgenutzt. Erst im 19. Jahrhundert wurden systematische Untersuchungen zu Membrantrennverfahren durchgeführt.

In den frühen Jahren der Membranforschung wurden hauptsächlich natürliche Stoffe wie Tierhäute oder aus Naturstoffen gefertigte Diaphragmen wie Papier, Leinwand, Tuch, Filz u. ä. verwendet. Ab ca. 1850 kamen Nitrocellulosemembranen zur Anwendung, die mit gut reproduzierbaren Eigenschaften hergestellt werden konnten. Die Entwicklung der Membrantechnologie wurde Ende letzten und Anfang dieses Jahrhunderts durch zahlreiche theoretische Arbeiten entscheidend beeinflußt. Die bekanntesten Autoren waren hier: *Fick, Pfeffer, Nernst, Planck, Einstein, Donnan* und *Henderson.*

Als erste medizinische Anwendung kann die von *Haas* (1886–1971) 1925 mit Erfolg am Menschen durchgeführte →Hämodialyse gesehen werden. Im Jahre 1947 wurde diese Methode entsprechend verfeinert von *Kolff* in die klinische Routine eingeführt.

In den letzten 15 Jahren fand die Membrantechnik zunehmend Eingang in die Industrie. Dies ist vor allem auf die Entwicklung verbesserter und in ihren Eigenschaften gut reproduzierbarer synthetischer Membranen zurückzuführen. Die wachsende Bedeutung der Membrantechnik läßt sich daraus erkennen, daß sie auch in großtechnischem Maßstab erfolgreich gegen konventionelle Trennverfahren wie Rektifikation und Kristallisation konkurriert.

Das sich verändernde Bewußtsein der Menschen zu ihrer Umwelt und die Notwendigkeit, Wertstoffe aus Abfällen und Abwässern zurückzugewinnen,

Membrantrennprozeß (medizinische Verfahrenstechnik). Tabelle: Zusammenstellung von heute in der Medizin genutzten Membrantrennprozessen.

Membrantrennprozeß	treibende Kraft für den Stofftransport	Typ der eingesetzten Membran	Trennmechanismus der Membran	Anwendung
Mikrofiltration	hydrostatische Druckdifferenz 50 bis 500 kPa	symmetrische Porenmembran mit Porenradien von 0,1 bis 20 μm	Siebeffekt	Abtrennung von suspendierten Stoffen, Sterilfiltration, Plasmaseparation
Ultrafiltration	hydrostatische Druckdifferenz 100 bis 1 000 kPa	asymmetrische Porenmembran mit Porenradien von 1 bis 10 nm	Siebeffekt	Konzentrierung, Fraktionierung und Reinigung von makromolekularen Lösungen, Hämofiltration, Entkeimung
Umkehrosmose	hydrostatische Druckdifferenz 1 000 bis 10 000 kPa	asymmetrische Löslichkeitsmembran aus homogenem Polymer	Löslichkeit und Diffusion in der homogenen Polymermatrix	Konzentrierung von Stoffen mit kleiner relativer Molekülmasse, Aufbereitung von Dialysat
Dialyse	Konzentrationsdifferenz	symmetrische Porenmembran	Diffusion in konvektionsfreier Schicht	Abtrennung von Stoffen mit kleiner relativer Molekülmasse aus makromolekularen Lösungen und Suspensionen, Hämodialyse
Elektrodialyse	elektrische Potentialdifferenz	Ionenaustauschermembranen	unterschiedliche Ladung der gelösten Komponenten	Entsalzung und Entsäuerung von Lösungen mit neutralen Stoffen kleiner relativer Molekülmasse, Aufbereitung von Dialysat

stellen einen zusätzlichen Impuls dar, energiesparende und dabei effektive Verfahren verstärkt einzusetzen. Eine Übersicht über verschiedene medizinisch genutzte Stofftrennverfahren zeigt die Tabelle. *Stroh*

Membrantrennprozeß (thermische Verfahrenstechnik). Ein M. ist ein in der Verfahrenstechnik angewandter Prozeß, mit dem ein gasförmiger oder flüssiger Stoffstrom bei dem Transport durch eine Membran hindurch in seiner Zusammensetzung verändert wird.

Eine Membran ist eine Vorrichtung, die als unvollkommenes Transporthindernis wirkt. Meist sind es dünne Schichten, die bevorzugt einzelne Komponenten einer Mischung zurückhalten. Bei der Anwendung auf Stofftrennungen verhindert diese Barriere jeden hydrodynamischen Fluß zwischen den Fluiden zu beiden Seiten der Membran. Daher findet jeder Stoffaustausch zwischen den Fluiden mittels Diffusion durch die Membran statt. Dabei kann die Membran eine einheitliche oder

uneinheitliche Struktur aufweisen, von Poren durchzogen sein, aus einem oder mehreren Materialien bestehen und auf beiden Seiten gleiche Struktur oder völlig unterschiedlichen Aufbau aufweisen (→Membran (Verfahrenstechnik)).

Anfang der 70er Jahre begannen M., industrielles Interesse zu wecken. Es gab Membranen für die Abtrennung von Salz aus Meerwasser, Helium aus Erdgas, Sauerstoff aus Luft, Wasserstoff aus leichten Kohlenwasserstoffen, Schwefeldioxid aus Rauchgasen, Wasser aus Alkohol und andere.

Beispiele heutiger Einsatzgebiete sind:
□ Wasserreinigung für die Elektronikindustrie,
□ Kesselspeisewasserreinigung,
□ Trinkwasser aus Brackwasser und Meerwasser,
□ Abwasserreinigung,
□ Sterilisation von Fluiden,
□ Rückgewinnung von Farbstoffen, Latex, Polyvinylalkohol,
□ Öl-Wasser-Trennung,
□ pharmazeutische Trennungen,
□ biotechnische Trennungen.

Im Bereich der Stoffumwandlungen sind vor allem Membranreaktoren evtl. mit fixierten Enzymen im Bereich der bevorstehenden großtechnischen Anwendung.

M. haben an technischer Bedeutung deshalb gewonnen, weil sie einige wesentliche Vorteile gegenüber anderen Trennprozessen aufweisen. Diese sind vor allem:

□ Bei den meisten M. findet während der Trennung keine Phasenänderung statt. Daher werden keine latenten Energiemengen bewegt.

□ Häufig findet die Trennung bei Umgebungstemperatur statt. Dies ermöglicht die Trennung biotechnischer Lösungen und thermisch empfindlicher Substanzen.

□ Membranen verhalten sich gegenüber den Komponenten der Stoffmischung inert. Dies bedeutet keine zusätzliche Verunreinigung durch ein stoffliches Trennhilfsmittel im Produkt.

□ Der Anlagenaufbau für M. ist verhältnismäßig einfach.

Die wirtschaftliche Bedeutung von M. wird in nächster Zeit voraussichtlich weiter zunehmen.

Eine Membran verursacht eine Stofftrennung dadurch, daß sie unterschiedlich permeabel für die Komponenten der Stoffmischung ist. Schematisch ist dies in Bild 1 durch die Breite der Transportpfeile angedeutet. Die Komponenten wandern nicht spontan durch die Membran, sondern benötigen eine treibende Kraft, eine Potentialdifferenz.

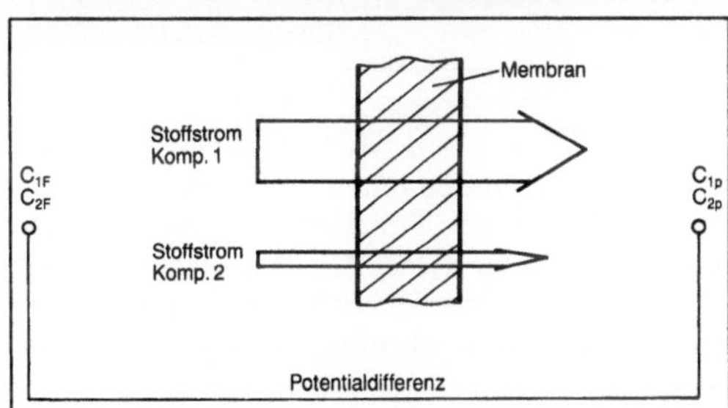

Membrantrennprozeß (thermische Verfahrenstechnik) 1: Stoffströme durch eine Membran.

c_{1F}, c_{2F} Konzentration der Komponenten 1 bzw. 2 auf der Zulaufseite, c_{1P}, c_{2P} Konzentration der Komponenten 1 bzw. 2 auf der Permeatseite

Der Konzentrationsverlauf in der Nähe der Membran ist dem an Phasengrenzen beim Stoffübergang ähnlich (Bild 2).

Als Trennprozeß wird die Ausgangsmischung F in zwei Stoffströme unterschiedlicher Zusammensetzung, das Retentat R, den nicht durch die Membran transportierten Teil der Ausgangsmischung, und das Permeat P, den durch die Membran transportierten Teil der Ausgangsmischung, aufgeteilt (Bild 3).

Die treibende Kraft für den Stofftransport durch die Membran kann unterschiedlicher Natur sein. In

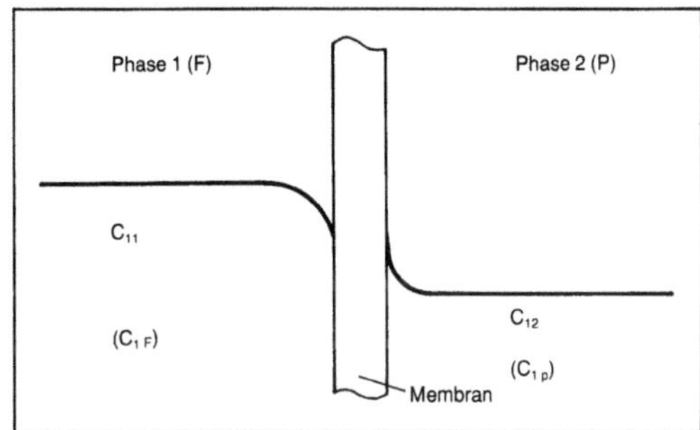

Membrantrennprozeß (thermische Verfahrenstechnik) 2: Konzentrationsverlauf der permeierenden Komponente.

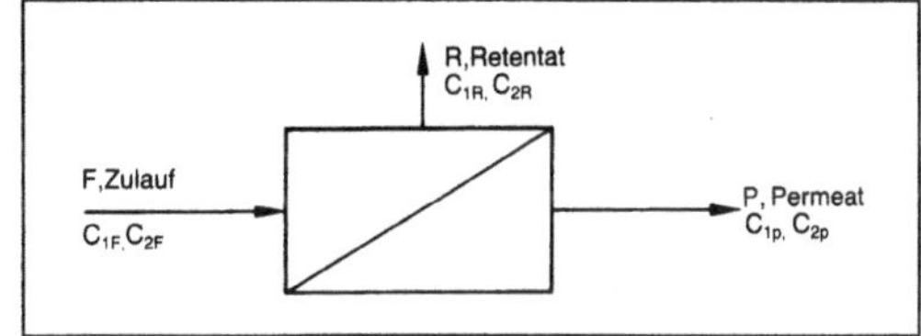

Membrantrennprozeß (thermische Verfahrenstechnik 3: Schematische Darstellung.

F Ausgangsmischung, R Retentat, P Permeat

der Tabelle sind für verschiedene Membrantrennverfahren neben der Art der durch die Membran getrennten Phasen und den wesentlichen Bestandteilen des Permeats die entsprechenden Triebkräfte aufgeführt. Aus der Tabelle ist ersichtlich, daß bei M. Unterschiede in der Konzentration, im hydrostatischen Druck oder im elektrischen Potential der beiden durch die Membran getrennten Phasen als treibende Kräfte für den Stofftransport durch eine Membran auftreten können.

Obwohl es sich bei M. um irreversible Prozesse, also Nichtgleichgewichtsprozesse handelt, kann man diese mit den Beziehungen der Gleichgewichtsthermodynamik interpretieren. Läßt man das elektrische Potential als treibende Kraft außer acht, handelt es sich bei den Triebkräften um Differenzen thermodynamischer Größen, die sich zusammengefaßt durch eine Differenz der freien Enthalpie ausdrücken lassen. Bezogen auf einzelne Komponenten des betrachteten Stoffsystems werden sie durch die Differenz im chemischen Potential zusammengefaßt. Das chemische Potential ist eine Funktion der Zustandsvariablen Druck, Temperatur und Zusammensetzung. Voraussetzung für den Stofftransport der Komponente i durch eine Membran ist ein Gradient des chemischen Potentials. Herrscht auf beiden Seiten der Membran die gleiche Temperatur, so ist die Änderung des chemischen Potentials $d\mu_i$ eine Funktion des Druck- und Konzentrationsgradienten:

$$d\mu_i = v_i \, d_p + RT \, d \ln a_i,$$

Membrantrennprozeß (thermische Verfahrenstechnik). Tabelle: Art der zu trennenden Stoffmischungen, Triebkräfte und Bezeichnung der Membrantrennverfahren.

Membrantrennverfahren	Triebkraft	Stoffe, die durch die Membran hindurchgehen	Stoffe, die von der Membran zurückgehalten werden
Mikrofiltration	Druckdifferenz <1 bar	Lösungsmittel und gelöste Stoffe	suspendierte Stoffe (Silicagele, Bakterien)
Dialyse	Konzentrationsdifferenz	Ionen und niedermolekulare organische Stoffe	gelöste und suspendierte Stoffe mit MG >2000
Elektrodialyse	elektrisches Feld	Ionen	alle nichtionischen und makromulekularen Stoffe
Umkehrosmose	Druckdifferenz bis zu 150 bar, > osmotischer Druck	Lösungsmittel	gelöste und suspendierte Stoffe
Ultrafiltration	Druckdifferenz bis zu 14 bar	Lösungsmittel und gelöste Stoffe	Kolloide, Makromoleküle, Emzyme, Bakterien usw. (unterschiedliche Trenngrenzen)
Gaspermeation	Druckdifferenz 1–100 bar	Gase und Dämpfe	nicht permeierende Gase und Dämpfe
Flüssigmembrantechnik	Konzentrationsdifferenz und chem. Reaktion	gelöste Komponenten, Ionen	Lösungsmittel
Pervaporation	Druckdifferenz	Gase und Dämpfe	nicht permeierende flüssige Komponenten

mit v Volumen, μ_i chemisches Potential der Komponente i, T Temperatur, p Druck, R Gaskonstante, a_i Aktivität.

Da Druck- und Konzentrationsgradient über den Gradienten des chemischen Potentials zusammenhängen, muß ein Gradient des hydrostatischen Drucks nicht zwangsläufig zu einem Massenfluß durch die Membran führen, wenn er durch einen Konzentrationsgradienten ausgeglichen wird, z. B. bei der Osmose.

Prinzip verschiedener M.: Osmose. Außer der Dialyse ist die Osmose wohl der am längsten bekannte M. Er hat biologische Bedeutung und spielt im menschlichen Körper eine große Rolle. Das Phänomen der Osmose tritt immer dann auf, wenn zwei Lösungen, die aus den gleichen Stoffen bestehen, aber unterschiedliche Konzentrationen aufweisen, durch eine Membran getrennt sind, die für das Lösungsmittel durchlässig ist, aber die gelösten Stoffe nicht permeieren läßt.

Dieser Vorgang ist in Bild 4 für eine wäßrige Lösung dargestellt. Dabei befindet sich auf der einen Seite der Membran reines Wasser und auf der anderen Seite eine wäßrige Lösung. Herrscht auf beiden Seiten der Membran der gleiche hydrostatische Druck, also $p_1 = p_2$, so fließt so lange Wasser in Richtung der Lösung durch die Membran, bis sich eine hydrostatische Druckdifferenz Δp aufgebaut hat, die dem osmotischen Gleichgewicht entspricht. Diese hydrostatische Druckdifferenz wird als osmotischer Druck dieser Lösung bezeichnet. Für anorganische Stoffe ist der osmotische Druck hoch, während er für organische Stoffe relativ gering bleibt, auch für hohe Konzentrationen.

Prägt man dem dargestellten System eine hydrostatische Druckdifferenz $p_2 - p_1$ auf, die größer ist als die osmotische Druckdifferenz $\Delta \pi$, so strömt Lösungsmittel aus der Lösung durch die Membran zum reinen Lösungsmittel. Dieser Vorgang wird als →Umkehrosmose bezeichnet.

Bei der Umkehrosmose werden Stoffe mit kleiner relativer Molekülmasse, vorwiegend Ionen von der Größenordnung 1–100 nm, aus einer flüssigen, zumeist wäßrigen Lösung abgetrennt. Entsprechend den hohen osmotischen Drücken niedermolekularer Stoffe werden für die Umkehrosmose transmembrane Druckdifferenzen bis zu 150 bar benötigt.

Dialyse. Unter Dialyse versteht man die Abtrennung von niedermolekularen Bestandteilen aus

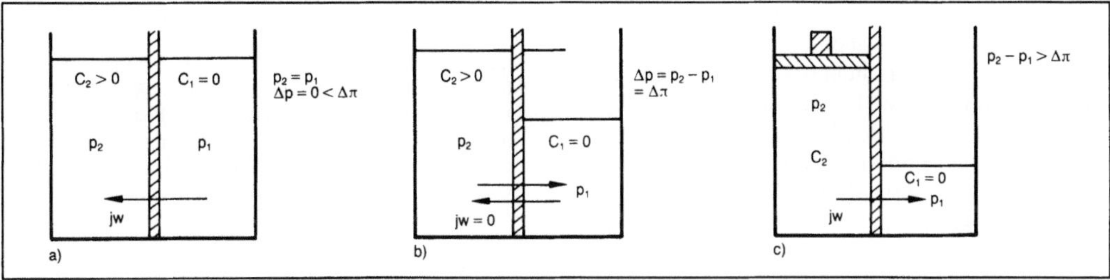

Membrantrennprozeß (thermische Verfahrenstechnik) 4.
a) Osmose
b) osmotisches Gleichgewicht
c) Umkehrosmose.

j_w resultierender Stoffstrom

einer Lösung auf Grund einer transmembranen Konzentrationsdifferenz.

Die Trennung ist gut, wenn die Konzentrationsdifferenz durch den Abtransport der permeierenden Komponenten aufrechterhalten wird. Der Vorgang der Osmose ist dabei immer überlagert. Dadurch wird das treibende Potential verringert. Eine industrielle Anwendung ist beispielsweise die Rückgewinnung von Natronlauge aus Ablauge bei der Zellwolleherstellung. Sehr wichtig ist die Anwendung als künstliche Niere.

Eine Verbesserung der Trennleistung ist durch das Donnan-Gleichgewicht möglich. Dabei wird durch die Zugabe einer Ionenart, die die Membran nicht passieren kann, eine Konzentrationsverschiebung erreicht.

Elektrodialyse. Bei der Elektrodialyse bewegen sich Ionen in einem von außen angelegten elektrischen Feld. Abwechselnd angebrachte Anionenaustauscher- und Kationenaustauschermembranen bilden Kammern im elektrischen Feld. Die Anionen passieren nur die Anionenaustauschermembranen. Dadurch ergibt sich eine Anreicherung in den benachbarten Kammern. Neutrale Stoffe verbleiben in der Rohlösung. Anwendungen:

□ Konzentrieren und Entmineralisieren von Lösungen,

□ Trennung von gelösten ionisierten und neutralen Stoffen,

□ Brackwasserentsalzung.

Gaspermeation. Die →Gaspermeation unterscheidet sich von Ultrafiltration und Umkehrosmose dadurch, daß der Zulauf ein Gasgemisch ist. Auf Grund einer treibenden Druckdifferenz über die Membran werden eine oder mehrere Komponenten dieses Gasgemisches durch die Membran hindurchtransportiert. Dasjenige Gas wird bevorzugt durch die Membran hindurchtransportiert, das die niedrigste kritische Temperatur bzw. den kleinsten Moleküldurchmesser hat.

Die kommerziell bedeutendste Anwendung der Gaspermeation ist die Rückgewinnung von Wasserstoff, beispielsweise bei der Ammoniaksynthese. Außerdem nimmt der Einsatz der Gaspermeation zum Aufbereiten saurer Erdgase mit hohem Kohlendioxid- und Schwefelwasserstoffgehalt zu.

Pervaporation. Bei der →Pervaporation wandert eine Flüssigkeit durch die Membran. Auf der Permeatseite wird an der Membranoberfläche die permeierte Komponente verdampft. Die Trennung der permeierenden Komponenten erfolgt nach ihrer Wanderungsgeschwindigkeit in der Membran. Charakteristisch ist, daß ein gasförmiges Permeat abgezogen wird. Die Membran bewirkt eine Verschiebung des normalen Gas-Flüssig-Gleichgewichts. Das Verfahren der Pervaporation ist anwendbar bei Azeotropen, eng siedenden Gemischen, der Abtrennung organischer Stoffe aus wäßrigen Lösungen, z. B. der Anreicherung von Alkohol über die azeotrope Konzentration hinaus. Die Selektivität dieses Verfahrens ist hoch. Die Permeatströme sind klein, der Permeataustrag ist relativ schwierig und erfolgt meist bei sehr niedrigem Druck.

Flüssigmembrantechnik. Bei der Flüssigmembrantechnik (Bild) wird im Gegensatz zu den bisher beschriebenen Verfahren eine Flüssigkeit als Membran eingesetzt. Deren Funktion unterscheidet sich jedoch prinzipiell nicht von der der festen Membran. Auch sie bildet eine semipermeable Barriere, die zwei mischbare, meist wäßrige Lösungen voneinander trennt.

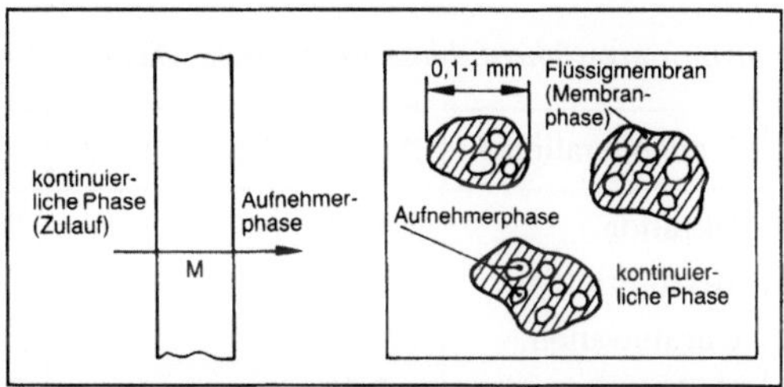

Membrantrennprozeß (thermische Verfahrenstechnik) 5: Flüssigmembrantechnik (Schemaskizze).

M Membranphase

Die Triebkraft für den Stofftransport durch die Membran ist ein transmembraner Konzentrationsgradient bzw. ein Gradient des chemischen Potentials. Die Stofftrennung beruht auf unterschiedlichen Löslichkeiten in der Membran. In der Durchführung ist die Flüssigmembrantechnik mit der konventionellen Flüssig-Flüssig-Extraktion verwandt. Sie beinhaltet zwei gleichzeitig ablaufende Extraktionsprozesse, nämlich die Extraktion aus der Zulauflösung in die Membran und die Extraktion aus der Membran in die Aufnehmerphase.

Ein wesentliches Merkmal der Flüssigmembrantechnik sind chemische Reaktionen, durch die die Aufnahmekapazität und/oder die Löslichkeit in der Membranphase entscheidend verändert werden kann. Die Flüssigmembrantechnik wird derzeit für die selektive Abtrennung von Metallverbindungen aus stark verdünnten wäßrigen Lösungen angewandt.

Die Membran ist der entscheidende Bestandteil eines M. Sie hat vielfältige und z. T. gegenläufige Forderungen zu erfüllen, z. B. hohe Trennleistung, hohen Durchsatz (Permeatleistung), Beständigkeit gegen chemische, thermische und biologische Belastungen. Um diesen Forderungen zu genügen, sind verschiedene Membranen entwickelt worden. Wichtige Membranmaterialien sind Celluloseacetat, Polysulfon und Polyamid. Trotz der Entwicklung asymmetrischer Membranen mit relativ hohen Permeatleistungen sind für technische Durchsätze große Membranflächen nötig. Diese müssen auf möglichst kleinem Raum und gut handhabbar eingebaut werden. Daher wurden spezielle Membrananordnungen, Module, entwickelt, wie z. B. der Plattenmodul, der Rohrmodul oder der Hohlfasermodul, in denen Membranen entweder als Flachmembranen oder in Rohrform angeordnet werden.

Typische Permeatleistungen an Wasser für Ultrafiltrationsmembranen liegen zwischen 200 und 600 l/(m²·h) und für Umkehrosmosemembranen bei etwa 100 l/(m²·h). *Brunner*

Literatur: *Belfort, G.:* Synthetic Membrane Processes, Fundamentals and Water Application. London 1984. – *Finken, H.,* u. *Th. Krätzig:* Industrielle Anwendung der Gaspermeation.

Stand der Technik und Aussichten. Chem-Techn. 13 (1984), S. 75/85. – *Hwang, S.-T.,* u. *K. Kammermeyer:* Membranes in separation. New York 1975. – *Kesting, R.:* Synthetic Polymeric Membranes. New York 1971. – *Marr, R.,* u. *A. Kopp:* Flüssigmembrantechnik-Übersicht über Phänomene, Transportmechanismen und Modellbildungen. Chem.-Ing.-Techn. 52 (1980) Nr. 5, S. 399/410. – *Pusch, W.,* u. *A. Walch:* Synthetic Membranes-Preparation, Structure and Application. Angewandte Chemie Int. Ed. Engl. 21 (1982) Nr. 9, S. 660/85. – *Rautenbach, R.,* u. *R. Albrecht:* Membrantrennverfahren, Ultrafiltration und Umkehrosmose. Aarau, Frankfurt a. M. 1981. – *Strathmann, H.:* Trennung molekularer Mischungen mit Hilfe synthetischer Membranen. Darmstadt 1979.

Membranverfahren, biotechnologische. M. (→Enzymreaktor, →Verfahren, integriertes, →Crossflow-Mikrofiltration) lassen sich in der Biotechnologie in allen Stufen des Prozesses einsetzen:

□ Eduktaufbereitung: Sterilfiltration von Gasen oder Nährlösung,

□ Reaktionsteil: Immobilisierung des Biokatalysators,

□ Aufarbeitung der Produkte: Biomasseseparation und Feinreinigung der Wertstoffe.

M. haben ihre größte Bedeutung für die Aufarbeitung von Bioprodukten. M. lassen sich vereinfacht als eine Art Filtration behandeln. Dabei unterscheiden sich die einzelnen Verfahren in ihrer Ausschlußgrenze, d. h. dem Durchmesser des Teilchens, das gerade noch die Membran passieren kann. Außer der Ausschlußgrenze ist die treibende Kraft für die Membranpermeation das zweite Klassifizierungsmerkmal für diese Verfahren (Tabelle).

Hinsichtlich der Betriebsdrücke lassen sich bei den M. 3 Bereiche unterscheiden: Zum Abtrennen von Teilchen bis zu 0,1 μm werden dünne, synthetische Kunststoffmembranen eingesetzt. Wie bei allen M. sollte auch hier die Verteilung der Porenradien eine möglichst geringe Halbwertbreite haben. Das transmembrane Druckgefälle liegt bei der Mikrofiltration in der Größenordnung von 0,3–1,0 bar.

Die Ultrafiltration trennt Teilchen bis in den makromolekularen Bereich. Bei einem Porendurchmesser der Membran von ca. $2\cdot10^{-2} - 1\cdot10^{-3}\,\mu m$

Membranverfahren, biotechnologische. Tabelle: Charakteristika.

Trennoperation	Ausschlußgrenze in m	treibende Kraft
Filtration	$1\cdot10^{-4}$	Druckgradient
Mikrofiltration	$\approx 1\cdot10^{-7}$	Druckgradient
Ultrafiltration	$10^{-8} - 10^{-9}$	Druckgradient
Umkehrosmose	$\approx 2\cdot10^{-10}$	Druckgradient
Dialyse	$\approx 1\cdot10^{-10}$	Konzentrationsgradient
Elektrodialyse	$\approx 1\cdot10^{-10}$	Konzentrationsgradient im elektrischen Feld

resultieren für die Ultrafiltration Betriebsdrücke zwischen 0,7 und 7,0 bar. Je nach Größenverteilung der Porendurchmesser und geometrischer Anordnung der Membranen lassen sich scharfe oder diffuse Trenngrenzen realisieren. Hauptanwendungsgebiet für die Ultrafiltration ist die Aufkonzentrierung von Proteinlösungen.

Zur Abtrennung noch kleinerer Teilchen, bis etwa 10^{-6} µm, kommt die Umkehrosmose (Hyperfiltration zum Einsatz. Die Umkehrosmose hält auch Ionen zurück, während Lösungsmittelmoleküle die Membran permeieren können.

Für den Durchtritt der ionenfreien Lösung muß der Betriebsdruck mindestens so hoch sein wie der osmotische Druck zwischen Permeat und Konzentrat. Je nach Ionenkonzentration der aufzuarbeitenden Lösung liegen die Betriebsdrücke der Umkehrosmose zwischen 7 und 70 bar.

Apparatetechnisch setzt man für die Mikrofiltration überwiegend Scheibenfilter ein. Während hier annähernd 100 % der Lösung als Filtrat zurückgewonnen werden, erfolgt die Ultrafiltration und die Umkehrosmose meist unter Einsatz der Querstromtechnik. Das bedeutet, daß dem Fluß durch die Membran ein Fluß parallel zur Membran überlagert ist. Dadurch reduziert sich die Belagbildung auf der Membranoberfläche durch nicht-membrangängige Teilchen (Polarisationsschicht). Für diese Technik setzt man Spiral-, Hohlfaser- und Flachmembranmodule ein.

Einsatzbeispiele für M. in der Biotechnologie sind:

☐ Aufkonzentrieren und Reinigen von Enzymen, Proteinen und Plasmakomponenten durch Ultrafiltration,

☐ Gewinnen enantiomerenreiner Carbonsäuren (L-Äpfelsäure, L-Milchsäure) mittels Elektrodialyse,

☐ Aufarbeiten von Molke mit Hilfe der Elektrodialyse,

☐ Zellrückhalten und -rückführen bei kontinuierlichen Fermentationen durch Mikrofiltration,

☐ Rückhalten von Enzymen in Enzymmembranreaktoren,

☐ Medienaufbereiten durch Mikrofiltration zum Sterilisieren thermisch labiler Komponenten,

☐ Aufarbeiten von Cephalosporin C mittels Mikrofiltration, Ultrafiltration und Umkehrosmose,

☐ Entfernen von Pyrogenen durch Ultrafiltration.

Vielversprechende Entwicklungsmöglichkeiten bestehen in der Kombination von M. und anderen Trennoperationen. Als Beispiele für derartige Kombinationen seien Pervaporation, Membrandestillation, Perstraktion und Persorption genannt.

Außer den erwähnten Trennmembranen, die letztlich einen physikalischen Siebeffekt für die Trennung nutzen, werden zum Erhöhen der Selektivität funktionelle Membranen eingesetzt. Am weitesten verbreitet sind dabei Ionenaustauschmembranen. Sie erhöhen die Trennleistung, indem der Siebeffekt durch eine elektrische Ladung der Membran ergänzt wird, um so negativ oder positiv geladene Teilchen ähnlicher Größe noch voneinander trennen zu können.

Interessante Anwendungsmöglichkeiten eröffnen Flüssigmembranen. Sie nutzen spezifische Lösungs- oder Diffusionseigenschaften, um bestimmte Ionen oder Moleküle zu extrahieren. Die organische Membranphase trennt dabei 2 wäßrige Systeme voneinander und funktioniert entweder selbst als selektive Barriere, oder es sind in der Membranphase Carrier gelöst, die einen selektiven →Stofftransport gewährleisten.

Hochspezifische Membranen sind die Enzymmembranen und die Affinitätsmembranen. Sie können durch ihre biospezifische Aktivität entweder Substrate spalten und nur ein Spaltprodukt permeieren lassen oder selektiv bestimmte Komponenten auf Grund biospezifischer Wechselwirkungen aus einer Lösung entfernen. Beide Verfahren haben z. Z. noch keine industrielle Bedeutung. *Liefke*

Literatur: *Belter, P. A., E. L. Cussler* u. *W.-S. Hu:* Bioseparations. 1. Aufl. New York 1988. – *Kula, M.-R.* u. *K. H. Kroner:* In: GBF Monographien. Bd. 9: Technische Membranen in der Biotechnologie (Hrsg. *M.-R. Kula, K. Schügerl, Ch. Wandrey).* Weinheim 1986. – *Onken, U.:* Physikalisch-chemische Trennverfahren in der Biotechnologie. Chem.-Ing.-Techn. 61 (1989), S. 395. – *Sridhar, S.:* Elektrodialyse mit bipolaren Membranen. Chem.-Ing.-Techn. 61 (1989), S. 428.

Membranzelle →Reaktor, elektrochemischer

Messern →Messerschneiden

Messerschneiden. Zerteilen von Werkstücken mit einer meist keilförmigen Schneide (Bild). Dabei stützt sich das Werkstück auf einer Auflage ab. Zu Beginn des Trennvorgangs herrschen Druckspannungen vor. Beim weiteren Eindringen nimmt infolge der Keilwirkung des Werkzeugs die Zugbeanspruchung zu, so daß bei Überschreiten eines Grenzwerts letztendlich der Bruch im Restquerschnitt einsetzt.

Nach DIN 8588 unterscheidet man folgende Messerschneidverfahren:

☐ Das einhubige M. ist durch einen Schnitt längs der gesamten Schnittlinie in einem Hub gekennzeichnet.

☐ Beim mehrhubigen fortschreitenden M. erfolgt der Zerteilvorgang durch mehrere Hübe längs der vorgesehenen Schnittlinie.

☐ Das kontinuierliche M. erfolgt durch einen fortlaufenden Schnitt längs der Schnittlinie.

In der industriellen Fertigung kommt das M. vorwiegend zum Trennen nichtmetallischer Werkstoffe zur Anwendung. Der Schwerpunkt liegt in der textil-, leder-, gummi-, papier- und kunststoffverar-

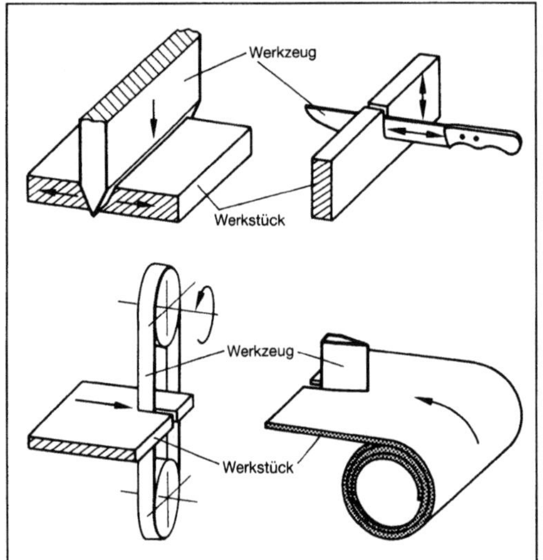

Messerschneiden: Verfahrensarten. (Quelle: DIN 8588)

beitenden Industrie. Zwei Sonderverfahren des M., die vorwiegend in der Schmiedetechnik angewandt werden, sind das Einschroten und das Abschroten:
□ Einschroten ist das Einschneiden in ein Werkstück durch Eintreiben eines Meißels mit großem →Keilwinkel (→Scherschneiden).
□ Abschroten ist Abschneiden eines Werkstücks mit Schrotmeißel oder Dreikanteisen, wobei die Trennflächen entsprechend dem Meißelwinkel verlaufen (Scherschneiden).

Das Abtrennen von Furnier von einem fest eingespannten Baumstamm durch einhubiges M. längs einer geraden Schnittlinie wird Messern genannt.

→Schälen ist das Abtrennen eines flächigen Werkstücks von einem rotierenden zylindrischen Ausgangsmaterial durch kontinuierliches M. längs einer spiralförmigen Schnittlinie. Beispiel: Schälen von Furnier von einem rotierenden Baumstamm. *König*

Literatur: DIN 8588: Zerteilen. – *Spur, G.,* u. *Th. Stöferle:* Handb. Fertigungstechnik. Bd. 2/3: Umformen, Zerteilen. München, Wien 1985.

Meßregelung. Unter M. (gelegentlich auch als Meßsteuerung bezeichnet) wird ein System zum geometrischen Messen des Werkstücks während oder nach der Bearbeitung verstanden, das die Meßwerte an die numerische →Steuerung der Maschine übergibt, um unzulässige Abweichungen auf Grund von z. B. Werkzeugverschleiß oder Verformungen der Maschine zu kompensieren.

Nach dem Schleifen finden M. zunehmend auch beim Drehen, Fräsen und Bohren eine breite Anwendung. Eine wesentliche Ursache hierfür liegt in der zunehmenden Automatisierung. Diese Entwicklung

wurde begünstigt durch kostengünstige und leistungsfähige Meßsysteme (u. a. schaltende Meßtaster) sowie insbes. durch Fortschritte in der Steuerungstechnik und in der Meßdatenverarbeitung.

Wichtige Entscheidungskriterien für den Einsatz von M. in der Serienfertigung sind neben der Genauigkeit die Losgröße und die Wiederholhäufigkeit, auch Größe und Wert von Werkstücken.

In der Großserienfertigung haben sich nachgeschaltete Mehrstellen-Meßvorrichtungen im praktischen Einsatz bewährt. Vorteilhaft ist die zeitliche Parallelität von Messen und Bearbeiten gleicher Werkstücke. Das Messen im Arbeitsraum dagegen verlängert und kostet Maschinenzeit und verlängert die Bearbeitungszeit. *Schulz*

Meßsteuerungseinrichtung. M. haben die Aufgabe, die geforderten geometrischen Abmessungen des Werkstücks und damit die Position des Werkzeugs während des Fertigungsprozesses sicherzustellen. Während der Bearbeitung erfaßt die Meßsteuerung ein Werkstückmaß. Nach einem Soll/Ist-Wert-Vergleich wird der Arbeitsvorgang der Maschine entsprechend dem ermittelten Meßwert gesteuert.

Die Ist-Positionen der Maschinenachsen werden von zugeordneten Sensoren erfaßt, mit vorgegebenen Steuerwerten verglichen, und nach Beurteilung des Meßergebnisses werden Korrekturen berechnet und über die Steuerungseinrichtung nachgestellt.

Die meßgesteuerte Bearbeitung hat in der Fertigungstechnik einen wesentlichen Beitrag zur Verkürzung der Bearbeitungszeit und Verbesserung der Maßgenauigkeit geleistet. In der Praxis haben sich insbes. beim →Schleifen zwei Arten von Meßsteuerungsverfahren bewährt:
□ In-Prozeß-Messen, d. h. automatisches Messen während der Bearbeitung im Arbeitsraum der Maschine. Dieses Meßverfahren ist eines der Grundprinzipien für die Entwicklung adaptiver Regelungssysteme für Schleifprozesse. Jedoch ist das Messen im Arbeitsraum wegen Kühlschmierstoff, Spänen, Temperatur und →Maschinenschwingung sehr schwierig.
□ Post-Prozeß-Messen, d. h. automatisches Messen nach der Bearbeitung des Werkstücks außerhalb des Arbeitsraums der Maschine. Diese externe Meßmethode zum Erfassen der Werkstückmaße sowie der Oberflächenqualität hat insbes. dort Anwendung gefunden, wo die Störeinflüsse wie Temperatur und Verschleiß (→Schleifwerkzeug-Verschleiß) die Qualitätsmerkmale des Werkstücks nur sehr langsam verändern. Hierbei reicht es, die Werkstückmaße stichprobenartig zu überprüfen, um über manuelle Stellgrößenkorrektur eine hinreichende Qualität zu erreichen.

Eine M. besteht i. a. aus einer mechanischen Meßvorrichtung (Sensor), einer Auswerteeinheit und einem Stellglied als Korrektureinheit. Der

Ablauf einer Meßsteuerung erfolgt so, daß eine Meßgröße, z. B. der Werkstückdurchmesser beim Außenrundschleifen, von einem Meßtaster erfaßt wird. Diese Meßgröße wird nach bestimmten Kriterien ausgewertet und mit vorgegebenen Soll-Werten verglichen. Ist ein bestimmter Grenzwert erreicht, so erhält die Maschine von der Steuerung beispielsweise den Befehl, von Schlichten auf Ausfunken umzuschalten. Der Vorschub wird dann ausgeschaltet, und die →Schleifscheibe schleift mit eigenem Druck weiter, bis der endgültige Soll-Wert des Werkstückdurchmessers erreicht ist. *Kenter*

Literatur: *Eysel, D.:* Meßsteuerung mit Mikrorechnern. wt – Z. ind. Fertigung 74 (1984) Nr. 5. – *Lehmann, W.:* Meßsteuerungen an Werkzeugmaschinen. mav (1984) Nr. 8. – *Weck, M.:* Werkzeugmaschinen. Bd. 3. Düsseldorf 1989.

Meßtechnik. Um eine Kontrolle der bei energietechnischen Einrichtungen auftretenden Energien zu ermöglichen, sind Messungen dieser Energien notwendig. Hierfür ist eine besondere M. entwickelt worden, die auf die Notwendigkeiten und Besonderheiten der verschiedenen Energieformen eingeht. Im folgenden werden die Energieformen und die dafür benötigten Meßgrößen und Meßverfahren angegeben.

Elektrische Energie. Bei elektrischen Leistungen müssen die Wirk- und Blindleistung erfaßt werden. Meßgrößen sind der Strom, die Spannung bzw. die Leistung (Wattmeter) und der cos φ.

Mechanische Arbeit. Die mechanische Arbeit wird praktisch nur in der zeitlichen Ableitung als mechanische Leistung aufgenommen. Da mechanische Leistungen in der Mehrzahl der Fälle als Kupplungsleistungen an einer Welle auftreten, sind die Meßgrößen die Drehzahl und das Drehmoment. Entsprechend sind die Meßgeräte Drehzahlmesser und Drehmomentenmesser. Oft wird auch noch der Ungleichförmigkeitsgrad gemessen, wenn – wie bei nach dem Verdrängungsprinzip arbeitenden Verbrennungsmotoren – das Drehmoment und auch die Drehzahl zeitlich nicht konstant sind.

Wärme. Auch die Wärme tritt nur als Wärmestrom auf. Eine direkte Meßmethode ist nicht möglich. Es gibt lediglich die Bestimmung des Wärmestroms über Energiebilanzen. Nach diesem Prinzip arbeiten die Wärmemengenzähler. Hierbei werden bei einem stationären Strom eines fluiden Mediums mit Wärmezufuhr oder Wärmeabgabe der Massenstrom und die Temperaturdifferenz gemessen und über den Energieerhaltungssatz der genutzte Wärmestrom oder aber als Zeitintegral die Wärme ermittelt:

$$\dot{Q} = \dot{m} \cdot c_p \cdot (T_A - T_E)$$

bzw.

$$Q = \int_{\tau_1}^{\tau_2} \dot{m}\,(\tau) \cdot c_p(\tau) \cdot [T_A(\tau) - T_E(\tau)] \cdot d\tau$$

Wie zu sehen ist, müssen dabei die Temperaturen am Ein- und Austritt (T_E und T_A) sowie der Massenstrom $\dot{m}$ als Produkt von Volumenstrom $\dot{V}$ und Dichte ρ ($\dot{m} = \dot{V} \cdot \rho$) gemessen werden.

Die Temperaturmessung erfolgt nach verschiedenen Methoden, ebenso die Volumenstrommessung. *Bohn*

Metall-Aktivgas-Schweißen →Schutzgasschweißen

Metall-Inertgas-Schweißen →Schutzgasschweißen

Metallichtbogenschweißen →Schweißverfahren, →Lichtbogenschweißen

Metallographie. Technik, das innere Gefüge eines Werkstoffs (Metall, Keramik) für die mikroskopische Betrachtung und Auswertung zu entwickeln bzw. bloßzulegen. Hierfür wird die Probe zunächst plan geschliffen (Schleifen), wobei in einer Folge immer feinere Schleifpapiere benutzt werden. Danach wird die Probe mittels einer geeigneten Polierpaste (z. B. Tonerde oder Diamantpaste) spiegelblank poliert. Dies geschieht wie auch das Schleifen meist auf rotierenden Scheiben, z. T. auch in automatischen Vorrichtungen. Hierauf erfolgt die eigentliche Sichtbarmachung des Gefüges durch einen chemischen oder elektrochemischen Säureangriff für einige Sekunden, darauf eine Schlußwäsche in Wasser und schließlich Spiritus oder Alkohol zur fleckenfreien Verdrängung des Wassers. Nun kann die Probe im Lichtmikroskop bei typischen Vergrößerungen von 100–500fach betrachtet werden. Das bildmäßige Ergebnis, das auch photographiert wird, heißt das Gefüge. Reine Metalle oder einphasige Legierungen lassen nur den Aufbau aus den einzelnen Kristalliten (auch Körner genannt) erkennen. In mehrphasigen Legierungen werden die verschiedenen Phasen, aus denen sie aufgebaut sind, infolge der Ätzung unterschiedlich gefärbt bzw. in Schwarzweißaufnahmen unterschiedlich grau getönt. Beispielsweise erscheint im Perlitgefüge von Eisen-Kohlenstoff-Legierungen der Ferrit (α-Eisen) weiß und der Zementit (Fe_3C) dunkelgrau bis schwarz.

In weiterem Sinne wird auch die Gefügeanalyse mittels Elektronenmikroskopen (sowohl Durchstrahlungs- wie Rastertyp) zur M. gerechnet. Die Probenpräparation ist für die Durchstrahl-Elektronenmikroskopie allerdings gänzlich anders, beim Rastertyp dagegen ähnlich zu derjenigen der Lichtmikroskopie, da gleichfalls Oberflächenschliffe untersucht werden. *Kußmaul/Heimendahl*

Literatur: *Petzow, G.:* Metallografisches Ätzen. Berlin, Stuttgart 1976. – *Schumann:* Metallografie. Leipzig 1974.

Metallschweißen →Schweißverfahren

Metallsuchgerät. Das M. dient zum Entdecken metallischer Körper in einer nichtmetallischen Umgebung. Das Grundprinzip ist die elektromagnetische Induktion von Spannungen in Spulen. Das Gerät besitzt 2 Spulen, von denen eine ständig an eine konstante Spannung angeschlossen ist. Die andere ist mit einem Spannungsmeßgerät verbunden. Gelangt nun ein metallischer Körper in die Nähe der ersten Spule, so ändert sich dadurch das von dieser Spule aufgebaute Magnetfeld. Diese Änderung hat die Induktion einer elektrischen Spannung in der zweiten Spule zur Folge, die am Meßgerät sichtbar wird. Der Zeigerausschlag weist also auf die Annäherung an Metall hin.   *Müller*

Metallurgie. M. ist die Umsetzung der aus der Metallkunde kommenden Lehre von den metallischen Werkstoffen und deren Eigenschaften oder Veränderungen durch →Schmelzen, Wärmebehandlung, →Umformen usw. in die technologische Anwendungspraxis. Während man die Metallkunde i. a. als Bindeglied zwischen Physik und Chemie bei der Behandlung werkstoffspezifischer Fragen ansieht, kann man die M. im Rahmen der heutigen Hütten- und Gießereitechnologie in weiten Bereichen als Hochtemperatur-Chemie definieren. So beschäftigt sich die M. vorwiegend mit der Gewinnung (Aufbereitung, Verhütten, Schmelzen) und der Verarbeitung von Metallen. Im Laufe der Zeit hat sich aus empirisch gewonnener Erfahrung, gepaart mit den Erkenntnissen aus der Metallkunde, eine eigenständige Lehre, die Gegenstand der Hütten- und Gießereikunde ist, entwickelt.

Metallurgische Maßnahmen im Bereich der Verarbeitung haben immer zum Ziel, die Werkstoffeigenschaften zu verbessern. Demzufolge werden üblicherweise auch nur solche Apparaturen und Verfahren als metallurgisch einsetzbar bezeichnet, wenn damit eine technisch oder kostenmäßig günstige Beeinflussung der Erzeugung erreichbar ist. Daß beides zusammen möglich ist, beweist der Übergang vom klassischen Thomas-Verfahren als jahrzehntelanger Standard-Technologie zur Erzeugung von Massenstahl zu den Sauerstoff-Blasverfahren, die in neuerer Zeit wiederum eine Reihe von Verbesserungen erfahren haben, so daß die Oxygen-Stähle in qualitativer Hinsicht dem früher als Gütemaßstab gebräuchlichen Siemens-Martin-Stahl mindestens entsprechen und zugleich wesentlich kostengünstiger als SM-Stahl herstellbar sind.

Reines Umschmelzen, das nur dazu dient, den Ofeninhalt zu verflüssigen, um ihn in irgendwelche Formen vergießen zu können, gilt dagegen nicht als metallurgische Tätigkeit.

Ein wichtiges und industriell bedeutsames Spezialgebiet im Gesamtkomplex der M. ist die Elektrometallurgie. Hierunter versteht man die Metallgewinnung auf elektrischem Wege durch Naßelektrolyse oder Schmelzelektrolyse. Derartige Verfahren finden vor allem bei der Herstellung von Ferrolegierungen und von Aluminium Anwendung.

Zunehmende Bedeutung gewinnt die Pulver-M., die sich sowohl mit der Herstellung der Pulver als auch mit der Fertigung daraus durch Pressen und Sintern erzeugter Formkörper befaßt.   *Doliwa*

Methodenplanung. Unter einer Methode ist das planmäßige Vorgehen zur Erreichung eines Ziels zu verstehen. Die Notwendigkeit einer M. entsteht durch die systematische Überwachung und ständige Modifikation der vorhandenen Methoden und durch die erforderliche Entwicklung neuer Methoden.

In bezug auf die →Arbeitsplanung ist zu unterscheiden zwischen den Methoden zur →Fertigung eines Produkts (Fertigungsmethoden) und den Methoden zur →Arbeitsplanerstellung (Planungsmethoden).

Vorrangige Aufgabe der M. im Bereich der Fertigung ist die Entwicklung, Planung und Einführung neuer Fertigungsverfahren und -methoden. Hierzu gehören u. a. die Arbeitsplatzgestaltung, die Arbeitsbewertung und die Arbeitsablaufstudien.

Zielsetzung dieses Aspektes der M. ist die Untersuchung von Arbeitsvorgängen und Fertigungsprozessen, um die →Wirtschaftlichkeit eines Betriebs durch die Optimierung der Fertigungsabläufe zu steigern. Durch eine methodische (systematische) Erfassung der Fertigungsdaten kann die Basis für den Vergleich unterschiedlicher Fertigungsverfahren geschaffen werden.

Langfristige Planungsaufgaben haben eine Bedeutung für die Investitionsplanung. Die Effizienz der M. wird beeinflußt durch den systematischen Einsatz von Planungshilfsmitteln.   *Eversheim*

Literatur: *Eversheim, W.:* Organisation in der Produktionstechnik. Bd. 3: Arbeitsvorbereitung. Düsseldorf 1980. – Lingen Lexikon. 1974.

Michaelis-Menten-Gleichung. Anfang dieses Jahrhunderts aufgestellte, heute experimentell bestätigte mathematische Beziehung, welche die Substrat-Konzentrations-Abhängigkeit der Reaktions- bzw. Produktbildungsgeschwindigkeit enzymkatalysierter Reaktionen bei konstanter Temperatur und Enzymkonzentration in qualitativer Form angibt:

$$\dot{P} = \dot{P}_{max} \cdot \frac{S}{k_{MM} + S},$$

$$\text{mit } \dot{P} = \frac{dP}{dt} = -\frac{dS}{dt};$$

$\dot{P}$ Produktbildungsgeschwindigkeit, S Substratkonzentration, k_{MM} Michaelis-Konstante. $\dot{P}_{max}$ ist die Maximalgeschwindigkeit, die bei großer Substratkonzentration erreicht wird. Die Konstante k_{MM} entspricht wertmäßig der Substratkonzentration bei $\dot{P} = \frac{1}{2} \dot{P}_{max}$ (Bild). Sie kann als Maß für die Affinität zwischen Enzym und Substrat betrachtet werden.   *Kerner/Loncin*

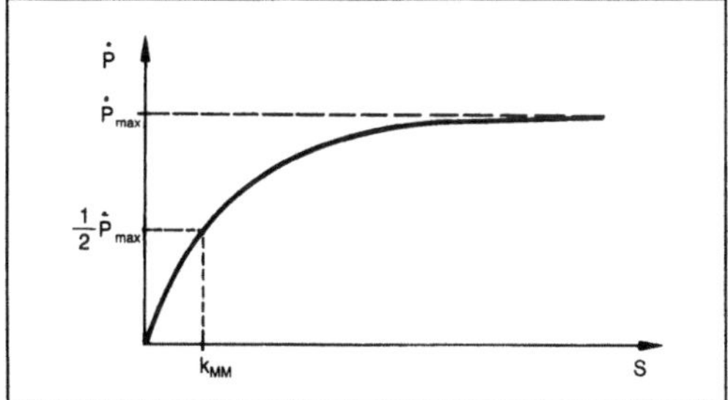

Michaelis-Menten-Gleichung: Graphische Darstellung.

Michaelis-Menten-Kinetik. Im Gegensatz zu nichtenzymatischen Reaktionen weisen enzymkatalysierte Reaktionen das Phänomen der Substratsättigung auf: Während bei niedrigen Substratkonzentrationen die Reaktionsgeschwindigkeit der Substratkonzentration direkt proportional ist, ist im Bereich höherer Substratkonzentrationen diese Proportionalität nicht mehr gegeben, und bei sehr hohen Substratkonzentrationen nähert sich die Reaktionsgeschwindigkeit asymptotisch einem Maximalwert. Eine enzymkatalysierte Reaktion läßt sich durch folgendes Reaktionsschema wiedergeben (Bild):

$$E + S \underset{k_{-1}}{\overset{k_1}{\rightleftharpoons}} ES^* \underset{k_{-2}}{\overset{k_2}{\rightleftharpoons}} E + P.$$

Das Enzym E reagiert mit dem Substrat S zunächst unter Bildung des Enzym-Substrat-Komplexes ES*. Dabei ist der Zerfall von ES* in das Produkt P und das freie Enzym E geschwindigkeitsbestimmend.

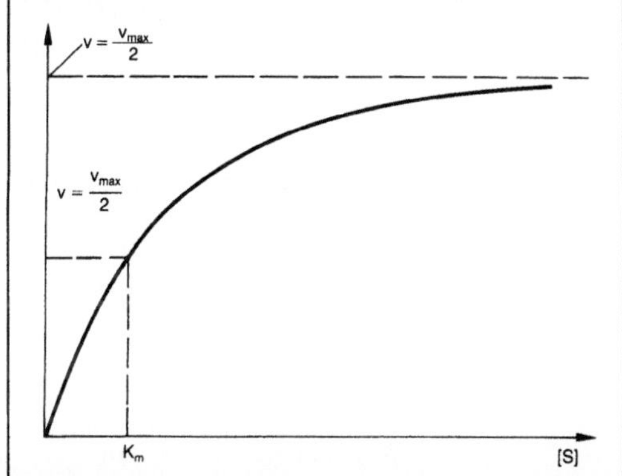

Michaelis-Menten-Kinetik: Enzymkatalysierte Reaktion.

Diese substratbezogene Sättigungskinetik wurde von *Michaelis* und *Menten* 1913 in einem kinetischen Ansatz, der M.-M.-Gleichung, zusammengefaßt.

Die M.-M.-K. ($\rightarrow$Enzymkinetik, $\rightarrow$Lineweaver-Burk-Darstellung) gilt nur für den stationären Zustand des Systems, wenn der Zerfall von ES* genauso groß ist wie seine Neubildung. Für die Geschwindigkeitskonstanten bedeutet das:

$$k_2 \ll k_{-1}, \; k_{-2} = 0.$$

Die Michaelis-Konstante K_M ist definiert als Verhältnis der Geschwindigkeitskonstanten für Bildung und Zerfall von ES* im stationären Zustand:

$$K_M = \frac{k_{-1} + k_2}{k_1}. \qquad \textit{Liefke}$$

Literatur: *Fersht, A.:* Enzyme Structure and Mechanism. New York 1985. – *Michaelis, L.,* u. *M. L. Menten:* Die Kinetik der Invertinwirkung. Biochem. Z. 49 (1913), S. 333.

Microcarrier. Trägermaterial zur Immobilisierung von Zellen oder Enzymen auf der Oberfläche des Partikels. Wichtigstes Anwendungsgebiet für M. ist die Kultivierung von adhärenten Säugerzellen (Zellen, die nur fixiert auf einer Oberfläche zu vermehren sind). Die Vermehrung dieser gegen mechanische Belastung äußerst sensitiven Zellen auf einer inerten Oberfläche verbindet schonende Kultivierungsbedingungen mit den Vorteilen einer Suspensionskultur. Der kleine Partikeldurchmesser von M. gewährleistet eine hohe spezifische Oberfläche und damit eine hohe Zellkonzentration im $\rightarrow$Bioreaktor. Im Gegensatz zu porösen Trägermaterialien oder dem Einschluß der Zellen in Ca-Alginat o. ä. weisen M.-Kulturen keinerlei diffusionskontrollierte Stofftransportbarrieren auf. Damit ist eine sichere Kontrolle des Prozesses gewährleistet.

M. zeichnen sich durch Partikeldurchmesser von 100–200 μm aus. Die spezifische Oberfläche beträgt dabei ca. 0,7 m²/g. Als Basismaterialien zum Herstellen von M. werden überwiegend diethylaminoethyl (DEAE)-modifizierte Dextrangele, Polyacrylamid und modifizierte Collagene verwendet. Die Bedeutung von Glaspartikeln ist vernachlässigbar gering.   *Liefke*

Literatur: *Tampion, J.,* u. *M. D. Tampion:* Immobilized Cells: Principles and Applications. Cambridge 1987.

Mikrobearbeitung $\rightarrow$Schneiden, funkenerosives

Mikrofiltration. M. ist ein Membranfiltrationsverfahren zur Abtrennung oder Aufkonzentrierung von großen Makromolekülen und Partikeln bis zu einer Größe von ca. 10 μm. Für die Trenneigenschaften sind sowohl Porengröße als auch Porengrößenverteilung und Membranwerkstoff von Bedeutung. Durch Beschuß mit geladenen Teilchen und anschließendes Ätzen können M.-Membranen hergestellt werden, die enge Porengrößenverteilungen aufweisen und damit eine gute Trennschärfe besitzen. Diese ca. 5–10 μm dicken Membranen mit Porositäten <0,1 wirken als reine Siebfilter. Die um den Faktor 20–30 dickeren Membranen aus hochporösen Polymermaterialien (Porosität ca. 0,75) haben dagegen auf Grund des stark verzweigten Porensystems die Eigenschaften eines Tiefenfilters. Zur Vermeidung der Deckschichtbildung wird die M. häufig nach dem Kreuzstromprinzip betrieben, d. h. die Rohlösung strömt tangential über die Membran, während das Permeat senkrecht dazu durch die Membran tritt.

Die M. wird vielfach im Bereich der Lebensmittelindustrie eingesetzt, z. B. bei der Abwasserbehandlung, bei der Obstsaftklärung, bei der Entkeimung von Lösungen und Luft (→Sterilfiltration).

Kerner/Loncin

Mikro-Kornabbruch →Verschleißmechanismus (Schleifen), →Schleifwerkzeug-Verschleiß

Mikroschweißen. Zum Mikro- oder Feinstschweißen werden Schmelz- und Preßschweißverfahren angewandt. Gemeinsames Kennzeichen ist ihre Eignung zum Schweißen sehr dünner Werkstücke in Folien-, Draht- oder Litzenform. Die Verfahren werden auf Grund hoher Stückzahlen meist teilmechanisiert mit Mikroskop- oder Fernsehbeobachtung oder automatisch durchgeführt. Als Verfahren werden bevorzugt eingesetzt: Elektronenstrahlschweißen, Laserschweißen, Mikroplasmaschweißen, Ultraschallschweißen, Heizelementschweißen (Thermokompressionsschweißen), Mikrowiderstandsschweißen.

Dorn

Literatur: *Dorn, L.,* u. a.: Schweißen in der Elektro- und Feinwerktechnik. Grafenau 1984.

Mikrovermischung. Die Wechselwirkung zwischen den Fluidelementen (Molekülanhäufungen, →Segregation) der Reaktionsmasse, die klein gegenüber den Reaktorabmessungen, aber sehr viel größer als die Moleküle sind, wird durch die M. beschrieben. Es gibt zwei Grenzfälle der M.: die vollständige (maximale) M. und die vollständige Segregation. Bei der vollständigen M. liegt die größtmögliche Wechselwirkung zwischen den Fluidelementen vor und bedeutet eine maximale Vermischung der Reaktionsmasse bis in den molekularen Bereich. Fluide, die diesem Grenzfall entsprechen,

wie z. B. niederviskose Flüssigkeiten und Gase mit Ausnahme von Flammen, werden als Mikrofluide bezeichnet. Vollständige M. kann als Grenzfall im idealen →Rührkesselreaktor und im idealen →Rohrreaktor auftreten. (Der andere Grenzfall, die vollständige Segregation, wird beim Stichwort →Segregation behandelt.)

Das Ausmaß der M., also der Bereich zwischen den beiden Grenzfällen, der zur partiellen Segregation führt, wird sehr vom Zeitpunkt (Schnelligkeit) der Vermischung bestimmt. Je früher die Vermischung der Reaktanden stattfindet, um so mehr liegen die Eigenschaften eines Mikrofluids vor. Ebenso wie bei der →Makrovermischung ist der Einfluß der M. auf die Reaktorleistung und Produktverteilung um so stärker, je größer die Reaktionsgeschwindigkeit gegenüber der Geschwindigkeit der Ausgleichsvorgänge ist (→Segregation).

Schönbucher

Mikrowellenerwärmung. Technologie der dielektrischen Erwärmung im elektromagnetischen Strahlungsfeld von fortschreitenden oder stehenden Wellen.

Von den für wissenschaftliche, medizinische und industrielle Anwendungen zugelassenen Frequenzbändern werden im Mikrowellenbereich hauptsächlich die beiden Frequenzen der Tabelle 1 angewendet.

Die Mikrowellenleistung der entsprechenden Frequenz wird in einem Magnetron erzeugt und über Hohlleiter und ggf. Strahler dem zu erwärmenden Gut zugeführt.

Beim Auftreffen der Mikrowellen auf die Oberfläche des zu erwärmenden Gutes wird nach den Gesetzmäßigkeiten der elektromagnetischen Wellen ein Teil reflektiert. Der Reflexionsgrad hängt außer von Einfallswinkel und Polarisation der Strahlung ab von den elektrischen Stoffeigenschaften (ohmsche Leitfähigkeit, Permittivitätszahl, Verlustwinkel, dielektrischer Verlustwert) und den Abmessungen des Gutes. Beispielsweise werden bei einer 2 450MHz-Mikrowelle, die senkrecht auf die Oberfläche eines größeren Volumens von normalem Leitungswasser auftrifft, 47% der Leistung reflektiert.

Die nicht reflektierte Strahlung dringt ins Erwärmungsgut ein und wird dort (im Falle homogenen Materials) mit konstanter Rate absorbiert und in Wärme umgewandelt. Einige Werte für das Eindringmaß der 2 450MHz-Mikrowelle in verschiedene Stoffe sind in Tabelle 2 angegeben.

Mikrowellenerwärmung. Tabelle 1: Frequenzbänder im Mikrowellenbereich.

Nennfrequenz	Toleranz	Wellenlänge im Vakuum
915 MHz	± 13 MHz	32,8 cm
2 450 MHz	± 50 MHz	12,2 cm

Mikrowellenerwärmung. Tabelle 2: Eindringmaße der 2 450MHz-Mikrowelle.

Stoff	Eindringmaß $1/\alpha$ cm	bei Temperatur °C
Kartoffelbrei	1,3/1,5	20/60
gekochtes Rindfleisch	1,9/2,0	20/60
gekochte Karotten	1,9/1,6	20/60
Leitungswasser	2,4/5,2/7,4	20/60/85
Papier	42	25
Porzellan	110	25
Eis	3 100	−2

Die örtlichen Verläufe der Strahlungsdichte und der Leistungsintensität bei verschiedenen Werten des Eindringmaßes $1/\alpha$ sind in Bild 1 für die einseitige Bestrahlung eines dicken Körpers und in Bild 2 für die zweiseitige Bestrahlung eines dünneren Körpers mit Mikrowellen der Frequenz 2 450 MHz dargestellt. Es lassen sich daraus folgende für die Erwärmung charakteristische Gesetzmäßigkeiten – jeweils ausgehend von gleicher über die Oberfläche eindringender Strahlungsdichte – ableiten:

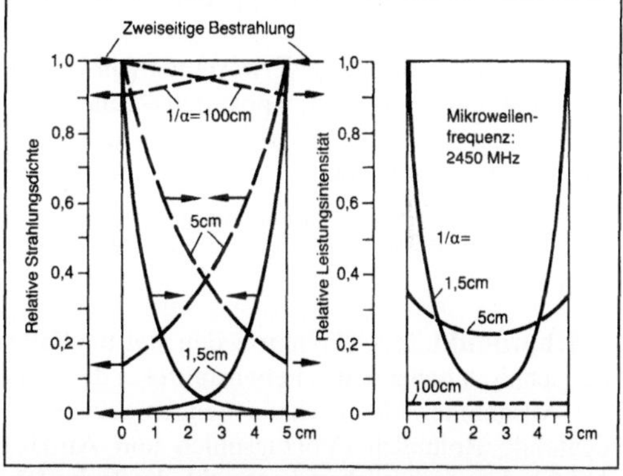

Mikrowellenerwärmung 2: Eindringverhalten in eine 5 cm dicke Platte bei zweiseitiger Bestrahlung.

□ Die Erwärmungsleistung in einer sehr dünnen Oberflächenschicht eines Körpers ist umgekehrt proportional zum Eindringmaß des Materials, aus dem er besteht.

□ Je kleiner das Eindringmaß in Relation zu den geometrischen Abmessungen des Körpers ist, desto ungleichmäßiger erfolgt die Erwärmung.

□ Übersteigt die Dicke eines Körpers das Zweifache des Eindringmaßes, so treten weniger als 2% der über die Oberfläche eintretenden Strahlungsleistung auf der anderen Seite wieder aus.

□ Mit zunehmenden Abmessungen eines Körpers von gegebenem Material erwärmt sich dieser in seiner Gesamtheit langsamer, Bild 3 am Beispiel eines plattenförmigen Körpers der Dicke D.

□ Mit zunehmendem Eindringmaß des Materials eines Körpers gegebener Abmessungen geht die Gesamtabsorption und damit die Erwärmungsgeschwindigkeit des Gesamtkörpers ebenfalls zurück.

Abgesehen von der Mikrowellen-Diathermie in der Medizin sind als hauptsächliche Anwendungsbereiche der M. zu nennen:

□ Haushalt und Gastronomie: Auftauen, Erwärmen, Garen zur Zubereitung von Lebensmitteln,

□ Lebensmittelindustrie: Erwärmen zur Haltbarmachung (Pasteurisieren, Sterilisieren), Trocknen (z. B. bei der Teigwarenherstellung), Backen,

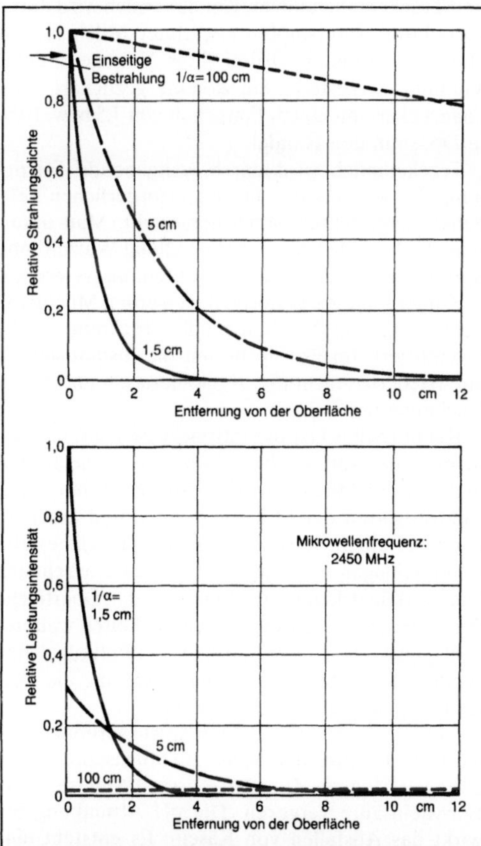

Mikrowellenerwärmung 1: Eindringverhalten in sehr dicke Körper bei einseitiger Bestrahlung.

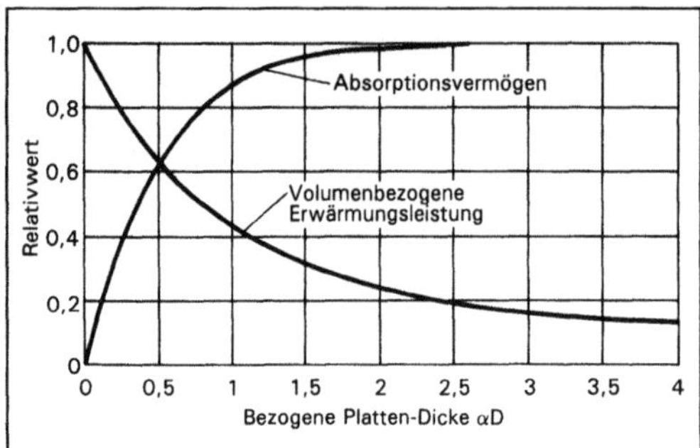

Mikrowellenerwärmung 3: Adsorptionsvermögen und Erwärmungsleistung eines plattenförmigen Körpers in Abhängigkeit von Dicke und Eindringmaß.

□ andere Industriezweige: Erwärmung von Gummi zum Vulkanisieren, von Epoxidharz-Teilen zum Aushärten, von thermoplastischen Kunststoffen zum Strangpressen usw.   *M. Rudolph*

Literatur: Elektrowärme – Theorie und Praxis. Hrsg.: UIE. Essen 1974. – *Püschner, H.:* Wärme durch Mikrowellen. Eindhoven 1964.

Milchprodukt. Milch kommt in den meisten Fällen als technisch behandeltes Lebensmittel in den Handel. Ausnahme ist lediglich die mengenmäßig unbedeutende Rohmilch (Vorzugsmilch und Ab-Hof-Milch). Im wesentlichen bezweckt die technische Behandlung die Einstellung der Fettgehaltsstufe (Vollmilch mit 3,5 % Fett, entrahmte Milch mit 1,5 % oder 0,7 %) sowie die Haltbarmachung.

Zur Haltbarmachung wird die gegen mikrobiellen →Verderb sehr empfindliche Milch pasteurisiert oder sterilisiert bzw. ultrahocherhitzt. Als Pasteurisierungsverfahren sind zulässig: Hocherhitzung (8 bis 16 s auf 85 °C), Kurzzeiterhitzung (15–40 s bei 71 bis 74 °C), Dauererhitzung (30 min bei 62–65 °C). Trinkmilch wird meist durch Kurzzeiterhitzung pasteurisiert. Die Dauererhitzung wendet man bei Milch fast ausschließlich zur Käsegewinnung an. Pasteurisierte Milch ist nur begrenzte Zeit genußfähig (Kühlschrank ca. 5 Tage).

Ultrahocherhitzte Milch (H-Milch) ist in lichtundurchlässigem Verpackungsmaterial mehrere Monate haltbar. Bei der Uperisation (direkte Erhitzung) wird überhitzter Dampf in die vorgewärmte Milch oder Milch in überhitzten Dampf injiziert. Die Milch wird dadurch auf 150 °C aufgeheizt. Bei der anschließenden Entspannung im Vakuum nach 2,4 s verdampft das in Form von Dampf zugeführte Wasser wieder unter schlagartiger Abkühlung der Milch. Zur indirekten Ultrahocherhitzung eingesetzte Plattenwärmeübertrager werden zunehmend durch Röhrenbündelwärmeübertrager ersetzt, in denen die Produktansatzbildung besser kontrollierbar ist. Sterilisierte Milch ist wie ultrahocherhitzte frei von Bakterien und Sporen. Die Sterilisation erfolgt in der Verpackung in Dampfautoklaven oder hydrostatischen Autoklaven (20–40 min bei 110 bis 120 °C).

Vielfach wird Milch nach der Pasteurisierung bzw. Ultrahocherhitzung homogenisiert, indem man sie unter Druck (pasteurisierte Milch bei 140–180 bar, ultrahocherhitzte Milch bei 180–220 bar) durch feine Düsen preßt. Dabei muß die Temperatur der Milch oberhalb der Klarschmelztemperatur des Fetts (38 °C) liegen. Durch das →Homogenisieren werden die Fettkügelchen mechanisch zerkleinert, ihre Verteilung in der Milch wird stabilisiert und das Aufrahmen beim Stehen verhindert. Homogenisierte Milch ist leichter verdaulich, ist im Geschmack voller und hat in Kaffee eine größere Färbekraft.

Für homogenisierte und aseptisch verpackte H-Milch verlangt der Gesetzgeber eine Momentanerhitzung auf 135–150 °C, eine Haltbarkeit der ungeöffneten Packung von mindestens 6 Wochen bei Raumtemperatur und eine derartige Keimzahlreduzierung, daß sich die Milch nach 10-tägiger Bebrütung bei 37 °C bakteriologisch nicht verändert.

Zu den Milchdauerwaren zählen Kondensmilch und Trockenmilchpulver. Kondensmilch wird durch vorsichtiges Eindampfen erwärmter Milch bis zur Hälfte oder einem Drittel ihres Volumens unter Vakuum hergestellt. Sie kommt gezuckert oder ungezuckert mit einem Fettgehalt von 7,5 bzw. 10 % in Dosen in den Handel.

Trockenmilch wird durch weitgehende Entziehung des Wassers der auf den erforderlichen Fettgehalt eingestellten Milch hergestellt. Man unterscheidet nach der Art der Herstellung Walzen- und Sprühmilchpulver (→Lebensmittelkonservierung).

Zur Erhöhung der Löslichkeit werden Milchtrockenprodukte im Anschluß an die Trocknung häufig instantisiert. Im Prinzip beruht die Instantisierung auf Wiederbefeuchtung, Agglomeration und Nachtrocknung des Pulvers.

Rahm (Sahne) ist die fettreiche Schicht, die sich beim Stehen von Milch an ihrer Oberfläche ansammelt. In der Milchindustrie wird der Rahm durch Zentrifugation der Milch gewonnen und anschließend auf einen bestimmten Fettgehalt eingestellt. Beim Schlagen von Rahm bildet sich ein Schaum. Die Fettkügelchen sammeln sich an der Oberfläche der eingeschlagenen Luftblasen an. Durch weiteres Schlagen werden die Membranen der Fettkügelchen zerstört. Es bilden sich Fettaggregate, die die Verfestigung des Schaums bewirken.

Sauermilchprodukte. Durch Milchsäurebakterien wird die Lactose der Milch zu Milchsäure neben geringen Mengen Zitronen-, Essig-, Ameisen- und Bernsteinsäure vergoren. Die pH-Absenkung bewirkt das Ausfallen von Kasein. Es entsteht eine dickliche, säuerlich schmeckende Masse. Entsprechend der Art der zugesetzten Milchsäurestarterkultur entstehen verschiedene Sauermilchprodukte (Sauermilch, Sauerrahm, Joghurt, Kefir, Kumyss).

Sauermilch und Sauerrahm unterscheiden sich in ihrem Fettgehalt. Als Starterkultur werden Streptococcus lactis, Streptococcus cremoris und Streptococcus diacetylactis verwendet.

Joghurt wird durch Bebrütung von Milch bei 40 bis 45 °C unter Verwendung von Lactobacillus bulgaricus und Streptococcus thermophilus als Starterkulturen hergestellt. Das Joghurtaroma bilden Carbonylverbindungen (Acetaldehyd 20–50 ppm), niedermolekulare Fettsäuren, Acetoin (4 ppm) und freie Aminosäuren (500 ppm).

Kefir wird durch Beimpfung der Milch mit Kefirkörnern, die aus Streptocokken, Lactobazillen, Hefen und koaguliertem Eiweiß bestehen, hergestellt. Kefir enthält 0,5–1 % Ethanol.

Kumyss wird aus Stutenmilch, besonders in asiatischen Ländern mit Streptocokken, Lactobacillus casei und Hefen hergestellt. Er enthält wie Kefir geringe Mengen Alkohol. *Kerner/Loncin/Ganser*

Literatur: *Schormüller, J.:* Lehrb. Lebensmittelchemie. Berlin, Heidelberg, New York 1974. – *Töpel, A.:* Chemie und Physik der Milch. Leipzig 1976.

Milchsäuregärung.

Milchsäuregärung. Milchsäure ist α-Hydroxypropionsäure H_3C-CH(OH)-COOH, relative Molekülmasse 90,05, farblose Flüssigkeit, Schmelzpunkt 18 °C, Siedepunkt 122 °C, löslich in Wasser, Alkohol, Ether, unlöslich in lipophilen Lösungsmitteln. Milchsäure enthält ein asymmetrisches C-Atom und tritt daher in zwei optisch aktiven isomeren Formen auf: D(–)Milchsäure und L(+)Milchsäure. Die optischen Antipoden können als Produkt der M. homofermentativer Milchsäurebakterien (Gärung) in reiner Form gewonnen werden. Technische Milchsäure wird durch Vergärung von Melasse oder enzymatisch abgebauter Getreide- bzw. Kartoffelstärke unter Zusatz von Milchsäurebakterienkulturen (Lactobacillus delbrueckii) gewonnen. Da die Gärung an einen bestimmten pH-Bereich gebunden ist, wird die entstehende Milchsäure laufend durch Zugabe von $CaCO_3$ in Form ihres Salzes als Calciumlactat abgefangen. Mit Schwefelsäure wird die Milchsäure schließlich wieder in Freiheit gesetzt. Bei diesem Prozeß entsteht die optisch inaktive racemische D, L-Milchsäure. Neuerdings bestehen Ansätze zur kontinuierlichen Entfernung der Milchsäure aus der Fermentationsbrühe mittels Elektrodialyse.

Milchsäure kommt in saurer Milch und in anderen Sauermilchprodukten vor. Sie bildet sich in der Natur bei zahlreichen Gärungsvorgängen aus Kohlenhydraten, z. B. bei der Herstellung von Sauerkraut, sauren Gurken und bei der Silage. D-Milchsäure wird im menschlichen und tierischen Organismus bei hohem Energieverbrauch im Muskel gebildet. Sie gilt als Verursacher von Muskelkater.

Technische Milchsäure wird in Form wäßriger Lösungen (43,5 %, 50 %, 60 %) oder als Calciumlactat in der lebensmittelverarbeitenden Industrie eingesetzt (Backpulver, Trockensauer für künstlich gesäuertes Roggenbrot, Zusatz zu Obsterzeugnissen, Konservierungsmittel bei Fleisch-, Fisch- und Gemüsekonserven). *Kerner/Loncin*

Milchzucker. M., auch als Lactose bezeichnetes Disaccharid, ist ein natürlicher Bestandteil der Milch von Säugetieren und der Frauenmilch (ca. 4,5–8,0 %). Die Hydrolyse der Lactose liefert α-D-Glucose und β-D-Galactose im Verhältnis 1:1 (Bild).

Milchzucker: α-Lactose.

Lactose ist ein reduzierender Zucker und zeigt Mutarotation. Bei Temperaturen unterhalb 93,5 °C kristallisiert Lactose aus wäßriger Lösung als α-Lactose-Monohydrat (Handelslactose) aus, dessen Süßigkeit gegenüber der von Saccharose um einen Faktor von ca. 2,5 geringer ist und das in Wasser eine wesentlich geringere Löslichkeit aufweist als andere Zucker. Wasserfreie β-Lactose mit einer erhöhten Süßkraft und Löslichkeit sowie einer besseren Verdaulichkeit erhält man, wenn man der Kristallisation eine Erhitzung der Lactoselösung auf eine Temperatur oberhalb 93,5 °C vorschaltet. M. wird technisch aus Molke gewonnen, aus der man zunächst den Proteinanteil (hauptsächlich Lactalbumin und Lactoglobulin) durch Ultrafiltration abtrennt. In mehreren Stufen wird die Molke auf einen Trockensubstanzgehalt von ca. 56–66 % konzentriert, und die Milchsalze werden abgetrennt, neuerdings meist per Elektrodialyse. Unter Ausnutzung der schlechten Löslichkeit in Wasser erfolgt dann im Kristallisierbottich die Kristallisation durch langsame Abkühlung auf ca. 20 °C. Den resultierenden Kristallbrei arbeitet man durch Reinigen, Umkristallisieren (Raffinieren) und abschließendes Trocknen zu einem schneeweißen Pulver auf, das für diätetische Lebensmittel und Kindernährmittel Verwendung findet. Der M. spielt bei der Herstellung vieler Milch- und Käseprodukte wie auch Fermentationsprodukte (→Milchsäuregärung) hinsichtlich der Art des Produkts wie auch der Aromaentwicklung eine wichtige Rolle. *Kerner/Loncin*

Literatur: *Heimann, W.:* Grundzüge der Lebensmittelchemie. 3. Aufl. Darmstadt 1976.

Mindestrückflußverhältnis. Bei thermischen Trennverfahren (→Destillieren, →Rektifikation) versteht man unter dem M. v_{min} den kleinsten Wert von v, bei dessen Einstellung für eine vorgegebene Trennaufgabe unendlich viele Trennstufen benötigt werden. Das M. läßt sich graphisch in einem McCabe-Thiele-Diagramm ermitteln. Die Verstärkungsgerade (Bilanzkurve) verläuft um so flacher, d. h. dichter an der Gleichgewichtskurve, je niedriger das →Rückflußverhältnis ist. Ein geringer Abstand zwischen Verstärkungsgeraden und Gleichgewichtskurve führt zu einer großen Trennstufenzahl. An der Engstelle zwischen Bilanz- und Gleichgewichtskurve (Punkt S) lassen sich unendlich viele Treppenstufen einzeichnen, a) im Bild.

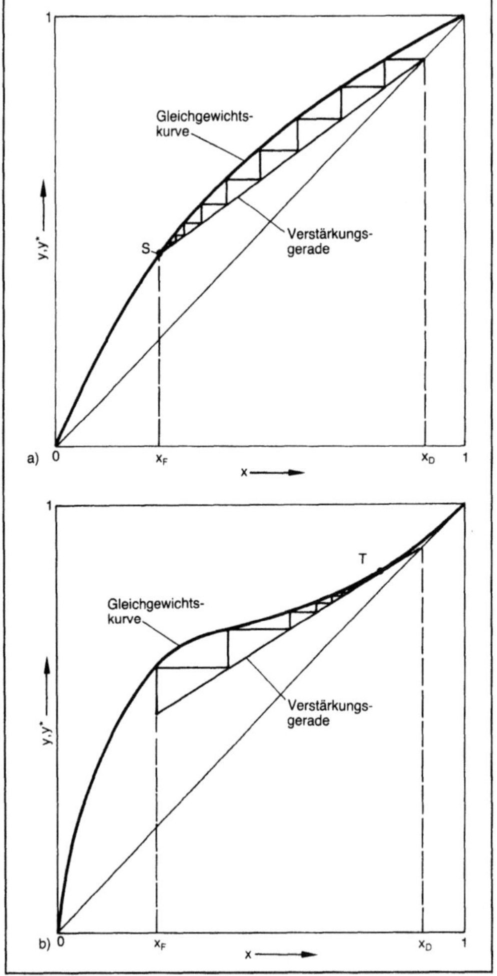

Mindestrückflußverhältnis: Graphische Ermittlung im McCabe-Thiele-Diagramm.
a) Schnittpunkt S legt die Verstärkungsgerade fest
b) Gleichgewichtskurve mit Wendepunkt; Tangentialpunkt T legt die Verstärkungsgerade fest.

Hat die Gleichgewichtskurve einen Wendepunkt, so bestimmt man zunächst das Rückflußverhältnis mit Hilfe der Zulaufbedingung (Punkt S). Außerdem wird geprüft, welches Rückflußverhältnis sich ergibt, wenn die Verstärkungsgerade die Gleichgewichtskurve in dem Tangentialpunkt T berührt. Das M. ist der größere Wert der aus Zulauf- und Tangentialbedingung ermittelten Rückflußverhältnisse.

Ist der →Trennfaktor α in der Kolonne konstant und wird das Zulaufgemisch siedend zugeführt, so läßt sich das M. mit Hilfe folgender Beziehung berechnen:

$$v_{min} = \frac{1}{\alpha - 1} \cdot \left(\frac{x_D}{x_F} - \alpha \, \frac{1 - x_D}{1 - x_F} \right);$$

x_D Konzentration der leichterflüchtigen Komponente im →Destillat, x_F Konzentration der leichterflüchtigen Komponente im →Zulauf (Feed).

Dohrn

Mindesttrennstufenzahl. Die M. ist die kleinste Anzahl an Trennstufen, die notwendig ist, um eine bestimmte Trennaufgabe zu erfüllen. Bei der →Rektifikation wird die M. erreicht, wenn das →Rückflußverhältnis unendlich ist, d. h. der kondensierte Dampf wird vollständig als →Rückfluß der Kolonne zugeführt, und es werden keine Produktströme entnommen. Die M. läßt sich graphisch durch eine →Stufenkonstruktion im McCabe-Thiele-Diagramm ermitteln. Bei vollständigem Rückfluß ist die Bilanzlinie identisch mit der Diagonalen y = x (Bild).

Näherungsweise läßt sich die M. mit der →Fenske-Underwood-Gleichung berechnen.

Dohrn

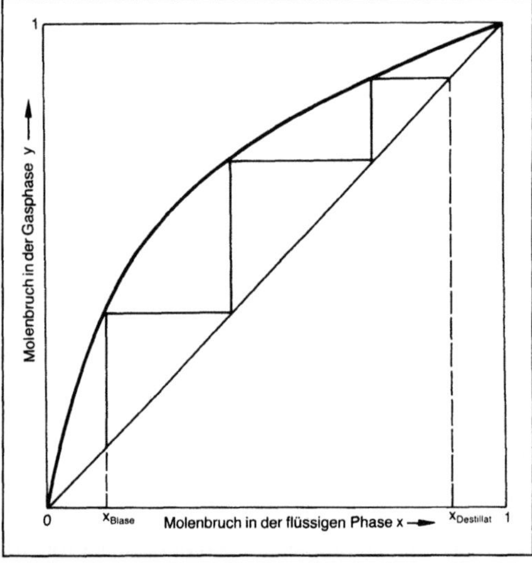

Mindesttrennstufenzahl: Graphische Darstellung im McCabe-Thiele-Diagramm.

Mindestwaschmittelstrom. Fließt durch eine Absorptionskolonne der M., so werden zur Erfüllung einer Trennaufgabe unendlich viele Trennstufen benötigt. Der tatsächliche Absorptionsmittelstrom muß größer sein als der Mindestwert. Je größer das Verhältnis Flüssigkeitsstrom/Gasstrom (L/G), d. h. je größer der Waschmittelstrom bei gegebenem Gasstrom ist, desto weniger Trennstufen werden benötigt und desto geringer sind die Investitionskosten. Gleichzeitig steigen aber die Betriebskosten, weil mehr →Absorptionsmittel regeneriert werden muß. Beim M. sind die Betriebskosten minimal, aber die Investitionskosten unendlich groß. Zahlreiche Untersuchungen haben gezeigt, daß eine Gas-Flüssigkeits-Gegenstromkolonne am wirtschaftlichsten arbeitet, wenn das L/G-Verhältnis 1,3mal so groß wie das minimale ist.

Der M. sinkt mit steigendem Druck deutlich ab. Eine Druckerhöhung von 1 auf 10 bar senkt das Mindest-L/G-Verhältnis von n-Pentan auf 1/9 des ursprünglichen Werts. Aus diesem Grund werden viele Absorptionsprozesse bei erhöhten Drücken durchgeführt (→Mindestrückflußverhältnis). *Dohrn*

Literatur: *Mersmann, A.:* Thermische Verfahrenstechnik. Berlin, Heidelberg, New York 1980.

Mischadsorption. Wird nicht nur eine Komponente, sondern werden mehrere adsorbiert, liegt M. vor (→Adsorption). Das →Sorptionsgleichgewicht ist dann von dem Partialdruck der einzelnen Komponenten abhängig. Bei zwei zu adsorbierenden Komponenten läßt sich das Gleichgewicht in einem Dreiecksdiagramm, in einem x, y-Diagramm (Molanteil y der leichter flüchtigen Komponente in der Gasphase gegen Molanteil x an der Festphase unter Vernachlässigung des →Adsorbens) graphisch darstellen. Zusätzliche Informationen über die Beladung der Festphase (kg Adsorptiv pro kg Adsorbens) erhält man von einem Diagramm, bei dem der Kehrwert der Beladung gegen die Molanteile x und y aufgetragen wird (→Sorptionsgleichgewicht).

Wie bei Gas-Flüssig-Systemen können Azeotrope auftreten, d. h. der Molenbruch an der festen Phase ist gleich dem Molenbruch in der Gasphase. Durch die Veränderung von Druck und Temperatur läßt sich das →Azeotrop verschieben bzw. zum Verschwinden bringen.

Bei bestimmten Trennaufgaben treten z. B. durch Verunreinigungen Stoffe in der Gasphase auf, die ungewollt adsorbiert werden. Das kann die →Kapazität des Adsorbers erheblich beeinträchtigen. *Dohrn*

Literatur: *Perry, R. E.,* u. *D. W. Green:* Perry's Chemical Engineers' Handb. 6. Aufl. New York 1984.

Mischdüse. Bei Gasströmungen läßt sich infolge der leichten Mischbarkeit von Gasen eine Durchmischung zweier Gase durch einfache turbulente Strö-

mungsprozesse stetig ausführen. Tritt ein Gas mit einer bestimmten Geschwindigkeit durch eine kleine Öffnung in einen weiten Raum ein, der mit einem Stoff mit der gleichen Dichte gefüllt ist, so bildet sich ein Strahl aus, der die angrenzenden Stoffschichten abreißt und zu sich einzieht. Die Strahlgeschwindigkeit nimmt mit der Entfernung ab. Auf diese Art kommt es zu einer Durchmischung. Dies ist das Prinzip einer M. für Gase (z. B. Bunsenbrenner).

Das stetige Durchmischen von 2 Flüssigkeiten kann durch 2 M., die tangential in einen Ringraum führen, erreicht werden. *Schlag*

Mischen (Lebensmitteltechnik). Beim M. werden Stoffe oder Stoffströme so vereinigt, daß in beliebig herausgegriffenen Teilvolumen eine möglichst gleichmäßige Zusammensetzung der einzelnen Komponenten vorliegt. Die zu mischenden Stoffe können gasförmig, flüssig oder fest sein. Für das M. von Stoffen unterschiedlicher Aggregatzustände existieren spezielle Bezeichnungen, z. B. Suspendieren von Feststoffen in Flüssigkeiten, Zerstäuben von Flüssigkeiten in Gasen, Begasen von Flüssigkeiten. Ein Gemisch wird durch seine Zusammensetzung und durch seine Mischgüte gekennzeichnet.

Als Maß für die Mischgüte, d. h. zur praktischen Überprüfung des Zustandes einer Mischung, kann die empirische Varianz

$$S^2 = \frac{1}{N_S} \sum_{i=1}^{N_S} (c_i - c)^2,$$

N_S Anzahl der untersuchten Proben, c_i Konzentration in der Probe i, c Konzentration der Gesamtmischung,

verwendet werden. Ist die Konzentration der Gesamtmischung nicht bekannt, so wird die empirische Varianz (oder Streuung)

$$\bar{S}^2 = \frac{1}{N_S - 1} \sum_{i=1}^{N_S} c_i - \bar{c})^2,$$

$\bar{c}$ mittlere Konzentration, ermittelt aus den gezogenen Proben,

herangezogen.

Die Vermischung längs des Mischungswegs kann durch stichprobenweises Ermitteln der axialen Konzentrationsprofile festgestellt und mit Hilfe der mischzeitabhängigen Streuung $\sigma^2(t)$ charakterisiert werden. Sie setzt sich zusammen aus dem systematisch ausgeprägten Profil $\sigma_s^2(t)$ und der zufälligen Schwankung $\sigma_z^2(t)$ (unter Vernachlässigung der Schwankung durch Meßunsicherheiten):

$$\sigma^2(t) = \sigma_s^2(t) + \sigma_z^2(t).$$

Nach hinreichend langer Zeit verschwindet $\sigma_s^2(t)$, und $\sigma_z^2(t)$ geht in die stochastische Homogenität (gleichmäßige Zufallsmischung) über, die den gesetzmäßig homogenen Mischungszustand realer Mischungen beschreibt. Die Mischungsgeschwindigkeit ist eine Funktion der Varianz. Diese nimmt mit abnehmender Größe der Probe (Partikeldurchmesser) zu. Die Mischapparate werden in der Regel nach den rheologischen Eigenschaften der zu mischenden Komponenten ausgewählt. Nieder- bis mittelviskose Komponenten vermischt man häufig absatzweise in Rührwerken. Axialrührer (z. B. Propeller-, Schraubenrührer) und Tangentialrührer (z. B. Anker-, Blatt-, Balken-, Finger-, →Gitterrührer) sind in der Lebensmittelindustrie gebräuchlich. Vermischung von Materialströmen kann in Rohrleitungen mit Einbauten (z. B. Blenden, statische Mischer, Ejektoren) erzielt werden. Mit Knetschaufeln ausgerüstete Muldenkneter bzw. ein- und mehrwellige Schneckenmaschinen eignen sich zum Vermischen pastöser und hochviskoser Massen sowie zum Einmischen von pulverförmigen Feststoffen (z. B. Conche in der Schokoladenindustrie, Back- und Teigwarenindustrie). Das M. von Schüttgütern wird vielfach in Schaufel-, Schnecken- und Trommelmischern (langsamlaufend) oder in Zentrifugal- und Schlagmischern (schnellaufend) erzielt. *Kerner/Loncin*

Mischen (Urformen). Nach der Einstellung der Fertigungsverfahren gem. DIN 8580 ist →Urformen das Fertigen eines festen Körpers aus formlosem Stoff (z. B. Gase, Flüssigkeiten, Pulver, Späne, Granulat usw.) durch Schaffen des Zusammenhalts, wobei die Stoffeigenschaften des Werkstücks bestimmbar in Erscheinung treten.

Das M. ist eines der wichtigsten Verfahren der Aufbereitungstechnik. Im Sinn der Definition erzeugt man z. B. durch das Zumischen von Härtern zu Kunstharzen die verschiedensten duroplastischen Werkstoffe oder beispielsweise durch Einmischen eines Acrylierungsmittels zu schmelzflüssigem Caprolactam ein hochpolymeres Guß-Polyamid 6. Ebenso entsteht durch Zumischen von Zement zu Kies-Sand-Gemengen gießfähiger Beton für verschiedene Anwendungszwecke im Bauwesen.

Farben werden durch Einmischen von Härtern in ihrer Haltbarkeit (Härte), ihrer Tropfzeit, ihrer Beständigkeit gegen Atmosphärilien, Sonneneinwirkung (Farbechtheit) usw. wesentlich beeinflußt. Die Anzahl der Anwendungsbeispiele ließe sich erweitern. Daraus folgt, daß es je nach Mischaufgabe eine große Anzahl von Mischerbauformen und -größen geben muß. *Doliwa*

Mischer, mechanischer. Bei den m. M. kann man unterscheiden:

□ Statische M.: Eingesetzt werden statische M. zum Homogenisieren von Gasen und Fluiden. Sie zeichnen sich durch einen einfachen Aufbau ohne bewegliche Teile sowie einen geringen Platzbedarf aus. Der geringe Platzbedarf hat zur Folge, daß die Zudosierung sehr genau sein muß, da sich geringe Schwankungen schon auf die Produktqualität auswirken. Der statische M. besteht aus einem Rohr mit fest eingebauten Elementen; diese teilen das durchlaufende Medium auf. In Scherströmungen werden die aufgeteilten Ströme durchmischt und danach wieder vereint. Durch mehrmaliges Wiederholen dieses Prozesses erhält man eine sehr gute Durchmischung. Bekannte Typen dieses M. sind der SMV- und SMX-M.

□ M. mit rotierenden Teilen: →Rührer, →Mischsilo, →Taumelmischer, →Trommelmischer. *Schlag*

Mischer, pneumatischer. Die p. M. werden auch als Fließbett-M. bezeichnet. Man setzt sie zum Durchmischen von pulverförmigen Chargen ein. Über einen Belüftungsboden wird der gesamte Querschnitt belüftet. Die zu durchmischende Charge wird in eine Wirbelschicht übergeführt (→Wirbelschicht). Der Belüftungsboden ist in Segmente unterteilt, die unterschiedlich intensiv belüftet werden. Dadurch erzielt man eine gute Mischwirkung. Vorteilhaft für den p. M. ist das Nichtvorhandensein von beweglichen Teilen. Deshalb eignet er sich auch für große Chargen. In der Zementindustrie werden Fließbettmischer mit einem Volumen von bis zu 400 m^3 eingesetzt. *Schlag*

Mischer-Abscheider. Extraktionsapparat mit Rühr- und davon abgetrennten Abscheidezonen (Mixer-Settler). Ein M.-A. besteht aus einem Behälter, in welchem die beiden flüssigen Phasen durch Rühren ins Gleichgewicht gebracht werden (Bild). Danach werden die Phasen in einem zweiten Behälter (Abscheider) durch Absetzen voneinander

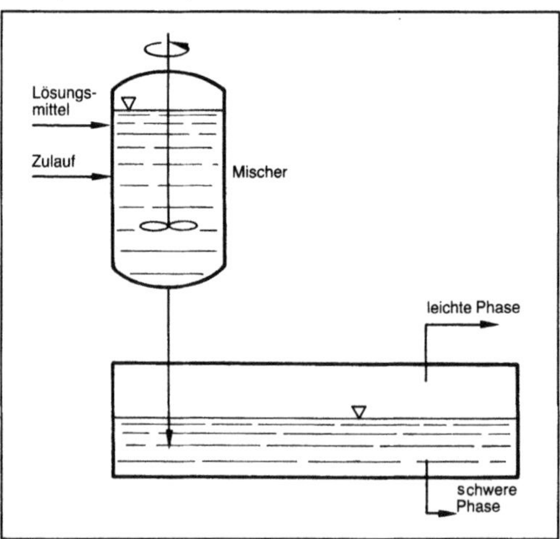

Mischer-Abscheider: Schematischer Aufbau (Mixer-Settler).

getrennt. Der Vorgang läßt sich chargenweise oder kontinuierlich durchführen. Beim chargenweisen Betrieb können beide Vorgänge auch nacheinander in einem Behälter erfolgen. Bei kontinuierlichem Betrieb sind getrennte Behälter erforderlich. Bei technisch ausgeführten Extraktionen werden mehrere Stufen zu einer Kaskade zusammengestellt und nach dem Gegenstromprinzip, in einigen Fällen nach dem Kreuzstromprinzip betrieben.

M.-A. haben einen hohen Stufenwirkungsgrad, weil es praktisch zu keiner →Rückvermischung kommt und die Verweilzeit angepaßt werden kann. *Dohrn*

Literatur: *Mersmann, A.:* Thermische Verfahrenstechnik. Berlin, Heidelberg, New York 1980. – *Sattler, K.:* Thermische Trennverfahren. Weilheim 1988.

Mischgüte. Die M. ist ein Maß für die Abweichung des Mischzustands vom Zustand der vollständigen Homogenität, die nie ganz erreicht werden kann. Ein Maß für die M. ist die Standardabweichung S. Sie wird durch Entnahme einer Anzahl n von Proben ermittelt. Die Standardabweichung bei einem Mischertyp strebt bei Verlängerung der Mischzeit einen Grenzwert an, der von 0 verschieden ist. Eine weitere Verbesserung läßt sich dann nur durch Auswahl eines anderen Mischertyps erzielen. *Schlag*

Mischpopulation. Bezeichnung für die Gemeinschaft verschiedener Mikroorganismenstämme in einem Kultursystem. M. (auch Mischkulturen genannt) verwendet man in der Biotechnologie für Abbaureaktionen komplexer Stoffgemische, z. B. für die Abwasser- und Abluftbehandlung (→Schadstoffabbau, biologischer; →Laugung, mikrobielle). Dies sind unsteril durchgeführte Prozesse. Die Zusammensetzung der Kultur paßt sich den Umgebungsbedingungen an. Auch für mehrstufige mikrobiologische Syntheseverfahren bietet sich das Arbeiten mit Mischkulturen an. Jedoch haben diese Verfahren bis heute keine Bedeutung erlangt, da sich die Zusammensetzung der Kultur und damit Produktausbeute und Produktqualität nur schwer über die Kultivationsbedingungen steuern läßt. *Liefke*

Mischsilo. Der →Schneckenmischer gehört zu den M. In ihm fördert eine Schnecke das pulverförmige Produkt innerhalb des Silos von unten nach oben. Dort verteilt es sich über die Oberfläche. Auf Grund der Schwerkraft gelangt das Produkt wieder nach unten. So kommt es zu einer Durchmischung. Rieselfähige Produkte werden mit einer zentral angeordneten Schnecke gefördert. Die Schnecke besitzt in manchen Fällen eine Ummantelung; diese vermindert die Längsmischung. Für nichtrieselfähige Produkte werden Umlaufschneckenmischer eingesetzt, bei denen eine schräg liegende Schnecke, die in Wandnähe umläuft, nach oben fördert.

Weitere M. sind die Mehrfachsilos und Zellensilos. *Schlag*

Mischung (Mischsysteme). Unter einer M. oder einem Mischsystem versteht man ein stoffliches System aus verschiedenartigen, fein verteilten chemischen Individuen. Bei der Mehrzahl der physikalischen und chemischen Prozesse werden mehrere verschiedenartige Komponenten eingesetzt, vermischt und zur Stoffumsetzung gebracht. Dabei entsteht ein Gemisch aus Endprodukten und nicht umgesetzten Ausgangsstoffen, die voneinander zu trennen sind. Ein derartiges System wird als Mischsystem bezeichnet. Nach der Anzahl der Komponenten unterscheidet man zwischen binären, ternären, quarternären, . . . Systemen.

M. (auch als Gemische oder Gemenge bezeichnet) lassen sich in homogene und in heterogene M. einteilen. Homogene M. sind z. B. mischkristallbildende Legierungen, echte Lösungen und Gasgemische, und heterogene M., die aus 2 und mehr Phasen bestehen, sind Gesteine, Suspensionen, Rauch, Staub, Nebel und Schaum.

Das Verhalten eines M.-Systems läßt sich nicht unmittelbar aus den Eigenschaften der isolierten Moleküle der Komponenten ableiten, sondern es wird entschieden von den zwischenmolekularen Wechselwirkungen bestimmt. Die beim Mischen auftretenden Änderungen dieser Wechselwirkungen gegenüber denen im Reinstoff bewirken, daß auch die molaren Eigenschaften der Komponenten bei diesem Prozeß eine Veränderung erfahren. Zwischen den Eigenschaften der reinen Stoffe und denen der M. bestehen relativ einfache Zusammenhänge, wenn man von der idealisierenden Annahme konstant bleibender Wechselwirkungen ausgeht. Bei diesen Zusammenhängen handelt es sich z. B. um die Additivität der Volumen der einzelnen Komponenten, der inneren Energien usw. In realen Systemen treten jedoch häufig zusätzliche Wechselwirkungseffekte auf, die von der Temperatur, dem Druck, der Zusammensetzung und der Art der Partner abhängen.

Die einzelnen homogenen Bereiche sind die Phasen. Die verschiedenen Phasen werden durch Phasengrenzflächen voneinander getrennt, an denen sich die Systemeigenschaften sprunghaft ändern.

Eine M. unterscheidet sich von einer chemischen Verbindung dadurch, daß sie durch physikalische Vorgänge entsteht (nicht durch chemische Reaktion) und daß die beteiligten Stoffe in beliebigen Massenverhältnissen vermengt werden können. *Weinspach*

Literatur: Autorenkollektiv: Thermodynamik der Mischphasen. Leipzig 1973.

Mischungsenthalpie. Werden zwei flüssige Komponenten mit der gleichen Ausgangstemperatur isobar miteinander vermischt, so kann die Temperatur der Mischung entweder konstant bleiben oder fallen oder steigen. Die M. gibt die Differenz zwischen der tatsächlichen Enthalpie des Gemisches und der Enthalpie des Gemisches bei idealem Verhalten an.

Bei exothermen Mischungen, bei denen Wärme abgeführt werden muß, wenn isobar-isotherm gemischt werden soll, ist die M. negativ. Im Enthalpie-Konzentrationsdiagramm sind in diesem Fall die Isothermen nach unten gekrümmt, d. h. sie liegen tiefer als bei idealem Verhalten.

Ist die M. positiv (bei endothermen Mischungen), so muß Wärme zugeführt werden, um die Temperatur konstant zu halten. Die Isothermen sind dann nach oben gekrümmt. *Dohrn*

Literatur: *Mersmann, A.*: Thermische Verfahrenstechnik. Berlin, Heidelberg, New York 1980. – *Prausnitz, J. M., R. N. Lichtenthaler* u. *E. Gomez de Azevedo*: Molecular Thermodynamics of Fluid-Phase Equilibria. 2. Aufl. Englewood Cliffs (N. J.) 1986.

Mischungslücke. Eine M. ist ein temperaturabhängiger Konzentrationsbereich, in dem 2 oder mehrere begrenzt mischbare Komponenten keine Mischung bilden können. Die M. ist demnach ein heterogenes Gebiet in einem Mischsystem innerhalb eines Aggregatzustands. M. können im festen und flüssigen Zustand auftreten. Gase dagegen mischen sich bei allen Temperaturen in beliebigen Mengenverhältnissen.

Als kritischen Mischpunkt bezeichnet man die Temperatur, bei der die M. (Bild) verschwindet. Die Mischbarkeit kann mit sinkender Temperatur abnehmen, zunehmen oder innerhalb eines Temperaturintervalls eingeschränkt sein. Je nachdem unterscheidet man dabei einen oberen oder unteren Mischungspunkt.

Begrenzt mischbar sind viele organische Flüssigkeiten, untereinander und mit Wasser, einige

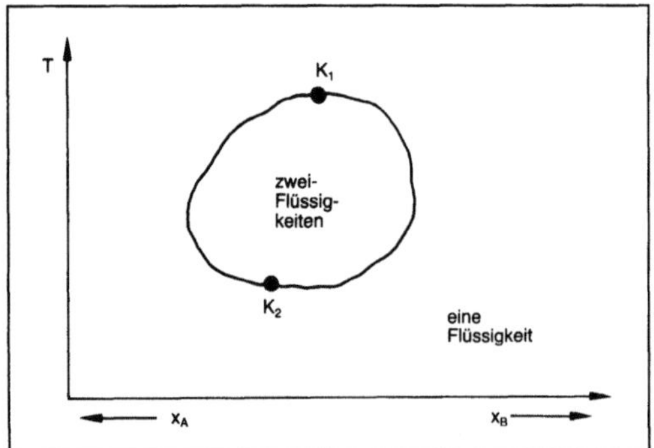

Mischungslücke: Geschlossene Mischungslücke mit unterem und oberem kritischen Mischungspunkt K₁ und K₂.

Metallschmelzen und Metalle mit ihren Salzen. M. im festen Zustand werden oft zur Verbesserung der Festigkeitseigenschaften ausgenutzt. *Weinspach*

Mitreißen. Das M. von Flüssigkeitstropfen durch aufsteigende Gase tritt mehr oder weniger in allen Gas-Flüssigkeits-Kontaktapparaten (z. B. →Verdampfer, Destillationskolonnen, Absorptionskolonnen) auf und ist unerwünscht, weil es auf diese Weise zu einer →Rückvermischung der soeben voneinander getrennten Stoffe kommt.

Die Mitreißrate, d. h. die je Kubikmeter Gas mitgerissene Flüssigkeitsmenge, ist u. a. von der Gasgeschwindigkeit und der Dichtedifferenz zwischen Gas und Flüssigkeit abhängig. Je höher die Gasgeschwindigkeit ist, desto größer sind die mitgerissenen Flüssigkeitstropfen.

Durch genügend große Abscheideräume bzw. genügend große Bodenabstände kann erreicht werden, daß sich die meisten mitgerissenen Tropfen vom Gasstrom trennen und wieder zur Flüssigkeitsoberfläche zurückfallen. *Dohrn*

Literatur: *Billet, R.*: Die industrielle Destillation. Weinheim. – *Mersmann, A.*: Thermische Verfahrenstechnik. Berlin, Heidelberg, New York 1980.

Mittenrauhwert. Der M. R_a ist der arithmetische Mittelwert der absoluten Beträge der Abstände y des Rauheitsprofils von der mittleren Linie innerhalb der Meßstrecke. Dies ist gleichbedeutend mit der Höhe eines Rechtecks, dessen Länge gleich der Gesamtmeßstrecke l_m und das flächengleich mit der Summe der zwischen Rauheitsprofil und der mittleren Linie eingeschlossenen Flächen ist (Bild).

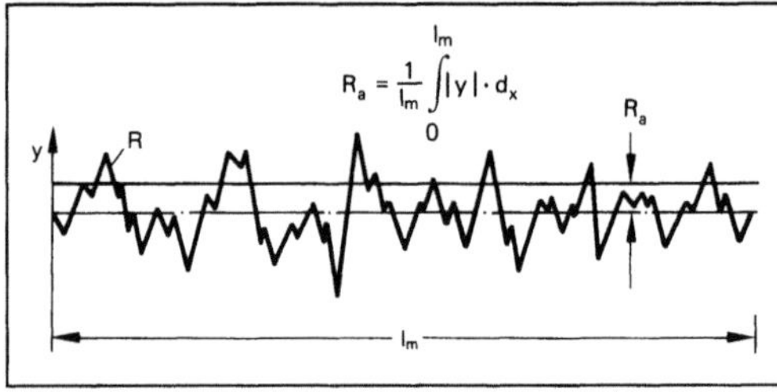

Mittenrauhwert R_a.

Obwohl der M. R_a über die Oberflächenfeingestalt (→Oberflächenrauheit) sehr wenig aussagt und auch praktisch schlecht vorstellbar ist, ist er neben der gemittelten Rauhtiefe R_z (Rauhtiefe, gemittelte) ein in der Bundesrepublik Deutschland, vor allem aber in den USA, England, Schweiz, weit verbreitetes Oberflächenmaß.

Da durch die Flächenintegration des Tastschnitts einzelne Profilausreißer weitgehend unberücksichtigt bleiben, hat R_a den Effekt, daß die Meßwerte bei der Abtastung der Werkstückoberfläche an unterschiedlichen Flächenausschnitten relativ konstant bleiben. *Kenter*

Literatur: DIN 4768. Bl. 1: Ermittlung der Rauheitsmeßgrößen R_a, R_z, R_{max} mit elektrischen Tastschnittgeräten; Grundlagen. Hrsg. Dt. Inst. f. Normung. – *Warnecke, H.-J., u. W. Dutschke:* Fertigungsmeßtechnik. Handb. f. Ind. u. Wiss. Berlin, Heidelberg, New York 1984.

Mittenrauhwert, quadratischer. Der q. M. R_q ist der quadratische Mittelwert der Profilordinaten innerhalb einer Rauheitsmeßstrecke. Der früher besonders in den USA übliche Rauheitskennwert, der auch das Kurzzeichen RMS (Root Mean Square) hatte, wurde zugunsten des M. R_a aufgegeben. *Kenter*

Mizellbildungskonzentration, kritische. Die k. M. (CMC) bezeichnet eine tensidspezifische Konzentration, bei der sowohl die maximale Löslichkeit an monomolekular gelösten Tensidmolekülen in der Lösung als auch eine maximale Grenzflächenbelegungsdichte an der Grenzfläche zwischen der Lösung und einer angrenzenden Phase erreicht ist. Bei Tensidkonzentrationen oberhalb der k. M. befinden sich im System Aggregate, sog. Mizellen. Die Anordnung der Moleküle in der Mizelle hängt in erster Linie von der Phase ab, in der die Mizellen vorliegen. Im wäßrigen Medium ordnen sich die hydrophilen Tensidmolekülteile nach außen und die lipophilen nach innen an. In einer öligen Phase ist dies genau umgekehrt. Man spricht von inversen Mizellen. Die Mizellen sind auf Grund ihrer Größe in der Lage, das Verhalten der Lösungen stark zu beeinflussen. Die Aggregate können in einem elektrischen Feld oder Strömungsfeld ausgerichtet werden, wobei die Lösung doppelbrechend wird. Außerdem verändern die Mizellen das Fließverhalten (Viskosität) der Lösung und haben zusätzlich die Fähigkeit, andere Moleküle zu solubilisieren, indem z. B. wasserunlösliche Stoffe wie Öle, Fette, Farbstoffe, aber auch polare Lösungsmittel in das Mizelleninnere eingebaut werden. Die k. M. bestimmt man i. a. durch Messen der Grenzflächenspannungs-Konzentrations-Kurve. Die k. M. entspricht der Tensidkonzentration am Knickpunkt des gezeigten Kurvenverlaufs (Bild). *Kerner/Loncin*

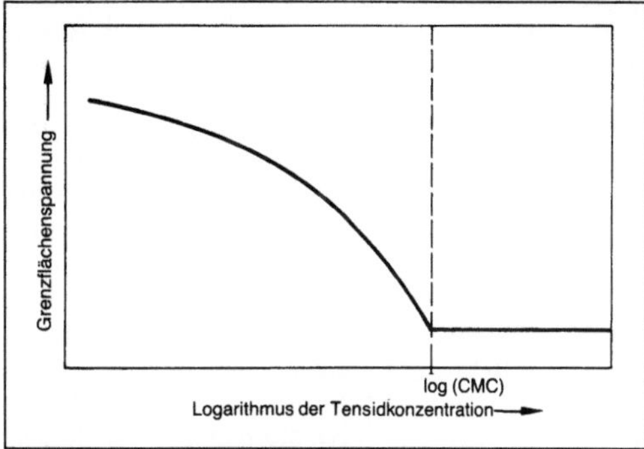

Mizellbildungskonzentration, kritische: Grenzflächenspannungs-Konzentrations-Kurve.

Modell. Die Qualität eines Gußstücks hängt hinsichtlich Maßgenauigkeit, →Oberflächengüte und Formbarkeit vom M.-Aufbau ab. Richtlinien für die Ausführung, insbes. die Güteklassenbezeichnung und -einteilung (Tabelle 1) enthält DIN 1511. Die zugehörige Tabelle 2 erleichtert die Auswahl.

Modell. Tabelle 1: Güteklassenbezeichnung und -einteilung. (Quelle: DIN 1511)

Modell-werkstoff	Güteklassen	
	Anzahl	Bezeichnung
Holz	5	H 1a, H 1, H 2, H 3
Metall	2	M 1, M 2
Kunststoff	2	K 1, K 2
Schaum-stoff	3	S 1, S 2, A 3

Modell. Tabelle 2: Hilfstabelle zur Bestimmung der Modellgüteklassen.

Güte-klasse	Wertver-hältnis*)	Verwendung	Richtwert, Anzahl der Abformungen**)	Modellwerkstoff und zulässige Maß-abweichungen	mögliche Abweich. und Zwischen-lösungen
H 1 a	W = 280—300	Serienfertigung in der Hand- und Maschinenformerei mit höchsten Ansprüchen an die Ausführung	min. 1 000 bei günstigen Modellformen; min. 500 bei ungünstigen Modellformen	Harthölzer wie Ahorn-, Birnbaum-, Kirschbaum-, Nußbaum-, Ulmenholz oder gleichwertige Furnierplatten. Gerundete Werte nach ± $^1/_2$ IT 14	Teilausführungen in Kunstharz und Metall. Vereinfachte Ausführungen an Zubehörteilen

*) Mittlere Erfahrungswerte; in Sonderfällen sind erhebliche Abweichungen möglich.
**) Stark abhängig von Werkstoffqualität und Beanspruchungen beim Formen.

Modell. Tabelle 2. Fortsetzung: Hilfstabelle zur Bestimmung der Modellgüteklassen.

Güte-klasse	Wertver-hältnis*)	Verwendung	Richtwert, Anzahl der Abformungen**)	Modellwerkstoff und zulässige Maß-abweichungen	mögliche Abweich. und Zwischen-lösungen
H 1	W = 180—220	hohe Stückzahlen, in der Hand- und Maschinenformerei mit hohen Anspr. an die Ausführung; auch Großmodelle	min. 500 bei günsti-gen Modellformen, min. 250 bei un-günstigen Modellfor-men, min. 15 bei Großmo-dellen	wie H 1 a; bei größeren Model-len Kiefer mit Hart-holzarmierung. Gerundete Werte nach $\pm \frac{1}{2}$ IT 14	Teilausführungen in Kunstharz oder Me-tall. Vereinfachung bei Großmodellen
H 2	W = 100	Kleinserien und wiederkehrende Abgüsse in der Handformerei	Kleinmodelle: 50 bei günst. Modellform; 30 bei ungünst. Mo-dellform. Großmo-delle: 15 bei günst. Modellform; 5 bei ungünst. Mo-dellform.	Erlen- und Kiefernholz oder gleichwertige Hol-zwerkstoffe. Gerun-dete Werte nach $\pm \frac{1}{2}$ IT 15	Hartholz-armierungen. Besondere Verschlüsse an Kernkästen. Ver-stärkte oder verein-fachte Ausführung von Einzelteilen
H 3	W = 70—80	Einzelabgüsse in der Handformerei	Kleinmodelle max. 5 Großmodelle max. 2	Fichten-, Kiefern-, Erlen- und Linden-holz sowie Tannen-holz als Füllholz. Ge-rundete Werte nach $\pm \frac{1}{2}$ IT	Einzelteile in ver-stärkter Ausführung. Losteile und Ände-rungsteile aus Hart-schaumstoff
M 1	W = 900—1 200	Großserien in der Masch.-Formerei mit höchsten An-sprüchen an die Ausführung	mind. 50 000 bei gün-stigen, mind. 15 000 bei ungünstigen Mo-dellformen (außer Hartblei und Mo-dellmetall)	Rotguß, Messing, Aluminiumlegierun-gen, Gußeisen und Stahl. Gerundete Werte nach $\pm \frac{1}{2}$ IT 12	keine
M 2	W = 700—1 200	Serienfertigung in der Masch.-Forme-rei	mind. 40 000 bei gün-stigen, mind. 12 000 bei ungünstigen Mo-dellformen (außer Hartblei und Mo-dellmetall)	wie M 1, jedoch auch Hartblei und Mo-dellmetall. Gerun-dete Werte nach $\pm \frac{1}{2}$ IT 13	keine
K 1	W = 200—300	Serienfertigung in der Masch.-Forme-rei	mind. 30 000 bei gün-stigen, mind. 10 000 bei ungünstigen Me-tallformen (außer Hartblei und Mo-dellmetall)	Kunststoffe mit ho-her Formbeständig-keit und Abriebfe-stigkeit. Gerundete Werte nach $\pm \frac{1}{2}$ IT 13	Armierungen und Losteile aus Metall
K 2	W = 180—250	kleine bis mittlere Serien in der Maschinenformerei	mind. 10 000 bei gün-stigen, mind. 5 000 bei ungünstigen Mo-dellformen (außer Hartblei und Mo-dellmetall)	Kunststoffe. Gerundete Werte nach $\pm \frac{1}{2}$ IT 14	wie K 1
S 1	W = 40—60	für mehrmaligen Gebrauch leicht entformbare Modelle	max. 4	harter Schaumkunst-stoff, z. B. Polystyrol mit 20 bis 40 kg/m³ Rohdichte	Versteifungen und Armierungen aus Holz
S 2+3	W = 30—50	einmaliger Gebr.; verlorenes Modell	1	wie S 1, jedoch mit einer Rohdichte un-ter 20 kg/m³	keine

*) Mittlere Erfahrungswerte; in Sonderfällen sind erhebliche Abweichungen möglich.
**) Stark abhängig von Werkstoffqualität und Beanspruchungen beim Formen.

Modell. Tabelle 3: Kennzeichnung der Formverfahren im Hinblick auf die Modell- und Kernkastenausführung.

Spaltengruppen: **Modell- bzw. Kernkastenwerkstoff** = Holz, Metall, Gießharze, Schaumst. — **Verfestigen der Sandmischung[2]** = Temperatur (Raum-temperatur, erhöhter Temperatur), Ort (im Kernkasten bzw. mit Modell, außerhalb bzw. ohne Modell), Dauer (s, min, h) — **Anwendungsbereich** = Stahlguß, Temperguß, Gußeisen, Leichtmetallguß, Schwermetallguß.

Formverfahren bzw. Formstoffe	Holz	Metall	Gießharze	Schaumst.	Verdichten[1]	Raum-temperatur	erhöhter Temperatur	im Kernkasten bzw. mit Modell	außerhalb bzw. ohne Modell	s	min	h	Stahlguß	Temperguß	Gußeisen	Leichtmetallguß	Schwermetallguß
Formverfahren mit tongebundenen Formsanden																	
ungetrocknete Formen	●	●	●		+								●	●	●	●	●
oberflächengetrocknete Formen	●	●	●		+				+		+	○	●	○	○	○	○
getrocknete Formen	●	○	○		+		+		+		+	○	●		●	●	○
Schamotte-Formverfahren	●	○	○		+		+		+			+	●				
Formverfahren mit wasserglasgeb. Formstoffen																	
Kohlensäure-Erstarrungsverfahren	●	●	●	○	●	+	○	+		+	○		●	●	●	●	●
Fließsand-Verfahren	●	○	○	○		+		+				+	○		○		
Zementsand-Formverfahren	●	○	○	●	○	+		+			○	+	○		●		○
Zement-Fließsand	●	○	○	○		+		+			○	+			●		
Formverfahren mit Erstarrungsölsanden	●	○	○		○	+	○		+	○	○		●	●	●	●	
Formverfahren mit kalthärtenden Kunstharzsanden	●	○	○	○	○	+		+			○	○	●	○	●	○	○
Cold-Box-Verfahren	○	●	○	●	●	+		+		+	○		●	●	●	●	●
Formverfahren mit heißen Formwerkzeugen																	
Masken-Formverfahren		+					+	+		+	●		●	●	●	●	●
Hot-Box-Formverfahren		+			+		+	+		+	○		●	●	●	●	●
öl- und emulsionsgebundene Formstoffe	●	●	●		+		+		+			+	●	●	●	●	○
Formverfahren mit binderfreien Formsanden																	
Vollformverfahren				+									○	○	○	○	○
Magnetformverfahren				+		●		+				+	○	○	○	○	○
Vakuumformverfahren	●	●	●			●		+				+	○	○	○	○	○

○ möglich
● üblich
+ notwendig

[1]) durch mechanische Vorgänge erzielte Steigerung der Festigkeit
[2]) Festigkeitserhöhung durch chemische oder thermische Behandlung oder durch physikalische Kräfte

Der innige Zusammenhang zwischen M.-Ausführung und Formverfahren geht aus Tabelle 3 hervor. Neben der Kenntnis dieser Zusammenhänge sollte jede M.-Konstruktion in Abstimmung mit der Gießerei wichtige Details wie Teilung, Formschrägen, Schwindmaße usw. berücksichtigen. Richtwerte für Formschrägen und Schwindmaße mit den möglichen Abweichungen enthalten Tabelle 4 und 5.

M. für hochwertige Gußstücke verursachen erhebliche Herstellungskosten, die mitunter einen großen Anteil an den gesamten Gußkosten ausmachen. Um besonders bei Prototypen, bei denen man sich nicht sicher ist, ob die Serienausführung in der gleichen Form ablaufen wird, die M.-Kosten zu senken, verwendet man dazu M. aus Polystyrol- oder Polyurethanschaum. Infolge der leichten Bearbeitbarkeit dieser M.-Baustoffe ergeben sich beträchtliche Kosteneinsparungen, zumal man diese vergasbaren M.-Werkstoffe als „Naturmodell", d. h. ohne Kernkästen (deren Herstellkosten eingespart werden) ausführen kann, da die M. nicht entformt werden müssen, sondern nach der Technik des Vollformgießens vergast werden.

Ein weiterer Vorteil liegt darin, daß ein solches M. abgesehen vom Schwindmaß genauso aussieht wie der spätere Abguß. Der Konstrukteur kann also übersehene Schwachstellen rechtzeitig erkennen.

Eine lange Tradition hat die Herstellung von Gipsmodellplatten für die Maschinenformerei. Durch die Entwicklung neuartiger Hartgipse auf synthetischer Basis mit hoher Festigkeit (auch im Kantenbereich) und sehr geringer Schwindung (deshalb rißfreier M.-Guß) hat diese etwas in Vergessenheit geratene M.-Herstellungstechnik wieder neuen Auftrieb erhalten. Vorteilhaft sind die relativ geringen Herstellkosten der Gipsmodellplatten, die wesentlich unter den Kosten für eine Kunststoffplatte liegen. Allerdings benötigt man für eine Gipsmodellmustermacherei formtechnisch erfahrene Handwerker. *Doliwa*

Modell. Tabelle 4: Richtwerte für Formschrägen.

Formschrägen für innere und äußere Flächen an Modellen

Höhe in mm	bis 10	über 10 bis 18	über 18 bis 30	über 30 bis 50	über 50 bis 80	über 80 bis 180
Schräge	3°	2°	1,5°	1°	0,75°	0,5°

Höhe in mm	über 180 bis 250	über 250 bis 315	über 315 bis 400	über 400 bis 500	über 500 bis 630	über 630 bis 800	über 800 bis 1 000
Schräge in mm	1,5	2,0	2,5	3,0	3,5	4,5	5,5

Höhe in mm	über 1 000 bis 1 250	über 1 250 bis 1 600	über 1 600 bis 2 000	über 2 000 bis 2 500	über 2 500 bis 3 150	über 3 150 bis 4 000
Schräge in mm	7	9	11	13,5	17	21

Formschrägen für Kernmarken

Höhe in mm	bis 70	über 70
Schräge	5°	3°

Anhaltswerte für Formschrägen beim Maskenformverfahren

Modellhöhe	bis 40 mm	40 bis 80 mm	über 80 mm
Formschräge	0°; 20′	0°; 30′	1°

Modell. Tabelle 5: Schwindmaßrichtwerte und mögliche Abweichungen.

Gußwerkstoff	Richt-wert %	mögl. Abwei-chung %
Gußeisen		
mit Lamellengraphit	1,0	0,5—1,3
mit Kugelgraphit,		
ungeglüht	1,2	0,8—2,0
mit Kugelgraphit, geglüht	0,5	0,0—0,8
Stahlguß	2,0	1,5—2,5
Manganhartstahl	2,3	2,3—2,8
Temperguß GTW	1,6	1,0—2,0
Temperguß GTS	0,5	0,0—1,5
Aluminium-Gußlegierungen	1,2	0,8—1,5
Magnesium-Gußlegierungen	1,2	1,0—1,5
Kupferguß (Elektrolyt)	1,9	1,5—2,1
Guß-CuSn-Legierungen (Gußbronzen)	1,5	0,8—2,0
Guß-CuSnZn-Legierungen (Rotguß)	1,3	0,8—1,6
Guß-CuZn-Legierungen (Gußmessing)	1,2	0,8—1,8
G-CuZn (Mn, Fe, Al)-Legierungen (Guß-Sondermessinge)	2,0	1,8—2,3
G-CuAl (Ni, Fe, Mn)-Legierungen (Guß-Aluminium- und Guß-Mehrstoff-Aluminiumbronzen)	2,1	1,9—2,3
Zinkguß-Legierungen	1,3	1,1—1,5
Weißmetall (Pb, Sn)	0,5	0,4—0,6

Modell, tribologisches. Das Wort Tribologie leitet sich aus dem Griechischen ab: tribein reiben.

Reibung, Reibgesetz. Reibung tritt in der Wirkfuge zwischen zwei Elementen eines tribologischen Systems (Bild 1) auf, die sich unter der Wirkung von äußeren Kräften relativ zueinander bewegen.

Die für die Fertigungstechnik wichtigsten Folgen der Reibung sind der →Verschleiß der Werkzeuge sowie Oberflächenschäden (Riefen) am Werkstück. Ferner führt die Reibung zu Energieverlusten und damit zu einer Erhöhung des Kraft- und Arbeitsbedarfs des Umformvorgangs. Zum Abschätzen des Kraft- und Arbeitsbedarfs benötigt man eine geeignete mathematische Beschreibung der in der Wirkfuge zwischen Werkzeug und Werkstück auftretenden Reibvorgänge.

Der Gleitwiderstand kann durch die Größe der in der Wirkfuge herrschenden Schubspannungen τ_i,

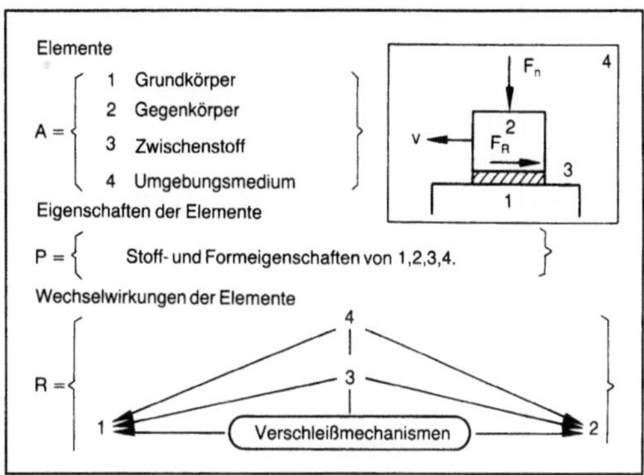

Modell, tribologisches 1: Aufbau des Systems.

die i. a. die Reibschubspannungen τ_R sind, angegeben werden. Zur Beschreibung von τ_R haben sich in der →Plastizitätstheorie zwei physikalische Modelle weitgehend durchgesetzt:

Nach dem Coulomb-Reibgesetz ist der Zusammenhang zwischen den Druckkräften F_N und den entgegen der Bewegungsrichtung wirkenden Reibungskräften durch die Reibungszahl μ gegeben

$$F_R = \mu F_n \tag{1}$$

Die Reibungszahl μ wird meist über den Vorgang und die Reibfläche als konstanter Wert (Mittelwert) betrachtet. Untersuchungen zeigten jedoch, daß die Größe der Reibungszahl außer von der Geometrie der Reibfläche, der Werkstoffpaarung, dem Schmierstoff auch von den mechanischen und physikalischen Einflußgrößen (Druck, Relativgeschwindigkeit der Reibpartner, Temperatur) abhängt. Die Reibungszahl μ kann nach der →Fließbedingung von *Tresca* Werte $0 \le \mu \le 0,5$, nach der Fließbedingung von *v. Mises* Werte $0 \le \mu \le 0,577$ annehmen. Dabei entspricht $\mu = 0$ dem reibungsfreien Fall, $\mu = 0,5$ bzw. $\mu = 0,577$ dem Grenzfall des Haftens (→Haftreibung).

Eine andere Betrachtungsweise geht davon aus, die Reibschubspannung τ_R mit der Schubfließspannung k des weicheren Werkstoffs nach der Beziehung

$$\tau_i = \tau_R = mk \tag{2}$$

zu verknüpfen. Der Proportionalitätsfaktor m wird zur Unterscheidung von der Reibungszahl μ als Reibfaktor bezeichnet. Er kann die Werte $0 \le m \le 1$ annehmen. Dabei entspricht $m = 0$ dem reibungsfreien Fall und $m = 1$ dem Grenzfall des Haftens (Haftreibung).

Die tribologischen Bedingungen in der Wirkfuge Werkzeug-Werkstück sind sehr vielfältig. Sie können sich in der Umformzone selbst unterschiedlich ergeben und während der Umformung verändern. Das Verhalten der Schmierstoffe wird dadurch mitbestimmt. Es äußert sich in unterschiedlichen Reibungszuständen.

Üblicherweise werden vier verschiedene Reibungszustände unterschieden:
- Festkörperreibung (trockene Reibung),
- Grenzreibung,
- Mischreibung,
- hydrodynamische Reibung (Flüssigkeitsreibung).

Bild 2 zeigt in einem erweiterten Stribeck-Diagramm die Bereiche der hydrodynamischen Reibung, der Misch- und der Grenzreibung für einen viskosen Schmierstoff in Abhängigkeit von der Dicke der Schmierstoffschicht. Zusätzlich ist der Bereich der Festkörperreibung in das Stribeck-Diagramm eingezeichnet.

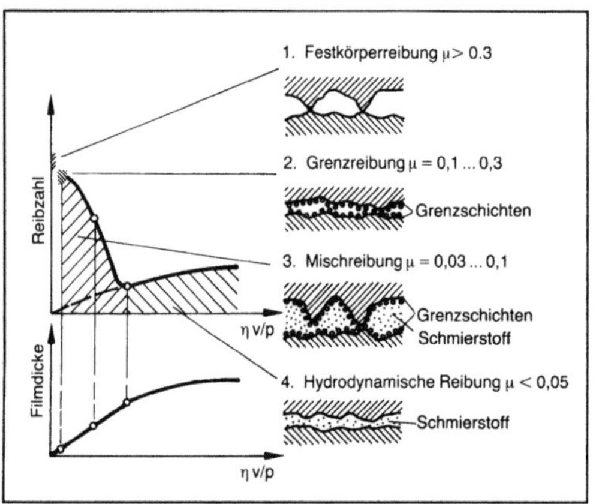

Modell, tribologisches 2: Stribeck-Diagramm für unterschiedliche Reibungszustände.

η dynamische Viskosität, v Gleitgeschwindigkeit, p Flächenpressung

Festkörperreibung. Festkörperreibung oder trockene Reibung liegt vor, wenn in einem tribologischen System die durch Belastung und Bewegung eingebrachte Energie von dem einen Reibpartner auf den anderen ohne Vorhandensein eines Zwischenstoffs (oder Oberflächenschicht) übertragen wird. Die Oberflächen der Reibpartner sind metallisch rein. Der Reibmechanismus wird ausschließlich durch die chemischen und physikalischen Eigenschaften der Reibpartner bestimmt. Da der Reibvorgang in keiner Weise begünstigt wird, sind Reibung und Verschleiß hoch.

Grenzreibung. Unter normalen atmosphärischen Bedingungen sind alle technischen Oberflächen mit adsorbierten Gas- und/oder Flüssigkeits- und/oder chemischen Reaktionsschichten (Oxidschicht) belegt. Man spricht hier von Grenzreibung oder Oberflächenschichtreibung. Die gewöhnlich nur wenige Moleküllagen dicken nichtmetallischen Trennschichten begünstigen den Reibungsvorgang und vermindern Reibung und Verschleiß.

Mischreibung. Bereits bei Vorhandensein kleiner Schmierstoffmengen an der Reibstelle, die flüssig

oder pastös sein können, wird der Reibungsvorgang begünstigt. Zwar kann eine unmittelbare Berührung der Reibpartner nicht ausgeschlossen werden. Doch wechseln sich diese Kontaktstellen ab mit Bereichen, in denen ein Schmierfilm die Oberflächen trennt. In Teilbereichen kann es sogar zu einem hydrodynamischen Druckaufbau kommen. Dieser Zustand wird als Mischreibung bezeichnet. Eine physikalisch genaue Beschreibung des Mischreibungs-Vorgangs ist bisher nicht gelungen. Die Mischreibung ist der bei Umformvorgängen vorwiegend zu beobachtende Reibungszustand.

Hydrodynamische Reibung, Flüssigkeitsreibung. Reichen die sich zwischen den Reibpartnern aufbauenden Drücke in der Schmierstoffschicht aus, der äußeren Kraft das Gleichgewicht zu halten, so werden die Oberflächen vollständig voneinander getrennt, und es findet keinerlei direkte Berührung mehr statt. Der Reibungsvorgang wird dabei aus der Berührungsebene zweier Festkörper in eine Flüssigkeitsschicht verlegt. Als Schmierstoffeigenschaft ist einzig und allein die Viskosität oder eine andere das →Fließverhalten der Schmierstoffschicht kennzeichnende Größe von Bedeutung. Die Reibpartner selbst sind an dem Reibungsvorgang nur insofern beteiligt, als sie chemisch mit dem Schmierstoff reagieren bzw. ihre Oberflächenfeingestalt zur Aufrechterhaltung der völligen Trennung der Reibpartner beiträgt. *Lange*

Literatur: *Lange, K.* (Hrsg.): Umformtechnik. Handb. f. Ind. u. Wiss. Bd. 1: Grundlagen. Berlin, Heidelberg, New York, Tokio 1984. – *Schey, J. A.:* Metal deformation processes: Friction and lubrication. New York 1979. – *Schey, J. A.:* Tribology in Metalworking. Metals Park OH 1983.

Modell, vergasbares →Vollformgießen

Modellausführung. In der Prozeßtechnik müssen häufig Vorgänge experimentell untersucht werden. In vielen Fällen ist es unzweckmäßig, zu aufwendig oder gar unmöglich, diese Untersuchungen an Anlagen technischer Größe oder unter realen Bedingungen durchzuführen, z. B. wegen fehlender Meßtechnik bei hohen Temperaturen. Dann werden Experimente an M. des realen Systems durchgeführt. M. in diesem Sinn sind geometrisch und physikalisch ähnliche Abbildungen von Großausführungen oder physikalischen und chemischen Vorgängen auf experimentell leichter zugängliche ähnliche Ausführungen von Anlagen oder Prozessen, eben die M.

Bei der Übertragung vom realen System auf die M. und umgekehrt sind die Gesetze der Ähnlichkeit zu beachten. Diese besagen, daß alle eine Ausführung oder einen Vorgang kennzeichnenden Größen in beiden Fällen zueinander in einem konstanten Verhältnis stehen müssen. Die Zahl der kennzeichnenden Größen läßt sich durch die Bildung dimensionsloser Kennzahlen reduzieren (Modellgesetz).

Eine M. kann dazu dienen, den Maßstab der Experimente zu verringern und damit den Aufwand erheblich zu reduzieren. Die Ergebnisse lassen sich nach den Regeln der Ähnlichkeit auf eine →Großausführung übertragen.

Ein anderer Zweck der M. ist der, die Prozeßparameter so zu verändern, daß Vorgänge meßtechnisch erfaßt werden können. So untersucht man z. B. Vorgänge in Verbrennungswirbelschichten an sog. Kaltmodellen bei Umgebungstemperatur. Häufig wird auch das Verhalten von Mischsystemen aus sehr vielen Komponenten durch ein Modell aus wenigen Komponenten nachgebildet. In diesen Fällen sind meist die Übertragungsregeln gesondert zu erarbeiten. *Brunner*

Modellgesetz. Ergebnisse, die an Modellen erhalten wurden, kann man mit Hilfe von M. oder Ähnlichkeitsbeziehungen auf technische Apparate übertragen. Entweder interessiert die Übertragung vom Kleinen (Laborexperiment) ins Große (→Maßstabvergrößerung) oder die Nachbildung im Kleinen (Maßstabverkleinerung). In beiden Fällen ist der physikalisch ähnliche Ablauf in geometrisch ähnlicher Ausführung Bedingung.

Die geometrische Ähnlichkeit ist gegeben, wenn entsprechende Längen beider Ausführungen zueinander in einem konstanten Zahlenverhältnis stehen.

Die physikalische Ähnlichkeit ist gegeben, wenn neben der geometrischen Ähnlichkeit auch alle anderen physikalischen Größen, die den Vorgang kennzeichnen, in einem konstanten Verhältnis zueinander stehen.

Die Vielzahl der Größen kann durch geeignete Kombination zu dimensionslosen Ähnlichkeitskennzahlen reduziert werden. Durch diese dimensionslosen Kennzahlen wird ein bestimmter Vorgang charakterisiert, z. B. die erzwungene Strömung eines Fluids mit der Strömungsgeschwindigkeit w, einer charakteristischen geometrischen Länge l (bei Rohrströmung der Durchmesser d) und der kinematischen Viskosität v durch die Kombination zur Reynolds-Zahl Re:

$$\text{Re} = \frac{\omega \cdot l}{v}.$$

Andere Vorgänge wie die Wärmeübertragung oder die freie Konvektion werden durch analoge Ähnlichkeitskennzahlen charakterisiert, die die für den Vorgang wesentlichen Größen zu einem dimensionslosen Term zusammenfassen (→Kennzahlen (Verfahrenstechnik)). Komplexe Vorgänge in technischen Apparaten kann man durch mehrere Ähnlichkeitskennzahlen charakterisieren, deren Zahl für ähnliche Vorgänge gleich ist. Ferner sind ähnliche Vorgänge z. B. auch in Apparaten unterschiedlichen Maßstabs dadurch gekennzeichnet, daß die jeweiligen Werte der Ähnlichkeitskennzahlen gleich sind. Damit ist der Zusammenhang zwischen ähnlichen Ausführungen hergestellt. Allerdings bedeutet dieser Zusammenhang nicht die einzige mögliche Lösung für das Problem.

Der funktionale Zusammenhang für einen Vorgang wird als Potenzfunktion der Kennzahlen zusammengefaßt, wofür als theoretische Grundlage das sog. Π-Theorem dient. Dieses besagt, daß sich eine dimensionsrichtige Gleichung als Beziehung zwischen einem Satz dimensionsloser Kennzahlen schreiben läßt, deren Anzahl sich aus der Differenz zwischen der Zahl der vorkommenden Größen und der Zahl der darin enthaltenen Grunddimensionen ergibt.

Beispielsweise wird die Wärmeübertragung durch strömende Medien durch sieben Größen gekennzeichnet: eine charakteristische Länge l, eine Strömungsgeschwindigkeit w, die Dichte ρ, die Viskosität v, die Wärmeleitfähigkeit λ, den Wärmeübergangskoeffizienten α und die spezifische Wärmekapazität c_p. Darin sind vier Grunddimensionen enthalten: die Masse, die Länge, die Zeit und die Temperatur. Daher kann man den Vorgang durch eine Kombination von drei Ähnlichkeitskennzahlen beschreiben, der Nußelt-, Reynolds- und Prandtl-Zahl:

$$\text{Nu} = C \cdot \text{Re}^m \cdot \text{Pr}^n.$$

Die Anwendung der M. erfordert eine gründliche Kenntnis der physikalisch-chemischen Vorgänge. Die Übertragung zwischen →Modellausführung und →Großausführung ermöglicht es nicht immer, alle Ähnlichkeitskennzahlen konstant zu halten, so daß man nur eine partielle Ähnlichkeit erreichen kann. *Brunner*

Mode →Resonator, optischer

Modul. Unter einem M. versteht man in der Membrantechnik eine Vorrichtung, in die eine Membran zum Zweck der technischen Nutzung eingebaut ist. Membran-M. müssen technische und wirtschaftliche Anforderungen erfüllen, darunter:
□ möglichst viel Membranfläche auf kleinstem Raum unterbringen,
□ einen zuverlässigen Betrieb bei den notwendigen Drücken über lange Zeiträume ermöglichen,
□ eine Verschmutzung der Membran durch Fremdteilchen verhindern oder die Möglichkeit zu deren Beseitigung bieten,
□ Konzentrationserhöhungen in der Rohlösung weitgehend verhindern und
□ die Kosten für Beschaffung und Wartung der Membran niedrig halten.

Da diese Forderungen nicht von einer M.-Bauart für alle Anwendungszwecke erfüllt werden können, sind verschiedene M.-Typen entwickelt worden,

Modul. Tabelle: Eigenschaften von Membranmodulen.

	Rohrmodul	Platten-modul	Wickel-modul	Kapillar-modul	Hohlfaser-modul
Packungsdichte in m²/m³	20—80	400—600	800—1000	600—1200	10 000
Investitionskosten	hoch	hoch	sehr niedrig	niedrig	niedrig
Betriebskosten	hoch	niedrig	niedrig	niedrig	niedrig
Strömungskontrolle	gut	einiger-maßen	schlecht	gut	gut
Reinigung	gut	schlecht	schlecht	einiger-maßen	einiger-maßen

nämlich für Flachmembranen der Platten-M. und der Wickel-M. und für rohrförmige Membranen der Rohr-M., der Kapillar-M. und der Hohlfaser-M. (Tabelle).

Beim Rohr-M. (Bild 1) werden die schlauchförmigen asymmetrischen Polymermembranen in poröse Stützrohre eingesetzt. Die Rohlösung wird in das Rohr gepumpt. Das Permeat wandert durch die Membranen und das Stützrohr und wird außen abgezogen. Rohrmembran-M. werden wegen ihrer Reinigungsmöglichkeit zum Trennen von Lösungen mit hohen Feststoffgehalten eingesetzt, bei denen Ablagerungen auf der Membran auftreten können.

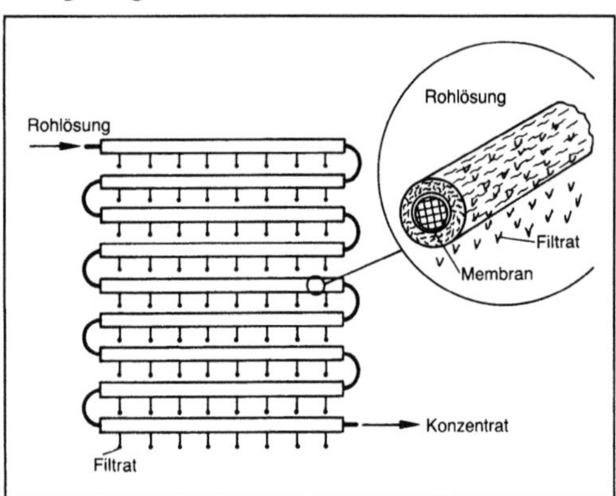

Modul 1: Rohrmodul (Schemaskizze).

Auf Grund des hohen Investitionsaufwands und hoher Betriebskosten ist der Einsatz von Rohr-M. begrenzt. Die hohen Investitionskosten entstehen durch die geringe Packungsdichte an Membranfläche von etwa 20–80 m²/m³. Die hohen Betriebskosten sind auf die große Pumpleistung zurückzuführen, die wegen der großen Strömungsquerschnitte erforderlich ist.

Beim Platten-M. (Bild 2) werden Membranen und poröse Stützmaterialien schichtweise angeordnet. Aus der Rohlösung wandert das Permeat durch die

Membran in die poröse Stützschicht, aus der es abgezogen wird. Der wesentliche Vorteil der Platten-M. ist die Austauschbarkeit der Membran. Sie sind jedoch bei der Herstellung aufwendig und empfindlich gegen Verunreinigungen und Ausfällungen. Beim Platten-M. werden Packungsdichten an wirksamer Membranfläche von 400–600 m²/m³ erreicht. Auf Grund der engen Strömungskanäle (0,5–2 mm) sind die Betriebskosten niedriger als bei Rohr-M.

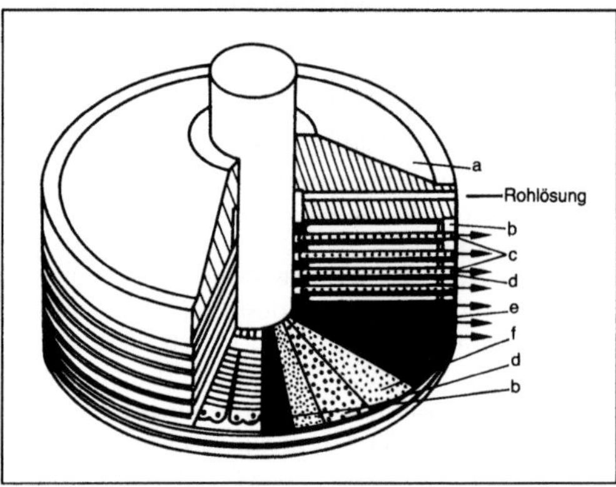

Modul 2: Plattenmodul (Schemaskizze).

a Endplatte, b Distanzplatte, c Filtrat, d Membranträger, e Membran, f Filterpapier

Dem Platten-M. verwandt ist der Wickel-M. (Bild 3). Flachmembran und poröses Stützmaterial werden dabei spiralförmig aufgewickelt. Das Permeat, das durch die Membran hindurchtritt, gelangt in die poröse Stützschicht und fließt in ihr spiralförmig zum Permeatsammelrohr. Dadurch werden kostengünstige und raumsparende Membrananordnungen ermöglicht. Wie der Platten-M. ist auch der Wickel-M. gegen Verunreinigungen und Ausfällungen empfindlich. Eine Reinigung ist nur in geringem Maß möglich. Deshalb wird dieser M. hauptsächlich für das Abtrennen von Komponenten niedriger relativer Molekülmasse aus flüssigen Lösungen oder

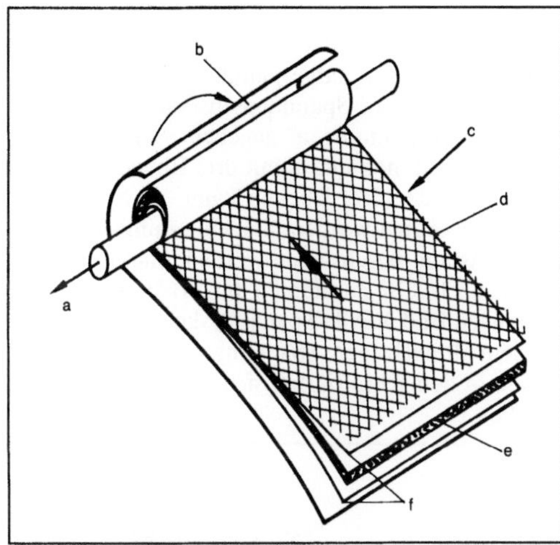

Modul 3: Wickelmodul (Schemaskizze).

a Filtrat, b Deckblatt, c Rohlösung, d Netzgitter, e Membranträger, f Membran

zum Gastrennen eingesetzt. Die Packungsdichten an aktiver Membranfläche liegen beim Wickel-M. im Bereich von 1000 m^2/m^3.

Für den Hohlfaser-M. (Bild 4) werden die Membranen als asymmetrisch aufgebaute hohle Fasern hergestellt. Dabei befindet sich die wirksame Trennschicht auf der Außenseite. Die Fasern haben einen Durchmesser von etwa 0,1 mm. Sie werden bündelweise in ein Rohr eingeklebt. Die Rohlösung wird in das Mantelrohr gepumpt. Das Permeat durchdringt die Fasern von außen und wird innen abgezogen. Die Fasern sind bis zu Drücken von 60–80 bar selbsttragend. Es lassen sich sehr große Membranflächen auf kleinstem Raum unterbringen. Die Packungsdichte beträgt bis zu 10 000 m^2/m^3. Hohlfaser-M. werden für die →Umkehrosmose verwendet, z. B. zum Entsalzen von Meer- oder Brackwasser und für Gastrennungen.

Beim Kapillarrohr-M. sind die Membranen als Kapillaren mit Innendurchmessern von etwa 1 mm

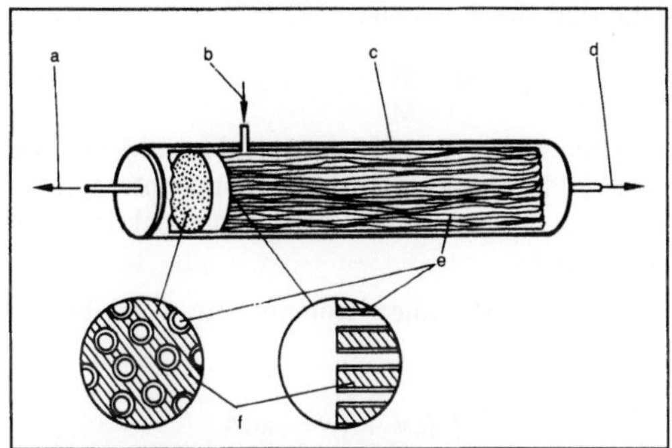

Modul 4: Hohlfasermodul (Schemaskizze).

a Filtrat, b Rohlösung, c Mantelrohr, d Konzentrat, e Hohlfaser, f Gießharz

ausgebildet. Sie werden mit der Rohlösung von innen beaufschlagt und können bis zu Drücken von etwa 5 bar belastet werden. Wie bei den Hohlfasern faßt man die Kapillaren zu Bündeln zusammen und klebt sie in ein Mantelrohr ein. Wegen des geringen anwendbaren hydrostatischen Drucks sind Kapillarrohr-M. praktisch nur für die Ultrafiltration geeignet. Sie werden für die Ultrafiltration von Lösungen in der Nahrungsmittelindustrie, in der pharmazeutischen Industrie und zur Abwasserreinigung eingesetzt. *Brunner*

Mogensen-Sizer. Siebmaschine mit Trennkorngrößen zwischen 0,1–50 mm zum →Klassieren von Schüttgütern. Der M. wird vor allem zum Sieben von feuchten und schwierig zu siebenden Stoffen eingesetzt. Er besteht aus einem federnd aufgehängten Gehäuse (Bild), das von einem Unwuchtantrieb zu Schwingungen erregt wird. In diesem Gehäuse sind mehrere Siebdecks übereinander mit nach unten abnehmender →Maschenweite eingesetzt.

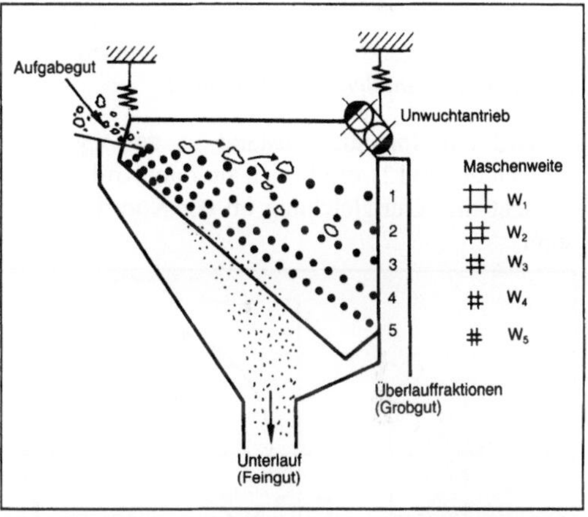

Mogensen-Sizer: Übereinander angeordnete Siebflächen mit von oben nach unten abnehmender Maschenweite.

Schwingungsantrieb: gegenläufige Wuchtmassen

Das Aufgabegut wird dem obersten Siebdeck zugeführt. Infolge der Neigung der Siebflächen und der Schwingungsamplitude bewegen sich die Partikel schräg nach unten über das Sieb. Dabei fallen diejenigen mit einem kleineren Durchmesser als die jeweilige Maschenweite auf das darunterliegende Sieb usw. Entsprechend ergibt sich für jedes Siebdeck eine Überlauffraktion mit Partikeln größer als dessen Maschenweite. *Trefz*

Mohnopumpe →Exzenterschneckenpumpe

Mohr-Spannungskreis. Bei bekannter äußerer Beanspruchung ist es oft notwendig, in Bauteilen die Normal- und Schubspannungen in beliebigen Schnitten sowie die Hauptspannungen zu ermitteln.

Ein bekanntes Hilfsmittel zur zeichnerischen Darstellung ist dabei der M.-S. (*Otto Mohr* 1882). Dies wird an einem infinitesimalen Würfelelement dargestellt, wobei die Lage der Schnittebene im Element durch den Normalenvektor ñ gegeben ist (Bild 1).

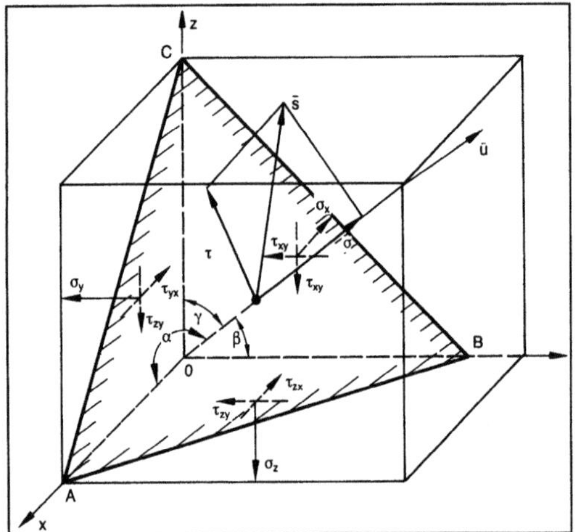

Mohr-Spannungskreis 1: Schnittspannungen an einem infinitesimalen Würfelelement.

Wird ein Spannungszustand in der x,y-Ebene betrachtet (Bild 2), ergibt sich aus dem Kräftegleichgewicht die Kreisgleichung im σ,τ-Koordinatensystem:

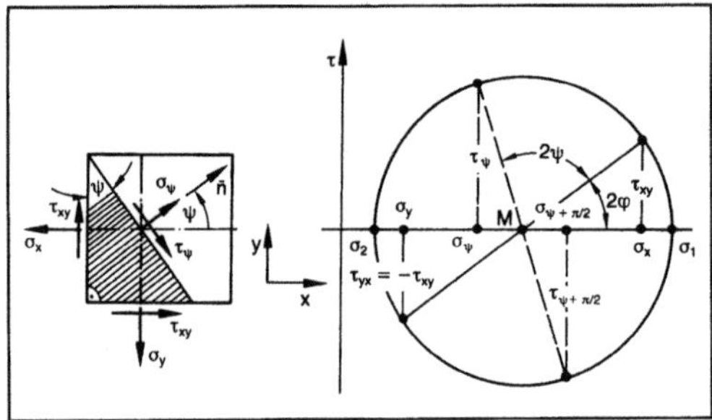

Mohr-Spannungskreis 2: Spannungen am Schnittelement in der x,y-Ebene.

$$\left(\sigma - \frac{\sigma_x + \sigma_y}{2}\right)^2 + \tau^2 = \left(\frac{\sigma_x - \sigma_y}{2}\right)^2 + \tau_{xy}^2.$$

Verschwindet die Schubspannung τ, erhält man die Hauptspannungen σ_1 und σ_2 zu

$$\sigma_1 = \frac{\sigma_x + \sigma_y}{2} + \sqrt{\left(\frac{\sigma_x - \sigma_y}{2}\right)^2 + \tau_{xy}^2},$$

$$\sigma_2 = \frac{\sigma_x + \sigma_y}{2} - \sqrt{\left(\frac{\sigma_x - \sigma_y}{2}\right)^2 + \tau_{xy}^2}$$

sowie

$$\tau_{max} = \frac{\sigma_1 - \sigma_2}{2} = \sqrt{\left(\frac{\sigma_x - \sigma_y}{2}\right)^2 + \tau_{xy}^2}.$$

Der M.-S. beschreibt also den Spannungszustand vollständig, der in der von den beiden betrachteten Hauptspannungen aufgespannten Ebene liegt.

Ein allgemeiner Spannungszustand ist durch die drei Hauptspannungen gegeben, die senkrecht zueinander stehen und somit drei Ebenen aufspannen. Jeder der drei Ebenen kann ein Spannungskreis zugeordnet werden. Soll ein räumlicher Spannungszustand beschrieben werden, klappt man die drei Einzelkreise zusammen und erhält die Darstellung nach Bild 3. Alle Spannungskomponenten, die in dem dreiachsigen Spannungszustand auftreten, liegen in den schraffierten sichelförmigen Flächenstücken. *Kußmaul*

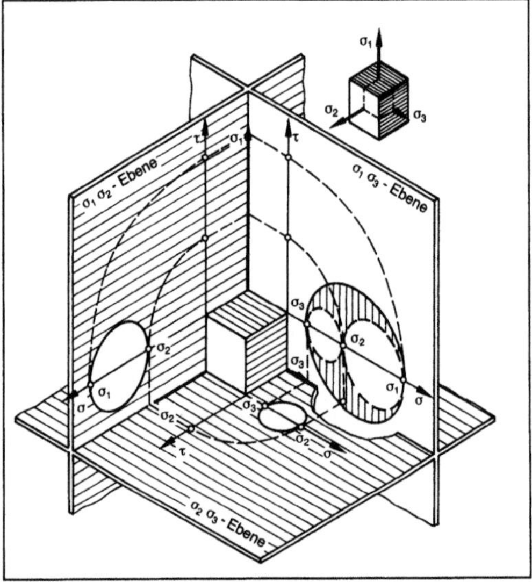

Mohr-Spannungskreis 3: Drei Hauptspannungsebenen.

Molbilanz der Reaktionskomponente. Ausgehend von der →Massenbilanz für die Komponente i läßt sich die korrespondierende M. herleiten. Dazu wird der Zusammenhang zwischen der Molmenge und der Masse benutzt:

$$N_i = \frac{M_i}{\tilde{M}_i} \quad \text{bzw.} \quad N = \frac{M}{\tilde{M}} \tag{1},$$

mit $N = \Sigma N_i$ gesamte Molmenge, $M = \Sigma M_i$ Gesamtmasse, $\tilde{M}_i$ Molmasse der Komponente i, $\tilde{M} = \Sigma x_i \cdot \tilde{M}_i$ mittlere Molmasse, x_i Molanteil der Komponente i.

Für die M. einer Komponente i ergibt sich dann

$$\frac{d}{dt} \int_V c_i \cdot dV = -\int_A (c_i \underline{w} + \underline{j}_i^{(n)})^T \underline{n} dA$$

$$+ \int_V r_i^{(n)*} dV \tag{2},$$

mit c_i molare Konzentration der Komponente i, V Volumen, A Oberfläche, t Zeit, $\underset{\sim}{w}$ Geschwindigkeitsvektor, $j_i^{(n)}$ diffuse und turbulente Molenstromdichte der Komponente i, $\underset{\sim}{n}$ Normalvektor, $r_i^{(n)*}$ volumenbezogene Reaktionsrate der Komponente i, Index oben: T $\triangleq$ transponiert.

Die M. der Komponente i besagt, daß die zeitliche Änderung der Molmenge der Komponente i im Volumen V gleich der Gesamtheit der durch die Oberfläche A zu- und abströmenden Mole der Komponente i plus der durch chemische Reaktion im Volumen V je Zeiteinheit entstehenden (oder verschwindenden) Molmenge des Stoffs i ist. Die Gesamtheit der durch die Oberfläche ein- und austretenden Molenströme der Komponente i umfaßt dabei auch die Molenströme durch →Stoffübergang.

Die Summierung über alle Komponenten i ergibt die Gesamt-M. für das Volumen V. Anders als bei der Gesamtmassenbilanz ist hier der Reaktionsterm nicht null, weil für die Gesamtmole eines reagierenden Systems kein Erhaltungssatz gilt:

$$\sum_i \int_V r_i^{(n)*} dV \neq 0 \tag{3}.$$

Die makroskopische Gesamt-M. lautet:

$$\frac{d}{dt} \int_V c\,dV = \int_A (c \cdot \underset{\sim}{w})^T \underset{\sim}{n}\, dA + \sum_i \int_V r_i^{(n)*} dV \tag{4},$$

mit

$$c = \sum c_i \tag{5},$$

$$cw = \sum (c_i \underset{\sim}{w_i}) = c_i \underset{\sim}{w_i} + j_i^{(n)} \tag{6},$$

$$r^{(n)*} = \sum r_i^{(n)*} \tag{7}.$$

Mit Hilfe des Integralsatzes von *Gauß* und *Ostrogradski* kann man hieraus die differentielle Form der M. der Komponente herleiten:

$$\frac{\partial}{\partial t} c_i = -\mathrm{div}(c_i \underset{\sim}{w} + j_i^{(n)}) + r_i^{(n)*} \tag{8}.$$

Weinspach

Literatur: Autorenkollektiv: Verfahrenstechnische Berechnungsmethoden. Tl. 5: Chemische Reaktoren. Weinheim 1987. – *Bird, R. B., E. S. Stewart* u. *E. N. Lightfoot:* Transport Phenomena. New York 1960.

Molekulardestillation. Die M. ist ein thermisches Trennverfahren, bei dem bei niedrigen Drücken (10^{-3}–1 Pa) Teile eines Flüssigkeitsgemisches verdampft und kondensiert werden. Damit die in den Dampfraum gelangten Moleküle nicht durch Zusammenstöße mit anderen Molekülen zurück in die Flüssigkeit gelangen können, ist der Abstand zwischen der Flüssigkeitsoberfläche und der Kondensationsoberfläche kleiner oder gleich der mittleren freien Weglänge der Gasmoleküle. Die freie Weglänge steigt mit fallendem Betriebsdruck und beträgt bei Drücken von 10^{-3} bis 1 Pa einige Zentimeter. Gelegentlich wird die M. daher auch als Kurzwegdestillation bezeichnet.

Da bei der M. eine Oberflächenverdampfung stattfindet, ohne daß aufsteigende Blasen für eine Durchmischung sorgen, muß das zu trennende Flüssigkeitsgemisch in einem ständig umgewälzten Film auf der Heizfläche ausgebreitet werden. Im Gegensatz zum →Destillieren ist die M. kein gleichgewichtsbestimmtes, sondern ein kinetisch bestimmtes Trennverfahren. Es gehört also zu einer völlig anderen Verfahrensklasse. Während bei der Gleichgewichtsdestillation der →Trennfaktor den Dampfdrücken der zu trennenden Komponente proportional ist, wirkt sich bei der M. die Molmasse auf den Trennfaktor aus. Je größer die Molmasse einer Komponente ist, desto geringer ist ihr Anteil im kondensierten Dampf.

Als Apparate für die M. können u. a. Durchlaufverdampfer mit fallenden oder gewischten Filmen oder Zentrifugalverdampfer eingesetzt werden. Zur Erzeugung des Vakuums benutzt man in der Regel eine Kombination aus einer zweistufigen Verdrängerpumpe und einer Rotationspumpe.

Da die Trennkosten bei der M. relativ hoch sind, wird sie zur Behandlung hochwertiger Stoffe wie Vitamin- und Hormonkonzentrate, Wachse, Fette und Öle, insbes. für pharmazeutische Zwecke verwendet (→Trennverfahren, kinetisch kontrolliertes). *Dohrn*

Literatur: *Perry, R. E.,* u. *D. W. Green:* Perry's Chemical Engineers' Handbook. 6. Aufl. New York 1984. – *Sattler, K.:* Thermische Trennverfahren. Weinheim 1988.

Molekularsieb. Natürliche und künstliche Zeolithe mit starkem Adsorptionsvermögen für Gase, Dämpfe und gelöste Stoffe. Ihr Kristallgitter weist regelmäßige Räume zwischen einzelnen Gitterbausteinen auf. Die Porendurchmesser liegen in der Größenordnung der meisten Moleküle. Die Sieb- bzw. Adsorptionswirkung der M. beruht darauf, daß sie nur solche Substanzen adsorbieren, deren Moleküle in die Poren der Zeolithe eindringen können. So werden beispielsweise geradkettige Kohlenwasserstoffe (z. B. n-Alkane) adsorbiert, während verzweigte (z. B. Cycloalkane, Aromaten) nicht aufgenommen werden. Zeolithe sind Alkali- und Erdalkalialuminiumsilicate der Struktur Na_{12} $((AlO_2)_{12}(SiO_2)_{12}) \cdot 27H_2O$ oder mit ähnlichen Strukturen. Wichtig sind Zeolithtypen mit Porenweiten von 0,3 nm (K), 0,4 nm (Na), 0,5 nm (Ca), 0,7 nm (Ca) und 0,8 nm (C, Na oder NH_4).

M. werden als Kugeln von 1–5 mm Dmr. hergestellt. Die Schüttdichte liegt zwischen 650 und 900 kg/m³. Die spezifische Oberfläche beträgt 500–1000 m²/g. M. werden zum →Trocknen von Gasen und Flüssigkeiten (Entfernung von Wasser), zur isomeren Trennung (z. B. p-, m-, und o-Xylol; Fructose und Glucose), zur Entfernung von CO_2 und H_2O aus Schutzgasen, zum Entfernen von Thiolen und H_2S eingesetzt (→Silicagel). *Dohrn*

Literatur: Römpps Chemie Lexikon. 8. Aufl. Stuttgart 1985.

Molybdänlegierung. Unlegiertes Molybdän (gesintert) fand schon früh wegen seiner hohen Festigkeit und seiner guten Korrosionsbeständigkeit gegen aggressive Schmelzen bei hohen Temperaturen Verwendung (Elektronenröhren, Heizleiter, Schmelzenrührer). M. werden heute überwiegend wie die konkurrierenden Nioblegierungen als warmfeste, hochschmelzende Werkstoffe für Anwendungen in der Raketen-, Turbinen- und Raumfahrttechnik herangezogen. Eine breite Anwendung finden sie wegen der hohen Schmelztemperatur in der Metallverarbeitung, z. B. für Gußkokillen, Strangpreßwerkzeuge, Ofeneinbauten und hochbelastbare Warmbearbeitungswerkzeuge.

M. erhalten eine Carbidausscheidungshärtung durch kleine Ti- und Zr-Zusätze (Tabelle 1). Legierungen, die allein durch W-Zusatz mischkristallgehärtet sind, kommen nur für spezielle Anwendungen bei sehr hohen Temperaturen in Betracht und befinden sich in der Entwicklung. Durch Ti-Zusatz entsteht eine erhöhte Warmfestigkeit (TiC-Ausscheidungen) und eine verbesserte Schweißbarkeit. Um die Härte und Festigkeit weiter zu steigern, wurden Zirconium und Niob bei erhöhtem Kohlenstoffgehalt zugesetzt (Mischcarbide), aber auch die gute Verformungsverfestigung durch geeignete Verformung bei hohen Temperaturen unterhalb der Rekristallisationsgrenze ausgenutzt. Typische Verformungsbehandlungen sind: 1 h Lösungsglühung bei 2 100 °C, Strangpressen bei 1 600–1 400 °C, Walzen bei ca. 1 300 °C (evtl. Spannungsarmglühen bei 1 250 °C und Rundhämmern bei 1 350–1 050 °C).

In der Zeitstandfestigkeit (Tabelle 2) sind die Mo-Legierungen den Nb-Legierungen überlegen. Die Zeitbruchdehnung der M. ist mit ≧ 20 % ziemlich groß. Der Übergang duktil/spröde für Zug- und Biegeverformung liegt meistens nahe bei Raumtemperatur.

Molybdänlegierung. Tabelle 1: Zusammensetzung von hochschmelzenden Molybdänlegierungen.

Bezeichnung	Bestandteile in %
MoTi 0,5	Mo, Ti 0,5, C 0,025, N< 0,005, O < 0,003
TZM	Mo, Ti 0,5, Zr 0,08, C 0,03, N< 0,005, O < 0,003
Nb-TZM	Mo, Ti 0,5, Zr 0,08, C 0,05
TZC	Mo, Ti 1,2, Zr 0,2, C 0,15
WZM	Mo, W 25, Zr 0,1, C 0,03

M. wurden vorwiegend metallothermisch mit Hilfe von Aluminium oder Silicium hergestellt; daneben in geringem Umfang elektrothermisch. In der Stahlindustrie wird Molybdän (Ferromolybdän) zu Legierungszwecken verwendet.

Ein interessantes →Legierungsmetall ist auch das Rhenium, das kaltbildsame M. (MoRh35) ergibt. Molybdän-Wolfram-Legierungen (MoW10, MoW30, MoW50) werden in der Elektrotechnik für Glühlampendrähte und Röhren verwendet, weil sie bessere Eigenschaften als Molybdän und leichter verformbar als Wolfram sind. *Heller*

Literatur: *Dienst, W.:* Hochtemperaturwerkstoffe. Karlsruhe 1978. – *Kieffer, R., G. Jangg u. P. Ettmayer:* Sondermetalle. Berlin 1971.

Monod-Beziehung. Empirische Beziehung, welche die Abhängigkeit der spezifischen Wachstumsgeschwindigkeit μ für Mikroorganismen von der Substratkonzentration S angibt:

$$\mu = \mu_{max} \cdot \frac{S}{k_M + S}.$$

Dabei ist die spezifische Wachstumsgeschwindigkeit als auf die Keimkonzentration N bezogene Wachstumsgeschwindigkeit definiert: $\mu = dN/dt \cdot 1/N$. Die maximale spezifische Wachstumsgeschwindigkeit μ_{max} wird bei konstanter Temperatur und konstantem Milieu dann erreicht, wenn keine Substratlimitierung vorliegt, und hat für jeden Mikroorganismus einen charakteristischen Wert (z. B. Escherichia coli bei 30 °C; $\mu_{max} = 0,35$ 1/h; Candida

Molybdänlegierung. Tabelle 2: Zugfestigkeit und Zeitstandfestigkeit von hochschmelzenden Molybdänlegierungen. (Quelle: Dienst)

Bezeichnung	R_m in N/mm²			$R_{m/1000\,h}$ in N/mm²	
	20 °C	1 000 °C	1 600 °C	1 000 °C	1 200 °C
Mo (C 0,02)	700	270	60		60
MoTi 0,5	750	460	70		
TZM	900	600	120	400	100
Nb—TZM				480	250
TZC	800	500	140	420	210

tropicalis bei 30 °C: $\mu_{max} = 0{,}6$ 1/h). Die Größe k_M wird als Monod-Konstante bezeichnet.

Die graphische Darstellung der M.-B. (Bild) ergibt eine Sättigungskurve. Bei großer Substratkonzentration wird μ gleich μ_{max}, und k_M kann als Substratkonzentration bei $\frac{1}{2}\,\mu_{max}$ entnommen werden.

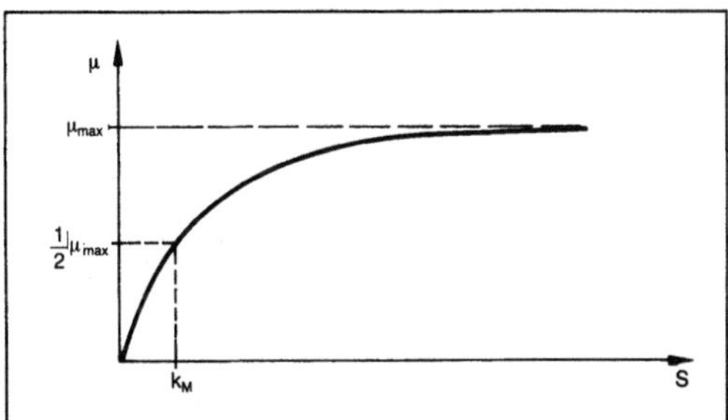

Monod-Beziehung: Graphische Darstellung.

Die M.-B. beschreibt die Substratabhängigkeit insbes. in der exponentiellen Wachstumsphase (log-Phase) sehr gut und enthält gegenüber anderen vergleichbaren Beziehungen nur einen Anpassungsparameter.

Die M.-B. hat formale Ähnlichkeit mit der →Michaelis-Menten-Gleichung aus der Enzymkinetik. Ein Zusammenhang wird deutlich, wenn man die M.-B. durch die Michaelis-Menten-Gleichung dividiert:

$$Y_S = -\frac{dN}{dS} = \frac{\mu_{max} \cdot N}{\dot{P}_{max}} \cdot \frac{k_{MM} + S}{k_M + S},$$

$\dot{P}_{max}$ maximale Produktbildungsgeschwindigkeit, k_{MM} Michaelis-Konstante, S Substratkonzentration.

Man erhält den Ausnutzungskoeffizienten (yield) Y_S, der den Anteil des Substrates angibt, der in Organismenmasse umgewandelt wird.

Kerner/Loncin

Monod-Kinetik. Der kinetische Ansatz nach *Monod* ist das am häufigsten verwendete Modell zur Beschreibung der Biomassebildung. Auf seiner Grundlage wurden zahlreiche Wachstumsmodelle entwickelt. Das empirisch gefundene M.-Modell beschreibt das Wachstum eines Mikroorganismus in Abhängigkeit von der Substratkonzentration, und zwar in einer der →Enzymkinetik nach *Michaelis-Menten* äquivalenten Weise:

$$\mu = \frac{1}{X}\frac{dX}{dt} = \frac{\mu_{max} \cdot [S]}{K_S + [S]} \tag{1},$$

mit μ in h^{-1} spezifische Wachstumsrate,
    K_S in g l^{-1} Substratsättigungskonstante,
    S   in g l^{-1} Substratkonzentration,
    X   in g l^{-1} Biomassekonzentration,

Als Quotient aus der Änderung der Biomassekonzentration mit der Änderung der Substratkonzentration wird der Ausbeutekoeffizient Y definiert:

$$Y = -\frac{dX}{dS} \tag{2}.$$

Die größte Bedeutung hat die M.-K. nach ihrer Erweiterung auf das mikrobielle Wachstum in kontinuierlicher Kultivierung erfahren. Nach Kombination der Massenbilanz mit Gl. (1) wird die Biomassebildung im stationären Zustand einer kontinuierlichen Kultivierung, dem Fließgleichgewicht, beschrieben durch

$$\frac{dX}{dt} = \frac{\mu_{max} \cdot X \cdot [S]}{K_S + [S]} - D \cdot X = 0 \tag{3},$$

D in h^{-1} volumenbezogener Mediumsdurchsatz (Raumgeschwindigkeit).

Im stationären Zustand gilt $D = \mu$, sofern das Zellwachstum nur durch eine Mediumkomponente limitiert ist (→Chemostat). Der Mediumdurchsatz läßt sich erhöhen, bis D den Wert μ_{max} erreicht. Bei höherem Mediumdurchsatz werden die Zellen ausgewaschen. Die Biomassekonzentration im stationären Zustand beträgt dann null.   *Liefke*

Literatur: *Bailey, J. E.* u. *D. F. Ollis:* Biochemical Engineering Fundamentals. New York 1986. – *Roels, J. A.:* Energetics and Kinetics in Biotechnology. Amsterdam 1983.

Montage. In der M. werden in zunehmenden Maße Industrieroboter als eine Teilkomponente flexibler M.-Stationen eingesetzt. Sie führen hier sowohl Aufgaben aus dem Bereich der Werkstück- als auch der Werkzeughandhabung durch.

Kennzeichnend für solche Systeme ist die aufwendige Peripherie, die u. a. Magazine für unterschiedliche Werkzeuge, aufwendige Sensorik zur Überwachung und Steuerung komplexer M.-Vorgänge, Ordnungs- und Zuführsysteme sowie Transfersysteme für die Teilebereitstellung umfassen kann. Zur Werkstückdurchführung und zur Verkettung mit anderen Stationen werden unterschiedliche Fördermittel (z. B. Gurt- oder Rollenkettenbänder) eingesetzt.

Durch den Einsatz von M.-Robotern ergeben sich gegenüber herkömmlich automatisierten M.-Systemen wesentliche Vorteile:

☐ Anpassungsfähigkeit an wechselnde Produkte,
☐ Flexibilität gegenüber verschiedenen Produktvarianten,
☐ Möglichkeit der selbsttätigen Programmauswahl,
☐ Einsatz über die Lebensdauer eines bestimmten Produkts hinaus möglich,
☐ Wahrnehmung von Umfeldaufgaben (z. B. Prüfen, Ordnen) durch Einsatz von Sensorik.

Demgegenüber müssen folgende Nachteile in Kauf genommen werden:

□ M.-Roboter sind i. a. teurer als einfache pneumatische oder kurvengetriebene Bewegungseinrichtungen,

□ längere Zykluszeiten auf Grund geringerer Verfahrgeschwindigkeiten.

Die Vorteile des M.-Roboters lassen sich insbes. bei hohen Flexibilitätsanforderungen, d. h. bei der Montage von mehreren Produkttypen und Varianten, unterschiedlichen Produkten, Produkten mit kleiner Stückzahl oder kurzer Lebensdauer, ausnutzen.

Eingesetzt werden M.-Systeme mit Industrierobotern für die M. unterschiedlicher Produkte. Sie umfassen kleine feinwerk- oder elektrotechnische Produkte mit wenigen Gramm Gewicht bis hin zu großvolumigen Produkten mit mehreren hundert Kilogramm Gewicht. *Warnecke*

Mühle. Maschine zum Zerkleinern von Feststoffen (z. T. auch zum Zerkleinern einer oder mehrerer flüssiger Phasen), so daß die Partikelgrößen des gemahlenen Guts weniger als einige Zentimeter betragen. Sind die Partikel des Fertigguts größer, so spricht man vom Brechen. Die hierzu verwendeten Zerkleinerungsmaschinen werden als Brecher bezeichnet. In beiden Fällen erfolgt das Zerkleinern ohne bestimmte Formgebung. In der lebensmittelbe- und verarbeitenden Industrie haben Brecher keine Bedeutung, während eine Vielzahl von M.-Typen in den unterschiedlichsten Bereichen zur Zerkleinerung von Rohstoffen, Zwischen- oder Endprodukten eingesetzt werden.

Die Auswahl des geeigneten Mahlverfahrens richtet sich nach den Abmessungen sowie den mechanischen und rheologischen Eigenschaften des Aufgabegutes; ferner nach dem angestrebten Zerkleinerungsgrad (Verhältnis der Partikelgröße vor und nach der Zerkleinerung). Die Tabelle zeigt eine Auswahl von Mahlsystemen und Anwendungsbeispielen.

Die in Bild 1 (S. 677) dargestellten M.-Typen finden ausschließlich Verwendung zur Zerkleinerung von Feststoffen. Eine Sonderform des Mahlens ist die Feststoffzerkleinerung mit gleichzeitiger Formgebung in Strang- und Bandgranulatoren. Flüssige Mehrphasensysteme und kolloidale Systeme werden dagegen in Kolloid-M. auf Grund eines Schergefälles zwischen dem bewegten Rotor und dem feststehenden Stator zerkleinert, Bild 2 (S. 677). *Kerner/Loncin*

Literatur: *Lysjanski, V. M., W. D. Popow, F. A. Redko* u. *W. N. Stabnikow:* Verfahrenstechnische Grundlagen der Lebensmitteltechnik. Darmstadt 1983. – *Samans, H.:* Zerkleinerungstechnik in der Lebensmittelindustrie. Einführung in die Technologie des Zerkleinerns. Lebensmitteltechnik (1976) Nr. 8.

Mühle. Tabelle: Ausgewählte Mahlsysteme und Anwendungsfeld.

Mühle	Produkt
Stiftmühle	Dextrose, Emulgatoren, Gewürze, Kakaobohnen, Koffein, Mandeln, Milchzucker, Nüsse, Pigmente, Quellstoffe, Salz, Senf, Soja, Stärke, Zucker
Gebläsemühle	Dextrose, Emulgatoren, Kakaobohnen, Mandeln, Milchpulver, Nüsse, Quellstoffe, Protein, Salz, Soja, Stärke, Tee, Trockengemüse, Trockenlab, Zucker
Schlagkreuzmühle	Futtermittel, Getreide, Gewürze, Maniok, Milchpulver, Nudelbruch, Nüsse, Ölpreßkuchen, Quellstoffe, Trockengemüse, Wurzeln
Schlagscheibenmühle	Futtermittel, Getreide, Gewürze, Milchpulver, Milchzucker, Nudelbruch, Nüsse, Wurzeln
Hammerkorbmühle	Quellstoffe, Tee, Wurzeln
Hammermühle	Futtermittel, Hopfen, Knochen, Maniok, Nüsse, Ölpreßkuchen, Salz, Tee, Trockengemüse und -früchte, Zucker
Rührwerkskugelmühle	Kakaobohnen
Zahnscheibenmühle	Futtermittel, Getreide, Gewürze, Hopfen, Leinsamen, Nudelbruch, Nüsse, Salz, Trockenfrüchte und -gemüse, Trockenpilze, Zucker
Korundscheibenmühle	Kakaobohnen, Mandeln, Nüsse, Senf
Walzenmühle	Getreide, Kaffeeextrakt, Malz, Ölsaaten und Ölpreßkuchen
Kolloidmühle	Eigelb, Feinkost, Ketchup, Mayonnaise, Pigmente, Salatdressing, Senf

Mühlen-Sichter-Kreislauf. Beim M.-S.-K., Bild (S. 678), werden 2 verfahrstechnische Apparate miteinander verknüpft, um die gewünschten Ergebnisse zu erreichen. Der zweigeteilte Prozeß besteht aus einer Mühle und einem Sichter. Die jeweilige

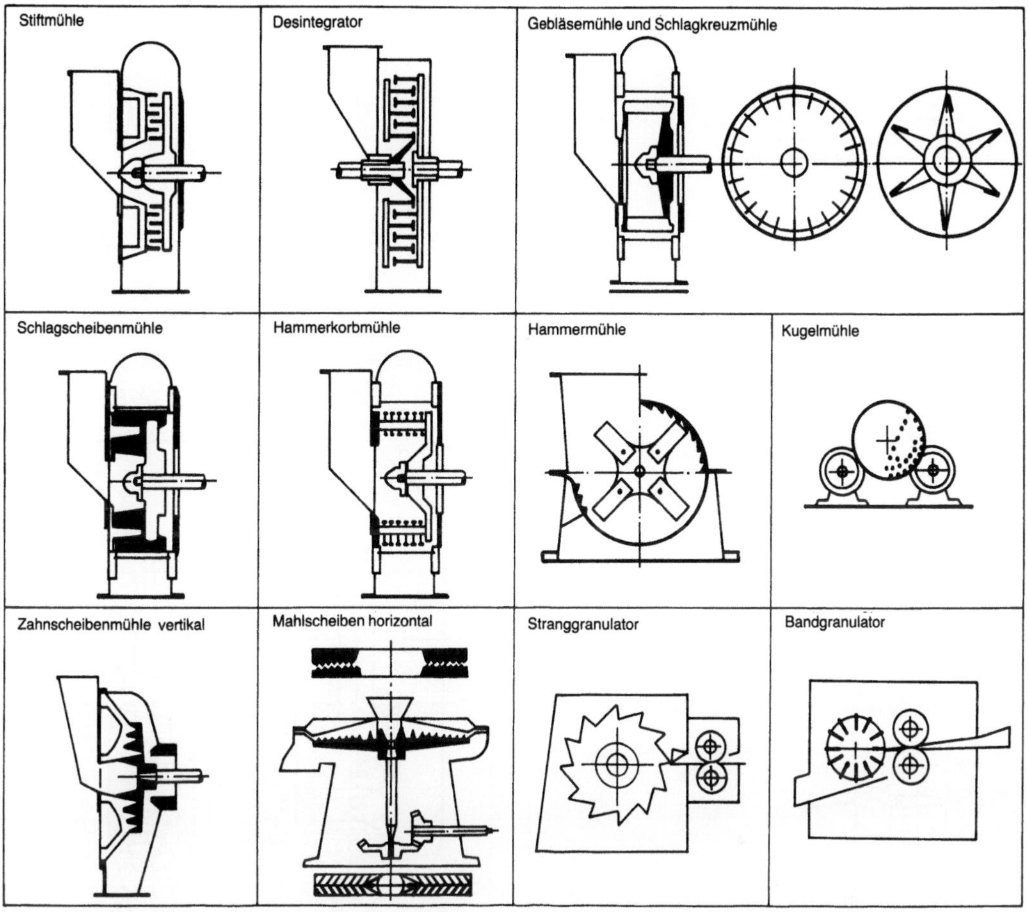

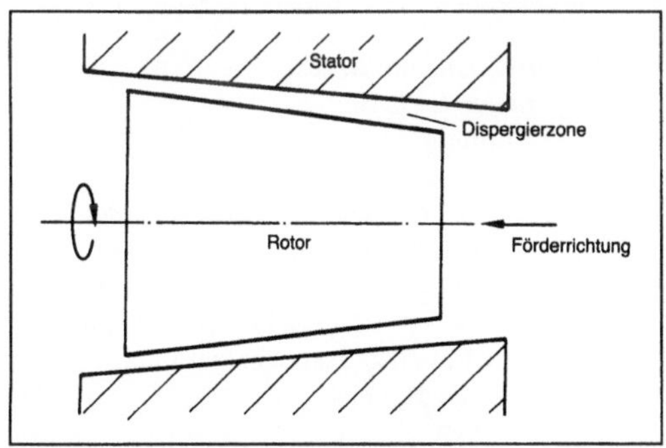

Stiftmühle
Desintegrator
Gebläsemühle und Schlagkreuzmühle
Schlagscheibenmühle
Hammerkorbmühle
Hammermühle
Kugelmühle
Zahnscheibenmühle vertikal
Mahlscheiben horizontal
Stranggranulator
Bandgranulator

Mühle 1: Schematische Darstellung verschiedener Mahlsysteme. (Quelle: Samans *a. a. O.)*

Stator
Dispergierzone
Rotor
Förderrichtung

Mühle 2: Schematische Darstellung einer Kolloidmühle.

Bauart dieser Apparate ist variabel und wird dem zu zerkleinernden Gut angepaßt. Das Aufgabegut wird im ersten Schritt in die Mühle gegeben und dort zerkleinert. Im zweiten Schritt wird das zerkleinerte Gut in einem Sichter in 2 Größenklassen mit wählbarer Trenngrenze aufgeteilt. Die Trenngrenze hängt von den verfahrenstechnischen Anforderungen des folgenden Verarbeitungsprozesses ab. Die vom Sichter als hinreichend klein erkannten Partikel verlassen den M.-S.-K. zur weiteren Verarbeitung. Zu grobes Gut wird über eine Rückleitung zur nochmaligen Zerkleinerung in die Mühle gegeben und anschließend erneut gesichtet. Die Qualität des Mahlvorgangs wird so wirkungsvoll kontrolliert und ggf. korrigiert. Dies ist für solche Prozesse von Bedeutung, bei denen man eine maximale Korngröße nicht überschreiten darf. *Müller*

Multimode →Resonator, optischer

Multizyklon. Parallele Anordnung mehrerer gleicher Zyklone mit gemeinsamer Zulaufleitung und gemeinsamer Staubsammelkammer, a) im Bild. Durch die Aufteilung des Volumenstroms in mehrere Zyklone erreicht man bei gleichem Druckverlust ein feineres Grenzkorn und somit einen besseren Abscheidegrad bei gegebenem Aufgabegut.

Im Gegensatz zum herkömmlichen Zyklon, bei dem das Gas durch einen Schlitzeinlauf eintritt, sind

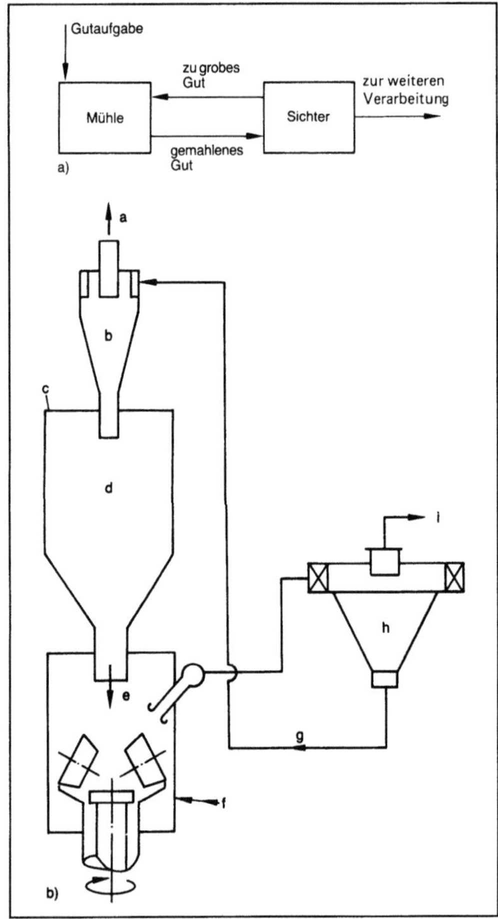

Mühlen-Sichter-Kreislauf.
a) Schemaskizze
b) Anlage.

a Förderluftausgang, b Zyklon, c Grobgutzufuhr, d Grobgut-bunker, e Mühle, f Sichtluftzufuhr, g Grobgut, h Sichter, i Feingut zur weiteren Verarbeitung

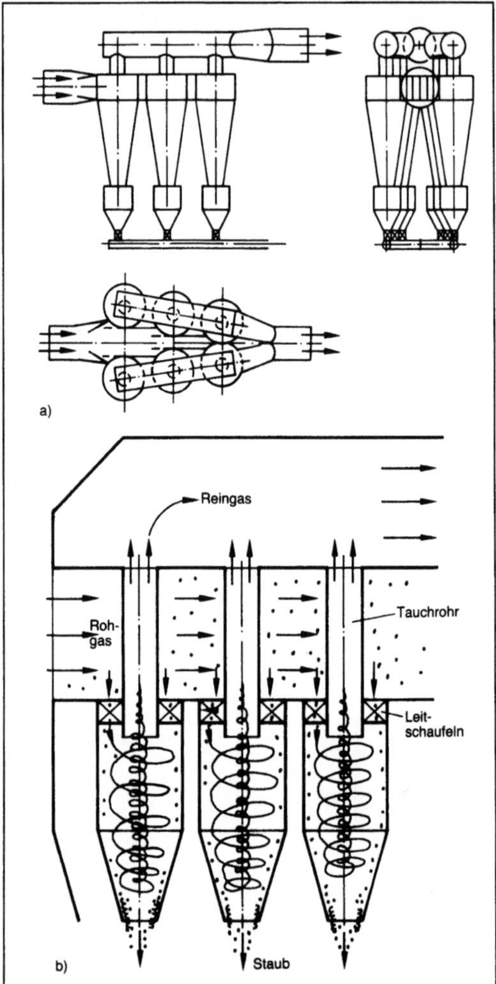

Multizyklon: Schemaskizze.
a) Tangentialer Einlauf
b) Axialer Einlauf.

die Multizyklonzellen häufig mit einem Leitapparat als Einlauf ausgerüstet, b) im Bild. Ein Kranz gebogener Leitbleche lenkt die Strömung in eine Umfangskomponente, aus der die Rotationsströmung im Abscheideraum resultiert. Eine Vielzahl gleicher parallel betriebener Zyklonzellen wird auch als Zyklonbatterie bezeichnet. *Trefz*

Murphree-Austauschgrad. Der M.-A. ($\rightarrow$Austauschgrad) ist ein auf die Gasphase bezogener Bodenaustauschgrad ($\rightarrow$Bodenverstärkungsverhältnis), der zur Charakterisierung der Wirksamkeit von Böden in Destillationskolonnen verwendet wird:

$$S_{MB} = \frac{y_n - y_{n-1}}{y_n^*(x_{n,\,Ablauf}) - y_{n-1}}.$$

Der tatsächliche Anstieg des Molanteils der leichterflüchtigen Komponente in der Gasphase y_n-y_{n-1} wird auf den möglichen Anstieg $y_n^*-y_{n-1}$ bezogen. Dabei ist y_n^* die Gleichgewichtskonzentration der Gasphase zur Flüssigkeitskonzentration $x_{n,Ablauf}$ im Ablauf des n-ten Bodens. *Dohrn*

Muster. Wenn die Beschreibung eines zu liefernden oder zu bestellenden Produkts durch Zeichnungen und Datensätze nicht eindeutig möglich ist, muß ein M. als Unterlage für die geschäftliche Transaktion dienen. Man unterscheidet:

□ *Entwicklungs-M.*, eine Ausführung der Einheit, die dessen Funktionen, jedoch noch nicht alle anderen Eigenschaften hat,
□ *Versuchs-M.*, eine vorläufige Ausführung der Einheit zu Versuchszwecken,

□ *Ausfall-M.*, eine endgültige, unter Fertigungsbedingungen hergestellte Ausführung der Einheit,

□ *Vergleichs-M.*, ein Ausfall-M., das zum Vergleich mit später zu liefernden Stücken dient.

Besondere Bedeutung haben Oberflächen-Vergleichs-M. in der mechanischen Fertigung. Sie ermöglichen eine rasche, überschlägige Feststellung der gefertigten Oberflächen durch Sicht- oder Tastvergleich. Sehr wichtig sind auch die Farb-M. z. B. des RAL-Farbregisters. M. haben auch innerbetriebliche Bedeutung, besonders zur Beschreibung einer Ausführungsforderung. Diese oft mit workmanship standard bezeichneten M. sollten eine gute, eine noch annehmbare und eine nicht mehr annehmbare Ausführung der Arbeit darstellen. *Masing*

Literatur: *Müller-Rosow, K.:* Handb. Qualitätssicherung. 2. Aufl. Kap. 24. Qualitätsprüfung mit Mustern. München, Wien 1988.

Mustererkennung. Im engeren Sinn das Klassifizieren unbekannter Muster oder Objekte an Hand von Merkmalen, z. B. Lesen von handschriftlichen Zeichen (Bild).

Durch Merkmalsextraktion wird ein Zahlenvektor (hier zweidimensional) gewonnen. Seine Lage im Merkmalsraum bestimmt die Klassifikation des unbekannten Objekts.

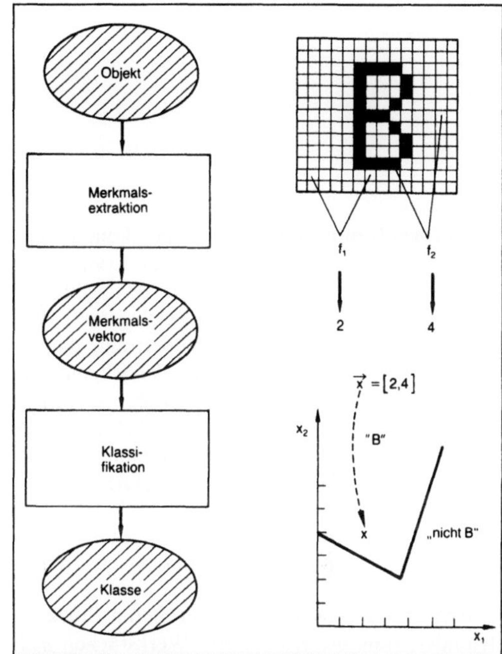

Mustererkennung: *Mustererkennungsparadigma. Wichtigste Schritte.*

M. im weiteren Sinn umfaßt Analyse und Interpretation von Daten, speziell Bilddaten, mit Verfahren aller Art. *Neumann*

N

Nachformdrehmaschine. Bei N. kommt eine →Steuerung zur Anwendung, die die Kontur eines Meisterstücks (Schablone oder fertiggedrehtes Werkstück) abtastet und die Bewegung des Tasters so auf den Werkzeugschlitten überträgt, daß ein dem Modell entsprechendes Werkstück entsteht. Die Abtastung kann mechanisch, elektrisch, hydraulisch oder als Kombination dieser Systeme ausgeführt sein. Die Kraftübertragung auf den Drehmeißel erfolgt entweder direkt durch die Führung entlang der Schablone oder über kraftverstärkende Systeme mit feinfühlender Abtastung am Meisterstück (→Nachformfräsmaschine). *Schulz*

Nachformfräsmaschine. Bei größeren Stückzahlen oder wenn die Kontur von Werkstücken nicht mathematisch beschrieben und damit nicht auf Fräsmaschinen mit CNC-Bahnsteuerungen gefertigt werden kann, kommen häufig N. (auch Kopierfräsmaschinen genannt) zum Einsatz. Mit Hilfe eines Fühlers wird die Kontur eines Musterwerkstücks bzw. Modells (dreidimensional) oder eine Schablone (zweidimensional) erfaßt und auf das Werkzeug übertragen. Das Modell kann aus Gips, Holz oder Kunstharz aufgebaut sein. Kraftverstärker ermöglichen, daß die Fühler nur mit einer geringen Kraft, in der Größe von 0,5–10 N, die Kontur der Modelle abtasten. Die Systeme arbeiten nach hydraulischen, elektrischen oder optischen Abtastverfahren. Während bei den optischen Tastern das Fräsen nach einer Schablone, Zeichnung oder Folie auf zweidimensionale Werkstücke beschränkt ist, können mit Hilfe der beiden anderen Verfahren auch dreidimensionale Werkstücke hergestellt werden. Die optische Abtastvorrichtung erkennt durch eine Photozelle die Zeichnungsleit- oder -rißlinie und gibt die aufgenommenen Signale an die Steuerung der Maschine weiter. Das Schema einer hydraulischen Fühlersteuerung zeigt Bild 1. Während der durch die Andruckfeder auf die Kontur gedrückte Fühler durch einen Leitvorschub rechtwinklig zu seiner Achse verfahren wird, ändert er seine axiale Lage und verschiebt die Steuerzylinder. Entsprechend der Lage des Steuerzylinders wird das Fräswerkzeug hydraulisch axial verschoben und somit die Werkstückkontur erzeugt. Eine elektrische Fühlersteuerung mit Induktionsspule arbeitet nach einem ähnlichen Verfahren. Die durch die Induktionsspulen erzeugten Signale wirken über die Steuerung auf stufenlos verstellbare Elektromoto-

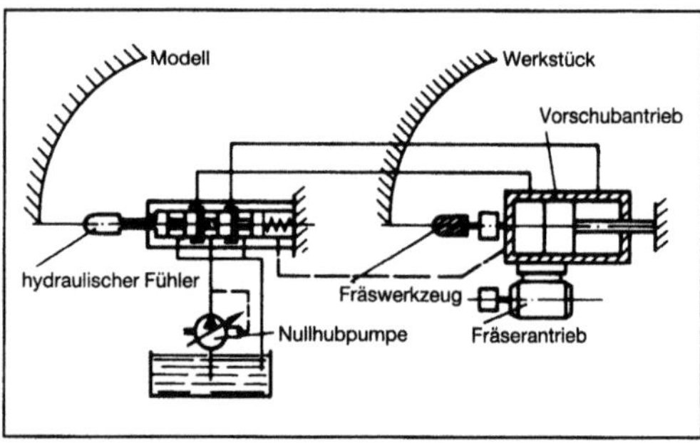

Nachformfräsmaschine 1: Schema einer hydraulischen Fühlersteuerung.

ren. Bei allen Abtastsystemen ist darauf zu achten, daß Schwingungen infolge der Spanabnahme möglichst wenig Einfluß auf das Tastgerät haben. Dieses würde unerwünschte Schalter- oder Regelbewegungen einleiten und die Nachformgenauigkeit wesentlich verschlechtern.

Die am häufigsten verwendeten Bauformen sind N. mit senkrecht oder waagrecht angeordneten Fräser- und Fühlerachsen. Bei senkrecht stehender →Hauptspindel können die Werkstücke und Modelle auf einem waagrechten Tisch aufgespannt werden (Bild 2). N. mit waagrechter Anordnung der Hauptspindel und des Fühlers haben Aufspannwinkel, an denen das Modell gegenüber dem Werkstück versetzt angeordnet werden kann.

Nachformfräsmaschine 2: Mit senkrechter Fühler- und Hauptspindelachse. (Quelle: Droop & Rein, Bielefeld)

Nachformfräsmaschine 3: Mit getrennter Fühlersteuerung und waagrechter Fräserachse. (Quelle: Droop & Rein, Bielefeld)

Durch elektronische Steuerungen ist es möglich, ein Werkstück gegenüber dem Modell vergrößert oder verkleinert zu fräsen und sehr einfach Hauptspindel- und Fühlerachse unterschiedlich anzuordnen. Außerdem lassen sich Werkstücke spiegelbildlich fräsen (Bild 3). *Schulz*

Nachschneiden. N. (auch Repassieren genannt) ist ein Scherschneidverfahren zum Erzeugen glatter Schnittflächen und maßhaltiger Innen- und Außenformen durch spanendes Entfernen einer Werkstückstoffzugabe. Dabei wird in einem oder mehreren Arbeitsgängen Werkstückstoff von den geschnittenen Schnittflächen abgeschält.

Das nachzuschneidende Teil wird von einem Stempel durch den Schneidplattendurchbruch gepreßt, dessen Durchmesser dem Teildurchmesser nach dem Nachschneidevorgang entspricht. Der Schneidplattendurchbruch ist daher in der Regel kegelig ausgeführt.

Je nachdem der Stempel kleiner oder größer als der Schneidplattendurchbruch ist, wird jedes Teil vom Stempel selbst oder vom nächsten eingelegten Teil durch den Schneidplattendurchbruch gepreßt.

Zur Erzeugung glatter rißfreier Schnittflächen muß die Nachschneidezugabe wenigstens der Einrißtiefe entsprechen. Die notwendige Nachschneidezugabe und die Anzahl der Arbeitsgänge können Handbüchern entnommen werden. *König*

Literatur: *Guidi, A.:* Nachschneiden und Feinschneiden. München 1965. – *Lange, K.:* Lehrb. Umformtechnik. Bd. 3: Blechumformung. Berlin, Heidelberg 1975.

Nachverbrennung, katalytische. Durch k. N. lassen sich Abgase mit verhältnismäßig geringem Gehalt an organischen Stoffen, insbes. auch Abgase aus Verbrennungskraftmaschinen mit geringen Mengen unvollständig verbrannter Kraftstoffbestandteile durch Überführen in unschädliche Verbindungen reinigen. Abgase aus Lackierereien, Imprägnierbetrieben, der Herstellung von Isoliermaterial und Linoleum sowie aus petrochemischen Betrieben werden auf diese Weise behandelt.

Bei Automobilen besteht der katalytische Nachverbrenner aus einem in das Abgassystem integrierten Bauteil, das den Katalysator enthält. Als Katalysator kommen Edelmetalle oder Oxide unedler Metalle in Betracht, die auf einem Trägermaterial aufgebracht sind. Das Trägermaterial kann in Form eines starren Körpers, netz-, stab- oder bandförmig, als Strangpreßling oder als Schüttling von Pellets (Körner) vorliegen. Der Katalysator bewirkt bei Temperaturen von 250–750 °C, daß Kohlenmonoxid und Kohlenwasserstoffe vollständig zu Kohlendioxid und Wasser umgewandelt werden. Der Nachverbrenner ist möglichst nahe am Motor angebracht, um den Wärmeinhalt der Abgase beim Kaltstart für eine möglichst kurze Anlaufphase bis zum Erreichen der Betriebstemperatur bestmöglich auszunutzen.

Für einen 8-Zylinder-Benzinmotor werden für einen Edelmetallkatalysator ca. 1,5 g Platin und 1 g Palladium benötigt. Die Lebensdauer eines solchen Katalysators beträgt etwa 80 000 Betriebskilometer. Edelmetallkatalysatoren erfordern die Verwendung von unverbleitem Kraftstoff, da der Katalysator durch die in den Abgasen enthaltenen Bleiverbindungen in seiner Wirksamkeit geschädigt wird.

Bei Dieselmotoren findet eine k. N. dort Anwendung, wo Fahrzeuge in geschlossenen Räumen betrieben und eine Beeinträchtigung der Umgebung durch die unverbrannten Bestandteile der Auspuffgase vermieden werden soll. *Dohrn*

Literatur: *Shelef, M., K. Otto* u. *N. C. Otto:* Poisoning of Automotive Catalysts. In: Adv. in Catalysis. *D. D. Ely, H. Pines* u. *P. B. Weisz* (Hrsg.). New York 1978.

Näherungssensor. N. dienen zum Erkennen der Position eines Objekts. Sie liefern entweder Positionsmeßwerte oder – wie häufiger der Fall – eine binäre Aussage, ob sich das entsprechende Objekt in der überwachten Position befindet oder nicht. Binäre N. gehören zu den wichtigsten Geberelementen der Steuerungstechnik. Ihnen ist eigen, daß sie bezüglich Annäherung und Entfernung des detektierten Objekts eine charakteristische, mehr oder weniger große Schalthysterese aufweisen. Hinsichtlich der Arbeitsweise wird zwischen berührend und nichtberührend arbeitenden Sensoren unterschieden.

Bei den berührenden Sensoren sind als wichtigste Gruppe die Schnappschalter zu nennen, die in unterschiedlichen Ausführungsformen als Endlagenschalter oder Passierkontrollen eingesetzt werden.

Bei den berührungslosen N. wird eine Vielzahl von verschiedenen Prinzipien eingesetzt, die sich durch das physikalische Meßprinzip, die Reichweite und das umweltbedingte Einsatzgebiet (Temperatur, Feuchte, Schmutz usw.) unterscheiden. Genutzt werden induktive und kapazitive Effekte, der Hall-Effekt, die Laufzeit von Ultraschall sowie diverse optoelektronische Anordnungen.

Induktive N. (Bild 1) arbeiten mit dem Prinzip des bedämpften LC-Oszillators. Der harmonische Oszillator erzeugt in der Sensorspule, die Bestandteil des Schwingkreises ist, ein hochfrequentes Wechselfeld. Beim Eintritt von Metall in das Wechselfeld der Sensorspule wird dem System durch Wirbelstrombildung Energie entzogen; die Schwingungsamplitude wird kleiner. Eine daraus resultierende Stromänderung wird in der nachgeschalteten Elektronik ausgewertet. Beim Entfernen des Metalls aus dem Ansprechbereich steigt die Schwingungsamplitude wieder auf ihren ursprünglichen Wert an. Induktive N. detektieren gut leitfähige Materialien. Der typische Ansprechbereich beträgt ca. 0,5–40 mm bei einer Hysterese von ca. 10 % vom aktuellen Wert.

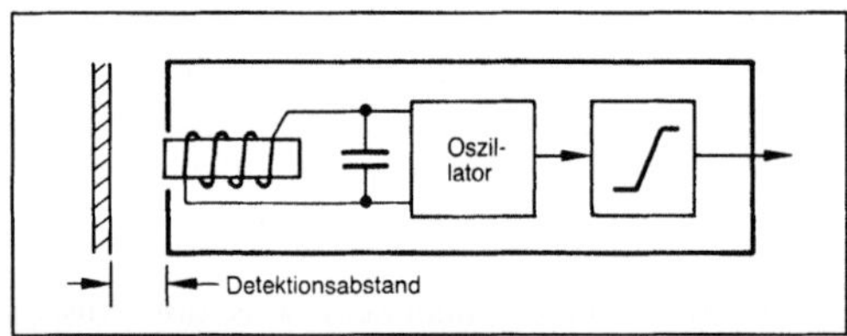

Näherungssensor 1: Funktionsprinzip des induktiven Näherungssensors.

Hall-Effekt-N. sind nur zur Detektierung magnetischer Materialien geeignet. Sie bestehen aus einer Hall-Sonde, einem Dauermagneten und Materialien zur Führung des Magnetfelds (offener Magnetkreis). Bei Annäherung eines magnetischen Objekts an den Magnetkreis verändert sich die Hall-Spannung auf Grund des daraus resultierenden Magnetkreisschlusses. Diese Änderung wird elektronisch ausgewertet. Der maximale Meßbereich beträgt ca. 5–10 mm. Mit Feldplatten lassen sich ähnlich konstruierte magnetische N. aufbauen.

Kapazitive N. (Bild 2) bestehen aus einem LC- oder seltener einem RC-Oszillator. Sensor und Meßobjekt bilden ein Kondensatorelement, das bei Annäherung des Meßobjekts (dielektrische Eigenschaften oder elektrische Leitfähigkeit) verändert wird. Durch die abstandsabhängige Kapazitätsänderung resultiert eine Amplitudenänderung bzw. ein Abbruch der Oszillatorschwingung. Dieser Effekt wird in der nachgeschalteten Elektronik ausgewertet. Kapazitive N. sind für praktisch alle Materialien einsetzbar. Die maximalen Reichweiten liegen bei ca. 3–70 mm.

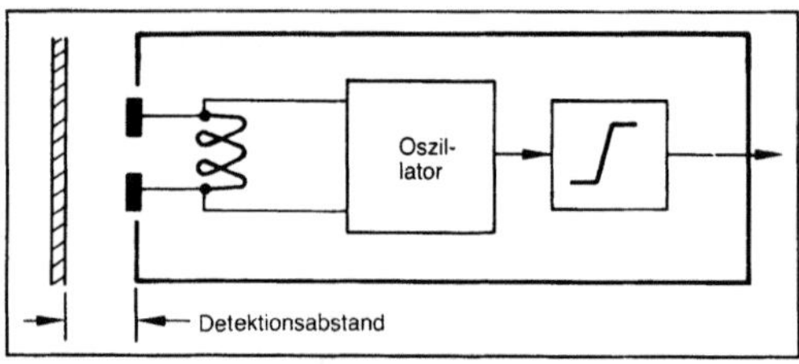

Näherungssensor 2: Funktionsprinzip des kapazitiven Näherungssensors.

Ultraschall-N. (Bild 3) messen die Laufzeit von modulierten Ultraschallsignalen, die sich zwischen Sender, reflektierendem Objekt und Empfänger ergibt. Sie ist abhängig von der Schallgeschwindigkeit und dem zurückgelegten Weg. Unterschiedliche Schallgeschwindigkeiten bei verschiedenen Umgebungstemperaturen werden durch eine zusätzliche Temperaturerfassung ausgeglichen. Typische Ultraschallfrequenzen liegen bei 40 bis 220 kHz. Einsetzbar ist dieser Sensor bei praktisch allen Materialien,

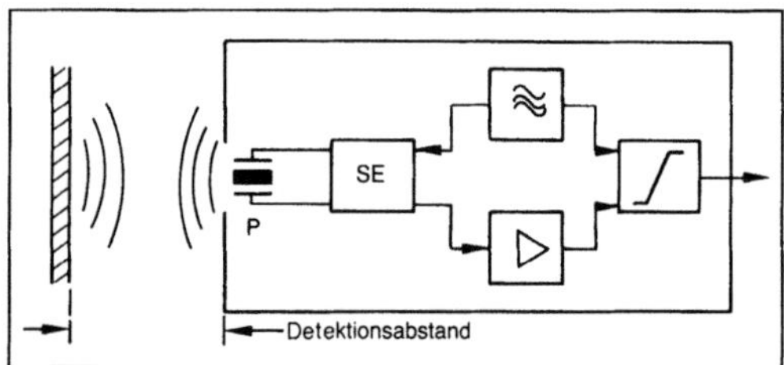

Näherungssensor 3: Funktionsprinzip des Näherungssensors nach dem Ultraschall-Laufzeit-Prinzip.

P Piezo-Sender/Empfänger, SE Sende- und Empfangselektronik, Z Zähler ausgenommen solche, die den Ultraschall absorbieren, wie z. B. spezielle Kunststoffe. Typische Meßbereiche liegen bei 0,15–1,5 m.

Optoelektronische N. (Bild 4) besitzen eine große Bedeutung unter den N. Erfaßt wird die Unterbrechung eines Lichtstrahls, meist infrarotes (IR)-Licht oder Laserlicht, das zur Verminderung von Streulichtstörungen (Raumbeleuchtung, Sonneneinstrahlung usw.) moduliert wird. Praktisch jedes Material kann detektiert werden. Innerhalb dieser Sensorgruppe wird zwischen Einweglichtschranken, Reflexlichtschranken und Reflexlichttastern unterschieden:

□ Bei den Einweglichtschranken befinden sich Lichtsender und Empfänger in verschiedenen Gehäusen, die gegenüberliegend montiert werden. Ausgewertet wird die Unterbrechung des Lichtstrahls zwischen Sender und Empfänger. Bei diesem Prinzip sind Reichweiten von < 1 mm (Gabellichtschranken) bis 500 m und mehr bei Verwendung von Laserlicht möglich.

□ Im Unterschied zur Einweglichtschranke sind bei der Reflexlichtschranke Sender und Empfänger in einem gemeinsamen Gehäuse untergebracht. Der Lichtstrahl wird von einem Reflektor zum Sensor zurückgeworfen. Ausgewertet wird die Unterbrechung des Lichtstrahls. Reflexlichtschranken haben eine typische Reichweite von ca. 1 cm–20 m. Ihr Vorteil liegt im geringeren Verkabelungsaufwand gegenüber der Einweglichtschranke.

□ Eine weitere Methode zur optoelektronischen Erkennung von Objekten ist der Reflexlichttaster. Wie bei der Reflexlichtschranke sind Sender und Empfänger in einem Gehäuse untergebracht. Der

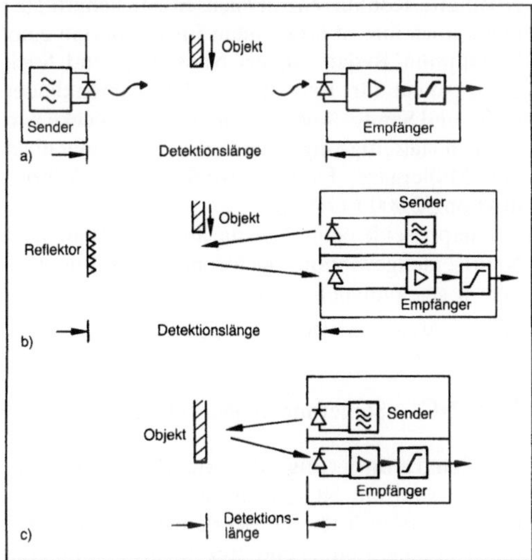

Näherungssensor 4: Funktionsprinzipien optischer Näherungssensoren.
a) Strahlunterbrechung
b) Strahlunterbrechung und Strahlreflektor
c) Strahlreflexion am Meßobjekt.

Lichtstrahl wird vom Objekt direkt reflektiert. Ausgewertet werden die beiden Zustände Reflexion oder keine Reflexion. Der Meßbereich dieses Verfahrens beträgt ca. 1 mm–3 m. *Freyberger*

Nahrungsmittel. Als N. werden die Stoffe bezeichnet, die der Mensch als Nahrung zu sich nimmt, um seinen Körper aufzubauen und seine Lebenstätigkeit aufrechtzuerhalten. In erster Linie zählen dazu Getreideprodukte, Fleisch- und Fischprodukte, Milchprodukte sowie Obst und Gemüse.

Die Mengenanteile dieser N. am Gesamt-N.-Verzehr sind in Abhängigkeit von der Verfügbarkeit und den Verzehrsgewohnheiten bei den einzelnen Völkern recht unterschiedlich. Ausschlaggebend für eine angemessene Versorgung des menschlichen Organismus ist jedoch nicht die Art der N. selbst, sondern Art und Zusammensetzung ihrer Inhaltsstoffe. Diese müssen prinzipiell unterschieden werden in Nährstoffe (Proteine, Kohlenhydrate, Fette, Vitamine, Mineralstoffe und Spurenelemente) einerseits und in Bestandteile ohne ernährungsspezifische Bedeutung sowie Bestandteile mit toxischer Wirkung andererseits. Eine pauschale Unterscheidung ist nicht immer möglich. So sind beispielsweise manche Spurenelemente in Abhängigkeit von ihrer Konzentration als Nährstoffe oder als toxische Stoffe zu bewerten.

N. und →Genußmittel, eine weitere große Gruppe von Stoffen, die der Mensch verzehrt, werden zusammenfassend als Lebensmittel bezeichnet. *Kerner/Loncin*

Literatur: *Heimann, W.:* Grundzüge der Lebensmittelchemie. Darmstadt 1976.

Naßguß →Sandform

Naßsiebung. Wenn ein sehr feines, stark zur Agglomeration neigendes Gut zu sieben ist, wird naß gesiebt. Dies sollte auch der Fall sein, wenn sich an die →Siebanalyse eine →Sedimentationsanalyse anschließt. Die Siebung ergibt einen feingutfreien Rückstand. Dadurch stehen alle feinen Partikel für die Sedimentationsanalyse zur Verfügung.

Die Flüssigkeitsmenge sollte bei der N. 300 bis 400 cm³, in denen wenige Gramm der Probe dispergiert werden, nicht überschreiten. Dabei sollten alle Feststoffagglomerate zerstört sein.

Die Flüssigkeit sollte die Feststoffteilchen weder physikalisch noch chemisch verändern, dünnflüssig sein und eine geringe Oberflächenspannung aufweisen, damit die Sieböffnungen bei geringen Maschenweiten leicht passierbar sind.

Die Siebung selbst erfolgt mittels gewebter Siebe (< 40 μm). Die Suspension wird auf das oberste, vibrierende Sieb eines Siebsatzes aufgegeben. Die Amplitude der Vibration ist so einzustellen, daß nichts herausspritzt. Ein Trichter und eine Sammelflasche fangen die Flüssigkeit am untersten Sieb auf.

Dann werden die Rückstände auf den Sieben nachgewaschen und einzeln auf Glasplatten gestellt. Die Siebe trocknen nun samt Unterlage im Trockenschrank. Die während der Trocknung durch die Siebe sinkenden Teilchen (auf den Glasplatten) werden dem jeweils nächst feineren Sieb zugefügt. Danach sind die Siebe nochmals kurz trocken abzusieben und anschließend in Exsikkator auf Raumtemperatur abzukühlen. Anschließend kann man wägen. *Greif*

Naßzerkleinerung. Bei der N. wird das Mahlgut in Form einer Suspension in die Mühle eingebracht.

N. ist vor allem anwendbar, wenn

□ das Mahlgut in suspendierter Form vorliegt oder naß weiterverarbeitet werden soll,

□ Stoffe mit hoher Agglomerationsneigung fein zerkleinert werden sollen,

□ durch Staub bzw. Abluftentstaubung keine Materialverluste entstehen dürfen,

□ Staubemissionen bei toxischen Stoffen zu vermeiden sind,

□ eine Flüssigkeit chemische oder physikalische Oberflächenreaktionen aktivieren soll.

N. bedeutet Desagglomeration und Zerkleinerung. Desagglomeration kann durch starke Scherströmung erfolgen. Zum Zerkleinern muß man das Mahlgut zwischen zwei Oberflächen beanspruchen.

Bei der →Korundscheibenmühle (Bild) wird durch Scherströmung desagglomeriert und zerkleinert. Das Mahlgut wird durch die stehende Scheibe (→Zahnscheibenmühle) zugeführt und zwischen stehender und unterer sich schnell drehender Scheibe (Umfanggeschwindigkeiten von 50 m/s) zerkleinert. Die Körnung der Scheibe und die Spaltbreite sind maßgebend für die Mahlfeinheit. Höchste Feinheit wird mit feinkörnigen, sich berührenden Scheiben erzielt.

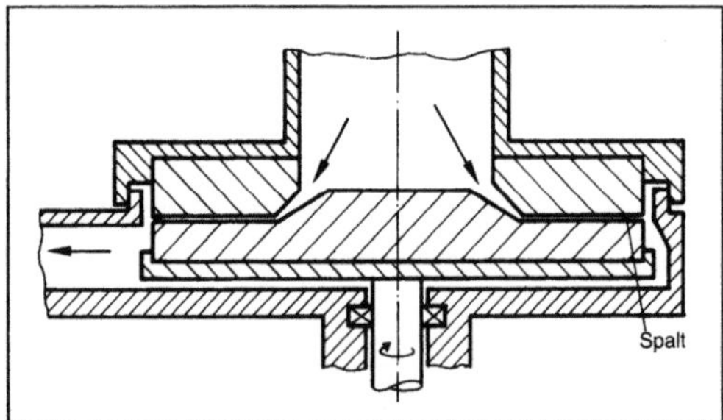

Naßzerkleinerung: Korundscheibenmühle.

Eine weitere oft angewandte Naßmühle ist die →Rührwerkskugelmühle. Der zu zerkleinernde Feststoff wird zwischen den Oberflächen der Mahlkörper durch Druck, Reibung und Scherung zerkleinert. *Greif*

Naturseide. N. (im Gegensatz zur →Wildseide auch echte Seide genannt) ist der von der Raupe des Maulbeerseidenspinners (Bombyx mori L.) zwecks Bildung eines Kokons als Drüsensekret erzeugte gesponnene Faden. Er besteht aus zwei Fibroinfäden, die mit gelblichem Sericin (Seidenleim) zusammengehalten sind. Die Länge dieses Doppelfadens auf dem Kokon beträgt im Mittel etwa 1 500 m, von denen aber nur etwa 700 m abhaspelbar sind. Zu seiner Gewinnung werden Kokons in Becken mit heißem Wasser eingeweicht, die äußere wirre Fadenschicht (aus der später die Schappe gewonnen wird) durch rotierende Bürsten abgezogen und drei bis acht Kokonfäden zusammen aufgehaspelt (Bastseide oder Grège). Anschließend wird die Rohseide vom Sericin befreit (entbastet). Hierdurch verliert sie 20 % ihres Gewichts, zeigt aber nun ihren edlen Glanz und reinweiße Farbe (Durchmesser des Einzelfadens 15–25 µm).

Unter allen Naturfaserstoffen besitzt die echte Seide die höchste Reißfestigkeit im trockenen wie im nassen Zustand. Ihre hohe Dehnbarkeit ist mit hervorragender Elastizität verbunden, so daß reinseidene Stoffe besonders knitterunempfindlich sind.

Die die Kokons liefernden Seidenraupen werden hauptsächlich in Japan und China, aber auch in Italien in Seidenzuchtanstalten aufgezogen, wofür genügend Futter verfügbar sein muß (30 000 Raupen, die von einer Arbeitskraft betreut werden, benötigen während ihres Wachstums 1 t Maulbeerblätter als Nahrung!).

Wennschon der N. in den Synthesefasern eine ernsthafte Konkurrenz erwachsen ist, sichern auch heute noch ihre überragenden Eigenschaften einen bestimmten Bedarf, so als Nähseiden und Stickgarne sowie für Krawatten, edle Damenkleiderstoffe und Samte. Auch für technische Zwecke wird N. noch vielseitig eingesetzt (Schreibmaschinenbänder, Müllergaze, Fallschirmstoffe u. a.). Weltproduktion 52 000 t (1982).

Schappeseide nennt man die aus den Abfällen der Naturseidengewinnung nach dem Schappespinnverfahren gesponnenen Garne. *Koch*

Literatur: *Wagner, E.:* Die textilen Rohstoffe. 6. Aufl. Frankfurt a. M. 1981.

NC/CNC →Steuerung, numerische

NC-Programmierung. Moderne Bearbeitungsmaschinen sind mit NC-Steuerungen (NC Numerical Control) ausgerüstet, die es erlauben, den Bearbeitungsvorgang weitgehend frei zu programmieren. Heutzutage handelt es sich meist um CNC-Steuerungen (CNC Computerized Numerical Control), die einen eigenständigen Mikrorechner haben, so daß die →Steuerung auch Berechnungen durchführen kann. Für diese Maschinen (analog wie auch für

Industrieroboter, Meßmaschinen und Transporteinrichtungen) müssen nun Programme geschrieben werden, die den Bearbeitungsvorgang beschreiben. Hierbei kann man zunächst nach dem Ort der Programmerstellung differenzieren (Bild 1).

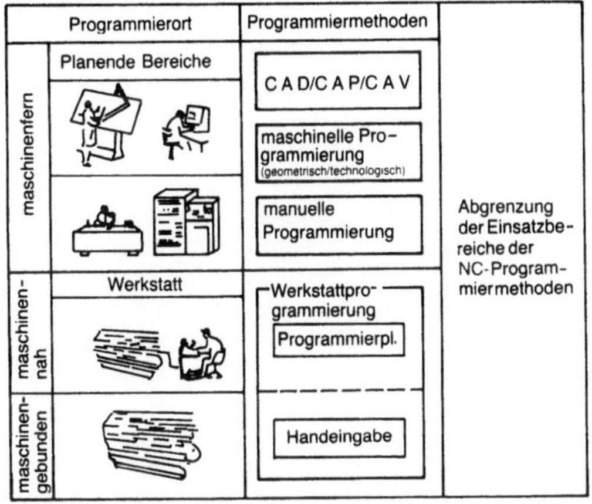

NC-Programmierung 1: Einsatzbereich von NC-Programmiermethoden.

Bei der Werkstatt-P. werden einfachere Maschinen in der →Fertigung direkt an der Steuerung programmiert. Hierzu steht heute eine Reihe komfortabler Hilfsmittel zur Verfügung. So ist es möglich, parallel zum Fertigungseinsatz der Maschine ein neues Programm zu erstellen, so daß die Ausfallzeiten der Maschine minimal gehalten werden können. Die P. selbst kann durch Hilfsmittel wie graphische Unterstützung am Bildschirm, Bereitstellung von Makros und Zyklen (wiederkehrende Teilbearbeitungsaufgaben) und sichere Datenabspeicherung unterstützt werden. Bei komplexen Bearbeitungsaufgaben und auch bei einer hohen Programmierhäufigkeit ist diese Methode nicht mehr ausreichend. Die NC-Programmerstellung sollte dann besser in der →Arbeitsvorbereitung erfolgen, wo auch andere Produktionsunterlagen erstellt werden. In diesem Fall kann eine weitere Unterscheidung nach der Programmiermethode erfolgen. Es sind zu unterscheiden die manuelle P., die maschinelle P. und die P. im Rahmen eines CAD/CAM-Einsatzes. Bei der manuellen P. bestimmt der Programmierer selbst unter Nutzung geeigneter Hilfsmittel (Werkzeugkarteien, Vorgabezeittabellen usw.) die einzelnen Programminformationen, die anschließend von ihm zu Steuerdaten codiert werden. Diese Methode ist sehr umständlich und fehlerbehaftet, so daß sie heute immer mehr durch den Einsatz leistungsfähiger Rechner verdrängt wird.

Bei dieser maschinellen P. werden dem Programmierer komplizierte Vorgänge abgenommen. Basis hierfür ist eine Programmiersprache (z. B. APT,

EXAPT, COMPACT usw.). Mit den hierin definierten Sprachbefehlen lassen sich die Geometrie des Rohteils wie auch des Fertigteiles sowie die benötigten Technologieinformationen (z. B. Drehzahlen, Vorschübe, Toleranzen usw.) beschreiben. Ergänzend kommen noch Befehle, die den Bearbeitungsablauf steuern, hinzu. Mit Hilfe dieser Programmiersprache wird das Teileprogramm erstellt (Bild 2). Hierbei braucht der Programmierer nicht jede einzelne Werkzeugbewegung selbst zu bestimmen, da die Schnittaufteilung auf Grund der Leistungsfähigkeit der Verarbeitungsprogramme automatisch durchgeführt wird. Diese Verarbeitungsprogramme werden als NC-Prozessoren bezeichnet. Unter Nutzung von Dateien für Werkzeugdaten, Schnittwerte und Arbeitszyklen generieren sie einen maschinenunabhängigen Zwischencode, CLDATA (Cutter Location DATA) genannt. Dieser Zwischencode beinhaltet die von der Maschine auszuführenden Werkzeugbewegungen sowie alle sonstigen für die Bearbeitung erforderlichen Informationen. Hieraus wird anschließend der maschinenspezifische Code erzeugt. Dieser Vorgang erfolgt im Postprozessor. Als Ergebnis liegt nun ein Steuerlochstreifen vor, der von der betroffenen Steuerung gelesen werden kann. In modernen Systemen wird der Lochstreifen vereinzelt schon durch andere Informationsträger wie Magnetbänder oder Floppy Disks ersetzt.

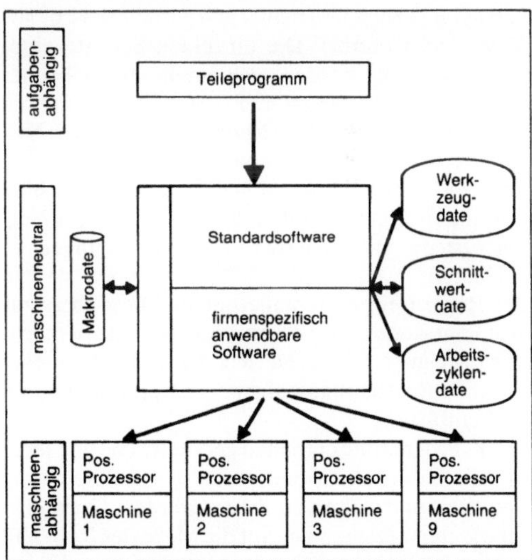

NC-Programmierung 2: Software-Komponenten eines NC-Programmiersystems.

Es gibt auch Lösungen, bei denen die erzeugten Steuerdaten über eine Datenleitung direkt von dem Rechner an die Steuerung übergeben werden. Man spricht in diesem Fall von einem DNC-Betrieb (DNC Direct Numerical Control). Es können von dem Postprozessor noch weitere unterstützende Fertigungsunterlagen generiert werden, z. B. Einrichtepläne, →Betriebsmittel und Werkzeuglisten und Kontrollzeichnungen. Die zunehmende Leistungsfähigkeit der heutigen Rechner ermöglicht immer mehr eine graphisch-interaktive Unterstützung der Programmerstellung, wodurch der Programmierer deutlich entlastet und das Arbeitsergebnis gleichzeitig qualitativ verbessert wird. Eine weitere Unterstützung erfolgt in unterschiedlich stark ausgeprägten Ausbaustufen bezüglich sich wiederholender Aufgaben. Hierzu bestehen die Möglichkeiten der Makrobildung, der P. von Schleifen und Varianten sowie die Erstellung von Unterprogrammen.

Die derzeit höchste Komfort- und Leistungsstufe der NC-P. ergibt sich durch die Nutzung von Geometrieinformationen, die in einem CAD-System (CAD Computer Aided Design) erstellt worden sind. Hierzu kann eine Ankopplung oder sogar Integration in ein solches System (CAD/CAM-Lösung) erfolgen. *Eversheim*

Literatur: *Eversheim, W.:* Organisation in der Produktionstechnik. Bd. 3: Arbeitsvorbereitung. Düsseldorf 1980. – N. N. Methodenlehre der Planung und Steuerung. Bd. 3 RFEA-Verband für Arbeitsstudien e. V. München 1985. – *Weck, M.:* Werkzeugmaschinen. Bd. 3: Automatisierungs- und Steuerungstechnik. Düsseldorf 1978.

NC-Schleifen. NC-S. bedeutet, daß der Prozeßablauf beim →Schleifen numerisch gesteuert wird (NC Numerical Control). Die einzelnen Schritte eines Schleifvorgangs werden nicht mehr manuell über Schalthebel und Handräder, sondern automatisch über digitale Schaltfunktionen ausgelöst. NC-gesteuerte Schleifmaschinen müssen zusätzlich zu den von einer konventionellen Schleifmaschine bekannten Bauelementen über Steuerung, Wegmeßsysteme und steuerbare Antriebe verfügen.

Numerisch gesteuerte Schleifmaschinen sind in der Regel frei programmierbar und besonders zur Automatisierung der Klein- und Mittelserienfertigung geeignet. Sie lassen sich sehr schnell auf eine andere Bearbeitungsaufgabe umprogrammieren und umrüsten.

NC-Programme enthalten geometrische und technologische Informationen, die in der Steuerung decodiert und weiterverarbeitet werden. Geometrische Daten beziehen sich auf die Maße des Roh- und Fertigteils. Technologische Informationen sind Schaltinformationen für z. B. Vorschubgeschwindigkeit, Spindeldrehzahl, Kühlschmiermittelversorgung, Abrichtzyklus usw. Diese werden zeilenweise über ein Tastenfeld in den Arbeitsspeicher der Steuerung eingegeben und stehen im Festspeicher auch nach einem Betriebsspannungsausfall zur Verfügung.

Der heutige Stand der NC-Steuerungstechnik bei Schleifmaschinen unterscheidet sich prozeßbedingt von den zeitlich etwas früher entwickelten Steue-

rungssystemen beim Drehen und Fräsen. Zum einen stellt das Feinbearbeitungsverfahren Schleifen höhere Anforderungen an die Genauigkeit und Wiederholbarkeit der auszuführenden Steuerbewegungen; zum anderen ist der Schleifprozeß durch zeitliche Änderungen des Prozeßzustands gekennzeichnet.

NC-Steuerungen beim Schleifen werden in bezug auf Bedienungskonzept und Einsatzgebiet in zwei Klassen unterteilt:

□ Handeingabesteuerungen mit Klartext-Bedienerführung zum Programmieren direkt an der Maschine. Hierbei wird die Bearbeitung des Werkstücks durch ein Programm beschrieben, das man z. B. über ein Tastenfeld direkt in die Steuerung der Maschine eingibt. Diese Steuerungssysteme kommen in Mittel- und Kleinbetrieben zum Einsatz.

□ Komfortable CNC-Steuerungen mit ausgereifter Unterprogramm-Technik für spezielle Schleifzyklen mit bis zu 4 gesteuerten Hauptachsen und bis zu 11 weiteren Hilfsachsen. Diese Achsen können sowohl durch Handeingabe als auch durch extern in der Arbeitsvorbereitung in genormter Programmiersprache nach DIN 66025 geschriebenen Programmen gesteuert werden. Es besteht die Möglichkeit, die bereits eingegebenen Programme zu ändern oder zu korrigieren. Man kann komplette Schleifzyklen speichern und auf Abruf ablaufen lassen.

Einsatzgebiete für derartige Steuerungen sind die flexible Einzelfertigung und die Fertigung von mittleren Serien in Klein- und Mittelbetrieben sowie die Massenproduktion in Mittel- und Großbetrieben. *Kenter*

Literatur: DIN 66025: Programmaufbau für numerisch gesteuerte Arbeitsmaschinen. Hrsg. Dt. Inst. f. Normung. 3. Aufl. 1975. – *Franz, J.:* CNC-Ausbildung für die betriebliche Praxis. Tl. 5: Schleifen. München, Wien 1985. – *Kief, H. B.:* NC-Handbuch 85. Michelstadt 1985. – *Weck, M.:* Werkzeugmaschinen. Bd. 3: Automatisierung und Steuerungstechnik. Düsseldorf 1989.

Nebenschneide →Spiralbohrer, →Schneidteil

Neigungswinkel →Schneidteil

Nennkraft. Als N. F_N wird die für die Auslegung einer →Umformmaschine maßgebende Kraft bezeichnet. Je nach Prinzip des Antriebs – bei Preßmaschinen weg-, kraft- oder arbeitsgebunden – kann die N. bei einem Umformvorgang über einen bestimmten Weg, den N.-Weg h_N, ausgenutzt werden. *Lange*

Nennlast →Industrieroboterprüfung, →Leichtroboter

Neodym-Laser. 4-Niveau-Festkörperlaser, dessen Infrarotstrahl von 1,064 μm Wellenlänge für die

→Laserstrahlerwärmung genutzt wird. Die laseraktive Substanz wird von Nd^{3+}-Ionen gebildet, die mit einer Dotierung zwischen 0,5 und 3,5% in ein Trägermaterial eingebaut sind. Meist findet hierfür ein stabförmiger Einkristall aus Yttrium-Aluminium-Granat Verwendung (Nd-YAG-Laser).

Die Anregungsenergie für die Neodym-Ionen muß in den zum Pumpband (0,6–0,8 μm) passenden Spektralbereich übertragen werden. Hierfür eignen sich Xenonblitzlampen für den Impulsbetrieb. Für den kontinuierlichen Betrieb werden Halogenlampen (Leistung bis 1 kW) bzw. Kryptonbogenlampen (Leistung bis 6 kW) verwendet. Die Form und Anordnung der Lampen ist aus dem Bild ersichtlich. Ein Mantelreflektor – oft von elliptischem Querschnitt mit Lampe und Laserstab in den Brennpunkten – gewährleistet verlustarme Übertragung der Lampenstrahlung auf den Laser.

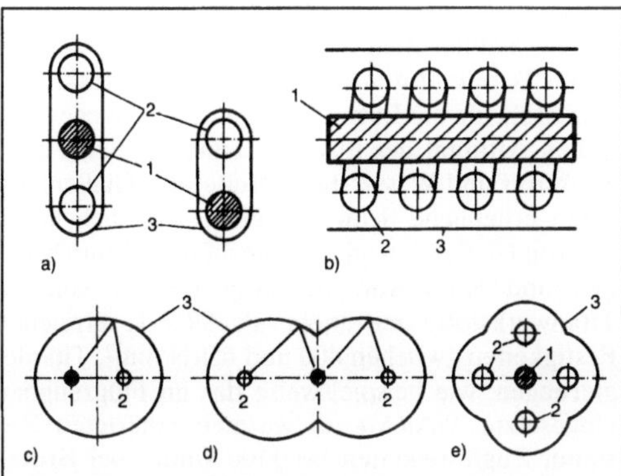

Neodym-Laser: Anordnung von Laser und Lampen.

a) Ein- und Zweilampenkopf, eng ummantelt
b) Zylindrisch
c) Einfachelliptisch
d) Zweifachelliptisch
e) Vierfachelliptisch.

1 Laserstab 2 Lampe 3 Reflektor

Werden keine speziellen Anforderungen an die Strahlqualität (z. B. Polarisierung) oder an die Betriebsweise (Gütemodulation) gestellt, so sind die Laserstabenden geschliffen und verspiegelt, meist durch Aufdampfen dielektrischer Mehrfachschichten. Der teildurchlässige Auskoppelspiegel weist für Dauerstrichbetrieb einen Transmissionsgrad von 1–10% auf. Die Strahleigenschaften des Nd-YAG-Lasers sind durch folgende Daten gekennzeichnet: Divergenz: 1–18 mrad, Strahldurchmesser: 1–6 mm, Fokusdurchmesser: 0,01–0,1 mm.   *M. Rudolph*

Literatur: *Brunner, W.,* u. *K. Junge:* Lasertechnik. Heidelberg 1984. – *Dändlicker, R.:* Laser-Kurzlehrgang. Aarau 1984. – *Nowicki, M.:* Laser in Elektroniktechnologie und Materialbearbeitung. Leipzig 1982.

Nernst-Verteilungssatz. Der N.-V. macht Aussagen über das Verteilungsgleichgewicht in Flüssigkeits-Flüssigkeits-Systemen. Bei der Einstellung des Phasengleichgewichts verteilt sich eine dritte Komponente 3 auf die beiden partiell mischbaren Stoffe 1 und 2 unter Berücksichtigung, daß die Konzentration der Komponente 3 gering und die gegenseitige Löslichkeit von 1 und 2 vernachlässigbar ist:

$$c_3^{(2)}/c_3^{(1)} = K_N \qquad (1),$$

mit $c_3^{(2)}$ Konzentration des Stoffs 3 in der an Stoff 2 reichen Phase, $c_3^{(1)}$ Konzentration des Stoffs 3 in der an Stoff 1 reichen Phase, K_N N.-Verteilungskoeffizient.

Diese Gleichung wird N.-V. genannt. Er besagt, daß im Gleichgewicht das Verhältnis der Konzentrationen der gelösten Substanz in beiden Phasen bei gegebener Temperatur konstant ist. K_N ist der N.-Verteilungskoeffizient, der außer von der Temperatur und vom Druck auch von den Eigenschaften der 3 Komponenten abhängt. Dieser Satz gilt jedoch nur, wenn die Konzentration der Komponente 3 gering und die gegenseitige Löslichkeit von 1 und 2 vernachlässigbar klein ist.

Zur Darstellung der experimentellen Ergebnisse zum Verteilungsgleichgewicht zwischen einer dritten Komponente und den beiden partiell mischbaren Stoffen 1 und 2 dient das →Gleichgewichtsdiagramm (Bild).

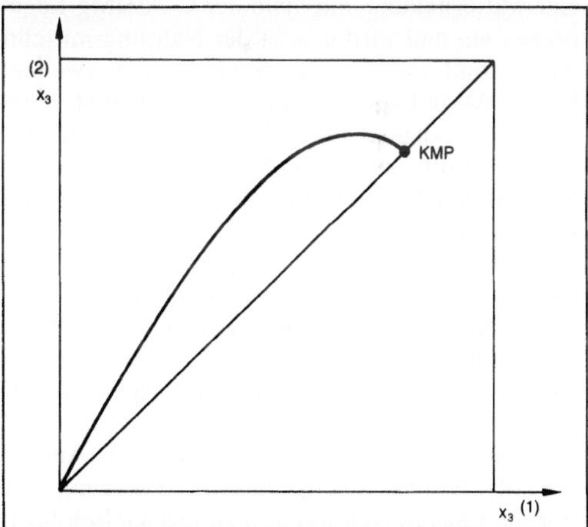

Nernst-Verteilungssatz: Verteilungskurve.

Die Neigung der Verteilungskurve ist der Verteilungskoeffizient. Das lineare Anfangstück kennzeichnet den N.-V.   *Weinspach*

Literatur: Autorenkollektiv: Thermodynamik der Mischphasen. Leipzig 1973.

Nibbeln →Scherschneiden, →Knabberschneiden

Nichteisen-Metallguß. NE-M. wird im industriellen Bereich in erheblichem Umfang eingesetzt, und zwar sowohl als Leicht- wie auch als Schwermetallguß. Dominierend ist das Aluminium, das nach Stahl am meisten verwendete Metall. Über die Hälfte der Aluminiumguß-Produktion fließt in den Fahrzeugbau. Weitere bedeutende Mengen gehen in den Maschinenbau, die Elektrotechnik und in den Sektor Bauteile für feinmechanische und optische Geräte. Weitere Anwendungsgebiete, wie z. B. beim →Verbundguß, werden ständig neu erschlossen. Beim Aluminiumguß sind nach Eigenschaften und Verwendung hauptsächlich folgende Legierungsgruppen zu unterscheiden: G-AlSi, G-AlSiMg, G-AlMg, G-AlCuTi, G-AlZnMg und Sonderlegierungen.

Die G-AlSi-Legierungen lassen sich am besten vergießen, sind vielseitig anwendbar und eignen sich besonders für komplizierte, dünnwandige oder druckdichte Gußstücke, wobei mittlere Festigkeit und Dehnung bei guter chemischer Beständigkeit erreicht werden. Höhere Dehnung und Dauerschwingfestigkeit liefert die Legierung G-AlSi12 nach einer besonderen Wärmebehandlung.

Durch Zusatz von nur wenigen Zehntel Prozent Magnesium werden die G-Al-Si-Legierungen aushärtbar und erreichen dadurch wesentlich höhere Festigkeitswerte. Insbesondere verdoppelt sich die 0,2-Dehngrenze nahezu. Die Legierung G-AlSi5Mg nimmt hinsichtlich →Gießbarkeit und Verhalten gegen Meerwasser, Spanbarkeit und Polierfähigkeit eine Mittelstellung innerhalb der G-AlSiMg-Legierungen ein und wird u. a. in der Nahrungsmittelindustrie und für Feuerlöscharmaturen verwendet. Die G-AlMg-Legierungen, gekennzeichnet durch hohe Beständigkeit gegenüber Seewasser und salzhaltiger Luft, stellen hohe Anforderungen an Schmelz- und Gießtechnik. Die schwierig gießbaren Legierungen mit mehr als 7 % Mg erreichen nach einer entsprechenden Wärmebehandlung im Sand- und Kokillenguß eine besonders hohe Bruchdehnung. Derartige Legierungen haben weitreichende Anwendungsbereiche vom Fleischereimaschinenbau bis zu stoßbeanspruchten Beschlägen im Schiffbau.

G-AlCuTi-Legierungen erhalten durch Aushärten hohe Festigkeit bei genügender Dehnung. Aus solchen Legierungen fertigt man mechanisch hochbelastete, vor allem schlag- und schwingungsbeanspruchte Teile im Flugzeug- und Fahrzeugbau.

G-AlZnMg-Legierungen (in Deutschland noch nicht genormt) haben als besonderes Merkmal ihre Fähigkeit zur Warm- und Kaltaushärtung ohne besonderes Lösungsglühen im Gußzustand oder auch nach dem Schweißen. Für eine Reihe von Spezialgebieten wurden Sonderlegierungen entwickelt, wie z. B. die durch Warmhärte, hohe Verschleißfestigkeit und niedrige Wärmeausdehnungszahl gekennzeichneten eutektischen und übereutektischen AlSi-Legierungen mit Zusätzen von Cu, Mg

und Ni zur Herstellung von Kolben, hochbelasteten Gleitlagern und Zylinderköpfen oder Legierungen mit besonders hoher Leitfähigkeit zur Herstellung von Läuferkäfigen von Elektromotoren im Druckgießverfahren.

Magnesiumlegierungen nach DIN 1729 sind die vorzugsweise anzuwendenden Mg-Werkstoffe, die auch bei erhöhten Festigkeitsansprüchen bis etwa 110 °C genügen. Diese mit Zink legierten Mg-Werkstoffe haben je nach Zusammensetzung im Sand- und Kokillenguß Zugfestigkeiten zwischen 160 und 300 N/mm² bei Bruchdehnungen von 2–12 %. Zu den Legierungen für besondere Verwendung zählen G-MgAl 6 (R_m = 180–240 N/mm² bei 8–12 % Dehnung) und G-MgAl 6 ho, wo man im gleichen Festigkeitsbereich Bruchdehnungen bis 15 % erreicht. Beide Legierungen haben bei 50×10^6 Lastspielen eine Biegewechselfestigkeit von 70–90 N/mm².

Titan ist wegen seiner niedrigen Dichte, seines hohen Schmelzpunkts und seiner Zähigkeit bei tiefen Temperaturen ein wertvoller Konstruktionswerkstoff für die Luft- und Raumfahrt. Wegen der hohen Affinität des flüssigen Titans zu Sauerstoff, Stickstoff und Wasserstoff bereitet das Gießen von Titan erhebliche Schwierigkeiten, die auch heute nur von Gießereien mit entsprechenden Einrichtungen und Know-how bewältigt werden können. Titanwerkstoffe mit mehr als 99 % Ti erreichen Festigkeiten zwischen 400 und 650 N/mm², Titanlegierungen, wie beispielsweise das im Flugzeugbau eingesetzte TiAl6V4 im warmausgehärteten Zustand, Zugfestigkeiten bis 1100 N/mm² bei Bruchdehnungen bis 2 %. Die Festigkeitswerte sind in bestimmtem Umfang von der Wanddicke der Gußstücke bzw. den Abkühlungsbedingungen bei der Erstarrung abhängig, da dadurch Korngröße und Gefügeausbildung beeinflußt werden. Bemerkenswert ist, daß bei einem Vergleich zwischen den mechanischen Eigenschaften von gegossenen und geschmiedeten Titanwerkstoffen die gegossenen nur bez. Dehnung und Einschnürung zurückfallen, während alle anderen Werte fast gleich sind. So erreichen die an Probestäben ermittelten Festigkeitswerte aus Abgüssen die von den Halbzeugherstellern gewährleisteten Werte und übertreffen diese sogar in manchen Fällen.

Auf der Schwermetallseite haben die Kupfer-Basis-Legierungen besondere Bedeutung erlangt. Gußmessing nach DIN 1709 ist eine Legierung mit mindestens 50 % Kupfer, Rest Zink. Legierungen mit sehr hohem Kupfergehalt werden als Tombak bezeichnet. Gußmessinge sind gut gießbar und werden deshalb zu Armaturen aller Art (besonders für Gas und Wasser), ferner zu Beschlagteilen, Gehäusen und anderen Bauteilen verarbeitet. Im Sandguß betragen die Zugfestigkeiten 150–200 N/mm² bei 10–20 % Bruchdehnung. Diese Werte erhöhen sich auf 250–380 N/mm^2 Zugfestigkeit und 25 bis 35% Dehnung beim Kokillenguß. Druckgußteile weisen noch höhere Festigkeiten (bis 600 N/mm^2) bei dann allerdings relativ niedriger Dehnung von 5 bis äußerst 15% auf. Zu beachten ist, daß binäre Kupfer-Zink-Legierungen nicht aushärtbar sind und höhere Härtewerte nur durch eine Kaltumformung, die bei Gußstücken nicht möglich ist, erreicht werden können. Die Korrosionsbeständigkeit der Messinge hängt von der Art und Einwirkungsdauer des aggressiven Mediums ab. In manchen Fällen muß man mit einer „Entzinkung" rechnen, die besonders bei β-Messing auftritt, wobei sich das ursprünglich mit dem Zink in Lösung gegangene Kupfer auf dem Messing abscheidet und hier eine meist schwammartige Masse bildet.

Guß-Zinnbronzen nach DIN 1705 sind Legierungen mit 80–90% Cu, Rest Zinn, sehr korrosions- und kavitationsbeständig. G-SnBz 10 verwendet man für hochbeanspruchte Armaturen, Pumpengehäuse sowie für Leit- und Schaufelräder von Pumpen und Wasserturbinen. Wegen ihrer Verschleißfestigkeit ist die höher legierte G-SnBz 12 für Kupplungsstücke, unter Last bewegte Spindelmuttern und für schnellaufende Schnecken- und Schraubenräder geeignet. Die G-SnBz 14 übernimmt ähnliche Aufgaben, wird außerdem aber für hochbelastete Gleitlagerschalen, Schieberspiegel usw. eingesetzt. Höhere Zinngehalte über 14% sind technisch nicht sinnvoll, ausgenommen in Bronzen für den Glokkenguß.

Der in der gleichen Norm erfaßte Rotguß ist eine seewasserbeständige Guß-Mehrstoff-Zinnbronze für den Armaturen-, Pumpen- und Schiffbau sowie für hochbeanspruchte Gleitteile und Schneckenräder mit niedrigen Gleitgeschwindigkeiten. Bleilegierter Rotguß hat gute Notlaufeigenschaften und ist zur Herstellung druckdichter Gußstücke geeignet.

Guß-Bleibronzen und Guß-Zinn-Bleibronzen (DIN 1716) sind Legierungen mit mindestens 60% Cu und dem Hauptlegierungszusatz Blei, der zur Verbesserung der Korrosionsbeständigkeit, insbes. gegen Schwefel und Salzsäure, beiträgt. Die Guß-Bleibronze G-PbBz 25 eignet sich besonders für hochbeanspruchte Verbundgußlager. Guß-Zinn-Bleibronzen haben sehr gute Laufeigenschaften und werden vor allem für Lager mit hohen Flächendrücken, wegen ihrer Korrosionsbeständigkeit aber auch zur Herstellung von säurebeständigen Armaturen verwendet.

Guß-Aluminiumbronzen (DIN 1714) sind Legierungen mit mindestens 70% Kupfer und dem Hauptlegierungsbestandteil Aluminium. Mehrstoff-Aluminiumbronzen enthalten noch weitere güteverbessernde Zusätze wie Eisen, Nickel und Mangan. Diese warmaushärtbaren Legierungen haben hohe Festigkeiten von etwa 700 N/mm^2 und daneben hohe

Korrosions- und Erosionsfestigkeit. Entsprechend finden sie in der Nahrungsmittel-Industrie, im Berg- und Schiffbau, in der Ölindustrie und im allgemeinen Maschinenbau Verwendung.

Guß-Berylliumbronzen sind Kupfer-Zweistofflegierungen mit Berylliumgehalten bis zu 3%. Mehrstoff-Berylliumbronzen enthalten weitere Legierungsbestandteile, vorwiegend Cobalt. Diese warmaushärtbaren Gußwerkstoffe erreichen bei guter elektrischer Leitfähigkeit hohe Festigkeiten, und ihre Anwendung erstreckt sich deshalb vorwiegend auf Bauteile für die Elektrotechnik und die Herstellung funkenfreier Werkzeuge. *Doliwa*

Literatur: Gießerei-Kalender 1987. Hrsg. VDG und GDM, S. 141/53. – Guß aus Kupfer und Kupferlegierungen. Hrsg. Deutsches Kupfer-Institut, Berlin. – Messing. Hrsg. Deutsches Kupfer-Institut, Berlin.

Nicht-Newton-Flüssigkeit. Zur Definition des Begriffs Scherströmung bedient man sich gern eines Gedankenexperiments: Man stellt sich zwei sehr große planparallele Platten vor, zwischen denen sich eine Flüssigkeit befindet. Nun wird eine Platte mit konstanter Geschwindigkeit v_0 gegenüber der anderen Platte bewegt. Unter der Voraussetzung, daß die Flüssigkeit an den Wänden haftet (was in den meisten Fällen gegeben ist), stellt sich nach kurzer Zeit auf Grund innerer Kräfte in der Flüssigkeitsschicht ein Geschwindigkeitsprofil ein, wie es in Bild 1 dargestellt ist.

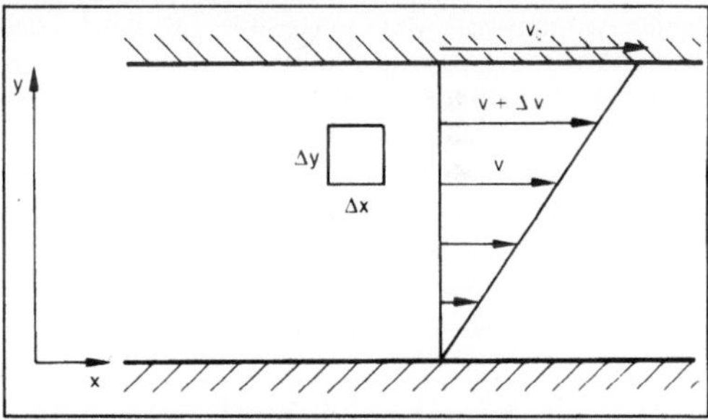

Nicht-Newton-Flüssigkeit 1: Scherbeanspruchung einer Flüssigkeit zwischen zwei planparallelen Platten.

Man kann sich dies modellhaft so vorstellen, daß der Flüssigkeitsspalt aus sehr vielen dünnen Schichten besteht, wobei (von unten nach oben) jede Schicht gegenüber der darunterliegenden sich um den winzigen Betrag Δv schneller bewegt. Man bezeichnet diese Situation deshalb auch als parallele Schichtenströmung oder ebene Scherströmung.

Newton fand 1723, daß die zur Verschiebung notwendige Kraft F, dividiert durch die Fläche A – man bezeichnet diesen Quotienten F/A als Schubspannung τ – proportional ist der Geschwindigkeitsdifferenz Δv zweier benachbarter Flüssigkeitsschichten, dividiert durch den Abstand Δy, den die beiden Schichten voneinander haben. Der Quotient $\Delta v/\Delta y$ wird als Schergeschwindigkeit γ bezeichnet. *Newtons* Befund lautete also: Die Schubspannung τ ist der Schergeschwindigkeit γ proportional. Die Proportionalitätskonstante wird kinematische Zähigkeit oder Viskosität h genannt. Es gilt also $\tau = h \cdot \gamma$.

Früher glaubte man, daß alle Flüssigkeiten diesem Gesetz gehorchen, d. h. mißt man die Schubspannung τ als Funktion der Schergeschwindigkeit γ, die →Fließkurve. Dann ergibt sich bei Gültigkeit der Gleichung eine Gerade. Derartige Fluide bezeichnet man als newtonsch. Heute weiß man, daß es eine große Anzahl von Flüssigkeiten gibt, die eine gekrümmte Fließkurve haben. Es sind dies vor allem Polymerlösungen und die meisten biologischen Flüssigkeiten, wie z. B. Sputum, Blut und die Flüssigkeit in unseren Gelenken.

Die Viskosität ist dann keine Konstante mehr, sondern von der Beanspruchung abhängig, wie in Bild 2 am Beispiel von gesundem Humanblut gezeigt. Um eine solche Fließkurve, in diesem Fall die Viskosität, als Funktion der Schergeschwindigkeit zu messen, benötigt man Meßgeräte, bei denen auf irgendeine Weise die ebene Scherströmung realisiert ist, sog. Rheometer. Im vorliegenden Fall wurden die Messungen von Couette-, Kegel-Platte- und Rohrrheometer aneinandergereiht. Der Kurvenverlauf ist typisch für derartige Flüssigkeiten. Der bei verschwindender Beanspruchung vorhandene Anfangswert der Viskosität (er wird auch Nullviskosität genannt) bleibt zunächst in einem gewissen Schergeschwindigkeitsbereich konstant. Mit zunehmender Scherbeanspruchung nimmt die Viskosität dann sehr ab. Die Kurve durchläuft einen Wendepunkt und nähert sich bei sehr hohen Schergeschwindigkeiten einem unteren Grenzwert. *Chmiel*

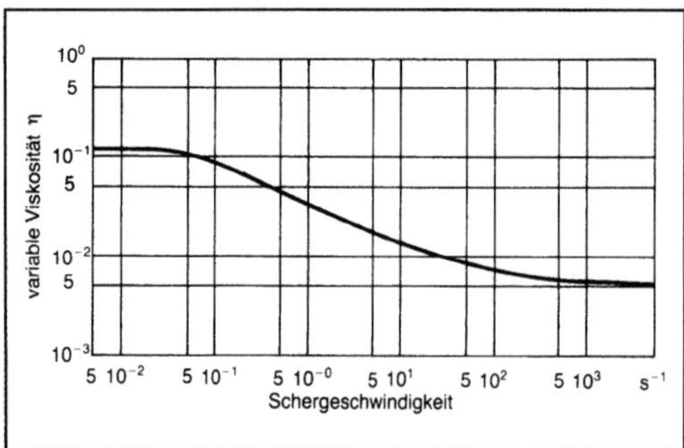

Nicht-Newton-Flüssigkeit 2: Variable Viskosität als Funktion der Schergeschwindigkeit von normalem Humanblut mit einem HK 44 % als Ergebnis von Messungen 4 verschiedener Rheometer.

Literatur: *Chmiel, H.,* u. *E. Walitza.:* Biologische Fluide im Fließverhalten von Stoffen und Stoffgemischen. *W.-M. Kulicke* (Hrsg.). Basel, Heidelberg, New York 1986.

Nickel. N. wird vielfach als Legierungselement in Stählen eingesetzt, z. B. zum Erzielen eines stabil austenitischen Gefüges mit erhöhter Korrosionsbeständigkeit sowie zum Erzielen besonderer physikalischer oder mechanischer Eigenschaften (N.-Legierungen) *W. Dahl*

Nickel-Eisen-Legierung, weichmagnetische. Legierungen mit 30–80 % Nickel für Einsatzzwecke, bei denen höhere Anforderungen an die magnetische Weichheit gestellt werden, als mit den üblichen Werkstoffen auf Eisenbasis zu erfüllen sind. Dadurch können die magnetische Sättigung, die Koerzitivfeldstärke und die Form der Hystereseschleife in weitem Umfang beeinflußt werden. *W. Dahl*

Literatur: Werkstoffkunde Stahl. 2 Bde. Hrsg. VDEh. Berlin, Düsseldorf 1984/85.

Nickellegierung. N. werden wegen ihrer chemischen Beständigkeit, Warmfestigkeit, Hitzebeständigkeit und magnetischen Eigenschaften in vielen Industriezweigen verwendet. Hauptlegierungselemente sind Mangan, Chrom, Kupfer und Eisen (DIN 17740–17743, 17745).

In Stählen legiert verbessert Nickel die Zähigkeit, Dehnung und Warmfestigkeit.

Für einen groben Überblick lassen sich die N. nach den Legierungselementen unterteilen in
□ NiMn-, NiCr-Legierungen: erhöhte mechanische Festigkeit (Elektrotechnik, Zündkerzen, Elektronenröhren, Glühlampen),
□ NiMo-, NiCu-Legierungen: gute Korrosionsbeständigkeit (→Wärmeübertrager, Brackwasser) und verbesserte Warmfestigkeit, schlagzäh auch in der Kälte,
□ NiCr-Heizleiter: hochwarmfest (Gasturbinen), zunderbeständig, aushärtbar (elektrischer Drahtwiderstand für Ofenheizung),
□ NiFe-Magnetwerkstoffe: weichmagnetisch (Verstärkung, Relais, Transformatoren).

Nach ihrem Verwendungszweck können die folgenden Legierungsgruppen unterschieden werden:
□ Verbesserung der Korrosionsbeständigkeit von Nickel durch geringe Zusätze: Spannungsrißkorrosion tritt nicht auf bei Werkstoffen mit über 45 % Nickel, Kornzerfall ist bei niedrigstem Kohlenstoffgehalt praktisch ausgeschlossen, Lochfraßkorrosion entsteht in chloridhaltigen Lösungen nur äußerst selten.

Der meist verwendete Legierungszusatz Mangan zu Nickel erhöht die Festigkeitseigenschaften, ohne das Formänderungsvermögen zu vermindern. Nickel mit 1–5 % Mangan ist gut zerspanbar und korrosionsbeständig gegen technische Wässer. NiMn2 ist fester als Nickel und korrosionsbeständig und wird in der Elektrotechnik in Elektronenröhren und Glühlampen verwendet. NiMn5 ist auch unter reduzierender Umgebung beständig. Mit einem weiteren Zusatz von 1–2 % Silicium wird die Beständigkeit gegen Verbrennungsgase erhöht und deshalb das Material als Zündkerzenelektrode eingesetzt.

Zusätze von 1–5 % Aluminium wirken aushärtend (R_m bis 1 200 N/mm^2), korrosionsbeständig und werden als Federwerkstoffe verwendet. Durch Zusätze von 2 % Beryllium kann Nickel ausgehärtet werden (R_m bis 1 850 N/mm^2). Da diese Legierungen korrosionsbeständig und zäh sind, werden sie für Ventilfedern, Membranen und medizinische Instrumente verwendet (Tabelle 1).

□ Chemisch beständige N. mit hohem Zusatz an Legierungselementen: Die Korrosionsbeständigkeit des Nickels wird noch verbessert durch Zusätze von Chrom, Molybdän und Kupfer und übertrifft die von austenitischen Stählen. Durch Zusätze von Molybdän und Kupfer entstehen N., die gegen Salpetersäure, Schwefelsäure und Phosphorsäure resistent sind (Tabelle 1).

NiMo-Legierungen (60–63 % Ni, 26–32 % Mo, 3–7 % Fe, z. B. Hastalloy B) sind beständig gegen reduzierende Säuren (wie H_2SO_4, HF, siedende HCl). Beim Zulegieren von 15–17 % Chrom auf Kosten von Molybdän (Hastalloy C) erreicht man auch eine Beständigkeit in oxidierenden Medien. Ersetzt man einen Teil Chrom und Molybdän durch billigeres Eisen, so verringert sich die Korrosionsbeständigkeit (Incoloy 825 mit 40 % Ni, 21 % Cr, 31 % Fe, 3 % Mo). Diese Legierung, die gegen Salpeter- und Phosphorsäure beständig ist, enthält meistens noch geringe Anteile an Titan (zur Stabilisierung).

NiCu-Legierungen (bis etwa 30 % Cu, Monel) sind beständig gegen schwächere Säuren, warmfest, schlagzäh, schweißgeeignet und hitzebeständig bis 700 °C. Ihr Anwendungsbereich erstreckt sich auf den Apparatebau der chemischen Industrie, Wärmeübertrager, Papier-, Nahrungsmittel- und Haushaltswarenindustrie bis zu Ölraffinerien und

Flugzeugbau. Diese Legierungen können noch aushärtende Bestandteile an Silicium, Magnesium oder Beryllium enthalten. NiCu54Mn1 (Konstantan) wird als Thermoelement verwendet, da hier der elektrische Widerstand nahezu linear mit der Temperatur ansteigt.

□ Heizleiter-Legierungen: NiCr- (17–20 % Cr)und NiCrFe-Legierungen (14–16 % Cr, 20–26 % Fe) sind warmfest, wärmeschockbeständig und zunderbeständig. Die Legierung NiCr20 bildet die Basis für warmfeste Legierungen und Heizleiterwerkstoffe (Tabelle 2). Durch Zusatz von Chrom wird die Schmelztemperatur erhöht und die Zunderbeständigkeit verbessert. Diese Legierungen werden als Heizleiter in elektrisch beheizten Öfen bei Temperaturen bis 1 250 °C (NiCr20) bzw. 1 150 °C (NiCrFe) eingesetzt. Insbesondere NiCr-Legierungen haben jedoch eine geringe Kriechbeständigkeit. NiCr-Legierungen (NiCr21Al2Cu) werden außerdem für elektrische Widerstände verwendet.

Nickellegierung. Tabelle 2: Beispiele für Heizleiterwerkstoffe.

Legierung	Betriebstemperatur °C	Warmdehngrenze $R_{1/1000\,h/1200\,°C}$
NiCr 20	max. 1 250	0,5 N/mm^2
NiCr 15	max. 1 200	0,5
NiFe 30	max. 500	

NiFe-Legierungen (z. B. NiFe30) werden bei anspruchslosen Anwendungen für Heizdrähte und Heizwiderstände benutzt und sind ferromagnetisch.

□ Hochwarmfeste und hitzebeständige N.: Diese Legierungen enthalten als Legierungselemente stets Chrom (10–20 %), meistens Molybdän (3–10 %), oft Cobalt (10–20 %) und manchmal Eisen (Tabelle 3).

Nickellegierung. Tabelle 1: Beispiele für chemisch beständige Nickellegierungen.

Legierung	Einsatzgebiet
NiMn 2	Glühlampen, Elektronenröhren
NiMn 5	Zündkerzen
NiBe 2	hohe Zähfestigkeit, Ventilfedern
NiCu 30 Fe (Monel)	Passivschichten in wäßrigen Lösungen, Wärmeübertrager
NiCr 21 Mo	Kerntechnik, Auflösen von Hüllrohren
NiCr 22 Fe 25 Mo 6 (Hastelloy F)	reduzierender und oxidierender Betrieb, in alkalischen und sauren Lösungen
NiCr 21 Fe 31 Mo 3 Ti (Incoloy 825)	spannungsrißfrei und kornzerfallsbeständig (in H_2SO_4, H_3PO_4, HNO_3)

Nickellegierung. Tabelle 3: Beispiele für warmfeste Nickelbasiswerkstoffe. (Quelle: Dienst)

Legierung	Raumtemperatur			800°C			Zeitstand-festigkeit
	$R_{p0,1}$	R_m	A	$R_{p0,1}$	R_m	A	$R_{m/1000\,h/800°C}$
NiCr 20 Ti (Nimonic 75)	350	820	44	120	200	65	30
NiCr 22 Fe 18 Mo 9 (Hastelloy X)	360	800	40	230	350	43	80
NiCr 15 Fe 7 Ti 2 (Inconel X-750)	800	1 200	25	350	440	20	150
NiCr 20 Co 18 Ti 2 (Nimonic 90)	800	1 250	25	480	650	10	160
NiCr 19 Fe 18 Nb 5 Mo 3 (Inconel 718)	1 150	1 400	15	630	800	30	200
NiCr 17 Cr 15 Mo 5 Al 4 Ti 3 (Udimet 700)	980	1 400	15	760	950	33	330

Zugfestigkeit R_m und Streckgrenze $R_{p0,1}$ in N/mm^2, Bruchdehnung A in %

Durch Zusätze von Titan und Aluminium werden hochwarmfeste Legierungen auf der Basis NiCr20 aushärtbar (Ausscheidungshärtung). Der Cr-Gehalt gewährleistet den Oxidationswiderstand für ihren Einsatz bei hohen Temperaturen (bis etwa 1000°C). Cobalt bildet hochwarmfeste Ausscheidungsteilchen. Die Zeitstandfestigkeit wird durch Molybdän und auch Wolfram als mischkristallhärtende Legierungskomponente gesteigert. Eisen verbilligt die N. durch Verringern des Ni- und Co-Gehalts, vermindert die Rißempfindlichkeit und erhöht die Schweißbarkeit.

Neben ihrer Korrosions- und Zunderbeständigkeit lassen sie sich gut verformen, zerspanen und schweißen. Typische Legierungsbeispiele sind in Tabelle 3 angegeben. Wegen ihrer Hitzebeständigkeit finden diese NiCr-Legierungen Anwendung für Gasturbinen, Strahltriebwerke, Brennkammern, Überhitzerrohre, Nitrierbehälter, Reaktionsgefäße usw.

Die zulässige Anwendungstemperatur und Lebensdauer für hitzebeständige Legierungen ist abhängig von der Beschaffenheit der Gasatmosphäre (Tabelle 4). Die Verzunderung ist besonders ungünstig bei ständigem Wechsel zwischen oxidierenden und reduzierenden Bedingungen. Typische Einsatzdauerbereiche für N. liegen zwischen 1000 und 10000 h bei Temperaturen bis 900°C.

☐ Nickelhaltige Magnetwerkstoffe: Weichmagnetische NiFe-Legierungen müssen nach der Formgebung schlußgeglüht werden, um ein störungsfreies Gefüge für den Einbauzustand sicherzustellen (Tabelle 5). Entsprechend dem Zustandssystem Nickel-Eisen ergeben sich aus dem Verlauf der Sättigungsmagnetisierung B_s die wichtigsten technischen Anwendungen: NiFe71 ist bei Raumtemperatur unmagnetisch (keine Magnetisierung) und wird im Elektromaschinenbau verwendet. NiFe64 besitzt eine geringe Anfangspermeabilität μ und geringe Wirbelstromverluste und ist besonders für verzerrungsarme Überträger geeignet. NiFe50 vereinigt hohe Anfangspermeabilität und Sättigungsmagnetisierung und wird deshalb in Meßwandlern, Verstärkern und Übertragern eingesetzt. NiFe25 (Mu-Metall) weist besonders hohe Permeabilität (μ_{max} bis 120000) auf, bildet bei langsamem Abkühlen eine Überstruktur ($FeNi_3$ mit hohem Ordnungsgrad), die beim Abschrecken unterdrückt werden kann, und ist vorteilhaft, wenn nur kleine Steuerfeldstärken vorhanden sind; ferner für magnetische Abschirmung und Fehlerstromschutzschalter.

Pulvermetallurgisch hergestellt mit nicht völlig homogen gesinterten Mischkörpern (Hyperm, Permalloy) entsteht ein geradliniger Verlauf der Permeabilität, der besonders in Meßgeräten Verwendung findet.

Wenn die Beweglichkeit der Blochwände behindert wird (Magnetwerkstoffe), entstehen hartmagnetische Werkstoffe. Grundlage sind hier FeNiCo-Legierungen mit hoher Magnetisierung, großer Koerzitivfeldstärke H_C, großem Energieprodukt $(B \cdot H)_{max}$ und großen Hystereseverlusten (Ta-

Nickellegierung. Tabelle 4: Beispiele für hitzebeständige Werkstoffe.

Legierung	Betriebstemperatur und -zustand in Luft
NiCr 20 Ti	bis 1100°C oxidierender und reduzierender Betrieb in schwefelhaltigen Gasen
NiCr 15 Fe	bis 1100°C reduzierende Atmosphäre und mit Schwefel
X 12 NiCrSi 3616	bis 1100°C wechselnd oxidierend und reduzierend

Nickellegierung. Tabelle 5: Beispiele für Magnetwerkstoffe.

Legierung	B_s Tesla	μ_{max}	H_c A/m	$(B{\cdot}H)_{max}$ Ws/m^3	Einsatz
					weichmagnetisch:
NiFe64	1,3	20 000	30		Übertrager, Drosseln, Filter
NiFe40	1,5	90 000	1,5		Übertrager, Magnetverstärker
NiFe25	0,8	120 000	1,5		Abschirmungen, Magnetverstärkung, Relais
NiFe16Mo5 (Supermalloy)	0,8	100 000	0,2		Fernsprechtransformatoren
NiCo25Fe30 (Perminvar)	1,5	2 000	120		konstante Permeabilität bei kleinen Feldstärken
					hartmagnetisch:
A18Ni14Co24Cu3 (Alnico 5)	1,2		60 000	40 000	Dauermagnete, Lautsprecher
					hartmagnetisch:
Cu60Ni20(Cunife)	0,5		50 000	10 000	Dauermagnete

belle 5). Zustäze von Titan, Aluminium oder Niob ermöglichen eine Aushärtung, besonders wenn die Wärmeführung im Magnetfeld erfolgt.   *Heller*

Literatur: *Bargel, H. J.,* u. *G. Schulze*: Werkstoffkunde. Düsseldorf 1988. – *Dienst, W.*: Hochtemperaturwerkstoffe. Karlsruhe 1978. – *Schimpke, P.,* u. *H. Schropp, R. König*: Technologie der Maschinenbaustoffe. Stuttgart 1977. – *Volk, K. E.*: Nickel und Nickellegierungen. Berlin 1970.

Niederdruck-Kokillengießanlage.   Während beim normalen Kokillenguß die Metallschmelze unter dem Einfluß der Schwerkraft in die Form fließt und unter Luftdruckeinwirkung erstarrt, wird beim N.-Gießverfahren das flüssige Metall durch einen verhältnismäßig niedrigen Gasdruck (z. B. bei Aluminium etwa 0,2–0,3 bar) in die Dauerform gehoben (Bild). Der Behälter für das flüssige Metall ist durch einen Deckel gasdicht verschlossen. Er hat eine ebenfalls gasdicht verschließbare Öffnung, durch die man flüssiges Metall nachfüllen kann. Auf den Deckel ist eine →Kokille aufgesetzt, deren Kernzüge mechanisch oder hydraulisch betätigt werden. Durch das fast bis auf den Boden reichende Steigrohr wird die Schmelze mittels Gasdruck in die Kokille gedrückt. Das Fassungsvermögen der Tiegel bei dieser klassischen Bauweise ist auf 150–200 kg Aluminium begrenzt.

Bei der Entwicklung von N.-Gießöfen gab es zwei Ausführungsformen, und zwar Gießöfen, bei denen der Tiegel gleichzeitig als Druckgefäß dient, und Gießöfen, bei denen das Ofengehäuse als Druckgefäß ausgebildet ist. Eine günstige N.-Gießofenkonstruktion besteht heute aus einem Induktionsrinnen-Warmhalteofen mit druckdichtem Ofengefäß oder einem geschlossenen Ofengefäß mit einem in

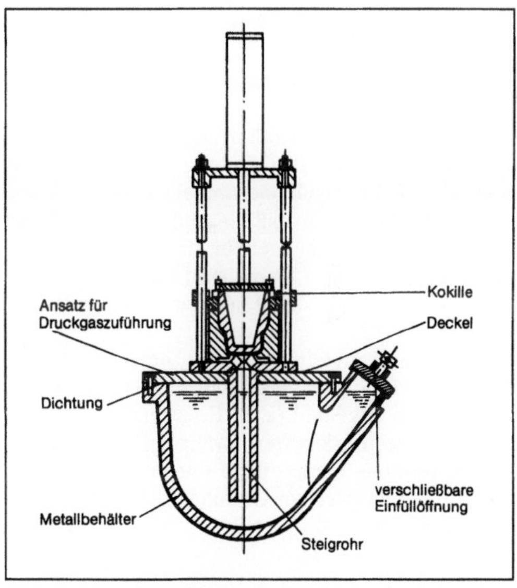

Niederdruck-Kokillengießanlage: Prinzip des Niederdruck-Gießverfahrens.

einer mit Mittelfrequenz gespeisten Induktionsspule stehenden Graphittiegel. Derartige Öfen können bis zu 1500 kg Fassungsvermögen gebaut werden. Die Verwendung von Graphittiegeln an Stelle von eisernen Tiegeln schließt jede schädliche Eisenaufnahme der Aluminiumschmelze aus.

Der Vorteil des N.-K. gegenüber dem Schwerkraft-Kokillenguß liegt vor allem in der Verminderung der Speiser- und Eingußgewichte. Bei Anwendung der N.-Gießtechnik muß der Kokillengießer allerdings umlernen. Während beim normalen

Kokillenguß das Gußstück vom Boden her erstarrt und die oberen zuletzt erstarrenden Partien durch aufgesetzte Speiser zum Ausgleich der Schrumpfung nachgespeist werden müssen, muß beim N.-Gießverfahren die Erstarrung von oben her eingeleitet werden, und das Nachspeisen erfolgt von unten durch das Steigrohr. Diese besondere Erstarrungsrichtung erfordert eine darauf abgestimmte Anschnitt-Technik und große Erfahrung bei der Konstruktion von N.-Kokillen. Bei richtiger Kokillenausführung tritt das Metall turbulenzfrei in den Formhohlraum ein, und die Luft in der Kokille wird ruhig zu den Entlüftungsöffnungen in der Form getrieben. *Doliwa*

Niederdruck-Kokillenguß. Nach dem N.-Kokillengießverfahren werden überwiegend Gußstücke für den Automobilsektor hergestellt, und zwar wiederum vorzugsweise aus Aluminium-Legierungen. Diese Gießtechnik eignet sich auch zum Umgießen von Einlagen aus → Gußeisen, wie z. B. Laufbüchsen in Zylinder oder Bandagen in Bremstrommeln unter Nutzung der Alfin-Schichten (→ Verbundguß). Eine weite Anwendung hat sich das N.-Gießverfahren zur Herstellung von luftgekühlten Zylinderköpfen erobert.

Die Eigenschaften der nach dem Niederdruck-Gießverfahren hergestellten Gußstücke gleichen hinsichtlich Festigkeit, Dehnung, Härte usw. dem normalen Kokillenguß und sind auch ebenso druckdicht, vergütbar, schweißbar und bei Wahl einer geeigneten Legierung auch für eine Oberflächenbehandlung zugänglich. Damit sind solche Gußstücke in manchen Eigenschaften den Druckgußteilen überlegen.

In England und in den USA benutzt man die Niederdruck-Gießtechnik auch zur Herstellung von Gußstücken aus Stahl (z. B. Eisenbahnräder) oder aus Gußeisenwerkstoffen, während man in der Bundesrepublik Deutschland nur noch Schwermetalle in nennenswertem Umfang nach dieser Technik verarbeitet. *Doliwa*

Nierenersatz → künstliche Niere

Niob. N. wird hauptsächlich aus Mineralen der Columbit-/Tantalit-Reihe gewonnen, die die allgemeine Zusammensetzung $(Fe,Mn)(Nb/Ta)_2O_6$ aufweisen, wobei die Fe/Mn- und Nb/Ta-Verhältnisse stetig variieren. Das Metall erhält man durch Schmelzelektrolyse sowie durch Reduktion des Pentoxids Nb_2O_5 mit Aluminium bzw. Kohlenstoff. Das reine, hellgraue glänzende Metall mit einer Dichte von 8,56 g/cm^3 kristallisiert im kubischraumzentrierten Gitter. An Härte gleicht es dem Schmiedeeisen. Es läßt sich gut walzen und schweißen. N. schmilzt bei 1950 °C und siedet bei ca.

5100 °C. Bei 9,5 K geht es in den supraleitenden Zustand über (Supraleitung).

In der Natur kommt nur N. mit der Massezahl 93 vor. Künstlich lassen sich allerdings 23 radioaktive Isotope mit den Massezahlen 88–101 herstellen. Von diesen besitzt Nb-94 mit $2 \cdot 10^4$ Jahren die längste Halbwertszeit.

N. ist gegen Säuren sehr widerstandsfähig und korrosionsbeständig. Von Sauerstoff wird es erst oberhalb von 400 °C angegriffen.

N. wird in mikrolegierten Feinkornbaustählen als Legierungselement mit Gehalten bis zu 0,1 % verwendet, da sich bei der Abkühlung von hohen Temperaturen und vor allem bei thermomechanischer Behandlung fein verteilte N.-Carbide oder -nitride bilden, die zu Kornfeinung und → Aushärtung führen. In Hochtemperaturlegierungen auf Nickelbasis findet N. breite Anwendung. N.-Zirconium-Legierungen (T_c = 11,6 K) werden als Wicklungsmaterial für supraleitende Elektromagneten verwendet. *W. Dahl/Schlögl*

NO_x-Bildungsmechanismus. Stickoxide entstehen bei der Verbrennung fossiler Brennstoffe in der Flamme und in der umgebenden Hochtemperaturzone durch teilweise Oxidation des molekularen Stickstoffs der Verbrennungsluft sowie des ggf. im Brennstoff chemisch gebundenen Stickstoffs. Bei den Stickoxiden handelt es sich um die Oxidstufen NO und NO_2. Die Summe dieser Stickoxide wird üblicherweise als NO_x bezeichnet. Das aus Kraftwerksfeuerungen emittierte NO_x setzt sich in der Regel aus rd. 95 % NO und 5 % NO_2 zusammen, da das thermodynamische Gleichgewicht der Reaktion

$$NO + \tfrac{1}{2}O_2 \rightleftharpoons NO_2$$

für Temperaturen oberhalb 650 °C auf der linken Seite liegt.

Die sehr komplexen Reaktionsschritte der Stickoxidbildung sind noch nicht in allen Teilen hinreichend geklärt. Nach dem derzeitigen Wissensstand bilden sich die Stickoxide durch drei verschiedene Mechanismen.

Bildungsmechanismus für thermisches NO_x. Das thermische NO_x entsteht nach dem Zeldovich-Mechanismus aus molekularem Stickstoff, der vor allem mit der Verbrennungsluft zugeführt wird. Die Umsetzung beginnt bei Temperaturen oberhalb 1300 °C, nimmt mit zunehmender Temperatur stark zu und ist proportional der Konzentration an atomarem Sauerstoff.

Bildungsmechanismus für promptes NO_x. Der von *Fenimore* eingeführte Begriff des prompten NO_x beschreibt einen Mechanismus, nach dem in der Flammenfront in einer frühen Phase molekularer Stickstoff unter Beteiligung von Kohlenwasserstoffradikalen über Zwischenprodukte in NO_x umgewandelt wird. Die Umwandlung ist abhängig von dem Stöchiometrieverhältnis und der Temperatur. In technischen Flammen ist das prompte NO_x betragsmäßig von untergeordneter Bedeutung.

Bildungsmechanismus für Brennstoff-NO_x. Brennstoff-NO_x entsteht durch teilweise Oxidation des im Brennstoff in organischer Form gebundenen Stickstoffs (Kohle, Heizöl). Bei dem Brennstoffstickstoff ist eine Aufspaltung auf die flüchtigen Bestandteile und den Restkoks vorzunehmen. Während der Pyrolyse entstehen zunächst sekundäre Stickstoffverbindungen, die im Verlauf der Verbrennung in konkurrierenden Reaktionsschritten zu NO_x und N_2 umgewandelt werden. Auch der im Restkoks enthaltene Stickstoff kann in NO_x oder N_2 überführt werden. Bei Kohlenstaubfeuerungen trägt flüchtiger Brennstoffstickstoff zu etwa 50–70 % der Bildung von Brennstoff-NO_x bei.

Die Bildung von Brennstoff-NO_x ist nur wenig temperaturabhängig und läuft bereits bei niedrigen Temperaturen ab. Sie ist stark abhängig von der Sauerstoffkonzentration und nimmt mit steigender Luftzahl zu. Die Bildung von NO_x aus dem flüchtigen Brennstoffstickstoff und damit auch der Gehalt an Brennstoff-NO_x hängen wesentlich von dem Mischungsvorgang von Brennstoff und Luft ab und können durch eine verzögerte Mischung erheblich vermindert werden. Hier ist eine Einflußnahme über die Aerodynamik des Brenners gegeben. Nicht zuletzt ist der Betrag an Brennstoff-NO_x vom Stickstoffgehalt flüssiger und fester Brennstoffe abhängig. Bei einem typischen Stickstoffgehalt von 1,2 % und einem gesamten NO_x-Gehalt von rd. 800 mg/m³ bei Steinkohle-Trockenfeuerungen mit NO_x-armen Brennern läßt sich abschätzen, daß größenordnungsmäßig etwa ¾ des NO_x-Gehalts auf Brennstoffstickstoff entfällt. Die geringe Aufoxidierung des im Flammenbereich gebildeten NO zu NO_2 erfolgt im Verlauf des Rauchgaswegs durch den Dampferzeuger vorrangig in einem Temperaturbereich <650 °C und ist abhängig vom O_2-Gehalt der Rauchgase und der Verweilzeit.   *Oeckenpöhler*

Literatur: *Bertram, J.:* Übersicht über Erfahrungen und Stand feuerungstechnischer NO_x-Minderungsmaßnahmen bei Steinkohlenstaubfeuerungen mit flüssigem Ascheabzug. VGB Kraftwerkstechnik 66 (1986) Nr. 12. – *Leikert, K., H. Reidick* u. *H. Schuster:* NO_x-Minderung mit Primärmaßnahmen an Neu- und Altanlagen. Jahrb. Dampferzeugungstechnik. Bd. 1. 5. Aufl. Essen 1985/86.

Nockenwellenschleifmaschine. N. sind Spezialschleifmaschinen zum Unrundschleifen von Nockenprofilen. Das Herstellen der Nockenform ist ein dem Kopierschleifen ähnliches Verfahren.

Die Nockenkontur, vom Nockengrundkreis über die Nockenflanke zur Nockenspitze, wird bei mechanischer Steuerung durch die synchronisierte Drehbewegung der Werkstückwelle und der Schablonenwelle zur Steuerung der Werkzeugzustellung erzeugt. Beim Einrichten werden die Werkstück- und Schablonenwelle in Nullstellung gebracht.

Aus dieser Position laufen die Antriebe für die beiden Wellen gemeinsam und synchron an, bis der Schleifprozeß beendet ist. Das Einstellen des Werkstücks oder der Schablone wird elektrisch vorgenommen. Um die hohe Positionier- und Wiederholgenauigkeit der Maschine sicherzustellen, werden stick-slip-freie, vorgespannte Wälzführungen und Präzisions-Kugelgewindeantriebe zusammen mit hochauflösenden Wegmeßsystemen verwendet. Darüber hinaus werden die Zustellschablonen heute zunehmend durch elektronische Steuerungen ersetzt.

Da sich der Schleifscheibendurchmesser ($\rightarrow$Schleifscheibe) auf Grund des Verschleißes ($\rightarrow$Verschleißmechanismus (Schleifen)) generell vermindert, ändert sich auch die zu erzielende Form- und Maßgenauigkeit des Nockenprofils. Mit dem Einsatz der CNC-Technik lassen sich auch die auf den aktuellen Schleifscheibendurchmesser bezogenen Bahnkorrekturen bequem und effektiv durchführen.   *Kenter*

Literatur: *Spur, G.,* u. *Th. Stöferle:* Handb. Fertigungstechnik. Bd. 3/2. München, Wien 1980. – *Wedeniwski, H. J.:* Rechnergestützte Programmierung beim CNC-Nockenform-Schleifen. Werkstatt und Betrieb 119 (1986) Nr. 8.

Normalglühen. Bei der $\rightarrow$Wärmebehandlung von Stahl Abkühlen an ruhender Atmosphäre nach Austenitisierung bei Temperaturen wenig oberhalb Ac_3, bei übereutektoidischen Stählen wenig oberhalb Ac_1 (Eisen-Kohlenstoff-Zustandsschaubild). Zwar ist die Abkühlungsgeschwindigkeit je nach Abmessungen des Glühguts etwas unterschiedlich. Insgesamt entsteht aber ein relativ gleichmäßiges ferritisch-perlitisches Gefüge mit günstigen Festigkeits- und Zähigkeitseigenschaften.   *W. Dahl*

Literatur: Werkstoffkunde Stahl. 2 Bde. Hrsg. VDEh. Berlin, Düsseldorf 1984/85.

Normalspannung, mittlere. Die m. N. berechnet sich nach der Beziehung

$$\sigma_m = \frac{1}{3}\,(\sigma_x + \sigma_y + \sigma_z)$$

bzw. in einem $\rightarrow$Hauptachsensystem

$$\sigma_m = \frac{1}{3}\,(\sigma_1 + \sigma_2 + \sigma_3)$$

aus den Hauptdiagonalgliedern des Spannungstensors. Sie ist proportional der Spur (Summe der drei Hauptdiagonalglieder) des Tensors und ist somit eine Invariante ($\rightarrow$Spannungszustand).

Versuche haben gezeigt, daß die m. N. praktisch keinen Einfluß auf den Beginn des plastischen

Fließens besitzt. Dies wird in der Trescaschen und von Misesschen →Fließbedingung berücksichtigt.

Die m. N. hat dagegen einen großen Einfluß auf das →Formänderungsvermögen.   *Lange*

Literatur: *Betten, J.:* Elastizitäts- und Plastizitätslehre. Braunschweig, Wiesbaden 1985. – *Hill, R.:* The Mathematical Theory of Plasticity. Oxford 1950. – *Ismar, H.,* u. *O. Mahrenholtz:* Technische Plastomechanik. Braunschweig, Wiesbaden 1979. – *Lange, K.* (Hrsg.): Umformtechnik. Handb. f. Ind. u. Wiss. Bd. 1: Grundlagen. 2. Aufl. Berlin, Heidelberg, New York, Tokio 1984. – *Lippmann, H.:* Mechanik des plastischen Fließens. Berlin, Heidelberg, New York 1981. – *Lippmann, H.,* u. *O. Mahrenholtz:* Plastomechanik der Umformung metallischer Werkstoffe. Berlin, Heidelberg 1967. – *Prager, W.,* u. *P. G. Hodge:* Theorie ideal-plastischer Körper. Wien 1954.

Nosé-Kammer. Ein Gerät zur In-Vitro-Testung von folienförmigen Biomaterialien.

Durch Absaugen der Ringerlösung aus der Kammer wird Vollblut aus einer Vene von Versuchstieren oder Probanden in den aus zwei Folienstücken gebildeten Blutbereich gefördert. Nach einer bestimmten Zeit wird das Trockengewicht des formierten Thrombus bestimmt. Dieser Wert dient als Vergleichsmaß für die Thrombogenität des getesteten Biomaterials (Bild).   *Stroh*

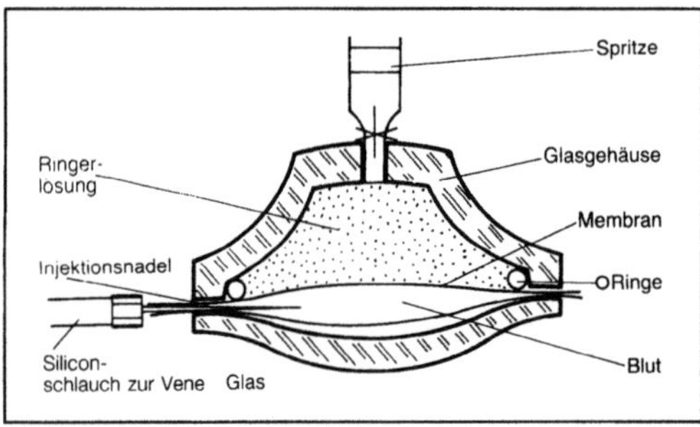

Nosé-Kammer.

NTU. NTU ist die Abkürzung für Number of Transfer Units und ist gleich der Anzahl der Übergangseinheiten einer Gegenstromtrennkolonne. Der NTU-Wert gibt begrifflich an, wieviellmal die →Triebkraft y^*-y in der gesamten Differenz y_2-y_1 zwischen der Konzentration am oberen und am unteren Ende der Kolonne enthalten ist:

$$NTU = \int_{y_1}^{y_2} \frac{1}{y^* - y}\, dy;$$

y Molenbruch der Gasphase, y* Gleichgewichtsmolenbruch.

Die Anzahl der Übergangseinheiten ist immer auf die Konzentrationsänderung einer Phase bezogen, z. B. bei der Destillation auf Gas- oder Flüssigphase.

Das Konzept der Übergangseinheiten wird der kontinuierlichen Konzentrationsänderung in einer →Packungskolonne eher gerecht als das Konzept der theoretischen Böden (HTU).   *Dohrn*

Nutenräumen →Räumen

Nutsche. Als Gerät für Filtrationen im Labormaßstab auch unter dem Namen Büchner-Trichter bekannt. Die N. wird zur Filtration meist unter vermindertem Druck eingesetzt. Dabei setzt man die aus dickwandigem Glas oder Porzellan bestehende trichterförmige N. auf eine Saugflasche, an der eine Pumpe (oft Wasserstrahlpumpe) angeschlossen ist, welche durch Absaugen der Luft aus der Flasche einen leichten Unterdruck erzeugt. Als Dichtung zwischen N. und Saugflasche dient ein Gummikragen. Auf die gelochte Bodenplatte der N. wird ein gehärtetes Filterpapier passenden Durchmessers aufgelegt und mit einem geeigneten Lösungsmittel vollständig befeuchtet. Anschließend kann man das zu filtrierende bzw. zu entfeuchtende Gut aufgeben. Zum Auswaschen des sich bildenden Filterkuchens, der als geschlossene Schicht das Filterpapier bedecken muß, kann portionsweise Waschflüssigkeit aufgegeben werden.

N. eignen sich im Labor- wie auch größeren Maßstab insbes. für die Filtration von stark kompressiblen Stoffen wie Niederschläge, Schleimstoffe, Pektine und Hefen. In großtechnischer Ausführung werden N. bei der Lebensmittelverarbeitung hauptsächlich in Brauereien als Filterbottiche eingesetzt, um Treber und Hopfen von der Würze abzutrennen (Filtration).   *Kerner/Loncin*

Nutschenfilter. N. (Bild) werden als Vakuum- oder Druckfilter bei Kuchendicken bis 350 mm verwendet. Sie bestehen aus einem Behälter mit waagrechtem Filterboden. →Filtrieren, Waschen und Trokkensaugen sind als Verfahrensschritte sauber

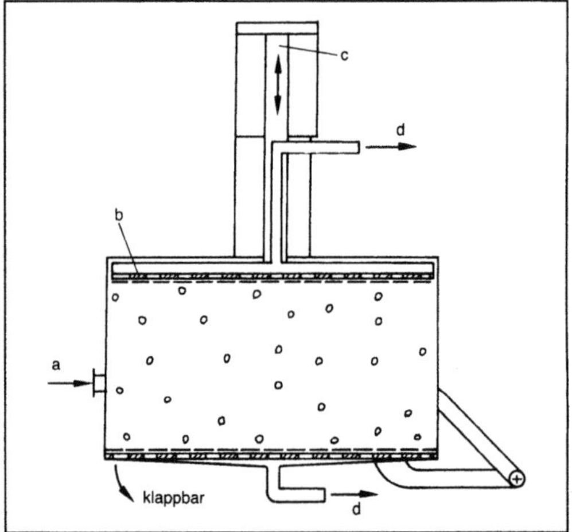

Nutschenfilter.

a Trübe, b zum Nachpressen, c Preßzylinder, d Filtrat

getrennt. Ein klappbarer Boden oder eine Austragsvorrichtung ermöglicht die mechanische Entleerung. *Dahl*

Nutzungszeit. Das ist die Zeitdauer zwischen der Inbetriebnahme und dem Nutzungsende eines Investitionsobjekts. Von der technischen Lebensdauer einer Investition, die durch Auslegung, Instandhaltung und Erweiterung wesentlich beeinflußt werden kann, ist die wirtschaftliche Nutzungsdauer zu unterscheiden. Sie stellt die gewinnmaximale Nutzungsdauer dar, d. h. die Nutzungsdauer, bei der der Kapitalwert bzw. die Annuität eines Investitionsobjekts als Bewertungsgröße der dynamischen →Investitionsrechnung maximal ist. Bei der Berechnung ist zu berücksichtigen, ob die Annahme von einmaligen, mehrmaligen oder unendlichen Ketten gleicher Investitionsprojekte zugrunde gelegt werden soll. Daneben kann die Aufgabe der Investitionsrechnung auch darin bestehen, den optimalen Ersatzzeitpunkt für ein laufendes Investitionsobjekt zu bestimmen.

Des weiteren ist die wirtschaftliche Nutzungsdauer bei der Verrechnung der Wertminderung von Anlagegütern in Form von Abschreibungen von Bedeutung. Die Wertminderung der →Betriebsmittel wird durch die Nutzung, z. T. nicht vorhersehbare äußere Einflüsse und auch durch technischen Fortschritt verursacht. Insbesondere der letzte Punkt ist mit dem Grundsatz der kaufmännischen Vorsicht die Ursache dafür, daß die wirtschaftliche Nutzungsdauer i. a. geringer als die technische ist, der kalkulatorische Wert der Betriebsmittel also unter dem Gebrauchswert liegt. Für die bilanzielle Ausweisung der Abschreibungen in der Gewinn- und Verlustrechnung hat der Steuergesetzgeber zum Zweck der steuerlichen Gewinnermittlung die Nutzungsdauer der verschiedenen Arten von Betriebsmitteln in den AfA-Tabellen normiert. *Eversheim*

Literatur: *Wöhe, G.:* Einführung in die Allgemeine Betriebswirtschaftslehre. München 1978.

Nutzwertanalyse. Sie soll die Entscheidung über verschiedene Lösungsalternativen einer Problemstellung unterstützen. Hierbei werden die einzelnen Alternativen bewertet, indem jeder ein Nutzwert zugeordnet wird. Dieser Nutzwert gibt an, wie gut die jeweilige Alternative ein aus verschiedenen Kriterien bestehendes Zielsystem erfüllt. Die Nutzwerte bringen die Alternativen in eine Rangfolge, die unter Berücksichtigung weiterer, insbes. auch nicht quantifizierbarer Informationen zur Entscheidung für eine Alternative herangezogen werden kann.

Die Durchführung der N. besteht aus einer Reihe von Arbeitsschritten. Zunächst ist das gewünschte Zielsystem aufzustellen, und zu den einzelnen Zielen sind beurteilbare Kriterien und Erfüllungsgrade zuzuordnen. Ein solches Zielsystem wird in der Regel eine hierarchische Struktur mit mehreren Ebenen aufweisen.

Um den Nutzwert bestimmen zu können, sind die einzelnen Kriterien mit Gewichtungsfaktoren zu versehen. Diese geben an, wie stark jedes Kriterium in die Ermittlung des Nutzwerts eingeht, also auch, wie es gegenüber den anderen Kriterien in seiner Bedeutung eingeschätzt wird. Die Bestimmung der Gewichtungsfaktoren erfolgt für jede hierarchische Ebene getrennt. Sie soll durch die Verwendung geeigneter Methoden (z. B. des vollständigen Paarvergleiches) systematisiert werden. Hierbei werden immer zwei Kriterien miteinander verglichen und entschieden, welches als wichtiger eingeschätzt wird. Ein solches Verfahren ermöglicht eine gewisse Objektivierung des Vorgehens.

Zur Bestimmung der Nutzwerte werden die vorher ermittelten Erfüllungsgrade mit den Gewichtungsfaktoren multipliziert und die Produkte aufaddiert. Eine anschließende Normierung kann dafür sorgen, daß die Nutzwerte in einem bestimmten Bereich (z. B. zwischen 0 und 1) liegen.

Die N. ist ein Hilfsmittel zur Unterstützung der Entscheidungsfindung, nicht aber eine Methode, deren Ergebnis die Entscheidung als solche bereits ist. Die ermittelten Nutzwerte müssen also noch kritisch beurteilt werden. So sollten Nutzwerte, die sich nur geringfügig voneinander unterscheiden, als gleichwertig angesehen werden. Es sollte weiterhin bedacht werden, daß eine gleichmäßige Erfüllung der verschiedenen Kriterien positiv zu sehen ist. Zur Beurteilung der Stabilität der ermittelten Nutzwerte kann eine Sensitivitätsanalyse durchgeführt werden. Hierbei wird untersucht, inwieweit sich die Nutzwerte bei Variation einzelner Parameter ändern. Berücksichtigt man diese Randbedingungen, so bildet die N. unter Heranziehung weiterer Gegebenheiten, wie z. B. wirtschaftlicher und organisatorischer Daten, eine gute Basis für eine Entscheidung. *Eversheim*

Literatur: *Schmitz, R.,* u. *H. Rinza:* Nutzwert-Kosten-Analyse. Düsseldorf 1982. – *Zangemeister, Ch.:* Nutzwertanalyse in der Systemtechnik. 1. Aufl. München 1970.